工业与民用
供配电设计手册

主　编	中国航空规划设计研究总院有限公司	刘屏周
副主编	中国航天建设（集团）有限公司	卞铠生
	中国航空规划设计研究总院有限公司	任元会
	核工业第二研究设计院	姚家祎
	中国航空规划设计研究总院有限公司	丁　杰

第四版
上册

中国电力出版社
CHINA ELECTRIC POWER PRESS

内 容 提 要

本书是在《工业与民用配电设计手册(第三版)》的基础上,依据国内外最新标准、规范,跟踪当前电气技术及电工产品的发展,总结多年的实用经验,进行大幅更新和扩充,涵盖110kV及以下供配电系统,并更名《工业与民用供配电设计手册(第四版)》。

本书共分17章,分别为负荷计算及无功功率补偿,供配电系统,变(配)电站(附柴油发电机房),短路电流计算,高压电器及开关设备的选择,电能质量,继电保护和自动装置,变电站二次回路,导体选择,线路敷设,低压配电线路保护和低压电器选择,常用用电设备配电,交流电气装置过电压保护和建筑物防雷,接地,电气安全,节能和常用资料。

本手册是工业与民用项目供配电设计的必备工具书,注册电气工程师(供配电)执业资格考试的指定参考书;电气施工安装和运行维护人员的常用资料,也可作为大专院校有关专业师生的参考书。

图书在版编目(CIP)数据

工业与民用供配电设计手册:全2册/中国航空规划设计研究总院有限公司组编. —4版. —北京:中国电力出版社,2016.12(2024.12重印)

ISBN 978-7-5123-9995-2

Ⅰ.①工… Ⅱ.①中… Ⅲ.①工业用电-供电系统-系统设计-手册 ②工业用电-配电设计-手册 ③民用建筑-供电系统-系统设计-手册 ④民用建筑-配电设计-手册 Ⅳ.①TM72-62

中国版本图书馆CIP数据核字(2016)第264959号

中国电力出版社出版、发行

(北京市东城区北京站西街19号 100005 http://www.cepp.sgcc.com.cn)
三河市万龙印装有限公司印刷
各地新华书店经售

*

1983年11月第一版
2016年12月第四版 2024年12月北京第四十五次印刷
787毫米×1092毫米 16开本 114.25印张 2756千字
印数315001—320000册 定价388.00元(上、下册)合订本

《工业与民用供配电设计手册（第四版）》编写单位、人员和校核人员

1 负荷计算及无功功率补偿

| 编写单位 | 中国电子工程设计院 | 校审人员 | 钟景华 |
| 编写人员 | 吴晓斌 孙美君 卞铠生 | 主审人员 | 卞铠生 |

2 供配电系统

| 编写单位 | 北方工程设计研究院有限公司 | 校审人员 | 李泽平 王秀华 |
| 编写人员 | 王秀华 李泽平 | 主审人员 | 姚家祎 |

3 变（配）电站（附柴油发电机房）

| 编写单位 | 北方工程设计研究院有限公司 | 校审人员 | 齐长顺 张文革 |
| 编写人员 | 张文革 齐长顺 | 主审人员 | 姚家祎 |

4 短路电流计算

| 编写单位 | 中船建筑工程设计研究院 | 校审人员 | 安在宇 |
| 编写人员 | 左占江 姜艳秋 贾清涛 牛迎丽 | 主审人员 | 姚家祎 刘屏周 |

5 高压电器及开关设备的选择

| 编写单位 | 中国五洲工程设计集团有限公司 | 校审人员 | 王 锋 吴 壮 |
| 编写人员 | 李治祥 | 主审人员 | 姚家祎 刘屏周 |

6 电能质量

编写单位	中国航空规划设计研究总院有限公司	校审人员	任元会
		主审人员	丁 杰
编写人员	丁 杰 牛 犇 谢哲明		

7 继电保护和自动装置

编写单位 核工业第二研究设计院   **校审人员** 姚家祎

编写人员 张学勤 王 贵   **主审人员** 姚家祎

8 变电站二次回路

编写单位 核工业第二研究设计院   **校审人员** 张 环 霍红梅 姚家祎

编写人员 张 环 吴梅金 霍红梅 张文磊   **主审人员** 姚家祎
           王 劲

9 导体选择

编写单位 中船第九设计研究院工程有限公司   **校审人员** 高小平

编写人员 王志强 傅益君 李 鹏   **主审人员** 任元会

10 线路敷设

编写单位 中船第九设计研究院工程有限公司   **校审人员** 高小平

编写人员 王培康 申 蕾   **主审人员** 任元会

11 低压配电线路保护和低压电器选择

编写单位 中国航空规划设计研究总院有限公司等   **校审人员** 任元会 逯 霞

           主审人员 任元会 丁 杰

编写人员 逯 霞 陈泽毅 韩 丽 苏碧萍
           刘屏周 王素英

12 常用用电设备配电

编写单位 中国航天建设集团有限公司   **校审人员** 张艺滨

编写人员 王 勇 刘寅颖 刘 薇 江国庆   **主审人员** 卞铠生
           谢 昆 张艺滨 卞铠生

13 交流电气装置过电压保护和建筑物防雷

编写单位 信息产业电子第十一设计研究院有限公司   **校审人员** 谢志雯

           主审人员 卞铠生

编写人员 杨天义

14   接地

编写单位 信息产业电子第十一设计研究院有限公司	**校审人员** 杨天义
	主审人员 卞铠生
编写人员 谢志雯 杨天义	

15   电气安全

编写单位 中国航空规划设计研究总院有限公司	**校审人员** 任元会 王厚余
	主审人员 任元会 刘屏周
编写人员 刘屏周 刘叶语 张 琪 张永林	

16   节能

编写单位 中国航空规划设计研究总院有限公司等	**校审人员** 任元会
	主审人员 任元会 丁 杰
编写人员 王素英 蓝 娟 王秀华 王志强 王 勇 张 琪 任元会 赵亮亮	

17   常用资料

编写单位 中国航天建设集团有限公司	**校审人员** 刘屏周
编写人员 卞铠生	**主审人员** 刘屏周

附录 N 数字化电气设计技术

编写单位 北京博超时代软件有限公司	**校审人员** 林 飞
编写人员 窦延峰	**主审人员** 丁 杰

第 四 版 前 言

工欲善其事，必先利其器。电气工程师的首要工具就是一套得心应手的设计手册。有鉴于此，我国国内九家知名设计院于 20 世纪 70 年代末发起，并联合编写了这本手册。

33 年来，本手册受到全国各工业和民用工程设计单位、施工安装单位、运行维护单位等广大电气工程师，以及大专院校相关专业师生的厚爱，成为电气设计师不可或缺的工具书之一，承蒙业界同仁在专业文献中广泛引用，并跻身注册电气工程师（供配电）执业资格考试的依据；仅第三版就印刷 22 次之多，为实用技术工具书所罕见。

第三版问世十多年来，我国经济迅速发展，技术进步显著，相关的设计标准、规范相继修订，诸多电工产品标准更新，新设备、新材料不断涌现。此外，同行们也不断给我们送来宝贵意见并提出增加内容的期盼。因此，我们于 2010 年初在九家设计院领导的支持下，组织以资深设计师为骨干的数十名老中青结合的编写队伍，经过几年的努力奋斗，推出《工业与民用供配电设计手册（第四版）》，奉献给广大新老读者。

第四版紧扣当前新技术、新产品的发展，内容主要有以下大幅扩充和更新：

（1）扩展电压范围：从第三版的 35kV 及以下扩大到 110kV 及以下，并补充部分 20kV 和 660V 的内容。

（2）增加供配电系统节能内容：包括能源评估，供配电系统、变压器、电动机、照明和配电线路节能，再生能源应用及能效管理系统。

（3）全面贯彻最新标准、规范：包括工程建设规范系列、IEC 转化标准系列、有关行业标准等。同时对各标准之间不协调的个别内容，以［编者按］的方式进行评述，供读者参照。

（4）紧密跟踪 IEC 的最新动态：凡是国标中涉及 IEC 标准的内容，均按最新版本更新或提示，并适当超前收入一些技术文件。

（5）改进计算方法和表达方式：如单位指标法和利用系数法的改进；按不同要求计算并联电容补偿容量及高、低压补偿装置的选择；IEC 短路电流计算法的推出和动、热稳定校验也给出相应公式；电动机启动时电压暂降计算的订正，给出每相输入电流不大于 16A、大于 16A 且不大于 75A、大于 75A 用电设备谐波电流发射限值；微机继电保护和变电站综合自动化系统的采用，中性导体（N）及保护接地中性导体（PEN）的截面选择及按最新国标编制了线缆的载流量；架空线路的路径选择，导线、地线、绝缘子和金具选型，导线力学计算及杆塔型式；增加带选择性的断路器（SMCB）、电弧故障保护电器（AFDD）、静态转换开关电器（STS）、剩余电流动作保护器（RCD）、剩余电流监视器（RCM）、绝缘监测器（IMD）和绝缘故障定位系统（IFL）等保护电器，低压成套开关设备和控制设备选择及火灾危险环境的电器选择；增加多功能控制与保护开关设备（CPS）及控制回路要求；增加电流通过人体的效应及接触电压限值，补全 IEC 涉及特殊装置或场所的要求；增加接地极电化学腐蚀产生机理及防护措施；增加外界影响、电器设备外壳对外界机械碰撞的防护等级（IK 代码）等表格；配套计算软件的优化等。

第四版继承并发扬了前三版的优良传统和严谨作风。坚持理论与实际结合，深入与普及兼顾，工业与民用并重；力求理论依据充分，技术概念清晰，运用标准准确，计算方法可靠，数据、图表翔实。愿集数十位编者的智慧和艰辛，换得广大同行的方便和适用。

编写组向徐永根等为本手册奠定了坚实基础的前三版编写人员，以及给予指导的资深专家王厚余等表示敬意；向积极提供资料的谢炜等同行表示感谢。

编写组逯霞为保证手册顺利完成，进行了大量组织、协调、联络工作。

向支持编写工作和提供产品技术数据的下列企业表示衷心感谢（排名不分先后）：

天津市中力防雷技术有限公司（http：//zlfl.byf.com/）

广州汉光电气有限公司（http：//www.gz-hoko.com/）

常熟开关制造有限公司（http：//www.riyue.com.cn/）

中航工业宝胜科技创新股份有限公司（http：//www.baoshengcable.com/）

明珠电气有限公司（http：//www.py-pearl.com/）

浙江中凯科技股份有限公司（http：//www.kb0.cn/）

欧宝电气（深圳）有限公司（http：//www.obo.com.cn/）

施耐德万高（天津）电气设备有限公司（http：//www.wgats.com/）

施耐德电气（中国）有限公司（http：//www.schneider-electric.cn/）

ABB（中国）有限公司（http：//new.abb.com/cn）

江苏斯菲尔电气股份有限公司（http：//www.jcsepi.com/）

苏州华铜复合材料有限公司（http：//www.suzhouhuatong.com/）

法泰电器（江苏）股份有限公司（http：//www.fatai.com/）

罗格朗低压电器（无锡）有限公司（http：//www.legrand.com.cn/）

西门子（中国）有限公司（http：//www.siemens.com/entry/cn/zh/）

上海快鹿电线电缆有限公司（http：//www.kuailucable.com/）

海鸿电气有限公司（http：//www.gdhaihong.com/）

上海瑞奇电气设备有限公司（http：//www.ruiq.cn/）

上海樟祥电器成套有限公司（http：//www.zhangxiangdianqi.com/）

北京博超时代软件有限公司（http：//www.bochao.com.cn/）

国际铜业协会（中国）（http：//www.cncopper.org/）

珠海光乐电力母线槽有限公司（http：//www.gl-mc.cn/）

限于主观和客观条件，虽编者竭诚尽力，亦难免存有不妥之处，期望广大读者斧正。

编写组

2016 年 9 月

第 一 版 前 言

《工厂配电设计手册》为 10kV 及以下工厂配电设计所需的常用资料。手册内容反映了我国电力设计技术规范的有关规定，收集了有关产品的标准、资料数据，并和电气装置国家标准图集相协调。编写中立足当前，兼顾发展；在技术上力求吸取国内外成熟的先进经验，在表达方式上尽量多用图表，力求简单明了，便于使用。

手册中负荷计算部分列入了常用的计算方法和数据，还指出了导体的发热时间常数与负荷计算的关系。配电系统部分介绍了实用的配电方式和设备选型，还叙述了电压偏移和电压波动问题。配（变）电所部分简述了选型、布置、安装和土建要求。短路电流计算着眼于 10kV 及以下系统，对低压网络计算更较详尽，并提供了实用数据。高低压电器选择部分分别给出了有关计算公式和实用数据；对低压用电设备支线上熔体的选择提出了新的方法。继电保护和二次接线部分突出了 10kV 及以下系统的特点，对交流操作和电动机保护的介绍较为深入。导线、电缆选择和线路敷设部分收集和计算了大量较新、较全的数据，如导线载流量（包括中频）、阻抗（包括中频）、电压损失（包括中频）、架空线路机械部分的计算等；还增添了导线在断续负载和短时负载下的载流量表。对于熔体和导线的配合，按现行规范进行了核算，给出了实用数据表格。防雷和接地部分论述了各类建筑物和设备的要求，还增加了与无线电台站、电子计算机和电子设备等有关的内容。

手册内容若与国家规范和有关规程条款有不一致处，应以国家公布的现行规范和规程为准。

鉴于电气照明光学部分、自动控制、电话通信等部分专业性较强，内容较多，且已有专书论述，为精简篇幅，手册中未予列入。

由于我们水平不高，手册中谬误之处在所难免，衷心希望读者给予指正。

本手册由航空工业部四院组织编写；参加校审的单位有航空工业部四院、兵器工业部五院、航天工业部七院。各章编写单位如下：

第一章　电子工业部第十设计研究院
第二、三章　中国船舶工业总公司六〇二设计研究所
第四、五章　兵器工业部第五设计研究院
第六章　航空工业部第四规划设计研究院
第七、八章　核工业部第二研究设计院
第九、十章　中国船舶工业总公司第九设计研究院
第十一章　兵器工业部第六设计研究院
第十二章、附录　航天工业部第七设计研究院
第十三、十四章　电子工业部第十一设计研究院

编　者

1982 年 9 月

第 二 版 前 言

由九个设计院联合编写的《工厂配电设计手册》1983年出版以来，曾多次重印仍不满足社会需要。作为10kV及以下配电设计所需的常用资料，深受广大设计人员欢迎的必备工具书，取得了较好的社会效益。

在总结《工厂配电设计手册》的使用经验的基础上，有必要增加35kV和民用建筑配电设计的有关内容。为此重新编写了这本手册，并改名为《工业与民用配电设计手册》（第二版）。

本手册提供了35kV及以下配电设计所需的基本原则、计算方法和数据、科研成果和实践经验以及常用资料。手册内容反映了即将颁发的我国电气设计技术规范的有关规定。由于编者多人参加了20世纪80年代末期国家标准电气设计技术规范的修订工作，因此做到了手册内容与规范衔接同步。

规范中某些内容等效采用国际电工委员会（IEC）标准，如采用自动切断故障电路措施的防间接电击保护（接地故障保护），对原规范变动甚大。本手册编写过程中收集了有关产品的标准、资料数据，尽量做到规范原则具体化，以利于规范的正确执行和设计工作的顺利开展。

国家标准尚缺的内容，如低压电气装置的防电击保护中的有一些内容和医院等特殊环境的电气安全，参考IEC标准列入本手册。

编写中立足当前，兼顾发展，跟踪产品发展，列入了如低压熔断器等新产品的大量数据。

在表达方式上，尽量多用图表，力求简单明了，便于使用。

手册内容若与新修订的标准规范和有关规程条款有不一致处，应以国家公布的现行规范和规程为准。

本手册由下列单位和人员参加编写，分工如下：

电子工业部第十设计研究院　颜昌田、汤牧身编写第一章

中国兵器工业第六设计研究院　刘金亭编写第二章

王润生编写第三章

中国船舶工业总公司第六〇二设计研究院　宋祖典、安在宇编写第四章

中国兵器工业第五设计研究院（副主编单位）吴壮编写第五章

王剑芬（副主编）编写第十一章

中国航空工业规划设计研究院（主编单位）徐永根（主编）编写第六章

王厚余编写第十五章

核工业第二研究设计院姚家祎编写第七、八章

中国船舶工业总公司第九设计研究院　王志强、高元怡编写第九章

纪康宁、陆文杰编写第十章

中国航天建筑设计研究院（副主编单位）　朱锦师编写第十二章

卞铠生（副主编）编写第十六章

电子工业部第十一设计研究院　韩永元编写第十三章

张继荣编写第十四章

手册内容和形式有谬误错漏之处，尚请读者批评指正，以便再版时修正。

本手册在筹备、组织和编写过程中，中国航空工业规划设计研究院的任元会、王厚余、李光涛、沈景庭，中国兵器工业第五设计院的马太嚞等同志给予了指导、支持和帮助，谨此致谢。

积极提供技术资料和支持编写工作的单位有上海万通滑触线厂、四川民生化工厂、上海LK公司、靖江低压开关厂、无锡滑导电器厂、邢台电缆厂、洛阳前卫滑触线厂、北京长河电器厂、北京电器厂、海安自动化仪表厂、天津梅兰日兰有限公司、象山高压电器厂、北京开关厂、靖江电器设备厂、镇江电器设备厂、北京南郊电工器材厂、松江电器控制设备厂、四川电缆厂、天水长城控制电器厂、上海航空电器厂、杭州鸿雁电器公司，在此表示感谢。

编　者

1993 年 1 月于北京

第 三 版 前 言

本手册由国内九家知名设计院联合编写，于 1983 年首版，原名《工厂配电设计手册》；1994 年扩充修编为第二版，更名《工业与民用配电设计手册》；本书是新世纪初的新编第三版。

历经二十多年，本手册受到全国众多电气工程设计、施工安装、运行维护以及大专院校相关专业师生的赞誉，成为电气设计人员必备的工具书之一，并荣幸地挤身于注册电气工程师（供配电）执业资格考试指定参考书，已被业界同仁在专业文献中及 CAD 软件中广泛引用。

第二版发行十余年来，我国经济发展和技术进步举世瞩目，国际、国内电气设计规范和电工产品标准亦有修订，电气设备和材料日新月异，配电系统设计技术随之长足发展。因此，亟需对本手册进行修订。经过三年多不懈努力，我们克服重重困难，推出了本手册第三版。

第三版跟踪当前电气技术和电工产品发展，总结多年的实用经验，对手册内容做了大幅扩充、更新、充实：

• 新增高压开关柜、UPS 及 EPS 的选择；高压系统接地方式设计要点，以及接地变压器、接地电阻器、消弧线圈的选用；变电所微机保护和综合自动化；医用 X 光机配电等。

• 更新了高低压电器的型谱和技术数据，继电保护和二次回路的全新插图；按新国标编制了电缆电线的载流量及其校正系数，增加了新型电线电缆品种；常用规范标准索引、气象参数等资料亦已刷新。

• 强调电气安全：扩展和修订了爆炸危险环境电气设备选择；新增防电磁脉冲、电磁屏蔽、防电气火灾、阻燃和耐火电缆选择；更新了特殊场所电击防护要求。

• 重视节能：推介电气设备能效标准；列入 TOC 法优选变压器、电缆截面最佳化的新概念，充实了电缆经济电流的内容。

• 方便应用，新编写了配套的计算软件，随书发行。

第三版继承和发扬了本手册的优良传统，努力做到理论性与实用性相结合，工业与民用并重，普及与深入兼顾。对每一课题，先介绍技术概念，编列规范、标准要求，再给出可靠的设计和计算方法，并提供实用的资料和数据，对常用者还编制了大量便查图表。这种做法的艰辛是不言而喻的，但我们不改初衷，殚精竭虑，举九家设计院、近 30 名编写人员之力，向广大电气同仁奉献出这本严谨、实用、方便的工具书。

手册第三版编写组对为本手册奠定基础和付出艰辛劳动的第一、第二版主编徐永根和全体参编者所做的卓越贡献表示敬意；对我国资深专家林维勇、王厚余、刘淞伯、弋东方的指导、帮助深表谢意；向在编写中提供宝贵资料和给予支持、协助的国际铜业协会（中国）和上海电器科学研究所、沈阳变压器研究所的领导和有关人员表示衷心的感谢。

向支持、协助第三版编写工作并提供产品技术资料的以下企业表示感谢：

ABB（中国）投资有限公司

施耐德（中国）投资有限公司
北京德威特电力系统自动化有限公司
奥地利埃姆斯奈特（MSchneider）
OBO 培训中心（中国）
法国溯高美（Socomec）电气公司
北京明日电器设备有限公司
江苏宝胜科技创新股份有限公司

编　者
2005 年 5 月

目　录

上　册

下　　册

11 低压配电线路保护和低压电器选择 ·········· 953

15　电气安全 ･･ 1447

负荷计算及无功功率补偿

1.1 概　述

1.1.1　基本概念

（1）负荷计算的目的：获得供配电系统设计所需的各项负荷数据，用以选择和校验导体、电器、设备、保护装置和补偿装置，计算电压降、电压偏差、电压波动等。

（2）负荷计算的内容：求取各类计算负荷，包括最大计算负荷、平均负荷、尖峰电流、计算电能消耗量、电网损耗等。

（3）实际负荷：接在电网上的各种电气负荷。通常每台设备的电流是随机变动的；多台设备叠加负荷的变化更加复杂。实际负荷须经适当的方法转换为计算负荷，才能用于工程设计。

（4）计算负荷：假想的持续性负荷，它在一定的时间间隔中产生的特定效应与变动的实际负荷相等。按不同的用途，取不同的负荷效应和时间间隔，将得出各类不同的计算负荷，详见 1.1.2。

（5）计算范围：计算负荷是按配电点（配电箱、配电干线、变电站母线等）划分的，其配电范围即为负荷计算范围。供配电系统各配电点间存在母集和子集的关系；负荷计算范围也构成相应的关系。

1.1.2　计算负荷的分类及其用途

设计中常用的三类计算负荷如下：

（1）最大负荷或需要负荷（通称计算负荷）：

1）此负荷用于按发热条件选择电器和导体，计算电压偏差、电网损耗、无功补偿容量等，有时用以计算电能消耗量。

2）此负荷的热效应与实际变动负荷产生的最大热效应相等。对变压器、电缆之类，是绝缘热老化程度相等；对导体而言，如果实际变动负荷所产生的短时最大温升不高出持续允许温升的 50%，则该导体的持续允许负荷就是与变动负荷等效的计算负荷。

3）此负荷的持续时间应取导体发热时间常数 τ 的 3 倍。对较小截面导线（$\tau \geqslant 10\min$），通常取"半小时最大负荷"；对较大截面电缆（$\tau \geqslant 20\min$），宜取 1h 计算负荷；对母线槽和变压器（$\tau \geqslant 40\min$），宜取 2h 计算负荷。

（2）平均负荷：

1）年平均负荷用于计算电能年消耗量，有时用以计算无功补偿容量。

2）最大负荷班平均负荷用于计算最大负荷（见 1.5）。

（3）尖峰电流：

1）尖峰电流用于计算电压波动（或变动），选择和整定保护器件，校验电动机启动条件。

2）尖峰电流取持续 1s 左右的最大负荷电流，即启动电流的周期分量。在校验瞬动元件时，还应考虑其非周期分量。

注 （1）计算负荷的广义是上述三类的统称，其狭义是指最大负荷（或需要负荷）。

　　（2）计算负荷包括其有功功率、无功功率、视在功率、计算电流及功率因数。

计算电压降时应区分情况，采用不同的计算负荷：校核长时间电压水平（如电压偏差）时，应采用最大负荷或需要负荷；校核短时电压水平（如电压波动）时，应采用尖峰电流。

1.1.3 负荷曲线和计算参数

（1）负荷曲线是表示电力负荷随时间变动的曲线，是负荷计算的重要基础。它通常由实测数据取得，也可套用同类负荷的典型曲线。

（2）负荷曲线的分类：按用电对象分，有区域、工厂、车间、单体建筑、用电设备组等；按时间跨度分，有年、季、月、周、日等；按负荷参数分，有有功功率和无功功率等。

（3）负荷曲线的形式：把实测值顺序相连即为逐点曲线。为便于数据计算，通常绘制成梯形曲线。图 1.1-1 所示为三班制金属加工厂日负荷曲线示例。负荷曲线还可进一步处理成负荷持续时间曲线，以表明不同负荷值出现的频度，示例见图 1.1-2。

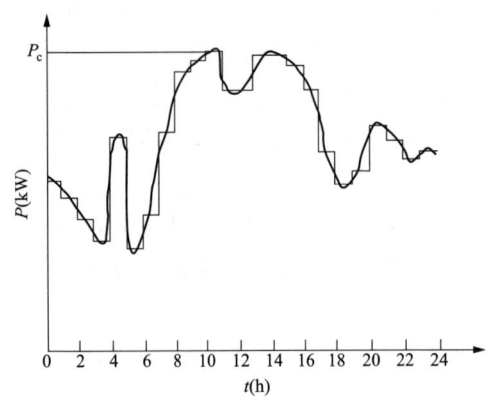
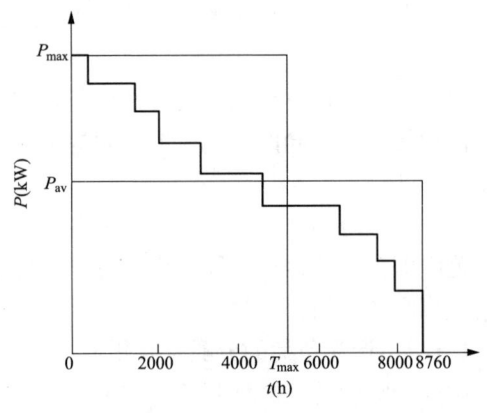

图 1.1-1　日负荷逐点曲线和梯形曲线　　　　图 1.1-2　年负荷持续时间曲线

（4）负荷曲线可形象地表明多种参数及其相互关系，如负荷曲线所包围的面积就是用电负荷在该时间段的电能消耗量，并等于 $P_{max}T_{max}$ 或 $P_{av}t$。

（5）有功计算功率 P_c、无功计算功率 Q_c、视在计算功率 S_c：即最大负荷或需要负荷的有功功率、无功功率、视在功率，参见 1.1.2（1）。

（6）有功平均功率 P_{av}、无功平均功率 Q_{av}：在某一时间阶段 t 内，用电设备的 P_{av}（或 Q_{av}）等于有功电能消耗量 W_t（或无功电能消耗量 V_t）除以该阶段的时间 t。例如，年平均有功功率 $P_{av/a}=W_a/8760h$。

（7）年最大负荷利用小时 T_{max}：是一个假想时间，负荷在此时间内以年最大负荷 P_c 持续运行所消耗的电能，等于实际负荷的年电能消耗量 W_a，即 $T_{max}=W_a/P_c$。

（8）年最大负荷损耗小时 τ_{max}：是一个假想时间，负荷在此时间内以年最大负荷 S_c 持续运行所造成的电网中电能损耗，等于实际负荷全年的电能损耗。

（9）额定功率 P_r（或 S_r）：电气设备的产品说明书或铭牌上标明的功率。对于照明器是灯泡或灯管的功率；对于电动机是轴功率；对于其他设备是由电网输入的功率。

（10）设备功率 P_e：将不同工作制的用电设备的额定功率换算为连续工作制的有功功率，详见 1.2。

（11）利用系数 K_u：一组设备的平均功率与设备功率之比。利用系数是对一定的时间阶段（班、月、年）而言的。

（12）最大系数 K_m：在某一时间阶段内，有功计算功率 P_c 与有功平均功率 P_{av} 之比。最大系数的倒数为该时间阶段的负荷曲线填充系数 K_f。

（13）接通系数 K_s：用电设备在一个周期内的接通持续时间（包括带负荷运行持续时间和空载持续时间）与一个周期的全部持续时间之比。对一组设备而言，接通系数是组内全部设备接通系数的加权平均值。

（14）负荷系数 K_l：用电设备实际需要的有功功率与其设备功率之比。成组负荷系数是成组利用系数与成组接通系数之比。

（15）需要系数 K_d：有功计算功率 P_c 与全组设备功率 P_e 之比。

（16）有功功率同时系数 $K_{\Sigma p}$：母集计算范围的总有功计算功率 P_c 与其各子集有功计算功率总和 $\sum P_c$ 的比值。

（17）无功功率同时系数 $K_{\Sigma q}$：母集计算范围的总无功计算功率 Q_c 与其各子集无功计算功率总和 $\sum Q_c$ 的比值。

（18）用电设备组：负荷特性和工作情况相近、可采用相同计算系数和功率因数的一组用电设备。

（19）最大负荷班：在有代表性的一昼夜中，某一用电设备组、车间或整个企业电能消耗最多的一个班。

1.1.4　负荷计算法的选择

1.1.4.1　单位指标法

（1）分类：包括负荷密度指标法（单位面积功率法）、综合单位指标法、单位产品耗电量法。

（2）简介：源于实用数据的归纳，用相应的指标直接求出结果。

（3）评价：计算过程简便，计算精度低；指标受多种因素的影响，变化范围很大。

（4）适用范围：适用于设备功率不明确的各类项目，如民用建筑中的分布负荷；尤其适用于设计前期的负荷估算和对计算结果的校核。

1.1.4.2　需要系数法

（1）简介：源于负荷曲线的分析。设备功率乘以需要系数得出需要功率；多组负荷相加时，再逐级乘以同时系数。

（2）评价：计算过程较简便。计算精度与用电设备台数有关，台数多时较准确，台数少时误差大。

（3）适用范围：适用于设备功率已知的各类项目，尤其是照明、高压系统和初步设计的负荷计算。计算范围内全部用电设备数为 5 台及以下时，不宜采用需要系数法。

1.1.4.3　利用系数法

（1）简介：其数学模型基于概率论与数理统计。先求易于实测的平均负荷，再乘以最大系数求得最大负荷。最大系数取决于平均利用系数和用电设备有效台数，后者计及设备台数和各台间功率差异的影响。

（2）评价：计算精度高，计算结果比较接近实际；可用于设备台数较少的情况。计算过程较繁，尤其是用电设备有效台数的计算应改进。利用系数的实用数据有待积累。

（3）适用范围：适用于设备功率或平均功率已知的各类项目，尤其是工业企业电力负荷计算。通常不用于照明负荷计算。

注 对已淘汰的旧计算法（如二项式法、ABC法等）和未能在本行业推行的计算法（如新利用系数法、新需要系数法等），本书不作介绍。

1.1.5 本章适用范围和使用说明

（1）本章适用于一般工业和民用工程项目，不适用于特殊行业及特殊装置，如石油钻探、井下采掘、电气化铁路、试验设备等。各行业宜采用业内行之有效的负荷计算方法。

（2）本章仅用于高压配电系统、低压母线和低压配电线路，不适用于低压末端线路。

低压末端线路（如电动机、起重机、电梯、电焊机、电阻炉、整流器等）的计算电流，见第12章。

（3）本章重点是负荷计算法，而非具体数据。各工程的用电指标和计算系数，应采用同类项目的实测数据。如因缺乏数据而参照本章的资料时，也应深入分析负荷性质和使用情况，适当调整有关指标和系数。

注 为保持通用性，常用手册所列计算指标和系数通常偏大，尤其是缺乏实测数据时。

（4）有关资料显示，现有变电站负荷率普遍偏低，有的甚至不到1/3。这表明计算负荷明显偏高。对此，宜采取如下做法：

1）开展负荷调查和实测工作，逐步修订各项指标和计算系数；

2）除中小截面导线外，计算负荷应采用1h最大负荷或2h最大负荷，即压低需要系数和最大系数（参见1.5）。

3）采用多种计算法互相对照，使计算结果接近实测数据或经验指标。

4）计算变压器经济负荷率时，不应采用最大负荷，应采用加权年平均负荷，并按总价最低原则选择变压器容量（参见16.3）。

5）在全面评价各种负荷计算法的基础上，制定负荷计算国家标准和各行业标准。

1.2 设备功率的确定

1.2.1 单台用电设备的设备功率

单台用电设备功率换算的基本原则是：不同工作制用电设备的额定功率统一换算为连续工作制的功率；不同物理量的功率统一换算为有功功率。单台用电设备功率取值的原则是简单方便（如整流器）。

（1）连续工作制电动机的设备功率等于额定功率。

（2）周期工作制电动机的设备功率是将额定功率一律换算为负载持续率100%的有功功率

$$P_e = P_r \sqrt{\varepsilon_r} \tag{1.2-1}$$

式中 P_e——统一负载持续率的有功功率，kW；

P_r——电动机额定功率，kW；

ε_r——电动机额定负载持续率。

注 常见的周期工作制电动机是起重机用电动机。过去的习惯做法是：采用利用系数法时，换算为 ε ＝100％的功率；采用需要系数法时，换算为 ε＝25％的功率。这种不统一的做法应予摒弃；如利用原有的需要系数时，可相应调整其取值。

（3）短时工作制电动机的设备功率是将额定功率换算为连续工作制的有功功率。为解决缺乏简单可靠换算法的问题，可把短时工作制电动机近似的看作周期工作制电动机，再用式（1.2-1）换算。0.5h 工作制电动机可按 ε≈15％考虑，1h 工作制电动机可按 ε≈25％考虑。

注 交流电梯用电动机通常是短时工作制电动机，但在设计阶段难以得到确切数据，还宜考虑其频繁启动和制动。建议按电梯工作情况为"较轻、频繁、特重"，分别按 ε≈15％、ε≈25％、ε≈40％考虑。

（4）电焊机的设备功率是将额定容量换算到负载持续率为 100％的有功功率

$$P_e = S_r \sqrt{\varepsilon_r} \cos\varphi \qquad (1.2-2)$$

式中 P_e——负载持续率 100％的有功功率，kW；

S_r——电焊机的额定容量，kVA；

$\cos\varphi$——功率因数（参见表 1.4-1 或表 1.5-1）。

（5）电炉变压器的设备功率是额定功率因数时的有功功率

$$P_e = S_r \cos\varphi_r \qquad (1.2-3)$$

式中 P_e——设备有功功率，kW；

S_r——电炉变压器的额定容量，kVA；

$\cos\varphi_r$——电炉变压器的额定功率因数。

（6）整流器的设备功率取额定直流功率。

（7）以下电光源的设备功率应直接取灯功率（即输入功率）：①白炽灯，没有附件；②低压卤素灯，灯功率已含电子变压器功率损耗；③自镇流荧光灯，已含内装的镇流器功率损耗；④LED 灯，已含驱动电源功率损耗。

（8）表 1.2-1 中电光源的设备功率应取总输入功率或灯功率加镇流器功率损耗。

表 1.2-1　　　　　　　　　　电光源的总输入功率或镇流器的功率损耗

电光源 类型		配用的 镇流器	灯功率 （W）	总输入功率 （W）	镇流器功率损耗与灯 功率之比（%）
T8 直管荧光灯		高频电子 镇流器	36	36～38	
			18	20～22	
		节能电感 镇流器	36	41～43	
			18	23～25	
T5 直管 荧光灯		高频电子 镇流器	28	32～34	
			14	18～20	
高压钠灯		节能电感 镇流器	≥400		7～9
			≤250		8～11
		电子式 镇流器	≥400		7～8
			≤250		8～10
金卤灯	钪钠灯	节能电感 镇流器	≥400		12～15
			≤250		15～17
	钠铊铟灯	节能电感 镇流器	≥400		10～12
			≤250		12～14

1.2.2 多台用电设备的设备功率

多台用电设备的设备功率的合成原则是：计算范围内不可能同时出现的负荷不叠加。

1.2.2.1 用电设备组的设备功率

用电设备组的设备功率是所有单个用电设备的设备功率之和，但不包括下列设备：

1）备用设备。

注 包含工作设备和备用设备的一组负荷分属不同的计算范围时，应按可能出现的组合方式取值。

2）专门用于检修的设备（如动力站房的起重机）和工作时间很短的设备（如电动闸阀）。

注 计算范围内以这些负荷为主时，应按实际情况处理。

1.2.2.2 计算范围（配电点）的总设备功率

计算范围（配电点）的总设备功率应取所接入的各用电设备组设备功率之和，并符合下列要求：

（1）计算正常电源的负荷时，仅在消防时才工作的设备不应计入总设备功率。

（2）同一计算范围内的季节性用电设备（如采暖设备和舒适性空调的制冷设备），应选取两者中较大者计入总设备功率。

（3）计算备用电源的负荷时，应根据负荷性质和供电要求，选取应计入的设备功率。

（4）应急电源的负荷计算详见 2.6。

1.3 单位指标法求计算负荷

1.3.1 负荷密度指标法

（1）负荷密度指标法（单位面积功率法）的计算有功功率为

$$P_c = \frac{p_a A}{1000} \tag{1.3-1}$$

式中 P_c——计算有功功率，kW；

p_a——负荷密度，W/m²；

A——建筑面积，m²。

规划单位建设用地负荷指标和规划单位建筑面积负荷指标见参见表 1.3-1。

表 1.3-1 规划单位建设用地负荷指标和规划单位建筑面积负荷指标 W/m²

类 别		单位建设用地负荷指标	类 别		单位建筑面积负荷指标
城市建设用地类别	居住用地	10～40	建筑类别	居住建筑	30～70 (4～16kW/户)
	商业服务业设施用地	40～120			
	公共管理与公共服务设施用地	30～80		公共建筑	40～150
	工业用地	20～80		工业建筑	40～120
	物流仓储用地	2～4		仓储物流建筑	15～50
	道路与交通设施用地	1.5～3		市政设施建筑	20～50
	公用设施用地	15～20			
	绿地与广场用地	1～3			

（2）单位指标受多种因素的影响，如地理位置、气候条件、地区发展水平、居民生活习惯、建筑规模大小、建设标准高低、使用能源种类、节能措施力度等。

作为示例，表 1.3-2 列出了上海市各类建筑用电负荷指标和陕西省详细规划用最高用电负荷指标；表 1.3-3 列出了工厂部分车间负荷密度和功率因数。

表 1.3-2 各类建筑用电负荷指标示例 W/m²

建筑类别		负荷密度		建筑类别	负荷密度
		中心城和新城	新市镇		
上海市控规技术准则的用电负荷指标				陕西省规划设计院的预测指标	
住宅建筑	平均值	50~60		住宅	80
	90m² 以下	60	50		
	90~140m²	75	60		
	140m² 以上	70	60		
公共建筑	平均值	80~90		—	
	办公金融	100	80	办公金融	90
	商业	120	100	商业	100
	医疗卫生	90	80	医疗卫生	70
	教育科研	80	60	教育科研	50
	文化娱乐	90	80	文化娱乐	80
工业建筑	平均值	55~60		—	
	研发	80~90			
	精细化工、生物制药	90~100			
	电子信息	55~80			
	精密机械、新型材料	50~60			
市政设施		35~40			
仓储物流		10~40			
公共绿地		2			
道路广场		2			

表 1.3-3 工厂部分车间负荷密度和功率因数

车间名称		负荷密度 (W/m²)	cosφ	tanφ	备 注
金属加工	小型机床部	100~290	0.55~0.65	1.52~1.17	
	中型机床部	300~500	0.55~0.65	1.52~1.17	
	装配部	150~350	0.4~0.5	2.29~1.73	
铸铁车间		60	0.7	1.02	
铸钢车间		55~60	0.65	1.17	不包括电弧炉
工具车间		100~120	0.65	1.17	
铆焊车间		40~200	0.45~0.5	1.98~1.73	
金属结构车间		150	0.35~0.45	2.67~1.98	
木工车间		60	0.6	1.33	

注 摘自《钢铁企业电力设计手册（上册）》第 109 页。

（3）单位指标的取值应根据同类项目实测数据的不断积累、细化和深化。例如，高层建筑先按地库、裙房和塔楼区分，裙房再按办公金融、商店、餐饮等细分，商店进一步按百货、家电、珠宝等细化。再如，用电负荷可区分为均布负荷（照明、办公等）和集中负荷（电梯、冷冻机等）；冷冻机可细分为压缩式制冷和吸收式制冷，并可深化为是否蓄冰等。

（4）除负荷密度指标外，还有变压器装设容量指标，可供设计前期工作中参照。例如，我国各地已建成的旅游宾馆，配电变压器装设容量多为 $80\sim100\text{VA/m}^2$。上海市电力公司给出的公共建筑变压器配置容量见表 1.3-4（按"N-1"原则配置，即变电站一台变压器退出时，其余变压器能带全部负荷）。

表 1.3-4 公共建筑变压器配置容量 VA/m²

建筑类型	变压器配置容量	建筑类型	变压器配置容量
小型商业（不超过 30 000m²）等	≥150	剧场、高校、展览馆等	≥120
大中型商业、饭店、休闲场所	≥120	旅馆、体育建筑等	≥100
办公楼、宾馆、酒店、医院等	≥130	车库	≥34

1.3.2 综合单位指标法

（1）综合单位指标法的计算有功功率为

$$P_c = p_n N \qquad (1.3\text{-}2)$$

式中 P_c——计算有功功率，kW；

p_n——综合单位用电指标，如 kW/户、kW/人、kW/床等；

N——综合单位数量，如户数、人数、床位数等。

综合单位可选取任何便于实测、统计和应用的单位。例如，高档宾馆可按 $2\sim2.4\text{kW/}$床估算；影剧院可按 0.26kVA/座位估算；电梯用于住宅、商业、多层厂房者，可分别按30、40、50kVA/部估算；电动汽车充电桩可按 7 kW/桩考虑。

（2）综合单位指标在住宅设计中应用最广。每套住宅的用电指标具有双重属性：用于选择入户线和电能表时，它是计算功率；用于上级计算范围（如楼座、变电站）的负荷计算时，则代替每套住宅的设备功率。

单位指标受多种因素的影响，不宜简单地规定硬性指标，特别是全国通用的指标。表1.3-5 列出了住宅用电负荷的几种指标。住宅用电负荷的需要系数见表 1.3-6。表 1.3-7 列出了住宅用电负荷和需要系数的实测参考值。

表 1.3-5 每套住宅用电负荷和电能表的选择

每套建筑面积 S (m²)	用电负荷 (kW)	电能表 (A)	每套建筑面积 S (m²)	用电负荷 (kW)	电能表 (A)
JGJ 242—2011《住宅建筑电气设计规范》			南方电网公司		
S≤60	≥3	5(20)	S≤80	4	
60＜S≤90	≥4	10(40)	81～120	6	
90＜S≤150	≥6	10(40)	121～150	8～10	
S＞150	超出面积可按 40～50W/m²		S＞150 的高档住宅、别墅	12～20	
			香港中华电力公司		
上海市电力公司			20～50	2.8kVA	
S≤120	8		51～90	3.2kVA	
120～150	12		91～160	4.2kVA	
S＞150	80W/m²		S＞160	4.6kVA	
别墅	≥100W/m²		豪华式和有中央空调	0.45kVA/m²	

表 1.3-6 　　　　　　　　　　　　　　住宅用电负荷的需要系数

按单相配电计算时所连接的基本户数	按三相配电计算时所连接的基本户数	需要系数
1～3	3～9	0.90～1.00
4～8	12～24	0.65～0.90
9～12	27～36	0.50～0.65
13～24	39～72	0.45～0.50
25～124	75～372	0.40～0.45
125～259	375～777	0.30～0.40
260～300	780～900	0.26～0.30

注　1. 本表已按《住宅建筑电气设计规范》编制组发布于《建筑电气》2012 年第 8 期的"JGJ 242—2011《住宅建筑电气设计规范》勘误"调整。

　　2. 住宅的公用照明和公用电力负荷需要系数可取 0.8。

表 1.3-7 　　　　　　　　　住宅用电负荷和需要系数的实测参考值　　　　　　　　　kW

地　区	户数	单户用电负荷			需要系数	
		计算值	实测值（夏季）	实测值（冬季）	计算值	实测值
严寒（哈尔滨）	28	6	3.98	2.93	0.5～0.65	0.13
寒冷（北京）	60	6	—	—	0.45～0.5	0.14
夏热冬冷（上海）	18	6	3.75	5.76	0.65～0.9	0.36
夏热冬暖（深圳）	14	6	3.98	4.70	0.65～0.9	0.34

1.3.3　单位产品耗电量法

单位产品耗电量法的计算有功功率为

$$P_c = \frac{w_n N}{T_{\max}} \tag{1.3-3}$$

式中　P_c——计算有功功率，kW；

　　　w_n——单位产品电能消耗量，如 kWh/t、kWh/台、kWh/套等；

　　　N——年产量，如 t、台、套等；

　　　$T_{\max}$——年最大负荷利用小时，h。

w_n 和 N 由工艺专业提供。单位产品耗电量示例见表 1.3-8。年最大负荷利用小时 $T_{\max}$ 的参考数据详见 1.9。

表 1.3-8 　　　　　　　　　　　　单位产品的电能消耗量示例

标准产品	产品单位	单位产品耗电量（kWh）	标准产品	产品单位	单位产品耗电量（kWh）
有色金属铸造	t	600～1000	变压器	kVA	2.5
电解铝	t	14 200～15 300	静电电容器	kvar	3
钢铁综合耗电	t	750	电动机	kW	14
合成氨	t	1250	量具刃具	t	6300～8500
烧碱	t	2300	轴承	套	1～2.5～4
水泥综合耗电	t	97	铸铁件	t	300
重型机床	t	1600	锻铁件	t	30～80
机床	t	1000	纱	t	40
拖拉机	台	5000～8000	棉布	100m	34
汽车	辆	1500～2500	橡胶制品	t	250～400
自行车	辆	20～25			

1

1.4　需要系数法求计算负荷

1.4.1　用电设备组的计算功率

有功功率

$$P_c = K_d P_e \qquad (1.4\text{-}1)$$

无功功率

$$Q_c = P_c \tan\varphi \qquad (1.4\text{-}2)$$

1.4.2　配电干线或车间变电站的计算功率

有功功率

$$P_c = K_{\Sigma p} \sum(K_d P_e) \qquad (1.4\text{-}3)$$

无功功率

$$Q_c = K_{\Sigma q} \sum(K_d P_e \tan\varphi) \qquad (1.4\text{-}4)$$

1.4.3　计算视在功率和计算电流

视在功率

$$S_c = \sqrt{P_c^2 + Q_c^2} \qquad (1.4\text{-}5)$$

计算电流

$$I_c = \frac{S_c}{\sqrt{3}U_n} \qquad (1.4\text{-}6)$$

以上各式中　P_c——计算有功功率，kW；

Q_c——计算无功功率，kvar；

S_c——计算视在功率，kVA；

I_c——计算电流，A；

P_e——用电设备组的设备功率，kW；

K_d——需要系数，见表 1.4-1～表 1.4-5；

$\tan\varphi$——计算负荷功率因数角的正切值，见表 1.4-1～表 1.4-4、表 1.4-6；

$K_{\Sigma p}$——有功功率同时系数；

$K_{\sum q}$——无功功率同时系数；

U_n——系统标称电压（线电压），kV。

　　同时系数也称参差系数或最大负荷重合系数，$K_{\Sigma p}$ 可取 0.8～0.9，$K_{\Sigma q}$ 可取 0.93～0.97，简化计算时可与 $K_{\Sigma p}$ 相同。通常，用电设备数量越多，同时系数越小。对于较大的多级配电系统，可逐级取同时系数。

表 1.4-1　　　　　　　工业用电设备的需要系数和功率因数 $\tan\varphi$

用电设备组名称		需要系数 K_d	功率因数	
			$\cos\varphi$	$\tan\varphi$
单独传动的金属加工机床	小批生产的金属冷加工机床	0.12～0.16	0.50	1.73
	大批生产的金属冷加工机床	0.17～0.20	0.50	1.73
	小批生产的金属热加工机床	0.20～0.25	0.55～0.60	1.51～1.33
	大批生产的金属热加工机床	0.25～0.28	0.65	1.17

用电设备组名称			需要系数 K_d	功率因数	
				$\cos\varphi$	$\tan\varphi$
锻锤、压床、剪床及其他锻工机械			0.25	0.60	1.33
木工机械			0.20~0.30	0.50~0.60	1.73~1.33
液压机			0.30	0.60	1.33
生产用通风机			0.75~0.85	0.80~0.85	0.75~0.62
卫生用通风机			0.65~0.70	0.80	0.75
泵、活塞压缩机、空调送风机			0.75~0.85	0.80	0.75
冷冻机组			0.85~0.90	0.80~0.90	0.75~0.48
球磨机、破碎机、筛选机、搅拌机等			0.75~0.85	0.80~0.85	0.75~0.62
电阻炉（带调压器或变压器）		非自动装料	0.60~0.70	0.95~0.98	0.33~0.20
		自动装料	0.70~0.80	0.95~0.98	0.33~0.20
		干燥箱、电加热器等	0.40~0.60	1.00	0
工频感应电炉（不带无功补偿装置）			0.80	0.35	2.68
高频感应电炉（不带无功补偿装置）			0.80	0.60	1.33
焊接和加热用高频加热设备			0.50~0.65	0.70	1.02
熔炼用高频加热设备			0.80~0.85	0.80~0.85	0.75~0.62
表面淬火电炉（带无功补偿装置）		电动发电机	0.65	0.70	1.02
		真空管振荡器	0.80	0.85	0.62
		中频电炉（中频机组）	0.65~0.75	0.80	0.75
氢气炉（带调压器或变压器）			0.40~0.50	0.85~0.90	0.62~0.48
真空炉（带调压器或变压器）			0.55~0.65	0.85~0.90	0.62~0.48
电弧炼钢炉变压器			0.90	0.85	0.62
电弧炼钢炉的辅助设备			0.15	0.50	1.73
点焊机、缝焊机			0.35, 0.20[①]	0.60	1.33
对焊机			0.35	0.70	1.02
自动弧焊变压器			0.50	0.50	1.73
单头手动弧焊变压器			0.35	0.35	2.68
多头手动弧焊变压器			0.40	0.35	2.68
单头直流弧焊机			0.35	0.60	1.33
多头直流弧焊机			0.70	0.70	1.02
金属加工、机修、装配车间用起重机[②]			0.10~0.25	0.50	1.73
铸造车间用起重机[②]			0.15~0.45	0.50	1.73
连锁的连续运输机械			0.65	0.75	0.88
非连锁的连续运输机械			0.50~0.60	0.75	0.88
一般工业用硅整流装置			0.50	0.70	1.02
电镀用硅整流装置			0.50	0.75	0.88
电解用硅整流装置			0.70	0.80	0.75

1

用电设备组名称	需要系数 K_d	功率因数	
		$\cos\varphi$	$\tan\varphi$
红外线干燥设备	0.85~0.90	1.00	0
电火花加工装置	0.50	0.60	1.33
超声波装置	0.70	0.70	1.02
X光设备	0.30	0.55	1.52
磁粉探伤机	0.20	0.40	2.29
电子计算机主机	0.60~0.70	0.80	0.75
电子计算机外部设备	0.40~0.50	0.50	1.73
试验设备（电热为主）	0.20~0.40	0.80	0.75
试验设备（仪表为主）	0.15~0.20	0.70	1.02
铁屑加工机械	0.40	0.75	0.88
排气台	0.50~0.60	0.90	0.48
老炼台	0.60~0.70	0.70	1.02
陶瓷隧道窑	0.80~0.90	0.95	0.33
拉单晶炉	0.70~0.75	0.90	0.48
赋能腐蚀设备	0.60	0.93	0.40
真空浸渍设备	0.70	0.95	0.33

① 电焊机的需要系数 0.2 仅用于电子行业以及焊接机器人。
② 起重机的设备功率为换算到 $\varepsilon=100\%$ 的功率，其需要系数已相应调整。

表 1.4-2 高压用电设备的需要系数及功率因数

设备名称	需要系数 K_d	功率因数	
		$\cos\varphi$	$\tan\varphi$
电弧炉变压器	0.92	0.87	0.57
转炉鼓风机	0.70	0.80	0.75
水压机	0.50	0.75	0.88
煤气站排风机	0.7	0.8	0.75
空压站压缩机	0.7	0.8	0.75
氧气压缩机	0.8	0.8	0.75
轧钢设备	0.8	0.8	0.75
试验电动机组	0.5	0.75	0.75
高压给水泵（异步电动机）	0.5	0.8	0.88
高压输水泵（同步电动机）	0.8	0.92	0.75
引风机、送风机	0.8~0.9	0.85	0.43
有色金属轧机	0.15~0.2	0.7	0.62

表 1.4-3 民用建筑用电设备的需要系数及功率因数

用电设备组名称		需要系数 K_d	功率因数	
			$\cos\varphi$	$\tan\varphi$
通风和采暖用电	各种风机、空调器	0.70~0.80	0.80	0.75
	恒温空调箱	0.60~0.70	0.95	0.33
	集中式电热器	1.00	1.00	0
	分散式电热器	0.75~0.95	1.00	0
	小型电热设备	0.30~0.5	0.95	0.33

续表

用电设备组名称			需要系数 K_d	功率因数	
				$\cos\varphi$	$\tan\varphi$
冷冻机			0.85～0.90	0.80～0.9	0.75～0.48
各种水泵			0.60～0.80	0.80	0.75
锅炉房用电			0.75～0.80	0.80	0.75
电梯（交流）			0.18～0.22	0.5～0.6	1.73～1.33
输送带、自动扶梯			0.60～0.65	0.75	0.88
起重机械			0.10～0.20	0.50	1.73
厨房及卫生用电		食品加工机械	0.50～0.70	0.80	0.75
		电饭锅、电烤箱	0.85	1.00	0
		电炒锅	0.70	1.00	0
		电冰箱	0.60～0.70	0.70	1.02
		热水器（淋浴用）	0.65	1.00	0
		除尘器	0.30	0.85	0.62
机修用电		修理间机械设备	0.15～0.20	0.50	1.73
		电焊机	0.35	0.35	2.68
		移动式电动工具	0.20	0.50	1.73
打包机			0.20	0.60	1.33
洗衣房动力			0.30～0.50	0.70～0.9	1.02～0.48
天窗开闭机			0.10	0.50	1.73
通信及信号设备			0.70～0.90	0.70～0.9	0.75
客房床头电气控制箱			0.15～0.25	0.70～0.85	1.02～0.62

表 1.4-4   **旅游宾馆用电设备的需要系数及功率因数**

用电设备组名称		需要系数 K_d	功率因数	
			$\cos\varphi$	$\tan\varphi$
照明	客房	0.35～0.45	0.90	0.48
	其他场所	0.50～0.70	0.60～0.90	1.33～0.48
冷水机组、泵		0.65～0.75	0.80	0.75
通风机		0.60～0.70	0.80	0.75
电梯		0.18～0.22	0.50	1.73
洗衣机		0.30～0.35	0.70	1.02
厨房设备		0.35～0.45	0.75	0.88
窗式空调机		0.35～0.45	0.80	0.75

表 1.4-5   **照明用电设备的需要系数 K_d**

建筑类别	K_d	建筑类别	K_d
生产厂房（有天然采光）	0.80～0.90	设计室	0.90～0.95
生产厂房（无天然采光）	0.90～1.00	科研楼	0.80～0.90
锅炉房	0.90	综合商业服务楼	0.75～0.85
仓库	0.50～0.70	商店	0.85～0.90
办公楼	0.70～0.80	体育馆	0.70～0.80

1

建筑类别	K_d	建筑类别	K_d
展览馆	0.70～0.80	托儿所、幼儿园	0.80～0.9
旅馆	0.60～0.70	集体宿舍	0.60～0.80
医院	0.50	食堂，餐厅	0.80～0.90
学校	0.60～0.70		

表 1.4-6　　　　　　　　　照明用电设备的功率因数

光源类别		$\cos\varphi$	$\tan\varphi$	光源类别	$\cos\varphi$	$\tan\varphi$
	白炽灯、卤钨灯	1.00	0.00	金属卤化物灯	0.40～0.55	2.29～1.52
荧光灯	电感镇流器（无补偿）	0.50	1.73	氙灯	0.90	0.48
	电感镇流器（有补偿）	0.90[①]	0.48	霓虹灯	0.4～0.5	2.29～1.73
	电子镇流器[①]（>25W）	0.95～0.98	0.33～0.20	LED灯（≤5W）	0.4	2.29
	高压汞灯	0.4～0.55	2.29～1.52	LED灯（>5W）	0.7	1.02
	高压钠灯	0.26～0.50	2.29～1.73	LED灯（宣称高功率因数者）	0.9	0.48

① 按实际补偿后的功率因数。灯具小于25W时，镇流器应做消谐处理。

表 1.4-7　　　　　　　　　$\cos\varphi$ 与 $\tan\varphi$、$\sin\varphi$ 对应值

$\cos\varphi$	$\tan\varphi$	$\sin\varphi$	$\cos\varphi$	$\tan\varphi$	$\sin\varphi$	$\cos\varphi$	$\tan\varphi$	$\sin\varphi$
1.000	0.000	0.000	0.870	0.567	0.493	0.650	1.169	0.760
0.990	0.142	0.141	0.860	0.593	0.510	0.600	1.333	0.800
0.980	0.203	0.199	0.850	0.620	0.527	0.550	1.518	0.835
0.970	0.251	0.243	0.840	0.646	0.543	0.500	1.732	0.866
0.960	0.292	0.280	0.830	0.672	0.558	0.450	1.985	0.893
0.950	0.329	0.312	0.820	0.698	0.572	0.400	2.291	0.916
0.940	0.363	0.341	0.810	0.724	0.586	0.350	2.676	0.937
0.930	0.395	0.367	0.800	0.750	0.600	0.300	3.180	0.954
0.920	0.426	0.392	0.780	0.802	0.626	0.250	3.873	0.968
0.910	0.456	0.415	0.750	0.882	0.661	0.200	4.899	0.980
0.900	0.484	0.436	0.720	0.964	0.694	0.150	6.591	0.989
0.890	0.512	0.456	0.700	1.020	0.714	0.100	9.950	0.995
0.880	0.540	0.475	0.680	1.078	0.733			

1.4.4　配电站或总降压变电站的计算负荷，为各车间变电站计算负荷之和再乘以同时系数 $K_{\Sigma p}$ 和 $K_{\Sigma q}$。配电站的 $K_{\Sigma p}$ 和 $K_{\Sigma q}$ 分别取 0.85～1 和 0.95～1，总降压变电站的 $K_{\Sigma p}$ 和 $K_{\Sigma q}$ 分别取 0.8～0.9 和 0.93～0.97。当简化计算时，同时系数 $K_{\Sigma p}$ 和 $K_{\Sigma q}$ 可都取 $K_{\Sigma p}$ 值。

对于多级高压配电系统，特别是多级降压的供配电系统，应逐级多次取同时系数。

1.4.5　计算结果应与同类项目的实测数据或经验指标对照。如偏离较大，应找出原因，调整需要系数和同时系数。表 1.4-8 列出了部分工厂设计的全厂总需要系数，数据偏大，仅供参考。

表 1.4-8   部分工厂全厂总需要系数

工厂类别	总需要系数	工厂类别	总需要系数
汽轮机制造厂	0.33	电机制造厂	0.33
锅炉厂	0.27	石油机械厂	0.45
柴油机厂	0.35	电线电缆厂	0.35
重型机械厂	0.32	电气开关厂	0.35
机床厂	0.2	阀门制造厂	0.38
重型机床厂	0.32	橡胶厂	0.5
工具厂	0.34	通用机械厂	0.4
仪器仪表厂	0.37	半导体制造厂	0.45
量具刃具厂	0.26	平板显示器工厂	0.5

1.4.6 用电设备台数为 5 台及以下时，不宜采用需要系数法，推荐用利用系数法计算。

1.4.7 应急系统的负荷计算见 2.6。

1.5 利用系数法求计算负荷

1.5.1 利用系数法的计算步骤

（1）最大负荷班的用电设备组平均负荷。

有功功率

$$P_{av} = K_u P_e \tag{1.5-1}$$

无功功率

$$Q_{av} = P_{av} \tan\varphi \tag{1.5-2}$$

式中　P_{av}——用电设备组的有功平均功率，kW；

　　　Q_{av}——用电设备组的无功平均功率，kvar

　　　P_e——用电设备组的设备功率，kW；

　　　K_u——最大负荷班的用电设备组利用系数，见表 1.5-1；

　　　$\tan\varphi$——用电设备组的功率因数角的正切值，见表 1.5-1。

表 1.5-1   利用系数 K_u 和功率因数 $\cos\varphi$ 及 $\tan\varphi$

用电设备组名称	利用系数 K_u	功率因数	
		$\cos\varphi$	$\tan\varphi$
一般工作制小批生产用金属切削机床（小型车床、刨床、插床、铣床、钻床、砂轮机等）	0.1~0.12	0.50	1.73
一般工作制大批生产用金属切削机床	0.12~0.14	0.50	1.73
重工作制金属切削机床（冲床、自动车床、六角车床、大型车床、粗磨、铣齿、刨床、铣床、镗床、立车）	0.16	0.55	1.51
小批生产金属热加工机床（锻锤传动装置、锻造机、拉丝机、清理转磨筒、碾磨机等）	0.17	0.60	1.33
大批生产金属热加工机床	0.20	0.65	1.17
移动式电动工具	0.05	0.50	1.73
生产用通风机	0.55	0.80	0.75
卫生用通风机	0.50	0.80	0.75
泵、空气压缩机、电动发电机组	0.55	0.80	0.75
非连锁的连续运输机械（提升机、皮带运输机、螺旋运输机等）	0.35	0.75	0.88
连锁的连续运输机械	0.50	0.75	0.88
起重机及电动葫芦（ε＝100%）	0.15~0.20	0.50	1.73

用电设备组名称	利用系数 K_u	功率因数	
		$\cos\varphi$	$\tan\varphi$
电阻炉、干燥箱、加热器设备	0.55~0.65	0.95	0.33
试验室用小型电热设备	0.35	1.00	0.00
10t 以下电弧炼钢炉	0.65	0.80	0.75
单头直流弧焊机	0.25	0.60	1.33
多头直流弧焊机	0.50	0.70	1.02
单头弧焊变压器	0.25	0.35	2.67
多头弧焊变压器	0.30	0.35	2.67
自动弧焊机	0.30	0.50	1.73
点焊机及缝焊机	0.25	0.60	1.33
对焊机及铆钉加热器	0.25	0.70	1.02
工频感应电炉	0.75	0.35	2.67
高频感应电炉（用电动发电机组）	0.70	0.80	0.75
高频感应电炉（用真空管振荡器）	0.65	0.65	1.17

（2）全计算范围的总利用系数

$$K_{ut} = \frac{\sum P_{av}}{\sum P_e} \tag{1.5-3}$$

式中　K_{ut}——总利用系数；

　　$\sum P_{av}$——各用电设备组的有功平均功率之和，kW；

　　$\sum P_e$——各用电设备组的设备功率之和，kW。

（3）用电设备有效台数 n_{eq}：各台设备功率和运行方式不相同的实际用电设备组，如转化为某一假想的各台设备功率和运行方式均相同的用电设备组，而其最大计算负荷仍保持不变，则该假想用电设备组的台数就是这一实际用电设备组的有效（换算）台数。用电设备有效台数的精确计算式为

$$n_{eq} = \frac{\left(\sum\limits_{i=1}^{n} P_{ei}\right)^2}{\sum\limits_{i=1}^{n} P_{ei}^2} \tag{1.5-4}$$

式中　n_{eq}——用电设备的有效台数；

　　P_{ei}——第 i 台用电设备的设备功率，kW。

注　用电设备有效台数的简化计算详见 1.5.2。

（4）最大系数 K_m：根据 K_{ut} 和 n_{eq}，从表 1.5-2 查得。较小截面导体（≤3×35mm² 的绝缘线和电缆）采用 0.5h 最大系数；中等截面导体（≥3×50mm² 的绝缘线和 3×50mm²～3×120mm² 的电缆）采用 1h 最大系数；变压器和大截面导体（≥3×150mm² 的电缆）采用 2h 最大系数。无论是 n_{eq}、K_{ut} 还是 K_m，均可采用挡间插入法。

注　在选择最大系数时，导体截面虽然未知，但可按平均功率预估，通常无需试算。

任意时长的最大系数按下式换算

$$K_{m(t)} \leqslant 1 + \frac{K_{m(0.5)} - 1}{\sqrt{2t}} \tag{1.5-5}$$

式中　$K_{m(t)}$——任意时长的最大系数；

　　$K_{m(0.5)}$——0.5h 最大系数；

　　t——导体达到稳定温升的时长，h。

表 1.5-2　　0.5 h/1h/2h 最大系数 K_m

n_{eq}	$K_{ut}=0.1$	$K_{ut}=0.15$	$K_{ut}=0.2$	$K_{ut}=0.3$	$K_{ut}=0.4$	$K_{ut}=0.5$	$K_{ut}=0.6$	$K_{ut}=0.7$	$K_{ut}=0.8$
4	3.43	3.11/2.49/2.06	2.64/2.16/1.82	2.14/1.81/1.57	1.87/1.62/1.44	1.65/1.46/1.33	1.46/1.33/1.23	1.29/1.21/1.15	1.14/1.10/1.07
5	3.23	2.87/2.32/1.94	2.42/2.00/1.71	2.00/1.71/1.50	1.76/1.54/1.38	1.57/1.40/1.29	1.41/1.29/1.21	1.26/1.18/1.13	1.12/1.08/1.06
6	3.04	2.64/2.16/1.82	2.24/1.88/1.62	1.68/1.62/1.44	1.66/1.47/1.33	1.51/1.36/1.26	1.37/1.26/1.19	1.23/1.16/1.12	1.10/1.07/1.05
7	2.88	2.48/2.05/1.74	2.10/1.78/1.55	1.80/1.57/1.40	1.58/1.41/1.29	1.45/1.32/1.23	1.33/1.23/1.17	1.21/1.15/1.11	1.09/1.06/1.05
8	2.72	2.31/1.93/1.66	1.99/1.70/1.50	1.72/1.51/1.36	1.52/1.37/1.26	1.40/1.28/1.20	1.30/1.21/1.15	1.20/1.14/1.10	1.08/1.06/1.04
9	2.56	2.20/1.85/1.60	1.90/1.64/1.45	1.65/1.46/1.33	1.47/1.33/1.24	1.37/1.26/1.19	1.28/1.20/1.14	1.18/1.13/1.09	1.08/1.06/1.04
10	2.42	2.10/1.78/1.55	1.84/1.59/1.42	1.60/1.42/1.30	1.43/1.30/1.22	1.34/1.24/1.17	1.26/1.18/1.13	1.16/1.11/1.08	1.07/1.05/1.04
12	2.24	1.96/1.68/1.48	1.75/1.53/1.38	1.52/1.38/1.26	1.36/1.25/1.18	1.28/1.20/1.14	1.23/1.16/1.12	1.15/1.11/1.08	1.07/1.05/1.04
14	2.10	1.85/1.60/1.43	1.67/1.47/1.34	1.45/1.32/1.23	1.32/1.23/1.16	1.25/1.18/1.13	1.20/1.14/1.10	1.13/1.09/1.07	1.07/1.05/1.04
16	1.99	1.77/1.54/1.37	1.61/1.43/1.31	1.41/1.29/1.22	1.28/1.20/1.14	1.23/1.16/1.12	1.18/1.13/1.09	1.12/1.08/1.06	1.06/1.04/1.03
18	1.91	1.70/1.49/1.35	1.55/1.39/1.28	1.37/1.26/1.19	1.26/1.18/1.13	1.21/1.15/1.11	1.16/1.11/1.08	1.11/1.08/1.06	1.06/1.04/1.03
20	1.84	1.65/1.46/1.33	1.50/1.35/1.25	1.34/1.24/1.17	1.24/1.17/1.12	1.20/1.14/1.10	1.15/1.11/1.08	1.11/1.08/1.06	1.06/1.04/1.03
25	1.71	1.55/1.39/1.28	1.40/1.28/1.20	1.28/1.20/1.14	1.21/1.15/1.11	1.17/1.12/1.09	1.14/1.10/1.07	1.10/1.07/1.05	1.06/1.04/1.03
30	1.62	1.46/1.33/1.23	1.34/1.24/1.17	1.24/1.17/1.12	1.19/1.13/1.10	1.16/1.11/1.08	1.13/1.09/1.06	1.10/1.07/1.05	1.05/1.04/1.03
35	1.56	1.41/1.29/1.21	1.30/1.21/1.15	1.21/1.15/1.11	1.17/1.12/1.09	1.15/1.11/1.08	1.12/1.08/1.06	1.09/1.06/1.05	1.05/1.04/1.03
40	1.50	1.37/1.26/1.19	1.27/1.19/1.14	1.19/1.13/1.10	1.15/1.11/1.08	1.13/1.09/1.06	1.12/1.08/1.06	1.09/1.06/1.05	1.05/1.04/1.03
45	1.45	1.33/1.23/1.17	1.25/1.18/1.13	1.17/1.12/1.09	1.14/1.10/1.07	1.12/1.08/1.06	1.11/1.08/1.06	1.08/1.06/1.05	1.04/1.03/1.02
50	1.40	1.30/1.21/1.15	1.23/1.16/1.12	1.16/1.11/1.08	1.14/1.10/1.07	1.11/1.08/1.06	1.10/1.07/1.05	1.08/1.06/1.04	1.04/1.03/1.02
60	1.32	1.25/1.18/1.13	1.19/1.13/1.10	1.14/1.10/1.07	1.12/1.08/1.06	1.11/1.08/1.06	1.09/1.06/1.05	1.07/1.05/1.04	1.03/1.02/1.02
70	1.27	1.22/1.16/1.11	1.17/1.12/1.09	1.12/1.08/1.06	1.10/1.07/1.05	1.10/1.07/1.05	1.09/1.06/1.05	1.06/1.04/1.03	1.03/1.02/1.02
80	1.25	1.20/1.14/1.05	1.15/1.11/1.08	1.11/1.08/1.06	1.10/1.07/1.05	1.10/1.07/1.05	1.08/1.06/1.04	1.06/1.04/1.04	1.03/1.02/1.02
90	1.23	1.18/1.13/1.09	1.13/1.09/1.07	1.10/1.08/1.05	1.09/1.06/1.05	1.09/1.06/1.05	1.08/1.06/1.04	1.05/1.04/1.03	1.02/1.01/1.01
100	1.21	1.17/1.12/1.09	1.12/1.08/1.06	1.10/1.08/1.05	1.08/1.06/1.04	1.08/1.06/1.04	1.07/1.05/1.04	1.05/1.04/1.03	1.02/1.01/1.01
120	1.19	1.16/1.11/1.08	1.12/1.08/1.06	1.09/1.06/1.05	1.07/1.05/1.04	1.07/1.05/1.04	1.07/1.05/1.04	1.05/1.04/1.03	1.02/1.01/1.01
160	1.16	1.13/1.09/1.07	1.10/1.08/1.05	1.08/1.06/1.04	1.05/1.04/1.03	1.05/1.04/1.03	1.05/1.04/1.03	1.04/1.03/1.02	1.02/1.01/1.01
200	1.15	1.12/1.08/1.06	1.09/1.06/1.05	1.07/1.05/1.04	1.05/1.04/1.03	1.05/1.04/1.03	1.05/1.04/1.03	1.04/1.03/1.02	1.01/1.01/1.01
240	1.14	1.11/1.08/1.06	1.08/1.06/1.04	1.07/1.05/1.04	1.05/1.04/1.03	1.05/1.04/1.03	1.05/1.04/1.03	1.03/1.02/1.02	1.01/1.01/1.01

注　$K_{ut}=0.1$ 一列为 0.5h 最大系数。

1

（5）计算负荷。有功功率

$$P_c = K_m \sum P_{av} \tag{1.5-6}$$

无功功率

$$Q_c = K_m \sum Q_{av} \tag{1.5-7}$$

式中　P_c——计算有功功率，kW；

　　　Q_c——计算无功功率，kvar；

　　　K_m——最大系数。

视在功率见式（1.4-5），计算电流见式（1.4-6）。

1.5.2　用电设备有效台数的简化计算

用电设备有效台数的精确计算式的形式并不复杂，但当设备台数（即分母的项数）很多时，计算不胜其烦。为便于计算，参考文献［1］给出了简化计算式，本书则推荐实用简化法。

1.5.2.1　简化计算式

（1）当有效台数大于 5 台，且最大一台用电设备功率 $P_{e.max}$ 与最小一台用电设备功率 $P_{e.min}$ 的比值 $m \leqslant 3$ 时，取

$$n_{eq} = n \tag{1.5-8}$$

在确定 m 值时，可将组内总功率不超过全组总设备功率 5% 的最小一挡用电设备略去。

（2）当 $m > 3$ 和 $K_{ut} \geqslant 0.2$ 时，取

$$n_{eq} = \frac{\sum P_e}{0.5 P_{e.max}} \tag{1.5-9}$$

以上式中　n_{eq}——用电设备有效台数；

　　　　　n——用电设备实际台数；

　　　　　$\sum P_e$——各用电设备组的设备功率之和，kW。

如按式（1.5-9）求得的 n_{eq} 比实际台数还多，则取 $n_{eq} = n$。

必须指出，当设备台数很多时，$m \leqslant 3$ 的条件很难满足；当有若干项设备功率与最大一台设备功率相近时，式（1.5-9）的误差很大。参考文献［1］还给出了相对有效台数法，其过程烦琐，计算式复杂，查表或查曲线则不方便，本书不再介绍。

1.5.2.2　实用简化法

（1）要点：用精确式分挡计算；功率不大的一挡设备用平均功率代替实际功率，使 $\sum P_e^2$ 的计算不再烦琐。

（2）步骤：

1）略去最小一挡（$\sum P_{min} \leqslant 5\% \sum P_e$）设备。

注　计算有效台数时，这些设备的影响微乎其微。计算平均功率时，这些设备功率仍宜计入。

2）对最大一挡（最大一台设备和功率不小于其一半的设备），直接用精确式计算。

注　用电设备有效台数主要是由大功率设备决定的；大功率设备台数很少，计算并不烦琐。

3）对其余 $m \leqslant 3$ 的挡，以每挡的平均设备功率和实际台数代入精确式。

注　1. $m = P_{e.max} / P_{e.min}$，即最大一台用电设备功率与最小一台用电设备功率的比值。

　　2. 除去大小两挡后，用电设备组中其余设备通常归为一挡即可。

【例 1.5-1】　一组用电设备的设备功率为 2×37kW，4×22kW；$5.5 \sim 15$kW 共 20 台合计 200 kW；3kW 及以下共 10 台合计 15kW。求用电设备有效台数。

解　略去最小挡 10 台 15kW。根据式（1.5-4）可得，$(\sum P_e)^2 = (2 \times 37 + 4 \times 22 + 200)^2 =$

$131\ 044$；$\sum P_{\mathrm{e}}^2=2\times37^2+4\times22^2+20\times(200/20)^2=6674$；$n_{\mathrm{eq}}=(\sum P_{\mathrm{e}})^2/\sum P_{\mathrm{e}}^2=131\ 044/6674=19.6$。

可以看出，$5.5\sim15\mathrm{kW}$ 一挡采用平均设备功率，一次代入 20 台设备，计算很简便，而且不必确知每台设备功率。

当有多个用电设备组时，推荐列表计算，只需加入 $\sum P_{\mathrm{e}}^2$ 一列即可，详见 1.12。

1.5.3 5 台及以下用电设备的计算负荷

(1) 计算范围内只有 5 台及以下用电设备时，负荷计算应采用利用系数法；用电设备有效台数的计算应采用精确式（设备台数少，计算很简便）。

(2) 用电设备有效台数为 4 及以上时，应按 1.5.1 计算。

(3) 用电设备有效台数小于 4 时，计算负荷中有功功率计算式如下

$$P_{\mathrm{c}}=\sum K_1 P_{\mathrm{e}} \qquad (1.5\text{-}10)$$

无功功率计算式如下

$$Q_{\mathrm{c}}=P_{\mathrm{c}}\tan\varphi \qquad (1.5\text{-}11)$$

式中　K_1——各用电设备的负荷系数，由工艺专业或设备专业提供；

$\tan\varphi$——计算负荷功率因数角的正切值。

(4) 当缺乏负荷系数的资料时，可采用平均负荷系数：

1) 连续工作制设备——实际台数>3 时取 0.9，实际台数≤3 时取 1；

2) 短时或周期工作制设备——实际台数>3 时取 1，实际台数≤3 时取 1.15。

(5) 应当指出，这种算法只允许用于计算范围内只有 5 台及以下用电设备的情况。当计算范围内有其他用电设备组时，尽管某组设备台数少，仍应按 1.5.1 计算。

1.5.4 利用系数法和需要系数法的关联

(1) 当电力负荷采用利用系数法计算时，照明负荷仍应采用需要系数法计算。变电站或更大计算范围的总负荷，应为前者最大负荷与后者需要负荷的有功、无功分量分别相加。

(2) 在一定条件下，需要系数和利用系数存在转换关系。当缺乏某些计算系数的资料时，两者可相互补充。需要系数与利用系数的关系见表 1.5-3。

表 1.5-3　　　　　　　　　　需要系数与利用系数的关系

需要系数	0.5	0.6	0.65~0.7	0.75~0.8	0.85~0.9	0.92~0.95
利用系数	0.4	0.5	0.6	0.7	0.8	0.9

注　本表按照接通系数 0.8 给出。

1.6 单相负荷计算

1.6.1 计算原则

(1) 单相用电设备应均衡分配到三相上，使各相的计算负荷尽量相近，减小不平衡度。

(2) 当符合下式条件时，单相负荷可不作换算，直接与三相负荷相加

$$\sum P_{\mathrm{e.s}}\leqslant15\%\sum P_{\mathrm{e.t}} \qquad (1.6\text{-}1)$$

式中　$\sum P_{\mathrm{e.s}}$——计算范围内单相负荷的设备功率之和，kW；

　　　$\sum P_{\mathrm{e.t}}$——计算范围内三相负荷的设备功率之和，kW。

（3）当$\sum P_{e.s} > 15\% \sum P_{e.t}$时，单相负荷应换算为等效三相负荷后，再纳入三相负荷计算。

（4）进行单相负荷换算时，一般采用计算功率。对需要系数法，计算功率即为需要功率；对利用系数法，计算功率取平均功率。如单相负荷均为同类用电负荷，也可直接采用设备功率换算。

本节所称单相负荷，在各个具体情况下分别代表需要功率、平均功率或设备功率。此外，单相负荷接于线电压或相电压时，相应地称为相间负荷和相负荷。

1.6.2 单相负荷换算为等效三相负荷的简化法

（1）只有相间负荷时，将各相间负荷相加，选取较大两项数据进行计算

当$P_{UV} \geqslant P_{VW} \geqslant P_{WU}$时

$$P_{eq} = \sqrt{3}P_{UV} + (3 - \sqrt{3})P_{VW} = 1.73P_{UV} + 1.27P_{VW} \quad (1.6-2)$$

当$P_{UV} = P_{VW}$时

$$P_{eq} = 3P_{UV} \quad (1.6-3)$$

当只有P_{UV}时

$$P_{eq} = \sqrt{3}P_{UV} \quad (1.6-4)$$

以上式中　　P_{eq}——等效三相负荷，kW；

P_{UV}、P_{VW}、P_{WU}——接于 UV、VW、WU 线间的单相负荷，kW。

（2）只有相负荷时，等效三相负荷取最大相负荷的 3 倍。

（3）简化单相负荷换算的措施：相间负荷和相负荷（如电焊机和照明灯）应分别配电，使各配电线路均符合简化法的条件。

（4）缩减单相负荷范围的约定：数量多而单台功率小的用电器具（如灯具和家用电器），容易均匀地分接到三相上，在大计算范围中应视同三相负荷。按此约定，低压母线的负荷通常符合式（1.6-1）的条件，不必进行任何换算。

1.6.3 单相负荷换算为等效三相负荷的精确法

对于既有相间负荷又有相负荷的情况，应采用精确法换算。

（1）先将相间负荷换算为相负荷，各相负荷分别为

$$P_U = P_{UV}p_{(UV)U} + P_{WU}p_{(WU)U} \quad (1.6-5)$$

$$Q_U = P_{UV}q_{(UV)U} + P_{WU}q_{(WU)U} \quad (1.6-6)$$

$$P_V = P_{UV}p_{(UV)V} + P_{VW}p_{(VW)V} \quad (1.6-7)$$

$$Q_V = P_{UV}q_{(UV)V} + P_{VW}q_{(VW)V} \quad (1.6-8)$$

$$P_W = P_{VW}p_{(VW)W} + P_{WU}p_{(WU)W} \quad (1.6-9)$$

$$Q_W = P_{VW}q_{(VW)W} + P_{WU}q_{(WU)W} \quad (1.6-10)$$

以上式中　　P_{UV}、P_{VW}、P_{WU}——接于 UV、VW、WU 相间的有功负荷，kW；

P_U、P_V、P_W——换算为 U、V、W 相的有功负荷，kW；

Q_U、Q_V、Q_W——换算为 U、V、W 相的无功负荷，kvar；

$p_{(UV)U}$、$q_{(UV)U}$——接于 UV 相间负荷换算为 U 相负荷的有功及无功换算系

数，见表1.6-1，其余类推。

（2）各相负荷分别相加，选出最大相负荷，取其3倍作为等效三相负荷。

（3）直接用解析式计算很烦琐，且易出错。推荐列表计算，详见表1.6-2。

表1.6-1　　　　　　相间负荷换算为等效相负荷的有功无功换算系数

换算系数	负荷功率因数								
	0.35	0.40	0.50	0.60	0.65	0.70	0.80	0.90	1.00
$p_{(UV)U}$、$p_{(VW)V}$、$p_{(WU)W}$	1.27	1.17	1.00	0.89	0.84	0.80	0.72	0.64	0.50
$p_{(UV)V}$、$p_{(VW)W}$、$p_{(WU)U}$	−0.27	−0.17	0	0.11	0.16	0.20	0.28	0.36	0.50
$q_{(UV)U}$、$q_{(VW)V}$、$q_{(WU)W}$	1.05	0.86	0.58	0.38	0.30	0.22	0.09	−0.05	−0.29
$q_{(UV)V}$、$q_{(VW)W}$、$q_{(WU)U}$	1.63	1.44	1.16	0.96	0.88	0.80	0.67	0.53	0.29

注　当功率因数与表1.6-1内数值不同时，换算系数按下列式计算

$$p_{(UV)U} = p_{(VW)V} = p_{(WU)W} = \frac{\sqrt{3}}{6}\tan\varphi + \frac{1}{2}$$

$$p_{(UV)V} = p_{(VW)W} = p_{(WU)U} = -\frac{\sqrt{3}}{6}\tan\varphi + \frac{1}{2}$$

$$q_{(UV)U} = q_{(VW)V} = q_{(WU)W} = \frac{1}{2}\tan\varphi - \frac{\sqrt{3}}{6}$$

$$q_{(UV)V} = q_{(VW)W} = q_{(WU)U} = \frac{1}{2}\tan\varphi + \frac{\sqrt{3}}{6}$$

【例1.6-1】　某线路上装有单相220V电热干燥箱40kW 2台、20kW 2台，电加热器20kW 1台；单相380V自动焊接机（ε=100%）46kW 3台、51kW 2台、32kW 1台。采用利用系数法进行负荷计算。

解　（1）求平均功率。首先应将单相负荷逐相分配，尽量使其平衡。计算过程详见表1.6-2。计算结果表明，平均负荷最大的相为V相，$P_{av.V}=76$(kW)，$Q_{av.V}=74$(kvar)。

等效三相平均功率$\sum P_{av} = 3P_{av.V} = 228$(kW)；$\sum Q_{av} = 3Q_{av.V} = 222$(kvar)。

（2）求总利用系数。接于线电压的设备功率按式（1.6-3）推算，$P_e = 3P_{UV} = 3P_{WU} = 3 \times 97 = 291$(kW)；接于相电压的设备功率$P_e = 3P_V = 3 \times 60 = 180$(kW)；$\sum P_e = 291 + 180 = 471$(kW)。

根据式（1.5-3），$K_{ut} = \sum P_{av}/\sum P_e = 228/471 = 0.48$。

（3）求用电设备有效台数。因为$m = 51/20 = 2.55 \leqslant 3$，所以$n_{eq} = n = 11$。

注　如用精确法计算：$(\sum P_e)^2 = (412)^2 = 169\,744$；$\sum P_e^2 = 2 \times 40^2 + 3 \times 20^2 + 3 \times 46^2 + 2 \times 51^2 + 32^2 = 16\,974$；$n_{eq} = 169\,744/16\,974 = 10.000\,236$。

（4）求2h最大系数：查表1.5-2，取$K_m = 1.17$。

（5）求2h最大负荷：$P_c = K_m \sum P_{av} = 1.17 \times 228 = 266.8$(kW)；$Q_c = K_m \sum Q_{av} = 1.17 \times 222 = 259.7$(kvar)。

可以看出，采用利用系数法计算单相负荷的过程很烦琐。还应指出，单相负荷的典型案例是电焊机；对焊接车间变压器的选择而言，控制条件往往不是发热，而是电压波动。因此，不必追求精确的负荷计算；建议采用需要系数法。

采用需要系数法计算时，只需把表1.6-2中K_u改为K_d，即可得出各相的需要功率；最大相需要功率的3倍就是计算结果。

表 1.6-2　单相用电设备的三相网路负荷计算

设备名称	设备功率(kW)	台数	cosφ(tanφ)	接于相间的设备功率(kW)			换算系数			单相设备功率(kW)			利用系数 K_u	各相平均负荷 有功功率 P_av(kW)			无功功率 Q_av(kvar)		
				UV	VW	WU	相序	p	q	U	V	W		U	V	W	U	V	W
单相220V电干燥箱、加热器	40	2	0.95 (0.33)							40		40	0.6	24		24	8		8
	20	2									40				24			8	
	20	1									20				12			4	
相间380V自动焊机	46	3	0.6	46+51=97	46+32=78	46+51=97	U	0.89	0.38				0.5	43			18		
	51	2					V	0.11	0.96						5			47	
	32	1					V	0.89	0.38						35			15	
							W	0.11	0.96							4			37
							W	0.89	0.38							43			18
							U	0.11	0.96							5	47		
总计	412	11		97	78	97				40	60	40		72	76	71	73	74	63

1

1.7 电弧炉负荷计算

普通功率电弧炉的负荷计算，除采用利用系数法和需要系数法外，还可采用电冶炼周期计算法。

在选择电弧炉变压器容量时，规定熔化期最大负荷相当于变压器额定容量的1.2倍。用冶炼周期曲线法计算电弧炉最大负荷 P_c、Q_c 和 S_c 时，可按下式计算。

(1) 一台电弧炉的计算负荷

$$P_c = 1.2 S_r \cos\varphi_1 \qquad (1.7\text{-}1)$$

$$Q_c = P_c \tan\varphi_1 \qquad (1.7\text{-}2)$$

(2) 数台同容量电弧炉的计算负荷

$$P_c = 1.2\cos\varphi_1 n_1 S_r + 0.66\cos\varphi_2 n_2 S_r \qquad (1.7\text{-}3)$$

$$Q_c = 1.2\sin\varphi_1 n_1 S_r + 0.66\sin\varphi_2 n_2 S_r \qquad (1.7\text{-}4)$$

$$S_c = \sqrt{P_c^2 + Q_c^2} \qquad (1.7\text{-}5)$$

以上式中　P_c——最大负荷有功功率，kW；

Q_c——最大负荷无功功率，kvar；

S_c——最大负荷视在功率，kVA；

$\cos\varphi_1$——电弧炉熔化期的功率因数，取 0.85，$\sin\varphi_1$ 取 0.527；

$\cos\varphi_2$——电弧炉精练期的功率因数，取 0.9，$\sin\varphi_2$ 取 0.436；

S_r——电弧炉变压器的额定容量，kVA；

n_1——熔化期电弧炉计算台数，见表 1.7-1；

n_2——精练期电弧炉计算台数，见表 1.7-1。

表 1.7-1　　　　　　　　　　电弧炉炼钢计算电弧炉台数

总台数 n	熔化期计算台数 n_1	精练期计算台数 n_2	总台数 n	熔化期计算台数 n_1	精练期计算台数 n_2
3	2	1	5	3	2
4	2	2	6	3	3

(3) 当电弧炉变压器额定容量不同时，熔化期应取容量较大的 n_1 台电弧炉计算。

HX 系列三相电弧炼钢炉配套变压器的数据见表 1.7-2。

表 1.7-2　　　　　　　　**HX 系列三相电弧炼钢炉配套变压器数据**

电弧炼钢炉型号	HX—0.5	HX—1.5	HX—3	HX—5	HX—10
电弧炉额定容量（t）	0.5	1.5	3.0	5.0	10
变压器型式及容量[1]（内附电抗器）	HS—1000/10 1000kVA	HS—1800/10 1800kVA	HS—3000/10 3000kVA	HSSP—4200/10 4200kVA	HSSP—7200/10 HSSPZ—7200/10 7200kVA
变压器额定容量（kVA）	650	1250	2200	3200	5500

续表

高压侧电压 (kV)	6 或 10	6 或 10	6 或 10	6 或 10	6 或 35
低压侧电压 (V)	200～98(4)	210～104(4)	220～110(4)	240～121(4)	260～139(4) 270～135.5(4)

注 括号内为变压器低压侧电压抽头的级数。

① 变压器型式及容量是根据电弧炉变压器的材料消耗折算成三相双绕组电力变压器的相当容量，型号数据仅供参考。

1.8 尖峰电流计算

尖峰电流是电动机等用电设备启动或冲击性负荷工作时产生的最大负荷电流，其持续时间一般为 1～2s。

（1）单台电动机、电弧炉或电焊变压器的支线，其尖峰电流为

$$I_{st} = KI_r \tag{1.8-1}$$

（2）接有多台电动机的配电线路，只考虑一台电动机启动时的尖峰电流为

$$I_{st} = (KI_r)_{max} + I'_c \tag{1.8-2}$$

以上式中 I_{st}——尖峰电流，A；

$\qquad I_r$——电动机额定电流、电弧炉或电焊变压器一次侧额定电流，A；

$\quad (KI_r)_{max}$——启动电流与额定电流差别最大的一台电动机的启动电流，A；

$\qquad I'_c$——除启动电动机以外的配电线路计算电流，A；

$\qquad K$——启动电流倍数，即启动电流与额定电流之比，笼型电动机可达 7 倍左右，绕线转子电动机一般不大于 2 倍，直流电动机为 1.5～2 倍，单台电弧炉为 3 倍，弧焊变压器和弧焊整流器为小于或等于 2.1 倍，电阻焊机为 1 倍，闪光对焊机为 2 倍。

两台及以上的电动机有可能同时启动时，尖峰电流根据实际情况确定。

（3）起重机滑触线配电线路的尖峰电流计算，见 12.2。

1.9 年电能消耗量计算

（1）用年最大负荷利用小时计算

$$W_y = P_c T_{max} \tag{1.9-1}$$

$$V_y = Q_c T_{max.r} \tag{1.9-2}$$

（2）用年平均负荷计算

$$W_y = \alpha_{av} P_c \times 8760 \tag{1.9-3}$$

$$V_y = \beta_{av} Q_c \times 8760 \tag{1.9-4}$$

（3）用单位产品耗电量计算

$$W_y = wm \tag{1.9-5}$$

$$V_y = W_y \tan\varphi_{av} \tag{1.9-6}$$

以上式中　W_y——年有功电能消耗量，kWh；

$\qquad V_y$——年无功电能消耗量，kvarh；

$\qquad P_c$——有功计算功率，kW；

$\qquad Q_c$——无功计算功率，kvar；

$\qquad T_{max}$——年最大有功负荷利用小时数，参见表 1.9-1；

$\qquad T_{max.r}$——年最大无功负荷利用小时数，当缺乏此数据时，可取稍高或等于 T_{max}；

$\qquad \alpha_{av}$——年平均有功负荷系数，参见表 1.9-1；

$\qquad \beta_{av}$——年平均无功负荷系数，当缺乏此数据时，可取稍高或等于 α_{av}；

$\qquad w$——单位产品耗电量，kWh/单位产品，由工艺设计提供，参见表 1.3-8；

$\qquad m$——产品年产量（单位应与 w 中的单位产品一致）由工艺设计提供；

$\qquad \tan\varphi_{av}$——年加权平均功率因数角的正切值，$\tan\varphi_{av} = \beta_{av} Q_c / (\alpha_{av} P_c)$。

表 1.9-1　　　　　　年最大负荷利用小时数和年平均有功负荷系数

行　业		年最大负荷利用小时数 T_{max}（h）	年平均有功负荷系数 α_{av}	年最大负荷损耗小时数 τ（h）（$\cos\varphi = 0.9$）
有色金属	电解	7000	0.8	5800
	冶炼	6800	0.78	5500
	采选	5800	0.66	4350
钢铁	冶炼	4500～6000	0.51～0.68	2900～4500
	轧钢	2000～4000	0.23～0.46	1000～2400
	供气、供热、供水	5000～6500	0.57～0.74	3400～5100
化工		7300	0.83	6375
石油		7000	0.8	5800
机械制造	重型机械	3800	0.43	
	机床、工具	4100～4400	0.47～0.5	
	滚珠轴承	5300	0.61	
	汽车、农业机械	5000～5300	0.57～0.61	3400～
	电器	4300	0.49	
	仪器仪表	3100	0.35	
轻工纺织	食品	4500	0.51	2900
	纺织	6000	0.68	4500
	漂染	5700	0.65	
中心城区	住宅	豪华	3280	0.37	
		高档	2790	0.32	
		普通	3090	0.35	
	行政科教	办公	2790	0.32	
		教学	1540	0.18	
		科研	3300	0.38	

行 业			年最大负荷利用 小时数 T_{max} (h)	年平均有功 负荷系数 α_{av}	年最大负荷损耗 小时数 τ (h) (cosφ=0.9)
中心城区	商业金融	商务办公	1520	0.17	
		商场	2500	0.29	
		酒店宾馆	1230	0.14	
	文化体育	图书馆	2750	0.31	
		展览馆	2600	0.3	
		影剧院	1110	0.13	
		体育场馆	2000	0.23	1000
	市政	轨道交通车站	6750	0.77	
		市政泵站	100	0.01	
		公共绿地	3540	0.4	
农村		农业灌溉	2800	0.32	
		农村企业	3500	0.4	2000
		农村照明	1500	0.17	750

1.10 电网损耗计算

1.10.1 电网中的功率损耗

1.10.1.1 电力线路中的功率损耗

三相线路中有功功率损耗和无功功率损耗为

$$\Delta P_L = 3I_c^2 R \times 10^{-3} \qquad (1.10-1)$$

$$R = rl$$

其中

$$\Delta Q_L = 3I_c^2 X \times 10^{-3} \qquad (1.10-2)$$

$$X = xl$$

以上式中　　ΔP_L——三相线路中有功功率损耗，kW；

ΔQ_L——三相线路中无功功率损耗，kvar；

R——每相线路电阻，Ω；

X——每相线路电抗，Ω；

l——线路计算长度，km；

I_c——计算相电流，A；

r、x——线路单位长度的交流电阻及电抗，Ω/km。

6、10kV 和 35、110kV 电缆和架空线的每千米有功功率损耗曲线，见图 1.10-1～图 1.10-6。这些曲线是按导线温度 20℃计算的。其他温度的功率损耗应为 20℃数据乘以表 1.10-1 的温度校正系数。

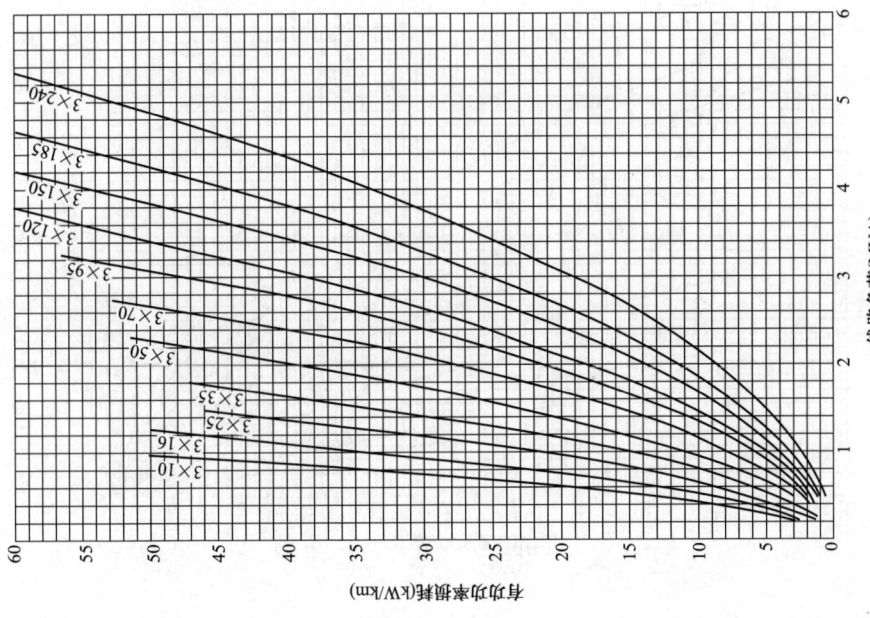

图 1.10-2　6kV 铜芯线路有功功率损耗曲线

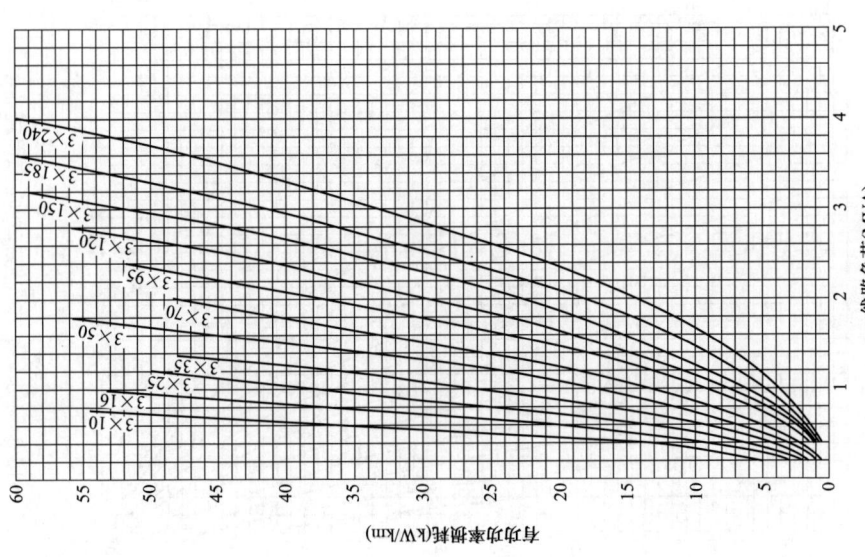

图 1.10-1　6kV 铝芯线路有功功率损耗曲线

1

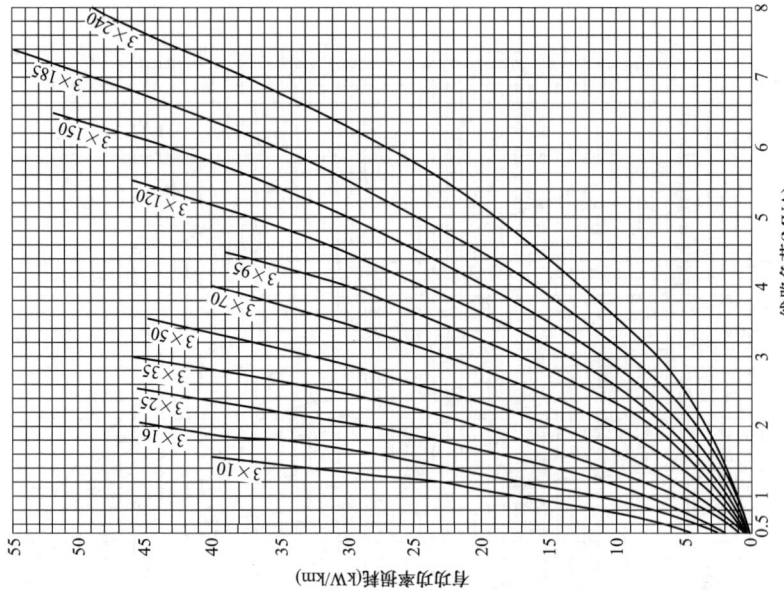

图 1.1.10-4 10kV 铜芯线路有功功率损耗曲线

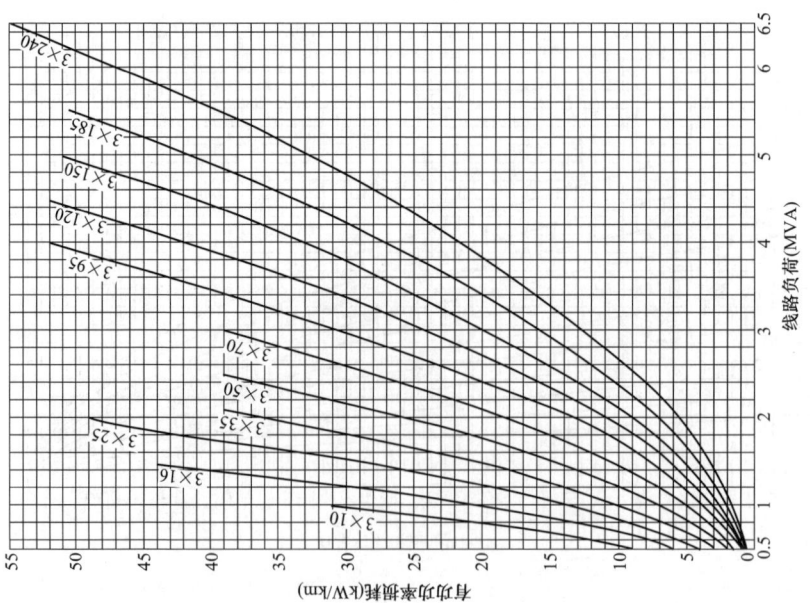

图 1.1.10-3 10kV 铝芯线路有功功率损耗曲线

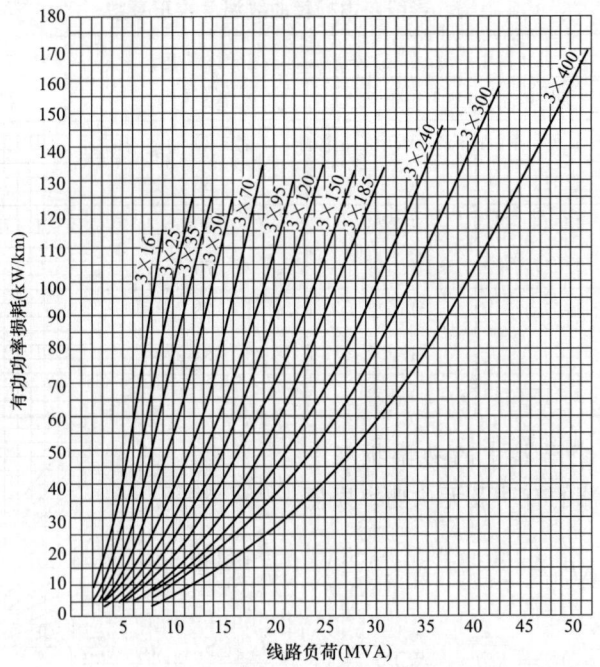

图 1.10-5　35kV 铝线有功功率损耗曲线

注：35kV 铜线的有功功率损耗，可以用铝线损耗数据乘以系数 0.61 求得。

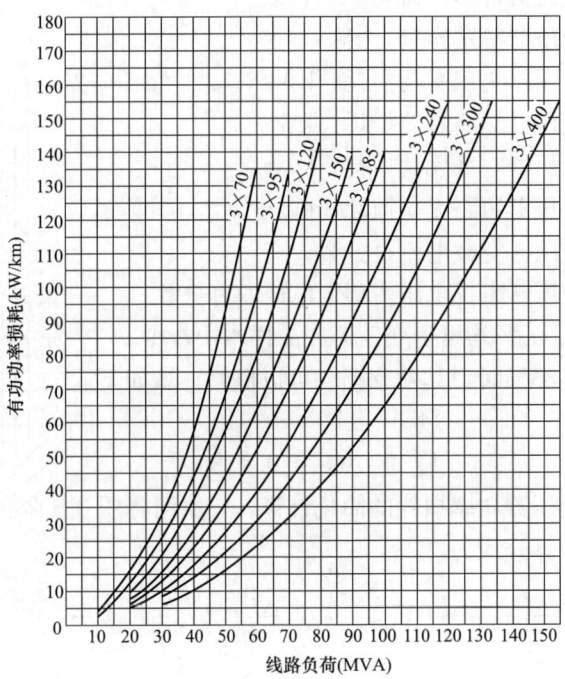

图 1.10-6　110 kV 铝线有功功率损耗曲线

表 1.10-1 电缆、导线电力损耗曲线温度校正系数

导体温度 (℃)	校正系数		导体温度 (℃)	校正系数	
	铜	铝		铜	铝
20	1.000	1.000	55	1.134	1.126
25	1.019	1.018	60	1.153	1.144
30	1.038	1.036	65	1.172	1.162
35	1.057	1.054	70	1.191	1.180
40	1.076	1.072	75	1.210	1.198
45	1.096	1.090	80	1.229	1.216
50	1.115	1.108			

1.10.1.2 电力变压器中的功率损耗

(1) 双绕组变压器的有功及无功功率损耗

$$\Delta P_{T} = \Delta P_{0} + \Delta P_{k}\left(\frac{S_{c}}{S_{r}}\right)^{2} \tag{1.10-3}$$

$$\Delta Q_{T} = \Delta Q_{0} + \Delta Q_{k}\left(\frac{S_{c}}{S_{r}}\right)^{2} = \frac{I_{0}\% S_{r}}{100} + \frac{u_{k}\% S_{r}}{100}\left(\frac{S_{c}}{S_{r}}\right)^{2} \tag{1.10-4}$$

以上式中　　ΔP_{T}——变压器中的有功功率损耗，kW；

ΔQ_{T}——变压器中的无功功率损耗，kvar；

S_{c}——变压器计算负荷，kVA；

S_{r}——变压器额定容量，kVA；

ΔP_{0}——变压器空载有功损耗，kW；

ΔP_{k}——变压器短路有功损耗，kW；

ΔQ_{0}——变压器空载无功损耗，kvar；

ΔQ_{k}——变压器短路无功损耗，kvar；

$I_{0}\%$——变压器空载电流百分数；

$u_{k}\%$——变压器阻抗电压占额定电压的百分数。

ΔP_{0}、ΔP_{k}、$I_{0}\%$、$u_{k}\%$均可由变压器产品样本中查得。

当变压器负荷率≤85%时，其功率损耗可以概略计算如下

$$\Delta P_{T} = 0.01S_{c} \tag{1.10-5}$$

$$\Delta Q_{T} = 0.05S_{c} \tag{1.10-6}$$

(2) 三绕组降压变压器功率损耗的简化计算。三绕组降压变压器的功率损耗，应将三个绕组分开计算，简化计算公式为

$$\Delta P_{T} = \Delta P_{0} + \Delta P_{kT1}\left(\frac{S_{c1}}{S_{rT1}}\right)^{2} + \Delta P_{kT2}\left(\frac{S_{c2}}{S_{rT2}}\right)^{2} + \Delta P_{kT3}\left(\frac{S_{c3}}{S_{rT3}}\right)^{2} \tag{1.10-7}$$

$$\Delta Q_{T} = \Delta Q_{0} + \Delta Q_{kT1}\left(\frac{S_{c1}}{S_{rT1}}\right)^{2} + \Delta Q_{kT2}\left(\frac{S_{c2}}{S_{rT2}}\right)^{2} + \Delta Q_{kT3}\left(\frac{S_{c3}}{S_{rT3}}\right)^{2} \tag{1.10-8}$$

$$\Delta Q_{0} = \frac{I_{0}\% S_{rT}}{100} \tag{1.10-9}$$

式中　S_{rT1}、S_{rT2}、S_{rT3}——变压器高压、中压、低压绕组的额定容量，kVA；

　　　S_{c1}、S_{c2}、S_{c3}——变压器高压、中压、低压绕组的计算负荷，kVA；

　　　ΔP_0——整个变压器的空载有功损耗，kW 由产品样本查得；

ΔP_{kT1}、ΔP_{kT2}、ΔP_{kT3}——变压器高压、中压、低压绕组额定负荷时的负载有功损耗，kW；

　　　ΔQ_0——整个变压器的空载无功损耗，kvar；

ΔQ_{kT1}、ΔQ_{kT2}、ΔQ_{kT3}——变压器高压、中压、低压绕组额定负荷时的负载无功损耗，kvar；

　　　$I_0\%$——变压器的空载电流占额定电流的百分数，由产品样本中查得；

　　　S_{rT}——变压器的额定容量，kVA。

ΔP_{kT1}、ΔP_{kT2}、ΔP_{kT3} 由式（1.10-10）～式（1.10-12）求出，当三个绕组容量都是变压器容量的 100% 时

$$\Delta P_{kT1} = 3 I_{rT1}^2 R_{T1} \times 10^{-3} \tag{1.10-10}$$

$$\Delta P_{kT2} = 3 I_{rT1}^2 R'_{T2} \times 10^{-3} \tag{1.10-11}$$

$$\Delta P_{kT3} = 3 I_{rT1}^2 R'_{T3} \times 10^{-3} \tag{1.10-12}$$

式中　I_{rT1}——变压器高压绕组的额定电流，A；

　　　R_{T1}——变压器高压绕组的相电阻，Ω；

R'_{T2}、R'_{T3}——折算到高压侧的中压、低压绕组相电阻，Ω。

变压器三个绕组的相电阻按下式计算

$$R_{T1} = \frac{\Delta P_k}{6 I_{rT1}^2} \times 10^3 \tag{1.10-13}$$

式中　ΔP_k——变压器高中、高低绕组额定负载时的有功损耗值，即短路损耗，取其最大值，由产品样本中查得，kW；

　　　I_{rT1}——变压器高压绕组的额定电流，A。

若中压或低压绕组容量为变压器额定容量的 100% 时，则

$$R'_{T2} \text{ 或 } R'_{T3} = R_{T1} \tag{1.10-14}$$

若中压或低压绕组容量为变压器额定容量的 67% 时，则

$$R'_{T2} \text{ 或 } R'_{T3} = 1.5 R_{T1} \tag{1.10-15}$$

若中压或低压绕组容量为变压器额定容量的 50% 时，则

$$R'_{T2} \text{ 或 } R'_{T3} = 2 R_{T1} \tag{1.10-16}$$

ΔQ_{kT1}、ΔQ_{kT2}、ΔQ_{kT3} 由式（1.10-17）～式（1.10-19）求出。同样，当三个绕组的容量都是变压器容量的 100% 时

$$\Delta Q_{kT1} = 3 I_{rT1}^2 \frac{10 U_{rT}^2}{2 S_{rT}} (u_{k1-2}\% + u_{k1-3}\% - u_{k2-3}\%) \times 10^{-3} \tag{1.10-17}$$

$$\Delta Q_{kT2} = 3 I_{rT1}^2 \frac{10 U_{rT}^2}{2 S_{rT}} (u_{k1-2}\% + u_{k2-3}\% - u_{k1-3}\%) \times 10^{-3} \tag{1.10-18}$$

$$\Delta Q_{kT3} = 3 I_{rT1}^2 \frac{10 U_{rT}^2}{2 S_{rT}} (u_{k1-3}\% + u_{k2-3}\% - u_{k1-2}\%) \times 10^{-3} \tag{1.10-19}$$

式中　　ΔQ_{kT1}、ΔQ_{kT2}、ΔQ_{kT3}——变压器高压、中压、低压绕组额定负荷时的负载无功损耗，kvar；

　　　　$u_{k1-2}\%$、$u_{k1-3}\%$、$u_{k2-3}\%$——变压器高中、高低、中低绕组间的短路电压比，即阻抗电压，由产品样本中查得；

　　　　　　　　U_{rT}——变压器高压绕组的额定电压，kV。

当中压或低压绕组中有一个绕组的容量为变压器额定容量的67%时，则式（1.10-11）及式（1.10-12）或式（1.10-18）及式（1.10-19）中的 I_{rT1} 应乘以0.67。

当中压或低压绕组中有一个绕组的容量为变压器额定容量的50%时，则式（1.10-11）及式（1.10-12）或式（1.10-18）及式（1.10-19）中的 I_{rT1} 应乘以0.5。

变压器高压绕组的额定电流 I_{rT1} 由下式求得

$$I_{rT1} = \frac{1000S_{rT}}{\sqrt{3}U_{rT}} \tag{1.10-20}$$

式中　　U_{rT}——变压器高压绕组的额定电压，kV；

　　　　I_{rT1}——变压器高压绕组的额定电流，A；

　　　　S_{rT}——变压器的额定容量，MVA。

铜、铝芯三相三绕组电力变压器的 ΔP_0、$I_0\%$、ΔP_k、$u_{k1-2}\%$、$u_{k1-3}\%$、$u_{k2-3}\%$ 等参数可由产品样本查得或由制造厂提供。

1.10.1.3　电容器和电抗器的功率损耗

（1）电容器的有功功率损耗

$$\Delta P_C = Q_C \tan\delta \tag{1.10-21}$$

电容器并联补偿装置应计及其中放电电阻、电抗器、保护和计量器件的损耗。一般按下式估算

$$\Delta P_C = (0.25 \sim 0.5)\% Q_C \tag{1.10-22}$$

（2）三相电抗器的有功和无功功率损耗

$$\Delta P_X = 3\Delta P_N \left(\frac{I_c}{I_N}\right)^2 \tag{1.10-23}$$

$$\Delta Q_X = 3\Delta Q_N \left(\frac{I_c}{I_N}\right)^2 \tag{1.10-24}$$

以上式中　　ΔP_C——电容器或并联补偿装置的有功功率损耗，kW；

　　　　　　Q_C——电容器容量，kvar；

　　　　　$\tan\delta$——电容器介质损失角的正切值；

　　　　　　ΔP_X——电抗器的有功功率损耗，kW；

　　　　　　ΔQ_X——电抗器的无功功率损耗，kvar；

　　　　　　ΔP_N——额定电流时电抗器每相的有功损耗，kW；

　　　　　　ΔQ_N——额定电流时电抗器每相的无功损耗，kvar；

　　　　　　　I_c——通过电抗器的计算电流，A；

　　　　　　　I_N——电抗器的额定电流，A。

ΔP_N、ΔQ_N、$\tan\delta$ 可由产品样本中查得。

1.10.2 电网中的电能损耗

（1）三相线路年有功电能损耗

$$\Delta W_L = \Delta P_L \tau \qquad (1.10\text{-}25)$$

（2）双绕组变压器年有功电能损耗

$$\Delta W_T = \Delta P_0 t + \Delta P_k \left(\frac{S_c}{S_r}\right)^2 \tau \qquad (1.10\text{-}26)$$

（3）三绕组变压器年有功电能损耗

$$\Delta W_T = \Delta P_0 t + \Delta P_{kT1} \left(\frac{S_{c1}}{S_{rT1}}\right)^2 \tau_1$$
$$+ \Delta P_{kT2} \left(\frac{S_{c2}}{S_{rT2}}\right)^2 \tau_2 + \Delta P_{kT3} \left(\frac{S_{c3}}{S_{rT3}}\right)^2 \tau_3$$
$$(1.10\text{-}27)$$

（4）电容器年电能损耗

$$\Delta W_C = \Delta P_C t \qquad (1.10\text{-}28)$$

（5）电抗器年电能损耗

$$\Delta W_X = \Delta P_X \tau \qquad (1.10\text{-}29)$$

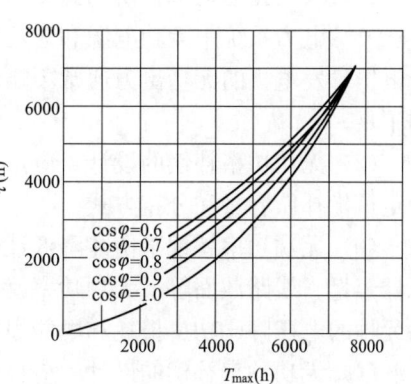

图 1.10-7 τ 与 T_{max} 的关系曲线

以上式中　ΔW_L、ΔW_T、ΔW_C、ΔW_X——分别为三相线路、变压器、电容器、电抗器的年有功电能损耗，kWh；

ΔP_L、ΔP_C、ΔP_X——分别为三相线路、电容器、电抗器的有功功率损耗，kW；

ΔP_0——变压器空载损耗，kW；

ΔP_k——双绕组变压器短路损耗，kW；

ΔP_{kT1}、ΔP_{kT2}、ΔP_{kT3}——三绕组变压器各绕组功率损耗，kW；

τ——年最大负荷损耗小时，由图 1.10-7、表 1.10-2 或表 1.9-1 查得；

t——变压器或电容器全年投入运行小时数，当全年投入运行时取 8760h；

S_c——变压器计算负荷，kVA；

S_r、S_{rT1}、S_{rT2}、S_{rT3}——变压器额定容量，kVA。

表 1.10-2　　　　　　　　　年最大负荷损耗小时　　　　　　　　　　　　h

T_{max}（h）	1000	2000	3000	4000	5000	6000	7000	8000
$\cos\varphi = 0.8$	950	1500	2000	2750	3600	4650	5950	7400
$\cos\varphi = 0.85$	900	1200	1800	2600	3500	4600	5900	7380
$\cos\varphi = 0.90$	750	1000	1600	2400	3400	4500	5800	7350
$\cos\varphi = 0.95$	600	800	1400	2200	3200	4350	5700	7300
$\cos\varphi = 1$	300	700	1250	2000	3000	4200	5600	7250

注　各行业的年最大负荷利用小时 T_{max} 和相应的年最大负荷损耗小时 τ，参见表 1.9-1。

1.11　无功功率补偿

1.11.1　无功功率补偿的意义和原则

（1）电力系统中无功电源和无功负荷必须保持平衡，以保证系统稳定运行，维持系统各级电压。发电机的无功出力通常不能满足无功负荷需求，应装设其他无功电源补偿无功功率的不足。

（2）无功功率补偿的设计，应按全面规划、合理布局、分层分区补偿、就地平衡的原则确定最优补偿容量和分布方式。

（3）无功功率就地平衡能降低计算负荷的视在功率，从而减小电网各元件的规格，如变压器容量、线路截面等。无功功率就地平衡能减少无功电流在系统中的流动，从而降低电网各元件的电压降、功率损耗和电能损耗。

（4）无功功率补偿的设计，应首先提高系统的自然功率因数，不足部分再装设人工补偿装置。

（5）无功补偿装置包括串联补偿装置、同步调相机、并联电抗补偿装置、并联电容补偿装置和静补装置。在110kV及以下用户中，人工补偿主要是装设并联电容补偿装置。

1.11.2　提高系统的自然功率因数

1.11.2.1　提高自然功率因数的措施

配电系统消耗的无功功率中，异步电动机约占70%，变压器约占20%、线路约占10%。

（1）合理选择电动机功率，尽量提高其负荷率，避免"大马拉小车"。平均负荷率低于40%的电动机，应予以更换。

（2）合理选择变压器容量，负荷率宜在75%～85%，且应计及负荷计算的误差。合理选择变压器台数，适当设置低压联络线，以便切除轻载运行的变压器。

（3）优化系统接线和线路设计，减少线路感抗。

（4）断续工作的设备如弧焊机，宜带空载切除控制。

（5）功率较大、经常恒速运行的机械，应尽量采用同步电动机。

1.11.2.2　同步电动机的补偿能力

同步电动机超前运行时，输出无功功率。同步电动机的补偿能力，与电动机负荷率 β、励磁电流 I_E 与额定励磁电流 I_{EN} 的比值及额定功率因数 $\cos\varphi_N$ 有关。同步电动机输出的无功功率可按下式计算

$$Q_M = S_r q \tag{1.11-1}$$

当同步电动机的负荷率为 0.4～1 时，其输出的无功功率可按如下近似式求得

$$Q_M = S_r[\sin\varphi_r + \gamma(1-\beta)] \tag{1.11-2}$$

以上式中　Q_M——同步电动机输出的无功功率，kvar；

　　　　S_r——同步电动机的额定容量，kVA；

　　　　q——同步电动机的补偿能力，kvar/kVA，其值可从图 1.11-1 查得。

　　　　φ_r——同步电动机额定功率因数角；

β——同步电动机负荷率；

γ——同步电动机带负荷时的无功功率增加系数，其值见表 1.11-1。

当电动机的负荷率 β 低于 0.4 时，其输出的无功功率等于按式（1.11-2）求出的无功功率加上（0.01～0.04）S_r。

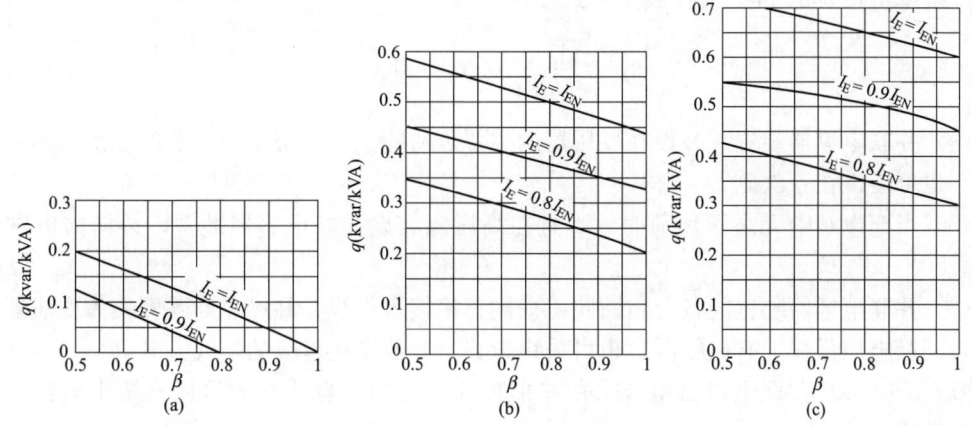

图 1.11-1　同步电动机的补偿能力 q

（a）当 $\cos\varphi_N=1.0$；（b）当 $\cos\varphi_N=0.9$ 超前；（c）当 $\cos\varphi_N=0.8$ 超前

表 1.11-1　γ 值

$\cos\varphi_N$	$\sin\varphi_N$	γ
0.8	0.6	0.2
0.9	0.44	0.36
1.0	0	0.4

1.11.3　并联电容补偿装置的基本要求和接线方式

（1）用户的并联电容器安装容量，应满足就地平衡的要求。

（2）并联电容器分组容量的确定应符合下列规定：

1）在电容器分组投切时，母线电压波动应满足国家现行有关标准的要求，并应满足系统无功功率和电压调控要求。

2）当分组电容器按各种容量组合运行时，应避开谐振容量，不得发生谐波的严重放大和谐振，电容器支路的接入所引起的各侧母线的任何一次谐波量均不应超过现行 GB/T 14549《电能质量　公用电网谐波》的有关规定。

3）发生谐振的电容器容量，可按下式验算

$$Q_{ch} = S_k\left(\frac{1}{h^2} - K\right) \tag{1.11-3}$$

式中　Q_{ch}——发生 h 次谐波谐振的电容器容量，Mvar；

S_k——电容器安装处的母线短路容量，MVA；

h——谐波次数；

K——串联电抗器的电抗率，见表 1.11-2。

（3）高压电容器回路中应串联适当电抗率的电抗器，以限制合闸涌流，抑制谐波电流，防止电容器过负荷。

表 1.11-2　　　　　　　　　　　　　　　　**电抗率选择**　　　　　　　　　　　　　　　　%

谐波次数	电抗率	谐波次数	电抗率
3	12~13	7	3~4
5	5~6	11	2~3

电抗率可按表 1.11-2 选择或按下式计算

$$K = \frac{1}{h^2} + (0.01 \sim 0.02) \tag{1.11-4}$$

（4）并联电容器装置宜装设在变压器的主要负荷侧。当三绕组变压器的二次侧不具备条件时，也可装设在一次侧。

（5）当配电站中无高压负荷时，不宜在高压侧装设并联电容器装置，以防向电网倒送无功。

（6）并联电容器装置的各分组回路可采用直接接入母线，并经总断路器接入变压器的方式。当同级电压母线上有出线时，也可采用设置电容器专用母线的接线方式。

（7）3~66kV 并联电容器组应采用星形接线。在中性点非有效接地系统中电容器组的中性点不应接地。

并联电容器组的每相或每个桥臂由多台电容器串并联组成时，宜采用先并联后串联的连接方式。

（8）低压并联电容器装置的安装地点和装设容量，应根据分散补偿和就地平衡的原则设置，不得向电网倒送无功。低压电容器组可采用三角形或星形接线。

1.11.4　并联电容补偿容量计算

无功补偿装置具有多种功能，应按全面规划、合理布局、就地平衡的原则，确定最优补偿容量和分布方式。不同的电网条件、补偿目的、功能要求，应采用不同的计算方法，选取不同的计算负荷和功率因数。不宜只给一个计算式或按变压器容量的百分数估算。

1.11.4.1　按技术要求计算补偿容量

（1）按最大负荷计算的补偿容量为

$$Q = P_c(\tan\varphi_1 - \tan\varphi_2) = P_c q_c \tag{1.11-5}$$

$$\tan\varphi_1 = Q_c / P_c$$

式中　　Q——补偿容量，kvar；

　　　P_c——最大负荷有功功率，kW；

　　　Q_c——最大负荷无功功率，kvar；

　　　q_c——无功功率补偿率，kvar/kW，见表 1.11-3；

　　$\tan\varphi_1$——最大负荷功率因数角正切值；

　　　注　采用最大负荷计算时，应采用相应的功率因数；如错用平均功率因数，计算结果没有物理意义。

　　$\tan\varphi_2$——要求达到的功率因数角正切值，《全国供用电规则》要求的最低功率因数：高压供电的工业用户和高压供电的装有带负荷调压装置的电力用户为 0.90（$\tan\varphi_2 = 0.484$）；100kVA（kW）及以上电力用户和大、中型电力排灌站为 0.85（$\tan\varphi_2 = 0.62$）；趸售和农业用电为 0.80（$\tan\varphi_2 = 0.75$）。

应该指出，按这样计算装设电容器会造成资源浪费。因为多数用户的最大负荷每年出现时间很短，导致大部分时间内部分的电容器闲置。考虑到计算负荷偏高的实际情况，这一问题更加突出。还应指出，负荷既已虚高，对功率因数的要求不能再层层加码。

（2）按提高电压要求计算的补偿容量为

$$Q = \Delta U \frac{U_b}{X_L} \tag{1.11-6}$$

式中　Q——补偿容量，kvar；

ΔU——补偿后变电站母线电压升高值，kV；

U_b——补偿前变电站母线电压，kV；

X_L——该变电站送电线路的感抗值，Ω。

1.11.4.2　按经济要求计算电容器容量

（1）按平均负荷计算的补偿容量为

$$Q = \alpha_{av} P_c (\tan\varphi_1 - \tan\varphi_2) = \alpha_{av} P_c q_c \tag{1.11-7}$$

其中

$$\tan\varphi_1 = \beta_{av} Q_c / (\alpha_{av} P_c)$$

式中　Q——补偿容量，kvar；

P_c——最大负荷有功功率，kW；

Q_c——最大负荷无功功率，kvar；

q_c——无功功率补偿率，kvar/kW，见表1.11-3；

α_{av}——年平均有功负荷系数，参见表1.9-1；

β_{av}——年平均无功负荷系数，按略高于α_{av}取值；

$\tan\varphi_1$——平均功率因数角正切值；

注　对已投入运行的用户，$\tan\varphi_1 = V_m/W_m$（V_m为月无功电能消耗量，kvarh；W_m为月有功电能消耗量，kWh）。

$\tan\varphi_2$——要求达到的功率因数角正切值，详见本条款（2）。

（2）确定按经济要求达到的功率因数（即经济功率因数），涉及众多因素，诸如电网结构、供电距离、发电成本、补偿装置单位造价、年折旧率、资金现值、补偿装置的电损率等，计算困难。

对于由发电机升压后经两次或三次降压供电的用户，经济功率因数可取0.92~0.95；对一次降压供电的用户，经济功率因数可取0.83~0.9。发电成本较低者取较低值，发电成本较高者取较高值。

表1.11-3　　　　　　　　　　无功功率补偿率 q_c　　　　　　　　　kvar/kW

补偿前	补偿后 $\cos\varphi_2$							
$\cos\varphi_1$	0.85	0.88	0.90	0.92	0.94	0.95	0.96	0.97
0.50	1.112	1.192	1.248	1.306	1.369	1.404	1.442	1.481
0.55	0.899	0.979	1.035	1.093	1.156	1.191	1.228	1.268
0.60	0.714	0.794	0.850	0.908	0.971	1.006	1.043	1.083
0.65	0.549	0.629	0.685	0.743	0.806	0.841	0.878	0.918

1

续表

补偿前	补偿后 $\cos\varphi_2$							
$\cos\varphi_1$	0.85	0.88	0.90	0.92	0.94	0.95	0.96	0.97
0.68	0.458	0.538	0.594	0.652	0.715	0.750	0.788	0.828
0.70	0.401	0.481	0.537	0.595	0.658	0.693	0.729	0.769
0.72	0.344	0.424	0.480	0.538	0.601	0.636	0.672	0.712
0.75	0.262	0.342	0.398	0.456	0.519	0.554	0.591	0.631
0.78	0.182	0.262	0.318	0.376	0.439	0.474	0.512	0.552
0.80	0.130	0.210	0.266	0.324	0.387	0.422	0.459	0.499
0.81	0.104	0.184	0.240	0.298	0.361	0.396	0.433	0.483
0.82	0.078	0.158	0.214	0.272	0.335	0.370	0.407	0.447
0.85	—	0.080	0.136	0.194	0.257	0.292	0.329	0.369

1.11.5 电容器额定电压的选择和实际输出容量

1.11.5.1 电容器额定电压的选择

(1) 正确选择电容器的额定电压十分重要。如果额定电压低于运行电压，电容器长期过载运行，会使其内部介质产生局部放电，造成损害，导致事故。如果额定电压的安全裕度过大，会使电容器输出容量的亏损也大 ($Q = \omega CU^2$)。

(2) 分析电容器预期的运行电压，应考虑下列情况。

1) 并联电容器接入电网后引起的母线电压升高

$$\Delta U = U_b \frac{Q}{S_k} \tag{1.11-8}$$

式中 ΔU——母线电压升高值，kV；

　　　　U_b——电容器投入前的母线电压，kV；

　　　　Q——母线上运行的所有电容器容量，Mvar；

　　　　S_k——电容器安装处的母线短路容量，MVA。

2) 串联电抗器引起的电容器端子电压升高，电容器端电压可按下式估算

$$U_C = \frac{U_n}{\sqrt{3}S(1-K)} \tag{1.11-9}$$

式中 U_C——电容器端电压，kV；

　　　　U_n——电容器装置的母线运行电压，可取系统标称电压，kV；

　　　　S——电容器组每相的串联段数，电压10kV及以下时为1；

　　　　K——串联电抗器的电抗率。

3) 谐波引起的电压升高，对于5次谐波，电容器端电压升高可达6%。

4) 相间和串联段间存在的容差，使电压分配不均。

5) 轻负荷引起的电网电压升高。

(3) 综上所述，电容器长期运行电压的平均值可取系统标称电压的1.05倍。星形连接的单台高压电容器的额定电压宜按下式计算

$$U_{rC} = \frac{1.05U_n}{\sqrt{3}S(1-K)} \qquad (1.11\text{-}10)$$

式中　U_{rC}——单台电容器的额定电压计算值，kV。

根据计算，从电容器标准系列中选择接近计算值的额定电压，如 10kV 系统，可选择额定电压 $11/\sqrt{3}$kV 的电容器。

1.11.5.2　并联电容器装置的实际输出容量

计及运行电压与额定电压的差异和电抗器的无功损耗，并联电容器装置的实际输出容量可按下式估算

$$Q_C = Q_r \left(\frac{U_{av}}{U_r}\right)^2 \Big/ (1-K) \qquad (1.11\text{-}11)$$

式中　Q_C——并联电容器装置的实际输出容量，kvar；

　　　　Q_r——并联电容器装置的额定容量，kvar；

　　　　U_{av}——并联电容器装置的平均运行电压，可取系统标称电压的 1.05 倍，kV；

　　　　U_r——并联电容器装置的额定电压，kV；

　　　　K——串联电抗器的电抗率。

1.11.6　电容器的设置方式、投切方式及调节方式

(1) 电容器的设置方式。对于容量较大、负荷平稳且经常使用的用电设备的无功功率，宜单独就地补偿。对电动机采用就地单独补偿时，补偿电容器的额定电流不应超过电动机励磁电流的 0.9 倍。

补偿基本无功功率的电容器组宜在变（配）电站内集中补偿。

环境正常场所的低压电容器宜分散补偿。

(2) 电容器组的投切方式。对于补偿低压基本无功功率的电容器组以及常年稳定的无功功率和投切数较少的高压电容器组，宜采用手动投切。

为避免过补偿或在轻载时电压过高，在采用高、低压自动补偿装置效果相同时，宜采用低压自动补偿装置，循环投切。

(3) 无功自动补偿的调节方式。以节能为主进行补偿者，采用无功功率参数调节；当三相负荷平衡，也可采用功率因数参数调节。

为改善电压偏差为主进行补偿者，应按电压参数调节。

无功功率随时间稳定变化时，按时间参数调节。

对冲击性负荷、动态变化快的负荷及三相不平衡负荷，可采用晶闸管（电子）开关控制，使其平滑无涌流，动态效果好且可分相控制，有三相平衡化效果。

(4) 电容器回路中各元件的选择见 5.9。高压电容器的保护见 7.5。

1.12　负荷计算示例

1.12.1　利用系数法负荷计算示例

采用同一案例，按利用系数法和需要系数法进行负荷计算，以便于对比。利用系数法的计算过程和结果见表 1.12-1。

表 1.12-1 　　　　　　　　　　　　　　**利用系数法负荷计算表**

用电设备组	设备功率（kW）						平均负荷			计算负荷		
	单台功率×台数	$\sum P_e$	$\sum P_e^2$	K_u	$\cos\varphi$	$\tan\varphi$	P_{av} (kW)	Q_{av} (kvar)	K_m	P_c (kW)	Q_c (kvar)	S_c (kVA)
重工作制 机床	57×1 44×1 21×2 15×2	173	6517	0.16	0.55	1.52	27.7	42.1				
一般工作 制机床	10×4＋ 7×10＋ 4×15＝ 5.86×29	170	996	0.12	0.5	1.73	20.4	35.3				
风机 水泵	75×2 37×2 18.5×4	298	15 357	0.55	0.8	0.75	163.9	122.9				
	7.5×4＋3× 2＝6×6	36	216	0.55	0.8	0.75	19.8	14.9				
电阻炉	60×2 30×2	180	9000	0.6	0.95	0.33	106	35.6				
30kVA 单头交流 弧焊机	8.1×2	16.2	131	0.25	0.35	2.67	4.1	10.8				
47kVA 多头直流 弧焊机	25.5×2	51	1301	0.5	0.7	1.02	25.5	26				
200、75kVA 点焊机	53.7×1 20.1×2	93.9	3692	0.25	0.6	1.33	23.5	31.3				
10、5t 起重机 $\varepsilon=0.25$	15×1 11.5×2	38	490	0.15	0.5	1.73	5.7	9.9				
电力合计	$n_{eq}=29.6$	1056.1	37 700	0.38			396.6	328.8	1.10	436.3	361.7	
照明合计		70		$K_d=0.8$	0.7	1.02				56	57.1	
无功补偿											−180	
总计		1126.1								492.3	238.8	547.2

注 　1. 单台设备功率带下划线者为该挡设备功率的平均值，如5.86＝170/29，参见 1.5.2.2。

　　　　2. 电焊机的技术数据详见12.4。弧焊变压器和弧焊整流器 $\varepsilon=0.6$、点焊机 $\varepsilon=0.2$。弧焊整流器为三相，其他电
　　　　　焊机为单相380V。单相负荷设备功率之和不超过三相负荷设备功率之和的15%，不需换算。

　　　　3. 用电设备有效台数 $n_{eq}=(\sum P_e)^2/\sum P_e^2=(1056.1)^2/37\ 700=29.6$，填入第 2 列。如果用精确法计算，$n_{eq}=$
　　　　　24.3。

　　　　4. 总利用系数 $K_{ut}=\sum P_{av}/\sum P_e=396.6/1056.1=0.38$，填入第 5 列。

　　　　5. 取 2h 最大系数。

1.12.2 需要系数法负荷计算示例

1.12.2.1 10/0.4kV 变电站负荷计算示例

变电站的负荷与 1.12.1 相同，计算结果见表 1.12-2。

表 1.12-2   需要系数法负荷计算表

用电设备组		需要系数 K_d	$\cos\varphi$	$\tan\varphi$	需要负荷		同时系数 K_Σ	计算负荷		
负荷性质	设备功率 (kW)				P (kW)	Q (kvar)		P_c (kW)	Q_c (kvar)	S_c (kVA)
重工作制机床	173	0.25	0.6	1.33	43.3	57.5				
一般工作制机床	170	0.15	0.5	1.73	25.5	44.1				
风机	298	0.75	0.8	0.75	223.5	167.6				
水泵	36	0.65	0.8	0.75	23.4	17.6				
电阻炉	180	0.7	0.95	0.33	126	41.6				
单头交流弧焊机 30kVA×2	16.2	0.35	0.35	2.67	5.7	15.1				
多头直流弧焊机 47kVA×2	51	0.7	0.7	1.02	35.7	36.4				
点焊机 75kVA×2 200kVA×1	93	0.35	0.6	1.33	32.6	43.3				
起重机	38	0.25	0.5	1.73	9.5	16.4				
照明	70	0.8	0.7	1.02	56	57.1				
合计					581.2	496.7	0.85	494	422.2	
无功补偿									−180	
总计	1125.2							494	242.2	550.2

注 1. 电焊机的负载持续率：弧焊变压器和弧焊整流器为 0.6、点焊机为 0.2。直流弧焊整流器为三相，其他电焊机为单相 380V。单相负荷设备功率之和不超过三相负荷设备功率之和的 15%，不需换算。

    2. 起重机的设备功率已换算到 ε＝100%，需要系数已适当放大。

1.12.2.2 110/35/10kV 总降压变电站负荷计算示例

(1) 35kV 侧接有 5t 和 1.5t 电弧炉各 2 台，变压器额定容量分别为 2×3200kVA 和 2×1250kVA。根据式 (1.7-3) 和式 (1.7-4)，电弧炉的计算负荷为

$$P_c = 1.2\cos\varphi_1 n_1 S_r + 0.66\cos\varphi_2 n_2 S_r$$
$$= 1.2 \times 0.85 \times 2 \times 3200 + 0.66 \times 0.9 \times 2 \times 1250 = 8013(\text{kW})$$
$$Q_c = 1.2\sin\varphi_1 n_1 S_r + 0.66\sin\varphi_2 n_2 S_r$$
$$= 1.2 \times 0.527 \times 2 \times 3200 + 0.66 \times 0.436 \times 2 \times 1250 = 4767(\text{kvar})$$

(2) 10kV 侧接有 10/0.4kV 变电站 4 座，同步电动机 2 台，异步电动机 4 台。同步电动机的额定功率为 2000kW，额定功率因数为 0.9，负荷率为 0.8；根据式 (1.11-2) 和表 1.11-1，每台可输出无功功率为

$$Q_M = S_r[\sin\varphi_r + \gamma(1-\beta)] = (2000/0.9)[0.44 + 0.36(1-0.8)] = 1138(\text{kvar})$$

(3) 总降压变电站负荷计算见表 1.12-3。

1

表 1.12-3　　　　　　　　　　　　总降压变电站负荷计算表

负荷名称		设备功率 (kW)	需要系数 K_d	$\cos\varphi$	$\tan\varphi$	需要负荷		
						P (kW)	Q (kvar)	S_c (kVA)
35kV 侧负荷	电弧炉	(8013)				8013	4767	9324
10kV 侧负荷	1 号变电站合计	2172				838	310	894
	变压器损耗：$\Delta P=0.01S$，$\Delta Q=0.05S$					9	45	
	1 号变电站高压侧	2172				847	355	
	2 号变电站高压侧	2373				878	400	
	3 号变电站高压侧	2412				796	314	
	4 号变电站高压侧	2896				898	326	
	同步电动机	4000	0.8			3200	−2276	
	异步电动机	3200	0.7	0.8	0.75	2240	1680	
	合计	17 053				8859	799	
	乘以同时系数 $K_{\Sigma P}=0.93$，$K_{\Sigma q}=1$					8239	799	8278
110kV 侧负荷	共计					16 252	5566	
	乘以同时系数 $K_{\Sigma P}=0.96$，$K_{\Sigma q}=1$					15 602	5566	16 565
	变压器损耗：$\Delta P=0.01S$，$\Delta Q=0.05S$					166	828	
	总计	25 066		0.927		15 768	6394	17 015

参 考 文 献

[1]　苏联国家计划委员会动力管理总局. 确定工业企业电气负荷暂行导则. 王厚余，何耀辉，译. 北京：中国工业出版社，1965.

[2]　谭金超，谭学知，谢晓丹. 10kV 配电工程设计手册. 北京：中国电力出版社，2004.

[3]　《钢铁企业电力设计手册》编委会. 钢铁企业电力设计手册. 北京：冶金工业出版社，1996.

[4]　郭丙军. 电力拖动技术及其应用[M]. 北京：中国电力出版社，2012.

2 供 配 电 系 统

2.1 负荷分级及供电要求

2.1.1 负荷分级原则

电力负荷应根据对供电可靠性的要求，以及中断供电对人身安全、经济上所造成的损失影响程度进行分级，一般分为一级负荷、二级负荷和三级负荷。

（1）符合下列情况之一时，应视为一级负荷：

1）中断供电将造成人身伤害时；

2）中断供电将造成经济重大损失时；

3）中断供电将影响重要用电单位的正常工作。

例如，中断供电使生产过程或生产装备处于不安全状态、重大产品报废、用重要原料生产的产品大量报废，生产企业的连续生产过程被打乱、需要长时间才能恢复等将在经济上造成重大损失，则其负荷特性为一级负荷。大型银行营业厅的照明、一般银行的防盗系统，大型博物馆、展览馆的防盗信号电源、珍贵展品室的照明电源，一旦中断供电可能会造成珍贵文物和珍贵展品被盗；重要交通枢纽、重要通信枢纽、重要的经济信息中心、特级或甲级体育建筑、重要宾馆、国宾馆、承担重大国事活动的会堂、经常用于重要国际活动的大量人员集中的公共场所等，中断供电将影响重要用电单位的正常工作或造成正常秩序严重混乱，其用电负荷为一级负荷。

（2）在一级负荷中，当中断供电将造成人员伤亡或重大设备损坏或发生中毒、爆炸和火灾等情况的负荷，以及特别重要场所的不允许中断供电的负荷，应视为一级负荷中特别重要的负荷。例如，在生产连续性较高行业，当生产装置工作电源突然中断时，为确保安全停车，避免引起爆炸、火灾、中毒、人员伤亡而必须保证的负荷，为特别重要负荷。中压及以上的锅炉给水泵、大型压缩机的润滑油泵等或者事故一旦发生能够及时处理，防止事故扩大、保证工作人员的抢救和撤离而必须保证的用电负荷，为特别重要负荷。在工业生产中，如正常电源中断时处理安全停产所必需的应急照明、通信系统、保证安全停产的自动控制装置等；民用建筑中，如大型金融中心的关键电子计算机系统和防盗报警系统；大型国际比赛场馆的记分系统以及监控系统等，用电负荷为特别重要负荷。

（3）符合下列情况之一时，应视为二级负荷：

1）中断供电将在经济上造成较大损失时；

2）中断供电将影响较重要用电单位的正常工作。

例如：中断供电使得主要设备损坏、大量产品报废、连续生产过程被打乱需较长时间才能恢复、重点企业大量减产等将在经济上造成较大损失。交通枢纽、通信枢纽等用电单位中的重要电力负荷，以及中断供电将造成大型影剧院、大型商场等较多人员集中的重要的公共场所秩序混乱,以上用电负荷特性为二级负荷。

(4) 不属于一级和二级负荷者应为三级负荷。

由于各行业的一级负荷、二级负荷很多,规范只能对负荷分级作原则性规定,具体划分需在行业标准中规定。

2.1.2 负荷分级示例

(1) 机械工厂的负荷分级见表 2.1-1。

表 2.1-1　　　　　　　　　　　机械工厂的负荷分级

序号	建筑物名称	电力负荷名称	负荷级别
1	炼钢车间	容量为 100t 及以上的平炉加料起重机、浇铸起重机、倾动装置及冷却水系统的用电设备	一级
		容量为 100t 以下的平炉加料起重机、浇铸起重机、倾动装置及冷却水系统的用电设备	二级
		平炉鼓风机、平炉用其他用电设备,5t 以上电弧炼钢炉的电极升降机构、倾炉机构及浇铸起重机	二级
		总安装容量为 30MVA 以上,停电会造成重大经济损失的多台大型电热装置(包括电弧炉、矿热炉、感应炉等)	一级
2	铸铁车间	30t 及以上的浇铸起重机、重点企业冲天炉鼓风机	二级
3	热处理车间	井式炉专用淬火起重机、井式炉油槽抽油泵	二级
4	锻压车间	锻造专用起重机、水压机、高压水泵、抽油机	二级
5	金属加工车间	价格昂贵、作用重大、稀有的大型数控机床、停电会造成设备损坏,如自动跟踪数控仿形铣床、强力磨床等设备	一级
		价格贵、作用大、数量多的数控机床工部	二级
6	电镀车间	大型电镀工部的整流设备、自动流水作业生产线	二级
7	试验站	单机容量为 200MW 以上的大型电机试验、主机及辅机系统、动平衡试验的润滑油系统	一级
		单机容量为 200MW 及以下的大型电机试验、主机及辅机系统、动平衡试验的润滑油系统	二级
		采用高位油箱的动平衡试验润滑油系统	二级
8	层压制品车间	压机及供热锅炉	二级
9	线缆车间	熔炼炉的冷却水泵、鼓风机、连铸机的冷却水泵、连轧机的水泵及润滑泵;压铅机、压铝机的熔化炉、高压水泵、水压机;交联聚乙烯加工设备的挤压交联冷却、收线用电设备,漆包机的传动机构、鼓风机、漆泵;干燥浸油缸的连续电加热、真空泵、液压泵	二级
10	磨具成型车间	隧道窑鼓风机、卷扬机构	二级
11	油漆树脂车间	2500L 及以上的反应釜及其供热锅炉	二级
12	焙烧车间	隧道窑鼓风机、排风机、窑车推进机、窑门关闭机构;油加热器、油泵及其供热锅炉	二级

序号	建筑物名称	电力负荷名称	负荷级别
13	热煤气站	煤气加压机、加压油泵及煤气发生炉鼓风机	一级
		有煤气罐的煤气加压机、有高位油箱的加压油泵	二级
		煤气发生炉加煤机及传动机构	二级
14	冷煤气站	鼓风机、排送机、冷却通风机、发生炉传动机构、高压整流器等	二级
15	锅炉房	中压及以上锅炉的给水泵	一级
		有汽动水泵时，中压及以上锅炉的给水泵	二级
		单台容量为 20t/h 及以上锅炉的鼓风机、引风机、二次风机及炉排电机	二级
16	水泵房	供一级负荷用电设备的水泵	一级
		供二级负荷用电设备的水泵	二级
17	空压站	部级重点企业单台容量为 60m³/min 及以上空压站的空气压缩机、独立励磁机	二级
		离心式压缩机润滑油泵	一级
		有高位油箱的离心式压缩机润滑油泵	二级
18	制氧站	部级重点企业中的氧压机、空压机冷却水泵、润滑油泵（带高位油箱）	二级
19	计算中心	大中型计算机系统电源（自带 UPS 电源）	二级
20	理化计量楼	主要实验室、要求高精度恒温的计量室的恒温装置电源	二级
21	刚玉、碳化冶炼车间	冶炼炉及其配套的低压用电设备	二级
22	涂装车间	电泳涂装的循环搅拌、超滤系统的用电设备	二级

注 该表引自 JBJ 6—1996《机械工厂电力设计规程》。

（2）民用建筑负荷分级见表 2.1-2。

表 2.1-2　　　　　　　　　**民用建筑中各类建筑物的主要用电负荷分级**

序号	建筑物名称	用电负荷名称	负荷级别
1	国家级会堂、国宾馆、国家级国际会议中心	主会场、接见厅、宴会厅照明、电声、录像、计算机系统用电	一级*
		客梯、总值班室、会议室、主要办公室、档案室用电	一级
2	国家及省部级政府办公建筑	客梯、主要办公室、会议室、总值班室、档案室	一级
		省部级行政办公建筑主要通道照明用电	二级
3	国家及省部级数据中心	计算机系统用电	一级*
4	国家及省部级防灾中心、电力调度中心、交通指挥中心	防灾、电力调度及交通指挥计算机系统用电	一级*
5	办公建筑	建筑高度超过 100m 的高层办公建筑主要通道照明和重要办公室用电	一级
		一类高层办公建筑主要通道照明和重要办公室用电	二级

序号	建筑物名称	用电负荷名称	负荷级别
6	地、市级及以上气象台	气象业务用计算机系统用电	一级*
		气象雷达、电报及传真收发设备、卫星云图接收机及语言广播设备、气象绘图及预报照明用电	一级
7	电信枢纽、卫星地面站	保证通信不中断的主要设备用电	一级*
8	电视台、广播电台	国家及省、市、自治区电视台、广播电台的计算机系统用电;直接播出的电视演播厅、中心机房、录像室、微波设备及其发射机房用电	一级*
		语音播音室、控制室的电力和照明用电	一级
		洗印室、电视电影室、审听室、通道照明用电	二级
9	剧场	甲等剧场的舞台照明、贵宾室、演员化妆室、舞台机械设备、电声设备、电视转播、显示屏和字幕系统用电	一级
		甲等剧场的观众厅照明、空调机房电力和照明用电	二级
10	电影院	甲等电影院的照明与放映用电	二级
11	博展建筑	珍贵展品展室的照明及安全防范系统用电	一级*
		甲等、乙等展厅安全防范系统用电	一级
		丙等展厅照明用电;展览用电	二级
12	图书馆	藏书量超过100万册及重要图书馆的安防系统、图书检索用电子计算机系统用电	一级
		藏书量超过100万册的图书馆的照明用电	二级
13	体育建筑	特级体育场(馆)及游泳馆的比赛场(厅)、主席台、贵宾室、接待室、新闻发布厅、广场及主要通道照明、计时记分装置、计算机房、电话机房、广播机房、电台和电视转播及新闻摄影用电	一级*
		甲级体育场(馆)及游泳馆的比赛场(厅)、主席台、贵宾室、接待室、新闻发布厅、广场及主要通道照明、计时记分装置、计算机房、电话机房、广播机房、电台和电视转播及新闻摄影用电	一级
		特级及甲级体育场(馆)及游泳馆的非比赛用电、乙级及以下体育建筑比赛用电	二级
14	商场、百货商店、超市	大型百货商店、商场及超市的经营管理用计算机系统用电	一级
		大型百货商店、商场及超市营业厅、门厅公共楼梯及主要通道的照明及乘客电梯、自动扶梯及空调用电	二级
15	金融建筑(银行、金融中心、证交中心)	重要的计算机系统和安防系统用电;特级金融设施	一级*
		大型银行营业厅备用照明用电、一级金融设施	一级
		中小型银行营业厅备用照明用电、二级金融设施	二级

续表

序号	建筑物名称	用电负荷名称	负荷级别
16	民用机场	航空管制、导航、通信、气象、助航灯光系统设施和台站用电；边防、海关的安全检查设备用电，航班预报设备用电，航班信息、显示及时钟系统用电；航站楼外航住机场办事处中不允许中断供电的重要场所的用电	一级*
		Ⅲ类及以上民用机场航站楼中的公共区域照明、电梯、送排风系统设备、排污泵、生活水泵、行李处理系统（BHS）；航站楼外航住机场办事、机场宾馆内与机场航班信息相关的系统、综合监控系统及其他信息系统；站坪照明、站坪机务；飞行区内雨水泵站等用电	一级
		航站楼内除一级负荷以外的公共场所空调系统设备、自动扶梯、自动人行道；Ⅳ类及以下民用机场航站楼的公共区域照明、电梯、送排风系统设备、排污泵、生活泵等用电	二级
17	铁路旅客站、综合交通枢纽站	特大型铁路旅客车站、集大型铁路旅客车站及其他车站等为一体的大型综合交通枢纽站等不允许中断供电的重要场所的用电	一级*
		特大型铁路旅客车站、国境站和集大型铁路旅客车站及其他车站等为一体的大型综合交通枢纽的旅客站房、站台、天桥、地道的用电；防灾报警设备用电；特大型铁路旅客车站、国境站的公共区域照明；售票系统设备、安防及安全检查设备、通信系统用电	一级
		大、中型铁路旅客车站、国境站和集大型铁路旅客车站及其他车站等为一体的大型综合交通枢纽的旅客站房、站台、天桥、地道的用电；特大型铁路旅客车站、国境站的列车到发预告显示系统、旅客用电梯、自动扶梯、国际换装设备、行包用电梯、皮带输送机、送排风机、排污泵设备用电；特大型铁路旅客车站的冷热源设备用电；大、中型铁路旅客车站的公共区域照明、管理用房照明及设备用电；铁路旅客车站的驻站警务室	二级
18	城市轨道交通车站 磁浮列车站 地铁车站	通信系统设备、信号系统设备、地铁车站内的变电站操作电源、车站内不允许中断供电的其他重要场所的用电	一级*
		电力、环境与设备监控系统、自动售票系统设备用电；车站中作为事故疏散用的自动扶梯、电动屏蔽门（安全门）、防护门、防淹门、排水泵、车站排水泵、信息设备管理用房照明、公共区域照明用电；地下站厅站台照明、地下区间照明用电	一级
		非消防用电梯及自动扶梯、地上站厅站台及附属房间照明、送排风机、排污泵等用电	二级
19	港口客运站	一级港口客运站的通信、监控系统设备、导航设施及广播用	一级
		港口重要作业区、一级及二级客运站公共区域照明、管理用房照明及设备、电梯、送排风系统设备、排污水设备、生活水泵用电	二级
20	汽车客运站	一、二级客运站广播及照明用电	二级

续表

序号	建筑物名称	用电负荷名称	负荷级别
21	旅游饭店	四星级及以上旅游饭店的经营及管理用计算机系统用电	一级*
		四星级及以上旅游饭店的宴会厅、餐厅、厨房、康乐设施用房、门厅及高级客房、主要通道等场所的照明用电,厨房、排污泵、生活水泵、主要客梯用电,计算机、电话、电声和录像设备、新闻摄影用电	一级
		三星级旅游饭店的宴会厅、餐厅、厨房、康乐设施、门厅及高级客房、主要通道等场所的照明用电,厨房、排污泵、生活水泵、主要客梯用电、计算机、电话、电声和录像设备、新闻摄影用电,除上栏所述之外的四星级及以上旅游饭店的其他用电	二级
22	科研院所、高等院校	四级生物安全实验室等对供电连续性要求极高的国家重点实验室用电	一级*
		三级生物安全实验室和除上栏所述之外的其他重要实验室用电	一级
		主要通道照明用电	二级
23	二级以上医院	重要手术室、重症监护等涉及患者生命安全的设备(如呼吸机等)及照明用电	一级*
		急诊部、重症监护病房、手术部、分娩室、婴儿室、血液病房的净化室、血液透析室、病理切片分析、磁共振、介入治疗用CT及X光机扫描室、血库、高压氧仓、加速器机房、治疗室及配血室的电力照明用电,培养箱、冰箱、恒温箱用电,走道照明用电,百级洁净度手术室空调系统用电、重症呼吸道感染区的通风系统	一级
		除上栏所述之外的其他手术室空调系统用电,电子显微镜,一般诊断用CT及X光机用电,客梯用电,高级病房、肢体伤残康复病房照明用电	二级
24	住宅建筑	建筑高度不小于50m且19层及以上的高层住宅的航空障碍照明、走道照明、值班照明、安防系统、电子信息设备机房、客梯、排污泵、生活水泵用电	一级
		10～18层的二类高层住宅的走道照明、值班照明、安防系统、客梯、排污泵、生活水泵用电	二级
25	一类高层建筑	消防用电,值班照明、警卫照明、障碍照明用电,主要业务和计算机系统用电,安防系统用电,电子信息设备机房用电,客梯用电,排污泵、生活水泵用电	一级
		主要通道及楼梯间照明用电	二级
26	二类高层建筑	消防用电,主要通道及楼梯间照明用电,客梯用电,排污泵、生活水泵用电	二级
27	建筑高度大于250m的超高层建筑	消防负荷用电	一级*
28	体育场(馆)及游泳馆	特级体育(馆)及游泳馆的应急照明	一级*
		甲级体育场(馆)及游泳馆的应急照明	一级

续表

序号	建筑物名称	用电负荷名称	负荷级别
29	交通建筑	地铁车站应急照明、火灾自动报警系统用电	一级*
		地铁车站消防系统设备、消防电梯、排烟系统用风机及电动阀门用电	二级
		Ⅲ类及以上民用机场航站楼、特大型和大型铁路旅客车站、集民用机场航站楼或铁路及城市轨道交通车站为一体的大型综合交通枢纽站、城市轨道交通地下站以及具有一级耐火等级的交通建筑的消防用电	一级
		Ⅲ类以下机场航站楼、铁路旅客车站、城市轨道交通地面站或地上站、港口客运站、汽车客运站及其他交通建筑的消防用电	二级
		Ⅰ、Ⅱ类飞机库的消防用电	一级
		Ⅲ类飞机库的消防用电	二级
		Ⅰ类汽车库的消防用电及其机械停车设备、采用升降梯作车辆疏散出口的升降梯用电	一级
		Ⅱ、Ⅲ类汽车库和Ⅰ类修车库的消防用电及其机械停车设备、采用升降梯作车辆疏散出口的升降梯用电	二级
		一、二类隧道的消防	一级
		三类隧道的消防用电	二级
30	剧场	甲等剧场的消防用电	一级
		乙、丙等剧场消防用电	二级

注 1. 负荷分级表中"一级*"为一级负荷中特别重要负荷。
2. 本表中未列出的用电负荷分级可类比本表确定。
3. 表未包含消防负荷分级,消防负荷分级见表 2.1-3。
4. 当序号 1~24 各类建筑物与一类、二类高层建筑的用电负荷级别以及消防用电负荷不相同时,负荷级别应按其中高者确定。
5. 本表引自《民用建筑电气设计规范(征求意见稿)》,以正式出版版本为准。

(3) 消防负荷分级见表 2.1-3。

表 2.1-3 消防负荷分级

序号	消防负荷名称	负荷级别
1	建筑高度大于 50m 的乙、丙类厂房和丙类仓库中消防负荷	一级
2	一类高层民用建筑中消防负荷	一级
3	室外消防用水量大于 30L/s 的厂房(仓库)中消防负荷	二级
4	室外消防用水量大于 35L/s 的可燃材料堆场、可燃气体储罐(区)和甲、乙类液体储罐(区)中消防负荷	二级
5	粮食仓库及粮食筒仓中消防负荷	二级
6	二类高层民用建筑中消防负荷	二级
7	座位数超过 1500 个的电影院、剧场,座位数超过 3000 个的体育馆,任一层建筑面积大于 3000m² 的商店和展览建筑,省(市)级及以上的广播电视、电信和财贸金融建筑中消防负荷	二级
8	室外消防用水量大于 25L/s 的其他公共建筑中消防负荷	二级

注 1. 本表引自 GB 50016—2014《建筑防火设计规范》。
2. 建筑物的火灾危险性分类见 17.1.6。

【编者按】 本表为消防负荷分级的最低要求。当建筑物另有更高级别的负荷时,消防负荷宜视为与之同级;当建筑物设有应急供电系统时,消防负荷应视为应急负荷。

2.1.3   各级负荷供电要求

（1）一级负荷应由双重电源供电，当一电源发生故障时，另一电源不应同时受到损坏。

（2）一级负荷中特别重要负荷的供电，应符合下列要求：

1）除应由双重电源供电外，尚应增设应急电源，并严禁将其他负荷接入应急供电系统。

2）设备的供电电源切换时间，应满足设备允许中断供电的要求。

（3）二级负荷的供电系统，宜由两回线路供电。在负荷较小或地区供电条件困难时，二级负荷可由一回路 6kV 及以上专用的架空线路供电。

1）二级负荷包括的范围也比一级负荷广，由于二级负荷停电造成的损失较大，影响还是比较大的，应由两回线路供电。两回线路与双重电源略有不同，两者都要求线路有两个独立部分，而后者还强调电源的相对独立。

2）只有当负荷较小或地区供电条件困难时，才允许由一回 6kV 及以上的专用架空线供电。这主要考虑电缆发生故障后有时检查故障点和修复需时较长，而一般架空线路修复方便（此点和电缆的故障率无关）。当线路自配电站引出采用电缆线路时，应采用两回线路。

（4）三级负荷为不重要的一般性负荷，对电源无特殊要求，对供电可靠性要求不高，只需一路电源供电。

2.2   电 源 和 电 压

2.2.1   术语

（1）双重电源：一个负荷的电源是由两个电路提供的，这两个电路就安全供电而言被认为是互相独立的。

　　注　双重电源可以是分别来自不同电网的电源，或来自同一电网但在运行时电路互相之间联系很弱，或者来自同一个电网但其间的电气距离较远，一个电源系统任意一处出现异常运行时或发生短路故障时，另一个电源仍能不中断供电。这样的电源都可视为双重电源。双重电源可一用一备，也可同时工作，各供一部分负荷。

（2）应急供电系统（安全设施供电系统）：用来维持电气设备和电气装置运行的供电系统，主要是为了人体和家畜的健康和安全，避免对环境或其他设备造成损失的供电系统为应急供电系统。

　　注　供电系统包括电源和连接到电气设备端子的电气回路。在某些场合，它也可以包括设备。

（3）应急电源（安全设施电源）：用作应急供电系统组成部分的电源。

（4）备用电源：当正常电源断电时，由于非安全原因用来维持电气装置或其某些部分所需的电源。

　　【编者按】　应急电源和备用电源的性质完全不同，应注意区分，不得混淆。"备用应急电源"的提法是错误的。参见 2.2.2 （2）和 2.6。

（5）分布式电源：分布式电源主要是指布置在电力负荷附近，能源利用效率高并与环境兼容，可提供电、热（冷）的发电装置，如微型燃气轮机、太阳能光伏发电、燃料电池、风力发电和生物质能发电等。

2.2.2   电源选择

（1）电力系统所属大型电厂单位容量投资少、能效高、成本低；公共电网供电可靠性高。用电单位的电源宜优先取自地区电网。

（2）符合下列情况之一时，用电单位宜设置自备电源：

1）需要设置应急电源作为一级负荷中特别重要负荷的应急电源时。

2）当第二电源不能满足一级负荷要求的条件时。

3）有常年稳定余热、压差、废弃物可供发电，技术可靠、经济合理时。

4）所在地区偏僻或远离电力系统，设置自备电源经济合理时。

5）有设置分布式电源的条件，能源利用效率高、经济合理时。

【编者按】 1. 自备电源是相对地区电网而言的。按照不同用途，自备电源可用作应急电源［如1)]、备用电源［如2)]、正常电源［如3)、4)]。

2. 应急电源选择另见2.6.1。

（3）供配电系统的设计，除一级负荷中特别重要负荷外，不应考虑一个电源系统检修或故障的同时另一电源又发生故障。

（4）有一级负荷的用电单位难以从地区电力网取得两个电源而有可能从临近单位取得第二电源时，宜从该单位取得第二电源。

（5）小负荷的用户，宜接入地区低压电网。

（6）应急电源与正常电源之间，应采取防止并列运行的措施（机械连锁、电气连锁），目的在于保证应急电源的专用性，防止正常电源系统故障时，应急电源向正常电源系统负荷送电而失去作用，同时为防止继电器有可能误动而造成应急电源与正常电源误并网，应急电源的发电机的启动命令应由正常电源主开关的辅助触点给出启动信号。个别用户在应急电源向正常电源转换时，为了减少电源转换对应急设备的影响，将应急电源与正常电源短暂并列运行，并列完成后立即将应急电源断开。当需要并列操作时，应符合下列条件：

1）应取得供电部门的同意。

2）应急电源需设置频率、相位和电压的自动同步系统。

3）正常电源应设置逆功率保护。

4）并列及不并列运行时故障情况的短路保护、电击保护都应得到保证。

2.2.3 电压选择

（1）用电单位的供电电压应从用电容量、用电设备特性、供电距离、供电线路的回路数、用电单位的远景规划、当地公共电网现状和它的发展规划以及经济合理等因素考虑决定。

（2）3~110kV交流三相系统的标称电压及电气设备最高电压见表5.2-1。各级电压线路送电能力见表2.2-1。

表 2.2-1   各级电压线路送电能力

标称电压（kV）	线路种类	送电容量（MW）	供电距离（km）
6	架空线	0.1~1.2	15~4
6	电缆	3	3以下
10	架空线	0.2~2	20~6
10	电缆	5	6以下
20	架空线	0.4~4	40~10

续表

标称电压（kV）	线路种类	送电容量（MW）	供电距离（km）
20	电缆	10	12 以下
35	架空线	2~8	50~20
35	电缆	15	20 以下
66	架空线	3.5~10	100~30
66	电缆		
110	架空线	10~50	150~50
110	电缆		

注 表中数字的计算依据：

1. 架空线及 6~20kV 电缆芯截面按 240mm²，35~110kV 电缆线芯截面按 400mm²，电压损失≤5%。

2. 导线的实际工作温度 θ：架空线为 55℃、6~10kV；XLPE 电缆为 90℃、20~110kV；XLPE 电缆为 80℃。

3. 导线间的几何均距 d_j：6~20kV 为 1.25m，35~110kV 为 3m，功率因数 $\cos\varphi=0.85$。

（3）需要两回电源线路的用电单位，宜采用同级电压供电。但根据各级负荷的不同需要及地区供电条件，也可采用不同级电压供电。

（4）配电电压的高低取决于供电电压、用电设备的电压以及供电范围、负荷大小和分布情况等。

供电电压为 35kV 及以上用电单位的配电电压应采用 20kV 或 10kV；如 6kV 用电设备（主要指高压电动机）的总容量较大时，选用 6kV 在技术经济上合理时，则宜采用 6kV。当有 3kV 电动机时，应配专用降压变压器，不推荐以 3kV 作为配电电压。

低压配电电压宜采用 220/380V，工矿企业也可采用 660V。当安全需要时，也采用小于 50V 电压。

（5）供电电压为 35kV 及以上，用电负荷均为低压又较集中，当减少配电级数技术经济合理时，配电电压宜采用 35kV 或相应等级电压。

2.3 高压供配电系统

2.3.1 供配电系统设计要则

（1）供配电系统设计应贯彻执行国家的技术经济政策，做到保障人身安全、供电可靠、技术先进和经济合理。

（2）供配电系统设计应按照负荷性质、用电容量、工程特点和地区供电条件，统筹兼顾，合理确定设计方案。

（3）供配电系统设计应根据工程特点、规模和发展规划，做到远近期结合，在满足近期使用要求的同时，兼顾未来发展的需要。

（4）供配电系统设计应采用符合国家现行有关标准的高效节能、环保、安全、性能先进的电气产品。

（5）同时供电的两回及以上供配电线路中，一回路中断供电时，其余线路应能满足全部一级负荷及二级负荷的用电需要。

(6) 供电系统应简单可靠，便于操作管理。同一电压等级的配电级数高压不宜多于两级，低压不宜多于三级。

(7) 高压配电系统宜采用放射式供电。并根据变压器的容量、分布及地理环境、亦可采用树干式或环式供电。

(8) 根据负荷的容量和分布，配变电站应靠近负荷中心。

(9) 为提高供电可靠性和符合节约用电、检修用电的需要，在用电单位内部邻近的变电站之间宜设置低压联络线。

(10) 在工程设计中，特别是对大型的工矿企业，有时对某个区域的负荷定性比确定单个的负荷特性更具有可操作性。如在一个生产装置中，只有少量的用电设备生产连续性要求高而不允许中断供电，其负荷为一级负荷；而其他的用电设备可以断电，其性质为三级负荷，则整个生产装置的用电负荷可以确定为三级负荷；如果生产装置区的大部分用电设备生产的连续性都要求很高，停产将会造成重大的经济损失，则可以确定本装置的负荷特性为一级负荷。如果区域负荷的特性为一级负荷，则应该按照一级负荷的供电要求对整个区域供电；如果区域负荷特性是二级负荷，则对整个区域按照二级负荷的供电要求进行供电，对其中少量的特别重要负荷按照规定供电。

(11) 对冲击性负荷（电弧炉、弧焊机、电焊机组等）的供电，需要降低冲击性负荷引起的电网电压波动和电压闪变（不包括电动机启动时允许的电压下降）时，宜采取下列措施：

1) 采用专线供电。

2) 与对电压不敏感的其他负荷共用配电线路，以加大导体截面、降低线路阻抗。

3) 较大功率的冲击性负荷或冲击性负荷群与对电压波动、闪变敏感的负荷分别由不同的变压器供电。

4) 选择高一级电压或由专用变压器供电，将冲击负荷接入短路容量较大的电网中。

(12) 控制各类非线性用电设备（整流器等）所产生的谐波引起的电网电压正弦波形畸变率，宜采取下列措施：

1) 各类大功率非线性用电设备变压器由短路容量较大的电网供电。

2) 对大功率静止整流器，应采取提高整流变压器二次侧的相数和增加整流器的整流脉冲数的措施。多台相数相同的整流装置，应使整流变压器的二次侧有适当的相角差。

3) 按谐波次数装设分流滤波器。

4) 选用联结组别 Dyn11 的三相配电变压器。

2.3.2 中性点接地方式类别

高压系统中性点接地方式与电压等级、单相接地故障电流、过电压水平以及保护配置等有密切关系。电网中性点接地方式直接影响电网的绝缘水平、电网供电的可靠性、连续性和运行的安全性，以及电网对通信线路及无线电的干扰，在选择电网中性点接地时必须进行具体分析、综合考虑。

2.3.2.1 中性点有效接地方式

在各种条件下系统的零序电抗与正序电抗之比（$X_{(0)}/X_{(1)}$）应为正值，并且不应大于3，而零序电阻与正序电抗之比（$R_{(0)}/X_{(1)}$）不应大于1，该系统的接地方式称为有效接地方式。

110kV 系统中变压器中性点可直接接地，部分变压器中性点也可采用不接地方式。

（1）中性点直接接地方式。中性点直接接地见图 2.3-1。

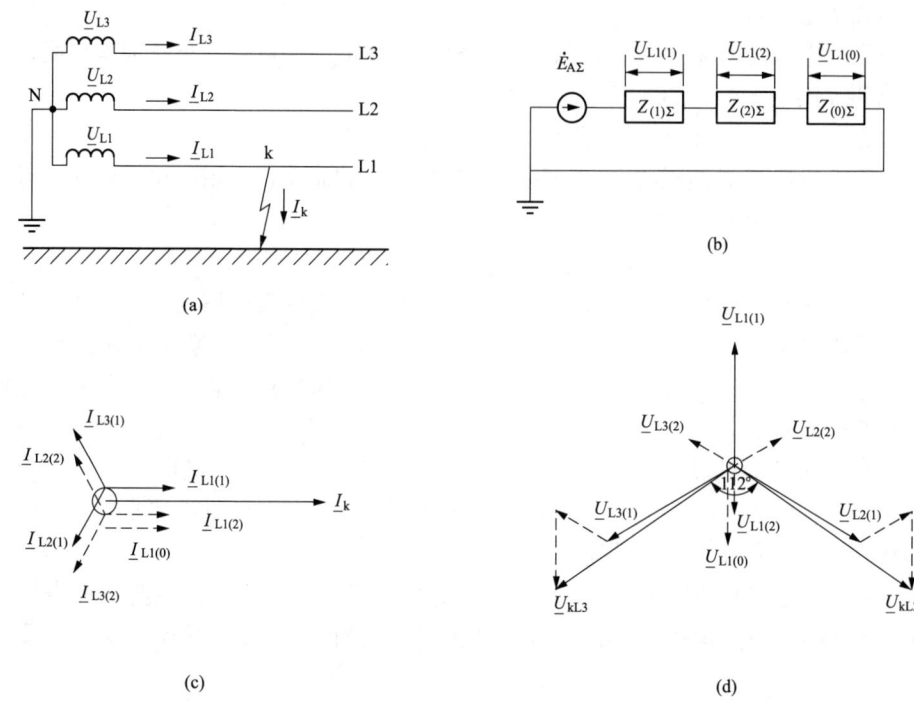

图 2.3-1 中性点直接接地方式中发生单相接地故障

(a) 中性点直接接地 L1 相接地故障；(b) 单相接地复合序网；

(c) 单相接地短路电流相量图；(d) 单相接地短路电压相量图

当 L1 相接地短路，故障点分支线路的短路电流，它的正方向是自短路点流入大地，其边界条件为

$$\underline{U}_{L1} = 0 \quad \underline{I}_{L2} = 0 \quad \underline{I}_{L3} = 0 \tag{2.3-1}$$

将式分解成对称分量时

$$\underline{I}_{L1(1)} = \underline{I}_{L1(2)} = \underline{I}_{L1(0)} \tag{2.3-2}$$

$$\underline{U}_{L1} = \underline{U}_{L1(1)} + \underline{U}_{L1(2)} + \underline{U}_{L1(0)} = 0 \tag{2.3-3}$$

由图 2.3-1（b）的复合序网求得

$$\underline{I}_{L1(1)} = \frac{E_{L1\Sigma}}{X_{(1)\Sigma} + X_{(2)\Sigma} + X_{(0)\Sigma}} \tag{2.3-4}$$

故障点故障相的短路电流利用对称分量的合成式求得

$$\underline{I}_{L1} = \underline{I}_{L1(1)} + \underline{I}_{L1(2)} + \underline{I}_{L1(0)} = 3\underline{I}_{L1(1)} = \frac{3E_{L1\Sigma}}{X_{(1)\Sigma} + X_{(2)\Sigma} + X_{(0)\Sigma}} \tag{2.3-5}$$

利用复合网可求得故障点故障相对地电压的对称分量

$$\underline{U}_{\mathrm{L1(1)}} = \underline{E}_{\mathrm{L1\Sigma}} - \underline{I}_{\mathrm{L1(1)}} X_{\mathrm{L1\Sigma}} = \underline{I}_{\mathrm{L1(1)}}\left[X_{(2)\Sigma} + X_{(0)\Sigma}\right] \qquad (2.3\text{-}6)$$

$$\underline{U}_{\mathrm{L1(2)}} = -\underline{I}_{\mathrm{L1(2)}} X_{(2)\Sigma} \qquad (2.3\text{-}7)$$

$$\underline{U}_{\mathrm{L1(0)}} = -\underline{I}_{\mathrm{L1(0)}} X_{(0)\Sigma} \qquad (2.3\text{-}8)$$

复合序网求得非故障相对故障点电压分别为

$$\underline{U}_{\mathrm{L2}} = a^2\underline{U}_{\mathrm{L1(1)}} + a\underline{U}_{\mathrm{L1(2)}} + \underline{U}_{\mathrm{L1(0)}} = \underline{I}_{\mathrm{L1(1)}}\left[(a^2-a)X_{(2)\Sigma} + (a^2-1)X_{(0)\Sigma}\right] \quad (2.3\text{-}9)$$

$$\underline{U}_{\mathrm{L3}} = a\underline{U}_{\mathrm{L1(1)}} + a^2\underline{U}_{\mathrm{L1(2)}} + \underline{U}_{\mathrm{L1(0)}} = \underline{I}_{\mathrm{L1(1)}}\left[(a-a^2)X_{(2)\Sigma} + (a-1)X_{(0)\Sigma}\right] \quad (2.3\text{-}10)$$

$$a = e^{\mathrm{j}120^\circ} = -\frac{1}{2} + \mathrm{j}\frac{\sqrt{3}}{2}$$

式中　　　　　　$\underline{E}_{\mathrm{L1\Sigma}}$——正序等值网络的组合电动势，其值等于故障点对地电压，V；

$\underline{U}_{\mathrm{L1}}$、$\underline{U}_{\mathrm{L2}}$、$\underline{U}_{\mathrm{L3}}$——各相故障点的电压，V；

$\underline{U}_{\mathrm{L1(1)}}$、$\underline{U}_{\mathrm{L1(2)}}$、$\underline{U}_{\mathrm{L1(0)}}$——故障点的正序、负序、零序电压分量，V；

$\underline{I}_{\mathrm{L1}}$、$\underline{I}_{\mathrm{L2}}$、$\underline{I}_{\mathrm{L3}}$——各相故障点的电流，A；

$\underline{I}_{\mathrm{L1(1)}}$、$\underline{I}_{\mathrm{L1(2)}}$、$\underline{I}_{\mathrm{L1(0)}}$——故障电流的正序、负序、零序电流分量，A；

$X_{(1)\Sigma}$、$X_{(2)\Sigma}$、$X_{(0)\Sigma}$——正序、负序、零序等值网络的组合阻抗，Ω；

a——运算因子或相因子。

如不考虑数量较小的电阻时，单相接地短路电流和接地短路电压相量图如图 2.3-1 （c）、（d）所示。

单相短路时，故障相的电流与 $\left[X_{(1)\Sigma} + X_{(2)\Sigma} + X_{(0)\Sigma}\right]$ 的大小成反比，$X_{(1)\Sigma}$、$X_{(2)\Sigma}$ 与短路点距电源远近有关，$X_{(0)\Sigma}$ 与中性点接地方式有关。在中性点直接接地方式中，变压器中性点越多，$X_{(0)\Sigma}$ 越小、接地短路电流越大。在不接地方式中 $X_{(0)\Sigma} = \infty$，接地电流等于电容电流。非故障相 $\underline{U}_{\mathrm{L2}}$、$\underline{U}_{\mathrm{L3}}$ 之间的相角 θ 与 $X_{(2)\Sigma}$ 与 $X_{(0)\Sigma}$ 的比值有关，它的变化范围在 $60^\circ \leqslant \theta < 180^\circ$ 内。下限为 $X_{(0)\Sigma} = \infty$，即当接地短路发生在中性点不接地方式的情况，上限为 $X_{(0)\Sigma} \to 0$，即接地短路发生在直接接地的中性点附近。

中性点直接接地方式的优点是系统的过电压水平和输变电设备所需的绝缘水平较低。系统的动态电压升高不超过系统额定电压的 80%，高压电网中采用这种接地方式降低设备和线路造价，经济效益显著。中性点直接接地方式的缺点是发生单相接地故障时单相接地电流很大，必然引起断路器的跳闸，降低了供电连续性，因而供电可靠性较差。此外，单相接地电流有时会超过三相短路电流，影响断路器遮断能力的选择，并有对通信线路产生干扰的危险。

选择接地点时应保证在任何故障形式下，都不应使电网解列成为中性点不接地方式。

变压器中性点接地点的数量应使电网所有短路点的综合零序电抗与综合正序电抗之比 $X_{(0)}/X_{(1)}$ 为正值并且不大于 3，而其零序电阻与正序电抗之比 $R_{(0)}/X_{(1)}$ 不应大于 1，以使单相接地时健全相上工频过电压不超过避雷器的灭弧电压；$X_{(0)}/X_{(1)}$ 还应大于 $1\sim1.5$，以使单相接地短路电流不超过三相短路电流。

普通变压器中性点都应经隔离开关接地，以便于运行调度灵活选择接地点。当变压器中性点可能断开运行时，若该变压器为分级绝缘，应在中性点装设避雷器和保护间隙保护。

（2）中性点经低电阻接地方式。中性点经低电阻接地方式也称为小电阻接地方式。中性点经低电阻接地方式是以获得快速选择性继电保护所需的足够电流为目的，一般接地故障电流为 $100\sim1000A$，限制瞬态过电压的准则是系统等值零序电阻与其系统零序电抗之比 $R_{(0)}/X_{(0)}$ 不小于 2，电阻值为 $10\sim20\Omega$。$6\sim20kV$ 主要由电缆线路构成的送、配电网络，单相接地故障电容电流较大时，可采用低电阻接地方式。中性点经低电阻接地方式见图 2.3-2。

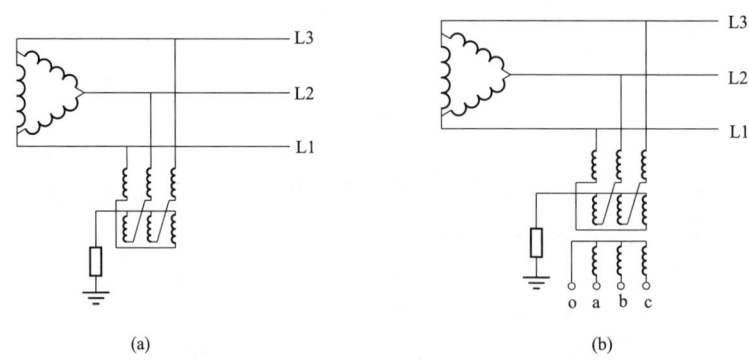

图 2.3-2　中性点经低电阻接地方式
（a）接地变压器＋低电阻接地方式；（b）ZNyn11 或 ZNyn1 配电变压器＋低电阻接线方式

在 $6\sim20kV$ 配电网中，变压器绕组通常采用三角形联结，无中性点引出，这就需要采用接地变压器引出中性点接入电阻器，当不需要带二次负荷时，接地变压器＋低电阻接地方式见图 2.3-2（a），需要带二次负荷作为站用变压器时，ZNyn11 或 ZNyn1 配电变压器＋低电阻接地方式见图 2.3-2（b）。

中性点低电阻接地方式的优点如下：

1）单相接地时的异常过电压抑制在运行相电压的 2.8 倍以下，电网可采用绝缘水平较低的电气设备，改善了电气设备运行条件，提高了设备运行的可靠性。

2）能快速切除单相接地故障，提高系统安全水平、降低人身伤亡事故。

3）继电保护简单。

中性点经低电阻接地方式的缺点如下：

1）当电缆发生单相接地时，故障电流较大，强烈的电弧会危及邻相电缆或同一电缆沟里的相邻电缆酿成火灾，扩大事故。

2）对通信电子设备干扰大。

该接地方式适用于电缆线路为主、不容易发生瞬时性单相接地故障，且系统电容电流比较大的城市配电网、发电厂厂用电系统及工矿企业配电系统。

2.3.2.2　不接地、谐振接地、高电阻接地方式

2.3.2.2.1　不接地方式

中性点没有人为加以接地的系统称为中性点不接地方式，这种电力系统的中性点是浮动的。中性点不接地方式中发生单相接地故障时电压、电流相量见图 2.3-3。

中性点不接地方式的优点是发生单相接地故障时，不形成故障电流通路，通过接地点的电流仅为接地电容电流，正常情况下各相导线的对地电容 $C_{L1}=C_{L2}=C_{L3}$，则正常情况下中

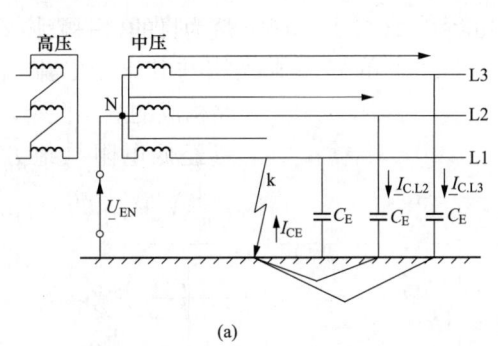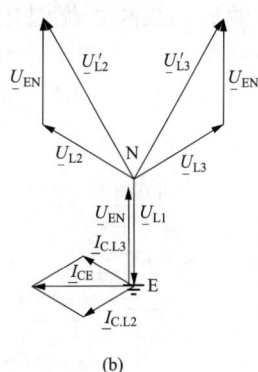

图 2.3-3　中性点不接地方式中发生单相接地故障时电压、电流相量图

(a) 中性点不接地 L1 相接地故障；(b) 电压、电流相量图

性点电位为零，即 $U_N=0$。当 L1 发生单相接地故障时，故障电流很小时，只使三相对地电位发生变化，故障相电压变为零，中性点位移电压升至 $U_{EN}=U_{L1}$，另外两相电压升高为线电压 U'_{L2}、U'_{L3}，相位差不再是 120°，而是 60°，这时流过故障点的电容电流 $I_{C.L2}$、$I_{C.L3}$ 分别领先 U'_{L2}、U'_{L3} 90°，其绝对值为

$$I_{C.L2} = I_{C.L3} = \sqrt{3}\omega C_E U_{ph} \tag{2.3.11}$$

这时流过故障点的接地故障电容电流为

$$I_F = I_{CE} = I_{C.L2}\cos30° + I_{C.L3}\cos30° = 3\omega C_E U_{ph} \tag{2.3.12}$$

式中　I_F——接地点故障电流，A；

　　　I_{CE}——接地故障电容电流，A；

　　　C_E——每相对地分布电容，F；

　　　U_{ph}——相电压，V；

　　　ω——角频率，$\omega=2\pi f$，s^{-1}。

发生单相接地故障时流过故障点的电容电流 I_{CE} 是正常时一相对地电容电流的 3 倍。

可见当发生单相接地时仅非故障相对地电压升高，相间电压对称性并未破坏，故不影响用电设备的供电。当单相接地电容电流很小时，不会形成稳定的接地电弧，故障点电弧可以迅速自熄。熄弧后绝缘可自行恢复，而无需使线路断开，可以带故障运行一段时间，以便查找故障线路，从而大大提高了供电可靠性。同时对许多瞬时性的接地闪络，常能自动消弧，不至于转化为稳定性故障，因此能迅速恢复电网正常运行。另外电网的单相接地电流很小，对临近通信线路干扰也小。

缺点是发生单相接地故障时，会产生弧光重燃过电压。这种过电压现象会造成电气设备的绝缘损坏或开关柜绝缘子闪络，电缆绝缘击穿，所以要求系统绝缘水平较高。当线路很长时，接地电容电流就会过大，超过临界值，接地电弧将不能自熄，容易形成间歇性的弧光接地或电弧稳定接地。间歇性的弧光接地可能导致危险的过电压。稳定性电弧接地会导致相间短路，使得线路跳闸，造成重大事故。为了避免弧光接地造成危及电网及设备的安全运行，需要改用其他的接地方式。

2.3.2.2.2　谐振接地方式

中性点经消弧线圈接地的系统称为谐振接地方式。消弧线圈的作用是当电网发生单相接地故障后，故障点流过电容电流，消弧线圈提供电感电流进行补偿，使故障点电流降至 10A 以下。适用于单相接地故障电容电流大于 10A，瞬间性单相接地故障较多的架空线路为主的配电网。谐振接地方式中发生单相接地故障时电压、电流相量图见图 2.3-4。

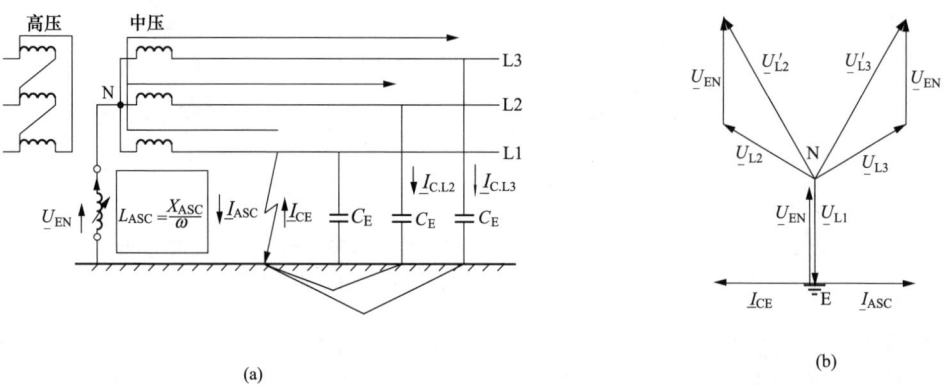

图 2.3-4 谐振接地方式中发生单相接地故障时电压、电流相量图

(a) 谐振接地方 L1 相接地故障；(b) 电压、电流相量图

中性点经消弧线圈接地的系统在正常工作时，中性点的电位为零，消弧线圈两端没有电压，没有电流通过消弧线圈。当发生 L1 相接地故障时，其电压的变化和中性点不接地方式完全一样，故障相对地的电压变为零，非故障相对地电压值升高到线电压，中性点位移电压升至 $U_{EN}=U_{L1}$，此时消弧线圈两端的电压为 U_{EN}，消弧线圈的电感电流 I_{ASC} 为

$$I_{ASC} = U_{EN}/(\omega L_{ASC}) \qquad (2.3\text{-}13)$$

接地故障电容电流见式 (2.3-12)。

流过接地点的故障电流 I_F 为

$$I_F = I_{CE} - I_{ASC} \qquad (2.3\text{-}14)$$

式中 U_{EN}——中性点位移电压，V；

ω——角频率，s^{-1}。

一般采用过补偿，I_{ASC} 与 I_{CE} 方向相反，可抵消故障电容电流，使 $I_F < 10A$，故障点的电弧瞬间自熄，从而防止事故扩大。

谐振接地的优点：

(1) 利用消弧线圈的感性电流对电网的对地电容电流进行补偿，使单相接地故障电流小于 10A，从而使故障点电弧可以自熄，可以减少系统弧光接地过电压的概率，降低了 I_F 及地电位升高，减少了接地点的跨步电压和接地电位差。

(2) 对瞬时单相接地故障能自动消除，电网的运行可靠性较高。

(3) 在单相接地时不破坏系统对称性，系统可带故障运行一段时间，提高了供电可靠性。

谐振接地的缺点：

(1) 中性点经消弧线圈接地方式对永久性故障选线不够快速、准确，接地故障检测困难。

（2）在处理故障过程中对线路逐条进行拉闸可能产生较高的过电压，人工检测与排除故障所需的时间较长，容易扩大事故。

（3）投资较高。

2.3.2.2.3 中性点经高电阻接地方式

系统中至少有一根导体或一点经过高电阻接地，电阻值一般在数百欧姆至数千欧姆。采用中性点经高电阻接地方式的目的就是给故障点注入阻性电流，以提高接地保护动作灵敏性。当发生单相接地故障时，在接地电弧熄弧后，系统对地电容中的残荷将通过中性点电阻泄放，从而减少电弧重燃的可能性，抑制电网过电压的幅值，从而降低间歇性弧光接地过电压。由于中性点电阻相当于在谐振回路中的系统对地电容两端并接的阻尼电阻，在电阻的阻尼作用下，基本上可以消除系统的各种谐振过电压。中性点经高电阻接地方式见图 2.3-5。

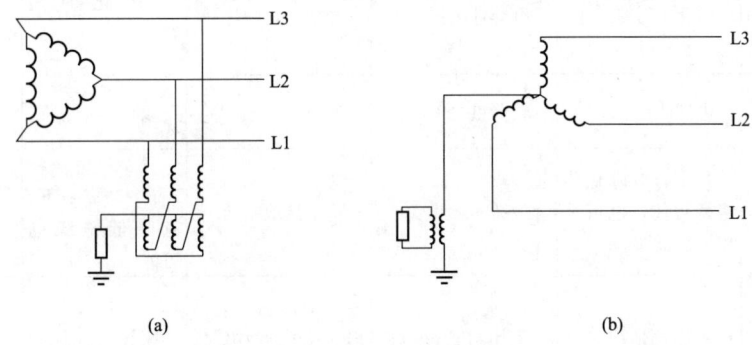

图 2.3-5　中性点经高电阻接地方式的接线

（a）经 Z 型接地变压器高电阻接地方式；（b）经单相接地变压器高电阻接地方式

当主变压器二次侧绕组采用 d 接线时，无中性点引出，需要增加接地型变压器，重构人工中性点，将高电阻接入变压器中性点，另一端接地，见图 2.3-5（a）。图 2.3-5（b）中将电阻通过单相接地变压器接入中性点，将会使中性点接地电阻的一次值增加 t_r^2 倍（t_r 为单相接地变压器的变比），从而减少实际装设的电阻值。

中性点高值电阻接地方式的优点：

（1）限制间歇性弧光接地过电压和谐振过电压 2.5 倍以下。

（2）接地故障电流 10A 以下，减小了地电位升高。

（3）当系统发生单相接地故障时可以不立即清除，继续运行 2h，供电可靠性较高。

中性点高值电阻接地方式的缺点：

（1）系统绝缘水平要求较高。

（2）使用范围受到限制，适用单相接地故障电容电流不大于 7A，故障电流不大于 10A 的某些小型 6～10kV 配电网和发电厂厂用电系统，以及 6.3kV 以上发电机的中性点接地。

高电阻接地方式设计应符合系统等值零序电阻 $R_{(0)}$ 不大于系统每相对地分布容抗 $X_{(C0)}$ 的原则，以限制由于电弧接地故障产生的瞬态过电压，接地故障电流小于 10A。

2.3.2.3 电网中性点各种接地方式的比较

电网中性点各种接地方式的比较见表 2.3-1。

表 2.3-1　　　　　　　　　　电网中性点各种接地方式的比较

比较项目	直接接地	不接地	谐振接地	低电阻接地	高电阻接地
接地故障电流	高,有时大于三相短路电流	接地故障电容电流,低	被中和抵销,最低	一般控制在100～1000A	大于接地故障电容电流
接地故障时健全相上的工频电压	小,与正常时一样,无变化	大,长输电线产生高电压	在故障点约等于线间电压,离开故障点时会比线间电压高20%～50%或更高	异常过电压控制在2.8倍以下	比不接地时略小,有时比线间电压大
暂态弧光接地过电压	可避免	可能发生	可避免	可避免	可避免
操作过电压	低	高	可控制	低	低
暂态接地故障扩大为双重故障的可能	转化为短路,小	电容性电弧,大	受抑制,中等	转化为短路,小	转化为受控制的故障电流,中等
发生单相接地故障时对设备的损害	可能严重	较严重	避免	减轻	减轻
变压器等设备的绝缘	最低,有降低绝缘的可能,也可采用分级绝缘	最高	比不接地略低	异常过电压控制在2.8倍以下,有降低绝缘的可能	比不接地略低
接地故障继电保护	采用接地保护继电器,容易迅速消除故障	采用接地继电器有困难,可采用微机信号装置	自动消弧,但当出现永久性故障时,接入并联低电阻进行选择性切断或采用微机信号装置	采用接地保护继电器,容易迅速消除故障	可能用小功率继电器进行选择性跳闸
单相接地故障时电网的稳定性	最低,但由于快速跳闸,可以提高	高	最高	最低,但由于快速跳闸,可以提高	高
单相接地故障时的电磁感应	最大,由于快速跳闸,故障持续时间短	如不发展为不同地点的双重故障,就小	小,但时间长	快速跳闸,故障持续时间短	中等,随中性点电阻加大,电磁感应变小
正常时对通信线路的感应	必须考虑3次谐波的感应	中性点如电位偏移产生静电感应	因串联谐振产生感应	较大	复式接地时比较小
运行操作	容易	由于采用继电器有困难,有时很麻烦,采用微机信号装置可改善操作条件	需要对应运行工况而变更分接头,还要注意串联谐振,可采用自动调节分接头,可改善操作条件	容易	容易
接近故障点时对生命的危险	严重	常拖延时间,较重	较轻	较重	较重
接地装置的费用	最少,可装设普通接地开关	少,当设置接地变压器时,多一些	最多	较少,需设置接地变压器、接地电阻箱等	较多,中性点电阻器的价格相当高

2.3.3 中性点接地方式的选择

中性点接地方式的选择是一个涉及电力系统许多方面的综合性技术问题，对于电力系统设计与电力系统运行有着多方面的影响，主要考虑供电连续性和电气装置绝缘水平。中性点接地方式的具体选择如下：

（1）110kV 系统中性点应采用有效接地方式。

（2）110kV 系统中变压器中性点可直接接地，部分变压器中性点也可采用不接地方式。

（3）35、66kV 系统和不直接连接发电机、由钢筋混凝土杆或金属杆塔的架空 6～20kV 系统，当单相接地故障电容电流不大于 10A 时，可采用中性点不接地方式。当大于 10A 时又需在接地故障条件下运行时，应采用中性点谐振接地方式。

（4）不直接连接发电机，由电缆线路构成的 6～20kV 系统，当单相接地故障电容电流不大于 10A 时，可采用中性点不接地方式；当大于 10A 时又需在接地故障条件下运行时，应采用中性点谐振接地方式。

（5）6～35kV 主要由电缆线路构成的配电系统、发电厂厂用电系统，当单相接地故障电容电流较大时，可采用中性点低电阻接地方式。

（6）6kV 和 10kV 配电系统以及发电厂厂用电系统，当单相接地故障电容电流不大于 7A 时，可采中性点高电阻接地方式，故障电流不应大于 10A。

2.3.4 配电方式

（1）根据对供电可靠性的要求、变压器的容量及分布、地理环境等情况，高压配电系统宜采用放射式，也可采用树干式、环式及其组合方式。

1）放射式。供电可靠性高，故障发生后影响范围较小，切换操作方便，保护简单，便于自动化，但配电线路和高压开关柜数量多而造价较高。

2）树干式。配电线路和高压开关柜数量少且投资少，但故障影响范围较大，供电可靠性较差。

3）环式。有闭路环式和开路环式两种，为简化保护，一般采用开路环式，其供电可靠性较高，运行比较灵活，但切换操作较繁。

（2）10（6）kV 配电系统接线方式见表 2.3-2，20、35kV 配电系统接线方式与此类似。

表 2.3-2　　　　　　　　　　10（6）kV 配电系统接线方式

接线方式	接 线 图	简 要 说 明
单回路放射式		一般用于配电给二、三级负荷或专用设备，但对二级负荷供电时，尽量要有备用电源。如另有独立备用电源时，则可供电给一级负荷

续表

接线方式	接　线　图	简　要　说　明
双回路放射式		线路互为备用,用于配电给二级负荷。电源可靠时,可供电给一级负荷
有公共备用干线的放射式		一般用于配电给二级负荷,如公共(热)备用干线电源可靠时,也可用于一级负荷
单回路树干式		一般用于对三级负荷配电。每条线路装接的变压器不超过5台,一般不超过2000kVA
单侧供电双回路树干式		供电可靠性稍低于双回路放射式,但投资较省,一般用于二、三级负荷。当供电电源可靠时,也可供电给一级负荷
双侧供电双回路树干式		分别由两个电源供电,与单侧供电双回路树干式相比,供电可靠性略有提高,主要用于二级负荷。当供电电源可靠时,也可供电给一级负荷

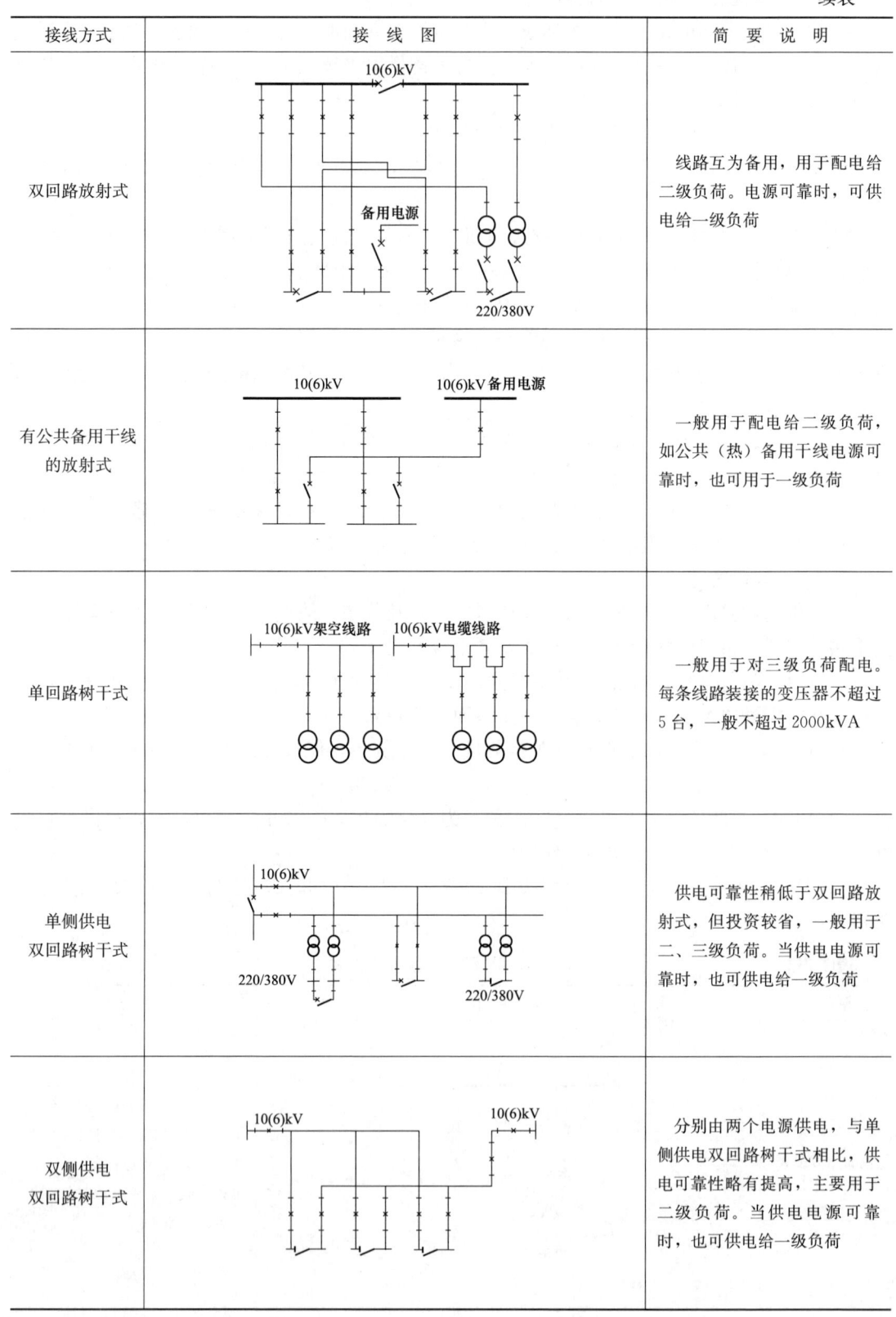

接线方式	接 线 图	简 要 说 明
单侧供电环式	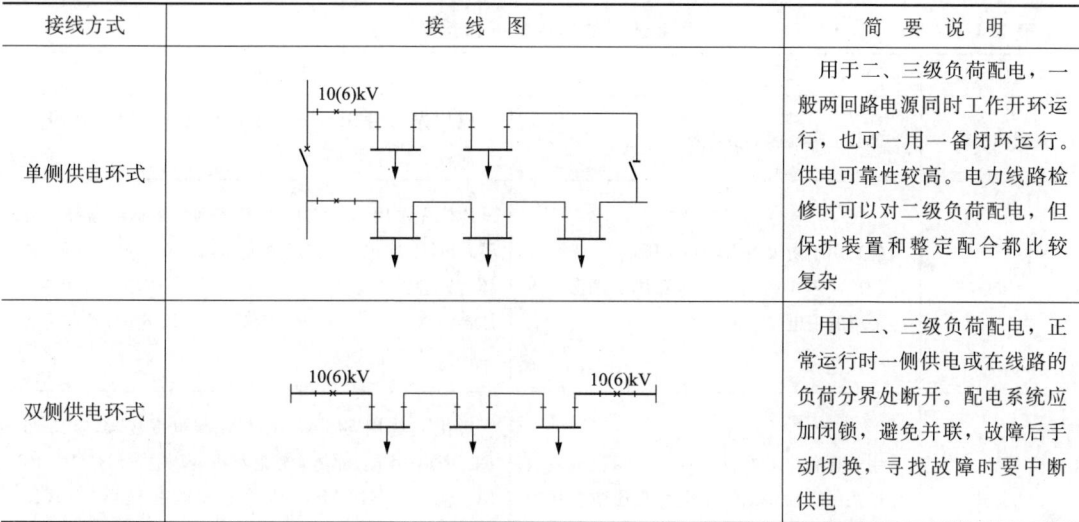	用于二、三级负荷配电，一般两回路电源同时工作开环运行，也可一用一备闭环运行。供电可靠性较高。电力线路检修时可以对二级负荷配电，但保护装置和整定配合都比较复杂
双侧供电环式		用于二、三级负荷配电，正常运行时一侧供电或在线路的负荷分界处断开。配电系统应加闭锁，避免并联，故障后手动切换，寻找故障时要中断供电

2.4 变压器选择和变（配）电站主接线

2.4.1 变压器选型

2.4.1.1 变压器类型的选择

（1）多层或高层主体建筑内变电站，应选用不燃或难燃介质的变压器。

（2）各类变压器性能比较见表 2.4-1。

表 2.4-1 各类变压器性能比较

类别	油浸式变压器				气体绝缘变压器		干式变压器			
	矿物油变压器		硅油变压器		六氟化硫变压器		非包封绕组干式变压器		环氧树脂浇铸变压器	
	叠铁芯	立体卷铁芯	叠铁芯	立体卷铁芯	叠铁芯	立体卷铁芯	叠铁芯	立体卷铁芯	叠铁芯	立体卷铁芯
价格	较低	低	中	中	高	较高	较高	较低	较高	较高
安装面积	中	中	中	中	中	中	小	小	小	小
绝缘等级	A	A	H	H	E	E	H或C	H或C	F或H	F或H
爆炸性	有可能	有可能	可能性小	可能性小	不爆	不爆	不爆	不爆	不爆	不爆
燃烧性	可燃	可燃	难燃	难燃	不燃	不燃	难燃	难燃	难燃	难燃
耐潮湿性	良好	良好	良好	良好	良好	良好	良好	良好	良好	良好
耐气候性	良好	良好	良好	良好	良好	良好	良好	良好	中	中
空载损耗	较小	小	较小	小	较小	小	大	较大	大	较大
空载电流	较大	小	较大	小	较大	小	大	小	大	小
负载损耗	大	较大	大	较大	较大	中	较小	小	较小	小
噪声	较低	低	较低	低	低	低	高	低	高	低
重量	较重	中	重	较重	较轻	轻	中	较轻	中	较轻

注 当采用非晶合金变压器时，空载损耗更小，更能符合变压器 I、II 级能效标准。

2

（3）按使用条件选择变压器：各类变压器的适用范围和参考型号见表 2.4-2。

表 2.4-2　　　　　　　　　各类变压器的适用范围和参考型号

变压器型式	适用范围	参考型号选择
普通油浸式	一般正常环境的变电站	应优先选用 S13、S14 油浸变压器，SH13、SH15 非晶合金油浸变压器
干式	（1）用于防火要求较高场所； （2）环氧树脂浇铸变压器用于潮湿、多尘环境的变电站	应优先选用 SC（B）13 等系列环氧树脂浇铸变压器；SG13 非包封线圈干式变压器；SC（B）13-RL 立体卷铁芯干式变压器；SC（B）H15 非晶合金干式变压器；SC（B）H14-RL、SC（B）H16-RL 非晶合金立体卷铁芯干式变压器
密封式	用于具有化学腐蚀性气体、蒸汽或具有导电及可燃粉尘、纤维会严重影响变压器安全运行的场所	应优先选用 S13-M、S14-M 配电变压器；S13-M-RL、S14-M-RL 立体卷铁芯配电变压器；SH（B）15-M、S（B）H16-M 非晶合金配电变压器；S（B）H15-M-RL、S（B）H16-M-RL 非晶合金立体卷铁芯变压器
有载调压变压器	电力潮流变化大和电压偏移大的变电站应采用有载调压变压器，调压范围为 1.25%～2.5%，总的调压范围应大于最大电压偏移值	SZ13、SZ13-RL 有载调压变压器
防雷式	用于多雷区及土壤电阻率较高的山区	SZ 等系列防雷变压器，具有良好的防雷性能，承受单相负荷能力也较强。变压器绕组联结方法一般为 Dzn0 及 Yzn11
地埋式	地埋式变压器是一种将变压器、保护用熔断器等安装在同一油箱内的紧凑型配电设施，箱体外壳采用不锈钢或同类材质制作并涂防腐涂层，高、低压进出线采用全密封、全绝缘、全屏蔽方式，具有不占用地表空间，可在一定时间内浸没在水中运行及免维护的特点，适用于人口密集的中心城区和街道、高速公路、桥梁、隧道、停车机场、港口、旅游景点、道路照明等供配电系统	S13-M. RD 油浸式卷铁芯地埋式变压器

（4）变压器绕组联结组别的选择。

1）三相变压器的联结和联结组标号：

a. 三相变压器联结组别采用时钟表示法，相量图以高压绕组线电势作为时钟的长针，以 L1 相指向 12 点钟为基准，低压绕组 L1 相的相量按感应电压关系确定，以低压绕组的线电势作为短针，并根据高、低压绕组线电势之间的相位指向不同的钟点。相量图的旋转方向按逆时针方向旋转，相序 L1→L2→L3。

b. 三相变压器的三个相绕组或组成三相组的三台单相变压器同一电压的绕组联结成星

形、三角形或曲折形时，对高压绕组应用大写字母 Y、D 或 Z 表示，对中压或低压绕组用同一字母的小写形式 y、d 或 z 表示，对有中性点引出的星形或曲折型联结应用 YN（yn）或 ZN（zn）表示。

2）三种绕组联结方法主要特点见表 2.4-3。

表 2.4-3   三种绕组联结方法的主要特点

特点	星形联结		三角形联结	曲折形联结
优点	（1）对高压绕组更经济实用。 （2）可提供中性点。 （3）允许中性点直接接地或通过阻抗接地。 （4）允许降低中性点的绝缘水平（分级绝缘）。 （5）允许在每相中性点端设置绕组分接和安装分接开关。 （6）允许带有中性点的单相负荷		（1）对大电流、低压绕组更经济实用。 （2）与星形连接绕组组合，可降低该绕组的零序阻抗	（1）允许带具有固有零序阻抗的中性点电流负载（它用于接地变压器，以建立系统的人为中性点端子）。 （2）当相间负载不平衡时，可减少系统中电压的不平衡
中性点负载能力	与其他绕组的联结方法和变压器所连接的系统的零序阻抗有关			可带绕组额定电流的负载
励磁电流	三次谐波电流不能通过（中性点绝缘，无三角形联结的绕组）	三次谐波电流至少能在变压器的一个绕组中通过（中性点引出）	三次谐波电流能在三角形联结绕组中通过	
相电压	含三次谐波电压（注）	正弦波	正弦波	

注 1. 在三相三柱中，三次谐波电压值不大，但在三相五柱式变压器、三相壳式变压器和联结成三相组的单相变压器中，三次谐波电压可能较高，以致中性点出现相应的漂移。

2. 三相变压器的绕组联结方法，应根据中性点是否引出和中性点的负载要求及与其他变压器并联运行及环境要求来选择，尽量不选用全星形接线的变压器，如必须选用（除配电变压器外）应考虑设立单独的三角形接线的稳定绕组。稳定绕组的额定容量一般不超过一次额定容量的 50%，其绝缘水平还应考虑其他绕组的传递过电压，三角绕组一点经避雷器接地。

3. 对于联结标号为 Yyn0 的配电变压器，其铁芯不宜采用三相五柱结构。

3）三相变压器常用联结组和适用范围见表 2.4-4。

表 2.4-4   三相变压器常用联结组和适用范围

变压器联结组	绕组接线简图	适 用 范 围
Yyn0		（1）三相负荷基本平衡，其低压中性线电流不致超过低压绕组额定电流 25% 时。如要考虑电压的对称性（如为了照明供电），则中性点的连续负载应不超过 10% 额定电流。 （2）供电系统中谐波干扰不严重时。 （3）用于 10kV 配电系统。 （4）新建工程尽量不采用此接线方式

变压器联结组	绕组接线简图	适 用 范 围
Dzn0		(1) 供电系统中存在着较大的"谐波源",高次谐波电流比较突出时。 (2) 中性点可承受绕组额定电流。 (3) 由单相不平衡负荷引起的中性线电流超过变压器低压绕组额定电流 25% 时
Yd11		用于 110/10kV 配电系统主变压器
Dyn11		(1) 由单相不平衡负荷引起的中性线电流超过变压器低压绕组额定电流 25% 时。 (2) 供电系统中存在着较大的"谐波源",$3n$ 次谐波电流比较突出时。 (3) 用于 10kV 配电系统。 (4) 用于多雷地区
Yzn11		(1) 曲折结线的变压器既具有三角形接线变压器可以承担单相负荷的特点,同时也有星形结线变压器具有的中性点的特点。 (2) 曲折型结线方式有利于防止过电压和雷击造成的损害,多用于多雷地区

(5) 变压器调压方式的选择。

1) 变压器调压原理:变压器调压是通过调压开关调接变压器一侧绕组的分接头来改变绕组的匝数,达到改变输出电压的目的。变压器调压分为无载调压和有载调压两种。

无载调压就是先把变压器的电源断开,然后调电压分接开关,再接上电源让变压器正常工作，无载调压就是停电情况下调压。

有载调压是不断开电源，让变压器在正常工作状态下，带负载调节电压分接开关。它的工作原理是：在分接开关的动触头从一挡尚未完全离开时，接通过渡电路，以保证变压器不失电，当动触头到达另一挡后，再断开过渡电路，完成调节，也就是变压器在负载运行中能完成分接电压切换的称为有载调压变压器。有载调压开关除了有过渡电路外，还必须有良好的灭弧性能。

2）有载调压范围。

a. 电压等级为6、10kV级变压器，其有载调压范围为±4×2.5%，并且在保证分级范围不变的情况下，正负分接挡位可以改变，如 $\frac{+3}{-5}\times 2.5\%$。

b. 电压等级为35kV级变压器，其有载调压范围为±3×2.5%，并且在保证分级范围不变的情况下，正负分接挡位可以改变，如 $\frac{+2}{-4}\times 2.5\%$。

c. 电压等级为66~220kV级变压器，其有载调压范围为±8×1.25%，并且在保证分级范围不变的情况下，正负分接挡位可以改变。

3）变压器调压方式的选择。

a. 无调压变压器一般用于发电机升压变压器和电压变化较小且另有其他调压手段的场所。

b. 无励磁调压变压器一般用于电压波动范围较小且电压变化较少的场所。

c. 有载调压变压器一般用于电压波动范围较大，且电压变化比较频繁的场所。

d. 在满足使用要求的前提下，能用无调压的尽量不用无励磁调压，能用无励磁调压的尽量不采用有载调压。无励磁分接头应尽量减少分接头数目，可根据电压波动范围只设最大、最小、额定分接。

e. 并联运行时，调压绕组分接区域及调压方式应相同。

f. 对110kV及以下的变压器，宜考虑至少有一级电压的变压器采用带负荷调压方式。

g. 在电压偏差不能满足要求时，110、35kV降压变电站的主变压器应采用有载调压变压器。10（6）kV电源电压偏差不能满足要求，且用电单位有对电压要求严格的设备，单独设置调压装置在技术经济上不合理时，也可采用10（6）kV有载调压变压器。

h. 变压比和电压分接头的选择见第6章。

（6）按并列运行条件选择变压器。两台或多台变压器的变电站，各台变压器通常采取分列运行方式。如需采取变压器并列运行方式时，必须满足表2.4-5。

表2.4-5　　　　　　　　　变电站变压器并列运行条件

序号	并列运行条件	技术要求
1	额定电压和变压比相同	变压比差值不得超过0.5%，调压范围与每级电压要相同
2	联结组别相同	包括联结方式、极性、相序都必须相同
3	短路电压（即阻抗电压）相等	短路电压值不得超过±10%
4	容量相等或相近	两变压器容量比不宜超过3∶1

（7）变压器阻抗电压（$u_k\%$）的选择。

1）应满足系统电压偏差和电压波动的要求详见6章。

2）对容量较大的变压器（如1600kVA及以上），应满足限制低压系统短路电流的要求，详见第4章、第11章。

2.4.1.2　35～110kV主变压器台数和容量的选择

（1）主变压器的台数和容量，应根据地区供电条件、负荷性质、用电容量和运行方式等条件综合考虑确定。

（2）在有一、二级负荷的变电站应装设两台主变压器，当技术经济比较合理时，可装设两台以上主变压器。如变电站可由中、低压侧电网取得足够容量的工作电源时，可装设一台主变压器。

（3）装有两台及以上主变压器的变电站，当断开一台主变压器时，其余主变压器的容量应满足全部一、二级负荷用电要求。

（4）对于35～110kV变电站，当满足供电要求时宜选用双绕组变压器。具有三种电压的变电站，如通过各侧绕组的功率均达到该变压器容量的15%以上，主变压器宜采用三绕组变压器。

（5）主变压器宜选择低损耗、低噪声变压器。

（6）电力潮流变化大和电压偏差大的变电站，如经计算普通变压器不能满足电力系统和用户对电压质量的要求时，应采用有载调压变压器。

（7）变压器过载能力应满足运行要求。

（8）变压器的经济运行及节能变压器的选择见16.3。

2.4.1.3　10（6）kV配电变压器台数和容量的选择

（1）配电变压器选择应根据负荷性质和用电情况、环境条件确定，并应选择低损耗、低噪声变压器。

（2）变压器容量应根据计算负荷选择，变压器的长期负荷率不宜大于85%，变压器的经济运行见16.3。

（3）供配电系统中配电变压器宜选择Dyn11联结组别的变压器。

（4）变压器台数应根据负荷特点和经济运行进行选择，当符合下列条件之一时，宜装设两台及以上变压器；①有大量一级或二级负荷；②季节性负荷变化较大；③集中负荷较大。

（5）装有两台及以上变压器的变电站，当其中任何一台变压器断开时，其余变压器的容量应满足一级负荷及二级负荷的用电。

（6）对昼夜或季节性波动较大的负荷，供电变压器经技术经济比较，可采用容量不一致的变压器。

（7）在一般情况下，电力和照明宜共用变压器，当符合下列条件之一时，可设专用变压器：

1）电力和照明采用共用变压器将严重影响照明质量及光源寿命时，可设照明专用变压器。

2）单台单相负荷很大时，宜设单相变压器。

3）单相负荷容量较大，由于不平衡负荷引起中性导体电流超过变压器低压绕组额定电流25%时，或只有单相负荷其容量不是很大时，宜设专用变压器。

4）冲击性负荷（试验设备、电焊机群及大型电焊设备等）较大，严重影响电能质量时，可设专用变压器。

5）季节性的负荷容量较大时（如大型民用建筑中的空调冷冻机等负荷），可设专用变压器。

6）出于功能需要的某些特殊设备，可设专用变压器。

7）在 IT 系统的低压电网中，照明负荷应设专用变压器。

8）化工腐蚀环境应选用防腐型变压器。

（8）节能变压器的选择见 16.3。

2.4.2 变（配）电站的电气主接线

2.4.2.1 主接线的一般要求

（1）35～110kV 变电站主接线。

1）主接线设计应根据负荷容量大小、负荷性质、电源条件、变压器容量及台数、设备特点以及进出线回路数等综合分析来确定。主结线应力求简单、运行灵活、供电可靠，操作检修方便、节约投资和便于扩建等。在满足供电要求和可靠性的条件下，宜减少电压等级和简化接线。

2）当35～110kV 有两回路以上出线时，宜采用单母线或分段单母线接线。当 110kV 线路为 6 回及以上、35～66kV 线路为 8 回及以上时，宜采用双母线接线。

3）变电站有两回路电源进线和两台主变压器时，主接线宜采用桥形接线。当电源线路较长时，宜采用内桥接线，为了提高可靠性和灵活性，可增设带隔离开关的跨条。当电源线路较短，需经常切除变压器或桥上有穿越功率时，应采用外桥接线。

4）当变电站装有两台以上主变压器时，6～20kV 侧电气主接线宜采用分段单母线，分段方式应满足当其中一台变压器停运时，有利于其他主变压器的负荷分配。

5）当需限制变电站 6～20kV 线路的短路电流时，可采用下列措施之一：①变压器分列运行；②采用高阻抗变压器；③在变压器回路中装设电抗器。

6）接在母线上的避雷器和电压互感器，可合用一组隔离开关。对接在变压器引出线上的避雷器，不宜装设隔离开关。

7）常用 35～110kV 变电站主接线可参照表 2.4-6 选用，110/10kV 变电站接线示例见图 2.4-1，图中 110kV 电气主接线采用内桥接线，在正常运行方式下，打开桥断路器，类似于线路—变压器组接线，两路电源各带 1 台主变压器，当送电线路发生故障时，只需断开故障线路的断路器，不影响其他回路正常运行，但变压器故障时，则与其连接的两台断路器都要断开，从而影响了一回未故障线路的正常运行。110kV 配电设备采用户内气体绝缘金属封闭开关设备 GIS。10kV 按分段单母线设计，配电设备采用户内配电装置。均双电源同时工作，母线分段断路器正常处于断开位置，当其中一路电源检修或电压消失时，该断路器投入运行。设计有两台备用出线柜，目的为存放备用手车。电压互感器均为单相三绕组浇注式产品，开关厂应在开关柜中装设消谐器。

35/10kV 变电站接线示例见图 2.4-2，图中 35、10kV 配电设备均采用户内配电装置，均按分段单母线设计，双电源同时工作，母线分段断路器正常时处于断开位置，当其中一路电源检修或故障时，该断路器投入运行。设计有两台备用出线柜，目的为存放备用手车。电压互感器均为单相三绕组浇注式产品，开关厂应在开关柜中装设消谐器。

表 2.4-6　　　　　　　　　　　**常用 35～110kV 变电站主接线**

接线方式	接 线 图	简 要 说 明
双母线		优点：供电可靠性高、运行灵活方便、便于检修和扩建。一组母线故障后，能迅速恢复供电，能灵活适应系统各种运行方式和潮流变化的需要，任一组母线检修，均可通过倒换操作而不致中断供电。 缺点：接线复杂、投资多。 适应范围：当出线回路数或母线上电源较多、输送和穿越功率较大、母线故障后需要迅速恢复供电、母线或母线设备检修时不允许影响对用户的供电的。例如，6～10kV 配电装置，当短路电流较大，出线需要带电抗器时；35kV 配电装置，当出线回路数超 8 回时，或连接的电源较多、负荷较大时；110kV 配电装置，出线回路数为 5 回及以上时，或 110kV 配电装置在系统中占重要地位，出线回路数为 4 回及以上时
单母线		优点：接线简单清晰、设备少、操作方便、占地少、便于扩建和采用成套配电装置。 缺点：不够灵活可靠，任一元件故障或检修时，均需要整个配电装置停电。 适用范围：单母线接线只适用于容量小、线路少和对二、三级负荷供电的变电站
分段单母线		优点：接线简单清晰、设备较少、操作方便、占地少、便于扩建和采用成套配电装置。当一段母线发生故障，该段断路器自动将故障段切除，保证正常母线不间断供电，不致使重要负荷停电。 缺点：当一段母线或母线隔离开关发生永久性故障或检修时，则连接在该段母线上的回路在检修期间停电。 适用范围：具有两回电源线路，一、二回路转送线路和两台变压器的变电站。本接线在大中型企业中采用较多
内桥接线		优点：高压断路器数量少，占地少，四个回路只需三台断路器。 缺点： (1) 变压器的切除和投入较复杂，需动作两台断路器，影响一回线路的暂时停运。 (2) 桥连断路器检修时，两个回路需解列运行。 (3) 线路断路器检修时，需较长时间中断线路的供电。为避免此缺点，可在线路断路器的外侧增设带两组隔离开关(考虑隔离开关本身检修)的跨条。桥连断路器检修时，也可利用此跨条，如虚线所示。 适用范围：适用于较小容量的发电厂，对一、二级负荷供电，并且变压器不经常切换或线路较长、故障率较高的及以后不再发展的变电站

接线方式	接 线 图	简 要 说 明
扩大内桥接线		优点：高压断路器数量少，占地少，五个回路只需四台断路器。 缺点： (1) 变压器的切除和投入较复杂，需动作两台断路器，影响一回线路的暂时停运。 (2) 当任一台桥连断路器检修时，两个回路需解列运行。 (3) 线路断路器检修时，需较长时间中断线路的供电。为避免此缺点，可在线路断路器的外侧增设带两组隔离开关（考虑隔离开关本身检修）的跨条。桥连断路器检修时，也可利用此跨条。 适用范围：适用于较小容量的发电厂，对一、二级负荷供电，需要装设三台变压器，并且变压器不经常切换或线路较长、故障率较高的及以后不再发展的变电站
外桥接线		优点：系统接线清晰，高压断路器数量少，占地少，四个回路只需三台断路器。 缺点： (1) 线路的切除和投入较复杂，需动作两台断路器，并有一台变压器暂时停运。 (2) 桥连断路器检修时，两个回路需解列运行。 (3) 变压器侧断路器检修时，变压器需较长时期停运。为避免此缺点，可加装正常断开运行的跨条。桥连断路器检修时，也可利用此跨条。 适用范围：适用于较小容量的发电厂，对一、二级负荷供电，并且变压器的切换较频繁或线路较短，故障率较少的变电站。此外，线路有穿越功率时，也宜采用外桥接线
扩大外桥接线		优点：系统接线清晰，高压断路器数量少，占地少，五个回路只需五台断路器。 缺点： (1) 线路的切除和投入较复杂，需动作两台断路器，并有一台变压器暂时停运。 (2) 桥连断路器检修时，两个回路需解列运行。 (3) 变压器侧断路器检修时，变压器需较长时期停运。为避免此缺点，可加装正常断开运行的跨条。桥连断路器检修时，也可利用此跨条。 适用范围：适用于较小容量的发电厂，对一、二级负荷供电，需要装设三台变压器的变电站，并且变压器的切换较频繁或线路较短，故障率较少的变电站，此外，线路有穿越功率时，也宜采用外桥接线
线路—变压器组		优点：线路最简单、设备及占地最少。 缺点：不够灵活可靠，线路故障或检修时，变压器停运。变压器故障或检修时，线路停止供电。任一元件故障或检修，均需整个配电装置停电。 适用范围：适用于对二级负荷以下的供电，一回电源线路和一台变压器的小型变电站。 只适用于用电单位内部的35kV变电站，线路电源端的保护装置应能满足变压器保护要求，隔离开关应能切断变压器的空载电流

2

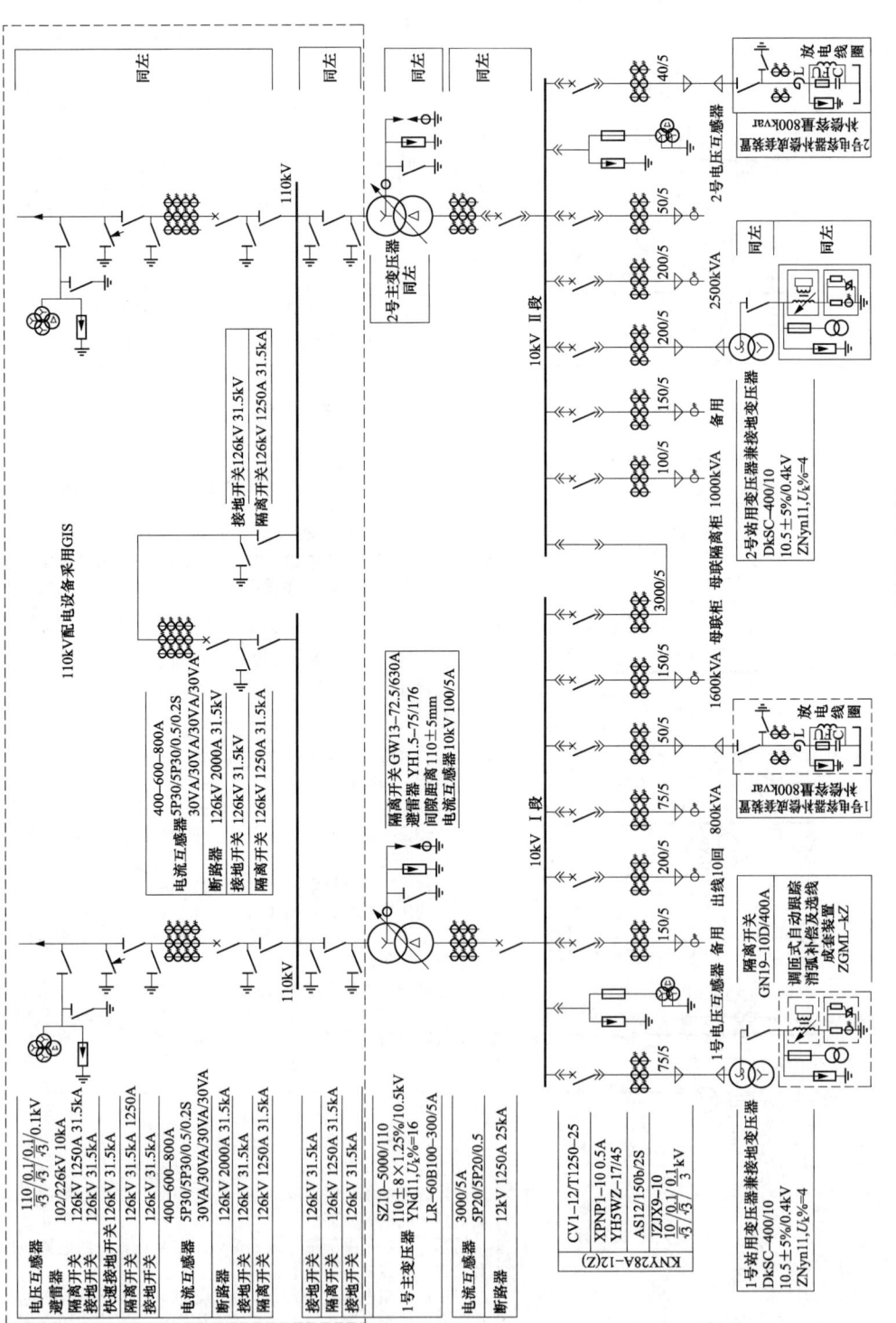

图 2.4-1　110/10kV 变电站接线图示例

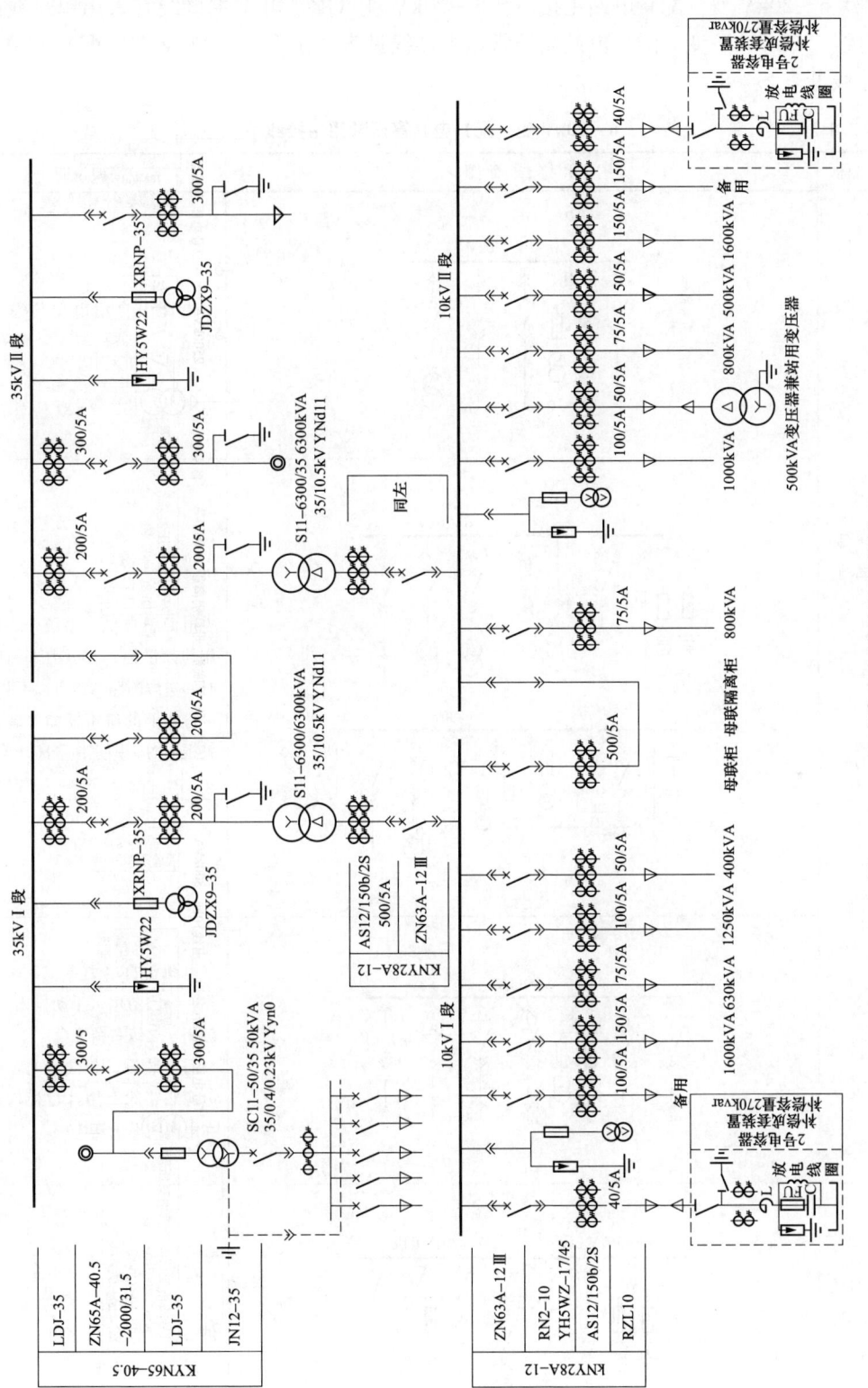

图 2. 4-2 35/10kV 变电站接线图示例

（2）6～20kV 变（配）电站主接线。6～20kV 变（配）电站主接线宜采用单母线或分段单母线。6～20kV 变（配）电站高压常用主接线见表 2.4-7，6～20kV 变（配）电站低压常用接线见表 2.4-8。

表 2.4-7　　　　　　　　　　6～20kV 变（配）电站高压常用主接线

设备名称	主接线简图	简要说明
带高压室的变电站		电源引自用电单位总配变电站
		电源引自电力系统，装设专用的计量柜。若电力部门同意时，进线断路器也可以不装。 进线上的避雷器如安装在开关柜内时，则宜加隔离开关
单母线		电源引自电力系统，一路工作，一路备用（手动投入）。一般用于二级负荷配电。 需要装设计量装置时，两回电源线路的专用计量柜均装设在电源线路的送电端
分段单母线（隔离开关受电）		适用于电源引自本企业的总变（配）电站，放射式接线，供二、三级负荷用电，采用固定式高压开关柜

续表

设备名称	主接线简图	简要说明
分段单母线（断路器受电）	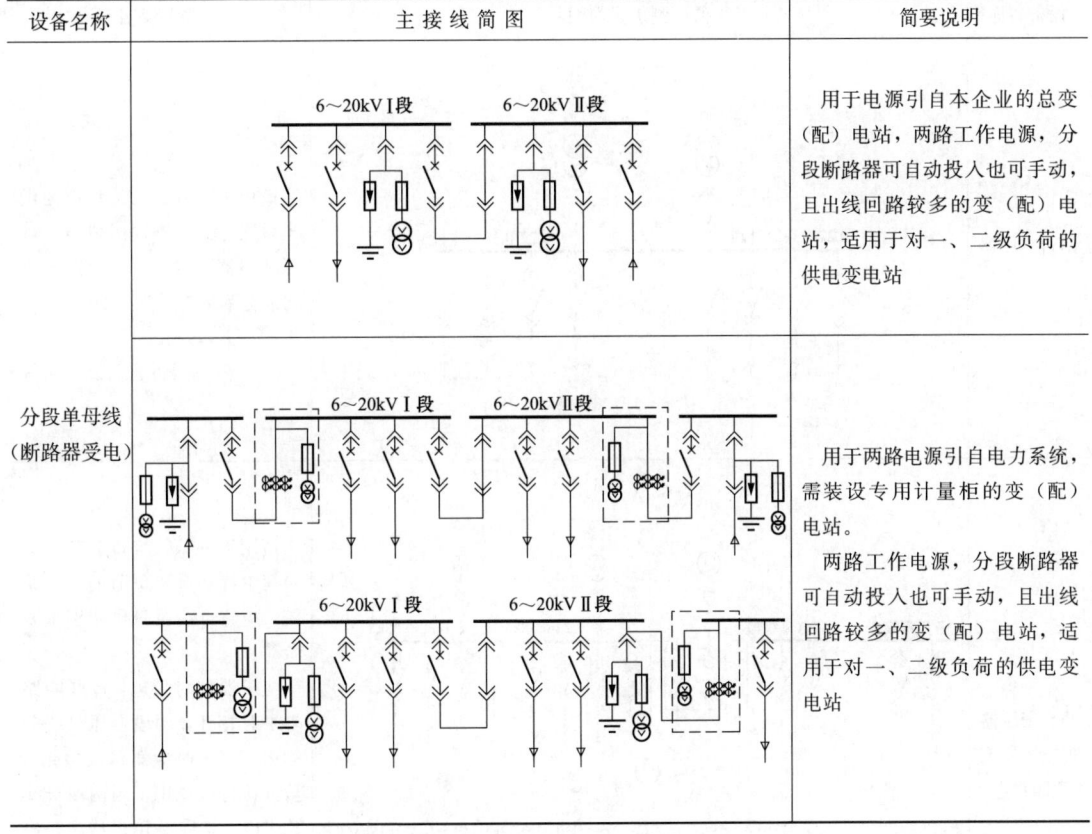	用于电源引自本企业的总变（配）电站，两路工作电源，分段断路器可自动投入也可手动，且出线回路较多的变（配）电站，适用于对一、二级负荷的供电变电站
		用于两路电源引自电力系统，需装设专用计量柜的变（配）电站。 两路工作电源，分段断路器可自动投入也可手动，且出线回路较多的变（配）电站，适用于对一、二级负荷的供电变电站

表 2.4-8　　　　　　　　6～20kV 变（配）电站低压常用接线

设备名称	低压侧接线简图	简要说明
一台变压器	0.22/0.38kV	适用于负荷级别较低的三级负荷的供电系统
一台变压器加柴油发电机组	应急母线段　　　　0.22/0.38kV	适用于无法获得第二电源，且有一、二级负荷的供电系统。 正常时由变压器供电，当变压器及系统故障时由发动机供电。 应注意发电机与变压器出口低压断路器闭锁，防止发电机上网运行

续表

设备名称	低压侧接线简图	简要说明
两台变压器	0.22/0.38kV I 段　　0.22/0.38kV II 段	适用于有一、二级负荷的供电系统，变压器同时供电，母联断路器平时打开，两段低压母线分列运行
两台变压器加柴油发电机组供电	备用母线段　应急母线段　0.22/0.38kV　0.22/0.38kV 备用母线段　应急母线段　0.22/0.38kV I 段　0.22/0.38kV II 段	适用于一、二级负荷和一级负荷中特别重要负荷的供电系统。应急母线段只供特别重要负荷。 变压器同时供电，母联断路器平时打开，两段低压母线分列运行。平时应急母线段由 1 段低压母线供电，当两段母线均失电，切除备用母线段，由发电机给应急母线段供电。 应注意发电机与两台变压器出口低压断路器闭锁，防止发电机上网运行

2.4.2.2　6～20kV 变（配）电站主要设备的配置

（1）配电站专用电源线的进线开关，宜采用断路器或采用负荷开关—熔断器组合电器。当进线无继电保护和自动装置要求且无需带负荷操作时，可采用隔离开关或隔离触头。

（2）配电站的非专用电源线的进线侧，应装设断路器或采用负荷开关—熔断器组合电器。

（3）从同一单位的总配电站以放射式向分配电站供电时，分配电站的电源进线开关宜采用隔离开关或隔离触头。当分配电站需要带负荷操作、有继电保护、自动装置有要求时，分配电站进线开关应采用断路器。

（4）配电站母线的分段处宜采用断路器，当不需要带负荷操作、无继电保护、无自动装置要求时，手动切换电源能满足要求时，可采用隔离开关或隔离触头组。

（5）两配电站之间的联络线，应在供电侧的配电站装设断路器，另一侧装设负荷开关、隔离开关或隔离触头。当两侧都有可能向另一侧供电时，应在两侧均装设断路器。当两个配电站之间的联络线采用断路器作为保护电器时，断路器两侧均应装设隔离电器。

（6）配电站的引出线宜装设断路器。当满足继电保护和操作要求时，可装设负荷开关—熔断器组合电器。

（7）向频繁操作的高压用电设备供电的出线断路器兼作操作开关时，应采用具有频繁操作性能的断路器，也宜采用高压限流熔断器和真空接触器的组合电器。

（8）架空出线回路或采用高压固定式配电装置并有电源反馈可能的电缆出线回路，应在线路侧装设隔离开关。

（9）高压固定式配电装置中采用负荷开关—熔断器组合电器时，应在电源侧装设隔离开关。

（10）变压器一次侧开关的装设，应符合下列规定：

1）电源以树干式供电时，应装设断路器、负荷开关—熔断器组合电器或跌落式熔断器。

2）电源以放射式供电时，宜装设隔离开关或负荷开关。当变压器安装在本配电站内时，可不装设开关。

（11）变压器二次侧电压为 3～10kV 的总开关，可采负荷开关—熔断器组合电器、隔离开关或隔离触头组。当有下列情况之一时，应采用断路器。

1）出线回路较多；

2）变压器有并列运行要求或需要转换操作；

3）二次侧总开关有继电保护和自动装置要求。

（12）变（配）电站每段高压母线上及架空线路末端必须装设避雷器。接在母线上的避雷器和电压互感器，宜合用一组隔离开关。接在变（配）电站的架空进、出线上的避雷器，可不装设隔离开关。

（13）高压电源进线、母线分段及有电源反馈可能的馈电回路，应增加带电显示器装置，其他馈电回路宜设带电显示器装置。

（14）增加接地开关的配置。

（15）由地区电网供电的配电站、变（配）电站电源进线处，宜装设供计费用的专用电压及电流互感器或专用电能计量柜。

（16）站用变压器宜采用高压熔断器保护。

（17）变压器二次侧电压为 1000V 及以下的总开关，宜采用低压断路器。当有继电保护或自动切换电源要求时，低压侧总开关和母线分段开关均应采用低压断路器。

（18）当低压母线为双电源，变压器低压侧总开关和母线分段开关采用固定式安装低压断路器时，在总开关的出线侧及母线分段开关的两侧，宜装设隔离开关或隔离触头。

（19）有防止不同电源并联运行要求时，来自不同电源的进线低压断路器与母线分段的低压断路器之间应设防止不同电源并列运行的电气联锁。

（20）当变压器 0.4kV 低压侧有一级负荷中特别重要的负荷，宜设应急母线段，该母线段由双电源供电及柴油发电机供电。

（21）6～20kV 变（配）电站主要设备的配置见表 2.4-9。

表 2.4-9   6～20kV变（配）电站主要设备的配置

设备名称	简 图	使 用 条 件
6～20kV母线进线开关	 形式1 形式2	（1）专用电源线引自电力系统时，宜采用断路器或负荷开关—熔断器组合电器。 （2）非专用电源进线时进线侧，应采用断路器。 （3）从同一用电单位的总变（配）电站以放射式向分配电站或变电站供电时，进线需要带负荷操作、有继电保护和自动装置有要求时，应采用断路器
	 形式1 形式2	（1）专用电源线，无继电保护和自动装置要求，且无须带负荷操作时，可采用隔离开关或隔离触头。 （2）从同一用电单位的总变（配）电站以放射式向分配电站或变电站时，分配电站或变电站的进线开关宜采用隔离开关或隔离触头
6～20kV母线分段开关		6～20kV母线的分断处宜装设断路器
		当不需要带负荷操作、无继电保护和自动装置无要求时，可装设隔离开关或隔离触头

设备名称	简 图	使 用 条 件
6～20kV 配电引出线开关		(1) 引出线开关设备宜采用断路器。 (2) 两配电站之间的联络线，应在供电侧装设断路器，另一侧负荷开关、隔离开关或隔离触头；当两侧都有可能向另一侧供电时应在两侧均装设断路器。 (3) 当两个配电站之间的联络线采用断路器作为保护电器时，断路器两侧均应装设隔离电器。 (4) 向频繁操作的高压用电设备供电时，如采用断路器兼作操作和保护电器，断路器应具有频繁操作性能，也可采用高压限流熔断器和真空接触器的组合方式
		当满足继电保护和操作要求时，也可装设负荷开关—熔断器组合电器，如辅助车间变压器容量≤500kVA 或容量≤400kvar 的并联电容器组
6～20kV 出线侧线路隔离开关		(1) 高压固定式配电装置中采用负荷开关—熔断器组合电器时，应在电源侧装设隔离开关。 (2) 架空出线或有反馈可能的电缆出线的高压固定式配电装置的馈电回路中，应在线路侧装设隔离开关
6～20/0.4kV 变压器高压侧开关设备		(1) 电源以树干式供电时，应装设断路器或负荷开关—熔断器组合电器。 (2) 变压器容量≥1250kVA 时宜采用断路器；容量≤1000kVA 时，可采用负荷开关—熔断器组合电器；露天变电站的变压器容量≤315kVA 时，宜用跌落式熔断器。 (3) 变压器高压侧开关设备的选择应根据当地供电局的要求确定
		电源以放射式供电时，宜装设隔离开关或负荷开关。当变压器安装在本配电站时，可不装设隔离开关

续表

设备名称	简 图	使 用 条 件
6~20/6(3)kV 变压器二次侧 总开关设备	6~20kV 6(3)kV	(1) 可采用负荷开关—熔断器组合电器、隔离开关或隔离触头。 (2) 当出线回路较多,变压器有并列运行要求或需要转换操作,二次侧有继电保护和自动装置要求时,应采用断路器
6~20/0.4kV 变压器低压侧 总开关设备		宜采用低压断路器,当有继电保护或自动切换电源要求时应采用低压断路器
		(1) 当低压母线为双电源,变压器低压侧总开关设备采用低压断路器时,在总开关设备的出线侧,宜装设隔离开关或隔离触头组。 (2) 有可能反馈供电,断路器的负载侧加隔离器
		当无继电保护或自动切换电源要求且不需要带负荷操作时,可采用隔离开关
220/380V 母线 分段开关		(1) 当有继电保护或自动切换电源要求时,低压母线分段开关设备应采用低压断路器。 (2) 当低压母线为双电源、母线分段开关采用低压断路器时,在母线分段开关的两侧宜装设隔离开关或隔离触头

2.4.2.3 (6~20)/0.4kV 变电站的接线及电器选择

(1) 10 (6) /0.4kV 变电站高压接线常用方案,见表 2.4-10。

表 2.4-10   10 (6) /0.4kV 变电站高压接线常用方案

进线方式	电缆引入线	架空引入线
户内变电站		

续表

进线方式	电缆引入线	架空引入线
露天变电站	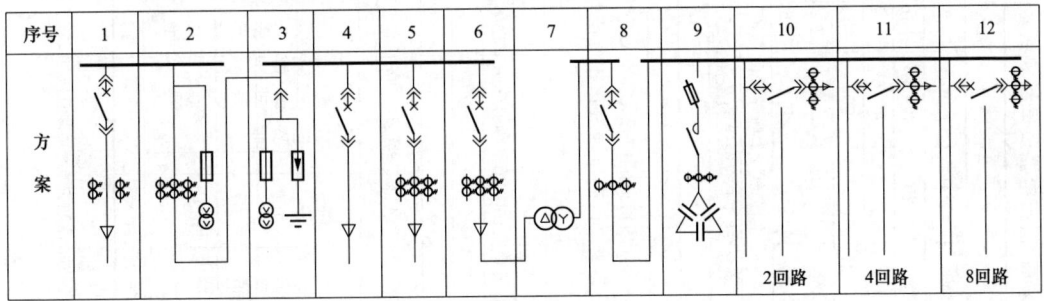	

注 1. 户内变电站：采用电缆进线时，变压器保护电器一般装在线路送电端的高压配电装置上。当电源进线电缆 "T" 接于架空线路时，应采用隔离开关或负荷开关—熔断器组合电器的保护方案；架空进线左、中方案，跌落式熔断器装在变压器室外墙上，也可装在架空线路分支杆或终端杆上，视具体情况而定。

　　 2. 露天变电站：电缆进线的中间方案，当变压器容量＜630kVA 时，跌落式熔断器可改为隔离开关。

（2）6～20kV 户内型成套变电站高、低压接线方案，见图 2.4-3。

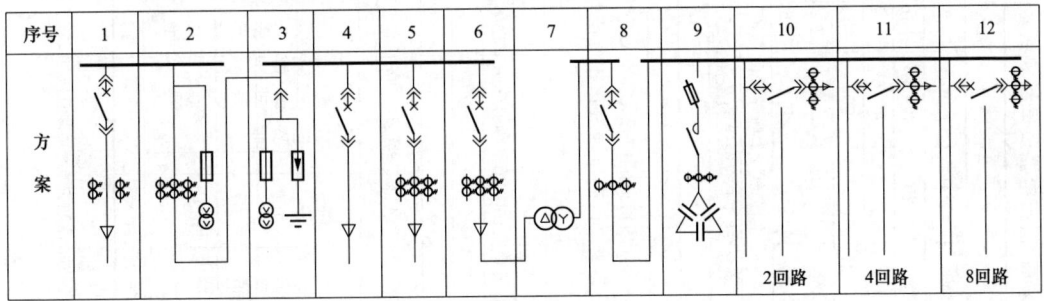

图 2.4-3　6～20kV 户内型成套变电站高、低压接线方案

1、3～6—高压开关柜；2—高压计量柜；7—变压器柜；8、10～12—低压配电柜；9—并联电容器柜

（3）（6～20）/0.4kV 预装式变电站高、低压接线方案，见图 2.4-4。

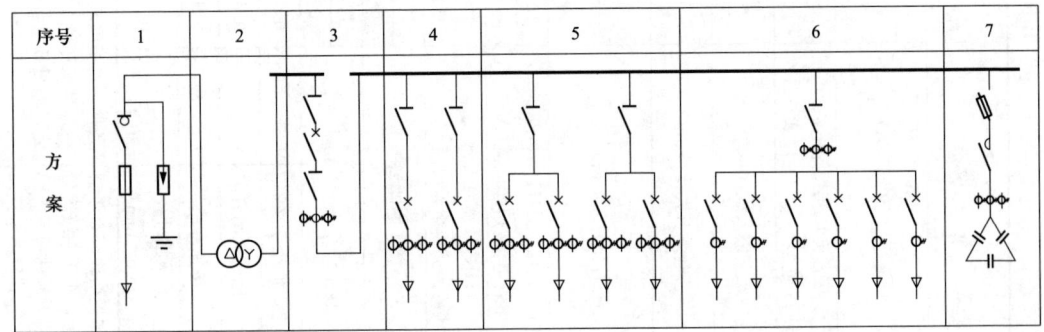

图 2.4-4　（6～20）/0.4kV 预装式变电站高、低压接线方案

1—高压开关柜；2—变压器柜；3～6—低压配电柜；7—并联电容器柜

注：1. 预装式变电站外壳级别共分为 5、10、15、20、25、30 六个级别，对应 5、10、15、20、25、30K 六个变压器的最大温升差值。

　　2. 预装式变电站额定最大容量对应不同外壳级别和周围温度，变压器负荷系数有所不同，变压器的容量选择应满足 GB 17467—2010《高压/低压预装式变电站》的规定。

（4）10（6）/0.4kV 变电站高、低压侧电器及母线规格，见表 2.4-11。

表2.4-11

10(6)/0.4kV变电站高、低压电器及母线规格

编号	名　　称	电压(kV)	变压器额定容量(kVA) 315	400	500	630	800	1000	1250	1600	2000	2500
	变压器额定电流(A)	10	18.2	23	29	36.4	46.2	57.7	72.2	92.4	115.6	144.5
		6	30.3	38.5	48.1	60.6	77	96.2	120.3	154	192.7	240.8
		0.4	455	577	722	909	1155	1443	1804	2300	2890	3613
	变压器低压侧短路电流(Dyn11连接)干式/油浸式(kA)		11.55/11.54	14.66/14.65	18.31/18.3	23.07/20.59	19.81/26.08	24.75/32.55	30.93/40.7	39.59/52.08	49.47/58.85	61.82/67.15
1	架空引入线(mm²)	10	接户线 LJ型导线的截面≥25								≥35	≥50
		6	接户线 LJ型导线的截面≥25						≥35	≥50	≥70	≥95
2	铜芯电缆引入线(mm²)	10	≥3×25							≥3×50	≥3×70	≥3×95
		6	≥3×25						≥3×50	≥3×70	≥3×95	≥3×150
3	隔离开关或负荷开关	10	隔离开关,户内高压负荷开关400A;户内高压真空负荷开关或户内高压六氟化硫负荷开关400A					户内高压真空负荷开关或高压六氟化硫负荷开关630A				
		6	压真空负荷开关或户内高压六氟化硫负荷开关400A									
4	XRNT-12及HH型熔断器 熔断电流/熔丝电流(A)	10	50/31.5	50/40	100/50	100/63	100/80	100/100	160/125			
		6	100/50	100/63	100/80	100/100	160/125					
5	HRW4型跌开式 熔断电流/熔丝电流(A)	10	50/40	50/40	50/50	100/75	100/100					
		6	50/40	50/50	100/75	100/100						
6	高压断路器	10	额定电流630～1250A;额定短路开断电流25～31.5kA;额定热稳定电流(有效值)25～31.5kA									
		6										
7	高压母线	10	TMY-50×5									
		6										
8	低压主进低压断路器额定电流(A)	0.4	630	800	1000	1250	1600	2000	2500	2900	3600	4000
9	低压隔离开关(A)	0.4	630				2000			3150		
10	电流互感器(A)	0.4	600/5	800/5	1000/5	1500/5	1500/5	2000/5	3000/5	3000/5	4000/5	5000/5
11	低压相母线(mm×mm) TMY	0.4	40×4	50×5	50×5	80×6.3	80×6.3	125×10	125×8	100×8	2(100×8)	2(125×8)
	低压相母线(mm×mm) LMY	0.4	50×5	50×5	80×6.3	80×8	100×8	125×10	125×8	100×8	2(100×10)	2(125×10)

接线图

(接线图：隔离开关、熔断器、高压断路器、变压器、低压开关等元件编号 1~11，低压母线标注 220/380V)

注：
1. 高、低压电器及导体规格仅满足了温升条件,选择的其他条件、选择见5章及11章。
2. 配电用变压器的容量宜远小于系统容量,变压器低压侧短路电流及低压主进断路器短路分断能力分别按照系统短路容量无穷大考虑。短路电流周期分量不衰减。
3. 高压电器设备的短路电流动稳定、热稳定校验见5章。
4. 当有大量电动机时应核算其反馈电流。

2.4.2.4　35/0.4kV 直降变电站高压侧电器及母线规格

35/0.4kV 直降变电站高压电器及母线规格选择，见表 2.4-12。

表 2.4-12　　　　　　　　　　35/0.4kV 直降变电站高压电器及母线规格

接线图	编号	名　称	变压器额定容量（kVA）								
			315	400	500	630	800	1000	1250	1600	2000
		变压器 35kV 侧额定电流（A）	5.2	6.6	8.2	10.4	13.2	16.5	20.6	26.4	33
	1	架空引入线（mm²）	接户线 LJ 型导线的截面≥35								
	2	电缆引入线（mm²）	铜芯≥50								
	3	隔离开关型号	户内 GN2-35T/400　CS6-2T				户外 GW6-35G/630　CS617				
	4	RN3-35 熔断器 熔管电流/熔丝电流（A）	20/10	20/10	30/16	40/20	40/25	40/30	50/40	50/50	80/63
	5	高压母线（mm×mm）	LMY-50×5								

（接线图：1、2、3、4、5；220/380V）

注　电器和电缆规格仅按温升条件选择，工程设计中还应校验短路热稳定，详见 5 章。

2.4.3　变（配）电站站用电源
站用电源的设置应按变电站的重要性、容量大小及采用的操作方式等因素确定。

2.4.3.1　35～110kV 变电站站用电源系统

（1）在有两台以上主变压器的变电站中，宜设两台容量相同可为备用的站用变压器，每台站用变压器容量应按全站计算负荷选择。两台站用变压器可分别接自主变压器最低电压不同段母线。能从变电站外引入一个可靠的低压备用电源时，也可装设一台站用变压器。

（2）当 35kV 变电站只有一回电源进线及一台主变压器时，可在电源进线断路器前装设一台站用变压器。

（3）按规划装设消弧线圈补偿装置接地的变电站，采用接地变压器引出中性点时，接地变压器可作为站用变压器使用，接地变压器容量应满足消弧线圈或低电阻和站用电的容量要求。

（4）站用电接线及供电方式宜符合下列要求：

1）站用电低压配电宜采用中性点直接接地的 TN 系统，宜采用动力和照明共用的供电方式；

2）站用低压母线宜采用单母线分段接线，每台站用变压器各接一段母线；

3）站用重要负荷宜采用双回路供电，并分别接于不同母线段。

（5）变电站宜设置固定的检修和试验电源，并应设置剩余电流动作保护器。

（6）站用变压器一般不供站外用电。

2.4.3.2　6～20kV 变（配）电站站用电源系统

（1）配电站所用电源宜引自站内或就近的配电变压器 220/380V 侧。重要或规模较大的配电站，宜设站用变压器。装设在开关柜内的站用干式变压器的容量不宜超过 30kVA。当有两回站用电源时，宜装设备用电源自动投入装置。

（2）采用交流操作时，供操作、控制、保护、信号等的站用电源，如容量满足要求，则应引自电压互感器。

（3）变电站宜设置固定的检修和试验电源，并应设置剩余电流动作保护器。

2.5 低压配电系统

2.5.1 电压选择

（1）一般情况下，低压配电电压宜采用 220/380V；工矿企业中用电设备容量较大、距离较远时，也可采用 660V；当安全需要时，应采用小于 50V 电压，见 15.2.2.5。

（2）220V 或 380V 单相用电设备接入 220/380V 三相系统时，宜使三相平衡。由地区公共低压电网供电的 220V 负荷，线路电流不大于 60A 时，可采用 220V 单相供电；大于 60A 时，宜采用 220/380V 三相四线制供电。

2.5.2 载流导体型式和接地型式

2.5.2.1 载流导体型式

载流导体是指正常通过工作电流的导体，包括相导体和中性导体（PEN 导体），但不包括 PE 导体，见图 2.5-1。

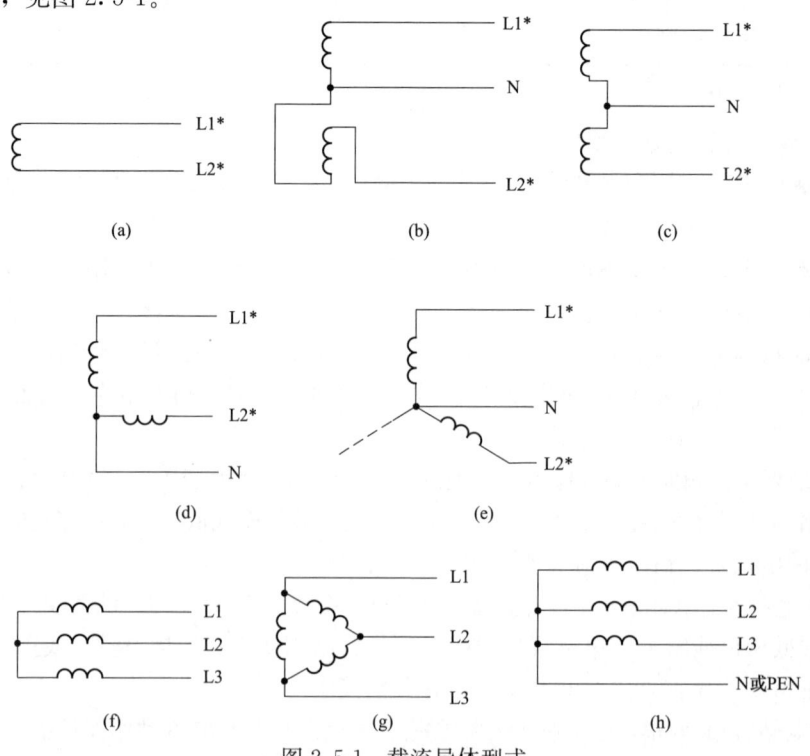

图 2.5-1 载流导体型式

(a) 单相二线制；(b) 相位角 0°的单相三线制；(c) 相位角 180°的单相三线制；(d) 相位角 90°的二相三线制；

(e) 相位角 120°的二相三线制；(f) Y 接三相三线制；(g) △接三相三线制；(h) 三相四线制

＊相序导体编号可另行选择。

2.5.2.2 接地型式

低压配电系统接地型式是根据系统电源点的对地关系和负荷侧电气装置的外露可导电部分的对地关系来划分的。

系统接地型式有 TN 系统、TT 系统和 IT 系统。TN 系统按中性导体（N）和保护接地导体（PE）的配置方式还分为 TN-C、TN-C-S 和 TN-S 三类系统，详见 14.3.1。

2.5.3 低压电力配电系统

2.5.3.1 基本原则

（1）低压配电系统设计应根据工程种类、规模、负荷性质、容量及发展等因素综合确定。应满足生产和使用所需的供电可靠性和电能质量的要求，同时应注意结线简单可靠、经济合理、技术先进、操作方便安全，具有一定灵活性，能适应生产和使用上的变化及设备检修的需要。

（2）在正常环境的建筑物内，当大部分用电设备容量不是很大，且无特殊要求时，宜采用树干式配电。

（3）当用电设备为大容量或负荷性质重要，或在有潮湿、腐蚀性环境、爆炸和火灾危险场所等的建筑物内，宜采用放射式配电。

（4）当一些容量很小的次要用电设备距供电点较远，而彼此相距很近时，可采用链式配电，但每一回路环链设备不宜超过 5 台、总容量不宜超过 10kW。当供电给小容量用电设备的插座时，每一回路的链接设备数量可适当增加。

（5）在多层建筑物内，由总配电箱至楼层配电箱，宜采用树干式配电或分区树干式配电。对于容量较大的集中负荷或重要用电设备，应从配电室以放射式配电；楼层配电箱至用户配电箱应采用放射式配电。

在高层建筑物内，向楼层各配电点供电时，宜采用分区树干式配电；由楼层配电间或竖井内配电箱至用户配电箱的配电，应采取放射式配电；对部分容量较大的集中负荷或重要用电设备，应从变电站低压配电室以放射式配电。

（6）平行的生产流水线或互为备用的生产机组，应根据生产要求，宜由不同的回路配电；同一生产流水线的各用电设备，宜由同一回路配电。

（7）单相用电设备的配置应力求三相负荷距平衡。

（8）冲击负荷和用电量较大的电焊设备，宜与其他用电设备分开，用单独线路或变压器供电。

（9）配电系统的设计应便于运行、维修，生产班组或工段比较固定时，一个大厂房可分车间或工段配电，多层厂房宜分层设置配电箱，每个生产小组可考虑设单独的电源开关。实验室的每套房间宜有单独的电源开关。

（10）在用电单位内部的邻近变电站之间，宜设置低压联络线。

（11）由建筑物外引入的配电线路，应在室内分界点便于操作维护的地方装设隔离电器。

（12）由树干式系统供电的配电箱，其受电端应根据 11.2.2.4 和 11.2.3.5 确定选装设带保护的开关电器或隔离开关；由放射式系统供电的配电箱，其受电端宜装设隔离开关。

2.5.3.2 电力配电系统

常用低压电力配电系统接线及有关说明见表 2.5-1。

表 2.5-1   **常用低压电力配电系统接线及有关说明**

名称	接 线 图	简 要 说 明
放射式		配电线故障互不影响,供电可靠性较高,配电设备集中,检修比较方便,但系统灵活性较差,有色金属消耗较多,一般在下列情况下采用: (1) 容量大、负荷集中或重要的用电设备。 (2) 需要集中连锁启动、停车的设备。 (3) 有腐蚀性介质和爆炸危险等环境,不宜将用电及保护启动设备放在现场者
树干式		配电设备及有色金属消耗较少,系统灵活性好,但干线故障时影响范围大
变压器干线式		除了具有树干式系统的优点外,接线更简单,能大量减少低压配电设备。 为了提高母干线的供电可靠性,应适当减少接出的分支回路数,一般不超过 10 个。 频繁启动、容量较大的冲击负荷,以及对电压质量要求严格的用电设备,不宜用此方式供电
链式		适用于距配电屏较远而彼此相距又较近的不重要的小容量用电设备。 链接的设备一般不超过 5 台、总容量不超过 10kW。 供电给容量较小用电设备的插座,采用链式配电时,每一条环链回路的数量可适当增加

续表

名称	接　线　图	简　要　说　明
环形终端供电		最大优点在于供电可靠性高，降低了供电回路的阻抗，提高了保护电器动作的灵敏度。 适用于面积不超过 100m²、单个设备容量不超过 2kW 的场所，每个插座的额定电流不超过 10A，回路的导体截面不应小于铜芯 2.5mm²

2.5.4 照明配电系统

2.5.4.1 基本原则

（1）照明负荷应根据其中断供电可能造成的影响及损失，合理地确定负荷等级，并应根据照明的类别，结合电力供电方式统一考虑，正确选择照明配电系统的方案。

（2）正常照明电源宜与电力负荷合用变压器，但不宜与较大冲击性电力负荷合用。如必须合用时，应由专用馈电线供电，并校核电压偏差值。对于照明容量较大而又集中的场所，如果电压波动或偏差过大，严重影响照明质量或光源寿命时，可装设照明专用变压器或调压装置。

（3）备用照明（用于确保正常活动继续进行的照明）应由两路电源或两回线路供电，其具体方案如下：

1）当有两路高压电源供电时，备用照明的供电干线应接自两段高压母线上的不同变压器。当采用两路低压供电时，备用照明的供电应从两段低压配电干线分别接引。

2）当设有自备发电机组时，备用照明的一路电源应接至发电机作为专用供电回路，另一路可接至正常照明电源。在重要场所，尚应设置带有蓄电池的应急照明灯或用蓄电池组供电的备用照明，供发电机组投运前的过渡期间使用。

3）当供电条件不具备两路电源或两回线路时，备用电源宜采用蓄电池组，或设置带有蓄电池的应急照明灯。

（4）当备用照明作为正常照明的一部分并经常使用时，其配电线路及控制开关应与正常照明分开装设。当备用照明仅在事故情况下使用时，则当正常照明因故停电时，备用照明应自动投入工作。

（5）疏散照明最好由另一台变压器供电。当只有一台变压器时，可在母线处或建筑物进线处与正常照明分开，还可采用带充电电池（荧光灯还需带有直流逆变器）的应急照明灯。

（6）在照明分支回路中，不得采用三相低压断路器对三个单相分支回路进行控制和保护。

（7）照明系统中的每一单相分支回路的电流不宜超过 16A，光源数量不宜超过 25 个；连接建筑物组合灯具每一单相回路电流不宜超过 25A，光源数量不宜超过 60 个；连接高强度气体放电灯的单相分支回路的电流不宜超过 25A。

（8）插座不宜和照明灯接在同一分支回路，宜由单独的回路供电。当插座为单独回路时，每一回路插座数量不宜超过 10 个（组），用于计算机电源的插座数量不宜超过 5 个（组）。备用照明、疏散照明的回路上不应设置插座。

（9）为减轻气体放电光源的频闪效应，可将其同一灯具或不同灯具的相邻灯管（光源）分接在不同相序的线路上。

（10）机床和固定工作台的局部照明一般由电力线路供电。

（11）移动式照明可由电力或照明线路供电，宜采用安全电压或剩余电流动作保护器保护。

（12）道路照明可以集中由一个变电站供电，也可以分别由几个变电站供电，尽可能在一处集中控制。控制方式采用手动或自动，控制点应设在有人值班的地方。

（13）露天工作场地、露天堆场的照明可由道路照明线路供电，也可由附近有关建筑物供电。

（14）高层民用建筑中应急照明电源应符合下列规定：

1）当建筑物应急照明为一级负荷时，宜采用主电源和应急电源树干式或放射式供电。应按防火分区设置末端双电源自动切换应急照明配电箱。当采用集中蓄电池或灯具内附电池组时，宜由双电源中的应急电源提供专用回路采用树干式供电，并按防火分区设置应急照明配电箱。

2）当建筑物应急照明为二级负荷时，宜采用双回线路树干式供电，并按防火分区设置自动切换应急照明配电箱。当采用集中蓄电池或灯具内附电池组时，可由单回线路树干式供电，并按防火分区设置应急照明配电箱。

（15）三相配电干线的各相负荷宜分配平衡，最大相负荷不宜超过三相负荷平均值的115％，最小相负荷不宜小于三相负荷平均值的85％。

2.5.4.2　电压选择

（1）照明网络一般采用220/380V三相四线制中性点直接接地系统，灯用电压一般为220V。当需要采用直流应急照明电源时，其电压可根据容量大小、使用要求来确定。

（2）安全电压限值：正常环境50V，潮湿环境25V。安全电压及设备额定电压不应超过此限值。目前，我国常用于正常环境的手提行灯电压为36V。在不便于工作的狭窄地点，且工作者接触有良好接地的大块金属面（如在锅炉、金属容器内）时，用电压12V的手提行灯。

（3）在特别潮湿、高温、有导电灰尘或导电地面（如金属或其他特别潮湿的土、砖、混凝土地面等）的场所，当灯具安装高度距地面为2.5m及以下时，容易触及的固定式或移动式照明器的电压可选用24V，或采取其他防电击措施，见15章。

2.5.4.3　常用照明配电系统

常用照明配电系统的接线图及有关说明等见表2.5-2。

表 2.5-2　　　　　　常用照明配电系统接线及有关说明

供电方式	照明配电系统接线图	简要说明
一台变压器	220/380V 电力负荷 正常照明　带蓄电池的应急照明	照明与电力负荷在母线上分开供电，应急照明线路与正常照明线路分开

2

供电方式	照明配电系统接线图	简要说明
一台变压器及一路备用电源线	备用电源　220/380V　电力负荷　正常照明　应急照明	照明与电力负荷在母线上分开供电，应急照明可由备用电源供电
一台变压器及蓄电池组	蓄电池组　220/380V　自动切换装置　电力负荷　正常照明　应急照明	照明与电力负荷在母线上分开供电，应急照明可由蓄电池组供电
两台变压器	220/380V　电力负荷　电力负荷　正常照明　应急照明	照明与电力负荷在母线上分开供电，正常照明和应急照明由不同变压器供电
变压器一干线（一台）	正常照明　220/380V　电力负荷	对外无低压联络线时，正常照明电源接自干线总断路器之前

2

供电方式	照明配电系统接线图	简要说明
变压器一干线（两台）		两段干线间设联络断路器，照明电源接自变压器低压总开关的后侧，当一台变压器停电时，通过联络开关接到另一段干线上，应急照明由两段干线交叉供电
由外部线路供电		适用于不设变电站的重要或较大的建筑物，几个建筑物的正常照明可共用一路电源线，但每个建筑物进线处应装带保护的总断路器
由外部线路供电		适用于次要的或较小的建筑物，照明接于电力配电箱总断路器前
低压供电（多层建筑）		在多层建筑物内，一般采用干线式供电，总配电箱装在底层
应急照明供电（高层建筑）		当建筑物为一类高层建筑时，其两路电源一路为主电源，一路为应急电源；当为二类高层建筑时，宜由双回线路供电。应急照明配电箱应按防火分区设置

2.6 应 急 电 源

2.6.1 应急电源种类

（1）独立于正常电源的发电机组，包括应急燃气轮机发电机组、应急柴油发电机组。快速自启动的发电机组适用于允许中断供电时间为 15s 以上的供电。

（2）不间断电源设备（UPS），适用于允许中断供电时间为毫秒级的负荷。

（3）逆变应急电源（EPS），一种把蓄电池的直流电能逆变成正弦波交流电能的应急电源，适用于允许中断供电时间为 0.25s 以上的负荷。

（4）有自动投入装置的有效地独立于正常电源的专用馈电线路，适用于允许中断供电时间大于电源切换时间的负荷。

（5）蓄电池，适用于特别重要的直流电源负荷。

2.6.2 应急电源系统

（1）工程设计中，对于其他专业提出的特别重要负荷，应仔细研究，并尽可能减少特别重要负荷的负荷量，但需要双重保安措施者除外。

（2）为确保对特别重要负荷的供电，严禁将其他负荷接入应急供电系统。

设有应急供电系统时消防负荷应接入应急供电系统。

（3）应急电源与正常电源之间，应采取防止并列运行的措施（机械连锁、电气连锁），目的在于保证应急电源的专用性，防止正常电源系统故障时应急电源向正常电源系统负荷送电而失去作用，同时为防止继电器有可能误动而造成应急电源与正常电源误并网，应急电源的发电机的启动命令应由正常电源主开关的辅助触点给出启动信号。个别用户在应急电源向正常电源转换时，为了减少电源转换对应急设备的影响，将应急电源与正常电源短暂并列运行，并列完成后立即将应急电源断开。当需要并列操作时，应符合下列条件：

1）应取得供电部门的同意。

2）应急电源需设置频率、相位和电压的自动同步系统。

3）正常电源应设置逆功率保护。

4）并列及不并列运行时故障情况的短路保护、电击保护都应得到保证。

（4）防灾或类似的重要用电设备的两回电源线路应在最末一级配电箱处自动切换。

大型企业及重要的民用建筑中往往同时使用几种应急电源，应使各种应急电源设备密切配合，充分发挥作用。应急电源接线示例见图 2.6-1（以蓄电池、不间断供电装置、柴油发电机同时使用为例）。

2.6.3 柴油发电机组

柴油发电机组具有热效率高、启动迅速、结构紧凑、燃料存储方便、占地面积小、工程量小、维护操作简单等特点，是在工程建筑中作为备用电源或应急电源首选的设备。柴油发电机组主要由柴油机、发电机和控制屏三部分组成，这些设备可以组装在一个公共底盘上形成移动式柴油发电机组，也可以把柴油机和发电机组装在一个公共底盘上，控制屏和某些附属设备单独设置，形成固定式柴油发电机组。

2.6.3.1 应急柴油发电机组的功能要求

柴油发电机组的自动化等级分为三级，详见表 2.6-1。

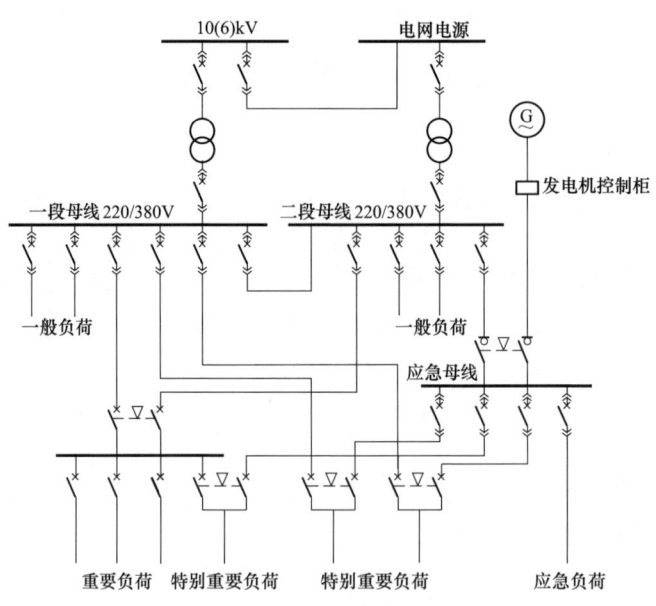

图 2.6-1 应急电源系统接线示例

表 2.6-1   柴油发电机组自动化等级

自动化等级	自动化等级特征
1	维持准备运行状态等的自动控制、保护和显示
2	1级的特征,燃油、机油、冷却介质的自动补给以及并联运行等的自动控制
3	(1) 1级的特征以及远程计算机通信控制功能的自动控制 (2) 2级的特征以及远程计算机通信控制功能的自动控制、集中监控和故障自诊断

应急电源应选用 G2 级以上自动化柴油发电机组,根据 GB/T 12786—2006《自动化内燃机电站通用技术条件》标准要求有以下功能:

(1) 自动维持准备运行状态。机组应急启动和快速加载时的机油压力、机油温度、冷却水温度应符合产品技术条件的规定。

(2) 自动启动和加载。接自控或遥控指令或市电供电中断后,机组能自动启动并供电。机组允许三次自动启动,每次启动时间 8~12s,启动间隔 5~10s。第三次启动失败时,应发出启动失败的声光报警信号。设有备用机组时,应能自动地将启动信号传递给备用机组,机组自动启动的成功率不低于 98%,市电失电后恢复向负荷供电时间一般为 8~20s。

对于额定功率不大于 250kW 柴油发电机,首次加载量不小于 50% 额定负载,大于 250kW 柴油发电机按产品技术条件规定。

(3) 自动停机。接自控或遥控的停机指令后,机组应能自动停机;当电网恢复正常后,机组应能自动切换和自动停机,由电网向负载供电。

(4) 自动补给机组的燃油、机油,冷却水能够自动补充,机组启动用蓄电池自动充电。

(5) 有过载、短路、过速度(或过频率)、冷却水温度过高、机油压力过低等保护装置,并根据需要选设过电压、欠电压、失电压、欠速度(或欠频率)、机油温度过高、启动空气压力过低、燃油箱油面过低、发电机绕组温度过高等方面的保护装置。

（6）有表明正常运行或非正常运行的声光信号系统。

柴油发电机组性能等级见表 2.6-2。

表 2.6-2 柴油发电机组性能等级

性能等级	定　义	用　途
G1 级	用于只需规定其基本电压和频率参数的连接负载	一般用途（照明和其他简单的电气负载）
G2 级	用于对其电压特性与公用电力系统有相同要求的负载。当负载变化时，可有暂时的然而是允许的电压和频率的偏差	照明系统、泵、风机和卷扬机
G3 级	用于对频率、电压和波形特性有严格要求的连接设备（整流器和晶闸管整流器控制的负载对发电机电压波形影响需要特殊考虑的）	无线电通信和晶闸管整流器控制的负载
G4 级	用于对发电机组的频率、电压和波形特性有特别严格要求的负载	数据处理设备或计算机系统

2.6.3.2　柴油发电机组容量选择

柴油发电机组的功率是发电机组端子处为用户负载输出的功率，不包括基本独立辅助设备所吸收的电功率。除非另有规定，发电机组的功率定额是指在额定频率、功率因数 $\cos\varphi$ 为 0.8 下用千瓦（kW）表示的功率。

（1）发电机组的功率定额种类如下：

1）持续功率（COP）：在规定的运行条件下，并按制造商规定的维修间隔和方法实施维护保养，发电机组每年运行时间不受限制地为恒定负载持续供电的最大功率。

2）基本功率（PRP）：在规定的运行条件下，并按制造商规定的维修间隔和方法实施维护保养，发电机组能每年运行时间不受限制地为可变负载持续供电的最大功率。在 24h 周期内的允许平均输出功率（P_{pp}）应不大于基本功率的 70%。

3）限时运行功率（LTP）：在规定的运行条件下，并按制造商规定的维修间隔和方法实施维护保养，发电机组每年供电达 500h 的最大功率。100% 的限时运行功率每年运行时间最多不超过 500h。

4）应急备用功率（ESP）：在规定的运行条件下，并按制造商规定的维修间隔和方法实施维护保养，当公共电网出现故障或在试验条件下，发电机组每年运行达 200h 的某一可变功率系列中的最大功率。在 24h 运行周期内的允许平均输出功率（P_{pp}）应不大于应急备用功率的 70%。

以持续功率为发电机组的基础功率，其余的功率都是在此基础上的强化功率，通过限制使用时间、平均负载、降低寿命和可靠性来提高最大的功率。

（2）柴油发电机组容量选择的原则：

1）柴油发电机组的容量应根据应急负荷大小和投入顺序以及单台电动机最大启动容量等因素综合考虑。当应急负荷较大时，可采用多机并列运行，机组台数宜为 2~4 台。

2）柴油发电机组的长期允许容量，应能满足机组安全停机最低限度连续运行的负荷的需要。

3）用成组启动或自启动时的最大视在功率校验发电机的短时过载能力。

4）事故保安负荷中的短时不连续运行负荷，在计算柴油发电机组的容量时，不予考虑，仅在校验机组过载能力时计及。

5) 机组容量要满足电动机自启动时母线最低电压不得低于额定电压的 75%，当有电梯负荷时，不得低于额定电压的 80%。当电压不能满足要求时，可在运行情况允许的条件下将负荷分批启动。

(3) 在方案或初步设计阶段，按配电变压器总容量的 $10\% \sim 20\%$ 估算。

(4) 在施工图阶段，可根据一级负荷、消防负荷以及某些重要二级负荷的容量，按下述方法确定柴油发电机组的容量。

1) 工业建筑。

a. 计算长期连续运行所需要的容量

$$P_c = \Sigma P_M K_1 + \Sigma P_m K_2 \qquad (2.6\text{-}1)$$

$$Q_c = \Sigma P_M K_1 \tan\varphi_M + \Sigma P_m K_2 \tan\varphi_m \qquad (2.6\text{-}2)$$

式中　　P_c——计算有功功率，kW；

　　　　Q_c——计算无功功率，kvar；

　　ΣP_M——连续运行的电动机额定功率之和，kW；

　　ΣP_m——连续运行的静止负荷之和，kW；

　　　K_1——运算系数，取 0.9；

　　　K_2——运算系数，取 $0.32 \sim 0.52$；

　$\tan\varphi_M$——电动机正常运行时的功率因数角的正切值，取 0.86；

　$\tan\varphi_m$——静止负荷的功率因数角的正切值，取 0.8。

b. 确定柴油发电机组额定容量

$$S_{fe} \geqslant S_c \qquad P_{fe} \geqslant P_c \qquad Q_{fe} \geqslant Q_c \qquad (2.6\text{-}3)$$

式中　S_{fe}、P_{fe}、Q_{fe}——柴油发电机组额定视在功率、有功功率、无功功率，单位分别为 kVA、kW、kvar；

　　S_c、P_c、Q_c——计算视在功率、有功功率、无功功率，单位分别为 kVA、kW、kvar。

c. 校验柴油发电机短时过载能力

$$S_{fe} \geqslant \frac{S_{Qm}}{K_{GF}} \qquad (2.6\text{-}4)$$

式中　S_{Qm}——成组启动或自启动时负荷的最大值，kVA；

　　K_{GF}——发电机短时过负荷系数，取 1.5。

d. 校验柴油发电机母线电压降：当考虑到发电机电压调节器的作用时，可以认为发电机在成组启动或单台电动机启动时引起的电压变动与发电机已带负荷几乎无关。

对于凸极电机，启动最大负荷时的电压降为

$$\Delta U\% = \left(1 - \frac{Z\sqrt{R^2 + (X_{q*} + X)^2}}{(X'_{d*} + X)(X_{q*} + X) + R^2}\right) \times 100\% \qquad (2.6\text{-}5)$$

$$Z = \frac{S_{fe}}{S_{zqm}}$$

$$S_{zqm} = \sqrt{P_{zqm}^2 + Q_{zqm}^2} \qquad (2.6\text{-}6)$$

$$R = Z\cos\varphi_{zqm}$$

$$\cos\varphi_{zqm} = P_{zqm}/S_{zqm}$$

$$X = Z\sin\varphi_{zqm}$$

$$\sin\varphi_{zqm} = Q_{zqm}/S_{zqm}$$

式中　$\Delta U\%$ ——启动最大负荷时的电压降；

　　　　Z ——最大启动负荷的等值阻抗（标幺值）；

　　　S_{zqm} ——最大启动负荷的容量，kVA；

　　　P_{zqm} ——最大启动负荷的有功功率，kW；

　　　Q_{zqm} ——最大启动负荷的无功功率，kvar；

　　　X'_{d*} ——发电机的暂态电抗（标幺值）；

　　　X_{q*} ——发电机的横轴电抗（标幺值）；

　　　　R ——最大启动负荷的等值电阻；

　　　　X ——最大启动负荷的等值电抗。

在工程计算中，往往会遇到发电机参数不全或负荷资料不详细的情况，在这种情况下，可以采用近似计算法求得自启动电压降的近似值，近似公式为

$$\Delta U\% = \frac{X_{dm}100}{X_{dm} + X_e}\% \tag{2.6-7}$$

$$X_{dm} = \frac{1}{2}(X''_d + X'_d)$$

$$X_e = P_{fe}/P_{Qm}$$

式中　$\Delta U\%$ ——启动最大负荷时的电压降；

　　　　X'_d ——发电机的暂态电抗；

　　　　X''_d ——发电机的次暂态电抗。

2）民用建筑。

a. 按稳定负荷计算发电机组的容量

$$S_{c1} = \alpha \frac{P_\Sigma}{\eta_\Sigma \cos\varphi} \text{ 或} \tag{2.6-8}$$

$$S_{c1} = \alpha\left(\frac{P_1}{\eta_1} + \frac{P_2}{\eta_2} + \cdots + \frac{P_n}{\eta_n}\right)\frac{1}{\cos\varphi} = \frac{\alpha}{\cos\varphi}\sum_{k=1}^{n}\frac{P_k}{\eta_k} \tag{2.6-9}$$

式中　S_{c1} ——按稳定负荷计算发电机组的容量，kVA；

　　　P_Σ ——总负荷，kW；

　　　P_k ——每个或每组负荷容量，kW；

　　　η_k ——每个或每组负荷的效率；

　　　η_Σ ——总负荷的计算效率，一般取 0.82~0.88；

　　　α ——负荷率；

　　$\cos\varphi$ ——发电机额定功率因数，可取 0.8。

b. 按最大的单台电动机或成组电动机启动的需要，计算发电机容量

$$S_{c2} = \left(\frac{P_\Sigma - P_m}{\eta_\Sigma} + P_m KC\cos\varphi_m\right)\frac{1}{\cos\varphi} \tag{2.6-10}$$

式中　S_{c2} ——按最大的单台电动机或成组电动机启动计算发电机组的容量，kVA；

　　　P_m ——启动容量最大的电动机或成组电动机的容量，kW；

　　$\cos\varphi_m$ ——电动机的启动功率因数，一般取 0.4；

K ——电动机的启动倍数；

C ——按电动机启动方式确定的系数，全电压启动：$C = 1.0$；Y-△启动：$C = 0.33$；自耦变压器启动：50%抽头 $C = 0.25$；65%抽头 $C = 0.42$；80%抽头 $C = 0.64$。

c. 按启动电动机时母线容许电压降计算发电机容量

$$S_{c3} = P_n KCX'_d \left(\frac{1}{\Delta U} - 1 \right) \qquad (2.6\text{-}11)$$

式中 S_{c3} ——按启动电动机时母线容许电压降计算发电机容量，kVA；

P_n ——电动机总负荷，kW；

X'_d ——发电机暂态电抗，一般取 0.25；

ΔU ——应急负荷中心母线允许的瞬时电压降，一般取 0.25～0.3（有电梯时取 0.2）。

式（2.6-11）适用于柴油发电机与应急负荷中心距离很近的情况。

（5）柴油发电机的额定功率系指外界大气压力为 100kPa、大气温度为 25℃、空气相对湿度为 30% 的情况下，保证能连续运行 12h 的功率（包括超负荷 110% 运行 1h）。如连续运行时间超过 12h，则应按 90% 额定功率使用。如气压、气温、湿度与上述规定不同，应对柴油发电机的额定功率进行修正。

（6）在全电压启动最大容量鼠笼型电动机时，发电机母线电压不应低于额定电压的 80%；当无电动机负载时，其母线电压不应低于额定电压的 75%。

（7）电动机全压启动允许容量取决于发电机的容量和励磁方式，宜选用高速柴油发电机组和无刷型励磁交流同步发电机，配自动电压调整装置。选用的机组应装设快速自启动装置和电源自动切换装置。

（8）多台机组时，应选择型号、规格和特性相同的机组和配套设备。

2.6.4 不间断电源设备（UPS）

不间断电源设备（UPS）适用于向用户的关键设备，如互联网数据中心、银行的清算中心和通存通取网控系统、证券交易及期货贸易系统、民航和铁路的售票系统、卫星地面站及民航的航管调度系统、冶金及大规模集成电路的流水生产线管理系统、财税信息系统、气象和地震预报及监控系统等提供高质量电压、频率、波形的无时间中断的交流电源。

2.6.4.1 UPS 的工作原理

UPS 是由电力变流器（整流器、逆变器）、转换开关（电子式或机械式）、储能装置（如蓄电池）及控制系统等组成，在输入电源故障时维持负载电力连续性的电源设备。通常采用的是在线式 UPS。它首先将市电输入的交流电源变成稳压直流电源，供给蓄电池和逆变器，再经逆变器重新被变成稳定的、纯洁的、高质量的交流电源。它可完全消除在输入电源中可能出现的任何电源问题（电压波动、频率波动、谐波失真和各种干扰）。其工作原理框图见图 2.6-2。

2.6.4.2 UPS 的配置类型

根据用电设备对供电可靠性、连续性、稳定性和电源诸参数质量的要求，不间断电源设备（UPS）可分为以下几种配置类型：

（1）单台 UPS：因只有一台不间断电源设备，一般用于系统容量较小、可靠性要求不

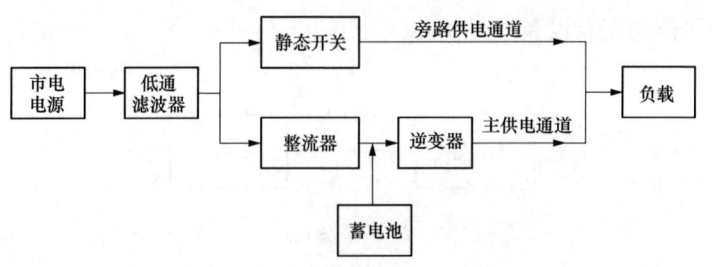

图 2.6-2   在线式 UPS 工作原理框图

高的场所。

1）无旁路的单台 UPS。

a. 逆变器和蓄电池共用一个整流器的单台 UPS。负载总是由逆变器供电，而逆变器由交流输入经整流器或由蓄电池供电（见图 2.6-3）。整流器必须是可控的以便蓄电池再充电，并使蓄电池保持在充电状态。

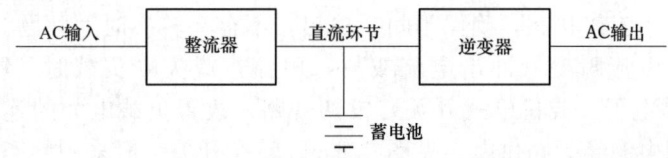

图 2.6-3   逆变器和蓄电池共用一个整流器的单台 UPS

在交流输入电源故障时，由蓄电池在直流电压不断降低的情况下供电，直至低到不能满足逆变器输出要求为止。蓄电池的类型和容量将决定系统在没有交流输入电源供电时，尚能运行的时间值。

UPS 的输入、输出可有不同的频率、相数和电压等级。其设计的输出特性能满足比许多一般电源更严格的技术要求，也即更窄的电压和频率允差、更小的瞬态偏差，以及更好地输入电源故障保护等。

b. 有独立蓄电池充电器的单台 UPS。整流器作为逆变器输入电源和给蓄电池充电的要求可能互相矛盾，所以 UPS 可设计成具有独立的蓄电池充电器（见图 2.6-4）。从使用者的观点看，上述对单台 UPS 的说明也适用于这种系统。

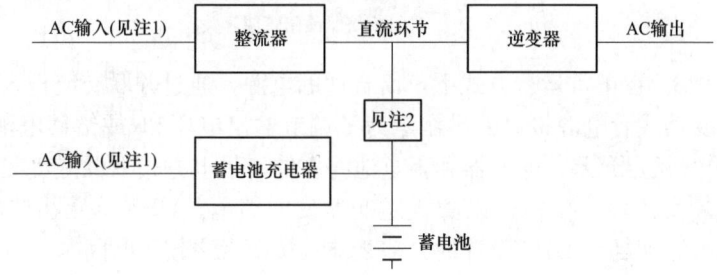

图 2.6-4   有独立蓄电池充电器的单台 UPS

注：1. 交流输入端子可连接在一起。

2. 二极管模块、晶闸管或开关。

c. 可输出直流和交流的单台 UPS。某些用途既需要有不间断的直流电源，又需要不间断的交流电,并可能是组合设备(见图2.6-5)。

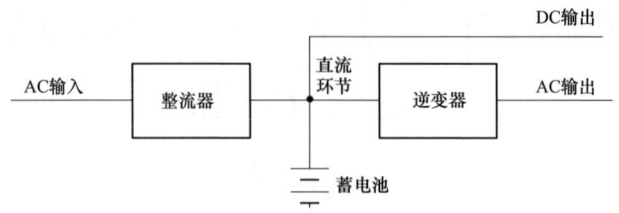

图2.6-5 可输出直流和交流的单台UPS

2)带旁路的单台UPS。

a. 双变换(在线式UPS)。在正常运行方式下,主要由整流器/逆变器组合向负载供电,同时充电器给蓄电池组浮充电,保证蓄电池组满容量。当交流输入供电超出UPS预定允差,UPS单元进入储能供电运行方式,由蓄电池/逆变器组合,在储能供电时间内,或者在交流输入电源恢复到UPS设计的允差之前(按两者之较短时间),继续向负载供电。逆变器始终处于工作状态,确保不间断输出,不存在转换时间问题。在整流器/逆变器发生故障、负载电流瞬变(冲击电流或故障电流)或尖峰负载时,UPS单元可借助UPS开关(可能是电子式或机电式开关)投切旁路,改善负载电力的连续性,这时,负载由主电源或备用电源经旁路供电,见图2.6-6。转换开关一般采用静态开关,转换时间达微秒级。在线式UPS结构较复杂,有很宽的输入电压范围,输出电压稳定、精度高,输出波形为交流正弦波。

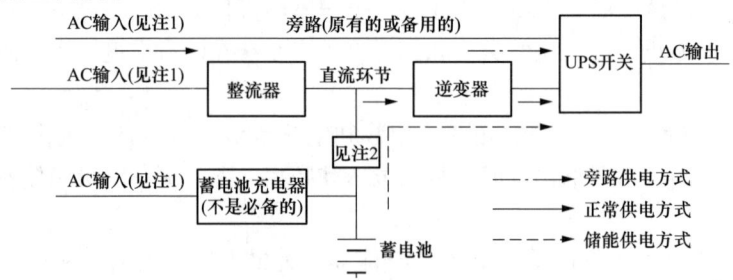

图2.6-6 带旁路的UPS双变换
注:1. 交流输入端子可连接在一起。
    2. 二极管模块、晶闸管或开关。

b. 互动式UPS。在正常运行方式下,由合适的电源,通过并联交流输入和UPS逆变器向负载供电。逆变器或者电源接口的操作是为了调节输出电压和/或给蓄电池充电。当交流输入供电超出UPS预定允差,逆变器和蓄电池将在储能供电方式下保持负载电力的连续性,并由电源接口切断交流输入电源,以防止逆变器反向馈电。UPS单元在储能供电时间内,或者在交流输入电源恢复到UPS设计的允差之前(按两者之较短时间),运行于储能供电方式之下。在整流器/逆变器发生故障、负载电流瞬变(冲击电流或故障电流)或尖峰负载时,UPS单元可借助UPS开关投切旁路,改善负载电力的连续性,这时,负载由主电源或备用电源经旁路供电,见图2.6-7。其结构简单,有较宽的输入电压范围,输出电压较稳定,输出波形为模拟正弦波,转换时间小于4ms,如市电旁路转换开关采用静态开关,则转换时间可以达到微秒级。

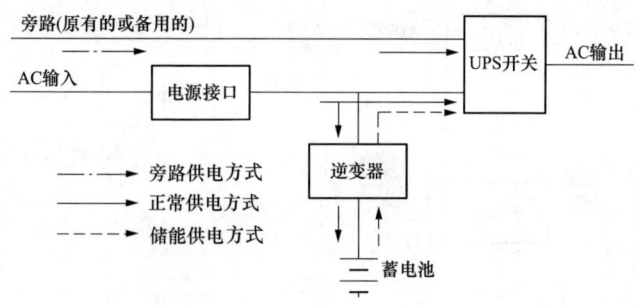

图 2.6-7　带旁路的 UPS 互动运行

c. 后备式（离线式）UPS。在正常运行方式下，负载由交流输入电源通过旁路直接供电，可能需结合附加设备（如铁磁谐振变压器或自动抽头切换变压器）对供电进行调节。当交流输入供电超出 UPS 预定允差，启动逆变器而使 UPS 单元转入储能供电运行方式，并使负载直接或通过 UPS 开关转移到逆变器。在储能供电时间内，或者在交流输入电源恢复到 UPS 预定允差之内和负载转换回来之前的时间内（按两者之较短时间），由蓄电池/逆变器组合来保持负载功率的连续性，见图 2.6-8。其结构简单，输入电压范围窄，输出电压稳定性较差，输出波形为交流方波，转换时间一般为 10ms。

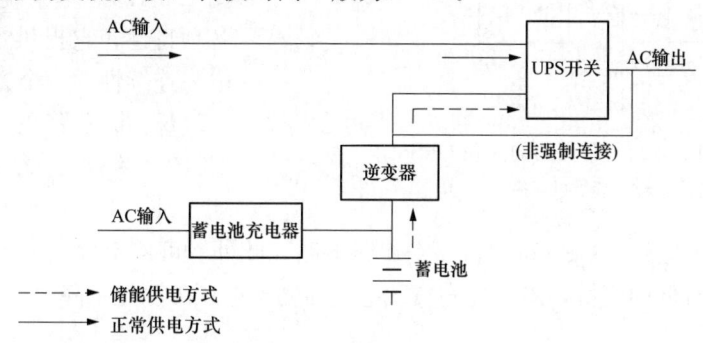

图 2.6-8　UPS 无源后备运行

增设旁路应满足如下要求：

a. 输入和输出频率通常应相同；

b. 如果电压值不同，则需要一个旁路变压器。对于某些负载，为了保持负载电力的连续性，需使 UPS 与旁路的交流输入同步。

（2）并联 UPS：可组成大型 UPS 供电系统，供电可靠性高，运行比较灵活，便于检修。

1）无旁路的并联 UPS。如果使用并联 UPS 单元（见图 2.6-9）或并联局部单元（见图 2.6-10），应把系统作为一个 UPS 看待。

2）带旁路的并联 UPS。当并联 UPS 作为单台 UPS 运行时，则其运行情况与带旁路的单台 UPS 运行情况相同，其配置图形见图 2.6-11。

（3）冗余 UPS：由于增设了一个或几个不间断电源设备作为备用，从而确保了供电系统的连续性、可靠性，对已出现的事故有冗余处理措施。

2

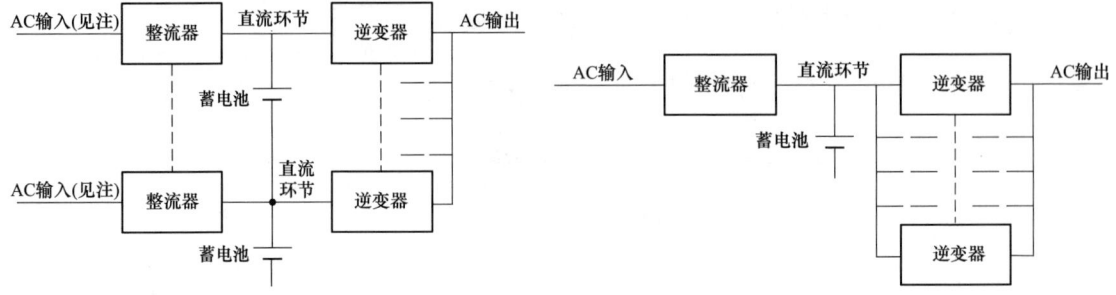

图 2.6-9 并联的 UPS（UPS 单元并联）　　　　图 2.6-10 局部并联的 UPS（只逆变器并联）
注：输入端子可连接在一起。

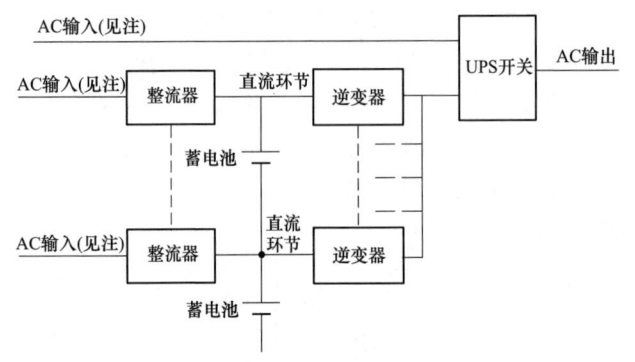

图 2.6-11 带旁路的并联 UPS
注：输入端子可连接在一起。

1）备用冗余 UPS。

2）当运行的 UPS1 单元故障时，备用 UPS 投入运行，将负载全部接受过来，并断开故障的 UPS。

a. 无旁路的备用冗余 UPS（见图 2.6-12）。本系统保留了（1）的各项特性，它提供了一种改善负荷电力连续性的一个方法。

b. 带旁路的备用冗余 UPS（见图 2.6-13）。为了更进一步改善如上述（1）中带旁路的单台 UPS 所带负载电力的连续性，UPS 可包含一个旁路电路，此外，可使负载从一个 UPS 转移到另外一个。旁路具有低的阻抗，能流过满负载电流而输出电压无明显下降。

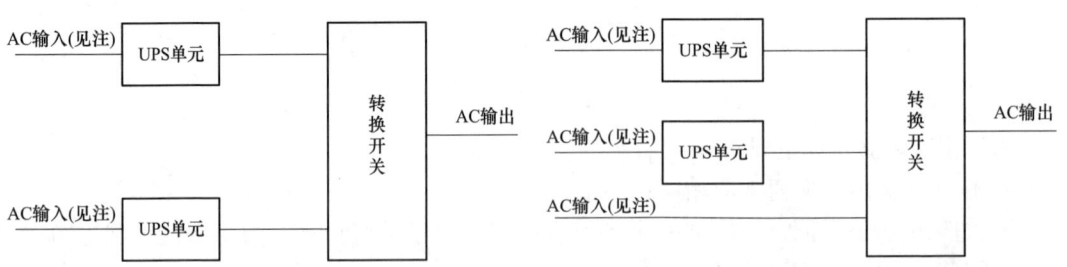

图 2.6-12 无旁路的备用冗余 UPS　　　　　图 2.6-13 带旁路的备用冗余 UPS
注：输入端子可连接在一起。　　　　　　　注：输入端子可连接在一起。

3）并联冗余 UPS：并联冗余 UPS 由两个或多个共同分担负载电流的单机 UPS 单元组成，各单机 UPS 系统的输出并联连接到一个公共的配电系统。系统一般按 $N+1$ 个单机 UPS 系统配置，即并联冗余 UPS 的总容量超出负载所需容量的值应至少等于一个 UPS 单元的容量，如此，断开其中的一个 UPS 单元，其余 UPS 仍可保持负载电力的连续性。

a. 无旁路并联冗余 UPS（见图 2.6-14）。如果一个 UPS 单元故障，它必须被隔离，以避免干扰其他 UPS 单元，使剩余的 UPS 单元得以连续向全部负载供电。此外，在这些系统中要求分担负载的各电路必须同步。

b. 带旁路的并联冗余 UPS。如上述那样的系统，可在周围连接一个或多个旁路，以提供检修的便利。

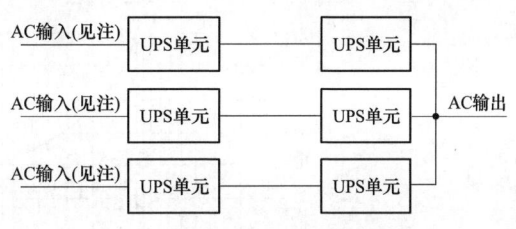

图 2.6-14　无旁路的并联冗余 UPS
注：输入端子可连接在一起。

2.6.4.3　UPS 按性能的分类

UPS 按性能分类的目的是为了提供一个共同的基础，在此基础上测量所有 UPS 制造厂商或供货商给出的数据。UPS 性能分类代码由三部分组成，如 VFI-SS-123，其性能分类见表 2.6-3。

表 2.6-3　　　　　　　　　　　　　　　　UPS 的性能分类

分 类 号 VFI—SS—123		
输出属性	输出波形	输出动态性能
第一部分的三（或二）个字符规定在正常工作方式下的电源质量，UPS 输出电压和频率与交流输入电源电压和频率的关系，用 VFI、VFD、VI 字符标识 VFI—这种 UPS 的输出与输入电源的电压和频率无关； VFD—这种 UPS 的输出取决于输入电源的电压和频率变化； VI—这种 UPS 的输出（频率）取决于输入电源的频率变化；输出电压与输入电压无关	第二部分的两个字符，第一个字符规定在正常工作方式（包括暂时的静态旁路工作）方式下的输出电压波形，可以为 S，X，Y；第二个字符规定在储能方式下的输出电压波形，可以为 S，X，Y S—在所有线性和基准非线性负载条件下，输出波形均为正弦波，其总谐波失真因数 D 小于 0.08； X—在线性负载条件下，输出波形均为正弦波（与 S 相同），在非线性负载条件下（如果超过规定的极限），其总谐波失真因数 D 大于 0.08； Y—输出波形是非正弦波	第三部分三个字符，第一个字符规定在改变工作方式时的输出电压瞬态性能，可以为 1、2、3；第二个字符规定在正常和储能方式下，带线性阶跃负载时的输出电压瞬态性能（最不利的情况），可以为 1、2、3；第三个字符规定在正常和储能方式下，带基准非线性阶跃负载时的输出电压瞬态性能（最不利的情况），可以为 1、2、3。 1—瞬态电压不大于图 2.6-15 的 1 类输出动态性能数据（无中断或无零电压出现）； 2—瞬态电压不大于图 2.6-16 的 2 类输出动态性能数据（输出电压为零，持续 1ms）； 3—瞬态电压不大于图 2.6-17 的 3 类输出动态性能数据（输出电压为零，持续 10ms）

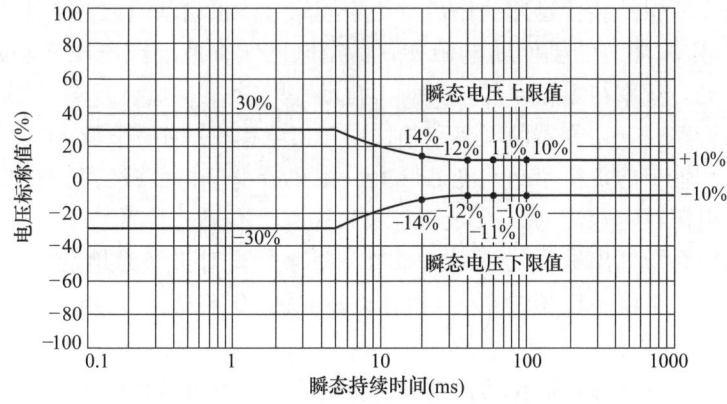

图 2.6-15　1 类输出动态性能

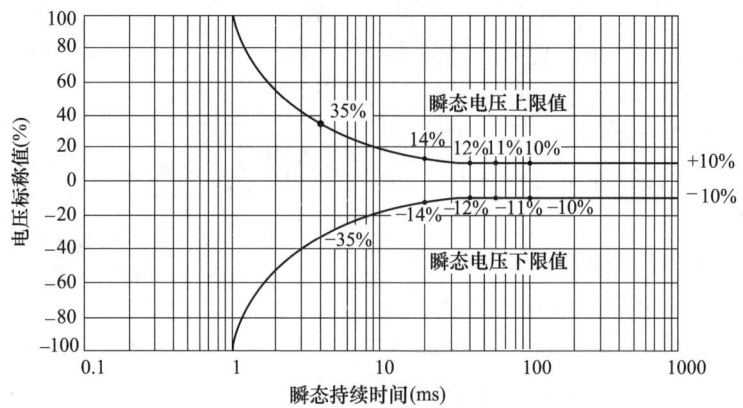

图 2.6-16 2 类输出动态性能

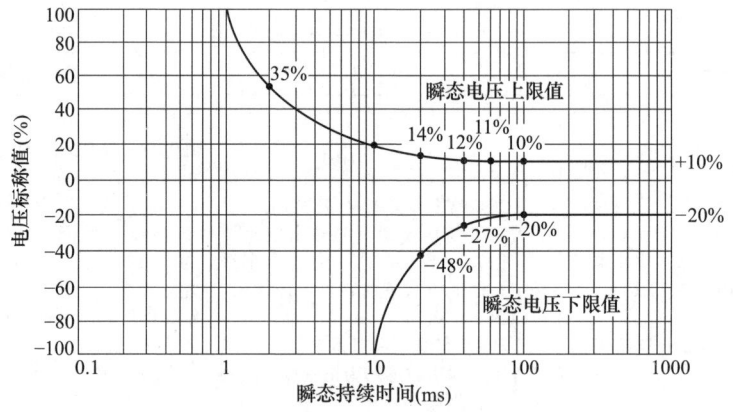

图 2.6-17 3 类输出动态性能

2.6.4.4 UPS 的功能要求

（1）静态旁路开关的切换时间一般为 2~10ms，并应具有如下功能：

1）当逆变装置故障或需要检修时，应及时切换到电网（市电备用）电源供电。

2）当分支回路突然故障短路，电流超过预定值时，应切换到电网（市电备用）电源，以增加短路电流，使保护装置迅速动作，待切除故障后，再启动返回逆变器供电。

3）带有频率跟踪环节的不间断电源装置，当电网频率波动或电压波动超过额定值时，应自动与电网解列，频率与电压恢复正常时再自动并网。

（2）用市电旁路时，逆变器的频率和相位应与市电锁相同步。

（3）对于三相输出的负荷不平衡度，最大一相和最小一相负载的基波均方根电流之差，不应超过不间断电源额定电流的 25%，而且最大线电流不超过其额定值。

（4）三相输出系统输出电压的不平衡系数（负序分量对正序分量之比）应不超过 5%。输出电压的总波形失真度不应超过 5%（单相输出允许 10%）。

2.6.4.5 UPS 的选择

不间断电源设备的选择，应按负荷性质、负荷容量、允许中断供电时间等要求确定，并应符合如下规定：

（1）不间断电源设备适用于电容性和电阻性负荷；当为电感性负荷时，则应选择负载功率因数自动适应不降容的不间断电流装置。

（2）不间断电源设备输出功率，应按下列条件选择：

1）不间断电源设备给电子计算机供电时，单台 UPS 额定输出功率应大于电子计算机各设备额定功率总和的 1.2 倍。对其他用电设备供电时，其额定输出功率为最大计算负荷的 1.3 倍。

2）负荷的最大冲击电流不应大于不间断电源设备的额定电流的 150%。

3）UPS 应能在额定条件下，在海拔 1000m 及以下的高度正常运行。当海拔超过 1000m 时，应降额使用，降额系数见表 2.6-4。

表 2.6-4　在海拔 1000m 以上使用的降额系数

海拔（m）	降额系数[a]
1000	1.0
1500	0.95
2000	0.91
2500	0.86
3000	0.82
3500	0.78
4000	0.74
4500	0.7
5000	0.67

注　基于干燥空气密度（于海平面+15℃）=1.225kg/m³。

[a]　对强迫风冷设备来说，由于风扇效率随海拔而下降，其降额系数还要小一些。

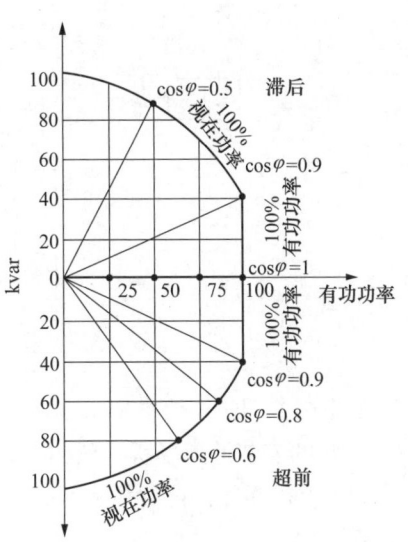

图 2.6-18　不间断电源设备的输出功率与负载功率因数的关系

（3）不间断电源设备的输出功率与负载功率因数的关系见图 2.6-18。

（4）不间断电源设备应急供电时间，应按下列条件选择：

1）为保证用电设备按照操作顺序进行停机时，其蓄电池的额定放电时间可按停机所需最长时间来确定，一般可取 8～15min。

2）当有备用电源时，为保证用电设备供电连续性，其蓄电池额定放电时间按等待备用电源投入考虑，一般可取 10～30min。设有应急发电机时，UPS 应急供电时间可以短一些。

3）如有特殊要求，其蓄电池额定放电时间可根据负荷特性来确定。

（5）不间断电源设备的本体噪声，在正常运行时不应超过 75dB，小型不间断电源设备不应超过 65dB。

（6）当不间断电源设备容量较大时，宜在电源侧采取高次谐波的治理措施。

2.6.5　逆变应急电源（EPS）

逆变应急电源（EPS）是利用 IGBT 大功率模块及相关的逆变技术而开发的一种将直流电能转化成正弦波交流电能的应急电源，它的额定输出功率为 0.5kW～1MW，是一种新颖的、静态无公害的免维护无人值守的安全可靠的集中供电式应急电源设备。宜用作应急照明系统的应急电源,适用于电感性及混合性的照明负荷,不宜作为消防水泵、消防电梯、消防风机等电动机类负载的应急电源。

2.6.5.1　EPS的工作原理

EPS是由充电器、蓄电池(组)、逆变器、控制器、转换开关、保护装置等组合而成的一种电源设备,其工作原理类似于后备式UPS。这种电源设备在交流输入电源正常时,交流输入电源通过转换开关直接输出,交流输入电源同时通过充电器对蓄电池(组)充电。当控制器检测到主电源中断或输入电压低于规定值时,转换开关转换,逆变器工作,EPS处于逆变应急运行方式向负载提供需要的交流电能。当主电源恢复正常供电时,转换开关接通主电源为负载正常供电,此时逆变器关闭,其工作原理见图2.6-19。

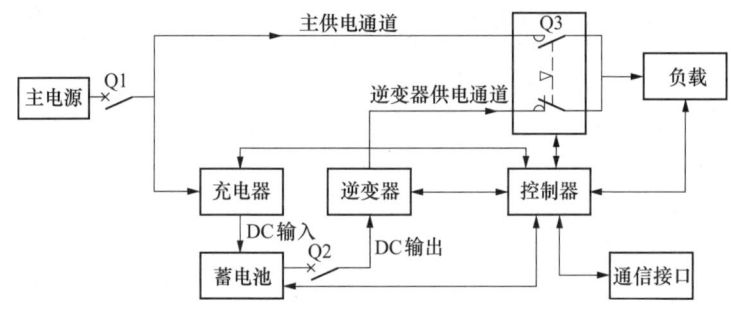

图2.6-19　逆变应急电源(EPS)工作原理

2.6.5.2　EPS的类别

EPS的安装适用场所一般包括以下两类环境:

(1) 1类环境:包括住宅区、商业区和轻工业区,无中间变压器,直接连接至公用低压供电系统。

(2) 2类环境:除直接连接至公用低压供电系统的住宅建筑物外,还包括所有商业区、轻工业区和工业区。

按EPS的适用环境,可分为如下四类:

1) C1类EPS:该类EPS适用于1类环境,无任何限制,应满足该类相应的发射限值和耐受抗扰度要求。

2) C2类EPS:该类EPS输出电流不超过16A,适用于2类环境,无任何限制,应满足该类相应的发射限值和耐受抗扰度要求。

3) C3类EPS:该类EPS输出电流超过16A,适用于2类环境,应满足该类相应的发射限值和耐受抗扰度要求。

4) C4类EPS:该类EPS适用于复合环境,其发射限值和耐受抗扰度要求应由购买者与供货者或供应商协商确定,对电流额定值无限制要求。

2.6.5.3　EPS的转换时间和供电时间

当主电源中断或电压低于规定值时,EPS从正常运行方式转换到逆变应急运行方式的转换时间应保证使用场所的应急要求,一般为0.1~0.25s,使用条件不符合上述转换时间要求或特殊使用条件的用户可与制造商协商解决。当EPS作为应急照明系统的应急电源时,其转换时间应满足下列要求:

（1）用作安全照明电源装置时，不应大于 0.25s。

（2）用作疏散照明电源装置时，不应大于 5s。

（3）用作备用照明电源装置时，不应大于 5s；金融、商业交易场所不应大于 1.5s。

EPS 在额定输出功率下，应急供电时间不应小于标称额定工作时间，应急供电时间一般为 30、60、90、120、180min 五种规格，还可以根据用户需要选择更长的，但其初装容量应保证应急时间不小于 90min。

2.6.5.4 EPS 容量选择

选用 EPS 的容量必须同时满足以下条件：

（1）负载中最大的单台直接启动的电机容量，只占 EPS 容量的 1/7 以下。

（2）EPS 容量应是所供负载中同时工作容量总和的 1.1 倍以上。

（3）直接启动风机、水泵时，EPS 的容量应为同时工作的风机、水泵容量的 5 倍以上。

（4）若风机、水泵为变频启动时，则 EPS 的容量为同时工作的电机总容量的 1.1 倍。

（5）若风机、水泵采用星—三角降压启动，则 EPS 的容量应为同时工作的电机总容量的 3 倍以上。

（6）安装场地的海拔超过 1000m 时，应急电源设备应降额使用，降额系数见表 2.6-4。

附录 A　供配电设计的原始资料

A.1　需向供电部门提供的资料

（1）最终规模的最大负荷、工程逐年建设情况和投产日期。

（2）负荷性质及对供电可靠性的要求。

（3）总变电站的系统主接线图和位置平面图（标有电源进线方向）。

（4）工程名称、地址，必要时提供显示新建工程位置的平面图。

（5）用户变（配）电站在总平面图上的位置、容量及其他应当说明的情况。

（6）对电源的电压、频率、供电线路形式、回路数、进线方向等要求。

A.2　需向供电部门索取的资料

（1）供电电源点（变电站或发电厂）名称、方位及距离。

（2）供电电压、线路规格、长度及回路数。

（3）本工程总变电站的受电端电力系统的最大和最小运行方式下的短路数据（对称短路电流初始值 I''_k，0.2s 短路电流 $I_{0.2}$，稳态短路电流 I_k，短路电流峰值 i_p 或出线断路器的开断电流）。

（4）电网中性点接地方式及电网系统单相接地电容电流值。

（5）供电端的继电保护方式（有无自动重合闸装置等）及对用户受电端的继电保护设置和时限配合的要求。

（6）对功率因数的要求。

（7）对大型特殊用电负荷启动和运行方式的要求。

（8）电能计量要求（计费专用电能计量装置或专用电能计量柜的安装位置是在进线断路器之前还是之后）及电费收取办法（包括计算方法、奖罚规定、地区电价等）。

（9）对通信调度的要求及管理分工的意见。

（10）供电端电源母线电压在最大负荷和最小负荷时的电压偏差范围。

（11）基建时解决施工用电的途径。

（12）其他，如防雷、接地、维护分工、转送负荷及集资办电贴费等。

A.3　需向建设单位了解的内容和索取的资料

（1）总变电站或总配电站的施工图设计委托单位。

（2）当地的雷电活动资料及土壤电阻率。

（3）如为改扩建工程，需要原有的供配电系统图及平面布置图，有关变（配）电站的平剖面图及主接线系统图，近三年来的最大负荷、年耗电量、功率因数、受电电压等。

（4）若建设单位要求利用库存设备，应提供可利用设备的型号、规格及同设计安装有关的技术资料。

向用电专业了解用电设备对供电的要求，允许中断供电的最长时间，最好取得第一手资料，评估超过允许中断供电时间产生的人身安全、经济上的后果。

3 变（配）电站（附柴油发电机房）

3.1 变（配）电站站址和型式选择

3.1.1 变（配）电站分类

变（配）电站是各级电压的变电站和配电站的总称，是电力系统的一个中间环节，通过变电站的变压器将各级电压的电力网联系起来，起着汇集和分配电能并改变电压的作用。

根据变电站在系统中的功能用途、位置、控制方式、布置方式等进行分类，见表3.1-1。

表 3.1-1　　　　　　　　　　　　变（配）电站的分类

类 型		功 能 与 特 点
按功能用途分	总降压变电站	一般建设在负荷或网络中心，连接电力系统几个部分并将系统电压降低，分配给地区电网
	配电站（开关站）	汇集与补偿电能，连接电力系统几个部分，多为提高系统稳定性而设，必要时可设置补偿装置，以提高供电能力和送电质量。电压等级有 35、20、10kV 等
	变（配）电站	向低压电气装置供电的变（配）电站，如车间变（配）电站，其中 35/0.4kV 又称直降变（配）电站
	专用变电站	在炼钢、电解、铁路等工业企业中有特殊用途的电炉变电站、整流变电站、牵引变电站、中间变电站（如 10/6kV）等
按所处的位置分	独立式变（配）电站	变（配）电站为独立建筑物，多用于负荷小而分散的工业企业和大中城市的居民区
	附设式变（配）电站	变（配）电站附设在负荷较大的厂房和建筑物
	建筑物（车间）内变电站	变电站位于高层、大型民用建筑物或负荷较大多跨厂房内
	露天变电站	变电站位于室外
	杆上变电站	变压器位于室外杆上，多用于架空进线的小型变电站
按控制方式分	有人值班变电站	变电站内经常有人值班，就地操作与监视电气设备
	无人值班变电站	变电站内无人值班，由中心站（基地站）对其进行遥测、遥信、遥调，并定期进行现场检查
	在家值班变电站	不在主控室值班，可在站内或临近变电站的福利区设少量值班人员，平时可进行其他工作
按布置形式分	户外变电站	除低压（中压）电气设备布置于屋内外，变压器及高、中压电气设备均布置于屋外
	户内变电站	变电站内全部电气设备均布置于屋内

续表

类　型		功能与特点
按布置形式分	地下变电站	变电站主要电气设备布置于洞内或自然地平面以下，多建于用地困难地区
	高型变电站	变电站的高压配电装置为高型布置，即两组母线及母线隔离开关呈上、下重叠布置
	半高型变电站	变电站的高压配电装置为半高型布置，即抬高母线，在母线下面布置隔离开关、熔断器、电流互感器等电气设备
	普通中型变电站	变电站电气设备都安装在地面支架上，支架高度大于或等于 2.5m，母线下面不布置任何电气设备
	低型布置变电站	电气设备就地安装，设备周围安装围栏

3.1.2　变（配）电站站址选择

（1）变（配）电站站址选择，应符合 GB 50187—2012《工业企业总平面设计规范》的有关规定，并应符合下列要求：

1）应靠近负荷中心。

2）变（配）电站布置应兼顾规划、建设、运行、施工等方面的要求，宜节约用地。

3）应与城乡或工矿企业规划相协调，并应便于架空和电缆线路的引入和引出。

4）交通运输应方便。

5）周围环境宜无明显污秽，空气污秽时，站址宜设置在受污染源影响最小处。

6）变（配）电站应避免与邻近设施之间的相互影响，应避开火灾、爆炸及其他敏感设施。变（配）电站不应设置在甲、乙类厂房内或贴邻，且不应设置在爆炸性气体、粉尘环境的危险区域内。供甲、乙类厂房专用的 10kV 及以下的变（配）电站，当采用无门、窗、洞口的防火墙分隔时，可一面贴邻，并应符合现行 GB 50058—2014《爆炸危险环境电力装置设计规范》等标准的规定。乙类厂房的变（配）电站确需在防火墙上开窗时，应采用甲级防火窗。

7）应具有适宜的地质、地形和地貌条件，站址宜避免选在有重要文物和开采后对变（配）电站有影响的矿藏地点，无法避免时，应征得有关部门的同意。

8）站址标高宜在 50 年一遇高水位，无法避免时，站区应有可靠的防洪措施或与地区（工业企业）的防洪标准相一致，并应高于内涝水位。

9）变（配）电站主体建筑应与周边环境相协调。

10）不宜设在对防电磁干扰较高要求的设备机房的正上方、正下方或与其贴邻。当需要设在上述场所时，应采取防电磁干扰的措施。

11）油浸变压器的车间内变电站，不应设在三、四级耐火等级的建筑物内；当设在二级耐火等级的建筑物内时，建筑物应采取局部防火措施。

12）在多层建筑物或高层建筑物的裙房中，不宜设置油浸变压器的变电站，当受条件限制必须设置时，应将油浸变压器的变电站设置在建筑物的首层靠外墙的部位，且不得设置在人员密集场所的正上方、正下方、贴邻处以及疏散出口的两旁。高层主体建筑物内不应设置油浸变压器的变电站。

13）在多层或高层建筑物的地下层设置非充油电气设备的变（配）电站时，应符合：当有多层地下层时，不应设置在最底层；当只有地下一层时，应采取抬高地面和防止雨水、消防水等积水的措施；应设置设备运输通道；应根据工作环境要求加设机械通风、去湿设备或空气调节设备。

（2）露天或半露天的变（配）电站，不应设在下列场所：

1）有腐蚀性气体的场所。

2）挑檐为燃烧体或难燃体和耐火等级为四级的建筑物旁。

3）附近有棉、粮及其他易燃物大量集中的露天堆场。

4）容易沉积可燃粉尘、可燃纤维、灰尘或导电尘埃且会严重影响变压器安全运行的场所。

（3）变（配）电站的噪声标准应符合现行 GB 3096—2008《声环境质量标准》和 GB 12348—2008《工业企业厂界环境噪声排放标准》、GB 22337—2008《社会生活环境噪声排放标准》的有关规定，详见 17.1.4。

（4）变（配）电站的电磁辐射应符合现行 GB 8702—2014《电磁环境控制限值》的有关规定，详见 17.1.5。

3.1.3 变（配）电站型式选择

（1）选择 110、35kV 总变（配）电站的型式时，应考虑所在地区的地理情况和环境条件，因地制宜；技术经济合理时，应优先选用占地少的型式。

（2）66～110kV 变（配）电站的常用型式有户外中型、户外高型、户外半高型及户内型等。66～110kV 户外配电装置宜优先选用敞开式中型或敞开式半高型。一般大、中城市中 110kV 变（配）电站宜采用户内敞开型，地震烈度为 9 度及以上地区的 110kV 配电装置宜采用气体绝缘金属封闭开关设备（GIS）。

（3）35/10（6）kV 变（配）电站分户内式和户外式，户内式运行维护方便，占地面积少。35kV 变（配）电站宜用户内式。

（4）配电站一般为独立式建筑物，也可与所带 10（6）kV 变电站一起附设于负荷较大的厂房或建筑物。

（5）20（10、6）kV 变（配）电站的型式，应根据用电负荷的状况和周围环境情况综合考虑确定：

1）负荷较大的车间和站房，宜设附设变电站、户外预装式变电站或露天、半露天变电站。

2）负荷较大的多跨厂房，负荷中心在厂房中部且环境许可时，宜设车间内变（配）电站或预装式变电站。

3）高层或大型民用建筑物内，宜设户内变（配）电站或预装式变电站。

4）负荷小而分散的工业企业、民用建筑和城市居民区，宜设独立变（配）电站或预装式变电站，有条件许可时，也可设附设式变（配）电站。

5）城镇居民区、农村居民区和工业企业的生活区，宜设置预装式变电站，当环境允许且变压器容量小于或等于 400kVA 时，可设杆上式变电站。

3.2 变（配）电站的布置

3.2.1 总体布置

（1）变（配）电站总平面布置应满足总体规划要求，工艺布置紧凑合理，便于设备的操作、搬运、检修、试验和巡视，还要考虑发展的可能性，并使总平面布置尽量规整，应将近期建设的建（构）筑物集中布置，城市地下（户内）变（配）电站土建工程可按最终规模一次建成。

（2）在兼顾出线规划顺畅、工艺布置合理的前提下，变（配）电站应结合自然地形，尽量减少土方量。当地形高差较大时，可采用台阶式布置。

（3）城市地下（户内）变（配）电站与站外相邻建筑物之间应留有消防通道，消防车道的净宽和净高满足相关规范的规定。为满足消防要求的变（配）电站内主要道路宽度应为4.0m。主要设备运输道路的宽度可根据运输要求确定，并应具备回车条件。

（4）主控通信楼（室）、户内配电装置楼（室）、大型变电构架等重要建（构）筑物以及GIS、主变压器、高压电抗器、电容器等大型设备宜布置在土质均匀、地基可靠的地段。

（5）变（配）电站应根据所在区域特点，选择合适的配电装置形式，抗震设计应符合现行 GB 50260—2013《电力设施抗震设计规范》的有关规定。

（6）城市中心变（配）电站宜选用小型化紧凑型电气设备。

（7）变（配）电站主变压器布置除应运输方便外，并应布置在运行噪声对周边环境影响较小的位置。

（8）户外变（配）电站实体墙不应低于2.2m，城区变（配）电站、企业变（配）电站围墙形式应与周围环境相协调。

（9）变（配）电站的场地设计坡度，应根据设备布置、土质条件、排水方式确定，坡度宜为0.5%～2%，且不应小于0.3%；平行于母线方向的坡度，应满足电气及结构布置的要求。道路最大坡度不宜大于6%。当利用路边明沟排水时，沟的纵向坡度不宜小于0.5%，局部困难地段不应小于0.3%。

电缆沟及其他类似沟道的沟底纵坡，不宜小于0.5%。

（10）变（配）电站内的建筑物标高、基础埋深、路基和管线埋深，应相互配合；建筑物内地面标高，宜高出地面0.3m，户外电缆沟壁，宜高出地面0.1m。

（11）各种地下管线之间和地下管线与建（构）筑物、道路之间的最小净距，应满足安全、检修安装及工艺的要求。

（12）变（配）电站内绿化规划应与周围环境相适应，并应防止绿化物影响安全运行。

（13）适当安排建筑物内各房间的相对位置；使配电室的位置便于进出线。低压配电室应靠近变压器室，110、66、35kV 主变压器室宜靠近 20、10（6）kV 配电室。电容器宜与变压器室及相应电压等级的配电室相毗连，控制室、值班室和辅助房间的位置应便于运行人员工作和管理等。

（14）尽量利用自然采光和自然通风，变压器室和电容器室尽量避免西晒，控制室尽可能朝南。

（15）配电室、控制室、值班室等的地面，宜高出室外地面150～300mm，当附设于车间内时，则可与车间的地面相平。变压器室的地坪标高视需要而定。

（16）110、66、35kV 户内变（配）电站宜双层布置，变压器室应设在底层。采用单层布置时，变压器宜露天或半露天安装。

（17）20、10（6）kV 变（配）电站宜单层布置，当采用双层布置时，变压器室应设在底层，设于二层的配电室应设搬运设备的通道、平台或孔洞。

（18）高、低压配电室内，应留有适当的配电装置备用位置。低压配电装置内，应留有适当数量的备用回路。

（19）不带可燃性油的高、低压配电装置和非油浸的电力变压器，可设在同一房间内，具有符合IP3×防护等级外壳的不带可燃性油的高、低压配电装置和非油浸的全封闭型电力变压器，当环境允许时，可相互靠近布置在车间内。

（20）户内变电站的每台油量为100kg及以上的三相变压器，应设在单独的变压器室内，并应有储油或挡油、排油等防火设施。

（21）大、中型和重要变（配）电站宜设置辅助生产用房，如载波通信室、值班室、休息室、工具室、备件库、厕所等，应根据需要和节约的原则确定。

有人值班的变（配）电站，应设单独的值班室（可兼作控制室）。值班室与配电室应直通或经过通道相通，值班室应有门直接通向户外或通向变电站外走道的门。当低压配电室兼作值班室时，低压配电室的面积应适当增大。

有人值班的独立变（配）电站，宜设有厕所和上、下水设施。

（22）变（配）电站各房间经常开启的门、窗，不应直接通向相邻的酸、碱、蒸气、粉尘和噪声严重的场所。

（23）配电室、变压器室、电容器室的门应向外开。相邻配电室之间有门时，该门应双向开启或向低压方向开启。

（24）当地震设防烈度为7度及以上时，电气设备的安装应符合下列要求：

1）设备引线和设备间连线宜采用软导线，其长度应留有余量，当采用硬母线时，应有软导线或伸缩接头过渡；

2）电气设备和装置的安装必须牢固可靠，设备和装置安装螺栓或焊接强度必须满足抗震要求；

3）变压器类宜取消滚轮及轨道，并应固定在基础上。

（25）变（配）电站布置方案见图3.2-1～图3.2-6。

3.2.2 控制室

（1）控制室应布置在便于运行人员巡视检查、观察户外设备、电缆较短、避开噪声、朝向良好和方便连接进站大门的地方。

（2）控制室一般毗邻于高压配电室。当整个变电站为多层建筑时，控制室一般设在上层。

（3）控制室内设置集中的事故信号和预告信号。室内安装的设备主要有控制屏、信号屏、站用电屏、电源屏，以及要求安装在控制室内的电能表屏和保护屏。

（4）屏的布置应使电缆最短、交叉最少。

（5）屏的布置要求监视、调试方便，力求紧凑，并应注意整齐美观。

（6）变电站屏的排列方式视屏的数量多少而定，主环采用一字形布置。

（7）主环的正面布置控制屏、信号屏，电源屏和站用电屏一般布置在主环的后面或正面的边上。控制屏的模拟接线应清晰，并尽量与实际配置相对应。

（8）控制室各屏间及通道宽度可参考表3.2-1。在工程设计中应根据房间大小、屏的排列长度作适当调整。

（9）控制室应有两个出口，出口应靠近主环。

（10）控制室的门不宜直接通向屋外，宜通过走廊或套间。

3

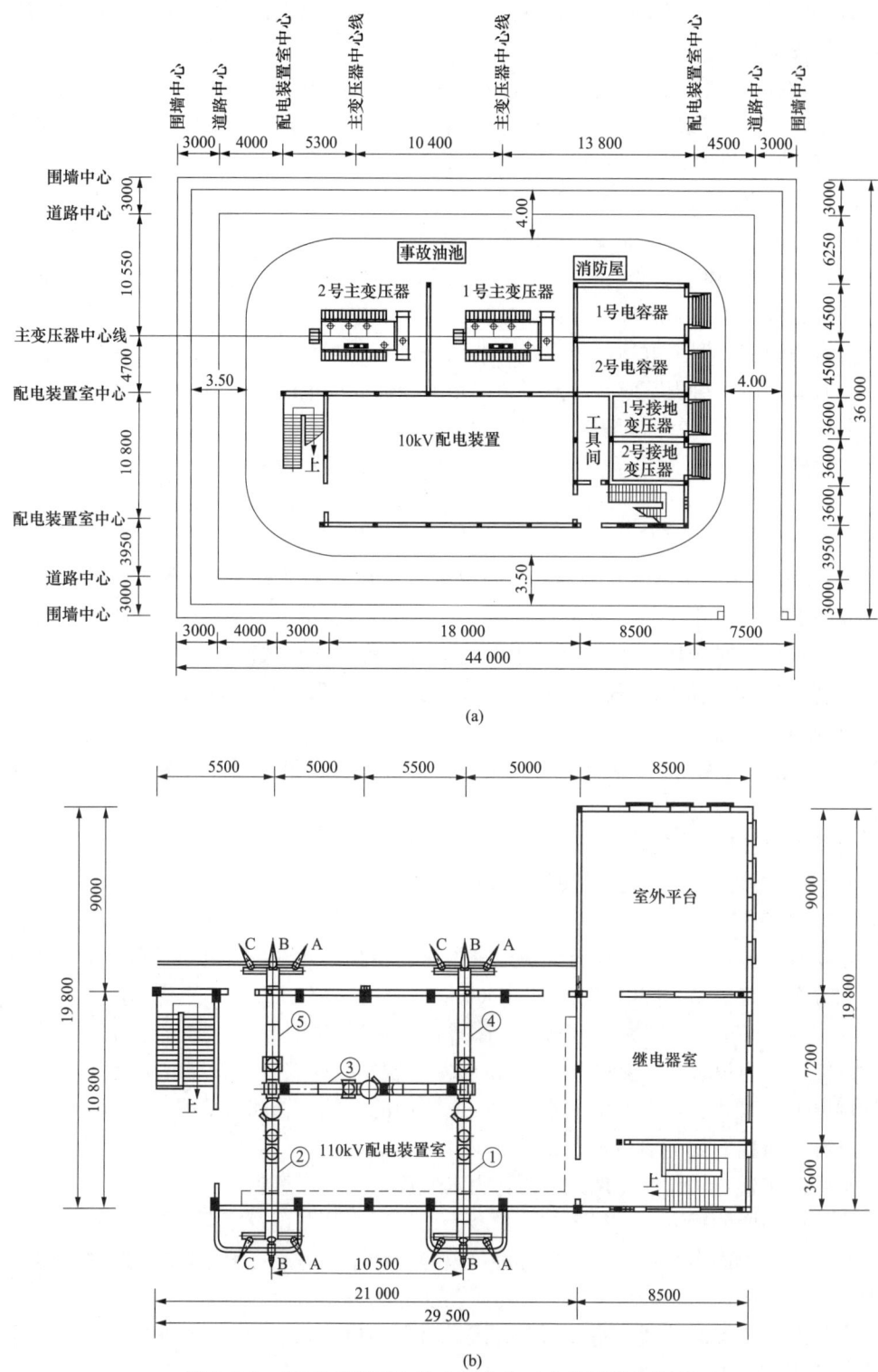

(a)

(b)

图 3.2-1 110/10kV 变电站布置方案（主变压器户外型）

（a）一层；（b）二层

①、②—进线回路；③—分段回路；④、⑤—至变压器回路

（11）采用微机综合自动化系统的变电站控制室内，安装的设备有系统模拟显示屏、微机及操作台、打印机、UPS电源、集中的事故信号和预告信号等。

（12）控制室的布置方案见图 3.2-7。

表 3.2-1 　　　　　　　　　　　控制室各屏间及通道宽度　　　　　　　　　　　　mm

简　图	符号	名　称	一般值	最小值
	b_1	屏正面—屏背面		2000
	b_2	屏背面—墙	1000	800
	b_3	屏边—墙	1000	800
	b_4	主屏正面—墙	3000	2500（参考值）
		单排布置屏正面—墙		1500

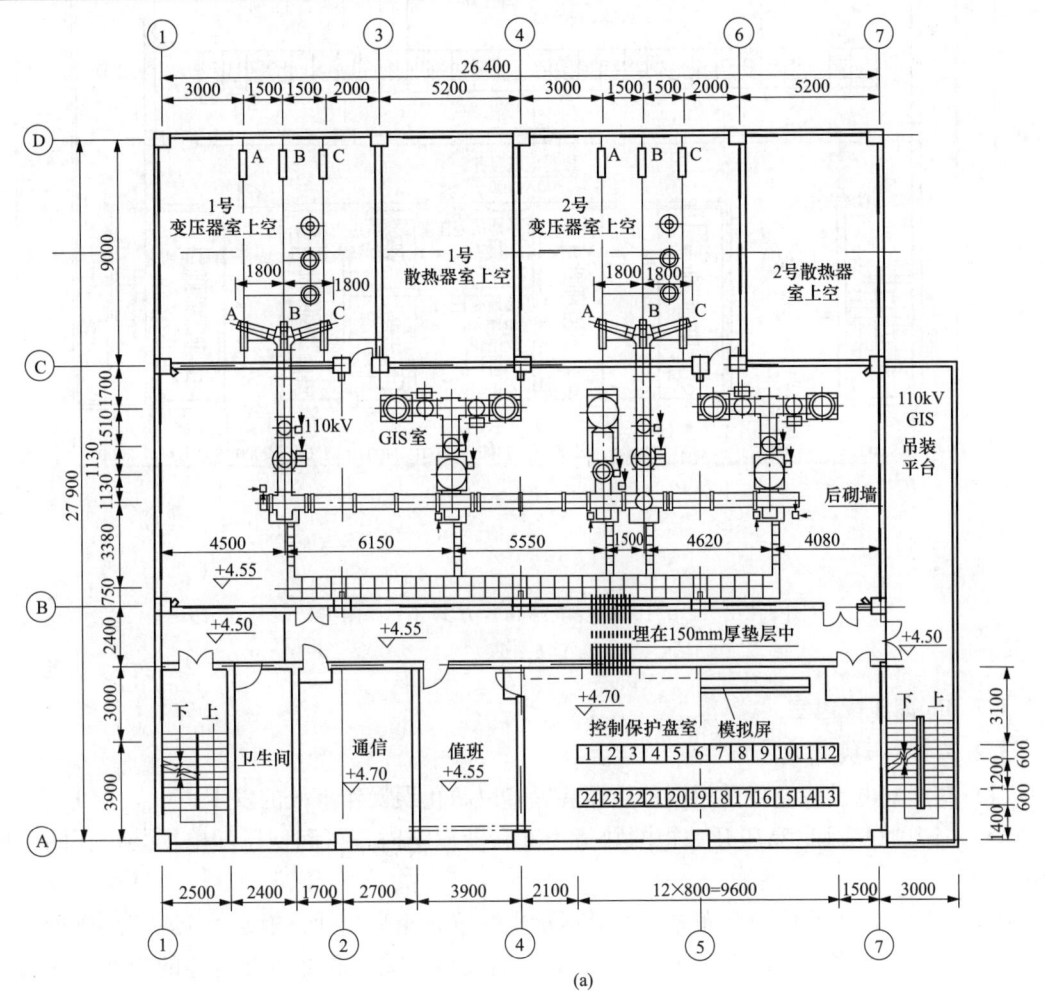

(a)

图 3.2-2　110/10kV 变电站布置方案（全户内型）（一）

(a) 二层

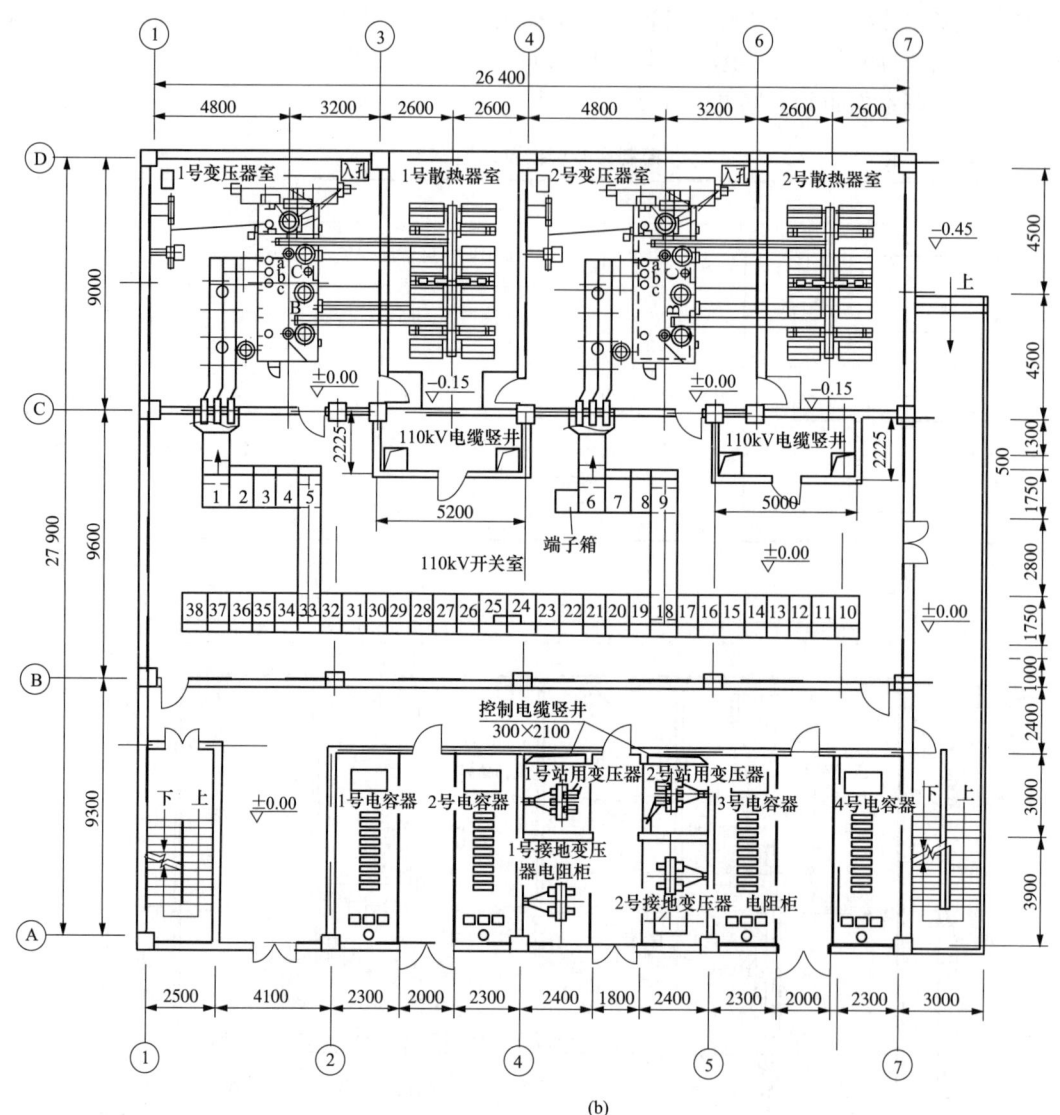

图 3.2-2　110/10kV 变电站布置方案（全户内型）（二）

（b）一层

3.2.3　高压配电室

3.2.3.1　一般要求

（1）高压配电设备应装设闭锁及连锁装置，以防止误操作事故的发生。

（2）当 10（6）kV 高压开关柜的数量为 6 台及以下时，可和低压配电屏装设在同一房间内。

（3）在同一配电室内单列布置的高低压配电装置，当高压开关柜或低压配电屏顶面有裸露带电导体时，两者之间的净距不应小于 2m；当高压开关柜和低压配电屏的顶面外壳的防护等级符合 IP2X 时，两者可靠近布置。

（4）高压配电室内宜留有适当数量开关柜的备用位置。

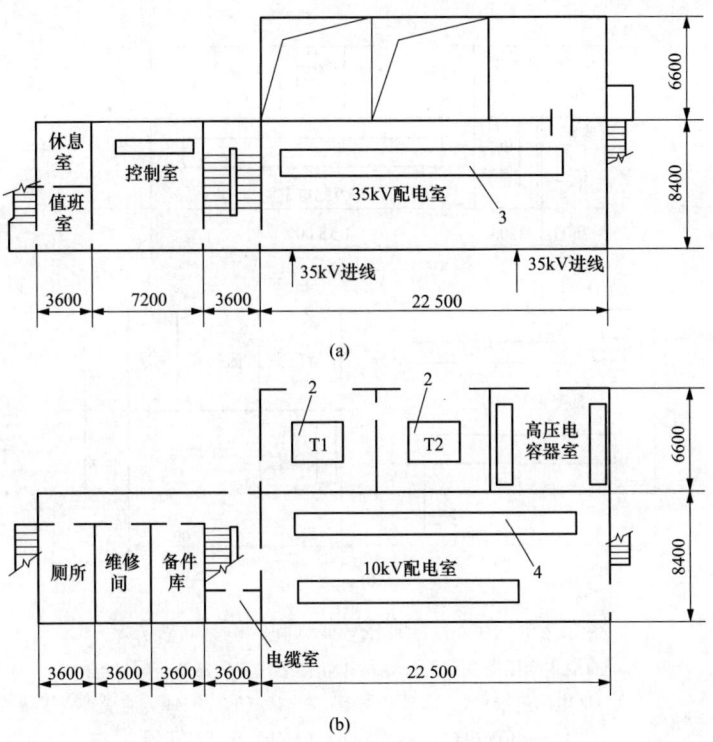

图 3.2-3 35/10kV 变电站布置方案（双层）

（a）二层；（b）一层

1—35kV 架空进线；2—主变压器 6300kVA；3—KYN65-40.5 型开关柜；

4—KYN28A-12 型开关柜

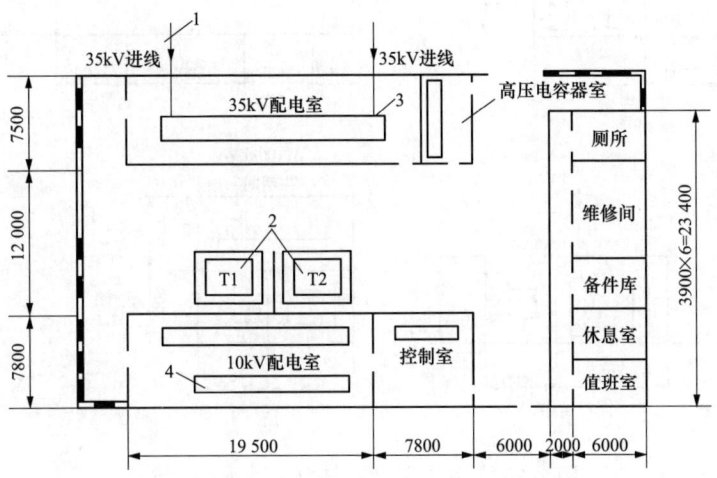

图 3.2-4 35/10kV 变电站布置方案（单层）

1—35kV 架空进线；2—主变压器 4000kVA；3—KYN65-40.5 型开关柜；

4—KYN28A-12 型开关柜

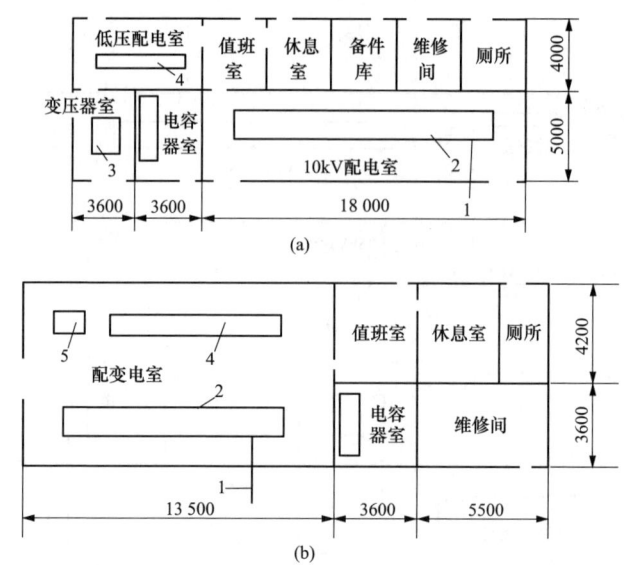

图 3.2-5 10（6）/0.4kV 变（配）电站布置方案

（a）油浸式变压器变（配）电站；（b）干式变压器变（配）电站

1—10（6）kV 电缆进线；2—高压开关柜；3—10（6）/0.4kV 油浸式变压器；

4—低压配电屏；5—10（6）/0.4kV 干式变压器

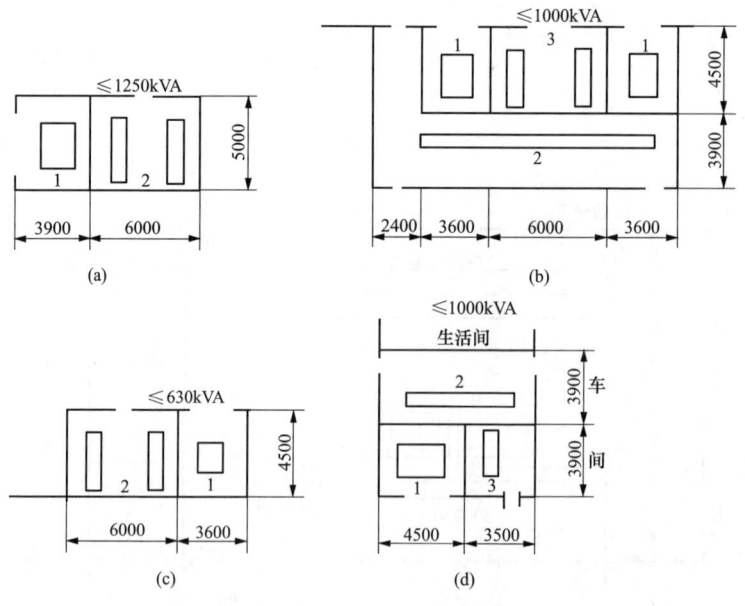

图 3.2-6 10（6）/0.4kV 变电站布置方案

（a）车间内附式；（b）车间内附式；

（c）车间外附式；（d）车间外附式

1—变压器室；2—低压配电室；3—低压电容器室

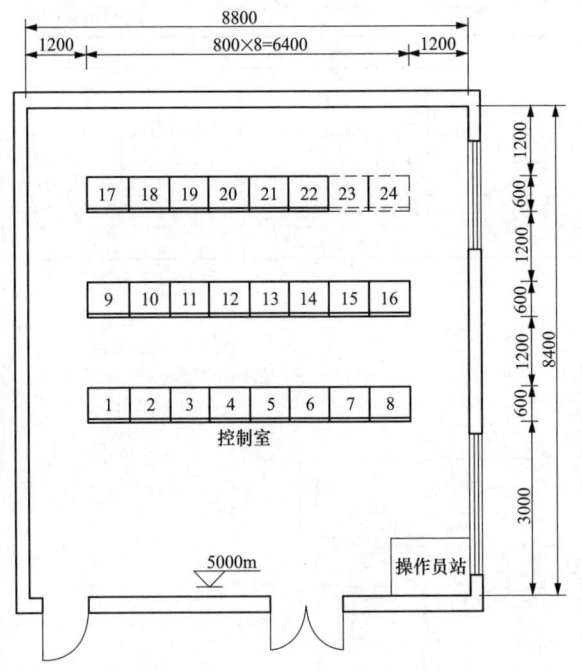

屏位表

屏号	名称	型式	数量	备注
1、2	1号主变压器保护、测控屏	PK-10	2	
3、4	2号主变压器保护、测控屏	PK-10	2	
5	备自投屏	PK-10	1	
6	低频减载保护屏	PK-10	1	
7	公用测控屏	PK-10	1	
8	远动通信设备屏	PK-10	1	
9～12	直流屏	PK-10	4	
13、14	交流屏	PK-10	2	
15	UPS电源屏	PK-10	1	
16	消弧线圈自动跟踪控制屏	PK-10	1	
17～19	通信屏	PK-10	3	
20	远程图像监视屏	PK-10	1	
21	电能表及电量采集屏	PK-10	1	
22	故障录波器屏	PK-10	1	
23、24	备用			

图 3.2-7　控制室的布置方案

（5）由同一配电站供给一级负荷用电的两回电源线路的配电装置，应分开布置在不同的配电室；当布置在同一配电室时，配电装置应分列布置；当配电装置并排布置时，在母线分段处应设置配电装置的防火隔板或有门洞的隔墙。供给一级负荷用电的两回电源线路的电缆，不宜通过同一电缆沟，当无法分开时，应采用阻燃性电缆，且应分别敷设在电缆沟或电缆夹层的不同侧的桥（支）架上；当敷设在同一侧的桥（支）架上时，应采用防火隔板隔开。

（6）高压配电室可开窗，但应采取防止雨、雪、小动物、风沙及污秽尘埃进入的措施。窗台距室外地坪不宜低于1.8m，但临街的一面不宜装设窗户。

3.2.3.2　安全净距、通道、围栏及出口

（1）户内配电装置的最小电气安全净距见图3.2-8和表3.2-2。

表 3.2-2　　　　　　　　户内配电装置的最小电气安全净距　　　　　　　　mm

符号	适应范围	系统标称电压（kV）									
		≤1	3	6	10	15	20	35	66	110J	110
A_1	裸带电部分至接地部分之间；网状和板状遮栏向上延伸线距地 2.3m 处与遮栏上方带电部分之间	20	75	100	125	150	180	300	550	850	950
A_2	不同相的带电部分之间；断路器和隔离开关的断口两侧引线带电部分之间	20	75	100	125	150	180	300	550	900	1000
B_1	栅状遮栏至带电部分之间；交叉的不同时停电检修的无遮栏带电部分之间；裸带电部分至用钥匙或工具才能打开或拆卸的栅栏	800	825	850	875	900	930	1050	1300	1600	1700
B_2	网状遮栏至带电部分之间；距地面 2500mm 以下的遮栏防护等级为 IP2X 时，裸带电部分与遮护物间水平距	100	175	200	225	250	280	400	650	950	1050

续表

符号	适应范围	系统标称电压（kV）									
		≤1	3	6	10	15	20	35	66	110J	110
C	无遮栏裸导体至地（楼）面之间	屏前 2500 屏后 2500	2500	2500	2500	2500	2500	2600	2850	3150	3250
D	不同时停电检修的无遮栏裸导体之间	1875	1875	1900	1925	1950	1980	2100	2350	2650	2750
E	通向户外的出线套管至户外通道的路面	3650	4000	4000	4000	4000	4000	4000	4500	5000	5000
	裸带电部分至无孔固定遮栏	50	105	130	155						

注 1. 110J 指中性点有效接地系统。

2. 海拔超过 1000m 时，A_1、A_2 值应进行修正。

3. 当为板状遮栏时，B_2 值可在 A_1 值上加 30mm。

4. 通向户外配电装置的出线套管至户外地面的距离，不应小于表 3.2-3 中所列户外部分的 C 值。

5. 本表所列各值不适用于制造厂的产品设计。

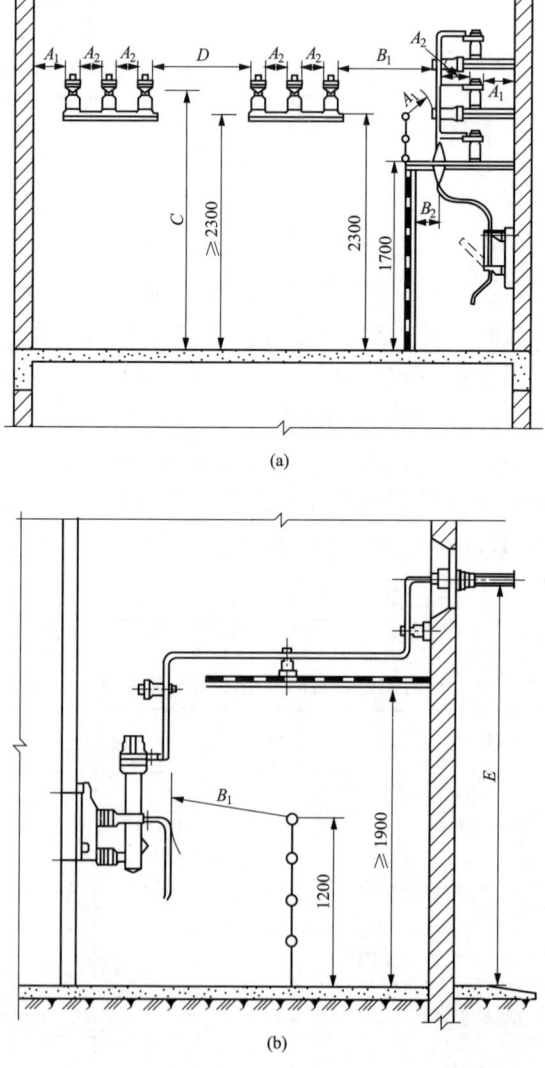

图 3.2-8 户内高压配电装置最小电气安全净距
(a) 户内 A_1、A_2、B_1、B_2、C、D 值；(b) 户内 B_1、E 值

（2）户外配电装置的最小电气安全净距见图 3.2-9～图 3.2-11 和表 3.2-3。

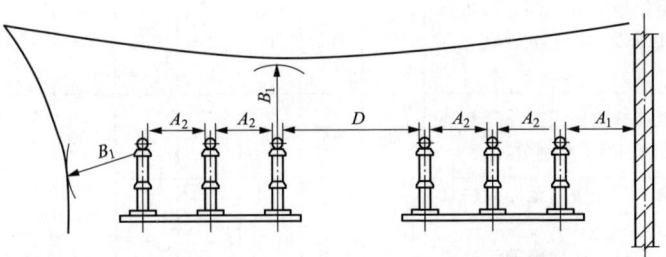

图 3.2-9　户外 A_1、A_2、B_1、D 值校验图

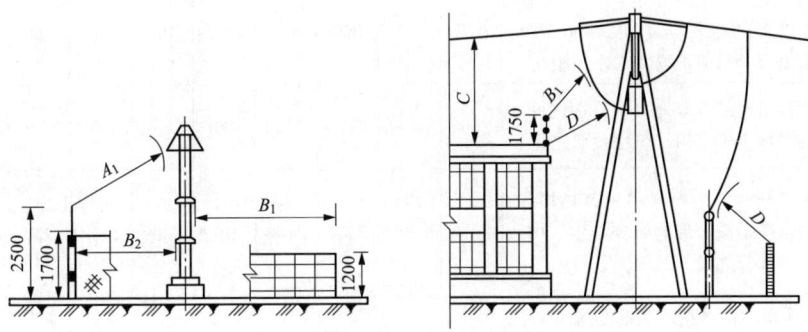

图 3.2-10　户外 A_1、B_1、B_2、C、D 值校验图

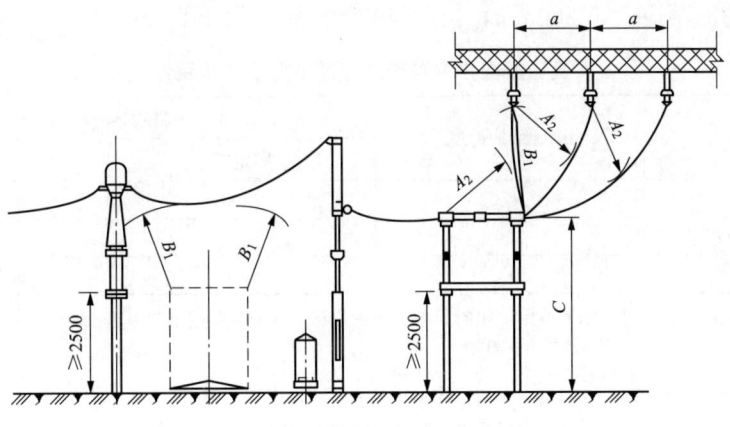

图 3.2-11　户室外 A_2、B_1、C 值校验图

表 3.2-3 　　　　　　　　　户外配电装置的最小电气安全净距　　　　　　　　　　mm

符号	适应范围	系统标称电压（kV）									
		≤1	3	6	10	15	20	35	66	110J	110
A_1	裸带电部分至接地部分之间；网状遮栏向上延伸线距地 2.5m 处与遮栏上方带电部分之间	75	200	200	200	300	300	400	650	900	1000
A_2	不同相的带电部分之间；断路器和隔离开关的断口两侧引线带电部分之间	75	200	200	200	300	300	400	650	1000	1100
B_1	（1）设备运输时，其外廓至无遮栏带电部分之间；（2）交叉的不同时停电检修的无遮栏带电部分之间；（3）栅状遮栏至绝缘体和带电部分之间；（4）带电作业时带电部分至接地部分之间	825	950	950	950	1050	1050	1150	1400	1650	1750
B_2	网状遮栏至带电部分之间；距地面 2500mm 以下的遮栏防护等级为 IP2X 时，裸带电部分与遮护物间水平净距	175	300	300	300	400	400	500	750	1000	1100
C	无遮栏裸带电部分至地（楼）面之间；无遮栏裸导体至建（构）筑物顶部之间	2500	2700	2700	2700	2800	2800	2900	3100	3400	3500
D	平行的不同时停电检修的无遮栏裸导体之间的水平距离；带电部分与建（构）筑物的边沿部分之间	2000	2200	2200	2200	2300	2300	2400	2600	2900	3000

> **注** 1. 110J 系指中性点有效接地电网。
> 　　2. 海拔超过 1000m 时，A_1、A_2 值应进行修正。
> 　　3. 表中各值不适用于制造厂的产品设计。
> 　　4. 带电作业时，不同相或交叉的不同回路带电部分之间，其 B_1 值可在 A_2 值上加 750mm。

（3）配电装置的布置应便于设备的搬运、检修、试验和操作。

（4）高压配电室内各种通道的宽度不应小于表 3.2-4 所列数值。固定式开关柜靠墙布置时，侧面与墙的净距应大于 200mm，柜后与墙的净距应大于 50mm。

表 3.2-4 　　　　　　　　高压配电户内各种通道最小宽度（净距）　　　　　　　　mm

通道分类	柜后维护通道	柜前操作通道	
		固定式	手车式
单列布置	800（1000）	1500	单车长＋1200
双列面对面布置	800	2000	双车长＋900
双列背对背布置	1000	1500	单车长＋1200

> **注** 1. 如果开关柜后面有进（出）线附加柜时，柜后维护通道宽度应从其附加柜算起。
> 　　2. 圆括号内的数值适用于 35kV 开关柜。
> 　　3. 通道宽度在建筑物的墙柱个别突出处，允许缩小 200mm。
> 　　4. 当开关柜侧面需要设置通道时，通道宽度不应小于 800mm。
> 　　5. 对全绝缘密封式整套配电装置，可根据厂家安装使用说明书减小通道宽度。
> 　　6. 户内布置的 GIS 应设置通道。其通道宽度应满足运输部件的需要，但不宜小于 1.5m。户外布置的 GIS，其通道宽度应根据现场作业要求确定。

（5）当电源从柜后进线且需在正背后墙上另设隔离开关及其手动操动机构时，柜后通道净宽不应小于1.5m；当柜背面的防护等级为IP2X时，可减为1.3m。

（6）长度大于7m的高压配电室应设两个出口，并宜布置在配电室的两端。长度大于60m时，宜增添一个出口；位于楼上的配电室至少设一个出口通向室外的平台或通道。

（7）配电装置的长度大于6m时，其柜（屏）后的通道应为两个出口。

（8）配电室内裸带电部分上方不应布置灯具，若必须设置时，灯具与裸导体的水平净距应大于1m。灯具不得采用吊链或软线吊装。

（9）户内配电装置裸露带电部分上方不应有明敷的照明或电力线路跨越。

（10）配电装置室内通道应保证畅通无阻，不得设立门槛，并不应有与配电装置无关的管道通过。

3.2.3.3　配电装置的布置

（1）GIS型高压组合电器的布置见图3.2-12及图3.2-13。

（2）KYN-40.5型高压开关柜的布置见图3.2-14。

（3）10kV封闭式高压开关柜的布置及外形尺寸见图3.2-15及表3.2-5。

表3.2-5　　　　　　　　　　　　　　10kV开关柜的外形尺寸

开关柜型号	尺　　寸(mm)					
	A	B	H	h	L_1	L_2
KYN18A-12	1775(2175)	900	2130	900	单车长+1200	双车长+900
KYN28-12	1550	800,840,1000	2200,2300	900	单车长+1200	双车长+900
KYN28A-12	1500(1700)	800	2300	900	单车长+1200	双车长+900
GZS1	1500	900	2200	900	单车长+1200	双车长+900
KYN42-12(ZS1)	1300	650,800,1000	2200	900	单车长+1200	双车长+900
KYNZ-12	1540(1700)	800,1000	2300	900	单车长+1200	双车长+900
KYN33-12	1650	650,800,1000	2200	900	单车长+1200	双车长+900
KYN44-12(Z)	1500(1660)	800,1000	2300	820	单车长+1200	双车长+900
KYN8000-10	1775(2175)	900	2130	820	单车长+1200	双车长+900
KYN□-12 (VUA)	1760	800	2300	820	单车长+12000	双车长+900
KGN1-12	1600	1180	2900	650	1500	2000
XGN2-12	1200	1100,1200	2650	650	1500	2000
HXGN-12	850	800,850	2200	900	1500	2000

注　括号内数字适用于架空进（出）线柜。

3.2.4　电容器室

（1）户内高压电容器组宜装设在单独房间内。当采用非可燃介质的电容器且电容器组容量较小时，可装设在高压配电室内，但与高压开关柜的距离应不小于1.5m。低压电容器组可装设在低压配电室内，当电容器组容量较大时（3台或450kvar）考虑通风和安全运行，宜装设在单独房间内。

（2）成套电容器柜单列布置时，柜正面与墙面之间的距离不应小于1.5m，还要考虑搬

3

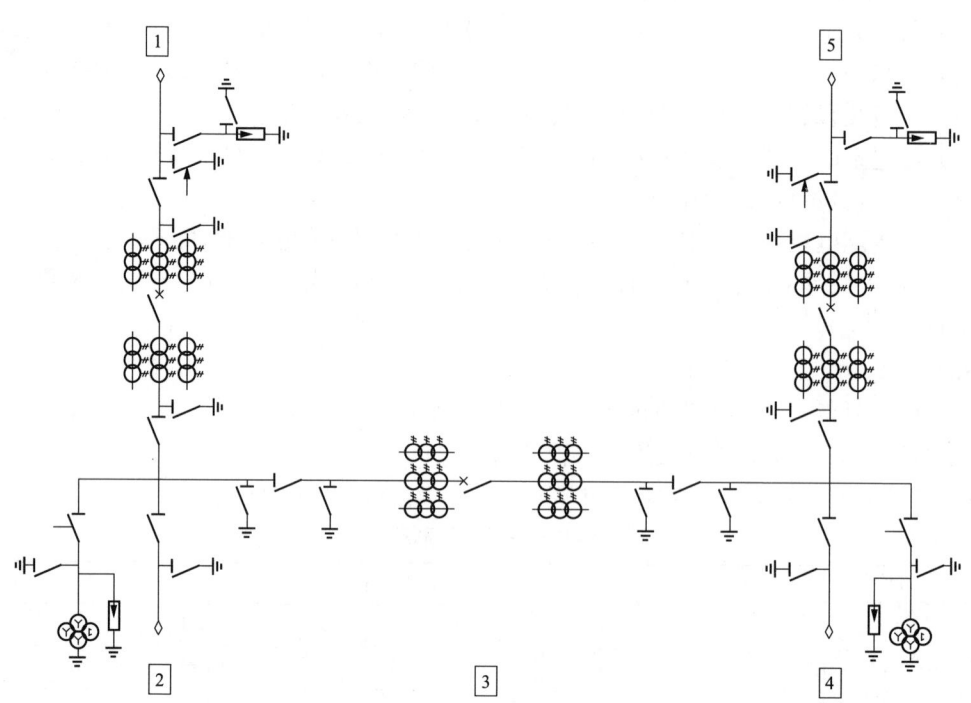

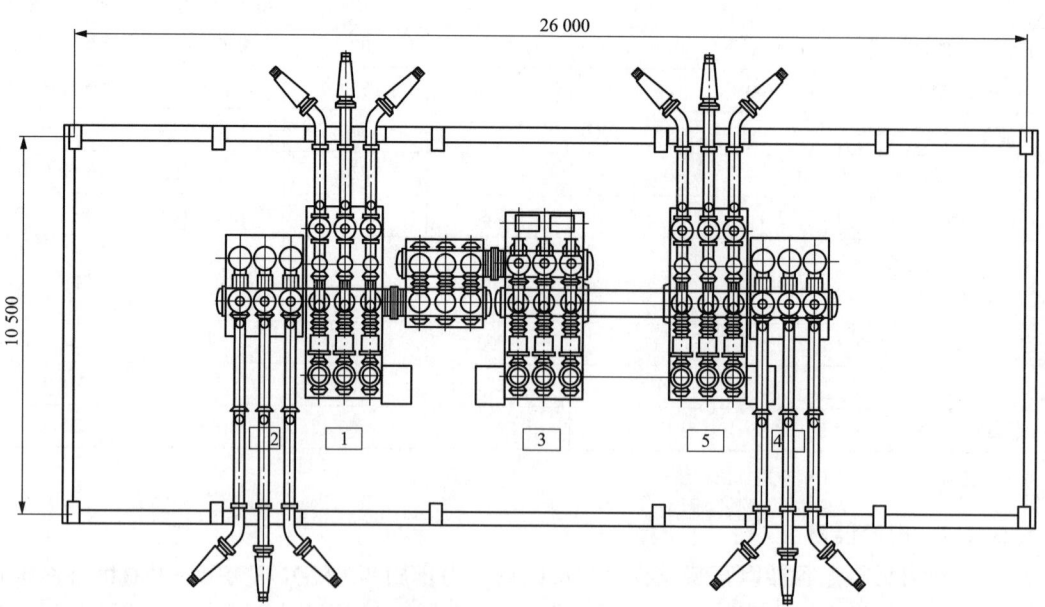

图 3.2-12　GIS 型高压组合电器的布置图（内桥结线）

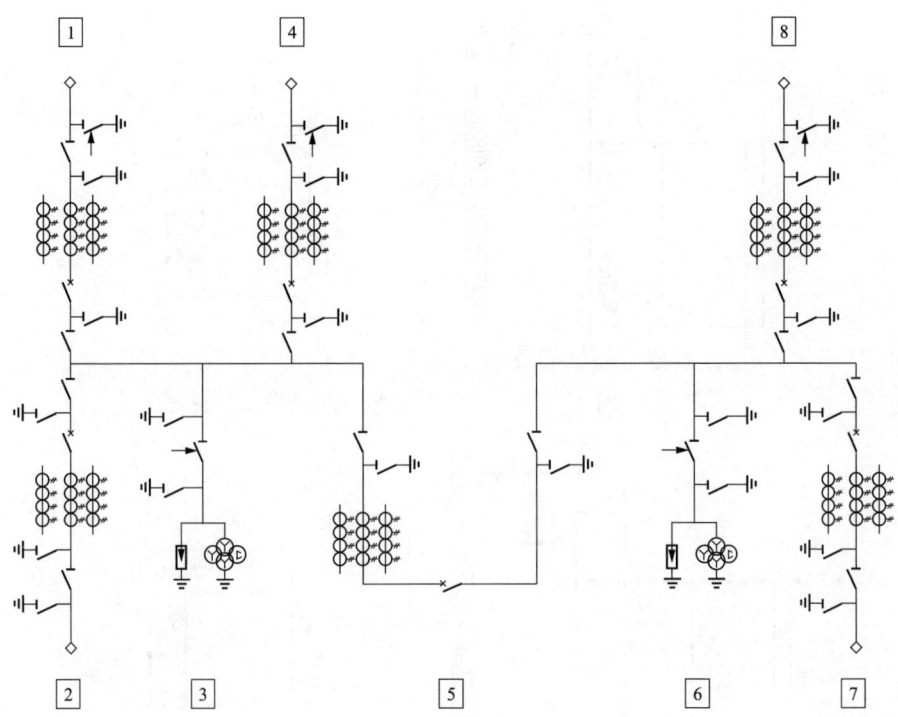

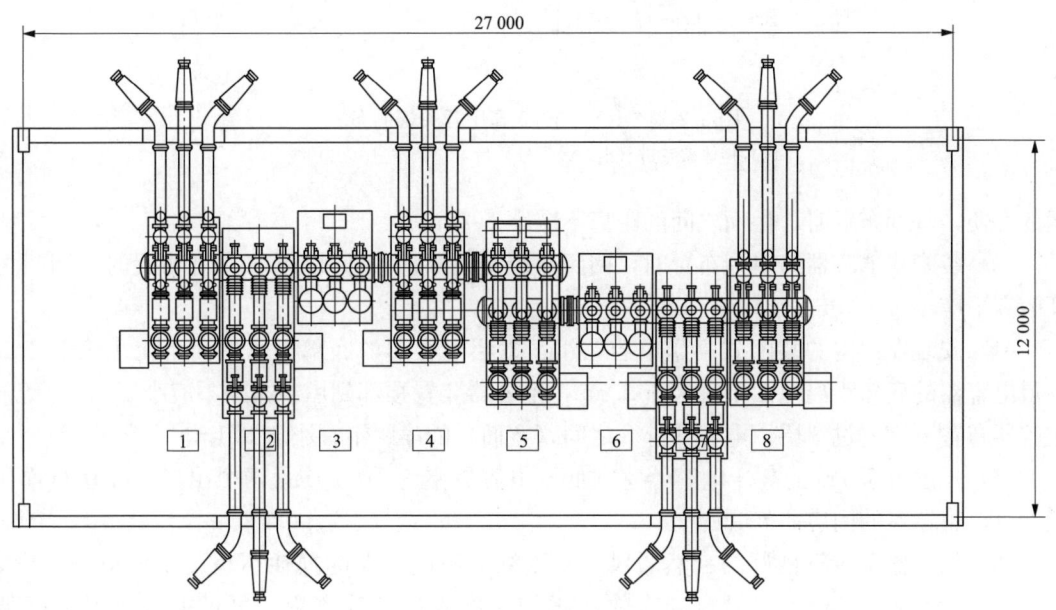

图 3.2-13　GIS 型高压组合电器的布置图
（单母线分段结线）

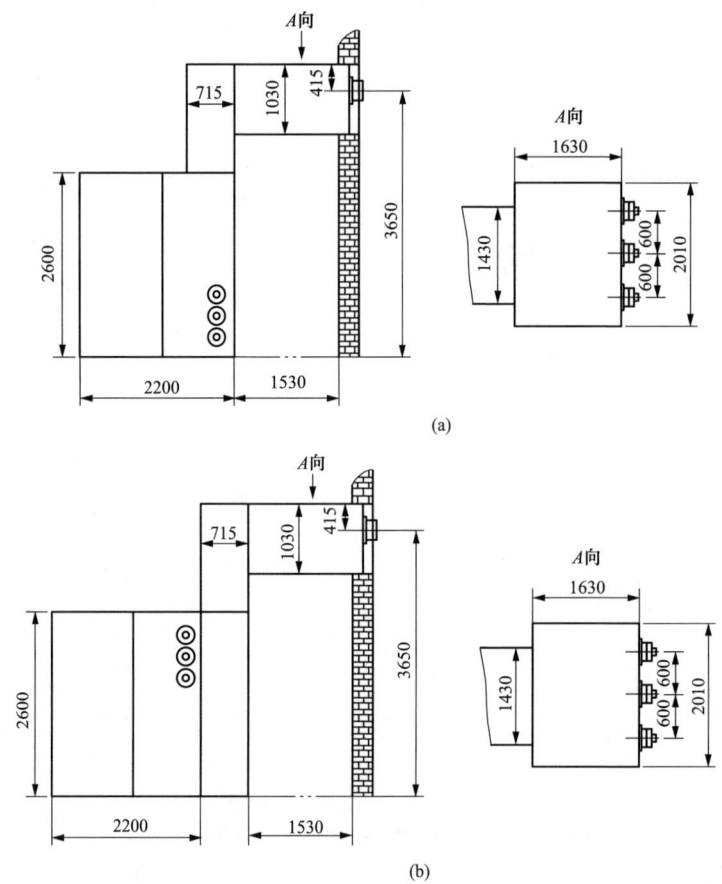

图 3.2-14   KYN-40.5 高压开关柜的布置

(a) 柜体架空进(出)线;(b) 后背包架空进(出)线

运的方便,双列布置时,柜面之间的距离不应小于 2m。

(3) 装配式电容器组单列布置时,网门与墙距离不应小于 1.3m,双列布置时,网门之间距离不应小于 1.5m。

(4) 安装在户内的装配式高压电容器组,下层电容器的底部距离地面不应小于 0.2m,上层电容器的底部距离地面不宜大于 2.5m,电容器装置顶部到屋顶净距不应小于 1m。高压电容器布置不宜超过 3 层。电容器外壳之间(宽面)的净距不宜小于 0.1m。

(5) 长度大于 7m 的高压电容器室(低压电容器室为 7m)应设两个出口,并宜布置在两端,电容器室的门应向外开。

(6) 电容器室应有良好的自然通风,浸渍纸介质电容器的损耗不超过 3W/kvar(1kV 及以下时为 4W/kvar),通风窗的有效面积如无准确的计算资料,可根据进风温度高低(35℃或 30℃)按每 1000kvar 需要下部进风面积和上部出风面积 0.6m² 或 0.33m² 估算,低压电容器室的通风面积加大 1/3。

(7) 高压电容器室的布置见图 3.2-16。

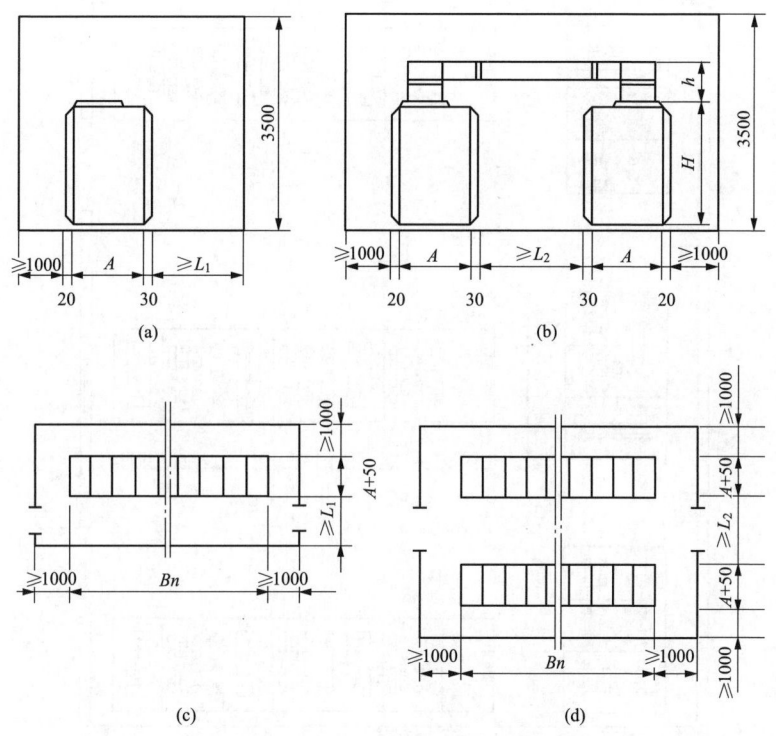

图 3.2-15　10kV 封闭式高压开关柜的布置

（a）单列；（b）双列；（c）单列平面布置；（d）双列平面布置

n——一列开关柜的台数

3.2.5　低压配电室

（1）低压配电设备的布置应便于安装、操作、搬运、检修、试验和监测。

（2）低压配电室的长度超过 7m 时，应设两个出口，并宜布置在配电室两端；位于楼上时至少应设一个出口通向室外的平台或通道。

（3）成排布置的低压配电装置的长度超过 6m 时，其柜（屏）后通道应设两个出口，当低压配电装置两个出口间的距离超过 15m 时应增加出口。

（4）低压配电室可设能开启的自然采光窗，但应有防止雨、雪和小动物进入室内的措施。临街的一面不宜开窗。

（5）同一配电室内并列的两段母线，当任一段母线有一级负荷时，母线分段处应设防火隔断措施。

由同一低压配电室供给一级负荷用电的两路电缆不应通过同一电缆沟，当无法分开时，则该两路电缆应采用阻燃电缆，且应分别敷设在电缆沟两侧支架上。

（6）低压配电室内各种通道宽度不应小于表 3.2-6 所列数值。

（7）低压配电室兼作值班室时，配电屏正面距墙不宜小于 3m。

（8）低压配电室的高度应和变压器室综合考虑，一般可参考下列尺寸：

1）与抬高地坪变压器室相邻时，其高度为 4～4.5m；

2）与不抬高地坪变压器室相邻时，其高度为 3.5～4m；

3

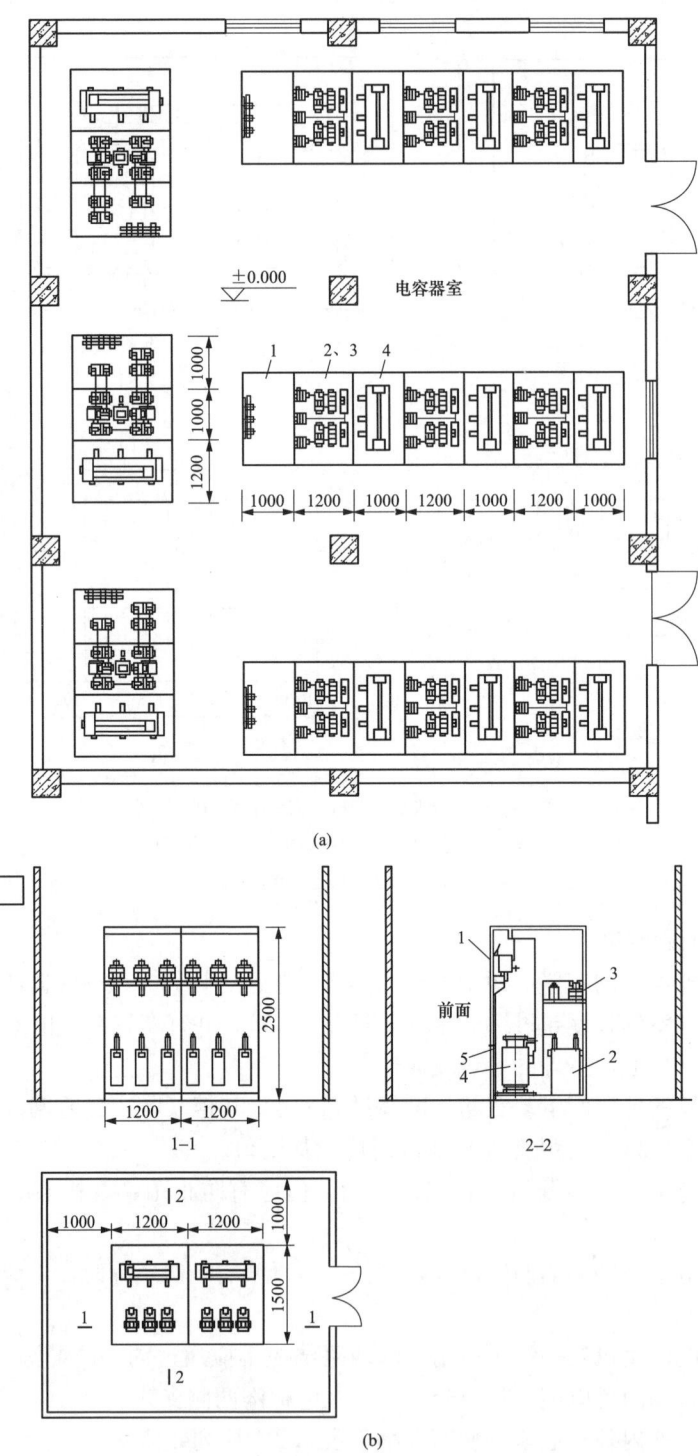

图 3.2-16   高压电容器室的布置

（a）安装在架子上；（b）安装在柜体里

1—负荷开关；2—电容器；3—电压互感器；4—电抗器；5—10kV电缆进线

表 3.2-6 低压配电室内各种通道最小宽度（净距） mm

布置方式	屏前操作通道	屏后操作通道	屏后维护通道
固定式屏单列布置	1500	1200	1000
固定式屏双列面对面布置	2000	1200	1000
固定式屏双列背对背布置	1500	2000	1500
固定式屏多排同向布置	屏间 2000	前排屏前 1500	后排屏后 1000
抽屉式屏单列布置	1800	1200	1000
抽屉式屏双列面对面布置	2300	1200	1000
抽屉式屏双列背对背布置	1800	2000	1000
抽屉式屏多排同向布置	屏间 2300	前排屏前 1800	后排屏后 1000

注 1. 当屏后有需要操作的断路器时，则称为屏后操作通道。

　　2. 当建筑物墙面有柱类局部凸出时，凸出处通道宽度可减少 200mm。

　　3. 屏侧通道不应小于 800mm。

3）配电室为电缆进线时，其高度为 3m。

（9）低压配电室的布置及低压屏的外形尺寸见图 3.2-17 及表 3.2-7。

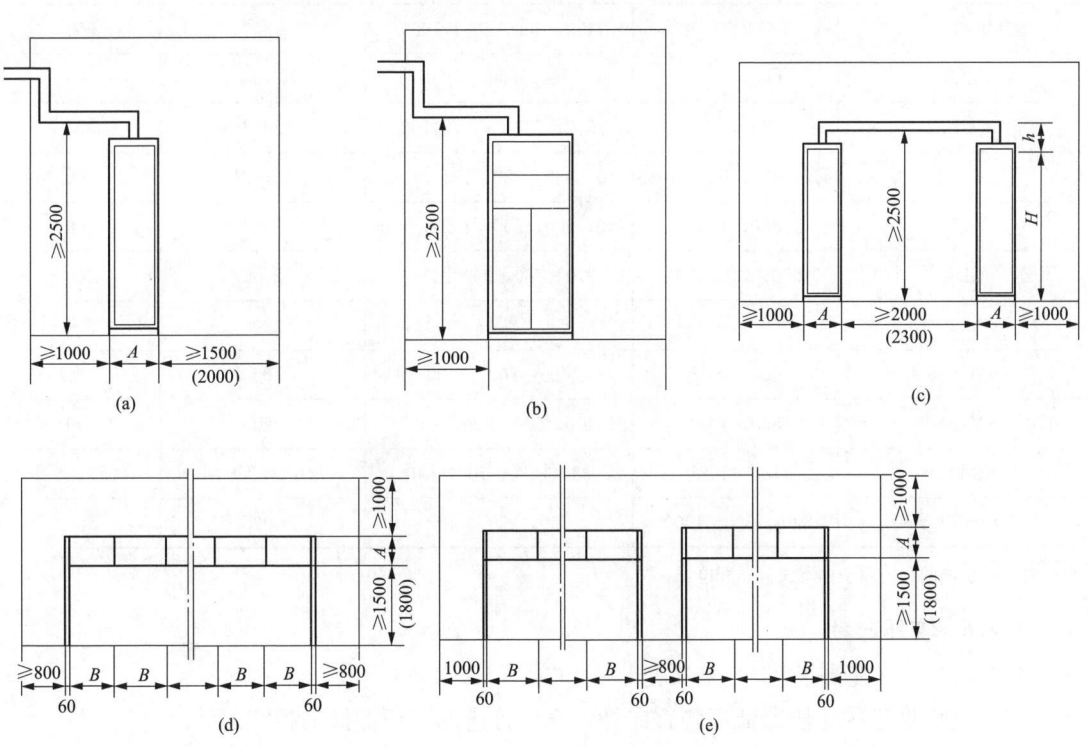

图 3.2-17　低压配电室的布置

（a）单列离墙安装；（b）侧面进线；（c）双列离墙安装；（d）平面布置；（e）平面布置

注：括号内的数值用于抽屉式低压配电屏。

表 3. 2-7   低压屏的外形尺寸

低压屏型号	尺　寸（mm）			
	A	B	H	h
GGD1，GGD2	600	800，1000	2200	500
GGD3	600，800	800，1000，1200	2200	500
GGL1	600，1000	600，800	2200	500
GGL10	500	600，800，1000	2200	500
GCK1	500，1000	800	2200	500
GCK4	600，1000	400，600，800，1000	2200	500
GCL1	1200	600，800，1000	2200	500
GCLB	1000	600，800	2200	500
GCS	600，800，1000	400，600，800，1000	2200	500
MNS	600，1000	600，800，1000	2200	500
GHD1	540，790，1040	443，658，874	2165	500
GHL	800	660，800，1000，1200	2200	500
GHK1，2，3	1000	450，650，800，1000	2200	500
GZL2，3	600，1000	400，600，1000	2200	500
CUBIC	384，576，768，960	576，768，960，1152	2232	500
LGT	440，630，820，1010	440，630，820，1010，1200	2240，2430	500
GCK3	800，1000	400，600，800，1000，1200	2200	500
GDL8	570，760，950	570，760，950，1140	2210	500
CMD190	600，1000	600，800，1000	2200	500
GHD33	600，1000	600，800，1000	2200	500
NY2000Z	800，1000	400，600，800，1000	2200	500
M35	735，1085	490，560，700，840	2105（2280）	500
PRISMA	600，800，1000	700，900，1100	2025	500

注　括号内的数值用于抽屉式低压配电屏。

3.2.6　变压器室

3.2.6.1　一般要求

（1）宽面推进的变压器低压侧宜向外，窄面推进的变压器储油柜宜向外。

（2）变压器外壳（防护外壳）与变压器室墙壁和门的净距不应小于表 3.2-8 所列数值。

（3）设置于变（配）电站内的非封闭式干式变压器，应装设高度不低于 1.8m 的固定围栏，围栏网孔不应大于 40mm×40mm，变压器之间的净距不应小于 1m，并应满足巡视、维修的要求。

表 3.2-8   变压器外壳（防护外壳）与变压器室墙壁和门的最小净距

项　目　　　　　净距（m）　　　变压器容量（kVA）	100～1000	1250～1600
油浸变压器外廓与后壁、侧壁净距	0.60	0.80
油浸变压器外廓与门净距	0.80	1.00（1.2）
干式变压器带有 IP2X 及以上防护等级金属外壳与后壁、侧壁净距	0.60	0.80
干式变压器有金属网状遮栏与后壁、侧壁净距	0.60	0.80
干式变压器带有 IP2X 及以上防护等级金属外壳与门净距	0.80	1.00
干式变压器有金属网状遮栏与门净距	0.80	1.00

注　1. 表中各值不适用于制造厂的成套产品。

　　2. 括号内的数值适用于 35kV 变压器。

（4）变压器室内可安装与变压器有关的负荷开关、隔离开关和熔断器。在考虑变压器布置及高、低压进出线位置时，应尽量在近门处安装负荷开关或隔离开关的操动机构装置。

（5）在确定变压器室面积时，应考虑变电站所带负荷发展的可能性，一般按能装设大一级容量的变压器考虑。

（6）有下列情况之一时，可燃性油浸变压器室的门应为甲级防火门：

1）变压器室位于车间内；

2）变压器室位于高层主体建筑物内；

3）变压器室下边有地下室；

4）变压器室位于容易沉积可燃粉尘、可燃纤维的场所；

5）变压器室附近有粮、棉及其他易燃物大量集中的露天堆场。

此外，变压器室之间的门、变压器室通向配电室的门，也应为甲级防火门。

（7）变压器室的通风窗应采用非燃烧材料。

（8）车间内变电站和民用主体建筑内的附设变电站的可燃性油浸变压器室，应设置容量为 100％变压器油量的储油池。通常的做法是在变压器油坑内设置厚度大于 250mm 的卵石层。卵石层放置在铁算子上，卵石层底下设置储油池。

（9）在下列场所的可燃性油浸变压器，应设置容量为 100％变压器油量的挡油设施（挡油设施的型式可有多种，如利用变压器室地坪抬高时的进风坑兼作挡油设施、设置挡油门、使变压器室的地坪有一定的坡度坡向后壁等），或设置容量为 20％变压器油量的挡油池，并能将油排到安全处所的设施：

1）变压器室位于容易沉积可燃粉尘、可燃纤维的场所；

2）变压器室附近有粮、棉以及其他易燃物大量集中的露天场所；

3）变压器室下面有地下室。

（10）变压器室内宜安装搬运变压器的地锚。

（11）变压器室的大门一般按变压器外形尺寸加 0.5m。当一扇门的宽度为 1.5m 及以上时，应在大门上开一小门，小门宽 0.8m、高 1.8m。

（12）多台干式变压器布置在同一房间内时，变压器防护外壳间的净距不应小于表 3.2-

9 所列数值，参见图 3.2-18。

表 3.2-9 变压器防护外壳间的最小净距

项　目　　净距（m）	变压器容量（kVA）	
	100～1000	1250～1600
变压器侧面具有 IP2X 防护等级及以上的金属外壳 A	0.60	0.80
变压器侧面具有 IP4X 防护等级及以上的金属外壳 A	可贴邻布置	可贴邻布置
考虑变压器外壳之间有一台变压器拉出防护外壳 B[①]	变压器宽度 b 加 0.60	变压器宽度 b 加 0.60
不考虑变压器外壳之间有一台变压器拉出防护外壳 B	1.00	1.2

① 变压器外壳的门应为可拆卸式。当变压器外壳的门为不可拆卸式时，其 B 值应是门扇的宽度 c 加变压器宽度 b 之和再加 0.30m。

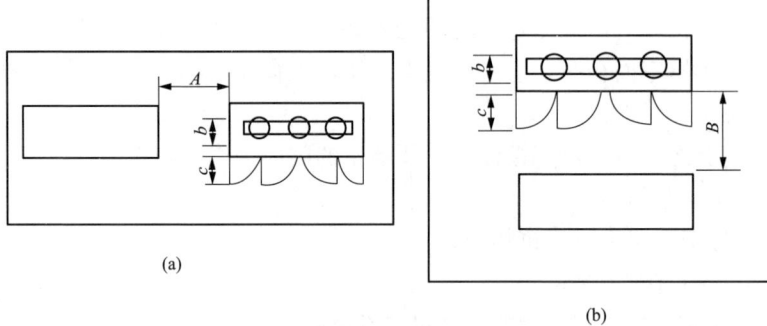

(a)

(b)

图 3.2-18　多台干式变压器布置

（a）变压器之间 A 值；（b）变压器之间 B 值

3.2.6.2　变压器室通风窗有效面积计算

（1）通风窗有效面积计算公式如下

进出风面积相等

$$F_{in} = \frac{kP}{4\Delta t}\sqrt{\frac{\xi_{in} + \xi_{ex}}{h\gamma_{av}(\gamma_{in} - \gamma_{ex})}} \tag{3.2-1}$$

进出风面积不相等

$$F_{in} = \frac{kP}{4\Delta t}\sqrt{\frac{\xi_{in} + a^2\xi_{ex}}{h\gamma_{av}(\gamma_{in} - \gamma_{ex})}} \tag{3.2-2}$$

$$a = \frac{F_{in}}{F_{ex}}$$

$$\gamma_{av} = (\gamma_{in} + \gamma_{ex})/2$$

式中　F_{in}——进风口通风面积，m^2；

　　　F_{ex}——出风口通风面积，m^2；

　　　k——因太阳辐射热而增加热量的修正系数；

　　　P——变压器的功率损耗，kW；

　　　Δt——进风和出风温差，℃；

ξ_{in}——进风口局部阻力系数；

ξ_{ex}——出风口局部阻力系数；

h——进风口中心标高至出风口中心标高的距离，m；

γ_{av}——平均空气容重，kg/m³；

γ_{in}——进风口空气容重，kg/m³；

γ_{ex}——出风口空气容重，kg/m³；

a——进出风口面积之比。

式（3.2-1）的计算结果适用于进出风窗有效面积之比为1:1的情况。当条件允许时，可适当加大出风窗有效面积，按式(3.2-2)计算，但进、出风有效窗面积之比一般不大于1:2。

（2）变压器室通风窗有效面积见表3.2-10、表3.2-11。

表 3.2-10 **S11、S11-M型变压器通风窗有效面积**

变压器容量 （kVA）	进出风窗 中心高差 h （m）	进出风 窗面积之比 $F_{in}:F_{ex}$	进风温度 $t_{in}=30$℃		进风温度 $t_{in}=35$℃	
			进风窗面积 F_{in}（m²）	出风窗面积 F_{ex}（m²）	进风窗面积 F_{in}（m²）	出风窗面积 F_{ex}（m²）
200~630	3.0	1:1	0.75	0.75	0.97	0.97
		1:1.5	0.60	0.91	1.13	1.69
		1:2	0.55	1.09	1.02	2.03
	3.5	1:1	0.69	0.69	0.90	0.90
		1:1.5	0.56	0.84	1.04	1.56
		1:2	0.51	1.01	0.94	1.88
	4.0	1:1	0.65	0.65	0.84	0.84
		1:1.5	0.52	0.78	0.97	1.46
		1:2	0.47	0.95	0.88	1.76
	4.5	1:1	0.61	0.61	0.79	0.79
		1:1.5	0.49	0.74	0.92	1.38
		1:2	0.45	0.89	0.83	1.66
800~1000	3.5	1:1	1.12	1.12	1.46	1.46
		1:1.5	0.91	1.36	1.69	2.54
		1:2	0.82	1.64	1.53	3.06
	4.0	1:1	1.05	1.05	1.37	1.37
		1:1.5	0.85	1.28	1.58	2.37
		1:2	0.77	1.54	1.43	2.86
	4.5	1:1	0.99	0.99	1.29	1.29
		1:1.5	0.80	1.20	1.49	2.24
		1:2	0.72	1.45	1.35	2.70
	5.0	1:1	0.94	0.94	1.22	1.22
		1:1.5	0.76	1.14	1.42	2.12
		1:2	0.69	1.37	1.28	2.56

3

变压器容量 （kVA）	进出风窗 中心高差 h （m）	进出风 窗面积之比 $F_{in}:F_{ex}$	进风温度 $t_{in}=30℃$		进风温度 $t_{in}=35℃$	
			进风窗面积 F_{in}（m²）	出风窗面积 F_{ex}（m²）	进风窗面积 F_{in}（m²）	出风窗面积 F_{ex}（m²）
1250～1600	4.0	1:1	1.48	1.48	1.92	1.92
		1.15	1.20	1.79	2.23	3.34
		1:2	1.08	2.16	2.01	4.02
	4.5	1:1	1.39	1.39	1.81	1.81
		1:1.5	1.13	1.70	2.10	3.15
		1:2	1.02	2.04	1.90	3.79
	5.0	1:1	1.32	1.32	1.72	1.72
		1:1.5	1.07	1.60	1.99	2.99
		1:2	0.97	1.93	1.80	3.60
	5.5	1:1	1.26	1.26	1.64	1.64
		1:1.5	1.02	1.53	1.90	2.85
		1:2	0.92	1.84	1.72	3.43

注 进、出口通风窗的实际面积应为表中查得的有效面积乘以不同的构造系数 K，金属百叶窗，$K=1.2$；网孔为 10mm×10mm 铁丝网，$K=1.2$。

表 3.2-11   **SCB11 型系列干式变压器通风窗有效面积**

变压器容量 （kVA）	进出风窗 中心高差 h （m）	进出风窗 面积之比 $F_{in}:F_{ex}$	进风温度 $t_{in}=30℃$		进风温度 $t_{in}=35℃$	
			进风面积 F_{in}（m²）	出风面积 F_{ex}（m²）	进风面积 F_{in}（m²）	出风面积 F_{ex}（m²）
630	3.0	1:1	0.68	0.68	0.88	0.88
		1:1.5	0.55	0.82	1.02	1.53
	3.5	1:1	0.63	0.63	0.81	0.81
		1:1.5	0.51	0.76	0.94	1.42
	4.0	1:1	0.59	0.59	0.76	0.76
		1:1.5	0.47	0.71	0.88	1.32
	4.5	1:1	0.55	0.55	0.72	0.72
		1:1.5	0.45	0.67	0.83	1.25
800	3.5	1:1	0.74	0.74	0.95	0.95
		1:1.5	0.60	0.89	1.11	1.66
	4.0	1:1	0.69	0.69	0.89	0.89
		1:1.5	0.56	0.83	1.04	1.55
	4.5	1:1	0.65	0.65	0.84	0.84
		1:1.5	0.52	0.79	0.98	4.46
	5.0	1:1	0.62	0.62	0.80	0.80
		1:1.5	0.50	0.75	0.93	1.39

变压器容量 （kVA）	进出风窗 中心高差 h （m）	进出风窗 面积之比 F_{in} ： F_{ex}	进风温度 $t_{in}=30℃$		进风温度 $t_{in}=35℃$	
			进风面积 F_{in} （m²）	出风面积 F_{ex} （m²）	进风面积 F_{in} （m²）	出风面积 F_{ex} （m²）
1000	3.5	1：1	0.86	0.86	1.11	1.11
		1：1.5	0.69	1.04	1.29	1.93
	4.0	1：1	0.80	0.80	1.04	1.04
		1：1.5	0.65	0.97	1.21	1.81
	4.5	1：1	0.76	0.76	0.98	0.98
		1：1.5	0.61	0.92	1.14	1.71
	5.0	1：1	0.72	0.72	0.93	0.93
		1：1.5	0.58	0.87	1.08	1.62
1250	3.5	1：1	1.02	1.02	1.32	1.32
		1：1.5	0.82	1.23	1.53	2.29
	4.0	1：1	0.95	0.95	1.23	1.23
		1：1.5	0.77	1.15	1.43	2.15
	4.5	1：1	0.90	0.90	1.16	1.16
		1：1.5	0.73	1.09	1.35	2.02
	5.0	1：1	0.85	0.85	1.10	1.10
		1：1.5	0.69	1.03	1.28	1.92
1600	4.0	1：1	1.15	1.15	1.49	1.49
		1：1.5	0.93	1.39	1.73	2.59
	4.5	1：1	1.08	1.08	1.40	1.40
		1：1.5	0.87	1.31	1.63	2.44
	5.0	1：1	1.02	1.02	1.33	1.33
		1：1.5	0.83	1.24	1.54	2.31
	5.5	1：1	0.98	0.98	1.27	1.27
		1：1.5	0.79	1.19	1.47	2.21
2000	4.0	1：1	1.41	1.41	1.83	1.83
		1：1.5	1.14	1.71	2.12	3.18
	4.5	1：1	1.33	1.33	1.72	1.72
		1：1.5	1.07	1.61	2.00	3.00
	5.0	1：1	1.26	1.26	1.64	1.64
		1：1.5	1.02	1.53	1.90	2.85
	5.5	1：1	1.20	1.20	1.56	1.56
		1：1.5	0.97	1.46	1.81	2.71

3

续表

变压器容量 （kVA）	进出风窗 中心高差 h （m）	进出风窗 面积之比 $F_{in}:F_{ex}$	进风温度 $t_{in}=30℃$		进风温度 $t_{in}=35℃$	
			进风面积 F_{in}（m²）	出风面积 F_{ex}（m²）	进风面积 F_{in}（m²）	出风面积 F_{ex}（m²）
2500	4.0	1:1	1.67	1.67	2.16	2.16
		1:1.5	1.35	2.02	2.51	3.77
	4.5	1:1	1.57	1.57	2.04	2.04
		1:1.5	1.27	1.91	2.37	3.55
	5.0	1:1	1.49	1.49	1.94	1.94
		1:1.5	1.21	1.81	2.25	3.37
	5.5	1:1	1.42	1.42	1.85	1.85
		1:1.5	1.15	1.72	2.14	3.21

注　进、出口通风窗的实际面积应为表中查得的有效面积乘以不同的构造系数 K，金属百叶窗，$K=1.2$；网孔为 10mm×10mm 铁丝网，$K=1.2$。

3.2.7　露天安装的变压器、预装箱式变（配）电站、地下变（配）电站、无人值班变（配）电站

3.2.7.1　20（10.6）kV 露天或半露天变压器的安装要求

20（10.6）kV 露天或半露天变压器的安装要求如下：

（1）靠近建筑物外墙安装的普通型变压器不应设在倾斜屋面的低侧，以防止屋面冰块或水落到变压器上。

（2）变压器四周应设不低于 1.8m 的固定围栏（或围墙）。变压器外廓与围栏（或围墙）的净距不应小于 0.8m，其底部距地面的距离不应小于 0.3m。油重小于 1000kg 的相邻油浸变压器外廓之间的净距不应小于 1.5m；油重 1000~2500kg 的相邻油浸变压器外廓之间的净距不应小于 3.0m；油重大于 2500kg 的相邻油浸变压器外廓之间的净距不应小于 5m；当不能满足上述要求时，应设置防火墙。

（3）供给一级负荷用电或油量均为 2500kg 以上的相邻可燃性油浸变压器的防火净距不应小于 5.0m，否则应设置防火墙，墙应高出储油柜顶部，其长度应大于挡油设施两侧各 1m。

（4）建筑物的外墙距室外可燃性油浸变压器外廓不足 5m 时，在变压器高度以上 3m 的水平线以下及外廓两侧各加 3m [10（6）kV 变压器油量在 1000kg 以下时，两侧各加 1.5m] 的外墙范围内，不应有门、窗或通风孔。当建筑物外墙与变压器外廓的距离为 5~10m 时，可在外墙上设防火门，并可在变压器高度以上设非燃烧性的固定窗。

（5）当油量为 1000kg 以上时，应设置能容纳 100% 油量的储油池，或设置 20% 油量的储油池或挡油墙。

设置容纳 20% 油量的储油池或挡油墙时，应有将油排到安全处所的设施，且不应引起污染危害。当设有油、水分离的总事故储油池时，其容量不应小于最大一台变压器的油量的 60%。

储油池或挡油墙的长、宽尺寸，一般较变压器外廓尺寸每边相应加大 1m。储油池的四周应高出地面 100mm，以防止雨水泥沙流入池内。储油池内一般铺设厚度不小于 250mm 的卵石层，卵石直径为 50～80mm。

3.2.7.2 预装箱式变（配）电站

预装箱式变（配）电站的进出线应采用电缆，预装箱式变（配）电站可以在它的内部或外部进行操作，可以在地面上安装，也可以部分或全部在地面下安装。应符合 DL/T 537—2002《高压/低压预装箱式变电站选用导则》的规定。民用建筑与 10kV 及以下的预装式变电站的防火间距不应小于 3m。

3.2.7.3 地下变电站

地下变电站设计应符合 DL/T 5216—2005《35kV～220kV 城市地下变电站设计规定》，布置要求如下：

（1）地下变电站的地上建（构）筑物、道路及地下管线的布置，应与城市规划相协调。

（2）地下变电站的地上建筑物（含与其他建筑结合建设的地上建筑物）与相邻建筑物之间的消防通道和防火间距，应符合 GB 50016—2014《建筑设计防火规范》等有关规定。

（3）站区内地面道路的设置应符合 DL/T 5056—2007《变电站总布置设计技术规程》的有关规定。

（4）地下变电站安全出口不得少于 2 个，有条件时可利用相邻地下建筑设置安全出口。

（5）地下变电站的主控制室有条件时宜布置在地上，如受条件限制需布置在地下，宜布置在距地面较近的地方。规模较大、层数较多的地下变电站可考虑设置载人电梯。

（6）地下变电站的进、出风口应分离设置。进风口宜设置在夏季盛行风向的上风侧。

（7）地下变电站宜分别设置大、小设备吊装口。大设备吊装口供变压器等大型设备吊装使用，也可与进风口合并使用。小设备吊装口为常设吊装口，供日常检修试验设备及小型设备吊装使用。

（8）地下变电站的大型设备吊装口的位置，应具备变电站设备运输使用的大型运输起重车辆的工作条件。

（9）地下变电站户内布置的油浸变压器，宜安装在单独的防爆间内。

（10）地下变电站的电力电缆通道应满足电缆出线数量的要求，并应留有适当裕度。变电站的电源电缆有条件时宜通过不同的电缆通道引入站内。

（11）当地下变电站电力电缆夹层布置较深时，可采用电缆竖井将电缆引上，与站外电缆隧道（排管）连接。

3.2.7.4 无人值班变电站

无人值班变电站不设置固定运行、维护人员，运行监测，主要控制操作有远方控制端进行，设备采取定期巡视维护，设计应符合 DL/T 5103—2012《35kV～220kV 无人值班变电站设计规程》的规定。

3.3 柴油发电机房

3.3.1 总体布置

（1）电站的位置应设在负荷中心附近，一般靠近外电源的变（配）电室，尽量缩短供电距离，也便于管理。由于机组较重，一般作为建筑物的附属建筑单独建设，如设在建筑物内，宜设置在最低层。

（2）柴油发电机组运行时将产生较大的噪声和振动，因此电站应远离要求安静的工作区和生活区。

（3）电站设备比较重、体积也大，要妥善考虑电站主要设备在安装或检修时的运输问题，尽量提供方便条件。

（4）电站运行时需要一定量的冷却水并排除废水。电站附近应有足够的水源和必要的排水措施。

（5）备用电站和应急电站一般设在城镇，烟气的排放要作必要处理符合环境保护的要求。

（6）柴油发电机室、控制室不应设在厕所、浴室或其他经常积水场所的正下方或贴邻。

（7）机房设在地下室时，应满足以下要求：

1）不应设在四周均无外墙的房间，至少应有一侧靠外墙。热风和排烟管道应伸出室外，机房内应有足够的新风进口，气流分布应合理；

2）应妥善考虑设备吊装、搬运和检修等条件，根据需要留好吊装孔；

3）对机组和其他电气设备，应根据具体条件，处理好防潮、消音和冷却问题。

3.3.2　机房布置

3.3.2.1　单列平行布置

机组的纵向轴与机房的纵向平行的布置形式，见图 3.3-1。这种布置机房的横向跨度小、管线交叉少，但管线长，适用于电站装机台数较少、机房横向跨度受到限制的电站。

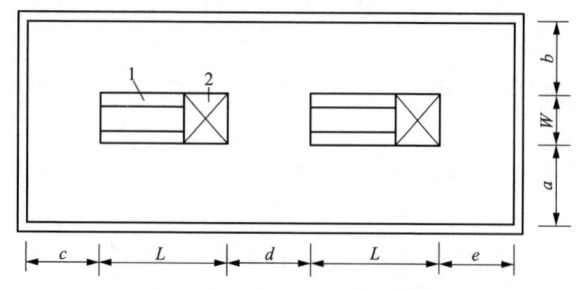

图 3.3-1　机组单列平行布置图

1—柴油机；2—发电机

a—机组操作面尺寸；b—机组背面尺寸；c—柴油机端尺寸；d—机组间距；

e—发电机端尺寸；L—机组长度；W—机组宽度

3.3.2.2　单列垂直布置

机组的纵向轴与机房的纵向垂直的布置形式，见图 3.3-2。这种布置操作管理方便、管线短，但机房的横向跨度大，适用于机组容量较小、外形尺寸较小、机房的横向跨度可以增大的电站。在条件允许时优先采用这种布置形式。

3.3.2.3　双列平行布置

机组的纵向轴线与机房的纵向平行，双列布置的形式，见图 3.3-3。这种布置形式机组共用一条搬运通道，布置紧凑、管线短、便于操作维护，但机房横向跨度大，适用于装机台数较多的电站。

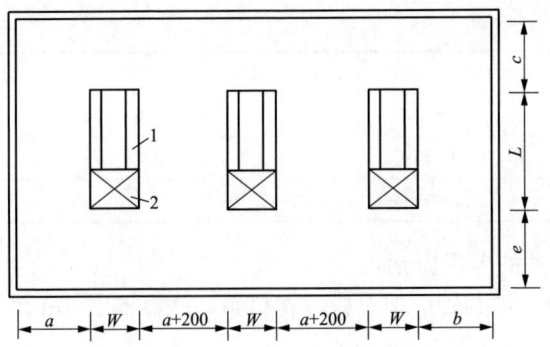

图 3.3-2　机组单列垂直布置图

1—柴油机；2—发电机

a—机组操作面尺寸；*b*—机组背面尺寸；*c*—柴油机端尺寸；

e—发电机端尺寸；*L*—机组长度；*W*—机组宽度

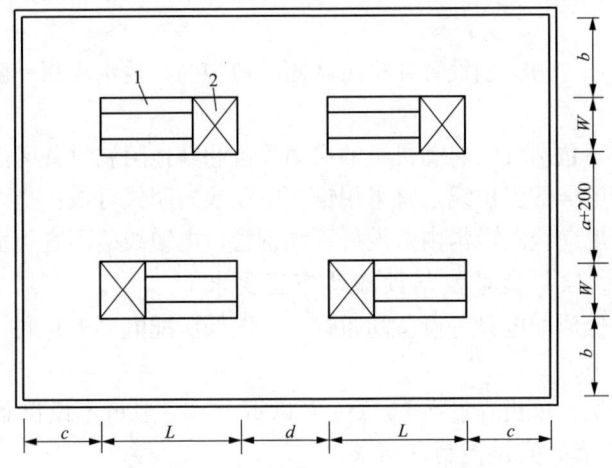

图 3.3-3　机组双列平行布置图

1—柴油机；2—发电机；

a、*b*、*c*、*d*—见表 3.3-1；*L*—机组长度；*W*—机组宽度

3.3.2.4　机组在机房内布置的推荐尺寸

常用机组布置的推荐尺寸见表 3.3-1。图 3.3-1～图 3.3-3 中尺寸 *L*、*W* 由选定机组的长度和宽度确定。

表 3.3-1　　　　　　　　　　　常用机组布置推荐尺寸　　　　　　　　　　　m

机组型号	4105、4120	4135、6135	8V135、12V135	6160、6160A	6250、6250Z
机组容量（kW）	40 以下	40～75	120～150	84～120	200～300
机组操作面尺寸 *a*	1.3～1.5	1.5～1.7	1.7～1.9	1.7～1.9	1.8～2.0
机组背面尺寸 *b*	1.1～1.3	1.2～1.5	1.3～1.6	1.4～1.7	1.5～1.8
柴油机端尺寸 *c*	1.3～1.5	1.5～1.8	1.5～1.8	2.0～2.2	2.0～2.2
机组间距 *d*	1.5～1.7	1.7～1.9	1.9～2.1	2.2～2.4	2.2～2.4
发电机端尺寸 *e*	1.4～1.5	1.5～1.7	1.7～2.0	1.5～1.8	1.7～2.0

续表

机组型号	4105、4120	4135、6135	8V135、12V135	6160、6160A	6250、6250Z
机房净高（拱形）H_1	3.5～3.7	3.7～4.0	3.9～4.2	3.9～4.2	4.2～4.5
机房净高（平顶）H_2	3.3～3.4	3.4～3.7	3.5～3.8	3.7～3.9	3.9～4.2
地沟深 h	0.5～0.6	0.5～0.6	0.6～0.7	0.7～0.8	0.7～0.8

表 3.3-1 中布置尺寸的考虑原则：

（1）进、排风管道和排烟管道架空敷设在机组两侧靠墙 2.2m 以上的空间内，排烟管道一般布置在机组背面。

（2）机组的安装检修搬运通道，在平行布置的机房中安排在机组的操作面。在垂直布置的机房中，气缸为直立单列式机组，一般安排在柴油机端；V 形柴油发电机组一般安排在发电机端。对于双列平行布置的机房，机组的安装检修搬运通道安排在两排机组之间。

（3）机房的高度，按机组安装或检修时，利用预留吊钩用手动葫芦起吊活塞、连杆、曲轴所需高度。

（4）电缆和水、油管道分别设置在机组两侧的地沟内，地沟净深一般为 0.5～0.8m，并设置支架。

（5）布置尺寸中不包括气动启动机组的启动设备和其他附属设备所需的位置。

（6）发电机至配电屏的引出线，宜采用铜芯电缆或封闭式母线。当设电缆沟时，沟内应有排水和排油措施，电缆线路沿沟内敷设可不穿钢管，电缆线路不宜与水、油管线交叉。

3.3.2.5　发电机控制盘等控制设备的布置要求

发电机控制盘、低压配电盘等设备的布置与一般低压配电要求相同，应符合有关电气设计规范，具体要求如下。

（1）装集式单台机组单机容量在 500kW 及以下者，一般可不设控制室；多台机组单机容量在 500kW 及以上者，宜设控制室。

（2）控制室布置应便于观察、操作和调度，通风、采光良好，线路短、进出线方便。

（3）操作人员能清晰地观察控制盘和操作台的仪表和信号指示，并便于控制操作。

（4）盘前、盘后应有足够的安全操作和检修距离，单列布置的配电盘，盘前通道应不小于 1.5m，双列对面布置的盘前通道应不小于 2m。离墙安装的盘后宽度不小于 1m。配电盘顶部的高度点距房顶应不小于 0.5m。

（5）机组操作台的台前操作距离不小于 1.2m，如设在配电盘前，控制台与盘之间的距离约为 1.2～1.4m。

（6）控制室内不应有油、水等管道通过及安装与本装置无关的设备。

（7）当控制室的长度在 7m 及以上时，应有两个出口，出口宜在控制室两端，门应向外开。

3.3.3　燃油和排烟

3.3.3.1　日用燃油箱

按柴油发电机运行 3～8h 设置日用燃油箱，油量超过消防有关规定时，应设储油间，储油间总储存量不应超过 8h 的需要量，储油间应采用防火墙与发电机间隔开。当必须在防火墙上开门时，应设置能自行关闭的甲级防火门，并向发电机间开启。

3.3.3.2 柴油机的耗油量计算

柴油机的耗油量按下式计算

$$G_\gamma = \frac{g_e N_e}{1000} \tag{3.3-1}$$

式中 G_γ——柴油机每小时耗油量，kg/h，可以从所用柴油机性能参数中查到；

g_e——柴油机燃油效率，g/kWh；

N_e——柴油机标定功率，kW，可以从所用柴油机性能参数中查到。

3.3.3.3 储油量计算

储油量按下式计算

$$V_\gamma = \frac{G_\gamma m t T K}{1000 A \gamma_\gamma} \tag{3.3-2}$$

式中 V_γ——储油设备总有效容积，m³；

m——同时运行柴油机数量；

t——柴油机每天运行时间，h；

T——储油运行天数；

K——安全系数，一般取 1.1～1.2；

A——容积系数，一般取 0.9；

γ_γ——燃油密度（轻柴油 γ_γ 约 0.85）。

3.3.3.4 日用燃油箱布置

日用燃油箱宜高位布置，出油口宜高于柴油机的高压射油泵。

3.3.3.5 防爆和防静电

油泵供电，储油间照明、共有管路等要做防爆和防静电处理。

3.3.3.6 输油管道的管径计算

输油管道的管径应按下式计算

$$d = \sqrt{\frac{4Q}{3600 \pi V}} \tag{3.3-3}$$

式中 d——管道的计算内径，m；

Q——通过的燃油流量，m³/h；

V——通过的燃油流速，m/s，一般为 0.5～2.5m/s。

3.3.3.7 输油管道的总阻力及油泵扬程计算

（1）总阻力损失 H_t 应按下式计算

$$H_t = \lambda \frac{(l + l_m)}{d} \frac{V^2}{2g} \tag{3.3-4}$$

式中 λ——管内燃油的摩擦阻力系数，由有关资料中查得；

l——直管计算长度，m；

l_m——局部阻力损失的当量油管长度，m；

g——重力加速度，9.81m/s。

（2）油泵的扬程 H，应按式（3.3-5）计算

$$H = H_t + \Delta H + h \tag{3.3-5}$$

式中 H_t——总阻力损失，m，按式（3.3-4）计算；

　　　　ΔH——管道吸油位与油箱或油罐最高油位的高差，m；

　　　　h——压力水头，可采用 3～5m。

3.3.3.8　供油管道

供油管道管材应采用黑铁管，严禁采用镀锌钢管或铜管。供油管道敷设应有 0.03%～0.01% 的坡度，坡向流动方向。在不能满足上述要求时，应在最高点安装放气阀，最低点安装放油阀。

3.3.3.9　燃油的供油系统

以轻柴油作为燃油的供油系统见图 3.3-4。

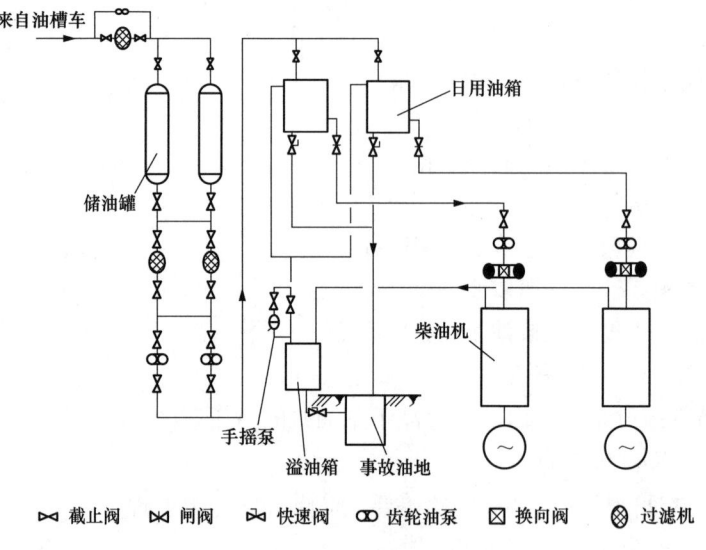

图 3.3-4　柴油机供油系统图

3.3.3.10　柴油机排烟量的计算

柴油机排烟量按下式计算

$$G = N_e g_e + 30 n_n \gamma V_n i \eta_i \tag{3.3-6}$$

式中 G——一台柴油机的排烟量，kg/h；

　　　　N_e——柴油机标定功率，kW；

　　　　g_e——柴油机的燃油消耗率，kg/kWh；

　　　　γ——空气密度，一般 20℃ 时的取值为 1.2kg/m³；

　　　　n_n——柴油机的额定转速，r/min；

　　　　V_n——柴油机一个汽缸的排气量，m³；

　　　　i——柴油机汽缸数；

　　　　η_i——柴油机吸气效率，一般取 0.82～0.90。

若以体积 Q 计，则

$$Q = G/\gamma_t \tag{3.3-7}$$

式中 γ_t——烟气密度，kg/m³，其值 100℃ 时为 0.965，200℃ 时为 0.761，300℃ 时为 0.628，400℃ 时为 0.535，500℃ 时为 0.466。

3.3.3.11 排烟管选用

排烟管一般选用标准焊接管，其壁厚主要考虑腐蚀和强度，一般在 3mm 左右。排烟系统采用扩散消音方法。消音器是一段比母管管径大 1～2 级的焊接钢管，各机组的排烟支管汇接至此段消音管上，再由消音管引至母管。排烟管管径按式（3.3-8）计算

$$d_c = \sqrt{\frac{4G}{3600\pi W \gamma_t}} \qquad (3.3\text{-}8)$$

式中 d_c——排烟管内径，m；

$\quad\quad W$——烟气流速，m/s；

$\quad\quad G$——排烟量，kg/h；

$\quad\quad \gamma_t$——烟气密度，kg/m³。

式（3.3-8）中，一般支管烟气温度取 400℃，W 取 20～25m/s；母管内烟气取平均温度 300℃，W 取 8～15m/s。

3.3.3.12 排烟管径推荐值

排烟管径推荐值见表 3.3-2。

表 3.3-2

排 烟 管 管 径

排烟出口管径 （mm）	排烟管长（m）			
	<6	6～12	12～18	18～24
50	50	63	76	76
76	76	89	100	100
89	89	100	100	100
100	100	127	127	150
127	127	150	150	200
150	150	150	200	200
200	200	200	254	254
254	254	254	305	305

注 标准尺寸仅供参考，设计时应根据排气允许压降及消声器技术参数确定，背压为 10 130.8Pa。

3.3.3.13 机组排烟管的敷设要求

（1）排烟气系统应尽量减少背压，排烟气系统的压降为管路、消声器、防雨帽等各部分压降之和，总的压降以不超过 6720Pa 为宜。

（2）柴油机的排烟管宜架空敷设，也可敷设在地沟中。水平敷设的排烟管道宜设 0.3%～0.5% 的坡度，坡向室外，并在管道最低点装排污阀。

（3）排烟管宜进行保温处理，以减少排烟管的热量散到房间内增高机房温度。排烟管采用架空敷设时，室内部分应设隔热保护层，且距地面 2m 以下部分隔热层厚度不应小于 60mm。当排烟管架空敷设在燃油管下方或沿地沟敷设需要穿越燃油管时，还应考虑安全措施。排烟管较长时，应采用自然补偿段；若无条件，应装设补偿器，可按每 10m 设置一个补偿器。

（4）排烟管与柴油机排烟口处连接，应装设弹性波纹管。

（5）排烟管过墙应加保护套，伸出户外沿墙垂直敷设，其管出口端应加防雨帽或切成 30°～45° 的斜角。排烟管的壁厚不应小于 3mm。

3.3.3.14 排烟管保温层厚度

排烟管保温层厚度选择见表 3.3-3。

表 3.3-3   排烟管保温层厚度选择表   mm

排烟管外径 (mm)	排烟管外表面温度（℃）						
	300	350	400	450	500	550	600
57	60	60	60	80	40/60	40/60	40/80
73	60	60	60	80	40/60	40/60	40/80
89	60	60	60	80	40/60	40/60	40/80
108	60	60	60	80	40/60	40/60	40/80
133	60	60	60	80	40/60	40/60	40/80
159	60	60	60	80	40/60	40/60	40/80
219	60	60	80	80	40/60	40/80	40/100
273	60	60	80	80	40/60	40/80	40/100
325	60	60	80	100	40/60	40/80	40/100
377	60	60	80	100	40/60	40/80	40/100
426	60	60	80	100	40/60	40/80	40/100

注 1. 本表按排烟管加保温层后外表温度 60℃，环境温度 20℃ 设计。

     2. 排烟管外表面温度 450℃ 时，保温层采用 1 层岩棉毡；排烟管外表面温度 500℃ 时，保温层采用第 2 层即接触管壁的一层为硅酸铝纤维毡，外包一层岩棉毡；硅酸铝纤维毡的厚度为表中分子所示，岩棉毡的厚度为表中分母所示。

     3. 岩棉的物理性能：密度 80~100kg/m³，导热系数为 0.03~0.04W/(mK)。硅酸铝纤维毡的物理性能：密度 150~250kg/m³，导热系数为 0.14~0.17W/(mK)。

3.3.4 冷却和通风

3.3.4.1 柴油机燃烧所需新风量

柴油发电机房的冷却和通风应按除去机房余热和有害气体，并能满足柴油机所需的燃烧空气量而设计。柴油机燃烧所需新风量按式 (3.3-9) 计算

$$L = 60nitK_1V_n \tag{3.3-9}$$

式中 L——柴油机所需的燃烧空气量，m^3/h；

       n——柴油机转速，r/min；

       i——柴油机气缸数；

       t——柴油机冲程系数，四冲程为 0.5；

      K_1——计及柴油机结构特点的空气流量系数，四冲程非增压柴油机 $K_1 = \eta_i$，四冲程增压柴油机 $K_1 = \varphi\eta_i$；

      η_i——气缸吸气效率，四冲程非增压柴油机，$\eta_i = 0.75~0.90$（一般取 0.85），四冲程增压柴油机，$\eta_i \approx 1.0$；

      φ——扫气系数，四冲程柴油机 $\varphi \approx 1.1~1.2$；

     V_n——柴油机每个气缸的工作容积，m^3。

3.3.4.2 柴油发电机房余热负荷计算

（1）柴油机发热量按式 (3.3-10) 计算

$$Q_1 = PBq\eta_1 \tag{3.3-10}$$

式中 Q_1——柴油机发热量，kJ/h；

      P——柴油机额定功率，kW；

      B——柴油机的耗油率，kg/kWh；

q——柴油机燃料发热值，柴油的发热值，一般为 41 800kJ/kg；

η_1——柴油机散至空气的热量系数，%，见表 3.3-4 所列。

表 3.3-4 柴油机散至空气的热量系数

柴油机额定功率 P/hP	η_1（%）	柴油机额定功率 P/hP	η_1（%）
≤50	6	100～300	4～4.5
50～100	5～5.5	>300	3.5～4

注 1hP=745.70W。

（2）发电机散发至空气中的热量可按下式计算

$$Q_2 = \frac{860 \times 4.18 P(1 - \eta_2)}{\eta_2} \tag{3.3-11}$$

式中 Q_2——发电机散至空气中的热量，kJ/h；

P——发电机额定输出功率，kW；

η_2——发电机效率，%，一般取 80%～90%。

（3）排烟管在机房内发热量按式（3.3-12）计算

$$Q = \frac{\pi}{\dfrac{1}{2\lambda} \ln \dfrac{d_2}{d_1} + \dfrac{1}{\alpha_2 d_2}} (t_1 - t_n) L \tag{3.3-12}$$

式中 Q——排烟管在机房内发热量，kJ/h；

λ——保温材料导热系数，kJ/(mh℃)；

d_1——保温层内径（即排烟管外径），m；

d_2——保温层外径，m；

α_2——保温层外表面放热系数，架空敷设时可取 $\alpha_2 = 41.8$ kJ/(m²h)；

t_1——烟气温度，靠近柴油机排烟口的排烟支管按 400℃ 计算；

t_n——电站机房空气温度，取 35℃；

L——机房内架空敷设的排烟管长度，m。

常用保温材料导热系数见表 3.3-5。

表 3.3-5 常用保温材料导热系数

材料名称	λ[kJ/(mh℃)]	材料名称	λ[kJ/(mh℃)]
超细玻璃棉制品	0.071	水泥蛭石制品	0.127 25
水泥珍珠岩制品	0.099 5	微孔硅酸钙制品	0.064 25
硅藻土制品	0.130 5		

保温层外表面温度按式（3.3-13）校核

$$t_2 = \frac{Q}{\pi d_2 \alpha_2 L} + t_n \tag{3.3-13}$$

式中 t_2——保温层外表面温度，℃；

t_n——电站机房空气温度，取 35℃；

Q——排烟管在机房内发热量，kJ/h；

d_2——保温层外径，m；

α_2——保温层外表面放热系数，可取 $\alpha_2 = 41.8$ kJ/(m²h)；

L—— 机房内架空敷设的排烟管长度，m。

按上述校验结果如 $t_2 > 60℃$，应增加保温层厚度重新计算，直至 $t_2 < 60℃$。

3.3.4.3 柴油发电机房通风的设计原则

（1）设在地面的柴油发电机房的门、窗直接与室外大气相通，尽量采用自然通风或在机房墙上装设排气扇以满足通风降温的要求。如果柴油电站为封闭式机房，应进行通风降温设计，设置单独的进、排风系统及机房降温设备，对于国产 135、160、190 和 250 系列柴油发电机组，宜按 $14 \sim 20 m^3/kWh[10 \sim 15 m^3/(HP \cdot h)]$ 确定。封闭电站附属房间的通风换气量可按表 3.3-6 的数值设计。

表 3.3-6　　　　　　　　　　封闭电站附属房间通风换气量

房间名称	换气次数（次/h）	
	送风	排风
控制室	1~2	
人员休息室	1~2	
储油间		5~6
水库、水泵间		1~2
蓄电池库		10~15
厕所、淋浴间		15

注　水库储满水后所剩余空间计算。

（2）机房位于地下时，至少应该有一侧靠外墙。热风和排烟管道应伸出室外，机房内应有足够的新风进口，气流分布应合理。机组热风管设置应符合下列要求：

1）热风出口宜靠近且正对柴油机散热器；

2）热风管与柴油机散热器连接处，应采用软接头；

3）热风出口的面积应为柴油机散热面积的 1.5 倍；

4）热风出口不宜设在主导风向一侧，若有困难时应增设挡风墙；

5）机组设在地下层，热风管无法平直敷设需拐弯引出时，其热风管弯头不宜超过两处，拐弯半径应大于或等于 90°，而且内部要平滑，以免阻力过大影响散热；

6）如机组设在地下层其散热风管又无法伸出室外，不应选整体风冷机组，应改选分体式散热机组，即柴油机夹套内的冷却器由水泵送至分体式水箱冷却方式。

（3）机房进风口设置应符合下列要求：

1）进风口宜设在正对发电机端或发电机端两侧；

2）进风口面积应大于柴油机散热器面积的 1.8 倍。

（4）典型柴油发电机房进排风口面积估算见表 3.3-7。

表 3.3-7　　　　　　　　　典型柴油发电机房进排风口面积估算表

机组输出功率 （kW）	进风量 （m^3/min）	进风口面积 （m^2）	排风口面积 （m^2）	废气排气量 （m^3/min）	发动机排气量 （m^3/min）
100	215	2	1.4（0.9）	22.6	7.8
200	370	2.5	2（1.5）	38.8	14.3
400	726	5	4（2.7）	86	31.9
800	1510	10	7（4.5）	184	68.4

续表

机组输出功率 (kW)	进风量 (m³/min)	进风口面积 (m²)	排风口面积 (m²)	废气排气量 (m³/min)	发动机排气量 (m³/min)
1000	1962	13	10 (8)	254	92.7

注 1. 进风口净流面积按大于1.5~1.8倍散热器迎风面积估算。
    2. 排风口净流面积大于散热器迎风面积的1.25~1.5倍。
    3. 进风量包括发动机进气量、发动机和水箱散热的冷却空气量。
    4. 进排风口面积适用于普通型排风消声装置。在排风道设有加压风机时采用括号内数据。
    5. 风道加设高流阻消声器时，需根据消声器产品要求加大风道尺寸或加加压风机。
    6. 闭式水冷却系统只需将自来水系统引入机房，开机前加满水箱即可。水质按厂家要求满足。
    7. 如消声要求不高的场所可以不加进、排风消声器和二级排烟消声器。
    8. 机房环境温度按规范要求设计。北方地区冬季加保温措施，南方地区夏季加降温措施。

3.3.4.4 柴油发电机房冷却的设计原则

（1）当水源充足、水温较低时，电站冷却宜采用水冷方式。

（2）当水源较困难、夏季由工程外进风的温度能满足机房降温要求时，宜采用风冷或风冷与蒸发冷却相结合的方式。

（3）当无充足水源、进风温度不能满足风冷电站的要求时，可设计采用人工制冷、自带冷源的冷风机以消除机房余热。

3.3.4.5 风冷式柴油发电机组布置

分体风冷式柴油发电机组布置图见图3.3-5。整体风冷式柴油发电机组布置图见图3.3-6。

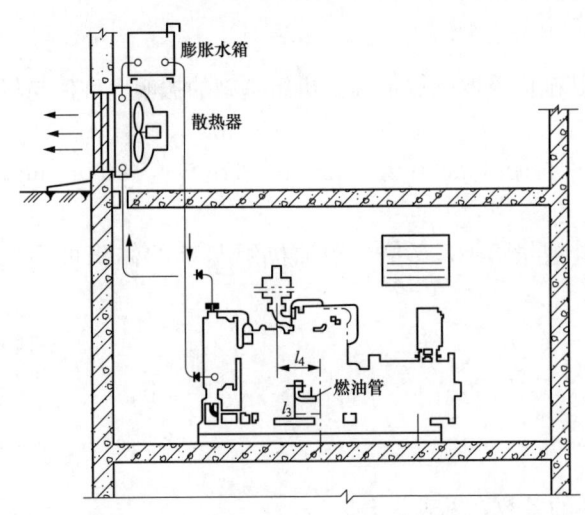

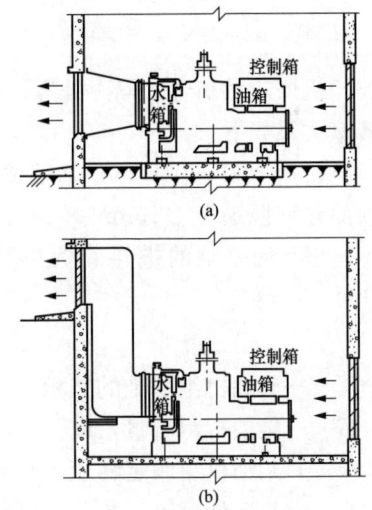

图3.3-5 分体风冷式柴油发电机组布置图

图3.3-6 整体风冷式柴油发电机组布置图
(a) 地面上；(b) 地面下

3.3.5 机房其他设施

（1）机房内应设有洗手盆和落地洗涤槽。

（2）在采暖地区，冬季机房室内温度就地操作时不宜低于15℃，隔室操作时不宜低于5℃。非采暖地区可根据具体情况，采取适当的加热、预热措施。

（3）对安装自启动机组的机房，应保证满足自启动温度需要，当环境温度达不到启动要求时，应采用局部或整机预热装置。

（4）机房应有良好的采光和通风，在炎热地区，有条件时宜设天窗，有热带风暴地区天窗应加挡风防雨板或设专用双层百叶窗。在北方或风沙较大地区，应设有防风沙侵入的措施。

3.3.6　降噪和减振

（1）柴油发电机房设计时应采取机组消声及机房综合治理措施，治理后环境噪声不宜超过表 17.1-8～表 17.1-10 所规定的数值。

（2）柴油发电机房可对进风采用两级消声，排气采用三级消声，排烟采用两级消声（一级为自带消声器，一级为消烟池）。消烟池的体积与机组容量关系见表 3.3-8，消烟池的平剖面见图 3.3-7。

表 3.3-8　　　　　　　　　　　　消烟池的体积与机组容量关系表

机组容量（kW）	200	250	300	400	500	800	1000
烟池体积（m³）	3	3.5	4.5	8	10	14	20

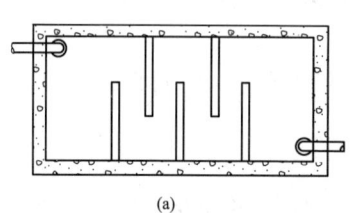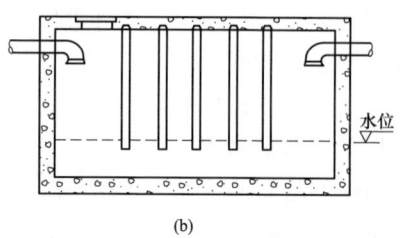

(a)　　　　　　　　　　　　　　(b)

图 3.3-7　消烟池的平剖面

(a) 平面图；(b) 剖面图

（3）机房应做消音、隔声处理，机组基础应采取减振措施。机组基础的振幅允许值与机组的转速关系如下：

机组转速 200～400r/min 基础顶面允许振幅（mm）为 0.2mm；机组转速＞400r/min，基础顶面允许振幅为 0.15mm。

（4）设计时基础的重量宜为柴油机组重量 2～2.5 倍，柴油机组基础的体积可用式（3.3-14）进行估算

$$V = CG\sqrt{n} \tag{3.3-14}$$

式中　V——柴油机组基础的体积，m³；

　　　G——柴油机组重量，t；

　　　n——柴油机组额定转速，r/min；

　　　C——与柴油机组型式及气缸数有关的系数，见表 3.3-9。

表 3.3-9　　　　　　　　　　　　　系　数　C　值

气缸数	3	4	5	6	8 及以上
系数 C 值	0.1	0.082	0.074	0.071	0.065

（5）高层建筑柴油发电机组位于楼板上时，不宜采用重混凝土基础，应由厂家提供整体基座，机房楼板仅需考虑静荷载。

3.3.7　柴油发电机组数据

英国威尔信/伯琼斯、劳斯莱斯柴油发电机组原始数据及美国康明斯柴油发电机组原始数据，见表 3.3-10、表 3.3-11。

表 3.3-10　威尔信/伯琼斯、劳斯莱斯柴油发电机组原始数据

柴油发电机组型号	机组最大功率(kW)	发动机型号	发动机功率(kW)	气缸数/排列	发电机型号	输出电流	机组外形尺寸(mm) 长	宽	高	机组重量(kg)	润滑油容量(L)	冷却液容量(L)	燃烧空气量(m³/h)	排风量(m³/h)	燃油消耗量(满载)(L/h)	储油箱容积(m³)	允许排气背压
P110E	88	1006TG2A	104	6	LL3014B	167	2400	750	1437	1215	16.1	27.7	360	11 460	26.6	0.23	20inHg
P150E	120	1006TAG	146	6	LL3014F	228	2700	900	1460	1442	16.1	37.2	528	12 600	33.9	0.23	20inHg
P175E	140	1306-E87T215	160	6	LL3014H	266	2954	990	1717	1967	26.5	36.4	600	20 820	41.1	0.35	20inHg
P220E	176	1306-E87T300	224	6	LL5014F	334	2953	1003	1717	2009	26.5	37.2	828	20 820	49.8	0.35	20inHg
P250E	200	1306-E87T300	224	6	LL5014H	380	2953	1003	1717	2073	26.5	37.2	876	20 820	56.6	0.35	20inHg
P275E	220	1306-E87T330	246	6	LL5014J	418	2971	1003	1717	2138	26.5	37.2	930	20 820	61	0.35	20inHg
P330E	264	2006TWG2	293	6	LL5014L	501	3400	990	1730	2815	29.5	47.2	1152	29 400	67.8	0.61	690mmH₂O
P380E	304	2006TAG2	341	6	LL6014B	577	3400	990	1985	3047	29.5	47.2	1470	28 200	80.4	0.61	690mmH₂O
P425E	340	2006TTAG	376	6	LL60140	646	3442	1115	2151	3280	29.5	48.9	1914	28 800	99.7	0.61	690mmH₂O
P500E	400	3008TAG3	442	8V	LL6014F	760	3442	1385	2125	3800	31.2	68.2	2028	39 900	109.3	0.75	690mmH₂O
P550E	440	3008TAG4	481	8V	LL6014J	836	3237	1385	2097	3940	31.2	71.6	2172	37 680	122	0.75	690mmH₂O
P660E	528	3012TAG1B	626	12V	LL7014J	1003	3770	1512	2207	5380	73.8	122.7	2640	54 840	146	1.31	690mmH₂O
P715E	572	3012TAG1B	626	12V	LL7014L	1086	3770	1512	2207	5380	73.8	122.7	2658	54 840	154	1.31	690mmH₂O
P800E	640	3012TG2A	633	12V	LL7014L	1216	2400	1512	2207	5380	73.8	122.7	2988	54 840	171	1.31	690mmH₂O
P880E	704	3012TAG3A	756	12V	LL7014P	1337	2400	1512	2207	5820	73.8	122.7	3204	54 840	189	1.31	690mmH₂O
P1000E	800	4008TAG1	877	8	LL8014	1519	2400	1899	2253	7470	154	162	4188	71 520	227	…	2.8inHg
P1100E	880	4008TAG2	985	8	LL8014	1671	2400	1899	2253	8000	154	162	4560	77 040	255	…	2.8inHg
P1375E	1100	4012TWG2	1207	12V	LL8014	2089	2400	2020	2312	10 000	159	290	5886	105 840	307	…	2.8inHg

注　1mmH₂O=9.806 65Pa；1inHg=3.386 4×10³Pa。

3

表3.3-11　康明斯柴油发电机组原始数据

机组型号	发动机型号	功率 (kW)		油耗 (L/h)		通风量 (m³/h)		通风面积 (m²)		流量 (m³/h)	排气		外形尺寸 (mm)			湿重 kg
		常载	备载	常载	备载	散热器	燃烧	进风	排风		温度 (℃)	背压 (mmHg)	长	宽	高	
30DGGC	B3.3-G1	26	30	7.8	9	7868	125.7	0.48	0.36	341.5	450	76	1680	645	1182	683
35DGHA	B3.3-G2	32	35	11.8	13.6	8889	176.7	0.63	0.47	492.7	475	76	1680	727	1182	727
44DGHC	B3.3-G2	40	44	11.8	13.6	8889	176.7	0.63	0.47	492.7	475	76	1770	727	1182	754
56DGCB	4BT3.9-G2	51	56	15.4	16.8	8136	205	0.7	0.5	596	521	76	1810	675	1245	920
62DGCC	4BTA3.9-G1	56	62	15	17	8172	248	0.7	0.5	598	475	76	1846	675	1245	975
75DGDA	6BT5.9-G1	67	75	19.8	21.7	9000	306	0.8	0.6	812	510	76	2087	675	1337	1100
85DGDB	6BT5.9-G2	77	85	22	24.3	9360	338	0.8	0.6	1020	577	76	2087	675	1337	1175
95DGDB	6BT5.9-G2	85	95	24	26.8	9360	338	0.8	0.6	1020	577	76	2162	675	1337	1175
116DGEA	6CT8.3-G2	103	116	30	34	12 600	568	1.15	0.9	1522	521	76	2332	831	1412	1500
136DGFA	6CTA8.3-G	122	136	33	36.6	11 160	546	1.15	0.9	1716	627	76	2339	831	1412	1650
145DGFA	6CTA8.3-G	128	145	36	41	11 160	586.6	1.15	0.9	1850	638	76	2389	831	1412	1700
163DGFB	6CTA8.3-G	148	163	40	44	11 160	586.8	1.15	0.9	1850	638	76	2429	831	1412	1760
181DGFC	6CTAA8.3-G	163	181	44.5	49.9	12 960	676	1.15	0.9	1955	583	76	2555	1070	1426	1800
207DFAB	LTA10-G2	186	207	48.4	53.4	20 160	817	1.45	1.1	2192	502	76	2980	1048	1644	2300
223DFAC	LTA10-G3	202	223	51.1	55.6	16 200	848	1.45	1.1	2329	510	76	2980	1048	1644	2300
250DFBF	NT855-G6	223	250	60	67	27 360	1299	1.75	1.3	3855	574	76	3196	990	1777	3100
280DFBF	NT855-G6	252	280	76	69	27 360	1299	1.75	1.3	3855	574	76	3286	990	1777	3230
293DFCB	NTA855-G2	259	293	70	78	23 040	1350	1.75	1.3	3550	485	76	3286	990	1777	3275

续表

机组型号	发动机型号	功率 (kW)		油耗 (L/h)		通风量 (m³/h)		通风面积 (m²)		排气			外形尺寸 (mm)			湿重 kg
		常载	备载	常载	备载	散热器	燃烧	进风	排风	流量 (m³/h)	温度 (℃)	背压 (mmHg)	长	宽	高	
312DFCG	NTA855-G4	280	312	76	84	23 040	1468	1.75	1.3	4060	524	76	3286	990	1777	3275
338DFEB	KTA19-G2	300	338	83	91	38 160	1555	2.7	2	4298	524	76	3490	1266	1830	4106
382DFEC	KTA19-G3	345	382	91	97	49 320	1749	2.7	2	4842	524	76	3490	1266	1830	4136
400DFEC	KTA19-G3	360	400	97	107	49 320	1749	2.7	2	4842	524	76	3490	1266	1830	4136
461DFED	KTA19-G4	400	461	107	121	49 320	1912	2.7	2	5162	538	76	3490	1266	1830	4136
509DFGA	VTA28-G5	460	509	124	137	49 320	2976	3.6	2.7	7153	493	76	3825	1350	1942	5665
565DFGB	VTA28-G5	512	565	140	154	49 320	2976	3.6	2.7	7153	493	76	3900	1350	1942	6040
640DFHA	QST30-G1	580	640	153	169	42 480	2544	3.7	2.8	7182	527	76	4297	1442	2092	6850
713DFHB	QST30-G2	640	713	168	187	42 480	2794	3.7	2.8	7977	538	76	4297	1442	2092	7000
833DFHC	QST30-G3	751	833	184	204	55 800	3114	3.7	2.8	8748	541	76	4297	1442	2092	7450
888DFHD	QST30-G4	800	888	202	224	64 800	3402	3.7	2.8	10 728	565	51	4547	1722	2332	7118
832DFJC	KTA38-G3	748	832	194	215	49 680	3603	5.2	3.9	9932	507	76	4375	1785	2229	8350
906DFJD	KTA38-G5	823	906	209	228	54 000	4104	5.2	3.9	10 983	499	76	4470	1785	2229	8600
1120DFLC	KTA50-G3	1005	1120	254	282	77 760	5166	5.2	3.9	13 590	518	51	5290	1785	2241	10 300
1340DFLE	KTA50-G8	1125	1340	289	345	78 120	5400	6	4.5	13 842	482	51	5866	2033	2333	11 700
1500DQKB	QSK60-G3	1350	1500	320	365	105 120	7500	11.6	8.7	18 180	505	51	6251	2789	3175	15 540
1650DGKC	QSK60-G3	1500	1650	350	393	105 120	8340	11.6	8.7	20 040	515	51	6251	2789	3175	15 740

注 1mmHg＝1.333 22×10² Pa。

3.3.8 机房布置示例

（1）200GF40 型 200kW 自启动柴油发电机组机房布置示例见图 3.3-8。

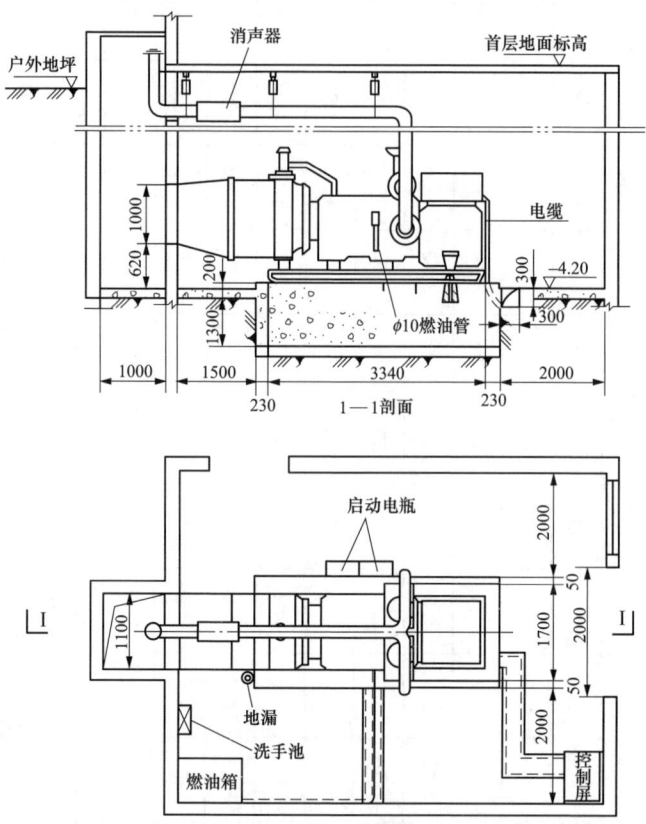

图 3.3-8 200GF40 型 200kW 自启动柴油发电机组机房布置示例

（2）两台 12V135 型 200kW 发电机组机房布置示例见图 3.3-9。

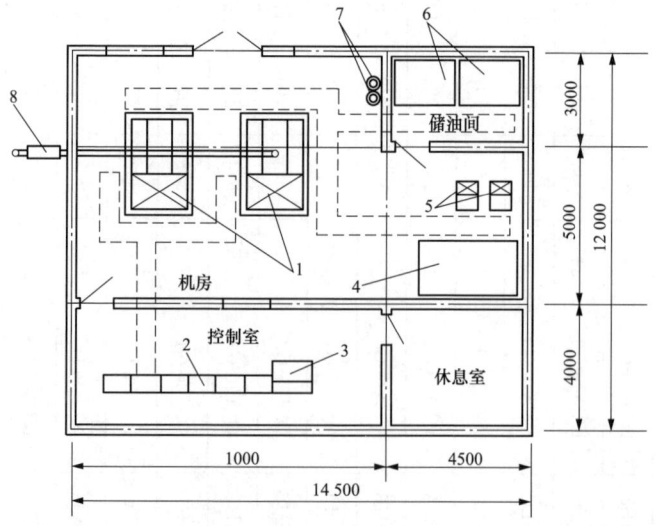

图 3.3-9 两台 12V135 型 200kW 发电机组机房布置示例

1—柴油发电机组；2—配电盘；3—控制台；4—调温水箱；5—水泵；6—储油箱；7—气体灭火储气瓶；8—消声器

(3) 两台 6135 型 75kW 发电机组机房布置示例见图 3.3-10。

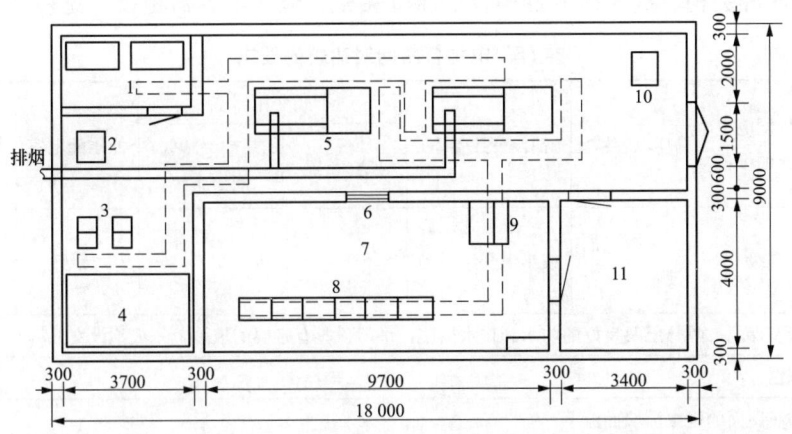

图 3.3-10　两台 6135 型 75kW 发电机组机房布置示例

1—储油库；2—排风机；3—水泵；4—调温水箱；5—柴油发电机；6—观察窗；
7—控制室；8—配电屏；9—控制台；10—进风机；11—休息室

3.4　变(配)电站对土建、采暖、通风、给排水的要求

(1) 变电站的防火要求应满足 GB 50053—2013《20kV 及以下变电所设计规范》及 GB 50016—2014《建筑设计防火规范》的要求。

(2) 变压器室宜采用自然通风，夏季的排风温度不宜高于 45℃，进风和排风的温差不宜大于 15℃。当自然通风不能满足排热要求时，可增设机械排风，高压配电室装有较多断路器时，应装设事故排烟装置。

(3) 电容器室应有良好的自然通风，通风量应根据电容器允许温度，按夏季排风温度不超过电容器所允许的最高环境空气温度计算，当自然通风不能满足排热要求时，可增设机械排风。电容器室应设温度指示装置。

(4) 变压器室、电容器室当采用机械通风或变（配）电站位于地下室时，其通风管道应采用非燃烧材料制作。当周围环境污秽时，宜加空气过滤器（进风口处）。

(5) 在采暖地区，控制室和值班室应设采暖装置。在严寒地区，当配电室内温度影响电气设备元件和仪表正常运行时，应设采暖装置空调器或在设备处就地装设局部电加热器。

控制室和配电室内的采暖装置，宜采用钢管焊接，且不应有法兰、螺纹接头和阀门等。

(6) 高、低压配电室，变压器室，电容器室，控制室内，不应有与其无关的管道和电气线路通过。

(7) 有人值班的独立变电站，宜设有厕所和给排水设施。

(8) 在配电室和变压器室内裸导体正上方，不应布置灯具和明敷线路。当在配电室和变压器室内裸导体上方布置灯具时，灯具与裸导体的水平净距不应小于 1.0m。灯具不得采用吊链和软线吊装。

(9) 变（配）电站各房间对建筑的要求见表 3.4-1。

(10) 变（配）电站各房间对采暖、通风、给排水的要求见表 3.4-2。

(11) 20/0.4kV、10/0.4kV 变压器损耗见表 3.4-3～表 3.4-5。

(12) 高压开关柜、高压电容器柜及低压开关柜、低压电容器柜损耗见表 3.4-6。

表 3.4-1　　　　　　　　　　变(配)电站各房间对建筑的要求

房间名称	高压配电室(有充油设备)	高压电容器室	油浸变压器室	干式变压器室		低压配电室	控制室	值班室
				独立布置	与配电装置同室布置			
建筑物耐火等级	二级	二级(油浸式)	一级(非燃烧或难燃介质时为二级)	二级		二级	二级	
屋面	应有保温、隔热层及良好的防水和排水措施,平屋顶应有必要的坡度,一般不设女儿墙							
顶棚	刷白							
屋檐	防止屋面的雨水沿墙面流下							
内墙面	邻近带电部分的内墙面只刷白,其他部分抹灰刷白	勾缝并刷白,墙基应防止油浸蚀,与有爆炸危险场所相邻的墙壁内侧应抹灰并刷白		不必抹灰,但须勾缝刷白	抹灰、勾缝刷白	抹灰并刷白		
地坪	高标号水泥抹面压光或采用耐压、耐磨、防滑、易清洁的材料铺装	高标号水泥抹面压光,采用抬高地坪方案通风效果较好	敞开式及封闭低式布置采用卵石或碎石铺设,厚度为 250mm 变压器四周沿墙 600mm 需用混凝土抹平,高式布置采用水泥地坪,应向中间通风及排油孔作 2%的坡度	水泥压光或采用耐压、耐磨、防滑、易清洁的材料铺装	水泥压光、水磨石或采用耐压、耐磨、防滑、易清洁的材料铺装	高标号水泥抹面压光或采用耐压、耐磨、防滑、易清洁的材料铺装	采用耐压、耐磨、防滑、易清洁的材料铺装	
采光和采光窗	宜设固定的自然采光窗,窗外应加铁丝网或采用夹丝玻璃,防止雨、雪和小动物进入,其窗台距室外地坪宜 ≥ 1.8m,在寒冷、污秽尘埃或风沙大的地区,宜设双层玻璃窗,临街一面不宜开窗	可设采光窗,其要求与高压配电室相同	不设采光窗	不设采光窗	自然采光,允许木窗,能开启的窗设纱窗,窗台高度 ≥1.8m	可设能开启的自然采光窗,并应设置纱窗,临街的一面不宜开窗	能开启的窗应设置纱窗,在寒冷或风沙大的地区采用双层玻璃窗	

续表

房间名称	高压配电室(有充油设备)	高压电容器室	油浸变压器室	干式变压器室		低压配电室	控制室	值班室
				独立布置	与配电装置同室布置			
通风窗(应采用非燃烧材料制作)	如果需要,应采用百叶窗内加铁丝网,防止雨、雪和小动物进入	采用百叶窗铁丝网,防止雨、雪和小动物进入	通风窗应采用非燃烧材料制作,应有防止雨、雪和小动物进入的措施;进出风窗都采用百叶窗,进风百叶窗内设网孔不大于10mm×10mm的铁丝网,当进风有效面积不能满足要求时,可只装设网孔不大于10mm×10mm的铁丝网	出风窗采用百叶窗 门上进风窗采用百叶窗,内设网孔不大于10mm×10mm的铁丝网	进出风窗采用百叶窗			
门	门应向外开,相邻配电室有门时,该门应能双向开启或向低压方向开启							
	应为向外开的防火门,应装弹簧锁,严禁用门闩	与高压配电室相同	采用铁门或木门内侧包铁皮,单扇门宽≥1.5m时,应在大门上加开小门,小门上应装弹簧锁,锁的高度应考虑室外开启方便,大门及大门上的小门应向外开启,其开启角度≥120°,同时要尽量降低小门的门槛高度,使在室内外地坪标高不同时,出入方便	采用非防火门,单扇门宽≥1.5m时,在双扇门的一扇上应加开供维护人员出入的朝外开启的小门,小门应装弹簧锁,小门及大门的开启角度≥120°		允许用木制		允许用木制,在南方炎热地区经常开启的通向屋外的门内还宜设置纱门
电缆沟电缆室	水泥抹光并采取防水,排水措施;宜采用花纹钢盖板					水泥抹光并采取防水排水措施;宜采用花纹钢盖板		

表 3.4-2 变（配）电站各房间对采暖、通风、给排水的要求

项目	房间名称				
	高压配电室（有充油电气设备）	电容器室	油浸变压器室	低压配电室	控制室值班室
通风	宜采用自然通风，当安装有较多油断路器时，应装设事故排烟装置，其控制开关宜安装在便于开启处。装有六氟化硫配电装置的房间，应在房间低位区设置报警及事故排风系统	应有良好的自然通风，按夏季排风温度≤40℃计算；室内应有反映室内温度的指示装置	宜采用自然通风，按夏季排风温度≤45℃计算，进风和排风的温差≤15℃	一般采用自然通风	
			当自然通风不能满足要求时，应设机械通风，最高排风温度不宜高于45℃。当采用机械通风时，其通风管道应采用非燃性材料制作。如周围环境污秽时，宜加空气过滤器		
	变（配）电站设置在地下室时，宜装设除湿、通风换气设备				
采暖	一般不采暖，但严寒地区，室内温度影响电气设备和仪表正常运行时，应有采暖措施、空调器或在设备处就地装设局部电加热器	一般不采暖，当温度低于制造厂规定值以下时应采暖		一般不采暖，当兼作控制室或值班室时，在采暖地区应采暖	在采暖地区应采暖，宜设置空调系统
	控制室和配电室内的采暖装置，宜采用钢管焊接，且不应有法兰、螺纹接头和阀门等				
给排水	有人值班的独立变（配）电站宜设厕所和给排水设施				

表 3.4-3 20/0.4kV 环氧树脂浇注及油浸变压器损耗

变压器 SC(B)11	P_o (W)	P_k (120℃、F级绝缘) (W)	u_k (%)	P_Σ (W)	变压器 S11	P_o (W)	P_k (120℃、F级绝缘) (W)	u_k (%)	P_Σ (W)
50	310	1070		1380	50	130	1010/960		1140/1090
100	490	1740		2230	80	180	1440/1370		1620/1550
160	600	2160		2760	100	200	1730/1650		1930/1850
200	660	2570		3230	125	240	2080/1980		2320/2220
250	760	2990		3750	160	290	2540/2420		2830/2710
315	870	3560	6	4430	200	340	3000/2860	5.5	3340/3200
400	1040	4230		5270	250	400	3520/3350		3920/3750
500	1210	5060		6270	315	480	4210/4010		4690/4490
630	1380	5970		7350	400	570	4970/4730		5540/5300
800	1580	7210		8790	500	680	5940/5660		6620/6340
1000	1860	8540		10 400	630	810	6820		7630
1250	2140	10 080		12 220	800	980	8250		9230
1600	2510	12 110		14 620	1000	1150	11 330		12 480
2000	2920	14 300		17 220	1250	1380	13 200		14 580
2500	3480	16 920	8	20 400	1600	1660	15 950	6	17 610
2000	2920	15 600		18 520	2000	1950	19 140		21 090
2500	3480	18 580		22 060	2500	2340	22 220		24 560

注 "/"上方的负载损耗适用于 Dyn11 或 Yzn11 联结组别，"/"下方负载损耗适用于 Yyn0 联结组别。

表 3.4-4　　　　　　　　　　　　20/0.4kV 非晶合金环氧树脂浇注变压器损耗

变压器 SC(B)H15	P_o (W)	P_k (120℃、 F 级绝缘) (W)	u_k (%)	P_Σ (W)	变压器 SC(B)H15	P_o (W)	P_k (120℃、 F 级绝缘) (W)	u_k (%)	P_Σ (W)
30	40	690/660		730/700	630	370	6820		7190
50	55	1010/960		1065/1015	800	450	8250		8700
63	65	1200/1150		1265/1215	1000	530	11 330		11 860
80	75	1440/1370		1515/1445	1250	620	13 200		13 820
100	90	1730/1650		1820/1740	1600	750	15 950		16 700
125	100	2080/1980	5.5	2180/2080	2000	900	19 140	6	20 040
160	120	2540/2420		2660/2540	2500	1080	22 220		23 300
200	145	3000/2860		3145/3005					
250	165	3520/3350		3685/3515					
315	200	4210/4010		4410/4210					
400	240	4970/4730		5210/4970					
500	290	5940/5660		6230/5950					

注　"/"上方的负载损耗适用于 Dyn11 或 Yzn11 联结组别，"/"下方负载损耗适用于 Yyn0 联结组别。

表 3.4-5　　　　　　　　　　　　10/0.4kV 环氧树脂浇注变压器损耗

变压器 SC(B)11	P_o (W)	P_k (120℃、 F 级绝缘) (W)	u_k (%)	P_Σ (W)	变压器 SC(B)15H	P_o (W)	P_k (120℃、 F 级绝缘) (W)	u_k (%)	P_Σ (W)
160	430	2130		2560	160	170	2130		2300
200	495	2530		3025	200	200	2530		2730
250	575	2760		3335	250	230	2760		2990
315	705	3470	4	4175	315	280	3470	4	3750
400	785	3990		4775	400	310	3990		4300
500	930	4880		5810	500	360	4880		5240
630	1070	5880		6950	630	420	5880		6300
630	1040	5960		7000	630	410	5960		6370
800	1215	6960		8175	800	480	6960		7440
1000	1415	8130		9545	1000	550	8130		8680
1250	1670	9690		11 360	1250	650	9690		10 340
1600	1950	11 730	6	13 680	1600	760	11 730	6	12 490
2000	2440	14 450		16 890	2000	1000	14 450		15 450
2500	2880	17 170		20 050	2500	1200	17 170		18 370
1600	1950	12 960		14 910	1600	760	12 960		13 720
2000	2440	15 960	8	18 400	2000	1000	15 960	8	16 960
2500	2880	18 890		21 770	2500	1200	18 890		20 090

表 3.4-6　　　高压开关柜、高压电容器柜及低压开关柜、低压电容器柜损耗

高压开关柜 (W/每台)	高压电容器柜 (W/kvar)	低压开关柜 (W/每台)	低压电容器柜 (W/kvar)
200	3	300	4

（13）电缆损耗计算：电缆的散热量可由载流电缆的损耗求出。损耗功率是以一年最热季节中可能产生的最大损耗进行计算。一条 n 芯电缆的损耗功率 P_R 为

$$P_R = \frac{nI_c^2\rho_t L}{s} \tag{3.4-1}$$

沟道内 N 根电缆的损耗功率和为 P 为

$$P = k\sum_{i=1}^{N} P_{Ri} \tag{3.4-2}$$

式中　P_R——一条 n 芯电缆的损耗功率，W；

　　　P——N 根电缆的损耗功率和，W；

　　　ρ_t——电缆运行时平均温度为 50℃ 时电缆芯电阻率，$\Omega \cdot mm^2/m$，铜芯电缆，取 $0.0193\Omega \cdot mm^2/m$，铝芯电缆，取 $0.0316\Omega \cdot mm^2/m$；

　　　I_c——一条电缆的计算负荷电流，A；

　　　k——电流参差系数，可取 $0.85 \sim 0.95$；

　　　s——电缆芯截面，mm^2；

　　　L——电缆长度，m。

（14）变压器轨轮距及计算荷重见表 3.4-7～表 3.4-10。荷重分布见图 3.4-1。

（15）高、低压开关柜（屏）和低压电容器/屏以及变（配）电站楼（地）板计算荷重见表 3.4-11 和表 3.4-12。

表 3.4-7　　　110/35/10kV、110/10kV 电力变压器轨轮距及计算荷重

型号	容量 (kVA)	重量 (kg)	油重 (kg)	轨轮距 (mm)	型号	容量 (kVA)	重量 (kg)	油重 (kg)	轨轮距 (mm)
SZ11	6300	23 000	8200	1435	SZ11	25 000	54 000	16 200	2000
	8000	26 300	9800	1435		31 500	57 300	16 600	2000
	10 000	31 400	10 600	1435		40 000	66 600	17 500	2000
	12 500	36 200	11 000	1435		50 000	73 800	18 400	2000
	16 000	41 200	12 200	1435		63 000	80 600	20 600	2000
	20 000	46 800	13 800	2000					

注　各变压器的计算荷重 Q 为最大一级变压器的重量乘以 9.8，单位为 N，但 Q 最小不小于 30 000N。

表 3.4-8　　　35/10kV 电力变压器轨轮距及计算荷重

型号	容量 (kVA)	重量 (kg)	油重 (kg)	轨轮距 (mm)	型号	容量 (kVA)	重量 (kg)	油重 (kg)	轨轮距 (mm)
S11	630	3220	860	820	SC10	800	3400		820
	800	3530	930	820		1000	4500		820
	1000	3940	1010	820		1250	5050		820
	1250	4290	1080	820		1600	6050		820
	1600	4990	1230	1070		2000	8250		1070

续表

型号	容量 (kVA)	重量 (kg)	油重 (kg)	轨轮距 (mm)	型号	容量 (kVA)	重量 (kg)	油重 (kg)	轨轮距 (mm)
S11	2000	6250	1660	1070	SC10	2500	8850		1070
	2500	6960	1775	1070		3150	9650		1070
	3150	8330	2110	1070		4000	10 500		1475
	4000	9610	2390	1070		5000	12 750		1475
	5000	11 500	2760	1475		6300	16 700		2040
	6300	13 170	3050	1475		8000	18 250		2040
	8000	16 450	4095	1475		10 000	28 000		2300
	10 000	18 300	4816	1475		12 500	34 500		2300
	12 500	21 300	5590	1475		16 000	37 500		2580
	16 000	24 700	5930	1475		20 000	41 500		2580
	20 000	28 800	7052	1475					

注 各变压器的计算荷重 Q 为最大一级容量变压器的重量乘以 9.8，单位为 N。

表 3.4-9　　　　　　　20/0.4kV 电力变压器轨轮距及计算荷重

型号	容量 (kVA)	重量 (kg)	油重 (kg)	轨轮距 (mm)	型号	容量 (kVA)	重量 (kg)	油重 (kg)	轨轮距 (mm)
SZ11	400	1770	500	660	SCB11	400	1780		660
	500	2030	560	660		500	2350		660
	630	2210	590	820		630	2680		660
	800	2550	630	820		800	3050		820
	1000	3250	720	820		1000	3580		820
	1250	3790	750	820		1250	3950		820
	1600	4550	960	820		1600	4860		820
	2000	5100	1000	1070		2000	5510		820

表 3.4-10　　　　　　　10/0.4kV 电力变压器轨轮距及计算荷重

型号	容量 (kVA)	重量 (kg)	油重 (kg)	轨轮距 (mm)	型号	容量 (kVA)	重量 (kg)	油重 (kg)	轨轮距 (mm)
SZ11	315	1075	265	660	SCB11	400	1620		660
	400	1310	320	660		500	1670		660
	500	1450	360	660		630	1920		660
	630	1660	605	660		800	2450		820
	800	1950	680	660		1000	2840		820
	1000	2470	870	660		1250	3480		820
	1250	2960	980	820		1600	4310		820
	1600	3690	1115	820		2000	5660		820

注 各变压器的计算荷重 Q 为最大一级变压器的重量乘以 9.8，单位为 N，但 Q 最小不小于 30 000N。

3

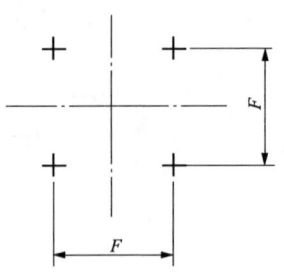

图 3.4-1   35/10kV 变压器荷重分布

F—轨轮距

表 3.4-11   高、低压开关柜（屏）和低压电容器/屏的计算荷重

名　称	型　号	动荷重	计算荷重图
高压开关柜	KYN18A-12，KYN28-12，KYN28A-12，KYN42-12，KYNZ12，KYN8000-10，KYN33-12，KYN44-12（Z），KYN □-12（VUA），KGN1-12，XGN2-12	操作时每台开关柜尚有向上冲力 9800N	每边　4900N/m
高压环网柜	XGN15-12，HXGN-12（L），（XGN20-12），HXGN15-12，RGC，GA/GE，HXGN-12ZF（R）		每边 4900N/m
高压电容器柜			每边 4900N/m
低压配电屏	GGL1，GGL10，GGD1.2.3，GHK1.2.3，GHL，GCK1，GCK4，GCL1，GCLB，GCX，MNS，GHD1，CUBIC LGT		每边 2000N/m
低压电容器/屏	GGJ		

表 3.4-12　　　　　　　　变(配)电站楼(地)板计算荷重

序号	项　目	活荷载标准值 (kN/m²)	备　注
1	主控制室、继电器室及通信室的楼面	4	如果电缆层的电缆吊在主控制室或继电器室的楼板上，则应按实际发生的最大荷载考虑
2	主控制楼电缆层的楼面	3	
3	电容器室楼面	4~9	活荷载标准值＝$\dfrac{\text{每只电容器重量}\times 9.8}{\text{每只电容器底面积}}$
4	3~10kV 配电室楼面	4~7	限用于每组开关荷重≤8kN，否则应按实际值
5	35kV 配电室楼面	4~8	限用于每组开关荷重≤12kN，否则应按实际值
6	110kV 配电室楼面	<15	
7	室内沟盖板	4	

注　1. 表中各项楼面计算荷重也适用于与楼面连通的走道及楼梯，以及运输设备必须经过的平台。
　　2. 序号 4、5 的计算荷重未包括操作荷载。
　　3. 序号 4、5 均适用于采用成套柜或采用真空断路器的情况，对于 3~35kV 配电装置的开关不布置在楼面的情况，该楼面的计算荷重均可采用 4kN/m²。

（16）高压开关柜、高压电容器柜、低压配电屏、低压电容器柜外形尺寸及结构、土建设计条件见图 3.4-2~图 3.4-16，低压配电屏（柜）、低压电容器屏型号及尺寸见表 3.4-13。

（17）变压器基础设计条件见图 3.4-17 和图 3.4-18。

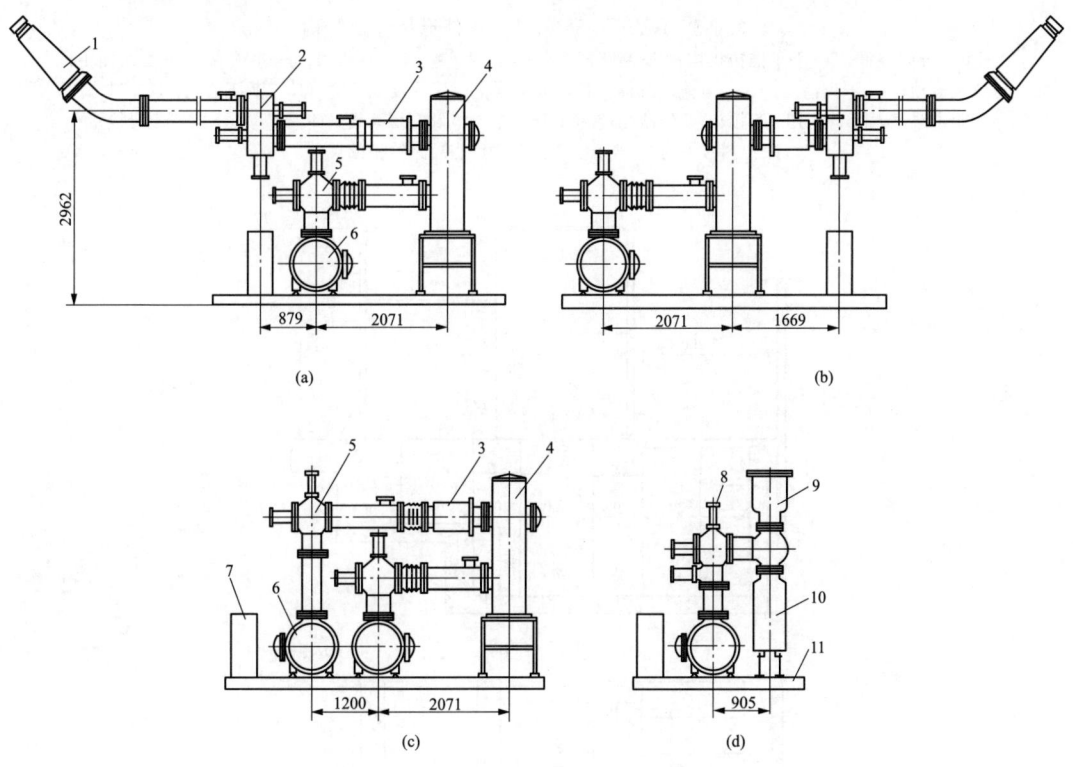

(a)　　　　　　　　　　　　　　(b)

(c)　　　　　　　　　　　　　　(d)

图 3.4-2　GIS 型高压开关柜外形尺寸及结构

(a) ①、④、⑧间隔；(b) ②、⑦间隔；(c) ⑤间隔；(d) ③、⑥间隔

1—瓷套管；2—直动隔离开关；3—电流互感器；4—断路器；5—单接地隔离开关；6—三相母线筒；7—中间箱；8—双接地隔离开关；9—电压互感器；10—避雷器；11—底架

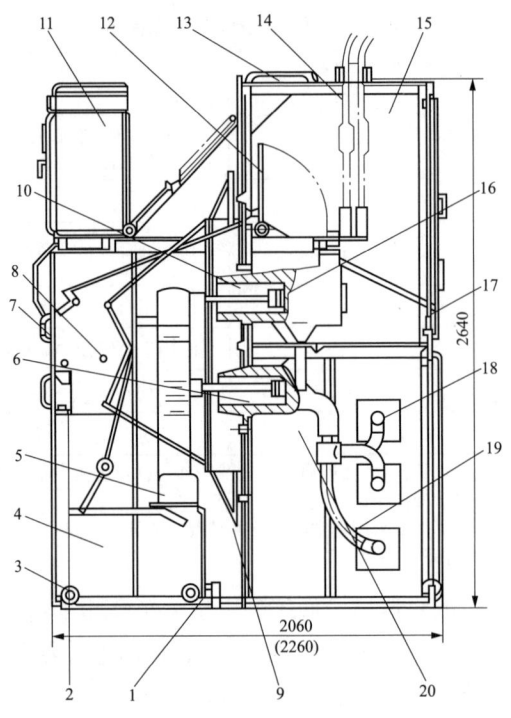

图 3.4-3　KYN□-35 型开关柜外形尺寸及结构

1—手车导向装置；2—手车推拉机构；3—断路器手车；4—手车室；5—断路器；6—触头盒；7—二次插头；
8—手车定位及连锁；9—隔离活门；10—电流互感器；11—继电器室；12—接地开关；13—泄压活门；14—进（出）电缆；
15—电缆室；16——一次隔离触头；17—后门连锁；18—主母线及穿墙套管；19—支母线；20—主母线室

注：括号中为配 SN10-35、ZN-35 型断路器柜的尺寸。

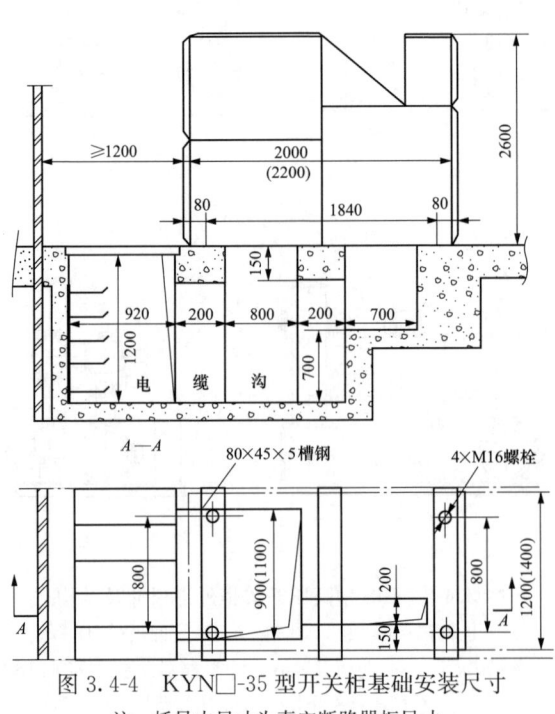

图 3.4-4　KYN□-35 型开关柜基础安装尺寸

注：括号内尺寸为真空断路器柜尺寸。

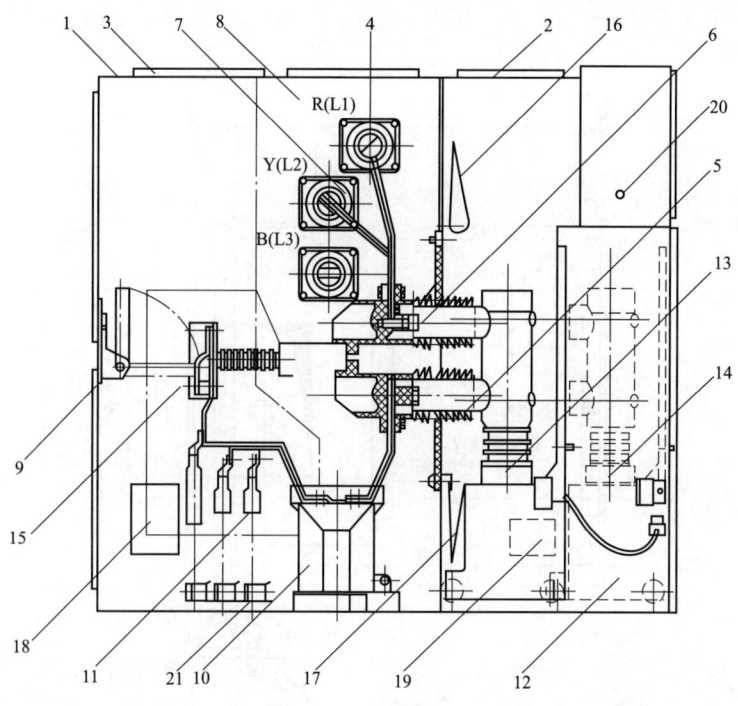

图 3.4-5 ZS3.2 进出线基本柜形剖视图及所安装的各种电器元件

1—柜体；2—断路器室压力释放板；3—电缆室压力释放板；4—O形主母线；5—静触头盒；6—静触头；
7—母线套管；8—套管安装板；9—接地开关；10—电流互感器；11—电缆终端；12—断路器手车；
13—断路器手车处于工作位置；14—断路器手车处于试验位置；15—绝缘隔板（相间）；16—母线侧绞
链连接活门；17—电缆侧绞链连接活门；18—电缆室防凝露加热器；19—断路器室防凝露加热器；
20—小母线穿越小孔；21—电力电缆固定夹

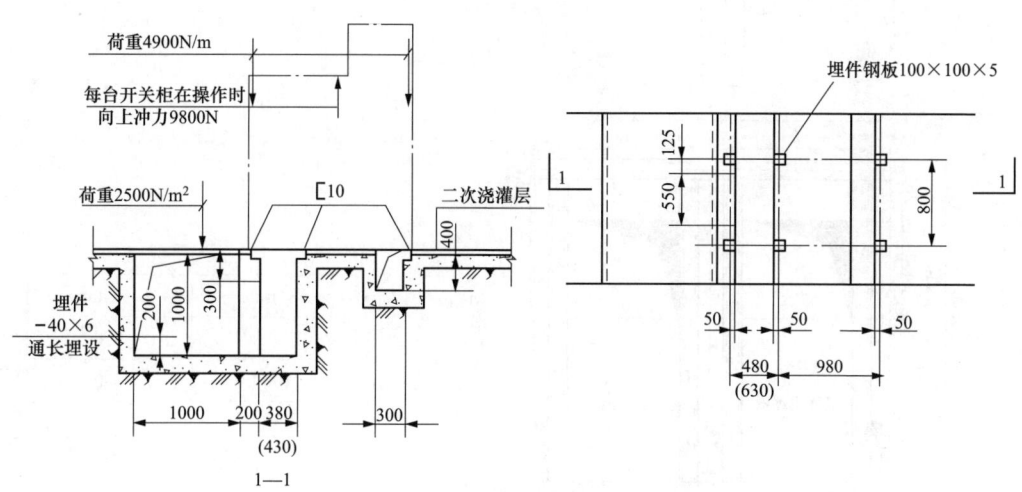

图 3.4-6 KYN-10 型高压开关柜土建设计条件参改图
注：括号中的数字用于架空进（出）线柜。

3

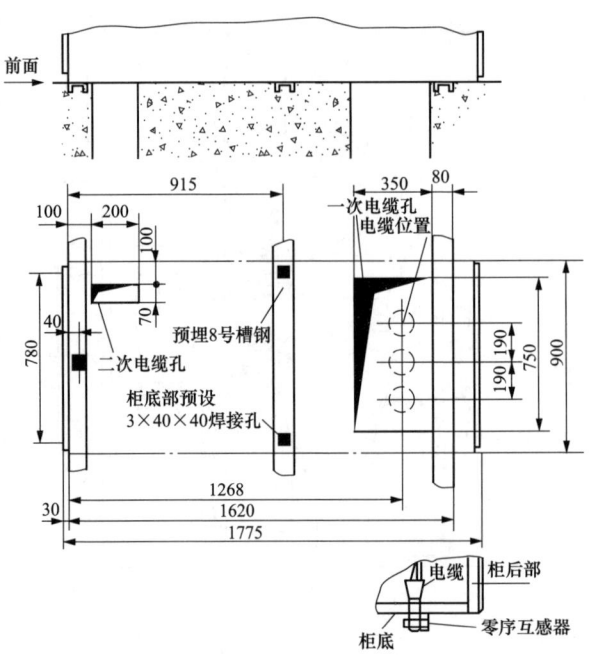

图 3.4-7　KYN18A-12 型高压开关柜土建设计条件参考图

注：1. 一次电缆孔及二次电缆孔图示为基本尺寸，用户可根据实际
　　　情况加大尺寸，但不应影响预埋槽钢的强度。
　　2. 零序互感器用专用支架吊于柜下。

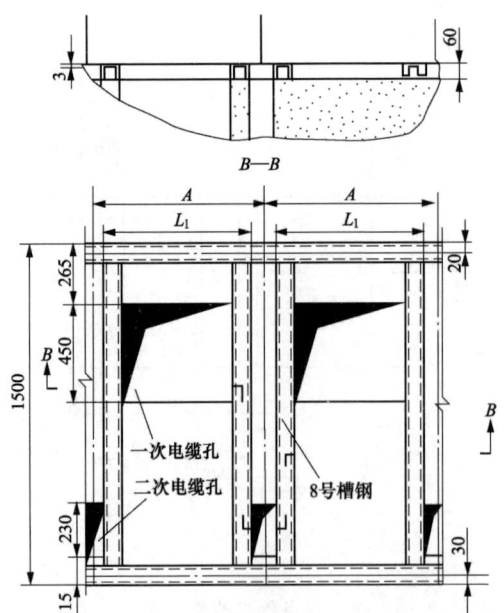

A（mm）	L_1（mm）
800	690
1000	890

图 3.4-8　KYN28A-12（GZS1）型高压开关柜土建设计条件参考图

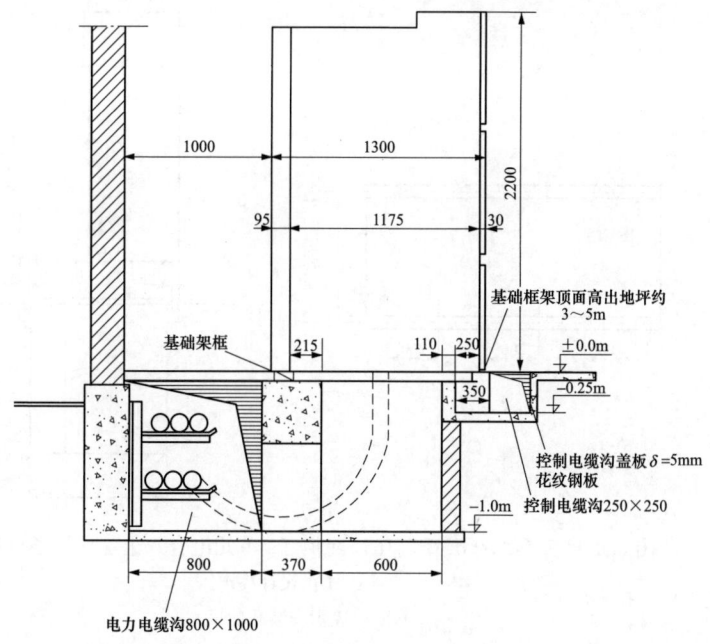

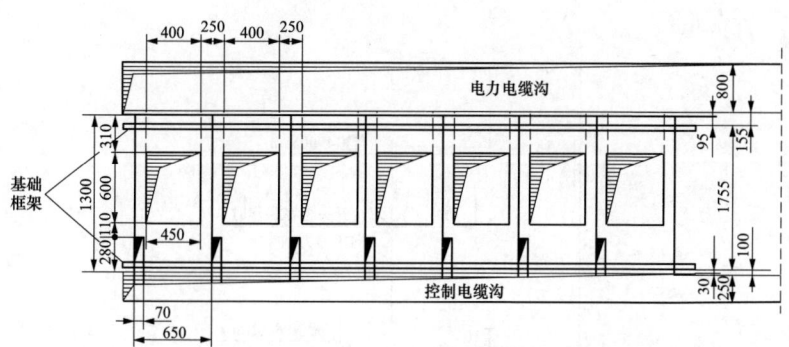

图 3.4-9 KYN42-12 (ZS1)型高压开关柜土建设计条件参考图

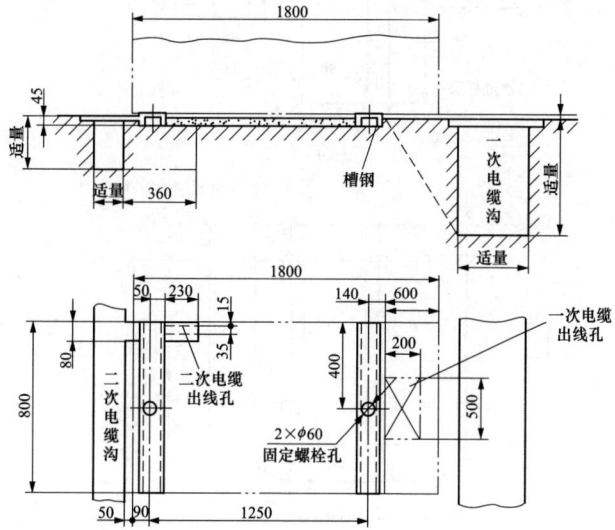

图 3.4-10 KYN□-12 (VUA)型高压开关柜土建设计条件参考图

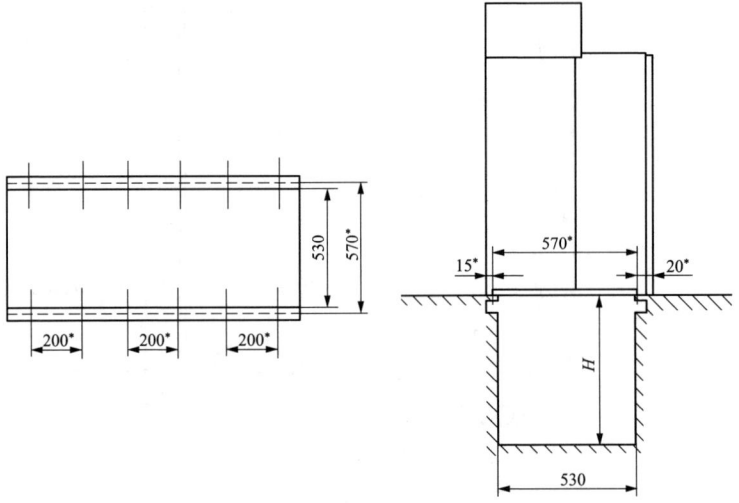

图 3.4-11　GA. GE 型高压环网柜（3 单元组合）土建设计条件参考图

注：H 由设计决定。

＊ 表示安装孔的尺寸。

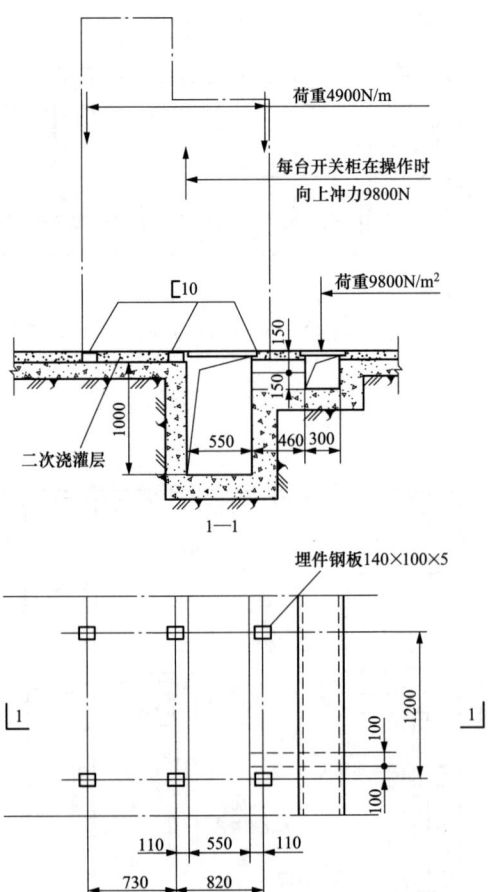

图 3.4-12　KGN1-10 型高压开关柜土建设计条件参考图

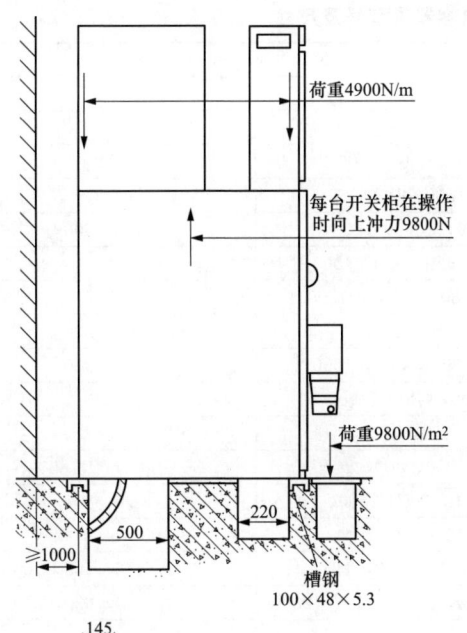

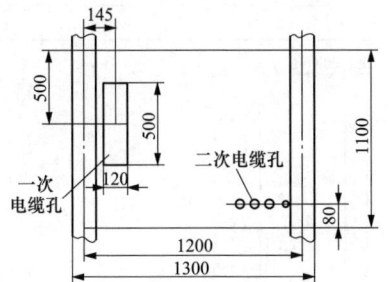

图 3.4-13 XGN2-12 型高压开关柜土建设计条件参考图

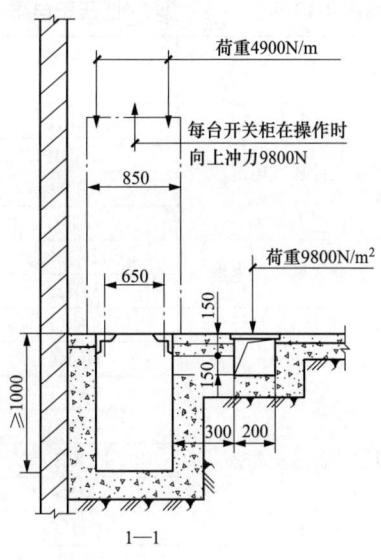

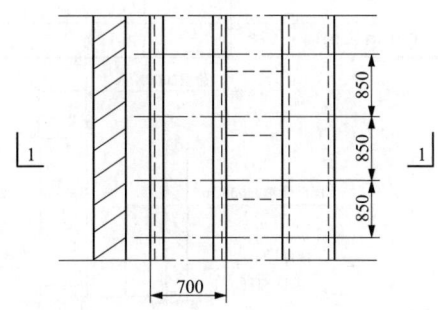

图 3.4-14 HXGN□-10 型高压开关柜土建设计条件参考图

外形尺寸

方案	宽 W (mm)	高 H (mm)	深 D (mm)
边柜	400、600	2200	900
进出线柜	900	2200	900
计量柜	900	2200	900

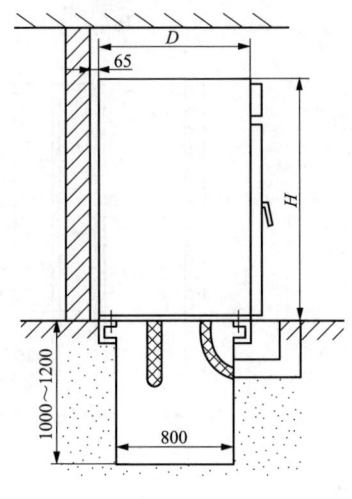

(a)

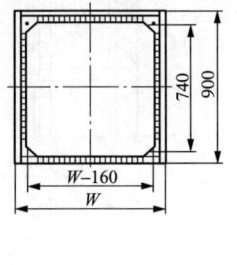

(b)

图 3.4-15 HXGN-12ZF(R)型高压环网柜土建设计条件参考图

(a)电缆进出布置示意图;(b)柜体安装孔位置图

表 3.4-13   低压配电屏（柜）低压电容器屏型号及尺寸

适用屏（柜）名称型	型　　号	尺　寸（mm）	
		B	A
固定式低压配电屏	GGL1	600，800	400，800
	GGL10	600，800，1000	400
	GGD1.2	800，1000	500
	GGD3	800，1000，1200	400，600
固定组合式低压配电屏	GHK1.2.3	450，650，800，1000	800
	GHL	660，800，1000，1200	600
抽出式低压配电屏	GCK1	800	370，800
	GCK4	400，600，800，1000	500，900
	GCL1	600，800，1000	1000
	GCLB	600，800	800
	GCS	400，600，800，1000	500，600，800
	MNS	600，800，1000	500，800
	GHD1	443，658，874	400，600，800
	CUBIC	576，768，960，1152	284，476，568，760
	LGT	440，630，820，1010，1200	340，430，620，810
低压电容器屏	GGJ	800，1000	500

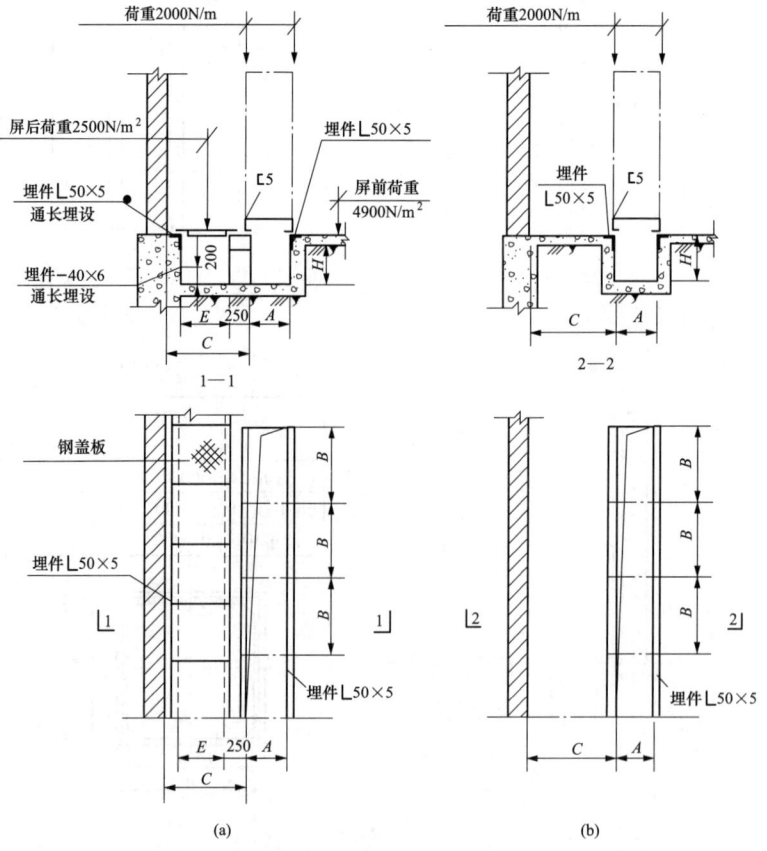

图 3.4-16　低压配电屏（柜）、低压电容器柜土建设计条件参考图
(a) 屏后有电缆沟；(b) 屏后无电缆沟（适用于电缆出线很少时）
注：1. 尺寸 A、B 可见表 3.4-13，尺寸 C、E、H 由工程设计决定。
2. 括号内数字用于进线柜。

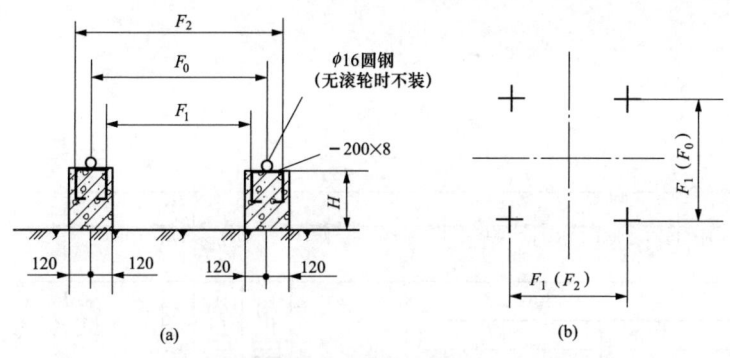

普通型电力变压器基础尺寸

变压器容量	尺寸（mm）			变压器重
（kVA）	F_1	F_2	F_0	（kg）
200～400	550	660	605	2000
500～630	660	820	740	2900
800～1600	820	1070	945	6000
2000～5000	1070	1475	1273	（12 500）
6300～10 000			1475	（20 000）

图 3.4-17 户内变压器基础设计条件

（a）变压器基础；（b）荷重分布

注：1. 本图所示为不抬高地坪，当采用抬高地坪方案时，图中轨轮距仍然适用。
2. 表中括号内数值适用于 35kV 变压器。

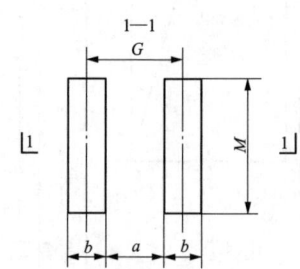

户外变压器基础尺寸

尺寸	型号或材料	变压器容量（kVA）					
		400	500	630	800	1000	1250
H	S11	1400	1400	1100	1100	900	800
M		1200	1200	1600	1600	1600	1600
G		660	660	820	820	820	1070
b	混凝土砖 200 号块石	300 370 400	300 370 400	300 370 400	300 370 400	300 370 400	300 370 400
a	混凝土砖 200 号块石	360 290 260	360 290 260	520 450 420	520 450 420	520 450 420	520 450 420

图 3.4-18 户外变压器基础设计条件

注：1. 表中适用于混凝土（100 号）、砖（75 号砖、50 号水泥砂浆）、石（200 号块石、50 号水泥砂浆）基础，基础顶面做法与户内变压器相同。
2. 基础需落在老土上。

3.5 110、35kV 变电站设计实例

（1）110/35/10kV 变电站布置设计实例见图 3.5-1～图 3.5-10。

（2）110/10kV 变电站双层布置设计实例见图 3.5-11。

（3）35/10kV 变电站单层布置设计实例见图 3.5-12。

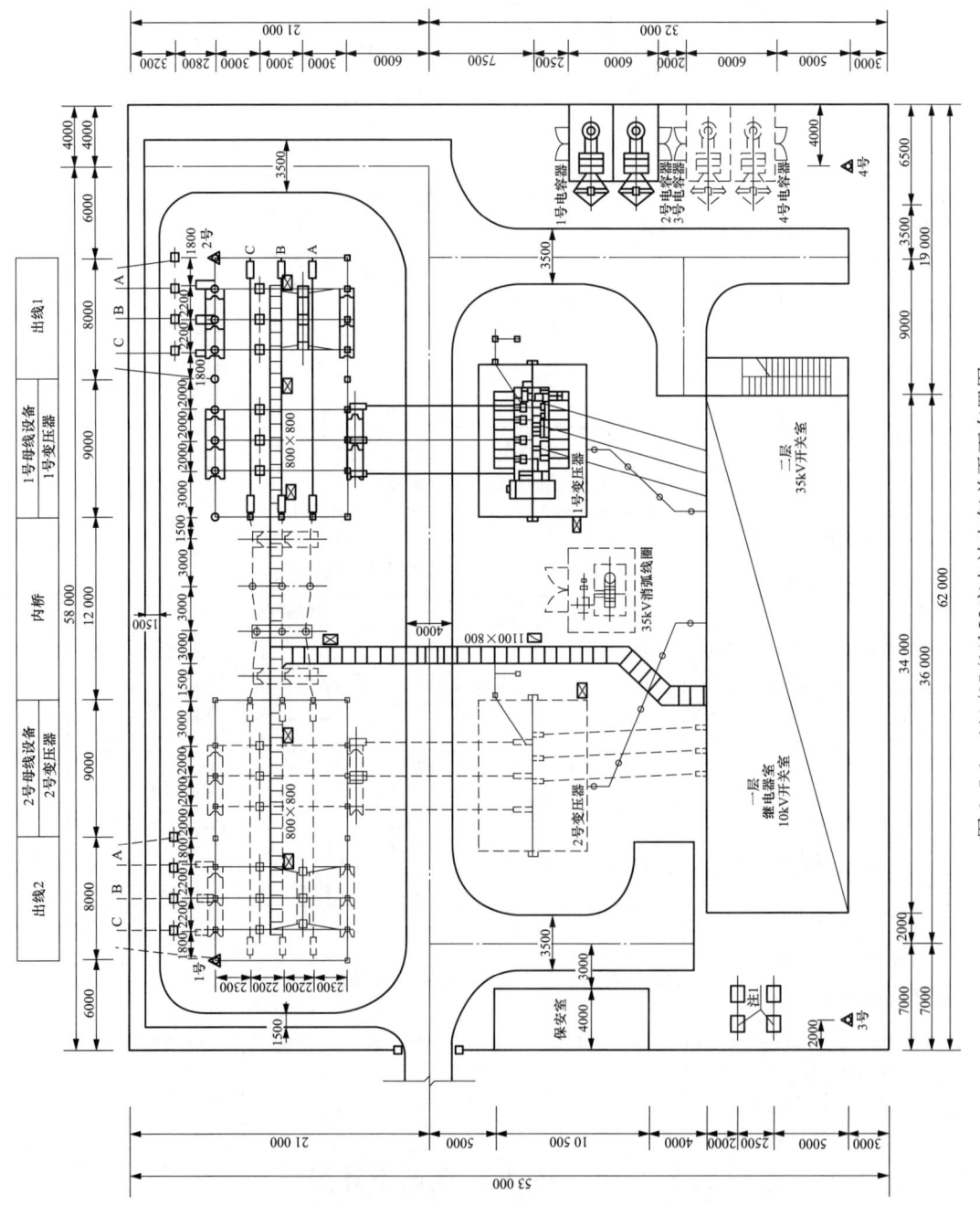

图 3.5-1　110/35/10kV 变电站电气总平面布置图

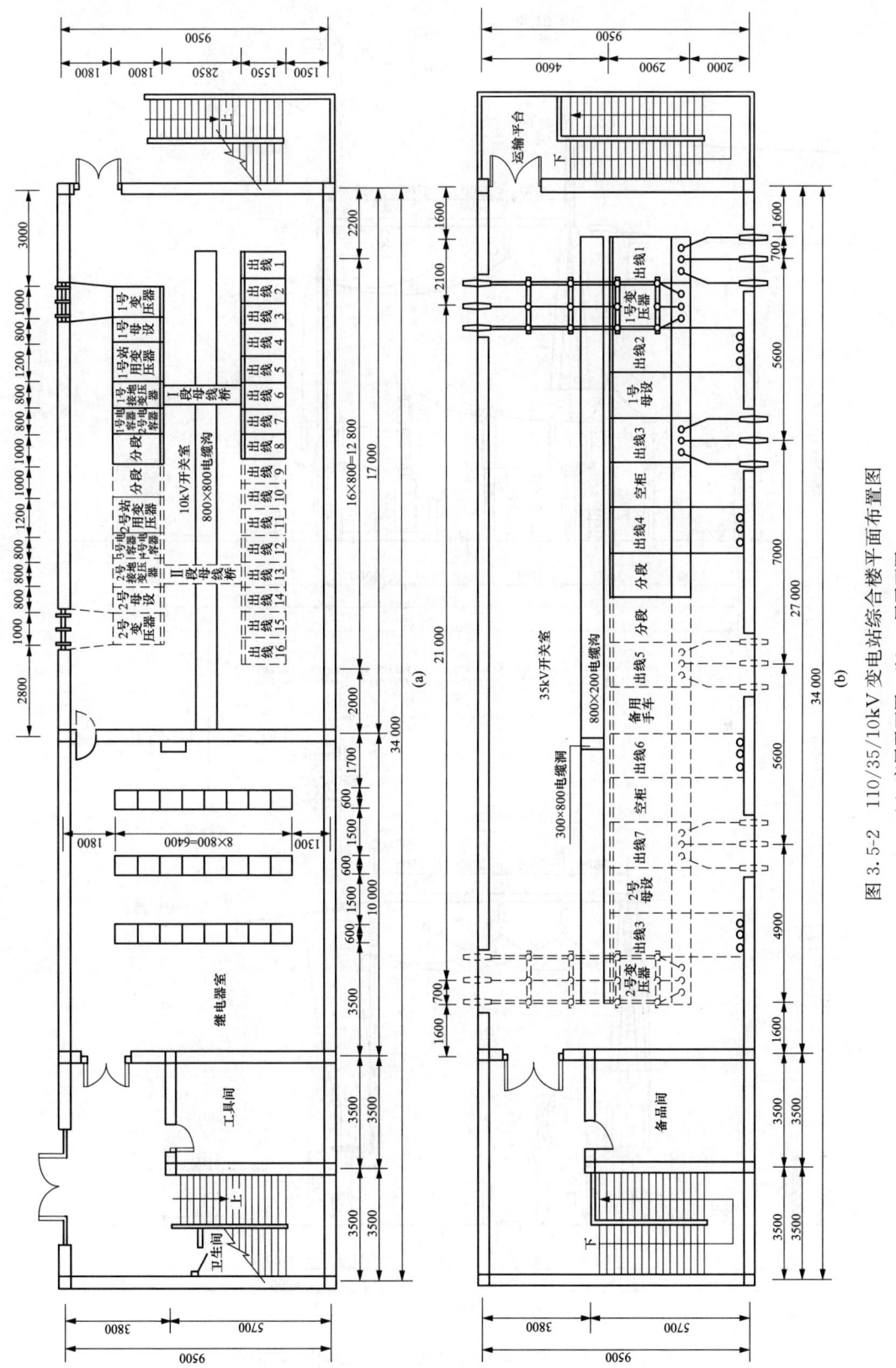

图 3.5-2 110/35/10kV 变电站综合楼平面布置图
(a) 底层平面图; (b) 二层平面图

3

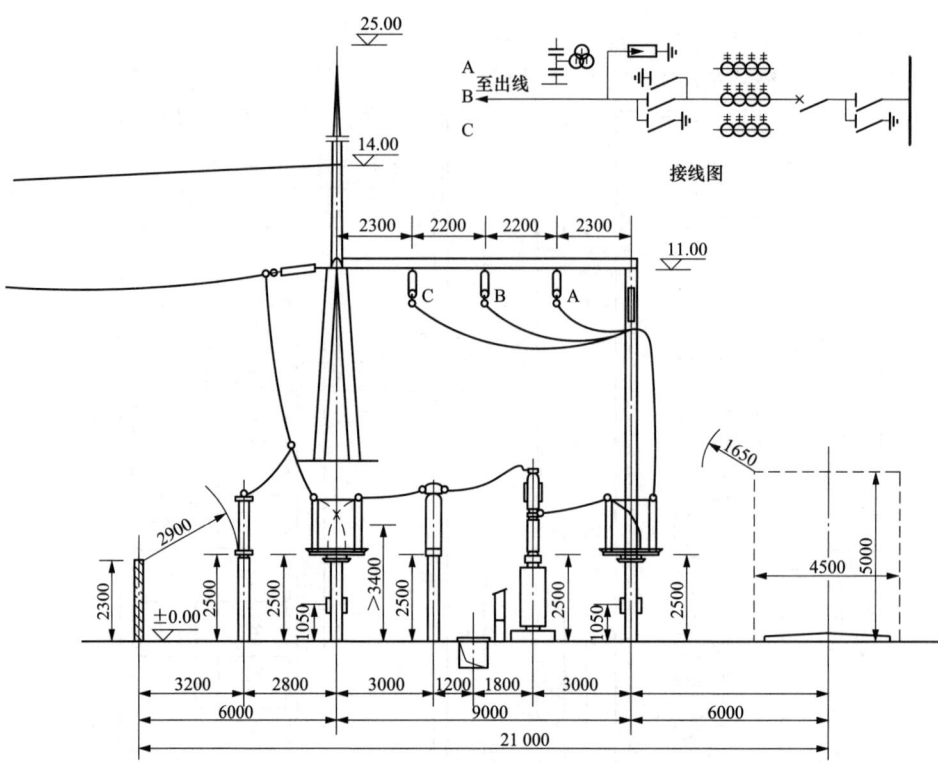

图 3.5-3 110kV 户外配电装置线路间隔断面图

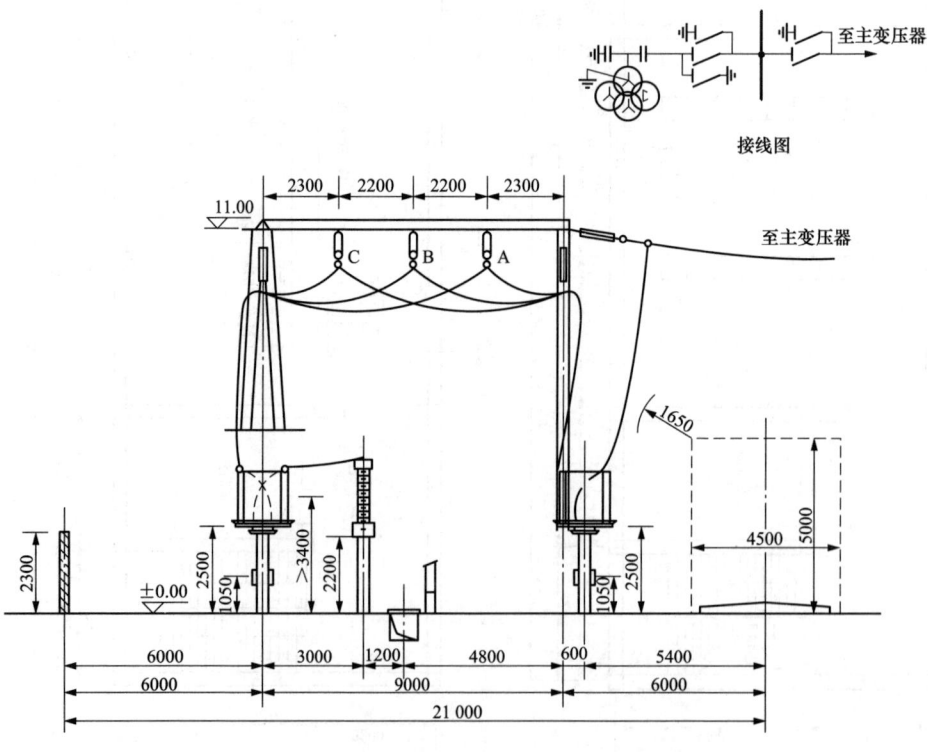

图 3.5-4 110kV 户外配电装置主变压器间隔断面图

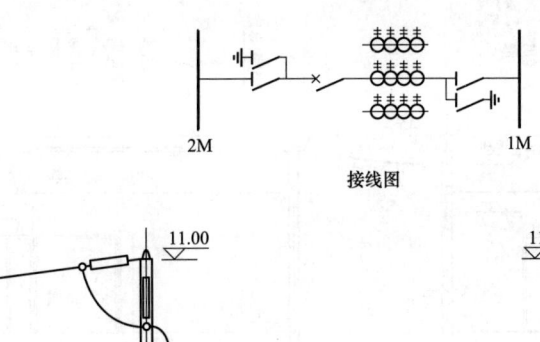

接线图

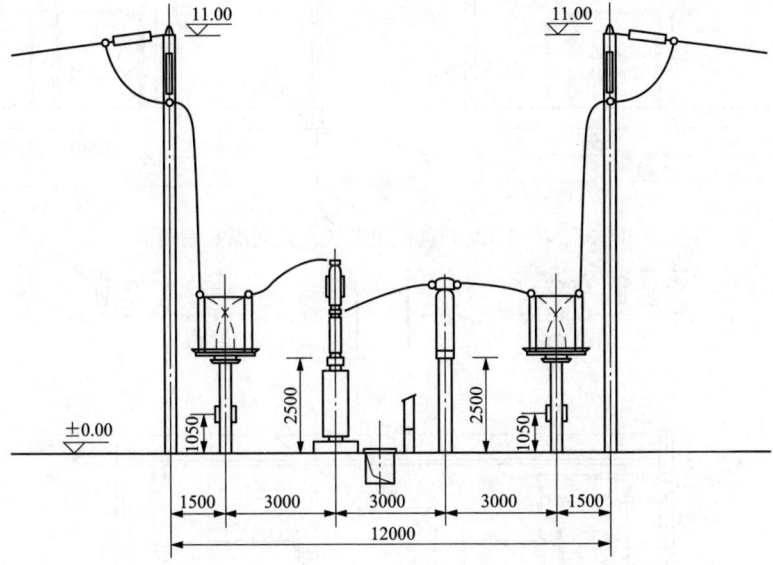

图 3.5-5 110kV 户外配电装置内桥间隔断面图

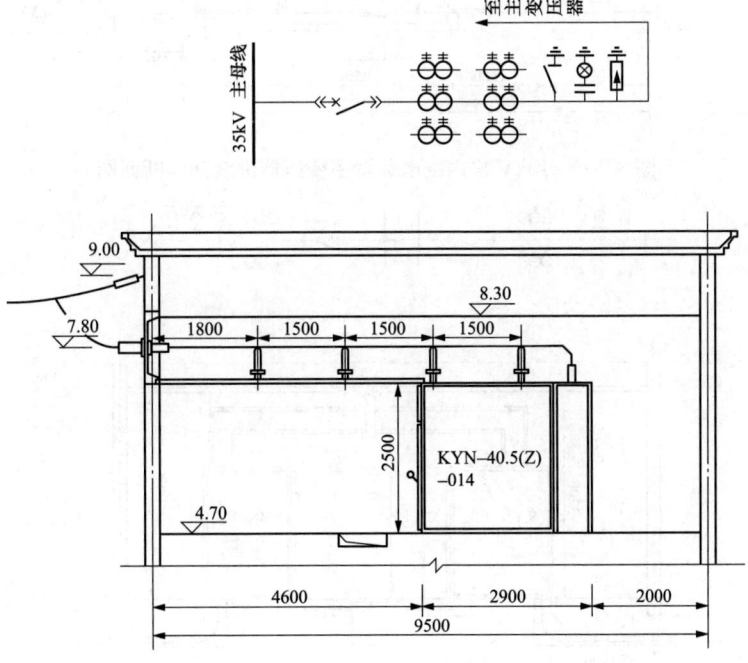

图 3.5-6 35kV 户内配电装置主变压器进线间隔断面图

3

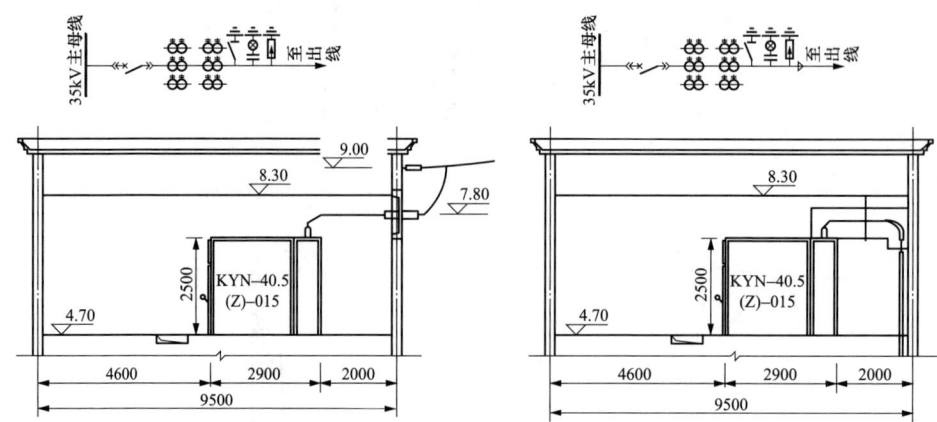

图 3.5-7　35kV 户内配电装置线路间隔断面图

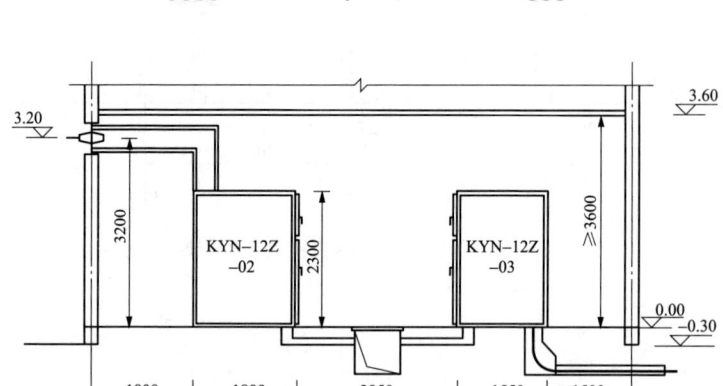

图 3.5-8　10kV 户内配电装置主变压器进线间隔断面图

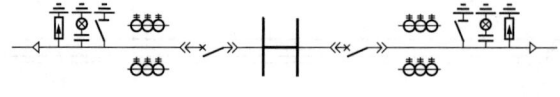

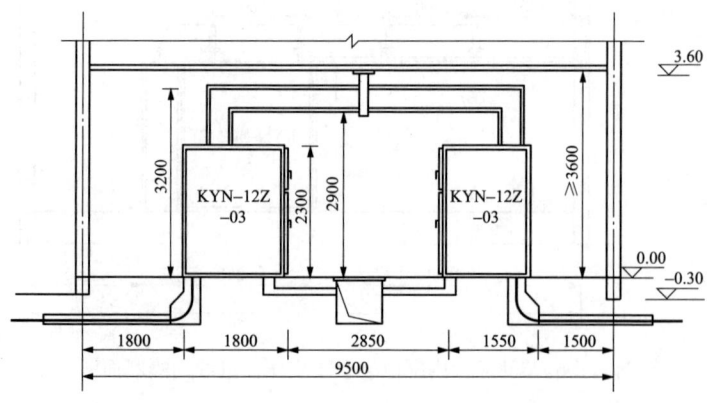

图 3.5-9　10kV 户内配电装置母线桥间隔断面图

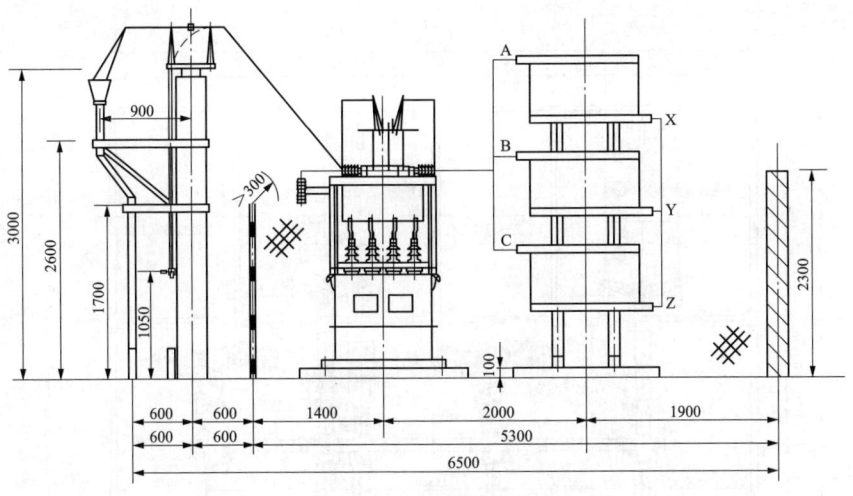

图 3.5-10 10kV 电容器断面图

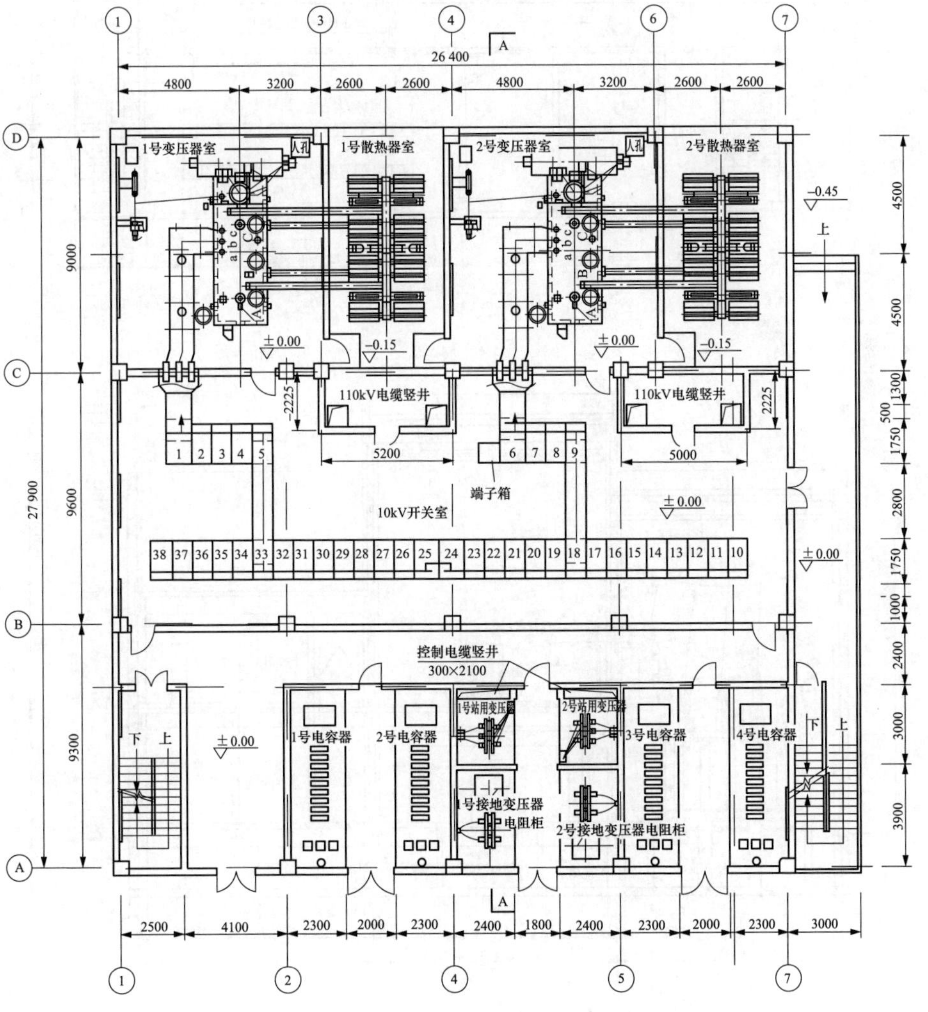

图 3.5-11 110/10kV 变电站双层布置设计实例（一）

一层

3

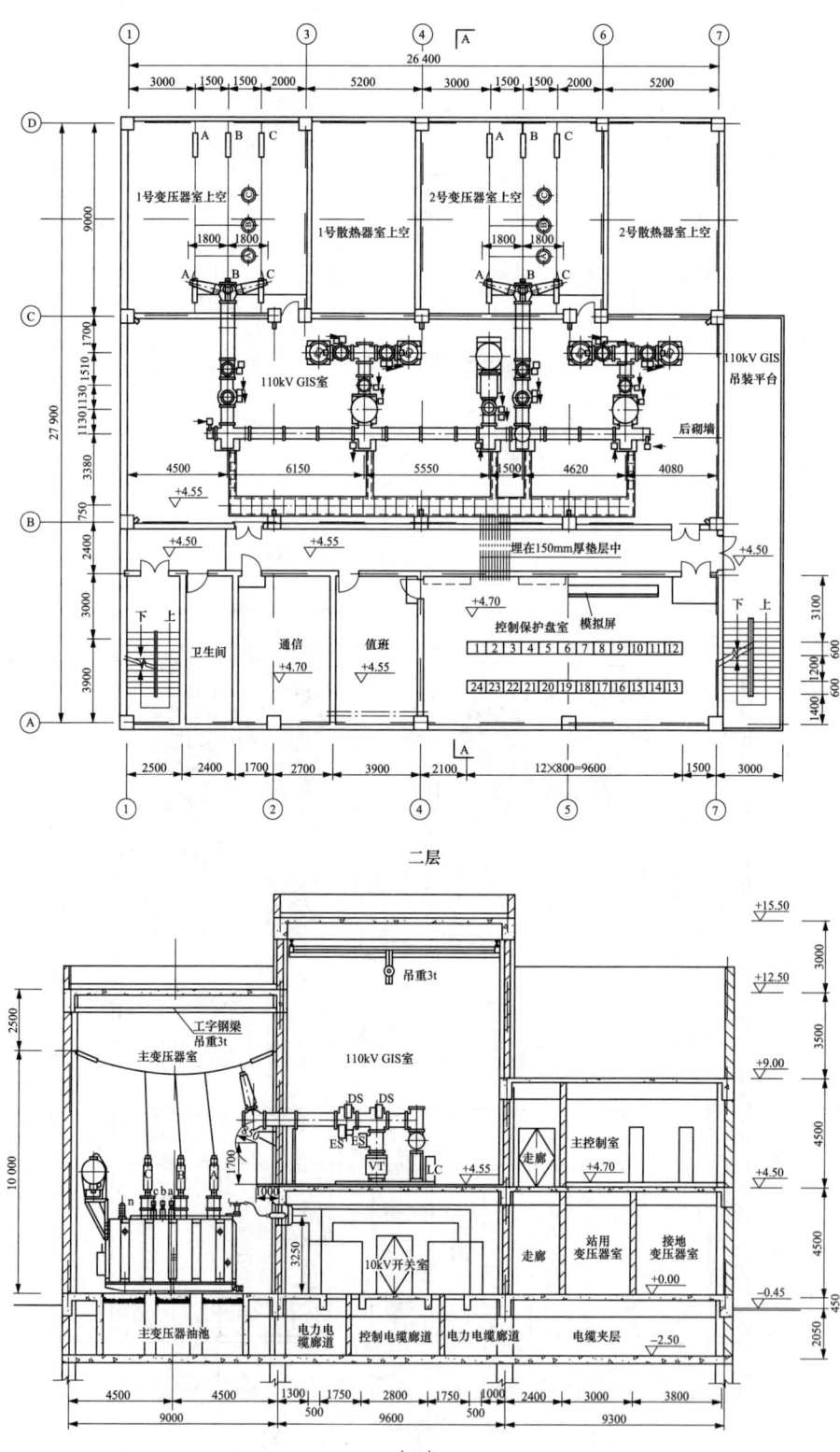

二层

A—A

图 3.5-11　110/10kV 变电站双层布置设计实例（二）

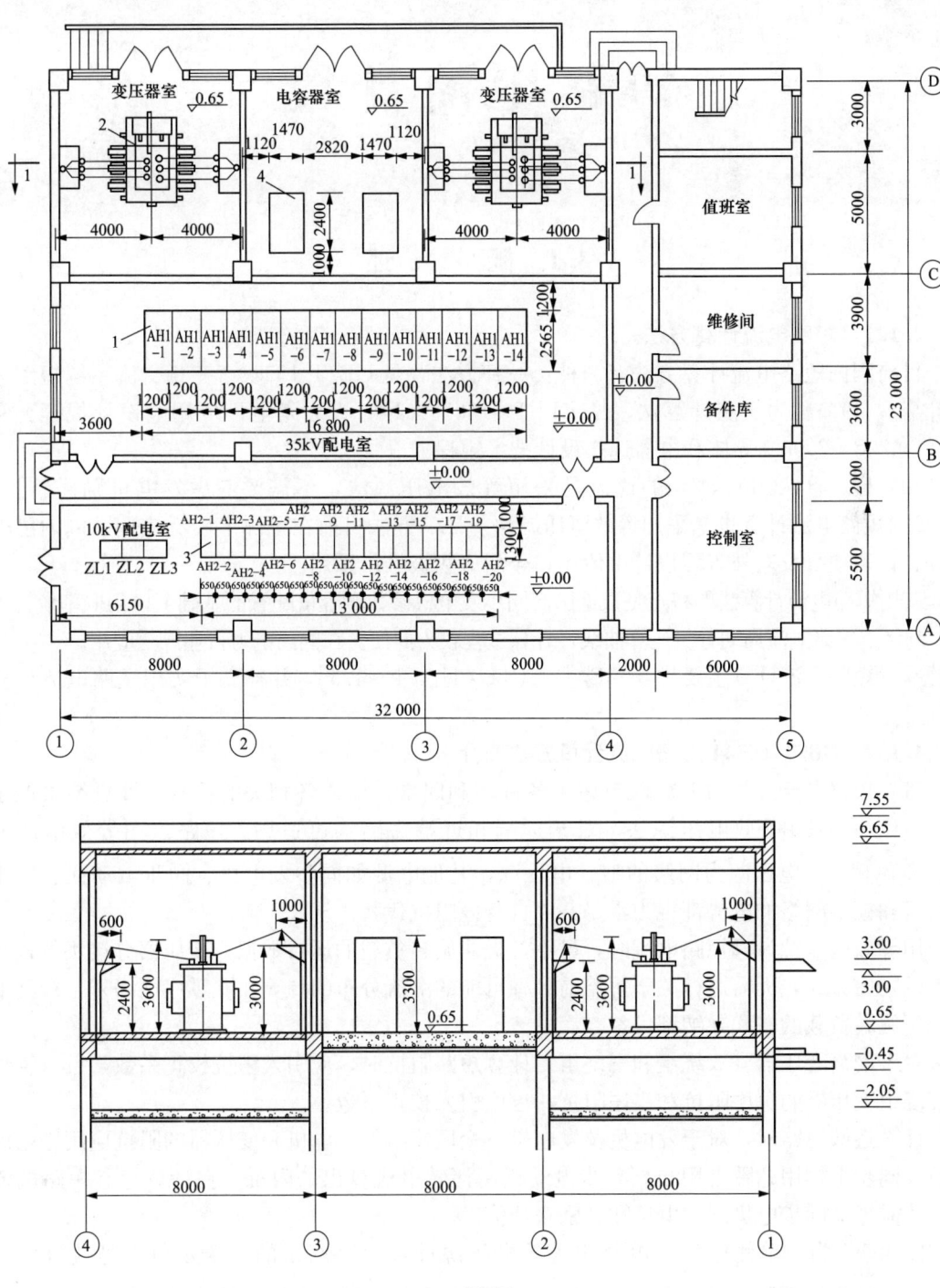

图 3.5-12　35/10kV　2×6300kVA 变电站单层布置设计实例

1—KYN65-40.5A 型开关柜；2—S11-6300/35 型变压器；3—KYN33-12 型开关柜；4—TBB 电容器柜

4 短路电流计算

4.1 概　　述

4.1.1　短路电流计算方法

目前国内短路电流计算方法有两种：一种方法，见 GB/T 15544《三相交流系统短路电流计算》；另一种为实用计算法，见 DL/T 5153—2014《火力发电厂厂用电设计规程》和 DL/T 5222—2005《导体和电器选择设计技术规程》。

GB/T 15544（IEC 法）的优点是采用等效电压源法，不需要考虑发电机励磁特性。IEEE 的短路电流计算也是采用等效电压源法。IEC 方法目前在国际上广泛应用；国内已在独资、合资项目及对外工程设计中使用，今后应积极推广采用。

实用短路电流计算法的特点是根据国产同步发电机参数和容量配置的基础上，用概率统计方法，制订了短路电流周期分量运算曲线，计算过程较为简便。在国内电力行业广泛应用。

本章短路电流计算主要推荐 GB/T 15544（见 4.1～4.5），并补充了实用短路电流计算法（见 4.6）。

4.1.2　GB/T 15544 短路电流计算方法简介

（1）短路电流计算的 IEC 法考虑了各种不利因素，引入各相关的系数，计算结果偏于安全。IEC 法采用等效电压源法，对于远端和近端短路均可适用。短路点用等效电压源 $cU_n/\sqrt{3}$ 代替，该电压源为网络的唯一电压源，其他电源如同步发电机、同步电动机、异步电动机和馈电网络的电势都视为零，并以自身内阻抗代替。

用等效电压源计算短路电流时，可不考虑非旋转负载的运行数据、变压器分接头位置和发电机励磁方式，无需进行关于短路前各种可能的潮流分布的计算。除零序网络外，线路电容和非旋转负载的并联导纳都可忽略。

对于网络变压器（双绕组和三绕组）计算短路阻抗时，应引入阻抗校正系数，且双绕组和三绕组变压器的负序阻抗和零序阻抗，也应引入校正系数。

计算近端短路时，对于发电机及发电机—变压器组的发电机和变压器的阻抗应用修正后的值。同步电机用超瞬态阻抗，异步电动机用堵转电流算出的阻抗。在计算稳态短路电流时，才需考虑同步电机同步电抗及其励磁顶值。

图 4.1-1 为一单侧电源馈电并用等效电压源计算短路网络的一个示例。等效电压源 $cU_n/\sqrt{3}$ 中的电压系数 c 根据表 4.1-1 选用，计算最大值用最大电压系数，最小值用最小电压系数。

（2）适用范围：适用于工频低压、高压三相交流系统中的短路电流计算。

涉及的短路形式包括平衡短路故障和不平衡短路故障。在中性点不接地或谐振接地系统中，只发生一处导体对地短路故障。

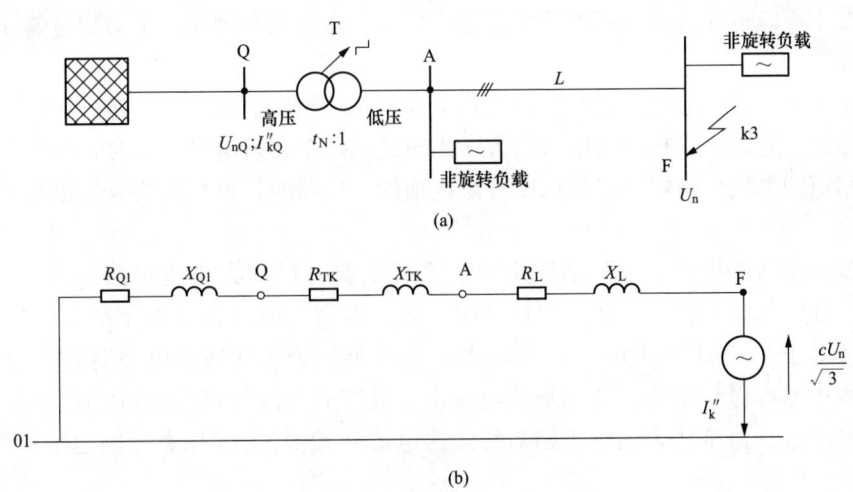

图 4.1-1 由等效电压源计算对称短路电流初始值 I''_k 的示意图

（a）系统图；（b）系统正序等效电路图

注：正序系统的阻抗编号（1）省略，01 标出正序系统的参考中性点。馈电网络与变压器阻抗为
相对于低压侧的阻抗，并且后者经过系数 K_T 修正。

表 4.1-1   电 压 系 数

标称电压	电 压 系 数	
U_n	c_{max}①	c_{min}
低压 $100V \leqslant U_n \leqslant 1000V$	1.05③ 1.10④	0.95
中压 $1kV < U_n \leqslant 35kV$	1.10	1.00
高压 $35kV < U_n$②	1.10	1.00

① $c_{max}U_n$ 不宜超过电力系统设备的最高电压 U_m。

② 如果没有定义标称电压，宜采用 $c_{max}U_n = U_m$、$c_{min}U_n = 0.90 \times U_m$。

③ 1.05 应用于允许电压偏差为 +6% 的低压系统，如 380V。

④ 1.10 应用于允许电压偏差为 +10% 的低压系统。

短路电流和短路阻抗也可通过系统试验、系统分析仪器测量或通过数字计算机确定。在现有低压系统中，能够在预期的短路点通过测量得到短路阻抗。

通常情况下，应计算两种不同幅值的短路电流：

1）最大短路电流，用于选择电气设备的容量或额定值以校验电气设备的动稳定、热稳定及分断能力，整定继电保护装置；

2）最小短路电流，用于选择熔断器、设定保护定值或作为校验继电保护装置灵敏度和校验感应电动机启动的依据。

不适用于受控条件（短路试验站）下人为短路和飞机、船舶用电气设备的短路计算。

4.1.3 短路电流的基本概念

短路是两个或多个导电部分之间意外或有意的导电通路，使得这些导电部分间的电位差等于或接近于零。造成短路的基本原因有绝缘损坏、违反安全操作、小动物跨越裸导线、机械外力破坏等。

在三相交流系统中可能发生的短路故障主要有三相短路、两相间短路、两相接地短路和单相接地短路。通常，三相短路电流最大，当短路点发生在发电机附近时，两相短路电流可能大于三相短路电流；当短路点靠近中性点接地的变压器时，单相短路电流也有可能大于三相短路电流。

短路过程中短路电流变化的情况决定于系统电源容量的大小或短路点离电源的远近，其电流波形如图 4.1-2 所示。在工程计算中，如果以供电电源容量为基准的短路电路计算电抗大于或等于 3，短路时即认为远端短路，此时可认为预期短路电流对称交流分量的值在短路过程中基本保持不变，预期短路电流由不衰减的交流分量和以初始值为 A 衰减到零的直流分量组成。通常认为远端短路对称短路电流初始值 I_k'' 和稳态短路电流有效值 I_k 是相等的。

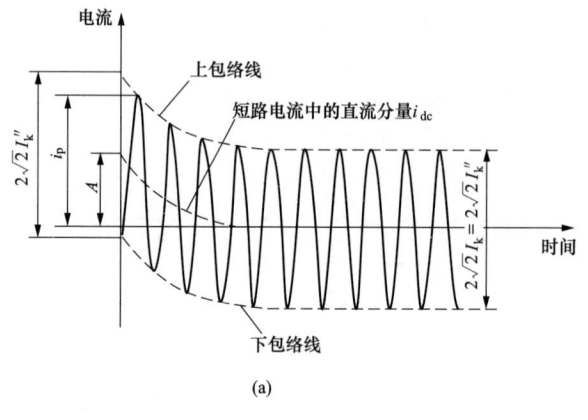

(a)

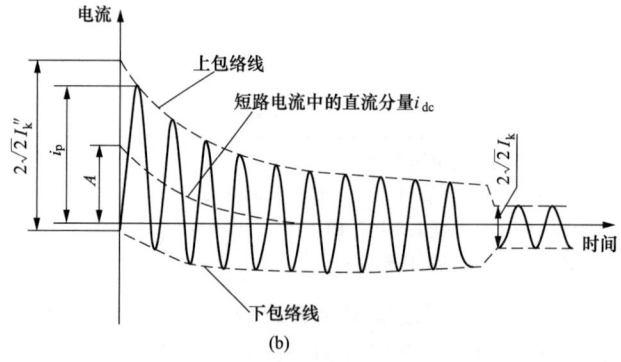

(b)

图 4.1-2　短路电流波形图

（a）远端短路时的短路电流波形图；（b）近端短路时的短路电流波形图

I_k''—对称短路电流初始值；i_p—短路电流峰值；I_k—短路电流稳态值；

i_{dc}—短路电流的非周期（直流）分量；A—非周期分量初始值

在工程计算中，至少有一台同步电机供给短路点的短路电流初始值超过这台发电机额定电流的两倍；或异步电动机反馈到短路点电流超过不接电动机时该点的短路电流初始值的 5% 时，则认为近端短路。预期短路电流由幅值衰减的交流分量和以初始值 A 衰减到零的直流分量组成。通常认为近端短路的稳态短路电流有效值 I_k 小于对称短路电流初始值 I_k''。

从实际应用角度出发，特别值得注意的是短路电流对称交流分量与短路后瞬间出现的短路电流峰值 i_{p}。i_{p} 在电压过零点短路的情况下出现，其值与频率 f 和 X/R 有关，还与交流分量的衰减有关。

4.1.4 计算最大与最小短路电流的基本条件

计算最大与最小短路电流时都应以下面条件为基础：

（1）短路类型不会随短路的持续时间而变化，即在短路期间，三相短路始终保持三相短路状态，单相接地短路始终保持单相接地短路。

（2）电网结构不随短路持续时间变化。

（3）变压器的阻抗取自分接开关处于主分接头位置时的阻抗，计算时允许采用这种假设，是因为引入了变压器的阻抗修正系数 K_{T}。

（4）不计电弧的电阻。

（5）除了零序系统外，忽略所有线路电容、并联导纳、非旋转型负载。

对于图 4.1-3 所示的平衡短路和不平衡短路，可用对称分量法计算其短路电流。

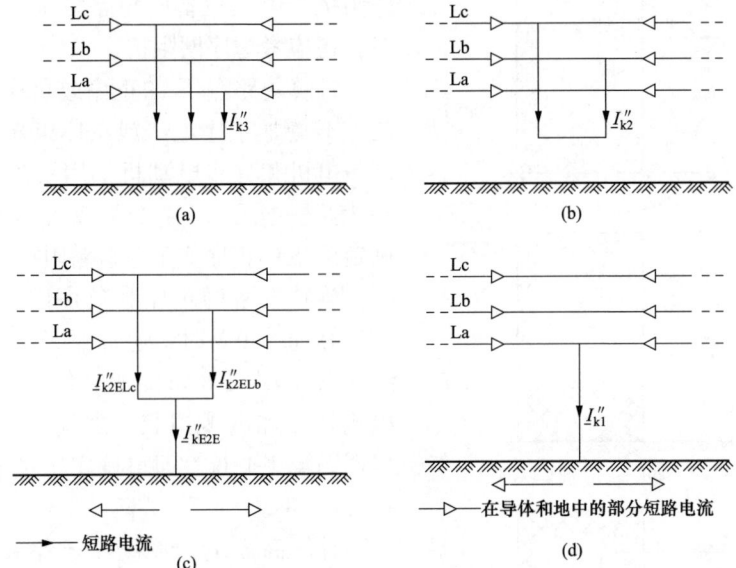

图 4.1-3　短路类型及短路电流

（a）三相短路；（b）两相短路；（c）两相接地短路；（d）单相接地短路

注：图中箭头方向为任意选定的电流流向。

4.1.5 计算最大短路电流考虑的条件

计算最大短路电流还须考虑以下条件：

（1）选用表 4.1-1 中的最大短路电流的电压系数 $c_{\max}$。

（2）选择电网结构，考虑电厂与馈电网络可能的最大馈入。

（3）用等值阻抗 Z_{Q} 等值外部网络时，应使用最小值。

（4）与下文中异步电动机、静止变频器驱动电动机情况相符情况下，应计及电动机影响。

（5）线路电阻采用 20℃时的数值 $R_{\mathrm{L}20}$。

4.1.6　计算最小短路电流考虑的条件

计算最小短路电流还须考虑以下条件：

（1）选用表 4.1-1 中的最小短路电流电压系数 $c_{\min}$。

（2）选择电网结构，考虑电厂与馈电网络可能的最小馈入。

（3）不计电动机影响。

（4）线路电阻 R_L 采用较高温度下的数值，与 R_{L20} 的关系可由式（4.1-1）确定

$$R_L = [1 + \alpha(\theta_c - 20)]R_{L20} \tag{4.1-1}$$

式中　R_L——温度 θ_c 时的阻值，Ω；

$\qquad R_{L20}$——在 20℃时的阻值，Ω；

$\qquad \theta_c$——短路结束时的导线温度，℃；

$\qquad \alpha$——铜、铝和铝合金的温度系数，取 $0.004/℃$。

涉及以下类型的不平衡短路为两相间短路、两相接地短路、单相接地短路。

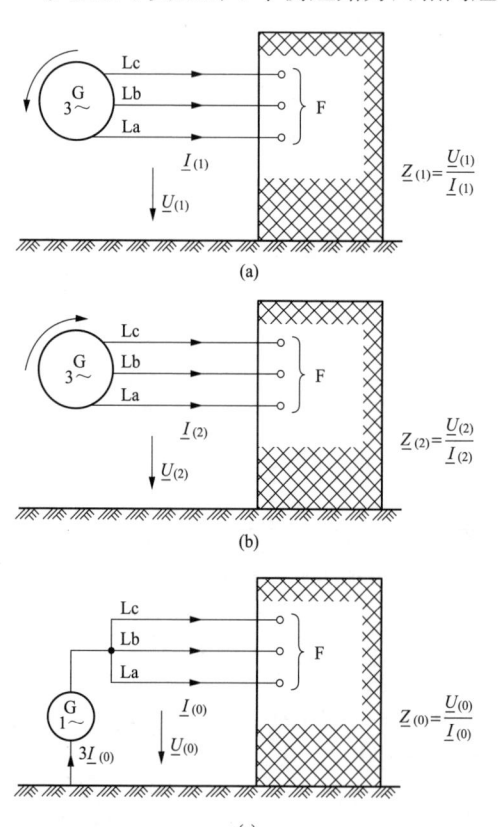

图 4.1-4　短路点 F 处三相交流系统的短路阻抗
（a）正序短路阻抗 $Z_{(1)}$；（b）负序短路阻抗 $Z_{(2)}$；
（c）零序短路阻抗 $Z_{(0)}$

在阻抗计算时，应注意区分短路点 F 的短路阻抗与电气设备的短路阻抗，用对称分量法时，还应考虑序网阻抗。

计算短路点 F 的正序或负序阻抗时，在短路点 F 施加正序电压或负序电压，电网内所有同步电机和异步电动机都用自身的相应序阻抗替代，根据图 4.1-4（a）或图 4.1-4（b）即可确定 F 点的正序或负序短路阻抗 $Z_{(1)}$ 或 $Z_{(2)}$。

旋转设备的正序和负序阻抗可能不相等，在计算远端短路时，通常令 $Z_{(1)} = Z_{(2)}$。在短路线和共用回线（如接地系统、中性线、地线、电缆外壳和电缆铠装）之间施加一交流电压，根据图 4.1-4（c）即可确定 F 点的零序短路阻抗 $Z_{(0)}$。

计算高压电力系统中不平衡短路电流时，在如下情况下应该考虑线路零序电容和零序并联导纳：中性点不接地系统、中性点谐振接地系统或接地系数高于 1.4 的中性点接地系统。

在计算低压电网的短路电流时，在正序系统、负序系统和零序系统中可忽略线路（架空线路和电缆）的电容。

除了特殊情况外，零序短路阻抗与正序短路阻抗、负序短路阻抗不等。

4.1.7　对称分量法的应用

计算三相交流系统中由平衡或不平衡短路产生的短路电流时，应用对称分量法可以使计算过程大大简化。用对称分量法时，假定电气设备具备平衡的结构，从而系统阻抗平衡，对于不换位线路，短路电流计算结果也具有可接受的精度。

应用对称分量法，将不平衡短路的系统分解为三个独立的对称分量系统，网络中各支路的电流可由 $\underline{I}_{(1)}$、$\underline{I}_{(2)}$、$\underline{I}_{(0)}$ 三个对称序分量电流叠加得到。以线路导体 La 相为参考，各相电流 $\underline{I}_{La}$、$\underline{I}_{Lb}$ 和 $\underline{I}_{Lc}$ 计算如下

$$\left.\begin{aligned}\underline{I}_{La} &= \underline{I}_{(1)} + \underline{I}_{(2)} + \underline{I}_{(0)} \\ \underline{I}_{Lb} &= \underline{a}^2\,\underline{I}_{(1)} + \underline{a}\,\underline{I}_{(2)} + \underline{I}_{(0)} \\ \underline{I}_{Lc} &= \underline{a}\,\underline{I}_{(1)} + \underline{a}^2\,\underline{I}_{(2)} + \underline{I}_{(0)}\end{aligned}\right\}$$ (4.1-2)

此时引入一个单位相量符号 "$\underline{a}$"，并定义 $\underline{a} = -\dfrac{1}{2} + j\dfrac{\sqrt{3}}{2}$；则有 $\underline{a}^2 = -\dfrac{1}{2} - j\dfrac{\sqrt{3}}{2}$；$\alpha^3 = 1$；$1 + \underline{a} + \underline{a}^2 = 0$。

任一相量若与 $\underline{a}$ 相乘，则表示该相量逆时针旋转120°。

4.2 电气设备的短路阻抗

对于馈电网络、变压器、架空线路、电缆线路、电抗器和其他类似电气设备，它们的正序和负序短路阻抗相等，即 $\underline{Z}_{(1)} = \underline{Z}_{(2)}$。计算设备零序阻抗时，在零序网络中，假设三相导体和返回的共用线间有一交流电压 $\underline{U}_{(0)}$，共用线流过三倍零序电流 $3\,\underline{I}_{(0)}$，设备零序阻抗满足 $\underline{Z}_{(0)} = \underline{U}_{(0)}/\underline{I}_{(0)}$。计算发电机（G）、变压器（T）、发电机—变压器组（S）的阻抗时，引入校正系数 K_G、K_T 以及 K_S 或者 K_{SO}。

4.2.1 馈电网络阻抗

如图 4.2-1（a）所示，由电网向短路点馈电的网络，仅知节点 Q 的对称短路电流初始值 I''_{kQ}，则 Q 点的网络阻抗 Z_Q（正序短路阻抗）宜由式（4.2-1）确定

$$Z_Q = \frac{cU_{nQ}}{\sqrt{3}\,I''_{kQ}}$$ (4.2-1)

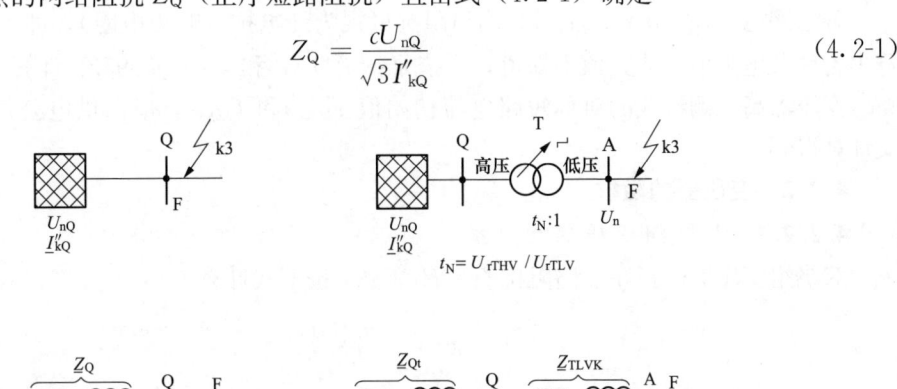

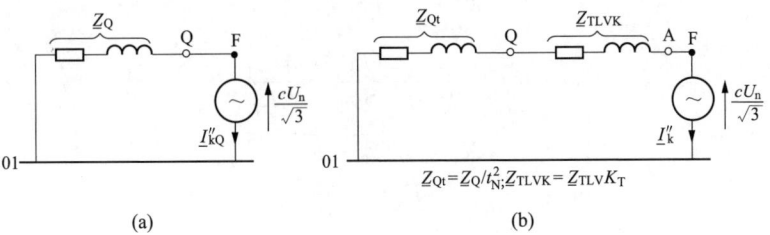

图 4.2-1 馈电网络及其等效电路示意图

（a）无变压器；（b）有变压器

式中 Z_Q——Q 点的网络阻抗，Ω；

     U_{nQ}——Q 点的系统标称电压，kV；

     I''_{kQ}——流过 Q 点的对称短路电流初始值，kA；

     c——电压系数，见表 4.1-1。

如果 R_Q/X_Q 已知，则 X_Q 应按照下式计算

$$X_Q = \frac{Z_Q}{\sqrt{1+(R_Q/X_Q)^2}} \tag{4.2-2}$$

式中 Z_Q——Q 点的网络阻抗，Ω；

     R_Q——Q 点的网络电阻，Ω；

     X_Q——Q 点的网络电抗，Ω。

如图 4.2-1（b）所示，如果电网经过变压器向短路点馈电，仅知节点 Q 的对称短路电流初始值 I''_{kQ}，则 Q 点的正序网络阻抗归算到变压器低压侧的值 Z_{Qt} 可由下式确定

$$Z_{Qt} = \frac{cU_{nQ}}{\sqrt{3}\,I''_{kQ}} \frac{1}{t_N^2} \tag{4.2-3}$$

式中 Z_{Qt}——Q 点的正序网络阻抗归算到变压器低压侧的阻抗，Ω；

     U_{nQ}——Q 点的系统标称电压，kV；

     I''_{kQ}——流过 Q 点的对称短路电流初始值，kA；

     c——电压系数，见表 4.1-1；

     t_N——分接开关在主分接位置时的变压器额定变比。

若已知节点 Q 的对称短路容量初始值 S''_{kQ}，则 Z_{Qt} 可由下式确定

$$Z_{Qt} = \frac{c\,U_{nQ}^2}{S''_{kQ}} \frac{1}{t_N^2} \tag{4.2-4}$$

若电网电压在 35kV 以上时，网络阻抗可视为纯电抗（略去电阻），即 $\underline{Z}_Q = 0 + jX_Q$。计算中若计及电阻但具体数值不知道，可按 $R_Q = 0.1X_Q$ 和 $X_Q = 0.995Z_Q$ 计算。

变压器高压侧母线的对称短路电流初始值 I''_{kQmax} 和 I''_{kQmin}，应由供电公司提供或根据本文计算得到。

4.2.2 变压器的阻抗

4.2.2.1 双绕组变压器的阻抗

双绕组变压器的正序短路阻抗 $\underline{Z}_T = R_T + jX_T$ 按下式计算

$$Z_T = \frac{u_{kN}}{100\%} \frac{U_{NT}^2}{S_{NT}} \tag{4.2-5}$$

$$R_T = \frac{u_{RN}}{100\%} \frac{U_{NT}^2}{S_{NT}} = \frac{P_{kNT}}{3I_{NT}^2} \tag{4.2-6}$$

$$X_T = \sqrt{Z_T^2 - R_T^2} \tag{4.2-7}$$

$$u_{RN} = \frac{P_{kNT}}{S_{NT}} \times 100\% \tag{4.2-8}$$

式中 Z_T——双绕组变压器的正序短路阻抗，Ω；

     U_{NT}——变压器高压侧或低压侧的额定电压，kV；

     I_{NT}——变压器高压侧或低压侧的额定电流，kA；

S_{NT}——变压器的额定容量，MVA；

P_{kNT}——变压器负载损耗，kW；

u_{kN}——额定阻抗电压百分数，其值由变压器设备厂家提供；

u_{RN}——额定电阻电压分量百分数。

u_{RN}能够根据变压器流过额定电流 I_{NT} 时的绕组总损耗 P_{kNT} 和额定容量 S_{NT} 计算得到。

R_T/X_T 通常随着变压器容量的增大而减小。计算大容量变压器短路阻抗时，可略去绕组中的电阻，只计电抗，只是在计算短路电流峰值或非周期分量时才计及电阻。

计算 $\underline{Z}_T = R_T + jX_T = \underline{Z}_{(1)} = \underline{Z}_{(2)}$ 所必需的数据，可从设备铭牌值获得。零序短路阻抗 $\underline{Z}_{(0)T} = R_{(0)T} + jX_{(0)T}$ 可从铭牌值或设备制造厂得到。

4.2.2.2 三绕组变压器的阻抗

图 4.2-2 所示三绕组变压器的短路阻抗 $\underline{Z}_H$、$\underline{Z}_M$、$\underline{Z}_L$，按下式计算（换算到 H 侧）

$$\left.\begin{aligned}\underline{Z}_{HM} &= \left(\frac{u_{RNHM}}{100\%} + j\frac{u_{XNHM}}{100\%}\right)\frac{U_{NTH}^2}{S_{NTHM}}(\text{L 侧开路})\\[2mm]\underline{Z}_{HL} &= \left(\frac{u_{RNHL}}{100\%} + j\frac{u_{XNHL}}{100\%}\right)\frac{U_{NTH}^2}{S_{NTHL}}(\text{M 侧开路})\\[2mm]\underline{Z}_{ML} &= \left(\frac{u_{RNML}}{100\%} + j\frac{u_{XNML}}{100\%}\right)\frac{U_{NTH}^2}{S_{NTML}}(\text{H 侧开路})\end{aligned}\right\} \tag{4.2-9}$$

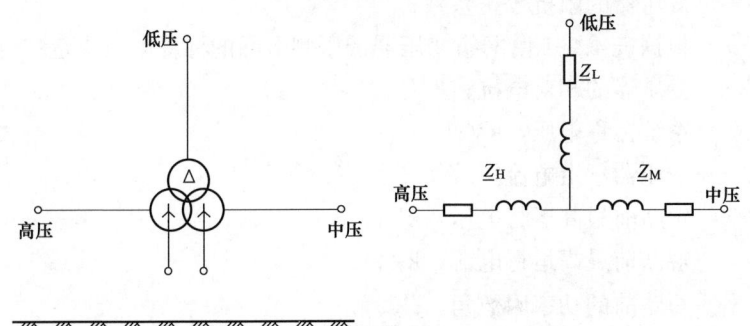

图 4.2-2 三绕组变压器

(a) 绕组联结符号；(b) 等效电路图（正序系统）

其中 $u_{XN} = \sqrt{u_{kN}^2 - u_{RN}^2}$。

代入下式可得：

$$\left.\begin{aligned}\underline{Z}_H &= \frac{1}{2}(\underline{Z}_{HM} + \underline{Z}_{HL} - \underline{Z}_{ML})\\[2mm]\underline{Z}_M &= \frac{1}{2}(\underline{Z}_{HM} + \underline{Z}_{ML} - \underline{Z}_{HL})\\[2mm]\underline{Z}_L &= \frac{1}{2}(\underline{Z}_{HL} + \underline{Z}_{ML} - \underline{Z}_{HM})\end{aligned}\right\} \tag{4.2-10}$$

式中　　　U_{NTH}——变压器额定电压，kV；

S_{NTHM}——H、M 间的额定容量，MVA；

S_{NTHL}——H、L 间的额定容量，MVA；

S_{NTML}——M、L 间的额定容量，MVA；

u_{RNHM} 和 u_{XNHM}——H、M 间的电阻电压和电抗电压分量百分数；

u_{RNHL} 和 u_{XNHL}——H、L 间的电阻电压和电抗电压分量百分数；

u_{RNML} 和 u_{XNML}——M、L 间的电阻电压和电抗电压分量百分数。

三绕组变压器的零序阻抗可从制造厂获得，也可由测试网络测量得到。

4.2.2.3　网络变压器的阻抗校正系数

网络变压器是指连接两个或多个不同电压等级电网的变压器，区别于发电机—变压器组中的升压变压器。

对于有载调节或无有载调节分接头的双绕组变压器，计算短路阻抗时应在式（4.2-5）～式（4.2-7）中引入阻抗校正系数 K_T，即 $\underline{Z}_{TK}=K_T\underline{Z}_T$，其中 $\underline{Z}_T=R_T+jX_T$

$$K_T=0.95\frac{c_{max}}{1+0.6x_T} \tag{4.2-11}$$

如果能够确定短路前网络变压器的长期运行工况，则阻抗校正系数可用式（4.2-12）替代式（4.2-11）

$$K_T=\frac{U_n}{U^b}\frac{c_{max}}{1+x_T(I_T^b/I_{NT})\sin\varphi_T^b} \tag{4.2-12}$$

$$x_T=X_T/(U_{NT}^2/S_{NT})$$

以上式中　K_T——变压器的阻抗校正系数；

c_{max}——根据表 4.1-1 由网络变压器低压侧电网的标称电压决定；

x_T——变压器的相对电抗；

U_n——系统标称电压，kV；

I_{NT}——变压器额定电流，kA；

U^b——短路前最高运行电压，kV；

I_T^b——短路前最高运行电流，kA；

φ_T^b——短路前的功率因数角，（°）。

双绕组变压器的负序短路阻抗和零序短路阻抗也应引入该校正系数。变压器中性点接地阻抗 $\underline{Z}_N$ 无需引入该校正系数，直接取 $3\underline{Z}_N$ 接入零序网络即可。

对于有载调节或无有载调节分接头的三绕组变压器，使用 K_{THM}、K_{THL} 和 K_{TML} 三个阻抗校正系数

$$\left.\begin{array}{l}K_{THM}=0.95\dfrac{c_{max}}{1+0.6x_{THM}}\\[2mm]K_{THL}=0.95\dfrac{c_{max}}{1+0.6x_{THL}}\\[2mm]K_{TML}=0.95\dfrac{c_{max}}{1+0.6x_{TML}}\end{array}\right\} \tag{4.2-13}$$

式中　K_{THM}、K_{THL}、K_{TML}——H 与 M 间、H 与 L 间、M 与 L 间阻抗校正系数；

x_{THM}、x_{THL}、x_{TML}——H 与 M 间、H 与 L 间、M 与 L 间相对电抗；

c_{max}——电压系数，根据表 4.1-1 由电网的标称电压决定。

再由式（4.2-9）确定的阻抗 $\underline{Z}_{HM}$、$\underline{Z}_{HL}$ 和 $\underline{Z}_{ML}$，计算校正后的阻抗值 $\underline{Z}_{HMK}=K_{THM}\underline{Z}_{HM}$、

$\underline{Z}_{HLK}=K_{THL}\underline{Z}_{HL}$和$\underline{Z}_{MLK}=K_{TML}\underline{Z}_{ML}$。根据式（4.2-10）得出校正后的各绕组短路阻抗$\underline{Z}_{HK}$、$\underline{Z}_{MK}$、$\underline{Z}_{LK}$。

三绕组变压器的负序短路阻抗和零序短路阻抗也应引入该校正系数。变压器中性点接地阻抗不需要校正。

4.2.3 架空线和电缆的阻抗

4.2.3.1 架空线的阻抗

导线平均温度 20℃时的架空线单位长度有效电阻 R'_L 可根据电阻率 ρ 和标称截面 q_n 用下式计算

$$R'_L=\frac{\rho}{q_n} \tag{4.2-14}$$

式中 R'_L——温度 20℃时架空线单位长度有效电阻，Ω/m，导线温度高于 20℃时，按式（4.1-1）计算电阻；

ρ——导体电阻率，$(\Omega \cdot mm^2)/m$，铜取 1/54，铝取 1/34，铝合金取 1/31；

q_n——导体标称截面，mm^2。

对于换位架空线，单位长度的电抗 X'_L（见图 4.2-3），可按下式计算

$$X'_L = 2\pi f \frac{\mu_0}{2\pi}\left(\frac{1}{4n}+\ln\frac{d}{r}\right)=f\mu_0\left(\frac{1}{4n}+\ln\frac{d}{r}\right) \tag{4.2-15}$$

$$d=\sqrt[3]{d_{LaLb}d_{LbLc}d_{LcLa}}$$

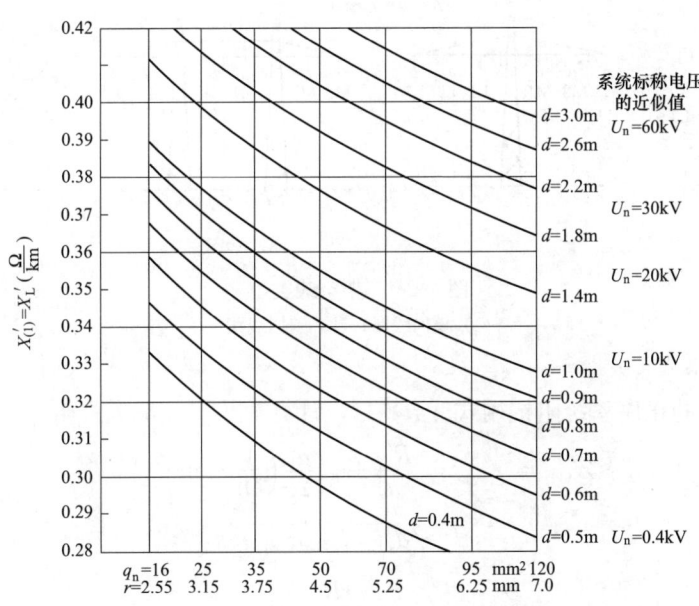

图 4.2-3　50Hz 单回中低压架空线路（铜或铝）的正序电抗

注：频率为 60Hz 时，阻抗值应乘以 1.2。

其中 X'_L——单位长度的电抗，Ω/km；

d——导线间的几何均距或相应的导线的中心距离，mm；

r——单导线时为导线的半径，分裂导线时为$\sqrt[n]{nr_0R^{n-1}}$，mm；

R——布置分裂导线所在圆的半径，mm；

r_0——每根导线半径；

f——电源频率，Hz；

n——分裂导线数，单导线时为 1；

μ_0——真空磁导率，$4\pi \times 10^{-4}$ H/km。

系统额定频率为 50Hz 时，式（4.2-15）化简为式（4.2-16）

$$X'_L = 0.062\,8\left(\frac{1}{4n} + \ln\frac{d}{r}\right) \tag{4.2-16}$$

如果是钢芯铝线，仅用铝导体的截面积作为 q_n 计算。

式（4.2-17）～式（4.2-23）可分别用于计算有/无地线的采用单根或分裂导线的单/双回三相交流架空线路的正序或零序系统的短路阻抗，各种架空线路类型可见图 4.2-4。

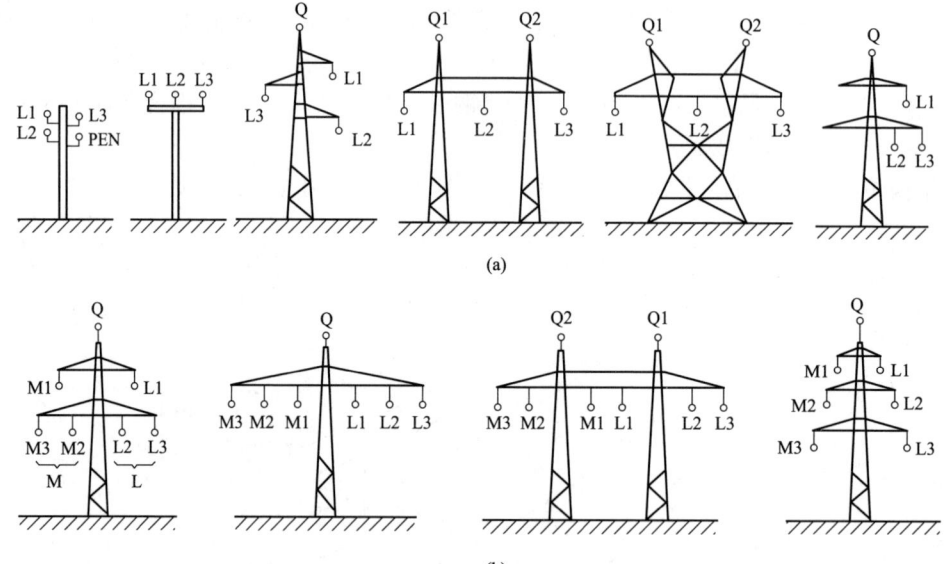

图 4.2-4 架空线类型

(a) 单回线路；(b) 双回线路

(1) 单回线路（Ⅰ）。

1) 单回线路的正序系统阻抗用式（4.2-17）计算

$$\underline{Z}'_{(1)} = \underline{Z}'^{\,\mathrm{I}}_{(1)} = \frac{R'_L}{n} + \mathrm{j}\omega\frac{\mu_0}{2\pi}\left(\frac{1}{4n} + \ln\frac{d}{r_B}\right) \tag{4.2-17}$$

$$d = \sqrt[3]{d_{L1L2}\,d_{L1L3}\,d_{L2L3}}$$

$$r_B = \sqrt[n]{nrR^{n-1}}$$

式中 $\underline{Z}'^{\,\mathrm{I}}_{(1)}$——单位长度正序阻抗，$\Omega$/km；

R'_L——单位长度有效电阻，Ω/km；

n——分裂导体数（$n=1$，2，3，4，6），如果 $n=1$，则为单根导体；

r——分裂导体半径，mm；

ω——电源角频率，$\omega = 2\pi f$，f 为电源频率，s^{-1}；

d——导体间的几何均距，mm；

r_B——有效分裂半径，mm；

R——布置分裂导体所在圆的半径。

2）单回线路无地线情况下的零序系统阻抗用式（4.2-18）计算

$$\underline{Z}'^{\,I}_{(0)} = \frac{R'_L}{n} + 3\omega\frac{\mu_0}{8} + \mathrm{j}\omega\frac{\mu_0}{2\pi}\left(\frac{1}{4n} + 3\ln\frac{\delta}{\sqrt[3]{r_B d^2}}\right) \tag{4.2-18}$$

3）单回线路带一回地线 Q 情况下的零序阻抗用式（4.2-19）计算

$$\underline{Z}'^{\,I\,Q}_{(0)} = \underline{Z}'^{\,I}_{(0)} - 3\frac{Z'^2_{QLE}}{Z'_{QQE}} \tag{4.2-19}$$

其中

$$Z'_{QQE} = R'_Q + \omega\frac{\mu_0}{8} + \mathrm{j}\omega\frac{\mu_0}{2\pi}\left(\frac{\mu_{rQ}}{4} + \ln\frac{\delta}{r_Q}\right)$$

$$\underline{Z}'_{QLE} = \omega\frac{\mu_0}{8} + \mathrm{j}\omega\frac{\mu_0}{2\pi}\ln\frac{\delta}{d_{QL}}$$

$$d_{QL} = \sqrt[3]{d_{QL1} d_{QL2} d_{QL3}}$$

μ_{rQ}取决于地线的材料和结构。

4）单回线路带双回地线 Q1 和 Q2 情况下的零序阻抗用式（4.2-20）计算

$$\underline{Z}'^{\,I\,Q1Q2}_{(0)} = \underline{Z}'^{\,I}_{(0)} - 3\frac{Z'^2_{Q1Q2LE}}{Z'_{Q1Q2E}} \tag{4.2-20}$$

其中

$$\underline{Z}'_{Q1Q2E} = \frac{R'_Q}{2} + \omega\frac{\mu_0}{8} + \mathrm{j}\omega\frac{\mu_0}{2\pi}\left(\frac{\mu_{rQ}}{8} + \ln\frac{\delta}{\sqrt{r_Q d_{Q1Q2}}}\right)$$

$$\underline{Z}'_{Q1Q2LE} = \omega\frac{\mu_0}{8} + \mathrm{j}\omega\frac{\mu_0}{2\pi}\ln\frac{\delta}{\sqrt[6]{d_{Q1L1} d_{Q1L2} d_{Q1L3} d_{Q2L1} d_{Q2L2} d_{Q2L3}}}$$

（2）同杆并架双回线路（Ⅱ）。

1）同杆并架双回线路每回线路的正序阻抗用式（4.2-21）计算

$$\underline{Z}'^{\,II}_{(1)} = \frac{R'_L}{n} + \mathrm{j}\omega\frac{\mu_0}{2\pi}\left(\frac{1}{4n} + \ln\frac{dd_{mL1M2}}{r_B d_{mL1M1}}\right) \tag{4.2-21}$$

若为双回线路各导体均相对杆塔对称，式(4.2-21)中 $d_{mL1M1} = \sqrt[3]{d_{L1M1} d_{L2M2} d_{L3M3}}$，$d_{mL1M2} = \sqrt[3]{d_{L1M2} d_{L1M3} d_{L2M3}}$，否则 $d_{mL1M2} = \sqrt[6]{d_{L1M2} d_{L1M3} d_{L2M3} d_{L2M1} d_{L3M1} d_{L3M2}}$。

很多情况下，d_{mL1M2}/d_{mL1M1} 的比值都接近于 1，从而每回线路的正序阻抗 $\underline{Z}'^{\,II}_{(1)} \approx \underline{Z}'^{\,I}_{(1)}$。

2）并行双回架空线路带有一回地线 Q 情况下，每回线路的零序阻抗用式（4.2-22）计算

$$\underline{Z}'^{\,II\,Q}_{(0)} = \underline{Z}'^{\,I}_{(0)} + 3\underline{Z}'_{LME} - 6\frac{Z'^2_{QLE}}{Z'_{QQE}} \tag{4.2-22}$$

若双回线路全部导体相对杆塔对称，式（4.2-22）中

$$\underline{Z}'_{LME} = \omega\frac{\mu_0}{8} + \mathrm{j}\omega\frac{\mu_0}{2\pi}\ln\frac{d}{d_{LM}}$$

$$d_{LM} = \sqrt[3]{d_{mL1M1} d^2_{mL1M2}}$$

$$d_{mL1M1} = \sqrt[3]{d_{L1M1} d_{L2M2} d_{L3M3}}$$

$$d_{mL1M2} = \sqrt[3]{d_{L1M2} d_{L1M3} d_{L2M3}}$$

$\underline{Z}'_{QQE}$ 与 $\underline{Z}'_{QLE}$ 同式(4.2-19)。

3）并行双回架空线路带有双回地线 Q1 和 Q2 情况下的零序阻抗用式（4.2-23）计算

$$Z'^{\mathrm{II}}_{(0)\mathrm{Q1Q2}} = Z'^{\mathrm{I}}_{(0)} + 3Z'_{\mathrm{LME}} - 6\frac{Z'_{\mathrm{Q1Q2LE}}}{Z'_{\mathrm{Q1Q2E}}} \tag{4.2-23}$$

4.2.3.2　电缆的阻抗

高、低压电缆的正序和零序阻抗 $Z_{(1)}$、$Z_{(0)}$ 的大小与制造工艺水平和标准有关，相关数值通过以下公式计算得到。

（1）单芯电缆阻抗计算。单芯电缆正序和零序阻抗计算公式见表 4.2-1。

表 4.2-1　　　　　　　　　　　单芯电缆正序和零序阻抗计算公式

示例序号	电缆结构		正序和零序阻抗
1	无金属护套（屏蔽）		$Z'_{(1)} = R'_{\mathrm{L}} + \mathrm{j}\omega\frac{\mu_0}{2\pi}\left(\frac{1}{4} + \ln\frac{d}{r_{\mathrm{L}}}\right)$ $Z'_{(0)} = R'_{\mathrm{L}} + 3\omega\frac{\mu_0}{8} + \mathrm{j}\omega\frac{\mu_0}{2\pi}\left(\frac{1}{4} + 3\ln\frac{\delta}{\sqrt[3]{r_{\mathrm{L}}d^2}}\right)$ $d = \sqrt[3]{d_{\mathrm{L1L2}}d_{\mathrm{L1L3}}d_{\mathrm{L2L3}}}$，$\delta = \dfrac{1.851}{\sqrt{\omega\frac{\mu_0}{\rho}}}$
2	无金属护套（屏蔽）		四根相同的单芯电缆（低压） $Z'_{(1)\mathrm{N}} = Z'_{(1)} = R'_{\mathrm{L}} + \mathrm{j}\omega\frac{\mu_0}{2\pi}\left(\frac{1}{4} + \ln\frac{d}{r_{\mathrm{L}}}\right)$ 电流回路通过第四芯 N $Z'_{(0)\mathrm{N}} = 4R'_{\mathrm{L}} + \mathrm{j}4\omega\frac{\mu_0}{2\pi}\left(\frac{1}{4} + \ln\frac{\sqrt{d_{\mathrm{LN}}^3}}{r_{\mathrm{L}}\sqrt{d}}\right)$ 电流回路通过第四芯 N 和大地 E $Z'_{(0)\mathrm{NE}} = Z'_{(0)} - 3\dfrac{\left(\omega\frac{\mu_0}{8} + \mathrm{j}\omega\frac{\mu_0}{2\pi}\ln\frac{\delta}{d_{\mathrm{LN}}}\right)^2}{R'_{\mathrm{L}} + \omega\frac{\mu_0}{8} + \mathrm{j}\omega\frac{\mu_0}{2\pi}\left(\frac{1}{4} + \ln\frac{\delta}{r_{\mathrm{L}}}\right)}$ 其中 $Z'_{(0)}$ 见序号 1 中公式，$d_{\mathrm{LN}} = \sqrt[3]{d_{\mathrm{L1N}}d_{\mathrm{L2N}}d_{\mathrm{L3N}}}$
3	带金属护套（屏蔽）且两端接地		$Z'_{(1)\mathrm{S}} = Z'_{(1)} + \dfrac{\left(\omega\frac{\mu_0}{2\pi}\ln\frac{d}{r_{\mathrm{Sm}}}\right)^2}{R'_{\mathrm{S}} + \mathrm{j}\omega\frac{\mu_0}{2\pi}\ln\frac{d}{r_{\mathrm{Sm}}}}$ 电流回路通过护套（屏蔽）与大地 $Z'_{(0)\mathrm{SE}} = Z'_{(0)} - \dfrac{\left(3\omega\frac{\mu_0}{8} + \mathrm{j}3\omega\frac{\mu_0}{2\pi}\ln\frac{\delta}{\sqrt[3]{r_{\mathrm{Sm}}d^2}}\right)^2}{R'_{\mathrm{S}} + 3\omega\frac{\mu_0}{8} + \mathrm{j}3\omega\frac{\mu_0}{2\pi}\ln\frac{\delta}{\sqrt[3]{r_{\mathrm{Sm}}d^2}}}$ 其中，$Z'_{(1)}$、$Z'_{(0)}$ 见序号 1 中公式。 $r_3 = \dfrac{R'_{\mathrm{S}}}{R'_{\mathrm{S}} + 3\omega\frac{\mu_0}{8} + \mathrm{j}3\omega\frac{\mu_0}{2\pi}\ln\frac{\delta}{\sqrt[3]{r_{\mathrm{Sm}}d^2}}}$

（2）3 芯等截面积电缆阻抗计算。正序阻抗

$$\underline{Z}'_{(1)\mathrm{S}} = R'_{\mathrm{L}} + \mathrm{j}\omega\frac{\mu_0}{2\pi}\left(\frac{1}{4} + \ln\frac{d}{r_{\mathrm{L}}}\right) \tag{4.2-24}$$

电流回路通过金属护套（屏蔽）零序阻抗

$$\underline{Z}'_{(0)\mathrm{S}} = R'_{\mathrm{L}} + 3R'_{\mathrm{S}} + \mathrm{j}\omega\frac{\mu_0}{2\pi}\left(\frac{1}{4} + 3\ln\frac{r_{\mathrm{Sm}}}{\sqrt[3]{r_{\mathrm{L}}d^2}}\right) \tag{4.2-25}$$

电流回路通过金属护套（屏蔽）与大地零序阻抗

$$\underline{Z}'_{(0)SE} = R'_L + 3\omega\frac{\mu_0}{8} + j\omega\frac{\mu_0}{2\pi}\left(\frac{1}{4} + 3\ln\frac{\delta}{\sqrt[3]{r_L d^2}}\right)$$

$$- 3\frac{\left(\omega\frac{\mu_0}{8} + j\omega\frac{\mu_0}{2\pi}\ln\frac{\delta}{r_{Sm}}\right)^2}{R'_S + \omega\frac{\mu_0}{8} + j\omega\frac{\mu_0}{2\pi}\ln\frac{\delta}{r_{Sm}}} \tag{4.2-26}$$

降低系数

$$\underline{r} = \frac{R'_S}{R'_S + \omega\frac{\mu_0}{8} + j\omega\frac{\mu_0}{2\pi}\ln\frac{\delta}{r_{Sm}}} \tag{4.2-27}$$

（3）4芯等截面积电缆阻抗计算。正序阻抗

$$\underline{Z}'_{(1)N} = R'_L + j\omega\frac{\mu_0}{2\pi}\left(\frac{1}{4} + \ln\frac{d}{r_L}\right) \tag{4.2-28}$$

电流回路通过N导体零序阻抗

$$\underline{Z}'_{(0)N} = 4R'_L + j4\omega\frac{\mu_0}{2\pi}\left(\frac{1}{4} + \ln\frac{d}{r_L}\right) = 4\underline{Z}'_{(1)N} \tag{4.2-29}$$

电流回路通过N导体和大地零序阻抗

$$\underline{Z}'_{(0)NE} = R'_L + 3\omega\frac{\mu_0}{8} + j\omega\frac{\mu_0}{2\pi}\left(\frac{1}{4} + 3\ln\frac{\delta}{\sqrt[3]{r_L d^2}}\right)$$

$$- 3\frac{\left(\omega\frac{\mu_0}{8} + j\omega\frac{\mu_0}{2\pi}\ln\frac{\delta}{d}\right)^2}{R'_L + \omega\frac{\mu_0}{8} + j\omega\frac{\mu_0}{2\pi}\left(\frac{1}{4} + \ln\frac{\delta}{r_L}\right)} \tag{4.2-30}$$

降低系数

$$\underline{r} = 1 - \frac{\omega\frac{\mu_0}{8} + j\omega\frac{\mu_0}{2\pi}\ln\frac{\delta}{d}}{R'_L + \omega\frac{\mu_0}{8} + j\omega\frac{\mu_0}{2\pi}\left(\frac{1}{4} + \ln\frac{\delta}{r_L}\right)} \tag{4.2-31}$$

（4）4芯非等截面积电缆阻抗计算。正序阻抗

$$\underline{Z}'_{(1)N} = R'_L + j\omega\frac{\mu_0}{2\pi}\left(\frac{1}{4} + \ln\frac{d}{r_L}\right) \tag{4.2-32}$$

电流回路通过N导体零序阻抗

$$\underline{Z}'_{(0)N} = R'_L + 3R'_N + j\omega\frac{\mu_0}{2\pi}\left(1 + 4\ln\frac{\sqrt{d_{LN}^3}}{\sqrt[4]{r_L r_N^3}\sqrt{d}}\right) \tag{4.2-33}$$

电流回路通过N导体和大地零序阻抗

$$\underline{Z}'_{(0)NE} = R'_L + 3\omega\frac{\mu_0}{8} + j\omega\frac{\mu_0}{2\pi}\left(\frac{1}{4} + 3\ln\frac{\delta}{\sqrt[3]{r_L d^2}}\right)$$

$$- 3\frac{\left(\omega\frac{\mu_0}{8} + j\omega\frac{\mu_0}{2\pi}\ln\frac{\delta}{d_{LN}}\right)^2}{R'_N + \omega\frac{\mu_0}{8} + j\omega\frac{\mu_0}{2\pi}\left(\frac{1}{4} + \ln\frac{\delta}{r_N}\right)} \tag{4.2-34}$$

降低系数

$$\underline{r} = 1 - \frac{\omega\frac{\mu_0}{8} + j\omega\frac{\mu_0}{2\pi}\ln\frac{\delta}{d_{LN}}}{R'_N + \omega\frac{\mu_0}{8} + j\omega\frac{\mu_0}{2\pi}\left(\frac{1}{4} + \ln\frac{\delta}{r_N}\right)} \tag{4.2-35}$$

(5) 4 芯金属护套（屏蔽）电缆阻抗计算。正序阻抗

$$\underline{Z}'_{(1)NS} = R'_L + j\omega\frac{\mu_0}{2\pi}\left(\frac{1}{4} + \ln\frac{d}{r_L}\right) \tag{4.2-36}$$

电流回路通过 N 导体和同心导体 S 零序阻抗

$$\underline{Z}'_{(0)NS} = R'_L + j\omega\frac{\mu_0}{2\pi}\left(\frac{1}{4} + 3\ln\frac{d_{LN}}{\sqrt[3]{r_L d^2}}\right)$$

$$+ 3\left[R'_N + j\omega\frac{\mu_0}{2\pi}\left(\frac{1}{4} + \ln\frac{d_{LN}}{r_N}\right)\right]\frac{R'_S + j\omega\frac{\mu_0}{2\pi}\ln\frac{r_{Sm}}{r_N}}{R'_N + R'_S + j\omega\frac{\mu_0}{2\pi}\left(\frac{1}{4} + \ln\frac{r_{Sm}}{r_N}\right)} \tag{4.2-37}$$

电流分配
N 导体电流

$$\underline{I}_N = 3\underline{I}_{(0)}\frac{R'_S + j\omega\frac{\mu_0}{2\pi}\ln\frac{r_{Sm}}{d_{LN}}}{R'_N + R'_S + j\omega\frac{\mu_0}{2\pi}\left(\frac{1}{4} + \ln\frac{r_{Sm}}{r_N}\right)} \tag{4.2-38}$$

S 同心导体电流

$$\underline{I}_S = 3\underline{I}_{(0)}\frac{R'_N + j\omega\frac{\mu_0}{2\pi}\left(\frac{1}{4} + \ln\frac{d_{LN}}{r_N}\right)}{R'_N + R'_S + j\omega\frac{\mu_0}{2\pi}\left(\frac{1}{4} + \ln\frac{r_{Sm}}{r_N}\right)} \tag{4.2-39}$$

电流回路通过 N 导体、同心导体 S 和大地零序阻抗

$$\underline{Z}'_{(0)NSE} = R'_L + 3\omega\frac{\mu_0}{8} + j\omega\frac{\mu_0}{2\pi}\left(\frac{1}{4} + 3\ln\frac{\delta}{\sqrt[3]{r_L d^2}}\right)$$

$$- \frac{1}{3}\frac{\underline{Z}'_N \underline{Z}'^2_{LS} + \underline{Z}'_S \underline{Z}'^2_{LN} - 2\underline{Z}'_{LN} \underline{Z}'_{LS} \underline{Z}'_{NS}}{\underline{Z}'_N \underline{Z}'_S - \underline{Z}'^2_{NS}} \tag{4.2-40}$$

其中

$$\underline{Z}'_N = R'_N + \omega\frac{\mu_0}{8} + j\omega\frac{\mu_0}{2\pi}\left(\frac{1}{4} + \ln\frac{\delta}{r_N}\right)，$$

$$\underline{Z}'_S = R'_S + \omega\frac{\mu_0}{8} + j\omega\frac{\mu_0}{2\pi}\ln\frac{\delta}{r_{Sm}}，$$

$$\underline{Z}'_{LN} = 3\omega\frac{\mu_0}{8} + j3\omega\frac{\mu_0}{2\pi}\ln\frac{\delta}{d_{LN}}$$

$$\underline{Z}'_{LS} = 3\omega\frac{\mu_0}{8} + j3\omega\frac{\mu_0}{2\pi}\ln\frac{\delta}{r_{Sm}}$$

$$\underline{Z}'_{NS} = \omega\frac{\mu_0}{8} + j\omega\frac{\mu_0}{2\pi}\ln\frac{\delta}{r_{Sm}}$$

$$d = \sqrt[3]{d_{L1L2} d_{L2L3} d_{L3L1}}$$

$$d_{LN} = \sqrt[3]{d_{L1N} d_{L2N} d_{L3N}}$$

$$\mu_0 = 4\pi 10^{-7} H/m$$

降低系数

$$\underline{r} = 1 - \frac{1}{3} \frac{\underline{Z}'_N \underline{Z}'_{LS} + \underline{Z}'_S \underline{Z}'_{LN} - \underline{Z}'_{NS}(\underline{Z}'_{LN} + \underline{Z}'_{LS})}{\underline{Z}'_N \underline{Z}'_S - \underline{Z}'^2_{NS}} \tag{4.2-41}$$

以上式中　$Z'_{(1)}$——3 根无金属护套（屏蔽）单芯电缆单位长度正序阻抗，Ω/km；

$Z'_{(0)}$——3 根无金属护套（屏蔽）单芯电缆单位长度零序阻抗，Ω/km；

$Z'_{(1)N}$——4 根无金属护套（屏蔽）单芯电缆单位长度正序阻抗，Ω/km；

$Z'_{(0)N}$——4 根无金属护套（屏蔽）单芯电缆单位长度零序阻抗（电流回路通过 N 导体），Ω/km；

$Z'_{(0)NE}$——4 根无金属护套（屏蔽）单芯电缆单位长度零序阻抗（电流回路通过 N 导体和大地 E），Ω/km；

$Z'_{(1)S}$——3 根有金属护套（屏蔽）且两端接地单芯电缆单位长度正序阻抗，Ω/km；

$Z'_{(0)SE}$——3 根无金属护套（屏蔽）且两端接地单芯电缆单位长度零序阻抗［电流回路通过护套（屏蔽）与大地］，Ω/km；

$Z'_{(1)NS}$——4 芯金属护套（屏蔽）电缆单位长度正序阻抗，Ω/km；

$Z'_{(0)NS}$——4 芯金属护套（屏蔽）电缆单位长度零序阻抗（电流回路通过 N 导体和同心导体 S），Ω/km；

$Z'_{(0)NSE}$——4 芯金属护套（屏蔽）电缆单位长度零序阻抗（电流回路通过 N 导体、同心导体 S 和大地 E），Ω/km；

R'_L——相导体单位长度电阻，Ω/km；

R'_N——中性导体单位长度电阻，Ω/km；

R'_S——金属屏蔽层或同心导体单位长度电阻，Ω/km；

d——导体间的几何均距或相应的导体的中心距离，mm；

d_{LN}——相导体与中性导体的中心距离，mm；

r——导体的半径，mm；

r_L——相导体等效半径，mm；

r_N——中性导体等效半径，mm；

r_{Sm}——屏蔽层平均半径，mm；等于 $0.5(r_{Sa}+r_{Si})$

r_{Sa}——屏蔽层外径；

r_{Si}——屏蔽层内径；

μ_0——真空磁导率，$4\pi\,10^{-4}\mathrm{H/km}$；

δ——等效土壤渗透深度，mm，按 $\delta = \dfrac{1.851}{\sqrt{\omega\dfrac{\mu_0}{\rho}}}$ 计算；

ρ——导体电阻率，$(\Omega \cdot \mathrm{mm}^2)/\mathrm{m}$，铜取 $1/54$，铝取 $1/34$，铝合金取 $1/31$；

ω——电源角频率，$\omega = 2\pi f$，f 为电源频率，s^{-1}；

r_3——有金属护套（屏蔽）且两端接地的单芯电缆降低系数。

中航工业宝胜科技创新股份有限公司产品研发部根据表 4.2-1 及以上所列公式及该厂电缆结构尺寸，给出表 4.2-2～表 4.2-53 数据；通用（天津）铝合金产品有限公司给出表 4.2-54～表 4.2-64。若实际情况与表内设定条件不符时，应按实际情况进行修正。

表 4.2-2 YJV-3.6/6kV 3 单芯电缆（铜芯）电气参数 Ω/km

截面积 （mm²）	三角形排列			平行排列		
	$\underline{Z}'_{(1)S}=R'_{(1)S}+jX'_{(1)S}$	$\underline{Z}'_{(0)SE}=R'_{(0)SE}+jX'_{(0)SE}$	r_3	$\underline{Z}'_{(1)S}=R'_{(1)S}+jX'_{(1)S}$	$\underline{Z}'_{(0)SE}=R'_{(0)SE}+jX'_{(0)SE}$	r_3
3×1×10	1.852 2+j0.148 7	2.821 9+j0.774 2	0.555 8	1.855 8+j0.203 5	2.787 6+j0.782 1	0.574 5
3×1×16	1.157 7+j0.138 1	2.123 3+j0.765 8	0.558 0	1.161 1+j0.192 91	2.088 8+j0.773 6	0.576 9
3×1×25	0.741+j0.129 2	1.701 7+j0.758 8	0.560 8	0.744 4+j0.184 01	1.666 8+j0.766 4	0.579 7
3×1×35	0.529 3+j0.123 6	1.486 9+j0.754 9	0.562 5	0.532 7+j0.178 42	1.451 7+j0.762 4	0.581 5
3×1×50	0.370 6+j0.117 7	1.323 5+j0.750 5	0.565 1	0.373 93+j0.172 53	1.287 9+j0.757 8	0.584 2
3×1×70	0.264 8+j0.111 7	1.213 1+j0.746 8	0.567 6	0.268 1+j0.166 53	1.177 1+j0.753 8	0.586 9
3×1×95	0.195+j0.107 1	1.138 4+j0.743 9	0.570 3	0.198 3+j0.161 94	1.102+j0.750 7	0.589 7
3×1×120	0.154 4+j0.103 3	1.093 7+j0.741 7	0.572 5	0.157 6+j0.158 14	1.057 1+j0.748 4	0.592 0
3×1×150	0.123 6+j0.100 7	1.059 1+j0.740 1	0.574 6	0.126 8+j0.155 54	1.022 1+j0.746 6	0.594 2
3×1×185	0.100 2+j0.097 5	1.031 6+j0.738 7	0.576 8	0.103 3+j0.152 35	0.994 2+j0.744 9	0.596 5
3×1×240	0.077 3+j0.094 6	1.002 6+j0.737 5	0.580 1	0.080 4+j0.149 45	0.964 8+j0.743 6	0.599 9
3×1×300	0.061 8+j0.093	0.981 7+j0.737 4	0.582 9	0.064 5+j0.147 86	0.943 5+j0.743 2	0.602 8
3×1×400	0.046 4+j0.091	0.96+j0.737	0.586 2	0.049 4+j0.145 86	0.921 3+j0.742 4	0.606 3
3×1×500	0.037 1+j0.089 6	0.943 6+j0.737 5	0.590 0	0.040 0+j0.144 46	0.904 4+j0.742 5	0.610 2
3×1×630	0.029 5+j0.087 1	0.929 9+j0.736 3	0.593 2	0.032 4+j0.141 97	0.890 2+j0.741	0.613 5
3×1×800	0.023 2+j0.085 1	0.917 6+j0.735 5	0.596 3	0.026 0+j0.139 97	0.877 3+j0.739 9	0.616 8

注 f=50Hz，ρ= 100Ω·m，平行排列相邻两芯线导体中心间距 $2D_e$。以上数据为理论计算数据，因电缆实际尺寸与理论尺寸有误差，此数据仅供参考。

表 4.2-3 YJLV-3.6/6kV 3 单芯电缆（铝芯）电气参数 Ω/km

截面积 （mm²）	三角形排列			平行排列		
	$\underline{Z}'_{(1)S}=R'_{(1)S}+jX'_{(1)S}$	$\underline{Z}'_{(0)SE}=R'_{(0)SE}+jX'_{(0)SE}$	r_3	$\underline{Z}'_{(1)S}=R'_{(1)S}+jX'_{(1)S}$	$\underline{Z}'_{(0)SE}=R'_{(0)SE}+jX'_{(0)SE}$	r_3
3×1×10	2.941 4+j0.148 7	3.991 8+j1.209 7	0.719 12	2.943 6+j0.203 6	3.934 8+j1.198 3	0.734 6
3×1×16	1.838 4+j0.138 1	2.882+j1.199 1	0.721 03	1.840 6+j0.193	2.824 8+j1.187 3	0.736 8
3×1×25	1.176 7+j0.129 2	2.212+j1.189 4	0.723 34	1.178 9+j0.184 1	2.154 5+j1.177	0.739 1
3×1×35	0.840 4+j0.123 6	1.870 4+j1.183 6	0.724 84	0.842 6+j0.178 5	1.812 7+j1.171	0.740 7
3×1×50	0.588 3+j0.117 7	1.610 5+j1.176 6	0.727 02	0.590 4+j0.172 5	1.552 5+j1.163 4	0.742 9
3×1×70	0.420 3+j0.111 7	1.434 7+j1.170 2	0.729 16	0.422 4+j0.166 6	1.376 6+j1.156 5	0.745 1
3×1×95	0.309 7+j0.107 1	1.315 9+j1.164 5	0.731 42	0.311 7+j0.162	1.257 5+j1.150 3	0.747 3

截面积 (mm²)	三角形排列			平行排列		
	$\underline{Z}'_{(1)S}=R'_{(1)S}+jX'_{(1)S}$	$\underline{Z}'_{(0)SE}=R'_{(0)SE}+jX'_{(0)SE}$	r_3	$\underline{Z}'_{(1)S}=R'_{(1)S}+jX'_{(1)S}$	$\underline{Z}'_{(0)SE}=R'_{(0)SE}+jX'_{(0)SE}$	r_3
3×1×120	0.245 2+j0.103 3	1.244 8+j1.160 1	0.733 25	0.247 2+j0.158 2	1.186 2+j1.145 4	0.749 2
3×1×150	0.196 2+j0.100 7	1.189 5+j1.156 2	0.734 98	0.198 2+j0.155 6	1.130 7+j1.141 1	0.750 9
3×1×185	0.159 1+j0.097 5	1.145 7+j1.152 4	0.736 82	0.161 0+j0.152 4	1.086 7+j1.136 8	0.752 8
3×1×240	0.122 6+j0.094 6	1.099 4+j1.147 8	0.739 48	0.124 5+j0.149 5	1.040 1+j1.131 6	0.755 4
3×1×300	0.098 1+j0.093	1.066 3+j1.144 5	0.741 82	0.100 0+j0.147 9	1.006 8+j1.127 7	0.757 8
3×1×400	0.073 5+j0.091	1.031 8+j1.140 5	0.744 53	0.075 4+j0.145 9	0.972 0+j1.123	0.760 5
3×1×500	0.058 8+j0.089 6	1.005 9+j1.136 8	0.747 55	0.060 7+j0.145	0.945 8+j1.119	0.763 6
3×1×630	0.046 7+j0.087 1	0.984 3+j1.132	0.750 11	0.048 6+j0.142	0.924 0+j1.113	0.766 1
3×1×800	0.036 8+j0.085 1	0.965+j1.127 6	0.752 64	0.038 6+j0.14	0.904 4+j1.107 9	0.768 7

注　$f=50Hz$，$\rho=100\Omega\cdot m$，平行排列相邻两芯线导体中心间距 $2D_e$。以上数据为理论计算数据，因电缆实际尺寸与理论尺寸有误差，此数据仅供参考。

表 4.2-4　　　　YJV-6/6kV(6/10kV)　3 单芯电缆(铜芯)电气参数　　　Ω/km

截面积 (mm²)	三角形排列			平行排列		
	$\underline{Z}'_{(1)S}=R'_{(1)S}+jX'_{(1)S}$	$\underline{Z}'_{(0)SE}=R'_{(0)SE}+jX'_{(0)SE}$	r_3	$\underline{Z}'_{(1)S}=R'_{(1)S}+jX'_{(1)S}$	$\underline{Z}'_{(0)SE}=R'_{(0)SE}+jX'_{(0)SE}$	r_3
3×1×16	1.157 6+j0.145	2.116 6+j0.775 6	0.561 8	1.161 1+j0.199 8	2.081 5+j0.783 1	0.580 7
3×1×25	0.740 9+j0.135 1	1.695 8+j0.767 7	0.564 0	0.744 2+j0.189 9	1.660 4+j0.775 1	0.583 1
3×1×35	0.529 3+j0.129 8	1.480 9+j0.763 3	0.565 8	0.532 6+j0.184 6	1.445 3+j0.770 5	0.585 0
3×1×50	0.370 6+j0.122 8	1.318 3+j0.758 2	0.568 0	0.373 9+j0.177 6	1.282 3+j0.765 2	0.587 2
3×1×70	0.264 7+j0.117	1.207 8+j0.753 8	0.570 5	0.268 0+j0.171 8	1.171 5+j0.760 7	0.589 8
3×1×95	0.195+j0.111 6	1.133 8+j0.750 2	0.572 8	0.198 2+j0.166 4	1.097 1+j0.756 9	0.592 3
3×1×120	0.154 4+j0.107 9	1.089 1+j0.747 7	0.575 0	0.157 6+j0.162 7	1.052 1+j0.754 1	0.594 6
3×1×150	0.123 6+j0.104 6	1.055+j0.745 8	0.576 8	0.126 7+j0.159 5	1.017 6+j0.752	0.596 5
3×1×185	0.100 2+j0.101 6	1.027 4+j0.743 9	0.579 0	0.103 3+j0.156 5	0.989 8+j0.749 9	0.598 8
3×1×240	0.077 3+j0.098	0.999 2+j0.741 9	0.581 9	0.080 3+j0.152 9	0.961 1+j0.747 6	0.601 8
3×1×300	0.061 8+j0.095 2	0.979 5+j0.740 2	0.584 1	0.064 8+j0.150 1	0.941 1+j0.745 8	0.604 1
3×1×400	0.046 4+j0.092	0.958 4+j0.738 8	0.587 1	0.049 4+j0.147 5	0.919 6+j0.744 1	0.607 2
3×1×500	0.037 1+j0.090 2	0.943+j0.738 2	0.590 3	0.040 0+j0.145 1	0.903 7+j0.743 2	0.610 5
3×1×630	0.029 5+j0.087 8	0.929 2+j0.737	0.593 6	0.032 4+j0.142 7	0.889 4+j0.741 7	0.613 9
3×1×800	0.023 2+j0.085 6	0.917+j0.736 2	0.596 6	0.026 0+j0.140 5	0.876 7+j0.740 5	0.617 1

注　$f=50Hz$，$\rho=100\Omega\cdot m$，平行排列相邻两芯线导体中心间距 $2D_e$。以上数据为理论计算数据，因电缆实际尺寸与理论尺寸有误差，此数据仅供参考。

表 4.2-5　　　　　　YJLV-6/6kV(6/10kV)　3 单芯电缆(铝芯)电气参数　　　　Ω/km

截面积 (mm²)	三角形排列			平行排列		
	$\underline{Z}'_{(1)S}=R'_{(1)S}+jX'_{(1)S}$	$\underline{Z}'_{(0)SE}=R'_{(0)SE}+jX'_{(0)SE}$	r_3	$\underline{Z}'_{(1)S}=R'_{(1)S}+jX'_{(1)S}$	$\underline{Z}'_{(0)SE}=R'_{(0)SE}+jX'_{(0)SE}$	r_3
3×1×16	1.838 3+j0.145	2.870 6+j1.205 1	0.724 2	1.840 5+j0.199 9	2.813+j1.192 6	0.740 0
3×1×25	1.176 6+j0.135 1	2.202 1+j1.195	0.726 1	1.178 7+j0.19	2.144 3+j1.182	0.742 0
3×1×35	0.840 4+j0.129 8	1.860 4+j1.188 7	0.727 6	0.842 5+j0.184 7	1.802 4+j1.175 4	0.743 5
3×1×50	0.588 3+j0.122 8	1.601 7+j1.181 3	0.729 4	0.590 4+j0.177 7	1.543 5+j1.167 6	0.745 3
3×1×70	0.420 3+j0.117	1.426 1+j1.174 3	0.731 5	0.422 3+j0.171 9	1.367 7+j1.160 1	0.747 5
3×1×95	0.309 7+j0.111 6	1.308 4+j1.168 3	0.733 5	0.311 7+j0.166 5	1.249 8+j1.153 5	0.749 4
3×1×120	0.245 2+j0.107 9	1.237 3+j1.163 4	0.735 3	0.247 2+j0.162 9	1.178 4+j1.148 2	0.751 3
3×1×150	0.196 2+j0.104 6	1.182 8+j1.159 5	0.736 8	0.198 1+j0.159 5	1.123 8+j1.143 9	0.752 8
3×1×185	0.159 1+j0.101 6	1.139+j1.155 2	0.738 6	0.161+j0.156 5	1.079 8+j1.139 2	0.754 6
3×1×240	0.122 6+j0.098	1.093 9+j1.15	0.741 0	0.124 5+j0.152 9	1.034 5+j1.133 4	0.757 0
3×1×300	0.098 1+j0.095 2	1.062 7+j1.146	0.742 8	0.099 9+j0.150 1	1.003 1+j1.129	0.758 8
3×1×400	0.073 6+j0.092 6	1.029 3+j1.141 3	0.745 2	0.075 4+j0.147 5	0.969 4+j1.123 6	0.761 2
3×1×500	0.058 8+j0.090 2	1.004 9+j1.137 1	0.747 8	0.060 7+j0.145 1	0.944 8+j1.119 2	0.763 8
3×1×630	0.046 7+j0.087 8	0.983 1+j1.132 3	0.750 4	0.048 6+j0.142 7	0.922 8+j1.113 2	0.766 5
3×1×800	0.036 8+j0.085 6	0.964 1+j1.127 9	0.752 9	0.038 6+j0.140 5	0.903 5+j1.108 2	0.768 9

注　$f=50Hz$，$\rho=100\Omega \cdot m$，平行排列相邻两芯线导体中心间距 $2D_e$。以上数据为理论计算数据，因电缆实际尺寸与理论尺寸有误差，此数据仅供参考。

表 4.2-6　　　　　　YJV-8.7/10kV(8.7/15kV)　3 单芯电缆(铜芯)电气参数　　　　Ω/km

截面积 (mm²)	三角形排列			平行排列		
	$\underline{Z}'_{(1)S}=R'_{(1)S}+jX'_{(1)S}$	$\underline{Z}'_{(0)SE}=R'_{(0)SE}+jX'_{(0)SE}$	r_3	$\underline{Z}'_{(1)S}=R'_{(1)S}+jX'_{(1)S}$	$\underline{Z}'_{(0)SE}=R'_{(0)SE}+jX'_{(0)SE}$	r_3
3×1×25	0.740 9+j0.142 2	1.688 9+j0.777 3	0.567 8	0.744 2+j0.197	1.652 9+j0.784 4	0.587 1
3×1×35	0.529 3+j0.136 5	1.474 3+j0.772 4	0.569 4	0.532 6+j0.191 3	1.438 1+j0.779 3	0.588 7
3×1×50	0.370 5+j0.129 2	1.312+j0.766 7	0.571 4	0.373 7+j0.184	1.275 5+j0.773 4	0.590 8
3×1×70	0.264 7+j0.122 9	1.202+j0.761 7	0.573 7	0.267 9+j0.177 7	1.165 1+j0.768 3	0.593 2
3×1×95	0.195+j0.117 1	1.128 3+j0.757 5	0.575 8	0.198 2+j0.172	1.091 1+j0.763 8	0.595 4
3×1×120	0.154 4+j0.113 1	1.083 9+j0.754 4	0.577 8	0.157 6+j0.167 9	1.046 4+j0.760 6	0.597 5
3×1×150	0.123 6+j0.109 6	1.05+j0.752	0.579 5	0.126 7+j0.164 5	1.012 2+j0.758 1	0.599 3
3×1×185	0.100 2+j0.106 3	1.022 7+j0.749 8	0.581 5	0.103 2+j0.161 2	0.984 7+j0.755 6	0.601 4
3×1×240	0.077 3+j0.102 3	0.994 8+j0.747	0.584 2	0.080 3+j0.157 4	0.956 3+j0.752 8	0.604 2
3×1×300	0.061 8+j0.099 2	0.975 3+j0.745 3	0.586 3	0.064 8+j0.154 1	0.936 6+j0.750 8	0.606 4
3×1×400	0.046 4+j0.096	0.954 7+j0.743 4	0.589 0	0.049 4+j0.150 9	0.915 6+j0.748 5	0.609 2
3×1×500	0.037 1+j0.093 6	0.939 4+j0.742 3	0.592 2	0.04+j0.148 5	0.899 8+j0.747 1	0.612 5
3×1×630	0.029 5+j0.090 7	0.926+j0.740 8	0.595 2	0.032 3+j0.145 6	0.886+j0.745 3	0.615 6
3×1×800	0.023 2+j0.088 5	0.913 9+j0.739 7	0.598 2	0.026+j0.143 4	0.873 4+j0.743 7	0.618 8

注　$f=50Hz$，$\rho=100\Omega \cdot m$，平行排列相邻两芯线导体中心间距 $2D_e$。以上数据为理论计算数据，因电缆实际尺寸与理论尺寸有误差，此数据仅供参考。

表 4.2-7　　　YJLV-8.7/10kV(8.7/15kV)　3 单芯电缆(铝芯)电气参数　　　Ω/km

截面积	三角形排列			平行排列		
(mm²)	$\underline{Z}'_{(1)S}=R'_{(1)S}+jX'_{(1)S}$	$\underline{Z}'_{(0)SE}=R'_{(0)SE}+jX'_{(0)SE}$	r_3	$\underline{Z}'_{(1)S}=R'_{(1)S}+jX'_{(1)S}$	$\underline{Z}'_{(0)SE}=R'_{(0)SE}+jX'_{(0)SE}$	r_3
3×1×25	1.176 6+j0.142 2	2.190 6+j1.200 6	0.729 3	1.178 7+j0.197 1	2.132 4+j1.186 9	0.745 2
3×1×35	0.840 4+j0.136 5	1.849 5+j1.194	0.730 6	0.842 5+j0.191 4	1.791 1+j1.18	0.746 5
3×1×50	0.588 3+j0.129 2	1.591 4+j1.186 2	0.732 3	0.590 3+j0.184 1	1.532 9+j1.171 8	0.748 2
3×1×70	0.420 3+j0.122 9	1.416 5+j1.178 8	0.734 4	0.422 3+j0.177 8	1.357 7+j1.164	0.750 1
3×1×95	0.309 7+j0.117 1	1.299 4+j1.172 3	0.736 0	0.311 7+j0.172 1	1.240 5+j1.157	0.751 9
3×1×120	0.245 2+j0.113 1	1.228 7+j1.167 1	0.737 6	0.247 2+j0.168	1.169 7+j1.151 3	0.753 6
3×1×150	0.196 2+j0.109 6	1.174 7+j1.162 9	0.739 0	0.198 1+j0.164 5	1.115 5+j1.146 8	0.755 0
3×1×185	0.159 1+j0.106 3	1.131 4+j1.158 4	0.740 7	0.161+j0.161 2	1.072+j1.141 8	0.756 7
3×1×240	0.122 6+j0.102 3	1.086 9+j1.152 7	0.742 9	0.124 5+j0.157 2	1.027+j1.135 7	0.758 9
3×1×300	0.098+j0.099 2	1.056 1+j1.148 7	0.744 6	0.099 9+j0.154 1	0.996 3+j1.131 2	0.760 6
3×1×400	0.073 5+j0.096	1.023+j1.143 7	0.746 6	0.075 4+j0.150 9	0.963 5+j1.125 6	0.762 8
3×1×500	0.058 8+j0.093 6	0.999 3+j1.139 1	0.749 3	0.060 7+j0.148 5	0.939 1+j1.120 9	0.765 3
3×1×630	0.046 7+j0.090 7	0.978 2+j1.134 2	0.751 7	0.048 5+j0.145 6	0.917 8+j1.114 8	0.767 8
3×1×800	0.036 8+j0.088 5	0.959 4+j1.129 5	0.754 1	0.038 6+j0.143 4	0.898 8+j1.109 4	0.770 2

注　$f=50\text{Hz}$，$\rho=100\Omega\cdot\text{m}$，平行排列相邻两芯线导体中心间距 $2D_e$。以上数据为理论计算数据，因电缆实际尺寸与理论尺寸有误差，此数据仅供参考。

表 4.2-8　　　YJV-12/20kV　3 单芯电缆(铜芯)电气参数　　　Ω/km

截面积	三角形排列			平行排列		
(mm²)	$\underline{Z}'_{(1)S}=R'_{(1)S}+jX'_{(1)S}$	$\underline{Z}'_{(0)SE}=R'_{(0)SE}+jX'_{(0)SE}$	r_3	$\underline{Z}'_{(1)S}=R'_{(1)S}+jX'_{(1)S}$	$\underline{Z}'_{(0)SE}=R'_{(0)SE}+jX'_{(0)SE}$	r_3
3×1×35	0.529 2+j0.141 6	1.469 1+j0.779 7	0.572 2	0.532 4+j0.196 4	1.432 4+j0.786 5	0.591 7
3×1×50	0.370 5+j0.134 4	1.306 7+j0.773 7	0.574 2	0.373 7+j0.189 2	1.269 8+j0.780 2	0.593 7
3×1×70	0.264 7+j0.127 4	1.197 3+j0.768	0.576 2	0.267 9+j0.182 2	1.16+j0.774 4	0.595 8
3×1×95	0.195+j0.121 8	1.123 6+j0.763 5	0.578 2	0.198 1+j0.176 7	1.086+j0.769 7	0.598 0
3×1×120	0.154 4+j0.117 1	1.079 7+j0.76	0.580 1	0.157 5+j0.172	1.041 9+j0.765 9	0.599 9
3×1×150	0.123 6+j0.113 8	1.045 7+j0.757 3	0.581 8	0.126 6+j0.168 7	1.007 6+j0.763 2	0.601 6
3×1×185	0.100 2+j0.109 9	1.018 9+j0.754 6	0.583 6	0.103 2+j0.164 8	0.980 5+j0.760 5	0.603 5
3×1×240	0.077 3+j0.105 7	0.991 2+j0.751 7	0.586 1	0.080 3+j0.160 6	0.952 5+j0.757 1	0.606 2
3×1×300	0.061 8+j0.102 2	0.971 7+j0.749 4	0.588 2	0.064 8+j0.157 6	0.932 7+j0.754 6	0.608 3
3×1×400	0.046 4+j0.099 2	0.951 4+j0.747 3	0.590 8	0.049 3+j0.154 1	0.912+j0.752 2	0.611 1
3×1×500	0.037 1+j0.096 6	0.936 3+j0.745 9	0.593 8	0.040 0+j0.151 4	0.896 5+j0.750 5	0.614 2
3×1×630	0.029 5+j0.093 4	0.923 1+j0.744	0.596 7	0.032 3+j0.148 3	0.882 9+j0.748 3	0.617 2
3×1×800	0.023 2+j0.090 7	0.911 4+j0.742 4	0.599 5	0.026 0+j0.145 6	0.870 7+j0.746 5	0.620 1

注　$f=50\text{Hz}$，$\rho=100\Omega\cdot\text{m}$，平行排列相邻两芯线导体中心间距 $2D_e$。以上数据为理论计算数据，因电缆实际尺寸与理论尺寸有误差，此数据仅供参考。

表 4.2-9　　　　　**YJLV-12/20kV　3 单芯电缆(铝芯)电气参数**　　　　Ω/km

截面积 (mm²)	三角形排列			平行排列		
	$\underline{Z}'_{(1)S}=R'_{(1)S}+jX'_{(1)S}$	$\underline{Z}'_{(0)SE}=R'_{(0)SE}+jX'_{(0)SE}$	r_3	$\underline{Z}'_{(1)S}=R'_{(1)S}+jX'_{(1)S}$	$\underline{Z}'_{(0)SE}=R'_{(0)SE}+jX'_{(0)SE}$	r_3
3×1×35	0.840 4+j0.141 6	1.840 9+j1.198 3	0.733 0	0.842 4+j0.196 5	1.782 2+j1.183 8	0.748 9
3×1×50	0.588 3+j0.134 4	1.582 8+j1.190 2	0.734 6	0.590 3+j0.189 3	1.524+j1.175 2	0.750 6
3×1×70	0.420 3+j0.127 4	1.408 8+j1.182 5	0.736 3	0.422 3+j0.182 3	1.349 9+j1.167	0.752 2
3×1×95	0.309 7+j0.121 8	1.291 8+j1.175 6	0.738 0	0.311 6+j0.176 7	1.232 6+j1.159 8	0.754 0
3×1×120	0.245 2+j0.117 1	1.222+j1.170 3	0.739 5	0.247 1+j0.172	1.162 7+j1.153 9	0.755 5
3×1×150	0.196 2+j0.113 8	1.167 9+j1.165 5	0.740 9	0.198 1+j0.168 7	1.108 4+j1.149 1	0.756 9
3×1×185	0.159 1+j0.109 9	1.125 3+j1.161	0.742 4	0.161+j0.164 8	1.065 7+j1.144 1	0.758 4
3×1×240	0.122 5+j0.105 7	1.081 2+j1.155 3	0.744 4	0.124 4+j0.160 6	1.021 4+j1.137 8	0.760 4
3×1×300	0.098+j0.102 7	1.050 4+j1.150 7	0.746 1	0.099+j0.157 6	0.990 5+j1.132 8	0.762 1
3×1×400	0.073 5+j0.099 2	1.018 2+j1.145 7	0.748 2	0.075 4+j0.154 1	0.958+j1.127 1	0.764 2
3×1×500	0.058 8+j0.096 5	0.994 5+j1.140 9	0.750 6	0.060 7+j0.151 9	0.934 2+j1.122 2	0.766 6
3×1×630	0.046 7+j0.093 4	0.973 8+j1.135 7	0.752 9	0.048 5+j0.148 3	0.913 2+j1.115 9	0.769 0
3×1×800	0.036 8+j0.090 7	0.955 5+j1.130 9	0.755 2	0.038 6+j0.145 6	0.894 8+j1.110 5	0.771 2

注　$f=50\text{Hz}$，$\rho=100\Omega\cdot\text{m}$，平行排列相邻两芯线导体中心间距 $2D_e$。以上数据为理论计算数据，因电缆实际尺寸与理论尺寸有误差，此数据仅供参考。

表 4.2-10　　　　　**YJV-18/30kV　3 单芯电缆(铜芯)电气参数**　　　　Ω/km

截面积 (mm²)	三角形排列			平行排列		
	$\underline{Z}'_{(1)S}=R'_{(1)S}+jX'_{(1)S}$	$\underline{Z}'_{(0)SE}=R'_{(0)SE}+jX'_{(0)SE}$	r_3	$\underline{Z}'_{(1)S}=R'_{(1)S}+jX'_{(1)S}$	$\underline{Z}'_{(0)SE}=R'_{(0)SE}+jX'_{(0)SE}$	r_3
3×1×50	0.370 5+j0.145 8	1.295 2+j0.788 4	0.580 4	0.373 6+j0.200 7	1.257 4+j0.794 4	0.600 2
3×1×70	0.264 7+j0.138 2	1.186 3+j0.781 9	0.582 0	0.267 7+j0.193 1	1.148 2+j0.787 7	0.601 9
3×1×95	0.195+j0.131 9	1.113 1+j0.776 5	0.583 9	0.198+j0.186 8	1.074 8+j0.782 2	0.603 8
3×1×120	0.154 4+j0.126 8	1.069 7+j0.772 3	0.585 4	0.157 4+j0.181 7	1.031 1+j0.777 8	0.605 4
3×1×150	0.123 6+j0.123	1.036 1+j0.769	0.586 8	0.126 6+j0.177 9	0.997 3+j0.774 4	0.606 9
3×1×185	0.100 2+j0.118 7	1.009 7+j0.765 7	0.588 4	0.103 2+j0.173 6	0.970 6+j0.770 9	0.608 6
3×1×240	0.077 3+j0.113 9	0.982 6+j0.761 8	0.590 6	0.080 2+j0.168 8	0.943 2+j0.766 7	0.610 9
3×1×300	0.061 8+j0.110 4	0.963 5+j0.759 1	0.592 5	0.064 7+j0.165 3	0.923 8+j0.763 9	0.612 8
3×1×400	0.046 4+j0.106 5	0.943 7+j0.756 1	0.594 8	0.049 3+j0.161 4	0.903 7+j0.760 7	0.615 2
3×1×500	0.037 1+j0.103 2	0.929 2+j0.753 9	0.597 5	0.039 9+j0.158 1	0.888 7+j0.758 2	0.618 0
3×1×630	0.029 5+j0.099 6	0.916 5+j0.751 4	0.600 1	0.032 3+j0.154 5	0.875 7+j0.755 4	0.620 8
3×1×800	0.023 2+j0.096 5	0.905 2+j0.749 1	0.602 7	0.026 0+j0.151 4	0.864 0+j0.752 8	0.623 5

注　$f=50\text{Hz}$，$\rho=100\Omega\cdot\text{m}$，平行排列相邻两芯线导体中心间距 $2D_e$。以上数据为理论计算数据，因电缆实际尺寸与理论尺寸有误差，此数据仅供参考。

表 4.2-11　　　　　　　　YJLV-18/30kV　3 单芯电缆(铝芯)电气参数　　　　　Ω/km

截面积 (mm²)	三角形排列			平行排列		
	$\underline{Z}'_{(1)S}=R'_{(1)S}+jX'_{(1)S}$	$\underline{Z}'_{(0)SE}=R'_{(0)SE}+jX'_{(0)SE}$	r_3	$\underline{Z}'_{(1)S}=R'_{(1)S}+jX'_{(1)S}$	$\underline{Z}'_{(0)SE}=R'_{(0)SE}+jX'_{(0)SE}$	r_3
3×1×50	0.588 3+j0.145 8	1.564 2+j1.198 3	0.739 7	0.590 2+j0.200 7	1.504 9+j1.182 1	0.755 7
3×1×70	0.420 3+j0.138 2	1.391 2+j1.19	0.741 1	0.422 2+j0.193 1	1.331 7+j1.173 4	0.757 1
3×1×95	0.309 7+j0.131 9	1.275 1+j1.182 6	0.742 6	0.311 6+j0.186 8	1.215 5+j1.165 6	0.758 6
3×1×120	0.245 2+j0.126 8	1.206+j1.176 7	0.743 8	0.247+j0.181 7	1.146 3+j1.159 4	0.759 8
3×1×150	0.196 2+j0.123	1.152 6+j1.171 8	0.745 0	0.198+j0.177 9	1.092 8+j1.154 2	0.761 0
3×1×185	0.159+j0.118 7	1.110 7+j1.166 7	0.746 3	0.160 9+j0.173 6	1.050 8+j1.148 7	0.762 3
3×1×240	0.122 5+j0.113 9	1.067 6+j1.160 3	0.748 1	0.124 4+j0.168 8	1.007 5+j1.141 9	0.764 1
3×1×300	0.098+j0.110 4	1.037 5+j1.155 6	0.749 6	0.099 9+j0.165 3	0.977 3+j1.136 7	0.765 6
3×1×400	0.073 5+j0.106 5	1.006 2+j1.149 9	0.751 4	0.075 4+j0.161 4	0.945 7+j1.130 7	0.767 5
3×1×500	0.058 8+j0.103 2	0.983 4+j1.144 7	0.753 6	0.060+j0.158 6	0.922 8+j1.125 2	0.769 6
3×1×630	0.046 7+j0.099 6	0.963 5+j1.139 1	0.755 7	0.048 5+j0.154 5	0.902 7+j1.118 6	0.771 7
3×1×800	0.036 8+j0.096 5	0.946+j1.133 9	0.757 7	0.038 6+j0.151 4	0.885 1+j1.112 8	0.773 7

注　$f=50Hz$, $\rho=100\Omega\cdot m$, 平行排列相邻两芯线导体中心间距 $2D_e$。以上数据为理论计算数据，因电缆实际尺寸与理论尺寸有误差，此数据仅供参考。

表 4.2-12　　　　　　　　YJV-21/35kV　3 单芯电缆(铜芯)电气参数　　　　　Ω/km

截面积 (mm²)	三角形排列			平行排列		
	$\underline{Z}'_{(1)S}=R'_{(1)S}+jX'_{(1)S}$	$\underline{Z}'_{(0)SE}=R'_{(0)SE}+jX'_{(0)SE}$	r_3	$\underline{Z}'_{(1)S}=R'_{(1)S}+jX'_{(1)S}$	$\underline{Z}'_{(0)SE}=R'_{(0)SE}+jX'_{(0)SE}$	r_3
3×1×50	0.370 5+j0.150 9	1.289 9+j0.795 1	0.583 2	0.373 5+0.205 8	1.251 6+0.800 8	0.603 1
3×1×70	0.264 7+j0.143 1	1.181 2+j0.788 2	0.584 7	0.267+j0.198	1.142 7+j0.793 8	0.604 8
3×1×95	0.195+j0.136 6	1.108 3+j0.782 5	0.586 4	0.198+j0.191 6	1.069 5+j0.787 9	0.606 5
3×1×120	0.154 4+j0.131 3	1.065+j0.778	0.587 8	0.157 4+j0.186 2	1.026+j0.783 3	0.608 0
3×1×150	0.123 6+j0.127 3	1.031 5+j0.774 6	0.589 2	0.126 6+j0.182 2	0.992 9+j0.779 7	0.609 4
3×1×185	0.100 2+j0.122 8	1.005 3+j0.770 8	0.590 7	0.103 1+j0.177 7	0.965 9+j0.775 8	0.611 0
3×1×240	0.077 3+j0.117 8	0.978 4+j0.766 7	0.592 8	0.080 2+j0.172 7	0.938 7+j0.771 4	0.613 2
3×1×300	0.061 8+j0.114 1	0.959 6+j0.763 6	0.594 6	0.064 7+j0.169	0.919 6+j0.768 2	0.615 0
3×1×400	0.046 4+j0.109 9	0.939 9+j0.760 3	0.596 7	0.049 3+j0.164 8	0.899 7+j0.764 6	0.617 3
3×1×500	0.037 2+j0.108 8	0.516 6+j0.231 7	0.270 3	0.045 2+j0.162 8	0.511+j0.238	0.285 3
3×1×630	0.029 6+j0.104 5	0.508 4+j0.228 8	0.272 0	0.037 4+j0.158 8	0.502 7+j0.235 2	0.287 2
3×1×800	0.023 3+j0.101 3	0.501 5+j0.226 3	0.273 7	0.031 1+j0.155 3	0.495 6+j0.232 8	0.289 1

注　$f=50Hz$, $\rho=100\Omega\cdot m$, 平行排列相邻两芯线导体中心间距 $2D_e$。以上数据为理论计算数据，因电缆实际尺寸与理论尺寸有误差，此数据仅供参考。500mm² 及以上金属屏蔽为铜丝屏蔽。

表 4.2-13   **YJLV-21/35kV   3 单芯电缆(铝芯)电气参数**   Ω/km

截面积 (mm²)	三角形排列			平行排列		
	$\underline{Z}'_{(1)S}=R'_{(1)S}+jX'_{(1)S}$	$\underline{Z}'_{(0)SE}=R'_{(0)SE}+jX'_{(0)SE}$	r_3	$\underline{Z}'_{(1)S}=R'_{(1)S}+jX'_{(1)S}$	$\underline{Z}'_{(0)SE}=R'_{(0)SE}+jX'_{(0)SE}$	r_3
3×1×50	0.588 3+j0.150 9	1.555 6+j1.201 9	0.742 1	0.590 2+j0.205 8	1.496 1+j1.185	0.758 0
3×1×70	0.420 3+j0.143 1	1.383+j1.193 3	0.743 3	0.422 2+j0.198	1.323 3+j1.176 1	0.759 3
3×1×95	0.309 7+j0.136 6	1.267 3+j1.185 7	0.744 7	0.311 6+j0.191 6	1.207 5+j1.168 2	0.760 7
3×1×120	0.245 1+j0.131 3	1.198 6+j1.179 7	0.745 8	0.247+j0.186 2	1.138 7+j1.161 8	0.761 8
3×1×150	0.196 1+j0.127 3	1.145 4+j1.174 7	0.747 0	0.198+j0.182 2	1.085 4+j1.156 5	0.763 0
3×1×185	0.159+j0.122 8	1.103 9+j1.169 2	0.748 2	0.160 9+j0.177 7	1.043 8+j1.150 8	0.764 2
3×1×240	0.122 5+j0.117 8	1.061 1+j1.162 8	0.749 8	0.124 4+j0.172 7	1.000 9+j1.143 8	0.765 9
3×1×300	0.098+j0.114 1	1.031 4+j1.157 7	0.751 2	0.099 9+j0.169	0.971+j1.138 4	0.767 3
3×1×400	0.073 5+j0.109 9	1.000 4+j1.151 9	0.753 0	0.075 4+j0.164 8	0.939 8+j1.132 2	0.769 0
3×1×500	0.058 9+j0.108 8	0.738 7+j0.395 6	0.402 9	0.064+j0.163 8	0.722 8+j0.406	0.422 4
3×1×630	0.046 8+j0.104 8	0.724 8+j0.393 2	0.405 1	0.051 8+j0.159 4	0.708 7+j0.403 1	0.424 8
3×1×800	0.036 9+j0.101 3	0.713 1+j0.391 2	0.407 4	0.041 9+j0.155 9	0.696 7+j0.401 1	0.427 2

    注 $f=50\text{Hz}$，$\rho=100\,\Omega \cdot \text{m}$，平行排列相邻两芯线导体中心间距 $2D_e$。以上数据为理论计算数据，因电缆实际尺寸与理论尺寸有误差，此数据仅供参考。500mm² 及以上金属屏蔽为铜丝屏蔽。

表 4.2-14   **YJV-26/35kV   3 单芯电缆(铜芯)电气参数**   Ω/km

截面积 (mm²)	三角形排列			平行排列		
	$\underline{Z}'_{(1)S}=R'_{(1)S}+jX'_{(1)S}$	$\underline{Z}'_{(0)SE}=R'_{(0)SE}+jX'_{(0)SE}$	r_3	$\underline{Z}'_{(1)S}=R'_{(1)S}+jX'_{(1)S}$	$\underline{Z}'_{(0)SE}=R'_{(0)SE}+jX'_{(0)SE}$	r_3
3×1×50	0.370 5+j0.155 4	1.285 3+j0.800 7	0.585 6	0.373 5+j0.210 3	1.246 6+j0.806 2	0.605 7
3×1×70	0.264 7+j0.147 4	1.176 7+j0.793 6	0.587 1	0.267 7+j0.202 3	1.137 9+j0.798 9	0.607 2
3×1×95	0.195+j0.140 7	1.104+j0.787 6	0.588 7	0.198+j0.195 6	1.064 9+j0.792 8	0.608 9
3×1×120	0.154 4+j0.135 2	1.060 9+j0.782 9	0.590 0	0.157 4+j0.190 1	1.021 6+j0.787 9	0.610 2
3×1×150	0.123 6+j0.131 1	1.027 6+j0.779 2	0.591 3	0.126 6+j0.186	0.988 1+j0.784 1	0.611 6
3×1×185	0.100 2+j0.126 5	1.001 5+j0.775 2	0.592 7	0.103 1+j0.181 4	0.961 8+j0.78	0.613 0
3×1×240	0.077 3+j0.121 2	0.974 8+j0.770 9	0.594 7	0.080 2+j0.176 1	0.934 8+j0.775 3	0.615 1
3×1×300	0.061 8+j0.117 4	0.956 1+j0.767 5	0.596 4	0.064 7+j0.172 3	0.915 8+j0.771 9	0.616 8
3×1×400	0.046 4+j0.113	0.936 6+j0.764	0.598 4	0.049 2+j0.167 9	0.896 1+j0.768 1	0.619 0
3×1×500	0.037 2+j0.111 5	0.516 2+j0.235 2	0.271 4	0.045+j0.165 5	0.510 5+j0.241 5	0.286 5
3×1×630	0.029 6+j0.107 3	0.508+j0.231 8	0.273 0	0.037 4+j0.161 3	0.502 2+j0.238 3	0.288 8
3×1×800	0.023 3+j0.103 7	0.501 1+j0.229 3	0.274 7	0.031 1+j0.157 7	0.495 2+j0.235 7	0.290 1

    注 $f=50\text{Hz}$，$\rho=100\,\Omega \cdot \text{m}$，平行排列相邻两芯线导体中心间距 $2D_e$。以上数据为理论计算数据，因电缆实际尺寸与理论尺寸有误差，此数据仅供参考。500mm² 及以上金属屏蔽为铜丝屏蔽。

表 4.2-15　　　　　YJLV-26/35kV　3 单芯电缆(铝芯)电气参数　　　　　Ω/km

截面积 (mm²)	三角形排列			平行排列		
	$\underline{Z}'_{(1)S}=R'_{(1)S}+jX'_{(1)S}$	$\underline{Z}'_{(0)SE}=R'_{(0)SE}+jX'_{(0)SE}$	r_3	$\underline{Z}'_{(1)S}=R'_{(1)S}+jX'_{(1)S}$	$\underline{Z}'_{(0)SE}=R'_{(0)SE}+jX'_{(0)SE}$	r_3
3×1×50	0.588 3+j0.155 4	1.548 3+j1.204 8	0.744 0	0.590 2+j0.210 3	1.488 6+j1.187 4	0.760 0
3×1×70	0.420 3+j0.147 4	1.376+j1.196 1	0.745 2	0.422 1+j0.202 3	1.316 1+j1.178 4	0.761 2
3×1×95	0.309 6+j0.140 7	1.260 6+j1.188 3	0.746 5	0.311 5+j0.195 6	1.200 6+j1.170 3	0.762 5
3×1×120	0.245 1+j0.135 2	1.192 1+j1.182 1	0.747 6	0.247+j0.190 1	1.132+j1.163 8	0.763 6
3×1×150	0.196 1+j0.131 1	1.139 2+j1.177	0.748 6	0.198+j0.186	1.079 1+j1.158 4	0.764 6
3×1×185	0.159+j0.126 5	1.097 9+j1.171 4	0.749 7	0.160 9+j0.181 4	1.037 7+j1.152 5	0.765 8
3×1×240	0.122 5+j0.121 2	1.055 5+j1.164 8	0.751 3	0.124 4+j0.176 1	0.995 1+j1.145 4	0.767 4
3×1×300	0.098+j0.117 4	1.026 1+j1.159 6	0.752 7	0.099 9+j0.172 3	0.965 5+j1.139 9	0.768 7
3×1×400	0.073 5+j0.113	0.995 3+j1.153 6	0.754 0	0.075 3+j0.167 9	0.934 7+j1.133 5	0.770 0
3×1×500	0.058 9+j0.111 5	0.737 5+j0.399 4	0.404 3	0.064+j0.166 6	0.721 5+j0.409 7	0.423 9
3×1×630	0.046 8+j0.107 3	0.723 7+j0.396 5	0.406 5	0.051 8+j0.161 9	0.707 4+j0.406 4	0.426 3
3×1×800	0.036 9+j0.103 7	0.712 1+j0.394 3	0.408 6	0.041 9+j0.158 3	0.695 6+j0.404 2	0.428 6

注　$f=50$Hz，$\rho=100$Ω·m，平行排列相邻两芯线导体中心间距 $2D_e$。以上数据为理论计算数据，因电缆实际尺寸与理论尺寸有误差，此数据仅供参考。500mm² 及以上金属屏蔽为铜丝屏蔽。

表 4.2-16　　　　　YJV-3.6/6kV　3 芯电缆(铜芯)电气参数　　　　　Ω/km

截面积 (mm²)	$\underline{Z}'_{(1)S}=R'_{(1)S}+jX'_{(1)S}$	$\underline{Z}'_{(0)SE}=R'_{(0)SE}+jX'_{(0)SE}$	r_1
3×10	1.860 2+j0.128 6	2.899 8+j0.940 8	0.617 5
3×16	1.162 6+j0.119 2	2.196 2+j0.932	0.620 1
3×25	0.744 1+j0.111	1.771+j0.924 5	0.622 9
3×35	0.531 5+j0.106 2	1.553 7+j0.920 2	0.624 8
3×50	0.372+j0.100 7	1.387 8+j0.915 3	0.627 5
3×70	0.265 7+j0.095 8	1.274 8+j0.911	0.630 3
3×95	0.195 8+j0.091 8	1.198 3+j0.907 3	0.633 0
3×120	0.155+j0.088 7	1.151 7+j0.904 6	0.635 4
3×150	0.124+j0.086 4	1.115 6+j0.902 5	0.637 4
3×185	0.100 6+j0.084	1.086 5+j0.900 5	0.639 8
3×240	0.077 5+j0.081 7	1.055 3+j0.898 5	0.643 1
3×300	0.062+j0.080 5	1.032 7+j0.897 5	0.645 9
3×400	0.046 5+j0.079 1	1.008 9+j0.896 3	0.649 3

注　$f=50$Hz，$\rho=100$Ω·m。以上数据为理论计算数据，因电缆实际尺寸与理论尺寸有误差，此数据仅供参考。

表 4.2-17 　　　　　　　　YJLV-3.6/6kV　3 芯电缆(铝芯)电气参数　　　　　　　　Ω/km

截面积(mm²)	$\underline{Z}'_{(1)S}=R'_{(1)S}+jX'_{(1)S}$	$\underline{Z}'_{(0)SE}=R'_{(0)SE}+jX'_{(0)SE}$	r_1
3×10	2.954 4+j0.128 6	4.007 4+j1.395 3	0.771 0
3×16	1.846 5+j0.119 2	2.890 6+j1.382 8	0.773 0
3×25	1.181 8+j0.111	2.216+j1.371 2	0.775 1
3×35	0.844 1+j0.106 2	1.871 5+j1.364 1	0.776 6
3×50	0.590 9+j0.100 7	1.609+j1.355 4	0.778 6
3×70	0.422 1+j0.095 8	1.430 5+j1.346 9	0.780 7
3×95	0.311+j0.091 8	1.309 9+j1.339 3	0.782 8
3×120	0.246 2+j0.088 7	1.236 9+j1.333 1	0.784 6
3×150	0.197+j0.086 4	1.180 5+j1.327 9	0.786 1
3×185	0.159 7+j0.084	1.135+j1.322 4	0.787 9
3×240	0.123 1+j0.081 7	1.087 1+j1.315 4	0.790 3
3×300	0.098 5+j0.080 5	1.052 7+j1.310 2	0.792 4
3×400	0.073 9+j0.079 1	1.016 6+j1.303 8	0.794 8

注　f=50Hz，ρ=100Ω·m。以上数据为理论计算数据，因电缆实际尺寸与理论尺寸有误差，此数据仅供参考。

表 4.2-18 　　　　　YJV-6/6kV(6/10kV)　3 芯电缆(铜芯)电气参数　　　　　Ω/km

截面积(mm²)	$\underline{Z}'_{(1)S}=R'_{(1)S}+jX'_{(1)S}$	$\underline{Z}'_{(0)SE}=R'_{(0)SE}+jX'_{(0)SE}$	r_1
3×16	1.162 6+j0.127 2	2.186 8+j0.941	0.624 0
3×25	0.744 1+j0.118 3	1.762 3+j0.932 7	0.626 5
3×35	0.531 5+j0.113 1	1.545 5+j0.927 8	0.628 2
3×50	0.372+j0.107 1	1.380 3+j0.922 2	0.630 6
3×70	0.265 7+j0.101 7	1.267 8+j0.917 3	0.633 1
3×95	0.195 8+j0.097 2	1.191 7+j0.913 2	0.635 7
3×120	0.155+j0.093 7	1.145 6+j0.91	0.637 9
3×150	0.124+j0.091 1	1.109 9+j0.907 6	0.639 8
3×185	0.100 6+j0.088 3	1.081 1+j0.905	0.642 0
3×240	0.077 5+j0.085 2	1.050 9+j0.902 2	0.644 8
3×300	0.062+j0.083	1.029 6+j0.900 1	0.647 2
3×400	0.046 5+j0.080 6	1.007+j0.897 8	0.650 0

注　f=50Hz，ρ=100Ω·m。以上数据为理论计算数据，因电缆实际尺寸与理论尺寸有误差，此数据仅供参考。

表 4.2-19   **YJLV-6/6kV(6/10kV) 3 芯电缆(铝芯)电气参数**   Ω/km

截面积（mm²）	$\underline{Z}'_{(1)S}=R'_{(1)S}+jX'_{(1)S}$	$\underline{Z}'_{(0)SE}=R'_{(0)SE}+jX'_{(0)SE}$	r_1
3×16	1.846 5+j0.127 2	2.876 9+j1.386 2	0.776 0
3×25	1.181 8+j0.118 3	2.203 4+j1.374 2	0.777 9
3×35	0.844 1+j0.113 1	1.859 6+j1.366 8	0.779 2
3×50	0.590 9+j0.107 1	1.598 1+j1.357 7	0.781 0
3×70	0.422 1+j0.101 7	1.420 4+j1.349	0.782 9
3×95	0.311+j0.097 2	1.300 6+j1.341 2	0.784 8
3×120	0.246 2+j0.093 7	1.228 2+j1.334 7	0.786 4
3×150	0.197+j0.091 1	1.172 3+j1.329 5	0.787 9
3×185	0.159 7+j0.088 3	1.127 5+j1.323 6	0.789 5
3×240	0.123 1+j0.085 2	1.081+j1.316 4	0.791 6
3×300	0.098 5+j0.083	1.048 4+j1.310 9	0.793 3
3×400	0.073 9+j0.080 6	1.014+j1.304 2	0.795 4

注 $f=50\text{Hz}$, $\rho=100\Omega\cdot\text{m}$。以上数据为理论计算数据，因电缆实际尺寸与理论尺寸有误差，此数据仅供参考。

表 4.2-20   **YJV-8.7/10kV(8.7/15kV) 3 芯电缆(铜芯)电气参数**   Ω/km

截面积（mm²）	$\underline{Z}'_{(1)S}=R'_{(1)S}+jX'_{(1)S}$	$\underline{Z}'_{(0)SE}=R'_{(0)SE}+jX'_{(0)SE}$	r_1
3×25	0.744 1+j0.126 4	1.752 8+j0.941 6	0.630 4
3×35	0.531 5+j0.120 8	1.536 4+j0.936 2	0.632 0
3×50	0.372+j0.114 2	1.371 7+j0.929 9	0.634 1
3×70	0.265 7+j0.108 3	1.259 8+j0.924 3	0.636 4
3×95	0.195 8+j0.103 3	1.184 4+j0.919 6	0.638 7
3×120	0.155+j0.099 4	1.138 6+j0.916	0.640 7
3×150	0.124+j0.096 4	1.103 2+j0.913 2	0.642 5
3×185	0.100 6+j0.093 4	1.074 8+j0.910 3	0.644 5
3×240	0.077 5+j0.089 8	1.045 1+j0.906 9	0.647 2
3×300	0.062+j0.087 3	1.024 2+j0.904 5	0.649 4
3×400	0.046 5+j0.084 5	1.002+j0.901 7	0.652 0

注 $f=50\text{Hz}$, $\rho=100\Omega\cdot\text{m}$。以上数据为理论计算数据，因电缆实际尺寸与理论尺寸有误差，此数据仅供参考。

表 4. 2-21　　YJLV-8.7/10kV(8.7/15kV)　3 芯电缆(铝芯)电气参数　　Ω/km

截面积（mm²）	$\underline{Z}'_{(1)S}=R'_{(1)S}+jX'_{(1)S}$	$\underline{Z}'_{(0)SE}=R'_{(0)SE}+jX'_{(0)SE}$	r_1
3×25	1.181 8+j0.126 4	2.189 6+j1.377 3	0.780 9
3×35	0.844 1+j0.120 8	1.846 4+j1.369 7	0.782 0
3×50	0.590 9+j0.114 2	1.585 9+j1.360 2	0.783 6
3×70	0.422 1+j0.108 3	1.409 1+j1.351 2	0.785 4
3×95	0.311+j0.103 3	1.290 1+j1.343 1	0.787 0
3×120	0.246 2+j0.099 4	1.218 4+j1.336 5	0.788 5
3×150	0.197+j0.096 4	1.163 1+j1.331 1	0.789 8
3×185	0.159 7+j0.093 4	1.118 8+j1.325 1	0.791 3
3×240	0.123 1+j0.089 8	1.073+j1.317 7	0.793 3
3×300	0.098 5+j0.087 3	1.040 9+j1.311 9	0.794 9
3×400	0.073 9+j0.084 5	1.007 1+j1.305 1	0.796 8

注　f=50Hz，ρ=100Ω·m。以上数据为理论计算数据，因电缆实际尺寸与理论尺寸有误差，此数据仅供参考。

表 4. 2-22　　YJV-12/20kV　3 芯电缆(铜芯)电气参数　　Ω/km

截面积（mm²）	$\underline{Z}'_{(1)S}=R'_{(1)S}+jX'_{(1)S}$	$\underline{Z}'_{(0)SE}=R'_{(0)SE}+jX'_{(0)SE}$	r_1
3×35	0.531 5+j0.126 9	1.528 9+j0.942 8	0.635 1
3×50	0.372+j0.12	1.364 7+j0.936 1	0.637 0
3×70	0.265 7+j0.113 7	1.253 2+j0.93	0.639 1
3×95	0.195 8+j0.108 3	1.178 1+j0.924 9	0.641 2
3×120	0.155+j0.104 2	1.132 8+j0.921	0.643 1
3×150	0.124+j0.100 9	1.097 7+j0.917 9	0.644 7
3×185	0.100 6+j0.097 6	1.069 5+j0.914 7	0.646 6
3×240	0.077 5+j0.093 7	1.040 2+j0.910 9	0.649 1
3×300	0.062+j0.090 9	1.019 6+j0.908 1	0.651 2
3×400	0.046 5+j0.087 8	0.997 7+j0.905	0.653 7

注　f=50Hz，ρ=100Ω·m。以上数据为理论计算数据，因电缆实际尺寸与理论尺寸有误差，此数据仅供参考。

表 4.2-23　　　　YJLV-12/20kV　3芯电缆(铝芯)电气参数　　　　Ω/km

截面积（mm²）	$\underline{Z}'_{(1)S}=R'_{(1)S}+jX'_{(1)S}$	$\underline{Z}'_{(0)SE}=R'_{(0)SE}+jX'_{(0)SE}$	r_1
3×35	0.844 1+j0.126 9	1.835 8+j1.371 8	0.784 3
3×50	0.590 9+j0.12	1.575 9+j1.362 1	0.785 8
3×70	0.422 1+j0.113 7	1.399 8+j1.352 9	0.787 3
3×95	0.311+j0.108 3	1.281 4+j1.344 6	0.788 9
3×120	0.246 2+j0.104 2	1.210 2+j1.337 9	0.790 3
3×150	0.197+j0.100 9	1.155 3+j1.332 3	0.791 5
3×185	0.159 7+j0.097 6	1.111 4+j1.326 2	0.792 9
3×240	0.123 1+j0.093 7	1.066 2+j1.318 6	0.794 7
3×300	0.098 5+j0.090 9	1.034 6+j1.312 7	0.796 2
3×400	0.073 9+j0.087 8	1.001 3+j1.305 8	0.798 1

注　$f=50\text{Hz}$，$\rho=100\Omega \cdot \text{m}$。以上数据为理论计算数据，因电缆实际尺寸与理论尺寸有误差，此数据仅供参考。

表 4.2-24　　　　YJV-18/30kV　3芯电缆(铜芯)电气参数　　　　Ω/km

截面积（mm²）	$\underline{Z}'_{(1)S}=R'_{(1)S}+jX'_{(1)S}$	$\underline{Z}'_{(0)SE}=R'_{(0)SE}+jX'_{(0)SE}$	r_1
3×50	0.372+j0.132 5	1.349 3+j0.949 4	0.643 3
3×70	0.265 7+j0.125 4	1.238 7+j0.942 3	0.645 0
3×95	0.195 8+j0.119 3	1.164 4+j0.936 4	0.646 8
3×120	0.155+j0.114 6	1.119 6+j0.931 7	0.648 4
3×150	0.124+j0.110 9	1.085 1+j0.928 1	0.649 8
3×185	0.100 6+j0.107	1.057 6+j0.924 2	0.651 4
3×240	0.077 5+j0.102 5	1.029+j0.919 7	0.653 6
3×300	0.062+j0.099 2	1.009+j0.916 4	0.655 4
3×400	0.046 5+j0.095 5	0.987 8+j0.912 6	0.657 7

注　$f=50\text{Hz}$，$\rho=100\Omega \cdot \text{m}$。以上数据为理论计算数据，因电缆实际尺寸与理论尺寸有误差，此数据仅供参考。

表 4.2-25　　　　YJLV-18/30kV　3芯电缆(铝芯)电气参数　　　　Ω/km

截面积（mm²）	$\underline{Z}'_{(1)S}=R'_{(1)S}+jX'_{(1)S}$	$\underline{Z}'_{(0)SE}=R'_{(0)SE}+jX'_{(0)SE}$	r_1
3×50	0.590 9+j0.132 5	1.554 2+j1.366	0.790 4
3×70	0.422 1+j0.125 4	1.379 4+j1.356 3	0.791 7
3×95	0.311+j0.119 3	1.262 2+j1.347 7	0.793 0
3×120	0.246 2+j0.114 6	1.192+j1.340 7	0.794 2
3×150	0.197+j0.110 9	1.137 9+j1.334 9	0.795 2
3×185	0.159 7+j0.107	1.095 1+j1.328 5	0.796 4
3×240	0.123 1+j0.102 5	1.051+j1.320 7	0.798 0
3×300	0.098 5+j0.099 2	1.020 2+j1.314 6	0.799 3
3×400	0.073 9+j0.095 5	0.987 9+j1.307 3	0.800 9

注　$f=50\text{Hz}$，$\rho=100\Omega \cdot \text{m}$。以上数据为理论计算数据，因电缆实际尺寸与理论尺寸有误差，此数据仅供参考。

表 4.2-26　　　　　　　YJV-21/35kV　3 芯电缆(铜芯)电气参数　　　　　　Ω/km

截面积（mm²）	$\underline{Z}'_{(1)S}=R'_{(1)S}+jX'_{(1)S}$	$\underline{Z}'_{(0)SE}=R'_{(0)SE}+jX'_{(0)SE}$	r_1
3×50	0.372+j0.138 1	1.342 2+j0.955 2	0.646 1
3×70	0.265 7+j0.130 8	1.231 9+j0.947 9	0.647 7
3×95	0.195 8+j0.124 4	1.157 9+j0.941 6	0.649 4
3×120	0.155+j0.119 5	1.113 5+j0.936 7	0.650 8
3×150	0.124+j0.115 5	1.079 2+j0.932 8	0.652 1
3×185	0.100 6+j0.111 4	1.052+j0.928 7	0.653 7
3×240	0.077 5+j0.106 6	1.023 7+j0.923 9	0.655 7
3×300	0.062+j0.103 1	1.003 9+j0.920 3	0.657 4
3×400	0.046 5+j0.099 2	0.983+j0.916 3	0.659 6

注　$f=50$Hz，$\rho=100\Omega\cdot$m。以上数据为理论计算数据，因电缆实际尺寸与理论尺寸有误差，此数据仅供参考。

表 4.2-27　　　　　　　YJLV-21/35kV　3 芯电缆(铝芯)电气参数　　　　　　Ω/km

截面积（mm²）	$\underline{Z}'_{(1)S}=R'_{(1)S}+jX'_{(1)S}$	$\underline{Z}'_{(0)SE}=R'_{(0)SE}+jX'_{(0)SE}$	r_1
3×50	0.590 9+j0.138 1	1.544 4+j1.367 6	0.792 5
3×70	0.422 1+j0.130 8	1.370 1+j1.357 8	0.793 7
3×95	0.311+j0.124 4	1.253 4+j1.349	0.794 9
3×120	0.246 2+j0.119 5	1.183 5+j1.341 9	0.796 0
3×150	0.197+j0.115 5	1.129 9+j1.336	0.796 9
3×185	0.159 7+j0.111 4	1.087 3+j1.329 6	0.798 0
3×240	0.123 1+j0.106 6	1.043 7+j1.321 6	0.799 5
3×300	0.098 5+j0.103 1	1.013 4+j1.315 4	0.800 7
3×400	0.073 9+j0.099 2	0.981 5+j1.308 1	0.802 2

注　$f=50$Hz，$\rho=100\Omega\cdot$m。以上数据为理论计算数据，因电缆实际尺寸与理论尺寸有误差，此数据仅供参考。

表 4.2-28　　　　　　　YJV-26/35kV　3 芯电缆(铜芯)电气参数　　　　　　Ω/km

截面积（mm²）	$\underline{Z}'_{(1)S}=R'_{(1)S}+jX'_{(1)S}$	$\underline{Z}'_{(0)SE}=R'_{(0)SE}+jX'_{(0)SE}$	r_1
3×50	0.372+j0.142 9	1.336 2+j0.960 1	0.648 5
3×70	0.265 7+j0.135 3	1.226 2+j0.952 6	0.650 0
3×95	0.195 8+j0.128 8	1.152 4+j0.946	0.651 6
3×120	0.155+j0.123 6	1.108 2+j0.940 8	0.652 9
3×150	0.124+j0.119 5	1.074 1+j0.936 8	0.654 2
3×185	0.100 6+j0.115 2	1.047+j0.932 5	0.655 6
3×240	0.077 5+j0.110 2	1.019 1+j0.927 4	0.657 6
3×300	0.062+j0.106 5	0.999 5+j0.923 6	0.659 2
3×400	0.046 5+j0.102 3	0.978 8+j0.919 3	0.6612

注　$f=50$Hz，$\rho=100\Omega\cdot$m。以上数据为理论计算数据，因电缆实际尺寸与理论尺寸有误差，此数据仅供参考。

表 4.2-29   **YJLV-26/35kV 3芯电缆(铝芯)电气参数**   Ω/km

截面积（mm²）	$\underline{Z}'_{(1)S}=R'_{(1)S}+jX'_{(1)S}$	$\underline{Z}'_{(0)SE}=R'_{(0)SE}+jX'_{(0)SE}$	r_1
3×50	0.590 9+j0.142 9	1.536 1+j1.368 8	0.794 3
3×70	0.422 1+j0.135 3	1.362 2+j1.359	0.795 4
3×95	0.311+j0.128 8	1.245 8+j1.350 1	0.796 5
3×120	0.246 2+j0.123 6	1.176 3+j1.342 8	0.797 5
3×150	0.197+j0.119 5	1.122 9+j1.336 9	0.798 4
3×185	0.159 7+j0.115 2	1.080 7+j1.330 3	0.799 4
3×240	0.123 1+j0.110 2	1.037 5+j1.322 3	0.800 8
3×300	0.098 5+j0.106 5	1.007 4+j1.316	0.802 0
3×400	0.073 9+j0.102 3	0.975 9+j1.308 6	0.803 4

注 $f=50Hz$，$\rho=100\Omega\cdot m$。以上数据为理论计算数据，因电缆实际尺寸与理论尺寸有误差，此数据仅供参考。

表 4.2-30   **YJV-0.6/1kV 4单芯电缆(铜芯)电气参数**   Ω/km

截面积（mm²）	∞ 排 列			
	$\underline{Z}'_{(1)N}=R'_{(1)N}+jX'_{(1)N}$	$\underline{Z}'_{(0)N}=R'_{(0)N}+jX'_{(0)N}$	$\underline{Z}'_{(0)NE}=R'_{(0)NE}+jX'_{(0)NE}$	r_3
4×1×10	1.851 9+j0.113 4	7.407 6+j0.453 7	2.650 4+j1.890 3	0.892 8
4×1×16	1.157 4+j0.106	4.629 6+j0.424	2.093 9+j1.546 4	0.7953
4×1×25	0.740 7+j0.102 3	2.962 8+j0.409 1	1.679 3+j1.150 4	0.660 7
4×1×35	0.529 1+j0.097 7	2.116 4+j0.391	1.380 3+j0.872 6	0.545 2
4×1×50	0.370 4+j0.094 8	1.481 6+j0.379 4	1.071 2+j0.648 7	0.427 8
4×1×70	0.264 6+j0.091 9	1.058 4+j0.367 4	0.815+j0.506 3	0.333 7
4×1×95	0.194 9+j0.089 7	0.779 6+j0.358 9	0.622+j0.425 6	0.266 2
4×1×120	0.154 3+j0.088	0.617 2+j0.351 8	0.501 5+j0.384 3	0.225 6
4×1×150	0.123 5+j0.088 2	0.494+j0.353	0.405 4+j0.362 6	0.196 0
4×1×185	0.100 1+j0.087 2	0.400 4+j0.349	0.331 1+j0.344 8	0.174 3
4×1×240	0.077 2+j0.086	0.308 8+j0.343 8	0.257 4+j0.329 5	0.154 2
4×1×300	0.061 7+j0.085 5	0.246 8+j0.341 8	0.207+j0.321 2	0.142 0

注 $f=50Hz$，$\rho=100\Omega\cdot m$。以上数据为理论计算数据，因电缆实际尺寸与理论尺寸有误差，此数据仅供参考。

表 4.2-31　　　　　　　　YJLV-0.6/1kV　4 单芯电缆(铝芯)电气参数　　　　Ω/km

截面积（mm²）	88 排列			
	$\underline{Z}'_{(1)N}=R'_{(1)N}+jX'_{(1)N}$	$\underline{Z}'_{(0)N}=R'_{(0)N}+jX'_{(0)N}$	$\underline{Z}'_{(0)NE}=R'_{(0)NE}+jX'_{(0)NE}$	r_3
4×1×10	2.941 2+j0.112 7	11.764 8+j0.450 9	3.558 8+j2.088	0.947 7
4×1×16	1.838 2+j0.105 4	7.352 8+j0.421 5	2.631 6+j1.867 6	0.894 0
4×1×25	1.176 5+j0.102 3	4.706+j0.409 1	2.095 4+j1.545 9	0.803 7
4×1×35	0.840 3+j0.098 6	3.361 2+j0.394 3	1.787 5+j1.253 6	0.706 5
4×1×50	0.588 2+j0.095 1	2.352 8+j0.380 3	1.470 9+j0.947 8	0.586 7
4×1×70	0.420 2+j0.092 6	1.680 8+j0.370 6	1.175 7+j0.712 5	0.472 6
4×1×95	0.309 6+j0.090 2	1.238 4+j0.360 9	0.929+j0.558 1	0.379 4
4×1×120	0.245 1+j0.088 5	0.980 4+j0.354 2	0.762 9+j0.475 4	0.318 7
4×1×150	0.196 1+j0.088 5	0.784 4+j0.353 8	0.624 4+j0.423 5	0.270 6
4×1×185	0.159+j0.087 6	0.636+j0.350 2	0.514 2+j0.387 1	0.233 6
4×1×240	0.122 5+j0.086 2	0.49+j0.344 8	0.402 1+j0.355 1	0.197 2
4×1×300	0.098+j0.085 5	0.392+j0.341 4	0.324 5+j0.337 2	0.173 7

注　$f=50Hz$，$\rho=100\Omega m$。以上数据为理论计算数据，因电缆实际尺寸与理论尺寸有误差，此数据仅供参考。

表 4.2-32　　　　　　　　YJV-0.6/1kV　4 单芯电缆(铜芯)电气参数　　　　Ω/km

截面积（mm²）	○○○○ 平行排列			
	$\underline{Z}'_{(1)N}=R'_{(1)N}+jX'_{(1)N}$	$\underline{Z}'_{(0)N}=R'_{(0)N}+jX'_{(0)N}$	$\underline{Z}'_{(0)NE}=R'_{(0)NE}+jX'_{(0)NE}$	r_3
4×1×10	1.851 9+j0.164 2	7.407 6+j0.794 5	2.520 3+j1.857 5	0.894 7
4×1×16	1.157 4+j0.156 9	4.629 6+j0.765 1	1.931 8+j1.573 4	0.799 2
4×1×25	0.740 7+j0.153 1	2.962 8+j0.750 2	1.510 1+j1.250 1	0.668 4
4×1×35	0.529 1+j0.148 8	2.116 4+j0.732 6	1.222 9+j1.025 9	0.556 9
4×1×50	0.370 4+j0.145 8	1.481 6+j0.721	0.939 8+j0.846	0.445 4
4×1×70	0.264 6+j0.142 8	1.058 4+j0.709 2	0.710 7+j0.732 9	0.358 4
4×1×95	0.194 9+j0.140 5	0.779 6+j0.699 6	0.541 3+j0.667 8	0.297 9
4×1×120	0.154 3+j0.138 7	0.617 2+j0.693 3	0.435 9+j0.635 3	0.263 6
4×1×150	0.123 5+j0.139 1	0.494+j0.694 3	0.352 3+j0.617 8	0.240 3
4×1×185	0.100 1+j0.138 1	0.400 4+j0.690 3	0.288 3+j0.603 5	0.223 9
4×1×240	0.077 2+j0.136 9	0.308 8+j0.685 3	0.224 7+j0.591 6	0.209 7
4×1×300	0.061 7+j0.136 1	0.246 8+j0.682 9	0.181 6+j0.585 1	0.201 4

注　$f=50Hz$，$\rho=100\Omega\cdot m$，平行排列相邻两芯线导体中心间距为 $2D_e$。以上数据为理论计算数据，因电缆实际尺寸与理论尺寸有误差，此数据仅供参考。

表 4.2-33 YJLV-0.6/1kV 4 单芯电缆(铝芯)电气参数 Ω/km

截面积（mm²）	○○○○ 平行排列			
	$\underline{Z}'_{(1)N}=R'_{(1)N}+jX'_{(1)N}$	$\underline{Z}'_{(0)N}=R'_{(0)N}+jX'_{(0)N}$	$\underline{Z}'_{(0)NE}=R'_{(0)NE}+jX'_{(0)NE}$	r_3
4×1×10	2.941 2+j0.163 6	11.764 8+j0.793 2	3.465 9+j2.019 6	0.948 4
4×1×16	1.838 2+j0.156 3	7.352 8+j0.763 9	2.501 1+j1.834 4	0.895 7
4×1×25	1.176 5+j0.152 8	4.706+j0.749 7	1.935 3+j1.568 3	0.807 4
4×1×35	0.840 3+j0.149 3	3.361 2+j0.734 3	1.617+j1.330 3	0.712 8
4×1×50	0.588 2+j0.146 2	2.352 8+j0.722 2	1.307 1+j1.083 1	0.596 7
4×1×70	0.420 2+j0.143 2	1.680 8+j0.711 5	1.033 4+j0.894 5	0.487 5
4×1×95	0.309 6+j0.140 8	1.238 4+j0.701 4	0.811 3+j0.770 8	0.400 2
4×1×120	0.245 1+j0.139 2	0.980 4+j0.694 9	0.663 8+j0.705 2	0.344 8
4×1×150	0.196 1+j0.139 2	0.784 4+j0.695 4	0.541 8+j0.664 5	0.302 5
4×1×185	0.159+j0.138 3	0.636+j0.691 3	0.446 2+j0.635 3	0.271 2
4×1×240	0.122 5+j0.136 9	0.49+j0.686	0.348 9+j0.610 2	0.241 7
4×1×300	0.098+j0.136 1	0.392+j0.682 6	0.282+j0.596 1	0.224 2

注 $f=50Hz$，$\rho=100\Omega\cdot m$，平行排列相邻两芯线导体中心间距 $2D_e$。以上数据为理论计算数据，因电缆实际尺寸与理论尺寸有误差，此数据仅供参考。

表 4.2-34 VV-0.6/1kV 4 单芯电缆(铜芯)电气参数 Ω/km

截面积（mm²）	88 排列			
	$\underline{Z}'_{(1)N}=R'_{(1)N}+jX'_{(1)N}$	$\underline{Z}'_{(0)N}=R'_{(0)N}+jX'_{(0)N}$	$\underline{Z}'_{(0)NE}=R'_{(0)NE}+jX'_{(0)NE}$	r_3
4×1×10	1.851 9+j0.118 1	7.407 6+j0.472 6	2.641 7+j1.885 3	0.892 9
4×1×16	1.157 4+j0.110 2	4.629 6+j0.440 8	2.084 2+j1.545 6	0.795 6
4×1×25	0.740 7+j0.105 9	2.962 8+j0.423 5	1.670 4+j1.153 5	0.661 2
4×1×35	0.529 1+j0.101	2.116+j0.404 1	1.372 8+j0.877 9	0.545 8
4×1×50	0.370 4+j0.098 6	1.481 6+j0.394 2	1.064 4+j0.657	0.428 9
4×1×70	0.264 6+j0.094 4	1.058 4+j0.377 7	0.811 3+j0.513 2	0.334 8
4×1×95	0.194 9+j0.093 3	0.779 6+j0.373	0.617 7+j0.435 8	0.268 0
4×1×120	0.154 3+j0.090 6	0.617 2+j0.362 2	0.499 1+j0.392 2	0.227 3
4×1×150	0.123 5+j0.090 7	0.494+j0.362 6	0.403 4+j0.370 1	0.197 9
4×1×185	0.100 1+j0.089 9	0.400 4+j0.359 5	0.329 5+j0.353 2	0.176 6
4×1×240	0.077 2+j0.088 7	0.308 8+j0.355	0.256 1+j0.338 4	0.156 9
4×1×300	0.061 7+j0.088 4	0.246 8+j0.353 8	0.205 8+j0.330 9	0.145 3

注 $f=50Hz$，$\rho=100\Omega\cdot m$。以上数据为理论计算数据，因电缆实际尺寸与理论尺寸有误差，此数据仅供参考。

表 4.2-35　　　　　　　　VLV-0.6/1kV　4 单芯电缆(铝芯)电气参数　　　　　Ω/km

截面积（mm²）	88 排 列			
	$\underline{Z}'_{(1)N}=R'_{(1)N}+jX'_{(1)N}$	$\underline{Z}'_{(0)N}=R'_{(0)N}+jX'_{(0)N}$	$\underline{Z}'_{(0)NE}=R'_{(0)NE}+jX'_{(0)NE}$	r_3
4×1×10	2.941 2+j0.117 5	11.764 8+j0.47	3.552 5+j2.080 7	0.947 7
4×1×16	1.838 2+j0.109 6	7.352 8+j0.438 5	2.623 7+j1.863 2	0.894 1
4×1×25	1.176 5+j0.105 4	4.706+j0.421 5	2.088 5+j1.545 1	0.803 9
4×1×35	0.840 3+j0.101 4	3.361 2+j0.405 7	1.780 4+j1.255 4	0.706 9
4×1×50	0.588 2+j0.099 3	2.352 8+j0.397 1	1.461 1+j0.953 5	0.587 3
4×1×70	0.420 2+j0.095 2	1.680 8+j0.381	1.170 6+j0.717 7	0.473 2
4×1×95	0.309 6+j0.093 9	1.238 4+j0.375 5	0.923+j0.567 2	0.380 6
4×1×120	0.245 1+j0.091 3	0.980 4+j0.365	0.758 9+j0.483 4	0.319 9
4×1×150	0.196 1+j0.090 9	0.784 4+j0.363 6	0.621 4+j0.430 3	0.271 9
4×1×185	0.159+j0.090 2	0.636+j0.361	0.511 7+j0.395 2	0.235 3
4×1×240	0.122 5+j0.089	0.49+j0.356 2	0.399 9+j0.363 9	0.199 3
4×1×300	0.098+j0.088 5	0.392+j0.354 1	0.322 5+j0.347 1	0.176 5

注　$f=50\text{Hz}$，$\rho=100\Omega\cdot\text{m}$。以上数据为理论计算数据，因电缆实际尺寸与理论尺寸有误差，此数据仅供参考。

表 4.2-36　　　　　　　　VV-0.6/1kV　4 单芯电缆(铜芯)电气参数

截面积（mm²）	○○○○平行排列			
	$\underline{Z}'_{(1)N}=R'_{(1)N}+jX'_{(1)N}$	$\underline{Z}'_{(0)N}=R'_{(0)N}+jX'_{(0)N}$	$\underline{Z}'_{(0)NE}=R'_{(0)NE}+jX'_{(0)NE}$	r_3
4×1×10	1.851 9+j0.168 7	7.407 6+j0.813	2.512 9+j1.852 5	0.894 9
4×1×16	1.157 4+j0.160 9	4.629 6+j0.781 6	1.923 4+j1.572 1	0.799 6
4×1×25	0.740 7+j0.156 5	2.962 8+j0.764 3	1.502 5+j1.252 1	0.668 9
4×1×35	0.529 1+j0.151 9	2.116 4+j0.745 4	1.216 7+j1.029 9	0.557 7
4×1×50	0.370 4+j0.149 5	1.481 6+j0.735 8	0.933 8+j0.853	0.446 8
4×1×70	0.264 6+j0.145 3	1.058 4+j0.719 2	0.707 5+j0.738 6	0.359 7
4×1×95	0.194 9+j0.144	0.779 6+j0.714 5	0.537 3+j0.677	0.300 6
4×1×120	0.154 3+j0.141 3	0.617 2+j0.703 8	0.433 6+j0.641 7	0.265 8
4×1×150	0.123 5+j0.141 5	0.494+j0.703 9	0.350 9+j0.624 4	0.242 6
4×1×185	0.100 1+j0.140 8	0.400 4+j0.700 9	0.287+j0.610 8	0.226 6
4×1×240	0.077 2+j0.139 4	0.308 8+j0.696 1	0.223 9+j0.598 6	0.212 7
4×1×300	0.061 7+j0.139 3	0.246 8+j0.695 3	0.180 6+j0.592 9	0.205 3

注　$f=50\text{Hz}$，$\rho=100\Omega\cdot\text{m}$，平行排列相邻两芯线导体中心间距为 $2D_e$。以上数据为理论计算数据，因电缆实际尺寸与理论尺寸有误差，此数据仅供参考。

表 4.2-37   **VLV-0.6/1kV 4 单芯电缆（铝芯）电气参数**

截面积（mm²）	○○○○平行排列			
	$\underline{Z}'_{(1)N}=R'_{(1)N}+jX'_{(1)N}$	$\underline{Z}'_{(0)N}=R'_{(0)N}+jX'_{(0)N}$	$\underline{Z}'_{(0)NE}=R'_{(0)NE}+jX'_{(0)NE}$	r_3
4×1×10	—	—	—	—
4×1×16	2.941 2+j0.168 4	11.764 8+j0.811 2	3.460 4+j2.011 8	0.948 5
4×1×25	1.838 2+j0.160 6	7.352 8+j0.78	2.494 2+j1.829 4	0.895 9
4×1×35	1.176 5+j0.156 3	4.706+j0.763 8	1.928 2+j1.567 1	0.807 7
4×1×50	0.840 3+j0.152 4	3.361 2+j0.747 4	1.61+j1.331 5	0.713 3
4×1×70	0.588 2+j0.149 9	2.352 8+j0.738 1	1.299+j1.087 6	0.597 6
4×1×95	0.420 2+j0.145 9	1.680 8+j0.721 4	1.028 8+j0.897 9	0.488 5
4×1×120	0.309 6+j0.144 7	1.238 4+j0.717	0.805 4+j0.779 1	0.402 0
4×1×150	0.245 1+j0.142	0.980 4+j0.706	0.660 3+j0.711 6	0.346 5
4×1×185	0.196 1+j0.141 8	0.784 4+j0.705 4	0.539+j0.670 6	0.304 4
4×1×240	0.159+j0.141	0.636+j0.702 2	0.443 9+j0.642 5	0.273 6
4×1×300	0.122 5+j0.14	0.49+j0.697 7	0.346 9+j0.617 8	0.244 7

注 $f=50\text{Hz}$，$\rho=100\Omega\cdot\text{m}$，平行排列相邻两芯线导体中心间距 $2D_e$。以上数据为理论计算数据，因电缆实际尺寸与理论尺寸有误差，此数据仅供参考。

表 4.2-38   **YJV-0.6/1kV 4 芯（等截面）电缆（铜芯）电气参数**   Ω/km

截面积（mm²）	圆 形 导 体			
	$\underline{Z}'_{(1)N}=R'_{(1)N}+jX'_{(1)N}$	$\underline{Z}'_{(0)N}=R'_{(0)N}+jX'_{(0)N}$	$\underline{Z}'_{(0)NE}=R'_{(0)NE}+jX'_{(0)NE}$	r_1
4×10	1.857 6+j0.086 9	7.430 4+j0.347 6	2.704 9+j1.918 8	0.892 7
4×16	1.161+j0.083	4.644+j0.331 9	2.151 3+j1.552 3	0.794 9
4×25	0.743+j0.083 3	2.972+j0.333 3	1.728 9+j1.135 8	0.659 7
4×35	0.530 7+j0.080 8	2.122 8+j0.323 1	1.421 7+j0.846 4	0.543 4
4×50	0.371 5+j0.080 1	1.486+j0.320 3	1.102 3+j0.615 9	0.425 0
4×70	0.265 4+j0.079	1.061 6+j0.316 2	0.837+j0.472 4	0.329 9
4×95	0.195 5+j0.077 3	0.782+j0.309 3	0.638 7+j0.389 3	0.260 7
4×120	0.154 8+j0.077 2	0.619 2+j0.308 9	0.513 4+j0.351 2	0.219 7
4×150	0.123 8+j0.077 9	0.495 2+j0.311 5	0.414 3+j0.329 8	0.188 9
4×185	0.100 4+j0.078	0.401 6+j0.312	0.338 1+j0.315 3	0.166 9
4×240	0.077 4+j0.077 3	0.309 6+j0.309	0.262 6+j0.301 2	0.145 9
4×300	0.061 9+j0.076 9	0.247 6+j0.307 8	0.210 8+j0.293 3	0.133 0

注 $f=50\text{Hz}$，$\rho=100\Omega\cdot\text{m}$。以上数据为理论计算数据，因电缆实际尺寸与理论尺寸有误差，此数据仅供参考。

表 4.2-39　　　　YJLV-0.6/1kV　4 芯（等截面）电缆（铝芯）电气参数　　　　Ω/km

截面积（mm²）	圆 形 导 体			
	$\underline{Z}'_{(1)N}=R'_{(1)N}+jX'_{(1)N}$	$\underline{Z}'_{(0)N}=R'_{(0)N}+jX'_{(0)N}$	$\underline{Z}'_{(0)NE}=R'_{(0)NE}+jX'_{(0)NE}$	r_1
4×10	2.950 3+j0.086 9	11.801 2+j0.347 6	3.601 5+j2.128 3	0.947 6
4×16	1.843 9+j0.083	7.375 6+j0.331 9	2.678 4+j1.892 4	0.893 9
4×25	1.180 1+j0.083 3	4.720 4+j0.333 3	2.142 7+j1.552 4	0.803 4
4×35	0.842 9+j0.081 3	3.371 6+j0.325 2	1.832 9+j1.246 8	0.706 0
4×50	0.590 1+j0.080 5	2.360 4+j0.322	1.508 8+j0.929 6	0.585 7
4×70	0.421 5+j0.079 6	1.686+j0.318 2	1.205 6+j0.687	0.470 8
4×95	0.310 6+j0.077 9	1.242 4+j0.311 6	0.952 9+j0.528 3	0.376 5
4×120	0.245 9+j0.077 5	0.983 6+j0.309 8	0.781 1+j0.445 8	0.315 3
4×150	0.196 7+j0.077 9	0.786 8+j0.311 5	0.638 9+j0.392 7	0.266 0
4×185	0.159 5+j0.078 1	0.638+j0.312 5	0.525 5+j0.358 3	0.228 5
4×240	0.122 9+j0.077 3	0.491 6+j0.309 3	0.410 3+j0.327 4	0.191 1
4×300	0.098 3+j0.076 9	0.393 2+j0.307 5	0.331+j0.310 4	0.166 8

注　$f=50$Hz，$\rho=100\Omega\cdot$m。以上数据为理论计算数据，因电缆实际尺寸与理论尺寸有误差，此数据仅供参考。

表 4.2-40　　　　YJV-0.6/1kV　4 芯（等截面）电缆（铜芯）电气参数　　　　Ω/km

截面积（mm²）	扇 形 导 体			
	$\underline{Z}'_{(1)N}=R'_{(1)N}+jX'_{(1)N}$	$\underline{Z}'_{(0)N}=R'_{(0)N}+jX'_{(0)N}$	$\underline{Z}'_{(0)NE}=R'_{(0)NE}+jX'_{(0)NE}$	r_1
4×35	0.529 9+j0.079 8	2.119 6+j0.319 2	1.416 8+j0.843 7	0.545 5
4×50	0.371+j0.078 3	1.484+j0.313 1	1.099 2+j0.611 7	0.428 5
4×70	0.265+j0.077 9	1.06+j0.311 4	0.834 4+j0.469 6	0.332 4
4×95	0.195 2+j0.076 4	0.780 8+j0.305 5	0.637 6+j0.386 2	0.262 1
4×120	0.154 6+j0.076 3	0.618 4+j0.305 2	0.512 8+j0.348 3	0.220 6
4×150	0.123 7+j0.076 4	0.494 8+j0.305 4	0.414 4+j0.324 9	0.189 9
4×185	0.100 3+j0.076 6	0.401 2+j0.306 3	0.338 3+j0.310 4	0.167 2
4×240	0.077 3+j0.075 6	0.309 2+j0.302 4	0.262 3+j0.295 6	0.146 2
4×300	0.061 8+j0.075 1	0.247 2+j0.300 4	0.210 8+j0.287 1	0.133 4

注　$f=50$Hz，$\rho=100\Omega\cdot$m。以上数据为理论计算数据，因电缆实际尺寸与理论尺寸有误差，此数据仅供参考。

表 4.2-41　　　　　YJLV-0.6/1kV　4 芯（等截面）电缆（铝芯）电气参数　　　　Ω/km

截面积（mm²）	扇 形 导 体			
	$\underline{Z}'_{(1)N}=R'_{(1)N}+jX'_{(1)N}$	$\underline{Z}'_{(0)N}=R'_{(0)N}+jX'_{(0)N}$	$\underline{Z}'_{(0)NE}=R'_{(0)NE}+jX'_{(0)NE}$	r_1
4×35	0.841 7+j0.079 8	3.366 8+j0.319 2	1.823 6+j1.240 9	0.708 7
4×50	0.589 2+j0.078 3	2.356 8+j0.313 1	1.500 4+j0.924 4	0.590 2
4×70	0.420 8+j0.077 9	1.683 2+j0.311 4	1.200 4+j0.683 4	0.474 7
4×95	0.310 1+j0.076 4	1.240 4+j0.305 5	0.950 7+j0.524 2	0.379 3
4×120	0.245 5+j0.076 3	0.982+j0.305 2	0.779 3+j0.442 2	0.317 4
4×150	0.196 4+j0.076 4	0.785 6+j0.305 4	0.637 7+j0.388 4	0.268 4
4×185	0.159 2+j0.076 6	0.636 8+j0.306 3	0.524 8+j0.353 5	0.230 0
4×240	0.122 7+j0.075 6	0.490 8+j0.302 4	0.409 8+j0.322	0.192 5
4×300	0.098 2+j0.075 1	0.392 8+j0.300 4	0.330 8+j0.304	0.168 1

注　$f=50Hz$，$\rho=100\Omega\cdot m$。以上数据为理论计算数据，因电缆实际尺寸与理论尺寸有误差，此数据仅供参考。

表 4.2-42　　　　　VV-0.6/1kV　4 芯（等截面）电缆（铜芯）电气参数　　　　Ω/km

截面积（mm²）	圆 形 导 体			
	$\underline{Z}'_{(1)N}=R'_{(1)N}+jX'_{(1)N}$	$\underline{Z}'_{(0)N}=R'_{(0)N}+jX'_{(0)N}$	$\underline{Z}'_{(0)NE}=R'_{(0)NE}+jX'_{(0)NE}$	r_1
4×10	1.8576+j0.093 9	7.430 4+j0.375 8	2.691 5+j1.911 7	0.892 8
4×16	1.161+j0.089	4.644+j0.355 8	2.137 1+j1.551 4	0.795 2
4×25	0.743+j0.088 1	2.972+j0.352 5	1.716 9+j1.140 4	0.660 2
4×35	0.530 7+j0.085	2.122 8+j0.340 1	1.411 8+j0.853 6	0.544 1
4×50	0.371 5+j0.084 7	1.486+j0.338 9	1.092 9+j0.627	0.426 0
4×70	0.265 4+j0.082 2	1.061 6+j0.328 9	0.831 9+j0.481 4	0.331 0
4×95	0.195 5+j0.082	0.782+j0.328	0.632 9+j0.403 2	0.262 9
4×120	0.154 8+j0.080 3	0.619 2+j0.321 3	0.510 7+j0.360 9	0.221 5
4×150	0.123 8+j0.080 7	0.495 2+j0.322 8	0.412 1+j0.338 7	0.190 8
4×185	0.100 4+j0.080 5	0.401 6+j0.322	0.336 6+j0.323 6	0.168 9
4×240	0.077 4+j0.08	0.309 6+j0.319 9	0.261+j0.310 1	0.148 4
4×300	0.061 9+j0.080 1	0.247 6+j0.320 5	0.209 8+j0.303 9	0.136 4

注　$f=50Hz$，$\rho=100\Omega\cdot m$。以上数据为理论计算数据，因电缆实际尺寸与理论尺寸有误差，此数据仅供参考。

表 4.2-43　　　　　VLV-0.6/1kV　4芯（等截面）电缆（铝芯）电气参数　　　　　Ω/km

截面积（mm²）	圆 形 导 体			
	$\underline{Z}'_{(1)N}=R'_{(1)N}+jX'_{(1)N}$	$\underline{Z}'_{(0)N}=R'_{(0)N}+jX'_{(0)N}$	$\underline{Z}'_{(0)NE}=R'_{(0)NE}+jX'_{(0)NE}$	r_1
4×10	2.950 3+j0.093 9	11.801 2+j0.375 8	3.591 9+j2.117 5	0.947 7
4×16	1.843 9+j0.089	7.375 6+j0.355 8	2.667+j1.886 3	0.894 0
4×25	1.180 1+j0.088 1	4.720 4+j0.352 5	2.131 4+j1.551 5	0.803 7
4×35	0.842 9+j0.085 6	3.371 6+j0.342 6	1.822 1+j1.249 2	0.706 4
4×50	0.590 1+j0.085 2	2.360 4+j0.341	1.497 1+j0.936 5	0.586 3
4×70	0.421 5+j0.082 8	1.686+j0.331	1.198 8+j0.693 8	0.471 4
4×95	0.310 6+j0.082 3	1.242 4+j0.329 1	0.945 2+j0.539 3	0.377 8
4×120	0.245 9+j0.080 7	0.983 6+j0.322 7	0.776 7+j0.454 9	0.316 5
4×150	0.196 7+j0.081 1	0.786 8+j0.324 4	0.634 8+j0.402 4	0.267 6
4×185	0.159 5+j0.080 7	0.638+j0.322 7	0.522 6+j0.366 4	0.230 0
4×240	0.122 9+j0.080 4	0.491 6+j0.321 4	0.407 9+j0.336 9	0.193 2
4×300	0.098 3+j0.08	0.393 2+j0.320 2	0.329+j0.320 4	0.169 4

注　$f=50Hz$，$\rho=100\Omega\cdot m$。以上数据为理论计算数据，因电缆实际尺寸与理论尺寸有误差，此数据仅供参考。

表 4.2-44　　　　　VV-0.6/1kV　4芯（等截面）电缆（铜芯）电气参数　　　　　Ω/km

截面积（mm²）	扇 形 导 体			
	$\underline{Z}'_{(1)N}=R'_{(1)N}+jX'_{(1)N}$	$\underline{Z}'_{(0)N}=R'_{(0)N}+jX'_{(0)N}$	$\underline{Z}'_{(0)NE}=R'_{(0)NE}+jX'_{(0)NE}$	r_1
4×35	0.529 9+j0.083 7	2.119 6+j0.334 9	1.407 7+j0.850 4	0.546 2
4×50	0.371+j0.082 4	1.484+j0.329 5	1.091 2+j0.621 2	0.429 4
4×70	0.265+j0.080 6	1.06+j0.322 5	0.830 1+j0.477 5	0.333 4
4×95	0.195 2+j0.080 6	0.780 8+j0.322 4	0.632 3+j0.399 3	0.264 1
4×120	0.154 6+j0.079 2	0.618 4+j0.316 7	0.509 9+j0.357 6	0.222 4
4×150	0.123 7+j0.078 9	0.494 8+j0.315 5	0.412 2+j0.333	0.191 6
4×185	0.100+j0.079 1	0.401 2+j0.316 3	0.336 4+j0.318 8	0.169 4
4×240	0.077 3+j0.078 2	0.309 2+j0.312 7	0.261 2+j0.303 8	0.148 7
4×300	0.061 8+j0.077 8	0.247 2+j0.311 1	0.209 4+j0.296 1	0.136 3

注　$f=50Hz$，$\rho=100\Omega\cdot m$。以上数据为理论计算数据，因电缆实际尺寸与理论尺寸有误差，此数据仅供参考。

表 4.2-45　　　　VLV-0.6/1kV　4芯（等截面）电缆（铝芯）电气参数　　　　Ω/km

截面积（mm²）	扇 形 导 体			
	$\underline{Z}'_{(1)N}=R'_{(1)N}+jX'_{(1)N}$	$\underline{Z}'_{(0)N}=R'_{(0)N}+jX'_{(0)N}$	$\underline{Z}'_{(0)NE}=R'_{(0)NE}+jX'_{(0)NE}$	r_1
4×35	0.841 7+j0.083 7	3.366 8+j0.334 9	1.813 8+j1.243 2	0.709 0
4×50	0.589 2+j0.082 4	2.356 8+j0.329 5	1.490 6+j0.930 1	0.590 7
4×70	0.420 8+j0.080 6	1.683 2+j0.322 5	1.194 4+j0.689 4	0.475 3
4×95	0.310 1+j0.080 6	1.240 4+j0.322 4	0.943+j0.535 4	0.380 6
4×120	0.245 5+j0.079 2	0.982+j0.316 7	0.775+j0.450 6	0.318 5
4×150	0.196 4+j0.078 9	0.785 6+j0.315 5	0.634 4+j0.396	0.269 5
4×185	0.159 2+j0.079 1	0.636 8+j0.316 3	0.521 9+j0.361 5	0.231 4
4×240	0.122 7+j0.078 2	0.490 8+j0.312 7	0.407 9+j0.33	0.194 3
4×300	0.098 2+j0.077 8	0.392 8+j0.311 1	0.328 7+j0.313	0.170 3

注　$f=50$Hz，$\rho=100\Omega\cdot$m。以上数据为理论计算数据，因电缆实际尺寸与理论尺寸有误差，此数据仅供参考。

表 4.2-46　　　　YJV-0.6/1kV　4芯（非等截面）电缆（铜芯）电气参数　　　　Ω/km

截面积（mm²）	圆 形 导 体			
	$\underline{Z}'_{(1)N}=R'_{(1)N}+jX'_{(1)N}$	$\underline{Z}'_{(0)N}=R'_{(0)N}+jX'_{(0)N}$	$\underline{Z}'_{(0)NE}=R'_{(0)NE}+jX'_{(0)NE}$	r_1
3×10+1×6	1.857 6+j0.083	11.145 6+j0.392	2.493 3+j2.146 5	0.950 0
3×16+1×10	1.161+j0.079 9	6.733 8+j0.365 6	1.993 1+j1.896 8	0.892 8
3×25+1×16	0.743+j0.079 9	4.226+j0.360 2	1.707 9+j1.536 3	0.795 4
3×35+1×16	0.530 7+j0.076 3	4.013 7+j0.370 2	1.481 8+j1.522 3	0.795 7
3×50+1×25	0.371 5+j0.076 2	2.600 5+j0.361 3	1.325 5+j1.124 2	0.661 1
3×70+1×35	0.265 4+j0.075	1.857 5+j0.357 2	1.122 8+j0.847	0.545 8
3×95+1×50	0.195 5+j0.073 5	1.31+j0.351 8	0.900 2+j0.624 9	0.428 4
3×120+1×70	0.154 8+j0.072 4	0.951+j0.350 3	0.707+j0.491 2	0.334 4
3×150+1×70	0.123 8+j0.072 2	0.92+j0.360 6	0.669 4+j0.495 3	0.336 1
3×185+1×95	0.100 4+j0.072 3	0.686 9+j0.355	0.523 8+j0.417 5	0.268 9
3×240+1×120	0.077 4+j0.071 6	0.541 8+j0.352 9	0.420 2+j0.380 5	0.229 7
3×300+1×150	0.061 9+j0.071 6	0.433 3+j0.352 8	0.340 6+j0.358 1	0.200 1

注　$f=50$Hz，$\rho=100\Omega\cdot$m。以上数据为理论计算数据，因电缆实际尺寸与理论尺寸有误差，此数据仅供参考。

表 4.2-47   YJLV-0.6/1kV   4芯（非等截面）电缆（铝芯）电气参数   Ω/km

截面积（mm²）	圆 形 导 体			
	$\underline{Z}'_{(1)N}=R'_{(1)N}+jX'_{(1)N}$	$\underline{Z}'_{(0)N}=R'_{(0)N}+jX'_{(0)N}$	$\underline{Z}'_{(0)NE}=R'_{(0)NE}+jX'_{(0)NE}$	r_1
3×10+1×6	2.950 3+j0.083 2	17.701 9+j0.388 8	3.425+j2.249	0.975 8
3×16+1×10	1.843 9+j0.079 9	10.694 8+j0.365 6	2.484 2+j2.102 2	0.947 7
3×25+1×16	1.180 1+j0.079 9	6.711 8+j0.360 2	1.994 3+1.867	0.894 1
3×35+1×16	0.842 9+j0.075 9	6.374 6+j0.372 4	1.647 6+1.853 6	0.894 3
3×50+1×25	0.590 1+j0.075 9	4.130 4+j0.366 5	1.522 5+1.531 5	0.804 1
3×70+1×35	0.421 5+j0.074	2.950 2+j0.367 4	1.373 5+1.236 5	0.707 4
3×95+1×50	0.310 6+j0.072 4	2.080 9+j0.359 9	1.196 4+j0.932	0.587 6
3×120+1×70	0.245 9+j0.070 8	1.510 4+j0.362	1.002 7+j0.705 7	0.473 6
3×150+1×70	0.196 7+j0.071	1.461 2+j0.368 4	0.944 4+j0.703 2	0.474 7
3×185+1×95	0.159 5+j0.071	1.091 3+j0.363 3	0.772+j0.554 5	0.382 0
3×240+1×120	0.122 9+j0.070 3	0.860 6+j0.362	0.632 9+j0.476 2	0.322 4
3×300+1×150	0.098 3+j0.071 3	0.688 4+j0.354 8	0.520 5+j0.418 3	0.274 3

注 $f=50$Hz，$\rho=100$Ω·m。以上数据为理论计算数据，因电缆实际尺寸与理论尺寸有误差，此数据仅供参考。

表 4.2-48   YJV-0.6/1kV   4芯（非等截面）电缆（铜芯）电气参数   Ω/km

截面积（mm²）	扇 形 导 体			
	$\underline{Z}'_{(1)N}=R'_{(1)N}+jX'_{(1)N}$	$\underline{Z}'_{(0)N}=R'_{(0)N}+jX'_{(0)N}$	$\underline{Z}'_{(0)NE}=R'_{(0)NE}+jX'_{(0)NE}$	r_1
3×35+1×16	0.529 9+j0.074 4	3.477 9+j0.375 2	1.473 5+j1.512 2	0.795 6
3×50+1×25	0.371+j0.073 1	2.225 7+j0.373 1	1.309 8+j1.115 7	0.661 3
3×70+1×35	0.265+j0.072 4	1.589 7+j0.367 1	1.110 5+j0.843 1	0.546 2
3×95+1×50	0.195 2+j0.071 6	1.113+j0.359 6	0.891 3+j0.624 6	0.429 1
3×120+1×70	0.154 6+j0.071 8	0.795+j0.351	0.701 9+j0.487 1	0.335 2
3×150+1×70	0.123 7+j0.070 8	0.795+j0.364 5	0.661 6+j0.492 2	0.337 8
3×185+1×95	0.100 3+j0.071 3	0.585 6+j0.356 8	0.518 6+j0.414 6	0.270 8
3×240+1×120	0.077 3+j0.07	0.463 8+j0.358 2	0.414 7+j0.38	0.233 2
3×300+1×150	0.061 8+j0.069 2	0.371 1+j0.363 1	0.334 3+j0.361 1	0.206 2

注 $f=50$Hz，$\rho=100$Ω·m。以上数据为理论计算数据，因电缆实际尺寸与理论尺寸有误差，此数据仅供参考。

表 4.2-49   YJLV-0.6/1kV　4芯（非等截面）电缆（铝芯）电气参数 Ω/km

截面积（mm^2）	扇 形 导 体			
	$\underline{Z}'_{(1)N}=R'_{(1)N}+jX'_{(1)N}$	$\underline{Z}'_{(0)N}=R'_{(0)N}+jX'_{(0)N}$	$\underline{Z}'_{(0)NE}=R'_{(0)NE}+jX'_{(0)NE}$	r_1
$3\times35+1\times16$	0.841 7+j0.074 4	5.523 6+j0.375 2	1.639 2+j1.835 3	0.894 2
$3\times50+1\times25$	0.589 2+j0.073 1	3.535 2+j0.373 1	1.507 8+j1.511 1	0.804 1
$3\times70+1\times35$	0.420 8+j0.072	2.525 1+j0.370 6	1.359 6+j1.220 1	0.707 4
$3\times95+1\times50$	0.310 1+j0.071 2	1.767 6+j0.362 4	1.184 6+j0.921 0	0.587 8
$3\times120+1\times70$	0.245 5+j0.071 3	1.262 4+j0.355 6	0.994 8+j0.691 5	0.473 8
$3\times150+1\times70$	0.196 4+j0.070 4	1.262 4+j0.369 2	0.933 1+j0.692 7	0.475 5
$3\times185+1\times95$	0.159 2+j0.070 7	0.930 3+j0.362 7	0.763 3+j0.545 9	0.383 1
$3\times240+1\times120$	0.122 7+j0.069 4	0.736 5+j0.365 1	0.623 4+j0.470 9	0.324 7
$3\times300+1\times150$	0.098 2+j0.068 9	0.589 2+j0.366 3	0.511 1+j0.420 6	0.278 3

注 $f=50\mathrm{Hz}$，$\rho=100\Omega\cdot\mathrm{m}$。以上数据为理论计算数据，因电缆实际尺寸与理论尺寸有误差，此数据仅供参考。

表 4.2-50   VV-0.6/1kV　4芯（非等截面）电缆（铜芯）电气参数 Ω/km

截面积（mm^2）	圆 形 导 体			
	$\underline{Z}'_{(1)N}=R'_{(1)N}+jX'_{(1)N}$	$\underline{Z}'_{(0)N}=R'_{(0)N}+jX'_{(0)N}$	$\underline{Z}'_{(0)NE}=R'_{(0)NE}+jX'_{(0)NE}$	r_1
$3\times10+1\times6$	1.857 6+j0.090 3	9.288+j0.422 5	2.483 4+j2.135 3	0.950 1
$3\times16+1\times10$	1.161+j0.086	5.572 8+j0.390 8	1.981 3+j1.890 7	0.893 0
$3\times25+1\times16$	0.743+j0.084 7	3.483+j0.381 1	1.696+j1.536	0.795 7
$3\times35+1\times16$	0.530 7+j0.080 7	3.483+j0.389 5	1.471 1+j1.522 2	0.796 0
$3\times50+1\times25$	0.371 5+j0.081	2.229+j0.382	1.313 3+j1.129 1	0.661 6
$3\times70+1\times35$	0.265 4+j0.078 2	1.592 1+j0.371 1	1.115 4+j0.852 9	0.546 4
$3\times95+1\times50$	0.195 5+j0.078	1.114 5+j0.368	0.892 2+j0.633 7	0.429 5
$3\times120+1\times70$	0.154 8+j0.075 6	0.796 2+j0.363 8	0.702+j0.500 1	0.335 7
$3\times150+1\times70$	0.123 8+j0.075 1	0.796+j0.371 3	0.665 3+j0.502 5	0.337 3
$3\times185+1\times95$	0.100 4+j0.075 2	0.586 5+j0.367 4	0.520 1+j0.427 1	0.270 6
$3\times240+1\times120$	0.077 4+j0.074 5	0.464 4+j0.364 9	0.417 4+j0.389 8	0.231 7
$3\times300+1\times150$	0.061 9+j0.074 7	0.371 4+j0.364 3	0.338 4+j0.366 5	0.202 4

注 $f=50\mathrm{Hz}$，$\rho=100\Omega\cdot\mathrm{m}$。以上数据为理论计算数据，因电缆实际尺寸与理论尺寸有误差，此数据仅供参考。

4

表 4.2-51　　　　VLV-0.6/1kV　4芯（非等截面）电缆（铝芯）电气参数　　　Ω/km

截面积（mm²）	圆 形 导 体			
	$\underline{Z}'_{(1)N}=R'_{(1)N}+jX'_{(1)N}$	$\underline{Z}'_{(0)N}=R'_{(0)N}+jX'_{(0)N}$	$\underline{Z}'_{(0)NE}=R'_{(0)NE}+jX'_{(0)NE}$	r_1
3×10+1×6	2.950 3+j0.090 5	14.751 6+j0.419 4	3.418 4+j2.236	0.975 8
3×16+1×10	1.843 9+j0.086	8.850 9+j0.390 8	2.475 8+j2.092 8	0.947 7
3×25+1×16	1.180 1+j0.084 7	5.531 7+j0.381 1	1.984 8+j1.862 3	0.894 3
3×35+1×16	0.842 9+j0.080 4	5.531 7+j0.391 6	1.638 8+j1.849 1	0.894 4
3×50+1×25	0.590 1+j0.080 7	3.540 3+j0.383 8	1.512 1+j1.529 7	0.804 4
3×70+1×35	0.421 5+j0.077 4	2.528 7+j0.381 2	1.365 1+j1.238 2	0.707 7
3×95+1×50	0.310 6+j0.077 2	1.770 3+j0.378 4	1.185 5+j0.938 3	0.588 4
3×120+1×70	0.245 9+j0.074 2	1.264 5+j0.373	0.996 6+j0.711	0.474 3
3×150+1×70	0.196 7+j0.074 1	1.264 5+j0.381	0.938 4+j0.709 7	0.475 5
3×185+1×95	0.159 5+j0.074	0.931 8+j0.377 4	0.766 2+j0.563 4	0.383 2
3×240+1×120	0.122 9+j0.073 3	0.737 7+j0.373 9	0.628 6+j0.484 3	0.323 6
3×300+1×150	0.098 3+j0.074 4	0.590 1+j0.367 9	0.517 1+j0.427 6	0.276 1

注　$f=50$Hz，$\rho=100\Omega\cdot$m。以上数据为理论计算数据，因电缆实际尺寸与理论尺寸有误差，此数据仅供参考。

4

表 4.2-52　　　　VV-0.6/1kV　4芯（非等截面）电缆（铜芯）电气参数　　　Ω/km

截面积（mm²）	扇 形 导 体			
	$\underline{Z}'_{(1)N}=R'_{(1)N}+jX'_{(1)N}$	$\underline{Z}'_{(0)N}=R'_{(0)N}+jX'_{(0)N}$	$\underline{Z}'_{(0)NE}=R'_{(0)NE}+jX'_{(0)NE}$	r_1
3×35+1×16	0.529 9+j0.078 4	3.477 9+j0.438 4	1.446+j1.525 5	0.796 3
3×50+1×25	0.371+j0.077 4	2.225 7+j0.433 8	1.282 1+j1.139 8	0.662 8
3×70+1×35	0.265+j0.075 4	1.589 7+j0.424 4	1.086 6+j0.875 4	0.548 3
3×95+1×50	0.195 2+j0.075 7	1.113+j0.415 9	0.871 2+j0.661 9	0.432 3
3×120+1×70	0.154 6+j0.074 8	0.795+j0.397 3	0.688 7+j0.521 6	0.338 9
3×150+1×70	0.123 7+j0.073 5	0.795+j0.423 7	0.645 7+j0.536 4	0.342 5
3×185+1×95	0.100 3+j0.073 9	0.585 6+j0.414 2	0.506 4+j0.460 1	0.276 8
3×240+1×120	0.077 3+j0.072 5	0.463 8+j0.419 3	0.404 5+j0.429 3	0.241 0
3×300+1×150	0.061 8+j0.071 9	0.371 1+j0.426 3	0.325 6+j0.412 6	0.215 7

注　$f=50$Hz，$\rho=100\Omega\cdot$m。以上数据为理论计算数据，因电缆实际尺寸与理论尺寸有误差，此数据仅供参考。

表 4.2-53　　　　VLV-0.6/1kV　4芯（非等截面）电缆（铝芯）电气参数　　　Ω/km

截面积（mm²）	扇 形 导 体			
	$\underline{Z}'_{(1)N}=R'_{(1)N}+jX'_{(1)N}$	$\underline{Z}'_{(0)N}=R'_{(0)N}+jX'_{(0)N}$	$\underline{Z}'_{(0)NE}=R'_{(0)NE}+jX'_{(0)NE}$	r_1
3×35+1×16	0.841 7+j0.078 4	5.523 6+j0.438 4	1.617 2+j1.838 4	0.894 5
3×50+1×25	0.589 2+j0.077 4	3.535 2+j0.433 8	1.481 6+j1.522 6	0.804 8
3×70+1×35	0.420 8+j0.075	2.525 1+j0.430 6	1.333+j1.241 9	0.708 7
3×95+1×50	0.310 1+j0.075 4	1.767 6+j0.421 2	1.158 6+j0.950 3	0.589 8
3×120+1×70	0.245 5+j0.074 3	1.262 4+j0.404	0.976 3+j0.722	0.476 2
3×150+1×70	0.196 4+j0.073	1.262 4+j0.430 3	0.910 7+j0.731 6	0.478 5
3×185+1×95	0.159 2+j0.073 3	0.930 3+j0.421 7	0.745 3+j0.588 3	0.387 2
3×240+1×120	0.122 7+j0.072	0.736 5+j0.427 7	0.607 5+j0.517 8	0.330 2
3×300+1×150	0.098 2+j0.071 6	0.589 2+j0.430 9	0.497 3+j0.471 1	0.285 4

注　$f=50$Hz，$\rho=100\Omega\cdot$m。以上数据为理论计算数据，因电缆实际尺寸与理论尺寸有误差，此数据仅供参考。

表 4. 2-54　　STABILOY-TC90 系列合金电缆　8. 7/15kV　3 单芯电缆电气参数　　Ω/km

截面积 (mm²)	⊘⊘ ⊘			⊘ ⊘ ⊘		
	$\underline{Z}'_{(1)S}=R'_{(1)S}+jX'_{(1)S}$	$\underline{Z}'_{(0)SE}=R'_{(0)SE}+jX'_{(0)SE}$	r_3	$\underline{Z}'_{(1)S}=R'_{(1)S}+jX'_{(1)S}$	$\underline{Z}'_{(0)SE}=R'_{(0)SE}+jX'_{(0)SE}$	r_3
3×1×25	1. 201 7+ j0. 145 0	2. 233 8+ j1. 098 5	0. 700 3	1. 206 0+ j0. 199 7	2. 179 0+ j1. 090 2	0. 720 1
3×1×35	0. 869 7+ j0. 138 4	1. 895 3+ j1. 040 6	0. 683 6	0. 874 3+ j0. 193 1	1. 842 8+ j1. 035 1	0. 704 0
3×1×50	0. 642 9+ j0. 131 4	1. 659 2+ j0. 981 2	0. 666 0	0. 647 6+ j0. 186 1	1. 609 0+ j0. 978 4	0. 687 0
3×1×70	0. 445 1+j0. 124 4	1. 444 8+j0. 903 6	0. 641 5	0. 450 2+j0. 179 1	1. 398 1+j0. 903 8	0. 663 2
3×1×95	0. 322 3+j0. 118 2	1. 301 1+j0. 826 8	0. 615 3	0. 327 8+j0. 172 8	1. 258 2+j0. 829 4	0. 637 8
3×1×120	0. 255 5+j0. 114 6	1. 217 5+j0. 776 1	0. 597 7	0. 261 3+j0. 169 1	1. 177 1+j0. 780 8	0. 620 5
3×1×150	0. 208 8+j0. 111 1	1. 153 7+j0. 730 0	0. 580 7	0. 214 8+j0. 165 6	1. 115 7+j0. 736 0	0. 603 8
3×1×185	0. 167 1+j0. 107 1	1. 083 1+j0. 663 6	0. 555 0	0. 173 6+j0. 161 5	1. 048 9+j0. 671 2	0. 578 4
3×1×240	0. 128 7+j0. 103 5	1. 012 9+j0. 600 3	0. 529 2	0. 135 7+j0. 157 8	0. 982 0+j0. 609 2	0. 552 8
3×1×300	0. 104 2+j0. 099 9	0. 955 8+j0. 543 3	0. 504 2	0. 111 7+j0. 154 1	0. 928 3+j0. 552 9	0. 527 8
3×1×400	0. 082 7+j0. 096 9	0. 899 8+j0. 490 0	0. 479 6	0. 090 7+j0. 151 0	0. 875 3+j0. 500 1	0. 503 1
3×1×500	0. 066 4+j0. 093 7	0. 830 1+j0. 418 5	0. 442 9	0. 075 3+j0. 147 5	0. 810 0+j0. 428 8	0. 466 1

注　$f=50\text{Hz}$，$\rho=100\Omega\cdot\text{m}$，平行排列相邻两芯线导体中心间距为 $2D_e$。以上数据为理论计算数据，因电缆实际尺寸与理论尺寸有误差，此数据仅供参考。

表 4. 2-55　STABILOY-ACWU90-S 系列合金铠装电缆　8. 7/15kV　3 单芯电缆电气参数　　Ω/km

截面积 (mm²)	⊘⊘ ⊘			⊘ ⊘ ⊘		
	$\underline{Z}'_{(1)S}=R'_{(1)S}+jX'_{(1)S}$	$\underline{Z}'_{(0)SE}=R'_{(0)SE}+jX'_{(0)SE}$	r_3	$\underline{Z}'_{(1)S}=R'_{(1)S}+jX'_{(1)S}$	$\underline{Z}'_{(0)SE}=R'_{(0)SE}+jX'_{(0)SE}$	r_3
3×1×25	1. 202 2+j0. 154 0	2. 224 9+j1. 097 4	0. 703 1	1. 206 9+j0. 208 7	2. 169 8+j1. 088 6	0. 722 8
3×1×35	0. 870 2+j0. 147 0	1. 887 2+j1. 039 9	0. 686 3	0. 873 6+j0. 187 3	1. 848 5+j1. 035 8	0. 706 7
3×1×50	0. 643 4+j0. 139 7	1. 651 8+j0. 981 0	0. 668 6	0. 646 9+j0. 179 9	1. 614 8+j0. 978 8	0. 689 7
3×1×70	0. 445 6+j0. 132 2	1. 438 4+j0. 903 7	0. 644 0	0. 449 4+j0. 172 4	1. 404 0+j0. 903 9	0. 665 9
3×1×95	0. 322 8+j0. 125 9	1. 295 3+j0. 826 8	0. 617 9	0. 326 9+j0. 166 0	1. 263 7+j0. 829 1	0. 640 5
3×1×120	0. 256 0+j0. 121 5	1. 212 6+j0. 776 8	0. 600 0	0. 260 2+j0. 161 6	1. 182 8+j0. 780 2	0. 623 0
3×1×150	0. 209 3+j0. 117 7	1. 149 2+j0. 730 8	0. 583 0	0. 213 7+j0. 157 9	1. 121 3+j0. 735 3	0. 606 2
3×1×185	0. 167 7+j0. 115 7	1. 078 1+j0. 664 8	0. 558 0	0. 172 7+j0. 155 7	1. 052 8+j0. 670 4	0. 581 5
3×1×240	0. 129 4+j0. 110 8	1. 008 9+j0. 601 6	0. 531 7	0. 134 5+j0. 150 8	0. 986 2+j0. 608 1	0. 555 5
3×1×300	0. 104 9+j0. 107 4	0. 952 2+j0. 544 6	0. 506 8	0. 110 5+j0. 147 3	0. 931 9+j0. 551 7	0. 530 7
3×1×400	0. 083 4+j0. 103 9	0. 896 8+j0. 491 3	0. 482 0	0. 089 3+j0. 143 7	0. 878 8+j0. 498 8	0. 505 8
3×1×500	0. 067 2+j0. 100 6	0. 827 7+j0. 419 8	0. 445 3	0. 073 7+j0. 140 2	0. 812 9+j0. 427 4	0. 468 7

注　$f=50\text{Hz}$，$\rho=100\Omega\cdot\text{m}$，平行排列相邻两芯线导体中心间距为 $2D_e$。以上数据为理论计算数据，因电缆实际尺寸与理论尺寸有误差，此数据仅供参考。

4

表 4.2-56　　　　STABILOY－TC90　系列合金电缆 8.7/15kV 3 芯电缆电气参数　　　　Ω/km

截面积（mm²）	$\underline{Z}'_{(1)S}=R'_{(1)S}+jX'_{(1)S}$	$\underline{Z}'_{(0)SE}=R'_{(0)SE}+jX'_{(0)SE}$	r_1
3×25	1.200 9+j0.131 1	2.240 8+j1.256 4	0.972 0
3×35	0.868 9+j0.124 7	1.908 5+j1.201 3	0.873 7
3×50	0.642 0+j0.118 5	1.678 5+j1.138 2	0.868 0
3×70	0.444 2+j0.111 7	1.473 2+j1.058 7	0.860 4
3×95	0.321 4+j0.105 9	1.338 7+j0.981 0	0.852 6
3×120	0.254 5+j0.102 2	1.260 7+j0.926 9	0.847 3
3×150	0.207 8+j0.099 5	1.202 0+j0.877 4	0.842 1
3×185	0.166 1+j0.095 5	1.139 9+j0.807 4	0.834 5
3×240	0.127 6+j0.092 0	1.075 8+j0.736 0	0.826 7
3×300	0.103 1+j0.089 0	1.024 3+j0.672 2	0.819 5
3×400	0.081 5+j0.086 2	0.972 6+j0.610 7	0.812 1
3×500	0.065 1+j0.084 3	0.915 6+j0.541 0	0.805 4

注　$f=50Hz$，$\rho=100\Omega\cdot m$。以上数据为理论计算数据，因电缆实际尺寸与理论尺寸有误差，此数据仅供参考。

表 4.2-57　　STABILOY-TC90　系列合金电缆 26/35kV　3 单芯电缆电气参数　　Ω/km

截面积（mm²）	○ ○○			○○○		
	$\underline{Z}'_{(1)S}=R'_{(1)S}+jX'_{(1)S}$	$\underline{Z}'_{(0)SE}=R'_{(0)SE}+jX'_{(0)SE}$	r_3	$\underline{Z}'_{(1)S}=R'_{(1)S}+jX'_{(1)S}$	$\underline{Z}'_{(0)SE}=R'_{(0)SE}+jX'_{(0)SE}$	r_3
3×1×50	0.643 4+j0.158 1	1.506 0+j0.618 7	0.512 1	0.650 7+j0.212 4	1.477 4+j0.628 1	0.535 8
3×1×70	0.445 6+j0.149 6	1.286 5+j0.576 7	0.496 3	0.453 2+j0.203 8	1.259 9+j0.586 5	0.520 0
3×1×95	0.322 7+j0.142 3	1.139 8+j0.535 3	0.479 5	0.330 7+j0.196 4	1.115 3+j0.545 4	0.503 1
3×1×120	0.255 8+j0.137 3	1.056 2+j0.508 0	0.468 0	0.264 1+j0.191 3	1.033 1+j0.518 2	0.491 5
3×1×150	0.208 9+j0.133 4	0.992 8+j0.483 0	0.457 1	0.217 5+j0.187 3	0.971 0+j0.493 3	0.480 5
3×1×185	0.168 0+j0.127 8	0.926 4+j0.446 9	0.440 3	0.177 0+j0.181 6	0.906 6+j0.457 2	0.463 5
3×1×240	0.129 1+j0.122 5	0.860 7+j0.411 7	0.423 2	0.138 6+j0.176 2	0.842 7+j0.421 9	0.446 2
3×1×300	0.104 3+j0.118 2	0.809 3+j0.379 2	0.406 8	0.114 3+j0.171 7	0.793 0+j0.389 7	0.429 4
3×1×400	0.082 5+j0.114 0	0.760 3+j0.349 1	0.390 3	0.093 0+j0.167 4	0.745 6+j0.358 9	0.412 6
3×1×500	0.327 0+j0.111 6	0.621 3+j0.107 0	0.164 4	0.094 3+j0.155 9	0.361 8+j0.109 7	0.176 0

注　$f=50Hz$，$\rho=100\Omega\cdot m$，平行排列相邻两芯线导体中心间距为 $2D_e$。以上数据为理论计算数据，因电缆实际尺寸与理论尺寸有误差，此数据仅供参考。

表 4.2-58　STABILOY-ACWU90-S 系列合金铠装电缆　26/35kV　3 单芯电缆电气参数　　Ω/km

截面积（mm²）	○ ○○			○○○		
	$\underline{Z}'_{(1)S}=R'_{(1)S}+jX'_{(1)S}$	$\underline{Z}'_{(0)SE}=R'_{(0)SE}+jX'_{(0)SE}$	r_3	$\underline{Z}'_{(1)S}=R'_{(1)S}+jX'_{(1)S}$	$\underline{Z}'_{(0)SE}=R'_{(0)SE}+jX'_{(0)SE}$	r_3
3×1×50	0.644 2+j0.166 0	1.502 1+j0.620 1	0.515 0	0.649 6+j0.206 0	1.481 0+j0.627 0	0.538 8
3×1×70	0.446 3+j0.157 2	1.282 9+j0.578 1	0.499 0	0.452 0+j0.197 1	1.263 4+j0.585 3	0.522 8

截面积 (mm²)	◯ ◯◯			◯◯◯		
	$\underline{Z}'_{(1)S}=R'_{(1)S}+jX'_{(1)S}$	$\underline{Z}'_{(0)SE}=R'_{(0)SE}+jX'_{(0)SE}$	r_3	$\underline{Z}'_{(1)S}=R'_{(1)S}+jX'_{(1)S}$	$\underline{Z}'_{(0)SE}=R'_{(0)SE}+jX'_{(0)SE}$	r_3
3×1×95	0.323 4+j0.149 3	1.136 8+j0.536 6	0.482 0	0.329 3+j0.189 1	1.118 8+j0.544 1	0.505 8
3×1×120	0.256 5+j0.144 3	1.053 3+j0.509 4	0.470 5	0.262 6+j0.184 1	1.036 4+j0.516 9	0.494 2
3×1×150	0.209 6+j0.140 1	0.990 2+j0.484 3	0.459 4	0.215 9+j0.179 9	0.974 2+j0.491 9	0.483 0
3×1×185	0.168 8+j0.134 5	0.924 1+j0.448 2	0.442 6	0.175 4+j0.174 1	0.909 5+j0.455 7	0.466 0
3×1×240	0.129 9+j0.129 1	0.858 7+j0.412 9	0.425 5	0.136 9+j0.168 7	0.845 4+j0.420 5	0.448 6
3×1×300	0.105 1+j0.124 4	0.807 5+j0.380 8	0.408 9	0.112 4+j0.163 9	0.795 6+j0.388 2	0.431 7
3×1×400	0.083 3+j0.120 2	0.758 7+j0.350 2	0.392 3	0.091 0+j0.159 5	0.747 9+j0.357 4	0.414 8
3×1×500	0.071 0+j0.116 8	0.363 2+j0.107 2	0.165 4	0.089 5+j0.149 7	0.362 1+j0.109 3	0.177 1

注 $f=50\text{Hz}$，$\rho=100\Omega\cdot\text{m}$，平行排列相邻两芯线导体中心间距为 $2D_e$。以上数据为理论计算数据，因电缆实际尺寸与理论尺寸有误差，此数据仅供参考。

表 4.2-59　STABILOY-TC90　系列合金电缆 26/35kV　3 芯电缆电气参数　　Ω/km

截面积（mm²）	$\underline{Z}'_{(1)S}=R'_{(1)S}+jX'_{(1)S}$	$\underline{Z}'_{(0)SE}=R'_{(0)SE}+jX'_{(0)SE}$	r_1
3×50	0.642 5+j0.147 1	1.572 8+j0.749 2	0.821 4
3×70	0.444 7+j0.138 7	1.356 5+j0.702 3	0.816 7
3×95	0.321 9+j0.131 5	1.213 7+j0.657 0	0.812 1
3×120	0.255 0+j0.126 7	1.131 6+j0.625 3	0.808 6
3×150	0.208 3+j0.122 7	1.070 1+j0.596 6	0.805 5
3×185	0.166 5+j0.117 5	1.005 4+j0.555 7	0.801 1
3×240	0.128 0+j0.112 4	0.941 3+j0.513 7	0.796 1
3×300	0.103 5+j0.108 1	0.891 5+j0.476 0	0.791 7
3×400	0.081 9+j0.104 1	0.843 2+j0.439 2	0.787 3
3×500	0.069 4+j0.099 1	0.368 2+j0.106 2	0.467 7

注 $f=50\text{Hz}$，$\rho=100\Omega\cdot\text{m}$。以上数据为理论计算数据，因电缆实际尺寸与理论尺寸有误差，此数据仅供参考。

表 4.2-60　STABILOY-TC90　系列合金电缆 0.6/1kV　4 芯（等截面）电缆电气参数　　Ω/km

截面积 (mm²)	圆 形 导 体			
	$\underline{Z}'_{(1)N}=R'_{(1)N}+jX'_{(1)N}$	$\underline{Z}'_{(0)N}=R'_{(0)N}+jX'_{(0)N}$	$\underline{Z}'_{(0)NE}=R'_{(0)NE}+jX'_{(0)NE}$	r_1
4×16	1.910 6+j0.082 8	7.640 0+j0.331 4	2.731 7+j1.914 4	0.899 2
4×25	1.200 1+j0.083 2	4.800 0+j0.333 0	2.160 5+j1.567 4	0.807 5
4×35	0.868 1+j0.081 2	3.472 0+j0.324 7	1.859 3+j1.273 7	0.715 5
4×50	0.641 2+j0.080 5	2.564 0+j0.322 0	1.583 2+j0.998 9	0.614 9
4×70	0.443 3+j0.079 4	1.772 0+j0.317 8	1.249 1+j0.717 9	0.487 7
4×95	0.320 4+j0.077 6	1.280 0+j0.310 5	0.976 3+j0.540 3	0.385 5
4×120	0.253 5+j0.077 4	1.012 0+j0.309 6	0.800 8+j0.454 0	0.322 3
4×150	0.206 7+j0.078 0	0.824 0+j0.311 9	0.666 1+j0.402 7	0.275 7

续表

截面积 (mm²)	圆 形 导 体			
	$Z'_{(1)N}=R'_{(1)N}+jX'_{(1)N}$	$Z'_{(0)N}=R'_{(0)N}+jX'_{(0)N}$	$Z'_{(0)NE}=R'_{(0)NE}+jX'_{(0)NE}$	r_1
4×185	0.164 9+j0.077 9	0.660 0+j0.311 8	0.542 3+j0.362 8	0.234 4
4×240	0.126 3+j0.077 2	0.504 0+j0.308 7	0.420 3+j0.329 1	0.194 3
4×300	0.101 7+j0.076 6	0.404 0+j0.306 2	0.339 7+j0.310 8	0.169 5
4×400	0.080 0+j0.076 4	0.316 0+j0.305 7	0.267 2+j0.298 7	0.149 3
4×500	0.063 5+j0.076 0	0.236 0+j0.304 1	0.200 7+j0.289 1	0.132 9

注 $f=50Hz$，$\rho=100\Omega\cdot m$。以上数据为理论计算数据，因电缆实际尺寸与理论尺寸有误差，此数据仅供参考。

表 4.2-61　STABILOY-TC90 系列合金电缆 0.6/1kV　4+1 芯电缆电气参数　　　Ω/km

截面积 (mm²)	圆 形 导 体			
	$Z'_{(1)N}=R'_{(1)N}+jX'_{(1)N}$	$Z'_{(0)N}=R'_{(0)N}+jX'_{(0)N}$	$Z'_{(0)NE}=R'_{(0)NE}+jX'_{(0)NE}$	r_1
4×25+1×16	1.200 1+j0.090 0	4.800 4+j0.360 2	2.144 6+j1.565 8	0.807 8
4×35+1×16	0.868 1+j0.088 2	3.472 4+j0.352 7	1.841 9+j1.277 4	0.716 1
4×50+1×25	0.641 2+j0.087 4	2.564 8+j0.349 5	1.566 7+j1.007 6	0.615 8
4×70+1×35	0.443 3+j0.086 4	1.773 2+j0.345 6	1.234 7+j0.732 3	0.489 3
4×95+1×50	0.320 4+j0.084 6	1.281 6+j0.338 2	0.964 9+j0.558 2	0.387 9
4×120+1×70	0.253 5+j0.084 2	1.014 0+j0.336 9	0.791 9+j0.473 5	0.325 3
4×150+1×70	0.206 7+j0.085 0	0.826 8+j0.336 9	0.659 2+j0.423 9	0.279 7
4×185+1×95	0.164 9+j0.084 9	0.659 6+j0.339 7	0.534 6+j0.384 1	0.238 3
4×240+1×120	0.126 3+j0.084 2	0.505 2+j0.336 8	0.415 5+j0.351 4	0.199 6
4×300+1×150	0.101 7+j0.083 6	0.406 8+j0.334 3	0.337 3+j0.333 7	0.176 1
4×400+1×185	0.080 0+j0.083 4	0.320 0+j0.333 7	0.266 9+j0.321 9	0.157 0
4×500+1×240	0.063 5+j0.094 2	0.254 0+j0.377 0	0.208 2+j0.349 4	0.156 8

注 $f=50Hz$，$\rho=100\Omega\cdot m$。以上数据为理论计算数据，因电缆实际尺寸与理论尺寸有误差，此数据仅供参考。

表 4.2-62　STABILOY-TC90 系列合金电缆　0.6/1kV　4 单芯电缆电气参数　　　Ω/km

截面积（mm²）	圆 形 导 体 ⊚ ⊚ ⊚ ⊚ L1 L2 L3 N			
	$Z'_{(1)N}=R'_{(1)N}+jX'_{(1)N}$	$Z'_{(0)N}=R'_{(0)N}+jX'_{(0)N}$	$Z'_{(0)NE}=R'_{(0)NE}+jX'_{(0)NE}$	r_3
4×1×16	1.910 6+j0.157 3	7.640 0+j0.767 3	2.561 0+j1.852 1	0.901 4
4×1×25	1.200 1+j0.153 5	4.800 0+j0.614 2	1.955 8+j1.581 8	0.812 1
4×1×35	0.868 1+j0.149 6	3.472 0+j0.598 4	1.645 0+j1.353 6	0.722 9
4×1×50	0.641 2+j0.146 8	2.564 0+j0.587 2	1.378 7+j1.139 2	0.625 9
4×1×70	0.443 3+j0.143 6	1.772 0+j0.574 4	1.073 9+j0.919 7	0.504 6
4×1×95	0.320 4+j0.141 0	1.280 0+j0.564 0	0.832 9+j0.781 0	0.409 4
4×1×120	0.253 5+j0.139 6	1.012 0+j0.558 4	0.681 9+j0.713 3	0.352 0
4×1×150	0.206 7+j0.139 7	0.824 0+j0.558 9	0.566 3+j0.673 3	0.311 6
4×1×185	0.164 9+j0.139 0	0.660 0+j0.555 9	0.460 9+j0.640 9	0.277 1

续表

截面积（mm²）	圆 形 导 体 L1 L2 L3 N			
	$\underline{Z}'_{(1)N}=R'_{(1)N}+jX'_{(1)N}$	$\underline{Z}'_{(0)N}=R'_{(0)N}+jX'_{(0)N}$	$\underline{Z}'_{(0)NE}=R'_{(0)NE}+jX'_{(0)NE}$	r_3
4×1×240	0.126 3+j0.137 6	0.504 0+j0.550 3	0.357 7+j0.613 5	0.245 4
4×1×300	0.101 7+j0.136 5	0.404 0+j0.545 8	0.289 7+j0.598 0	0.227 1
4×1×400	0.080 0+j0.135 8	0.316 0+j0.543 2	0.228 8+j0.587 2	0.213 5
4×1×500	0.063 5+j0.134 7	0.236 0+j0.538 9	0.173 0+j0.577 8	0.203 1

注　$f=50$Hz，$\rho=100\Omega\cdot$m，平行排列相邻两芯线导体中心间距为 $2D_e$。以上数据为理论计算数据，因电缆实际尺寸与理论尺寸有误差，此数据仅供参考。

表 4.2-63　　**STABILOY-TC90　系列合金电缆 0.6/1kV　4 单芯电缆电气参数**　　Ω/km

截面积（mm²）	圆 形 导 体 L3 N L1 L2			
	$\underline{Z}'_{(1)N}=R'_{(1)N}+jX'_{(1)N}$	$\underline{Z}'_{(0)N}=R'_{(0)N}+jX'_{(0)N}$	$\underline{Z}'_{(0)NE}=R'_{(0)NE}+jX'_{(0)NE}$	r_3
4×1×16	1.910 6+j0.106 5	7.642 4+j0.426 0	2.688 5+j1.889 2	0.899 8
4×1×25	1.200 1+j0.102 7	4.800 4+j0.410 9	2.115 4+j1.562 4	0.808 5
4×1×35	0.868 1+j0.098 8	3.472 4+j0.395 2	1.815 7+j1.282 5	0.717 0
4×1×50	0.641 2+j0.096 0	2.564 8+j0.384 0	1.545 8+j1.017 9	0.6170
4×1×70	0.443 3+j0.092 8	1.773 2+j0.371 2	1.221 1+j0.744 9	0.490 7
4×1×95	0.320 4+j0.090 2	1.281 6+j0.360 7	0.955 0+j0.572 1	0.389 6
4×1×120	0.253 5+j0.088 8	1.014 0+j0.355 1	0.785 1+j0.485 9	0.327 1
4×1×150	0.206 7+j0.088 9	0.826 8+j0.355 7	0.654 2+j0.435 3	0.281 6
4×1×185	0.164 9+j0.088 2	0.659 6+j0.352 6	0.531 3+j0.393 8	0.240 2
4×1×240	0.126 3+j0.086 8	0.505 0+j0.347 1	0.413 4+j0.359 5	0.201 5
4×1×300	0.101 7+j0.085 7	0.406 8+j0.342 6	0.335 9+j0.340 3	0.177 8
4×1×400	0.080 0+j0.085 0	0.320 0+j0.339 9	0.266 0+j0.326 9	0.158 5
4×1×500	0.063 5+j0.083 9	0.254 0+j0.335 7	0.212 4+j0.316 5	0.145 2

注　$f=50$Hz，$\rho=100\Omega\cdot$m。以上数据为理论计算数据，因电缆实际尺寸与理论尺寸有误差，此数据仅供参考。

表 4.2-64　　**STABILOY-TC90　系列合金铠装电缆　0.6/1kV　4 芯（非等截面）电缆电气参数**　　Ω/km

截面积（mm²）	圆 形 导 体			
	$\underline{Z}'_{(1)N}=R'_{(1)N}+jX'_{(1)N}$	$\underline{Z}'_{(0)N}=R'_{(0)N}+jX'_{(0)N}$	$\underline{Z}'_{(0)NE}=R'_{(0)NE}+jX'_{(0)NE}$	r_1
3×25+1×16	1.200 1+j0.081 0	6.931 9+j0.364 7	1.999 4+j1.887 4	0.899 5
3×35+1×16	0.868 1+j0.077 5	6.599 9+j0.378 9	1.656 5+j1.871 7	0.899 7
3×50+1×25	0.641 2+j0.077 9	4.241 5+j0.367 9	1.569 8+j1.544 2	0.808 2

截面积（mm²）	圆 形 导 体			
	$\underline{Z}'_{(1)N}=R'_{(1)N}+jX'_{(1)N}$	$\underline{Z}'_{(0)N}=R'_{(0)N}+jX'_{(0)N}$	$\underline{Z}'_{(0)NE}=R'_{(0)NE}+jX'_{(0)NE}$	r_1
3×70+1×35	0.443 3+j0.076 2	3.047 6+j0.367 6	1.394 4+j1.259 9	0.716 9
3×95+1×50	0.320 4+j0.074 5	2.244 0+j0.362 4	1.224 5+j0.995 7	0.617 0
3×120+1×70	0.253 5+j0.075 0	1.583 4+j0.350 7	1.032 7+j0.725 8	0.490 5
3×150+1×70	0.206 7+j0.074 2	1.536 6+j0.366 3	0.974 4+j0.730 2	0.491 8
3×185+1×95	0.164 9+j0.074 2	1.126 1+j0.360 6	0.789 9+j0.563 4	0.391 4
3×240+1×120	0.126 3+j0.073 2	0.886 8+j0.361 6	0.646 8+j0.482 5	0.330 3
3×300+1×150	0.101 7+j0.072 5	0.721 8+j0.363 4	0.538 9+j0.433 4	0.285 8
3×400+1×185	0.080 0+j0.072 7	0.574 7+j0.360 6	0.438 2+j0.393 4	0.245 2
3×500+1×240	0.063 5+j0.072 1	0.442 4+j0.359 2	0.343 3+j0.363 0	0.208 5

注　$f=50Hz$，$\rho=100\Omega \cdot m$。以上数据为理论计算数据，因电缆实际尺寸与理论尺寸有误差，此数据仅供参考。

4.2.4　限流电抗器

假设电抗器为几何对称，其正序、负序和零序阻抗相等，则限流电抗器阻抗计算式如下

$$Z_R = \frac{u_{kR}}{100\%}\frac{U_n}{\sqrt{3}I_{rR}} \text{ 且 } R_R \ll X_R \tag{4.2-42}$$

式中　Z_R——限流电抗器阻抗，Ω；

　　　u_{kR}——额定阻抗电压百分数，见铭牌值；

　　　I_{rR}——额定电流，kA，见铭牌值；

　　　U_n——系统标称电压，kV。

限流电抗器的零序阻抗可由测试网络测量得到。在计算高压系统中的短路电流时，通常只用正序电抗即可。

4.2.5　同步电机的阻抗

4.2.5.1　同步发电机

在部分工业电网或低压电网中，发电机不经过变压器，而是直接接入电网。这种情况下，计算对称短路电流初始值时，发电机正序阻抗应按式（4.2-43）计算

$$Z_{GK} = K_G \underline{Z}_G = K_G(R_G+jX''_d) \tag{4.2-43}$$

其中同步发电机校正系数 K_G

$$K_G = \frac{U_n}{U_{NG}}\frac{c_{max}}{1+x''_d\sin\varphi_{NG}} \tag{4.2-44}$$

式中　c_{max}——最大电压系数；

　　　U_{NG}——发电机额定电压，kV；

　　　$\underline{Z}_{GK}$——经过校正的超瞬态阻抗，Ω；

　　　$\underline{Z}_G$——超瞬态阻抗，$\underline{Z}_G=R_G+jX''_d$，$\Omega$；

　　　φ_{NG}——发电机额定功率因数角度，即 $\underline{I}_{NG}$ 和 $\underline{U}_{NG}/\sqrt{3}$ 的夹角，（°）

　　　x''_d——发电机的相对电抗，即 $x''_d=X''_d/Z_{NG}=X''_d/(U_{NG}^2/S_{NG})$，%；

　　　S_{NG}——发电机额定容量，MVA。

引入式（4.2-44）的 K_G 是因为用等效电压源 $cU_n/\sqrt{3}$ 代替了同步发电机超瞬态电抗后的超瞬态电势 E''（见图 4.2-5）。

计算比较准确的峰值电流 i_p 时，可采用以下假想电阻 R_{Gf}：

(1) $U_{NG} > 1kV$、$S_{NG} \geqslant 100MVA$ 的发电机，$R_{Gf} = 0.05X''_d$。

(2) $U_{NG} > 1kV$、$S_{NG} < 100MVA$ 的发电机，$R_{Gf} = 0.07X''_d$。

(3) $U_{NG} < 1kV$ 的发电机，$R_{Gf} = 0.15X''_d$。

除了非周期分量的衰减外，系数 0.05、0.07 和 0.15 的选取还计及短路后第一个半周波内对称短路电流分量的衰减。无需考虑绕组温度对 R_{Gf} 的影响。

注 R_{Gf} 只用于计算峰值短路电流 i_p，不能用于式 (4.3-24) 计算短路电流的非周期分量 $i_{d.c.}$。同步发电机定子的有效电阻通常比给定的 R_{Gf} 小得多，计算 $i_{d.c.}$ 应采用厂家提供的 R_G 值。

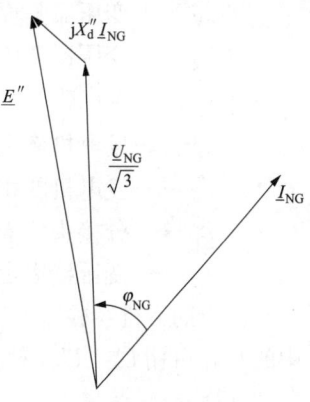

图 4.2-5 额定工况下同步发电机的相角图

如果发电机端电压与 U_{NG} 不同，则计算三相短路电流时可用 $U_G = U_{NG}(1 + p_G)$ 代替式 (4.2-44) 中的 U_{NG}。

同步发电机负序短路阻抗，也应引入式 (4.2-44) 确定的 K_G，即

$$\underline{Z}_{(2)GK} = K_G(R_{(2)G} + jX_{(2)G}) = K_G \underline{Z}_{(2)G} \approx K_G \underline{Z}_G$$
$$= K_G(R_G + jX''_d) \tag{4.2-45}$$

如果 X''_d 与 X''_q 极大不同时，则应使用 $X_{(2)G} = (X''_d + X''_q)/2$。

同步发电机的零序短路阻抗，也应引入式 (4.2-44) 确定的 K_G，即

$$\underline{Z}_{(0)GK} = K_G(R_{(0)G} + jX_{(0)G}) \tag{4.2-46}$$

式中发电机中性点阻抗不需校正。

在发电机低励状态下运行时（如系统中含有电缆或长架空线路、抽水蓄能电站等），计算最小短路电流，需特殊考虑，其计算方法不在本手册范围内。

4.2.5.2 调相机和同步电动机

计算对称短路电流初始值 I''_k、短路电流峰值 i_p、对称开断电流 I_b 与短路电流稳态值 I_k 时，调相机与同步发电机的处理方法相同。

同步电动机如果采用了电压调节器，则其处理方法与同步发电机相同；如果未采用电压调节器，则需另外考虑。

4.2.6 发电机—变压器组的阻抗

4.2.6.1 分接头可有载调节的发电机—变压器组

发电机—变压器组（S）可有载调节分接头情况下，计算变压器高压侧的短路电流，应采用以下公式计算发电机—变压器组的短路阻抗［见图 4.3-3（c）］

$$\underline{Z}_S = K_S(t_r^2 \underline{Z}_G + \underline{Z}_{THV}) \tag{4.2-47}$$

其中，校正系数 K_S

$$K_S = \frac{U_{nQ}^2}{U_{NG}^2} \frac{U_{rTLV}^2}{U_{rTHV}^2} \frac{c_{max}}{1 + |x''_d - x_T| \sin\varphi_{rG}} \tag{4.2-48}$$

式中 $\underline{Z}_S$——可有载调节分接头的发电机—变压器组高压侧的短路阻抗校正值，Ω；

$\underline{Z}_G$——发电机超瞬态阻抗，$\underline{Z}_G = R_G + jX''_d$（无校正系数 K_G），Ω；

Z_{THV}——变压器归算到高压侧的短路阻抗，Ω；

U_{nQ}——变压器高压侧电网的系统标称电压，kV；

U_{NG}——发电机额定电压，kV；

φ_{NG}——发电机额定功率因数角度，即 $\underline{I}_{rG}$ 和 $\underline{U}_{rG}/\sqrt{3}$ 的夹角，（°）

x_d''——发电机的相对电抗，即 $x_d'' = X_d''/Z_{NG} = X_d''/(U_{NG}^2/S_{NG})$，%；

x_T——分接头位于主位置时的变压器相对电抗，$x_T = X_T/(U_{NT}^2/S_{NT})$，%；

t_N——变压器额定变比，$t_N = U_{rTHV}/U_{rTLV}$。

若长期运行经验能够确定变压器高压侧最低运行电压满足 $U_{Qmin}^b \geqslant U_{nQ}$，则式（4.2-48）中的 U_{nQ}^2 可用 $U_{Qmin}^b U_{nQ}$ 替代。另外，若需计算流过变压器的最大局部短路电流，则仍用式（4.2-48）。

若发电机机端运行电压 U_G 恒大于 U_{NG} 则应用 $U_{Gmax} = U_{NG}(1 + p_G)$ 代替式（4.2-48）中的 U_{NG}，如取发电机电压调整范围 $p_G = 0.05$。

在发电机过励条件下，式（4.2-48）中 K_S 适用于计算发电机—变压器组的正序、负序和零序短路阻抗。变压器中性点接地阻抗无需校正。

在发电机欠励条件下（特别在抽水蓄能电厂），计算不对称接地故障［图4.1-3（c）］与［图4.1-3（d）］的短路电流时，按照式（4.2-48）确定的 K_S 可能得到非保守的结果。此时可考虑其他计算方法，如叠加法。

计算发电机—变压器组高压侧短路时，无需考虑发电厂内由辅助变压器供电的异步电动机的影响。

4.2.6.2 分接头无有载调节的发电机—变压器组

发电机—变压器组无有载调节分接头情况下，计算变压器高压侧的短路电流，应使用以下公式计算发电机—变压器组的短路阻抗［见图4.3-3（c）］

$$Z_{SO} = K_{SO}(t_N^2 \underline{Z}_G + \underline{Z}_{THV}) \tag{4.2-49}$$

其中，校正系数 K_{SO}

$$K_{SO} = \frac{U_{nQ}}{U_{NG}(1 + p_G)} \cdot \frac{U_{NTLV}}{U_{NTHV}} \cdot (1 \pm p_T) \cdot \frac{c_{max}}{1 + x_d'' \sin\varphi_{NG}} \tag{4.2-50}$$

式中　Z_{SO}——无有载调节分接头的发电机—变压器组折算到高压侧的短路阻抗校正值，Ω；

$1 \pm p_T$——变压器分接头位置。

当变压器采用无载分接开关，并将分接头长期置于非主位置时使用 $(1 \pm p_T)$。需计算流经变压器的最大短路电流时，取 $(1 - p_T)$。

K_{SO} 适用于计算发电机—变压器组的正序、负序和零序短路阻抗。变压器中性点接地阻抗无需校正。该校正系数不受短路前发电机的过励或欠励运行条件影响。

计算发电机变压器组高压侧短路时，无需考虑发电厂内由辅助变压器供电的异步电动机的影响。

对于带有载调压分接开关或不带有载调压分接开关的发电厂设备，其高压侧的零序阻抗由单元变压器的零序阻抗和高压侧中性点阻抗 $\underline{Z}_N$ 的3倍组成，即 $\underline{Z}_{(0)S} = K_S \underline{Z}_{(0)THV} + 3\underline{Z}_N$。

4.2.7 异步电动机

4.2.7.1 简介

中压或低压异步电动机馈入初始对称短路电流 I''_k、峰值短路电流 i_p、对称开断电流 I_b；不平衡短路时，也会馈入稳态短路电流 I_k。

计算最大短路电流时应考虑中压异步电动机的影响。发电厂辅助设备、化工工业电网、炼钢工业电网等系统中的低压异步电动机也应考虑。

低压供电系统中当满足下式时，异步电动机的影响可以忽略

$$\Sigma I_{NM} \leqslant 0.01 I''_k \tag{4.2-51}$$

式中　ΣI_{NM}——由短路点所在网络直接供电（不经过变压器）的电动机额定电流之和，kA；

I''_k——无电动机时的对称短路电流初始值，kA。

计算短路电流时，按照电路图或工艺流程，不会同时投入的中、低压电动机应予以忽略。

电动机的正序和负序短路阻抗 $\underline{Z}_M = R_M + jX_M$ 由下式计算

$$Z_M = \frac{1}{I_{LR}/I_{NM}} \frac{U_{NM}}{\sqrt{3} I_{NM}} = \frac{1}{I_{LR}/I_{NM}} \frac{U^2_{NM}}{S_{NM}} \tag{4.2-52}$$

式中　Z_M——电动机的正序和负序短路阻抗，Ω；

U_{NM}——电动机额定电压，kV；

I_{NM}——电动机额定电流，kA；

S_{NM}——电动机的额定视在功率，$S_{NM} = P_{NM}/(\eta_{NM}\cos\varphi_{NM})$，MVA；

I_{LR}/I_{NM}——转子堵转电流与电动机额定电流之比。

若 R_M/X_M 已知，则按下式计算 X_M

$$X_M = \frac{Z_M}{\sqrt{1 + (R_M/X_M)^2}} \tag{4.2-53}$$

式中　R_M——电动机的正序和负序短路电阻，Ω；

X_M——电动机的正序和负序短路电抗，Ω。

关于 R_M/X_M，可参考以下数据：$R_M/X_M = 0.10$，$X_M = 0.995Z_M$，适用于每对电极的功率 $P_{NM}/\rho \geqslant 1MW$ 的中压电动机；$R_M/X_M = 0.15$，$X_M = 0.989Z_M$，适用于每对电极的功率 $P_{NM}/\rho < 1MW$ 的中压电动机；$R_M/X_M = 0.42$，$X_M = 0.922Z_M$，适用于电缆连接的低压电动机群。

在下文中计算短路电流初始值时，在正序和负序系统中异步电动机用式（4.2-52）计算得到的阻抗替代。感应电动机的零序阻抗，必要时可从厂家获得。

一般异步电动机的零序电抗 $X_{(0)}$ 要小于超瞬态电抗 X''_d。

4.2.7.2 通过变压器接入网络的异步电动机

直接通过双绕组变压器接入电网的中压、低压异步电动机，在满足以下条件时，可以忽略对供电连接点 Q（见图 4.2-6）短路电流的馈入。

$$\frac{\Sigma P_{NM}}{\Sigma S_{NT}} \leqslant \frac{0.8}{\left| \dfrac{c100 \Sigma S_{NT}}{\sqrt{3} U_{nQ} I''_{kQ}} - 0.3 \right|} \tag{4.2-54}$$

式中　ΣP_{NM} ——需考虑的中低压异步电动机的额定功率之和，MW；

$\quad\quad\Sigma S_{NT}$ ——给电动机直接供电的变压器额定容量之和，MVA；

$\quad\quad c$ ——电压系数，见表 4.1-1；

$\quad\quad I''_{kQ}$ ——忽略电动机时 Q 点对称短路电流初始值，kA；

$\quad\quad U_{nQ}$ ——Q 点的系统标称电压，kV。

低压电动机通常通过不同长度与截面的电缆与母线连接。为简化计算，多台电动机及其连接电缆可合并为单台等效电动机（见图 4.2-6 中的 M4）。

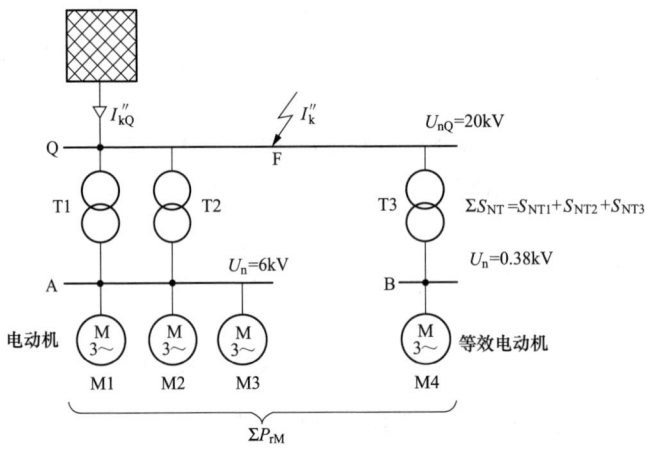

图 4.2-6　估算异步电机对总短路电流馈入的示例

对于等效异步电动机，可以参考以下数据：Z_M：按照式（4.2-52）计算的阻抗，Ω；I_{NM}：被等效的所有电动机额定电流之和，kA；$I_{LR}/I_{NM}=5$；$R_M/X_M=0.42$，从而 $k_M=1.3$；P_{NM}/p 单对极额定功率，若任何数据未知，可取 0.05MW，其中 p 为极对数。

图 4.2-6 所示母线 B 上的短路，如果满足 $I_{NM4}\leqslant 0.01I''_{kT3}$，则可以忽略低压电动机组 M4 馈入的短路电流。其中，I_{NM4} 为等效电动机 M4 的额定电流；I''_{kT3} 为没有等效电动机 M4 情况下，变压器 T3 低压侧的对称短路电流初始值。

若中压网络发生短路（图 4.2-6 所示短路点 Q 或 A），为根据式（4.2-52）简化计算 Z_M，可用 T3 变压器低压侧额定电流 I_{NT3LV} 代替等效电动机 M4 的额定电流 I_{NM4}。

对于三绕组变压器，不允许按照等式（4.2-54）进行估算。

4.2.8　静止变频器驱动电动机

只有在发生三相短路，且短路瞬间利用电动机的转动惯量和静止变频器进行反馈制动（短暂的逆变运行），才计及静止变频器驱动的电动机（如轧钢机的驱动电动机）对对称短路电流初始值 I''_k 和短路电流峰值 i_p 的反馈影响，不计对开断电流 I_b 和稳态短路电流 I_k 的影响。

计算短路电流时，静止变频器供电的电动机与常规异步电动机的处理方法相同。计算时使用以下数据：① Z_M：按照式（4.2-52）计算的阻抗，Ω；② U_{NM}：静止变频器变压器电网侧额定电压，没有变压器时，取静止变频器额定电压，kV；③ I_{NM}：静止变频器变压器电网侧额定电流，没有变压器时，取静止变频器额定电流，kA；④ $I_{LR}/I_{NM}=3$；⑤ $R_M/X_M=0.10$，$X_M=0.995Z_M$。

计算短路电流时不考虑其他类型的静止变频器。

4.2.9 电容与非旋转负载

在计算最大与最小短路电流的基本条件中，允许忽略线路电容、并联导纳及非旋转负载的影响，零序系统除外。

计算峰值短路电流时，无论短路何时发生，并联电容器的放电电流都可忽略。

对于串联补偿电容器，如果配备与之并联的限压保护装置，并且在发生短路时动作，则计算短路电流时也可忽略串联补偿电容器的影响。

在高压直流输电系统中，计算交流系统短路电流时应特别考虑电容器组与滤波器的影响。

4.3 短 路 电 流 计 算

4.3.1 简介

发生最大短路电流的短路方式见图 4.3-1。

远端短路情况下，可认为短路电流为以下两个分量之和：① 交流分量，短路期间幅值恒定；② 非周期分量，初始值为 A，最终衰减为零。对称交流分量 I''_k、I_b 和 I_K 均为方均根值，且大小几乎相等。

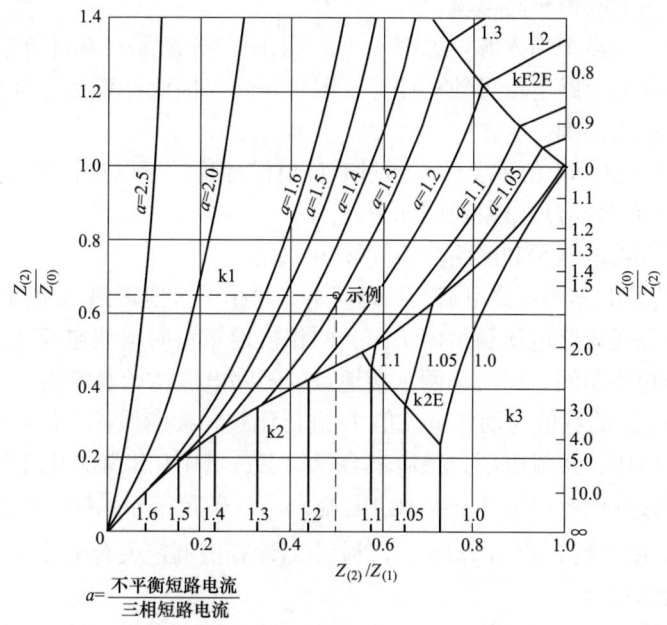

示例：$Z_{(2)}/Z_{(1)}=0.5$，$Z_{(2)}/Z_{(0)}=0.65$ 查图得出 $a=1.32$，相导体对地短路为最大短路电流的短路方式，其值为 1.32 倍三相短路电流。

图 4.3-1　最大短路电流的短路方式

在图 4.2-1（b）所示经变压器单馈入短路的系统中，如果变压器电抗 X_{TLVK} 与电源等值电抗 X_{Qt} 满足 $X_{TLVK} \geqslant 2X_{Qt}$，则此种情况往往视为远端短路。$X_{Qt}$ 根据馈电网络阻抗计算，$X_{TLVK} = K_T X_{TLV}$ 根据变压器阻抗计算。

近端短路情况下，可认为短路电流为以下两个分量之和：①交流分量，短路期间幅值衰减；②非周期分量，初始值为 A，最终衰减为零。

在计算由发电机、发电机—变压器组和电动机（发电机附近短路与/或电动机附近短路）馈入的短路电流时，不仅需要计算初始对称短路电流 I''_k 和峰值短路电流 i_p，还需要计算对称短路开断电流 I_b 和稳态短路电流 I_k。这种情况下，I_b 小于 I''_k。通常，I_k 小于 I_b。

图 4.1-2（b）为近端短路时短路电流示意图。在某些特殊情况下，可能在短路发生几个周波后，短路电流才出现过零点。在同步电机的直流时间常数大于超瞬态时间常数时，便可能出现这种情况。该现象不在本书研究范围内。

短路电流非周期分量 $i_{d.c.}$ 在下文中进行计算。

计算初始对称短路电流时，可取 $\underline{Z}_{(2)} = \underline{Z}_{(1)}$。

导致最高短路电流的短路方式，取决于系统的正序、负序与零序阻抗值。图 4.3-1 为 $\underline{Z}_{(1)}$、$\underline{Z}_{(2)}$、$\underline{Z}_{(0)}$ 阻抗角相等情况下，造成最大短路电流的短路方式示意图。该图用于定性分析，不能取代计算。

计算短路点的 I''_k、I_b 与 I_k 时，可通过网络化简将系统等值为短路点的短路阻抗 $\underline{Z}_k$。但该方法不能用于计算 i_p，计算 i_p 需区分电网有无并行支路。

对于采用熔断器或限流断路器保护的变电站，首先计算无保护装置时的对称短路电流初始值。由计算得到的对称短路电流初始值与熔断器或限流断路器的特性曲线确定开断电流。以此作为下游变电站的峰值短路电流。

短路点可有一个或多个馈入源，如图 4.3-3 和图 4.3-4 所示。在计算放射状电网对称短路时，每个电源馈入的短路电流可独立计算（图 4.3-4），因此计算最为简单。图 4.3-2 所示为短路电流计算的应用范围。

图 4.3-2 表示了计算 I''_k 的重要性，通过对该值的计算，可以进行图 4.3-2 所示的工作。

短路电流计算的部分应用结果说明如下：

（1）首先通过等效电压源和网络变换计算出 I''_k 值；

（2）利用 I''_k 计算出三相短路电流初始值 I''_{k3}、两相不接地短路电流初始值 I''_{k2}、单相接地短路或单相对中性线短路电流初始值 I''_{k1}、两相接地短路时的线电流 I''_{kE2E} 以及同时发生两个独立单相接地短路期间，即流经两个接地点的短路电流初始有效值 I_{kEE}，两短路点具有相同的幅值；利用 I''_{k1} 的数值与动作电流值 I_a 进行比较，校验保护动作灵敏性；利用 I''_{kE2E}、I''_{kEE} 的值进行跨步电压、接触电压、感应耦合、瞬态过电压和工频过电压的计算以及避雷器的选择；利用单相接地电容电流 I_{CE} 或剩余电流 I_{Rest}，确定三相系统中性点接地方式选择。

（3）通过 I''_k 采用系数 $k\sqrt{2}$ 计算出 i_p，利用 i_p 计算出额定关合电流 I_{cm}，来确定和校验设备运行过程中的动应力。

（4）通过 I''_k 利用对称短路开断电流计算系数 μ 或用于计算异步电动机开断电流的系数 q 来计算 I_{aG} 和 I_{aM}（对称开断电流）确定过电压保护设备的额定短路分断电流 I_{cn} 并用 I_{cn} 与 I''_{k3} 进行比较来确定过电压保护设备的额定短路分断容量及过电压保护设备的选择。

（5）通过 I''_k 采用稳态短路电流的最大值（上限）时的计算系数 λ_{max} 和稳态短路电流的最小值（下限）时的计算系数 λ_{min} 通过相关的计算得出 I_{th}（电器在 t_{th} 时间允许通过的短时耐受电流有效值）利用该值进行运行设备的热应力校验，计算 I_{th} 用到的系数 m［三相和多相系统热直流非周期分量的影响（短路电流非周期分量的热效应系数）］、n［三相短路热交流周期分量的影响（短路电流交流分量的热效应系数）］。

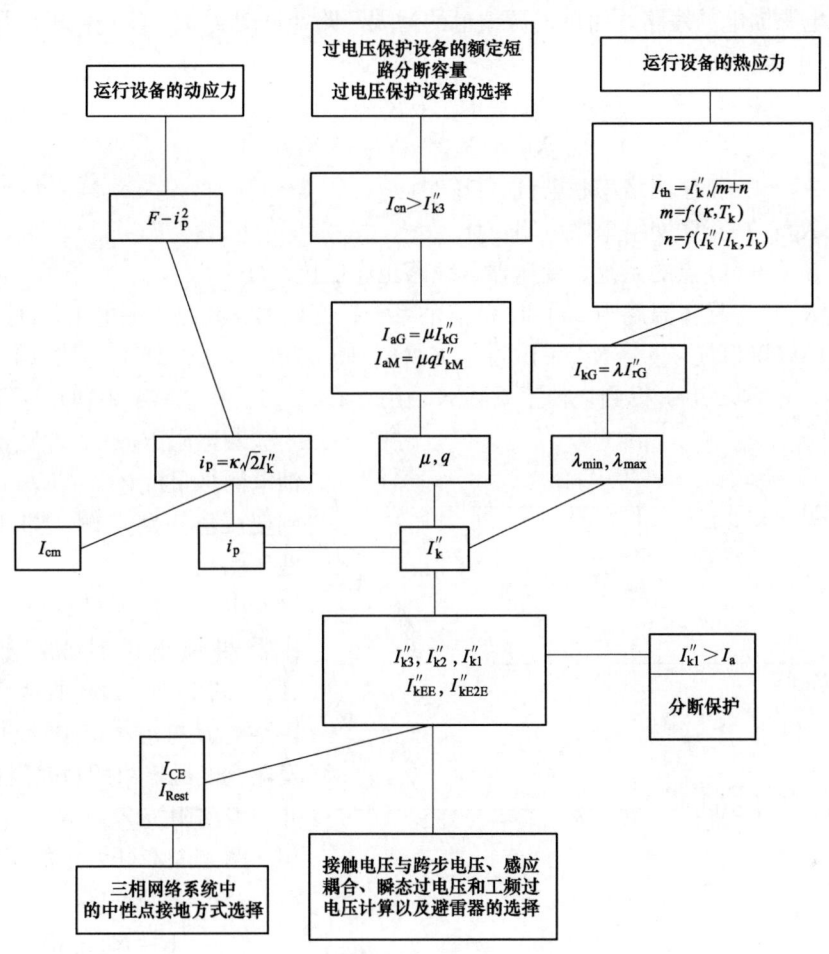

图 4.3-2　短路电流计算的应用范围

由此可见 I''_k 是计算、选择、校验电气系统中各类数据参数的基础。

4.3.2　对称短路电流初始值 I''_k

通常 $\underline{Z}_{(0)} > \underline{Z}_{(1)} = \underline{Z}_{(2)}$，最高短路电流出现在三相短路时。但在零序阻抗较低的变压器附近短路时，$\underline{Z}_{(0)}$ 可能低于 $\underline{Z}_{(1)}$。这种情况下，最高初始对称短路电流为两相短路接地时的电流 I''_{k2E} [见图 4.3-1，$\underline{Z}_{(2)}/\underline{Z}_{(1)}=1$，$\underline{Z}_{(2)}/\underline{Z}_{(0)}>1$]。

4.3.2.1　三相短路初始值

通常情况下，三相短路时采用等效电压源 $cU_n/\sqrt{3}$ 和短路阻抗 $\underline{Z}_k = R_k + jX_k$ 通过等式(4.3-1)计算 I''_k

$$I''_k = \frac{cU_n}{\sqrt{3}Z_k} = \frac{cU_n}{\sqrt{3}\sqrt{R_k^2 + X_k^2}} \tag{4.3-1}$$

式中　U_n——系统标称电压，kV；

　　　$\underline{Z}_k$——短路阻抗，Ω；

　　　R_k——短路电阻，Ω；

　　　X_k——短路电抗，Ω。

（1）单电源馈电的短路。由单电源馈电的远端短路［见图4.3-3（a）］，可应用式（4.3-1）计算短路电流。其中

$$R_k = R_{Qt} + R_{TK} + R_L \quad\quad (4.3\text{-}2)$$
$$X_k = X_{Qt} + X_{TK} + X_L \quad\quad (4.3\text{-}3)$$

式中　　　X_k——正序网络串联电抗，Ω；

　　　　　R_k——正序网络串联电阻，Ω；

X_{Qt}、X_{TK}、X_L——Q点的系统、变压器、线路正序电抗，Ω；

R_{Qt}、R_{TK}、R_L——导体温度为20℃时Q点的系统、变压器、线路正序电阻，Ω。

　　变压器的修正阻抗$Z_{TK} = R_{TK} + jX_{TK} = K_T(R_T + jX_T)$从式（4.2-5）～式（4.2-7）或从式（4.2-9）、式（4.2-10）得到。校正系数K_T由式（4.2-11）～式（4.2-13）计算。

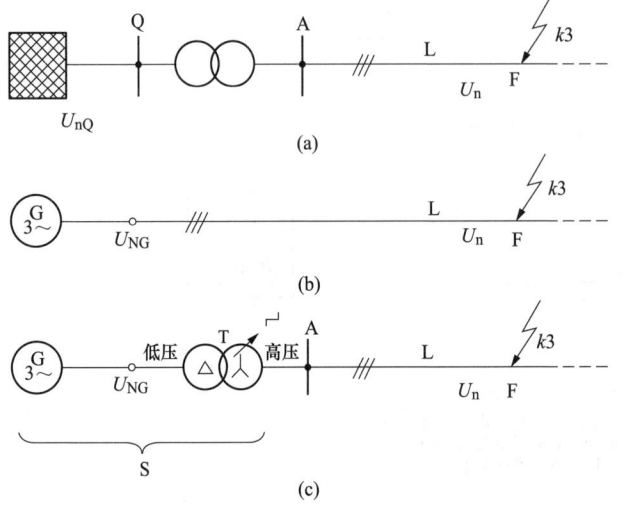

图4.3-3　单电源馈电的三相短路示例

（a）通过变压器由电网馈电的三相短路；（b）由单台发电机馈电的三相短路（无变压器）；（c）由发电机变压器组馈电的三相短路（带载或不带载分接开关变压器）

　　若电阻$R_k < 0.3 X_k$，可忽略。馈电网络阻抗$Z_{Qt} = R_{Qt} + jX_{Qt}$折算到变压器短路点侧（图4.1-1中为低压侧）。

　　由单一发电机或单一发电机变压器组馈电的情况，如图4.3-3（b）、图4.3-3（c）所示，计算对称短路电流初始值，须计算发电机或发电机变压器组的短路阻抗校正值，并与线路阻抗$Z = R_L + jX_L$串联。

　　图4.3-3（b）中的短路阻抗为
$$\begin{aligned}Z_k &= Z_{GK} + Z_L \\ &= K_G(R_G + jX''_d) + Z_L\end{aligned}$$
$$(4.3\text{-}4)$$

　　图4.3-3（c）中的短路阻抗为
$$\begin{aligned}Z_k &= Z_S + Z_L \\ &= K_S(t_N^2 Z_G + Z_{THV}) + Z_L\end{aligned}$$
$$(4.3\text{-}5)$$

　　Z_{GK}应由式（4.2-43）计算。Z_S由式（4.2-47）或式（4.2-49）以及式（4.2-48）或式（4.2-50）确定的K_S或K_{SO}计算。发电机阻抗应采用额定变比t_N折算至高压侧。变压器阻抗$Z_{THV} = R_{THV} + jX_{THV}$由式（4.2-5）～式（4.2-7）计算，并折算到高压侧，不考虑修正系数K_T。

　　（2）放射状电源馈电的短路。由多个放射电源馈入短路电流（如图4.3-4所示），短路点F处的短路电流为各分支短路电流之和。根据式（4.3-1）和单电源馈电的短路，可确定各分支短路电流。

　　短路点F处短路电流为各支路短路电流的相量之和（见图4.3-4）

$$I''_k = \Sigma I''_{ki} \quad\quad (4.3\text{-}6)$$

式中　I''_k——对称短路电流初始值，kA；

　　　I''_{ki}——短路点处各支路短路电流初始值，kA。

在要求的精度范围内，通常可取各分支短路电流的绝对值之和作为短路点 F 的短路电流。

4.3.2.2 两相短路初始值

两相短路时 [图 4.1-3 (b)]，按以下公式计算对称短路电流初始值

$$I''_{k2} = \frac{cU_n}{|\underline{Z}_{(1)} + \underline{Z}_{(2)}|} = \frac{cU_n}{2|\underline{Z}_{(1)}|} = \frac{\sqrt{3}}{2}I''_k \tag{4.3-7}$$

在短路初始阶段，无论远端短路还是近端短路，负序阻抗与正序阻抗大致相等，因此式（4.3-7）中假定 $\underline{Z}_{(2)} = \underline{Z}_{(1)}$。

近端短路时，在瞬态和稳态过程阶段 $\underline{Z}_{(2)}$ 与 $\underline{Z}_{(1)}$ 将不再相等。

4.3.2.3 两相接地短路初始值

两相接地短路时 [图 4.1-3 (c)]，须区分电流 I''_{k2ELb}、I''_{k2ELc} 和 I''_{kE2E}。

远端短路时，$\underline{Z}_{(2)}$ 与 $\underline{Z}_{(1)}$ 近似相等，若 $\underline{Z}_{(0)} < \underline{Z}_{(2)}$，则两相接地短路

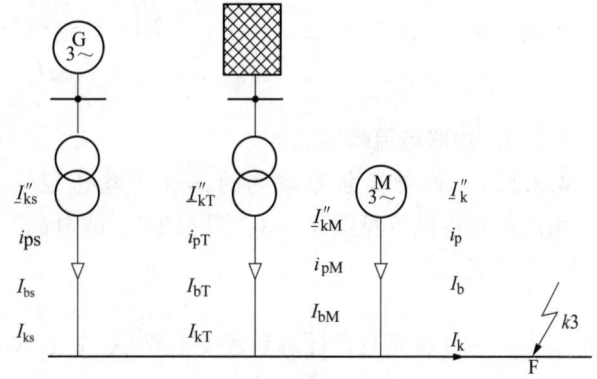

图 4.3-4 放射状电网示例

时的电流 I''_{kE2E} 通常大于其他故障类型的 I''_k、I''_{k2}、I''_{kE2} 与 I''_{k1}。

由式（4.3-8）与式（4.3-9）计算 I''_{k2ELb}、I''_{k2ELc}

$$\underline{I}''_{k2ELb} = -\mathrm{j}cU_n \frac{\underline{Z}_{(0)} - \underline{a}\,\underline{Z}_{(2)}}{\underline{Z}_{(1)}\,\underline{Z}_{(2)} + \underline{Z}_{(2)}\,\underline{Z}_{(0)} + \underline{Z}_{(0)}\,\underline{Z}_{(1)}} \tag{4.3-8}$$

$$\underline{I}''_{k2ELc} = \mathrm{j}cU_n \frac{\underline{Z}_{(0)} - \underline{a}^2\,\underline{Z}_{(2)}}{\underline{Z}_{(1)}\,\underline{Z}_{(2)} + \underline{Z}_{(2)}\,\underline{Z}_{(0)} + \underline{Z}_{(0)}\,\underline{Z}_{(1)}} \tag{4.3-9}$$

由式（4.3-10）计算流经地和/或接地线的短路电流 I''_{kE2E}

$$\underline{I}''_{kE2E} = -\frac{\sqrt{3}cU_n\,\underline{Z}_{(2)}}{\underline{Z}_{(1)}\,\underline{Z}_{(2)} + \underline{Z}_{(2)}\,\underline{Z}_{(0)} + \underline{Z}_{(0)}\,\underline{Z}_{(1)}} \tag{4.3-10}$$

远端短路时，若考虑 $\underline{Z}_{(2)} = \underline{Z}_{(1)}$，则电流绝对值计算如下

$$I''_{k2ELb} = cU_n \frac{|\underline{Z}_{(0)}/\underline{Z}_{(1)} - \underline{a}|}{|\underline{Z}_{(1)} + 2\underline{Z}_{(0)}|} \tag{4.3-11}$$

$$I''_{k2ELc} = cU_n \frac{|\underline{Z}_{(0)}/\underline{Z}_{(1)} - \underline{a}^2|}{|\underline{Z}_{(1)} + 2\underline{Z}_{(0)}|} \tag{4.3-12}$$

$$I''_{kE2E} = \frac{\sqrt{3}cU_n}{|\underline{Z}_{(1)} + 2\underline{Z}_{(0)}|} \tag{4.3-13}$$

式中　I''_{k2ELb}——Lb、Lc 两相接地短路 Lb 相电流初始值，kA；

　　　I''_{k2ELc}——Lb、Lc 两相接地短路 Lc 相电流初始值，kA；

　　　I''_{kE2E}——两相接地短路流经地和/或接地线的电流初始值，kA；

　　　$Z_{(1)}$——正序阻抗，Ω；

　　　$Z_{(2)}$——负序阻抗，Ω；

　　　$Z_{(0)}$——零序阻抗，Ω；

U_n ——系统标称电压，kV；

c ——电压系数，见表 4.1-1；

$\underline{a}$ ——复数运算符。

4.3.2.4 单相接地短路初始值

单相接地短路 [图 4.1-3 (d)] 时，短路电流交流分量 I''_{k1}，初始值按式(4.3-14)计算

$$\underline{I}''_{k1} = \frac{\sqrt{3}cU_n}{\underline{Z}_{(1)} + \underline{Z}_{(2)} + \underline{Z}_{(0)}} \tag{4.3-14}$$

远端短路时，若考虑 $\underline{Z}_{(2)} = \underline{Z}_{(1)}$，则电流绝对值计算如下

$$I''_{k1} = \frac{\sqrt{3}cU_n}{|\,2\,\underline{Z}_{(1)} + \underline{Z}_{(0)}\,|} \tag{4.3-15}$$

4.3.3 短路电流峰值 i_p

4.3.3.1 放射状电源馈电的三相短路峰值

由放射状电网（见图 4.3-3、图 4.3-4）馈电的三相短路，各馈电支路对短路电流峰值的馈入均可表示为

$$i_p = k\sqrt{2}I''_k \tag{4.3-16}$$

式中 k ——计算系数；计算系数 k 由 R/X 或 X/R 决定，可通过图 4.3-5 查曲线或通过式(4.3-17)计算得到

$$k = 1.02 + 0.98\mathrm{e}^{-3R/X} \tag{4.3-17}$$

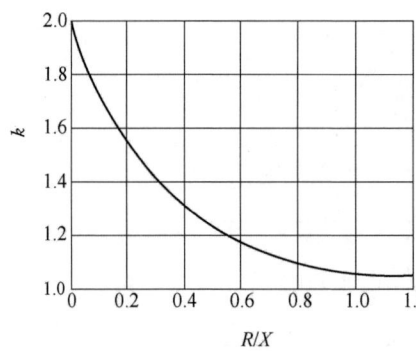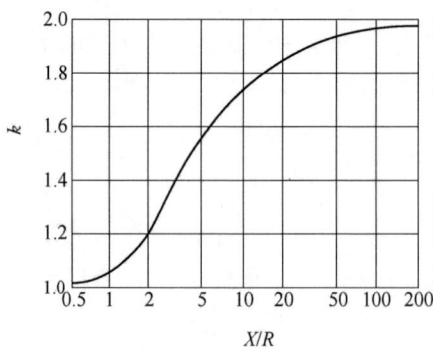

图 4.3-5 串联支路中系数 k 与 R/X 或 X/R 的函数关系

式(4.3-16)与式(4.3-17)假定短路发生于电压过零时刻，并在大约半个周波后短路电流达到峰值 i_p。对于同步电机，应使用假想电阻 R_{Gf}（见 4.2.5.1）。

短路点 F 处的短路电流峰值 i_p，可表示为放射状电网各支路的局部短路电流峰值之和

$$i_p = \sum i_{pi} \tag{4.3-18}$$

式中 i_{pi} ——各支路的局部短路电流峰值，kA。

在图 4.3-4 所示算例中

$$i_p = i_{pS} + i_{pT} + i_{pM} \tag{4.3-19}$$

式中 i_{pS}、i_{pT}、i_{pM} ——发电机、供电网络、电动机支路的对称短路电流峰值，kA。

4.3.3.2 两相短路电流峰值

两相短路时的短路电流峰值可表示为

$$i_{p2} = k\sqrt{2}I''_{k2} \tag{4.3-20}$$

式中　i_{p2}——两相短路电流峰值，（kA）；

　　　I''_{k2}——两相短路电流初始值，（kA）；

　　　k——计算系数，见式（4.3-17）。

应根据系统结构按照放射状电源馈电的三相短路部分计算系数 k。为简化计算，可采用与三相短路相同的 k 值。

当 $\underline{Z}_{(2)} = \underline{Z}_{(1)}$ 时，短路电流峰值 i_{p2} 小于三相短路时的 i_p，其关系如公式（4.3-21）所示

$$i_{p2} = \frac{\sqrt{3}}{2}i_p \tag{4.3-21}$$

4.3.3.3　两相接地短路峰值

对于两相接地短路，短路电流峰值可表示为

$$i_{p2E} = k\sqrt{2}I''_{k2E} \tag{4.3-22}$$

式中　i_{p2E}——两相接地短路电流峰值，kA；

　　　I''_{k2E}——两相接地短路电流初始值，kA。

应根据系统结构按照放射状电源馈电的三相短路部分计算系数 k。为简化计算，可采用与三相短路相同的 k 值。

只有当 $\underline{Z}_{(0)}$ 远小于 $\underline{Z}_{(1)}$（小于 $\underline{Z}_{(1)}$ 的 1/4）时，才需计算 i_{p2E}。

4.3.3.4　单相接地短路峰值

对于单相接地短路，峰值短路电流可表示为

$$i_{p1} = k\sqrt{2}I''_{k1} \tag{4.3-23}$$

式中　i_{p1}——单相接地短路电流峰值，kA；

　　　I''_{k1}——单相接地短路电流初始值，kA。

应根据系统结构按照放射状电源馈电的三相短路部分计算系数 k。为简化计算，可采用与三相短路相同的 k 值。

4.3.4　短路电流的直流分量 $i_{d.c.}$

如图 4.1-1、图 4.1-2 所示，$i_{d.c.}$ 可按式（4.3-24）计算。

$$i_{d.c.} = \sqrt{2}I''_k e^{-2\pi ftR/X} \tag{4.3-24}$$

式中　I''_k——对称短路电流初始值，kA；

　　　f——额定频率，Hz；

　　　t——时间，s；

　　　R/X——按照放射状电源馈电的三相短路部分中的方法求出的比值。

计算 $i_{d.c.}$ 时，发电机电枢电阻应取 R_G 而不是 R_{Gf}。

4.3.5　对称短路开断电流 I_b

一般来说，短路点 t_{min} 时刻的开断电流包括对称开断电流 I_b 与 $i_{d.c.}$，$i_{d.c.}$ 根据式（4.3-24）确定。

注　对于部分近端短路，t_{min} 时的 $i_{d.c.}$ 可能大于 I_b 的峰值，从而造成短路电流失去过零点。

4.3.5.1　远端短路

对于远端短路，I_b 等于 I''_k

$$I_{\mathrm{b}} = I''_{\mathrm{k}} \tag{4.3-25}$$

$$I_{\mathrm{b2}} = I''_{\mathrm{k2}} \tag{4.3-26}$$

$$I_{\mathrm{b2E}} = I''_{\mathrm{k2E}} \tag{4.3-27}$$

$$I_{\mathrm{b1}} = I''_{\mathrm{k1}} \tag{4.3-28}$$

式中　I_{b2}——两相短路开断电流，kA；

　　　I_{b2E}——两相接地短路开断电流，kA；

　　　I_{b1}——单相接地短路开断电流，kA。

4.3.5.2　近端短路

（1）单电源馈入的三相短路。在图 4.3-3（b）、（c）所示的单电源馈电系统或图 4.3-4 所示的放射状馈电系统中，发生近端三相短路时，采用式（4.3-29）计算对称短路开断电流 I_{b}，其中计算系数 μ 表示对称开断电流的衰减，即

$$I_{\mathrm{b}} = \mu I''_{\mathrm{k}} \tag{4.3-29}$$

式中　μ——对称开断电流计算系数，见式（4.3-30）。

μ 与 $t_{\min}$ 和 $I''_{\mathrm{kG}}/I_{\mathrm{NG}}$ 有关，可根据 $I''_{\mathrm{kG}}/I_{\mathrm{NG}}$ 比值和选择 $t_{\min}$ 确定，I_{NG} 为发电机额定电流。式（4.3-30）中的 μ 值适用于旋转励磁机或静止整流励磁装置的同步发电机（用静止整流励磁装置励磁时，其最小延时 $t_{\min}$ 应小于 0.25s，最高励磁电压小于 1.6 倍额定负载下的励磁电压）。对于其他情况，若实际数值未知，可取 $\mu = 1$。

当短路点与发电机之间有升压变压器时（图 4.3-3），变压器高压侧局部短路电流 I''_{kS} 应根据变压器变比折算到发电机出口侧，$I''_{\mathrm{kG}} = t_{\mathrm{N}} I''_{\mathrm{kS}}$。即 I''_{kG}（I''_{kG} 为发电机端的短路电流）和 I_{NG}（I_{NG} 为发电机额定电流）应为归算到同一电压下的值。

对 $t_{\min} = 0.02$s 时

$$\mu = 0.84 + 0.26 \mathrm{e}^{-0.26 I''_{\mathrm{kG}}/I_{\mathrm{NG}}}$$

对 $t_{\min} = 0.05$s 时

$$\mu = 0.71 + 0.51 \mathrm{e}^{-0.30 I''_{\mathrm{kG}}/I_{\mathrm{NG}}}$$

对 $t_{\min} = 0.10$s 时

$$\mu = 0.62 + 0.72 \mathrm{e}^{-0.32 I''_{\mathrm{kG}}/I_{\mathrm{NG}}}$$

对 $t_{\min} \geqslant 0.25$s 时

$$\mu = 0.56 + 0.94 \mathrm{e}^{-0.38 I''_{\mathrm{kG}}/I_{\mathrm{NG}}} \tag{4.3-30}$$

计算电动机的 μ 值时，用 $I''_{\mathrm{kM}}/I_{\mathrm{NM}}$ 替代 $I''_{\mathrm{kG}}/I_{\mathrm{NG}}$。

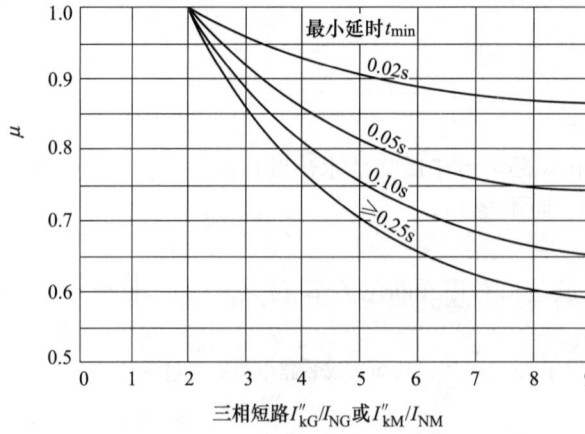

图 4.3-6　对称开断电流 I_{b} 的计算系数 μ

当 $I''_{\mathrm{kG}}/I_{\mathrm{NG}} \leqslant 2$，式（4.3-30）中 μ 值取 1。系数 μ 也可按图 4.3-6 查曲线，对于相邻最小延时 $t_{\min}$ 曲线间对应的 μ 值，可用线形插值求取。

图 4.3-6 也适用于具有最短延时 $t_{\min} \leqslant 0.1$s 的复式励磁的低压发电机。本书不涉及 $t_{\min} > 0.1$s 的低压发电机开断电流计算，发电机厂商可提供相关信息。

（2）放射状电源馈电的三相短路。对于放射状电网（图 4.3-4）发

生三相短路，短路点的对称开断电流为各支路开断电流之和

$$I_b = \sum I_{bi} \tag{4.3-31}$$

式中　I_{bi}——各支路的局部对称短路开断电流，kA。

对于图 4.3-4 示例

$$I_b = I_{bS} + I_{bT} + I_{bM} = \mu I''_{kS} + I''_{kT} + \mu q I''_{kM} \tag{4.3-32}$$

式中　I_{bS}、I_{bT}、I_{bM}——发电机、供电网络、电动机支路的局部馈入对称短路开断电流，kA；

I''_{kS}、I''_{kT}、I''_{kM}——发电机、供电网络、电动机支路的局部馈入对称短路电流初始值，kA；

q——异步电动机对称开断电流的计算系数。

系数 μ 由式（4.3-30）或由图 4.3-6 确定。对于异步电动机，用 I''_{kM}/I_{NM} 替代 I''_{kG}/I_{NG}（见表 4.3-1）。

表 4.3-1　　　　　　　　　　异步电动机机端短路时的短路电流

短路类型	三相短路	两相短路	单相接地短路
短路电流初始值	$I''_{kM} = \dfrac{cU_n}{\sqrt{3}Z_M}$	$I''_{k2M} = \dfrac{\sqrt{3}}{2}I''_{kM}$	$I''_{k1M} = \dfrac{\sqrt{3}cU_n}{\underline{Z}_{(1)M} + \underline{Z}_{(2)M} + \underline{Z}_{0M}}$
短路电流峰值	$i_{pM} = k_M\sqrt{2}I''_{kM}$	$i_{p2M} = \dfrac{\sqrt{3}}{2}i_{pM}$	$i_{p1M} = k_M\sqrt{2}I''_{k1M}$
短路开断电流	$I_{bM} = \mu q I''_{kM}$	$I_{b2M} = \dfrac{\sqrt{3}}{2}I''_{kM}$	$I_{b1M} = I''_{k1M}$
稳态短路电流	$I_{kM} = 0$	$I_{k2M} = \dfrac{\sqrt{3}}{2}I''_{kM}$	$I_{k1M} = I''_{k1M}$

注　以上式中　Z_M——电动机的正序和负序短路阻抗，Ω；

　　　　　　μ——对称开断电流计算系数，按式（4.3-30）或图 4.3-6 计算，依据 I''_{kM}/I_{rM}；

　　　　　　q——异步电动机对称开断电流的计算系数，按式（4.3-33）或图 4.3-7 计算；

　　　　　　I''_{kM}——三相短路电流初始值，kA；

　　　　　　I''_{k2M}——两相短路电流初始值，kA；

　　　　　　I''_{k1M}——单相接地短路电流初始值，kA；

　　　　　　U_n——系统标称电压，kV；

　　　　　　c——电压系数，见表 4.1-1；

　　　　　　i_{pM}——三相短路电流峰值，kA；

　　　　　　i_{p2M}——两相短路电流峰值，kA；

　　　　　　i_{p1M}——单相接地短路电流峰值，kA；

　　　　　　k_M——计算系数，中压电动机：$k_M = 1.65$（对应 $R_M/X_M = 0.15$），每对极有功功率＜1MW；$k_M = 1.75$（对应 $R_M/X_M = 0.10$），每对极有功功率≥1MW；有电缆连接线的低压电动机 $k_M = 1.3$（对应 $R_M/X_M = 0.42$）；

　　　　　　I_{bM}——三相短路开断电流，kA；

　　　　　　I_{b2M}——两相短路开断电流，kA；

　　　　　　I_{b1M}——单相接地短路开断电流，kA；

　　　　　　I_{kM}——三相短路稳态短路电流，kA；

　　　　　　I_{k2M}——两相短路稳态短路电流，kA；

　　　　　　I_{k1M}——单相接地短路稳态短路电流，kA。

异步电动机对称开断电流的计算系数 q，可视为最小延时 t_{min} 的函数。

对 $t_{min} = 0.02s$ 时

$$q = 1.03 + 0.12\ln(P_{NM}/p)$$

对 $t_{min} = 0.05s$ 时

$$q = 0.79 + 0.12\ln(P_{NM}/p)$$

对 $t_{min} = 0.10$s 时

$$q = 0.57 + 0.12\ln(P_{NM}/p)$$

对 $t_{min} \geqslant 0.25$s 时

$$q = 0.26 + 0.10\ln(P_{NM}/p) \tag{4.3-33}$$

式中 P_{NM} ——额定功率，MW；

  p ——极对数。

如果式（4.3-33）的计算结果大于 1，则取 $q = 1$。系数 q 也可通过图 4.3-7 确定。

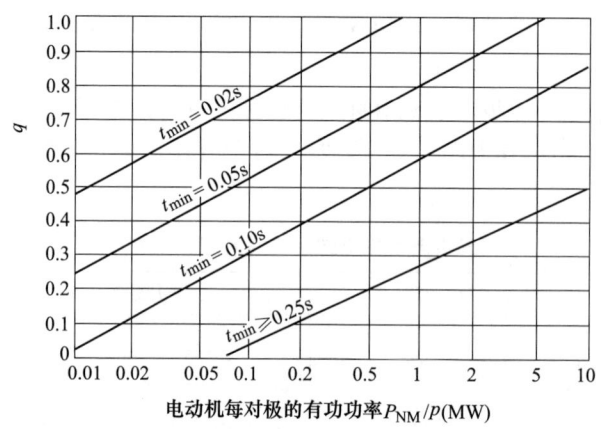

图 4.3-7 异步电动机对称开断电流计算系数 q

（3）不平衡短路。对于不平衡短路，不考虑发电机磁通的衰减，应用式（4.3-26）、式（4.3-27）或式（4.3-28）。

4.3.6 稳态短路电流 I_k

I_k 的计算精度低于 I_k'' 的计算精度。

4.3.6.1 单电源馈入三相短路时的 I_k

仅由一台发电机或发电机—变压器组馈电的近端三相短路 [如图 4.3-3（b）或图 4.3-3（c）]，I_k 受发电机励磁系统、电压调节装置与饱和等因素影响。

同步发电机、同步电动机或调相机若采用并励静止励磁装置，则在机端短路时同步机不会馈入 I_k。但若机端与短路点之间通过一个阻抗连接，则同步机会馈入 I_k。在发电机—变压器组的情况下，若短路发生在变压器高压侧，发电机会馈入电流 I_k [见图 4.3-3（c）]。

（1）最大稳态短路电流。计算最大稳态短路电流时，假定将同步发电机设定至最大励磁状态，采用式（4.3-34）计算

$$I_{kmax} = \lambda_{max} I_{NG} \tag{4.3-34}$$

式中 I_{kmax} ——最大稳态短路电流，kA；

  I_{NG} ——发电机额定电流，kA；

  λ_{max} ——最大稳态短路电流计算系数。

若发电机采用并励静止励磁装置，机端短路时，机端电压以及发电机励磁电压均会瞬间降为零，这种情况下 $\lambda_{max} = \lambda_{min} = 0$。

隐极机或凸极机的系数 λ_{max} 根据图 4.3-8 或图 4.3-9 求得，图中饱和电抗 X_{dsat} 为机组空

载短路比的倒数。

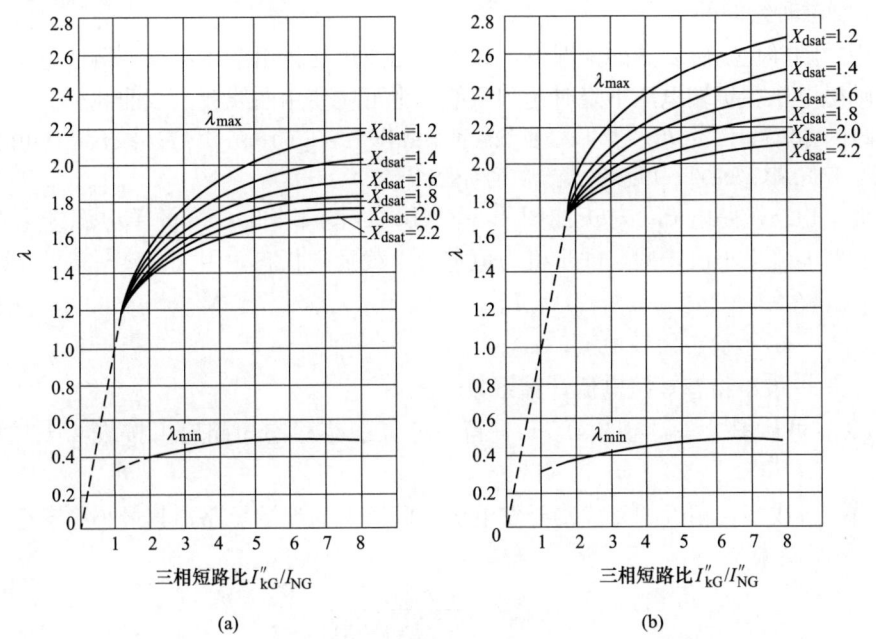

图 4.3-8 隐极机的系数 λ_{max} 与 λ_{min}

（a）曲线簇Ⅰ；（b）曲线簇Ⅱ

　　曲线簇Ⅰ中的 λ_{max} 曲线是在额定负载、额定功率因数下，对于隐极机［图 4.3-8（a）］是在励磁顶值为 1.3 倍额定励磁时绘制的，对于凸极机［图 4.3-9（a）］是在励磁顶值为 1.6 倍额定励磁时绘制的。

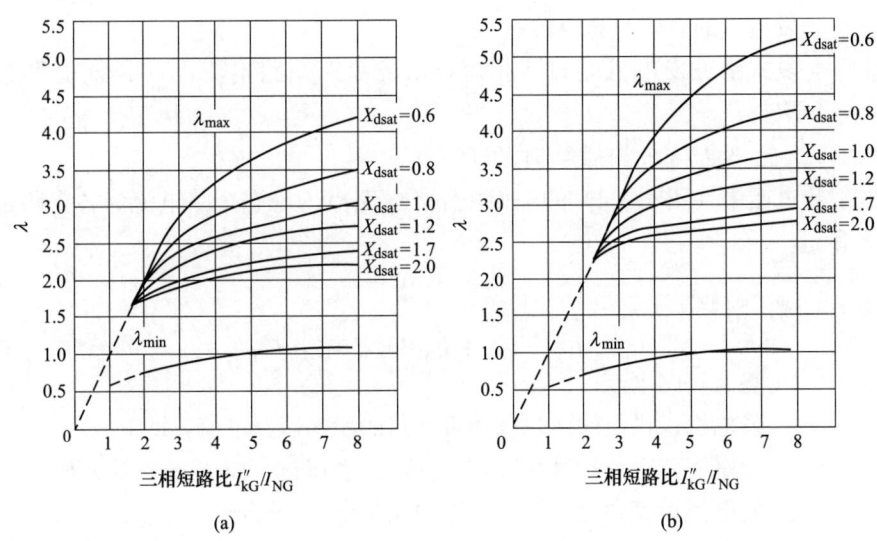

图 4.3-9 凸极机的系数 λ_{max} 与 λ_{min}

（a）曲线簇Ⅰ；（b）曲线簇Ⅱ

　　曲线簇Ⅱ中的 λ_{max} 曲线是在额定负载、额定功率因数下，对于隐极机［图 4.3-8（b）］

是在励磁顶值为 1.6 倍额定励磁时绘制的，对于凸极机 ［图 4.3-9 （b）］ 是在励磁顶值为 2.0 倍额定励磁时绘制的。

在采用并励静止励磁装置的情况下，如果短路发生在机组变压器高压侧或电网中，并且短路期间励磁电压在机端电压下降时达到顶值，也可应使用曲线簇Ⅰ或曲线簇Ⅱ。

注　对于远端短路时 $I''_{kG}/I_{NG} \leqslant 2$，$\lambda_{max}$ 曲线簇可根据 IEC　TR 60909—1《三相交流系统中的短路电流 第 1 部分：根据 IEC 60909—0 短路电流计算的系数》计算。

（2）最小稳态短路电流。对于如图 4.3-3 （b）或图 4.3-3 （c）的单电源馈电短路，为计算稳态短路电流最小值，假定同步机为恒定的空载励磁状态，用式（4.3-35）计算

$$I_{kmin} = \lambda_{min} I_{NG} \tag{4.3-35}$$

式中　　I_{kmin}——最小稳态短路电流，kA；

　　　　λ_{min}——最小稳态短路电流计算系数。

其中，λ_{min} 可从图 4.3-8 与图 4.3-9 查得。计算最小稳态短路时，按表 4.1-1 采用 $c = c_{min}$。

对于由一台或多台相近的复式励磁发电机并联馈电的近端短路，其最小稳态短路电流根据式（4.3-36）计算

$$I_{kmin} = \frac{c_{min} U_n}{\sqrt{3}\sqrt{R_k^2 + X_k^2}} \tag{4.3-36}$$

式中　　c_{min}——最小电压系数，见表 4.1-1；

　　　　R_k——短路电阻，Ω；

　　　　X_k——短路电抗，Ω。

发电机的有效计算电抗为

$$X_{dP} = \frac{U_{NG}}{\sqrt{3} I_{kP}} \tag{4.3-37}$$

式中　　X_{dP}——发电机的有效计算电抗；

　　　　I_{kP}——复式励磁发电机端口三相短路时的稳态短路电流，kA，该值可从制造厂取得。

4.3.6.2　放射状电网三相短路时的 I_k

对于放射状电网中（图 4.3-4）的三相短路，短路点的稳态短路电流为各支路稳态短路电流馈入之和

$$I_k = \Sigma I_{ki} \tag{4.3-38}$$

对于图 4.3-4 示例，则有

$$I_k = I_{kS} + I_{kT} + I_{kM} = \lambda I_{NGt} + I''_{kT} \tag{4.3-39}$$

式中　　　　I_k——稳态短路电流，kA；

I_{kS}、I_{kT}、I_{kM}——发电机、供电网络、电动机支路的稳态短路电流，kA；

　　　　　　λ——稳态短路电流计算系数，λ_{max} 或 λ_{min} 由图 4.3-8 与图 4.3-9 确定；

　　　　　I_{NGt}——发电机折算到变压器高压侧的额定电流，kA。

　　　　　I''_{kT}——供电网络支路的对称短路电流初始值，kA。

对于馈电网络或与变压器串联的馈电网络（见图 4.3-4），可认为 $I''_k = I_k$（远端短路）。异步电动机端口发生三相短路时，其稳态短路电流为零。

计算 I_{kmax} 或 I_{kmin} 时，采用表 4.1-1 中的系数 c_{max} 或 c_{min}。

4.3.6.3 不平衡短路时的 I_k

不平衡短路情况下，采用式（4.3-40）～式（4.3-42）计算稳态短路电流

$$I_{k2} = I''_{k2} \tag{4.3-40}$$

$$I_{kE2E} = I''_{kE2E} \tag{4.3-41}$$

$$I_{k1} = I''_{k1} \tag{4.3-42}$$

式中　I_{k2}——两相短路稳态电流，kA；

$\quad\quad I''_{k2}$——两相短路电流初始值，kA；

$\quad\quad I_{kE2E}$——两相接地短路稳态电流，kA；

$\quad\quad I''_{kE2E}$——两相接地短路电流初始值，kA；

$\quad\quad I_{k1}$——单相接地短路稳态电流，kA；

$\quad\quad I''_{k1}$——单相接地短路电流初始值，kA。

计算最小稳态短路电流时，采用 $c = c_{\min}$。

4.3.7 异步电动机短路计算

异步电动机机端三相短路及两相短路的情况下，电动机馈入的短路电流 I''_{kM}、i_{pM}、I_{bM} 和 I_{kM} 的计算见表 4.3-1。在接地系统中发生单相短路时，电动机的影响不能忽略。电动机的阻抗取 $\underline{Z}_{(1)M} = \underline{Z}_{(2)M} = \underline{Z}_M$ 与 $\underline{Z}_{(0)M}$。如果电动机中性点未接地，则零序阻抗 $\underline{Z}_{(0)M} = \infty$。

4.3.8 短路电流的热效应

焦耳积分 $\int i^2 \mathrm{d}t$ 用来度量短路电流在系统中阻性元件产生的热量。在本手册中，采用系数 m 计算短路电流非周期分量的热效应，采用系数 n 计算短路电流交流分量的热效应（见图 4.3-10、图 4.3-11）

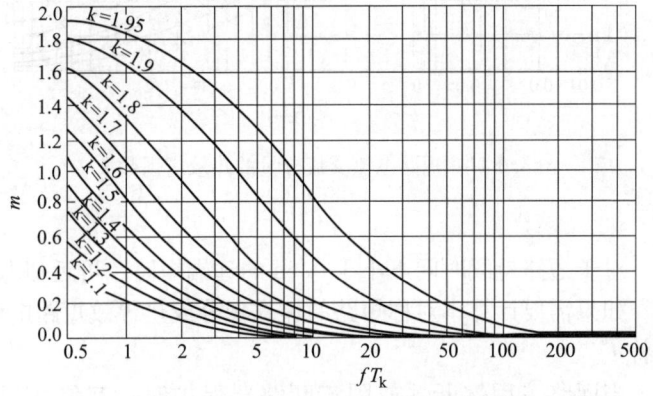

$$\int_0^{T_k} i^2 \mathrm{d}t = I''^2_k (m+n) T_k$$

$$= I^2_{th} T_k \tag{4.3-43}$$

图 4.3-10　短路电流非周期分量的热效应系数 m

热等效短路电流为

$$I_{th} = I''_k \sqrt{m+n} \tag{4.3-44}$$

式中　I_{th}——热等效短路电流，A；

$\quad\quad m$——短路电流非周期分量的热效应系数；

$\quad\quad n$——短路电流交流分量的热效应系数；

$\quad\quad T_k$——短路电流持续时间，s。

对于一系列相互独立的三相短路电流，应采用式（4.3-45）、式（4.3-46）计算焦耳积分或热等效短路电流

$$\int i^2 \mathrm{d}t = \sum_{i=1}^{r} I''^2_{ki} (m_i+n_i) T_{ki} = I^2_{th} T_k \tag{4.3-45}$$

$$I_{th} = \sqrt{\frac{\int i^2 \mathrm{d}t}{T_k}} \tag{4.3-46}$$

其中

$$T_k = \sum_{i=1}^{r} T_{ki} \qquad (4.3-47)$$

式中　I''_{ki} ——每个三相短路的短路电流交流对称分量初始值，A；

　　　　m_i ——每个短路电流非周期分量的热效应系数；

　　　　n_i ——每个短路电流交流分量的热效应系数；

　　　　T_{ki} ——每个短路的短路电流持续时间，s；

　　　　T_k ——短路电流持续时间之和，s。

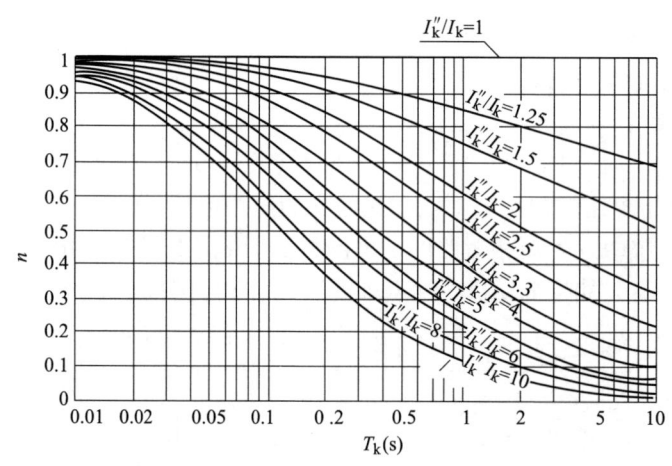

图 4.3-11　短路电流交流分量的热效应系数 n

计算焦耳积分与热等效短路电流时，应说明与之对应的各短路持续过程。

系数 m_i 由图 4.3-10 通过 fT_{ki}（f 为频率）确定，系数 k 由式（4.3-17）计算。系数 n_i 由图 4.3-11 通过系数 T_{ki} 以及 I''_{ki}/I_{ki} 确定。

当发生多个间断性的短路时，由此造成的焦耳积分为式（4.3-45）确定的各短路电流焦耳积分之和。

配电网中发生短路时（远端短路），通常取 $n = 1$。

对于短路持续时间不小于 0.5s 的远端短路，可近似取 $m+n=1$。

如果需要计算不对称短路的焦耳积分或热等效短路电流，则使用相应的不对称短路电流代替 I''_{ki}。

当回路采用熔断器或限流断路器保护时，其焦耳积分可限制在由等式（4.3-43）或（4.3-45）计算出的值以内，焦耳积分由限流装置的特性决定。

4.3.9　（10/0.4kV、20/0.4kV、35/0.4kV）三相双绕组配电变压器低压侧短路电流值

4.3.9.1　计算条件

（1）配电变压器联结组别均为 Dyn11。

（2）按照我国低压系统的允许电压偏差，电压系数 c 取 1.05。

（3）变压器零序电抗系数：其中 50kVA 取为 0.90，2500kVA 取为 1.0，中间容量的变压器零序电抗系数采用内插法计算。

（4）变压器低压侧引至低压进线柜选用封闭式密集型铜制母排，母排的正序阻抗取为与零序阻抗相等；由于工程实际中母排的零序阻抗均大于正序阻抗，由两者相等算出的短路电流计算值偏大，可满足工程中对电气设备的选型要求。

4.3.9.2　配电变压器低压侧短路电流值

表 4.3-2～表 4.3-13 列出了高压侧三种电压等级（10、20、35kV）的三相双绕组配电变压器低压侧短路电流值。

表 4.3-2　S11 系列 10/0.4kV 变压器低压侧短路电流值

10kV高压侧系统短路容量(MVA)	短路种类及电路阻抗	200 三相正序负序	200 单相接地相保	250 三相正序负序	250 单相接地相保	315 三相正序负序	315 单相接地相保	400 三相正序负序	400 单相接地相保	500 三相正序负序	500 单相接地相保	630 三相正序负序	630 单相接地相保	800 三相正序负序	800 单相接地相保	1000 三相正序负序	1000 单相接地相保	1250 三相正序负序	1250 单相接地相保	1600 三相正序负序	1600 单相接地相保
变压器容量(kVA)	变压器阻抗电压(%)	4.00		4.00		4.00		4.00		4.00		4.50		4.50		4.50		4.50		4.50	
100	计算电阻(mΩ)	11.10	11.05	8.41	8.36	6.44	6.39	4.81	4.76	3.75	3.70	2.77	2.72	2.12	2.07	1.88	1.83	1.45	1.40	1.12	1.07
	计算电抗(mΩ)	30.98	29.56	25.29	24.06	20.51	19.44	16.58	15.65	13.61	12.78	12.42	11.64	10.15	9.45	8.40	7.75	7.04	6.44	5.84	5.29
	短路电流(kA)	7.02	7.32	8.67	9.07	10.74	11.28	13.38	14.12	16.36	17.36	18.15	19.32	22.27	23.88	26.84	28.99	32.13	35.03	38.81	42.82
200	计算电阻(mΩ)	11.03	11.00	8.33	8.31	6.37	6.34	4.73	4.71	3.67	3.64	2.70	2.67	2.04	2.02	1.80	1.78	1.37	1.35	1.04	1.02
	计算电抗(mΩ)	30.23	29.05	24.53	23.55	19.75	18.94	15.82	15.14	12.85	12.27	11.66	11.13	9.39	8.94	7.64	7.25	6.28	5.94	5.09	4.78
	短路电流(kA)	7.18	7.43	8.91	9.25	11.13	11.56	13.99	14.57	17.28	18.04	19.29	20.17	24.03	25.19	29.42	30.95	35.91	37.93	44.48	47.25
300	计算电阻(mΩ)	11.00	10.99	8.31	8.29	6.34	6.32	4.71	4.69	3.64	3.63	2.67	2.65	2.02	2.00	1.78	1.76	1.35	1.33	1.02	1.00
	计算电抗(mΩ)	29.97	28.89	24.28	23.39	19.50	18.77	15.57	14.97	12.60	12.11	11.41	10.97	9.14	8.77	7.39	7.08	6.03	5.77	4.83	4.61
	短路电流(kA)	7.23	7.47	9.00	9.31	11.26	11.66	14.20	14.72	17.60	18.27	19.71	20.47	24.67	25.67	30.39	31.66	37.38	39.01	46.76	48.93
500	计算电阻(mΩ)	10.98	10.97	8.29	8.28	6.32	6.31	4.69	4.68	3.62	3.61	2.65	2.64	2.00	1.99	1.76	1.75	1.33	1.32	1.00	0.99
	计算电抗(mΩ)	29.77	28.75	24.08	23.25	19.30	18.64	15.37	14.84	12.40	11.97	11.21	10.83	8.94	8.64	7.18	6.94	5.83	5.63	4.63	4.48
	短路电流(kA)	7.28	7.50	9.07	9.36	11.37	11.74	14.38	14.85	17.88	18.47	20.05	20.72	25.22	26.05	31.22	32.25	38.64	39.92	48.75	50.37
∞	计算电阻(mΩ)	10.95	10.95	8.26	8.26	6.29	6.29	4.66	4.66	3.59	3.59	2.62	2.62	1.97	1.97	1.73	1.73	1.30	1.30	0.97	0.97
	计算电抗(mΩ)	29.47	28.55	23.77	23.05	18.99	18.43	15.06	14.63	12.10	11.77	10.90	10.63	8.63	8.44	6.88	6.74	5.52	5.43	4.33	4.28
	短路电流(kA)	7.35	7.55	9.18	9.43	11.54	11.86	14.65	15.04	18.30	18.77	20.59	21.10	26.08	26.66	32.55	33.18	40.70	41.36	52.08	52.69

4

表 4.3-3　S11 系列 20/0.4kV 变压器低压侧短路电流值

20kV高压侧系统短路容量(MVA)	短路种类及电路阻抗	200		250		315		400		500		630		800		1000		1250		1600		2000		2500	
变压器容量(kVA) / **变压器阻抗电压(%)**		5.50		5.50		5.50		5.50		5.50		6.00		6.00		6.00		6.00		6.00		6.00		6.00	
		三相正序	单相接地相保	三相正序	单相接地相保	三相正序	单相接地相保	三相正序	单相接地相保	三相正序	单相接地相保	三相正序	单相接地相保	三相正序	单相接地相保	三相正序	单相接地相保	三相正序	单相接地相保	三相正序	单相接地相保	三相正序	单相接地相保	三相正序	单相接地相保
100	计算电阻(mΩ)	12.05	12.00	9.13	9.08	6.98	6.93	5.20	5.15	4.04	3.99	2.99	2.94	2.28	2.23	2.03	1.97	1.56	1.51	1.20	1.15	0.94	0.89	0.74	0.69
	计算电抗(mΩ)	42.57	40.78	34.53	33.01	27.83	26.54	22.33	21.23	18.20	17.25	16.02	15.15	12.98	12.21	10.67	9.98	8.85	8.23	7.26	6.68	6.12	5.58	5.21	4.70
	短路电流(kA)	5.22	5.43	6.47	6.74	8.05	8.42	10.07	10.57	12.38	13.04	14.17	14.97	17.52	18.60	21.27	22.71	25.69	27.62	31.39	34.05	37.30	40.85	43.91	48.60
200	计算电阻(mΩ)	11.98	11.95	9.05	9.03	6.90	6.88	5.13	5.10	3.97	3.94	2.92	2.89	2.21	2.18	1.95	1.92	1.48	1.46	1.12	1.10	0.87	0.84	0.66	0.64
	计算电抗(mΩ)	41.81	40.28	33.77	32.51	27.07	26.04	21.57	20.72	17.45	16.74	15.26	14.64	12.23	11.71	9.91	9.47	8.10	7.72	6.50	6.18	5.36	5.08	4.45	4.20
	短路电流(kA)	5.31	5.50	6.61	6.84	8.27	8.58	10.42	10.82	12.91	13.43	14.86	15.47	18.59	19.39	22.87	23.89	28.06	29.40	35.00	36.80	42.52	44.87	51.34	54.41
300	计算电阻(mΩ)	11.95	11.94	9.03	9.01	6.88	6.86	5.10	5.09	3.94	3.93	2.89	2.87	2.18	2.16	1.92	1.91	1.46	1.44	1.10	1.08	0.84	0.82	0.64	0.62
	计算电抗(mΩ)	41.56	40.11	33.52	32.34	26.82	25.87	21.31	20.55	17.19	16.57	15.01	14.47	11.97	11.54	9.66	9.30	7.84	7.55	6.25	6.01	5.11	4.91	4.20	4.03
	短路电流(kA)	5.34	5.52	6.65	6.88	8.34	8.63	10.54	10.91	13.09	13.56	15.09	15.65	18.98	19.67	23.45	24.32	28.95	30.04	36.40	37.81	44.60	46.39	54.41	56.67
500	计算电阻(mΩ)	11.93	11.92	9.01	9.00	6.86	6.85	5.08	5.07	3.92	3.91	2.87	2.84	2.16	2.15	1.90	1.89	1.44	1.43	1.08	1.07	0.82	0.81	0.62	0.61
	计算电抗(mΩ)	41.36	39.97	33.31	32.21	26.61	25.73	21.11	20.42	16.99	16.44	14.81	14.34	11.77	11.41	9.45	9.17	7.64	7.42	6.05	5.88	4.91	4.77	3.99	3.89
	短路电流(kA)	5.37	5.54	6.69	6.91	8.40	8.67	10.63	10.98	13.24	13.67	15.31	15.79	19.30	19.90	23.94	24.67	29.70	30.58	37.60	38.67	46.42	47.69	57.14	58.61
∞	计算电阻(mΩ)	11.90	11.90	8.98	8.98	6.83	6.83	5.05	5.05	3.89	3.89	2.84	2.84	2.13	2.13	1.87	1.87	1.41	1.41	1.05	1.05	0.79	0.79	0.59	0.59
	计算电抗(mΩ)	41.05	39.77	33.01	32.00	26.31	25.53	20.81	20.22	16.69	16.24	14.50	14.24	11.47	11.20	9.15	8.97	7.34	7.21	5.74	5.67	4.60	4.57	3.69	3.69
	短路电流(kA)	5.40	5.56	6.75	6.95	8.50	8.74	10.78	11.08	13.48	13.83	15.62	16.02	19.80	20.25	24.72	25.21	30.91	31.42	39.56	40.03	49.44	49.77	61.79	61.79

表4.3-4

S11系列35/0.4kV变压器低压侧短路电流值

变压器容量(kVA)		200		250		315		400		500		630		800		1000		1250		1600	
变压器阻抗电压(%)		6.5		6.5		6.5		6.5		6.5		6.5		6.5		6.5		6.5		6.5	
35kV高压侧系统短路容量(MVA)	短路种类及电阻阻抗	三相正负序	单相接地相保	三相正负序	单相接地相保	三相正负序	单相接地相保	三相正负序	单相接地相保	三相正负序	单相接地相保	三相正负序	单相接地相保	三相正负序	单相接地相保	三相正负序	单相接地相保	三相正负序	单相接地相保	三相正负序	单相接地相保
100	计算电阻(mΩ)	13.24	13.19	10.14	10.09	7.80	7.75	5.92	5.87	4.62	4.57	3.39	3.34	2.55	2.50	2.05	2.00	1.63	1.57	1.24	1.19
	计算电抗(mΩ)	49.96	47.95	40.42	38.72	32.49	31.07	25.98	24.78	21.13	20.09	17.15	16.24	13.88	13.09	11.42	10.71	9.45	8.81	7.72	7.14
	短路电流(kA)	4.47	4.64	5.54	5.77	6.91	7.21	8.67	9.07	10.68	11.21	13.21	13.93	16.37	17.33	19.91	21.19	24.10	25.82	29.52	31.90
200	计算电阻(mΩ)	13.16	13.14	10.07	10.04	7.72	7.69	5.85	5.82	4.55	4.52	3.31	3.29	2.48	2.45	1.98	1.95	1.55	1.52	1.16	1.14
	计算电抗(mΩ)	49.21	47.44	39.66	38.22	31.74	30.57	25.22	24.27	20.37	19.58	16.39	15.74	13.12	12.58	10.66	10.21	8.69	8.30	6.97	6.64
	短路电流(kA)	4.53	4.69	5.64	5.84	7.07	7.33	8.92	9.25	11.07	11.49	13.81	14.36	17.30	18.01	21.30	22.23	26.17	27.36	32.70	34.30
300	计算电阻(mΩ)	13.14	13.12	10.04	10.03	7.69	7.68	5.82	5.81	4.52	4.51	3.29	3.27	2.45	2.44	1.95	1.93	1.52	1.51	1.14	1.12
	计算电抗(mΩ)	48.95	47.27	39.41	38.05	31.48	30.40	24.97	24.10	20.12	19.42	16.14	15.57	12.87	12.41	10.41	10.04	8.43	8.13	6.71	6.47
	短路电流(kA)	4.56	4.71	5.68	5.87	7.13	7.37	9.01	9.31	11.20	11.59	14.02	14.51	17.63	18.25	21.81	22.59	26.94	27.92	33.92	35.18
500	计算电阻(mΩ)	13.12	13.11	10.02	10.01	7.67	7.66	5.80	5.79	4.50	4.49	3.27	3.26	2.43	2.42	1.93	1.92	1.50	1.49	1.12	1.11
	计算电抗(mΩ)	48.75	47.14	39.20	37.92	31.28	30.26	24.77	23.97	19.91	19.28	15.93	15.44	12.67	12.28	10.20	9.90	8.23	8.00	6.51	6.33
	短路电流(kA)	4.57	4.72	5.71	5.89	7.17	7.40	9.08	9.37	11.31	11.67	14.20	14.64	17.91	18.45	22.24	22.89	27.60	28.39	34.96	35.92
∞	计算电阻(mΩ)	13.09	13.09	9.99	9.99	7.64	7.64	5.77	5.77	4.47	4.47	3.24	3.24	2.40	2.40	1.90	1.90	1.47	1.47	1.09	1.09
	计算电抗(mΩ)	48.45	46.94	38.90	37.71	30.98	30.06	24.46	23.77	19.61	19.08	15.63	15.23	12.36	12.08	9.90	9.70	7.93	7.80	6.21	6.13
	短路电流(kA)	4.60	4.74	5.75	5.92	7.24	7.45	9.19	9.44	11.48	11.78	14.47	14.83	18.34	18.75	22.91	23.36	28.63	29.11	36.65	37.09

4

表 4.3-5　SCB11 系列 10/0.4kV 变压器低压侧短路电流值

10kV侧系统短路容量(MVA)	短路种类及电阻电抗阻抗	200		250		315		400		500		630		630		800		1000		1250		1600		2000		2500		1600		2000		2500	
变压器阻抗电压(%)		4		4		4		4		4		4		6		6		6		6		6		6		6		8		8		8	
		三相正序	单相接地相保序	三相正序	单相接地相保序	三相正序	单相接地相保序	三相正序	单相接地相保序	三相正序	单相接地相保序	三相正序	单相接地相保序	三相正序	单相接地相保序	三相正序	单相接地相保序	三相正序	单相接地相保序	三相正序	单相接地相保序	三相正序	单相接地相保序	三相正序	单相接地相保序	三相正序	单相接地相保序	三相正序	单相接地相保序	三相正序	单相接地相保序	三相正序	单相接地相保序
100	计算电阻(mΩ)	10.32	10.27	7.31	7.26	5.87	5.82	4.29	4.24	3.41	3.36	2.65	2.60	2.66	2.61	1.97	1.92	1.53	1.48	1.21	1.16	1.01	0.96	0.81	0.76	0.61	0.56	0.94	0.89	0.76	0.71	0.65	0.60
	计算电抗(mΩ)	31.25	29.82	25.62	24.39	20.68	19.61	16.72	15.78	13.70	12.86	11.21	10.46	16.08	15.20	13.03	12.26	10.75	10.05	8.91	8.28	7.30	6.72	6.14	5.61	5.22	4.72	9.14	8.54	7.62	7.07	6.40	5.90
	短路电流(kA)	7.02	7.32	8.67	9.08	10.74	11.29	13.38	14.13	16.36	17.37	20.05	21.42	14.17	14.97	17.52	18.61	21.28	22.73	25.69	27.63	31.39	34.07	37.30	40.86	43.91	48.61	25.12	25.47	30.15	32.47	35.89	38.97
200	计算电阻(mΩ)	10.25	10.22	7.23	7.21	5.80	5.77	4.21	4.19	3.34	3.31	2.58	2.55	2.58	2.56	1.90	1.87	1.46	1.43	1.13	1.11	0.93	0.91	0.68	0.66	0.54	0.51	0.87	0.84	0.74	0.71	0.58	0.55
	计算电抗(mΩ)	30.49	29.31	24.87	23.88	19.92	19.10	15.96	15.28	12.94	12.36	10.45	9.95	15.32	14.70	12.27	11.76	9.99	9.55	8.15	7.77	6.54	6.21	5.39	5.10	4.46	4.21	8.38	8.03	6.86	6.57	5.64	5.39
	短路电流(kA)	7.18	7.44	8.92	9.26	11.13	11.57	13.99	14.58	17.28	18.05	21.45	22.47	14.58	15.32	18.05	19.24	22.88	23.96	28.07	29.31	34.97	36.61	42.53	44.71	51.35	53.44	27.39	28.56	33.47	35.07	40.71	42.62

续表

变压器容量(kVA)		2500		2000		1600		2500		2000		1600		1250		1000		800		630		630		500		400		315		250		200	
变压器阻抗电压(%)		8		8		8		6		6		6		6		6		6		6		4		4		4		4		4		4	
10kV侧系统短路容量(MVA)	短路种类及电路阻抗	三相正负序	单相接地相保	三相正负序	单相接地相保	三相正负序	单相接地相保	三相正负序	单相接地相保	三相正负序	单相接地相保	三相正负序	单相接地相保	三相正负序	单相接地相保	三相正负序	单相接地相保	三相正负序	单相接地相保	三相正负序	单相接地相保	三相正负序	单相接地相保	三相正负序	单相接地相保	三相正负序	单相接地相保	三相正负序	单相接地相保	三相正负序	单相接地相保	三相正负序	单相接地相保
300	计算电阻(mΩ)	0.53	0.55	0.69	0.71	0.89	0.91	0.50	0.51	0.64	0.66	0.83	0.84	1.09	1.11	1.41	1.43	1.85	1.87	2.54	2.56	2.54	2.55	3.30	3.31	4.17	4.19	5.76	5.77	7.19	7.21	10.22	10.20
	计算电抗(mΩ)	5.22	5.39	6.40	6.61	7.87	8.13	4.04	4.21	4.93	5.13	6.05	6.29	7.60	7.90	9.38	9.74	11.59	12.02	14.53	15.07	9.79	10.20	12.19	12.69	15.11	15.71	18.93	19.67	23.71	24.61	30.24	29.14
	短路电流(kA)	43.99	42.62	35.89	34.75	29.17	28.24	56.69	54.42	46.41	44.62	37.84	36.42	30.07	28.96	24.35	23.47	19.68	18.98	15.66	15.11	22.84	21.96	18.29	17.61	14.74	14.21	11.67	11.27	9.32	9.00	7.24	7.48
500	计算电阻(mΩ)	0.52	0.53	0.68	0.69	0.88	0.89	0.48	0.49	0.63	0.64	0.81	0.82	1.08	1.09	1.40	1.41	1.84	1.85	2.53	2.54	2.52	2.53	3.28	3.29	4.16	4.17	5.74	5.75	7.18	7.19	10.20	10.19
	计算电抗(mΩ)	5.09	5.19	6.26	6.40	7.73	7.92	3.91	4.01	4.80	4.93	5.91	6.08	7.47	7.69	9.25	9.53	11.45	11.82	14.39	14.86	9.65	10.00	12.06	12.49	14.97	15.50	18.80	19.46	23.58	24.41	30.04	29.01
	短路电流(kA)	45.16	44.28	36.66	35.85	29.68	28.96	58.63	57.16	47.71	46.44	38.70	37.62	30.61	29.72	24.70	23.96	19.91	19.30	15.80	15.32	23.15	22.39	18.48	17.88	14.86	14.38	11.75	11.38	9.37	9.08	7.28	7.51
∞	计算电阻(mΩ)	0.50	0.50	0.66	0.66	0.86	0.86	0.46	0.46	0.61	0.61	0.79	0.79	1.06	1.06	1.38	1.38	1.82	1.82	2.51	2.51	2.50	2.50	3.26	3.26	4.14	4.14	5.72	5.72	7.16	7.16	10.17	10.17
	计算电抗(mΩ)	4.89	4.89	6.06	6.10	7.53	7.62	3.71	3.71	4.60	4.63	5.71	5.78	7.27	7.39	9.04	9.23	11.25	11.52	14.19	14.56	9.45	9.69	11.85	12.18	14.77	15.20	18.60	19.16	23.37	24.11	29.73	28.81
	短路电流(kA)	47.03	47.03	37.88	37.63	30.48	30.11	61.82	61.81	49.80	49.47	40.07	39.59	31.45	30.93	25.25	24.75	20.26	19.81	16.03	15.63	23.63	23.07	18.78	18.31	15.06	14.66	11.87	11.55	9.45	9.18	7.35	7.56

4

表 4.3-6　SCB11 系列 20/0.4kV 变压器低压侧短路电流值

| 20kV侧系统短路容量(MVA) | 短路种类及电阻电路阻抗 | 200 | | 250 | | 315 | | 400 | | 500 | | 630 | | 800 | | 1000 | | 1250 | | 1600 | | 2000 | | 2500 | | 2000 | | 2500 | |
| 变压器阻抗电压(%) | | 6 | | 6 | | 6 | | 6 | | 6 | | 6 | | 6 | | 6 | | 6 | | 6 | | 6 | | 6 | | 8 | | 8 | |
		三相正序	单相接地相保	三相正序	单相接地相保	三相正序	单相接地相保	三相正序	单相接地相保	三相正序	单相接地相保	三相正序	单相接地相保	三相正序	单相接地相保	三相正序	单相接地相保	三相正序	单相接地相保	三相正序	单相接地相保	三相正序	单相接地相保	三相正序	单相接地相保	三相正序	单相接地相保	三相正序	单相接地相保
100	计算电阻(mΩ)	11.81	11.76	8.86	8.81	6.77	6.72	5.07	5.02	3.94	3.89	3.00	2.95	2.29	2.24	1.79	1.74	1.69	1.64	1.07	1.02	0.84	0.78	0.67	0.62	0.88	0.83	0.71	0.66
	计算电抗(mΩ)	46.49	44.58	37.67	36.06	30.31	28.95	24.26	23.11	19.75	18.75	16.02	15.15	12.98	12.21	10.71	10.02	8.83	8.20	7.28	6.70	6.14	5.60	5.22	4.71	7.61	7.06	6.40	5.89
	短路电流(kA)	4.81	5.01	5.97	6.22	7.44	7.77	9.32	9.77	11.47	12.06	14.17	14.97	17.52	18.60	21.27	22.72	25.69	27.61	31.39	34.06	37.30	40.85	43.91	48.60	30.14	32.47	35.89	38.96
200	计算电阻(mΩ)	11.73	11.71	8.78	8.76	6.69	6.67	4.99	4.97	3.87	3.84	2.92	2.90	2.21	2.19	1.71	1.69	1.61	1.59	1.00	0.97	0.76	0.73	0.59	0.57	0.81	0.78	0.63	0.61
	计算电抗(mΩ)	45.73	44.08	36.91	35.55	29.55	28.44	23.50	22.60	18.99	18.24	15.26	14.64	12.22	11.71	9.95	9.51	8.07	7.70	6.52	6.20	5.38	5.09	4.46	4.21	6.85	6.56	5.64	5.39
	短路电流(kA)	4.89	5.06	6.09	6.31	7.62	7.90	9.61	9.98	11.92	12.39	14.86	15.47	18.59	19.39	22.87	23.91	28.05	29.39	35.01	36.81	42.53	44.88	51.35	54.42	33.47	34.96	40.71	42.61
300	计算电阻(mΩ)	11.71	11.69	8.76	8.74	6.67	6.65	4.97	4.95	3.84	3.83	2.90	2.88	2.19	2.17	1.69	1.67	1.59	1.57	0.97	0.95	0.73	0.72	0.57	0.55	0.78	0.77	0.61	0.59

续表

变压器容量(kVA)	200		250		315		400		500		630		800		1000		1250		1600		2000		2500		2000		2500	
变压器阻抗电压(%)	6		6		6		6		6		6		6		6		6		6		6		6		8		8	
短路种类及电路阻抗	三相正序	单相接地相保	三相正序	单相接地相保	三相正序	单相接地相保	三相正序	单相接地相保	三相正序	单相接地相保	三相正序	单相接地相保	三相正序	单相接地相保	三相正序	单相接地相保	三相正序	单相接地相保	三相正序	单相接地相保	三相正序	单相接地相保	三相正序	单相接地相保	三相正序	单相接地相保	三相正序	单相接地相保
300 计算电抗(mΩ)	45.48	43.91	36.66	35.38	29.30	28.28	23.25	22.44	18.74	18.08	15.01	14.47	11.97	11.54	9.70	9.34	7.82	7.53	6.27	6.03	5.12	4.92	4.21	4.04	6.60	6.39	5.39	5.22
300 短路电流(kA)	4.92	5.08	6.13	6.34	7.69	7.95	9.71	10.05	12.07	12.50	15.11	15.65	18.98	19.67	23.46	24.33	28.94	30.03	36.41	37.83	44.61	46.41	54.42	56.68	34.75	35.88	42.61	43.99
300 计算电阻(mΩ)															1.67	1.66	1.57	1.56	0.95	0.94	0.71	0.70	0.55	0.54	0.76	0.75	0.59	0.58
500 计算电抗(mΩ)	45.28	43.77	36.45	35.25	29.09	28.14	23.05	22.30	18.54	17.94	14.81	14.34	11.77	11.41	9.50	9.21	7.62	7.39	6.07	5.90	4.92	4.79	4.00	3.90	6.40	6.26	5.18	5.08
500 短路电流(kA)	4.94	5.10	6.16	6.36	7.74	7.99	9.80	10.11	12.20	12.59	15.31	15.79	19.30	19.90	23.95	24.68	29.69	30.57	37.61	38.69	46.43	47.70	57.15	58.62	35.84	36.65	44.27	45.15
500 计算电阻(mΩ)															1.64	1.64	1.54	1.54	0.92	0.92	0.68	0.68	0.52	0.52	0.73	0.73	0.56	0.56
∞ 计算电抗(mΩ)	44.98	43.57	36.15	35.05	28.79	27.94	22.75	22.10	18.23	17.74	14.50	14.14	11.47	11.20	9.19	9.01	7.31	7.19	5.76	5.69	4.62	4.59	3.70	3.70	6.09	6.05	4.88	4.88
∞ 短路电流(kA)	4.97	5.12	6.21	6.40	7.82	8.04	9.92	10.20	12.40	12.73	15.62	16.02	19.80	20.25	24.73	25.23	30.90	31.40	39.57	40.05	49.46	49.79	61.81	61.81	37.62	37.88	47.02	47.02

注: 20kV侧系统短路容量(MVA) 分别为 300、500、∞。

4

表 4.3-7　　SCB11 系列 35/0.4kV 变压器低压侧短路电流值

变压器容量(kVA)		200		250		315		400		500		630		800		1000		1250		1600		2000		2500	
变压器阻抗电压(%)		6		6		6		6		6		6		6		6		6		6		6		6	
35kV侧系统短路容量(MVA)	短路种类及线路阻抗	三相正负序	单相接地相保	三相正负序	单相接地相保	三相正负序	单相接地相保	三相正负序	单相接地相保	三相正负序	单相接地相保	三相正负序	单相接地相保	三相正负序	单相接地相保	三相正负序	单相接地相保	三相正负序	单相接地相保	三相正负序	单相接地相保	三相正负序	单相接地相保	三相正负序	单相接地相保
100	计算电阻(mΩ)	13.28	13.22	9.80	9.75	7.43	7.38	5.62	5.57	4.47	4.42	3.33	3.28	2.49	2.44	1.89	1.84	1.51	1.46	1.17	1.12	0.91	0.86	0.73	0.68
	计算电抗(mΩ)	46.11	44.21	37.44	35.84	30.16	28.80	24.15	23.00	19.64	18.64	15.96	15.09	12.95	12.18	10.69	10.00	8.86	8.23	7.26	6.69	6.12	5.59	5.21	4.70
	短路电流(kA)	4.81	5.00	5.97	6.22	7.44	7.77	9.32	9.76	11.47	12.05	14.17	14.96	17.52	18.59	21.27	22.71	25.69	27.62	31.39	34.05	37.30	40.85	43.91	48.60
200	计算电阻(mΩ)	13.20	13.17	9.72	9.70	7.36	7.33	5.54	5.52	4.40	4.37	3.26	3.23	2.42	2.39	1.81	1.79	1.43	1.41	1.09	1.07	0.83	0.81	0.65	0.63
	计算电抗(mΩ)	45.35	43.71	36.68	35.33	29.40	28.30	23.39	22.49	18.88	18.14	15.20	14.58	12.19	11.67	9.93	9.50	8.10	7.73	6.51	6.18	5.37	5.08	4.45	4.20
	短路电流(kA)	4.89	5.06	6.09	6.30	7.62	7.90	9.61	9.97	11.91	12.38	14.86	15.46	18.59	19.38	22.87	23.90	28.06	29.40	35.00	36.80	42.52	44.87	51.34	54.41
300	计算电阻(mΩ)	13.17	13.16	9.70	9.68	7.33	7.32	5.52	5.50	4.37	4.35	3.23	3.21	2.39	2.37	1.79	1.77	1.41	1.39	1.07	1.05	0.81	0.79	0.63	0.61
	计算电抗(mΩ)	45.10	43.54	36.43	35.17	29.15	28.13	23.13	22.32	18.63	17.97	14.95	14.41	11.94	11.50	9.68	9.33	7.85	7.56	6.25	6.02	5.11	4.91	4.20	4.03
	短路电流(kA)	4.92	5.08	6.13	6.33	7.68	7.95	9.71	10.05	12.07	12.49	15.10	15.64	18.97	19.66	23.46	24.33	28.95	30.04	36.40	37.82	44.61	46.40	54.41	56.67
500	计算电阻(mΩ)	13.15	13.14	9.67	9.66	7.31	7.30	5.50	5.49	4.35	4.34	3.21	3.20	2.37	2.36	1.77	1.76	1.39	1.38	1.05	1.04	0.79	0.78	0.61	0.60
	计算电抗(mΩ)	44.90	43.40	36.23	35.03	28.94	28.00	22.93	22.19	18.43	17.84	14.74	14.28	11.73	11.37	9.48	9.19	7.65	7.42	6.05	5.88	4.91	4.78	4.00	3.89
	短路电流(kA)	4.94	5.09	6.16	6.35	7.74	7.98	9.79	10.10	12.20	12.58	15.30	15.78	19.29	19.89	23.95	24.68	29.70	30.58	37.60	38.67	46.43	47.69	57.14	58.61
∞	计算电阻(mΩ)	13.12	13.12	9.64	9.64	7.28	7.28	5.47	5.47	4.32	4.32	3.18	3.18	2.34	2.34	1.74	1.74	1.36	1.36	1.02	1.02	0.76	0.76	0.58	0.58
	计算电抗(mΩ)	44.59	43.20	35.93	34.83	28.64	27.79	22.63	21.99	18.12	17.63	14.44	14.07	11.43	11.17	9.18	8.99	7.35	7.22	5.75	5.68	4.61	4.58	3.69	3.69
	短路电流(kA)	4.97	5.11	6.21	6.39	7.81	8.04	9.92	10.19	12.39	12.72	15.62	16.00	19.79	20.24	24.73	25.22	30.91	31.42	39.56	40.03	49.45	49.78	61.80	61.80

表4.3-8　SCBH15系列10/0.4kV非晶合金干式变压器低压侧短路电流值

系统短路容量(MVA)	短路种类及电路阻抗	200(4%)三相正序	200(4%)单相接地相保序	250(4%)三相正序	250(4%)单相接地相保序	315(4%)三相正序	315(4%)单相接地相保序	400(4%)三相正序	400(4%)单相接地相保序	500(4%)三相正序	500(4%)单相接地相保序	630(4%)三相正序	630(4%)单相接地相保序	630(6%)三相正序	630(6%)单相接地相保序	800(6%)三相正序	800(6%)单相接地相保序	1000(6%)三相正序	1000(6%)单相接地相保序	1250(6%)三相正序	1250(6%)单相接地相保序	1600(6%)三相正序	1600(6%)单相接地相保序	2000(6%)三相正序	2000(6%)单相接地相保序	2500(6%)三相正序	2500(6%)单相接地相保序	1600(8%)三相正序	1600(8%)单相接地相保序	2000(8%)三相正序	2000(8%)单相接地相保序	2500(8%)三相正序	2500(8%)单相接地相保序
100	计算电阻(mΩ)	10.32	10.27	7.31	7.26	5.87	5.82	4.29	4.24	3.41	3.36	2.65	2.60	2.66	2.61	1.97	1.92	1.53	1.48	1.21	1.16	0.94	0.89	0.76	0.71	0.61	0.56	1.01	0.96	0.81	0.76	0.65	0.60
100	计算电抗(mΩ)	31.25	29.82	25.62	24.39	20.68	20.68	16.72	15.78	13.70	12.86	11.21	10.46	16.08	15.20	13.03	12.26	10.75	10.05	8.91	8.28	7.30	6.72	6.14	5.61	5.22	4.72	9.14	8.54	7.62	7.07	6.40	5.90
100	短路电流(kA)	7.02	7.26	8.67	9.08	10.74	11.29	13.38	14.13	16.36	17.37	20.05	21.42	14.17	14.97	17.52	18.61	21.28	22.73	25.69	27.63	31.39	34.07	37.30	40.86	43.91	48.61	25.12	26.87	30.15	32.47	35.89	38.97
200	计算电阻(mΩ)	10.25	10.22	7.23	7.21	5.80	5.77	4.21	4.19	3.34	3.31	2.58	2.55	2.58	2.56	1.90	1.87	1.46	1.43	1.13	1.11	0.87	0.84	0.68	0.66	0.54	0.51	0.93	0.91	0.74	0.71	0.58	0.55
200	计算电抗(mΩ)	30.49	29.31	24.87	23.88	19.92	19.10	15.96	15.28	12.94	12.36	10.45	9.95	15.32	14.70	12.27	11.76	9.99	9.55	8.15	7.77	6.54	6.21	5.39	5.10	4.46	4.21	8.38	8.03	6.86	6.57	5.64	5.39
200	短路电流(kA)	7.18	7.44	8.92	9.26	11.13	11.57	13.99	14.58	17.28	18.05	21.45	22.47	14.87	15.48	18.60	19.40	22.88	23.92	28.07	29.42	35.02	36.82	42.53	44.89	51.35	54.42	27.39	28.56	33.47	34.97	40.71	42.62

注：10kV侧系统短路容量(MVA)分别为100及200；变压器阻抗电压(%)：容量200～630kVA为4，800～2500kVA为6，1600～2500kVA为8。

续表

变压器容量 (kVA) →			200	250	315	400	500	630	630	800	1000	1250	1600	2000	2500	1600	2000	2500
变压器阻抗电压 (%) →			4	4	4	4	4	4	6	6	6	6	6	6	6	8	8	8
10kV侧系统短路容量 (MVA)	短路种类及电路阻抗	相别																
300	计算电阻 (mΩ)	三相正序	10.22	7.21	5.77	4.19	3.31	2.55	2.56	1.87	1.43	1.11	0.84	0.66	0.51	0.91	0.71	0.55
300	计算电阻 (mΩ)	单相接地相保	10.20	7.19	5.76	4.17	3.30	2.54	2.54	1.85	1.41	1.09	0.83	0.64	0.50	0.89	0.69	0.53
300	计算电抗 (mΩ)	三相正序	30.24	24.61	19.67	15.71	12.69	10.20	15.07	12.02	9.74	7.90	6.29	5.13	4.21	8.13	6.61	5.39
300	计算电抗 (mΩ)	单相接地相保	29.14	23.71	18.93	15.11	12.19	9.79	14.53	11.59	9.38	7.60	6.05	4.93	4.04	7.87	6.40	5.22
300	短路电流 (kA)	三相正序	7.24	9.00	11.27	14.21	17.61	21.96	15.11	18.98	23.47	28.96	36.42	44.62	54.42	28.24	34.75	42.62
300	短路电流 (kA)	单相接地相保	7.48	9.32	11.67	14.74	18.29	22.84	15.66	19.68	24.35	30.07	37.84	46.41	56.69	29.17	35.89	43.99
500	计算电阻 (mΩ)	三相正序	10.20	7.19	5.75	4.17	3.29	2.53	2.54	1.85	1.41	1.09	0.82	0.64	0.49	0.89	0.69	0.53
500	计算电阻 (mΩ)	单相接地相保	10.19	7.18	5.74	4.16	3.28	2.52	2.53	1.84	1.40	1.08	0.81	0.63	0.48	0.88	0.68	0.52
500	计算电抗 (mΩ)	三相正序	30.04	24.41	19.46	15.50	12.49	10.00	14.86	11.82	9.53	7.69	6.08	4.93	4.01	7.92	6.40	5.19
500	计算电抗 (mΩ)	单相接地相保	29.01	23.58	18.80	14.97	12.06	9.65	14.39	11.45	9.25	7.47	5.91	4.80	3.91	7.73	6.26	5.09
500	短路电流 (kA)	三相正序	7.28	9.08	11.38	14.38	17.88	22.39	15.32	19.30	23.96	29.72	37.62	46.44	57.16	28.96	35.85	44.28
500	短路电流 (kA)	单相接地相保	7.51	9.37	11.75	14.86	18.48	23.15	15.80	19.91	24.70	30.61	38.70	47.71	58.63	29.68	36.66	45.16
∞	计算电阻 (mΩ)	三相正序	10.17	7.16	5.72	4.14	3.26	2.50	2.51	1.82	1.38	1.06	0.79	0.61	0.46	0.86	0.66	0.50
∞	计算电阻 (mΩ)	单相接地相保	10.17	7.16	5.72	4.14	3.26	2.50	2.51	1.82	1.38	1.06	0.79	0.61	0.46	0.86	0.66	0.50
∞	计算电抗 (mΩ)	三相正序	29.73	24.11	19.16	15.20	12.18	9.69	14.56	11.52	9.23	7.39	5.78	4.63	3.71	7.62	6.10	4.89
∞	计算电抗 (mΩ)	单相接地相保	28.81	23.37	18.60	14.77	11.85	9.45	14.19	11.25	9.04	7.27	5.71	4.60	3.71	7.53	6.06	4.89
∞	短路电流 (kA)	三相正序	7.35	9.18	11.55	14.66	18.31	23.07	15.63	19.81	24.75	30.93	39.59	49.47	61.82	30.11	37.63	47.03
∞	短路电流 (kA)	单相接地相保	7.56	9.45	11.87	15.06	18.78	23.63	16.03	20.26	25.25	31.45	40.07	49.80	61.82	30.48	37.88	47.03

表 4.3-9　SBH15 系列 10/0.4kV 非晶合金油式变压器低压侧短路电流值

变压器容量(kVA)		200		250		315		400		500		630		800		1000		1250		1600		2000		2500	
变压器阻抗电压(%)		4		4		4		4		4		4.5		4.5		4.5		4.5		4.5		5		5.5	
10kV侧短路容量(MVA)	短路种类及电路阻抗	三相正负序阻抗	单相接地相保阻抗	三相正负序阻抗	单相接地相保阻抗	三相正负序阻抗	单相接地相保阻抗	三相正负序阻抗	单相接地相保阻抗	三相正负序阻抗	单相接地相保阻抗	三相正负序阻抗	单相接地相保阻抗	三相正负序阻抗	单相接地相保阻抗	三相正负序阻抗	单相接地相保阻抗	三相正负序阻抗	单相接地相保阻抗	三相正负序阻抗	单相接地相保阻抗	三相正负序阻抗	单相接地相保阻抗	三相正负序阻抗	单相接地相保阻抗
100	计算电阻(mΩ)	11.10	11.05	8.41	8.36	6.44	6.39	4.81	4.76	3.75	3.70	2.77	2.72	2.12	2.07	1.88	1.83	1.45	1.40	1.12	1.07	0.91	0.86	0.71	0.66
	计算电抗(mΩ)	30.98	29.56	25.29	24.06	20.51	19.44	16.58	15.65	13.61	12.78	12.42	11.64	10.15	9.45	8.40	7.75	7.04	6.44	5.84	5.29	5.37	4.83	4.91	4.40
	短路电流(kA)	7.02	7.32	8.67	9.07	10.74	11.28	13.38	14.12	16.36	17.36	18.15	19.32	22.27	23.88	26.84	28.99	32.13	35.03	38.81	42.82	42.43	47.03	46.55	51.86
200	计算电阻(mΩ)	11.03	11.00	8.33	8.31	6.37	6.34	4.73	4.71	3.67	3.64	2.70	2.67	2.04	2.02	1.80	1.78	1.37	1.35	1.04	1.02	0.84	0.81	0.64	0.61
	计算电抗(mΩ)	30.23	29.05	24.53	23.55	19.75	18.94	15.82	15.14	12.85	12.27	11.66	11.13	9.39	8.94	7.64	7.25	6.28	5.94	5.09	4.78	4.61	4.33	4.15	3.90
	短路电流(kA)	7.18	7.43	8.91	9.25	11.13	11.56	13.99	14.57	17.28	18.04	19.29	20.17	24.03	25.19	29.42	30.95	35.91	37.93	44.48	47.25	49.32	52.44	54.99	58.52
300	计算电阻(mΩ)	11.00	10.99	8.31	8.29	6.34	6.32	4.69	4.69	3.64	3.63	2.67	2.65	2.02	2.00	1.78	1.76	1.35	1.33	1.02	1.00	0.81	0.80	0.61	0.60
	计算电抗(mΩ)	29.97	28.89	24.28	23.39	19.50	19.30	15.57	14.97	12.60	12.11	11.41	10.97	9.14	8.77	7.39	7.08	6.03	5.77	4.83	4.61	4.35	4.16	3.90	3.73
	短路电流(kA)	7.23	7.47	9.00	9.31	11.26	11.66	14.20	14.72	17.60	18.27	19.71	20.47	24.67	25.67	30.39	31.66	37.38	39.01	46.76	48.93	52.13	54.52	58.52	61.14
500	计算电阻(mΩ)	10.98	10.97	8.29	8.28	6.32	6.31	4.69	4.68	3.62	3.61	2.65	2.64	2.00	1.99	1.76	1.75	1.33	1.32	1.00	0.99	0.79	0.78	0.59	0.58
	计算电抗(mΩ)	29.77	28.75	24.08	23.25	19.30	18.64	15.37	14.84	12.40	11.97	11.21	10.83	8.94	8.64	7.18	6.94	5.83	5.63	4.63	4.48	4.15	4.03	3.70	3.59
	短路电流(kA)	7.28	7.50	9.07	9.36	11.37	11.74	14.38	14.85	17.88	18.47	20.05	20.72	25.22	26.05	31.22	32.25	38.64	39.92	48.75	50.37	54.63	56.32	61.69	63.41
∞	计算电阻(mΩ)	10.95	10.95	8.26	8.26	6.29	6.29	4.66	4.66	3.59	3.59	2.62	2.62	1.97	1.97	1.73	1.73	1.30	1.30	0.97	0.97	0.76	0.76	0.56	0.56
	计算电抗(mΩ)	29.47	28.55	23.77	23.05	18.99	18.43	15.06	14.63	12.10	11.77	10.90	10.63	8.63	8.44	6.88	6.74	5.52	5.43	4.33	4.28	3.85	3.82	3.39	3.39
	短路电流(kA)	7.35	7.55	9.18	9.43	11.54	11.86	14.65	15.04	18.30	18.77	20.59	21.10	26.08	26.66	32.55	33.18	40.70	41.36	52.08	52.69	58.85	59.24	67.15	67.15

4

表 4.3-10　　SCB10-RL 系列 10/0.4kV 卷铁芯干式变压器低压侧短路电流值

变压器容量（kVA）		200		250		315		400		500		630		630		800		1000		1250		1600		2000		2500	
变压器阻抗电压（%）		4		4		4		4		4		4		6		6		6		6		6		6		6	
10kV侧系统短路阻抗（MVA）	短路种类及电路阻抗	三相正负序	单相接地相保	三相正负序	单相接地相保	三相正负序	单相接地相保	三相正负序	单相接地相保	三相正负序	单相接地相保	三相正负序	单相接地相保	三相正负序	单相接地相保	三相正负序	单相接地相保	三相正负序	单相接地相保	三相正负序	单相接地相保	三相正负序	单相接地相保	三相正负序	单相接地相保	三相正负序	单相接地相保
100	计算电阻（mΩ）	10.32	10.27	7.31	7.26	5.87	5.82	4.29	4.24	3.41	3.36	2.65	2.60	2.66	2.61	1.97	1.92	1.53	1.48	1.21	1.16	0.94	0.89	0.76	0.71	0.61	0.56
	计算电抗（mΩ）	31.25	29.82	25.62	24.39	20.68	19.61	16.72	15.78	13.70	12.86	11.21	10.46	16.08	15.20	13.03	12.26	10.75	10.05	8.91	8.28	7.30	6.72	6.14	5.61	5.22	4.72
	短路电流（kA）	7.02	7.32	8.67	9.08	10.74	11.29	13.38	14.13	16.36	17.37	20.05	21.42	14.17	14.97	17.52	18.61	21.28	22.73	25.69	27.63	31.39	34.07	37.30	40.86	43.91	48.61
200	计算电阻（mΩ）	10.25	10.22	7.23	7.21	5.80	5.77	4.21	4.19	3.34	3.31	2.58	2.55	2.58	2.56	1.90	1.87	1.46	1.43	1.13	1.11	0.87	0.84	0.68	0.66	0.54	0.51
	计算电抗（mΩ）	30.49	29.31	24.87	23.88	19.92	19.10	15.96	15.28	12.94	12.36	10.45	9.95	15.32	14.70	12.27	11.76	9.99	9.55	8.15	7.77	6.54	6.21	5.39	5.10	4.46	4.21
	短路电流（kA）	7.18	7.44	8.92	9.26	11.13	11.57	13.99	14.58	17.28	18.05	21.45	22.47	14.87	15.48	18.60	19.40	22.88	23.92	28.07	29.42	35.02	36.82	42.53	44.89	51.35	54.42
300	计算电阻（mΩ）	10.22	10.20	7.21	7.19	5.77	5.76	4.19	4.17	3.31	3.30	2.55	2.54	2.56	2.54	1.87	1.85	1.43	1.41	1.11	1.09	0.84	0.83	0.66	0.64	0.51	0.50
	计算电抗（mΩ）	30.24	29.14	24.61	23.71	19.67	18.93	15.71	15.11	12.69	12.19	10.20	9.79	15.07	14.53	12.02	11.59	9.74	9.38	7.90	7.60	6.29	6.05	5.13	4.93	4.21	4.04
	短路电流（kA）	7.24	7.48	9.00	9.32	11.27	11.67	14.21	14.74	17.61	18.29	21.96	22.84	15.11	15.66	18.98	19.68	23.47	24.35	28.96	30.07	36.42	37.84	44.62	46.41	54.42	56.69
500	计算电阻（mΩ）	10.20	10.19	7.19	7.18	5.75	5.74	4.17	4.16	3.29	3.28	2.53	2.52	2.54	2.53	1.85	1.84	1.41	1.40	1.09	1.08	0.82	0.81	0.64	0.63	0.49	0.48
	计算电抗（mΩ）	30.04	29.01	24.41	23.58	19.46	18.80	15.50	14.97	12.49	12.06	10.00	9.65	14.86	14.39	11.82	11.45	9.53	9.25	7.69	7.47	6.08	5.91	4.93	4.80	4.01	3.91
	短路电流（kA）	7.28	7.51	9.08	9.37	11.38	11.75	14.38	14.86	17.88	18.48	22.39	23.15	15.32	15.80	19.30	19.91	23.96	24.70	29.72	30.61	37.62	38.70	46.44	47.71	57.16	58.63
∞	计算电阻（mΩ）	10.17	10.17	7.16	7.16	5.72	5.72	4.14	4.14	3.26	3.26	2.50	2.50	2.51	2.51	1.82	1.82	1.38	1.38	1.06	1.06	0.79	0.79	0.61	0.61	0.46	0.46
	计算电抗（mΩ）	29.73	28.81	24.11	23.37	19.16	18.60	15.20	14.77	12.18	11.85	9.69	9.45	14.56	14.19	11.52	11.25	9.23	9.04	7.39	7.27	5.78	5.71	4.63	4.60	3.71	3.71
	短路电流（kA）	7.35	7.56	9.18	9.45	11.55	11.87	14.66	15.06	18.31	18.78	23.07	23.63	15.63	16.03	19.81	20.26	24.75	25.25	30.93	31.45	39.59	40.07	49.47	49.80	61.82	61.82

注　S11-RL 系列 10/0.4kV 卷铁芯油式变压器低压侧短路电流值可参考 S11 系列 10/0.4kV 油式变压器低压侧短路电流值。

表 4.3-11　SCB11-RL 系列 20/0.4kV 卷铁芯干式变压器低压侧短路电流值

20kV侧系统短路阻抗(MVA)	变压器容量(kVA) 变压器阻抗电压(%) 短路种类及电路阻抗	200 (6) 三相正负序	200 (6) 单相接地相保	250 (6) 三相正负序	250 (6) 单相接地相保	315 (6) 三相正负序	315 (6) 单相接地相保	400 (6) 三相正负序	400 (6) 单相接地相保	500 (6) 三相正负序	500 (6) 单相接地相保	630 (6) 三相正负序	630 (6) 单相接地相保	800 (6) 三相正负序	800 (6) 单相接地相保	1000 (6) 三相正负序	1000 (6) 单相接地相保	1250 (6) 三相正负序	1250 (6) 单相接地相保	1600 (6) 三相正负序	1600 (6) 单相接地相保	2000 (6) 三相正负序	2000 (6) 单相接地相保	2500 (6) 三相正负序	2500 (6) 单相接地相保
100	计算电阻(mΩ)	11.79	11.74	8.86	8.81	6.76	6.71	5.06	5.01	3.94	3.89	3.00	2.95	2.28	2.23	1.79	1.74	1.39	1.34	1.07	1.02	0.84	0.78	0.67	0.62
100	计算电抗(mΩ)	46.50	44.59	37.67	36.06	30.31	28.95	24.26	23.11	19.75	18.75	16.02	15.15	12.98	12.21	10.71	10.02	8.88	8.25	7.28	6.70	6.14	5.60	5.22	4.71
100	短路电流(kA)	4.81	5.01	5.97	6.22	7.44	7.77	9.32	9.77	11.47	12.06	14.17	14.97	17.52	18.60	21.27	22.72	25.69	27.62	31.39	34.06	37.30	40.85	43.91	48.60
200	计算电阻(mΩ)	11.71	11.69	8.78	8.76	6.68	6.66	4.99	4.96	3.86	3.84	2.92	2.90	2.21	2.18	1.71	1.68	1.32	1.29	1.00	0.97	0.76	0.73	0.59	0.57
200	计算电抗(mΩ)	45.74	44.08	36.91	35.55	29.55	28.45	23.50	22.60	18.99	18.24	15.26	14.64	12.23	11.71	9.95	9.51	8.12	7.75	6.52	6.20	5.38	5.09	4.46	4.21
200	短路电流(kA)	4.89	5.06	6.09	6.31	7.62	7.90	9.61	9.98	11.92	12.39	14.86	15.47	18.59	19.39	22.87	23.91	28.06	29.41	35.01	36.81	42.53	44.88	51.35	54.42
300	计算电阻(mΩ)	11.69	11.67	8.76	8.74	6.66	6.64	4.96	4.95	3.84	3.82	2.90	2.88	2.18	2.17	1.68	1.67	1.29	1.27	0.97	0.95	0.73	0.72	0.57	0.55
300	计算电抗(mΩ)	45.49	43.91	36.66	35.38	29.30	28.28	23.25	22.44	18.74	18.08	15.01	14.47	11.97	11.54	9.70	9.34	7.87	7.58	6.27	6.03	5.12	4.92	4.21	4.04
300	短路电流(kA)	4.92	5.08	6.13	6.34	7.69	7.95	9.71	10.05	12.07	12.50	15.11	15.65	18.98	19.67	23.46	24.33	28.96	30.05	36.41	37.83	44.61	46.41	54.42	56.68
500	计算电阻(mΩ)	11.67	11.66	8.74	8.73	6.64	6.63	4.94	4.93	3.82	3.81	2.88	2.87	2.16	2.15	1.66	1.65	1.27	1.26	0.95	0.94	0.71	0.70	0.55	0.54
500	计算电抗(mΩ)	45.28	43.78	36.45	35.25	29.10	28.14	23.05	22.30	18.54	17.94	14.81	14.34	11.77	11.41	9.50	9.21	7.67	7.44	6.07	5.90	4.92	4.79	4.00	3.90
500	短路电流(kA)	4.94	5.10	6.16	6.36	7.74	7.99	9.80	10.11	12.20	12.59	15.31	15.79	19.30	19.90	23.95	24.68	29.71	30.59	37.61	38.69	46.43	47.70	57.15	58.62
8	计算电阻(mΩ)	11.64	11.64	8.71	8.71	6.61	6.61	4.91	4.91	3.79	3.79	2.85	2.85	2.13	2.13	1.63	1.63	1.24	1.24	0.92	0.92	0.68	0.68	0.52	0.52
8	计算电抗(mΩ)	44.98	43.58	36.15	35.05	28.79	27.94	22.75	22.10	18.23	17.74	14.50	14.14	11.47	11.20	9.19	9.01	7.37	7.24	5.76	5.69	4.62	4.59	3.70	3.70
8	短路电流(kA)	4.97	5.12	6.21	6.40	7.82	8.04	9.92	10.20	12.40	12.73	15.62	16.02	19.80	20.25	24.73	25.23	30.92	31.44	39.57	40.05	49.46	49.79	61.81	61.81

注　S11-RL 系列 20/0.4kV 卷铁芯油式变压器低压侧短路电流值可参考 S11 系列 20/0.4kV 油式变压器低压侧短路电流值。

表4.3-12　　　　　　　　　S11-RL系列35kV/0.4kV卷铁芯油浸式变压器低压侧短路电流值

变压器容量(kVA)		200		250		315		400		500		630		800		1000		1250		1600	
变压器阻抗电压(%)		6.5		6.5		6.5		6.5		6.5		6.5		6.5		6.5		6.5		6.5	
35kV高压侧短路系统阻抗(MVA)	短路种类及电路阻抗	三相正负序	单相接地相保	三相正负序	单相接地相保	三相正负序	单相接地相保	三相正负序	单相接地相保	三相正负序	单相接地相保	三相正负序	单相接地相保	三相正负序	单相接地相保	三相正负序	单相接地相保	三相正负序	单相接地相保	三相正负序	单相接地相保
100	计算电阻(mΩ)	13.22	13.17	10.14	10.09	7.78	7.73	5.92	5.87	4.62	4.57	3.39	3.34	2.55	2.50	2.05	2.00	1.62	1.57	1.24	1.19
	计算电抗(mΩ)	49.97	47.95	40.42	38.73	32.50	31.08	25.98	24.78	21.13	20.09	17.15	16.25	13.88	13.09	11.42	10.71	9.45	8.81	7.72	7.14
	短路电流(kA)	4.47	4.64	5.54	5.77	6.91	7.21	8.67	9.07	10.68	11.21	13.21	13.93	16.37	17.33	19.91	21.19	24.10	25.82	29.52	31.90
200	计算电阻(mΩ)	13.14	13.12	10.06	10.04	7.70	7.68	5.84	5.81	4.54	4.52	3.31	3.29	2.48	2.45	1.98	1.95	1.55	1.52	1.16	1.14
	计算电抗(mΩ)	49.21	47.45	39.66	38.22	31.74	30.57	25.22	24.27	20.37	19.59	16.39	15.74	13.12	12.58	10.66	10.21	8.69	8.30	6.97	6.64
	短路电流(kA)	4.53	4.69	5.64	5.84	7.07	7.33	8.92	9.25	11.07	11.49	13.81	14.36	17.30	18.01	21.30	22.23	26.17	27.36	32.70	34.30
300	计算电阻(mΩ)	13.12	13.10	10.04	10.02	7.68	7.66	5.81	5.79	4.52	4.50	3.29	3.27	2.45	2.44	1.95	1.93	1.52	1.51	1.14	1.12
	计算电抗(mΩ)	48.96	47.28	39.41	38.05	31.49	30.40	24.97	24.11	20.12	19.42	16.14	15.57	12.87	12.42	10.41	10.04	8.43	8.13	6.71	6.47
	短路电流(kA)	4.56	4.71	5.68	5.87	7.13	7.37	9.01	9.31	11.20	11.59	14.02	14.51	17.63	18.25	21.81	22.59	26.94	27.92	33.92	35.18
500	计算电阻(mΩ)	13.10	13.09	10.02	10.01	7.66	7.65	5.79	5.78	4.50	4.49	3.27	3.26	2.43	2.42	1.93	1.92	1.50	1.49	1.12	1.11
	计算电抗(mΩ)	48.76	47.14	39.21	37.92	31.29	30.27	24.77	23.97	19.91	19.28	15.93	15.44	12.67	12.28	10.20	9.90	8.23	8.00	6.51	6.33
	短路电流(kA)	4.57	4.72	5.71	5.89	7.17	7.40	9.08	9.37	11.31	11.67	14.20	14.64	17.91	18.45	22.24	22.89	27.60	28.39	34.96	35.92
∞	计算电阻(mΩ)	13.07	13.07	9.99	9.99	7.63	7.63	5.76	5.76	4.47	4.47	3.24	3.24	2.40	2.40	1.90	1.90	1.47	1.47	1.09	1.09
	计算电抗(mΩ)	48.45	46.94	38.90	37.71	30.98	30.06	24.47	23.77	19.61	19.08	15.63	15.23	12.36	12.08	9.90	9.70	7.93	7.80	6.21	6.13
	短路电流(kA)	4.60	4.74	5.75	5.92	7.24	7.45	9.19	9.44	11.48	11.78	14.47	14.83	18.34	18.75	22.91	23.36	28.63	29.11	36.65	37.09

表 4.3-13　SCB11-RL 系列 35/0.4kV 卷铁芯干式变压器低压侧短路电流值

变压器阻抗电压(%)：6（各容量均为 6）

35kV侧系统短路阻抗(MVA)	短路种类及电路阻抗	200 三相正序	200 单相接地相保	250 三相正序	250 单相接地相保	315 三相正序	315 单相接地相保	400 三相正序	400 单相接地相保	500 三相正序	500 单相接地相保	630 三相正序	630 单相接地相保	800 三相正序	800 单相接地相保	1000 三相正序	1000 单相接地相保	1250 三相正序	1250 单相接地相保	1600 三相正序	1600 单相接地相保	2000 三相正序	2000 单相接地相保	2500 三相正序	2500 单相接地相保
100	计算电阻(mΩ)	13.26	13.21	9.80	9.75	7.43	7.38	5.61	5.56	4.47	4.42	3.33	3.28	2.49	2.44	1.89	1.84	1.51	1.46	1.17	1.12	0.91	0.86	0.73	0.68
100	计算电抗(mΩ)	46.11	44.22	37.44	35.84	30.16	28.81	24.15	23.00	19.64	18.64	15.96	15.09	12.95	12.18	10.69	10.00	8.86	8.23	7.26	6.69	6.12	5.59	5.21	4.70
100	短路电流(kA)	4.81	5.00	5.97	6.22	7.44	7.77	9.32	9.76	11.47	12.05	14.17	14.96	17.52	18.59	21.27	22.71	25.69	27.62	31.39	34.05	37.30	40.85	43.91	48.60
200	计算电阻(mΩ)	13.18	13.15	9.72	9.70	7.35	7.33	5.54	5.51	4.40	4.37	3.25	3.23	2.42	2.39	1.81	1.79	1.43	1.41	1.09	1.07	0.83	0.81	0.65	0.63
200	计算电抗(mΩ)	45.36	43.71	36.68	35.33	29.40	28.30	23.39	22.49	18.88	18.14	15.20	14.58	12.19	11.67	9.93	9.50	8.10	7.73	6.51	6.18	5.37	5.08	4.45	4.20
200	短路电流(kA)	4.89	5.06	6.09	6.30	7.62	7.90	9.61	9.97	11.91	12.38	14.86	15.46	18.59	19.38	22.87	23.90	28.06	29.40	35.00	36.80	42.52	44.87	51.34	54.41
300	计算电阻(mΩ)	13.15	13.12	9.70	9.68	7.33	7.31	5.51	5.50	4.37	4.35	3.23	3.20	2.39	2.37	1.79	1.77	1.41	1.39	1.07	1.05	0.81	0.79	0.63	0.61
300	计算电抗(mΩ)	45.10	43.54	36.43	35.17	29.15	28.13	23.14	22.32	18.63	17.97	14.95	14.41	11.94	11.50	9.68	9.33	7.85	7.56	6.25	6.02	5.11	4.91	4.20	4.03
300	短路电流(kA)	4.92	5.08	6.13	6.33	7.68	7.95	9.71	10.05	12.07	12.49	15.10	15.64	18.97	19.66	23.46	24.33	28.95	30.04	36.40	37.82	44.61	46.40	54.41	56.67
500	计算电阻(mΩ)	13.13	13.10	9.67	9.64	7.31	7.30	5.49	5.48	4.35	4.32	3.21	3.18	2.37	2.36	1.77	1.76	1.39	1.38	1.05	1.04	0.79	0.78	0.61	0.60
500	计算电抗(mΩ)	44.90	43.41	36.23	35.03	28.95	28.00	22.93	22.19	18.43	17.84	14.74	14.28	11.73	11.37	9.48	9.19	7.65	7.42	6.05	5.88	4.91	4.78	4.00	3.89
500	短路电流(kA)	4.94	5.09	6.16	6.35	7.74	7.98	9.79	10.10	12.20	12.59	15.30	15.78	19.29	19.89	23.95	24.68	29.70	30.58	37.60	38.67	46.43	47.69	57.14	58.61
∞	计算电阻(mΩ)	13.10	13.10	9.64	9.64	7.28	7.28	5.46	5.46	4.32	4.32	3.18	3.18	2.34	2.34	1.74	1.74	1.36	1.36	1.02	1.02	0.76	0.76	0.58	0.58
∞	计算电抗(mΩ)	44.60	43.21	35.93	34.83	28.64	27.79	22.63	21.99	18.12	17.63	14.44	14.08	11.43	11.17	9.18	8.99	7.35	7.22	5.75	5.68	4.61	4.58	3.69	3.69
∞	短路电流(kA)	4.97	5.11	6.21	6.39	7.81	8.04	9.92	10.19	12.39	12.72	15.62	16.00	19.79	20.24	24.73	25.22	30.91	31.42	39.56	40.03	49.45	49.78	61.80	61.80

4

4.4 短路电流计算示例

4.4.1 380V低压网络短路电流计算示例

【例4.4-1】 图4.4-1为两台变压器分列运行，$U_n = 380V$、$f = 50Hz$ 的低压系统。分别求在短路位置 k1、k2、k3 中的短路电流 I''_k 和 i_p。假设在 k1、k2、k3 位置的短路电流为远离发电机的短路电流。表4.4-1列出了元件在正序、负序、零序网络中的各项数据。

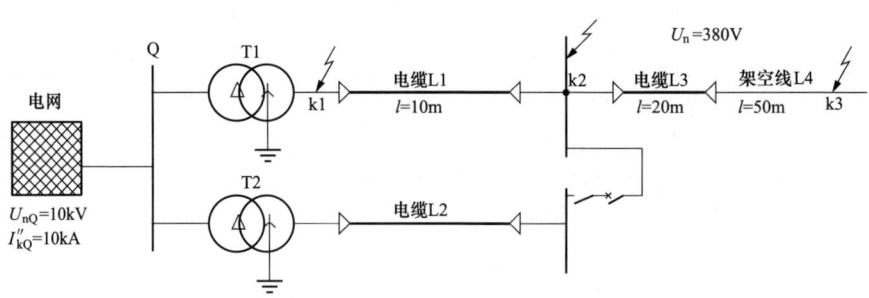

图4.4-1 $U_n = 380V$ 的低压系统

解 （1）正序阻抗的计算。

1）馈电网络的阻抗。根据式（4.2-3），其中 $c_Q = c_{Qmax} = 1.1$（参见表4.1-1）得出下列等式

$$Z_{Qt} = \frac{c_Q U_{nQ}}{\sqrt{3} I''_{kQ}} \frac{1}{t_N^2} = \frac{1.1 \times 10kV}{\sqrt{3} \times 10kA} \left(\frac{0.4kV}{10kV}\right)^2 = 1.016m\Omega$$

$$\left.\begin{array}{l} X_{Qt} = 0.995 Z_{Qt} = 1.011m\Omega \\ R_{Qt} = 0.1 X_{Qt} = 0.101m\Omega \end{array}\right\} \underline{Z}_{Qt} = (0.101 + j1.011)m\Omega$$

表 4.4-1 设备在正序、负序和零序网络中的阻抗值

设备	元件数据	公式	$\underline{Z}_{(1)} = \underline{Z}_{(2)}$ $m\Omega$	$\underline{Z}_{(0)}$ $m\Omega$
馈电 网络 Q	$U_{nQ} = 10kV$；$I''_{kQ} = 10kA$ $c_Q = c_{Qmax} = 1.1$ $R_Q = 0.1 X_Q$；$X_Q = 0.995 Z_Q$	式（4.2-3）	$\underline{Z}_{Qt} = 0.101 + j1.011$	—
变压器 T1 (Dyn11)	$S_{rT} = 630kVA$；$U_{rTHV} = 10kV$ $U_{rTLV} = 400V$；$u_{krT} = 4\%$ $P_{krT} = 6.2kW$；$R_{(0)T}/R_T = 1.0$ $X_{(0)T}/X_T = 0.95$	式（4.2-5）～ 式（4.2-7）K_T 见式（4.2-11）	$\underline{Z}_{T1K} = 2.437 +$ $j9.601$	$\underline{Z}_{(0)T1K} = 2.437 +$ $j9.121$
线路 L1	电缆：$l = 10m$；$4 \times 240mm^2$ Cu $\underline{Z}'_L = (0.077 + j0.079)\Omega/km$ $R_{(0)L} = 3.7 R_L$；$X_{(0)L} = 1.81 X_L$		$\underline{Z}_{L1} = 0.385 + j0.395$	$\underline{Z}_{(0)L1} = 1.425 +$ $j0.715$
线路 L3	电缆：$l = 20m$；$4 \times 70mm^2$ Cu $\underline{Z}'_L = (0.271 + j0.087)\Omega/km$ $R_{(0)L} = 3 R_L$；$X_{(0)L} = 4.46 X_L$	数据 $\frac{R_{(0)L}}{R_L}$；$\frac{X_{(0)L}}{X_L}$ 从厂商获得	$\underline{Z}_{L3} = 5.420 + j1.740$	$\underline{Z}_{(0)L3} = 16.260 +$ $j7.760$
线路 L4	架空线路：$l = 50m$ $q_n = 50mm^2$Cu；$d = 0.4m$ $\underline{Z}'_L = (0.3704 + j0.297)\Omega/km$ $R_{(0)L} = 2 R_L$；$X_{(0)L} = 3 X_L$		$\underline{Z}_{L4} = 18.50 + j14.85$	$\underline{Z}_{(0)L4} = 37.04 +$ $j44.55$

2）变压器阻抗。根据根据式（4.2-5）～式（4.2-7）和式（4.2-11），得出下列等式

$$Z_{T1} = \frac{u_{krT1}}{100\%} \times \frac{U_{rT1LV}^2}{S_{rT1}} = \frac{4\%}{100\%} \times \frac{(400V)^2}{630kVA} = 10.159(m\Omega)$$

$$R_{T1} = \frac{P_{krT1}}{3I_{rT1LV}^2} = \frac{P_{krT1}U_{rT1LV}^2}{S_{rT1}^2} = \frac{6.2kW(400V)^2}{(630kVA)^2} = 2.499(m\Omega)$$

$$u_{Rr} = \frac{P_{krT1}}{S_{rT1}} \times 100\% = 0.984\% ; u_{Xr} = \sqrt{u_{kr}^2 - u_{Rr}^2} = 3.877\%$$

$$X_{T1} = \sqrt{Z_{T1}^2 - R_{T1}^2} = \sqrt{10.159^2 - 2.499^2} = 9.847(m\Omega)$$

$$\underline{Z}_{T1} = (2.499 + j9.847)m\Omega$$

$$K_{T1} = 0.95\frac{c_{max}}{1+0.6x_{T1}} = 0.95 \times \frac{1.05}{1+0.6 \times 0.038\ 77} = 0.975$$

$$\underline{Z}_{T1K} = \underline{Z}_{T1}K_{T1} = (2.437 + j9.601)m\Omega$$

3）线路（电缆及架空线）阻抗。

a. 线路 L1（两根电缆并联）：

$$\underline{Z}_{L1} = 0.5(0.077 + j0.079)\frac{\Omega}{km} \times 10m = 0.385 + j0.395(m\Omega)$$

b. 线路 L3（电缆）：

$$\underline{Z}_{L3} = (0.271 + j0.087)\frac{\Omega}{km} \times 20m = 5.420 + j1.740(m\Omega)$$

c. 线路 L4（架空线）：

$$R'_{L4} = \frac{\rho}{q_n} = \frac{1\Omega mm^2}{54m \times 50mm^2} = 0.3704\frac{\Omega}{km} ; r = 4.55mm;$$

$$X'_{L4} = 2\pi f\frac{\mu_0}{2\pi}\left(\frac{1}{4} + \ln\frac{d}{r}\right) = 2\pi \times 50s^{-1}\frac{4\pi \times 10^{-4}Vs}{2\pi Akm}\left(\frac{1}{4} + \ln\frac{0.4m}{0.455 \times 10^{-2}m}\right) = 0.297\frac{\Omega}{km}$$

$$\underline{Z}_{L4} = (R'_{L4} + jX'_{L4})l = (0.370 + j0.297) \times \frac{\Omega}{km} \times 50m = 18.50 + j14.85(m\Omega)$$

（2）零序阻抗的确定。

1）变压器阻抗。对于组别为 Dyn11 的变压器 T1，制造商给出了 $R_{(0)T} = R_T$ ；$X_{(0)T} = 0.95X_T$（参见表 4.4-1）。由（1）中的阻抗校正因子 K_T 可获得下列变压器的零序阻抗

$$\underline{Z}_{(0)T1K} = (R_{T1} + j0.95X_{T1})K_{T1} = (2.437 + j9.121)m\Omega$$

2）线路（电缆和架空线）阻抗。

a. 线路 L1：$R_{(0)L} = 3.7R_L$ ；$X_{(0)L} = 1.81X_L$ ，以第四条导体或周围导线为回路

$$\underline{Z}_{(0)L1} = 3.7R_{L1} + j1.81X_{L1} = 1.425 + j0.715(m\Omega)$$

b. 线路 L3：$R_{(0)L} = 3R_L$ ；$X_{(0)L} = 4.46X_L$ ，以第四条导线、护套及接地为回路

$$\underline{Z}_{(0)L3} = 3R_{L3} + j4.46X_{L3} = 16.260 + j7.760(m\Omega)$$

c. 线路 L4：在计算最大短路电流时，架空线取 $R_{(0)L} = 2R_L$ ；$X_{(0)L} = 3X_L$

$$\underline{Z}_{(0)L4} = 2R_{L4} + j3X_{L4} = 37.04 + j44.55(m\Omega)$$

（3）三相短路中 I''_k 及 i_p 的计算。

1）电路位置 k1。根据图 4.4-2，短路点 k1 的短路阻抗

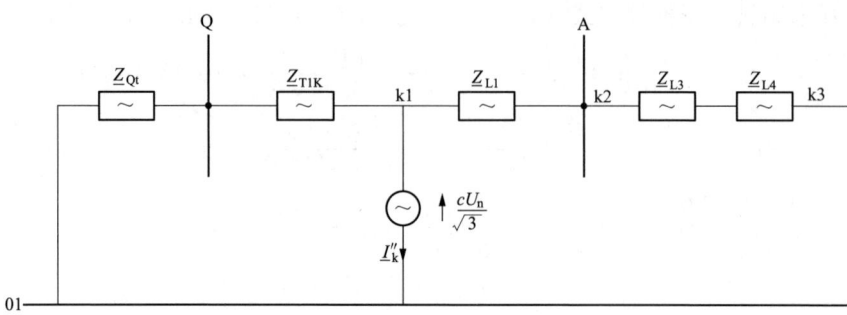

图 4.4-2　计算短路点 k1 处 I''_k 的正序网络图

$$\underline{Z}_k = \underline{Z}_{Qt} + \underline{Z}_{T1k} = 2.538 + j10.612(\text{m}\Omega)$$

最大的三相短路初始电流通过式（4.3-1）计算，其中 $c = c_{max} = 1.05$（按表 4.1-1 确定）：

$$I''_k = \frac{cU_n}{\sqrt{3}Z_k} = \frac{1.05 \times 380\text{V}}{\sqrt{3} \times 10.911\text{m}\Omega} = 21.11(\text{kA})$$

按式（4.3-17）和式（4.3-16）计算 i_p。短路位置处的阻抗率

$$\frac{R}{X} = \frac{R_k}{X_k} = 0.239$$

$$k = 1.02 + 0.98e^{-3R/X} = 1.498$$

$$i_P = k\sqrt{2}I''_k = 1.498 \times \sqrt{2} \times 21.11 = 44.72(\text{kA})$$

2）短路位置 k2

$$\underline{Z}_k = \underline{Z}_{Qt} + \underline{Z}_{T1k} + \underline{Z}_{L1} = (2.923 + j11.007)\text{m}\Omega$$

$$I''_k = \frac{cU_n}{\sqrt{3}Z_k} = \frac{1.05 \times 380\text{V}}{\sqrt{3} \times 11.389\text{m}\Omega} = 20.23\text{kA}$$

按式（4.3-17）和式（4.3-16）计算 i_p。

$$\frac{R}{X} = \frac{R_k}{X_k} = 0.266$$

$$k = 1.02 + 0.98e^{-3R/X} = 1.461$$

$$i_p = k\sqrt{2}I''_k = 1.461 \times \sqrt{2} \times 20.23 = 41.8(\text{kA})$$

3）短路位置 k3

$$\underline{Z}_k = \underline{Z}_{Qt} + \underline{Z}_{T1k} + \underline{Z}_{L1} + \underline{Z}_{L3} + \underline{Z}_{L4} = 26.843 + j27.597(\text{m}\Omega)$$

$$I''_k = \frac{cU_n}{\sqrt{3}Z_k} = \frac{1.05 \times 380\text{V}}{\sqrt{3} \times 38.499\text{m}\Omega} = 5.98\text{kA}$$

按式（4.3-17）和式（4.3-16）计算 i_p。

$$\frac{R}{X} = \frac{R_k}{X_k} = 0.973$$

$$k = 1.02 + 0.98e^{-3R/X} = 1.073$$

$$i_P = k\sqrt{2}I_k'' = 1.073 \times \sqrt{2} \times 5.98\text{kA} = 9.07\text{kA}$$

4.4.2 中压系统中三相短路电流的计算示例——电动机的影响

【例 4.4-2】 在图 4.4-3 所示的 35/6kV(50Hz) 的中压系统。计算在带有及未带有异步电动机（由 6kV 母线馈电）情况下的短路电流，以显示电动机对于 k3 处短路电流的影响。

35/6.3kV 变电站带有两台网络变压器 S_{NT}=15MVA，每台变压器通过网络馈线的两条三芯 35kV 电缆获得馈电，6kV 母线分段运行。

解 （1）带绝对值的复数计算：表 4.4-2 中的复数短路阻抗根据图 4.4-3 中的数据及 4.2 中的公式得出。

短路点 F 处的短路电流 I_k'' 通过图 4.4-3 中 F 处各支路短路电流的相量之和即可获得。

I_{KM2}' 是三个并联电机（每个电机的 $P_{rM}=1MW$）的分流短路电流（图 4.4-3），如同等效电机 M2 一样进行处理。

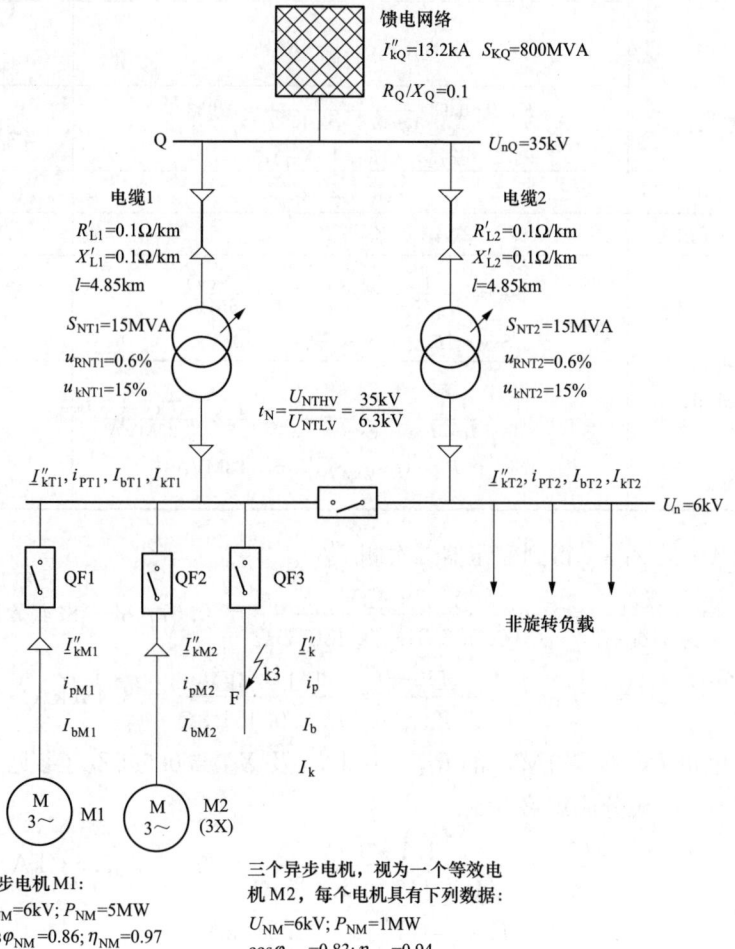

图 4.4-3 35/6kV 中压网络数据

表 4.4-2　电气设备短路阻抗及短路位置 F 处 $\underline{Z}_{K(T1)}$ 的计算 [无电机 (断路器 QF1 及 QF2 断开)]

序号	元件	计算公式	阻抗（Ω）
1	馈电网络	$Z_{Qt} = \dfrac{c_Q U_{nQ}}{\sqrt{3} I''_{kQ}} \times \dfrac{1}{t_N^2} = \dfrac{1.1 \times 35kV}{\sqrt{3} \times 13.2kA} \times \left(\dfrac{6.3kV}{35kV}\right)^2$	0.054 6
		$X_{Qt} = 0.995 Z_{Qt}$;　$R_{Qt} = 0.1 X_{Qt}$; $\underline{Z}_{Qt} = R_{Qt} + jX_{Qt}$	0.005 4 + j0.054 3
2	电缆 L1	$R_{L1t} = R'_{L1} l \dfrac{1}{t_N^2} = 0.1\Omega/km \times 4.85km \left(\dfrac{6.3kV}{35kV}\right)^2$	0.015 7
		$X_{L1t} = X'_{L1} l \dfrac{1}{t_N^2} = 0.1\Omega/km \times 4.85km \left(\dfrac{6.3kV}{35kV}\right)^2$	0.015 7
		$\underline{Z}_{L1t} = R_{L1t} + jX_{L1t}$	0.015 7 + j0.015 7
3	变压器 T1	$Z_{T1} = \dfrac{u_{kr}}{100\%} \times \dfrac{U_{rTLV}^2}{S_{NT}} = \dfrac{15\%}{100\%} \times \dfrac{(6.3kV)^2}{15MVA}$	0.396 9
		$R_{T1} = \dfrac{u_{Rr}}{100\%} \times \dfrac{U_{rTLV}^2}{S_{NT}} = \dfrac{0.6\%}{100\%} \times \dfrac{(6.3kV)^2}{15MVA}$	0.015 9
		$X_{T1} = \sqrt{Z_{T1}^2 - R_{T1}^2}$	0.396 6
		$K_{T1} = 0.95 \dfrac{c_{max}}{1 + 0.6 \times 0.1499} = 0.958\ 8$ $\underline{Z}_{T1K} = (R_{T1} + jX_{T1})K_T$	0.015 2 + j0.380 3
4	电缆 L1 + 变压器 T1	$\underline{Z}_{L1t} + \underline{Z}_{T1K}$	0.030 9 + j0.396 0
5	无电动机时的阻抗	$\underline{Z}_{K(T1)} = \underline{Z}_{Qt} + \underline{Z}_{L1t} + \underline{Z}_{T1K}$	0.036 3 + j0.450 3
6	电动机 M1 电动机 M2	$Z_{M1} = \dfrac{1}{I_{LR}/I_{NM}} \times \dfrac{U_{NM}^2}{S_{NM}} = \dfrac{1}{4} \times \dfrac{(6kV)^2}{6MVA}$ $S_{NM} = P_{NM}/(\cos\varphi_{NM} \eta_{NM}) = 6MVA$	1.5
		$Z_{M2} = \dfrac{1}{3} \times \dfrac{1}{I_{LR}/I_{NM}} \times \dfrac{U_{NM}^2}{S_{NM}} = \dfrac{1}{3} \times \dfrac{1}{5.5} \times \dfrac{(6kV)^2}{1.28MVA}$ $S_{NM} = P_{NM}/(\cos\varphi_{NM} \eta_{NM}) = 1.28MVA$	1.7045

通过表 4.4-2 的 $\underline{Z}_{K(T1)}$ 得到变压器二次侧 I''_{kT1}。

$$I''_{kT1} = \frac{cU_n}{\sqrt{3}\ \underline{Z}_{k(T1)}} = \frac{1.1 \times 6kV}{\sqrt{3}(0.036\ 3 + j0.450\ 3)\Omega} = 0.677\ 8 - j8.407\ 5\ (kA)$$

$$I''_{kT1} = |I''_{kT1}| = \frac{cU_n}{\sqrt{3} Z_{k(T1)}} = \frac{1.1 \times 6kV}{\sqrt{3} \times 0.451\ 8\Omega} = 8.43\ (kA)$$

通过异步电机 $P_{NM}/p \geqslant 1MW$ 的 $R_M = 0.1 X_M$ 及 $X_M = 0.995 Z_M$ (参见 4.2.7)，得到与 $\underline{Z}_{M1}$ 及 $\underline{Z}_{M2}$ 相关的电机分流短路电流。

$$I''_{kM1} = \frac{cU_n}{\sqrt{3} Z_{M1}} = \frac{1.1 \times 6kV}{\sqrt{3}(0.149 + j1.493)\Omega} = 0.25 - j2.53\ (kA)$$

$$I''_{kM1} = |I''_{kM1}| = 2.54\ (kA)$$

$$I''_{kM2} = \frac{cU_n}{\sqrt{3} Z_{M2}} = \frac{1.1 \times 6kV}{\sqrt{3}(0.170 + j1.696)\Omega} = 0.22 - j2.22\ (kA)$$

$$I''_{kM2} = |\underline{I}''_{kM2}| = 2.23 (kA)$$

将分流短路电流 $\underline{I}''_{kT1}$、$\underline{I}''_{kM1}$ 及 $\underline{I}''_{kM2}$ 相加得到

$$\underline{I}''_k = 1.1478 - j13.1575 (kA); I''_K = 13.21 kA$$

峰值短路电流如下所示

$$i_p = i_{p(T1)} + i_{pM1} + i_{pM2} = 21.34 + 6.29 + 5.52 = 33.15 kA$$

其中分流峰值短路电流在 $R/X = 0.036\,3/0.450\,3$：

$k = 1.02 + 0.98\,e^{-3R/X} = 1.79$ 条件下，计算结果如下

$$i_{p(T1)} = k\sqrt{2}I''_{k(T1)} = 1.79 \times \sqrt{2} \times 8.43 = 21.34 (kA)$$

对于 $R_{M1}/X_{M1} = 0.1$，$k_M = 1.75$，有

$$i_{pM1} = k_M\sqrt{2}I''_{kM1} = 1.75 \times \sqrt{2} \times 2.54 = 6.29 (kA)$$

对于 $R_{M2}/X_{M2} = 0.1$，$k_M = 1.75$，有

$$i_{pM2} = k_M\sqrt{2}I''_{kM2} = 1.75 \times \sqrt{2} \times 2.23 = 5.52 kA$$

最短延时 $t_{min} = 0.1s$ 情况下的对称开断电流为

$$I_b = I_{b(T1)} + I_{bM1} + I_{bM2} = I''_{k(T1)} + \mu_{M1}q_{M1}I''_{kM1} + \mu_{M2}q_{M2}I''_{kM2}$$
$$= 8.43 + 0.80 \times 0.68 \times 2.54 + 0.72 \times 0.57 \times 2.23 = 10.73 (kA)$$

其中：

$$\mu_{M1} = 0.62 + 0.72e^{-0.32I''_{kM}/I_{NM}} = 0.62 + 0.72e^{-0.32\times4.4} = 0.80$$
$$q_{M1} = 0.57 + 0.12\ln(P_{NM}/p) = 0.57 + 0.12 \times \ln2.5 = 0.68$$
$$\mu_{M2} = 0.62 + 0.72e^{-0.32I''_{kM}/I_{NM}} = 0.62 + 0.72e^{-0.32\times6.03} = 0.72$$
$$q_{M2} = 0.57 + 0.12\ln(P_{NM}/p) = 0.57 + 0.12 \times \ln1.0 = 0.57$$

在 $t = t_{min} = 0.1s$ 情况下短路电流非周期分量 $i_{d.c.}$ 的最大衰减可通过式（4.3-24）加以估算

$$i_{d.c.} = i_{d.c.(T1)} + i_{d.c.M1} + i_{d.c.M2} = 0.95 + 0.16 + 0.14 = 1.25 (kA)$$

其中：$i_{d.c.(T1)} = \sqrt{2}I''_{k(T1)}e^{-2\pi ft(R/X)} = 0.95 kA$，$i_{d.c.M1} = \sqrt{2}I''_{kM1}e^{-2\pi ft(R_{M1}/X_{M1})} = 0.16 kA$，$i_{d.c.M2} = \sqrt{2}I''_{kM2}e^{-2\pi ft(R_{M2}/X_{M2})} = 0.14 kA$。该直流分量与 I_b 相比较小。

因为在机端短路情况下异步电动机不会影响到稳态短路电流（$I_{kM1} = 0$，$I_{kM2} = 0$），所以 F 的稳态短路电流变为

$$I_k = I_{k(T1)} + I_{kM1} + I_{kM2} = I''_{k(T1)} = 8.43 kA$$

（2）采用电气设备的短路电抗进行计算：在 $R_k < 0.3X_k$ 情况下使用电气设备的电抗进行计算即足够。可通过图 4.4-3 中的数据看出是否满足条件。

表 4.4-3 说明了在没有异步电机影响情况下（QF1 及 QF2 断开）得到 $X_{k(T1)}$ 的近似过程。

没有电机情况下的短路电流 $I''_{k(T1)}$

$$I''_{k(T1)} = \frac{cU_n}{\sqrt{3}X_{k(T1)}} = \frac{1.1 \times 6}{\sqrt{3} \times 0.450\,9} = 8.45 (kA)$$

电机的电抗及分流短路电流为

$$X_{M1} \approx \frac{1}{I_{LR}/I_{NM}} \times \frac{U_{NM}^2}{S_{NM}} = \frac{1}{4} \times \frac{6^2}{6} = 1.5\Omega; I''_{kM1} = 2.54 kA$$

$$X_{M2} \approx \frac{1}{3} \times \frac{1}{I_{LR}/I_{NM}} \times \frac{U_{NM}^2}{S_{NM}} = \frac{1}{3} \times \frac{1}{5.5} \times \frac{6^2}{1.28} = 1.705\Omega; I_{kM2}'' = 2.23\text{kA}$$

如果异步电动机对于 F 处的短路电流有影响（QF1 及 QF2 闭合部分），则 F 处的总短路电流为

$$I_k'' = I_{k(T1)}'' + I_{kM1}'' + I_{kM2}'' = 8.45 + 2.54 + 2.23 = 13.22\text{kA}$$

该结果与（1）中的结果（$I_k'' = 13.21\text{kA}$）几乎相同。

表 4.4-3   电气设备短路电抗及短路位置 F 处 $X_{k(T1)}$ 的计算

序号	元件	计算公式	电抗（Ω）
1	馈电网络 $(X_{Qt} = Z_{Qt})$	式 (4.2-3) $$X_{Qt} = \frac{c_Q U_{nQ}}{\sqrt{3} I_{kQ}''} \times \frac{1}{t_N^2} = \frac{1.1 \times 35}{\sqrt{3} \times 13.2} \times \left(\frac{6.3}{35}\right)^2$$	0.054 6
2	电缆 L1	$$X_{L1t} = X_{L1}' l \frac{1}{t_N^2} = 0.1 \times 4.85 \left(\frac{6.3}{35}\right)^2$$	0.015 7
3	变压器 T1 $(X_{T1} = Z_{T1})$	$$X_{T1} = \frac{u_{kr}}{100\%} \times \frac{U_{rTLV}^2}{S_{NT}} = \frac{15\%}{100\%} \times \frac{(6.3)^2}{15}$$ $$K_T = 0.95 \frac{c_{max}}{1 + 0.6 x_T} = 0.95 \frac{1.1}{1 + 0.6 \times 0.15}$$ $$K_T = 0.959$$ $$X_{T1K} = X_{T1} K_T$$	0.396 9 0.380 6
4	无电动机时的阻抗	$$X_{K(T1)} = X_{Qt} + X_{L1t} + X_{T1K}$$	0.450 9

可通过变压器的 R/X 比率大致得到峰值短路电流

$R_T/X_T \approx u_{Rr}/u_{Xr} = 0.6\%/15\% = 0.04$（保守估计），$R_M/X_M = 0.1$。

$i_p = i_{p(T1)} + i_{pM1} + i_{pM2} = 22.59 + 6.29 + 5.52 = 34.40(\text{kA})$

其中：

$$i_{p(T1)} = k_{(T1)} \sqrt{2} I_{k(T1)}'' = 1.89 \times \sqrt{2} \times 8.45 = 22.59(\text{kA})$$

$$i_{pM1} = k_{(M1)} \sqrt{2} I_{kM1}'' = 1.75 \times \sqrt{2} \times 2.54 = 6.29(\text{kA})$$

$$i_{pM2} = k_{(M2)} \sqrt{2} I_{kM2}'' = 1.75 \times \sqrt{2} \times 2.23 = 5.52(\text{kA})$$

该结果与（1）部分中通过复数计算获得的结果高出约 4%。

I_b 及 I_k 的计算已在（1）部分之中。

4.4.3   接地故障电流在电缆金属护套和地之间分配计算示例

【例 4.4-3】 如图 4.4-4 所示，图中 $S_{kQ}'' = 3000\text{MVA}$，$U_{nQ} = 110\text{kV}$，$R_Q/X_Q = 0.1$，$Z_{EA} = Z_{EB} = 0.5\Omega$。求出接地故障电流在电缆金属护套和地之间分配。

解   110kV 网络阻抗 $Z_{QHV} = \dfrac{c U_{nQ}}{\sqrt{3} I_{kQ}''} = \dfrac{c U_{nQ}^2}{S_{kQ}''} = \dfrac{1.1 \times 110^2}{3000} = 4.437$（Ω）

网络电抗 $X_{QHV} = \dfrac{Z_{QHV}}{\sqrt{1 + \left(\dfrac{R_Q}{X_Q}\right)^2}} = \dfrac{4.437}{\sqrt{1 + 0.1^2}} = 4.415$（Ω）

网络电阻 $R_{QHV} = \sqrt{Z_{QHV}^2 - X_{QHV}^2} = \sqrt{4.437^2 - 4.415^2} = 0.441$（Ω）

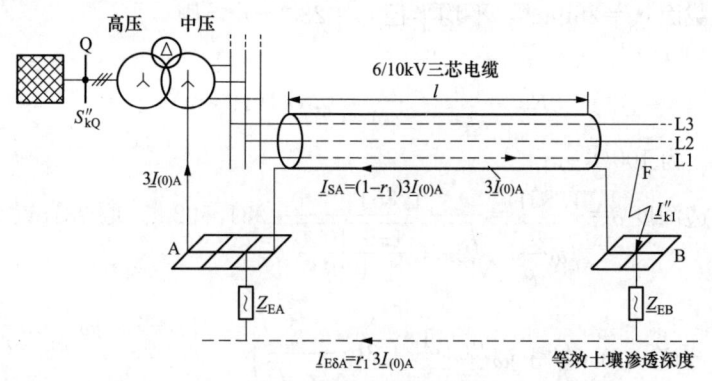

图 4.4-4　10kV 网络中的电缆降低系数和接地故障电流
在电缆金属护套和地之间分配计算示例

网络阻抗 $\underline{Z}_{QHV}=0.441+j4.415$（Ω）

归算到 10kV 网络阻抗 $\underline{Z}_{QLV}=(0.441+j4.415)\dfrac{1}{t_N^2}=0.00368+j0.0368$（Ω）

变压器数据：$S_{NT}=31.5$MVA，$U_{NTHV}=115$kV，$U_{NTLV}=10.5$kV，$u_{Kr}=12\%$，$u_{Rr}=1\%$，$\underline{Z}_{(0)T}=1.6\underline{Z}_{(1)T}$。

变压器变比 $t_N=\dfrac{U_{NTHV}}{U_{NTLV}}=\dfrac{115}{10.5}=10.952$

变压器阻抗 $Z_T=\dfrac{u_{Kr}}{100\%}\dfrac{U_{NT}^2}{S_{NT}}=\dfrac{12\%}{100\%}\dfrac{10.5^2}{31.5}=0.42$（Ω）

变压器电阻 $R_T=\dfrac{u_{Rr}}{100\%}\dfrac{U_{NT}^2}{S_{NT}}=\dfrac{1\%}{100\%}\dfrac{10.5^2}{31.5}=0.035$（Ω）

变压器电抗 $X_T=\sqrt{Z_T^2-R_T^2}=\sqrt{0.42^2-0.035^2}=0.4185$（Ω）

变压器阻抗 $\underline{Z}_T=(0.035+j0.4185)$ Ω

变压器阻抗校正系数

$$K_T=0.95\times\frac{c_{max}}{1+0.6x_T}=0.95\times\frac{c_{max}}{1+0.6\dfrac{X_T}{\dfrac{U_{NT}^2}{S_{NT}}}}=0.95\times\frac{1.1}{1+0.6\times\dfrac{0.4185}{\dfrac{10.5^2}{31.5}}}=0.975$$

变压器阻抗 $\underline{Z}_{TK}=K_T\underline{Z}_T=0.975\times(0.035+j0.4185)=0.0341+j0.408$（Ω）

变压器零序阻抗

$$\underline{Z}_{(0)TLV}=1.6\underline{Z}_{(1)TLV}=1.6\times(0.0341+j0.408)=0.5456+j0.6528（Ω）$$

10kV 电缆数据：$3\times150/25$

铝芯导体 $q_L=150$mm²，$R'_L=\dfrac{\rho}{q_L}=\dfrac{\dfrac{1}{34}}{150}=0.196$（Ω/km）

导体半径 $r_L=6.91$mm，电缆导体间距 $d=22.38$mm，则

$$\underline{Z}'_{(1)L}=R'_L+j\omega\frac{\mu_0}{2\pi}\left(\frac{1}{4}+\ln\frac{d}{r_L}\right)=0.196+j2\pi50\frac{4\pi\times10^{-4}}{2\pi}\left(0.25+\ln\frac{22.38}{6.91}\right)$$

$$=0.196+j0.0628(0.25+1.175)=0.196+j0.0895（Ω/km）$$

电缆铜屏蔽截面 $q_S=25\text{mm}^2$，平均半径 $r_S=23.6\text{mm}$，则

$$R'_S=\frac{\rho}{q_S}=\frac{\frac{1}{54}}{25}=0.741(\Omega/\text{km})$$

土壤电阻率 ρ 为 $100\Omega\cdot\text{m}$

等效土壤渗透深度 $\delta=\dfrac{1.851}{\sqrt{\omega\dfrac{\mu_0}{\rho}}}=\dfrac{1.851}{\sqrt{2\pi50\dfrac{4\pi\times10^{-7}}{100}}}=931.592\text{m}$，取 931m

$$\underline{Z}'_{(0)\text{LSE}}=R'_L+3\omega\frac{\mu_0}{8}+j\omega\frac{\mu_0}{2\pi}\left(\frac{1}{4}+3\ln\frac{\delta}{\sqrt[3]{r_Ld^2}}\right)-\frac{3\left(\omega\dfrac{\mu_0}{8}+j\omega\dfrac{\mu_0}{2\pi}\ln\dfrac{\delta}{r_s}\right)^2}{R'_S+\omega\dfrac{\mu_0}{8}+j\omega\dfrac{\mu_0}{2\pi}\ln\dfrac{\delta}{r_S}}$$

$$=0.196+3\times2\pi\times50\frac{4\pi\times10^{-4}}{8}+j2\pi\times50\frac{4\pi\times10^{-4}}{2\pi}$$

$$\left(0.25+3\ln\frac{931}{\sqrt[3]{6.91\times10^{-3}\times(22.38\times10^{-3})^2}}\right)$$

$$-\frac{3\left(2\pi\times50\dfrac{4\pi\times10^{-4}}{8}+j2\pi\times50\dfrac{4\pi\times10^{-4}}{2\pi}\ln\dfrac{931}{23.6\times10^{-3}}\right)^2}{0.741+2\pi\times50\dfrac{4\pi\times10^{-4}}{8}+j2\pi\times50\dfrac{4\pi\times10^{-4}}{2\pi}\ln\dfrac{932.07}{23.6\times10^{-3}}}$$

$$=0.196+0.1479+j0.0628\left(0.25+3\ln\frac{931}{15.126\times10^{-3}}\right)$$

$$-\frac{3(0.0493+j0.0628\ln39494.49)^2}{0.741+0.0493+j0.0628\ln39494.49}$$

$$=0.3439+j2.0935-\frac{3(0.0493+j0.665)^2}{0.7903+j0.665}$$

$$=0.3439+j2.0935-\frac{1.334e^{j171.5}}{1.033e^{j40.1}}$$

$$=0.3439+j2.0935-(-0.854+j0.968)$$

$$=1.198+j1.126(\Omega/\text{km})$$

三相短路电流 $\underline{I}''_k=\dfrac{c_{\max}U_n}{\sqrt{3}\,(\underline{Z}_{\text{QLV}}+\underline{Z}_{\text{TLV}}+\underline{Z}'_{(1)L}L)}$，$L=0$ 时

$$\underline{I}''_k=\frac{c_{\max}U_n}{\sqrt{3}(\underline{Z}_{\text{QLV}}+\underline{Z}_{\text{TLV}})}=\frac{1.1\times10}{\sqrt{3}\times[(0.00368+j0.0368)+(0.0341+j0.408)]}$$

$$=\frac{1.1\times10}{\sqrt{3}\times(0.03778+j0.4448)}=\frac{1.1\times10}{\sqrt{3}\times0.4464e^{j85.1}}$$

$$=14.227e^{-j85.1}=1.215-j14.175(\text{kA})$$

发生接地故障时流经电缆屏蔽层和地的短路电流

$$\underline{I}''_{\text{k1SE}}=\frac{\sqrt{3}c_{\max}U_n}{2\,\underline{Z}_{\text{QLV}}+2\underline{Z}_{\text{TLV}}+\underline{Z}_{(0)\text{TLV}}+[2\,\underline{Z}'_{(1)L}+\underline{Z}_{(0)\text{LSE}}]L}$$

$L=0$ 时

$$\underline{I}''_{\text{k1SE}}=\frac{\sqrt{3}c_{\max}U_n}{2\,\underline{Z}_{\text{QLV}}+2\underline{Z}_{\text{TLV}}+\underline{Z}_{(0)\text{TLV}}}$$

$$= \frac{\sqrt{3} \times 1.1 \times 10}{2 \times (0.003\ 68 + j0.036\ 8) + 2 \times (0.034\ 1 + j0.408) + (0.545\ 6 + j0.652\ 8)}$$

$$= \frac{\sqrt{3} \times 1.1 \times 10}{0.621\ 2 + j1.542\ 4} = \frac{\sqrt{3} \times 1.1 \times 10}{1.662\ 8e^{j68.1}} = 4.274 - j10.631\text{(kA)}$$

$$I''_{k1SE} = 11.458\text{kA}$$

降低系数

$$\underline{r}_1 = \frac{R'_s}{R'_s + \omega \dfrac{\mu_0}{8} + j\omega \dfrac{\mu_0}{2\pi} \ln \dfrac{\delta}{r_s}}$$

$$= \frac{0.741}{0.741 + 2\pi \times 50 \dfrac{4\pi \times 10^{-4}}{8} + j2\pi \times 50 \dfrac{4\pi \times 10^{-4}}{2\pi} \ln \dfrac{932.07}{23.6 \times 10^{-3}}}$$

$$= \frac{0.741}{0.741 + 0.049\ 3 + j0.062\ 8\ln 39\ 494.49} = \frac{0.741}{(0.790\ 3 + j0.664\ 7)}$$

$$= 0.548\ 8 - j0.462\ 2 = 0.717\ 5e^{-j40.1}$$

$$r_1 = 0.717\ 5$$

$L = 1\text{km}$ 时

$$\underline{I}''_{k1SE} = \frac{\sqrt{3}c_{max}U_n}{2\ \underline{Z}_{QLV} + 2\underline{Z}_{TLV} + \underline{Z}_{0(TLV)} + [2\ \underline{Z}'_{(1)L} + \underline{Z}_{(0)LSE}]L}$$

$$= \frac{\sqrt{3} \times 1.1 \times 10}{(0.621\ 2 + j1.542\ 4) + [2 \times (0.196 + j0.089\ 5) + (1.198 + j1.126)] \times 1}$$

$$= \frac{\sqrt{3} \times 1.1 \times 10}{(2.211\ 2 + j2.847\ 4)} = \frac{\sqrt{3} \times 1.1 \times 10}{3.605e^{j52.2}} = 5.284\ 9e^{-j52.2} = 3.239\ 2 - j4.175\ 9\text{(kA)}$$

$$I''_{k1SE} = 5.284\ 8\text{kA}$$

$$\underline{I}_{E\delta A} = \underline{r}_1\ \underline{I}''_{k1SE} = 0.717\ 5e^{-j40.1} \times 5.284\ 9e^{-j52.2}$$

$$= 3.791\ 9e^{-j92.3} = (-0.152\ 2 - j3.788\ 8)\text{kA}$$

$$I_{E\delta A} = 3.791\ 9\text{kA}$$

$L = 5\text{km}$ 时

$$\underline{I}''_{k1SE} = \frac{\sqrt{3}c_{max}U_n}{2\ \underline{Z}_{QLV} + 2\underline{Z}_{TLV} + \underline{Z}_{(0)TLV} + (2\ \underline{Z}'_{(1)L} + \underline{Z}_{(0)LSE})L}$$

$$= \frac{\sqrt{3} \times 1.1 \times 10}{(0.621\ 2 + j1.542\ 4) + [2 \times (0.196 + j0.089\ 5) + (1.198 + j1.126)] \times 5}$$

$$= \frac{\sqrt{3} \times 1.1 \times 10}{8.571\ 2 + j8.067\ 4} = \frac{\sqrt{3} \times 1.1 \times 10}{11.771e^{j43.3}} = 1.618\ 6e^{-j43.3} = 1.178\ 0 - j1.110\ 1\text{(kA)}$$

$$I''_{k1SE} = 1.618\ 6\text{kA}$$

$$\underline{I}_{E\delta A} = \underline{r}_1\ \underline{I}''_{k1SE} = 0.717\ 5e^{-j40.1} \times 1.618\ 6e^{-j43.3}\text{kA}$$

$$= 1.161\ 3e^{-j83.4} = 0.133\ 5 - j1.153\ 6\text{(kA)}$$

$$I_{E\delta A} = 1.161\ 3\text{kA}$$

$L = 10\text{km}$ 时

$$\underline{I}''_{k1SE} = \frac{\sqrt{3}c_{max}U_n}{2\ \underline{Z}_{QLV} + 2\underline{Z}_{TLV} + \underline{Z}_{(0)TLV} + [2\ \underline{Z}'_{(1)L} + \underline{Z}_{(0)LSE}]L}$$

$$=\frac{\sqrt{3}\times1.1\times10}{(0.621\,2+j1.542\,4)+[2\times(0.196+j0.089\,5)+(1.198+j1.126)]\times10}$$

$$=\frac{\sqrt{3}\times1.1\times10}{16.521\,2+j14.592\,4}=\frac{\sqrt{3}\times1.1\times10}{22.042\,9e^{j41.5}}=0.864\,3e^{-j41.5}=0.647\,3-j0.572\,7(kA)$$

$$I''_{k1SE}=0.864\,3kA$$

$$\underline{I}_{E\delta A}=\underline{r}_1\,I''_{k1SE}=0.717\,5e^{-j40.1}\times0.864\,3e^{-j41.5}$$

$$=0.620\,1e^{-j81.6}=0.090\,6-j0.613\,4(kA)$$

$$I_{E\delta A}=0.620\,1kA$$

为了便于比较，将以上计算结果列入表 4.4-4。

表 4.4-4   示例计算结果

电缆长度（km）	I''_{k1SE}（kA）	I''_{k1SE}（kA）	$\underline{I}_{E\delta A}$（kA）	$I_{E\delta A}$（kA）
1	3.239 2−j4.175 9	5.284 8	−0.152 2−j3.788 8	3.791 9
5	1.178 0−j1.110 1	1.618 6	0.133 5−j1.153 6	1.161 3
10	0.647 3−j0.572 7	0.864 3	0.090 6−j0.613 4	0.620 1

4.5 柴油发电机供电系统短路电流的计算

4.5.1 计算条件

（1）柴油发电机供电系统的负载大部分为电动机，其单台容量大小可与发电机容量相比拟，故短路电流应按短路点靠近发电机的系统短路进行计算。短路过程中，不仅发电机作为短路电流供给源，正在运行的电动机通常也是短路电流很大的供给源。

（2）短路时，设故障点处的阻抗为零，其短路电流由系统中所有的发电机和电动机的特性及其馈电线的阻抗来决定。

（3）计算短路系统时，其发电机的励磁方式一律按他励考虑。

（4）短路计算采用有名单位制，即功率、电流、电压和阻抗分别用千伏安（kVA）、千安（kA）、伏特（V）和欧姆（Ω）表示。

4.5.2 短路系统电参数的计算与简化

当系统中并联电路较多且短路点又发生在馈电线始端时，实际上对短路电流的计算往往采用假想等效发电机方法，即从主配电盘母线处看电源侧，把所有发电机和电动机视为一台假想的等效发电机，求得等效发电机的短路特性和时间常数，再近似地计算其短路电流。而馈电线的阻抗作为假想等效发电机的外阻抗来考虑。设定典型柴油发电机供电系统如图 4.5-1（a）所示，并变换成图 4.5-1（b）进行计算。

各支路矢量阻抗和修正后的时间常数用下列公式表示发电机 G1

$$\left.\begin{array}{l}\underline{Z}''_{G1}=(R_{d\cdot G1}+R_{1\cdot G1})+j(X''_{d\cdot G1}+X_{1\cdot G1})=R_{G1}+jX''_{G1}\\\underline{Z}'_{G1}=(R_{d\cdot G1}+R_{1\cdot G1})+j(X'_{d\cdot G1}+X_{1\cdot G1})=R_{G1}+jX'_{G1}\end{array}\right\}\qquad(4.5\text{-}1)$$

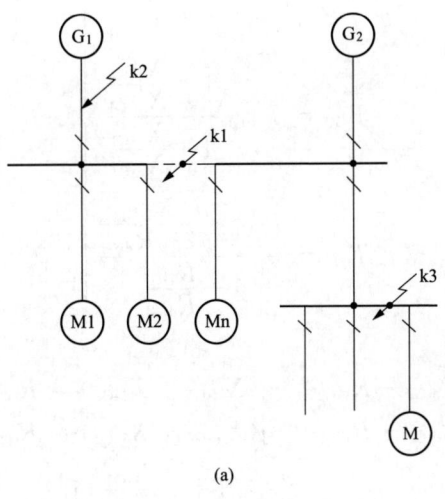

(a)

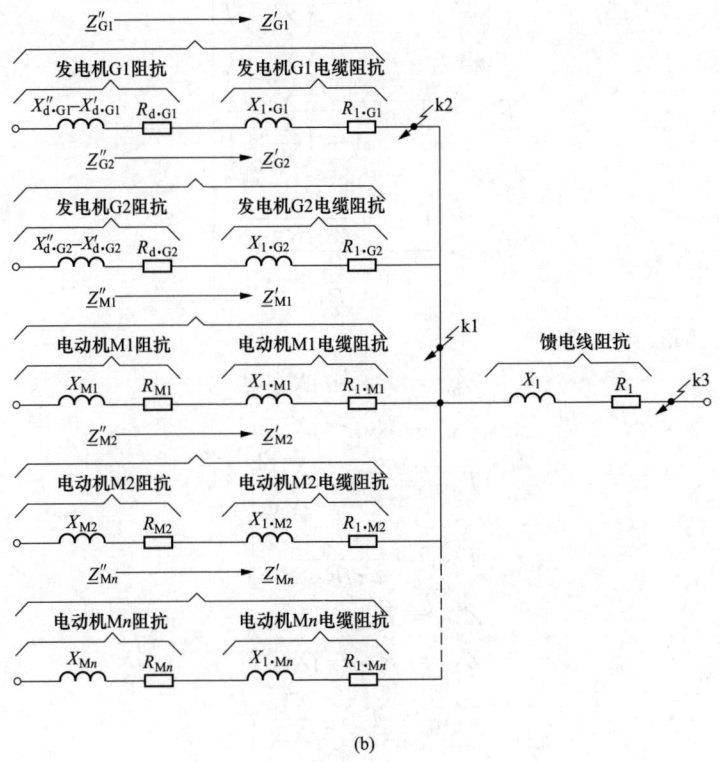

(b)

图 4.5-1 典型柴油发电机供电系统

(a) 电源线路；(b) 电源等值电路

$$\left.\begin{array}{l} T''_{G1} = T''_{d \cdot G1} \dfrac{1 + \dfrac{X_{1 \cdot G1}}{X''_{d \cdot G1}}}{1 + \dfrac{X_{1 \cdot G1}}{X'_{d \cdot G1}}} \\[2em] T'_{G1} = T'_{d \cdot G1} \dfrac{1 + \dfrac{X_{1 \cdot G1}}{X'_{d \cdot G1}}}{1 + \dfrac{X_{1 \cdot G1}}{X_{d \cdot G1}}} \\[2em] T_{G1} = \dfrac{T_{d \cdot G1} + \dfrac{X_{1 \cdot G1}}{2 \pi f R_{d \cdot G1}}}{1 + \dfrac{R_{1 \cdot G1}}{R_{d \cdot G1}}} \end{array}\right\} \qquad (4.5\text{-}2)$$

发电机 G2

$$\left.\begin{array}{l} \underline{Z}''_{G2} = (R_{d \cdot G2} + R_{1 \cdot G2}) + j(X''_{d \cdot G2} + X_{1 \cdot G2}) = R_{G2} + j X''_{G2} \\ \underline{Z}'_{G2} = (R_{d \cdot G2} + R_{1 \cdot G2}) + j(X'_{d \cdot G2} + X_{1 \cdot G2}) = R_{G2} + j X'_{G2} \end{array}\right\} \qquad (4.5\text{-}3)$$

$$\left.\begin{array}{l} T''_{G2} = T''_{d \cdot G2} \dfrac{1 + \left(\dfrac{X_{1 \cdot G2}}{X''_{d \cdot G2}}\right)}{1 + \left(\dfrac{X_{1 \cdot G2}}{X'_{d \cdot G2}}\right)} \\[2em] T'_{G2} = T'_{d \cdot G2} \dfrac{1 + \left(\dfrac{X_{1 \cdot G2}}{X'_{d \cdot G2}}\right)}{1 + \left(\dfrac{X_{1 \cdot G2}}{X_{d \cdot G2}}\right)} \\[2em] T_{G2} = \dfrac{T_{d \cdot G2} + \dfrac{X_{1 \cdot G2}}{2 \pi f R_{d \cdot G2}}}{1 + \dfrac{R_{1 \cdot G2}}{R_{d \cdot G2}}} \end{array}\right\} \qquad (4.5\text{-}4)$$

电动机 M1、M2、…、Mn

$$\left.\begin{array}{l} \underline{Z}''_{M1} = R_{M1} + j X''_{M1} \\ \underline{Z}'_{M1} = R_{M1} + j X'_{M1} \end{array}\right\} \qquad (4.5\text{-}5)$$

$$\left.\begin{array}{l} T_{z \cdot M1} = T_{dz \cdot M1} \dfrac{X''_{M1}}{X_{M1}} \\[1.5em] T_{f \cdot M1} = \dfrac{X''_{M1}}{2 \pi f R_{M1}} \end{array}\right\} \qquad (4.5\text{-}6)$$

$$\left.\begin{array}{l} \underline{Z}''_{M2} = R_{M2} + j X''_{M2} \\ \underline{Z}'_{M2} = R_{M2} + j X'_{M2} \end{array}\right\} \qquad (4.5\text{-}7)$$

$$\left.\begin{array}{l} T_{z \cdot M2} = T_{dz \cdot M2} \dfrac{X''_{M2}}{X_{M2}} \\[1.5em] T_{f \cdot M2} = \dfrac{X''_{M2}}{2 \pi f R_{M2}} \end{array}\right\} \qquad (4.5\text{-}8)$$

$$\left.\begin{array}{l} \underline{Z}''_{Mn} = R_{Mn} + j X''_{Mn} \\ \underline{Z}'_{Mn} = R_{Mn} + j X'_{Mn} \end{array}\right\} \qquad (4.5\text{-}9)$$

$$T_{z \cdot Mn} = T_{dz \cdot Mn} \frac{X''_{Mn}}{X_{Mn}}$$

$$T_{f \cdot Mn} = \frac{X''_{Mn}}{2\pi f R_{Mn}}$$

$$(4.5\text{-}10)$$

以上式中 T''_{G1} 和 T''_{G2}、T'_{G1} 和 T'_{G2}、T_{G1} 和 T_{G2} —— 发电机 G1 和 G2 经修正后的短路超瞬态时间常数、瞬态时间常数和电枢时间常数，s；

$T''_{d \cdot G1}$ 和 $T''_{d \cdot G2}$、$T'_{d \cdot G1}$ 和 $T'_{d \cdot G2}$、$T_{d \cdot G1}$ 和 $T_{d \cdot G2}$ —— 发电机 G1 和 G2 短路超瞬态时间常数、瞬态时间常数和电枢时间常数，s；

$T_{z \cdot M1}$、$T_{z \cdot M2}$···、$T_{z \cdot Mn}$ 和 $T_{f \cdot M1}$、$T_{f \cdot M2}$、···、$T_{f \cdot Mn}$ —— 电动机 M1、M2、···、Mn 经修正后的周期分量时间常数和非周期分量时间常数，s；

$T_{dz \cdot M1}$、$T_{dz \cdot M2}$、···、$T_{dz \cdot Mn}$ —— 电动机 M1、M2、···、Mn 周期分量时间常数，s。

当 k1 点处于短路时，如等效发电机的短路电流周期分量和非周期分量对时间 t 的函数分别为 $i_{z \cdot k1} = f(t)$ 和 $i_{f \cdot k1} = g(t)$。并且令 $t = 0、\frac{1}{2}T、T、\frac{3}{2}T、2T、\frac{5}{2}T、3T、\cdots$，则可作出发电机的短路特性曲线如图 4.5-2 所示。利用 $i_{z \cdot k1}|_{t=0, T''_{z \cdot k1}}$ 和 $i_{f \cdot k1}|_{t=0, T_{f \cdot k1}}$ 导出的短路关系式，查该特性曲线即可得到时间常数 $T''_{z \cdot k1}$ 和 $T_{f \cdot k1}$。

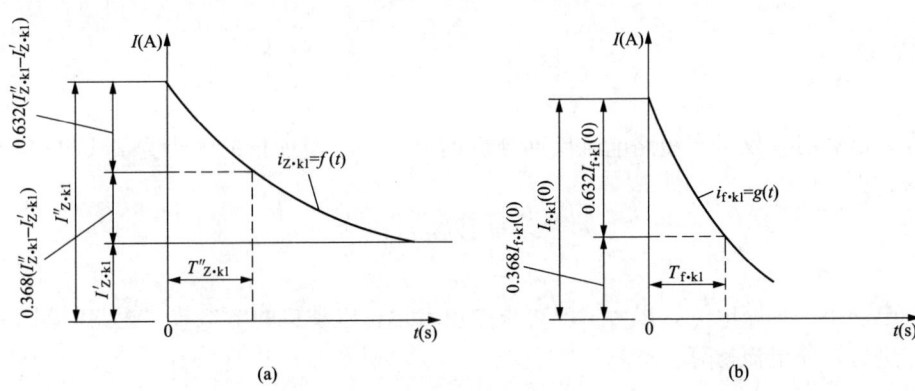

图 4.5-2 等效发电机短路特性曲线
(a) 短路电流周期分量衰减曲线；(b) 短路电流非周期分量衰减曲线

等效发电机的阻抗参数：超瞬态电抗 X''_{k1}、瞬态电抗 X'_{k1}、电枢电阻 R_{k1}，由下式决定

$$X''_{k1} = \frac{U}{I''_{z \cdot k1}}$$

$$X'_{k1} = \frac{U}{I'_{z \cdot k1}}$$

$$R_{k1} = \frac{X''_{k1}}{2\pi f T_{f \cdot k1}}$$

$$(4.5\text{-}11)$$

于是图 4.5-1 可以简化为图 4.5-3，考虑到馈电线的影响，可将馈电线的阻抗当作假想

等效发电机的外阻抗来处理。可得图 4.5-1 中 k3 处前端系统的阻抗为

$$
\left.\begin{array}{l}
\underline{Z}'' = (R_{k1} + R_1) + j(X''_{k1} + X_1) = R + jX'' \\
\underline{Z}' = (R_{k1} + R_1) + j(X'_{k1} + X_1) = R + jX'
\end{array}\right\} \tag{4.5-12}
$$

超瞬态时间常数

$$
T''_{z \cdot k3} = T''_{z \cdot k1} \frac{1 + (X_1/X''_{k1})}{1 + (X_1/X'_{k1})} \tag{4.5-13}
$$

直流时间常数为

$$
T_{f \cdot k3} = \frac{T'_{f \cdot k1} + (X_1/2\pi f R_{k1})}{1 + (R_1/R_{k1})} \tag{4.5-14}
$$

4.5.3 柴油发电机供电系统短路电流的计算

4.5.3.1 电机出线端的短路电流

（1）发电机的短路电流。空载时的发电机在出线端突然三相短路，在计算短路后 1/2 周期（即短路时间 $t = T/2$ 时）的短路电流时，可以忽略由短路瞬态时间常

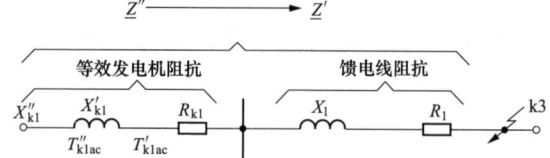

图 4.5-3 柴油发电机供电系统简化后的等值电路

数决定的瞬态电流的衰减，同时也可忽略电枢电阻的影响，此时最大相电流的周期分量 $i_{z \cdot G0}$ 和非周期分量 $i_{f \cdot G0}$ 由下式计算

$$
\left.\begin{array}{l}
i_{z \cdot G0} = \dfrac{U}{X'_d} + \left(\dfrac{1}{X''_d} - \dfrac{1}{X'_d}\right) U e^{-\frac{T}{2} \times \frac{1}{T'_d}} \\[3mm]
i_{f \cdot G0} = \dfrac{\sqrt{2}U}{X''_d} e^{-\frac{T}{2} \times \frac{1}{T'_d}}
\end{array}\right\} \tag{4.5-15}
$$

若在带负载时，仅考虑短路电流周期分量的增加，其增加量的大小为 1/10 的空载短路周期分量，即

$$
\left.\begin{array}{l}
i_{z \cdot G} = 1.1 i_{z \cdot G0} \\
i_{f \cdot G} = i_{f \cdot G0}
\end{array}\right\} \tag{4.5-16}
$$

（2）电动机的短路电流。单台情况可根据单台运行电动机的电参数，短路时间 $t = T/2$ 时按下式进行短路电流计算

$$
\left.\begin{array}{l}
i_{z \cdot M} = \dfrac{I_N}{Z'_{*M}} e^{-\frac{T}{2} \times \frac{1}{T_{z \cdot M}}} \approx \dfrac{I_N}{Z_M} e^{-\frac{T}{2} \times \frac{1}{T_{z \cdot M}}} \\[3mm]
i_{f \cdot M} = \dfrac{\sqrt{2}I_N}{Z'_{*M}} e^{-\frac{T}{2} \times \frac{1}{T_{f \cdot M}}} \approx \dfrac{\sqrt{2}I_N}{Z_M} e^{-\frac{T}{2} \times \frac{1}{T_{f \cdot M}}}
\end{array}\right\} \tag{4.5-17}
$$

其中

$$
T_{z \cdot M} = \frac{X'}{2\pi f R_r}
$$

$$
T_{f \cdot M} = \frac{X'}{2\pi f R_s}
$$

式中　I_N——电动机的额定电流，A；

　　　Z'_{*M}——电动机的瞬态阻抗（标幺值），计算中实际上采用堵转阻抗 $Z_M = \sqrt{R_s^2 + X'^2}$；

　　　X'——瞬态电抗，等于定子漏抗和转子漏抗之和（标幺值）；

R_{s}——定子电阻（标幺值）；

$T_{\text{z}\cdot\text{M}}$——周期分量衰减时间常数，s；

$T_{\text{f}\cdot\text{M}}$——非周期分量衰减时间常数，s；

R_{r}——转子电阻（标幺值）。

多台电动机情况可分别求出每台电动机的短路电流，然后代数相加，也可以在考虑负荷的需要系数和同时系数的最大工况下，把同时运行的电动机有效负荷视作一台等效的电动机来考虑，其等效电动机的额定功率为所有同时运行电动机负荷的总计算功率。当负荷的计算资料有困难时，也可将同时运行的电动机额定功率之和当作等效电动机的额定功率，计算其各种电参数，然后再根据式（4.5-17）计算短路电流。

4.5.3.2 母线上短路时的短路电流（图 4.5-1 中 k1 点短路）

计算母线上的短路电流，应在考虑电机电缆阻抗影响的情况下，先分别求出供给短路电流的各发电机和电动机的短路特性，然后求出母线 k1 处短路的合成总短路电流。

应用式（4.5-16）、式（4.5-17），如 $i_{\text{z}\cdot\text{G1}}$、$i_{\text{z}\cdot\text{G2}}$、$i_{\text{z}\cdot\text{M1}}$、$i_{\text{z}\cdot\text{M2}}$、…、$i_{\text{z}\cdot\text{MN}}$ 和 $i_{\text{f}\cdot\text{G1}}$、$i_{\text{f}\cdot\text{G2}}$、$i_{\text{f}\cdot\text{M1}}$、$i_{\text{f}\cdot\text{M2}}$、…、$i_{\text{f}\cdot\text{Mn}}$ 分别为发电机 G1、G2 和电动机 M1、M2、…、Mn 在母线 k1 处短路后 1/2 周期时，所计算的短路周期分量和非周期分量，则母线 k1 处总的短路电流周期分量为

非周期分量

短路冲击电流

$$\left.\begin{aligned} i_{\text{z}\cdot\text{k1}} &= (i_{\text{z}\cdot\text{G1}} + i_{\text{z}\cdot\text{G2}}) + \sum_{i=1}^{n} i_{\text{z}\cdot\text{Mi}} \\ i_{\text{f}\cdot\text{k1}} &= (i_{\text{f}\cdot\text{G1}} + i_{\text{f}\cdot\text{G2}}) + \sum_{i=1}^{n} i_{\text{f}\cdot\text{Mi}} \\ i_{\text{p}\cdot\text{k1}} &= \sqrt{2} i_{\text{z}\cdot\text{k1}} + i_{\text{f}\cdot\text{k1}} \end{aligned}\right\} \quad (4.5\text{-}18)$$

以上所述为母线非电源侧某处发生短路时的短路电流计算公式，若电源侧（即发电机和电动机均作为短路时的短路电流供给源）某处发生短路时，其短路电流应为上述总的短路电流减去该处供给源所供给的短路电流的剩值，如在图 4.5-1 发电机 G1 支线 k2 处发生短路时，则该处支线上流过的总的短路电流应周期分量为

非周期分量

短路冲击电流

$$\left.\begin{aligned} i_{\text{z}\cdot\text{k2}} &= i_{\text{z}\cdot\text{k1}} - i_{\text{z}\cdot\text{G1}} = i_{\text{z}\cdot\text{G2}} + \sum_{i=1}^{n} i_{\text{z}\cdot\text{Mi}} \\ i_{\text{f}\cdot\text{k2}} &= i_{\text{f}\cdot\text{k1}} - i_{\text{f}\cdot\text{G1}} = i_{\text{f}\cdot\text{G2}} + \sum_{i=1}^{n} i_{\text{f}\cdot\text{Mi}} \\ i_{\text{p}\cdot\text{k2}} &= \sqrt{2} i_{\text{z}\cdot\text{k2}} + i_{\text{f}\cdot\text{k2}} \end{aligned}\right\} \quad (4.5\text{-}19)$$

4.5.3.3 馈电线端短路时的短路电流（图 4.5-1 中 k3 点短路）

由于存在有馈电线阻抗的影响，此处应用假想等效发电机方法，求出短路特性。对特性阻抗和时间常数进行修正，然后求出馈电线端的短路电流。

实际上，$i_{z \cdot k3}$ 和 $i_{f \cdot k3}$ 都是时间 t 的函数，即

$$
\begin{aligned}
i_{z \cdot k3} &= (i_{z \cdot G1} + i_{z \cdot G2}) + \sum_{i=1}^{n} i_{z \cdot Mi} \\
&= \frac{U}{X'_{k3}} + \left(\frac{U}{X''_{k3}} - \frac{U}{X'_{k3}} \right) e^{-\frac{t}{T''_{z \cdot k3}}} \\
&= I'_{z \cdot k3} + (I''_{z \cdot k3} - I'_{z \cdot k3}) e^{-\frac{t}{T''_{z \cdot k3}}} \\
i_{f \cdot k3} &= (i_{f \cdot G1} + i_{f \cdot G2}) + \sum_{i=1}^{n} i_{f \cdot Mi} \\
&= \sqrt{2} \frac{U}{X''_{k3}} e^{-\frac{t}{T_{f \cdot k3}}} \\
&= \sqrt{2} I''_{z \cdot k3} e^{-\frac{t}{T_{f \cdot k3}}}
\end{aligned}
\qquad (4.5\text{-}20)
$$

当时间分别等于 0、$T''_{z \cdot k3}$ 和 $T_{f \cdot k3}$ 时，则可得到下列式子

$$
\left.
\begin{aligned}
i_{Z \cdot k1(0)} &= I''_{z \cdot k3} \\
i_{f \cdot k1(0)} &= \sqrt{2} I''_{z \cdot k3}
\end{aligned}
\right\}
\qquad (4.5\text{-}21)
$$

$$
\left.
\begin{aligned}
i_{Z \cdot k3}(T''_{z \cdot k3}) &= I'_{z \cdot k3} + 0.368(I_{z \cdot k3(0)} - I'_{z \cdot k3}) \\
i_{f \cdot k3}(T_{f \cdot k3}) &= 0.368 I_{f \cdot k3(0)}
\end{aligned}
\right\}
\qquad (4.5\text{-}22)
$$

用式（4.5-22）做出等效发电机的短路特性曲线，见图 4.5-2，并用式（4.5-13）和式（4.5-14）求出等效发电机的超瞬态时间常数 $T''_{z \cdot k3}$ 和直流时间常数 $T_{f \cdot k3}$，所以馈电线端（k3 点）的短路电流周期分量为

$$
\begin{aligned}
i_{z \cdot k3} &= \frac{U}{|Z'|} + \left(\frac{U}{|Z'|} - \frac{U}{|Z'|} \right) e^{-\frac{T}{2} \times \frac{t}{T_{z \cdot k3}}} \\
&= I'_{z \cdot k3} + (I''_{z \cdot k3} - I'_{z \cdot k3}) e^{-\frac{T}{2} \times \frac{t}{T''_{z \cdot k3}}}
\end{aligned}
$$

非周期分量

$$
i_{f \cdot k3} = \frac{\sqrt{2} U}{|Z'|} e^{-\frac{T}{2} \times \frac{t}{T_{f \cdot k3}}}
$$

短路冲击电流

$$
i_{p \cdot k3} = \sqrt{2} i_{z \cdot k3} + i_{f \cdot k3}
$$

$(4.5\text{-}23)$

4.5.4 同步发电机主要参数
同步发电机主要参数见表 4.5-1。

表 4.5-1

同步发电机主要参数

发电机型号	额定参数值								特性参数值						
	功率		电压 (V)	电流 (A)	转速 (r/min)	频率 (Hz)	功率因数 (滞后)	相数	电抗 $X_{d \cdot G}$	瞬态电抗 $X'_{d \cdot G}$	超瞬态电抗 $X''_{d \cdot G}$	电枢电阻 $R_{d \cdot G}$	电枢时间常数 $T_{d \cdot G}$ (s)	瞬态时间常数 $T'_{d \cdot G}$ (s)	超瞬态时间常数 $T''_{d \cdot G}$ (s)
	(kVA)	(kW)													
TFHX-12	15	12	400	21.7	1500	50	0.8	3	2.69	0.113	0.078 8		0.005 1	0.077 9	0.029
TFHX-20	25	20	400	36.1	1500	50	0.8	3	2.13	0.089 6	0.070 3		0.007 9	0.114	0.038
TFHX-24	30	24	400	43.3	1500	50	0.8	3	2.568	0.108	0.081 7		0.008 22	0.127	0.038
TFHX-30	37.5	30	400	54.1	1500	50	0.8	3	2.62	0.128	0.077 2		0.007 4	0.065	0.035
TFHX-40	50	40	400	72.2	1500	50	0.8	3	2.84	0.122	0.083 4		0.009 3	0.122	0.044
TFHX-50	62.5	50	400	90.2	1500	50	0.8	3	2.82	0.127 5	0.083		0.009 3	0.144	0.041
TFHX-64	80	64	400	115	1500	50	0.8	3	3.14	0.131	0.08		0.01	0.123	0.048
TFHX-75	93.8	75	400	135	1500	50	0.8	3	3.28	0.129 5	0.079 7		0.010 5	0.158	0.053
TFHX-90	113	90	400	162	1500	50	0.8	3	2.866	0.13	0.076 8	0.022	0.011	0.15	0.058
TFHX-120	150	120	400	217	1500	50	0.8	3	2.91	0.118	0.070 3		0.011	0.151	0.065
TFHX-150	188	154	400	271	1500	50	0.8	3	2.24	0.097 4	0.067		0.013 8	0.182	0.082
TFHX-200	250	200	400	361	1500	50	0.8	3	2.732	0.114	0.079 1		0.015 3	0.187	0.071
TFHX-250	313	250	400	451	1500	50	0.8	3	2.324	0.082 5	0.042 5		0.09	0.170	0.061
IFC6-354-4	330	264	400	477	1500	50	0.8	3		0.180	0.105			0.046	0.004
IFC6-355-4	380	304	400	549.1	1500	50	0.8	3		0.135	0.080			0.041	0.003
IFC6-454-8	415	332	400	600	750	50	0.8	3	2.33	0.22	0.126	0.02	0.021	0.066	0.002
IFC6-456-4	510	408	400	737	750	50	0.8	3	2.50	0.225	0.13	0.019	0.023	0.067	0.002
IFC6-502-8	590	472	400	852.6	750	50	0.8	3	2.33	0.207	0.12	0.019	0.022	0.08	0.002 6

4.5.5 柴油发电机供电系统短路电流计算示例

【例 4.5-1】 某实验中心的柴油发电机供电系统短路电流计算电路如图 4.5-4 所示。发电机 2 台、每台 113kVA，同时运行的电动机共 10 台、总功率为 75kW，其中有一台 55kW 的大电动机接于 70m 远的分配电盘上。求 k1、k2 和 k3 处的短路电流。

已知电气元件参数如下：

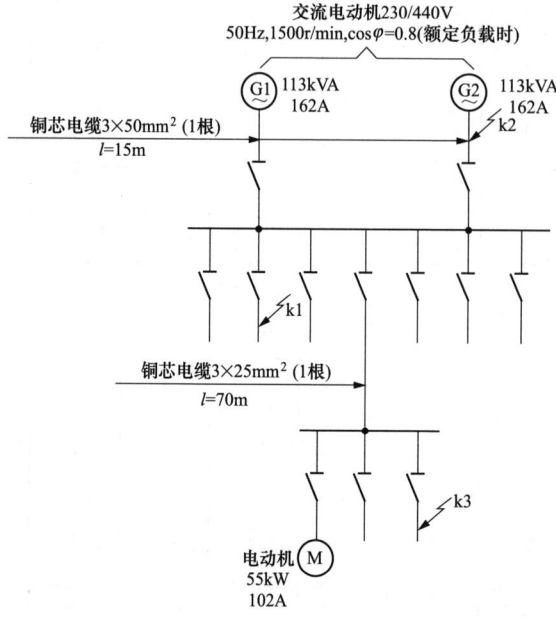

图 4.5-4 柴油发电机供电系统短路电流计算电路

（1）查表 4.5-1 得发电机 G1 和 G2 的特性数据：$X''_{d \cdot G1} = X''_{d \cdot G2} = 0.076\,8$，$X'_{d \cdot G1} = X'_{d \cdot G2} = 0.13$，$X_{d \cdot G1} = X_{d \cdot G2} = 2.866$；$R_{d \cdot G1} = R_{d \cdot G2} = 0.022$；$T''_{d \cdot G1} = T''_{d \cdot G2} = 0.058s$；$T'_{d \cdot G1} = T'_{d \cdot G2} = 0.15s$；$T_{d \cdot G1} = T_{d \cdot G2} = 0.011s$。

（2）电动机特性。

1）电动机 M 的特性参数：$Z_m = 0.168\,6$（标幺值）；$X_m = 0.167\,6$（标幺值）；$r_r = 0.033\,6$（标幺值）；$r_s = 0.021\,1$（标幺值）；$T_{z \cdot M} = 0.016s$；$T_{f \cdot M} = 0.025s$。

2）平均输出功率为 7.5kW 的电动机的特性参数：$I_m = 15.4A \times 10 = 154A$；$Z_m = 0.164\,9$（标幺值）；$X_m = 0.159\,5$（标幺值）；$r_r = 0.045\,3$（标幺值）；$r_s = 0.045\,6$（标幺值）；$T_{z \cdot M} = 0.011s$；$T_{f \cdot M} = 0.012s$。

3）将同时运行的总功率为 75kW 的所有电动机，用一台等效电动机代替，其参数为：$Z_m = 0.154\,6$（标幺值）；$X_m = 0.153\,5$（标幺值）；$r_r = 0.033$（标幺值）；$r_s = 0.018\,2$（标幺值）；$T_{z \cdot M} = 0.016s$；$T_{f \cdot M} = 0.027s$。

（3）电缆。

1）$3 \times 50mm^2$，15m 长的电缆参数为：$R_{1 \cdot G1} = R_{1 \cdot G2} = 0.004\,8$（标幺值）；$X_{1 \cdot G1} = X_{1 \cdot G2} = 0.000\,7$（标幺值）。

2）$3 \times 25mm^2$，70m 长的电缆参数为：$R_1 = 0.045$（标幺值），$R_1 = 0.064\Omega$；$X_1 = 0.003\,3$（标幺值），$X_1 = 0.004\,7\Omega$。

解 （1）求 k1 点短路电流。

1）发电机短路电流计算步骤如下：根据式（4.5-1）

$$\underline{Z}''_{G1}(= \underline{Z}''_{G2}) = R_{G1} + jX''_{G1}$$
$$= (R_{d \cdot G1} + R_{1 \cdot G1}) + j(X''_{d \cdot G1} + X_{1 \cdot G1})$$
$$= (0.022 + 0.004\,8) + j(0.076\,8 + 0.000\,7)$$
$$= 0.026\,8 + j0.077\,5$$
$$= 0.082e^{j71°}$$

$$\underline{Z}'_{G1}(= \underline{Z}'_{G2}) = R_{G1} + jX'_{G1}$$
$$= (R_{d \cdot G1} + R_{1 \cdot G1}) + j(X'_{d \cdot G1} + X_{1 \cdot G1})$$

$$= (0.022 + 0.004\ 8) + j(0.13 + 0.000\ 7)$$
$$= 0.026\ 8 + j0.130\ 7$$
$$= 0.133\ 4e^{j78°48'}$$

根据式（4.5-2）

$$T''_{G1}(= T''_{G2}) = T''_{d \cdot G1} \frac{1 + X_{1 \cdot G1}/X''_{d \cdot G1}}{1 + X_{1 \cdot G1}/X'_{d \cdot G1}}$$

$$= 0.058 \times \frac{1 + 0.000\ 7/0.076\ 8}{1 + 0.000\ 7/0.13}$$

$$= 0.058(s)$$

$$T_{G1}(= T_{G2}) = \frac{T_{d \cdot G1} + X_{1 \cdot G1}/(2\pi f R_{d \cdot G1})}{1 + R_{1 \cdot G1}/R_{d \cdot G1}}$$

$$= \frac{0.011 + 0.000\ 7/(2 \times 3.14 \times 50 \times 0.022)}{1 + 0.004\ 8/0.022}$$

$$= 0.01(s)$$

根据式（4.5-16）、式（4.5-15）

$$i_{z \cdot G1}(= i_{z \cdot G2}) = 1.1 i_{z \cdot G10}$$

$$= \left[\frac{I_{r \cdot G1}}{X'_{G1}} + \left(\frac{I_{r \cdot G1}}{X''_{G1}} - \frac{I_{r \cdot G1}}{X'_{G1}} \right) e^{-\frac{t}{T''_{d \cdot G1}}} \right] \times 1.1$$

$$= \left[\frac{162}{0.130\ 7} + \left(\frac{162}{0.077\ 5} - \frac{162}{0.130\ 7} \right) e^{-\frac{t}{0.058}} \right] \times 1.1$$

$$= 1363 + 936 e^{-\frac{t}{0.058}}(A)$$

有名值表示法 $i_{z \cdot G1}(= i_{z \cdot G2}) = \left[\dfrac{U}{Z'_{G1}} + \left(\dfrac{1}{Z''_{G1}} - \dfrac{1}{Z'_{G1}} \right) U e^{-\frac{t}{T''_{d \cdot G1}}} \right] \times 1.1$

$$i_{f \cdot G1}(= i_{f \cdot G2}) = i_{f \cdot G10}$$

$$= \frac{\sqrt{2} I_{r \cdot G1}}{X''_{G1}} e^{-\frac{t}{T_{d \cdot G1}}} = \frac{\sqrt{2} \times 162}{0.077\ 5} e^{-\frac{t}{0.011}}$$

$$= 2956 e^{-\frac{t}{0.011}}(A)$$

$$\left[\text{有名值表示法 } i_{f \cdot G1}(= i_{f \cdot G2}) = i_{f \cdot G10} = \frac{\sqrt{2} U}{Z''_{G1}} e^{-\frac{t}{T_{d \cdot G1}}} \right]$$

发电机 G1 和 G2 合供的短路电流按式（4.6-18）计算

$$i_{z \cdot G} = i_{z \cdot G1} + i_{z \cdot G2} = 2 i_{z \cdot G1} = 2726 + 1872 e^{-\frac{t}{0.058}}(A)$$

$$i_{f \cdot G} = i_{f \cdot G1} + i_{f \cdot G2} = 2 i_{f \cdot G1} = 5912 e^{-\frac{t}{0.011}}(A)$$

2）电动机短路电流：根据式（4.5-17）

$$i_{z \cdot M} = \frac{I_{rm}}{Z_M} e^{-\frac{t}{T_{z \cdot M}}} = \frac{154}{0.164\ 9} e^{-\frac{t}{0.011}} = 934 e^{-\frac{t}{0.011}}(A)$$

$$i_{f \cdot M} = \frac{\sqrt{2} I_{rm}}{Z_M} e^{-\frac{t}{T_{f \cdot M}}} = \frac{\sqrt{2} \times 154}{0.164\ 9} e^{-\frac{t}{0.012}} = 1321 e^{-\frac{t}{0.012}}(A)$$

短路时间 t 为各特定时间的短路电流 $i_{z \cdot G}$、$i_{f \cdot G}$、$i_{z \cdot M}$、$i_{f \cdot M}$ 的计算见表 4.5-2～表 4.5-5。

表 4.5-2 各特定时间的 $i_{z \cdot G}$ （$=2726+1872\mathrm{e}^{-\frac{t}{0.058}}$） 计算 A

t（s）	$\dfrac{t}{0.058}$	$\mathrm{e}^{-\frac{t}{0.058}}$	$i_{z \cdot G}$	t（s）	$\dfrac{t}{0.058}$	$\mathrm{e}^{-\frac{t}{0.058}}$	$i_{z \cdot G}$
0	0	1	4598	$2T=0.04$	0.690	0.501	3664
$\dfrac{T}{2}=0.01$	0.172	0.841	4300	$\dfrac{5}{2}T=0.05$	0.862	0.423	3518
$T=0.02$	0.345	0.708	4051	$3T=0.06$	1.034	0.356	3392
$\dfrac{3}{2}T=0.03$	0.517	0.596	3842				

表 4.5-3 各特定时间的 $i_{f \cdot G}$ （$=5912\mathrm{e}^{-\frac{t}{0.011}}$） 计算 A

t（s）	$\dfrac{t}{0.011}$	$\mathrm{e}^{-\frac{t}{0.011}}$	$i_{f \cdot G}$	t（s）	$\dfrac{t}{0.011}$	$\mathrm{e}^{-\frac{t}{0.011}}$	$i_{f \cdot G}$
0	0	1	5912	$2T=0.04$	3.636	0.026	154
$\dfrac{T}{2}=0.01$	0.909	0.402	2376	$\dfrac{5}{2}T=0.05$	4.545	0.011	65
$T=0.02$	1.818	0.162	957	$3T=0.06$	5.454	0.004	24
$\dfrac{3}{2}T=0.03$	2.727	0.065	384				

表 4.5-4 各特定时间的 $i_{z \cdot M}$ （$=934\mathrm{e}^{-\frac{t}{0.011}}$） 计算 A

t（s）	$\dfrac{t}{0.011}$	$\mathrm{e}^{-\frac{t}{0.011}}$	$i_{z \cdot M}$	t（s）	$\dfrac{t}{0.011}$	$\mathrm{e}^{-\frac{t}{0.011}}$	$i_{z \cdot M}$
0	0	1	934	$2T=0.04$	3.636	0.026	24
$\dfrac{T}{2}=0.01$	0.909	0.402	375	$\dfrac{5}{2}T=0.05$	4.545	0.011	10
$T=0.02$	1.818	0.162	151	$3T=0.06$	5.454	0.004	4
$\dfrac{3}{2}T=0.03$	2.727	0.065	61				

表 4.5-5 各特定时间的 $i_{f \cdot M}$ （$=1321\mathrm{e}^{-\frac{t}{0.012}}$） 计算 A

t（s）	$\dfrac{t}{0.012}$	$\mathrm{e}^{-\frac{t}{0.012}}$	$i_{f \cdot M}$	t（s）	$\dfrac{t}{0.012}$	$\mathrm{e}^{-\frac{t}{0.012}}$	$i_{f \cdot M}$
0	0	1	1321	$2T=0.04$	3.333	0.036	48
$\dfrac{T}{2}=0.01$	0.833	0.435	575	$\dfrac{5}{2}T=0.05$	4.167	0.016	21
$T=0.02$	1.667	0.189	250	$3T=0.06$	5.000	0.007	9
$\dfrac{3}{2}T=0.03$	2.500	0.082	108				

所以通过 k1 点的 1/2 周期时的总的短路电流如下：周期分量

$$i_{z \cdot k1} = i_{z \cdot G} + i_{z \cdot M} = 4300 + 375 = 4675 \ (\mathrm{A})$$

非周期分量

$$i_{f \cdot k1} = i_{f \cdot G} + i_{f \cdot M} = 2376 + 575 = 2951 \ (\mathrm{A})$$

短路冲击电流

$$i_{p \cdot k1} = \sqrt{2} i_{z \cdot k1} + i_{f \cdot k1} = \sqrt{2} \times 4675 + 2951 = 9561 \ (\mathrm{A})$$

（2）求 k2 点短路电流：周期分量

$$i_{z \cdot k2} = i_{z \cdot k1} - i_{z \cdot G2} = 4675 - \frac{1}{2} \times 4300 = 2525 \ (A)$$

非周期分量

$$i_{f \cdot k2} = i_{f \cdot k1} - i_{f \cdot G2} = 2951 - \frac{1}{2} \times 2376 = 1763 \ (A)$$

短路冲击电流

$$i_{p \cdot k2} = \sqrt{2} i_{z \cdot k2} + i_{f \cdot k2} = \sqrt{2} \times 2525 + 1763 = 5333 \ (A)$$

（3）求 k3 点短路电流。先求等效发电机特性。将所有发电机和电动机归纳为一台等效发电机 G′ 来考虑，则：周期分量

$$i_{z \cdot G'} = i_{z \cdot G} + i_{z \cdot M}$$

非周期分量

$$i_{f \cdot G'} = i_{f \cdot G} + i_{f \cdot M}$$

根据已经求得的 $i_{z \cdot G}$、$i_{z \cdot M}$ 和 $i_{f \cdot G}$、$i_{f \cdot M}$ 值，得到 $i_{z \cdot G'}$ 和 $i_{f \cdot G'}$ 对各特定时间的变化值列于表 4.5-6 中。

表 4.5-6 $i_{z \cdot G'}$ 和 $i_{f \cdot G'}$ 对各特定时间的变化值

t (s)	0	$\frac{T}{2}$	T	$\frac{3}{2}T$	$2T$	$\frac{5}{2}T$	$3T$
$i_{z \cdot G'}$ (A)	5532	4675	4202	3903	3688	3528	3396
$i_{f \cdot G'}$ (A)	7233	2951	1207	492	202	86	33

由 $i_{z \cdot G'}$ 和 $i_{f \cdot G'}$ 值，根据式（4.5-21）、式（4.5-22），作出等效发电机特性曲线，如图 4.5-5 和图 4.5-6 所示，由特性曲线求等效发电机各常数如下：

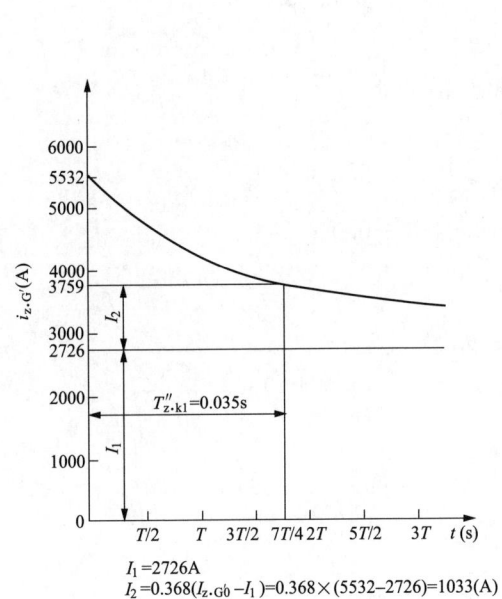

$I_1 = 2726A$
$I_2 = 0.368(I_{z \cdot G0} - I_1) = 0.368 \times (5532 - 2726) = 1033(A)$

图 4.5-5   等效发电机短路特性曲线
（母线短路电流周期分量 $i_{z \cdot G'}$）

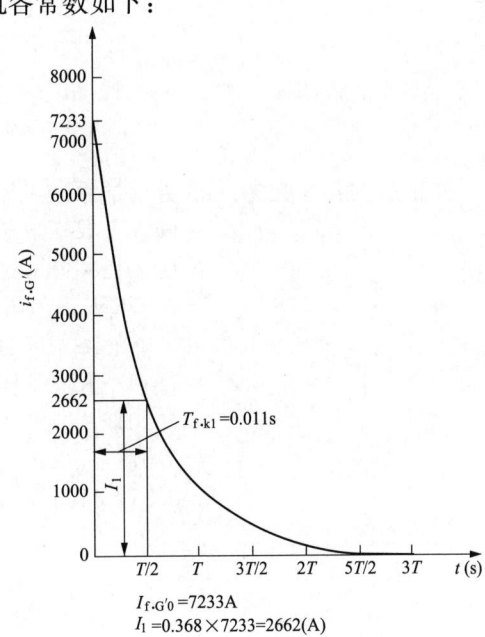

$I_{f \cdot G'0} = 7233A$
$I_1 = 0.368 \times 7233 = 2662(A)$

图 4.5-6   等效发电机短路特性曲线
（母线短路电流非周期分量 $i_{f \cdot G'}$）

由

$$i_{z \cdot k3}(T''_{z \cdot k3}) = I'_{z \cdot k3} + 0.368 \times (I_{z \cdot F3(0)} - I'_{z \cdot k3})$$
$$= 2726 + 0.368 \times (5532 - 2726)$$
$$= I_1 + I_2$$
$$= 2726 + 1033$$
$$= 3759 \text{(A)}$$

得 $T''_{z \cdot k1} = 0.035$ (s)

根据式 (4.5-11)

$$T_{f \cdot k1} = 0.011 \text{ (s)}$$

$$X''_{k1} = \frac{U}{I''_{z \cdot k1}} = \frac{\frac{400}{\sqrt{3}}}{5532} = 0.041\,8 \text{ (}\Omega\text{)}$$

$$X'_{k1} = \frac{U}{I'_{z \cdot k1}} = \frac{\frac{400}{\sqrt{3}}}{2726} = 0.084\,8 \text{ (}\Omega\text{)}$$

$$R_{k1} = \frac{X''_{k1}}{2\pi f T_{f \cdot k1}} = \frac{0.041\,8}{2\pi \times 50 \times 0.011} = 0.012 \text{ (}\Omega\text{)}$$

根据已经求得的等效发电机各参数及考虑馈电线阻抗的影响,画出馈电线短路等效电路如图 4.5-7 所示。

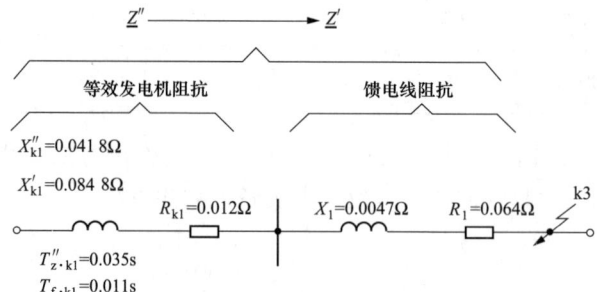

图 4.5-7　馈电线短路等效电路

修正后的各参数为:k3 处前端系统的阻抗

$$\underline{Z}'' = (R_{k1} + R_1) + \mathrm{j}(X''_{k1} + X_1)$$
$$= (0.012 + 0.064) + \mathrm{j}(0.0418 + 0.004\,7)$$
$$= 0.076 + \mathrm{j}0.046\,5$$
$$= 0.089\,1 e^{\mathrm{j}31°24'} \text{ (}\Omega\text{)}$$

$$\underline{Z}' = (R_{k1} + R_1) + \mathrm{j}(X'_{k1} + X_1)$$
$$= (0.012 + 0.064) + \mathrm{j}(0.084\,8 + 0.004\,7)$$
$$= 0.076 + \mathrm{j}0.089\,5$$
$$= 0.117\,41 e^{\mathrm{j}49°40'} \text{ (}\Omega\text{)}$$

超瞬态时间常数

$$T''_{z \cdot k3} = T''_{z \cdot k1} \frac{1 + X_1/X''_{k1}}{1 + X_1/X'_{k1}}$$
$$= 0.035 \times \frac{1 + 0.004\,7/0.041\,8}{1 + 0.004\,7/0.084\,8}$$
$$= 0.036\,9 \text{(s)}$$

于是可以得到短路后 1/2 周期时的短路电流如下，周期分量

$$i_{z \cdot k3} = \frac{U}{|Z'|} + \left(\frac{U}{|Z''|} - \frac{U}{|Z'|} \right) e^{-\frac{t}{T'_{z \cdot k3}}}$$

$$= \frac{230}{0.117\,4} - \left(\frac{230}{0.089\,1} - \frac{230}{0.117\,4} \right) e^{-\frac{T}{2} \times \frac{1}{0.036\,9}}$$

$$= 2433(A)$$

非周期分量

$$i_{f \cdot k3} = \frac{\sqrt{2} U}{Z''} e^{-\frac{t}{T_{f \cdot k3}}} = \frac{\sqrt{2} \times 230}{0.089\,1} e^{-\frac{T}{2} \times \frac{1}{0.002}} = 25(A)$$

短路冲击电流：

$$i_{p \cdot k3} = \sqrt{2} i_{z \cdot k3} + i_{f \cdot k3} = \sqrt{2} \times 2433 + 25 = 3466(A)$$

4.6　实用短路电流计算法

4.6.1　简介

实用短路电流计算法的基本概念与计算条件等内容介绍详见 4.1。在进行短路电流计算时还要考虑限制短路电流的措施，以便限制系统的短路电流值在一定的范围内。通常限制短路电流采用的措施如下。

（1）各级电压短路电流控制水平：当电力网络短路电流数值与系统运行或发展不适应时，应采取措施限制短路电流。我国目前对电力系统短路电流的控制水平见表 4.6-1。

表 4.6-1　　　　　　　　　各级电压短路电流控制水平

电压等级（kV）	10	20	35	66	110	220	330	500
短路电流控制水平（kA）	16/20	16/20	25	31.5	31.5/40	31.5/40	50	50

（2）电力系统可采取的限流措施：①提高电力系统的电压等级；②直流输电；③在电力系统主网加强联系后，将次级电网解环运行；④在允许的范围内，增大系统的零序阻抗，如采用不带第三绕组或第三绕组为 Y 接线的全星形自耦变压器，减少变压器的接地点等；⑤采用电力电子型故障电流限制器；⑥采用限流电抗器。

限流电抗器的阻抗计算，假设电抗器为几何对称，其正序、负序和零序阻抗相等

$$Z_R = \frac{u_{kR}}{100\%} \times \frac{U_n}{\sqrt{3} I_{NR}} \quad \text{且} R_R \ll X_R \tag{4.6-1}$$

式中　Z_R——限流电抗器阻抗，Ω；

　　　u_{kR}——额定阻抗电压百分数，铭牌值给出；

　　　I_{NR}——额定电流，kA，铭牌值给出；

　　　U_n——系统标称电压，kV。

限流电抗器的零序阻抗可由测试网络测量得到。在计算高压系统中的短路电流时，通常只用正序电抗即可。

（3）发电厂和变电站中可采取的限流措施：①发电厂中，在发电机电压母线分段回路中安装电抗器；②变压器分列运行；③变电站中，在变压器回路中装设分裂电抗器或电抗器；

④采用低压侧为分裂绕组的变压器；⑤出线上装设电抗器。

(4) 终端变电站中可采取的限流措施：①变压器分列运行；②采用高阻抗变压器；③在变压器回路中装设电抗器；④采用小容量变压器。

4.6.2 电气设备电参数基准值

实用短路电流计算法中的电参数可以用有名单位制表示，也可用标幺制表示。有名单位制一般用于 1000V 及以下低压网络的短路电流计算，标幺制则广泛用于高压网络。

(1) 标幺制。标幺制是一种相对单位制，电参数的标幺值为其有名制与基值之比，包括容量标幺值、电压标幺值、电流标幺值和电抗标幺值，计算式分别如下

$$S_* = \frac{S}{S_b} \tag{4.6-2}$$

$$U_* = \frac{U}{U_b} \tag{4.6-3}$$

$$I_* = \frac{I}{I_b} \tag{4.6-4}$$

$$X_* = \frac{X}{X_b} \tag{4.6-5}$$

工程计算中通常首先选定基准容量 S_b 和基准电压 U_b。与其相应的基准电流 I_b 和基准电抗 X_b，在三相系统中可由下式导出

$$I_b = \frac{S_b}{\sqrt{3}U_b} \tag{4.6-6}$$

$$X_b = \frac{U_b}{\sqrt{3}I_b} = \frac{U_b^2}{S_b} \tag{4.6-7}$$

在三相电力系统中，电路元件的标幺值 X_* 可表示为

$$X_* = \frac{X}{X_b} = \frac{\sqrt{3}I_b X}{U_b} = \frac{S_b X}{U_b^2} \tag{4.6-8}$$

基准容量可以任意选定。但为了计算方便，基准容量 S_b 一般选取 100MVA；如为有限电源容量系统，则可选取向短路点馈送短路电流的发电机额定容量 S 作为基准容量。基准电压 U_b 应取各自电压级平均电压（线电压）U_{av}，即 $U_{av}=U_b=1.05U_n$（U_n 为系统标称电压），对于标称电压为 220/380V 的电压级，则计入电压系数 c（取 1.05），即 $1.05U_n$ 为 400V 或 0.4kV。

确定标幺值的常用基准值见表 4.6-2。

表 4.6-2　　　　　常用基准值 ($S_b=100MVA$ $U_b=1.05U_n$)

系统标称电压 U_n (kV)	0.38	0.66	3	6	10	20	35	66	110
基准电压 U_b (kV)	0.40	0.69	3.15	6.30	10.5	21	37	69.3	115
基准电流 I_b (kA)	144.7	83.31	18.33	9.16	5.50	2.75	1.56	0.83	0.50

（2）有名单位制。用有名单位制（欧姆制）计算短路电路的总阻抗时。必须把各电压等级所在元件阻抗的相对值和欧姆值，都归算到短路点所在级平均电压下的欧姆值，其换算公式见表 4.6-3。

表 4.6-3　　　　　　　　电气设备阻抗标幺值和有名值的换算公式

序号	元件名称	标幺值	有名值（Ω）	符号说明
1	同步电机（同步发电机或电动机）	$X_d^* = \dfrac{x_d''\%}{100}\dfrac{S_b}{S_{NG}}$ $= x_d''\dfrac{S_b}{S_{NG}}$	$X_d'' = \dfrac{x_d''\%}{100}\cdot\dfrac{U_{av}^2}{S_{NG}}$ $= x_d''\dfrac{U_{av}^2}{S_{NG}}$	S_{NG}—同步电机的额定容量，MVA； S_{NT}—变压器的额定容量，MVA； x_d''—同步电机的超瞬态电抗相对值； $x_d''\%$—同步电机的超瞬态电抗百分比； $u_{kN}\%$—变压器额定阻抗电压百分比； $u_{kR}\%$—电抗器额定阻抗电压百分比； U_{NT}—变压器额定电压（指线电压），kV； U_{NR}—电抗器额定电压（指线电压），kV； I_{NT}—变压器额定电流，kA； I_{NR}—电抗器额定电流，kA； X、R—线路每相电抗值、电阻值，Ω； S_S''—系统短路容量，MVA； S_b—基准容量，MVA； P_{krT}—变压器负载损耗，kW； U_b—基准电压，kV，对于发电机实际是设备电压。
2	双绕组变压器	$R_T^* = P_{krT}\dfrac{S_b}{S_{NT}^2}\times 10^{-3}$ $X_T^* = \sqrt{Z_T^{*2}-R_T^{*2}}$ $Z_T^* = \dfrac{u_{kN}\%}{100}\dfrac{S_b}{S_{NT}}$ 当电阻值允许忽略不计时 $X_T^* = \dfrac{u_{kN}\%}{100}\dfrac{S_b}{S_{NT}}$	$R_T = \dfrac{P_{krT}}{3I_{NT}^2}\times 10^{-3}$ $= \dfrac{P_{krT}U_b^2}{S_{NT}^2}\times 10^{-3}$ $X_T = \sqrt{Z_T^2-R_T^2}$ $Z_T = \dfrac{u_{kN}\%}{100}\dfrac{U_b^2}{S_{NT}}$ 当电阻值允许忽略不计时 $X_T = \dfrac{u_{kN}\%}{100}\dfrac{U_b^2}{S_{NT}}$	
3	电抗器	$Z_R^* \approx X_R^*$ $= \dfrac{u_{kR}\%}{100}\dfrac{U_{NR}}{\sqrt3 I_{NR}}\cdot\dfrac{S_b}{U_b^2}$ $= \dfrac{u_{kR}\%}{100}\dfrac{U_{NR}}{I_{NR}}\dfrac{I_b}{U_b}$	$Z_R \approx X_R = \dfrac{u_{kR}\%}{100}\dfrac{U_{NR}}{\sqrt3 I_{NR}}$, $R_b \ll X_b$	
4	线路	$X^* = X\dfrac{S_b}{U_b^2}$ $R^* = R\dfrac{S_b}{U_b^2}$		
5	电力系统（已知短路容量 S_S''）	$X_S^* = \dfrac{S_b}{S_S''}$	$X_S = \dfrac{U_b^2}{S_S''}$	
6	基准电压相同，从某一基准容量 S_{b1} 下的标幺值 X_1^* 换算到另一基准容量 S_b 下的标幺值 X^*	$X^* = X_1^*\cdot\dfrac{S_b}{S_{b1}}$		
7	将电压 U_{R1} 下的电抗值 X_1 换算到另一电压 U_{R2} 下的电抗值 X_2		$X_2 = X_1\dfrac{U_{R2}^2}{U_{R1}^2}$	

（3）网络变换。网络变换的目的是简化短路电路，以求得电源至短路点间的等值总阻抗。

标幺制和有名单位制的常用电抗网络变换公式完全相同，详见表 4.6-4。

表 4.6-4　　　　　　　常用电抗网络变换公式（忽略电阻值）

原网络	变换后的网络	变换公式
		$X = X_1 + X_2 + \cdots + X_n$
		$X = \dfrac{1}{\dfrac{1}{X_1} + \dfrac{1}{X_2} + \cdots + \dfrac{1}{X_n}}$ 当只有两个支路时 $X = \dfrac{X_1 X_2}{X_1 + X_2}$
		$X_1 = \dfrac{X_{12} X_{31}}{X_{12} + X_{23} + X_{31}}$ $X_2 = \dfrac{X_{12} X_{23}}{X_{12} + X_{23} + X_{31}}$ $X_3 = \dfrac{X_{23} X_{31}}{X_{12} + X_{23} + X_{31}}$
		$X_{12} = X_1 + X_2 + \dfrac{X_1 X_2}{X_3}$ $X_{23} = X_2 + X_3 + \dfrac{X_2 X_3}{X_1}$ $X_{31} = X_3 + X_1 + \dfrac{X_3 X_1}{X_2}$
		$X_{12} = X_1 X_2 \sum Y$ $X_{23} = X_2 X_3 \sum Y$ $X_{24} = X_2 X_4 \sum Y$ 式中 $\sum Y = \dfrac{1}{X_1} + \dfrac{1}{X_2} + \dfrac{1}{X_3} + \dfrac{1}{X_4}$
		$X_1 = \dfrac{1}{\dfrac{1}{X_{12}} + \dfrac{1}{X_{13}} + \dfrac{1}{X_{41}} + \dfrac{X_{24}}{X_{12} X_{41}}}$ $X_2 = \dfrac{1}{\dfrac{1}{X_{12}} + \dfrac{1}{X_{23}} + \dfrac{1}{X_{24}} + \dfrac{X_{13}}{X_{12} X_{23}}}$ $X_3 = \dfrac{1}{1 + \dfrac{X_{12}}{X_{23}} + \dfrac{X_{12}}{X_{24}} + \dfrac{X_{13}}{X_{23}}}$ $X_4 = \dfrac{1}{1 + \dfrac{X_{12}}{X_{13}} + \dfrac{X_{12}}{X_{41}} + \dfrac{X_{24}}{X_{41}}}$

原网络	变换后的网络	变换公式
		星型网络中 m 和 n 点间直接连接的直路电抗 $$X_{mn}=X_m X_n \sum Y$$ 式中，$\sum Y$ 为接到星型中心点各支路的电纳之和 $$\sum Y = 1/X_1 + 1/X_2 + \cdots + 1/X_m + 1/X_n$$

在简化短路电路过程中，如果各电路元件的电抗和电阻均需计入，则简化过程比较复杂。

当电路元件为串联时，则总电抗和总电阻分别计算

$$\left. \begin{array}{l} X_\Sigma = X_1 + X_2 \cdots \\ R_\Sigma = R_1 + R_2 \cdots \end{array} \right\} \tag{4.6-9}$$

当电路元件为并联时，若两个并联元件的电阻与电抗的比值比较接近时，则并联的总电阻和总电抗可按并联公式分别计算

当 $\dfrac{R_1}{X_1} \approx \dfrac{R_2}{X_2}$ 时，则

$$\left. \begin{array}{l} X_\Sigma = \dfrac{X_1 X_2}{X_1 + X_2} \\[2mm] R_\Sigma = \dfrac{R_1 R_2}{R_1 + R_2} \end{array} \right\} \tag{4.6-10}$$

式中　　　　X_Σ——串（并）联总电抗，Ω；

X_1、X_2、$\cdots$——各串（并）联段的电抗，Ω；

　　　　　　R_Σ——串（并）联总电阻，Ω；

R_1、R_2、$\cdots$——各串（并）联段的电阻，Ω。

4.6.3　高压系统短路电流计算

（1）计算条件。

1）短路前三相系统是正常运行情况下的接线方式，不考虑仅在切换过程中短时出现的接线方式。

2）设定短路线路各元件的磁路系统为不饱和状态，即认为这个元件的感抗为一常数。若电网电压在 6kV 以上时，除电缆线路应考虑电阻外，网络阻抗一般可视为纯电抗（略去电阻）；若短路电路中总电阻 R_Σ 大于总电抗 X_Σ 的 1/3，则应计入其有效电阻。

3）电路电容和变压器的励磁电流略去不计。

4）在短路持续时间内，短路相数不变，如三相短路保持三相短路，单相短路保持单相短路。

5）电力系统中所有发电机电势相角都认为同相（大多数情况下相角接近）。

6）对于同类型的发电机，当它们对短路点的电气距离比较接近时，则假定它们的超瞬态电动势的大小和变化规律相同。因此，可以用超瞬态网络（发电机用超瞬态电抗 X''_d 来代表）进行网络化简，并将这些发电机合并成一台等值发电机。

7）具有分接开关的变压器，其开关位置视为在主开关位置。

8）电力系统为对称的三相系统。负荷只做近似的估算，并用恒定阻抗来代表。

（2）远端短路的单电源馈电的三相短路电流初始值 I''_k 的计算：远离发电机端的（无限大电源容量）网络发生短路时，即以电源容量为基准的计算电抗 $X_{*c} \geqslant 3$ 时，短路电流交流分量在整个短路过程不发生衰减，即 $I''_k = I_{0.2} = I_k$，见图 4.1-2，其计算方法如下

1）用标幺值计算。三相短路电流初始值 I''_k 按下式计算

$$I_{*k} = S_{*k} = \frac{1}{X_{*c}} \tag{4.6-11}$$

$$I''_k = I_{*k} I_b = \frac{I_b}{X_{*c}} \tag{4.6-12}$$

$$S_k = S_{*k} S_b = I_{*k} S_b = \frac{S_b}{X_{*c}} \tag{4.6-13}$$

式中　I_{*k}——短路电流交流分量有效值的标幺值；

S_{*k}——短路容量标幺值；

X_{*c}——短路电路总阻抗标幺值；

I''_k——短路电流初始值，kA；

S_k——短路容量，MVA；

I_b——基准电流，kA；

S_b——基准容量，MVA；

2）用有名单位制计算。三相短路电流初始值 I''_k 按下式计算

$$I_k = I''_k = \frac{U_{av}}{\sqrt{3} X_c} \tag{4.6-14}$$

如果 $R_c > \frac{1}{3} X_c$，则应计入有效电阻 R_c，I''_k 值应按下式算出

$$I_k = I''_k = \frac{U_{av}}{\sqrt{3} Z_c} = \frac{U_{av}}{\sqrt{3} \sqrt{R_c^2 + X_c^2}} \tag{4.6-15}$$

以上式中　U_{av}——短路点所在级的网络平均（标称）电压，kV；

Z_c——短路电路总阻抗，Ω；

R_c——短路电路总电阻，Ω；

X_c——短路电路总电抗，Ω。

（3）近端短路的一台发电机馈电的三相短路电流初始值 I''_k 的计算。

1）按公式计算：靠近发电机端或有限电源容量的网络发生短路的主要特点是：电源母线上的电压在短路发生后的整个过渡过程不能维持恒定，短路电流交流分量随之变化，见图 4.1-2（b），电源的内阻抗不能忽略不计。

短路电流的变化与发电机的电参数及电压自动调整装置的特性有关。工程设计中常采用运算曲线法计算短路过程某一时刻的短路电流交流分量。因为同步电机的转子绕组（等效阻尼绕组及励磁绕组）的磁链在突然短路瞬间不能突变，与转子绕组的磁链成正比的超瞬态电动势 E''，在突然短路瞬间仍保持短路前的数值，因此短路电流交流分量的起始值，即超瞬态短路电流有效值 I''_k 可利用公式直接计算。

对于汽轮发电机

$$I''_k = \frac{E''}{\sqrt{3}(X''_d + X_w)} = \frac{I_b}{X''_{*d} + X''_{*w}} \qquad (4.6\text{-}16)$$

对于水轮发电机

$$I''_k = \frac{KE''}{\sqrt{3}(X''_d + X_w)} = \frac{KI_b}{X''_{*d} + X''_{*w}} \qquad (4.6\text{-}17)$$

式中　　I''_k——对称短路电流初始值，kA；

　　　　E''——发电机超瞬态电动势，kV；

　　　　X''_d——发电机超瞬态电抗，Ω；

　　　　X_w——自发电机出口至短路点间的短路电路电抗，Ω；

　　　　I_b——基准电流，kA；

X''_{*d}、X_{*w}——以发电机额定总容量 $S_{N\Sigma}$ 为基准容量的 X''_d 和 X_w 的标幺值；

　　　　K——考虑到水轮发电机的超瞬态电抗 X''_d 值比较大而引入的计算系数，见表 4.6-5。

表 4.6-5　　　　　　　　　　　　水轮发电机的计算系数 K 值

发电机型式	$X''_{*d}+X_{*w}=X_{*c}$ 为下列诸值时								
	0.2	0.27	0.3	0.4	0.5	0.75	1	1.5	≥2
无阻尼绕组		1.16	1.14	1.1	1.07	1.05	1.03	1.02	1
有阻尼绕组	1.11	1.07	1.07	1.05	1.03	1.02	1	1	1

2）按发电机运算曲线计算：用运算曲线（图 4.6-1～图 4.6-9）或查对应的发电机曲线计算数值表 4.6-6、表 4.6-7 计算交流分量是十分简便的。由于在制订运算曲线时，计及了同步电机的过渡过程和负荷对交流分量的影响，因而也是比较准确的。用运算曲线计算交流分量的步骤如下：

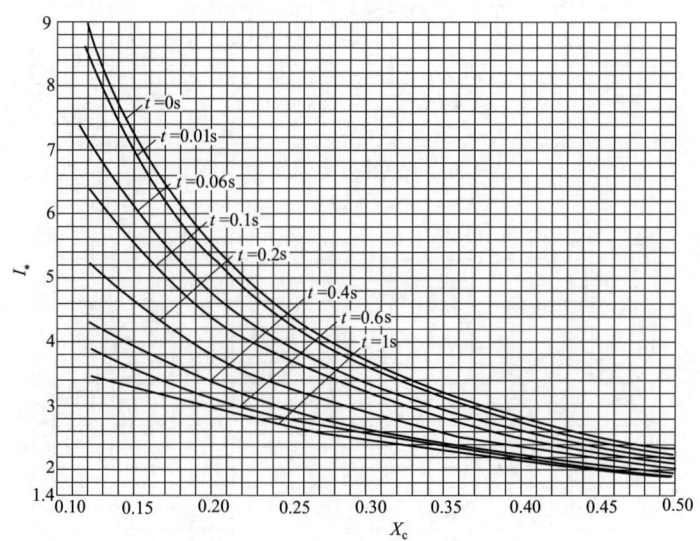

图 4.6-1　汽轮发电机运算曲线
($X_c=0.12\sim0.5$，$t=0\sim1s$)

a. 网络简化。根据计算条件，首先去掉系统中所有负荷、线路电容、并联电抗等，同时忽略系统各元件的电阻，发电机用超瞬态电抗 X''_d 来代表，将电气距离（对短路点而言）

4

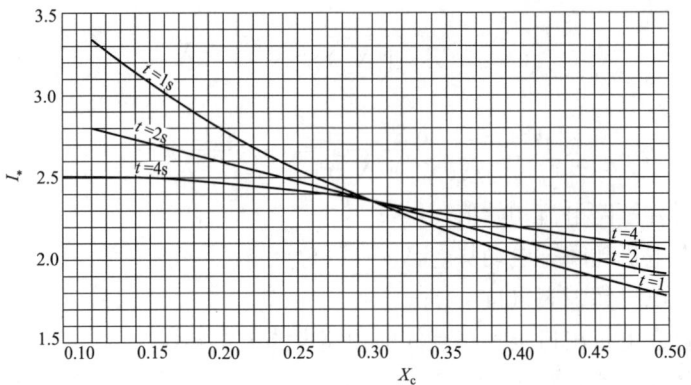

图 4.6-2 汽轮发电机运算曲线

($X_c = 0.12 \sim 0.5$, $t = 1 \sim 4s$)

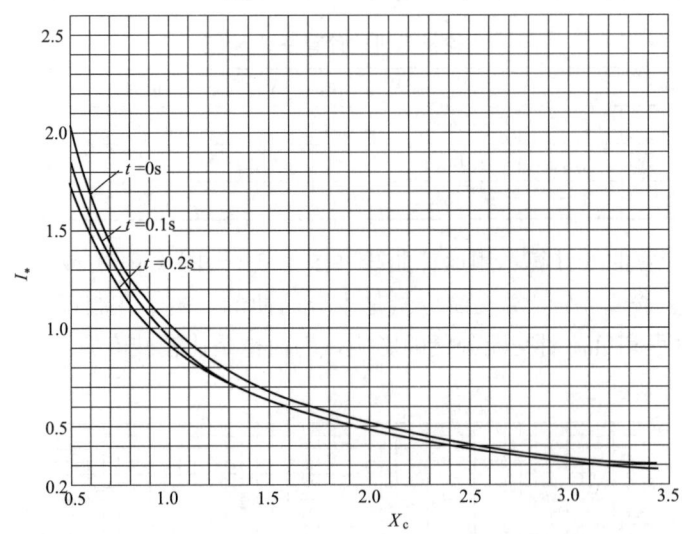

图 4.6-3 汽轮发电机运算曲线

($X_c = 0.5 \sim 3.45$, $t = 0 \sim 0.2s$)

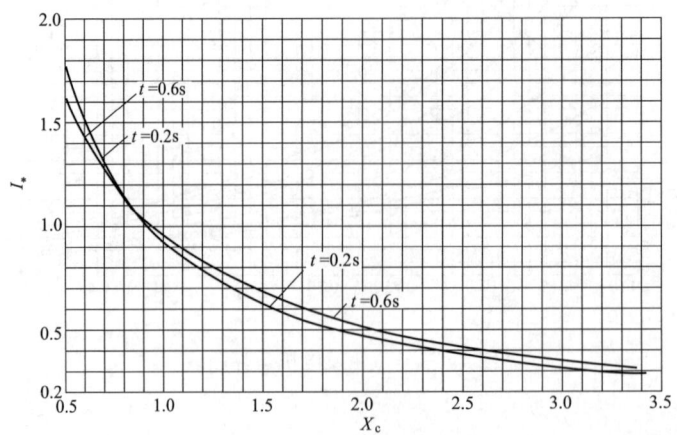

图 4.6-4 汽轮发电机运算曲线

($X_c = 0.5 \sim 3.45$, $t = 0.2s$、$0.6s$)

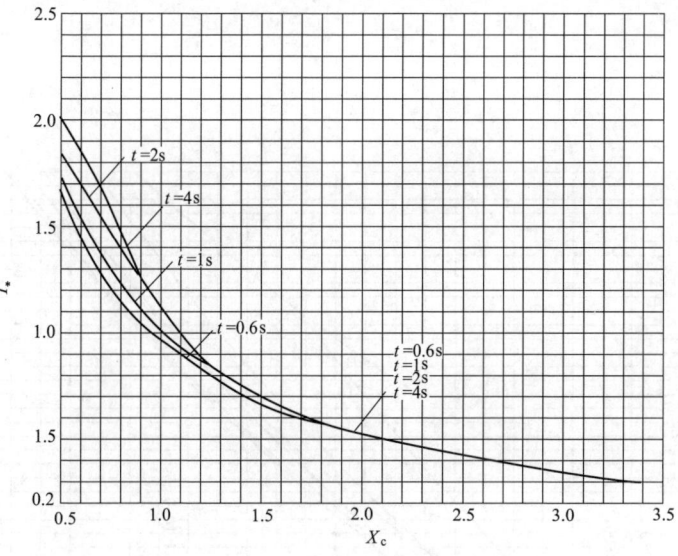

图 4.6-5　汽轮发电机运算曲线

（$X_c = 0.5 \sim 3.45$，$t = 0.6 \sim 4s$）

图 4.6-6　自并励水轮发电机运算曲线

（$x_{cal} = 0.15 \sim 0.40$）

4

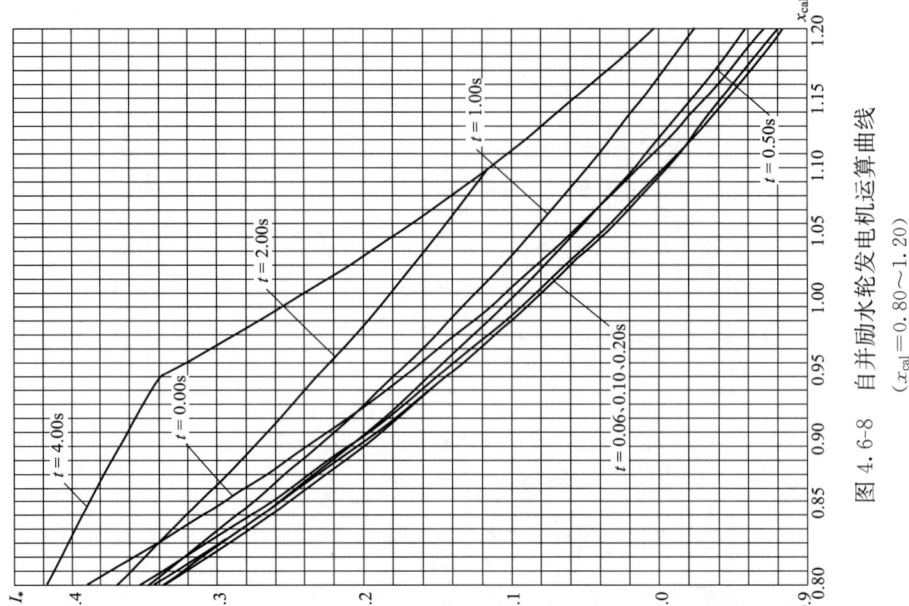

图 4.6-8　自并励水轮发电机运算曲线

($x_{cal} = 0.80 \sim 1.20$)

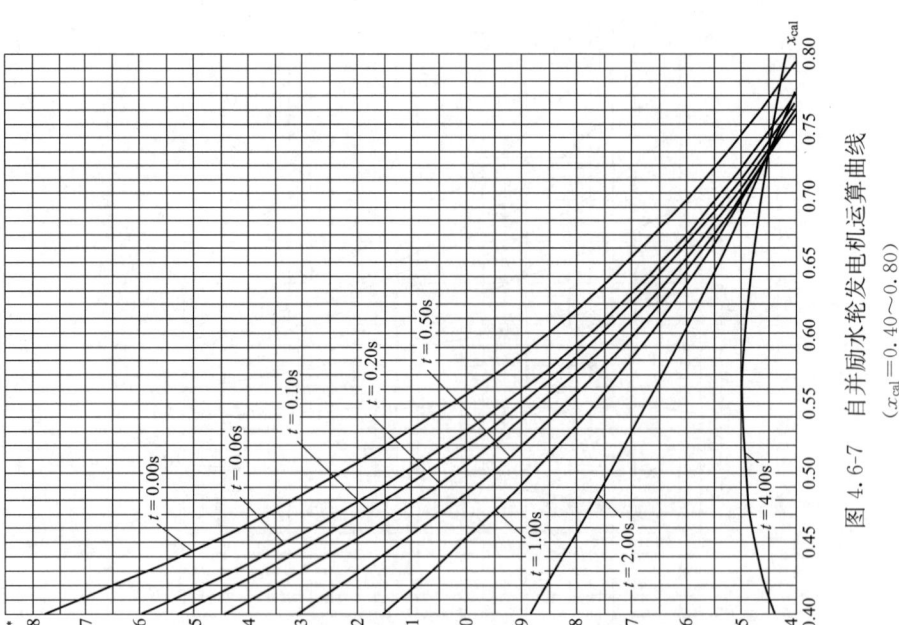

图 4.6-7　自并励水轮发电机运算曲线

($x_{cal} = 0.40 \sim 0.80$)

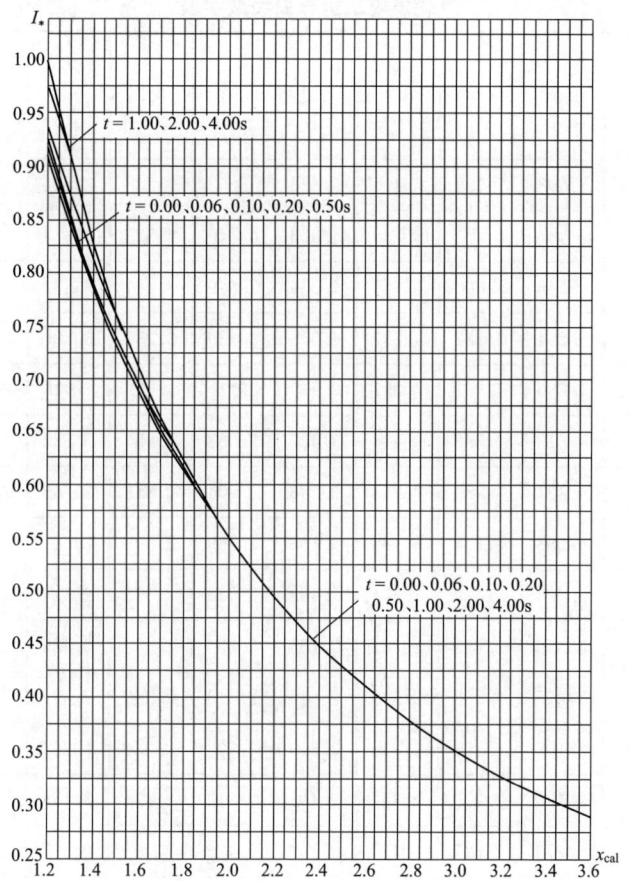

图 4.6-9　自并励水轮发电机运算曲线

($x_{cal} = 1.2 \sim 3.6$)

大致相等的，同类型的发电机合并为一台等值电机，用统一的基准容量（如 1000MVA 或 100MVA）和平均额定电压（如 230、115、37kV 等）归算系统各元件电抗的标幺值，进行网络简化，求得各电源对短路点的等值电抗。

b. 求计算用电抗 X_c。运算曲线 $I_{kt} = f(X_c, t)$ 的自变量 X_c，是以其相应发电机的额定容量为基准容量的标幺电抗值。在使用运算曲线时，应将各电源对短路点的等值电抗归算到以本电源等值发电机的额定容量为基准容量的标幺值，这个电抗称为计算用电抗 X_c。

c. 求 t s 短路电流交流分量的标幺值。根据求得的各个电源对短路点的 X_c，查相应的 t s 运算曲线，即可求得交流分量的标幺值。

d. 求 t s 短路电流交流分量的有名值。由运算曲线查得的短路电流标幺值 I_* 乘以相应电源的基准电流 $I_{N \cdot b}$（由等值发电机的额定容量和相应的平均额定电压求得），即得到该分支短路电流交流分量的有名值

$$I''_{kt} = I_* I_{N \cdot b} \tag{4.6-18}$$

式中　I''_{kt}——t s 短路电流交流分量，kA；

$\quad\quad I_*$——运算曲线查得的短路电流标幺值；

$\quad\quad I_{N \cdot b}$——基准电流，kA。

表 4.6-6   汽轮发电机运算曲线数字表

X_c \ I_* \ t (s)	0	0.01	0.06	0.1	0.2	0.4	0.5	0.6	1	2	4
0.12	8.963	8.603	7.186	6.400	5.220	4.252	4.006	3.821	3.344	2.795	2.512
0.14	7.718	7.467	6.441	5.839	4.878	4.040	3.829	3.673	3.280	2.808	2.526
0.16	6.763	6.545	5.660	5.146	4.336	3.649	3.481	3.359	3.060	2.706	2.490
0.18	6.020	5.844	5.122	4.697	4.016	3.429	3.288	3.186	2.944	2.659	2.476
0.20	5.432	5.280	4.661	4.297	3.715	3.217	3.099	3.016	2.825	2.607	2.462
0.22	4.938	4.813	4.296	3.988	3.487	3.052	2.951	2.882	2.729	2.561	2.444
0.24	4.526	4.421	3.984	3.721	3.286	2.904	2.816	2.758	2.638	2.515	2.425
0.26	4.178	4.088	3.714	3.486	3.106	2.769	2.693	2.644	2.551	2.467	2.404
0.28	3.872	3.705	3.472	3.274	2.939	2.641	2.575	2.534	2.464	2.415	2.378
0.30	3.603	3.536	3.255	3.081	2.785	2.520	2.463	2.429	2.379	2.360	2.347
0.32	3.368	3.310	3.063	2.909	2.646	2.410	2.360	2.332	2.299	2.306	2.316
0.34	3.159	3.108	2.891	2.754	2.519	2.308	2.264	2.241	2.222	2.252	2.283
0.36	2.975	2.930	2.736	2.614	2.403	2.213	2.175	2.156	2.149	2.109	2.250
0.38	2.811	2.770	2.597	2.487	2.297	2.126	2.093	2.077	2.081	2.148	2.217
0.40	2.664	2.628	2.471	2.372	2.199	2.045	2.017	2.004	2.017	2.099	2.184
0.42	2.531	2.499	2.357	2.267	2.110	1.970	1.946	1.936	1.956	2.052	2.151
0.44	2.411	2.382	2.253	2.170	2.027	1.900	1.879	1.872	1.899	2.006	2.119
0.46	2.302	2.275	2.157	2.082	1.950	1.835	1.817	1.812	1.845	1.963	2.088
0.48	2.203	2.178	2.069	2.000	1.879	1.774	1.759	1.756	1.794	1.921	2.057
0.50	2.111	2.088	1.988	1.924	1.813	1.717	1.704	1.703	1.746	1.880	2.027
0.55	1.913	1.894	1.810	1.757	1.665	1.589	1.581	1.583	1.635	1.785	1.953
0.60	1.748	1.732	1.662	1.617	1.539	1.478	1.474	1.479	1.538	1.699	1.884
0.65	1.610	1.596	1.535	1.497	1.431	1.382	1.381	1.388	1.452	1.621	1.819
0.70	1.492	1.479	1.426	1.393	1.336	1.297	1.298	1.307	1.375	1.549	1.734
0.75	1.390	1.379	1.332	1.302	1.253	1.221	1.225	1.235	1.305	1.484	1.596
0.80	1.301	1.291	1.249	1.223	1.179	1.154	1.159	1.171	1.243	1.424	1.474
0.85	1.222	1.214	1.176	1.152	1.114	1.094	1.100	1.112	1.186	1.358	1.370
0.90	1.153	1.145	1.110	1.089	1.055	1.039	1.047	1.060	1.134	1.279	1.279

I_* \ t (s) \ X_c	0	0.01	0.06	0.1	0.2	0.4	0.5	0.6	1	2	4
0.95	1.091	1.084	1.052	1.032	1.002	0.990	0.998	1.012	1.087	1.200	1.200
1.00	1.035	1.028	0.999	0.981	0.954	0.945	0.954	0.968	1.013	1.129	1.129
1.05	0.985	0.979	0.952	0.935	0.910	0.904	0.914	0.928	1.003	1.067	1.067
1.10	0.940	0.934	0.908	0.893	0.870	0.866	0.876	0.891	0.966	1.011	1.011
1.15	0.898	0.892	0.869	0.854	0.833	0.832	0.842	0.857	0.932	0.961	0.961
1.20	0.860	0.855	0.832	0.819	0.800	0.800	0.811	0.825	0.898	0.915	0.915
1.25	0.825	0.820	0.799	0.786	0.769	0.770	0.781	0.796	0.864	0.874	0.874
1.30	0.793	0.788	0.768	0.756	0.740	0.743	0.754	0.769	0.831	0.836	0.836
1.35	0.763	0.758	0.739	0.728	0.713	0.717	0.728	0.743	0.800	0.802	0.802
1.40	0.735	0.731	0.713	0.703	0.688	0.693	0.705	0.720	0.769	0.770	0.770
1.45	0.710	0.705	0.688	0.678	0.665	0.671	0.682	0.697	0.740	0.740	0.740
1.50	0.686	0.682	0.665	0.656	0.644	0.650	0.662	0.676	0.713	0.713	0.713
1.55	0.663	0.659	0.644	0.635	0.623	0.630	0.642	0.657	0.687	0.687	0.687
1.60	0.642	0.639	0.623	0.615	0.604	0.612	0.624	0.638	0.664	0.664	0.664
1.65	0.622	0.619	0.605	0.596	0.586	0.594	0.606	0.621	0.642	0.642	0.642
1.70	0.604	0.601	0.587	0.579	0.570	0.578	0.590	0.604	0.621	0.621	0.621
1.75	0.586	0.583	0.570	0.562	0.554	0.562	0.574	0.589	0.602	0.602	0.602
1.80	0.570	0.567	0.554	0.547	0.539	0.548	0.559	0.573	0.584	0.584	0.584
1.85	0.554	0.551	0.539	0.532	0.524	0.534	0.545	0.559	0.566	0.566	0.566
1.90	0.540	0.537	0.525	0.518	0.511	0.521	0.532	0.544	0.550	0.550	0.550
1.95	0.526	0.523	0.511	0.505	0.498	0.508	0.520	0.530	0.535	0.535	0.535
2.00	0.512	0.510	0.498	0.492	0.486	0.496	0.508	0.517	0.521	0.521	0.521
2.05	0.500	0.497	0.486	0.480	0.474	0.485	0.496	0.504	0.507	0.507	0.507
2.10	0.488	0.485	0.475	0.469	0.463	0.474	0.485	0.492	0.494	0.494	0.494
2.15	0.476	0.474	0.464	0.458	0.453	0.463	0.474	0.481	0.482	0.482	0.482
2.20	0.465	0.463	0.453	0.448	0.443	0.453	0.464	0.470	0.470	0.470	0.470
2.25	0.455	0.453	0.443	0.438	0.433	0.444	0.454	0.459	0.459	0.459	0.459

4

续表

I_* \ t (s) \ X_c	0	0.01	0.06	0.1	0.2	0.4	0.5	0.6	1	2	4
2.30	0.445	0.443	0.433	0.428	0.424	0.435	0.444	0.448	0.448	0.448	0.448
2.35	0.435	0.433	0.424	0.419	0.415	0.426	0.435	0.438	0.438	0.438	0.438
2.40	0.426	0.424	0.415	0.411	0.407	0.418	0.426	0.428	0.428	0.428	0.428
2.45	0.417	0.415	0.407	0.402	0.399	0.410	0.417	0.419	0.419	0.419	0.419
2.50	0.409	0.407	0.399	0.394	0.391	0.402	0.409	0.410	0.410	0.410	0.410
2.55	0.400	0.399	0.391	0.387	0.383	0.394	0.401	0.402	0.402	0.402	0.402
2.60	0.392	0.391	0.383	0.379	0.376	0.387	0.393	0.393	0.393	0.393	0.393
2.65	0.385	0.384	0.376	0.372	0.369	0.380	0.385	0.386	0.386	0.386	0.386
2.70	0.377	0.377	0.369	0.365	0.362	0.373	0.378	0.378	0.378	0.378	0.378
2.75	0.370	0.370	0.362	0.359	0.356	0.367	0.371	0.371	0.371	0.371	0.371
2.80	0.363	0.363	0.356	0.352	0.350	0.361	0.364	0.364	0.364	0.364	0.364
2.85	0.357	0.356	0.350	0.346	0.344	0.354	0.357	0.357	0.357	0.357	0.357
2.90	0.350	0.350	0.344	0.340	0.338	0.348	0.351	0.351	0.351	0.351	0.351
2.95	0.344	0.344	0.338	0.335	0.333	0.343	0.344	0.344	0.344	0.344	0.344
3.00	0.338	0.338	0.332	0.329	0.327	0.337	0.338	0.338	0.338	0.338	0.338
3.05	0.332	0.332	0.327	0.324	0.322	0.331	0.332	0.332	0.332	0.332	0.332
3.10	0.327	0.326	0.322	0.319	0.317	0.326	0.327	0.327	0.327	0.327	0.327
3.15	0.321	0.321	0.317	0.314	0.312	0.321	0.321	0.321	0.321	0.321	0.321
3.20	0.316	0.316	0.312	0.309	0.307	0.316	0.316	0.316	0.316	0.316	0.316
3.25	0.311	0.311	0.307	0.304	0.303	0.311	0.311	0.311	0.311	0.311	0.311
3.30	0.306	0.306	0.302	0.300	0.298	0.306	0.306	0.306	0.306	0.306	0.306
3.35	0.301	0.301	0.298	0.295	0.294	0.301	0.301	0.301	0.301	0.301	0.301
3.40	0.297	0.297	0.293	0.291	0.290	0.297	0.297	0.297	0.297	0.297	0.297
3.45	0.292	0.292	0.289	0.287	0.286	0.292	0.292	0.292	0.292	0.292	0.292

表 4.6-7   **自并励水轮发电机运算曲线参数表**

X_c $\diagdown$ I_* $\diagdown$ t (s)	0.00	0.01	0.06	0.10	0.20	0.40	0.50	0.60	1.00	2.00	4.00
0.15	7.403	7.110	6.183	5.732	5.056	4.382	4.144	3.929	3.191	1.900	0.674
0.16	6.942	6.683	5.859	5.458	4.852	4.240	4.023	3.826	3.147	1.934	0.731
0.17	6.535	6.304	5.568	5.209	4.663	4.106	3.907	3.727	3.101	1.962	0.786
0.18	6.173	5.966	5.304	4.982	4.488	3.979	3.797	3.632	3.054	1.985	0.838
0.19	5.849	5.663	5.064	4.773	4.325	3.860	3.693	3.540	3.007	2.003	0.888
0.20	5.557	5.389	4.845	4.581	4.174	3.747	3.593	3.453	2.959	2.016	0.936
0.21	5.293	5.140	4.645	4.404	4.032	3.640	3.498	3.369	2.912	2.026	0.981
0.22	5.053	4.913	4.460	4.240	3.900	3.539	3.408	3.289	2.865	2.033	1.024
0.23	4.834	4.706	4.289	4.088	3.776	3.443	3.322	3.212	2.818	2.036	1.063
0.24	4.633	4.515	4.131	3.946	3.659	3.352	3.240	3.138	2.772	2.038	1.101
0.25	4.448	4.339	3.985	3.814	3.549	3.265	3.162	3.067	2.727	2.037	1.136
0.26	4.278	4.176	3.848	3.690	3.446	3.183	3.087	2.999	2.683	2.034	1.169
0.27	4.119	4.026	3.721	3.574	3.348	3.105	3.016	2.934	2.639	2.029	1.199
0.28	3.973	3.885	3.602	3.466	3.256	3.030	2.947	2.871	2.597	2.023	1.228
0.29	3.836	3.754	3.490	3.363	3.169	2.959	2.882	2.811	2.555	2.016	1.254
0.30	3.708	3.632	3.385	3.267	3.086	2.891	2.819	2.753	2.514	2.007	1.279
0.31	3.589	3.518	3.286	3.176	3.008	2.826	2.759	2.698	2.474	1.997	1.302
0.32	3.477	3.410	3.193	3.090	2.933	2.763	2.701	2.644	2.436	1.987	1.323
0.33	3.372	3.309	3.104	3.008	2.862	2.704	2.646	2.593	2.398	1.976	1.342
0.34	3.273	3.214	3.021	2.931	2.794	2.647	2.593	2.543	2.361	1.964	1.360
0.35	3.179	3.124	2.942	2.857	2.729	2.592	2.541	2.495	2.325	1.952	1.376
0.36	3.091	3.038	2.867	2.787	2.668	2.539	2.492	2.449	2.290	1.939	1.391
0.37	3.008	2.958	2.796	2.721	2.609	2.489	2.445	2.404	2.256	1.926	1.405
0.38	2.929	2.881	2.728	2.657	2.552	2.440	2.399	2.361	2.222	1.913	1.417
0.39	2.854	2.809	2.664	2.597	2.498	2.393	2.355	2.320	2.190	1.899	1.428
0.40	2.783	2.740	2.602	2.539	2.446	2.348	2.312	2.279	2.158	1.885	1.438
0.41	2.715	2.674	2.544	2.484	2.397	2.305	2.271	2.241	2.127	1.871	1.448
0.42	2.650	2.612	2.487	2.431	2.349	2.263	2.232	2.203	2.097	1.857	1.456

续表

I_* \ t (s) / X_c	0.00	0.01	0.06	0.10	0.20	0.40	0.50	0.60	1.00	2.00	4.00
0.43	2.589	2.552	2.434	2.380	2.303	2.222	2.193	2.167	2.068	1.843	1.463
0.44	2.530	2.495	2.382	2.332	2.259	2.183	2.156	2.131	2.039	1.828	1.470
0.45	2.474	2.440	2.333	2.285	2.216	2.146	2.121	2.097	2.011	1.814	1.475
0.46	2.420	2.388	2.286	2.240	2.175	2.109	2.086	2.064	1.984	1.799	1.480
0.47	2.369	2.338	2.240	2.197	2.136	2.074	2.052	2.032	1.958	1.785	1.484
0.48	2.319	2.290	2.197	2.155	2.098	2.040	2.020	2.001	1.932	1.771	1.488
0.49	2.272	2.244	2.155	2.115	2.061	2.007	1.988	1.971	1.906	1.756	1.491
0.50	2.227	2.200	2.114	2.077	2.026	1.975	1.958	1.942	1.882	1.742	1.493
0.51	2.183	2.157	2.075	2.040	1.991	1.944	1.928	1.913	1.858	1.728	1.495
0.52	2.141	2.116	2.038	2.004	1.958	1.914	1.899	1.885	1.834	1.714	1.496
0.53	2.101	2.077	2.002	1.969	1.926	1.885	1.871	1.859	1.811	1.700	1.497
0.54	2.062	2.039	1.967	1.936	1.895	1.857	1.844	1.832	1.789	1.686	1.498
0.55	2.025	2.003	1.933	1.904	1.865	1.830	1.818	1.807	1.767	1.672	1.498
0.56	1.988	1.967	1.901	1.873	1.836	1.803	1.792	1.782	1.745	1.658	1.497
0.57	1.954	1.933	1.869	1.842	1.808	1.777	1.767	1.758	1.725	1.645	1.496
0.58	1.920	1.900	1.839	1.813	1.781	1.752	1.743	1.735	1.704	1.631	1.495
0.59	1.887	1.868	1.809	1.785	1.754	1.728	1.719	1.712	1.684	1.618	1.494
0.60	1.856	1.838	1.781	1.757	1.728	1.704	1.696	1.690	1.665	1.605	1.492
0.61	1.826	1.808	1.753	1.731	1.703	1.681	1.674	1.668	1.645	1.592	1.490
0.62	1.796	1.779	1.726	1.705	1.679	1.659	1.652	1.647	1.627	1.579	1.488
0.63	1.768	1.751	1.700	1.680	1.656	1.637	1.631	1.626	1.608	1.566	1.485
0.64	1.740	1.724	1.675	1.655	1.633	1.615	1.610	1.606	1.591	1.554	1.482
0.65	1.713	1.698	1.651	1.632	1.610	1.595	1.590	1.586	1.573	1.541	1.480
0.66	1.687	1.673	1.627	1.609	1.589	1.574	1.570	1.567	1.556	1.529	1.476
0.67	1.662	1.648	1.604	1.586	1.567	1.555	1.551	1.548	1.539	1.517	1.473

I_* \ t (s) X_c	0.00	0.01	0.06	0.10	0.20	0.40	0.50	0.60	1.00	2.00	4.00
0.68	1.638	1.624	1.581	1.565	1.547	1.535	1.532	1.530	1.523	1.505	1.470
0.69	1.614	1.601	1.559	1.544	1.527	1.517	1.514	1.512	1.507	1.493	1.466
0.70	1.591	1.578	1.538	1.523	1.507	1.498	1.496	1.495	1.491	1.481	1.462
0.71	1.569	1.556	1.517	1.503	1.488	1.480	1.479	1.478	1.475	1.469	1.458
0.72	1.547	1.535	1.497	1.484	1.470	1.463	1.462	1.461	1.460	1.458	1.454
0.73	1.526	1.514	1.478	1.465	1.451	1.446	1.445	1.445	1.445	1.447	1.450
0.74	1.505	1.494	1.459	1.446	1.434	1.429	1.429	1.429	1.431	1.436	1.445
0.75	1.485	1.474	1.440	1.428	1.417	1.413	1.413	1.413	1.416	1.425	1.441
0.76	1.466	1.455	1.422	1.410	1.400	1.397	1.397	1.398	1.402	1.414	1.436
0.77	1.447	1.436	1.404	1.393	1.383	1.381	1.382	1.383	1.389	1.403	1.432
0.78	1.428	1.418	1.387	1.376	1.367	1.366	1.367	1.369	1.375	1.392	1.427
0.79	1.410	1.400	1.370	1.360	1.352	1.351	1.352	1.354	1.362	1.382	1.422
0.80	1.392	1.383	1.354	1.344	1.336	1.336	1.338	1.340	1.349	1.371	1.418
0.81	1.375	1.366	1.338	1.328	1.321	1.322	1.324	1.326	1.336	1.361	1.413
0.82	1.358	1.349	1.322	1.313	1.307	1.308	1.310	1.313	1.324	1.351	1.408
0.83	1.342	1.333	1.307	1.298	1.292	1.295	1.297	1.300	1.311	1.341	1.403
0.84	1.326	1.317	1.292	1.284	1.278	1.281	1.284	1.287	1.299	1.331	1.398
0.85	1.311	1.302	1.277	1.269	1.264	1.268	1.271	1.274	1.287	1.322	1.393
0.86	1.295	1.287	1.263	1.255	1.251	1.255	1.258	1.262	1.276	1.312	1.388
0.87	1.280	1.272	1.249	1.242	1.238	1.243	1.246	1.250	1.264	1.303	1.382
0.88	1.266	1.258	1.235	1.228	1.225	1.230	1.234	1.238	1.253	1.293	1.377
0.89	1.252	1.244	1.222	1.215	1.212	1.218	1.222	1.226	1.242	1.284	1.372
0.90	1.238	1.230	1.209	1.203	1.200	1.206	1.210	1.214	1.231	1.275	1.367
0.91	1.224	1.217	1.196	1.190	1.188	1.195	1.199	1.203	1.221	1.266	1.362
0.92	1.211	1.204	1.184	1.178	1.176	1.183	1.187	1.192	1.210	1.257	1.356

续表

X_c \ t (s)	0.00	0.01	0.06	0.10	0.20	0.40	0.50	0.60	1.00	2.00	4.00
0.93	1.198	1.191	1.171	1.166	1.164	1.172	1.176	1.181	1.200	1.248	1.351
0.94	1.185	1.178	1.159	1.154	1.153	1.161	1.166	1.170	1.190	1.240	1.346
0.95	1.173	1.166	1.148	1.143	1.142	1.150	1.155	1.160	1.180	1.231	1.339
0.96	1.160	1.154	1.136	1.131	1.131	1.140	1.144	1.149	1.170	1.223	1.321
0.97	1.149	1.142	1.125	1.120	1.120	1.129	1.134	1.139	1.160	1.214	1.304
0.98	1.137	1.131	1.114	1.109	1.110	1.119	1.124	1.129	1.151	1.206	1.287
0.99	1.125	1.119	1.103	1.099	1.099	1.109	1.114	1.120	1.141	1.198	1.271
1.00	1.114	1.108	1.092	1.088	1.089	1.099	1.104	1.110	1.132	1.190	1.255
1.01	1.103	1.097	1.082	1.078	1.079	1.089	1.095	1.100	1.123	1.182	1.239
1.02	1.092	1.087	1.071	1.068	1.069	1.080	1.085	1.091	1.114	1.174	1.224
1.03	1.082	1.076	1.061	1.058	1.060	1.070	1.076	1.082	1.105	1.166	1.209
1.04	1.071	1.066	1.052	1.048	1.050	1.061	1.067	1.073	1.097	1.159	1.195
1.05	1.061	1.056	1.042	1.039	1.041	1.052	1.058	1.064	1.088	1.151	1.181
1.06	1.051	1.046	1.032	1.029	1.032	1.043	1.049	1.055	1.080	1.144	1.167
1.07	1.041	1.036	1.023	1.020	1.023	1.035	1.041	1.047	1.072	1.136	1.153
1.08	1.032	1.027	1.014	1.011	1.014	1.026	1.032	1.038	1.064	1.129	1.140
1.09	1.022	1.017	1.005	1.002	1.005	1.018	1.024	1.030	1.056	1.122	1.127
1.10	1.013	1.008	0.996	0.994	0.997	1.009	1.016	1.022	1.048	1.115	1.115
1.11	1.004	0.999	0.987	0.985	0.988	1.001	1.008	1.014	1.040	1.102	1.102
1.12	0.995	0.990	0.979	0.977	0.980	0.993	1.000	1.006	1.032	1.090	1.090
1.13	0.986	0.982	0.970	0.968	0.972	0.985	0.992	0.998	1.025	1.079	1.079
1.14	0.977	0.973	0.962	0.960	0.964	0.977	0.984	0.991	1.017	1.067	1.067
1.15	0.969	0.965	0.954	0.952	0.956	0.970	0.976	0.983	1.010	1.056	1.056
1.16	0.961	0.956	0.946	0.944	0.949	0.962	0.969	0.976	1.003	1.045	1.0451
1.17	0.952	0.948	0.938	0.937	0.941	0.955	0.962	0.968	0.996	1.034	1.034

I_* \ t (s) / X_c	0.00	0.01	0.06	0.10	0.20	0.40	0.50	0.60	1.00	2.00	4.00
1.18	0.944	0.940	0.930	0.929	0.934	0.947	0.954	0.961	0.989	1.023	1.023
1.19	0.936	0.932	0.923	0.922	0.926	0.940	0.947	0.954	0.982	1.013	1.013
1.20	0.929	0.925	0.915	0.914	0.919	0.933	0.940	0.947	0.975	1.003	1.003
1.21	0.921	0.917	0.908	0.907	0.912	0.926	0.933	0.940	0.968	0.993	0.993
1.22	0.913	0.910	0.901	0.900	0.905	0.919	0.926	0.933	0.961	0.983	0.983
1.23	0.906	0.902	0.894	0.893	0.898	0.912	0.920	0.927	0.955	0.974	0.974
1.24	0.899	0.895	0.887	0.886	0.891	0.906	0.913	0.920	0.948	0.964	0.964
1.25	0.891	0.888	0.880	0.879	0.885	0.899	0.906	0.913	0.942	0.955	0.955
1.26	0.884	0.881	0.873	0.872	0.878	0.893	0.900	0.907	0.936	0.946	0.946
1.27	0.877	0.874	0.866	0.866	0.871	0.886	0.894	0.901	0.930	0.937	0.937
1.28	0.871	0.867	0.860	0.859	0.865	0.880	0.887	0.894	0.923	0.928	0.928
1.29	0.864	0.861	0.853	0.853	0.859	0.874	0.881	0.888	0.917	0.920	0.920
1.30	0.857	0.854	0.847	0.847	0.853	0.868	0.875	0.882	0.911	0.912	0.912
1.31	0.851	0.847	0.840	0.840	0.846	0.862	0.869	0.876	0.903	0.903	0.903
1.32	0.844	0.841	0.834	0.834	0.840	0.856	0.863	0.870	0.895	0.895	0.895
1.33	0.838	0.835	0.828	0.828	0.834	0.850	0.857	0.864	0.887	0.887	0.887
1.34	0.832	0.829	0.822	0.822	0.829	0.844	0.851	0.859	0.879	0.879	0.879
1.35	0.825	0.823	0.816	0.816	0.823	0.838	0.846	0.853	0.872	0.872	0.872
1.36	0.819	0.817	0.810	0.811	0.817	0.833	0.840	0.847	0.864	0.864	0.864
1.37	0.813	0.811	0.805	0.805	0.811	0.827	0.834	0.842	0.857	0.857	0.857
1.38	0.807	0.805	0.799	0.799	0.806	0.821	0.829	0.836	0.850	0.850	0.850
1.39	0.802	0.799	0.793	0.794	0.800	0.816	0.824	0.831	0.842	0.842	0.842
1.40	0.796	0.793	0.788	0.788	0.795	0.811	0.818	0.826	0.835	0.835	0.835
1.41	0.790	0.788	0.782	0.783	0.790	0.805	0.813	0.820	0.828	0.828	0.828
1.42	0.785	0.782	0.777	0.778	0.784	0.800	0.808	0.815	0.822	0.822	0.822

续表

X_c \ I_* \ t(s)	0.00	0.01	0.06	0.10	0.20	0.40	0.50	0.60	1.00	2.00	4.00
1.43	0.779	0.777	0.772	0.772	0.779	0.795	0.803	0.810	0.815	0.815	0.815
1.44	0.774	0.771	0.766	0.767	0.774	0.790	0.798	0.805	0.808	0.808	0.808
1.45	0.768	0.766	0.761	0.762	0.769	0.785	0.793	0.800	0.802	0.802	0.802
1.46	0.763	0.761	0.756	0.757	0.764	0.780	0.788	0.795	0.796	0.796	0.796
1.47	0.758	0.756	0.751	0.752	0.759	0.775	0.783	0.789	0.789	0.789	0.789
1.48	0.753	0.751	0.746	0.747	0.754	0.770	0.778	0.783	0.783	0.783	0.783
1.49	0.748	0.746	0.741	0.742	0.749	0.765	0.773	0.777	0.777	0.777	0.777
1.50	0.743	0.741	0.736	0.737	0.745	0.761	0.768	0.771	0.771	0.771	0.771
1.51	0.738	0.736	0.732	0.733	0.740	0.756	0.764	0.765	0.765	0.765	0.765
1.52	0.733	0.731	0.727	0.728	0.735	0.752	0.759	0.759	0.759	0.759	0.759
1.53	0.728	0.726	0.722	0.723	0.731	0.747	0.754	0.754	0.754	0.754	0.754
1.54	0.724	0.722	0.718	0.719	0.726	0.742	0.748	0.748	0.748	0.748	0.748
1.55	0.719	0.717	0.713	0.714	0.722	0.738	0.742	0.742	0.742	0.742	0.742
1.56	0.714	0.712	0.709	0.710	0.717	0.734	0.737	0.737	0.737	0.737	0.737
1.57	0.710	0.708	0.704	0.706	0.713	0.729	0.732	0.732	0.732	0.732	0.732
1.58	0.705	0.703	0.700	0.701	0.709	0.725	0.726	0.726	0.726	0.726	0.726
1.59	0.701	0.699	0.696	0.697	0.705	0.721	0.721	0.721	0.721	0.721	0.721
1.60	0.696	0.695	0.691	0.693	0.700	0.716	0.716	0.716	0.716	0.716	0.716
1.65	0.675	0.674	0.671	0.672	0.680	0.691	0.691	0.691	0.691	0.691	0.691
1.70	0.656	0.654	0.652	0.653	0.661	0.668	0.668	0.668	0.668	0.668	0.668
1.75	0.637	0.635	0.633	0.635	0.643	0.646	0.646	0.646	0.646	0.646	0.646
1.80	0.619	0.618	0.616	0.618	0.626	0.626	0.626	0.626	0.626	0.626	0.626
1.85	0.602	0.601	0.600	0.602	0.607	0.607	0.607	0.607	0.607	0.607	0.607
1.90	0.587	0.585	0.584	0.586	0.589	0.589	0.589	0.589	0.589	0.589	0.589
1.95	0.572	0.570	0.570	0.572	0.572	0.572	0.572	0.572	0.572	0.572	0.572
2.00	0.556	0.556	0.556	0.556	0.556	0.556	0.556	0.556	0.556	0.556	0.556

e. 参数的差异所引起的交流分量的修正。当发电机的参数与"标准参数"有较大差别时，为提高计数的精确度，可对交流分量进行修正计算。同步发电机的标准参数见表4.6-8。

表 4.6-8　　　　　　　　　　　　同步发电机的标准参数

发电机类型	$X_d(B)$	$X'_d(B)$	$X''_d(B)$	$X_q(B)$	$X''_q(B)$	$T'_{d0}(B)$ (s)	$T''_{d0}(B)$ (s)	$T''_{q0}(B)$ (s)	$T_d(B)$ (s)	$T'_d(B)$ (s)	$T''_d(B)$ (s)	$\cos\varphi$
汽轮发电机	1.904 0	0.215 0	0.138 5	0.904 0	0.138 5	9.028 3	0.181 9	2.012 5	0.256 0	1.019 5	0.117 2	0.825
水轮发电机	0.985 1	0.302 5	0.205 5	0.642 3	0.225 7	5.900 0	0.067 3	0.158 1	0.212 4	1.811 7	0.045 7	0.850

如果实际电源的发电机的时间常数 T 与表4.6-8所示数值相差较大时，则查曲线时应用修正后的短路时间。

当 $t \leqslant 0.06s$ 时，交流分量处于超瞬态过程，可用换算过的时间 t'' 代替实际短路时间 t 来查曲线，以求得时间 t 的实际短路电流。t'' 的计算式为

$$t'' = \frac{T''_d(B)}{T''_d}t \tag{4.6-19}$$

当 $t > 0.06s$ 时，交流分量处于瞬态过程，可用换算过的时间 t' 代替实际短路时间 t 来查曲线，以求得时间 t' 的实际短路电流。t' 的计算式为

$$t' = \frac{T'_d(B)}{T'_d}t$$

其中

$$T''_d(B) = \frac{X''_d(B)}{X'_d(B)}T''_{d0}(B)$$

$$T''_d = \frac{X''_d}{X'_d}T''_{d0}$$

$$T'_d(B) = \frac{X'_d(B)}{X_d(B)}T'_{d0}(B)$$

$$T'_d = \frac{X'_d}{X_d}T'_{d0} \tag{4.6-20}$$

式中　　　t'、t''——换算过的时间，s；

t——实际短路时间，s；

$T''_d(B)$、T''_d——发电机的短路超瞬态时间常数，s；

$T''_{d0}(B)$、T''_{d0}——发电机的开路超瞬态时间常数，s；

$T'_d(B)$、T'_d——发电机的短路瞬态时间常数，s；

$T'_{d0}(B)$、T'_{d0}——发电机的开路瞬态时间常数，s；

$X''_d(B)$、X''_d——发电机的超瞬态电抗，Ω；

$X'_d(B)$、X'_d——发电机的瞬态电抗，Ω；

$X_d(B)$、X_d——发电机的同步电抗，Ω。

以上各式中带有标号（B）的是标准参数，不带标号（B）的是发电机的实际参数。

（4）三相短路电流峰值 i_p（即短路全电流最大瞬时值）的计算：根据短路电流变化可知，i_p 包含有交流分量 i_{AC} 和直流分量 i_{DC}。短路电流直流分量的起始值 $A = \sqrt{2}I''_k$，i_p 出现在短路发生后的半周期（0.01s）内的瞬间，其值可按下式计算

$$i_p = k_p \sqrt{2} I''_k \qquad (4.6\text{-}21)$$

其中 $$k_p = 1 + e^{-\frac{0.01}{T_f}}$$

式中 k_p——短路电流峰值系数;

     T_f——短路电流直流分量衰减时间常数,s,当电网频率为 50Hz 时,$T_f = \dfrac{X_\Sigma}{314 R_\Sigma}$;

     X_Σ——短路电路总电抗,Ω;

     R_Σ——短路电路总电阻,Ω。

     如果电路只有电抗,则 $T_f = \infty$,$k_p = 2$;如果电路只有电阻,则 $T_f = 0$,$k_p = 1$;可见 $2 \geqslant k_p \geqslant 1$。

     在工程设计中 k_p 的取值以及 i_p 的计算值如下:

     1) 当短路发生在发电机端时,取 $k_p = 1.9$,$i_p = 2.69 I''_k$。

     2) 当短路发生在发电厂高压侧母线时取 $k_p = 1.85$,$i_p = 2.62 I''_k$。

     3) 当短路点远离发电厂,短路电路的总电阻较小,总电抗较大 $\left(R_\Sigma \leqslant \dfrac{1}{3} X_\Sigma\right)$ 时,$T_f \approx 0.05s$,取 $k_p = 1.8$,$i_p = 2.55 I''_k$。

     4) 在电阻较大 $\left(R_\Sigma > \dfrac{1}{3} X_\Sigma\right)$ 的电路中,发生短路时,短路电流非周期分量衰减较快,可取 $k_p = 1.3$,$i_p = 1.84 I''_k$。

     (5) 异步电动机反馈电流计算:

     1) 高压异步电动机对短路电流的影响,只有在计算电动机附近短路点的短路峰值电流时才予以考虑。在下列情况下,可不考虑高压异步电动机对短路电流峰值的影响:

     a. 异步电动机与短路点的连接已相隔一个变压器;

     b. 在计算不对称短路电流时。

     2) 异步电动机提供的反馈电流的计算:

     a. 由一台异步电动机提供的反馈电流周期分量初始值按下式计算

$$I''_M = K_{stM} I_{NM} \times 10^{-3} \qquad (4.6\text{-}22)$$

     b. 由 n 台异步电动机提供的反馈电流周期分量初始值按下式计算

$$I''_M = \sum_{i=1}^{n} K_{stMi} I_{NMi} \times 10^{-3} \qquad (4.6\text{-}23)$$

     c. 由 n 台异步电动机提供的反馈电流峰值电流按下式计算

$$i_{pM} = K \sqrt{2} \sum_{i=1}^{n} K_{pMi} K_{stMi} I_{NMi} \times 10^{-3} \qquad (4.6\text{-}24)$$

式中 I''_M——电动机反馈电流交流分量初始值(方均根值),kA;

     K_{stM}——电动机反馈电流倍数,可取其启动电流倍数值;

     K_{stMi}——第 i 台电动机的反馈电流倍数,可取其启动电流倍数值;

     I_{NM}——电动机额定电流,A;

     I_{NMi}——第 i 台电动机额定电流,A;

     K_{pMi}——第 i 台电动机反馈电流峰值系数;

     K——不同类型电动机的修正系数,6、10kV 异步电动机取 1.1,低压异步电动机取

0.9，同步电动机取 1.1。

3）计入反馈电流后的异步电动机的短路计算：三相短路电流交流分量初始值

$$I''_k = I''_s + I''_M \tag{4.6-25}$$

短路电流峰值

$$i_p = i_{ps} + i_{pM} = \sqrt{2}(K_{ps}I''_s + KK_{pM}I''_M) \tag{4.6-26}$$

式中　I''_s——由系统送到短路点的三相短路电流初始值；

　　　I''_M——由短路点附近的异步电动机反馈电流初始值；

　　　i_{ps}——由系统送到短路点的短路电流峰值；

　　　i_{pM}——由短路点附近的电动机反馈的短路峰值电流；

　　　K_{ps}——由系统馈送的短路电流峰值系数；

　　　K_{pM}——由异步电动机馈送的短路电流峰值系数，一般可取 1.4～1.7，准确数据可查
　　　　　图 4.6-10。

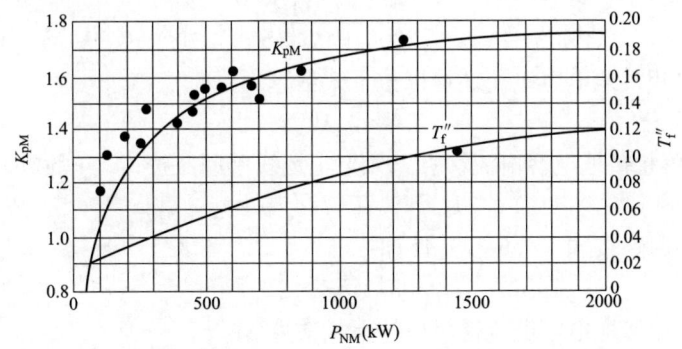

图 4.6-10　异步电动机额定容量 P_{NM} 与冲击系数 K_{pM} 的关系

T''_f—反馈电流周期分量衰减时间常数

（6）两相不接地短路电流的计算：两相不接地短路电流初始值 I''_{k2} 的计算公式如下，对于汽轮发电机

$$I''_{k2} = \frac{E''}{2(X''_d + X_w)} \tag{4.6-27}$$

对于水轮发电机

$$I''_{k2} = \frac{KE''}{2(X''_d + X_w)} \tag{4.6-28}$$

将两相短路短路超瞬态电流计算公式与三相短路短路超瞬态电流计算公式相除，得

$$\frac{I''_{k2}}{I''_{k3}} = \frac{\sqrt{3}}{2} = 0.866 \tag{4.6-29}$$

两相短路稳态电流 I_{k2} 与三相短路稳态电流 I_{k3} 的比值关系，视短路点与电源的距离远近而定：

1）在发电机出口处发生短路时

$$I_{k2} = 1.5I_{k3} \tag{4.6-30}$$

2）在远距离点短路时，即 $^*X_c > 3$ 时，因 $I_k = I''_k$，故

$$I_{k2} = 0.866 I_{k3} \qquad (4.6-31)$$

3）一般可这样估算

$$\left. \begin{array}{l} X_{*c} > 0.6 \text{ 时}, I_{k2} < I_{k3} \\ X_{*c} \approx 0.6 \text{ 时}, I_{k2} = I_{k3} \\ X_{*c} < 0.6 \text{ 时}, I_{k2} > I_{k3} \end{array} \right\} \qquad (4.6-32)$$

（7）单相接地电容电流的计算：电网中的单相接地电容电流由电力线路和电力设备（同步发电机、大容量同步电动机及变压器等）两部分的电容电流组成。变电站电力设备增加的接地电容电流百分数见表 4.6-10。

1）电力线路的单相接地电容电流计算：6kV 电缆线路按下式计算

$$I_c = \frac{95 + 2.84S}{2200 + 6S} U_n l \qquad (4.6-33)$$

10kV 电缆线路按下式计算

$$I_c = \frac{95 + 1.44S}{2200 + 0.23S} U_n l \qquad (4.6-34)$$

电缆线路的单相接地电容电流还可以按下式估算

$$I_c = 0.1 U_n l \qquad (4.6-35)$$

2）架空线路单相接地电容电流计算：无架空地线单回路按式（4.6-36）计算

$$I_c = 2.7 U_n l \times 10^{-3} \qquad (4.6-36)$$

有架空地线单回路按式（4.6-37）计算

$$I_c = 3.3 U_n l \times 10^{-3} \qquad (4.6-37)$$

架空线路的单相接地电容电流还可以按下式估算

$$I_c = \frac{U_n l}{350} \qquad (4.6-38)$$

以上式中 S——电缆芯线的标称截面，mm^2；

         U_n——线路标称电压，kV；

         l——线路长度，km；

         I_c——接地电容电流，A。

架空线路和电缆线路每千米单相接地电容电流的平均值见表 4.6-9。变电站增加的接地电容电流百分数见表 4.6-10。

表 4.6-9   架空线路和电缆线路每千米单相接地电容电流的平均值   A/km

电压 (kV)	电缆线路，当芯线截面积为下列诸值时（mm²）											架空线路	
	10	16	25	35	50	70	95	120	150	185	240	单回路	双回路
6	0.33	0.37	0.46	0.52	0.59	0.71	0.82	0.89	1.10	1.20	1.30	0.013	0.017
10	0.46	0.52	0.62	0.69	0.77	0.90	1.00	1.10	1.30	1.40	1.60	0.025 6	0.035
35	—	—	—	—	—	3.70	4.10	4.40	4.80	5.20	—	0.078/ 0.091	0.102/ 0.110
												(0.091)	(0.110)

注 分母数字用于有架空地线的架空线路。

表 4.6-10   变电站电力设备增加的接地电容电流百分数

标称电压（kV）	6	10	15	35	66	110
附加值（%）	18	16	15	13	12	10

4.6.4 低压网络短路电流计算

（1）计算条件：高压系统短路电流的计算条件同样适用于低压网络短路电流的计算，但低压网络还有如下一些特点：

1）一般用电单位的电源来自地区大中型电力系统，配电用的变压器的容量远小于系统的容量，因此短路电流可按远离发电机端，即无限大电源容量的网络短路进行计算，短路电流周期分量不衰减。

2）计入短路电路各元件的有效电阻，但短路点的电弧电阻、导线连接点、开关设备和电器的接触电阻可忽略不计。

3）当电路电阻较大，短路电流直流分量衰减较快，一般可不考虑直流分量。只有在离配电变压器低压侧很近处，如低压侧 20m 以内大截面线路上或低压配电屏内部发生短路时，才需要计算直流分量。

4）单位长度有效电阻的计算温度不同，在计算三相最大短路电流时，导体计算温度取为 20℃；在计算单相短路电流时，假设的计算温度升高，电阻值增大，其值一般为 20℃时电阻的 1.5 倍。

5）计算过程采用有名单位制，电压用 V，电流用 kA，容量用 kVA，电阻用 mΩ。

6）计算 220/380V 网络三相短路电流时，计算电压 cU_n 取电压系数 c 为 1.05，计算单相接地故障电流时，c 取 1.0，U_n 为系统标称电压（线电压）380V。

（2）低压网络电路元件阻抗计算：在计算三相短路电流时，阻抗指的是元件的相阻抗，即相正序阻抗。因为已经假定系统是对称的，发生三相短路时只有正序分量存在，所以不需要特别提出序阻抗的概念。

在计算单相短路（包括单相接地故障）电流时，则必须指出序阻抗和相保阻抗的概念。在低压网络中发生不对称短路时，由于短路点离发电机较远，因此可以认为所有元件的负序阻抗等于正序阻抗，即等于相阻抗。

TN 接地系统低压网络的零序阻抗等于相线的零序阻抗与 3 倍 PE 线的零序阻抗之和，即

$$\left.\begin{aligned}
\underline{Z}_{(0)} &= \underline{Z}_{(0)\mathrm{ph}} + 3\underline{Z}_{(0)\mathrm{p}} \\
\underline{R}_{(0)} &= \underline{R}_{(0)\mathrm{ph}} + 3\underline{R}_{(0)\mathrm{p}} \\
\underline{X}_{(0)} &= \underline{X}_{(0)\mathrm{ph}} + 3\underline{X}_{(0)\mathrm{p}}
\end{aligned}\right\}
\qquad (4.6\text{-}39)$$

TN 接地系统低压网络的相保阻抗与各相序阻抗的关系

$$\underline{Z}_{\mathrm{ph}\cdot\mathrm{p}} = \frac{\underline{Z}_{(1)} + \underline{Z}_{(2)} + \underline{Z}_{(0)}}{3}$$

$$R_{\mathrm{ph}\cdot\mathrm{p}} = \frac{R_{(1)} + R_{(2)} + R_{(0)}}{3} = \frac{2R_{(1)} + R_{(0)}}{3}$$

$$X_{\mathrm{ph}\cdot\mathrm{p}} = \frac{X_{(1)} + X_{(2)} + X_{(0)}}{3} = \frac{2X_{(1)} + X_{(0)}}{3} \qquad (4.6\text{-}40)$$

1) 高压侧系统阻抗：在计算 220/380V 网络三相短路电流时，变压器高压侧系统阻抗需要计入。若已知高压侧系统短路容量 S''_Q，则归算到变压器低压侧的高压系统阻抗可按下式计算

$$Z_Q = \frac{cU_n^2}{S''_Q} \times 10^3 \tag{4.6-41}$$

如不知道其电阻 R_Q 和电抗 X_Q 的确切值，可以认为

$$R_Q = 0.1X_Q, \quad X_Q = 0.995Z_Q$$

以上式中 U_n——变压器低压侧标称电压，0.38kV；

c——电压系数，计算三相短路电流时取 1.05；

S''_Q——变压器高压侧系统短路容量，MVA；

R_Q、X_Q、Z_Q——归算到变压器低压侧的高压系统电阻、电抗、阻抗，$m\Omega$。

至于零序阻抗，Dyn11 和 Yyn0 联结组别的配电变压器，当低压侧发生单相短路时，零序电流不能在高压侧绕组流通，高压侧对于零序电流相当于开路状态，故在计算单相短路电流时认为无此阻抗。10 (6)/0.4kV 变压器高压侧短路容量与高压侧阻抗、相保阻抗（归算至 400V）的数值关系见表 4.6-11。

表 4.6-11 10/0.4kV 变压器高压侧短路容量与高压侧阻抗、相保阻抗（归算至 400V）的数值关系 $m\Omega$

高压侧短路容量 S''_Q（MVA）	100	200	300	500	∞
Z_Q	1.520	0.760	0.507	0.304	0
R_Q[1]	0.152	0.076	0.051	0.030	0
X_Q[1]	1.512	0.756	0.504	0.302	0
$R_{ph.p}$[2]	0.101	0.051	0.034	0.020	0
$X_{ph.p}$[2]	1.007	0.504	0.336	0.201	0

[1] 系统电抗 $X_Q = 0.995Z_Q$，系统电阻 $R_Q = 0.1X_Q$。

[2] 对于 Dyn11 或 Yyn0 联结组别的变压器，零序电流不能在高压侧流通，故不计入高压侧的零序阻抗 $R_{(0)Q}$、$X_{(0)Q}$，即相保电阻 $R_{ph.p}$ 和相保电抗 $X_{ph.p}$ 计算式如下

$$R_{ph·p} = \frac{1}{3}[R_{(1)Q} + R_{(2)Q} + R_{(0)Q}] = \frac{2R_{(1)Q}}{3} = \frac{2R_Q}{3} m\Omega$$

$$X_{ph·p} = \frac{1}{3}[X_{(1)Q} + X_{(2)Q} + X_{(0)Q}] = \frac{2X_{(1)Q}}{3} = \frac{2X_Q}{3} m\Omega$$

2) 10 (6)/0.4kV 三相双绕组变压器的阻抗：配电变压器的正序阻抗可按照表 4.6-3 中有关公式计算，变压器的负序阻抗等于正序阻抗。Yyn0 联结组别的变压器的零序阻抗比正序阻抗大得多，其值由制造厂通过测试提供；Dyn11 联结组别的变压器的零序阻抗如果没有测试数据时，可取其值等于正序阻抗值，即相阻抗。

a. 10/0.4kV 型变压器阻抗平均值（归算至 400V 侧），详见表 4.6-12～表 4.6-15。

b. 20/0.4kV 型变压器阻抗平均值（归算至 400V 侧），见表 4.6-16、表 4.6-17（20kV 电压等级非晶合金的油浸与干式变压器为非标产品）。

c. 35/0.4kV 型变压器阻抗平均值（归算至 400V 侧），见表 4.6-18、表 4.6-19（35kV 电压等级非晶合金的油浸与干式变压器为非标产品）。

表 4.6-12～表 4.6-19 中变压器的负载损耗值是引用在 F（120℃）时的 2、3 级能效标准值。

表 4.6-12　　S11-M 型油浸式叠铁芯变压器阻抗平均值（归算至 400V 侧）

电　压	10/0.4kV											
变压器容量（kVA）	200	250	315	400	500	630	800	1000	1250	1600	2000	2500
变压器阻抗电压（%）	4					4.5						
负载损耗（W）	2730	3200	3830	4520	5410	6200	7500	10 300	12 000	14 500		
正负序电阻（mΩ）	10.9	8.19	6.18	4.52	3.46	2.50	1.88	1.65	1.23	0.91		
零序电阻（mΩ）	10.9	8.19	6.18	4.52	3.46	2.50	1.88	1.65	1.23	0.91		
相保电阻（mΩ）	10.9	8.19	6.18	4.52	3.46	2.50	1.88	1.65	1.23	0.91	非标	非标
正负序电抗（mΩ）	30.0	24.2	19.36	15.3	12.3	11.1	8.80	7.01	5.63	4.41		
零序电抗（mΩ）	27.2	22.0	17.63	14.0	11.3	10.3	8.19	6.58	5.34	4.25		
相保电抗（mΩ）	29.1	23.5	18.78	14.9	11.9	10.8	8.60	6.87	5.53	4.35		

表 4.6-13　　SCB11 型环氧树脂浇注干式变压器阻抗平均值（归算至 400V 侧）

电　压	10/0.4kV															
容量（kVA）	200	250	315	400	500	630	630	800	1000	1250	1600	2000	2500	1600	2000	2500
变压器阻抗电压（%）	4						6							8		
负载损耗（kW）	2530	2760	3470	3990	4880	5880	5960	6960	8130	9690	11 730	14 450	17 170	12 960	15 960	18 890
正负序电阻（mΩ）	10.12	7.07	5.60	3.99	3.12	2.37	2.40	1.74	1.3	0.9	0.73	0.58	0.44	0.81	0.64	0.48
零序电阻（mΩ）	10.12	7.07	5.60	3.99	3.12	2.37	2.40	1.74	1.3	0.9	0.73	0.58	0.44	0.81	0.64	0.48
相保电阻（mΩ）	10.12	7.07	5.60	3.99	3.12	2.3	2.40	1.74	1.3	0.9	0.73	0.58	0.44	0.81	0.64	0.48
正负序电抗（mΩ）	30.36	24.6	19.5	15.4	12.4	9.8	15.0	11.8	9.5	7.6	5.96	4.77	3.81	7.96	6.37	5.10
零序电抗（mΩ）	27.51	22.3	17.7	14.1	11.4	9.1	13.9	11.0	8.9	7.2	5.74	4.67	3.81	7.67	6.24	5.10
相保电抗（mΩ）	29.41	23.8	18.9	15.0	12.0	9.6	14.6	11.4	9.3	7.4	5.88	4.73	3.81	7.86	6.32	5.10

表 4.6-14　　SH15 型非晶合金铁芯油浸式变压器阻抗平均值（归算至 400V 侧）

电　压	10/0.4kV											
变压器容量（kVA）	200	250	315	400	500	630	800	1000	1250	1600	2000	2500
变压器阻抗电压（%）	4					4.5					5	5.5
负载损耗（W）	2730	3200	3830	4520	5410	6200	7500	10 300	12 000	14 500	18 300	21 200
正负序电阻（mΩ）	10.92	8.19	6.18	4.52	3.46	2.50	1.88	1.65	1.23	0.91	0.73	0.54
零序电阻（mΩ）	10.92	8.19	6.18	4.52	3.46	2.50	1.88	1.65	1.23	0.91	0.73	0.54
相保电阻（mΩ）	10.92	8.19	6.18	4.52	3.46	2.50	1.88	1.65	1.23	0.91	0.73	0.54
正负序电抗（mΩ）	30.08	24.25	19.36	15.35	12.32	11.15	8.80	7.01	5.63	4.41	3.93	3.48
零序电抗（mΩ）	30.08	24.25	19.36	15.35	12.32	11.15	8.80	7.01	5.63	4.41	3.93	3.48
相保电抗（mΩ）	30.08	24.25	19.36	15.35	12.32	11.15	8.80	7.01	5.63	4.41	3.93	3.48

4

表 4.6-15　SCBH15 型非晶合金铁芯干式变压器阻抗平均值（归算至 400V 侧）

电　压	10/0.4kV															
变压器容量（kVA）	200	250	315	400	500	630	630	800	100	125	1600	2000	2500	1600	2000	2500
变压器阻抗电压(%)	4						6							8		
负载损耗（W）	2530	2760	3470	3990	4880	5880	5960	6960	8130	9690	11 730	14 450	17 170	12 960	15 960	18 890
正负序电阻（mΩ）	10.1	7.07	5.60	3.99	3.12	2.37	2.40	1.74	1.3	0.9	0.73	0.58	0.44	0.81	0.64	0.48
零序电阻（mΩ）	10.1	7.07	5.60	3.99	3.12	2.3	2.40	1.74	1.3	0.9	0.73	0.58	0.44	0.81	0.64	0.48
相保电阻（mΩ）	10.1	7.07	5.60	3.99	3.12	2.3	2.40	1.74	1.3	0.9	0.73	0.58	0.44	0.81	0.64	0.48
正负序电抗（mΩ）	30.3	24.6	19.5	15.4	12.4	9.8	15.0	11.8	9.5	7.6	5.96	4.77	3.81	7.96	6.37	5.10
零序电抗（mΩ）	30.3	24.6	19.5	15.4	12.4	9.8	15.0	11.8	9.5	7.6	5.96	4.77	3.81	7.96	6.37	5.10
相保电抗（mΩ）	30.3	24.6	19.5	15.4	12.4	9.8	15.0	11.8	9.5	7.6	5.96	4.77	3.81	7.96	6.37	5.10

表 4.6-16　S11-M 型油浸式叠铁芯变压器阻抗平均值（归算至 400V 侧）

电　压	20/0.4kV											
变压器容量（kVA）	200	250	315	400	500	630	800	1000	1250	1600	2000	2500
变压器阻抗电压（%）	5.5					6						
负载损耗（W）	3000	3520	4210	4970	5940	6820	8250	11 330	13 200	15 950	19 140	22 220
正负序电阻（mΩ）	12.00	9.01	6.79	4.97	3.80	2.75	2.06	1.81	1.35	1.00	0.77	0.57
零序电阻（mΩ）	12.00	9.01	6.79	4.97	3.80	2.75	2.06	1.81	1.35	1.00	0.77	0.57
相保电阻（mΩ）	12.00	9.01	6.79	4.97	3.80	2.75	2.06	1.81	1.35	1.00	0.77	0.57
正负序电抗（mΩ）	42.33	34.03	27.10	21.43	17.18	14.99	11.82	9.43	7.56	5.92	4.74	3.80
零序电抗（mΩ）	38.36	30.90	24.68	19.59	15.78	13.84	11.00	8.85	7.17	5.70	4.64	3.80
相保电抗（mΩ）	41.01	32.99	26.29	20.82	16.72	14.61	11.55	9.23	7.43	5.84	4.71	3.80

表 4.6-17　SCB11 型环氧树脂浇注干式变压器阻抗平均值（归算至 400V 侧）

电　压	20/0.4kV													
变压器容量（kVA）	200	250	315	400	500	630	800	1000	1250	1600	2000	2500	2000	2500
变压器阻抗电压（%）	6												8	
负载损耗（W）	2945	3420	4085	4845	5795	6840	8265	9785	14 543	13 870	16 388	19 380	17 860	21 280
正负序电阻（mΩ）	11.78	8.76	6.59	4.85	3.71	2.76	2.07	1.57	1.49	0.87	0.66	0.50	0.71	0.54
零序电阻（mΩ）	11.78	8.76	6.59	4.85	3.71	2.76	2.07	1.57	1.49	0.87	0.66	0.50	0.71	0.54
相保电阻（mΩ）	11.78	8.76	6.59	4.85	3.71	2.76	2.07	1.57	1.49	0.87	0.66	0.50	0.71	0.54
正负序电抗（mΩ）	46.53	37.39	29.76	23.51	18.84	14.99	11.82	9.47	7.53	5.94	4.76	3.81	6.36	6.36
零序电抗（mΩ）	42.16	33.95	27.10	21.49	17.30	13.84	11.00	8.89	7.15	5.72	4.66	3.81	6.23	6.36
相保电抗（mΩ）	45.08	36.24	28.87	22.83	18.33	14.61	11.55	9.28	7.41	5.86	4.72	3.81	6.32	6.36

表 4.6-18 S11-M 型油浸式叠铁芯变压器阻抗平均值（归算至 400V 侧）

电 压	35/0.4kV											
变压器容量（kVA）	200	250	315	400	500	630	800	1000	1250	1600	2000	2500
变压器阻抗电压（%）	6.5											
负载损耗（W）	3325	3952	4760	5748	6916	7866	9405	11 543	13 937	16 673		
正负序电阻（mΩ）	13.30	10.12	7.68	5.75	4.43	3.17	2.26	1.85	1.43	1.04		
零序电阻（mΩ）	13.30	10.12	7.68	5.75	4.43	3.17	2.26	1.85	1.43	1.04		
相保电阻（mΩ）	13.30	10.12	7.68	5.75	4.43	3.17	2.26	1.85	1.43	1.04	非标	非标
正负序电抗（mΩ）	50.27	40.35	32.11	25.36	20.32	16.20	12.79	10.23	8.20	6.42		
零序电抗（mΩ）	45.55	36.65	29.25	23.18	18.66	14.96	11.90	9.61	7.78	6.18		
相保电抗（mΩ）	48.70	39.12	31.16	24.63	19.77	15.79	12.49	10.03	8.06	6.34		

表 4.6-19 SCB11 型环氧树脂浇注干式变压器阻抗平均值（归算至 400V 侧）

电 压	35/0.4kV											
变压器容量（kVA）	200	250	315	400	500	630	800	1000	1250	1600	2000	2500
变压器阻抗电压（%）	6											
负载损耗（W）	3325	3800	4513	5415	6650	7695	9120	10 450	12 730	15 485	18 240	21 850
正负序电阻（mΩ）	13.30	9.73	7.28	5.42	4.26	3.10	2.28	1.67	1.30	0.97	0.73	0.56
零序电阻（mΩ）	13.30	9.73	7.28	5.42	4.26	3.10	2.28	1.67	1.30	0.97	0.73	0.56
相保电阻（mΩ）	13.30	9.73	7.28	5.42	4.26	3.10	2.28	1.67	1.30	0.97	0.73	0.56
正负序电抗（mΩ）	46.12	37.15	29.59	23.38	18.72	14.92	11.78	9.45	7.57	5.92	4.74	3.80
零序电抗（mΩ）	41.79	33.74	26.96	21.38	17.19	13.78	10.96	8.87	7.18	5.70	4.65	3.80
相保电抗（mΩ）	44.68	36.01	28.71	22.71	18.21	14.54	11.51	9.26	7.44	5.85	4.71	3.80

3）低压配电线路的阻抗：各种型式的低压配电线路阻抗（正、负序）见表 4.2-2～表 4.2-53。这里只对线路的零序阻抗和相保阻抗的计算方法作一补充。

a. 线路零序阻抗的计算：各种型式的低压配电线路的零序阻抗 $Z_{(0)}$ 均可由下式计算

$$|Z_{(0)}| = |Z_{(0)ph} + 3Z_{(0)p}| = \sqrt{(R_{(0)ph} + 3R_{(0)p})^2 + (X_{(0)ph} + 3X_{(0)p})^2} \quad (4.6\text{-}42)$$

其中

$$Z_{(0)ph} = \sqrt{R_{(0)ph}^2 + X_{(0)ph}^2}$$

$$Z_{(0)p} = \sqrt{R_{(0)p}^2 + X_{(0)p}^2}$$

式中 $Z_{(0)ph}$——相线的零序阻抗，Ω；

$Z_{(0)p}$——PE 线的零序阻抗，Ω；

$R_{(0)ph}$、$X_{(0)ph}$——相线的零序电阻和电抗，Ω；

$R_{(0)p}$、$X_{(0)p}$——PE 线的零序电阻和电抗，Ω。

相线、PE 线的零序电阻和电抗的计算方法与正、负序电阻和电抗的计算方法相同，但在计算相零序电抗 $X_{(0)ph}$ 和保护线零序电抗 $X_{(0)p}$ 时，线路电抗计算公式中的几何均距 D_j 改用 D_0 代替，其计算公式如下

$$D_0 = \sqrt[3]{D_{L1p}D_{L2p}D_{L3p}} \tag{4.6-43}$$

式中 D_{L1p}、D_{L2p}、D_{L3p}——相导体 L1、L2、L3 中心至 PE 或 PEN 导体中心的距离，mm。

b. 线路相保阻抗的计算：单相接地短路电路中任意元件的相保阻抗 $Z_{ph\cdot p}$ 计算公式为

$$Z_{ph\cdot p} = \sqrt{R_{ph\cdot p}^2 + X_{ph\cdot p}^2} \tag{4.6-44}$$

$$R_{ph\cdot p} = \frac{1}{3}[R_{(1)} + R_{(2)} + R_{(0)}] = \frac{1}{3}[R_{(1)} + R_{(2)} + R_{(0)ph} + 3R_{(0)p}] = R_{ph} + R_p \tag{4.6-45}$$

$$X_{ph\cdot p} = \frac{1}{3}[X_{(1)} + X_{(2)} + X_{(0)}] = \frac{1}{3}[X_{(1)} + X_{(2)} + X_{(0)ph} + 3X_{(0)p}]$$
$$= \frac{1}{3}[X_{(1)} + X_{(2)} + X_{(0)ph}] + X_{(0)p} \tag{4.6-46}$$

$$R_{(0)} = R_{(0)ph} + 3R_{(0)p}$$
$$X_{(0)} = X_{(0)ph} + 3X_{(0)p}$$

式中 $R_{ph\cdot p}$——相保电阻，Ω；

$X_{ph\cdot p}$——相保电抗，Ω；

$R_{(1)}$、$X_{(1)}$——高压系统、变压器及线路的正序电阻和正序电抗，Ω；

$R_{(2)}$、$X_{(2)}$——负序电阻和负序电抗，Ω；

$R_{(0)}$、$X_{(0)}$——零序电阻和零序电抗，Ω；

$R_{(0)ph}$、$X_{(0)ph}$——相导体的零序电阻和零序电抗，Ω；

$R_{(0)p}$、$X_{(0)p}$——PE 导体的零序电阻和零序电抗，Ω。

4) 钢导体的阻抗。在低压配电网络中经常采用钢导体（扁钢、角钢、钢管、钢轨等）作为 PE 导体，因此在计算低压网络单相对地短路电流时，必须掌握钢导体的零序电阻和零序电抗。

a. 钢导体的零序电阻：作为 PE 导体的钢导体，其零序电阻就是导体本身的交流电阻，计算方法如下

当 $\beta \geq 1$ 时

$$R_{(0)p} = (0.5 + 1.16\beta)\frac{\rho_{40}l}{100S} \tag{4.6-47}$$

当 $\beta < 1$ 时

$$R_{(0)p} = (1 + 0.84\beta^t)\frac{\rho_{40}l}{100S} \tag{4.6-48}$$

$$\beta = 0.02\frac{S}{p}\sqrt{\frac{f\mu}{\rho_{40}}}$$

其中 $$H = 0.4\pi\frac{I}{p}$$

式中 $R_{(0)p}$——钢导体的零序电阻，$m\Omega$；

β——钢导体的磁饱和系数；

ρ_{40}——钢导体在工作温度为 40℃时的电阻率，一般取为 $0.159 \times 10^{-5} \Omega \cdot cm^2/cm$；

l——钢导体的长度，m；

S——钢导体的截面积，mm^2；

f——交流电频率，Hz；

p——钢导体断面的周长，cm；

μ——钢导体的相对磁导率，其值与磁场强度 H 有关，可按图 4.6-11 的曲线中查找，含碳量 C 一般可取 0.22%；

I——短路时流过钢导体的电流，A。

b. 钢导体的零序电抗：作为 PE 导体的钢导体的零序电抗 $X_{(0)p}$ 可按下式计算（电流频率按 50Hz 计算）

$$X_{(0)p} = X_{(0)p \cdot n} + X_{(0)p \cdot w} = \left[0.815\beta R_{(0)p} + 0.1445 \lg \frac{D_0}{G} \right] l \qquad (4.6-49)$$

其中
$$D_0 = \sqrt[3]{D_{L1p} D_{L2p} D_{L3p}}$$

式中
$X_{(0)p \cdot n}$——钢导体的零序内感抗，$m\Omega$；

$X_{(0)p \cdot w}$——钢导体的零序外感抗，$m\Omega$；

D_0——钢导体至各相导体的几何均距，mm；

D_{L1p}、D_{L2p}、D_{L3p}——相导体 L1、L2、L3 中心至 PE 或 PEN 导体中心的距离，mm；

G——钢导体断面的等效半径（自几何均距），mm，对于扁钢为 0.2236 $(a+b)$，圆钢为 0.3894d，角钢为 $\sqrt{0.1586h^2 + 0.177\delta}$；

a、b——扁钢的宽和厚，mm；

d——圆钢的直径，mm。

h、δ——角钢的宽和厚，mm。

几种常用规格钢导体在不同电流下的零序阻抗 $Z_{(0)}$，可查阅图 4.6-12、图 4.6-13 和表 4.6-20、表 4.6-21。

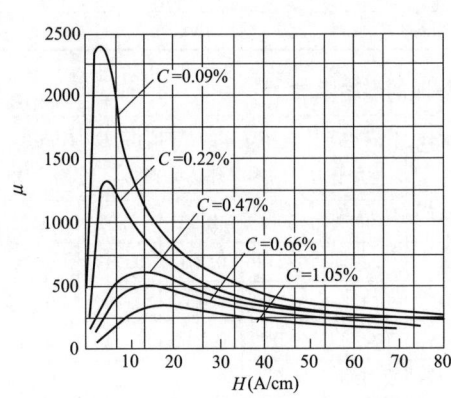

图 4.6-11 各种不同含碳量的热轧型钢的
$\mu = f(H)$ 曲线

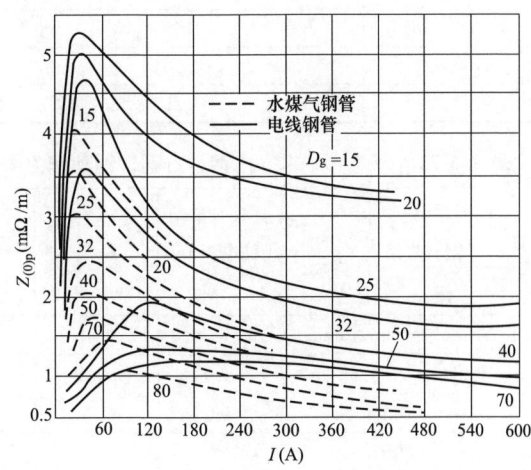

图 4.6-12 不同直径的焊接钢管和电线钢管零序
阻抗与电流的关系曲线

D_g—钢管公称直径，mm

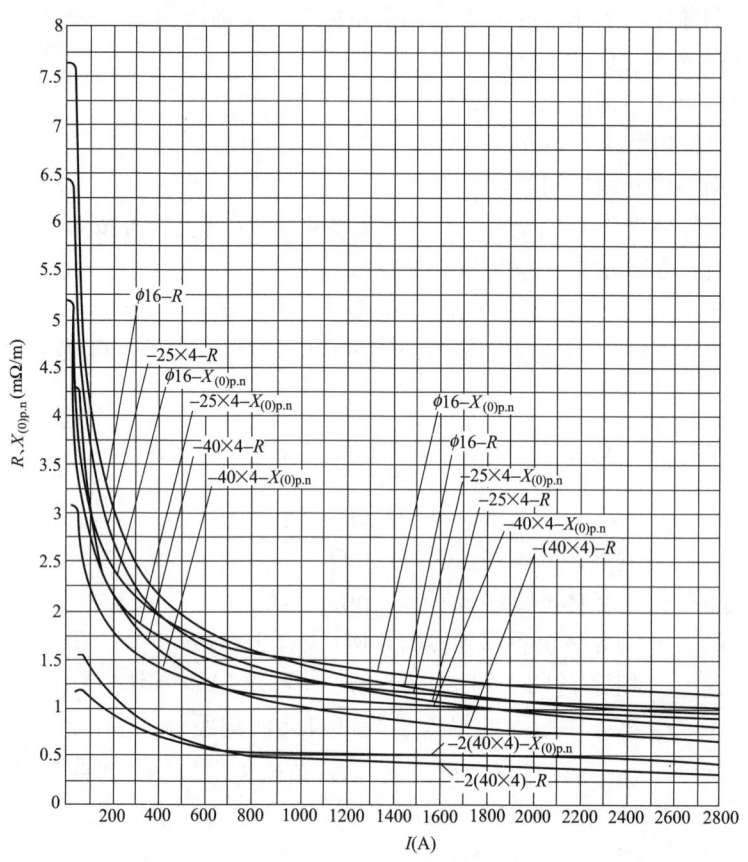

图 4.6-13　扁钢及圆钢的交流电阻 R、零序内感抗 $X_{(0)\mathrm{p·n}}$ 与通过电流的关系曲线

表 4.6-20　　　　　　扁钢作为 PE 导体时的零序外感抗 $X_{(0)\mathrm{P·w}}$　　　　　　mΩ/m

扁钢规格	扁钢至相导体的几何均距 D_0（mm）						
$a \times b$（mm×mm）	300	600	1500	2500	3500	4500	6000
25×4	0.240	0.284	0.342	0.374	0.395	0.411	0.429
40×4	0.214	0.258	0.315	0.348	0.369	0.384	0.402

表 4.6-21　　　　　　角钢、方钢、钢轨作为 PE 导体时的零序阻抗

钢材规格	计算时采用的电流值（A）	零序电阻 $R_{(0)\mathrm{p}}$（mΩ/m）	零序内电抗 $X_{(0)\mathrm{p·n}}$（mΩ/m）	钢导体至相导体的几何均距 D_0（mm）为下值时的零序外感抗 $X_{(0)\mathrm{p·w}}$（mΩ/m）				
				300	600	1500	2700	4500
角钢 40mm×40mm×5mm	600	0.58	0.41	0.175	0.218	0.278	0.314	0.346
方钢 60mm×60mm	800	0.41	0.25	0.151	0.195	0.252	0.290	0.319
70mm×70mm	960	0.36	0.21	0.144	0.186	0.244	0.280	0.312
80mm×80mm	1200	0.29	0.17	0.133	0.177	0.235	0.273	0.304
钢轨 38kg/m	800	0.39	0.24	0.136	0.179	0.237	0.274	0.306
43kg/m	960	0.34	0.20	0.124	0.167	0.225	0.262	0.294
50kg/m	1200	0.28	0.15	0.106	0.149	0.208	0.244	0.276

5 高压电器及开关设备的选择

5.1 概　　述

5.1.1　内容及范围

本章内容为3～110kV高压电器、开关设备及导体的选择和短路稳定校验。

高压电器及开关设备包括高压交流断路器、高压交流负荷开关、高压交流隔离开关、高压交流熔断器、高压交流真空接触器、限流电抗器、电流互感器、电压互感器、消弧线圈（电磁式）、接地变压器、接地电阻器、支柱绝缘子、悬式绝缘子、绝缘套管等。

金属封闭开关设备包括铠装式、间隔式、箱式、充气式（C-GIS）、气体绝缘（GIS）和封闭式组合（复合）电器（HGIS）等类型。

过电压保护设备包括避雷器、高压阻容吸收器。

导体包括硬导体、软导体、高压电力电缆、高压配电装置的载流母线等。

使用时还需注意，与其他章节有关的选择要求列在表5.1-1中；有关高压电器的绝缘配合问题见13章；导体选择见9章。

5.1.2　高压电器及开关设备的选择条件

为了保证高压电器及开关设备的可靠运行，高压电器及开关设备应按下列条件选择：

（1）按主要额定特性参数包括电压、电流、频率、开断电流等选择。

（2）按承受过电压能力及绝缘水平选择。

（3）按环境条件，如温度、湿度、海拔等选择。

（4）按各类高压电器及开关设备的不同特点进行选择。

（5）按短路条件进行动稳定、热稳定校验。

（6）高压电器及开关设备的接线端子应做机械荷载校验，户外导体、套管和绝缘子应根据气象条件和受力状况进行力学计算和校验。

高压电器、开关设备及导体的选择与校验项目见表5.1-1。

表 5.1-1　　　　　　　　　高压电器、开关设备及导体的选择与校验项目

电器设备名称	额定电压	额定电流	额定开断电流	短路电流校验		绝缘水平	其他要求
				动稳定	热稳定		
高压交流断路器	○	○	○	○	○	○	见5.7节
高压交流负荷开关	○	○	○	○	○	○	见5.7节
高压交流真空接触器	○	○	○	○	○	○	见5.7节
高压交流隔离开关和接地开关	○	○		○	○	○	见5.7节
高压交流熔断器	○	○	○			○	见5.7节和7章

电器设备名称	额定电压	额定电流	额定开断电流	短路电流校验		绝缘水平	其他要求
				动稳定	热稳定		
限流电抗器	○	○		○	○	○	见 5.7 节
接地变压器	○	○				○	见 5.7 节
接地电阻	○	○			○		见 5.7 节
消弧线圈	○	○				○	见 5.7 节
电流互感器	○	○					见 7、8 章
电压互感器	○					○	见 8 章
避雷器	○					○	见 5.2 节和 13 章
高压阻容吸收器	○					○	见 5.2、5.7 节和 13 章
支柱绝缘子	○			○			见 5.2、5.7 节
悬式绝缘子	○					○	见 5.2、5.7 节
绝缘套管	○	○		○	○		见 5.2 节
软导体		○			○		见 5.3、5.5 及 5.6 节
硬导体		○		○	○		见 5.3、5.5 及 5.6 节
电缆	○	○			○	○	见 9 章
交流金属封闭开关设备	○	○	○	○	○	○	见 5.8、5.9 节

注 1. 表中"○"为选择高压电器及开关设备时应进行校验的项目。

2. 表中皆为高压电器及开关柜用于频率为 50Hz 的情况，用于其他频率时对频率也要校验。

5.2　按主要额定特性参数选择高压电器及开关设备

5.2.1　按工作电压选择

5.2.1.1　有关电压的术语与定义

（1）系统标称电压 U_n（方均根值）：用以标识或识别系统电压的给定值。

（2）系统最高电压 U_s（方均根值）：在正常运行条件下，在系统的任何时间和任何点上出现的电压的最高值。不包括瞬变电压，如系统的开关操作及暂态的电压波动所出现的电压值。

（3）设备的额定电压 U_N（方均根值）：通常由制造厂家确定，用以规定元件、器件或设备的额定工作条件的电压。

（4）设备的最高电压 U_m（方均根值）：用以表示绝缘和在相关设备性能中可以依据此最高电压的其他性能。设备的最高电压就是该设备可以应用的系统最高电压的最大值。

电气设备的最高电压仅用于高于 1000V 的系统标称电压的设备。

5.2.1.2　按工作电压选择高压电器及开关设备的要求

（1）选用的高压电器及开关设备，其额定电压应符合所在回路的系统标称电压，高压电器及开关设备的最高电压不应小于所在回路的系统最高电压，即

$$U_m \geqslant U_s \tag{5.2-1}$$

式中　U_m——高压电器的最高电压，kV；

　　　U_s——系统最高电压，kV。

高压电器的最高电压见表 5.2-1。

表 5.2-1　　　　　　　　　　　　　**高压电器的最高电压**　　　　　　　　　　　　　kV

系统标称电压 U_n	3 (3.3)	6	10	20	35	66	110
设备最高电压 U_m	3.6	7.2	12	24	40.5	72.5	126

注　1. 表中系统标称电压括号内的电压数值为用户要求时使用。

　　2. 绝缘套管设备最高电压第Ⅰ系列的标准值为 3.5、6.9、11.5、17.5、23、40.5、72.5、126kV；第Ⅱ系列的标准值为 3.6、7.2、12、17.5、24、36、52、72.5、100、123、145kV。

高压交流金属封闭开关设备的额定电压均为系统最高电压的上限值。

（2）高压交流熔断器的额定电压应符合所在系统的标称电压，限流式熔断器不宜使用在标称电压低于其额定电压的系统中。

（3）电压互感器结构上有单相和三相的不同，除一次侧的标称电压不同外，还有二次侧电压及第三绕组电压。电压互感器的额定电压选择见表 5.2-2。

表 5.2-2　　　　　　　　　　　**电压互感器的额定电压选择**　　　　　　　　　　　V

形式	一次系统标称电压		二次侧电压	第三绕组电压	
单相	一次侧接于线电压	U_n	100	—	
	一次侧接于相电压	$U_n/\sqrt{3}$	$100/\sqrt{3}$	中性点非直接接地系统	100/3*
				中性点直接接地系统	100
三相	一次侧接于线电压	U_n	100	100/3	

*　用于中性点采用低电阻接地的系统。

（4）高压交流接触器的额定电压适用于 3.6kV 及以上，但不超过 12kV。

（5）高压阻容吸收器应根据不同的保护对象，确定自动接入电网的工频电压值。

（6）避雷器一般安装在系统的相与地之间，正常情况下承受的是相电压。避雷器额定电压不等于系统的标称电压。选择避雷器时除应满足额定电压的要求外，还应满足持续运行电压、工频放电电压、冲击放电电压和残压及通流容量的要求，详见 13 章。

（7）3~20kV 变电站的户外支柱绝缘子和绝缘套管，当有冰雪覆盖时宜采用高一个电压等级的产品，对 3~6kV 也可采用提高两个电压等级的产品。

腐蚀性环境内的 10kV 及以下的架空线路，当采用一般绝缘子时，悬式绝缘子个数比常规增加一个，针式绝缘子和绝缘套管的额定电压可酌情提高一级或两级。

通过污秽地区的架空电力线路宜采用防污绝缘子、有机复合绝缘子或采用其他防污措施。

（8）电缆额定电压的选择见 9 章。

5.2.1.3　导体电晕临界电压的校验

对于 110kV 及以上的导体、电器及金具有可能产生电晕放电的情况，应校验电晕临界电压。

电晕放电是极不均匀电场所特有的一种自持放电形式，它取决于外施电压的大小、电极形状、极间距离、气体的性质和密度等，具有均匀和稳定的特性。发生电晕放电过程中，在电极附近空间会出现可见的蓝色晕光。同时会辐射出大量的电磁波，对无线电产生严重的干扰。电晕中产生的气体会腐蚀金属，也会促使有机绝缘老化。电晕放电还会产生能量损耗，有时能达到可观的程度。

为了控制电晕放电，电压在 110kV 及以上的电器及金具在 1.1 倍最高工作相电压下，晴天的夜晚不应出现可见晕光，户外晴天无线电干扰电压不宜大于 500μV，并应由生产厂家在产品设计中考虑。

110kV 导体的电晕临界电压应大于导体安装处的最高工作电压，导线的电晕临界电压可按式 (5.2-2)～式 (5.2-4) 计算

$$U_0 = 84 m_1 m_2 K \delta^{\frac{2}{3}} \frac{n r_0}{K_0} \left(1 + \frac{0.301}{\sqrt{r_0 \delta}}\right) \lg \frac{a_{jj}}{r_d} \tag{5.2-2}$$

$$\delta = 2.895 p \times 10^{-3}/(273 + t) \tag{5.2-3}$$

$$K_0 = 1 + \frac{r_0}{d} 2(n-1) \sin \frac{\pi}{n} \tag{5.2-4}$$

$$t = 25 - 0.005 H$$

以上式中 U_0 ——导体的电晕临界电压，kV；

        K ——三相导线水平排列时，考虑中间导线电容比平均电容大的不均匀系数，一般取 0.96；

       K_0 ——次导线电场强度附加影响系数；

        n ——分裂导线根数，对单根导线 $n=1$；

        d ——分裂导线间距，cm；

      m_1 ——导线表面粗糙系数，一般取 0.9；

      m_2 ——天气系数，晴天取 1.0，雨天取 0.85；

       r_0 ——导线半径，cm；

       r_d ——分裂导线等效半径，cm，单根导线 $r_d = r_0$，双分裂导线 $r_d = \sqrt{r_0 d}$，三分裂导线 $r_d = \sqrt[3]{r_0 d^2}$，四分裂导线 $r_d = \sqrt[4]{r_0 \sqrt{2} d^3}$；

      a_{jj} ——导线相间几何均距，三相导线水平排列时 $a_{jj} = 1.26 a$，其中 a 为相间距离 (cm)；

       δ ——相对空气密度；

        p ——大气压力，Pa；

        t ——空气温度，℃；

       H ——海拔，m。

在海拔不超过 1000m 的地区，常用相间距离情况下，对于电压 110kV 线路，当采用 LGJ 导体且截面积不小于 70mm² 时，或采用管型导体的外径不小于 20mm 时，可不进行电晕校验。

5.2.2   按工作电流选择

高压电器及导体的额定电流 I_N 不应小于该回路的最大持续工作电流 I_{max}，即

$$I_N \geqslant I_{max} \tag{5.2-5}$$

式中 I_N ——高压电器及导体的额定电流，A；

     I_{max} ——最大持续工作电流，A。

不同回路的持续工作电流，可按照表 5.2-3 中所列原则计算。

表 5.2-3 回路持续工作电流

回路名称		计算工作电流	说　明
出线	带电抗器出线	电抗器的额定电流	
	单回路	线路最大负荷电流	包括线路损耗与事故时转移过来的负荷
	双回路	1.2～2 倍一回线的正常最大负荷电流	包括线路损耗与事故时转移过来的负荷
	环形与一台半断路器接线回路	两个相邻回路的正常负荷电流	考虑断路器事故或检修时，一个回路加另一最大回路负荷电流的可能性
	桥形接线	最大元件负荷电流	外桥回路还应考虑系统穿越功率
变压器回路		1.05 倍变压器额定电流	(1) 根据变压器回路在 0.95 额定电压以上时其容量不变； (2) 带负荷调压变压器应按变压器的最大工作电流计算
		1.3～2.0 倍变压器额定电流	若要求承担另一台变压器事故或检修时转移的负荷，应考虑变压器允许的过负荷时间
母线联络回路		一个最大电流元件的计算电流	
母线分段回路		分段电抗器额定电流	(1) 考虑电源元件事故跳闸后仍能保证该段母线负荷工作； (2) 分段电抗器的额定电流一般发电厂为最大一台发电机额定电流的 60%～80%，变电站应满足用户的一级负荷和大部分二级负荷工作
旁路回路		需旁路的回路最大额定电流	
发电机回路		1.05 倍发电机额定电流	当发电机冷却气体温度低于额定值时，允许提高电流为每低 1℃增加 0.5%，必要时可按此计算
电动机回路		电动机的额定电流	

由于高压开关电器没有连续过负荷的能力，在选择其额定电流时，应满足各种可能运行方式下回路最大持续工作电流的要求。

高压熔断器熔断件电流的选择应满足 5.7.3 的有关要求。

当高压电器、开关设备及导体的实际环境温度与额定环境温度不一致时，高压电器、开关设备及导体的最大允许工作电流应进行修正，详见 5.3。

5.2.3　按开断电流选择

用短路电流校验开断设备的开断能力时，应选择在系统中流经开断设备的短路电流最大的短路点进行校验。

5.2.3.1　高压交流断路器

(1) 高压交流断路器的额定短路开断电流，包括开断短路电流的交流分量均方根值和开断直流分量百分比两部分。

当短路电流中直流分量不超过交流分量幅值的 20% 时，可只按开断短路电流的交流分量均方根值选择断路器；当短路电流中直流分量超过交流分量幅值的 20% 时，应分别按额定短路开断电流的交流分量均方根值和开断直流分量百分比选择。

按开断电流的交流分量均方根值选择高压交流断路器时，宜取断路器实际开断时间（继电保护动作时间与断路器固有分闸时间之和）的短路电流作为选择条件，即满足式（5.2-6）的要求

$$I_{sc} \geqslant I_b \qquad (5.2\text{-}6)$$

式中　I_{sc}——断路器额定短路开断电流交流分量均方根值，kA；

　　　I_b——断路器第一对触头开始分离瞬间的短路电流交流分量值，kA。

高压断路器额定短路开断电流的直流分量采用对交流分量幅值的百分数表示，可按式（5.2-7）计算

$$dc\% = 100\mathrm{e}^{-\frac{T_{op}+T_N}{\tau}} \qquad (5.2\text{-}7)$$

式中　$dc\%$——高压断路器额定短路开断电流直流分量的百分数；

　　　T_{op}——直流分量百分数对应于时间间隔等于断路器首先分闸极的最短分闸时间，ms，可向断路器制造厂家索取；

　　　τ——时间常数，ms；

　　　T_N——额定频率的一个半波时间，ms，对于自脱扣断路器应设定为 $T_N=0$ms；对于仅由辅助动力脱扣的断路器，当额定频率为 50Hz 时，$T_N=10$ms。

直流分量百分数对应的时间间隔等于 T_{op} 加上 T_N。

时间常数可按式（5.2-8）计算

$$\tau = \frac{X}{314R} \qquad (5.2\text{-}8)$$

式中　τ——时间常数，ms；

　　　X——系统元件的电抗，Ω；

　　　R——系统元件的电阻，Ω。

直流分量百分数也可以由图 5.2-1 查出。

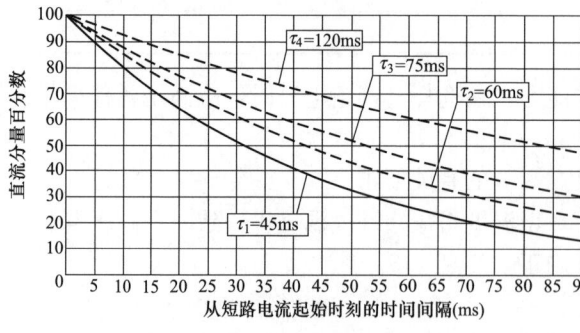

图 5.2-1　直流分量百分数、时间常数与时间间隔的关系曲线

图 5.2-1 中 $\tau_1 = 45$ms 为标准时间常数，足以覆盖大多数的实际工况。

下列时间常数为与断路器额定电压相关的特殊工况下的时间常数：

1）额定电压为 40.5kV 及以下时 $\tau_4 = 120$ms。

2）额定电压为 72.5～363kV 时 $\tau_2 = 60$ms。

3）时间常数 τ_3 为 75ms 用于额定电压 550kV 及以上。

短路电流直流分量的时间常数 τ 小于 45ms 时，断路器能够开断短路电流的直流分量。如果短路电流的直流分量 $dc\%$ 大于 20%，或时间常数 τ 大于 45ms 以及对某些特殊用途的断路器可能要求更高的值，如靠近发电机附近的峰值短路电流计算系数 K 为 2，在这些工况下对断路器开断短路电流直流分量和附加试验的要求，应向高压断路器制造厂家提出。

例如，断路器的额定开断电流为 50kA，但断路器安装地点的短路电流值仅能达到

30kA，当机构快速动作致使开断电流中的直流分量达到 60% 时，直流分量值达到 $30 \times 0.6\sqrt{2} = 18\sqrt{2}$ kA，以断路器的额定开断电流 50kA 核算其直流分量百分数为 $\dfrac{18\sqrt{2}}{50\sqrt{2}} = 36\%$。

（2）普通高压交流断路器开断短路电流时间长，而且没有限流功能，额定开断电流最大为 50kA。当发电机出口发生短路或系统短路电流很大时，普通断路器很难满足要求。

高压快速限流开关装置具有快速切除故障、限制短路电流的功能，能在 10ms 内开断 300kA 短路电流，并且将短路电流的实际值限制在预期值的 10%～30%。

高压快速限流开关装置由特种快速断路器 QF、特种高压熔断器 FU、限压器 F、暂态电流互感器 TA 及控制器 AC 组成，见图 5.2-2。

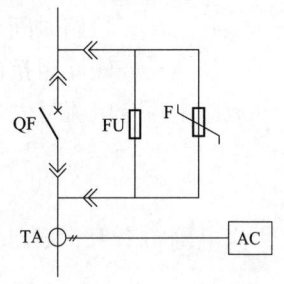

图 5.2-2　快速限流断路器的
原理接线图

其工作原理是：当系统发生短路故障时，暂态电流互感器检测到短路电流信号并将其发送到控制器，控制器发出指令驱动高压断路器快速跳闸。在快速断路器开始跳闸过程中，短路电流转移到特种高压熔断器，短路电流尚未达到预期值时特种熔断器即已熔断，开断短路电流的同时起到了很好的限流作用。切断短路电流所产生的过电压由高压限压器保护。

5.2.3.2　高压交流负荷开关

高压交流负荷开关能带负荷操作，但不能开断短路电流。

高压交流负荷开关开断能力应按切断最大可能的过负荷电流来校验，即

$$I_x \geqslant I_{omax} \tag{5.2-9}$$

式中　I_x——负荷开关的开断电流额定值，kA，下角标 x 与开断对象有关，详见产品资料；

I_{omax}——负荷开关所在回路的最大可能的过负荷电流，kA。

5.2.3.3　高压交流熔断器

高压交流熔断器按开断电流选择时，熔断器的开断电流应大于回路中可能出现的最大预期短路电流交流分量均方根值。

由于熔断器的开断特性不同，故选择时所用的短路电流计算值也不同。

对于没有限流作用、不能在短路电流达到冲击值之前熄灭电弧的高压熔断器，应采用不对称短路开断电流 I_{basym}。

对于有限流作用、能在短路电流达到冲击值之前完全熄灭电弧的高压熔断器，可不考虑短路电流中直流分量的影响而用 I_k'' 进行校验，即满足式（5.2-10）要求

$$I_{sc} \geqslant I_{basym} \text{ 或 } I_k'' \tag{5.2-10}$$

式中　I_{sc}——熔断器的额定最大开断电流，kA；

I_{basym}——不对称短路开断电流，kA；

I_k''——对称短路电流初始值（超瞬态短路电流均方根值），kA。

不对称短路开断电流 I_{basym} 可按式（5.2-11）计算

$$I_{basym} = \sqrt{I_b^2 + \left(\frac{i_{DC}}{\sqrt{2}}\right)^2} \tag{5.2-11}$$

$$i_{DC} = \sqrt{2} I''_k e^{-2\pi ft\frac{R}{X}}$$

式中　I_{basym}——不对称短路开断电流，kA；

　　　　i_{DC}——短路电流直流分量，kA；

　　　　I_b——对称开断电流值，kA；

　　　　f——电力系统标称频率，50Hz；

　　　　t——短路时间，s；

　　　　R/X——短路阻抗的电阻与电抗之比。

短路电流全电流最大均方根值可按式（5.2-12）❶ 计算

$$I_{ch} = I''_k \sqrt{1 + 2(K_{ch} - 1)^2}$$ (5.2-12)

$$K_{ch} = 1 + e^{-\frac{0.01}{T_f}}$$

当电网频率为 50Hz 时

$$T_f = \frac{X_\Sigma}{314 R_\Sigma}$$

式中　I_{ch}——短路电流全电流最大均方根值，kA；

　　　　I''_k——短路电流周期分量的起始均方根值，kA；

　　　K_{ch}——短路电流冲击系数；

　　　T_f——短路电流直流分量衰减时间常数，s；

　　　X_Σ——线路总电抗，Ω；

　　　R_Σ——线路总电阻，Ω。

不同短路点的冲击系数推荐值如下：短路点在发电机端，$K_{ch}=1.90$；短路点在发电厂高压侧母线，$K_{ch}=1.85$；短路点远离发电厂，$K_{ch}=1.80$。

5.2.4　高压电器及开关设备绝缘配合的校验

高压电器及开关设备在正常运行条件下，其绝缘应能长期耐受设备的最高电压。高压电器及开关设备的额定短时工频耐受电压 U_d 和额定雷电冲击耐受电压 U_p 应满足额定绝缘水平的要求。额定电压范围 I 的额定绝缘水平见表 5.2-4，绝缘配合的其他要求见 13 章。

表 5.2-4　　　　　　　　　　　额定电压范围 I 的额定绝缘水平　　　　　　　　　　　　kV

额定电压 U_N (均方根值)	额定短时工频耐受电压 U_d (均方根值)		额定雷电冲击耐受电压 U_p (峰值)	
	通用值	隔离断口	通用值	隔离断口
(1)	(2)	(3)	(4)	(5)
3.6	25/18	27/20	40/20	46/23
7.2	30/23	34/27	60/40	70/46
12	42/30	48/36	75/60	85/70
24	65/50	79/64	125/95	145/115
40.5	95/80	118/103	185/170	215/200
72.5	140	180	325	385
	160	200	350	410

---

❶　在 NB/T 35043—2014《水电工程三相交流系统短路电流计算导则》不采纳此算法。

续表

额定电压 U_N （均方根值）	额定短时工频耐受电压 U_d （均方根值）		额定雷电冲击耐受电压 U_p （峰值）	
	通用值	隔离断口	通用值	隔离断口
126	185	$185\left(\begin{matrix}+50\\+70\end{matrix}\right)$	450	$450\left(\begin{matrix}+70\\+100\end{matrix}\right)$
	230	$230\left(\begin{matrix}+50\\+70\end{matrix}\right)$	550	$550\left(\begin{matrix}+70\\+100\end{matrix}\right)$

注 1. 表中斜线下数字为中性点接地系统中使用的数据，项（2）和项（3）斜线下数字也是湿试时的数据。

　　2. 对于126kV项（3）括号内数字是加在对侧端子上的工频电压均方根值；项（5）括号内数字是加在对侧端子上的雷电冲击电压峰值。括号内的数字用户可根据需要选用。

　　3. 隔离断口是指隔离开关、负荷—隔离开关的断口以及起联络作用或作为热备用的负荷开关和断路器的断口。

5.2.5　按接线端子静态拉力选择

所选用的高压电器、开关设备及绝缘套管的接线端子的允许静态拉力额定值或悬臂耐受负荷最大值，应大于引线在正常运行和短路时的最大作用力。

高压交流断路器、隔离开关和接地开关接线端子允许的机械荷载见表5.2-5。

表 5.2-5　　　　高压交流断路器、隔离开关和接地开关接线端子允许的机械荷载

额定电压（kV）	额定电流（A）	水平拉力 F_{th}（N）		垂直力 F_{tv}（N）
		纵向	横向	
12		500	250	300
40.5～72.5	≤1250	500（750）	400	500
	≥1600	750	500	750
126	≤2000（2500）	1000	750	750（1000）
	≥2500（3150）	1250	750	1000

注　括号内数值为隔离开关的额定电流值和允许机械荷载值。

绝缘套管允许的悬臂耐受负荷的最大值见表5.2-6。

表 5.2-6　　　　　　　　绝缘套管允许的悬臂耐受负荷的最大值

设备最高电压 U_m（kV）	额定电流（A）							
	≤800		1000、1600		2000、2500		≥3150	
	安装成与垂直夹角不大于30°的套管悬臂运行负荷（N）							
	Ⅰ	Ⅱ	Ⅰ	Ⅱ	Ⅰ	Ⅱ	Ⅰ	Ⅱ
≤36	500	500	625	625	1000	1000	1575	1575
52	500	800	625	800	1000	1250	1575	1575
72.5～100	500	1000	625	1000	1000	1570	2000	2000
123～145	625	1575	800	1575	1250	2000	2000	2000

注　Ⅰ级为正常负荷，Ⅱ级为重负荷。

绝缘套管正常使用的允许负荷应按表5.2-6中的Ⅰ级负荷选取，对于安装成与垂直夹角

大于 30°的套管允许的悬臂耐受负荷应向生产厂家咨询。

在计算接线端子静态和动态机械荷载时，还应考虑与高压交流断路器或隔离开关相连接的导线产生的力，包括由风和冰雪产生的力。

3.6~40.5kV 高压交流负荷开关在按照生产厂家的要求安装时，其接线端子应能承受厂家规定的机械负载以及短路时产生的电动力。

户外配电装置的导体、绝缘套管、绝缘子和金具，应根据当地气象条件和不同受力状态进行力学计算，导体、绝缘套管、绝缘子和金具的安全系数不应小于表 5.2-7 的规定。

表 5.2-7 导体、绝缘套管、绝缘子和金具的安全系数

类　别	荷载长期作用时	荷载短时作用时
绝缘套管、支持绝缘子	2.50	1.67
悬式绝缘子及其金具	4.00	2.50
软导体	4.00	2.50
硬导体	2.00	1.67

注　1. 悬式绝缘子的安全系数对应于 1h 机电试验荷载；若对应于破坏荷载，安全系数应分别为 5.3 和 3.3。
　　2. 硬导体的安全系数对应于破坏应力；若对应于屈服点应力，安全系数应分别为 1.6 和 1.4。

5.3　按环境条件选择高压电器、开关设备及导体

选择高压电器、开关设备及导体时，应按当地环境条件进行校验，环境条件分为正常使用条件和特殊使用条件两类。

5.3.1　正常使用条件

5.3.1.1　户内正常使用条件

（1）周围空气温度不超过 40℃，且在 24h 内测得的平均值不超过 35℃。最低周围空气温度对"−5 户内"级为−5℃；对"−15 户内"级为−15℃；对"−25 户内"级为−25℃。

（2）海拔不超过 1000m。

（3）周围空气没有明显地受到尘埃、烟、腐蚀性和/或可燃性气体、蒸气或盐雾的污染。

（4）月相对湿度平均值不超过 90%，在这样的条件下偶尔会出现凝露。

（5）在二次系统中感应的电磁干扰的幅值不超过 1.6kV。

5.3.1.2　户外正常使用条件

（1）周围空气温度不超过 40℃，且在 24h 内测得的温度平均值不超过 35℃。最低周围空气温度对"−10 户外"级为−10℃；对"−25 户外"级为−25℃；对"−40 户外"级为−40℃。

户外气体绝缘金属封闭开关设备周围空气的最低温度为−35℃时，应考虑温度的急骤变化影响。

（2）阳光辐射晴天中午可按 1000W/m² 考虑。

（3）海拔不超过 1000m。

（4）周围空气可以受到尘埃、烟、腐蚀性气体、蒸气或盐雾的污染，但污秽等级不得超过相关国家标准中的 II 级。

（5）覆冰对 1 级不超过 1mm；对 10 级不超过 10mm；对 20 级不超过 20mm。

（6）风速不超过 34m/s。

（7）应当考虑凝露和降水。

（8）在二次系统中感应的电磁干扰的幅值不超过 1.6kV。

（9）对于 110kV 及以上电压的电器及金具在 1.1 倍最高工作相电压下，晴天夜晚不应出现可见电晕，户外晴天无线电干扰电压不宜大于 $500\mu V$。

5.3.2 特殊使用条件

当高压电器、开关设备及导体使用地点的环境条件如温度、湿度、风速、覆冰、污秽、振动、腐蚀或其他条件与上述正常使用条件不符时，应按特殊使用条件考虑，并由高压电器或开关设备制造厂家满足使用条件的特殊要求。

5.3.3 环境温度的影响

选择高压电器和导体的环境温度见表 5.3-1。

表 5.3-1　　　　　　　　　　　选择高压电器和导体的环境温度

类别	安装场所	环境温度	
		最　高	最　低
裸导体	户外	最热月平均最高温度	
	户内	该处通风设计温度。当无资料时，可取最热月平均最高温度加 5℃	
电缆	户外电缆沟	最热月平均最高温度	年最低温度
	户内电缆沟	户内通风设计温度。当无机械通风时，可取最热月平均最高温度加 5℃	
	电缆隧道	有机械通风时取该处通风设计温度；无机械通风时可取最热月的日最高温度平均值加 5℃	
	土中直埋	埋深处的最热月的平均地温	
高压电器	户外	年最高温度	年最低温度
	户内电抗器	该处通风设计最高排风温度	
	户内其他处	该处通风设计温度，当无机械通风时，可取最热月平均最高温度加 5℃	

注　1. 年最高（最低）温度为多年所测得的最高（最低）温度平均值。

　　2. 最热月平均最高温度为最热月每日最高温度的月平均值，取多年平均值。

（1）高压电器的正常使用环境条件为周围空气温度不高于 40℃，当周围空气温度高于或低于 40℃时，其额定电流应相应减少或者增加。

当环境温度高于 40℃但不高于 60℃时，环境温度每增高 1K，应减少额定电流 1.8%；当环境温度低于 40℃时，环境温度每降低 1K，可相应增加额定电流 0.5%，但其最大过负荷不得超过额定电流的 20%。

（2）高压交流熔断器需要满足如下要求：

高压交流熔断器可在 -25～40℃ 环境温度内正常工作。由于高压交流熔断器对环境温度非常敏感，当环境温度高于熔断器正常使用范围时应降容使用。

高压交流限流熔断器及绝缘套管触头或接线端子的最高温度限值见表 5.3-2。

当熔断件周围环境温度超过 40℃时，可根据图 5.3-1 确定熔断件额定值降低的百分率。这一方法考虑了熔断件内的其他因素，因此将使得额定值的降低因数偏于安全。

表 5.3-2　高压交流限流熔断器及绝缘套管触头或接线端子的最高温度限值

最高温度限值（℃）	周围介质	接触形式	表面处理情况
75	空气	弹簧触头	未处理
80	油	弹簧触头	未处理
		螺栓触头	未处理
90	空气	螺栓触头	未处理
		螺栓连接的端子	未处理
	油	弹簧触头	镀银、锡或镍
95	空气	弹簧触头	镀锡
100	油	螺栓触头	镀银、锡或镍
105	空气	弹簧触头	镀银或镍
		螺栓触头	镀锡
		螺栓连接的端子	镀银、锡或镍
115	空气	螺纹连接或螺栓触头	镀银或镍

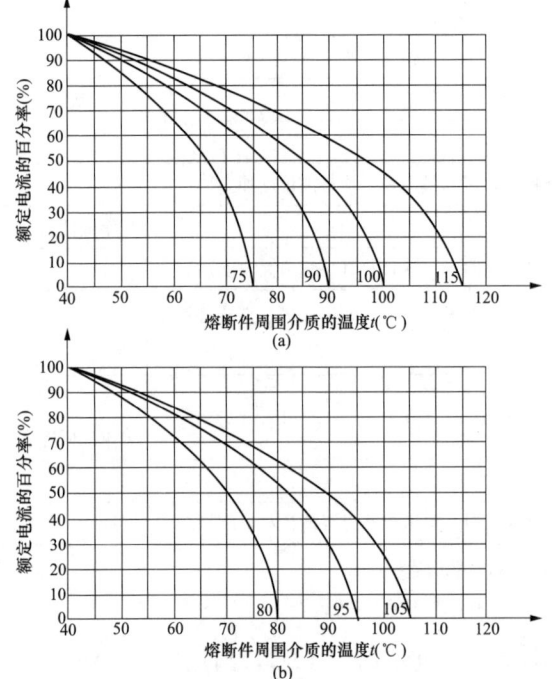

图 5.3-1　熔断件额定值降低的百分率

（a）周围介质的温度为 75、90、100、115℃时的曲线；

（b）周围介质的温度为 80、95、105℃时的曲线

图 5.3-1 中的曲线表示高压熔断件和绝缘套管触头或端子的最高温度限值，与表 5.3-2 相对应。

在使用环境温度超过 40℃时，根据高压交流熔断器相关标准的要求，生产厂家应提供熔断件的最高使用温度 MAT 的额定值。该值表明，在周围介质的最高温度情况下，熔断件能够承受且不损伤其开断故障电流的能力。

MAT 额定值的选择与熔断器周围环境温度有关，环境温度可按下述条件确定：

1）安装于户外的高压交流熔断器，其熔断件周围的空气可自由流动，相关熔断件的额定 MAT 值应根据熔断器冷却的空气温度确定；

2）安装于较大外壳内的高压交流熔断器，其熔断件周围的空气可相对自由流动，相关熔断件的额定 MAT 值应根据使熔断器冷却的外壳内的空气温度确定；

3）安装于较小外壳或罐体内的高压交流熔断器，相关熔断件的额定 MAT 值应根据使熔断器冷却的外壳或罐体外的空气或液体的温度确定；

4）安装于较大外壳内的高压交流熔断器，其熔断件周围的液体可相对自由流动，相关熔断件的额定 MAT 值应根据使熔断器冷却的外壳内的液体温度确定。

较小外壳或罐体的主要特征是：

——典型的罐体是单相的外壳。

——熔断件的外表面和罐体内壁之间的距离较小，典型的为熔断件直径的10%～25%。

——熔断件和罐体构成一整体装配，熔断件额定值的降低取决于装配体所能耐受的最大功率耗散。

——罐体的结构和使用材料的不同，对于确定罐体内的温度有着决定性的作用。

对于某些应用场合，还应注意的是：MAT值可能仅出现在异常条件下，如变压器过负荷或者设备故障期间，尽管可以给出熔断器规定合适的MAT值，也可能不适用于在此温度下连续运行而不超过表5.3-2中最高温度限值。

在不了解熔断器接触形式及其表面处理的情况时，一般情况下可采用估算的方法，当环境温度高于40℃时每升高1K，熔断器的额定电流应降低1%使用，当环境温度低于−25℃时，熔断器的机械性能将受到影响。

根据某熔断器制造公司提供的资料，当三相高压限流熔断器安装在不封闭的柜体中，这时熔断器额定电流必须减少10%使用；对于安装在封闭柜体中的三相高压限流熔断器，其额定电流必须减少15%使用；对于安装在绝缘树脂浇注筒内的三相高压限流熔断器，其额定电流必须减少25%使用。在上述三种情况下，当高压限流熔断器的额定电流小于20A时可不考虑降容问题。

如果需要对高压熔断器的降容做出较为精确的计算，还可以参见GB/T 15166.2—2008《高压交流熔断器 第2部分：限流熔断器》。

（3）绝缘套管正常运行的环境最高日平均温度不应高于30℃，当环境温度升高时，绝缘套管的金属部件温度不应超过表5.3-2中的最高温度限值。

（4）计算持续允许载流量时，对于导体工作温度大于70℃且数量较多的电缆敷设于没有机械通风的隧道、竖井时应计入环境温升的影响。

（5）户外高压开关设备和导体在较强的阳光辐射条件下，为了使温升不超过规定值，必要时可采取适当的措施，如加盖屋顶、强迫通风等，或者降容使用。

5.3.4　环境湿度的影响

选择高压电器、开关设备和导体使用时的环境相对湿度，应采用当地湿度最高月份的平均相对湿度。相对湿度较高的场所，应采用设备安装处实际相对湿度。当无资料时，相对湿度可比当地湿度最高月份的平均相对湿度高5%。相对湿度超过一般产品标准时，应采取改善环境的措施，如进行适当通风或增设适当的除湿设备。

高压电器和开关设备使用在湿热带地区时，应采用相应的湿热带型产品；使用在亚湿热带地区时可采用普通型产品，但应根据当地运行经验加强防护措施，如加强防潮、防水、除湿防锈、防霉及防虫害等。

5.3.5　高海拔的影响

高压电器、开关设备及导体正常使用环境的海拔不应超过1000m，当海拔超过1000m时应选用相应海拔适应能力级别的产品。

海拔适应能力级别：G2适应1000～2000m；G3适应2000～3000m；G4适应3000～4000m；G5适应4000～5000m。

高海拔对高压电器和开关设备的影响是多方面的，但主要是电晕、温升和外绝缘的问题。

（1）由于海拔增加，高压设备的交流电晕起始电压降低，因而电晕现象比平原地区更为严重。电晕增加电能损耗，加速绝缘老化和金属腐蚀，同时对无线电产生干扰。

（2）当海拔增加时，空气密度降低，散热条件变坏，使高压电器和开关设备在运行中的温升增加。但空气温度则随海拔的增加而相应递减，其值足以补偿由于海拔增加对高压电器温升的影响。因而在高海拔（不超过 4000m）地区使用时，高压电器和开关设备的额定电流可以保持不变。

（3）海拔增加时，由于空气稀薄气压降低，空气绝缘强度减弱，高压电器外绝缘水平降低而对内绝缘没有影响。对于海拔高于 1000m 但不超过 4000m 的高压电器外绝缘，海拔每升高 100m，其外绝缘强度降低 0.8%～1.3%。

（4）在海拔超过 1000m 的地区，可以通过采取加强保护或加强绝缘等措施，保证高压电器安全运行。

加强保护，是指选用特殊制造、性能优良的避雷器或高原型过电压保护器（如 MT-FGB），可以使普通绝缘的高压电器使用于 3000m 以下的高海拔地区，有利于降低高压电器设备的造价。

也可以改变中性点接地方式，将中性点不接地或谐振接地改为低电阻接地，使单相接地时不跳闸变为立即跳闸，降低过电压危害。

加强绝缘，是指在加强保护的措施不能满足要求时，按使用地区的海拔加强高压电器的外绝缘，选择适用于该海拔的产品，或在订货时向制造厂家提出加强绝缘的技术要求。

根据 GB 11022—2011《高压开关设备和控制设备标准的共用技术要求》规定，对于安装在海拔 1000m 以上的高压电器，该使用场所要求的绝缘耐受电压是以标准参考大气条件下的绝缘耐受电压乘以修正系数来决定的，K_a 按式（5.3-1）计算

$$K_a = e^{m(H-1000)/8150} \qquad (5.3-1)$$

式中　K_a——修正系数；

H——海拔，m；

m——为了简单起见，取下述确定值：$m=1$ 用于工频、雷电冲击和相间操作冲击电压；$m=0.9$ 用于纵绝缘操作冲击电压；$m=0.75$ 用于相对地操作冲击电压。

海拔修正系数 K_a 也可以由图 5.3-2 选取。海拔修正系数 K_a 和海拔 H 的关系曲线见图 5.3-2。

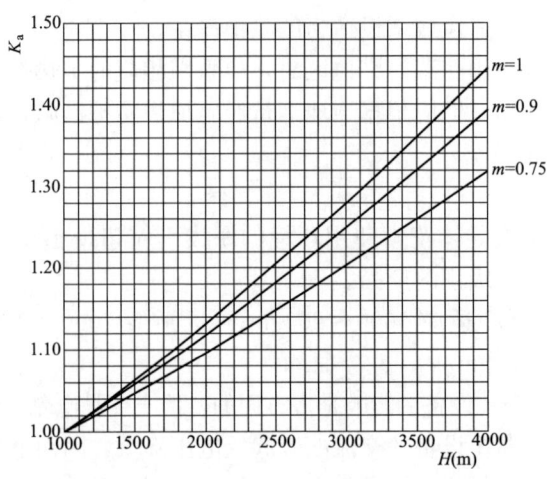

图 5.3-2　海拔修正系数 K_a 和海拔 H 的关系曲线

随着海拔的增加，对导体载流量也有影响。裸导体的载流量应按所在地区的海拔和环境温度进行修正，其综合修正系数见表 5.3-3。

表 5.3-3　　　　　　裸导体载流量在不同海拔及环境温度下的综合修正系数

导体最高允许温度（℃）	适用范围	海拔（m）	实际环境温度（℃）						
			20	25	30	35	40	45	50
70	户内矩形、管形导体和不计日照的户外软导线		1.05	1.00	0.94	0.88	0.81	0.74	0.67
80	计及日照时户外软导线	≤1000	1.05	1.00	0.95	0.89	0.83	0.76	0.69
		2000	1.01	0.96	0.91	0.85	0.79	—	—
		3000	0.97	0.92	0.87	0.81	0.75	—	—
		4000	0.93	0.89	0.84	0.77	0.71		
	计及日照时户外管形导体	≤1000	1.05	1.00	0.94	0.87	0.80	0.72	0.63
		2000	1.00	0.94	0.88	0.81	0.74	—	—
		3000	0.95	0.90	0.84	0.76	0.69	—	—
		4000	0.91	0.86	0.80	0.72	0.65	—	—

在海拔为 1000～4000m 地区，当需要增加绝缘子数量来加强绝缘时，耐张绝缘子串的片数应按式（5.3-2）修正，即

$$n_h = n[1 + 0.1(H-1)] \tag{5.3-2}$$

式中　n_h——修正后的绝缘子片数；

　　　n——海拔 1000m 及以下地区绝缘子片数；

　　　H——海拔，km。

5.3.6　污秽的影响

5.3.6.1　污秽环境分级标准

污秽环境中的各种污秽物质对电器设备和线路的危害，取决于污秽物质的导电性、吸水性、附着力、数量、相对密度以及污秽物源的距离和气象条件。

GB 50060—2008《3～110kV 高压配电装置设计规范》规定了 3～110kV 线路和发电厂、变电站污秽分级标准，见表 5.3-4；GB 50061—2010《66kV 及以下架空电力线路设计规范》规定了 66kV 及以下架空电力线路环境污秽等级评估及瓷绝缘单位爬电比距，见表 5.3-5。

表 5.3-4　　　　　　3～110kV 线路和发电厂、变电站污秽分级标准

污秽等级	污秽特征	盐密（mg/cm³）	
		3～110kV 线路	发电厂、变电站
0	大气清洁地区及离海岸盐场 50km 以上无明显污秽地区	≤0.03	
I	大气轻度污染地区、工业区和人口低密度集区，离海岸盐场 10～50km，在污闪季节中干燥少雾（含毛毛雨）或雨量较多时	＞0.03～0.06	≤0.06

续表

污秽等级	污 秽 特 征	盐密（mg/cm³）	
		3~110kV 线路	发电厂、变电站
II	大气中度污染地区、轻盐碱和炉烟污秽地区，离海岸盐场 3~10km，在污闪季节中潮湿多雾（含毛毛雨）但雨量较少时	>0.06~0.10	>0.06~0.10
III	大气污染较严重地区、重雾和重盐碱地区，近海岸盐场 1~3km，工业区和人口密度较大集区，离化学污染源和炉烟污秽 0.3~1.5km 的较严重污秽地区	>0.10~0.25	>0.10~0.25
IV	大气污染特别严重地区，近离海岸盐场 1km 以内，离化学污染源和炉烟污秽 0.3km 以内地区	>0.25~0.35	>0.25~0.35

表 5.3-5　　66kV 及以下架空电力线路环境污秽等级评估及瓷绝缘单位爬电比距

示例	典型环境的描述	现场污秽度分级	盐密（mg/cm³）	瓷绝缘单位爬电比距（cm/kV）	
				中性点直接接地	中性点非直接接地
E1	很少有人类活动，植被覆盖好，且距离海岸、沙漠或开阔干地大于 50km*； 距大中城市>30~50km； 距上述污染源更短距离以内，但污染源不在积污期主导风上	a 很轻**	0~0.03（强电解质）	1.6	1.9
E2	人口密度为 500~1000 人/km² 的农业耕作区，且距离海岸、沙漠或开阔干地>10~50km； 距大中城市 15~50km； 距重要交通干线沿线 1km 以内； 距上述污染源更短的距离以内，但污染源不在积污期主导风上； 工业废气排放强度<1000 万标 m³/km³； 积污期干旱少雾少凝露的内陆盐碱（含盐量小于 0.3%）地区	b 轻	0.03~0.06	1.6~1.8	1.9~2.2
E3	人口密度为 1000~10000 人/km² 的农业耕作区，且距离海岸、沙漠或开阔干地>3~10km***； 距大中城市 15~20km； 距重要交通干线沿线 0.5km 及一般交通线 0.1km 以内； 距上述污染源更短距离以内，但污染源不在积污期主导风上； 包括乡镇工业在内的工业废气排放强度≤1000 万~3000 万标 m³/km³； 积污期干旱少雾少凝露的内陆盐碱（含盐量小于 0.3%）地区； 退海轻盐碱和内陆中等盐碱（含盐量 0.3%~0.6%）地区	c 中	0.03~0.10	1.8~2.0	2.2~2.6

续表

示例	典型环境的描述	现场污秽度分级	盐密（mg/cm³）	瓷绝缘单位爬电比距（cm/kV）	
				中性点直接接地	中性点非直接接地
E4	距上述 E3 污染源更远的距离（在 b 级污区的范围以内），但 1) 在长时间（几星期或几个月）干旱无雨后，常常发生雾或毛毛雨； 2) 积污期后期可能出现持续大雾或融冰雪的 E3 类地区； 3) 灰密为等值盐密 5～10 倍及以上的地区	c中	0.05～0.10	2.0～2.6	2.6～3.0
E5	人口密度＞10000 人/km² 的居民区和交通枢纽； 且距离海岸、沙漠或开阔干地＞3～10km＊＊＊； 距离海岸、沙漠或开阔干地3km以内； 距独立化工及燃煤工业源 0.5～2.0km 内； 距乡镇工业密集区及重要交通干线0.2km； 重盐碱（含盐量0.6%～1.0%）地区	d重	0.10～0.25	2.6～3.0	3.0～3.5
E6	距上述 E5 污染源更远的距离（与 c 级污区对应的距离），但 1) 在长时间（几星期或几个月）干旱无雨后，常常发生雾或毛毛雨； 2) 积污期后期可能出现持续大雾或融冰雪的 E5 类地区； 3) 灰密为等值盐密 5～10 倍及以上的地区	d重	0.25～0.30	3.0～3.4	3.5～4.0
E7	沿海 1km 和含盐量大于 1.0% 的盐土、沙漠地区； 在化工、燃煤工业源区以内及距离此类独立工业源 0.5km； 距污染源的距离等同于 d 级污区，并且 1) 直接受到海水喷溅或浓盐雾； 2) 同时受到工业排放物如高电导废气、水泥等污染和水汽湿润	e很重	＞0.30	3.4～3.8	4.0～4.5

注　计算瓷绝缘单位爬电比距的电压是系统最高电压。
＊　大风和台风影响可能使距离海岸 50km 以外的更远距离处测得很高的等值盐密值。
＊＊　在当前大气环境条件下，我国中东部地区电网不宜设"很轻"污秽区。
＊＊＊　取决于沿海的地形和风力。

各级污秽等级下的爬电比距分级见表 5.3-6。

表 5.3-6　　　　　　　　各级污秽等级下的爬电比距分级数值

污秽等级	爬电比距（cm/kV）	
	线路	发电厂、变电站
	110kV 及以下	110kV 及以下
0	1.39（1.60）	1.48
Ⅰ	1.39～1.74（1.60～2.00）	1.60（1.84）
Ⅱ	1.74～2.17（2.00～2.50）	2.00（2.30）

续表

污秽等级	爬电比距（cm/kV）		
	线路		发电厂、变电站
	110kV 及以下		110kV 及以下
Ⅲ	2.17～2.78（2.50～3.20）		2.50（2.88）
Ⅳ	2.78～3.30（3.20～3.80）		3.10（3.57）

注　1. 计算线路和发电厂、变电站爬电比距的电压是系统最高电压，表中括号内数字为按额定电压计算值。

　　2. 对电站设备 0 级（110kV 及以下爬电比距为 1.48cm/kV），目前保留作为过渡时期的污秽等级。

　　3. 对处于污秽环境中用于中性点不接地和谐振接地系统的电力设备，其外绝缘水平可按高一级选取。

5.3.6.2　污秽环境的应对措施

为保证污秽环境中高压电器、开关设备和导体的安全运行，在工程设计时根据污秽情况可采取下列措施：

（1）对于线路，在严重污秽环境的 10kV 及以下架空电力线路可采用绝缘铝绞线或架空绝缘电缆。

（2）对于绝缘子和高压电瓷，增大电瓷外绝缘的有效爬电比距，选用有利于防污秽的材料或电瓷造型，如采用硅橡胶、大小伞、大倾角、钟罩式等特殊绝缘子，也可以采用热缩增爬裙增大电瓷外绝缘的有效爬电比距。

在空气清洁无明显污秽的地区，悬式绝缘子串的绝缘子片数可比同型耐张绝缘子少一片，污秽地区的悬式绝缘子串的绝缘子片数应与耐张绝缘子串相同。

（3）对于开关设备，Ⅱ级以上污秽地区的 66～110kV 高压配电装置可采用户内型产品，降低污秽的影响。户外的高压配电装置可采用 SF_6 全封闭组合电器。

（4）加强运行维护是防止污闪事故的重要措施，运行单位应定期进行停电清扫，减少污秽的沉积。对于重污秽地区的配电装置，设计时应考虑带电水冲洗清污。

5.3.7　地震的影响

选择高压电器及开关设备时应根据当地的地震烈度选用能够满足地震要求的产品，并采取相应的防震措施。

（1）抗震设计的基本要求。

设计基本地震加速度取值和抗震设防烈度的对应关系见表 5.3-7。

表 5.3-7　　　　　　　设计基本地震加速度取值和抗震设防烈度的对应关系

设计基本地震加速度取值	0.05g	0.10g	0.15g	0.20g	0.30g	0.40g
抗震设防烈度	6	7		8		9

注　g 为重力加速度。

根据 GB 50260—2013《电力设施抗震设计规范》，电气设施的抗震设计有关规定如下：

1）电压为 330kV 及以上的电气设施、烈度为 7 度及以上时应进行抗震设计；

2）电压为 220kV 及以下的电气设施、烈度为 8 度及以上时应进行抗震设计；

3）安装在户内二层及以上和户外高架平台上的电气设施、烈度为 7 度及以上时应进行抗震设计。

根据 GB 50556—2010《工业企业电气设备抗震设计规范》、GB 50981—2014《建筑机电工程抗震设计规范》及 GB 50260—2013《电力设施抗震设计规范》的有关规定，设计基本地震加速度为 0.05g（即抗震设防烈度 6 度）及以上地区的电气设备，必须进行抗震设计。烈度为 6 度以下地区的高压电器及开关设备可不采取防震措施，但不包括 6 度地区要提高 1 度的重要电力设施。该重要电力设施主要包括：

1）单机容量 300MW 及以上或规划容量 800MW 及以上的火力发电厂、设计容量为 750MW 及以上的水力发电厂、330kV 及以上的变电站；

2）停电会造成重要设备严重破坏或危及人身安全的工矿企业的自备电厂；

3）不得中断的电力系统的通信设施；

4）电压为 110kV 和 220kV 或向一级用电负荷供电的电气设备，以及其他在地震时需要保障连续供电的电气设备。

对于重要电力设施，可按设防烈度提高 1 度采取抗震措施，但抗震设防烈度为 9 度时，应按比 9 度更高的要求采取抗震措施。地震作用计算所采用的设计基本地震加速度值应提高 0.05g，但设计基本地震加速度为 0.20g 及以上时不再提高。

电力变压器、垂直布置的三相电抗器和避雷器、断路器及瓷套管等电器设备具有下列情况之一时，应进行抗震验算：

1）电压为 110kV 和 220kV；

2）设计基本地震加速度为 0.20g 及以上地区；

3）设计基本地震加速度为 0.10g 及 0.15g 地区且安装电器设备的楼层或支架高度大于 1.8m。

电气设施电压在 220kV 及以下，设防烈度为 8 度及以上时应进行抗震设计。抗震设计分为动力设计法和静力设计法，高压电器、高压电瓷、管形母线、封闭母线及串联补偿装置，应采用动力设计法，变压器、电抗器、旋转电机、开关柜、控制保护屏等可采用静力设计法。

抗震设计的计算主要包括地面设备、楼层设备、电力变压器、三相垂直布置的电抗器、高压断路器、避雷器等细长电瓷类设备等地震作用的计算。相关的计算详见 GB 50556—2010《工业企业电气设备抗震设计规范》和 GB 50260—2013《电力设施抗震设计规范》。

电气设施的布置，在设计基本加速度为 0.20g 及以上时，电压为 110kV 及以上的配电装置不宜采用高型、半高型或多层户内布置方式；配电装置的管形母线宜采用悬挂式；设备之间的距离要适当加大。

（2）电气设施的抗震措施。

电气设施的抗震措施主要包括：

1）电气设备间连线宜采用软导体，长度应留有余量；采用硬母线时应有软导体或伸缩接头过渡。

2）高压开关柜、低压配电屏、控制保护屏、直流屏、不间断供电电源设备和配电箱等电气设备应可靠地固定在基础或支座上，采用地脚螺栓固定或焊接安装的强度应满足抗震要求。

3）变压器宜取消滚轮及其轨道，并固定在基础上。

4）变压器采用大于 50mm×5mm 硬母线连接时应设铜编织带制成的软连接。

5）对开关柜（屏）、保护屏等应采取螺栓固定或焊接方式安装；当地震烈度为 8 度或 9

度时，可将几个柜（屏）在重心位置上连成整体。

6）高压移开式开关柜的二次电缆插头应采取防松动措施。

7）电缆、接地线等应采取措施，防止地震时被切断。

8）各类电瓷设备和套管的引线以及设备之间的连线宜采用软线连接或加设伸缩接头，软线连接应有伸长的余量。

9）电抗器、整流柜的支撑绝缘子在抗震设防烈度为8、9度时，应校核支撑绝缘子的强度，如不能满足要求时，应更换截面积更大或强度更高的绝缘子。

电气设备是工业设备中抗震性能最薄弱的设备之一。目前6～35kV的配电装置一般都是户内装置，66～110kV也有户内型配电装置。根据以往地震的灾害教训，许多户内配电装置的电气设备损坏，不仅有由于地震直接造成的破坏，而且还有房屋倒塌砸坏电气设备造成的二次灾害。这种电气设备的损坏修复困难、周期长，直接影响震后供电的恢复工作。

5.4 高压电器、开关设备和导体的短路稳定校验要求

5.4.1 概述

短路稳定校验是指短路故障发生时，高压电器及开关设备和导体在电磁力和热效应的作用下是否满足对其动稳定和热稳定的要求。

国内对三相交流系统的短路电流计算有两种方法：一种计算方法是采用 GB/T 15544.1—2013《三相交流系统短路电流计算 第1部分：电流计算》，该标准等效采用 IEC 60909—0：2001；另一种计算方法是采用 NB/T 35043—2014《水电工程三相交流系统短路电流计算导则》（简称《短路电流实用计算导则》）以及 DL/T 5222—2005《导体和电器选择设计技术规定》的附录 F（规范性附录）短路电流实用计算。

对于高压电器及开关设备和导体在短路的稳定校验方面，IEC 标准和短路电流实用计算的校验方法也有很大不同。特别是 IEC 60865-1：2011《短路电流—效应的计算 第1部分：定义和计算方法》中只介绍了软导体和硬导体的短路稳定的校验方法，不包括高压电器及开关设备的短路稳定校验。

由于国家标准《三相交流系统短路电流计算》是等效采用 IEC 60909 国际标准，但与 IEC 60909 标准相关的还有一些其他的国际标准，如 IEC 60865-1《短路电流—效应的计算 第1部分：定义和计算方法》、IEC 60865-2《短路电流—效应的计算 第2部分：计算举例》、IEC 60949《考虑非绝热升温效应的热允许短路电流的计算》、IEC 61660-2《电厂与变电站直流辅助设施中的短路电流 第2部分：效应计算》等标准，这些标准还没有转化为我国的国家标准，因此在短路电流计算和电器设备的选择和校验方面，不能很好地满足设计要求。

我国在短路稳定校验方面，还没有形成完整的与国际标准接轨的标准体系。在没有其他相关国家标准的配套和支持的情况下，短路电流实用计算涉及的计算方法和短路稳定校验的方法仍然被广泛使用。

鉴于国家标准《三相交流系统短路电流计算》和 NB/T 35043—2014《水电工程三相交流系统短路电流计算导则》在短路稳定校验方面存在较大差异的现状，为了满足设计人员的需要，在后面两节中将两种校验方法分别给出，供使用者选择。

5.4.2 短路稳定校验的一般要求

高压电器、开关设备和导体的最高工作电压、持续工作电流、额定开断电流、绝缘水平和使用的环境条件等应按 5.1 节的要求进行选择，以满足正常工作的要求。高压电器和导体还应进行短路稳定校验，以保证在短路故障情况下免受损害。

校验高压电器、开关设备和导体短路稳定所用的短路电流，应采用系统最大运行方式下可能流经被校验导体和电器的最大短路电流，该电流应是系统正常运行方式下可能发生的短路电流，不包括切换过程可能产生的并列运行方式。确定短路电流时还应考虑系统 5～10 年的远期发展规划。

采用熔断器保护的高压电器和导体可不验算热稳定，除采用有限流作用的熔断器保护之外，导体和电器的动稳定仍需验算。

采用熔断器保护的电压互感器回路，可不校验动稳定和热稳定。

5.4.3 稳定校验所需用的短路电流

校验高压电器及开关设备和导体的动稳定和热稳定时应计算的短路电流：

(1) 校验高压电器及开关设备和导体的动稳定时，应计算短路电流峰值 i_p。

(2) 校验高压电器及开关设备和导体的热稳定时，采用 IEC 标准校验方法时，应计算热等效短时电流（热当量短路电流）I_{th}；采用实用计算法校验时，应计算短路电流交流分量初始值 I''_k 和短路电流 I_k 在 0、$t/2$ 和 t 的数值，t 为短路电流持续时间。

(3) 校验断路器的开断能力时，应分别计算分闸瞬间的短路电流交流分量（对称开断电流）I_b 和直流分量 i_{DC}。

当断路器安装地点的短路电流直流分量不超过断路器额定短路开断电流幅值的 20％时，额定短路开断电流可仅用短路电流的交流分量校验，不必校验断路器的直流分断能力。如果短路电流直流分量超过 20％时应与生产厂家协商。

(4) 校验断路器的关合能力时，应计算短路电流峰值 i_p。

(5) 校验非限流熔断器的开断能力，采用 IEC 标准校验方法和实用计算校验时，应计算不对称短路开断电流值 I_{basym}。

(6) 校验限流熔断器的开断能力时，应计算短路电流交流分量初始值 I''_k；校验后备熔断器的开断能力时，还应计算最小短路电流。

有关短路电流的计算见 4 章。

5.4.4 短路形式和短路点的选择

(1) 校验高压电器和导体的动稳定、热稳定以及开关设备的开断电流时，确定短路电流应按可能发生最大短路电流的正常接线方式的三相短路计算，当单相或两相短路电流大于三相短路电流时，应按照更严重的情况验算。

(2) 做短路电流动稳定、热稳定校验时短路点的选择，对于不带电抗器的回路，短路点应选择在正常接线方式下短路电流为最大的地点；对于带电抗器的 10（6）kV 出线，校验母线与断路器之间的引线和套管时，应按短路点在电抗器前计算；校验其他导体和电器一般按短路点在电抗器后计算。

(3) 校验开关设备和高压熔断器的开断能力时，应按最严重的短路形式计算，短路点应选在被校验开关设备或高压熔断器的出线端子上。

(4) 校验电缆的热稳定时，短路点按下述情况确定：

通过电缆回路的最大短路电流发生处，即不超过制造长度的单根电缆，短路发生在电缆的末端；有中间接头的电缆，短路发生在每一缩减电缆截面的线段首端；电缆线段为等截面时，则短路发生在下一段电缆的首端，即第一个中间接头处；无中间接头的并列连接的电缆，短路发生在并列点后。

5.4.5 短路电流持续时间

短路电流持续时间可按下列原则确定：

（1）校验开关设备的开断能力时，开断短路电流的持续时间宜采用开关设备的实际开断时间，即主保护动作时间加上断路器的开断时间。

（2）校验导体的热稳定时，短路电流持续时间宜采用主保护动作时间加相应断路器的全分闸时间之和，当主保护有死区时应采用对该死区起作用的后备保护动作时间，并采用相应的短路电流。

（3）校验电器的热稳定时，短路电流持续时间宜采用后备保护动作时间与断路器的全分闸时间之和。

（4）校验电缆的热稳定时，对电动机馈线的电缆宜采用主保护动作时间与断路器开断时间之和，对其他电缆宜采用后备保护动作时间与断路器的开断时间之和。

对于火力发电厂厂用电动机直馈线电缆回路的热稳定校验，还应考虑电动机的反馈电流的影响，见5.6.2。

（5）校验跌落式交流高压熔断器的开断能力和灵敏性时，开断电流的持续时间应取0.01s。

（6）采用IEC标准的校验方法，对高压电器和导体进行热效应校验时，应采用IEC标准中确定的短路电流的持续时间，该时间应由继电保护装置确定。

5.5   短路电流的电磁效应和高压电器、开关设备及导体的动稳定校验

5.5.1 采用IEC标准的计算方法

5.5.1.1 适用范围和应注意的问题

IEC 60865-1：2011《短路电流—效应的计算 第1部分：定义和计算方法》仅适用于交流系统短路电流引起的机械效应，包括硬导体和软导线电磁效应。

采用该计算方法时应注意：

（1）短路电流计算应按照GB/T 15544.1—2013《三相交流系统短路电流计算 第1部分：电流计算》。

（2）该标准使用的短路持续时间由继电保护装置确定。

（3）该标准对于硬导体只计算短路电流产生的应力。其他原因如静载、风、冰雪、操作力或地震引起的应力也可能存在，这些荷载与短路电流产生荷载的合成方法，不属该标准范围，应由其他标准给出。计算软导线的拉力包括了静荷载的影响，短路电流产生的荷载与其他荷载的合成方法也不属该标准范围，应由其他标准给出。

（4）计算荷载就是设计荷载，应作为特殊负载使用。

（5）该标准的方法为了适应实用需要而进行了简化，并包括了留有的安全裕度。也可采用试验或更详细的计算方法或两者同时采用。

5.5.1.2 作用于硬导体电磁力的计算

硬导体的应力和支架的受力，与支撑的方式和支架的数量有关。在短路电流相同的情况下，采用不同的支撑类型和支架数量，硬导体的应力和支架的受力将会是不同的。

硬导体的应力和支架的受力，还与导体和安装系统的相关固有频率与电气系统频率之间的比率有关。在共振或接近共振的情况下，硬导体的应力和支架的受力将会被放大。

（1）两根平行导体间的力为

$$F = \frac{\mu_0 i_1 i_2 l}{2\pi a} \qquad (5.5\text{-}1)$$

式中　F——短路时作用在两根平行导体的力，N；

　　　μ_0——真空磁导率，$\mu_0 = 4\pi \times 10^{-7}\,\mathrm{H/m}$；

　i_1、i_2——导体中电流，A；

　　　l——支柱间的中心线距离，m；

　　　a——两平行导体间的中心线距离，m。

（2）在同一平面内以中心线距离相等布置的硬导体，三相短路时作用在中间主导体最大受力，该最大的力为

$$F_{m3} = \frac{\sqrt{3}\mu_0 i_p^2 l}{4\pi a_m} \qquad (5.5\text{-}2)$$

式中　F_{m3}——三相短路时作用在主导体的力，N；

　　　μ_0——真空磁导率，$\mu_0 = 4\pi \times 10^{-7}\,\mathrm{H/m}$；

　　　i_p——三相短路时的短路电流峰值，A；

　　　l——支柱间的中心线距离，m；

　　　a_m——相邻主导体间的有效距离，m。

（3）硬导体在两相短路时主导体的力为

$$F_{m2} = \frac{\mu_0 i_{p2}^2 l}{2\pi a_m} \qquad (5.5\text{-}3)$$

式中　F_{m2}——两相短路时作用在主导体的力，N；

　　　μ_0——真空磁导率，$\mu_0 = 4\pi \times 10^{-7}\,\mathrm{H/m}$；

　　　i_{p2}——两相短路时的短路电流峰值，A；

　　　l——支柱间的中心线距离，m；

　　　a_m——相邻主导体间的有效距离，m。

（4）同一平面布置的子导体，外侧子导体受力最大，受力的位置在临近的两个连接件间，子导体的最大受力为

$$F_s = \frac{\mu_0 i_p^2 l_s}{2\pi n^2 a_s} \qquad (5.5\text{-}4)$$

式中　F_s——短路时作用在子导体之间的力，N；

　　　μ_0——真空磁导率，$\mu_0 = 4\pi \times 10^{-7}\,\mathrm{H/m}$；

　　　i_p——三相短路时的短路电流峰值，A；

　　　l_s——两个相邻的连接件之间的最大中心线距离，m；

　　　n——子导体的数量；

a_s——子导体间的有效距离，m。

矩形截面的子导体之间的有效距离 a_s 见表 5.5-1。

表 5.5-1　　　　　　　　　　矩形截面的子导体之间的有效距离 a_s 　　　　　　　　m

矩形导体截面	c_s	b_s							
		0.04	0.05	0.06	0.08	0.10	0.12	0.16	0.20
（两条子导体，尺寸 c_s、b_s）	0.005	0.020	0.024	0.027	0.033	0.040	—	—	—
	0.010	0.028	0.031	0.034	0.041	0.047	0.054	0.067	0.080
（三条子导体，尺寸 c_s、b_s）	0.005	—	0.013	0.015	0.018	0.022	—	—	—
	0.010	0.017	0.019	0.020	0.023	0.027	0.030	0.037	0.043
（四条子导体，尺寸 c_s、b_s）	0.005	—	—	—	—	—	—	—	—
	0.010	0.014	0.015	0.018	0.018	0.020	0.022	0.028	0.031
（两组子导体，间距 0.05，尺寸 c_s、b_s）	0.005	—	0.014	0.015	0.018	0.020	—	—	—
	0.010	0.017	0.018	0.020	0.022	0.025	0.027	0.032	—

（5）主导体间和子导体间的有效距离。

短路电流在主导体之间产生的电磁力取决于导体的几何布置和轮廓，主导体之间的有效距离可按下面方法确定：

由圆形截面组成的主导体，当中心线距离为 a 时，$a_m = a$。

由矩形截面组成的主导体，以及由矩形截面的子导体组成的主导体，有效距离为

$$a_m = \frac{a}{k_{12}} \tag{5.5-5}$$

式中　a_m——主导体之间的有效距离，m；

　　　a——导体之间中心线距离，m；

　　　k_{12}——子导体之间有效距离系数，可由图 5.5-1 查得，取 $a_{1s} = a$，$b_s = b_m$，$c_s = c_m$，其中 a_{1s} 为子导体之间的中心线距离（m），b_s 为子导体垂直于力的方向的尺寸

(m)，b_m 为主导体垂直于力的方向的尺寸（m），c_s 为子导体在力的方向上的尺寸（m），c_m 为主导体在力的方向上的尺寸（m）。

主导体有 n 个同一平面布置的圆形子导体，其有效距离为

$$\frac{1}{a_s} = \frac{1}{a_{12}} + \frac{1}{a_{13}} + \frac{1}{a_{14}} + \cdots + \frac{1}{a_{1n}} \tag{5.5-6}$$

式中 a_s——子导体之间的有效距离，m；

       a_{12}——子导体 1 与子导体 2 间的中心线距离，m；

       a_{1n}——子导体 1 与子导体 n 间的中心线距离，m。

主导体有 n 个同一平面布置的矩形子导体，其有效距离为

$$\frac{1}{a_s} = \frac{k_{12}}{a_{12}} + \frac{k_{13}}{a_{13}} + \frac{k_{14}}{a_{14}} + \cdots + \frac{k_{1n}}{a_{1n}} \tag{5.5-7}$$

式中 a_s——子导体之间的有效距离，m；

       k_{12}——子导体 1 与子导体 2 间的有效距离系数；

       k_{1n}——子导体 1 与子导体 n 间的有效距离系数；

       a_{12}——子导体 1 与子导体 2 间的中心线距离，m；

       a_{1n}——子导体 1 与子导体 n 间的中心线距离，m。

k_{12}、k_{1n} 可由图 5.5-1 查得。

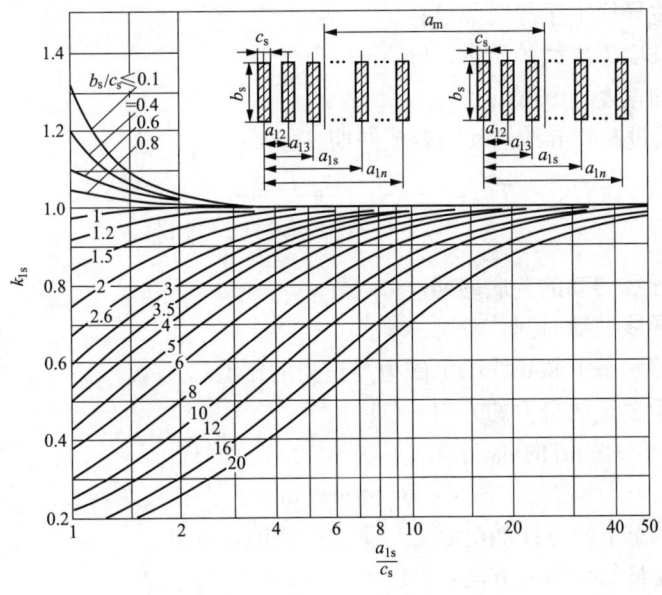

图 5.5-1   计算导体有效距离的系数 k_{1s}

5.5.1.3 作用于软导线电磁力的计算

软导线在短路电流作用下，除受到短路电流产生的电磁力（电磁负载）以外，在一个跨距内还存在下列情况下的三种不同的力：第一种是在短路期间导线摆动的力 $F_{t,d}$；第二种是短路之后导线回落到原来状态的力 $F_{f,d}$；第三种是分裂导线收缩效应产生的力 $F_{pi,d}$。短路电流的效应在主导线上引起的最大受力，要在计算与短路方式和导线布置有关的特性参数之后

确定。

线间短路和平衡三相短路产生的力近似相等，线间短路由于导线的摆动导致最小间距减小，对称三相短路的情况下中间导线只是轻微移动。

计算导线受力时应在冬季最低工作温度或夏季最高工作温度的静态拉力基础上进行计算，并要考虑气象条件、安装检修条件、绝缘子串及连接金具的机械性能等因素的影响，选择其中最不利的情况用于设计。

下面的计算公式可用于跨距不大于 120m，弧垂与跨距比约为 8%，导线两个固定点的高度差小于跨度的 25% 的线路。对于跨距更长的线路，其实际受力可能比公式计算值要低。

本节重点介绍的是跨度中没有挂钩的软导线受力的计算，对于跨度中有挂钩的软导线或高差大于跨度的 25% 的线路受力的计算见 IEC 60865-1：2011《短路电流—效应的计算第 1 部分：定义和计算方法》中相关内容。

（1）计算软导线电磁效应的有关特性参数。

1）相关特性参数的计算：

a. 短路状态下软导线的电磁力与重力的比值 r 为

$$r = \frac{F'}{n m'_s g} \tag{5.5-8}$$

式中　r——短路状态下软导线的电磁力与重力的比值；

　　　F'——软导线单位长度上的电磁力，N/m；

　　　n——一根主导线中子导线数量；

　　　m'_s——单位长度子导线的质量，kg/m；

　　　g——重力加速度，m/s²。

b. 短路电流通过时软导线摆动的合成周期 T_{res} 为

$$T_{res} = \frac{T}{\sqrt[4]{1 + r^2 \left[1 - \frac{\pi^2}{64} \left(\frac{\delta_1}{90°} \right)^2 \right]}} \tag{5.5-9}$$

式中　T_{res}——软导线摆动的合成周期，s；

　　　T——软导线摆动时间，s；

　　　r——短路状态下软导线的电磁力与重力的比值；

　　　δ_1——用角度量的合力的方向，(°)。

c. 用角度量的合力的方向 δ_1 为

$$\delta_1 = \arctan r \tag{5.5-10}$$

式中　r——短路状态下软导线的电磁力与重力的比值；

　　　δ_1——用角度量的合力的方向，(°)。

d. 软导线的摆动时间 T 为

$$T = 2\pi \sqrt{0.8 \frac{f_{es}}{g}} \tag{5.5-11}$$

式中　T——软导线摆动时间，s；

　　　f_{es}——跨距中点的等效静态软导线垂度，m；

　　　g——重力加速度，m/s²。

e. 软导线在跨距中点的等效静态导线垂度 f_{es} 为

$$f_{es} = \frac{nm'_s g l^2}{8F_{st}} \tag{5.5-12}$$

式中 f_{es}——跨距中点的等效静态软导线垂度，m；

n——一根主导线中子导线数量；

m'_s——单位长度子导线的质量，kg/m；

g——重力加速度，m/s^2；

l——支架之间的中心线距离，m；

F_{st}——软主导线的静态拉力，N。

2）软导线的抗挠性标准 N 为

$$N = \frac{1}{Sl} + \frac{1}{nE_{eff}A_s} \tag{5.5-13}$$

式中 N——软导线的抗挠性标准，1/N；

S——一个跨度的两个支架的合成弹簧常数，N/m；

l——支架之间的中心线距离，m；

n——一根主导线中子导线数量；

E_{eff}——实际的杨氏模量，N/m^2；

A_s——一根子导线的截面积，m^2。

3）合成弹簧常数 S 取值：

a. 对于松弛软导线对支持绝缘子施加弯曲力，如果不能知道 S 的准确值时可取 $S=100\times 10^3$ N/m；

b. 对于带有张紧导线装置的跨度中，如果不能知道 S 的准确值时，额定电压为 123kV 的 S 值可取 $150\times10^3 \sim 1300\times10^3$ N/m。

4）关于实际的杨氏模量 E_{eff} 的计算如下：

$$\text{当} \frac{F_{st}}{nA_s} \leqslant \sigma_{fin} \text{ 时，} \qquad E_{eff} = E\left[0.3 + 0.7\sin\left(\frac{F_{st}}{nA_s\sigma_{fin}}90°\right)\right] \tag{5.5-14}$$

$$\text{当} \frac{F_{st}}{nA_s} > \sigma_{fin} \text{ 时，} \qquad E_{eff} = E$$

$$\sigma_{fin} = 5\times10^7$$

式中 E_{eff}——实际的杨氏模量，N/m^2；

F_{st}——软主导线的静态拉力，N；

n——一根主导线中子导线数量；

A_s——一根子导线的截面积，m^2。

σ_{fin}——当杨氏模量成为常数时缆索应力的最低值，N/m^2；

E——杨氏模量，N/m^2。

5）短路电流流动期间或结束时软导线摆动的角度 δ_{end} 为

$$\text{当} 0 \leqslant \frac{T_{k1}}{T_{res}} \leqslant 0.5 \text{ 时，} \qquad \delta_{end} = \delta_1\left[1 - \cos\left(360° \frac{T_{k1}}{T_{res}}\right)\right] \tag{5.5-15}$$

$$\text{当} \frac{T_{k1}}{T_{res}} > 0.5 \text{ 时，} \qquad \delta_{end} = 2\delta_1$$

式中 δ_{end}——短路电流流动期间或结束时软导线摆动的角度，(°)；

T_{k1}——第一次短路电流流动持续时间，s；

T_{res}——软导线摆动的合成周期，s；

δ_1——用角度量的合力的方向，（°）。

6）短路电流流动期间或结束时软导线摆动的最大角度 δ_{max} 为

当 $0.766 \leqslant x \leqslant 1.0$ 时，$\qquad \delta_{max} = 1.25 \arccos x$ $\qquad$ (5.5-16)

当 $-0.985 \leqslant x \leqslant 0.766$ 时，$\delta_{max} = 10° + \arccos x$

当 $x < -0.985$ 时，$\qquad\qquad \delta_{max} = 180°$

式中 δ_{max}——短路时软导线摆动的最大角度，（°）；

$\quad x$——最大摆动角度参数，（°）。

如果已知第一次短路电流流动持续时间 T_{k1}，软导线摆动的最大角度 δ_{max} 也可以由图 5.5-2 查得。

最大角度 δ_{max} 一般发生在最坏情况下，这种情况是短路电流持续时间小于或等于规定的短路电流流动持续时间 T_{k1}。

7）最大摆动角度参数 x 的计算为

当 $0° \leqslant \delta_{end} \leqslant 90°$ 时，

$$x = 1 - r \sin \delta_{end} \qquad (5.5-17)$$

当 $\delta_{end} > 90°$ 时，$x = 1 - r$

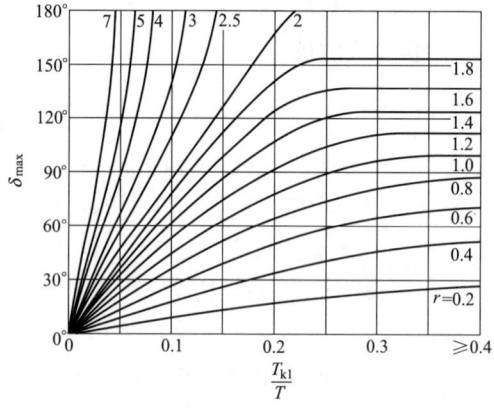

图 5.5-2 在给定第一次短路电流流动持续时间 T_{k1} 的最大摆离角度 δ_{max}

式中 x——最大摆动角度参数，（°）；

$\quad \delta_{end}$——短路电流流动期间或结束时软导线摆动的角度，（°）；

$\quad r$——短路状态下软导线的电磁力与重力的比值。

（2）三相短路时软主导线单位长度电磁力（电磁负载）F' 为

$$F' = \frac{0.75 \mu_0 I_k''^2 l_c}{2\pi a l} \qquad (5.5-18)$$

式中 F'——软导线单位长度上的电磁力，N/m；

$\quad \mu_0$——真空磁导率，$\mu_0 = 4\pi \times 10^{-7}$ H/m；

$\quad a$——主导线间的中心距离，m；

$\quad I_k''$——三相对称短路电流初始值，A；

$\quad l_c$——档距内软主导线长度，m；

$\quad l$——支架之间的中心线距离，m。

对于线间短路时软主导线单位长度电磁力 F' 为

$$F' = \frac{\mu_0 I_{k2}''^2 l_c}{2\pi a l} \qquad (5.5-19)$$

式中 F'——线间短路时软主导线单位长度的电磁力，N/m；

$\quad \mu_0$——真空磁导率，$\mu_0 = 4\pi \times 10^{-7}$ H/m；

$\quad I_{k2}''$——线间短路电流初始值，A；

$\quad a$——主导线间的中心距离，m；

$\quad l_c$——档距内软主导线长度，m；

$\quad l$——支架之间的中心线距离，m。

（3）短路时软导线无挂钩摆动引起的力（摆动力）$F_{\mathrm{t,d}}$为

$$F_{\mathrm{t,d}} = F_{\mathrm{st}}(1 + \varphi\psi) \qquad (5.5\text{-}20)$$

$$\varphi = \begin{cases} 3(\sqrt{1+r^2}-1) & (T_{\mathrm{k1}} \geqslant T_{\mathrm{res}}/4) \\ 3(r\sin\delta_{\mathrm{end}} + \cos\delta_{\mathrm{end}} - 1) & (T_{\mathrm{k1}} < T_{\mathrm{res}}/4) \end{cases}$$

式中　$F_{\mathrm{t,d}}$——短路时软导线摆动引起的力，N；

　　　F_{st}——软主导体的静态拉力，N；

　φ、ψ——软导线的拉力系数，ψ是ζ和φ的一个函数，可由图5.5-3查得；

　　　　r——短路状态下软导线的电磁力与重力的比值；

　　δ_{end}——短路电流流动期间或结束时软导线摆动的角度，（°）；

　　T_{k1}——第一次短路电流流动持续时间，s；

　　T_{res}——软导线摆动的合成周期，s。

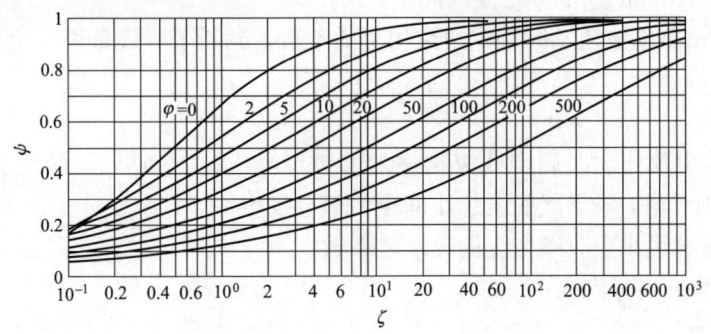

图5.5-3　关于软导线中的力的系数ψ的曲线图

图中ζ为主导线的应力系数，即

$$\zeta = \frac{(ngm'_{\mathrm{s}}l)^2}{24F_{\mathrm{st}}^3 N} \qquad (5.5\text{-}21)$$

式中　ζ——主导线的应力系数；

　　　n——一根主导线中子导线数量；

　　　g——重力加速度，m/s^2；

　　m'_{s}——单位长度子导体的质量，kg/m；

　　　l——支架之间的中心线距离，m；

　　F_{st}——软主导体的静态拉力，N；

　　　N——软导线的抗挠性标准，1/N。

（4）短路后软导线回落引起的力（回落力）$F_{\mathrm{f,d}}$。

当$r>0.6$或$\delta_{\mathrm{max}} \geqslant 70°$时，软导线回落结束时的最大回落力可按式（5.5-22）计算，即

$$F_{\mathrm{f,d}} = 1.2F_{\mathrm{st}}\sqrt{1 + 8\zeta\frac{\delta_{\mathrm{max}}}{180°}} \qquad (5.5\text{-}22)$$

式中　$F_{\mathrm{f,d}}$——短路后软导线回落引起的力，N；

　　　F_{st}——软主导线的静态拉力，N；

　　　ζ——主导线的应力系数；

　　δ_{max}——短路时软导线摆动的最大角度，（°）；

r——短路状态下软导线的电磁力与重力的比值。

（5）短路时分裂导线收缩效应产生的力（收缩力）$F_{pi,d}$。

1）短路时子导线是否发生冲撞的判断：

如果两根相邻子导线中点之间的间距，以及两个相邻的间隔器之间的间距符合下面条件，短路时子导线会发生直接冲撞，即

$$\frac{a_s}{d} \leqslant 2.0 \text{ 和 } l_s \geqslant 50a_s \tag{5.5-23}$$

$$\frac{a_s}{d} \leqslant 2.5 \text{ 和 } l_s \geqslant 70a_s \tag{5.5-24}$$

式中 a_s——子导线之间的有效距离，m；

   d——导线的外径，m；

   l_s——两个相邻的间隔器之间的间距，m。

也可以根据短路电流流动时确定线束构型的参数，判断子导线是否发生冲撞

$$j = \sqrt{\frac{\varepsilon_{pi}}{1 + \varepsilon_{st}}} \tag{5.5-25}$$

式中 j——短路电流流动时确定线束构型的参数，当 $j \geqslant 1.0$ 时，子导线会发生冲撞，当 $j < 1.0$ 时，子导线间会缩小间距但不会发生冲撞；

   ε_{pi}、ε_{st}——分裂导线线束收缩应变的灵敏度系数。

ε_{pi}、ε_{st} 的计算公式分别为

$$\varepsilon_{pi} = 0.375n \frac{F_v l_s^3 N}{(a_s - d)^3} \left(\sin \frac{180°}{n}\right)^3 \tag{5.5-26}$$

$$\varepsilon_{st} = 1.5n \frac{F_{st} l_s^2 N}{(a_s - d)^2} \left(\sin \frac{180°}{n}\right)^2 \tag{5.5-27}$$

式中 ε_{pi}、ε_{st}——分裂导线线束收缩应变的灵敏度系数；

   n——一根主导线中子导线数量；

   F_V——导线束中子导线之间的短路电流作用力，N；

   F_{st}——软主导线的静态拉力，N；

   l_s——两个相邻的间隔器之间的间距，m；

   N——软导线的抗挠性标准，1/N；

   a_s——子导线之间的有效距离，m；

   d——导线的外径，m。

导线束中子导线之间的短路电流作用力 F_V 为

$$F_V = (n-1) \frac{\mu_0}{2\pi} \left(\frac{I_k''}{n}\right)^2 \frac{l_s v_2}{a_s v_3} \tag{5.5-28}$$

式中 F_V——导线束中子导线之间的短路电流作用力，N；

   n——一根主导线中子导线数量；

   μ_0——真空磁导率，$\mu_0 = 4\pi \times 10^{-7}$ H/m；

   I_k''——三相对称短路电流初始值，A；

   v_2、v_3——计算主导线收缩力的系数，v_2 见图 5.5-4，v_3 见图 5.5-5；

   a_s——子导线之间的有效距离，m；

l_s——两个相邻的间隔器之间的间距，m。

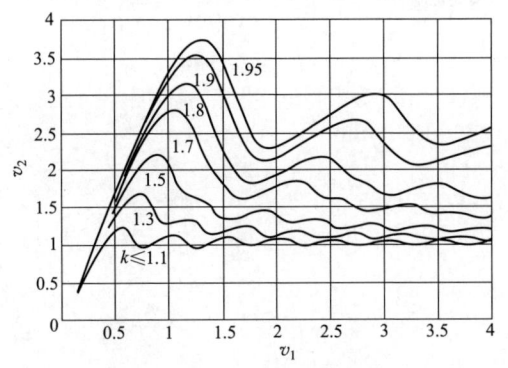

图 5.5-4 v_2 与 v_1 的关系曲线

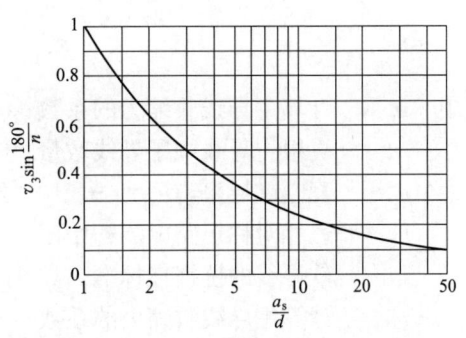

图 5.5-5 $v_3 \sin \dfrac{180°}{n}$ 与 a_s/d 的关系曲线

图中 k 为短路电流峰值计算系数，短路电流峰值计算系数 k 的计算见 4 章。

图 5.5-4 中主导线收缩力系数 v_1 按式(5.5-29)计算，即

$$v_1 = f \, \frac{1}{\sin \dfrac{180°}{n}} \sqrt{\frac{(a_\text{s} - d)m'_\text{s}}{\dfrac{\mu_0}{2\pi}\left(\dfrac{I''_\text{k}}{n}\right)^2 \dfrac{n-1}{a_\text{s}}}} \tag{5.5-29}$$

式中　v——计算主导线收缩力的系数；

$\quad\quad f$——系统的频率，Hz；

$\quad\quad a_\text{s}$——子导线之间的有效距离，m；

$\quad\quad d$——导线的外径，m；

$\quad\quad m'_\text{s}$——单位长度子导线的质量，kg/m；

$\quad\quad n$——一根主导线中子导线数量；

$\quad\quad \mu_0$——真空磁导率，$\mu_0 = 4\pi \times 10^{-7}$ H/m；

$\quad\quad I''_\text{k}$——三相对称短路电流初始值，A。

2) 当分裂导线为四根子导线组成规则线束构型时，产生的力 $F_{\text{pi,d}}$

$$F_{\text{pi,d}} = 1.1 F_{\text{t,d}} \tag{5.5-30}$$

式中　$F_{\text{pi,d}}$——四根子导线组成规则线束构型产生的力，N；

$\quad\quad F_{\text{t,d}}$——短路时软导线摆动引起的力，N。

3) 子导线相互冲撞情况下的收缩力 $F_{\text{pi,d}}$。

当 $j \geqslant 1.0$ 时，子导线会发生冲撞，这种情况下的收缩力为

$$F_{\text{pi,d}} = F_{\text{st}}\left(1 + \frac{v_\text{e}}{\varepsilon_{\text{st}}}\xi\right) \tag{5.5-31}$$

式中　$F_{\text{pi,d}}$——子导线发生冲撞的收缩力，N；

$\quad\quad F_{\text{st}}$——软主导线的静态拉力，N；

$\quad\quad v_\text{e}$——计算主导线收缩力的系数；

$\quad\quad \varepsilon_{\text{st}}$——分裂导线线束收缩应变的灵敏度系数；

$\quad\quad \xi$——计算主导线收缩力的系数，见图 5.5-6。

$$v_{\mathrm{e}} = \frac{1}{2} + \left[\frac{9}{8}n(n-1)\frac{\mu_0}{2\pi}\left(\frac{I_{\mathrm{k}}''}{n}\right)^2 Nv_2\left(\frac{l_{\mathrm{s}}}{a_{\mathrm{s}}-d}\right)^4 \frac{\left(\sin\frac{180°}{n}\right)^4}{\xi^3}\left(1-\frac{\arctan\sqrt{v_4}}{\sqrt{v_4}}\right)-\frac{1}{4}\right]^{\frac{1}{2}}$$

$$(5.5\text{-}32)$$

式中 v_{e}——计算主导线收缩力的系数；

         n——一根主导线中子导线数量；

         μ_0——真空磁导率，$\mu_0 = 4\pi\times10^{-7}\,\mathrm{H/m}$；

         I_{k}''——三相对称短路电流初始值，A；

         N——软导线的抗挠性标准，$1/\mathrm{N}$；

         v_2——计算主导线收缩力的系数；

         l_{s}——两个相邻的间隔器之间的间距，m；

         a_{s}——子导线之间的有效距离，m；

         d——导线的外径，m；

         ξ——计算主导线收缩力的系数；

         v_4——计算主导线收缩力的系数。

$$v_4 = \frac{a_{\mathrm{s}}-d}{d}$$

$$(5.5\text{-}33)$$

式中 v_4——计算主导线收缩力的系数；

         a_{s}——子导线之间的有效距离，m；

         d——导线的外径，m。

上述计算公式中 v_2、v_{e}、v_4、ξ 都是计算主导线收缩力的系数，ξ 与 j 和 $\varepsilon_{\mathrm{st}}$ 的关系曲线见图 5.5-6。

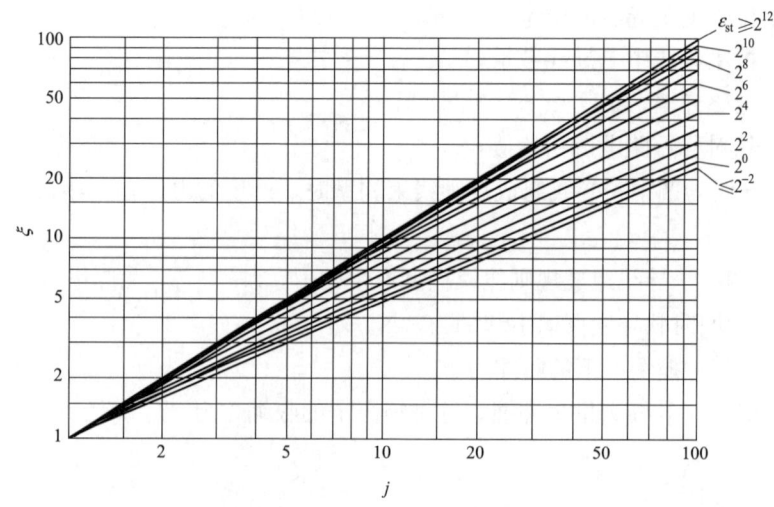

图 5.5-6 ξ 与 j 和 $\varepsilon_{\mathrm{st}}$ 的关系曲线

如果两根相邻子导线之间的间距和间隔器的构形使得短路期间子导线束直接冲撞，$F_{\mathrm{t,d}}$ 也可以按式(5.5-20)计算。

4) 子导线无相互冲撞情况下的收缩力 $F_{\mathrm{pi,d}}$。

当 $j < 1.0$ 时，子导线不会发生冲撞，这种情况下的收缩力为

$$F_{\mathrm{pi,d}} = F_{\mathrm{st}} \left(1 + \frac{v_{\mathrm{e}}}{\varepsilon_{\mathrm{st}}} \eta^2 \right) \tag{5.5-34}$$

式中 $F_{\mathrm{pi,d}}$——无相互冲撞情况下子导线的收缩力，N；

F_{st}——软主导线的静态拉力，N；

v_{e}——计算主导线收缩力的系数；

$\varepsilon_{\mathrm{st}}$——分裂导线线束收缩应变的灵敏度系数；

η——子导线无相互冲撞情况下计算主导线收缩力的系数，η 见图 5.5-7。

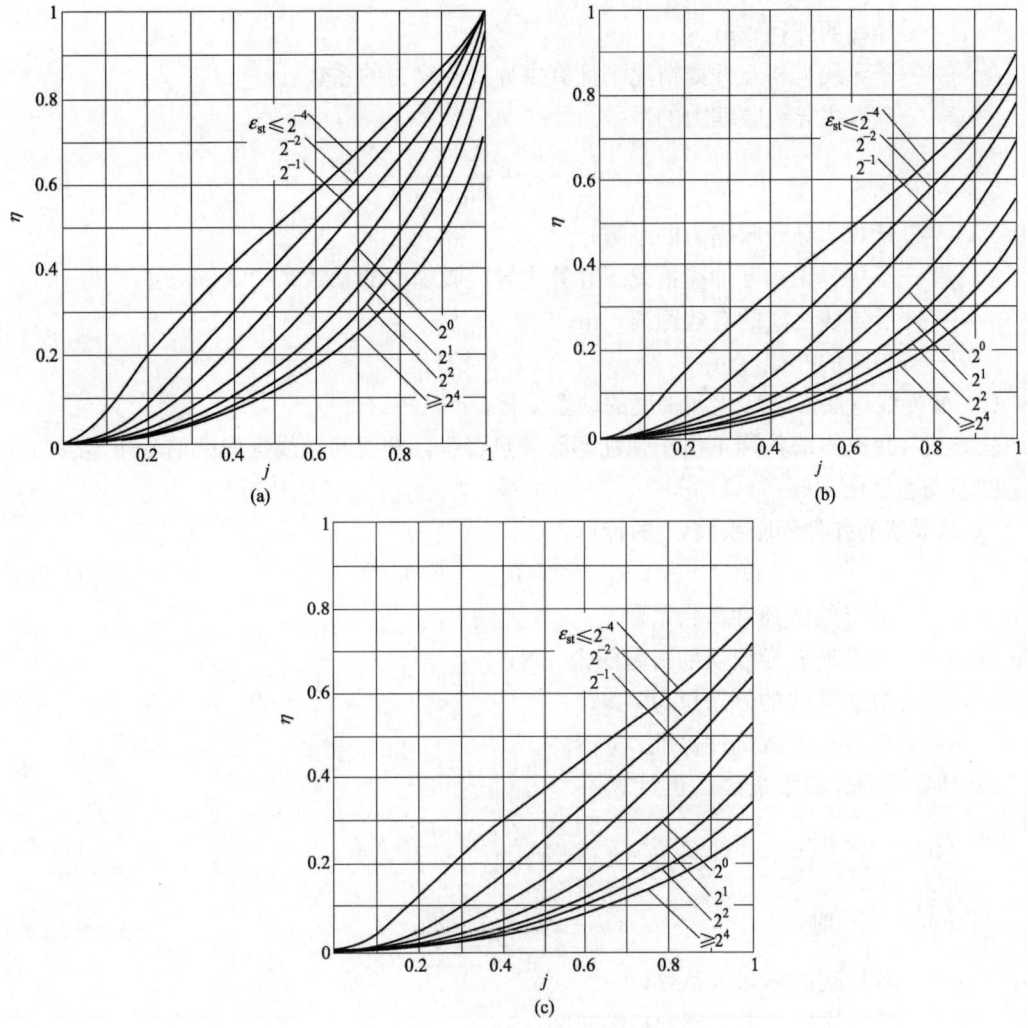

图 5.5-7 η 与 j 和 $\varepsilon_{\mathrm{st}}$ 的关系曲线

(a) $2.5 < a_{\mathrm{s}}/d \leqslant 5.0$；(b) $5.0 < a_{\mathrm{s}}/d \leqslant 10.0$；(c) $10.0 < a_{\mathrm{s}}/d \leqslant 15.0$

$$v_{\mathrm{e}} = \frac{1}{2} + \left[\frac{9}{8} n(n-1) \frac{\mu_0}{2\pi} \left(\frac{I_{\mathrm{k}}''}{n} \right)^2 N v_2 \left(\frac{l_{\mathrm{s}}}{a_{\mathrm{s}}-d} \right)^4 \frac{\left(\sin \frac{180^\circ}{n} \right)^4}{\eta^4} \left(1 - \frac{\arctan \sqrt{v_4}}{\sqrt{v_4}} \right) - \frac{1}{4} \right]^{\frac{1}{2}} \tag{5.5-35}$$

式中 v_e——计算主导线收缩力的系数;

$\quad n$——一根主导线中子导线数量;

$\quad \mu_0$——真空磁导率,$\mu_0 = 4\pi \times 10^{-7}\,\text{H/m}$;

$\quad I''_k$——三相对称短路电流初始值,A;

$\quad N$——软导线的抗挠性标准,1/N;

$\quad v_2$——计算主导线收缩力的系数;

$\quad l_s$——两个相邻间隔器之间的间距,m;

$\quad a_s$——子导线之间的有效距离,m;

$\quad d$——导线的外径,m。

$\quad \eta$——子导线无相互冲撞情况下计算主导线收缩力的系数;

$\quad v_4$——计算主导线收缩力的系数。

$$v_4 = \eta \frac{a_s - d}{a_s - \eta(a_s - d)} \tag{5.5-36}$$

式中 v_4——计算主导线收缩力的系数;

$\quad \eta$——子导线无相互冲撞情况下计算主导线收缩力的系数;

$\quad a_s$——子导线之间的有效距离,m;

$\quad d$——导线的外径,m。

(6) 软导线弯曲形态变化和垂度的动态变化。

软导线在短路电流作用下由于弹性膨胀和热膨胀,会引起导线延伸率的弯曲形态的变化和垂度的动态变化。

1) 软导线的弹性膨胀系数 ε_{ela} 的计算

$$\varepsilon_{ela} = N(F_{t,d} - F_{st}) \tag{5.5-37}$$

式中 ε_{ela}——软导线的弹性膨胀系数;

$\quad F_{t,d}$——短路时软导线摆动引起的力,N;

$\quad F_{st}$——软主导线的静态拉力,N;

$\quad N$——软导线的抗挠性标准,1/N。

2) 软导线的热膨胀系数 ε_{th} 的计算

当 $T_{k1} \geqslant \dfrac{T_{res}}{4}$ 时, $\qquad \varepsilon_{th} = c_{th}\left(\dfrac{I''_k}{nA_s}\right)^2 \dfrac{T_{res}}{4}$ (5.5-38)

当 $T_{k1} < \dfrac{T_{res}}{4}$ 时, $\qquad \varepsilon_{th} = c_{th}\left(\dfrac{I''_k}{nA_s}\right)^2 T_{k1}$

式中 ε_{th}——软导线的热膨胀系数;

$\quad T_{k1}$——第一次短路电流流动持续时间,s;

$\quad T_{res}$——软导线摆动的合成周期,s;

$\quad c_{th}$——材料常数,$\text{m}^4/(\text{A}^2 \cdot \text{s})$,见表5.5-2;

$\quad A_s$——一根子导线的截面积,m^2;

$\quad n$——一根主导线中子导线数量;

$\quad I''_k$——三相对称短路电流初始值,A。

上述式为三相对称短路时软导线的热膨胀系数,线间短路时计算热膨胀系数应采用 I''_{k2}。

表 5.5-2 材料常数 c_{th}

导线类型	截面比率 (Al/St)	c_{th}值 $[m^4/(A^2 \cdot s)]$
铝、铝合金、铝/钢导线	>6	0.27×10^{-18}
铝/钢导线	≤6	0.17×10^{-18}
铜导线		0.088×10^{-18}

3) 考虑弹性膨胀和热膨胀引起的软导线的垂度加大,膨胀系数 C_D 的计算为

$$C_D = \sqrt{1 + \frac{3}{8}\left(\frac{l}{f_{es}}\right)^2 (\varepsilon_{ela} + \varepsilon_{th})} \qquad (5.5\text{-}39)$$

式中　C_D——膨胀系数;

　　　f_{es}——跨距中点的等效静态软导线垂度,m;

　　　l——支架之间的中心线距离,m;

　　　ε_{ela}——软导线的弹性膨胀系数;

　　　ε_{th}——软导线的热膨胀系数。

4) 动态的垂度 f_{ed} 的计算为

$$f_{ed} = C_F C_D f_{es} \qquad (5.5\text{-}40)$$

当 $r \leqslant 0.8$ 时,　　　　　　$C_F = 1.05$

当 $0.8 < r < 1.8$ 时,　　　　　$C_F = 0.97 + 0.1r$

当 $r \geqslant 1.8$ 时,　　　　　　$C_F = 1.15$

式中　f_{ed}——软导线动态的垂度,m;

　　　r——短路状态下软导线的电磁力与重力的比值;

　　　C_F——波形系数;

　　　C_D——膨胀系数;

　　　f_{es}——跨距中点的等效静态软导线垂度,m。

(7) 跨线的水平位移和最小空气间距。

1) 跨线的水平位移 b_h 的计算:

在短路电流作用下,对于跨线为松弛导线连接到支撑绝缘子或电器设备端子上时,并且 $l_c = l$,其中 l_c 为跨度中软导线的长度,l 为支架到支撑绝缘子或电器设备端子的长度,这种情况下跨线的最大水平位移 b_h 为

当 $\delta_{max} \geqslant 90°$ 时,　　　　　$b_h = f_{ed}$ 　　　　　　(5.5-41)

当 $\delta_{max} < 90°$ 时,　　　　　$b_h = f_{ed} \sin\delta_{max}$

式中　δ_{max}——短路时软导线摆动的最大角度,(°);

　　　b_h——跨线的水平位移,m;

　　　f_{ed}——软导线动态的垂度,m。

对于跨线为张紧导线连接到耐张支撑绝缘子入口时,并且 $l_c = l - 2l_i$,其中 l_i 为一个绝缘子串的长度,跨线的最大水平位移 b_h 为

当 $\delta_{max} \geqslant \delta_1$ 时,　　　　　$b_h = f_{ed} \sin\delta_1$ 　　　　　(5.5-42)

当 $\delta_{max} < \delta_1$ 时,　　　　　$b_h = f_{ed} \sin\delta_{max}$

式中　b_h——跨线的水平位移,m;

$\delta_{\max}$——短路时软导线摆动的最大角度，(°)；

δ_1——用角度量的合力的方向，(°)；

f_{ed}——软导线动态的垂度，m。

2) 最小空气间距 $a_{\min}$ 的计算：

由于短路电流的作用，单平面构形的软导线的跨距中点在最坏情况下位移一个半径为 b_{h} 的圆形区域。线间两相短路时的最坏情况下，两根主导线中点之间的最小空气间距 $a_{\min}$ 为

$$a_{\min} = a - 2b_{\mathrm{h}} \tag{5.5-43}$$

式中　$a_{\min}$——两根主导线中点之间的最小空气间距，m；

a——软导线之间的中心线距离，m；

b_{h}——主导线的水平位移，m。

(8) 柱式绝缘子及其支架和连接器的校验。

对于软导线配线的 $F_{\mathrm{t,d}}$、$F_{\mathrm{f,d}}$、$F_{\mathrm{pi,d}}$ 的最大值应不大于绝缘子及支架生产厂家规定的承受值；对于承受弯曲应力的绝缘子，规定作用在绝缘子端头的力作为额定承受值；对于作用在高于绝缘子端头的作用力，要以该绝缘子的横截面可以承受的弯矩为依据，采用低于额定承受值的最大值校验。

柱式绝缘子的支撑构件在短路时还应承受一个动态的弯曲作用力，该作用力应选择 $F_{\mathrm{t,d}}$、$F_{\mathrm{f,d}}$、$F_{\mathrm{pi,d}}$ 中的最大值。

软导线的连接器是指在一个跨距内不属于均质导体材料的任何附加质量，包括间隔器、加强元件、棒料重叠等。

软导线的连接器的校验应按照 $1.5F_{\mathrm{t,d}}$、$1.0F_{\mathrm{f,d}}$ 或 $1.0F_{\mathrm{pi,d}}$ 中的最大值来确定其额定值，$1.5F_{\mathrm{t,d}}$ 是考虑了绝缘子质量对于摆动能量的吸收。

(9) 带有绝缘子串传递的拉力的构件、绝缘子和连接器的校验。

软导线跨线的 $F_{\mathrm{t,d}}$、$F_{\mathrm{f,d}}$ 或 $F_{\mathrm{pi,d}}$ 的最大值作为一项静荷载作用于构件、绝缘子和连接器。在三相线路用的三相构件中，$F_{\mathrm{t,d}}$、$F_{\mathrm{f,d}}$ 或 $F_{\mathrm{pi,d}}$ 的最大值将会出现在两相中，第三相只会承受静拉力；$F_{\mathrm{pi,d}}$ 的最大值会在不同时间出现在三相中，这种效果也会把 $F_{\mathrm{pi,d}}$ 的计算值用于两相构件、绝缘子和连接器的校验。

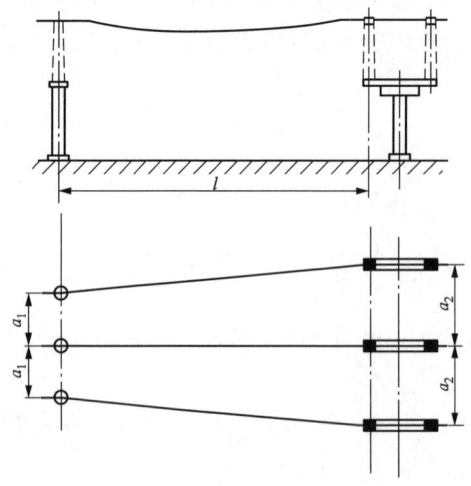

图 5.5-8　110kV 导线及绝缘子和支座布置图

5.5.1.4　采用 IEC 标准的方法校验软导线机械效应的计算示例

为了方便设计人员采用 IEC 标准的方法校验软导线的机械效应，现举例如下。

【例 5.5-1】　110kV 全铝绞合松弛导线，导线之间存在不同的线间距离。在每跨端部定位点是支柱绝缘子，安装在钢质底座构件上，导线及绝缘子和支座布置图见图 5.5-8。

解　(1) 相关数据：

三相对称短路电流初始值（均方根值）

$$I''_{\mathrm{k}} = 19\mathrm{kA}$$

首次短路电流持续时间　$T_{\mathrm{k1}} = 0.3\mathrm{s}$

支撑构件之间的距离　$l = 11.5\mathrm{m}$

导线之间中心线距离 $\qquad a_1 = 1.6\text{m}$

$\qquad\qquad\qquad\qquad\qquad\qquad a_2 = 2.4\text{m}$

两个支撑结构的合成弹簧常数

$$S = 100\text{N/mm} = 1.0 \times 10^5 \text{N/m}$$

全铝绞合导线型号 AAC240

——截面积 $\qquad\qquad A_\text{s} = 242\text{mm}^2$

——单位长度的质量 $\qquad m_\text{s}' = 0.670\text{kg/m}$

——杨氏模量 $\qquad E = 55\,000\text{N/mm}^2 = 5.5 \times 10^{10}\text{N/m}^2$

——材料常数 $\qquad c_\text{th} = 0.27 \times 10^{-18}\text{m}^4/(\text{A}^2 \cdot \text{s})$

导线在温度 -20℃ 的静态拉力 $\quad F_{\text{st},-20} = 400\text{N}$

导线在温度 60℃ 的静态拉力 $\qquad F_{\text{st},60} = 273\text{N}$

导线重力加速度值 $\qquad\qquad g = 9.81\text{m/s}^2$

（2）短路电流的电磁力和特性参数：

1）短路电流的电磁力 F' 为

$$F' = \frac{0.75 \mu_0 I_\text{k}''^2 l_\text{c}}{2\pi a l}$$

$$= \frac{0.75 \times 4\pi \times 10^{-7} \times (19 \times 10^3)^2}{2\pi \times 2} \times 1.0$$

$$= 27.1(\text{N/m})$$

$$a = \frac{a_1 + a_2}{2} = \frac{1.6 + 2.4}{2}$$

$$= 2(\text{m})$$

$$\frac{l_\text{c}}{l} = 1.0$$

2）特性参数的计算：

a. 电磁力与重力的比值 r 为

$$r = \frac{F'}{n m_\text{s}' g} = \frac{27.1}{1 \times 0.670 \times 9.81}$$

$$= 4.12$$

b. 合力的方向 δ_1 为

$$\delta_1 = \arctan r = \arctan 4.12$$

$$= 76.4°$$

c. 跨距中点的等效静态导线垂度 f_es 为

$$f_{\text{es},-20} = \frac{n m_\text{s}' g l^2}{8 F_{\text{st},-20}} = \frac{1 \times 0.670 \times 9.81 \times 11.5^2}{8 \times 400}$$

$$= 0.272(\text{m})$$

$$f_{\text{es},60} = \frac{n m_\text{s}' g l^2}{8 F_{\text{st},60}} = \frac{1 \times 0.670 \times 9.81 \times 11.5^2}{8 \times 273}$$

$$= 0.398(\text{m})$$

d. 导线的摆动时间 T 为

$$T_{-20} = 2\pi \sqrt{0.8 \frac{f_{\mathrm{es},-20}}{g}} = 2\pi \sqrt{0.8 \times \frac{0.272}{9.81}}$$

$$= 0.936(\mathrm{s})$$

$$T_{60} = 2\pi \sqrt{0.8 \frac{f_{\mathrm{es},60}}{g}} = 2\pi \sqrt{0.8 \times \frac{0.398}{9.81}}$$

$$= 1.132(\mathrm{s})$$

e. 导体摆动的合成周期 T_{res} 为

$$T_{\mathrm{res},-20} = \frac{T_{-20}}{\sqrt[4]{1+r^2}\left[1-\frac{\pi^2}{64}\left(\frac{\delta_1}{90°}\right)^2\right]} = \frac{0.936}{\sqrt[4]{1+4.12^2}\left[1-\frac{\pi^2}{64}\left(\frac{76.4}{90°}\right)^2\right]}$$

$$= 0.511(\mathrm{s})$$

$$T_{\mathrm{res},60} = \frac{T_{60}}{\sqrt[4]{1+r^2}\left[1-\frac{\pi^2}{64}\left(\frac{\delta_1}{90°}\right)^2\right]} = \frac{1.132}{\sqrt[4]{1+4.12^2}\left[1-\frac{\pi^2}{64}\left(\frac{76.4°}{90°}\right)^2\right]}$$

$$= 0.618(\mathrm{s})$$

f. 实际的杨氏模量 E_{eff} 为

由于 $\dfrac{F_{\mathrm{st},-20}}{nA_{\mathrm{s}}} = \dfrac{400}{1 \times 242 \times 10^{-6}} \mathrm{N/m^2} = 1.65 \times 10^6 \mathrm{N/m^2} < \sigma_{\mathrm{fin}} = 5.0 \times 10^7 \mathrm{N/m^2}$

$$E_{\mathrm{eff},-20} = E\left[0.3+0.7\sin\left(\frac{F_{\mathrm{st},-20}}{nA_{\mathrm{s}}\sigma_{\mathrm{fin}}} \times 90°\right)\right] = 55 \times 10^9\left[0.3+0.7\sin\left(\frac{1.65 \times 10^6}{5.0 \times 10^7} \times 90°\right)\right]$$

$$= 1.85 \times 10^{10} \ (\mathrm{N/m^2})$$

由于 $\dfrac{F_{\mathrm{st},60}}{nA_{\mathrm{s}}} = \dfrac{273}{1 \times 242 \times 10^{-6}} \mathrm{N/m^2} = 1.13 \times 10^6 \mathrm{N/m^2} < \sigma_{\mathrm{fin}} = 5.0 \times 10^7 \mathrm{N/m^2}$

$$E_{\mathrm{eff},60} = E\left[0.3+0.7\sin\left(\frac{F_{\mathrm{st},60}}{nA_{\mathrm{s}}\sigma_{\mathrm{fin}}} \times 90°\right)\right] = 55 \times 10^9\left[0.3+0.7\sin\left(\frac{1.13 \times 10^6}{5.0 \times 10^7} \times 90°\right)\right]$$

$$= 1.79 \times 10^{10} (\mathrm{N/m})^2$$

计算结果表明，导线在温度 $-20\,℃$ 时实际杨氏模量为最大值 $E_{\mathrm{eff},-20} = 1.85 \times 10^{10} \mathrm{N/m^2}$，该值小于材料给出的杨氏模量值 $E = 5.5 \times 10^{10} \mathrm{N/m^2}$。

g. 抗挠性标准 N 为

$$N_{-20} = \frac{1}{Sl} + \frac{1}{nE_{\mathrm{eff},-20}A_{\mathrm{s}}} = \frac{1}{1.0 \times 10^5 \times 11.5} + \frac{1}{1 \times 1.85 \times 10^{10} \times 242 \times 10^{-6}}$$

$$= 1.093 \times 10^{-6}(1/\mathrm{N})$$

$$N_{60} = \frac{1}{Sl} + \frac{1}{nE_{\mathrm{eff},60}A_{\mathrm{s}}} = \frac{1}{1.0 \times 10^5 \times 11.5} + \frac{1}{1 \times 1.79 \times 10^{10} \times 242 \times 10^{-6}}$$

$$= 1.10 \times 10^{-6}(1/\mathrm{N})$$

h. 导线的应力系数 ζ 为

$$\zeta_{-20} = \frac{(ngm'_{\mathrm{s}}l)^2}{24F_{\mathrm{st},-20}^3 N_{-20}} = \frac{(1 \times 9.81 \times 0.67 \times 11.5)^2}{24 \times 400^3 \times 1.093 \times 10^{-6}}$$

$$= 3.40$$

$$\zeta_{60} = \frac{(ngm'_{\mathrm{s}}l)^2}{24F_{\mathrm{st},60}^3 N_{60}} = \frac{(1 \times 9.81 \times 0.67 \times 11.5)^2}{24 \times 273^3 \times 1.10 \times 10^{-6}}$$

$$= 10.6$$

i. 软导线摆动的角度 δ_{end}：

由于 $\dfrac{T_{k1}}{T_{res,-20}} = \dfrac{0.3}{0.511} = 0.587 > 0.5$，

$$\delta_{end,-20} = 2\delta_1 = 2 \times 76.4°$$
$$= 153°$$

由于 $\dfrac{T_{k1}}{T_{res,60}} = \dfrac{0.3}{0.618} = 0.485 < 0.5$，

$$\delta_{end,60} = \delta_1 \left[1 - \cos\left(360° \frac{T_{k1}}{T_{res,60}}\right)\right] = 76.4° \left[1 - \cos\left(360° \times \frac{0.3}{0.618}\right)\right]$$
$$= 152.5°$$

j. 导线摆动的最大角度 δ_{max}：

由于 $\delta_{end,-20} = 153° > 90°$，$\delta_{end,60} = 152.5° > 90°$，$\chi_{-20} = \chi_{60} = 1 - r = 1 - 4.12 = -3.12$。
当 $\chi < -0.985$ 时，

$$\delta_{max,-20} = 180°$$
$$\delta_{max,60} = 180°$$

k. 软导线的拉力系数 φ、ψ 为

由于 $\dfrac{T_{res,-20}}{4} = \dfrac{0.511}{4}s = 0.128s$，$\dfrac{T_{res,60}}{4} = \dfrac{0.618}{4}s = 0.155s$，均小于 $T_{k1} = 0.3s$，因此

$$\varphi_{-20} = \varphi_{60} = 3(\sqrt{1+r^2} - 1) = 3 \times (\sqrt{1+4.12^2} - 1)$$
$$= 9.72$$

根据 $\varphi_{-20} = 9.72$，$\zeta_{-20} = 3.40$ 和 $\varphi_{60} = 9.72$，$\zeta_{60} = 10.60$，由图 5.5-3 查得：

$$\psi_{-20} = 0.58$$
$$\psi_{60} = 0.75$$

l. 软导线的弹性膨胀系数 ε_{ela} 为

$$\varepsilon_{ela} = N_{60}(F_{t,d60} - F_{st,60}) = 1.10 \times 10^{-6} \times (2263 - 273)$$
$$= 2.19 \times 10^{-3}$$

m. 软导线的热膨胀系数 ε_{th}：

由于 $T_{k1} = 0.3s$，$\dfrac{T_{res,60}}{4} = \dfrac{0.618}{4}s = 0.155s$，符合 $T_{k1} \geqslant T_{res,60}/4$ 条件，

$$\varepsilon_{th} = c_{th}\left(\frac{I_k''}{nA_s}\right)^2 T_{res,60}/4 = 0.27 \times 10^{-18} \times \left(\frac{19 \times 10^3}{1 \times 242 \times 10^{-6}}\right)^2 \times \frac{0.618}{4}$$
$$= 2.57 \times 10^{-4}$$

n. 波形系数 C_F：

由于 $r = 4.12 > 1.8$，取 $C_F = 1.15$。

o. 膨胀系数 C_D 为

$$C_D = \sqrt{1 + \frac{3}{8}\left(\frac{l}{f_{es,60}}\right)^2 (\varepsilon_{ela} + \varepsilon_{th})}$$

$$= \sqrt{1 + \frac{3}{8}\left(\frac{11.5}{0.398}\right)^2 \times (2.19 \times 10^{-3} + 2.57 \times 10^{-4})}$$

$$= 1.33$$

(3) 短路时导线的摆动力 $F_{t,d}$。其计算公式为

$$F_{t,d-20} = F_{st,-20}(1 + \varphi_{-20}\psi_{-20}) = 400 \times (1 + 9.72 \times 0.58)$$
$$= 2655(N)$$
$$= 2.66(kN)$$
$$F_{t,d60} = F_{st,60}(1 + \varphi_{60}\psi_{60}) = 273 \times (1 + 9.72 \times 0.75)$$
$$= 2263(N)$$
$$= 2.26(kN)$$

比较看出,导线最大的摆动力在温度−20℃时。

(4) 短路后导线的回落力 $F_{f,d}$。

由于符合 $r = 4.12 > 0.6$ 以及 $\delta_{max,-20} = \delta_{max,60} = 180° > 70°$ 条件,

$$F_{f,d-20} = 1.2F_{st,-20}\sqrt{1 + 8\zeta_{-20}\frac{\delta_{max}}{180°}}$$
$$= 1.2 \times 400\sqrt{1 + 8 \times 3.40 \times \frac{180°}{180°}}$$
$$= 2549(N)$$
$$= 2.55(kN)$$
$$F_{f,d60} = 1.2F_{st,60}\sqrt{1 + 8\zeta_{60}\frac{\delta_{max}}{180°}} = 1.2 \times 273\sqrt{1 + 8 \times 10.6 \times \frac{180°}{180°}}$$
$$= 3035(N)$$
$$= 3.04(kN)$$

比较看出,导线最大的回落力出现在温度 60℃时。

(5) 导线的动态垂度 f_{ed}。其计算公式为

$$f_{ed} = C_F C_D f_{es,60} = 1.15 \times 1.33 \times 0.398$$
$$= 0.61(m)$$

(6) 跨线的最大水平位移 b_h 和最小空气间距 a_{min}。

1) 最大水平位移 b_h 为

由于 $\delta_{max,60} = 180° \geqslant 90°$, $b_h = f_{ed} = 0.61(m)$

2) 最小空气间距 a_{min} 为

$$a_{min} = a - 2b_h = 2 - 2 \times 0.61$$
$$= 0.78(m)$$

(7) 计算结果。

1) 计算结果 $E_{eff,-20} < E$,表明导线的实际应力和相对变形在允许的范围内。

2) 支柱绝缘子应能承受短路时的动态弯曲作用力,这个力应选择 $f_{t,d}$、$f_{f,d}$ 中最大值,即导线的回落力 3.04kN。

3) 支柱绝缘子底座的支撑构件,在短路时还应承受一个动态弯曲作用力,这个力是导线的回落力 3.04kN。

4) 短路时跨距内导线的最大摆动力为 2.66kN。

5) 短路时跨距内导线的最大水平位移为 0.61m,导线之间的最小空气间距为 0.78m。

6）软导线的连接器受力应按 $1.5f_{t,d}$ 或 $1.0f_{f,d}$ 中的最大值选择，即 $1.5f_{t,d}=3.99\text{kN}$。

5.5.1.5 硬导体的应力计算

硬导体的应力计算的条件是，导体必须以一种可以忽略轴向力的方式来固定，在这种假设的前提下，对导体起作用的力都是弯曲力。

硬导体的支撑有多种方式，可以是固定式、简支式或二者混合式。在短路电流相同的条件下，导体的应力和作用到支架上的力，随着支撑方式和支架数量的不同而不同。

硬导体的应力和支架上受到的作用力，还与导体的自然频率有关。

（1）主导体之间的力产生的弯曲应力为

$$\sigma_{m,d}=\frac{V_{\sigma m}V_{rm}\beta F_m l}{8W_m} \tag{5.5-44}$$

式中　$\sigma_{m,d}$——主导体之间的力产生的弯曲应力，N/m^2；

　　　$V_{\sigma m}$——主导体动态应力和静态应力的比值；

　　　V_{rm}——有三相自动重合闸的主导体应力和没有三相自动重合闸的主导体应力的比值；

　　　β——与支架的类型和数量有关的系数，见表5.5-3；

　　　F_m——短路时作用在主导体的最大受力，三相短路时采用 F_{m3}，两相短路时采用 F_{m2}，N；

　　　l——主导体支架的中心线距离，m；

　　　W_m——主导体截面模量，应相对主导体力的方向来计算，m^3，见表5.5-4。

表 5.5-3　　　　　　　　　　　母线不同支撑配置的系数 α、β、γ

梁与支撑类型			α	β^*	γ
单跨梁	A 与 B：简式支撑		A：0.5 B：0.5	1.0	1.57
	A：固定支撑 B：简式支撑		A：0.625 B：0.375	$\frac{8}{11}=0.73$	2.45
	A 与 B：固定支撑		A：0.5 B：0.5	$\frac{8}{16}=0.5$	3.56
带等距离简式支撑的连续梁	双跨		A：0.375 B：1.25	$\frac{8}{11}=0.73$	2.45
	三跨或多跨		A：0.4 B：1.1	$\frac{8}{11}=0.73$	3.56

* 包括塑性效应。

表 5.5-4　　　　两个相邻支架之间的带有加劲元件的主导线的截面模量 W_m　　　　　m³

矩形截面	W_m	矩形截面	W_m
F_m　c_s　b_s　c_s	$0.867c_s^2 b_s$	F_m　c_s　b_s　c_s	$3.48c_s^2 b_s$
F_m　c_s　b_s　c_s	$1.98c_s^2 b_s$	F_m　c_s　b_s　c_s	$1.73c_s^2 b_s$

注　黑色显示为加强件。

（2）子导体之间的力产生的弯曲应力为

$$\sigma_{s,d} = \frac{V_{\sigma s} V_{rs} F_s l_s}{16 W_s} \tag{5.5-45}$$

式中　$\sigma_{s,d}$——子导体之间的力产生的弯曲应力，N/m²；

　　　$V_{\sigma s}$——子导体动态应力和静态应力的比值；

　　　V_{rs}——有三相自动重合闸的子导体应力和没有三相自动重合闸的子导体应力的比值；

　　　F_s——短路时作用在子导体的最大受力，N；

　　　W_s——子导体截面模量，应相对子导体力的方向来计算，m³，见表 5.5-4；

　　　l_s——连接件之间或连接件与支架之间的中心线距离，m，l、l_s 见图 5.5-9。

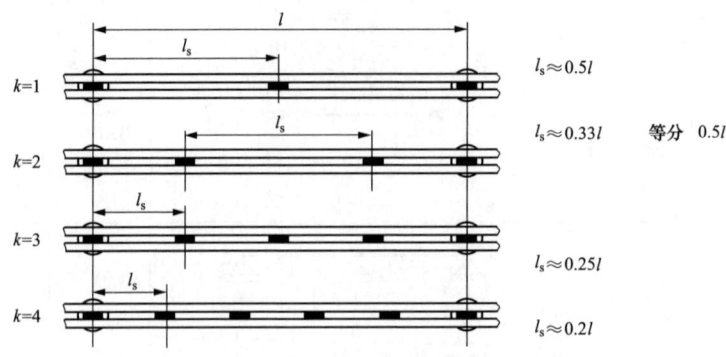

图 5.5-9　在跨度内连接的元件的布置

上述式中 $V_{\sigma m}$、$V_{\sigma s}$、V_{rm}、V_{rs} 是把动力学现象考虑进去的系数，见表 5.5-5，其中，V_{rm}、V_{rs} 在没有三相自动重合闸时均等于 1。

表 5.5-5 　　　　　　　　　　　$V_{\sigma m} V_{rm}$、$V_{\sigma s} V_{rs}$、$V_F V_{rm}$ 的最大可能值

短路电流类型	系 统			
	不带三相自动重合闸	带三相自动重合闸		带与不带三相自动重合闸
	$V_{\sigma m} V_{rm}$、$V_{\sigma s} V_{rs}$	$V_{\sigma m} V_{rm}$、$V_{\sigma s} V_{rs}$		$V_F V_{rm}$
		第一次电流	第二次电流	
线间	1.0	1.0	1.8	2.0　　　$\dfrac{\sigma_{tot,d}}{0.8 f_y} \leqslant 0.5$　范围 1 $\dfrac{0.8 f_y}{\sigma_{tot,d}}$　　$0.5 < \dfrac{\sigma_{tot,d}}{0.8 f_y} < 1.0$　　2 1.0　　$1.0 \leqslant \dfrac{\sigma_{tot,d}}{0.8 f_y}$　　3
三相	1.0	1.0	1.8	2.7　　　$\dfrac{\sigma_{tot,d}}{0.8 f_y} \leqslant 0.37$　范围 1 $\dfrac{0.8 f_y}{\sigma_{tot,d}}$　　$0.37 < \dfrac{\sigma_{tot,d}}{0.8 f_y} < 1.0$　　2 1.0　　$1.0 \leqslant \dfrac{\sigma_{tot,d}}{0.8 f_y}$　　3

（3）导体总的弯曲应力为

$$\sigma_{tot,d} = \sigma_{m,d} + \sigma_{s,d} \qquad (5.5\text{-}46)$$

式中　$\sigma_{tot,d}$——导体总的弯曲应力，N/m^2；

　　　$\sigma_{m,d}$——主导体之间的力产生的弯曲应力，N/m^2；

　　　$\sigma_{s,d}$——子导体之间的力产生的弯曲应力，N/m^2。

由矩形截面子导体组成的主导体，其子导体片间距离与导体片的厚度相等时，截面模量见表 5.5-4，由 U 形或 I 形截面组成的主导体，截面模量采用 0—0 中心线的截面模量的 50%。

导体的弯曲应力和随之产生的机械耐受力，取决于导体的截面模量，还与导体受力方向及导体间加件的数量有关。

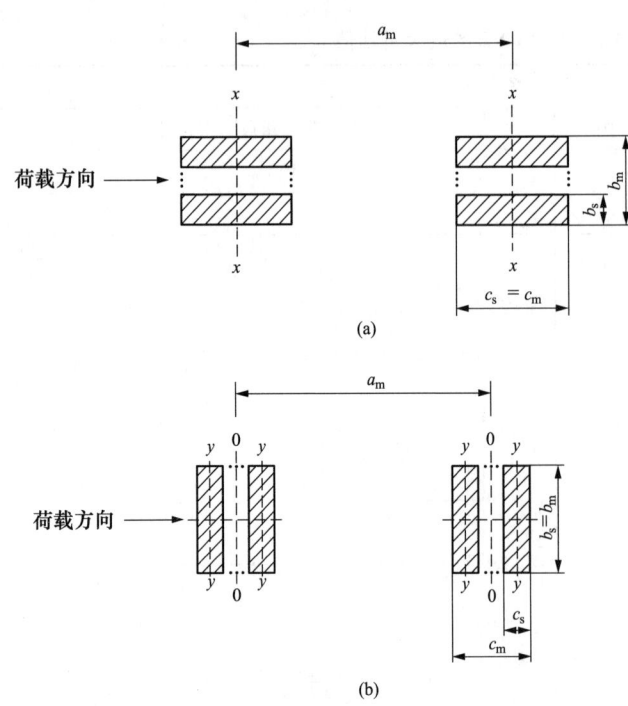

图 5.5-10　多导体布置的加载方向和弯曲的中心线

(a) 沿表面加载；(b) 垂直于表面加载

在图 5.5-10（a）中应力方向与导体表面平行时，截面模量与连接元件的数量无关。主导体的截面模量 W_m 等于子导体相对于 x-x 轴线的截面模量 W_s 的总和，这时，矩形截面导体的可塑性系数 $q=1.5$，U 形和 I 形截面导体的可塑性系数 $q=1.19$。

在图 5.5-10（b）中应力方向与导体表面垂直时，在导体支撑距离内只有一个或没有加强元件，主导体的截面模量 W_m 等于子导体相对于 y-y 轴线的截面模量 W_s 的总和。这时，矩形截面导体的可塑性系数 $q=1.5$，U 形和 I 形截面导体的可塑性系数 $q=1.83$。

对于导体支撑件的不均匀跨度，可以假设各处都按照最大跨度来处理，以获得足够的精确度。

这包括：①末端支架受到的应力小于接近中心部位支架的应力；②要避免出现比相邻跨度短 20％的跨度，如不能满足此要求，其导体与支座的连接应采用柔性连接，在一个跨度内有柔性连接，该跨度的长度应小于临近跨度长度的 70％。

如果不明确导体采用支撑式还是固定式安装时，应按照最坏的情况考虑。

（4）硬导体的允许应力。

1）单根硬导体承受短路电流产生的电动力，硬导体的允许应力应满足

$$\sigma_{m,d} \leqslant q f_y \qquad (5.5\text{-}47)$$

式中　$\sigma_{m,d}$——主导体间计算的允许弯曲应力，N/m^2；

q——可塑性系数，见表 5.5-6；

f_y——材料的屈服点的应力，N/m^2；由导体的材料给出。

表 5.5-6　　　　　　　　　　　　　可塑性系数 q 最高允许值

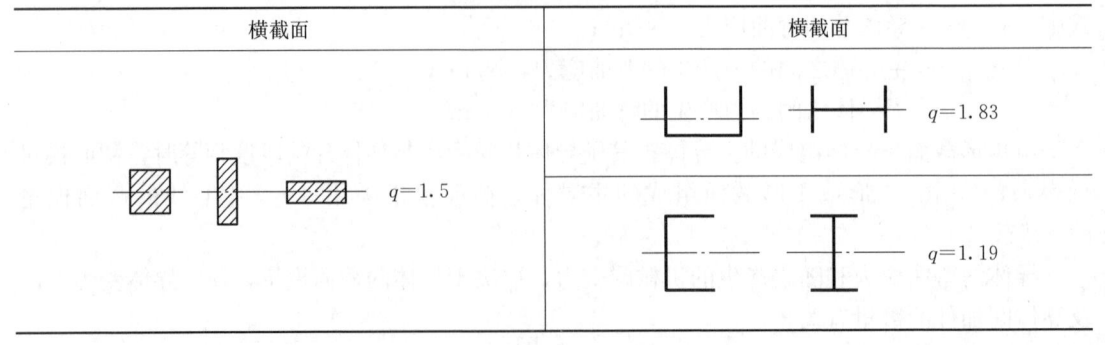

横截面	横截面

$q=1.7$

$q=1.7\dfrac{1-(1-2td)^3}{1-(1-2td)^4}$

$q=1.5\dfrac{1-(1-2td)^3}{1-(1-2td)^4}$

注 q 对点线的弯曲轴是有效的，作用力垂直于它。

2）主导体由两根或多根子导体构成时，导体中的总应力应满足

$$\sigma_{tot,d}=\sigma_{m,d}+\sigma_{s,d} \tag{5.5-48}$$

$$\sigma_{tot,d}\leqslant qf_y$$

式中　$\sigma_{tot,d}$——主导体由两根或多根子导体构成时的总应力，N/m^2；

　　　$\sigma_{m,d}$——主导体间计算的允许弯曲应力，N/m^2；

　　　$\sigma_{s,d}$——子导体之间的力产生的弯曲应力，N/m^2；

　　　q——可塑性系数，见表 5.5-6；

　　　f_y——材料的屈服点的应力，N/m^2，由导体的材料给出。

3）确认短路电流产生的电动力与子导体之间距离没有太大影响时，可采用式（5.5-49）计算

$$\sigma_{s,d}\leqslant f_y \tag{5.5-49}$$

式中　$\sigma_{s,d}$——子导体之间的力产生的弯曲应力，N/m^2；

　　　f_y——材料的屈服点的应力，N/m^2。

当 $\sigma_{m,d}=qf_y$ 和 $\sigma_{tot,d}=qf_y$ 时，主导体会出现微小的永久变形，这种变形大约为两个支架之间距离的 1%，只要主导体之间的间距或主导体与接地的构架之间的间距不会因这一变形而违反要求，是不会危及安全运行的。

对于主导体材料的屈服点的应力 f_y，标准通常给出最小值和最大值的范围。如果只有这种极限值而没有实际的测量值，则应采用给出 f_y 的最小值，而导体应力计算的参数可取表 5.5-5 中的最大值。

5.5.1.6　硬导体支架的受力计算

硬导体支架的受力是指绝缘子顶部受到的弯曲力，这个力不应大于支架和绝缘子制造厂家给出的规定值。

支架的受力可按式（5.5-50）计算

$$F_{r,d}=V_F V_{rm}\alpha F_m \tag{5.5-50}$$

式中　$F_{r,d}$——硬导体支架的计算最大受力，N；

　　　F_m——短路时主导体间的最大受力，N；

V_F——作用在支架上的动态力与静态力之比,可选取表 5.5-5 中的最大值;

V_{rm}——三相自动重合闸装置不成功合闸与成功合闸在主导体产生的应力之比,可选取表 5.5-5 中的最大值;

α——支架的系数,可由表 5.5-3 查得。

主导体间的最大受力 F_m,在系统为三相短路时应采用 F_{m3},为两线间短路时应采用 F_{m2}。

5.5.1.7 自动重合闸装置的影响

系统有无自动重合闸装置,对导体的应力和支架的受力有直接的影响。$V_{\sigma m}$、$V_{\sigma s}$、V_{rm}、V_{rs} 是与自动重合闸装置相关的系数。在带有三相自动重合闸装置的系统中的刚性导体,在第一次与第二次短路电流流动期间存在不同的机械应力,因此会在支架上产生不同的力。

在计算导体应力和支架的受力时,对于第一次短路电流持续期间与第二次短路电流持续期间的系数 $V_{\sigma m}$、$V_{\sigma s}$、V_{rm}、V_{rs} 值不同,V_F 和 V_{rm} 值也不同,可在表 5.5-5 中查出。支架的受力 $F_{r,d}$ 应按照两次短路电流持续期间系数 V_F 和 V_{rm} 的最大值计算。

5.5.1.8 硬导体自然频率的计算

硬导体的应力和支架上受到的作用力,还与导体的固有自然频率有关。当导体的自然频率与电力系统工作频率出现谐振或接近谐振时,应力和作用力有可能被放大。

(1)单根导体的固有自然频率 f_{cm} 为

$$f_{cm} = \frac{\gamma}{l^2}\sqrt{\frac{EJ_m}{m'_m}} \tag{5.5-51}$$

式中 f_{cm}——导体的固有自然频率,Hz;

  γ——估算相关自然频率的系数,见表 5.5-3;

  E——杨氏模量,由导体材料确定,N/m²;

  J_m——导体面积的二次矩,m⁴;

  m'_m——单位长度导体的质量,kg/m;

  l——主导体支架的中心线距离,m。

(2)由矩形截面子导体构成的主导体的自然频率 f_{cm} 为

$$f_{cm} = e\frac{\gamma}{l^2}\sqrt{\frac{EJ_s}{m'_s}} \tag{5.5-52}$$

式中 f_{cm}——由矩形截面子导体构成的主导体的自然频率,Hz;

  e——在连接元件影响下的系数,见图 5.5-11,在没有连接元件时 $e=1$;

  γ——估算相关自然频率的系数;

  E——杨氏模量,N/m²,由导体材料确定;

  J_s——子导体面积的二次矩,m⁴;

  m'_s——单位长度子导体的质量,kg/m;

  l——主导体支架的中心线距离,m。

对于由一根 U 形或 I 形截面子导体构成的主导体,其自然频率 f_{cm} 可按式 (5.5-51)

计算。

（3）子导体的自然频率 f_{cs} 为

$$f_{cs} = \frac{3.56}{l_s^2} \sqrt{\frac{EJ_s}{m_s'}} \qquad (5.5\text{-}53)$$

式中　f_{cs}——子导体的自然频率，Hz；

　　　　E——杨氏模量，由导体材料确定，N/m²；

　　　　J_s——子导体面积的二次矩，m⁴；

　　　　l_s——连接件之间或连接件与支架之间的中心线距离，m；

　　　　m_s'——单位长度子导体的质量，kg/m。

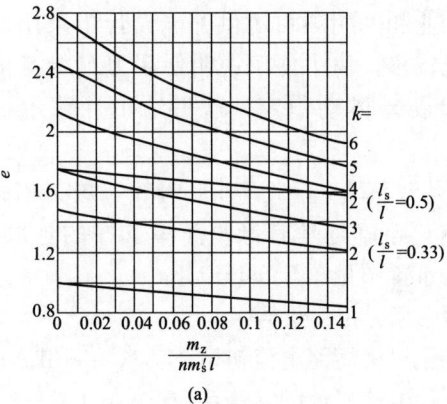
(a)

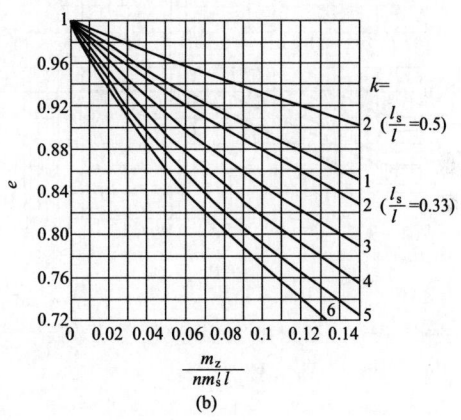
(b)

系数 e 应按图 5.5-11（a）或图 5.5-11（b）查取：

	在一个跨度内有（见图 5.5-9）	
	k 个加强件	k 个间隔器
摆动方向垂直于表面 ← ▏▎▏▕ →	图 5.5-11（a）的系数 e	图 5.5-11（b）的系数 e
摆动方向沿着表面 ← ▤▤▤ →	图 5.5-11（b）的系数 e	图 5.5-11（b）的系数 e

图 5.5-11　在连接元件影响下的系数 e

（a）连接元件为加强元件；（b）连接元件为间隔器

注：m_z 为一套连接元件的总质量，kg/m。n 为子导体数量。

（4）系数 V_F、$V_{\sigma m}$、$V_{\sigma s}$、V_m 和 V_{rs}。V_F、$V_{\sigma m}$、$V_{\sigma s}$、V_m 和 V_{rs} 是与频率有关的系数，是主导体固有自然频率 f_{cm}/f 或子导体自然频率 f_{cs}/f 比值的函数（f 是电力系统频率）。计算三相短路或线间短路时，两种短路方式算出的上述系数值略有不同，同时还与导体的机械阻尼有关。实际计算时系数 V_F、$V_{\sigma m}$、$V_{\sigma s}$ 值可由图 5.5-12 查出。对于有三相自动重合闸时，系数 V_m 和 V_{rs} 值可由图 5.5-13 查出，在其他情况下 $V_m = 1$，$V_{rs} = 1$。

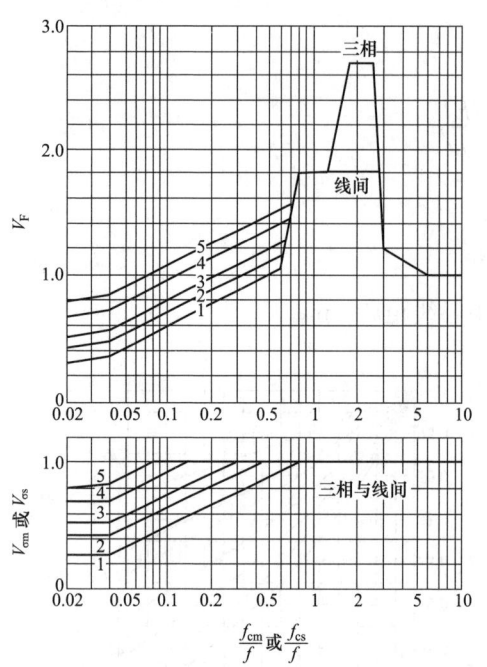

图 5.5-12 三相和线间短路使用的系数
V_F、$V_{\sigma m}$ 与 $V_{\sigma s}$

$1-\kappa \geqslant 1.60$；$2-\kappa=1.40$；$3-\kappa=1.25$；
$4-\kappa=1.10$；$5-\kappa=1.00$

注：κ 为短路电流峰值计算系数，见 4 章。

跨数 $\geqslant 3$；
支撑件的距离 $l=1\text{m}$；
导线间的中心线距离 $a=0.2\text{m}$；

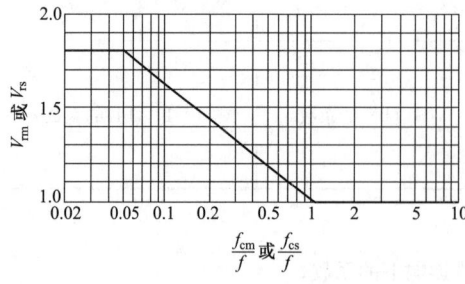

图 5.5-13 三相自动重合闸使用的系数 V_{rm} 与 V_{rs}

Al-Mg-Si 0.5 矩形导线
——尺寸 $b=60\text{mm}$
                 $d=10\text{mm}$；
——单位长度上的质量 $m'_m=1.62\text{kg/m}$；
——杨氏模量 $E=70\,000\text{N/mm}^2$；
——对应于屈服点范围 $f_y=120\sim180\text{N/mm}^2$。

需要注意的是：

1) 在第一次短路电流持续时间 $T_{k1}\leqslant0.1s$、$f_{cm}/f\leqslant1$ 时，会在导体的结构中产生一个相当可观的应力降低；

2) 对于弹性支撑，相关的自然频率低于按照式（5.5-51）的计算值，且 $f_{cm}/f>2.4$，使用图 5.5-12 时应注意。

5.5.1.9 采用 IEC 标准的方法校验硬导体动稳定的计算示例

工业和民用项目的供配电设计中采用母线的情况较多，为了便于说明使用 IEC 标准的方法校验硬导体动稳定，这里给出计算示例供参考。

【例 5.5-2】 三相 10kV 母线，每一相有一根导体。导体是具有等距简单支撑的连续梁。母线的布置图见图 5.5-14。

解 （1）相关数据：
三相对称短路电流初始值 $I''_k=16\text{kA}$；
短路电流峰值的计算系数 $\kappa=1.35$；
系统频率 $f=50\text{Hz}$；
无自动重合闸；

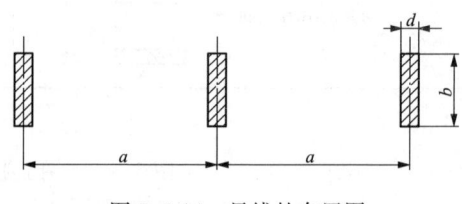

图 5.5-14 母线的布置图

（2）中心主导线上的最大作用力为

$$F_{m3} = \frac{\sqrt{3}}{2} \frac{\mu_0}{2\pi} i_p^2 \frac{1}{a_m}$$

$$= \frac{\sqrt{3} \times 4\pi \times 10^{-7} \times 30.6^2 \times 10^6 \times 1.0}{4\pi \times 0.202}$$

$$= 803(N)$$

其中　$i_p = \sqrt{2}\kappa I_k'' = \sqrt{2} \times 1.35 \times 16A = 30.6kA = 30.6 \times 10^3 A$；

$a_m = \dfrac{a}{k_{12}} = \dfrac{0.2}{0.99} = 0.202$（m）；

$\mu_0 = 4\pi \times 10^{-7}$（H/m）。

根据图 5.5-14 所示，$\dfrac{b}{d} = \dfrac{60}{10} = 6$、$\dfrac{a}{d} = \dfrac{200}{10} = 20$、$a_{1s} = a$，由图 5.5-1 查得 $k_{1s} = 0.99$。

（3）用简化法计算导体的应力和对支撑件作用力。在不考虑导体固有自然频率的情况下，导体的应力和对支撑件作用力可以采用简化法计算。

1）导体的弯曲应力为

$$\sigma_{m,d} = \frac{V_{\sigma m} V_{rm} \beta F_{m3} l}{8W_m}$$

$$= \frac{1.0 \times 1.0 \times 0.73 \times 803 \times 1.0}{8 \times 10^{-6}}$$

$$= 73.3 \times 10^6 (N/m^2)$$

$$= 73.3 (N/mm^2)$$

式中　$V_{\sigma m}$、V_{rm}——查表 5.5-5，$V_{\sigma m} = 1.0$、$V_{rm} = 1.0$；

β——查表 5.5-3，$\beta = 0.73$；

W_m——根 据 $J_m = \dfrac{bd^3}{12} = \dfrac{0.06 \times 0.01^3}{12}$ m^4 $= 0.5 \times 10^{-8}$ m^4，$W_m = \dfrac{J_m}{0.5d} =$

$\dfrac{0.5 \times 10^{-8}}{0.005}$ m$^3 = 1.0 \times 10^{-6}$ m^3；

式中其他参数见前面的计算。

2）导体弯曲应力的校验。

计算导体的弯曲应力应小于母线能够承受的作用力，即满足

$$\sigma_{m,d} \leqslant q f_y$$

式中　q——由表 5.5-6 查得，$q = 1.5$；

f_y——$f_y = 120N/mm^2$（取导体材料屈服点应力的下限值）。

$$\sigma_{m,d} = 73.3 N/mm^2 \leqslant 1.5 \times 120 N/mm^2 = 180 N/mm^2$$

校验计算结果表明，在发生短路时导体的弯曲应力能够满足动稳定的要求。

3）对支撑件的作用力为

$$F_{r,d} = V_F V_{rm} \alpha F_{m3}$$

式中　$V_F V_{rm}$——计算 $\dfrac{\sigma_{m,d}}{0.8 f_y} = \dfrac{73.3}{0.8 \times 180} = 0.509$，该值大于 0.37，小于 1，$V_F V_{rm}$ 可由表

5.5-5 查得 $V_F V_{rm} = 1.97$；

　　　　f_y——$f_y = 180 \text{N/mm}^2$（取导体材料屈服点应力的上限值）；

式中其他参数见前面的计算。

$V_F V_{rm}$ 计算公式为

$$V_F V_{rm} = \frac{0.8 f_y}{\sigma_{m,d}} = 1.97$$

对于外侧支撑件 A 受到的作用力为

$$F_{r,d} = 1.97 \times 0.4 \times 803 = 633 (\text{N})$$

对于内侧支撑件 B 受到的作用力为

$$F_{r,d} = 1.97 \times 1.1 \times 803 = 1740 (\text{N})$$

其中，系数 $\alpha_A = 0.4$、$\alpha_B = 1.1$，由表 5.5-3 查得。

对于支撑件的作用力不应大于支架和绝缘子制造厂家给出的规定值。

（4）用详细法计算导体的应力和对支撑件作用力。需要考虑导体固有自然频率对导体应力和支撑件作用力的影响时，应采用详细法计算。

1）导体的自然频率为

$$\begin{aligned} f_{cm} &= \frac{\gamma}{l^2} \sqrt{\frac{E J_m}{m'_m}} \\ &= \frac{3.56}{1.0^2} \sqrt{\frac{7 \times 10^{10} \times 0.5 \times 10^{-8}}{1.62}} \\ &= 52.3 \text{Hz} \end{aligned}$$

式中　γ——查表 5.5-3，$\gamma = 3.56$；

根据 $\dfrac{f_{cm}}{f} = 1.05$，由图 5.5-12 查得，$V_F = 1.8$、$V_{\sigma m} = 1.0$，$V_{rm} = 1.0$；式中其他参数见前面的计算。

2）导线的弯曲应力为

$$\begin{aligned} \sigma_{m,d} &= V_{\sigma m} V_{rm} \beta \frac{F_{m3} l}{8 W_m} \\ &= 1.0 \times 1.0 \times 0.73 \frac{803 \times 1.00}{8 \times 1.0 \times 10^{-6}} \\ &= 73.3 \times 10^6 (\text{N/m}^2) \\ &= 73.3 (\text{N/mm}^2) \end{aligned}$$

式中参数见前面的计算。

3）导体弯曲应力的校验。计算导体的弯曲应力应小于母线能够承受的作用力，即满足

$$\sigma_{m,d} \leqslant q f_y$$

式中　q——可由表 5.5-6 查得，$q = 1.5$；

　　　　f_y——$f_y = 120 \text{N/mm}^2$（取导体材料屈服点应力的下限值）。

$$\sigma_{m,d} = 73.3 \text{N/mm}^2 \leqslant 1.5 \times 120 \text{N/mm}^2 = 180 \text{N/mm}^2$$

校验计算结果表明，在发生短路时导体的弯曲应力能够满足动稳定的要求。

4）对支撑件的作用力为

$$F_{r,d} = V_F V_m \alpha F_{m3}$$

根据 $\dfrac{f_{cm}}{f} = 1.05$，查图 5.5-12 得 $V_F = 1.8$、$V_{\sigma m} = 1.0$、$V_m = 1.0$，$V_F V_m = 1.8$。

对于外侧支撑件 A 受到的作用力为

$$F_{r,d} = 1.8 \times 0.4 \times 803 = 578(N)$$

对于内侧支撑件 B 受到的作用力为

$$F_{r,d} = 1.8 \times 1.1 \times 803 = 1590(N)$$

其中，系数 $\alpha_A = 0.4$，$\alpha_B = 1.1$，由表 5.5-3 查得。

对于支撑件的作用力不应大于支架和绝缘子制造厂家给出的规定值。

（5）简化法计算和详细法计算的比较见表 5.5-7。

表 5.5-7　　　　　　采用 IEC 标准的两种计算方法的计算结果的比较

序号	应力及作用力	单位	简化法	详细法
1	导体的计算弯曲应力 $\sigma_{m,d}$	N/mm²	73.3	73.3
2	导体能够承受的弯曲应力 f_y	N/mm²	120～180	120～180
3	外侧支撑件 A 承受的作用力	N	633	578
4	内侧支撑件 B 承受的作用力	N	1740	1590

校验计算结果表明导体和支撑件能够满足短路条件下的动稳定要求。

【例 5.5-3】　三相 10 kV 母线，每一相由三根子导体组成，材质与例 5.5-2 相同。导体是具有等距简式支撑的连续梁。母线的布置见图 5.5-15。

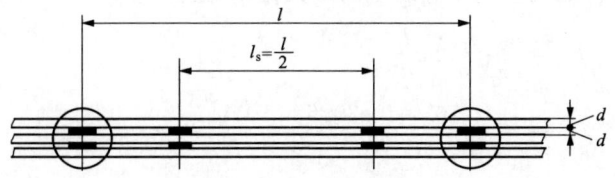

图 5.5-15　母线的布置图

解　（1）相关数据如下：

三相对称短路电流初始值　　　　　　$I_k'' = 16\text{kA}$；

峰值短路电流的计算系数　　　　　　$\kappa = 1.35$；

系统频率　　　　　　　　　　　　　$f = 50\text{Hz}$；

无自动重合闸；

支撑件数量　　　　　　　　　　　　$\geqslant 3$；

支撑件的距离　　　　　　　　　　　$l = 1\text{m}$；

导线间的中心线距离　　　　　　　　$a = 0.2\text{m}$；

Al-Mg-Si 0.5 矩形导线

——子尺寸　　　　　　　　　　　　$b = 60\text{mm}$；

　　　　　　　　　　　　　　　　　$d = 10\text{mm}$；

——子导体数量　　　　　　　　　　$n = 3$；

——子导体作用力方向的尺寸　　$d=10\mathrm{mm}$；

——单位长度上的质量　　$m'_{\mathrm{m}}=1.62\mathrm{kg/m}$；

——杨氏模量　　$E=70\,000\mathrm{N/mm^2}$；

——对应于屈服点　　$f_{\mathrm{y}}=120\sim180\mathrm{N/mm^2}$；

连接件的数量　　$k=2$；

一套连接元件的总质量　　$m_{\mathrm{Z}}=0.097\mathrm{kg}$；

连接件之间的距离　　$l_{\mathrm{s}}=0.5\mathrm{m}$；

Al-Mg-Si 0.5 型连接件的尺寸　　$60\mathrm{mm}\times60\mathrm{mm}\times10\mathrm{mm}$。

（2）中心主导线上的最大作用力为

$$
\begin{aligned}
F_{\mathrm{m3}} &= \frac{\mu_0}{2\pi}\frac{\sqrt{3}}{2}i_{\mathrm{p3}}^2\frac{1}{a_{\mathrm{m}}}\\
&= \frac{4\pi\times10^{-7}}{2\pi}\times\frac{\sqrt{3}}{2}\times(30.6\times10^3)^2\times\frac{1}{0.2}\\
&= 811(\mathrm{N})
\end{aligned}
$$

其中　$i_{\mathrm{p3}}=30.6\mathrm{kA}=30.6\times10^3\mathrm{A}$；

b_{m} 和 d_{m} 的尺寸应根据图 5.5-15 确定，$\frac{b_{\mathrm{m}}}{d_{\mathrm{m}}}=\frac{60}{50}=1.2$。

$\frac{a}{d_{\mathrm{m}}}=\frac{200}{50}=4$、$a_{1\mathrm{s}}=a$，根据图 5.5-1 所示，查得 $k_{12}=1.0$，

主导体的有效距离 $a_{\mathrm{m}}=\frac{a}{k_{12}}=\frac{0.2}{1.0}=0.2(\mathrm{m})$。

（3）两相邻连接件之间外侧子导线上的最大作用力为

$$
\begin{aligned}
F_{\mathrm{s}} &= \frac{\mu_0}{2\pi}\left(\frac{i_{\mathrm{p3}}}{n}\right)^2\frac{l_{\mathrm{s}}}{a_{\mathrm{s}}}\\
&= \frac{4\pi\times10^{-7}}{2\pi}\times\left(\frac{30.6\times10^3}{3}\right)^2\times\frac{0.5}{20.2\times10^{-3}}\\
&= 515(\mathrm{N})
\end{aligned}
$$

式中　a_{s}——$\frac{1}{a_{\mathrm{s}}}=\frac{k_{12}}{a_{12}}+\frac{k_{13}}{a_{13}}=\frac{0.60}{20}+\frac{0.78}{40}=\frac{0.99}{20}=\frac{1}{20.2}$，$a_{\mathrm{s}}=20.2\mathrm{mm}=20.2\times10^{-3}\mathrm{m}$，$a_{\mathrm{s}}$

也可以由表 5.5-1 查得。其中根据 $\frac{a_{12}}{d}=\frac{20}{10}=2$，$\frac{b}{d}=\frac{60}{10}=6$，由图 5.5-1 查

得 $k_{12}=0.6$；$\frac{a_{13}}{d}=\frac{40}{10}=4$，$\frac{b}{d}=\frac{60}{10}=6$，由图 5.5-1 查得 $k_{13}=0.78$。

（4）用简化法计算导体的应力和对支撑件作用力。

1）主导体的弯曲应力为

$$
\begin{aligned}
\sigma_{\mathrm{m,d}} &= V_{\sigma\mathrm{m}}V_{\mathrm{rm}}\beta\frac{F_{\mathrm{m3}}l}{8W_{\mathrm{m}}}\\
&= 1.0\times0.73\times\frac{811\times1.0}{8\times3\times10^{-6}}\\
&= 24.7\times10^6(\mathrm{N/m^2})\\
&= 24.7(\mathrm{N/mm^2})
\end{aligned}
$$

式中 $V_{\sigma m}$、V_{rm}——查表5.5-5得到$V_{\sigma m}=1.0$、$V_{rm}=1.0$；

β——由表5.5-3查得，$\beta=0.73$；

W_m——$W_m=\dfrac{nbd^2}{6}=\dfrac{3\times0.06\times0.01^2}{6}\,\text{m}^3=3\times10^{-6}\,\text{m}^3$。

2）子导体之间的力引起的弯曲应力为

$$\sigma_{s,d}=V_{\sigma s}V_{rs}\frac{F_sl_s}{16W_s}$$
$$=1.0\times\frac{515\times0.5}{16\times1.0\times10^{-6}}$$
$$=16.1\times10^6(\text{N/m}^2)$$
$$=16.1(\text{N/mm}^2)$$

式中 $V_{\sigma s}$、V_{rs}——可由表5.5-5查得，在没有自动重合闸时，$V_{\sigma s}=1.0$、$V_{rs}=1.0$；

W_s——$W_s=\dfrac{bd^2}{6}=\dfrac{0.06\times0.01^2}{6}\,\text{m}^3=1.0\times10^{-6}\,\text{m}^3$；

式中其他参数见前面的计算。

3）母线的总弯曲应力为

$$\sigma_{tot,d}=\sigma_{m,d}+\sigma_{s,d}=24.7+16.1$$
$$=40.8(\text{N/mm}^2)$$

4）导体弯曲应力的校验。计算导体的弯曲应力应小于导体能够承受的作用力，即满足

$$\sigma_{tot,d}\leqslant qf_y$$
$$\sigma_{s,d}\leqslant f_y$$

式中 q——可由表5.5-6查得，$q=1.5$；

f_y——$f_y=120\text{N/mm}^2$（取导体材料屈服点应力的下限值）。

$$\sigma_{tot,d}=40.8\text{N/mm}^2\leqslant1.5\times120\text{N/mm}^2=180\text{N/mm}^2$$
$$\sigma_{s,d}=16.1\text{N/mm}^2\leqslant120\text{N/mm}^2$$

校验计算结果表明，在发生短路时导体总的弯曲应力能够满足动稳定的要求。

5）对支撑件的作用力为

$$F_{r,d}=V_FV_{rm}\alpha F_m$$

式中 V_FV_{rm}——计算$\dfrac{\sigma_{tot,d}}{0.8f_y}=\dfrac{40.8}{0.8\times180}=0.283$，该值小于0.37，由表5.5-5查得$V_FV_{rm}=2.7$；

f_y——$f_y=180\text{N/mm}^2$（取导体材料屈服点应力的上限值）。

对于外侧支撑件A受到的作用力为

$$F_{r,d}=2.7\times0.4\times811=876(\text{N})$$

对于内侧支撑件B受到的作用力为

$$F_{r,d}=2.7\times1.1\times811=2409(\text{N})$$

其中，系数$\alpha_A=0.4$、$\alpha_B=1.1$，由表5.5-3查得。

对于支撑件的作用力应不大于支架和绝缘子制造厂家给出的规定值。

（5）用详细法计算导体的应力和对支撑件的作用力。

1）由矩形截面子导体构成的主导体的固有自然频率为

$$f_{cm} = e\frac{\gamma}{l^2}\sqrt{\frac{EJ_s}{m'_s}}$$

$$= 0.97 \times \frac{3.56}{1.0^2} \times \sqrt{\frac{7 \times 10^{10} \times 0.5 \times 10^{-8}}{1.62}}$$

$$= 50.8(\text{Hz})$$

式中　e——根据 k 取 $2\left(\text{当}\frac{l_s}{l}=0.5\text{时}\right)$，$\frac{m_z}{nm'_s l}=\frac{1.62 \times 0.06 \times 2}{3 \times 1.62 \times 1.0}=0.04$，查图 5.5-11（b）

得 $e=0.97$；

γ——查表 5.5-3 得 $\gamma=3.56$；

J_s——子导体面积的二次矩，$J_s=\frac{bd^3}{12}=0.5 \times 10^{-8}\text{m}^4$；

m'_s——单位长度子导体的质量，$m'_s=1.62\text{kg/m}$；

式中其他参数见前面的计算。

2）子导体的固有自然频率

$$f_{cs} = \frac{3.56}{l_s^2}\sqrt{\frac{EJ_s}{m'_s}}$$

$$= \frac{3.56}{0.5^2}\sqrt{\frac{7 \times 10^{10} \times 0.5 \times 10^{-8}}{1.62}}$$

$$= 209(\text{Hz})$$

3）主导体的弯曲应力

$$\sigma_{m,d} = V_{\sigma m}V_m\beta\frac{F_{m3}l}{8W_m}$$

$$= 1.0 \times 0.73 \times \frac{811 \times 1.0}{8 \times 3 \times 10^{-6}}$$

$$= 24.7 \times 10^{-6}(\text{N/m}^2)$$

$$= 24.7(\text{N/mm}^2)$$

式中　$V_{\sigma m}$、V_m——根据$\frac{f_{cm}}{f}=1.02$、$\frac{f_{cs}}{f}=4.18$，由图 5.5-12 查得，$V_F=1.8$、$V_{\sigma m}=1.0$、

$V_m=1.0$；

β——由表 5.5-3 查得，$\beta=0.73$；

W_m——$W_m=\frac{nbd^2}{6}=\frac{3 \times 0.06 \times 0.01^2}{6}\text{m}^3=3 \times 10^{-6}\text{m}^3$；

式中其他参数见前面的计算。

4）子导体之间的力引起的弯曲应力为

$$\sigma_{s,d} = V_{\sigma s}V_{rs}\frac{F_s l_s}{16W_s}$$

$$= 1.0 \times \frac{515 \times 0.5}{16 \times 1.0 \times 10^{-6}}$$

$$= 16.1 \times 10^{-6}(\text{N/m}^2)$$

$$= 16.1(\text{N/mm}^2)$$

式中　$V_{\sigma s}$、V_{rs}——可由表 5.5-5 查得，在没有自动重合闸时，$V_{\sigma s}=1.0$、$V_{rs}=1.0$；

$$W_s \quad\quad W_s = \frac{bd^2}{6} = \frac{0.06 \times 0.01^2}{6} \text{m}^3 = 1.0 \times 10^{-6} \text{m}^3;$$

式中其他参数见前面的计算。

5）母线的总弯曲应力为

$$\sigma_{\text{tot,d}} = \sigma_{\text{m,d}} + \sigma_{\text{s,d}} = 24.7 + 16.1$$

$$= 40.8 (\text{N/mm}^2)$$

6）导体弯曲应力的校验。计算导体的总弯曲应力应小于导体能够承受的作用力，即满足

$$\sigma_{\text{tot,d}} = q f_y$$

$$\sigma_{\text{s,d}} \leqslant f_y$$

式中　　q——$q=1.5$，可由表 5.5-6 查得；

f_y——$f_y = 120\text{N/mm}^2$（取导体材料屈服点应力的下限值）。

$$\sigma_{\text{tot,d}} = 40.8\text{N/mm}^2 \leqslant 1.5 \times 120\text{N/mm}^2 = 180\text{N/mm}^2$$

$$\sigma_{\text{s,d}} = 16.1\text{N/mm}^2 \leqslant 120\text{N/mm}^2$$

校验计算结果表明，在发生短路时导体总的弯曲应力能够满足动稳定的要求。

7）对支撑件的作用力为

$$F_{\text{r,d}} = V_F V_{\text{rm}} \alpha F_{\text{m}}$$

式中　　V_F、V_{rm}——根据 $\frac{f_{\text{cm}}}{f} = 1.02$、$\frac{f_{\text{cs}}}{f} = 4.18$，由图 5.5-12 查得，$V_F = 1.8$、$V_{\text{rm}} = 1.0$；

f_y——$f_y = 180\text{N/mm}^2$（取导体材料屈服点应力的上限值）。

对于外侧支撑件 A 受到的作用力为

$$F_{\text{r,d}} = 1.8 \times 1.0 \times 0.4 \times 811 = 584 (\text{N})$$

对于内侧支撑件 B 受到的作用力为

$$F_{\text{r,d}} = 1.8 \times 1.0 \times 1.1 \times 811 = 1606 (\text{N})$$

式中　　系数 $\alpha_A = 0.4$、$\alpha_B = 1.1$，由表 5.5-3 查得。

对于支撑件的作用力不应大于支架和绝缘子制造厂家给出的规定值。

（6）简化法计算和详细法计算的比较。上述示例采用了 IEC 标准的两种计算方法，计算结果的比较见表 5.5-8。

表 5.5-8　　　　　　　　简化法和详细法两种方法计算结果的比较

序号	应力及作用力	单位	简化法	详细法
1	主导体的计算总弯曲应力 $\sigma_{\text{tot,d}}$	N/mm²	40.8	40.8
2	子导体的计算弯曲应力 $\sigma_{\text{s,d}}$	N/mm²	16.1	16.1
3	导体能够承受的弯曲应力 f_y	N/mm²	120~180	120~180
4	外侧支撑件 A 承受的作用力	N	876	584
5	内侧支撑件 B 承受的作用力	N	2409	1606

校验计算结果表明导体和支撑件能够满足短路条件下的动稳定要求。

5.5.2 采用短路电流实用计算方法

短路电流实用计算法中对于硬导体只计算短路电流产生的作用力，其他原因如静载、风、冰雪、操作力或地震引起的作用力的存在，需要时应考虑这些荷载与短路电流产生荷载的共同作用。

5.5.2.1 电磁力的计算

（1）短路电流通过平行导体产生的电磁效应。当两根平行导体中分别有电流 i_1 和 i_2 通过时，导体间的相互作用力 F 为

$$F = 0.2K_x i_1 i_2 \frac{l}{D} \tag{5.5-54}$$

式中　F——两根平行导体中分别有电流通过时导体间的相互作用力，N；

　　i_1、i_2——流过两根平行导体的电流瞬时值，kA；

　　　l——平行导体长度，m；

　　　D——平行导体中心线之间的距离，m；

　　K_x——矩形截面导体的形状系数，可根据与导体厚度 b、宽度 h 和中心距离 D 有关的

　　　　　关系式 $\dfrac{D-b}{h+b}$ 和 $\dfrac{b}{h}$，从图 5.5-16 查得，当 $\dfrac{D-b}{h+b}$ 大于 2 时 K_x 取 1；

　　　b——导体的厚度，m；

　　　h——导体的宽度，m。

（2）两相短路时导体间的最大作用力 F_{k2} 为

$$F_{k2} = 0.2K_x i_{p2}^2 \frac{l}{D} \tag{5.5-55}$$

式中　F_{k2}——两相短路时导体间的最大作用力，N；

　　K_x——矩形截面导体的形状系数；

　　i_{p2}——两相短路冲击电流（两相短路峰值电流），kA；

　　　l——平行导体长度，m；

　　　D——平行导体中心线之间的距离，m。

（3）当三相短路电流通过在同一平面的三相导体时，中间相所处情况最严重，其最大作用力 F_{k3} 为

$$F_{k3} = 0.173K_x i_p^2 \frac{l}{D} \tag{5.5-56}$$

式中　F_{k3}——三相短路时中间相导体的最大作用力，N；

　　K_x——矩形截面导体的形状系数；

　　i_p——三相短路冲击电流（三相短路峰值电流），kA；

　　　l——平行导体长度，m；

　　　D——平行导体中心线之间的距离，m。

5.5.2.2 硬导体支撑件的受力

（1）导体对支撑绝缘子的作用力应满足下面

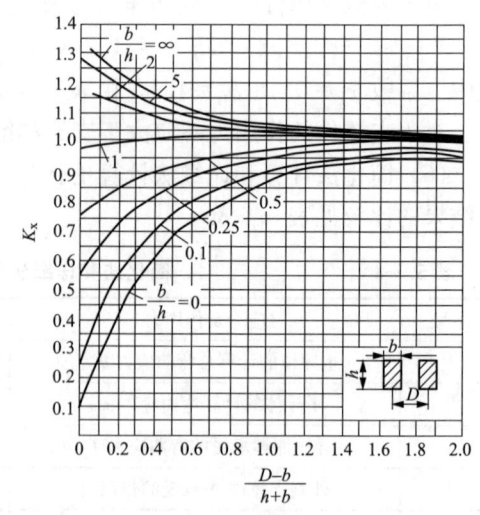

图 5.5-16　矩形截面导体的形状系数
K_x 与 $(D-b)/(h+b)$ 的关系曲线

的条件

$$F_{k3} \leqslant K_F F_{ph} \tag{5.5-57}$$

式中　F_{k3}——导体对支撑绝缘子的作用力，N；

　　　F_{ph}——支撑绝缘子的弯曲破坏荷载，N；

　　　K_F——可靠系数，$K_F = 0.6$。

（2）三相短路电流在绝缘套管上产生的作用力为

$$F_{k3} = 8.66 i_p^2 \frac{l_{r1} + l_{r2}}{D} \times 10^{-2} \tag{5.5-58}$$

式中　F_{k3}——三相短路电流在绝缘套管上产生的作用力，N；

　　　i_p——三相短路冲击电流，kA；

　　　l_{r1}——绝缘套管与最近的一个绝缘子间的距离，m；

　　　l_{r2}——绝缘套管本身的长度，m；

　　　D——平行导体中心线之间的距离，m。

（3）绝缘套管的动稳定应满足下面的条件，即

$$i_p < I_d \tag{5.5-59}$$

　　或　　　　　　　　$$F_{k3} < F_{th}(F_{tv})$$

式中　i_p——三相短路冲击电流，kA；

　　　I_d——绝缘套管的额定动稳定电流，A；

　　　F_{k3}——三相短路电流在绝缘套管上产生的作用力，N；

　　　F_{th}——绝缘套管接线端子允许的静态水平力，N；

　　　F_{tv}——绝缘套管接线端子允许的静态垂直力，N。

（4）当导体的支撑绝缘子或绝缘套管安装在屋外时，应结合当地气象条件的影响，进行受力的计算，其安全系数不应小于表5.2-7的要求。不同形状和布置的导体的截面系数及惯性半径见表5.5-9。

表 5.5-9　　　　　　不同形状和布置的导体的截面系数及惯性半径

导体布置方式及其截面形状	截面系数 W（m³）	惯性半径 r_i（m）
	$0.167 bh^2 \times 10^{-6}$	$0.289 h \times 10^{-2}$
	$0.167 hb^2 \times 10^{-6}$	$0.289 b \times 10^{-2}$
	$0.333 bh^2 \times 10^{-6}$	$0.289 h \times 10^{-2}$
	$1.44 hb^2 \times 10^{-6}$	$1.04 b \times 10^{-2}$
	$0.5 bh^2 \times 10^{-6}$	$0.289 h \times 10^{-2}$
	$3.3 hb^2 \times 10^{-6}$	$1.66 b \times 10^{-2}$

注　图中 a、b、h 单位为 cm。

5.5.2.3 不考虑机械共振时硬导体的应力

（1）单片矩形导体的应力。短路电流通过单片硬导体所产生的应力 σ_c 为

$$\sigma_c = M/W \tag{5.5-60}$$

式中　σ_c——短路时硬导体所产生的应力，Pa；

　　　　M——短路电流产生的力矩，N·m，当跨数大于 2 时，$M = \dfrac{F_{k3}l}{10}$，当跨数等于 2 时，

　　　　　　$M = \dfrac{F_{k3}l}{8}$；

　　　　W——导体截面系数，m^3，与导体布置方式有关，对于水平布置的三相导体，其值见表 5.5-9，单片导体时其值见表 5.5-10；

　　　　F_{k3}——三相短路电流产生的作用力，N；

　　　　l——导体的绝缘子跨距，m。

当跨数大于 2 时，导体的应力 σ_c 为

$$\sigma_c = 1.73K_x i_p^2 \frac{l^2}{DW} \times 10^{-2} \tag{5.5-61}$$

式中　σ_c——导体的应力，Pa；

　　　　K_x——矩形截面导体的形状系数；

　　　　i_p——三相短路冲击电流，kA；

　　　　l——导体的绝缘子跨距，m；

　　　　D——平行导体中性线之间的距离，m；

　　　　W——导体截面系数，m^3。

当跨数为 2 及以下时，导体的应力 σ_c 为

$$\sigma_c = 2.16K_x i_p^2 \frac{l^2}{DW} \times 10^{-2} \tag{5.5-62}$$

式中　σ_c——导体的应力，Pa；

　　　　K_x——矩形截面导体的形状系数；

　　　　i_p——三相短路冲击电流，kA；

　　　　l——导体的绝缘子跨距，m；

　　　　D——平行导体中性线之间的距离，m；

　　　　W——导体截面系数，m^3。

（2）多片矩形导体的应力为

$$\sigma = \sigma_{x-x} + \sigma_c \tag{5.5-63}$$

$$\sigma_c = 4.9 \frac{F_{k3}l_c^2}{hb^2}$$

式中　σ——多片矩形导体的总应力，Pa；

　　　σ_{x-x}——多片矩形导体的相间作用力的应力，Pa，计算公式同单片矩形导体；

　　　　σ_c——同相的多片矩形导体之间作用力的应力，Pa；

　　　　F_{k3}——三相短路时多片导体之间的作用力，N；

　　　　l_c——连接件之间的中心线距离，m；

　　　　h——导体的宽度，m；

　　　　b——多片矩形导体的片间距离，与导体的厚度相等，m。

表 5.5-10　单片导体计算的常用数据

导体尺寸 (mm×mm)	机械强度允许的最大跨距系数 K' 铝 平放	铝 竖放	铜 平放	铜 竖放	机械共振允许的最大跨距 (m) 铝 平放	铝 竖放	铜 平放	铜 竖放	截面系数 W (m^3) 平放	竖放	惯性半径 r_i (m) 平放	竖放
40×4	86.11	27.23	102.49	32.41	1.22	0.39	1.05	0.33	1.069×10^{-6}	$0.106\,9\times10^{-6}$	0.011 56	0.001 156
50×5	120.35	38.06	143.24	45.30	1.36	0.43	1.17	0.37	2.088×10^{-6}	$0.208\,8\times10^{-6}$	0.014 45	0.001 445
63×6.3	170.20	53.82	202.58	64.06	1.53	0.48	1.31	0.42	4.176×10^{-6}	$0.417\,6\times10^{-6}$	0.018 21	0.001 821
63×8	191.79	68.33	228.28	81.32	1.53	0.55	1.31	0.47	5.303×10^{-6}	0.673×10^{-6}	0.018 21	0.002 312
63×10	214.42	85.43	255.21	101.68	1.53	0.61	1.31	0.52	6.628×10^{-6}	1.052×10^{-6}	0.018 21	0.002 89
80×6.3	216.11	60.63	257.23	72.17	1.72	0.48	1.48	0.42	6.733×10^{-6}	0.53×10^{-6}	0.023 12	0.001 821
80×8	243.53	77.01	289.86	91.66	1.72	0.55	1.48	0.47	8.55×10^{-6}	0.855×10^{-6}	0.023 12	0.002 312
80×10	272.29	96.27	324.08	114.58	1.72	0.61	1.48	0.52	10.688×10^{-6}	1.336×10^{-6}	0.023 12	0.002 89
100×6.3	270.15	67.81	321.54	80.72	1.93	0.48	1.65	0.42	10.521×10^{-6}	0.663×10^{-6}	0.028 9	0.001 821
100×8	304.42	86.11	326.34	102.49	1.93	0.55	1.65	0.47	13.36×10^{-6}	1.069×10^{-6}	0.028 9	0.002 312
100×10	340.36	107.63	405.11	128.11	1.93	0.61	1.65	0.52	16.7×10^{-6}	1.67×10^{-6}	0.028 9	0.002 89
125×6.3	337.69	75.83	401.93	90.26	2.16	0.48	1.85	0.42	16.439×10^{-6}	0.829×10^{-6}	0.036 13	0.001 821
125×8	380.53	96.27	452.92	114.58	2.16	0.55	1.85	0.47	20.875×10^{-6}	1.336×10^{-6}	0.036 13	0.002 312
125×10	425.45	120.35	506.38	143.24	2.16	0.61	1.85	0.52	26.094×10^{-6}	2.088×10^{-6}	0.036 13	0.002 89

注　截面系数 W 的数值是在导体尺寸单位为 "cm" 时计算得来的。

5

每相两片矩形导体时片间的作用力为

$$F_{k3} = 2.55 K_{x12} i_p^2 \frac{l_c}{b} \tag{5.5-64}$$

式中　　F_{k3}——三相短路时两片导体之间的作用力，N；

　　　　K_{x12}——第一与第二片导体的形状系数，可从图 5.5-16 查得；

　　　　i_p——三相短路冲击电流，kA；

　　　　l_c——连接件之间的中心线距离，m；

　　　　b——多片矩形导体的片间距离，与导体的厚度相等，m。

每相三片矩形导体时片间的作用力为

$$F_{k3} = 0.8(K_{x12} + K_{x13}) i_p^2 \frac{l_c}{b} \tag{5.5-65}$$

式中　　F_{k3}——三相短路时三片导体之间的作用力，N；

K_{x12}、K_{x13}——第一与第二片导体的形状系数、第一与第三片导体的形状系数；

　　　　i_p——三相短路冲击电流，kA；

　　　　l_c——连接件之间的中心线距离，m；

　　　　b——多片矩形导体的片间距离，与导体的厚度相等，m。

（3）硬导体满足动稳定的一般要求，即

$$\sigma_{cm} \leqslant \sigma_y \tag{5.5-66}$$

式中　　σ_{cm}——短路时硬导体中的最大应力，Pa；

　　　　σ_y——硬导体最大允许应力，Pa，硬导体的最大允许应力见表 5.5-11。

表 5.5-11　　　　　　　　　　　　　硬导体的最大允许应力　　　　　　　　　　　　MPa

项　　目	导体材料及牌号和状态							
	铜/硬铜	铝及铝合金						
		1060 H112	1R35 H112	1035 H112	3A21 H18	6061 T6	6063 T6	6R05 T6
最大允许应力	120/170	30	30	35	100	115	120	125

　　注　表中数字已计及安全系数后的最大允许应力，对应于材料破坏应力的安全系数一般为 1.7；对应于材料屈服点应力为 1.4。

对水平布置在同一平面的矩形导体，导体的固有自振频率在共振频率范围之外时，其最大应力 σ_{cm} 按式（5.5-67）计算，即

$$\sigma_{cm} = 1.73 i_p^2 \frac{l^2}{DW} \times 10^{-2} \tag{5.5-67}$$

式中　　σ_{cm}——导体的最大应力，Pa；

　　　　i_p——三相短路冲击电流，kA；

　　　　l——导体的绝缘子跨距，m；

　　　　D——平行导体中性线之间的距离，m；

　　　　W——导体截面系数，m³。

（4）硬导体按机械强度允许的最大跨距为

$$l_{\max} = 7.603\sqrt{W\sigma_y}\,\frac{\sqrt{D}}{i_p} = K'\,\frac{\sqrt{D}}{i_p} \tag{5.5-68}$$

$$K' = 7.603\sqrt{W\sigma_y}$$

式中 $l_{\max}$ —— 水平布置矩形导体最大允许跨距，m；

       W —— 导体截面系数，m^3。

       σ_y —— 硬导体最大允许应力，Pa；

       D —— 平行导体中性线之间的距离，m；

       K' —— 机械强度允许的最大跨距系数，该系数随导体材料与截面而定，见表5.5-10；

       i_p —— 三相短路冲击电流，kA。

应当注意，为了消除由于温度变化引起的危险应力，矩形硬铝导体的直线段一般每隔20m左右安装一个伸缩接头。对滑动支持式铝管导体一般每隔30~40m安装一个伸缩接头，对滚动支持式铝管导体应根据计算确定。导体伸缩接头的截面不应小于其所连接导体截面的1.2倍。

5.5.2.4 考虑机械共振条件的校验

为了避免短路时电动力的工频和2倍工频交流分量与导体的自振频率相近而引起共振的危险，对重要母线应使导体的自振频率 f_m（对单频振动系统）限制在下列共振频率范围之外：对单根的导体为35~135Hz；对多根子导体组成的主导体及带有引下线的单根导体为35~155Hz。

（1）在单频自由振动系统中，在同一平面内的三相导体自振频率为

$$f_m = 112\varepsilon\,\frac{r_i}{l^2} \tag{5.5-69}$$

式中 f_m —— 硬导体自振频率，Hz；

       ε —— 材料系数，铜为 1.14×10^2，铝为 1.55×10^2，钢为 1.64×10^2；

       r_i —— 硬导体的惯性半径，m，与导体布置方式有关，对于水平布置的三相导体，当导体平放时为 $0.289h\times10^{-2}$，当导体立放时为 $0.289b\times10^{-2}$，其值见表5.5-10；

       l —— 支撑绝缘子的跨度，m；

       b —— 母线厚度，cm；

       h —— 母线宽度，cm。

（2）单频振动系统导体的固有频率 f_0 可由式（5.5-70）求得，即

$$f_0 = \frac{\gamma}{l^2}\sqrt{\frac{EJ}{m}} \tag{5.5-70}$$

$$J = \frac{hb^3}{12}$$

式中 f_0 —— 单频振动系统导体的固有频率，Hz；

       γ —— 估算相关固有频率的振型系数，与母线支撑方式有关的系数，见表5.5-12；

       E —— 母线材料的弹性模数，N/m^2；

       J —— 垂直于弯曲方向的惯性矩，m^4；

       l —— 支撑绝缘子的跨度，m；

       m —— 单位长度母线质量，kg/m；

b——母线厚度，m；

h——母线宽度，m。

表 5.5-12   导体支撑方式和振型系数

梁及支撑类型	单跨梁			等距离简式支撑的连续梁	
	A 和 B：简式支撑	A：固定支撑 B：简式支撑	A 和 B：固定支撑	双跨式	三跨或多跨
振型系数 γ	1.57	2.45	3.56	2.45	3.56

（3）考虑自振频率影响时三相短路的最大作用力 F_{k3} 为

$$F_{k3} = 0.173 K_x \beta i_p^2 \frac{l}{D} \qquad (5.5\text{-}71)$$

式中 F_{k3}——考虑自振频率影响时三相短路的最大作用力，N；

K_x——矩形截面导体的形状系数；

i_p——三相短路冲击电流，kA；

β——振动系数，在单频振动系统中，β 可根据导体固有频率 f_0 由图 5.5-17 查得；

D——平行导体中性线之间的距离，m；

l——支撑绝缘子的跨度，m。

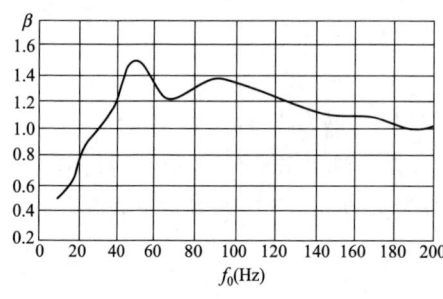

图 5.5-17 单频振动系统中振动系数
β 与 f_0 的关系曲线

（4）考虑自振频率影响时导体的应力。导体的应力与导体的自振频率和系统频率有关，当两个频率接近时，应力将被放大。

对于振动系数 β，当导体的自振频率 f_m 能限制在上述共振频率范围之外时 $\beta \approx 1$，当导体的自振频率无法限制在上述共振频率范围之外时，导体受力应乘以振动系数 β。

当跨数大于 2 时，导体的应力 σ_c 为

$$\sigma_c = 1.73 K_x i_p^2 \beta \frac{l^2}{DW} \times 10^{-2} \qquad (5.5\text{-}72)$$

式中 σ_c——考虑自振频率影响时的导体的应力，Pa；

K_x——矩形截面导体的形状系数；

i_p——三相短路冲击电流，kA；

β——振动系数；

l——支撑绝缘子的跨度，m；

D——平行导体中性线之间的距离，m；

W——导体截面系数，m^3。

当跨数为 2 及以下时，导体的应力 σ_c 为

$$\sigma_c = 2.16 K_x i_p^2 \beta \frac{l^2}{DW} \times 10^{-2} \qquad (5.5\text{-}73)$$

式中 σ_c——考虑自振频率影响时的导体的应力，Pa；

K_x——矩形截面导体的形状系数；

i_p——三相短路冲击电流，kA；

β——振动系数；

l——支撑绝缘子的跨度，m；

D——平行导体中性线之间的距离，m；

W——导体截面系数，m^3。

（5）考虑自振频率影响时导体支撑件的受力。导体的支撑件的受力与导体的自振频率和系统频率有关，考虑自振频率影响时，导体支撑件的作用力应按式（5.5-71）计算。

5.5.2.5 采用短路电流实用计算法中方法校验硬导体动稳定的计算示例

【**例 5.5-4**】 三相 10kV 母线，每一相有一根导体。导体是具有等距简单支撑的连续梁。母线的布置见图 5.5-14。

解 （1）相关数据：

三相对称短路电流初始值 $I''_k = 16\text{kA}$；

短路电流的冲击系数 $K_{ch} = 1.8$；

系统频率 $f = 50\text{Hz}$；

无自动重合闸；

支撑间距数量 $\geqslant 3$；

支撑间的距离 $l = 1\text{m}$；

导线间的中心线距离 $D = 0.2\text{m}$；

Al-Mg-Si 0.5 矩形导线

——尺寸 $b = 10\text{mm}$；

$h = 60\text{mm}$；

——单位长度上的质量 $m'_m = 1.62\text{kg/m}$；

——导体材料的弹性模数 $E = 7 \times 10^{10}\text{N/m}^2$；

——对应于屈服点 $\sigma_y = 120 \sim 180\text{N/mm}^2$。

（2）中心主导线上的最大作用力 F_{k3} 为

$$F_{k3} = 0.173 K_x i_p^2 \frac{l}{D}$$

$$= 0.173 \times 1.0 \times 40.7^2 \times \frac{1.0}{0.2}$$

$$= 1433(\text{N})$$

式中 i_p——$i_p = \sqrt{2} \times 1.80 \times 16 = 40.7\text{kA}$；

K_x——$K_x = 1.0$，可由图 5.5-16 查得。

（3）导体的弯曲应力。

1）不考虑导体自振频率对弯曲应力的影响时，导体的弯曲应力 σ_c 为

$$\sigma_c = \frac{M}{W}$$

$$= \frac{143.3}{1.002 \times 10^{-6}}$$

$$=143 \times 10^6 \text{(Pa)}$$
$$=143 \text{(N/mm}^2\text{)}$$

式中　M——短路电流产生的力矩，当跨数大于 2 时，$M=\dfrac{F_{k3}l}{10}$，计算得 $M=143\text{N/m}$；

W——导体截面系数，按表 5.5-9 计算，$W=1.002 \times 10^{-6}\text{m}^3$。

2）计算导体的弯曲应力应小于导体能够承受的应力，即满足 σ_c 不大于 σ_y 的要求，$\sigma_c =143\text{N/mm}^2$ 小于 $\sigma_y = 180\text{N/mm}^2$，取上限值，但大于 $\sigma_y = 120\text{N/mm}^2$，取下限值。

校验计算表明，在发生短路时导体的总的弯曲应力，小于导体材料屈服点的上限值，但大于导体屈服点的下限值。

3）考虑导体自振频率对弯曲应力的影响时，导体的自振频率 f_m 为

$$f_m = 112\varepsilon\frac{r_i}{l^2}$$

$$=112 \times 1.14 \times 10^2 \frac{2.89 \times 10^{-3}}{1.0}$$

$$=36.9\text{(Hz)}$$

式中　r_i——母线的惯性半径，由表 5.5-10 查得 $r_i = 2.89 \times 10^{-3}\text{m}$；

ε——材料系数，铜为 1.14×10^2。

校验计算表明，导体的自振频率在共振的限制范围之内。

导体的固有频率 f_0 为

$$f_0 = \frac{\gamma}{l^2}\sqrt{\frac{EJ}{m}}$$

$$=\frac{3.56}{1.0^2}\sqrt{\frac{7.0 \times 10^{10} \times 0.5 \times 10^{-8}}{1.62}}$$

$$=52.3\text{(Hz)}$$

式中　γ——振型系数，$\gamma=3.56$，见表 5.5-12；

E——弹性模数，$E=7 \times 10^{10}\text{N/m}^2$；

J——垂直于弯曲方向的惯性矩，$J=0.5 \times 10^{-8}\text{m}^4$。

4）导体的弯曲应力为

$$\sigma_c = 1.73K_x\beta i_p^2\frac{l^2}{DW} \times 10^{-2}$$

$$=1.73 \times 1.0 \times 1.44 \times 40.7^2\frac{1.0^2}{0.2 \times 1.0 \times 10^{-6}} \times 10^{-2}$$

$$=206.3 \times 10^6\text{(Pa)}$$

$$=206.3\text{(N/mm}^2\text{)}$$

$$\sigma_c = 206.3\text{N/mm}^2 > \sigma_y = 180\text{N/mm}^2$$

式中　β——1.44，由图 5.5-17 查得；

σ_y——180N/mm^2（取硬导体最大允许应力的下限值）。

校验计算表明，在发生短路时导体的总的弯曲应力大于导体允许屈服点的上限最大值，表明短路时导体弯曲应力不能满足要求。

5）导体应力对支撑件作用力为

$$F_{k3} = 0.173 K_x \beta i_p^2 \frac{l}{D}$$

$$= 0.173 \times 1.0 \times 1.44 \times 40.7^2 \times \frac{1.0}{0.2}$$

$$= 2063(\text{N})$$

式中 β——$f_0 = 52.3\text{Hz}$，由图 5.5-17 查得 $\beta = 1.44$。

示例中没有给出支撑件的弯曲破坏荷载，校验时导体对支撑件的作用力应满足 $F_{k3} \leqslant 0.6 F_{ph}$。

6）不考虑自振频率影响和考虑自振频率影响的计算结果的比较见表 5.5-13。

表 5.5-13　　　　　　不考虑自振频率影响和考虑自振频率影响的计算结果比较

序号	应力及作用力	单位	不考虑频率影响	考虑频率影响
1	导体的计算弯曲应力 σ_c	N/mm²	143	206.3
2	导体能够承受的弯曲应力 σ_y	N/mm²	120～180	120～180
3	支撑件承受的作用力	N	1433	2063

对比结果表明，在短路条件下不考虑自振频率的影响时，导体满足使用要求。但考虑自振频率影响时，对于导体应力和支撑件作用力有很大影响，导体的弯曲应力不能满足要求。

5.5.3　高压电器及开关设备的动稳定校验

5.5.3.1　关于 IEC 标准校验方法的说明

IEC 60865-1：2011《短路电流－效应计算　第 1 部分：定义和计算方法》中短路电流引起的机械效应，只给出了硬导体和软导线电磁效应和校验的计算方法。对于高压电器及开关设备的动稳定校验的要求和计算方法则没有给出。是否可以参考短路电流实用计算法的校验方法，由设计者决定。

5.5.3.2　采用短路电流实用计算法校验的要求

短路电流实用计算法中校验高压电器及开关设备的动稳定，应满足下面条件：

（1）高压电器或开关设备安装处的短路电流峰值不应大于给定的额定峰值耐受电流，即

$$i_p \leqslant I_p \qquad (5.5\text{-}74)$$

式中 i_p——三相短路冲击电流（三相短路峰值电流），kA；

I_p——高压电器或开关设备的额定峰值耐受电流（额定动稳定电流 I_{dyn} 或额定机械短路电流 I_{MCSr}），kA。

高压电器或开关设备的额定峰值耐受电流，是在规定使用和性能条件下，高压电器或开关设备在合闸位置能够承载的额定短时耐受电流第一个大半波的电流峰值。

（2）短路电流在高压电器或开关设备接线端子上产生的作用力，不应大于接线端子允许静态拉力额定值，即

$$F_{k3} \leqslant F_{th} \text{ 或 } F_{tv} \qquad (5.5\text{-}75)$$

式中 F_{th}——设备接线端子允许的静态水平力，N；见表 5.2-5；

F_{tv}——设备接线端子允许的静态垂直力，N；见表 5.2-5。

5.5.4　短路动稳定校验的计算公式及符号说明

高压电器、开关设备及导体的短路动稳定校验计算公式及符号说明见表 5.5-14。

表 5.5-14　　高压电器、开关设备及导体短路动稳定校验计算公式及符号说明

电器名称	校验项目、计算公式和符号说明	
	IEC 标准校验方法	短路电流实用计算法校验方法
断路器 负荷开关 隔离开关	$$i_p \leqslant I_p$$ $$F_{k3} \leqslant F_{th} \text{ 或 } F_{tv}$$ 式中　i_p——三相短路峰值(冲击)电流,kA; 　　　I_p——电器额定峰值耐受电流,kA,由厂家样本查得; 　　　F_{k3}——短路时端子上的作用力,N; 　　　F_{th}——接线端子允许的静态水平力,N; 　　　F_{tv}——接线端子允许的静态垂直力,N	
限流电抗器	$$i_p \leqslant I_{MSCr}$$ 式中　i_p——三相短路峰值(冲击)电流,kA; 　　　I_{MSCr}——额定机械短路(动稳定)电流,kA,由厂家样本查得	
电流互感器	$$i_p \leqslant I_{dyn}$$ $$F_{k3} \leqslant F_{Rh} \text{ 或 } F_{Rv}$$ 式中　i_p——三相短路峰值(冲击)电流,kA; 　　　I_{dyn}——额定动稳定电流,kA,由厂家样本查得; 　　　F_{k3}——短路时端子上的作用力,N; 　　　F_{th}——接线端子允许的静态水平力,N; 　　　F_{tv}——接线端子允许的静态垂直力,N	
支柱绝缘子	$$F_{r,d} \leqslant F_{ph}$$ 式中　$F_{r,d}$——支架的计算最大受力,N; 　　　F_{ph}——绝缘子弯曲破坏荷载,N,由厂家样本查得。 注:当绝缘子安装在屋外时还应计算气象条件的影响,并考虑安全系数	$$F_{k3} \leqslant K_F F_{ph}$$ 式中　F_{k3}——作用在绝缘子上的作用力,N; 　　　K_F——可靠系数,$K_F=0.6$; 　　　F_{ph}——绝缘子弯曲破坏荷载,N,由厂家样本查得。 注:当绝缘子安装在屋外时还应计算气象条件的影响,并考虑安全系数
绝缘套管	$$i_p \leqslant I_d$$ $$F_{k3} \leqslant F_{th} \text{ 或 } F_{tv}$$ 式中　i_p——三相短路峰值(冲击)电流,kA; 　　　I_d——套管的额定动稳定电流的标准值,kA; 　　　F_{k3}——套管接线端子上的作用力,N; 　　　F_{th}——接线端子允许的静态水平力,N; 　　　F_{tv}——接线端子允许的静态垂直力,N。 注:当绝缘子安装在屋外时还应计算气象条件的影响,并考虑安全系数	

5

续表

电器名称	校验项目、计算公式和符号说明	
	IEC 标准校验方法	短路电流实用计算法校验方法
硬导体	$\sigma_{\text{tot,d}} \leqslant q f_y$ $\sigma_{\text{tot,d}} = \sigma_{\text{m,d}} + \sigma_{\text{s,d}}$ 式中　$\sigma_{\text{tot,d}}$——主导体弯曲应力，N/m^2； 　　　$\sigma_{\text{m,d}}$——主导体间计算的弯曲应力，N/m^2； 　　　$\sigma_{\text{s,d}}$——子导体间弯曲应力，N/m^2； 　　　q——可塑性系数； 　　　f_y——屈服点的应力，由导体的材料给出，N/m^2	单片矩形导体 $\sigma_{\text{cm}} \leqslant \sigma_y$ 多片矩形导体 $\sigma \leqslant \sigma_y$ $\sigma = \sigma_{\text{x-x}} + \sigma_c$ 式中　σ_{cm}——短路时单片硬导体的最大应力，Pa； 　　　σ——短路时多片硬导体的总应力，Pa； 　　　$\sigma_{\text{x-x}}$——多片矩形导体的相间作用力的应力，Pa，计算公式同单片矩形导体； 　　　σ_c——同相的多片矩形导体之间作用力的应力，Pa； 　　　σ_y——硬导体最大允许应力，Pa

5.6　短路电流的热效应和高压电器、开关设备及导体的短时热稳定（热强度）校验

5.6.1　采用 IEC 国际标准的计算方法

5.6.1.1　概述

IEC 60865-1：2011《短路电流－效应计算　第 1 部分：定义和计算方法》和 GB/T 15544.1—2013《三相交流系统短路电流计算　第 1 部分：电流计算》适用于交流系统短路电流引起的电磁效应和热效应（焦耳积分）的计算，主要用于校验刚性导体和软导体的电磁效应和裸导体的热效应（热稳定）。高压电器和开关设备是根据 IEC 60865-1：1993（该标准对于电缆和绝缘导线不适用）中的计算方法进行校验。

IEC 标准的热效应的计算方法，采用的是热等效短路电流和短路电流持续时间，这种计算方法做了以下的假设：

（1）忽略电流的集肤效应和邻近效应；

（2）假设电阻温度特性为线性；

（3）认为导体的比热是常数；

（4）发热作为绝热考虑。

忽略电流的集肤效应，即认为电流在导体的截面上是均匀分布的。但导体截面大于 600mm^2 时，应考虑集肤效应的影响。

发热作为绝热考虑，是因为短路时导体发热的热损耗是很小的，因此把这种发热的过程按绝热考虑。在发生两次短路之间有短暂的时间间隔（如装有快速重合闸装置），期间没有电流流过时，导体短时的冷却可以忽略。只有在无电流的时间较长时，导体的热损耗需要考虑。

IEC 标准使用的短路电流持续时间取决于保护装置的动作时间。

5.6.1.2 热效应使用的术语与定义

(1) 热等效短路电流 I_{th}（A）。与实际短路电流的热效应等值、持续时间相同的电流均方根值，此电流包括直流分量并可能随时间衰减。

(2) 额定短时耐受电流 I_{thr}（A）。在规定的使用条件和运行工况下，电器设备在额定短时间内允许流过电流的均方根值。

(3) 热等效短路电流密度 S_{th}（A/m²）。热等效短路电流与导体截面的比值。

(4) 导体的额定短时耐受电流密度 S_{thr}（A/m²）。在额定短时间内导体能够耐受的电流密度的均方根值。

(5) 短路电流持续时间 T_k（s）。从首次出现短路电流开始到最后切断各相短路电流的持续时间，取决于保护装置的动作时间。

(6) 额定短时间 T_{kr}（s）。

——电器设备能耐受的电流与它的额定短时耐受电流相等所用的持续时间；

——导体能耐受的电流密度与它的额定短时耐受电流密度相等所用的持续时间。

额定短时耐受电流 I_{thr}、导体的额定短时耐受电流密度 S_{thr} 和额定短时间 T_{kr} 应由高压电器及开关设备和导体生产厂家提供。

5.6.1.3 热等效短路电流和短路持续时间的计算

热等效短路电流和短路持续时间的计算详见 4.3.8。

当线路采用熔断器保护或有限流装置时，短路电流的热效应会有所降低，这种情况下的热效应计算由熔断器或限流装置的特性决定。

对于限流装置，其热等效短路电流 I_{th} 和短路电流持续时间 T_k 应由制造厂家给出。

5.6.1.4 高压电器、开关设备及导体的短时热强度（热稳定）校验

(1) 导体的温升和额定短时耐受电流密度的计算。短路电流引起的导体的温升与热等效短路电流、短路电流的持续时间以及导体的材料有关。

短路时导体在受到机械应力的情况下，能够耐受的最高温度见表 5.6-1。

表 5.6-1   对短路时受到机械应力的导体推荐的最高温度

导体类型	对短路时的导体推荐的最高温度（℃）
刚性或绞成股的裸导线：铜、铝或铝合金	200
刚性或绞成股的裸导线：钢	300

短路时导体的温度达到表中的推荐值，导体的强度可能会有轻微的降低，根据经验表明，这种降低不会危及运行的安全。

当裸导体的额定短时耐受电流密度 S_{thr} 已知时，可根据图 5.6-1 计算出短路时导体的温升，也可以根据在短路电流开始前的导体工作温度 θ_b 和短路电流结束时的导体允许的最高温度 θ_e 查出额定短时耐受电流密度 S_{thr}。

(2) 高压电器、开关设备及导体的短时热强度（热稳定）校验。

1) 高压电器和开关设备。

高压电器和开关设备的短时热强度（热稳定）校验应满足

当 $T_k \leqslant T_{kr}$ 时，$\qquad\qquad\qquad I_{th} \leqslant I_{thr}$ （5.6-1）

当 $T_k \geqslant T_{kr}$ 时，$\qquad\qquad\qquad I_{th} \leqslant I_{thr}\sqrt{\dfrac{T_{kr}}{T_k}}$ （5.6-2）

式中 T_k——短路电流持续时间，s；

$\quad\quad T_{kr}$——高压电器和开关设备的额定短时间，s；

$\quad\quad I_{th}$——热等效短路电流，A；

$\quad\quad I_{thr}$——高压电器和开关设备的额定短时耐受电流，A。

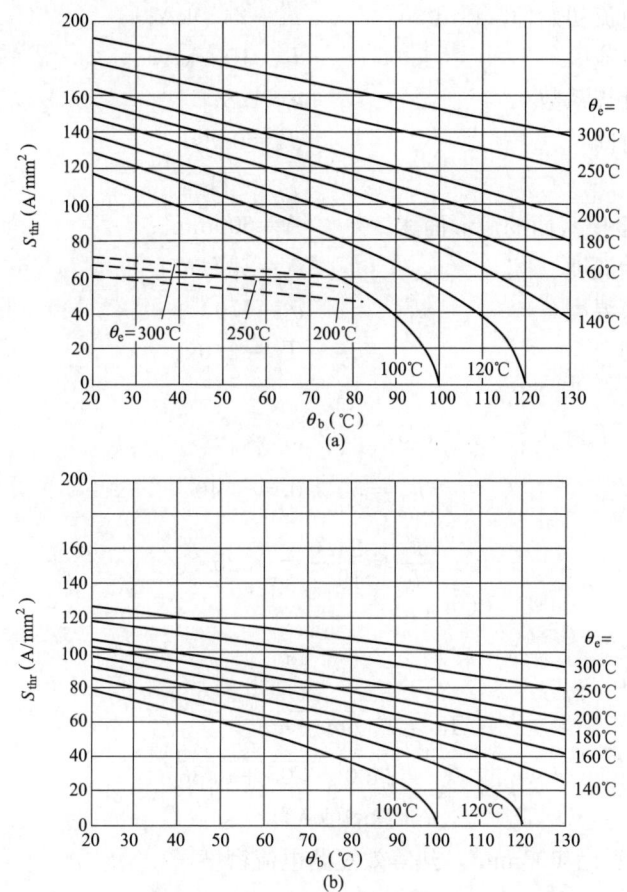

图 5.6-1 额定短时耐受电流密度（$T_{kr}=1s$）与导线温度之间的关系

（a）铜（实线）与低合金钢（虚线）；（b）铝、铝合金、钢芯铝绞线（ACSR）

2）裸导体。

裸导体的短时热强度（热稳定）校验应满足

$$S_{th} \leqslant S_{thr}\sqrt{\frac{T_{kr}}{T_k}} \tag{5.6-3}$$

式中 S_{th}——热等效短路电流密度，A/m²；

$\quad\quad S_{thr}$——导体的额定短时耐受电流密度，A/m²；

$\quad\quad T_{kr}$——导体的额定短时间，s；

$\quad\quad T_k$——短路电流持续时间，s。

当在很短时间内出现多次短路时，T_k 应按照式（4.3-47）计算。

校验时为估算电流密度而计算导体截面积时，应扣除加强型钢芯铝绞线的钢芯截面积。

5.6.1.5 采用 IEC 标准的方法校验导体热稳定的示例

【例 5.6-1】 三相 10kV 母线，每一相有一根导体。导体是具有等距简单支撑的连续梁。母线的布置见图 5.5-14。

解 (1) 相关数据：

三相对称短路电流初始值（r.m.s）	$I''_k = 24.0 \text{kA}$；
三相稳态短路电流	$I_k = 19.2 \text{kA}$；
短路电流峰值计算系数	$\kappa = 1.8$；
短路电流持续时间	$T_k = 0.8 \text{s}$；
系统频率	$f = 50 \text{Hz}$；
Al-Mg-Si 系合金横截面的矩形面积	$A = 600 \text{mm}^2$；
导体短路的初始温度	$\theta_b = 65 ℃$；
导体短路的结束温度	$\theta_e = 170 ℃$；
导体额定短时间	$T_{kr} = 1.0 \text{s}$。

(2) 校验计算：

根据 $f = 50 \text{Hz}$、$T_k = 0.8 \text{s}$、$\kappa = 1.8$，

$$fT_k = 50 \times 0.8 = 40$$

$$\frac{I''_k}{I_k} = \frac{24.0}{19.2} = 1.25$$

查得 $m = 0.05$，$n = 0.86$。

热等效短路电流

$$I_{th} = I''_k \sqrt{m+n}$$
$$= 24.0\sqrt{0.05 + 0.86}$$
$$= 22.9 (\text{kA})$$

根据导体截面积 $A = 600 \text{mm}^2$，热等效短路电流密度

$$S_{th} = \frac{22.9 \times 10^3}{6.0 \times 10^{-4}}$$
$$= 3.8 \times 10^7 (\text{A/m}^2)$$

根据 $\theta_b = 65℃$，$\theta_e = 170℃$，查得导体的额定短时耐受电流密度为

$$S_{thr} = 80 \text{A/mm}^2 = 8.0 \times 10^7 \text{A/m}^2$$

$$S_{thr}\sqrt{\frac{T_{kr}}{T_k}} = 8.0\sqrt{\frac{1.0}{0.8}} \times 10^7$$
$$= 8.9 \times 10^7 (\text{A/m}^2)$$

裸导体的短时热强度（热稳定）校验应满足以下要求，即

$$S_{th} \leqslant S_{thr}\sqrt{\frac{T_{kr}}{T_k}} = 8.9 \times 10^7 \text{A/m}^2$$

根据校验计算结果 $S_{th} = 3.8 \times 10^7 \text{A/m}^2 < S_{thr} = 8.9 \times 10^7 \text{A/m}^2$，表明本例中 10kV 母线具有足够的热稳定强度。

5.6.2 采用短路电流实用计算方法

5.6.2.1 短路电流的热效应

短路电流在高压电器及开关设备和导体中引起的热效应,即

$$Q_t = \int_0^t i_{kt}^2 dt = \int_0^t I_{kt}^2 dt + \int_0^t i_{DC}^2 e^{-2t/T_a} dt = Q_z + Q_f \tag{5.6-4}$$

$$Q_z = \int_0^t I_{kt}^2 dt = \frac{(I_k''^2 + 10I_{kt/2}^2 + I_{kt}^2)t}{12} \tag{5.6-5}$$

$$Q_f = \int_0^t i_{DC}^2 e^{-\frac{2t}{T_a}} dt = T_{eq} I_k''^2 \tag{5.6-6}$$

式中 Q_t——短路电流在导体和电器中引起的热效应,$kA^2 \cdot s$;

Q_z——短路电流交流分量引起的热效应,$kA^2 \cdot s$;

Q_f——短路电流直流分量引起的热效应,$kA^2 \cdot s$;

i_{kt}——短路电流瞬时值,kA;

I_{kt}——短路时间 t 时的短路电流交流分量均方根值,kA;

i_{DC}——短路电流直流分量,kA;

T_a——衰减时间常数;

t——短路电流持续时间,s;

I_k''——短路电流交流分量初始均方根值,kA;

$I_{kt/2}$——短路电流在 $t/2$ 时的交流分量均方根值,kA;

T_{eq}——直流分量等效时间,s;为简化计算可从表 5.6-2 查得。

表 5.6-2　　　　　　　　　　　直流分量等效时间

短　路　点	T_{eq} (s)	
	$t \leqslant 0.1$	$t > 0.1$
发电机出口及母线	0.15	0.2
发电机升压变压器高压侧及出线发电机电抗器后	0.08	0.1
变电站各级电压母线及出线	0.05	

5.6.2.2 短路电流的持续时间

校验短路电流热效应时,短路电流持续时间可按式(5.6-7)计算

$$t = t_b + t_{fd} = t_b + t_{gu} + t_{hu} \tag{5.6-7}$$

式中 t——短路电流持续时间,s;

t_b——主保护装置动作时间,s;

t_{fd}——断路器开断时间,s;

t_{gu}——断路器固有分闸时间,s;

t_{hu}——断路器的燃弧持续时间,s。

主保护装置动作时间 t_b 应为该保护装置的启动机构、延时机构和执行机构动作时间的总和。断路器的固有分闸时间 t_{gu},可由产品样本查得。

当开断额定容量时,断路器燃弧持续时间 t_{hu} 可参考下列数值;真空断路器或 SF_6 断路器为 $0.01 \sim 0.02s$。

当主保护装置为速动时（无延时保护），短路电流持续时间 t 可取表 5.6-3 的数据。当继电保护有延时时，则按表中数据加上相应的延时整定时间。

表 5.6-3　　　　　　　　校验热稳定的短路电流持续时间

断路器开断速度	断路器开断时间 t_{fd}（s）	短路电流最小持续时间 t_{min}（s）
高速	<0.08	0.1
中速	0.08~0.12	0.15
低速	>0.12	0.2

5.6.2.3　高压电器和开关设备的热稳定校验

高压电器或开关设备能耐受短路电流流过时间内产生的热效应而不致损坏，则认为该高压电器或开关设备是满足短路电流热稳定的要求，校验时应满足

$$Q_t \leqslant I_{th}^2 t_{th} \tag{5.6-8}$$

式中　Q_t——短路电流产生的热效应，$kA^2 \cdot s$；

$\quad\quad I_{th}$——高压电器及开关设备的额定短时耐受电流均方根值，kA；

$\quad\quad t_{th}$——高压电器及开关设备的额定短时耐受时间，s。

5.6.2.4　导体和电缆的热稳定校验

（1）导体热稳定允许的最小截面积。

导体热稳定允许的最小截面积按式（5.6-9）计算，并选用不小于计算值的导体截面积，即

$$S_{min} = \frac{\sqrt{Q_t}}{C} \times 10^3 \tag{5.6-9}$$

式中　S_{min}——导体满足热稳定所需的最小截面积，mm^2；

$\quad\quad Q_t$——短路电流产生的热效应，$kA^2 \cdot s$；

$\quad\quad C$——导体的热稳定系数。

（2）电缆热稳定允许的最小截面积。

电缆热稳定允许的最小截面积按式（5.6-10）计算，并选用不小于计算值的电缆截面积，即

$$S_{min} = \frac{\sqrt{Q_t}}{C} \times 10^3 \tag{5.6-10}$$

式中　S_{min}——电缆满足热稳定所需的最小截面积，mm^2；

$\quad\quad Q_t$——短路电流的热效应，$kA^2 \cdot s$；

$\quad\quad C$——电缆的热稳定系数。

对于火力发电厂 3~10kV 的厂用电动机馈线回路，机组容量在 100MW 及以下时，短路电流热效应 Q 应按式（5.6-11）计算，即

$$Q = I_k''^2(t + T_a) \tag{5.6-11}$$

式中　Q——厂用电动机馈线回路的短路电流热效应，$kA^2 \cdot s$；

$\quad\quad I_k''$——短路电流交流分量初始均方根值，kA；

$\quad\quad t$——短路电流持续时间，s；

$\quad\quad T_a$——短路电流直流分量电流衰减时间，s。

当火电厂电动机机组容量大于 100MW 时，短路电流热效应 Q 应按表 5.6-4 计算。

表 5.6-4　　　　　火电厂电动机机组容量大于 100MW 馈线回路的 Q 值

短路电流持续时间 t（s）	短路电流直流分量电流衰减时间 T_a（s）	电动机反馈电流衰减时间 T_d（s）	Q 值（$kA^2 \cdot s$）
0.15	0.045	0.062	$0.195I_k''^2 + 0.22I_k'I_d + 0.09I_d^2$
	0.06		$0.21I_k''^2 + 0.23I_k'I_d + 0.09I_d^2$
0.20	0.045	0.062	$0.245I_k''^2 + 0.22I_k'I_d + 0.09I_d^2$
	0.06		$0.26I_k''^2 + 0.24I_k'I_d + 0.09I_d^2$

注　1. 对于电抗器或 $U_d\%$ 小于 10.5 的双绕组变压器，取 $T_a = 0.045$，其他情况取 $T_a = 0.06$。

　　2. 表中 I_d 为电动机反馈电流的交流分量初始均方根值之和。

5.6.2.5　导体和电缆的热稳定系数

（1）导体热稳定系数 C 可按式（5.6-12）计算，即

$$C = \sqrt{K \ln \frac{\tau + t_2}{\tau + t_1}} \times 10^{-2} \tag{5.6-12}$$

式中　C——导体的热稳定系数；

　　　K——系数，$WS/(\Omega \cdot cm^4)$，铜为 522×10^6，铝为 222×10^6；

　　　τ——系数，℃，铜为 235℃，铝为 245℃；

　　　t_1——导体短路前的工作温度，℃；

　　　t_2——短路时导体的最高允许温度，℃，铝及铝镁（锰）合金可取 200℃，铜可取 300℃。

不同的工作温度、不同材料的导体，热稳定系数 C 见表 5.6-5。

表 5.6-5　　　　不同的工作温度、不同材料导体的热稳定系数 C

工作温度（℃）	50	55	60	65	70	75	80	85	90	95	100	105
硬铝、铝镁合金	95	93	91	89	87	85	83	81	79	77	75	73
硬铜	181	179	176	174	171	169	166	164	161	159	157	155

（2）电缆热稳定系数 C 可按式（5.6-13）计算，即

$$C = \frac{1}{\eta} \sqrt{\frac{Jq}{\alpha K \rho} \ln \frac{1 + \alpha(\theta_m - 20)}{1 + \alpha(\theta_P - 20)}} \times 10^{-2} \tag{5.6-13}$$

$$\theta_P = \theta_0 + (\theta_H - \theta_0)\left(\frac{I_P}{I_H}\right)^2 \tag{5.6-14}$$

式中　C——电缆的热稳定系数；

　　　η——计入包含电缆导体填充物热容影响的校正系数，对 3～10kV 电动机馈线回路宜取 0.93，其他情况可取 1.0；

　　　J——热功当量系数，取 1.0；

　　　q——电缆导体的单位体积热容量，$J/(cm^3 \cdot ℃)$，铜芯取 3.4，铝芯取 2.48；

α——20℃时电缆导体的电阻温度系数，1/℃，铜芯为 0.003 93，铝芯为 0.004 03；

K——电缆导体的交流电阻与直流电阻的比值，见表 5.6-6；

ρ——20℃时电缆导体的电阻系数，$\Omega \cdot cm^2/cm$，铜芯为 0.018 4×10^{-4}，铝 0.031×10^{-4}；

θ_m——短路作用时间内电缆导体允许的最高温度，℃；

θ_H——电缆在额定负荷时导体允许的最高温度，℃；

θ_P——短路发生前的电缆导体允许的最高工作温度，℃，除电动机馈线回路外，均取 $\theta_P = \theta_H$；

θ_0——电缆所在处的环境温度最高值，℃；

I_P——电缆的实际最大工作电流，A；

I_H——电缆的额定负荷电流，A。

表 5.6-6　　　　　　　电缆导体的交流电阻与直流电阻的比值 K

电缆类型		6～35kV 挤塑电缆					自容式电缆		
导体截面积（mm^2）		95	120	150	185	240	240	400	600
芯数	单芯	1.002	1.003	1.004	1.006	1.010	1.003	1.011	1.029
	多芯	1.003	1.006	1.008	1.009	1.021	—	—	—

硬导体、裸导线及电缆长期允许工作温度和短路时的允许最高温度及相应的热稳定系数 C 值见表 5.6-7。

表 5.6-7　　　　　　硬导体、裸导线及电缆长期允许工作温度和短路时允许
最高温度及热稳定系数 C 值

导体种类和材料			导体长期允许工作温度（℃）	短路时导体允许最高温度（℃）	C 值
硬导体及裸导线	铜		70	300	171
	铝及铝合金		70	200	87
10kV 架空绝缘电缆	铜芯	高密度聚乙烯绝缘	75	150	100
		交联聚乙烯绝缘	90	250	137
	铝芯	高密度聚乙烯绝缘	75	150	66
		交联聚乙烯绝缘	90	250	90
1～30kV 聚氯乙烯绝缘电缆	铜芯：≤300mm^2		70	160	115
	铝芯：≤300mm^2		70	160	72
≤110kV 交联聚乙烯绝缘电缆	铜芯：≤300mm^2		90	250	137
	铝芯：≤300mm^2		90	250	90

需要注意的是，在一般情况下可按正常运行时导体的长期允许工作温度选择电缆外护套材料，避免电缆外护套材料对导体的长期允许工作温度的影响。例如，导体最高工作温度为 80℃时，可选用 ST1 型聚氯乙烯外护套；导体最高工作温度为 90℃时，可选用 ST2 型聚氯乙烯外护套或 ST7 型聚乙烯外护套。

5.6.3　短路热稳定校验的计算公式及符号说明

高压电器、开关设备及导体等的短路热稳定校验计算公式及符号说明见表 5.6-8。

表 5.6-8　　　高压电器、开关设备及导体等的短路热稳定校验计算公式及符号说明

电器名称	校验项目、计算公式和符号说明	
	短路电流实用计算法的校验方法	IEC 标准校验方法
断路器 负荷开关 隔离开关	$$Q_t \leqslant I_k^2 t_k$$ 式中　Q_t——短路电流热效应，$kA^2 \cdot s$； 　　　I_k——额定短时耐受电流 kA，由样本查得； 　　　t_k——额定短路持续时间，s，由样本查得	
限流电抗器	$$Q_t \leqslant I_{SCr}^2 T_{SCr}$$ 式中　Q_t——短路电流热效应，$kA^2 \cdot s$； 　　　I_{SCr}——额定热短路（热稳定）电流，kA，由样本查得； 　　　T_{SCr}——额定热短路电流持续时间，s，由样本查得，一般为 2s，系统中性点接地电抗器为 10s	当 $T_k \leqslant T_{kr}$ 时，$I_{th} \leqslant I_{thr}$ 当 $T_k \geqslant T_{kr}$ 时，$I_{th} \leqslant I_{thr}\sqrt{\dfrac{T_{kr}}{T_k}}$ 式中　T_k——短路电流的持续时间，s； 　　　T_{kr}——额定短时间，s； 　　　I_{th}——热等效短路电流，A； 　　　I_{thr}——额定短时耐受电流，A
电流互感器	$$Q_t \leqslant I_{th}^2 t_{th}$$ 式中　Q_t——短路电流热效应，$kA^2 \cdot s$； 　　　I_{th}——额定短时热电流，kA； 　　　t_{th}——额定短时时间，s，由样本查得，一般为 1s	
绝缘套管	$$Q_t \leqslant I_{th}^2 t_{th}$$ 式中　Q_t——短路电流热效应，$kA^2 \cdot s$； 　　　I_{th}——套管热短时电流标准值，kA，由样本查得； 　　　t_{th}——热短时时间，s，由样本查得，一般为 1s	
裸导线 硬导体	$$S_{min} \geqslant \dfrac{\sqrt{Q_t}}{C} \times 10^3$$ 式中　S_{min}——导体最小截面积，mm^2； 　　　Q_t——短路电流热效应，$kA^2 \cdot s$； 　　　C——导体的热稳定系数	$$S_{th} \leqslant S_{thr}\sqrt{\dfrac{T_{kr}}{T_k}}$$ 式中　S_{th}——热等效短路电流密度，A/m^2； 　　　S_{thr}——导体的额定短时耐受电流密度，A/m^2； 　　　T_k——短路电流的持续时间，s； 　　　T_{kr}——额定短时耐受时间，s
电缆	$$S_{min} \geqslant \dfrac{\sqrt{Q_t}}{C} \times 10^3$$ 式中　S_{min}——电缆允许最小截面积，mm^2； 　　　Q_t——短路电流热效应，$kA^2 \cdot s$； 　　　C——电缆的热稳定系数	

5.7　选择高压电器及开关设备的其他要求

5.7.1　高压交流断路器

5.7.1.1　概述

使用的高压交流断路器主要有真空断路器和 SF_6 断路器等。因为真空断路器具有体积小、可靠性高、可连续多次操作、开断性能好、灭弧迅速、灭弧室不需检修、运行维护简

单、无爆炸危险及噪声低等技术性能。SF$_6$ 断路器具有体积小、可靠性高、开断性能好、燃弧时间短、不重燃、可开断异相接地故障、可满足失步开断要求等特性。所以这两种断路器目前被广泛使用。

35kV 及以下电压等级的高压交流断路器，宜选用真空断路器或 SF$_6$ 断路器；66kV 和 110kV 电压等级的高压交流断路器宜选用 SF$_6$ 断路器。

在高寒地区，SF$_6$ 断路器宜选用罐式断路器，并应考虑 SF$_6$ 气体液化问题。

真空断路器在各种不同类型电路中的操作，都会使电路产生过电压。不同性质的电路的不同工作状态，产生的操作过电压的原理不同，其波形和幅值也不同。为了限制操作过电压，35kV 及以下采用真空断路器的回路宜根据电路性质和工作状态配置专用的 R-C 吸收装置或金属氧化物避雷器；66~110kV 宜采用金属氧化物避雷器。

5.7.1.2 高压交流断路器的分级

高压交流断路器根据其机械寿命、电寿命、重击穿概率和开断回路特性可分以下等级：

(1) C1 级断路器。在规定的型式试验验证容性电流开断过程中具有低的重击穿概率的断路器。

(2) C2 级断路器。在规定的型式试验验证容性电流开断过程中具有非常低的重击穿概率的断路器。

(3) E1 级断路器。不属于 E2 级断路器范畴内的、具有基本的电寿命的断路器。

(4) E2 级断路器。设计成在其预期的使用寿命期间，主回路中开断的零件不要维修，其他零件只需很少的维修（具有延长的电寿命）的断路器。E2 级断路器仅适用于 1kV 以上、52kV 以下的配电断路器使用。

(5) M1 级断路器。不属于 M2 级断路器范畴内的、具有基本的机械寿命（2000 次操作的机械型式试验）的断路器。

(6) M2 级断路器。用于特殊使用要求的频繁操作的、设计要求非常有限的维护且通过特定的型式试验（具有延长的机械寿命，机械型式试验为 10 000 次操作）验证的断路器。

(7) S1 级。用于电缆回路的断路器。

(8) S2 级。用于架空线或与电缆直接连接的架空线回路的断路器。

5.7.1.3 高压交流断路器的额定操作顺序

高压交流断路器的额定特性与断路器的额定操作顺序有关。

操作顺序用 O、CO、t、t' 和 t'' 表示，O 表示一次分闸操作；CO 表示一次合闸后立即（无任何故意的时延）进行分闸操作；t、t' 及 t'' 表示连续操作之间的时间间隔。

有以下两种可供选择的额定操作顺序：

(1) O-t-CO-t'-CO。

$t=$3min 不用于快速自动重合闸的断路器；$t=$0.3s 用于快速自动重合闸的断路器；$t'=$3min。

(2) CO-t''-CO。

$t''=$15s 不用于快速自动重合闸的断路器。

5.7.1.4 高压交流断路器的额定电缆充电开断电流

在使用高压交流断路器开断电缆回路时，断路器的额定电缆充电开断电流是在额定电压和规定的使用性能条件下，应能开断最大的电缆充电电流，开断时不得重击穿。

系统标称电压为 10kV 时高压交流断路器的额定电缆充电开断电流，为 25A；系统标称电压为 20kV 时高压交流断路器的额定电缆充电开断电流为 31.5A；系统标称电压为 35kV 时高压交流断路器的额定电缆充电开断电流为 50A；系统标称电压为 66kV 时高压交流断路器的额定电缆充电开断电流 125A；系统标称电压为 110kV 时高压交流断路器的额定电缆充电开断电流为 140A。

5.7.1.5 高压交流断路器的额定短路关合电流

高压交流断路器的额定短路关合电流是与额定电压和额定频率以及直流分量时间常数相对应的额定参数。

对于额定频率为 50Hz 且时间常数标准值 τ 为 45ms 时，额定短路关合电流等于额定短路开断电流交流分量均方根值的 2.5 倍。

对于特殊工况下，直流分量时间常数 τ 为 60、75ms 或 120ms 时，额定短路关合电流等于额定短路开断电流交流分量均方根值的 2.7 倍，与额定频率无关。

对于发电厂中发电机断路器的短路关合电流可达到额定短路开断电流的 2.8 倍左右，这种特殊工况使用的高压交流断路器应由生产厂家特殊的型式试验予以满足。

高压交流断路器的额定关合电流应不小于使用地点预期短路电流的最大峰值。

如果短路点的母线上接有高压电动机时，考虑电动机对短路点的反馈电流，故障电流可能会大于短路电流的交流分量与上述系数的乘积，应通过计算来选择高压断路器的额定短路关合电流。

5.7.1.6 高压交流断路器的额定单个电容器组关合涌流

额定单个电容器组关合涌流是高压交流断路器在其额定电压以及使用条件相应的涌流频率下应能关合的电流峰值。

额定单个电容器组关合涌流的峰值可按式（5.7-1）粗略估算

$$i_{\max \cdot \text{peak}} = \sqrt{2kI_{\text{sh}}I_{\text{sb}}} \qquad (5.7\text{-}1)$$

式中　$i_{\max \cdot \text{peak}}$——单个电容器组额定关合涌流的峰值，kA；

　　　I_{sh}——单个电容器组所处位置的短路电流均方根值，kA；

　　　I_{sb}——额定单个电容器组电流均方根值，kA；

　　　k——考虑覆盖偏差以及可能出现的过电压的系数，取 1.15。

5.7.2 高压交流负荷开关

额定电压 40.5kV 及以下高压交流负荷开关主要包括隔离负荷开关、通用负荷开关、专用负荷开关和特殊用途负荷开关。高压交流负荷开关灭弧介质或灭弧方式主要有真空灭弧、SF_6 气体灭弧和空气灭弧及固体绝缘。选择专用负荷开关和特殊用途负荷开关时应向开关生产厂家咨询。

5.7.2.1 高压交流通用负荷开关的分级

通用负荷开关根据其机械寿命和电寿命可分为以下等级：

（1）E1 级通用负荷开关。适用于配电系统的正常连续馈电，且不需要进行频繁开合操作的通用负荷开关。

（2）E2 级通用负荷开关。不需要对主回路的开断部件检修或维护，且在预期的使用寿命期间，其他零件仅需要很少维护的通用负荷开关。

（3）E3 级通用负荷开关。具有频繁开合较大电流和较高频率关合短路能力的通用负荷开关。

(4) M1 级通用负荷开关。具有 1000 次（操作）机械寿命的通用负荷开关。

(5) M2 级通用负荷开关。具有 5000 次延长的机械寿命的特殊使用场合的通用负荷开关。

5.7.2.2 通用负荷开关的一般使用要求

通用负荷开关应能满足下述使用要求：

(1) 连续承载额定电流；

(2) 开合有功负载；

(3) 开合配电闭环电路；

(4) 开合空载变压器；

(5) 开合空载电缆和架空线的充电电流；

(6) 在规定时间内承载短路电流；

(7) 关合短路电流。

5.7.2.3 通用负荷开关的开断和关合电流

(1) 通用负荷开关的额定有功负载开断电流等于额定电流；

(2) 通用负荷开关的额定空载变压器开断电流等于额定电流的 1%；

(3) 通用负荷开关的额定配电线路闭环开断电流等于额定电流；

(4) 通用负荷开关的额定电缆充电开断电流和额定架空线路充电开断电流见表 5.7-1；

(5) 通用负荷开关的额定短路关合电流等于额定峰值耐受电流；

(6) 通用负荷开关的额定接地故障开断电流 I_{6a}，对于中性点不接地或谐振接地系统，额定接地故障开断电流是负荷开关在额定电压下能够开断的故障相的最大接地故障电流；

(7) 接地故障条件下的额定电缆充电和架空线路充电开断电流 I_{6b}，对于中性点不接地或谐振接地系统，接地故障条件下的额定电缆充电和架空线路充电开断电流是负荷开关在额定电压下能够开断的健全相中的最大电流。

表 5.7-1　　　　通用负荷开关的额定电缆和额定架空线路充电开断电流

额定电压 U_N （kV）	额定电缆充电开断电流 I_{4a} （A）	额定架空线路充电开断电流 I_{4b} （A）
3.6	4	0.3
7.2	6	0.5
12	10	1
24	16	1.5
40.5	21	2.1
110	31.5	8.0

对于高压交流负荷开关不可分割部分的接地开关，应具有额定短路关合能力，该额定短路关合电流应等于负荷开关的额定峰值耐受电流。

选择熔断器保护的高压交流负荷开关短时耐受电流和关合电流额定值时，可以考虑熔断器在短路电流的持续时间和数值方面的限流效应，以最高额定电流的相应熔断器为基础确定交流负荷开关的额定值。

当高压交流负荷开关的开断电流超过上述额定值时，应与制造厂家协商或选用专用负荷开关。

5.7.3 高压交流熔断器

5.7.3.1 概述

高压交流熔断器按产品及结构分为一般熔断器、限流熔断器、喷射式熔断器、隔离断口式熔断器、跌落式熔断器、后备熔断器、全范围熔断器等。

（1）一般熔断器。在规定使用和性能条件下，能够开断从额定最大开断电流到熔断件1h或稍长时间内熔化电流的熔断器。

（2）限流熔断器。在规定电流范围内动作时，以它本身所具备的功能将电流限制到低于预期电流峰值的一种熔断器。

（3）喷射式熔断器。由电弧能量产生气体的喷射而熄灭电弧的熔断器。

（4）隔离断口式熔断器。以熔断件或载熔件构成触头间具有隔离开关绝缘性能的熔断器。

（5）跌落式熔断器。动作后载熔件自动跌落，形成断口的熔断器。

（6）后备熔断器。在规定使用和性能条件下，能够开断从额定最大开断电流到额定最小开断电流的熔断器，后备熔断器通常应与其他设备组合。

（7）全范围熔断器。在规定使用和性能条件下，能够开断从所有熔断件熔化到额定最大开断电流的熔断器。

常用的高压交流熔断器主要有一般熔断器、喷射熔断器、限流熔断器、跌落式熔断器、后备熔断器及全范围熔断器等。

选择高压交流熔断器的熔断件时，应保证前后两级熔断器之间，熔断器与电源侧继电保护之间，以及熔断器与负荷侧继电保护之间动作的选择性。

高压交流熔断器应能在满足可靠性和下一段保护的选择性前提下，在本段保护范围内发生短路时，应能在最短的时间内切断故障，以防止熔断时间过长而加剧被保护电器设备的损坏。

5.7.3.2 选择高压交流熔断器的其他要求

（1）喷射熔断器。喷射式熔断器分为三个等级：

1）A级熔断器，适用于保护由架空线或电缆构成的远离主变电站的小变压器，以及作为改善功率因数和控制电压的小电容器组。

2）B级熔断器，适用于保护主配电站变压器、非常靠近主电站的变压器和并联电容器组，以及从这一电站引出的供电线路。

3）C级熔断器，用于保护基本没有其他并联负荷的变压器、电容器组以及在主配电站中或者非常靠近主配电站的供电线路。

喷射式熔断器额定电流应当等于其中熔断件的额定电流。

选择喷射熔断器，与故障电容器相并联的电容器的总储存能量应小于熔断器能承担而不爆炸的能量，并且应小于故障电容器爆炸所需的能量；对于限流熔断器，熔断器可能通过的能量应小于故障电容器爆炸所需的能力。适用时可向厂家咨询。

应当提醒的是，喷射式熔断器在动作期间，会产生很大的噪声，同时喷射出炽热的气体，所以在选择喷射熔断器的安装场所时应谨慎从事。

（2）跌落式熔断器。选择跌落式熔断器时，其断流容量应分别按上、下限值校验，开断电流应以短路全电流校验。

下限值应使被保护线段在系统最小运行方式下的三相短路电流计算值大于其断流容量的下限值。如果三相短路电流计算值小于其断流容量的下限值时，则所产生的气体有可能不足以灭弧。

（3）后备熔断器。选择后备熔断器除校验额定最大开断电流外，还应满足最小短路电流大于熔断器的额定最小开断电流的要求。

对于安装在高压交流负荷开关-熔断器组合电器中的后备熔断器还应满足：

1）在其使用环境中弧前时间内（即在熔断器刚好熔化之前），能够耐受低于最小开断电流的电流，对自身无热损伤及对周围环境无影响；

2）熔断器耐受上述电流的耐受时间应长于联用的负荷开关的脱扣时间。

5.7.3.3　用于变压器回路的高压交流熔断器的熔断件的选择

（1）用于变压器回路的高压交流熔断器的熔断件的弧前时间-电流特性应具有：

1）在 0.1s 以下范围内有较高的动作电流，以耐受变压器涌流并提供与二次侧保护装置的良好配合。

2）在 10s 以下范围内有较低的动作电流，以保证绕组故障、二次侧故障以及（适用时）一次侧对地故障的快速消除，并提供与电源侧过电流保护装置的良好配合。

高压交流熔断器的熔断件、变压器以及电源侧和负载侧可能的保护装置的保护特性配合如图 5.7-1 所示。

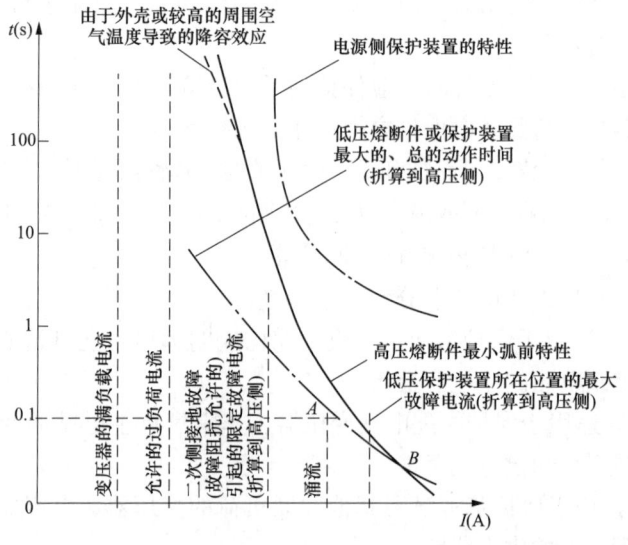

图 5.7-1　与高压/低压变压器回路保护有关的特性

（2）变压器回路中的高压熔断件的时间-电流特性的极值为

$$\frac{I_{f10}}{I_N} \leqslant 6 \tag{5.7-2}$$

$$\frac{I_{f0.1}}{I_N} \geqslant 7\left(\frac{I_N}{100}\right)^{0.25} \tag{5.7-3}$$

式中　I_N——熔断件的额定电流，A；

I_{f10}——熔断件弧前时间为 10s 时的预期电流（平均）值，A；

$I_{f0.1}$——熔断件弧前时间为 0.1s 时的预期电流（平均）值，A。

式（5.7-2）和式（5.7-3）中的预期电流值可以是平均值，也可以是最小值。如果采用平均电流值其容差应不超过 ±20％；采用最小值电流值其容差应不超过 50％。

（3）变压器保护用高压交流熔断器的熔断件额定电流的选择，应按照熔断器制造厂家根据变压器容量额定值推荐适用的熔断件的额定电流值选择。表 5.7-2 和表 5.7-3 分别为西安某公司和北京某公司用于保护变压器的熔断件额定电流的选择表。

表 5.7-2 西安某公司用于保护变压器的熔断件额定电流的选择表

额定电压 (kV)	变压器容量（kVA）												
	100	125	160	200	250	315	400	500	630	800	1000	1250	1600
7.2	20	20	25	31.5	40	50	71	80	100	140	160	(200)	(250)
12	16	16	16	20	25	31.5	40	50	63	80/71	100/90	125/112	(160/125)
40.5	3.15	5	5~6.3	6.3	8~10	10~12	12~16	16	20~25	25~31.5	31.5~40	40~50	50

注 1. 表中熔断器型号为 ×RNT 和 ×RNM。

  2. 该公司熔断器产品符合德国和英国标准要求，表中数据表示为：德国标准参数/英国标准参数。

  3. 表中括号内数字不推荐使用。

表 5.7-3 北京某公司用于保护变压器的熔断件额定电流的选择表

额定电压 (kV)	变压器容量（kVA）													
	100	125	160	200	250	315	400	500	630	800	1000	1250	1600	2000	2500
3.6 (3.3)	40	50	50	80	80	100	125	125	160	200				
7.2	31.5	31.5	40	50	50	63	80	100	125	125	160	(160)		
12	16	20	25	31.5	40	50	50	63	80	80	100	125	(125)	
24	10	16	16	20	25	31.4	40	50	50	63	80	80	100	125	(125)

注 1. 表中熔断器型号为 Fsarc Cf。

  2. 表中括号内数字不推荐使用。

（4）高压熔断件的额定电流值选择还应满足下列要求。

1）为了防止变压器突然投入时产生的励磁涌流损伤熔断器，一次侧高压熔断件的最小弧前时间-电流特性应处于决定变压器涌流特性 A 点的右侧。变压器的励磁涌流通过熔断器产生的热效应，可取与实际变压器容量相关的最高运行电流的 10~12 倍，持续时间为 0.1s（见图 5.7-1）。

2）一次侧高压熔断件的额定电流应超过变压器的满负载电流，还应考虑由于运行状况和使用环境引起的电流增加，包括以下情况：

a. 熔断件的额定电流可以承载允许变压器在运行条件下的过负荷电流；

b. 当熔断件安装在一个封闭的外壳内，应保证熔断件在封闭的外壳内，其额定电流不超过规定温升限值的电流；

c. 熔断件的额定电流应满足在周围空气超过规定的正常使用条件下的温度，保证熔断件正常运行。

3) 一次侧高压熔断件的弧前电流在弧前时间-电流特性 10s 以下范围内应尽可能地低，以保证变压器得到最大的保护。

4) 为了使一次侧和二次侧熔断件或负荷侧的其他保护装置间更好的配合，一次侧的弧前时间-电流特性的交点 B（见图 5.7-1）应出现在电流值大于二次侧保护装置的负载侧最大故障电流的某一点，弧前时间为最大的总动作时间。

5.7.3.4　用于电压互感器回路的高压交流熔断器的选择

用于电压互感器回路的高压交流熔断器，只需按额定电压和开断电流选择，熔断件的选择只限能承受电压互感器的励磁冲击电流，不必校验额定电流。

保护电压互感器的高压交流熔断器，由于熔断件特别细，对电晕作用敏感，尤其是 10kV 及以上电压等级的电压互感器，应使熔断器的底座远离接地的金属框架，更应避免在熔断器底座附近使用法兰套管。

5.7.3.5　用于电动机回路的高压交流熔断器的熔断件的选择

（1）保护电动机回路的高压交流熔断器，动作电流较高的熔断件希望在弧前时间-电流特性 10s 区域范围内，可以耐受电动机的最大起动电流；动作电流较低的熔断件希望在弧前时间-电流特性 0.1s 区域范围内，可以在短路时最大范围保护相关的开关、电缆、电动机及其接线盒。

（2）熔断件弧前时间-电流特性的极限：

当 $I_N \leqslant 100A$ 时，　　　　　　$\dfrac{I_{f10}}{I_N} \geqslant 3$　　　　　　　　　　(5.7-4)

当 $I_N > 100A$ 时，　　　　　　　$\dfrac{I_{f10}}{I_N} \geqslant 4$　　　　　　　　　　(5.7-5)

对于所有电流额定值，　　　$\dfrac{I_{f0.1}}{I_N} \leqslant 20\left(\dfrac{I_N}{100}\right)^{0.25}$　　　　　(5.7-6)

式中　I_N——熔断件的额定电流，A；

I_{f10}——熔断件弧前时间为 10s 时的预期电流（平均）值，A，允差应不超过 $\pm 20\%$；

$I_{f0.1}$——熔断件弧前时间为 0.1s 时的预期电流（平均）值，A，允差应不超过 $\pm 20\%$。

引入 $(I_N/100)^{0.25}$ 是考虑熔断件的额定电流随弧前时间-电流特性的分散性而接近的短时区域。

（3）熔断件的选择还应满足：

1）熔断件能耐受电动机重复起动，利用限制过负荷特性的因数 K，修正熔断件的弧前时间-电流特性。

K 值的选择应符合下列条件：

a. 取弧前时间 10s 时的 K 值；

b. 在 5～60s 范围内有效，电动机起动频率不超过 6 次/h，且不超过两次连续起动；

c. 当不同于条件 b.，如当电动机工作条件包括点动、反转或较为频繁起动时，则应向熔断器生产厂家咨询。

熔断件的过负荷特性由 K（小于 1）乘以弧前电流特性上的电流 I_f 获得。

熔断器生产厂家可给出熔断件能耐受过负荷而不受损伤的保护程度 K 系数，并说明 K 系数与最小或平均弧前时间-电流特性的关系。

西安某公司用于保护电动机的熔断件的 K 值见表 5.7-4。

表 5.7-4   西安熔断器制造公司用于保护电动机的熔断件的 K 值

电动机每小时起动次数	2	4	8	16
K	1/1.7	1/1.9	1/2.1	1/2.3

2）熔断件应与回路其他组件合理的配合。

（4）电动机回路熔断件与回路其他组件配合的示意图见图 5.7-2，同时还应注意下列问题：

1）熔断件的弧前时间-电流特性，乘以合适的因数 K 所得到的修正特性曲线，应大于电动机的起动电流，即在 A 点的右边，见图 5.7-2。

2）机械开关装置应能满足由组合运行特性 DBCE 规定的条件。

3）熔断件额定电流的选择应能承载电动机的运转电流而无过热现象，当电动机用于辅助起动时这点特别重要。

4）电动机回路具有过电流保护时，熔断件的特性曲线和过电流继电器的曲线交点 B 所对应的电流，应小于机械开关装置的开断能力。

5）熔断件的最小开断电流应小于交点 B 所对应的电流，若有可能，可小于电动机的起动电流。

6）电动机回路具有瞬时保护时，交点将从 B 点移到 C 点，所对应的电流大于机械开关装置的额定开断电流，这时应注意机械开关装置分闸的可能性。

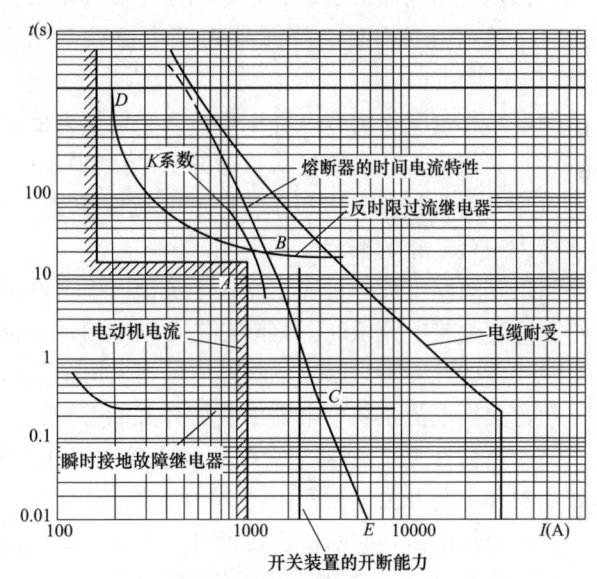

图 5.7-2   与电动机回路保护有关的特性

7）熔断件在系统最大故障电流时，动作时间为 0.01s 或更短的熔断件最大开断电流时的截止电流值，应不超过机械开关装置允许通过的故障电流值。

8）电缆的耐受能力应全部位于动作特性曲线 DBCE 的右侧。由于电动机起动性质的不同，如果电动机起动时间长并且起动频繁，特性曲线 BCE 段则向右移动，这时电缆的截面积应适当加大。

5.7.4　高压交流负荷开关-熔断器组合电器

5.7.4.1　概述

高压交流负荷开关-熔断器组合电器可以是由一组三极负荷开关及配有撞击器的三只熔断器组成的，任何一个撞击器的动作都会引起负荷开关三极全部自动分闸；也可以是由一组配有脱扣器的三极负荷开关和三只熔断器组成的，由过电流脱扣器或并联脱扣器触发来操作负荷开关的自动分闸。

除组合电器中的高压交流负荷开关和熔断器的选择应分别满足相关的要求外，对于安装有撞击器或脱扣器的负荷开关,还应进行转移电流或交接电流的校验。此外,高压交流负荷开关-熔断器组合电器应能满足低过电流工作条件。

5.7.4.2 高压交流负荷开关-熔断器组合电器的转移电流和交接电流

(1)转移电流。高压交流负荷开关-熔断器组合电器,当采用撞击器操作负荷开关分闸时,在熔断器与负荷开关转换开断职能时的三相对称电流值称为组合电器的额定转移电流。

在三相故障条件下,转移点附近的故障电流使熔断件最快的熔化,成为首开极,熔断器的撞击器开始动作使负荷开关分闸。其余两极将承受87%的故障电流,该电流或者被负荷开关开断,或者被剩下的两相熔断器开断。转移点是指负荷开关动作分开和熔断件熔化同时出现的时刻。

当预期短路电流低于组合电器的额定转移电流值时,首开相电流由熔断器开断,而后两相电流由负荷开关开断;当预期短路电流大于额定转移电流值时,三相电流仅由熔断器开断。

额定转移电流是组合电器中负荷开关能够开断转移电流的最大均方根值。

(2)交接电流。高压交流负荷开关-熔断器组合电器,当采用脱扣器操作负荷开关分闸时,负荷开关脱扣器和熔断器两种过电流保护装置的时间-电流特性曲线交点所对应的电流值,称为组合电器的额定交接电流。

当预期短路电流超过额定交接电流值时,开断电流的功能由熔断器承担;当预期短路电流小于额定交接电流值时,熔断器把开断电流的功能交给由脱扣器触发的负荷开关来承担。

脱扣器的性能和熔断器的特性应使得实际的交接电流小于组合电器的最大交接电流。

额定交接电流是组合电器中负荷开关能够开断交接电流的最大均方根值。

高压负荷开关-熔断器组合电器的交接电流包括最小交接电流和最大交接电流,它们均为熔断器和负荷开关的时间-电流特性曲线的交点。

最小交接电流,它对应于负荷开关最大开断时间和熔断器的最小弧前时间。

最大交接电流,它对应于负荷开关最小分闸时间和具有最大额定电流熔断器的最大动作时间。

5.7.4.3 高压负荷开关-熔断器组合电器实际转移电流和实际交接电流的确定方法

(1)确定高压交流负荷开关-熔断器组合电器的实际转移电流,取决于两个因素,即熔断器触发的负荷开关分闸时间和熔断件的时间-电流特性。

对于给定用途的组合电器,其实际转移电流可由制造厂家提供,当厂家不能提供时可按以下简化方法确定。

在熔断器的最小弧前时间-电流特性(基于电流偏差-6.5%)曲线上,T_{ml}所对应的电流值是确定的实际转移电流值$I_{sj.\,transfer}$,T_{ml}按式(5.7-7)计算

$$T_{ml} = 0.9T_0 \tag{5.7-7}$$

式中 T_{ml}——三相故障电流下首先动作的熔断器在最小时间-电流特性曲线上的熔断时间,s;

T_0——熔断器触发的负荷开关分闸时间,s;一般可取0.05s。

(2)确定高压交流负荷开关-熔断器组合电器的实际交接电流,也取决于两个因素,即脱扣器触发的负荷开关的分闸时间和熔断器的时间-电流特性。

对于给定用途的组合电器，其最大交接电流可由制造厂家提供，也可通过以下方法确定。

在熔断器的最大弧前时间-电流特性（基于电流偏差＋6.5%）曲线上，时间坐标为最小的脱扣器触发的负荷开关分闸时间，如果适用再加上 0.02s（以代表外部继电器的最小动作时间）后的总时间，它所对应的电流值就是实际的交接电流值。

（3）高压交流负荷开关-熔断器组合电器计算的实际转移电流，应按式（5.7-8）校验

$$I_{\text{N. min}} \leqslant I_{\text{sj. transfer}} < I_{\text{transfer}} \tag{5.7-8}$$

式中　$I_{\text{N. min}}$——熔断器的额定最小开断电流，A；

　　　$I_{\text{sj. transfer}}$——计算的实际转移电流，A；

　　　I_{transfer}——高压交流负荷开关-熔断器组合电器的额定转移电流，A。

（4）当采用高压交流负荷开关-熔断器组合电器保护变压器时，因为一次侧保护装置专门保护变压器二次保护装置前面的故障，当变压器二次侧端子直接短路时，将使得一次侧产生严酷的 TRV 值，组合电器中负荷开关不具有开断这种故障的能力，因此，必须由高压交流熔断器单独将此故障开断，而不能把开断电流的任务转移到负荷开关开断，以保证组合电器中负荷开关的安全使用，因此计算的实际转移电流校验还应满足式（5.7-9）要求

$$I_{\text{sj. transfer}} < I_{\text{sc}} \tag{5.7-9}$$

式中　$I_{\text{sj. transfer}}$——计算的实际转移电流，A；

　　　I_{sc}——变压器二次侧直接短路时一次侧故障电流，A。

（5）高压交流负荷开关-熔断器组合电器的实际交接电流，应按式（5.7-10）校验

$$I_{\text{sj. to}} < I_{\text{to}} \tag{5.7-10}$$

式中　$I_{\text{sj. to}}$——计算的实际交接电流，A；

　　　I_{to}——高压交流负荷开关-熔断器组合电器的额定交接电流，A。

5.7.4.4　高压交流负荷开关-熔断器组合电器和变压器配合的校验

为了理解高压交流负荷开关-熔断器组合电器和变压器的正确配合，现举例说明如下。

【例 5.7-1】　设计选用一台 10kV，400kVA 的变压器，采用高压交流负荷开关-熔断器组合电器保护变压器。

解　（1）有关参数如下。

1）变压器所在高压系统的最大故障电流不大于 16kA；

2）变压器满负载电流近似为 23A；

3）假定变压器允许短时过负荷 150%，变压器在－5% 的分接处，过负荷电流近似为 36A；

4）变压器的最大励磁涌流为 12 倍的额定电流，等于 276A，持续时间为 0.1s；

5）变压器周围空气温度为 45℃，高出正常使用标准 5℃；

6）变压器二次侧端子直接短路故障时，变压器的阻抗电压为 5%，一次侧最大短路电流为 462A。

假定高压交流负荷开关-熔断器组合电器制造厂建议选用某熔断器制造厂家生产的某一特定型号的一组额定电压为 12kV、熔断件的额定电流为 40A、额定开断电流为 16kA（至少）的后备保护熔断器，组合电器的额定转移电流为 1000A，在安装 40A 熔断器后组合电器的转移电流小于其额定转移电流，负荷开关分闸时间为 0.05s。为核实这一建议，应向高

压交流负荷开关-熔断器组合电器制造厂家落实相关参数。

（2）需要落实的参数如下。

1）高压熔断器应能承受变压器最大励磁涌流0.1s，并且熔断件弧前时间-电流特性在该点上留有20%选择性的距离。

2）安装熔断器后，组合电器额定电流在周围空气温度为45℃时，应能够满足变压器过负荷的要求。

3）在熔断件的弧前时间-电流特性10s范围内，熔断件的弧前电流应足够小，以保证可靠地保护变压器。

4）高压熔断器应能够单独开断变压器二次侧直接短路而产生的一次侧最大短路电流。

（3）对高压交流负荷开关-熔断器组合电器应进行如下校验。

1）根据熔断件正常的弧前时间-电流特性曲线，由图5.7-3中查出熔断器在0.1s时可以承受276A励磁涌流，并在该点上选择性地留有20%的距离或向熔断器制造厂家咨询。

2）装入熔断器后，组合电器额定电流足以在周围空气温度为45℃时，允许变压器周期性过负荷到36A。也就是说，在周围空气温度为45℃时，组合电器中的熔断件的额定电流受温度影响而下降为38A，但仍大于变压器的过负荷电流，则可以满足使用要求。

受周围环境温度的影响，在某一温度下组合电器中熔断件的弧前时间-电流特性曲线可向熔断器制造厂咨询，也可以按照5.3.3方法确定。

3）在熔断器时间-电流特性10s范围内，熔断件的弧前电流应足够小，以保证可靠地保护变压器。为此，可以检查熔断器时间-电流曲线特性，或者向熔断器制造厂家咨询。

4）所选用的组合电器额定转移电流为1000A，安装熔断器后其额定转移电流下降。根据熔断件弧前时间-电流特性曲线和对应负荷开关分闸时间0.05s的T_{m1}时间，确定组合电器的实际转移电流为280A，小于其额定转移电流。

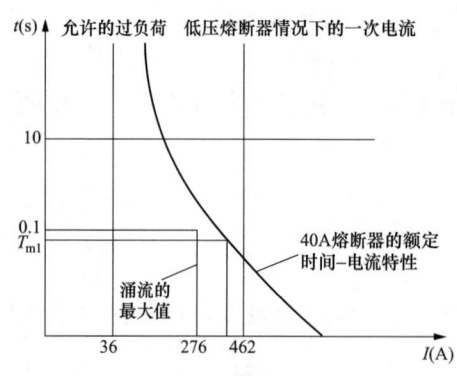

图5.7-3 负荷开关-熔断器组合电器与变压器配合的特性曲线

5）变压器一次侧产生的最大短路电流为462A。它大于实际转移电流值，表明高压熔断器应能单独开断变压器二次侧直接短路时变压器一次侧产生的最大短路电流，避免了由负荷开关来开断短路电流。

还应注意，变压器低压侧采用熔断器保护时，在低压系统发生相间故障条件下，供电部门必需检查组合电器中高压熔断器与高额定值的低压熔断器的配合问题，这通常是配合的最恶劣条件。

负荷开关-熔断器组合电器与变压器配合的特性曲线见图5.7-3。

通过上述校验表明，高压交流负荷开关-熔断器组合电器的实际转移电流小于其额定转移电流，大于熔断器的额定最小开断电流，并且小于变压器二次侧直接短路时一次侧的最大故障电流，这就保证了组合电器中负荷开关的安全使用。

5.7.4.5 高压交流负荷开关-熔断器组合电器满足低过电流的工作条件

高压交流负荷开关-熔断器组合电器为了能够在低过电流（长的熔断件弧前时间）条件

下可靠工作，负荷开关和熔断器应满足下述条件之一：

（1）熔断器触发的负荷开关分闸时间短于熔断器能够耐受的最长燃弧时间；

（2）熔断器制造厂家能够证明，熔断器在从额定短路开断电流值到组合电器中的熔断器的等效最小熔化电流值的所有电流值都能可靠地动作（即全范围熔断器），则认为与组合电器中的熔断器触发的负荷开关分闸时间不相关；

（3）组合电器制造厂家能够证明，熔断器撞击器的热脱扣器在熔断器起弧前使负荷开关开断了所有小于 I_3 的电流。

I_3 是熔断器试验中，对于后备熔断器是最小开断电流；对于通用熔断器是 1h 或更长时间的熔化电流；对于全范围熔断器是熔断件的额定电流。

5.7.5 高压交流接触器

使用较多的高压交流接触器主要有电磁接触器、真空接触器和 SF_6 接触器。适用于额定电压 3.6kV 及以上但不超过 12kV，频率为 50Hz 及以下电力系统的电动机起动装置，用来起动电动机并将其加速至正常速度、保证电动机连续运行、切断电动机电源，为电动机及其连接的回路过负荷提供保护。

5.7.5.1 高压交流接触器与过负荷和短路保护装置（SCPD）的配合

（1）高压交流接触器和短路保护装置的配合。

高压交流接触器一般不能用于开断短路电流，因此需要与过负荷和短路保护装置配合使用。高压交流接触器和过负荷短路保护装置可以是分离的，也可以组合在一起成为组合电器，如高压综合起动器。

高压交流接触器和短路保护装置配合使用时，应满足以下要求：

1）短路保护装置应布置在高压接触器的电源侧，并具有不小于安装地点的预期短路电流的短路开断能力；

2）对于不大于正常运行中最大的过负荷电流（包括电动机的堵转电流），短路保护装置不应代替高压接触器动作；

3）对于电流等于 AC-3 使用类别规定的高压接触器或起动器的开断电流时，短路保护装置至少在相应过负荷继电器的脱扣时间内能够承受该电流；

4）如果高压接触器和短路保护装置组合成综合起动器并整体安装时，应注意综合起动器动作时的外部效应如火焰或热气流的喷射等，不得超过设备制造厂家所规定的安全界限的要求；

5）过负荷和短路保护装置采用高压熔断器时，熔断器的选择和校验见 5.7.3。

（2）高压交流接触器或起动器的热电流。

高压交流接触器或起动器的热电流，是在连续工作制下各部件的温升不超过极限值所允许承载的最大电流。该热电流应参考相关熔断器的额定电流以及熔断器安装在外壳内所产生的影响，它一般小于熔断器生产厂家规定的熔断器额定电流。

由于自耦减压起动器或电抗起动器的变压器或电抗器只是间断通电，所以在起动器按规定的要求工作时，变压器或电抗器线圈的温升允许比相关的元件标准规定的温升极限值高 15K。

（3）SCPD 短路保护装置生产厂家的配合。

1）对于不具有短路保护的接触器或起动器，生产厂家应提供：

——打算用于组合中的 SCPD 的最大截止电流;

——最大短路开断电流;

——能够承受的最大预期短时耐受电流和持续时间或焦耳积分;

——最大预期峰值耐受电流;

——SCPD 的时间-电流特性。

2) 对于具有短路保护的接触器或起动器,生产厂家应提供:

——所配用装置的形式和特性;

——配合类型;

——额定电缆开断电流;

——额定短路关合电流。

5.7.5.2 高压交流接触器的交接电流

高压交流接触器的交接电流取决于脱扣器触发的高压接触器和短路保护装置(如熔断器)的时间-电流特性,这两条时间-电流特性曲线的交点对应的电流值就是交接电流。小于交接电流时,开断电流的功能由脱扣器操作的高压接触器承担;超过交接电流时,由脱扣器操作的接触器把开断电流的功能交由高压熔断器承担。

对于某一特定用途的综合起动器的最大交接电流,可以按照以下方法确定。

在熔断器最大弧前时间-电流特性曲线(电流偏差+6.5%)上,高压接触器最小分闸时间加上过电流继电器和/或延时装置动作的最小响应时间所对应的电流,就是最大交接电流值。该电流值应不大于综合起动器制造厂家给出的额定交接电流值。

5.7.5.3 高压交流接触器允许的损伤程度的分类

当故障电流超过最大交接电流时,在开断时间内流过接触器的电流,可能导致开关装置本身的损伤。根据允许的损伤程度分类如下:

a 类——允许任何种类的损伤,有必要可更换整个装置或除 b 类所列零件之外的主要零件;

b 类——起动器的过负荷继电器特性可能永久地改变,其他损坏应限制在接触器的主触头和(或)灭弧室,并且可以更换或维修;

c 类——损伤应限制在接触器的主触头,可以打开熔焊的触头或更换。

当电流不超过最大交接电流时,接触器应无实质性的损伤,并应能保证正常使用。

5.7.6 高压交流隔离开关和接地开关

5.7.6.1 高压交流隔离开关和接地开关的等级

(1) 高压交流隔离开关的等级。

1) M0 级隔离开关:具有 1000 次操作循环的机械寿命适合输、配电系统中使用且满足相关标准的一般要求;

2) M1 级隔离开关:具有 2000 次操作循环的延长机械寿命,主要用于隔离开关和同等级的断路器关联操作的场合;

3) M2 级隔离开关:具有 10 000 次操作循环的延长机械寿命,主要用于隔离开关和同等级的断路器关联操作的场合。

(2) 高压交流接地开关的等级。

1) E0 级接地开关:适合输、配电系统中使用且满足相关标准的一般要求;

2）E1 级接地开关：具有短路关合能力的 E0 级接地开关；

3）E2 级接地开关：适合 35kV 及以下系统使用的、具有延长的短路关合操作次数且最少维护的 E1 级接地开关。

5.7.6.2　选择高压交流隔离开关应注意的问题

（1）高压交流隔离开关没有开断或关合工作电流的能力。对于隔离开关仅在开断或关合的电流可忽略，或每极的端子之间的电压没有显著变化时，才能开断和关合回路。当隔离开关开断和关合容性或感性小电流不超过 0.5A 时，隔离开关才具有关合和开断回路的能力。因此在变压器高压侧使用的隔离开关仅仅作为检修时的明显断开点。

（2）额定母线转换电流。高压交流隔离开关将负荷从一条母线转移到另一条母线上，开关在有载条件下所进行的开断和关合操作时的电流称为母线转换电流。

72.5kV 及以上的高压交流隔离开关应能够开合母线转换电流，空气绝缘和气体绝缘的高压交流隔离开关，其额定母线转换电流值均应是额定电流的 80%，无论隔离开关的额定电流多大，额定母线转换电流通常不能超过 1600A。

（3）额定母线转换电压。额定母线转换电压是指最大的母线转换电压，在此电压下隔离开关应能开合额定母线转换电流。

对于 72.5~126kV 高压交流隔离开关，当采用空气绝缘时的额定母线转换电压为 100V（均方根值）；当采用气体绝缘时的额定母线转换电压为 10V（均方根值），当用于长母线的情况时额定母线转换电压为 30V。

（4）隔离开关的集肤效应和温升。隔离开关主电流路径的形状、结构和材料，应考虑集肤效应的影响，经验表明，矩形导体在 60Hz 下运行时的温升与 50Hz 相比偏差大于 5%。

（5）高压交流隔离开关和接地开关接线端子的静态机械负荷见 5.2.5。

（6）选择高压交流隔离开关和接地开关时，还应满足安装地点的环境状况和气象条件的相关要求。

5.7.6.3　选择高压交流接地开关应注意的问题

（1）高压交流接地开关的额定短路持续时间，除另有规定外，短时耐受电流的额定持续时间为 2s。

（2）高压交流接地开关的感应电流取决于平行线路之间的容性、感性耦合因数以及系统的电压、负载和长度，感应电流由电磁感应电流和静电感应电流组成。

对于 72.5~126kV 高压交流接地开关应能够开合感应电流，感应电流是在额定感应电压下接地开关能够开合的最大电流。接地开关的额定感应电流和额定感应电压标准值见表 5.7-5。

表 5.7-5　　　　　　　　　接地开关的额定感应电流和额定感应电压标准值

额定电压 U_N (kV)	电磁感应				静电感应			
	额定感应电流（均方根值）(A)		额定感应电压（均方根值）(kV)		额定感应电流（均方根值）(A)		额定感应电压（均方根值）(kV)	
	类别		类别		类别		类别	
	A	B	A	B	A	B	A	B
72.5	50	80	0.5	2	0.4	2	3	6
126	50	80	0.5	2	0.4	2	3	6

注　表中 A 类接地开关用于耦合弱或比较短的平行线路；B 类接地开关用于耦合强或比较长的平行线路。

（3）高压交流接地开关的可动部件与其底座之间铜质软连接线的截面积不应小于 $50mm^2$，当该连接线用来承载短路电流时应进行动稳定和热稳定的校验。

（4）如果接地开关和隔离开关组合成一体，接地开关的额定短时耐受电流和额定峰值耐受电流至少应等于隔离开关的额定值。

（5）隔离开关和联装的接地开关之间应设置机械联锁，根据用户要求也可以设置电气联锁，封闭式组合电器可采用电气联锁。

配人力操作的隔离开关和接地开关应考虑设置电磁锁。

5.7.6.4 高压交流隔离开关和接地开关的额定接触区

为了保证高压交流隔离开关和接地开关具有正确的使用功能，在设计时应考虑运行的条件，确保静触头满足限值的要求。这些限值用 x_r、y_r 和 z_r 表示，应由开关制造厂家提供。

高压交流隔离开关和接地开关静触头限值的要求可参考表 5.7-6 和表 5.7-7。

表 5.7-6   静触头由软导体支承时推荐的接触区

额定电压 U_N(kV)	x(mm)	y(mm)	z_1(mm)	z_2(mm)
72.5	100	300	200	300
126	100	350	200	300

表 5.7-7   静触头由硬导体支承时推荐的接触区

额定电压 U_N(kV)	x(mm)	y(mm)	z(mm)
72.5/126	100	100	100

5.7.7 高压阻容吸收器

广泛使用的高压真空断路器由于动作速度快，灭弧能力强，在断路器操作时会产生严重的操作过电压，对电动机或变压器等电器设备经常造成危害。

高压阻容吸收器是一种特殊的吸收操作过电压的设备，对于 6kV 以及 10kV 配电系统，在抑制操作过电压方面，普遍认为阻容吸收器比氧化物避雷器的效果更加优越。

高压阻容吸收器的选择应满足额定电压、电阻值、电容值、额定频率、绝缘水平和布置形式等技术条件的要求，还应根据使用场所温度和海拔等环境条件校验。

（1）选择高压阻容吸收器时还应注意的几个问题。

1）高压阻容吸收器的电阻值选择。高压阻容吸收器的电阻是一个阻尼元件，它对于操作过电压振荡频率有影响，电阻值过高或过低对降低频率均不利，一般情况下电阻值 R 不应小于 100Ω。电阻 R 对电容器也有保护作用，适当提高电阻值有利于保护电容器的安全，防止电容器过负荷烧毁。一般高安全性的阻容吸收器的电阻值最高可做到 400Ω。

2）高压阻容吸收器的电容值选择。高压阻容吸收器的电容器的作用是降低操作过电压的振荡频率和过电压的陡度，根据多年运行经验，电容值一般取 $0.1\mu F$ 时，可将操作过电压的振荡频率限制在 150Hz 以下。理论上电容值适当大些保护效果会更好些，但应进行精确测算，不能盲目增大电容值。

3）高压阻容吸收器的匝间保护作用。操作过电压由于频率高，过电压的陡度也非常高，经常造成感性负载如电动机或变压器匝间绝缘击穿，尤其是在进线端的匝间击穿更为突出。阻容吸收器可以有效降低操作过电压的陡度，避免感性负载的匝间击穿，其性能优于氧化物避雷器。

4）系统高次谐波的影响。电力系统的高次谐波对阻容吸收器影响很大，高次谐波会成数倍的增加电阻和电容元件的负担。在系统正常运行并且断路器没有操作时，也会出现电阻器因高次谐波电流影响而持续发热发红，甚至造成电阻器烧坏。

选择阻容吸收器时应考虑系统高次谐波情况，对用于易产生高次谐波的电力系统时，应注意选用能适应高次谐波影响的阻容吸收器。

5）高压阻容吸收器的附加对地电容电流。线性阻容吸收器会产生明显的附加对地电容电流，10kV 线性阻容吸收器每台约为 0.2A。在安装多台线性阻容吸收器时，附加对地电容电流的累加值可达数十安培，必须充分考虑这种附加对地电容电流累加值的影响。

非线性阻容吸收器附加的对地电容电流极小，每台约为数微安，不会对系统对地电容电流的变化造成影响。

6）为了提高相间保护能力，防止相间过电压的危害，可采用四星形接线方式的高压阻容吸收器。

7）用于中性点不接地系统时，选择高压阻容吸收器的电容值时注意不应影响系统的中性点接地方式。

（2）高压阻容吸收器的类型。高压阻容吸收器有两种类型：一种是线性阻容吸收器；另一种是非线性阻容吸收器。

1）线性阻容吸收器在电力系统正常运行的情况下，其电阻和电容元件受到系统高次谐波的影响，很容易造成损坏；由于吸收器中电容元件会产生附加的对地电容电流，这种附加的电容电流累加值相当可观；由于吸收器中电阻元件会产生有功消耗并转换成热能，不但造成电能的浪费，也会缩短电阻元件的使用寿命。

2）非线性阻容吸收器采用自控接入型电阻，克服了线性阻容吸收器的种种弊端。阻容吸收器采用自控接入型电阻后，当系统无断路器操作时，阻容吸收器元件与系统隔离，只有在操作断路器的瞬间投入工作，系统对电容器的充电从零开始，使得过电压的波头陡度变缓。这样不仅能够很好地消除过电压的危害，也有效地避免了系统高次谐波对吸收器元件的影响，还减少了电阻元件的电能消耗。非线性阻容吸收器附加的对地电容电流，也由原来的安培级下降至微安级。

5.7.8 限流电抗器

5.7.8.1 用于电力系统或接在中性点的限流电抗器

限流电抗器是串联在电力系统或接在中性点与地之间用以限制或控制短路或短时电流的电抗器。

串联连接在电力系统的限流电抗器，用于限制短路电流或短时电流，在正常情况下有持续电流通过电抗器；连接于系统中性点与地之间的接地电抗器，用于限制系统故障时的接地电流，在正常情况下没有或仅有很小的持续电流通过电抗器。

（1）普通限流电抗器电抗值的选择，应满足以下各项要求。

1）将电抗器后的短路电流限制到最大允许值以内，这时电抗器的电抗百分数按式（5.7-11）计算

$$x_N\% \geqslant \left(\frac{I_b}{I_k''} - X_{*b}\right)\frac{I_N U_b}{I_b U_N} \times 100\% \tag{5.7-11}$$

式中　$x_N\%$——电抗器在其额定参数条件下的电抗百分数；

I_b——基准电流（标幺值计算方法），kA；

I''_k——电抗器后短路时对称短路电流初始值，kA；

X_{*b}——以 U_b、I_b 为基准（标幺值计算方法）的电抗器前的系统电抗标幺值；

I_N——电抗器额定持续电流，kA；

U_b——基准电压（标幺值计算方法），取连接电抗器线路的平均额定电压，kV；

U_N——电抗器额定电压，kV。

2）正常工作时电抗器的电压损失，可按式（5.7-12）计算

$$\Delta U\% = x_N\% \sin\varphi \frac{I_{w,max}}{I_N} \tag{5.7-12}$$

式中　$\Delta U\%$——电抗器电压损失百分数；

$x_N\%$——电抗器在其额定参数条件下的电抗百分数；

φ——负荷功率因数角，一般情况下，$\cos\varphi=0.8$，$\sin\varphi=0.6$；

$I_{w,max}$——最大工作电流，kA；

I_N——电抗器额定持续电流，kA。

正常工作时电抗器的电压损失不宜大于额定电压的5%。

3）在电抗器后短路时，要使母线剩余电压保持一定水平，母线的剩余电压按式（5.7-13）计算

$$U_B\% = x_N\% \frac{I''_k}{I_N} \tag{5.7-13}$$

式中　$U_B\%$——母线的剩余电压百分数；

$x_N\%$——电抗器在其额定参数条件下的电抗百分数；

I''_k——电抗器后短路时对称短路电流初始值，kA；

I_N——电抗器额定持续电流，kA。

母线的剩余电压一般不低于额定电压的60%～70%，如果电抗器接在6kV发电机的主母线上，母线剩余电压应尽量取上限值。对于出线电抗器，尚应计及出线上的电压损失。对于母线分段电抗器、带几回路出线的电抗器及其他具有无时限继电保护的出线电抗器，不必按第3）要求进行母线剩余电压的校验。

（2）限流电抗器其他相关参数的选择。

1）额定持续电流 I_N。限流电抗器的额定持续电流 I_N 可按下列条件选择。

a. 主变压器或馈线回路的最大工作电流。

b. 发电厂母线分段回路的限流电抗器，应根据母线上事故切断最大一台发电机时，可能通过电抗器电流选择，一般应该台发电机额定电流的50%～80%。

c. 变电站母线回路的限流电抗器，应满足用户的一级负荷和大部分二级负荷的要求。

下列情况时可由设计提出具体要求，主要包括：

——若无另行规定，对于串联连接到每相的限流电抗器，额定持续电流是对称三相电流；

——对于中性点接地电抗器，如果额定持续电流大于额定热短路电流或额定短时电流的5%，则需要提出特殊要求；

——对于电动机起动电抗器，如果电动机起动后电抗器不被旁路，则额定持续电流需要

提出特殊要求。

2）额定热短路电流 I_{SCr}。连接在电力系统的限流电抗器和连接在中性点的接地电抗器的额定热短路电流 I_{SCr} 由设计规定，要求不应低于电抗器运行中发生故障情况下的最大对称电流的均方根值。额定热短路电流也可以用给定的系统短路容量、系统电压和电抗器阻抗得出。

3）额定热短路电流持续时间 T_{SCr}。

额定热短路电流持续时间 T_{SCr} 由设计规定，一般可以采用下列标准值：限流电抗器的额定热短路电流持续时间为 2s；中性点接地的电抗器的额定热短路电流持续时间为 10s。

选用的持续时间应能够反映自动重合闸时积累热效应和故障被切除前允许存在的时间。

如果短路电流超过额定持续电流的 25 倍，热短路电流持续时间将影响电抗器的制造成本。

4）额定机械短路电流 I_{MSCr}。额定机械短路电流 I_{MSCr} 是规定的不对称故障电流峰值，不对称故障电流可以从额定热短路电流导出。

额定机械短路电流 I_{MSCr} 取决于电力系统的 X/R 的比值，如果用户没有指定系统的阻抗和 X/R 的比值，额定机械短路电流应取额定热短路电流值的 $1.8\sqrt{2}$ 倍，即 $I_{MSCr}=2.55I_{SCr}$。

5）额定短时电流 I_{STr}。额定短时电流 I_{STr} 由设计规定，也可以按以下方法确定：

对于电动机的起动电抗器，额定短时电流 I_{STr} 为额定频率下施加规定负载周期时规定的电流均方根值；对于连接于中性点的接地电抗器，为额定频率下规定的故障线路灭弧电流均方根值。

6）额定短时电流持续时间 T_{STr} 或负载周期。短时电流持续时间 T_{STr} 或负载周期应该同额定短时电流 I_{STr} 一起由设计规定。负载周期是每种使用情况规定的持续时间、各种使用情况之间的时间间隔以及额定短时电流的次数。

7）额定短路阻抗 Z_{SCr}。额定短路阻抗 Z_{SCr} 由设计规定，额定短路阻抗也可以从规定的系统短路容量以及预期的热短路电流求得。

5.7.8.2 选用限流电抗器应注意的问题

干式电抗器通常不是安装于封闭的钢箱或钢外壳中，电抗器总体装配各个部分均应看成是带电体。因此，应考虑采取安全防护措施，在电抗器运行时避免人身与电抗器发生偶然的接触。

干式空心电抗器附近的磁场强度，可能高到足以使位于该处金属体发热并受到一定的作用力。如果必要，电抗器生产厂家应提供一个适当的磁间距的指导原则。

5.7.9 中性点接地设备

5.7.9.1 概述

中性点接地设备主要是接地变压器、消弧线圈及接地电阻器。高压系统中性点接地方式及其要求见 2 章和 14 章。

三相接地变压器常用于系统中没有中性点时，可通过采用 Z 形三相接地变压器来实现系统对中性点接地的要求。单相接地变压器常用于发电机及变压器的中性点接地。有条件时接地变压器宜选用干式无激磁调压接地变压器。

消弧线圈常用于发电机的中性点接地及 YNd 或 YNynd 结线形式变压器的中性点接地。

接地电阻常用于发电机及变压器的中性点接地。当系统接地故障电容电流小于规定值时

(一般小于 10A),可采用高电阻接地方式;当接地故障电容电流大于规定值时,可采用低电阻接地方式。

接地电阻也常用于单相接地变压器,通过在其二次侧接入电阻来满足中性点接地的要求。

中性点接地设备的选择除满足额定电压、额定频率、额定容量及过负荷能力等要求外,还应满足系统对中性点接地的其他要求。

5.7.9.2　接地变压器

(1) 接地变压器额定电压。

接地变压器安装在发电机或变压器中性点时,应满足

$$U_{NT} = U_N \tag{5.7-14}$$

式中　U_{NT}——单相接地变压器额定一次电压,kV;

　　　U_N——采用接地变压器的发电机或变压器的一次侧额定电压,kV。

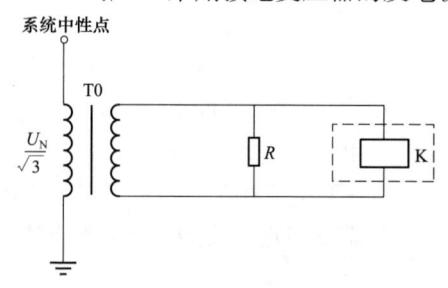

图 5.7-4　中性点经单相接地变压器
接地的原理接线图

接于系统母线的三相接地变压器额定一次电压应与系统标称电压相一致。接地变压器二次侧额定电压可根据负载的特性确定,一般选择 110V 或 220V。中性点经单相接地变压器的原理接线图如图 5.7-4 所示。

(2) 接地变压器额定容量。

1) 单相接地变压器额定容量为

$$S_N \geqslant \frac{U_2 I_R}{K} \ \text{或} \ S_N \geqslant \frac{U_N I_R}{\sqrt{3} K t_N} \tag{5.7-15}$$

式中　S_N——单相接地变压器额定容量,kVA;

　　　U_2——单相接地变压器二次侧的电压,kV;

　　　I_R——单相接地故障时变压器二次侧的电阻电流,A;

　　　U_N——发电机或变压器额定一次电压,kV;

　　　t_N——接地变压器的额定变比;

　　　K——接地变压器过负荷系数(可由变压器制造厂提供)。

2) 三相接地变压器的额定容量。三相接地变压器的额定容量应与消弧线圈或接地电阻的容量相匹配,需要时三相接地变压器的二次侧可以带一些用电负荷,或者兼作所用电源,这时还应考虑二次负荷容量。

对于采用 Z 形结线的三相接地变压器,中性点接消弧线圈或接地电阻时,没有考虑二次侧负荷的接地变压器额定容量为

$$S_N \geqslant Q_N \ \text{或} \ S_N \geqslant P_N \tag{5.7-16}$$

式中　S_N——三相接地变压器的额定容量,kVA;

　　　Q_N——消弧线圈额定容量,kVA;

　　　P_N——接地电阻额定容量,kVA。

对于采用三台单相变压器组成 Y/开口 d 形结线的三相接地变压器,中性点经消弧线圈或接地电阻接地时,接地变压器的容量为

$$S_N \geqslant \frac{\sqrt{3}}{3}Q_N \text{ 或 } S_N \geqslant \frac{\sqrt{3}}{3}P_N \qquad (5.7\text{-}17)$$

式中　S_N——接地变压器的额定容量，kVA；

　　　Q_N——消弧线圈额定容量，kVA；

　　　P_N——接地电阻额定容量，kVA。

我国接地变压器的容量尚未规范化，当接地变压器采用 ZNyn 结线时，消弧线圈的容量应在接地变压器容量的 86%～95% 范围内选择。

3) 接地变压器容量选择满足系统的热稳定要求，在计算时应考虑接地变压器短时过负荷容量。根据短时过负荷持续时间将短时容量换算为持续额定容量。当无变压器厂家资料时，接地变压器短时允许过负荷倍数可参见表 5.7-8。

表 5.7-8　　　　　　　　　干式接地变压器短时允许过负荷倍数

过负荷时间（min）	额定容量倍数	过负荷时间（min）	额定容量倍数
5	1.6	45	1.3
18	1.5	60	1.2
32	1.4		

5.7.9.3　消弧线圈

消弧线圈是用来补偿电力系统发生对地故障时产生的容性电流的电抗器。消弧线圈在三相电力系统中接在电力变压器或接地变压器中性点与地之间。

系统中性点经消弧线圈接地，在出现单相接地时，消弧线圈产生的电感电流可以补偿相应的接地电容电流，使接地点电弧容易熄灭，减少了间歇性电弧的产生，抑制了弧光接地过电压。当接地电容电流超过标准规定时，使用消弧线圈可使系统带接地故障运行 2h 以下，以提高供电的可靠性。

消弧线圈宜选用油浸式，装设在户内相对湿度小于 80% 场所的消弧线圈也可以选用干式。在电容电流变化较大的场所，宜选用自动跟踪动态补偿式消弧线圈。

(1) 中性点位移电压的校验。中性点经消弧线圈接地的电网，在正常情况下，长时间中性点位移电压不应超过系统相电压的 15%，中性点经消弧线圈接地的发电机，在正常情况下，长时间中性点位移电压不应超过系统相电压的 10%。

中性点位移电压可按式（5.7-18）计算，即

$$U_0 = \frac{U_{bd}}{\sqrt{d^2 + v^2}} \qquad (5.7\text{-}18)$$

式中　U_0——中性点位移电压，kV；

　　　U_{bd}——消弧线圈投入前的电网中性点不对称电压，kV，一般取系统相电压的 0.8%；

　　　d——阻尼率，对于 66～110kV 架空线路 d 取 3%，35kV 及以下架空线路 d 取 5%，电缆线路 d 取 2%～4%；

　　　v——脱谐度，对于中性点经消弧线圈接地的电网，一般按不大于 10%（绝对值）选择；对于中性点经消弧线圈接地的发电机，考虑到限制传递过电压等因素，一般按不超过 ±30% 选择。

(2) 脱谐度的确定。实际运行时脱谐度可按式（5.7-19）确定，即

$$\nu = \frac{I_{c} - I_{L}}{I_{c}} \tag{5.7-19}$$

式中　ν——脱谐度;

　　　I_{c}——电网或发电机回路的电容电流,A;

　　　I_{L}——消弧线圈的电感电流,A。

消弧线圈抑制弧光过电压的效果与脱谐度有关,只有脱谐度不超过±5%才能把弧光过电压水平限制在2.6倍相电压以下。

需要指出,对不能自动调节的消弧线圈应运行在过补偿状态下,消弧线圈分接头的数量应满足脱谐度的要求,接于变压器的消弧线圈分接头一般不少于5个,接于发电机的最好不低于9个;对于具有自动调节功能的消弧线圈,可以在谐振点附近的范围内运行,但生产厂家应采取措施,限制中性点的位移电压和防止工频串联谐振的发生。

(3) 消弧线圈的补偿容量。消弧线圈补偿容量可按式(5.7-20)计算

$$Q = KI_{c}\frac{U_{n}}{\sqrt{3}} \tag{5.7-20}$$

式中　Q——消弧线圈补偿容量,kVA;

　　　K——系数,过补偿取1.35,欠补偿时按脱谐度确定;

　　　I_{c}——电网或发电机回路的电容电流,A;

　　　U_{n}——电网或发电机回路的标称电压,kV。

(4) 消弧线圈的额定电流 I_{N} 和额定电流持续时间 T_{N}。消弧线圈的额定电流 I_{N} 由用户确定,不应小于相导体对地故障时所产生的最大电流。

在计算系统的电容电流时,应包括系统电网的全部架空线路和电缆线路的电容电流,同时还应考虑变电站母线和电器设备产生的电容电流,对于发电机回路应包括发电机、变压器和连接导体产生的电容电流。对于计算配电系统电网的电容电流时,应考虑电网5~10年的发展,还应考虑所选用的消弧线圈工作电流下限值是否与系统最小运行方式下的电容电流相适应。

额定电流持续时间 T_{N} 由用户确定,不应低于预期的最长接地故障时间,一般不超过2h,但额定电流持续时间是连续的除外。

如果在很短时间内可能连续发生接地故障,其时间间隔和发生故障次数由用户规定。

消弧线圈常用的额定电流持续时间是10s、30min、2h和连续,其中连续是指持续时间大于2h,但实际情况一般不会超过2h。

(5) 接地变压器容量与消弧线圈补偿容量的配合。采用消弧线圈接地时,应首先利用有中性点引出的电力变压器;当变压器无中性点或中性点未引出时,应采用专用的接地变压器。

确定消弧线圈的补偿容量时应与接地变压器一次侧容量相匹配。

接于Ynd结线的双绕组或YNynd结线的三绕组变压器中性点上的消弧线圈容量,不应超过变压器三相绕组总容量的50%,且不得大于三绕组变压器的任一绕组的容量。

如需将消弧线圈接于YNyn结线的内铁芯式变压器中性点时,消弧线圈的容量不应超过变压器三相绕组总容量的20%。

（6）装设消弧线圈的变压器中性点的过电压保护。装设消弧线圈的变压器中性点是否需要采用过电压保护，要由过电压水平来决定。一般在消弧线圈补偿的电网中，当开断两相接地短路故障所引起的过电压不超过相电压两倍，就不需要在变压器中性点装设过电压保护装置，若高于两倍则应装设过电压保护装置。

中性点装有消弧线圈的变压器，如果有单进线运行的可能时，应在变压器中性点的消弧线圈处装设过电压保护装置。

（7）消弧线圈安装时应注意以下内容。在任何运行方式下大部分电网不应失去消弧线圈的补偿，要避免将多台消弧线圈集中安装在一处，也应避免电网仅仅安装一台消弧线圈。

消弧线圈不应安装于零序磁通经铁芯闭路的 YNyn 结线变压器的中性点上，如外铁型变压器或三台单相变压器组成的变压器组。

5.7.9.4 接地电阻器

（1）概述。

在 6～20kV 高压系统中所采用的电阻接地方式，目前一般认可的有三种形式，即高电阻、中电阻和低电阻接地，使用较多的是高电阻和低电阻。

对于采用低电阻接地方式，在发生单相接地故障时电流过大，使得低电阻装置的热容量也过大，带来制造上的困难；同时发生单相接地故障时产生的接地点电位过高，对人身安全也存在危害；以及对通信线路和电子设备产生的干扰较严重等问题，国内有专家认为中电阻接地方式具有较大的发展优势和生命力。

单相接地故障电流与接地电阻值的大概范围见表 5.7-9。

表 5.7-9 单相接地故障电流与接地电阻值的大概范围

电阻接地方式	高电阻	中电阻	低电阻
单相接地故障电流（A）	<10	30～300	600～1000
电阻值（Ω）	数百～数千	10～100	<10

采用低电阻或高电阻接地方式，应根据接地故障电流大小来确定。当接地故障电流大于或等于 100A 而小于或等于 1000A 时，可采用低电阻接地方式；接地故障电流小于 10A 时，可采用高电阻接地方式。对于 10kV 系统采用低电阻接地方式时，接地电阻值在不同地区也有不同规定，如有规定为 10Ω 或 6Ω。

我国还没有规范对中性点接地电阻的选择做出明确规定，但有些地方的供电部门对当地供电系统中性点的接地电阻形式和单相接地故障电流都做出了具体规定。当有具体规定时，设计应满足当地供电部门要求；当供电部门没有具体要求时，接地电阻值可按以下要求选择。

（2）经高电阻器直接接地，接地电阻器的额定电压按式（5.7-21）确定，即

$$U_N \geqslant 1.05 \frac{U_n}{\sqrt{3}} \qquad (5.7\text{-}21)$$

式中　U_N——接地电阻器的额定电压，kV；

　　　U_n——系统的标称电压，kV。

（3）接地电阻阻值的选择。

1) 采用高电阻接地方式时的接地电阻值为

$$R = \frac{U_n}{\sqrt{3}I_R} \times 10^3 = \frac{U_n}{\sqrt{3}KI_c} \times 10^3 \qquad (5.7-22)$$

式中　R——接地电阻器的阻值，Ω；

$\quad U_n$——系统的标称电压，kV；

$\quad I_R$——电阻电流，A；

$\quad K$——系数，单相接地短路时电阻电流与电容电流的比值，一般为 1.1；

$\quad I_c$——系统单相接地的电容电流，A。

2) 经单相配电变压器接地时的接地电阻值为

$$R = \frac{U_n}{1.1\sqrt{3}I_c t_r^2} \times 10^3 \qquad (5.7-23)$$

$$t_r = \frac{U_n}{\sqrt{3}U_{n2}} \times 10^3 \qquad (5.7-24)$$

式中　R——接地电阻器的阻值，Ω；

$\quad U_n$——系统的标称电压，kV；

$\quad I_c$——系统单相接地的电容电流，A；

$\quad t_r$——单相配电变压器的一次与二次绕组之间的变比；

$\quad U_{n2}$——单相配电变压器的二次电压，V。

3) 采用低电阻接地方式时的接地电阻值为

$$R = \frac{U_n}{\sqrt{3}I_d} \times 10^3 \qquad (5.7-25)$$

式中　R——接地电阻器的阻值，Ω；

$\quad U_n$——系统的标称电压，kV；

$\quad I_d$——选定的单相接地故障电流，A。

(4) 中性点接地电阻器的消耗功率。

1) 采用高电阻接地方式时，电阻器的消耗功率为

$$P_R \geqslant \frac{U_n I_R}{\sqrt{3}} \qquad (5.7-26)$$

式中　P_R——采用高电阻接地电阻器的消耗功率，kVA；

$\quad U_n$——系统的标称电压，kV；

$\quad I_R$——电阻电流，A。

2) 采用单相配电变压器接地时，电阻器的消耗功率为

$$P_R \geqslant \frac{U_n^2}{3Rt_r^2} \times 10^3 \qquad (5.7-27)$$

式中　P_R——经单相配电变压器接地电阻器的消耗功率，kVA；

$\quad U_n$——系统的标称电压，kV；

$\quad t_r$——单相配电变压器的变比；

$\quad R$——间接接入的电阻值，Ω。

3) 采用低电阻接地方式时，电阻器的消耗功率为

$$P_R \geqslant U_R I_d \qquad (5.7\text{-}28)$$

式中　P_R——采用低电阻接地电阻器的消耗功率，kVA；

　　　U_R——接地电阻器的额定电压，kV；

　　　I_d——单相接地故障电流，A。

接地电阻器应进行热效应的校验，即接地电阻器在通过全部阻性电流时，持续时间 10s 情况下应满足热稳定要求，在中性点电压偏移 1%～2% 时可长期运行。

（5）接地电阻器材质的选择。接地电阻器从材质方面应选择电阻率高、耐高温、温度系数小、热容量大、通流能力强、允许通流时间长、耐腐蚀、无氧化、线性好、性能稳定的产品。

常用的接地电阻器，从材质方面区分主要有铸铁、不锈钢、合金及非金属材料等几种类型。

铸铁接地电阻器由于其体积大、承受工作温度低、不耐腐蚀、在温度剧烈变化条件下容易引起破裂等缺点，已逐渐被其他类型的接地电阻器所取代。

不锈钢接地电阻器由于耐腐蚀性好、温度系数小而阻值比较稳定、具有在温度剧烈变化时不易破裂的优点，是接地电阻器中使用较多的一种产品。

合金接地电阻器含有 20% 的铬和 80% 的镍，其主要特点是温度系数小、电阻值稳定，当温度每增加 100℃ 时阻值变化小于 1%。

一些不锈钢接地电阻器和合金接地电阻器在满足热稳定要求上还存在问题，故障率较高。

最近国内研制开发的一种新型接地电阻器（MT-ZTF），是采用非金属材料经特殊工艺制造的产品，它与其他类型接地电阻器比较，具有体积小、电阻率高、阻值范围大、性能稳定、通流能力强、耐高温、耐腐蚀等特点。

该接地电阻器使用灵活方便，当电网初期的接地电容电流较小时，可选用额定电阻值较大电阻器，随着电网逐步发展，接地电容电流不断加大，可采用单个或多个相同阻值的电阻器并联使用，以满足系统发展对接地电阻值减小的要求。

该接地电阻器配备电流互感器和动作记录仪，正常时可监视中性点不平衡电流，当发生单相接地故障时，可记录动作次数，还可以给保护和监控系统提供模拟量信号输出。

由于各种类型的接地电阻器都是发热元件，工作时温升较高，因此使用时应注意散热并防止外界热源的影响，同时应采取有效防护措施，避免对人员造成伤害。

5.7.10 高压绝缘子

3～10kV 架空电力线路直线杆塔宜采用针式绝缘子或瓷横担绝缘子，3kV 耐张杆塔宜采用蝶式绝缘子，6kV 和 10kV 耐张杆塔宜采用悬式绝缘子串或蝶式绝缘子和悬式绝缘子组成的绝缘子串。

架空线路的高压悬式绝缘子片数，应按系统最高电压和爬电比距、内过电压以及大气过电压等条件选择，还应考虑海拔和污秽的影响。有关内过电压以及大气过电压的相关内容见 13 章，海拔和污秽的影响见 5.3.5 和 5.3.6。

（1）按系统最高电压和爬电比距选择高压悬式绝缘子的片数，即

$$n \geqslant \frac{\lambda U_s}{K_e l_0} \qquad (5.7\text{-}29)$$

式中　n——悬式绝缘子片数；

　　　λ——爬电比距，cm/kV；

　　　U_s——系统最高电压，kV；

　　　K_e——绝缘子爬电距离的有效系数，主要由各种绝缘子爬电距离在试验和运行中提高污秽耐压的有效性来确定，采用 XP-70 型绝缘子时 $K_e=1$；

　　　l_0——每片悬式绝缘子的最小公称爬电距离，cm。

爬电比距与污秽等级有关，各级污秽等级下的爬电比距分级见 5.3.6.1。

海拔 1000m 及以下的 I 级污秽地区，当采用 X-4.5 或 XP-6 型悬式绝缘子时，耐张绝缘子串的绝缘子片数一般不小于表 5.7-10。

表 5.7-10　　　　　　X-4.5 或 XP-6 型悬式绝缘子耐张绝缘子串的绝缘子片数

系统标称电压（kV）	20	35	66	110
绝缘子片数	2	4	6	8

耐张绝缘子串的绝缘子片数一般要比悬式绝缘子串的同型绝缘子多一片。对于全高超过 40m 有地线的杆塔，高度每增加 10m 应增加一片绝缘子。

（2）绝缘子和金具的机械强度校验应满足式（5.7-30）要求，即

$$KF < F_u \qquad (5.7\text{-}30)$$

式中　K——机械强度安全系数，见表 5.7-11；

　　　F——设计荷载，kN；

　　　F_u——悬式绝缘子的机械破坏荷载或针式绝缘子、瓷横担绝缘子的弯曲破坏荷载或蝶式绝缘子、金具的破坏荷载，kN。

表 5.7-11　　　　　　　　绝缘子及金具的机械强度安全系数 K

类　型	安 全 系 数		
	运行工况	断线工况	断联工况
悬式绝缘子	2.7	1.8	1.5
针式绝缘子	2.5	1.5	1.5
蝶式绝缘子	2.5	1.5	1.5
瓷横担绝缘子	3.0	2.0	—
合成绝缘子	3.0	1.8	1.5
金具	2.5	1.5	1.5

5.8　交流金属封闭高压开关设备选择的基本要求

5.8.1　概述

3.6～40.5kV 高压配电装置多选用交流金属封闭式高压开关柜，常用高压开关设备主要有铠装式金属封闭开关柜、充气式金属封闭开关柜等。环网负荷开关柜应属于高压开关柜的一种类型。72.5kV 及以上高压配电装置主要有气体绝缘金属封闭开关设备（GIS）和组合（复合）电器（HGIS）等。

5.8.2 交流金属封闭高压开关设备的分类及附加要求

5.8.2.1 交流金属封闭高压开关设备的分类

交流金属封闭高压开关设备根据主回路隔室打开时，其他隔室或功能单元是否继续带电而划分类别，开关设备和控制设备分类如下：

开关设备和控制设备分类用 LSC 表示，其含义是当有一个打开的主回路隔室时丧失运行连续性的水平，也就是母线/电缆隔室保持带电，但不需要其中流过电流。

(1) LSC1 类：除打开主回路隔室的功能单元外，至少有一个功能单元不能连续运行。除 LSC2 类外的金属封闭开关设备和控制设备都属于本类。

(2) LSC1-PM 类：表示隔板和活门是金属的。

(3) LSC2 类：具有可触及隔室的金属封闭开关设备和控制设备，这类设备除打开主回路隔室的功能单元外，打开功能单元的任一可触及隔室时，所有其他功能单元仍可继续带电正常运行。但单母线开关设备和控制设备的母线隔室除外，在打开单母线的母线隔室时，其他功能单元不能继续带电运行。

这类金属封闭开关设备和控制设备又分为两种：

1) LSC2A 类：打开功能单元的主回路隔室，该功能单元不能连续运行。除 LSC2B 类外的 LSC2 类金属封闭开关设备和控制设备都属于本类。

2) LSC2B 类：打开功能单元的主回路隔室，该功能单元的其他可触及隔室和电缆隔室仍然可以带电运行的 LSC2 类的金属封闭开关设备和控制设备。

(4) LSC2B-PI 类：表示至少一个隔板或活门是非金属的。

5.8.2.2 交流金属封闭高压开关设备的附加要求

交流金属封闭高压开关设备的主要附加要求如下：

(1) 主开关装置是可抽出式的部件，且配有自校准和自耦合的一次断开装置和可断开的辅助和控制回路；

(2) 电压互感器和控制用电源变压器具有独立的隔室，母线隔室和水平方向相邻的功能单元是隔开的；

(3) 对于可抽出的部件的前面应有金属隔板，以保证在断开位置且打开门时不会暴露高压部件；

(4) 主回路导体和连接线全部用绝缘材料包覆；

(5) 采用可靠的方式安装机械联锁，防止人员受到来自储能的可抽出部件意外释放能量的伤害；

(6) 有锁定措施，以防止可抽出的开关装置意外移到接通位置；

(7) 除了短的连接线外，用接地金属板将辅助回路和高压部件隔离；

(8) 所有电压互感器的主回路中应有限流熔断器，保护互感器的熔断器的安装应满足的要求为：在人员触及之前熔断器必须断开高压回路；电压互感器的低压回路也应断开并接地。

5.8.3 交流金属封闭高压开关设备的主要特点

(1) 高压开关柜。高压开关柜分为半封闭式高压开关柜、金属封闭式高压开关柜及绝缘封闭式高压开关柜。金属封闭式开关柜仍以空气绝缘为主，在结构上分为铠装式、间隔式和箱式三种类型，高压电器及开关设备安装方式又为固定式和移出式两种方式。

1)固定式高压开关柜结构简单,易于制造,相对成本较低,但存在尺寸偏大和不便于检修维护等因素。

2)移出式开关柜采用组装结构,产品尺寸精度高,外形美观。且手车小型化,主开关可移至柜外,手车可互换,检修维护方便。

(2)环网负荷开关柜。环网负荷开关柜与金属封闭式开关柜比较,具有体积小、结构相对简单、运行维护工作量少、成本较低等优点,适用于10kV环网供电、双电源供电和终端供电系统,也可用于箱式变电站,在我国城市电网改造及小型变/配电站得到广泛使用。

因环网负荷开关柜的保护功能简单,不适用于对保护和自动化要求较高的场所使用。环网负荷开关柜中多采用限流熔断器保护变压器,当变压器发生短路时,限流熔断器可在10ms内切除故障,其切断时间远远小于断路器的全开断时间,比用断路器保护变压器更为有效,这也是环网负荷开关柜的一个突出的特点。

负荷开关按操作的频繁程度分为一般型和频繁型两类。

环网负荷开关柜中的熔断器,一般选择带有撞击器的熔断器。使用时应根据负荷开关-熔断器组合电器的相关要求进行校验,还应注意熔断器的工作电流受环境温度影响较大,因安装方式的不同,熔断器要考虑降容使用。

(3)充气式金属封闭开关柜。

充气式金属封闭开关柜(C-GIS)整个柜体由充气和不充气两大部分组成。充气部分包括充气壳体、断路器和三位置开关。不充气部分包括柜体、断路器机构和三位置开关机构及机械联锁、固体绝缘母线以及电缆进出线等。充气部分以低压力 SF_6 气体作为绝缘介质,额定电压在20kV以下时也可充氮气。气体密封在不锈钢壳体内,与外界环境隔绝,可有效地防止污秽、潮气、外界物质及其他形式的有害影响,提高了绝缘的可靠性,并且有良好的抗老化、防腐蚀性能。

(4)气体绝缘金属封闭开关设备。

气体绝缘金属封闭开关设备(GIS)适用于标称电压66kV及以上的配电系统。

气体绝缘金属封闭开关设备具有体积小、质量轻、绝缘水平高、开断能力强、操作过电压低、安装维护方便、无火灾危险等优点,还能大量节约用地。

气体绝缘金属封闭开关设备分为户内型和户外型两种,以适应不同使用环境条件的要求。

5.8.4 交流金属封闭高压开关设备使用环境条件的选择

(1)交流金属封闭高压开关设备按使用条件分为三个设计等级(即0类设计、1类设计和2类设计),实质上它与使用条件下严酷度的三个等级相对应。交流金属封闭高压开关设备的设计等级和使用条件见表5.8-1。

表5.8-1　　　　交流金属封闭高压开关设备的设计分类和使用条件

设计等级分类	安装处温度控制情况	受户外气候日变化影响程度	凝露	预防积尘措施
0类	温度可控制	建筑物或房屋提供防护使设备免受影响		采取预防措施使沉积物减到最少

续表

设计等级分类		安装处温度控制情况	受户外气候日变化影响程度	凝露	预防积尘措施
1类	a	没有温度控制	建筑物或房屋提供防护使设备免受影响	凝露不能排除	采取预防措施使沉积物减到最少
	b	温度可控制			无专门预防措施使沉积物减到最少，或设备处在极接近尘源的地方
2类	a	没有温度控制	建筑物或房屋提供防护使设备免受影响	凝露不能排除	无专门预防措施使沉积物减到最少，或设备处在极接近尘源的地方
	b	没有温度控制	建筑物或房屋使设备免受影响的防护很少	凝露可能频繁出现	采取预防措施使沉积物减到最少
	c	没有温度控制	建筑物或房屋使设备免受影响的防护很少	凝露可能频繁出现	无专门预防措施使沉积物减到最少，或设备处在极接近尘源的地方

（2）交流金属封闭高压开关设备应按安装地使用环境条件（如环境温度、相对湿度、海拔、地震烈度等）选择和校验。当在凝露和污秽等方面比正常使用条件更严酷的条件下使用时，应注明下列严酷程度的要求。

1）在凝露和污秽使用条件下的分类如下：

C_0——通常不出现凝露（每年不超过两次）；

C_1——凝露不频繁出现（每月不超过两次）；

C_h——凝露频繁（每月超过两次）；

P_0——无污染；

P_1——轻度污染；

P_h——严重污染。

注 P_0 一般认为是不现实的。

对于包含腐蚀性沉积物的使用条件，应向制造厂询问。

2）在湿度和污秽共同作用时，使用条件的严酷等级定义为：

0 级——$C_0 P_1$；

1 级——$C_1 P_1$ 或 $C_0 P_h$；

2 级——$C_1 P_h$ 或 $C_h P_1$ 或 $C_h P_h$。

3）改变使用环境条件的措施：

在使用中通过选择交流金属封闭高压开关设备适合的防护等级，使设备外壳内沉积物的数量减到最少，或对金属封闭高压开关设备采取加热、通风等措施使凝露不易产生，也可以选用 1 类或 2 类设计的金属封闭高压开关设备来满足特殊的使用环境条件。

在严酷气候条件下需要选用 1 类或 2 类设计的金属封闭高压开关设备，也可以通过改变装设地点的气候条件，如装设空调、去湿设备和加强建筑物的防尘措施等，使得 0 类设计的产品可以适用，某些情况下这样做可能更加安全可靠和经济合理。

5.8.5　选择高压开关柜和环网负荷开关柜的一般要求

（1）根据使用要求和环境条件确定选用户内型或户外型开关柜；根据开关柜数量的多少、断路器的安装方式和对可靠性的要求，确定使用固定式还是移开式开关柜。

（2）选用开关柜应符合一、二次系统方案的要求，满足继电保护、测量仪表、控制等配置及二次回路要求。

（3）开关柜的选择应力求技术先进、安全可靠、经济适用、操作维护方便，设备选择要注意小型化、标准化、无油化、免维护或少维护。

（4）开关柜还应满足正常运行、检修、短路和过电压情况下的要求，并考虑远景发展。

（5）选择开关的操动机构时，要结合变电站操作电源情况确定；就操作方式而言，有电磁操动机构、弹簧操动机构和手动操动机构。

（6）高压开关柜及环网负荷开关柜内主要元件应按本章相关要求选择和校验。

（7）高压开关柜及环网负荷开关柜内的高压电器，应按柜内的周围环境温度进行校验，当柜内环境温度高于电器设备的正常使用环境温度时，应降容使用。

（8）高压开关柜应具备联锁功能。

为了保证安全和便于操作，金属封闭开关设备和控制设备的不同元件之间应设置联锁，并应优先采用机械联锁；

如果采用非机械联锁，其设计应保证在失去辅助电源时不会出现联锁失灵的情况，对于需要紧急操作还应有解除联锁和手动操作的其他方法。

高压开关柜应具备的联锁功能主要内容如下。

1）对于具有可移开部件的金属封闭开关设备和控制设备，联锁功能主要包括：

a. 断路器、负荷开关或接触器只有在分闸位置时，可移开部件才能抽出或插入；

b. 可移开部件只有处于试验位置时，接地开关才能合闸，相应隔室的门才能打开；

c. 可移开部件只有在工作位置、隔离位置、移开位置、试验位置或接地位置时，断路器、负荷开关或接触器才能操作；

d. 处于合闸位置的接地开关只有相应隔室的门关闭后才能分闸，可移开部件才能插入；

e. 断路器、负荷开关或接触器只有在与自动分闸相关的辅助回路均已接通时，才能在工作位置合闸；反之，断路器、负荷开关或接触器在工作位置时辅助回路不得断开，相应隔室的门也不能打开。

2）对于装有隔离开关的金属封闭开关设备和控制设备，联锁功能主要包括：

a. 只有相关的断路器、负荷开关或接触器处于分闸位置时，才能进行隔离开关的操作。对于双母线系统，如果母线切换时电流不能中断这种情况除外；

b. 接地开关与相关的隔离开关之间应设置联锁，只有隔离开关处于分闸位置时，其接地开关才能合闸，隔室的门才能打开；反之，只有隔室的门关闭后，处于合闸位置的接地开关才能分闸；

c. 应装设可防止就地误分或误合断路器、负荷开关或接触器的防误操作装置；

d. 如果回路接地是通过与接地开关串联的主开关装置（断路器、负荷开关或接触器）接地，接地开关应与主开关装置设置联锁，并且应采取措施防止主开关意外分闸。

5.8.6 选择充气式（C-GIS）或气体绝缘金属封闭开关设备（GIS）的一般要求

5.8.6.1 按使用要求选择

（1）气体绝缘金属封闭开关设备及其各元件的参数选择，应满足系统正常运行、维修、短路和过电压等要求，并应考虑远景发展。

（2）气体绝缘金属封闭开关设备分为户内型和户外型两种，应分别按使用环境条件选择和校验；当开关设备部分采用户内型和户外型时，如开关元件、保护元件及母线等设备布置在户内，变压器、电抗器及架空进出线布置在户外时，应分别按户内和户外的使用条件选择和校验。

（3）与气体绝缘金属封闭开关设备配电装置连接，并需要单独检修的电器设备、母线和出线均应配置接地开关。

（4）除气体绝缘金属封闭开关设备的断路器、负荷开关以及接地开关等开关元件应进行相关校验外，电缆终端和引线套管的动稳定、热稳定及安装时允许的倾角还应注意校验。

（5）气体绝缘金属封闭开关设备的感应电压不应危及人身和设备的安全，外壳和支架上的感应电压正常运行条件下不应大于 24V，故障条件下不应大于 100V。

（6）气体绝缘金属封闭开关设备宜采用多点接地方式，当选用分相设备时，应设置外壳三相短接线，并在短接线上引出接地线，通过接地母线接地。

5.8.6.2 开关设备各组成部件温升的要求

气体绝缘金属封闭开关设备各组成部件的温升，不应超过有关标准规定的允许温升。其外壳允许温升规定见表 5.8-2。

表 5.8-2 气体绝缘金属封闭开关设备外壳允许温升

外 壳 部 位	周围空气稳定 40℃时的允许温升
运行人员容易触及的部位	≤30K
运行人员容易触及但操作时不触及的部位	≤40K
运行人员不容易触及的部位	≤65K

气体绝缘金属封闭开关设备对于温升超过 40K 的部位，应做出明显的高温标记，以防维护人员接触，并应保证不损害周围的绝缘材料和密封材料。

5.8.6.3 开关设备与其他设备的协调

气体绝缘金属封闭开关设备与变压器、电抗器、电缆和架空线等相关设备的连接，应注意满足相关要求。当开关设备与变压器、电抗器、电缆等由不同生产厂家供货时，应特别重视连接部位的相互协调，避免造成施工安装的困难。

5.8.7 使用气体绝缘金属封闭开关设备的防护措施

（1）减少和避免内部故障的防护措施。虽然气体绝缘金属封闭开关设备发生内部故障的概率很低，但还应采取措施避免内部故障引起电弧及限制电弧持续时间和产生的后果。设计应采取的防护措施主要有：

1）合理设置隔室，缩小内部故障的范围；

2）采用快速继电保护装置；

3）每个隔室应装设吸附剂、补气逆止阀、密度继电器；

4）外壳的设计应具有短时承受短路电流的能力，外壳承受短路电流烧穿时间应满足国家标准的相关要求；

5）外壳的强度未按最大压力升高值设计时，每个隔室内应设置一个有导向装置的压力释放装置，压力释放装置动作气体逸出时，不应危及现场运行的安全；

6）开关设备应配备正确可靠的联锁装置；

7）设置故障预诊断监控装置。

（2）保证人员安全的防护措施。气体绝缘金属封闭开关设备（GIS 或 C-GIS）充有大量 SF_6 气体，纯净的 SF_6 气体是无色、无味、无毒的，不易引起人们的注意。由于 SF_6 气体相对密度为空气的 5 倍，因而会在地势较低处沉积。当空气中的 SF_6 密度超过一定量时，可使人窒息。

为了保证工作人员的安全，应注意采取安全防护措施：

1）在工作人员进入安装现场，尤其是进入地下室、电缆沟等低洼场所工作之前，必须进行通风换气，并检测空气中的氧气浓度，只有氧气浓度大于 18% 时，才能进行工作。从安全角度出发，一般空气中的 SF_6 的浓度不应超过 $1000\mu L/L$；

2）全封闭开关设备中 SF_6 电器设备发生故障造成气体外逸时，人员应立即撤离现场，并采取强力通风，换气控制不得少于 15min 一次，每小时不少于 4 次；

3）还应特别注意的是，在使用 SF_6 电器设备较多的工程，均应配置检测空气中 SF_6 气体浓度的探测议，以测量 GIS 室的 SF_6 气体含量。

5.9 并联电容器装置的电器和导体的选择

并联电容器装置中电器和导体的选择除应满足海拔、气温、湿度、污秽和地震烈度等环境条件的要求外，还应满足正常运行、过电压状态和短路故障的要求。

5.9.1 电容器的选择

（1）电容器额定电压的选择应符合下列要求。

1）宜按电容器接入电网处的运行电压进行计算。

2）电容器应能承受 1.1 倍的长期工频过电压。

3）应考虑串联电抗器引起的电容器运行电压升高，接入串联电抗器后，电容器的运行电压应按式（5.9-1）计算，即

$$U_c = \frac{U_s}{\sqrt{3}S} \frac{1}{1-K} \tag{5.9-1}$$

式中　U_c——电容器的运行电压，kV；

　　　U_s——并联电容器装置母线的运行电压，kV；

　　　S——电容器组每相的串联段数；

　　　K——电抗器的电抗率。

（2）电容器的选型应符合下列规定。

1）组成并联电容器装置的电容器可采用单台电容器、集合式电容器、自愈式电容器，当单台容量较大时，宜采用单台容量为 500kvar 及以上的电容器。

2）电容器的温度类别应根据安装地点的环境空气温度或户内冷却空气温度选择。

3）安装在严寒、高海拔、湿热带地区和污秽、易燃、易爆等环境中的电容器，应满足

环境条件的特殊要求。

（3）电容器的绝缘水平，应按电容器接入电网处的电压等级、由电容器组接线方式确定的串并联组合、安装方式要求等，根据电容器产品标准选择。

（4）单台电容器额定容量的选择，应根据电容器组容量和每相电容器的串联段数和并联台数确定，并宜在电容器产品额定容量系列的优选值中选择。

（5）低压电容器设备的选择，详见11.11.7。

5.9.2 高压交流断路器的选择

（1）高压交流断路器应采用真空断路器或 SF_6 断路器等适合于电容器组投切的设备，其技术性能除应符合断路器共用技术要求外，还应满足下列特殊要求。

1）断路器应具备频繁操作的性能；

2）断路器分、合时触头弹跳应不大于限定值，开断时不应出现重击穿；

3）断路器应能承受电容器组的关合涌流和工频短路电流以及电容器高频涌流的共同作用。

（2）并联电容器装置总回路的断路器，应具有切除所连接的全部电容器组和开断总回路短路电流的性能，分组回路的断路器可采用不承担开断短路电流的开关设备。

5.9.3 高压交流熔断器的选择及性能要求

（1）高压交流熔断器的选择。

1）用于单台电容器保护的外熔断器应采用电容器专用熔断器；

2）用于单台电容器保护的外熔断器的额定电压、耐受电压、开断性能、熔断性能、耐爆能量、抗涌流能力、机械强度和电气寿命等应符合国家现行有关标准的规定。

（2）高压交流熔断器的性能要求。

1）电容器在允许的过电流情况下，熔断器不应动作，且保护性能不应改变。

2）电容器内部元件发生击穿短路，当元件达到一定数量时，过电流大于1.1倍熔断件额定电流时，熔断件应动作将故障电容器切除。外熔断件的小容性电流开断特性要求：过电流达到1.5倍熔断件额定电流时小于75s开断，过电流达到两倍熔断件额定电流时小于7.5s开断。以确保电容器内部故障尚未发展到贯穿性短路之前被切除。

3）外熔断器在开断电容器贯穿性短路时，应能耐受来自自身和相邻并联电容器的高频高幅值放电电流（耐爆能量），开断后应能耐受加在其上的最高电压，断口间不应出现重击穿。

4）熔断件的分散性应在允许范围之内，不能太大，运行中既不能产生误动，也不应出现拒动现象。

（3）高压熔断件额定电压的选择。

1）如果用在三相中性点直接接地或中性点经阻抗或电阻接地的系统中，熔断件的额定电压值至少应等于最高线电压；

2）如果用在单相系统中，熔断件的额定电压值至少应等于最高单相回路电压的115%；

3）如果用在三相中性点不接地或谐振接地系统中，应考虑可能产生的异相接地故障，即一个故障在电源侧，另一个故障在另一相熔断器的负荷侧。如果此系统的最高线电压高于熔断件电压额定值的0.87倍，则有必要选用更高额定电压等级的熔断件。

（4）高压熔断件的额定电流的选择。

熔断件的额定电流应高于正常的使用电流，所选熔断件的额定电流一般为被保护电容器额定电流的 1.37～1.50 倍，通常选择 1.43 倍。

当熔断器安装处的空气温度超过 40℃时，建议与制造厂家协商。

(5) 高压交流熔断器底座的选择。

熔断器底座的功率承受能力，应不低于安装在该底座上任何一个熔断件的最大功率耗散。

5.9.4　串联电抗器的选择

串联电抗器选型时可采用干式电抗器或油浸式电抗器，应根据工程条件和技术经济比较确定。安装在户内的串联电抗器，宜采用外漏磁场较弱的干式铁芯电抗器或类似产品。

(1) 串联电抗器电抗率的选择应符合下列规定。

1) 串联电抗器仅用于限制涌流时，电抗率宜按 0.1%～1.0%选取。

2) 电抗器用于抑制谐波时，电抗率应根据并联电容器装置接入电网处的背景谐波含量的测量值选择。当谐波为 5 次及以上时，电抗率宜取 4.5%～5.0%；当谐波为 3 次及以上时，电抗率宜取 12%，也可以采用 4.5%～5.0%和 12%两种电抗率混装方式。

(2) 并联电容器装置的合闸涌流限值，宜取电容器组额定电流的 20 倍，当超过时应装设串联电抗器加以限制。

(3) 串联电抗器的额定电流应等于所连接的并联电容器组的额定电流，其允许的过电流不应小于并联电容器组的最大过电流值。

(4) 并联电容器装置总回路装设有限流电抗器时，应计入其对电容器分组回路电抗率和母线电压的影响。

5.9.5　放电器件的选择

(1) 放电线圈选型时，应采用电容器组专用的油浸式或干式放电线圈产品。油浸式放电线圈应为全密封结构，内部压力应满足使用环境温度变化的要求。

(2) 放电线圈的额定一次电压应与并联电容器组的额定电压一致。

(3) 放电线圈的最大配套电容器容量（放电容量），不应小于与其并联的电容器组容量，放电线圈的放电时间应能满足电容器组脱开电源后，在 5s 内将电容器组的剩余电压降至 50V 及以下。

(4) 放电线圈带有二次线圈时，其额定输出、准确级应满足保护和测量的要求。

(5) 安装在地面上的放电线圈的额定绝缘水平，应不低于同电压等级电气设备的额定绝缘水平；安装在绝缘台架上的放电线圈，其额定绝缘水平应与台架上电容器的额定绝缘水平一致。

5.9.6　避雷器的选择

(1) 用于并联电容器装置操作过电压保护的避雷器应采用无间隙金属氧化物避雷器。

(2) 用于并联电容器装置操作过电压保护的避雷器的参数应根据电容器组的参数和避雷器的接线方式确定。

5.9.7　导体及其他

(1) 并联电容器装置的所有连接导体应满足长期允许电流的要求，还应满足动稳定和热稳定的要求。

(2) 单台电容器至母线或熔断器的连接线应采用软导线，导线长期允许电流不宜小于单台电容器额定电流的 1.5 倍。

（3）并联电容器装置的分组回路的导体截面积，应按并联电容器组额定电流的 1.3 倍选择，并联电容器组的汇流母线和均压线导体截面积应与分组回路的导体截面积相同。

（4）双星形电容器组的中性点连接线和桥形接线电容器组的桥连接线，其长期允许电流不应小于电容器组的额定电流。

（5）用于并联电容器装置的支柱绝缘子，应按电压等级、爬电距离、机械荷载等技术条件以及运行中可能承受的最高电压选择和校验。

（6）用于并联电容器组不平衡保护的电流互感器或放电线圈应满足下列要求。

1）额定电压应按接入处的电网电压选择；

2）额定电流应不小于最大稳态不平衡电流；

3）电流互感器应能耐受电容器极间短路故障状态下的短路电流和高频涌放电流不得损坏，宜加保护装置；

4）电流互感器二次线圈准确等级应满足继电保护装置的要求。

5.10　高压电器及导体短路稳定校验数据表

常用高压断路器短路稳定校验数据见表 5.10-1a 和表 5.10-1b。

高压交流负荷开关短路稳定校验数据见表 5.10-2a 和表 5.10-2b。

高压交流隔离开关及接地开关短路稳定校验数据见表 5.10-3a 和表 5.10-3b。

常用电流互感器短路稳定校验数据见表 5.10-4a 和表 5.10-4b。

66kV 水平布置、母线平放的支持绝缘子允许的短路峰值电流见表 5.10-5a 和表 5.10-5b。

20～35kV 水平布置、母线平放的支持绝缘子允许的短路峰值电流见表 5.10-6a 与表 5.10-6b。

6～10kV 水平布置、母线平放的支持绝缘子允许的短路峰值电流见表 5.10-7a 与表 5.10-7b。

20～35kV 绝缘套管允许的短路峰值电流见表 5.10-8。

6～10kV 绝缘套管允许的短路峰值电流见表 5.10-9。

20～35kV 绝缘套管允许的短路热稳定校验数据见表 5.10-10。

6～10kV 绝缘套管允许的短路热稳定校验数据见表 5.10-11。

水平布置铝母线允许的短路冲击电流值见表 5.10-12。

水平布置铜母线允许的短路冲击电流值见表 5.10-13。

铝、铜母线按热稳定校验允许的短路电流方均根值见表 5.10-14。

常用高压电缆按热稳定校验允许的短路电流方均根值见表 5.10-15。

5

表 5.10-1a

常用高压断路器短路稳定校验数据

型号	额定电压 (kV)	额定电流 (A)	额定开断电流 (kA)						分闸时间 (ms)	短时耐受电流 (kA)				峰值耐受电流 (kA)	热稳定允许的短路电流均方根值 (kA) 短路持续时间 (s)				
			6kV	10kV	20kV	35kV	66kV	110kV		1s	2s	3s	4s		0~0.6	0.8	1.0	1.2	1.6
气体绝缘金属封闭开关设备 (GIS)																			
ZF12-145	145	1250,1600,2000						40	28±4			40		100	85.93	75.15	67.61	61.97	53.94
ZF12-145	145	1250,1600,2000						31.5	28±4				31.5	80	78.14	68.33	61.48	56.35	49.05
EXK-0①	145	2500,3150						40	43~63			40		100	85.93	75.15	67.61	61.97	53.94
ZF10B-126	126	1250,1600,2000						40	37±5				40	100	99.23	86.77	78.07	77.55	62.28
ZF4B-126/T	126	1250,1600,2000						40	30				40	100	99.23	86.77	78.07	77.55	62.28
ZF12-126	126	1250,1600,2000						40	28±4			40		100	85.93	75.15	67.61	61.97	53.94
ZF12-126	126	1250,1600,2000						31.5	28±4				31.5	80	78.14	68.33	61.48	56.35	49.05
ZF12-72.5	72.5	1250,1600,2000					31.5		28±4				31.5	80	78.14	68.33	61.48	56.35	49.05
ZF12-72.5	72.5	1250,1600,2000					40		28±4			40		100	85.93	75.15	67.61	61.97	53.94
C-GIS-40.5	40.5	630,1250,1600				25							25	63	62.02	54.23	48.80	44.72	38.92
C-GIS-40.5	40.5	630,1250,1600				31.5							31.5	80	78.14	68.33	61.48	56.35	49.05
SF₆ 断路器																			
HD4/Z①,SF1, SF2②	40.5	1250,1600,2000				25			45			25		63	53.71	46.97	42.26	38.73	33.71
SF2②	40.5	1250,1600,2000				31.5			45			31.5		80	67.67	59.18	53.25	48.80	42.48
SF1②	40.5	630,1250				25			65			20		50	42.97	37.57	33.81	30.98	26.97
SF2②	40.5	630,1250				31.5			65			31.5		79	67.67	59.18	53.25	48.80	42.48
LN2-35Ⅱ, LN2-35Ⅲ	35	1250,1600				25			60				25	63	62.02	54.23	48.80	44.72	38.92
VH4,HVX②	40.5	630,1250,1600,2000				25			30~80				25	63	62.02	54.23	48.80	44.72	38.92
VH4,HVX②	40.5	630,1250,1600,2000				31.5			30~80				31.5	80	78.14	68.33	61.48	56.35	49.05
ZN□-35	35	1600				20			60				20	50	49.61	43.39	39.04	35.78	31.14
ZN□-35	35	1600,2000				25			60				25	63	62.02	54.23	48.80	44.72	38.92
ZN□-35	35	2500				31.5			60				31.5	80	78.14	68.33	61.48	56.35	49.05

续表

技术数据　真空断路器

型号	额定电压 (kV)	额定电流 (A)	额定开断电流 (kA)						分闸时间 (ms)	短时耐受电流 (kA)				峰值耐受电流 (kA)	热稳定允许的短路电流均方根值 (kA) 短路持续时间 (s)				
			6kV	10kV	20kV	35kV	66kV	110kV		1s	2s	3s	4s		0~0.6	0.8	1.0	1.2	1.6
ZN12-40.5、ZN72-40.5、VSV-40.5	40.5	630、1250、1600、2000				25			40~70				25	63	62.02	54.23	48.80	44.72	38.92
		630、1250、1600、2000				31.5			40~70				31.5	80	78.14	68.33	61.48	56.35	49.05
VH4、HVX②	24	630、1250、1600			20				40±15				20	50	49.61	43.39	39.04	35.78	31.14
		630、1250、1600			25				40±15				25	63	62.02	54.23	48.80	44.72	38.92
		630、1250、1600			31.5				40±15				31.5	80	78.14	68.33	61.48	56.35	49.05
		630、1250、1600			40				40±15				40	100	99.23	86.77	78.07	71.55	62.28
VH3、VS1+、VS1	12	1000、1250、1600、2000		20					35~70				20	50	49.61	43.39	39.04	35.78	31.14
ZN65A-12	12	1000、1250、1600、2000		25					35~70				25	63	62.02	54.23	48.80	44.72	38.92
VH3	12	630、1250、1600、2000		31.5					35~70				31.5	80	78.14	68.33	61.48	56.35	49.05
		630、1250、1600、2000		40					35~70				40	100	99.23	86.77	78.07	71.55	62.28
ZN57-12	12	630		20					≤50				20	50	49.61	43.39	39.04	35.78	31.14
		1250		31.5					≤50				31.5	85	78.14	68.33	61.48	56.35	49.05
ZN63A-12Ⅰ	12	630		16					50				16	40	39.69	34.71	31.23	28.62	24.91
ZN63A-12Ⅱ	12	630、1250		25					50				25	63	62.02	54.23	48.80	44.72	38.92
ZN63A-12Ⅲ	12	1250		31.5					50				31.5	100	78.14	68.33	61.48	56.35	49.05
ZN67-12	12	630、1250、1600、2000		25					≤50			25		63	53.71	46.97	42.26	38.73	33.71
		630、1250、1600、2000		31.5					≤50			31.5		80	67.67	59.18	53.25	48.80	42.48
		630、1250、1600、2000		40					≤50			40		100	85.93	75.15	67.61	61.97	53.94
		630、1250、1600、2000		50					≤50			50		125	107.42	93.93	84.52	77.46	67.42
ZN73-12	12	1250		31.5									31.5	80	78.14	68.33	61.48	56.35	49.05
VSV-12	12	630、1250、1600		20					≤100				20	50	49.61	43.39	39.04	35.78	31.14
		630、1250、1600		31.5					≤100				31.5	80	78.14	68.33	61.48	56.35	49.05
		1600、2000		40					≤100				40	100	99.23	86.77	78.07	71.55	62.28

5

续表

技术数据

型号	额定电压 (kV)	额定电流 (A)	额定开断电流 (kA)						分闸时间 (ms)	短时耐受电流 (kA)				峰值耐受电流 (kA)	热稳定允许的短路电流均方根值 (kA) 短路持续时间 (s)				
			6kV	10kV	20kV	35kV	66kV	110kV		1s	2s	3s	4s		0~0.6	0.8	1.0	1.2	1.6
ZN164-12	12	630		20					≤50				20	50	49.61	43.39	39.04	35.78	31.14
VD4①,HVX②	12	630,1250,1600,2000		20					35~53				20	50	49.61	43.39	39.04	35.78	31.14
Evolis②,3AH3④		630,1250,1600,2000		25					35~53				25	63	62.02	54.23	48.80	44.72	38.92
VB2-12③	12	630,1250,1600,2000		31.5					35~53				31.5	80	78.14	68.33	61.48	56.35	49.05
SF1②		630,1250,1600,2000		40					35~53				40	100	99.23	86.77	78.07	71.55	62.28
VM1①,HVX②	12	630,1250		16					45			16		40	34.37	30.06	27.05	24.79	21.57
		630,1250		20					45			20		50	42.97	37.57	33.81	30.98	26.97
		630,1250,1600,2000		25					45			25		63	53.71	46.97	42.26	38.73	33.71
		630,1250,1600,2000		31.5					45			31.5		80	67.67	59.18	53.25	48.80	42.48
		1250,1600,2000		40					45			40		100	85.93	75.15	67.61	61.97	53.94
		630,1250,1600,2000		50					45				50	125	124.04	108.47	97.59	89.44	77.85
HVX②	12	630,1250,1600,2000		50					35~53				50	137	124.04	108.47	97.59	89.44	77.85
3AH5④	12	1600,2500		40					45~65			40		100	85.93	75.15	67.61	61.97	53.94
ZN67-12	7.2	630,1250,2000	25						33~50				25	63	62.02	54.23	48.80	44.72	38.92
		630,1250,2000	31.5						33~50				31.5	80	78.14	68.33	61.48	56.35	49.05
ZN67-12	7.2	630,1250,2000	40						33~50		40			100	70.16	61.36	55.21	50.60	44.04
SF1②	7.2	630	20						60	20				50	24.81	21.69	19.52	17.89	15.57

注 1. 本表采用《短路电流实用计算法》的校验方法进行计算。

2. 表中热稳定校验包含了短路电流交流分量和直流分量两部分的热效应,计算条件是按远端(无限大电源容量)网络发生短路时,短路电流分量在整个过程中不发生衰减,若整个过程中短路电流发生衰减,应按本手册公式计算的 Q 值。

3. 表中短路持续时间为主保护动作时间加断路器全分断时间之和。

4. ①表示 ABB 中国有限公司产品。②表示施耐德电气(中国)投资有限公司产品。③表示 GE 通用电气(中国)有限公司产品。④表示西门子(中国)有限公司产品。

表5.10-1b　常用高压断路器短路稳定校验数据

型号	额定电压(kV)	额定电流(A)	技术数据 额定开断电流(kA)						分闸时间(ms)	短时耐受电流(kA)				峰值耐受电流(kA)	热稳定允许的短路电流均方根值(kA) 短路持续时间(s)				
			6kV	10kV	20kV	35kV	66kV	110kV		1s	2s	3s	4s		0~0.6	0.8	1.0	1.2	1.6
气体绝缘金属封闭开关设备(GIS)																			
ZF12-145	145	1250,1600,2000						40	28±4			40		100	89.44	77.46	69.28	63.25	54.77
ZF12-145	145	1250,1600,2000						31.5	28±4				31.5	80		70.44	63.00	57.51	49.81
EXK-0①	145	2500,3150						40	43~63			40		100	89.44	77.46	69.28	63.25	54.77
ZF10B-126	126	1250,1600,2000						40	37±5				40	100	89.44	89.44	80.00	73.03	63.25
ZF4B-126/T	126	1250,1600,2000						40	30				40	100	89.44	89.44	80.00	73.03	63.25
ZF12-126	126	1250,1600,2000						40	28±4			40		100	89.44	77.46	69.28	63.25	54.77
ZF12-126	126	1250,1600,2000						31.5	28±4				31.5	80		70.44	63.00	57.51	49.81
ZF12-72.5	72.5	1250,1600,2000					31.5		28±4				31.5	80		70.44	63.00	57.51	49.81
ZF12-72.5	72.5	1250,1600,2000					40		28±4			40		100	89.44	77.46	69.28	63.25	54.77
C-GIS-40.5	40.5	630,1250,1600				25							25	63	55.90	55.90	50.00	45.64	39.53
C-GIS-40.5	40.5	630,1250,1600				31.5							31.5	80	70.44	70.44	63.00	57.51	49.81
SF₆断路器																			
HD4/Z①, SF1,SF2②	40.5	1250,1600,2000				25			45			25		63	55.90	48.41	43.30	39.53	34.23
HD4/Z①, SF1,SF2②	40.5	1250,1600,2000				31.5			45			31.5		80	70.44	61.00	54.56	49.81	43.13
SF1②	40.5	630,1250				25			65			20		50	44.72	38.73	34.64	31.62	27.39
SF2②	40.5	630,1250				31.5			65			31.5		79	70.44	61.00	54.56	49.81	43.13
LN2-35Ⅱ, LN2-35Ⅲ	35	1250,1600				25			60				25	63		55.90	50.00	45.64	39.53
VH4,HVX②	40.5	630,1250,1600				25			30~80				25	63	55.90	55.90	50.00	45.64	39.53
VH4,HVX②	40.5	630,1250,1600				31.5			30~80				31.5	80	70.44	70.44	63.00	57.51	49.81
ZN□-35	35	1600				20			60				20	50	44.72	44.72	40.00	36.52	31.62
ZN□-35	35	1600,2000				25			60				25	63	55.90	55.90	50.00	45.64	39.53
ZN□-35	35	2500				31.5			60				31.5	80	70.44	70.44	63.00	57.51	49.81

5

续表

技术数据 · 真空断路器

型号	额定电压(kV)	额定电流(A)	额定开断电流(kA) 6kV	10kV	20kV	35kV	66kV	110kV	分闸时间(ms)	短时耐受电流(kA) 1s	2s	3s	4s	峰值耐受电流(kA)	热稳定允许的短路电流均方根值(kA) 短路持续时间(s) 0~0.6	0.8	1.0	1.2	1.6
ZN12-40.5、ZN72-40.5、VSV-40.5	40.5	630、1250、1600、2000				25			40~70				25	63		55.90	50.00	45.64	39.53
	40.5	630、1250、1600、2000				31.5			40~70				31.5	80		70.44	63.00	57.51	49.81
VH4、HVX②	24	630、1250、1600			20				40±15				20	50		44.72	40.00	36.52	31.62
	24	630、1250、1600			25				40±15				25	63		55.90	50.00	45.64	39.53
	24	630、1250、1600			31.5				40±15				31.5	80		70.44	63.00	57.51	49.81
	24	630、1250、1600			40				40±15				40	100		89.44	80.00	73.03	63.25
VH3、VSI+、VSI	12	1000、1250、1600、2000		20					35~70				20	50		44.72	40.00	36.52	31.62
ZN65A-12	12	1000、1250、1600、2000		25					35~70				25	63		55.90	50.00	45.64	39.53
VH3	12	630、1250、1600、2000		31.5					35~70				31.5	80		70.44	63.00	57.51	49.81
	12	630、1250、1600、2000		40					35~70				40	100		89.44	80.00	73.03	63.25
ZN57-12	12	630		20					≤50				20	50		44.72	40.00	36.52	31.62
	12	1250		31.5					≤50				31.5	85	81.33	70.44	63.00	57.51	49.81
ZN63A-12 I	12	630		16					50				16	40		35.78	32.00	29.21	25.30
ZN63A-12 II	12	630、1250		25					50				25	63		55.90	50.00	45.64	39.53
ZN63A-12 III	12	1250		31.5					50				31.5	100	81.33	70.44	63.00	57.51	49.81
ZN67-12	12	630、1250、1600、2000		25					≤50			25		63	55.90	48.41	43.30	39.53	34.23
	12	630、1250、1600、2000		31.5					≤50			31.5		80	70.44	61.00	54.56	49.81	43.13
	12	630、1250、1600、2000		40					≤50			40		100	89.44	77.46	69.28	63.25	54.77
	12	630、1250、1600、2000		50					≤50			50		125	111.80	96.82	86.60	79.06	68.47
ZN73-12	12	1250		31.5									31.5	80		70.44	63.00	57.51	49.81
VSV-12	12	630、1250、1600		20					≤100				20	50		44.72	40.00	36.52	31.62
	12	630、1250、1600		31.5					≤100				31.5	80		70.44	63.00	57.51	49.81
	12	1600、2000		40					≤100				40	100		89.44	80.00	73.03	63.25

5

续表

型号	额定电压 (kV)	额定电流 (A)	额定开断电流 (kA)						分闸时间 (ms)	短时耐受电流 (kA)				峰值耐受电流 (kA)	热稳定允许的短路电流均方根值 (kA) 短路持续时间 (s)				
			6kV	10kV	20kV	35kV	66kV	110kV		1s	2s	3s	4s		0~0.6	0.8	1.0	1.2	1.6
ZN164-12	12	630		20					≤50				20	50		44.72	40.00	36.52	31.62
VM1①、HVX②	12	630、1250、1600、2000		20									20	50		44.72	40.00	36.52	31.62
Evolis②、3AH3④		630、1250、1600、2000		25									25	63		55.90	50.00	45.64	39.53
VB2-12③		630、1250、1600、2000		31.5									31.5	80		70.44	63.00	57.51	49.81
SF1②		630、1250、1600、2000		40									40	100		89.44	80.00	73.03	63.25
VD4①、HVX②		630、1250		16					45			16		40	35.78	30.98	27.71	25.30	21.91
		630、1250		20					45			20		50	44.72	38.73	34.64	31.62	27.39
		630、1250、1600、2000		25					45			25		63	55.90	48.41	43.30	39.53	34.23
		1250、1600、2000		31.5					45			31.5		80	70.44	61.00	54.56	49.81	43.13
		630、1250、1600、2000		40					45			40		100	89.44	77.46	69.28	63.25	54.77
		630、1250、1600、2000		50					45			50		125	111.80	96.82	86.60	79.06	68.47
HVX②	12	630、1250、1600、2000		50					35~53				50	137	129.10	111.80	100.00	91.29	79.06
3AH5④	12	1600、2500		40					45~65			40		100	89.44	77.46	69.28	63.25	54.77
ZN67-12	7.2	630、1250、2000	25						33~50				25	63	55.90	55.90	50.00	45.64	39.53
		630、1250、2000	31.5						33~50				31.5	80	70.44	70.44	63.00	57.51	49.81
ZN67-12	7.2	630、1250、2000	40						33~50		40			100	73.03	63.25	56.57	51.64	44.72
SF1②	7.2	630	20						60	20				50	25.82	22.36	20.00	18.26	15.81

注 1. 本表采用 IEC 标准的校验方法进行计算。

2. 表中短路持续时间即为继电动作时间。

3. ① 表示 ABB 中国有限公司产品,② 表示施耐德电气(中国)投资有限公司产品,③ 表示 GE 通用电气(中国)有限公司产品,④ 表示西门子(中国)有限公司产品。

5

表5.10-2a　高压交流负荷开关短路稳定校验数据

型号	额定电压(kV)	额定电流(A)	额定开断电流(kA)				分闸时间(ms)	短时耐受电流(kA)				峰值耐受电流(kA)	热稳定允许的短路电流均方根值(kA) 短路持续时间(s)				
			6kV	10kV	20kV	35kV		1s	2s	3s	4s		0~0.6	0.8	1.0	1.2	1.6
FN18-40.5、NAL36	40.5	400				31.5	20					50					
FN12-40.5	40.5	400,630				31.5						50					
FN18-24	24	630,1250			31.5		20					50					
FN12-24	24	400~800			31.5							50					
NAL24	24	630			31.5		20					50					
FN25-12D、ZFN21-12D、FN16A-12D、FLN□-12D	12	630		0.63					20			50	35.08	30.68	27.60	25.30	22.02
FN18-12D	12	630		0.63					20			50	35.08	30.68	27.60	25.30	22.02
FN18-12D	12	1250		1.25					20			50	35.08	30.68	27.60	25.30	22.02
FN16-12D	12	630		0.63						20		50	42.97	37.57	33.81	30.98	26.97
FN5-10	10	400		0.4							10	25	24.81	21.69	19.52	17.89	15.57
FN5-10	10	630		0.63							16	40	39.69	34.71	31.23	28.62	24.91
FN5-10	10	1250		1.25							20	50	49.61	43.39	39.04	35.78	31.14
FLN□-12D	12	630		0.63						20		50	42.97	37.57	33.81	30.98	26.97
FZN21-12D/T	12	630		0.63							25	63	62.02	54.23	48.80	44.72	38.92
FZN21-12D/T	12	400		0.4					12.5			31.5	21.93	19.17	17.25	15.81	13.76
FZN25-12D	12	630		0.63					25			63	43.85	38.35	34.50	31.62	27.52
FN57-12D、FN65-12D	12	630		0.63							20	50	49.61	43.39	39.04	35.78	31.14
SFL-12A、SFL-12K①、SM6、RM6②	12	630		0.63							20	50	42.97	37.57	33.81	30.98	26.97

注：
1. 本表采用《短路电流实用计算法》的校验方法进行计算。
2. 表中热稳定校验包含了短路电流交流分量和直流分量两部分的热效应，计算条件是按远端（无限大电源容量）网络发生短路时，短路电流交流分量在整个过程中不发生衰减，倘若整个过程中短路电流发生衰减，应按本手册公式计算热效应的Qt值。
3. 表中短路持续时间为主保护动作时间加断路器全分断时间之和。
4.① 表示ABB中国有限公司产品。② 表示施耐德电气（中国）投资有限公司产品。

表5.10-2b

高压交流负荷开关短路稳定校验数据

型号	额定电压 (kV)	额定电流 (A)	额定开断电流 (kA) 6kV	10kV	20kV	35kV	分闸时间 (ms)	短时耐受电流 (kA) 1s	2s	3s	4s	峰值耐受电流 (kA)	热稳定允许的短路电流均方根值 (kA) 短路持续时间 (s) 0~0.6	0.8	1.0	1.2	1.6
FN18-40.5、NAL36	40.5	400				31.5	20					50					
FN12-40.5	40.5	400,630				31.5						50					
FN18-24	24	630,1250			31.5		20					50					
FN12-24	24	400~800			31.5							50					
NAL24	24	630			31.5		20					50					
FN25-12D,ZFN21-12D, FN16A-12D, FLN□-12D	12	630		0.63					20			50	36.51	31.62	28.28	25.82	22.36
FN18-12D	12	630		0.63					20			50	36.51	31.62	28.28	25.82	22.36
FN16-12D	12	1250		1.25						20		50	44.72	38.73	34.64	31.62	27.39
FN5-10	10	400		0.4							10	25		22.36	20.00	18.26	15.81
FN5-10	10	630		0.63							16	40		35.78	32.00	29.21	25.30
FN5-10	10	1250		1.25							20	50		44.72	40.00	36.52	31.62
FN5-10	10	630		0.63						20		50	44.72	38.73	34.64	31.62	27.39
FLN□-12D	12	630		0.63							25	63		55.90	50.00	45.64	39.23
FZN21-12D/T	12	400		0.4					12.5			31.5	22.82	19.76	17.68	16.14	13.98
FZN25-12D	12	630		0.63					25	20		63	45.64	39.23	35.36	32.27	27.95
FlN57-12D,FlN65-12D	12	630		0.63							20	63	44.72	44.72	40.00	36.52	31.62
SFL-12A、SFL-12K①、SM6、RM6②	12	630		0.63								50		44.72	40.00	36.52	31.62

注　1. 本表采用IEC标准的校验方法进行计算。
　　2. 表中短路持续时间为继电器动作时间。
　　3. ①表示ABB中国有限公司产品。②表示施耐德电气（中国）投资有限公司产品。

表5.10-3a　高压交流隔离开关及接地开关短路稳定校验数据

型号	额定电压 (kV)	额定电流 (A)	短时耐受电流 (kA)				峰值耐受电流 (kA)	热稳定允许通过的短路电流均方根值 (kA) — 短路持续时间 (s)				
			1s	2s	3s	4s		0~0.6	0.8	1.0	1.2	1.6
隔离开关												
GN27-40.5	40.5	630				20	50	49.61	43.39	39.04	35.78	31.14
GN27-40.5	40.5	1250				31.5	80	78.14	68.33	61.48	56.35	49.05
GN19-35,35XT	35	630		20			50	35.08	30.68	27.60	25.30	22.02
GN19-35,35XQ	35	1250		31.5			80	55.25	48.32	43.47	39.85	34.68
3D④	24	630~2000					50	24.81	20.01	19.52	17.89	15.57
3D④	24	630~2000					80	24.81	20.01	19.52	17.89	15.57
GN19-10,10C1,10C2,10C3,10XT,10XQ	10	400	12.5				31.5	15.50	13.56	12.20	11.18	9.73
GN19-10,10C1,10C2,10C3,10XT,10XQ	10	630	20				50	24.81	20.01	19.52	17.89	15.57
GN19-10,10C1,10C2,10C3,10XT,10XQ	10	1000	40				80	49.61	42.39	39.04	35.78	31.13
GN19-10,10C1,10C2,10C3,10XT,10XQ	10	1250		31.5			100	55.25	48.32	43.47	39.85	34.68
GN22-10	10	2000				40	100	99.23	86.77	78.07	71.55	62.28
GN24-10D,GN30-10	10	400				12.5	100	31.01	27.12	24.40	22.36	19.46
GN24-10DⅠ-10DⅢ,GN30-10D	10	1000				31.5	100	78.14	68.33	61.48	56.35	49.05
GN25-10	10	2000				40	80			78.07	71.55	62.28
接地开关												
JN-35,JN3-35,JN2-10Ⅰ,10Ⅱ,JN3-10	35					20	50	49.61	43.39	39.04	35.78	31.14
3D④	24	630~2000		20			50,80	24.81	20.01	19.52	17.89	15.57
JN3-10	10					25	63	62.02	54.23	48.80	44.72	38.92
JN2-10Ⅰ,10Ⅱ,JN3-10,JN4-10,JN7-10	10					31.5	80	78.14	68.33	61.48	56.35	49.05
JN15(A)-12	12					40	100	99.23	86.77	78.07	71.55	62.28
EK6	12				31.5		80	67.67	59.18	53.25	48.80	42.48

注：1. 本表采用《短路稳定电流实用计算法》的校验方法进行计算。
2. 表中热稳定校验电流包含了短路电流交流分量和直流分量两部分的热效应，计算条件是短路远端(无限大电源容量)网络发生短路时，短路电流交流分量在整个过程中不发生衰减。倘若整个过程中短路电流发生衰减，应按本手册公式计算热效应的 Q_t 值。
3. ④表示西门子(中国)有限公司产品。

表 5.10-3b　高压交流隔离开关及接地开关短路稳定校验数据

型号	额定电压 (kV)	额定电流 (A)	短时耐受电流 (kA) 1s	2s	3s	4s	峰值耐受电流 (kA)	热稳定允许通过的短路电流均方根值 (kA) 短路持续时间 (s) 0~0.6	0.8	1.0	1.2	1.6
隔离开关												
GN27-40.5	40.5	630				20	50		44.72	40.00	36.52	31.62
GN27-40.5	40.5	1250				31.5	80		70.44	63.00	57.51	49.81
GN19-35,35XT	35	630		20			50	36.51	31.62	28.28	25.82	22.36
GN19-35,35XQ	35	1250		31.5			80	57.51	49.81	44.55	40.67	35.22
3D④	24	630~2000	20				50	25.82	22.36	20.00	18.26	15.81
3D④	24	630~2000	20				80	25.82	22.36	20.00	18.26	15.81
GN19-10,10C1,10C2,10C3,10XT,10XQ	10	400	12.5				31.5	16.14	13.98	12.50	11.41	9.88
GN19-10,10C1,10C2,10C3,10XT,10XQ	10	630	20				50	25.82	22.36	20.00	18.26	15.81
GN19-10,10C1,10C2,10C3,10XT,10XQ	10	1000	40				80	51.64	44.72	40.00	36.52	31.62
GN19-10,10C1,10C2,10C3,10XT,10XQ	10	1250		31.5			100	57.51	49.81	44.55	40.67	35.22
GN22-10	10	2000				40	100		89.44	80.00	73.03	63.25
GN24-10D,GN30-10	10	400				12.5	100	32.28	27.95	25.00	22.82	19.76
GN24-10DⅠ-10DⅢ,GN30-10D	10	1000				31.5	100	81.33	70.44	63.00	57.51	49.81
GN25-10	10	2000				40	80		89.44	80.00	73.03	63.25
接地开关												
JN-35,JN3-35,JN2-10Ⅰ,10Ⅱ,JN3-10	35					20	50		44.72	40.00	36.52	31.62
3D④	24	630~2000	20				50,80	25.82	22.36	20.00	18.26	15.81
JN3-10	10					25	63		55.90	50.00	45.64	39.23
JN2-10Ⅰ,10Ⅱ,JN3-10,JN4-10,JN7-10	10					31.5	80		70.44	63.00	57.51	49.81
JN15(A)-12	12					40	100		89.44	80.00	73.03	63.25
EK6	12				31.5		80	70.44	61.00	54.56	49.81	43.13

注：
1. 本表采用 IEC 标准的校验方法进行计算。
2. 表中短路持续时间同为继电动作时间。
3. ④ 表示西门子（中国）有限公司产品。

表5.10-4a 常用电流互感器短路稳定校验数据

型号	额定电压(kV)	额定电流(A)	技术数据 短时耐受电流(kA)	短时耐受时间(s)	额定动稳定电流(kA)	热稳定允许通过的短路电流均方根值(kA) 短路持续时间(s) 0~0.6	0.8	1.0	1.2	1.6	2.0	备注
LZZB8-35G	35	50	12	1	30	14.88	13.02	11.71	10.73	9.34	8.38	
LZZB9-35A		60	15		37.5	18.61	16.27	14.64	13.42	11.68	10.48	
LZZB9-35B		75	16		40	19.85	17.35	15.61	14.31	12.46	11.18	
		100	25		63	31.01	27.12	24.40	22.36	19.46	17.46	
		150~250	31.5	2	80	39.07	34.17	30.74	28.15	24.52	22.00	
		300	31.5		80	55.26	48.32	43.47	39.85	34.68	31.11	
LZZB9-35C	35	50	9.45	1	23.6	11.72	10.25	9.22	8.45	7.36	6.60	
		75	18.9		45.2	23.44	20.50	18.45	16.91	14.71	13.20	
		100	28.3		70.7	35.10	30.70	27.62	25.31	22.03	19.77	
		150	37.8		94.5	46.89	41.00	36.89	33.81	29.43	26.40	
		200、250	50.4		126	62.51	54.67	49.19	45.08	39.24	35.20	
		300	63		130	78.14	68.33	61.48	56.35	49.05	44.00	
LZZB9-35D	35	50	7.5	1	18.75	9.30	8.13	7.32	6.71	5.84	5.24	
		75	11.25		28.13	13.95	12.20	10.98	10.06	8.76	7.86	
		100	15		37.5	18.61	16.27	14.64	13.42	11.68	10.48	
		150	31.5	2	80	39.07	34.17	30.74	28.17	24.52	22.00	
		200	31.5		80	55.26	48.32	43.47	39.85	34.68	31.11	
		300	31.5	3	80	67.67	59.18	53.24	48.80	42.48	38.11	
LZZBJ9-36	35	50	10	1	25	12.04	10.85	9.76	8.94	7.79	6.98	
		75	15		37.5	18.61	16.27	14.64	13.42	11.68	10.48	

5

续表

型号	技术数据					热稳定允许通过的短路电流均方根值(kA)						备注
	额定电压(kV)	额定电流(A)	短时耐受电流(kA)	短时耐受时间(s)	额定动稳定电流(kA)	短路持续时间(s)						
						0~0.6	0.8	1.0	1.2	1.6	2.0	
LZZBJ9-36	35	100	20	1	50	24.81	21.69	19.52	17.89	15.57	13.97	
		150,200	31.5	1	80	39.07	34.17	30.74	28.17	24.52	22.00	
		300	31.5	2	80	55.26	48.32	43.47	39.85	34.68	31.11	
AN(W)36	35	50,60,75,100	12	2	30	21.05	18.41	16.56	15.18	13.21	11.85	
		50,60,75	7	2	17.5	12.28	10.74	9.66	8.85	7.71	6.91	
		50,60	5	2	12.5	8.77	7.67	6.90	6.33	5.51	4.94	
		75,100,150	18	3	45	31.57	27.61	24.84	22.77	19.82	17.78	
		100,150,200,250	25	3	63	53.71	46.97	42.26	38.73	33.71	30.24	
		50,60	10	3	25	12.04	10.85	9.76	8.94	7.79	6.98	
LZZBJ18-35Q/250f/2	35	75	18	1	45	22.33	19.52	17.57	16.10	14.01	12.57	
		100	28	1	70	34.73	30.37	27.33	25.04	21.80	19.56	
		150	37	1	92	45.89	40.13	36.11	33.09	28.81	25.84	
		200,250	43	2	107	53.34	46.64	41.96	38.46	33.48	30.03	
		300	32	2	80	56.13	49.09	44.16	40.48	35.23	31.61	
LZZBJ18-35Q/250f/4	35	100	20	4	50	49.61	43.39	39.04	35.78	31.14	27.94	
		150~300	31.5	4	78		68.33	61.48	56.35	49.05	44.00	
LZZBJ18-20/180b/3	20	50	7.5	1	18.7	9.30	8.13	7.32	6.71	5.84	5.24	
		100	15	1	37.5	18.61	16.27	14.64	13.42	11.68	10.48	
LZZBJ18-20/225f/2		200	30	1	75	37.21	32.54	29.28	26.83	23.35	20.95	
		150~300	45	1	110	55.82	48.81	43.92	40.25	35.03	31.43	

续表

型　号	额定电压 (kV)	额定电流 (A)	技术数据 短时耐受电流 (kA)	短时耐受时间 (s)	额定动稳定电流 (kA)	热稳定允许通过的短路电流均方根值 (kA) 短路持续时间 (s) 0~0.6	0.8	1.0	1.2	1.6	2.0	备注
LZZBJ18-20/180b/4	20	50	8.1	1	20.2	10.05	8.79	7.91	7.25	6.31	5.66	
		75	13.5		33.7	16.75	14.64	13.18	12.08	10.51	9.43	
		100	18.9		47.2	23.44	20.50	18.45	16.91	14.71	13.20	
		150	27		67.5	33.49	29.29	26.35	24.15	21.02	18.86	
		200	32.4		81	40.19	35.14	31.62	28.98	25.22	22.63	
		250,300	54		135	66.98	58.57	52.70	48.30	42.04	37.72	
LZZBJ18-20/225f/4	20	50	25	1	62.5	31.01	27.12	24.40	22.36	19.46	17.46	
		100	50		125	62.02	54.23	48.80	44.72	38.93	34.92	
		150~300	60		150	74.42	65.08	58.55	53.67	46.71	41.91	
LZZB9-10C LZZBJ1-10	10	50	5	1	12.5	6.20	5.42	4.88	4.47	3.89	3.49	
		75	7.5		18.75	9.30	8.13	7.32	6.71	5.84	5.24	
		100	10		25	12.04	10.85	9.76	8.94	7.79	6.98	
		150	15		22.5	18.61	16.27	14.64	13.42	11.68	10.48	
		200	20		50	24.81	21.69	19.52	17.89	15.57	13.97	
LZZB9-10C	10	300,400	31.5	1	80	39.07	34.17	30.74	28.17	24.52	22.00	
		500,600	45		90	55.82	48.81	43.92	40.25	35.03	31.43	
		800,1000	63		100	78.14	68.33	61.48	56.35	49.05	44.00	
LZZBJ9-12/150b/4 LZZBJ9-12/175b/4	10	150,200	31.5	1	80	39.07	34.17	30.74	28.17	24.52	22.00	
		300,400	45		112.5	55.82	48.81	43.92	40.25	35.03	31.43	
		500,600,800	63		130	78.14	68.33	61.48	56.35	49.05	44.00	

续表

型　号	额定电压 (kV)	额定电流 (A)	短时耐受电流 (kA)	短时耐受时间 (s)	额定动稳定电流 (kA)	热稳定允许通过的短路电流均方根值 (kA) 短路持续时间 (s)						备注
						0~0.6	0.8	1.0	1.2	1.6	2.0	
LZZBJ9-10	10	50	7.5	1	18.75	9.30	8.13	7.32	6.71	5.84	5.24	
LZZBJ9-10Q		75	11.25		28.13	13.95	12.20	10.98	10.06	8.76	7.86	
LZZBJ9-12/150b/2		100	15		37.5	18.61	16.27	14.64	13.42	11.68	10.48	
LZZBJ9-12/175b/2		150	22.5		55	27.91	24.40	21.96	20.12	17.52	15.72	
LZZBJ9-12/150b/4		200	24.5		60	30.39	26.57	23.91	21.91	19.07	17.11	
LZZBJ9-12/175b/4		300	45		90	55.82	48.81	43.92	40.25	35.03	31.43	
		400、500、600	45		90	55.82	48.81	43.92	40.25	35.03	31.43	
		500、800、1000	63		100	78.14	68.33	61.48	56.35	49.05	44.00	
LZZBJ9-12/150b/2	10	150	22.5	1	56.25	27.91	24.40	21.96	20.12	17.52	15.72	
LZZBJ9-12/175b/2		200	30		75	37.21	32.54	29.28	26.82	23.36	20.95	
LZZBJ9-10A1,10B1		300	45		112.5	55.82	48.81	43.92	40.25	35.03	31.43	
LZZBJ9-10C1,10D1		50~160	21		52.5	26.05	22.78	20.49	18.78	16.35	14.67	
LZZBJ9-10A2,10B2		50~160	31.5		80	39.07	34.17	30.74	28.17	24.52	22.00	
LZZBJ9-10C2,10D		50~400	45		112.5	55.82	48.81	43.92	40.25	35.03	31.43	
		150~500	63		130	78.14	68.33	61.48	56.35	49.05	44.00	
		300~800	80		160	99.23	86.77	78.07	71.55	62.28	55.87	
LZZBB10-10	10	50、75、100	9	1	22.5	11.16	9.76	8.78	8.05	7.01	6.29	
		75、100、150	13.5		33.5	16.75	14.64	13.17	12.07	10.51	9.43	
		100、150、200	15		37.5	18.61	16.27	14.64	13.42	11.68	10.48	
		150、200、300	22.5		56	27.91	24.40	21.96	20.12	17.52	15.72	

5

续表

型　号	技术数据					热稳定允许通过的短路电流均方根值(kA)						备注
	额定电压(kV)	额定电流(A)	短时耐受电流(kA)	短时耐受时间(s)	额定动稳定电流(kA)	短路持续时间(s)						
						0~0.6	0.8	1.0	1.2	1.6	2.0	
LZZB11-10	10	150	15	1	37.5	18.61	16.27	14.64	13.42	11.68	10.48	
		200	20		50	24.81	21.69	19.52	17.89	15.57	13.97	
		300	30		75	37.21	32.54	29.28	26.82	23.36	20.95	
LZZBJ12-10A	10	50	10	1	25	12.04	10.85	9.76	8.94	7.79	6.98	
		75	21		52.5	26.05	22.78	20.49	18.78	16.35	14.67	
		100	31.5		78	39.07	34.17	30.74	28.17	24.52	22.00	
		150,200	45		112.5	55.82	48.81	43.92	40.25	35.03	31.43	
		300,400	50		125	62.02	54.23	48.80	44.72	38.92	34.92	
LZZBJ12-10B	10	50~100	31.5	1	63	39.07	34.17	30.74	28.17	24.52	22.00	
		75~100	45		78	55.82	48.81	43.92	40.25	35.03	31.43	
		150~500	63		157.5	78.14	68.33	61.48	56.35	49.05	44.00	
LZZBJ12-10C	10	50~75	8	1	20	9.92	8.68	7.81	7.16	6.23	5.59	
		100	21		52.5	26.05	22.78	20.49	18.78	16.35	14.67	
		150	31.5		78.5	39.07	34.17	30.74	28.17	24.52	22.00	
		200	40		100	49.61	43.39	39.04	35.78	31.14	27.94	
AS12/150b/2S	10	50,60	12	2	38	21.05	18.41	16.56	15.18	13.21	11.85	
		75	19		60	33.33	29.15	26.22	24.03	20.92	18.77	
		100	24		76	42.10	36.81	33.12	30.36	26.42	23.71	

续表

型号	技术数据					热稳定允许通过的短路电流均方根值 (kA)						备注
	额定电压 (kV)	额定电流 (A)	短时耐受电流 (kA)	短时耐受时间 (s)	额定动稳定电流 (kA)	短路持续时间 (s)						
						0~0.6	0.8	1.0	1.2	1.6	2.0	
AS12/150b/2S	10	150	31.5	2	100	55.26	48.32	43.47	39.85	34.68	31.11	
		200,300	40	3	128	85.93	75.15	67.61	61.97	53.94	48.39	
AS12/150b/4S	10	75	18	4	56	44.65	39.05	35.13	32.20	28.03	25.14	
		100	25	4	76	62.02	54.23	48.80	44.72	38.93	34.92	
		150,200	31.5	3	100	78.14	68.33	61.48	56.35	49.05	44.00	
		300,400	40	3	128	85.93	75.15	67.61	61.97	53.94	48.39	
AS12/150h/1S	10	50	3	1	7.5	3.72	3.25	2.93	2.68	2.34	2.10	
		75	4.5	1	11.3	5.58	4.88	4.39	4.02	3.50	3.14	
		100	6	1	15	7.44	6.51	5.86	5.37	4.67	4.19	
		150	9	1	23	11.16	9.76	8.78	8.05	7.01	6.29	
		200	12	1	30	14.88	13.02	11.71	10.73	9.34	8.38	
		300	18	1	45	22.33	19.52	17.57	16.10	14.01	12.57	
ARM1/N1F②	10	50	4.0	1	10	4.96	4.34	3.90	3.58	3.11	2.79	
		75	6.0	1	15	7.44	6.51	5.86	5.37	4.67	4.19	
		100	8.0	1	20	9.92	8.68	7.81	7.16	6.23	5.59	
		150,200	12.5	0.8	31.25	15.50	13.56	12.20	11.18	9.73	8.73	
ARM2/N2F②	10	50	12.5	0.8	31.25	13.87	12.13	10.91	10.00	8.70	7.81	
		75	16	1	40	19.85	17.35	15.61	14.31	12.46	11.18	
		100,150	25	0.8	62.5	27.74	24.25	21.82	20.00	17.41	15.62	

注　1. 本表采用《短路电流实用计算法》的校验方法进行计算。

2. 表中热稳定校验包含了短路电流交流分量和直流分量两部分的热效应，计算条件是发远端（无限大电源容量）网络发生短路时，短路电流交流分量在整个过程中不发生衰减。

3. 表中短路持续时间为主保护动作时间加断路器全分断时间之和。

4. 表中②表示施耐德电气（中国）投资有限公司产品。

表 5.10-4b　常用电流互感器短路短路稳定校验数据

型号	额定电压 (kV)	额定电流 (A)	短时耐受电流 (kA)	短时耐受时间 (s)	额定动稳定电流 (kA)	热稳定允许通过的短路电流均方根值 (kA) 短路持续时间 (s)						备注
						0~0.6	0.8	1.0	1.2	1.6	2.0	
LZZB8-35G LZZB9-35A LZZB9-35B	35	50	12	1	30	15.49	13.42	12.00	10.95	9.49	8.49	
		60	15		37.5	19.37	16.77	15.00	13.69	11.86	10.61	
		75	16	1	40	20.66	17.89	16.00	14.61	12.65	11.31	
		100	25		63	32.28	27.95	25.00	22.82	19.76	17.68	
		150~250	31.5		80	40.67	35.22	31.50	28.76	24.90	22.27	
		300	31.5	2	80	57.51	49.81	44.55	40.67	35.22	31.50	
LZZB9-35C	35	50	9.45		23.6	12.20	10.57	9.45	8.63	7.47	6.68	
		75	18.9		45.2	24.40	21.13	18.90	17.25	14.94	13.36	
		100	28.3	1	70.7	36.54	31.64	28.30	25.83	22.37	20.01	
		150	37.8		94.5	48.80	42.26	37.80	34.51	29.88	26.73	
		200,250	50.4		126	65.07	56.35	50.40	46.01	39.85	35.64	
		300	63		130	81.33	70.44	63.00	57.51	49.81	44.55	
LZZB9-35D	35	50	7.5		18.75	9.68	8.39	7.50	6.85	5.93	5.30	
		75	11.25	1	28.13	14.52	12.58	11.25	10.27	8.89	7.96	
		100	15		37.5	19.37	16.77	15.00	13.69	11.86	10.61	
		150	31.5		80	40.67	35.22	31.50	28.76	24.90	22.27	
		200	31.5	2	80	57.51	49.81	44.55	40.67	35.22	31.50	
		300	31.5	3	80	70.44	61.00	54.56	49.81	43.13	38.58	
LZZBJ9-36	35	50	10	1	25	12.91	11.18	10.00	9.13	7.91	7.07	
		75	15		37.5	19.37	16.77	15.00	13.69	11.86	10.61	

续表

型　号	额定电压 (kV)	技术数据 额定电流 (A)	短时耐受电流 (kA)	短时耐受时间 (s)	额定动稳定电流 (kA)	热稳定允许通过的短路电流均方根值 (kA) 短路持续时间 (s) 0~0.6	0.8	1.0	1.2	1.6	2.0	备注
LZZBJ9-36	35	100	20	1	50	25.82	22.36	20.00	18.26	15.81	14.14	
		150,200	31.5		80	40.67	35.22	31.50	28.76	24.90	22.27	
		300	31.5	2	80	57.51	49.81	44.55	40.67	35.22	31.50	
AN(W)36	35	50,60,75,100	12		30	21.91	18.97	16.97	15.49	13.42	12.00	
		50,60,75	7	2	17.5	12.78	11.07	9.90	9.04	7.83	7.00	
		50,60	5		12.5	9.13	7.91	7/07	6.46	5.59	5.00	
		75,100,150	18		45	32.86	28.46	25.46	23.24	20.13	18.00	
		100,150,200,250	25	3	63	55.90	48.41	43.30	39.53	34.23	30.62	
LZZBJ18-35Q/250f/2	35	50,60	10		25	12.91	11.18	10.00	9.13	7.91	7.07	
		75	18		45	23.24	20.13	18.00	16.43	14.23	12.73	
		100	28	1	70	36.15	31.31	28.00	25.56	22.14	19.80	
		150	37		92	47.77	41.37	37.00	33.78	29.25	26.16	
		200,250	43		107	55.51	48.08	43.00	39.25	34.00	30.41	
		300	32	2	80	58.42	50.60	45.26	41.31	35.78	32.00	
LZZBJ18-35Q/250f/4	35	100	20	4	50	51.64	44.72	40.00	36.52	31.62	28.28	
		150~300	31.5		78		70.44	63.00	57.51	49.81	44.55	
LZZBJ18-20/180b/3	20	50	7.5	1	18.7	9.68	8.39	7.50	6.85	5.93	5.30	
		100	15		37.5	19.37	16.77	15.00	13.69	11.86	10.61	
LZZBJ18-20/225f/2		200	30		75	38.73	33.54	30.00	27.39	23.72	21.21	
		150~300	45		110	58.10	50.31	45.00	41.08	35.58	31.82	

5

续表

型号	额定电压 (kV)	技术数据				热稳定允许通过的短路电流均方根值 (kA) 短路持续时间 (s)						备注
		额定电流 (A)	短时耐受电流 (kA)	短时耐受时间 (s)	额定动稳定电流 (kA)	0~0.6	0.8	1.0	1.2	1.6	2.0	
LZZBJ18-20/180b/4	20	50	8.1	1	20.2	10.46	9.06	8.10	7.39	6.40	5.73	
		75	13.5		33.7	17.43	15.09	13.50	12.32	10.67	9.55	
		100	18.9		47.2	24.40	21.13	18.90	17.25	14.94	13.36	
		150	27		67.5	34.86	30.19	27.00	24.65	21.35	19.09	
		200	32.4		81	41.83	36.22	32.40	29.58	25.61	22.91	
		250,300	54		135	69.71	60.37	54.00	49.30	42.69	38.18	
LZZBJ18-20/225f/4	20	50	25	1	62.5	32.28	27.95	25.00	22.82	19.76	17.68	
		100	50		125	64.55	55.90	50.00	45.64	39.53	35.36	
		150~300	60		150	77.46	67.08	60.00	54.77	47.43	42.43	
LZZBJ9-10C LZZBJ11-10	10	50	5	1	12.5	6.46	5.59	5.00	4.56	3.95	3.54	
		75	7.5		18.75	9.68	8.39	7.50	6.85	5.93	5.30	
		100	10		25	12.91	11.18	10.00	9.13	7.91	7.07	
		150	15		22.5	19.37	16.77	15.00	13.69	11.86	10.61	
LZZBJ9-10C	10	200	20	1	50	25.82	22.36	20.00	18.26	15.81	14.14	
		300,400	31.5		80	40.67	35.22	31.50	28.76	24.90	22.27	
		500,600	45		90	58.10	50.31	45.00	41.08	35.58	31.82	
		800,1000	63		100	81.33	70.44	63.00	57.51	49.81	44.55	
LZZBJ9-12/150b/4 LZZBJ9-12/175b/4	10	150,200	31.5	1	80	40.67	35.22	31.50	28.76	24.90	22.27	
		300,400	45		112.5	58.09	50.31	45.00	41.08	35.58	31.82	
		500,600,800	63		130	81.33	70.44	63.00	57.51	49.81	44.55	

5

续表

型号	额定电压 (kV)	额定电流 (A)	短时耐受电流 (kA)	短时耐受时间 (s)	额定动稳定电流 (kA)	0~0.6	0.8	1.0	1.2	1.6	2.0	备注
LZZB9-10 LZZB9-10Q	10	50	7.5	1	18.75	9.68	8.39	7.50	6.85	5.93	5.30	
		75	11.25		28.13	14.52	12.58	11.25	10.27	8.89	7.96	
LZZBJ9-12/150b/2		100	15		37.5	19.37	16.77	15.00	13.69	11.86	10.61	
LZZBJ9-12/175b/2		150	22.5		55	29.05	25.16	22.50	20.54	17.79	15.91	
LZZBJ9-12/150b/4		200	24.5		60	31.63	27.39	24.50	22.37	19.37	17.32	
LZZBJ9-12/175b/4		300,400,500,600	45		90	58.10	50.31	45.00	41.08	35.58	31.82	
		500,800,1000	63		100	81.33	70.44	63.00	57.51	49.81	44.55	
LZZBJ9-12/150b/2	10	150	22.5	1	56.25	29.05	25.16	22.50	20.54	17.79	15.91	
LZZBJ9-12/175b/2		200	30		75	38.73	33.54	30.00	27.39	23.72	21.21	
LZZBJ9-10A1,10B1		300	45		112.5	58.10	50.31	45.00	41.08	35.58	31.82	
LZZBJ9-10C1,10D1		50~160	21		52.5	27.11	23.48	21.00	19.17	16.60	14.85	
LZZBJ9-10A2,10B2		50~160	31.5		80	40.67	35.22	31.50	28.76	24.90	22.27	
LZZBJ9-10C2,10D		50~400	45		112.5	81.33	70.44	63.00	57.51	49.81	44.55	
		150~500	63		130	81.33	70.44	63.00	57.51	49.81	44.55	
		300~800	80		160	103.28	89.44	80.00	73.03	63.25	56.57	
LZZB10-10	10	50,75,100	9	1	22.5	11.62	10.06	9.00	8.22	7.12	6.36	
		75,100,150	13.5		33.5	17.43	15.09	13.50	12.32	10.67	9.55	
		100,150,200	15		37.5	19.37	16.77	15.00	13.69	11.86	10.61	
		150,200,300	22.5		56	29.05	25.16	22.50	20.54	17.79	15.91	

技术数据 | 热稳定允许通过的短路电流电流均方根值 (kA) 短路持续时间 (s) | 备注

5

续表

型号	额定电压(kV)	技术数据				热稳定允许通过的短路电流均方根值(kA)						备注
		额定电流(A)	短时耐受电流(kA)	短时耐受时间(s)	额定动稳定电流(kA)	0~0.6	0.8	1.0	1.2	1.6	2.0	
LZZB11-10	10	150	15	1	37.5	19.37	16.77	15.00	13.69	11.86	10.61	
		200	20		50	25.82	22.36	20.00	18.26	15.81	14.14	
		300	30		75	38.73	33.54	30.00	27.39	23.72	21.21	
		50	10		25	12.91	11.18	10.00	9.13	7.91	7.07	
		75	21		52.5	27.11	23.48	21.00	19.17	16.60	14.85	
LZZBJ12-10A	10	100	31.5	1	78	40.67	35.22	31.50	28.76	24.90	22.27	
		150,200	45		112.5	58.09	50.31	45.00	41.08	35.58	31.82	
		300,400	50		125	64.55	55.90	50.00	45.64	39.53	35.36	
LZZBJ12-10B	10	50~100	31.5	1	63	40.67	35.22	31.50	28.76	24.90	22.27	
		75~100	45		78	58.09	50.31	45.00	41.08	35.58	31.82	
		150~500	63		157.5	81.33	70.44	63.00	57.51	49.81	44.55	
LZZBJ12-10C	10	50~75	8	1	20	10.33	8.94	8.00	7.30	6.33	5.66	
		100	21		52.5	27.11	23.48	21.00	19.17	16.60	14.85	
		150	31.5		78.5	40.67	35.22	31.50	28.76	24.90	22.27	
		200	40		100	51.64	44.72	40.00	36.52	31.62	28.28	
AS12/150b/2S	10	50,60	12	2	38	21.91	18.97	16.97	15.49	13.42	12.00	
		75	19		60	34.69	30.04	26.87	24.53	21.24	19.00	
		100	24		76	43.82	37.95	33.94	30.98	26.83	24.00	

续表

型号	额定电压 (kV)	技术数据 额定电流 (A)	短时耐受电流 (kA)	短时耐受时间 (s)	额定动稳定电流 (kA)	热稳定允许通过的短路电流均方根值 (kA) 短路持续时间 (s) 0~0.6	0.8	1.0	1.2	1.6	2.0	备注
AS12/150b/2S	10	150	31.5	2	100	57.51	49.81	44.55	40.67	35.22	31.50	
		200,300	40	3	128	89.44	77.46	69.28	63.25	54.77	48.99	
AS12/150b/4S	10	75	18	4	56	46.48	40.25	36.00	32.86	28.46	25.46	
		100	25		76	64.55	55.90	50.00	45.64	39.53	35.36	
		150,200	31.5	3	100	81.33	70.44	63.00	57.51	49.81	44.55	
		300,400	40		128	89.44	77.46	69.28	63.25	54.77	48.99	
AS12/150h/1S	10	50	3	1	7.5	3.87	3.35	3.00	2.74	2.37	2.12	
		75	4.5		11.3	5.81	5.03	4.50	4.11	3.56	3.18	
		100	6		15	7.75	6.71	6.00	5.48	4.74	4.24	
		150	9		23	11.62	10.06	9.00	8.22	7.12	6.36	
		200	12		30	15.49	13.42	12.00	10.95	9.49	8.49	
		30 010	18		45	23.24	20.12	18.00	16.43	14.23	12.73	
ARM1/N1F②	10	50	4.0	1	10	5.16	4.47	4.00	3.65	3.16	2.83	
		75	6.0		15	7.75	6.71	6.00	5.48	4.74	4.24	
		100	8.0		20	10.33	8.94	8.00	7.30	6.32	5.66	
		150,200	12.5	0.8	31.25	16.14	13.98	12.50	11.41	9.88	8.84	
ARM2/N2F②	10	50	12.5	0.8	31.25	14.43	12.50	11.18	10.21	8.84	7.91	
		75	16	1	40	20.66	17.89	16.00	14.61	12.65	11.31	
		100,150	25	0.8	62.5	28.87	25.00	22.36	20.41	17.68	15.81	

注　1. 本表采用 IEC 标准的校验方法进行计算。
2. 表中短路持续时间为继电保护动作时间。
3. ②表示施耐德电气（中国）投资有限公司产品。

5

表 5.10-5a   66kV 水平布置、母线平放的支持绝缘子允许的短路峰值电流

型号	弯曲破坏负荷 (N)	绝缘子间距 l=2 (m)			绝缘子间距 l=2.5 (m)			绝缘子间距 l=3 (m)			绝缘子间距 l=3.5 (m)			备注
		相间距离 D=0.65	0.8	0.9	0.65	0.8	0.9	0.65	0.8	0.9	0.65	0.8	0.9	
		短路峰值电流 (kA)												
ZSW-72.5/4L-3	4 000	67.15	74.49	79.01	60.06	66.63	76.67	54.82	60.82	64.51	50.76	56.31	59.73	
ZSW-72.5/8-4, ZSW-72.5/8L-3	8 000	94.96	105.35	111.74	84.93	94.23	99.94	77.53	86.02	91.23	71.78	79.64	84.47	
ZSW-72.5/10-4, ZSW-72.5/10K-3	10 000	106.17	117.78	124.93	94.96	105.35	111.74	86.69	96.17	102.00	80.26	89.04	94.44	
ZSW-72.5/16L-3, ZSW-72.5/16K-4	16 000	134.30	148.99	158.02	120.12	133.26	141.34	109.65	121.65	129.02	101.52	112.62	119.45	
ZSW-72.5/20L-3, ZSW-72.5/20K-4	20 000	150.15	166.57	176.67	134.29	148.99	158.02	122.59	136.00	144.25	113.50	125.92	133.55	
ZSW-72.5/25K-3	25 000	167.87	186.23	197.53	150.14	166.57	176.67	137.06	152.06	161.28	126.89	140.78	149.32	
ZSW-72.5/30-3, ZSW-72.5/30K-4	30 000	183.89	204.01	216.38	164.47	182.47	193.54	150.14	166.57	176.67	139.01	154.21	163.57	
ZSW-72.5/45-3	45 000	225.22	249.86	265.01	201.44	223.48	237.03	183.89	204.01	216.38	170.25	188.87	200.33	

注 本表采用《短路电流实用计算法》的校验方法进行计算。

表 5.10-5b   66kV 水平布置、母线平放的支持绝缘子允许的短路峰值电流

型号	弯曲破坏负荷 (N)	绝缘子间距 l=2 (m)			绝缘子间距 l=2.5 (m)			绝缘子间距 l=3 (m)			绝缘子间距 l=3.5 (m)			备注
		相间距离 D=0.65	0.8	0.9	0.65	0.8	0.9	0.65	0.8	0.9	0.65	0.8	0.9	
		短路峰值电流 (kA)												
ZSW-72.5/4L-3	4 000	86.69	96.17	102.00	77.53	86.02	91.23	70.78	78.52	83.29	65.53	72.70	77.11	
ZSW-72.5/8-4, ZSW-72.5/8L-3	8 000	122.59	136.00	144.25	109.65	121.65	129.02	100.10	111.05	117.78	92.67	102.81	109.05	
ZSW-72.5/10-4, ZSW-72.5/10K-3	10 000	137.06	152.06	161.28	122.59	136.00	144.25	111.91	124.15	131.69	103.61	114.94	121.92	
ZSW-72.5/16L-3, ZSW-72.5/16K-4	16 000	173.37	192.34	204.01	155.07	172.03	182.47	141.56	157.04	166.57	131.06	145.39	154.21	
ZSW-72.5/20L-3, ZSW-72.5/20K-4	20 000	193.84	215.04	230.61	173.37	192.34	204.01	158.27	175.58	186.23	146.53	162.56	172.42	
ZSW-72.5/25K-3	25 000	216.71	240.42	255.01	193.84	215.04	228.09	176.95	196.30	208.21	163.82	181.74	192.77	
ZSW-72.5/30-3, ZSW-72.5/30K-4	30 000	237.40	263.37	279.35	212.34	235.57	249.86	193.84	215.04	228.09	179.46	199.09	211.17	
ZSW-72.5/45-3	45 000	290.75	322.56	342.13	260.06	288.51	306.01	237.40	263.37	27935	219.79	243.83	258.62	

注
1. 本表采用 IEC 标准的校验方法进行计算。
2. 计算时没有考虑导体频率的影响。
3. 计算时假设矩形导体之间的有效距离等于导体中心线距离。

表5.10-6a　20～35kV水平布置、母线平放的支持绝缘子允许的短路峰值电流

型号	额定电压(kV)	弯曲破坏负荷(N)	绝缘子间距 l (m) 2			2.5			3			3.5		备注
			相间距离 D (m) 0.45	0.5	0.6	0.45	0.5	0.6	0.45	0.5	0.6	0.5	0.6	
			短路峰值电流 (kA)											
ZSW-40.5/8-3, ZSW-40.5/8K-3	40.5	8000	78.99	83.43	91.21	70.43	74.30	81.60	64.51	68.00	74.49	62.96	68.97	
ZSW-40.5/10-3, ZSW-40.5/10L-4	40.5	10 000	88.32	93.27	101.98	78.74	83.07	91.23	72.13	76.03	83.29	70.39	77.11	
ZSW-40.5/16K-4, SW-40.5/16L-4	40.5	16 000	111.71	117.98	128.99	99.60	105.07	115.40	91.23	96.17	105.35	89.04	97.53	
ZSW-40.5/30L-4	40.5	30 000	152.97	161.55	176.64	136.38	143.87	157.02	124.93	131.69	144.25	121.92	133.55	
ZSW-40.5/36L-4	40.5	36 000	167.57	176.97	193.49	149.40	157.61	172.86	136.82	144.50	157.61	133.62	145.74	
ZSW-40.5/45L-3	40.5	45 000	187.35	197.86	216.33	167.03	176.21	193.26	152.97	161.55	176.21	149.40	162.94	
ZLA-35, 35G, ZL-35/4, ZLA-35/4	35	4000	55.84	58.89	64.50	49.80	52.54	57.70	45.62	48.09	52.67	44.52	48.77	
ZNB-35, 35G, ZLB-35/GY	35	7500	76.51	80.78	88.32	68.20	71.94	79.01	62.46	65.84	72.13	60.96	66.78	
ZLB-35, 35G, ZS-35/8	35	8000	78.99	83.43	91.21	70.43	74.30	81.60	64.51	68.00	74.49	62.96	68.97	
ZS-20/8	20	8000	78.99	83.43	91.21	70.43	74.30	81.60	64.51	68.00	74.49	62.96	68.97	
ZS-20/10	20	10 000	88.32	93.27	101.98	78.74	83.07	91.23	72.13	76.03	83.29	70.39	77.11	
ZS-20/16	20	16 000	111.71	117.98	128.99	99.60	105.07	115.40	91.23	96.17	105.35	89.04	97.53	
ZS-20/30, ZL-20/30	20	30 000	152.97	161.55	176.64	136.38	143.87	157.02	124.93	131.69	144.25	121.92	133.55	

注　本表采用《短路电流实用计算法》的校验方法进行计算。

表 5.10-6b　　　**20～35kV 水平布置、母线平放的支持绝缘子允许的短路峰值电流**

型号	额定电压 (kV)	弯曲破坏负荷 (N)	绝缘子间距 l (m) 相间距离 a (m) 短路峰值电流 (kA)												备注
			2			2.5			3			3.5			
			0.45	0.5	0.6	0.45	0.5	0.6	0.45	0.5	0.6	0.45	0.5	0.6	
ZSW-40.5/8-3、ZSW-40.5/8K-3	40.5	8000	101.94	107.46	117.71	91.18	96.11	105.29	83.24	87.74	96.11	77.06	81.23	88.98	
ZSW-40.5/10-3、ZSW-40.5/10L-4	40.5	10 000	113.98	120.14	131.61	101.94	107.46	117.71	93.06	98.10	107.46	86.16	90.82	99.49	
ZSW-40.5/16K-4、ZSW-40.5/16L-4	40.5	16 000	144.17	151.97	166.47	128.95	135.93	148.90	117.71	124.08	135.93	108.98	114.88	125.84	
ZSW-40.5/30L-4	40.5	30 000	197.41	208.09	227.95	176.57	186.12	203.89	161.19	169.91	186.12	149.23	157.30	172.31	
ZSW-40.5/36L-4	40.5	36 000	216.25	227.95	249.71	193.42	203.88	223.34	176.57	186.12	203.88	163.47	172.31	188.76	
ZSW-40.5/45L-3	40.5	45 000	241.78	254.86	279.18	216.25	227.95	249.71	197.41	208.09	227.95	182.76	192.65	211.04	
ZLA-35、35G、ZL-35/4、ZLA-35/4	35	4000	72.08	75.98	83.23	64.47	67.96	77.44	58.85	62.04	67.96	54.49	57.43	62.92	
ZNB-35、35G、ZLB-35/GY	35	7500	98.70	104.04	113.97	88.28	93.06	101.94	80.59	84.95	93.06	74.61	78.65	86.15	
ZLB-35、35G、ZS-35/8、	35	8000	101.94	107.46	117.71	91.18	96.11	105.29	83.24	87.74	96.11	77.06	81.23	88.98	
ZS-20/8	20	8000	101.94	107.46	117.71	91.18	96.11	105.29	83.24	87.74	96.11	77.06	81.23	88.98	
ZS-20/10	20	10 000	113.98	120.14	131.61	101.94	107.46	117.71	93.06	98.10	107.46	86.16	90.82	99.49	
ZS-20/16	20	16 000	144.17	151.97	166.47	128.95	135.93	148.90	117.71	124.08	135.93	108.98	114.88	125.84	
ZS-20/30、ZL-20/30	20	30 000	197.41	208.09	227.95	176.57	186.12	203.89	161.19	169.91	186.12	149.23	157.30	172.31	

注　1. 本表采用 IEC 标准的校验方法进行计算。

　　2. 计算时没有考虑导体频率的影响。

　　3. 计算时假设矩形导体之间的有效距离等于导体中心线间距。

表5.10-7a 6～10kV 水平布置、母线平放的支持绝缘子允许的短路峰值电流

短路峰值电流 (kA)

（绝缘子间距 l (m)；相间距离 D (m)）

型号	额定电压 (kV)	弯曲破坏负荷 (N)	l=1				l=1.2				l=1.4				l=1.6				备注
			0.2	0.25	0.3	0.35	0.2	0.25	0.3	0.35	0.2	0.25	0.3	0.35	0.2	0.25	0.3	0.35	
ZA-6、10	6、10	3750	51.01	56.99	62.46	67.47	46.56	52.05	57.02	61.59	43.10	48.19	52.79	57.02	40.32	45.08	49.38	53.34	
ZN-6、10、ZL-10	6、10	4000	52.67	58.86	64.51	69.68	48.08	53.76	58.89	63.61	44.52	49.77	54.52	58.89	41.64	46.56	51.00	55.09	
ZS-10/5L	10	5000	58.89	65.80	72.13	77.91	53.76	60.11	65.84	71.12	49.77	55.65	60.96	65.84	46.56	52.05	57.02	61.59	
ZB-6、10	6、10	7500	72.13	80.59	88.34	95.42	65.84	73.61	80.64	87.10	60.96	68.15	74.66	80.64	57.02	63.75	69.84	75.43	
ZN-10	10	8000	74.49	83.24	91.23	98.54	68.00	76.03	83.29	89.96	62.96	70.39	77.11	83.29	58.89	65.84	72.13	77.91	
ZC-10	10	12 500	93.12	104.05	114.04	123.18	85.00	95.04	104.11	112.45	78.70	87.99	96.38	104.11	73.61	82.30	90.16	97.38	
ZN-10	10	16 000	105.35	117.71	129.02	139.36	96.17	107.52	117.78	127.22	89.04	99.55	109.05	117.78	83.29	93.12	102.00	110.18	
ZD-10	10	20 000	117.78	131.61	144.25	155.81	107.52	120.21	131.69	142.24	99.55	111.29	121.92	131.69	93.12	104.11	114.04	123.18	

注 本表采用《短路电流实用计算法》的校验方法进行计算。

表5.10-7b 6～10kV 水平布置、母线平放的支持绝缘子允许的短路峰值电流

短路峰值电流 (kA)

（绝缘子间距 l (m)；相间距离 D (m)）

型号	额定电压 (kV)	弯曲破坏负荷 (N)	l=1				l=1.2				l=1.4				l=1.6				备注
			0.2	0.25	0.3	0.35	0.2	0.25	0.3	0.35	0.2	0.25	0.3	0.35	0.2	0.25	0.3	0.35	
ZA-6、10	6、10	3750	65.80	73.57	80.59	87.05	60.07	67.15	73.57	79.46	55.61	62.17	68.11	73.57	52.02	58.16	63.71	68.82	
ZN-6、10、ZL-10	6、10	4000	67.96	75.98	83.23	89.90	62.04	69.36	75.98	82.07	57.43	64.21	70.34	75.98	53.72	60.07	65.80	71.07	
ZS-10/5L	10	5000	76.02	85.00	93.11	100.57	69.40	77.59	85.00	91.81	64.25	71.84	78.69	85.00	60.10	67.20	73.61	79.51	
ZB-6、10	6、10	7500	93.06	104.04	113.97	123.10	84.95	94.98	104.04	112.38	78.65	87.93	96.32	104.04	73.57	82.25	90.10	97.32	
ZN-10	10	8000	96.11	107.45	117.71	127.14	87.73	98.09	107.45	116.06	81.23	90.81	99.48	107.45	75.98	84.95	93.06	100.51	
ZC-10	10	12 500	120.14	134.32	147.14	158.93	109.67	122.61	134.32	145.08	101.53	113.52	124.35	134.32	94.98	106.19	116.32	125.64	
ZN-10	10	16 000	135.92	151.96	166.47	179.81	124.08	138.72	151.96	164.14	114.87	128.43	140.69	151.96	107.45	120.14	131.60	142.15	
ZD-10	10	20 000	151.96	169.90	186.12	201.03	138.72	155.10	169.90	183.52	128.43	143.59	157.30	169.90	120.14	134.32	147.14	158.93	

注：
1. 本表采用 IEC 标准的校验方法进行计算。
2. 计算时没有考虑导体频率的影响。
3. 计算时假设矩形导体等导体之间的有效距离等于导体中心线距离。

5

表 5.10-8　20~35kV 绝缘套管允许的短路峰值电流

型号	额定电压 (kV)	套管长度 l_{t2} (m)	弯曲破坏负荷 (N)	1.5			2			2.5			3			3.5	
				\[套管端距绝缘子距离 l_{t1} (m)\] 短路峰值电流 (kA)													
				0.45	0.5	0.6	0.45	0.5	0.6	0.45	0.5	0.6	0.45	0.5	0.6	0.5	0.6
CB-35/400, 600	35	0.925	4000	71.71	75.59	82.80	65.29	68.84	75.40	60.34	63.61	69.68	56.82	59.42	65.09	5596	61.30
CB-35/1000, 1500	35	0.945	4000	71.42	75.28	82.47	65.07	68.59	75.14	60.17	63.42	69.48	56.22	59.27	64.92	55.83	61.16
CWB-35/250, 400, 1000, 1500, FCW-35/630 (0.970) CWL-35/250, 400, 1000, 1500, FCWL-35/630 (0.980)	35	0.970 0.980	4000	70.91	74.75	81.88	64.69	68.19	74.70	59.86	63.10	69.12	55.98	59.01	64.64	55.62	60.92
CWB-35/630, CWL-35/630	35	1.020	4000	70.35	74.15	81.23	64.26	67.74	74.20	59.52	62.74	68.73	55.70	58.71	64.32	55.37	60.65
FCW-35/1000, 1250, FCWL-35/1000, 1250	35	0.960	7500	97.50	102.77	112.58	88.88	93.69	102.63	82.21	86.66	94.93	76.84	81.00	88.73	76.32	83.61
FCW-35/1500, FCWL-35/1500	35	1.040	7500	95.95	101.14	110.79	87.70	92.45	101.27	81.27	85.67	93.85	76.08	80.19	87.85	75.65	82.87
CWW-20/2000, CWWL-20/2000	20	0.835	8000	103.35	108.94	119.34	93.80	98.87	108.31	86.48	91.16	99.86	80.65	85.01	93.12	79.96	87.59
FCW-20/630, FCWL-20/630 (0.845) FCW-20/1000, FCWL-20/1000 (0.835)	20	0.845 0.835	7500	99.86	105.26	115.31	90.66	95.56	104.68	83.61	88.13	96.54	77.98	82.20	90.05	77.33	84.71
FCW-20/1500, FCWL-20/1500	20	0.915	7500	98.40	103.72	113.62	89.56	94.41	103.42	82.75	87.22	95.55	77.28	81.46	89.24	76.71	84.04

注　本表采用《短路电流实用计算法》的校验方法进行计算。

5

表5.10-9

6~10kV 绝缘套管允许的短路峰值电流

短路峰值电流 (kA)

型号	额定电压 (kV)	套管长度 l_2 (m)	弯曲破坏负荷 (N)	相间距离 D=0.6				D=0.8				D=1				D=1.2				D=1.4			
套管端距绝缘子距离 l_{r1} (m) →				0.2	0.25	0.3	0.35	0.2	0.25	0.3	0.35	0.2	0.25	0.3	0.35	0.2	0.25	0.3	0.35	0.2	0.25	0.3	0.35
CA-6/200, 400	6	0.395	3750	72.27	80.79	88.51	95.60	65.94	73.73	80.76	87.23	61.03	68.24	74.75	80.74	57.08	63.82	69.91	75.51	53.80	60.15	65.90	71.18
CB-6/400, 600	6	0.425	7500	100.69	112.58	123.32	133.21	92.11	102.98	112.81	121.85	85.40	95.48	104.59	112.97	79.97	89.41	97.95	105.79	75.46	84.37	92.42	99.83
CB-6/1000, 1500	6	0.435	7500	100.21	112.03	122.73	132.56	91.73	102.56	112.35	121.35	85.10	95.15	104.23	112.58	79.73	89.14	97.65	105.47	75.26	84.14	92.17	99.56
CC-6/1000, 1500	6	0.505	12500	125.20	139.98	153.34	165.62	115.21	128.81	141.10	152.41	107.28	119.94	131.39	141.92	100.79	112.69	123.44	133.34	95.35	106.61	116.78	126.14
CC-6/2000	6	0.525	12500	124.08	138.73	151.97	164.15	114.33	127.83	140.03	151.25	106.57	119.15	130.53	140.98	100.21	112.03	122.73	132.56	94.86	106.05	116.18	125.49
CWB2-6/400	6	0.470	7500	98.55	110.19	120.70	130.37	90.46	101.14	110.79	119.67	84.08	94.01	102.98	111.23	78.89	88.20	96.62	104.36	74.55	83.35	91.30	98.62
CWB2-6/600	6	0.490	7500	97.64	109.17	119.59	120.17	89.76	100.35	109.93	118.74	83.52	93.37	102.29	110.48	78.42	87.67	96.04	103.98	74.15	82.91	90.82	98.10
CWB2-6/1000, 1500	6	0.520	7500	96.33	107.70	118.00	127.43	88.73	99.20	108.67	117.38	82.69	92.45	101.27	109.39	77.73	86.91	95.20	102.83	73.57	82.36	90.11	97.33
CB-10/200, 400, 600	10	0.415	7500	101.19	113.13	123.93	133.86	92.49	103.40	113.27	122.35	85.70	95.82	104.96	113.37	80.22	89.69	98.25	106.12	75.67	84.60	92.68	100.10
CB-10/1000, 1500	10	0.480	7500	98.10	109.67	120.14	129.77	90.11	100.74	110.36	119.20	83.80	93.69	102.63	110.85	78.65	87.94	96.33	104.05	74.35	83.13	91.06	98.36
CC-10/1000, 1500	10	0.590	7500	93.45	104.48	114.46	123.63	86.47	96.67	105.90	114.39	80.85	90.39	99.02	106.95	76.20	85.19	93.32	100.80	72.27	80.80	88.51	95.60
CC-10/2000	10	0.610	12500	119.64	133.77	146.53	158.28	110.83	123.92	135.75	146.62	103.73	115.97	127.03	137.21	97.82	109.37	119.81	129.41	92.83	103.79	113.69	122.80
CWC-10/1000, 1500	10	0.670	12500	117.06	130.87	143.36	154.85	108.80	121.64	133.25	143.93	102.08	114.13	125.02	135.04	96.47	107.85	118.15	127.61	91.69	102.51	112.29	121.29
CWC-10/2000	10	0.700	12500	115.43	129.05	141.37	152.70	107.46	120.14	131.61	142.15	100.94	112.85	123.63	133.53	95.48	106.75	116.94	126.31	90.82	101.54	111.23	120.14

注 本表采用《短路电流实用计算法》的校验方法进行计算。

5

表5.10-10　20～35kV 绝缘套管允许的短路热稳定校验数据

型号	技术数据					热稳定允许通过的短路电流有效值 (kA)					备注
	额定电压 (kV)	额定电流 (A)	额定热短时电流 (kA)	热短时时间 (s)	额定动稳定电流 (kA)	短路持续时间 (s)					
						0.6	0.8	1.0	1.2	1.6	
CWB-35/250, CWL-35/250	35	250	3.8	5		10.54	9.22	8.29	7.60	6.62	
CB-35/400, CWB-35/400, CWL-35/400	35	400	7.2	5		19.97	17.46	15.71	14.40	12.53	
CB-35/600, CWB-35/630, CWL-35/630, FCW-35/630, FCWL-35/630	35	600	12	5		33.28	29.10	26.19	24.00	20.89	
CB-35/1000, CWB-35/1000, CWL-35/1000, FCW-35/1000, FCWL-35/1000	35	1000	20	5		55.47	48.51	43.64	40.00	34.82	
FCW-35/1250, FCWL-35/1250	35	1250	25	5		69.34	60.63	54.55	50.00	43.52	
CB-35/1500, CWB-35/1500, CWL-35/1500, FCW-35/1500, FCWL-35/1500	35	1500	30	5		83.21	72.76	65.47	60.00	52.22	
FCW-20/630, FCWL-20/630	20	630	12	5		33.28	29.10	26.18	24.00	20.89	
FCW-20/1000, FCWL-20/1000	20	1000	20	5		55.47	48.51	43.64	40.00	34.82	
FCW-20/1500, FCWL-20/1500	20	1500	30	5		83.21	72.76	65.47	60.00	52.22	
CWW-20/2000, CWWL-20/2000	20	2000	40	5		110.94	97.01	87.29	80.00	69.36	

注　1. 本表采用《短路电流实用计算法》的校验方法进行计算。
2. 表中热稳定校验包含了短路电流交流分量和直流分量两部分的热效应，计算条件是按远端（无限大电源容量）网络发生短路时，短路电流交流分量在整个过程中不发生衰减，倘若整个过程中短路电流发生衰减，应按本手册公式中短路电流热效应的Q,值。

表5.10-11　6～10kV 绝缘套管允许的短路热稳定校验数据

型号	技术数据					热稳定允许通过的短路电流有效值 (kA)					备注
	额定电压 (kV)	额定电流 (A)	短时耐受电流 (kA)	短时耐受时间 (s)	额定动稳定电流 (kA)	切除时间 (s)					
						0.6	0.8	1.0	1.2	1.6	
CA-6/200	6	200	3.8	5		10.54	9.22	8.29	7.60	6.61	
CA-6/400, CB-6/400, CWB2-6/400	6	400	7.2	5		19.97	17.46	15.71	14.40	12.53	
CB-6/600, CWB2-6/600	6	600	12	5		33.28	29.10	26.19	24.00	20.89	
CB-6/1000, CB-6/1000, CWB2-6/1000	6	1000	20	5		55.47	48.51	43.64	40.00	34.82	
CB-6/1500, CC-6/1500	6	1500	30	5		83.21	72.76	65.47	60.00	52.22	
CB-10/200	10	200	3.8	5		10.54	9.22	8.29	7.60	6.61	
CB-10/400	10	400	7.2	5		19.97	17.46	15.71	14.40	12.53	
CB-10/600	10	600	12	5		33.28	29.10	26.19	24.00	20.89	
CB-10/1000, CWC-10/1000	10	1000	20	5		55.47	48.51	43.64	40.00	34.82	
CB-10/1500, CWC-10/1500	10	1500	30	5		83.21	72.76	65.47	60.00	52.22	
CC-10/2000, CWC-10/2000	10	2000	40	5		110.94	97.01	87.29	80.00	69.63	

注　本表采用《短路电流实用计算法》的校验方法进行计算。

表 5.10-12　水平布置铝铝母线允许的短路冲击电流值

短路冲击电流值（kA）　母线平放

支持点间距离（m）	0.8				1.0				1.2				1.4				1.6			
相间距离（m）	0.2	0.25	0.3	0.35	0.2	0.25	0.3	0.35	0.2	0.25	0.3	0.35	0.2	0.25	0.3	0.35	0.2	0.25	0.3	0.35
母线规格（宽×厚/mm×mm）																				
40×4	48.1	54	59	64	39	43	47	51	32	36	39	42	28	31	34	36	24	27	29	32
50×5	67	75	82	89	54	60	66	71	45	50	55	59	38	43	47	51	34	38	41	44
63×6.3	95	106	117	126	76	85	93	101	63	71	78	84	54	61	67	72	48	53	58	63
63×8	107	120	131	142	86	96	105	113	71	80	88	95	61	68	75	81	54	60	66	71
63×10	120	134	147	159	96	107	117	127	80	89	98	106	68	77	84	91	60	67	73	79
80×6.3	121	135	148	160	97	108	118	128	81	90	99	107	69	77	85	91	60	68	74	80
80×8	136	152	167	180	109	122	133	144	91	101	111	120	78	87	95	103	68	76	83	90
80×10	152	170	186	201	122	136	149	161	101	113	124	134	87	97	107	115	76	85	93	101
100×6.3	151	169	185	200	121	135	148	160	101	113	123	133	86	96	106	114	76	84	92	100
100×8	170	190	208	225	136	152	167	180	113	127	139	150	97	109	119	129	85	95	104	113
100×10	190	213	233	252	152	170	186	201	127	142	155	168	109	122	133	144	95	106	117	126
125×6.3	189	211	231	250	151	169	185	200	126	141	154	166	108	121	132	143	94	106	116	125
125×8	213	238	261	281	170	190	208	225	142	159	174	188	122	136	149	161	106	119	130	141
125×10	238	266	291	315	190	213	233	252	159	177	194	210	136	152	166	180	119	133	146	157

短路冲击电流值（kA）　母线平放

支持点间距离（m）	2.0			2.5			3.0			3.5		
相间距离（m）	0.45	0.5	0.6	0.45	0.5	0.6	0.45	0.5	0.6	0.45	0.5	0.6
母线规格（宽×厚/mm×mm）												
40×4	29	30	33	23	24	27	19	20	22	17	17	19
50×5	40	43	47	32	34	37	27	28	31	23	24	27
63×6.3	57	60	66	46	48	53	38	40	44	33	34	38
63×8	64	68	74	51	54	59	43	45	50	37	39	42
63×10	72	76	83	58	61	66	48	51	55	41	43	47
80×6.3	72	76	84	58	61	67	48	51	56	41	44	48
80×8	82	86	94	65	69	75	54	57	63	47	49	54
80×10	91	96	105	73	77	84	61	64	70	52	55	60
100×6.3	91	96	105	72	76	84	60	64	70	52	55	60
100×8	102	108	118	82	86	94	68	72	79	58	62	67
100×10	114	120	132	96	96	105	76	80	88	65	69	75
125×6.3	113	119	131	91	96	105	76	80	87	65	68	75
125×8	128	135	147	102	108	118	85	90	98	73	77	84
125×10	143	150	165	114	120	132	95	100	110	82	86	94

5

续表

短路冲击电流值（kA）　母线竖放

支持点间距离 (m)	0.8				1.0				1.2				1.4				1.6			
相间距离 (m)	0.2	0.25	0.3	0.35	0.2	0.25	0.3	0.35	0.2	0.25	0.3	0.35	0.2	0.25	0.3	0.35	0.2	0.25	0.3	0.35
母线规格（宽×厚/mm×mm）																				
40×4	15.2	17.0	18.6	20.1	12.2	13.6	14.9	16.1	10.1	11.3	12.4	13.4	8.7	9.7	10.7	11.5	7.6	8.5	9.3	10.1
50×5	21.3	23.8	26.1	28.1	17.0	19.0	20.8	22.5	14.2	15.9	17.3	18.8	12.2	13.6	14.9	16.1	10.6	11.9	13.0	14.0
63×6.3	30.1	33.6	36.8	39.8	24.1	26.9	29.5	31.8	20.1	22.4	24.6	26.5	17.2	19.2	21.1	22.7	15.0	16.9	18.4	19.9
63×8	38.2	42.7	46.8	50.5	30.6	34.2	37.4	40.4	25.5	28.5	31.2	33.7	21.8	24.4	26.7	28.9	19.1	21.4	23.4	25.3
63×10	47.8	53.4	58.5	63.2	38.2	42.7	46.8	50.5	31.8	35.6	39.0	42.1	27.3	30.5	33.4	36.1	23.9	26.7	29.2	31.6
80×6.3	33.9	37.9	41.5	44.8	27.1	30.3	33.2	35.9	22.6	25.3	27.7	29.9	19.4	21.7	23.7	25.6	16.9	18.9	20.8	22.4
80×8	43.1	48.1	52.7	56.9	34.4	38.5	42.2	45.6	28.7	32.1	35.1	38.0	24.6	27.5	30.1	32.5	21.5	24.1	26.4	28.5
80×10	53.8	60.1	65.9	71.2	43.1	48.1	52.7	57.0	35.9	40.1	43.9	47.5	30.8	34.4	37.7	40.7	26.9	30.1	33.0	35.6
100×6.3	37.9	42.4	46.4	50.1	30.3	33.9	37.1	40.1	25.3	28.3	31.0	33.4	21.7	24.2	26.5	28.7	19.0	21.2	23.2	25.1
100×8	48.1	53.8	59.0	63.7	38.5	43.1	47.2	50.9	32.1	35.9	39.3	42.5	27.5	30.8	33.7	36.4	24.1	26.9	29.5	31.8
100×10	60.2	67.3	73.7	79.6	48.1	53.8	58.9	63.7	40.1	44.8	49.1	53.1	34.4	38.4	42.1	45.5	30.1	33.6	36.8	39.8
125×6.3	42.3	47.4	51.9	56.1	33.9	37.9	41.5	44.9	28.3	31.6	34.6	37.4	24.2	27.1	29.7	32.0	21.2	23.7	26.0	28.0
125×8	53.8	60.1	65.9	71.2	43.1	48.1	52.7	57.0	35.9	40.1	43.9	47.5	30.8	34.4	37.7	40.7	26.9	30.1	33.0	35.6
125×10	67.3	75.2	82.4	89.0	53.8	60.1	65.9	71.2	44.9	50.1	54.9	59.3	38.4	43.0	47.1	50.9	33.6	37.6	41.2	44.5

短路冲击电流值（kA）　母线竖放

支持点间距离 (m)	2.0			2.5			3.0			3.5		
相间距离 (m)	0.45	0.5	0.6	0.45	0.5	0.6	0.45	0.5	0.6	0.45	0.5	0.6
母线规格（宽×厚/mm×mm）												
40×4	9.1	9.6	10.5	7.3	7.7	8.4	6.1	6.4	7.0	5.2	5.5	6.0
50×5	12.8	13.5	14.7	10.2	10.8	11.8	8.5	9.0	9.8	7.3	7.7	8.4
63×6.3	18.1	19.0	20.8	14.4	15.2	16.7	12.0	12.7	13.9	10.3	10.9	11.9
63×8	22.9	24.2	26.5	18.3	19.3	21.2	15.3	16.1	17.6	13.1	13.8	15.1
63×10	28.7	30.2	33.1	22.9	24.2	26.5	19.1	20.1	22.1	16.4	17.3	18.9
80×6.3	20.3	21.4	23.5	16.3	17.1	18.8	13.6	14.3	15.6	11.6	12.2	13.4
80×8	25.8	27.2	29.8	20.7	21.8	23.9	17.2	18.2	19.9	14.8	15.6	17.0
80×10	32.3	34.0	37.3	25.8	27.2	29.8	21.5	22.7	24.9	18.5	19.5	21.3
100×6.3	22.7	24.0	26.3	18.2	19.2	21.0	15.2	16.0	17.5	13.0	13.7	15.0
100×8	28.9	30.4	33.4	23.1	24.4	26.7	19.3	20.3	22.2	16.5	17.4	19.1
100×10	36.1	38.1	41.7	28.9	30.4	33.3	24.1	25.4	27.8	20.6	21.7	23.8
125×6.3	25.4	26.8	29.4	20.3	21.4	23.5	16.9	17.9	19.6	14.5	15.3	16.8
125×8	32.3	34.0	37.3	25.8	27.2	29.8	21.5	22.7	24.9	18.5	19.5	21.3
125×10	40.4	42.5	46.6	32.3	34.0	37.3	26.9	28.4	31.1	23.1	24.3	26.6

注　本表采用《短路电流实用计算法》的校验方法进行计算。

表 5.10-13　水平布置铜母线允许的短路冲击电流值

短路冲击电流值（kA）　母线平放

支持点间距离(m)　相间距离(m)	0.8				1.0				1.2				1.4				1.6		
母线规格(宽×厚/mm×mm)	0.2	0.25	0.3	0.35	0.2	0.25	0.3	0.35	0.2	0.25	0.3	0.35	0.2	0.25	0.3	0.35	0.25	0.3	0.35
40×4	57	64	70	76	46	51	56	61	38	43	47	51	33	37	40	43	32	35	38
50×5	80	90	98	106	64	72	78	85	53	60	65	71	46	51	56	61	45	49	53
63×6.3	113	127	139	150	91	101	111	120	75	84	92	100	65	72	79	86	63	69	75
63×8	128	143	156	169	102	114	125	135	85	95	104	113	73	82	89	96	71	78	84
63×10	143	160	175	189	114	128	140	151	95	106	116	126	82	91	100	108	80	87	94
80×6.3	144	161	176	190	115	129	141	152	96	107	117	127	82	92	101	109	80	88	95
80×8	162	181	198	214	130	145	159	171	108	121	132	143	93	104	113	122	91	99	107
80×10	181	203	222	240	145	162	178	192	121	135	148	160	104	116	127	137	101	111	120
100×6.3	180	201	220	238	144	161	176	190	120	134	147	159	103	115	126	136	100	110	119
100×8	203	226	248	268	162	181	198	214	135	151	165	179	116	129	142	153	113	124	134
100×10	226	253	277	300	181	203	222	240	151	169	185	200	129	145	158	171	127	139	150
125×6.3	225	251	275	297	180	201	220	238	150	167	183	198	128	144	157	170	126	138	149
125×8	253	283	310	335	203	226	248	268	169	189	207	223	145	162	177	191	142	155	167
125×10	238	316	347	374	226	253	277	300	189	211	231	250	162	181	198	241	158	173	187

短路冲击电流值（kA）　母线平放

支持点间距离(m)　相间距离(m)	2.0			2.5			3.0			3.5		
母线规格(宽×厚/mm×mm)	0.45	0.5	0.6	0.45	0.5	0.6	0.45	0.5	0.6	0.45	0.5	0.6
40×4	34	36	40	28	29	32	23	24	26	20	21	23
50×5	48	51	55	38	41	44	32	34	37	27	29	32
63×6.3	68	72	78	54	57	63	45	48	52	39	41	45
63×8	77	81	88	61	65	71	51	54	59	44	46	51
63×10	86	90	99	68	72	79	57	60	66	49	52	56
80×6.3	86	91	100	69	73	80	57	61	66	49	52	57
80×8	97	102	112	78	82	90	65	68	75	56	59	64
80×10	109	115	126	87	92	100	72	76	84	62	65	72
100×6.3	108	114	125	86	91	100	72	76	83	62	65	71
100×8	122	128	140	97	102	112	81	85	94	69	73	80
100×10	136	143	157	109	115	126	91	95	105	78	82	90
125×6.3	135	142	156	108	114	125	90	95	104	77	81	89
125×8	152	160	175	122	128	140	101	107	117	87	92	100
125×10	170	179	196	136	143	157	113	119	131	97	102	112

5

续表

短路冲击电流值 (kA)　母线平放

支持点间距离 (m)	0.8				1.0				1.2				1.4				1.6			
相间距离 (m) ＼ 母线规格 (宽×厚/mm×mm)	0.2	0.25	0.3	0.35	0.2	0.25	0.3	0.35	0.2	0.25	0.3	0.35	0.2	0.25	0.3	0.35	0.2	0.25	0.3	0.35
40×4	18	20	22	24	14	16	18	19	12	13	15	16	10	12	13	14	9	10	11	12
50×5	25	28	31	33	20	23	25	27	17	19	21	22	14	16	18	19	13	14	15	17
63×6.3	36	40	44	47	29	32	35	38	24	27	29	32	20	23	25	27	18	20	22	24
63×8	45	51	56	60	36	41	45	48	30	34	37	40	26	29	32	34	23	25	28	30
63×10	57	64	70	75	45	51	56	60	38	42	46	50	32	36	40	43	28	32	35	38
80×6.3	43	45	49	53	32	36	40	43	27	30	33	36	23	26	28	30	20	23	25	27
80×8	51	57	63	68	41	46	50	54	34	38	42	45	29	33	36	39	26	29	31	34
80×10	64	72	78	85	51	57	63	68	43	48	52	56	37	41	45	48	32	36	39	42
100×6.3	45	50	55	60	36	41	44	48	30	34	37	40	26	29	32	34	23	25	28	30
100×8	57	64	70	76	46	51	56	61	38	43	47	51	33	37	40	43	29	32	35	38
100×10	72	80	88	95	57	64	70	76	48	53	58	63	41	46	50	54	36	40	43	47
125×6.3	50	56	62	67	40	45	49	53	34	38	41	44	29	32	35	38	25	28	31	33
125×8	64	72	78	85	51	57	63	68	43	48	52	56	37	41	45	48	32	36	39	42
125×10	80	89	98	105	64	72	78	85	53	60	65	71	46	51	56	60	40	45	49	53

短路冲击电流值 (kA)　母线竖放

支持点间距离 (m)	2.0			2.5			3.0			3.5		
相间距离 (m) ＼ 母线规格 (宽×厚/mm×mm)	0.45	0.5	0.6	0.45	0.5	0.6	0.45	0.5	0.6	0.45	0.5	0.6
40×4	11	12	13	9	9	10	7	8	8	6	7	7
50×5	15	16	18	12	13	14	10	11	12	9	9	10
63×6.3	21	23	25	17	18	20	14	15	17	12	13	14
63×8	27	29	31	22	23	25	18	19	21	16	16	18
63×10	34	36	39	27	29	32	23	24	26	19	21	23
80×6.3	24	26	28	19	20	22	16	17	19	14	15	16
80×8	31	32	36	25	26	28	20	22	24	18	19	20
80×10	38	41	44	31	32	36	26	27	30	22	23	25
100×6.3	27	29	31	22	23	25	18	19	21	15	16	18
100×8	34	36	40	28	29	32	23	24	26	20	21	23
100×10	43	45	50	34	36	40	29	30	33	25	26	28
125×6.3	30	32	35	24	26	28	20	21	23	17	18	20
125×8	38	41	44	31	32	36	26	27	30	22	23	25
125×10	48	51	55	38	41	44	32	34	37	27	29	32

注　本表采用《短路电流实用计算法》的校验方法进行计算。

表 5.10-14　铝、铜母线按热稳定校验允许的短路电流均方根值

母线种类	铝母线					铜母线				
短路持续时间（s）	0.6	0.8	1.0	1.2	1.6	0.6	0.8	1.0	1.2	1.6
母线规格（宽×厚/mm×mm）	短路电流均方根值（kA）									
40×4	17.27	15.10	13.58	12.45	10.84	33.94	29.68	26.70	24.47	21.30
50×5	26.98	23.59	21.23	19.45	16.93	53.02	46.37	41.72	38.24	33.28
63×6.3	42.83	37.45	33.70	30.88	26.88	84.18	73.62	66.23	60.71	52.84
63×8	54.39	47.56	42.79	39.22	34.14	106.90	93.48	84.11	77.09	67.09
63×10	67.98	59.45	53.49	49.02	42.67	133.62	116.85	105.13	96.36	83.87
80×6.3	54.39	47.56	42.79	39.22	34.14	106.90	93.48	84.11	77.09	67.09
80×8	69.06	60.39	54.34	49.80	43.35	135.74	118.70	106.80	97.89	85.20
80×10	86.33	75.49	67.92	62.25	54.18	169.68	148.38	133.50	122.36	106.50
100×6.3	67.98	59.45	53.49	49.02	42.67	133.62	116.85	105.13	96.36	83.87
100×8	86.33	75.49	67.92	62.25	54.18	169.68	148.38	133.50	122.36	106.50
100×10	107.91	94.36	84.90	77.82	67.73	212.10	185.48	166.88	152.95	133.12
125×6.3	84.98	74.31	66.86	61.28	53.34	167.03	146.06	131.42	120.45	104.83
125×8	107.91	94.36	84.90	77.82	67.73	212.10	185.48	166.88	152.95	133.12
125×10	134.89	117.96	106.13	97.27	84.66	265.12	231.84	208.60	191.18	166.40

注 1. 本表采用《短路电流实用计算法》的校验方法进行计算。
　　2. 表中热稳定校验包含了短路电流交流分量和直流分量两部分的热效应，计算条件是按远端（无限大电源容量）网络发生短路时，短路电流交流分量在整个过程中不发生衰减，倘若整个过程中短路电流发生衰减，应按本手册公式计算热效应的 Q_t 值。
　　3. 表中短路持续时间为主保护动作时间加加断路器全分断时间之和。

表 5.10-15 　　　　　常用高压电缆按热稳定校验允许的短路电流均方根值

名　　　称	短路持续时间（s）	0.6	0.8	1.0	1.2	1.6
	线芯截面积（mm^2）	短路电流有效值（kA）				
10kV 铜芯高密度聚乙烯绝缘架空电缆 $\theta_m=150℃$ $\theta_p=75℃$	50	6.20	5.42	4.88	4.47	3.89
	70	8.68	7.59	6.83	6.26	5.45
	95	11.78	10.30	9.27	8.50	7.40
	120	14.88	13.02	11.71	10.73	9.34
	150	18.61	16.27	14.64	13.42	11.68
	185	22.95	20.07	18.05	16.55	14.40
	240	29.77	26.03	23.42	21.47	18.68
10kV 铝芯高密度聚乙烯绝缘架空电缆 $\theta_m=150℃$ $\theta_p=75℃$	50	4.09	3.58	3.22	2.95	2.57
	70	5.73	5.01	4.51	4.13	3.60
	95	7.78	6.80	6.12	5.61	4.88
	120	9.82	8.59	7.73	7.08	6.17
	150	12.28	10.74	9.66	8.85	7.71
	185	15.14	13.24	11.92	10.92	9.51
	240	19.65	17.18	15.46	14.17	12.33
10kV 铜芯交联聚乙烯绝缘架空电缆 $\theta_m=250℃$ $\theta_p=90℃$	50	8.50	7.43	6.68	6.13	5.33
	70	11.89	10.40	9.36	8.58	7.47
	95	16.14	14.12	12.70	11.64	10.13
	120	20.39	17.83	16.04	14.70	12.80
	150	25.49	22.29	20.05	18.38	16.00
	185	31.44	27.49	24.73	22.67	19.73
	240	40.78	35.66	32.09	29.41	25.60
10kV 铝芯交联聚乙烯绝缘架空电缆 $\theta_m=250℃$ $\theta_p=90℃$	50	5.58	4.88	4.39	4.02	3.50
	70	7.81	6.83	6.15	5.63	4.90
	95	10.60	9.27	8.34	7.65	6.66
	120	13.39	11.71	10.54	9.66	8.41
	150	16.74	14.64	13.17	12.07	10.51
	185	20.65	18.06	16.25	14.89	12.96
	240	26.79	23.43	21.08	19.32	16.82
1～30kV 铜芯聚氯乙烯绝缘电缆 $\theta_m=160℃$ $\theta_p=70℃$	50	7.13	6.24	5.61	5.14	4.48
	70	9.98	8.73	7.85	7.20	6.27
	95	13.55	11.85	10.66	9.77	8.51
	120	17.12	14.97	13.47	12.34	10.74
	150	21.39	18.71	16.83	15.43	13.43
	185	26.39	23.08	20.76	19.03	16.56
	240	34.23	29.94	26.93	24.69	21.49

续表

名　　称	短路持续时间（s）	0.6	0.8	1.0	1.2	1.6
	线芯截面积（mm²）	短路电流有效值（kA）				
1～30kV 铝芯聚氯乙烯绝缘电缆 θ_m＝160℃ θ_p＝70℃	50	4.47	3.90	3.51	3.22	2.80
	70	6.25	5.47	4.92	4.51	3.92
	95	8.48	7.42	6.68	6.12	5.32
	120	10.72	9.37	8.43	7.73	6.73
	150	13.40	11.71	10.54	9.66	8.41
	185	16.52	14.45	12.99	11.91	10.37
	240	21.43	18.74	16.86	15.46	13.45
≤110kV 铜芯交联聚乙烯绝缘电缆 θ_m＝250℃ θ_p＝90℃	50	8.50	7.43	6.68	6.13	5.33
	70	11.89	10.40	9.36	8.58	7.47
	95	16.14	14.12	12.70	11.64	10.13
	120	20.39	17.83	16.04	14.70	12.80
	150	25.49	22.29	20.05	18.38	16.00
	185	31.44	27.49	24.73	22.67	19.73
	240	40.78	35.66	32.09	29.41	25.60
≤110kV 铝芯交联聚乙烯绝缘电缆 θ_m＝250℃ θ_p＝90℃	50	5.58	4.88	4.39	4.02	3.50
	70	7.81	6.83	6.15	5.63	4.90
	95	10.60	9.27	8.34	7.65	6.66
	120	13.40	11.71	10.54	9.66	8.41
	150	16.74	14.64	13.17	12.07	10.51
	185	20.65	18.06	16.25	14.89	12.96
	240	26.79	23.43	21.08	19.32	16.82

注　1. 本表采用《短路电流实用计算法》的校验方法进行计算。

2. 表中热稳定校验包含了短路电流交流分量和直流分量两部分的热效应，计算条件是按远端（无限大电源容量）网络发生短路时，短路电流交流分量在整个过程中不发生衰减。

3. 表中故障切除时间为主保护动作时间加断路器全分断时间之和。

4. 表中 θ_m 为短路作用时间内电缆缆芯允许最高温度，θ_p 为短路发生前的电缆缆芯最高工作温度。

参 考 文 献

[1] 熊信银，朱永利. 发电厂电气部分. 4 版[M]. 北京：中国电力出版社，2009.

[2] 刘笙. 电气工程基础(下册)[M]. 北京：科学出版社，2004.

[3] 傅知兰. 电力系统电气设备选择与实用计算[M]. 北京：中国电力出版社，2004.

[4] 陈慈萱. 过电压保护原理与运行技术[M]. 北京：中国电力出版社，2002.

[5] 周泽存，沈其工，方瑜，等. 高电压技术. 3 版[M]. 北京：中国电力出版社，2007.

[6] 许建安. 35～110kV 输电线路设计[M]. 北京：中国电力出版社，2007.

[7] 水利电力部西北电力设计院. 电力工程电气设计手册[M]. 北京：中国电力出版社，1989.

[8] 钢铁企业电力设计手册编委会. 钢铁企业电力设计手册[M]. 北京：冶金工业出版社，1996.

[9] 工厂常用电气设备手册编写组. 工厂常用电气设备手册[M]. 北京：中国电力出版社，2006.

[10]　注册电气工程师执业资格考试复习指导教材编委会.注册电气工程师执业资格考试专业考试相关标准(供配电专业)[M].北京：中国电力出版社，2010.

[11]　注册电气工程师执业资格考试复习指导教材编委会.注册电气工程师执业资格考试专业考试相关标准(发输变电专业)(上)[M].北京：中国电力出版社，2009.

[12]　注册电气工程师执业资格考试复习指导教材编委会.注册电气工程师执业资格考试专业考试相关标准(发输变电专业)(下)[M].北京：中国电力出版社，2009.

5

6 电 能 质 量

6.1 概　述

（1）电能质量主要是指电压质量，即电压幅值、频率和波形的质量；其主要内容包括电压偏差、频率偏差、三相电压不平衡、电压波动与闪变、电压暂降与短时电压中断、供电中断、波形畸变、暂时和瞬态过电压等。表 6.1-1 给出了主要电能质量现象、起因及其特性参数。

理想的电能质量是恒定频率、恒定幅值的正弦波形电压与连续供电。电能质量问题可能对用户尤其是敏感用户造成巨大损失。

表 6.1-1　　　　　　　　　　　　　主要电能质量现象、起因及其特性参数

电能质量现象	起　因	典型持续时间	典型电压幅值
电压偏差	无功功率不平衡	>1min	0.8p. u.～0.9p. u. 1.1p. u.～1.2p. u.
频率偏差	有功功率不平衡	<10s	
三相电压不平衡	负荷三相不平衡或电力系统元件参数不对称	稳态	0.5%～2%
电压波动与闪变	功率波动性或间歇性负荷	间歇 频率<25Hz	0.1%～7%
电压暂降	系统故障、重负荷或大型电机启动	10ms～1min	0.1p. u.～0.9p. u.
短时电压中断	伴随自动重合闸和备用电源自动投切装置动作	10ms～1min	<0.1p. u.
供电中断	系统检修、线路或设备永久性故障、供需不平衡	>1min	0.0p. u.
波形畸变	非线性负荷和系统的非线性电气元件	稳态	0%～20%
暂时过电压	接地故障、甩负荷、参数谐振和铁磁谐振	10ms～1min	1.1p. u.～1.8p. u.
瞬态过电压	弧光接地、线路及设备的投切操作、雷电等	5μs～50ms	0p. u.～8p. u.

注　暂时和瞬态过电压的内容详见 13.2。

（2）供电频率由电力系统决定，当发电机与负荷间出现有功功率不平衡时，系统频率就会产生变动，出现频率偏差。偏差的大小及其持续时间取决于负荷特性和发电机控制系统对负荷变化的响应能力。

我国电力系统标称频率为 50Hz，国家标准 GB/T 15945—2008《电能质量　电力系统频率偏差》规定，电力系统正常运行条件下频率偏差限值为 ±0.2Hz，当系统容量较小时，偏差限值可以放宽为 ±0.5Hz。频率偏差过大会导致电动机转速改变，影响产品质量；使电子设备不能正常工作。

电力系统的调频措施通常都能保证系统频率在国家标准允许的范围之内。在配电设计中，除有特别要求的设备需采用稳频电源外，一般不必采取稳频措施。

6.2　电压偏差

6.2.1　基本概念

电压偏差是供配电系统在正常运行条件下，运行电压（U）对系统标称电压（U_n）的偏差相对值，以百分数表示，即

$$\Delta u = \frac{U - U_n}{U_n} \times 100\% \qquad (6.2\text{-}1)$$

式中　Δu——电压偏差百分数，%；

　　　U——运行电压，V；

　　　U_n——系统标称电压，V。

供配电系统中的电流在不断地变化，在阻抗元件上的电压降也在不断地变化。电压偏差主要是系统中电流变化导致的。

图 6.2-1（a）为阻抗串联电路，阻抗元件（如线路或变压器）两端电压的相量差为

$$\Delta U = U_A - U_D \qquad (6\text{-}2\text{-}2)$$

阻抗串联电路相量图（电流滞后）如图 6.2-1（b）所示，电压降为串联电路中阻抗元件两端电压的代数差 DF，一般情况下线路两端电压的相角差很小，误差 EF 可忽略不计，电压降可简化为纵分量 DE

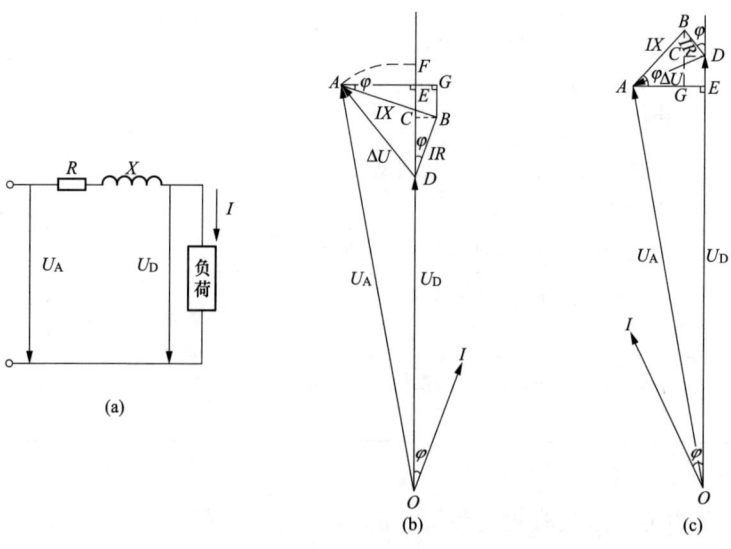

图 6.2-1　阻抗串联电路及其相量图

(a) 电路图；(b) 相量图（电流滞后）；(c) 相量图（电流超前）

$$\Delta U = DF \approx DE = DC + CE = DC + BG = \frac{IR\cos\varphi + IX\sin\varphi}{1000} \quad (6.2\text{-}3)$$

以正常情况下负荷电流滞后角为正。当电流超前时，如图 6.2-1（c）所示，$\sin\varphi$ 为负值，则 $DE=BC-BG$；如负荷电流超前角相当大时，电压降可为负值，即变为"电压升"。

电压降通常用系统标称电压的百分数表示。三相系统中以线电压为基准的电压降百分数按式（6.2-4）计算

$$\Delta u = \frac{\sqrt{3}(IR\cos\varphi + IX\sin\varphi)}{1000U_n} \times 100\% = \frac{\sqrt{3}(IR\cos\varphi + IX\sin\varphi)}{10U_n}\%$$

$$= \frac{PR + QX}{10U_n^2}\% \quad (6.2\text{-}4)$$

式中　Δu——电压降百分数，%；

$\quad\quad U_n$——系统标称电压，kV；

$\quad\quad I$——负荷电流，A；

$\quad\quad P$——负荷有功功率，kW；

$\quad\quad Q$——负荷无功功率，kvar；

$\quad\cos\varphi$——负荷的功率因数；

$\quad R$、X——串联元件的电阻和电抗（感抗），Ω。

6.2.1.1　线路电压降计算

三相平衡负荷线路

$$\left.\begin{array}{l}\Delta u = \dfrac{\sqrt{3}Il}{10U_n}(R'\cos\varphi + X'\sin\varphi) = Il\Delta u_i\% \\[3mm] \Delta u = \dfrac{Pl}{10U_n^2}(R' + X'\tan\varphi) = Pl\Delta u_p\%\end{array}\right\} \quad (6.2\text{-}5)$$

相间负荷线路

$$\left.\begin{array}{l}\Delta u = \dfrac{2Il}{10U_n}(R'\cos\varphi + X'\sin\varphi) \approx 1.15Il\Delta u_i\% \\[3mm] \Delta u = \dfrac{2Pl}{10U_n^2}(R' + X'\tan\varphi) = 2Pl\Delta u_p\%\end{array}\right\} \quad (6.2\text{-}6)$$

单相负荷线路

$$\left.\begin{array}{l}\Delta u = \dfrac{2\sqrt{3}Il}{10U_n}(R'\cos\varphi + X'\sin\varphi) \approx 2Il\Delta u_i\% \\[3mm] \Delta u = 6Pl\Delta u_p\%\end{array}\right\} \quad (6.2\text{-}7)$$

以上式中　Δu——电压降百分数，%；

$\quad\quad U_n$——系统标称电压，kV；

$\quad\quad I$——负荷电流，A；

$\quad\cos\varphi$——负荷功率因数；

$\quad\quad P$——负荷的有功功率，kW；

$\quad\quad l$——线路长度，km；

$\quad R'$、X'——三相线路单位长度的电阻和电抗，Ω/km；

$\quad\Delta u_i$——三相线路单位电流长度的电压降百分数，%/(A·km)；

Δu_p——三相线路单位功率长度的电压降百分数，%/(kW·km)。

线路单位长度的电阻、电抗和电压降数据见第9章。

6.2.1.2 变压器电压降计算

变压器电压降按式（6.2-8）计算

$$\left.\begin{aligned}\Delta u_\text{T} &= \beta(u_\text{a}\cos\varphi + u_\text{r}\sin\varphi) = \frac{Pu_\text{a} + Qu_\text{r}}{S_\text{rT}} \\ u_\text{a} &= \frac{100\Delta P_\text{T}}{S_\text{rT}} \\ u_\text{r} &= \sqrt{u_\text{T}^2 - u_\text{a}^2}\end{aligned}\right\}\qquad(6.2\text{-}8)$$

式中　Δu_T——变压器电压降百分数，%；

S_rT——变压器的额定容量，kVA；

u_a——变压器阻抗电压的有功分量，%；

u_r——变压器阻抗电压的无功分量，%；

u_T——变压器的阻抗电压，%；

ΔP_T——变压器的短路损耗，kW；

β——变压器的负荷率，即实际负荷与额定容量S_rT的比值；

$\cos\varphi$——负荷的功率因数；

P——三相负荷的有功功率，kW；

Q——三相负荷的无功功率，kvar。

在不同功率因数下，当为其他负荷率时可用表6.2-1按比例计算，当功率因数低于0.5时，电压降可按式（6.2-9）估算。满负荷时SC（B）10和S11型10（20或6）kV/0.4kV变压器的电压降见表6.2-1。

$$\Delta u_\text{T} \approx \beta u_\text{T}\qquad(6.2\text{-}9)$$

式中　Δu_T——变压器电压降百分数，%；

u_T——变压器的阻抗电压，%；

β——变压器的负荷率，即实际负荷与额定容量S_rT的比值。

表 6.2-1　　在不同功率因数下满负荷时 10（20或6）kV/0.4kV 变压器的电压降　　　　%

$\cos\varphi$	SC（B）10 和 S11 型变压器容量（kVA）								
	315	400	500	630	800	1000	1250	1600	2000
1	1.10	1.00	0.98	0.93 (0.95)	0.87	0.81	0.78	0.73	0.72
	1.22	1.13	1.08	0.98	0.94	1.03	0.96	0.91	—
0.95	2.25	2.16	2.14	2.10 (2.75)	2.68	2.63	2.59	2.56	2.55
	2.34	2.27	2.23	2.31	2.26	2.35	2.28	2.24	—
0.9	2.67	2.59	2.57	2.54 (3.43)	3.37	3.32	3.29	3.26	3.25
	2.76	2.69	2.65	2.80	2.76	2.84	2.78	2.74	—
0.8	3.19	3.12	3.11	3.08 (4.31)	4.26	4.22	4.19	4.16	4.15
	3.26	3.21	3.18	3.42	3.39	3.45	3.41	3.37	—

续表

$\cos\varphi$	SC（B）10 和 S11 型变压器容量（kVA）								
	315	400	500	630	800	1000	1250	1600	2000
0.7	3.52	3.46	3.45	3.43（4.89）	4.85	4.81	4.79	4.77	4.76
	3.57	3.53	3.51	3.82	3.80	3.85	3.81	3.78	—
0.6	3.74	3.70	3.69	3.67（5.31）	5.27	5.24	5.22	5.20	5.20
	3.78	3.75	3.73	4.10	4.08	4.12	4.09	4.07	—
0.5	3.88	3.85	3.85	3.84（5.6）	5.58	5.55	5.54	5.52	5.52
	3.91	3.89	3.88	4.29	4.28	4.31	4.29	4.27	—

注 1. 变压器每栏中第一行是 SC（B）10 型干式变压器的电压降，第二行是 S11 型油浸变压器的电压降。
    2. SC（B）10 型干式变压器，容量不大于 630kVA 时阻抗电压为 4%（对于 630kVA 的容量，括号内为阻抗电压为 6% 的数据），容量大于 630kVA 时阻抗电压为 6%。
    3. S11 型油浸变压器，容量小于 630kVA 时阻抗电压为 4%，容量不小于 630kVA 时阻抗电压为 4.5%。
    4. 变压器数据采用 JB/T 3837—2010《变压器类产品型号编制办法》中表 B.3（油浸变压器，Dyn11 组别）和表 B.8（干式变压器，A 组，F 级绝缘）以及 GB 20052—2013《三相配电变压器能效限定值及能效等级》中表1 和表2。

6.2.2 电压偏差允许值
6.2.2.1 用电设备端子电压偏差允许值

用电设备端子电压实际值偏离额定值时，其性能将直接受到影响，如电阻焊机，当电压正偏差过大时，将使焊机出热量过多而造成焊件过熔，其负偏差过大时会使焊接热量不足而造成虚焊。影响的程度视电压偏差的大小而定，见表 6.2-2。

表 6.2-2 端子电压偏差对常用电器设备特性的影响

名称	与运行电压 U 的关系	电压偏差值		名称	与运行电压 U 的关系	电压偏差值	
		-10%	$+10\%$			-10%	$+10\%$
异步电动机：				气体放电灯[4]：			
启动转矩和最大转矩	U^2	-19%	$+21\%$	荧光灯光通量	$\approx U$	$\approx-9\%$	$\approx+9\%$
滑差率	U^{-2}	$+23\%$	-17%	荧光灯使用寿命[4]			-20%
启动电流	U	$-10\%\sim12\%$	$-10\%\sim12\%$	金属卤化物灯光通量	$\approx U^3$	-27%	$+38\%$
满载电流[1]		$+11\%$	-7%	高压钠灯光通量		-30%	$+33\%$
满载温升[1]		$+6\%\sim7\%$	$-3\%\sim4\%$				
同步电动机[2]：							
最大转矩（拖出转矩）	U	-10%	$+10\%$				
电热设备[3]：							
输出热能	U	-19%	$+21\%$				

① 数据仅供参考，其值因设计和制造而异。
② 如果采用晶闸管励磁，且其交流测电源是与同步电动机共用的，则其最大转矩与端子电压的平方成正比。
③ 电压长期偏高将使电热元件寿命缩短。
④ 气体放电灯在电压过高或过低时都会缩短使用寿命，电压过低时起辉困难，电压过高时镇流器将因过热而缩短寿命。

按照 GB 50052—2009《供配电系统设计规范》，用电设备端子的电压偏差允许值见表 6.2-3。表 6.2-3 中照明部分的数据同时结合了 GB 50034—2013《建筑照明设计标准》以及 CJJ 45—2015《城市道路照明设计标准》中的规定；电动机部分的数据结合了 GB 755—2008《旋转电机 定额和性能》的规定。

表 6.2-3 用电设备端子电压偏差允许值

名 称	电压偏差允许值	名 称	电压偏差允许值
电动机	$+5\%\sim-5\%$	照明：	
		一般工作场所	$+5\%\sim-5\%$
其他用电设备（当无特殊规定时）	$+5\%\sim-5\%$	远离变电站的小面积一般工作场所	$+5\%\sim-10\%$
		应急照明、道路照明、警卫照明	$+5\%\sim-10\%$
		用安全特低电压供电的照明	$+5\%\sim-10\%$

制订用电设备端子电压偏差允许值时，应兼顾设备制造和网络建设综合技术经济指标，并考虑用电设备的具体运行状况。如对于不经常使用、使用时间短暂且次数很少的设备以及少数远离变电站的用电设备等，其电压偏差允许范围可以适当放宽，以免过多地增加线路投资；又如信息技术设备对电压质量要求较高，但这些设备往往带有专用稳压电源装置，这时对供配电系统电压偏差的要求可适当放宽。

6.2.2.2 供电电压偏差限值

根据 GB/T 12325—2008《电能质量 供电电压偏差》，供电电压偏差限值见表 6.2-4。

表 6.2-4 供电电压偏差限值

系统标称电压（kV）	供电电压偏差限值（%）
≥35 三相（线电压）	正、负偏差绝对值之和①≤10
≤20 三相（线电压）	±7
0.22 单相（相电压）	+7、−10

注　1. 适用于交流 50Hz 电力系统在正常运行条件下，供电部门配电系统与用户电气系统的联结点的供电电压与对系统标称电压的偏差。

　　2. 对供电点短路容量较小、供电距离较长以及对供电电压偏差有特殊要求的用户，供电电压偏差允许值由供用电协议确定。

①　供电电压上下偏差均为正或均为负时，按较大的偏差绝对值作为衡量依据。

6.2.3 电压偏差计算

如果在某段时间内线路或其他供电元件首端的电压偏差为 Δu_o，线路电压降为 Δu_1，则线路末端电压偏差为

$$\Delta u_x = \Delta u_o - \Delta u_1 \qquad (6.2\text{-}10)$$

当有变压器或其他调压设备时，还应计入该类设备内的电压提升，即

$$\Delta u_x = \Delta u_o + e - \sum \Delta u \qquad (6.2\text{-}11)$$

在图 6.2-2（a）的电路中，其末端的电压偏差为

$$\Delta u_x = \Delta u_o + e - \Sigma \Delta u = \Delta u_o + e - (\Delta u_{l1} + \Delta u_T + \Delta u_{l2}) \quad (6.2\text{-}12)$$

以上式中 Δu_o——线路首端的电压偏差，%；

    $\Sigma \Delta u$——回路中电压降总和，%；

Δu_{l1}、Δu_{l2}——高压线路和低压线路的电压降，%；

    Δu_T——变压器电压降百分数，%；

    e——变压器分接头设备的电压提升，%；常用配电变压器分接头与二次空载电压和电压提升的关系，见表 6.2-5。

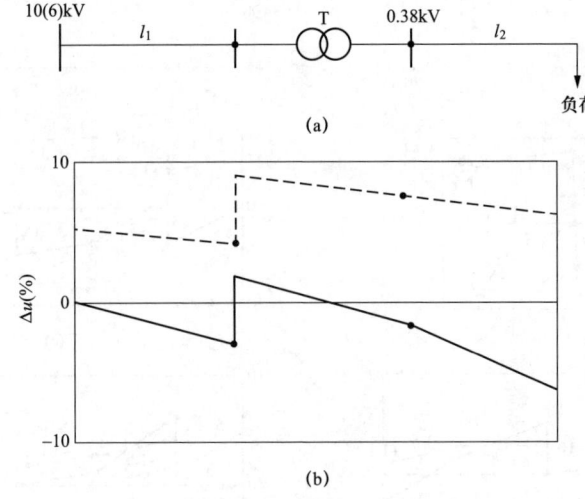

图 6.2-2   网络电压偏差计算电路

（a）计算电路；（b）电路沿线的电压偏差曲线

注：实线表示最大负荷时的电压偏差；虚线表示最小负荷时的电压偏差。

表 6.2-5   10（20 或 6）±5%/0.4kV 变压器分接头与二次侧空载电压和电压提升的关系

变压器分接头	+5%	0	−5%
变压器二次空载电压① （V）	380	400	420
电压提升①	0	+5%	+10%

①   对应于变压器一次端子电压为系统标称电压时的电压。

    如果用户负荷不变，地区变电站供电母线电压也不变，则电路沿线各点的电压偏差也是固定不变的。但实际上用户和地区变电站的负荷是在最大负荷和最小负荷之间变动的，电路沿线电压偏差曲线也相应地在图 6.2-2（b）所示的实线和虚线之间变动。电路某点电压偏差最大值与最小值的差额成为电压偏差范围。由图 6.2-2（b）可见，用户负荷变化引起网络电压降的变化，从而引起各级线路电压偏差范围逐级加大，形成喇叭状。

    【例 6.2-1】   地区变电站向两个用户分别以 10kV 电压和 35kV 电压的线路供电，供电系统计算电路如图 6.2-3（a）所示。最大负荷时，电源至用户供电线路的电压降为 4%，用户内 10kV 线路的电压降为 1%；380V 线路的电压降为 5%。10kV±5%/0.4kV 变压器的电压降为 3%，分接头在 "0" 位置上，35kV±5%/10.5kV 变压器的电压降为 5%，分接头也在 "0" 位置上。假定最小负荷为最大负荷的 30%。昼夜最大负荷和最小负荷时，地区变电站端供电母线电压偏差分别为 0 和 5%。求各线路末端的电压偏差值。

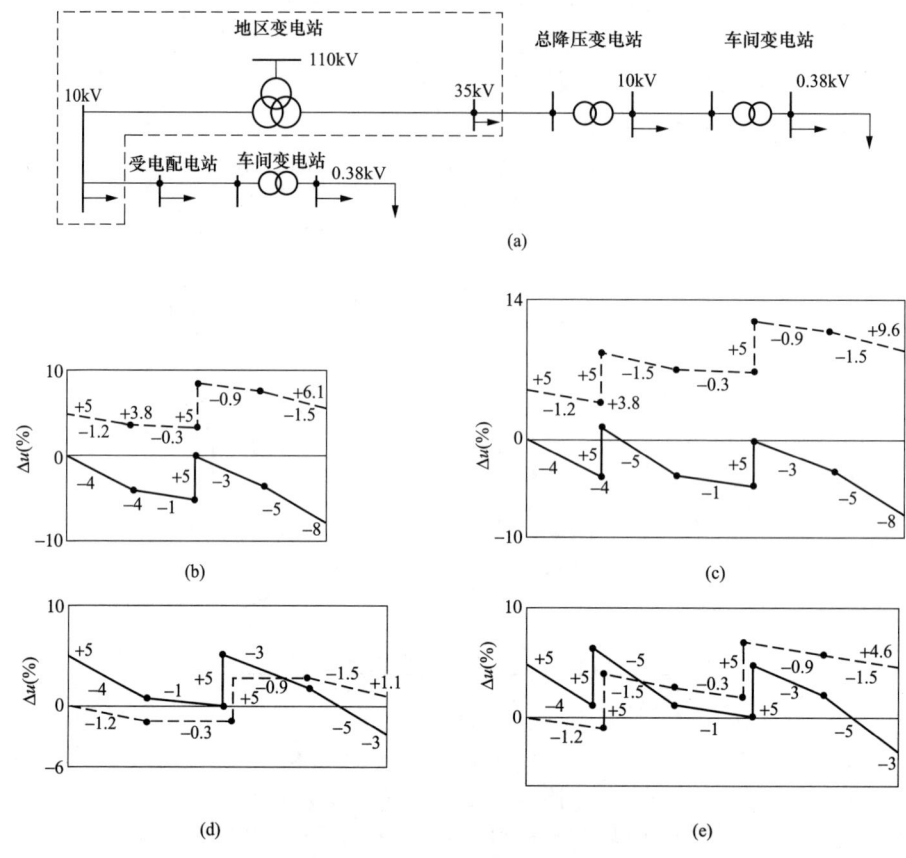

图 6.2-3 电压偏差计算电路及曲线

(a) 计算电路；(b) 10kV 受电的用户沿线的电压偏差曲线；(c) 35kV 受电的用户沿线的电压偏差曲线；
(d) 地区变电站带逆调压时 10kV 受电的用户的电压偏差曲线；(e) 地区变电站带逆
调压时 35kV 受电的用户的电压偏差曲线

注：实线表示最大负荷时的电压偏差；虚线表示最小负荷时的电压偏差。

解 (1) 10kV 受电的用户的低压线路末端电压偏差按式 (6.2-12) 计算得

最大负荷时：$\Delta u_x = [0 + 5 - (4 + 1 + 3 + 5)]\% = -8\%$

最小负荷时：$\Delta u'_x = [+5 + 5 - 0.3(4 + 1 + 3 + 5)]\% = +6.1\%$

电压偏差范围：$[6.1 - (-8)]\% = 14.1\%$

其中变压器分接头电压提升为 +5%。线路沿线的电压偏差曲线如图 6.2-3 (b) 所示。

(2) 35kV 受电的用户的低压线路末端电压偏差按式 (6-12) 计算得

最大负荷时：$\Delta u_x = [0 + 5 + 5 - (4 + 5 + 1 + 3 + 5)]\% = -8\%$

最小负荷时：$\Delta u'_x = [+5 + 5 + 5 - 0.3(4 + 5 + 1 + 3 + 5)]\% = +9.6\%$

电压偏差范围：$[9.6 - (-8)]\% = 17.6\%$

电路沿线的电压偏差曲线如图 6.2-3 (c) 所示。

从例 6.2-1 看出，当用户高压受电端的电压偏差均为＋3.8％～－4％时，低压线路末端电压偏差分别为＋6.1％～－8％和＋9.6％～－8％，已超过＋5％～－5％的范围。如果 110kV 变电站改用有载调压变压器并采用逆调压控制方式，可有效地减少电压偏差，如图 6.2-3（d）和图 6.2-3（e）所示。

6.2.4 线路电压降允许值

在配电设计中，应按照用电设备端子电压偏差允许值的要求和地区电网电压偏差的具体情况，确定电压降允许值。当缺乏详细计算资料时，线路电压降允许值可参考表 6.2-6。

表 6.2-6   线路电压降允许值

名　称	允许电压降（％）
从配电变压器二次侧母线算起的低压线路	5
从配电变压器二次侧母线算起的供给有照明负荷的低压线路	3～5
从 110（35）kV/10（20 或 6）kV 变压器二次侧母线算起的 10（20 或 6）kV 线路	5

通常电力系统在采取各种调压措施后，用户供电点处的电压虽有变化，但一般与系统标称电压偏差不大（远离或邻近上级变电站的位置可能偏差稍大）。对于高压供电的用户，假定配电变压器高压侧为系统标称电压，低压侧线路允许电压降计算值见表 6.2-7。

表 6.2-7   变压器高压侧为系统标称电压时，低压侧线路允许电压降计算值   ％

负荷率	$\cos\varphi$	SC（B）10 和 S11 型变压器容量（kVA）								
		315	400	500	630	800	1000	1250	1600	2000
100％	1	8.90	9.00	9.02	9.07(9.05)	9.13	9.19	9.22	9.27	9.28
		8.78	8.87	8.92	9.02	9.06	8.97	9.04	9.09	—
	0.95	7.75	7.84	7.86	7.90(7.25)	7.32	7.37	7.41	7.44	7.45
		7.66	7.73	7.77	7.69	7.74	7.65	7.72	7.76	
	0.9	7.33	7.41	7.43	7.46(6.47)	6.53	6.58	6.61	6.64	6.65
		7.24	7.31	7.35	7.20	7.24	7.16	7.22	7.26	
	0.8	6.71	6.78	6.79	6.82(5.69)	5.74	5.78	5.81	5.84	5.85
		6.64	6.69	6.72	6.48	6.51	6.45	6.49	6.53	
	0.7	6.38	6.44	6.45	6.47(5.11)	5.15	5.19	5.21	5.23	5.24
		6.33	6.37	6.39	6.18	6.20	6.15	6.19	6.22	
	0.6	6.26	6.30	6.31	6.33(4.69)	4.73	4.76	4.78	4.80	4.80
		6.22	6.25	6.27	5.90	5.92	5.88	5.91	5.93	
	0.5	6.12	6.15	6.15	6.16(4.40)	4.42	4.45	4.46	4.48	4.48
		6.09	6.11	6.12	5.71	5.72	5.69	5.71	5.73	
80％	1	9.12	9.20	9.22	9.25(9.24)	9.30	9.35	9.38	9.41	9.42
		9.03	9.10	9.13	9.21	9.25	9.18	9.23	9.28	
	0.95	8.20	8.27	8.29	8.32(7.80)	7.86	7.90	7.92	7.96	7.96
		8.12	8.18	8.22	8.16	8.19	8.12	8.17	8.21	
	0.9	7.87	7.93	7.94	7.97(7.25)	7.30	7.34	7.37	7.40	7.40
		7.80	7.85	7.88	7.76	7.79	7.73	7.78	7.81	—

6

续表

负荷率	cosφ	SC（B）10 和 S11 型变压器容量(kVA)								
		315	400	500	630	800	1000	1250	1600	2000
80%	0.8	7.45 7.39	7.50 7.44	7.51 7.46	7.54(6.45) 7.26	6.49 7.29	6.53 7.24	6.55 7.28	6.57 7.30	6.58 —
	0.7	7.19 7.14	7.23 7.18	7.24 7.19	7.26(6.09) 6.84	6.12 6.86	6.15 6.82	6.17 6.85	6.19 6.87	6.19 —
	0.6	7.01 6.88	7.04 7.00	7.05 7.02	7.06(5.75) 6.62	5.78 6.63	5.81 6.60	5.82 6.63	5.84 6.64	5.84 —
	0.5	6.80 6.77	6.82 6.79	6.82 6.80	6.83(5.52) 6.46	5.54 6.48	5.56 6.45	5.57 6.47	5.58 6.48	5.58 —

注　1. 变压器每栏中第一行是 SC（B）10 型干式变压器的电压降，第二行是 S11 型油浸变压器的电压降。

　　2. 本表按用电设备允许电压偏差为±5%，变压器空载电压比低压系统标称电压高5%（相当于变压器高压侧为系统标称电压）进行计算，将允许总的电压降10%扣除变压器电压降（见表 6.2-1），即得本表数据。当照明允许偏差为+5%～−2.5%时，应按本表数据减少 2.5%。

6.2.5　改善电压偏差的主要措施

（1）正确选择变压器的变比和电压分接头。对于无载调压变压器，根据实际运行积累的数据，合理选择电压分接头，改变变压器的变比，使出现最大负荷时的电压负偏差与出现最小负荷时的电压正偏差得到调整，使电压偏差保持在正常合理的范围内，但这种措施不能缩小正负偏差之间的范围。

（2）采用有载调压变压器。

1）大于 35kV 电压的变电站中的降压变压器，直接向 35、20、10、6kV 电网送电时，应采用有载调压变压器，宜采用逆调压的调压方式，逆调压的范围为系统标称电压的 0%～+5%。

2）35kV 降压变电站的主变压器，在电压偏差不能满足要求时，应采用有载调压变压器。

3）20、10、6kV 配电变压器不宜采用有载调压变压器；但在当地 20、10、6kV 电源电压偏差不能满足要求，且用户有对电压要求严格的设备，单独设置调压装置技术经济不合理时，亦可采用 20、10、6kV 有载调压变压器。

（3）降低系统阻抗。如尽量缩短线路长度，采用电缆代替架空线，加大电缆或导线的截面等。

（4）采取补偿无功功率措施。

1）调整并联补偿电容器组的接入容量。投入电容器后线路及变压器电压降的减少量，可按式（6.2-13）和式（6.2-14）估算。

线路
$$\Delta U_{l'} \approx \Delta Q_c \frac{X_l}{1000 U_n^2} \times 100\% \qquad (6.2\text{-}13)$$

变压器
$$\Delta U_{T'} \approx \Delta Q_c \frac{u_T}{S_{rT}}\% \qquad (6.2\text{-}14)$$

以上式中　ΔQ_c——并联电容器的投入容量，kvar；

X_1——线路的电抗，Ω；

U_n——系统标称电压，kV；

S_{rT}——变压器的额定容量，kVA；

u_T——变压器的阻抗电压，%。

投入电容器后电压提高值的数据见表 6.2-8。

表 6.2-8　　　　　　　　投入电容器后电压提高值的数据

供电元件	配电变压器									每千米架空线路			每千米电缆线路		
	容量（kVA）									电压（kV）			电压（kV）		
	315	400	500	630	800	1000	1250	1600	2000	0.38	6	10	0.38	6	10
投入 100kvar 电容器后电压提高值（%）	1.27 1.27	1.0 1.0	0.8 0.8	0.63 (0.95) 0.71	0.75 0.56	0.6 0.45	0.48 0.36	0.38 0.28	0.3 0.23	28	0.11	0.04	5.5	0.022	0.008
电压提高 1% 须投入电容器容量（kvar）	79 79	100 100	125 125	158 (105) 140	133 178	167 222	208 278	267 356	333 444	3.6	900	2500	18	4500	12 500

注　1. 变压器每栏中第一行是 SC（B）10 型干式变压器的压降值，第二行是 S11 型油浸变压器的压降值。

　　2. SC（B）10 型干式变压器，容量不大于 630kVA 时阻抗电压为 4%（对于 630kVA 的容量，括号内为阻抗电压为 6% 的数据），容量大于 630kVA 时阻抗电压为 6%。

　　3. S11 型油浸变压器，容量小于 630kVA 时阻抗电压为 4%，容量不小于 630kVA 时阻抗电压为 4.5%。

　　4. 本表中架空线、电缆电压降的计算参数，架空线的截面采用 10mm²，电缆的截面采用 50mm² 时的线路电抗值做依据。

电网电压过高时往往也是电力负荷较低、功率因数偏高的时候，适时减少电容器组投入的容量，能同时起到合理补偿无功功率和调整电压偏差的作用。如果采用的是低压电容器，调压效果将更显著，应尽量采用按功率因数或电压水平调整的自动装置。

2）调整同步电动机的励磁电流。在铭牌规定值的范围内适当调整同步电动机的励磁电流，使其超前或滞后运行，就能产生或消耗无功功率，从而达到改变网络负荷的功率因数和调整电压偏差的目的。

（5）宜使三相负荷平衡。

（6）改变配电系统运行方式。如切、合联络线或将变压器分、并列运行，以改变配电系统的阻抗。

6.3　三相电压不平衡

6.3.1　基本概念

（1）三相电压不平衡指的是三相电压在幅值上不同或相位差不是 120°，或兼而有之。三相电压不平衡的分析通常采用对称分量法。本节仅讨论系统标称频率为 50Hz 的交流电力系统正常运行方式下由于负序基波分量引起的电压不平衡及低压系统由于零序分量而引起的电压不平衡。

（2）不平衡度是指三相电力系统中三相不平衡的程度。用电压、电流负序基波分量或零序基波分量与正序基波分量的均方根值百分比来表示。电压、电流的负序不平衡度和零序不平衡度分别用 $\varepsilon_{U(2)}$、$\varepsilon_{U(0)}$ 和 $\varepsilon_{I(2)}$、$\varepsilon_{I(0)}$ 表示。

（3）三相不平衡度用式（6.3-1）和式（6.3-2）计算

$$\varepsilon_{U(2)} = \frac{U_{(2)}}{U_{(1)}} \times 100\% \tag{6.3-1}$$

$$\varepsilon_{U(0)} = \frac{U_{(0)}}{U_{(1)}} \times 100\% \tag{6.3-2}$$

以上式中　$\varepsilon_{U(2)}$——电压的负序不平衡度，%；

$\varepsilon_{U(0)}$——电压的零序不平衡度，%；

$U_{(1)}$——三相电压的正序分量均方根值，kV；

$U_{(2)}$——三相电压的负序分量均方根值，kV；

$U_{(0)}$——三相电压的零序分量均方根值，kV。

将式（6.3-1）、式（6.3-2）中的 $U_{(1)}$、$U_{(2)}$、$U_{(0)}$ 换为 $I_{(1)}$、$I_{(2)}$、$I_{(0)}$，则为相应的电流不平衡度 $\varepsilon_{I(2)}$ 和 $\varepsilon_{I(0)}$ 的表达式。

（4）三相不平衡度的近似计算。

1）设公共连接点的正序阻抗与负序阻抗相等，则电压的负序，不平衡度为

$$\varepsilon_{U(2)} = \frac{\sqrt{3} I_{(2)} U_L}{10 S_k}\% \tag{6.3-3}$$

2）相间单相负荷引起的电压的负序不平衡度可近似为

$$\varepsilon_{U2} \approx \frac{S_L}{S_k} \times 100\% \tag{6.3-4}$$

以上式中　$\varepsilon_{U(2)}$——电压的负序不平衡度，%；

$I_{(2)}$——负序电流值，A；

S_k——公共连接点的三相短路容量，MVA；

U_L——标称线电压，kV；

S_L——相间单相负荷容量，MVA。

6.3.2　三相电压不平衡度的限值

根据 GB/T 15543—2008《电能质量　三相电压不平衡》，对于电力系统公共连接点，电网正常运行时，负序电压不平衡度不超过 2%，短时不得超过 4%。低压系统零序电压限值暂不作规定。接于公共连接点的每个用户引起该点负序电压不平衡度允许值一般为 1.3%，短时不超过 2.6%。根据连接点的负荷状况以及邻近发电机、继电保护和自动装置安全运行要求，该允许值可作适当变动，但必须满足对电力系统公共连接点的限值要求。电气设备额定工况的电压允许不平衡度和负序电流允许值仍由各自标准规定。

6.3.3　三相电压不平衡产生的原因

电力系统中三相电压不平衡主要是由负荷不平衡和系统三相阻抗不对称引起的。

负荷不平衡是系统三相不平衡的最主要因素。产生三相负荷不平衡的主要原因是单相大容量负荷（如电气化铁路、电弧炉和电焊机等）在三相系统中的电气位置分布不合理。我国交流电气化铁路主要通过 110kV 系统经牵引变压器降压后向牵引电网和电力机车单相负荷供电，从而使得三相处于不对称状态。交流电弧炉虽采用三相供电方式，但由于电弧等值电

阻在一个冶炼周期中数值的不确定性，使得三相功率处于不对称状态。

系统三相阻抗不对称主要来自供电线路的不对称，而三相发电机和变压器等设备通常都具有良好的对称性。当三相导线呈等边三角形排列时（如三芯电缆），阻抗对称；当三相导线（如架空线和单芯电缆）呈水平或垂直排列时，三相电抗不相同，需要采取换相等措施。系统三相阻抗不对称而引起的背景电压不平衡度一般很少超过 0.5%，但在高峰负荷时，或高压线停电时，不平衡度有时会超过 1%。

6.3.4 三相电压不平衡的危害

（1）同步电动机。不对称运行时负序电流在气隙中产生逆转的旋转磁场，增加了转子损耗（包括励磁绕组中感应的二倍频电流所引起的附加损耗以及转子表面由于感应涡流所产生的附加表面损耗），造成转子温升的提高，由于温升的分布取决于转子结构，因此严重时可能出现局部温升过高而损坏设备；另外，在不对称负荷时，由于负序电流产生的气隙旋转磁场与转子励磁磁势及由于正序气隙旋转磁场与电子负序磁势所产生的二倍频交变电磁力矩，将同时作用在转子转轴以及定子机座上，引起二倍频振动。

（2）异步电动机。在不平衡电压作用下，负序电流产生制动转矩，使异步电动机的最大转矩和输出功率下降。正反磁场的相互作用，产生脉冲转矩，可能引起电机振动。由于电动机的负序阻抗小，负序电压可能产生过大的负序电流从而使电动机定子、转子的铜耗增加，使电动机过热并导致绝缘老化过程加快。研究表明，对额定转矩的电动机，如长期在负序电压含量 4% 状态下运行，由于发热，电动机绝缘寿命将会降低一半，若同时某相电压高于额定电压，其运行寿命的下降将更为严重。

（3）变压器。变压器处于负载不平衡运行时，如果控制最大相电流为额定电流，则其余两相就不能满载，变压器容量不能充分利用；反之，如果仍维持额定容量，会造成局部过热。

另外，由于磁路的不平衡、大量的漏磁通经箱壁使其发热。研究表明，变压器在额定负荷下，电流不平衡度为 10% 时，其绝缘寿命约缩短 16%。

（4）换流装置。三相不平衡使换流装置的触发角不对称，从而产生一系列的非特征谐波。以 6 脉动装置为例，在三相电压不平衡时除产生 $6k \pm 1$ 次特征谐波外，还产生 $6k \pm 3$ 次非特征谐波。研究表明，随着三相电压不平衡程度的增加，非特征谐波电流也加大，可能导致换流装置的滤波成本增加。

（5）继电保护和自动装置。如果三相不平衡系统中有较大的负序分量，则可能导致一些作用于负序电流的保护和自动装置误动作（如发电机负序电流保护、变压器的复合电压启动过电流保护、母线差动保护、线路距离保护振荡闭锁装置、线路纵差保护等），从而威胁电力系统的安全运行；另外还可能降低负序启动元件反应于电网故障的灵敏度，危及其在真实故障时动作的可靠性。

（6）线路。三相不平衡系统中，负序电流会产生附加损耗，增大线损，同时使输电线路电压降增加；另外还增大对通讯系统的干扰，影响正常通讯质量。

（7）计算机等电子设备。在低压三相四线制配电系统中，三相不平衡必然引起中性导体上出现不平衡电流，产生零电位漂移，产生影响计算机等电子设备的电噪声干扰，甚至使得设备无法正常工作。

6.3.5 改善三相不平衡的措施

（1）在可能的情况下，尽量选用三相对称的用电设备。

（2）将不对称负荷合理分布于三相中，使各相负荷尽可能平衡。对于低压配电系统，由地区公共低压电网供电的220V负荷，线路电流不大于60A时，可采用220V单相供电；大于60A时，宜采用220/380V三相四线制供电。

（3）将不对称负荷分散接于不同的供电点，减少集中连接造成的不平衡度过大。

（4）将不对称负荷接接入高一级电压供电，以使连接点的短路容量 S_k 足够大（如对于单相负荷，S_k 大于50倍负荷容量时，就能保证连接点的电压不平衡度小于2%）。

（5）将不对称负荷采用单独的变压器供电。

（6）采用特殊接线的平衡变压器供电。平衡变压器是一种用于三相—两相并兼有降压和换相两种功能的特殊变压器，当前多用于对电气化铁路和大型感应加热炉的供电。

（7）加装三相平衡装置。

【例 6.3-1】 测得相电压（以L1相位参考）$U_{L1}=210.8$，$U_{L2}=216.0e^{-j115°}=-91.29-j195.76$，$U_{L3}=202.5e^{j125°}=-116.15+j165.88$，求电压不平衡度。

其线电压通过计算为：

$U_{L1L2}=U_{L1}-U_{L2}=210.8-(-91.29-j195.76)=302.09+j195.76=359.97e^{j32.94°}$，

$U_{L2L3}=U_{L2}-U_{L3}=-91.29-j195.76-(-116.15+j165.88)=24.86-j361.64=362.49e^{-j86.07°}$，$U_{L3L1}=U_{L3}-U_{L1}=116.15+j165.88-210.8=-326.95+j165.88=366.62e^{j153.10°}$。

解 正序电压

$$U_{(1)}=\frac{1}{3}(U_{L1L2}+a\,U_{L2L3}+a^2\,U_{L3L1})$$

$$=\frac{1}{3}(359.97e^{j32.94°}+e^{j120°}\cdot362.49e^{-j86.07°}+e^{-j120°}\cdot366.62e^{j153.10°})$$

$$=\frac{1}{3}[(302.09+j195.76)+(300.77+j202.33)+(307.12+j200.21)]$$

$$=\frac{1}{3}(909.98+j598.30)=303.33+j199.43=363.02e^{j33.32°};$$

负序电压

$$U_{(2)}=\frac{1}{3}(U_{L1L2}+a^2\,U_{L2L3}+a\,U_{L3L1})$$

$$=\frac{1}{3}(359.97e^{j32.94°}+e^{-j120°}\cdot362.49e^{-j86.07°}+e^{j120°}\cdot366.62e^{j153.10°})$$

$$=\frac{1}{3}[(302.09+j195.76)+(-325.61+j159.30)+(19.83-j366.08)]$$

$$=\frac{1}{3}[-3.69-j11.02]=-1.23-j3.67=3.87e^{-j108.53°};$$

零序电压：

$$U_{(0)}=\frac{1}{3}(U_{L1L2}+U_{L2L3}+U_{L3L1})=0。$$

电压的负序不平衡度为

$$\varepsilon_{U(2)} = \frac{U_{(2)}}{U_{(1)}} \times 100\% = \frac{3.87}{363.02} \times 100\% = 1.07\%。$$

因零序电压为零，故可采用简化公式计算。

$$L = \frac{|\underline{U}_{L1L2}|^4 + |\underline{U}_{L2L3}|^4 + |\underline{U}_{L3L1}|^4}{(|\underline{U}_{L1L2}|^2 + |\underline{U}_{L2L3}|^2 + |\underline{U}_{L3L1}|^2)^2} = \frac{359.97^4 + 362.49^4 + 366.62^4}{(359.97^2 + 362.49^2 + 366.62^2)^2} = 0.333\,4$$

电压的负序不平衡度为

$$\varepsilon_{U(2)} = \sqrt{\frac{1 - \sqrt{3 - 6L}}{1 + \sqrt{3 - 6L}}} \times 100\% = \sqrt{\frac{1 - \sqrt{3 - 6 \times 0.333\,4}}{1 + \sqrt{3 - 6 \times 0.333\,4}}} \times 100\% = 1.4\%。$$

需精确计算时不采用简化公式计算。

6.4 电压波动与闪变

6.4.1 基本概念

6.4.1.1 电压波动

电压波动是指电压均方根值一系列的变动或连续的改变。它是由波动负荷（生产或运行过程中周期性或非周期性地从供电网中取用变动功率的负荷，如炼钢电弧炉、轧机、电弧焊机等）引起的电压快速变动。系统阻抗越大（或系统短路容量越小），其所导致的电压波动越大，这取决于供电系统的容量、供电电压、用户负荷位置和类型、大功率用电设备的启动频度等。

（1）电压变动 d 是指电压均方根值曲线上相邻两个极值电压（最大值 U_{max} 与最小值 U_{min}）之差，以系统标称电压（U_n）的百分数表示，即

$$d = \frac{U_{max} - U_{min}}{U_n} \times 100\% \tag{6.4-1}$$

式中　　d——电压变动，%；

$\quad U_{max}$——电压均方根值曲线相邻的最大值，V；

$\quad U_{min}$——电压均方根值曲线相邻的最小值，V；

$\quad U_n$——系统标称电压，V。

当已知三相负荷的有功功率和无功功率的变化量分别为 ΔP_i 和 ΔQ_i 时，电压变动可用式（6.4-2）计算

$$d = \frac{R_L \Delta P_i + X_L \Delta Q_i}{U_n^2} \times 100\% \tag{6.4-2}$$

式中　　d——电压变动，%；

$\quad R_L$——电网阻抗的电阻分量，Ω；

$\quad X_L$——电网阻抗的电抗分量，Ω；

$\quad \Delta P_i$——三相负荷的有功功率变化量，MW；

$\quad \Delta Q_i$——三相负荷的无功功率变化量，Mvar；

$\quad U_n$——系统标称电压，kV。

在高压电网中，一般 $X_L \gg R_L$，则

$$d \approx \frac{\Delta Q_i}{S_{sc}} \times 100\% \tag{6.4-3}$$

式中　d——电压变动，%；

　　ΔQ_i——三相负荷的无功功率变化量，kvar；

　　S_{sc}——考察点（一般为公共连接点）在正常较小方式下的短路容量，kVA（当缺正常较小方式的短路容量时，设计所取的系统短路容量可以用投产时系统最大短路容量乘系数 0.7 进行计算）。

在无功功率的变化量为主要成分时（如大容量电动机启动），可采用式（6.4-4）和式（6.4-5）进行粗略估算。

对于平衡的三相负荷

$$d \approx \frac{\Delta S_i}{S_{sc}} \times 100\% \tag{6.4-4}$$

对于相间负荷

$$d \approx \frac{\sqrt{3}\Delta S_i}{S_{sc}} \times 100\% \tag{6.4-5}$$

以上式中　d——电压变动，%；

　　S_{sc}——考察点（一般为公共连接点）在正常较小方式下的短路容量，kVA；

　　ΔS_i——负荷容量的变化量，kVA；在式（6.4-4）中为三相负荷容量的变化量；在式（6.4-5）中为相间容量的变化量。

（2）电压变动频度 r 是指单位时间内电压变动的次数（电压由大到小或由小到大各算一次变动），一般以 $\min^{-1}$ 或 s^{-1} 作为频度的单位。不同方向的若干次变动，如间隔时间小于 30ms，则算一次变动。

（3）电压波动的危害表现在照明灯光闪烁引起人的视觉不适和疲劳，影响工效；电视画面亮度变化，垂直和水平幅度振动；电动机转速不均匀，影响电机寿命和产品质量；影响对电压波动较敏感的工艺或试验结果。

6.4.1.2　闪变

闪变是指灯光照度不稳定造成的视感。闪变不仅与电压波动的大小有关，而且与波动频度、波形、照明灯具的形式（一般认为白炽灯对电压波动最灵敏）和参数（电压、功率）有关，此外还和人的视感灵敏度有关。电压波动的重复频率 $5\sim12\,\text{Hz}$ 所引起的照明闪变尤为严重。

闪变是电压波动在一段时期内的累计效果，主要由短时间闪变值 P_{st} 和长时间闪变值 P_{lt} 来衡量。短时间闪变值 P_{st} 是衡量短时间（若干分钟）内闪变强弱的一个统计量值，短时间闪变的基本记录周期为 10min，通常取 $P_{st}=1$ 作为低压供电的闪变限值，称为单位闪变。长时间闪变值 P_{lt} 是反映长时间（若干小时）闪变强弱的量值，由短时间闪变值 P_{st} 推算得出，其基本记录周期为 2h。

各种类型电压波动引起的闪变，其短时间闪变值 P_{st} 和长时间闪变值 P_{lt} 均可采用 GB/T 17626.15—2011《电磁兼容　试验和测量技术　闪烁仪功能和设计规范》进行直接测量，对于三相等概率的波动负荷，可以任意选取一相测量。另外，按照 GB/T 12326—2008《电能质量　电压波动和闪变》的规定，当负荷为周期性间隔矩形波（或阶跃波）时，闪变可通过其电压变动 d 和频度 r 进行估算。

6.4.2　电压波动的限值

按照 GB/T 12326—2008 的规定，任何一个波动负荷用户在电力系统公共连接点产生的电压变动，其限值和电压变动频度、电压等级有关。对电压变动频度较低（如 $r \leqslant 1000$ 次/h）

或规则的周期性电压波动，可通过测量电压均方根值曲线 $U(t)$ 确定其电压变动频度和电压变动值。电压波动限值见表 6.4-1。

表 6.4-1　　　　　　　　　　　　　　　电压波动限值

$r/[\text{次 /h}^{-1}]$	d（%）	
	LV、MV	HV
$r \leqslant 1$	4	3
$1 < r \leqslant 10$	3*	2.5*
$10 < r \leqslant 100$	2	1.5
$100 < r \leqslant 1000$	1.25	1

注　1. 很少的变动频度（每日少于 1 次），电压变动限值 d 还可以放宽，但不在本表中规定。

　　2. 对于随机性不规则的电压波动，如电弧炉负荷引起的电压波动，表中标有"*"的值为其限值。

　　3. 参照 GB/T 156—2007，系统标称电压 U_n 等级按以下划分：

　　　　低压（LV）：$U_n \leqslant 1\text{kV}$

　　　　中压（MV）：$1\text{kV} < U_n \leqslant 35\text{kV}$

　　　　高压（HV）：$35\text{kV} < U_n \leqslant 220\text{kV}$

　　　　对于 220kV 以上超高压（EHV）系统的电压波动限值可参照高压（HV）系统执行。

6.4.3　闪变的限值

按照 GB/T 12326—2008 的规定：

（1）电力系统公共连接点，在系统正常运行的较小方式下，以一周（168h）为测量周期，所有长时间闪变值 P_{lt} 都应满足表 6.4-2 闪变限值的要求。

表 6.4-2　　　　　　　　　　　　　　　闪　变　限　值

P_{lt}	
$\leqslant 110\text{kV}$	$> 110\text{kV}$
1	0.8

（2）任何一个波动负荷用户在电力系统公共连接点单独引起的闪变值一般应满足下列要求。

1）电力系统正常运行的较小方式下，波动负荷处于正常、连续工作状态，以一天（24h）为测量周期，并保证波动负荷的最大工作周期包含在内，测量获得的最大长时间闪变值和波动负荷退出时的背景闪变值，通过式（6.4-6）计算获得波动负荷单独引起的长时间闪变值

$$P_{lt2} = \sqrt[3]{P_{lt1}^3 - P_{lt0}^3} \qquad (6.4-6)$$

式中　P_{lt1}——波动负荷投入时的长时间闪变测量值；

　　　P_{lt0}——背景闪变值，是波动负荷退出时一段时期内的长时间闪变测量值；

　　　P_{lt2}——波动负荷单独引起的长时间闪变值。

波动负荷单独引起的闪变值根据用户负荷大小、其协议用电容量占总供电容量的比例以及电力系统公共连接点的状况，分别按三级作不同的规定和处理。

2）第一级规定。满足本级规定，可以不经闪变核算允许接入电网。

a. 对于 LV 和 MV 用户，第一级限值见表 6.4-3。

表 6.4-3　　　　　　　　　　　　LV 和 MV 用户第一级限值

$r/$（次/min）	$k=\left(\Delta S/S_{sc}\right)_{max}/\%$
$r<10$	0.4
$10\leqslant r\leqslant200$	0.2
$200<r$	0.1

注　1. 表中 ΔS 为波动负荷视在功率的变动。

　　2. S_{sc} 为公共连接点的短路容量。

b. 对于 HV 用户，满足 $\left(\Delta S/S_{sc}\right)_{max}<0.1\%$。

c. 满足 $P_{lt}<0.25$ 的单个波动负荷用户。

d. 符合 GB 17625.2—2007《电磁兼容　限值　对每相额定电流≤16A 且无条件接入的设备在公用低压供电系统中产生的电压变化、电压波动和闪烁的限制》和 GB/Z 17625.3—2000《电磁兼容　限值　对额定电流大于 16A 的设备在低压供电系统中产生的电压波动和闪烁的限制》的低压用电设备。

3）第二级规定。波动负荷单独引起的长时间闪变值须小于该负荷用户的闪变限值。

每个用户按其协议用电容量 S_i（$S_i=P_i/\cos\varphi_i$）和总供电容量 S_t 之比，考虑上一级对下一级闪变传递的影响（下一级对上一级的传递一般忽略）等因素后确定该用户的闪变限值。单个用户闪变限值的计算方法如下。

首先求出接于公共连接点的全部负荷产生闪变的总限值 G

$$G=\sqrt[3]{L_p^3-T^3L_H^3} \tag{6.4-7}$$

式中　L_p——公共连接点对应电压等级的长时间闪变值 P_{lt} 的限值；

　　　L_H——上一电压等级的长时间闪变值 P_{lt} 的限值；

　　　T——上一电压等级对下一电压等级的闪变传递系数，推荐为 0.8。不考虑超高压（EHV）系统对下一级电压等级的闪变传递。各电压等级的闪变限值见表 6.4-2。

单个用户闪变限值 E_i 为

$$E_i=G\sqrt[3]{\frac{S_i}{S_t}\frac{1}{F}} \tag{6.4-8}$$

式中　F——波动负荷的同时系数，其典型值 $F=0.2\sim0.3$（但必须满足 $S_i/F\leqslant S_t$），高压（HV）系统公共连接点总供电容量 S_{tHV} 确定方法参见 GB/T 12326—2008 附录 B。

4）第三级规定。不满足第二级规定的单个波动负荷用户，经过治理后仍超过其闪变限值，可根据公共连接点实际闪变状况和电网的发展预测适当放宽限值，但公共连接点的闪变值必须符合表 6.4-2 的规定。

6.4.4　三相炼钢电弧炉熔化期供电母线上的电压波动与闪变

电弧炉在运行过程中，特别是在熔化期中，随机且大幅度波动的无功功率会引起供电母线电压的严重波动，并构成闪变干扰。

电弧炉电压变动计算电路如图 6.4-1 所示，图 6.4-1（a）为电弧炉等值电路单线图，图中 U_0 为供电电压，X_0 为电弧炉供电回路的总阻抗（包括供电系统，电炉变压器和内附电抗器、短网阻抗），R 为回路的总电阻，以可变的电弧电阻 R_A 为主；$P+jQ$ 为复功率。当 R 变化时，电弧炉运行的功率 P、Q 如图 6.4-1（b）所示，按半圆轨迹移动，其直径 $S_d = \dfrac{U_0^2}{X_0}$，为理想的最大短路（$R=0$）容量。

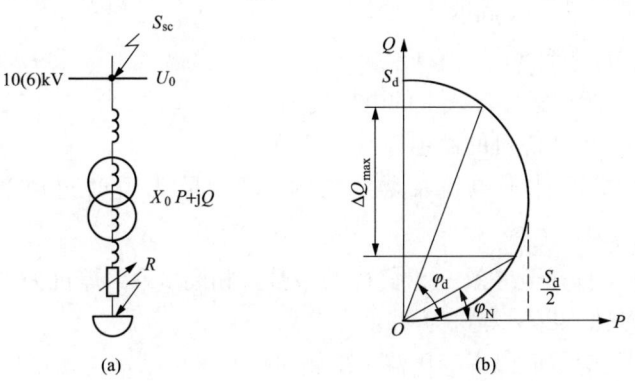

图 6.4-1　电弧炉电压变动计算电路

(a) 电弧炉等值电路单线图；(b) 电弧炉运行的功率圆图

在电弧炉熔化期中，10（6）kV 供电母线上的电压变动的 d 值，估算时负荷容量的变化量 ΔS_i 可取最大无功功率变动量 ΔQ_{max}，即

$$\Delta S_i \approx \Delta Q_{max} = S_d(\sin^2\varphi_d - \sin^2\varphi_N)$$
$$\approx S_d(1-\sin^2\varphi_N) \approx kS_t\cos^2\varphi_N \leqslant 0.49kS_t \tag{6.4-9}$$

$$d = \frac{\Delta S_i}{S_{sc}}\times100\% \approx \frac{\Delta Q_{max}}{S_{sc}}\times100\% \leqslant \frac{0.49kS_t}{S_{sc}}\times100\% \tag{6.4-10}$$

以上式中　S_t——电弧炉变压器的额定容量，MVA；

k——电弧炉工作短路电流倍数，按 GB 50056—1993《电热设备电力装置设计规范》规定不应大于 3.5，kS_t 又称工作短路容量；

φ_N——熔化期额定运行点相应回路阻抗角，$\cos^2\varphi_N=0.7\sim0.85$，取 0.7，则 $\cos^2\varphi_N=0.49$；

φ_d——电极三相短路运行点相应回路阻抗角，$\cos\varphi_d\approx0.2$，则 $\sin\varphi_d=0.98$，$\sin^2\varphi_d=0.96\approx1.0$；

S_{sc}——供电母线上的短路容量，MVA。

用式（6.4-10）的电压变动 d 值作为预测，对照表 6.4-1 中的限值，进行比较，不能超过表中标有"＊"的数据。

n 台电弧炉同时生产时各自产生的电压变动 $d_1\sim d_n$ 值相互叠加，可参照 GB/T 12326—2008《电能质量　电压波动和闪变》中的式（11）进行闪变叠加的计算，计算时 P_{stn} 可用 d_n 代替，电弧炉引起的闪变可用式（6.4-11）估算

$$P_{st} = 0.5d \tag{6.4-11}$$

6.4.5　电弧焊机焊接时的电压波动

电弧焊机焊接时，随机且大幅度波动的无功功率会引起配电系统电压的严重波动，并构成闪变干扰。

电弧焊机焊接时的计算：估算时负荷容量的变化量 ΔS_i 可取最大无功功率变动量 ΔQ_{max}，即

$$\Delta S_i \approx \Delta Q_{max} = (k-1)k_N S_N \sin\varphi = 2.3 k_N S_N \sin\varphi \qquad (6.4\text{-}12)$$

$$d = \frac{\Delta S_i}{1000 S_{sc}} \times 100\% \approx \frac{\Delta Q_{max}}{1000 S_{sc}} \times 100\% = \frac{2.3 k_N S_N \sin\varphi}{1000 S_{sc}} \times 100\% = \frac{2.3 k_N S_N \sin\varphi}{10 S_{sc}}\% \qquad (6.4\text{-}13)$$

式中　d——焊接时 220/380V 母线上的电压变动，%；

　　S_N——最大一台电弧焊机的额定容量，kVA；

　　k——电弧焊机的冲击电流倍数，约为 3.3（取为瞬时过电流脱扣器整定电流的 90%）；

　　k_N——电弧焊机折算至等效三相负荷的系数，相间 380V 焊机为 $\sqrt{3}$，单相 220V 焊机为 3，三相 380V 焊机为 1；

　　φ——电弧焊机焊接时弧焊变压器一次侧回路的阻抗角，自动弧焊变压器 $\cos\varphi=0.5$，则 $\sin\varphi=0.86$，手动弧焊变压器 $\cos\varphi=0.35$，则 $\sin\varphi=0.94$；

　　S_{sc}——220/380V 母线短路容量，MVA。

S_{sc} 值可按第 4 章 10（6）kV/0.4kV 电力变压器低压侧短路电流值表中的短路电流计算数据求得，即按变压器容量和高压侧系统短路容量，查得三相短路电流 I_{sc}（kA），可得 $S_{sc}=0.4\sqrt{3} I_{sc}=0.69 I_{sc}$（MVA）。

6.4.6　降低和治理电压波动和闪变的措施

6.4.6.1　降低电弧炉引起的电压波动和闪变的措施

（1）宜由短路容量较大的电网供电。

（2）多台电弧炉同时使用时，要合理组合熔化期和精练期。

6.4.6.2　降低电弧焊机焊接时引起母线的电压波动和闪变的措施

（1）单相电弧焊机的额定电压，除小容量电焊机外应尽量采用 380V 而不采用 220V。多台电弧焊机宜均匀地接在三相线路上，当容量较大时宜在线路上并联电容器。

（2）较大容量的电弧焊机宜用专线供电。

（3）选用较大容量的变压器供电。

（4）较大容量的电弧焊机或焊机群与对电压变动和闪变敏感的负荷，分别由不同的变压器供电。

6.4.6.3　采用静止无功装置的措施

（1）静止无功功率补偿器（SVC）。SVC 主要由并联电容器组成，可调饱和电抗器以及监测与控制系统三部分组成。可在几个周波快速完成调节，保持电压稳定，增强系统的稳定性。

SVC 有多种不同类型，常用的有：

1）晶闸管控制电抗器型（TCR）（多用于高压大容量无功补偿）；

2）晶闸管开关电容器型（TSC）（多用于低压动态无功补偿）；

3）TCR＋TSC 混合型（可提高动态补偿的性能）。

（2）静止无功发生器（SVG）。

SVG 是一种采用可关断晶闸管（GTO）构成的自换相变流器，既可提供滞后的无功功

率，又能提供超前的无功功率。SVG 是从三相电网上取得电压向一个直流电容充电，再将直流电压逆变成交流电压送回电网。如果产生的电压大于系统电压则变压器上流过的电流超前电压 90°，是电网带上电容性负荷，SVG 供应无功；反之流过变压器的电流滞后电压 90°，成为电感性负荷，SVG 吸收无功，且 SVG 可在感性和容性负荷间快速连续调整。

SVG 也有人称为静止调相器（STATCON），或静止补偿器（STATCOM），其中 DSTATCOM 为配电型静止补偿器。

在单相电路中，与基波无功功率有关能量是在电源和负载之间来回往返的。但在平衡的三相电路中，不论负载的功率因数如何，三相瞬时功率的和是一定的，在任何时刻都是等于三相总的有功功率，因此三相电路的电源和负载之间没有无功能量的来回往返，各相的无功能量是在三相之间来回往返的。所以三相桥式换流器电路实际上是有三相总的统一处理的特点。三相电路电源和负载间没有能量的传递，在总的负载侧无需设置无功储能元件。实际上考虑到变流电路吸收的电流不只含基波，其谐波的存在也有少许无功能量在电源和 SVG 之间往返，为维持桥式变流电路的正常工作，其直流侧仍需一定的电感、电容作为储能原件，但其容量远小于 SVG 所能提供的无功容量。而对 SVG 装置，其所需储能元件的容量至少等于其所提供的无功容量，因此 SVG 中储能元件的体积和成本比同容量的 SVC 中大为减小。电力系统中多采用 SVG。

6.5 电压暂降与短时中断

6.5.1 基本概念

根据 GB/T 30137—2013《电能质量 电压暂降与短时中断》，电压暂降是指电力系统中某点工频电压均方根值突然降低至 0.1p. u.～0.9p. u.，并在短暂持续 10ms～1min 后恢复正常的现象。短时中断是指电力系统中某点工频电压均方根值突然降低至 0.1p. u. 以下，并在短暂持续 10ms～1min 后恢复正常的现象。

6.5.2 电压暂降与短时中断的危害

电压暂降与短时中断造成的损失与暂降幅值、持续时间以及暂降频次有关，可能引起电子控制器不能正常工作，生产过程中断，服务器瘫痪和用户端数据丢失和出错。据统计，在欧美国家，由电压暂降引起的用户投诉占整个电能质量问题投诉数量的 80% 以上，电压暂降与短时中断已成为信息社会最重要的电能质量问题。

6.5.3 电压暂降与短时中断的起因

当输配电系统中发生短路故障、异步电机启动、雷击、开关操作、变压器以及电容器组的投切等事件时，都可能引起电压暂降。其中，短路故障、异步电机启动和雷击是引起电压暂降的最主要原因。

雷击时造成的绝缘子闪络或对地放电，使保护装置动作，从而导致供电电压暂降。这种暂降的影响范围大，持续时间一般超过 100ms。

电机全压启动时，需要从电源汲取的电流值为满负荷时的 5～8 倍，这一大电流流过系统阻抗时，将会引起电压突然下降。

短路故障可能会引起系统远端供电电压较为严重地跌落，影响工业生产过程中对电压敏感的电气电子设备的正常工作，甚至造成严重的经济损失。保护装置切除故障、误动作以及运行人员误操作等均可引起供电中断。

6.5.4 抑制电压暂降和短时中断的措施

对电压暂降和短时中断问题采取的措施要从供电部门、用户与用电设备厂商等多方面来考虑。

（1）采取减少故障数量的措施，如架空线入地、架空线外加绝缘、对剪树作业严加管理、架设附加的屏蔽导线、提高绝缘水平、增加维护和巡视的频率等。

（2）采取缩短故障清除时间的措施，如采用有限流作用的熔断器和快速故障限流器、选用高速固态切换开关、选用快速电流断路器、通过缩小继电保护分级区域的方法以牺牲选择性为代价来缩短故障清除时间、采用速动后备保护等。

（3）改变供电方式，如在敏感负荷附近加设供电电源、采用母线分段或多设配电站的方法来限制同一供电母线上的馈线数以缩小故障的影响范围等。

（4）选择合适的电动机启动方式，以确保电动机启动时造成的电压降在运行的范围之内。

（5）在供电系统与用电设备的接口处安装附加设备，如采用不间断电源（UPS）、动态电压调节器（DVR）以及配电型静止补偿器（DSTATCOM）等。

UPS作为敏感负荷的备用电源，可有效的清除系统电压骤降或瞬时中断对负荷的干扰。但UPS的容量有限，一般不超过兆瓦级，对于提高大型敏感工业用户的供电质量有其局限性；此外，UPS造价较高，在很大程度上制约了UPS的应用范围。

DVR是用来补偿电压暂降、提高下游敏感负荷供电质量的串联补偿装置，通常安装在电源与重要负荷的馈电线路之间。在正常供电状态下，DVR处于低损耗备用状态，在供电电压发生突变时，DVR可在几个毫秒内产生一个与电网同步的三相交流电压，该电压与源电网电压相串联，来补偿故障电压与正常电压之差，从而把馈线电压恢复到正常值。

静止无功补偿器（SVC）及静止无功发生器（SVG）参见6.4.6.3。

（6）提高用电设备的抗干扰能力。

6.5.5 电动机启动时的电压暂降

6.5.5.1 电动机启动时电压暂降的量值及其计算

电动机启动是供配电系统中电压暂降的常见起因。根据GB/T 30137—2013《电能质量 电压暂降与短时中断》，与电压暂降相关的量值为"残余电压"（电压暂降过程中记录的电压方均根的最小值）和"暂降深度"（标称电压与残余电压的差值）。这些量值用于系统故障之类的情况是完全正确的，但把电动机启动时的电压称为残压则不够贴切。供配电系统设计中，我们关注的是电动机启动时其端子的电压和配电母线的电压，可按GB 50055—2011《通用用电设备配电设计规范》直称其名。

电动机启动时的电压计算，可采用的方法包括但不限于：①电压偏差计算法，把被校验电动机的计算电流改为启动电流，按6.2.3计算出电压偏差，系统标称电压减去电压偏差即为所求电压。②阻抗分压计算法，阻抗计算和网络化简见4.6.2，各点电压按阻抗分配。③近似计算法，详见6.5.5.6。

高压电动机的启动电压计算，可忽略系统中的电阻，只计电抗，预接负荷只取无功功率。对于低压电动机，可视具体情况处理。

6.5.5.2 电动机启动时配电系统中的电压允许值

电动机启动时，其端子电压应能保证被拖动机械要求的启动转矩，且在配电系统中引起的电压暂降不应妨碍其他用电设备的工作，即电动机启动时，配电母线上的电压应符合下列要求：

（1）在一般情况下，电动机频繁启动时不应低于系统标称电压的 90%，电动机不频繁启动时，不宜低于系统标称电压的 85%。

（2）配电母线上未接照明负荷或其他对电压下降敏感的负荷且电动机不频繁启动时，不应低于系统标称电压的 80%。

（3）配电母线上未接其他用电设备时，可按保证电动机启动转矩的条件决定；对于低压电动机，还应保证接触器线圈的电压不低于释放电压。

6.5.5.3 笼型电动机和同步电动机启动方式的选择

（1）全压启动。全压启动是最简单、最可靠、最经济的启动方式，应优先采用，但启动电流大，在配电母线上引起的电压下降也大。当符合下列条件时，电动机应全压启动：

1）电动机启动时使配电母线电压符合 6.5.5.2 的要求；

2）被拖动机械能承受电动机全压启动时的冲击转矩；

3）制造厂对电动机的启动方式无特殊规定（指特殊结构的大型高压电动机，如铸钢转子异步电动机。低压电动机和一般高压电动机均可全压启动）。

（2）降压启动。启动电流小，但启动转矩也小，启动时间延长，绕组温升高，启动电器复杂，在不符合全压启动条件时采用。降压启动方式有电抗器降压启动、自耦变压器降压启动、软启动器启动、星—三角降压启动和变压器—电动机组启动。

电动机启动方式及其特点见表 6.5-1。

表 6.5-1　　　　　　　　　　电动机启动方式及其特点

启动方式	全压启动	Y—D 降压启动	变压器—电动机组启动	电抗器降压启动	自耦变压器降压启动	软启动器启动
启动电压	U_n	$\frac{1}{\sqrt{3}}U_n=0.58U_n$	kU_n	kU_n	kU_n	$(0.4\sim0.9)\,U_n$（电压斜坡）
启动电流	I_{st}	$\left(\frac{1}{\sqrt{3}}\right)^2 I_{st}=0.33I_{st}$	kI_{st}	kI_{st}	$k^2 I_{st}$	$(2\sim5)\,I_n$（额定电流）
启动转矩	M_{st}	$\left(\frac{1}{\sqrt{3}}\right)^2 M_{st}=0.33M_{st}$	$k^2 M_{st}$	$k^2 M_{st}$	$k^2 M_{st}$	$(0.15\sim0.8)\,M_{st}$
突跳启动	—	—	—	—	—	可选（90%U_n 或 80%M_{st} 直接启动）
适用范围	高、低压电动机	定子绕组为△接线的中心型低压电动机	高、低压电动机	高压电动机	高、低压电动机	低压电动机
启动特点	启动方法简单，启动电流大，启动转矩大	启动电流小，启动转矩小	启动电流较大，启动转矩较小	启动电流较大，启动转矩较小	启动电流小，启动转矩居中	启动电流小（自动可调），启动转矩小（自动可调）

设计中应计算电动机启动时配电系统中的电压，以便正确选择启动方式和供配电系统，并根据启动电流或容量校验供配电和启动电器的过负荷能力。

6.5.5.4 降压启动应满足的基本条件

（1）启动时电动机端子电压应能保证传动机械要求的启动转矩，即

$$u_{stM} \geqslant \sqrt{\frac{1.1m_s}{m_{stM}}} \tag{6.5-1}$$

式中　u_{stM}——启动时电动机端子电压相对值,即端子电压与系统标称电压的比值;

　　　m_{stM}——电动机启动转矩相对值,即启动转矩与额定转矩的比值;

　　　m_s——电动机传动机械的静阻转矩相对值,常用数据参数见表6.5-2。

表 6.5-2　　　　　　　常用电动机传动机械所需转矩相对值

传动机械名称	所需转矩相对值		
	启动静阻转矩	牵入转矩	最大转矩
离心式鼓风机、压缩机和水泵、透平鼓风机和压缩机:			
管道阀门关闭时启动	0.3	0.6	1.5
管道阀门开启时启动	0.3	1.0	1.5
往复式空压机、氨压缩机和煤气压缩机	0.4	0.2	1.4
往复式真空泵(管道阀门关闭时启动)	0.4	0.2	1.6
皮/胶带运输机	1.4~1.5	1.1~1.2	
球磨机	1.2~1.3	1.1~1.2	1.75
对辊、颚式和圆锥型破碎机(空载启动)	1.0	1.0	2.5
锤型破碎机(空载启动)	1.5	1.0	2.5
持续额定功率运行的交、直流发电机	0.12	0.08	1.5
允许25%过负荷的交、直流发电机	0.18	0.1	2.0

(2)低压电动机启动时,接触器线圈的电压应高于释放电压。

(3)启动时电动机的温升不超过允许值。

一般风机和水泵用电动机启动时间可按式(6.5-2)计算

$$t_{st} = \frac{4gJn_0^2}{3580P_{rM}(u_{stM}^2 m_{stM.a} - m_{av})} \tag{6.5-2}$$

为使同步电动机铜制阻尼笼温度不超过300℃,在冷却状态下连续启动2次(或在热状态下启动1次)时,电动机的最长允许启动时间为

$$t_{st.max} = \frac{235G}{P_{rM}u_{stM}^2 m_{stM}} \tag{6.5-3}$$

以上式中　　　t_{st}——电动机启动时间,s;

　　　$t_{st.max}$——电动机最长允许启动时间,s;

　　　P_{rM}——电动机的额定功率,kW;

　　　n_0——电动机的额定转速,r/min;

　　　u_{stM}——电动机端子电压相对值;

　　　G——同步电动机转子中阻尼条的铜重,kg;

　　　J——机组总转动惯量,kg·m²;

　　　g——重力加速度,9.807m/s²;

　　　$m_{stM.a}$——电动机平均启动转矩相对值,同步电动机为 0.5($m_{stM}+m_{in}$),但当 $m_{stM}<m_{in}$ 时,为 1.1m_{stM},普通笼型电动机为 $m_{stM}+0.2(m_{max}-m_{stM})$,高速笼型电动机为 $m_{stM}+0.25(m_{max}-m_{stM})$;

m_{stM}、m_{max}、m_{in}——电动机的启动转矩、最大转矩、牵入转矩的相对值;

m_{av}——启动过程中机械的平均阻转矩相对值，离心式风机取 0.23，出口阀关闭启动的水泵取 0.21，出口阀打开启动的水泵取 0.30。

6.5.5.5 降压启动方式的选择

低压电动机一般采用星—三角或自耦变压器启动。

高压电动机一般采用电抗器启动，当不能同时满足降低启动电流和保证启动转矩的要求时，则采用自耦变压器启动。大型高压电动机尚需考虑电动机的结构和允许温升，按制造厂规定的方式启动。

根据具体情况还可采用其他适当方式，如对大型同步电动机—直流发电机组采用准同步启动方式，即先使直流发电机作为直流电动机启动（直流电源另给），拖动同步电动机至准同步转速，投入励磁后再与电网并车。还可用另外的小电动机拖动大型电动机启动，以及对大型同步电动机先接上变频电源低频启动等。

高压启动自耦变压器如 QSJ—10000/6、QSJ—20000/6、QSJ—10000/10 型等，它们具有减压比为 0.73、0.64 和 0.55 三组分接头，其额定容量是对应于减压比为 0.64 时，此时的允许工作时间为 2min，休息 6h；接 0.73 分接头时，容量为额定容量的 1.305 倍，允许工作时间为 1.5min；接 0.55 分接头时，容量为额定容量的 0.735 倍，允许工作时间为 2.7min；休息时间均为 6h。

低压启动自耦变压器具有减压比为 0.8 和 0.6 或 0.65 两组分接头。

启动电抗器的数据见表 6.5-3。

表 6.5-3　启动电抗器数据

型　号	线路标称电压 U_n (kV)	启动容量 S_{stR}[1] (kVA)	启动电流 I_{stR} (A)	每相额定电抗 X_R (Ω)	型　号	线路标称电压 U_n (kV)	启动容量 S_{stR}[1] (kVA)	启动电流 I_{stR} (A)	每相额定电抗 X_R (Ω)
QKSJ—320/6	6	320 320 322	100 180 320	10.7 3.3 * 1.05	QKSJ—1800/6	6	1750 1690 1770 1880 1910	320 560 750 1000 1350	5.7 * 1.8 1.05 * 0.6 0.35
QKSJ—560/6	6	510 554 585 565	100 180 320 560	17 5.7 * 1.9 * 0.6 *	QKSJ—3200/6	6	3010 3050 3150 3280	560 750 1000 1350	3.2 * 1.8 1.05 0.6
QKSJ—1000/6	6	970 1010 990 1050	180 320 560 1000	10 3.3 1.05 * 0.35	QKSJ—5600/6	6	4050 5400 5400 5730	560 750 1000 1350	4.3 3.2 1.8 * 1.05 *

注　表中电抗器均为工作时间 2min，休息 6h，带有 85% 电抗值的抽头。

① $S_{stR} = 3I_{stR}^2 \times X_R \times 10^{-3}$。

* 应优先选用。

6.5.5.6 电动机启动时电压的近似计算

(1) 由无限大电源容量的系统供电，启动时母线和电动机端子电压的计算见表 6.5-4。

表6.5-4　无限容量电源系统中电动机启动时电压的计算

启动方式	全压启动	变压器—电动机组(全压启动)	电抗器降压启动	自耦变压器降压启动
计算电路				
配电母线短路容量	$$S_{scB}=\cfrac{1}{\cfrac{1}{S_{sc}}+\cfrac{1}{S_T}}=\cfrac{1}{\cfrac{1}{S_{sc}}+\cfrac{u_k\%}{100S_{rT}}}$$		$$S_{scB}=\cfrac{1}{\cfrac{1}{S_{sc}}+\cfrac{1}{S_1}}=\cfrac{1}{\cfrac{1}{S_{sc}}+\cfrac{X_1}{U_{av}^2}}$$	
启动回路的计算容量	$$S_{st}=\cfrac{1}{\cfrac{1}{S_{stM}}+\cfrac{1}{S_1}}=\cfrac{1}{\cfrac{1}{S_{stM}}+\cfrac{X_1}{U_{av}^2}}$$	$$S_{st}=\cfrac{1}{\cfrac{1}{S_{stM}}+\cfrac{1}{S_T}}=\cfrac{1}{\cfrac{1}{S_{stM}}+\cfrac{u_k\%}{100S_{rT}}}$$	$$S_{st}=\cfrac{1}{\cfrac{1}{S_{stM}}+\cfrac{1}{S_R}}=\cfrac{1}{\cfrac{1}{S_{stM}}+\cfrac{X_R}{U_{av}^2}}$$	$$S_{st}=t_r^2 S_{stM}$$ 忽略自耦变压器的阻抗

续表

启动方式		全压启动	变压器—电动机组（全压启动）	电抗器降压启动	自耦变压器降压启动
各元件计算容量			$S_T=\dfrac{100S_{rT}}{u_k\%}$；$S_1=\dfrac{U_{av}^2}{X_1}$；$u_{scB}=u_s\dfrac{S_{scB}}{S_{scB}+Q_c+S_{st}}$，$u_s$为电源母线电压相对值，取 1.05	$S_R=\dfrac{U_{av}^2}{X_R}$；$S_{stM}=k_{st}S_{rM}$	
电压相对值	配电母线		$u_{stB}=u_s\dfrac{S_{scB}}{S_{scB}+Q_c+S_{st}}$		$u_{stM}\approx u_r,u_{stB}$
	电动机端子		$u_{stM}=u_{stB}\dfrac{S_{st}}{S_{stM}}$		
启动回路的启动电流		$I_{st}=I_{stM}$	$I_{st}=I_{stM}\dfrac{U_{rm}}{U_{av}}$	$I_{st}=I_{stM}$	$I_{st}=t_rI_{stM}\approx t_r^2\dfrac{S_{stM}}{\sqrt{3}U_{rM}}$
电动机的启动电流			$I_{stM}=u_{stM}\dfrac{S_{stM}}{\sqrt{3}U_{rM}}$		$I_{stM}\approx t_r\dfrac{S_{stM}}{\sqrt{3}U_{rM}}$
校验启动电器过负荷能力			$k_1=u_{stM}\dfrac{S_{st}}{S_{rT}}$	$I_{stR}>I_{st}\dfrac{t_{st}}{60}\times\dfrac{N}{2}$	$S_{rAT}>u_{stB}S_{st}\dfrac{t_{st}}{60}\dfrac{N}{2}$

符号说明：

S_{sc}——最小运行方式下系统短路容量，MVA；
S_{scB}——配电母线短路容量，MVA；
S_{st}——电动机启动时启动回路的计算容量，MVA；
S_1——线路容量，MVA；
Q_c——预接负荷的无功功率，Mvar；在变压器二次侧母线上，$Q_c=S_1\sqrt{1-\cos^2\varphi_L}$，可取 0.6 $(S_{rT}-0.75S_{rM})$；
u_s——电源母线二次侧母线电压相对值，取 1.05；
u_{stB}——电动机启动时配电母线电压相对值，即 U_{stB}/U_n；
u_{stM}——电动机启动时端子电压相对值，即 U_{stM}/U_{rM}；
U_n——网络标称电压，kV；
U_{av}——系统平均电压，kV；

$u_k\%$——变压器的电抗相对值，取为阻抗电压相对值；
S_1——线路负荷，MVA；
S——导线或电缆芯的截面，mm²；
l——线路长度，km；
X_1——线路电抗，Ω。导线穿管或大于 10kV 电线线路的电抗，需计入电阻因素，对于铜芯线：
1）$>150\text{mm}^2$，X_1 取 $(0.08+6.1/S)\,l$；$\leq150\text{mm}^2$，X_1 取 $(18.3/S)\,l$；
对于铝芯线：
2）$>240\text{mm}^2$，X_1 取 $(0.08+10/S)\,l$；$\leq240\text{mm}^2$，X_1 取 $(30/S)\,l$；
3）当用于 10kV 交联聚乙烯电缆时，以上述式中的 0.08 改为 0.09

k_1——电动机启动时变压器输出电流与其额定电流的比值；
S_{rM}——电动机额定容量，MVA，其值为 $\sqrt{3}U_{rM}I_{rM}$；
S_{stM}——电动机额定启动容量，MVA，其值为 $k_{st}S_{rM}$；
k_{st}——电动机额定启动电流倍数；
I_{rM}——电动机额定电流，kA；
U_{rM}——电动机额定电压，kV；
I_{st}——电动机启动时启动回路的额定电流，kA；
I_{stM}——电动机启动电流，kA

X_R——每相电抗器额定电抗，Ω；
I_{stR}——电抗器启动电流，kA，选取 $I_{stR}\geq I_{st}$

S_{rAT}——自耦变压器额定容量，MVA，选取 $S_{rAT}\geq u_{sB}S_{st}$；
t_r——自耦变压器减压比；
N——连续启动次数按制造厂规定取 2 次；
t_{st}——电动机启动一次时间，s

注

1. 如果电动机启动回路的线路较短，则表中 X_L 可以忽略，S_{st} 计算式中的有关项相应地也可忽略。

2. 表 6.5-4 中电抗器降压启动的 S_{st} 计算式及 I_{stR} 校验式适用于启动电抗器。如果用水泥电抗器，则计算式及校验式应分别改为

$$S_{stR}=\cfrac{1}{\cfrac{1}{S_{stM}}+\cfrac{x_R\%U_r}{100\sqrt{3}I_rU_{av}^2}+\cfrac{X_l}{U_{av}^2}}$$

$$I\sqrt{t}>0.9I_{stM}\sqrt{t_{st}N}$$

式中　S_{stR}——电抗器启动回路的计算容量，MVA；

S_{stM}——电动机额定启动容量，MVA；

X_l——线路电抗，Ω；

U_{av}——系统平均电压，kV；

x_R——水泥电抗器的电抗相对值；

S_{rR}——电抗器的额定通过容量，MVA，其值为 $\sqrt{3}U_{rR}I_{rR}$；

U_{rR}——电抗器的额定电压，kV；

I_{rR}——电抗器的额定电流，kA，选取 $I_{rR} \approx I_{rM}$；

I_{rM}——电动机的额定电流；

$I\sqrt{t}$——电抗器的热稳定度，kA·s$^{1/2}$；

I_{stM}——电动机启动电流，kA；

t_{st}——电动机启动一次的时间，s；

N——电动机连续启动次数，一般取 2 次。

3. 电动机启动时，供电变压器容量的校验如下：若每昼夜启动不超过 6 次，每次持续时间 t 不超过 15s，变压器的负荷率 β 小于 0.9（或 t 不超过 30 而 β 小于 0.7）时，启动时的最大启动电流允许为变压器额定电流的 4 倍；若每昼夜启动 10~20 次，则允许最大启动电流相应地减小 3~2 倍。变压器-电动机组的变压器容量应大于电动机容量。经常启动或重载启动时，变压器容量应比电动机容量大 15%~30%。

6

（2）有限电源容量系统供电时，如果发电机容量 S_{rG} 与电动机额定启动容量 S_{stM} 相近时，电压暂降的计算见表 6.5-5。计算中用发电机的瞬变电抗代替超瞬变电抗。由于感抗性启动电流对发电机的转子励磁起着去磁效应，因此使发电机母线电压从启动初始电压一直降低到某一稳态电压。当发电机有自动调整励磁器件时，在励磁电流增加后发电机稳态电压将大于起始电压。

表 6.5-5　　　　　　　　　有限电源容量系统供电的电动机启动时电压计算

接线方式	1	2
计算电路	S_{rG},x'_G S'_{scB} U_{rG},U'_{stG} X_1 $\left. \begin{array}{l} S_{rT},x_T \\ U_{rM},U'_{stM} \\ S_{yM},S_{stM} \end{array} \right\} S_{st}$	S_{rG},x'_G S'_{stB} U_{rG},U'_{stG} X_1 S_{rT},x_T U_{rM},U'_{stM} S_{rM},S_{stM}
计算式	$S_{stG}=Q_L+S_{st}$ $S_{st}\approx\dfrac{1}{\dfrac{1}{S_{stM}}+\dfrac{X_1}{U_{av}^2}+\dfrac{u_k\%}{100S_{rT}}}$	$S_{stG}\approx\dfrac{1}{\dfrac{1}{Q_L+S_{stM}}+\left(\dfrac{X_1}{U_{av}^2}+\dfrac{u_k\%}{100S_{rT}}\right)}$
	$S'_{scB}=\dfrac{S_{rG}}{x_G}$ $u'_{stG}=\dfrac{e'_G\times S'_{scB}}{S'_{scB}+S_{stG}}$ u_{stG}：查表 6.5-6	
	$u'_{stM}=u'_{stG}\dfrac{S_{st}}{S_{stM}}$ $u_{sM}=u_{stG}\dfrac{S_{st}}{S_{stM}}$	$u'_{stM}=u'_{stG}\dfrac{S_{stG}}{Q_L+S_{stM}}$ $u_{sM}=u_{stG}\dfrac{S_{stG}}{Q_L+S_{stM}}$
符号说明	S_{stG}——电动机启动时发电机母线上的启动负荷，MVA； S'_{scB}——发电机母线上的瞬变短路容量，MVA； S_{rG}——发电机的额定容量，MVA； x'_G——发电机的瞬变电抗，无实际数据时一般可取为 0.2（水轮机可取 0.3）； e'_G——发电机的瞬变电动势相对值，近似值可取 1.05； U_n——系统标称电压，kV； u'_{stG}——电动机启动时发电机母线上的初始瞬态电压相对值，即 U'_{stG}/U_n； u_{stG}——电动机启动时发电机母线上的稳态电压相对值，即 U_{sG}/U_n，可根据启动负荷相对值 S_{stG}/S_{rG} 　　　　及发电机的励磁电流倍数 k_{il}（有自动调整励磁器件时可取为 1）查表 6.5-6； u'_{stM}——电动机启动时端子上的初始瞬态电压相对值，即 U'_{stM}/U_n； u_{sM}——电动机启动时端子上的稳态电压相对值，即 U_{sM}/U_n； S_{rM}、S_{stM}、S_{st}、Q_L、S_{rT}、x_T、X_1 说明见表 6.5-4	

注　电动机启动回路若无变压器，则计算式中 x_T/S_{rT} 项应予取消。

表 6.5-6 　　　　　不同启动负荷相对值时发电机母线上稳态电压相对值 u_{sG} 的数据

励磁电流倍数 K_{il}	启 动 负 荷 相 对 值								
	0.4	0.8	1.0	1.2	1.5	2.0	2.5	3.0	4.0
0.5	0.75	0.6	0.5	0.45	0.35	0.3			
0.7	1.0	0.8	0.7	0.6	0.5	0.4	0.35	0.3	
1.0		1.0	0.95	0.85	0.75	0.6	0.5	0.45	0.35
1.5				1.0	0.85	0.75	0.65	0.5	
2.0							0.9	0.8	0.65

（3）各类电源容量下允许全压启动的鼠笼型电动机最大功率。按电源容量估算的允许全压启动的电动机最大功率见表 6.5-7。

表 6.5-7 　　　　　　按电源容量估算的允许全压启动的电动机最大功率

电动机连接处电源容量的类别		允许全压启动的电动机最大功率（kW）
配电网络在连接处的三相短路容量 S_{sc}（kVA）		$(0.02 \sim 0.03)S_{sc}$ [①]
10（6 或 20）/0.4kV 变压器的容量 S_{rT}（kVA）（假定变压器高压侧短路容量不小于 $50S_{rT}$）		经常启动为 $0.2S_{rT}$
		不经常启动为 $0.3S_{rT}$
小型发电机功率 P_{rG}（kW）		$(0.12 \sim 0.15)P_{rG}$
$P_{rG} \leqslant 200$kW 的柴油发电机组	碳阻式自动调压	$(0.12 \sim 0.15)P_{rG}$
	带励磁机构的可控硅调压	$(0.15 \sim 0.25)P_{rG}$
	可控硅、相复励自励调压	$(0.15 \sim 0.3)P_{rG}$
	三次谐波励磁调压	$(0.25 \sim 0.5)P_{rG}$
	无励磁	$(0.25 \sim 0.37)P_{rG}$

① 对应于电动机启动电流倍数为 7～4.5 时。

【例 6.5-1】 一台 TDK215/36—16 型同步电动机，$P_{rM}=1250$kW，$U_{rM}=6$kV，$I_{rM}=0.144$kA，$k_{st}=6$，$n_0=375$r/min，$m_{stM.a}=1.1$，$m_s=0.3$，$m_{max}=2$，$J=2$kg·m²，机械的平均阻转矩 m_s 为 0.2，6kV 母线最小短路容量 S_{scB} 为 35MVA，预接负荷的无功功率 $Q_L=1.0$Mvar；要求启动时母线电压不低于 85%，选择电动机的启动方式及计算启动时母线和电动机端子的电压。

解 按表 6.5-4 得

$$S_{rM}=\sqrt{3}U_{rM}I_{rM}=\sqrt{3}\times 6\times 0.144=1.5\text{MVA}$$

$$S_{stM}=k_{st}S_{rM}=6\times 1.5=9\text{MVA}$$

（1）如果采用全压启动，则按表 6.5-4 得

$$S_{st}=\cfrac{1}{\cfrac{1}{S_{stM}}+\cfrac{X_1}{U_{av}^2}}$$

忽略 X_1，则 $S_{st}=S_{stM}=9$MVA

$$u_{stB} = \frac{u_s S_{scB}}{S_{scB} + Q_L + S_{st}} = \frac{1.05 \times 35}{35 + 1 + 9} = 0.82 \leqslant 0.85。$$

启动时母线电压不符合要求。

（2）如果采用启动电抗器，则按表 6.5-4 得

$$u_{stB} = \frac{u_s S_{scB}}{S_{scB} + Q_L + S_{st}} = \frac{1.05 \times 35}{35 + 1 + S_{st}} \geqslant 0.85, \ 得 \ S_{st} \leqslant 7.24 \text{MVA}$$

$$S_{st} = \frac{1}{\dfrac{1}{S_{stM}} + \dfrac{X_1 + X_R}{U_{av}^2}} = \frac{1}{\dfrac{1}{9} + \dfrac{X_R}{6.3^2}} \leqslant 7.24, \ 忽略 \ X_1 \ 得 \ X_R \geqslant 1.072\Omega$$

查表 6.5-3 选用 QKSJ-1800/6 型启动电抗器，其每相额定电抗为 1.8Ω。则

$$S_{st} = \frac{1}{\dfrac{1}{S_{stM}} + \dfrac{X_R}{U_{av}^2}} = \frac{1}{\dfrac{1}{9} + \dfrac{1.8}{6.3^2}} = 6.4\text{MVA}$$

$$u_{stB} = \frac{u_s S_{scB}}{S_{scB} + Q_L + S_{st}} = \frac{1.05 \times 35}{35 + 1 + 6.4} = 0.867$$

$$u_{stM} = u_{stB} \frac{S_{st}}{S_{stM}} = 0.867 \times \frac{6.4}{9} = 0.617$$

按式（6.5-1）得

$$\sqrt{\frac{1.1 m_s}{m_{stM}}} = \sqrt{\frac{1.1 \times 0.3}{1.1}} = 0.548 < u_{stM}$$

能保证电动机机组要求的启动转矩。电动机启动电流

$$I_{stM} = \frac{u_{stM} S_{stM}}{\sqrt{3} U_{rM}} = \frac{0.617 \times 9}{\sqrt{3} \times 6} = 0.534\text{kA}$$

电抗器启动电流 I_{stR} 为 560A（>0.534 kA）。

电动机启动时间按式（6.5-2）得

$$t_{st} = \frac{4gJn_0^2}{3580 P_{rM}(u_{stM}^2 m_{stM.a} - m_{av})} = \frac{4 \times 9.807 \times 2 \times 375^2}{3580 \times 1250 \times (0.617^2 \times 1.1 - 0.2)} = 11.27(\text{s})$$

【**例 6.5-2**】 某工程设计中，有一个制冷站与变电站相距 70m，配电系统接线图如图 6.5-1（a）所示，按下述已知条件确定导体截面，计算冷水机组的压缩机启动时，变配电站母线、配电箱母线上的电压能否满足设计规范的要求。

已知条件：

系统最小短路容量：$S_{sc} = 200\text{MVA}$；

变压器容量：$S_{rT} = 1.6\text{MVA}$，变压器 $x_T = 0.08$（$u_T = 8\%$）；

变压器到低压配电屏及配电屏上的铜母线 11 型号为 TMY 型，长 5m；

低压配电屏到制冷站配电箱的线路 12 型号为 AMC—2000 密集型母线，长 70m；

制冷站配电箱到压缩机电动机的线路 13 型号为 YJV—1kV 的电缆，长 50m；

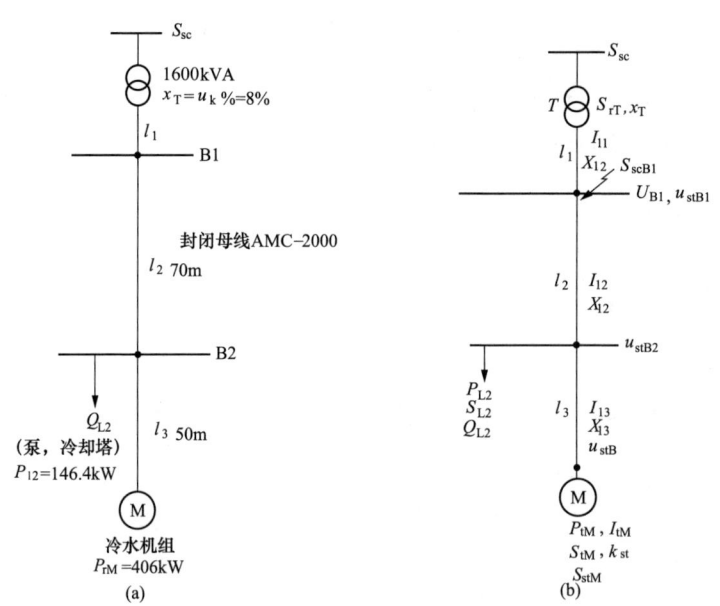

图 6.5-1 电路图

(a) 接线图；(b) 等效电路

制冷机的压缩机用电动机 M 的技术参数：额定功率 $P_{rM}=406kW=0.406MW$；额定电流 $I_{rM}=698A=0.698kA$；电动机星形接线时的启动电流 $I_{st}=1089A=1.089kA$；电动机三角形接线时的启动电流 $I_{st}=3400A=3.4kA$；

在制冷站配电箱母线上所带的其他用电负荷：$P_{l2}=75kW+55kW+16.4kW=146.4kW$，$\cos\varphi=0.8$。

电动机采用星—三角接线降压启动，以下是采用电动机星接线启动进行计算的。

解 (1) 确定计算数据。根据已知条件选择线路的导体截面、计算线路电阻、电抗及低压侧短路容量等参数，为进行冷水机组启动电压降的校验作准备。具体步骤如下：

1) 变压器低压侧的额定电流为

$$I_{rT}=\frac{1600kVA}{\sqrt{3}\times0.4kV}=2309A$$

2) 变压器低压侧铜母线截面选择和阻抗计算。变压器低压侧母线为满足载流量 $I_{l1}\geqslant I_{rT}$ 的要求，l_1 的截面选为 $3\times(125\times10)+2(125\times10)$，载流量约为 4100A。经查表单位长度的电抗值为 $0.17m\Omega/m$，电阻值为 $0.014m\Omega/m$，则

$$R_{l1}=0.014m\Omega/m\times5m=0.07m\Omega=0.00007\Omega$$

$$X_{l1}=0.17m\Omega/m\times5m=0.85m\Omega=0.00085\Omega$$

3) 电动机的启动视在功率 S_{stM} 的计算。

首先求出电动机的额定视在功率

$$S_{rM}=\sqrt{3}U_M\times I_{rM}=\sqrt{3}\times0.38kV\times0.698kA=0.46MVA$$

电动机星形接法的启动容量为

$$S_{stM}=\sqrt{3}U_{rM}I_{st}=\sqrt{3}\times0.38\times1.089=0.717\text{MVA}$$

4）与电动机 M 接于同一配电箱母线上其他负荷的有功、无功、视在功率的计算。

$$P_{l2}=75+55+16.4=146.4\text{kW}$$

$$S_{l2}=\frac{P_{l2}}{\cos\varphi}=\frac{146.4}{0.8}=183\text{kVA}=0.183\text{MVA}$$

$$Q_{l2}=S_{l2}\times\sin\varphi=0.183\times0.6=0.11\text{Mvar}$$

5）由制冷站配电箱接至电动机 M 的电缆 L3 的选择及阻抗的计算。电缆 l_3 的载流量 I_{l3} 应大于等于 I_{rM}（698A），可选用截面为 2（3×185+2×95）的铜芯导线或电缆，并视敷设环境温度确定载流量校正系数，对铜芯导线或电缆的截面进行调整，以满足载流量的要求。

当选择电缆截面为 2（3×185+2×95）时，其并联电缆线路电阻、电抗的计算值为

$$R_{l3}=\frac{0.095\text{m}\Omega/\text{m}}{2}\times50\text{m}=2.4\text{m}\Omega=0.002\,4\Omega$$

$$X_{l3}=\frac{0.076\text{m}\Omega/\text{m}}{2}\times50\text{m}=1.9\text{m}\Omega=0.001\,9\Omega$$

6）由变电站母线接至压缩机站配电箱的密集型母线 l2 的电阻、电抗的计算

$$I_{l2}=\frac{S_{rM}+S_{l2}}{\sqrt{3}\times U}=\frac{0.46+0.183}{\sqrt{3}\times0.38}=0.974\text{kA}$$

密集母线的载流量应大于等于 I_{l2}，视敷设环境温度确定载流量校正系数，对密集型母线的截面进行调整，以满足载流量的要求。选择密集型母线为1250A，其线路的电阻、电抗为（由厂家提供母线单位长度的电阻值、电抗值进行计算）：

$$R_{l2}=0.035\,2\text{m}\Omega/\text{m}\times70\text{m}=2.464\text{m}\Omega=0.002\,46\Omega$$

$$X_{l2}=0.016\,4\text{m}\Omega/\text{m}\times70\text{m}=1.148\text{m}\Omega=0.001\,15\Omega$$

7）变压器低压侧母线处的短路容量的计算值为

$$S_{scB2}=\frac{1}{\dfrac{1}{S_{sc}}+\dfrac{u_k\%}{100S_{rT}}+\dfrac{X_{l1}+X_{l2}}{U_{av}^2}}$$

$$=\frac{1}{\dfrac{1}{200}+\dfrac{8}{100\times1.6}+\dfrac{0.000\,85+0.001\,15}{0.4^2}}$$

$$=14.8\text{MVA}$$

（2）冷水机组启动时电压的计算和校验。电动机启动时回路的计算容量为

$$S_{st}=\frac{1}{\dfrac{1}{S_{stM}}+\dfrac{X_1}{U_{av}^2}}=\frac{1}{\dfrac{1}{0.717}+\dfrac{0.0019}{0.4^2}}=0.711MVA$$

电动机启动时变电站母线电压相对值为

$$u_{stB}=\frac{u_s S_{scB2}}{S_{scB2}+Q_L+S_{st}}=\frac{1.05\times14.8}{14+0.11+0.711}=0.995>0.85$$

电动机星形接法启动时端子电压相对值为全压启动的 $1/3$，所以

$$u_{stM}=\frac{u_{stB}}{3}\times\frac{S_{st}}{S_{stM}}=\frac{0.995\times0.711}{3\times0.717}=0.329$$

如电动机全压启动转矩相对值为 1.8 时，按式（6.5-1）计算，机械的静阻转矩相对值不能超过 0.177。

6.6　供电中断与供电可靠性

6.6.1　基本概念

供电中断与供电可靠性问题是电能质量的最基本问题。供电中断通常指的是持续时间超过 1min 的停电现象。供电中断会对国民经济的各个行业都产生重大影响，导致生产停顿、生活混乱，甚至危及人身和设备安全。

供电可靠性是指供电系统对用户持续供电的能力，我国电力可靠性管理中心每年都会发布上一年度发输供配各个环节、各地区各城市以及部分设施的电力可靠性指标的统计结果。在用户端供配电领域，可以利用这些统计结果，进行供配电方案的综合比较，得出可靠性与经济性之间的合理平衡点。

6.6.2　供电可靠性的评价指标

按照 DL/T 836—2003《供电系统用户供电可靠性评价规程》中的规定，供电可靠性的指标可以分为主要指标和参考指标两大类。

（1）供电可靠性的部分主要指标。

1）用户平均停电时间——用户在统计期间内的平均停电小时数，记作 $AIHC-1$（h/户）。

$$AIHC-1=\frac{\Sigma(每户每次停电时间)}{总用户数}$$

2）供电可靠率——在统计期间，对用户有效供电时间总小时数与统计期间小时数的比值，记作 $RS-1$（%）。

$$RS-1=\left(1-\frac{用户平均停电时间}{统计期间时间}\right)\times100\%$$

3）用户平均停电次数——供电用户在统计期间内的平均停电次数，记作 $AITC-1$（次/户）。

$$AITC-1=\frac{\Sigma(每次停电用户数)}{总用户数}$$

（2）供电可靠性的部分参考指标。

1）用户平均故障停电时间——在统计期间内，每一用户的平均故障停电小时数，记作 $AIHC-F$（h/户）。

$$AIHC-F = \frac{\sum(每次故障停电时间 \times 每次故障停电用户数)}{总用户数}$$

2）故障停电平均持续时间——在统计期间内，故障停电的每次平均停电小时数，记作 $MID-F$（h/次）。

$$MID-F = \frac{\sum(故障停电时间)}{故障停电次数}$$

3）设施停运停电率——在统计期间内，某类设施平均每 100 台（或 100km）因停运而引起的停电次数，记作 $REOI$ [次/（100 台·年）（或 100km·年）]。

$$REOI = \frac{设施停运引起对用户停电的总次数}{设施（100 台·年）（或线路 100km·年）}$$

6.6.3 供电可靠性的统计数据

根据电力可靠性管理中心发布的可靠性统计结果，我国近年来城市 10kV 用户（包括城镇）的供电可靠性指标见表 6.6-1。

表 6.6-1　　　　　　　　　　10kV 用户的供电可靠性指标

年份	供电可靠率 RS-1（%）	年平均停电时间 AIHC-1（小时/户）	年平均停电次数 AITC-1（次/户）
2008	99.863	12.071	—
2009	99.896	9.111	1.998
2010	99.923	6.622	1.735

从全国范围内来看我国供电可靠性水平很不均衡，2009 年供电可靠率最高的某中心城市某城区的供电可靠率 $RS-1$ 为 99.995%（即平均停电时间 $AIHC-1$ 为 0.412h），而供电可靠率最低的某偏远城市的平均停电时间为 74h。同期很多国外经济发达国家的供电可靠率已达到 99.99%，用户平均停电时间不足 1h，有的国家甚至只有几分钟至几十分钟。

近年来我国城市 10kV 用户故障停电时间的分布见表 6.6-2。

表 6.6-2　　　　　　　　　　10kV 用户故障停电时间的分布

故障停电时间（h）	占总故障停电次数百分比（%）	
	2009 年	2010 年
≤1	44	42.15
1~2	25	25.41
2~3	11	11.49
3~9	16	16.44
>9	4	4.42

我国 10kV 配电网主要设施故障率见表 6.6-3。

表 6.6-3 配电网主要设施故障率

年份	架空线路 [次/(百公里·年)]	电缆线路 [次/(百公里·年)]	变压器 [次/(百台·年)]	断路器 [次/(百台·年)]
2001	8.932	4.744	0.511	2.852
2002	9.674	4.447	0.640	3.077
2003	8.343	4.059	0.485	2.237

6.6.4 提高供配电领域供电可靠性的措施

（1）对用户所在地的市电电源可靠性进行调研，取得基本的统计数据，以 GB 50052—2009《供配电系统设计规范》中"根据供电费用及供配电系统停电概率所带来的停电损失等综合比较"来确定不同等级用电负荷的供电方案的思路。优先考虑利用独立性好、可靠性高且兼有经济性优势的电源。

（2）优化用户端供配电系统的网络结构。在重要场合采用 $N-1$ 准则校核各个环节供配电系统的可靠性；利用统计数据，对由电源端至用电设备末端的整个供配电系统的可靠性进行分析计算，结合停电造成的损失进行经济性比较，得出综合效益最佳的方案。

（3）正确评价各种设备或元器件的可靠性对于整个供配电系统可靠性的影响程度，根据供配电系统中设备或元器件的可靠性统计结果，选用质量好、可靠性高的设备或元器件。

（4）提高施工安装质量水平，保证导体连接的可靠性。

（5）提高供配电系统的自动化程度，设置电力监控系统，及时发现和处理供配电系统运行中的故障和问题。

（6）合理设置各级供配电系统的继电保护整定值，保证供配电系统继电保护的选择性，避免误动作。

（7）提高运行管理水平，注重检修计划的合理性和科学性，避免人为误操作。

6.7 谐 波

6.7.1 基本概念

交流电网中，由于许多非线性电气设备的投入运行，其电压、电流波形实际上不是完全的正弦波形，而是不同程度畸变的非正弦波。对周期性交流量进行傅里叶级数分解，得到的频率与工频相同的分量称为基波（fundamental），得到的频率为基波频率大于 1 整数倍的分量称为谐波（harmonic，HR），得到的频率不等于基波频率整数倍的分量称为间谐波（interharmonic，IHR）。

基波频率为电网频率（工频 50Hz），谐波次数（h）是谐波频率与基波频率的整数比，间谐波次数（ih）是间谐波频率与基波频率的比值。

谐波按照相序，分为正序谐波（第 4、7、10、……、$3h+1$ 次）、负序谐波（第 2、5、8、……、$3h-1$ 次）、零序谐波（第 3、6、9、……、$3h$ 次）。按照谐波次数，分为偶次谐波、奇次谐波、间谐波（非整数次谐波）。

6.7.2 谐波计算方法

谐波含有率是周期性交流量中含有的第 h 次谐波分量均方根值与基波分量均方根值之

比，用百分数表示。第 h 次谐波电压含有率 HRU_h 和谐波电流含有率 HRI_h 分别为

$$HRU_h = \frac{U_h}{U_1} \times 100\% \tag{6.7-1}$$

式中 HRU_h——第 h 次谐波电压含有率，%；

    U_h——第 h 次谐波电压均方根值，V；

    U_1——基波电压均方根值，V。

$$HRI_h = \frac{I_h}{I_1} \times 100\% \tag{6.7-2}$$

式中 HRI_h——第 h 次谐波电流含有率，%；

    I_h——第 h 次谐波电流均方根值，A；

    I_1——基波电流均方根值，A。

谐波含量（电压或电流）是周期性电气量中含有的各次谐波分量的均方根值。谐波电压含量 U_H 和谐波电流含量 I_H 分别为

$$U_\mathrm{H} = \sqrt{\sum_{h=2}^{\infty} U_h^2} \tag{6.7-3}$$

式中 U_H——谐波电压含量，V；

    U_h——第 h 次谐波电压均方根值，V。

$$I_\mathrm{H} = \sqrt{\sum_{h=2}^{\infty} I_h^2} \tag{6.7-4}$$

式中 I_H——谐波电流含量，A；

    I_h——第 h 次谐波电流均方根值，A。

表征波形畸变程度的总谐波畸变率，是用周期性交流量中的谐波含量与其基波分量均方根值之比，用百分数表示。电压、电流总谐波畸变率 THD_U、THD_I 分别为

$$THD_\mathrm{U} = \frac{U_H}{U_1} \times 100\% = \frac{\sqrt{\sum_{h=2}^{\infty} U_h^2}}{U_1} \times 100\% = \sqrt{\sum_{h=2}^{\infty}(HRU_h)^2} \times 100\% \tag{6.7-5}$$

式中 THD_U——电压总谐波畸变率，%；

    U_H——谐波电压含量，V；

    U_1——基波电压均方根值，V；

  HRU_h——第 h 次谐波电压含有率，%。

$$THD_\mathrm{I} = \frac{I_H}{I_1} \times 100\% = \frac{\sqrt{\sum_{h=2}^{\infty} I_h^2}}{I_1} \times 100\% = \sqrt{\sum_{h=2}^{\infty}(HRI_h)^2} \times 100\% \tag{6.7-6}$$

式中 THD_I——电流总谐波畸变率，%；

    I_H——谐波电流含量，A。

    I_1——基波电流均方根值，A；

  HRI_h——第 h 次谐波电流含有率，%。

周期性交流量的电压均方根值电流均方根值分别按式（6.7-7）和式（6.7-8）计算

$$U = \sqrt{U_1^2 + \sum_{h=2}^{\infty} U_h^2} = \sqrt{\sum_{h=1}^{\infty} U_h^2} \tag{6.7-7}$$

$$I = \sqrt{I_1^2 + \sum_{h=2}^{\infty} I_h^2} = \sqrt{\sum_{h=1}^{\infty} I_h^2} \qquad (6.7\text{-}8)$$

式中 U——含有谐波的电压均方根值，V；

   　　U_h——第 h 次谐波电压均方根值，V；

   　　U_1——基波电压均方根值，V；

   　　I——含有谐波的电流均方根值，A；

   　　I_h——第 h 次谐波电流均方根值，A；

   　　I_1——基波电流均方根值，A。

6.7.3   谐波源及常用设备产生的谐波电流值

6.7.3.1   谐波源

用户向公用电网注入谐波电流的电气设备或在公用电网中产生谐波电压的电气设备，统称谐波源。

常见谐波源主要有换流设备、电弧炉、铁芯设备、照明设备、某些生活日用电器等非线性电气设备。

6.7.3.2   常用设备产生的谐波电流值

部分电气设备产生的谐波电流值。

（1）换流设备。换流器利用整流元件的导通、截止特性来强行接通和切断电流，产生谐波电流。一般来说多相换流设备是电力系统中数量最大的谐波源，其主回路通常不带中性导体。这种设备主要包括整流器（交流—直流）、逆变器（直流—交流）、变频器（交流—直流—交流、交流—交流）等，多相换流设备的输入电流中的谐波电流含有率取决于下列因素：①换流设备的脉动数 p；②换流设备导通的延迟角（或称控制角）α，以及换相的重叠角 ν；③换流设备的控制形式，分为非相控、半控和全控型；④电网的电能质量。

当整流电路滤波电抗足够大，不计换相重叠角且控制角为零时（非相控），特征谐波次数 h_c 按式（6.7-9）计算

$$h_c = kp \pm 1 \qquad (6.7\text{-}9)$$

式中 k——整数 1，2，3，4，…；

   　　p——整流电路的脉动数：单相半波为 1，单相全波或桥式为 2，三相零式为 3，三相全波为 6，六相全波为 12。

整流逆变变流设备产生的特征谐波频谱如下

$$f = (p_1 m \pm 1)f_1 \pm p_2 n f_0 \qquad (6.7\text{-}10)$$

式中 p_1——整流环节脉动数；

   　　p_2——逆变环节脉动数；

   　　f_1——交流输入工频频率，Hz；

   　　f_0——变流器输出频率，Hz；

   　　m、n——非负整数（不同时为 0）。

特征谐波电流是换流设备的主要谐波电流。h_c 以外的谐波次数，是非特征谐波次数。非特征谐波电流相对较小，可忽略不计。

换流设备的各次谐波电流含有率的关系

当 $h=h_c$ 时
$$\frac{I_h}{I_1} \leqslant \frac{1}{h_c}$$
(6.7-11)

当 $h \neq h_c$ 时
$$\frac{I_h}{I_1} \leqslant \frac{0.25}{h_c}$$
(6.7-12)

式中 h_c——特征谐波次数；

I_h——h 次谐波电流，A；

I_1——基波电流，A。

常用整流器负荷电流的谐波次数、谐波电流及含量（理论最大值）见表 6.7-1。

表 6.7-1　　　　　常用整流器负荷电流的谐波次数、谐波电流及含量（理论最大值）　　　　　%

整流电路脉动数 p	I_h/I_1									$\sqrt{\sum\limits_{h=2}^{25} I_h^2}$	$\sqrt{\sum\limits_{h=1}^{25} I_h^2}$
	$h=1$	$h=5$	$h=7$	$h=11$	$h=13$	$h=17$	$h=19$	$h=23$	$h=25$		
6	100	20	14	9.1	7.7	5.9	5.3	4.3	4	28.9	104.1
12	100	0	0	9.1	7.7	0	0	4.3	4	13.3	100.9

注　1. 6 脉动及 12 脉动时的谐波含量 $\sqrt{\sum\limits_{h=2}^{49} I_h^2}$ 分别为 29.9% 和 14.2%。

2. 6 脉动及 12 脉动时的谐波含量 $\sqrt{\sum\limits_{h=1}^{49} I_h^2}$ 分别为 104.4% 和 101.0%。

一般情况下，小型换流设备采用 6 脉动装置，大中型换流设备采用 12 脉动装置，某些特殊的大中型脉动装置（主要是铝厂换流设备）采用脉动数更大的装置。

对于半控型和控制深度较大的全控型换流设备的谐波电流含有率 I_h/I_1 将突破式（6.7-11）和式（6.7-12）的上限。谐波电流将因换相重叠角和控制角的加大而有所减小，谐波次数越高，减小越显著。

交—直—交型变频装置广泛用于电动机变频调速、中频和高频加热等。当使用普通晶闸管时，变频装置电源侧输入电流的谐波含量大致与非相控整流桥相似；当使用可关断晶闸管时，其谐波含量更丰富。

用于电动机调速的单台变频装置，一般是 6 脉动装置，其谐波电流含有率见表 6.7-2。

表 6.7-2　　　　　电动机调速驱动用变频装置的谐波电流含量（I_h/I_1）　　　　　%

谐波次数	3	5	7	9	11	13	15
谐波电流含量	1~9	40~65	17~41	1~9	4~8	3~8	0~2

交—交型变频装置通过一套可关断晶闸管和斩波技术，不经过整流这个中间环节，把电网工频直接变成交流调速电机所需的交流频率。交—交型变频装置除了向供电系统注入高次谐波电流外，还注入间谐波电流。间谐波电流的频率和含量随电动机工况的变化而变化，参见表 6.7-3。

表 6.7-3　　　　　某型交—交有级变频装置的谐波电流含量（I_h/I_1）　　　　　%

输出频率	高次谐波次数							间谐波次数		
	2	3	4	5	7	9	11	1/2	5/2	7/2
1/2 工频	58	—	5.5	5.3	—	—	—	140	34	5.5
2/3 工频	1.3	10.7	—	3.0	2.5	1.6	1.1	—	—	—
工频	（取决于工频电源的谐波电压）									

6

表 6.7-4 　　　　某型中频感应电炉的谐波电流含量（I_h/I_1）　　　%

工作电流	谐波次数												THD_I
	2	3	4	5	7	9	11	13	15	17	19	21	
49A	0.77	3.26	0.52	36.4	4.51	0.98	8.48	0.76	0.70	4.06	1.16	0.54	38.4
95A	0.34	1.51	0.32	27.2	6.10	0.87	8.44	4.76	0.75	5.05	3.37	0.71	30.6
155A	0.33	0.61	0.30	22.7	0.14	0.45	8.72	6.52	0.44	5.43	4.58	0.48	29.1

（2）电弧炉。电弧炉一般是三相式，通过专用的电炉变压器供电。电弧炉的冶炼过程分两个阶段，即熔化期和精炼期。在熔化期，相当多的炉内填料未熔化而成块状固体，电弧阻抗不稳定。有时因电极插入熔化金属中而在电极间形成金属性短路，这时借助电炉变压器的阻抗和所串联的电抗器来限制短路电流。电弧炉因电弧的负阻抗特性（电弧的阻抗随电流的增大而急剧减小）和熔化期三相电极反复不规则地短路和断弧而产生谐波和间谐波。由于三相负荷不对称，存在较多的 3 次谐波。一些国家测得的电弧炉熔化期的谐波电流含量见表6.7-5。

表 6.7-5 　　　　一些国家测到的电弧炉熔化期的谐波电流含量（I_h/I_1）　　　%

谐波次数	美国	西欧（BBC）	日本（日新电机）	英国	苏联
2	5.6	4～9	9～12	10	5.1～9.5*
3	6.4	6～10	15～20	11	4.4～11.2*
4	3.3	2～6	5～7	3	2.0～4.8*
5	6.3	2～10	4～6	9	2.6～8.9*
6	1.7	2～3		1	
7	2.5	3～6	2～3	4	0.7～5.7*
8				1	
9				1	0.3～1.4*
10 及以上				<1	

* 该数据为 5t、10t、25t、50t、100t、200t 炉的综合值。

在精炼期内，电弧炉的电流稳定，且不超过额定值，谐波含量不大，一般奇次谐波电流不超过基波电流的 2%～3%，以 3 次谐波和 5 次谐波为主，总谐波含量不超过 3%～4%。

（3）铁芯设备。铁芯设备主要为各种变压器及铁芯电抗器。电力变压器的铁芯具有非线性的磁化特性，而变压器的额定磁通密度 B 值一般都设计在其磁滞回线（$B—H$ 曲线）的拐点附近，造成变压器的励磁电流（即空载电流 i_o）为非正弦波形，其中含有大量的谐波电流（奇次谐波）。一般情况下，变压器励磁电流中的高次谐波电流含量参见表 6.7-6 和表 6.7-7。

表 6.7-6 　　热轧硅钢片铁芯变压器励磁电流中谐波电流含量（I_h/I_1）

谐波次数	3	5	7	9	11	13
谐波含量（%）	15～55	3～25	2～10	0.5～2	<1	—

表 6.7-7 　　冷轧硅钢片铁芯变压器励磁电流中谐波电流含量（I_h/I_1）

谐波次数	3	5	7	9	11	13
谐波含量（%）	40～50	10～25	5～10	3～6	1～3	—

谐波电流的大小与设备工作时施加于其上的电压幅值有关，系统电压越高，运行点越深入饱和区，空载电流 i_0 的波形畸变越大，谐波含量也越高。如夜间（尤其是后半夜）系统负荷减小，电压升高，设备产生的谐波电流也增大。

对于三相变压器，其谐波与绕组结线及铁芯结构有关。采用全 Y 接线的变压器，3 及 3 的奇数倍励磁谐波电流没有通路，造成磁通畸变而含产生 3 及 3 的奇数倍谐波电流。对于三相柱式铁芯变压器，三个芯柱的磁路长度不等，导致产生正序和负序分量的 3 次谐波磁通和相应的正序、负序 3 次谐波感应电动势，引起变压器励磁电流中含有正序、负序 3 次谐波电流。但三相柱式铁芯没有零序磁路，零序磁通必须通过油箱和空气构成环路，故磁阻大，使零序 3 次谐波磁通很小。当三相变压器内有三角形接线绕组时，它提供包括 3 次谐波电流及其奇数倍谐波的零序电流通路，使这些谐波电流在三角形绕组内被短路，从而使变压器馈送给电网的谐波电流含量明显减少，但它将增加变压器的发热。

中小型变压器的空载电流 i_0 仅为其额定电流 I_{rT} 的 0.5%～2%，大型变压器更低。由于中低压配电系统中存在为数众多的变压器群，空载电流中的谐波在线路电感和对地电容的放大下，可以汇合成相当大的配电系统谐波电流。

电力系统中的普通固定电抗值的并联电抗器基本上是线性补偿设备，谐波含量很低，一般不成为谐波源；而静态补偿装置中的相控型电抗器（TCR）和自饱和电抗器都能产生明显的谐波电流。相控型电抗器产生的各次谐波电流（均方根值）与控制角有关。3 及 3 的倍数次谐波，在三相电压对称时，只成为零序分量，并环流于按三角形接线的三相电抗器中，并不注入电网。但三相电压不对称时，TCR 中谐波电流含量能够达到较大值，见表 6.7-8。

表 6.7-8　　　　　相控电抗器在三相电压不对称时谐波电流含量（I_h/I_1）

谐波次数	2	3	4	5	7
谐波含量（%）	7～8	15～20	5～7	8～10	6～7

自饱和电抗器一般采用星形多折线接线线圈，并有三角形接线的辅助线圈。当铁芯为二—三柱时，产生的谐波电流主要 I_{11}/I_1 约 12%，I_{13}/I_1 约 3%，其他 I_h/I_1 很小。当铁芯为三—三柱时，产生的谐波电流主要 I_{17}/I_1 约 3，其他 I_h/I_1 很小。

（4）照明设备。气体放电灯利用具有一定压力的汞、钠、镝、铟或金属卤化物的蒸汽，电弧放电时因具有负阻抗特性而产生谐波电流，电子镇流器的整流电路流与高频逆变电路也产生大量谐波电流，电感整流器产生的谐波电流较少；气体放电灯主要产生 3 次谐波；LED 灯的驱动电源也存在不同程度的谐波。

（5）生活日用电器。各种对设备工作电压进行通断控制、电压调整的生活日用电器在工作过程中将产生谐波和间谐波，如电视机、计算机、电烤箱、电磁炉等。日用电器中，空调机所占的比重较大，对某型号空调机测试结果表明，空调机谐波电流的含量视工作方式的不同而有所不同，变频空调机的谐波电流含量远大于一般空调机。

6.7.4　谐波危害

6.7.4.1　谐振

电力网中广泛使用无功补偿的电容器，同时存在分布电容，它们与系统的感性部分组合，在一定的频率下，可能存在串联或并联的谐振条件。当系统中某次频率的谐波足够大时，就会造成危险的过电压或过电流。

最常见的谐波谐振是在接有谐波源的用户母线上，因为母线上除谐波源外还有电力电容器、电缆、供电变压器及电动机等负载，而且这些设备处于经常变动中，容易构成谐振条件。

电网的有功负荷（等效电阻）对谐波谐振有相当大的阻尼作用。实测表明，在轻负荷时（阻尼小），往往容易发生谐振现象。

应当指出，谐波谐振成为危害，必须具备两个条件，其一是电网参数的不利配合；其二是有足够强的谐波源。随着谐波源的大量增加，谐振问题就引人注目了，而解决此问题，一方面要适当控制谐波源，另一方面，是设法消除系统参数的不利配合。

6.7.4.2　对旋转电机的影响

谐波对旋转电动机的危害主要表现为产生附加损耗和转矩。危害的严重性，除和谐波电压或电流的大小有关外，还和旋转电动机的型式、结构有关。

谐波电压或谐波电流在定子绕组、转子回路及定子与转子的铁芯中产生附加损耗，这是由于频率升高而使得集肤效应、磁滞及涡流等引起的损耗增加。

谐波转矩对电机的影响表现为在感应电动机的定子绕组中所有正序谐波电流都将产生正方向的电磁转矩，有助于转子的旋转；而负序谐波电流的作用恰相反，脉动转矩产生机械振动和噪声。

6.7.4.3　对变压器的影响

谐波电压可使变压器的磁滞及涡流损耗增加，使绝缘材料承受的电气应力增大；谐波电流可使变压器的铜耗增加，这种危害对换流变压器更为严重。因为交流滤波器通常装在交流侧，谐波电流仍然流过换流变压器，滤波器对谐波电流不起作用。因此，换流变压器除要求附加的额定容量外，为了避免引起外壳、外层硅钢片以及某些紧固件发热，在设计上应做特殊考虑。

对于普通的变压器，特别重要的影响是 3 次及 3 的倍数次零序谐波，这些谐波在△连接的绕组中形成环流。除非设计时已考虑了这些问题，否则，这些环流将使变压器绕组过热。

对于负荷供给不平衡的变压器，还有一个重要问题应当考虑到，即如果负荷电流中含有直流分量，则它将使变压器磁路的饱和度提高，从而使交流励磁电流的谐波分量大大增加。

6.7.4.4　对电容器影响

电容器与电网其他部分之间产生的串联谐振或并联谐振，可能发生危险的过电压及过电流，这往往引起电容器熔丝熔断或使电容器损坏。

电容器的容抗与频率成反比，频率越高电容器的容抗越小，施加的电压不变，长期过电流运行，为了躲过电容器启动的涌流，保护装置（如熔断器）的整定值往往过电流数值大，不能有效地保护，造成电容器烧毁。

6.7.4.5　对输配电线的影响

线路感抗随频率升高而增加，导体的直径越大，因集肤效应而使谐波频率下的感抗增大越明显，谐波产生的附加损耗也越大。

三相四线供电回路中，线电流中的 3 次谐波及 3 的奇数倍谐波（3、9、15、……）在中性线上不会相互抵消，而是相互叠加，中性线接线选择不当是会造成过热甚至烧断中性线。

6.7.4.6 对断路器和消弧线圈的影响

谐波含量较多的电流将使断路器的遮断能力降低，这是因为当电流均方根值相同时，波形畸变严重的电流与工频正弦波形的电流相比，在电流过零点处 di/dt 较大。当存在严重的谐波电流时，某些断路器的磁吹线圈不能正常工作。相对来说，真空断路器对谐波的影响则不太敏感。

消弧线圈是按照所接局部电网的工频参数来调谐的，因而对谐波实际上不起作用。若电网的谐波较大，发生接地故障时，由于谐波电流在故障点不能被补偿，从而使消弧线圈的灭弧作用失效，单相接地有可能发展成两相或三相短路。

6.7.4.7 对用电设备的影响

(1) 电视机。电压波形中含有谐波时可能会使电视机的图像畸变，画面及亮度发生变化，同时引起机内变压器、电抗器及电容器过热。电视机对分数次谐波电压非常敏感，即使含有量只有 0.5%，也会使电视机的图像"翻滚"。

(2) 荧光灯等气体放电灯。为了改善功率因数，荧光灯等气体放电灯往往装有电容器，它们与镇流器和供电线路的电感组合有一自然振荡频率，如某次谐波的频率正好与此相近，就会因谐振而过热，甚至损坏。

(3) 计算机。计算机的电源中谐波电压含量过大会导致计算错误或程序出格。为此一些厂家规定了计算机及数据处理系统可以接受的谐波电压限值。关于计算机房的电源条件，国内已有专门的标准，对谐波电压含量分不同等级作了规定。

(4) 变流装置。变流装置本身是谐波源，除了根据整流相数产生特征谐波及少量非特征谐波外，在整流换相过程中暂短时间（几个微秒）内将交流供电网络短路，这就造成电压波形的陷波畸变（换相槽降）。陷波畸变可能影响变流装置的同步或以电压过零进行控制的其他装置正常工作。供电母线的电压谐波过大，会使变流装置的脉冲相控系统不能正常工作，还可能在控制系统中产生自发振荡，导致变流装置电流很大的波动，被迫故障切除。

(5) 晶闸管控制的变速装置。对于属于同一用户，用晶闸管控制的变速设备，谐波可能通过以下方式发生影响：

1) 电压陷波可能导致晶闸管误动作。

2) 谐波电压可能使控制回路误触发。

3) 不同装置间的谐振可能造成过电压及振荡。

6.7.4.8 对测量和计量仪表的影响

在带有整流电路的磁电式交流电表中，表针的旋转角度决定于线圈电流整流后的直流平均值，表盘刻度为交流均方根值，这时可按正弦波的波形因数为来确定刻度；在测量峰值的晶体管电压表中，表盘上的均方根值根据正弦波的振幅因数为 $\sqrt{2}$ 来确定刻度。当被测波形含有谐波时，按上述两种方法得到的均方根值都会产生误差，必须进行必要的修正。

(1) 电压表、电流表和功率表。广泛使用的模拟式电压表和电流表，有电动系、电磁式、均方根值变换器式。根据对表计频率特性的研究，一般随频率增高，对同一均方根值的指示有所下降。旧式电磁系电压表频率特性最差。但由于正常电网中谐波含量并不大，被测量的均方根值与基波均方根值之差一般不超过 3%（对电流）或 0.2%（对电压）。功率测量大都用电动系仪表，其频率特性较好。波形畸变对固体元件构成的数学式测量仪表影响较小，因为它是按时分割乘法器原理设计的，这类测量仪表是将输入按时间分割间隔，分别对一个方波系列的宽度和幅度进行调制，按瞬时值相乘，因而具有精度高、频带宽、不受波形影响等优点。

因此，在电网正常谐波条件下，各型常用仪表的指示，大致可与仪表的精确等级相符。

（2）感应式电能表。感应式电能表是目前使用最为广泛的电能计量仪表。这种表对谐波频率有负的频率误差特性。

非线性负荷是谐波源，当以正弦电压供电给非线性负荷时，其所消耗的功率是负值。电能表对谐波消耗的功率计量是不足的，但在谐波源的情况下，电能表记录是基波电能扣除一小部分谐波电能，因此谐波源虽然污染了电网，反倒少缴电费；在畸变电源供线性负荷时，电能表记录的是基波电能及部分谐波电能，后者将使用电设备性能变坏，因此用户不但多交电费，而且受到损害。

（3）仪用互感器。电压和电流互感器是测量高电压和大电流的传感设备，其谐波频率特性直接影响测量结果。

电流互感器的误差决定于励磁电流与损耗（铁损），频率越高，励磁电流越小。近年来，采用高质量铁磁材料作铁芯，使励磁电流和损耗均大大减小。一般认为，电流互感器可以用于 5000Hz 以下电流测量而不会引起显著的附加误差。

对于 110kV 及以下电压等级，一般用电磁感应式电压互感器，这种互感器用于较高频率时，误差主要由一、二次侧的漏阻抗以及一、二次侧之间的电容和二次侧负荷所引起。1000Hz 以下的电压测量能保持变比相对误差（相对于基波时变比）在 5% 以内。

在 110kV 及以上系统中，出于经济上的考虑，多采用电容式电压互感器（CVT）。CVT由一个电容分压器和一个电磁式电压互感器组成，CVT 在基波频率下有较准确的变比关系，但在谐波频率下则不然。造成 CVT 这种频率响应特性的原因是分压电容 C。和电磁式电压互感器的电感在某些频率下产生谐振。显然，利用 CVT 来测量谐波电压将会有很大的误差。

6.7.4.9 对继电保护和自动装置的影响

电网中的谐波，会引起电力网各类保护和自动装置误动或拒动，如发电机的负序电流保护、主变压器的复合电压启动过电流保护、母线的差动保护、线路的各种距离保护和高频保护、故障录波器、自动准同期装置以及音频负荷控制装置等。

（1）谐波对保护正序（基波）量的干扰。如过电流、过电压保护，由于保护定值相对较大，一般在没有谐振或谐波严重放大的情况下，其影响相对较小。

（2）谐波对保护负序（基波）量的干扰。如各类由负序滤过器组成启动元件的保护及自动装置，由于保护定值小，灵敏度高，在谐波干扰（有时还存在负序干扰）下很易发生误动。在一些谐波含量较高的电网中这类保护的闭锁装置误动作时有发生，严重威胁电网的安全运行。

（3）谐波单独引起的干扰。谐波除了对距离保护的负序振荡闭锁元件产生干扰外，对阻抗测量也有影响，距离继电器通常是按输电线的基波阻抗进行整定。当发生故障时，谐波电流（特别是 3 次谐波）将会造成很大的测量误差，可能造成保护的误动。

数字式继电器和微机继电保护的算法依赖于采样数据及过零点编制的程序，特别容易受谐波干扰。

6.7.4.10 对通信的干扰

电力输电线路和平行的通信线路之间发生静电感应和电磁感应，将在通信系统内产生声频干扰，其对电话通信干扰的程度取决于通过电力线路高次谐波的频率、幅值、两条线路之间的平行距离和平行敷设的长度。

电力线路与通信线路之间既通过电场耦合，也通过磁场耦合。在两条线路离得非常近的情况下，一般是由谐波电流的磁场感应在通信系统内产生干扰电压，影响通信质量，电场感应则可以略去不计。

电气传导的作用在正常运行情况下一般很弱，可以忽略不计，但当线路发生接地故障时，则对通常利用大地作参考电位的通信线可能产生危险的过电压。

6.7.5 谐波限值

6.7.5.1 谐波电压限值

公用电网谐波电压限值见表6.7-9。

6.7.5.2 谐波电流限值

谐波电流限值确定的原则为，公共连接点全部用户向该点注入的谐波电流造成的谐波电压水平不应超过表6.7-9中规定的限值。

公共连接点的全部用户向该点注入的谐波电流分量的95%概率大值（均方根值）不应超过表6.7-10中规定的限值。公共连接点的全部用户向该点注入的谐波电流分量的最大值（均方根值）不应超过表6.7-10中规定的限值的1.5～2倍。

6.7.6 用电设备谐波电流发射限值

6.7.6.1 每相输入电流不大于16A用电设备谐波电流发射限值

（1）设备的分类。按照谐波电流限值，设备分类如下：

A类：

1）平衡的三相设备；

2）家用电器，不包括列入D类的设备；

3）工具，不包括便携式工具；

4）白炽灯调光器；

5）音频设备。

未规定为B、C、D类的设备均视为A类设备。

注 对供电系统有显著影响的设备，可能会重新分类。需要考虑的因素包括：①在用设备的数量；②使用持续时间；③使用的同时性；④功率消耗；⑤谐波频谱及相位。

B类：

1）便携式工具；

2）不属于专用设备的电弧焊设备。

C类：照明设备。

D类：规定功率≤600W的下列设备：

1）个人计算机和个人计算机显示器；

2）电视接收机；

3）调速驱动控制压缩机电动机的冰箱和冷冻柜。

注 考虑A类注中所列出的对公用供电系统有显著影响的因素，保留D类设备的限值。

表 6.7-9　公用电网谐波电压限值

标称电压 (kV)	电压总谐波畸变率 (%)	各次谐波电压含有率 (%)																	
		奇次												偶次					
		6k±1								3k									
		5	7	11	13	17	19	23	≥25	3	9	15	≥21	2	4	6	8	10	≥12
0.38	5	3.8	3.1	2.3	1.9	1.4	1.2	0.9	0.4+12.5/h	3.1	1	0.3	0.2	1.3	0.8	0.4	0.3	0.3	0.2
6, 10, 20	4	3	2.5	1.8	1.5	1.2	1	0.8	0.3+12.5/h	2.5	0.8	0.2	0.15	1.6	1	0.5	0.4	0.4	0.2
35, 66	3	2	2	1.5	1.5	1	1	0.7	0.2+12.5/h	2	1	0.3	0.2	1.5	1	0.5	0.4	0.4	0.2
110	2.5	1.9	1.6	1.2	1.1	0.9	0.9	0.7	0.2+12.5/h	1.9	0.9	0.3	0.2	0.7	0.4	0.2	0.2	0.2	0.1

表 6.7-10　谐波电流限值

标称电压 (kV)	短路比	奇次谐波电流 (%)											偶次谐波电流 (%)											
		6k±1							3k									3k						
		5	7	11	13	17	19	23	3	9	15	21	2	4	6	8	10	12	14	16	18	20	22	24
0.38, 6,10, 20, 35, 66	<20	4.0	4.0	2.0	2.0	1.5	1.5	0.6	4.0	4.0	2.0	1.5	1.0	1.0	1.0	1.0	1.0	0.5	0.5	0.5	0.375	0.375	0.375	0.15
	20~50	7.0	7.0	3.5	3.5	2.5	2.5	1.0	7.0	7.0	3.5	2.5	1.75	1.75	1.75	1.75	1.75	0.875	0.875	0.875	0.625	0.625	0.625	0.25
	50~100	10.0	10.0	4.5	4.5	4.0	4.0	1.5	10.0	10.0	4.5	4.0	2.5	2.5	2.5	2.5	2.5	1.125	1.125	1.125	1.0	1.0	1.0	0.375
	100~1000	12.0	12.0	5.5	5.5	5.0	5.0	2.0	12.0	12.0	5.5	5.0	3.0	3.0	3.0	3.0	3.0	1.375	1.375	1.375	1.25	1.25	1.25	0.5
	>1000	15.0	15.0	7.0	7.0	6.0	6.0	2.5	15.0	15.0	7.0	6.0	3.75	3.75	3.75	3.75	3.75	1.75	1.75	1.75	1.5	1.5	1.5	0.625
110	<20	2.0	2.0	1.0	1.0	0.75	0.75	0.3	2.0	2.0	1.0	0.75	0.5	0.5	0.5	0.5	0.5	0.25	0.25	0.25	0.1875	0.1875	0.1875	0.075
	20~50	3.5	3.5	1.75	1.75	1.25	1.25	0.5	3.5	3.5	1.75	1.25	0.875	0.875	0.875	0.875	0.875	0.4375	0.4375	0.4375	0.3125	0.3125	0.3125	0.125
	50~100	5.0	5.0	2.25	2.25	2.0	2.0	0.75	5.0	5.0	2.25	2.0	1.25	1.25	1.25	1.25	1.25	0.5625	0.5625	0.5625	0.5	0.5	0.5	0.1875
	100~1000	6.0	6.0	2.75	2.75	2.5	2.5	1.0	6.0	6.0	2.75	2.5	1.5	1.5	1.5	1.5	1.5	0.6875	0.6875	0.6875	0.625	0.625	0.625	0.25
	>1000	7.5	7.5	3.5	3.5	3.0	3.0	1.25	7.5	7.5	3.5	3.0	1.875	1.875	1.875	1.875	1.875	0.875	0.875	0.875	0.75	0.75	0.75	0.3125

注　1. 表中各次谐波电流限值以公共连接点最大需量负荷电流 I_L 的百分比表示。

2. 对于 25 次及以上次谐波，奇次谐波电流限值取 23 次谐波限值的一半，偶次谐波电流限值取 24 次谐波限值的一半。

（2）控制方法。仅在下列情况时可采用对供电电源直接进行半波整流和按照正负半周按不同方式工作的不对称控制：

1）它们是检测不安全状况的唯一可用的方法。

2）被控制的有功功率≤100W。

3）被控制的设备是由双芯软电缆供电的便携式设备且仅短时使用，如几分钟。

如果满足上述三个条件中之一，半波整流可用于任何用途，而非对称控制仅适用于电动机的控制。

注　这类设备包括电吹风、厨房电器和便携式工具，但并不限于此。

容易在输入电流中产生低次（$h \leqslant 40$）谐波的对称控制法，只要是完全的正弦波电源，输入功率不大于200W，或未超过表6.7-18的限值，可用于加热元件供电功率的控制。

这种对称控制方法也允许用于专用设备，只要：满足上述条件中的一个，或电源输入端的谐波测量值不超过相关限值并满足下列两个条件：①需要精确控制加热器的温度，其热时间常数小于2s；②无其他经济的技术可采用。

作为一个整体，主要用途不是加热的专用设备，应对照相关的限值进行谐波试验。

注　例如复印机的主要用途不是加热，而电炊具的主要用途是加热。

具有对称控制短时工作的家用电器设备（如电吹风）应按A类设备进行试验。

虽然在上述条件下允许采用非对称控制和半波整流。但设备仍应满足本部分的谐波要求。

注　在上述情况下，采用非对称控制和半波整流是允许的；但是在故障情况下，电源电流中的直流分量可能干扰某些类型的保护装置. 同样对称控制也可能产生这种情况。

（3）设备的限值。

1）A类设备的限值。A类设备输入电流的各次谐波不应超过表6.7-11给出的限值。

2）B类设备的限值。B类设备输入电流的各次谐波不应超过表6.7-11给出值的1.5倍。

3）C类设备的限值。

a. 有功输入功率大于25W。对于有功输入功率大于25W的照明电器，谐波电流不应超过表6.7-12给出的相关限值。

但是，表6.7-11的限值适用于带有内置式调光器或壳式调光器的白炽灯灯具。

对于带有内置式调光器、独立式调光器或壳式调光器的放电灯具，适用于下列条件：①在最大负荷状态下谐波电流不应超过表6.7-12给出的百分数限值；②在任何调光位置，谐波电流不应超过最大负荷条件下允许的电流值。

b. 有功输入功率不大于25W。对于有功功率不大于25W的放电灯，应符合下列两项要求中的一项：①谐波电流不超过表6.7-13第2栏中与功率相关的限值；②用基波电流百分数表示的3次谐波电流不应超过86%，5次谐波不超过61%，而且，假设基波电源电压过零点为0°，输入电流波形应是60°或之前开始流通，65°或之前有最后一个峰值（如果在半个周期内有几个峰值），在90°前不应停止流通。

如放电灯带有内置式调光器，测量仅在满负荷条件下进行。

4）D类设备的限值。对于D类设备，谐波电流和功率应按照相应的规定进行测量。按照谐波电流测量总要求和试验的观察周期的要求，输入电流谐波不应超过表6.7-13给出的限值。

表 6.7-11 A 类设备的限值

谐波次数 h	最大允许谐波电流（A）
奇 次 谐 波	
3	2.30
5	1.14
7	0.77
9	0.40
11	0.33
13	0.21
15≤h≤39	0.15×15/h
偶 次 谐 波	
2	1.08
4	0.43
6	0.30
8≤h≤40	0.23×8/h

表 6.7-12 C 类设备的限值（功率大于 25W）

谐波次数 h	基波频率下输入电流百分数表示的最大允许谐波电流（％）
2	2
3	30×λ①
5	10
7	7
9	5
11≤h≤39（仅有奇次谐波）	3

① λ 是电路功率因数。

对于有功功率不大于 25W 的放电灯及 LED 灯，应符合下列两项要求之一：①谐波电流不超过表 6.7-13 第 2 列中与功率相关的限值；②用基波电流百分数表示的 3 次谐波电流应不超过 86％，5 次谐波不超过 61％。

表 6.7-13 D 类设备的限值

谐波次数 h	每瓦允许的最大谐波电流（mA/W）	最大允许谐波电流（A）
3	3.4	2.30
5	1.9	1.14
7	1.0	0.77
9	0.5	0.40
11	0.35	0.33
13≤h≤39（仅有奇次谐波）	3.85/h	（见表 6.7-16）

下列类型设备的限值未作规定：

1) 额定功率 75W 及以下的设备，照明设备除外。

2) 总额定功率大于 1kW 的专用设备。

3) 额定功率不大于 200W 的对称控制加热元件。

4) 额定功率不大于 1kW 的白炽灯独立调光器。

6.7.6.2 每相输入电流＞16A 且≤75A 用电设备谐波电流发射限值

（1）控制方法。正常运行条件下，仅允许对称控制方法。对称控制方法不含多周波（过零触发）控制，允许用于全部为非加热的专用设备的加热器供电控制。此外，以下三个条件适用：

1）电源输入端的谐波测量值不超过相关限值。

2）需要精确控制加热器的温度，其热时间常数小于 2s。

3）无其他经济的技术可采用。

（2）谐波电流发射限值。谐波电流发射限值见表 6.7-14～表 6.7-17。限值基于短路比 R_{SCe} 最小值为 33，短路比 R_{SCe} 低于 33 不予考虑。为了降低逆变器的整流凹口深度，短路比 R_{SCe} 必须高于 33。

表 6.7-14　　　　　　　　　不平衡三相设备的电流发射限值

R_{Sce}最小值	允许各次谐波电流值 I_h/I_{ref}[①]（%）						允许谐波参数（%）	
	I_3	I_5	I_7	I_9	I_{11}	I_{13}	THC/I_{ref}	$PWHC/I_{ref}$
33	21.6	10.7	7.2	3.8	3.1	2	23	23
66	24	13	8	5	4	3	26	26
120	27	15	10	6	5	4	30	30
250	35	20	13	9	8	6	40	40
≥350	41	24	15	12	10	8	47	47

注　1. 12 次及以下偶次谐波相对值不超过 16/h%。12 次以上偶次谐波在 THC 和 PWHC 中与奇次谐波相同方式考虑。

　　2. 允许相邻的 R_{Sce} 各值之间采用线性插值。

① I_{ref} 为参考电流值；I_h 为谐波电流分量。

对于表 6.7-14 中短路比 R_{SCe}，下列定义适用于一台设备或一套用户装置的特征值：

单相设备　$R_{SCe}=S_{SC}/（3S_{equ}）$

相间设备　$R_{SCe}=S_{SC}/（2S_{equ}）$

所有的三相设备　$R_{SCe}=S_{SC}/S_{equ}$

三相短路容量 S_{SC} 由系统标称电压 U_n 和 PCC 处的阻抗 Z 计算得到，即：

$$S_{sc}=U_n^2/Z$$

设备的额定视在功率 S_{equ} 由设备的额定线电流均方根值 I_{equ} 与额定电压 U_p（单相）或 U_i（相间）计算得到的值：

单相设备　$S_{equ}=U_p I_{equ}$

相间设备　$S_{equ}=U_i I_{equ}$

平衡三相设备　$S_{equ}=\sqrt{3}U_i I_{equ}$

不平衡三相设备，I_{equmax} 为三相中任一相的最大有效值电流。$S_{equ}=3U_p I_{equmax}$

表中 THC 为 2～40 次谐波电流分量均方根值 $=\sqrt{\sum_{h=2}^{40} I_h^2}$；PWHC 为部分加权谐波电流，

选择一组较高次谐波的均方根值（14～40 次），用谐波次数 h 来加权 $\sqrt{\sum\limits_{h=14}^{40} h I_h^2}$。

注 采用部分加权谐波电流，是为了保证充分降低其结果中的较高次谐波电流的影响，且不需对各单次谐波规定限值。

参考电流 I_{ref} 采用按规定的平均方法对谐波电流测量得出的输入电流平均均方根值。其值可由制造商依据实测值 $\pm 10\%$ 范围内规定的任何值。

表 6.7-15　　　　　　　　　平衡三相设备的电流发射限值

R_{Sce}最小值	允许各次谐波电流值 I_h/I_{ref}[①]（%）				允许谐波参数（%）	
	I_5	I_7	I_{11}	I_{13}	THC/I_{ref}	$PWHC/I_{ref}$
33	10.7	7.2	3.1	2	13	22
66	14	9	5	3	16	25
120	19	12	7	4	22	28
250	31	20	12	7	37	38
≥350	40	25	15	10	48	46

注 1. 12 次及以下偶次谐波相对值不超过 16/h%。12 次以上偶次谐波在 THC 和 PWHC 中与奇次谐波相同方式考虑。

　　 2. 允许相邻的 R_{Sce} 各值之间采用线性插值。

① I_{ref} 为参考电流值；I_h 为谐波电流分量。

满足以下条件之一，表 6.7-16 可用于平衡三相设备：

1）整个试验观察期间内，5 次、7 次谐波电流小于参考电流 I_{ref} 的 5%。

2）设备器件设计使 5 次谐波电流相位角无特定值和取 0°～360°范围内的任何值。

3）整个试验观察期间内，相对中性点基波电压的 5 次谐波电流相位角在 90°～150°范围内。

表 6.7-16　　　　　　　　　平衡三相设备的电流发射限值

R_{Sce}最小值	允许各次谐波电流值 I_h/I_{ref}[①]（%）				允许谐波参数（%）	
	I_5	I_7	I_{11}	I_{13}	THC/I_{ref}	$PWHC/I_{ref}$
33	10.7	7.2	3.1	2	13	22
≥120	40	25	15	10	48	46

注 1. 12 次及以下偶次谐波相对值不超过 16/h%。12 次以上偶次谐波在 THC 和 PWHC 中与奇次谐波相同方式考虑。

　　 2. 允许相邻的 R_{Sce} 各值之间采用线性插值。

① I_{ref} 为参考电流值；I_h 为谐波电流分量。

满足以下条件之一，表 6.7-17 可用于平衡三相设备：

1）整个试验观察期间内，5 次、7 次谐波电流小于参考电流 I_{ref} 的 3%。

2）设备器件设计使 5 次谐波电流相位角无特定值和取 0°～360°范围内的任何值。

3）整个试验观察期间内，相对中性点基波电压的 5 次谐波电流相位角在 150°～210°范围内。

表 6.7-17 平衡三相设备的电流发射限值

R_{Sce} 最小值	允许各次谐波电流值 I_h/I_{ref}[①] (%)												允许谐波参数 (%)	
	I_5	I_7	I_{11}	I_{13}	I_{17}	I_{19}	I_{23}	I_{25}	I_{29}	I_{31}	I_{35}	I_{37}	THC/I_{ref}	$PWHC/I_{ref}$
33	10.7	7.2	3.1	2	2	1.5	1.5	1.5	1	1	1	1	13	22
≥250	25	17.3	12.1	10.7	8.4	7.8	6.7	6.4	5.4	5.2	4.9	4.7	35	70

注 1. R_{Sce}≤33，12 次及以下偶次谐波相对值不超过 16/h%。表中未列出 $I_{14} \sim I_{40}$ 谐波相对值不超过参考电流值 I_{ref} 的 1%。R_{Sce}≥250，12 次及以下偶次谐波相对值不超过 16/h%。表中未列出 $I_{14} \sim I_{40}$ 谐波相对值不超过参考电流值 I_{ref} 的 3%。

　　2. 允许相邻的 R_{Sce} 各值之间采用线性插值。

① I_{ref} 为参考电流值；I_h 为谐波电流分量。

　　下列情况之一，表 6.7-15～表 6.7-17 能用于混合设备：

　　1）混合设备最大 3 次谐波电流小于参考电流 5%。

　　2）测量供电的电流时，有将平衡三相、单相、相间负载分开的混合设备配置的措施；测量电流时，被测量设备部分与在正常运行条件下有相同电流分开。在此情况下，相关限值应分别适用于单相、相间、平衡三相部分。表 6.7-15～表 6.7-17 适用于平衡三相部分的电流，即使平衡三相部分的电流小于或等于每相 16A。表 6.7-14 适用于单相、相间部分的电流，单相、相间部分的电流小于或等于每相 16A，制造商对单相、相间部分可采用 6.7.6.1 相关限值取代表 6.7-14 限值。

　　以上 2）用于检验目的，制造商应在产品文件中注明额定电流和试验报告中给出每个分开负载输入电流测量值和规定值。此类型混合设备 R_{Sce} 值确定如下：①确定两个负载中每个负载的 R_{Sce} 最小值，采用考虑部分计算谐波电流发射与表 6.7-14～表 6.7-17 给出限值比较，6.7.6.1 适用于单相、相间部分取代表 6.7-14 限值时，对本部分的 R_{Sce} 最小值确认等于 33；②两部分中的每个部分，S_{SC} 最小值通过 R_{Sce} 最小值和它的额定电流计算得出；③混合设备 R_{Sce} 值从 S_{SC} 最小值和混合设备全部额定视在容量中最大者确定。

6.7.6.3 额定电流大于 75A 用电设备谐波电流发射限值

　　谐波电流发射限值见表 6.7-18。

表 6.7-18 平衡的三相设备的谐波电流发射限值

R_{Sce} 最小值	谐波电流畸变率 (%)		各次谐波电流值 I_n/I_1[①] (%)			
	THD	$PWHD$	I_7	I_9	I_{11}	I_{13}
66	16	25	14	11	10	8
120	18	29	16	12	11	8
175	25	33	20	14	12	8
250	35	39	30	18	13	8
350	48	46	40	25	15	10
450	58	51	50	35	20	15
600	70	57	60	40	25	18

注 1. 相关的偶次谐拔分量不能超过 16/h%。

　　2. 允许相邻的 R_{Sce} 各值之间采用线性插值。

① I_1 为基波电流额定值；I_n 为谐波电流分量。

6.7.7　谐波计算

（1）谐波电压含有率。第 h 次谐波电压含有率 HRU_h 与第 h 次谐波电流分量 I_h 的关系如下

$$HRU_h = \frac{\sqrt{3} \times Z_h \times I_h}{10 \times U_n} \tag{6.7-13}$$

式中　HRU_h——第 h 次谐波电压含有率，%；

$\quad\quad U_n$——电网的标称电压，kV；

$\quad\quad I_h$——第 h 次谐波电流，A；

$\quad\quad Z_h$——系统中第 h 次谐波电抗，Ω。

近似的工程估算按式（6.7-14）或式（6.7-15）计算

$$HRU_h = \frac{\sqrt{3} U_n \times h \times I_h}{10 S_k} \tag{6.7-14}$$

$$I_h = \frac{10 S_k \times HRU_h}{\sqrt{3} U_n \times h} \tag{6.7-15}$$

式中　HRU_h——第 h 次谐波电压含有率，%；

$\quad\quad U_n$——电网的标称电压，kV；

$\quad\quad S_k$——公共连接点的三相短路容量，MVA；

$\quad\quad I_h$——第 h 次谐波电流，A；

$\quad\quad h$——系统中谐波次数。

（2）谐波叠加。两个谐波源的同次谐波电流在一条线路的同一相上叠加，当相位角已知时按式（6.7-16）计算

$$I_h = \sqrt{I_{h1}^2 + I_{h2}^2 + 2 \times I_{h1} \times I_{h2} \times \cos\theta_h} \tag{6.7-16}$$

式中　I_h——第 h 次同一相上叠加谐波电流，A；

$\quad\quad I_{h1}$——谐波源 1 的第 h 次谐波电流，A；

$\quad\quad I_{h2}$——谐波源 2 的第 h 次谐波电流，A；

$\quad\quad \theta_h$——谐波源 1 和谐波源 2 的第 h 次谐波电流之间的相位角，（°）。

当相位角不确定时可按式（6.7-17）计算

$$I_h = (I_{h1}^\alpha + I_{h2}^\alpha)^{1/\alpha} \tag{6.7-17}$$

式中　I_h——第 h 次同一相上叠加谐波电流，A；

$\quad\quad I_{h1}$——谐波源 1 的第 h 次谐波电流，A；

$\quad\quad I_{h2}$——谐波源 2 的第 h 次谐波电流，A；

$\quad\quad \alpha$——计算系数，α 值按表 6.7-19 取值。

表 6.7-19　　　　　　　　　　　　　　系数 α 取值

h	3	5	7	11	13	9、>13、偶次
α	1.1	1.2	1.4	1.8	1.9	2

两个以上同次谐波电流源叠加时，首先将两个谐波电流叠加，然后再与第三个谐波电流相叠加，以此类推。

两个及以上谐波源在同一节点同一相上引起的同次谐波电压叠加的计算式与式（6.7-

16）或式（6.7-17）类同。

6.7.8 谐波测量

6.7.8.1 测量方法

谐波的测量要求在系统正常运行的最小方式下、谐波量发生最大的情况下进行。

谐波测量是基于 DFT 算法规范谐波的测量，谐波测量的频率分辨率为 5Hz，测量采样窗口宽度为 10 个工频周期。谐波测量可取 3s 内 m 次测量数值的均方根值作为第 h 次谐波（电压或电流）的一个测量结果。计算公式如下

$$U_h = \sqrt{\frac{1}{m}\sum_{h=1}^{m} u_{hk}^2}\,(6 \leqslant m \leqslant 15) \tag{6.7-18}$$

式中 m——3s 内均匀间隔的测量次数，$m=15$ 为无缝采样；

u_{hk}——第 k 次测量得到的第 h 次谐波值，V；

U_h——3s 内第 h 次谐波的一个测量结果，V。

谐波的测量可以在 3s 测量取值结果的基础上，综合出 3min（或 10min）的测量值。综合方法为取所选综合时间间隔内（如 3min）所包含的各 3s 测量结果的最大值。

6.7.8.2 测量系统准确度

（1）谐波测量用互感器精度要求：

1）谐波测量用电压互感器、电流互感器为 0.5 级。

2）谐波测量用电压互感器、电流互感器在 2500Hz 范围内误差不得超过 5%。

3）电容式电压互感器（CVT）不能用于谐波电压测量。

（2）测量仪器准确度。谐波测量仪器准确度要求见表 6.7-20。

表 6.7-20 谐波测量仪器准确度等级

等级	被测量	条 件	允许误差
A	电压	$U_h \geqslant 1\%U_n$ $U_h < 1\%U_n$	$5\%U_h$ $0.05\%U_n$
	电流	$I_h \geqslant 3\%I_n$ $I_h < 3\%I_n$	$5\%I_h$ $0.15\%I_n$
	功率	$P_h \geqslant 150W$ $P_h < 150W$	$0.15\%P_n$ $1.5W$
B	电压	$U_h \geqslant 3\%U_n$ $U_h < 3\%U_n$	$5\%U_h$ $0.15\%U_n$
	电流	$I_h \geqslant 10\%I_n$ $I_h < 10\%I_n$	$5\%I_h$ $0.5\%I_n$

注 1. 表中 U_n 为系统标称电压，I_n 为额定电流，U_h 为谐波电压，I_h 为谐波电流，P_h 为谐波功率，P_n 为额定功率。

2. 对于 A 级仪器，相角测量误差不得超过 $h \times 1°$。

3. A 级仪器用于进行需要准确测量的场合，如合同的仲裁、解决争议等；B 级仪器用于进行调查统计、排除故障以及其他不需要较高测量准确度的场合。

6.7.9 减小谐波影响的措施

减小谐波影响应对谐波源本身或在其附近采取适当的技术措施，主要措施见表 6.7-21。实际措施的选择要根据谐波达标的水平、效果、经济性和技术成熟度等综合比较后确定。

表 6.7-21　　　　　　　　　　减小谐波影响的技术措施

序号	名　　称	内　　容	评　　价
1	增加换流装置的脉动数	改造换流装置或利用相互间有一定移相角的换流变压器	(1) 可有效地减少谐波含量； (2) 换流装置容量应相等； (3) 使装置复杂化
2	加装交流滤波装置	在谐波源附近安装若干单调谐或高通滤波支路，以吸收谐波电流	(1) 可有效地减少谐波含量； (2) 应同时考虑无功补偿和电压调整效应； (3) 运行维护简单，但需专门设计
3	改变谐波源的配置或工作方式	具有谐波互补性的设备应集中布置，否则应分散或交错使用，适当限制谐波量大的工作方式	(1) 可以减小谐波的影响； (2) 对装置的配置或工作方式有一定的要求
4	加装串联电抗器	在用户进线处加串联电抗器，以增大和系统的电气距离，减小谐波对地区电网的影响	(1) 可减小和系统的谐波相互影响； (2) 应同时考虑功率因数补偿和电压调整效应； (3) 装置运行维护简单，但需专门设计
5	改善三相不平衡度	从电源电压、线路阻抗、负荷特性等找出三相不平衡原因，加以消除	(1) 可有效地减少 3 次谐波的产生； (2) 有利于设备的正常用电，减小损耗； (3) 有时需要用平衡装置
6	加装静止无功补偿装置（或称动态无功补偿装置）	采用 TCR、TCT 或 SR 型静补装置时，其容性部分设计成滤波器	(1) 可有效地减少波动谐波源的谐波含量； (2) 有抑制电压波动、闪变、三相不对称和无功补偿的功能； (3) 一次性投资较大，需专门设计
7	增加系统承受谐波能力	将谐波源改由较大容量的供电点或由高一级电压的电网供电	(1) 可以减小谐波源的影响； (2) 在规划和设计阶段考虑
8	避免电力电容器组对谐波的放大	改变电容器组串联电抗器的参数，或将电容器组的某些支路改为滤波器，或限制电容器组的投入容量	(1) 可有效地减小电容器组对谐波的放大并保证电容器组安全运行； (2) 需专门设计
9	提高设备或装置抗谐波干扰能力，改善抗谐波保护的性能	改进设备或装置性能，对谐波敏感设备或装置采用灵敏的保护装置	(1) 使用于对谐波（特别暂态过程中的谐波）较敏感的设备或装置； (2) 需专门研究
10	采用有源滤波器、无源滤波器等新型抑制谐波的措施	研制、逐步推广应用	目前还只用于较小容量谐波源的补偿，造价较高

6.7.10 间谐波

6.7.10.1 限值

（1）220kV 及以下电力系统公共连接点（PCC）各次间谐波电压含有率应不大于表 6.7-22 限值。

表 6.7-22 间谐波电压含有率限值 %

电压等级 （V）	频率（Hz）	
	<100	100~800
≤1000	0.2	0.2
>1000	0.16	0.4

（2）接于 PCC 的单个用户引起的各次间谐波电压含有率一般不得超过表 6.7-2 限值。根据连接点的负荷状况，此限值可以做适当变动，但必须满足表 6.7-23 规定。

表 6.7-23 单一用户间谐波电压含有率限值 %

电压等级 （V）	频率（Hz）	
	<100	100~800
≤1000	0.16	0.4
>1000	0.13	0.32

（3）同一节点上，多个间谐波源同次间谐波电压按式（6.7-19）合成

$$U_{ik} = \sqrt[3]{U_{ih1}^3 + U_{ih2}^3 + \cdots + U_{ihk}^3} \qquad (6.7\text{-}19)$$

式中 U_{ih1}——第 1 个间谐波源的第 ih 次间谐波电压；

      U_{ih2}——第 2 个间谐波源的第 ih 次间谐波电压；

      U_{ihk}——第 k 个间谐波源的第 ih 次间谐波电压；

      U_{ik}——k 个间谐波源共同产生的第 ih 次间谐波。

6.7.10.2 间谐波源

（1）换流装置。目前，大量换流装置应用在电力系统，其产生的特征谐波频谱见式（6.7-10）。

考虑到负荷三相的不对称性及触发角的误差，变流器运行过程中还将产生非特征谐波频谱

$$f = (p_1 m \pm 1)f_1 \pm 2nf_0 \qquad (6.7\text{-}20)$$

式中 p_1——整流环节脉动数；

      f_1——交流输入工频频率，Hz；

      f_0——变流器输出频率，Hz；

      m、n——非负整数（不同时为 0）。

（2）交流电弧炉。交流电弧炉不仅属于典型的谐波污染源、闪变发生源，同时也是典型的间谐波发生源。一般来说，交流电弧炉电流的频谱属于连续频谱。实际上，一般冲击性负荷均产生间谐波。

（3）通断控制的用电设备。各种对设备工作电压进行通断控制、电压调整的电气设备工作过程中将产生间谐波。如电烤箱、熔炉、火化炉、点焊机、通断控制的调压器等。

6

6.7.10.3　间谐波危害

间谐波具有谐波引起的所有危害。一般来说其危害主要表现在下述方面：

(1) 产生闪变。

(2) 导致显示屏闪烁。

(3) 造成滤波器谐振、过负荷。

(4) 引起通信干扰。

(5) 引起电动机发电机附加力矩。

(6) 引起过零点监测误差。

(7) 引起感应线圈噪声。

(8) 影响脉冲接收器正常工作。

6.7.10.4　减小谐波影响的措施

增加换流装置的脉动数，加装交流滤波装置，加装动态无功补偿装置等，抑制谐波影响的技术措施参见表 6.7-21。

7 继电保护和自动装置

7.1 一 般 要 求

7.1.1 继电保护和自动装置设计的一般要求

继电保护和自动装置的功能是在合理的电网结构前提下，保证电力系统和电力设备的安全运行，其设计应以合理的运行方式和可能的故障类型为依据，并应满足可靠性、选择性、灵敏性和速动性四项基本要求。

（1）可靠性是指保护该动作时应动作，不该动作时不动作。为保证可靠性，宜选用性能满足要求、原理尽可能最简单的保护方案，应采用由可靠的硬件和软件构成的装置，并应具有必要的自动检测、闭锁和告警等措施，以及便于整定、调试和运行维护。

（2）选择性是指首先由故障设备或线路本身的保护切除故障，当故障设备或线路本身的保护或断路器拒动时，才允许由相邻设备、线路的保护或断路器失灵保护切除故障。为保证选择性，对相邻设备和线路有配合要求的保护和同一保护内有配合要求的两元件（如启动与跳闸元件或闭锁与动作元件），其灵敏系数及动作时间应相互配合。

在某些条件下必须加速切除短路时，可使保护无选择性动作，但必须采取补救措施，例如采用自动重合闸或备用电源自动投入来补救。

保护装置的动作电流与动作时间的配合，详见 7.10.1。

（3）灵敏性是指在设备或线路的被保护范围内发生故障时，保护装置应具有必要的灵敏系数。灵敏系数应根据不利的正常（含正常检修）运行方式和不利的故障类型计算，但可不考虑可能性很小的情况。

灵敏系数 K_{sen} 为被保护区发生短路时，流过保护安装处的最小短路电流 $I_{k,min}$ 与保护装置一次动作电流 I_{op} 的比值，即

$$K_{sen} = I_{k,min}/I_{op} \tag{7.1-1}$$

式中　　K_{sen}——灵敏系数；

　　$I_{k,min}$——流过保护安装处的最小短路电流，A；

　　I_{op}——保护装置一次动作电流，A。

对多相短路保护，$I_{k,min}$ 取两相短路电流最小值 $I_{k2,min}$；对中性点不接地系统的单相短路保护，取单相接地电容电流最小值 $I_{c,min}$；对中性点接地系统的单相短路保护，取单相接地电流最小值 $I_{k1,min}$。

各类短路保护的最小灵敏系数列于表 7.1-1。

（4）速动性是指保护装置应能尽快地切除短路故障，其目的是提高系统稳定性，减轻故障设备和线路的损坏程度，缩小故障波及范围，提高自动重合闸和备用电源或备用设备自动投入的效果等。

表 7.1-1　　　　　　　　　　　　　　短路保护的最小灵敏系数

保护分类	保护类型	组成元件		最小灵敏系数	备　　注
主保护	带方向和不带方向的电流保护或电压保护	电流元件和电压元件		1.3～1.5	200km 以上线路,不小于 1.3;50～200km 线路,不小于 1.4;50km 以下线路,不小于 1.5
		零序或负序方向元件		1.5	
	距离保护	启动元件	负序和零序增量或负序分量元件、相电流突变量元件	4	距离保护第三段动作区末端故障,大于 1.5
			电流和阻抗元件	1.5	线路末端短路电流应为阻抗元件精确工作电流 1.5 倍以上。200km 以上线路,不小于 1.3;50～200km 线路,不小于 1.4;50km 以下线路,不小于 1.5
		距离元件		1.3～1.5	
	平行线路的横联差动方向保护和电流平衡保护	电流和电压启动元件		2.0	线路两侧均未断开前,其中一侧保护按线路中点短路计算
				1.5	线路一侧断开后,另一侧保护按对侧短路计算
		零序方向元件		2.0	线路两侧均未断开前,其中一侧保护按线路中点短路计算
				1.5	线路一侧断开后,另一侧保护按对侧短路计算
	线路纵联保护	跳闸元件		2.0	
		对高阻接地故障的测量元件		1.5	个别情况下,为 1.3
	变压器、电动机纵差保护	差电流元件的启动电流		1.5	
	母线的完全电流差动保护	差电流元件的启动电流		1.5	
	母线的不完全电流差动保护	差电流元件		1.5	
	变压器、线路和电动机的电流速断保护	电流元件		1.5	按照保护安装处短路计算
后备保护	远后备保护	电流、电压和阻抗元件		1.2	按照相邻电力设备和线路末端短路计算(短路电流应为阻抗元件精确工作电流 1.5 倍以上),可考虑相继动作
		零序和负序方向元件		1.5	
	近后备保护	电流、电压元件、阻抗元件		1.3	按照线路末端短路计算
		零序和负序方向元件		2.0	

7

保护分类	保护类型	组成元件	最小灵敏系数	备　　注
辅助保护	电流速断保护		1.2	按照正常运行方式保护安装处短路计算

注　1. 本表引自 GB/T 14285—2006《继电保护和安全自动装置技术规程》。

　　2. 主保护的灵敏系数除表中注明者外，均按被保护线路（设备）末端短路计算。

　　3. 保护装置如反映故障时增长的量，其灵敏系数为金属性短路计算值与保护整定值之比；如反映故障时减少的量，则为保护整定值与金属性短路计算值之比。

　　4. 各种类型的保护中，接于全电流和全电压的方向元件的灵敏系数不作规定。

　　5. 本表内未包括的其他类型的保护，其灵敏系数另作规定。

配电系统中的电力设备和线路应装设短路故障保护，短路故障保护有主保护和后备保护，必要时可再增设辅助保护。

主保护是满足系统稳定和设备安全要求，能以最快速度有选择地切除被保护设备和线路故障的保护。

后备保护是主保护或断路器拒动时，用以切除故障的保护。后备保护可分为远后备和近后备两种方式。远后备是当主保护或断路器拒动时，由相邻电力设备或线路的保护来实现的后备。近后备是由本电力设备或线路的另一套保护实现后备的保护。

辅助保护是为补充主保护和后备保护的性能或当主保护和后备保护退出运行而增设的简单保护。

如果为了满足相邻保护区末端短路时的灵敏性要求，将使保护过分复杂或在技术上难以实现时，可按下列原则处理：

1）在变压器后短路的情况下，可缩短后备保护作用的范围；

2）后备保护灵敏系数可仅按常见的运行方式和故障类型进行验算；

3）后备保护可无选择地动作，但应尽量采用自动重合闸或备用电源自动投入装置来补救。

在配电系统正常运行情况下，当电压互感器的二次回路断线或其他故障能使保护装置误动作时，应装设自动闭锁装置，将保护解除动作并发出信号。当保护装置不致误动作时，一般只装设电压回路断线信号装置。

7.1.2　微机保护装置的一般要求

微机保护装置，应满足下列要求：

（1）宜将被保护设备或线路的主保护（包括纵、横联保护等）及后备保护综合在一整套装置内，共用直流电源输入回路及交流电压互感器和电流互感器的二次回路。该装置应能反应被保护设备或线路的各种故障及异常状态，并动作于跳闸或给出信号。

对仅配置一套主保护的设备，应采用主保护与后备保护相互独立的装置。

（2）保护装置应尽可能根据输入的电流、电压量，自行判别系统运行状态的变化，减少外接相关的输入信号来执行其应完成的功能。

（3）对适用于110kV及以上电压线路的保护装置，应具有测量故障点距离的功能。

故障测距的精度要求为：对金属性短路误差不大于线路全长的±3%。

（4）保护装置应具有在线自动检测功能，包括保护硬件损坏、功能失效和二次回路异常运行状态的自动检测。

自动检测必须是在线自动检测，不应由外部手段启动；并应实现完善的检测，做到只要不告警，装置就处于正常工作状态，但应防止误告警。

除出口继电器外，装置内的任一元件损坏时，装置不应误动作跳闸，自动检测回路应能发出告警或装置异常信号，并给出有关信息指明损坏元件的所在部位，在最不利的情况下应能将故障定位至模块（插件）。

（5）保护装置的定值应满足保护功能的要求，应尽可能做到简单、易整定；用于旁路保护或其他定值经常需要改变时，宜设置多套（一般不少于 8 套）可切换的定值。

（6）保护装置必须具有故障记录功能，以记录保护的动作过程，为分析保护动作行为提供详细、全面的数据信息，但不要求代替专用的故障录波器。

保护装置故障记录的要求是：

1）记录内容应为故障时的输入模拟量和开关量、输出开关量、动作元件、动作时间、返回时间、相别；

2）应能保证发生故障时不丢失故障记录信息；

3）应能保证在装置直流电源消失时，不丢失已记录信息。

（7）保护装置应以时间顺序记录的方式记录正常运行的操作信息，如开关变位、开入量输入变位、压板切换、定值修改、定值区切换等，记录应保证充足的容量。

（8）保护装置应能输出装置的自检信息及故障记录，后者应包括时间、动作事件报告、动作采样值数据报告、开入、开出和内部状态信息、定值报告等。装置应具有数字/图形输出功能及通用的输出接口。

（9）时钟和时钟同步：

1）保护装置应设硬件时钟电路，装置失去直流电源时，硬件时钟应能正常工作；

2）保护装置应配置与外部授时源的对时接口。

（10）保护装置应配置能与自动化系统相连的通信接口，通信协议符合 DL/T 667《远动设备及系统　第 5 部分：传输规约　第 103 篇：继电保护设备信息接口配套标准》继电保护设备信息接口配套标准。并宜提供必要的功能软件，如通信及维护软件、定值整定辅助软件、故障记录分析软件、调试辅助软件等。

（11）保护装置应具有独立的 DC/DC 变换器供内部回路使用的电源。拉、合装置直流电源或直流电压缓慢下降及上升时，装置不应误动作。直流消失时，应有输出触点以启动告警信号。直流电源恢复（包括缓慢恢复）时，变换器应能自启动。

（12）保护装置不应要求其交、直流输入回路外接抗干扰元件来满足有关电磁兼容标准的要求。

（13）保护装置的软件应设有安全防护措施，防止程序出现不符合要求的更改。

7.2　电力变压器的保护

7.2.1　电力变压器根据规范要求应装设的保护装置

（1）电压为 3~110kV，容量为 63MVA 及以下的电力变压器，对下列故障及异常运行方式，应装设相应的保护装置：

1）绕组及其引出线的相间短路和在中性点直接接地或经低电阻接地侧的单相接地短路；

2）绕组的匝间短路；

3）外部相间短路引起的过电流；

4）中性点直接接地或经低电阻接地的电力网中外部接地短路引起的过电流及中性点过电压；

5）过负荷；

6）油面降低；

7）变压器油温过高、绕组温度过高、油箱压力过高、产生瓦斯或冷却系统故障。

（2）容量为 0.4MVA 及以上的车间内油浸式变压器、容量为 0.8MVA 及以上的油浸式变压器，以及带负荷调压变压器的充油调压开关均应装设瓦斯保护。当壳内故障产生轻微瓦斯或油面下降时，应瞬时动作于信号；当产生大量瓦斯时，应动作于断开变压器各侧断路器。

瓦斯保护应采取防止因震动、瓦斯继电器的引线故障等引起瓦斯保护误动作的措施。

当变压器安装处电源侧无断路器或短路开关时，保护动作后应作用于信号并发出远跳命令，同时应断开线路对侧断路器。保护 6.3MVA 及以下单独运行的变压器，亦可装设纵联差动保护。

（3）对变压器引出线、套管及内部的短路故障，应装设下列保护作为主保护，且应瞬时动作于断开变压器的各侧断路器，并应符合下列规定：

1）电压为 10kV 及以下、容量为 10MVA 以下单独运行变压器，应采用电流速断保护；

2）电压为 10kV 以上、容量为 10MVA 及以上单独运行的变压器，以及容量为 6.3MVA 及以上并列运行的变压器，应采用纵联差动保护；

3）容量为 10MVA 以下单独运行的重要变压器，可装设纵联差动保护；

4）电压为 10kV 的重要变压器或容量为 2MVA 及以上的变压器，当电流速断保护灵敏度不符合要求时，宜采用纵联差动保护；

5）容量为 0.4MVA 及以上，一次电压为 10kV 及以下，且绕组为三角—星形联结的变压器，可采用两相三继电器式的电流速断保护。

（4）变压器的纵联差动保护应符合下列要求：

1）应能躲过励磁涌流和外部短路产生的不平衡电流。

2）应具有电流回路断线的判别功能，并应能选择报警或允许差动保护动作跳闸。

3）差动保护范围应包括变压器套管及其引出线，如不能包括引出线时，应采取快速切除故障的辅助措施。但在 66kV 或 110kV 电压等级的终端变电站和分支变电站，以及具有旁路母线的变电站在变压器断路器退出工作由旁路断路器代替时，纵联差动保护可短时利用变压器套管内的电流互感器，此时套管和引线故障可由后备保护动作切除；如电网安全稳定运行有要求时，应将纵联差动保护切至旁路断路器的电流互感器。

（5）对由外部相间短路引起的变压器过电流，应装设下列保护作为后备保护，并应带时限动作于断开相应的断路器，同时应符合下列规定：

1）过电流保护宜用于降压变压器；

2）复合电压启动的过电流保护或低电压闭锁的过电流保护，宜用于升压变压器、系统联络变压器和过电流保护不符合灵敏性要求的降压变压器。

（6）外部相间短路保护应符合下列规定：

1) 单侧电源双绕组变压器和三绕组变压器,相间短路后备保护宜装于各侧;非电源侧保护可带两段或三段时限;电源侧保护可带一段时限;

2) 两侧或三侧有电源的双绕组变压器和三绕组变压器,相间短路应根据选择性的要求装设方向元件,方向宜指向本侧母线,但断开变压器各侧断路器的后备保护不应带方向;

3) 低压侧有分支,且接至分开运行母线段的降压变压器,应在每个分支装设相间短路后备保护;

4) 当变压器低压侧无专用母线保护,高压侧相间短路后备保护对低压侧母线相间短路灵敏度不够时,应在低压侧配置相间短路后备保护。

(7) 三绕组变压器的外部相间短路保护,可按下列原则进行简化:

1) 除主电源侧外,其他各侧保护可仅作本侧相邻电力设备和线路的后备保护;

2) 保护装置作为本侧相邻电力设备和线路保护的后备时,灵敏系数可适当降低,但对本侧母线上的各类短路应符合灵敏性要求。

(8) 中性点直接接地的 110kV 电力网中,当低压侧有电源的变压器中性点直接接地运行时,对外部单相接地引起的过电流,应装设零序电流保护,并应符合下列规定:

1) 零序电流保护可由两段组成,其动作电流与相关线路零序过电流保护相配合,每段应各带两个时限,并均应以较短的时限动作于缩小故障影响范围,或动作于断开本侧断路器,同时应以较长的时限动作于断开变压器各侧断路器;

2) 双绕组及三绕组变压器的零序电流保护应接到中性点引出线上的电流互感器上。

(9) 110kV 中性点直接接地的电力网中,当低压侧有电源的变压器中性点可能接地运行或不接地运行时,对外部单相接地引起的过电流,以及对因失去中性点接地引起的电压升高,应装设后备保护,并应符合下列规定:

1) 全绝缘变压器的零序保护应按 (8) 装设零序电流保护,并应增设零序过电压保护。当变压器所连接的电力网选择断开变压器中性点接地时,零序过电压保护应经 0.3~0.5s 时限动作于断开变压器各侧断路器。

2) 分级绝缘变压器的零序保护,应在变压器中性点装设放电间隙。应装设用于中性点直接接地和经放电间隙接地的两套零序过电流保护,并应增设零序过电压保护。用于中性点直接接地运行的变压器应按 (8) 装设零序电流保护;用于经间隙接地的变压器,应装设反应间隙放电的零序电流保护和零序过电压保护。当变压器所接的电力网失去接地中性点,且发生单相接地故障时,此零序电流电压保护应经 0.3~0.5s 时限动作于断开变压器各侧断路器。

(10) 当变压器低压侧中性点经低电阻接地时,低压侧应配置三相式过电流保护,同时应在变压器低压侧装设零序过电流保护,保护应设置两个时限。零序过电流保护宜接在变压器低压侧中性点回路的零序电流互感器上。

(11) 专用接地变压器应按 (3) 配置主保护,并应配置过电流保护和零序过电流保护作为后备保护。

(12) 当变压器中性点经消弧线圈接地时,应在中性点设置零序过电流或过电压保护,并应动作于信号。

(13) 容量在 0.4MVA 及以上、绕组为星形—星形接线,且低压侧中性点直接接地变压器,对低压侧单相接地短路应选择下列保护方式,保护装置应带时限动作于跳闸:

1）利用高压侧的过电流保护时，保护装置宜采用三相式；

2）在低压侧中性线上装设零序电流保护；

（14）容量在 0.4MVA 及以上、一次电压为 10kV 及以下，绕组为三角—星形接线，且低压侧中性点直接接地的变压器，对低压侧单相接地短路，可利用高压侧的过电流保护，当灵敏度符合要求时，保护装置应带时限动作于跳闸；当灵敏度不符合要求时，可按（13）2）装设保护装置，并应带时限动作于跳闸。

（15）容量在 0.4MVA 及以上并列运行的变压器或作为其他负荷备用电源的单独运行的变压器，应装设过负荷保护。对多绕组变压器，保护装置应能反应变压器各侧的过负荷。过负荷保护应带时限动作于信号。

在无经常值班人员的变电站，过负荷保护可动作于跳闸或断开部分负荷。

（16）对变压器油温度过高、绕组温度过高、油面过低、油箱内压力过高、产生瓦斯和冷却系统故障，应装设可作用于信号或动作于跳闸的装置。

7.2.2 保护配置

35、20、10、6/0.4kV 配电变压器的继电保护配置见表 7.2-1。

110、66、35、20、10/6、10kV 电力变压器的继电保护配置见表 7.2-2。

表 7.2-1　　　　　　　35、20、10、6/0.4kV 配电变压器的继电保护配置

变压器容量（kVA）	保护装置名称							备注
	带时限的[①]过电流保护	电流速断保护	纵联差动保护	低压侧单相接地保护[②]	过负荷保护	瓦斯保护[④]	温度保护[⑤]	
<400	—	—	—	—	—	—	—	一般用高压熔断器与负荷开关的组合电器保护
400~630	高压侧采用断路器时装设	高压侧采用断路器时装设		装设	并联运行的变压器装设，作为其他备用电源的变压器根据过负荷的可能性装设[③]	车间内变压器装设	—	1250kVA 及以下的变压器可以用高压熔断器与负荷开关的组合电器保护
800			—			装设		
1000~1600[⑤⑥]						装设		
2000~2500	装设	装设	当电流速断保护不能满足灵敏性要求时装设				装设	

① 当带时限的过电流保护不能满足灵敏性要求时，应采用低电压闭锁的带时限过电流保护，或复合电压启动的过电流保护。

② 当利用高压侧过电流保护不能满足灵敏性要求时，应装设变压器中性导体上的零序过电流保护。

③ 低压侧电压为 230/400V 的变压器，当低压侧出线断路器带有过负荷保护时，可不装设专用的过负荷保护。

④ 密闭油浸变压器装设压力保护。

⑤ 干式变压器均应装设温度保护。

⑥ 一般油浸配电变压器最大容量为 1600kVA。

表 7.2-2　　　　　110、66、35、20、10/6、10kV 电力变压器的继电保护配置

变压器容量 (kVA)	保护装置名称								备注
	带时限的[①]过电流保护	电流速断保护	纵联差动保护	高压侧单相接地保护	过负荷保护[②]	瓦斯保护	温度保护[③]	压力保护	
2000～4000	装设	装设	当电流速断保护不能满足灵敏性要求时装设	装设[④]	并联运行的变压器装设，作为其他备用电源的变压器根据过负荷的可能性装设	装设	装设	装设	≥5000kVA 的单相变压器宜装设远距离测温装置；≥8000kVA 的三相变压器宜装设远距离测温装置
5600									
6300～8000		单独运行的变压器或负荷不太重要的变压器装设	当电流速断保护不能满足灵敏性要求时装设，6.3MVA 及以上并列运行的变压器应采用纵差保护	装设		装设	装设	装设	
≥10 000		—	装设	装设		装设	装设	装设	

① 当带时限的过电流保护不能满足灵敏性要求时，应采用低电压闭锁的带时限过电流保护，或复合电压启动的过电流保护。

② 过负荷保护仅在高压侧或低压侧一侧装设。

③ 干式变压器（最大 35kV/10.5kV，31 500kVA 变压器）仅装设温度保护。

④ 变压器高压侧为不接地系统，其单相接地电容电流计算详见 4 章；变压器高压侧为低电阻接地系统，其单相接地电流详见 7.8 节；变压器高压侧为有效接地系统，其单相接地电流见 4 章。

7.2.3　整定计算

电力变压器的电流保护整定计算见表 7.2-3。

表 7.2-3　　　　　　　　电力变压器的电流保护整定计算

保护名称	计算项目和公式	符 号 说 明
过电流保护	保护装置的动作电流（应躲过可能出现的过负荷电流） $$I_{op,k} = K_{rel}K_{con}\dfrac{K_{ol}I_{1rT}}{K_r n_{TA}}$$ 保护装置的灵敏系数〔按电力系统最小运行方式下，低压侧两相短路时流过高压侧（保护安装处）的短路电流校验〕 $$K_{sen} = I_{2k2,min}/I_{op} \geqslant 1.3$$ 保护装置的动作时限（应与下一级保护动作时限相配合），一般取 0.3～0.5s	$I_{op,k}$——保护装置的动作电流，A； K_{rel}——可靠系数，用于电流速断保护时取 1.3；用于过电流保护时取 1.2；用于过负荷保护时取 1.05～1.1； K_{con}——接线系数，接于相电流时取 1，接于相电流差时取 $\sqrt{3}$； K_r——过电流继电器返回系数，取 0.9； K_{ol}——过负荷系数[①]，包括电动机自启动引起的过电流倍数，一般取 2～3，当无自启动电动机时取 1.3～1.5； n_{TA}——电流互感器变比； I_{1rT}——变压器高压侧额定电流，A； $I_{2k2,min}$——最小运行方式下变压器低压侧两相短路时，流过高压侧（保护安装处）的稳态电流，A；
电流速断保护	保护装置的动作电流（应躲过低压侧短路时，流过保护装置的最大短路电流） $$I_{op,k} = K_{rel}K_{con}\dfrac{I''_{2k,max}}{n_{TA}}$$ 保护装置的灵敏系数（按系统最小运行方式下，保护装置安装处两相短路电流校验） $$K_{sen} = I''_{1k2,min}/I_{op} \geqslant 1.5$$	Yn0　$I_{2k2,min} = \dfrac{I_{22k2,min}}{n_T}$ Dyn11　$I_{2k2,min} = \dfrac{2I_{22k2,min}}{\sqrt{3}n_T}$

保护名称	计算项目和公式	符 号 说 明
低压侧单相接地保护（利用高压侧三相式过电流保护）	保护装置的动作电流和动作时限与过电流保护相同，保护装置的灵敏系数〔按最小运行方式下，低压侧母线或母干线末端单相接地时，流过高压侧（保护安装处）的短路电流校验〕 $$K_{sen}=I_{2k1,min}/I_{op}\geqslant 1.3$$	$I_{22k2,min}$——最小运行方式下变压器低压侧母线或母干线末端两相稳态短路电流，A； I_{op}——保护装置一次动作电流，A： $$I_{op}=\frac{I_{op,k}n_{TA}}{K_{con}};$$ $I''_{2k,max}$——最大运行方式下变压器低压侧三相短路时，流过高压侧（保护安装处）的电流初始值，A； $I''_{1k2,min}$——最小运行方式下保护装置安装处两相短路电流初始值[②]，A； $I_{2k1,min}$——最小运行方式下变压器低压侧母线或母干线末端单相接地短路时，流过高压侧（保护安装处）的稳态电流，A； Yyn0　$I_{2k1,min}=\frac{2}{3}\frac{I_{22k1,min}}{n_T}$ Dyn11　$I_{2k1,min}=\frac{\sqrt{3}}{3}\frac{I_{22k1,min}}{n_T}$ $I_{22k1,min}$——最小运行方式下变压器低压侧母线或母干线末端单相接地稳态短路电流，A； n_T——变压器电压比； K_{co}——配合系数，取1.1； $I_{(0)op,br}$——低压分支线上零序保护的动作电流，A； I_{2rT}——变压器低压侧额定电流，A；
低压侧单相接地保护[③]（采用在低压侧中性线上装设专用的零序保护）	保护装置的动作电流（应躲过正常运行时，变压器中性线上流过的最大不平衡电流），按标准 DL/T 1102—2009《配电变压器运行规程》规定，对于 Yyn0 变压器，其值不超过额定电流的25%，即 $$I_{op,k}=K_{rel}\frac{0.25I_{2rT}}{n_{TA}}$$ 对于 Yzn11 变压器，其值不超过额定电流的40% 保护装置的动作电流尚应与低压出线上的零序保护相配合 $$I_{op,k}=K_{co}\frac{I_{(0)op,br}}{n_{TA}}$$ 保护装置的灵敏系数（按最小运行方式下，低压侧母线或母干线末端单相接地稳态短路电流校验） $$K_{sen}=I_{22k1,min}/I_{op}\geqslant 1.3$$ 保护装置的动作时限一般取 0.3～0.5s	
过负荷保护	保护装置的动作电流（应躲过变压器额定电流） $$I_{op,k}=K_{rel}K_{con}\frac{I_{1rT}}{K_r n_{TA}}$$ 保护装置的动作时限（应躲过允许的短时工作过负荷时间，如电动机启动或自启动的时间）一般定时限取9～15s	
低电压闭锁的带时限过电流保护	保护装置的动作电流（应躲过变压器额定电流） $$I_{op,k}=K_{rel}K_{con}I_{1rT}/(K_r n_{TA})$$ 保护装置的动作电压 $$U_{op,k}=U_{min}/(K_{rel}K_r n_{TV})$$ 保护装置的灵敏系数（电流部分）$K_{sen}=I_{2k2,min}/I_{op}\geqslant 1.2$。保护装置的灵敏系数（电压部分） $$K_{sen}=U_{op,k}n_{TV}/U_{rem,max}\geqslant 1.5$$ 保护装置动作时限与过电流保护相同	$U_{op,k}$——保护装置的动作电压，V； K_{rel}——可靠系数，取1.2； K_r——低电压继电器返回系数，取1.15； n_{TV}——电压互感器变比； U_{min}——运行中可能出现的最低工作电压（如电力系统电压降低，大容量电动机启动及电动机自启动时引起的电压降低），一般取 $(0.5～0.7)U_{rT}$（变压器高压侧母线额定电压）； $U_{rem,max}$——保护安装处的最大剩余电压，V； $U_{k2,min(2)}$——后备保护区末端金属性两相短路时，保护安装处的最小负序电压，V； $U_{op,(2)}$——负序动作电压，V

7

保护名称	计算项目和公式	符 号 说 明
复合电压启动过电流保护	保护装置的动作电流（应按躲过变压器的额定电流整定） $I_{op,k}=K_{rel}K_{con}I_{1rT}/K_r n_{TA}$ 保护装置的灵敏系数（电流部分） $K_{sen}=I_{2k2,min}/I_{op}\geqslant 1.2$ 保护装置的动作电压（应按躲过电动机自启动条件整定） $U_{op}=(0.5\sim 0.7)U_n$ $K_{sen}=U_{op}/U_{rem,max}\geqslant 1.5$ 负序动作电压（按躲过最大不平衡电压整定） $U_{op(2)}=0.06U_n$ $K_{sen}=U_{k2min2}/U_{op(2)}\geqslant 1.5$ 保护装置的动作时限应与下一级保护动作时限相配合	U_n——标称电压，V

① 带有自启动电动机的变压器，其过负荷系数按电动机的自启动电流确定。当电源侧装设自动重合闸或备用电源自动投入装置时，可近似地用下式计算

$$K_{ol}=\cfrac{1}{u_k+\cfrac{S_{rT}}{K_{st}S_{M\Sigma}}\times\left(\cfrac{380}{400}\right)^2}$$

式中　u_k——变压器的阻抗电压相对值；

$\quad\quad S_{rT}$——变压器的额定容量，kVA；

$\quad\quad S_{M\Sigma}$——需要自启动的全部电动机的总容量，kVA；

$\quad\quad K_{st}$——电动机的启动电流倍数，一般取 5。

② 两相短路电流初始值 I''_{k2} 等于三相短路电流初始值 I''_{k3} 的 0.866 倍。

③ Yyn0 接线变压器采用在低压侧中性线上装设专用零序互感器的低压侧单相接地保护，而 Dyn11 接线变压器当过电流保护灵敏系数满足单相接地保护要求时可不装设。

7.2.4 变压器的差动保护

7.2.4.1 变压器纵差保护的特点

变压器的纵差保护需要解决躲开流过差动回路中的不平衡电流问题。

（1）由变压器励磁涌流所产生的不平衡电流，防止励磁涌流影响的方法如下。

1）鉴别短路电流和励磁涌流波形的差别（涌流具有间断角）；

2）利用二次谐波制动（涌流中的高次谐波以二次谐波为主）。

（2）由变压器两侧电流相位不同而产生的不平衡电流。消除这种不平衡电流的影响，通常是将变压器星形侧的三个电流互感接成三角形，而将变压器三角形侧的三个电流互感器接成星形，并在适当考虑联接方式后即可把二次电流的相位校正过来。

微机保护中变压器星形侧的三个电流互感器接成星形，接线系数$\sqrt{3}$，计算时由软件完成。

（3）由电流互感器计算电流比与实际电流比不同而产生的不平衡电流。采用软件调整变压器各侧电流的平衡系数方法，把各侧的额定电流都调整到保护装置的额定工作电流 I_n

（$I_n = 5A$ 或 1A）。

（4）由两侧电流互感器型号不同而产生的不平衡电流。两侧电流互感器型号不同，但其伏安特性曲线应相似和拐点电压应相同，并采用电流互感器的同型系数来修正。

（5）由变压器带负荷调整分接头而产生的不平衡电流。变压器带负荷调整分接头经常在改变，而差动保护的电流回路在带电的情况下是不能操作的，由此而产生不平衡电流应在纵差动保护整定值中予以考虑。

7.2.4.2 差动速断及比率差动保护

（1）保护性能。

1）差动速断保护实质上为反应差动电流的过电流继电器，用以保证在变压器内部发生严重故障时快速动作跳闸，典型出口动作时间小于 15ms。

2）比率差动保护的动作特性见图 7.2-1，能可靠躲过外部故障时的不平衡电流。其中：I_{op} 为动作电流，I_{res} 为制动电流，$I_{D,st}$ 为差动电流启动值，$K_{D,res}$ 为比率差动制动斜率，I_e 为电流互感器的一次额定电流，图中阴影部分为保护动作区。

（2）采用软件调整变压器各侧电流的平衡系数方法，把各侧的额定电流都调整到保护装置的二次额定工作电流 I_n（$I_n = 5A$ 或 1A）。

（3）采用可靠的 TA 断线报警闭锁功能，保证装置在 TA 断线及交流回路故障时不误动。

（4）采用变压器接线方式整定的方法，使软件适用于变压器的任一接线方式。

（5）该装置算法的突出特点是在较高采样率的

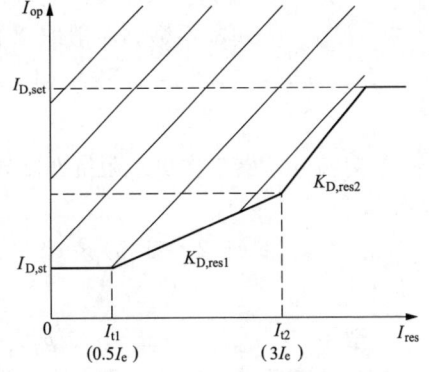

图 7.2-1　比率差动保护动作特性

注：图中所示电流均为电流互感器一次电流。

前提下，保证了在故障全过程对所有继电器的并行实时计算，装置有很高的固有可靠性及动作速度。

7.2.4.3 比率制动差动保护整定计算

（1）平衡系数。

对于变压器 Y 结线侧

$$K_{bal1} = \frac{U_{1n} \times n_{TA1}}{S} \leqslant 2.3 \qquad (7.2\text{-}1)$$

对于变压器 D 结线侧

$$K_{bal2} = \frac{\sqrt{3}\, U_{2n} \times n_{TA2}}{S} \leqslant 4 \qquad (7.2\text{-}2)$$

式中　K_{bal1}——对于变压器 Y 结线侧的平衡系数；

　　　　K_{bal2}——对于变压器 D 结线侧的平衡系数；

　　　　U_{1n}——变压器 Y 结线侧标称电压，kV；

　　　　U_{2n}——变压器 D 结线侧标称电压，kV；

　　　　n_{TA1}——变压器 Y 结线侧电流互感器变比；

　　　　n_{TA2}——变压器 D 结线侧电流互感器变比；

　　　　S——变压器额定容量，kVA。

若平衡系数大于规定值，应改变电流互感器电流比，以满足要求。

（2）比率差动元件的启动值。外部故障切除时差动保护不应发生误动作

$$I_{D,st}/n_{TA} \geqslant K_{rel}(K_{cc}K_{ap}\lambda_{er} + \Delta U + \Delta m)I_n \quad (7.2\text{-}3)$$

式中 $I_{D,st}$ ——比率差动元件的启动值，A；

       K_{cc} ——电流互感器同型系数，同型为 0.5，不同型为 1；

       K_{ap} ——非周期分量系数 1.5～2；

       λ_{er} ——电流互感器变比误差引起的不平衡电流系数，取 0.2；

       ΔU ——变压器分接开关调节引起的误差（相对额定电压），取调压值的一半，取 0.05；

       Δm ——电流互感器变比未完全匹配产生的误差，$\Delta m \approx 0.05$；

       I_n ——电流互感器二次侧额定计算电流，A；

       K_{rel} ——可靠系数，一般取 1.2～1.5。

$$I_{D,st}/n_{TA} \geqslant (1.2 \sim 1.5) \times (1 \times 1.5 \times 0.2 + 0.05 + 0.05)I_n = (0.48 \sim 0.6)I_n \quad (7.2\text{-}4)$$

当电流互感器二次负载阻抗匹配较好时，λ_{er} 可用 K_{er} 取代，K_{er} 为电流互感器综合误差，取 0.1，

$$I_{D,st}/n_{TA} \geqslant (1.2 \sim 1.5) \times (1 \times 1.5 \times 0.1 + 0.05 + 0.05)I_n = (0.3 \sim 0.375)I_n \quad (7.2\text{-}5)$$

一般取 $I_{D,st}/n_{TA} = 0.3I_n$ 或 $I_{D,st}/n_{TA} = 0.5I_n$

（3）比率差动元件的动作电流（拐点）。

第一比率差动拐点电流

$$I_{t1}/n_{TA} = (0.5 \sim 1)I_n \quad (7.2\text{-}6)$$

一般取 $I_{t1}/n_{TA} = 0.5I_n$

第二比率差动拐点电流

$$I_{t2}/n_{TA} = 3I_n \quad (7.2\text{-}7)$$

（4）比率差动制动斜率。

$$K_{D,res1} = 0.3 \sim 0.5 \quad (7.2\text{-}8)$$

一般取 $K_{D,res1} = 0.5$

$$K_{D,res2} = 0.5 \sim 1 \quad (7.2\text{-}9)$$

一般取 $K_{D,res2} = 1$

以上式中 I_{t1}，I_{t2} ——比率差动拐点电流，A；

      $K_{D,res1}$，$K_{D,res2}$ ——比率差动制动斜率。

（5）二次谐波制动系数。

$$K_{res(2)} = \frac{I_{d2\phi}}{I_{d\phi}} = 0.15 \sim 0.2 \quad (7.2\text{-}10)$$

式中 $K_{res(2)}$ ——二次谐波制动系数；

      $I_{d\phi}$ ——三相差动电流的基波电流，A；

      $I_{d2\phi}$ ——二次谐波电流，A。

（6）差动保护的制动电流。

$$I_{\mathrm{res}} = \frac{1}{2}(|I_{\mathrm{k1}}| + |I_{\mathrm{k2}}|) \text{ 或 } I_{\mathrm{res}} = |I_{\mathrm{k1}}| + |I_{\mathrm{k2}}| \tag{7.2-11}$$

式中 I_{res}——差动保护的制动电流，A；

I_{k1}、I_{k2}——变压器内部故障时的故障分量电流，A。

当匝间短路电流较小时还需考虑负载电流，负载电流与故障分量电流有接近 90°的相角差。

$$I_{\mathrm{res}} = \frac{1}{2}(\sqrt{I_{\mathrm{L}}^2 + I_{\mathrm{k1}}^2} + \sqrt{I_{\mathrm{L}}^2 + I_{\mathrm{k2}}^2}) \tag{7.2-12}$$

内部故障，对于单侧电源 $I_{\mathrm{k2}} = 0$

$$I_{\mathrm{res}} = \frac{1}{2}|I_{\mathrm{k1}}| \text{ 或 } I_{\mathrm{res}} = |I_{\mathrm{k1}}| \tag{7.2-13}$$

以上式中 I_{res}——差动保护的制动电流，A；

I_{k1}、I_{k2}——变压器内部故障时的故障分量电流，A；

I_{L}——变压器负载电流，A。

（7）灵敏系数。

$$K_{\mathrm{sen}} = \frac{I''_{\mathrm{k2\cdot min}}}{I_{\mathrm{op}}} \geqslant 1.5 \tag{7.2-14}$$

式中 K_{sen}——灵敏系数；

$I''_{\mathrm{k2\cdot min}}$——最小运行方式下保护区内两相短路最小短路电流，A；

I_{op}——差动继电器一次动作电流，A。

第二折中： $\quad I_{\mathrm{op}} = (I_{\mathrm{res}} - I_{\mathrm{t1}})K_{\mathrm{D,res1}} + I_{\mathrm{D,st}} \tag{7.2-15}$

第三折中： $\quad I_{\mathrm{op}} = (I_{\mathrm{res}} - I_{\mathrm{t2}})K_{\mathrm{D,res2}} + (I_{\mathrm{t2}} - I_{\mathrm{t1}})K_{\mathrm{D,res1}} + I_{\mathrm{D,st}} \tag{7.2-16}$

（8）差动速断保护。

$$I_{\mathrm{D,set}}/n_{\mathrm{TA}} = 6I_{\mathrm{n}} \text{ 或 } I_{\mathrm{D,set}}/n_{\mathrm{TA}} = 4I_{\mathrm{n}} \tag{7.2-17}$$

灵敏系数 $$K_{\mathrm{sen}} = \frac{I''_{\mathrm{k2,min}}}{I_{\mathrm{D,set}}} \geqslant 1.2 \tag{7.2-18}$$

式中 $I_{\mathrm{D,set}}$——差动速断保护一次整定电流，A；

其他见以上各式。

（9）间断角制动值。直接由各相涌流间断角 θ_{j} 实现制动 $\theta_{\mathrm{j}} \geqslant 65°$。由涌流非对称波形的间断角 θ_{d} 和波宽 θ_{w} 实现制动 $\theta_{\mathrm{d}} \geqslant 65°$，$\theta_{\mathrm{w}} \geqslant 140°$

7.2.5 变压器后备保护

7.2.5.1 复合电压启动过电流保护

（1）动作电流：应按躲过变压器的额定电流整定

$$I_{\mathrm{op,k}} = K_{\mathrm{rel}}K_{\mathrm{con}}I_{\mathrm{rT}}/(K_{\mathrm{r}}n_{\mathrm{TA}}) \tag{7.2-19}$$

$$K_{\mathrm{sen}} = I_{\mathrm{2k2,min}}/I_{\mathrm{op}} \geqslant 1.2 \tag{7.2-20}$$

式中 $I_{\mathrm{op,k}}$——保护整定电流，A；

K_{sen}——灵敏系数；

K_{rel}——可靠系数；

K_{con}——接线系数；

I_{rT}——变压器高压侧额定电流，A；

K_r——继电器返回系数；

I_{op}——装置一次动作电流，A；

$I_{2k2,min}$——相邻元件保护区末端金属性两相短路最小电流，A。

（2）动作电压：应按躲过电动机自启动条件整定（取自低压侧电压互感器）

$$U_{op,k} = (0.5 \sim 0.7)U_n$$
$$K_{sen} = U_{op}/U_{rem,max} \geqslant 1.5 \tag{7.2-21}$$

以上式中 U_{op}——动作电压，V；

U_n——标称电压，V；

K_{sen}——灵敏系数；

$U_{rem,max}$——后备保护在末端金属性三相短路时，保护安装处的最大残压，V。

（3）负序动作电压

$$U_{op,(2)} = 0.06U_n \quad K_{sen} = U_{k2,min(2)}/U_{op(2)} \geqslant 1.5 \tag{7.2-22}$$

式中 $U_{op(2)}$——负序动作电压，V；

U_n——标称电压，V；

$U_{k2,min(2)}$——后备保护区末端金属性两相短路时，保护安装处的最小负序电压，V。

（4）动作时限：应与下一级保护动作时限相配合。

一般取 $$t_{op} = t_b + \Delta t = t_b + (0.3 \sim 0.5)\text{s} \tag{7.2-23}$$

式中 t_{op}——动作时限，s；

t_b——下一级保护动作时限，s。

7.2.5.2 中性点接地的110kV变压器后备保护（零序过电流保护）

（1）零序过电流Ⅰ段动作电流：按与相邻线路零序过电流保护Ⅰ段或Ⅱ段相配合。

$$I_{op(0)I} = K_{rel} K_{br,I} I_{op(01)I/II} \tag{7.2-24}$$

式中 $K_{br,I}$——零序电流分支系数，其值等于出线零序过电流Ⅰ段保护区末端发生接地短路时，流过本保护的零序电流与流过线路的零序电流之比；

K_{rel}——可靠系数；

$I_{op(01)I/II}$——相邻线路零序过电流保护Ⅰ段或Ⅱ段的动作电流，A。

Ⅰ段时限：$t_1 = t_b + \Delta t$ 断开分段断路器

t_b——相邻线路零序过电流Ⅰ段或Ⅱ段的动作时间

$t_2 = t_1 + \Delta t$ 断开变压器各侧断路器

灵敏系数： $$K_{sen} = 3I_{k(0)min}/I_{op(0)I} \tag{7.2-25}$$

式中 K_{sen}——灵敏系数；

$I_{k(0)min}$——Ⅰ段保护区末端接地短路时流过保护安装处的零序电流，A。

（2）零序过电流Ⅱ段动作电流：与相邻线路零序过电流保护的后备段相配合。

$$I_{op(0)II} = K_{rel}K_{br,II} I_{op(01)II} \tag{7.2-26}$$

式中 $I_{op(01)II}$——相邻线路零序过电流保护Ⅱ段的动作电流，A；

K_{rel}——可靠系数；

$K_{br,II}$——零序电流分支系数，其值等于出线零序过电流保护后备段保护区末端发生接地短路时，流过本保护的零序电流与流过线路的零序电流之比。

Ⅱ段时限：$t_3 = t_{1,max} + \Delta t$ 断开分段断路器

$t_{1,\max}$——线路零序过电流保护后备段的动作时间。

$t_4 = t_3 + \Delta t$ 断开变压器各侧断路器

灵敏系数：
$$K_{sen} = 3I_{k(0)\text{II},\min} / I_{op(0)\text{II}} \qquad (7.2\text{-}27)$$

式中　K_{sen}——灵敏系数；

　　$I_{op(0)\text{II}}$——相邻线路零序过电流保护 II 段的动作电流，A；

　　$I_{k(0)\text{II},\min}$——II 段保护区末端接地短路时流过保护安装处的零序电流，A。

7.2.5.3　中性点可能接地或不接地运行的 110kV 变压器接地后备保护（零序电流、电压保护）

（1）全绝缘变压器。

零序电压保护：由于 $X_{(0)\Sigma} / X_{(1)\Sigma} \leqslant 3$

一般动作电压：$U_{op,k(0)} = 150\sim180$V 取 170V

动作时限：$t \leqslant 0.3$ s

（2）分级绝缘变压器：中性点有放电间隙的变压器（见图 7.2-2）。

零序电流保护：装设两段零序过电流保护（同中性点接地变压器）。

零序电压保护：装设零序电压保护（同中性点可能接地或不接地的全绝缘变压器）。

放电间隙电流：与变压器零序阻抗，间隙放电的电弧电阻等因素有关。

根据经验 $I_{op,k} = 40\sim100$A　取 100A。

动作时限：$t \leqslant 0.3$s

＊保护间隙防止工频过电压，间隙值 $\delta = 100\sim115$mm 可调；避雷器防止大气过电压。

（3）分级绝缘变压器：中性点不装放电间隙的变压器。

零序电流保护：装设两段零序过电流保护（同中性点接地变压器）

零序电压保护：装设零序电压保护（同全绝缘变压器）

动作时限：$t \leqslant 0.3$s

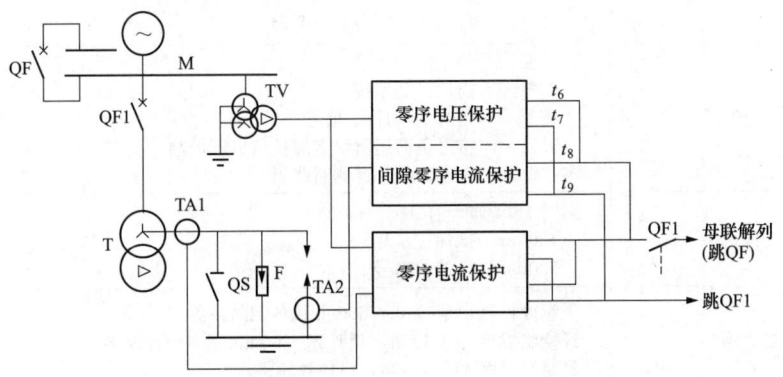

图 7.2-2　中性点有放电间隙的分级绝缘变压器零序保护原理图

7.2.5.4　过负荷保护

参见表 7.2-3 中的过负荷保护。

7.2.6　变压器非电量保护

35kV、20kV、10kV、6kV/0.4kV 变压器非电量保护的整定值见表 7.2-4。

表 7.2-4　　　　　　　　　**35、20、10、6/0.4kV 配电变压器非电量保护整定值表**

非电量保护		整定值
干式变压器	温度保护	高温报警（130℃），超高温跳闸（150℃） 温度定值参见厂家说明书
油浸变压器	温度保护	高温报警（75℃），超高温跳闸（95℃） 温度定值参见厂家说明书
	瓦斯保护	轻瓦斯 240cm³ 重瓦斯 0.6～1.2m/s 定值参见厂家说明书
	压力释放	定值参见厂家说明书

110、66、35、20、10/6、10kV 降压变压器非电量保护的整定值见表 7.2-5。

表 7.2-5　110、66、35、20、10/6、10kV 降压变压器非电量保护整定值表

非电量保护	整定值（报警、跳闸温度应按厂家建议值）
变压器轻瓦斯保护	轻瓦斯：按气体容积整定，0s 动作于信号 　　250～300cm³（10MVA 以上的变压器） 重瓦斯：按油液流速整定，0s 动作跳开各侧断路器 　　1m/s（10MVA 以上的变压器）
有载调压瓦斯保护	轻瓦斯：按气体容积整定，0s 动作于信号 重瓦斯：按油液流速整定，0s 动作跳开各侧断路器
压力释放	220kV 及以下变压器，0s 动作于信号，必要时也可动作于跳闸 55kPa±7kPa　　开启压力释放 ≥24kPa　　关闭压力释放
绕组温度保护	85℃　　停止冷却系统 90℃　　启动冷却系统 110℃　　延时 1s 动作于信号 125℃　　0s 动作跳开各侧断路器
油温保护	55℃　　停止冷却系统 60℃　　启动冷却系统 85℃　　延时 1s 动作于信号 90℃　　按过负荷运行状态对负荷进行控制 105℃　　0s 动作跳开各侧断路器
油位高、低保护	延时 1s 动作于信号 120mm　　低油位信号 930mm　　高油位信号
冷却器全停	无温度控制，延时 40～60min 跳各侧断路器 经绕组温度 75℃控制，延时 20～30min 跳各侧断路器 经绕组温度 110℃控制，跳各侧断路器

7.2.7　短路时各种保护装置回路内的电流分布

保护装置安装处短路时继电器中的短路电流分布，见表 7.2-6。

Yd11 结线变压器高压侧及继电器中的短路电流分布，见表 7.2-7。

Yyn0 结线变压器高压侧及继电器中的短路电流分布，见表 7.2-8。

Dyn11 结线变压器高压侧及继电器中的短路电流分布，见表 7.2-9。

表 7.2-6 保护装置安装处短路时继电电器中的短路电流分布

短路形式		电流相量图	主回路相电流	接线〔1 2 3〕i_{K1}	i_{K2}	i_{K3}	接线〔1〕i_{K1}	接线〔1 2〕i_{K1}	i_{K2}	接线〔1 2 3〕i_{K1}	i_{K2}	i_{K3}	接线〔1 2 3〕i_{K1}	i_{K2}	i_{K3}
三相短路	UVW	(U V W 星形)	$I_U = I_V = I_W = I$	$\frac{\sqrt{3}I}{n_{TA}}$	$\frac{\sqrt{3}I}{n_{TA}}$	$\frac{\sqrt{3}I}{n_{TA}}$	$\frac{\sqrt{3}I}{n_{TA}}$	$\frac{I}{n_{TA}}$	$\frac{I}{n_{TA}}$	$\frac{I}{n_{TA}}$	$\frac{I}{n_{TA}}$	$\frac{I}{n_{TA}}$	$\frac{I}{n_{TA}}$	$\frac{I}{n_{TA}}$	$\frac{I}{n_{TA}}$
两相短路	UV	U → V	$I_U = I_V = I$	$\frac{2I}{n_{TA}}$	$\frac{I}{n_{TA}}$	$\frac{I}{n_{TA}}$	$\frac{I}{n_{TA}}$	$\frac{I}{n_{TA}}$	0	$\frac{I}{n_{TA}}$	$\frac{I}{n_{TA}}$	$\frac{I}{n_{TA}}$	$\frac{I}{n_{TA}}$	$\frac{I}{n_{TA}}$	$\frac{I}{n_{TA}}$
	UW	U → W	$I_U = I_W = I$	$\frac{I}{n_{TA}}$	$\frac{I}{n_{TA}}$	$\frac{2I}{n_{TA}}$	$\frac{2I}{n_{TA}}$	$\frac{I}{n_{TA}}$	$\frac{I}{n_{TA}}$	$\frac{I}{n_{TA}}$	0	0	$\frac{I}{n_{TA}}$	0	0
	VW	V → W	$I_V = I_W = I$	$\frac{I}{n_{TA}}$	$\frac{2I}{n_{TA}}$	$\frac{I}{n_{TA}}$	$\frac{I}{n_{TA}}$	0	0	0	$\frac{I}{n_{TA}}$	$\frac{I}{n_{TA}}$	0	$\frac{I}{n_{TA}}$	$\frac{I}{n_{TA}}$
单相短路	UN	U	$I_U = I$	$\frac{I}{n_{TA}}$	0	$\frac{I}{n_{TA}}$	0			$\frac{I}{n_{TA}}$	0	0	$\frac{I}{n_{TA}}$	0	0
	VN	V	$I_V = I$	$\frac{I}{n_{TA}}$	$\frac{I}{n_{TA}}$	0				0	0	$\frac{I}{n_{TA}}$	0	$\frac{I}{n_{TA}}$	$\frac{I}{n_{TA}}$
	WN	W	$I_W = I$	0	$\frac{I}{n_{TA}}$	$\frac{I}{n_{TA}}$	$\frac{I}{n_{TA}}$	0	$\frac{I}{n_{TA}}$	0	$\frac{I}{n_{TA}}$	$\frac{I}{n_{TA}}$	0	0	$\frac{I}{n_{TA}}$

注 i_K 为流过继电器中的电流；n_{TA} 为电流互感器变比；I 为短路电流。

7

表 7.2-7　Yd11 接线变压器高压侧继电器中的短路电流分布

短路形式		变压器高压侧相量图	变压器高压侧相电流	[1][2][3] i_{K1}	i_{K2}	i_{K3}	[1][2][3] i_{K1}	i_{K2}	i_{K3}	[1][2] i_{K1}	i_{K2}	[1] i_{K1}	[1][2][3] i_{K1}	i_{K2}	i_{K3}
变压器高低压侧三相短路	UVW		$I_U=I_V=I_W=I$	$\frac{I}{n_{TA}}$	$\frac{I}{n_{TA}}$	$\frac{I}{n_{TA}}$	$\frac{I}{n_{TA}}$	$\frac{I}{n_{TA}}$	$\frac{I}{n_{TA}}$	$\frac{I}{n_{TA}}$	$\frac{I}{n_{TA}}$	$\frac{\sqrt3 I}{n_{TA}}$	$\frac{\sqrt3 I}{n_{TA}}$	$\frac{\sqrt3 I}{n_{TA}}$	$\frac{\sqrt3 I}{n_{TA}}$
	uvw		$I_U=I_V=I_W=I$	$\frac{I}{n_{TA}}$	$\frac{I}{n_{TA}}$	$\frac{I}{n_{TA}}$	$\frac{I}{n_{TA}}$	$\frac{I}{n_{TA}}$	$\frac{I}{n_{TA}}$	$\frac{I}{n_{TA}}$	$\frac{I}{n_{TA}}$	$\frac{\sqrt3 I}{n_{TA}}$	$\frac{\sqrt3 I}{n_{TA}}$	$\frac{\sqrt3 I}{n_{TA}}$	$\frac{\sqrt3 I}{n_{TA}}$
变压器高压侧两相短路	UV		$I_U=I_V=I$	$\frac{I}{n_{TA}}$	$\frac{I}{n_{TA}}$	0	$\frac{I}{n_{TA}}$	$\frac{I}{n_{TA}}$	0	$\frac{I}{n_{TA}}$	$\frac{I}{n_{TA}}$	$\frac{2I}{n_{TA}}$	$\frac{2I}{n_{TA}}$	$\frac{I}{n_{TA}}$	$\frac{I}{n_{TA}}$
	UW		$I_U=I_W=I$	$\frac{I}{n_{TA}}$	0	$\frac{I}{n_{TA}}$	$\frac{I}{n_{TA}}$	0	$\frac{I}{n_{TA}}$	$\frac{I}{n_{TA}}$	0	$\frac{I}{n_{TA}}$	$\frac{I}{n_{TA}}$	$\frac{I}{n_{TA}}$	$\frac{2I}{n_{TA}}$
	VW		$I_V=I_W=I$	0	$\frac{I}{n_{TA}}$	$\frac{I}{n_{TA}}$	0	$\frac{I}{n_{TA}}$	$\frac{I}{n_{TA}}$	0	$\frac{I}{n_{TA}}$	$\frac{I}{n_{TA}}$	$\frac{I}{n_{TA}}$	$\frac{2I}{n_{TA}}$	$\frac{I}{n_{TA}}$
变压器低压侧两相短路	uv		$I_V=I_U+I_W=\frac{2}{\sqrt3}I$；$I_U=I_W=\frac{1}{\sqrt3}I$	$\frac{1}{\sqrt3}\frac{I}{n_{TA}}$	$\frac{2}{\sqrt3}\frac{I}{n_{TA}}$	$\frac{1}{\sqrt3}\frac{I}{n_{TA}}$	$\frac{2}{\sqrt3}\frac{I}{n_{TA}}$	$\frac{1}{\sqrt3}\frac{I}{n_{TA}}$	$\frac{1}{\sqrt3}\frac{I}{n_{TA}}$	$\frac{2}{\sqrt3}\frac{I}{n_{TA}}$	$\frac{1}{\sqrt3}\frac{I}{n_{TA}}$	$\frac{3}{\sqrt3}\cdot\frac{I}{n_{TA}}$	$\frac{3}{\sqrt3}\cdot\frac{I}{n_{TA}}$	$\frac{3}{\sqrt3}\cdot\frac{I}{n_{TA}}$	0
	uw		$I_U=I_V+I_W=\frac{2}{\sqrt3}I$；$I_V=I_W=\frac{1}{\sqrt3}I$	$\frac{2}{\sqrt3}\frac{I}{n_{TA}}$	$\frac{1}{\sqrt3}\frac{I}{n_{TA}}$	$\frac{1}{\sqrt3}\frac{I}{n_{TA}}$	$\frac{1}{\sqrt3}\frac{I}{n_{TA}}$	$\frac{1}{\sqrt3}\frac{I}{n_{TA}}$	$\frac{2}{\sqrt3}\frac{I}{n_{TA}}$	$\frac{1}{\sqrt3}\frac{I}{n_{TA}}$	$\frac{1}{\sqrt3}\frac{I}{n_{TA}}$	$\frac{3}{\sqrt3}\cdot\frac{I}{n_{TA}}$	$\frac{3}{\sqrt3}\cdot\frac{I}{n_{TA}}$	0	$\frac{3}{\sqrt3}\cdot\frac{I}{n_{TA}}$
	vw		$I_W=I_U+I_V=\frac{2}{\sqrt3}I$；$I_U=I_V=\frac{1}{\sqrt3}I$	$\frac{1}{\sqrt3}\frac{I}{n_{TA}}$	$\frac{1}{\sqrt3}\frac{I}{n_{TA}}$	$\frac{2}{\sqrt3}\frac{I}{n_{TA}}$	$\frac{1}{\sqrt3}\frac{I}{n_{TA}}$	$\frac{2}{\sqrt3}\frac{I}{n_{TA}}$	$\frac{1}{\sqrt3}\frac{I}{n_{TA}}$	$\frac{1}{\sqrt3}\frac{I}{n_{TA}}$	$\frac{2}{\sqrt3}\frac{I}{n_{TA}}$	0	0	$\frac{3}{\sqrt3}\cdot\frac{I}{n_{TA}}$	$\frac{3}{\sqrt3}\cdot\frac{I}{n_{TA}}$

注　i_K 为过流继电器中的电流；n_{TA} 为电流互感器变比；I 为变压器高压侧短路电流（变压器低压侧短路电流 I_k 归算至高压侧为 $I=\dfrac{I_k}{n_T}$，n_T 为变压器变比）。

表 7.2-8　Yyn0 接线变压器高压侧及继电器中的短路电流分布

短路形式		变压器高压侧电流相量图	变压器高压侧相电流	(1、2、3)三相 iK1	(1、2、3)三相 iK2	(1、2、3)三相 iK3	(1、2、3) iK1	(1、2、3) iK2	(1、2、3) iK3	(1、2) iK1	(1、2) iK2	(1) iK1	三角形(1、2、3) iK1	三角形(1、2、3) iK2	三角形(1、2、3) iK3
变压器高低压侧三相短路	UVW / uvw	(相量图)	$I_U=I_V=I_W=I$ $I_u=I_v=I_w=I$	$\frac{I}{n_{TA}}$	$\frac{I}{n_{TA}}$	$\frac{I}{n_{TA}}$	$\frac{I}{n_{TA}}$	$\frac{I}{n_{TA}}$	$\frac{I}{n_{TA}}$	$\frac{I}{n_{TA}}$	$\frac{I}{n_{TA}}$	$\frac{I}{n_{TA}}$	$\frac{\sqrt3 I}{n_{TA}}$	$\frac{\sqrt3 I}{n_{TA}}$	$\frac{\sqrt3 I}{n_{TA}}$
变压器高压侧两相短路	UV	(相量图)	$I_U=I_V=I$	$\frac{I}{n_{TA}}$	$\frac{I}{n_{TA}}$	0	$\frac{I}{n_{TA}}$	$\frac{I}{n_{TA}}$	0	$\frac{I}{n_{TA}}$	0	$\frac{I}{n_{TA}}$	$\frac{2I}{n_{TA}}$	$\frac{I}{n_{TA}}$	$\frac{I}{n_{TA}}$
	UW	(相量图)	$I_U=I_W=I$	$\frac{I}{n_{TA}}$	0	$\frac{I}{n_{TA}}$	$\frac{I}{n_{TA}}$	0	$\frac{I}{n_{TA}}$	$\frac{I}{n_{TA}}$	$\frac{I}{n_{TA}}$	$\frac{I}{n_{TA}}$	$\frac{I}{n_{TA}}$	$\frac{I}{n_{TA}}$	$\frac{2I}{n_{TA}}$
	VW	(相量图)	$I_V=I_W=I$	0	$\frac{I}{n_{TA}}$	$\frac{I}{n_{TA}}$	0	$\frac{I}{n_{TA}}$	$\frac{I}{n_{TA}}$	0	$\frac{I}{n_{TA}}$	0	$\frac{I}{n_{TA}}$	$\frac{2I}{n_{TA}}$	$\frac{I}{n_{TA}}$
变压器低压侧两相短路	uv	(相量图)	$I_U=I_V=I$	$\frac{I}{n_{TA}}$	$\frac{I}{n_{TA}}$	0	$\frac{I}{n_{TA}}$	$\frac{I}{n_{TA}}$	0	$\frac{I}{n_{TA}}$	0	$\frac{I}{n_{TA}}$	$\frac{2I}{n_{TA}}$	$\frac{I}{n_{TA}}$	$\frac{I}{n_{TA}}$
	uw	(相量图)	$I_U=I_W=I$	$\frac{I}{n_{TA}}$	0	$\frac{I}{n_{TA}}$	$\frac{I}{n_{TA}}$	0	$\frac{I}{n_{TA}}$	$\frac{I}{n_{TA}}$	$\frac{I}{n_{TA}}$	$\frac{I}{n_{TA}}$	$\frac{I}{n_{TA}}$	$\frac{I}{n_{TA}}$	$\frac{2I}{n_{TA}}$
	vw	(相量图)	$I_V=I_W=I$	0	$\frac{I}{n_{TA}}$	$\frac{I}{n_{TA}}$	0	$\frac{I}{n_{TA}}$	$\frac{I}{n_{TA}}$	0	$\frac{I}{n_{TA}}$	0	$\frac{I}{n_{TA}}$	$\frac{2I}{n_{TA}}$	$\frac{I}{n_{TA}}$
变压器低压侧单相短路	un	(相量图)	$I_U=I_V+I_W=\frac{2}{3}I$ $I_V=I_W=\frac{1}{3}I$	$\frac{2}{3}\cdot\frac{I}{n_{TA}}$	$\frac{1}{3}\cdot\frac{I}{n_{TA}}$	$\frac{1}{3}\cdot\frac{I}{n_{TA}}$	$\frac{2}{3}\cdot\frac{I}{n_{TA}}$	$\frac{1}{3}\cdot\frac{I}{n_{TA}}$	$\frac{1}{3}\cdot\frac{I}{n_{TA}}$	$\frac{2}{3}\cdot\frac{I}{n_{TA}}$	$\frac{1}{3}\cdot\frac{I}{n_{TA}}$	$\frac{2}{3}\cdot\frac{I}{n_{TA}}$	$\frac{I}{n_{TA}}$	0	$\frac{I}{n_{TA}}$
	vn	(相量图)	$I_V=I_W+I_U=\frac{2}{3}I$ $I_W=I_U=\frac{1}{3}I$	$\frac{1}{3}\cdot\frac{I}{n_{TA}}$	$\frac{2}{3}\cdot\frac{I}{n_{TA}}$	$\frac{1}{3}\cdot\frac{I}{n_{TA}}$	$\frac{1}{3}\cdot\frac{I}{n_{TA}}$	$\frac{2}{3}\cdot\frac{I}{n_{TA}}$	$\frac{1}{3}\cdot\frac{I}{n_{TA}}$	$\frac{1}{3}\cdot\frac{I}{n_{TA}}$	$\frac{1}{3}\cdot\frac{I}{n_{TA}}$	$\frac{1}{3}\cdot\frac{I}{n_{TA}}$	0	$\frac{I}{n_{TA}}$	$\frac{I}{n_{TA}}$
	wn	(相量图)	$I_W=I_U+I_V=\frac{2}{3}I$ $I_U=I_V=\frac{1}{3}I$	$\frac{1}{3}\cdot\frac{I}{n_{TA}}$	$\frac{1}{3}\cdot\frac{I}{n_{TA}}$	$\frac{2}{3}\cdot\frac{I}{n_{TA}}$	$\frac{1}{3}\cdot\frac{I}{n_{TA}}$	$\frac{1}{3}\cdot\frac{I}{n_{TA}}$	$\frac{2}{3}\cdot\frac{I}{n_{TA}}$	$\frac{1}{3}\cdot\frac{I}{n_{TA}}$	$\frac{2}{3}\cdot\frac{I}{n_{TA}}$	$\frac{1}{3}\cdot\frac{I}{n_{TA}}$	$\frac{I}{n_{TA}}$	$\frac{I}{n_{TA}}$	0

注　i_K 为过流继电器中的电流；n_{TA} 为电流互感器变比；I 为变压器高压侧短路电流（变压器低压侧短路电流 I_k 归算至高压侧为 $I=\dfrac{I_k}{n_T}$，n_T 为变压器变比）。

表 7.2-9　Dyn11 接线变压器高压侧及继电器中的短路电流分布

短路形式		变压器高压侧相电流	方案A (1·2·3)			方案B (1)	方案C (1·2)		方案D (1·2·3)			方案E (1·2·3)		
			i_{K1}	i_{K2}	i_{K3}	i_{K1}	i_{K1}	i_{K2}	i_{K1}	i_{K2}	i_{K3}	i_{K1}	i_{K2}	i_{K3}
变压器低压侧三相短路	UVW / uvw	$I_U=I_V=I_W=I$；$I_u=I_v=I_w=I$	$\frac{I}{n_{TA}}$	$\frac{I}{n_{TA}}$	$\frac{I}{n_{TA}}$	$\frac{\sqrt3 I}{n_{TA}}$	$\frac{I}{n_{TA}}$	$\frac{I}{n_{TA}}$	$\frac{\sqrt3 I}{n_{TA}}$	$\frac{\sqrt3 I}{n_{TA}}$	$\frac{\sqrt3 I}{n_{TA}}$	$\frac{\sqrt3 I}{n_{TA}}$	$\frac{\sqrt3 I}{n_{TA}}$	$\frac{\sqrt3 I}{n_{TA}}$
变压器高压侧两相短路	UV	$I_U=I_V=I$	$\frac{I}{n_{TA}}$	$\frac{I}{n_{TA}}$	0	$\frac{2I}{n_{TA}}$	$\frac{I}{n_{TA}}$	0	$\frac{\sqrt3 I}{n_{TA}}$	0	$\frac{\sqrt3 I}{n_{TA}}$	$\frac{2I}{n_{TA}}$	$\frac{I}{n_{TA}}$	$\frac{I}{n_{TA}}$
	UW	$I_U=I_W=I$	$\frac{I}{n_{TA}}$	0	$\frac{I}{n_{TA}}$	$\frac{I}{n_{TA}}$	0	$\frac{I}{n_{TA}}$	0	$\frac{\sqrt3 I}{n_{TA}}$	$\frac{\sqrt3 I}{n_{TA}}$	$\frac{I}{n_{TA}}$	$\frac{2I}{n_{TA}}$	$\frac{I}{n_{TA}}$
	VW	$I_V=I_W=I$	0	$\frac{I}{n_{TA}}$	$\frac{I}{n_{TA}}$	$\frac{I}{n_{TA}}$	$\frac{I}{n_{TA}}$	$\frac{I}{n_{TA}}$	0	$\frac{\sqrt3 I}{n_{TA}}$	$\frac{\sqrt3 I}{n_{TA}}$	$\frac{I}{n_{TA}}$	$\frac{I}{n_{TA}}$	$\frac{2I}{n_{TA}}$
变压器低压侧两相短路	uv	$I_V=I_W+I_U=\frac{2}{\sqrt3}I$	$\frac{1}{\sqrt3}\frac{I}{n_{TA}}$	$\frac{2}{\sqrt3}\frac{I}{n_{TA}}$	$\frac{1}{\sqrt3}\frac{I}{n_{TA}}$	$\frac{\sqrt3 I}{n_{TA}}$	$\frac{1}{\sqrt3}\frac{I}{n_{TA}}$	$\frac{1}{\sqrt3}\frac{I}{n_{TA}}$	$\frac{1}{\sqrt3}\frac{I}{n_{TA}}$	$\frac{2}{\sqrt3}\frac{I}{n_{TA}}$	$\frac{1}{\sqrt3}\frac{I}{n_{TA}}$	$\frac{1}{\sqrt3}\frac{I}{n_{TA}}$	$\frac{2}{\sqrt3}\frac{I}{n_{TA}}$	$\frac{1}{\sqrt3}\frac{I}{n_{TA}}$
	uw	$I_U=I_V+I_W=\frac{1}{\sqrt3}I$	$\frac{2}{\sqrt3}\frac{I}{n_{TA}}$	$\frac{1}{\sqrt3}\frac{I}{n_{TA}}$	$\frac{1}{\sqrt3}\frac{I}{n_{TA}}$	$\frac{\sqrt3 I}{n_{TA}}$	$\frac{2}{\sqrt3}\frac{I}{n_{TA}}$	$\frac{1}{\sqrt3}\frac{I}{n_{TA}}$	$\frac{2}{\sqrt3}\frac{I}{n_{TA}}$	$\frac{1}{\sqrt3}\frac{I}{n_{TA}}$	$\frac{1}{\sqrt3}\frac{I}{n_{TA}}$	$\frac{1}{\sqrt3}\frac{I}{n_{TA}}$	$\frac{1}{\sqrt3}\frac{I}{n_{TA}}$	$\frac{2}{\sqrt3}\frac{I}{n_{TA}}$
	vw	$I_W=I_U+I_V=\frac{1}{\sqrt3}I$	$\frac{1}{\sqrt3}\frac{I}{n_{TA}}$	$\frac{1}{\sqrt3}\frac{I}{n_{TA}}$	$\frac{2}{\sqrt3}\frac{I}{n_{TA}}$	$\frac{\sqrt3 I}{n_{TA}}$	$\frac{1}{\sqrt3}\frac{I}{n_{TA}}$	$\frac{2}{\sqrt3}\frac{I}{n_{TA}}$	$\frac{1}{\sqrt3}\frac{I}{n_{TA}}$	$\frac{1}{\sqrt3}\frac{I}{n_{TA}}$	$\frac{2}{\sqrt3}\frac{I}{n_{TA}}$	$\frac{2}{\sqrt3}\frac{I}{n_{TA}}$	$\frac{1}{\sqrt3}\frac{I}{n_{TA}}$	$\frac{1}{\sqrt3}\frac{I}{n_{TA}}$
变压器低压侧单相短路	un	$I_U=I_V=\frac{1}{\sqrt3}I$	$\frac{1}{\sqrt3}\frac{I}{n_{TA}}$	$\frac{1}{\sqrt3}\frac{I}{n_{TA}}$	0	$\frac{2}{\sqrt3}\frac{I}{n_{TA}}$	$\frac{1}{\sqrt3}\frac{I}{n_{TA}}$	0	$\frac{1}{\sqrt3}\frac{I}{n_{TA}}$	0	$\frac{1}{\sqrt3}\frac{I}{n_{TA}}$	$\frac{2}{\sqrt3}\frac{I}{n_{TA}}$	$\frac{1}{\sqrt3}\frac{I}{n_{TA}}$	$\frac{1}{\sqrt3}\frac{I}{n_{TA}}$
	vn	$I_V=I_W=\frac{1}{\sqrt3}I$	0	$\frac{1}{\sqrt3}\frac{I}{n_{TA}}$	$\frac{1}{\sqrt3}\frac{I}{n_{TA}}$	$\frac{1}{\sqrt3}\frac{I}{n_{TA}}$	0	$\frac{1}{\sqrt3}\frac{I}{n_{TA}}$	0	$\frac{1}{\sqrt3}\frac{I}{n_{TA}}$	$\frac{1}{\sqrt3}\frac{I}{n_{TA}}$	$\frac{1}{\sqrt3}\frac{I}{n_{TA}}$	$\frac{2}{\sqrt3}\frac{I}{n_{TA}}$	$\frac{1}{\sqrt3}\frac{I}{n_{TA}}$
	wn	$I_U=I_W=\frac{1}{\sqrt3}I$	$\frac{1}{\sqrt3}\frac{I}{n_{TA}}$	0	$\frac{1}{\sqrt3}\frac{I}{n_{TA}}$	$\frac{2}{\sqrt3}\frac{I}{n_{TA}}$	$\frac{1}{\sqrt3}\frac{I}{n_{TA}}$	$\frac{1}{\sqrt3}\frac{I}{n_{TA}}$	$\frac{1}{\sqrt3}\frac{I}{n_{TA}}$	$\frac{1}{\sqrt3}\frac{I}{n_{TA}}$	0	$\frac{1}{\sqrt3}\frac{I}{n_{TA}}$	$\frac{1}{\sqrt3}\frac{I}{n_{TA}}$	$\frac{2}{\sqrt3}\frac{I}{n_{TA}}$

注　i_K 为流过继电器中的电流；n_{TA} 为电流互感器变比；I 为变压器高压侧短路电流（变压器低压侧短路电流 I_k 归算至高压侧为 $I=\frac{I_k}{n_T}$，n_T 为变压器变比）。

7.2.8　变压器保护测控装置

7.2.8.1　电力变压器保护功能、装置闭锁和告警功能、测控功能

7.2.8.1.1　保护功能

（1）差动速断保护；

（2）比率差动（二次谐波制动）保护；

（3）高压侧复合电压启动过流保护（Ⅰ、Ⅱ、Ⅲ段）；

（4）低压侧复合电压启动过流保护（Ⅰ、Ⅱ、Ⅲ段）；

（5）带延时的非电量保护（跳闸与信号）；

（6）过负荷保护，启动风机、闭锁调压信号报警；

（7）电流互感器断线报警及闭锁比率差动保护；

（8）电压互感器断线报警。

7.2.8.1.2　装置闭锁和装置告警功能

（1）装置本身硬件故障时发出装置闭锁信号，闭锁整套保护（只闭锁差动，过流保护，不闭锁非电量保护）。

硬件故障包括：RAM，EPROM，定值出错和出口三极管长期导通，另外平衡系数错，接线方式错也将闭锁整套保护。

（2）当检测到下列故障时，发出运行异常报警。

1）电流互感器告警；

2）电流互感器断线（可经控制字选择是否闭锁比率差动保护）；

3）过负荷；

4）电压互感器断线；

5）低压侧零序过电压。

7.2.8.1.3　测控功能

（1）遥控功能：正常遥控跳闸操作，正常遥控合闸操作。

（2）遥测功能：电流，电压，零序电压，有功、无功功率，功率因数，频率遥测。

（3）遥信功能：开关位置、弹簧未储能接点、重瓦斯、轻瓦斯、油温高、压力释放等非电量遥信开入，装置遥信变位以及事故遥信，并做事件顺序记录。

注　电力变压器的测控装置安装在专设的测控柜中。

7.2.8.2　配电变压器保护、装置闭锁告警功能、测控功能

7.2.8.2.1　配电变压器保护功能、装置闭锁告警功能

（1）保护功能。

1）复合电压闭锁过流保护（Ⅰ、Ⅱ、Ⅲ段）；

2）高压侧正序反时限过流保护；

3）定时限过电流保护（Ⅰ、Ⅱ段）；

4）过负荷报警；

5）定时限负序过流保护（Ⅰ段用作断相保护Ⅱ段用作不平衡保护）；

6）高压侧接地保护（三段定时限零序过流保护Ⅰ段两个时限，Ⅲ段可整定为报警或跳闸）；零序过压保护支持网络非有效接地选线；

7）低压侧接地保护（三段定时限零序过流保护；零序反时限过流保护）；

8）低电压保护；

9）非电量保护（重瓦斯跳闸，轻瓦斯报警；超温报警或跳闸；压力释放跳闸）；

10）独立的操作回路及故障录波。

（2）装置闭锁和装置告警功能。

1）当装置检测到本身硬件故障时，发出装置报警信号，同时闭锁整套保护。硬件故障包括：RAM出错、EPROM出错、定值出错、电源故障等。

2）当装置检测出下列问题时发出运行异常报警信号：

a）弹簧未储能；

b）电压互感器断线报警；

c）控制回路断线；

d）跳闸位置继电器异常；

e）频率异常；

f）零序过流报警；

g）过负荷报警；

h）接地报警（零序过压报警）；

i）轻瓦斯报警；

j）超温报警；

k）备用非电量报警。

7.2.8.2.2 配电变压器测控功能

（1）遥控功能：正常遥控跳闸操作，正常遥控合闸操作，接地选线遥控跳闸。

（2）遥测功能：电流，零序电流，电压，有功、无功功率，功率因数，频率和有功、无功电度遥测。这些量都在当地实时计算，实时累加，计算不依赖于网络。

（3）遥信功能：开关位置，弹簧未储能接点、重瓦斯、轻瓦斯、油温高、压力释放等非电量遥信开入，装置遥信变位以及事故遥信，并做事件顺序记录。

7.2.8.3 典型的变压器保护装置逻辑框图

典型的变压器保护装置逻辑框图见图7.2-3～图7.2-6。

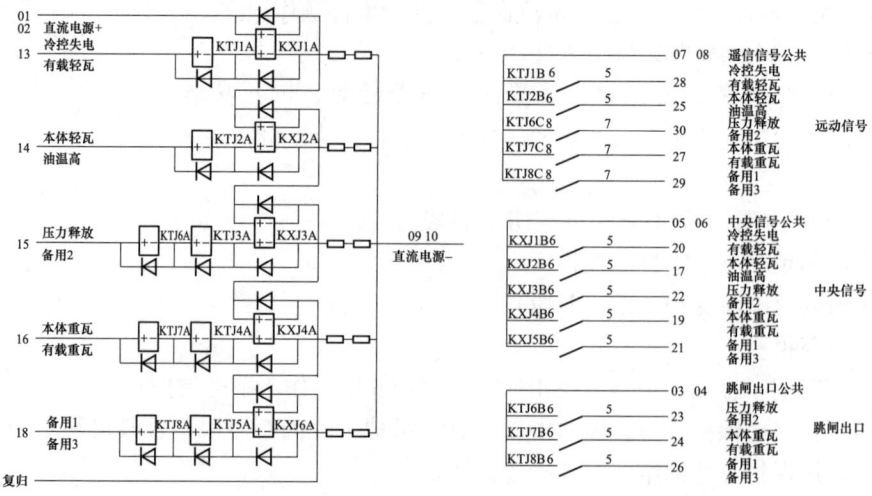

图7.2-3 典型的变压器保护装置非电量逻辑框图

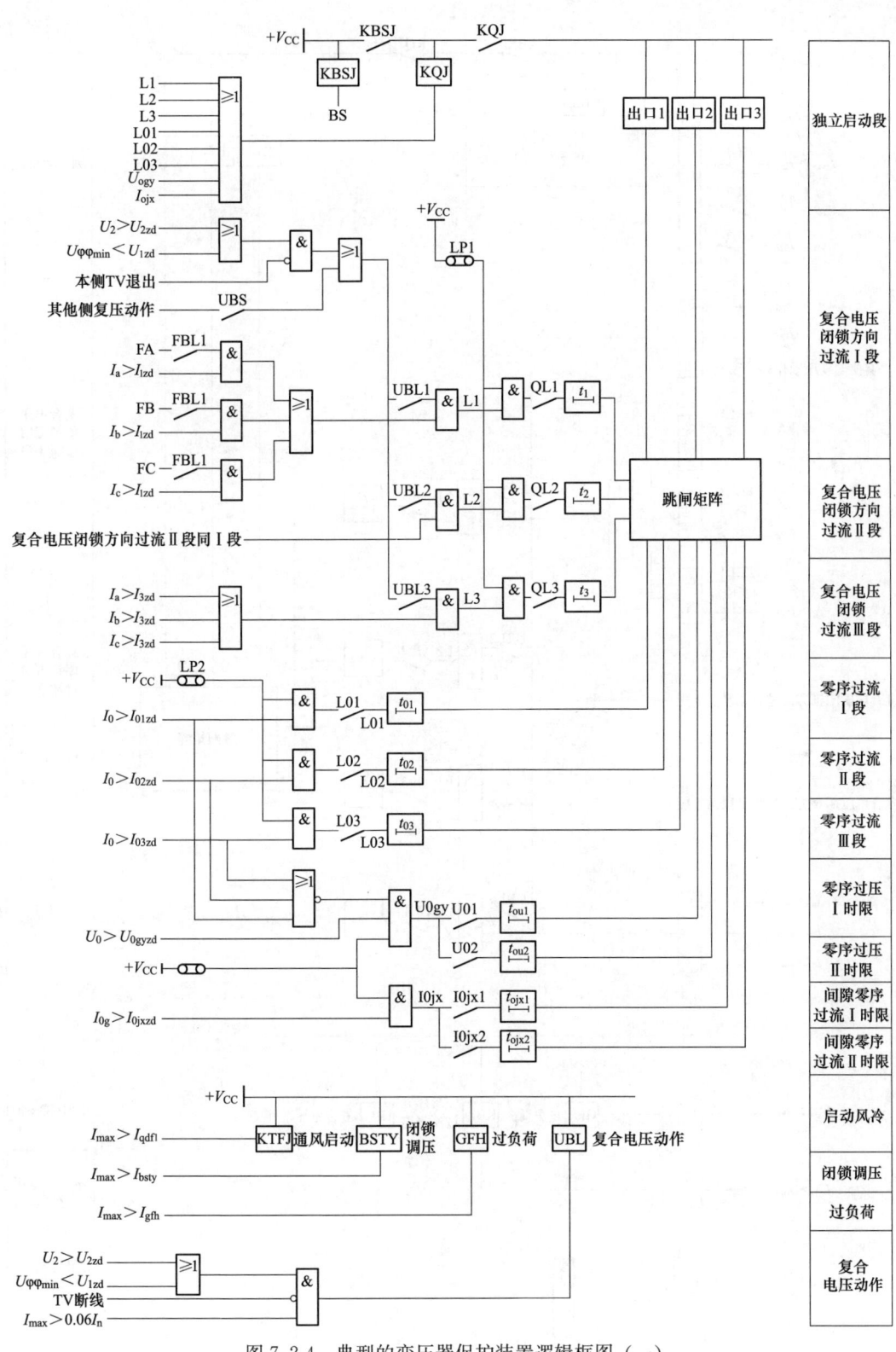

图 7.2-4 典型的变压器保护装置逻辑框图（一）

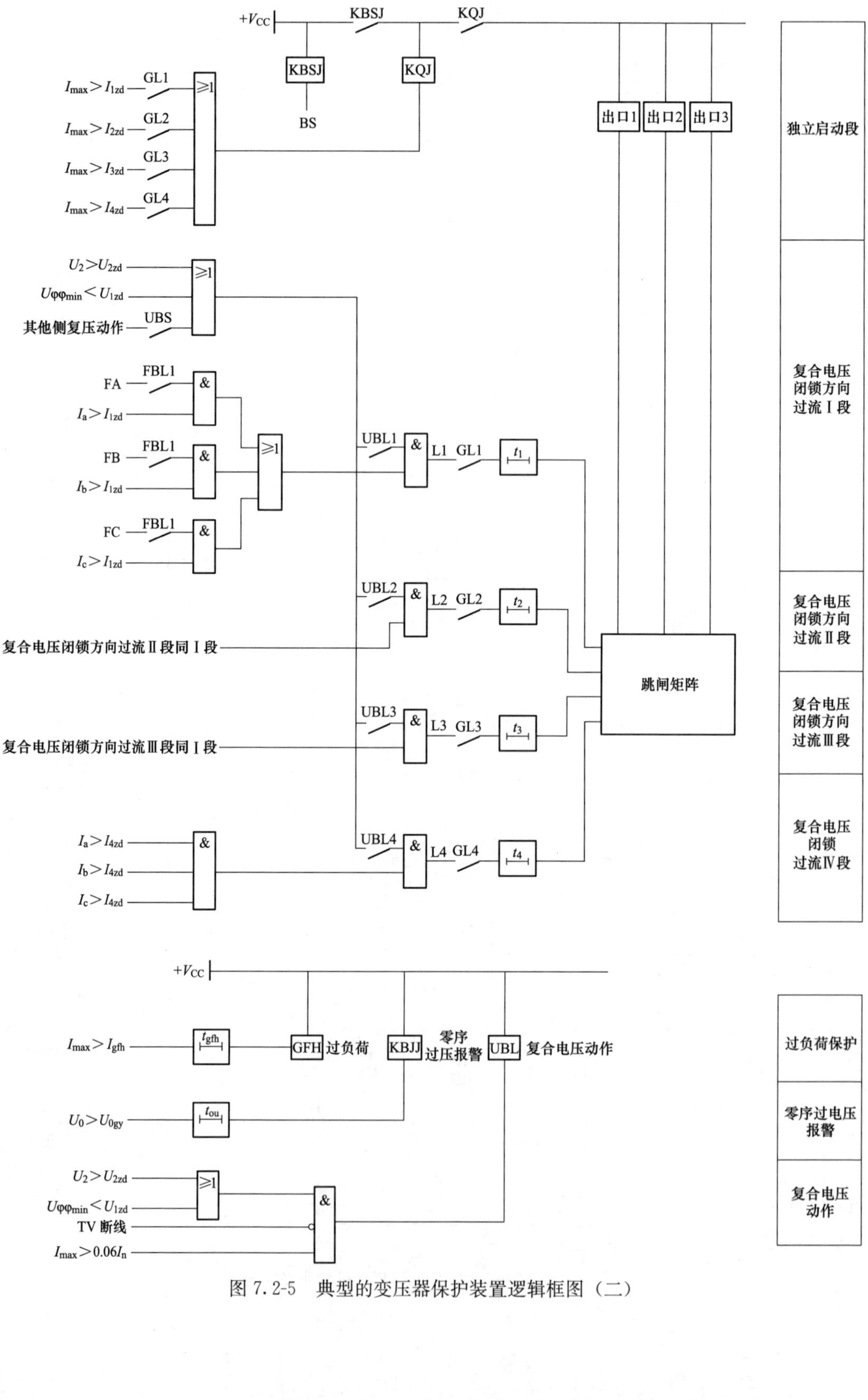

图 7.2-5 典型的变压器保护装置逻辑框图（二）

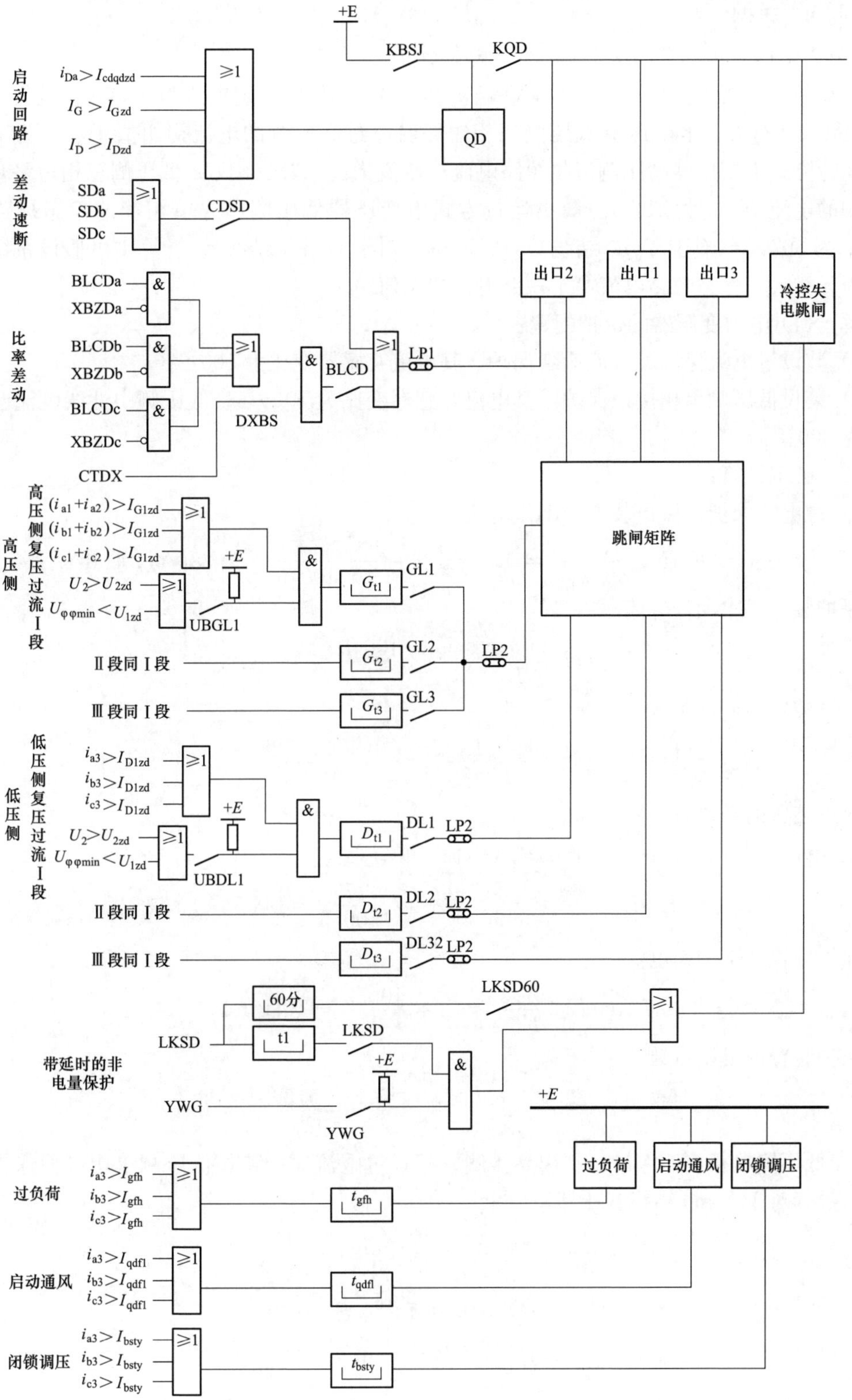

图 7.2-6　典型的变压器保护装置逻辑框图（三）

7.2.9 示例

【例 7.2-1】 10kV/0.4kV 配电变压器的保护

已知条件：变压器为 SC11 630kVA，$u_k\% = 4$，高压侧额定电流为 36.4A，过负荷系数取 3。最大运行方式下变压器低压侧三相短路时流过高压侧的电流初始值 $I''_{2k,max}$ 为 777A。最小运行方式下变压器高压侧三相短路电流初始值 $I''_{1k,min}$ 为 3651A，低压侧三相短路时流过高压侧的电流 $I_{2k,min}$ 为 728A。最小运行方式下变压器低压侧母线单相接地稳态短路电流 $I_{22k1,min}$ 为 3670A（对于 Yyn0 结线），16 500A（对于 Dyn11 结线）。计算中可假设系统电源容量为无穷大，稳态短路电流等于短路电流初始值。

解 （1）电力变压器的保护配置：

1）装设过电流保护、电流速断保护，其电流互感器变比为 100/5；

2）装设低压侧单相接地保护，其电流互感器变比为 1000/5；低压侧中性线电流互感器变比为 300/5。

（2）整定计算：

1）过电流保护：保护装置的动作电流

$$I_{op,k} = K_{rel}K_{con}\frac{K_{ol}I_{1rT}}{K_r n_{TA}} = 1.2 \times 1 \times \frac{3 \times 36.4}{0.9 \times 100/5} = 7.28(A)，取 8A$$

保护装置一次动作电流

$$I_{op} = I_{op,k}\frac{n_{TA}}{K_{con}} = 8 \times \frac{100/5}{1} = 160(A)$$

保护装置的灵敏系数

$$K_{sen} = \frac{I''_{2k2,min}}{I_{op}} = \frac{0.866 \times I''_{2k,min}}{I_{op}} = \frac{0.866 \times 728}{160} = 3.94 > 1.3$$

保护装置的动作时限取 0.5s。

2）电流速断保护：保护装置的动作电流

$$I_{op,k} = K_{rel}K_{con}\frac{I''_{2k,max}}{n_{TA}} = 1.3 \times 1 \times \frac{777}{100/5} = 50.5(A)，取 51A$$

保护装置一次动作电流

$$I_{op} = I_{op,k}\frac{n_{TA}}{K_{con}} = 51 \times \frac{100/5}{1} = 1020(A)$$

保护装置的灵敏系数

$$K_{sen} = \frac{I''_{1k2,min}}{I_{op}} = \frac{0.866 \times I''_{1k,min}}{I_{op}} = \frac{0.866 \times 3651}{1020} = 3.1 > 1.5$$

3）低压侧单相接地保护：利用高压侧三相式过电流保护兼作低压侧单相接地保护，其灵敏系数（对于 Yyn0 结线变压器）

$$K_{sen} = \frac{I_{2k1,min}}{I_{op}} = \frac{2}{3} \times \frac{I_{22k1,min}}{I_{op}n_T} = \frac{2}{3} \times \frac{3670}{160 \times 10/0.4} = 0.61 < 1.3$$

不满足要求，故应装设专用的零序过电流保护，其动作电流

按躲过不平衡电流整定 $I_{op,k} = K_{rel}\frac{0.25I_{2rT}}{n_{TA}} = 1.2 \times \frac{0.25 \times 910}{300/5} = 4.55(A)，取 5A$

保护装置的一次动作电流 $I_{op} = I_{op,k}n_{TA} = 5 \times 300/5 = 300(A)$

按与低压馈出线断路器保护配合整定：

低压出线断路器长延时动作电流为 400A，瞬时动作电流为 5 倍长延时动作电流，即 2000A。

与低压出线断路器保护配合整定 $I_{\mathrm{op,k}} = 10(\mathrm{A})$，中性导体电流互感器变比 1000/5，故保护装置一次动作电流 $I_{\mathrm{op}} = 1.2 \times 10 \times 1000/5 = 2400$ (A)

保护装置的灵敏系数 $K_{\mathrm{sen}} = \dfrac{I_{22\mathrm{k1,min}}}{I_{\mathrm{op}}} = \dfrac{3670}{2400} = 1.53 > 1.3$

保护装置动作时限采用 0.3s。

对于 Dyn11 结线变压器：利于高压侧三相式过电流保护兼作低压侧单相接地保护，其灵敏系数

$$K_{\mathrm{sen}} = \frac{I''_{2\mathrm{k1,min}}}{I_{\mathrm{op}}} = \frac{\sqrt{3}}{3} \times \frac{I_{22\mathrm{k1,min}}}{I_{\mathrm{op}} n_{\mathrm{T}}} = \frac{\sqrt{3}}{3} \times \frac{16\,500}{160 \times 10/0.4} = 2.38 > 1.3$$

满足要求。

通过上述的计算可见，Dyn11 结线变压器高压侧三相式过电流保护兼作低压侧单相接地保护时灵敏度较高，因此建议配电变压器尽量采用此结线的变压器。

【例 7.2-2】 35kV/6.3kV 电力变压器的保护

已知条件：变压器为 S11-8000kVA，Yd11 结线，$u_{\mathrm{k}}\% = 7.5$，高压侧额定电流为 132A，过负荷系数取 3，最大运行方式下变压器低压侧三相短路时流过高压侧的电流初始值 $I''_{2\mathrm{k,max}}$ 为 1.48kA。最小运行方式下变压器高压侧三相短路电流初始值 $I''_{1\mathrm{k,min}}$ 为 4.62kA，低压侧两相短路时流过高压侧的电流初始值 $I''_{2\mathrm{k2,min}}$ 为 1.27kA。系统最大运行方式容量为 560MVA，系统最小运行方式容量为 280MVA，6kV 侧变压器负荷电流为 500A。

解 电力变压器的保护配置：

1) 装设比率制动纵差保护，计算结果见表 7.2-10：

表 7.2-10 变压器各侧额定电流及互感器选择

序号	数值名称	各侧数值	
		35kV 侧	6.3kV 侧
1	变压器各侧额定电流（A）	$\frac{8000}{\sqrt{3} \times 35} = 132$	$\frac{8000}{\sqrt{3} \times 6.3} = 733$
2	电流互感器接线方式	Y	Y
3	选择电流互感器一次电流的计算值（A）	$\sqrt{3} \times 132 = 228$	733
4	电流互感器变比	300/5	800/5
5	电流互感器二次回路额定计算电流（A）	$\frac{\sqrt{3} \times 132}{60} = 3.81$	$\frac{733}{160} = 4.58$

平衡系数

$K_{\mathrm{bal1}} = \dfrac{U_{1\mathrm{n}} \times n_{\mathrm{TA1}}}{S} = \dfrac{35 \times 60}{8000} = 0.262$ $\quad K_{\mathrm{bal2}} = \dfrac{\sqrt{3} U_{2\mathrm{n}} \times n_{\mathrm{TA2}}}{S} = \dfrac{\sqrt{3} \times 6.3 \times 160}{8000} = 0.218$

差动启动电流

$$I_{\mathrm{D,st}}/n_{\mathrm{TA}} = 0.5 \times I_{\mathrm{n}} = 0.5 \times 4.58 = 2.29 \text{ (A)}$$

拐点电流

$$I_{\mathrm{t1}}/n_{\mathrm{TA}} = 0.5 \times I_{\mathrm{n}} = 0.5 \times 4.58 = 2.29 \approx 2.5 \text{ (A)}$$

$$I_{t2}/n_{TA} = 3 \times I_n = 3 \times 4.58 = 13.74 \approx 15 \text{ (A)}$$

比率制动斜率 $\qquad K_{D,res1} = 0.5 \qquad K_{D,res2} = 1$

二次谐波制动系数 $\qquad K_{res(2)} = \dfrac{I_{d2\phi}}{I_{d\phi}} = 0.2$

最大不平衡电流

$$I_{unb,max}/n_{TA} = 0.27 \dfrac{I''_{2k,max}}{n_{TA}} = 0.27 \times \dfrac{1480}{60} = 6.66 \text{ (A)}$$

最大制动电流

$$I_{res,max}/n_{TA} = \dfrac{I''_{2k,max}}{n_{TA}} = \dfrac{1480}{60} = 24.67 \text{ (A)}$$

流入差动回路电流（两相短路电流）

$$I_d^{(2)}/n_{TA} = \dfrac{I''_{2k2,min}}{n_{TA}} = \dfrac{1270}{60} = 21.2 \text{ (A)}$$

差动继电器动作电流（两相短路电流）

$$I_{op}^{(2)}/n_{TA} = [I_{D,st} + K_{D,res1}(I_{t2} - I_{t1}) + K_{D,res2}(I_{res,max} - I_{t2})]/n_{TA}$$
$$= 2.29 + 0.5 \times (15 - 2.5) + 1 \times (4 \times 4.58 - 15) = 11.86 \text{ (A)}$$

$I_{res,max}$ 此处取差动速断动作值

比率制动差动继电器灵敏系数

$$K_{sen} = \dfrac{I_d^{(2)}/n_{TA}}{I_{op,k}^{(2)}} = \dfrac{21.2}{11.86} = 1.79 > 1.5$$

差动速断电流

$$I_{D,set}/n_{TA} = 4 \times I_n = 4 \times 4.58 = 18.32 \text{ A}$$

$$K_{sen} = \dfrac{I''_{1k2,min}}{I_{D,set}} = \dfrac{0.866 \times I''_{1k,min}}{I_{D,set}} = \dfrac{0.866 \times 4620}{18.32 \times 60} = 3.64 > 1.2$$

2）过电流保护

$$I_{op,k} = K_{rel} K_{con} \dfrac{K_{ol} I_{r1}}{K_r n_{TA}} = 1.2 \times 1 \times \dfrac{3 \times 132}{0.9 \times 300/5} = 8.8 \text{ (A)}，取 9A$$

$$K_{sen} = \dfrac{I''_{2k2,min}}{I_{op,k} \dfrac{n_{TA}}{K_{con}}} = \dfrac{1270}{9 \times \dfrac{300/5}{1}} = 2.35 > 1.3$$

$$t = t_1 + \Delta t \qquad \Delta t = 0.3\text{s}，t_1 \text{ 为下级保护的动作时间}$$

3）过负荷保护：

对于 6kV 侧

$$I_{op,k} = K_{rel} K_{con} \dfrac{I_L}{K_r n_{TA}} = 1.1 \times 1 \times \dfrac{500}{0.9 \times 800/5} = 3.8\text{(A)}，取 4A$$

对于 35kV 侧

$$I_{op,k} = K_{rel} K_{con} \dfrac{I_L}{K_r n_{TA}} = 1.1 \times 1 \times \dfrac{90}{0.9 \times 300/5} = 1.83 \text{ (A)}，取 2A$$

$t = 9\text{s}$

【例 7.2-3】 110kV/10.5kV 电力变压器的保护

已知条件：变压器为 S11-31500kVA，Ynd11 结线，$u_k\% = 10.5$，系统最大运行方式容

量为 4000MVA，系统最小运行方式容量为 2800MVA，最大运行方式下变压器低压侧三相短路时流过高压侧的电流初始值 $I''_{2k,max}$ 为 1.465kA。最小运行方式下变压器高压侧三相短路电流初始值 $I''_{1k,min}$ 为 9.69kA，低压侧两相短路时流过高压侧的电流初始值 $I''_{2k2,min}$ 为 1.423kA。单相接地短路电流为 0.912kA。

解 110kV 侧额定电流

$$I_{n1} = \frac{S}{\sqrt{3}U} = \frac{31\,500}{1.732 \times 110} = 165(A) \quad \text{TA 变比选 } 300/5$$

10kV 侧额定电流

$$I_{n2} = \frac{S}{\sqrt{3}U} = \frac{31\,500}{1.732 \times 10.5} = 1732\,(A) \quad \text{TA 变比选 } 2000/5$$

TA 二次回路电流：

110kV 侧 $\quad \dfrac{\sqrt{3} \times 165}{300/5} = 4.763 \quad$ 基本侧为高压侧

10kV 侧 $\quad \dfrac{1732}{2000/5} = 4.33$

(1) 相间短路保护（纵联差动保护）：

电流平衡系数：

110kV 侧（Yn 侧） $\quad k_{bal1} = \dfrac{U_{1n} \times n_{TA1}}{S} = \dfrac{110 \times 60}{31\,500} = 0.209\,5$

10kV 侧（D 侧） $\quad k_{bal2} = \dfrac{\sqrt{3} \times U_{2n} \times n_{TA2}}{S} = \dfrac{\sqrt{3} \times 10.5 \times 400}{31\,500} = 0.230\,9$

比率制动元件的启动值（变压器外部故障切除时差动保护不平衡电流）：

$$I_{D,st}/n_{TA} = 0.5 I_n = 0.5 \times 4.76 = 2.38\,(A)$$

比率制动元件的动作电流（拐点电流）

$I_{t1}/n_{TA} = 0.5 \times I_n = 0.5 \times 4.76 = 2.38 \approx 2.5(A)$（取值按厂家的推荐值，不同供货商取值不同）

$I_{t2}/n_{TA} = 3 \times I_n = 3 \times 4.76 = 14.28 \approx 15(A)$

比率制动斜率 $\quad K_{D,res1} = 0.5 \quad K_{D,res2} = 1$

最大不平衡电流

$$I_{unb,max}/n_{TA} = 0.27 \frac{I_{2k,max}}{n_{TA}} = 0.27 \times \frac{1465}{60} = 6.593\,(A)$$

最大制动电流

$$I_{res,max}/n_{TA} = \frac{I_{2k,max}}{n_{TA}} = \frac{1465}{60} = 24.41\,(A)$$

流入差动回路的两相短路电流

$$I_d^{(2)}/n_{TA} = \frac{I''_{2k2,min}}{n_{TA}} = \frac{1423}{60} = 23.72\,(A)$$

差动继电器动作电流（两相短路电流）

$$I_{op}^{(2)}/n_{TA} = [I_{D,st} + K_{D,res1}(I_{t2} - I_{t1}) + K_{D,res2}(I_{res,max} - I_{t2})]/n_{TA}$$

$$= 2.38 + 0.5 \times (15 - 2.5) + 1 \times (4 \times 4.76 - 15) = 12.67\,(A)$$

7

$I_{res,max}$ 此处取差动速断动作值。

比率制动差动继电器灵敏系数

$$K_{sen} = \frac{I_d^{(2)}}{I_{op}^{(2)}} = \frac{23.72A}{12.67A} = 1.87 > 1.5,满足要求。$$

差动速断电流

$$I_{D,set}/n_{TA} = 4 \times I_n = 4 \times 4.76 = 19.04 \ (A)$$

差动速断灵敏系数,变压器低压侧短路流过高压侧电流

$$K_{sen} = \frac{I''_{2k2,min}}{I_{D,set}} = \frac{1423}{4 \times 4.76 \times 60} = 1.24 > 1.2,满足要求。$$

变压器高压侧短路电流

$$K_{sen} = \frac{I_{1k2,min}}{I_{D,set}} = \frac{0.866 \times 9690}{4 \times 4.76 \times 60} = 3.55 > 1.2$$

二次谐波制动系数 $K_{res(2)} = \frac{I_{d2\phi}}{I_{d\phi}} = 0.15 \sim 0.2$,取 0.2。

(2)后备保护:

1)过电流保护

$$I_{op,k} = K_{rel}K_{con}\frac{K_{ol}I_{1rT}}{K_r n_{TA}} = 1.2 \times 1 \times \frac{3 \times 165}{0.9 \times 300/5} = 11(A),取 11A。$$

$$K_{sen} = \frac{I''_{2k2,min}}{I_{op,k}\frac{n_{TA}}{K_{con}}} = \frac{1423}{11 \times \frac{300/5}{1}} = 2.15 > 1.3,满足要求。$$

$t = 0.3s$

2)过负荷保护:

对于 110kV 侧

$$I_{op,k} = K_{rel}K_{con}\frac{I_{1rT}}{K_r n_{TA}} = 1.1 \times 1 \times \frac{165}{0.9 \times 300/5} = 3.36 \ (A),取 4A。$$

$t = 9s$

(3)零序电流保护:

1)零序过电流保护:按最小运行方式下单相接地短路灵敏系数整定

$$(3I_o)_\varphi \leqslant \frac{I_{min}^{(1)}}{K_{sen}n_{TA}} = \frac{912}{1.5 \times 60} = 10 \ (A)$$

动作时限 $t_1 = 0.3s \ (0.5s)$ $\qquad$ $t_2 = t_1 + \Delta t = 0.6s(1s)$

t_1 跳本侧分段断路器;t_2 跳变压器各侧断路器。

2)零序电流电压保护(变压器为中性点可接地或不接地的分级绝缘带保护间隙或全绝缘变压器),即间隙零序电流电压保护或电压保护。

零序电流动作电流，根据经验一次动作电流取 100A（110kV 电网中取 40～100A）。

电流互感器串接在放电间隙下端与地之间，TA 一次电流取 1.2～1.5 倍（最大 2 倍）变压器额定电流，TA 变比为 300/5。

$$I_{op \cdot k} = \frac{100}{n_{TA}} = \frac{100}{60} = 1.7 \text{（A）}$$

$t = 0.3 \sim 1.2s$ 跳开变压器各侧断路器。

零序电压保护（中性点不接地变压器）

$(3U_0)_{op} = 150 \sim 180V$，取 170V

$$K_{sen} = \frac{(3U_0)_{max}}{(3U_0)_{op}} = \frac{220}{170} = 1.29$$

在接地中性点全部消失情况下，发生单相接地时零序电压元件必须动作。由于 TV 饱和的关系 $(3U_0)_{max}$ 只有 220V。

$t = 0.3s$ 跳开变压器各侧断路器。

间隙整定：110kV 变压器中性点间隙距离 $l = 105 \sim 115mm$

其工频放电电压则为 56.658kV，由于 110kV 系统额定相电压为 63.5kV，则工频放电电压不应高于 60.3kV。

【例 7.2-4】 三绕组降压变压器差动保护

已知条件：三绕变压器容量为 31.5MVA，容量分配为 31.5/20/31.5MVA，$Y_n y\ d11$ 结线，电压为 $110 \pm 8 \times 1.25\%/38.5 \pm 2 \times 2.5\%/11kV$，阻抗电压为 $u_{k12}\% = 10.5/u_{k13}\% = 17.5/u_{k23}\% = 6.5$，系统最大运行方式短路容量为 900MVA，系统最小运行方式短路容量为 500MVA。

电力变压器装设比率制动纵差保护装置。

解 （1）计算变压器各侧在 31.5MVA 容量下的一、二次电流并选择 TA 变比，计算结果见表 7.2-11：

表 7.2-11 变压器各侧额定电流及互感器选择

名称	变压器各侧		
额定电压（kV）	110	38.5	11
额定电流（A）	$\frac{31\ 500}{\sqrt{3} \times 110} = 165$	$\frac{31\ 500}{\sqrt{3} \times 38.5} = 472$	$\frac{31\ 500}{\sqrt{3} \times 11} = 1653$
电流互感器结线	Y	Y	Y
电流互感器变比	300/5	1000/5	2000/5
二次额定计算电流（A）	$\frac{\sqrt{3} \times 165}{300/5} = 4.76$	$\frac{\sqrt{3} \times 472}{1000/5} = 4.1$	$\frac{1653}{2000/5} = 4.13$

注 1. 变压器高压侧作为基本侧。

2. 计算时变压器容量均取变压器绕组容量的最大值。

（2）图 7.2-7 为变压器一次接线及等值阻抗图。

$$X_1 = \frac{1}{2}(X_{12} + X_{13} - X_{23}) = \frac{1}{2}(10.5 + 17.5 - 6.5) = 10.75\%$$

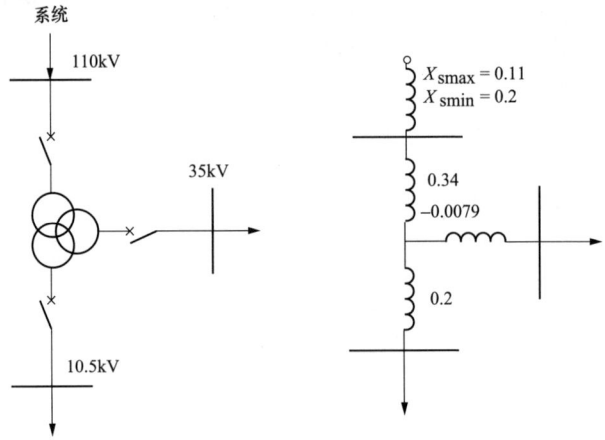

图 7.2-7　变压器一次接线及等值阻抗图

$$X_2 = \frac{1}{2}(X_{12} + X_{23} - X_{13}) = \frac{1}{2}(10.5 + 6.5 - 17.5) = -0.25\%$$

$$X_3 = \frac{1}{2}(X_{13} + X_{23} - X_{12}) = \frac{1}{2}(17.5 + 6.5 - 10.5) = 6.75\%$$

$$X_{1pu} = \frac{X_1}{100} \times \frac{S_j}{S_e} = \frac{10.75}{100} \times \frac{100}{31.5} = 0.34$$

$$X_{2pu} = \frac{X_2}{100} \times \frac{S_j}{S_e} = \frac{-0.25}{100} \times \frac{100}{31.5} = -0.0079$$

$$X_{3pu} = \frac{X_3}{100} \times \frac{S_j}{S_e} = \frac{6.75}{100} \times \frac{100}{31.5} = 0.2$$

$$X_{smaxpu} = \frac{S_j}{S_{max}} = \frac{100}{900} = 0.11$$

$$X_{sminpu} = \frac{S_j}{S_{min}} = \frac{100}{500} = 0.2$$

1) 35kV 母线发生三相短路故障时流过 110kV 侧的短路电流

$$I''_{2k,max} = \frac{I_j}{X_{\Sigma 2}} = \frac{502}{0.11 + 0.34 + (-0.0079)} = 1135\,(\text{A})$$

$$I''_{2k,min} = \frac{I_j}{X_{\Sigma 2}} = \frac{502}{0.2 + 0.34 + (-0.0079)} = 943\,(\text{A})$$

2) 10.5kV 母线发生三相短路故障时流过 110kV 侧的短路电流

$$I''_{3k,max} = \frac{I_j}{X_{\Sigma 3}} = \frac{502}{0.11 + 0.34 + 0.2} = 772\,(\text{A})$$

$$I''_{3k,min} = \frac{I_j}{X_{\Sigma 3}} = \frac{502}{0.2 + 0.34 + 0.2} = 678\,(\text{A})$$

3) 变压器 110kV 内部发生三相短路故障时的短路电流

$$I''_{1k,max} = \frac{I_j}{X_{\Sigma1}} = \frac{502}{0.11+0.34} = 1116 \text{ (A)}$$

$$I''_{1k,min} = \frac{I_j}{X_{\Sigma1}} = \frac{502}{0.2+0.34} = 930 \text{ (A)}$$

（3）微机保护整定计算：

1）各侧电流平衡系数计算

$$I_{1n} = \sqrt{3}\,\frac{I_{1N}}{n_{TA1}} = \frac{\sqrt{3}\times165}{300/5} = 4.76$$

$$I_{2n} = \sqrt{3}\,\frac{I_{2N}}{n_{TA2}} = \frac{\sqrt{3}\times472}{1000/5} = 4.1$$

$$I_{3n} = \frac{I_{3N}}{n_{TA3}} = \frac{1653}{2000/5} = 4.13$$

$$K_{ba1} = \frac{I_{1n}}{I_{1n}} = 1 \quad K_{ba2} = \frac{I_{1n}}{I_{2n}} = 1.16 \quad K_{ba3} = \frac{I_{1n}}{I_{3n}} = 1.15$$

2）最小动作电流 $I_{set,min}$（按躲过正常变压器额定负载时的最大不平衡电流整定）

$$I_{set,min}/n_{TA} \geqslant K_{rel}(K_{ap}K_{cc}K_{er} + \Delta U + \Delta m + \Delta\mu)I_n - K_{D,res}(I_n - I_t/n_{TA})$$

式中　K_{rel}——可靠系数，取 $K_{rel} = 1.5\sim2$；

　　　K_{ap}——非周期分量系数，P 级 TA 取 $K_{ap} = 1.5\sim2$；

　　　K_{er}——电流互感器综合误差，取 $K_{er} = 10\%$；

　　　K_{cc}——电流互感器同型系数，取 $K_{cc} = 1$；

　　　ΔU——偏离变压器额定电压最大调压百分数，取 $\Delta U = 0.05$；

　　　Δm——装置通道调整误差引起的不平衡电流系数，$\Delta m = 0.01\sim0.02$；

　　　$\Delta\mu$——励磁电流引起的不平衡电流系数，可取 $\Delta\mu = 1\%$；

　　　I_n——变压器基本侧二次额定计算电流；

　　$K_{D,res}$——制动特性斜率；

　　　I_t——拐点电流。

当 $K_{rel} = 2$，$K_{ap} = 2$，$K_{cc} = 1$，$K_{er} = 0.1$，$\Delta U = 0.05$，$\Delta m = 0.02$，$\Delta\mu = 0.01$ 时，取 $K_{D,res} = 0$，

$$I_{set,min}/n_{TA} \geqslant 2\times(2\times1\times0.1 + 0.05 + 0.02 + 0.01)I_n = 0.56I_n$$

工程上 $I_{set,min}/n_{TA} = (0.56\sim0.8)I_n = (0.56\sim0.8)\times4.76 = 2.67\sim3.8 \text{ A}$

3）外部短路时差动回路不平衡电流：

a）低压侧母线故障时，差动回路的不平衡电流

$$I_{unb,L}/n_{TA} = \left[K_{ap}K_{cc}K_{er}I_{K,max,pu}^{(L)} + (\Delta U_H + \Delta m)I_{K,H,pu}^L + (\Delta U_M + \Delta m)I_{K,M,pu}^L\right]\frac{S_B}{\sqrt{3}U_B}\frac{1}{n_{TA}}\sqrt{3}$$

$$= \left[2\times1\times0.1\times\frac{1}{(0.11+0.34+0.2)} + (0.1+0.02)\times\frac{1}{0.65}\times\frac{1}{110/11}\right]$$

$$\times\frac{502}{60}\times\sqrt{3}$$

$$= (0.307\,7 + 0.018\,5) \times 14.5 = 4.73\,\text{(A)}$$

式中　$I_{\text{K,max,pu}}^{(\text{L})}$——低压侧母线短路故障时流过低压侧的最大短路电流标幺值；

$I_{\text{K,H,pu}}^{\text{L}}$、$I_{\text{K,M,pu}}^{\text{k}}$——低压侧母线故障时，流过高压侧、中压侧短路电流标幺值；

ΔU_{H}、ΔU_{M}——高压侧、中压侧偏离额定分接头的最低调压百分数。

b）中压侧母线故障时，差动回路的不平衡电流

$$I_{\text{unb,M}}/n_{\text{TA}} = \left[(K_{\text{ap}}K_{\text{cc}}K_{\text{er}} + \Delta U_{\text{M}})I_{\text{K,max,pu}}^{(\text{M})} + (\Delta U_{\text{H}} + \Delta m)I_{\text{K,H,pu}}^{\text{M}} + \Delta m I_{\text{K,L,pu}}^{\text{M}} \right] \frac{S_{\text{B}}}{\sqrt{3}U_{\text{B}}} \frac{1}{n_{\text{TA}}}\sqrt{3}$$

$$= \left[(2 \times 1 \times 0.1 + 0.05) \times \frac{1}{(0.11 + 0.34 - 0.007\,9)} \right.$$

$$\left. + (0.1 + 0.02) \times \frac{1}{0.442} \times \frac{1}{110/38.5} \right] \times \frac{502}{60}\sqrt{3}$$

$$= (0.566 + 0.095) \times 14.5 = 9.579\,\text{(A)}$$

式中　$I_{\text{K,max,pu}}^{(\text{M})}$——中压侧母线短路故障时流过中压侧的最大短路电流标幺值；

$I_{\text{K,H,pu}}^{\text{M}}$、$I_{\text{K,L,pu}}^{\text{M}}$——中压侧母线故障时，流过高压侧、低压侧短路电流标幺值。

c）高压侧母线故障时，差动回路的不平衡电流

$$I_{\text{unb,H}}/n_{\text{TA}} = \left[(K_{\text{ap}}K_{\text{cc}}K_{\text{er}} + \Delta U_{\text{H}})I_{\text{K,max,pu}}^{(\text{H})} + (\Delta U_{\text{H}} + \Delta m)I_{\text{K,M,pu}}^{\text{M}} + \Delta m I_{\text{K,L,pu}}^{\text{M}} \right] \frac{S_{\text{B}}}{\sqrt{3}U_{\text{B}}} \frac{1}{n_{\text{TA}}}\sqrt{3}$$

$$= \left[(2 \times 1 \times 0.1 + 0.1) \times \frac{1}{(0.11 + 0.34)} \right] \times \frac{502}{60} \times \sqrt{3}$$

$$= (0.444 + 0.222) \times 14.5 = 9.66\,\text{(A)}$$

式中　$I_{\text{K,max,pu}}^{(\text{H})}$——高压侧母线短路故障时流过高压侧的最大短路电流标幺值；

$I_{\text{K,M,pu}}^{\text{M}}$、$I_{\text{K,L,pu}}^{\text{M}}$——中压侧母线故障时，流过中压侧、低压侧短路电流标幺值；

$$I_{\text{unb,max}}/n_{\text{TA}} = 9.66\text{A}$$

4）拐点电流 $I_{\text{t}}/n_{\text{TA}} = (0.7 \sim 0.8)I_{\text{n}} = (0.7 \sim 0.8) \times 4.76 = (3.33 \sim 3.81)\,\text{A}$

5）制动特性斜率：

a）计算最大不平衡电流：$I_{\text{unb,max}}/n_{\text{TA}} = 9.66\text{A}$

b）计算最大制动电流

$$I_{\text{res,max}}/n_{\text{TA}} = \frac{1}{2}\max\{I_{\text{K,max}}^{(\text{L})}, I_{\text{K,max}}^{(\text{M})}, I_{\text{K,max}}^{(\text{H})}\} \frac{S_{\text{B}}}{\sqrt{3}U_{\text{B}}} \frac{1}{n_{\text{TA}}}\sqrt{3}$$

$$I_{\text{res,max}}/n_{\text{TA}} = \frac{1}{2} \times \frac{1}{0.442} \times \frac{502}{60} \times \sqrt{3} = 16.39\,\text{(A)}$$

c）制动特性斜率

$$S_1 \geqslant \frac{(K_{\text{rel}}I_{\text{unb,max}} - I_{\text{set,min}})/n_{\text{TA}}}{(I_{\text{res,max}} - I_{\text{t}})/n_{\text{TA}}} = \frac{1.3 \times 9.66 - 2.67}{16.39 - 3.33} = 0.757$$

$$S_2 \geqslant \frac{(K_{\text{rel}}I_{\text{unb,max}} - I_{\text{set,min}})/n_{\text{TA}}}{(I_{\text{res,max}} - I_{\text{t}})/n_{\text{TA}}} = \frac{1.3 \times 9.66 - 3.8}{16.39 - 3.81} = 0.696$$

取 S 为 0.7

6）灵敏系数计算：

a）计算变压器各侧出口保护区内金属性两相短路电流：

10.5kV 母线发生两相短路故障时流过 110kV 侧的短路电流

$$I''_{3k2,min} = \frac{2}{\sqrt{3}} \times \frac{\sqrt{3}}{2} I''_{3k,min} = \frac{2}{\sqrt{3}} \times \frac{\sqrt{3}}{2} \times 678 = 678\ (A)$$

35kV 母线发生两相短路故障时流过 110kV 侧的短路电流

$$I''_{2k2,min} = \frac{\sqrt{3}}{2} I''_{2k,min} = \frac{\sqrt{3}}{2} \times 943 = 817\ (A)$$

变压器 110kV 内部发生两相短路故障时的短路电流

$$I''_{1k2,min} = \frac{\sqrt{3}}{2} I''_{1k,min} = \frac{\sqrt{3}}{2} \times 930 = 805\ (A)$$

b）制动电流

$$I^{(2)}_{res}/n_{TA} = \frac{1}{2}\max\{I_{3k2,min}, I_{2k2,min}, I_{1k2,min}\}\frac{1}{n_{TA}}\sqrt{3} = \frac{\sqrt{3}}{2} \times 817/60 = 11.79\ (A)$$

最小动作电流

$$I_{op}/n_{TA} = [I_{set,min} + S(I^{(2)}_{res} - I_t)]/n_{TA} = 3.8 + 0.7 \times (11.79 - 3.8) = 9.39 (A)$$

c）计算流入差动回路的最小电流

$$I^{(2)}_D/n_{TA} = \min\{I_{3k2,min}, I_{2k2,min}, I_{1k2,min}\}\frac{1}{n_{TA}}\sqrt{3} = \frac{\sqrt{3} \times 678}{60} = 19.57 (A)$$

d）灵敏系数

$$K_{sen} = \frac{I^{(2)}_D}{I_{op}} = \frac{19.57}{9.39} = 2.08 > 1.5$$

7）二次谐波制动比

$K_2 = 12\% \sim 20\%$ 取 $K_2 = 15\%$

8）差动速断

$$I_{D,set}/n_{TA} = 6\ I_n = 6 \times 4.76 = 28.56\ (A)$$

灵敏系数 $K_{sen} = \dfrac{I''_{k2,min}}{I_{D,set}} = \dfrac{0.866 \times \dfrac{1}{0.2} \times 502}{28.56 \times 60}\sqrt{3} = \dfrac{62.75}{28.56} = 2.2 \geqslant 1.2$

7.3　3～110kV 线路的保护

7.3.1　3～110kV 线路根据规范要求应装设的保护装置

（1）对 3～110kV 线路的下列故障或异常运行，应装设相应的保护装置：

1）相间短路；

2）单相接地；

3)过负荷。

(2)对3～20kV线路装设相间短路保护装置，宜符合下列要求：

1)中性点非有效接地电网的3～10kV线路电流保护装置应接于两相电流互感器上，同一网络的保护装置应装在相同的两相上；20kV线路电流保护装置应接于三相电流互感器。

2)后备保护应采用远后备方式。

3)下列情况应快速切除故障：

a)当线路短路使发电厂厂用母线或重要用户母线电压低于额定电压的60%时；

b)线路导线截面积过小，线路的热稳定不允许带时限切除短路时。

4)当过电流保护的时限不大于0.5～0.7s时，且无3)所列的情况，或没有配合上的要求时，可不装设瞬动的电流速断保护。

(3)在3～20kV线路装设相间短路保护装置，应符合下列规定：

1)对单侧电源线路可装设两段过电流保护：第一段为不带时限的电流速断保护；第二段为带时限的过电流保护，保护可采用定时限或反时限特性。对单侧电源带电抗器的线路，当其断路器不能切断电抗器前的短路时，不应装设电流速断保护，此时，应由母线保护或其他保护切除电抗器前的故障。

保护装置仅在线路的电源侧装设。

2)对双侧电源线路，可装设带方向或不带方向的电流速断和过电流保护。当采用带方向或不带方向的电流速断和过电流保护不能满足选择性、灵敏性或速动性的要求时，应采用光纤纵联差动保护作主保护，并应装设带方向或不带方向的电流保护作后备保护。

对并列运行的平行线路可装设横联差动保护作为主保护，并应以接于两回线电流之和的电流保护作为两回线同时运行的后备保护及一回线路断开后的主保护及后备保护。

(4)3～20kV线路经低电阻接地单侧电源线路，除应配置相间故障保护外，还应配置零序电流保护。零序电流保护应设两段，第一段应为零序电流速断保护，时限应与相间速断保护相同；第二段应为零序过电流保护，时限应与相间过电流保护相同。当零序电流速断保护不能满足选择性要求时，也可配置两套零序电流保护。零序电流可取自三相电流互感器组成的零序电流滤过器，也可取自加装的独立零序电流互感器，应根据接地电阻阻值、接地电流和整定值大小确定。

(5)中性点非有效接地电网的35～66kV线路装设相间短路保护装置，应符合下列要求：

1)电流保护装置应接于两相电流互感器上，同一网络的保护装置应装在相同的两相上；

2)后备保护应采用远后备方式；

3)下列情况应快速切除故障：

a)当线路短路使发电厂厂用母线或重要用户母线电压低于额定电压的60%时；

b)线路导线截面积过小，线路的热稳定不允许带时限切除短路时；

c)切除故障时间长，可能导致高压电网产生电力系统稳定问题时；

d)为保证供电质量需要时。

(6)35～66kV线路装设相间短路保护装置，应符合下列要求：

1)对单侧电源线路可装设一段或两段电流速断和过电流保护，必要时可增设复合电压闭锁元件。

当线路发生短路时，使发电厂厂用母线电压或重要用户母线电压低于额定电压的60%时，应能快速切除故障。

2) 对双侧电源线路，可装设带方向或不带方向的电流电压保护。当采用电流电压保护不能满足选择性、灵敏性和速动性要求时，可采用距离保护或光纤纵联差动保护装置作主保护，应装设带方向或不带方向的电流电压保护作后备保护。

3) 对并列运行的平行线路可装设横联差动保护作主保护，并应以接于两回线电流之和的电流保护作为两回线路同时运行的后备保护及一回线路断开后的主保护及后备保护。

4) 低电阻接地单侧电源线路，可装设一段或两段三相式电流保护；装设一段或两段零序电流保护，作为接地故障的主保护和后备保护。

(7) 对3～66kV中性点非有效接地电网中线路的单相接地故障，应装设接地保护装置，并应符合下列规定：

1) 在发电厂和变电站母线上，应装设接地监视装置，并应动作于信号；

2) 线路上宜装设有选择性的接地保护，并应动作于信号。当危及人身和设备安全时，保护装置应动作于跳闸；

3) 在出线回路数不多，或难以装设选择性单相接地保护时，可采用依次断开线路的方法寻找故障线路；

4) 经低电阻接地单侧电源线路，应装设一段或两段零序电流保护。

(8) 电缆线路或电缆架空混合线路，应装设过负荷保护。保护装置宜带时限动作于信号；当危及设备安全时，可动作于跳闸。

(9) 110kV线路后备保护配置宜采用远后备方式。

(10) 110kV线路的接地短路，应装设相应的保护装置，并应符合下列规定：

1) 宜装设带方向或不带方向的阶段式零序电流保护；

2) 对零序电流保护不能满足要求的线路，可装设接地距离保护，并应装设一段或二段零序电流保护作后备保护。

(11) 110kV线路的相间短路，应装设相应的保护装置，并应符合下列规定：

1) 单侧电源线路，应装设三相多段式电流或电流电压保护，当不能满足要求时，可装设相间距离保护；

2) 双侧电源线路，应装设阶段式相间距离保护。

(12) 110kV线路在下列情况，应装设全线速动保护（光纤电流纵差保护）：

1) 系统安全稳定有要求时；

2) 线路发生三相短路，使重要用户母线电压低于额定电压的60%，且其他保护不能无时限和有选择性地切除短路时；

3) 当线路采用全线速动保护，不仅改善本线路保护性能，且能改善电网保护性能时。

注 (1) 本手册只讨论单侧电源线路的保护配置。

(2) 非有效接地单侧电源线路接地保护见7.8节。

(3) 本手册只讨论110kV终端变电站，由于是单侧电源，线路的保护功能由电源侧完成，当电源侧装设了光纤纵差保护时，则本侧进线断路器装设与电源侧型号一致的光纤纵差保护，其保护应与电源侧保护相配合。

7.3.2　保护配置

3～66kV 线路的继电保护配置见表 7.3-1。

表 7.3-1　　　　　　　　　　3～66kV 线路的继电保护配置

被保护线路	保护装置名称					
	无时限或带时限电流电压速断	无时限电流速断保护①	带时限速断保护	过电流保护②	单相接地保护	过负荷保护
单侧电源放射式单回线路	35～66kV 线路装设	自重要配电站引出的线路装设	当无时限电流速断不能满足选择性动作时装设	装设	根据需要装设	装设

①　无时限电流速断保护范围，应保证切除所有使该母线残压低于 60％额定电压的短路。为满足这一要求，必要时保护装置可无选择地动作，并以自动装置来补救。

②　当过电流保护灵敏系数不满足要求时，采用低电压闭锁过电流保护或复合电压启动的过电流保护。

7.3.3　整定计算

6～20kV 线路的继电保护整定计算见表 7.3-2。

35～66kV 线路的继电保护整定计算见表 7.3-3。

表 7.3-2　　　　　　　　　　6～20kV 线路的继电保护整定计算

保护名称	计算项目和公式	符号说明
过电流保护	保护装置的动作电流（应躲过线路的过负荷电流） $$I_{op,k} = K_{rel} K_{con} \frac{I_{ol}}{K_r n_{TA}}$$ 保护装置的灵敏系数（按最小运行方式下线路末端两相短路电流校验） $$K_{sen} = I_{2k2,min}/I_{op} \geqslant 1.3$$ 保护装置的动作时限，应较相邻元件的过电流保护大一个时限阶段，一般大 $0.3\sim0.5s$	$I_{op,k}$——保护装置的动作电流，A； K_{con}——接线系数，接于相电流时取 1，接于相电流差时取 $\sqrt{3}$； K_r——继电器返回系数，取 0.9； n_{TA}——电流互感器变比； I_{ol}③——线路过负荷（包括电动机启动所引起的）电流，A； $I_{2k2,min}$——最小运行方式下，线路末端两相短路稳态电流，A； I_{op}——保护装置一次动作电流，A $$I_{op} = I_{op,k} \cdot \frac{n_{TA}}{K_{con}}$$ $I''_{2k,max}$——最大运行方式下线路末端三相短路电流初始值，A；
无时限电流速断保护	保护装置的动作电流（应躲过线路末端短路时最大三相短路电流①②） $$I_{op,k} = K_{rel} K_{con} \frac{I''_{2k,max}}{n_{TA}}$$ 保护装置的灵敏系数（按最小运行方式下线路始端两相短路电流校验） $$K_{sen} = I''_{1k2,min}/I_{op} \geqslant 1.5$$	$I''_{1k2,min}$——最小运行方式下线路始端两相短路电流初始值④，A； K_{co}——配合系数，取 1.1； $I_{op,3}$——相邻元件的电流速断保护的一次动作电流，A；
带时限电流速断保护	保护装置的动作电流（应躲过相邻元件末端短路时的最大三相短路电流或与相邻元件的电流速断保护的动作电流相配合，按两个条件中较大者整定） $$I_{op,k} = K_{rel} K_{con} \frac{I_{3k,max}}{n_{TA}}$$ 或 $$I_{op,k} = K_{co} K_{con} \frac{I_{op,3}}{n_{TA}}$$ 保护装置的灵敏系数与无时限电流速断保护的公式相同。 保护装置的动作时限，应较相邻元件的电流速断保护大一个时限阶段，一般大 $0.3\sim0.5s$	$I_{3k,max}$——最大运行方式下相邻元件末端三相短路稳态电流，A； I_{cx}——被保护线路外部发生单相接地故障时，从被保护元件流出的电容电流，A； I_Σ——电网的总单相接地电容电流⑤，A； $I_{L,max}$——被保护线路最大负荷电流，A

保护名称	计算项目和公式	符号说明
单相接地保护*	保护装置的一次动作电流（按躲过被保护线路外部单相接地故障时，从被保护元件流出的电容电流及按最小灵敏系数 1.3 整定） $$I_{op} \geqslant K_{rel} I_{cx}$$ 和 $$I_{op} \leqslant \frac{I_{c\Sigma} - I_{cx}}{1.3}$$	K_{rel}——可靠系数，用于电流速断保护时取 1.3，用于过电流保护时取 1.2，用于过负荷保护时取 1.05～1.1，见表 7.2-3，用于单相接地保护时，无时限取 4～5，有时限取 1.5～2
过负荷保护	保护装置动作电流（应按线路最大负荷电流整定） $$I_{op,k} \leqslant K_{rel} K_{con} \frac{I_{L,max}}{K_r n_{TA}}$$	

① 如为线路变压器组，应按配电变压器整定计算。

② 当保证母线上具有规定的残余电压时，线路的最小允许长度按下式计算

$$K_x = \frac{-\beta K_1 + \sqrt{1 + \beta^2 - K_1^2}}{\sqrt{1 + \beta^2}}$$

$$l_{min} = \frac{X_{s,min}}{R_l} \frac{-\beta + \sqrt{\frac{K_{rel}^2 \alpha^2}{K_x^2}(1 + \beta^2) - 1}}{1 + \beta^2}$$

式中　K_x——计算运行方式下电力系统最小综合电抗 $X_{s,min}$ 上的电压与额定电压之比；

　　　β——每千米线路的电抗 X_l 与有效电阻 R_l 之比；

　　　K_1——母线上残余相间电压与额定相间电压之比，其值等于母线上最小允许残余电压与额定电压之比，取 0.6；

　　　R_l——每千米线路的有效电阻，Ω/km；

　　$X_{s,min}$——按电力系统在最大运行方式下，在母线上的最小综合电抗，Ω；

　　　K_{rel}——可靠系数，一般取 1.2；

　　　α——表示电力系统运行方式变化的系数，其值等于电力系统最小运行方式时的综合电抗 $X_{*s,max}$ 与最大运行方式时的综合电抗 $X_{*s,min}$ 之比。

③ 电动机自启动时的过负荷电流按下式计算

$$I_{ol} = K_{ol} I_W = \frac{I_W}{u_k + Z_{pu,II} + \frac{S_{rT}}{K_{st} S_{M\Sigma}}}$$

式中　I_W——线路工作电流，A；

　　　K_{ol}——需要自启动的全部电动机，在启动时所引起的过电流倍数；

　　　u_k——变压器阻抗电压相对值；

　　$Z_{pu,II}$——以变压器额定容量为基准的线路阻抗标幺值；

　　　S_{rT}——变压器额定容量，kVA；

　　　$S_{M\Sigma}$——需要自启动的全部电动机容量，kVA；

　　　K_{st}——电动机启动时的电流倍数。

④ 两相短路电流初始值 I''_{k2} 等于三相短路电流初始值 I''_{k3} 的 0.866 倍。

⑤ 电网单相接地电容电流计算，详见 4 章。

* 单相接地保护详见 7.8 节。

表 7.3-3 　　　　　　　　　　　　35～66kV 线路的继电保护整定计算

保护名称	计算项目和公式	符号说明
无时限电流和电压速断	按保护动作范围的条件整定 $$I_{op,k} = K_{con} \frac{I_b}{n_{TA}(X_{pu,s} + X_{pu,op})}$$ $$I_{op} = I_{op,k} \frac{n_{TA}}{K_{con}}$$ $$U_{op,k} = \frac{\frac{\sqrt{3}I_{op}}{I_b} X_{pu,op} U_b}{n_{TV}}$$ $$U_{op} = U_{op,k} n_{TV}$$ 保护装置灵敏系数（电流部分） $$K_{sen} = I_{2k2,min}/I_{op} \geqslant 1.5$$ 保护装置灵敏系数（电压部分） $$K_{sen} = U_{op}/U_{rem,max} \geqslant 1.5$$	$I_{op,k}$ ——保护装置的动作电流，A； I_{op} ——保护装置的一次动作电流，A； K_{con} ——接线系数，接于相电流时 K_{con} $=1$； n_{TA} ——电流互感器变比； I_b ——基准电流； $X_{pu,s}$ ——系统电抗标幺值； $X_{pu,op}$ ——相当于电流元件或电压元件动作范围长度的线路电抗标幺值 $$X_{pu,op} = X_{pu,w}/K_{rel}$$ $X_{pu,w}$ ——被保护线路的电抗标幺值； K_{rel} ——可靠系数，取 1.3； n_{TV} ——电压互感器变比； U_b ——基准电压
带时限电流和电压速断	保护装置动作电流（应与相邻元件的无时限电流速断保护的动作电流相配合） $$I_{op,k} = K_{con} K_{co} \frac{I_{op,3}}{n_{TA}}$$ $$I_{op} = I_{op,k} \frac{n_{TA}}{K_{con}}$$ （并应躲过相邻元件末端的最大三相短路电流） $$I_{op,k} = K_{rel} K_{con} \frac{I_{3k,max}}{n_{TA}}$$ $$I_{op} = I_{op,k} \frac{n_{TA}}{K_{con}}$$ 保护装置动作电压（应与相邻元件的无时限电压速断保护的动作电压相配合） $$U_{op,k} = \frac{\sqrt{3}I_{op}X + U_{op,3}}{n_{TV} K_{co}}$$ $$U_{op} = U_{op,k} n_{TV}$$ 保护装置灵敏系数（电流部分） $$K_{sen} = I_{2k2,min}/I_{op} \geqslant 1.5$$ 保护装置灵敏系数（电压部分） $$K_{sen} = \frac{U_{op}}{U_{rem,max}} \geqslant 1.5$$ 保护装置的动作时限，应较相邻元件的电流和电压速断保护大一个时限阶段，一般时限取 0.3～0.5s	$I_{op,k}$ ——保护装置的动作电流，A； I_{op} ——保护装置的一次动作电流，A； K_{con} ——接线系数，接于相电流时 $K_{con}=$ 1； n_{TA} ——电流互感器变比； K_{co} ——配合系数，取 1.1； $I_{op,3}$ ——相邻元件的无时限电流速断保护的一次动作电流； K_{rel} ——可靠系数，取 1.2～1.3； $I_{3k,max}$ ——系统最大运行方式时，相邻元件末端的三相短路电流； X ——被保护线路的电抗； $U_{op,3}$ ——相邻元件的无时限电压速断保护的一次动作电压 V； n_{TV} ——电压互感器变比； $I_{2k2,min}$ ——最小运行方式下，被保护线路末端两相短路稳态电流 A； $U_{rem,max}$ ——最大运行方式下，被保护线路末端三相短路，保护安装处的剩余电压，V； $U_{op,k}$ ——保护装置的动作电压，V； U_{op} ——动作电压，V

注　多段电流保护、单相接地保护、过负荷保护见 6～20kV 线路继电保护整定计算。

7.3.4　线路光纤纵联差动保护

线路光纤电流差动保护是利用光纤传送信息，比较线路两侧流过电流的幅值和相位的保护。其特点是快速保护线路全长；不受单侧电源运行方式的限制和影响；不受电力系统振荡的影响；能正确反应被保护线路上发生的任何类型短路故障；装置构成简单，运行可靠，维护工作量少，投运率高。在高压电网中能满足动作的快速性和灵敏性要求。在中压电网中，短距离线路的一般电流保护不能满足动作的快速性和灵敏性要求时，则应用光纤电流差动保护。

中压非直接接地系统或低电阻接地系统中的光纤电流差动保护，由于装置的通信方式为异步通信方式且采用较低的通信波特率，为提高差动继电器可利用的数据采集密度，装置必须压缩两侧需校核的数据量，故差动继电器实现时取两侧电流综合量，并要求线路两侧 TA 的变比及特性一致。

高压中性点接地系统中的光纤电流差动保护装置的通信方式为同步通信方式且采用较高的通信波特率。继电器实现时采用两侧电流分量。线路两侧数据同步采用，两侧电流互感器变比可以不一致。

7.3.4.1　3～66kV 中性点非有效接地系统或低电阻接地系统光纤纵联差动保护

由于装置的通信方式为异步通信方式且采用较低的通信波特率，为提高差动继电器可利用的数据采样密度，装置必须压缩两侧需交换的数据量，故差动继电器实现时取两侧电流综合量而未采用分相电流差动。差动方程如下

$$DI_\Sigma = \mid I_{\Sigma L} + I_{\Sigma R} \mid - 0.7(\mid I_{\Sigma L} \mid + \mid I_{\Sigma R} \mid) \geqslant 0.3\,I_{\Sigma N} \tag{7.3-1}$$

式中　$I_{\Sigma L}$——本侧电流综合量，A；

　　　$I_{\Sigma R}$——对侧电流综合量，A；

　　　$I_{\Sigma N}$——额定工况下的电流综合量，A。

电流综合量
$$I_\Sigma = I_{(1)} + 6I_{(2)} \tag{7.3-2}$$

其中　I_Σ——电流综合量，A；

　　　$I_{(1)}$——正序电流，A；

　　　$I_{(2)}$——负序电流，A。

差动保护实现的逻辑框图如图 7.3-1 所示。

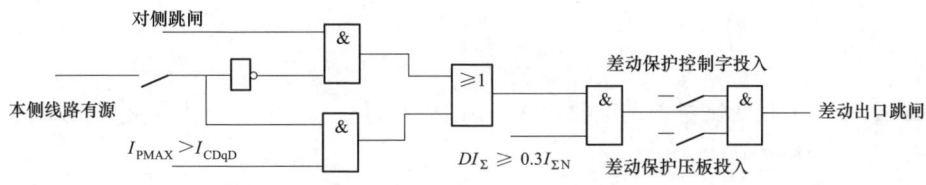

图 7.3-1　差动保护逻辑框图

当本侧线路为电源端时，差动保护由差动启动电流定值启动开放；当本侧线路为负荷端时，差动保护由对侧通过光纤通道远传过来的保护跳闸信号开放，从而实现全线路的快速故障切除。由于差动保护受稳态过量保护判据闭锁，增加了差动继电器本身的安全性。

当装置未达到差动启动电流定值而差流大于 $0.3I_n$ 时，装置延时 5s 发差流报警信号，光通信系统本身具有通信误码检测，当误码率超过一定值时，装置将发通道故障信号，并闭锁差动保护，一旦通信恢复，差动保护将自动投入，当装置误码率较高时可能将导致保护固有动作时间加长。

7.3.4.2 110kV 中性点直接接地系统光纤纵联差动保护

(1) 装置总启动元件。启动元件的主体由反应相间工频变化量的过流继电器实现,同时又配以反应全电流的零序过流继电器和负序过流继电器互相补充。反应工频变化量的启动元件采用浮动门坎,正常运行及系统振荡时变化量的不平衡输出均自动构成自适应的门坎,浮动门坎始终略高于不平衡输出,在正常运行时由于不平衡分量很小,而装置有很高的灵敏度。

1) 工频变化量启动。当相间电流变化量大于整定值,该元件动作并展宽 7s,去开放出口继电器正电源。

2) 零序过流元件启动。当外接和自产零序电流大于整定值,且无 TA 断线时,零序启动元件动作并展宽 7s,去开放出口继电器正电源。

3) 负序过流元件启动。当负序电流大于整定值时,经 40ms 延时,负序启动元件动作并展宽 7s,去开放出口继电器正电源。

4) 纵联差动或远跳启动。发生区内三相故障,若电源侧电流启动元件可能不启动,此时若收到对侧的差动保护允许信号,则判别差动继电器动作相关相及相间电压,若小于60% 额定电压,则辅助电压启动元件动作,去开放出口继电器正电源 7s。

当本侧收到对侧的远跳信号且定值中"远跳受本侧控制"置"0"时,去开放出口继电器正电源 500ms。

5) 重合闸启动。当满足重合闸条件则展宽 10min,在此时间内,若有重合闸动作则开放出口继电器正电源 500ms。

(2) 保护启动元件。保护启动元件与总启动元件相同,只是总启动元件由 CPU 计算,保护启动元件由 DSP 计算。

(3) 电流差动继电器。电流差动继电器由三部分组成:变化量相差动继电器、稳态相差动继电器和零序差动继电器。

1) 变化量相差动继电器,动作方程

$$\Delta I_{D\Phi} > 0.75 \times \Delta I_{R\Phi} \tag{7.3-3}$$

$$\Delta I_{D\Phi} > I_H \tag{7.3-4}$$

式中 $\Delta I_{D\Phi}$ ——工频变化量差动电流,A;$\Delta I_{D\Phi} = |\Delta \underline{I}_{M\Phi} + \Delta \underline{I}_{N\Phi}|$ 即为两侧电流变化量相量和的幅值;

    $\Delta I_{R\Phi}$ ——工频变化量制动电流,A;$\Delta I_{R\Phi} = |\Delta \underline{I}_{M\Phi} - \Delta \underline{I}_{N\Phi}|$ 即为两侧电流变化量相量差的幅值;

    I_H ——差动电流高定值(整定值)和 4 倍实测电容电流的较大值,A;实测电容电流由正常运行时的差流获得;

    Φ ——分别表示为 L1、L2、L3 相。

2) 稳态 I 段相差动继电器,动作方程

$$I_{D\Phi} > 0.75 \times I_{R\Phi} \tag{7.3-5}$$

$$I_{D\Phi} > I_H \tag{7.3-6}$$

式中　$I_{D\Phi}$——差动电流，A；$I_{D\Phi}=\left|\underline{I}_{M\Phi}+\underline{I}_{N\Phi}\right|$即为两侧电流相量和的幅值；

　　　　$I_{R\Phi}$——制动电流，A；$I_{R\Phi}=\left|\underline{I}_{M\Phi}-\underline{I}_{N\Phi}\right|$即为两侧电流相量差的幅值；

其他见上式。

3）稳态Ⅱ段相差动继电器，动作方程

$$I_{D\Phi}>0.75\times I_{R\Phi} \tag{7.3-7}$$

$$I_{D\Phi}>I_L \tag{7.3-8}$$

式中　I_L——差动电流低定值（整定值）和1.5倍实测电容电流的较大值；

其他见上式。

稳态Ⅱ段相差动继电器经40ms延时动作。

4）零序差动继电器。对于经高过渡电阻的接地故障，零序差动继电器具有较高的灵敏度，其动作方程

$$I_{D(0)}>0.75\times I_{R(0)} \tag{7.3-9}$$

$$I_{D(0)}>\mathrm{Max}(I_{D(0),st},I_L) \tag{7.3-10}$$

式中　$I_{D(0)}$——零序差动电流，A；$I_{D(0)}=\left|\underline{I}_{M(0)}+\underline{I}_{N(0)}\right|$即为两侧零序电流相量和的幅值；

　　　　$I_{R(0)}$——零序制动电流，A；$I_{R(0)}=\left|\underline{I}_{M(0)}-\underline{I}_{N(0)}\right|$即为两侧零序电流相量差的幅值；

　　　$I_{D(0),st}$——零序启动电流定值，A；

　　　　I_L——差动电流低定值（整定值）和1.5倍实测电容电流的较大值，A。

零序差动继电器经100ms延时动作。

5）采样同步。两侧装置一侧作为同步端，另一侧作为参考端。以同步方式交换两侧信息，参考端采样间隔固定，并在每一采样间隔中固定向对侧发送一帧信息。同步端随时调整采样间隔，如果满足同步条件，就向对侧传输三相电流采样值；否则，启动同步过程，直到满足同步条件为止。

6）TA断线。TA断线瞬间，断线侧的启动元件和差动继电器可能动作，但对侧的启动元件不动作，不会向本侧发差动保护动作信号，从而保证纵联差动不会误动。非断线侧经延时后报"长期有差流"，与TA断线作同样处理。

TA断线时发生故障或系统扰动导致启动元件动作，若"TA断线闭锁差动"整定为"1"，则闭锁电流差动保护；若"TA断线闭锁差动"整定为"0"，且该相差流对于"TA断线差流定值"，仍开放电流差动保护。

7）TA饱和。当发生区外故障时，TA可能会暂态饱和，装置中由于采用了较高的制动系数和自适应浮动制动门槛，从而保证了在较严重的饱和情况下不会误动。

110kV终端变电站进线断路器装设光纤纵差保护为比率制动分相电流检测、三相跳闸的纵差动保护，其保护应与电源侧保护相配合，型号应一致。

7.3.5　典型的线路保护装置逻辑框图

典型的线路保护装置逻辑框图见图7.3-2～图7.3-5。

7.3.6　示例

【例7.3-1】 总降压变电站引出的10kV电缆线路的保护，线路接线图如图7.3-6所示。

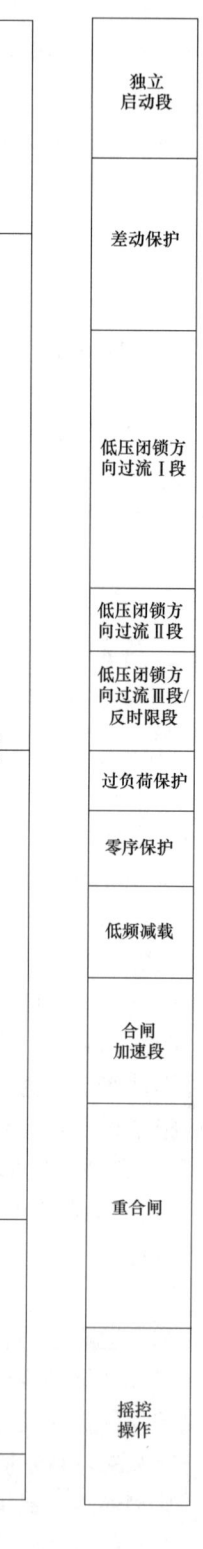

图 7.3-2　典型的线路保护装置逻辑框图（一）

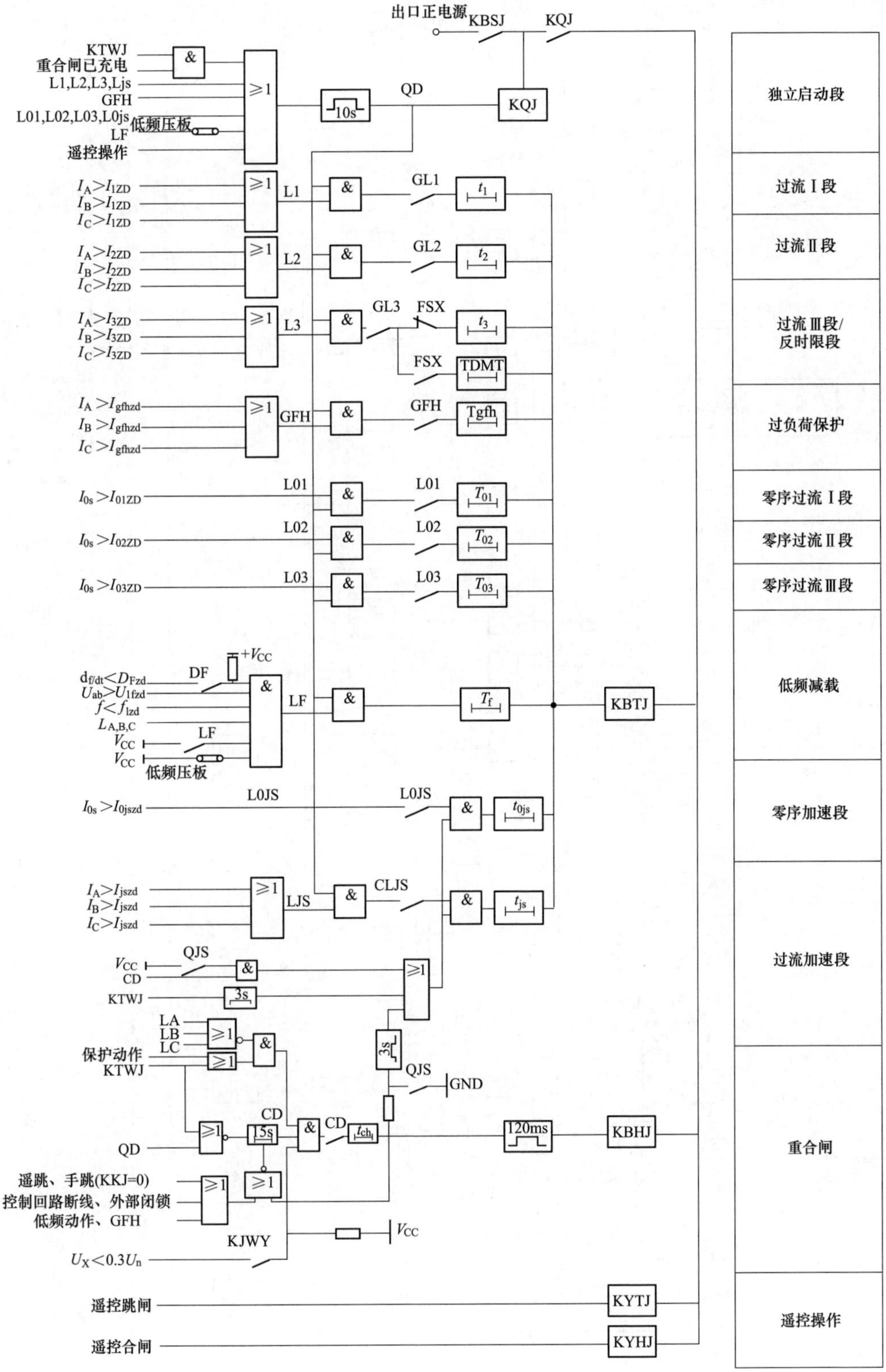

图 7.3-3 典型的线路保护装置逻辑框图（二）

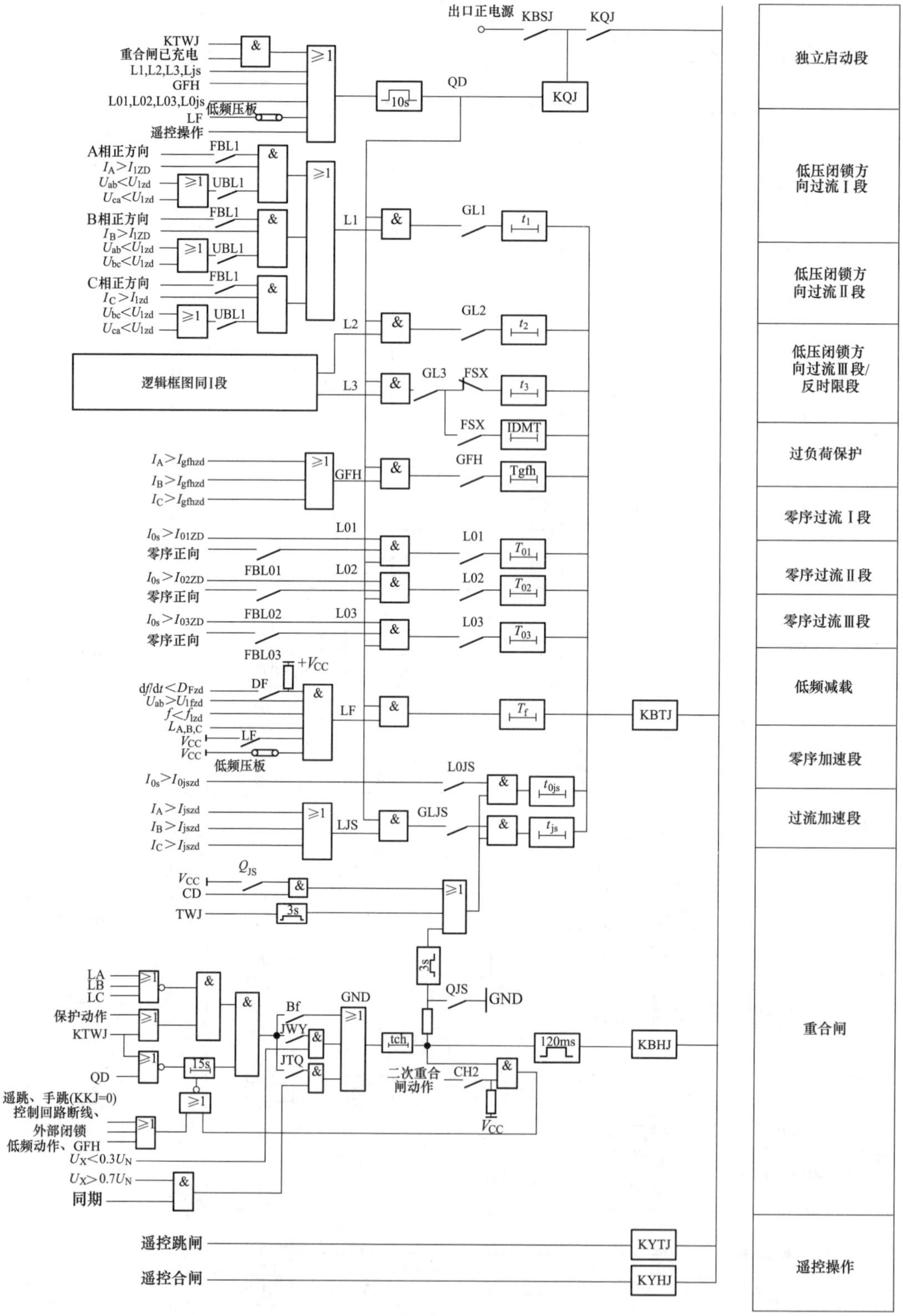

图 7.3-4　典型的线路保护装置逻辑框图（三）

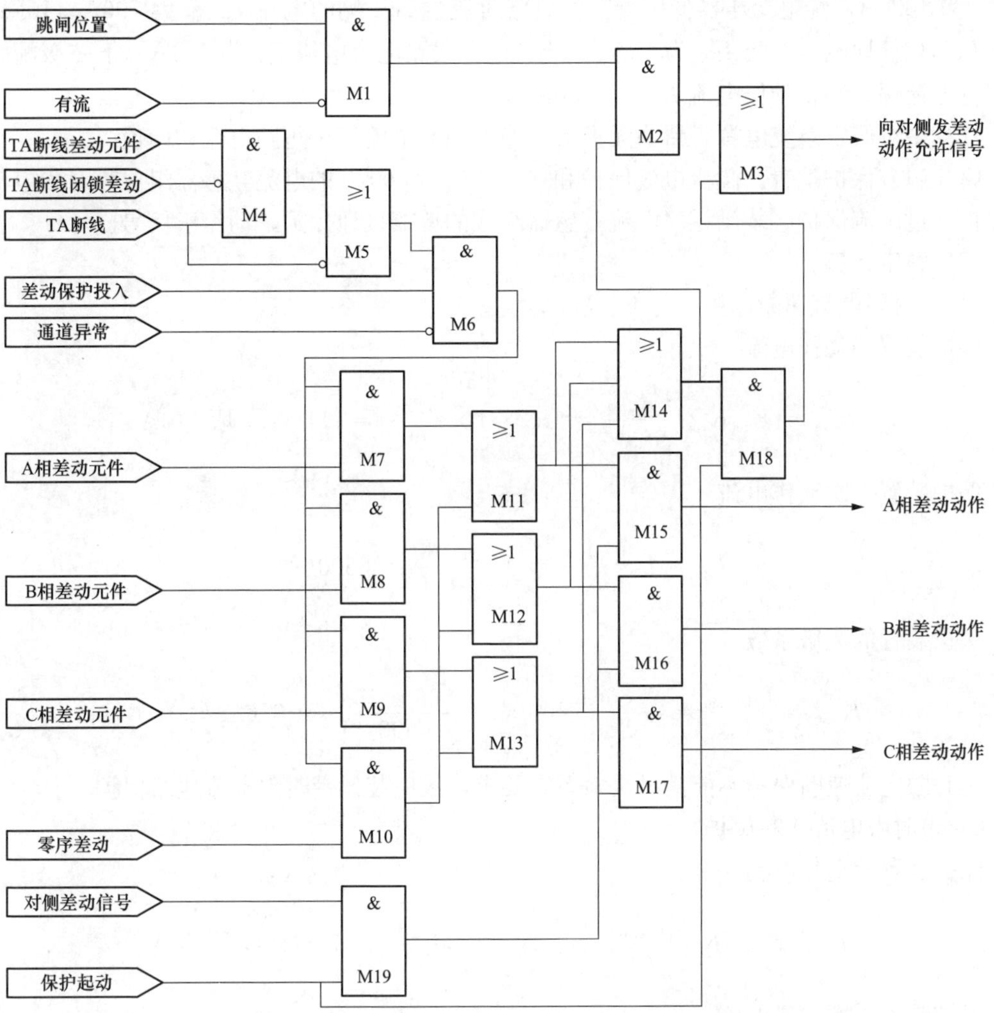

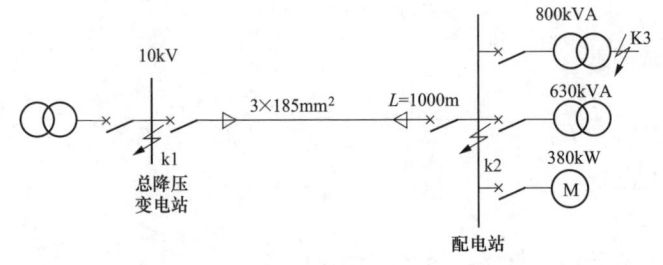

图 7.3-5　典型的线路纵联差动保护逻辑框图

图 7.3-6　10kV 电缆线路的接线图

已知条件：考虑电动机启动时的线路过负荷电流 I_{ol} 为 350A。最大运行方式下，总降压变电站母线三相短路电流初始值 $I''_{1k,max}$ 为 5500A，配电站母线三相短路电流初始值 $I''_{2k,max}$ 为 5130A，配电变压器低压侧三相短路时流过高压侧的电流 $I_{3k,max}$ 为 820A。最小运行方式下，总降压变电站母线三相短路电流初始值 $I''_{1k,min}$ 为 4580A，配电站母线三相短路电流初始值

$I''_{2k,min}$ 为 4320A，配电变压器低压侧三相短路时流过高压侧的电流 $I_{3k,min}$ 为 796A。10kV 电网的总单相接地电容电流 $I_{C\Sigma}$ 为 15A。10kV 电缆线路电容电流 I_{CX} 为 1.4A。下一级配电变压器过电流保护装置动作电流 $I_{op,3}$ 为 150A。

计算中可假定系统电源容量为无穷大，稳态短路电流等于短路电流初始值。

解 (1) 保护配置。微机电流保护和三个变比为 300/5 的电流互感器组成带时限电流速断保护、过电流保护。装设零序电流互感器组成的单相接地保护，动作于信号。

(2) 整定计算。

1) 无时限电流速断保护。

保护装置的动作电流

$$I_{op,k} = K_{rel}K_{con}\frac{I''_{2k,max}}{n_{TA}} = 1.3 \times 1 \times \frac{5130}{60} = 111(A)，取 110A$$

保护装置一次动作电流

$$I_{op} = I_{op,k}\frac{n_{TA}}{K_{con}} = 110 \times \frac{60}{1} = 6600(A)$$

保护装置的灵敏系数

$$K_{sen} = \frac{I''_{1k2,min}}{I_{op}} = \frac{0.866I''_{1k,min}}{I_{op}} = \frac{0.866 \times 4580}{6600} = 0.601 < 1.5$$

无时限电流速断保护不能满足灵敏系数要求，故应装设带时限电流速断保护。

2) 带时限电流速断保护。

保护装置的动作电流

$$I_{op,k} = K_{rel}K_{con}\frac{I_{3k,max}}{n_{TA}} = 1.3 \times 1 \times \frac{820}{60} = 17.8(A)，取 20A$$

保护装置一次动作电流

$$I_{op} = I_{op,k}\frac{n_{TA}}{K_{con}} = 20 \times \frac{60}{1} = 1200(A)$$

保护装置的灵敏系数

$$K_{sen} = \frac{I''_{1k2,min}}{I_{op}} = \frac{0.866I''_{1k,min}}{I_{op}} = \frac{0.866 \times 4580}{1200} = 3.3 > 1.5$$

保护装置动作时限取 0.5s。

3) 过电流保护。

按躲过过负荷电流条件计算保护装置的动作电流

$$I_{op,k} = K_{rel}K_{con}\frac{I_{ol}}{K_r n_{TA}} = 1.2 \times 1 \times \frac{350}{0.9 \times 60} = 7.7(A)$$

按与下一级配电变压器过电流保护装置的动作电流相配合条件计算保护装置的动作电流

$$I_{op,k} = K_{co}K_{con}\frac{I_{op,3}}{n_{TA}} = 1.1 \times 1 \times \frac{150}{60} = 2.75(A)$$

由于前者计算结果较大，故按该计算结果整定取 8A。

保护装置一次动作电流

$$I_{op} = I_{op,k} \frac{n_{TA}}{K_{con}} = 8 \times \frac{60}{1} = 480(A)$$

保护装置的灵敏系数：

在线路末端发生短路时

$$K_{sen} = \frac{I''_{2k2,min}}{I_{op}} = \frac{0.866 I''_{2k,min}}{I_{op}} = \frac{0.866 \times 4320}{480} = 7.8 > 1.3$$

在配电变压器低压侧发生短路时（后备保护）

$$K_{sen} = \frac{I_{3k2,min}}{I_{op}} = \frac{0.866 I_{3k,min}}{I_{op}} = \frac{0.866 \times 796}{480} = 1.44 > 1.2$$

保护装置的动作时限应与配电变压器（800kVA）的过电流部分相配合，取1s。

4）单相接地保护。

按躲过被保护线路电容电流条件计算的保护装置动作电流

$$I_{op} \geq K_{rel} I_{CX} = 5 \times 1.4 = 7(A)$$

按满足最小灵敏系数条件计算的保护装置动作电流

$$I_{op} \leq \frac{I_{C\Sigma} - I_{CX}}{K_{sen}} = \frac{15 - 1.4}{1.3} = 10.46(A)$$

保护装置的动作电流取10A，满足灵敏系数要求。

【例 7.3-2】35kV 单侧电源线路的保护，线路接线如图 7.3-7 所示。

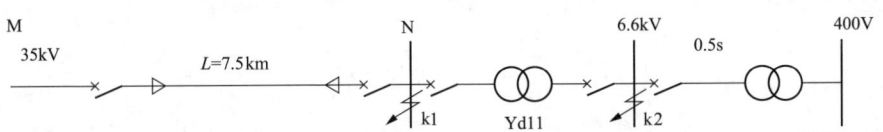

图 7.3-7　35kV 单侧电源线路的接线图

已知条件：线路 MN 最大工作电流 I_{ol} 为 127A，电流互感器的变比为 200/5，降压变压器装有差动保护。系统最大运行方式下，N 母线三相短路电流初始值 $I''_{1k,max}$ 为 2461A，配电变压器低压侧三相短路时流过高压侧的电流 $I_{2k,max}$ 为 1020A。最小运行方式下，N 母线三相短路电流初始值 $I''_{1k,min}$ 为 1732A，配电变压器低压侧三相短路时流过高压侧的电流 $I_{2k,min}$ 为 869A。MN 线路单位千米阻抗 0.4Ω/km，变压器参数为：额定容量 $S_n = 7500kVA$、$u_k\% = 7.5$、额定电压为 35/6.6kV。

解　（1）保护配置：装设无时限电流闭锁电压速断保护、过电流保护。

（2）整定计算：

1）无时限电流速断保护：按变压器低压侧最大三相短路电流整定，保护装置的动作电流

$$I_{op,k} = K_{rel} K_{con} \frac{I''_{2k,max}}{n_{TA}} = 1.3 \times 1 \times \frac{1020}{40} = 33.2(A)$$

保护装置一次动作电流

$$I_{op} = I_{op,k} \frac{n_{TA}}{K_{con}} = 33.2 \times \frac{40}{1} = 1328(A)$$

保护装置的灵敏系数

$$K_{sen} = \frac{I''_{1k2,min}}{I_{op}} = \frac{0.866 I''_{1k,min}}{I_{op}} = \frac{0.866 \times 1732}{1328} = 1.13 < 1.5$$

无时限电流速断保护不能满足灵敏系数要求，故应装设无时限电流闭锁电压速断保护。

2）无时限电流闭锁电压速断保护：为保证被保护线路末端短路时，保护装置具有足够灵敏系数，电流元件的动作电流可按保护线路末端短路时具有足够灵敏系数整定，即

$$I_{op}^{I} = \frac{I''_{1k2,min}}{K_{sen}} = \frac{0.866 I''_{1k,min}}{K_{sen}} = \frac{0.866 \times 1732}{1.5} = 1000(A)$$

变压器的电抗 $X_T = \frac{u_k\%}{100} \frac{U_r^2}{S_r} = \frac{0.075 \times 35^2}{7.5} = 12.25(\Omega)$

线路的电抗 $X_L = 0.4 \times 7.5 = 3(\Omega)$

电压元件动作值为

$$U_{op}^{I} = \frac{\sqrt{3} I_{op}^{I}(X_T + X_L)}{K_{rel}} = \frac{\sqrt{3} \times 1000 \times (12.25 + 3)}{1.3} = 20\,317(V)$$

电压元件灵敏系数为

$$K_{sen} = \frac{U_{op}^{I}}{U_{res,max}} = \frac{U_{op}^{I}}{\sqrt{3} X_L I_{1k,max}} = \frac{20\,317}{\sqrt{3} \times 3 \times 2461} = 1.59 > 1.5$$

3）过电流保护：

$$I_{op}^{II} = K_{rel} K_{con} \frac{I_{o1}}{K_r} = 1.2 \times 1 \times \frac{127}{0.9} = 169.3(A)$$

保护装置的灵敏系数：
在线路末端发生短路时

$$K_{sen} = \frac{I''_{1k2,min}}{I_{op}^{II}} = \frac{0.866 I''_{1k,min}}{I_{op}^{II}} = \frac{0.866 \times 1732}{169.3} = 8.9 > 1.5$$

在配电变压器低压侧发生短路时（后备保护）

$$K_{sen} = \frac{I''_{2k2,min}}{I_{op}^{II}} = \frac{0.866 I''_{2k,min}}{I_{op}^{II}} = \frac{0.866 \times 869}{169.3} = 4.4 > 1.2$$

保护装置的动作时限应与配电变压器（800kVA）的过电流部分相配合，取 1.5s。
单相接地保护和过负荷保护整定计算从略。

7.4 6～110kV 母线及分段断路器的保护

7.4.1 6～110kV 母线及分段断路器根据规范要求应装设的保护装置

（1）主要变电站的 6～20kV 母线，宜由变压器的后备保护实现对母线的保护；当需快

速且选择性地切除一段或一组母线上的故障，保证电力系统安全运行和重要负荷的可靠供电时，应装设专用母线保护。

（2）110kV 母线、变电站 35～66kV 母线，根据系统稳定或为保证重要用户最低允许电压要求，需快速切除母线上的故障时，应装设母线保护。

（3）母线保护应符合下列要求：

1）应具有简单可靠的闭锁装置或采用两个以上元件同时动作作为判别条件。

2）对于母线差动保护应采取减少外部短路产生的不平衡电流影响的措施，并应装设电流回路断线闭锁装置。当交流电流回路断线时，应闭锁母线保护，并应发出告警信号。

3）母线保护在一组母线或某一段母线充电合闸时，应能快速且有选择性地断开有故障的母线。

（4）6～20kV 分段母线宜采用不完全电流差动保护，保护应接入有电源支路的电流。保护装置应由两段组成，第一段可采用无时限或带时限的电流速断，当灵敏系数不符合要求时，可采用电压闭锁电流速断；第二段可采用过电流保护。当灵敏系数不符合要求时，可将一部分负荷较大的配电线路接入差动回路。

（5）在分段断路器上，可装设相电流或零序电流保护。

7.4.2 保护配置

6～20kV 母线分段断路器的继电保护配置见表 7.4-1。35～66kV 母线分段断路器的继电保护配置见表 7.4-2。110kV 母线分段断路器的继电保护配置见表 7.4-3。

表 7.4-1 6～20kV 母线分段断路器的继电保护配置

被保护设备	保护装置名称		备 注
	电流速断保护	过电流保护	
不并列运行的分段母线	仅在分段断路器合闸瞬间投入，合闸后自动解除	装设	

表 7.4-2 35～66kV 母线分段断路器的继电保护配置

被保护设备	保护装置名称		备 注
	电流速断保护	过电流保护	
不并列运行的分段母线	装设	装设	

表 7.4-3 110kV 母线分段断路器的继电保护配置

被保护设备	保护装置名称			备注
	电流速断保护	过电流保护	零序过电流保护	
不并列运行的分段母线	装设	装设	装设	

注 当过电流保护灵敏系数不够时，可采用复合电压启动过电流保护。

7.4.3 整定计算

7.4.3.1 母线分段断路器保护

6～20kV 母线分段断路器的继电保护整定计算见表 7.4-4；35～66kV 母线分段断路器的继电保护整定计算见表 7.4-5；110kV 母线分段断路器的继电保护整定计算见表 7.4-6。

表 7.4-4 6～20kV 母线分段断路器的继电保护整定计算

保护名称	计算项目和公式	符号说明
过电流保护 （长充保护）	保护装置的动作电流（应躲过任一母线段的最大负荷电流） $$I_{op,k} = K_{rel}K_{con}\frac{I_{L,max}}{K_r n_{TA}}$$ 保护装置的灵敏系数（按最小运行方式下母线两相短路时，流过保护安装处的短路电流校验，对后备保护，则按最小运行方式下相邻元件末端两相短路时，流过保护安装处的短路电流校验） $$K_{sen} = \frac{I_{k2,min}}{I_{op}} \geqslant 1.3$$ $$K_{sen} = \frac{I_{3k2,min}}{I_{op}} \geqslant 1.2$$ 保护装置的动作时限，应较相邻元件的过电流保护大一个时限阶段，一般大 0.3～0.5s	$I_{op,k}$——保护装置的动作电流，A； K_{rel}——可靠系数，用于电流速断保护时取 1.3，用于过电流保护时取 1.2； K_{con}——接线系数，接于相电流时取 1，接于相电流差时取 $\sqrt{3}$； K_r——继电器返回系数，取 0.9； $I_{L,max}$——一段母线最大负荷（包括电动机自动启动引起的）电流，A； n_{TA}——电流互感器电流比； $I_{k2,min}$——最小运行方式下母线两相短路时，流过保护安装处的稳态电流，A； $I_{3k2,min}$——最小运行方式下相邻元件末端两相短路时，流过保护安装处的稳态电流，A； I_{op}——保护装置一次动作电流，A，$I_{op} = I_{op,K}\frac{n_{TA}}{K_{con}}$ $I''_{k2,min}$——最小运行方式下母线两相短路时，流过保护安装处的电流初始值[①]，A
电流速断保护 （短充保护）	保护装置的动作电流（应按最小灵敏系数 1.5 整定） $$I_{op,k} \leqslant \frac{I''_{k2,min}}{1.5 n_{TA}}$$	

① 两相短路电流初始值 I''_{k2} 等于三相短路电流初始值 I''_k 的 0.866 倍。

表 7.4-5 35～66kV 母线分段断路器的继电保护整定计算

保护名称	计算项目和公式	符号说明
过电流保护 （长充保护）	保护装置的动作电流（应躲过任一母线段的最大负荷电流） $$I_{op,k} = K_{rel}K_{con}\frac{I_{L,max}}{K_r n_{TA}}$$ 保护装置的灵敏系数（按最小运行方式下母线两相短路时，流过保护安装处的短路电流校验，对后备保护，则按最小运行方式下相邻元件末端两相短路时，流过保护安装处的短路电流校验） $$K_{sen} = \frac{I_{k2,min}}{I_{op}} \geqslant 1.3$$ $$K_{sen} = \frac{I_{3k2,min}}{I_{op}} \geqslant 1.2$$ 保护装置的动作时限，应较相邻元件的过电流保护大一个时限阶段，一般大 0.3～0.5s	$I_{op,k}$——保护装置的动作电流，A； K_{rel}——可靠系数，用于电流速断保护时取 1.3；用于过电流保护时取 1.2； $I_{L,max}$——母线的最大负荷电流，A； K_{con}——接线系数，接于相电流时取 1，接于相电流差时取 $\sqrt{3}$； I_{ol}——母线过负荷电流，A； n_{TA}——电流互感器电流比； $I_{k2,min}$——最小运行方式下母线两相短路时，流过保护安装处的稳态电流，A； K_{sen}——灵敏系数； I_{op}——保护装置一次动作电流，A，$I_{op} = I_{op,k}\frac{n_{TA}}{K_{con}}$； $I''_{k2,min}$——最小运行方式下母线两相短路时，流过保护安装处的电流初始值[①]，A
电流速断保护	按躲过过负荷电流整定 $$I_{op,k} = K_{rel}\frac{I_{ol}}{n_{TA}}$$ 按最小灵敏系数校验 $$K_{sen} = \frac{I''_{k2,min}}{I_{op}} \geqslant 1.5$$	
电流速断保护 （短充电保护）	保护装置的动作电流（应按最小灵敏系数 1.5 整定） $$I_{op,k} \leqslant \frac{I''_{k2,min}}{1.5 n_{TA}}$$	

① 两相短路电流初始值 I''_{k2} 等于三相短路电流初始值 I''_k 的 0.866 倍。

表 7.4-6   110kV 母线分段断路器的继电保护整定计算

保护名称	计算项目和公式	符号说明
零序过电流保护	与相连接的变压器零序过电流Ⅰ段配合 $I_{op(0)} = K_{co} I_{op,k(0)} I$ 动作时限 t：与变压器零序过电流Ⅰ段动作时限相配合 $t = t_{(0)} I + \Delta t \quad \Delta t = 0.3 \sim 0.5\mathrm{s}$	$I_{op(0)}$——保护装置的零序动作电流，A； K_{co}——配合系数，取 1.3； $I_{op,k(0)} I$——与母线相连接的变压器的零序Ⅰ段动作值，A

注 电流速断和过电流保护的整定同 35~66kV 分段断路器保护整定。

7.4.3.2 母线保护整定

7.4.3.2.1 母线差动保护

母差保护的工作原理图如图 7.4-1 所示。微机母线差动保护装置设有母线差动保护、母线充电保护、母线死区保护、母线失灵保护、母线过流保护、母线非全相保护及断路器失灵保护等功能。详细情况见产品说明书。

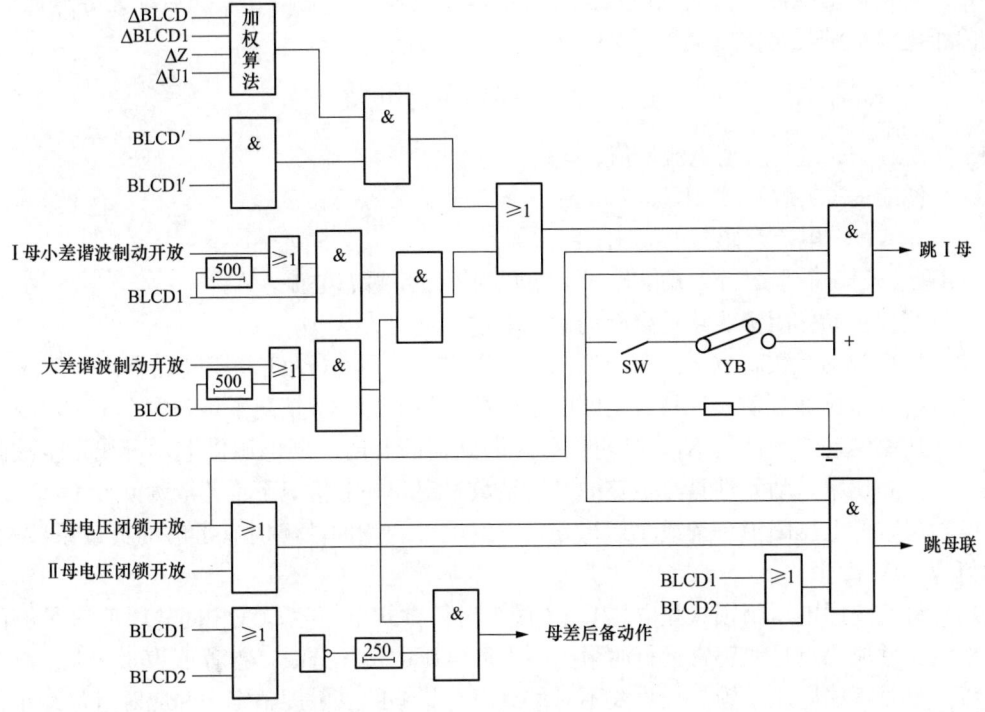

图 7.4-1 母差保护的工作原理图

ΔU1—Ⅰ母电压工频变化量元件；BLCD1′—Ⅰ母比率差动元件（$K=0.2$）；

ΔZ—工频变化量阻抗元件；BLCD—大差比率差动元件；

ΔBLCD1—Ⅰ母工频变化量比率差动元件；BLCD1—Ⅰ母比率差动元件；

ΔBLCD—大差工频变化量比率差动元件；SW—母差保护投退控制字；

BLCD′—大差比率差动元件（$K=0.2$）；YB—母差保护投入压板

母线比率差动保护的有关计算如下：

（1）差动启动电流高值。

此定值应保证母线最小运行方式故障时有足够灵敏度，为防止 TA 二次回路断线时母差保护误动作，应尽可能躲过母线出线最大负荷电流，如果躲最大负荷电流不能满足灵敏度要求时，服从灵敏度要求。

保证母线最小运行方式故障时有足够灵敏系数

$$I_{op,k,H} \leqslant \frac{I''_{k2,min}}{K_{sen} n_{TA}} \tag{7.4-1}$$

并应尽可能躲过母线出线最大负荷电流

$$I_{op,k,H} = K_{rel} \frac{I_{l,max}}{n_{TA}} \tag{7.4-2}$$

以上式中　$I_{op,k,H}$——差动启动电流高值，A；

$I_{l,max}$——母线出线最大负荷电流，A；

n_{TA}——电流互感器电流比；

K_{sen}——灵敏系数，$K_{sen} = 1.5$；

K_{rel}——可靠系数，$K_{rel} = 1.1 \sim 1.3$。

（2）差动启动电流低值。该段定值为防止母线故障大电流跳开差动启动元件返回而设，按切除小电流能满足足够的灵敏系数整定

$$I_{op,k,L} \leqslant \frac{I''_{k2,min}}{K_{sen} \times n_{TA}}（小电流） \tag{7.4-3}$$

式中　$I_{op,k,L}$——差动启动电流低值；

K_{sen}——灵敏系数，$K_{sen} = 1.5$；

n_{TA}——电流互感器电流比；

$I''_{k2,min}$——最小运行方式下母线末端两相短路超瞬态电流，A。

在母线保护动作闭锁线路重合闸的情况下推荐整定为 $0.9 I_{op,k,H}$。

（3）比率制动系数高值 K_H。一般按最小运行方式下，（母线分段断路器合位）发生母线故障时，大差比率差动元件具有足够的灵敏系数整定，一般情况下推荐取 0.7（0.5）。

（4）比率制动系数低值 K_L。按母线分段断路器断开时，弱电源供电，母线发生故障的情况下，大差比率差动元件具有足够的灵敏系数整定，一般情况下推荐取为 0.6（0.3）。

（5）母差低电压闭锁。按最小运行方式下发生母线相间故障时有足够的灵敏系数整定，推荐值为 70V。

（6）母差负序电压闭锁（相电压）。按最小运行方式下发生母线相间故障时有足够的灵敏度整定，并应躲过母线正常运行时最大不平衡电压的负序分量，推荐值为 4~8V。

（7）母差零序电压闭锁。按母线不对称故障有足够的灵敏度整定，并应躲过母线正常运行时最大不平衡电压的零序分量，推荐值为 6~10V。

（8）TA断线电流定值。按躲过正常运行时流过母线保护的最大不平衡电流整定值

$$I_{op,k} \geqslant K_{rel} \frac{I_{unb}}{n_{TA}} \tag{7.4-4}$$

式中　$I_{op,k}$——保护装置的整定电流，A；

I_{unb}——正常运行时流过母线保护的最大不平衡电流，A；

n_{TA}——电流互感器电流比；

K_{rel}——可靠系数，$K_{rel} = 1.1 \sim 1.3$。

推荐整定为 $0.06 I_n \sim 0.1 I_n$（I_n 为 TA 的二次额定电流，取值 5A 或 1A）。

（9）TA 异常电流整定值。设置 TA 异常报警是为了更灵敏地反应轻负荷线路 TA 断线和 TA 回路分流等异常情况，整定的灵敏度应较 TA 断线电流灵敏度高。可按 TA 断线电流定值的 0.75 倍整定。

7.4.3.2.2 母联充电保护整定

当任一组母线检修后再投入之前，利用母联断路器对该母线进行充电试验时可投入母联充电保护，当被试验母线存在故障时，利用充电保护切除故障。

按最小运行方式下被充电母线故障时有足够的灵敏系数整定

$$I_{ch,g} \leqslant \frac{I_{k2,min}}{K_{sen} \times n_{TA}} \tag{7.4-5}$$

式中　$I_{ch,g}$——充电保护电流整定值，A；

　　　$I_{k2,min}$——最小运行方式下母线末端两相稳态短路电流，A；

　　　K_{sen}——灵敏系数，$K_{sen} = 1.5$；

　　　n_{TA}——电流互感器电流比。

7.4.3.2.3 母联过流保护整定

（1）母联过流电流定值。按最小运行方式下被充线路末端发生相间故障时有足够灵敏度整定，且必须躲过最大运行方式下流过母联的负荷电流

$$I_{op,k} \leqslant \frac{I_{2k2,min}}{K_{sen} \times n_{TA}} \tag{7.4-6}$$

$$I_{op,k} \geqslant K_{rel} \frac{I_1}{K_r \times n_{TA}} \tag{7.4-7}$$

式中　$I_{op,k}$——保护装置的整定电流，A；

　　　$I_{2k2,min}$——最小运行方式下被充线路末端两相稳态短路电流，A；

　　　n_{TA}——电流互感器电流比；

　　　K_{sen}——灵敏系数，$K_{sen} = 1.3$；

　　　K_{rel}——可靠系数，$K_{rel} = 1.1 \sim 1.3$；

　　　I_1——最大运行方式下流过母联的负荷电流，A；

　　　K_r——返回系数，$K_r = 0.9$。

（2）母联过流零序定值。按最小运行方式下被充母线末端发生接地故障有足够灵敏度整定

$$I_{(0)op,k} \leqslant \frac{I_{(0)2k2,min}}{K_{sen} \times n_{TA}} \tag{7.4-8}$$

式中　$I_{(0)op,k}$——母联过流零序保护装置的整定电流，A；

　　　$I_{(0)2k2,min}$——最小运行方式下被充母线末端最小接地故障电流，A；

　　　n_{TA}——电流互感器电流比；

　　　K_{sen}——灵敏系数，取 $1.5 \sim 2$。

（3）母联过流时间整定值。可根据实际运行需要整定，$t_{op} = t_1 + \Delta t = t_1 + 0.3\text{s}$，其中 t_1 为出线过电流整定时间。

7.4.3.2.4 母联失灵保护整定

（1）母联失灵电流定值。按母线故障时流过母联的最小故障电流来整定，应考虑母差动作后系统变化时流经母联断路器的故障电流影响。

（2）母联失灵时间定值。应大于母联的最大跳闸灭弧时间。

7.4.3.2.5　母联死区保护整定

母联死区保护在差动保护发出母线跳闸命令后，母联开关已跳开而母联备自投装置仍有电流，且母线比率差动元件及断路器侧比率差动元件不返回的情况下，经死区保护动作延时跳开另一条母线。

母联死区保护动作时间定值应大于母联开关跳闸位置继电器（KTWJ）动作与主触头灭弧之间的时间差，以防止母联跳闸位置继电器（KTWJ）开入先于开关灭弧动作而导致母联死区保护误动作，推荐值为150ms。

7.4.3.2.6　母联非全相保护整定

当母联断路器某相断开，母联非全相运行时，可由母联非全相保护延时跳开三相。

（1）母联非全相零序电流定值。躲过系统最大运行方式下母联的最大不平衡零序电流。

（2）母联非全相负序电流定值。躲过系统最大运行方式下母联的最大不平衡负序电流。

（3）母联非全相时间定值。躲过母联开关合闸时三相触头最大不一致时间。

7.4.3.2.7　断路器失灵保护整定

（1）母联动作时间。该时间定值应大于断路器动作时间和保护返回时间之和，再考虑一定的裕度。推荐值为0.25~0.35s。

（2）跟跳本线路动作时间：

定值整定范围为0.1s~母联动作时间，推荐值为0.15s；当不用跟跳功能时，该定值应与母联动作时间定值一致。

（3）失灵保护动作时间。该时间定值应在先跳母联的前提下，加上母联断路器的动作时间和保护返回时间之和，再考虑一定的裕度。失灵保护动作时间应在保证动作选择性的前提下尽可能缩短。推荐值为0.5~0.6s。

（4）失灵低电压闭锁。按连接本母线上的最长线路末端或变压器低压侧发生对称故障时有足够的灵敏度整定，灵敏度不应低于1.5，并应在母线最低运行电压下不动作，而在故障切除后能可靠返回。

注　当"投中性点不接地系统控制字"投入时，此项定值改为失灵线低电压闭锁值。

（5）失灵零序电压闭锁。按连接本母线上的最长线路末端或变压器低压侧发生不对称故障时有足够的灵敏度整定，灵敏度不应低于1.5，并应躲过母线正常运行时最大不平衡电压的零序分量。

注　当"投中性点不接地系统控制字"投入时，此项定值无效。

（6）失灵负序电压闭锁。按连接本母线上的最长线路末端或变压器低压侧发生不对称故障时有足够的灵敏度整定，灵敏度不应低于1.5，并应躲过母线正常运行时最大不平衡电压的负序分量。

（7）失灵启动相电流。失灵相电流定值要按最小运行方式下线路末端或变压器低压侧故障有足够灵敏度（大于1.5）的前提下，尽可能大于最大运行方式下最大负荷电流来整定，如果最大负荷电流不能满足灵敏度要求时，服从灵敏度要求。

（8）失灵启动零序电流。失灵启动零序电流定值要按最小运行方式下线路末端或变压器低压侧接地故障有足够灵敏度（大于1.5）来整定。

（9）失灵启动负序电流。失灵启动负序电流定值要按最小运行方式下线路末端或变压器低压侧相间故障有足够灵敏度（大于1.5）来整定。

（10）投零序电流判据。为提高不对称故障下电流判据灵敏度，可投入该判据。

（11）投负序电流判据。为提高不对称故障下电流判据灵敏度，可投入该判据。

（12）投不经电压闭锁。考虑到主变压器低压侧故障高压侧开关失灵时，高压侧母线的电压闭锁灵敏度有可能不够，因此可选择主变压器支路跳闸时失灵保护不经电压闭锁，设计中应将主变压器的一副跳闸接点接至解除失灵复压闭锁开入，该接点动作时允许解除电压闭锁。

7.4.4 分段断路器保护测控装置

逻辑框图如图7.4-2所示。

（1）分段断路器保护功能：

1）复合电压闭锁的二段定时限过流保护；

2）一段零序过流保护；

3）分段断路器自投；

4）三相一次重合闸（不检定）；

5）合闸后加速保护（零序加速段或可经复压闭锁的过流加速段）；

6）独立的操作回路及故障录波。

（2）装置闭锁和装置告警功能：

1）当装置检测到本身硬件故障时，发出装置报警信号，同时闭锁整套保护。硬件故障包括：RAM出错，EPROM出错、定值出错、电源故障。

2）当装置检测出如下问题，发出运行异常报警信号：

a）跳闸位置继电器异常；

b）分段断路器电流不平衡（报电流互感器异常）；

c）Ⅰ、Ⅱ段母线电压互感器断线；

d）控制回路断线；

e）弹簧未储能；

f）频率异常。

（3）分段断路器测控功能：

1）遥控功能：正常遥控跳闸操作，正常遥控合闸操作。

2）遥测功能：电流，功率因数，有功、无功功率和有功、无功电度遥测。这些量都在当地实时计算，实时累加，计算不依赖于网络。

3）遥信功能：遥信开入，装置变位遥信及事故遥信，并做事件顺序记录。

7.4.5 示例

【例7.4-1】 10kV母线分段断路器的保护

已知条件：一段母线最大负荷（包括电动机启动引起的）电流I_{max}为210A。最大运行方式下母线三相短路电流初始值$I''_{k,max}$为3078A。最小运行方式下母线三相短路电流初始值$I''_{k,min}$为2592A，相邻元件末端三相短路时，流过保护装置的三相短路电流$I_{1k,min}$为478A。计算中可假定系统电源容量为无穷大，稳态短路电流等于短路电流初始值。

解 （1）保护配置。微机电流保护和三个变比为300/5的电流互感器组成过电流保护。

（2）整定计算。过电流保护：按躲过任一母线段的最大负荷电流条件计算保护装置动作电流。

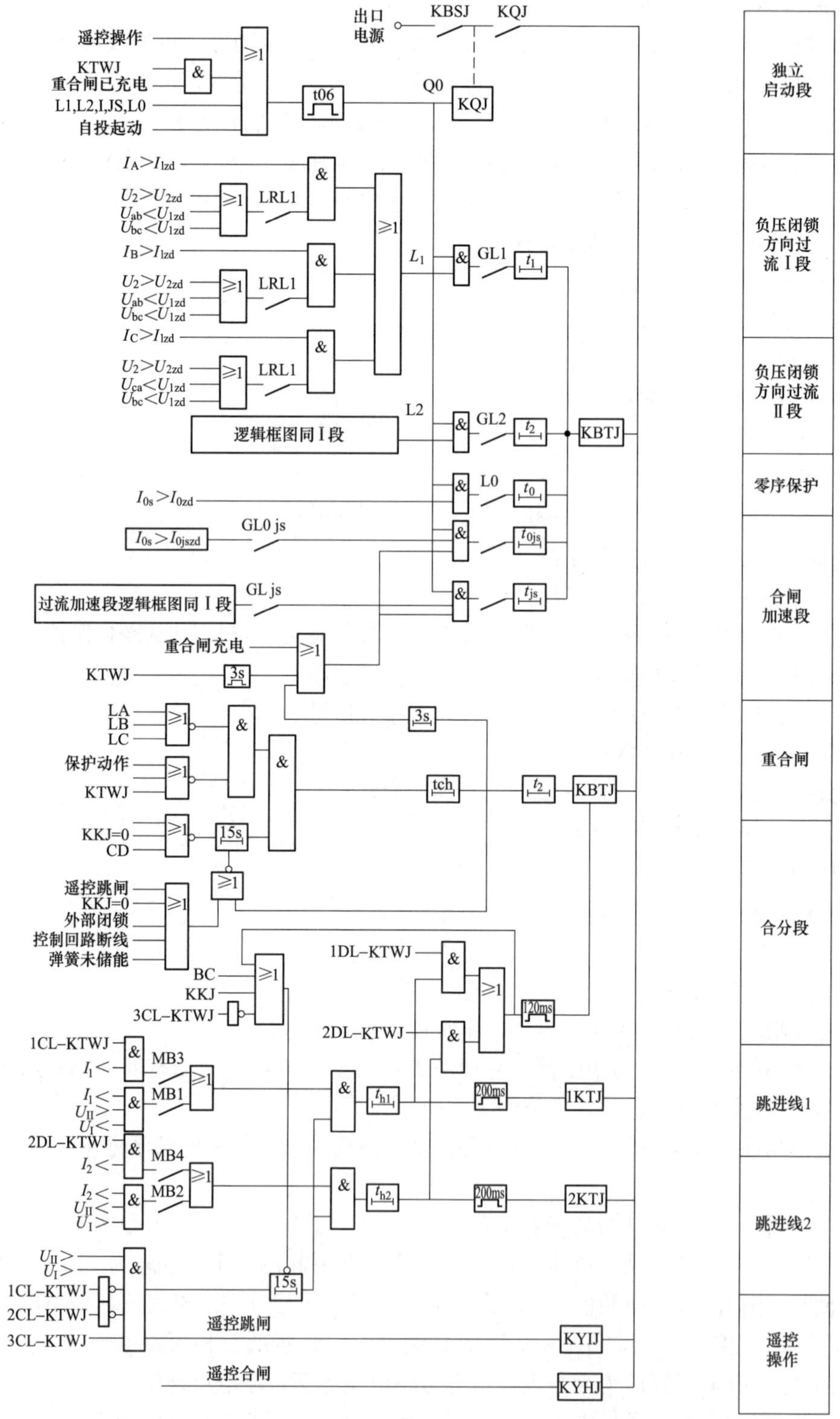

图 7.4-2 典型分段断路器保护装置逻辑框图

$$I_{op,k} = K_{rel}K_{con}\frac{I_{max}}{K_r n_{TA}} = 1.2 \times 1 \times \frac{210}{0.9 \times 60} = 4.7(A)，取 5A。$$

保护装置一次动作电流

$$I_{op} = I_{op,k}\frac{n_{TA}}{K_{con}} = 5 \times \frac{60}{1} = 300(A)$$

$$K_{sen} = \frac{I_{k2,min}}{I_{op}} = \frac{0.866I''_{k,min}}{I_{op}} = \frac{0.866 \times 2592}{300} = 7.5 > 1.3$$

$$K_{sen} = \frac{I''_{3k2,min}}{I_{op}} = \frac{0.866I''_{1k,min}}{I_{op}} = \frac{0.866 \times 478}{300} = 1.38 > 1.2$$

保护装置的动作时限应较相邻元件的过电流保护大一个时限阶段，取 1.0s。

7.5 3~20kV 电力电容器的保护

7.5.1 电力电容器根据规范要求应装设的保护装置

(1) 3~20kV 及以上的并联补偿电容器组的下列故障及异常运行状态，应装设相应的保护：

1) 电容器内部故障及其引出线短路；

2) 电容器组和断路器之间连接线短路；

3) 电容器组中某一故障电容器切除后所引起的剩余电容器的过电压；

4) 电容器组的单相接地故障；

5) 电容器组过电压；

6) 电容器组所连接的母线失压；

7) 中性点不接地的电容器组，各组对中性点的单相短路。

(2) 并联补偿电容器组应装设相应的保护，并应符合下列规定：

1) 电容器组和断路器之间连接线的短路，可装设带有短时限的电流速断和过电流保护，并应动作于跳闸。速断保护的动作电流，应按最小运行方式下，电容器端部引线发生两相短路时有足够的灵敏度，保护的动作时限应确保电容器充电产生涌流时不误动。过电流保护装置的动作电流，应按躲过电容器组长期允许的最大工作电流整定。

2) 电容器内部故障及其引出线的短路，宜对每台电容器分别装设专用的熔断器。熔丝的额定电流可为电容器额定电流的 1.5~2.0 倍。

3) 当电容器组中故障电容器切除到一定数量后，引起剩余电容器端电压超过 105% 额定电压时，保护应带时限动作于信号；过电压超过 110% 额定电压时，保护应将整组电容器断开，对不同接线的电容器组，可采用下列保护之一：

a) 中性点不接地单星形接线的电容器组，可装设中性点电压不平衡保护；

b) 中性点不接地双星形接线的电容器组，可装设中性点间电流或电压不平衡保护；

c) 多段串联单星形接线的电容器组，可装设段间电压差动或桥式差电流保护。

4) 不平衡保护应带有短延时的防误动的措施。

(3) 电容器组单相接地故障，可利用电容器组所连接母线上的绝缘监察装置检出；当电容器组所连接母线有引出线路时，可装设有选择性的接地保护，并应动作于信号；必要时，保护应动作于跳闸。安装在绝缘支架上的电容器组，可不再装设单相接地保护。

（4）电容器组应装设过电压保护，并应带时限动作于信号或跳闸。

（5）电容器组应装设失压保护，当母线失压时，应带时限跳开所有接于母线上的电容器。

（6）电网中出现的高次谐波可能导致电容器过负荷时，电容器组宜装设过负荷保护，并应带时限动作于信号或跳闸。

注　GB 50227—2008《并联电容器装置设计规范》中4.1.2要求："并联电容器组的接线方式应符合下列规定：1、并联电容器应采用星形接线。在中性点非直接接地的电网中，星形接线电容组的中性点不应接地。"；4.1.3要求："低压并联电容器装置可与低压供电柜同接一条母线。低压电容器或电容器组，可采用三角形接线或星形接线方式。"因此，本节只给出了星形接线的相关保护配置。

7.5.2　保护配置

3～20kV电力电容器的继电保护配置见表7.5-1。

表7.5-1　　　　　　　3～20kV电力电容器的继电保护配置

保护装置名称					
带短延时的速断保护	过电流保护	过负荷保护	单相接地保护	过电压保护	失压保护
装设	装设	根据需要装设	电容器与支架绝缘时可不装设	当电压可能超过110%额定值时装设	装设
保护装置名称					
单星形零序电压保护		单星形桥式差电流保护		单星形电压差动保护	双星形中性线不平衡电流保护
对电容器内部故障及其引出线短路装设					

7.5.3　整定计算

3～20kV电力电容器组的继电保护整定计算见表7.5-2。

表7.5-2　　　　　　　3～20kV电力电容器组的继电保护整定计算

保护名称	计算项目和公式	符号说明
带有短延时的速断保护	保护装置的动作电流（应按电容器组端部引线发生两相短路时，保护的灵敏系数应符合要求整定） $$I_{op,k} \leq \frac{I''_{k2,min}}{1.5 n_{TA}} K_{con}$$ 保护装置的动作时限应大于电容器组合闸涌流时间，为0.2s及以上	$I_{op,k}$——保护装置的动作电流，A； K_{con}——接线系数，接于相电流时取1，接于相电流差时取$\sqrt{3}$； n_{TA}——电流互感器变比； $I''_{k2,min}$——最小运行方式下，电容器组端部两相短路时，流过保护安装处的电流初始值，A； K_{rel}——可靠系数，用于电流速断保护时取1.3；用于过电流保护时取1.2；过负荷保护取1.05； K_r——继电器返回系数，取0.9； K_{ol}——过载系数，取1.3； I_{rC}——电容器组额定电流，A； K_{sen}——保护装置的灵敏系数； I_{op}——保护装置一次动作电流，A； $$I_{op} = I_{op,k} \frac{n_{TA}}{K_{con}}$$
过电流保护	保护装置的动作电流（应按大于电容器组允许的长期最大过电流整定） $$I_{op,k} = K_{rel} K_{con} \frac{K_{ol} I_{rC}}{K_r n_{TA}}$$ 保护装置的灵敏系数（按最小运行方式下电容器组端部两相短路时，流过保护安装处的短路电流校验） $$K_{sen} = \frac{I''_{k2,min}}{I_{op}} \geq 1.3$$ 保护装置的动作时限应较电容器组短延时速断保护的时限大一个时限阶段，一般大0.3s	
过负荷保护	保护装置的动作电流（应按电容器组负荷电流整定） $$I_{op,k} = K_{rel} K_{con} \frac{I_{rC}}{K_r n_{TA}}$$ 保护装置的动作时限应较过电流保护时限大一个时限阶段，一般大0.3s	

保护名称	计算项目和公式	符号说明
过电压保护	保护装置的动作电压（按母线电压不超过110％额定电压值整定） $U_{\text{op,k}} = 1.1 U_{\text{r2}}$ 保护装置动作于信号或带 $3\sim5$min 时限动作于跳闸	
低电压保护	保护装置的动作电压（按母线电压可能出现的低电压整定） $U_{\text{op,k}} = K_{\min} U_{\text{r2}}$ 保护装置动作时限，$t=0.3$s	
单相接地保护	保护装置的一次动作电流（按最小灵敏系数1.3整定） $I_{\text{op}} \leqslant \dfrac{I_{\text{C}\Sigma}}{1.3}$	$U_{\text{op,k}}$——保护装置的动作电压，V； U_{r2}——电压互感器二次额定电压，V，其值为 100V； $K_{\min}$——系统正常运行时母线电压可能出现的最低电压系数，一般取 0.5； $I_{\text{C}\Sigma}$——电网的总单相接地电容电流，A； I_{unb}——最大不平衡电流，A，由测试决定； β_{c}——单台电容器元件击穿相对数，取 $0.5\sim0.75$； m——每相各串联段电容器并联台数； n——每相电容器的串联段数； U_{unb}——最大不平衡零序电压，V，由测试决定； U_{rph}——电容器组的额定相电压，V； n_{TV}——电压互感器变比； I'_{rC}——单台电容器额定计算电流，A
零序电压保护（单星形接线）	保护装置的动作电压（应躲过由于三相电容的不平衡及电网电压的不对称，正常时所存在的不平衡零序电压，及当单台电容器内部 $50\%\sim75\%$ 串联元件击穿时，或因故障切除同一并联段中的 K 台电容器时，使保护装置有一定的灵敏系数，即 $K_{\text{sen}} \geqslant 1.5$） $U_{\text{op,k}} \geqslant K_{\text{rel}} U_{\text{unb}}$ $U_{\text{op,k}} \leqslant \dfrac{1}{K_{\text{sen}} n_{\text{TV}}} \cdot \dfrac{3\beta_{\text{c}} U_{\text{rph}}}{3n[m(1-\beta_{\text{c}})+\beta_{\text{c}}]-2\beta_{\text{c}}}$ （每台电容器未装设专用熔断器） $U_{\text{op,k}} \leqslant \dfrac{1}{K_{\text{sen}} n_{\text{TV}}} \cdot \dfrac{3K U_{\text{rph}}}{3n(m-K)+2K}$ $K \geqslant \dfrac{3}{11} \cdot \dfrac{mn}{3n-2}$ （每台电容器装设专用熔断器） 保护动作时限 $0.1\sim0.2$s	
桥式差电流保护（单星形接线）	保护装置的动作电流（应躲过正常时，桥中性线上电流互感器二次回路中的最大不平衡电流，及当单台电容器内部 $50\%\sim75\%$ 串联元件击穿时，或因故障切除同一并联段中的 K 台电容器时，使保护装置有一定的灵敏系数，即 $K_{\text{sen}} \geqslant 1.5$） $I_{\text{op,k}} \geqslant K_{\text{rel}} I_{\text{unb}}$ $I_{\text{op,k}} \leqslant \dfrac{1}{K_{\text{sen}} n_{\text{TA}}} \cdot \dfrac{3m\beta_{\text{c}} I'_{\text{rC}}}{3n[m(1-\beta_{\text{c}})+2\beta_{\text{c}}]-8\beta_{\text{c}}}$ （每台电容器未装设专用熔断器） $I_{\text{op,k}} \leqslant \dfrac{1}{K_{\text{sen}} n_{\text{TA}}} \cdot \dfrac{3mK I'_{\text{rC}}}{3n(m-2K)+8K}$ $K \geqslant \dfrac{1.5}{11} \cdot \dfrac{mn}{3n-4}$ （每台电容器装设专用熔断器） 保护动作时限 $0.1\sim0.2$s	

保护名称	计算项目和公式	符号说明
电压差动保护（单星形接线）	保护装置的动作电压（应躲过正常时，电容器组两串联段上不平衡电压，及当单台电容器内部 $50\%\sim75\%$ 串联元件击穿时，或因故障切除同一并联段中的 K 台的电容器时，使保护装置有一定的灵敏系数，即 $K_{sen}\geqslant1.5$） $U_{op,k}\geqslant K_{rel}U_{unb}$ $U_{op,k}\leqslant\dfrac{1}{K_{sen}n_{TV}}\cdot\dfrac{3\beta_c U_{rph}}{3n[m(1-\beta_c)+\beta_c]-2\beta_c}$ （每台电容器未装设专用熔断器） $U_{op,k}\leqslant\dfrac{1}{K_{sen}n_{TV}}\cdot\dfrac{3KU_{rph}}{3n(m-K)+2K}$ $K\geqslant\dfrac{3.3nm}{6.3n-2.2}$ （每台电容器装设专用熔断器） 保护动作时限 $0.1\sim0.2s$	
中性线不平衡电流保护（双星形接线）	保护装置的动作电流（应躲过正常时，中性线上电流互感器二次回路中的最大不平衡电流，及当单台电容器内部 $50\%\sim75\%$ 串联元件击穿时，或因故障切除同一并联段中的 K 台电容器时使保护装置有一定的灵敏系数即 $K_{sen}\geqslant1.5$） $I_{op,k}\geqslant K_{rel}I_{unb}$ $I_{op,k}\leqslant\dfrac{1}{K_{sen}n_{TA}}\cdot\dfrac{3m\beta_c I'_{rC}}{6n[m(1-\beta_c)+\beta_c]-5\beta_c}$ （每台电容器未装设专用熔断器） $I_{op,k}\leqslant\dfrac{1}{K_{sen}n_{TA}}\cdot\dfrac{3mKI'_{rC}}{6n(m-K)+5K}$ $K\geqslant\dfrac{6.6nm}{12.6n-5.5}$ （每台电容器装设专用熔断器） 保护动作时限 $0.1\sim0.2s$	

7.5.4 电容器组成的接线

1）电容器组的零序电压保护接线见图 7.5-1。

2）电容器组的电压差动保护接线见图 7.5-2。

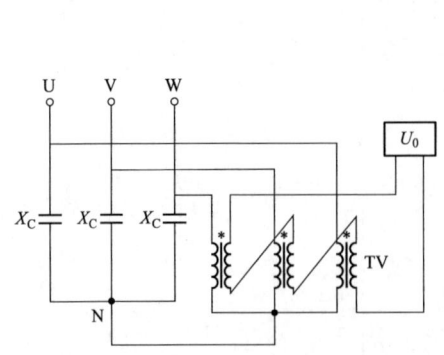

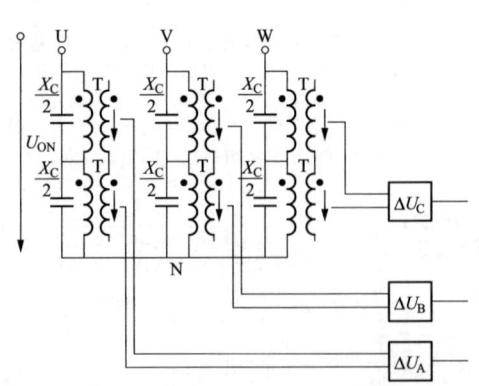

图 7.5-1　电容器组的零序电压保护接线　　　图 7.5-2　电容器组的电压差动保护接线

3）电容器组的桥式差电流保护接线见图 7.5-3。

4）电容器组的中性线不平衡电流保护接线见图 7.5-4。

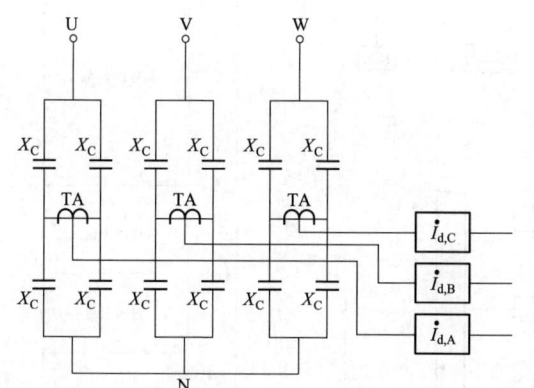

图 7.5-3 电容器组的桥式差电流保护接线　　图 7.5-4 电容器组的中性线不平衡
电流保护接线

7.5.5 电容器保护测控装置

（1）电容器保护功能：

1）三段定时限过流保护（其中第三段可整定为反时限段）或二段定时限过流保护；

2）过电压保护；

3）低电压保护；

4）不平衡电压（零序电压）保护；

5）不平衡电流（零序电流）保护；

6）桥差电流保护；

7）差电压保护；

8）零序过流保护/非有效接地选线；

9）非电量保护（瓦斯、温度）；

10）自动投切功能；

11）独立的操作回路及故障录波。

（2）电容器测控功能：

1）遥控功能：正常遥控跳闸操作，正常遥控合闸操作，接地选线遥控跳闸；

2）遥测功能：电流、无功功率、功率因数和无功电度，所有这些量都在当地实时计算，实时累加，计算不依赖于网络；

3）遥信功能：遥信开入采集，装置变位遥信及事故遥信，并做事件顺序记录。

（3）电力电容器保护逻辑框图：

电容器保护装置逻辑框图见图 7.5-5～图 7.5-7。

7.5.6 示例

【例 7.5-1】 10kV、1800 kvar 电力电容器组的保护。

已知条件：电容器为 BAF11/$\sqrt{3}$-25-1W 型单台容量 25kvar，共 72 台。

最小运行方式下，电容器组端部三相短路电流初始值 $I''_{k3,min}$ 为 2750 A。10kV 电网的总

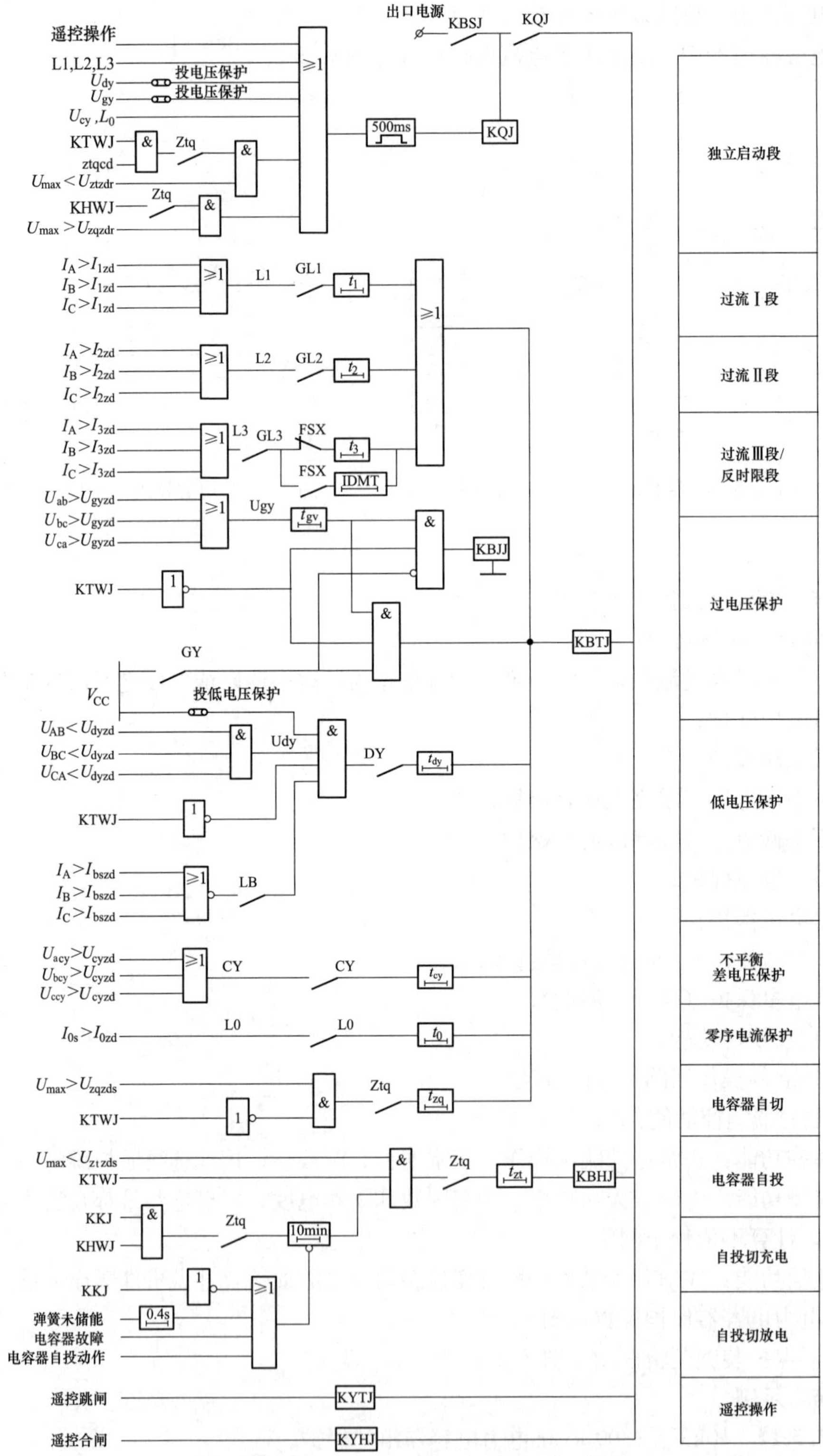

7

图 7.5-5　电容器保护装置逻辑框图（一）

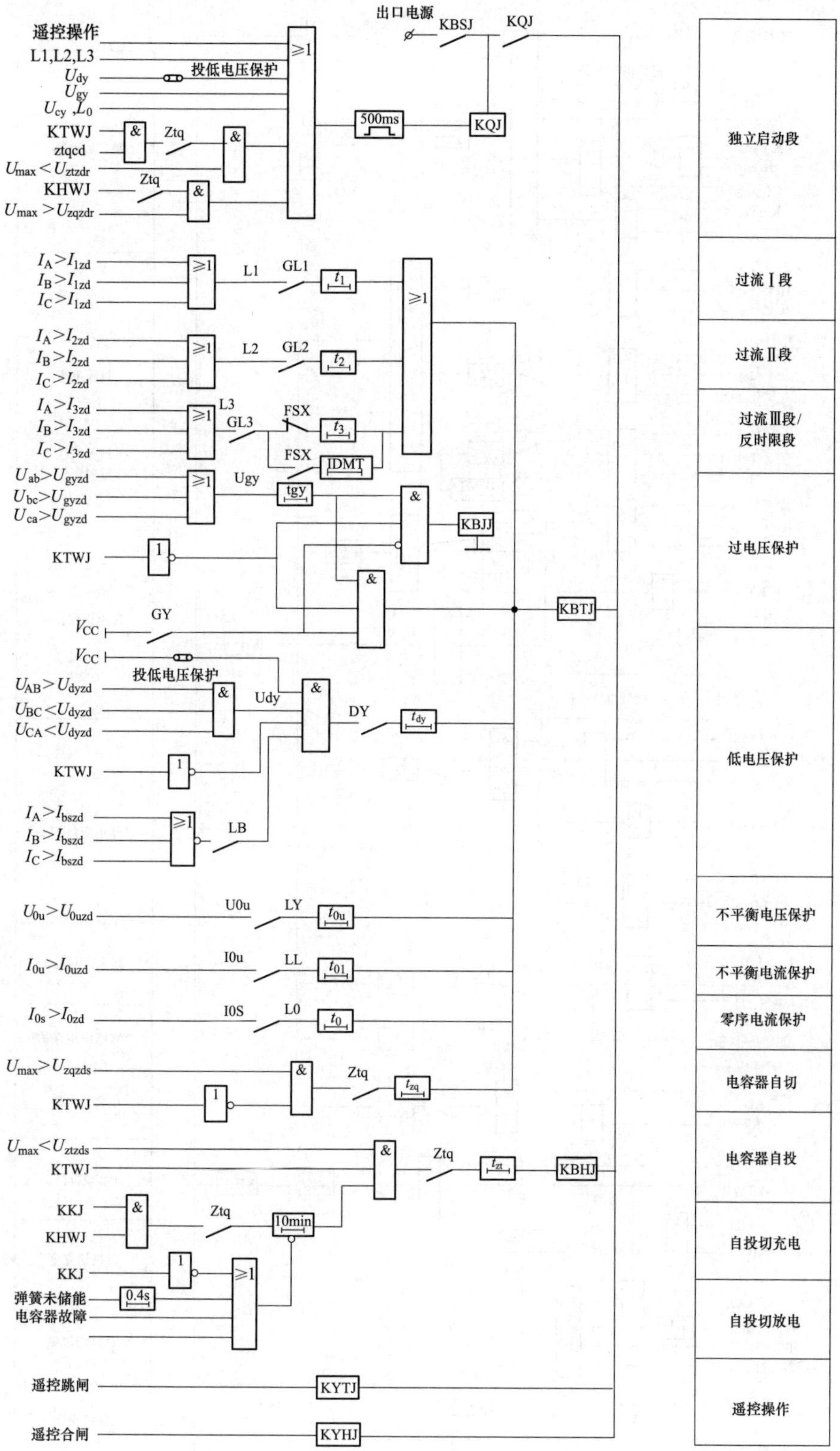

图 7.5-6 电容器保护装置逻辑框图（二）

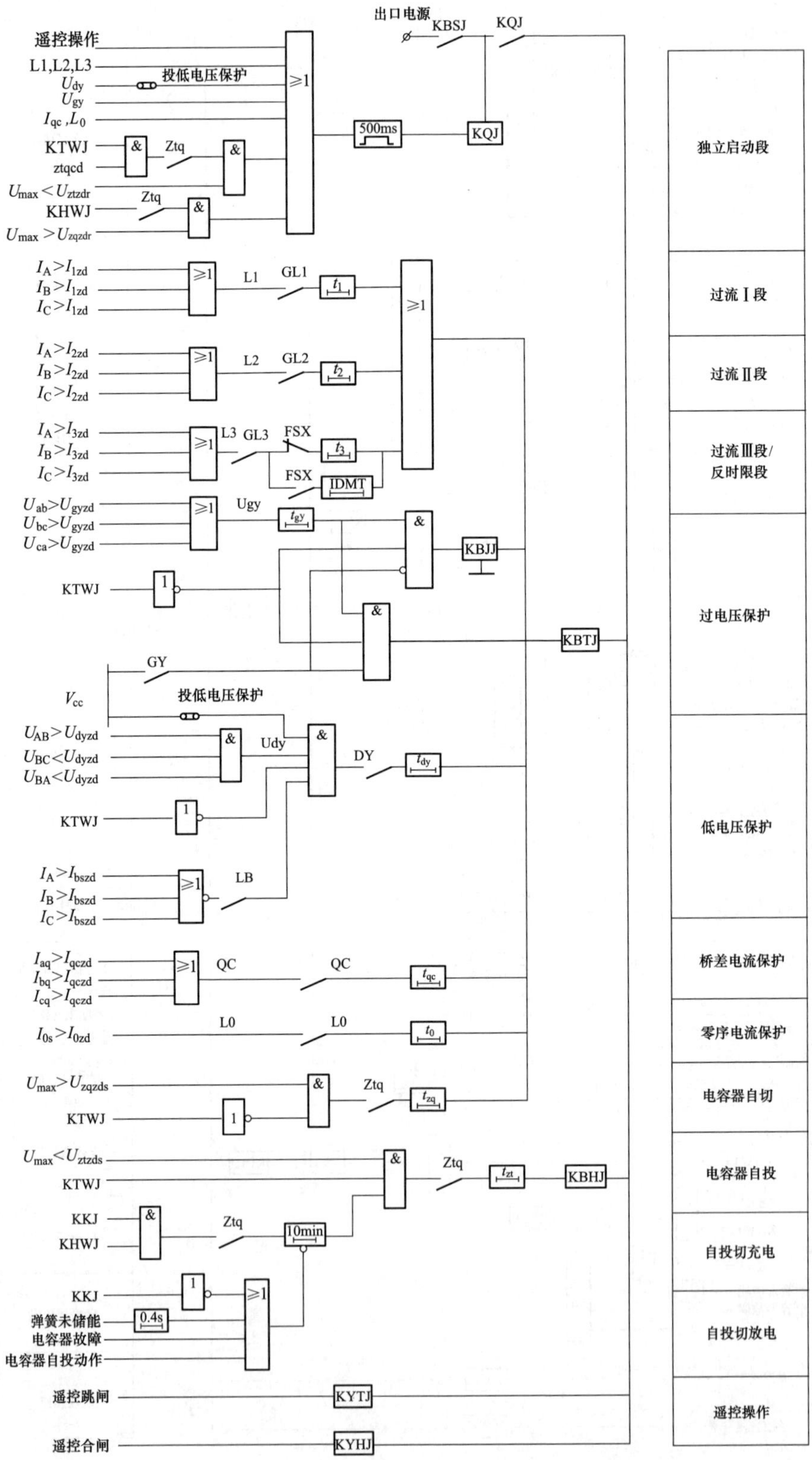

图 7.5-7 电容器保护装置逻辑框图（三）

单相接地电容电流 $I_{C\Sigma}$ 为 10A。电容器串联段数 $n=1$，并联段并联台数 $m=8$。

解 电容器组额定计算电流为

$$I_{rC} = \frac{Q}{U_{rph}^2} \cdot \frac{U_n}{\sqrt{3}} = \frac{600}{(11/\sqrt{3})^2} \cdot \frac{10}{\sqrt{3}} = 85.88(A)$$

（1）保护配置：

1）装设短延时速断保护，过电流保护，过负荷保护，电流互感器变比为 150/5。

2）装设单相接地保护，过电压保护，低电压保护，动作于跳闸或动作于信号。

3）装设零序电压保护。

（2）整定计算：

1）短延时速断保护：保护装置动作电流

$$I_{op,k} = \frac{K_{con}I''_{k2,min}}{K_{sen}n_{TA}} = \frac{1 \times 0.866 \times 2750}{1.5 \times 30} = 53(A)$$

保护装置一次动作电流

$$I_{op} = \frac{I_{op,k}n_{TA}}{K_{con}} = \frac{53 \times 30}{1} = 1590(A)$$

动作时限应大于电容器组合闸涌流时间 $t \geqslant 0.2s$。

2）过流保护：保护装置动作电流

$$I_{op,k} = K_{rel}K_{con}\frac{K_{ol}I_{rC}}{K_r n_{TA}} = 1.2 \times 1 \times \frac{1.3 \times 85.88}{0.9 \times 30} = 4.96(A)，取 5A$$

保护装置一次动作电流

$$I_{op} = \frac{I_{op,k}n_{TA}}{K_{con}} = \frac{5 \times 30}{1} = 150(A)$$

保护装置灵敏系数

$$K_{sen} = \frac{I''_{k2,min}}{I_{op}} = \frac{0.866 \times 2750}{150} = 15.9 > 1.3$$

动作时限应较短延时速断保护大一个时限阶段 $\Delta t = 0.3s$，$t = 0.5s$。

3）过负荷保护：保护装置动作电流

$$I_{op,k} = K_{rel}K_{con}\frac{I_{rC}}{K_r n_{TA}} = 1.05 \times 1 \times \frac{85.88}{0.9 \times 30} = 3.34(A)，取 3.5A$$

动作时限应较过电流保护大一个时限阶段 $\Delta t = 0.3s$，$t = 0.8s$。

4）单相接地保护：保护装置一次动作电流

$$I_{op} \leqslant \frac{I_{C\Sigma}}{K_{sen}} = \frac{10}{1.3} = 7.7(A)，取 7A$$

5）过电压保护：保护装置一次动作电压

$$U_{op,k} = 1.1U_{r2} = 1.1 \times 100 = 110(V)$$

保护装置动作于信号或带 3~5min 时限动作于跳闸

6) 低电压保护：保护装置动作电压

$$U_{\mathrm{op,k}} = K_{\mathrm{min}}U_{\mathrm{r2}} = 0.5 \times 100 = 50(\mathrm{V})$$

$$t_{\mathrm{op}} = 0.3\mathrm{s}\ 动作于跳闸$$

7) 电容器组零序电压保护：保护装置动作电压

$$U_{\mathrm{op,k}} \leqslant \frac{1}{K_{\mathrm{sen}}n_{\mathrm{TV}}} \times \frac{3\beta_{\mathrm{c}}U_{\mathrm{rph}}}{3n[m(1-\beta_{\mathrm{c}})+\beta_{\mathrm{c}}]-2\beta_{\mathrm{c}}}$$

$$= \frac{1}{1.5 \times \dfrac{10^4}{100}} \times \frac{3 \times 0.75 \times \dfrac{11}{\sqrt{3}} \times 10^3}{3 \times 1 \times [8 \times (1-0.75)+0.75]-2 \times 0.75}$$

$$= \frac{1}{150} \times \frac{14.29 \times 10^3}{6.75} = 14.1(\mathrm{V})$$

$$U_{\mathrm{op,k}} \geqslant K_{\mathrm{rel}}U_{\mathrm{unb}} = 1.1 \times U_{\mathrm{unb}} = 14.1(\mathrm{V})$$

$$U_{\mathrm{unb}} \leqslant 14.1/1.1 = 12.8(\mathrm{V})$$

即电容器组的零序不平衡电压应小于 12.8V。

当电容器具有外附熔断器保护时，K 台熔断器熔断时产生过电压

$$K = \frac{3}{11} \times \frac{mn}{3n-2} = \frac{3}{11} \times \frac{1 \times 8}{3 \times 1 - 2} = \frac{24}{11}$$

$$U_{\mathrm{op,k}} \leqslant \frac{1}{K_{\mathrm{sen}}n_{\mathrm{TV}}} \times \frac{3KU_{\mathrm{rph}}}{3n(m-K)+2K}$$

$$= \frac{1}{1.5 \times \dfrac{\dfrac{11}{\sqrt{3}}}{100}} \times \frac{3 \times \dfrac{24}{11} \times \dfrac{11}{\sqrt{3}} \times 10^3}{3 \times 1 \times \left(8 - \dfrac{24}{11}\right)+\dfrac{48}{11}}$$

$$= \frac{41\,570.4}{150 \times (17.45+4.36)} = \frac{41\,570.4}{3271.5} = 12.7(\mathrm{V})$$

$$U_{\mathrm{op,k}} \geqslant K_{\mathrm{rel}}U_{\mathrm{unb}} = 1.1 \times U_{\mathrm{unb}} = 12.7(\mathrm{V})$$

$$U_{\mathrm{unb}} \leqslant 12.7/1.1 = 11.5(\mathrm{V})$$

即电容器组的零序不平衡电压应小于 11.5V。

保护的动作时限 0.2s。

【例 7.5-2】 带串联电抗器的双星形 10kV 电容器组的保护

已知条件：电容器组为 TBB 型高压并联电容器装置 TBB10-2400/50BL 型，额定电压 10kV，额定容量 2400kvar，接线方式 YY，共 48 个 BFM11/$\sqrt{3}$-50-1W 型电容器，6 相每相 8 个电容器并联。为抑制 5 次以上谐波 $X_{\mathrm{L}} = (5\% \sim 6\%)X_{\mathrm{C}}$。电网总单相接地电容电流为 10A。

解 （1）保护配置：

1）装设中性线不平衡电流保护，作为电容器内部故障保护。电流互感器变比 10/5。

2）装设短延时电流速断保护，过电流保护，过负荷保护作为电容器组外部故障保护，电流互感器变比 200/5。

3）装设单相接地保护，过电压保护，动作于跳闸或动作于信号。

4）装设低电压保护。

（2）整定计算：

1）每相电容器电抗及串联电抗器的电抗

$$X_C = \frac{U_{rph}^2 \times 10^3}{2 \times m \times Q} = \frac{(11/\sqrt{3})^2 \times 10^3}{2 \times 8 \times 50} = 50.4(\Omega)$$

$$X_L = 5\% X_C = 5\% \times 50.4 = 2.52(\Omega)$$

2）单台电容器额定计算电流

$$I'_{rC} = \frac{Q}{U_{rph}^2} \cdot \frac{U_n}{\sqrt{3}} \left(\frac{X_C}{X_C - X_L} \right) = \frac{50}{(11/\sqrt{3})^2} \cdot \frac{10}{\sqrt{3}} \left(\frac{50.4}{50.4 - 2.52} \right) = 7.53(A)$$

3）中性线不平衡电流保护

$$I_{op,k} \leqslant \frac{1}{K_{sen} n_{TA}} \cdot \frac{3m\beta_c I'_{rC}}{6n[m(1-\beta_c) + \beta_c] - 5\beta_c}$$

$$= \frac{1}{1.5 \times 10/5} \times \frac{3 \times 8 \times 0.75 \times 7.53}{6 \times 1 \times [8 \times (1-0.75) + 0.75] - 5 \times 0.75} = 3.54(A)$$

取 3.5A。$I_{op,k} \geqslant K_{rel} I_{unb} = 1.1 \times I_{unb}$ $I_{unb} \leqslant 3.5/1.1 = 3.18(A)$

一次动作电流 $I_{op} = 3.5 \times 10/5 = 7(A)$

4）短延时电流速断保护：保护装置动作电流

$$I_{op,k} = \frac{K_{con} I''_{k2,min}}{K_{sen} n_{TA}} = \frac{1 \times 0.866 \times 2100}{1.5 \times 200/5} = 30.3(A)，取 30A$$

保护装置的一次动作电流

$$I_{op} = \frac{I_{op,k} n_{TA}}{K_{con}} = \frac{30 \times 40}{1} = 1200(A)$$

动作时限应大于电容器组合闸涌流时间 $t \geqslant 0.2s$。

5）过电流保护、过负荷保护、单相接地保护及过电压、低电压保护计算与例 7.5-1 相似，此处从略。

7.6 3~10kV 电动机的保护

7.6.1 3~10kV 电动机根据规范要求应装设的保护装置

（1）对电压为 3kV 及以上的异步电动机和同步电动机的下列故障及异常运行方式，应装设相应的保护装置：

1) 定子绕组相间短路;

2) 定子绕组单相接地;

3) 定子绕组过负荷;

4) 定子绕组低电压;

5) 同步电动机失步;

6) 同步电动机失磁;

7) 同步电动机出现非同步冲击电流(断电失步);

8) 相电流不平衡及断相。

(2) 对电动机绕组及引出线的相间短路,装设相应的保护装置,应符合下列规定:

1) 2MW 以下的电动机,宜采用电流速断保护;2MW 及以上的电动机,或电流速断保护灵敏系数不符合要求的 2MW 以下电动机,应装设纵联差动保护(此时,电动机应为 6 个端子,即中性点有引出端子)。

保护装置可采用两相或三相接线,并应瞬时动作于跳闸。具有自动灭磁装置的同步电动机,保护装置尚应瞬时动作于灭磁。

2) 作为纵联差动保护的后备,宜装设过电流保护。保护装置可采用两相或三相接线,并应延时动作于跳闸。具有自动灭磁装置的同步电动机,保护装置尚应延时动作于灭磁。

(3) 对电动机单相接地故障,当接地电流大于 5A 时,应装设有选择性的单相接地保护;当接地电流小于 5A 时,可装设接地检测装置。

单相接地电流为 10A 及以上时,保护装置应动作于跳闸;单相接地电流为 10A 以下时,保护装置宜动作于信号。

(4) 对电动机的过负荷应装设过负荷保护,并应符合下列规定:

1) 生产过程中易发生过负荷的电动机应装设过负荷保护。保护装置应根据负荷特性,带时限作用于信号或跳闸。

2) 启动或自启动困难、需要防止启动或自启动时间过长的电动机,应装设过负荷保护,并应动作于跳闸。

(5) 对母线电压短时降低或中断,应装设电动机低电压保护,并应符合下列规定:

1) 下列电动机应装设 0.5s 时限的低电压保护,保护动作电压应为额定电压的 $65\%\sim70\%$:

a) 当电源电压短时降低或短时中断又恢复时,需要断开的次要电动机;

b) 根据生产过程不允许或不需要自启动的电动机。

2) 下列电动机应装设 9s 时限的低电压保护,保护动作电压应为额定电压的 $45\%\sim50\%$:

a) 有备用自动投入机械的 I 类负荷电动机;

b) 在电源电压长时间消失后需自动断开的电动机。

3) 保护装置应动作于跳闸。

(6) 对同步电动机的失步应装设失步保护。

失步保护宜带时限动作,对重要电动机应动作于再同步控制回路;不能再同步或根据生产过程不需要再同步的电动机,应动作于跳闸。

(7) 对同步电动机失磁,宜装设失磁保护。同步电动机的失磁保护应带时限动作于跳闸。

（8）2MW 及以上以及不允许非同步的同步电动机，应装设防止电源短时中断再恢复时造成非同步冲击的保护。

保护装置应确保在电源恢复前动作。重要电动机的保护装置，应动作于再同步控制回路；不能再同步或根据生产过程不需要再同步的电动机，保护装置应动作于跳闸。

（9）2MW 及以上重要电动机，可装设负序电流保护。保护装置应动作于跳闸或信号。

（10）当一台或一组设备由 2 台及以上电动机共同拖动时，电动机的保护装置应实现对每台电动机的保护。由双电源供电的双速电动机，其保护应按供电回路分别装设。

7.6.2　保护配置

3～10kV 电动机的继电保护配置见表 7.6-1。

表 7.6-1　　　　　　　　　　　　　3～10kV 电动机的继电保护配置

电动机容量/kW	保护装置名称							
	电流速断保护	纵联差动保护	过负荷保护	单相接地保护	不平衡保护（负序过电流保护）	低电压保护	失步保护[①]	防止非同步冲击的断电失步保护[②]
异步电动机<2000	装设	当电流速断保护不能满足灵敏性要求时装设	生产过程中易发生过负荷时或启动、自启动条件严重时应装设	单相接地电流>5A 时装设，≥10A 时一般动作于跳闸，5～10A 时可动作于跳闸或信号		根据需要装设		
异步电动≥2000		装设			装设			
同步电动机<2000	装设	当电流速断保护不能满足灵敏性要求时装设					装设	根据需要装设
同步电动机≥2000		装设			装设			

① 下列电动机可以利用反应定子回路的过负荷保护兼作失步保护：短路比在 0.8 及以上且负荷平稳的同步电动机，负荷变动大的同步电动机，但此时应增设失磁保护。短路比数据见表 7.6-3。

② 大容量同步电动机当不允许非同步冲击时，宜装设防止电源短时中断再恢复时，造成非同步冲击的保护。

7.6.3　整定计算

7.6.3.1　3～10kV 电动机的继电保护整定计算

3～10kV 电动机的继电保护整定计算见表 7.6-2。

表 7.6-2   3～10kV 电动机的继电保护整定计算

保护名称	计算项目和公式	符号说明
电流速断保护	保护装置的动作电流: 异步电动机（应躲过电动机的启动电流） $$I_{op,k} = K_{rel}K_{con}\frac{K_{st}I_{rM}}{n_{TA}}$$ 同步电动机（应躲过电动机的启动电流或外部短路时电动机的输出电流） $$I_{op,k} = K_{rel}K_{con}\frac{K_{st}I_{rM}}{n_{TA}}$$ 和 $I_{op,k} = K_{rel}K_{con}\frac{I''_{kM}}{n_{TA}}$ 保护装置的灵敏系数（按最小运行方式下，电动机接线端两相短路时，流过保护装置的短路电流校验） $$K_{sen} = \frac{I''_{k2,min}}{I_{op}} \geqslant 1.5$$	$I_{op,k}$ —— 保护装置的动作电流，A； K_{rel} —— 可靠系数，用于电流速断保护时取1.3；用于过电流保护时取1.2；用于差动保护时取1.3。用于过负荷保护时动作于信号取1.05，动作于跳闸取1.1； K_{con} —— 接线系统，接于相电流时取1.0，接于相电流差时取$\sqrt{3}$； n_{TA} —— 电流互感器变比； I_{rM} —— 电动机额定电流，A； K_{st} —— 电动机启动电流倍数[①]； I''_{kM} —— 同步电动机接线端三相短路时，输出的电流初始值[②]，A； $I''_{k2,min}$ —— 最小运行方式下，电动机接线端两相短路时，流过保护装置的电流初始值[③]，A； I_{op} —— 保护装置一次动作电流，A，$I_{op} = \frac{I_{op,k}n_{TA}}{K_{con}}$； K_r —— 继电器返回系数，取0.9； t_{st} —— 电动机实际启动时间，s； t_{op} —— 保护装置动作时限，一般为10～15s，应在实际启动时校验其能否躲过启动时间； I_{CM} —— 电动机的电容电流，A，除大型同步电动机外，可忽略不计。大型同步电动机的电容电流计算见本章7.6.6节； $I_{C\Sigma}$ —— 电网的总单相接地电容电流，A
过负荷保护	保护装置的动作电流（应躲过电动机的额定电流） $$I_{op,k} = K_{rel}K_{con}\frac{I_{rM}}{K_r n_{TA}}$$ 保护装置的动作时限（躲过电动机启动及自启动时间，即 $t_{op} \geqslant t_{st}$）对于一般电动机为 $t_{op} = (1.1～1.2)t_{st}$ 对于传动风机负荷的电动机为 $t_{op} = (1.2～1.4)t_{st}$	
单相接地保护	保护装置的一次动作电流（应按被保护元件发生单相接地故障时最小灵敏系数1.3整定） $$I_{op} \leqslant \frac{(I_{C\Sigma} - I_{CM})}{1.3}$$	
失步保护	详见7.6.4	
低电压保护	保护装置的电压整定值一般为电动机额定电压的65%～70%，时限一般为0.5s	

① 如为降压电抗器启动及变压器—电动机组，其启动电流倍数 K_{st} 改用 K'_{st} 代替
$$K'_{st} = \frac{1}{\frac{1}{K_{st}} + \frac{u_k S_{rM}}{S_{rT}}}$$
式中　u_k —— 电抗器或变压器的阻抗电压相对值；
　　　S_{rM} —— 电动机额定容量，kVA；
　　　S_{rT} —— 电抗器或变压器额定容量，kVA。
② 同步电动机接线端三相短路时，输出的电流初始值为
$$I''_{kM} = \left(\frac{1.05}{x''_k} + 0.95\sin\varphi_r\right)I_{rM}$$
式中　x''_k —— 同步电动机超瞬态电抗，相对值；
　　　φ_r —— 同步电动机额定功率因数角；
　　　I_{rM} —— 同步电动机额定电流，A。
③ 两相短路电流初始值 I''_{k2} 等于三相短路电流初始值 I''_{k3} 的0.866倍。

7.6.3.2 3～10kV 电动机差动保护

（1）电动机差动保护特性。图中 I_{op} 为动作电流，I_{res} 为制动电流，$K_{D,res}$ 为比率制动斜率，$I_{D,st}$ 为差动电流启动定值，I_t 为差动特性中拐点电流，比率差动保护能保证外部短路不

动作，内部故障时有较高灵敏度，动作曲线如图7.6-1。

（2）电动机微机差动保护整定计算。

1）比率制动差动保护的最小动作电流：

应躲过电动机正常运行时差动回路的不平衡电流

$$I_{D,st} = I_{op,min} = (0.2 \sim 0.4)I_n n_{TA} \quad (7.6-1)$$

式中　$I_{D,st}$——差动保护的启动电流，A；

　　　$I_{op,min}$——最小动作电流，A；

　　　I_n——电动机二次额定计算电流，A。

2）制动斜率

$$K_{D,res} = I_{op}/I_{D,res} \quad (7.6-2)$$

式中　$K_{D,res}$——比率制动斜率，一般 $K_{D,res} = 0.3 \sim 0.4$；

　　　I_{op}——差动电流，A；

　　　$I_{D,res}$——制动电流，A。

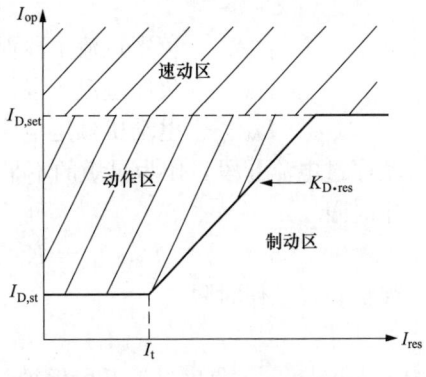

图 7.6-1　电动机纵差保护动作曲线

注：图中所示电流均为电流互感器一次电流。

3）灵敏系数校验：根据制动电流的大小在相应制动特性曲线上求得相应的动作电流，求出灵敏系数。

$$K_{sen} = I_{k2,min}/(n_{TA}I_{op,k}) \geqslant 1.5 \quad (7.6-3)$$

式中　K_{sen}——灵敏系数；

　　　$I_{k2,min}$——最小运行方式下电动机端保护区内两相短路电流，A；

　　　n_{TA}——电流互感器变比；

　　　$I_{op,k}$——差动继电器动作电流，A。

$$I_{op} = (I_{res} - I_t)K_{D,res} + I_{D,st}$$

式中　I_t——拐点电流，$I_t = I_n n_{TA}$（不同厂家产品 I_t 值不同）。

4）差动速断动作电流。差动速断动作电流一般取 3～8 倍额定电流的较低值，并在机端保护区内两相短路故障时有 1.2 的灵敏系数。

5）差动速断灵敏系数

$$K_{sen} = I_{k2,min}/(n_{TA}I_{op,k}) \geqslant 1.2 \quad (7.6-4)$$

式中　K_{sen}——差动速断灵敏系数；

　　　$I_{k2,min}$——最小运行方式下电动机端保护区内两相短路电流，A；

　　　n_{TA}——电流互感器变比；

　　　$I_{op,k}$——差动继电器动作电流，A；根据制动电流的大小在相应制动特性曲线上求得相应的动作电流。

7.6.3.3　负序过电流保护

负序过电流保护分别对电动机反相、断相、匝间短路以及较严重的电压不对称等异常运行工况提供保护。

负序过流Ⅰ段

$$I_{(2)I,op} = I_{rM} \quad (7.6-5)$$

保护装置动作时限

$$t_{(2)\text{I},\text{op}} = 0.05 \sim 0.1\text{s} \qquad (7.6\text{-}6)$$

以上式中　$I_{(2)\text{I},\text{op}}$ ——负序过流 I 段保护装置动作电流，A；

$t_{(2)\text{I},\text{op}}$ ——负序过流 I 段保护装置动作时限，s；

I_{rM} ——电动机额定电流，A。

负序过电流 II 段，作为灵敏的不平衡电流保护，可采用定时限和反时限：

定时限

$$I_{(2)\text{II},\text{op}} = K_{\text{rel}} I_{(2),\text{max}} = (1.2 \sim 1.3) I_{(2),\text{max}} \qquad (7.6\text{-}7)$$

保护装置动作时限

$$t_{(2)\text{II},\text{op}} = 0.5 \sim 10\text{s}$$

式中　$I_{(2)\text{II},\text{op}}$ ——负序过流 II 段保护装置定时限动作电流，A；

K_{rel} ——可靠系数；

$t_{(2)\text{II},\text{op}}$ ——负序过流 II 段保护装置定时限动作时限，s；

$I_{(2),\text{max}}$ ——正常运行的最大负序电流，A。

反时限　　　$$I_{(2)\text{II},\text{op}} = K_{\text{rel}} I_{(2),\text{max}} = (1.05 \sim 1.1) I_{(2),\text{max}} \qquad (7.6\text{-}8)$$

保护装置动作时限 $t_{(2)\text{II},\text{op}} = 0 \sim 1\text{s}$

对于保护动作时限，用于 F-C 回路时，可取大一些，用于断路器回路时，可取小一些。

式中　$I_{(2)\text{II},\text{op}}$ ——负序过流 II 段保护装置反时限动作电流，A；

K_{rel} ——可靠系数；

$t_{(2)\text{II},\text{op}}$ ——负序过流 II 段保护装置反时限动作时限，s；

$I_{(2),\text{max}}$ ——正常运行的最大负序电流，A。

7.6.3.4　电动机过热保护

过热保护主要为了防止电动机过热，而设置的一个模拟电动机发热的模型，综合计及电动机正序电流和负序电流的热效应，引入了等效发热电流 I_{eq}，其表达式为

$$I_{\text{eq}}^2 = K_1 \times I_{(1)}^2 + K_2 \times I_{(2)}^2 \qquad (7.6\text{-}9)$$

式中　I_{eq} ——等效运行电流，A；

$I_{(1)}$ ——电动机正序电流，A；

$I_{(2)}$ ——电动机负序电流，A；

K_1 ——计算系数，$K_1 = 0.5$，防止电动机正常启动中保护误动；在整定的启动时间 $t_{\text{st},\text{set}}$ 后，$K_1 = 1$；

K_2 ——计算系数，$K_2 = 3 \sim 10$，一般可取为 6。

保护动作方程：　　　$$\left[(I_{\text{eq}}/I_{\text{rM}})^2 - 1.05^2 \right] \times t \leqslant \tau \qquad (7.6\text{-}10)$$

其中　t ——电动机启动时间，s；

τ ——电动机热积累定值，s，即电动机发热时间常数 HEAT；

I_{eq} ——等效运行电流，A；

I_{rM} ——电动机额定电流，A。

HEAT 也可根据下式计算　　　$$\tau = \frac{Q_{\text{n}} K_{\text{st}}^2 t_{\text{st}}}{Q_0} \qquad (7.6\text{-}11)$$

式中　τ ——电动机热积累定值，s；即电动机发热时间常数 HEAT；

Q_{n} ——电动机额定连续运行时的稳定温升，K；一般取 50K；

K_{st} ——启动电流倍数；

t_{st} ——电动机启动时间，s；

Q_0 ——电动机启动温升，一般取 55 K。

当热积累值达到 $70\%\sim80\%$ HEAT 时发出报警信号；当热积累值达到 HEAT 时发出跳闸信号。

7.6.3.5 低电压保护

下列电动机应装设低电压保护，保护装置应动作于跳闸：

1）当电源电压短时降低或短时中断后又恢复时，为了保证重要电动机自启动而需要断开的次要电动机，保护装置的电压整定值一般为电动机额定电压的 $65\%\sim70\%$，时限一般约为 0.5s。

2）需要自启动，但为保证人身和设备安全，在电源电压长时间消失后需从配电网中自动断开的电动机。保护装置的电压整定值一般为电动机额定电压的 $45\%\sim50\%$，时限一般为 9s。

7.6.3.6 启动时间过长保护

电动机启动时间过长会造成电动机过热，当测量到的实际启动时间超过整定的允许启动时间时，保护动作于跳闸。

保护的动作判据为：$t_m \geqslant t_{st,set}$

$t_{st,set}$ 为整定的允许启动时间，可取 $t_{st,set} = 1.1t_{st}$，t_{st} 为电动机的启动时间；t_m 为测量到的实际启动时间。

7.6.3.7 堵转保护

当电动机在启动过程中或在运行中发生堵转，电流将急剧增大，容易造成电动机烧毁事故。堵转保护采用正序电流构成，有的保护装置还引入转速开关触点。堵转保护动作于跳闸。

（1）不引入转速开关触点的堵转保护在电动机启动结束后自动投入。在启动过程中发生堵转，由启动时间过长保护起堵转保护作用。

堵转保护需整定的参数是：允许堵转时间 $t_{pe,s}$ 和动作电流 I_{op}。

1）动作电流 $I_{op} = (2\sim3)I_{rM}$，$I_{op,k} = I_{op}/n_{TA}$。

2）动作时限 $t_{pe,s}$ 按制造厂提供的允许堵转时间整定。当无法确定该数据时，可取 $t_{pe,s} = (0.4\sim0.7)t_{st,max}$，其中 $t_{st,max}$ 可实测确定。或根据经验值。

当无法取得允许堵转时间时，为缩短堵转保护动作时限，可将动作电流提高到 $(4\sim5)I_{rM}$，堵转允许时间可取 $4\sim6$s；有的保护装置中，堵转保护在电动机启动过程中不退出，则堵转允许时间相应要加长。

（2）引入转速开关触点时，转速开关触点构成了堵转保护动作条件之一。

1）动作电流取不引入转速开关 $I_{op} + (1.5\sim2)I_{rM}$。

2）动作时限 $t_{pe,s}$ 与不引入转速开关触点时相同。

7.6.3.8 磁平衡差动保护

磁平衡差动保护，俗称"小差动保护"。磁平衡差动接线见图 7.6-2。

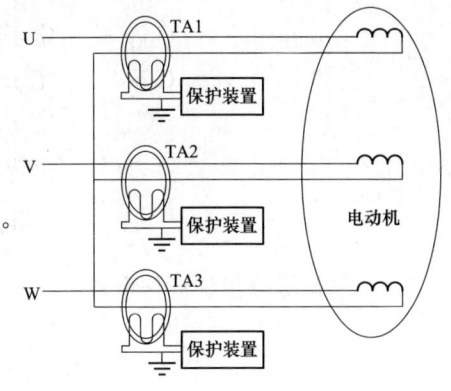

图 7.6-2 磁平衡差动保护接线图

　　电动机的磁平衡纵差保护可灵敏反应定子绕组的相间短路故障(含定子绕组对另两相中性点短路),不反应定子绕组的匝间短路和定子绕组的断相故障,就反应故障类型来说,与常规纵差保护无区别,但电动机启动、外部短路故障电动机的反馈电流、外部短路故障切除自动启动过程中不会形成不平衡电流,这与常规纵差保护不同。对外部单相接地故障,有不大的不平衡电流。

　　1) 当电动机外部单相接地时,设 A 相发生金属性接地,三相正序电压为 $\dfrac{U_{jN}}{\sqrt{3}}$,

$\dfrac{U_{jN}}{\sqrt{3}} e^{-j120°}$,$\dfrac{U_{jN}}{\sqrt{3}} e^{j120°}$,三相负序电压为 0,三相零序电压为 $-\dfrac{U_{jN}}{\sqrt{3}}$。

　　由定子绕组每相正序电容 $C_{M(1)}$,每相零序电容 $C_{M(0)}$ 形成的电流仅流过电动机始端,构成磁平衡差动保护的不平衡电流。则 $C_{M(1)} = 3C_{\varphi\varphi} + C_{M(0)}$,$C_{\varphi\varphi}$ 为定子绕组相间电容。

　　磁平衡纵差保护的不平衡电流

$$I_{unb,A} = j\omega C_{M(1)} \frac{U_{jN}}{\sqrt{3}} - j\omega C_{M(0)} \frac{U_{jN}}{\sqrt{3}}$$

$$= j3\omega C_{\varphi\varphi} \frac{U_{jN}}{\sqrt{3}} \tag{7.6-12}$$

$$I_{unb,B} = j\omega C_{M(1)} \frac{U_{jN}}{\sqrt{3}} e^{-j120°} - j\omega C_{M(0)} \frac{U_{jN}}{\sqrt{3}}$$

$$= \omega(3C_{\varphi\varphi} + \sqrt{3} C_{M(0)} e^{-j30°}) \frac{U_{jN}}{\sqrt{3}} e^{-j30°} \tag{7.6-13}$$

$$I_{unb,C} = j\omega C_{M(1)} \frac{U_{jN}}{\sqrt{3}} e^{j120°} - j\omega C_{M(0)} \frac{U_{jN}}{\sqrt{3}}$$

$$= \omega(3C_{\varphi\varphi} + \sqrt{3} C_{M(0)} e^{j30°}) \frac{U_{jN}}{\sqrt{3}} e^{j210°} \tag{7.6-14}$$

$$I_{umb} = | I_{umb,B} | = | I_{umb,C} |$$

$$= \omega \sqrt{\left[C_{M(1)} + \frac{1}{2} C_{M(0)} \right]^2 + \frac{3}{4} C_{M(0)}^2} \frac{U_{jN}}{\sqrt{3}} \tag{7.6-15}$$

以上式中
$I_{unb,A}$,$I_{unb,B}$,$I_{unb,C}$ ——磁平衡纵差保护的 A、B、C 相不平衡电流 ,A;

I_{unb} ——磁平衡纵差保护的相不平衡电流,A;

$C_{M(1)}$ ——定子绕组每相正序电容,μF;

$C_{M(0)}$ ——定子绕组每相零序电容,μF;

$C_{\varphi\varphi}$ ——定子绕组相间电容,μF;

ω ——电源角频率,s^{-1};

$\dfrac{U_{jN}}{\sqrt{3}}$ ——三相正序电压,kV。

　　2) 磁平衡纵差保护动作电流

$$I_{op} = K_{rel} \omega \sqrt{\left[C_{M(1)} + \frac{1}{2} C_{M(0)} \right]^2 + \frac{3}{4} C_{M(0)}^2} \frac{U_{jN}}{\sqrt{3}} \tag{7.6-16}$$

式中　K_{rel} ——可靠系数,取 1.1~1.3;

其他见上式。

对于隐极式同步电动机定子绕组每相零序电容（即接地电容）可由下式计算

$$C_{M(0)} = \frac{0.84KS_{rM}}{\sqrt{U_{rM}(1+0.08U_{rM})}} \tag{7.6-17}$$

式中　K——由绝缘材料确定的系数，当采用 B 级绝缘时 $K=0.0187$；

　　　S_{rM}——电动机额定容量，MVA；

　　　U_{rM}——电动机额定电压，V；

　　　$C_{M(0)}$——同步电动机定子绕组每相零序电容，μF。

对于凸极式同步电动机定子绕组每相零序电容（即接地电容）可由下式计算

$$C_{M(0)} = \frac{KS_{rM}^{3/4} \times 10^{-3}}{3(U_{rM}+3600)n^{1/3}} \tag{7.6-18}$$

式中　K——由绝缘材料确定的系数，当采用 B 级绝缘时 $K \approx 40$；

　　　S_{rM}——电动机额定容量，kVA；

　　　U_{rM}——电动机额定电压，V；

　　　n——电动机的转速，r/min；

　　　$C_{M(0)}$——同步电动机定子绕组每相零序电容，μF。

由于 $C_{M(1)} = 3C_{\varphi\varphi} + C_{M(0)}$ 且 $C_{\varphi\varphi} = 0.2C_{M(0)}$ 则 $C_{M(1)} = 1.6C_{M(0)}$

$$\begin{aligned} I_{op} &= K_{rel}\omega\sqrt{[(1.6+0.5)C_{M(0)}]^2 + \frac{3}{4}C_{M(0)}^2}\frac{U_{jN}}{\sqrt{3}} \\ &= K_{rel}\omega\sqrt{5.16}C_{M(0)}\frac{U_{jN}}{\sqrt{3}} \\ &= 1.31K_{rel}\omega C_{M(0)}U_{jN} \end{aligned} \tag{7.6-19}$$

取 $K_{rel} = 1.2$，则 $I_{op} = (1.2 \times 1.31)\omega C_{M(0)}U_{jN} = 1.572\omega C_{M(0)}U_{jN}$

如 6kV 隐极同步电动机，$P_n = 2500kW$，$S_n = \dfrac{P_n}{\cos\varphi} = \dfrac{2.5}{0.8} = 3.125(MVA)$

$$C_{M(0)} = 0.84 \times 0.0187 \times 3.125\frac{1}{\sqrt{6 \times (1+0.08 \times 6)}} = 0.0165(\mu F)$$

$$I_{op} = 1.572 \times 314 \times 0.0165 \times 6.3 = 51.3(A)$$

$$I_n = 300.7A \quad I_{op}/I_n = 51.3/300.7 \approx 17\%$$

I_{op} 约为电动机额定电流的 17%，定子绕组相间短路使灵敏度大为提高；为躲过电容暂态过程的影响，保护设 100～120ms 延时。

3）定子绕组单相接地。当供电网络中性点不接地或经消弧线圈接地时，电动机定子绕组单相接地

$$I_D = 3\omega[C_{\Sigma} - C_{M(0)}]\alpha\frac{U_{jN}}{\sqrt{3}} \tag{7.6-20}$$

式中　α——接地点到电动机定子绕组中性点的匝数与定子绕组相匝数之比；

　　　C_{Σ}——供电网络每相对地总电容，μF；

其他见上式。

当网络中性点经电阻 R 接地时电动机定子绕组单相接地

$$I_D \approx 3\sqrt{\left(\frac{1}{3R}\right)^2 + (\omega C_\Sigma)^2}\, \alpha\, \frac{U_{jN}}{\sqrt{3}} \qquad (7.6\text{-}21)$$

式中　R——接地电阻，Ω；

其他见上式。

I_D 小于电动机外部单相接地电流 I_{op}，所以磁平衡差动保护不会动作，当供电电网中性点经电阻接地时，电动机定子绕组单相接地磁平衡差动保护是否动作与电动机容量、中性点接地电阻大小、接地点位置有关。一般电动机容量小，接地点接近机端时该保护会动作，电动机容量较大时，一般不会动作。

磁平衡差动保护应注意如下问题：

电动机启动过程中不会在磁平衡差动保护中产生不平衡电流，因而动作电流只需躲过外部单相接地时形成的不平衡电流，一般情况下动作电流为（15%～20%）电动机额定电流，所以灵敏系数比常规比率制动保护大为提高，提升了电动机纵差保护性能。

电动机磁平衡差动保护性能远优于比率制动差动保护，定子绕组相间短路故障的死区也远比常规比率制动差动小，而且整定计算简单。在开关柜与电动机间相距较远时，应优先使用这种差动保护。

电流互感器参数应认真选定，其容量可取 15VA～20VA，二次额定电流宜取 1A，一次额定电流宜取较大值，宜保护最严重短路情况下不发生饱和。

按技术规程要求，除磁平衡纵差保护外，还应在开关柜上装设电动机综合保护，对供电电缆上的短路故障与电动机的故障进行保护。

当电动机磁平衡纵差保护电流互感器处配有零序电流互感器时，则构成的零序电流保护，其动作电流、动作时限应与开关柜上综合保护中的零序电流保护配合。

7.6.4　同步电动机失步保护

（1）同步电动机在运行过程中不可避免地会遇到以下三种失步事故。

1）由于供电电源或与电网的联系短暂中断而导致的"断电失步"。其危害主要是使同步电动机遭受非同期冲击。

2）由于供电系统或电网内近处短路、振荡或电动机负荷的大幅度突变，导致电动机失去动态稳定而失步，称为"带励失步"。其危害主要是使电动机遭受强烈脉振，产生疲劳效应而损坏，甚至引起电气或机械共振而扩大事故。

3）由于电动机励磁系统或励磁电源故障以及某些不正常状态，导致电动机失励或严重欠励，失去静态稳定而滑出同步，称为"失励失步"。其危害主要是导致电动机绕组，尤其是启动绕组的损伤、损坏。

（2）同步电动机带励及失励失步保护。微机型同步电动机的失步保护装置应用检测同步电动机的功率因数角的原理来构成，同步电动机正常运行时一般工作于过励状态，功率因数角为负，当同步电动机失步时必定为欠励，功率因数角为正。失步保护固定经低电流闭锁（用于防止电动机空载时保护误动，闭锁电流可整定）。同步电动机的相量关系见图 7.6-3 及图 7.6-4。

（3）同步电动机断电失步保护。当电动机不允许非同步冲击时宜装设防止电源短时中断恢复时造成非同步冲击的断电失步保护装置（每段母线一套）。保护装置可反应功率方向，周波（频率）降低。保护装置应确保在电源恢复前动作，重要同步电动机的保护装置作用于再整步控制回路，不能再整步或根据生产过程不需要再整步的电动机，保护装置应动作于跳闸。

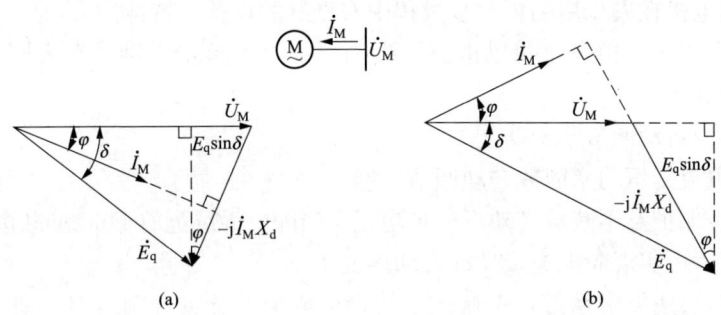

图 7.6-3　隐极式同步电动机的相量关系

（a）欠励（吸取感性无功）；（b）过励（发出感性无功）

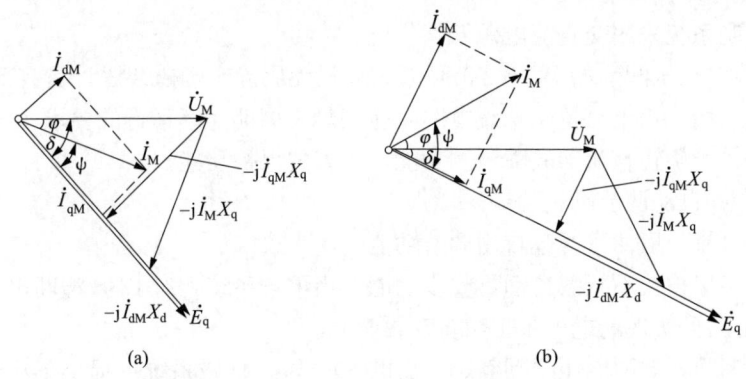

图 7.6-4　凸极式同步电动机的相量关系

（a）欠励（吸取感性无功）；（b）过励（发出感性无功）

成套保护装置有 DSB ⅢB 型断电失步保护装置。

（4）当同步电动机带励失步或失励失步时，其显著特征是在励磁回路中出现不衰减的交变电流分量，其频率与电机的滑差频率相一致，对此失步保护装置应正确动作。而在同步电动机运行中，由于系统中出现各种扰动引起同步振荡（未失步）；由冲击性负荷引起相应振荡；由脉动性负荷所引起的正常脉动等，虽在励磁回路内出现具有各自不同特征的交流感应电流分量，但因同步电动机未失步，失步保护装置不应动作。保护装置应能正确检测和区分这些分量的波形特征，并准确可靠地判断电动机是否失步。

同步电动机失步控制装置通过串联接于励磁回路的交流电流互感器作为测取转子交流电流分量的敏感元件。测取的励磁电流波形信号，经整流及放大至失步信号判别回路，对所测取信号波形进行相应的分析和逻辑处理，从波形特性上作出正确判断，确认同步电动机失步时，经出口继电器发出信号，根据需要保护装置可动作于"跳闸停机"或"灭磁再整步"。

一般微机励磁装置根据同步电动机带励失步或失磁失步时转子出现交流分量为判据，电机失步判据 1：电机失步时励磁电流应达到的最小波动幅值 0.45 倍励磁电流；电机失步判据 2：电机失步时励磁电流应达到的最低值 0.25 倍励磁电流。

7.6.5　与同步电动机配套的励磁装置

（1）与同步电动机配套的 BKL-501SC 系列微机励磁装置，具有下列功能：

1）主回路采用无续流二极管三相半控桥式电路，良好的启动控制回路，保障电机启动时无脉振,并使电机在失步后的再整步过程中有良好的再整步特性。

2)采用按滑差顺极性过零投励电路,投励时加短时整步强励,牵入同步迅速、可靠、平稳,投励时无冲击。

3)具有手动/自动调节励磁功能。

4)具有恒电流、恒功率因数自动调节功能。

5)具有失步保护及不减载自动再整步功能。当配电系统配有DSB型断电失步保护装置时,在电源恢复后可实现断电失步带载自动再整步。

6)具有阻容快速灭磁系统,关桥速度快,可避免系统重合闸时对电机的非同期冲击,并可加速备用电源的自投,以及在短路时加速电机短路电流的衰减。

7)采用双微机控制系统,当主系统工作,从系统处于热备状态。具有液晶汉显、全数字远方通信及就地录波功能。

8)装置控制系统采用交直流电源双路供电。

(2)与同步电动机配套的WLK-03SC系列微机无刷静态励磁装置,具有下列功能:

1)主回路采用三相半控桥式整流电路,能满足长周期连续运行的要求。

2)具有先进的旋转整流器故障检测功能,完善的保护功能。

3)具有手动/自动调节励磁功能。

4)具有恒电流、恒功率因数自动调节功能。

5)具有失步保护及不减载自动再整步功能。当配电系统配有DSB型断电失步保护装置时,在电源恢复后可实现断电失步带载自动再整步。

6)在运行期间,电网电压降到额定电压的80%时,励磁系统可提供不小于额定励磁电压1.4倍的强励电压,强励时间不大于50s。

7)采用双微机控制系统,当主系统工作,从系统处于热备状态。具有液晶汉显、全数字远方通信及就地录波功能。

8)装置控制系统采用交直流电源双路供电。

对于装有无刷静态励磁装置的同步电动机,其带励失步或失励失步时,定子电流增大,功率因数值降低,转子转速降低,电机失步判据如下:

失步定子电流判据为定子额定电流的1.2倍;失步功率因数判据为电机额定功率因数的0.6倍;失步转数差判据为额定转数的3%。

7.6.6 同步电动机的单相接地电容电流和短路比

(1)同步电动机的单相接地电容电流。

1)隐极式同步电动机的电容电流

$$I_{CM} = \frac{2.5KS_{rM}\omega U_{rM} \times 10^{-3}}{\sqrt{3}U_{rM}(1 + 0.08U_{rM})} \qquad (7.6\text{-}22)$$

式中 I_{CM} ——同步电动机的电容电流,A;

S_{rM} ——电动机的额定容量,MVA;

U_{rM} ——电动机的额定电压,kV;

ω ——电源角频率,$\omega = 2\pi f$,当 $f = 50$Hz时,$\omega = 314$ s^{-1};

K ——决定于绝缘等级的系数,当温度为15~20℃时,$K = 0.0187$。

2)凸极式同步电动机的电容电流

$$I_{CM} = \frac{\omega K S_{rM}^{3/4} U_{rM} \times 10^{-6}}{\sqrt{3}(U_{rM} + 3600)n^{1/3}} \qquad (7.6\text{-}23)$$

式中　I_{CM}——同步电动机的电容电流，A；

　　　S_{rM}——电动机的额定容量，kVA；

　　　U_{rM}——电动机的额定电压，V；

　　　ω——电源角频率，$\omega = 2\pi f$，当 $f = 50\text{Hz}$ 时，$\omega = 314\ \text{s}^{-1}$；

　　　n——电动机的转速，r/min；

　　　K——决定于绝缘等级的系数，对于 B 级绝缘，当温度为 25℃时，$K \approx 40$。

（2）同步电动机的短路比。同步电动机的短路比 $K_{k \cdot M}$，指电动机在空载时，使空载电势达到额定电压时的励磁电流，与电动机在短路时，使短路电流达到额定电流时的励磁电流之比，近似地等于纵轴同步电抗的倒数。

纵轴同步电抗相对值可以从制造厂取得。国产同步电动机的同步电抗及短路比数据列于表 7.6-3，供设计时参考。

表 7.6-3　　　国产同步电动机的同步电抗相对值 X_k 及短路比 $K_{k \cdot M}$

电动机型号	电压 (kV)	转速 (r/min)	容量 (kW)	同步电抗相对值 X_k	短路比 $K_{k \cdot M}$
风机用：TD143/69—4①	10	1500	2000	1.306	0.76
TD173/66—10①	6	600	2500	1.06	0.94
TD173/89—6①	10	1000	4000	1.303	0.76
TD143/66—6②	6	1000	2500	1.403	0.71
水泵用：					
TDL215/31—16①	6/3	375	1250	1.052	0.95
TD173/84—4①	6	1500	5000	1.711	0.585
压缩机用：					
TDK260/60—18③	6	333	2500	1.051	
TDK260/62—24③	6	250	2000	0.813	
TDK215/36—16②	6	375	1250	0.962	1.195
TDK173/40—18③	6	333	1000	1.16	
TDK173/41—16③	6	375	1000	0.908	1.219
TDK215/31—18④	6	333	1000	0.950	1.063
TDK215/26—18④	6	333	800	1.137	0.776
TDK215/24—20③	6	300	630	1.012	
TDK173/27—14③	6	428	630	1.049	
TDK173/36—20④	6/3	300	630	0.968	1.435
TDK173/20—16④	6	375	550	1.08	1.06
TDK143/26—16③	6	375	350	0.78	
TDK173/29—20①	6/3	300	480	0.874	1.14
TD173/29—16①	6/3	375	500	1.095	0.91
TD173/14—24①	3	250	250	0.929	1.08
TDK116/32—14③	6	428	250	1.004	
TDK118/24—14④	6/3	428	250	0.844	1.476
TDK118/26—14②	6/3	428	250	1.03	1.295

① 哈尔滨电机厂产品；

② 四川东方电机厂产品；

③ 上海电机厂产品；

④ 北京重型电机厂产品。

7.6.7　电动机保护测控装置功能

7.6.7.1　电动机保护装置功能

（1）差动速断保护；

（2）比率差动保护；

(3) 过电流保护(二段定时限过流保护即作为短路保护,启动时间过长保护及堵转保护);

(4) 定时限负序过流保护(二段定时限负序过流保护,一段负序过负荷报警即作为包括断相和反相的不平衡保护,其中负序过流Ⅱ段和负序过负荷报警可选择使用反时限特性);

(5) 过负荷保护;

(6) 过热保护(分为过热报警与过热跳闸,具有热记忆及禁止再启动功能,实时显示电动机热积累情况);

(7) 接地保护(零序过流保护/非有效接地选线,零序过压保护);

(8) 低电压保护;

(9) 过电压保护;

(10) 磁平衡差动保护;

(11) 低频保护;

(12) 失步保护;

(13) 低功率保护;

(14) 非电量保护;

(15) 独立的操作回路故障录波;

(16) 装置闭锁和装置告警。

7.6.7.2 电动机测控功能

(1) 遥控功能:正常遥控跳闸操作,正常遥控合闸操作,接地选线遥控跳闸操作。

(2) 遥测功能:电流,功率因数,有功、无功功率和有功、无功电度遥测。所有这些量都在就地实时计算,实时累加,计算完全不依赖于网络。

(3) 遥信功能:遥信开入,装置通信变位及事故遥信,并做事件顺序记录。

7.6.7.3 电动机保护逻辑框图

电动机保护逻辑框图见图 7.6-5、图 7.6-6。

7.6.8 示例

【例 7.6-1】 6kV 电动机保护整定

已知条件:6kV 异步电动机 Y-500-4 型额定功率 1400kW,额定电流 161.1A,$\eta = 95.6\%$,同步转速 1500r/min,$\cos\varphi = 0.88$,启动电流倍数为 6.5,启动时间 6.5s。最小运行方式下电动机接线端三相短路初始值 $I''_{k,min}$ 为 8700A,6kV 电网的总单相接地电容电流 $I_{C\Sigma}$ 为 9.5A,配电装置至电动机端的电缆长度为 0.2km。配置保护装置和进行整定计算。

解 (1)保护配置:

装设 3 个变比为 300/5 的电流互感器,配置电动机微机综合保护继电器,设置电流速断保护、过负荷保护、负序过电流保护(不平衡保护)、单相接地保护、低电压保护、过热保护、启动时间过长保护和堵转保护。

(2)整定计算:

1)电流速断保护:保护装置的动作电流

$$I_{op,k} = K_{rel}K_{con}\frac{K_{st}I_{rM}}{n_{TA}} = 1.3 \times 1 \times \frac{6.5 \times 161.1}{300/5} = 22.69(A)\text{,取 23A}$$

保护装置的灵敏系数

$$K_{sen} = \frac{I''_{k2,min}}{I_{op}} = \frac{0.866 \times I''_{k,min}}{I_{op}} = \frac{0.866 \times 8700}{23 \times 300/5} = 5.46 > 1.5$$

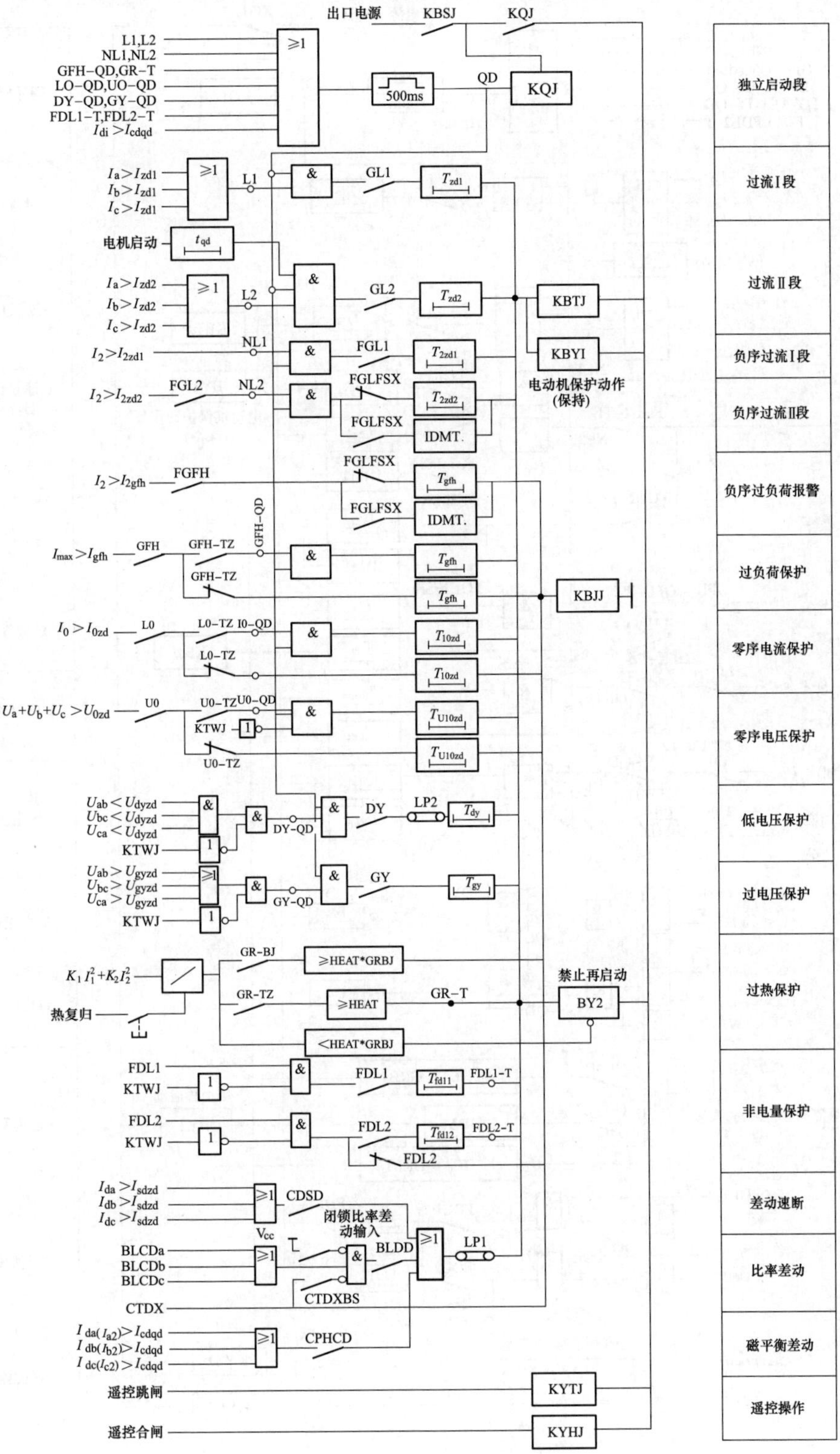

图 7.6-5 电动机保护装置逻辑框图（一）

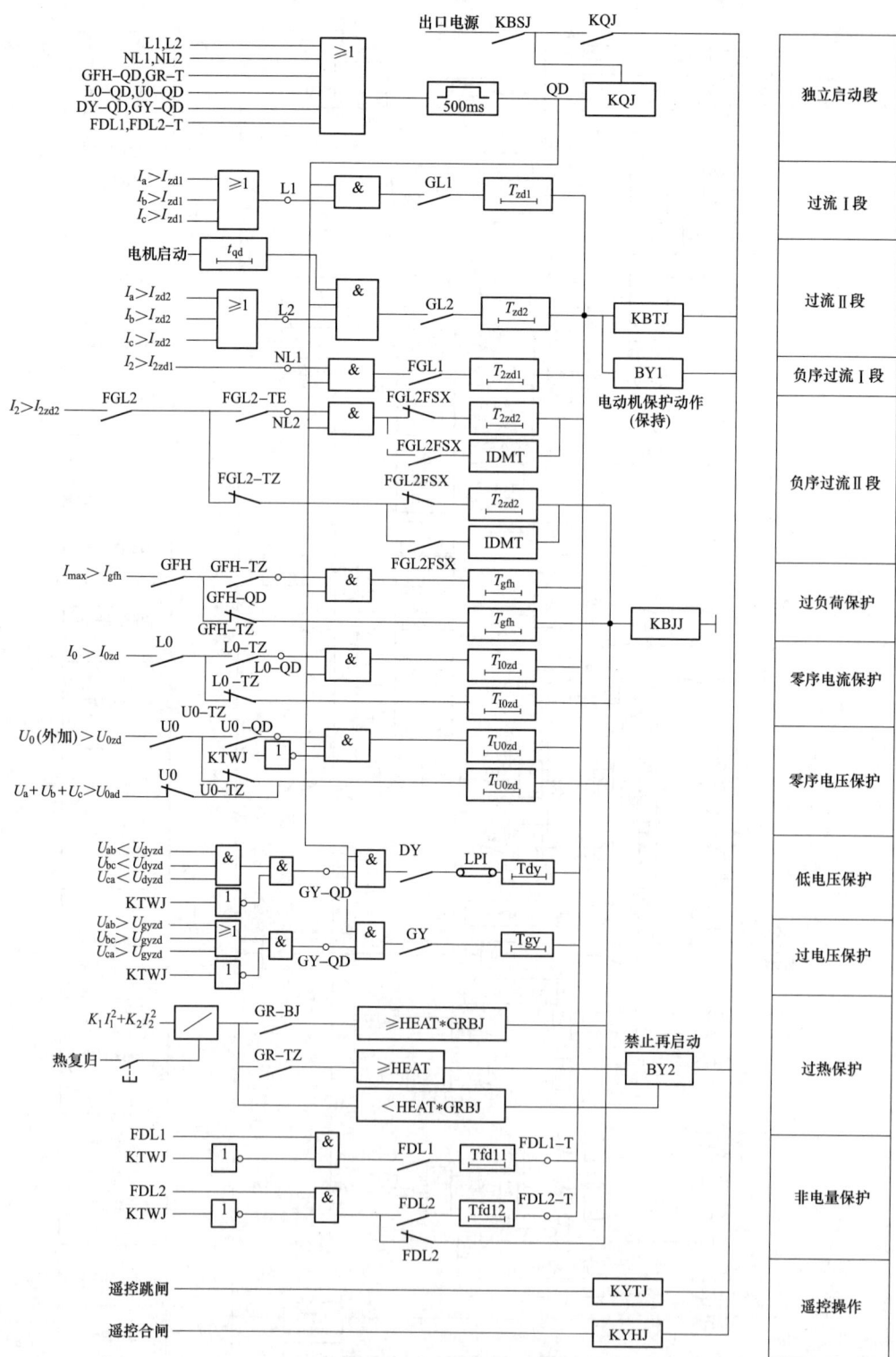

图 7.6-6　电动机保护装置逻辑框图（二）

注：LP1 为低电压保护投入压板（端子 315～319）。

2）过负荷保护：保护装置的动作电流

$$I_{op,k} = K_{rel}K_{con}\frac{I_{rM}}{K_r n_{TA}} = 1.05 \times 1 \times \frac{161.1}{0.9 \times 300/5} = 3.13，取3A$$

保护装置动作时限

$$t_{op} = (1.1 \sim 1.2)t_{st} = (1.1 \sim 1.2) \times 6.5 = 7.1 \sim 7.8s，取9s$$

3）负序过电流保护：保护装置的动作电流

负序过电流Ⅰ段　　$I_{(2)I,op,k} = \frac{I_{rM}}{n_{TA}} = \frac{161.1}{300/5} = 2.69，取3A$

保护装置动作时限　　$t_{(2)I,op} = 0.05 \sim 0.1s，取0.1s$

负序过电流Ⅱ段　　$I_{(2)II,op,k} = K_{rel}\frac{I_{2,max}}{n_{TA}} = (1.2 \sim 1.3)\frac{56.4}{300/5} = 1.12 \sim 1.22A，取1.2A$

其中　　$I_{2,max} = 35\% I_n = 0.35 \times 161.1 = 56.4A$

保护装置动作时限：$t_{(2)II,op} = 0.5 \sim 10s，取5s$

4）单相接地保护：保护装置的动作电流

电动机回路电缆电容电流 $I_{CM} = 0.1U_n l = 0.1 \times 6 \times 0.2 = 0.12A$

$$I_{op} \leqslant \frac{(I_{C\Sigma} - I_{CM})}{1.3} = \frac{9.5 - 0.12}{1.3} = 7.22，取7A$$

5）低电压保护：保护装置的动作电压。电压短时降低或中断后，根据生产过程不需要自启动的电动机

$$U_{op,l} = (0.65 \sim 0.70)U_{2,n} = 65 \sim 70V，取65V$$

保护装置动作时限　　　　$t_{op} = 0.3 \sim 0.5s，取0.5s$

6）过热保护：

$$\tau = \frac{Q_n K_{st}^2 t_{st}}{Q_0} = \frac{50 \times 6.5^2 \times 6.5}{55} = 250（s）$$

电动机热积累定值　$H = 250s$

电动机过热报警值　$0.8H = 0.8 \times 250 = 200（s）$

7）启动时间过长保护：保护装置的动作时间

$t_m > t_{st}$　　　　$t_m = 1.1t_{st} = 1.1 \times 6.5 = 7.15（s），取7s$

8）堵转保护：保护装置动作电流（不引入转速开关触点）

$$I_{op,k} = \frac{(2 \sim 3)I_{rM}}{n_{TA}} = \frac{(2 \sim 3) \times 161.1}{300/5} = 5.37 \sim 8A，取7A$$

保护装置动作时限：$t_{op} = (0.4 \sim 0.7)t_{st} = 2.6 \sim 4.55s，取3.5s$

【例 7.6-2】 6kV 同步电动机保护整定

已知条件：6kV 同步电动机 TD/73/66-10 型额定功率 2500kW，额定转速 600r/min，传动风机负荷。$I_{rM} = 279A，K_{st} = 6.5，x_d'' = 0.154，\cos\varphi = 0.9$，短路比 $K_{k,m} = 0.94，t_{st} = 12s$，最小运行方式下电动机接线端三相短路电流初始值 $I_{k,min}''$ 为 7330A。6kV 电网总单相接地电容电流 $I_{C\Sigma}$ 为 9.5A，配电装置至电动机端的电缆长度为 0.15km。配置保护并进行整定计算。

解　（1）保护配置：

装设电动机微机综合保护继电器和 6 个变比为 400/5 的电流互感器，配置了纵联差动保

护、定时限过电流保护、过负荷保护、负序过电流保护(不平衡保护)、单相接地保护、过热保护、启动时间过长保护、堵转保护、断电失步保护、失步保护(带励磁失步)、失磁保护。

(2) 整定计算。

1) 比率制动差动保护

a) 差动保护启动电流 $I_{D,st}$

$$I_{D,st}/n_{TA} = (0.2 \sim 0.4)I_n = (0.2 \sim 0.4)\frac{I_{rM}}{n_{TA}} = (0.2 \sim 0.4)\frac{279}{400/5} = 0.697 \sim 1.394A$$

取 1.4A

b) 比率制动斜率 $K_{D,res}$

$$K_{D,res} = \frac{I_{op}}{I_{D,res}} = 0.3 \sim 0.5 ,\ 取 0.4$$

c) 拐点电流 I_t

$$I_t/n_{TA} = I_n = 3.487A, 取 3.5A$$

d) 差动继电器动作电流

$$I_{op,k} = [I_{D,st} + K_{D,res}(I_{res} - I_t)]/n_{TA}, 其中 I_{res} = \frac{0.866 \times I''_{k,min}}{2}$$

$$= 1.394 + 0.4 \times \left(\frac{0.866 \times 7330}{2 \times 80} - 3.5\right)$$

$$= 1.394 + 0.4 \times 36.17 = 15.86(A)$$

灵敏系数 $K_{sen} = \dfrac{0.866 \times I''_{k,min}}{I_{op,k} \times n_{TA}} = \dfrac{0.866 \times 7330}{15.86 \times 80} = 5 > 1.5$

e) 差动速断动作电流 $I_{op,k}$

$$I_{op,k} = (3 \sim 8)I_n \quad 取 6I_n = 6 \times 3.5 = 21\ (A)$$

灵敏系数 $K_{sen} = \dfrac{I''_{k2,min}}{I_{op}} = \dfrac{0.866 \times I''_{k,min}}{I_{op}} = \dfrac{0.866 \times 7330}{21 \times 400/5} = 3.78 > 1.2$

2) 定时限过流保护。过流Ⅰ段相当于速断段:保护动作电流

$$I_{opI,k} = K_{rel}K_{con}\frac{K_{st}I_{rM}}{n_{TA}} = 1.3 \times 1 \times \frac{6.5 \times 279}{400/5} = 29.47(A),取 30A$$

过流Ⅱ段是速断低值段,在电动机启动后自动投入,该段电流可根据启动电流或堵转电流整定,时限大于启动时间,主要针对电动机启动时间过长和运行中堵转提供保护。

过流Ⅱ段,保护动作电流

$$I_{opII,k} = K_{rel}\frac{0.8K_{st}I_{rM}}{n_{TA}} = 1.2 \times \frac{0.8 \times 6.5 \times 279}{400/5} = 21.76(A),取 22A$$

$$t_{op} = 0.3s$$

3) 过负荷保护:保护动作电流

$$I_{op,k} = K_{rel}K_{con}\frac{I_{rM}}{K_r n_{TA}} = 1.05 \times 1 \times \frac{279}{0.9 \times 400/5} = 4.068(A),取 4A$$

$t_{op} = (1.2 \sim 1.4)t_{st} = (1.2 \sim 1.4) \times 12 = 14.4 \sim 16.8s, 取 17s$

4) 负序过电流保护。

负序过电流Ⅰ段,$I_{(2)I,op,k} = \dfrac{I_{rM}}{n_{TA}} = \dfrac{279}{400/5} = 3.49(A)$,取 3.5A

保护装置动作时限:$t_{(2)I,op} = 0.05 \sim 0.1s$,取 0.1s

负序过电流Ⅱ段,$I_{(2)II,op,k} = K_{rel}\dfrac{I_{(2),max}}{n_{TA}} = (1.2 \sim 1.3)\dfrac{0.35 \times 279}{400/5} = 1.46 \sim 1.59A$,取

1.6A

保护装置动作时限：$t_{\text{II,op}}^{(2)} = 0.5 \sim 10\text{s}$，取 5s

5）单相接地保护。

a）同步电动机电容电流计算

$$I'_{\text{CM}} = \frac{\omega K S_{\text{rM}}^{3/4} U_{\text{rM}} \times 10^{-6}}{\sqrt{3}(U_{\text{rM}} + 3600)n^{1/3}} = \frac{314 \times 40 \times \left(\frac{2500}{0.9}\right)^{3/4} \times 6000 \times 10^{-6}}{\sqrt{3}(6000 + 3600) \times 600^{1/3}}$$

$$= \frac{314 \times 40 \times 382.65 \times 6000 \times 10^{-6}}{1.73 \times 9600 \times 8.434} = 0.2056 \text{ (A)}$$

b）同步电动机电缆电容电流

$$I_{\text{C}} = 0.1 U_n l = 0.1 \times 6 \times 0.15 = 0.09 \text{ (A)}$$

c）同步电动机回路电容电流

$$I_{\text{CM}} = I'_{\text{CM}} + I_{\text{C}} = 0.2056 + 0.09 = 0.2956 \text{ (A)}$$

d）同步电动机回路单相接地保护动作电流

$$I_{\text{op}} \leqslant \frac{I_{\text{C}\Sigma} - I_{\text{CM}}}{1.3} = \frac{9.5 - 0.2956}{1.3} = 7.08 \text{ (A)}, \quad \text{取 7A}$$

6）过热保护：

电动机热积累定值：$HEAT = \tau$

$$\tau = \frac{Q_n K_{\text{st}}^2 t_{\text{st}}}{Q_0} = \frac{50 \times 6.5^2 \times 12}{55} = 461 \text{(s)}$$

过热报警值：$0.8H = 0.8\tau = 0.8 \times 461 = 369$（s）

6 倍等效发热电流允许时间

$$t \leqslant \tau / [(I_{\text{eq}}/I_{\text{rM}})^2 - 1.05^2] = 461/(6^2 - 1.05^2) = 461/(36 - 1.1025) = 13.2 \text{(s)}$$

热报警时间

$$t = 0.8 \times 13.2 = 10.56 \text{ (s)}, \quad \text{取 10.6s}$$

7）断电失步保护：低功率或逆功率保护用于防止电源中断在恢复时造成同步电动机的非同步冲击。低功率保护适用于母线上没有其他负荷的情况，而逆功率保护适用于母线上有其他负荷的情况，均作用于跳闸。低功率和逆功率保护不能同时投入，如果两者同时投入则为低功率保护。低功率或逆功率在电动机电流大于 0.5A 或电压大于 5V 方可动作。

低功率或逆功率整定值

$$S_{\text{op}} = (0\% \sim 10\%)S_n = 0 \sim 279\text{kVA}$$

$$I_{\text{op}} = 50\% I_{\text{rM}}$$

$$U_{\text{op}} = 20\% U_n$$

$$I_{\text{op,k}} = 0.5 \frac{I_{\text{rM}}}{n_{\text{TA}}} = \frac{0.5 \times 279}{80} = 1.75 \text{ (A)}$$

$$U_{\text{op,k}} = 0.2 \frac{U_n}{n_{\text{TV}}} = 0.2 \times 100 = 20 \text{ (V)}$$

8）失步保护：功率因数角整定范围 $0° \sim 60°$，一般整定 $30°$。

防止空载时保护误动，闭锁电流按凸极同步电动机空载电流整定

$$I_{\text{op,k}} = 20\% \frac{I_{\text{rM}}}{n_{\text{TA}}} = \frac{0.2 \times 279}{80} = 0.7 \text{ (A)}$$

$$t_{\text{op}} = 0.5\text{s}$$

【例 7.6-3】 6kV 隐极式同步电动机保护

已知条件：6kV 隐极式同步电动机 T630M1-4 型额定功率 1000kW，额定转速 1500r/

min,额定电流 $I_{rM} = 113A$, $\cos\varphi = 0.9$,电流互感器变比 $n_{TA} = 50/1$,计算磁平衡差动保护动作电流。

解 (1)同步电动机定子绕组接地电容:

隐极同步电动机接地电容

$$C_{M(0)} = 0.84KS_{rM}\frac{1}{\sqrt{U_{rM}(1+0.08U_{rM})}} = 0.84K\frac{P_{rM}}{\cos\varphi}\frac{1}{\sqrt{U_{rM}(1+0.08U_{rM})}}$$

$$= 0.84\times0.018\,7\times\frac{1.0}{0.9}\frac{1}{\sqrt{6\times(1+0.08\times6)}} = \frac{0.017\,5}{\sqrt{6\times1.48}} = \frac{0.017\,5}{2.979} = 0.005\,87(\mu F/ph)$$

(2)磁平衡保护动作电流

$$I_{op} = K_{rel}\omega\sqrt{\left[C_{M(1)}+\frac{C_{M(0)}}{2}\right]^2+\frac{3}{4}C_{M(0)}^2}\frac{U_{jN}}{\sqrt{3}} = 1.2\times314\sqrt{(1.6+0.5)^2C_{M(0)}^2+0.75C_{M(0)}^2}\frac{6.3}{\sqrt{3}}$$

$$= 1.2\times314\times\sqrt{5.16}C_{M(0)}\times\frac{6.3}{\sqrt{3}} = 1.2\times314\times2.272\times0.005\,87\times\frac{6.3}{\sqrt{3}} = 18.29\,(A)$$

$$I_{op,k} = \frac{I_{op}}{n_{TA}} = \frac{18.29}{50/1} = 0.366(A) ,取 0.5A$$

因此,保护动作电流与额定电流的比为:18.29/113＝16.2%,灵敏度大为提高。

一般地,电动机距配电装置有一定距离时采用磁平衡差动保护,而同步电动机的高压开关柜上还应装设过电流保护、定子绕组接地保护、过负荷保护、失步保护、失磁保护及非同步冲击电流保护、相电流不平衡和断相保护,还包括电动机过热保护、电动机启动时间过长保护、电动机堵转保护,保护电动机及开关柜至电动机的电缆线路,其保护整定计算此处从略。

【例 7.6-4】 6kV 凸极式同步电动机保护

已知条件:TDMK3800-30 型凸极式同步电动机,额定电压 6kV 额定功率 3800kW,额定电流 $I_{rM} = 422A$, $\cos\varphi = 0.9$,额定转速 $n=200r/min$,电机距 6kV 配电装置 250m,该电动机出口接线盒所配磁平衡电流互感器变比为 50/1,配置保护并整定。

解 (1)保护配置:根据 GB/T 50062—2008《电力装置的继电保护和自动装置设计规范》的要求,高压电动机应装设如下保护:定子绕组相间短路保护、定子绕组单相接地保护、定子绕组过负荷保护、同步电动机失步保护、同步电动机失磁保护、同步电动机出线非同步冲击电流保护、相电流不平衡及断相保护以及电动机过热保护、电动机启动时间过长保护、电动机堵转保护。

对于电动机绕组及引出线的相间短路,2MW 及以上的电动机应装设纵联差动保护,保护应瞬时动作于跳闸,具有自动灭磁装置的同步电动机,保护装置应瞬时动作于灭磁。作为纵差保护的后备,宜装设过电流保护。

由于电动机距开关柜较远,即使两侧电流互感器型号、变比相同,因中性点侧电流互感器的二次电缆较长,因此两侧电流互感器的二次阻抗严重不匹配,造成电动机启动时差动回路中有过大的不平衡电流。因此不能采用比率制动差动保护,而应采用磁平衡差动保护。

(2)同步电动机的电容电流为

$$I_{CM} = \frac{\omega KS_{rM}^{3/4}U_{rM}\times10^{-6}}{\sqrt{3}(U_{rM}+3600)n^{1/3}} = \frac{314\times40\times\left(\frac{3800}{0.9}\right)^{3/4}\times6000\times10^{-6}}{\sqrt{3}\times(6000+3600)\times200^{1/3}}$$

$$= \frac{314 \times 40 \times 523.8 \times 6000 \times 10^{-6}}{\sqrt{3} \times 9600 \times 5.848} = 0.405\ 95 \approx 0.406\ (\text{A})$$

$$C_{\text{M(0)}} = \frac{I_{\text{CM}}}{\sqrt{3}\omega U_{\text{rM}} \times 10^{-3}} = \frac{0.406}{\sqrt{3} \times 314 \times 6} = 0.124 \times 10^{-3}\ (\mu\text{F/ph})$$

（3）磁平衡保护动作电流

$$I_{\text{op}} = K_{\text{rel}}\omega\sqrt{\left[C'_{\text{M(1)}} + \frac{C_{\text{M(0)}}}{2}\right]^2 + \frac{3}{4}C^2_{\text{M(0)}}}\ \frac{U_{\text{jN}}}{\sqrt{3}} = 1.2 \times 314\sqrt{(1.6 + 0.5)^2 C^2_{\text{M(0)}} + 0.75 C^2_{\text{M(0)}}}\ \frac{6.3}{\sqrt{3}}$$

$$= 1.2 \times 314 \times \sqrt{5.16 C_{\text{M(0)}}} \times \frac{6.3}{\sqrt{3}} = 1.2 \times 314 \times 2.272 \times 0.124 \times 10^{-3} \times \frac{6.3}{\sqrt{3}}$$

$$= 0.386\ (\text{A})$$

保护动作电流值过低，为防止误动作，电动机磁平衡保护应按电动机额电流的 10%～20%整定。

$$I_{\text{op,k}} = \frac{I_{\text{op}}}{n_{\text{TA}}} = \frac{0.15 \times 422}{50/1} = 1.27\ (\text{A}) \approx 1.3\ (\text{A})\ (\text{微机保护装置的整定范围为 20mA}\sim 2\text{A})$$

同步电动机的高压开关柜上还应装设过电流保护、定子绕组接地保护、过负荷保护、失步保护、失磁保护及非同步冲击电流保护、相电流不平衡和断相保护，还包括电动机过热保护、电动机启动时间过长保护、电动机堵转保护，保护电动机及开关柜至电动机的电缆线路，其保护整定计算此处从略。

7.7 保护用电流互感器及电压互感器

7.7.1 保护用电流互感器

7.7.1.1 性能要求

（1）影响电流互感器性能的因素。保护用电流互感器性能应满足系统或设备故障工况的要求，即在短路时，将互感器所在回路的一次电流传变到二次回路，且误差不超过规定值。电流互感器的铁芯饱和是影响其性能的最重要因素。

在稳态对称短路电流（无非周期分量）下，影响互感器饱和的主要因素是：短路电流幅值、二次回路（包括互感器二次绕组）的阻抗、电流互感器的工频励磁阻抗、电流互感器匝数比和剩磁等。

在实际的短路暂态过程中，短路电流可能存在非周期分量而严重偏移。这可能导致电流互感器严重暂态饱和，如图 7.7-1 所示。为保证准确传变暂态短路电流，电流互感器在暂态过程中所需磁链可能是传变等值稳态对称短路电流磁链的几倍至几十倍。

（2）对保护用电流互感器的性能要求如下。

1）保证保护的可信赖性。要求保护区内故障时电流互感器误差不致影响保护可靠动作。

2）保证保护的安全性。要求保护区外最严重故障时电流互感器误差不会导致保护误动作或无选择性动作。

解决电流互感器饱和对保护动作性能的影响，可采用下述两类措施：

a）选择适当类型和参数的互感器，保证互感器饱和特性不致影响保护动作性能。对电流互感器的基本要求是保证在稳态短路电流下的误差不超过规定值。对短路电流非周期分量

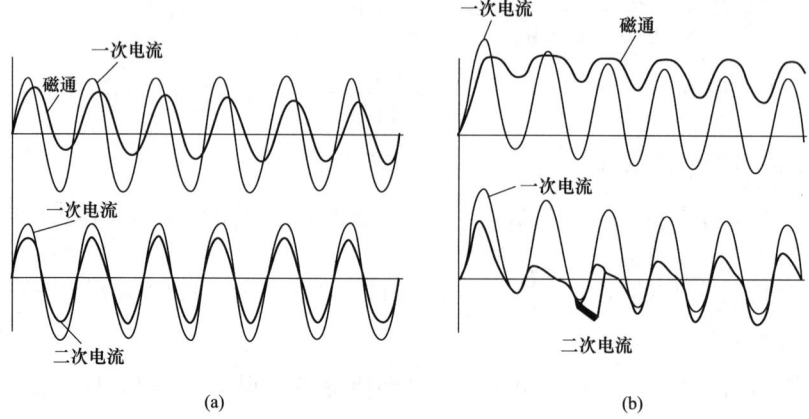

图 7.7-1　电流互感器一次电流与二次电流的关系

(a) 一次电流无偏移；(b) 一次电流全偏移

和互感器剩磁等引起的暂态饱和影响，则应根据具体情况和运行经验，妥当处理。

b) 保护装置采取减轻饱和影响的措施，保证互感器在特定饱和条件下不致影响保护性能。保护装置采取措施减缓电流互感器饱和影响，特别是暂态饱和影响，对降低电流互感器造价及提高保护动作的安全性和可信赖性具有重要意义，应成为保护装置的发展方向。特别是微机保护具有较大的潜力可以利用。当前母线差动保护装置一般都采取了抗饱和措施，取得了良好效果。对其他保护装置也宜提出适当的抗饱和要求。

7.7.1.2　类型选择

(1) 保护用电流互感器的类型。保护用电流互感器分为两大类：

1) P 类（P 意为保护）电流互感器，包括 P、PR 和 PX 类。该类电流互感器的准确限值是由一次电流为稳态对称电流时的复合误差或励磁特性拐点来确定的。其中 PR 类电流互感器为低剩磁型，PX 类电流互感器为低漏磁型。

2) TP 类（TP 意为暂态保护）电流互感器。该类电流互感器的准确限值是考虑一次电流中同时具有周期分量和非周期分量，并按某种规定的暂态工作循环时的峰值误差来确定的。该类电流互感器适用于考虑短路电流中非周期分量暂态影响的情况。

(2) 电流互感器类型选择原则。

1) 保护用电流互感器的性能应满足继电保护正确动作的要求。首先应保证在稳态对称短路电流下的误差不超过规定值。对于短路电流非周期分量和互感器剩磁等的暂态影响，应根据互感器所在系统暂态问题的严重程度，所接保护装置的特性、暂态饱和可能引起的后果和运行经验等因素，予以合理考虑。如保护装置具有减缓电流互感器饱和影响的功能，则可按保护装置的要求选用适当的互感器。

2) 110kV 及以下系统保护用电流互感器一般按稳态条件选择，选用 P 类互感器。

3) 非直接接地系统的接地保护用互感器，可根据具体情况采用由三相电流互感器组成的零序滤过器、专用的电缆式或母线式零序电流互感器。

7.7.1.3　额定参数选择

保护用电流互感器的额定参数除按照一般规定进行选择外，还要考虑以下情况：

（1）变压器差动回路电流互感器额定一次电流的选择，应尽量使两侧互感器的二次电流进入差动继电器时基本平衡。当采用微机保护时，可由保护装置实现两侧变比差和相角差的校正。在选择额定一次电流及二次绕组接线方式时，应注意使变压器两侧互感器的二次负荷尽量平衡，以减少可能出现的差电流。

（2）中性点有效接地系统变压器中性点接地回路的电流互感器，在正常情况下一次电流为零，应根据实际应用情况，不平衡电流的实测值或经验数据，并考虑接地保护灵敏系数和互感器的误差限值以及动、热稳定等因素，选用适当的额定一次电流。

（3）对中性点非有效接地系统的电缆式或母线式零序电流互感器，因接地故障电流很小，需要按保证保护装置动作灵敏系数来选择变比及有关参数。

7.7.1.4 准确级及误差限值

（1）P 及 PR 类电流互感器。

1）P 及 PR 类电流互感器的准确级以在额定准确限值一次电流下的最大允许复合误差的百分数标称，标准准确级为：5P、10P、5PR 和 10PR。

2）P 及 PR 类电流互感器在额定频率及额定负荷下，电流误差、相位误差和复合误差应不超过表 7.7-1 所列限值。

表 7.7-1   P 及 PR 类电流互感器误差限值

准确级	额定一次电流下的电流误差±（%）	额定一次电流下的相位差±		额定准确限值一次电流下的复合误差（%）
		（min）	（crad）	
5P，5PR	1	60	1.8	5
10P，10PR	3	—	—	10

3）PR 类电流互感器剩磁系数应小于 10%，有些情况下应规定 T_S 值以限制复合误差。

4）变压器主回路宜采用复合误差较小（波形畸变较小）的 5P 和 5PR 级电流互感器。其他回路可采用 10P 或 10PR 级电流互感器。

5）P 及 PR 类保护用电流互感器能满足复合误差要求的准确限值系数 K_{alf} 一般可取 5、10、15、20 和 30。必要时，可与制造部门协商，采用更大的 K_{alf} 值。

（2）PX 类电流互感器。PX 电流互感器的性能由以下参数确定：

1）额定一次电流（I_{pn}）；

2）额定二次电流（I_{sn}）；

3）额定匝数比，匝数比误差不应超过 $\pm 0.25\%$；

4）额定拐点电动势（E_K）；

5）额定拐点电动势的最大励磁电流（I_e）；

6）在温度为 75℃时二次绕组最大电阻（R_{ct}）；

7）额定负荷电阻（R_{bn}）；

8）计算系数（K_x）。

7.7.1.5 稳态性能验算

P、PR 和 PX 类电流互感器的性能验算。

（1）保护校验故障电流。为保证保护动作的可信赖性和安全性，电流互感器通过规定的保护校验一次故障电流 I_{pcf} 按下述原则确定：

1）按可信赖性要求校验保护动作性能时，I_{pcf} 应按区内最严重故障短路电流确定。对于过电流和距离等保护，应同时考虑下述两种情况：

a）在保护区末端故障时，I_{pcf} 应为流过互感器最大短路电流 I_{scmax} 。

b）在保护安装点近处故障时，允许互感器误差超出规定值，但必须保证保护装置动作的可靠性和快速性。I_{pcf} 应根据流过互感器最大短路电流 I_{scmax} 和保护装置的类型、性能及动作速度等因素确定。

2）按安全性要求校验保护动作性能时，I_{pcf} 应按区外最严重故障短路电流确定。如电流差动保护的 I_{pcf} 应为保护区外短路时流过互感器的最大短路电流 I_{scmax} ；方向保护的 I_{pcf} 应为可能使方向元件误动的保护反方向故障流过电流互感器的最大短路电流 I_{scmax} 。同时还需要注意防止逐级配合的过电流或阻抗等保护因相邻两处互感器饱和不同而失去选择性。

3）保护校验故障电流 I_{pcf} 宜按系统规划容量确定。

（2）P 及 PR 类电流互感器性能验算。

1）一般选择验算。一般选择验算可按下列条件进行：

a）电流互感器的额定准确限值一次电流 I_{pal} 应大于保护校验一次故障电流 I_{pcf} ，必要时，还应考虑互感器暂态饱和影响。即准确限值系数 K_{alf} 应大于 KK_{pcf}（K 为用户规定的暂态系数，K_{pcf} 为故障校验系数）。

b）电流互感器额定二次负荷 R_{bn} 应大于实际二次负荷 R_b 。

按上述条件选择的电流互感器可能尚有潜力未得到合理利用。在系统容量很大，而额定二次电流选用 1A，以及采用电子式仪表和微机保护时，经常遇到 K_{alf} 不够但二次输出容量有裕度的情况。因此，必要时可进行较精确验算，如按额定二次极限电动势或实际准确限值系数曲线验算，以便更合理的选用电流互感器。

2）按额定二次极限电动势验算。对于低漏磁电流互感器可按额定二次极限电动势进行验算：

a）P 类电流互感器的额定二次极限电动势（E_{sl}）为（二次负荷仅计及电阻）

$$E_{sl} = K_{alf} I_{sn}(R_{ct} + R_{bn}) \tag{7.7-1}$$

式中　　E_{sl} ——额定二次极限电动势，V；

　　　　K_{alf} ——准确限值系数；

　　　　I_{sn} ——额定二次电流，A；

　　　　R_{ct} ——电流互感器二次绕组电阻，Ω；

　　　　R_{bn} ——电流互感器额定负荷电阻，Ω。

上述各参数制造部门应在产品说明书中标明。

b）继电保护动作性能校验要求的二次感应电动势（E_s）为

$$E_s = KK_{pcf} I_{sn}(R_{ct} + R_b) \tag{7.7-2}$$

式中　　E_s ——二次感应电动势，V；

　　　　K_{pcf} ——保护校验系数，与继电保护动作原理有关；

　　　　K ——给定暂态系数；

　　　　R_b ——电流互感器实际二次负荷 Ω；

其他见式（7.7-1）。

c）电流互感器的额定二次极限电动势应大于保护校验要求的二次感应电动势，即

$$E_{sl} \geqslant E_s \tag{7.7-3}$$

3）或所选电流互感器的准确限值系数 K_{alf} 应符合下式要求

$$K_{alf} \geqslant KK_{pcf}(R_{ct} + R_b)/(R_{ct} + R_{bn}) \tag{7.7-4}$$

以上式中　　E_{s1}——额定二次极限电动势，V；

K_{alf}——准确限值系数；

其他见式（7.7-1）、式（7.7-2）。

为此，要求制造部门确认所提供电流互感器为低漏磁特性，提供的互感器技术规范中应包括二次绕组的电阻值。

4）按实际准确限值系数曲线验算。如果制造厂提供的电流互感器不满足低漏磁特性要求。当提高准确限值一次电流时，互感器可能出现局部饱和，不能采用上述额定二次极限电动势法进行验算。此时，如用户需要提高所选互感器的准确限值系数 K_{alf}，则应由制造厂提供由直接法试验求得的或经过误差修正后实际可用的准确限值系数 K'_{alf} 与参数 R_b 的关系曲线。根据实际的 R_b，从曲线上查出电流互感器的准确限值系数 K'_{alf}，参见图 7.7-2。要求 $K'_{alf} > KK_{pcf}$。其中 K_{pcf} 为保护校验系数，K 为给定暂态系数。

（3）PX 电流互感器性能验算。

PX 电流互感器为低漏磁电流互感器，准确性能由其励磁特性确定，励磁特性的额定拐点电动势 E_k 可由下式计算

$$E_k = K_x(R_{ct} + R_{bn})I_{sn} \tag{7.7-5}$$

式中　　K_x——计算（尺寸）系数；

其他各量参见本节。

要求额定拐点电动势（E_k）大于继电保护动作性能要求的电流互感器二次感应电动势（E_s），即 $E_k > E_s$。求 E_s 的方法参见式（7.7-2）。

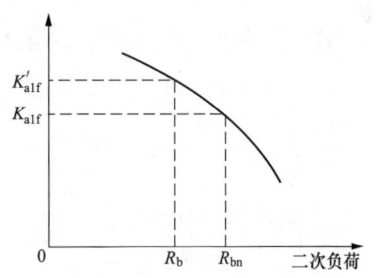

图 7.7-2　按负荷实际的误差曲线选择电流互感器

7.7.1.6　二次负荷计算

（1）保护用电流互感器二次负荷为

$$Z_b = \sum K_{rc}Z_r + K_{lc}R_1 + R_c \tag{7.7-6}$$

式中　　Z_r——继电器电流线圈阻抗，Ω；对于数字继电器可忽略电抗，仅计及电阻 R_r；

R_1——连接导线电阻，Ω；

R_c——接触电阻，Ω；一般为 $0.05 \sim 0.1Ω$；

K_{rc}——继电器阻抗换算系数，参见表 7.7-2；

K_{lc}——连接导线阻抗换算系数，参见表 7.7-2。

（2）保护用电流互感器在各种接线方式时不同的短路类型下的阻抗换算系数见表 7.7-2。

表 7.7-2　　　　　　　　继电器及连接导线阻抗换算系数表

电流互感器接线方式	阻抗换算系数							
	三相短路		两相短路		单相短路接地		经 Yd 变压器两相短路	
	K_{lc}	K_{rc}	K_{lc}	K_{rc}	K_{lc}	K_{rc}	K_{lc}	K_{rc}
单相	2	1	2	1	2	1		
三相星形	1	1	1	1	2	1	1	1

续表

电流互感器接线方式		阻抗换算系数								
		三相短路		两相短路		单相短路接地		经 Yd 变压两相短路		
		K_{lc}	K_{rc}	K_{lc}	K_{rc}	K_{lc}	K_{rc}	K_{lc}	K_{rc}	
两相星形	$Z_{ro} = Z_r$	$\sqrt{3}$	$\sqrt{3}$	2	2	2	2	3	3	
	$Z_{ro} = 0$	$\sqrt{3}$	1	2	1	2	1	3	1	
两相差接		$2\sqrt{3}$	$\sqrt{3}$	4	2					
三角形		3	3	3	3	2	2	3	3	

（3）保护和自动装置电流回路功耗应根据实际应用情况确定，其功耗值与装置实现原理和构成元件有关，差别很大。微机保护装置电流回路功耗小于等于 1.0VA/相。

（4）工程应用中应尽量降低保护用电流互感器所接二次负荷，以减小二次感应电动势，避免互感器饱和。必要时，可选择额定负荷显著大于实际负荷的互感器，以提高互感器抗饱和能力。

微机型保护装置电流回路全套保护电流回路功耗小于或等于 1.0VA/相。

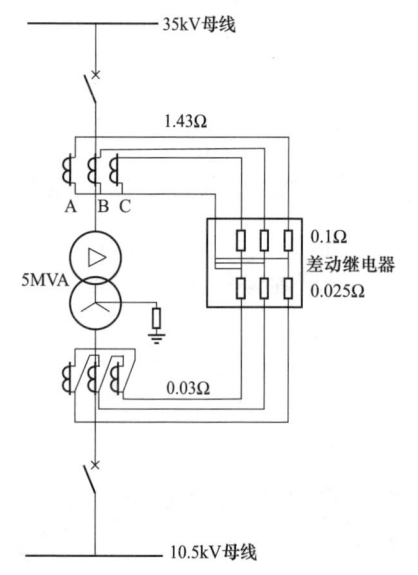

图 7.7-3　变压器差动保护接线示意图

7.7.1.7　示例

【例 7.7-1】　差动保护两侧采用 P 级电流互感器的选择和误差校验。

已知条件：变压器容量为 5000kVA，35/10.5kV，D，y 结线，低压侧电阻接地。变压器阻抗为 5%（以 5MVA 为基准）。电源阻抗为 0.006 4p.u.（以 5MVA 为基准）。35kV 侧电流互感器连接（单路）电阻为 1.43Ω，10kV 侧为 0.03Ω。差动继电器高压侧线圈电阻为 0.1Ω，低压侧为 0.025Ω。参见图 7.7-3。

解　（1）变压器高压侧额定电流为

$$I_{1n} = \frac{5000kVA}{\sqrt{3} \times 35kV} = 82.25(A)$$

选择电流互感器变比 $n_{TA} = 200/5 = 40$，二次额定电流为 82.25/40 = 2.056（A）。

电流互感器选 5P10，30VA，内阻为 0.16Ω。

其额定准确极限电势为

$$E_{sl} = K_{alf} I_{sn}(R_{ct} + R_{bn}) = 10 \times 5 \times (0.16 + 30/25) = 68(V)$$

连接导线电阻 1.43Ω，差动继电器线圈电阻 0.1Ω，高压侧互感器总负荷为 0.16+1.43+0.1=1.69（Ω）

低压侧故障通过电流互感器一次的最大对称短路电流为

$$I_{psc} = \frac{5000kVA}{\sqrt{3} \times (0.05 + 0.006\ 4) \times 35kV} = 1462(A)$$

穿越性故障电流互感器二次电流为　$I_{psc}/n_{TA} = 1462/40 = 36.55$（A）

电流互感器二次感应电势　$E_s = 36.55 \times 1.69 = 61.8$（V）

$E_{sl} > E_s$，所选互感器可满足要求。

（2）变压器低压侧额定电流为

$$I_{2n} = \frac{5000kVA}{\sqrt{3} \times 10.5kV} = 275(A)$$

选择电流互感器 5P10，20VA，内阻为 0.5Ω，电流互感器变比为 $n_{TA} = 600/5 = 120$，低压侧二次额定电流为 275/120=2.29（A），流入差动继电器电流为 $\sqrt{3} \times 2.29 = 3.96$（A）。

低压侧最大短路电流为：1462×35/10.5=4873.3（A），二次侧故障电流为 4873.3/120=40.61（A）。

其额定准确极限电势为 $E_{sl} = 10 \times 5 \times (0.5 + 20/25) = 65(V)$

由于低压互感器三角接线，$Z_b = 3 \times 0.03 + 3 \times 0.025 = 0.165$（Ω）

低压侧电流互感器总负荷为 0.5+0.165=0.665（Ω）

电流互感器二次感应电势 $E_s = 40.61 \times 0.665 = 27$（V）

$E_{sl} > E_s$，所选互感器可满足要求。

7.7.2 电压互感器

7.7.2.1 分类及应用

电压互感器按构成原理可分为电磁式和电容式两类。

选用电压互感器时应根据测量仪表和继电保护的要求，按照 GB 1207 和 GB 4703 的有关内容，结合工程的实际情况，提出订货技术规范，包括使用环境条件、额定参数、技术性能、绝缘要求及一般结构要求等。电容式电压互感器订货技术规范见 DL/T 726。某些特殊性能要求可由订货方和供货方协商确定。

7.7.2.2 电压互感器的配置和接线

（1）电压互感器的配置。电压互感器的配置与系统电压等级、主接线方式及所实现的功能有关。

电压互感器及其二次绕组数量、准确等级等应满足测量、保护和自动装置的要求。电压互感器的配置应能保证在运行方式改变时，保护装置不得失去电压。

（2）电压互感器的接线。电压互感器的接线及接地方式与电力系统的电压等级和接地方式有关。

1）35kV 及以上系统一般采用单相式电压互感器。20kV 及以下系统可采用单相式或三相式（三柱或五柱）电压互感器。

2）对于系统高压侧为非有效接地系统，可用单相互感器接于相间电压或 V—V 接线，供电给接于相间电压的仪表和继电器。

3）三个单相互感器接成星型—星型。当互感器一次侧中性点不接地时，可用于供电给接于相间电压和相电压的仪表及继电器，但不能供电给绝缘检查电压表。当互感器一次侧中性点接地时，可用于供电给接于相间电压的仪表和继电器以及绝缘检查电压表。如系统高压侧为中性点有效接地系统，则可用于测量相电压的仪表；如系统高压侧为非有效接地系统，则不允许接入测量相电压的仪表。

4）三相式互感器有三柱式或五柱式两种，采用星型接线。三柱式互感器一次侧中性点不能接地，五柱式互感器一次侧中性点可以接地。接地或不接地时的适用范围同上。

（3）一次电压选择。电压互感器的额定一次电压（U_{pn}）应根据所接系统的标称电压确定。

7.7.2.3　电压互感器的额定电压因数

电压互感器的额定电压因数 K_u 应根据系统最高允许电压决定，而后者又与系统及电压互感器一次绕组的接地条件有关。表 7.7-3 列出与各接地条件相对应的额定电压标准值及在最高运行电压下的允许持续时间（即额定时间）。

表 7.7-3　　　　　　　　　　　　额定电压因数标准值

额定电压因数	额定时间	一次绕组连接方式和系统接地方式
1.2	连续	任一电网的相间； 任一电网中的变压器中性点与地之间
1.2	连续	中性点有效接地系统中的相与地之间
1.5	30s	
1.2	连续	带有自动切除对地故障装置的中性点非有效接地系统中的相与地之间
1.9	30s	
1.2	连续	无自动切除对地故障装置的中性点绝缘系统或无自动切除对地故障装置的谐振接地系统中的相与地之间
1.9	8h	

注　按制造厂与用户协议，表中所列的额定时间允许缩短。

7.7.2.4　二次绕组和电压选择

（1）二次绕组选择。电压互感器二次绕组数量按所供给仪表和继电器的要求确定。

对于某些计费用计量仪表，为提高可靠性和精确度，必要时可从二次绕组单独引出二次电缆回路供电或采用具有两个独立绕组分别为测量和保护供电的电压互感器。

保护用电压互感器一般设有剩余电压绕组，供接地故障产生剩余电压用。对于微机保护，推荐由保护装置内三相电压自动形成剩余（零序）电压，此时可不设剩余电压绕组。

（2）额定二次电压（U_{sn}）：额定二次电压按互感器使用场合确定。

1）接于三相系统线间的单相互感器，其额定二次电压为 100V。

2）接于三相系统相与地之间的单相互感器，当其额定一次电压为所接系统的相电压时，额定二次电压应为 $100V/\sqrt{3}$。

3）电压互感器剩余电压绕组的额定二次电压：当系统中性点有效接地时应为 100V；当系统中性点为非有效接地时应为 100/3V。

7.7.2.5　准确等级和误差限值

（1）电压互感器的准确级。电压互感器除剩余电压绕组外，应给出相应的测量准确级和保护准确级。

1）测量用电压互感器的准确级，以该准确级规定的电压和负荷范围内的最大允许电压误差百分数来标称。标准准确级为 0.1、0.2、0.5、1.0、3.0。

2）保护用电压互感器的准确级，是以该准确级在 5% 额定电压到额定电压因数（参见7.7.2.3）相对应的电压范围内最大允许电压误差的百分数标称，其后标以字母键"P"。标准准确级为 3P 和 6P。

3）保护用电压互感器剩余电压绕组的准确级为 6P。

（2）电压误差和相位差的限值。保护用电压互感器的电压误差和相位差不应超过表

7.7-4 所列限值。

表 7.7-4 电压误差和相位差限值

用途	准确级	误差限值			适用运行条件			
		电压误差± （%）	相位差± （min）	（crad）	电压 （%）	频率范围 （%）	负荷 （%）	负荷功率 因数
保护	3P	3.0	120	3.5	5～150 或 （5～190）	96～102	25～100	0.8 （滞后）
	6P	6.0	240	7.0				
剩余 绕组	6P	6.0	240	7.0				

注 括号内数值适用于中性点非有效接地系统用电压互感器。

7.7.2.6 二次绕组容量选择及计算

（1）二次绕组额定输出。选择二次绕组额定输出时，应保证二次实接负荷在额定输出的 25%～100% 范围内，以保证互感器的准确度。

在功率因数为 0.8（滞后）时，额定输出标准值为 10、15、25、30、50、75、100、150、200、250、300、400、500VA。对三相互感器而言，其额定输出值是指每相的额定输出。

（2）热极限输出。在电压互感器可能作为电源使用时，可规定其额定热极限输出。在这种情况下，误差限值可能超过，但温升不能超过规定值。对于多个二次绕组的互感器，应分别规定各二次绕组的热极限输出，但使用时，只能有一个达到极限值。

剩余绕组接成开口三角，仅在故障情况下承受负荷。额定热极限输出以持续时间 8h 为基准。

额定热极限输出以 VA 表示，在额定二次电压及功率因数为 1.0 时，数值应为 15、25、50、75、100VA 及其十进位倍数。

（3）二次负荷计算。电压互感器的二次负荷不应超过其准确级所允许的负荷范围，一般按负荷最重的一相进行验算。必要时可按表 7.7-5 和表 7.7-6 列出的接线方式和计算公式进行每相负荷的计算。

（4）二次回路电压降。测量用电压互感器二次回路允许电压降不应超过以下值：

1）指示仪表：不大于额定电压的 1%～3%。

2）用户计费用 0.5 级电能表：不大于额定电压的 0.25%。

3）电力系统内部的 0.5 级电能表：不大于额定电压的 0.5%。

保护用电压互感器二次回路允许压降应在互感器负荷最大时不大于额定电压的 3%。

7.7.2.7 电磁式电压互感器的铁磁谐振及防谐措施

电磁式电压互感器的励磁特性为非线性特性，与电力网中的分布电容或杂散电容在一定条件下可能形成铁磁谐振。通常是电压互感器的感性电抗大于电容的容性电抗，当电力系统操作或其他暂态过程引起互感器暂态饱和而感抗降低就可能出现铁磁谐振。这种谐振可能发生于不接地系统，也可能发生于直接接地系统。随着电容值的不同，谐振频率可以是工频和较高或较低的谐波。铁磁谐振产生的过电流和/或高电压可能造成互感器损坏，特别是低频谐振时，互感器相应的励磁阻抗大为降低而导致铁芯深度饱和，励磁电流急剧增大，高达额定值的数十倍至百倍以上，从而严重损坏互感器。

在中性点不接地系统中，电磁式电压互感器与母线或线路对地电容形成的回路，在一定激发条件下可能发生铁磁谐振而产生过电压及过电流，使电压互感器损坏，因此应采取消谐措施。这些措施有：在电压互感器开口三角或互感器中性点与地之间接专用的消谐器，选用三相防谐振电压互感器，增加对地电容破坏谐振条件等。

在中性点直接接地系统中，电磁式电压互感器在断路器分闸或隔离开关合闸时可能与断路器并联均压电容或杂散电容形成铁磁谐振。由于电源系统和互感器中性点均接地，各相的谐振回路基本上是独立的，谐振可能在一相发生，也可能在两相或三相内同时发生。抑制这种谐振的方法不宜在零序回路（包括开口三角形回路）采取措施。可采用人为破坏谐振条件的措施。

表 7.7-5　　　　　　　　　　　　电压互感器接成星形时每相负荷的计算公式

负荷接线方式及相量图				
电压互感器每相的负荷	U 有功	$P_U = W_u \cos\varphi$	$P_U = \frac{1}{\sqrt{3}}[W_{uv}\cos(\varphi_{uv}-30°) + W_{wu}\cos(\varphi_{wu}+30°)]$	$P_U = \frac{1}{\sqrt{3}}W_{uv}\cos(\varphi_{uv}-30°)$
	U 无功	$Q_U = W_u \sin\varphi$	$Q_U = \frac{1}{\sqrt{3}}[W_{uv}\sin(\varphi_{uv}-30°) + W_{wu}\sin(\varphi_{wu}+30°)]$	$Q_U = \frac{1}{\sqrt{3}}W_{uv}\sin(\varphi_{uv}-30°)$
	V 有功	$P_V = W_v \cos\varphi$	$P_V = \frac{1}{\sqrt{3}}[W_{uv}\cos(\varphi_{uv}+30°) + W_{vw}\cos(\varphi_{vw}-30°)]$	$P_V = \frac{1}{\sqrt{3}}[W_{uv}\cos(\varphi_{uv}+30°) + W_{vw}\cos(\varphi_{vw}-30°)]$
	V 无功	$Q_V = W_v \sin\varphi$	$Q_V = \frac{1}{\sqrt{3}}[W_{uv}\sin(\varphi_{uv}+30°) + W_{vw}\sin(\varphi_{vw}-30°)]$	$Q_V = \frac{1}{\sqrt{3}}[W_{uv}\sin(\varphi_{uv}+30°) + W_{vw}\sin(\varphi_{vw}-30°)]$
	W 有功	$P_W = W_w \cos\varphi$	$P_W = \frac{1}{\sqrt{3}}[W_{vw}\cos(\varphi_{vw}+30°) + W_{wu}\cos(\varphi_{wu}-30°)]$	$P_W = \frac{1}{\sqrt{3}}W_{vw}\cos(\varphi_{vw}+30°)$
	W 无功	$Q_W = W_w \sin\varphi$	$Q_W = \frac{1}{\sqrt{3}}[W_{vw}\sin(\varphi_{vw}+30°) + W_{wu}\sin(\varphi_{wu}-30°)]$	$Q_W = \frac{1}{\sqrt{3}}W_{vw}\sin(\varphi_{vw}+30°)$

注　W——表计的负荷，VA；φ—相角差，$°$；P_U、P_V、P_W——电压互感器每相的有功负荷，W；

　　Q_U、Q_V、Q_W—电压互感器每相的无功负荷，var。

　　电压互感器的全负荷 $W_U = \sqrt{P_U^2 + Q_U^2}$。

表 7.7-6   电压互感器接成不完全星形时每相负荷的计算公式

负荷接线方式及相量图		电压互感器 负荷（接线图及相量图）	电压互感器 负荷（接线图及相量图）	电压互感器 负荷（接线图及相量图）
电压互感器每相的负荷				
UV	有功	$P_{UV}=W_{uv}\cos\varphi_{uv}$	$P_{UV}=\sqrt{3}W\cos(\varphi+30°)$	$P_{UV}=W_{uv}\cos\varphi_{uv}$ $+W_{wu}\cos(\varphi_{wu}+60°)$
	无功	$Q_{UV}=W_{uv}\sin\varphi_{uv}$	$Q_{UV}=\sqrt{3}W\sin(\varphi+30°)$	$Q_{UV}=W_{uv}\sin\varphi_{uv}$ $+W_{wu}\sin(\varphi_{wu}+60°)$
VW	有功	$P_{VW}=W_{vw}\cos\varphi_{vw}$	$P_{VW}=\sqrt{3}W\cos(\varphi-30°)$	$P_{VW}=W_{vw}\cos\varphi_{vw}$ $+W_{wu}\cos(\varphi_{wu}-60°)$
	无功	$Q_{VW}=W_{vw}\sin\varphi_{vw}$	$Q_{VW}=\sqrt{3}W\sin(\varphi-30°)$	$Q_{VW}=W_{vw}\sin\varphi_{vw}$ $+W_{wu}\sin(\varphi_{wu}-60°)$

注 W——表计的负荷，VA；φ——相角差，°；P_{UV}、P_{VW}——电压互感器每相的有功负荷，W；

Q_{UV}、Q_{VW}——电压互感器每相的无功负荷，var。

电压互感器的全负荷 $W_{UV}=\sqrt{P_{UV}^2+Q_{UV}^2}$；$W_{VW}=\sqrt{P_{VW}^2+Q_{VW}^2}$。

7.8 接地信号与接地保护

7.8.1 零序电压滤过器非有效接地系统信号装置

为了监视 3～35kV 配电系统的绝缘，一般均采用三相三绕组电压互感器。它的一次绕组接成星形中性点接地，剩余电压绕组接成开口三角形，构成零序电压滤过器。当电网发生单相接地故障时出现零序电压，使电压继电器 KV1 动作，其接线见图 7.8-1。

应该指出，为了取得零序电压，必须采用单相三绕组式或三相五柱式电压互感器。而三相三柱式电压互感器不能取得二次零序电压。

电压继电器 KV1 的电压整定值应在正常运行方式时不动作，而在电网发生非金属性单相接地故障时发出信号。零序电压滤过器的输出电压，在理论上正常运行方式时应为 0V，但实际上有不平衡电压存在，不平衡电压一般不超过电网金属性单相接地故障时滤过器输出电压的百分之几，故在实际上电压继电器的整定值应躲开正常情况下的不平衡电压，一般整定为 15V 左右。

为了便于寻找故障相，在电压互感器二次绕组上装设绝缘检查电压表 PV2～PV4，它们

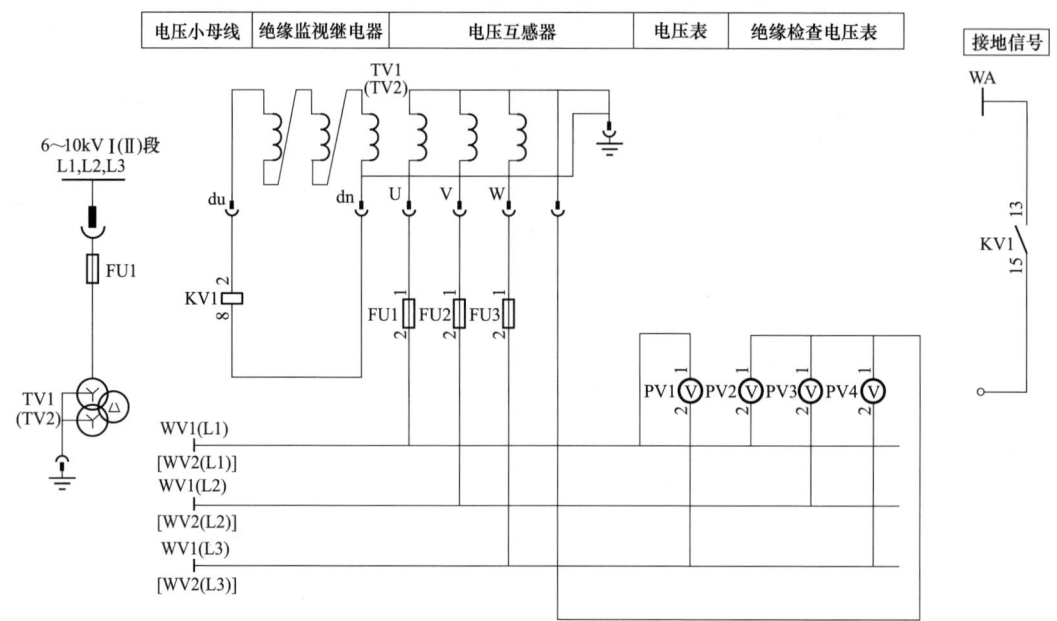

图 7.8-1 非有效接地系统中的接地信号装置

KV1—电压继电器，DY-32/60C 型；PV1—交流电压表，42L20—V 型、□/100V；

PV2~PV4—交流电压表，42L20—V 型、□/100V；FU1~FU3—熔断器，熔体电流 4A

在正常运行方式时指示相电压值；在发生单相接地故障时随中性点偏移故障相电压降低，非故障相电压升高，从而显示故障相位。

但还需运行人员依次短时断开每条线路（一般由自动重合闸在断开后立即自动合闸），寻找接地故障。

7.8.2 中性点不接地系统的接地保护

在中性点不接地系统的电网中，利用基波零序电流保护、基波零序电流方向保护有可能检出故障线路，但在电网的最小运行方式下，只有当故障点的总电容电流达到最长线路电容电流的 3~4 倍时，才能实现继电保护的选择性。实际电网的结构比较复杂，不可能满足上述条件，根据运行经验表明，零序电流保护和零序电流方向保护不能全部正确动作。

利用"群体比幅比相"原理构成的微机接地保护，能克服上述缺点，解决了中性点不接地电网中对故障线路的选择性。

MLN98 型微机小接地电流系统接地选线装置采用"相对相位"原理、"双重判据"、"五种"选线方案最优组合，从而避免了因运行方式多变、接地电流小而引起的误判。

MLN98 装置的原理框图见图 7.8-2。

当系统发生单相接地时，故障线路的零序电流为其他非故障线路零序电流之和，原则上它是这组采样值中最大的。但由于电流互感器误差、采样误差、信号干扰以及线路长短差别悬殊，有可能在排序时排到第二、第三，一般不会超出前三个，这一步为初选。所采用的原理也是相对值概念（在现行运行方式下，取前三个最大的），下一步，在前三个信号里采用相对相位概念（非故障线路的零序电流超前零序电压 90°；故障线路的零序电流滞后于零序

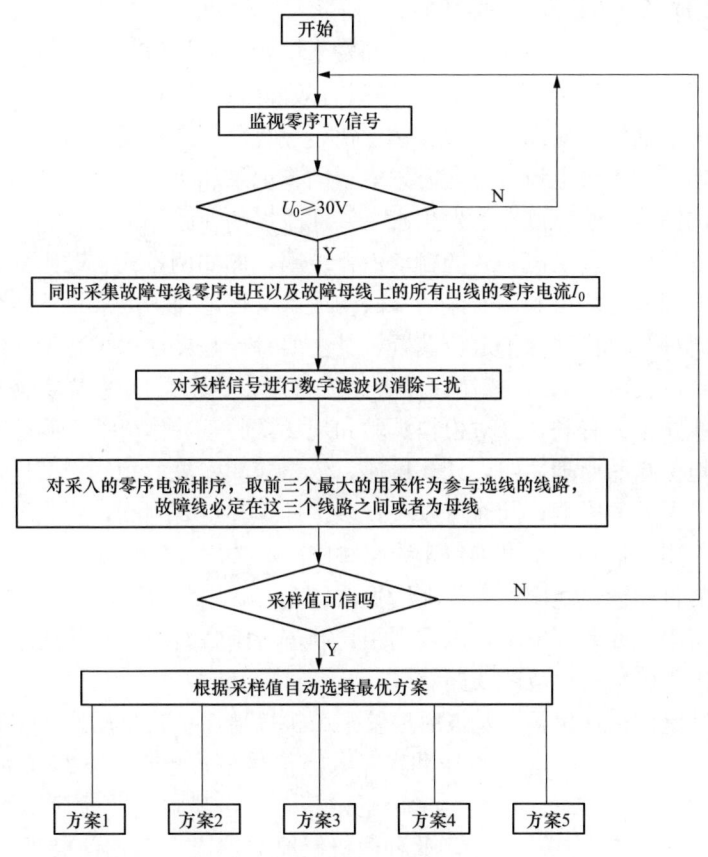

图 7.8-2　MLN98 型微机不接地系统接地选线装置原理框图

电压 90°)，即用电流之间的方向或电流和电压之间的相位超前与滞后关系，进一步确定是前三个中哪一个线路发生故障，还是母线故障。

MLN98 装置采用同步锁相技术，即该装置采样与系统频率同步，解决了由于系统频率多变而引起误判的情况。MLN98 装置采用高精度通道隔离变换器，使装置抗干扰能力增强，同时提高了采样精度。MLN98 装置采用超大规模集成化芯片。抗干扰能力强，结构简单、紧凑。

7.8.3　中性点谐振接地系统接地保护

7.8.3.1　利用稳态特征参量的接地保护

（1）有功电流、功率方向法。对于中性点经消弧线圈接地系统，消弧线圈只能补偿零序电流的无功分量，不能补偿零序电流的有功分量，因此故障线路的零序电流的有功分量与正常线路极性相反，可以用这个特点进行选线。由于有功分量的含量较小，所以装置采用零序电流与零序电压的乘积，即零序功率来度量零序电流的有功分量，实际上是把有功分量进行了累加，零序功率最大的线路就是故障线路。

（2）谐波电流法。当非有效接地电网发生单相接地故障时，高次谐波电流随之产生。高次谐波电流中的容性分量与谐波次数成正比，感性分量与谐波次数成反比，因此两者不会相互补偿，甚至感性电流几乎可以忽略不计。故障线路中的 5 次谐波零序电流应当最大，且滞后 5 次谐波零序电压 90°；非故障线路中的 5 次谐波零序电流较小，且超前 5 次谐波零序电压 90°，这样可以选择故障线路。

（3）参数（残流）增量接地保护。在电网发生单相永久接地故障的情况下，若增大消弧线圈的失谐度（或改变限压电阻的阻值），则只有故障线路中的零序电流（即故障点的残余电流）会随之增大。这样，借助微机计算速度快、综合分析和判断能力强的特点，对失谐度变化前、后各条馈线的零序电流进行实时采集、同步记录和集中处理，然后通过对比找出残余电流明显变化的馈线，便可确定为发生永久接地故障的线路。

根据这一物理现象，凡是随调式的自动消弧线圈，例如调容式、磁阀式、直流助磁式和调感式自动消弧线圈等，均可利用残流增量法构成微机接地保护或微机选线装置。由调容式消弧线圈构成的此种微机接地保护成套装置，其主要特点是接地保护与消弧线圈的自动测控系统实现了一体化，且由双 CPU 控制，两者互为备用，这对瞬间熄灭接地电弧和正确选择永久接地故障的线路十分有利，经过模拟试验和现场试验，动作全部正确，获得国家专利。

此种微机接地保护的原理简明，计算迅速，依靠检测残流的相对量值进行判断，摆脱了电流互感器等测量误差的影响，同时可以进行多次计算和重复判断，所以灵敏度和可靠性都较高。该保护可作用于信号，也可动作于线路跳闸。

对于预调式的自动消弧线圈，由于在消弧线圈动作的状态下，不允许进行调整，此时，可利用定时投、切串联或并联电阻，以及利用自动重合闸临时断开一条线路等方法产生残流增量，同样也可以正确地检出故障线路。

（4）基波时序鉴别接地保护。基波时序鉴别微机接地保护或自动选线装置，主要由零序电压和零序电流信号处理电路、时序鉴别器和接地选线信号输出电路等构成，其中的"时序鉴别器"为核心部件。此种微机接地保护或自动选线装置，适用于中性点不接地和谐振接地等非有效接地系统。

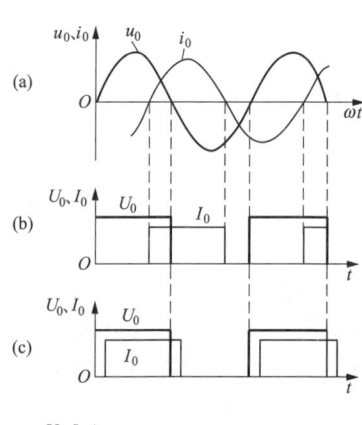
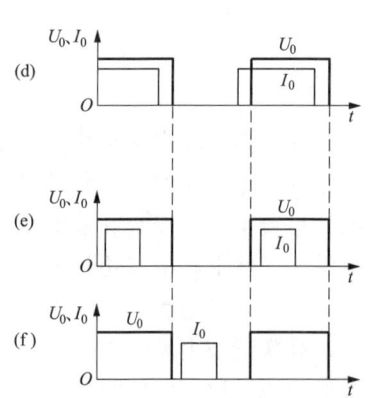

当这些系统中发生较长时间的单相接地故障时，零序基波电压信号分为两路，一路经低通滤波、阻容移相、鉴幅、整形和光隔后，作为零序电压的幅值信号；另一路经低通滤波、阻容移相后再分成两个支路，分别对正、负半波进行整形和光隔，变成脉宽为 180°相位相反的零序基波电压信号，作为时序鉴别的参考信号。与此同时，不同线路的零序电流信号，分别经过低通滤波、鉴幅、整形和光隔后，变成相位和脉宽可变的零序电流信号。最后，把这些电压和电流等方波信号输入时序鉴别器，经过对不同信号的处理和辨识，便可正确地判别出接地故障线路。

此种微机接地保护或自动选线装置，既可在中性点谐振接地的中压电网中应用，也可在中性点不接地的电网中运行。其工作原理如图 7.8-3 所示。

图 7.8-3 基波时序鉴别微机接地保护装置工作原理

图 7.8-3 中的 U_0 是由零序电压变换而来的 180°规则方波，作为时序鉴别的基准信号；I_0 是由零序电流变换而来的脉宽和相位不确定的方波。I_0 的脉宽一般为 180°，

见图 7.8-3 (b) ～图 7.8-3 (d)；倘若零序电流的幅值很小，则 I_0 的脉宽将小于 $180°$，见图 7.8-3 (e) 和图 7.8-3 (f) (甚至为零)。I_0 相对于 U_0 的相位随中性点接地方式和消弧线圈补偿状态的不同而改变，图 7.8-3 (b) 中，$v<0$；图 7.8-3 (c) 中，$v>0$。

当电网发生稳定单相接地故障时，若 I_0 和 U_0 的方波时序关系同时满足以下的两个条件时，则判定该线为接地故障线路，其余为非故障线路。

1) 零序电流 I_0 的上升沿滞后于零序电压 U_0 的上升沿，而超前于 U_0 的下降沿，即零序电流 I_0 的上升沿介于零序电压 U_0 的上升沿与下降沿之间。

2) 零序电流 I_0 的下降沿滞后于零序电压 U_0 的下降沿，必须大于 $0°$ 而小于 $180°$。

利用基波时序鉴别原理构成的微机接地保护或自动选线装置，其动作时间一般不大于 $80～100ms$ ($4～5Hz$)，同样可以进行多次计算和重复判断，所以也可正确地判定接地故障线路。

以上 (3) 和 (4) 两种保护是国内较好的利用稳态特征参量的接地保护。

7.8.3.2 利用暂态特征参量的接地保护

(1) 首半波原理。这是德国首先研究后提出的原理。当谐振接地系统发生单相接地故障时，故障线路和非故障线路、零序电压和零序电流首半波的极性，两者之间存在着固定的关系。对于非故障的线路，两者的极性相同，而对于故障的线路，则两者的极性恰好相反，借此便可判定发生接地故障的线路。早在 20 世纪 60 年代～70 年代，根据这一原理，我国曾先后研制出不同结构的首半波原理的接地保护装置，并分别投入电网试运行。国内外电力系统的运行经验表明，其动作的成功率低，不尽如人意，同时理论分析结果表明，存在动作"死区"，故早已不再单独应用。

(2) 暂态接地电流原理。暂态零序电流的幅值大、频率高、抗干扰能力强和不受消弧线圈的影响，用来实现故障选线具有独特的优点。根据中压电网的实测结果，暂态接地电容电流的幅值可达到工频时的 7.79 倍，频率一般为 $300～3000Hz$。暂态零序电流与首半波相比，虽然情况明显好转，但动作"死区"仍然存在，故其要实现完全动作正确是十分困难的。

根据理论分析的结果，谐振接地系统中的暂态零序接地电流，是由暂态接地电容和暂态电感电流叠加而成的。因为两者的频率相差悬殊，所以不能互相补偿，而在暂态过程的初始阶段，暂态零序电流的特性主要由暂态电容电流的特性所确定。由于电容电流的自由振荡分量中含有 $\sin\varphi$ 和 $\cos\varphi$ 两个因子，从理论上讲，在相角 φ 为任意值时发生单相接地故障均会产生自由振荡分量。而且当 $\varphi = \pi/2$ 时，其值最大；当 $\varphi = 0$ 时，其值最小。但是，当故障相在电压为零 ($\varphi=0$) 时发生接地，此时暂态电容电流的自由振荡分量，恰好与工频电容电流的幅值相等。因为暂态振荡分量为零，于是动作"死区"不可避免地产生了。

再者，故障点的接地电阻（包括弧光电阻在内），尤其是高阻接地故障，对暂态零序电流具有明显的阻尼作用，而高阻接地故障在电网的实际运行中是无法避免的。这样，暂态接地电流原理的微机接地保护或自动选线装置，其动作成功率不能完全满足要求。

(3) 小波（包）分析原理。傅里叶快速变换所反映的信号特性，主要是针对平稳信号的分析。而小波分析可以对信号进行有效的时频分解，是一种分析暂态信号较好的时频分析方法，它能够把任意信号投影到一个由小波伸缩形成的基函数（小波基）上，清楚地表示出该信号在某一频段的时域特征，为所要解决的故障选线等问题创造条件。

不过，小波分析在低频段的时间分辨率较差，而在高频段的频率分辨率也不佳。而小波包分析则可以弥补这些不足,同时,可以根据信号的特征和要求,在一定频域内任意选择相应的频带,使之与信号的频带相匹配,从而提高时频的分辨率,故其应用更加广泛。

目前国内接地选线装置,一般采用多种选线方法,综合比较后选出故障线路。接地选线装置一般配合消弧线圈使用,国内应用较多的选线装置主要有:北京地区的 KA2003-DH 非有效接地系统选线装置,该装置采用群体比幅比相法、谐波电流法、小波包法、暂态电流法、有功电流法、功率方向法、残流增量法,综合比较各种方法的选线结果,选出故障线路。广州地区的 DDS-02F 型接地故障智能检测装置采用残流增量法、零序电流法、功率方向法,与高短路阻抗变压器式消弧线圈配套使用,通过调节消弧线圈的感抗产生残流增量,选出故障线路。上海地区的 XHK-Ⅱ-ZP 型消弧线圈及接地选线装置采用残流增量法,在中性点设置一个中阻与消弧线圈并联,发生永久性接地故障时,瞬时投入中阻,通过分析各条出线电阻投切前后零序电流的变化选出故障线路。青岛地区的 XBD1 型消弧线圈并联电阻接地系统采用残流增量法,选线装置与消弧线圈并联电阻接地系统配合使用,发生单相接地故障时瞬时变化并联电阻的阻值,通过变化前后零序电流有功增量选出故障线路。广西北海地区的 YH-B811 小电流选线装置采用暂态电流法和有功电流法,一般情况下用暂态电流法,过渡电阻较大时用有功电流法进行故障选线。南京地区的 NDXJ-1 非有效接地系统选线装置采用暂态电流法,通过接地时的暂态电流判断接地线路。

7.8.4 中性点经低电阻接地系统的特点与接地保护

7.8.4.1 中性点经低电阻接地系统的特点

(1)中性点经低电阻接地后不能靠短时带故障运行来保证供电可靠性,而是依靠加强电网结构和提高自动化水平来提高供电的可靠性。

(2)中性点经低电阻接地系统加装零序电流互感器和零序保护(速断和过流),迅速切断故障回路,保证人身安全以及线路和设备的安全。

(3)中性点经低电阻接地系统的接地工频过电压低,零序保护快速切除故障,工频过电压持续时间也短,对电气设备绝缘和氧化锌避雷器的安全运行也有利。

(4)中性点经低电阻接地可避免电磁式电压互感器的电感与线路电容形成的铁磁谐振,也可防止架空线路断线谐振过电压。

7.8.4.2 35kV 及以上降压变电站 10kV 系统采用低电阻接地方式时设备配置原则

(1)变电站应设接地变压器,加装接地电阻。接地变压器与所用变压器最好分开安装(接地变压器不带其他负荷),接地变压器采用 Z 型接线或采用 YNd 接线的普通变压器。

(2)架空线路应为绝缘线(或更换为绝缘线),其绝缘水平按有消弧线圈接地方式考虑。

(3)接地电阻采用不锈钢或复合材料电阻器。其额定电压、额定电流、热稳定时间、电阻值按系统要求确定。北京地区额定电压为 6kV,额定电流为 600A,热稳定按 10s,电阻阻值为 10Ω。

(4)避雷器采用无间隙氧化锌(ZnO)避雷器。

(5)10kV 馈线采用加装外附零序电流互感器构成的零序回路,配置两段定时限零序保护。Ⅰ段为零序时限速断,Ⅱ段为零序过流保护,其时限同相间过流保护。北京地区Ⅰ段取 300A,时限 0.2s,Ⅱ段取 20A,时限同相间过流保护(电流定值为一次值,下同)。采用微机型保护装置的变电站,加装外附零序回路,投入微机零序时限速断和零序过流保护。

(6)变电站的 10kV 接地变压器作为零序保护总后备,配置两段定时限零序保护。北京地区Ⅰ段取20A，时限1.5s，动作跳本段母线相邻分段断路器；Ⅱ段取20A，时限2s，动作跳本段母线变压器主断路器，由主断路器辅助触点联跳接地变压器断路器，同时应闭锁相邻分段断路器自投。不考虑因接地变压器本身故障造成零序过流Ⅱ段保护动作，闭锁自投引起的本段母线停电。

（7）旁路断路器采用三相电流互感器构成的零序回路（零序滤过器），其三个电流互感器的型号、参数应保证一致，并配置零序时限速断和零序过流保护装置。

（8）变电站分段断路器由于无法装设单独零序电流互感器，因此不设零序过流保护及零序后加速保护。分段断路器自投或手投于接地故障，由相邻母线接地变压器零序过流Ⅰ段保护联跳。

7.8.4.3 10kV配电系统采用低电阻接地方式时设备配置原则

（1）出线配备有保护装置的10kV开关站（开闭所），在各出线断路器处加装外附零序电流互感器，配置两段定时限零序过流保护，北京地区Ⅰ段保护取300A，时限0s，Ⅱ段保护取20A，时限取0.5s。

开关站出线零序Ⅰ段保护，与上级变电站10kV出线零序Ⅰ段保护，均为保证10kV低电阻接地系统中，高压对配电变压器外壳短路时，人身及设备的安全需要而配置与整定，两者之间无定值配合关系。

（2）10kV开关站进线除需装设零序过流外，还应加设零序速断，动作后闭锁分段断路器自投回路。北京地区定值取200A，时限0.1s，开关站分段断路器由于上级已具备0.2s时限的零序速断保护，又不具备装设单独零序电流互感器条件，所以零序后加速保护在电流定值和时间级差上均无法与上级保护配合，同时相继故障几率较小，因此取消开关站分段断路器零序后加速保护，由此引起的开关站全停的可能性可不考虑。

（3）进出线配备有保护装置的用户10kV配电室，在其进出线断路器处，应加装外附零序电流互感器回路，如无法安装外附零序电流互感器，可采用三相电流互感器构成的零序滤过器回路，安全上要求各用户均装设一段零序保护，北京地区定值取20A，时限0s。

（4）对配置为反时限相间保护装置的，按加装外附零序电流互感器和具有反时限特性的零序电流继电器的配置原则执行。

7.8.4.4 零序电流互感器的选择

零序电流互感器的选择应根据单相接地故障电流和保护装置的负荷来确定。

北京地区变配电站零序速断保护整定值为300A，零序过电流保护整定值为20A，用户10kV配电室零序速断保护整定值为20A。因此零序电流互感器变比为100/5或50/1。

7.8.5 接地变压器

专用Z形接地变压器，简称接地变压器。接地变压器用于谐振接地系统和低电阻接地系统。

（1）保护配置。接地变压器中性点上装设零序电流Ⅰ段、零序电流Ⅱ段保护，作为接地变压器单相接地故障的主保护和系统各元件的总后备保护。接地变压器电源侧装设三相式的电流速断、过电流保护，作为接地变压器内部相间故障的主保护和后备保护。

（2）整定计算。接地变压器的继电保护整定计算见表7.8-1。

1）接地变压器相间电流保护。

a）接地变压器接于低压侧母线，电流速断和过流保护动作后应联跳供电变压器同侧断路器,过电流保护动作时间宜与供电变压器后备保护跳低压侧断路器时间一致。

b) 接地变压器接于供电变压器低压侧时,电流速断和过电流保护动作后跳供电变压器各侧断路器。过电流保护动作时间宜大于供电变压器后备保护跳各侧断路器时间。

c) 电流速断保护定值。保证接地变压器电源侧在最小方式下两相短路时有足够灵敏度;保证在充电合闸时,躲过励磁涌流,一般大于(7~10)倍接地变压器额定电流;躲过接地变压器低压侧故障电流。

d) 过电流保护定值。躲过接地变压器额定电流;躲过区外单相接地时流过接地变压器的最大故障相电流。

2) 接地变压器零序电流保护整定。

a) 零序电流Ⅰ段定值。电流定值保证单相接地故障有足够灵敏度;与下级零序电流Ⅱ段保护定值配合;动作时间应大于母线各连接元件零序电流Ⅱ段的最长动作时间。

b) 零序电流Ⅱ段定值。电流定值保证单相接地故障有灵敏度;可靠躲过线路的电容电流;动作时间应大于接地变压器零序电流Ⅰ段的动作时间。

c) 跳闸方式。接地变压器接于变电站相应的母线上,零序电流Ⅰ段保护动作跳分段断路器;零序电流Ⅱ段保护动作跳供电变压器的同侧开关。

表 7.8-1 接地变压器的继电保护整定计算

名称	符号	电流定值			动作时间	
		公式	说明		公式	说明
			参数含义	取值范围		
电流速断	$I_{opⅠ}$	$I_{opⅠ} = \dfrac{I_{1k2min}}{K_{sen}}$ $I_{opⅠ} = (7 \sim 10)I_n$ $I_n = S_n/(\sqrt{3}U_n)$ $I_{opⅠ} = 1.3 I_{2kmax}$	$I_{opⅠ}$——电流速断保护动作电流,A; I_{1k2min}——接地变压器电源侧最小两相短路电流; K_{sen}——灵敏系数; I_n——接地变压器额定电流; S_n——接地变压器额定容量; U_n——接地变压器额定运行电压; I_{2kmax}——接地变压器低压故障最大短路电流	$K_{sen} \geqslant 2$	$t = 0s$	
过流保护	$I_{opⅡ}$	$I_{opⅡ} = K_{rel} I_n$ $I_{opⅡ} = K_{rel} I_{k1max}$	$I_{opⅡ}$——过电流保护动作电流,A; K_{rel}——可靠系数; I_n——接地变压器额定电流; I_{k1max}——单相接地时最大短路电流	$K_{rel} \geqslant 1.3$	$t = 1.5 \sim 2.5s$	

名称	符号	电流定值			动作时间	
		公式	说明		公式	说明
			参数含义	取值范围		
零序电流Ⅰ段	$I_{(0)I}$	$I_{(0)I} = \dfrac{I_{k1min}}{K_{sen}}$ $I_{(0)I} = K_{rel} I_{0II}$	$I_{(0)I}$——零序电流保护Ⅰ段动作电流，A； I_{k1min}——系统最小单相接地电流； K_{sen}——灵敏系数； I_{0II}——下级零序电流保护Ⅱ段中最大定值； K_{rel}——可靠系数	$K_{sen} \geqslant 2$ $K_{rel} \geqslant 1.1$	$t_{0I} = t'_{II} + \Delta t$	t'_{II}：母线上除接地变压器外所有设备零序电流保护Ⅱ段中最长时间定值； $\Delta t = 0.2 \sim 0.5 s$
零序电流Ⅱ段	$I_{(0)II}$	$I_{(0)II} = \dfrac{I_{k1min}}{K_{sen}}$ $I_{(0)II} = K_{rel} I_{0II}$ $I_{(0)II} \geqslant K'_{rel} I_C$	$I_{(0)II}$——零序电流保护Ⅱ段动作电流，A； I_{k1min}——系统最小单相接地电流； K_{sen}——灵敏系数； I_{0II}——下级零序电流保护Ⅱ段中最大定值； K_{rel}——可靠系数； K'_{rel}——可靠系数； I_C——电容电流	$K_{sen} \geqslant 2$ $K_{rel} \geqslant 1.1$ $K'_{rel} \geqslant 1.5$	$t_{(0)II} = t_{(0)I} + \Delta t$	适用于接地变压器接于变电站相应的母线上的接线 $t_{(0)II}$——接地变零序电流Ⅱ段时间定值； $t_{(0)I}$——接地变零序电流Ⅰ段时间定值； $\Delta t = 0.3 \sim 0.5 s$
					$t_{(0)II}1 = t_{(0)I} + \Delta t$ $t_{(0)II}2 = t_{(0)II}1 + \Delta t$	适用于接地变压器直接接于变电站变压器相应的引线上的接线 $t_{(0)II}1$——接地变零序电流Ⅱ段第一时间； $t_{(0)I}$——接地变零序电流Ⅰ段时间定值； $\Delta t = 0.3 \sim 0.5 s$ $t_{(0)II}2$——接地变零序电流Ⅱ段第二时间

7.9 交流操作的继电保护

7.9.1 10kV 系统交流操作电源

交流操作电源主要是供给控制、合闸和分励信号等回路使用。交流操作的电源为交流 220V，它有两种形式。

7.9.1.1 常用的交流操作电源

常用的交流操作电源接线见图 7.9-1 所示。两路电源（工作和备用）可以进行切换，其中一路由电压互感器经 100/220V 变压器供给电源,而另一路由所用变压器或其他低压线路经 220V/220V 变压器(也可由另一段母线电压互感器经 100/220V 变压器)供给电源。两路电源中的任一路均可作为工作电源,另一路作为备用电源。控制电源采用不接地系统,并设有绝缘检查装置。

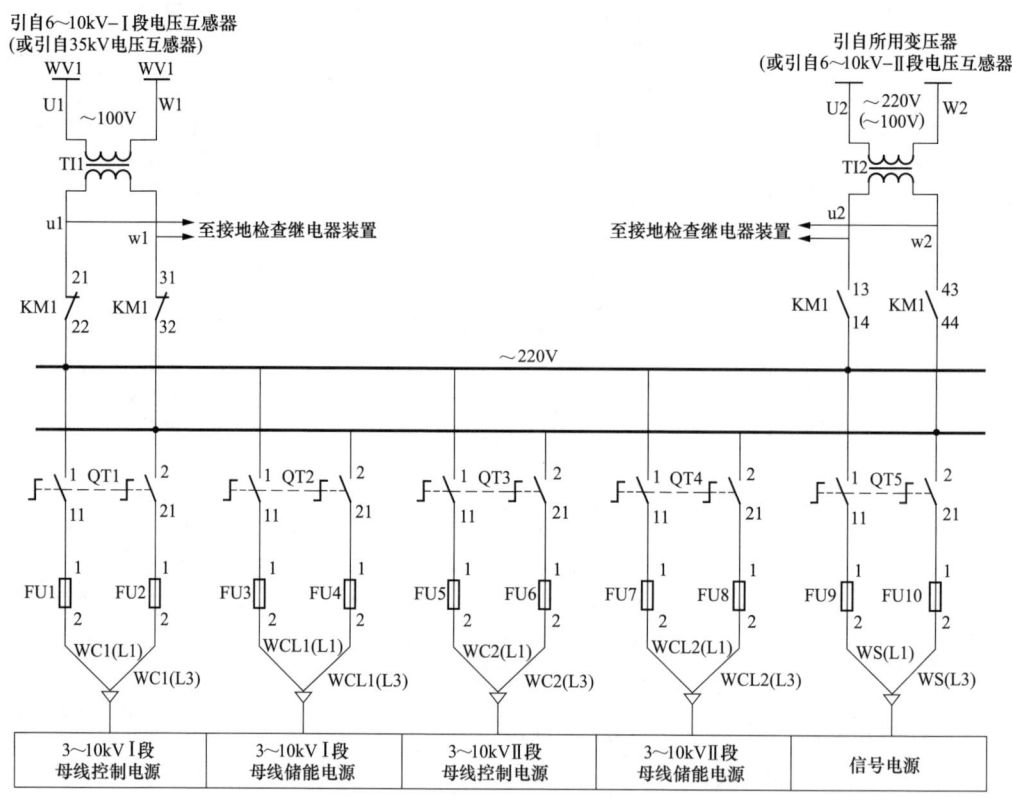

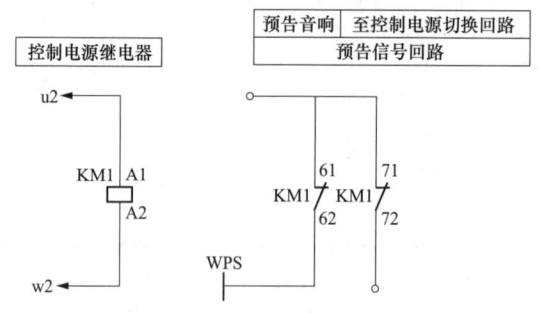

图 7.9-1 交流操作电源接线图

TI1,TI2—中间变压器;KM1—中间继电器;QT1~5—组合开关;FU1~FU10—熔断器

7.9.1.2 带 UPS 的交流操作电源

由于上述方式获得的电源是取自系统电源,当被保护元件发生短路故障时,短路电流很大,而电压却很低,断路器将会失去控制、信号、合闸以及分励脱扣的电源。所以交流操作的电源可靠性较低。随着交流不间断电源技术的发展和成本的降低,使交流操作应用不间断

电源设备（UPS）成为可能。这样就增加了交流操作电源的可靠性。由于操作电源比较可靠，继电保护则可以采用分励脱扣线圈跳闸的保护方式，不再用电流脱扣器线圈跳闸的保护方式，从而可免去交流操作继电保护两项特殊的整定计算，即继电器强力切换接点容量检验和脱扣器线圈动作可靠性校验。带 UPS 的交流操作电源接线见图 7.9-2。

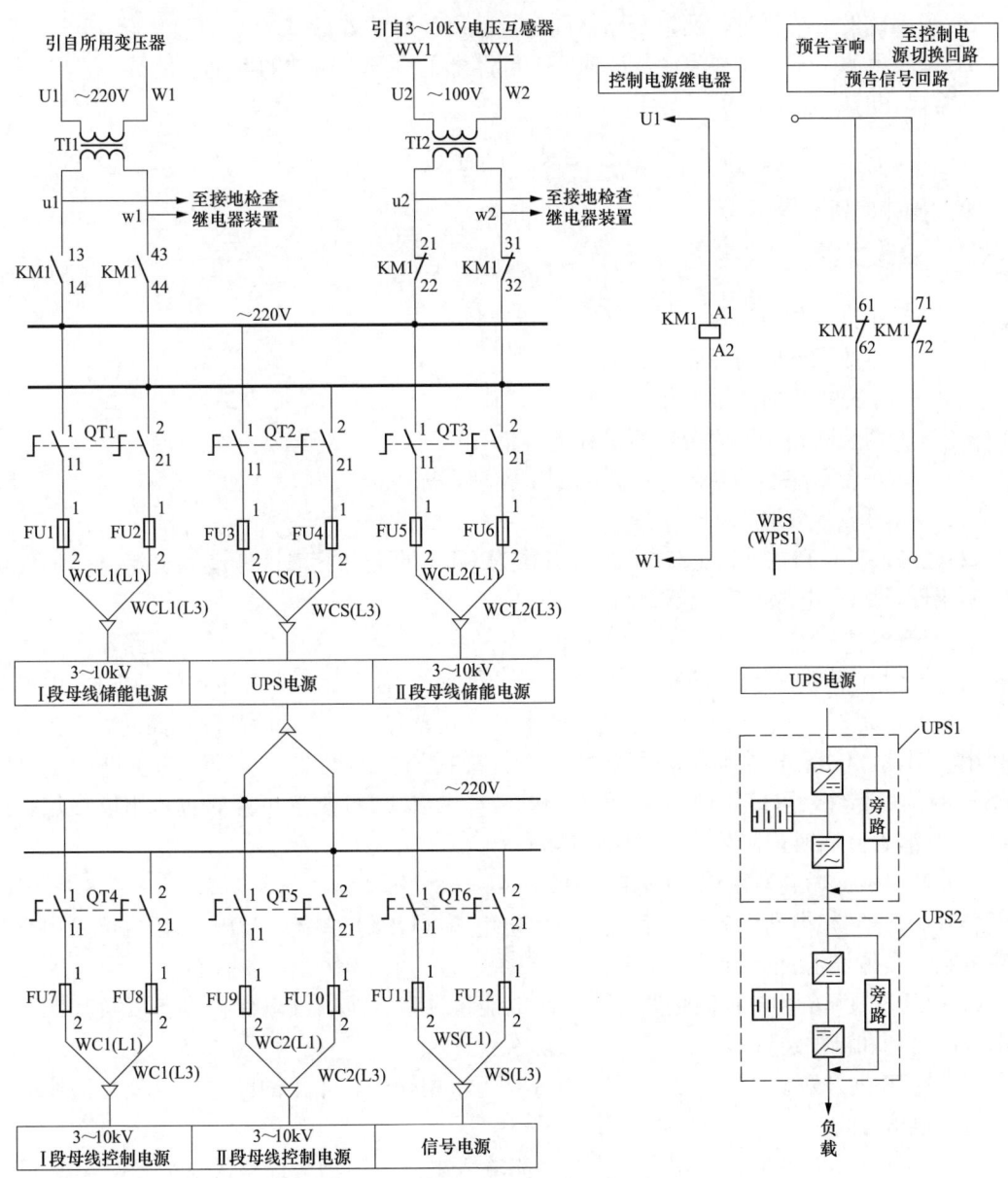

图 7.9-2　带 UPS 的交流操作电源接线图

TI1，TI2—中间变压器；KM1—中间继电器；QT1～6—组合开关；FU1～FU12—熔断器

　　从图 7.9-2 中可以看到，当系统电源正常时，由系统电源小母线向储能回路、控制及信号回路（通过 UPS 电源）供电，同时可向 UPS 电源进行充电或浮充电。当系统发

生故障时，外电源消失，由 UPS 电源向控制回路及信号回路供电，使断路器可靠跳闸并发出信号。

当系统电源发生故障时，由 UPS 提供控制、操作及信号电源，而不考虑储能电源的容量，所以 UPS 电源容量主要考虑以下几个方面的负载：

1) 由系统电源供电时，正常的控制操作及信号回路所消耗的容量 C_1；

2) 当系统发生故障时，两台断路器同时分闸所消耗的容量 C_2；

3) 系统电源正常供电或发生故障时一台断路器的合闸电磁铁的额定容量 C_3。

正常操作时所需容量为

$$C = K_{rel}(C_1 + C_3) \tag{7.9-1}$$

事故操作时所需容量为

$$C' = K_{rel}(C_2 + C_3) \tag{7.9-2}$$

式中 C——正常操作时所需容量，VA；

C'——事故操作时所需容量，VA；

C_1——事故操作时所需容量，VA；

C_2——两台断路器同时分闸所消耗的容量，VA；

C_3——一台断路器的合闸电磁铁的额定容量，VA；

K_{rel}——可靠系数取 1.1～1.2。

取式（7.9-1）和式（7.9-2）中较大者作为 UPS 的选择容量。考虑到交流操作的经济性和实用性，UPS 电源的容量不宜超过 3kVA。

带 UPS 电源方案一般适用于民用建筑供电系统中，当一次接线简单且断路器台数不多时选用，同时亦不考虑分段断路器自投及出线自动重合闸装置。值得注意的是 UPS 电源作为开关柜的控制、保护及信号电源，对配电装置正确动作，尽快切除故障回路起着极为重要的作用。因此，UPS 电源本身的可靠性及运行维护的合理性非常重要。为了进一步增加 UPS 电源的可靠性，可使用两套 UPS 电源装置。两套 UPS 装置可并联也可串联使用。当两套 UPS 装置并联时，需采取并联闭锁措施。

7.9.2 10（20）kV 系统 UPS 电源系统

10（20）kV 变电站可配置一套交流不停电电源（UPS）系统。UPS 电源也可采用直流逆变方案。具体技术要求如下：

（1）UPS 电源负荷包括微机监控系统、电能量计费系统、继电保护设备以及其他不允许断电的自动和保护装置等。

（2）UPS 应为静态整流逆变装置。UPS 宜为单相输出，输出的配电屏（柜）馈线应采用辐射式供电方式。

（3）UPS 正常运行时由站用电源供电，当输入电源故障消失或整流器故障时，由 UPS 自带的蓄电池组通过逆变继续为故障供电。

（4）UPS 的正常交流输入端、直流输入端及 UPS 输出端应装设自动开关进行保护。

（5）UPS 应提供标准通信接口，并将各系统运行状态、主要数据等信息实现远传。

7.9.3 常用断路器脱扣器的技术数据

常用断路器脱扣器的技术数据见表 7.9-1 和表 7.9-2。

表 7.9-1 CS1（VS1）户内高压真空断路器脱扣器的技术参数表

序号	项目	单位	技术参数
1	额定电压	kV	12
2	额定电流	A	630，1000，1250，1600，2000，2500，3150，4000
3	额定操作电压	V	AC220、AC110、DC220、DC110
4	触头合闸弹跳时间	ms	≤2
5	三相触头分、合闸同期性	ms	≤2
6	分闸时间	ms	20～50
7	合闸时间	ms	35～70
8	储能时间	s	≤15
9	主回路电阻	$\mu\Omega$	≤50（630A）≤45（1250A～1600A） ≤35（2000A）≤25（2500A以上）

控制回路的技术参数表（交直流两用）

性能	合闸线圈		分闸线圈		储能电动机		闭锁线圈	
	220V	110V	220V	110V	220V	110V	220V	110V
电流	1.11/1.47A	2.75A	1.11/1.47A	2.75A			20mA	25mA
消耗功率（W）	244/323	303	244/323	303	70/100		4.4	2.7
正常工作电压范围	$(0.85\sim1.1)U_n$		$(0.65\sim1.2)U_n$		$(0.85\sim1.1)U_n$		$(0.65\sim1.2)U_n$	

表 7.9-2 VD4 高压真空断路器脱扣器的技术参数表

序号	项目	单位	技术参数
1	额定电压	kV	12
2	额定电流	A	630，1250，1600，2000，2500，3150，4000
3	额定操作电压	V	220V，110V
4	触头合闸弹跳时间	ms	0.6
5	三相触头分、合闸同期性	ms	C：0.2　O：0.1
6	分闸时间	ms	40～60
7	合闸时间	ms	50～80
8	主回路电阻	$\mu\Omega$	≤45

控制回路的技术参数表

性能	合闸线圈		分闸线圈		储能电动机		闭锁线圈	
	220V	110V	220V	110V	220V	110V	220V	110V
电压	220V	110V	220V	110V	220V	110V	220V	110V
电流	1.52A	2.659A	1.36A	2.065A	0.75A	1.5A	20mA	40mA
正常工作电压范围	$(0.85\sim1.1)U_n$		$(0.65\sim1.2)U_n$		$(0.85\sim1.1)U_n$		$(0.85\sim1.1)U_n$	

7.9.4 自电源保护系统

10kV 电力系统中通常采用断路器保护，针对断路器柜研发设计了一种自供电源式的保护系统，它具有过流及接地故障保护功能，即无源保护装置。

自电源保护 VIP 继电器适用于配电系统中，它可提供对中压/低压变压器的保护，工业

7

变电站的进线和出线保护。VIP 提供相间故障和接地故障的保护，如图 7.9-3 所示。

自电源保护 VIP 保护单元内置微处理器。它是一种不需要外部电源或电池的自能式保护装置。它可以从电流互感器获取电流信号以及电源。并且发出脉冲信号来驱动 MITOP 低功耗跳闸线圈进行保护跳闸。如图 7.9-4 所示。

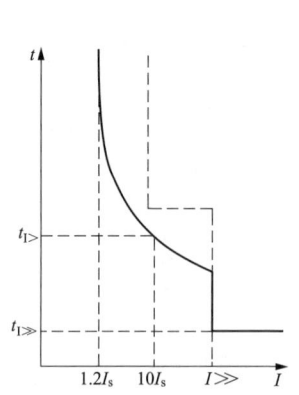

图 7.9-3　相间或接地故障电流曲线

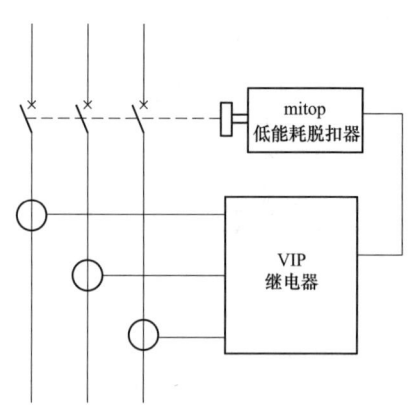

图 7.9-4　接线图

自电源保护 VIP 包含 3 块电子电路板：中控单元电路板，包含微处理器依据开关输出；电源电路板，通过中间变压器以及储能单元为中控单元提供电源；辅助电路板，集成中间电流互感器以及整流回路。

图 7.9-5 为 VIP 继电器工作原理示意图。

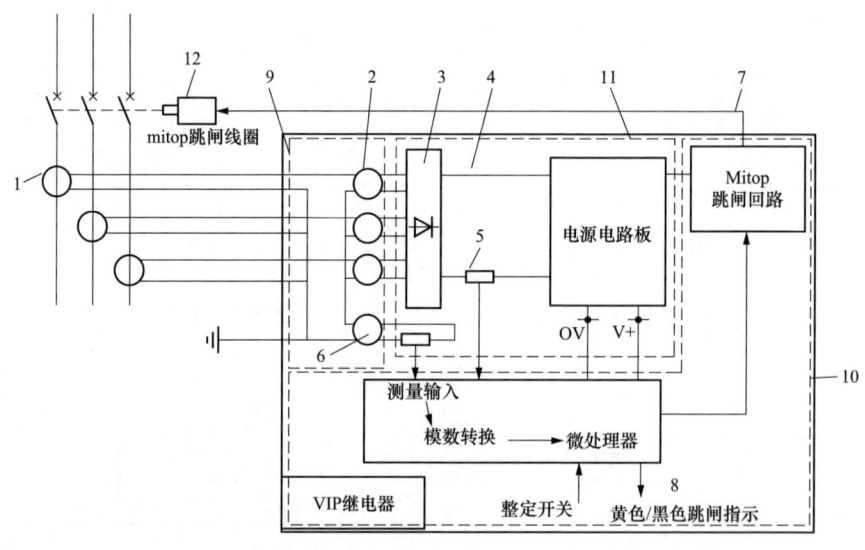

图 7.9-5　VIP300 继电器工作原理示意图

1—外部电源互感器；2—内部电流互感器；3—整流器；4—直流输出电流；
5—电阻器；6—检测剩余电流的互感器；7—跳闸输出电流；8—微处理器；
9—辅助电路板；10—中控单元电路板；11—电源电路板；12—低能耗脱扣器

相间保护有两段独立的调整点：①可选择定时限或反时限的低整定值。反时限曲线符合 IEC 60255-151 标准。反时限曲线包括反时限（A、B 型），非常反时限（C、D 型）和极反时限（E、F 型）等类型。低整定值也可使用特性时限 RI 曲线。②高整定值为定时限。

接地保护：接地保护故障取决于剩余电流值，即电流互感器二次侧电流的相量和；与相间保护一样，接地保护有两个相互独立的调整点。

低能耗脱扣器结构如图 7.9-6 所示。

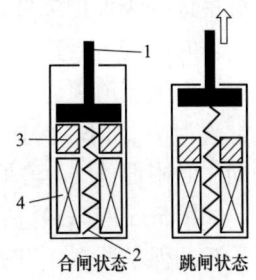

图 7.9-6　低能耗脱扣器
结构示意图
1—柱塞状铁芯；2—弹簧；
3—永久磁铁；4—线圈

7.10　继电保护装置的动作配合

7.10.1　保护装置的动作电流与动作时间的配合

上下级保护装置的动作应相互配合，以保证保护装置具有选择性。其动作配合有以下两种情况：

1）按动作电流配合。在所选定的故障形式下，上下级保护装置的动作电流之比不应小于 1.1。

装设在不同电压级上的保护装置进行配合时，配合电流应归算到同一电压等级。通常采用保护装置较多的那一级作为基准电压级。

2）按动作时限配合。上下级保护装置的动作时间应有一差值（时限阶段）Δt。定时限保护之间的 Δt 一般为 0.5s，反时限保护之间、定时限保护与反时限保护之间的 Δt 一般为 0.5～0.7s，分别如图 7.10-1（a）、（b）、（c）所示。

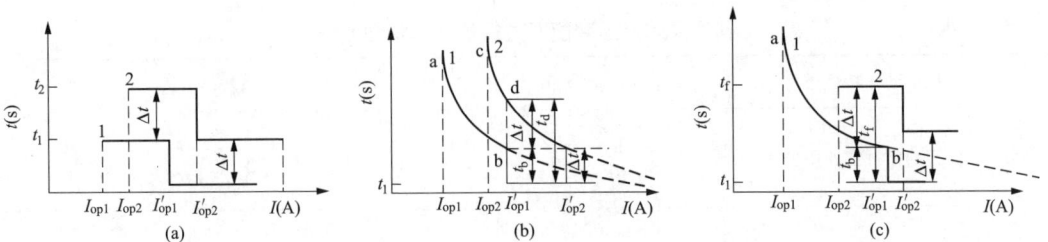

图 7.10-1　保护装置的动作配合
（a）定时限过电流保护装置动作时限的配合；（b）反时限过电流保护装置动作时限配合
（c）定时限过电流保护装置与反时限过电流保护装置动作时限的配合

当上下级保护装置的动作时限阶段不能满足选择性要求时，可采用自动重合闸或备用电源自动投入装置来补救。

如图 7.10-1（a）所示，变配电网络采用定时限过电流保护。在选择保护装置动作时限时，应从离电源最远一级保护装置，即配电站的保护装置 1 开始，其动作时限为 t_1，变电站保护装置 2 的过电流保护动作时限 $t_2 = t_1 + \Delta t$。

如图 7.10-1（b）所示，采用反时限过电流保护。在选择保护装置动作时限时，应从离电源最远一级保护装置，即配电站的保护装置 1 开始，保护装置 1 的一次动作电流为 I_{op1}，其动作时限为 t_1，这样保护装置 1 的动作时限曲线 1 即可确定。再根据电流速断保护装置的一次动作电流值 I'_{op1} 及动作时限曲线 1，确定该电流下的动作时限 t_b。接着整定保护装置 2，在电流为 I'_{op1} 时，保护装置 2 的动作时限 $t_d = t_b + \Delta t$，即其动作时限曲线 2 应通过 d 点。这样动作时限曲线 2，可根据在 d 点的动作电流值及动作时限 t_d 条件来确定。

如图 7.10-1 (c) 所示，同时采用定时限及反时限保护装置。保护装置时限整定从离电源最远的保护装置 1 开始，保护装置 1 的一次动作电流为 I_{op1}，其动作时限为 t_1，这样保护装置 1 的动作时限曲线 1 即可确定。再根据电流速断保护装置的一次动作电流值 I'_{op1} 及动作时限曲线 1，确定该电流下的动作时限 t_b。接着整定保护装置 2，保护装置 2 的一次动作电流为 I_{op2}，动作时限 $t_f = t_b + \Delta t$，这样保护装置 2 的动作时限曲线 2 就可确定。

7.10.2 低压智能开关保护整定

7.10.2.1 国外品牌智能开关保护整定

（1）过负荷长延时保护。动作时间通用公式为如下

$$t_{op} = \frac{6^b - 1}{\left(\dfrac{I}{I_r}\right)^b - 1} t_r = \frac{T_r}{\left(\dfrac{I}{I_r}\right)^b - 1} \tag{7.10-1}$$

式中　t_{op}——长延时保护动作时间，s；

$\quad\quad\ I$——最大相电流，A；

$\quad\quad\ I_r$——长延时保护一次动作电流整定值，A；

$\quad\quad\ t_r$——长延时保护动作时间整定值，s；

$\quad\quad\ T_r$——长延时保护动作时间常数，s；

$\quad\quad\ b$——长延时保护类型常数；不同的 b，构成不同类型的动作特性曲线，见表 7.10-1 和表 7.10-2。

表 7.10-1　　　　　　　　国外品牌低压智能开关保护动作特性方程

保护动作特性类型	b 值	动作特性方程
保护动作特性通用公式	b	$t_{op} = \dfrac{6^b - 1}{\left(\frac{I}{I_r}\right)^b - 1} t_r$
HVF 型高压熔断器 FC 配合反时限动作特性	4	$t_{op} = \dfrac{1296}{\left(\frac{I}{I_r}\right)^4 - 1} t_r$
EIT 型极端反时限动作时间特性	2	$t_{op} = \dfrac{35}{\left(\frac{I}{I_r}\right)^2 - 1} t_r$
VIT 型非常反时限动作时间特性	1	$t_{op} = \dfrac{5}{\left(\frac{I}{I_r}\right) - 1} t_r$
SIT 型标准反时限动作时间特性	0.5	$t_{op} = \dfrac{1.449}{\left(\frac{I}{I_r}\right)^{0.5} - 1} t_r$
DT 型定时限动作时间特性		$t_{op} = t_r$

表 7.10-2　　　　　　　　　国外品牌智能开关保护动作时间特性表

动作电流整定值 $I_r = I_r^* \times I_n$	整定值刻度 I_r^*	0.4	0.5	0.6	0.7	0.8	0.9	0.95	0.98	1
动作时间整定值	整定值刻度 $t_r(s)$	0.5	1	2	4	8	12	16	20	24
DT 型动作时间（s）	$1.5I_r$ 动作时间	0.5	1	2	4	8	12	16	20	24
	$6I_r$ 动作时间	0.53	1	2	4	8	12	16	20	24
	$7.2I_r$ 动作时间	0.53	1	2	4	8	12	16	20	24
SIT 型标准反时限（s） $t_{op} = \dfrac{1.449}{\left(\dfrac{I}{I_r}\right)^{0.5} - 1} t_r$	$1.5I_r$ 动作时间	3.2	6.4	12.9	25.8	51.6	77.4	103	129	155
	$6I_r$ 动作时间	0.5	1	2	4	8	12	16	20	24
	$7.2I_r$ 动作时间	0.5	0.88	1.77	3.54	7.08	10.6	14.2	17.7	21.2
	$10I_r$ 动作时间	0.5	0.8	1.43	2.86	5.73	8.59	11.46	14.3	17.2
VIT 型非常反时限（s） $t_{op} = \dfrac{5}{\left(\dfrac{I}{I_r}\right) - 1} t_r$	$1.5I_r$ 动作时间	5	10	20	40	80	120	160	200	240
	$6I_r$ 动作时间	0.5	1	2	4	8	12	16	20	24
	$7.2I_r$ 动作时间	0.7**	0.81	1.63	3.26	6.52	9.8	13.1	16.3	19.6
	$10I_r$ 动作时间	0.7***	0.75	1.14	2.28	4.57	6.86	9.13	11.4	13.7
EIT 型极端反时限（s） $t_{op} = \dfrac{35}{\left(\dfrac{I}{I_r}\right)^2 - 1} t_r$	$1.5I_r$ 动作时间	14	28	56	112	224	336	448	560	672
	$6I_r$ 动作时间	0.5	1	2	4	8	12	16	20	24
	$7.2I_r$ 动作时间	0.7**	0.69	1.38	2.7	5.5	8.3	11	13.8	16.6
	$10I_r$ 动作时间	0.7***	0.7**	0.7**	1.41	2.82	4.24	5.45	7.06	8.48
HVF 型与 FC 配合（s） $t_{op} = \dfrac{1296}{\left(\dfrac{I}{I_r}\right)^4 - 1} t_r$	$1.5I_r$ 动作时间	159	319	637	1300	2600	3800	5100	6400	7700
	$6I_r$ 动作时间	0.5	1	2	4	8	12	16	20	24
	$7.2I_r$ 动作时间	0.7***	0.7**	1.1**	1.1	3.85	5.78	7.71	9.64	11.6
	$10I_r$ 动作时间	0.7***	0.7***	0.7**	0.7**	1.02	1.53	2.04	2.56	3.07

注　I_n 为国外品牌智能开关保护一次额定电流。

* 标幺值。

** 误差为 $0\% \sim -40\%$。

*** 误差为 $0\% \sim -60\%$。

大型发电机组 0.4kV 低压厂用系统，国外品牌智能开关保护长延时保护一般采用的是 EIT 型极端反时限动作时限特性，其动作判据为：

当 $I \leqslant 1.05I_r$ 时，保护动作时间 $t_{r,op} \to \infty$，保护不动作；

当 $I > 1.05I_r$ 时，保护动作时间 $t_{r,op} = \dfrac{T_{set}}{(I/I_r)^2 - 1} = \dfrac{35}{(I/I_r)^2 - 1} t_{r,set}$ 　　　(7.10-2)

式中　$t_{r,op}$ ——长延时保护动作时间，s；

I ——最大相电流，A；

I_r ——长延时保护一次动作电流整定值，A；

$t_{r,set}$ ——$6I_r$ 动作时间整定值，s；

T_{set} ——长延时保护动作时间常数整定值 $T_{set} = 35t_{r,set}$，s。

（2）短延时保护动作判据。

1）反时限动作特性：

当 $I_{sd} \leqslant I \leqslant 10I_r$ 时，$t \geqslant t_{sd,op} = \dfrac{(10I_r)^2 t_{sd,set}}{I^2} = \dfrac{100t_{sd,set}}{I^{*2}} = \dfrac{T_{2,set}}{I^{*2}}$ (7.10-3)

保护按反时限特性动作；

当 $I_{sd} > 10I_r$ 时， $t \geqslant t_{sd,op} = t_{sd,set}$ (7.10-4)

保护按定时限特性动作。

2) 定时限动作特性：

当 $I > I_{sd}$ 时，$t \geqslant t_{sd,op} = t_{sd,set}$ (7.10-5)

保护动作。

以上式中 I——最大相电流，A；

I^*——以 I_r 为基准最大电流相对值；

I_{sd}——短延时保护时一次动作电流整定值，A；

$T_{2,set}$——短延时保护动作时间常数整定值 $T_{2,set} = 100t_{sd,set}$，s；

$t_{sd,op}$——短延时保护动作时间，s；

$t_{sd,set}$——短延时保护 $10I_r$ 动作时间整定值，s。

短延时保护投入反时限动作特性 $I^2 t\text{-}on$，最大相电流 $I < 10I_r$，动作时间按反时限特性动作；短延时保护投入定时限动作特性 $I^2 t\text{-}off$，动作时间按恒定整定时间 $t_{sd,set}$ 动作。如取 $t_{sd,set} = 0.4s$，$T_{2,set} = 100 \times 0.4 = 40(s)$，$I_{sd} = 4I_r$，当 $I = 5I_r$，动作时间 $t_{op,5} = 40/5^2 = 1.6s$；短延时保护反时限动作特性时间见表 7.10-3。

表 7.10-3　　　　　　　　　短延时保护反时限动作特性时间表

I/I_r		5	6	7	8	9	10
$t_{sd,op}$ (s)	$t_{sd,set}=0.4s$	1.6	1.1	0.81	0.62	0.5	0.4
	$t_{sd,set}=0.3s$	1.2	0.82	0.606	0.46	0.375	0.3
	$t_{sd,set}=0.2s$	0.8	0.55	0.405	0.31	0.25	0.2
	$t_{sd,set}=0.1s$	0.4	0.275	0.203	0.155	0.125	0.1

(3) 瞬时电流速断保护动作判据：

$$I \geqslant I_i$$ (7.10-6)

式中 I——最大相电流，A；

I_i——瞬时电流速断保护一次动作电流整定值，A。

保护无延时动作。

(4) 单相接地短路保护动作判据：

反时限动作特性，当 $I_g = 3I_0 \geqslant I_{g,set}$ 时，

$$t \geqslant t_{g,op} = \dfrac{(10I_r)^2 t_{g,set}}{I_g^2} = \dfrac{100t_{g,set}}{I_g^{*2}} = \dfrac{T_{g,set}}{I_g^{*2}}$$ (7.10-7)

保护按反时限特性动作；

当 $I_g = 3I_0 \geqslant 10I_r$ 时，$t \geqslant t_{g,op} = t_{g,set}$ (7.10-8)

保护按定时限动作。

定时限动作特性，当 $I_g = 3I_0 \geqslant I_{g,set}$ 时，$t \geqslant t_{g,op} = t_{g,set}$ (7.10-9)

保护按定时限动作。

以上式中 $I_g = 3I_0$ ——单相接地电流，A；

I_g^* ——单相接地电流以 I_r 为基准的相对值，$I_g^* = I_g/I_r$；

$I_{g,set}$ ——单相接地保护动作电流整定值，A；

$T_{g,set}$ ——单相接地保护动作时间常数整定值，$T_{g,set} = 100t_{g,set}$，s；

$t_{g,op}$ ——单相接地保护动作时间，s；

$t_{g,set}$ ——单相接地电流 $I_g = 3I_0 = 10I_r$ 的动作时间整定值，s。

单相接地保护投入反时限动作特性 $I^2 t$-on，最大相电流 $I_g < 10I_r$，动作时间按反时限特性动作，如取 $t_{g,set} = 0.4s$，$T_{g,set} = 100 \times 0.4 = 40(s)$，$I_{g,set} = 0.5I_r$；当 $I_g = 5I_r$ 动作时间 $t_{g,op,5} = 40/5^2 = 1.6s$；单相接地保护投入定时限动作特性 $I^2 t$-off，动作时间按恒定整定时间 $t_{g,set}$ 动作。单相接地保护反时限动作特性时间与表 7.10-3 相同。

保护配置 2.0：基本保护（长延时保护＋瞬时保护）和电流表。

保护配置 5.0：选择性保护（长延时保护＋短延时保护＋瞬时保护）和电流表。

保护配置 6.0：选择性保护＋接地保护和电流表。

保护配置 7.0：选择性保护＋剩余电流保护和电流表。

7.10.2.2 国产智能开关保护整定

目前国产智能保护开关主要类型有：

a）用于 0.4kV 动力中心 PC 段 CW1、CW2、CW3 系列万能式断路器智能保护和 CM1E 系列塑壳断路器电子式智能保护及 CM1Z、CM2Z 系列塑壳断路器智能保护；

b）用于 0.4kV 电动机控制中心 MCC 段的 CM1E 系列塑壳断路器电子式智能保护、CM1Z、CM2Z 系列塑壳断路器智能保护。

（1）过负荷长延时保护动作判据。

1）CW1、CW2、CW3 型断路器常用的长延时保护反时限动作方程：

当 $I_{max} \leqslant 1.15I_r$ 时，保护动作时间 $t_{op} \to \infty$，保护不动作；

当 $I_{max} > 1.15I_r$ 时，保护动作时间

$$t_{op} = \frac{T_{r,set}}{(I_{max}^*)^2} = \frac{T_{r,set}}{K^2} = \frac{(1.5I_r)^2 t_{r,set}}{(KI_r)^2} = \frac{2.25t_{r,set}}{K^2} \qquad (7.10-10)$$

式中 I_{max} ——最大相电流，A；

I_{max}^* ——以 I_r 为基准最大相电流相对值；

I_r ——长延时保护一次动作电流整定值，A；

$T_{r,set}$ ——长延时保护整定时间常数，s；

$t_{r,set}$ ——1.5I_r 动作时间整定值，s；

K ——以 I_r 为基准最大相电流倍数。

CW1、CW2、CW3 型断路器长延时保护整定时间常数 $T_{r,set} = 1.5^2 t_{r,set} = 2.25t_{r,set}$。

2）CW2（P25、P26）型智能保护非常反时限动作方程。CW2（P25、P26）型智能保护除具有 1）中的动作判据外，另外还有为其他使用要求的特殊动作判据，如非常反时限动作方程：

当 $I \leqslant 1.15I_r$ 时，保护动作时间 $t_{op} \to \infty$，保护不动作；

当 $I > 1.15I_r$ 时，保护动作时间

$$t_{op} = \frac{T_{r,set}}{I_{max}^* - 1} = \frac{T_{r,set}}{K - 1} = \frac{0.5t_{r,set}}{(I_{max}/I_r) - 1} \qquad (7.10-11)$$

式中 $t_{r,set}$ —— $1.5I_r$ 动作时间整定值，s。

其他符号含义同前。

3）CW2（P25、P26）型智能保护和高压熔断器配合的反时限动作方程为：

当 $I_{max} \leqslant 1.15I_r$ 时，保护动作时间 $t_{op} \to \infty$，保护不动作；

当 $I_{max} > 1.15I_r$ 时，保护动作时间

$$t_{op} = \frac{T_{r,set}}{(I_{max}^*)^4 - 1} = \frac{T_{r,set}}{K^4 - 1} = \frac{4.062\,5t_{r,set}}{(I_{max}/I_r)^4 - 1} \tag{7.10-12}$$

式中 $t_{r,set}$ —— $1.5I_r$ 动作时间整定值，s。

其他符号含义同前。

4）CM1E、CM1Z、CM2Z 型断路器长延时保护反时限动作方程：

当 $I_{max} \leqslant 1.15I_r$ 时，保护动作时间 $t_{op} \to \infty$，保护不动作；

当 $I_{max} > 1.15I_r$ 时，保护动作时间

$$t_{op} = \frac{T_{r,set}}{(I_{max}^*)^2} = \frac{T_{r,set}}{K^2} = \frac{(2I_r)^2 t_{r,set}}{(KI_r)^2} = \frac{4t_{r,set}}{K^2} \tag{7.10-13}$$

式中 $t_{r,set}$ —— $2I_r$ 动作时间整定值，s。

其他符号含义同前。

CM1E、CM1Z、CM2Z 型断路器长延时保护整定时间常数 $T_{r,set} = (2I_r)^2 t_{r,set} = 4t_{r,set}$。

注 $t_{r,set}$ 不同类型智能保护有不同的定义，常用 $1.5I_r$、$2I_r$、$3I_r$、$6I_r$ …或其他不同的 KI_r 的动作时间整定值 t_{opK}。

（2）短延时保护动作判据。

1）CW1、CW2、CW3 型短延时保护动作判据。

a）反时限动作特性 I^2t-on，当 $I_{sd} \leqslant I_{max} \leqslant 8I_r$

动作时间 $t \geqslant t_{op} = \dfrac{T_{sd,set}}{(I_{max}/I_r)^2} = \dfrac{(8I_r)^2 t_{sd,set}}{(KI_r)^2} = \dfrac{8^2 t_{sd,set}}{(I_{max}/I_r)^2} = \dfrac{64t_{sd,set}}{(I_{max}^*)^2}$ (7.10-14)

式中 I_{max} ——最大相电流，A；

     I_{max}^* ——以 I_r 为基准最大相电流相对值；

      I_r ——短延时保护一次动作电流整定值，A；

    $T_{sd,set}$ ——短延时保护动作时间常数整定值 $T_{sd,set} = 64t_{sd,set}$，s；

    $t_{sd,set}$ ——短延时保护动作时间整定值，为 $8I_r$ 的动作时间，s；

      K ——以 I_r 为基准最大相电流倍数。

当 $I_{max} \geqslant 8I_r$，$t \geqslant t_{op} = t_{sd,set}$ 保护以定时限动作。

b）定时限动作特性 I^2t-off，当 $I_{max} \geqslant I_{sd}$

$$t \geqslant t_{op} = t_{sd,set} \tag{7.10-15}$$

保护以定时限动作特性。

式中 I_{max} ——最大相电流，A；

    $t_{sd,set}$ ——短延时保护动作时间整定值，为 $8I_r$ 的动作时间，s；

      K ——以 I_r 为基准最大相电流倍数。

其他符号含义同前。

2）CM1E、CM1Z、CM2Z 型短延时保护反时限动作方程为：

当 $I_{sd} \leqslant I \leqslant 1.5I_{sd}$ 时，保护以反时限特性动作，

动作时间 $$t \geqslant t_{op} = \frac{T_{sd,set}}{(I_{max}^*)^2} = \frac{1.5^2 t_{sd,set}}{K^2} = \frac{2.25 t_{sd,set}}{K^2} \tag{7.10-16}$$

当 $I_i > I \geqslant 1.5I_{sd}$ 时，保护以定时限动作 $t \geqslant t_{op} = t_{sd,set}$

式中　K——以 I_{sd} 为基准最大相电流倍数；

　　$t_{sd,set}$——短延时保护动作时间整定值，为 $1.5I_{sd}$ 的动作时间，s；

　　$T_{sd,set}$——短延时保护整定时间常数整定值 $T_{sd,set} = 2.25 t_{sd,set}$，s；

　　I_i——瞬时电流速断保护一次动作电流整定值，A。

其他符号含义同前。

（3）瞬时电流速断保护动作判据。

$I \geqslant I_i$ 保护无延时瞬时动作。

（4）单相接地短路保护动作判据。

当 $$I_g = 3I_0 \geqslant I_{g,set}, \quad t \geqslant t_{op} = t_{g,set} \tag{7.10-17}$$

保护动作，单相接地保护可整定动作时间 $t_{g,set} = (0.1 \sim 0.2 \sim 0.3 \sim 0.4)s$

式中　$I_g = 3I_0$——单相接地电流，A；

　　$I_{g,set}$——单相接地保护动作电流整定值，A；

　　$t_{g,set}$——单相接地保护动作时间整定值，s。

（5）过负荷预警动作判据。

定时限过负荷预报警：

$$I_{max} \geqslant I_{ol}, \quad t \geqslant t_{op} = \frac{1}{2} t_{r,set} \tag{7.10-18}$$

预报警动作；

反时限过负荷预报警：

$$I_{max} \geqslant I_{ol}$$

$$t \geqslant t_{op} = \frac{(1.5I_{ol})^2 \times \frac{1}{2} t_{r,set}}{I^2} = \frac{2.25 \times \frac{1}{2} t_{r,set}}{(I/I_{ol})^2} = \frac{1.125 t_{r,set}}{(I/I_{ol})^2} \tag{7.10-19}$$

预报警动作。

式中　I_{ol}——过负荷预报警动作电流整定值，A；

　　其他符号含义同前。

（6）三相电流不平衡或断相保护动作判据。

$$\Delta I = \frac{I_{max} - I_{min}}{I_{max}}\% \geqslant \Delta I_{set}$$

$$t \geqslant t_{set} \tag{7.10-20}$$

式中　I_{max}——最大相电流，A；

　　I_{min}——最小相电流，A；

　　ΔI——三相电流不平衡度，%；

　　ΔI_{set}——三相电流不平衡度整定值，%。

保护动作报警或跳闸。

7.10.3　微机保护反时限过电流整定

对于微机保护，反时限过电流保护的电流—时间曲线如图 7.10-2 所示，其中的 IEC 标准反时限曲线为常用曲线。

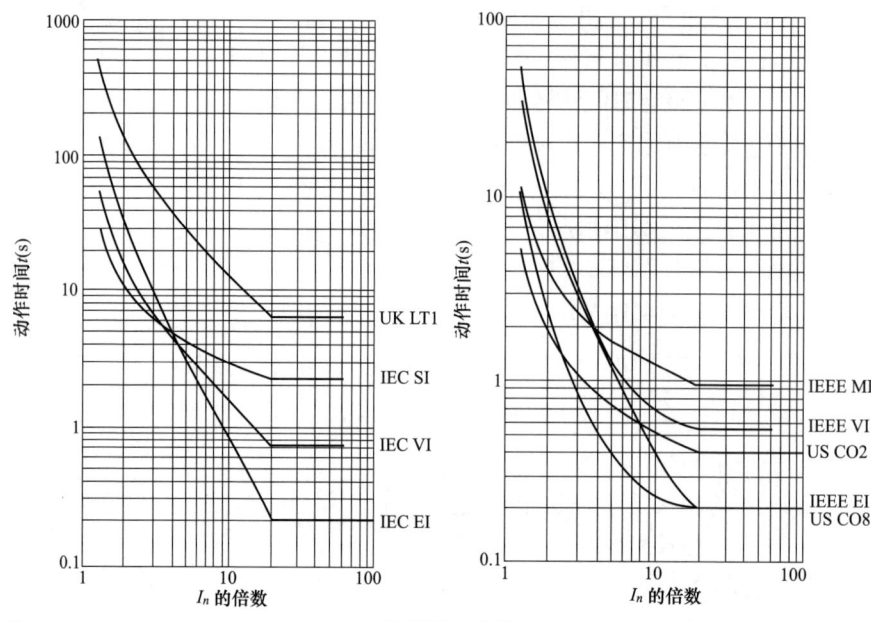

IEC/UK 曲线　　　　　　　　　　　　IEEE/US 曲线
时间常数 $TMS=1$　　　　　　　　　　时间常数 $TD=7$

IEC S1 标准反时限　$t = TMS \times \left[\dfrac{0.14}{\left(\dfrac{I}{I_n} \right)^{0.02} - 1} \right]$　IEEE　M1 标准反时限　$t = \dfrac{TD}{7} \times \left[\dfrac{0.0515}{\left(\dfrac{I}{I_n} \right)^{0.02} - 1} + 0.114 \right]$

IEC V1 非常反时限　$t = TMS \times \left[\dfrac{13.5}{\left(\dfrac{I}{I_n} \right) - 1} \right]$　IEEE　V1 非常反时限　$t = \dfrac{TD}{7} \times \left[\dfrac{19.61}{\left(\dfrac{I}{I_n} \right)^2 - 1} + 0.491 \right]$

IEC E1 极端反时限　$t = TMS \times \left[\dfrac{80}{\left(\dfrac{I}{I_n} \right)^2 - 1} \right]$　IEEE　E1 极端反时限　$t = \dfrac{TD}{7} \times \left[\dfrac{28.2}{\left(\dfrac{I}{I_n} \right)^2 - 1} + 0.1217 \right]$

UK　LT1 长时反时限 $t = TMS \times \left[\dfrac{120}{\left(\dfrac{I}{I_n} \right) - 1} \right]$　US　CO8 反时限　$t = \dfrac{TD}{7} \times \left[\dfrac{5.95}{\left(\dfrac{I}{I_n} \right)^2 - 1} + 0.18 \right]$

US　CO2 短时反时限　$t = \dfrac{TD}{7} \times \left[\dfrac{0.02394}{\left(\dfrac{I}{I_n} \right)^{0.02} - 1} + 0.01694 \right]$

图 7.10-2　反时限电流-时间曲线

I_n—电流基准值；I—通过保护的电流

7.10.4 示例

【例 7.10-1】 保护装置选择性配合

已知条件：图 7.10-3 中 Sepam 40 微机综合保护继电器作为主变压器的主保护，其反时限部分作为低压侧主断路器 MT12H1 短延时过电流脱扣器的后备保护。

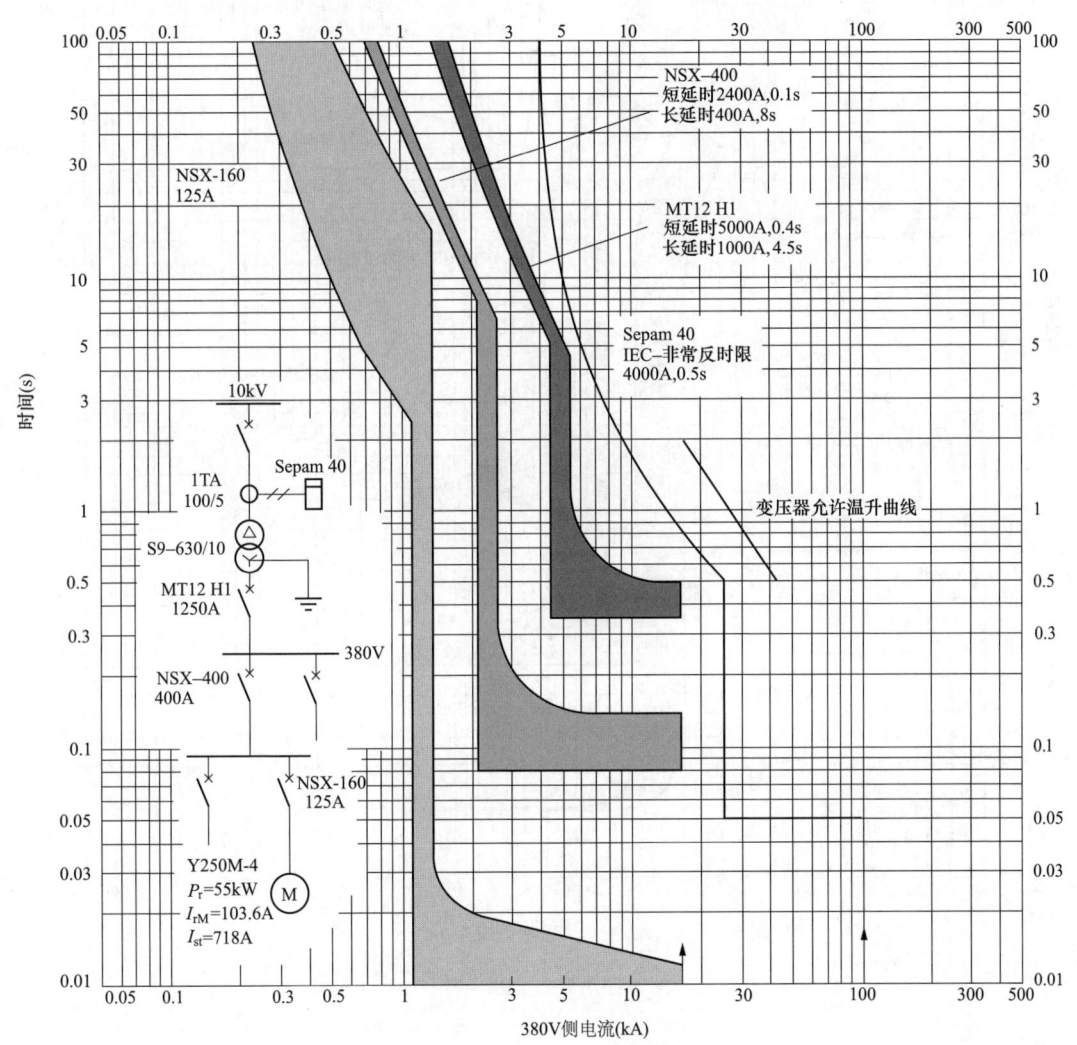

图 7.10-3 高低压保护装置选择性配合例一

图 7.10-4 中 RCS-9621A 微机综合保护继电器作为主变压器的主保护，其反时限部分作为低压侧主断路器 CW3 短延时过电流脱扣器的后备保护。

图 7.10-5 中高压熔断器 XRNT-12/63 作为变压器主保护，并作为低压侧主断路器 CW3 过电流脱扣器的后备保护。高压熔断器熔体电流，一般按变压器额定电流的 1.5～2 倍选择。

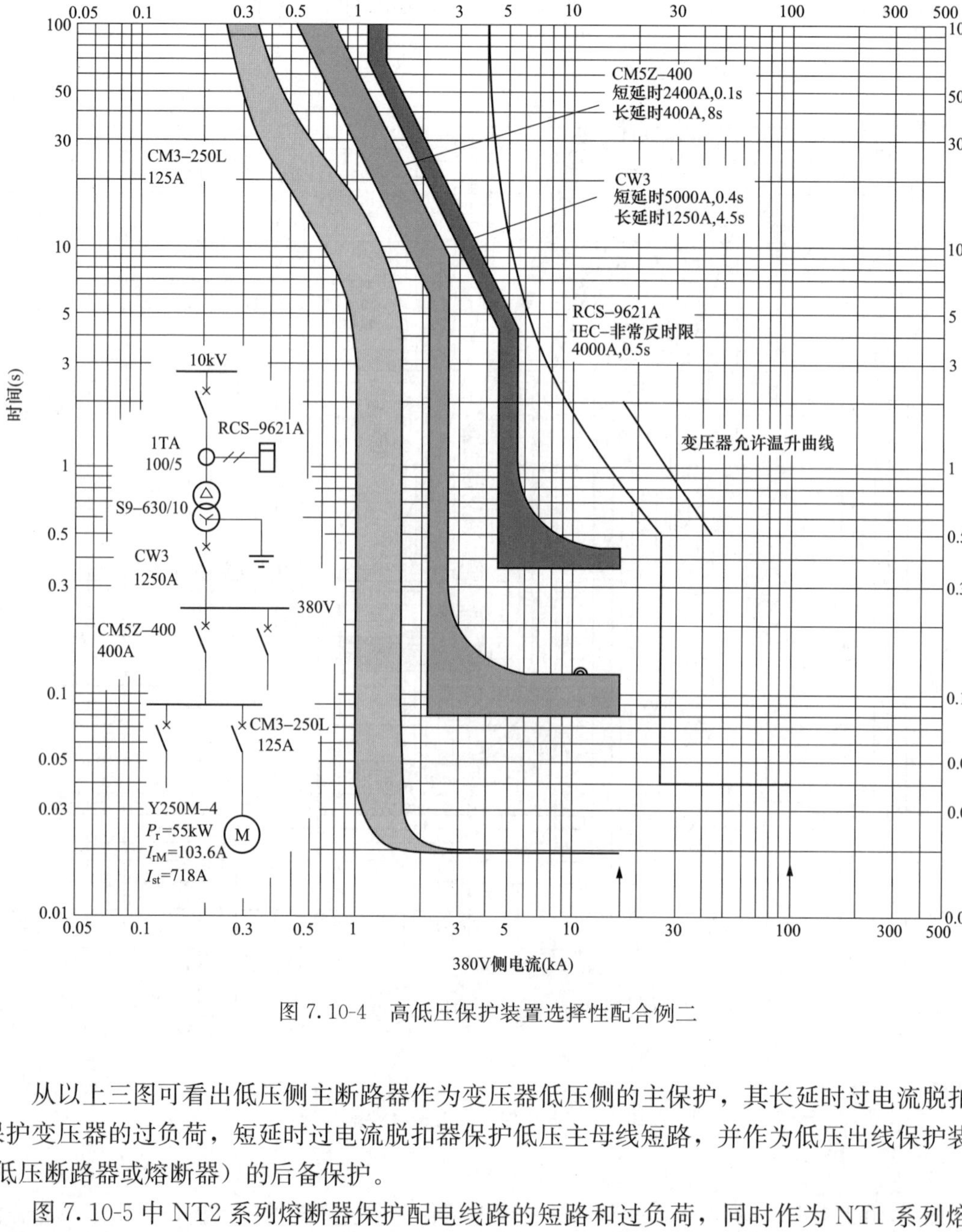

图 7.10-4 高低压保护装置选择性配合例二

从以上三图可看出低压侧主断路器作为变压器低压侧的主保护,其长延时过电流脱扣器保护变压器的过负荷,短延时过电流脱扣器保护低压主母线短路,并作为低压出线保护装置(低压断路器或熔断器)的后备保护。

图 7.10-5 中 NT2 系列熔断器保护配电线路的短路和过负荷,同时作为 NT1 系列熔断器的后备保护,同时低压侧主断路器和高压熔断器的保护特性曲线之间个别地方配合无选择性,但这是允许的。

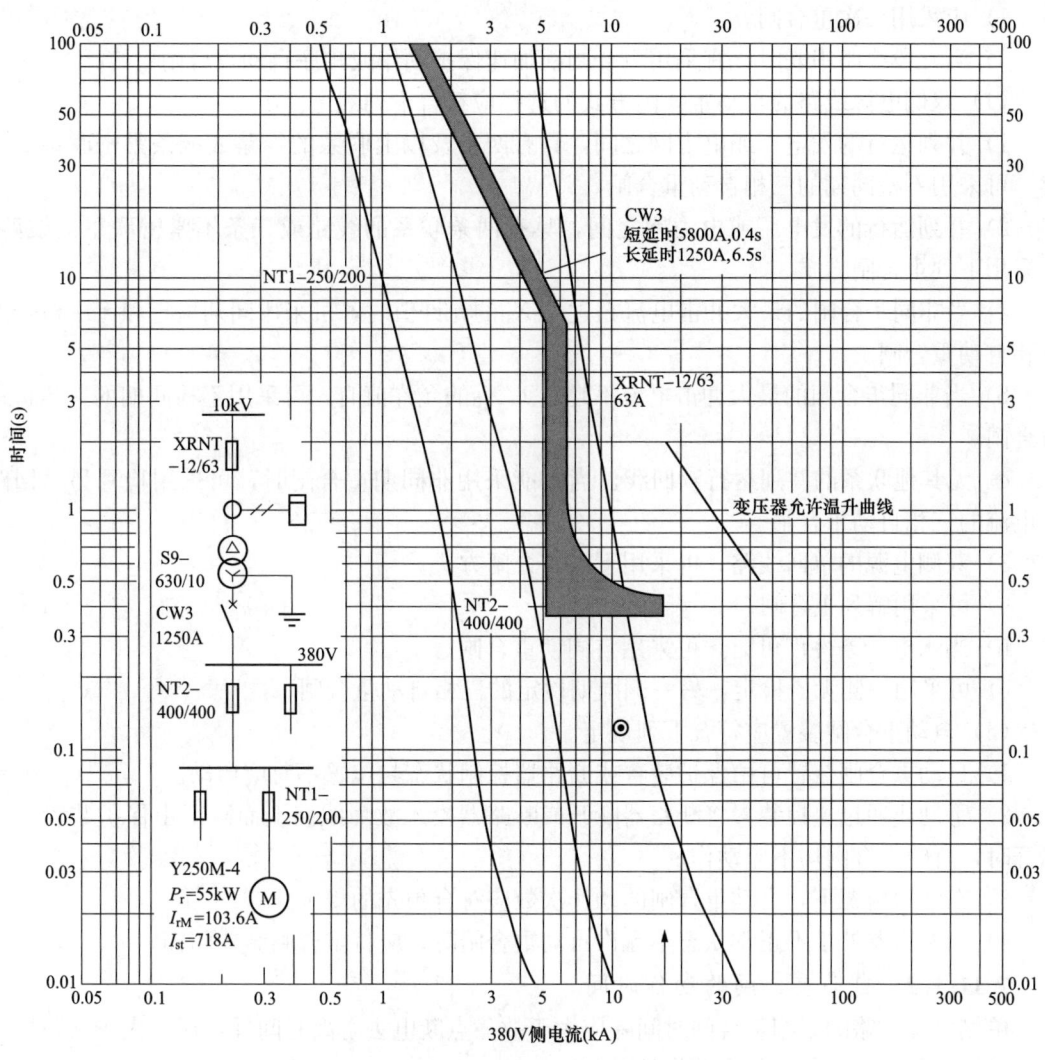

图 7.10-5　高低压保护装置选择性配合例三

7.11　自动重合闸装置及备用电源自动投入装置

7.11.1　自动重合闸装置和自动低频低压减负荷装置

7.11.1.1　自动重合闸规范要求

（1）在 3～110kV 电网中，下列情况应装设自动重合闸装置。

1）3kV 及以上的架空线和电缆与架空线的混合线路，当用电设备允许且无备用电源自动投入时。

2）旁路断路器和兼作旁路的分段断路器。

（2）35MVA 及以下容量且低压侧无电源接于供电线路的变压器，可装设自动重合闸装置。

（3）单侧电源线路的自动重合闸方式的选择应符合下列规定。

1) 应采用一次重合闸。

2) 当几段线路串联时，宜采用重合闸前加速保护动作或顺序自动重合闸。

(4) 双侧电源线路的自动重合闸方式的选择应符合下列规定。

1) 并列运行的发电厂或电力网之间，具有四条及以上联系的线路或三条紧密联系的线路，可采用不检同期的三相自动重合闸。

2) 并列运行的发电厂或电力网之间，具有两条联系的线路或三条不紧密联系的线路，可采用下列重合闸方式。

a) 当非同步合闸的最大冲击电流超过 $1/X_B$ 的允许值时，可采用同期检定和无压检定的三相自动重合闸。

b) 当非同步合闸的最大冲击电流不超过 $1/X_B$ 的允许值时，可采用不检同期的三相自动重合闸。

c) 无其他联系的并列运行双回线，当不能采用非同期重合闸时，可采用检查另一回路有电流的三相自动重合闸。

3) 双侧电源的单回线路，可采用下列重合闸方式。

a) 可采用解列重合闸；

b) 当水电厂条件许可时，可采用自同期重合闸；

c) 可采用一侧无压检定，另一侧同期检定的三相自动重合闸。

(5) 自动重合闸装置应符合下列规定。

1) 自动重合闸装置可由保护装置或断路器控制状态与位置不对应启动。

2) 手动或通过遥控装置将断路器断开或断路器投入故障线路上而随即由保护装置将其断开时，自动重合闸均不应动作。

3) 在任何情况下，自动重合闸的动作次数应符合预先的规定。

4) 当断路器处于不正常状态不允许自动重合闸时，应将重合闸装置闭锁。

7.11.1.2　自动重合闸的动作时间

单侧电源线路的三相重合闸时间除应大于故障点断电去游离时间外，还应大于断路器及操作机构复归原状准备好再次动作的时间。

重合闸整定时间应等于线路有足够灵敏系数的延时段保护的动作时间，加上故障点足够断电去游离时间和裕度时间再减去断路器合闸固有时间即

$$t_{\min} = t_\mu + t_D + \Delta t - t_k \tag{7.11-1}$$

式中　$t_{\min}$ ——最小重合闸整定时间，s；

　　　t_μ ——保护延时段动作时间，s；

　　　t_D ——断电时间，对三相重合闸不小于 0.3s；

　　　t_k ——断路器合闸固有时间，s；

　　　Δt ——裕度时间，s。

为了提高线路重合成功率，可酌情延长重合闸动作时间，单侧电源线路的三相一次重合闸动作时间宜大于 0.5s。

7.11.1.3　自动低频低压减负荷装置规范要求

(1) 在变电站和配电站，应根据电力网安全稳定运行的要求装设自动低频低压减负荷装

置。当电力网发生故障导致功率缺额，使频率和电压降低时，应由自动低频低压减负荷装置断开一部分次要负荷，并应将频率和电压降低限制在短时允许范围内，同时应使其在允许时间内恢复至长时间允许值。

（2）自动低频低压减负荷装置的配置及所断开负荷的容量，应根据电力系统最不利运行方式下发生故障时，可能发生的最大功率缺额确定。

（3）自动低频低压减负荷装置应按频率、电压分为若干级，并应根据电力系统运行方式和故障时功率缺额分轮次动作。

（4）在电力系统发生短路、进行自动重合闸或备用自动投入装置动作时电源中断的过程中，当自动低频低压减负荷装置可能误动作时，应采取相应的防止误动作的措施。

自动重合闸和低频低压减负荷逻辑框图见图 7.11-1。

7.11.2　备用电源自动投入装置

7.11.2.1　备用电源自动投入规范要求

（1）下列情况，应装设备用电源或备用设备的自动投入装置。

1）由双电源供电的变电站和配电站，其中一个电源经常断开作为备用；

2）发电厂、变电站内有备用变压器；

3）接有一级负荷的由双电源供电的母线段；

4）含有一级负荷的由双电源供电的成套装置；

5）某些重要机械的备用设备。

（2）备用电源或备用设备的自动投入装置，应符合下列要求。

1）除备用电源快速切换外，应保证在工作电源断开后投入备用电源；

2）工作电源或设备上的电压，不论何种原因消失，除有闭锁信号外，自动投入装置应延时动作；

3）手动断开工作电源、电压互感器回路断线和备用电源无电压情况下，不应启动自动投入装置；

4）应保证自动投入装置只动作一次；

5）自动投入装置动作后，如备用电源或设备投到故障上，应使保护加速动作并跳闸；

6）自动投入装置中，可设置工作电源的电流闭锁回路；

7）一个备用电源或设备同时作为几个电源或设备的备用时，自动投入装置应保证在同一时间备用电源或设备只能作为一个电源或设备的备用。

（3）自动投入装置可采用带母线残压闭锁或延时切换方式，也可采用带同期检定的快速切换方式。

7.11.2.2　备用电源自动投入装置参数整定

备用电源自动投入装置能在工作电源因故障被断开后自动且迅速地将备用电源投入，简称 AAT。

（1）接线。图 7.11-2 为备用电源自动投入装置应用的典型一次接线图。正常工作时，母线Ⅲ和母线Ⅳ分别由 T1、T2 供电，分段断路器 QF5 处断开状态。当母线Ⅲ或母线Ⅳ因任何原因失电时，在进线断路器 QF2 或 QF4 断开后，QF5 合上，恢复对工作母线的供电。这种 T1 或 T2 即工作又备用的方式，称暗备用；T1 或 T2 也可工作在明备用的方式。因此，此接线有以下的备用方式：

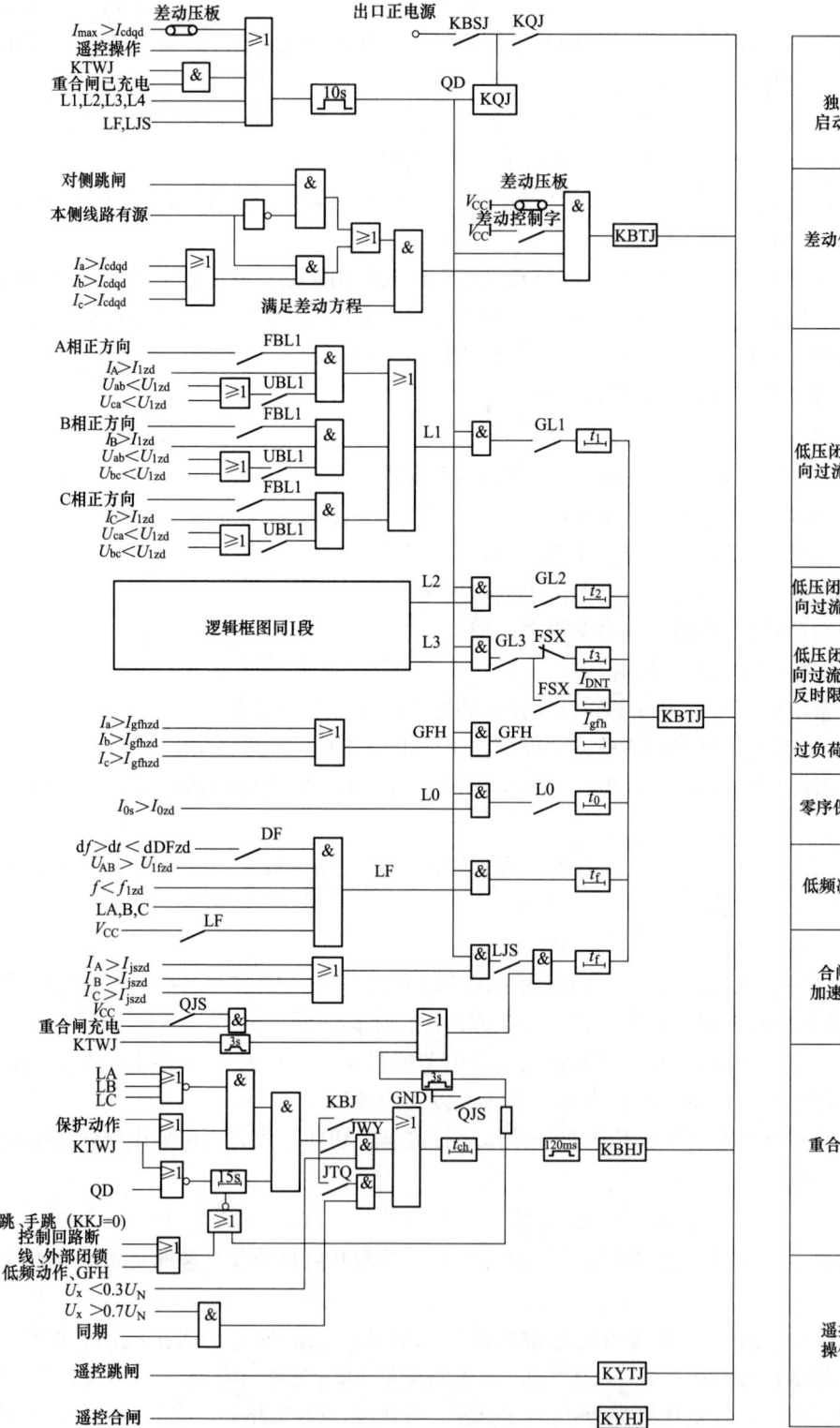

图 7.11-1　自动重合闸和低频低压减负荷逻辑框图

方式1：T1、T2分列运行，QF2跳开后QF5自动合上，母线Ⅲ由T2供电。

方式2：T1、T2分列运行，QF4跳开后QF5自动合上，母线Ⅳ由T1供电。

方式3：QF5合上，QF4断开，母线Ⅲ、Ⅳ由T1供电；当QF2跳开后，QF4自动合上，母线Ⅲ和母线Ⅳ由T2供电。

方式4：QF5合上，QF2断开，母线Ⅲ、Ⅳ由T2供电；当QF4跳开后，QF2自动合上，母线Ⅲ和母线Ⅳ由T1供电。

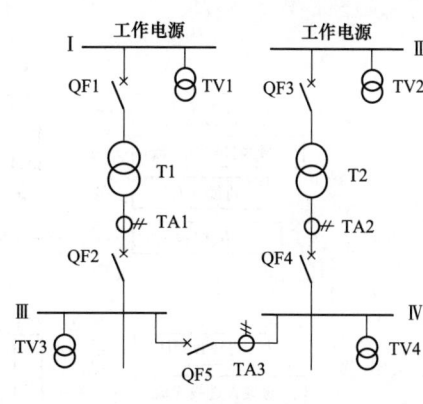

图7.11-2 一次接线图

（2）AAT工作原理。

1）方式1、方式2的AAT工作原理（暗备用方式）。图7.11-3给出了方式1、方式2的AAT逻辑框图。QF2、QF4、QF5的跳位与合位的信息由跳闸位置继电器和合闸位置继电器的触点提供；母线Ⅲ和母线Ⅳ上有、无电压是根据TV3和TV4二次电压来判别的，为判明三相有压和三相无压，测量的是三相电压并非是单相电压，实际可测量U_{ab}、U_{bc}即可。为防止TV断线误判工作母线失压导致误启动AAT，采用母线Ⅲ和母线Ⅳ进线电流闭锁，同时兼作进线断路器跳闸的辅助判据，闭锁用电流只需一相即可。

AAT的工作原理说明如下：

a）AAT的充电与放电。由图7.11-3（c）可见，要使AAT动作，必须要使时间元件t_3充足电，充电时间需10～15s，这样才能为Y11动作准备好条件。

以图7.11-3（c）方式1为例，充电条件是：变压器T1、T2分列运行，即QF2处合位、QF4处合位、QF5处跳位，所以与门Y5动作；母线Ⅲ、母线Ⅳ均三相有压（工作电源正常），与门Y6动作。满足上述条件，没有放电信号的情况下，与门Y7的输出对时间元件t_3进行充电。

t_3的放电信号有：QF5处合位（AAT动作成功后，备用工作方式1不存在了，t_3不必再充电）；母线Ⅲ和母线Ⅳ均三相无压（T1、T2不投入工作，t_3禁止充电；T1、T2投入工作后t_3才开始充电）；方式1和方式2闭锁投入（不选用方式1、方式2的备用方式）。这三个条件满足其中之一，瞬时对t_3放电，闭锁AAT的动作。

可以看出，T1、T2投入工作后经10～15s，等t_3充足电后AAT才有可能动作。

AAT动作使QF5合闸后，t_3瞬时放电；若QF5合于故障上，则由QF5上的加速保护使QF5立即跳闸，此时母线Ⅲ（方式2工作时为母线Ⅳ）三相无压，Y6不动作，t_3不可能充电。于是，AAT不再动作，保证了AAT只动作一次。

b）AAT的起动。图7.11-3（c）以方式1运行（QF1、QF2的控制开关必在投入状态），在t_3时间元件充足电后，只要确认QF2已跳闸，在母线Ⅳ有压情况下，Y9、H4动作，QF5合闸。即工作母线受电侧断路器的控制开关（处合闸位）与断路器位置（处跳闸位）不对应则启动AAT装置（在备用母线有电压情况下）。

图7.11-3（a）是低电压启动AAT部分。电力系统内的故障导致工作母线失压（备用电源有压），通过Y2启动元件，跳开QF2，AAT动作。

可见，AAT启动具有不对应启动和低电压两部分，实现了工作母线任何原因失电均能

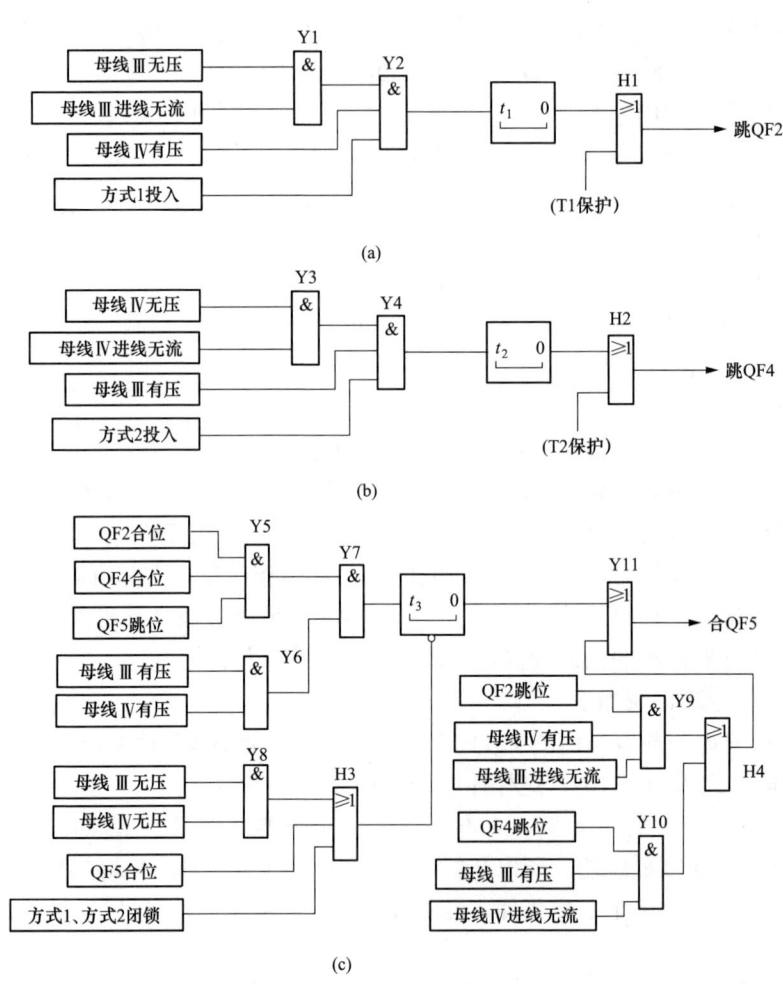

图 7.11-3　方式 1、方式 2 的 AAT 逻辑框图
(a) QF2 跳闸；(b) QF4 跳闸；(c) QF5 合闸

启动 AAT 的要求。同时也可以看出，只有在 QF2 跳开后 QF5 才能合闸，实现了工作电源断开后 AAT 才动作的要求；工作母线（母线Ⅲ）与备用母线（母线Ⅳ）同时失电无压，AAT 不动作；备用母线（母线Ⅳ）无压，AAT 也不动作。

　　c) AAT 动作过程。以方式 1 来说明，当方式 1 运行 15s 后，AAT 的动作过程如下。

　　工作变压器 T1 故障时，T1 保护动作信号经 H1 使 QF2 跳闸；工作母线Ⅲ上发生短路故障时，T1 后备保护动作信号经 H1 使 QF2 跳闸；工作母线Ⅲ的出线上发生短路故障而没有被该出线断路器切除时，同样由 T1 后备保护动作经 H1 使 QF2 跳闸；电力系统内故障使母线Ⅲ失压时，在母线Ⅲ进线无流、母线Ⅳ有压情况下经时间 t_1 使 QF2 跳闸；QF1 误跳闸时，母线Ⅲ失压、母线Ⅲ进线无流、母线Ⅳ有压情况下经时间 t_1 使 QF2 跳闸，或 QF1 跳闸时联跳 QF2。

　　QF2 跳闸后，在确认已跳开（断路器无流）、备用母线有压情况下，Y11 动作，QF5 合闸。

当合于故障上时，QF5 上的保护加速动作，QF5 跳开，AAT 不再动作。

2）方式 3、方式 4 的 AAT 工作原理（明备用方式）。图 7.11-4 给出了方式 3、方式 4 的 AAT 逻辑框图。方式 3、方式 4 是一个变压器带母线Ⅲ、母线Ⅳ运行，另一个变压器备用（明备用），此时 QF5 必处于合位。在母线Ⅰ、母线Ⅱ均有电压的情况下，QF2、QF5 均处于合位而 QF4 处跳位（方式 3），或者 QF4、QF5 均处于合位而 QF2 处跳位（方式 4）时，时间元件 t_3 充电，经 10~15s 充电完成，为 AAT 动作准备了条件。从逻辑图中可以看出，QF2 与 QF4 同时处于合位或同时处于跳位时，t_3 不可能充电，因为在此情况下无法实现方式 3、方式 4 的 AAT；同理，当 QF5 处跳位时，t_3 也不可能充电；此外，母线Ⅱ或母线Ⅰ无电压时，t_3 也不充电，因为备用电源失去电压时，AAT 不可能动作。

当然，QF5 处跳位或方式 3、方式 4 闭锁投入时，t_3 瞬时放电，闭锁 AAT 的动作。

与图 7.11-3 相似，图 7.11-4 所示的 AAT 同样具有工作母线受电侧断路器控制开关与断路器位置不对应的启动方式和工作母线低电压启动方式。因此，当出现任何原因使工作母线失去电压时，在确认工作母线受电侧断路器断开、备用母线有电压、工作方式 3 或方式 4 投入的情况下，AAT 动作，负荷由备用电源供电。

（3）AAT 参数整定。

备用电源自动投入装置整定的参数有低电压元件动作值、过电压元件动作值、AAT 充电时间、AAT 动作时间、低电流元件动作值、合闸加速保护。

1）低电压元件动作值。低电压元件用于检测工作母线是否失去电压的情况，当工作母线失压时，低电压元件应可靠动作。

为此，低电压元件的动作电压应低于工作母线出线短路故障切除后电动机自启动时的最低母线电压；工作母线（包括上一级母线）上的电抗器或变压器后发生短路故障时，低电压元件不应动作。

考虑上述两种情况，低电压元件动作值一般取额定电压的 25%。

2）过电压元件动作值。过电压元件用来检测备用母线（暗备用时是工作母线）是否有电压的情况。如以方式 3、方式 4 运行时，工作母线出线故障被该出线断路器断开后，母线上电动机自启动时备用母线出现最低运行电压 U_{min}，过电压元件应处于动作状态。故过电压元件动作电压 $U_{op,k}$ 为

$$U_{op,k} = \frac{U_{min}}{K_{rel}K_r n_{TV}} \tag{7.11-2}$$

式中　$U_{op,k}$——过电压元件动作电压，V；

　　　U_{min}——最低运行电压，kV；

　　　K_{rel}——可靠系数，取 1.2；

　　　K_r——返回系数，取 0.9；

　　　n_{TV}——电压互感器变比。

一般 $U_{op,k}$ 不应低于额定电压的 70%。

3）AAT 充电时间。当以方式 3 或方式 4 运行，当备用电源投入到故障上时，则由 QF5 上的加速保护将 QF5 跳闸。若故障是瞬时性的，则可立即恢复原有备用方式，为了保证断路器切断能力的恢复，AAT 的充电时间应不小于断路器第二个"合闸－跳闸"间的时间间

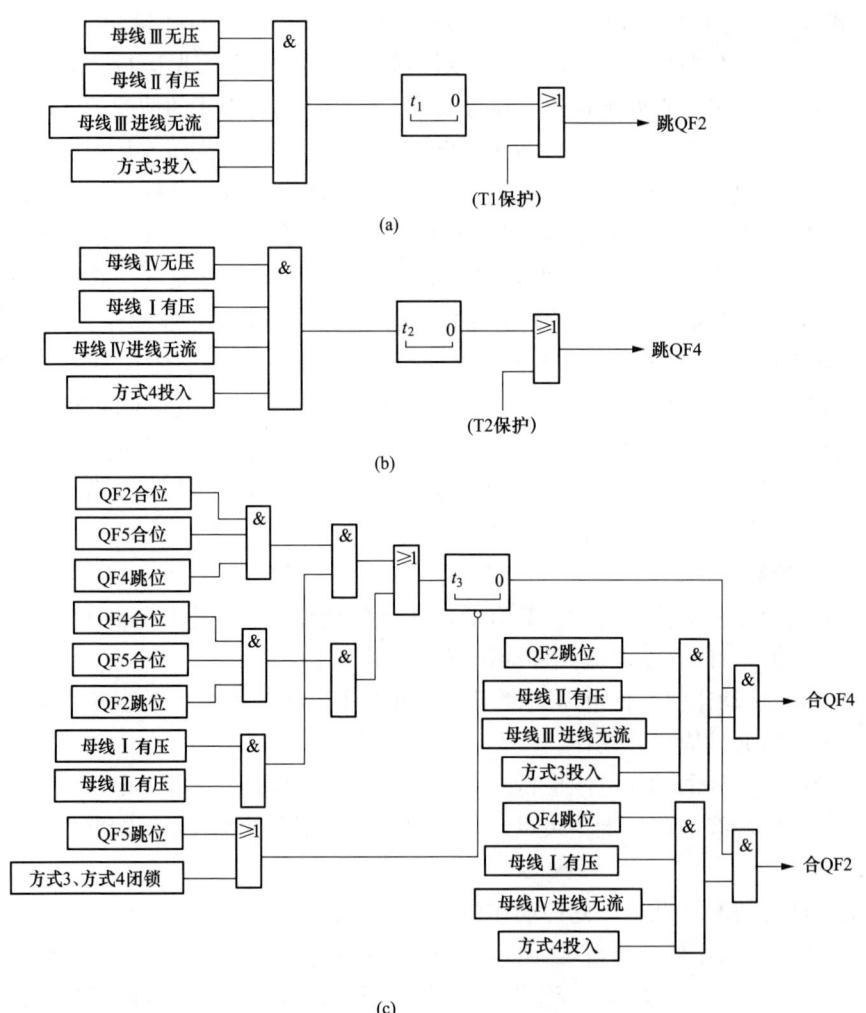

图 7.11-4　方式 3、方式 4 的 AAT 逻辑框图

(a) QF2 跳闸；(b) QF4 跳闸；(c) QF4、QF2 合闸

隔。一般间隔时间取 10~15s。

可见，AAT 的充电时间是必需的，且充电时间应为 10~15s。

4) AAT 动作时间。AAT 动作时间是指由于电力系统内的故障使工作母线失压跳开工作母线受电侧断路器的延时时间。

因为网络内短路故障时低电压元件可能动作，显然此时 AAT 不能动作，所以设置延时是保证 AAT 动作选择性的重要措施。AAT 的动作时间 t_{op} 为

$$t_{op} = t_{max} + \Delta t \tag{7.11-3}$$

式中　t_{max}——网络内发生使低电压元件动作的短路故障时，切除该短路故障的保护最大动作时间，s；

　　　Δt——时间级差，取 0.4s。

当存在两级 AAT 时，低压侧 AAT 的动作时间应比高压侧 AAT 的动作时间大一个时间级差，以避免高压侧工作母线失压 AAT 动作时低压侧 AAT 不必要的动作。

5) 低电流元件动作值。设置低电流元件用来防止 TV 二次回路断线时误启动 AAT；同时兼作断路器跳闸的辅助判据。低电流元件动作值可取 TA 二次额定电流值的 8%。

6) 合闸加速保护。合闸加速保护电流元件的动作值应保证该母线上短路故障时有不低于 1.5 的灵敏系数；当加速保护有复合电压启动时，负序电压可取 7V（相电压）、正序电压可取 50~60V（在上述短路点故障灵敏系数不低于 2.0）；加速时间取 3s。

对于分段断路器上设置的过电流保护，一般为两段式。第 I 段为电流速断保护，动作电流与该母线上出线最大电流速断动作值配合（配合系数可取 1.1），动作时间与速断动作时间配合；第 II 段的动作电流、动作时间不仅要与供电变压器（或供电线路）的过电流保护配合，而且要与该母线上出线的第 II 段电流保护配合。

7.11.2.3 分段断路器备用电源自动投入保护测控装置

(1) 分段断路器备用电源自投保护功能。

1) 复合电压闭锁的二段定时限过流保护；

2) 一段零序过流保护；

3) 分段断路器自投；

4) 三相一次重合闸（不检定）；

5) 合闸后加速保护（零序加速段或可经复压闭锁的过流加速段）；

6) 独立的操作回路及故障录波。

(2) 装置闭锁和装置告警功能。

1) 当装置检测到本身硬件故障时，发出装置报警信号，同时闭锁整套保护。硬件故障包括：RAM 出错、EPROM 出错、定值出错、电源故障；

2) 当装置检测出如下问题，发出运行异常报警信号：

a) 跳闸位置继电器异常；

b) 分段断路器电流不平衡（报电流互感器异常）；

c) I、II 段母线电压互感器断线；

d) 控制回路断线；

e) 弹簧未储能；

f) 频率异常。

(3) 分段断路器测控功能。

1) 遥控功能：正常遥控跳闸操作，正常遥控合闸操作。

2) 遥测功能：电流，功率因数，有功、无功功率和有功、无功电度遥测。这些量都在当地实时计算，实时累加，计算不依赖于网络。

3) 遥信功能：遥信开入，装置变位遥信及事故遥信，并做事件顺序记录。

7.11.2.4 分段断路器备用电源自动投入装置逻辑框图

见图 7.11-5 和图 7.11-6。

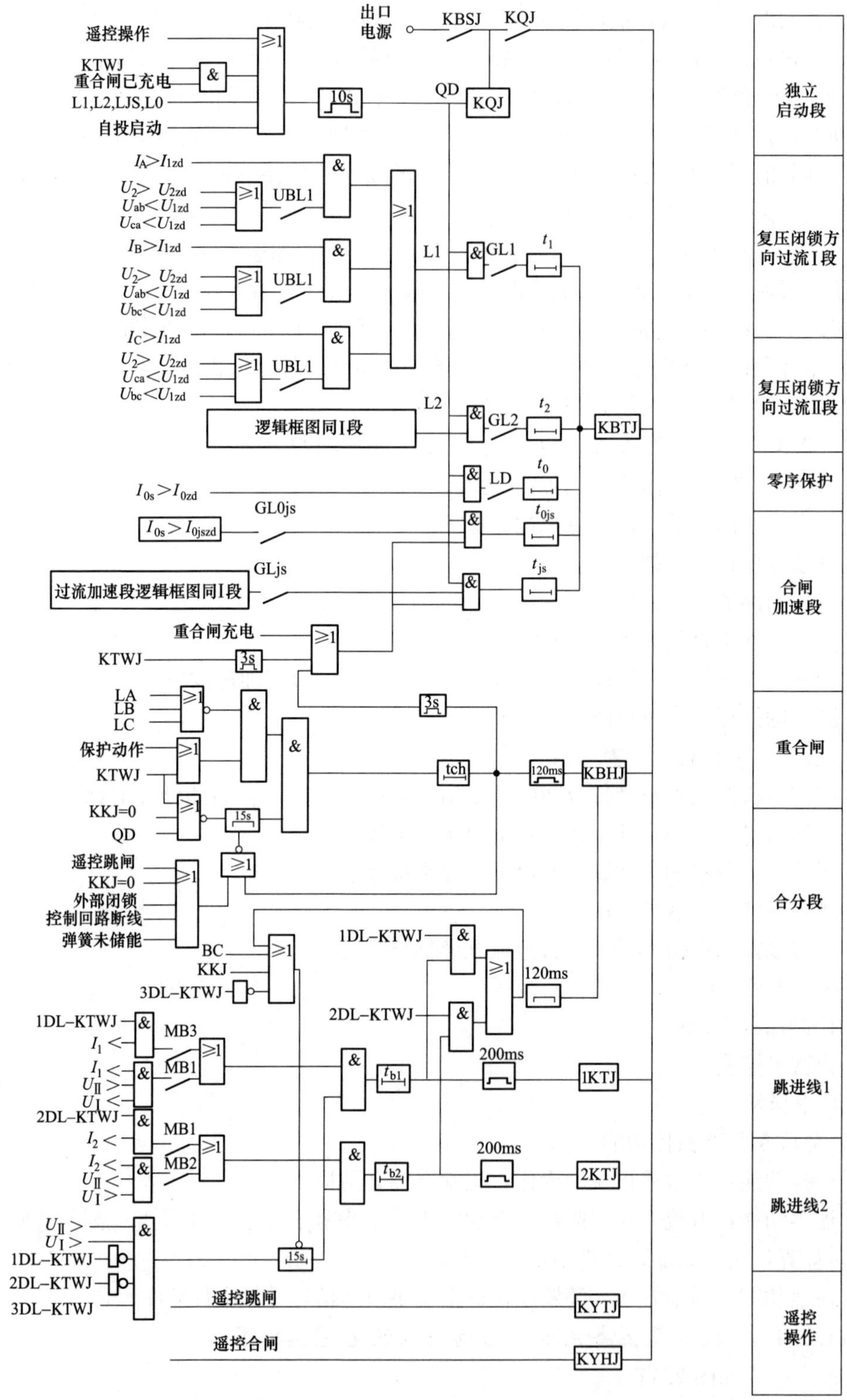

图 7.11-5 典型备用电源自投(分段断路器)保护装置逻辑框图

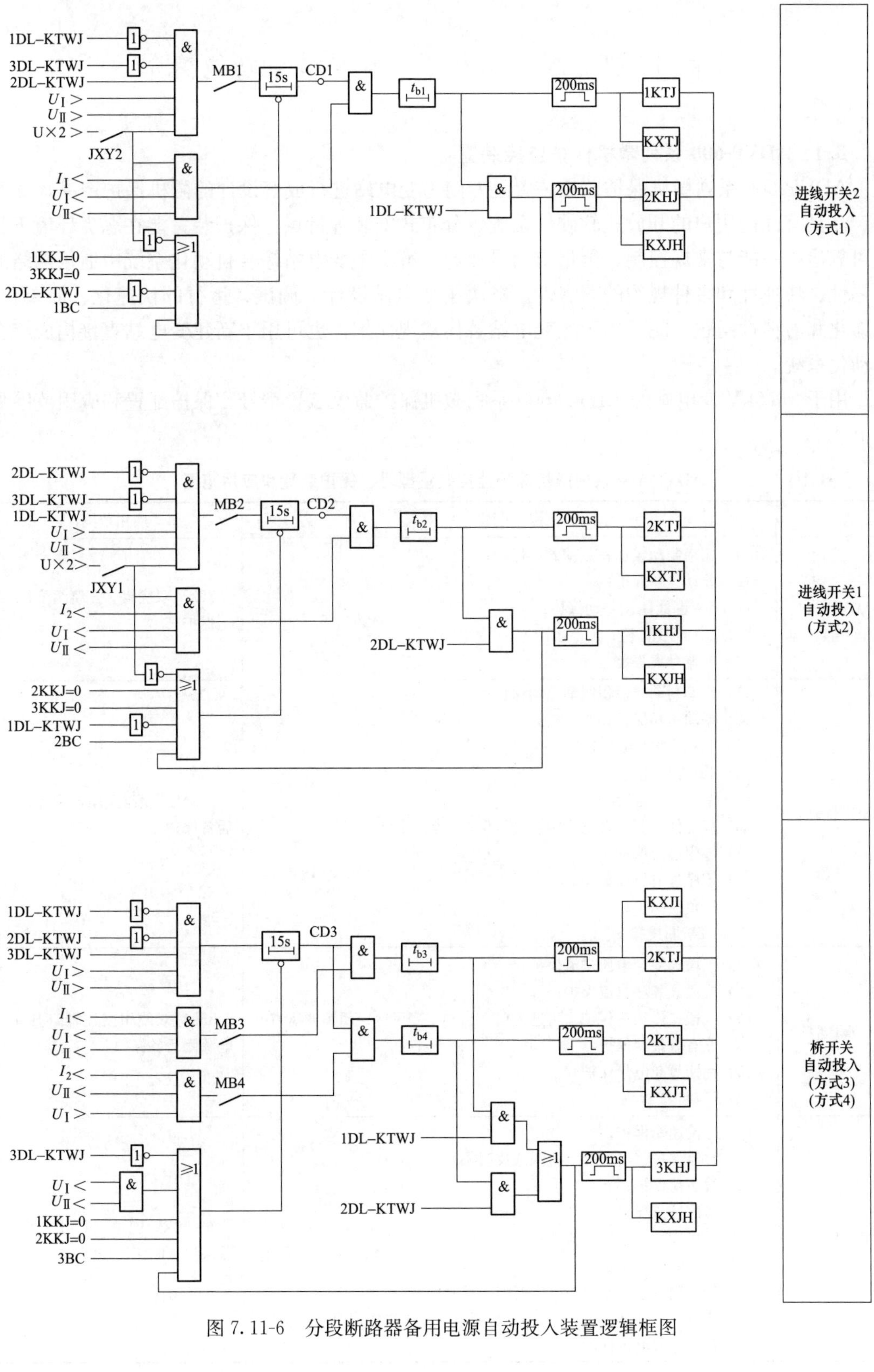

图 7.11-6 分段断路器备用电源自动投入装置逻辑框图

附录 B 部分常用微机保护监控装置功能简介

B.1 ADVP-600 系列微机保护监控装置

ADVP-600 系列微机保护监控装置是专门为变电站进行成套设计的微机保护产品，该系列产品具有面向用户的开放式软硬件系统、分布式安装等特点：保护装置能在恶劣环境下长期可靠运行；能与常规控制、测量与信号兼容。解决了变电站综合自动化系统中通信网络的可靠性、快速性和多种规约的兼容性。解决了变电站设计、调试、运行的快速化、简单化、智能化和习惯性问题。既可用于老变电站替代常规保护，也可用于新建变电站直接构成综合自动化系统。

用于 35/6kV 变电站的 ADVP-600 系列微机保护监控装置型号、保护配置和应用范围见表 B.1-1。

表 B.1-1　　　　**ADVP-600 系列微机保护监控装置型号、保护装置和应用范围**

型号	保护配置	应用范围
ADVP-614	(1) 比率制动或标积制动差动保护； (2) 差动速断保护； (3) TA 断线闭锁差动保护； (4) TA 断线告警； (5) 差流过大告警	35kV 双绕组、三绕组变压器主保护
ADVP-615	(1) 比率制动或标积制动差动保护； (2) 差动速断保护； (3) TA 断线闭锁差动保护； (4) TA 断线告警； (5) 差流过大告警； (6) 高、低压侧复合电压闭锁过流保护（各三段）； (7) 零序过流保护； (8) 零序过电压保护； (9) 过负荷保护； (10) TV 断线检测	35kV 双绕组变压器主保护及后备保护
ADVP-612	(1) 三段式复合电压过流保护； (2) 二段式零序过流保护； (3) 三段式过负荷保护（可选发信、启动主变风冷或闭锁调压）； (4) 非有效接地保护； (5) 瓦斯等非电量保护； (6) TV 断线检测	35kV 双绕组变压器高压侧/电源侧后备保护
ADVP-611	(1) 电流速断保护； (2) 过流保护（可选择定时限或反时限）； (3) 过负荷保护； (4) 负序过流保护； (5) 高压侧二段零序过流保护； (6) 非有效接地保护； (7) 低压侧零序过流保护（定时限或反时限）； (8) F—C 过流闭锁出口（适用于熔断器—高压接触器的开关柜）； (9) 瓦斯等非电量保护	6~10kV 配电（厂用）变压器保护（断路器控制）

7

续表

型号	保护配置	应用范围
ADVP-621	(1) 三段过电流保护（可经低电压闭锁）； (2) 过负荷保护； (3) 合闸加速过流保护； (4) 三段零序过流保护； (5) 非有效接地保护； (6) 三相一次自动重合闸（检无压或不检）； (7) 低压减载； (8) TV 断线检测； (9) F—C 过流闭锁出口（适用于熔断器—高压接触器的开关柜）	
ADVP-621	(1) 三段过电流保护（可经低电压闭锁）； (2) 过负荷保护； (3) 合闸加速过流保护； (4) 三段零序过流保护； (5) 非有效接地保护； (6) 三相一次自动重合闸（检无压或不检）； (7) 低压减载； (8) TV 断线检测； (9) F—C 过流闭锁出口（适用于熔断器—高压接触器的开关柜）	6～35kV 单侧电源线路保护
ADVP-631	(1) 三段过电流保护； (2) 过负荷保护； (3) 合闸加速过流保护； (4) 三段零序过流保护； (5) 非有效接地保护； (6) 三相一次自动重合闸（检无压或不检）； (7) 低压减载； (8) TV 断线检测； (9) F—C 过流闭锁出口（适用于熔断器—高压接触器的开关柜）	6～10kV 电容器组保护
ADVP-632	(1) 三段过电流保护； (2) 过电压保护； (3) 低电压保护； (4) 桥差电流保护或差压保护（任选其一）； (5) 二段零序过流保护； (6) 非有效接地保护； (7) 欠压自投保护； (8) F—C 过流闭锁出口（适用于熔断器—高压接触器的开关柜）	6～10kV 桥型接线电容器组保护
ADVP-633	(1) 三相二段定时限过流保护； (2) 过负荷保护； (3) 零序过流保护； (4) 非有效接地保护； (5) 零序过压保护； (6) 非电量保护； (7) TV 断线检测； (8) F—C 过流闭锁出口（适用于熔断器—高压接触器的开关柜）	10MVA 以下小容量电抗器保护

7

续表

型号	保护配置	应用范围
ADVP-634	(1) 比率制动或标积制动差动保护; (2) 差动速断保护; (3) TA 断线闭锁差动保护; (4) TA 断线告警; (5) 差流过大告警; (6) 三相二段定时限过流保护; (7) 过负荷保护; (8) 零序过流保护; (9) 非有效接地保护; (10) 零序过压保护; (11) 非电量保护	10MVA 以上大容量电抗器保护
ADVP-623	(1) 三段定时限过流保护; (2) 过负荷保护; (3) 零序过流保护; (4) 后加速保护	6～35kV 分段断路器保护
ADVP-641	(1) 分段开关二相式两段定时限过流保护; (2) 零序过流保护; (3) 合闸后加速保护; (4) 装置能根据相应运行方式的变化自适应地选择备自投方式	6～35kV 分段断路器保护及备用电源自投
ADVP-643	(1) 单母线接线两回进线或两台主变压器一工作一备用的运行方式; (2) 装置能根据相应运行方式的变化自适应地选择备自投方式	6～35kV 进线断路器保护及备用电源自投
ADVP-601	(1) 电流速断保护; (2) 过负荷保护; (3) 热过载保护; (4) 堵转保护; (5) 启动时间过长保护; (6) 负序过流保护（不平衡保护）; (7) 接地保护; (8) 低电压保护; (9) 过电压保护; (10) 逆功率保护; (11) 低周保护; (12) 轻载保护; (13) 热过载闭锁合闸回路; (14) 连续启动闭锁合闸回路; (15) TV 断线检查; (16) F—C 过流闭锁出口（适用于熔断器—高压接触器的开关柜）	3～10kV 异步电动机保护

7

型号	保护配置	应用范围
ADVP-602	(1) 电流速断保护； (2) 过负荷保护； (3) 热过载保护； (4) 堵转保护； (5) 启动时间过长保护； (6) 负序过流保护（不平衡保护）； (7) 接地保护； (8) 低电压保护； (9) 过电压保护； (10) 低周保护； (11) 轻载保护； (12) 非同步冲击保护； (13) 失磁保护； (14) 失步保护； (15) 热过载闭锁合闸回路； (16) 连续启动闭锁合闸回路； (17) TV 断线检查	3～10kV 同步电动机保护
ADVP-603	(1) 比率制动或标积制动差动保护（二相三元件式或三相三元件式）； (2) 差动速断保护（二相三元件式或三相三元件式）； (3) 抗 TA 饱和、TA 断线闭锁差动保护； (4) TA 断线告警、差流过大告警、磁平衡差动保护； (5) 投全压（用于降压启动的大型电动机）	3～10kV 大型电动机差动保护
ADVP-604	(1) 比率制动或标积制动差动保护（二相三元件式或三相三元件式）； (2) 差动速断保护（二相三元件式或三相三元件式） (3) 抗 TA 饱和； (4) TA 断线闭锁差动保护； (5) TA 断线告警； (6) 磁平衡差动保护； (7) 电流速断保护； (8) 过负荷保护； (9) 热过载保护； (10) 堵转保护； (11) 启动时间过长保护； (12) 负序过流保护（不平衡保护）； (13) 接地保护； (14) 低电压保护； (15) 过电压保护； (16) 逆功率保护； (17) 低周保护； (18) 轻载保护； (19) 热过载闭锁合闸回路； (20) 连续启动闭锁合闸回路； (21) TV 断线检查； (22) F—C 过流闭锁出口（适用于熔断器－高压接触器的开关柜）； (23) 差流过大告警； (24) 投全压（用于降压启动的大型电动机）	3～10kV 大型异步电动机保护

7

续表

型号	保护配置	应用范围
ADVP-605	(1) 比率制动或标积制动差动保护（二相三元件式或三相三元件式）； (2) 差动速断保护（二相三元件式或三相三元件式） (3) 抗 TA 饱和； (4) TA 断线闭锁差动保护； (5) TA 断线告警； (6) 磁平衡差动保护； (7) 电流速断保护； (8) 过负荷保护； (9) 热过载保护； (10) 堵转保护； (11) 启动时间过长保护； (12) 负序过流保护（不平衡保护）； (13) 接地保护； (14) 低电压保护； (15) 过电压保护； (16) 逆功率保护； (17) 低周保护； (18) 轻载保护； (19) 非同步冲击保护； (20) 失磁保护； (21) 失步保护； (22) 热过载闭锁合闸回路； (23) 连续启动闭锁合闸回路； (24) TV 断线检查； (25) F—C 过流闭锁出口（适用于熔断器—高压接触器的开关柜）； (26) 差流过大告警； (27) 投全压（用于降压启动的大型电动机）	3～10kV 大型同步电动机保护
ADVP-661	(1) TV 并列； (2) TV 失压； (3) TV 过压； (4) TV 断线	3～35kV 母线电压互感器切换
ADVP-681	(1) 低频解列； (2) 过频解列； (3) 低压解列； (4) 过压解列； (5) 过电流解列； (6) 低电流解列； (7) TV 断线检测； (8) 非电量保护	3～35kV 系统故障解列装置

B. 2 ADVP-8000G 系列微机保护监控装置

ADVP-8000G 系列装置适用于 110kV 及以下电压等级的发电厂及变电站，为全站一次设备提供了监测、保护和控制功能。装置采用高性能微控制器，符合 IEC 61850 标准的通信体系，具有录波功能，支持 COMTRADE-99 格式的波形文件输出，基于工业式以太网的过程层 GOOSE，使得装置功能齐全、通用性强、安装调试方便、使用可靠。

用于 110kV/35kV/6kV 变电站的 ADVP-8000G 系列微机保护监控装置型号、主要功能和应用范围见表 B. 2-1。

表 B.2-1　　　　**ADVP-8000G 系列微机保护监控装置型号、保护装置和应用范围**

型号	保护配置	应用范围
ADVP-8171G	(1) 二次谐波制动的比率差动保护； (2) 差动速断保护； (3) 中、低侧过流保护（各一段，一时限）； (4) TA 断线判别； (5) 分散式故障录波	110kV 及以下电压等级的双圈、三圈变压器，满足四侧差动要求
ADVP-8181G	(1) 三段式复合电压闭锁的定时限过流保护（Ⅰ、Ⅱ段可带方向）； (2) 接地零序保护（三段零序过流保护）； (3) 不接地零序保护（一段定值二段时限的零序无流闭锁过压保护、一段定值二段时限的间隙零序过流保护）； (4) 保护出口采用矩阵跳闸方式，可灵活整定； (5) 过负荷发信号； (6) 启动主变压器风冷； (7) 过载闭锁有载调压； (8) 故障录波	110kV 电压等级的 110kV 侧后备保护
ADVP-8182G	(1) 四段复合电压闭锁过流保护（Ⅰ段、Ⅱ段、Ⅲ段可带方向，Ⅳ段不带方向）； (2) 保护出口采用矩阵跳闸方式，可灵活整定； (3) 过负荷发信号； (4) 零序过压报警； (5) 故障录波	110kV 及以下电压等级的变压器低压侧或中压侧（35kV、10kV 或 6kV）的后备保护
ADVP-8161G	(1) 本体重瓦斯； (2) 有载调压重瓦斯； (3) 本体轻瓦斯； (4) 有载调压轻瓦斯； (5) 油温高； (6) 风冷故障	将从变压器本体来的非电量接点重动后发出中央信号、远动信号，并送给主保护装置的 CPU 作为事件记录，启动本装置的跳闸继电器切除变压器，同时装置配有三路不按相操作断路器的独立的操作回路，或者配有二路不按相操作断路器的独立的操作回路加一个电压切换回路
ADVP-8121G	(1) 二段定时限过电流保护（三相式）； (2) 一段高压侧零序定时限过电流保护（小电流接地选线，可整定为报警或跳闸）； (3) 二段低压侧零序定时限过电流保护； (4) 过负荷保护； (5) 非电量保护； (6) 独立的操作回路； (7) 分散式故障录波并能就地显示及远传	35kV 及以下电压等级站用变压器保护
ADVP-8111G	(1) 二段定时限过电流保护； (2) 零序过电流保护/小电流接地选线； (3) 三相一次重合闸（检无压或不检）； (4) 过负荷保护； (5) 合闸加速保护（前加速或后加速）； (6) 低周减载保护； (7) 分散式故障录波及独立的操作回路	35kV 及以下电压等级的谐振接地（或高电阻接地）或不接地系统中的馈电线路保护

7

续表

型号	保护配置	应用范围
ADVP-8131G	(1) 二段定时限过电流保护（三相式）； (2) 过电压保护； (3) 低电压保护； (4) 不平衡电压（零序电压保护）； (5) 不平衡电流； (6) 小电流接地选线（零序电流保护）； (7) 低电压自投； (8) 分散式故障录波及独立的操作回路	用于中性点经消弧线圈接地（或小电阻接地）或不接地中低压系统中装设的并联电容器保护测控，适用于单 Y，双 Y，D 形接线电容器组
ADVP-8141G	(1) 二段定时限过电流保护； (2) 二段定时限负序过电流保护（负序二段可选为反时限）； (3) 过负荷跳闸段； (4) 零序过电流保护/小电流接地选线； (5) 低电压保护； (6) 过负荷报警段； (7) 电动机热保护； (8) 非电量保护； (9) 分散式故障录波及独立操作回路	小于 2000kW 的异步电动机
ADVP-8142G	(1) 电流纵差保护/磁平衡差动保护； (2) 短路保护和启动时间过长及堵转保护：三段定时限过流保护； (3) 不平衡保护（包括断相和反相）：二段定时限负序过流保护，一段负序过负荷报警，其中负序过流 Ⅱ 段与负序过负荷报警段可选择使用反时限特性； (4) 过负荷保护； (5) 过热保护：分为过热报警与过热跳闸，具有热记忆及禁止再启动功能，实时显示电动机的热积累情况； (6) 接地保护：零序过流保护/小电流接地选线，零序过压保护； (7) 失磁保护； (8) 低电压保护； (9) 过电压保护； (10) 低周保护； (11) 失步保护； (12) 低功率保护、逆功率保护； (13) 2 路非电量保护； (14) 独立的操作回路及故障录波	同步机以及 2000kW 及以上的异步电动机
ADVP-8151G	(1) 四种方式的分段开关自投功能； (2) 经复压闭锁的二段定时限过电流保护； (3) 合闸后加速保护； (4) 分散式故障录波及独立的操作回路	分段断路器保护
ADVP-8152AG	(1) 两种方式的进线自投功能； (2) 两种方式的桥开关自投功能； (3) 充电保护	进线开关和/或内桥开关自投

B.3 RCS-9000 系列微机保护监控装置

RCS-9000 系列微机保护监控装置型号、保护配置和应用范围见表 B.3-1。

表 B.3-1　　　　　RCS-9000 系列微机保护监控装置型号、保护配置和应用范围

型号	保护配置	应用范围
RCS-9611A RCS-9611B	110kV 以下非直接接地或低电阻接地系统线路： 三段可经低电压闭锁方向过流保护； 三段零序过流保护； 过负荷保护； 三相一次重合闸	线路保护
RCS-9612 RCS-9612A RCS-9612B	10kV 以下非直接接地或低电阻接地系统线路： 三段可经低电压闭锁方向过流保护； 三段方向闭锁零序过流保护； 过负荷保护； 三相一次/二次重合闸	线路保护
RCS-9613 RCS-9613B	110kV 以下非直接接地系统线路： 短线路光纤纵差保护； 三段可经低电压闭锁的方向过流保护； 过负荷保护； 零序过流保护； 三相一次重合闸	线路光纤纵差保护
RCS-9615 RCS-9615B	35kV 或 66kV 非直接接地系统线路： 三段相间距离保护； 三段相间定时限过流保护； 不对称故障相继速动保护； 零序过流保护； 三相一次重合闸	线路距离保护
RCS-943	110kV 线路： 分相电流差动保护； 零序电流差动保护； 三段接地和相间距离保护； 四段零序方向过流保护； 三相一次重合闸	高压输电线路保护
RCS-9621 RCS-9621A RCS-9621B	110kV 以下变压器： 二段过流保护； 三段零序过流保护； 非电量保护； 35kV 以下变压器： 三段复合电压闭锁过流保护； 二段定时限负序过流保护； 高压侧接地保护； 低压侧接地保护； 非电量保护	站用变压器/接地变压器保护
RCS-9631 RCS-9631A RCS-9631B	110kV 以下电容器： 二段/三段定时限过流保护； 过电压保护； 低电压保护； 不平衡电压保护（零序电压保护）； 不平衡电流保护； 电容器自动投切； 非电量保护	电容器保护

7

续表

型号	保护配置	应用范围
RCS-9632 RCS-9632B	110kV 以下电容器： 二段/三段定时限过流保护； 过电压保护； 低电压保护； 桥差电流保护； 零序过流保护； 电容器自动投切； 非电量保护	电容器保护
RCS-9633 RCS-9633A RCS-9633B	110kV 以下电容器： 二段/三段定时限过流保护； 过电压保护； 低电压保护； 差电压保护； 零序过流保护； 电容器自动投切； 非电量保护	电容器保护
RCS-9641 RCS-9641B	3~10kV 异步电动机： 短路、启动时间过长及堵转保护：二段定时限过流保护； 不平衡保护（断相和反相）：二段定时限负序过流保护、一段反时限负序过流保护； 过负荷保护； 过热保护； 接地保护：零序过流保护、定子零序电压保护； 低电压保护； 过电压保护	电动机保护
RCS-9642 RCS-9642B	3~10kV 大型异步电动机： 电流纵差保护/磁平衡差动保护； 短路、启动时间过长及堵转保护：二段定时限过流保护 不平衡保护（断相和反相）：二段定时限负序过流保护、一段反时限负序过流保护； 过负荷保护； 过热保护； 接地保护：零序过流保护、定子零序电压保护； 低电压保护； 过电压保护	电动机保护 （大型异步电动机）
RCS-9643B	3~10kV 大型同步电动机： 电流纵差保护/磁平衡差动保护； 短路、启动时间过长及堵转保护：二段定时限过流保护 不平衡保护（断相和反相）：二段定时限负序过流保护、一段反时限负序过流保护； 过负荷保护； 过热保护； 接地保护：零序过流保护、定子零序电压保护； 低电压保护； 过电压保护； 低周保护； 失步保护； 低功率保护	电动机保护 （大型同步电动机）

7

续表

型号	保护配置	应用范围
RCS-9647 RCS-9647B	110kV 以下电抗器： 电流差动保护； 二段定时限过电流保护； 过流反时限保护； 正序反时限保护； 过负荷保护； 零序过电流保护； 零序过电压保护	电抗器保护
RCS-9651 RCS-9651B	两种方式的低压启动分段开关备自投方式，两种方式的位置启动分段开关备自投方式。 分段开关保护； 三相式经复压闭锁的两段定时限过电流保护； 两段零序过流保护； 三相一次重合闸； 充电保护	备用电源自投
RCS-9652 RCS-9652B	两种方式的进线/变压器自动投入； 两种方式的分段开关自动投入	备用电源自投
RCS-9653 RCS-9653B	两种分段断路器备用电源自投方式，两种进线/变压器备用电源自投方式，动作延时 50min 的三轮过负荷减载。 分段开关保护； 充电保护； 两段相间过电流保护； 零序过电流保护	备用电源自投
RCS-9654B RCS-9654B-3B RCS-9654B-JF	RCS-9654B 装置可实现各电压等级、不同主接线方式变电站和发电厂内各种备用电源自投。 RCS-9654B-3B 装置适用于装设两台降压三圈变压器的变电站，实现变压器备自投和中低压两侧分段断路器备自投 RCS-9654B-JF 装置适用于装设三台降压双圈变压器、四段低压母线的变电站，实现负荷均分备自投	备用电源自投
RCS-9661 RCS-9661A RCS-9661B	对变压器本体来的非电量接点（如瓦斯等）重动后发出中央信号、远动信号，并作事件记录，四路跳合闸操作回路及两个电压切换回路。 RCS-9661A 为电压并列回路	变压器非电量
RCS-9671 RCS-9671B RCS-9673	用于 110kV 及以下的双圈、三圈变压器： 差动速断保护； 比率差动保护； 中、低压侧过流保护； TA 断线判别； RCS-9671 系列的比率差动保护采用二次谐波制动； RCS-9673 的比率差动保护采用偶次谐波判别	变压器差动
RCS-9679	用于 66kV 或 35kV 变压器： 差动速断保护； 比率制动差动保护（二次谐波制动）； 三段式高、低压复压过流保护； 非电量保护； TA、TV 断线判别； 过负荷发信号、过负荷启动风冷； 过载闭锁有载调压； 零序过电压报警	变压器保护

7

续表

型号	保护配置	应用范围
RCS-9681 RCS-9681B	110kV 变压器 110kV 侧后备保护： 三段复合电压闭锁过流保护（Ⅰ、Ⅱ段可带方向）； 接地零序保护（三段零序保护）； 不接地零序保护（一段定值二段时限的零序无流闭锁过压保护、一段定值二段时限的间隙零序过流保护）； 过负荷发信号； 启动主变压器风冷； 过载闭锁有载调压	变压器后备保护 （高压侧）
RCS-9682 RCS-9682B	110kV 及以下变压器低压侧或中压侧的后备保护： 四段复合电压闭锁过流保护（Ⅰ段、Ⅱ段、Ⅲ段可带方向，Ⅳ段不带方向）； 过负荷发信号； 零序过压报警	变压器后备保护 （低压侧）
RCS-9659	数字式手动准同期并列、半自动准同期并列、自动准同期并列、检无压并列等功能	准同期装置
RCS-9662	用于 TV 电压并列和切换： RCS-9662A　4 个并列插件； RCS-9662B　4 个切换插件； RCS-9662C　2 个并列插件，2 个切换插件； RCS-9662D　3 个并列插件，1 个切换插件； RCS-9662E　1 个并列插件，3 个切换插件	电压并列/切换
RCS-9663	RCS-9663A　3 个操作回路，预留一备用插件； RCS-9663B　4 个操作回路； RCS-9663C　4 个重动继电器插件； RCS-9663D　3 个电压并列插件和 1 个交流电压监视插件	辅助装置
RCS-915A RCS-915B	适用于各种电压等级的单母线、单母线分段、双母线等接线方式，母线上所接的线路与元件数最多为 21 个（包括母联），并满足母联兼旁路运行方式接线系统的要求。 装置设有母线差动保护、母联充电保护、母联死区保护、母联失灵保护、母联过流保护、母联非全相保护及断路器失灵保护等	微机母线保护
RCS-915F	适用于 66kV 及以下中性点不接地系统（两相式 TA）的单母线、单母线分段、双母线等接线方式，所接的线路与元件数最多为 31 个（包括母联），可满足有母联兼旁路运行方式接线系统的要求。 装置设有母线差动保护、母联充电保护、母联死区保护、母联失灵保护以及母联过流保护等	微机母线保护

注　9000 A 系列与 9000 B 系列差别主要在于测控功能和保护信息。

B. 4　RCS、PCS-9600 系列工业电气保护测控装置

RCS、PCS 系列微机保护监控装置型号、保护配置和应用范围见表 B. 4-1。

表 B. 4-1　　　　**RCS、PCS-9600 系列微机保护监控装置型号、保护配置和应用范围**

型号	保护配置	应用范围
RCS-9611CS PCS-911D	适用于 110kV 以下电压等级的非直接接地系统或低电阻接地系统中的线路： 三段可经复压和方向闭锁的过流保护； 三段零序过流； 过流加速保护和零序加速保护； 过负荷功能（报警或跳闸）； 两段低压保护； 一段母线过压保护； 一段零序过压保护； 三相一次重合闸	线路保护
RCS-9613CS PCS-9613D	适用于 110kV 以下电压等级的非直接接地系统或低电阻接地系统中的线路： 线路光纤纵差保护； 三段可经复压和方向闭锁的过流保护； 三段零序过流； 过流加速保护和零序加速保护； 过负荷功能（报警或跳闸）； 三相一次重合闸	线路光纤纵差保护
RCS-9615CS	适用于 66kV 及以下电压等级的非有效接地系统（中性点谐振接地系统或不接地）中的线路： 三段式相间距离保护； 不对称故障相继速断； 距离加速保护； 两段可经复压和方向闭锁的过流保护和一段不经复压和方向闭锁的过流保护； 三段零序过流保护； 过流加速保护和零序加速保护； 过负荷功能（报警或跳闸）； 三相一次重合闸	线路距离保护
RCS-9616CS PCS-9616D	适用于 110kV 以下电压等级的母线： 短充过流保护（可经复压闭锁）； 短充零序过流保护； 两段长充过流保护（可经复压闭锁）； 两段长充零序过流保护	充电保护
RCS-9618CS PCS-9618D	适用于 110kV 及以下电压等级的线变组（双圈）： 光纤分相电流差动保护（差动速断和比率差动）； 四段过流保护（Ⅰ、Ⅱ、Ⅲ段可经复压和方向闭锁）； 一段独立的过流反时限保护； 三段零序过流保护（Ⅰ、Ⅱ段可经方向闭锁）； 一段独立的零序反时限保护； 过负荷功能（报警或跳闸）； 5 路非电量保护； 零序过压保护	线变组光纤差动保护

7

型号	保护配置	应用范围
RCS-9621CS PCS-9621D	适用于 66kV 及以下电压等级的中性点直接接地系统或低电阻接地系统中的站用变压器或接地变压器： 三段复合电压闭锁过流保护； 高压侧正序反时限保护； 过负荷报警； 两段定时限负序过流保护（Ⅰ段用作断相保护，Ⅱ段用作不平衡保护）； 高压侧接地保护：三段定时限零序过流保护；零序过压保护； 低压侧接地保护：三段定时限零序过流保护；零序反时限保护； 低电压保护； 非电量保护	站用变压器保护
RCS-9628CS PCS-9628D	三段低电压保护（Ⅲ段可作为复合电压闭锁输出）； 母线过电压保护； 零序过电压保护； TV 断线报警； 非电量保护	母线电压保护
RCS-9631CS PCS-9631D	适用于 66kV 及以下电压等级的中性点直接接地系统或低电阻接地系统中的并联电容器： 三段过流保护； 两段零序过流保护； 过电压保护； 低电压保护； 不平衡电压保护； 不平衡电流保护； 非电量保护	电容器保护
RCS-9633CS	适用于 66kV 及以下电压等级的中性点直接接地系统或低电阻接地系统中的并联电容器： 三段过流保护； 两段零序过流保护； 过电压保护； 低电压保护； 差压保护； 非电量保护	电容器保护
RCS-9641CS PCS-9626D	适用于 3～10kV 电压等级中高压异步电动机： 短路保护和启动时间过长及堵转保护：三段定时限过流保护； 不平衡保护（包括断相和反相）：二段定时限负序过流保护，一段负序过负荷报警； 过负荷保护； 过热保护； 接地保护； 低电压保护； 过电压保护； 5 路非电量保护； FC 回路配合的过流闭锁功能； 低电压闭锁启动功能	电动机保护

型号	保护配置	应用范围
RCS-9642CS PCS-9627D	适用于3～10kV电压等级中高压大型异步电动机： 电流纵差保护/磁平衡差动保护； 短路保护和启动时间过长及堵转保护：三段定时限过流保护； 不平衡保护（包括断相和反相）：二段定时限负序过流保护，一段负序过负荷报警； 过负荷保护； 过热保护； 接地保护； 低电压保护； 过电压保护； 5路非电量保护； FC回路配合的过流闭锁功能； 低电压闭锁启动功能	电动机保护
RCS-9643CS	适用于3～10kV电压等级中高压大型同步电动机： 电流纵差保护/磁平衡差动保护； 短路保护和启动时间过长及堵转保护：三段定时限过流保护； 不平衡保护（包括断相和反相）：二段定时限负序过流保护，一段负序过负荷报警； 过负荷保护； 过热保护； 接地保护； 低电压保护； 过电压保护； 低周保护； 失步保护； 低功率保护、逆功率保护； 6路非电量保护； FC回路配合的过流闭锁功能； 低电压闭锁启动功能	电动机保护
RCS-9647CS PCS-9647D	适用于110kV以下电压等级的电抗器： 差动速断保护、比率差动保护； 两段定时限过流保护、一段反时限过流保护； 两段零序过流保护； 过负荷保护； 6路非电量保护	电抗器保护
RCS-9651CS PCS-9651D	可实现各电压等级、不同主接线方式的备用电源自投和分段开关的过流保护： 4种方式的备用电源自投逻辑； 过负荷减载； 两段相间过流保护； 一段零序过流保护； 合闸后加速保护； 相间过流和零序过流； 母联充电保护	备用电源自投

7

型号	保护配置	应用范围
RCS-9658CS	适用于 110kV 以下电压等级的负荷侧或小电源侧，它不同于因系统有功、无功缺额而设置的低频低压减载（解列）装置： 二段零序过压解列保护； 二段低压解列保护； 二段低周解列； 二段母线过压解列保护； 二段高周解列	故障解列
RCS-9661CS PCS-9661D	适用于 110kV 及以下电压等级的变压器，配有 8 路非电量保护、四路不按相操作断路器的独立跳合闸操作回路、两个电压切换回路（或两个电压并列回路）	变压器非电量保护
RCS-9671CS PCS-9671D	适用于 110kV 及以下电压等级的双圈、三圈变压器，满足四侧差动的要求： 差动速断保护； 比率差动保护（经二次谐波制动）； 中、低压侧过流； TA 断线判别	变压器差动保护
RCS-9678CS	适用于 110kV 及以下电压等级的双圈变压器： 差动速断保护； 比率差动保护（经二次谐波制动）； 高、低压侧复压过流保护（各三段）； 过负荷发信； 过载闭锁有载调压； 过负荷启动风冷； 零序过电压报警； 8 路非电量保护	变压器保护
RCS-9681CS PCS-9681D	适用于 110kV 及以下电压等级变压器的 110kV 或 35kV 或 10kV 侧后备保护： 五段复合电压闭锁过流保护，一段过流保护； 接地零序方向过流保护； 不接地零序保护（一段定值二段时限的零序过压保护，一段定值二段时限的间隙零序过流保护）； 过负荷发信号； 过负荷启动主变压器风冷； 过载闭锁有载调压	变压器后备保护
PCS-9656D	为中、低压母线以及中、低压开关柜中可能产生弧光短路的断路器提供快速保护： 断路器失灵保护； 电弧光保护	电弧光保护

7

<h1 style="text-align:center">参 考 文 献</h1>

[1] 崔家佩等. 电力系统继电保护与安全自动装置整定计算[M]. 北京：中国电力出版社，2004.
[2] 许正亚. 发电厂继电保护整定计算及其运行技术[M]. 北京：中国水利水电出版社，2009.
[3] 许正亚. 变压器及中低压网络数字式保护[M]. 北京：中国水利水电出版社，2004.
[4] 高春如. 大型发电机组继电保护整定计算与运行技术[M]. 2版. 北京：中国电力出版社，2010.
[5] 要焕年，曹梅月. 电力系统谐振接地[M]. 2版. 北京：中国电力出版社，2009.
[6] 许敬贤，张道民. 电力系统继电保护：下[M]. 北京：中国工业出版社，1965.
[7] 袁季修，盛和乐，吴聚业. 保护用电流互感器应用指南[M]. 北京：中国电力出版社，2004.

7

8 变电站二次回路

8.1 变电站常用的直流操作电源

变电站的控制、信号、保护及自动装置以及其他二次回路的工作电源称为操作电源。对操作电源的基本要求如下：

（1）在正常情况下，应能提供断路器跳、合闸以及其他设备保护和操作控制的电源。

（2）在事故状态下，电网电压下降甚至消失时，能提供继电保护跳闸及事故照明电源，避免事故扩大。

8.1.1 直流操作电源系统

8.1.1.1 直流操作系统基本接线

（1）直流操作系统接线要求安全可靠、接线简单、供电范围明确、操作方便。

1）系统电压选择：专用控制负荷的直流系统宜采用110V；专供动力负荷的直流系统宜采用220V；控制负荷和动力负荷合并供电的直流系统采用220V或110V。

2）蓄电池组数配置：220～750kV变电站应装设不少于2组蓄电池，110kV及以下变电站宜装设1组蓄电池，对于重要的110kV变电站也可装设2组蓄电池。

3）充电装置配置：充电装置型式宜选用高频开关电源模块型充电装置，也可选用相控式充电装置。

a）1组蓄电池，采用相控式充电装置时，宜配置2套充电装置；采用高频开关充电装置时，宜配置1套充电装置，也可配置2套充电装置。

b）2组蓄电池，采用相控式充电装置时，宜配置3套充电装置；采用高频开关充电装置时，宜配置2套充电装置，也可配置3套充电装置。

（2）直流系统基本接线方式有单母线和单母线分段两种。下面为几种常用的主接线图：

1）1组蓄电池配置1套充电装置，宜采用单母线接线。单充单母线直流系统接线如图8.1-1所示。

a）特点：接线简单、可靠。

b）适用范围：① 适用于110kV及以下的变电站；② 对电压波动范围要求不严格的直流负荷；③ 不要求进行核对性充放电和均衡充电电压较低，能满足直流负荷要求的蓄电池组，如阀控式密封铅酸蓄电池组。

2）1组蓄电池配置2套充电装置，宜采用单母线分段接线。双充单母线分段直流系统接线如图8.1-2所示。

a）双充单母线分段接线特点：接线灵活可靠，正常运行时，2套充电装置可独立或并联运行，也可互为备用，重要负荷可从两段母线分别引电源，提高了供电可靠性。

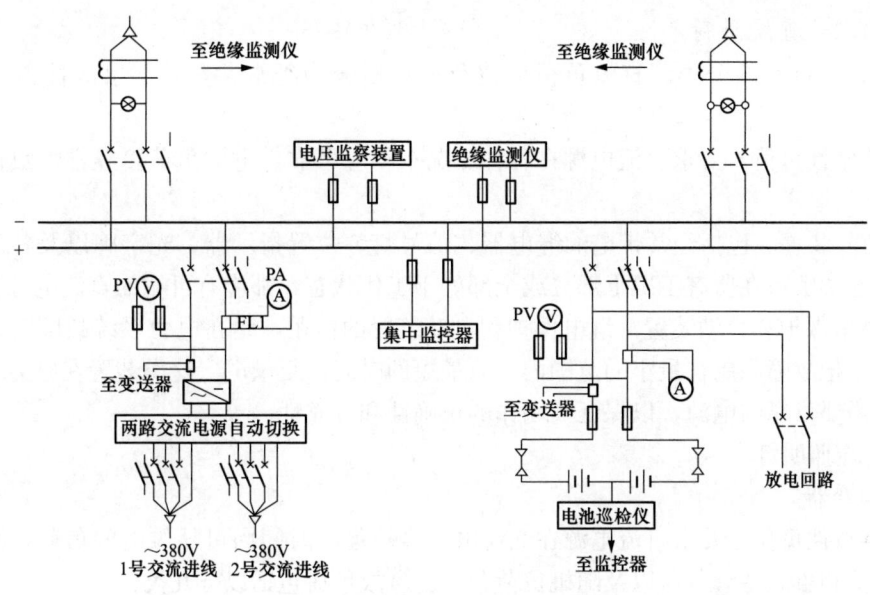

图 8.1-1　单充单母线直流系统接线图

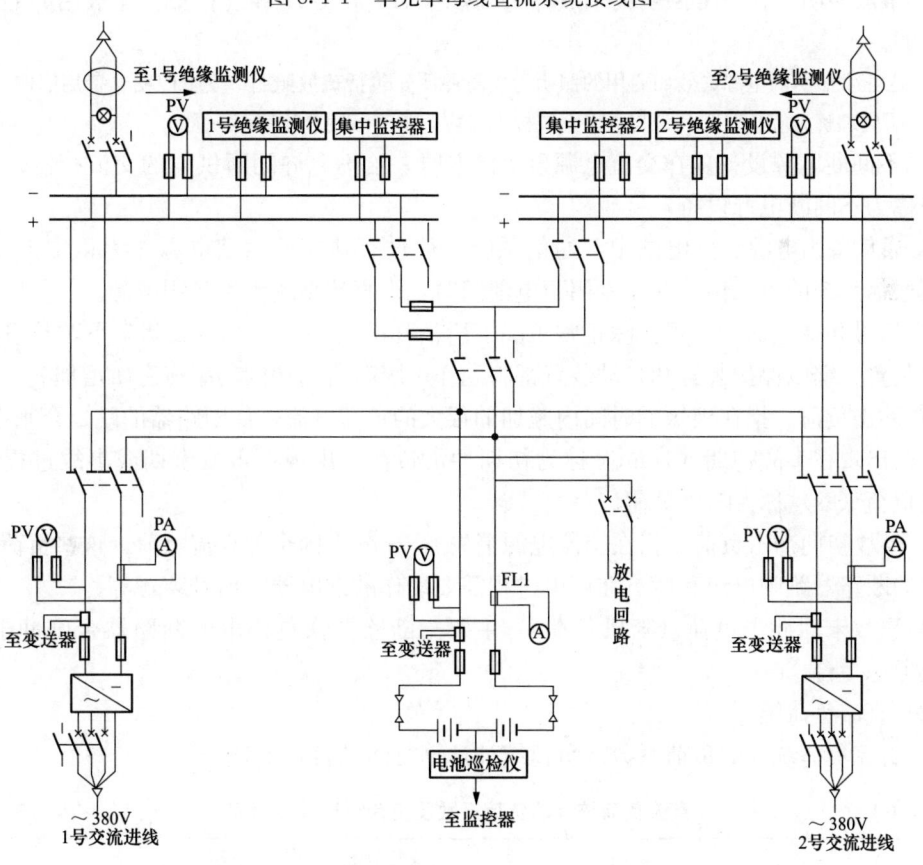

图 8.1-2　双充单母线分段直流系统接线图

b）适用范围：①适用于 220kV 及以下的变电站；②对电压波动范围要求不严格的直流负荷；③此种接线方式满足核对性充放电要求，适合各种蓄电池。

8.1.1.2　直流负荷

（1）直流负荷的分类。直流负荷应按负荷性质分为经常性负荷、事故性负荷和冲击负荷。

1）经常性负荷。要求直流电源在各种工况下均应可靠供电的负荷。经常性负荷包括以下几种：

a）信号装置。包括经常带电的继电器、信号灯、位置指示器、光字牌以及各类信号报警器等。这类负荷在所有工况下部分或全部处于工作状态，都应有可靠的直流电源供电。

b）继电保护和自动装置。继电保护和自动装置的作用，是在电力系统故障时，有效地切除故障，把故障限制在最小的范围内，以最短的时间恢复供电。这类装置在电力系统正常和事故时需要可靠的电源，以保证其动作的正确性和可靠性。

c）直流照明灯。

d）逆变器。

2）事故性负荷。要求直流电源在交流电源事故停电时间内可靠供电的负荷，并应按事故初期负荷和事故持续负荷以及随机负荷分类。事故负荷包括以下几类：

a）事故照明。在正常照明因事故停电而熄灭后，供处理事故和安全疏散用的照明称为事故照明。

> **注**　因正常照明的电源失效而启用的照明为应急照明，包括疏散照明、安全照明、备用照明。事故照明应理解为应急照明，为与电力系统标准对应，本节沿用事故照明一词。

b）不间断电源设备。在交流电源事故停电时，给不允许间断供电的交流控制负荷供电的电源称为不间断电源设备。

c）通信备用电源。变电站中，通信系统一般设有独立的通信电源作为正常工作电源。为保证通信系统的可靠性，在无专用蓄电池组时，由直流系统供给备用电源。

d）信号和继电保护装置。除正常工况下所消耗的功率外，在事故状态下，与事故相关的信号装置、继电保护装置和自动装置都将动作，瞬时所消耗的功率将有所增加。

3）冲击负荷。指在极短的时间内施加的很大的负荷电流，如断路器的跳、合闸电流等。冲击负荷出现在事故初期（1min）称为初期冲击负荷，出现在事故末期或事故过程中的瞬间冲击负荷（5s）称为随机负荷。

a）事故初期冲击负荷。指在交流电源消失后1min内的全部直流负荷，这些负荷包括需要切除的断路器跳闸电流和所有在停电过程需要动作的继电器、信号装置等。

b）事故末期冲击负荷（随机负荷）。主要指断路器恢复供电的断路器合闸冲击负荷，一般只考虑1台。

（2）直流负荷统计。

1）直流负荷统计的负荷系数及负荷统计计算时间见表8.1-1。

表 8.1-1　　　　　　　直流负荷统计的负荷系数及负荷统计计算时间

序号	负荷名称	负荷系数	经常	事故放电计算时间				备注
				1min	0.5h	1.0h	2.0h	
1	控制、保护、继电器	0.6	√	√		√	△	
2	控制室长明灯	1.0	√	√		√	△	

序号	负荷名称	负荷系数	经常	事故放电计算时间				备 注
				1min	0.5h	1.0h	2.0h	
3	监控系统、智能装置	0.8	√	√		√	△	
4	高压断路器互投	1.0		√				
5	断路器跳闸	0.6		√				按实际统计
6	事故照明	1.0		√		√	△	
7	电源自动切换	1.0		√				
8	交流不停电电源	0.6		√		√	△	
9	恢复供电断路器合闸	1.0						随机负荷，按1台合闸统计

注　1. 表中"√"表示具有该项负荷时，应予以统计的项目。

　　2. 表中"△"表示在工程采用事故停电时间大于1h的蓄电池时需要统计的负荷。

　　3. 有人值班的变电站事故放电计算时间应按1h计算，无人值班的变电站事故放电时间应按2h计算。

2）110（220）V直流负荷统计表见表8.1-2。

表 8.1-2　　　　　110（220）V直流负荷统计表（按 2.0h 事故放电）

序号	负荷名称	装置容量(kW)	负荷系数	计算容量(kW)	计算电流(A)	经常负荷电流(A)	事故放电时间及电流（A）					备注
							初期	持续（min）			随机	
							1min	1～30	30～60	60～120	5s	
1												
2												
3												
4												
5												
6	电流统计（A）					$I_{jc}=$	$I_1=$	$I_2=$	$I_3=$	$I_4=$	$I_R=$	
7	容量统计（Ah）							$C_{s,0.5}=$	$C_{s,1.0}=$	$C_{s,2.0}=$		

3）直流负荷统计中应注意的问题：

a）列项完整、不要漏项。

b）负荷计算容量力求准确、合理。

c）正确分析事故放电过程、合理选择工作时间。

4）由直流系统供电的控制、信号、保护和自动装置等负荷的电流，可由各装置的铭牌参数查得，也可由额定功耗计算求得。在直流负荷统计表中，应根据各装置的额定功耗、电流和装置数量分类进行统计计算。当缺乏确切的负荷资料时，可参考下述方法进行统计计算。

a）经常负荷：

——信号灯和位置指示器。每只信号灯或位置指示器的功耗按 3～5W 统计；根据断路器、隔离开关等回路数量，按系统（如各电压等级）分别统计；即各系统直流功耗＝（断路器数＋隔离开关数）×（3～5W）。

——控制、保护、监控系统。根据设计和运行经验，不同电力单元的控制回路接入的经常带电的中间继电器数量，每回可按下述估算：35kV 及以下变压器，2～4 只；35kV 及以下线路，2～4 只；10kV 及以下变压器，2～4 只；10kV 及以下线路，2～4 只；每只继电器的功耗约为 5～7W。

经常带电继电器消耗的总功率 P_{kj} 为

$$P_{kj} = N_k \times (5 \sim 7) \tag{8.1-1}$$

继电器的事故负荷 P_{ks} 按经常带电继电器消耗的总功率的 1.2 倍统计，即

$$P_{ks} = 1.2 P_{kj} \tag{8.1-2}$$

式中　P_{kj}——继电器消耗的总功率，W；

　　　N_k——继电器数量；

　　　P_{ks}——继电器的事故负荷，W。

继电保护和自动装置主要分为电磁型、整流型、集成电路型和微机型四种型式。电磁型继电保护装置动作速度慢、性能差、交流功耗大、维护工作量大，目前应用量逐渐减少。集成电路型或微机型继电保护装置具有动作速度快、功耗小、调校整定方便、维护简单等一系列特点，目前已被广泛采用。集成电路型和微机型每套主设备继电保护装置和自动装置屏在正常和动作工况下的直流功率消耗值以实际配置的装置功耗值计算，在无确切负荷资料时可参考 DL/T 866—2015《电流互感器和电压互感器选择及计算规程》。表 8.1-3 列出了采用微机保护和微机监控设备的电气回路单元平均功耗，供缺乏实际设备参数的工程计算参考。

表 8.1-3　　　　采用微机保护和微机监控设备的电气回路单元平均功耗

序号	负荷名称	标称容量 (W)	负荷系数	计算容量 (W)		负荷电流 (A) 220V/110V	
				正常	事故	正常	事故
1	220kV 变压器	300	0.8	180	240	0.82/1.64	1.09/2.18
2	110kV 变压器	150	0.8	90	120	0.41/0.82	0.55/1.09
3	35～66kV 变压器	100	0.8	60	80	0.27/0.55	0.36/0.73
4	3～20kV 变压器	30	0.8	18	24	0.082/0.164	0.109/0.218
5	220kV 线路	200	0.8	120	160	0.55/1.09	0.73/1.45
6	110kV 线路	100	0.8	60	80	0.27/0.55	0.36/0.73
7	35～66kV 线路	50	0.8	30	40	0.136/0.27	0.18/0.36
8	3～20kV 线路	30	0.8	18	24	0.082/0.164	0.109/0.218
9	0.38kV 线路	20	0.8	12	16	0.055/0.109	0.073/0.145
10	断路器合闸电源	600	0.8	360	480	1.64/3.27	2.18/4.36
11	断路器跳闸电源	600	0.6	360	480	1.64/3.27	2.18/4.36
12	断路器储能电动机	800	0.8	480	640	2.18/4.36	2.91/5.82
13	66～110kV 监控装置	300	0.8	180	240	0.82/1.64	1.09/2.18
14	备自投装置	20	1.0	12	16	0.055/0.109	0.073/0.145
15	计量装置	20	0.8	12	16	0.055/0.109	0.073/0.145
16	110kV 及以上母线保护	150	0.8	90	120	0.41/0.82	0.55/1.09
17	110kV 及以上故障录波器	150	0.8	90	120	0.41/0.82	0.55/1.09

b）事故照明。对于变电站和中小型发电厂，一般采用主控制室控制方式，全部事故照明负荷均取自直流电源。直流事故照明负荷采用可瞬时燃亮的白炽灯。一般在主控制室、屋内配电装置室等处设置直流事故照明，容量按具体工程的事故照明负荷计算。

5）常用的各种断路器操动机构的技术数据列于表 8.1-4，可供计算参考。

表 8.1-4   **各型断路器操动机构技术数据表**

断路器型号	操动机构型号	合闸线圈电流(A) 直流电压(V)		跳闸线圈电流(A) 直流电压(V)		合闸时间 t (ms)	分闸时间 t (ms)	储能电动机容量 (W)		合闸回路熔断器电流(A) 直流电压(V)	
		110	220	110	220			110V	220V	110	220
LW49-126	CT20	5.7	2	5.7	2	80±10	33±5	600	600		
LW30-126	CT26	4.6	2.3	5.6	2.8	95±15	33±7	600	600	10	6
VD4-35	CT(VD4-35)	2.27	1.14	2.27	1.14	55≤t≤70	33≤t≤45	140	140	6	6
ZN12-35	CT(ZN12-35)	1.91	0.89	1.91	0.89			275	275	6	6
ZN65-35	CT(ZN65-35)	1.8	0.9	1.8	0.9			200~275	200~275		6
VSH-40.5	VSH	2.8	1.4	1.4	0.7	35≤t≤70	20≤t≤50	90	90	6	6
VTC-35	CT(VTC)	1.8	0.9	1.8	0.9	50≤t≤100	30≤t≤60	230	230	6	6
VTC-12	CT(VTC)	1.8	0.9	1.8	0.9	35≤t≤70	20≤t≤50	70	70	6	6
VSH-12	VSH	2.8	1.4	1.4	0.7	35≤t≤70	20≤t≤50	90	90	6	6
ZN28-12	CT17	2.2	1.4	2.2	1.4			75	75	6	6
ZN28-12	CT19	1.3	0.55	2.3	1.2			100~150	110~150	6	6
ZN12-12	CT(ZN12)	1.91	0.89	1.91	0.89	≤75	≤50	275	275	6	6
CS1	CT(VS1)	2.75	1.47	2.75	1.47	35≤t≤70	20≤t≤50	70~100	70~100		
ZN63A-12	CT(ZN63)	2.91	1.45	2.23	1.11	≤100	≤50	50~70	50~70	6	6
ZN65A	CT(ZN65A)	1.8	0.9	1.8	0.9	47±7	52±7	200	200	6	6
ZN68-12	CT(ZN68A)	2.5	1.25	2.5	1.25	≤75	≤65			6	6
VD4	CT(VD4)	2.27	1.14	2.27	1.14	≤70	≤50	140	140	6	6
VH4-12	CT(VH4)	1.91	0.89	1.91	0.89	50±15	50±15	300	300	6	6
VS1	CT(VS1)	3.35	1.67	3.35	1.67	≤100	≤50	70~100	70~100	6	6

8.1.1.3 蓄电池的选择

蓄电池组在正常浮充电运行方式下，直流母线电压应为直流系统额定电压的 105％。其他运行方式下，直流系统母线电压不应超出直流用电设备所允许的电压波动范围。直流母线电压应在直流系统额定电压的 87.5％～110％范围内。

（1）蓄电池个数的选择。

1）应按浮充电运行时单体电池正常浮充电电压值和直流母线电压为 $1.05U_N$ 来选择蓄电池个数，即

$$n = 1.05U_N/U_f \tag{8.1-3}$$

式中 U_N——直流系统额定电压，V；

        U_f——每个蓄电池浮充电电压，V；

　　　　　　n——蓄电池组个数。

　　2）蓄电池浮充电压应根据厂家推荐值选取，当无产品资料时可按以下选择：

　　a）防酸式铅酸蓄电池的浮充电压宜取 2.15～2.17V（GFD 型蓄电池取 2.17～2.23V）。

　　b）阀控式密封铅酸蓄电池的浮充电压宜取 2.23～2.27V。

　　3）蓄电池参数选择应符合表 8.1-5 和表 8.1-6 的规定。

表 8.1-5　　　固定型排气式和阀控式铅酸蓄电池组的单体 2V 电池参数选择数值表

系统标称电压（V）	浮充电压（V）	2.15		2.23		2.25	
	均充电压（V）	2.30		2.33		2.33	2.35
220	蓄电池个数	104	107*	103	104*	104	103*
	浮充时母线电压（V）	223.6	230	229.7	231.9	234	231.8
	$\dfrac{\text{均充时母线电压}}{\text{系统标称电压}}\times100\%$（%）	108.7	111.9	109.1	110.2	110.15	110
	放电终止电压（V）	1.85	1.80	1.87	1.85	1.85	1.87
	$\dfrac{\text{母线最低电压}}{\text{系统标称电压}}\times100\%$（%）	87.5	87.6	87.6	87.5	87.5	87.6
110	蓄电池个数	52	53*	52*	53	52*	52
	浮充时母线电压（V）	111.8	114	116	118.2	117	117
	$\dfrac{\text{均充时母线电压}}{\text{系统标称电压}}\times100\%$（%）	108.7	110.8	110.2	112.3	110.2	111.1
	放电终止电压（V）	1.85	1.85	1.85	1.85	1.85	1.85
	$\dfrac{\text{母线最低电压}}{\text{系统标称电压}}\times100\%$（%）	87.5	89.1	87.5	89.1	87.5	87.5

　　*　推荐值。

表 8.1-6　　　阀控式密封铅酸蓄电池组的组合 6V 和 12V 电池参数选择数值表

系统标称电压（V）	组合电池电压（V）	电池个数	浮充电压（V）	$\dfrac{\text{浮充时母线电压}}{\text{系统标称电压}}\times100\%$（%）	均充电压（V）	$\dfrac{\text{均充时母线电压}}{\text{系统标称电压}}\times100\%$（%）	放电终止电压（V）	$\dfrac{\text{母线最低电压}}{\text{系统标称电压}}\times100\%$（%）
220	6	34	6.75	104.3	7.05	109	5.7	88.1
		34+1(2V)		105.3		110	5.61	87.6
	12	17	13.5	104.3	14.10	109	11.4	88.1
		17+1(2V)		105.3		110	11.22	87.6
110	6	17+1(2V)	6.75	106.4	6.99	108	5.55	87.5
		17		104.3	7.05	109	5.7	88.1
	10	10+1(4V)	11.25	104.3	11.75	109	9.25	87.5
	12	8+1(8V)	13.5	104.3	14.10	109	11.10	87.5

　　（2）蓄电池均衡充电电压选择。根据蓄电池个数及直流母线电压允许的最高值选择单体蓄电池均衡充电电压。

　　1）对于控制负荷和控制、动力混合负荷，单体蓄电池均衡充电电压值为

$$U_C \leqslant 1.10 U_N / n \qquad (8.1\text{-}4)$$

2) 对于动力负荷，单体蓄电池均衡充电电压值为

$$U_C \leqslant 1.125 U_N/n \tag{8.1-5}$$

（3）蓄电池放电终止电压选择。根据蓄电池个数及直流母线电压允许的最低值选择单体蓄电池事故放电末期终止电压，即

$$U_m \geqslant 0.875 U_N/n \tag{8.1-6}$$

式（8.1-4）~式（8.1-6）　U_N——直流系统额定电压，V；

　　　　　　　　　　U_f——每个蓄电池浮充电压，V；

　　　　　　　　　　U_C——每个蓄电池均衡充电电压，V；

　　　　　　　　　　U_m——每个蓄电池放电末期电压，V；

　　　　　　　　　　n——蓄电池组个数。

（4）蓄电池容量的选择。蓄电池容量选择计算条件：应满足全站事故停电时间内的放电容量；应满足事故初期（1min）冲击负荷电流的放电容量；应满足蓄电池组持续放电时间内随机（5s）冲击负荷电流的放电容量；应以最严重的事故放电阶段计算直流母线电压水平。蓄电池容量选择的计算采用阶梯负荷法（也称电流换算法）。

1) 计算方法：

a）按事故放电时间分别统计事故放电电流，确定负荷曲线。

b）根据蓄电池型式、放电终止电压和放电时间，确定相应的容量换算系数（K_C）。

c）根据事故放电电流，按事故放电阶段逐段进行容量计算。当有随机（5s）冲击负荷时，应叠加在第一阶段以外的计算容量最大的放电阶段，然后与第一阶段计算容量比较后取其大者。

d）选取与计算容量最大值接近的蓄电池标称容量（C_{10}），作为蓄电池的选择容量。

2) 计算步骤：

a）根据表 8.1-1 中的直流负荷分析进行直流负荷统计，按事故放电时间分别统计事故放电容量填写在表 8.1-2 中。

b）绘制负荷曲线，见图 8.1-3。

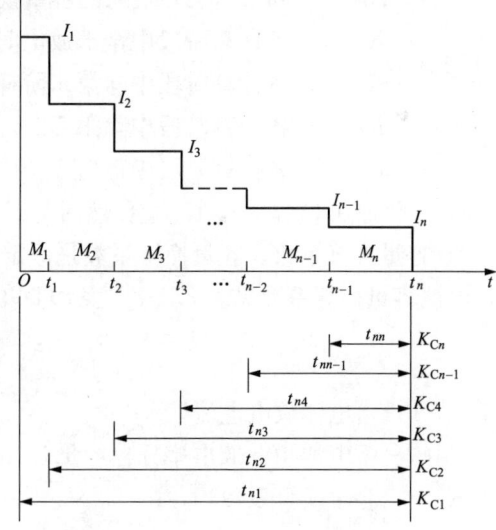

图 8.1-3　负荷曲线

按照直流母线允许最低电压要求，确定单体蓄电池放电终止电压。计算容量时，根据不同蓄电池型式、终止电压和放电时间，在表 8.1-7~表 8.1-9 中查找容量换算系数（K_C）。

按第一阶段计算容量

$$C_{C1} = K_K \frac{I_1}{K_C} \tag{8.1-7}$$

按第二阶段计算容量

$$C_{C2} = K_K \left[\frac{1}{K_{C1}} I_1 + \frac{1}{K_{C2}} (I_2 - I_1) \right] \tag{8.1-8}$$

按第三阶段计算容量

$$C_{C3} = K_K \left[\frac{1}{K_{C1}} I_1 + \frac{1}{K_{C2}} (I_2 - I_1) + \frac{1}{K_{C3}} (I_3 - I_2) \right] \tag{8.1-9}$$

按第 n 阶段计算容量

$$C_{Cn} = K_K \left[\frac{1}{K_{C1}} I_1 + \frac{1}{K_{C2}} (I_2 - I_1) + \cdots + \frac{1}{K_{Cn}} (I_n - I_{n-1}) \right] \tag{8.1-10}$$

随机负荷计算容量

$$C_R = \frac{I_R}{K_{CR}} \tag{8.1-11}$$

式中　$C_{C1} \sim C_{Cn}$——蓄电池 10h 放电率各阶段的计算容量，Ah；

C_R——随机（5s）负荷计算容量，Ah；

$I_1 \sim I_n$——各阶段的负荷电流，A；

I_R——随机（5s）负荷电流，A；

K_K——可靠系数，取 1.40；

K_C——1min 放电时的容量换算系数，1/h；

K_{CR}——随机（5s）负荷的容量换算系数，1/h；

K_{C1}——各计算阶段中全部放电时间的容量换算系数，1/h；

K_{C2}——各计算阶段中除第 1 阶梯时间外放电时间的容量换算系数，1/h；

K_{C3}——各计算阶段中除第 1、2 阶梯时间外放电时间的容量换算系数，1/h；

K_{Cn}——各计算阶段中最后 1 个阶梯放电时间的容量换算系数，1/h。

将 C_R 叠加在 C_{C2}，$\cdots$，C_{Cn} 上，然后与 C_{C1} 比较，取其大者，即为蓄电池的计算容量。

3）容量换算系数。容量换算系数是额定容量 1Ah 的电池所承担的放电电流。典型的几种蓄电池容量换算系数见表 8.1-7～表 8.1-9。

$$K_C = \frac{I}{C_{10}} \tag{8.1-12}$$

式中　I——蓄电池放电电流，A；

C_{10}——蓄电池 10h 放电率标称容量，Ah；

K_C——容量换算系数，1/h。

表 8.1-7　阀控式密封铅酸蓄电池（胶体）（单体 2V）的容量换算系数表

放电终止电压（V）	不同放电时间的 K_C									
	5s	1min	29min	30min	59min	60min	89min	90min	119min	120min
1.80	1.230	1.170	0.820	0.810	0.530	0.520	0.430	0.420	0.333	0.330
1.83	1.120	1.060	0.740	0.730	0.500	0.490	0.390	0.380	0.313	0.310
1.87	1.000	0.940	0.670	0.660	0.460	0.450	0.376	0.370	0.292	0.290
1.90	0.870	0.860	0.650	0.600	0.430	0.424	0.360	0.350	0.276	0.274
1.93	0.820	0.790	0.550	0.540	0.410	0.400	0.320	0.310	0.262	0.260

表 8.1-8　　　　　阀控式密封铅酸蓄电池（贫液）（单体 2V）的容量换算系数表

放电终止电压 (V)	不同放电时间的 K_C									
	5s	1min	29min	30min	59min	60min	89min	90min	119min	120min
1.75	1.540	1.530	1.000	0.984	0.620	0.615	0.482	0.479	0.390	0.387
1.80	1.450	1.430	0.920	0.900	0.600	0.598	0.476	0.472	0.377	0.374
1.83	1.380	1.330	0.843	0.823	0.570	0.565	0.458	0.455	0.360	0.357
1.85	1.340	1.240	0.800	0.780	0.558	0.540	0.432	0.428	0.347	0.344
1.87	1.270	1.180	0.764	0.755	0.548	0.520	0.413	0.408	0.336	0.334
1.90	1.190	1.120	0.685	0.676	0.495	0.490	0.383	0.381	0.323	0.321

表 8.1-9　　　　阀控式密封铅酸蓄电池（贫液）（单体 6V 和 12V）的容量换算系数表

放电终止电压 (V)	不同放电时间的 K_C									
	5s	1min	29min	30min	59min	60min	89min	90min	119min	120min
1.75	2.080	1.990	1.010	1.000	0.708	0.700	0.513	0.509	0.437	0.435
1.80	2.000	1.880	1.000	0.990	0.691	0.680	0.509	0.504	0.431	0.429
1.83	1.930	1.820	0.988	0.979	0.666	0.656	0.498	0.495	0.418	0.416
1.85	1.810	1.740	0.976	0.963	0.639	0.629	0.489	0.487	0.410	0.408
1.87	1.750	1.670	0.943	0.929	0.610	0.600	0.481	0.479	0.401	0.399
1.90	1.670	1.590	0.585	0.841	0.576	0.571	0.464	0.462	0.389	0.387

4）蓄电池容量选择的原始数据。

a）负荷数据应按实际工程的负荷情况统计、计算，必要时绘制负荷曲线。

b）根据蓄电池的型式选择适宜的容量换算系数表，确定蓄电池放电终止电压。单体蓄电池放电终止电压应根据直流系统中直流负荷允许的最低电压值和蓄电池的个数来确定，但不得低于产品规定的最低允许电压值。按照直流负荷的要求，其最低允许电压各不相同，应取其中最高的一个数值。

c）根据计算容量和蓄电池的容量标称系列，选择蓄电池标称容量。

8.1.1.4　充电装置

（1）充电装置主要包括监控装置和整流装置。整流装置分为两大类，即相控整流装置和高频开关整流装置。

1）相控整流装置由主电路、移相触发电路、自动调整电路和信号保护电路四部分构成，原理框图如图 8.1-4 所示。

a）主电路。主变压器将输入的三相 380V 交流电压降至整流器所需的交流电压值，再由带平衡电抗器的可控整流电路将交流变成脉动直流，滤波后将平滑的直流供给负载。

b）移相触发电路。由同步变压器取得正弦同步电压，通过积分电路获得余弦波，它与自动调整电路送来的控制电压比较形成脉冲，再经过脉冲调制和功率放大器电路，输出脉冲群去触发主电路的晶闸管。

c）自动调整电路。通过取样电路从整流器输出端取得反馈量（电压和电流）与标准电压比较后，由综合放大电路放大，然后去控制移相触发电路，使其触发脉冲改变相位，以控

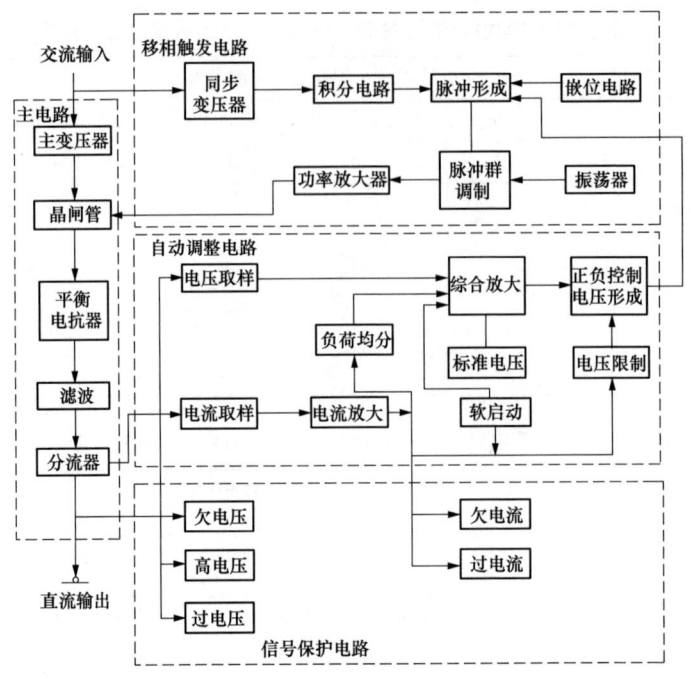

图 8.1-4　相控整流装置原理框图

制晶闸管的导通角,从而达到稳定输出的目的。

　　d)信号保护电路。在欠电流、欠电压、高电压时,发出相应告警信号,在过电压、过电流、熔丝熔断时能自动停机(跳闸)并告警。

　　2)高频开关整流装置由交流输入、滤波-整流-滤波、DC-DC 变换、滤波输出、控制电路组成,原理框图见图 8.1-5。

　　a)交流输入。输入三相 380V 交流电源。

　　b)整流滤波。交流输入经 EMI 滤波后,由全桥整流电路整流为直流电,供 DC-DC 变换用。

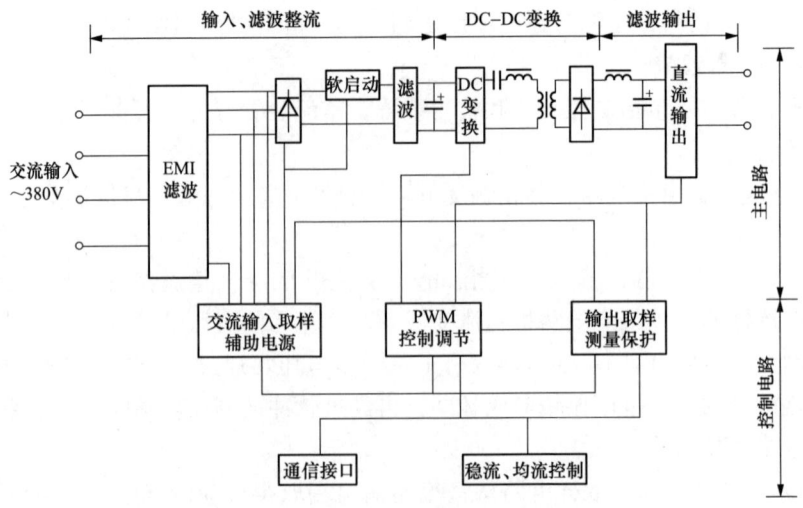

图 8.1-5　高频开关整流装置原理框图

c）DC-DC 变换。该部分电路由功率变换和高频整流两部分组成。将交流电网预整流后的直流电源变换为符合电力工程要求的直流电源，它是高频开关电源的核心部分。

d）滤波输出。将 DC-DC 变换后的直流电压，经二次滤波获得满足负荷要求的直流电压。该电路是高频整流模块和负载的界面，即为输出端口。

e）控制电路。通过检测、设定电路进行比较、放大并控制直流变换器，进而调节脉冲宽度或频率达到输出电压稳定的作用；同时根据检测数据，经保护电路鉴别对主回路实施保护作用。

蓄电池的充电装置宜选用高频开关整流装置或相控整流装置，应满足蓄电池充电和浮充电要求。

充电装置应具有稳压、稳流及限流性能，宜采用微机型。充电装置应具有自动和手动浮充电、均衡充电等功能，应为长期连续工作制。

充电装置的交流输入宜为三相制，额定频率为 50Hz，额定电压为 380V（1±10%）。小容量充电装置的交流输入可采用单相 220V（1±10%）。

充电装置的主要技术参数见表 8.1-10。

表 8.1-10 不同类型充电装置技术参数

参数	相控型	高频开关模块
稳压精度（%）	≤±1	≤±0.5
稳流精度（%）	≤±2	≤±1
纹波系数（%）	≤1	≤0.5

高频开关充电装置的谐波干扰、电磁兼容、均流系数、功率因数等指标应符合有关标准。

（2）充电装置的额定电流的选择应满足下列条件：

1）满足浮充电流要求。浮充输出电流应按蓄电池自放电电流与经常负荷电流之和计算。

铅酸蓄电池

$$I_r \geqslant 0.01 I_{10} + I_{jc} \qquad (8.1\text{-}13)$$

镉镍碱性蓄电池

$$I_r \geqslant 0.01 I_5 + I_{jc} \qquad (8.1\text{-}14)$$

2）满足蓄电池充电要求，充电时蓄电池脱开直流母线。

铅酸蓄电池

$$I_r = (1 \sim 1.25) I_{10} \qquad (8.1\text{-}15)$$

镉镍碱性蓄电池

$$I_r = (1 \sim 1.25) I_5 \qquad (8.1\text{-}16)$$

3）满足蓄电池均衡充电要求，蓄电池充电时仍对经常负荷供电。

铅酸蓄电池

$$I_r = (1 \sim 1.25) I_{10} + I_{jc} \qquad (8.1\text{-}17)$$

8

镉镍碱性蓄电池

$$I_r = (1 \sim 1.25)I_5 + I_{jc} \tag{8.1-18}$$

式（8.1-13）～式（8.1-18）中　　I_r——充电装置额定电流，A；

I_{jc}——直流系统的经常负荷电流，A；

I_{10}——铅酸蓄电池 10h 放电率电流，A；

I_5——镉镍碱性蓄电池 5h 放电率电流，A。

（3）充电装置输出电压选择。充电装置的输出电压调节范围应满足蓄电池放电末期和充电末期电压的要求。浮充电装置直流侧的长期工作电压对于 220V 和 110V 蓄电池组分别为 230V 和 115V。

$$U_r = nU_{cm} \tag{8.1-19}$$

式中　　U_r——充电装置的额定电压，V；

n——蓄电池组单体个数；

U_{cm}——充电末期单体蓄电池电压（固定型排气铅酸蓄电池为 2.70V，阀控式铅酸蓄电池为 2.4V，镉镍碱性蓄电池为 1.70V），V。

（4）蓄电池充电装置参数选择见表 8.1-11。

表 8.1-11　　　　　　充电装置输入输出电压和电流调节范围表

交流输入		相数		三相	
		额定频率（Hz）		50×（1±2%）	
		额定电压（V）		380×（85%～120%）	
直流输出	额定值	电压（V）		220	110
		电流（A）		10、20、30、40、50、60、80、100、160、200	
	恒流充电	电压调节范围	阀控式铅酸蓄电池	（90%～120%）U_n	
			固定型排气式铅酸蓄电池	（90%～135%）U_n	
			镉镍碱性蓄电池	（90%～135%）U_n	
		电流调节范围		（20%～100%）I_N	
	浮充电	电压调节范围	阀控式铅酸蓄电池	（95%～115%）U_n	
			固定型排气式铅酸蓄电池	（95%～115%）U_n	
			镉镍碱性蓄电池	（95%～115%）U_n	
		电流调节范围		（0%～100%）I_N	
	均衡充电	电压调节范围	阀控式铅酸蓄电池	（105%～120%）U_n	
			固定型排气式铅酸蓄电池	（105%～135%）U_n	
			镉镍碱性蓄电池	（105%～135%）U_n	
		电流调节范围		（0%～100%）U_n	

注　U_n——直流电源系统标称电压；I_N——充电装置直流额定电流。

（5）高频开关电源模块配置和数量选择。

1）每组蓄电池配置一组高频开关电源模块，其模块选择方式如下

$$n = n_1 + n_2 \qquad (8.1\text{-}20)$$

基本模块的数量

$$n_1 = \frac{I_r}{I_{me}} \qquad (8.1\text{-}21)$$

附加模块的数量

$$n_2 = 1 \,(\text{当 } n_1 \leqslant 6 \text{ 时}) \qquad (8.1\text{-}22)$$
$$n_2 = 2 \,(\text{当 } n_1 \geqslant 7 \text{ 时}) \qquad (8.1\text{-}23)$$

2）一组蓄电池配置两组高频开关电源模块或两组蓄电池配置三组高频开关电源模块，模块选择方法如下

$$n = \frac{I_r}{I_{me}} \qquad (8.1\text{-}24)$$

式（8.1-20）～式（8.1-24）中　I_r——充电装置额定电流，A；

I_{me}——单个模块额定电流，A；

n——高频开关电源模块选择的数量，模块数量宜不小于3。

（6）直流电源监控装置。直流电源监控装置是直流系统中用于监控、管理被控设备各种参数和工作状态的装置，是直流智能化监控的核心和主要设备，其主要功能是对蓄电池组实施动态管理和对充电装置进行监视和控制。监控装置应具备以下基本功能：

1）显示功能。监控装置应显示下列信息：

a）直流母线电压；

b）蓄电池输出电压、电流；

c）充电装置输出电压、电流；

d）直流母线电压过高过低；

e）直流系统接地及其位置；

f）充电装置运行方式切换、装置故障；

g）馈线故障、跳闸；

h）直流系统画面。

以上数据显示应实时、准确、可靠、清晰，并具备各种信息传输手段，提供打印接口。

2）控制功能。监控装置能对蓄电池、充电装置等直流设备的运行方式进行设定。根据设定，对被监控设备控制、调节和运行方式变更实施正确管理，并可实现自动和手动控制选择。

3）管理功能。监控装置应能对系统内的蓄电池、充放电装置、主要馈线等监控设备的运行方式、参数设定、更改及其建立、扩充、增加和删除实施管理。

4）通信功能。应能与监控中心远程上位机进行通信，通过上位机实现遥信、遥测。通信接口应采用标准接口或光纤通信接口，并应满足用户要求。

5）自检和人机对话功能。

8.1.1.5　直流保护设备和开关设备选择

（1）直流断路器的选择。各级直流馈线断路器宜选用具有瞬时电流速断保护和反时限过电流保护的直流断路器，当不满足选择性保护配合时，可增加短延时电流速断保护。额定电压应大于或等于回路的最高工作电压；额定短路分断电流及短时耐受电流应大于通过直流断

路器的最大短路电流；额定电流应大于回路的最大工作电流。各回路额定电流应按以下条件选择：

1）充电装置输出回路。充电装置输出回路断路器的额定电流为

$$I_N \geqslant K_K I_{rN} \tag{8.1-25}$$

式中　I_N——直流断路器额定电流，A；

　　　I_{rN}——充电装置额定输出电流，A；

　　　K_K——可靠系数，取 1.2。

2）控制、保护、信号回路。

a）断路器额定电流应按下式计算

$$I_N \geqslant K_C (I_{cc} + I_{cp} + I_{cs}) \tag{8.1-26}$$

式中　I_N——直流断路器额定电流，A；

　　　K_C——同时系数，取 0.8；

　　　I_{cc}——控制负荷计算电流，A；

　　　I_{cp}——保护负荷计算电流，A；

　　　I_{cs}——信号负荷计算电流，A。

b）上、下级断路器的额定电流应满足选择性配合要求，选择性配合电流比宜符合表8.1-12、表 8.1-13 的规定。

c）上、下级断路器选择性配合时应符合下列要求：

——对于集中辐射形供电的控制、保护、信号回路，直流柜母线馈线断路器额定电流不宜大于 63A；终端断路器宜选用 B 型脱扣器，额定电流不宜大于 10A。

——对于分层辐射形供电的控制、保护、信号回路，分电柜馈线断路器宜选用二段式微型断路器；终端断路器宜选用 B 型脱扣器，额定电流不宜大于 6A。

——对于环形供电的控制、保护、信号回路断路器，可按照集中辐射形供电方式选择。

——当断路器采用短路短延时保护实现选择性配合时，该断路器瞬时速断整定值的 0.8倍应大于短延时保护电流整定值的 1.2 倍，并应校核断路器短时耐受电流值。

3）蓄电池出口回路。

a）断路器额定电流按蓄电池的 1h 放电率电流选择，即

$$I_N \geqslant I_1 \tag{8.1-27}$$

式中　I_1——蓄电池 1h 放电率电流，铅酸蓄电池可取 $5.5 I_{10}$，A。

b）按保护动作选择性条件——额定电流应大于直流馈线中断路器额定电流最大的一台来选择，即

$$I_N > K_{C4} I_{N,max} \tag{8.1-28}$$

式中　$I_{N,max}$——直流馈线中直流断路器最大的额定电流，A；

　　　K_{C4}——配合系数，一般可取 2.0，必要时取 3.0。

取以上两种情况中电流最大者为断路器额定电流，并应满足蓄电池出口回路短路时灵敏系数的要求。同时还应按事故初期（1min）冲击放电电流校验保护动作时间。

4) 直流电动机回路，可按电动机的额定电流选择。

（2）直流断路器的保护整定。

1) 过负荷长延时保护（脱扣器）。

a）按断路器的额定电流整定

$$I_{DZ} \geqslant K I_N \tag{8.1-29}$$

b）根据下一级断路器的额定电流进行整定

$$I_{N1} \geqslant K_{ib} I_{N2} \tag{8.1-30}$$

$$t_1 > t_2 \tag{8.1-31}$$

式中　I_{DZ}——断路器过负荷长延时保护的约定动作电流，A；

　　　　K——断路器过负荷长延时保护热脱扣器的约定动作电流系数，取 1.3 或 1.45；

　　　　I_N——断路器过负荷电流整定值不可调的断路器可为断路器的额定电流，断路器过负荷电流整定值可调的断路器可取与回路计算电流相对应的断路器整定值电流，A；

　　　K_{ib}——上、下级断路器保护电流比例系数，取值不小于 1.6；

　I_{N1}、I_{N2}——上、下级断路器额定电流或整定电流，A；

　t_1、t_2——上、下级断路器在相同电流作用下的保护动作时间。

原则上应选择微型断路器、塑壳式断路器、框架式断路器等不同系列的直流断路器，额定电流应从小到大，它们之间的电流级差应满足选择性要求。

2) 短路瞬时保护（脱扣器）。

a）按本级断路器出口短路、瞬时保护可靠动作整定，即

$$I_{DZ1} \geqslant K_N I_N \tag{8.1-32}$$

b）按下一级断路器出口短路、瞬时保护可靠不动作整定，即

$$I_{DZ1} \geqslant K_{ib} I_{DZ2} > I_{d2} \tag{8.1-33}$$

式中　I_{DZ1}、I_{DZ2}——上、下级断路器瞬时保护（脱扣器）动作电流，A；

　　　　K_N——额定电流倍数，脱扣器整定值正误差或脱扣器瞬时脱扣范围最大值；

　　　　I_N——断路器额定电流，A；

　　　K_{ib}——上、下级断路器电流比系数，可按照表 8.1-12、表 8.1-13 的数据选取；

　　　　I_{d2}——下一级断路器出口短路电流，A。

当断路器具有限流功能时，式（8.1-33）可写为

$$I_{DZ1} \geqslant K_N I_{DZ2} / K_{XL} \tag{8.1-34}$$

式中　I_{DZ1}、I_{DZ2}——上、下级断路器瞬时保护（脱扣器）动作电流，A；

　　　　K_N——额定电流倍数，脱扣器整定值正误差或脱扣器瞬时脱扣范围最大值；

　　　K_{XL}——限流系数，其数值应由产品厂家提供，一般可取 0.60～0.80。

当配合系数不满足要求时，可提高上级断路器额定电流，以提高瞬时保护动作电流。但应进行灵敏系数计算，防止断路器拒动。

c）根据短路电流，校验各级断路器的动作情况。灵敏系数校验时，应根据计算的各断

路器安装处短路电流校验各级断路器瞬时脱扣的灵敏系数，还应考虑脱扣器整定值的正误差或脱扣范围最大值后的灵敏系数。灵敏系数校验应按下式计算

$$I_{DK} = U_N / \left[n(r_b + r_1) + \sum r_j + \sum r_k \right] \tag{8.1-35}$$

$$K_L \geqslant I_{DK} / I_{DZ} \tag{8.1-36}$$

式中　I_{DK}——断路器安装处短路电流，A；

　　　U_N——直流电源系统额定电压，取 110V 或 220V；

　　　n——蓄电池个数；

　　　r_b——蓄电池内阻，Ω；

　　　r_1——蓄电池间连接条或导体电阻，Ω；

　　　$\sum r_j$——蓄电池组至断路器安装处连接电缆或导体电阻之和，Ω；

　　　$\sum r_k$——相关断路器触头电阻之和，根据厂家提供的数据选取，如无资料可参见表 8.1-14，Ω；

　　　K_L——灵敏系数，不低于 1.05；

　　　I_{DZ}——断路器瞬时保护（脱扣器）动作电流，A。

d) 断路器短路保护脱扣范围值及脱扣整定值应按直流断路器厂家提供的数据选取，如无厂家资料，可按表 8.1-12、表 8.1-13 的数据选取。

表 8.1-12　　　　　　　　集中放射系统保护电器选择性配合表（标准型）

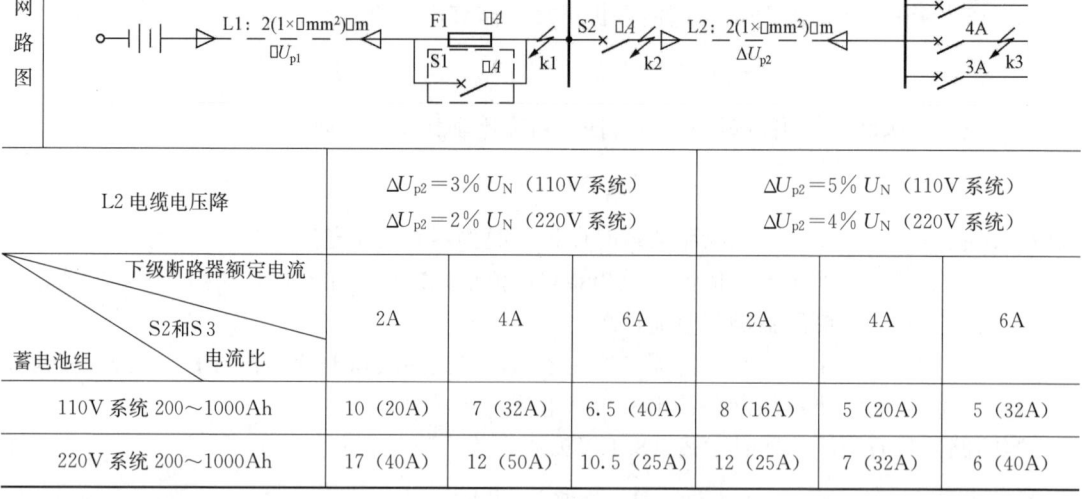

网路图						
L2 电缆电压降	$\Delta U_{p2} = 3\% \; U_N$（110V 系统）$\Delta U_{p2} = 2\% \; U_N$（220V 系统）			$\Delta U_{p2} = 5\% \; U_N$（110V 系统）$\Delta U_{p2} = 4\% \; U_N$（220V 系统）		
下级断路器额定电流	2A	4A	6A	2A	4A	6A
S2和S3 电流比 蓄电池组						
110V 系统 200～1000Ah	10 (20A)	7 (32A)	6.5 (40A)	8 (16A)	5 (20A)	5 (32A)
220V 系统 200～1000Ah	17 (40A)	12 (50A)	10.5 (25A)	12 (25A)	7 (32A)	6 (40A)

注　1. 蓄电池组出口电缆 L1 压降按 $0.5\%U_N \leqslant \Delta U_{p1} \leqslant 1\%U_N$，计算电流为 1.05 倍蓄电池 1h 放电率电流（取 $5.5I_{10}$）。

　　2. 电缆 L2 计算电流为 10A。

　　3. 断路器 S2 采用标准型 C 型脱扣器直流断路器，瞬时脱扣范围为 $7I_N \sim 15I_N$。

　　4. 断路器 S3 采用标准型 B 型脱扣器直流断路器，瞬时脱扣范围为 $4I_N \sim 7I_N$。

　　5. 断路器 S2 应根据蓄电池组容量选择微型断路器或塑壳断路器，直流断路器分断能力应大于断路器出口短路电流。

　　6. 括号内值为根据 S2 和 S3 的电流比，推荐选择的 S2 额定电流。

表 8.1-13   分层放射系统保护电器选择性配合表（标准型）

网路图	

L2、L3 电缆电压降	$\Delta U_{p2}=3\% U_N$ $\Delta U_{p3}=1\% U_N$			$\Delta U_{p2}=5\% U_N$ $\Delta U_{p3}=1.5\% U_N$		
下级断路器额定电流 S3 和 S4 电流比 蓄电池组	2A	4A	6A	2A	4A	6A
110V 系统 200～1000Ah	12 (25A)	10 (40A)	10*	11 (25A)	8 (32A)	8*
220V 系统 200～1000Ah	19 (40A)	14*	13*	16 (32A)	10 (40A)	9*

注   1. 蓄电池组出口电缆 L1 压降按 $0.5\% U_N \leqslant \Delta U_{p1} \leqslant 1\% U_N$，计算电流为 1.05 倍蓄电池 1h 放电率电流（取 $5.5I_{10}$）。

     2. 电缆 L2 计算电流：110V 系统为 80A，220V 系统为 64A；电缆 L3 计算电流为 10A。

     3. 断路器 S3 采用标准型 C 型脱扣器直流断路器，瞬时脱扣范围为 $7I_N \sim 15I_N$。

     4. 断路器 S4 采用标准型 B 型脱扣器直流断路器，瞬时脱扣范围为 $4I_N \sim 7I_N$。

     5. 断路器 S2 为具有短路短延时保护的断路器，短延时脱扣值为 $10 \times (1\pm20\%) I_N$。

     6. 括号内数值为根据上、下级断路器电流比计算结果，推荐选择的上级断路器额定电流。

*   根据电流比选择的 S3 断路器额定电流不应大于 40A，当额定电流大于 40A 时，S3 应选择具有短路短延时保护的微型直流断路器。

3）短路短延时保护（脱扣器）。

a）上、下级断路器安装处较近，短路电流相差不大，引起短路瞬时保护（脱扣器）误动作时，应选用短路短延时保护。

b）短路短延时保护（脱扣器）整定电流按直流断路器的保护整定计算。

c）各级短路短延时保护（脱扣器）的时间级差应在保证选择性要求下，根据产品允许级差，选择其最小值。

表 8.1-14   直流断路器内阻参考值表

壳架电流（A）	63（微型断路器）										
额定电流（A）	2	4	6	10	16	20	25	32	40	50	63
单极内阻（mΩ）	365	123	45	18	6.2	3.9	3.1	2.3	2.1	1.9	1.9

壳架电流（A）	63（塑壳断路器）							
额定电流（A）	10	16	20	25	32	40	50	63
单极内阻（mΩ）	8.2	8	5	3.6	3.1	3.1	2.2	0.8

壳架电流（A）	125（塑壳断路器）									
额定电流（A）	16	20	25	32	40	50	63	80	100	125
单极内阻（mΩ）	6	5.5	4.5	4.1	3	2.1	2	0.4	0.3	0.3

8

续表

壳架电流（A）	250（塑壳断路器）							400（塑壳断路器）				
额定电流（A）	125	140	160	180	200	225	250	225	250	315	350	400
单极内阻（mΩ）	0.5	0.4	0.4	0.3	0.3	0.3	0.3	0.3	0.3	0.2	0.2	0.2

壳架电流（A）	630（塑壳断路器）			63（微型断路器）				
额定电流（A）	400	500	630	16	20	25	32	40
单极内阻（mΩ）	0.2	0.2	0.2	8.7	6.5	5.5	5.2	4.3

（3）熔断器选择。

1）直流回路采用熔断器作为保护电器时，应装设隔离器或隔离开关，也可采用熔断器和熔断器式隔离开关。

2）蓄电池出口回路熔断器应带有报警触点，其他回路熔断器也可带报警触点。

3）额定电压应大于或等于回路的最高工作电压，额定电流应大于回路的最大工作电流。蓄电池出口回路应按事故停电时间的蓄电池放电率电流和直流母线上最大馈线直流断路器额定电流的 2 倍选择，两者取较大值。

4）断流能力应能满足安装地点直流电源系统最大预期短路电流的要求。

（4）隔离开关。

1）额定电压应大于或等于回路的最高工作电压。

2）额定电流应大于回路的最大工作电流。蓄电池出口回路应按事故停电时间的蓄电池放电率电流选择；直流母线分段开关和联络回路，可按全部负荷的 60% 选择。

3）耐受能力应满足安装地点直流系统短路电流的要求。

4）隔离开关宜配置辅助触点。

铅酸蓄电池回路设备选择见表 8.1-15。

表 8.1-15　　　　　　　　铅酸蓄电池回路设备选择

蓄电池容量（Ah）	100	200	300	400	500	600
熔断器及开关额定电流（A）	100	200	315	315	400	500
直流断路器额定（A）	100	160	200	250	315	400
电流测量范围（A）	±100	±200	±200	±300	±400	±400
放电试验回路电流（A）	12	24	36	48	60	72
主母线铜导体（mm×mm）	50×4	50×4	50×4	60×6	60×6	60×6

8.1.1.6　电缆

（1）当蓄电池引出线为电缆时，正负极引出线应采用单独电缆。当选用多芯电缆时，允许载流量可按同截面单芯电缆计算。电缆截面选择计算如下：

按电缆长期允许载流量

$$I_{pc} \geqslant I_{ca1} \tag{8.1-37}$$

按回路允许电压降

$$S_{cac} = \frac{\rho \times 2LI_{ca}}{\Delta U_p} \tag{8.1-38}$$

式中　I_{pc}——电缆允许载流量，A；

$\quad\quad I_{ca1}$——回路长期工作计算电流，A；

$\quad\quad I_{ca}$——回路计算电流，取 I_{ca1} 和 I_{ca2} 中的大者，A；

$\quad\quad I_{ca2}$——回路短时工作计算电流，A；

$\quad\quad S_{cac}$——电缆计算截面，mm^2；

$\quad\quad \rho$——电阻率，铜导体 $\rho_{Cu}=0.018\ 4\Omega\cdot mm^2/m$，铝导体 $\rho_{Al}=0.031\Omega\cdot mm^2/m$；

$\quad\quad L$——电缆长度，m；

$\quad\quad \Delta U_p$——回路允许电压降，V。

计算参数见表 8.1-16 和表 8.1-17。

表 8.1-16　　　　　　　　　　　不同性质回路的计算电流

回路名称		回路计算电流 I_{ca}（A）
蓄电池回路		蓄电池 1h 放电率电流或事故放电初期（1min）放电电流的大者
充电装置输出回路		1.2 倍充电装置输出额定电流
直流馈线回路	交流不停电源	额定容量下逆变器输入直流电流
	控制、照明回路	最大持续电流或 0.8 倍计算电流

表 8.1-17　　　　　　　　　不同回路允许电压降（ΔU_p）参考值

回路名称		允许电压降 ΔU_p（V）
蓄电池回路		$\leqslant 1\%U_N$
直流分电柜回路		$\leqslant 5\%U$
充电装置输出回路		$\leqslant 2\%U_N$
直流馈线回路	交流不停电源	$\leqslant 6.5\%U_N$
	控制、保护和信号回路	$\leqslant 6.5\%U_N$
	事故照明负荷	$\leqslant 5\%U_N$

注　1. 不同回路允许电压降（ΔU_p）应根据蓄电池容量选择中电压水平计算的结果来确定。

　　2. 对环形网络供电的控制、保护和信号回路的电压降，应按直流柜至环形网络最远断开点的回路计算。

（2）蓄电池与直流屏之间的联络电缆及动力馈线的电缆截面积选择应符合下列规定：

1）蓄电池与直流屏之间的联络电缆长期允许载流量的选择应按蓄电池 1h 放电率电流或事故放电初期 1min 放电电流两者取其大者。电压降应不大于计算允许值，宜取额定电压的 1%。

2）直流动力馈线电缆截面积应根据最大负荷电流并按直流母线计算的最低电压和用电设备的允许电压选择。

3）直流屏与直流分电屏电缆截面积应根据最大负荷电流选择。电压降宜取额定电压的 0.5%～1%。

（3）由直流屏引出的控制、信号馈线应选择铜芯电缆，其电压降不应超过直流母线额定电压的 5%。

8.1.1.7　直流屏

（1）直流屏由蓄电池屏、充电装置屏、馈线屏和信号装置组成，宜采用柜式加强型结构，其防护等级不低于 IP20。

（2）屏体尺寸宜采用 800mm×600mm×2200mm（宽×深×高）。屏正面可按模数分隔成多个功能单元格，各自独立，通过插件或插头实现相互间的联系。每一单元格集中布置 1 个单元的设备，操作设备布置在中央，测量表计可布置在侧上方。

（3）屏正面操作设备的高度不应超过 1800mm，距地高度不应低于 400mm。

（4）直流屏主母线宜采用阻燃绝缘铜母线，应按 1h 放电率电流选择截面积，并应进行短路电流热稳定校验和按短时最大负荷电流校验其温度不超过绝缘体的允许事故过负荷温度。单体蓄电池之间宜采用绝缘软导线连接。

（5）直流屏内主母线及其相应回路，应能满足直流母线出口短路时的动稳定要求。

（6）直流屏体应设有保护接地，接地处应有防锈措施和明显标志。

（7）蓄电池柜隔架最低距地不小于 150mm，最高距地不超过 1700mm。

8.1.2　小容量直流电源

小容量直流电源的技术已经比较成熟，目前已在推广使用。由于这种电源具有体积小、安装接线方便等特点，在小型用户终端变电站可分散安装于各种型号的开关柜仪表室内或者柜门上，对于空间有限的箱式变电站和户外（内）环网柜以及小型终端变电站，可以采用这种小容量直流电源。

8.1.2.1　原理介绍

小容量直流电源包括高频整流单元、高频充电单元、高频升压单元、CPU 智能控制单元和蓄电池组。高频整流单元把输入交流电变换为直流输出，高频升压单元把蓄电池组的低压电升高到所要求的直流输出，CPU 智能控制单元负责管理和维护蓄电池组并具有通信接口，在无交流输入时由蓄电池组给负载供电。小容量直流电源工作原理框图见图 8.1-6。

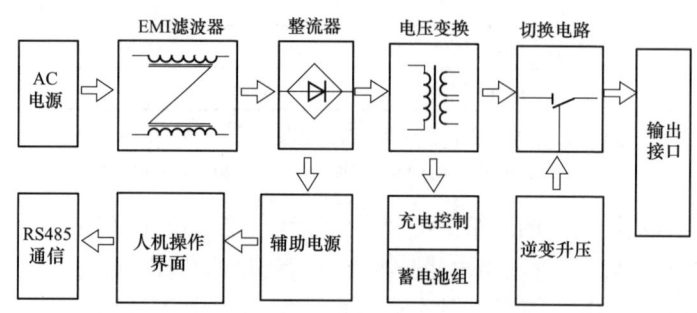

图 8.1-6　小容量直流电源工作原理框图

小容量直流电源的输入有 220V 电源和电压互感器（TV）输出端 100V 两种方式，输出电压有 DC 220、110、48、24V 四种。最大连续运行功率可达 200W，可满足对一次开关设备储能、合分闸指示以及微机保护与监控装置的要求，最大瞬间运行功率可达 1000W，可满足除电磁操动机构以外的弹簧储能与永磁操动机构及电动负荷开关合分闸要求。这种电源可以并联运行，支持 N+1 冗余备份，避免因一点故障失去直流电源，极大地提高了操作电源的可靠性。

小容量直流电源选用免维护蓄电池，蓄电池可根据具体情况选择是否外置。这种电源可以根据蓄电池的充放电特性进行三阶段充电或两阶段充电，并可对蓄电池进行活化管理。蓄电池活化可采用定期自动启动、人工手动启动与通过通信接口远程启动三种方式。当负载有短路或负载过大时，装置将自动保护，关闭电源输出。在由蓄电池供电状态下，当电池电压低于设定的域值时，装置将自动关闭电源输出，避免蓄电池因过放电而损坏。蓄电池供电或电池损坏时，装置会发出报警信号。

8.1.2.2 典型应用

（1）箱式变电站。根据箱式变电站的负荷情况配置一台小容量直流电源作为变电站的操作电源，输出电压为 DC 220V 或者 DC 110V。智能微型直流电源安装于低压室内，输入交流电源取自变压器低压端或者 TV 输出端（TV 容量不低于长期连续负荷的 150％），输出直流电源可通过接线端子分别引到储能回路、控制回路和信号回路；同时，可通过 RS485 通信或者无源触点方式，借用 RTU/FTU 的通道实现与主站通信。小容量直流电源的应用接线如图 8.1-7 所示。

（2）环网柜。在环网柜二次室或计量单元内，配置一台小型直流电源，并根据负荷大小配置合适容量的 2 节或 4 节 12V 免维护铅酸蓄电池，为高压一次设备（负荷开关等）以及二次控制、保护和信号回路（如远程控制单元 RTU、指示灯、模拟指示器、智能仪表等）提供 DC 24V 或 DC 48V 直流电源。

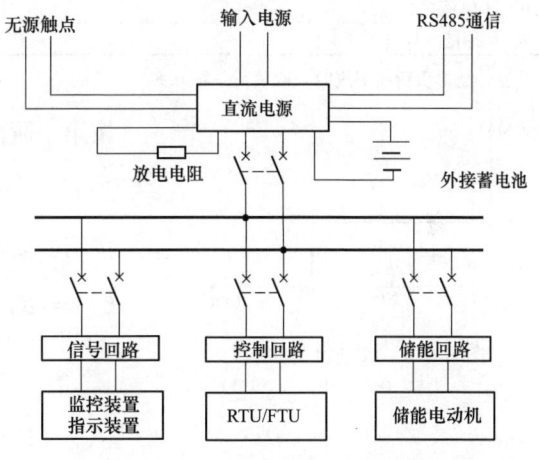

图 8.1-7 小容量直流电源的应用接线

48V 直流电源。其输入电源取自一路低压或者 TV 输出端（TV 容量不低于长期连续负荷的 150％），同时，可通过 RS485 通信或者干触点方式，借用 RTU/FTU 的通道实现与主站通信。

（3）变电站（开闭所、配电室）。用一台小型直流电源分布式地为一台或者两台高压柜提供操作电源。微型直流电源安装于高压柜的仪表室或者计量室，其输入交流电源取自低压端或者 TV 输出端，输出直流电源可通过接线端子分别引到储能回路、控制回路和信号回路；同时，可通过 RS485 通信或者干触点方式实现与上位机通信。

8.1.3 蓄电池容量选择计算例题

【例 8.1-1】 已知某 110kV 无人值班变电站，4 回 110kV 出线，两台主变压器，两段 10kV 母线，每段 10 回馈线。负荷统计如下：10kV 线路经常负荷每回按 30W 考虑；110kV 线路经常负荷每回按 100W 考虑；110kV 变压器经常负荷每台按 150W 考虑，一套母线保护装置和两套故障滤波器，每套按 150W 考虑；110kV 无人值班变电站的 110V 直流负荷统计表见表 8.1-15。计算蓄电池容量。

解 （1）负荷统计。110V 直流负荷统计表见表 8.1-18。

（2）绘制负荷曲线。依据负荷统计表，$I_1 = 39.2A$，放电时间为 1min；$I_2 = I_3 = 33.5A$，放电时间为 119min。负荷放电曲线有两个阶梯，放电负荷曲线见图 8.1-8。

（3）容量计算。依据式（8.1-7）、式（8.1-8）计算第一阶段、第二阶段蓄电池容量。采用阀控式密封铅酸蓄电池，设 52 个电池，末期放电电压取 1.87V，查换算系数表 8.1-7，$K_{C1} = 0.94$，$K_{C119} = 0.292$，$K_{C120} = 0.29$，$K_{CR} \approx 1$。

8

表 8.1-18　　110kV 无人值班变电站 110V 直流负荷统计表（按 2h 事故放电）

序号	负荷名称	装置容量（kW）	负荷系数	计算容量（kW）	计算电流（A）	经常负荷电流（A）	事故放电时间及电流（A）			
							初期	持续时间（min）		随机
							1min	1～60	60～120	5s
1	经常负荷	1.85	0.6/0.8	1.11/1.48		10.1	13.5	13.5	13.5	
2	事故照明	1.0	1.0	1.0	9.1		9.1	9.1	9.1	
3	UPS 装置	2.0	0.6	1.2	10.91		10.9	10.9	10.9	
4	断路器操作	0.6	1.0	0.6	5.5					5.5+5.7
5	断路器跳闸				5.7					
6	电流统计（A）					$I_{jc}=10.1$	$I_1=39.2$	$I_2=33.5$	$I_3=33.5$	$I_R=11.2$
7	容量统计（Ah）								$C_{s,1.0}=33.5$ $C_{s,2.0}=33.5$	

注　经常负荷在事故时，取负荷系数 0.8。

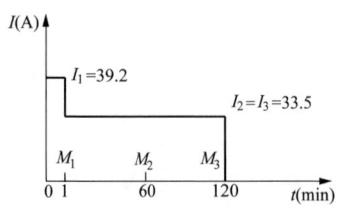

图 8.1-8　放电负荷曲线

按第一阶段计算容量

$$C_{C1} = K_K \frac{I_1}{K_{C1}} = 1.40 \times \frac{39.2}{0.94} = 58.4 \text{ (Ah)}$$

按第二阶段计算容量

$$C_{C2} = K_K \left[\frac{1}{K_{C120}} I_1 + \frac{1}{K_{C119}} (I_2 - I_1) \right]$$

$$= 1.40 \times \left[\frac{39.2}{0.29} + \frac{(33.5 - 39.2)}{0.292} \right]$$

$$= 161.9 \text{ (Ah)}$$

随机（5s）负荷计算容量

$$C_R = \frac{I_R}{K_{CR}} = \frac{11.2}{1} = 11.2 \text{ (Ah)}$$

蓄电池容量为

$$161.9 + 11.2 = 173.1 \text{ (Ah)}$$

因此可取标称容量 200Ah。

8.2　断路器的控制、信号回路

8.2.1　断路器的控制、信号回路的设计原则

（1）控制、信号回路一般分为控制保护回路、合闸回路、事故信号回路、预告信号回路、隔离开关与断路器闭锁回路等。

（2）断路器一般采用弹簧操动机构，因此其控制、信号回路电源可用直流也可用交流。交流电源应取自 UPS 交流不间断电源设备。

（3）断路器的控制、信号回路接线可采用灯光监视方式或音响监视方式。工业企业和民用建筑变配电所一般采用灯光监视的接线方式。

（4）断路器的控制、信号回路的接线要求：

1）应有电源监视，并宜监视跳、合闸绕组回路的完整性（在合闸线圈及合闸接触器线圈上不允许并接电阻）。

2）应能指示断路器合闸与跳闸的位置状态，自动合闸或跳闸时应有明显信号。

3）有防止断路器跳跃（简称"防跳"）的电气闭锁装置。

4）合闸或跳闸完成后应使命令脉冲自动解除。

5）接线应简单可靠，使用电缆芯最少。

（5）断路器宜采用双灯制接线的灯光监视回路。

（6）各断路器应有事故跳闸信号。事故信号能使中央信号装置发出音响及灯光信号，并直接指示故障的性质。

（7）有可能出现不正常情况的线路和回路，应有预告信号。预告信号应能使中央信号装置发出音响及灯光信号，并直接指示故障的性质、发生故障的线路及回路。预告信号一般包括下列内容，可按需要装设：

1）变压器过负荷。

2）变压器温度过高（油浸变压器为油温过高）。

3）变压器温度信号装置电源故障。

4）变压器轻瓦斯动作（油浸变压器）。

5）变压器压力释放装置动作。

6）自动装置动作。

7）控制回路内故障（熔断器熔丝熔断或自动开关跳闸）。

8）保护回路断线或跳、合闸回路断线。

9）交流系统绝缘降低（高压中性点不接地系统）。

10）直流系统绝缘降低。

（8）对 110kV 组合电器的每个间隔都要将下列信号送入监控系统：

1）断路器气室 SF_6 气体压力降低报警。当断路器气室 SF_6 气体压力在室温 20℃ 以下降低到设定值 1 时，SF_6 气体低压报警开关动作，将信号送至就地信号灯和测控装置的信号采集输入回路。

2）断路器气室 SF_6 气体压力降低闭锁分、合闸回路报警。当断路器气室 SF_6 气体压力在室温 20℃ 以下继续降低到设定值 2 时，SF_6 气体低压报警开关动作，闭锁断路器的分合闸回路，并将信号送至就地信号灯和测控装置的信号采集输入回路。

3）断路器储能电动机故障报警。

4）隔离开关、接地开关故障和关合接地开关操作电动机故障报警。

5）隔离开关气室 SF_6 气体压力降低报警。

6）就地操作电源故障报警。

8.2.2 中央信号装置的设计原则

（1）对采用综合自动化系统的变电站，在其后台机或集控中心的监控机上都可完成变电站的所有报警功能。对 10kV 变电站，在控制室或值班室内除设置一套微机监控综合自动化系统外，供电部门经常要求用户另设一套中央信号装置。此装置能完成全站事故信号与预告信号报警，同时可将全站各种信息传送至监控主机。此信号装置采用微机中央信号装置，或采用与直流屏配套的微机中央信号报警装置。

（2）中央信号装置的设计原则如下：

1）变电站在控制室或值班室内一般设中央信号装置。中央信号装置由事故信号和预告信号组成。

2) 中央事故信号装置应保证在任何断路器事故跳闸时，能瞬时发出音响信号，在控制屏上或配电装置上还应有表示该回路事故跳闸的灯光或其他指示信号。

3) 中央预告信号装置应保证在任何回路发生故障时，能瞬时发出预告音响信号，并有显示故障性质和地点的指示信号（灯光或信号继电器）。

4) 中央事故音响与预告音响信号应有区别，一般事故音响信号用电笛，预告音响信号用电铃。

5) 中央信号装置应能进行事故和预告信号及光字牌完好性的试验。

6) 中央事故与预告信号装置在发出音响信号后，应能手动或自动复归音响，而灯光或指示信号仍应保持，直至处理后故障消除时为止。

7) 中央信号装置接线应简单、可靠，对其电源熔断器是否熔断应有监视。

(3) 微机型中央信号装置一般具备下列功能：

1) 具备开机自检功能。包括通信自检、内外部 RAM 及报警音响和光字牌自检功能。

2) 对每一信号通道，可根据报警要求不同进行多种定义：

a) 可以开放或屏蔽某一通道；

b) 可以任选动合或动断触点有效；

c) 输入信号延时可做多种时间选择；

d) 报警音响可根据事件的性质选择警铃或警笛；

e) 报警音响可选择手动消音或延时自动消音；

f) 可随时检查和修改各信号通道的定义数据，并具有记忆功能，掉电后，定义的内容不会丢失。

3) 可记忆最近发生的事件，并按时间先后自动排序。

4) 可通过 RS 232 或 RS 485 串行通信接口将现场实际信息及时传给远程终端机。

5) 需有方便实现人机对话的按键及显示屏。

(4) 微机中央信号装置原理。微机中央信号装置原理示意图见图 8.2-1。图中输入信号可为动合或动断触点。每一路信号输入后可通过人机界面进行定义和设置，经过处理最终输

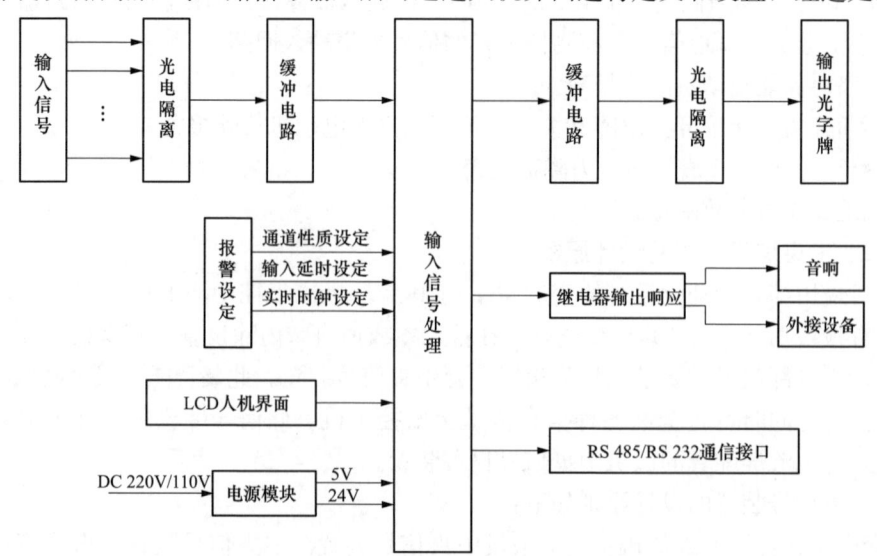

图 8.2-1　微机中央信号装置原理示意图

出至光字牌和音响报警。

(5) 微机中央信号系统接线图见图 8.2-2。

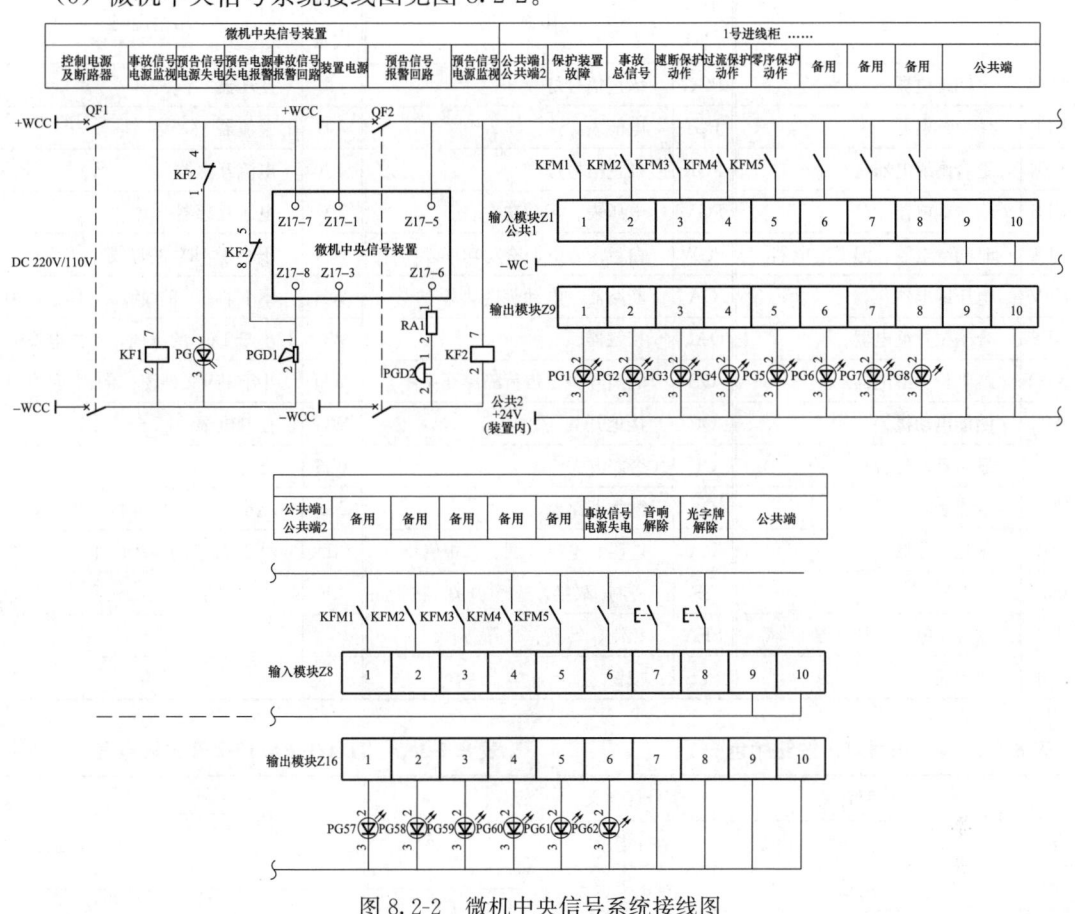

图 8.2-2 微机中央信号系统接线图

8.2.3 断路器的控制、信号回路接线

8.2.3.1 断路器基本的控制、信号回路

控制、信号回路图中常用文字符号及信号灯、按钮含义见表 8.2-1 和表 8.2-2。开关触点表见表 8.2-3～表 8.2-5。

表 8.2-1 控制、信号回路图中常用文字符号

字母代号	用途说明	字母代号	用途说明	字母代号	用途说明
BB	热继电器，保护装置	CBO	分闸线圈	KFA	电流继电器
BG	行程开关	CC	电池	KFB	制动继电器
BJ	电能测量	EA	荧光灯、白炽灯	KFC	合闸继电器
BT	温度测量	EB	电加热器	KFD	差动继电器
CA	电容器	FU	熔断器	KFE	接地继电器
CB	线圈	FE	避雷器	KFF	防跳继电器
CBC	合闸线圈	KF	继电器	KFG	气体继电器

8

续表

字母代号	用途说明	字母代号	用途说明	字母代号	用途说明
KFM	中间继电器	PGG	绿色信号灯	T	变压器
KFP	压力继电器	PGJ	电能表	TB	整流器
KFR	重合闸继电器	PGR	红色信号灯	TA	电流互感器
KFS	信号继电器	PGV	电压表、无功功率表	TV	电压互感器
KFT	时间继电器、温度继电器	PGW	白色信号灯、有功功率表	WA	不小于 1kV 的母线
KFV	电压继电器	QA	断路器、电动机启动器	WB	不小于 1kV 的线缆、导体、套管
KFS	合闸位置继电器	QAC	接触器	WC	小于 1kV 的母线,动力电缆
KFO	跳闸位置继电器	QB	隔离开关、负荷隔离开关	WD	小于 1kV 的线缆、导体、套管
ML	储能电动机	QC	接地开关	WG	控制电缆
PG	显示器、告警灯	QD	旁路开关	WH	光缆
PGA	电流表	QF	微型断路器	XB	不小于 1kV 的连接、端子
PGB	蓝色信号灯	RA	电阻、电抗线圈、二极管	XD	小于 1kV 的连接端子
PGC	计数器	SF	控制、转换、选择/开关、按钮	XE	接地端子
PGD	电铃、电笛、蜂鸣器	SFA	控制、转换、选择/开关		
PGF	频率表	SFB	按钮		

表 8.2-2　信号灯、按钮颜色

颜色	按钮含义	信号灯含义
红色	停止	运行指示
绿色	启动	停止指示
黄色		故障指示
黑色	解除	
白色	试验	电源指示

表 8.2-3　TDA10-6A710-2 开关触点表

触点	位置	
	1	2
	0°	60°
1-2	—	×
3-4	×	—
5-6	—	×
7-8	×	—

表 8.2-4　TDA10-3A015-1 开关触点表

触点	位置		
	1 →　0　← 2		
1-2	—	—	×
3-4	×	—	—

表 8.2-5　TDA10-6A001-1 开关触点表

触点	位置	
	1	2
	0°	60°
1-2	×	—
3-4	—	×

（1）基本的跳合闸回路。

1）最基本的跳、合闸回路如图 8.2-3 所示。断路器操作之前先通过选择开关 SFA1 选择就地或远方操作。选择就地操作时 SFA1 的 1-2 触点闭合，3-4 触点断开。选择远方操作时 SFA1 的 3-4 触点闭合，1-2 触点断开。

2）断路器的就地手动合闸回路为控制开关 SFA2 的 1-2 触点闭合，经过防跳继电器 KFM1 的动断触点、断路器的动断触点 QA 接通合闸线圈 CBC；就地手动跳闸回路为控制开关 SFA2

8

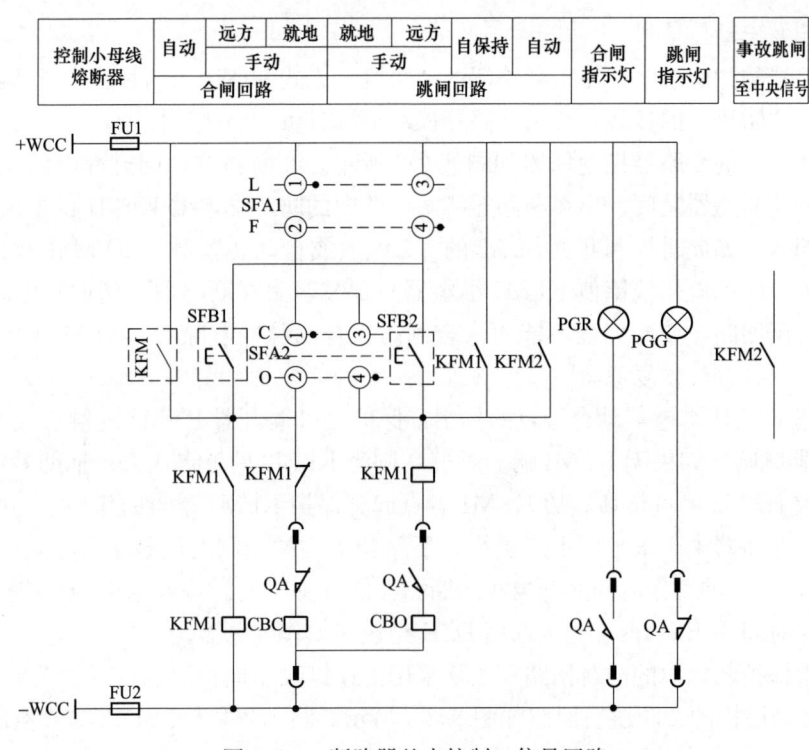

控制小母线熔断器	自动	远方	就地	就地	远方	自保持	自动	合闸指示灯	跳闸指示灯	事故跳闸
		手动		手动						至中央信号
	合闸回路			跳闸回路						

图 8.2-3 断路器基本控制、信号回路

的 3-4 触点闭合，经过断路器的动合触点 QA 接通跳闸线圈 CBO。在跳、合闸回路中断路器辅助触点 QA 是保证跳、合闸脉冲为短时脉冲的。合闸操作前 QA 动断触点是闭合的，当控制开关 SFA2 手柄转至"合闸"位置时，1-2 触点接通，合闸线圈 CBC 通电，断路器随即合闸，合闸过程一完成，与断路器传动轴一起联动的动断辅助触点 QA 即断开，自动切断合闸线圈中的电流，保证合闸线圈的短脉冲。跳闸过程亦如此，跳闸操作之前，断路器为合闸状态，QA 动合触点闭合，当控制开关 SFA2 手柄转至"跳闸"位置时，3-4 触点接通，跳闸线圈 CBO 通电，使断路器跳闸。跳闸过程一完成，断路器动合辅助触点 QA 即断开，保证跳闸线圈的短脉冲。此外，可由串接在跳、合闸线圈回路中的断路器辅助触点 QA 切断跳、合闸线圈回路的电弧电流，以避免烧坏控制开关或跳、合闸回路中串接的继电器触点。因此，QA 触点必须有足够的切断容量，并要比控制开关或跳、合闸回路串接的继电器触点先断开。

3）操作断路器合、跳闸回路的控制开关应选用自动复位型开关，也可选用自动复位型按钮。

4）断路器的自动合闸只需将自动装置的动作触点与手动合闸回路的触点并联即可实现。同样，断路器的自动跳闸是将继电保护的出口继电器触点与手动跳闸回路的触点并联来完成的。

（2）断路器灯光监视信号回路。

1）位置指示灯回路。断路器的正常位置由信号灯来指示，如图 8.2-3 所示。在双灯制接线中，红灯 PGR 表示断路器处于正常合闸状态，它是由断路器的动合辅助触点接通而点燃的。绿灯 PGG 表示断路器的跳闸状态，它是由断路器的动断辅助触点接通而点燃的。

2）断路器由继电保护动作而跳闸时，要求发出事故跳闸音响信号。保护动作继电器向中央信号系统发出动作信号。

（3）断路器的"防跳"回路。断路器的"防跳"方式一般分为两种：一是在断路器控制回路采用电气"防跳"的接线；二是断路器操动机构具备"防跳"性能。

电气"防跳"的断路器控制回路如图 8.2-3 所示。在断路器合闸过程中出现短路故障，保护装置动作使断路器跳闸。串在断路器跳闸回路中的防跳继电器 KFM1 的电流线圈带电，其动合触点闭合。如此时控制开关 SFA2 的 1-2 触点或自动装置触点 KFM 未复归，合闸脉冲未解除，KFM1 的电压线圈使 KFM1 继电器自保持，串在断路器合闸回路中动断触点断开，并切断合闸回路，使断路器不能再次合闸。在合闸脉冲解除后，KFM1 的电压线圈断电，继电器复归，接线恢复原状。

跳闸回路 KFM1 继电器动合触点的作用：保护出口继电器 KFM2 的触点接通跳闸线圈 CBO 使断路器跳闸。如果无 KFM1 触点并联，则当 KFM2 的触点比 QA 辅助触点断开得早时，可能导致 KFM2 触点烧坏。故 KFM1 触点起到保护 KFM2 触点的作用。

随着真空断路器生产水平的不断提高，断路器机构的分闸时间越来越短，一般在 40～60ms，所以 KFM1 的动作时间必须要小于断路器的分闸时间。一般选用 DZB-284 型中间继电器，其动作时间小于 30ms。也可选用 DZK 型快速动作继电器。

微机综合保护装置内的防跳回路一般均采用上述接线原理。

断路器操动机构的"防跳"回路如图 8.2-4 所示。图 8.2-4 为 VS1-12 型真空断路器的控制、信号回路。当一个持久的合闸命令存在时，合闸整流桥输出经 K0 的动断触点、S1 动合触

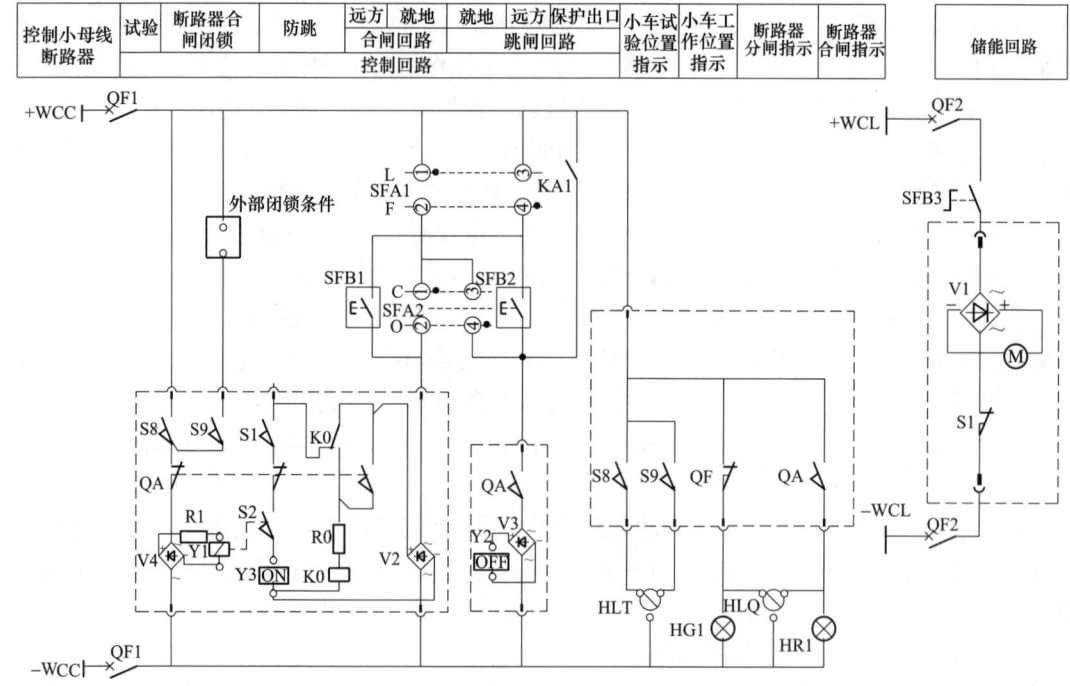

图 8.2-4　VS1-12 弹簧操动的断路器控制、信号回路

S8、S9—限位行程开关；SFA1、SFA2—操作开关；SFB1、SFB2、SFB3—操作按钮；QF1、QF2—直流空气断路器
注：框内部分为 VS1 断路器手车内部。

点、QA 动断触点、S2 动合触点、Y3 接通。当断路器合闸后，并联在合闸回路中的 QA 动合触点闭合，启动 K0 线圈，K0 的动断触点断开，动合触点闭合，断开合闸回路。若此时出现故障，继电保护动作，由于合闸回路已经断开，断路器无法合闸，从而防止了断路器的跳跃。

在实际的断路器控制回路中，上述两种防跳方式只能应用一种。当两种接线都有时应拆除一种，以保证断路器控制回路的安全、可靠。

8.2.3.2 6～35kV 断路器、隔离开关、接地开关的操作联锁条件

为了保证人员的安全及电气设备的正常运行，防止发生误操作，对断路器、隔离开关、接地开关的操作必须满足一定的联锁条件才允许进行。

6～35kV 开关柜内设备中断路器、隔离开关与接地开关的联锁在开关柜的机械"五防"联锁中已考虑，不需要做单独的电气联锁。断路器柜与隔离开关柜之间、进线断路器柜与母线分段断路器之间、进线断路器柜与计量柜之间、则需要考虑电气联锁。具体的联锁回路参见图 8.2-6 和图 8.2-7 中相关回路。

8.2.3.3 6～35kV 弹簧操动的断路器控制、信号回路接线

图 8.2-5 为一般进线或馈出线断路器的控制、信号回路。

图 8.2-6 为三取二的分段断路器控制、信号回路。其合闸的条件是分段隔离柜手车处于工作位，两路工作电源进线断路器只有一路处于合闸位。

图 8.2-7 为三取二的进线断路器控制、信号回路。其合闸的条件是本段进线隔离柜手车处于工作位，本段计量柜处于工作位，分段断路器处于断开位置。

图 8.2-8 为 VD 4-12 型真空断路器控制、信号回路。与 VS1-12 断路器相同，机构内具有电气

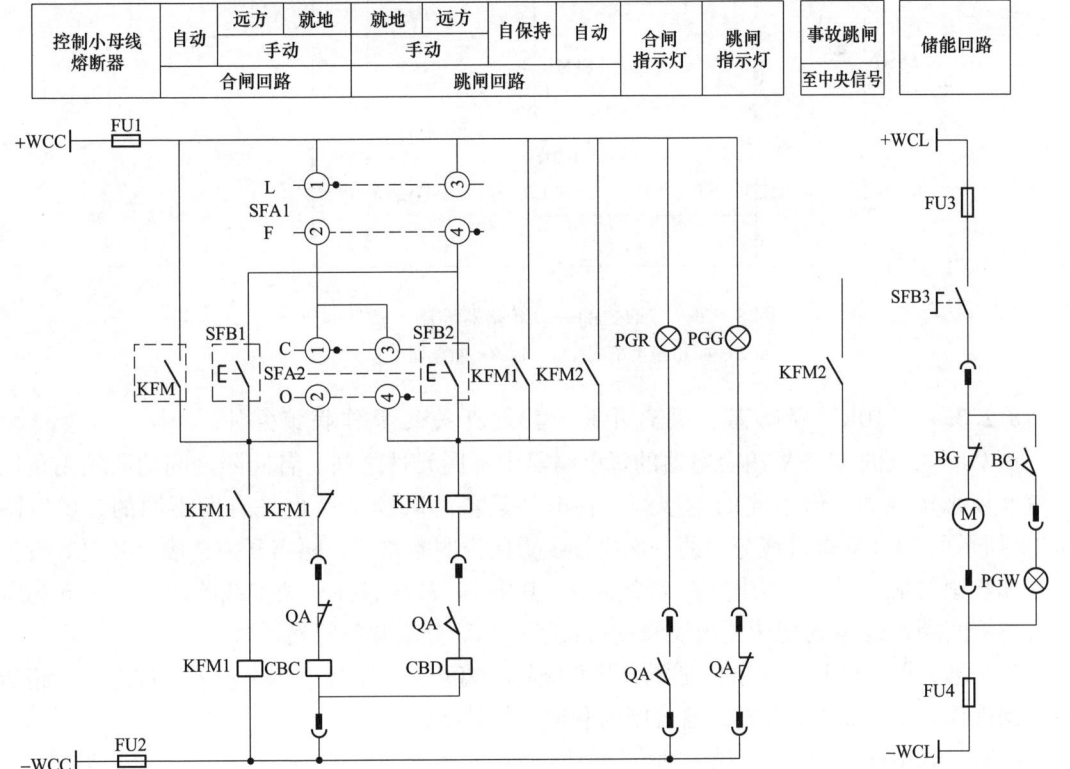

图 8.2-5 弹簧操动的断路器的控制、信号回路

"防跳"装置,合闸回路中串有合闸闭锁电磁铁 Y1 的动合触点 S2。合闸时只有在满足外部合闸闭锁条件下,合闸闭锁电磁铁 Y1 带电,其动合触点 S2 闭合,合闸线圈 Y3 回路才能被接通。

图 8.2-8(a)为传统的弹簧操动机构的 VD4-12 断路器控制、信号回路。图 8.2-8(b)为模块化操动机构的 VD4-12 断路器控制、信号回路。

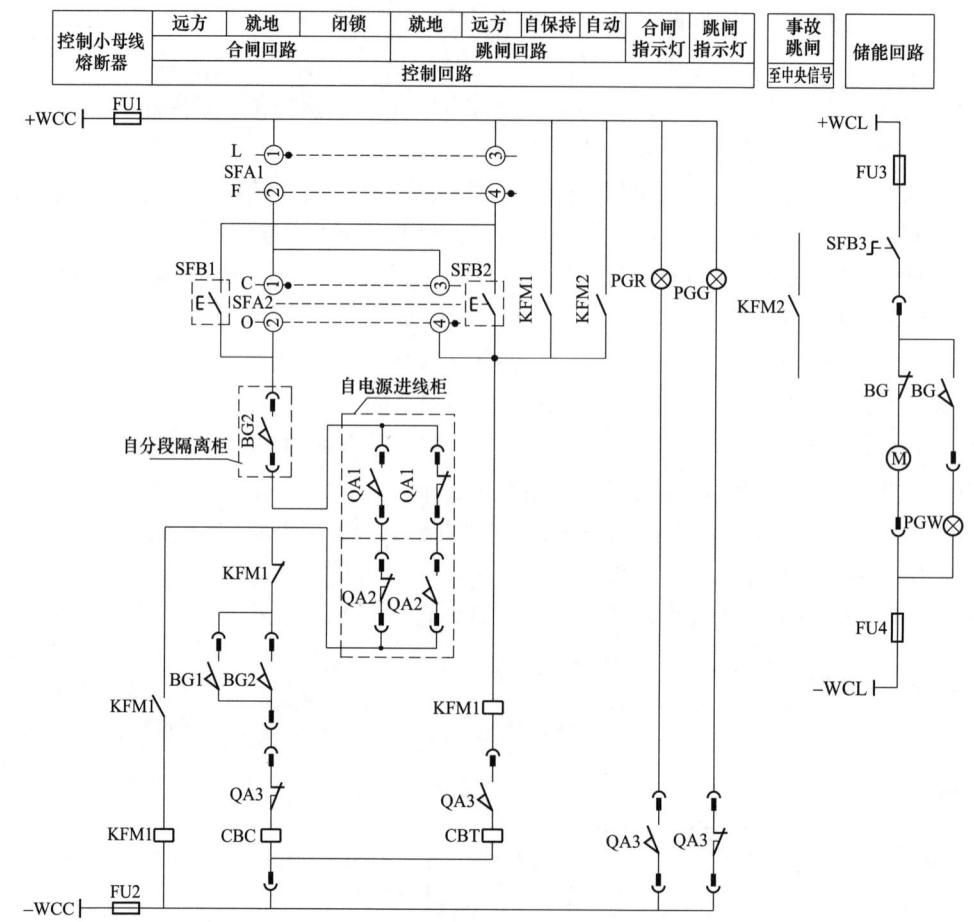

图 8.2-6　三取二的分段断路器控制、信号回路

BG1—断路器手车试验位;BG2—断路器手车工作位

8.2.3.4　110kV 断路器、隔离开关、接地开关的操作联锁条件

由 GIS 构成的 110kV 组合电器的每个间隔中不同元件之间、各间隔之间的联锁则是以电气联锁来实现的。但不同的主接线,各电气设备的联锁条件也是有所不同的。现以图 8.2-9 所示的 110kV 单母线分段的一次主接线为例说明断路器、隔离开关、接地开关等设备的操作联锁关系。图 8.2-9 中共有 7 个隔室,其中 1,7 为 110kV 架空线路间隔;2,5 为电压互感器间隔;3,6 为变压器出线间隔;4 为 110kV 分段开关间隔。

(1)断路器的合闸操作条件是要求其两侧的隔离开关必须操作到位;才允许进行断路器的合闸操作。图 8.2-9 中各断路器合闸的联锁条件如下:

QA11(QB11+ QB12)操作到位

QA31(QB31+ QB32)操作到位

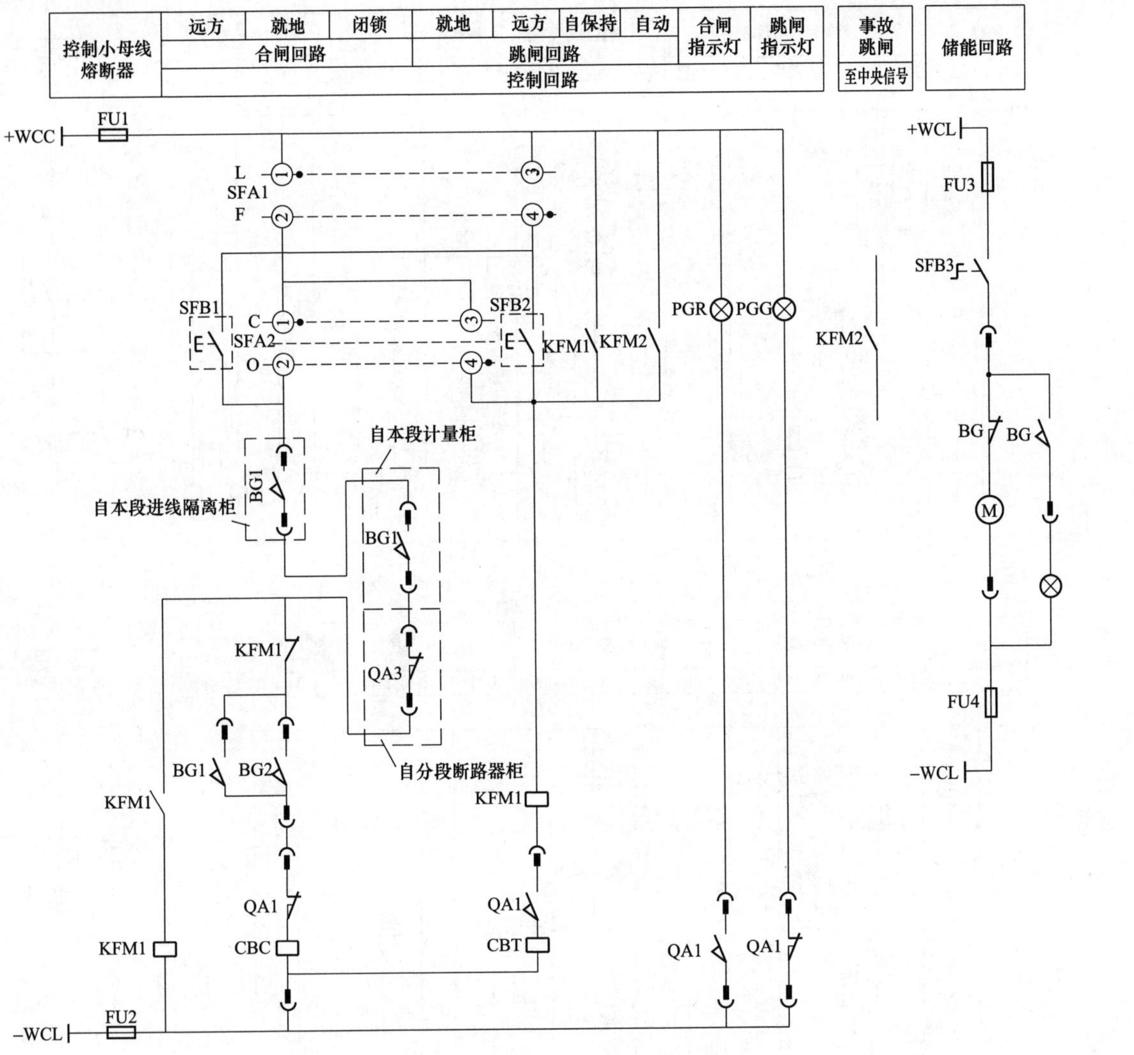

控制小母线熔断器	远方	就地	闭锁	就地	远方	自保持	自动	合闸指示灯	跳闸指示灯	事故跳闸	储能回路
	合闸回路			跳闸回路						至中央信号	
	控制回路										

图 8.2-7　三取二的进线断路器控制、信号回路

BG1—断路器试验位；BG2—断路器工作位

QA41（QB41＋QB42）操作到位

QA61（QB61＋QB62）操作到位

QA71（QB71＋QB72）操作到位

（2）110kV 架空进线路间隔（以 1 号架空进线为例）隔离开关，接地开关进行分、合闸操作的联锁条件如下：

母线侧隔离开关 QB11：（QA11＋QC11＋QC12＋QC13＋QC21）处于分闸状态

线路侧隔离开关 QB12：（QA11＋QC11＋QC12＋QC13）处于分闸状态

接地开关 QC11：（QB11＋ QB12）处于分闸状态

接地开关 QC12：（QB11＋ QB12）处于分闸状态

接地开关 QC13：QB12 处于分闸状态＋PG11 无电压信号

其中，PG11 为高压带电显示闭锁装置，当线路侧无电压信号，高压带电显示闭锁装置

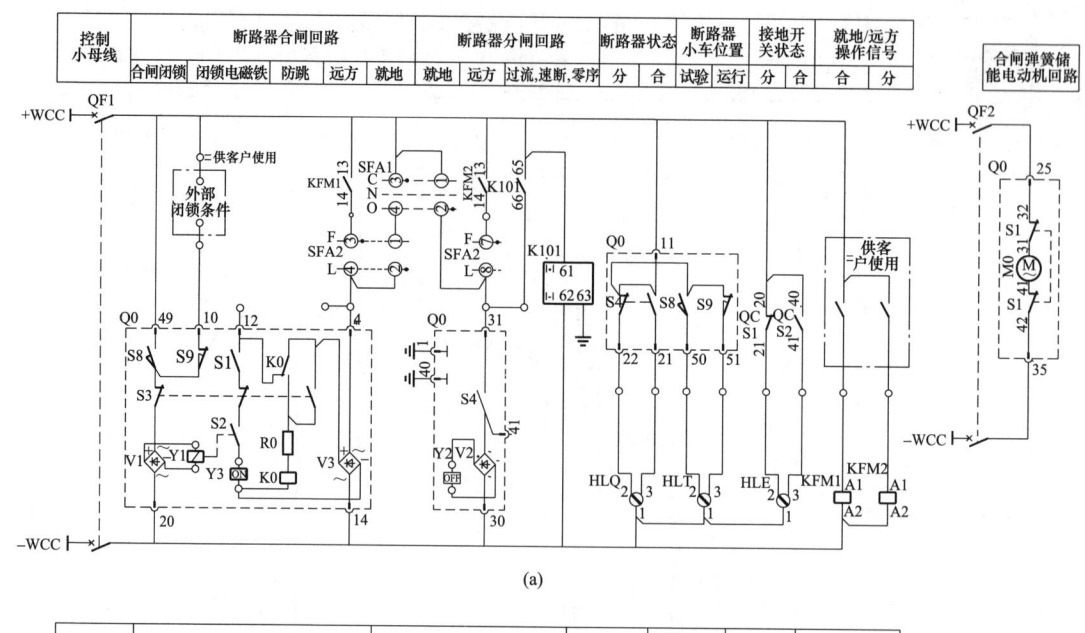

(a)

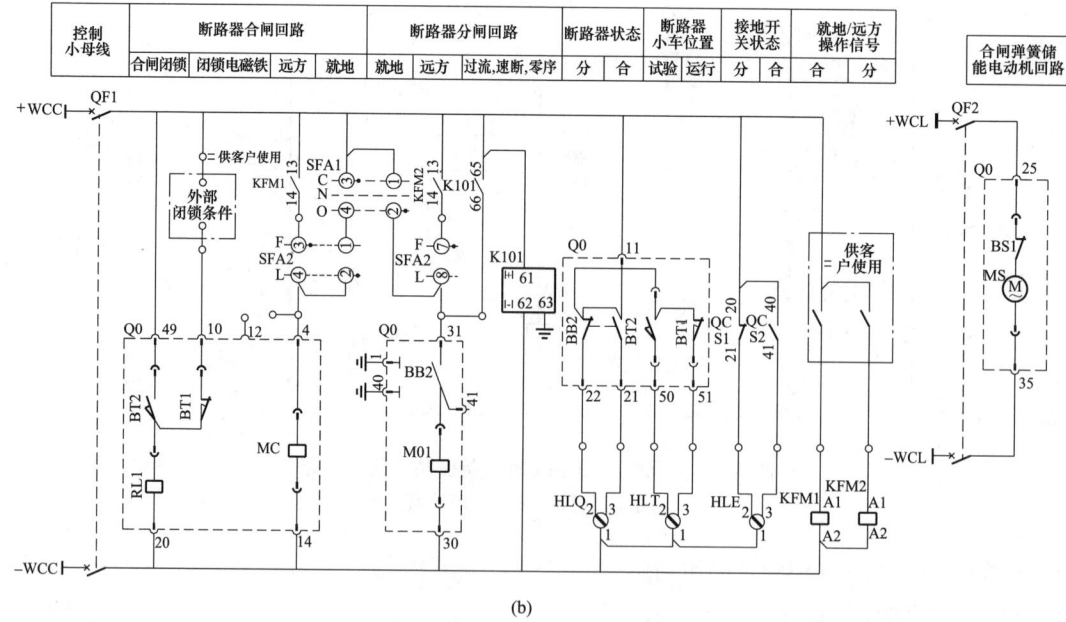

(b)

图 8.2-8　VD4-12 弹簧操动的断路器控制、信号回路图
(a) 传统操动机构；(b) 模块操动机构
注：框内部分为 VD4 断路器手车内部接线。

的触点闭合。

(3) 变压器间隔（以 1 号变压器出线间隔为例）隔离开关，接地开关进行分、合闸操作的联锁条件如下：

母线侧隔离开关 QB31：（QA31＋QC31＋QC32＋QC33＋QC21）处于分闸状态

变压器侧隔离开关 QB32：（QA31＋QC31＋QC32＋QC33）处于分闸状态

接地开关 QC31：（QB31＋ QB32）处于分闸状态

接地开关 QC32：（QB31＋ QB32）处于分闸状态

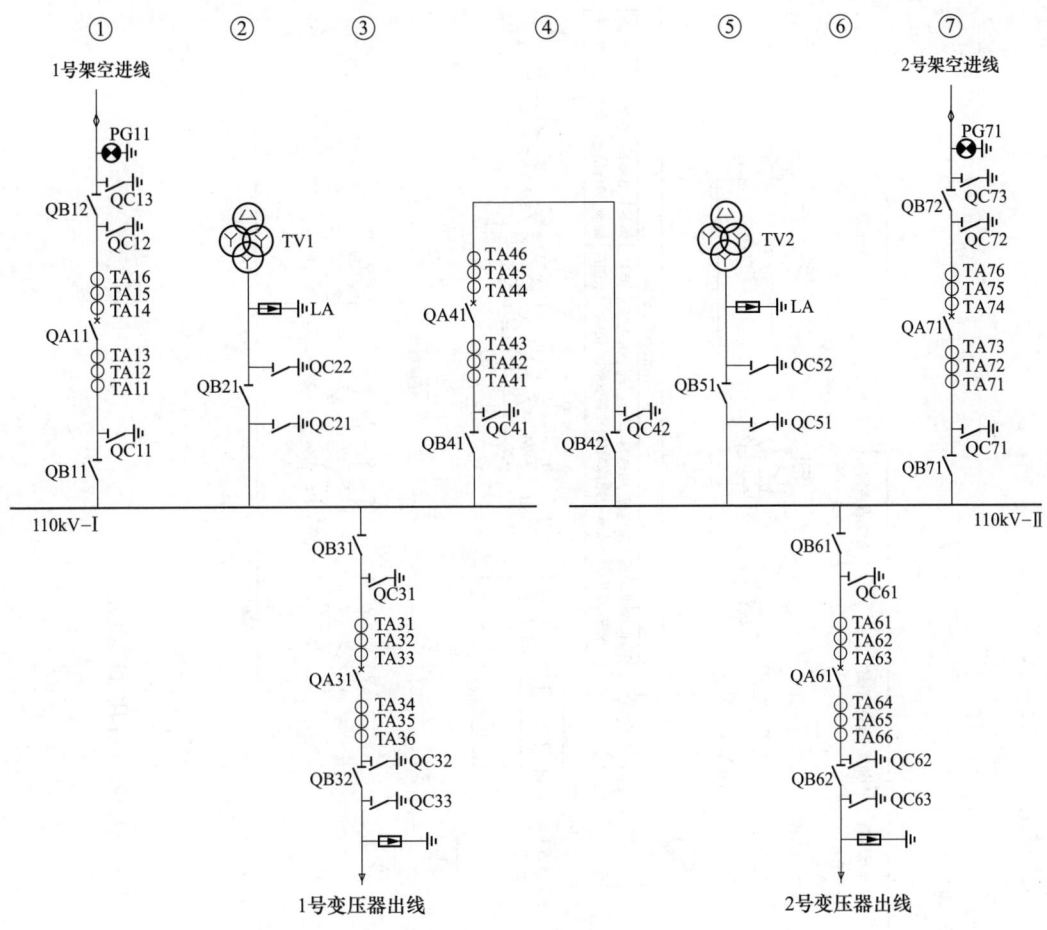

图 8.2-9　110kV 单母线分段的一次主接线

接地开关 QC33：(QB32＋ QA01) 处于分闸状态

其中，QA01 为变压器低压进线开关的辅助触点，表示变压器低压侧无电压信号。

(4) 110kV 分段（分段）间隔的隔离开关，接地开关进行分，合闸操作联锁条件如下：

Ⅰ 母侧隔离开关 QB41：(QA41＋QC41＋QC42 ＋QC21) 处于分闸状态

Ⅱ 母侧隔离开关 QB42：(QA41＋QC41＋QC42 ＋QC51) 处于分闸状态

接地开关 QC41：(QB41＋ QB42) 处于分闸状态

接地开关 QC42：(QB41＋ QB42) 处于分闸状态

(5) 110kV 电压互感器间隔（以 2 号间隔为例）隔离开关，接地开关进行分，合闸操作的联锁条件如下：

母线侧隔离开关 QB21：(QC21＋ QC22) 处于分闸状态

接地开关 QC21：(QB11＋ QB21＋ QB31＋ QB41) 处于分闸状态

接地开关 QC22：(QB21) 处于分闸状态

8.2.3.5 110kV 组合电器的二次接线图

(1) 断路器的二次接线图。图 8.2-10 为 110kV 组合电器所用的 CT20 弹簧操动机构的控制接线图。

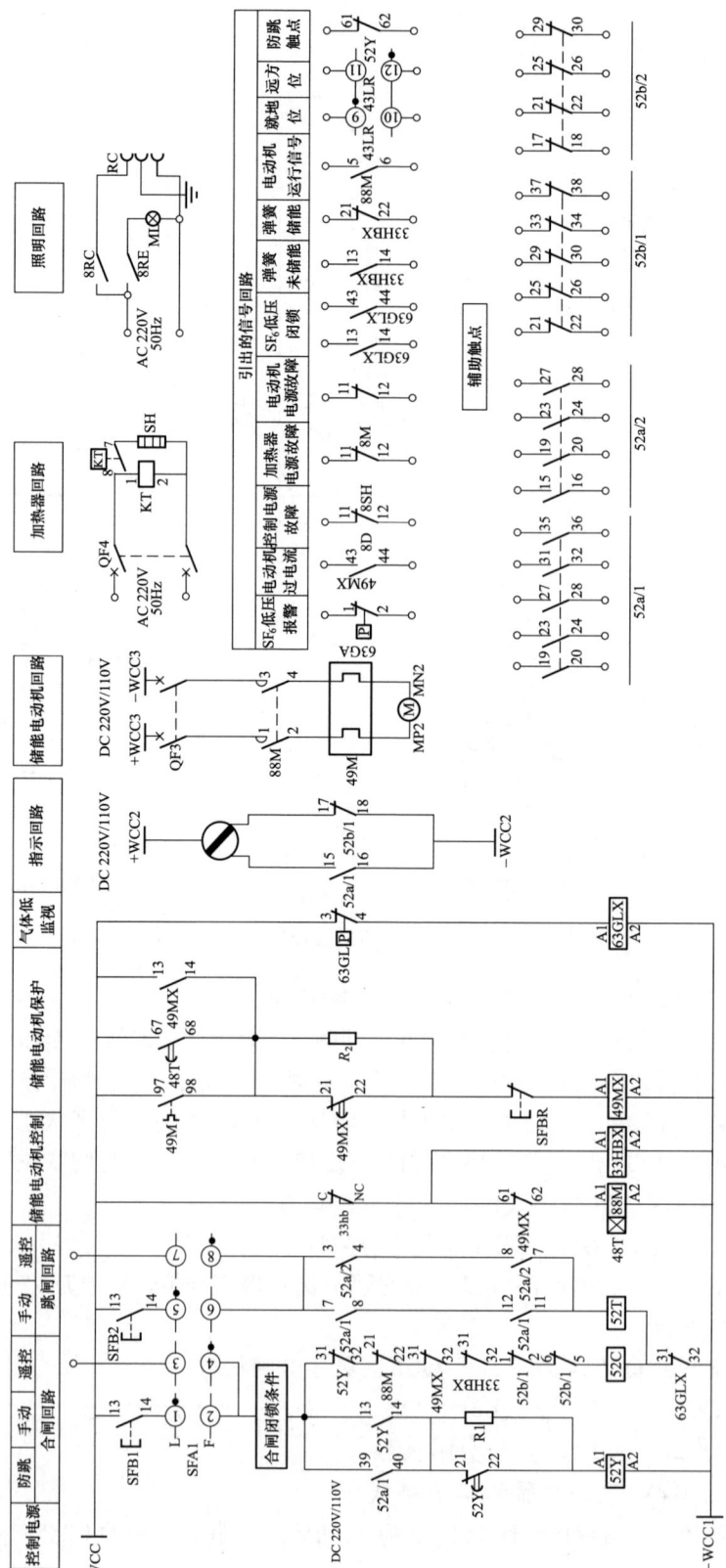

图 8.2-10 CT20 弹簧操动机构控制接线图

断路器操作之前先通过选择开关 SFA1 选择就地或远方操作。选择就地操作时 SFA1 的 1-2、5-6 触点闭合，3-4、7-8 触点断开。选择远方操作时 SFA1 的 3-4、7-8 触点闭合，1-2、5-6 触点断开。

1）断路器的合闸回路：当正电送至合闸回路后，满足一系列合闸条件时，断路器合闸线圈 52C 励磁，使断路器合闸。其合闸条件有：

a）满足联锁条件。如前所述，断路器两侧的隔离开关，分闸或合闸操作到位。断路器防跳继电器 52Y 在失磁状态，其动断触点 31-32 均在接通状态。

b）合闸弹簧已储能，弹簧位置触点 33hb 打开，其中间继电器 33HBX 在失磁状态，动断触点 31-32 闭合。

c）合闸储能电动机不运转，控制电机的直流接触器 88M 在失磁状态，动断触点 21-22 闭合。

d）弹簧储能后，控制电动机运转的时间继电器 48T 在失磁状态，动合触点 67-68 断开；电动机的热继电器 49M 正常不动作，其触点 97-98 断开。闭锁继电器 49MX 在失磁状态，其动断触点 31-32 闭合。

e）断路器在分闸状态，其动断触点 52b/1 的 1-2、5-6 接通。

f）断路器的 SF_6 气体压力正常，压力触点 63GL 的 3-4 断开，SF_6 低压闭锁继电器 63GLX 不励磁，其动断触点 31-32 闭合。

2）断路器的分闸回路：当正电送至分闸回路后，满足分闸条件时，断路器分闸线圈 52T 励磁，使断路器分闸。其分闸条件：

a）断路器在合闸状态，其动合触点 52a/1 的 7-8、11-12 接通；动合触点 52a/2 的 3-4、7-8 接通。

b）断路器的 SF_6 气体压力正常，压力触点 63GL 的 3-4 断开，SF_6 低压闭锁继电器 63GLX 不励磁，其动断触点 31-32 闭合。

（2）隔离开关、接地开关的二次接线图。

110kV 组合电气中隔离开关、接地开关的二次控制回路见图 8.2-11。

组合电器中的隔离开关是直流电动操作的，是由电机的转动带动操作传动机构完成分、合闸过程。

隔离开关操作之前先通过选择开关 SFA1 选择就地或远方操作。选择就地操作时 SFA1 的 1-2 触点闭合，3-4 触点断开。选择远方操作时 SFA1 的 3-4 触点闭合，1-2 触点断开。

1）隔离开关的合闸回路。当正电送至合闸回路后，满足一系列合闸条件时，隔离开关的合闸接触器 CX 励磁，使隔离开关合闸。其合闸条件：

a）隔离开关处于分闸状态，其动断辅助触点 89B 的 M6-M8 闭合。

b）隔离开关的操作电动机在正常状态，热继电器 89KT 不启动，89KT 的动断触点 95-96 在闭合位置。

c）隔离开关的限位装置 SP1 在正常的电动操作位置，SP1 的 NC-C 触点闭合，SP1 的 NO-C 触点打开。

d）满足联锁条件。

当满足这些合闸条件，直流合闸接触器 CX 励磁，其动合触点 5-6 闭合使线圈自保持；其动合触点 1-2、3-4 闭合，使电动机的 ZH1 端带正电，ZH2 端带负电，操作电动机向开关

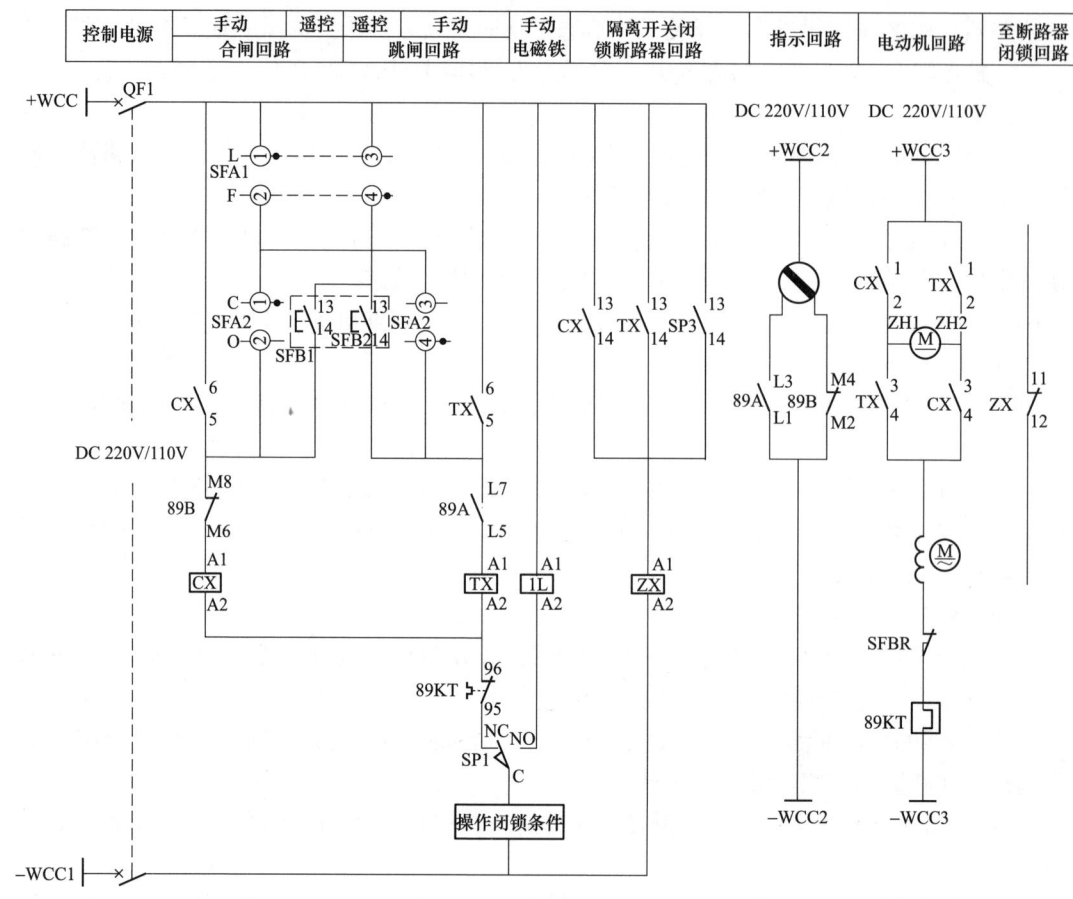

图 8.2-11 110kV组合电气中隔离开关、接地开关的二次控制回路图

合闸的方向转动。当隔离开关合闸到位，其辅助触点切换，动断辅助触点89B的M6-M8打开，将CX的线圈自保持回路切断。电动机停止运转，完成合闸过程。动合辅助触点89A的L5-L7闭合，为分闸做好准备。

2) 隔离开关的分闸回路。当正电送至分闸回路后，满足分闸条件，隔离开关的分闸接触器TX励磁，使隔离开关分闸。其分闸条件与合闸条件基本相同。

当直流分闸接触器TX励磁后，其动合触点5-6闭合使线圈自保持；其动合触点1-2、3-4闭合，使电动机的ZH2端带正电，ZH1端带负电，操作电动机向开关分闸的方向转动。当隔离开关分闸到位，其辅助触点切换，动合辅助触点89A的L5-L7打开，将TX的线圈自保持回路切断。电动机停止运转，完成分闸过程。

3) 隔离开关的手动操作：当检修需要手动操作隔离开关时，人为地插入手动摇把切换SP1限位装置使NC-C触点打开，切断电动机控制回路；NO-C触点闭合，接通手动电磁铁线圈1L回路。电磁铁线圈1L励磁，电磁铁吸引将分合闸的转动齿轮与手动操作齿轮咬合，可以操作手动摇把进行分合闸。

(3) 信号报警回路。在组合电器的每个间隔中，每个报警信号都需要触发其对应的中间继电器，由中间继电器的一对触点点亮就地显示信号灯，另一对触点送至测控装置的信号开入回路，在综合自动化系统的后台机或集控中心的监控机进行报警显示。110kV SF$_6$组合电器信号报警二次回路接线图见图 8.2-12，具体的报警信号如下：

1）断路器气室 SF$_6$ 气体压力降低报警。当断路器气室 SF$_6$ 气体压力降低到 0.45MPa（室温 20℃）时，SF$_6$ 气体低压报警开关 63GA 触点闭合，启动其对应的中间继电器 KFM1，中间继电器 KFM1 的动合触点 13-14 闭合，接通线圈自保持回路。动合触点 43-44 闭合，点亮就地指示灯 PGW1，并将动合触点 33-34 信号送至测控装置的信号采集开关量输入回路。

2）断路器气室 SF$_6$ 气体压力降低闭锁报警：当断路器气室 SF$_6$ 气体压力降低到 0.40MPa（室温 20℃）时，SF$_6$ 气体低压闭锁开关 63GL 触点闭合，启动其对应的中间继电器 63GLX，如图 8.2-10，由中间继电器 63GLX 的动断触点 31-32 断开断路器的分合闸回路，并在闭锁分合闸回路的同时，动合触点 43-44 闭合将信号送至测控装置的信号采集开关量输入回路。

3）断路器储能电机过流、过时报警：当断路器储能电机过载而发生过电流时，如图 8.2-10 所示，其热继电器 49M 动作，或电动机运转超时其时间继电器 48T 动作，启动闭锁继电器 49MX。49MX 的动合触点 43-44 闭合，启动中间继电器 KFM2，如图 8.2-12 所示。中间继电器 KFM2 的动合触点 13-14 闭合，接通线圈自保持回路，动合触点 43-44 闭合，点亮就地显示信号灯 PGW2，动合触点 33-34 闭合，将信号送至测控装置的信号采集开关量输入回路。

4）隔离开关、接地开关、故障关合接地开关操作电动机过电流报警：当操作电动机过载而发生过电流时，其热继电器 89KT 动作，它的动合触点闭合，启动中间继电器 KFM3，如图 8.2-12 所示。中间继电器 KFM3 的动合触点 13-14 闭合，接通线圈自保持回路，动合触点 43-44 闭合，点亮就地显示信号灯 PGW3，动合触点 33-34 闭合，将信号送至测控装置的信号采集开关量输入回路。

5）隔离开关气室 SF$_6$ 气体压力降低报警：在出线间隔装有三组隔离开关，它们各自气室的 SF$_6$ 气体压力降低到 0.3MPa（室温 20℃）时，SF$_6$ 气体低压报警开关 63G1、63G2、63G3 触点闭合，启动中间继电器 KFM4、KFM5、KFM6，如图 8.2-12 所示。中间继电器的动合触点 13-14 闭合，接通各自的线圈自保持回路。动合触点 43-44 闭合，点亮就地显示信号灯 PGW4、PGW5、PGW6，动合触点 33-34 闭合，将信号送至测控装置的信号采集开关量输入回路。

6）控制电源空气开关跳闸报警。当本间隔的隔离开关、接地开关控制回路的直流电源开关 QF1、信号回路的直流电源开关 QF2、电动机回路的直流电源开关 QF3 及加热回路的交流电源开关 QF4 跳闸后，这些开关的动断辅助触点闭合，启动中间继电器 KFM7，如图 8.2-12 所示。中间继电器 KFM7 的动合触点 13-14 闭合，接通线圈自保持回路，动合触点 43-44 闭合，点亮就地显示信号灯 PGW7，动合触点 33-34 闭合，将信号送至测控装置的信号采集开关量输入回路。

（4）110kV SF$_6$ 组合电器的直流电源。110kV SF$_6$ 组合电器每个间隔内的断路器、隔离开关、接地开关等都要分别提供控制回路、电动机回路、指示信号回路和信号报警回路所需的直流电源，如图 8.2-13 所示。其中，所有的隔离开关、接地开关的控制回路由一路直流电源 WCC1 供电，接在空气开关 QF1 之下。所有的位置指示回路由一路直流电源 WCC2 供电，接在空气开关 QF2 之下。所有的电动机回路由一路直流电源 WCC3 供电，接在空气开关 QF3 之下。信号报警回路直接接在直流小母线 WCC1 上，不经过任何空气开关，以便监视 QF1～QF3 的状态。断路器的控制回路直接由该保护屏的操作电源 WCC 供电。

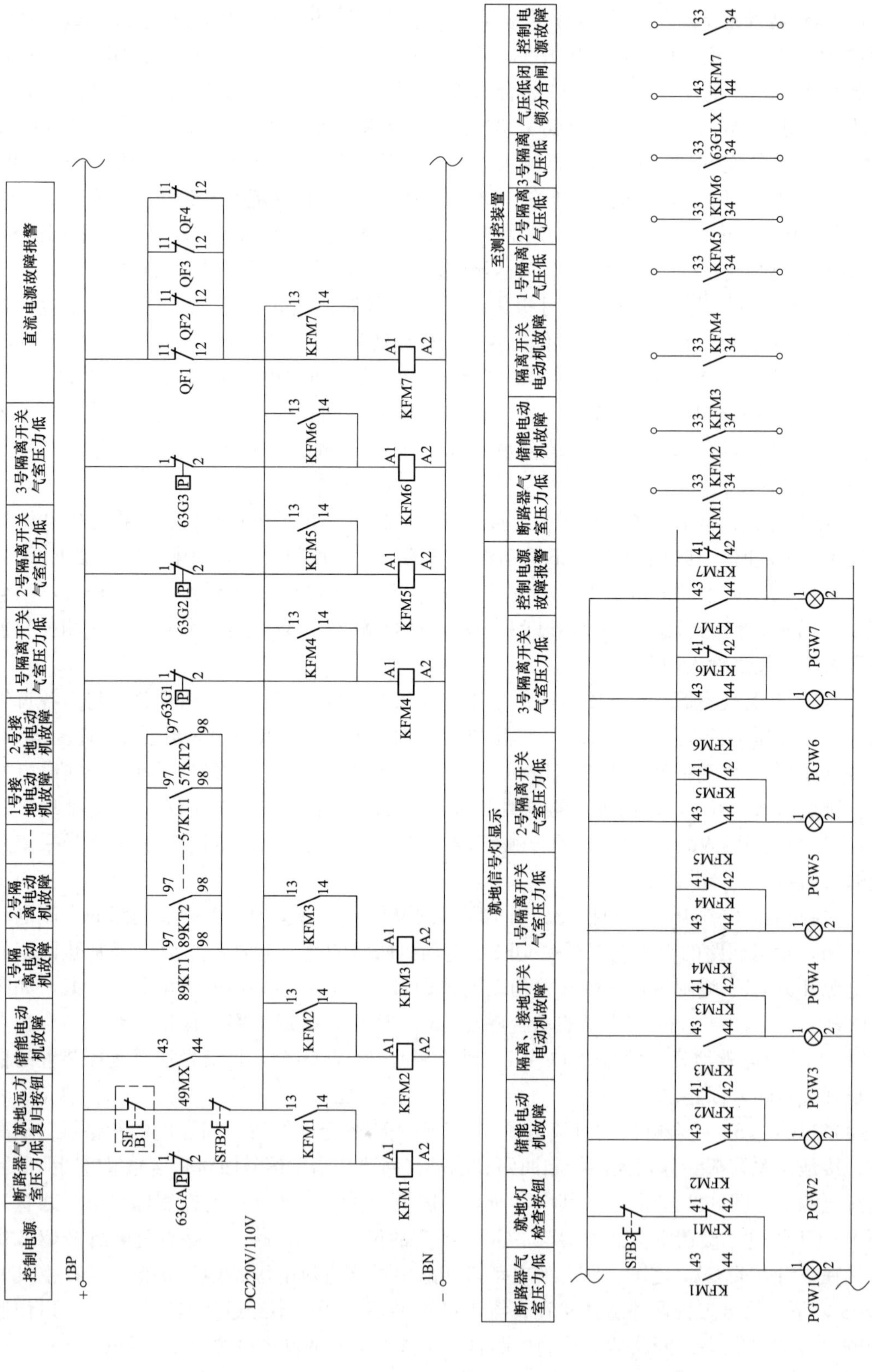

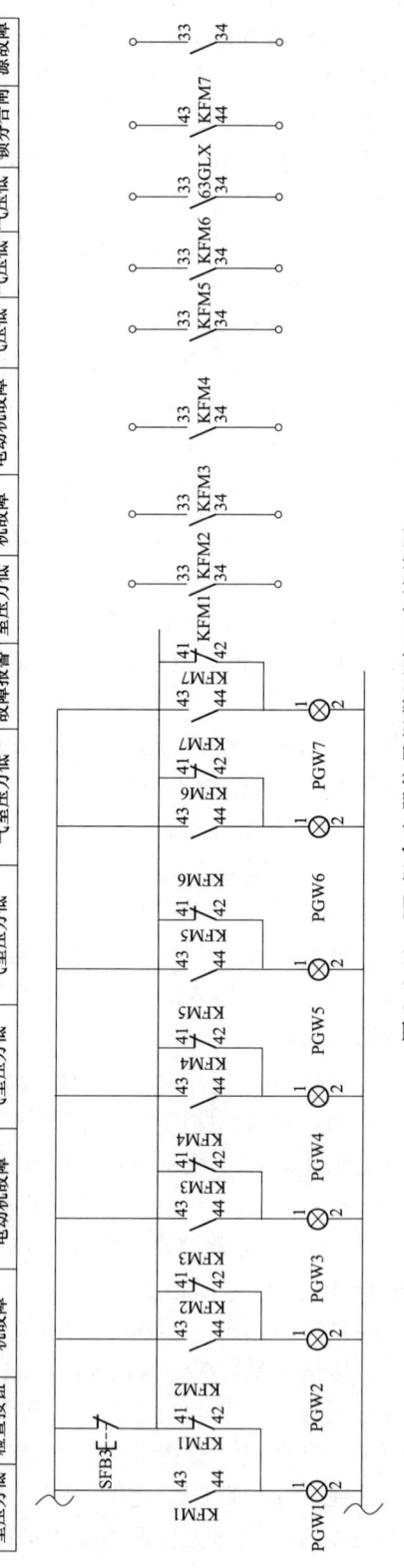

图 8.2-12 SF₆ 组合电器信号报警回路二次接线图

8

110kV SF$_6$组合电器各间隔之间的直流电源 WCC1、WCC2、WCC3 各自相互连接，构成小母线，小母线的两端分别由直流屏的Ⅰ段、Ⅱ段母线供电，运行时由一段供电，另一段备用。

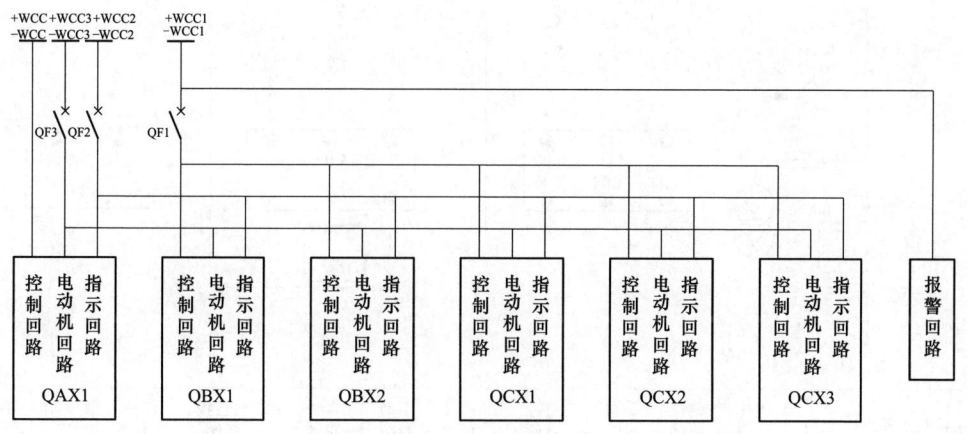

图 8.2-13　110kV SF$_6$组合电器各间隔直流电源配置示意图

8.2.4　变电站断路器二次电路全图举例

断路器二次电路全图应包括交流电流回路、交流电压回路、控制回路、保护回路、信号回路、二次端子图或端子表等基本内容。由于每个工程所用的断路器及保护装置的型号不同，其所对应的二次电路图也将有所差异。因此，本部分中所画二次电路图的目的主要为说明断路器的原理接线，而不能完全作为标准图使用。外部联系端子图也仅是作为示例在图 8.2-17 和图 8.2-21 中画出，其他图中未表示。绘图时可参照示例结合具体工程实际绘制。

8.2.4.1　6～35kV 变电站二次电路全图

图 8.2-14～图 8.2-23 为 6kV～35kV 变电站二次电路全图。

图 8.2-14 为 6～35kV 电源进线断路器柜二次电路图。图中合闸闭锁条件部分参见图 8.2-7 中相关回路。

图 8.2-15 为 6～35kV 母线分段断路器柜二次电路图。图中合闸闭锁条件部分参见图 8.2-6 中相关回路。

图 8.2-16 为 6～10kV/0.4kV 变压器出线柜二次电路图（一）。

图 8.2-17 为 6～10kV/0.4kV 变压器出线柜二次电路图（二）。其操动机构内无防跳回路，防跳功能由微机综保装置来完成，且在图中示意了外部接线端子图。

图 8.2-18 为 6～35kV 馈线断路器柜二次电路图。

图 8.2-19 为 6～10kV 异步电动机馈线断路器柜二次电路图。

图 8.2-20 为 6～10kV 电容器馈线断路器柜二次电路图（一）。

图 8.2-21 为 6～10kV 电容器馈线断路器柜二次电路图（二）。其操动机构内无防跳回路，防跳功能由微机综保装置来完成，且在图中示意了外部接线端子图。

图 8.2-22 为 6～35kV 电压互感器二次电路图。

图 8.2-23 和图 8.2-24 为 35/10kV 变压器馈线柜二次电路图（一）、（二）。

8

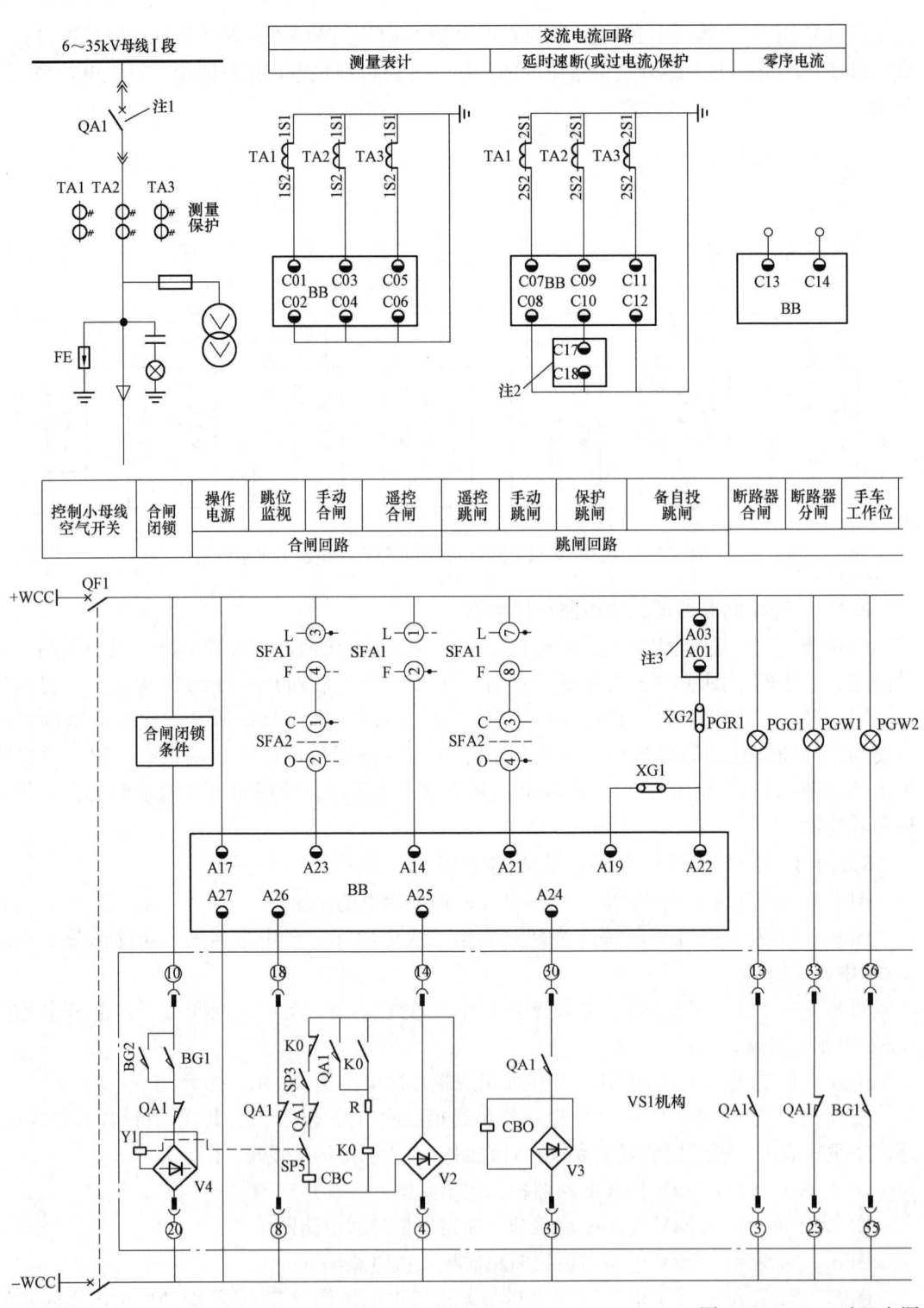

图 8.2-14　6～35kV 电源

BB—微机线路保护测控装置 ADVP-8111G；SFA1—选择开关 TDA10-6A710-2；SFA2—控制开关 TDA10-3A015-1；XJD-22；PGW1～PGW3—白色信号灯 XJD-22；FU1～FU5—熔断器

注 1：用于 Ⅱ 母线电源进线时，QA1 改为 QA2。注 2：用于 Ⅱ 母线电源进线时，来自母联综合保护装置的端子 C17、

8

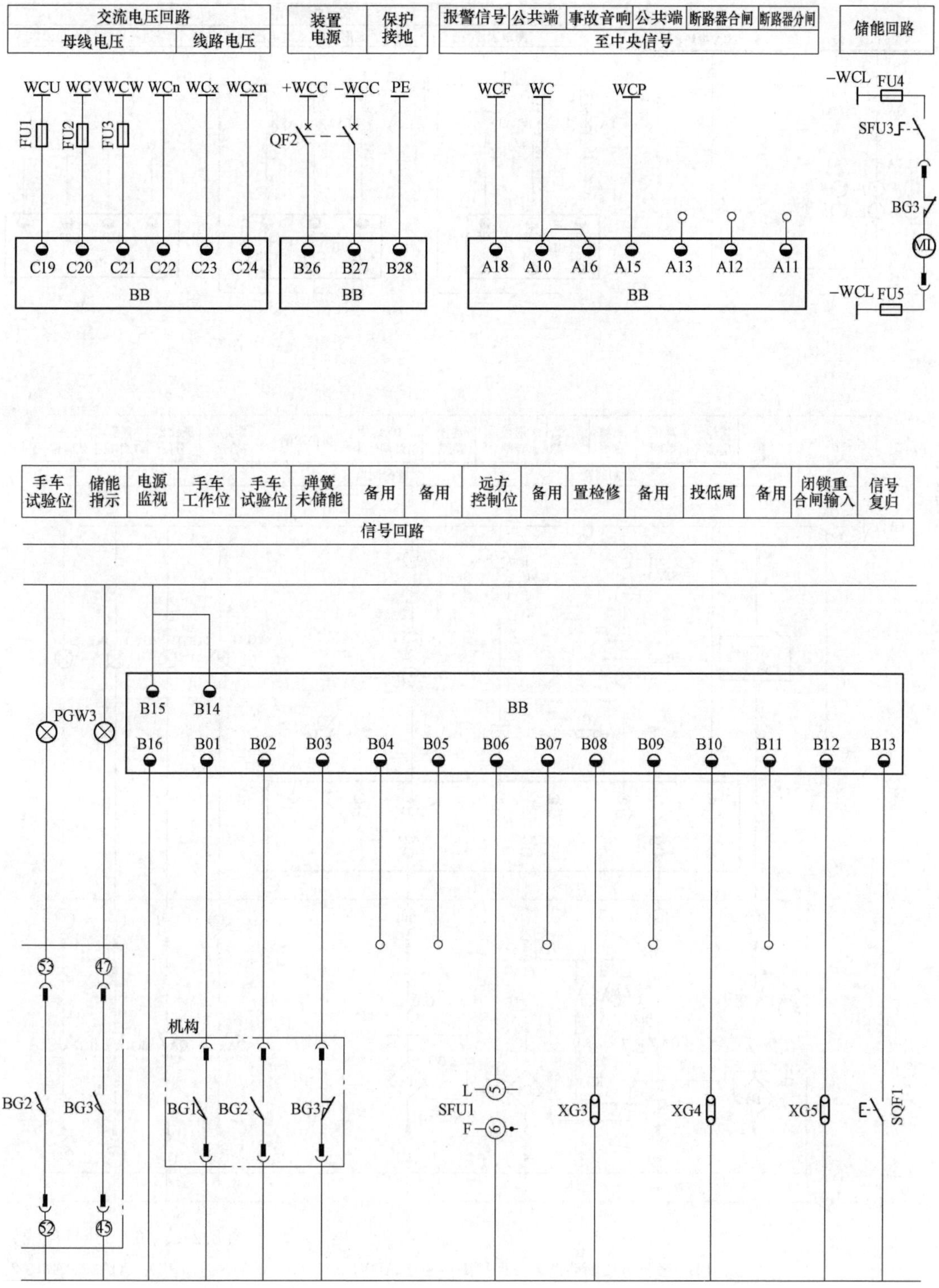

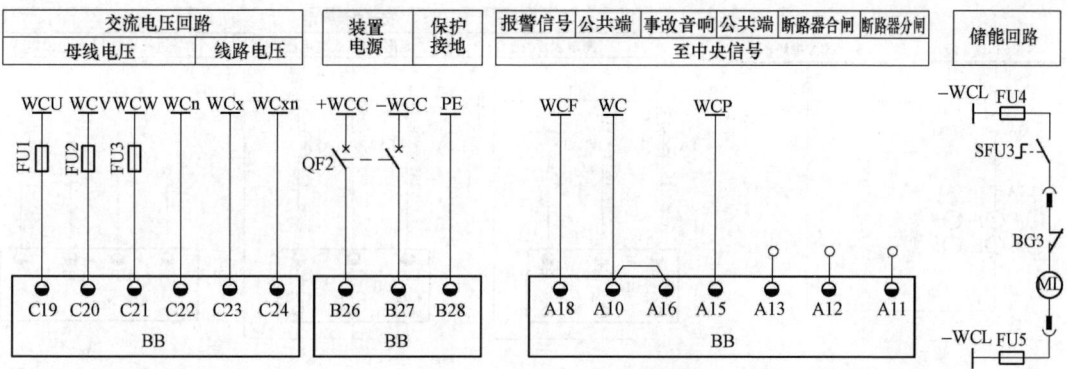

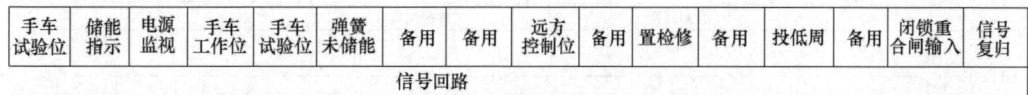

进线断路器柜二次电路图

SFA3—主令开关 TDA10-6A001-1；SFB1—复位按钮 XJA-10；PGG1—绿色信号灯 XJD-22；PGR1—红色信号灯

6A；QF1、QF2—直流微型断路器；XG1~XG5—连接片

C18 改为 C23、C24。注 3：用于 Ⅱ 母线电源进线时，来自母联综合保护装置的端子 A01、A03 改为 A04、A06。

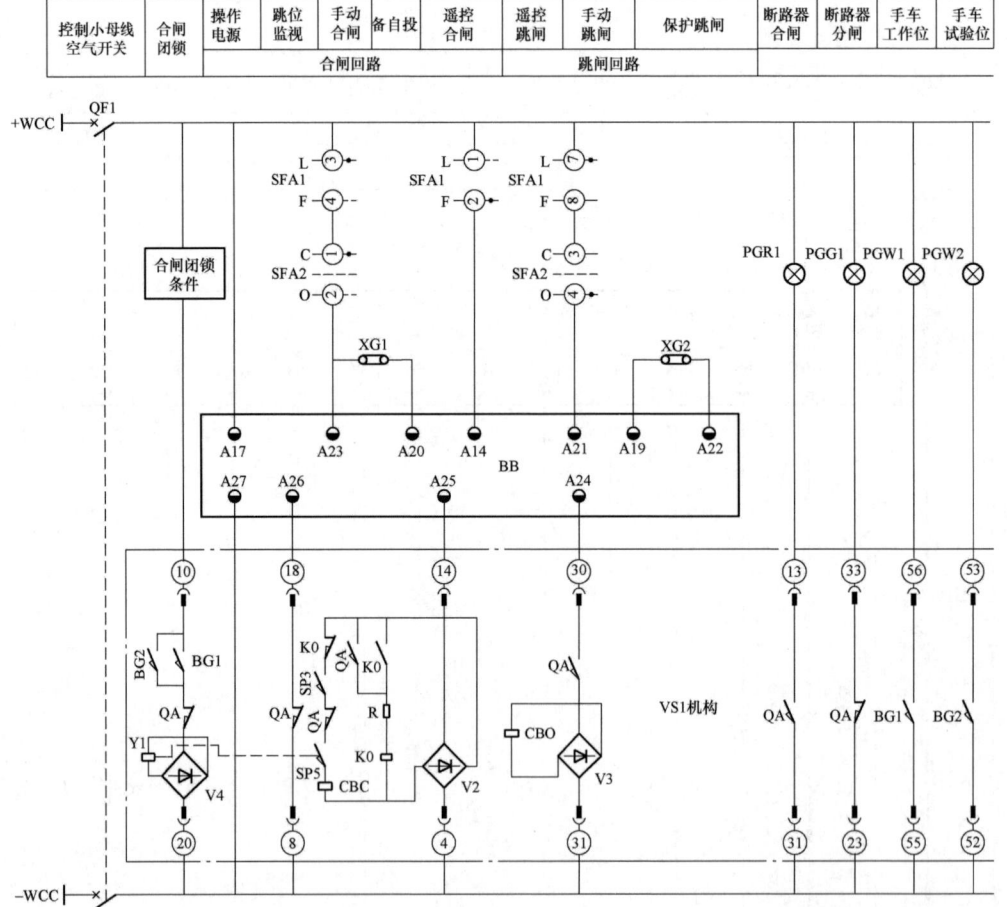

		交流电流回路		
测量表计		延时速断(或过电流)保护	1号进线电流	2号进线电流

控制小母线空气开关	合闸闭锁	操作电源	跳位监视	手动合闸	备自投	遥控合闸	遥控跳闸	手动跳闸	保护跳闸	断路器合闸	断路器分闸	手车工作位	手车试验位
				合闸回路				跳闸回路					

图 8.2-15　6～35kV 母线分

BB—微机分段断路器自投保护测控装置 ADVP-8151G；SFA1—选择开关 TDA10-6A710-2；

SFB1—复位按钮 XJA-10；PGG1—绿色信号灯 XJD-22；PGR1—红色

FU1～FU8—熔断器 6A；QF1、QF2—直流

注 1：来自 1 号进线综合保护装置。

8

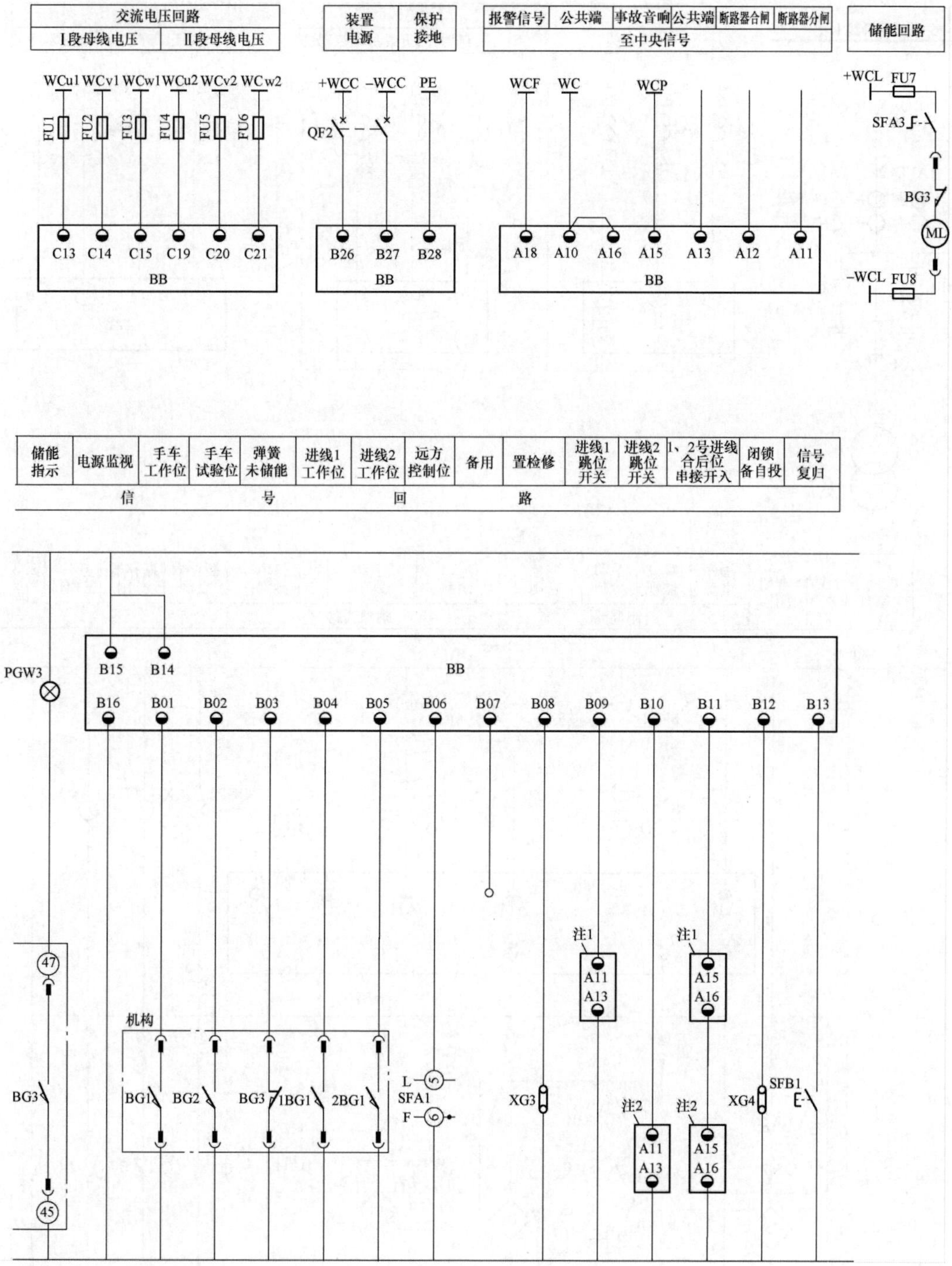

交流电压回路						装置电源	保护接地	报警信号	公共端	事故音响	公共端	断路器合闸	断路器分闸	储能回路
I段母线电压			II段母线电压					WCF	WC		WCP			
								至中央信号						

交流电压回路
WCu1 WCv1 WCw1 WCu2 WCv2 WCw2
FU1 FU2 FU3 FU4 FU5 FU6
C13 C14 C15 C19 C20 C21
BB

装置电源 / 保护接地
+WCC −WCC PE
QF2
B26 B27 B28
BB

报警信号
WCF WC WCP
A18 A10 A16 A15 A13 A12 A11
BB

储能回路
+WCL FU7
SFA3
BG3
ML
−WCL FU8

储能指示	电源监视	手车工作位	手车试验位	弹簧未储能	进线1工作位	进线2工作位	远方控制位	备用	置检修	进线1跳位开关	进线2跳位开关	1、2号进线合后位串接开入	闭锁备自投	信号复归
信		号				回			路					

PGW3
B15 B14   BB
B16 B01 B02 B03 B04 B05 B06 B07 B08 B09 B10 B11 B12 B13

47

机构

BG3
BG1 BG2 BG3 1BG1 2BG1
L SFA1 F
BG3
45

注1
A11 A13
注1
A15 A16

XG3

XG4 SFB1

注2
A11 A13
注2
A15 A16

段断路器柜二次电路图
SFA2—控制开关 TDA10-3A015-1；SFA3—主令开关 TDA10-6A001-1；
信号灯 XJD-22；PGW1～PGW3—白色信号灯 XJD-22；
微型断路器；XB1～XB4—连接片
注2：来自2号进线综合保护装置。

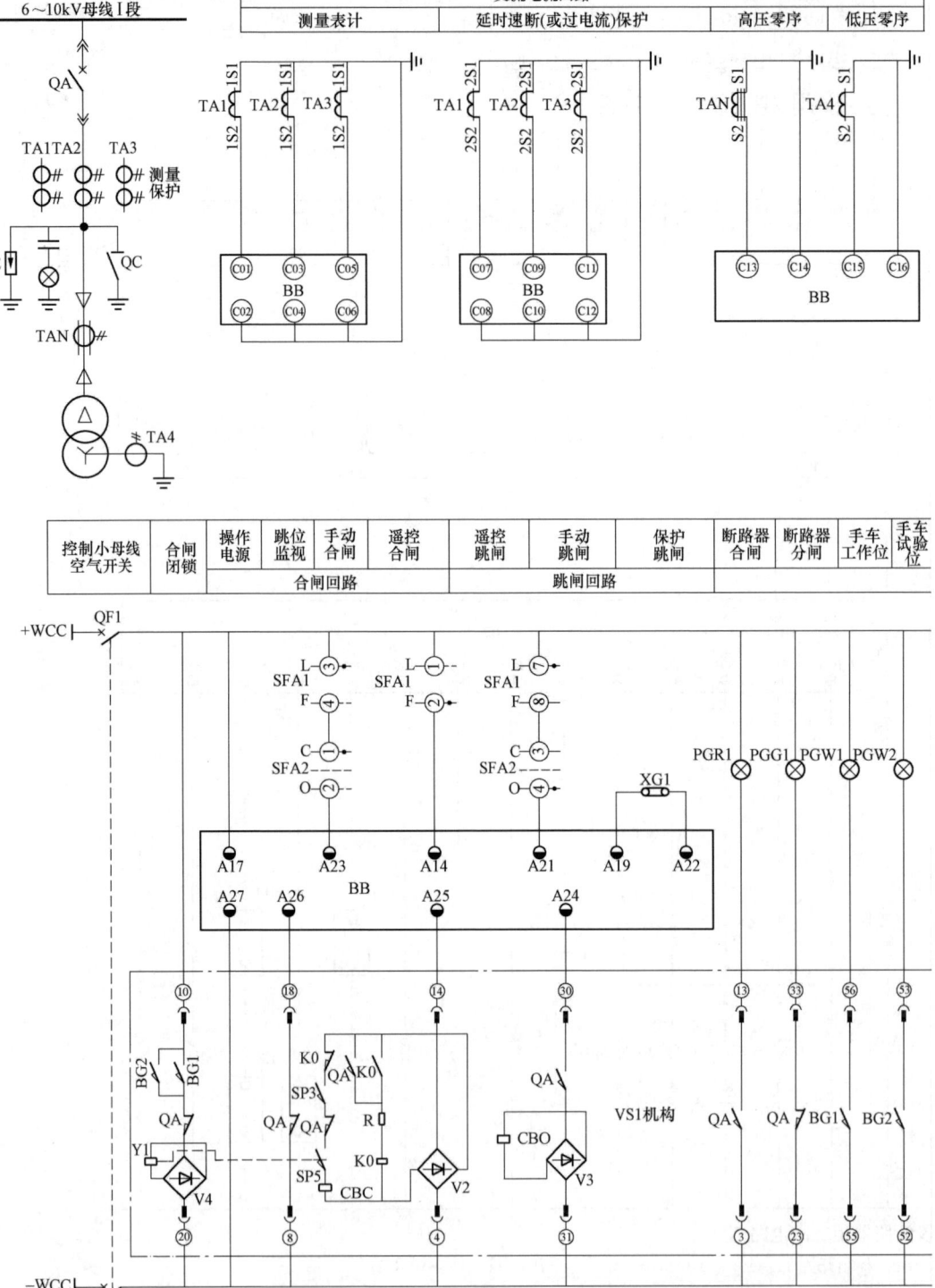

图 8.2-16　6～10kV/0.4kV 变压器

BB—微机变压器保护测控装置 ADVP-8121G；SFA1—选择开关 TDA10-6A710-2；
SFB1—复位按钮 XJA-10；PGG1—绿色信号灯 XJD-22；PGR1—红色
FU1～FU5—熔断器 6A；QF1、QF2—直流
注 1：来自断路器操作机构。

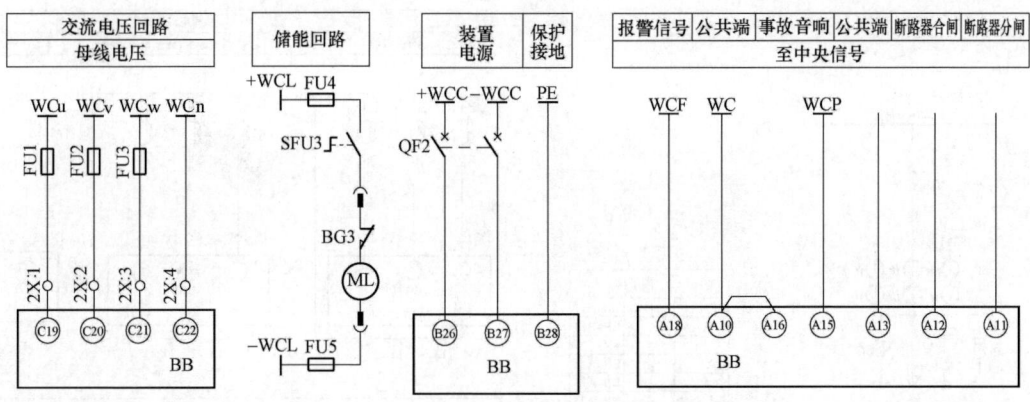

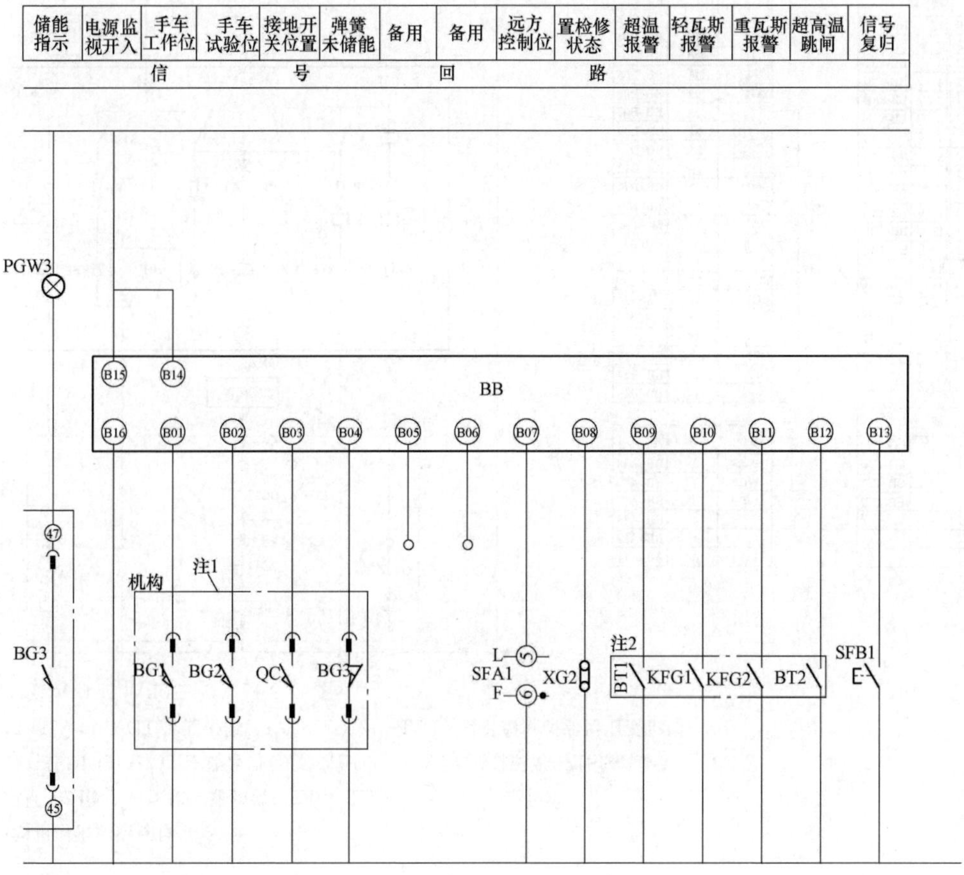

储能指示	电源监视开入	手车工作位	手车试验位	接地开关位置	弹簧未储能	备用	备用	远方控制位	置检修状态	超温报警	轻瓦斯报警	重瓦斯报警	超高温跳闸	信号复归
信		号				回			路					

馈线柜二次电路图（一）

SFA2—控制开关 TDA10-3A015-1；SFA3—主令开关 TDA10-6A001-1；
信号灯 XJD-22；PGW1～PGW3—白色信号灯 XJD-22；
微型断路器；XG1～XG2—连接片
注2：来自变压器温控箱。

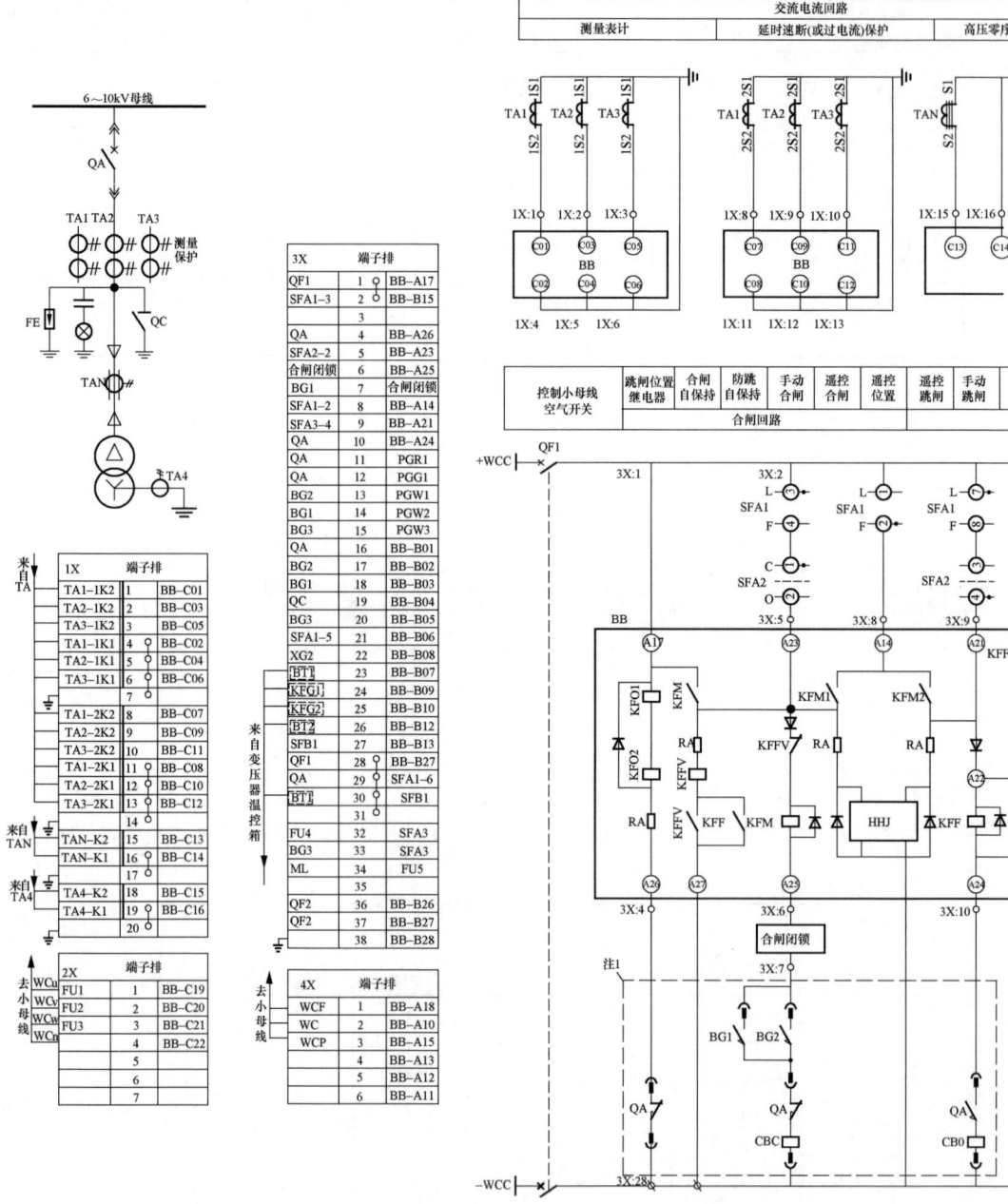

图 8.2-17　6～10kV/0.4kV 变压

BB—微机变压器保护测控装置 ADVP-8121G；SFA1—选择开关 TDA10-6A710-2；

SFB1—复位按钮 XJA-10；PGG1—绿色信号灯 XJD-22；PGR1—红色

FU1～FU5—熔断器 6A；QF1、QF2—直流

注 1：来自断路器操作机构；

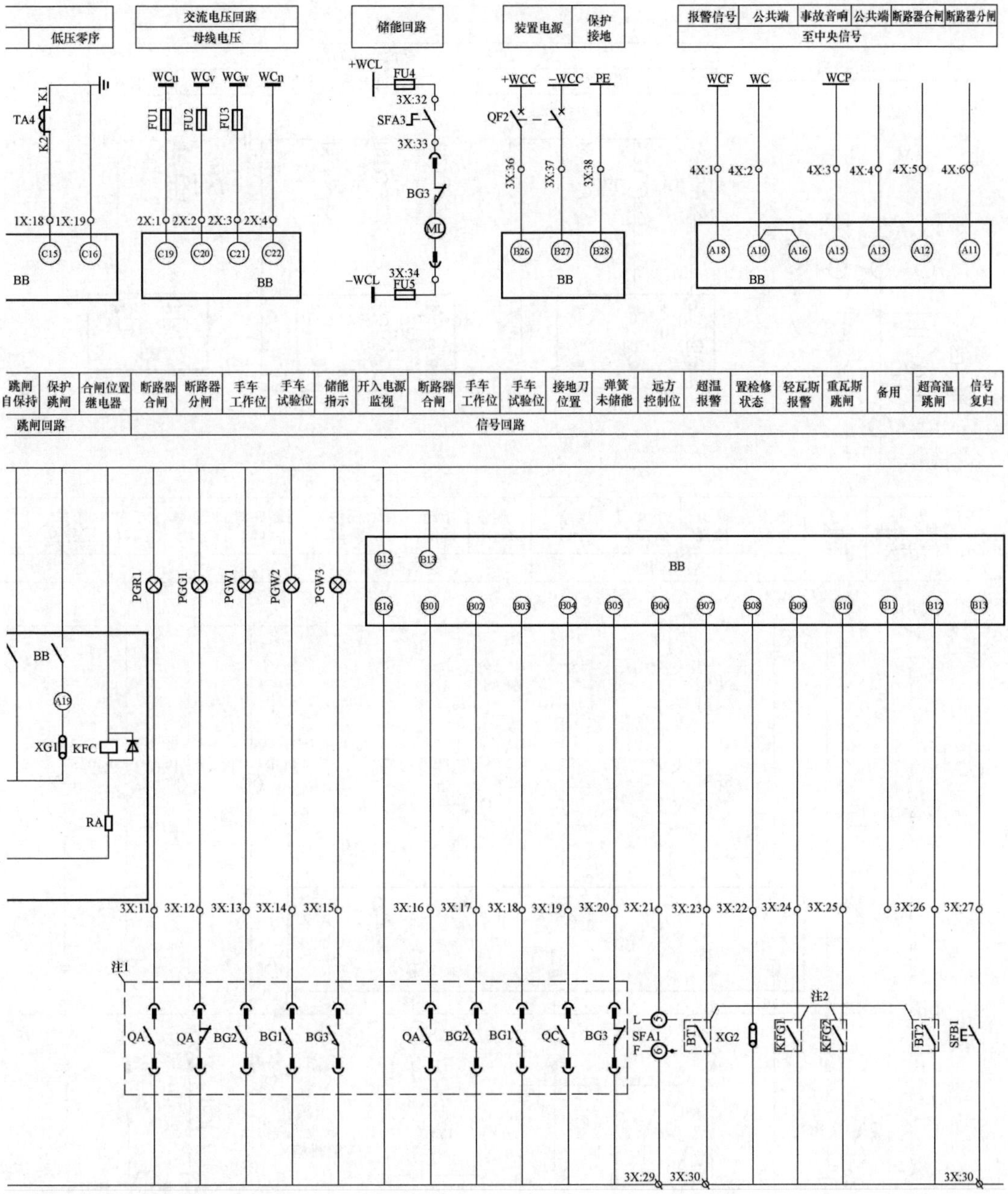

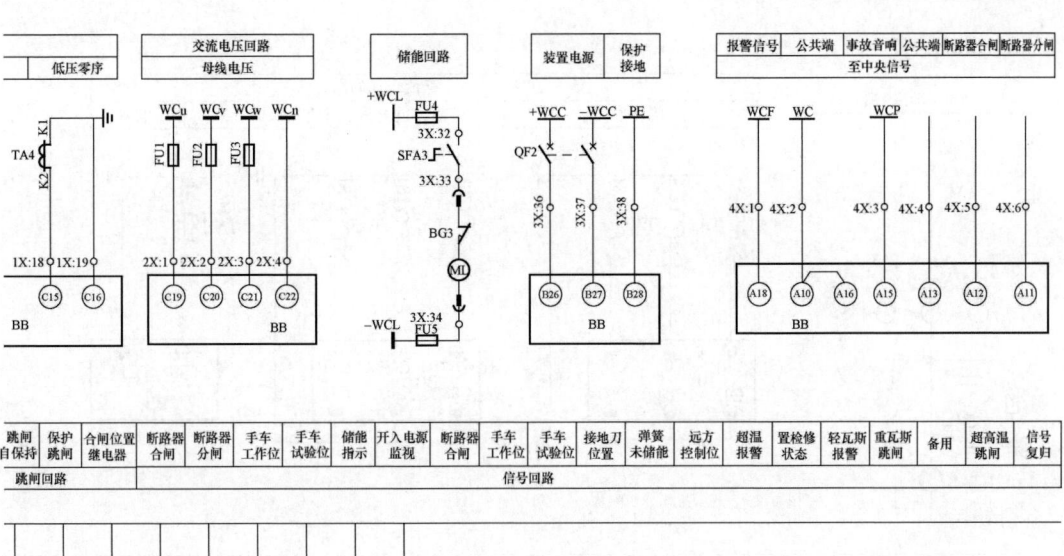

			交流电压回路			储能回路		装置电源	保护接地	报警信号	公共端	事故音响	公共端	断路器合闸	断路器分闸
低压零序			母线电压									至中央信号			

跳闸自保持	保护跳闸	合闸位置继电器	断路器合闸	断路器分闸	手车工作位	手车试验位	储能指示	开入电源监视	断路器合闸	手车工作位	手车试验位	接地刀位置	弹簧未储能	远方控制位	超温报警	置检修状态	轻瓦斯报警	重瓦斯跳闸	备用	超高温跳闸	信号复归
跳闸回路			信号回路																		

器馈线柜二次电路图（二）

SFA2—控制开关 TDA10-3A015-1；SFA3—主令开关 TDA10-6A001-1；

信号灯 XJD-22；PGW1～PGW3—白色信号灯 XJD-22；

微型断路器；XG1～XG2—连接片

注 2：来自变压器温控箱。

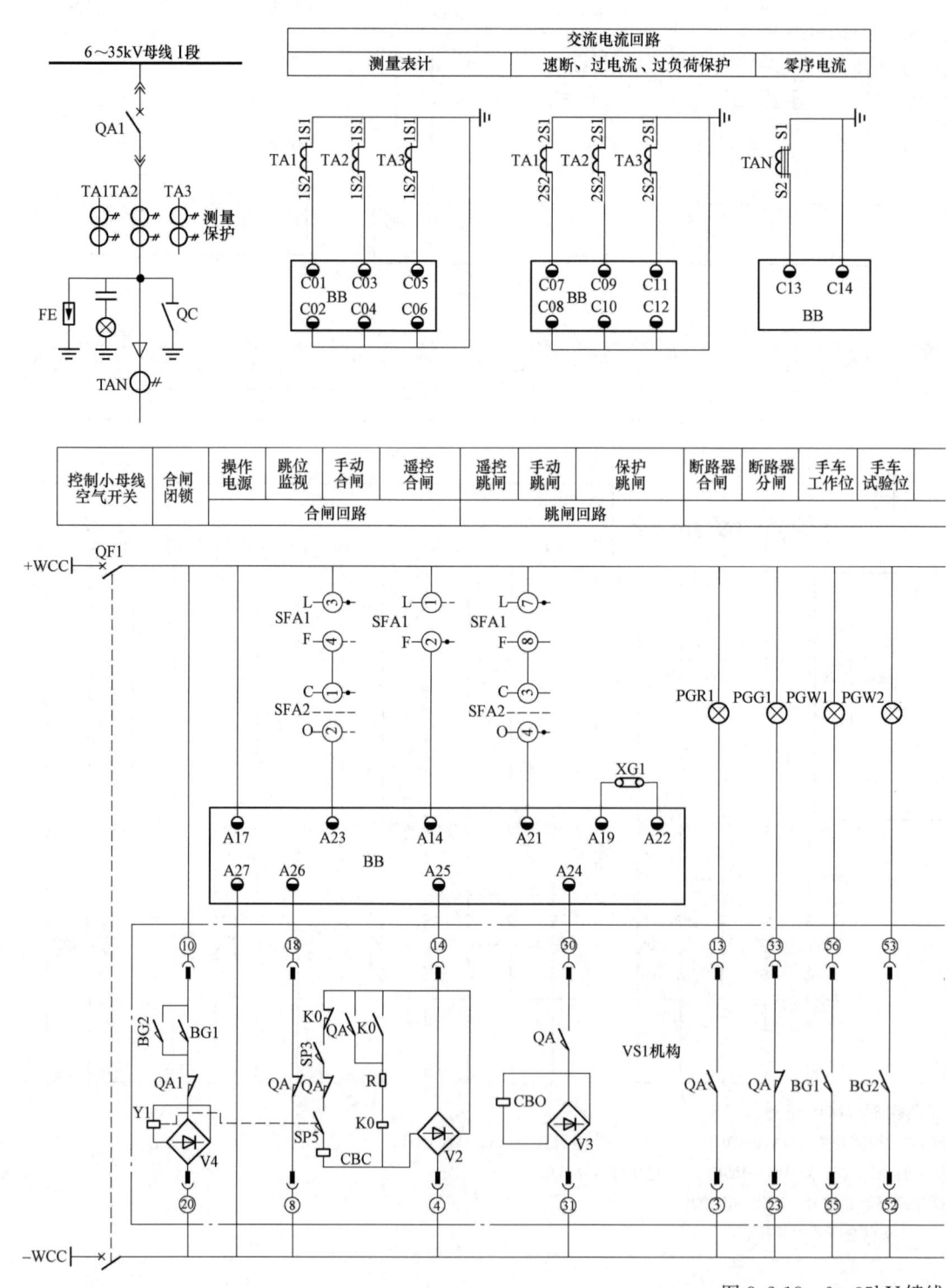

图 8.2-18　6~35kV 馈线

BB—微机线路保护测控装置 ADVP-8111G；SFA1—选择开关 TDA10-6A710-2；SFA2—控制开关 TDA10-3A015-1；
PGW1~PGW3—白色信号灯 XJD-22；FU1~FU5—熔断器 6A；

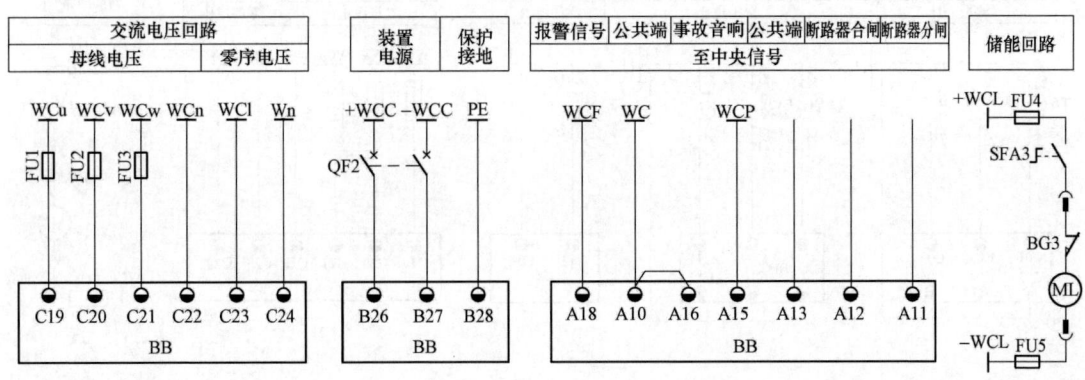

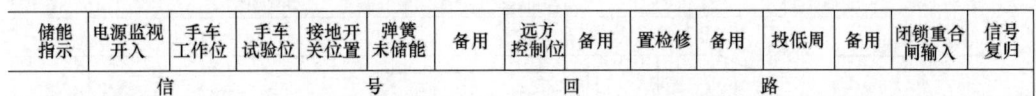

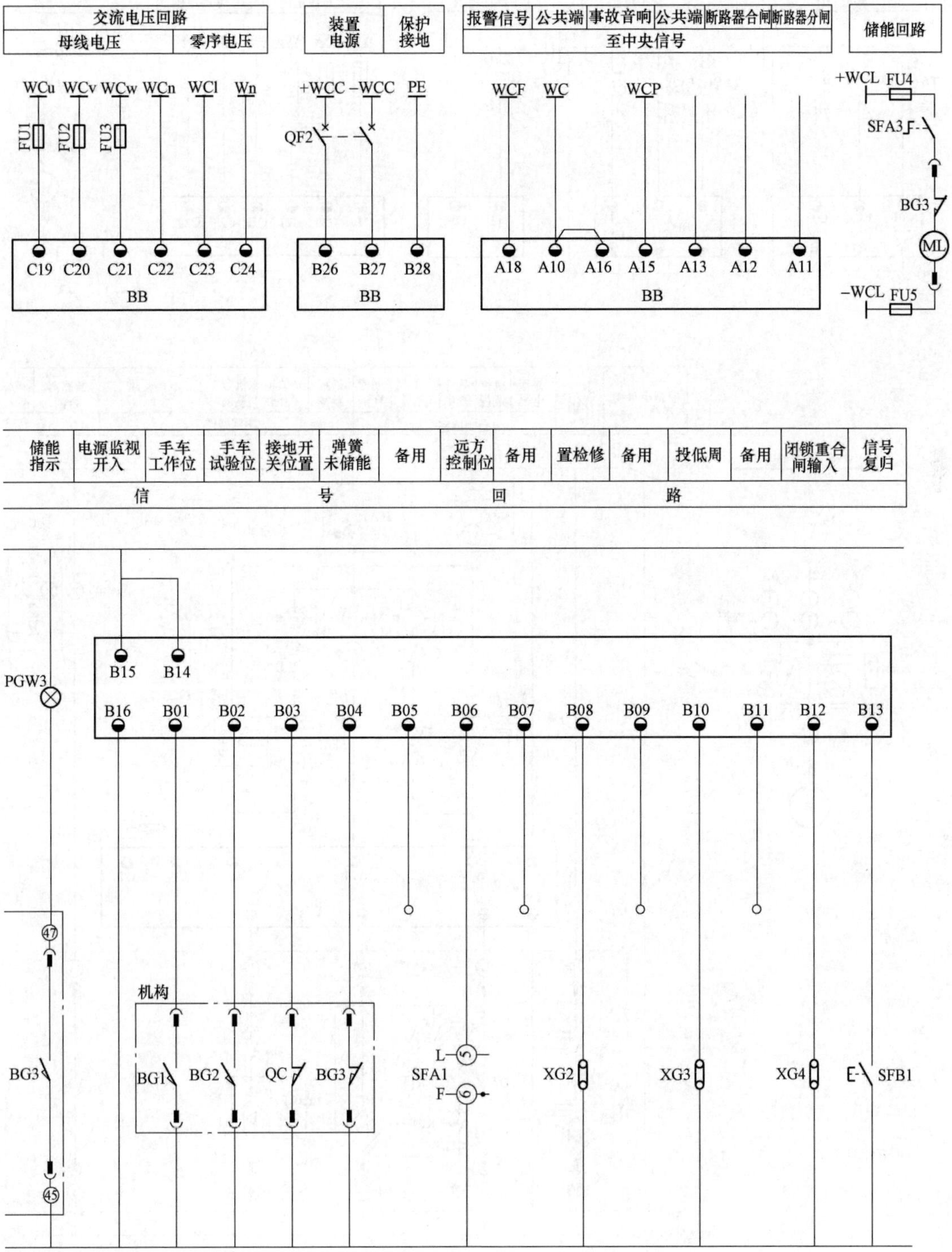

断路器柜二次电路图

SFA3—主令开关 TDA10-6A001-1；SFB1—复位按钮 XJA-10；PGG1—绿色信号灯 XJD-22；PGR1—红色信号灯 XJD-22；
QF1、QF2—直流微型断路器；XG1~XG4—连接片

8

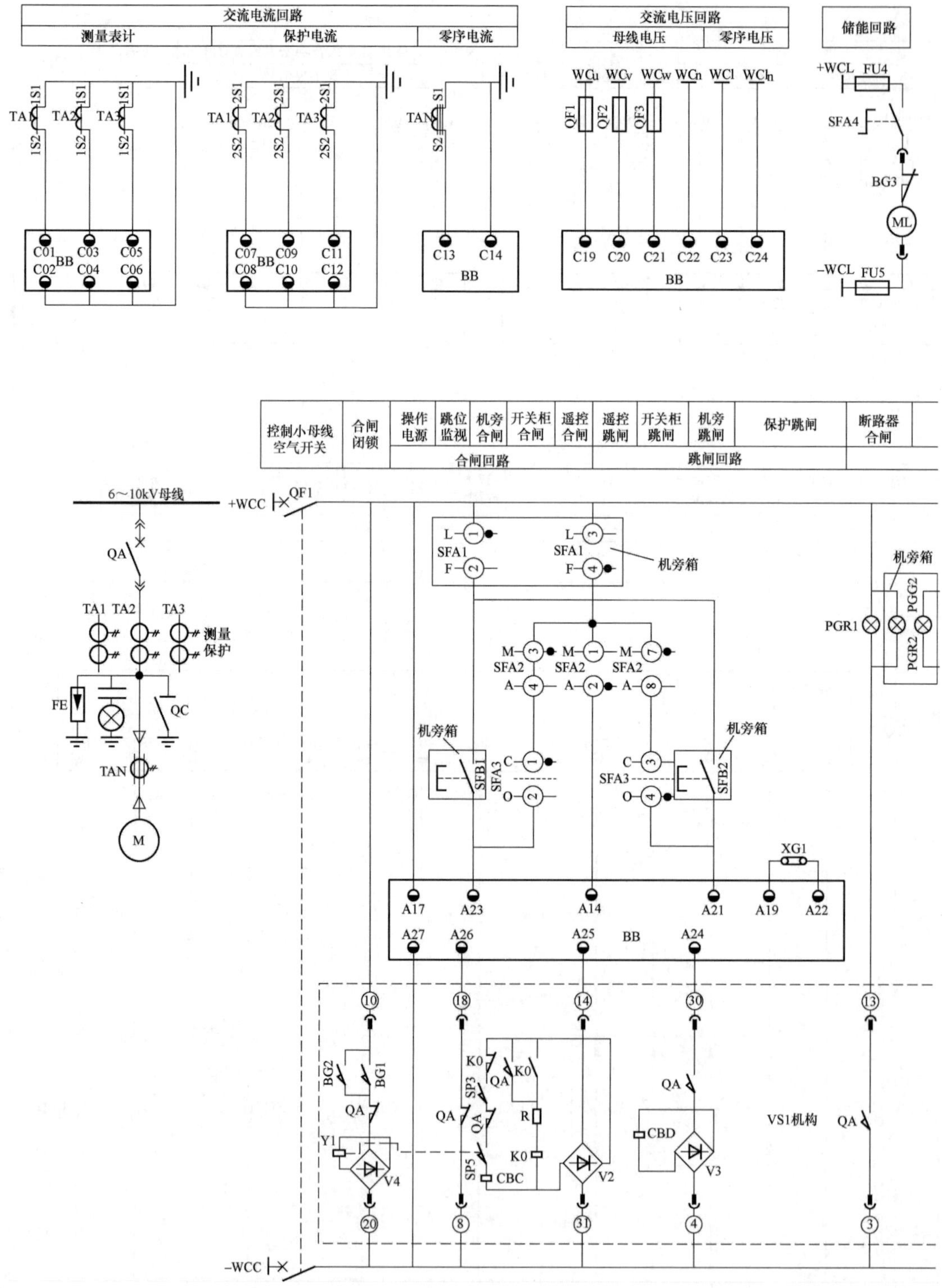

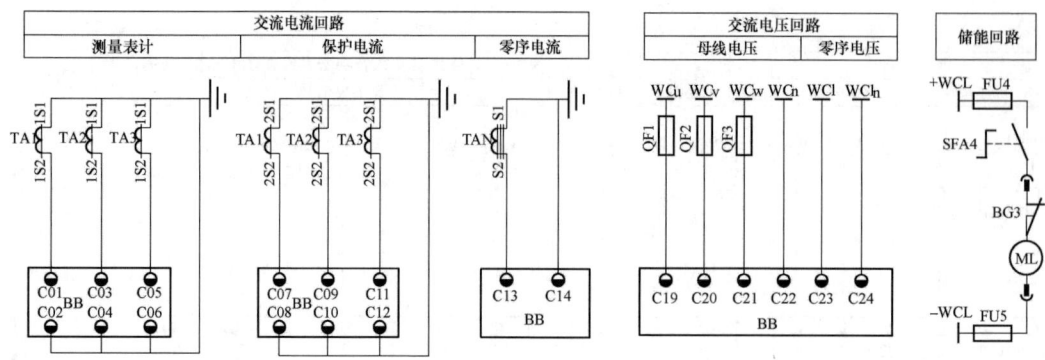

图 8.2-19　6～10kV 异步电动机

BB—微机电动机保护测控装置 ADVP-8141G；SFA2—选择开关 TDA10-6A710-2；SFA3—控制开关 TDA10-3A015-1；
PGW1～PGW3—白色信号灯 XJD-22；FU1～FU5—熔断器 6A；
安装在就地控制箱上的设备：SFA1—选择开关 TDA10-6A710-2；SFB1—启动按钮 XJA-10；

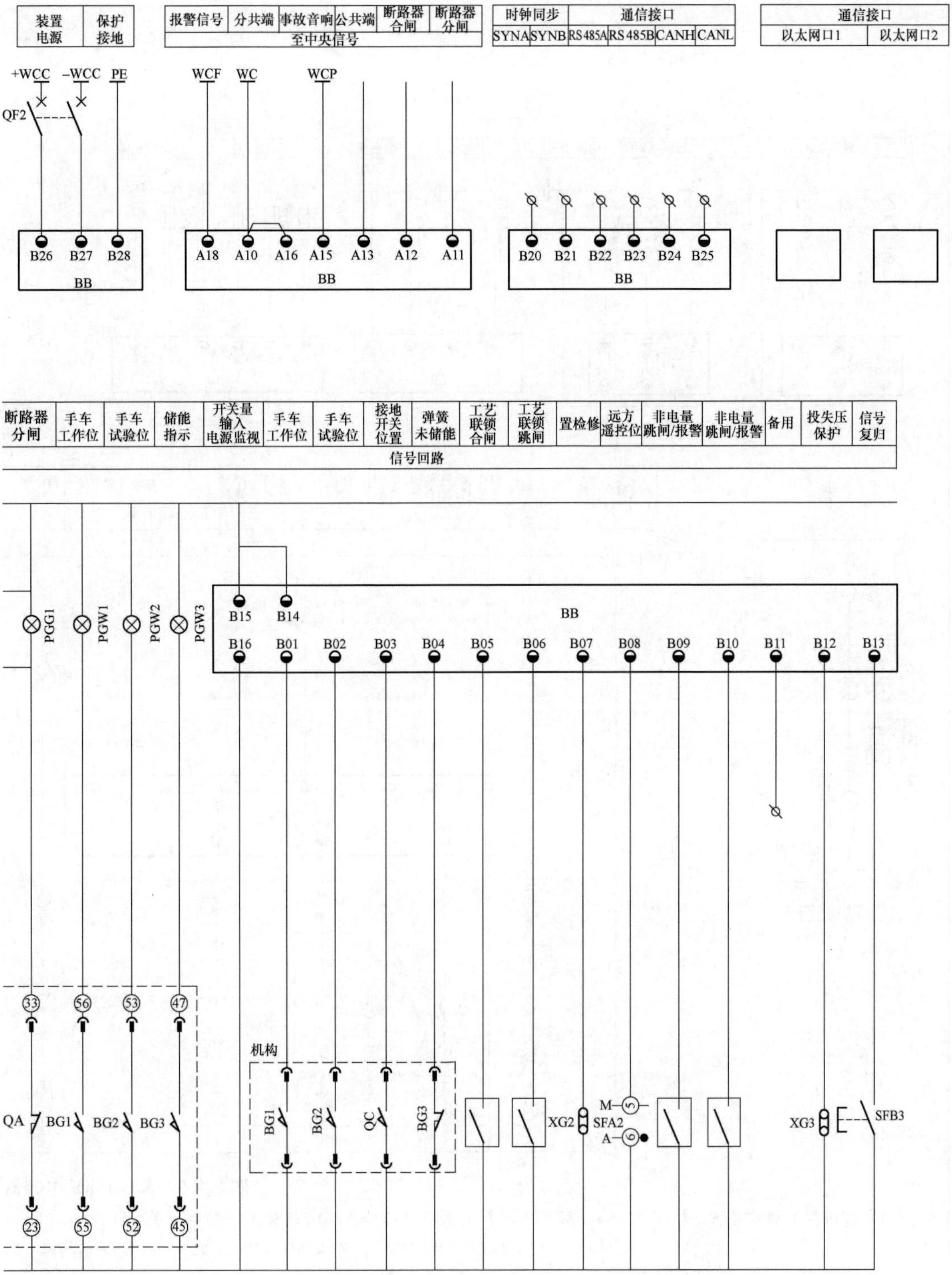

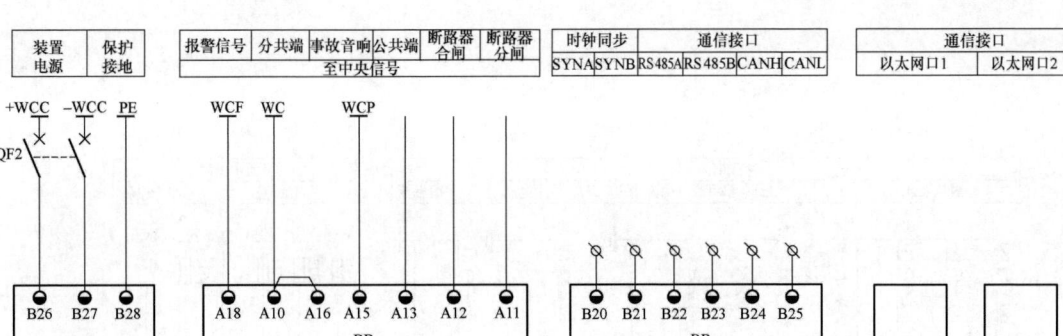

断路器分闸	手车工作位	手车试验位	储能指示	开关量输入电源监视	手车工作位	手车试验位	接地开关位置	弹簧未储能	工艺联锁合闸	工艺联锁跳闸	置检修	远方遥控位	非电量跳闸/报警	非电量跳闸/报警	备用	投失压保护	信号复归
								信号回路									

馈线断路器柜二次电路图

SFA4—主令开关 TDA10-6A001-1；SFB3—复位按钮 XJA-10；PGG1—绿色信号灯 XJD-22；PGR1—红色信号灯 XJD-22；
QF1、QF2—直流微型断路器；XG1~XG3—连接片。

SFB2—停止按钮 XJA-10；PGG2—绿色信号灯 XJD-22；PGR2—红色信号灯 XJD-22

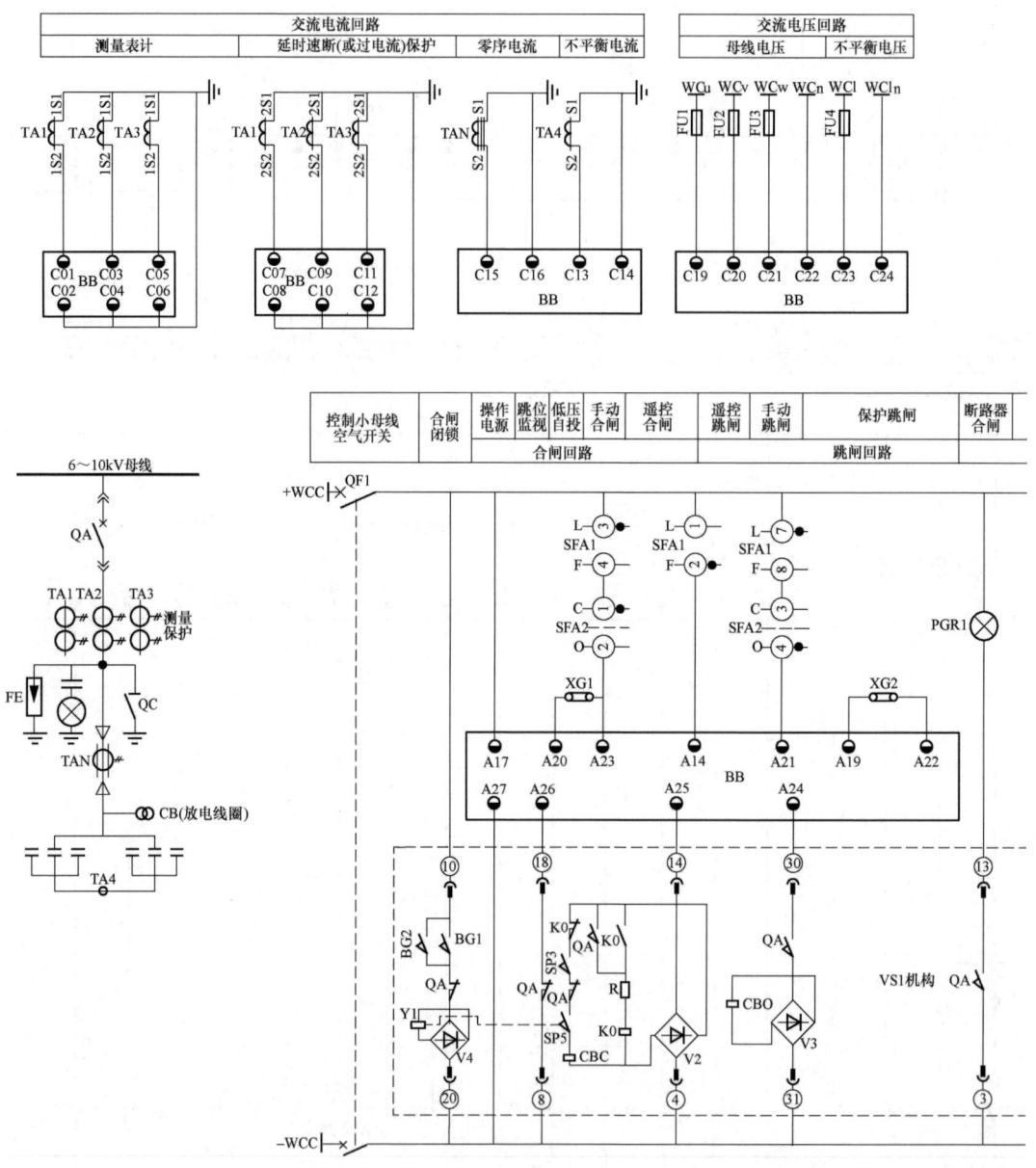

	交流电流回路							
测量表计		延时速断(或过电流)保护		零序电流		不平衡电流		

	交流电压回路	
母线电压		不平衡电压

控制小母线空气开关	合闸闭锁	操作电源	跳位监视	低压自投	手动合闸	遥控合闸	遥控跳闸	手动跳闸	保护跳闸	断路器合闸
					合闸回路				跳闸回路	

图 8.2-20　6~10kV 电容器

BB—微机电容器保护测控装置 ADVP-8131G；SFA1—选择开关 TDA10-6A710-2；SFA2—控制开关 TDA10-3A015-1；
PGW1~PGW3—白色信号灯 XJD-22；FU1~FU6—熔断器 6A；

8

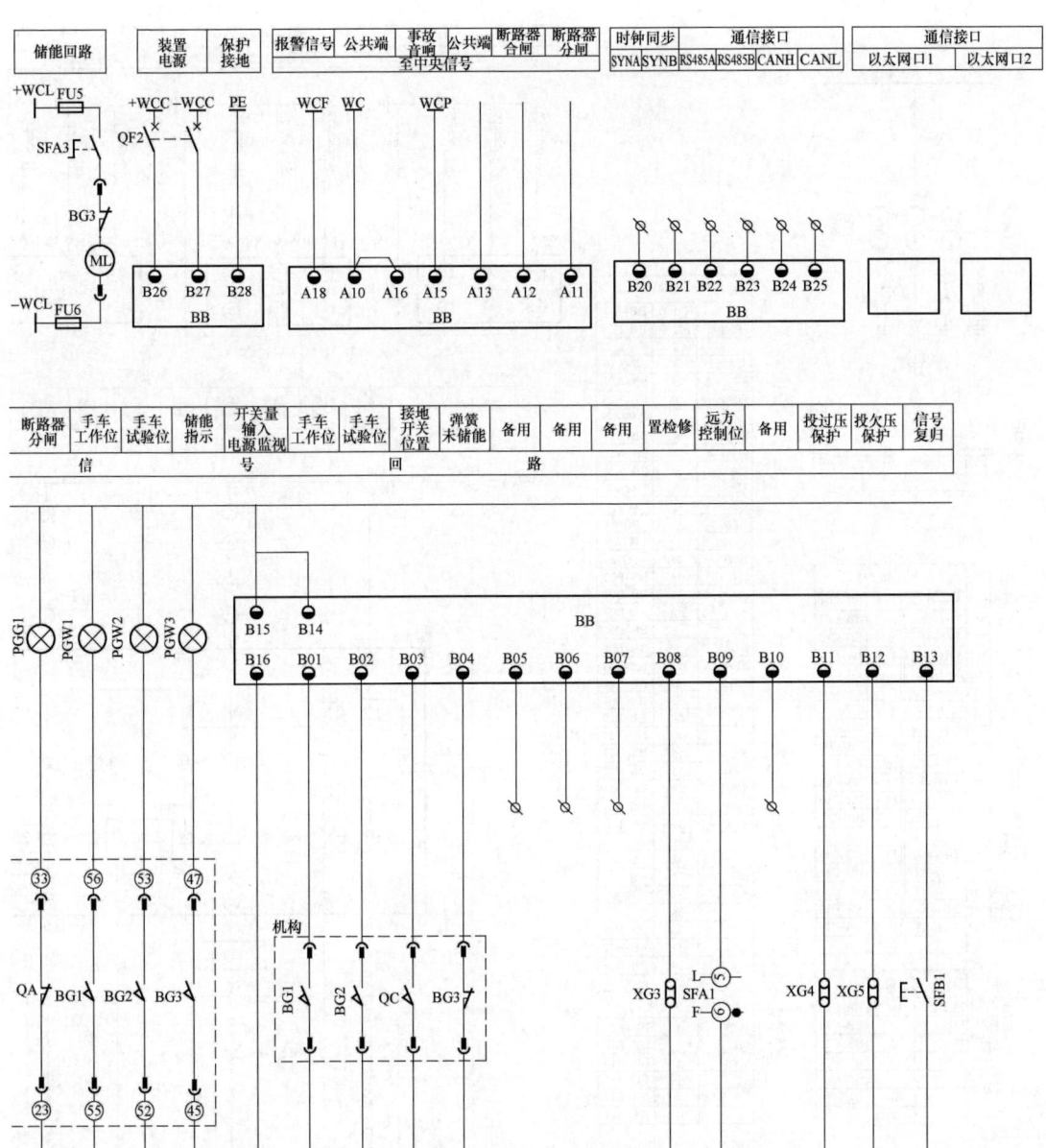

馈线断路器柜二次电路图（一）

SFA3—主令开关 TDA10-6A001-1；SFB1—复位按钮 XJA-10；PGG1—绿色信号灯 XJD-22；PGR1—红色信号灯 XJD-22；
QF1、QF2—直流微型断路器；XG1～XG5—连接片

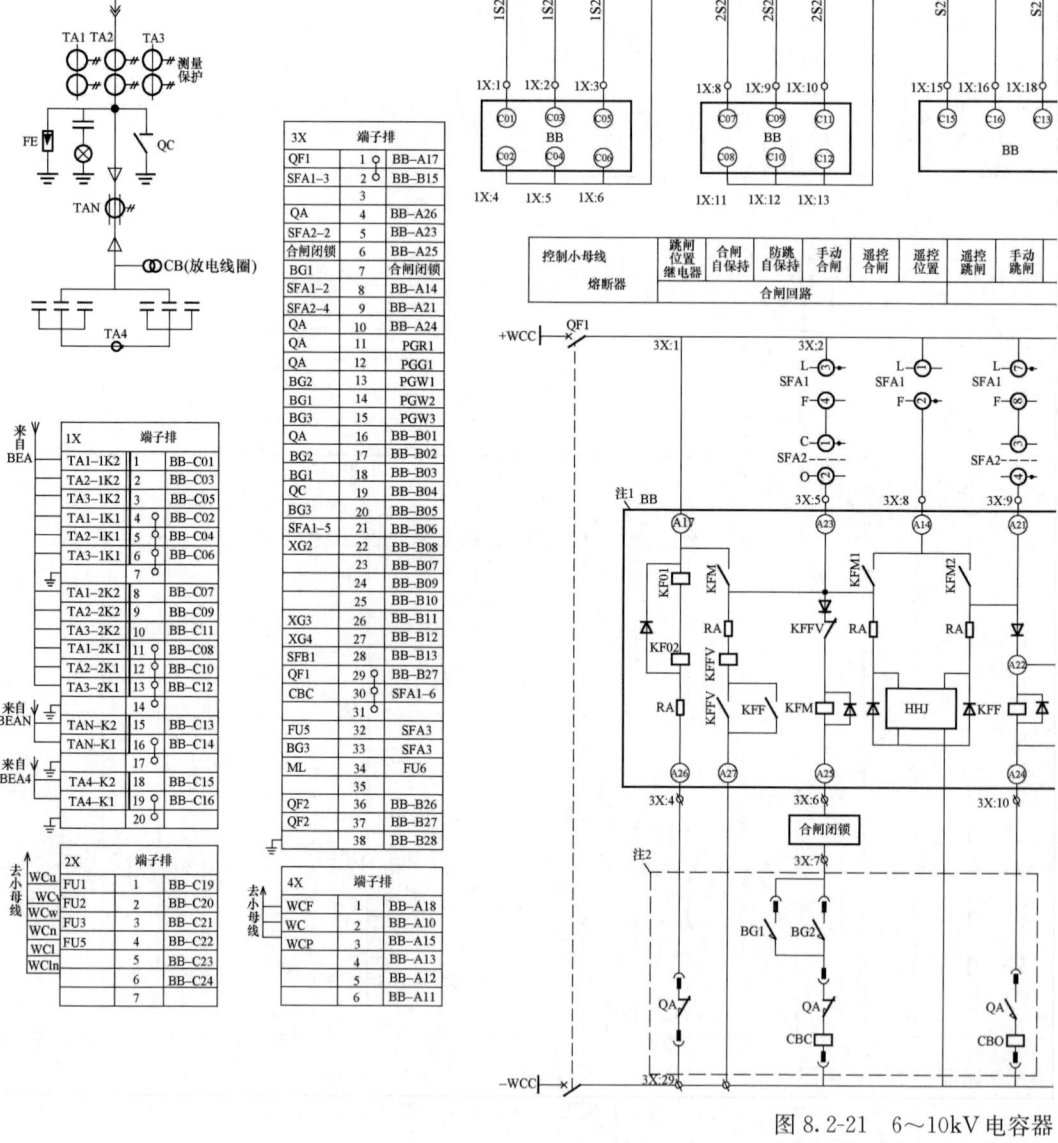

图 8.2-21   6～10kV 电容器

BB—微机电容器保护测控装置 ADVP-8131G；SFA1—选择开关 TDA10-6A710-2；SFA2—控制开关 TDA10-3A015-1；
PGW1～PGW3—白色信号灯 XJD-22；FU1～FU6—熔断器 6A；

馈线断路器柜二次电路图（二）

SFA3—主令开关 TDA10-6A001-1；SFB1—复位按钮 XJA-10；PGG1—绿色信号灯 XJD-22；PGR1—红色信号灯 XJD-22；
QF1、QF2—直流微型断路器；XG1～XG4—连接片

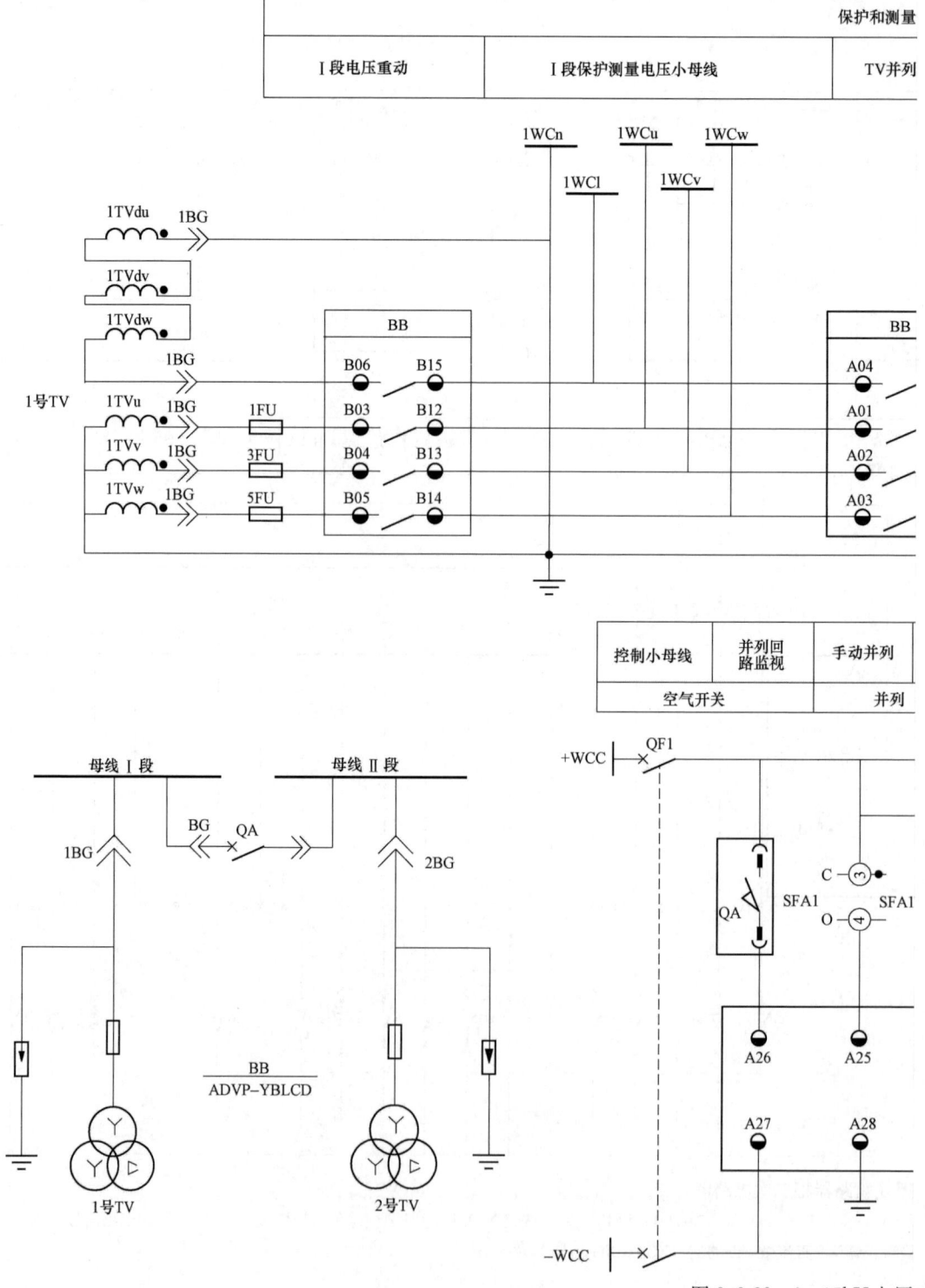

图 8.2-22　6～35kV 电压

BB—微机电压并列重动装置 ADVP-YBLCD；

并列回路		
回路	Ⅱ段保护测量电压小母线	Ⅱ段电压重动

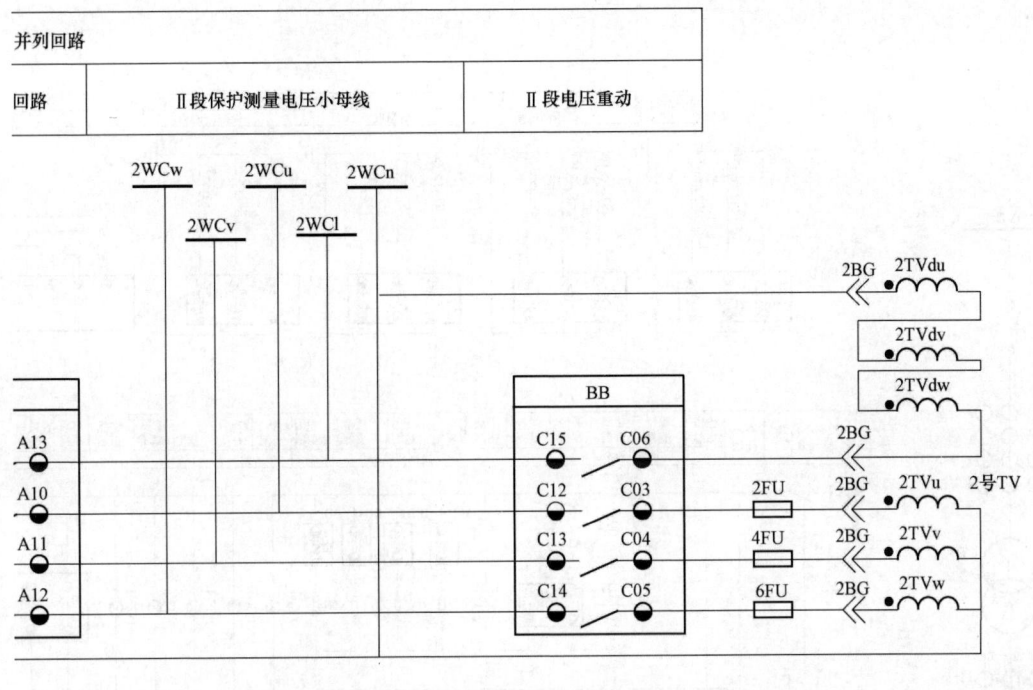

手动分离	Ⅰ 段 TV重动	Ⅱ 段 TV重动
回路	重动回路	

Ⅰ母Ⅱ母电压并列信号	Ⅰ母Ⅱ母并列回路失电	Ⅰ母重动回路失电	Ⅰ母重动回路动作	Ⅰ母重动回路失电	Ⅱ母重动回路动作
		触点输出回路			

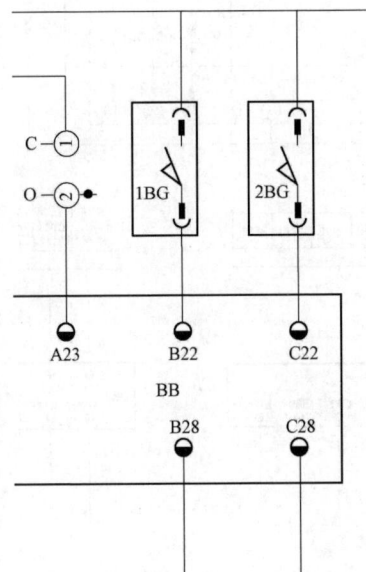

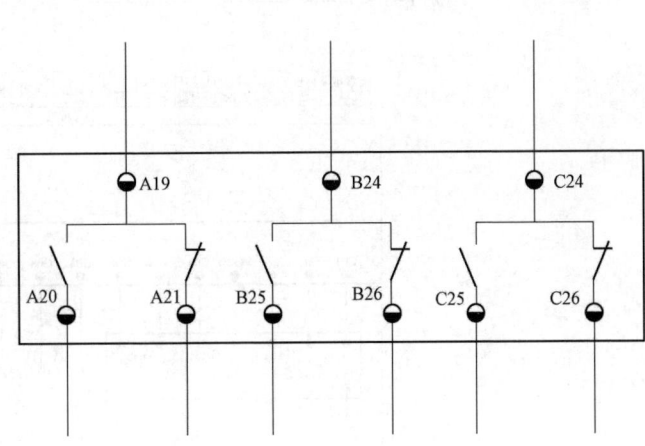

互感器二次电路图

SFA1—控制开关 TDA10-6A710-2

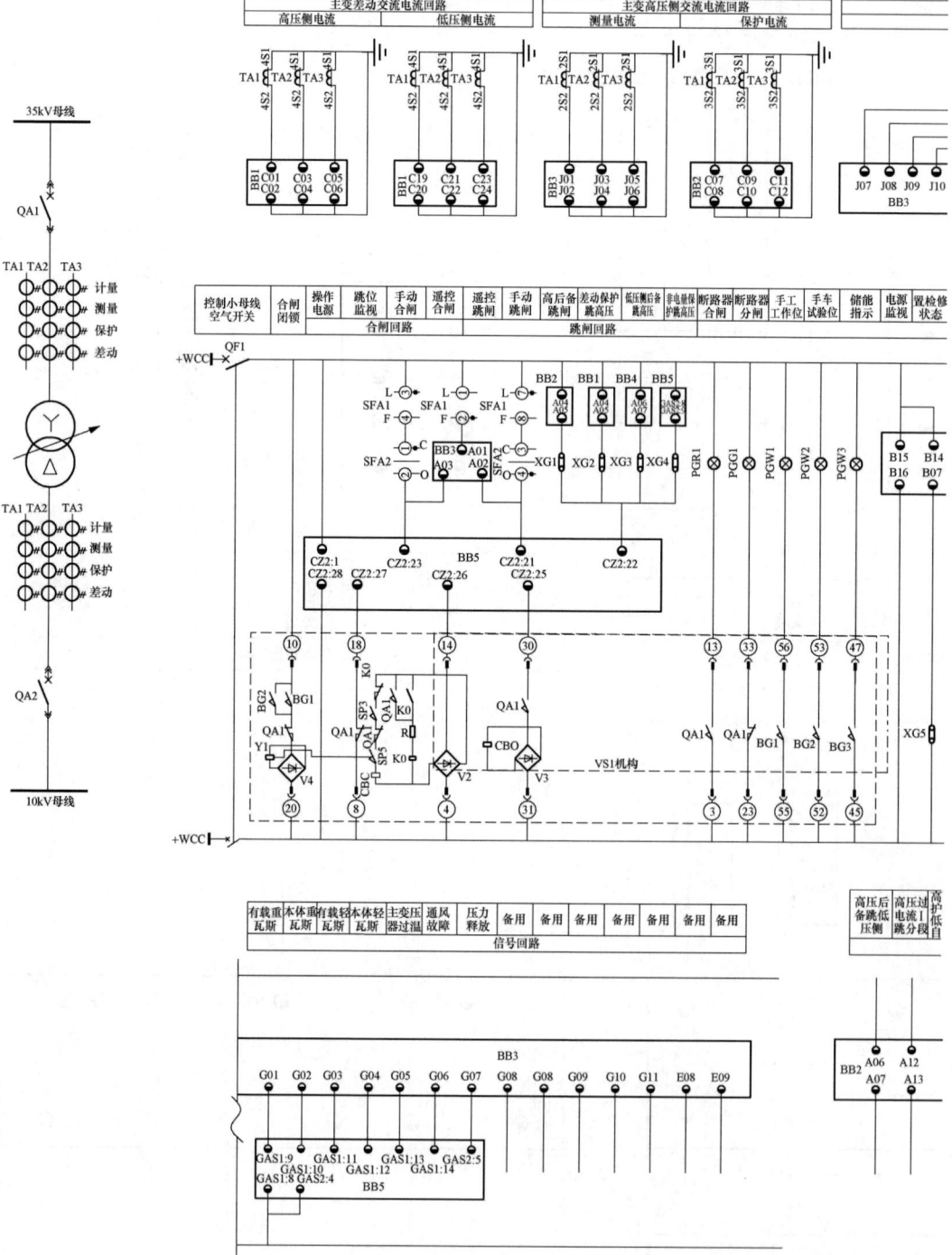

图 8.2-23   35kV/10kV 变压器

交流电压回路
母线电压

| 储能回路 | 装置电源 | 保护接地 | 装置电源 | 保护接地 | 通信电源 | 保护接地 | 装置电源 | 保护接地 | 装置电源 | 保护接地 |

1WCn 1WCy
1WCL 1WCw 1WCu   —WCL FU4
FU3 FU2 FU1   SFA3   QF2   +WCL —WCL PE   +WCL —WCL PE   +WCC —WCC PE   +WCC —WCC PE
QF3   QF4   QF5

BG3
ML

C24 C23 C22 C21 C20 C19   +WCLFU5   B26 B27 B28   B26 B27 B28   E26 E27 E28 M06 M08 M10   B26 B27 B28
BB2   BB1   BB2   BB3   BB4

投差动	信号复归	监视电源	手车工作位	手车试验位	弹簧未储能	远方控制	备用	高压控制回路断线	置检修状态	投低压侧复压	投本侧TV退出	投不接地零序	投接地零序	投复压过流	信号复归	电源监视	BCD码个位1	BCD码个位2	BCD码个位3	BCD码个位4	本体油温低报警	本体油温高报警
			信			号				回			路									

BB1
B11 B13   B15 B14   BB2   E14 E15 G28 G14 A29 B29 C29   BB3
B16 B01 B02 B03 B04   B05   B06 B07 B08 B09 B10 B11 B12 B13   A30 B30 C30 E16 E01 E02 E03 E04 E05 E06

BB5   BB4
CZ1:2   A28
CZ1:3   A27   3 4 5 6   7 5
YK-3   XMT
7   6

机构
BG1   L —○
XG6 SFB1   BG2 BG3   SFA1
F —○   XG7 XG8 XG9   XG10 XG11 XG12   SFB2

压保护投	过负荷闭锁备	过负荷闭锁载调压	高压复压启动风冷	复压闭锁低压过流	保护动作	装置报警	装置闭锁	公共端	差动保护跳低压侧	0～5V	DC220V	调压升高	调压降低	调压急停	以太网口1	以太网口2
触点输出回路			中央信号						触点输出	直流变送器		挡位调压出口			通信接口	

M1+ M2+ M3+ M4+ L03

A18 A20 A24 A27 A01 A26 A02 A03   A06   F01 F03 F05 F07 F07   F07
A19 A21 A25 A28   BB1   F02 F04 F06 F08 A06 A05
BB3   A07   F04 F06 F08 A06 A05

M1— M2— M3— M4— L05   L07 L09

馈线柜二次电路图（一）

8

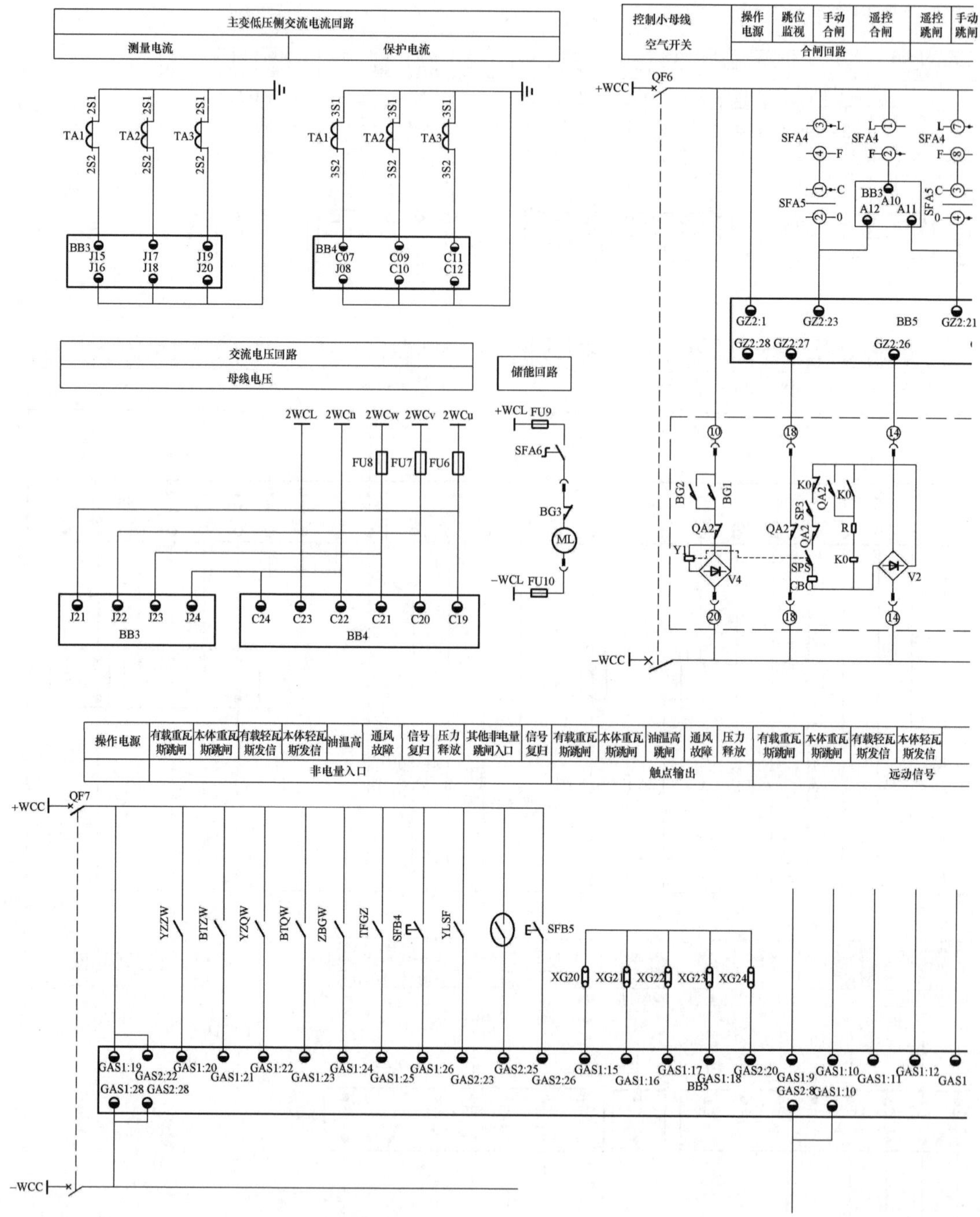

图 8.2-24　35kV/10kV 变压器

BB1—主变压器差动保护装置 ADVP-8171G；BB2—主变压器高压侧后备保护装置 ADVP-8181G；BB3—主变压器综合测 8161G；SFA1、SFA4—选择开关 TDA10-6A710-2；SFA2、SFA5—控制开关 TDA10-3A015-1；SFA3、SFA6—主令开关 XJD-22；PGW1～PGW6—白色信号灯 XJD-22；FU1～FU10—熔断器 6A；

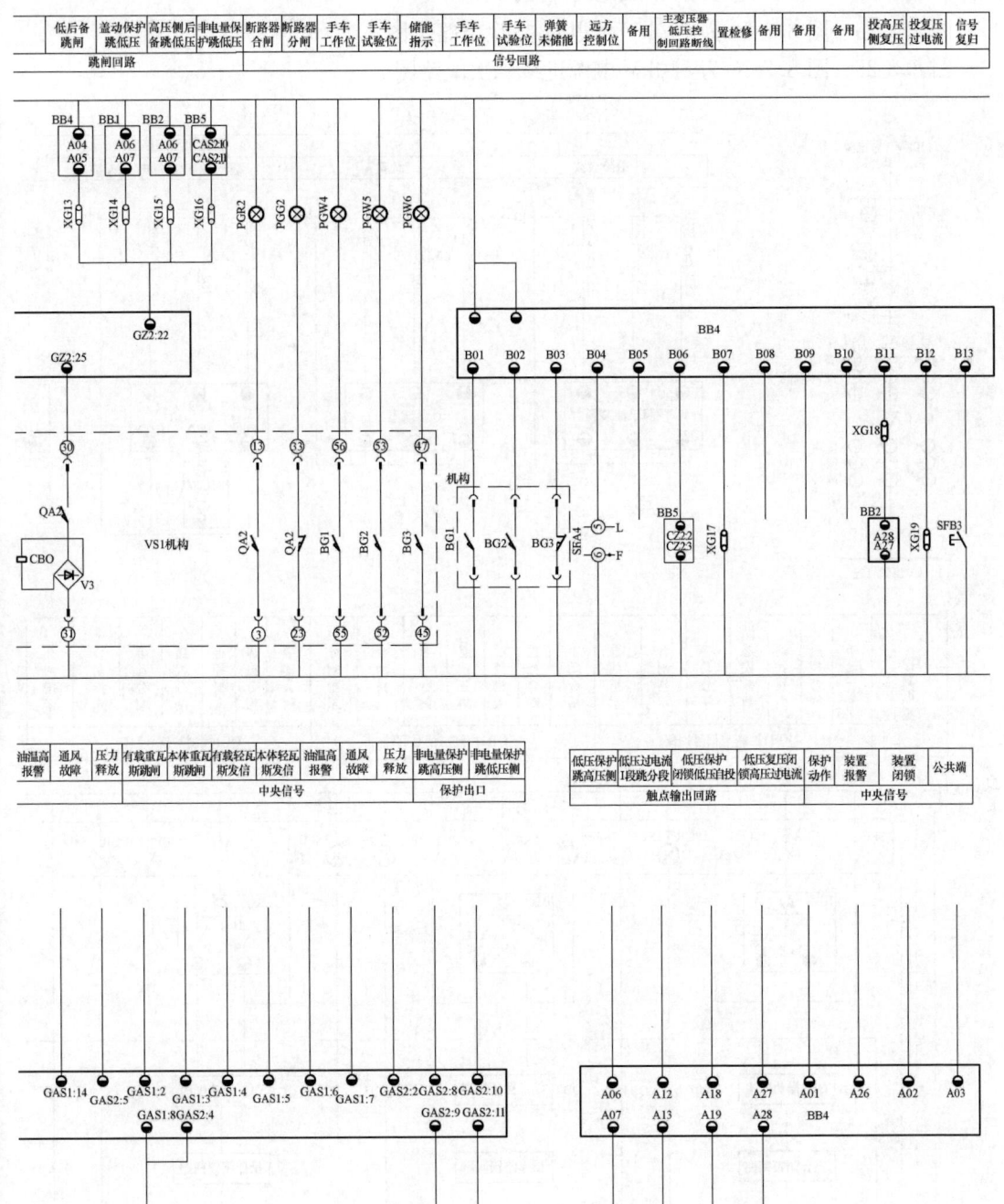

馈线柜二次电路图（二）

控装置 ADVP-8108B；BB4—主变压器低压侧后备保护装置 ADVP-8182G；；BB5—主变压器非电量保护装置 ADVP-TDA10-6A001-1；SFB1～SFB5—复位按钮 XJA-10；PGG1、PGG2—绿色信号灯 XJD-22；PGR1、PGR2—红色信号灯 QF1～QF7—直流微型断路器；XG1～XG24—连接片

8

8.2.4.2 110kV 变电站 二次电路全图

图 8.2-25~图 8.2-32 为 110kV 变电站 二次电路全图。

图 8.2-25、图 8.2-26 为 110kV 电源进线二次电路图。

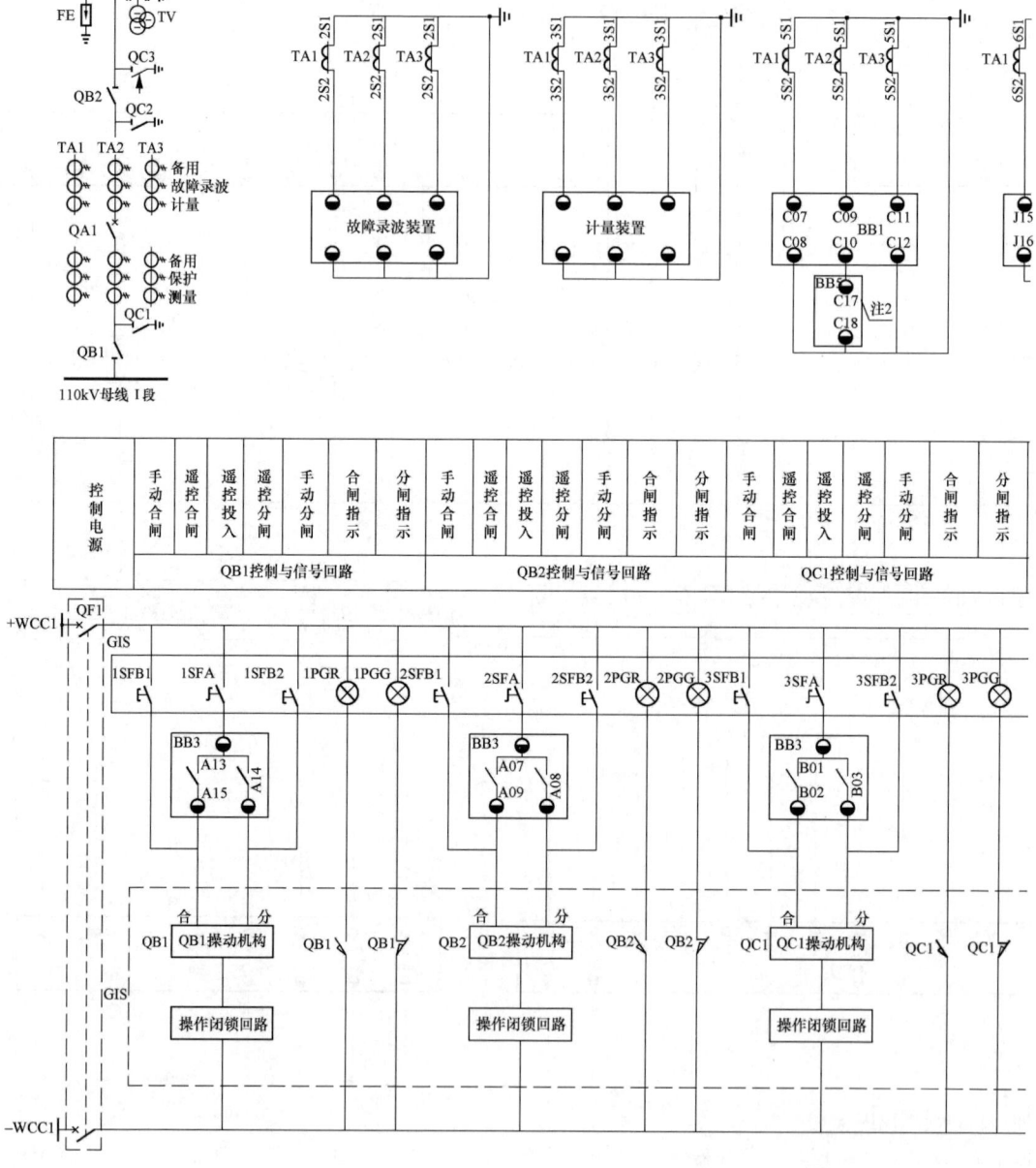

图 8.2-25 110kV 电源

注 1. 用于 Ⅱ 母线电源进线时，QA1 改为

注 2. 用于 Ⅱ 母线电源进线时，来自母联

注 3. 用于 Ⅱ 母线电源进线时，保护装置

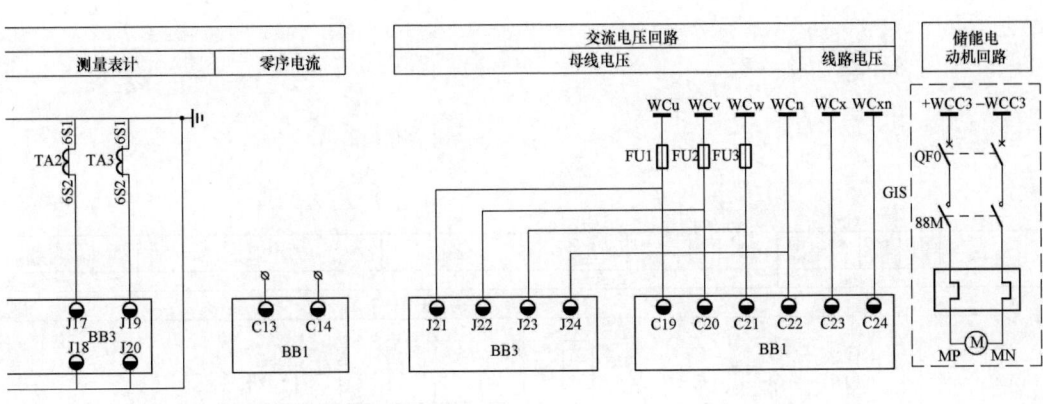

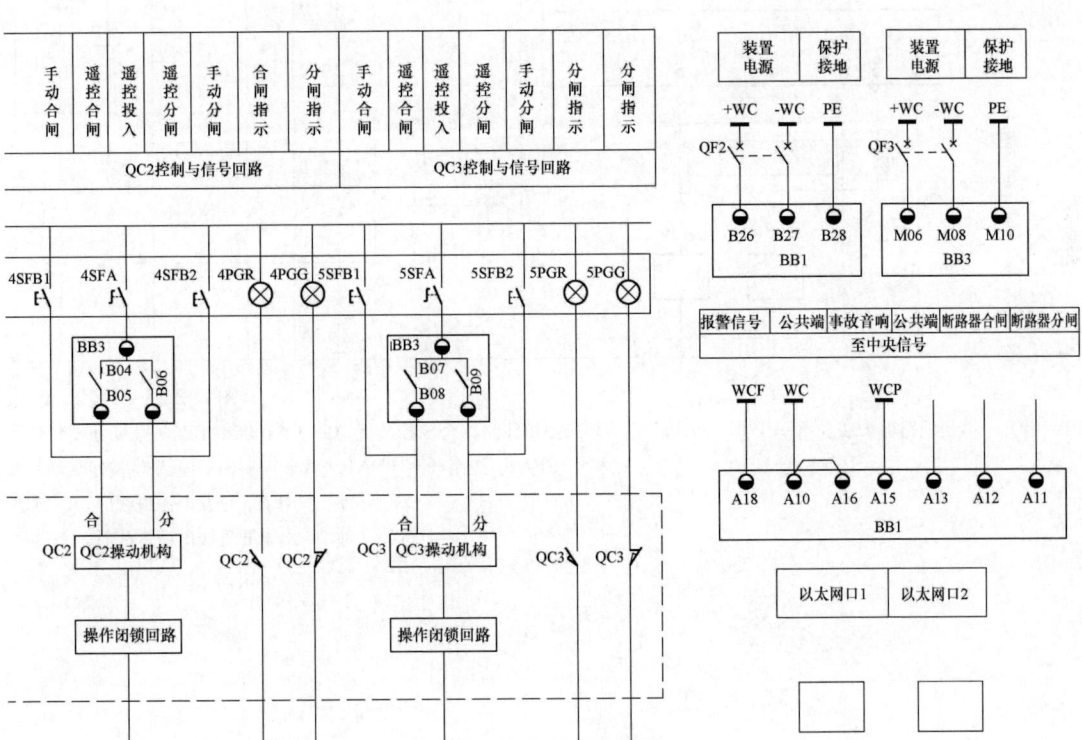

进线二次电路图（一）

QA2。

综保装置的端子 C17、C18 改为 C23、C24。

改为 BB2，测控装置改为 BB4。

图 8.2-27、图 8.2-28 为 110kV 母线分段间隔二次电路图。

图 8.2-29～图 8.2-31 为 110kV/6kV～35kV 双绕组变压器二次电路图。

图 8.2-32 为 110kV 电压互感器二次电路图。

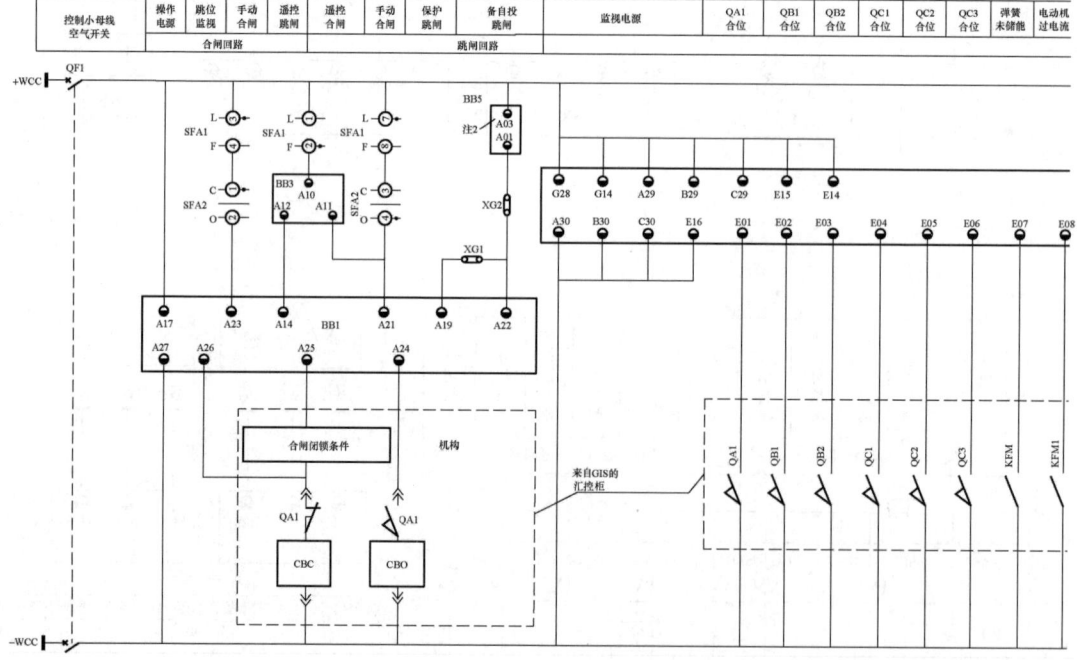

图 8.2-26　110kV 电源

BB1（2）—微机线路保护装置 ADVP-8111G；BB3（4）—微机线路综合测控装置 ADVP-8108G；BB5—微机分段断路器

SFA2—控制开关 TDA10-3A015-1；SFB1—复位按钮 XJA-10；

注 1：用于Ⅱ母线电源进线时，QA1 改

注 2：用于Ⅱ母线电源进线时，来自母

超时保护	QA1室补气	QA1回路闭锁	置检修态	QB1、QC1补气	QB2、QC2QC3补气	QB1就地控制	QB2就地控制	QC1就地控制	QC2就地控制	QC3就地控制	跳地控制电源监视	跳地信号电源监视	电动机控制电源监视	接地交流电源监视	QA1远方控制	备用	电源监视	置检修状态	投低周	闭锁重合闸	信号复归
信		号		输		入		回			路										

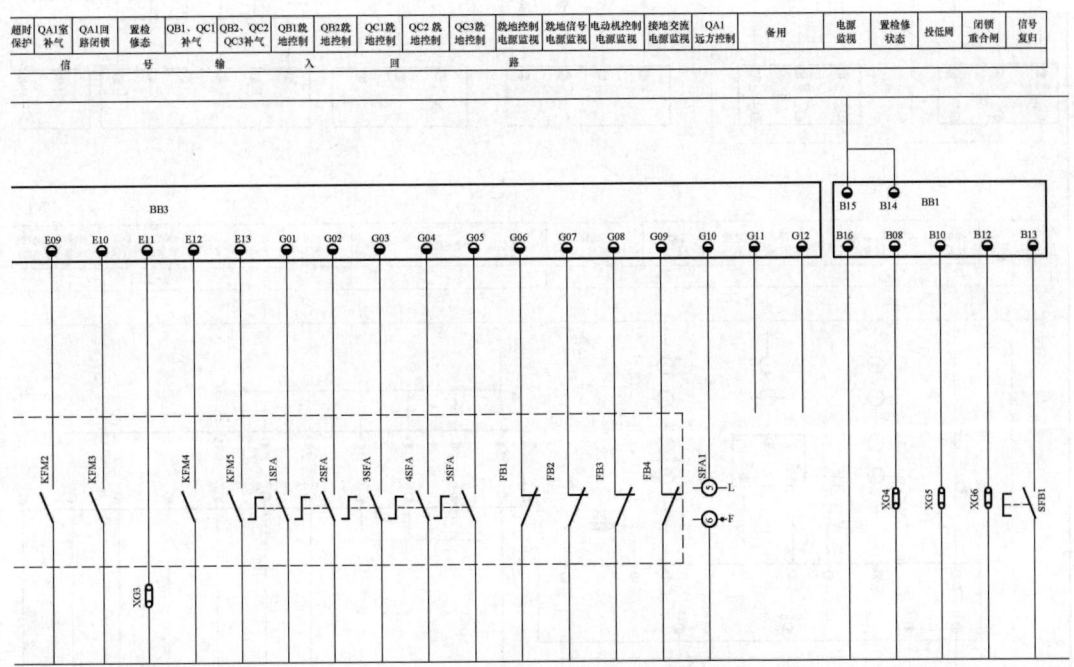

进线二次电路图（二）

自投保护测控装置 ADVP-8151G；BB6—微机分段断路器综合测控装置 ADVP-8108B；SFA1—选择开关 TDA10-6A710-2；

FU1～FU3—熔断器 6A；QF1、QF3—直流微型断路器；XG1～XG6—连接片

为 QA2。

联综保装置的端子 A01、A03 改为 A04、A06。

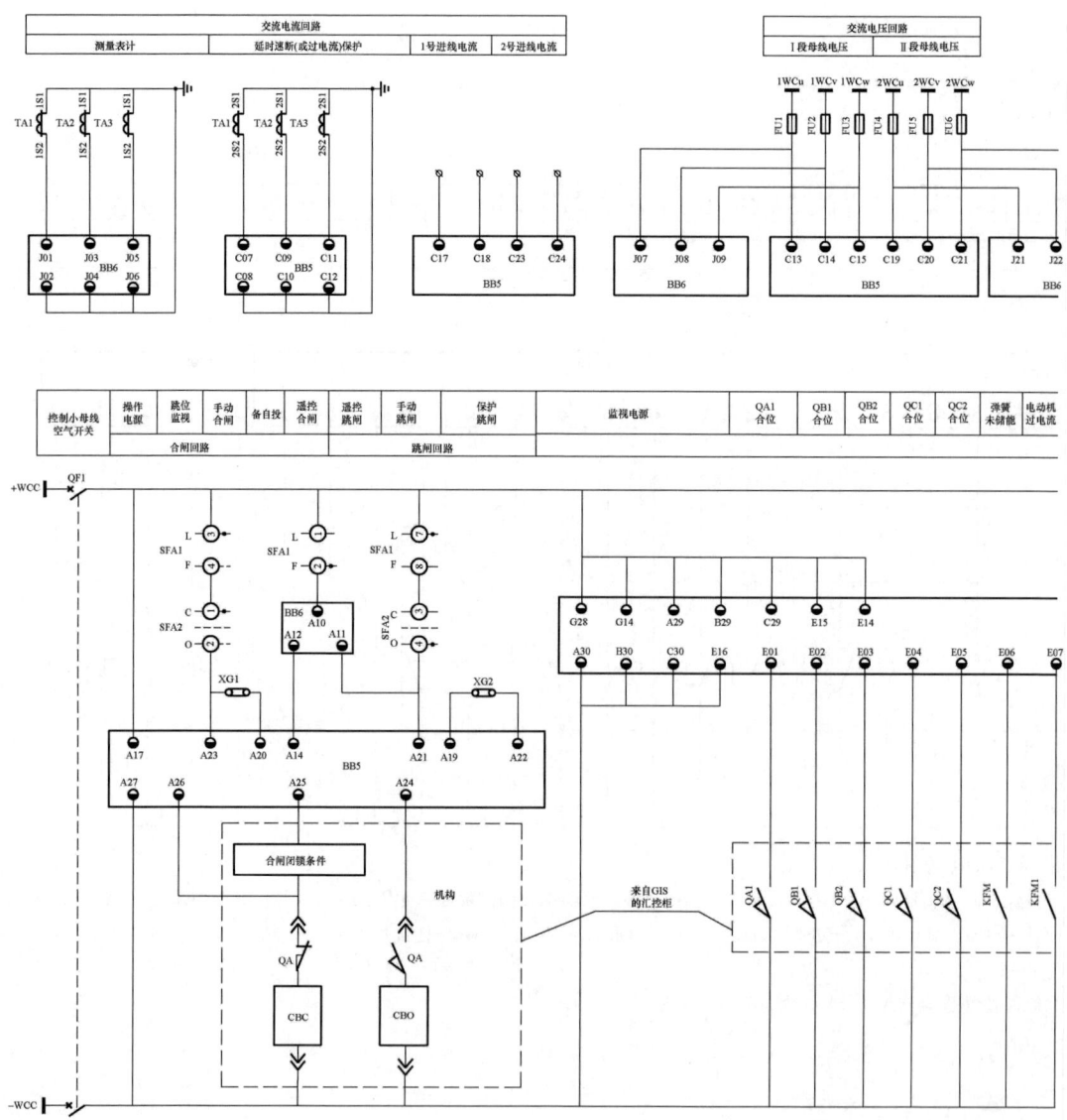

图 8.2-27　110kV 母线分段

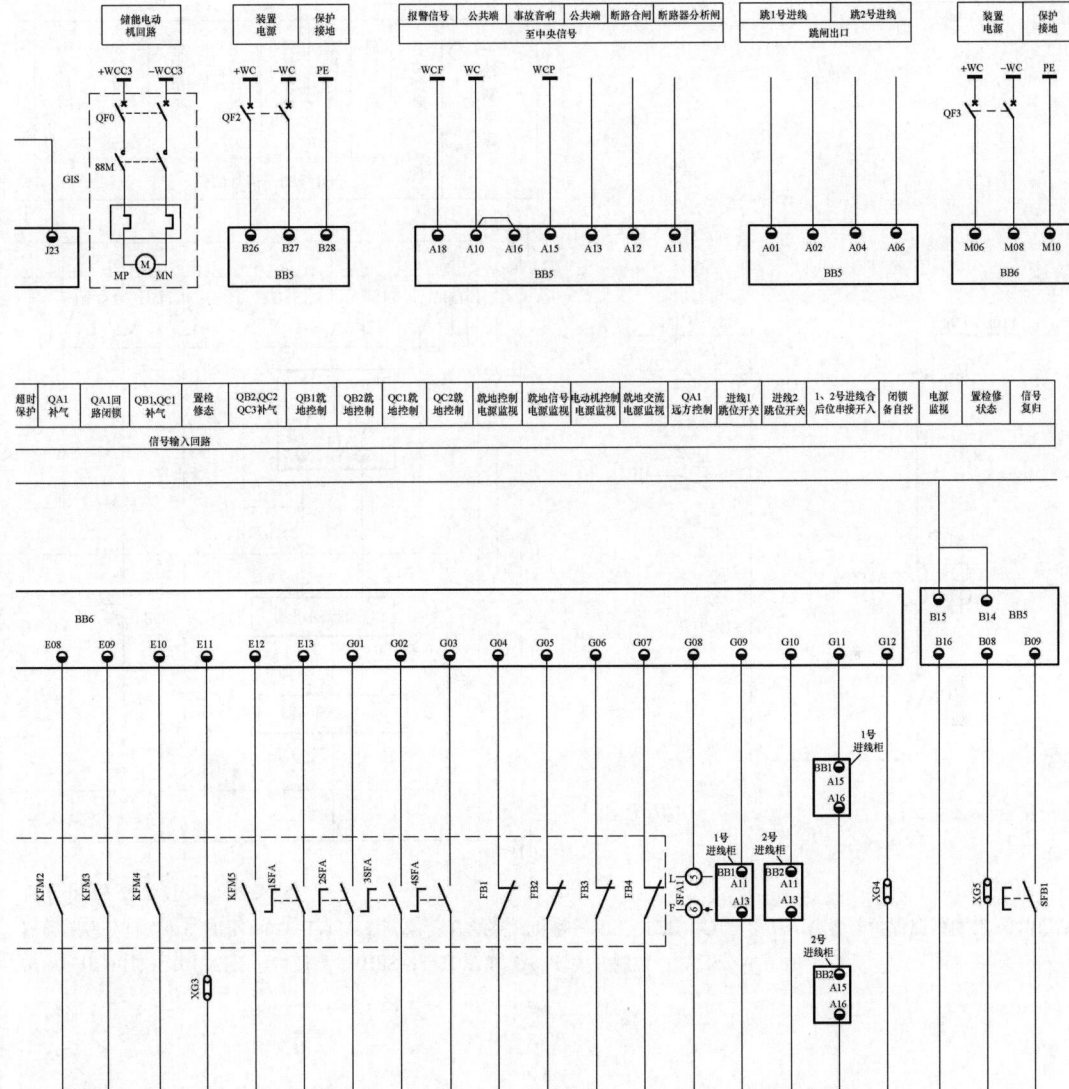

间隔二次电路图（一）

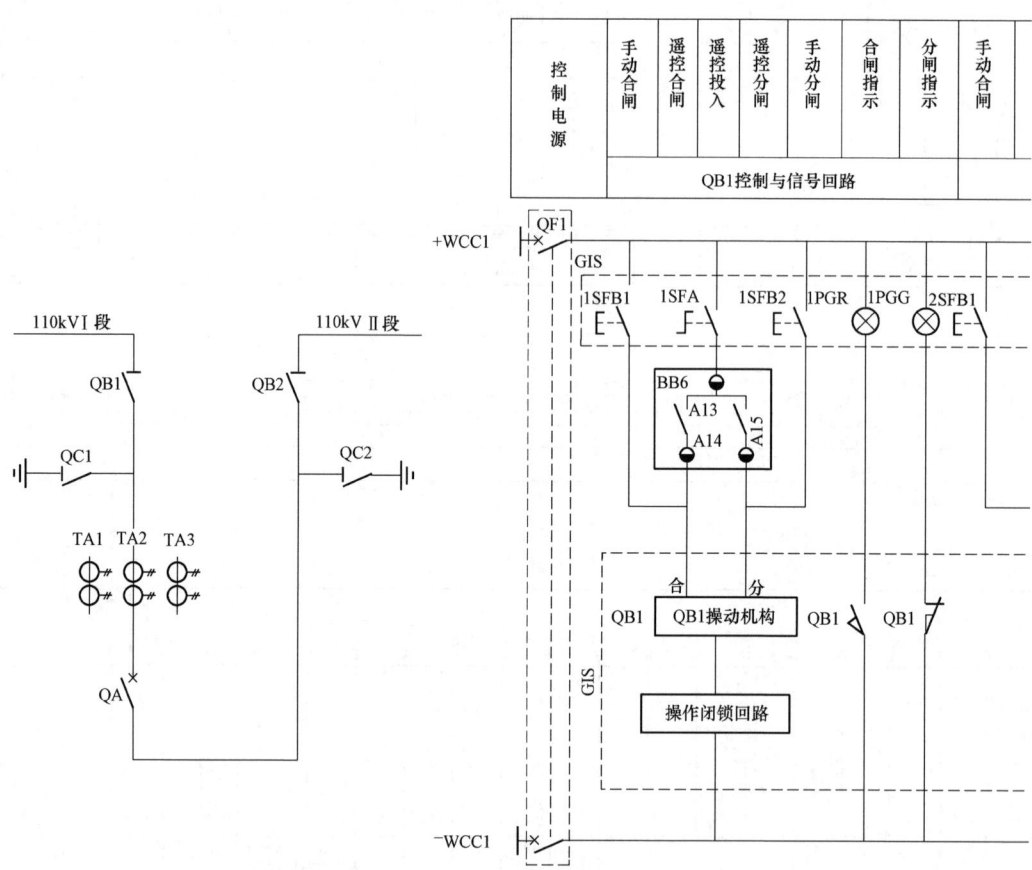

图 8.2-28　110kV 母线分段

BB1、BB2—微机线路保护装置 ADVP-8111G；BB3、BB4—微机线路综合测控装置 ADVP-8108G；BB5—微机分段断路器
SFA2—控制开关 TDA10-3A015-1；SFB1—复位按钮 XJA-10；FU1~FU6—熔

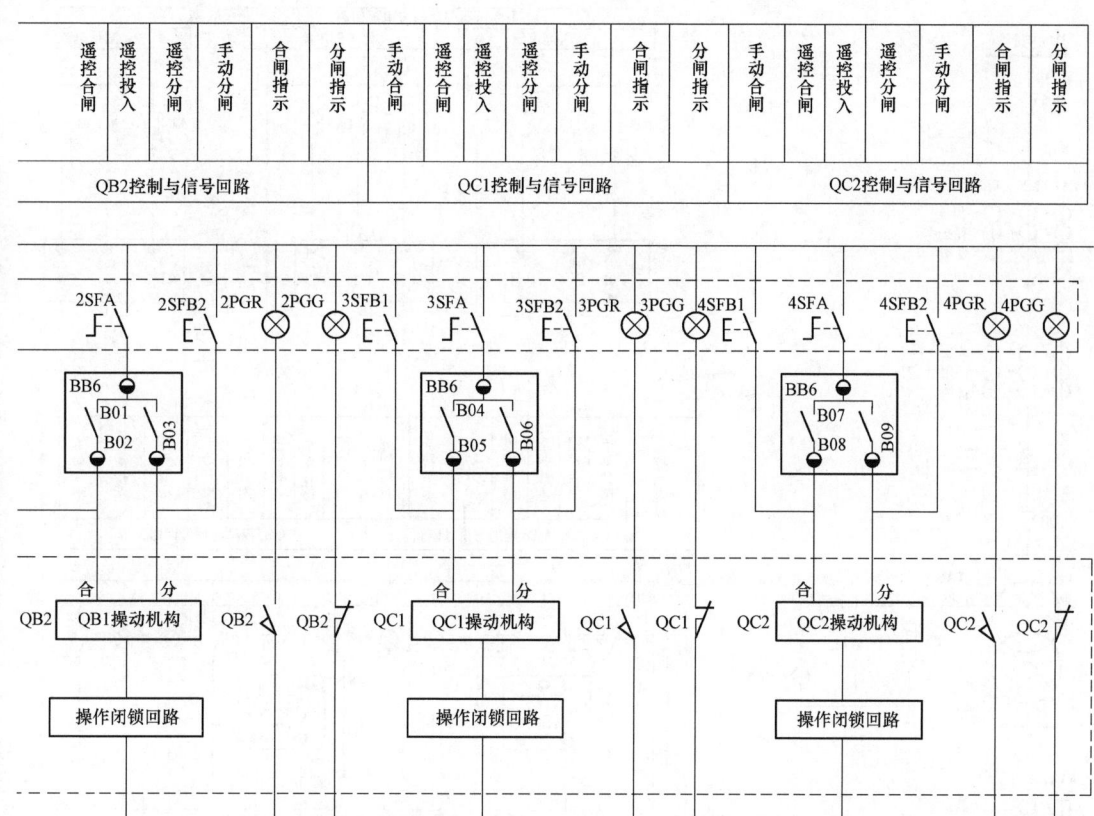

间隔二次电路图（二）

自投保护测控装置 ADVP-8151G；BB6—微机分段断路器综合测控装置 ADVP-8108B；SFA1—选择开关 TDA10-6A710-2；断器 6A；QF1～QF3—直流微型断路器；XG1～XG5—连接片

8

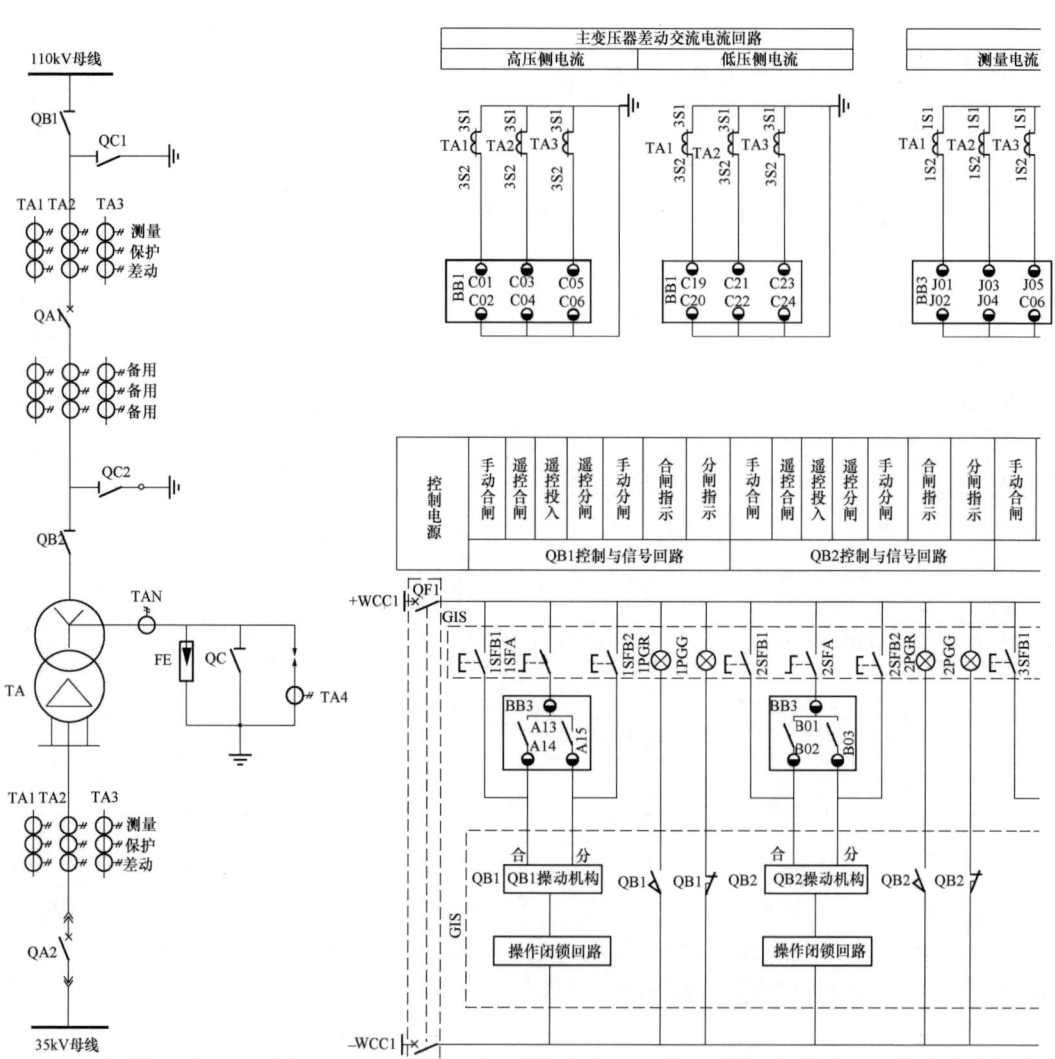

图 8.2-29 110/6～35kV 双绕组

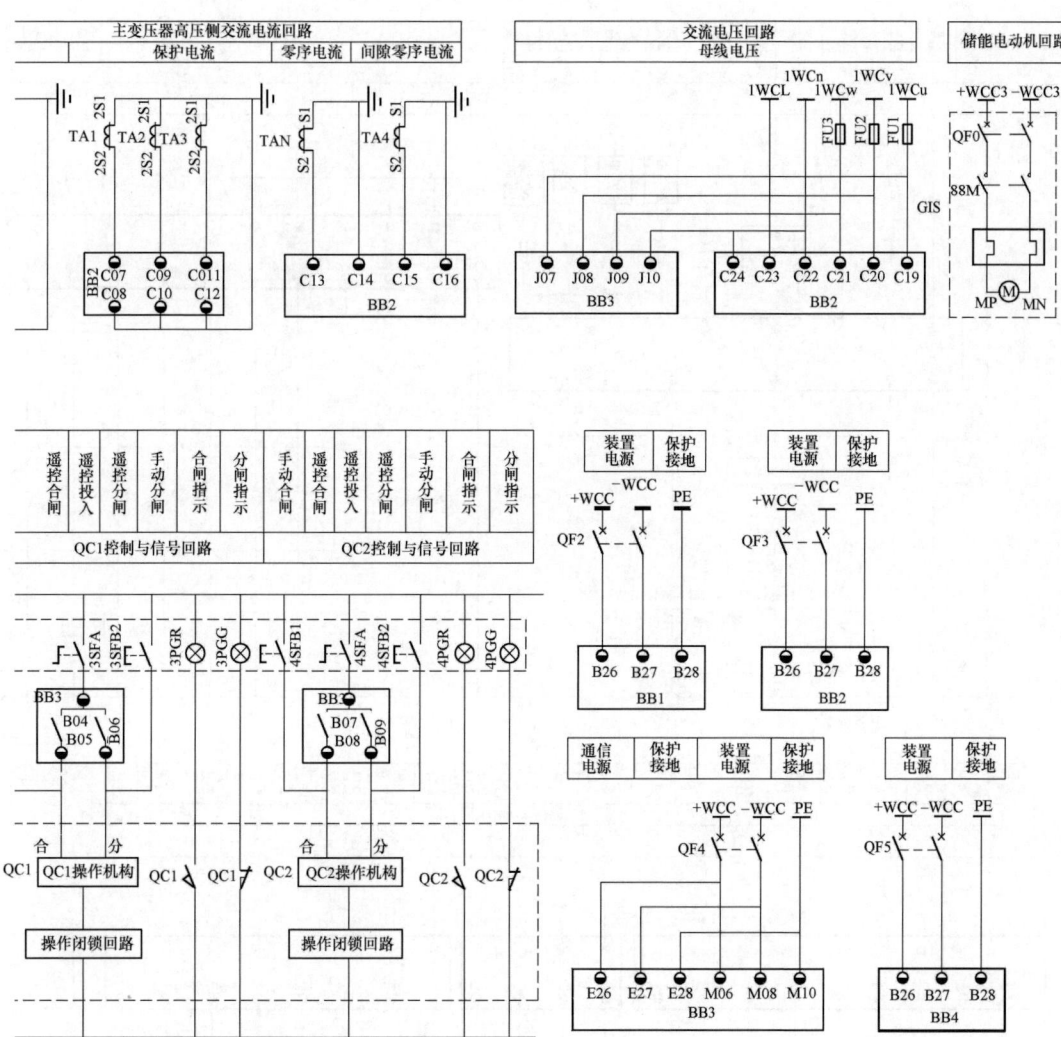

变压器二次电路图（一）

8

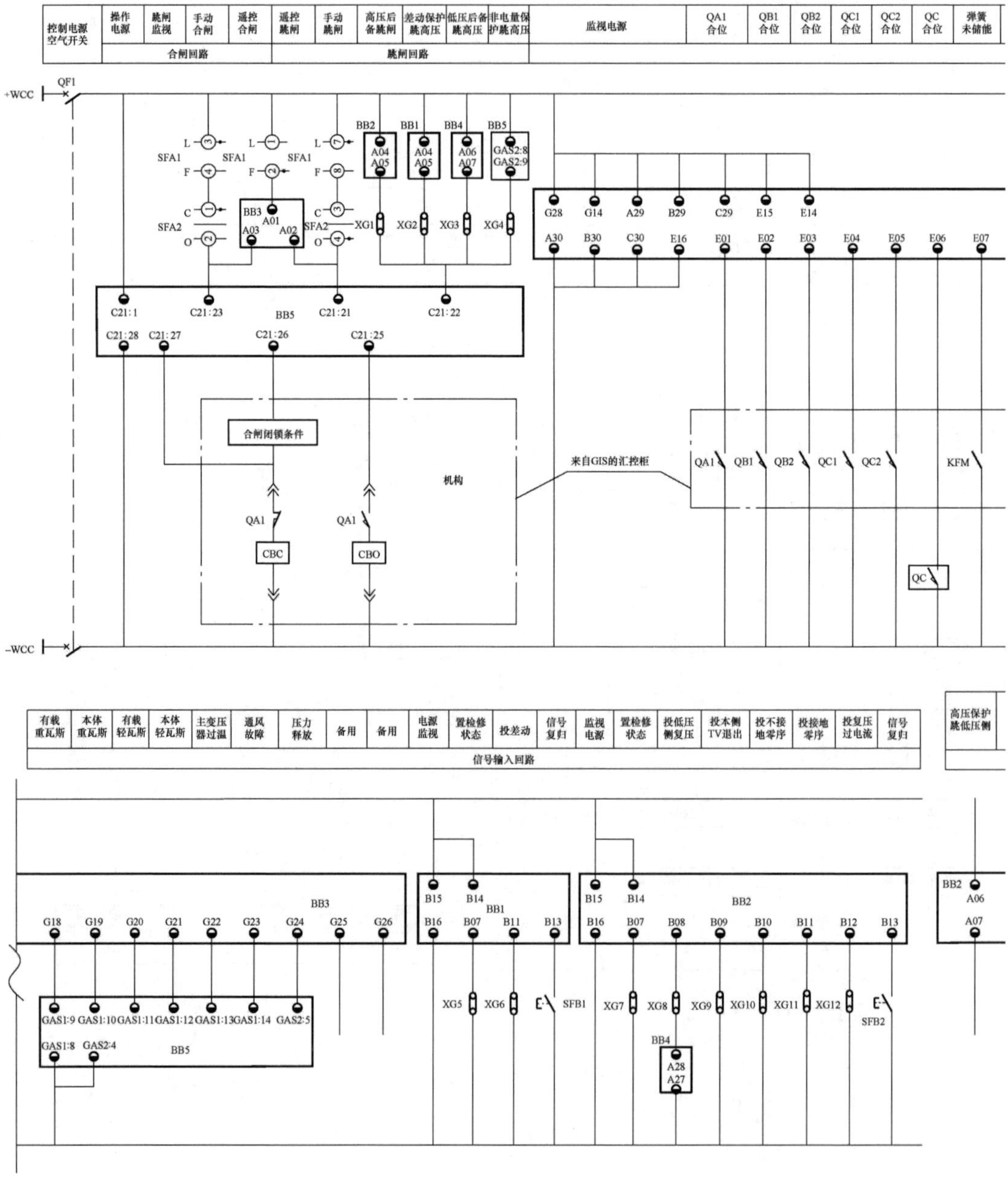

控制电源空气开关	操作电源	跳闸监视	手动合闸	遥控合闸	遥控跳闸	手动跳闸	高压后备跳闸高压	差动保护跳高压	低压后备跳高压	非电量保护跳高压	监视电源			QA1合位	QB1合位	QB2合位	QC1合位	QC2合位	QC合位	弹簧未储能
		合闸回路					跳闸回路													

+WCC QF1

SFA1 SFA1 SFA1 BB2 BB1 BB4 BB5
L L L A04 A04 A06 GAS2:8
  A05 A05 A07 GAS2:9
SFA2 SFA1 SFA1
BB3
A03 A01 A02
SFA2 XG1 XG2 XG3 XG4
C C C
O O O

G28 G14 A29 B29 C29 E15 E14
A30 B30 C30 E16 E01 E02 E03 E04 E05 E06 E07

C21:1 C21:23 BB5 C21:21 C21:22
C21:28 C21:27 C21:26 C21:25

合闸闭锁条件

机构

来自GIS的汇控柜

QA1 QB1 QB2 QC1 QC2 KFM

QA1 QA1
CBC CBO

QC

-WCC

有载重瓦斯	本体重瓦斯	有载轻瓦斯	本体轻瓦斯	主变压器过温	通风故障	压力释放	备用	备用	电源监视	置检修状态	投差动	信号复归	监视电源	置检修状态	投低压侧TV退出	投本侧地零序	投不接地零序	投接地零序	投复压过电流	信号复归	高压保护跳低压侧
							信号输入回路														

G18 G19 G20 G21 G22 G23 G24 G25 G26 BB3

B15 B14 B15 B14 BB2 BB2
BB1
B16 B07 B11 B13 B16 B07 B08 B09 B10 B11 B12 B13 A06
A07

GAS1:9 GAS1:10 GAS1:11 GAS1:12 GAS1:13 GAS1:14 GAS2:5
GAS1:8 GAS2:4 BB5

XG5 XG6 SFB1 XG7 XG8 XG9 XG10 XG11 XG12 SFB2
BB4
A28
A27

图 8.2-30 110/6~35kV 双绕组

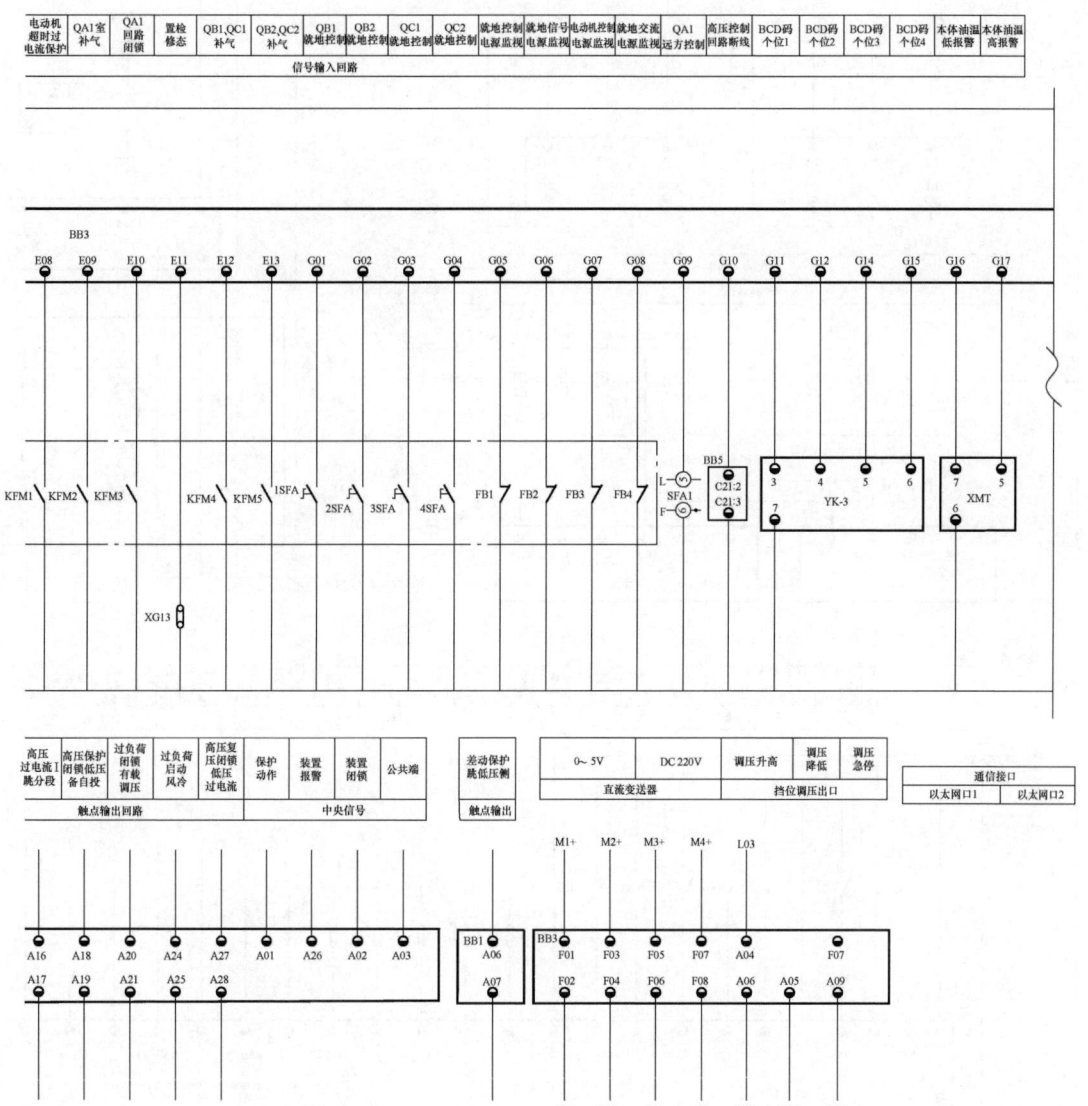

变压器二次电路图（二）

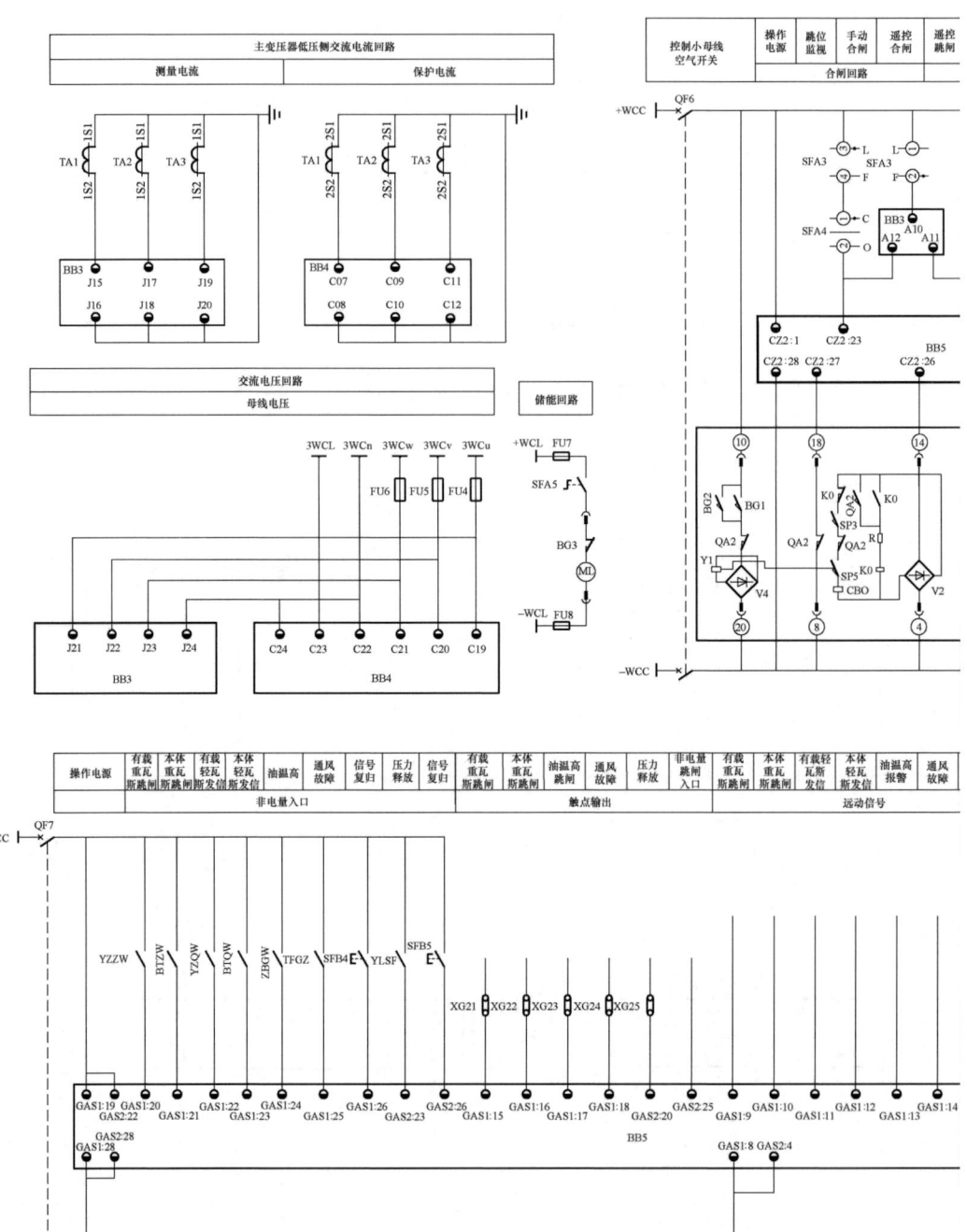

图 8.2-31 110/6～35kV 双绕组

BB1—主变压器差动保护装置 ADVP-8171G；BB2—主变压器高压侧后备保护装置 ADVP-8181G；BB3—主变压器综合测
8161G；SFA1、SFA3—选择开关 TDA10-6A710-2；SFA2、SFA4—控制开关 TDA10-3A015-1；SFA5—主令开关
PGW3—白色信号灯 XJD-22；FU1～FU8—熔断器 6A；

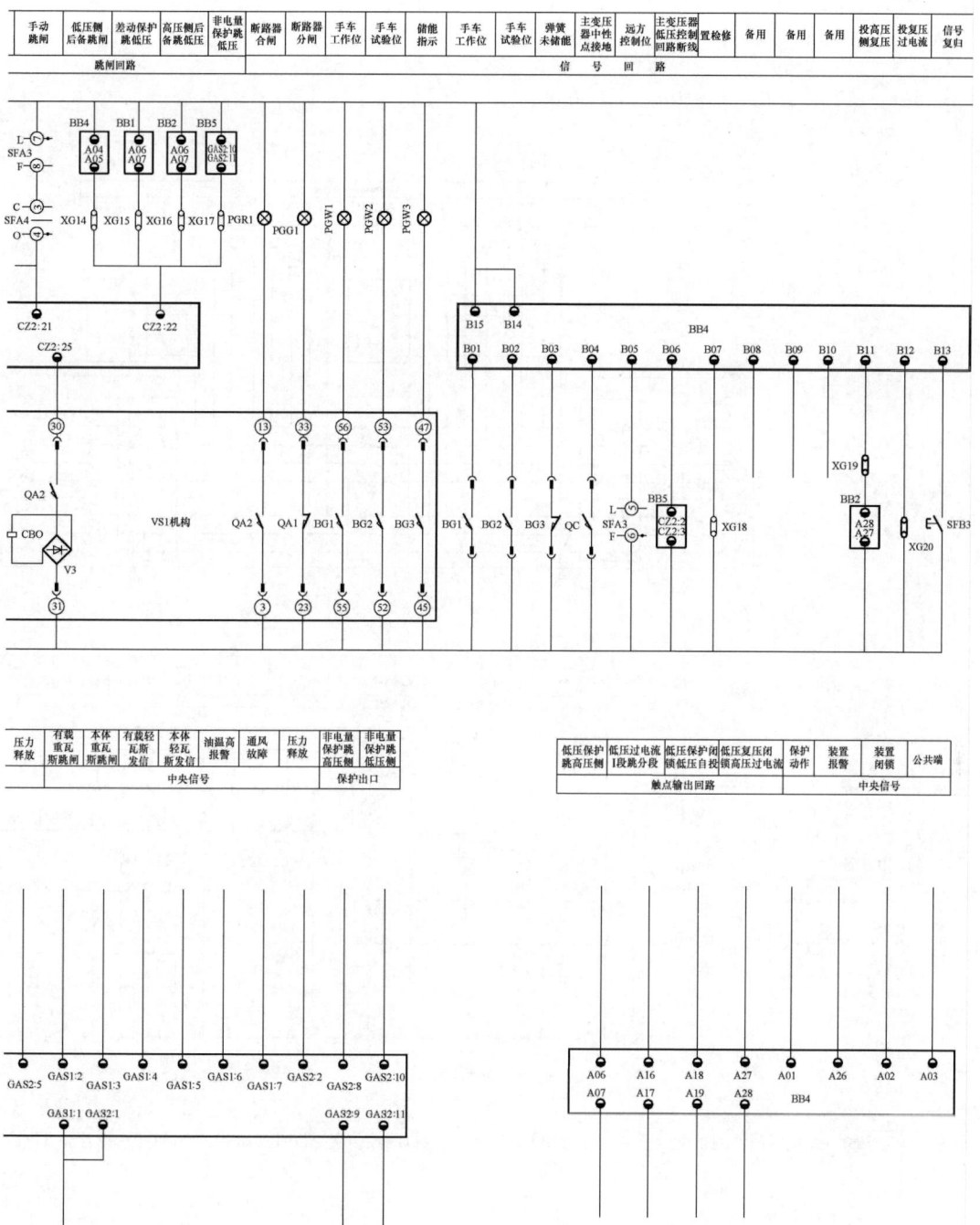

变压器二次电路图（三）

控装置 ADVP-8108B；BB4—主变压器低压侧后备保护装置 ADVP-8182G；BB5—主变压器非电量保护装置 ADVP-TDA10-6A001-1；SFB1～SFB5—复位按钮 XJA-10；PGG1—绿色信号灯 XJD-22；PGR1—红色信号灯 XJD-22；PGW1～QF1～QF7—直流微型断路器；XG1～XG25—连接片

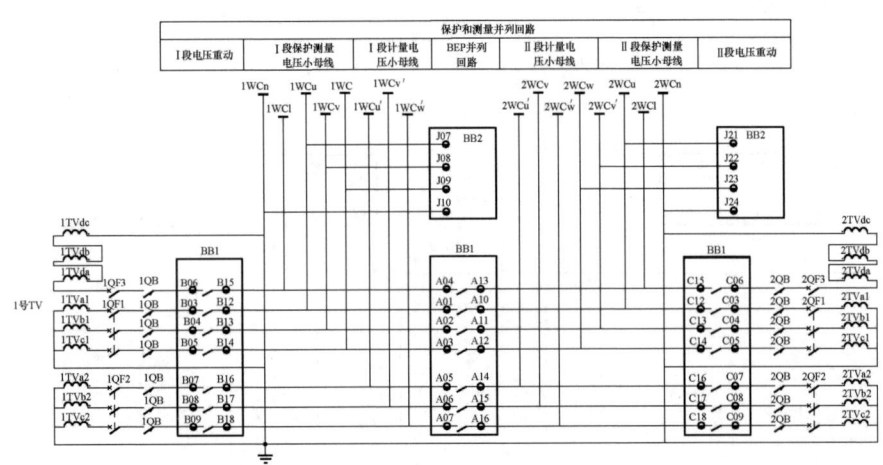

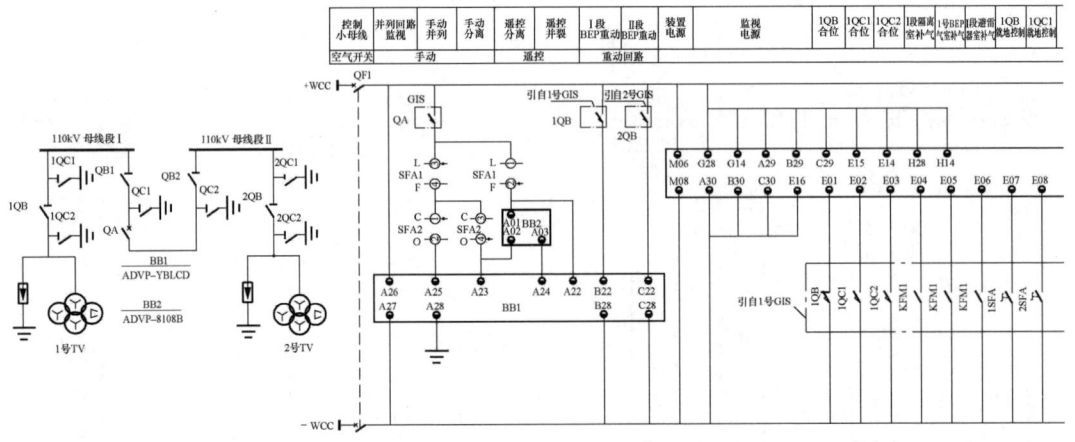

图 8.2-32　110kV 电压

BB1—微机电压并列重动装置 ADVP-YBLCD；BB2—微机测控装置 ADVP-8108B；SFA1—选择开关 TDA10-

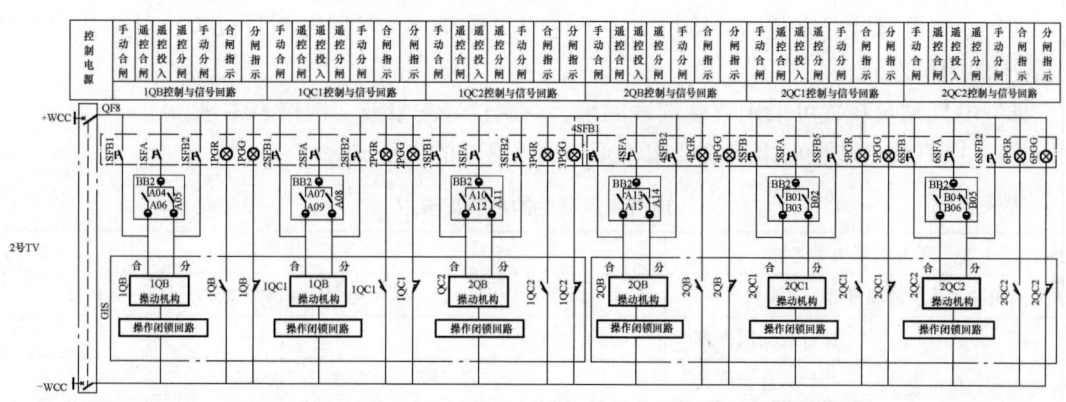

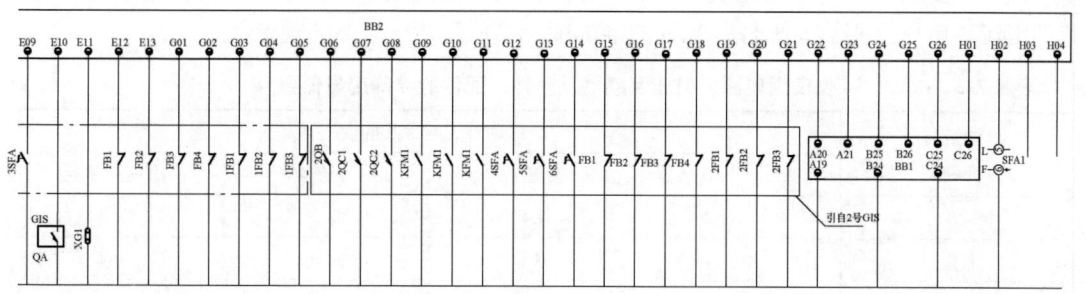

互感器二次电路图

6A710-2；SFA2—控制开关 TDA10-6A710-2；QF2～QF3—交流微型断路器；QF1—直流微型断路器；XG1—连接片

8.3　电气测量与电能计量

8.3.1　电气测量与电能计量的设计原则

8.3.1.1　对电气测量与电能计量的一般要求

（1）电气测量仪表的装设应满足下列要求：

1）电气测量装置的配置应正确反映电力装置的电气运行参数和绝缘状况。

2）电气测量装置宜包括计算机监控系统的测量部分、常用电测量仪表，以及其他综合装置中的测量部分。

3）电气测量装置可采用直接仪表测量、一次仪表测量或二次仪表测量。

（2）电气测量装置的准确度要求不低于表 8.3-1 的规定。

表 8.3-1　电气测量装置的准确度要求

电气测量装置类型名称		准确度（级）
计算机监控系统的测量部分（交流采样）		误差不大于 0.5%，其中电网频率测量误差不大于 0.01Hz
常用电测量仪表、综合装置中的测量部分	指针式交流仪表	1.5
	指针式直流仪表	1.0（经变送器二次测量）
	指针式直流仪表	1.5
	数字式仪表	0.5
	记录型仪表	应满足测量对象的准确度要求

（3）交流回路指示仪表的综合准确度不应低于 2.5 级，直流回路指示仪表的综合准确度不应低于 1.5 级，接于电气测量变送器二次侧仪表的准确度不应低于 1.0 级。用于电测量装置的电流、电压互感器及附件、配件的准确度不应低于表 8.3-2 的规定。

表 8.3-2　仪表用电流、电压互感器及附件、配件的准确度最低要求

电测量装置准确度	附件、配件准确度			
	电流、电压互感器	变送器	分流器	中间互感器
0.5	0.5	0.5	0.5	0.2
1.0	0.5	0.5	0.5	0.2
1.5	1.0	0.5	0.5	0.2
2.5	1.0	0.5	0.5	0.5

（4）指针式测量仪表测量范围的选择，宜保证电力设备额定值指示在仪表标度尺的 2/3 处。有可能过负荷运行的电力设备和回路，测量仪表宜选用过负荷仪表。

（5）多个同类型电力设备和回路的电测量可采用选择测量方式。

（6）经变送器的二次测量，其满刻度值应与变送器的校准值相匹配。

（7）双向电流的直流回路和双向功率的交流回路，应采用具有双向标度的电流表和功率表。具有极性的直流电流和电压回路，应采用具有极性的仪表。

（8）重载启动的电动机和有可能出现短时冲击电流的电力设备和回路，宜采用具有过负荷标度尺的电流表。

（9）发电厂和变（配）电站装设远动遥测、计算机监控系统，且采用直流系统采样时，二次测量仪表、计算机和远动遥测系统三者宜共用一套变送器。

（10）励磁回路仪表的上限值不得低于额定工况的 1.3 倍，仪表的综合误差不得超过 1.5%。

（11）无功补偿装置的测量仪表量程应满足设备允许通过的最大电流和允许耐受的最高电压的要求。并联电容器组的电流测量应按并联电容器组持续通过的电流为其额定电流的1.35 倍设计。

（12）计算机监控系统中的测量部分、综合装置中的测量部分，当其精度满足要求时，可取代相应的常用电测量仪表。

（13）直接仪表测量中配置的电测量装置，应满足相应一次回路动、热稳定的要求。

（14）电能计量装置应满足发电、供电、用电准确计量的要求。

（15）电能计量装置应按其所计量对象的重要程度和计量电能的多少分类，并应符合下列规定：

1）月平均用电量 5000MWh 及以上或变压器容量为 10MVA 及以上的高压计费用户、200MW 及以上发电机或发电/电动机、发电企业上网电量、电网经营企业之间的电量交换点，以及省级电网经营企业与其供电企业的供电关口计量点的电能计量装置，应为Ⅰ类电能计量装置。

2）月平均用电量 1000MWh 及以上或变压器容量为 2MVA 及以上的高压计费用户、100MW 及以上发电机或发电/电动机，以及供电企业之间的电量交换点的电能计量装置，应为Ⅱ类电能计量装置。

3）月平均用电量 100MWh 以上或负荷容量为 315kVA 及以上的计费用户、100MW 以下发电机、发电企业厂（站）用电量、供电企业内部用于承包考核的计量点、考核有功电量平衡的 110kV 及以上电压等级的送电线路，以及无功补偿装置的电能计量装置，应为Ⅲ类电能计量装置。

4）负荷容量为 315kVA 以下的计费用户、发供电企业内部经济技术指标分析，以及考核用的电能计量装置，应为Ⅳ类电能计量装置。

5）单相电力用户计费用电能计量装置，应为Ⅴ类电能计量装置。

（16）电能计量装置的准确度不应低于表 8.3-3 的规定。

表 8.3-3　　　　　　　　　　电能计量装置的准确度要求

电能计量装置类别	准确度最低要求（级）			
	有功电能表	无功电能表	电压互感器	电流互感器
Ⅰ	0.2S	2.0	0.2	0.2S 或 0.2
Ⅱ	0.5S	2.0	0.2	0.2S 或 0.2
Ⅲ	1.0	2.0	0.5	0.5S
Ⅳ	2.0	2.0	0.5	0.5S
Ⅴ	2.0	—	—	0.5S

注　0.2S 级电流互感器仅用于发电机计量回路。

（17）电能表的电流和电压回路应分别装设电流和电压专用试验接线盒。

（18）执行功率因数调整电费的用户，应装设具有计量有功电能、感性和容性无功电能功能的电能计量装置；按最大需量计收基本电费的用户应装设具有最大需量功能的电能表；实行分时电价的用户应装设复费率电能表或多功能电能表。

（19）具有正向和反向输电的线路计量点，应装设计量正向和反向有功电能及四象限无功电能的电能表。

（20）进相和滞相运行的发电机回路，应分别计量进相和滞相的无功电能。

（21）中性点有效接地系统的电能计量装置，应采用三相四线的接线方式；中性点非有效接地系统的电能计量装置，宜采用三相三线的接线方式。经消弧线圈等接地的计费用户且年平均中性点电流大于 0.1% 额定电流时，应采用三相四线的接线方式；照明变压器、照明与动力共用的变压器、照明负荷占 15% 及以上的动力与照明混合供电的 1200V 及以上的供电线路，以及三相负荷不平衡率大于 10% 的 1200V 及以上的电力用户线路，应采用三相四线的接线方式。

（22）应选用过载 4 倍及以上的电能表。经电流互感器接入的电能表，标定电流不宜超过电流互感器额定二次电流的 30%（对 S 级为 20%），额定最大电流宜为额定二次电流的 120%。直接接入式电能表的标定电流应按正常运行负荷电流的 30% 选择。

（23）当发电厂和变（配）电站装设远动遥测和计算机监控时，电能计量、计算机和远动遥测宜共用一套电能表。电能表应具有数据输出或脉冲输出功能，也可同时具有两种输出功能。电能表脉冲输出参数应满足计算机和远动遥测的要求，数据输出的通信规约应符合 DL/T 645—《多功能电能表通信规约》的有关规定。

（24）发电电能关口计量点和省级及以上电网公司之间电能关口计量点，应装设两套准确度相同的主、副电能表。发电企业上网线路的对侧应设置备用和考核计量点，并应配置与对侧相同规格、等级的电能计量装置。

（25）Ⅰ类电能计量装置应在关口点根据进线电源设置单独的计量装置。

（26）低压供电且负荷电流为 50A 及以下时，宜采用直接接入式电能表；负荷低压供电且电流为 50A 以上时，宜采用经电流互感器接入式的接线方式。

（27）Ⅰ、Ⅱ、Ⅲ类电能计量装置应具有电压失压计时功能。

（28）电气参数可通过计算机监控系统进行监测和记录，可不单独装设记录型仪表。

（29）当采用计算机监控系统时，就地厂（站）用配电盘上应保留必要的测量表计或监测单元。

8.3.1.2 电气测量与电能计量仪表的装设

（1）企业各级变电站电气测量与电能计量的测量表见表 8.3-4。

（2）下列回路应测量交流电流：

1）同步发电机的定子回路。

2）双绕组主变压器的一侧，三绕组主变压器的三侧。

3）双绕组厂（站）用变压器的一侧及各分支回路。

4）柴油发电机接至低压保安段进线及交流不停电电源的进线回路。

5）1200V 及以上的线路，1200V 及以下的供电、配电和用电网络的总干线路。

6）母线联络断路器、母线分段断路器、旁路断路器和桥断路器回路。

7) 10～66kV 低压并联电抗器和并联电容器回路。

8) 50kVA 及以上的照明变压器和消弧线圈回路。

9) 55kW 及以上的电动机，55kW 以下保安用电动机。

(3) 下列回路除应符合上述（2）的规定外，还应测量三相交流电流：

1) 同步发电机的定子回路。

2) 110kV 电压等级输电线路和变压器回路。

3) 变压器低压侧装有无功补偿装置的总回路。

4) 3～10kV 静电电容器出线回路。

5) 0.38kV 进线或变压器低压侧出线回路。

6) 照明变压器、照明与动力共用的变压器，照明负荷占 15％ 及以上的动力与照明混合供电的 3kV 以下的线路。

7) 三相负荷不平衡率大于 10％的 1200V 及以上的电力用户线路，三相负荷不平衡率大于 15％的 1200V 以下的供电线路。

测量三相交流电流时，一次仪表测量方式应采用三个电流表测量三相电流；二次仪表测量方式可采用一个电流表和切换开关选测三相电流。

(4) 下列回路应测量直流电流：

1) 同步发电机和同步电动机的励磁回路，自动及手动调整励磁的输出回路。

2) 蓄电池组的输出回路，充电及浮充电整流装置的输出回路。

3) 重要电力整流装置的直流输出回路。

4) 整流装置的电流测量宜包含谐波监测。

(5) 下列回路应测量交流电压：

1) 同步发电机的定子回路。

2) 各电压等级的交流主母线。

3) 电力系统联络线（线路侧）。

4) 配置电压互感器的其他回路。

5) 110kV 及以上中性点有效接地系统的主母线、变压器回路应测量三个线电压，66kV 及以下中性点有效接地系统的主母线、变压器回路可只测量一个线电压。单电压互感器接线的主母线、变压器回路可只测量单相电压或一个线电压。

(6) 下列回路应监测交流系统的绝缘：

1) 同步发电机的定子回路。

2) 中性点非有效接地系统的母线和回路。

3) 中性点非有效接地系统的主母线，宜测量母线的一个线电压和监测绝缘的三个相电压。

4) 发电机定子回路的绝缘监测，可采用测量发电机电压互感器辅助二次绕组的零序电压方式，也可采用测量发电机的三个相电压方式。

(7) 下列回路应测量直流电压：

1) 同步发电机和发电/电动机的励磁回路，相应的自动及手动调整励磁的输出回路。

2) 同步电动机的励磁回路。

3) 直流发电机回路。

8

4) 直流系统的主母线,蓄电池组、充电及浮充电整流装置的直流输出回路。

5) 重要电力整流装置的输出回路。

(8) 下列回路应监测直流系统的绝缘:

1) 同步发电机和发电/电动机的励磁回路。

2) 同步电动机的励磁回路。

3) 直流系统的主母线和重要的直流回路。

4) 重要电力整流装置的输出回路。

5) 直流系统应装设直接测量绝缘电阻值的绝缘监测装置其测量准确度不应低于 1.5 级。

(9) 下列回路应测量有功功率:

1) 同步发电机的定子回路。

2) 双绕组主变压器的一侧,三绕组主变压器的三侧。

3) 厂(站)用变压器:双绕组变压器的高压侧,三绕组变压器的三侧。

4) 3kV 及以上输配电线路和用电线路。

5) 3~10kV 联络线。

6) 同步发电机的机旁控制屏应测量发电机有功功率。

7) 双向送、受电运行的输配电线路和主变压器等设备,应测量双方向有功功率。

(10) 下列回路应测量无功功率:

1) 同步发电机的定子回路。

2) 双绕组主变压器的一侧,三绕组主变压器的三侧。

3) 3kV 及以上输配电线路和用电线路。

4) 10~66kV 低压并联电容器和电抗器组。

5) 同步电动机回路。

(11) 下列回路应测量双方向的无功功率:

1) 具有进相、滞相运行要求的同步发电机。

2) 主变压器低压侧装设并联电容器和电抗器的总回路。

3) 10kV 及以上用电线路。

(12) 发电机宜测量功率因数。

(13) 接有发电机变压器组的各段母线应测量频率。频率测量范围应为 45~55Hz,准确度不应低于 0.2 级。

(14) 静止补偿装置宜测量并记录下列参数:

1) 一个系统参考线电压。

2) 静止补偿装置所接母线的一个线电压。

3) 静止补偿装置用中间变压器高压侧的三相电流。

4) 分组并联电容器和电抗器回路的单相电流和无功功率。

5) 分组晶闸管控制电抗器和晶闸管投切电容器回路的单相电流和无功功率。

6) 分组谐波滤波器组回路的单相电流和无功功率。

7) 总回路的三相电流、无功功率和无功电能。

8) 当总回路下装设并联电容器和电抗器时,应测量双方向的无功功率,并应分别计量进相、滞相运行的无功功率。

（15）公用电网谐波的监测可采用连续监测或专用监测。

（16）在谐波监测点，宜装设谐波电压和谐波电流测量仪表。谐波监测点宜结合谐波源的分布布置，并应覆盖主网及全部供电电压等级。

（17）下列回路宜设置谐波监测点：

1）系统指定谐波监视点（母线）的谐波电压。

2）10～66kV无功补偿装置所连接母线的谐波电压。

3）向谐波源用户供电的线路送电端。

4）一条供电线路上接有两个及以上不同部门的谐波源用户时，谐波源用户受电端。

5）特殊用户所要求的回路。

6）其他有必要监测的回路。

（18）用于谐波测量的电流互感器和电压互感器的准确度不宜低于0.5级。

（19）谐波测量的次数不应少于2～15次。

（20）谐波电流和电压的测量可采用数字式仪表，测量仪表的准确度不宜低于1.0级。

8.3.1.3 计算机监控系统的测量

（1）计算机监控系统的数据采集。

1）计算机监控系统的电测量数据采集应包括模拟量和电能数据量。

2）模拟量的采集宜采用交流采样，也可采用直流采样。

3）交流采样的模拟量可根据运行需要适当增加电气计算量。

（2）计算机监控时常用电测量仪表。

1）计算机监控不设模拟屏时，控制室常用电测量仪表宜取消。计算机监控设模拟屏时，模拟屏上的常用电测量仪表应精简，并可采用计算机驱动的数字式仪表。

2）当发电厂采用计算机监控系统时，机组后备屏或机旁屏上发电机部分的常用电测量仪表可按表8.3-4要求装设。

8.3.1.4 仪表装置安装条件

（1）发电厂和变（配）电站的屏、台、柜上的电气仪表装置的安装，应满足仪表正常工作、运行监视、抄表和现场调试的要求。

（2）测量仪表装置宜采用垂直安装，表中心线向各方向的倾斜角度不应大于1°，测量仪表装置的安装高度应符合下列要求：

1）常用电测量仪表为1200～2000mm。

2）电能表室内应为800～1800mm。室外不应小于1200mm；计量箱底边距地面室内不应小于1200mm，室外不应小于1600mm。

3）变送器应为800～1600mm。

（3）控制屏（台）宜选用后设门的屏（台）式结构，电能表屏、变送器屏宜选用前后设门的柜式结构。一般屏的尺寸应为2200mm×800mm×600mm（高×宽×深）。

（4）所有屏、台、柜内的电流回路端子排应采用电流试验端子，连接导线宜采用铜芯绝缘软导线，电流回路导线截面积不应小于2.5mm²，电压回路不应小于1.5mm²。

（5）电能表屏（柜）内试验端子盒宜布置于屏（柜）的正面。

表 8.3-4　　　　　110kV 及以下变电站电气测量与电能计量的测量表

线路名称		计算机监控系统				电能计量		说　明
		电流	电压	有功功率	无功功率	有功电能	无功电能	
110kV								
110kV 进线		3		1	1	1	1	应测三相电流
110kV 母线			3*					* 测量 3 个线电压
110kV 联络线		3		1	1	2*	2*	* 电能表只装在线路的一端，感应式电能表应带有逆止机构
110kV 出线		3		1	1*	1	2	* 应装设双向三相无功功率和正向、反向三相无功电能表
110kV/10～35kV 变压器		3*		1	1	1	1	* 如电源侧测量有困难或需要时，可在低压侧测量，低压侧测量时，装设单相电流表
35、66kV								
35～66kV/6～10kV 双绕组变压器	高压侧	1		1	1	1	1	仪表装在变压器高压侧或低压侧按具体情况确定
	低压侧							
3～20kV								
3～20kV 进线		1		1	1	1	1	
3～20kV 母线（每段母线）			4 或 1*					* 中性点有效接地系统的主母线可只测一个线电压　中性点非有效接地系统的主母线，宜测量母线的一个线电压和监测绝缘的三个相电压　除计算机监控系统外，配电装置也需测线电压
消弧线圈		1						需要时装设记录型电流表
3～20kV 联络线		1		1	1	2*	2*	* 电能表只装在线路的一端，感应式电能表应带有逆止机构
3～20kV 出线		1		1	1*	1	2*	* 应装设双向三相无功功率和正向、反向三相无功电能表
6～20kV/3～6kV 变压器	高压侧	1		1	1	1	1	仪表装在变压器高压侧或低压侧按具体情况确定
	低压侧							
6～20kV/0.4kV 变压器	高压侧	1		1	1	1	1	
整流变压器		1					1	如为冲击负荷，按需要可再装设记录型有功、无功功率表各 1 只。当冲击负荷由数台整流变压器成组供电时，可只计量总的有功、无功功率，例如将表计在进线上或上级变电站的出线上

线路名称	计算机监控系统				电能计量		说　明
	电流	电压	有功功率	无功功率	有功电能	无功电能	
电炉变压器	1					1	如为了掌握电炉的运行情况而必须监视三相电流时,可装设3只电流表
同步电动机	1		1	1	1	1	如成套控制屏上已装有有功、无功电能表时,配电装置上可不再装设。装功率因数表比装无功功率表好,可直接指示功率因数的超前滞后
异步电动机	1*				1		配电屏(箱)处还需测三相有功电能
静电电容器	3					1	
0.38kV							
进线或变压器低压侧	3						如变压器高压侧未装电能表时,还应装设有功电能表1只
母线(每段)		1					计算机监控系统和配电装置均需测线电压
出线(>100A)	1						小于100A的线路,根据生产过程的要求,需进行电流监视时,可装设1只电流表 三相长期不平衡运行的线路如动力和照明混合的线路,在照明负荷占总负荷的15%～20%以上时,应装设3只电流表 送往单独的经济核算单位的线路,应加装有功电能表1只
低压电动机	1*						*55kW及以上的低压电动机在计算机监控系统和配电屏(箱)均测单相电流

注　本表控制方式为计算机监控,当采用常规控制方式时宜参照此表设计。

8.3.2　电流互感器及其二次电流回路

8.3.2.1　测量与计量用电流互感器的选择

(1)电流互感器的选择除应满足一次回路的额定电压、最大负荷电流及短路时的动、热稳定电流要求外,还应满足二次回路测量仪表、继电保护和自动装置的要求。

(2)各种测量与计量仪表对电流互感器准确度的要求见本节设计原则中的有关规定。

(3)当一个电流互感器的回路内有几个不同型式的仪表时,电流互感器的准确度等级应按对准确度要求高的仪表选择。

(4)用于Ⅰ、Ⅱ、Ⅲ类贸易结算的电能计量装置,应按计量点设置专用电流互感器或专用二次绕组。

(5)电流互感器额定一次电流的选择,宜满足正常运行的实际负荷电流达到额定值的

60%，且不应小于 30%（S 级为 20%）的要求，也可选用较小变比或二次绕组带抽头的电流互感器。电流互感器额定二次负荷的功率因数应为 0.8～1.0。

（6）1%～120% 额定电流回路，宜选用 S 级的电流互感器。

（7）电流互感器的额定二次电流可选用 5A 或 1A。110kV 及以上电压等级电流互感器宜选用 1A。

（8）电流互感器二次绕组中所接入的负荷，应保证额定二次负荷在 25%～100%。

（9）电流互感器在不同二次负荷时准确度也不同。制造厂给出的电流互感器二次负荷数据，通常以欧（Ω）表示，也有用伏安表示，两者关系为

$$I_{sN}^2 Z_{bp} = S_s \qquad (8.3\text{-}1)$$

式中　I_{sN}——电流互感器的二次额定电流，A；

　　　Z_{bp}——电流互感器的二次回路允许负荷，Ω；

　　　S_s——电流互感器的二次负荷，VA。

一般电流互感器的二次额定电流为 5A，所以

$$S_s = 25 Z_{bp} \qquad (8.3\text{-}2)$$

校验电流互感器的准确度时，电流互感器的实际二次负荷按下式计算

$$Z_b = K_{con2} Z_{mr} + K_{con1} R_{cd} + R_t \qquad (8.3\text{-}3)$$

式中　Z_b——电流互感器的实际二次负荷，Ω；

K_{con1}、K_{con2}——导线接线系数和仪表或继电器接线系数，见表 8.3-5；

　　　Z_{mr}——测量与计量仪表线圈的阻抗，见表 8.3-6，Ω；

　　　R_t——接触电阻，一般取 0.05～0.1Ω，Ω；

　　　R_{cd}——连接导线的电阻，Ω。

测量用电流互感器的误差限值见表 8.3-7。

8.3.2.2　电流互感器二次回路的设计原则

（1）当几种仪表接在电流互感器的一个二次绕组时，其接线顺序宜先接指示和积算仪表，再接记录仪表，最后接发送仪表。

（2）当电流互感器二次绕组接有常测与选测仪表时，宜先接常测仪表，后接选测仪表。

（3）直接接于电流互感器二次绕组的一次测量仪表，不宜采用开关切换检测三相电流，必要时应有防止电流互感器二次开路的保护措施。

（4）测量表计和继电保护不宜共用电流互感器的同一个二次绕组。如受条件限制仪表和保护共用一个二次绕组时，宜采取下列措施之一：

1）保护装置接在仪表之前，中间加装电流试验部件，以避免仪表校验影响保护装置正常工作。

2）加装中间电流互感器将仪表与保护装置从电路上隔开。中间电流互感器的技术特性应满足仪表和保护的要求。

（5）电流互感器的二次绕组的中性点应有一个接地点。测量用二次绕组应在配电装置处接地。和电流的两个二次绕组的中性点应并接和一点接地（在屏上或配电装置上一点接地）。

（6）电流互感器二次电流回路的电缆芯线截面积，应按电流互感器的额定二次负荷来计算，5A 宜不小于 4mm²，1A 宜不小于 2.5mm²。

表 8.3-5　　　　　**仪表或继电器用电流互感器各种接线方式时的接线系数**

电流互感器接线方式		导线接线系数 K_{con1}	仪表或继电器接数 K_{con2}	备　注
单相		2	1	
三相星形		1	1	
两相星形	$Z_{mr0}=Z_{mr}$	$\sqrt{3}$	$\sqrt{3}$	Z_{mr0} 为中性线回路的负荷阻抗
	$Z_{mr0}=0$	$\sqrt{3}$	1	
两相差接		$2\sqrt{3}$	$\sqrt{3}$	
三角形		3	3	

表 8.3-6　　　　　　　　**常用测量与计量仪表的阻抗或负荷**

仪表名称	型　号	电流回路		电压回路		备　注
		阻抗 （Ω）	负荷 （每相，VA）	额定值 （V）	负荷 （每相，V·A）	
电流表	PA194I	0.02	0.4			
电压表	PZ194U			100	0.5	
有功功率表	PS194P	0.02	0.4	100	0.5	
无功功率表	PS194Q	0.02	0.4	100	0.5	
有功电能表	Sfere100 Sfere200 Sfere300	0.02	0.4	100	0.5	
无功电能表	Sfere100 Sfere200 Sfere300	0.02	0.4	100	0.5	
功率因数表	PD194H	0.02	0.4	100	0.5	

表 8.3-7　　　　　　　　**一般测量用电流互感器的误差限值**

准确度 等级	一次电流为额定电流 的百分比 （%）	误差限值		二次负荷变化范围
		电流误差 （%）	相位差 （′）	
0.1	5	±0.4	±15	$(0.25\sim1)\,S_{sN}$
	20	±0.2	±8	
	100～120	±0.1	±5	
0.2	5	±0.75	±30	$(0.25\sim1)\,S_{sN}$
	20	±0.35	±15	
	100～120	±0.2	±10	
0.5	5	±1.5	±90	$(0.25\sim1)\,S_{sN}$
	20	±0.75	±45	
	100～120	±0.5	±30	

8

续表

准确度等级	一次电流为额定电流的百分比（%）	误差限值		二次负荷变化范围
		电流误差（%）	相位差（'）	
1	5 20 100～120	±3.0 ±1.5 ±1.0	±180 ±90 ±60	$(0.25\sim1)\ S_{sN}$
3	50 120	±3.0	不规定	$(0.5\sim1)\ S_{sN}$
5	50 120	±3.0	不规定	$(0.5\sim1)\ S_{sN}$

注 S_{sN}——电流互感器额定二次负荷。

8.3.3 电压互感器及其二次电压回路

8.3.3.1 电压互感器的选择

（1）电压互感器的选择一般原则。

1）电压互感器的配置与系统电压等级、主接线方式及所实现的功能有关。

2）电压互感器的额定一次电压（U_{pN}）应根据所接系统的标称电压确定。

3）电压互感器及其二次绕组数量、准确等级等应满足测量、保护和自动装置的要求。电压互感器的配置应能保证在运行方式改变时，保护装置不得失去电压。

4）对于Ⅰ、Ⅱ、Ⅲ类贸易结算的电能计量装置，应按计量点设置专用电压互感器或专用二次绕组。

（2）二次绕组和额定二次电压（U_{sN}）。电压互感器二次绕组数量按所供给仪表和继电器的要求确定。对于某些计费用计量仪表，为提高可靠性和精确度，必要时可从二次绕组单独引出二次电缆回路供电或采用具有两个独立绕组分别为测量和保护供电的电压互感器。额定二次电压按互感器使用场合确定：

1）接于三相系统线间的单相互感器，其额定二次电压为100V。

2）接于三相系统相与地之间的单相互感器，当其额定一次电压为所接系统的相电压时，额定二次电压应为$100/\sqrt{3}\,V$。

3）电压互感器剩余电压绕组的额定二次电压：当系统中性点有效接地时，应为100V；当系统中性点为非有效接地时，应为100/3V。

（3）电压互感器的接线。电压互感器的接线及接地方式与电力系统的电压等级和接地方式有关。

1）35kV及以上系统一般采用单相式电压互感器。20kV及以下系统可采用单相式或三相式（三柱或五柱）电压互感器。

2）采用一个单相电压互感器的接线，供仪表和继电器接于同一个线电压，如用作备用电源进线的电压监视。

3）对于系统高压侧为非有效接地系统，可用两个单相互感器接于相间电压或V/V接线，供电给接于相间电压的仪表和继电器，用于主接线较简单的变电站。

4）三个单相互感器接成星形-星形。当互感器一次侧中性点不接地时，可用于供电给接于相间电压和相电压的仪表及继电器，但不能供电给绝缘检查电压表。当互感器一次侧中性点接地时，可用于供电给接于相间电压的仪表和继电器及绝缘检查电压表。如系统高压侧为中性点有效接地系统，则可用于测量相电压的仪表；如系统高压侧为非有效接地系统，则不允许接入测量相电压的仪表。

5）三相式互感器有三柱式或五柱式两种，采用星形接线。三柱式互感器一次侧中性点不能接地，五柱式互感器一次侧中性点可以接地。接地或不接地时的适用范围同三个单相互感器的接地方式。

6）采用一个三相五铁芯三绕组电压互感器或三个单相三绕组电压互感器接成 Y/Y-△ 的接线，供仪表和继电器接于三个线电压，剩余电压二次绕组接成开口三角形，构成零序电压过滤器，用于需要绝缘监视的变电站。

7）对中性点非直接接地系统，需要检查和监视一次回路单相接地时，应选用三相五柱式电压互感器或三个单相式电压互感器。

（4）准确度和容量选择。

1）容量和准确等级（包括电压互感器剩余电压二次绕组）应满足测量仪表、保护装置和自动装置的要求，测量与计量仪表对电压互感器准确度的要求见表 8.3-2。

2）电压互感器二次绕组中所接入的负荷（包括测量仪表、电能计时装置、继电保护和连接导线等），应保证实际二次负荷在 25%～100% 额定二次负荷范围内，额定二次功率因数与实际二次负荷的功率因数（0.3～0.5）相接近。

在企业变电站中供测量、计量和保护用的电压互感器，其二次负荷较小，一般能够满足仪表对电压互感器准确度的要求。只有在利用电压互感器作为控制电源（如交流操作），或当电压互感器二次侧接有经常通电的事故照明灯时，才需校验电压互感器的准确度。校验电压互感器准确度时，应计算出互感器的二次回路负荷。测量用电压互感器的误差限值见表 8.3-8。电压互感器在不同接线时，二次侧的负荷计算见表 7.7-5。常用测量与计量仪表的线圈负荷见表 8.3-6。继电器的负荷见产品样本。

表 8.3-8　　　　　　　　　测量用电压互感器的误差限值

准确度等级	误差限值		一次电压变化范围	二次负荷变化范围
	电压误差（%）	相位差（'）		
0.1	±0.1	±5		
0.2	±0.2	±10		
0.5	±0.5	±20	$(0.8\sim1.2)\,U_{pN}$	$(0.25\sim1)\,S_{sN}$
1.0	±1.0	±40		
3.0	±3.0	不规定		

注　U_{pN}——电压互感器额定一次电压；S_{sN}——电压互感器额定二次负荷。

（5）二次回路电压降。

1）测量用电压互感器二次回路允许电压降不应超过以下值：

a）指示仪表：不大于额定电压的 $1‰\sim3‰$。

b）用户计费用 0.5 级电能表，不大于额定电压的 $0.25‰$。

c）电力系统内部的 0.5 级电能表，不大于额定电压的 $0.5‰$。

2）保护用电压互感器二次回路允许压降应在互感器负荷最大时不大于额定电压的 $3‰$。

8.3.3.2　电压互感器二次回路的设计原则

（1）应保证电压互感器负荷端仪表、保护和自动装置工作时所要求的电压准确等级。电压互感器二次负荷三相宜平衡配置。

（2）电压互感器的一次侧隔离开关断开后，其二次回路应有防止电压反馈的措施。

（3）电压互感器二次绕组的接地。

1）对中性点直接接地系统，电压互感器星形接线的二次绕组应采用中性点一点接地方式（中性线接地）。中性点接地线（中性线）中不应串接有可能断开的设备。

2）对中性点非直接接地系统，电压互感器星形接线的二次绕组宜采用 L2 相一点接地方式，也可采用中性点一点接地方式（中性线接地）。当采用 L2 相接地方式时，二次绕组中性点应经击穿熔断器接地。L2 相接地线和 L2 相熔断器或自动开关之间不应再串接有可能断开的设备。

3）对 V/V 接线的电压互感器，宜采用 L2 相一点接地，L2 相接地线上不应串接有可能断开的设备。

4）电压互感器剩余电压二次绕组的引出端之一应一点接地，接地引线上不应串接有可能断开的设备。

5）几组电压互感器二次绕组之间有电路联系或者地电流会产生零序电压使保护误动作时，接地点应集中在控制室或继电器室内一点接地。无电路联系时，可分别在不同的控制室或配电装置内接地。

6）来自电压互感器二次的四根开关场引线和互感器三次的两（三）根开关场引线，其中 N 线必须分开，不得公用并分别引至端子箱连接，如图 8.3-2 中的 dn 所示。

7）由电压互感器二次绕组向交流操作继电器保护或自动装置操作回路供电时，电压互感器二次绕组之一或中性点应经击穿熔断器或氧化锌避雷器接地。

（4）在电压互感器二次回路中，除接成开口三角形的剩余电压二次绕组和另有规定者（例如自动调整励磁装置）外，应装设熔断器或自动开关。电压互感器接成开口三角形的剩余电压二次绕组应抽取试验芯。抽取的试验芯宜按同步系统接线的要求而定，并注意与零序方向保护的极性相配合。

（5）电压互感器二次侧互为备用的切换，应由在电压互感器控制屏上的切换开关控制。在切换后，控制屏上应有信号显示。中性点非直接接地系统的母线电压互感器，应设有绝缘监察信号装置及抗铁磁谐振措施。

（6）当电压回路电压降不能满足电能表的准确度的要求时，电能表可就地布置，或在电压互感器端子箱处另设电能表专用的熔断器或自动开关，并引接电能表电压回路专用的引接电缆，控制室应有该熔断器或自动开关的监视信号。

8.3.3.3　电压互感器原理接线

图 8.3-1 所示为 Vv 接法的电压互感器二次电路图。

图 8.3-2 所示为 Yy-△接法的电压互感器二次电路图。

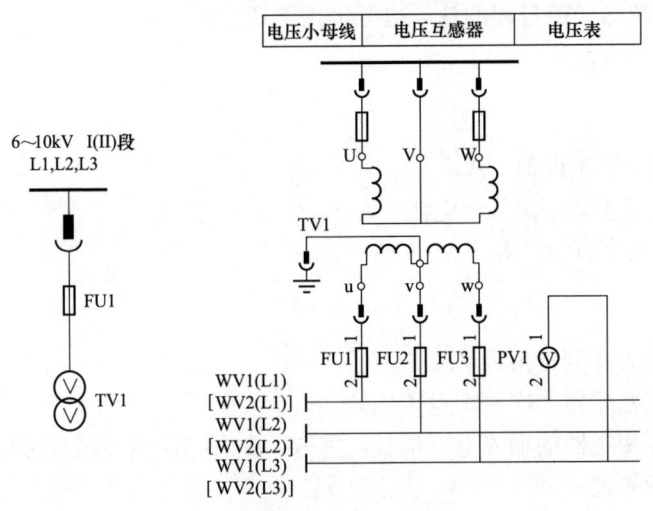

图 8.3-1　Vv 接法的电压互感器二次电路图

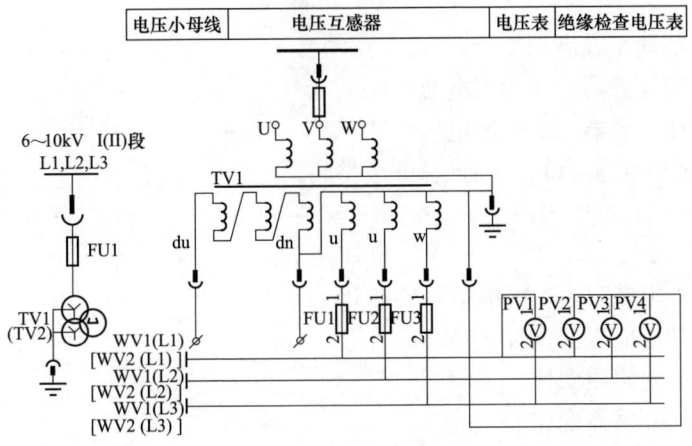

图 8.3-2　Yy-△接法的电压互感器二次电路图

8.3.4　电测量变送器

8.3.4.1　电测量变送器的选择

（1）变送器的输入参数应与电流互感器和电压互感器的参数相符合。输出参数应能满足测量仪表和计算机监控系统的要求。

（2）变送器的输出可为电流输出、电压输出或者数字信号输出。变送器的电流输出宜选用 4～20mA。

（3）变送器模拟量输出回路所接入的负荷不应超过变送器输出的二次负荷值。

（4）变送器的校准值应与二次测量仪表的满刻度值相匹配。

（5）变送器的辅助电源宜由交流不停电电源或直流电源供给。

8.3.4.2　二次测量仪表满刻度值的计算

设定变送器的校准值为 $I_{bx}=5A$ 或 $1A$，$U_{bx}=100V$，$P_{bx}=866W$（5A）或 $173.2W$（1A），$Q_{bx}=866var$（5A）或 $173.2var$（1A）。可采用下列公式计算二次测量仪表的满刻度

值，计算机监控系统测量值量程的计算也可采用下列公式。

（1）电流表满刻度值的计算

$$I_{b1} = I_{pN} \qquad (8.3\text{-}4)$$

式中　I_{b1}——电流表满刻度值，A；

　　　I_{pN}——电流互感器一次额定电流，A。

（2）电压表满刻度值的计算

$$U_{b1} = KU_{pN} \qquad (8.3\text{-}5)$$

式中　U_{b1}——电压表满刻度值，V；

　　　U_{pN}——电压互感器一次额定电压，V；

　　　K——电压变送器的输入电压倍数，宜取 $1.2\sim1.5$，K 值的选择应与变送器的输入范围协调。

（3）有功（无功）功率表满刻度值的计算

$$P_{b1} = P_{pN} = \sqrt{3}U_{pN}I_{pN} \qquad (8.3\text{-}6)$$

式中　P_{b1}——有功功率表满刻度值，W；

　　　I_{pN}——电流互感器一次额定电流，A；

　　　U_{pN}——电压互感器一次额定电压，V。

无功功率表满刻度值（Q_{b1}）的计算方法类同。

（4）有功（无功）电能表的换算

$$W_1 = W_2 t_{TA} t_{TV} \qquad (8.3\text{-}7)$$

式中　W_1——有功电能表一次电能值，kWh；

　　　W_2——有功电能表的读数，kWh；

　　　t_{TA}——电流互感器变比；

　　　t_{TV}——电压互感器变比。

无功电能表（W_{Q1}）的换算方法类同。

8.3.4.3　电测量变送器校准值的计算

根据二次测量仪表的满刻度值，可采用下列公式计算变送器的校准值。

（1）电流变送器校准值计算

$$I_{bx} = I_{b1}/t_{TA} \qquad (8.3\text{-}8)$$

式中　I_{bx}——电流变送器校准值，A；

　　　I_{b1}——电流表满刻度值，A；

　　　t_{TA}——电流互感器变比。

（2）电压变送器校准值计算

$$U_{bx} = U_{b1}/t_{TV} \qquad (8.3\text{-}9)$$

式中　U_{bx}——电压变送器校准值，V；

　　　U_{b1}——电压表满刻度值，V；

　　　t_{TV}——电压互感器变比。

（3）有功功率变送器校准值计算

$$P_{bx} = P_{bl}/(t_{TV}t_{TA}) \tag{8.3-10}$$

式中　P_{bx}——有功功率变送器校准值，W；

　　　P_{bl}——有功功率表满刻度值，W；

　　　t_{TA}——电流互感器变比；

　　　t_{TV}——电压互感器变比。

无功功率变送器校准值（Q_{bx}）的计算方法类同。

（4）有功（无功）电能表的换算

$$W_{pl} = At_{TV}t_{TA}/C \tag{8.3-11}$$

式中　W_{Pl}——有功电能表电能值，Wh；

　　　A——有功电能表的累计脉冲计数值（脉冲）；

　　　C——有功电能表的电能常数，脉冲/kWh；

　　　t_{TA}——电流互感器变比；

　　　t_{TV}——电压互感器变比。

无功电能表（W_{Ql}）的换算方法类同。

8.4　二次回路的保护及控制、信号回路的设备选择

8.4.1　二次回路的保护设备

二次回路的保护设备用于切除二次回路的短路故障，并作为回路检修、调试时断开交、直流电源之用。保护设备可采用熔断器或低压断路器。

8.4.1.1　控制、保护和自动装置供电回路熔断器或低压断路器的配置

（1）当该安装单位仅含一台断路器时，控制、保护及自动装置可共用一组熔断器或低压断路器。

（2）当一个安装单位含几台断路器时，应设总熔断器或低压断路器，并按断路器设分熔断器或低压断路器，分熔断器或低压断路器应经总熔断器或低压断路器供电。公用保护和公用自动装置应接于总熔断器或低压断路器之下。对其他保护或自动控制装置按保证正确工作的条件，可接于分熔断器或低压断路器或总熔断器或低压断路器之下。

（3）本安装单位含几台断路器而各断路器无单独运行可能或断路器之间有程序控制要求时，保护和各断路器控制回路可共用一组熔断器或低压断路器。

（4）凡两个及以上安装单位公用的保护或自动装置的供电回路，应装设专用的熔断器或低压断路器。

（5）弹簧储能机构所需交、直流操作电源，一般装设单独的熔断器或低压断路器。

（6）对具有双重化快速主保护和断路器具有双跳闸绕组的安装单位，其控制回路和继电保护、自动装置回路宜分设独立的熔断器或低压断路器，并由双电源分别向双重化主保护供电。两组电源间不应有电路上的联系。继电保护、自动装置屏内电源消失时应有报警信号。

（7）控制、保护和自动装置供电回路的熔断器或低压断路器应有监视装置，可用断路器控制回路的监视装置进行监视。如保护或自动装置单独装设熔断器或低压断路器，宜采用继电器进行监视，其信号应接至另外的电源。

8.4.1.2　信号回路熔断器或低压断路器的配置

（1）每个安装单位的信号回路（包括隔离开关位置信号、事故和预告信号、指挥信号等），宜用一组熔断器或低压断路器。

（2）公用信号（如中央信号、闪光报警器等），应装设单独的熔断器或低压断路器。

（3）厂用电源及母线设备信号回路，宜分别装设公用的熔断器或低压断路器。

（4）信号回路的熔断器或低压断路器应加以监视，可使用隔离开关位置指示器，也可用继电器或信号灯来监视。当采用继电器监视时，信号应接至另外的电源。

8.4.1.3　电压互感器二次回路保护的配置

（1）电压互感器回路中，除接成开口三角形的剩余绕组和另有规定者（例如电磁式自动调整励磁装置用电压互感器）外，应在其出口装设熔断器或低压断路器。当二次回路发生故障可能使保护或自动装置不正确动作时，宜装设低压断路器。

（2）0.5级电能表电压回路，宜由电压互感器出线端装设单独熔断器或低压断路器供电。

（3）电压互感器二次侧中性点引出线上，不应装设保护设备。当采用B相接地方式时，B相熔断器或低压断路器应接在绕组出线端与接地点之间。

（4）电压互感器接成开口三角形的剩余绕组的试验芯出线端，应装设熔断器或低压断路器。

（5）设备所需交流操作电源，宜装设单独的熔断器或低压断路器并加以监视。

8.4.1.4　二次回路熔断器及低压断路器额定电流的选择

（1）熔断器额定电流应按回路的最大负荷电流选择，并满足选择性的要求。干线上熔断器熔体的额定电流应较支线上的大2级。选择电压互感器二次侧熔断器时，其最大负荷电流应考虑到双母线仅一组运行时，两组电压互感器的全部负荷由一组电压互感器供给的情况。

（2）低压断路器额定电流应按回路的最大负荷电流选择，并满足选择性的要求；干线上低压断路器脱扣器的额定电流应较支线上的大2级。

二次回路电压为110～220V时，二次回路熔断器熔体额定电流及低压断路器脱扣器额定电流的选择结果见表8.4-1。

表8.4-1　二次回路电压为110～220V时熔断器熔体额定电流及低压断路器脱扣器额定电流的选择

回路名称	熔断器熔体额定电流（A）	低压断路器电磁脱扣器额定电流（A）	回路名称	熔断器熔体额定电流（A）	低压断路器电磁脱扣器额定电流（A）
断路器的控制保护回路	4～6	2	电压干线的总保护	4～6	—
隔离开关与断路器闭锁回路	4～6		成组低电压保护的控制回路	4～6	

8.4.1.5　电压互感器二次侧熔断器选择

（1）熔断器的熔体必须保证二次电压回路内发生短路时，熔体熔断的时间小于保护装置的动作时间。

（2）熔断器的电流应满足下列条件：

1) 熔体的额定电流应大于二次电压回路的最大负荷电流，其最大负荷电流应考虑到双母线仅一组运行时，两组电压互感器的全部负荷由一组电压互感器供给的情况，即

$$I_N \geqslant I_{ld,max} \qquad (8.4-1)$$

式中 I_N——熔体额定电流，A；

$I_{ld,max}$——二次电压回路最大负荷电流，A；

2) 当电压互感器二次侧短路时，不致引起低电压保护的动作，此数值最好由试验确定。

8.4.1.6 电压互感器二次侧低压断路器的选择

低压断路器瞬时脱扣器的动作电流应满足下列条件：

（1）低压断路器脱扣器的动作电流，应按大于电压互感器二次回路的最大负荷电流来整定，即

$$I_{op} \geqslant I_{ld,max} \qquad (8.4-2)$$

式中 I_{op}——低压断路器的动作电流，A；

$I_{ld,max}$——二次电压回路最大负荷电流，A；

（2）当电压互感器运行电压为90%额定电压时，二次电压回路末端两相经过渡电阻短路，而加于继电器绕组上的电压低于70%额定电压时（相当于低电压元件的动作值），低压断路器应瞬时动作。动作电流 I_{op} 的关系式如下

$$U_{op,min} - K_{rel} I_{op} R_2 = 0.7 U_{sN} \qquad (8.4-3)$$

经简化后

$$I_{op} = \frac{0.2 U_{sN}}{K_{rel} R_2} = \frac{15}{R_2} \qquad (8.4-4)$$

式中 $U_{op,min}$——最小工作电压，取 $0.9U_{sN}$，V；

K_{rel}——可靠系数，取 1.3；

I_{op}——低压断路器瞬时电流脱扣器的整定电流，A；

R_2——两相短路时的环路电阻，Ω；

U_{sN}——电压互感器二次额定电压，V。

（3）瞬时电流脱扣器断开短路电流的时间应不大于20ms。

（4）低压断路器应附有用于闭锁有关保护误动的动合辅助触点和低压断路器跳闸时发报警信号的动断辅助触点。

（5）瞬时电流脱扣器的灵敏系数 K_{sen}，应按电压回路末端发生两相金属性短路时的最小短路电流来校验，即

$$K_{sen} = \frac{I_{k2,min}}{I_{op}} \qquad (8.4-5)$$

式中 $I_{k2,min}$——二次电压回路末端发生两相短路时的最小短路电流，A；

I_{op}——低压断路器瞬时电流脱扣器的整定电流，A；

K_{sen}——灵敏系数，取 $K_{sen} \geqslant 1.3$。

8.4.2 控制开关的选择

控制开关的选择应符合该二次回路额定电压、额定电流、分断电流、操作频繁率、触点数量、电寿命和控制接线等的要求。

主令控制用转换开关（TDA10）的通断能力见表8.4-2，其电寿命见表8.4-3。

8

表 8.4-2　　　　　　主令控制用转换开关（TDA10）的通断能力

电流及使用类别		接通				试验次数	两次试验间隔时间
		电压（V）	电流（A）	cosφ	L/R		
交流 AC-15		220	35	0.35		50	10s
		380	19				
		440	14				
		500	11				
直流 DC-13	触头串接对象	1	24	7.2	40ms	20	
		2		16			
		1	48	3.6			
		2		8.2			
		1	110	1.6			
		2		3.6			
		1	220	0.8			
		2		2.0			

表 8.4-3　　　　　　主令控制用转换开关（TDA10）的电寿命

电流及使用类别		接通				分断				寿命（万次）
		电压(V)	电流(A)	cosφ	L/R	电压(V)	电流(A)	cosφ	L/R	
交流 AC-15		220	35	0.35		220	3.5	0.35		20
		380	19			380	1.9			
		440	14			440	1.4			
		500	11			500	1.1			
直流 DC-13	触头串接对象	1	24	6.4	40ms		2.1		40ms	20
		2		15			3			
		1	48	3.2			1			
		2		7.5			1.5			
		1	110	1.4			0.5			
		2		3.2			0.7			
		1	220	0.7			0.3			
		2		1.6			0.4			

8.4.3　灯光监视中的位置指示灯及其附加电阻的选择

（1）当母线电压为 1.1 倍额定值时，如灯泡短路，附加电阻限定的电流应不大于跳合闸线圈或合闸接触器线圈的最小动作电流及长期热稳定电流，可按照限定电流不大于上述线圈额定电流的 10% 来选择附加电阻值。附加电阻的额定功率应不小于上述条件下附加电阻消耗功率的 2 倍。

（2）母线电压为 95% 额定值时，灯泡上的电压降应不小于灯泡额定电压的 60%～70%。

（3）发光二极管信号灯及附加电阻的选择应按照 1.1 倍额定电压时回路电流不大于发光二极管额定电流、0.95 倍额定电压时不小于发光二极管稳定起光电流，以决定附加电阻值。

实际上工厂生产带附加电阻的信号灯，只需按信号灯的额定电压来选择。常用的信号灯及其附加电阻的技术数据见表 8.4-4。

表 8.4-4　　　　　　　　常用信号灯及其附加电阻的技术数据

信号灯型号	额定电压（V）	灯泡		附加电阻		备　注
		电流（A）	功率（W）	阻值（Ω）	功率（W）	
AD11-25/21	220	0.015	0.18	15k		
XD5-220，AD1-30/21		10	1.2	2200	30	
AD11-25/21	110	0.015	0.18	7.0k		
XD5-110，AD1-30/21		10	1.2	1000	30	
XD5-48，AD1-30/21	48	10	1.2	400	25	
XD5-12，AD1-30/21	12	10	1.2	150	25	

8.4.4　中间继电器的选择

8.4.4.1　跳合闸位置继电器的选择

（1）母线电压为 1.1 倍额定值时，通过跳合闸绕组或合闸接触器线圈的电流应不大于其最小动作电流和长期热稳定电流。

（2）母线电压为 85% 额定值时，加于位置继电器绕组的电压应不小于其额定值的 70%。

8.4.4.2　断路器的跳、合闸继电器的选择

（1）电压绕组的额定电压可等于供电母线额定电压；如用较低电压的继电器串接电阻降压时，继电器线圈上的压降应等于继电器电压线圈的额定电压。串联电阻的一端应接负电源。

（2）额定电压工况下，电流线圈的额定电流的选择，应与跳合闸线圈或合闸接触器线圈的额定电流相配合，并保证动作的灵敏系数不低于 1.5。

（3）跳、合闸中间继电器电流自保持线圈的电压降应不大于额定电压的 5%。

8.4.4.3　电气防跳继电器的选择

（1）电压绕组的额定电压可等于供电母线的额定电压。

（2）电流启动电压保持防跳继电器的电流启动绕组的电压降，应不大于额定电压的 10%。

（3）电流启动电压保持防跳继电器的电流绕组的额定电流，应与断路器跳闸绕组的额定电流相配合，并保证动作的灵敏系数不低于 1.5。

（4）电流启动电压保持防跳继电器的动作时间应不大于断路器的固有跳闸时间。

8.5　二次回路配线

8.5.1　二次回路绝缘导线和电缆的一般要求

（1）二次回路绝缘导线和控制电缆的额定电压的选择，应不低于该回路工作电压，并满

足可能经受的暂态和工频过电压作用要求。一般宜选用 $450/750\mathrm{V}$，当外部电气干扰影响很小时，可选用较低的额定电压（如 $300/500\mathrm{V}$ 控制电缆）。

（2）控制电缆和绝缘导线应采用铜芯。

（3）按机械强度要求，强电控制回路导体截面积应不小于 $1.5\mathrm{mm}^2$，弱电控制回路导体截面积应不小于 $0.5\mathrm{mm}^2$。

（4）在绝缘导线和电缆可能受到油浸蚀的地方，应采用耐油绝缘导线和电缆。

8.5.2 控制电缆的金属屏蔽

（1）控制电缆金属屏蔽型类的选择，应按可能的电气干扰影响，计入综合抑制干扰措施，并满足降低干扰或过电压的要求，同时应符合下列规定：

1）位于 $110\mathrm{kV}$ 以上配电装置的弱电控制电缆，宜选用总屏蔽或双层式总屏蔽。

2）用于集成电路、微机保护的电流、电压和信号触点的控制电缆，应选用屏蔽型。

3）计算机监测系统信号回路控制电缆的屏蔽选择，应符合下列规定：

a）开关量信号，可用总屏蔽。

b）高电平模拟信号，宜选用对绞线芯总屏蔽，必要时也可选用对绞线芯分屏蔽。

c）低电平模拟信号或脉冲量信号，宜选用对绞线芯分屏蔽，必要时也可选用对绞线芯分屏蔽复合总屏蔽。

（2）其他情况，应按电磁感应、静电感应和电位升高等影响因素，采用适宜屏蔽的型式。

（3）敷设方式要求电缆具有钢铠、金属套时，应充分利用其屏蔽功能。

（4）需降低电气干扰的控制电缆，可在工作芯数外增加一个接地的备用芯，并应在控制室侧一点接地。

（5）控制电缆金属屏蔽的接地方式，应符合下列规定：

1）计算机监控系统的模拟信号回路控制电缆屏蔽层，不得构成两点或多点接地，宜用集中式一点接地。

2）集成电路、微机保护的电流、电压和信号的控制电缆屏蔽层，应在开关安置场所与控制室同时接地。

3）除上述情况外的控制电缆屏蔽层，当电磁感应的干扰较大时，宜采用两点接地；静电感应的干扰较大，可用一点接地。

双重屏蔽或复合式总屏蔽，宜对内、外屏蔽分别采用一点、两点接地。

4）两点接地的选择，还宜考虑在暂态电流作用下屏蔽层不致被烧熔。

8.5.3 控制电缆接线的要求

（1）一般采用整根控制电缆。当控制电缆的敷设长度超过制造长度时，或由于屏台的搬迁而使原有电缆长度不够时，或更换电缆的故障段时，可用焊接法连接电缆。焊接法连接电缆时在连接处应装设连接盒。有可能时，也可用其他屏上的端子排连接。

（2）至屏上的控制电缆应接到端子排、试验盒或试验端钮上。至互感器或单独设备的电缆，允许直接接到这些设备上。

（3）控制电缆接到端子和设备上的电缆芯应有标记。

8.5.4 控制电缆芯数和根数的选择

（1）控制电缆宜采用多芯电缆，应尽可能减少电缆根数。当芯线截面积为 $1.5\mathrm{mm}^2$ 时，电缆芯数不宜超过 37 芯；当芯线截面积为 2.5mm² 时，电缆芯数不宜超过 24 芯；当芯线截面积为 4~6mm² 时，电缆芯数不宜超过 10 芯。弱电控制电缆不宜超过 50 芯。

（2）对双重化保护的电流回路、电压回路、直流电源回路、双套跳闸绕组的控制回路等需要增强可靠性的两套系统，不应合用一个多芯电缆。

（3）7 芯及以上的芯数。截面积小于 4mm² 的较长控制电缆应留有必要的备用芯。但同一安装单位的同一起止点的控制电缆不必在每根电缆中都留有备用芯，可在同类性质的一根电缆中预留备用芯。

（4）应尽量避免将一根电缆中的各芯线接至屏上两侧的端子排，若芯数为 6 芯及以上时，应采用单独的电缆。

（5）对较长的控制电缆应尽量减少电缆根数，同时也应避免电缆的多次转接。在同一根电缆中不宜有两个及以上安装单位的电缆芯。在一个安装单位内截面要求相同的交、直流回路，必要时可共用一根电缆。

（6）下列情况的回路，相互间不应合用同一根控制电缆：

1）弱电信号、控制回路与强电信号、控制回路。

2）低电平信号与高电平信号回路。

3）交流断路器分相操作的各相弱电控制回路。

8.5.5　控制电缆截面积的选择

8.5.5.1　测量表计电流回路用控制电缆截面积选择

（1）测量表计电流回路用控制电缆的截面积不应小于 2.5mm²，因电流互感器二次电流不超过 5A，所以不需要按额定电流校验电缆芯。另外，控制电缆按短路时校验热稳定也是足够的，因此也不需要按短路时热稳定性校验电缆截面。

（2）测量仪表装置用电流互感器的准确级次，按照该电流互感器二次绕组所串接的准确度要求最高的仪表选择，并符合 8.3 节中的有关规定。电流互感器二次回路电缆截面积的选择，按照一次设备额定运行方式下电流互感器的误差不超过上述条件下选定的准确级次计算。计算条件应为电流互感器一次电流为额定值、一次电流三相对称平衡，并应计及电流互感器二次绕组接线方式、电缆阻抗换算系数、仪表阻抗换算系数和接线端子接触电阻及仪表保安系数诸因素。

因此，电缆芯的截面积按在电流互感器上的负荷不超过某一准确等级下允许的负荷数值进行选择，计算公式如下（为了简化计算、电缆的电抗忽略不计）

$$S = \frac{K_{\mathrm{con1}} L}{\gamma (Z_{\mathrm{bn}} - K_{\mathrm{con2}} Z_{\mathrm{mr}} - R_{\mathrm{t}})} \tag{8.5-1}$$

式中　　　S——电缆芯截面积，mm²；

γ——电导率，铜取 57×10^6 S/m（S 为西门子），S/m；

Z_{bn}——电流互感器所选准确级下允许的二次负荷，当忽略电抗仅计及电阻时为 R_{bn}，Ω；

Z_{mr}——测量表计的负荷，Ω；

R_{t}——接触电阻，在一般情况下取 0.05~0.1Ω，Ω；

L——电缆长度，m；

K_{con1}、K_{con2}——导线接线系数、仪表或继电器接线系数，参见表 8.3-5。

8.5.5.2 保护装置电流回路用控制电缆截面积选择

继电保护用电流互感器二次回路电缆截面积的选择，应保证互感器误差不超过规定值。计算条件应为系统最大运行方式下最不利的短路型式，并应计及电流互感器二次绕组接线方式、电缆阻抗换算系数、继电器阻抗换算系数及接线端子接触电阻诸因素。对系统最大运行方式如无可靠根据，可按断路器的断流容量确定最大短路电流，即

$$S = \frac{K_{\text{con1}} L}{\gamma(Z_b - K_{\text{con2}} Z_R - R_t)} \quad (8.5\text{-}2)$$

式中　　　S——电缆芯截面积，mm^2；

　　　　　γ——电导率，铜取 $57 \times 10^6 \text{S/m}$（S 为西门子），$\text{S/m}$；

　　　　　Z_b——根据保护校验系数 K_{pcf}，在 $K_{\text{alf}} - R_b$ 关系曲线上查出电流互感器允许的二次负荷，且应满足 $K_{\text{alf}} > K K_{\text{pcf}}$（$K_{\text{pcf}} = I_{\text{pcf}} / I_{\text{pN}}$，见 7.7 节）当忽略电抗仅计及电阻时为 R_b，Ω；

　　　　　Z_R——继电器的负荷，Ω；

　　　　　R_t——接触电阻，在一般情况下取 $0.05 \sim 0.1\Omega$，Ω；

　　　　　L——电缆长度，m；

K_{con1}、K_{con2}——导线接线系数、仪表或继电器接线系数，参见表 8.3-5。

8.5.5.3 电压回路用控制电缆选择

电压回路用控制电缆，按允许电压降来选择电缆芯截面积。

（1）电测量仪表用电压互感器二次回路电缆截面积的选择。电测量仪表用电压互感器二次回路电缆截面积的选择，应符合以下规定：

1）指示性仪表回路电缆的电压降，应不大于额定二次电压的 1%～3%。

2）用户计费用 0.5 级电能表电缆的电压降，应不大于额定二次电压的 0.25%。

3）电力系统内部的 0.5 级电能表电缆的电压降可适当放宽，但应不大于额定电压的 0.5%。

4）对 0.5 级以下电能表二次回路的电压降宜不超过额定二次电压的 0.25%。

5）当不能满足上述要求时，电能表、指示仪表电压回路可由电压互感器端子箱单独引接电缆，也可将保护和自动装置与仪表回路分别接自电压互感器的不同二次绕组。

（2）保护装置用电压互感器二次回路电缆截面积的选择。继电保护和自动装置用电压互感器二次回路电缆截面积的选择，应保证最大负荷时，电缆的电压降不应超过额定二次电压的 3%，但对电磁式自动电压校正器的连接电缆芯（铜芯）的截面积不应小于 4mm^2。

（3）电压回路用控制电缆，计算时只考虑有功电压降，电缆芯截面积选择计算公式如下

$$S = \sqrt{3} K_{\text{con}} \frac{PL}{U_{\text{sn}} \gamma \Delta U} \quad (8.5\text{-}3)$$

式中　　S——电缆芯截面积，mm^2；

　　　　P——电压互感器每一相负荷，VA；

　　　U_{sn}——电压互感器二次线电压，V；

　　　　γ——电导率，S/m，铜取 $57 \times 10^6 \text{S/m}$（S 为西门子）；

　　　ΔU——允许电压降，V；

L——电缆长度，m；

K_{con}——接线系数，三相星形接线为1，两相星形接线为$\sqrt{3}$，单相接线为2。

8.5.6 控制、信号回路用控制电缆选择

（1）控制、信号回路用的电缆芯，根据机械强度条件选择，铜芯电缆芯截面积不应小于1.5mm²。

（2）控制回路电缆截面积的选择，应保证最大负荷时，控制电源母线至被控设备间连接电缆的电压降不应超过额定二次电压的10%。

（3）当合闸回路和跳闸回路流过的电流较大时，产生的电压降将增大。为使断路器可靠动作，此时需根据电缆允许电压降来校验电缆芯截面积。

（4）电缆芯截面选择计算公式如下

$$S = \frac{2I_{Q,max}L}{\Delta u U_n \gamma} \tag{8.5-4}$$

式中 S——电缆芯截面积，mm²；

$I_{Q,max}$——流过合闸或跳闸绕组的最大电流，A；

L——电缆长度，m；

Δu——合闸或跳闸绕组正常工作时允许的电压降百分数，取10%；

U_n——回路标称电压，取220V；

γ——电导率，S/m，铜取57×10^6S/m（S为西门子）。

8.5.7 端子排

8.5.7.1 端子排设计要求

（1）端子排应由阻燃材料制成。端子的导电部分应为铜质。安装在潮湿地区的端子排应当防潮。

（2）安装在屏上每侧的端子距地不宜低于350mm。

（3）端子排配置应满足运行、检修、调试的要求，并适当地与屏上设备的位置相对应。每个安装单位应用有其独立的端子排。同一屏上有几个安装单位时，各安装单位端子排的排列应与屏面布置相配合。

（4）每个安装单位的端子排，可按下列回路分组，并由上而下（或由左至右）按下列顺序排列：

1）交流电流回路（自动调整励磁装置回路除外）按每组电流互感器分组，同一保护方式的电流回路宜排在一起。

2）交流电压回路（自动调整励磁装置回路除外）按每组电压互感器分组。

3）信号回路按预告、位置、事故及指挥信号分组。

4）控制回路按熔断器或低压断路器配置的原则分组。

5）其他回路按励磁保护、自动调整励磁装置的电流和电压回路，远方调整及联锁回路等分组。

6）转接端子排排列顺序为：本安装单位端子，其他安装单位的转接端子，最后排小母线兜接用的转接端子。

（5）当一个安装单位的端子过多或一个屏上仅有一个安装单位时，可将端子排成组地布置在屏的两侧。

（6）屏上二次回路经过端子排连接的原则如下：

1）屏内与屏外二次回路的连接，同一屏上各安装单位之间的连接以及转接回路等，均应经过端子排。

2）屏内设备与直接接在小母线上的设备（如熔断器、电阻、刀开关等）的连接，宜经过端子排。

3）各安装单位主要保护的正电源应经过端子排。保护的负电源应在屏内设备之间接成环形，环的两端应分别接至端子排，其他回路均可在屏内连接。

4）电流回路应经过试验端子。需要断开的回路（试验时断开的仪表等），宜经过特殊端子或试验端子。

（7）每一安装单位的端子排应编有顺序号，并宜在最后留 2～5 个端子作为备用。当条件许可时，各组端子排之间也宜留 1～2 个备用端子。在端子排组两端应用终端端子。正、负电源之间以及经常带电的正电源与合闸或跳闸回路之间的端子排，宜以一个空端子隔开。

（8）一个端子的每一端宜接一根导线，导线截面积不宜超过 $6mm^2$。

（9）户内、外端子箱内端子的排列，也应按交流电流回路、交流电压回路和直流回路等成组排列。

（10）每组电流互感器二次侧，宜在配电装置端子箱内经过端子连接成星形或三角形等接线方式。

（11）强电与弱电回路的端子排宜分开布置。如有困难时，强、弱电端子之间应用明显的标志，宜设空端子隔开。如弱电端子排上要接强电电缆芯线时，端子间应设加强绝缘的隔板。

（12）强电设备与强电端子的连接和端子与电缆芯的连接，应用插接或螺栓连接。弱电设备与弱电端子间的连接可采用焊接。屏内弱电端子与电缆芯的连接宜采用插接或螺栓连接。

8.5.7.2　接线端子的类型

接线端子的类型见表 8.5-1。

表 8.5-1　　　　　　　　　　　接线端子（座）的类型

类型	用途	型号	导线截面积（mm^2）
基型	一般电路连接	UK 系列	1.5、2.5、4、6、10、16、25、35
		UKH 系列	50、70、95、120、150、240
		SAK□/EN DK	2.5、4、6、10、16、35、70
联络型（连接型）	可相互联络，需要抽头分线时用	UK-TWIN UDK	1.5、2.5、4、6、10、16
		WDU/WDK	1.5、2.5、4、6、10、16、35、70、95、120、150、240
试验型	用于电流互感器二次回路中，以便连接试验仪表及其他需断开隔离的电路中	URTK/S-BEN WTL 系列	1.5、2.5、4、6、10、16

类型	用途	型号	导线截面积（mm²）
熔断器型	用于仪表或电器元件短路保护	UK5-HESI MBK5/E-TG UK4-TG UDK4-TG UKK5-TG	1.5，2.5，4
		UK10-DRHESI	1.5，2.5，4，6，10，16
		ASK/KDKS/SAKS	4，10，16
		WSI	4，6
		ZSI	2.5
开关型	具有隔离开关功能	SAKR/DKT/AST	2.5，4
		WT/WD ZTR/ZDL	2.5，4
接地型	用于接地	USLKG 系列	1.5，2.5，4，6，10，16，25，35，50，70，95
		EK 系列	2.5，4，6，10，16，35
		WPE 系列 ZPE 系列 ZDK 系列	1.5，2.5，4，6，10，16，35，50，70，95，120
		UK-TWIN-PE 系列 UDK-PE 系列	1.5，2.5，4，6，10
最小（N）导体型	用于中性（N）导体连接	WNT 系列 PNT 系列	2.5，4，6，10，16，25，35，70

注　□为导线截面积。

8.5.8　小母线

小母线配置关系到整个变（配）电站的安全运行，故要求小母线有高度可靠性。配电装置之间，控制屏、信号屏、继电保护屏之间，二次回路干线的连接宜采用小母线。

（1）各安装单位的控制、信号电源，宜由专用电源装置的馈线以环状或辐射状供电，在控制屏上宜敷设控制和信号小母线。厂用电源和母线设备控制屏上还可分别敷设公用的辅助信号小母线。当以辐射方式向继电保护和自动装置供电时，供电线应设保护及监视设备。

（2）控制和信号小母线应为单母线，按屏组分段，双侧供电，于适当地点以开关分段，开环运行。同时每台控制屏（包括电源屏）上装设一个为本屏内各安装单位共用的电源切换开关或开关，以便寻找接地故障时使用。

（3）各安装单位的电压回路使用隔离开关的辅助触点切换时，电压小母线宜敷设在配电装置。各安装单位的电压回路使用继电器切换或不需切换时，电压小母线宜敷设在控制室。

（4）控制屏及保护屏顶上的小母线不宜超过 28 条，最多不应超过 40 条。小母线宜采用 $\phi 6mm \sim \phi 8mm$ 的绝缘铜棒。当屏顶上不能装设小母线时，也可通过端子排连接。端子排宜单独成组排列。

（5）小母线排列、代号及色别见表 8.5-2。

表 8.5-2　　　　　　　　　　　　小母线排列、代号及涂色色别

排列及代号	名称	颜色	备　　注
+WCL	合闸小母线（正电源）		
−WCL	合闸小母线（负电源）		
+WCC	控制小母线（正电源）	红	
−WCC	控制小母线（负电源）	蓝	
+WCS	信号小母线（正电源）	红	用于配电装置（手车式开关柜）
−WCS	信号小母线（负电源）	蓝	及控制保护屏
WCA	辅助小母线		
WCV（L1）	电压小母线（A 相）	黄	
WCV（L2）	电压小母线（B 相）	绿	
WCV（L3）	电压小母线（C 相）	红	
WCV（N）	电压小母线（中性线）	黑	

8.6　变电站综合自动化系统

8.6.1　概述

变电站综合自动化是将变电站的二次设备经过功能组合和优化设计，利用先进的计算机技术、现代电子技术、通信技术和数字信号处理技术，实现对全变电站的主要电气设备和输、配电线路的自动控制、自动监视、测量和保护，以及实现与远方各级调度通信的综合性自动化功能。

8.6.2　变电站综合自动化的基本功能

变电站综合自动化的基本功能主要为：在线监视正常运行时的运行参数及设备运行状况；自检、自诊断设备本身的异常运行；发现电网设备异常变化或装置内部异常时，立即自动报警并闭锁相应的出口动作，以防止事态扩大；电网出现事故时，快速采样、判断、决策、动作并迅速消除事故，使故障限制在最小范围；完成电网在线实时计算、数据存储、统计、分析报表和保证电能质量的自动监控调整工作；实现变电站与远方调度通信的远动功能。

虽然变电站综合自动化系统具有很多的功能，但从运行要求的角度，可以将其归纳为以下几种子系统：

（1）监控子系统。监控子系统采用计算机和通信技术，通过后台机屏幕完成对变电站一次系统的运行监视与控制，取代了常规的测量系统和指针式仪表，改变了常规断路器控制回路的操作把手和位置指示，取代了常规的中央信号装置，取消了光字牌。

监控子系统的功能包括以下部分。

1）数据采集和处理。

2）安全监视功能。

3）事件顺序记录。

4）操作控制功能。

5）画面生成及显示。

6）时钟同步功能。

7）人机联系功能。

8）数据统计与处理。

9）系统自诊断和自恢复功能。

10）运行管理功能。

（2）微机继电保护子系统。微机继电保护子系统是变电站综合自动化系统最基本、最重要的部分，包括变电站的主设备和输电线路的全套保护。微机继电保护具有逻辑判断清楚正确、保护性能优良、运行可靠性高、调试维护方便等特点。

（3）安全自动装置子系统。为了保障电网的安全可靠经济运行，提高电能质量和供电可靠性，变电站综合自动化系统中根据不同情况设置了相应的安全自动装置子系统，主要包括以下功能：

1）电压无功综合控制。

2）低频减负荷控制。

3）备用电源自动投入。

4）小电流接地选线。

5）故障录波和测距。

6）同期操作。

7）"五防"操作和闭锁。

（4）通信管理子系统。为了确保各个单一功能的子系统之间或子系统与后台监控主机之间建立起数据通信和相互操作，必须解决网络技术、通信协议标准、分布式技术和数据共享等问题，所有这些问题的解决方案均可以纳入通信管理子系统。

通信管理子系统主要包括三部分：

1）综合自动化系统的现场级通信。

2）通信管理机对其他公司产品的通信管理。

3）综合自动化系统与上级调度的远动通信。

8.6.3 变电站综合自动化的结构形式

变电站综合自动化系统是随着调度自动化技术的发展而发展起来的，为了实现对变电站的遥测、遥信、遥控和遥调远动功能，在变电站设置远程终端单元 RTU 与调度主站通信。在此基础上，随着微机型继电保护装置的研究和使用，以及后来各种微机型装置和系统的应用，变电站综合自动化技术走上系统协同设计的道路。从国内外变电站综合自动化系统的发展过程来看，其结构形式可分为集中式和分层分布式两种类型，其中分层分布式又分为集中组屏和分散与集中相结合两种形式。

（1）集中式结构。集中式结构的综合自动化系统是指采用多台微型计算机集中采集变电站的模拟量、开关量和数字量等信息，集中进行计算与处理，分别完成微机监控、微机保护、自动控制和调度通信的功能。这种集中式结构通常是根据变电站的规模，配置相应数量的保护装置、数据采集装置和监控机等，分类集中组屏安装在主控室内。变电站所有电气一次设备的运行状态、电流和电压等测量信号均通过控制电缆送到主控室的保护装置和监控装置等，进行集中监视和计算，同时将各保护装置跳闸出口接点通过控制电缆再送至各个开关装置以备保护动作时跳开相应的断路器。

集中式结构的优点是结构紧凑，实用性好，造价低，适用于 35kV 或规模较小的变电站。但是其缺点同样也很明显，主要是：

1）所有待监控的设备都需要通过二次控制电缆接入主控室或继电保护室，造成变电站安装成本高、周期长、不经济，同时增加了电流互感器二次负载。

2) 每台计算机的功能较集中，尤其是负责数据采集与监控的前置管理机任务重，引线多，形成了信息瓶颈，一旦发生故障，影响面大，会降低整个系统的可靠性。

3) 集中式结构软件复杂，组态不灵活，修改工作量大，系统调试麻烦。

变电站二次产品早期的开发过程是按保护、测量、控制和通信部分分类、独立开发的，没有按整个系统设计的思路进行，所以集中式结构存在上述诸多不足。随着变电站综合自动化系统技术的不断发展，现在已很少采用集中式结构的综合自动化系统。

(2) 分层分布式结构。分层分布式结构是指系统按变电站的控制层次和对象设置全站控制（站控层，又称变电站层）和就地单元控制（间隔层）的二层式分布控制系统结构。所谓分布式是指在逻辑功能上站控层 CPU 与间隔层 CPU 按主从方式工作。

间隔层一般按断路器间隔划分，具有测量、控制和继电保护部件。测量、控制部件负责该单元的测量、监视，以及断路器的操作、控制和联锁及事件顺序记录等。继电保护部件负责该电气单元的保护功能和故障记录等。间隔层本身由各种不同的单元装置组成，这些单元装置直接通过局域网络或串行总线与变电站层联系。

站控层（变电站层）包括全站性的监控主机和远动前置机等。变电站层设局域网或现场总线，供监控主机与间隔层之间交换信息。

根据间隔层设备安装位置的不同，目前在变电站中采用的分层分布式综合自动化系统主要分成集中组屏结构和分散与集中相结合结构两种形式。

1) 集中组屏结构。分层分布式集中组屏结构，是把整套综合自动化系统按其不同功能组成多个屏（柜），如主变压器保护屏、高压线路保护屏、馈线保护屏、公用屏、数据采集监控屏等，将其集中安装在主控制室中。其系统结构框图如图 8.6-1 所示。

分层分布式集中组屏结构有以下特点：

a) 采用按功能划分的分布式多 CPU 系统，各功能单元基本上由一个 CPU（或多个 CPU）组成。这种按功能设计的分散模块化结构，具有软件相对简单、组态灵活、调试维护方便、系统整体可靠性高等特点。正因如此，使得综合自动化系统具备了分层管理的可能，变电站层与间隔层设备按各自功能正常运行，同时还能通过通信网络交换数据和信息。

b) 继电保护单元相对独立，其功能不依赖于通信网络实现，保护的模拟量输入和输出的跳、合闸指令均通过控制电缆连接。

c) 采用模块化结构，可靠性高。任何一个模块故障，只影响局部功能，不影响全部，调试、更换方便。

对于 35～110kV 变电站，一次设备比较集中，所用控制电缆不是太长，集中组屏虽然比分散式安装增加一些电缆，但集中组屏便于设计、安装、调试和管理，可靠性也比较高，尤其适用于老变电站的改造。

2) 分散与集中相结合结构。随着单片机和通信技术的发展，特别是现场总线和局域网络技术的应用，很多厂商以每个电网元件为对象，例如一条出线、一台变压器、一组电容器等，集保护、测量、控制为一体，设计在同一机箱中。对于 6～35kV 的电压等级，可以将这些一体化的保护测控装置分散安装在各个开关柜中，然后由监控主机通过通信网络对它们进行管理和交换信息，这就是分散式结构。对于 110kV 及以上的高压线路保护装置和主变压器保护装置，仍采用集中组屏安装在主控制室内。

这种将配电线路的保护测控装置分散安装在开关柜内，而高压线路和主变压器的保护及

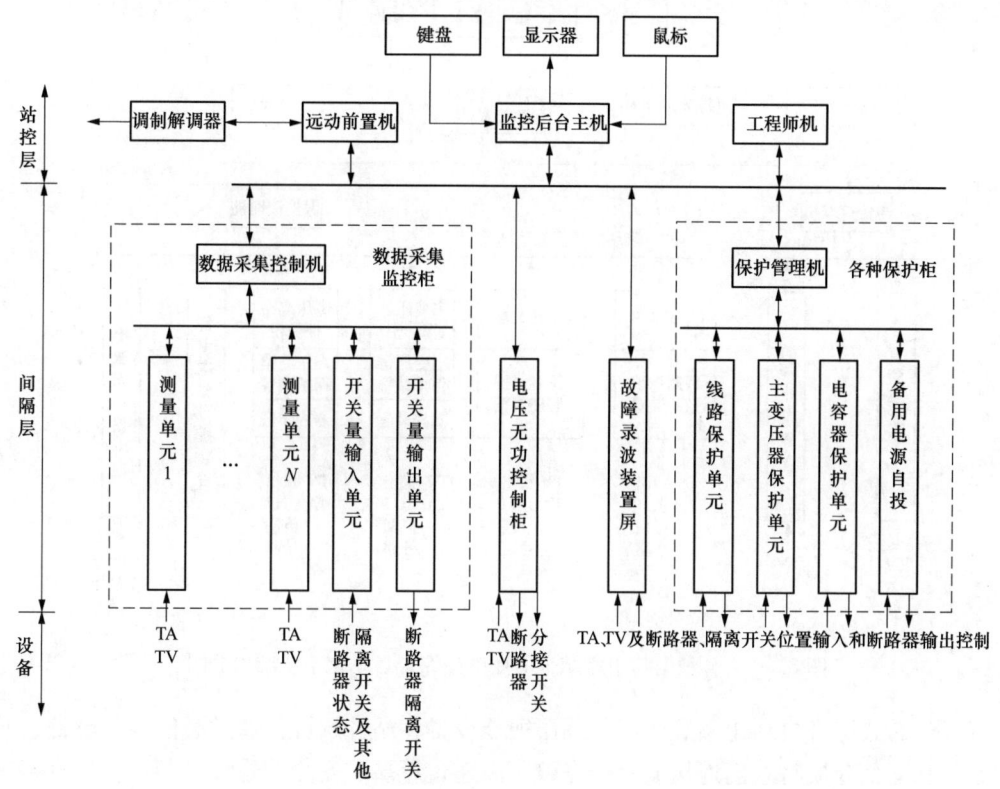

图 8.6-1　分层分布式集中组屏的综合自动化系统结构框图

测控装置等采用集中组屏的系统结构，称为分散与集中相结合的结构。其结构框图如图8.6-2所示，这是当前变电站综合自动化系统的主要结构形式。

这种系统结构具有如下特点：

a）6～35kV配电线路保护测控装置采用分散式结构，就地安装，节约控制电缆，通过现场总线与保护管理机交换信息。

b）高压线路和主变压器的保护、测控装置采用集中组屏结构，保护屏安装在控制室或保护室中，工作环境较好，有利于提高保护的可靠性。

c）其他自动装置，如备用电源自投装置、公用信息采集装置和电压无功综合控制装置等，采用各自集中组屏，安装在控制室或保护室中。

d）电能计量采用智能型电能计量表，通过串行总线，由电能管理机将采集的各电能量送往监控主机，再传送至控制中心。

8.6.4　变电站综合自动化的通信网络

变电站内各保护、测控、自动装置和监控系统通过局域网络进行通信。目前，计算机的局域网络技术和光纤通信技术在变电站综合自动化系统中得到普遍应用。

如上所述，变电站综合自动化系统的结构形式分为集中式和分层分布式两种类型。集中式结构就是集中采集信息，集中处理运算，这种模式容易产生数据传输瓶颈问题，其可扩展性、可维护性较差，目前在变电站综合自动化系统中已很少采用，因此，将不再介绍其通信网络。下面，将主要阐述分层分布式结构的变电站综合自动化系统的通信网络。

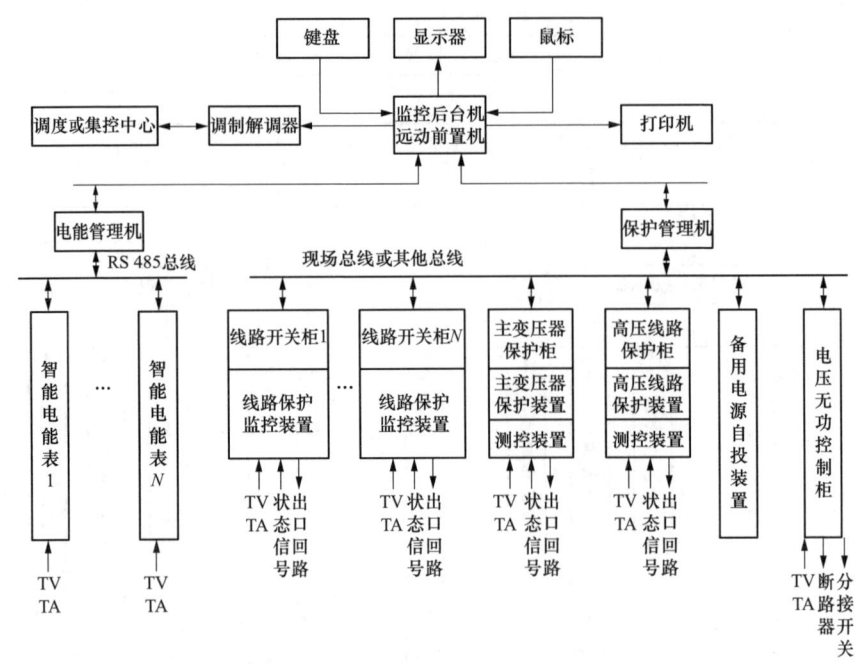

图 8.6-2　分散与集中相结合的变电站综合自动化系统结构框图

分层分布式综合自动化系统中，间隔层智能设备和站控层设备通过通信接口设备、通信网络设备和通信介质将它们连接成一个完整、高速、可靠、安全的系统。

（1）串行数据通信接口及其通信网络。在变电站综合自动化系统中，微机保护装置、自动装置等与监控系统相互通信主要使用串行通信。常用的串行通信接口有 RS-232、RS-422 和 RS-485。

RS-232 串行接口标准应用最为广泛，通信设备厂商都生产与 RS-232 制式兼容的通信设备。传输线采用屏蔽双绞线；传输速率较低，最大 20kbit/s；传输距离有限，最大 20m。只能实现点对点通信，若要多个智能设备间通信，需用 RS-232 扩展卡（MOXA 卡）连接。

RS-422 和 RS-485 标准接口具有更强的功能，主要体现在：RS-422 与 RS-485 接口的最大传输速率为 10Mbit/s，最大传输距离为 1219m；RS-422 接口的传输线上最多可连接 10 个接收节点，而 RS-485 接口的传输线上最多可连接 32 个接收节点。

串行通信方式虽然与变电站传统的二次线相比，已有很大的优越性，但仍然存在以下的缺点：连接的节点数一般不超过 32 个，在变电站规模较大时不满足要求；其通信方式多为查询方式，通信效率低，难以满足较高的实时性要求；整个通信网络上只有一个主节点，其成为系统的瓶颈，一旦故障，整个系统的通信便无法进行。

由于存在上述缺陷，随着通信网络技术的发展，尤其是现场总线和以太网在变电站综合自动化中作为通信主网络的构成而广泛应用，串行通信方式现在仅用于终端设备与通信网络的连接，可根据传输距离以及需连接设备的数量来综合考虑选用上述串行通信接口。

（2）现场总线及其通信网络。现场总线是用于现场仪表与控制系统和控制室之间的一种全分散、全数字化、双向、互联、多变量、多点、多站的通信系统，具有可靠性高、稳定性好、抗干扰能力强、通信速率快、造价低廉、维护成本低等优点。目前，变电站综合自动化系统中使用最广泛的是 CAN 现场总线和 Lonworks 现场总线。

1）CAN 总线可以点对点、一点对多点及全局广播等方式传送和接收数据，可以多种方式工作，网络上任意一个节点均可以在任意时刻主动地向其他节点发送信息。CAN 总线采用非破坏性总线仲裁技术，当两个节点同时向网络传送信息时，优先级高的节点优先传输数据，有效地避免了总线冲突，满足不同的实时性要求。

CAN 总线可实际连接的最大节点数为 110 个，直线通信距离为 10km（5kbit/s）或 40m（1Mbit/s），传输介质为双绞线和光纤。

2）Lonworks 现场总线的核心是神经元（Neuron）芯片，内含 3 个 8 位的 CPU，分别为介质访问控制处理器、网络处理器和应用处理器，实现 ISO/OSI 参考模型的全部 7 层服务。Lonworks 总线采用 CSMA/CD 总线仲裁技术，称为载波监听多路访问/冲突检测的协议。

Lonworks 总线连接的节点数多达 32 000 个，直线通信距离为 2700m（78kbit/s）。130m（1.25Mbit/s），传输介质支持双绞线、同轴电缆、射频、红外线、电力线和光纤等多种通信介质，且多种介质可在同一网络中混合使用。

（3）工业以太网。随着对变电站综合自动化功能和性能要求的不断提高，现场总线技术的一些局限性逐渐显露出来，主要体现在：当通信节点数超过一定数量后，响应速率迅速下降，不能适应大型变电站对通信的要求；带宽有限，使录波等大量数据的传输非常缓慢；总线型拓扑结构使在网络上任一点故障时，均可能导致整个系统崩溃；由于标准的不统一，许多网络设备和软件需专门设计，很难使变电站综合自动化的通信网络标准化，不具开放性。

由于以上问题的存在，工业以太网以其优越的综合性能成为变电站综合自动化系统中通信技术发展的趋势。以太网是采用 CSMA/CD 总线仲裁技术通信标准的基带总线局域网，在带宽、可扩展性、可靠性、经济性、通用性等方面都具有一定的优势，其优越性主要体现在：通常间隔层使用 10Mbit/s 的以太网，站控层使用 100Mbit/s 的以太网，这样的带宽足以满足大型变电站的要求；由于使用集线器能把一个以太网分成数个节点数小于 100 的冲突域，即分成若干子网来保证响应速率，满足实时性要求；以太网符合国际标准，使用广泛，成本低廉，已开发出来的网络工具和网络设备较多，各种高层规约都对以太网充分支持。

组成计算机网络的硬件一般有网络服务器（带操作员站或监控主机）、网络工作站、网络适配器（网卡）、传输介质（连接线）等，若需要扩展局域网规模，还要增加调制解调器、集线器（HUB）、交换机、网桥和路由器等通信连接设备。把这些硬件连接起来，再装上专门用来支持网络运行的软件，包括系统软件和应用软件，就构成了一个计算机网络。

常用的计算机网络拓扑结构有总线型、环型、星型和网状网络四种，在变电站综合自动化系统的以太网连接中常用前三种。

以太网的传输介质为屏蔽电缆、双绞线、同轴电缆、光纤和无线通信通道。

8.6.5 通信网络实例

图 8.6-3 所示是 110kV 变电站通信网络结构示意图，是典型的分层分布式集中与分散相结合的网络结构。站控层设备包括 1 号和 2 号操作员站、工程师站、打印机及远动设备等，间隔层设备中 1 号、2 号主变保护柜、主变测控柜、110kV 母线保护柜、1（2）号进线与分段断路器保护监控柜、公用保护监控柜等设备集中组屏安装在控制室内，而 35kV、10kV 等级的电气间隔设备的保护与监控采用一体化的保护测控装置并就地安装在开关柜中。间隔层设备通过以太网与站控层的监控主机（操作员站）相连。

图 8.6-4 所示是 35kV 变电站通信网络结构示意图，也是分层分布式的结构，因系统较简单，设备较少，就地安装在开关柜中的保护测控装置与站控层设备通过 CAN 总线相连。

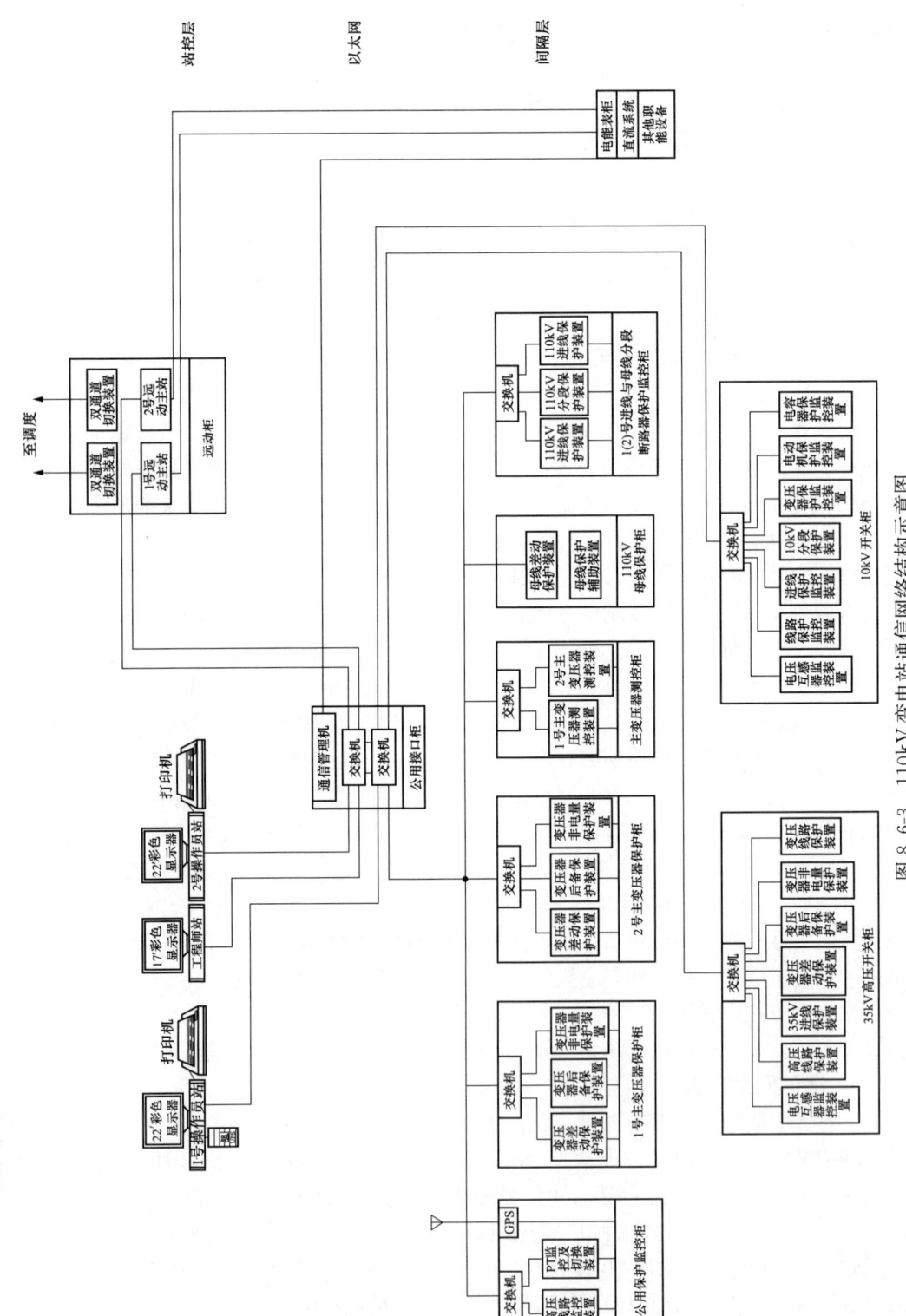

图 8.6-3 110kV 变电站通信网络结构示意图

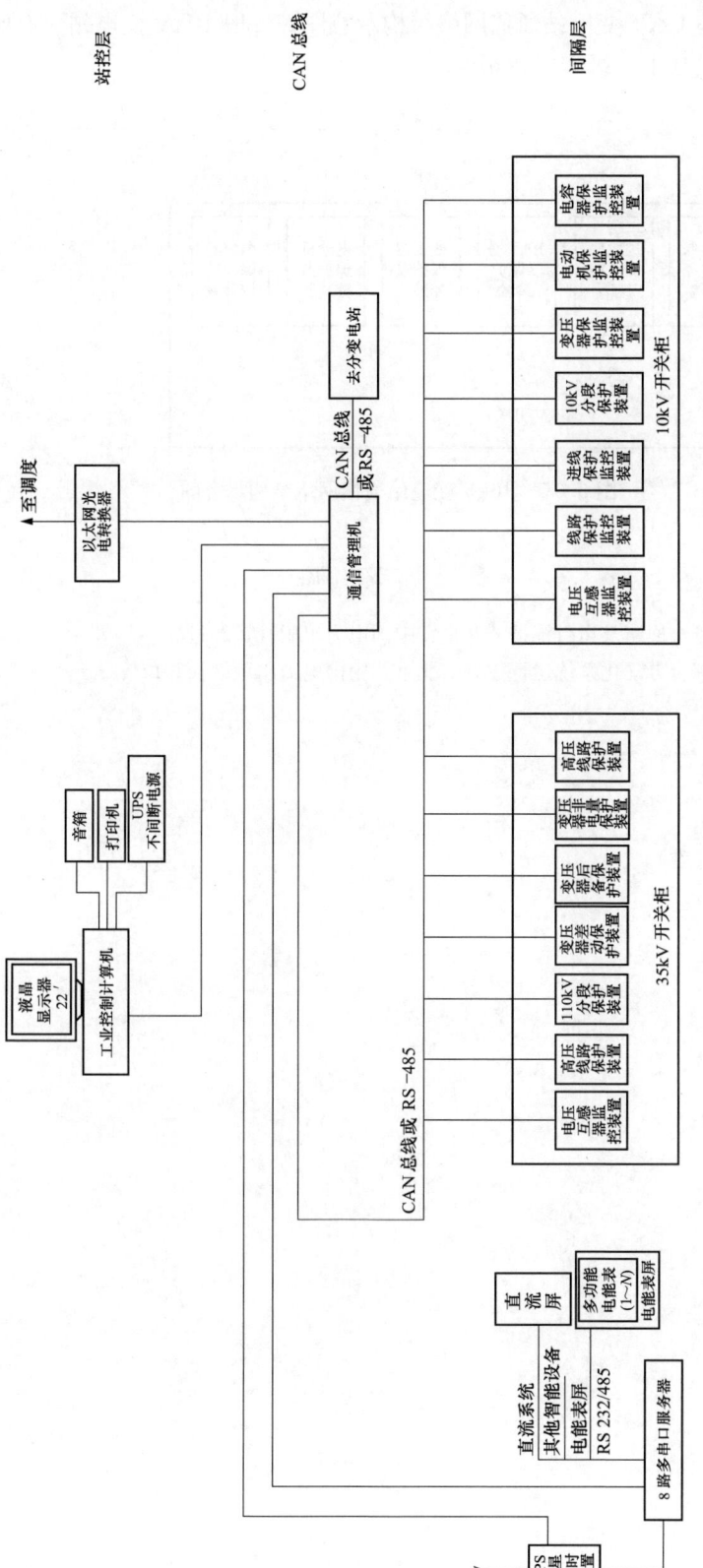

图 8.6-4 35kV 变电站通信网络结构示意图

图 8.6-5 所示是 10kV 变电站通信网络结构示意图，一般 10kV 变电站仅有间隔层设备，通过网络与总变电站或上一级变电站相连。

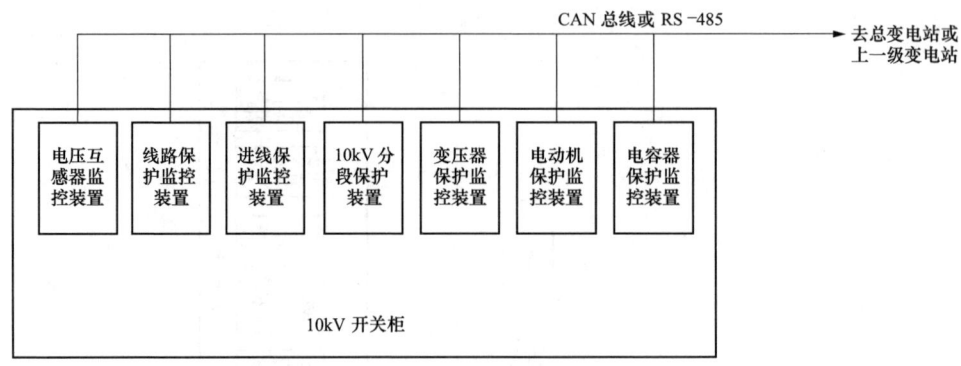

图 8.6-5　10kV 变电站通信网络结构示意图

<h2 align="center">参 考 文 献</h2>

［1］ 王国光．变电站二次回路及运行维护．北京：中国电力出版社，2011.
［2］ 王显平．变电站综合自动化系统运行技术．北京：中国电力出版社，2012.

导体选择

9.1 电线、电缆类型的选择

9.1.1 导体材料选择

用作电线电缆的导电材料，通常有电工铜、铝（含电工铝合金）等。

铜线缆的电导率高，20℃时的直流电阻率 ρ 为 $1.72 \times 10^{-6} \Omega \cdot cm$，电工铝材的电阻率 ρ 为 $2.82 \times 10^{-6} \Omega \cdot cm$；铜母线 20℃直流电阻率 ρ 为 $1.80 \times 10^{-6} \Omega \cdot cm$，铝母线的电阻率 ρ 为 $2.90 \times 10^{-6} \Omega \cdot cm$。铝约为铜的 1.64 倍，采用铜导体损耗比较低；用作电缆的电工铝合金的电阻率比电工铝略大一些，退火工艺精湛者可以较接近。当载流量相同时，铝导体截面约为铜的 1.5 倍，直径约为铜的 1.2 倍。铜材的机械性能优于铝材，延展性好，便于加工和安装。抗疲劳强度约为纯铝材的 1.7 倍，不存在蠕变性。但铝材的密度小比重小，在电阻值相同时，铝导体的质量仅为铜的一半，铝线、缆明显较轻，安装方便。

铝合金导体的抗拉强度及伸长率比电工铝导体有较大提高，弯曲性好，抗蠕变性能有提高。但由于其仍然具有一定的蠕变性，安装和接头技术要求较高，须配用专用接头，也必须有专业安装指导服务。

9.1.1.1 导体材料选择条件

导体材料应根据负荷性质、环境条件、配电线路条件、安装部位、市场价格等实际情况选择铜或铝导体。

9.1.1.2 应采用铜导体的场合

下列场合的电线、电缆应采用铜导体：

（1）供给照明、插座和小型用电设备的分支回路。

（2）重要电源、操作回路及二次回路、电机的励磁回路等需要确保长期运行中连接可靠的回路。

（3）移动设备的线路及振动场所的线路。

（4）对铝有腐蚀的环境。

（5）高温环境、潮湿环境、爆炸及火灾危险环境。

（6）应急系统及消防设施的线路。

（7）市政工程、户外工程的布电线。

9.1.1.3 不宜采用铝或铝合金导体电缆的场合

下列场合不宜采用铝或铝合金导体电缆：

（1）非专业人员容易接触的线路，如公共建筑与居住建筑。

（2）导体截面面积为 $10mm^2$ 及以下的电缆。

9.1.1.4 应采用铝或铝合金导体的场合

下列场合应采用铝或铝合金导体：

（1）对铜有腐蚀而对铝腐蚀相对较轻的环境。

（2）加工或储存氨气（液）、硫化氢、二氧化硫等的场所。

9.1.1.5 宜采用铝或铝合金导体的场合

下列场合宜采用铝或铝合金导体：

（1）架空线路。

（2）较大截面的中频线路。

9.1.1.6 铜、铝复合导体选择

铜、铝复合导体也称铜包铝导体，它采用冷挤压工艺，将铜层包覆在铝导体表面而形成紧密结合的复合导体。国外早年就推出过这类导体，用于高频电流传输。由于高频集肤效应，采用铜铝复合导体时，电流主要分布在表面铜层中，因此有较好的技术经济指标。铜、铝复合导体也用于配电设备的母线。普通电线、电缆不应采用铜、铝复合导体。

国内近年来也制造铜、铝复合导体，也适用于高频电流传输。小截面铜、铝复合导体适用于电子器件的引线，大截面可制造同轴电缆内导体。根据 SJ/T 11223—2000《铜包铝线》，单线直径从 0.127～8.25mm（0.012 7～53.45mm^2），铜层体积占到 10%～15%。

用作制造同轴电缆时，要采用特殊接头焊接。

也有采用铜、铝复合导线制造电力电缆的。但是接头技术尚无法保证可靠性，又缺乏铜、铝复合导体用于普通电线、电缆的制造和施工验收标准。

国内也有铜、铝复合母线，多用于配电设备的裸母线，少量用于制造母线槽。铜体积比为 18%～20%。因铜层在外表面，可阻止铝的表面氧化，故铜、铝复合母线的性能优于铝母线，可局部替代铝母线。

9.1.2 多芯和单芯电缆导体的选择

9.1.2.1 多芯电缆的选择

用于各种系统中的电缆导体数选择见表 9.1-1。

表 9.1-1　　　　　　　　　　　电缆导体数选择

交流电压 （kV）	系统制式	接线图	电缆导体数		备注
			单芯	多芯	
110	三相三线	L1 L2 L3	3×1	—	中性点直接接地
6～35	三相三线	L1 L2 L3 备注	3×1	3	中性点绝缘或经电阻、电抗器接地

9

续表

交流电压 (kV)	系统制式	接线图	电缆导体数		备注
			单芯	多芯	
<1	三相四线制 TN—S		5×1	5	
	三相四线制 TN—C		4×1	4	
	三相四线制 TN—C—S		4×1	4	电源侧
			5×1	5	负荷侧
	三相四线制 TT		4×1	4	电源侧
			5×1	5	负荷侧
	三相四线制 IT		3×1	3	不配出 N 导体	电源侧
			4×1	4		负荷侧
			4×1	4	配出 N 导体	电源侧
			5×1	5		负荷侧
	两相三线制		3×1	3	导体数未包括 PE 导体。应根据系统接地型式、外露可导电部分接地方式（集中、成组、单独），配置负荷侧的 PE 导体
			3×1	3	
	单相两线制		2×1	2	
	单相三线制		3×1	3	

注 当利用线槽、穿线钢管等作为 PE 导体时，负荷侧的导体数减 1。

9

9.1.2.2　单芯电缆的选择

(1) 单芯电缆的选择原则：下列情况下宜采用单芯电缆组成电缆束替代多芯电缆：

1) 在水下、隧道或特殊的较长距离线路中。

2) 沿电缆桥架敷设，当导体截面较大为减小弯曲半径时。

3) 负荷电流很大，采用两根电缆并联仍难以满足要求时。

4) 采用刚性矿物绝缘电缆时。

(2) 采用单芯电缆的技术要求：

1) 用于交流系统的单芯电缆宜选用无金属护套和无钢带铠装的类型。必须铠装时，应采用非铁磁材料铠装或隔磁、退磁处理的铠装电缆，35kV 及 110kV 可用节距足够大的铠装。

2) 单芯电缆成束穿进铁磁性材料外壳时，回路中所有导体，包括 PE 导体，都应被铁磁性材料包围。

3) 三相供电系统采用单芯电缆时，应考虑短路时承受的机械力，水平排列且敷设距离较长时，须注意核算电压降值。

9.1.3　电力电缆绝缘水平选择

U_0表示每一导体与屏蔽层或金属套之间的额定电压，U 表示系统的标称电压，U_m表示电缆运行最高电压，U_{pl}表示其雷电冲击和操作冲击绝缘水平。

9.1.3.1　电力系统电压等级

A 类：接地故障能尽可能快地被清除，但在任何情况下不超过 1min 的电力系统。

B 类：该类仅指在单相接地故障情况下能短时运行的系统。一般情况下，带故障运行时间不超过 1h。但是，如果有关电缆产品标准有规定时，则允许运行更长时间。

注　在接地故障不能被自动和迅速切除的电力系统中，在接地故障时，在电缆绝缘上过高的电场强度使电缆寿命有一定程度的缩短。如果预期电力系统经常会出现持久的接地故障，将该系统归为下述的 C 类。

C 类：该类包括不属于 A 类或 B 类的所有系统。

9.1.3.2　电缆的额定电压值 U_0/U 和 U_m 的关系

高压电缆的额定电压值 U_0/U 和 U_m 的关系见表 9.1-2。

表 9.1-2　　　　　　　　　　电缆的额定电压值 U_0/U 和 U_m 的关系　　　　　　　　　　kV

系统的标称电压 U	最高电压 U_m	电缆额定电压 U_0	
		A 类，B 类	C 类
1	1.2	0.6	0.6
3	3.6	1.8	3.0
6	7.2	3.6	6.0
10	12	6	8.7
20	24	12	18
35	42	21	26
66	72.5	36	50
110	126*	64	—

*　IEC 标准中此处数值为 123。

9.1.3.3 U_{pl}的选择

根据线路的冲击绝缘水平、避雷器的保护特性、架空线路和电缆线路的波阻抗、电缆的长度以及雷击点离电缆终端的距离等因素通过计算后确定U_{pl}，但不应低于表 13.4-6 的规定值。

9.1.3.4 低压电线、电缆

电线额定电压为 300/300、300/500、450/750V。低压电缆额定电压 0.6/1kV。220V 单相供电系统可选择电线额定电压为 300/300。220/380V 系统：接地型式 IT 系统应选择电线额定电压为 450/750V，接地型式 TN 或 TT 系统可选择电线额定电压为 300/500V。

9.1.4 绝缘材料及护套选择

9.1.4.1 普通电线、电缆选择

(1) 聚氯乙烯（PVC）绝缘电线、电缆导体长期允许最高工作温度为 70℃；短路暂态温度（热稳定允许温度），截面积 300mm^2 及以下不超过 160℃，截面积 300mm^2 以上不超过 140℃。

1) 聚氯乙烯绝缘及护套电力电缆主要优点是能耗低、制造工艺简便，没有敷设高差限制，重量轻，弯曲性能好，接头制作简便；耐油、耐酸碱腐蚀，不延燃；具有内铠装结构，使钢带或钢丝免受腐蚀；价格便宜。尤其适用在线路高差较大地方或敷设在电缆托盘、槽盒内；也适用直埋在一般土壤以及含有酸、碱等化学性腐蚀土质中。但其绝缘电阻较低，介质损耗较高，因此 6kV 回路电缆，不应使用聚氯乙烯绝缘型。

2) 聚氯乙烯的缺点是对气候适应性能差，低温时变硬发脆。普通型聚氯乙烯绝缘电缆的适用温度范围为 +60～-15℃，不适宜在 -15℃ 以下的环境温度下使用。敷设时的温度更不能低于 -5℃，当低于 0℃ 时，宜先对电线、电缆加热。低于 -15℃ 的严寒地区应选用耐寒聚氯乙烯电缆。高温或日光照射下，增塑剂易挥发而导致绝缘加速老化，因此，在未具备有效隔热措施的高温环境或日光经常强烈照射的场合，宜选用相应的特种电线、电缆，如耐热聚氯乙烯线缆。耐热线缆的绝缘材料中添加了耐热增塑剂，导体长期允许最高工作温度达 90℃ 及 105℃，适于在环境温度 50℃ 以上环境使用，但要求电线接头处或绞接处进行锡焊处理，防止接头处氧化。电线实际允许工作温度还取决于电线与电器接头处的允许温度，详见表 9.3-17 中的注。

3) 随着经济发展和技术进步，聚氯乙烯绝缘电线还有不少衍生品种。如 BVN、BVN-90 及 BVNVB 型聚氯乙烯绝缘尼龙护套电线等。这种电线表面耐磨而且比普通 BV 型导线外径小、质量轻，特别适合穿管敷设；因表面耐磨特别适合振动场所。但截面积为 35mm^2 以上时价格比聚氯乙烯（PVC）绝缘电线、电缆贵得多而且比较硬，因此使用很少。

4) 普通聚氯乙烯虽然有一定的阻燃性能，但在燃烧时会散放有毒烟气，故对于需满足在一旦着火燃烧时的低烟、低毒要求的场合，如地下客运设施、地下商业区、高层建筑和重要公共设施等人流较密集场所，或者重要的厂房，不宜采用聚氯乙烯绝缘或者护套型电缆，而应采用低烟、低卤或无卤的阻燃电缆。

聚氯乙烯电缆不适用在含有苯及苯胺类、酮类、吡啶、甲醇、乙醇、乙醛等化学剂的土质中直埋地敷设；在含有三氯乙烯、三氯甲烷、四氯化碳、二硫化碳、醋酸酐、冰醋酸的环境也不宜采用。

(2) 交联聚乙烯绝缘（XLPE）电线、电缆的导体长期允许最高工作温度 90℃，短路暂

态温度（热稳定允许温度）不超过 250℃。

交联聚乙烯绝缘聚氯乙烯护套电力电缆，绝缘性能优良，介质损耗低；结构简单，制造方便；外径小，质量轻，载流量大；敷设方便，不受高差限制，做终端和中间接头较简便而被广泛采用。电压等级全覆盖。由于交联聚乙烯料轻，故 1kV 级的电缆价格与聚氯乙烯绝缘电缆相差有限。

普通的交联聚乙烯绝缘材料不含卤素，因此，它不具备阻燃性能。此外，交联聚乙烯材料对紫外线照射较敏感，因此，通常采用聚氯乙烯作外护套材料。在露天环境下长期强烈阳光照射下的电缆应采取覆盖遮荫措施。

交联聚乙烯绝缘聚氯乙烯护套电缆还可敷设于水下，但应具有高密度聚乙烯护套及防水层的构造。

（3）橡皮绝缘电力电缆可用于不经常移动的固定敷设线路。移动式电气设备的供电回路应采用橡皮绝缘橡皮护套软电缆（简称橡套软电缆）；有屏蔽要求的回路应具有分相屏蔽。普通橡胶遇到油类及其化合物时，很快就被损坏，因此在可能经常被油浸泡的场所，宜使用耐油型橡胶护套电缆。普通橡胶耐热性能差，允许运行温度较低，故对于高温环境又有柔软性要求的回路，宜选用乙丙橡胶绝缘电缆。

9.1.4.2 阻燃电缆选择

阻燃电缆是指在规定试验条件下，试样被燃烧，撤去火源后，火焰在试样上的蔓延仅在限定范围内且自行熄灭的电缆，即具有阻止或延缓火焰发生或蔓延的能力。阻燃性能取决于护套材料。

（1）阻燃电缆的阻燃类别：根据 GB/T 19666—2005《阻燃和耐火电线电缆通则》及 IEC 60332-3-25：2009，采用 GB/T 18380.11～36—2008《电缆和光缆在火焰条件下的燃烧试验》规定的试验条件，阻燃电缆分为 A、B、C、D 四个类别，见表 9.1-3。

表 9.1-3　　　　　　　　阻燃电缆分类表（成束阻燃性能要求）

类别	供火温度（℃）	供火时间（min）	成束电缆的非金属材料体积（L/m）	焦化高度（m）	自熄时间（h）
A	≥815	40	≥7	≤2.5	≤1
B			≥3.5		
C			≥1.5		
D		20	≥0.5		

注　D 级标准仅适用于外径不大于 12mm 的绝缘电缆。

（2）阻燃电缆的性能主要用氧指数和发烟性两项指标来评定。由于空气中氧气占 21%，因此对于氧指数超过 21 的材料在空气中会自熄，材料的氧指数越高，则表示它的阻燃性能越好。

电线、电缆的发烟性能可以用透光率来表示，透光率越小，表示材料的燃烧发烟量越大。大量的烟雾伴随着有害的 HCl 气体，妨碍救火工作，损害人体及设备。电线电缆按发烟透光率≥60%判定低烟性能，见表 9.1-4。

表 9.1-4 电线电缆发烟量及烟气毒性分级表

代号	试样外径 d（mm）	规定试样数量（束）	最小透光率
D	$d>40$	1	60%
	$20<d\leqslant40$	2	
	$10<d\leqslant20$	3	
	$5<d\leqslant10$	$45/d$	
	$2<d\leqslant5$	$45/3d$	

注 1. 试验方法按 GB/T 17651.2。

2. 试样由 7 根绞合成束。

阻燃电缆燃烧时烟气特性又可分为三大类：

1）一般阻燃电缆：成品电缆燃烧试验性能达到表 9.1-3 所列标准，而对燃烧时产生的 HCl 气体腐蚀性及发烟量不作要求者。

2）低烟低卤阻燃电缆：除了符合表 9.1-4 的分级标准外，电缆燃烧时要求气体酸度较低，测定酸气逸出量占总逸出量的 5%～10%，酸气 pH<4.3，电导率≤20μS/mm，烟气透光率>30%，称为低卤电缆。

3）无卤阻燃电缆：电缆在燃烧时不发生卤素气体，酸气逸出量为 0%～5%，酸气 pH≥4.3，电导率≤10μS/mm，烟气透光率>60%，称为无卤电缆。

电缆用的阻燃材料一般分为含卤型及无卤型加阻燃剂两种。含卤型有聚氯乙烯、聚四氟乙烯、氯磺化聚乙烯、氯丁橡胶等。无卤型有聚乙烯、交联聚乙烯、天然橡胶、乙丙橡胶、硅橡胶等；阻燃剂分为有机和无机两大类，最常用的是无机类的氢氧化铝。

一般阻燃电缆含卤素，虽阻燃性能好，价格又低廉，但燃烧时烟雾浓，酸雾及毒气大。无卤阻燃电缆烟少、毒低，无酸雾。它的烟雾浓度比一般阻燃电缆低 10 倍，但阻燃性能较差。大多只能做到 C 级，而价格比一般阻燃电缆贵很多；若要达到 B 级，价格更贵。由于必须在绝缘材料中添加大量的金属水化物等填充料，用以提高材料氧指数和降低发烟量，但这样会使材料的电气性能、机械强度及耐水性能降低。不仅如此，无卤阻燃电缆一般只能做到 0.6/1kV 电压等级，6～35kV 中压电缆很难做到阻燃要求。

（3）高阻燃等级、低烟低毒及较高的电压等级的阻燃电缆。

1）隔氧层电缆：在原电缆绝缘导体和外护套之间，填充一层无嗅无毒无卤的 Al（OH）$_3$。当电缆遭受火灾时，此填充层可析出大量结晶水，在降低火焰温度的同时，Al（OH）$_3$ 脱水后变成不熔不燃的 Al$_2$O$_3$ 硬壳，阻断了氧气供应的通道，达到阻燃自熄。

PVC 及 XLPE 绝缘的隔氧层电缆阻燃等级均可达 A 级，烟量少于同类绝缘低烟低卤电缆。交联聚乙烯绝缘的隔氧层电缆，耐压等级可达 35kV 级，而价格仅比同类绝缘的普通电缆高得不多，是一种有推广前景的阻燃电缆。

铝合金带联锁裸铠装电力电缆的阻燃性能好，成束燃烧试验可以达到阻燃 A 类。

2）采用聚烯烃绝缘材料、阻燃玻璃纤维为填充料、辐照交联聚烯烃为护套的低烟无卤电缆可实现 A 级阻燃。其燃烧试验按 A 级阻燃要求供火时间 40min，供火温度 815℃。其碳化高度仅 0.95m，大大低于 A 级阻燃≤2.5m 的要求。而且它们发烟量也低于 PVC 及 XLPE 绝缘的隔氧层电缆，是一种较为理想的阻燃电缆，但它的价格较贵。

由于目前规定 A 类阻燃电缆成束敷设时的非金属含量不得超过 7L/m，对于截面较大的

9

电缆仅数根就超过这个规定，应对的办法仅仅是将其分成数个电缆束或在电缆托盘中设纵向隔板等消极措施，因此研制高阻燃性能的电缆十分迫切。

3）近年推出的中低压超 A 类阻燃电缆：试验允许非金属含量可达 28L/m，当 815℃火焰燃烧 40min，炭化高度小于 1m。

中压阻燃电缆的电压等级有 6/6、8.7/10、26/35kV 几种。采用隔氧层及隔离套结构。这种电缆的外径仅比普通电缆大 2～4mm，质量大 8%。其电气性能、敷设环境、敷设方法、载流量都与普通电缆相同。还由于结构上增加了高密度交联聚乙烯护套，克服了低烟无卤电缆耐水性差的弊病。

（4）根据 GB 31247—2014《电缆及光缆燃烧性能分级》，阻燃级别由原来的 A、B、C、D 级，改划分为 A、B_1、B_2、B_3 级。A 级为不燃型，也就是外护套为金属护套的电缆，如 MI 电缆等；B_1、B_2 级为应用量最大的阻燃电缆；B_3 为不阻燃型，如 VV、YJV 等。

主要通过电缆在受火条件下的火焰蔓延、热释放和产烟特性进行主分级，见表 9.1-5。电缆及光缆燃烧性能等级为 B1 级和 B2 级的，还应给出附加分级，包括燃烧滴落物/微粒等级、烟气毒性等级和腐蚀性等级，详见表 9.1-6。

表 9.1-5   电缆及光缆燃烧性能主分级

燃烧性能等级	试验方法	分级判据
A	GB/T 14402	总热值 PCS≤2.0MJ/kg[a]
B_1	GB/T 31248—2014 （20.5kW 火源）	火焰蔓延 FS≤1.5m； 热释放速率峰值 HRR 峰值≤30kW； 受火 1200s 内的热释放总量 THR_{1200}≤15MJ； 燃烧增长速率指数 FIGRA≤150W/s； 产烟速率峰值 SPR 峰值≤0.25m²/s； 受火 1200s 内的产烟总量 TSP_{1200}≤50m²
	GB/T 17651.2	烟密度（最小透光率）I_t≥60%
	GB/T 18380.12	垂直火焰蔓延 H≤425mm
B_2	GB/T 31248—2014 （20.5kW 火源）	火焰蔓延 FS≤2.5m； 热释放速率峰值 HRR 峰值≤60kW； 受火 1200s 内的热释放总量 THR_{1200}≤30MJ； 燃烧增长速率指数 FIGRA≤300W/s； 产烟速率峰值 SPR 峰值≤1.5m²/s； 受火 1200s 内的产烟总量 TSP_{1200}≤400m²
	GB/T 17651.2	烟密度（最小透光率）I_t≥20%
	GB/T 18380.12	垂直火焰蔓延 H≤425mm
B_3		未达到 B2 级

[a] 对整体制品及其任何一种组件（金属材料除外）应分别进行试验，测得的整体制品的总热值以及各组件的总热值均满足分级判据时，方可判定为 A 级。

表 9.1-6 电缆及光缆燃烧性能附加分级

等级	试验方法	分级判据
		燃烧滴落物/微粒等级
d_0	GB/T 31248	1200s 内无燃烧滴落物/微粒
d_1		1200s 内燃烧滴落物/微粒持续时间不超过 10s
d_2		未达到 d_1 级
		烟气毒性等级
t_0	GB/T 20285	达到 ZA_2
t_1		达到 ZA_3
t_2		未达到 t_1 级
		腐蚀性等级
a_1	GB/T 17650.2	电导率≤2.5μs/mm 且 pH≥4.3
a_2		电导率≤10μs/mm 且 pH≥4.3
a_3		未达到 a_2 级

（5）阻燃电缆的型号标注。

1）GB/T 19666—2005 的表示方法：阻燃电缆在原型号前增加阻燃代号，即 Z×为有卤阻燃；WDZ×为无卤低烟阻燃；GZ×为隔氧层一般阻燃；GWL×为隔氧层低烟无卤阻燃。其中"×"为阻燃类别 A 或 B 或 C 或 D。

例如：WDZA-YJV-8.7/10 3×240，表示无卤低烟、阻燃 A 级、XLPE 绝缘、PVC 护套、8.7/10kV、3×240mm² 电缆。

2）GB 31247—2014 的表示方法：

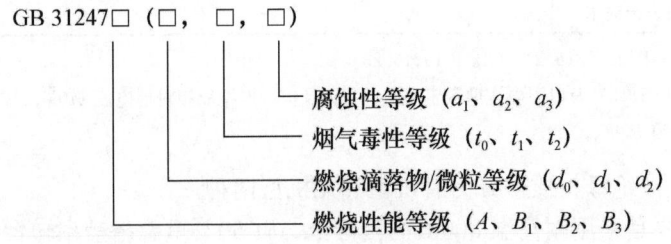

例如：GB 31247B₁（d_0，t_1，a_1），表示电缆的燃烧性能等级为 B_1 级，燃烧滴落物/微粒等级为 d_0 级，烟气毒性等级为 t_1 级，腐蚀性等级为 a_1 级。

（6）阻燃电缆选择要点。

1）由于有机材料的阻燃概念是相对的，数量较少时呈阻燃特性，而数量较多时有可能呈不阻燃特性。因此，电线电缆成束敷设时，应采用阻燃型电线电缆。确定阻燃等级时，重要或人流密集的民用建筑需按附录 C 核算电线电缆的非金属材料体积总量。并按表 9.1-3 确定阻燃等级。

当电缆在托盘内敷设时，应考虑将来增加电缆时，也能符合阻燃等级，宜按近期敷设电缆的非金属材料体积预留 20% 余量。电线在槽盒内敷设时，也宜按此原则来选择阻燃等级。

2）阻燃电缆必须注明阻燃等级。若不注明等级者，将默认为 C 级。

3）在同一通道中敷设的电缆，应选用同一阻燃等级的电缆。非同一设备的电力与控制电缆若在同一通道时，也宜互相隔离。

　　4）直埋地电缆、直埋入建筑孔洞或砌体的电缆、穿管敷设的电线电缆，可选用普通型电线电缆。由于低烟无卤电缆的外护套防水性能差，不适合埋地敷设。又因护套的机械强度低。若穿管敷设宜采取加大管径的防划伤措施。

　　5）敷设在有盖槽盒、有盖板的电缆沟中的电缆，若已采取封堵、阻水、隔离等防止延燃措施。可降低一级阻燃要求。

　　6）选用低烟无卤型电缆时，应注意到这种电缆阻燃等级一般仅为 C 级。若要较高阻燃等级应选用隔氧层电缆或辐照交联聚烯烃绝缘，聚烯烃护套特种电缆。

　　7）由于 A 级阻燃电缆价格贵，宜在敷设路径中，设法减少电缆束的非金属含量。例如，电缆选择不同路径或减少同一路径中电缆数量等，变电站出线较多时，宜分别敷设在不同电缆托盘内，可降低电缆阻燃等级。

9.1.4.3　耐火电缆选择

　　耐火电缆是指在规定试验条件下，在火焰中被燃烧一定时间内能保持正常运行特性的电缆。

　　(1) 耐火电缆特性分类：根据 GB/T 19666—2005《阻燃和耐火电线、电缆通则》，耐火电缆按耐火特性分为 N、NJ、NS 三种，见表 9.1-7。

表 9.1-7　　　　　　　　　　　耐火电缆性能表

代号	名称	供火时间＋冷却时间 (min)	冲击	喷水	合格指标
N	耐火		—	—	
NJ	耐火＋冲击	90＋15	√	—	2A 熔丝不熔断 指示灯不熄
NS	耐火＋喷水		—	√	

　　注　1. 试验方法按 GB/T 19216.21～GB/T 19216.23。

　　　　2. 试验电压：0.6/1kV 及以下电缆取额定电压；数据及信号电缆取相对地电压 110V±10V。

　　　　3. 供火温度均为 750℃。

　　(2) 耐火电缆按绝缘材质可分为有机型和无机型两种。

　　1）有机型主要是采用耐高温 800℃ 的云母带，以 50% 重叠搭盖率包覆两层作为耐火层。外部采用聚氯乙烯或交联聚乙烯为绝缘，若同时要求阻燃，只要将绝缘材料选用阻燃型材料即可。它之所以具有"耐火"特性完全依赖于云母层的保护。采用阻燃耐火型电缆，可以在外部火源撤除后迅速自熄，使延燃高度不超过 2.5m。有机类耐火电缆一般只能做到 N 类。

　　2）无机型耐火电缆又称为矿物绝缘电缆，国外称为 MI 电缆（Mineral insulation cabel）。可分为刚性和柔性两种。刚引入刚性耐火电缆时，译为防火电缆，含义并不明确。根据现行标准应为耐火电缆。

　　刚性和柔性矿物绝缘电缆结构详见图 9.1-1 和图 9.1-2。

　　刚性矿物绝缘电缆采用氧化镁作绝缘材料，铜管为护套。

　　柔性矿物绝缘电缆约在 20 世纪 70 年代诞生于瑞士斯图特公司，1984 年才得到推广应用。在我国，于 2004 年在上海诞生，2006 年推广应用。

　　无论是刚性，还是柔性矿物绝缘电缆，都具有不燃、无烟、无毒和耐火特性。

矿物绝缘电缆尚无国家标准。但除了满足 GB/T 12666.6 耐火标准外，应对抗冲击和喷水的要求加以具体化。可参考英国标准 BS－6387，见表 9.1-8。

表 9.1-8   电缆耐火性能规定（按 BS－6387）

耐火（℃）	抗喷淋（℃）	抗机械撞击（℃）	
A 类：650±40，180min	W 类 650±40，15min，后再洒水，15min	X 类 650±50，15min	每分钟撞击 2 次
B 类：750±40，180min		Y 类 750±50，15min	
C 类：950±40，180min		Z 类 950±50，15min	
S 类：950±40，20min		—	

从表 9.1-8 可见，耐火电缆同时满足耐火、抗喷淋及抗机械撞击三项要求。以 C-W-Z 为最高标准。国内刚性和柔性矿物绝缘电缆均已达到这一水平。

刚性和柔性矿物绝缘电缆，都可外覆有机材料的外护层，但要求无卤、无烟、阻燃。

矿物绝缘电缆同时具备耐高温特性。适用于高温环境，如冶金、建材工业，也可适用于锅炉、玻璃炉窑、高炉等表面敷设。

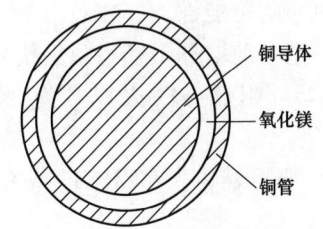

图 9.1-1 刚性矿物绝缘电缆结构图

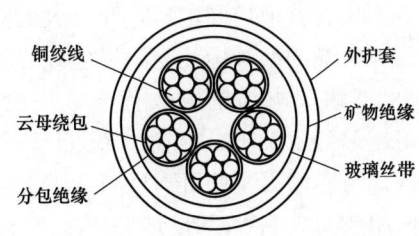

图 9.1-2 柔性矿物绝缘电缆结构图

无机型刚性耐火电缆通常标注为 BTT 型，按绝缘等级及护套厚度分为轻型 BTTQ、BTTVQ（500V）和重型 BTTZ、BTTVZ（750V）两种。分别适用于线芯和护套间电压不超过 500V 及 750V（方均根值）的场合。

此外，BTT 型电缆外护层机械强度高可兼作 PE 线，接地十分可靠。

BTT 型电缆按护套工作温度分为 70℃ 和 105℃。70℃ 分为带 PVC 外护套及裸铜护套两种。

105℃ 的电缆适用于人不可能触摸到的空间。在高温环境中应采用裸铜护套型，在民用建筑中应用两种均可。但 105℃ 线缆如直接与电器设备连接而未加特种过渡接头者，应将工作温度限制在 85℃。若 BTTZ 电缆与其他电缆同路径敷设时，应选用 70℃ 的品种。BTT 电缆还适用于防辐射的核电站、γ 射线探伤室及工业 X 光室等。

刚性矿物绝缘电缆须严防潮气侵入，必须配用专用接头及附件，施工要求极为严格。

无机型柔性耐火电缆结构是在铜导体外均匀包绕两层云母带，以 50% 重叠搭盖作为耐火层。线芯绝缘（分包层）及护套采用辐照矿物化合物，是将一种特殊配方的无机化合物经过大功率电子加速器所产生的高能 β 射线辐照，使材料保持柔软的同时，达到较高的耐火性能。不仅同样满足 BS-6387 中 C-W-Z 的最高标准，而且敷设如同普通电力电缆，十分方便。由于制造长度长，大大减少接头，使线路的可靠性提高。

无机型柔性耐火电缆的型号通常标注为 BBTRZ-（重型 750V 和 1000V 两种）或

9

BBTRQ-(轻型 500V)。标注电压为导体间电压有效值。导体长期允许最高工作温度可达 125℃。但选用时也与刚性耐火电缆一样，须进行修正。

(3) 耐火电缆按电压分类有低压 0.6/1.0kV 和中压 6/10、8.7/15、26/35kV 四种。

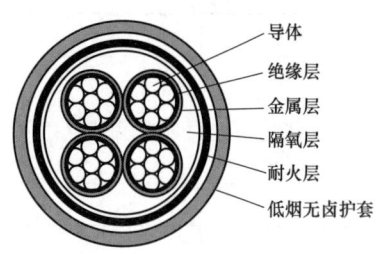

图 9.1-3　隔离型柔性矿物绝缘
耐火电缆剖面图

中压隔离型柔性矿物绝缘耐火电缆，填补了中压耐火电缆的空白。成功应用了隔氧层技术。剖面详见图 9.1-3。

隔离型耐火电缆采用交联聚乙烯绝缘，长期允许最高工作温度为 90℃，阻燃性能 A 级。也可实现低烟无卤性能。耐火性能为火焰温度 800℃供火时间 90min 绝缘不击穿。也可承受水喷淋及机械撞击。

铠装层有钢带和钢丝两类，截面范围 $3 \times 25 mm^2 \sim 3 \times 400 mm^2$。适用于各类工业与民用建筑及市政工程。

隔离型耐火电缆外径与重量略大于普通交联聚乙烯电缆。它的敷设方法、弯曲半径、载流量、电压降值均与普通交联聚乙烯电缆相同。不同的是在绝缘层外包覆了绝缘屏蔽层和铜带屏蔽层，不仅有效地均匀电压，而且大大减少相间短路的可能性。

(4) 耐火电缆的型号标注与阻燃电缆类似，即在原型号前增加阻燃和耐火代号。

1) 有机型耐火电缆的耐火代号，一般标注为 NH。阻燃并耐火代号为：阻燃 A 级 ZANH，阻燃 B 级 ZBNH，阻燃 C 级 ZRNH 或 ZNH。

无卤低烟阻燃耐火 WDZRNH 或 WDZN；隔氧层一般阻燃耐火 GZRNH 或 GZN，隔氧层低烟无卤阻燃耐火 GWLNH 或 GWN。

例如：NH-VV-0.6/1　$3 \times 240 + 1 \times 120$，表示耐火型聚氯乙烯绝缘及护套电力电缆。

又如：ZRNH-VV$_{22}$—0.6/1　$3 \times 240 + 1 \times 120$，表示阻燃 C 级的耐火电缆，无发烟量限制的聚氯乙烯绝缘，聚氯乙烯护套钢带内铠装电力电缆。

2) 刚性矿物绝缘电缆的标注：BTTVZ（重型，750V）；BTTVQ（轻型，500V）。其中，"V" 为 PVC 外护层，无护层者不注。

导体结构：1H 代表单芯，L 代表多芯。如：BTTVZ　$4 \times (1H150)$，表示 1 芯 150mm²；又如：BTTQ4L2.5，表示 4 芯 2.5mm²。

3) 柔性矿物绝缘电缆代号为 BBTRZ（重型，600/1000V 或 450/750V）；BBTRQ（轻型，300/500V）。防鼠型加 "S"；内铠装加下角 "22"。

如：BBTRZ$_{22}$—1000 $3 \times 120 + 1 \times 50$，表示：重型，$U_0/U$ 为 600/1000V 带内铠装的柔性矿物绝缘电缆；导体为 $3 \times 120 + 1 \times 50 mm^2$。

又如：BBTRZS-750　$3 \times 70 + 1 \times 35$；表示：重型，$U_0/U$ 为 450/750V 的防鼠型柔性矿物绝缘电缆；导体为 $3 \times 70 + 1 \times 35 mm^2$。

4) 中压隔离型耐火电缆均为低烟无卤 A 类阻燃型耐火电缆，代号为 WDZAN；铠装加相应下角。如：WDZAN-YJY$_{23}$-8.7/10　3×95。

(5) 耐火电线、电缆应用范围：主要用于在火灾时，仍须保持正常运行的线路，如工业及民用建筑的消防系统、救生系统或高温环境、辐射较强的场合等，如：

1) 消防泵、喷淋泵、消防电梯的供电线路及控制线路；

2) 防火卷帘门、电动防火门、排烟系统风机、排烟阀、防火阀的供电控制线路；

3）消防报警系统的手动报警线路，消防广播及电话线路；

4）高层建筑或机场、地铁等重要设施中的安保闭路电视线路；

5）集中供电的应急照明线路，控制及保护电源线路；

6）大、中型变配电站中，重要的继电保护线路及操作电源线路；

7）重要的计算机监控线路；

8）冶金工业熔炼车间、建材工业的玻璃炉窑等高温环境；

9）核电站或核反应堆、电子加速器等辐射较强的场合。

（6）耐火电线、电缆选择要点。

1）通常油库、炼钢炉或者电缆密集的隧道及电缆夹层内宜选择刚性或柔性矿物绝缘耐火电缆。也可根据建筑物或工程的重要性确定，特别重大的选无机型耐火电缆，一般的选有机型耐火电缆。

2）火灾时，由于环境温度剧烈升高，而导致导体电阻的增大，当火焰温度为 $800 \sim 1000℃$ 时，导体温度可达到 $400 \sim 500℃$，电阻增大 $3 \sim 4$ 倍，此时仍应保证系统正常工作，须按此条件校验电压降，详见 9.4。

3）耐火电缆也应考虑自身在火灾时的机械强度，因此，明敷的耐火电缆截面积不应小于 $2.5mm^2$。

4）应区分耐高温电缆与耐火电缆，前者只适用于高温环境。

5）一般有机类的耐火电缆本身并不阻燃。若既需要耐火又要满足阻燃者，应采用阻燃耐火型电缆或矿物绝缘电缆。

6）普通电缆及阻燃电缆敷设在耐火电缆槽盒内，并不一定能满足耐火的要求，设计选用时必须注意这一点。有的标准要求在钢制电缆桥架表面涂刷防火涂料，以达到耐火目的，是一个误区。

7）明敷的耐火电缆需要同时防水、防冲击及防重物坠落损伤时，应采用无机型矿物绝缘电缆（刚性或柔性）。

8）用于建筑物消防设施的电源及控制线路时，宜采用刚性或柔性矿物绝缘型耐火电缆。

（7）刚性和柔性矿物绝缘耐火电缆比较详见表 9.1-9。

表 9.1-9　　　　　　　　　　**矿物绝缘电缆比较表**

项　　目	刚性（BTT□—）	柔性（BBTR□—）
导体结构	圆铜杆	细铜绞线
导体长期允许最高工作温度	70℃ 及 105℃	125℃
电压等级	Z-750V	Z_1-600/1000V
	Q-500V	Z_2-450/700V
		Q-300/500V
制造长度	短（截面越大制造长度越短）	长（只受装盘尺寸限制）
接头制作工艺	复杂	简便
芯数选择	推荐用单芯	推荐用多芯
敷设方式	要求较高	同普通电力电缆

9

续表

项　目	刚性（BTT□—）	柔性（BBTR□—）
燃烧烟量	无 PVC 护套—无 带 PVC 护套—少量	微量
耐火等级	符合 GB/T 19666—2005，NJ＋NS 级； 符合 BS-6387，C-W-Z 级	符合 GB/T 19666—2005，NJ＋NS 级； 符合 BS-6387，C-W-Z 级
价格	较高	较低

9.1.5　铠装及外护层选择

电缆外护层及铠装的选择见表 9.1-10。表中外护层类型按 GB/T 29522—2008 编制。

表 9.1-10　　各种电缆外护层及铠装的适用敷设场合

护套或外护层	铠装	代号	户内	电缆沟	电缆托盘	隧道	管道	竖井	埋地	水下21	火灾危险22	移动1	多烁石2	一般腐蚀10	严重腐蚀10	潮湿	备注
一般橡套	无		√	√	√	√		√				√	√			√	
不延燃橡套	无	F	√	√	√	√		√			√	√	√			√	耐油
聚氯乙烯护套	无	V	√	√	√	√			√		√	√	√	√	√	√	
聚乙烯护套	无	Y	√	√	√			√		√		√		√	√	√	
铜护套	无		√	√		√		√			√			√	√	√	刚性矿物绝缘电缆
矿物化合物	无		√	√				√			√			√		√	柔性矿物绝缘电缆
聚氯乙烯护套	钢带	22	√	√				√									
聚乙烯护套	钢带	23	√	√			√		√								
聚氯乙烯护套	细钢丝	32			√	√	√	√	√								
聚乙烯护套	细钢丝	33			√	√	√		√	√							
聚氯乙烯护套	粗钢丝	42			√	√	√	√	√								
聚乙烯护套	粗钢丝	43			√	√	√		√	√							
聚乙烯护套	铝合金带	62	√	√		√		√	√					√			

注　1. "√"表示适用；无标记则不推荐采用。
2. 具有防水层的聚氯乙烯护套电缆可在水下敷设。
3. 如需要用于湿热带地区的防霉特种护层可在型号规格后加代号"TH"。
4. 单芯钢带铠装电缆不适用于交流线路。

9.1.5.1　直埋地敷设

在土壤可能发生位移的地段，如流沙、回填土及大型建筑物、构筑物附近应选用能承受机械张力的钢丝铠装电缆，或采取预留长度、用板桩或排桩加固土壤等措施，以减少或消除因土壤位移而作用在电缆上的应力。

电缆直埋地敷设时，当可能承受较大压力或存在机械损伤危险时，应选用钢带铠装或铝合金联锁铠装；不存在上述情况时，可不需带铠装。

直埋地敷设的电缆金属套或铠装外面应具有塑料防腐蚀外套，当位于盐碱、沼泽或在含有腐蚀性的矿渣回填土时，应具有增强防护性的外护套。

9.1.5.2 水下敷设

敷设于通航河道、激流河道或被冲刷河岸、海湾处宜采用钢丝铠装；在河滩宽度小于100m、不通航的小河或沟渠底部，且河床或沟底稳定的场合可采用钢带铠装；但钢丝、钢带外面均须具有耐腐蚀的防水塑料外被层。对中压电缆一般需要有纵向和横向水密结构的护层。

9.1.5.3 导管或排管中敷设

导管或排管中敷设，宜选用塑料外护套。

9.1.5.4 空气中敷设

可能承受机械损伤或防鼠害、蚁害要求较高的场所，应采用钢带铠装电缆或铝合金联锁裸铠装电缆，敷设于托盘、梯架、槽盒内。

铝合金带联锁裸铠装，是将单根铝合金带缠绕形成一环扣一环的联锁结构，可起到一定的屏蔽作用，并可耐受鼠咬。这种铠装层保护的电缆，可以明敷或敷设在电缆梯架、网格及各式电缆托盘中，也可暗敷等，敷设安装方便。与普通铠装电缆一样，铝合金联锁裸铠装电缆可以直接沿墙或在支架上敷设而不再穿管，从而减少了管材消耗，降低配套附件成本。

铝合金联锁裸铠装可以承受 9000N 的压力。可适用于允许采用铝导体且不会浸水的场所，如建筑物内部的配电干线。特别它的弯曲半径仅为电缆外径的 7 倍，更适用于建筑中狭小空间布线及改造工程。但这种电缆在分支部分剥开铠装后，需要对铠装进行电气、机械和阻燃性能的恢复；敷设时不能牵引铠装，应该剥开铠装直接牵引导体。

在含有腐蚀性气体环境中，铠装应具有挤出外护套。在有放射线作用的场所（如医疗放射设备、X 射线探伤机、粒子加速器以及用于核反应堆壳内的电力电缆），应采用氯丁橡胶、金属护套、矿物化合物护套或其他耐辐射的外护套；高温场所应采用硅橡胶类耐高温外护套、铜护套或矿物化合物护套。

除架空绝缘电缆外，普通电缆用于户外时，宜有遮阳措施，如加罩、盖或穿管等。

9.1.6 预分支电缆选择

9.1.6.1 概述

20 世纪 70 年代，日本首先推出预分支电缆新产品，在国内的大城市，特别是在高层建筑树干式供配电系统中逐渐得到广泛应用。

预分支电缆制作时，首先将成品电缆在指定的位置剥去护套及绝缘层，然后冷压接分支接头，最后进行二次注塑，全部过程都在车间内用专用机械设备加工。如图 9.1-4 所示。其接头绝缘可采用阻燃（自熄时间≤12s，符合 GB 12666.5 的要求）或耐火（在燃烧的情况下保持 90min 的正常运行，符合 GB 12666.6 的要求）材料。由于其将主干电缆、预分支电缆和电缆头融为一体，因此它有可靠性高、气密防水、接头接触电阻小等优点。

9.1.6.2 预分支电缆使用场合

预分支电缆主要用于中小负荷的配电线路中，可广泛使用于：

(1) 住宅楼、办公楼等高层建筑中，对各楼层进行配电。

(2) 机场跑道照明、路灯等设施的供电。

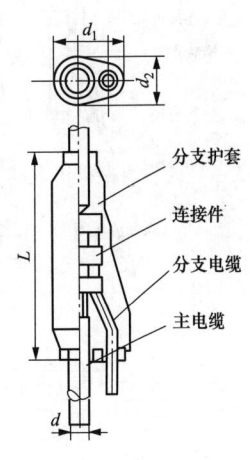

图 9.1-4 预分支电缆
分支连接体剖面图

（3）隧道树干式供电。

（4）工厂车间或现代化标准厂房的供电干线。

9.1.6.3 预分支电缆的可靠性

施工较为简单，接头通常不须维护。产品的电气性能和物理性能在工厂均经过严格的测试，其工艺的一致性保证了质量的一致性，确保了运行的可靠性。

9.1.6.4 预分支电缆的种类

有聚氯乙烯和交联聚乙烯绝缘两大类，也可制成低烟低卤或无卤阻燃型。电压等级目前仅限于 0.6/1kV 级，它的载流量与同类绝缘电缆相同。

9.1.6.5 预分支电缆选择

（1）规格可根据实际负荷大小来选择。干线电缆截面不宜大于 185mm²，预分支电缆截面应小于或等于干线截面，同时按机械强度考虑不宜小于 10mm²，且必须采用多股线。民用建筑中为了避免因楼层功能改变引起容量的变动，宜将预预分支电缆的干线和支线截面均放大一级。

（2）预分支电缆有单芯和多芯（拧绞型）两类。在敷设条件不受限制的场合，宜优先采用单芯电缆。

（3）特殊情况上还应预留分支线以供备用。

（4）由于不能变更分支位置，故在订货前应实地丈量分支位置尺寸，如建筑电气竖井的实际尺寸（竖井高度、层高、每层分支接头位置等），工厂再根据实际尺寸度身定制。

（5）预分支电缆的分支部分应受到干线电缆始端电器保护，为此长度不应超过 3m。过电流保护满足规范要求时，允许超过 3m，但应敷设在钢管或线槽内。

9.1.6.6 预分支电缆配件

垂直敷设时需要的主要配件有吊头、挂钩、支架、缆夹等。

（1）吊头。在主电缆顶端作为安装起吊用。用户在确定预分支电缆主电缆截面后，只需在图纸上注明配备"吊头"，制造厂商即会按照相应的主电缆截面予以制作。

（2）挂钩。安装于吊挂横梁上，预制预分支电缆起吊后挂在挂钩上。

（3）支架。在预制预分支电缆起吊敷设后，对主电缆进行紧固、夹持的附件。

（4）缆夹。将主电缆夹持紧固在支架上的配件。

预分支电缆直吊后，通过挂钩和吊头，挂于吊挂横梁上。设计应充分考虑其承重强度，尤其是高层建筑和大截面电缆时。

预分支电缆在建筑物电缆竖井中敷设如图 9.1-5 所示。

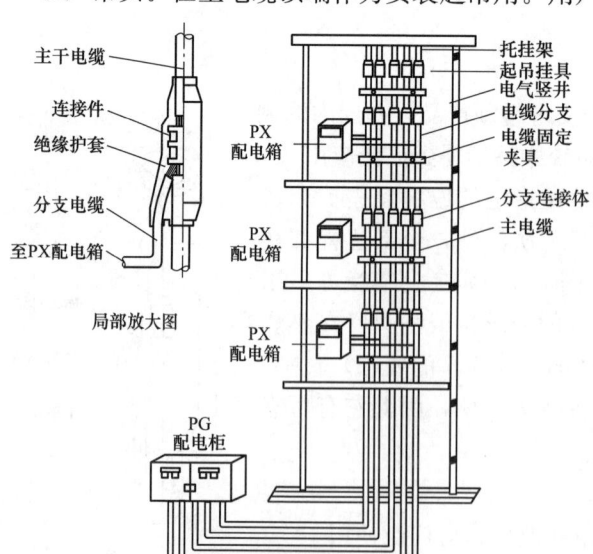

图 9.1-5　预分支电缆安装示意图

9.1.6.7 预分支电缆的优点

与传统的施工现场处理电缆分支接头或插接式母线槽相比，具有以下优点：

（1）分支接头的绝缘处理费用较低。

（2）施工周期缩短。

（3）对施工人员的技术要求条件下降。

（4）受空间、环境条件的限制较少。

（5）分支连接体的绝缘性能和电缆主体一致，绝缘性能优越，可靠性高。

（6）具有更高的抗震、防水性能。

9.1.6.8 预分支电缆的缺点

主要缺点是一旦分支部位确定后，在现场不能变更位置尺寸，因此灵活性不如插接式母线槽。

9.1.7 低压母线的选择

传输大电流宜采用母线。母线分为裸母线和母线槽两大类。前者敷设在绝缘子上，可以达到相应电压等级。母线截面形状有矩形、圆形、管形等。矩形裸母线还常常用于低电压、大电流的配电，如电镀槽、电解槽的供电线路，也用作传输中频大电流。

母线槽是有外壳包覆的绝缘导体，是通过国家强制性产品认证管理的产品。

低压母线槽主要分为密集绝缘母线槽、空气绝缘母线槽和耐火母线槽。其中以密集绝缘母线槽为主，占比约为 75％，而耐火母线槽的生产量占比不到 1％。

一些具有专用性能的母线槽产品也相继进入市场，如耐火母线槽、防水母线槽、照明母线槽、风力发电专用母线槽、直流母线槽等，这些产品的市场前景广阔。

高压绝缘母线有箱式（离相式和共箱式）和管式两类，生产企业较少。

母线导电材料有铜、铝、铝合金或复合导体，如铜包铝或钢铝复合材料等。铜包铝母线仅用于配电屏中；钢铝复合材料则常常用于滑接式母线槽（即安全滑触线）。

母线槽的导体材质主要是铜，2010 年我国有超过 85％的低压母线槽采用铜导体，10％左右使用铝导体。铜包铝及铝合金等应用很少。

由于母线槽传输电流大、安全性能好、结构紧凑、占空间小。它适合于变电站、多层厂房、标准厂房或设备较密集的车间，对工艺变化周期短的车间尤为适宜，母线槽还大量用于高层民用建筑。

9.1.7.1 母线槽选择

（1）按绝缘方式选择分为密集绝缘、空气绝缘、空气附加绝缘母线槽。

1）密集绝缘母线槽是将裸母线用绝缘材料覆盖后，紧贴通道壳体放置的母线槽。密集绝缘母线槽，相间紧贴，中间没有气隙，有较好的热传导和动稳定性。大电流母线槽推荐首选密集绝缘式。接头和插接引出口处需将母排弯曲扩张，增加加工难度。近年来已有所改进，不须弯曲扩张而可以直接引出。缺点是加工较复杂，外壳零件也较多，生产成本较高。

2）空气绝缘母线槽是将裸母线用绝缘垫块支承在壳体内，靠空气介质绝缘的母线槽。它制作较为简便，接头和插接引出口处，母排仍保持直线状，外壳零件也少，外形较美观。绝缘不存在老化问题，但由于壳体内封存有空气。散热不如密集绝缘容易，另一个缺点是阻抗较大。

空气绝缘母线槽的派生产品也称加强型空气绝缘母线槽，结构特点是外壳钢板冲压成波形，导体用厚绝缘材料衬垫于波形壳体凹槽内。由于绝缘衬垫不可能足够紧，通电时易产生振动且不宜垂直安装，大大限制了它的使用，生产逐步萎缩。

空气式母线在垂直安装时有烟囱效应，对有防火要求时需加装隔栅，以阻止空气在槽体内流动。

3）空气附加绝缘母线槽是将裸母线用绝缘材料包覆后，再用绝缘垫块支承在壳体内的母线槽，也称混合绝缘型。包覆用绝缘材料有多种，聚酯薄膜较优，更好的是采用粉末喷涂，如风力发电专用母线槽，这对环境的适应性更强。这种绝缘方式类同于空气绝缘母线槽。

（2）按绝缘水平选择，低压母线槽绝缘水平一般为 A 级或 B 级，绝缘长期允许温度 $105\sim120℃$，绝缘材料大部分采用聚四氟乙烯带手工缠绕，此绝缘材料耐温性能较高，但高温时会释放有毒气体。

（3）按功能分类选择分为馈电式、插接式和滑接式母线槽。

1）馈电式母线槽是由各种不带分接装置（无插接孔）的母线干线单元组成，它是用来将电能直接从供电电源处传输到配电中心的母线槽。常用于发电机或变压器与配电屏的连接线路，或者配电屏之间的连接线路。

2）插接式母线槽是由带分接装置的母线干线单元和插接式分线箱组成的，用来传输电能并可引出电源支路的母线槽。选择插接式母线槽时要注意不同品牌插接口之间距离以及与母线端口距离的限制。插接引出线电流不宜大于 630A。电流更大时，可采用固定分支端口。

3）滑接式母线槽是用滚轮或者滑触型分接单元的母线干线系统。常用于移动设备的供电，如行车、电动葫芦和生产线上。它最大优点是取电位置可以任意选择，而不需要变更母线槽结构，对于工艺变更周期短的生产车间、生产流水线或检测线，使用十分方便。

（4）按额定电压选择分为低压母线槽 380、660V 及高压母线槽 $3.6\sim35$、110kV。高压母线槽国内尚无统一标准，目前有箱式（也称空气绝缘式）及管式（又称固体绝缘式）两类。空气绝缘是绝缘子支持的裸导体，外壳用低磁钢板或铝板防护。这种类型又称为高压封闭式母线，有离相式和共箱式两种。$3.6\sim35kV$ 高压母线槽主要用于发电机出线及户内外变电站。

110kV 电压级有 SF_6 气体绝缘材料高压母线槽，主要用于发电厂及大型变电站。

（5）按额定电流等级选择，其实质是限定母线槽的温升。根据 GB 7251.1—2013 的规定，目前国内生产的母线槽设计环境温度 40℃，母线槽的温升应小于等于 70K。目前市场主要有温升限值小于等于 55K 和小于等于 70K 的两类母线槽产品，工程设计选型时一定要注明温升限值，因为同一导体截面在不同温升时载流量不同，例如相同结构相同导体 70K 时载流量比 55K 时约增大 10％左右。显然，温升限值是衡量产品优劣的主要性能之一，温升越低，损耗越小，寿命越长，运行越安全。

母线槽的负载率 β 也应该根据温升限值加以区别。对于温升 70K 的母线槽产品，当 40℃环境温度下通过额定电流时，导体温度可达到 110℃，高于与其连接电器的规定温度，所以此类母线槽的负载率 β 不应大于 90％；对于温升限值 55K 的母线槽产品，则 β 可取 100％。

母线槽额定电流范围见表 9.1-11。

表 9.1-11 **各类低压母线槽额定电流（方均根值）表**

类　　型		电流范围（A）	备注
密集绝缘母线槽	铜	250～6300	
	铝	200～5500	
空气绝缘母线槽	铜	100～800	800A 以上的电流，不推荐使用
	铝	100～800	
照明母线槽	铜	16～200	
滑接式母线槽	DHG 系列	50～280	
	JDC 系列	150～1500	
	JDCⅡ系列	150～1250	
	DW 系列	80～450	

（6）按外壳形式及防护等级选择，母线槽外壳有表面喷涂的钢板、塑料及铝合金三种材料。最多见的是表面喷涂钢板式，它加工容易，成本较低。单组母线载流量最大为 2500A，需要更大电流时，采用两组或三组并联。主要适用于户内干燥环境，最高外壳防护等级可达 IP54～IP66。

塑料外壳母线槽，采用注塑成型，内部构造属于空气绝缘式。其导体嵌入塑料槽内，突出的优点是耐腐蚀性，可适用于相对湿度 98％ 的环境。外壳防护等级可达到 IP56，化工防腐类型为 W 级。

另有一类塑料母线槽是树脂浇注式，树脂既作绝缘又作骨架。这类母线槽也适用于腐蚀环境及高湿度环境，能有效防止盐雾侵蚀。西门子公司采用真空搅拌树脂工艺，基本消除了内部气泡，提高了绝缘性能和产品质量。最高外壳防护等级可达 IP68，可适应户外长期使用。

树脂浇注式母线槽的接头、外接口在需现场制作，采用二次浇注，由于施工条件各异，现场也无法采用真空搅拌树脂工艺，质量较难控制。

铝合金外壳在国外比较普及，国内知名品牌也都采用。内部结构为"三明治"式的密集绝缘。铝合金外壳上还设计了形状各异的散热板，增大了散热面积，使表面温升降低。外形尺寸更紧凑，质量较轻，外壳用成型铝材，装配精度高。外壳防护等级可达 IP66。可适合在户内外应用，而且外壳可作为 PE 线使用。

外壳防护类别及使用环境见表 9.1-12。

表 9.1-12 **低压母线槽外壳防护类别及使用环境**

类别	使 用 环 境					外壳防护等级
	典型场所	温度（℃）	相对湿度（％）	污染等级	安装类别	
户内滑触型	车间内	−5～+40	≤50(+40℃时)	3	Ⅲ	IP13～IP55
户外滑触型	外场	−25～+40	100(+40℃时)	3～4	Ⅲ	IP23
普通式母线槽	配电室或户内干燥环境	−5～+40	≤50(+40℃时)	3	Ⅲ、Ⅳ	IP30～IP40

续表

类别	使用环境					外壳防护等级
	典型场所	温度（℃）	相对湿度（%）	污染等级	安装类别	
防护式母线槽	电气竖井机械车间	−5～+40	≤50（+40℃时）	3	Ⅲ、Ⅳ	IP52～IP55
高防护式母线槽	户内水平安装或有水管	−5～+40及喷淋场所	有凝露或有水冲击	3	Ⅲ	≥IP65
	户外	−25～+40	有凝露或有淋雨	3～4	Ⅲ	IP66
树脂浇注或超高防护式母线槽	户内外地沟或埋地	−50～+55	有凝露盐雾或短时浸水处	3	Ⅲ、Ⅳ	IP68

注　1. 表内数据摘自 GB 7251.1—2013《低压成套开关设备和控制设备　第1部分　型式试验和部分型式试验成套设备》。

　　2. 外壳防护等级按 GB 4208—2008《外壳防护等级（IP 代码）》。

（7）按防火要求选择分为阻燃母线槽、耐火母线槽。

1）阻燃母线槽，是指明火离开后，火焰自然熄灭的母线槽。目前普通金属外壳密集绝缘母线槽、树脂浇注式母线槽，由于采用了具有阻燃性能的绝缘材料，都已经满足了这个阻燃的性能要求。

阻燃母线槽的另一层含义是着火时热能量不能通过母线槽传递到相邻另一空间（例如，另一层楼或另一间房）引燃如木板、墙纸等易燃材料，（有的称为防火母线槽）。树脂浇注式母线，或阻燃母线、耐火母线穿越楼板或墙体处，增加防火穿墙套实现防火性能。空气绝缘式更要安装隔离栅阻断烟气通道。

2）耐火母线槽，是指着火时能保持线路的完整性、保持正常供电的母线槽。主要用于消防用电设备的电力输送干线。根据 GB 50016—2014《建筑防火设计规范》的要求，消防水泵、消防电梯、防烟排烟设施、应急电源等着火时需要持续供电达 3h。

市场上目前耐火母线有三种：空气绝缘型、密集绝缘型、矿物质密集型耐火母线槽，均满足供火 950℃，持续通电时间 3h 的试验标准。

空气绝缘型耐火母线槽相间采用陶瓷隔离垫块，母线槽外壳为两层钢板结构，在两层钢板之间填充耐火材料以达到耐火性能，耐火性能较好。该产品体积大，又因为热阻大，同样额定电流、同样温升限值条件下，需要采用的导体规格大。

密集绝缘型耐火母线槽采用云母作为相间绝缘材料，外有双层钢外壳，双层钢外壳之间填充耐火材料实现耐火性能。该产品的散热性能优于空气绝缘型耐火母线槽，体积小于空气型。但仍比同温升值普通母线槽大一倍左右；耐火性能较好。

矿物质密集型耐火母线槽，采用无机矿物质及氧化镁作为主要绝缘材料，具有材料的耐热性能高、密集型结构、单层钢外壳、散热性能好等特点，因此，该产品的体积小，同样额定电流和温升限值条件下，外形尺寸仅比普通母线槽大 15%～20%。矿物质耐火母线槽各项性能指标明显优于其他两种耐火母线槽。

（8）按母线槽的短路耐受强度校验。短路耐受电流以 I_{cw} 表示，详见表 9.1-13。配电系

9

统的容量越大，母线槽发生短路故障时流经的短路电流越大，一般要求母线槽的短路耐受电流大于或等于上级保护的分断电流。

表 9.1-13 中，同一规格的母线槽有两种或三种 I_{cw} 数据，可根据实际需要选择。

表 9.1-13　　　　　　　　母线槽的额定短时耐受电流 I_{cw}　　　　　　　　kA

额定电流 I_N （A）	照明母线槽	空气型母线槽	树脂浇注式 母线槽	密集型 母线槽	耐火母线槽
16～200	3、5、6				
200～315		10、15		15、20	15、20
400～500		20、30		20、30、35	20、30
630～900		30、40	23	30、35、50	30、40
1000～1400			50	50、65	40、50
1600～2000			65	65、80	50、65
2600～3600			80	80、100	65、80
4000～5000			100	80、100	80、100
5500～6300			100	100、120	

（9）变容节的选择：母线槽配电线系统中，当某一段的负荷电流小于或等于始端电流的一半时，可选择变容节，以节约投资。选择变容节应注意：

1）母线槽全长不宜两处变容。

2）变容节之后线路的额定电流不宜小于前级额定电流的二分之一。

3）母线槽经变容后，应满足末端短路时始端保护的灵敏度。

4）T 形分支时，若长度超过 3m，须另设保护。

（10）母线槽温度自动检测装置选择：随着自动检测技术的开发，在母线槽上配置接头温度自动测量和控制装置，可有效监控母线槽运行，大大提高运行的安全性，杜绝母线故障引起的火灾。根据信号传输方式分为有线和无线两种，性能比较见表 9.1-14。

表 9.1-14　　　　　　　　有线和无线传输方案性能比较表

项　目	有　线	无　线
应用环境	$-30～+45℃$ $RH≤95\%$ 海拔≤2000m	$-30～+45℃$ $RH≤95\%$ 海拔≤3000m
电源电压	～220V	～220V
温度测量范围（℃）	0～250	0～250
信号采集方式	热电阻或热电偶	热电阻或热电偶传感器
采样频速率	1 次/（4～10）s	1 次/0.5s
测量回路数	每个测点取 A，B，C，N 和 环境温度 5 个数据	每个测点取 A，B，C，N 和 环境温度 5 个数据
测量点数	640 点或 1024 点	1024/组
信号传输距离（注）	≤400m	空旷无障碍处两测点间≤150m 大楼或车间内两测点间≤70m 末端测点至控制中心≤2000m

续表

项　目	有　线	无　线
显示内容	回路编号 测点编号 测点温度 测点相序	回路编号 测点编号 测点温度 测点相序
控制方式	集中控制	集中控制
报警方式	超温报警（可调） 极限温度跳闸（可调）	超温报警（可调） 极限温度跳闸（可调）
安装工程量	较大	较小
造价	较高	较低

注 当传输距离超过表中规定时可增加中间接续器。

珠海光乐电力母线槽有限公司的无线传输测温系统见图 9.1-6，主要由测温采集单元与中央控制器两部分组成。无线网络是采用微功率系统，有以下优点：

1）不需设机柜，没有电缆，施工和维护方便。

2）不需设架设天线，不需申请无线电频段。

3）系统可随时增减测点数量，只需在中央控制器设定。

4）通信规约独立，避免干扰。

5）实现了母线槽配电系统智能化。

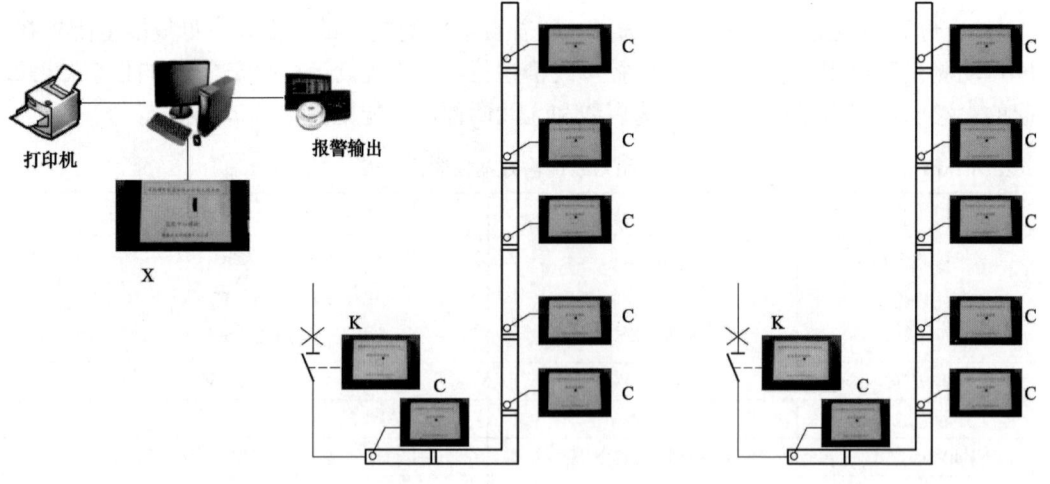

图 9.1-6　母线槽接头温度监测及信号无线传输示意图

系统正常工作时，母线槽温度检测仪 C 将监测节点处各相温度信息，通过无线传输网络至接收仪 X。接收仪 X 将数据通过 RS-232 或 RS-485 串口传输至上位机，显示监测节点处的温度信息并自动巡检。当某测点温度达到预警温度值时，ZA1K 会发出声光报警，同时故障点的温度检测仪 C 蜂鸣器也会发出报警声音；当温度达到设定的极限值时，ZA1K 发出紧急声光报警。与此同时，保护控制仪 K 通过预设方式（自动或手动）接通断路器的分励脱扣器使断路器分闸。

装置采用大规模集成电路制作，体积小，功能全，并具有信息存储功能，自动记录故障时间、地点、温度等参数，便于故障处理。

有线传输测温系统，是用控制电缆将各温度检测仪 C 的数据传输到中央控制器 X，功能和控制原理相同。

民用建筑若配备建筑物自动化系统，则也可以利用该系统兼顾母线槽接头温度监控。

（11）选择低压母线槽所需要的主要技术参数见表 9.1-15～表 9.1-20。

表 9.1-15　　密集式铜母线槽技术参数

电流等级(A)	LVC系列(江苏威腾母线)				GLMC系列(珠海光乐母线)				I-LINE C系列(广州施耐德)				XL-II(镇江西门子)			
	外形尺寸(mm×mm)		质量(kg/m)		外形尺寸(mm×mm)		质量(kg/m)		外形尺寸(mm×mm)		质量(kg/m)		外形尺寸(mm×mm)		质量(kg/m)	
	宽	高	4线	4线+PE	宽	高	4线	4线+PE	宽	高	4线馈电式	4线插接式	宽	高	4线	4线+PE
250						78	7.1	7.4								
315						78	7.6	8.0								
400			11.8	12.9		88	8.9	9.4							11.8	12.6
500		103				98	10.4	11.0								
630			11.8	12.9		108	12.0	12.7			17.9	21.0		114	12.9	13.8
700						123	14.6	15.5								
800		113	14.7	16.2		131	15.7	16.7	98		19.2	22.3			15.0	16.2
900						141	16.8	17.7								
1000		128	16.6	18.4		148	18.6	19.9			21.7	24.8		119	17.2	18.7
1100						162	19.3	20.8								
1250		153	21.3	23.7		188	22.5	24.3	136		24.9	28.0		134	20.7	22.5
1400						208	26.9	29.0								
1600		183	28.3	31.6		230	30.0	32.4	148		33.9	37.1		164	27.6	30.2
1800					103	258	33.9	36.6								
2000	125	223	34.9	39.1		273	37.9	40.8	171		40.9	44.0	145	199	35.6	39.2
2250						298	41.5	44.7		149						
2500		273	44.6	50.2		313	43.4	46.9	237		58.1	61.2		244	45.9	50.7
2800						371	52.3	56.4								
3000											71.0	74.1				
3150						415	58.5	63.3						373	60.2	66.1
3200		352	53.3	59.6					387		76.9	80.1				
3600						471	66.1	71.6								
4000		432	68.8	77.3		501	74.2	80.0	412		87.6	93.9		443	76.3	84.0
4500						551	81.4	88.0								
5000		532	88.2	99.4		581	92.7	99.6	599		108.0	111.2		533	97.0	107.1
5500						729	110.0	118.8								
6000									638		134.8	137.9				
6300		701	114.5	128.9		729	128.7	140.4						653	124.4	137.7

9

表 9.1-16　密集式铝母线槽技术参数

电流等级(A)	LVC系列(江苏威腾母线) 宽	高	4线	4线+PE	GLMC系列(珠海光乐母线) 宽	高	4线	4线+PE	I-LINE C系列(广州施耐德) 宽	高	4线式	XL-Ⅱ(镇江西门子) 宽	高	4线	4线+PE
200						78	5.8	5.9							
250		103				88	6.2	6.3							
315						98	6.9	7.1							
400		113	7.7	8.1		108	7.7	7.9					114	8.6	9.0
500						131	9.1	9.4							
630		128	8.1	8.6		158	10.9	11.3					119	9.0	9.5
700						162	11.3	11.7							
800		143	9.2	9.7		170	11.7	12.2		98	14.0		134	10.2	10.8
900						188	12.5	13.0							
1000		168	11.4	12.2		208	15.2	15.8		120	15.6		164	12.7	13.5
1100						162	15.1	16.0							
1250		203	14.0	14.0		170	15.8	16.7		148	17.8		199	15.5	15.5
1350										161					
1400	125				103	200	19.8	21.0			18.6	145			
1600		242	17.3	18.6		230	22.7	24.1		186	20.5		244	19.2	20.6
1800						258	25.7	27.4	149						
2000		303	24.0	26.0		270	27.6	29.4		225	23.5		373	27.5	29.2
2250						298	30.0	32.0							
2500		392	29.8	31.9		313	31.5	33.6		322	33.5		443	33.1	35.5
2800						355	37.1	39.5							
3000													—	—	—
3150						415	42.8	45.7					533	40.4	43.5
3200		472	36.0	38.7						412	39.7		—	—	—
3600						471	48.7	52.0							
4000		592				551	57.4	61.4		566	51.8		653	51.2	55.3
4500						581	59.8	64.0							
5000						684	72.3	77.3		650	60.1				
5500						720	77.5	83.0							

注　广州施耐德 I-LINE B 系列在接头和插口处采用分子渗透技术形成铝拥银的合金过渡区，提高接触性能。

表 9.1-17　　　　　　　　　　空气式母线槽技术参数

电流等级 (A)	GLMC 系列（珠海光乐母线）				KSC 系列（广州施耐德）				BD1（镇江西门子）			
	外形尺寸 (mm×mm)		质量 (kg/m)		外形尺寸 (mm×mm)		质量 (kg/m)		外形尺寸 (mm×mm)		质量 (kg/m)	
	宽	高	4 线	4 线 +PE	宽	高	4 线馈电式	5 线插接式	宽	高	4 线	4 线 +PE
100								4.35				
140		70	4.2	4.5						56	6.85	
160		70	5.0	5.3	54			4.65				
200		70	5.3	5.6								
250		75	6	6.4		146		6.70	156	56	8.15	
315	120	85	7.4	8.0								
400		95	8.9	9.6	75			10.0		85	12.76	
500		70	4.2	4.5				12.35				
630		70	5.0	5.3				17.0				
700		70	5.3	5.6	113					135	16.88	
800		75	6	6.4				29.35				

表 9.1-18　　　　　　　　　　树脂浇注式母线槽技术参数

电流等级 (A)	GM 系列（江苏威腾母线）						LR 系列（镇江西门子）				
	4 线外形尺寸 (mm×mm)		4 线质量 (kg/m)	4 线 +PE 外形尺寸 (mm×mm)		4 线 +PE 质量 (kg/m)	4 线外形尺寸 (mm×mm)		4 线质量 (kg/m)	4 线 +PE 外形尺寸 (mm×mm)		4 线 +PE 质量 (kg/m)
	宽	高		宽	高		宽	高		宽	高	—
250		64	15.29		64	17.83	—	—	—	—	—	—
400		74	18.85		74	21.93	—	—	—	—	—	—
630		84	22.42		84	26.04			19			20
800		99	27.77		99	32.22	90	90	21	90	90	23
1000	107	114	33.13	123	114	38.38			24			27
1250		134	40.26		134	46.59		110	32		110	39
1600		164	50.59		164	58.94		130	38		130	47
2000		194	61.67		194	71.27		190	58		190	71
2500		254	83.08		254	95.93		230	72		230	88
3150		189	101.33		189	112.73	100	270	85	120	270	104
4000	190	229	125.43	210	229	139.58		380	116		380	142
5000		284	158.58		284	176.50		460	143		460	174
6300	295	229	197.88	335	229	219.30		540	169		540	207

9

表 9.1-19　矿物质密集型耐火母线槽技术参数

<table>
<tr><td colspan="13" align="center">GLMC 系列（珠海光乐母线）</td></tr>
<tr><td rowspan="3">电流等级（A）</td><td colspan="2">外形尺寸（mm×mm）</td><td colspan="2">质量（kg/m）</td><td rowspan="3">电流等级（A）</td><td colspan="2">外形尺寸（mm×mm）</td><td colspan="2">质量（kg/m）</td><td rowspan="3">电流等级（A）</td><td colspan="2">外形尺寸（mm×mm）</td><td colspan="2">质量（kg/m）</td></tr>
<tr><td rowspan="2">宽</td><td rowspan="2">高</td><td rowspan="2">4线</td><td rowspan="2">4线+PE</td><td rowspan="2">宽</td><td rowspan="2">高</td><td rowspan="2">4线</td><td rowspan="2">4线+PE</td><td rowspan="2">宽</td><td rowspan="2">高</td><td rowspan="2">4线</td><td rowspan="2">4线+PE</td></tr>
<tr></tr>
<tr><td>160</td><td rowspan="8">120</td><td>73</td><td>10.4</td><td>10.7</td><td>800</td><td rowspan="8">120</td><td>129</td><td>19.0</td><td>20.1</td><td>2000</td><td rowspan="8">120</td><td>273</td><td>41.4</td><td>44.0</td></tr>
<tr><td>200</td><td>73</td><td>10.4</td><td>10.7</td><td>900</td><td>141</td><td>20.8</td><td>21.9</td><td>2250</td><td>298</td><td>44.8</td><td>48.0</td></tr>
<tr><td>250</td><td>73</td><td>11.1</td><td>11.4</td><td>1000</td><td>150</td><td>22.0</td><td>23.3</td><td>2500</td><td>313</td><td>47.0</td><td>50.5</td></tr>
<tr><td>315</td><td>78</td><td>11.8</td><td>12.1</td><td>1100</td><td>162</td><td>25.4</td><td>25.2</td><td>2800</td><td>372</td><td>57.9</td><td>62.0</td></tr>
<tr><td>400</td><td>88</td><td>13.2</td><td>13.2</td><td>1250</td><td>188</td><td>27.4</td><td>29.2</td><td>3150</td><td>422</td><td>65.0</td><td>69.8</td></tr>
<tr><td>500</td><td>98</td><td>14.7</td><td>15.3</td><td>1400</td><td>208</td><td>30.3</td><td>32.2</td><td>3600</td><td>472</td><td>72.1</td><td>77.6</td></tr>
<tr><td>630</td><td>110</td><td>13.6</td><td>14.4</td><td>1600</td><td>233</td><td>33.8</td><td>36.2</td><td>4000</td><td>502</td><td>76.4</td><td>82.3</td></tr>
<tr><td>700</td><td>120</td><td>17.8</td><td>18.7</td><td>1800</td><td>258</td><td>37.4</td><td>40.1</td><td>5000</td><td>582</td><td>98.7</td><td>105.7</td></tr>
</table>

表 9.1-20　照明母线槽技术参数

<table>
<tr><td rowspan="3">电流等级（A）</td><td colspan="4">LB 系列（江苏威腾母线）</td><td colspan="4">GLMC 系列（珠海光乐母线）</td><td colspan="4">KBA 系列（广州施耐德）</td></tr>
<tr><td colspan="2">外形尺寸（mm×mm）</td><td colspan="2">质量（kg/m）</td><td colspan="2">外形尺寸（mm×mm）</td><td colspan="2">质量（kg/m）</td><td colspan="2">外形尺寸（mm×mm）</td><td colspan="2">质量（kg/m）</td></tr>
<tr><td>宽</td><td>高</td><td>4线</td><td>4线+PE</td><td>宽</td><td>高</td><td>4线</td><td>4线+PE</td><td>宽</td><td>高</td><td>4线</td><td>4线+PE</td></tr>
<tr><td>16</td><td></td><td></td><td></td><td></td><td rowspan="5">40</td><td rowspan="5">25</td><td rowspan="5">0.8</td><td rowspan="5">0.8</td><td></td><td></td><td></td><td></td></tr>
<tr><td>20</td><td></td><td></td><td></td><td></td><td></td><td></td><td></td><td></td></tr>
<tr><td>25</td><td></td><td></td><td></td><td></td><td rowspan="3">30</td><td rowspan="3">46</td><td>0.8</td><td>0.87</td></tr>
<tr><td>40</td><td></td><td></td><td></td><td></td><td></td><td></td></tr>
<tr><td>40</td><td></td><td></td><td></td><td></td><td>0/9</td><td>1.03</td></tr>
<tr><td>40</td><td></td><td></td><td></td><td></td><td rowspan="3">60</td><td rowspan="3">60</td><td>1.7</td><td></td><td></td><td></td><td></td><td></td></tr>
<tr><td>63</td><td></td><td></td><td></td><td></td><td>1.8</td><td></td><td></td><td></td><td></td><td></td></tr>
<tr><td>80</td><td></td><td></td><td></td><td></td><td>1.9</td><td></td><td></td><td></td><td></td><td></td></tr>
<tr><td>100</td><td></td><td></td><td></td><td></td><td rowspan="3">70</td><td rowspan="3">65</td><td>2.5</td><td></td><td></td><td></td><td></td><td></td></tr>
<tr><td>125</td><td></td><td></td><td></td><td></td><td>2.8</td><td></td><td></td><td></td><td></td><td></td></tr>
<tr><td>160</td><td rowspan="3">122.5</td><td>76.5</td><td>11.8</td><td>12.9</td><td>3.1</td><td></td><td></td><td></td><td></td><td></td></tr>
<tr><td>200</td><td></td><td></td><td></td><td></td><td></td><td></td><td></td><td></td><td></td><td></td></tr>
<tr><td>250</td><td></td><td>11.8</td><td>12.9</td><td></td><td></td><td></td><td></td><td></td><td></td><td></td></tr>
</table>

9.1.7.2　滑接式母线选择

滑接式母线又称移动滑接输电装置，俗称滑触线，分为裸刚体滑触线和防护型安全滑触线两大类。后者又称滑导电器。

裸刚体滑触线种类繁多，最初多采用角钢或型钢，优点是取材容易，价格低廉，缺点是载流量小，电压降大，安装和维护工作量大。当需要较大载流量及较小电压降时，采用铜或铝母线作辅助线，与角钢并联供电。

（1）刚体滑触线逐步发展成复合导体材料，如铜铝复合，也有采用全铜的，突出优点是载流量大，可达数千安培。

刚体滑触线的环境适应性强，适用于高温、粉末及高负荷率场所，如冶金、建材、发电行业及机械行业的热加工车间等。

刚体滑触线也可采用高压供电，适用于大吨位吊车或长距离供电。

安装方式分为集电器顶压式和侧压式两类。实践证明侧压式受力较均匀，可靠性高、寿命长。

刚体滑触线型号标注方法：

$$A-B/C$$

其中　A——结构代号；

　　　　JGHL——铝基铜导体铝基铜导体有防电化腐蚀的措施；

　　　　JGHX——钢基铜导体；

　　　　JGH——拼装式钢基铜导体；

　　　　JGU——全铜导体；

　　　　JGHLB——铝基不锈钢导体；

　　　　JGR——轻轨基铝导体；

　　　　TGJ——全铜双沟导体；

　　　　TGJA——铜银双沟导体；

　　　B——导体截面，mm^2

　　　C——导体载流量，A。

（2）用绝缘外壳防护的滑接式母线槽称为安全滑触线，分为户内型和户外型两种。户内型多采用PVC材料外壳，户外型多采用PVC外壳加铝合金护套，以防止日照老化。

安全滑触线的使用条件详见表9.1-21。

表 9.1-21　　　　　　　　安全滑触线使用条件

序　号	项　　　目		JB/T 6391.1 规定
1	环境温度（℃）	户内型	−5～+40
		户外型	−25～+40
2	大气湿度	户内型	$\theta_a=40℃$时≤50%
		户外型	$\theta_a=25℃$时≤100%
3	海拔（m）		≤2000
4	安装类型		Ⅲ
5	污染等级		3级和4级
6	防触电类别		塑料外壳0类 金属外壳Ⅰ类
7	额定电压等级 U_N		400～600V

9

续表

序　号	项　目		JB/T 6391.1 规定
8	额定电流（A）		$I_N \leqslant 2000$
9	额定频率（Hz）		50
10	绝缘电阻（MΩ）		>5
11	工频耐压 （kV/1min）		2500V（额定电压为 400～600V）； 4200V（额定电压为 1200V）
12	冲击耐压（kV）		$U_N = 380V - 4kV$ $U_N = 660V - 8kV$
13	温升		绝缘耐热温度－40℃
14	短时耐受电流		20 倍额定电流
15	外壳防护等级	户内型	≥IP11
		户外型	≥IP13

安全滑触线的型号标注：

A-B-C/D-E-F

其中，A——结构型号：

　　　　DHG——铝导体组合式，

　　　　JDC——铝质 H 型，

　　　　JDCⅡ——铝质重三型，

　　　　DW——铜质排型；

　　　B——极数（单极省略）；

　　　C——导轨标准截面，mm²；

　　　D——额定电流，A；

　　　E——外壳代号，S—塑料，J—金属；

　　　F——工作场所，W—户外，户内省略。

9.1.8 高压母线选择

9.1.8.1 高压母线装置形式

高压母线装置共有五种形式：

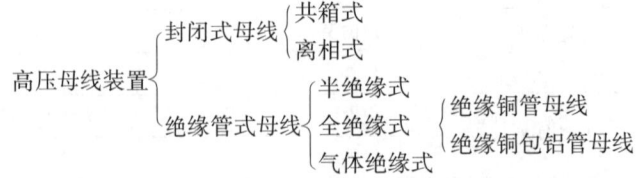

9.1.8.2 高压母线型号标注

高压母线型号标注：

A-B/C-D-E

其中，A——母线型号：

　　　　QLFM——离相式封闭母线，

　　　　GFM——共箱式封闭母线，

QJGM——全绝缘铜管母线，

JTLMP——全绝缘铜包铝管母线，

BJGM——半绝缘管母线；

B——额定电压，kV；

C——额定电流，A；

D——冷却方式，Z——自然冷却（绝缘管式不注明）；

E——特征符号，参见表 9.1-22。

表 9.1-22　　　　　　　　高压母线的特征符号

特征符号	I	II
离相式	微正压	连续饱和电抗器
共箱式	导体立放	导体横放

9.1.8.3　封闭式母线

（1）共箱式封闭母线就是将三相母线共置于一个箱体内。离相式则三相分离，各自独立。它们的共同特点是导体用绝缘子支撑，外面装一金属防护箱，为减少涡流，箱体用弱磁钢板或铝板制成。不同点是共箱式通常用矩形母排做导体，而离相式则是用铝板弯成管子焊接而成。由于导体结构不同，离相式载流量大，中空管式导体依据了集肤效应，截面利用较充分，且抗短路电流能力强。

（2）高压封闭式母线适用于：

1）发电机与变压器的连接；

2）变压器与高压配电柜连接；

3）整流柜与励磁系统的连接；

4）其他高压设备间的连接。

（3）为消除设备运行震动对母线的影响，选择高压封闭式母线须相应采取下列措施：

1）与设备的连接采用软铜编制线；

2）外壳间连接用橡皮垫隔振；

3）导体与绝缘子间用弹性支撑固定；

4）母线系统加装减震器。

（4）为防止户内外温差产生凝露，母线穿越建筑物外墙时，须严加封堵。

（5）母线长度超过 20～30m 或穿越建筑物伸缩缝或沉降缝时，须设补偿装置。

（6）离相式母线与设备连接处须加装绝缘橡胶垫实现电气隔离。

（7）离相式母线犹如一条封闭管道，内部空间相对较狭小，为防止凝露而诱发单相接地故障，通常还配备微正压装置，即在外壳内注入干燥空气，并长期维持微正压，有效提高了运行可靠性。

9.1.8.4　绝缘管式母线

绝缘管式母线是管形导体外包覆绝缘层，导体有铜或铜包铝。绝缘层有自动化连续挤出中密度聚乙烯、绕包式聚四氟乙烯或三元乙丙橡胶等。

全绝缘铜包铝式母线，是在 T2 铜管（银铜合金）中先内置 6063 铝合金管，再通过铝

9

管扩径，使铝管外壁紧压在铜管内壁而形成。它没有电腐蚀现象。增大了整体通流的有效截面和载流量并降低线损。

（1）绝缘管式母线有如下优点：结构较紧凑，更适合于户内外变电站高压母线或连接线。利用集肤效应特性使导体利用率高、功率损耗小、机械强度高、载流量大，用于变电站的绝缘铜管母线达 6300A，绝缘铜包铝管母线达 8000A，用于电厂的更大；电气绝缘性能强，可用于户内外一般和腐蚀环境；可靠性和抗震能力高于裸母线和半绝缘母线，安全系数高；安装方便、维护工作量少，能有效防止潮气和凝露；设有接地的屏蔽层，使表面电位为零。

（2）绝缘铜包铝管母线性能特点：

1）绝缘水平高，工频耐压时间按 5min、耐压值提高至 $7U_0 \sim 10U_0$，有效防止闪络与爆炸；

2）导体长期允许最高工作温度 90℃，按环境温度 60℃设计，温升仅 30K，保证绝缘材料寿命 30 年；

3）截面利用率高，节约导体材料。

（3）母线连接见图 9.1-7，是将两根母线的对接端置入口径吻合的开口铜管内，外套非磁性不锈钢开口套管，通过专用夹具将不锈钢套紧固，再将不锈钢套开口缝焊接、打磨焊缝并作屏蔽及绝缘处理。

管式母线端部与设备的连接有两种方式。一种是末端连接，如图 9.1-8 所示，采用弧形金属压板将软铜带一端用螺栓直接紧固在母线的端部，软铜带另一端与设备端子相连。另一种是中间连接。采用 T 形接头如图 9.1-7 所示方式连接。

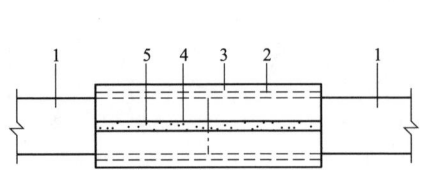

图 9.1-7　中间接头

1—铜包铝管；2—开口铜套；3—不锈钢套；
4—不锈钢套（铜套）开口；5—焊缝

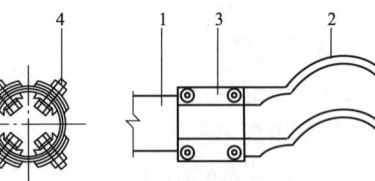

图 9.1-8　终端接头

1—铜包铝管；2—软铜带；3—弧形压板；4—螺栓

中间接头和终端接头的连接均现场施工，可靠的电气连接保证连接部位温升不高于直管导体。

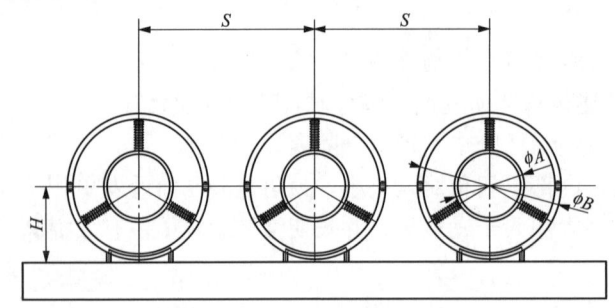

图 9.1-9　离相式高压母线简图

母线支撑跨距可达 8m。

（4）全绝缘铜包铝管式母线采用活动铝合金金具进行安装，金具在纵、横两个方向上都有阻尼作用，以消除母线在短路故障时电动力的伤害和热胀冷缩的影响，并防止母线微风振动效应。

（5）母线端部采用电场分散处理技术，分散与吸收端部电场能，有效防止发生闪络。

高压母线的使用环境见表 9.1-23；

高压母线参数范围见表 9.1-24；

离相式主要技术参数及尺寸见表 9.1-25；

共箱式主要技术参数见表 9.1-26；

绝缘铜管母线主要技术参数见表 9.1-27、表 9.1-28；

绝缘铜包铝管母线主要技术参数见表 9.1-29～表 9.1-31。

表 9.1-23 高压母线的使用环境

海拔（m）	≤2000	≤2000
环境温度（℃）	−40～+40	−50～+50
母线型式	封闭式	绝缘管式
最大日温差（℃）		25
最高日平均温度（℃）		40
相对湿度	日平均≤95% 月平均≤90%	90%（最大月平均）
最大风速（m/s）		36.2
最大降雨量		2745mm/年 313.4mm/日
盐雾		0.05mg/cm²
污染		Ⅲ级、Ⅳ级

表 9.1-24 高压母线参数范围

项目	离相式	共箱式	绝缘铜管式	绝缘铜包铝管式
额定电压（kV）		3～35		
额定电流（A）	2000～3000	1000～6000	2000～6000	630～20 000
示意图	图 9.1-9	图 9.1-10	图 9.1-11	图 9.1-12

表 9.1-25 离相式主要技术参数及尺寸

额定电压范围（kV）	额定电流范围（A）	绝缘水平（kV）	外形尺寸（见图 9.1-9）（mm）				质量（kg/m）
			外壳 φB	外壳 φA	相间距离 S	高度 H	
24 及以下	2000 及以下	75/150	650	150	≥900	490	213
	2500 及以下	75/150	700	150	≥950	515	222
	4500 及以下	75/150	750	200	≥1000	540	252
	5000～8000	75/150	750	300	≥1000	540	283
	8000～9000	75/150	850	350	≥1100	590	316
	9000～10 000	75/150	900	400	≥1150	615	367
	10 000～14 000	75/150	1050	500	≥1300	690	480
	20 000～24 000	75/150	1450	900	≥1800	890	845
	24 000～26 000	75/150	1500	950	≥1900	915	890
35	27 000～30 000	100/185	1650	1000	≥2000	990	980

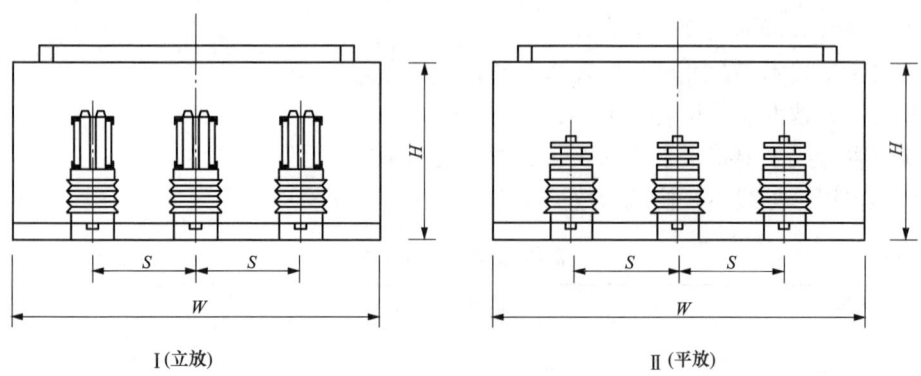

I（立放）　　　　　　　　　　　Ⅱ（平放）

图 9.1-10　GFM 共箱封闭母线

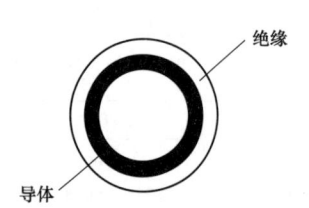

图 9.1-11　绝缘铜管式母线剖面图

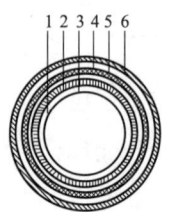

图 9.1-12　绝缘铜包铝管式母线剖面图

1—铝管；2—铜管；3—主绝缘层；4—半导电层；

5—屏蔽层；6—绝缘护套

表 9.1-26　　　　　　　　　　　　共箱式主要技术参数

项　目	单位	参　　数			
符合标准		GB/T 8349—2000/JB/T 9639—1999			
环境温度	℃	−40～+40			
相对湿度		日平均值不大于 95%。月平均值不大于 90%			
防护等级		IP40、IP54			
额定电压	kV	3.15	6.3	10.5	35
最高工作电压	kV	3.6	7.2	12	40.5
绝缘等级	kV	25/40	32/60	42/75	100/185
额定频率	Hz	50（60）			
额定工作电流		外形尺寸（$W \times H$，mm×mm）			
1000～3000	A	Ⅰ 750×400	Ⅰ 900×560	Ⅰ 900×560	Ⅰ 1500×920
		Ⅱ 850×350	Ⅱ 1060×460	Ⅱ 1060×460	Ⅱ 1800×880
3500	A	Ⅰ 750×440	Ⅰ 900×560	Ⅰ 900×560	
		Ⅱ 850×480	Ⅱ 1060×460	Ⅱ 1060×460	
4000	A	Ⅰ 750×440	Ⅰ 900×560	Ⅰ 900×560	
		Ⅱ 850×480	Ⅱ 1060×460	Ⅱ 1060×460	
4500	A	Ⅰ 750×440	Ⅰ 1000×560	Ⅰ 1000×560	
5000	A	Ⅰ 1350×500	Ⅰ 1500×600	Ⅰ 1500×600	
6300～6800	A	Ⅰ 1350×500	Ⅰ 1500×600	Ⅰ 1500×600	

注　4000A 以上的共箱封闭母线导体也可采用槽型导体。

表 9.1-27　　　　　　　　　　　12kV 绝缘铜管式母线主要技术参数

额定电流 （A）	1min 工频耐压 （kV）		雷电冲击 电压 （kV）		动稳定 电流 （kA）	4s 热稳 定电流 （kA）	弯曲 半径 （mm）	相间 距离 （mm）	防护 等级	局部放电 （pC）
	BJGM—	QJGM—	BJGM—	QJGM—	BJGM— QJGM—	BJGM— QJGM—	BJGM— QJGM—	BJGM— QJGM—	BJGM— QJGM—	QJGM—
□—Ⅰ—12/1600					80	31.5	250	400		
□—Ⅰ—12/2000					80	31.5	250	400		
□—Ⅰ—12/2500					100	40	300	400		
□—Ⅰ—12/3150	42	45	75	95	125	40	300	400	IP54	＜7
□—Ⅰ—12/4000					125	50	400	450		
□—Ⅰ—12/5000					125	50	400	450		
□—Ⅰ—12/6300					160	63	500	500		
□—Ⅱ—12/1600					80	31.5	300	400		
□—Ⅱ—12/2000					80	31.5	300	400		
□—Ⅱ—12/2500	42	45	75	95	100	40	400	450	IP54	＜7
□—Ⅱ—12/3150					125	50	400	450		
□—Ⅱ—12/4000					125	50	500	500		

表 9.1-28　　　　　　　　　　　40.5kV 绝缘铜管式母线主要技术参数

额定电流 （A）	1min 工频耐压 （kV）		雷电冲击 电压 （kV）		动稳定 电流 （kA）	4s 热稳 定电流 （kA）	弯曲 半径 （mm）	相间 距离 （mm）	防护 等级	局部放电 （pC）
	BJGM—	QJGM—	BJGM—	QJGM—	BJGM— QJGM—	BJGM— QJGM—	BJGM— QJGM—	BJGM— QJGM—	BJGM— QJGM—	QJGM—
□—Ⅰ—40.5/1600					80	31.5	250	400		
□—Ⅰ—40.5/2000					80	31.5	250	400		
□—Ⅰ—40.5/2500					100	40	300	400		
□—Ⅰ—40.5/3150	105	95	85	200	125	50	300	400	IP54	＜10
□—Ⅰ—40.5/4000					125	50	400	450		
□—Ⅰ—40.5/5000					125	50	400	450		
□—Ⅰ—40.5/6300					160	63	500	500		
□—Ⅱ—40.5/1600					80	31.5	300	400		
□—Ⅱ—40.5/2000					80	31.5	300	400		
□—Ⅱ—40.5/2500	105	95	185	200	100	40	400	450	IP54	＜10
□—Ⅱ—40.5/3150					125	50	400	450		
□—Ⅱ—40.5/4000					125	50	500	500		

表 9.1-29　　　　　　　　绝缘铜包铝管母线动、热稳定电流表

用途	额定电流（方均根值，A）	动稳定电流（峰值，kA）	热稳定电流（4s 方均根值，kA）
变电、配电母线	630～8000	40、63、80、100、125、160、200	16、25、31.5、40、50、63、80

注　绝缘铜包铝管母线额定电流的导体及连接部位（中间、终端）最大温升30K。

表 9.1-30　　　　　　　　绝缘铜包铝管母线电压等级的绝缘水平

U_0/U (U_m) (kV)	0.6/1(1.2)	1.8/3(3.6)	3.6/6(7.2)	6/10(12)	12/20(24)	21/35(40.5)
5min 工频耐压值 nU_0(kV)	$4.8/8U_0$	$14/8U_0$	$35/10U_0$	$60/10U_0$	$84/7U_0$	$120/6U_0$

表 9.1-31　　　　　　　　绝缘铜包铝管母线导体规格表

额定电流 (A)	规格				截面积(mm^2)	
	直径(mm)		壁厚(mm)		铜管	铜包铝管
	铜管	铝管	铜管	铝管		
630	40	38	1	5	122	640
800	50	48	1	5	154	828
1000	50	47	1.5	6	228	1000
1250	60	57	1.5	6	276	1236
1600	70	67	1.5	8	323	1805
2000	80	77	1.5	8	370	2103
2500	100	97	1.5	8	464	2700
3150	120	117	1.5	10	558	3918
4000	140	137	1.5	15	652	6399
5000	160	157	1.5	20	747	9350
6300	190	186	2	20	1181	11 605
8000	220	214	3	20	2044	14 227

注　1. 管的厚度和铜铝材料比，除了载流分配外，兼顾强度、刚度和弯管不变形的因素。

　　2. 母线的直线段不大于 13m（运输长度限制）；90°弯头的曲率半径可为 2.5～5 倍母线外径（常用 3.5 倍）。

9.1.8.5　气体绝缘式母线

气体绝缘式母线在国外称为 GIL（Gas-insulated Line），译名高压气体绝缘输（配）电线路，是在铝合金管型外壳中用绝缘子支撑的导体，并注入 SF_6 气体，首尾连接成线路。其电压等级为 72～550kV。电流可达 6300A。通常用于电厂内变电站或变电站配出线路，也适用于城市电网或大型企业的高压配电。

国外研究成果表明，GIL 有逐步取代电缆或架空线的发展趋势。因为它具有高安全性、高可靠性、不受气候影响、不受敷设条件限制。它可以在支架上明敷，可以在隧道或地沟中敷设，也可以直接埋地。由于没有高差限制，所以可以在竖井中敷设，也可以方便地穿越道路或河流。

较长距离的 GIL 系统由很多段管线连接而成。一个气室长度可达 160m，段与段连接依赖于独特的滑动母触头和长球型的公触头天衣无缝地吻合。也依赖于气室三重密封圈。加上

全线气压及局放监测，因此几乎不需要维护。

GIL 的筒体、导体和绝缘子是在车间里组装并进行例行试验后整体运输到现场。虽然最长气室可到 160m，但最大运输长度仅 10m。

就电气性能而言，GIL 是低电阻、低电容，因此损耗较小，保证了运行的低成本。铝合金外壳又有良好的屏蔽作用，它的外围没有电流，仅有极低的磁场，因此它有较好的电磁兼容性。

GIL 系统的应用需要全三维工程设计以及利用有限元方法精准计算其热膨胀和采取相应的补偿措施。

注 爆炸危险环境和火灾危险环境电线、电缆的选择见 11.12.6 和 11.13.5。

9.2 导体截面选择

9.2.1 电线、电缆导体截面选择

9.2.1.1 导体截面选择的条件

（1）按温升选择。导体通过负载电流时，导体温度不超过导体绝缘所能承受的长期允许最高工作温度，见 9.2.2 和 9.3。

（2）按经济条件选择。即按寿命期内的总费用（初始投资与线路损耗费用之和，也称 TOC）最少原则选择，见 16.4。

（3）按短路动、热稳定选择。高压电缆要校验热稳定性，母线要校验动、热稳定性，详见 5.6.2.4。低压电线、电缆短路热稳定的要求，见 11.2.3.2。

（4）线路电压降在允许范围内，见 9.4。

（5）满足机械强度的要求，见 9.2.1.5。

（6）低压电线、电缆应符合过负载保护的要求，还应保证在接地故障时保护电器能断开电路，详见第 11 章。

综合以上六个条件，将其中最大截面作为最终结果。

9.2.1.2 按温升选择截面

为保证导体的实际工作温度不超过允许值，导体按发热条件的允许长期工作电流（以下简称载流量，见 9.3），不应小于线路的工作电流。电缆通过不同散热环境，其对应的缆芯工作温度会有差异，应按最恶劣散热环境来选择截面。当负荷为断续工作或短时工作时，应折算成等效发热电流、按温升选择电线、电缆的截面，或者按工作制校正电线、电缆载流量。

9.2.1.3 按经济电流选择截面

根据 GB 50217—2007《电力工程电缆设计规范》中关于导体经济电流和经济截面选择的原理和方法，本手册结合工程设计的应用习惯，编制了导体的经济电流范围表格，以方便使用，详见 16.4。

9.2.1.4 按电压降校验截面

用电设备端子电压实际值偏离额定值时，其性能将受到影响，影响的程度由电压偏差的大小和持续时间而定。

配电设计中，按电压降校验截面时，应使各种用电设备端电压符合电压偏差允许值。当

然还应考虑到设备运行状况，例如对于少数远离变电站的用电设备或者使用次数很少的用电设备等，其电压偏移的允许范围可适当放宽，以免过多地耗费投资。

对于照明线路，一般按允许电压降选择线、缆截面，并校验机械强度和允许载流量。可先求得计算电流和功率因数，用电流矩法进行计算。

选择耐火电缆应注意，因着火时导体温度急剧升高导致电压降增大，应按着火条件核算电压降，以保证重要设备连续运行。目前市场上优质耐火电缆，燃烧试验测得的导体温度大约为500℃，导体电阻大约增至3倍，只要将按正常情况（即电压偏移允许值按＋5％～－5％）选择的电线、电缆截面适当放大，原来选择50mm²及以下截面时，放大一级截面；70mm²及以上截面时放大两级截面，通常就可以满足着火条件下的电压偏差不大于10％的条件。

9.2.1.5　按机械强度校验截面

交流回路的相导体和直流回路中带电导体的截面不应小于表9.2-1的值。

表9.2-1　　　　　　　　　　按机械强度允许的最小截面

敷设方式	绝缘子支撑点间距 L (m)	导体最小截面积 (mm²)	
		铜导体	铝导体
裸导体敷设在绝缘子上	—	10	16
绝缘导体敷设在绝缘子上	$L \leqslant 2$	1.5	10
	$2 < L \leqslant 6$	2.5	10
	$6 < L \leqslant 16$	4	10
	$16 < L \leqslant 25$	6	10
绝缘导体穿导管敷设或在槽盒中敷设		1.5	10

9.2.2　中性导体（N）及保护接地中性导体（PEN）的截面选择

9.2.2.1　中性导体（N）选择

（1）单相两线制电路中，无论相导体截面大小，中性导体截面都应与相导体截面相同。

（2）三相四线制配电系统中，N导体的允许载流量不应小于线路中最大的不平衡负荷电流及谐波电流之和。

当相导体为铜导体且截面积不大于16mm²或者铝导体且截面积不大于25mm²时，中性导体应与相线截面积相等。

当相导体截面积为大于16mm²的铜导体或者大于25mm²的铝导体时，若3次谐波电流不超过基波电流的15％，可选择小于相导体截面积，但不应小于相导体截面积的50％，且铜不小于16mm²或铝不小于25mm²。

（3）PEN导体除应符合N导体的选择要求外，还应满足PE导体的选择要求。PEN及PE导体截面选择，详见14.3.3。

9.2.2.2　存在谐波电流时导体截面选择

三相平衡系统中，有可能存在谐波电流，影响最显著的是三次谐波电流。三次谐波电流在中性导体中呈现3倍叠加。选择导体截面时，应计入谐波电流的影响。

（1）当谐波电流较小时，仍可按相导体电流选择导体截面，但计算电流应按基波电流除以表 9.2-2 中的校正系数。

（2）当三次谐波电流超过 33％时，它所引起的中性导体电流超过基波的相电流。此时应按中性导体电流选择导体截面。计算电流同样要除以表 9.2-2 中的校正系数。

表 9.2-2　　　　　　　　含有谐波电流时的计算电流校正系数

相电流中三次谐波分量（％）	校正系数		相电流中三次谐波分量（％）	校正系数	
	按相线电流选择截面	按中性线电流选择截面		按相线电流选择截面	按中性线电流选择截面
0～15	1.0		33～45		0.86
15～33	0.86		>45		1.0

注　表中数据仅适用于中性线与相线等截面的 4 芯或 5 芯电缆及穿管导线，并以三芯电缆或三线穿管的载流量为基础，即把整个回路导体视为一综合发热体来考虑。

（3）当谐波电流大于 15％时，中性导体的截面不应小于相导体的截面。例如以气体放电灯为主的照明线路、变频调速设备、计算机及直流电源设备等的供电线路。

（4）谐波电流校正系数应用举例。

【例 9-2-1】　三相平衡系统，负载电流 39A，采用 PVC 绝缘 4 芯电缆，沿墙明敷，求电缆截面。

解　不同谐波电流下的计算电流和选择结果见表 9.2-3。

表 9.2-3　　　　　　　　谐波对导线截面选择影响示例

负载电流状况	选择截面的计算电流（A）		选择结果	
	按相线电流	按中性线电流	截面积（mm²）	额定载流量（A）
无谐波	39	—	6	41
20％三次谐波	$\frac{39}{0.86}=45$	—	10	57
40％三次谐波	—	$\frac{39\times0.4\times3}{0.86}=54.4$	10	57
50％三次谐波	—	$\frac{39\times0.5\times3}{1.0}=58.5$	16	76

注　33％以下三次谐波电流对相线电流的影响较小可忽略。

9.3　导体载流量

9.3.1　载流量的说明

9.3.1.1　影响电线、电缆载流量因素

影响电线、电缆载流量的直接因素：

（1）电线、电缆的材质，如导体材料的损耗大小、绝缘材料的长期允许最高工作温度（见表 9.3-1）和允许短路温度。

表 9.3-1 　　　　　　　　　　　　**电线、电缆导体长期允许最高工作温度**

电线、电缆种类		导体长期允许最高工作温度（℃）	电线、电缆种类	导体长期允许最高工作温度（℃）
橡皮绝缘电线	500V	65	通用橡套软电缆	60
塑料绝缘电线	450/750V	70	耐热氯乙烯导线	105
交联聚乙烯绝缘电力电缆	1～10kV	90	铜、铝母线槽	110
	35kV	80	铜、铝滑接式母线槽	70
聚氯乙烯绝缘电力电缆	1kV	70	刚性矿物绝缘电缆	70、105 *
裸铝、铜母线和绞线		70	柔性矿物绝缘电缆	125
乙丙橡胶电力电缆		90		

* 刚性矿物绝缘电缆系指电缆表面温度，线芯温度约高5～10℃。

电缆允许短路温度：交联聚乙烯绝缘电力电缆250℃；聚氯乙烯绝缘电力电缆截面300mm² 及以上140℃，300mm² 以下160℃。

（2）多回路敷设时的载流量校正。本节所列载流量表中均为单回路或单根电缆的载流量数据。当多回路敷设时应乘以表9.3-2～表9.3-6的校正系数。

这些校正系数是假定各回路电缆截面相等且都是在额定载流量的情况下计算而得的数字。实际情况会有所不同，计算方法十分繁复。在工程设计时，可应用这些数字，当负荷率小于100％时，实际校正系数可提高一些。

表9.3-2～表9.3-6的校正系数，只适用于线芯长期允许工作温度 θ_n 相同的绝缘导线或电缆束。若不同 θ_n 的绝缘导线或电缆成束敷设，那么束中所有的绝缘导线或电缆载流量，只能根据其中 θ_n 最低的选择载流量并乘以校正系数。在工程设计中尽量避免不同 θ_n 的绝缘导线或电缆成束敷设。

如果某一回路（管线或电缆）的实际电流不超过成束敷设的30％额定电流时，在选择校正系数时，此回路数可忽略不计。

表 9.3-2 　　　　　　　　**多回路管线或多根多芯电缆成束敷设时的载流量校正系数**

敷设方式（电缆相互接触）		回路数或多芯电缆数量											
		1	2	3	4	5	6	7	8	9	12	16	20
A 至 F	成束敷设在空气中，沿墙、嵌入或封闭式敷设	1.00	0.80	0.70	0.65	0.60	0.57	0.54	0.52	0.50	0.45	0.41	0.38
C	单层敷设在墙上、地板或无孔托盘上	1.00	0.85	0.79	0.75	0.73	0.72	0.72	0.71	0.70	多于9个回路或9根多芯电缆不再减小降低系数		
	单层直接固定在天花板下	0.95	0.81	0.72	0.68	0.66	0.64	0.63	0.62	0.61			
E 至 F	单层敷设在水平或垂直的有孔托盘上	1.00	0.88	0.82	0.77	0.75	0.73	0.73	0.72	0.72			
	单层敷设在梯架或夹板上	1.00	0.87	0.82	0.80	0.80	0.79	0.79	0.78	0.78			

注　用字母表示的敷设方式见9.3.1.2。

敷设在导管、电缆管槽或电缆槽盒中的电缆束，束内有不同截面的绝缘导体或电缆，偏安全的成束降低系数计算公式

$$F = \frac{1}{\sqrt{n}}$$

式中　F——成束降低系数；

　　　n——电缆束中多芯电缆数或回路数。

采用这一公式得到的电缆束降低系数将减少小截面电缆的过负荷危险，但可能导致大截面电缆未充分利用。假如大截面和小截面的绝缘导体或电缆不混合在同一电缆束内，则大截面电缆未充分利用的问题就可以避免。

表 9.3-3　　　　　　　　多回路直埋地电缆的载流量校正系数

回路数	电缆间的净距（a）				
	无间距（电缆相互接触）	一根电缆外径	0.125m	0.25m	0.5m
2	0.75	0.80	0.85	0.90	0.90
3	0.65	0.70	0.75	0.80	0.85
4	0.60	0.60	0.70	0.75	0.80
5	0.55	0.55	0.65	0.70	0.80
6	0.50	0.55	0.60	0.70	0.80
7	0.45	0.51	0.59	0.67	0.76
8	0.43	0.48	0.57	0.65	0.75
9	0.41	0.46	0.55	0.63	0.74
12	0.36	0.42	0.51	0.59	0.71
16	0.32	0.38	0.47	0.56	0.68
20	0.29	0.35	0.44	0.53	0.66

注　1. 表中所给值适用于埋地深度 0.7m，土壤热阻系数为 2.5（K·m）/W 时的情况。在土壤热阻系数小于 2.5（K·m）/W 时，校正系数一般会增加，可采用 IEC 60287-2-1 给出的方法进行计算。

　　2. 假如回路中每相包含 m 根并联导体，确定降低系数时，该回路应认为是 m 个回路。

表 9.3-4　　　　　　　敷设在埋地管道内多回路电缆的载流量校正系数

电缆根数	管道之间距离			
	无间距（管道相互接触）	0.25m	0.5m	1.0m
2	0.85	0.90	0.95	0.95
3	0.75	0.85	0.90	0.95
4	0.70	0.80	0.85	0.90
5	0.65	0.80	0.85	0.90
6	0.60	0.80	0.80	0.90

续表

电缆根数	管道之间距离			
	无间距 (管道相互接触)	0.25m	0.5m	1.0m
7	0.57	0.76	0.80	0.88
8	0.54	0.74	0.78	0.88
9	0.52	0.73	0.77	0.87
10	0.49	0.72	0.76	0.86
11	0.47	0.70	0.75	0.86
12	0.45	0.69	0.74	0.85
13	0.44	0.68	0.73	0.85
14	0.42	0.68	0.72	0.84
15	0.41	0.67	0.72	0.84
16	0.39	0.66	0.71	0.83
17	0.38	0.65	0.70	0.83
18	0.37	0.65	0.70	0.83
19	0.35	0.64	0.69	0.82
20	0.34	0.63	0.68	0.82

表 9.3-5　　　　　敷设在自由空气中多芯电缆载流量校正系数

敷设方式			托盘或 梯架数	每个托盘中电缆数					
				1	2	3	4	6	9
有孔 托盘[a]	31	接触 ≥20mm　≥300mm	1	1.00	0.88	0.82	0.79	0.76	0.73
			2	1.00	0.87	0.80	0.77	0.73	0.68
			3	1.00	0.86	0.79	0.76	0.71	0.66
			6	1.00	0.84	0.77	0.73	0.68	0.64
		有间距 D_e　≥20mm	1	1.00	1.00	0.98	0.95	0.91	—
			2	1.00	0.99	0.96	0.92	0.87	—
			3	1.00	0.98	0.95	0.91	0.85	—

敷设方式			托盘或梯架数	每个托盘中电缆数					
				1	2	3	4	6	9
垂直安装的有孔托盘b	31	接触	1	1.00	0.88	0.82	0.78	0.73	0.72
			2	1.00	0.88	0.81	0.76	0.71	0.70
		有间距	1	1.00	0.91	0.89	0.88	0.87	—
			2	1.00	0.91	0.88	0.87	0.85	—
无孔托盘	31	接触	1	0.97	0.84	0.78	0.75	0.71	0.68
			2	0.97	0.83	0.76	0.72	0.68	0.63
			3	0.97	0.82	0.75	0.71	0.66	0.61
			6	0.97	0.81	0.73	0.69	0.63	0.58
梯架和夹板等a	32 33 34	接触	1	1.00	0.87	0.82	0.80	0.79	0.78
			2	1.00	0.86	0.80	0.78	0.76	0.73
			3	1.00	0.85	0.79	0.76	0.73	0.70
			6	1.00	0.84	0.77	0.73	0.68	0.64
		有间距	1	1.00	1.00	1.00	1.00	1.00	—
			2	1.00	0.99	0.98	0.97	0.96	—
			3	1.00	0.98	0.97	0.96	0.93	—

9

续表

敷设方式			托盘或梯架数	每个托盘或梯架内三相回路数			对以下情况的额定值作倍数使用
				1	2	3	
有孔托盘a	31	相互接触	1	0.98	0.91	0.87	水平排列的三根电缆
			2	0.96	0.87	0.81	
			3	0.95	0.85	0.78	
垂直安装的有孔托盘b	31	相互接触	1	0.96	0.86	—	垂直排列的三根电缆
			2	0.95	0.84	—	
梯架和夹板等a	32 33 34	相互接触	1	1.00	0.97	0.96	水平排列的三根电缆
			2	0.98	0.93	0.89	
			3	0.97	0.90	0.86	
有孔托盘a	31		1	1.00	0.98	0.96	三角形排列的三根电缆
			2	0.97	0.93	0.89	
			3	0.96	0.92	0.86	
垂直安装的有孔托盘b	31	有间距	1	1.00	0.91	0.89	
			2	1.00	0.90	0.86	
梯架夹板等a	32 33 34		1	1.00	1.00	1.00	
			2	0.97	0.95	0.93	
			3	0.96	0.94	0.90	

注　1. 表中给的值为给出的各种导体截面和电缆型号得出的平均值，这些值的变化范围一般小于±5%。
　2. 表中降低系数适用于电缆单层敷设（或三角形成束敷设），不适用于电缆多层相互接触敷设。该敷设方式的数值会显著变小，宜由适当的方法确定。
　3. 对于回路中每相有多根电缆并联时，每三相一组作为一个回路使用本表。
　4. 如果回路的每相包含 m 根平行导体，确定降低系数时，这个回路应当认为是 m 个回路。
a. 表中所给的数值用于两个托盘间垂直距离为 300mm，且托盘与墙之间距离不小于 20mm 的情况。小于这一距离时降低系数应当减小。
b. 表中所给的数值为托盘背靠背安装，水平间距为 225mm，小于这一距离时降低系数应当减小。

9

表 9.3-6   **电缆在托盘、梯架内多层敷设时载流量校正系数**

支架形式	电缆中心距	电缆层数	校正系数	支架形式	电缆中心距	电缆层数	校正系数
有孔托盘	紧靠排列	2	0.55	梯架	紧靠排列	2	0.65
		3	0.50			3	0.55

注 1. 表中数据不适于交流系统中使用的单芯电缆。

    2. 多层敷设时，校正系数较小，工程设计应尽量避免 2 层及以上的敷设方式。

    3. 多层敷设时，平时不载流的备用电缆或控制电缆应放置在中心部位。

    4. 本表的计算条件是按电缆束中 50% 电缆通过额定电流，另 50% 电缆不通电流。表中数据也适用于全部电缆载流 85% 额定电流的情况。

9.3.1.2 敷设方式对布线系统载流量的影响

GB/T 16895.6—2014《建筑物电气装置 第 5-52 部分：电气设备的选择和安装 布线系统》将电线、电缆的敷设方式划分为 A1、A2、B1、B2、C、D、E、F、G 九大类，见表 9.3-7。

本手册编制了常用的 B1、B2、C、D、D2、E、F、G 八种敷设方法的载流量表。

表 9.3-7   **布线系统载流量相对应的敷设方式**

序号	敷设方式	描述	用于载流量选择的参考敷设方式
1	房间	绝缘导体或单芯电缆穿导管敷设在隔热墙[a,c]内	A1
2	房间	多芯电缆穿导管敷设在隔热墙[a,c]内	A2
3	房间	多芯电缆直接敷设在隔热墙[a,c]内	A1
4		绝缘导体或单芯电缆穿导管敷设在木质或砖石[c]面上，或与墙间距小于 0.3 倍导管直径	B1
5		多芯电缆穿导管敷设在木质或砖石墙[c]面上，或与墙间距小于 0.3 倍导管直径	B2

9

序号	敷设方式	描述	用于载流量选择的参考敷设方式
6	6　　　　7	绝缘导体或单芯电缆敷设在木质或砖石墙上的电缆槽盒〔包括组合式（多间隔）电缆槽盒〕内 —水平敷设b —垂直敷设b,c	B1
7			
8	8　　　　9	多芯电缆敷设在木质或砖石墙上的电缆槽盒〔包括组合式（多间隔）电缆槽盒〕内 —水平敷设b —垂直敷设b,c	考虑中d 可采用 B2
9			
10	10　　　　11	绝缘导体或单芯电缆敷设在吊装的电缆槽盒中b	B1
11		多芯电缆敷设在吊装的电缆槽盒中b	B2
12		绝缘导体或单芯电缆敷设在装饰线条c,e中	A1
13		绝缘导体穿导管或单芯或多芯电缆敷设在门框c,f内	A1
14		绝缘导体穿导管或单芯或多芯电缆敷设在窗框c,f内	A1
15		单芯或多芯电缆: —固定在木质或砖石墙c上，或离墙间距小于0.3倍电缆外径	C
16		单芯电缆或多芯电缆: —直接固定在木质或砖石顶板下	C，与表9.3-2一起使用

9

续表

序号	敷设方式	描述	用于载流量选择的参考敷设方式
17		单芯或多芯电缆： —离顶板一定间距敷设	考虑中 可采用方式 E
18		沿吊装式用电器具的固定敷设	C，与表 9.3-2 一起使用
19		单芯或多芯电缆： 在水平或垂直的无孔托盘上敷设[c,h]	C，与表 9.3-2 一起使用
20		单芯或多芯电缆： 在水平或垂直的有孔托盘上敷设[c,h] 注　参考表 9.3-7 的规定	E 或 F
21		单芯或多芯电缆： 水平或垂直敷设在支架或金属网格托盘[c,h]	E 或 F

9

续表

序号	敷设方式	描述	用于载流量选择的参考敷设方式
22		单芯或多芯电缆： 与墙有间距（大于 0.3 倍电缆外径）敷设	E 或 F，或 G^g
23		单芯或多芯电缆： 梯架敷设^c	E 或 F
24		单芯或多芯电缆吊装在吊索上或与吊索组合安装	E 或 F
25		裸导体或绝缘导体敷设在绝缘子上	G
26		单芯或多芯电缆敷设在建筑物孔道内^{c,h,i}	$1.5D_e{\leqslant}V{<}5D_e$ B2 $5D_e{\leqslant}V{<}20D_e$ B1
27		绝缘导体穿导管敷设在建筑物孔道内^{c,i,j}	$1.5D_e{\leqslant}V{<}20D_e$ B2 $V{\geqslant}20D_e$ B1
28		单芯电缆或多芯电缆穿导管敷设在建筑物孔道内^c	考虑中，可参考 $1.5D_e{\leqslant}V{<}20D_e$ B2 $V{\geqslant}20D_e$ B1

序号	敷设方式	描述	用于载流量选择的参考敷设方式
29		绝缘导体敷设在建筑物孔道内的电缆管槽中[c,i,j]	$1.5D_e \leqslant V < 20D_e$ B2 $V \geqslant 20D_e$ B1
30		单芯或多芯电缆敷设在建筑物孔道内的电缆管槽中[c]	考虑中，可参考 $1.5D_e \leqslant V < 20D_e$ B2 $V \geqslant 20D_e$ B1
31		绝缘导体安装在热阻系数不超过2（K·m)/W 的砖石砌体中电缆管槽内[c,h,i]	$1.5D_e \leqslant V < 5D_e$ B2 $5D_e \leqslant V < 50D_e$ B1
32		单芯或多芯电缆安装在热阻系数不超过2（K·m)/W 的砌体中电缆管槽内[c,h,i]	考虑中，可参考 $1.5D_e \leqslant V < 20D_e$ B2 $V \geqslant 20D_e$ B1
33		单芯或多芯电缆： （1）在顶板孔隙内； （2）在抬高的活动地板内[h,i]	$1.5D_e \leqslant V < 5D_e$ B2 $5D_e \leqslant V < 50D_e$ B1
34		绝缘导体或单芯电缆敷设在（嵌入式）地面电缆槽盒内	B1
35		多芯电缆敷设在（嵌入式）地面电缆槽盒内	B2
36		绝缘导体或单芯电缆安装在嵌入式电缆槽盒内[c]	B1
37		多芯电缆安装在嵌入式电缆线槽内[c]	B2
38		绝缘导体或单芯电缆穿导管水平或垂直敷设在不通风的电缆沟中[c,i,k,m]	$1.5D_e \leqslant V < 20D_e$ B2 $V \geqslant 20D_e$ B1

9

序号	敷设方式	描述	用于载流量选择的参考敷设方式
39		绝缘导体穿导管敷设在开敞或通风的地面电缆沟中[l,m]	B1
40		单芯或多芯护套电缆水平或垂直敷设在开敞或通风的电缆沟中[m]	B1
41		单芯或多芯电缆直接敷设在热阻不超过 2 $(K \cdot m)/W$ 的砌体内 无附加机械保护[n,o]	C
42		单芯或多芯电缆直接敷设在热阻不超过 2 $(K \cdot m)/W$ 的砌体内 有附加机械保护[n,o]	C
43		绝缘导体或单芯电缆穿导管敷设在砖石砌体内[o]	B1
44		多芯电缆穿导管敷设在砖石砌体内[o]	B2
45		多芯电缆穿管埋地敷设或敷设在埋地电缆管槽中	D1
46		单芯电缆穿管埋地敷设或敷设在埋地电缆管槽中	D1

9

续表

序号	敷设方式	描述	用于载流量选择的参考敷设方式
47		带护套单芯或多芯电缆直埋地敷设 —无附加机械保护[p]	D2
48		带护套单芯或多芯电缆直埋地敷设 —有附加机械保护[p]	D2

[a] 墙的内表面的导热系数不小于 $10W/(m^2 \cdot K)$。

[b] 敷设方式 B1 和 B2 给出的数值是对单回路而言。当线槽中有多个回路时，成束降低（校正）系数可参照表 9.3-2，不考虑内部分离（栅栏、障碍物）或隔板存在产生的影响。

[c] 当电缆垂直敷设且通风受限制时应注意。其垂直部分顶部的环境温度升高有可能是相当可观的。方法正在考虑中。

[d] 可采用敷设方式 B2 的值。

[e] 由于建筑材料及可能的空间的原因，假定围护物的热阻很差。此时建筑物的热阻相当于安装方式 6 或 7 的情况，可采用参考方式 B1。

[f] 由于建筑材料及可能的空间的原因，假定围护物的热阻很差。此时建筑物的热阻相当于敷设方式 6，7，8 或 9，可参照参考方式 B1 或 B2。

[g] 也可采用表 9.3-2 的系数。

[h] D_e 表示多芯电缆的外径：
 ——三根单芯电缆三角形成束敷设：2.2×电缆直径；
 ——三根单芯电缆平行敷设：3×电缆直径。

[i] V 是砖石管道或孔洞的较小尺寸或直径，或长方形管道、地板或顶板板孔或通道的垂直深度。通道的深度比宽度更重要。

[j] D_e 是线管的外径或电缆管道的垂直深度。

[k] D_e 是线管的外径。

[l] 对于敷设方式 39 中的多芯电缆安装，应用参考方式 B2 的载流量。

[m] 建议将这些敷设方式仅用于有专业人员进入的场所，以减少因人员出入带来的废弃物的集聚对载流量和火灾危险的影响。

[n] 对于不超过 $16mm^2$ 的电缆导体，其载流量可能更高。

[o] 砖石的热阻不超过 2 $(K \cdot m)/W$，"砖石"包括砖，混凝土，砂浆和类似物质（不同于绝热材料）。

[p] 当土壤热阻为 2.5 $(K \cdot m)/W$ 左右时，此项中的直埋电缆内容满足要求。对于较低的土壤热阻，直埋电缆的载流量略高于在管道中敷设时的电缆载流量。

9.3.1.3 敷设处环境对布线系统载流量的影响

（1）敷设处的环境温度的影响：环境温度系指电线、电缆无负荷时周围介质温度，见表 9.3-8。

表 9.3-8   **确定电线、电缆载流量的环境温度**

电缆敷设场所	有无机械通风	选取的环境温度
土中直埋	—	埋深处的最热月平均地温
水下	—	最热月的日最高水温平均值
户外空气中、电缆沟	—	最热月的日最高温度平均值

续表

电缆敷设场所	有无机械通风	选取的环境温度
有热源设备的厂房	有	通风设计规范
	无	最热月的最高温度平均值另加5℃
一般性厂房及其他建筑物内	有	通风设计温度
	无	最热月的日最高温度平均值
户内电缆沟	无	最热月的日最高温度平均值另加5℃
隧道、电气竖井		
隧道、电气竖井	有	通风设计规范

注 1. 数量较多的电缆工作温度大于70℃的电缆敷设于未装机械通风的隧道、电气竖井时,应计入对环境温升的影响,不能直接采取仅加5℃。

2. 本表摘自 GB 50054—2011《低压配电设计规范》。

本手册所列载流量值,空气中敷设是以环境温度 30℃为基准,埋地敷设是以环境温度 20℃为基准。在不同的环境温度下,电线、电缆允许的载流量尚应乘以相应的校正系数,载流量校正系数 K_t,其计算公式为

$$K_t = \sqrt{\frac{\theta_n - \theta_a}{\theta_n - \theta_c}} \qquad (9.3\text{-}1)$$

式中　θ_n——电线、电缆线芯允许长期工作温度,℃,见表 9.3-1;

　　　θ_a——敷设处的环境温度,℃;

　　　θ_c——已知载流量数据的对应温度,℃。

为使用方便,编入了几种常用的环境温度下的载流量数据。在空气中敷设的有 25、30、35、40℃四种;耐热塑料线及乙丙橡胶类的有 50、55、60、65℃四种,在土壤中直埋或穿管埋设的有 20、25、30℃三种。K_t 值列于表 9.3-9 和表 9.3-10。

表 9.3-9　　　　　　空气中敷设时环境温度不等于 30℃时的校正系数 K_t 值

环境温度 (℃)	PVC**	XLPE、EPR** BBTR□-***	BTT□-刚性矿物绝缘*	
			PVC 外护层和易于接触的 裸护套(70℃)	不允许接触的裸护套 (105℃)
10	1.22	1.15	1.26	1.14
15	1.17	1.12	1.20	1.11
20	1.12	1.08	1.14	1.07
25	1.06	1.04	1.07	1.04
35	0.94	0.96	0.93	0.96
40	0.87	0.91	0.85	0.92
45	0.79	0.87	0.78	0.88
50	0.71	0.82	0.67	0.84
55	0.61	0.76	0.57	0.80
60	0.50	0.71	0.45	0.75
65		0.65		0.70
70		0.58		0.65
75		0.50		0.60
80		0.41		0.54
85				0.47

环境温度 （℃）	PVC**	XLPE、EPR** BTT□-***	BTT□-刚性矿物绝缘*	
			PVC 外护层和易于接触的 裸护套（70℃）	不允许接触的裸护套 （105℃）
90				0.40
95				0.32

* 更高的环境温度，与制造厂协商解决。

** PVC 聚氯乙烯绝缘及护套电缆；XLPE 交联聚乙烯绝缘电缆；EPR 乙丙橡胶绝缘电缆。

*** BTT□刚性矿物绝缘电缆；BBTR□柔性矿物绝缘电缆。

表 9.3-10　　　　**埋地敷设时环境温度不等于 20℃时的校正系数 K_t 值**

（用于地下管道中的电缆载流量）*

埋地环境温度（℃）	PVC**	XLPE 和 EPR
10	1.10	1.07
15	1.05	1.04
25	0.95	0.96
30	0.89	0.93
35	0.84	0.89
40	0.77	0.85
45	0.71	0.80
50	0.63	0.76
55	0.55	0.71
60	0.45	0.65
65		0.60
70		0.53
75		0.46
80		0.38

* 本表适用于电缆直埋地及地下管道埋设。

** PVC 聚氯乙烯绝缘及护套电缆，XLPE 交联聚乙烯绝缘电缆，EPR 乙丙橡胶绝缘电缆。

（2）土壤热阻系数的影响：土壤热阻是指土壤与电缆表面界面的热阻，它和界面大小、土壤性质、土壤密度、含水量及电缆表面温度等因素有关。当电缆直埋地或穿管埋地时，除土壤温度外，土壤热阻系数是另一影响电缆载流量的主要因素。

根据我国不同地区的土壤分布情况，土壤热阻系数大致见表 9.3-11。

表 9.3-11　　　　　　　**不同类型土壤热阻系数 ρ_τ**　　　　　　　（K·m）/W

	0.8	1.2	1.5	2.0	2.5	3.0
土壤情况	潮湿土壤、沿海、湖、河畔地带，雨量多的地区，如华东、华南地区等	普通土壤，如东北大平原夹杂质的黑土或黄土，华北大平原黄土、黄黏土沙土等	较干燥土壤，如高原地区，雨量较少的山区、丘陵、干燥地带	干燥土壤，如高原地区，雨量少的山区、丘陵、干燥地带	水分迁移的干燥土壤或粗沙、建筑垃圾	非常干燥或多石层地区
	湿度＞9%的沙土或湿度＞10%的沙泥土	湿度为 7%～9% 的沙土或湿度为 12%～14%的沙泥土	湿度为 8%～12%沙泥土	湿度为 4%～7%的沙土或湿度为 4%～8%的沙泥土	湿度 4%～1%的黏土	湿度＜4%的沙土或湿度＜1%的黏土

从表 9.3-11 中所列数据可知，干燥的沙热阻系数较高，约 2.5，建筑垃圾为 2.5 上下，埋地电缆载流量表以 $\rho_\tau = 2.5$ 为代表数据（GB/T 16895.6—2014 和 JB/T 10181.5/IEC 60287-3-2 指出当未能明确土壤类型和地理位置时取 $\rho_\tau = 2.5$ 通常是必要的）。这些数据符合电缆敷设标准图中的敷设方式，也适用于敷设在建筑物周围的电缆。当电缆敷设处的实际土壤热阻系数不等于 2.5（K·m）/W 时，电缆载流量应按表 9.3-12 校正。

9

表 9.3-12　　　　　　　　　　　不同土壤热阻系数的载流量校正系数

土壤热阻系数　[(K·m)/W]		1.00	1.20	1.50	2.00	2.50	3.00
载流量校正系数	电缆穿管埋地	1.18	1.15	1.1	1.05	1.0	0.96
	电缆直埋接地	1.5	1.4	1.28	1.12	1.0	0.9

　　注　校正系数适用于管道埋地深度不大于 0.8m。

　　从表 9.3-11 中也可知,沙作为电缆敷设的垫层,对于电缆载流量并不是好的选择。特别是颗粒大小均匀的粗沙更差。由于保护电缆有利被大量应用,从提高载流量的角度,宜选择热阻系数较小的垫层。

　　沙与砾石混合比 1:1,沙粒度直径不超过 2.4mm,砾石粒度直径约 2.4~10mm,(不得带有尖角形颗粒)均匀混合后,作为垫层代替沙垫层,在干燥状态下,ρ_τ 约为 1.2~1.5(K·m)/W。

　　沙与水泥混合,沙与水泥体积比 14:1 或重量比 18:1 代替沙垫层,在干燥状态下,ρ_τ 约为 1.2(K·m)/W。

　　也可采用特殊配方的"敷设电缆用回垫土"(专利号 90108313.5)代替沙垫层。这种特殊回垫土是由不同粗细的沙、砾石、水泥、粉煤灰及一些特殊材料配制而成,能有效降低土壤热阻,提高电缆载流量。它的 ρ_τ 为 1.0~1.2(K·m)/W,性能高于沙与砾石和沙与水泥混合的垫层,而且能长时间保持稳定,成本也很低廉。

　　当设计选用交联聚乙烯绝缘聚氯乙烯护套电缆直埋地敷设时,选用热阻较小的垫层尤为重要。由于这种电缆的线芯工作温度可达 90℃,电缆表面温度也较高,往往造成电缆沿线周围土壤干化,即所谓水分迁移现象。由于水分迁移,使土壤热阻系数增大。电缆线芯长期工作温度超过 70℃时,水分迁移比较明显。线芯温度愈高,情况愈严重。这种现象在地下水位较低的西北地区尤为显著,屡有电缆过热事故发生。对于南方地区虽现象较轻,但也存在,值得重视。因此,除直接埋设于水泥或沥青路面下或有保水覆盖层的情况外,一般应考虑水分迁移的影响。设计宜采用土壤热阻系数 2.5~3.0K·m/W 来校正电缆载流量,以降低电缆表面温度,否则应采用特殊回垫土换土处理。

　　(3)日照的影响:电缆户外敷设。电缆户外敷设且无遮阳时,载流量校正系数见表 9.3-13。

表 9.3-13　　　　　　　　　1~10kV 电缆户外敷设无遮阳时载流量校正系数

电缆截面积（mm²)				35	50	70	95	120	150	185	240
电压 (kV)	1	芯数	三				0.90	0.98	0.97	0.96	0.94
	6~10		三	0.96	0.95	0.94	0.93	0.92	0.91	0.90	0.88
			单				0.99	0.99	0.99	0.99	0.98

　　注　运用本表系数校正对应的载流量基础值,是采取户外环境温度的户内空气中电缆载流量。

　　(4)穿管敷设对载流量的影响:穿管敷设是指电线、电缆穿管明敷在空气中或暗敷在墙内、楼板内、地坪下。环境温度采用敷设地点的最热月平均最高温度。

　　管材种类在 GB/T 16895.6—2014 中,不再区分塑料管和钢管。在管线多根并列时,其载流量应乘以校正系数。对于备用或正常情况下实际电流小于 30% 额定载流量的管线,可不必计入根数。

　　电线穿管敷设时,对不载流或正常情况下载流很小的中性线,可不计入电线根数。

　　本手册所列管线的载流量是适用于焊接钢管类(厚壁钢管)、黑铁电线管类(薄壁钢管)、硬塑料管及可挠金属电线保护管。金属管材种类很多，主要有：

1）焊接钢管类（厚壁钢管），管径有 15、20、25、32、40、50、63、75、100 等。

a）热浸镀锌焊接钢管适用于地下室、潮湿环境或埋入泥地。

b）防爆环境应采用低压流体输送用镀锌焊接钢管。

c）外壁复合护层焊接钢管适用于地铁、隧道、桥梁等潮湿环境或盐雾及中度腐蚀环境明敷或埋地电缆。

2）黑铁电线管类（薄壁钢管）。

a）KBG 管是采用扣压连接方式的镀锌电线管。符合 GB/T 14823.1—93《电气安装用导管特殊要求》的规定。管子连接只要将管子插入专用直管接头，用扣压器在连接处施压即可。管子与箱（盒）连接是将带螺纹的管接头先与箱（盒）连接，然后再将管子插入管接头施压。

KBG 管内径同焊接钢管，穿管标准与焊接钢管相同。目前生产规格有直径 16、20、25、32、40、50 共 6 种。壁厚有 1.0、1.2、1.6mm 三种，质量轻，节约大量钢材，由于内外表面镀锌，比黑铁电线管耐腐蚀。建筑工程应采用 1.6mm 壁厚。

KBG 管主要适用于 1kV 及以下，无特殊规定的室内干燥场所，工业与民用建筑明敷或暗敷均可使用。但由于管壁较薄，不宜用作穿过建筑物、构筑物的进户管，也不宜穿越设备基础。

KBG 管经扣压连接处，不需设置跨接线，其接触电阻小于规定值，符合电气连接要求。由于其管壁较薄，不应单独作为电气设备的接地线。

JDG 套接紧定式钢导管是 KBG 管的派生产品。它是利用钢制管接件两端与导管轴相垂直的螺钉或偏心旋钮压紧导管实现连接，分别称为螺钉紧定式和旋压紧定式。螺钉紧定式导管连接时，用力将紧定螺钉拧断即可。旋压紧定式将偏心旋钮旋转压紧。JDG 管的主要性能，穿管标准均与 KGB 管相同。但 JDG 管存在两项缺点：①由于紧定螺栓的技术标准不明确，质量的分散性较大，降低了连接的可靠性；②紧定连接时由于从管周的某一点压紧，导致管壁压缩变形。使连接处缝隙增加，混凝土灌浇时浆水有可能渗入导管内，影响穿线。因此 JDG 管适宜用于明敷；若敷设在混凝土中，接口处须采取防渗浆措施。改进型 JDG 管采用双压紧点，管子变形大大减少。

b）碳素结构钢电线管。管径有 16、19、25、32、38、51 等，管径 51mm 及以上的电线管，因管壁薄，冷弯易变形，故不宜冷弯使用。

c）外壁喷涂防火涂料热浸锌钢管适用于消防设备线路。

d）内壁复合护层热浸锌钢导线管适用于潮湿或轻度腐蚀环境。

e）内外壁复合护层镀锌钢管、内外壁环氧树脂复合护层镀锌钢电线管适用于地铁、隧道、桥梁等潮湿环境或盐雾及中度腐蚀环境明敷或埋地管线。

f）不锈钢电线管适用于制药、食品、精细化工或重度腐蚀环境。

3）可挠金属电线保护管的选择。用镀锌钢带做外层，环氧树脂做内层制成螺旋式管子。不用工具可任意弯曲定型的绝缘导线保护管称为可挠金属电线保护管，也称可弯曲金属导管，作为电线、电缆的外保护套管。

主要用途有：

a）敷设在一般环境的建筑物顶棚内或暗敷于墙体、混凝土地面、楼板垫层或现浇钢筋混凝土板内；

b）金属电线保护管与配电箱或接线盒连接；

9

c) 过建筑物沉降缝或伸缩缝的过渡连接；

d) 吊顶内电线保护管；

e) 电动机进线保护管；

f) 沿用电设备表面敷设的线路；

g) 高速公路、地铁工程、隧道工程、铁路等需要弯曲连接的电线保护管。

可挠金属电线保护管有多种型号，根据使用环境，选择见表9.3-14。

可挠金属导管的管径选择详见第10章及CECS 87:96《可挠金属电线保护管配线工程技术规范》。

表 9.3-14　　　　　　　　　　　可挠金属电线保护管选型

型号	结构特点		适 用 范 围
KZ 基本型	外层：热镀锌钢带		敷设在正常环境的建筑物顶棚内或暗敷于墙体、混凝土地面、楼板垫层或现浇钢筋混凝土板内（参照 GB 50054—2011 中的 7.2.21）
	内层：特殊树脂		
KV 防水型	KV 外层软质 PVC 保护膜		可使用 KZ 的场所，室内外潮湿场所（明暗敷均可）；直埋地下素土内；蒸汽密度高的场所；有酸、碱腐蚀性的场所
KVZ 阻燃型	同 KV，内外层材料阻燃		可使用 KZ/KV 的场所；火灾自动报警系统；防火要求较高的场所
KVD 低烟无卤型	同 KV/KVZ		适用于消防系统中的配管；可使用 KZ/KV/KVZ 的场所等

(5) 电缆沟内或电缆隧道中通风对载流量的影响：对电缆在电缆沟内敷设，不通风且有盖的电缆沟内，电缆产生的热量主要靠四壁传导散出，因此会造成热量积聚，使电缆沟内空气温度上升，电缆的长期允许载流量比空气可以自由流动的地方小。

电缆沟空气的温升与电缆沟断面尺寸及电缆总损耗有关。电缆的损耗计算详见第10章。

对于户内电缆沟或者户外电缆沟盖板上复土厚度超过 30cm 以上者，可不计阳光直射的影响。选择电缆截面时，电缆沟内空气温度可按最热月的日最高温度平均值加 5℃ 来选择。对于户外电缆沟盖板上无覆土的情况，应计入阳光直射使盖板发热而导致沟内气温上升的因素，通常，日照可使沟内平均气温升高 2～5℃，也就是应按最热月的日最高温度平均值加 7～10℃ 来选择电缆截面。

当电缆数量较多，采用电缆隧道敷设时，须详细计算因电缆发热而引起的隧道内空气的升温。一般电缆隧道宜采用自然通风。在自然通风情况良好的电缆隧道内，选择电缆截面时，环境温度仍可采用最热月日最高温度平均值。

当电缆数量较多而且有一定数量的交联聚乙烯绝缘电缆时，由于它导体工作温度达 80～90℃，电缆外表的温度也接近 60～70℃。会导致环境温度显著升高。当隧道内气温达到 50℃ 时，须采取机械通风。此时，选择电缆截面应根据隧道内的通风计算温度来确定载流量。

9.3.2　塑料绝缘电线的载流量

450/750V 型聚氯乙烯绝缘电线穿管载流量见表 9.3-15；

交联聚乙烯及乙丙橡胶绝缘电线穿管载流量见表 9.3-16；

BV-105 型耐热聚氯乙烯绝缘铜芯电线穿管载流量见表 9.3-17；

聚氯乙烯绝缘电线明敷载流量见表 9.3-18；

交联聚乙烯及乙丙橡胶绝缘电线明敷载流量见表 9.3-19；

铜芯塑料绝缘软线、塑料护套线明敷设的载流量见表 9.3-20。

表 9.3-15　450/750V 型聚氯乙烯绝缘电线穿电线管穿管载流量及管径　$\theta_n = 70℃$

敷设方式 B1　（铜）

每管二线靠端

线芯截面(mm²)	载流量(A) 25℃	30℃	35℃	40℃	管径1(mm) SC	MT	PC	管径2(mm) SC	MT	PC
1.5	19	17.5	16	15	15	16	16	15	16	16
2.5	25	24	22	21	15	16	16	15	16	16
4	34	32	30	28	15	19	16	15	16	16
6	43	41	38	36	20	25	20	20	16	16
10	60	57	53	49	25	25	25	25	19	20
16	81	76	71	66	25	32	32	32	32	25
25	107	101	94	87	32	38	32	40	32	32
35	133	125	117	108	32	38	40	50	38	32
50	160	151	141	131	40	(51)	50	50	51	40
70	204	192	180	166	50	(51)	50	70	51	50
95	246	232	217	201	50	—	63	80	(51)	63
120	285	269	252	233	63	—	63	—	—	63
150	318	300	281	260	—	—	—	—	—	63
185	362	341	319	295	—	—	—	—	—	63
240	424	400	374	346	—	—	—	—	—	—
300	486	458	428	397	—	—	—	—	—	—

每管三线靠端

线芯截面(mm²)	载流量(A) 25℃	30℃	35℃	40℃	管径1(mm) SC	MT	PC	管径2(mm) SC	MT	PC
1.5	16	15.5	14	13	15	16	16	15	16	16
2.5	22	21	20	18	15	16	16	15	16	16
4	30	28	26	24	15	19	16	15	16	16
6	38	36	34	31	20	25	20	15	19	20
10	53	50	47	43	25	32	25	20	19	20
16	72	68	64	59	25	32	32	25	25	25
25	94	89	83	77	32	38	32	25	32	32
35	117	110	103	95	40	(51)	40	32	32	32
50	142	134	125	116	50	(51)	50	40	38	40
70	181	171	160	148	65	(51)	50	50	51	50
95	220	207	194	179	65	—	63	70	51	50
120	253	239	224	207	65	—	63	—	(51)	63
150	278	262	245	227	80	—	—	—	—	—
185	314	296	277	256	80	—	—	—	—	—
240	367	346	324	300	—	—	—	—	—	—
300	418	394	369	341	—	—	—	—	—	—

每管四线靠端

线芯截面(mm²)	载流量(A) 25℃	30℃	35℃	40℃	管径1(mm) SC	MT	PC	管径2(mm) SC	MT	PC
1.5	15	14	13	12	15	16	16	15	16	16
2.5	20	19	18	16	15	19	16	15	20	16
4	27	25	23	22	20	25	20	15	20	20
6	34	32	30	28	25	25	20	20	25	20
10	48	45	42	39	32	32	25	25	25	25
16	65	61	57	53	32	38	32	32	32	32
25	85	80	75	69	50	(51)	32	32	38	40
35	105	99	93	86	50	(51)	40	50	51	50
50	128	121	113	105	50	(51)	50	50	51	50
70	163	154	144	133	65	(51)	63	70	(51)	63
95	197	186	174	161	65	—	63	80	—	—
120	228	215	201	186	65	—	63	—	—	—
150	261	246	230	213	80	—	—	—	—	—
185	296	279	261	242	—	—	—	—	—	—
240	—	—	—	—	—	—	—	—	—	—
300	—	—	—	—	—	—	—	—	—	—

每管五线靠墙或埋墙

线芯截面(mm²)	管径1(mm) SC	MT	PC	管径2(mm) SC	MT	PC
1.5	15	19	20	15	20	20
2.5	15	19	20	15	20	20
4	20	25	25	20	20	20
6	20	25	25	20	25	25
10	32	38	32	32	25	25
16	32	38	32	32	38	40
25	40	51	40	50	38	40
35	50	(51)	50	50	51	50
50	65	—	63	70	(51)	63
70	80	—	63	80	63	63
95	80	—	—	100	63	—
120	80	—	—	100	—	—
150	100	—	—	100	—	—
185	100	—	—	125	—	—
240	125	—	—	150	—	—
300	—	—	—	150	—	—

9

续表

敷设方式 B1

每管二线靠墙

线芯截面 (mm²)	不同环境温度的载流量 (A)				管径1 (mm)			管径2 (mm)		
	25℃	30℃	35℃	40℃	SC	MT	PC	SC	MT	PC
10	47	44	41	38	20	25	25	20	25	25
16	64	60	56	52	25	32	25	20	32	32
25	84	79	74	68	32	38	32	25	32	32
35	103	97	91	84	32	38	40	32	38	32
50	125	118	110	102	40	(51)	50	40	50	40
70	159	150	140	130	50	(51)	50	50	51	50
95	192	181	169	157	50		63	50	(51)	63
120	223	210	196	182	65		63	70		63
150	248	234	219	203	65			70		(63)
185	282	266	249	230	65			80		
240	331	312	292	270	80			80		
300	380	358	335	310	80			—	50	50

每管三线靠墙

线芯截面 (mm²)	不同环境温度的载流量 (A)				管径1 (mm)			管径2 (mm)		
	25℃	30℃	35℃	40℃	SC	MT	PC	SC	MT	PC
10	41	39	36	34	25	32	25	25	32	25
16	56	53	50	46	25	32	32	25	32	32
25	74	70	65	61	32	38	40	32	38	40
35	91	86	80	74	32	(51)	40	40	51	50
50	110	104	97	90	40	(51)	50	50	51	50
70	141	133	124	115	50	(51)	63	50	(51)	63
95	171	161	151	139	65		63	65		63
120	197	186	174	161	65			70		
150	216	204	191	177	65			80		63
185	244	230	215	199	80			80		
240	285	269	252	233	80			—		
300	325	306	286	265	80			—		

每管四线靠墙

线芯截面 (mm²)	不同环境温度的载流量 (A)				管径1 (mm)			管径2 (mm)		
	25℃	30℃	35℃	40℃	SC	MT	PC	SC	MT	PC
10	37	35	33	30	25	32	32	25	32	32
16	51	48	45	42	32	38	32	32	38	40
25	67	63	59	55	32	(51)	40	40	51	40
35	82	77	72	67	50	(51)	50	50	51	50
50	100	94	88	81	50	(51)	50	50	51	50
70	125	118	110	102	65	(51)	63	70		63
95	154	145	136	126	65		63	80		63
120	177	167	156	145	65					
150					80					
185										
240										
300										

每管五线靠墙或埋墙

线芯截面 (mm²)	管径1 (mm)			管径2 (mm)		
	SC	MT	PC	SC	MT	PC
10	32	38	32	32	38	40
16	32	38	32	32	38	40
25	40	51	40	50	51	50
35	50	(51)	50	50	(51)	63
50	50	(51)	63	70	63	63
70	65		63	80		
95				100		
120	80			100		
150				100		
185	100			125		

注：
1. 管径1根据GB 50303—2002《建筑电气安装工程施工质量验收规范》，按导线总截面≤保护管内孔面积的40%计。
管径2根据华北地区推荐标准：≤6mm²导线，按导线总截面≤保护管内孔面积的33%计；10～500mm²导线，按导线总截面≤保护管内孔面积的27.5%计；≥70mm²导线，按导线总截面≤保护管内孔面积的22%计。
无论管径1或管径2都规定直管长度≤30m，一个弯管长度≤20m，二个弯管长度≤15m，三个弯管长度≤8m，超长应设拉线盒或放大一级管径。
2. 保护管径打括号的不推荐使用。
3. 每管五线中，四线为载流量，故载流量数据同每管四线。若每管四线组成一个三相四线系统，则应按照每管三线的载流量。
4. SC为焊接钢管或KBG管；MT为黑铁电线管；PC为硬质塑料管。

表 9.3-16　交联聚乙烯及乙丙橡胶绝缘电线穿管载流量及管径 $\theta_n=90℃$

敷设方式 B1 导体截面 (mm²)	每管二线靠墙 载流量 (A) 25℃	30℃	35℃	40℃	管径1 SC	MT	管径2 SC	MT	每管三线靠墙 载流量 (A) 25℃	30℃	35℃	40℃	管径1 SC	MT	管径2 SC	MT	每管四线靠墙 载流量 (A) 25℃	30℃	35℃	40℃	管径1 SC	MT	管径2 SC	MT	每管五线靠墙或埋墙 管径1 SC	MT	管径2 SC	MT
铜 1.5	24	23	22	21	15	16	15	16	21	20	19	18	15	16	15	16	19	18	17	16	15	16	15	16	15	19	15	19
2.5	32	31	30	28	15	16	15	16	29	28	27	26	15	16	15	16	26	25	24	23	15	19	15	19	15	19	15	19
4	44	42	40	38	15	19	15	16	39	37	35	34	15	19	15	19	34	33	32	30	20	25	15	19	20	25	15	25
6	56	54	52	49	20	25	15	16	50	48	46	44	20	25	15	19	45	43	41	39	20	25	20	25	20	25	20	25
10	78	75	72	68	20	25	20	25	69	66	63	60	25	32	25	32	61	59	56	54	25	32	25	32	32	38	32	38
16	104	100	96	91	25	32	20	25	92	88	84	80	25	32	25	32	82	79	76	72	32	38	32	38	32	38	32	38
25	138	133	127	121	32	38	25	32	122	117	112	107	32	38	32	38	109	105	101	96	32	(51)	40	(51)	40	(51)	50	(51)
35	171	164	157	150	32	38	32	38	150	144	138	131	32	38	40	(51)	135	130	124	119	40	(51)	50	(51)	50	(51)	50	(51)
50	206	198	190	181	40	(51)	40	(51)	182	175	168	160	40	(51)	50	(51)	164	158	151	144	50	(51)	50	(51)	50		70	
70	263	253	242	231	50	(51)	50	(51)	231	222	213	203	50	(51)	70		208	200	191	183	65		70		65		80	
95	318	306	293	279	50		50	(51)	280	269	258	246	65		70		252	242	232	221	65		80		80		100	
120	368	354	339	323	65		70		325	312	299	285	65		80		292	281	269	257	65		100		80		100	
150	409	393	376	359	65		70		356	342	327	312	65		80						80		100		100		100	
185	467	449	430	410	65		80		400	384	368	351	80		100						100		100		100		125	
240	550	528	506	482	65		80		468	450	431	411	80		100						100		125		150		150	
300	628	603	577	550	80		100		535	514	492	469	100		125						100		150		150		150	

续表

敷设方式 B1 导体截面 (mm²)	每管二线墙靠墙 不同环境温度的载流量 (A) 25℃	30℃	35℃	40℃	管径1 (mm) SC	MT	管径2 (mm) SC	MT	每管三线靠墙 不同环境温度的载流量 (A) 25℃	30℃	35℃	40℃	管径1 (mm) SC	MT	管径2 (mm) SC	MT	每管四线靠墙 不同环境温度的载流量 (A) 25℃	30℃	35℃	40℃	管径1 (mm) SC	MT	管径2 (mm) SC	MT	每管五线靠墙或埋墙 管径1 (mm) SC	MT	管径2 (mm) SC	MT
10	61	59	56	54	20	25	20	25	54	52	50	47	25	32	25	32	49	47	45	43	25	32	25	32	32	38	32	38
16	82	79	76	72	25	32	20	25	74	71	68	65	25	32	25	32	67	64	61	58	32	38	32	38	32	38	32	38
25	109	105	101	96	32	38	25	32	97	93	89	85	32	38	32	38	87	84	80	77	32	(51)	40	(51)	40	(51)	50	(51)
35	135	130	124	119	32	38	32	38	121	116	111	106	32	(51)	40	(51)	108	104	100	95	50	(51)	50	(51)	50	(51)	50	(51)
50	163	157	150	143	40	(51)	40	(51)	146	140	134	128	40	(51)	50	(51)	131	126	121	115	50	(51)	50	(51)	50		70	
70	208	200	191	183	50	(51)	50	(51)	186	179	171	163	50	(51)	70		168	161	154	147	65		70		65		80	
95	252	242	232	221	50		70	(51)	226	217	208	198	65		70		203	195	187	178	65		80		80		100	
120	292	281	269	257	65		70		261	251	240	229	65		80		235	226	216	206	65		100		80		100	
150	320	307	294	280	65		80		278	267	256	244	65		80						80		100		100		100	
185	365	351	336	320	65		80		312	300	287	274	80		100						100		100		100		100	
铝 240	429	412	394	376	80		80		365	351	336	320	80		100												125	
300	490	471	451	430	80				418	402	385	367	80		125													

注 1. 管径1根据 GB 50303—2002《建筑电气安装工程施工质量验收规范》，按导线总截面≤保护管内孔面积的 33%计。管径2根据华北地区推荐标准：≤6mm²号线，按导线总截面≤保护管内孔面积的 40%计。10～50mm²号线，按导线总面积≤保护管内孔面积的 27.5%计。≥70mm²号线，按导线总面积≤保护管内孔面积的 22%计。无论管径1或管径2都规定直管长度≤30m，一个弯管长度≤20m，二个弯管长度≤15m，三个弯管长度≤8m，超长应设拉线盒或放大一级管径。每管五线中，四线数据同每管四线，若每管四线组成一个三相四线系统，则应按照每管三线的载流量。

2. SC为焊接钢管或 KBG 管；MT 为黑铁电线管；PC 为硬质塑料管。

3. 由于导体 90℃。表面温度也较高，故表中数据适用于人不能触及处，若在人可触及处，应放大一级截面，以降低电线表面温度。

表 9.3-17

BV-105V 型耐热聚氯乙烯绝缘铜芯电线的载流量 $\theta_n = 105℃$

敷设方式	敷设方式 G 明敷				敷设方式 B1 二根穿管								敷设方式 B1 三根穿管								敷设方式 B1 四根穿管								每管五线靠墙或埋墙			
	不同环境温度的载流量 (A)				不同环境温度的载流量 (A)				管径 1 (mm)		管径 2 (mm)		不同环境温度的载流量 (A)				管径 1 (mm)		管径 2 (mm)		不同环境温度的载流量 (A)				管径 1 (mm)		管径 2 (mm)		管径 1 (mm)		管径 2 (mm)	
线芯截面 (mm²)	50℃	55℃	60℃	65℃	50℃	55℃	60℃	65℃	SC	MT	SC	MT	50℃	55℃	60℃	65℃	SC	MT	SC	MT	50℃	55℃	60℃	65℃	SC	MT	SC	MT	SC	MT	SC	MT
1.5	25	24	23	21	19	18	17	16	15	16	15	16	17	16	15	14	15	16	15	16	16	15	14	14	15	16	15	16	15	19	15	19
2.5	34	32	31	29	27	26	24	23	15	16	15	16	25	24	23	21	15	16	15	16	23	22	21	20	15	19	15	20	15	19	15	19
4	47	45	43	40	39	37	35	33	15	19	15	16	34	32	31	29	15	19	15	20	31	30	28	26	20	25	20	20	20	25	20	25
6	60	57	54	51	51	49	46	43	20	25	15	16	44	42	40	38	20	25	20	25	40	38	36	34	20	25	20	25	20	25	20	25
10	89	85	81	76	76	72	69	65	20	25	20	25	67	64	61	57	25	32	25	32	59	56	53	50	25	32	25	32	32	38	32	38
16	123	117	111	105	95	91	86	81	25	32	20	25	85	81	77	72	25	32	25	32	75	72	68	64	32	38	32	38	32	38	32	38
25	165	157	149	141	127	121	115	108	32	38	25	32	113	108	102	96	32	38	32	40	101	96	91	86	32	(51)	40	(51)	40	(51)	50	(51)
35	205	195	185	175	160	153	145	136	32	38	32	38	138	132	125	118	32	(51)	40	(51)	126	120	114	107	50	(51)	50	(51)	50	(51)	50	(51)
50	264	252	239	225	202	193	183	172	40	(51)	40	(51)	179	171	162	153	40	(51)	50	(51)	159	152	144	136	50	(51)	50	(51)	50	(51)	70	
70	310	296	280	264	240	229	217	205	50	(51)	50	(51)	213	203	193	182	50	(51)	70	(51)	193	184	175	165	65	(51)	70	(51)	65			
95	380	362	344	324	292	278	264	249	50	(51)	50	(51)	262	250	237	223	65	(51)	70		233	222	211	199	65		80		80		80	
120	448	427	405	382	347	331	314	296	65		70		311	297	281	265	65		80		275	262	249	235	65		100		80		100	
150	519	495	469	443	399	380	361	340	65		70		362	345	327	309	65		80		320	305	289	273	80		100		100		100	

注
1. 本电线的聚氯乙烯绝缘中加了耐热增塑剂,导体允许工作温度可达105℃,适用于高温场所,但要求电线接头用焊接或纹接后表面锡焊处理。电线实际允许工作温度还取决于电线与电线及电线与电器接头的允许温度。当接头允许温度为95℃时,表中数据应乘以0.92;85℃时应乘以0.84。
2. 本表中载流量数据系编者经计算得出,仅供参考。
3. 管径1根据GB 50303—2002《建筑电气安装工程施工质量验收规范》,按导线总截面≤保护管内孔面积的40%计。

9

表 9.3-18　　　　　　　　　　聚氯乙烯绝缘电线明敷载流量　$\theta_n = 70℃$

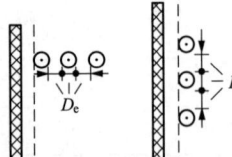

敷设方式 G									

导体截面		不同环境温度的载流量（A）				导体截面	不同环境温度的载流量（A）			
（mm²）		25℃	30℃	35℃	40℃	（mm²）	25℃	30℃	35℃	40℃
铜	1.5	25	24	22	21	95	362	341	319	295
	2.5	34	32	30	28	120	420	396	370	343
	4	45	42	39	36	150	484	456	427	395
	6	58	55	51	48	185	553	521	487	451
	10	80	75	70	65	240	652	615	575	533
	16	111	105	98	91	300	752	709	663	614
	25	155	146	137	126	400	904	852	797	738
	35	192	181	169	157	500	1042	982	919	850
	50	232	219	205	190	630	1207	1138	1065	986
	70	298	281	263	243					
铝	10	—	—	—	—	150	378	356	333	308
	16	—	—	—	—	185	432	407	381	352
	25	119	112	105	97	240	511	482	451	417
	35	147	139	130	120	300	591	557	521	482
	50	179	169	158	146	400	712	671	628	581
	70	230	217	203	188	500	822	775	725	671
	95	281	265	248	229	630	955	900	842	779
	120	327	308	288	267					

注　当导线垂直排列时，表中载流量×0.9。

表 9.3-19　　　　　　交联聚乙烯及乙丙橡胶绝缘电线明敷载流量　$\theta_n = 90℃$

敷设方式 G									

导体截面		不同环境温度的载流量（A）				导体截面	不同环境温度的载流量（A）			
（mm²）		25℃	30℃	35℃	40℃	（mm²）	25℃	30℃	35℃	40℃
铜	1.5	31	30	29	27	95	448	430	412	393
	2.5	42	40	38	37	120	520	500	479	456
	4	55	53	51	48	150	601	577	552	527
	6	72	69	66	63	185	688	661	633	603
	10	98	94	90	86	240	813	781	748	713
	16	136	131	125	120	300	939	902	864	823
	25	189	182	174	166	400	1129	1085	1039	990
	35	235	226	216	206	500	1304	1253	1200	1144
	50	286	275	263	251	630	1513	1454	1392	1327
	70	367	353	338	322					

续表

导体截面 (mm²)	不同环境温度的载流量（A）				导体截面 (mm²)	不同环境温度的载流量（A）			
	25℃	30℃	35℃	40℃		25℃	30℃	35℃	40℃
铝 10	—	—	—	—	150	475	448	419	388
16	—	—	—	—	185	546	515	482	446
25	146	138	129	120	240	648	611	572	529
35	182	172	161	149	300	751	708	662	613
50	223	210	196	182	400	908	856	801	741
70	287	271	253	235	500	1051	991	927	858
95	352	332	311	288	630	1224	1154	1079	999
120	410	387	362	335					

注 1. 当导线垂直排列时表中载流量乘以 0.9。
　　2. 由于导体 90℃。表面温度也较高，故表中数据适用于人不能触及处，若在人可触及处应放大一级截面，以降低电线表面温度。

表 9.3-20 　　铜芯塑料绝缘软线、塑料护套线明敷载流量　　$\theta_n = 70℃$

| 敷设方式 G | | | | | | | | |

导体截面 (mm²)		不同环境温度的载流量（A）				不同环境温度的载流量（A）			
		25℃	30℃	35℃	40℃	25℃	30℃	35℃	40℃
RVV RVB RVS RFB RFS BVV BVNVN	0.12	4.2	4	3.7	3.5	3.2	3	2.8	2.6
	0.2	5.8	5.5	5.1	4.8	4.2	4	3.7	3.5
	0.3	7.4	7	6.5	6.1	5.3	5	4.7	4.3
	0.4	9	8.5	8	7.4	6.4	6	5.6	5.2
	0.5	10	9.5	9	8	7.4	7	6.5	6.1
	0.75	13	12.5	12	11	9.5	9	8.4	7.8
	1	16	15	14	13	12	11	10	9.5
	1.5	20	19	18	16	18	17	16	15
	2	23	22	21	19	20	19	18	16
	2.5	29	27	25	23	25	24	22	21
	4	38	36	34	31	34	32	30	28
	6	50	47	44	41	43	41	38	36
	10	69	65	61	56	60	57	53	49

9.3.3　交联聚乙烯绝缘电力电缆的载流量

交联聚乙烯绝缘电力电缆的载流量见表 9.3-21～表 9.3-26。

9

表 9.3-21　110kV 交联聚乙烯绝缘电力电缆载流量　单位：A　$\theta_n=80℃$

导体截面 (mm²)		敷设方式F 空气中 $\theta_a=35℃$				敷设方式D2 埋地 $\rho_t=1.5$ (K·m)/W, $\theta_a=20℃$			
		排列方式与接地							
		水平排列		品字形排列		水平排列		品字形排列	
		单端	双端	单端	双端	单端	双端	单端	双端
铜	240	698	627	632	619	483	405	444	427
	300	805	703	721	699	544	440	500	479
	400	935	788	832	801	622	479	566	535
	500	1081	881	952	908	709	522	639	601
	630	1255	970	1090	1028	804	561	718	666
	800	1499	1090	1304	1179	940	604	848	735
	1000	1718	1197	1482	1308	1053	644	940	805
	1200	1891	1277	1615	1411	1139	674	1009	848
	1400	2063	1353	1753	1504	1261	701	1079	892
	1600	2225	1415	1869	1584	1297	740	1140	927
铜	240	543	507	495	485	375	335	348	340
	300	623	574	561	552	427	370	392	378
	400	729	654	654	636	487	409	452	430
	500	850	739	757	734	557	452	514	487
	630	992	837	877	841	636	492	587	549
	800	1170	943	1028	966	735	539	683	614
	1000	1348	1046	1179	1090	831	579	775	674
	1200	1450	1130	1304	1188	905	614	848	726
	1400	1642	1188	1424	1277	979	639	918	770
	1600	1776	1277	1531	1362	1044	666	984	810
	2000	2025	1397	1727	1504	1161	709	1101	875

注　1. 单端—单端接地或交叉连接，双端—两端接地。

　　2. 埋地深度 1.00m。

　　3. 本表数据根据宝胜科技创新股份有限公司资料换算，供参考。

表 9.3-22　6~35kV 交联聚乙烯绝缘电力电缆在空气中敷设的载流量　$\theta_n=90℃$

电压 (kV)		6/6、8.7/10、26/35kV													
敷设方式		敷设方式 E 或 F（有孔托盘）						敷设方式 C（无孔托盘）						敷设方式 B2（电缆槽盒）	
线芯截面 (mm²)		不同环境温度的载流量（A）													
		三芯				单芯	三芯				单芯	三芯				单芯
		25℃	30℃	35℃	40℃	30℃	25℃	30℃	35℃	40℃	30℃	25℃	30℃	35℃	40℃	30℃
铜芯	35	181	174	167	159	193	169	162	155	148	180	147	141	135	129	157
	50	208	200	191	183	226	194	186	178	170	211	167	160	153	146	179

续表

线芯截面 (mm²)	不同环境温度的载流量 (A)														
	三芯				单芯	三芯				单芯	三芯				单芯
	25℃	30℃	35℃	40℃	30℃	25℃	30℃	35℃	40℃	30℃	25℃	30℃	35℃	40℃	30℃
铜芯 70	255	245	235	224	279	237	228	218	208	260	201	193	185	176	220
95	315	303	290	277	348	294	282	270	257	324	246	236	226	215	271
120	362	348	333	318	402	337	324	310	296	375	281	270	259	246	312
150	409	393	376	359	457	381	366	350	334	421	308	296	283	270	344
185	469	451	432	412	527	437	420	402	383	491	351	337	323	308	394
240	551	529	506	483	623	513	493	472	450	581	408	392	375	358	462
300	631	606	580	553	718	588	565	541	516	669	464	446	427	407	529
400	740	711	681	649	843	690	663	635	605	786	545	524	502	478	621
500					961					896					
铝芯 35	141	135	129	123	148	131	126	121	115	140	121	116	111	106	129
50	161	155	148	141	175	150	144	138	131	164	136	131	125	120	148
70	198	190	182	173	216	184	177	169	162	202	165	159	152	145	181
95	245	235	225	215	270	228	219	210	200	251	203	195	187	178	224
120	281	270	259	246	312	261	251	240	229	291	230	221	212	202	255
150	317	305	292	278	354	296	284	272	259	326	251	241	231	220	280
185	366	352	337	321	409	339	326	312	298	381	285	274	262	250	320
240	427	410	393	374	483	398	382	366	349	450	331	318	304	290	375
300	489	470	450	429	557	456	438	419	400	519	377	362	347	330	429
400	573	551	528	503	653	535	514	492	469	609	442	425	407	388	504
500					745					695					

注　表中6～10kV三芯电缆载流量摘自 GB 50217—2007。其余为编者推荐数据，供参考。

表 9.3-23　6～35kV 交联聚乙烯绝缘电力电缆直埋地敷设载流量　$\rho=2.5$ (K·m)/W　$\theta_n=90℃$

电压 (kV)	6/6、8.7/10、26/35kV											
敷设方式	直埋地 D2						穿管埋地 D1					
线芯截面 (mm²)	不同环境温度的载流量 (A)											
	三芯			单芯			三芯			单芯		
	20℃	25℃	30℃	20℃	25℃	30℃	20℃	25℃	30℃	20℃	25℃	30℃
铜 35	120	114	107	130	123	116	121	115	108	143	136	128
50	141	134	126	153	145	137	144	137	129	169	160	151
70	173	164	155	187	177	167	175	166	157	206	195	184
95	205	194	183	223	212	199	210	199	188	246	233	220
120	233	221	208	252	239	225	240	228	215	280	266	250
150	261	248	233	282	268	252	270	256	241	312	296	279
185	295	280	264	317	301	284	305	289	273	343	325	307
240	339	322	303	366	347	327	355	337	318	395	375	353
300	382	362	342	411	390	368	401	380	359	445	422	398
400	432	410	386	461	437	412	455	432	407	503	477	450
铝 35	93	88	83	101	96	90	94	89	84	111	105	99
50	109	103	97	119	113	106	111	105	99	131	124	117
70	134	127	120	145	138	130	136	129	122	160	152	143
95	159	151	142	173	164	155	163	155	146	191	181	171
120	181	172	162	197	187	176	186	176	166	218	207	195

续表

线芯截面（mm²）		不同环境温度的载流量（A）										
		三芯			单芯			三芯			单芯		
		20℃	25℃	30℃	20℃	25℃	30℃	20℃	25℃	30℃	20℃	25℃	30℃
铝	150	203	193	182	220	209	197	210	199	188	243	231	217
	185	230	218	206	248	235	222	238	226	213	275	261	246
	240	266	252	238	287	272	257	277	263	248	319	303	285
	300	300	285	268	323	306	289	315	299	282	361	342	323
	400	342	324	306	367	348	328	362	343	324	410	389	367

注 1. 表中系6～10kV三芯电缆载流量，本表简化取相同数据，摘自GB 50217—2007。单芯电缆载流量为编者按三角形排列的计算数据，供参考。35kV电缆载流量比6～10kV电缆大3%～5%。

2. 本表数据摘自IEC 60502.2:2005附录B。

表 9.3-24   0.6/1kV 交联聚乙烯绝缘电缆及乙丙橡胶绝缘电缆明敷载流量 $\theta_n = 90℃$

敷设方式	敷设方式 E 三芯	敷设方式 F 单芯	敷设方式 E 二芯

导体截面（mm²）		不同环境温度的载流量（A）										
相导体	中性导体	25℃	30℃	35℃	40℃	25℃	30℃	35℃	40℃	25℃	30℃	35℃
铜	1.5	24	23	22	21					27	26	25
	2.5	33	32	31	29					37	36	34
	4	44	42	40	38					51	49	47
	6	6	56	54	52	49				66	63	60
	10	10	78	75	72	68				90	86	82
	16	16	104	100	96	91				120	115	110
	25	16	132	127	122	116	147	141	135	129	155	149	143
	35	16	164	158	151	144	183	176	169	161	193	185	177
	50	25	200	192	184	175	225	216	207	197	234	225	215
	70	35	256	246	236	225	290	279	267	255	301	289	277
	95	50	310	298	285	272	356	342	327	312	366	352	337
	120	70	360	346	331	316	416	400	383	365	427	410	393
	150	70	415	399	382	364	483	464	444	424	492	473	453
	185	95	475	456	437	416	555	533	510	487	564	542	519
	240	120	560	538	515	491	660	634	607	579	667	641	614
	300	150	646	621	595	567	766	736	705	672	771	741	709
	400						903	868	831	792			
	500						1039	998	956	911			
	630						1198	1151	1102	1051			
铝或铝合金	10	10	60	58	56	53					70	67	64
	16	16	80	77	74	70					95	91	87
	25	25	101	97	93	89	111	107	102	98	112	108	103
	35	25	125	120	115	110	141	135	129	123	141	135	129
	50	25	152	146	140	133	172	165	158	151	171	164	157
	70	35	195	187	179	171	224	215	206	196	220	211	202
	95	50	236	227	217	207	275	264	253	241	267	257	246
	120	70	274	263	252	240	321	308	295	281	312	300	287
	150	70	316	304	291	278	373	358	343	327	360	346	331
	185	95	361	347	332	317	430	413	395	377	413	397	380
	240	120	426	409	392	373	512	492	471	449	489	470	450
	300	150	490	471	451	430	594	571	547	521	565	543	520
	400						722	694	664	634			
	500						839	806	772	736			
	630						980	942	902	860			

注 1. 两芯、多芯电缆敷设方式对应于GB/T 16895.6—2014中E类，即多芯电缆敷设在自由空气中或在有孔托盘、梯架上；单芯电缆紧靠排列时敷设方式F类。

2. 当电缆靠墙敷设时，载流量×0.94。

3. 单芯电缆有间距垂直排列时，载流量×0.9。

9

表 9.3-25

0.6/1kV 交联聚乙烯绝缘电力电缆桥架敷设载流量 $\theta_n=90℃$

敷设方式：敷设方式 E 或 F（有孔托盘）；敷设方式 C（无孔托盘）；敷设方式 B2（电缆槽盒）

不同环境温度的载流量（A）

材料	导体截面（mm²） 相导体	中性导体	敷设方式 E 或 F（有孔托盘） 三芯 25℃	30℃	35℃	40℃	单芯 25℃	30℃	35℃	40℃	敷设方式 C（无孔托盘） 三芯或单芯品字排列 25℃	30℃	35℃	40℃	单芯品字排列 25℃	30℃	35℃	40℃	敷设方式 B2（电缆槽盒） 三芯 25℃	30℃	35℃	40℃	单芯品字排列 25℃	30℃	35℃	40℃
铜	2.5	2.5	33	32	31	29					31	30	29	27					27	26	25	24	29	28	27	26
	4	4	44	42	40	38					42	40	38	37					36	35	34	32	39	37	35	34
	6	6	56	54	52	49					54	52	50	47					46	44	42	40	50	48	46	44
	10	10	78	75	72	68					74	71	68	65					62	60	57	55	69	66	63	60
	16	16	104	100	96	91					100	96	92	88					83	80	77	73	92	88	84	80
	25	16	132	127	122	116	141	135	129	123	124	119	114	109	109	105	101	96	109	105	101	96	122	117	112	107
	35	16	164	158	151	144	176	169	162	154	153	147	141	134	133	128	123	117	133	128	123	117	150	144	138	131
	50	25	200	192	184	175	215	207	198	189	186	179	171	163	160	154	147	141	160	154	147	141	182	175	168	160
	70	35	256	246	236	225	279	268	257	245	238	229	219	209	202	194	186	177	202	194	186	177	231	222	213	203
	95	50	310	298	285	272	341	328	314	299	289	278	266	254	243	233	223	213	243	233	223	213	280	269	258	246
	120	70	360	346	331	316	399	383	367	350	335	322	308	294	279	268	257	245	279	268	257	245	325	312	299	285
	150	70	415	399	382	364	462	444	425	405	386	371	355	339	312	300	287	274	312	300	287	274	356	342	327	312
	185	95	475	456	437	416	531	510	488	466	441	424	406	387	354	340	326	310	354	340	326	310	400	384	368	351
	240	120	560	538	515	491	632	607	581	554	520	500	479	456	414	398	381	363	414	398	381	363	468	450	431	411
	300	150	646	621	595	567	732	703	673	642	600	576	551	526	474	455	436	415	474	455	436	415	535	514	492	469
	400						857	823	788	751																
	500						985	946	906	864																
	630						1132	1088	1042	993																
	500						1039	998	956	911																
	630						1198	1151	1102	1051																

续表

敷设方式		敷设方式 E 或 F (有孔托盘)								敷设方式 C (无孔托盘)				敷设方式 B2 (电缆槽盒)							
导体截面 (mm²)		不同环境温度的载流量 (A)																			
		三芯				单芯				三芯或单芯品字排列				三芯				单芯品字排列			
相导体	中性导体	25℃	30℃	35℃	40℃	25℃	30℃	35℃	40℃	25℃	30℃	35℃	40℃	25℃	30℃	35℃	40℃	25℃	30℃	35℃	40℃
10	10	60	58	56	53					50	48	46	44	50	48	46	44	54	52	50	47
16	16	80	77	74	70					68	65	62	59	67	64	61	58	74	71	68	65
25	25	101	97	93	89	107	103	99	94	80	77	74	70	87	84	80	77	97	93	89	85
35	25	125	120	115	110	129	124	119	113	99	95	91	87	107	103	99	94	121	116	111	106
50	25	152	146	140	133	165	159	152	145	121	116	111	106	129	124	119	113	146	140	134	128
70	35	195	187	179	171	214	206	197	188	154	148	142	135	162	156	149	142	186	179	171	163
95	50	236	227	217	207	263	253	242	231	186	179	171	163	196	188	180	172	226	217	208	198
120	70	274	263	252	240	308	296	283	270	216	208	199	190	225	216	207	197	261	251	240	229
150	70	316	304	291	278	357	343	328	313	251	241	231	220	250	240	230	219	278	267	256	244
185	95	361	347	332	317	411	395	378	361	286	275	263	251	283	272	260	248	312	300	287	274
240	120	426	409	392	373	490	471	451	430	338	325	311	297	331	318	304	290	365	351	336	320
300	150	490	471	451	430	569	547	524	499	389	374	358	341	379	364	349	332	418	402	385	367
400						690	663	635	605												
500						801	770	737	703												
630						936	899	861	821												

注：相导体材料为铝或铝合金。

表 9.3-26 　　　　　0.6/1kV 交联聚乙烯绝缘电缆及乙丙橡胶电缆埋地敷设载流量　$\rho = 2.5$ (K·m)/W　$\theta_n = 90℃$

敷设方式		D2：三、四芯或单芯三角形排列直埋地			D1：三、四芯或单芯三角形排列穿管埋地		
		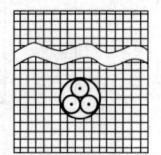			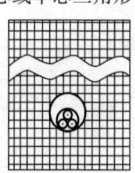		
导体截面（mm²）		不同环境温度的载流量（A）					
相导体	中性导体	20℃	25℃	30℃	20℃	25℃	30℃
铜	1.5	23	22	21	21	20	19
	2.5 / 2.5	30	29	28	28	27	26
	4 / 4	39	38	36	36	35	33
	6 / 6	49	47	45	44	42	41
	10 / 10	65	63	60	58	56	54
	16 / 16	84	81	78	75	72	69
	25 / 16	107	103	99	96	93	89
	35 / 16	129	124	119	115	111	106
	50 / 25	153	147	142	135	130	125
	70 / 35	188	181	174	167	161	155
	95 / 50	226	218	209	197	190	182
	120 / 70	257	248	238	223	215	206
	150 / 70	287	277	266	251	242	232
	185 / 95	324	312	300	281	271	260
	240 / 120	375	361	347	324	312	300
	300 / 150	419	404	388	365	352	338
铝或铝合金	10 / 10	47	45	44	46	44	43
	16 / 16	64	62	59	59	57	55
	25 / 25	82	79	76	75	72	69
	35 / 25	98	94	91	90	87	83
	50 / 25	117	113	108	106	102	98
	70 / 35	144	139	133	130	125	120
	95 / 50	172	166	159	154	148	143
	120 / 70	197	190	182	174	168	161
	150 / 70	220	212	204	197	190	182
	185 / 95	250	241	231	220	212	204
	240 / 120	290	279	268	253	244	234
	300 / 150	326	314	302	286	276	265

注　本表数据已计入水分迁移影响。

9.3.4　聚氯乙烯绝缘电力电缆的载流量

聚氯乙烯绝缘电力电缆载流量见表 9.3-27～表 9.3-29。

表 9.3-27　　0.6/1kV 聚氯乙烯绝缘及护套电力电缆明敷载流量　$\theta_n=70℃$

敷设方式		敷设方式 E 三芯				敷设方式 F 单芯				敷设方式 E 二芯		
导体截面（mm²）		不同环境温度的载流量（A）										
相导体	中性导体	25℃	30℃	35℃	40℃	25℃	30℃	35℃	40℃	25℃	30℃	35℃
铜 1.5		20	18.5	17	16					23	22	21
2.5	2.5	27	25	23	22					32	30	28
4	4	36	34	32	29					42	40	37
6	6	46	43	40	37					54	51	48
10	10	64	60	56	52					74	70	65
16	16	85	80	75	69					100	94	88
25	16	107	101	94	87	117	110	103	95	126	119	111
35	16	134	126	118	109	145	137	128	119	157	148	138
50	25	162	153	143	133	177	167	156	145	191	180	168
70	35	208	196	183	170	229	216	202	187	246	232	217
95	50	252	238	223	206	280	264	247	229	299	282	264
120	70	293	276	258	239	327	308	288	267	348	328	307
150	70	338	319	298	276	378	356	333	308	402	379	355
185	95	386	364	340	315	434	409	383	354	460	434	406
240	120	456	430	402	372	514	485	454	420	545	514	481
300	150	527	497	465	430	595	561	525	486	629	593	555
400						696	656	614	568			
500						794	749	701	649			
630						907	855	800	740			
铝或铝合金 10	10	49	46	43	40					57	54	51
16	16	65	61	57	53					77	73	68
25	25	83	78	73	68	89	84	79	73	94	89	83
35	25	102	96	90	83	111	105	98	91	118	111	104
50	25	124	117	109	101	136	128	120	111	143	135	126
70	35	159	150	140	130	176	166	155	144	183	173	162
95	50	194	183	171	158	215	203	190	176	223	210	196
120	70	225	212	198	184	251	237	222	205	259	244	228
150	70	260	245	229	212	291	274	256	237	299	282	264
185	95	297	280	262	242	334	315	295	273	342	322	301
240	120	350	330	309	286	398	375	351	325	403	380	355
300	150	404	381	356	330	460	434	406	376	466	439	411
400						558	526	492	456			
500						647	610	571	528			
630						754	711	665	616			

注　1. 二芯、三芯电缆敷设方式对应于表 9.3-7（GB/T 16895.6—2014）中 E 类。即多芯电缆敷设在自由空气中或在有孔托盘、梯架上；单芯电缆为紧靠排列时，敷设方式 F 类。

　　　2. 当电缆靠墙敷设时，载流量×0.94。

　　　3. 单芯电缆有间距垂直排列时，载流量×0.9。

9

表 9.3-28　　0.6/1kV 聚氯乙烯绝缘及护套电力电缆桥架敷设载流量　　$\theta_n=70℃$

敷设方式：敷设方式 E 或 F（有孔托盘）　敷设方式 C（无孔托盘）　敷设方式 B2（电线槽）

不同环境温度的载流量（A）

导体截面 (mm²)			敷设方式 E 或 F（有孔托盘）								敷设方式 C（无孔托盘）				敷设方式 B2（电线槽）							
			三芯				单芯				三芯或单芯品字排列				三芯				单芯			
相导体	中性导体		25℃	30℃	35℃	40℃	25℃	30℃	35℃	40℃	25℃	30℃	35℃	40℃	25℃	30℃	35℃	40℃	25℃	30℃	35℃	40℃
2.5	2.5	铜	27	25	23	22					25	24	22	21	21	20	19	17	22	21	20	18
4	4		36	34	32	29					34	32	30	28	29	27	25	23	30	28	26	24
6	6		46	43	40	37					43	41	38	36	36	34	32	29	38	36	34	31
10	10		64	60	56	52					60	57	53	49	49	46	43	40	53	50	47	43
16	16		85	80	75	69					81	76	71	66	66	62	58	54	72	68	64	59
25	25		107	101	94	87	117	110	103	95	102	96	90	83	85	80	75	69	94	89	83	77
35	25		134	126	118	109	145	137	128	119	126	119	111	103	105	99	93	86	117	110	103	95
50	25		162	153	143	133	177	167	156	145	153	144	135	125	125	118	110	102	142	134	125	116
70	35		208	196	183	170	229	216	202	187	195	184	172	159	158	149	139	129	181	171	160	148
95	50		252	238	223	206	280	264	247	229	237	223	209	193	190	179	167	155	220	207	194	179
120	70		293	276	258	239	327	308	288	267	275	259	242	224	218	206	193	178	253	239	224	207
150	70		338	319	298	276	378	356	333	308	317	299	280	259	242	228	213	197	278	262	245	227
185	95		386	364	340	315	434	409	383	354	362	341	319	295	270	255	239	221	314	296	277	256
240	120		456	430	402	372	514	485	454	420	427	403	377	349	315	297	278	257	367	346	324	300
300	150		527	497	465	430	595	561	525	486	492	464	434	402	360	339	317	294	418	394	369	341
400							696	656	614	568												
500							794	749	701	649												
630							907	855	800	740												

续表

（铝或铝合金）

导体截面(mm²)		敷设方式 E 或 F (有孔托盘)								敷设方式 C (无孔托盘) 不同环境温度的载流量(A) 三芯或单芯品字排列				敷设方式 B2 (电缆线槽)							
		三芯				单芯								三芯				单芯			
相导体	中性导体	25℃	30℃	35℃	40℃	25℃	30℃	35℃	40℃	25℃	30℃	35℃	40℃	25℃	30℃	35℃	40℃	25℃	30℃	35℃	40℃
10	10	49	46	43	40					47	44	41	38	38	36	34	31	41	39	36	34
16	16	65	61	57	53					63	59	55	51	51	48	45	42	56	53	50	46
25	25	83	78	73	68	89	84	79	73	77	73	68	63	66	62	58	54	74	70	65	61
35	25	102	96	90	83	111	105	98	91	95	90	84	78	82	77	72	67	91	86	80	74
50	25	124	117	109	101	136	128	120	111	117	110	103	95	98	92	86	80	110	104	97	90
70	35	159	150	140	130	176	166	155	144	148	140	131	121	123	116	109	100	141	133	124	115
95	50	194	183	171	158	215	203	190	176	180	170	159	147	147	139	130	120	171	161	151	139
120	70	225	212	198	184	251	237	222	205	209	197	184	171	170	160	150	139	197	186	174	161
150	70	260	245	229	212	291	274	256	237	241	227	212	197	187	176	165	152	216	204	191	177
185	95	297	280	262	242	334	315	295	273	275	259	242	224	211	199	186	172	244	230	215	199
240	120	350	330	309	286	398	375	351	325	324	305	285	264	246	232	217	201	285	269	252	233
300	150	404	381	356	330	460	434	406	376	372	351	328	304	281	265	248	229	325	306	286	265
400						558	526	492	456												
500						647	610	571	0												
630						754	711	665	0												

注 可采用上海鄣祥电器成套有限公司的 KJQG 型复合高耐腐节能型彩钢电缆桥架。

表 9.3-29　　　　0.6/1kV 聚氯乙烯绝缘及护套电缆埋地载流量　　$\theta_n = 70℃$

敷设方式		D2：三、四芯或单芯三角形排列直埋地			D1：三、四芯或单芯三角形排列穿管埋地		
		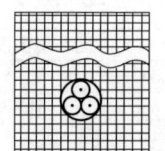			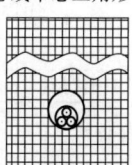		
导体截面（mm²）		不同环境温度的载流量（A）					
相导体	中性导体	20℃	25℃	30℃	20℃	25℃	30℃
铜 1.5		19	18	17	18	17	16
2.5	25	24	23	21	24	23	21
4	4	33	31	30	30	28	27
6	6	41	39	37	38	36	34
10	10	54	51	48	50	47	45
16	16	70	66	63	64	61	57
25	16	92	87	82	82	78	73
35	16	110	104	98	98	93	88
50	25	130	123	116	116	110	104
70	35	162	154	145	143	136	128
95	50	193	183	173	169	160	151
120	70	220	209	197	192	182	172
150	70	246	233	220	217	206	194
185	95	278	264	249	243	231	217
240	120	320	304	286	280	266	250
300	150	359	341	321	316	300	283
铝或铝合金 10	10				39	37	35
16	16	53	50	47	50	47	45
25	25	69	65	62	64	61	57
35	25	83	79	74	77	73	69
50	25	99	94	89	91	86	81
70	35	122	116	109	112	106	100
95	50	148	140	132	132	125	118
120	70	169	160	151	150	142	134
150	70	189	179	169	169	160	151
185	95	214	203	191	190	180	170
240	120	250	237	224	218	207	195
300	150	282	268	252	247	234	221

9.3.5　橡皮绝缘电力电缆的载流量

橡皮绝缘电力电缆载流量见表 9.3-30。

表 9.3-30　　　　铜芯通用橡套软电缆的载流量　　$\theta_n = 65℃$

导体截面（mm²）		YZ、YZW、YHZ 型								YQ、YQW、YHQ 型	
		二芯				三芯、四芯				二芯	三芯
		不同环境温度的载流量（A）									
相导体	中性导体	25℃	30℃	35℃	40℃	25℃	30℃	35℃	40℃	30℃	30℃
0.5	0.5	11	10	9	8	7	7	6	6	9	7
0.75	0.75	13	12	11	10	10	9	8	8	12	10
1	1	15	14	13	12	12	11	10	9		
1.5	1.5	19	18	17	15	16	15	14	13		
2	2	24	22	20	19	20	19	18	16		
2.5	2.5	28	26	24	22	22	21	19	18		
4	4	37	35	32	30	32	30	28	25		
6	6	48	45	42	38	42	39	36	33		

9

续表

导体截面（mm²）		YC、YCW、YHC型							
		二芯				三芯、四芯			
		不同环境温度的载流量（A）							
相导体	中性导体	25℃	30℃	35℃	40℃	25℃	30℃	35℃	40℃
2.5	2.5	29	27	25	23	24	22	20	19
4	4	35	33	31	28	31	29	27	25
6	6	47	44	41	37	40	37	34	31
10	10	68	64	59	54	58	54	50	46
16	16	90	84	78	71	77	72	67	61
25	16	125	117	108	99	106	99	92	84
35	16	154	144	133	122	130	122	113	103
50	16	192	180	167	152	162	152	141	128
70	25	239	224	207	189	206	193	179	163
95	35	294	275	255	232	252	236	218	199
120	35	342	320	296	270	292	273	253	231

注 三芯电缆中一根线芯不载流时，其载流量按二芯电缆数据。

9.3.6 架空绝缘电缆的载流量

架空绝缘电缆的载流量见表9.3-31。

表 9.3-31　　　　　架空绝缘电缆的载流量　$\theta_a=30℃$　　　　　A

截面/mm²		0.6/1kV						10kV	
		聚氯乙烯绝缘电缆			交联聚乙烯绝缘电缆			交联聚乙烯绝缘电缆	
		一芯	二芯	四芯	一芯	二芯	四芯	一芯	三芯
铜	10								
	16	110	100	90					
	25	146	135	120			120	174	113
	35	181	175	145	182		151	211	137
	50	219	210	170	226		183	255	166
	70	281	255	215	275		234	320	208
	95	341	305	275	353		295	393	255
	120	396	355	305	430		337	454	295
	150	456			500			520	338
	185	521			577			600	390
	240	615			661			712	463
	300	709			780				
	400	852			902				
铝	10								
	16	83	78	68					
	25	112	97	93	138		72	134	87
	35	139	125	110	172		93	164	107
	50	169	155	130	210		115	198	129
	70	217	194	170	271		140	240	162
	95	265	235	200	332		180	304	198
	120	308	280	240	387		215	352	229
	150	356			448		265	403	262
	185	407			515			465	302
	240	482			611			553	359
	300	557			708				
	400	671			856				

注 1. 架空绝缘电缆分为有钢绞线芯及无钢绞线芯两种。载流量可视为相同。
　　2. 敷设方式为表9.3-7中G类。

9.3.7 矿物绝缘电缆的载流量

矿物绝缘电缆的载流量见表 9.3-32～表 9.3-34。

表 9.3-32　　有 PVC 外护层的刚性矿物绝缘电缆明敷载流量　护套温度 70℃

敷设方式	敷设方式 E				敷设方式 G				敷设方式 F				敷设方式 F		
导体截面 (mm²)	不同环境温度的载流量（A）				不同环境温度的载流量（A）				不同环境温度的载流量（A）				不同环境温度的载流量（A）		
	25℃	30℃	35℃	40℃	25℃	30℃	35℃	40℃	25℃	30℃	35℃	40℃	25℃	30℃	35℃
BTTQ 型 500V 2.5	22	21	20	18	31	29	27	25	24	23	22	20	27	25	23
2.5	30	28	26	24	41	39	36	34	33	31	29	27	35	33	31
4	39	37	35	32	54	51	48	44	43	41	38	36	47	44	41
BTTZ 型 750V 1.5	23	22	21	19	34	32	30	28	28	26	24	23	28	26	24
2.5	32	30	28	26	46	43	40	37	36	34	32	29	38	36	34
4	42	40	37	35	59	56	52	48	48	45	42	39	50	47	44
6	54	51	48	44	75	71	66	61	60	57	53	49	64	60	56
10	73	69	65	60	101	95	89	82	82	77	72	67	87	82	77
16	98	92	86	80	133	125	117	108	108	102	95	88	116	109	102
25	127	120	112	104	172	162	152	140	140	132	123	114	151	142	133
35	156	147	138	127	209	197	184	171	171	161	151	139	185	174	163
50	193	182	170	158	257	242	226	210	210	198	185	171	228	215	201
70	237	223	209	193	312	294	275	255	256	241	225	209	280	264	247
95	283	267	250	231	372	351	328	304	307	289	270	250	336	317	297
120	327	308	288	267	426	402	376	348	351	331	310	287	386	364	340
150	373	352	329	305	482	454	425	393	400	377	353	326	441	416	389
185	423	399	373	346	538	507	474	439	452	426	398	369	501	472	442
240	494	466	436	404	599	565	529	489	526	496	464	430	585	552	516

注　1. 当单芯电缆垂直排列时，载流量×0.88。

　　2. 没有外护层护套，温度 70℃ 的刚性矿物绝缘电缆，载流量应×0.9。

　　3. 单芯电缆的护套在两端应相互连接。

　　4. 一旦燃烧时有无烟、无毒要求的场所，应改用聚乙烯或聚烯烃护套。

　　5. 当电缆紧靠墙敷设时，表中载流量×0.92。

9

表 9.3-33　　　无 PVC 外护层刚性矿物绝缘电缆明敷载流量　护套温度 105℃

敷设方式		敷设方式 E				敷设方式 G				敷设方式 F				敷设方式 F		
导体截面 (mm²)		不同环境温度的载流量（A）				不同环境温度的载流量（A）				不同环境温度的载流量（A）				不同环境温度的载流量（A）		
		25℃	30℃	35℃	40℃	25℃	30℃	35℃	40℃	25℃	30℃	35℃	40℃	25℃	30℃	35℃
BTTQ型 500V	1.5	27	26	25	24	38	37	36	34	30	29	28	27	32	31	30
	2.5	36	35	34	33	51	49	47	46	40	39	38	36	42	41	40
	4	48	46	44	43	66	64	62	60	53	51	49	47	56	54	52
BTTZ型 750V	1.5	29	28	27	26	41	40	39	37	33	32	31	30	34	33	32
	2.5	39	38	37	35	56	54	52	50	44	43	42	40	46	45	43
	4	52	50	48	47	72	70	68	65	58	56	54	52	62	60	58
	6	66	64	62	60	92	89	86	83	73	71	69	66	78	76	73
	10	90	87	84	81	124	120	116	112	99	96	93	89	107	104	100
	16	119	115	111	107	162	157	152	146	131	127	123	118	141	137	132
	25	155	150	145	140	211	204	197	190	169	164	158	153	185	179	173
	35	190	184	178	171	256	248	240	231	207	200	193	186	227	220	213
	50	235	228	220	212	314	304	294	283	255	247	239	230	281	272	263
	70	288	279	270	260	382	370	357	344	310	300	290	279	344	333	322
	95	346	335	324	312	455	441	426	411	371	359	347	334	413	400	386
	120	398	385	372	358	522	505	488	470	424	411	397	383	475	460	444
	150	455	441	426	411	584	565	546	526	484	469	453	437	543	526	508
	185	516	500	483	465	650	629	608	586	547	530	512	493	616	596	576
	240	603	584	564	544	727	704	680	655	637	617	596	574	720	697	673

注　1. 本电缆护套温度高，用于不允许人接触和易燃物相接触的场合。

2. 回路中单芯电缆的护套两端相互连接。

3. 成束电缆敷设时，载流量不需要校正。

4. 当单芯电缆垂直排列时，载流量×0.9；电缆紧靠墙敷设时，表中载流量×0.92。

9

| 表 9.3-34 | | BBTRZ 柔性矿物绝缘电缆明敷载流量 $\theta_n = 90℃$ | | | | | | | | | |

敷设方式 E   敷设方式 F   敷设方式 F

导体		敷设方式 E				敷设方式 F				敷设方式 F		
相导体	中性线	25℃	30℃	35℃	40℃	25℃	30℃	35℃	40℃	25℃	30℃	35℃
1.5	1.5	28	27	26	25	33	32	31	30	36	35	34
2.5	2.5	37	36	35	34	44	43	42	40	48	46	44
4	4	50	48	46	45	58	56	54	52	61	59	57
6	6	63	61	59	57	72	70	68	65	77	75	72
10	10	85	82	79	76	97	94	91	88	103	100	97
16	16	108	105	101	98	129	125	121	116	134	130	126
25	16	150	145	140	135	165	160	155	149	176	170	164
35	16	181	175	169	163	207	200	193	186	217	210	203
50	25	227	220	213	205	248	240	232	223	258	250	242
70	35	279	270	261	251	315	305	295	284	330	320	309
95	50	351	340	328	317	387	375	362	349	403	390	377
120	70	403	390	377	363	444	430	415	400	465	450	435
150	70	460	445	430	414	511	495	478	461	532	515	498
185	95	532	515	498	479	589	570	551	531	609	590	570
240	120	635	615	594	573	707	685	662	638	728	705	681
300	150	738	715	691	666	821	795	768	740	842	815	787
400						960	930	898	866	981	950	918
500						1136	1100	1063	1024	1167	1130	1092
630						1332	1290	1246	1201	1363	1320	1275

注 1. 本表数据根据上海快鹿电线电缆股份有限公司 2013 年资料数据换算，原始数据经上海电缆研究所试验验证。

    2. BBTRZ—450/750 与 BBTRZ—600/1000、BBTRQ—300/500 载流量相同。

    3. 1.5mm² 因考虑火灾时的机械强度软弱，宜穿钢管保护。

9.3.8 矩形母线及安全式滑触线的载流量

9.3.8.1 涂漆矩形母线的载流量

涂漆矩形母线的载流量见表 9.3-35～表 9.3-37。

表 9.3-35		涂漆矩形铜导体载流量 $\theta_a = 25℃$ $\theta_n = 70℃$							A
母线尺寸 (宽×厚，mm×mm)	单条		双条		三条		四条		
	平放	竖放	平放	竖放	平放	竖放	平放	竖放
40×4	603	632						
40×5	681	706						
50×4	735	770						
50×5	831	869						
63×6.3	1141	1193	1766	1939	2340	2644		
63×8	1302	1359	2036	2230	2651	2903		
63×10	1465	1531	2290	2503	2987	3343		
80×6.3	1415	1477	2162	2372	2773	3142	3209	4278
80×8	1598	1668	2440	2672	3124	3524	3591	4786
80×10	1811	1891	2760	3011	3521	3954	4019	5357

母线尺寸	单条		双条		三条		四条	
（宽×厚，mm×mm）	平放	竖放	平放	竖放	平放	竖放	平放	竖放
100×6.3	1686	1758	2526	2771	3237	3671	3729	4971
100×8	1897	1979	2827	3095	3608	4074	4132	5508
100×10	2174	2265	3128	3419	3889	4375	4428	5903
125×6.3	2047	2133	2991	3278	3764	4265	4311	5747
125×8	2294	2390	3333	3647	4127	4663	4703	6269
125×10	2555	2662	3674	4019	4556	5130	5166	6887

注　1. 表中数据根据 GB 50060—2008《3～110kV 高压配电装置设计规范》附录 A 计算。适用于户内。

　　2. 交流母线相间距取 250mm；每相为双、三条导体时，导体净距皆为母线宽度；每相为四条导体时，第二、三导体净距皆为 50mm。

　　3. 双、三、四条导体宜采用导体竖放，以利散热。

表 9.3-36　　　　涂漆矩形铝导体长期允许载流量　$\theta_n=70℃$　$\theta_a=25℃$　　　A

导体尺寸	单条		双条		三条		四条	
（宽×厚，mm×mm）	平放	竖放	平放	竖放	平放	竖放	平放	竖放
40×4	480	503						
40×5	542	562						
50×4	586	613						
50×5	661	692						
63×6.3	910	952	1409	1547	1866	2111		
63×8	1038	1085	1623	1777	2113	2379		
63×10	1168	1221	1825	1994	2381	2665		
80×6.3	1128	1178	1724	1892	2211	2505	2558	3411
80×8	1274	1330	1946	2131	2491	2809	2863	3817
80×10	1472	1490	2175	2373	2774	3114	3167	4222
100×6.3	1371	1430	2054	2253	2633	2985	3032	4043
100×8	1542	1609	2298	2516	2933	3311	3359	4479
100×10	1278	1803	2558	2796	2181	3578	3622	4829
125×6.3	1674	1744	2446	2680	2079	3490	3525	4700
125×8	1876	1955	2725	2982	3375	3813	3847	5129
125×10	2089	2177	3005	3282	3725	4194	4225	5633

注　1. 摘自 GB 50060—2008《3～110kV 高压配电装置设计规范》附录 A。适用于户内。

　　2. 交流母线相间距取 250mm，每相为双、三条导体时，导体净距皆为母线宽度；每相为四条导体时，第二、三导体净距皆为 50mm。

　　3. 双、三、四条导体宜采用导体竖放，以利散热。

表 9.3-37 单片裸铜包铝母线的载流量 $\theta_n = 70℃$ A

母线尺寸	平放				竖放			
（宽×厚，mm×mm）	25℃	30℃	35℃	40℃	25℃	30℃	35℃	40℃
40×4	435	407	372	345	458	428	392	363
50×4	566	530	485	449	596	558	511	473
40×5	551	517	473	438	580	544	498	461
50×5	672	630	577	534	707	663	607	562
60×6	844	782	715	661	888	823	753	696
80×6	1098	1018	931	861	1194	1106	1012	936
100×6	1345	1247	1140	1054	1462	1355	1239	1146
120×6	1612	1493	1366	1264	1752	1623	1485	1374
140×6	1697	1573	1439	1331	1845	1710	1564	1447
160×6	1768	1663	1529	1403	1942	1808	1662	1525
60×8	971	900	823	761	1022	947	866	801
80×8	1279	1185	1084	1002	1390	1288	1178	1089
100×8	1573	1457	1333	1233	1710	1584	1449	1340
120×8	1787	1646	1514	1400	1922	1789	1646	1522
140×8	1776	1663	1536	1409	1930	1808	1670	1532
160×8	1998	1871	1729	1586	2172	2034	1879	1724
100×10	1745	1617	1479	1368	1897	1758	1608	1487
120×10	1944	1801	1647	1524	2113	1958	1790	1656
140×10	2015	1886	1743	1599	2190	2050	1895	1738
160×10	2272	2128	1965	1803	2470	2313	2136	1960
100×12	1919	1778	1627	1504	2086	1933	1768	1635

注 1. 本表竖放数据摘自中国建筑标准设计研究院图集 13CD701-4《铜铝复合母线》，平放数据系编者换算，供参考。

2. 铜铝复合母线 HT-TLMY 铜、铝体积比：铜为 20%。

3. 有涂层母线载流量约增加 5%～10%。

9.3.8.2 安全滑触线技术规格

安全滑触线技术规格见表 9.3-38～表 9.3-41。

表 9.3-38 DHG 系列铝导体组合式安全滑触线

型号	DHG-□-10/50 DHGJ-□-10/50	DHG-□-16/80 DHGJ-□-16/80	DHG-□-25/100 DHGJ-□-25/100
极数□	4, 6, 7, 10, 12, 16	4, 6, 7, 10, 16	4, 7
导体截面（mm²）	10	16	25
额定电流（A）	50	80	100
集电器型号	JS□-40	JS-□-50	JS-4-50
适合吊车吨位（t）	≤3	≤5	≤5
最大行速（m/min）	40		40

续表

型号	DHG-4-S/I DHGJ-4- S/I			DHG-3-S/I		DHGR-4-S/I
极数	4			3		4
导体截面（mm²）	35	50	70	70	95	25
额定电流（A）	140	170	210	210	280	100
集电器型号	JS-4-80	JS-4-100		JS-3-100		JS-4-50
适合吊车吨位（t）	≤10			≤10		≤5
最大行速（m/min）	35			35		40

注 □—表示极数。

表 9.3-39　　铝质 H 型单极安全滑触线

型号	JDC-△			
额定电流 △（A）	150，200，250	320，450，600	800，1000，1250，	1500，1800，2400
额定电压/耐压	660V-AC 或 600V-DC/13.9 kV			
断面尺寸（mm×mm）	18×25.2	24×31.5	32.5×42.5	44×57.5
悬挂间距（m）	≤1.2	≤1.8	≤2.0	≤3.0
单位质量（kg/m）				
最大滑行速度（m/min）	300		500	
线间距（mm×mm）	最小中心距 46			
绝缘材料性能	阻燃自熄			
标准长度（m）	6			
环境温度（℃）	－25～＋85			

注 △—表示额定电流（A）。

表 9.3-40　　JDCⅡ系列铝质重三型单极安全滑触线

型号	JDCⅡ-△-Ⅰ											
额定电流/A	150	200	250	300	400	450	630	800	1000	1250	1450	1800
额定电压/耐压	550V-AC 或 750V-DC/13.9 kV											
断面尺寸（mm×mm）	27×23				41×52		48×60					
悬挂间距（m）	1.2～1.8						2.0～3.0					
单位质量（kg/m）												
最大滑行速度（m/min）	400						600					
线间距（mm）	最小中心距 46											
绝缘材料性能	阻燃自熄											
标准长度（m）	6											
环境温度（℃）	25～＋85											

注 △—表示额定电流（A）。

表 9.3-41　　　　　　　　　　　　DW 系列铜质排式安全滑触线

型号	DW-□-20/80　（多极式）				DW-I（单极式）
极数□	3	4	5	6	1
额定电流（A）	80				200、250、300、350、400、450
额定电压/耐压	660V-AC 或 600V-DC/13.9kV				
断面尺寸（mm）	14×56	14×76	14×96	14×116	13×29（单极）
悬挂间距（m）	0.6～1.5				0.6～1.5
单位质量（kg/m）					
最大滑行速度（m/min）	300				300
线间距（mm）					
绝缘材料性能	阻燃自熄				
标准长度（m）	外壳 6m/导体任意				
环境温度（℃）	−25～+75				

注　□—表示极数。

9.3.9　裸线及刚体滑触线载流量

9.3.9.1　裸线载流量

裸线载流量见表 9.3-42～表 9.3-44。

表 9.3-42　　　　　　　LJ、HLJ、LGJ 型裸铝绞线的载流量　　$\theta_n = 70℃$

导体截面（mm²）	LJ 型								HLJ 型				LGJ 型			
	户内				户外				户外				户外			
	不同环境温度的载流量（A）															
	25℃	30℃	35℃	40℃	25℃	30℃	35℃	40℃	25℃	30℃	35℃	40℃	25℃	30℃	35℃	40℃
10	55	52	49	45	74	70	65	61	74	70	65	61				
16	80	75	70	65	105	99	93	86	97	91	85	79	104	98	92	85
25	109	103	96	89	135	127	119	110	126	119	111	103	135	127	119	110
35	135	127	119	110	170	160	150	139	154	145	136	126	169	159	149	138
50	170	160	150	139	214	202	189	175	193	182	170	158	220	207	194	179
70	214	202	189	175	264	249	233	216	235	222	208	192	275	259	242	224
95	259	244	228	211	324	305	285	264	282	266	249	230	334	315	295	273
120	310	292	273	253	373	352	329	305	325	306	286	265	379	357	334	309
150	369	348	326	301	439	414	387	359	374	353	330	306	443	418	391	362
185	424	400	374	346	499	470	440	407	424	400	374	346	513	484	453	419
240					609	574	537	497	495	467	437	404	609	574	537	497
300					679	640	599	554	569	536	501	464	698	658	616	570

9

表 9.3-43　　　　　　　　裸铜绞线的载流量　　$\theta_n = 70℃$

导体截面 （mm²）	TJ 型								TRJ 型 户内
	户内				户外				
	不同环境温度的载流量（A）								
	25℃	30℃	35℃	40℃	25℃	30℃	35℃	40℃	30℃
4	25	24	22	21	50	47	44	41	
6	35	33	31	29	70	66	62	57	
10	59	56	52	48	94	89	83	77	72
16	100	94	88	81	129	122	114	106	95
25	140	132	123	114	179	169	158	146	143
35	175	165	154	143	220	207	194	179	177
50	220	207	194	179	269	254	238	220	218
70	279	263	246	228	339	320	299	277	296
95	339	320	299	277	414	390	365	338	349
120	403	380	355	329	484	456	427	395	415
150	478	451	422	391	569	536	501	464	465
185	547	516	483	447	643	606	567	525	570
240	647	610	571	528	768	724	677	627	666
300					886	835	781	723	800
400									981
500									1142

注　TRJ 线的载流量为计算数据，供使用参考，当本型导线应用在电弧炼钢炉上时，因受热辐射较大，一般按电流密度 1.5A/mm² 选择截面。

表 9.3-44　　　　　　　　圆导体载流量　　$\theta_n = 70℃$　　$\theta_a = 25℃$

直径 （mm）	截面 （mm²）	圆铝载流量（A）		圆铜载流量（A）		直径 （m）	截面 （mm²）	圆铝载流量（A）		圆铜载流量（A）	
		交流	直流	交流	直流			交流	直流	交流	直流
6	28	120	120	155	155	22	380	740	745	955	965
7	39	150	150	195	195	25	491	885	900	1140	1165
8	50	180	180	235	235	26	504				
10	79	245	245	320	320	27	573	980	1000	1270	1290
12	113	320	320	415	415	28	616	1025	1050	1325	1360
14	154	390	390	505	505	30	707	1120	1155	1450	1490
15	177	435	435	565	565	35	961	1370	1450	1770	1865
16	301	475	475	610	615	38	1134	1510	1620	1960	2100
18	255	560	560	720	725	40	1257	1610	1750	2080	2260
19	284	605	610	780	785	42	1385	1700	1870	2200	2430
20	314	650	655	835	840	45	1590	1850	2060	2380	2670
21	346	695	700	900	905						

9.3.9.2　刚体滑触线载流量

刚体滑触线载流量见表 9.3-45～表 9.3-49。

表 9.3-45   JGHX 系列钢基铜导体刚体滑触线

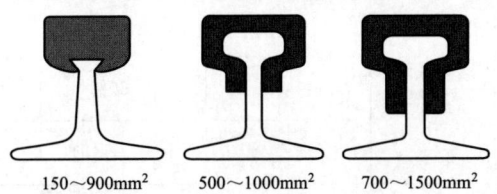

150～900mm²   500～1000mm²   700～1500mm²

型号	标称截面（mm²）	钢基截面ª（mm²）	载流量（A）						单位质量（kg/m）	
			ε＝40%		ε＝60%		ε＝100%			
			铜	钢	铜	钢	铜	钢	铜	钢
JGHX-150	150	440	450		370		250		4.74	1.90～2.90
JGHX-200	200	400～675	600		480		350		5.78	2.80～4.10
JGHX-300	300	510～1190	900		720		500		6.67	2.90～6.30
JGHX-400	400	675～1190	1200		950		700		7.56	4.10～7.80
JGHX-500	500	1190～2115	1500		1200		900		8.45	4.10～7.80
JGHX-600	600	1190～2115	1800		1450		1050		9.34	5.0～7.80
JGHX-700	700	1190～2115	2100		1700		1250		10.88	5.0～7.80
JGHX-800	800	1190～2115	2400		1950		1400		13.10	5.0～7.80
JGHX-900	900	2115	2700		2200	1709	3600		14.17	7.80
JGHLX1000	1000		3000		2450		1750		15.67	
JGHLX1200			3600		2900		2100		16.33	
JGHLX1500	1500		4500		3700		2650		17.50	
JGHLX1600			4800		3850		2800		20.30	
JGHLX1800	1800		5400		4400		3150		22.00	

ª 可根据需要配置不同形状和截面的钢基。

表 9.3-46   JGH 系列拼装式钢基铜导体刚体滑触线

型号	标称截面（mm²）	钢基截面ª（mm²）	载流量（A）						单位质量（kg/m）	
			ε＝40%		ε＝60%		ε＝100%			
			铜	钢	铜	钢	铜	钢	铜	钢
JGH-85	85	440	400		300		150		4.12	3.90
JGH-110	110	400～675	500		380		190		4.32	3.90
JGH-170	170	510～1190	630		500		300		4.90	3.90
JGH-240	240	675～1190	800		550		430		7.68	5.80
JGH-320	320	1190～2115	1000		820		570		8.40	5.80
JGH-420	420	1190～2115	1200		1050		750		8.90	
JGH-550	550	1190～2115	1600		1350		990		10.10	
JGH-700	700	1190～2115	2000		1680		1250		11.52	

9

续表

型号	标称截面（mm²）	钢基截面ª（mm²）	载流量（A） ε=40% 铜	载流量（A） ε=40% 钢	载流量（A） ε=60% 铜	载流量（A） ε=60% 钢	载流量（A） ε=100% 铜	载流量（A） ε=100% 钢	单位质量（kg/m） 铜	单位质量（kg/m） 钢
JGH-170 Ⅱ	170×2	2115	1250		1000	1709	610		8.98	6.80
JGHL-240 Ⅱ	240×2		1600		1300		850		10.37	6.80
JGHL-320 Ⅱ	320×2		2000		1650		1150		11.47	6.80
JGHL-420 Ⅱ	420×2		2500		2100		1500		13.80	
JGHL-550 Ⅱ	550×2		3150		2650		1980		16.10	
JGHL-700 Ⅱ	700×2		4000		3400		2500		18.92	

ª 可根据需要配置不同形状和截面的钢基。

表 9.3-47　　JGHL 系列铝基铜导体刚体滑触线

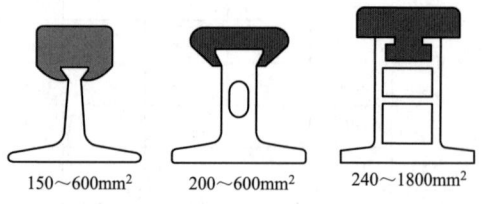

150～600mm²　　200～600mm²　　240～1800mm²

型号	标称截面（mm²）	铝基截面ª（mm²）	载流量（A） ε=40% 铜	载流量（A） ε=40% 铝	载流量（A） ε=60% 铜	载流量（A） ε=60% 铝	载流量（A） ε=100% 铜	载流量（A） ε=100% 铝	单位质量（kg/m） 铜	单位质量（kg/m） 铝
JGHL-170	170	440	550	440	435	355	305	244	4.63	1.08
JGHL-240	240	400～675	770	400～675	620	321～544	430	222～375	7.48	1.08～2.40
JGHL-320	320	510～1190	1050	510～1190	830	411～859	550	283～660	8.05	1.37～3.21
JGHL-480	480	675～1190	1550	675～1190	1250	544～859	860	375～660	10.25	1.82～3.21
JGHL-640	640	1190～2115	2050	1190～2115	1660	859～1709	1150	660～1174	11.22	3.21～5.71
JGHL-800	800	1190～2115	2550	1190～2115	2080	859～1709	1440	660～1174	12.58	3.21～5.71
JGHL-1000	1000	1190～2115	3100	1190～2115	2580	859～1709	1800	660～1174	14.05	3.21～5.71
JGHL-1500	1500	1190～2115	4650	1190～2115	3850	859～1709	2700	660～1174	15.95	3.21～5.71
JGHL-1800	1800	2115	5450	2115	4600	1709	3200	1174	19.28	6.21

ª 可根据需要配置不同形状和截面的铝基。

表 9.3-48 全铜导体及特种复合式刚体滑触线

JGU 系列全铜导体

JGHLB 系列铝基不锈钢复合

750~1800mm²

JGR 系列铝导体轻轨复合

500~2500A

型号	载流量(A) $\varepsilon=40\%$	单位质量(kg/m)	型号	载流量(A) $\varepsilon=40\%$	单位质量(kg/m)	型号/标称截面(mm²)	载流量(A) $\varepsilon=40\%$	单位质量(kg/m)
JGU-700	2100	7.57		1300		JGR-6 779	500~800	
JGU-900	2700	9.10	JGHLB-750	1500	7.57			
JGU-1000	3000	10.4	JGHLB-850	2000	9.10	JGR-8 995	1000~1200	
JGU-1200	3600	12.58	JGHLB-1250	2400	10.4			
JGU-1600	4800	15.37	JGHLB-1500	3000	12.58	JGR-12 1554	1500~1800	
JGU-1800	5400	17.63	JGHLB-1800		15.37			
JGU-2000	6000	19.32				JGR-15 2307	2200~2500	
JGU-2400	7200	22.58						
JGU-2800	8400							

表 9.3-49 TGJ 系列全铜导体及 TGJA 系列铜银导体双沟滑触线

型号	标称截面(mm²)	载流量(A)				单位质量(kg/m)
		$\varepsilon=25\%$	$\varepsilon=40\%$	$\varepsilon=60\%$	$\varepsilon=80\%$	
TGJ-65	65	240	200	160	120	0.580
TGJ-85	85	350	305	260	175	0.760
TGJ-90	90	400	330	265	200	0.791
TGJ-100	100	450	370	300	225	0.890
TGJ-110	110	550	455	365	275	0.975
TGJ-120	120	600	500	400	300	1.082
TGJ-150	150	800	660	530	400	1.340
TGJ-185	185	920	770	610	460	1.654
TGJ-220	220	1050	875	700	525	1.997
TGJA-85	85	600	510	420	300	0.798
TGJA -110	110	710	600	480	355	1.023
TGJA-120	120	750	640	520	375	1.136
TGJA -150	150	800	685	560	400	1.406

9.3.10 导体中频载流量

导体中频载流量见表 9.3-50~表 9.3-55。

9

（1）电线通过中频电流的载流量，可按 50Hz 时的载流量乘以校正系数 k_f，其值见表 9.3-50。

（2）普通电缆用于单相中频线路时，其中频载流量见表 9.3-51，但应注意：

1）电源频率大于 2500Hz 时，宜选用无铠装的橡皮绝缘电缆。

2）为避免中频电流引起绝缘介质损耗增加而导致的绝缘加速老化，宜选用交联聚乙烯绝缘电缆。不宜选用聚氯乙烯绝缘及护套电缆。

3）优先选用四芯电缆，其次是两芯电缆；三芯和单芯电缆均不推荐选用。

（3）中频线路采用同轴电力电缆较为理想。这种电缆的内外导体是同轴设置的，分别作为往返线，其载流量见表 9.3-52。

（4）采用矩形母线作中频载流导体时，应符合下列条件，其载流量见表 9.3-53～表 9.3-54。

1）母线应竖放。

2）母线间净距建议为：500V 及以下—15mm；1000V—20mm；1500V—25mm。

3）两片母线组成回路时，母线厚度应符合 $b \leqslant 2.4\delta$（δ 为透入深度，见表 9.4-2）。

（5）采用管形母线作中频载流导体时，其中频载流量见表 9.3-55，但注意：

1）管子壁厚应符合 $\tau \geqslant 1.2\delta$；

2）管线宜用水冷，以提高电流密度，降低有色金属耗量；

3）冷却水进水温度以 10～25℃ 为宜，出水温度不宜大于 50℃，水压不宜大于 0.2～0.3MPa，水质硬度在 10 度（德国度）以下，机械杂质不超过 80mg/L。

表 9.3-50   **电线中频载流量的校正系数 K_f**

截面 (mm²)	铝				铜			
	300Hz	400Hz	500Hz	1000Hz	300Hz	400Hz	500Hz	1000Hz
10	1.0	1.0	1.0	1.0	1.0	1.0	1.0	0.984
16	1.0	1.0	1.0	1.0	1.0	1.0	1.0	0.983
25	1.0	1.0	1.0	0.965	1.0	1.0	0.990	0.945
35	1.0	1.0	0.965	0.911	1.0	0.988	0.981	0.901
50	1.0	0.995	0.954	0.890	0.978	0.952	0.931	0.833
70	0.971	0.962	0.939	0.855	0.962	0.926	0.895	0.786
95	0.958	0.924	0.889	0.795	0.927	0.884	0.850	0.734
120	0.934	0.898	0.860	0.751	0.884	0.831	0.790	0.679

注 $K_f = \sqrt{\dfrac{A_f}{A}}$

    A_f——当频率为 f 时电线有效截面，mm²；

    A——50Hz 时电线有效截面，mm²。

表 9.3-51   **1kV 交联聚乙烯绝缘电力电缆的中频载流量** $\theta_n = 85℃$ $\theta_a = 30℃$ A

芯数×截面 (mm²)	频率（Hz）							
	500		1000		2500		8000	
	铝	铜	铝	铜	铝	铜	铝	铜
2×25	110	115	80	95	66	76	47	57
2×35	115	130	95	110	75	86	55	65
2×50	130	150	105	120	84	96	62	72

续表

芯数×截面 (mm²)	频率（Hz）							
	500		1000		2500		8000	
	铝	铜	铝	铜	铝	铜	铝	铜
2×70	155	180	130	150	100	115	75	90
2×95	180	205	150	170	120	135	85	100
2×120	200	225	170	190	135	150	105	115
2×150	225	260	185	215	150	170	110	130
4×50	235	290	205	235	160	185	115	135
4×70	280	320	230	265	185	210	135	155
4×95	335	385	305	325	220	250	160	190
4×120	370	430	310	355	250	280	180	210
4×150	415	470	340	385	260	310	195	230
4×185	450	510	375	430	300	340	210	250

注 4芯电缆中频载流量数据以两两并联作往返线，用于单相系统。

表 9.3-52   ZOLQ₀₂型中频同轴电力电缆的技术数据 $\theta_n = 80℃$ $\theta_a = 35℃$

电压 (V)	频率 (Hz)	载流量 (A)	中孔螺旋管内径 (mm)	电缆外径 (mm)
750	8000	300	30	58.7
750	8000	340	38	68.7
1500	2500	250	16.5	45.8

表 9.3-53   两根矩形母线在空气中竖放的中频载流量 $\theta_n = 70℃$ $\theta_a = 25℃$

频率（Hz）		500		1000		2500		8000	
电流透入深度δ（mm）		4.2	3.3	3.0	2.3	1.9	1.5	1.1	0.8
母线最小厚度b（mm）		6.6	4.0	4.7	2.8	3.0	2.0	1.7	1.0
母线尺寸 (宽×厚,mm×mm)	净距 (mm)	50Hz 损耗(W/m)		中频载流量（A）					
		铝	铜	铝	铜	铝	铜	铝	铜
50×6.3	15	94	95	545	615	455	525	355	410	255	305
	20	97	96	550	620	460	530	360	420	260	315
	25	99	99	555	630	465	535	365	430	265	320
63×6.3	15	113	106	650	715	540	605	420	475	315	355
	20	116	110	660	725	550	615	430	485	325	365
	25	120	111	670	730	560	625	440	495	335	370
80×6.3	15	148	148	860	970	715	825	560	645	420	485
	20	166	156	910	1000	765	845	590	665	445	505
	25	170	166	920	1030	780	870	605	690	460	530
100×6.3	15	163	167	1010	1140	840	970	695	745	495	540
	20	189	188	1070	1210	890	1020	725	800	525	600
	25	196	197	1100	1240	910	1050	740	835	540	640
80×8	15	150	200	865	1130	715	845	570	750	420	485
	20	168	206	915	1145	770	865	590	805	445	535
	25	172	208	925	1150	785	890	600	840	455	565

续表

母线尺寸(宽×厚,mm×mm)	净距(mm)	50Hz损耗(W/m)		中频载流量(A)							
		铝	铜	铝	铜	铝	铜	铝	铜	铝	铜
100×8	15	167	230	1020	1340	845	990	685	750	500	560
	20	182	252	1080	1400	895	1045	710	800	525	605
	25	205	276	1130	1470	920	1075	730	825	545	630
125×8	15	205	266	1240	1590	1020	1190	820	920	570	690
	20	229	292	1310	1670	1080	1250	860	955	630	725
	25	255	323	1380	1760	1160	1320	890	985	660	760
100×10	15	188	297	1080	1520	875	1120	660	765	490	575
	20	208	326	1140	1590	905	1190	715	815	530	615
	25	224	358	1180	1670	935	1250	745	840	555	635

注　1. 母线的损耗 $\Delta P = I_f^2 R_f \times 10^{-3}$ W/m

I_f——中频载流量/A；

R_f——电阻值/Ω/m，见表9.4-29。

2. 母线平放时，载流量约减少 10%。

表 9.3-54　　　多根矩形母线在空中竖放的中频载流量　$\theta_n = 70℃$　　$\theta_a = 35℃$　　A

母线尺寸根数(宽×厚)/mm	频率(Hz)							
	500		1000		2500		8000	
	铝	铜	铝	铜	铝	铜	铝	铜
2 (100×6.3)	1070	1210	890	1020	725	800	525	600
3 (100×6.3)	1510	1710	1250	1440	1020	1130	740	845
4 (100×6.3)	2270	2570	1890	2160	1530	1700	1120	1270
5 (100×6.3)	3020	3420	2510	2880	2040	2260	1480	1690
6 (100×6.3)	3790	4280	3150	3600	2550	2830	1860	2120
7 (100×6.3)	4540	5140	3770	4320	3060	3400	2230	2540
8 (100×6.3)	5280	5960	4380	5040	3570	3950	2590	2960

注　1. 母线间距 20mm。

2. 按多根母线来回交错布置，以减少邻近效应影响。

表 9.3-55　　　　管形导体的中频载流量　$\theta_n = 70℃$　　$\theta_a = 25℃$　　A

铝　管						铜　管					
内径/外径(mm)	50Hz损耗(W/m)	频率(Hz)				内径/外径(mm)	50Hz损耗(W/m)	频率(Hz)			
		500	1000	2500	8 000			500	1000	2500	8000
26/30	133	575	575	541	437	20/24	115	600	600	476	405
25/30	134	640	640	571	430	22/26	124	650	650	515	440
36/40	176	765	765	722	585	25/30	141	830	780	676	495
35/40	174	850	850	770	570	29/34	153	925	877	755	550
40/45	185	935	935	846	625	35/40	182	1100	1040	895	650

铝 管						铜 管					
内径/外径 (mm)	50Hz 损耗 (W/m)	频率（Hz）				内径/外径 (mm)	50Hz 损耗 (W/M)	频率（Hz）			
		500	1000	2500	8000			500	1000	2500	8000
45/50	206	1040	1040	915	697	40/45	195	1200	1150	972	716
50/55	225	1145	1145	1030	765	45/50	210	1330	1260	1160	784
54/60	237	1340	1280	1120	812	49/55	226	1580	1460	1170	855
64/70	268	1545	1480	1250	930	53/60	246	1760	1610	1251	930
74/80	306	1770	1700	1485	1060	62/70	281	2140	1810	1460	1080
72/80	308	2035	1830	1450	1070	72/80	317	2440	2120	1640	1220

注 1. 管子间净距 20mm。

2. 采用水冷铜管时，建议电流密度取 15A/mm²。

9.4 线路电压降计算

9.4.1 导线阻抗计算

9.4.1.1 导线电阻计算

（1）导线直流电阻 R_θ 按下式计算

$$R_\theta = \rho_\theta c_j \frac{L}{S} \tag{9.4-1}$$

$$\rho_\theta = \rho_{20}[1 + a(\theta - 20)] \tag{9.4-2}$$

式中　R_θ——导体实际工作温度时的直流电阻值，Ω；

　　　L——线路长度，m；

　　　S——导线截面，mm²；

　　　c_j——绞入系数，单股导线为 1，多股导线为 1.02；

　　　ρ_{20}——导线温度为 20℃时的电阻率，铝线芯（包括铝电线、铝电缆、硬铝母线）为 0.028 2$\Omega \cdot$ mm²/m（相当于 $2.82 \times 10^{-6}\Omega \cdot$ cm），铜线芯（包括铜电线、铜电缆、硬铜母线）为 0.017 2$\Omega \cdot$ mm²/m（相当于 $1.72 \times 10^{-6}\Omega \cdot$ cm）；

　　　ρ_θ——导线温度为 θ℃时的电阻率，$10^{-6}\Omega \cdot$ cm；

　　　a——电阻温度系数，铝和铜都取 0.004；

　　　θ——导线实际工作温度，℃。

（2）导线交流电阻 R_j 按下式计算

$$R_j = K_{jf} K_{lj} R_\theta \tag{9.4-3}$$

$$K_{jf} = \frac{r^2}{\delta(2r - \delta)} \tag{9.4-4}$$

$$\delta = 5030 \sqrt{\frac{\rho_\theta}{\mu f}} \tag{9.4-5}$$

式中　R_j——导体温度为 θ℃时的交流电阻值，Ω；

　　　R_θ——导体温度为 θ℃时的直流电阻值，Ω；

9

K_{jf}——集肤效应系数，导线的 K_{jf} 用式（9.4-4）计算，（当频率为 50Hz、芯线截面不超过 240mm² 时，K_{jf} 均为 1），当 $\delta \geqslant r$ 时 $K_{jf}=1$；$\delta \geqslant 2r$ 时 K_{jf} 无意义。母线的 K_{jf} 见表 9.4-1；

K_{lj}——邻近效应系数，导线从图 9.4-1 曲线求取，母线的 K_{lj} 取 1.03；

ρ_θ——导体温度为 θ℃时的电阻率，$\Omega \cdot$ cm；

r——线芯半径，cm；

δ——电流透入深度，cm；（因集肤效应使电流密度沿导体横截面的径向按指数函数规律分布，工程上把电流可等效地看作仅在导体表面 δ 厚度中均匀分布，不同频率时的电流透入深度 δ 值见表 9.4-2）

μ——相对导磁率，对于有色金属导体为 1；

f——频率，Hz。

表 9.4-1   **母线的集肤效应系数（50Hz）**

母线尺寸 （宽×厚，mm×mm）	铝	铜	母线尺寸 （宽×厚，mm×mm）	铝	铜
31.5×4	1.000	1.005	63×8	1.03	1.09
40×4	1.005	1.011	80×8	1.07	1.12
40×5	1.005	1.018	100×8	1.08	1.16
50×5	1.008	1.028	125×8	1.112	1.22
50×6.3	1.01	1.04	63×10	1.08	1.14
63×6.3	1.02	1.055	80×10	1.09	1.18
80×6.3	1.03	1.09	100×10	1.13	1.23
100×6.3	1.06	1.14	125×10	1.18	1.25

表 9.4-2   **不同频率时的电流透入深度 δ 值**   cm

频率 （Hz）	铝				铜			
	60℃	65℃	70℃	75℃	60℃	65℃	70℃	75℃
50	1.287	1.298	1.309	1.319	1.005	1.013	1.022	1.030
300	0.525	0.530	0.534	0.539	0.410	0.414	0.417	0.421
400	0.455	0.459	0.463	0.466	0.355	0.358	0.361	0.364
500	0.407	0.410	0.414	0.417	0.318	0.320	0.323	0.326
1000	0.288	0.290	0.293	0.295	0.225	0.227	0.299	0.230

（3）线芯实际工作温度。线路通过电流后，导线产生温升，表 9.4-3 电压降计算公式中的线路电阻 R'，就是温升对应工作温度下的电阻值，它与通过电流大小（即负荷率）有密切关系。由于供电对象不同，各种线路中的负荷率也各不相同，因此线芯实际工作温度往往不相同，在合理计算线路电压降时，应估算出导线的实际工作温度。工程中导线的实际线芯温度可按如下估算：

6~35kV 架空线路 $\theta=55$℃；

380V 架空线路 $\theta=60$℃；

35kV 交联聚乙烯绝缘电力电缆 $\theta=75$℃；

1~10kV 交联聚乙烯绝缘电力电缆 $\theta=80$℃；

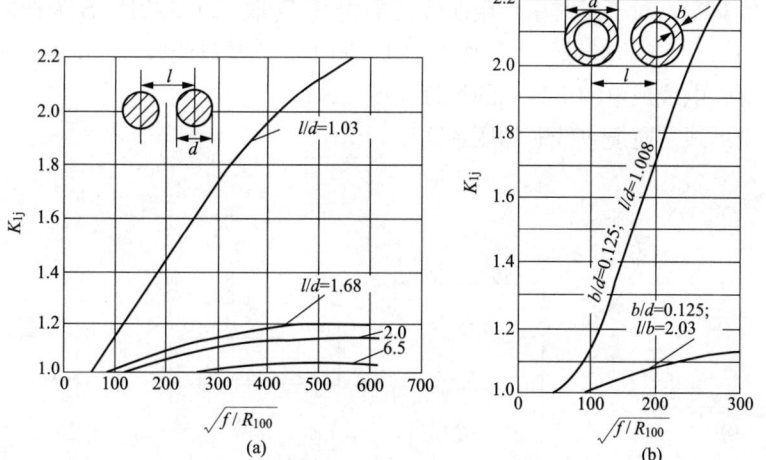

图 9.4-1　实心圆导体和圆管导体的邻近效应系数曲线

（a）实心圆导体；（b）圆管导体

f—频率 Hz；R_{100}—长 100m 的电线、电缆在运行温度时的电阻，Ω

1kV 聚氯乙烯绝缘及护套电力电缆 $\theta=60℃$；

380V 插接式母线槽（铜质及铝质）$\theta=75℃$；

380V 滑接式母线槽（铜质及铝质）$\theta=65℃$。

9.4.1.2　导线电抗计算

配电工程中，架空线各相导体一般不换位，为简化计算，假设各相电抗相等。另外，由于容抗对感抗而言，正好起抵消的作用，虽然有些电缆线路其容抗值不小，但为了简化计算，线路容抗常可忽略不计，因此，导线电抗值实际上只计入感抗值。这样的计算结果往往趋保守。

（1）电线和电缆的感抗按下式计算

$$X' = 2\pi f L' \tag{9.4-6}$$

$$L' = \left(2\ln\frac{D_j}{r} + 0.5\right)\times 10^{-4} = 2\left(\ln\frac{D_j}{r} + \ln e^{0.25}\right)\times 10^{-4}$$

$$= 2\times 10^{-4}\ln\frac{D_j}{re^{-0.25}} = 4.6\times 10^{-4}\lg\frac{D_j}{0.778r} = 4.6\times 10^{-4}\lg\frac{D_j}{D_z} \tag{9.4-7}$$

当 $f=50Hz$ 时，公式（9.4-6）可简化为

$$X' = 0.144\,5\lg\frac{D_j}{D_z} \tag{9.4-8}$$

式中　X'——线路每相单位长度的感抗，Ω/km；

　　　f——频率，Hz；

　　　L'——电线、母线或电缆每相单位长度的电感量，H/km；

　　　D_j——几何均距，cm；对于架空线为 $\sqrt[3]{D_{UV}D_{VW}D_{WU}}$，见图 9.4-2，穿管电线及圆形线芯的电缆为 $d+2\delta$，扇形线芯的电缆为 $h+2\delta$，见图 9.4-3；

　　　r——电线或圆形线芯电缆主线芯的半径，cm；

　　　d——电线或圆形线芯电缆主线芯的直径，cm；

　　　D_z——线芯自几何均距或等效半径，cm；对于圆形截面线芯的电线、电缆 D_z 取

0.389d；对于压紧扇形截面线芯的电缆 D_z 取 0.439$\sqrt{S}$ 。S 为线芯标称截面积，cm²；对于矩形母线，D_z 取 0.224 $(b+h)$，b 是母线厚，cm，h 是母线宽，cm；

δ——穿管电线或电缆主线芯的绝缘厚度，cm，

h——扇形线芯电缆主线芯的压紧高度，cm。

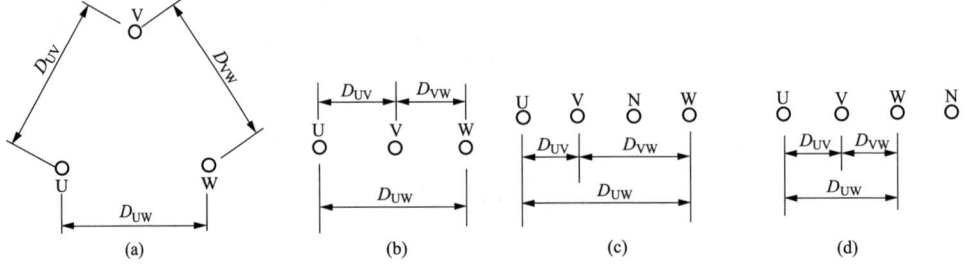

图 9.4-2　架空线路导线排列图

(a) 三线制导线三角形排列图；(b) 三线制导线水平排列图；

(c) 四线制导线水平排列之一；(d) 四线制导线水平排列之二

　　铠装电缆或电线穿钢管时，由于钢带（丝）或钢管的影响，相当于导体间距增加了 15%～30%，使感抗约增加 1%，因数值差异不大，本手册编制时忽略不计。

　　1kV 及以下的四芯电缆感抗略大于三芯电缆，但对计算电压降影响很小，本节电压降计算表均采用三芯电缆数据。

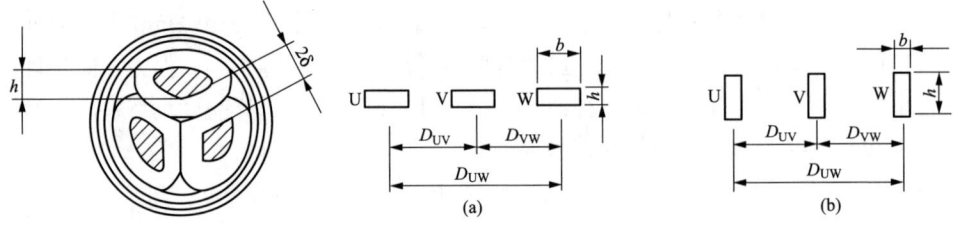

图 9.4-3　电缆扇形线芯排列图　　　　图 9.4-4　母线排列图

　　　　　　　　　　　　　　　　　　(a) 母线平放；(b) 母线竖放

（2）母线感抗值计算公式如下

$$X' = 2\pi f\left(4.6\lg\frac{2\pi D_j + h}{\pi b + 2h} + 0.6\right) \times 10^{-4} \tag{9.4-9}$$

当 $f=50$Hz 时，可简化为

$$X' = 0.144\ 5\lg\frac{2\pi D_j + h}{\pi b + 2h} + 0.018\ 8\ 4 \tag{9.4-10}$$

式中　D_j——几何均距，为 $\sqrt[3]{D_{UV}D_{VW}D_{WU}}$，cm；

　　　h——为母线的宽度，cm，见图 9.4-4；

　　　b——为母线的厚度，cm，见图 9.4-4。

9.4.2　电压降计算式

线路的电压降计算式见表 9.4-3。

表 9.4-3 线路的电压降计算公式

线路种类	负 荷 情 况	计 算 公 式
三相平衡负荷线路	(1) 终端负荷用电流矩 Il（A·km）表示	$\Delta u\% = \dfrac{\sqrt{3}}{10U_n}(R'_O\cos\varphi + X'_O\sin\varphi)\,Il = \Delta u_a\%\,Il$
	(2) 几个负荷用电流矩 $I_i l_i$（A·km）表示	$\Delta u\% = \dfrac{\sqrt{3}}{10U_n}\sum[(R'_O\cos\varphi + X'_O\sin\varphi)\,I_i l_i] = \sum(\Delta u_a\%\,I_i l_i)$
	(3) 终端负荷用负荷矩 Pl（kW·km）表示	$\Delta u\% = \dfrac{1}{10U_n^2}(R'_O + X'_O\tan\varphi)\,Pl = \Delta u_p\%\,Pl$
	(4) 几个负荷用负荷矩 $P_i l_i$（kW·km）表示	$\Delta u\% = \dfrac{1}{10U_n^2}\sum[(R'_O + X'_O\tan\varphi)\,P_i l_i] = \sum(\Delta u_p\%\,P_i l_i)$
	(5) 整条线路的导线截面、材料及敷设方式均相同且 $\cos\varphi=1$，几个负荷用负荷矩 $P_i l_i$（kW·km）表示	$\Delta u\% = \dfrac{R_O}{10U_n^2}\sum P_i l_i = \dfrac{1}{10U_n^2\gamma S}\sum P_i l_i = \dfrac{\sum P_i l_i}{CS}$
接于线电压的单相负荷线路	(1) 终端负荷用电流矩 Il（A·km）表示	$\Delta u\% = \dfrac{2}{10U_n}(R'_O\cos\varphi + X''_O\sin\varphi)\,Il \approx 1.15\Delta u_a\%\,Il$
	(2) 几个负荷用电流矩 $I_i l_i$（A·km）表示	$\Delta u\% = \dfrac{2}{10U_n}\sum[(R'_O\cos\varphi + X''_O\sin\varphi)\,I_i l_i] \approx 1.15\sum(\Delta u_a\%\,I_i l_i)$
	(3) 终端负荷用负荷矩 Pl（kW·km）表示	$\Delta u\% = \dfrac{2}{10U_n^2}(R'_O + X''_O\tan\varphi)\,Pl \approx 2\Delta u_a\%\,Pl$
	(4) 几个负荷用负荷矩 $P_i l_i$（kW·km）表示	$\Delta u\% = \dfrac{2}{10U_n^2}\sum[(R'_O + X''_O\tan\varphi)\,P_i l_i] \approx 2\sum(\Delta u_p\%\,P_i l_i)$
	(5) 整条线路的导线截面、材料及敷设方式均相同且 $\cos\varphi=1$，几个负荷用负荷矩 $P_i l_i$（kW·km）表示	$\Delta u\% = \dfrac{2R'_O}{10U_n^2}\sum P_i l_i$
接于相电压的两相 N 线平衡负荷线路	(1) 终端负荷用电流矩 Il（A·km）表示	$\Delta u\% = \dfrac{1.5\sqrt{3}}{10U_n}(R'_O\cos\varphi + X''_O\sin\varphi)\,Il \approx 1.15\Delta u_a\%\,Il$
	(2) 终端负荷用负荷矩 Pl（kW·km）表示	$\Delta u\% = \dfrac{2.25}{10U_n^2}(R'_O + X''_O\tan\varphi)\,Pl \approx 2.25\Delta u_p\%\,Pl$
	(3) 终端负荷且 $\cos\varphi=1$，用负荷矩 Pl（kW·km）表示	$\Delta u\% = \dfrac{2.25R'_O}{10U_n^2}Pl = \dfrac{2.25}{10U_n^2\gamma S}Pl = \dfrac{Pl}{CS}$

9

续表

线路种类	负 荷 情 况	计 算 公 式
接相电压的单相负荷线路	(1) 终端负荷用电流矩 Il（A·km）表示	$\Delta u\% = \dfrac{2}{10U_{nph}}\left(R'_O\cos\varphi + X''_O\sin\varphi\right)Il \approx 2\Delta_{ua}\%Il$
	(2) 终端负荷用负荷矩 Pl（kW·km）表示	$\Delta u\% = \dfrac{2}{10U_{nph}^2}\left(R'_O + X''_O\tan\varphi\right)Pl \approx 6\Delta u_p\%Pl$
	(3) 终端负荷且 $\cos\varphi = 1$ 或直流线路用负荷矩 Pl（kW·km）表示	$\Delta u\% = \dfrac{2R'_O}{10U_{nph}^2}Pl = \dfrac{2}{10U_{nph}^2\gamma S}Pl = \dfrac{Pl}{CS}$
符号说明	$\Delta u\%$——线路电压损失百分数，%； $\Delta u_a\%$——三相线路每 1A·km 的电压损失百分数，%/A·km； $\Delta u_p\%$——三相线路每 1kW·km 的电压损失百分数，%/kW·km； 　U_n——标称线电压，kV； U_{nph}——标称相电压，kV； 　X''_O——单相线路单位长度的感抗，Ω/km，其值可取 X'_O 值*； $R'_O X'_O$——三相线路单位长度的电阻和感抗，Ω/km； 　　I——负荷计算电流，A； 　　l——线路长度，km； 　　P——有功负荷，kW； 　　γ——电导率，s/μm，$\gamma = \dfrac{1}{\rho}$，ρ 为电阻率，$\Omega\cdot\mu$m 见表 9.4-4 的表下注； 　　S——线芯标称截面，mm²； 　$\cos\varphi$——功率因数； 　　C——功率因数为 1 时的计算系数，见表 9.4-4。	

* 实际上单相线路的感抗值与三相线路的感抗值不同，但在工程计算中可以忽略其误差，对于 220/380V 线路的电压损失，导线截面为 50mm² 及以下时误差约 1%，50mm² 以上时最大误差约 5%。

表 9.4-4　　　　　　　　　线路电压降的计算系数 C 值（$\cos\varphi = 1$）

线路标称电压（V）	线路系统	C 值计算公式	导线 C 值（$\theta = 50℃$）		母线 C 值（$\theta = 65℃$）	
			铝	铜	铝	铜
220/380	三相四线	$10\gamma U_n^2$	45.70	75.00	43.40	71.10
220/380	两相三线	$\dfrac{10\gamma U_n^2}{2.25}$	20.30	33.30	19.30	31.60
220	单相及直流	$5\gamma U_{nph}^2$	7.66	12.56	7.27	11.92
110			1.92	3.14	1.82	2.98
36			0.21	0.34	0.20	0.32
24			0.091	0.15	0.087	0.14
12			0.023	0.037	0.022	0.036
6			0.005 7	0.009 3	0.005 4	0.008 9

注　1. 20℃时 ρ 值（$\Omega\cdot\mu$m）：铜导线、铜母线 0.017 2；铝导线、铝母线为 0.028 2。

2. 计算 C 值时，导线工作温度为 50℃，铜导线 γ 值（s/μm）为 51.91，铝导线为 31.66；母线工作温度为 65℃；铜母线 γ 值（s/μm）为 49.27，铝母线为 30.05。

3. U_n 为标称线电压，kV，U_{nph} 为标称相电压，kV。

4. C 值是按线路长度以"m"为单位编制的。若采用表 9.4-3 中公式计算，线路长度用"km"时，则本表 C 值应除以 1000。

9.4.3 常用导线主要参数

常用导线主要技术数据见表9.4-5～表9.4-9。

表 9.4-5　　　　　　　　　绝缘电线主要技术数据

标称截面 (mm)	线芯结构 股数/直径 (mm²)	线芯结构 股数/近似英规线号	外径 (mm) BV型 ZR-BV	外径 (mm) BVN型	外径 (mm) NH-BV型	总截面 (mm²) BV型	总截面 (mm²) BVN型	总截面 (mm²) NH-BV型	质量 (kg/km) BV型	质量 (kg/km) BVN型	质量 (kg/km) NH-BV型
1	1/1.13	1/18	2.6	2.2		5	3.8		18.7	13.0	
1.5	1/1.38	1/17	3.4	2.5		9	4.9		21.0	18.0	
2.5	1/1.78	1/15	4.2	2.9	4.5	12	6.6		30.9	27.9	44
4	1/2.25	1/13	4.8	3.4	5.0	15	9.1		46.2	42.3	61
6	1/2.76	1/11	5.4	4.1	5.5	19	13.2		65.4	63.3	92.9
10	7/1.35	7/17	6.8	5.9	7.2	32	22.9		114	114	135.6
16	7/1.70	7/16	8.0	7.1	8.2	50	39.6		173	177	197.4
25	7/2.14	7/14	9.8	8.9	9.9	75	62.2		262	279	300.5
35	7/2.52	7/12	11.0	10.0	11.1	95	78.5		368	377	398.7
50	19/1.78	19/15	13.0		12.8	133			522		534.3
70	19/2.14	19/14	15.0		14.6	177			708		742.3
95	19/2.52	19/12	17.0		16.9	227			964		1014
120	37/2.03	37/14	19.0		18.9	284			1168		1256
150	37/2.25	37/13	21.0		20.5	346			1465		1537
185	37/2.52	37/12	23.5		22.8	434			1806		1916
240	61/2.25	61/13	26.5		27.7	552			2489		2433
300	61/2.52	61/12	29.5		28.6	683			3114		3104
400	61/2.85	61/11	33.5		32.0	881			3967		3938

注 1. 塑料绝缘线额定电压：1mm² 及以下，U_0/U 为 300/500V，1.5mm² 及以上 U_0/U 为 450/750V。

2. BVN 截面规格可与 BV 相同，但 35mm² 以上时，价格较贵。大规格不推荐使用。

3. NH-BV 耐火绝缘电线，其耐火层仅 2×0.14mm，因此外径与普通 BV 线基本相同。

表 9.4-6　　　　　　　　LGJ 型钢芯铝绞线主要技术数据

标称截面 (mm²)	实际铝截面 (mm²)	股数/直径 (mm) 铝	股数/直径 (mm) 钢	外径 (mm)	20℃直流电阻 (Ω/km)	质量 (kg/km)	制造长度 (m)
10	10.60	6/1.50	1/1.50	4.50	2.706	43	3000
16	16.13	6/1.85	1/1.85	5.55	1.779	65	3000
25	25.36	6/2.32	1/2.32	6.96	1.131	103	3000
35	34.86	6/2.72	1/2.72	8.16	0.823	141	3000
50	48.25	6/3.20	1/3.20	9.60	0.595	195	2000
70	68.05	6/3.80	1/3.80	11.40	0.422	275	2000
95	94.39	26/2.15	7/1.67	13.61	0.306	381	2000
120	115.67	26/2.38	7/1.85	15.07	0.250	467	2000
150	148.86	26/2.70	7/2.10	17.10	0.194	601	2000
185	181.34	26/2.98	7/2.32	18.88	0.160	733	2000
210	211.73	26/3.22	7/2.50	20.38	0.136	854	2000
240	238.85	26/3.42	7/2.66	21.66	0.121	964	2000

9

表 9.4-7　　　　　　　架空铝绞线及铝镁硅合金绞线主要技术数据

标称截面 (mm²)	实际截面 (mm²)	股数/直径 (mm)	外径 (mm)	20℃直流电阻 (Ω/km)		质量 (kg/km)	制造长度 (m)	
				LJ	LHAIJ		LJ	LHAIJ
16	15.89	7/1.70	5.10	1.802	2.067	44	4000	4000
25	25.41	7/2.15	6.45	1.127	1.332	70	3000	4000
35	34.36	7/2.50	7.50	0.833	0.952	95.5	2000	3000
50	49.48	7/3.00	9.00	0.579	0.663	137	1500	3000
70	71.25	7/3.60	10.80	0.402	0.474	195	1250	3000
95	95.14	7/4.16	12.48	0.301	0.349	261	1000	2500
120	121.21	19/2.85	14.25	0.237	0.277	334	1500	2000
150	148.07	19/3.15	15.75	0.194	0.223	412	1250	2000
185	182.80	19/3.50	17.50	0.157	0.181	503	1000	1500
240	238.76	19/4.00	20.00	0.121	0.139	660	1000	1500

表 9.4-8　　　　　　　TJ 型裸铜绞线主要技术数据

标称截面 (mm²)	实际截面 (mm²)	股数/直径 (mm)	外径 (mm)	20℃直流电阻 (Ω/km)	质量 (kg/km)	制造长度 (m)
16	15.89	7/1.70	5.1	1.150	143	4000
25	24.71	7/2.12	6.36	0.727	223	3000
35	34.36	7/2.50	7.50	0.524	310	2500
50	49.48	7/3.0	9.0	0.387	446	2000
70	67.07	19/2.12	10.6	0.268	625	1500
95	93.27	19/2.50	12.50	0.193	841	1200
120	117.00	19/2.80	14.00	0.153	1055	1000
150	148.07	19/3.15	15.75	0.124	1335	800
185	181.62	37/2.50	17.50	0.100	1651	800
240	236.04	37/2.85	19.95	0.075	2145	800
300	288.35	37/3.15	22.05	0.063	2621	600
400	389.14	61/2.85	25.65	0.047	3541	600

注　铜绞线由符合 GB 3953 的硬圆铜线绞制而成。

表 9.4-9　　　　　　　TJR1 型裸铜软绞线主要技术数据

标称截面 (mm²)	实际截面 (mm²)	股数×股数/直径 (mm)	外径 (mm)	20℃直流电阻 (Ω/km)	质量 (kg/km)	制造长度 (m)
10	10.01	7×7/0.51	4.59	1.830	94.3	4000
16	15.84	7×12/0.49	6.17	1.160	150	3000
25	25.08	19×7/0.49	7.35	0.736	239	3000
40	40.15	19×7/0.62	9.3	0.459	382	2500
63	62.72	27×7/0.65	12.0	0.291	597	2500
80	78.20	37×7/0.62	13.02	0.236	744	1500
100	99.68	37×7/0.70	14.70	0.185	918	1500
125	124.69	27×12/0.70	17.90	0.148	1119	1200
160	162.86	27×12/0.80	20.2	0.113	1549	1200
200	196.15	37×12/0.75	21.80	0.094	1866	1000
250	251.95	37×12/0.85	24.72	0.073 2	2397	1000
315	310.58	37×19/0.75	26.25	0.059 4	2954	800
400	398.92	37×19/0.85	29.75	0.046 2	3795	600
500	498.30	37×19/0.95	33.75	0.037	4740	600

注　TJR1 型软铜绞线标准 GB 12970.2。

9.4.4 矿物绝缘电缆常用数据

矿物绝缘电缆主要数据见表 9.4-10～表 9.4-11。

表 9.4-10   刚性矿物绝缘电缆主要技术数据

芯数×截面 (mm²)		外径（m）		线芯尺寸 (mm)	铜护套截面 (mm²)	电缆质量（kg/km）		制造长度 (m)
		裸铜套	PVC 护套			裸铜套	PVC 护套	
轻型 500V	2×1.0	5.1	6.7	2×1.13	5.3	104	125	
	2×1.5	5.7	7.3	2×1.38	6.2	130	153	
	2×2.5	6.6	8.2	2×1.78	8.1	179	205	
	2×4	7.7	9.7	2×2.25	10.6	248	285	250
	3×1.0	5.8	7.4	3×1.13	6.6	135	159	
	3×1.5	6.4	8.0	3×1.38	7.7	168	193	
	3×2.5	7.3	9.3	3×1.78	9.4	224	258	
	4×1.0	6.3	7.9	4×1.13	7.6	161	187	
	4×1.5	7.0	9.0	4×1.38	9.0	203	230	
	4×2.5	8.1	10.1	4×1.78	11.2	278	314	250
	7×1.0	7.6	9.6	7×1.13	10.1	172	204	250
	7×1.5	8.4	10.4	7×1.38	11.6	294	331	200
	7×2.5	9.7	11.7	7×1.78	15.5	413	455	160
重型 750V	1×1.5	4.9		1.38	5.0	88	108	
	1×2.5	5.3	6.9	1.78	5.6	114	135	500
	1×4	5.9	7.5	2.25	6.7	140	162	
	1×6	6.4	8.0	2.76	7.7	172	198	
	1×10	7.3	9.3	3.57	9.4	235	268	450
	1×16	8.3	10.3	4.51	11.5	319	356	350
	1×25	9.6	11.6	5.64	14.9	451	493	260
	1×35	10.7	12.7	6.68	17.6	573	619	210
	1×50	12.1	14.1	7.98	21.7	764	816	170
	1×70	13.7	15.7	9.44	26.9	1018	1076	130
	1×95	15.4	17.8	11.00	32.1	1298	1386	120
	1×120	16.8	19.2	12.36	34.6	1576	1674	105
	1×150	18.4	20.8	13.82	43.2	1890	1997	84
	1×185	20.4	23.2		53.2	2323	2468	70
	1×240	23.3	26.1		69.2	3031	3197	53
	1×300	26.2			87.5	3832		42
	1×400	30.6			117.3	5228		32
	2×1.5	7.9	9.9	2×1.38	10.9	212	243	250
	2×2.5	8.7	10.7	2×1.78	13.6	260	298	200
	2×4	9.8	11.8	2×2.25	15.4	342	385	185
	2×6	10.9	12.9	2×2.76	18.2	427	474	160
	2×10	12.7	14.7	2×3.75	23.4	582	636	140
	2×16	14.7	16.7	2×4.51	29.9	845	907	110
	2×25	17.1	19.5	2×5.64	37.7	1138	1238	80
	4×1.5	9.1	11.1	4×1.38	13.7	298	333	185
	4×2.5	10.1	12.1	4×1.78	16.1	367	411	175
	4×4	11.4	13.4	4×2.25	19.8	472	521	150
	4×6	12.7	14.7	4×2.76	23.4	623	677	140
	4×10	14.8	16.8	4×3.57	30.1	861	923	110
	4×16	17.3	19.7	4×4.51	39.0	1275	1376	95
	4×25	20.1	22.9	4×5.64	48.8	1766	1909	80
	7×1.5	10.8	12.8	7×1.38	18.0	409	455	150
	7×2.5	12.1	14.1	7×1.78	21.7	562	614	120
	10×1.5	13.5	15.5	10×1.38	28.1	633	699	120
	10×2.5	15.2	17.6	10×1.78	34.0	831	921	95
	12×1.5	14.1	15.8	12×1.38	29.0	712	772	100
	12×2.5	15.6	17.9	12×1.78	34.0	911	1001	85
	19×1.5	16.6	18.9	19×1.38	37.0	992	1088	100

表 9.4-11

柔性矿物绝缘电缆主要技术数据

截面 (mm)	外径 (mm)								电缆质量 (kg/km)							
	1芯	2芯	3芯	4芯	5芯	3+1芯	3+2芯	4+1芯	1芯	2芯	3芯	4芯	5芯	3+1芯	3+2芯	4+1芯
1.5	11.0	14.7	15.4	16.4	17.5	16.1	17.0	17.2	141.4	251.5	273.3	320.3	377.6	308.5	351.9	363.6
2.5	11.4	15.6	16.3	17.4	18.7	17.2	18.2	18.4	158.2	287.4	319.4	379.6	451.7	365.4	420.6	434.7
4	12.1	17.1	17.9	19.2	20.7	18.8	19.9	20.3	187.0	349.2	398.3	481.3	579.4	456.8	527.3	551.3
6	12.7	18.2	19.1	20.6	22.2	20.2	21.6	21.9	216.0	410.7	479.9	587.7	713.1	561.9	657.3	682.8
10	13.6	20.1	21.1	22.8	24.7	22.3	23.7	24.2	271.3	526.4	636.1	792.6	971.4	742.7	866.3	915.5
16	14.7	22.2	23.4	25.3	27.5	24.8	26.4	27.0	345.1	679.8	846.8	1070.3	1322.1	1002.5	1179.3	1246.3
25	16.4	25.6	27.1	29.5	32.2	28.5	30.3	31.3	466.2	931.1	1192.9	1528.3	1903.1	1416.7	1669.8	1779.8
35	17.6	28.1	29.7	32.5	35.7	30.7	32.3	33.9	578.9	1164.0	1518.8	1961.6	2470.1	1743.9	2006.3	2221.1
50	19.3	31.4	33.3	36.6	40.4	34.8	37.0	38.8	728.2	1472.0	1950.5	2554.9	3225.0	2290.8	2694.4	2957.4
70	21.1	35.2	37.3	41.2	45.4	39.2	41.5	43.6	954.5	1951.7	2629.9	3460.9	4375.0	3101.7	3612.9	3989.2
95	24.2	41.2	44.0	48.6	53.7	45.6	48.4	51.5	1280.0	2618.3	3588.8	4740.7	6008.2	4197.8	4909.6	5449.1
120	26.0	44.6	47.7	52.7	58.4	49.9	53.1	55.8	1552.6	3170.6	4379.3	5797.5	7379.6	5217.2	6171.9	6748.7
150	27.9	48.7	52.0	57.8	63.9	53.8	56.7	60.3	1851.3	3804.4	5284.9	7038.6	8929.6	6163.2	7155.5	8024.9
185	30.4	53.6	57.4	63.5	70.4	59.9	63.7	67.1	2265.1	4671.6	6521.5	8663.4	11036.3	7697.6	9035.4	9995.4
240	33.6	59.9	64.3	71.4	79.2	66.7	70.7	75.0	2885.8	5935.3	8378.5	11185.7	14247.5	9840.5	11501.1	12839.8
300	36.7	65.9	70.6	78.6	87.2	73.4	77.8	82.6	3540.9	7297.8	10309.3	13822.6	17609.6	13047.4	15987.3	16754.0

注　本数据引自"上海快鹿电线电缆有限公司"样本。

9

9.4.5 架空线路的电压降

架空线路的电压降见表 9.4-12~表 9.4-15。

表 9.4-12   35kV 三相平衡负荷架空线路的电压降

型号	截面 (mm²)	电阻 θ_n=55℃ (Ω/km)	感抗 D_j=3m (Ω/km)	环境温度35℃ 时的允许负荷 (MVA)	电压损失[%/(MW·km)] cosφ 0.8	0.85	0.9
TJ	35	0.602	0.440	11.8	0.076	0.071	0.067
	50	0.423	0.429	14.4	0.061	0.056	0.051
	70	0.300	0.415	18.2	0.050	0.045	0.041
	95	0.221	0.405	22.1	0.043	0.039	0.034
	120	0.176	0.398	25.8	0.039	0.035	0.030
	150	0.138	0.390	30.4	0.035	0.031	0.027
	185	0.114	0.383	34.4	0.033	0.029	0.024
	240	0.088	0.375	41.4	0.030	0.026	0.022
LGJ	35	0.938	0.434	9.0	0.103	0.099	0.094
	50	0.678	0.424	11.7	0.081	0.077	0.072
	70	0.481	0.413	13.8	0.065	0.060	0.056
	95	0.349	0.399	17.9	0.053	0.049	0.044
	120	0.285	0.392	20.3	0.047	0.043	0.039
	150	0.221	0.384	23.7	0.042	0.037	0.033
	185	0.181	0.378	27.5	0.038	0.034	0.030
	240	0.138	0.369	32.5	0.034	0.030	0.026

表 9.4-13   10kV 三相平衡负荷架空线路的电压降

型号	截面 (mm²)	电阻 θ_n=55℃ (Ω/km)	感抗 D_j=1.25m (Ω/km)	环境温度35℃ 时的允许负荷 (MVA)	电压损失[%/(MW·km)] cosφ 0.8	0.85	0.9
TJ	16	1.321	0.410	1.97	1.629	1.575	1.520
	25	0.838	0.395	2.74	1.134	1.083	1.029
	35	0.602	0.385	3.36	0.891	0.841	0.788
	50	0.423	0.374	4.12	0.704	0.655	0.604
	70	0.300	0.360	5.20	0.570	0.523	0.474
	95	0.221	0.350	6.32	0.484	0.438	0.391
	120	0.176	0.343	7.38	0.433	0.389	0.342
	150	0.138	0.335	8.68	0.389	0.346	0.300
	185	0.114	0.328	9.82	0.360	0.317	0.273
	240	0.088	0.320	11.74	0.328	0.286	0.243

型号	截面 （mm²）	电阻 $\theta_n=55℃$ （Ω/km）	感抗 $D_j=1.25m$ （Ω/km）	环境温度35℃ 时的允许负荷 （MVA）	电压损失[%/(MW·km)]		
					cosφ		
					0.8	0.85	0.9
LJ	16	2.054	0.408	1.59	2.360	2.307	2.252
	25	1.285	0.395	2.06	1.581	1.530	1.476
	35	0.950	0.385	2.60	1.239	1.189	1.136
	50	0.660	0.373	3.27	0.940	0.891	0.841
	70	0.458	0.363	4.04	0.730	0.683	0.634
	95	0.343	0.350	4.95	0.606	0.560	0.513
	120	0.271	0.343	5.72	0.528	0.484	0.437
	150	0.222	0.335	6.70	0.473	0.430	0.384
	185	0.179	0.329	7.62	0.426	0.383	0.338
	240	0.137	0.321	9.28	0.378	0.336	0.292

表 9.4-14　　　　　　6kV 三相平衡负荷架空线路的电压降

型号	截面 （mm²）	电阻 $\theta_n=55℃$ （Ω/km）	感抗 $D_j=1.25m$ （Ω/km）	环境温度35℃ 时的允许负荷 （MVA）	电压损失[%/(MW·km)]		
					cosφ		
					0.8	0.85	0.9
TJ	16	1.321	0.410	1.19	4.524	4.375	4.221
	25	0.838	0.395	1.64	3.151	3.008	2.859
	35	0.602	0.385	2.02	2.474	2.335	2.190
	50	0.423	0.374	2.47	1.954	1.819	1.678
	70	0.300	0.360	3.12	1.583	1.453	1.318
	95	0.221	0.350	3.79	1.343	1.216	1.085
	120	0.176	0.343	4.43	1.203	1.079	0.950
	150	0.138	0.335	5.21	1.081	0.960	0.834
	185	0.114	0.328	5.89	1.000	0.881	0.758
	240	0.088	0.320	7.05	0.911	0.795	0.675
LJ	16	2.054	0.408	0.96	6.556	6.408	6.254
	25	1.285	0.395	1.24	4.392	4.249	4.101
	35	0.950	0.385	1.56	3.441	3.302	3.157
	50	0.660	0.373	1.96	2.610	2.475	2.335
	70	0.458	0.363	2.42	2.028	1.897	1.761
	95	0.343	0.350	2.97	1.682	1.555	1.424
	120	0.271	0.343	3.43	1.467	1.343	1.214
	150	0.222	0.335	4.02	1.315	1.193	1.067
	185	0.179	0.329	4.57	1.183	1.064	0.940
	240	0.137	0.321	5.57	1.049	0.933	0.812

表 9.4-15　　　　　　　　　　　380V 三相平衡负荷架空线路的电压降

型号	截面 (mm²)	电阻 θ_n=60℃ (Ω/km)	感抗 D_j=0.8m (Ω/km)	环境温度35℃时的允许负荷 (kVA)	电压降[%/(kW·km)] cosφ						电压降[%/(A·km)] cosφ					
					0.5	0.6	0.7	0.8	0.9	1.0	0.5	0.6	0.7	0.8	0.9	1.0
TJ	16	1.344	0.381	75	1.388	1.283	1.200	1.129	1.059	0.931	0.457	0.506	0.553	0.594	0.627	0.613
	25	0.853	0.367	104	1.031	0.930	0.850	0.781	0.714	0.591	0.339	0.367	0.392	0.411	0.423	0.389
	35	0.612	0.357	128	0.852	0.753	0.676	0.609	0.544	0.424	0.280	0.298	0.311	0.321	0.322	0.279
	50	0.430	0.346	157	0.713	0.617	0.542	0.477	0.414	0.298	0.235	0.244	0.250	0.251	0.245	0.196
	70	0.305	0.332	197	0.609	0.518	0.446	0.384	0.323	0.211	0.201	0.204	0.205	0.202	0.191	0.139
	95	0.225	0.322	240	0.542	0.453	0.383	0.323	0.264	0.156	0.178	0.179	0.177	0.170	0.156	0.103
	120	0.179	0.315	280	0.502	0.415	0.347	0.288	0.230	0.124	0.165	0.164	0.160	0.151	0.136	0.082
	150	0.140	0.307	330	0.465	0.380	0.314	0.256	0.200	0.097	0.153	0.150	0.145	0.135	0.118	0.064
	185	0.116	0.300	373	0.440	0.357	0.292	0.236	0.181	0.080	0.145	0.141	0.135	0.124	0.107	0.053
	240	0.089	0.292	446	0.412	0.331	0.268	0.213	0.160	0.062	0.136	0.131	0.123	0.112	0.095	0.041
LJ	16	2.090	0.381	61	1.904	1.799	1.717	1.645	1.575	1.447	0.627	0.710	0.791	0.866	0.933	0.953
	25	1.307	0.367	78	1.345	1.244	1.164	1.096	1.028	0.905	0.443	0.491	0.536	0.577	0.609	0.596
	35	0.967	0.357	99	1.098	0.999	0.922	0.855	0.789	0.670	0.361	0.395	0.425	0.450	0.468	0.441
	50	0.671	0.345	124	0.879	0.783	0.708	0.644	0.580	0.465	0.289	0.309	0.326	0.339	0.344	0.306
	70	0.466	0.335	153	0.725	0.632	0.559	0.497	0.435	0.323	0.238	0.250	0.258	0.262	0.258	0.212
	95	0.349	0.322	188	0.628	0.539	0.469	0.409	0.350	0.242	0.207	0.213	0.216	0.215	0.207	0.159
	120	0.275	0.315	217	0.568	0.481	0.413	0.354	0.296	0.190	0.187	0.190	0.190	0.186	0.175	0.125
	150	0.225	0.307	255	0.524	0.439	0.373	0.315	0.259	0.156	0.172	0.173	0.172	0.166	0.153	0.103
	185	0.183	0.301	290	0.488	0.405	0.339	0.283	0.228	0.127	0.161	0.160	0.156	0.149	0.135	0.083
	240	0.140	0.293	371	0.448	0.367	0.304	0.249	0.195	0.097	0.148	0.145	0.140	0.131	0.116	0.064

9.4.6　电缆线路的电压降

电缆线路的电压降见表 9.4-16～表 9.4-22。

表 9.4-16　　　　　　　　　　　35kV 交联聚乙烯绝缘电缆的电压降

	截面 (mm²)	电阻 θ_n=75℃ (Ω/km)	感抗 (Ω/km)	埋地25℃的允许负荷(MVA)	明敷30℃的允许负荷(MVA)	电压降[%/(MW·km)] cosφ			电压降[%/(A·km)] cosφ		
						0.8	0.85	0.9	0.8	0.85	0.9
铜	3×50	0.428	0.137	7.76	10.85	0.043	0.042	0.040	2.101	2.157	2.202
	3×70	0.305	0.128	9.64	13.88	0.033	0.031	0.030	1.588	1.617	1.634
	3×95	0.225	0.121	11.46	16.79	0.026	0.024	0.023	1.250	1.262	1.263
	3×120	0.178	0.116	12.97	19.52	0.022	0.020	0.019	1.049	1.051	1.043
	3×150	0.143	0.112	14.67	22.49	0.019	0.017	0.016	0.899	0.893	0.878
	3×185	0.116	0.109	16.49	25.7	0.016	0.015	0.014	0.783	0.772	0.752
	3×240	0.09	0.104	19.04	30.31	0.014	0.013	0.011	0.665	0.650	0.625
	3×300	0.079	0.103	21.4	34.98	0.013	0.012	0.011	0.619	0.601	0.574
	3×400	0.064	0.103	24.07	39.46	0.012	0.010	0.009	0.559	0.538	0.507

9

截面 (mm²)		电阻 θ_n=75℃ (Ω/km)	感抗 (Ω/km)	埋地25℃ 的允许负 荷(MVA)	明敷30℃ 的允许负 荷(MVA)	电压降[%/(MW·km)] cosφ			电压降[%/(A·km)] cosφ		
						0.8	0.85	0.9	0.8	0.85	0.9
铝	3×50	0.702	0.137	6.06	8.24	0.066	0.064	0.063	3.186	3.310	3.422
	3×70	0.5	0.128	7.46	10.55	0.049	0.047	0.046	2.359	2.437	2.503
	3×95	0.37	0.121	8.85	12.79	0.038	0.036	0.035	1.824	1.872	1.909
	3×120	0.292	0.116	10.06	14.85	0.031	0.030	0.028	1.500	1.531	1.551
	3×150	0.234	0.112	11.4	17.16	0.026	0.025	0.024	1.259	1.276	1.284
	3×185	0.189	0.109	12.79	19.58	0.022	0.021	0.020	1.072	1.079	1.077
	3×240	0.146	0.104	14.73	23.03	0.018	0.017	0.016	0.887	0.885	0.875
	3×300	0.129	0.103	16.67	26.55	0.017	0.016	0.015	0.817	0.811	0.797
	3×400	0.105	0.103	19.03	29.94	0.015	0.014	0.013	0.722	0.710	0.690

表 9.4-17　　　　　　　　10kV 交联聚乙烯绝缘电力电缆的电压降

截面 (mm²)		电阻 θ_n=80℃ (Ω/km)	感抗 (Ω/km)	埋地25℃ 时的允许负 荷(MVA)	明敷35℃ 时的允许负 荷(MVA)	电压降[%/(MW·km)] cosφ			电压降[%/(A·km)] cosφ		
						0.8	0.85	0.9	0.8	0.85	0.9
铜	16	1.359	0.133			1.459	1.441	1.423	0.020	0.021	0.022
	25	0.870	0.120	2.338	2.165	0.960	0.944	0.928	0.013	0.014	0.014
	35	0.622	0.113	2.771	2.737	0.707	0.692	0.677	0.010	0.010	0.011
	50	0.435	0.107	3.291	3.326	0.515	0.501	0.487	0.007	0.007	0.008
	70	0.310	0.101	3.984	4.070	0.386	0.373	0.359	0.005	0.005	0.006
	95	0.229	0.096	4.763	4.902	0.301	0.288	0.275	0.004	0.004	0.004
	120	0.181	0.095	5.369	5.733	0.252	0.240	0.227	0.003	0.004	0.004
	150	0.145	0.093	6.062	6.564	0.215	0.203	0.190	0.003	0.003	0.003
	185	0.118	0.090	6.842	7.482	0.186	0.174	0.162	0.003	0.003	0.003
	240	0.091	0.087	7.881	8.816	0.156	0.145	0.133	0.002	0.002	0.002
铝	16	2.230	0.133			3.071	2.312	2.294	0.032	0.034	0.036
	25	1.426	0.120	1.819	1.749	1.516	1.500	1.484	0.021	0.022	0.023
	35	1.019	0.113	2.165	2.078	1.104	1.089	1.074	0.015	0.016	0.017
	50	0.713	0.107	2.511	2.581	0.793	0.779	0.765	0.011	0.011	0.012
	70	0.510	0.101	3.118	3.152	0.586	0.573	0.559	0.008	0.008	0.009
	95	0.376	0.096	3.724	3.828	0.448	0.435	0.422	0.006	0.006	0.007
	120	0.297	0.095	4.244	4.486	0.368	0.356	0.343	0.005	0.005	0.005
	150	0.238	0.093	4.763	5.075	0.308	0.296	0.283	0.004	0.004	0.004
	185	0.192	0.090	5.369	5.906	0.260	0.248	0.236	0.004	0.004	0.004
	240	0.148	0.087	6.235	6.894	0.213	0.202	0.190	0.003	0.003	0.003

表 9.4-18　　　　　　　　　　6kV 交联聚乙烯绝缘电力电缆的电压降

截面 (mm²)		电阻 $\theta_n=80℃$ (Ω/km)	感抗 (Ω/km)	埋地 25℃ 时的允许负荷（MVA）	明敷 35℃ 时的允许负荷（MVA）	电压降[%/(MW·km)] cosφ			电压降[%/(A·km)] cosφ		
						0.8	0.85	0.9	0.8	0.85	0.9
铜	16	1.359	0.124			4.033	3.988	3.942	0.034	0.035	0.037
	25	0.870	0.111	1.403	1.299	2.648	2.608	2.566	0.022	0.023	0.024
	35	0.622	0.105	1.663	1.642	1.947	1.909	1.869	0.016	0.017	0.017
	50	0.435	0.099	1.975	1.995	1.415	1.379	1.342	0.012	0.012	0.013
	70	0.310	0.093	2.390	2.442	1.055	1.021	0.986	0.009	0.009	0.009
	95	0.229	0.089	2.858	2.941	0.822	0.789	0.756	0.007	0.007	0.007
	120	0.181	0.087	3.222	3.440	0.684	0.653	0.620	0.006	0.006	0.006
	150	0.145	0.085	3.637	3.939	0.580	0.549	0.517	0.005	0.005	0.005
	185	0.118	0.082	4.105	4.489	0.499	0.469	0.438	0.004	0.004	0.004
	240	0.091	0.080	4.728	5.290	0.419	0.390	0.360	0.003	0.003	0.003
铝	16	2.230	0.124			6.940	6.408	6.361	0.054	0.057	0.059
	25	1.426	0.111	1.091	1.050	4.192	4.152	4.110	0.035	0.037	0.038
	35	1.019	0.105	1.299	1.247	3.049	3.011	2.972	0.025	0.027	0.028
	50	0.713	0.099	1.506	1.548	2.187	2.151	2.114	0.018	0.019	0.020
	70	0.510	0.093	1.871	1.891	1.610	1.577	1.542	0.013	0.014	0.014
	95	0.376	0.089	2.234	2.297	1.230	1.198	1.164	0.010	0.011	0.011
	120	0.297	0.087	2.546	2.692	1.006	0.975	0.942	0.008	0.009	0.009
	150	0.238	0.085	2.858	3.045	0.838	0.807	0.775	0.007	0.007	0.007
	185	0.192	0.082	3.222	3.544	0.704	0.674	0.644	0.006	0.006	0.006
	240	0.148	0.080	3.741	4.136	0.578	0.549	0.519	0.005	0.005	0.005

表 9.4-19　　　　　1kV 交联聚乙烯绝缘电力电缆用于三相 380V 系统的电压降

截面 (mm²)		电阻 $\theta_n=80℃$ (Ω/km)	感抗 (Ω/km)	电压降[%/(A·km)] cosφ					
				0.5	0.6	0.7	0.8	0.9	1.0
铜	4	5.332	0.097	1.253	1.494	1.733	1.971	2.207	2.430
	6	3.554	0.092	0.846	1.005	1.164	1.321	1.476	1.620
	10	2.175	0.085	0.529	0.626	0.722	0.816	0.909	0.991
	16	1.359	0.082	0.342	0.402	0.460	0.518	0.574	0.619
	25	0.870	0.082	0.231	0.268	0.304	0.340	0.373	0.397
	35	0.622	0.080	0.173	0.199	0.224	0.249	0.271	0.284
	50	0.435	0.080	0.131	0.148	0.165	0.180	0.194	0.198
	70	0.310	0.078	0.101	0.113	0.124	0.134	0.143	0.141
	95	0.229	0.077	0.083	0.091	0.098	0.105	0.109	0.104
	120	0.181	0.077	0.072	0.078	0.083	0.087	0.090	0.082
	150	0.145	0.077	0.063	0.068	0.071	0.074	0.075	0.066
	185	0.118	0.077	0.057	0.060	0.063	0.064	0.064	0.054
	240	0.091	0.077	0.051	0.053	0.054	0.054	0.053	0.041

9

续表

截面 (mm²)	电阻 $\theta_n = 80℃$ (Ω/km)	感抗 (Ω/km)	电压降[%/(A·km)]					
			cosφ					
			0.5	0.6	0.7	0.8	0.9	1.0
铝或铝合金 4	8.742	0.097	2.031	2.426	2.821	3.214	3.605	3.985
6	5.828	0.092	1.364	1.627	1.889	2.150	2.409	2.656
10	3.541	0.085	0.841	0.999	1.157	1.314	1.469	1.614
16	2.230	0.082	0.541	0.640	0.738	0.836	0.931	1.016
25	1.426	0.082	0.357	0.420	0.482	0.542	0.601	0.650
35	1.019	0.080	0.264	0.308	0.351	0.393	0.434	0.464
50	0.713	0.080	0.194	0.224	0.254	0.282	0.308	0.325
70	0.510	0.078	0.147	0.168	0.188	0.207	0.225	0.232
95	0.376	0.077	0.116	0.131	0.145	0.158	0.170	0.171
120	0.297	0.077	0.098	0.109	0.120	0.129	0.137	0.135
150	0.238	0.077	0.085	0.093	0.101	0.108	0.113	0.108
185	0.192	0.077	0.074	0.081	0.086	0.091	0.094	0.088
240	0.148	0.077	0.064	0.069	0.072	0.075	0.076	0.067

表 9.4-20　1kV 交联聚乙烯绝缘聚氯乙烯护套单芯电缆或分支电缆用于三相 380V 系统的电压降

截面 (mm²)	电阻 $\theta_n = 80℃$ (Ω/km)	感抗 (Ω/km)	电压降[%/(A·km)]					
			cosφ					
			0.5	0.6	0.7	0.8	0.9	1.0
铜芯 16	1.359	0.164	0.374	0.431	0.487	0.540	0.590	0.619
25	0.870	0.159	0.261	0.296	0.329	0.361	0.388	0.397
35	0.622	0.156	0.203	0.227	0.249	0.269	0.286	0.284
50	0.435	0.154	0.160	0.175	0.189	0.201	0.209	0.198
70	0.310	0.147	0.129	0.138	0.147	0.153	0.156	0.141
95	0.229	0.144	0.109	0.115	0.120	0.123	0.123	0.104
120	0.181	0.142	0.097	0.101	0.104	0.105	0.102	0.082
150	0.145	0.141	0.089	0.091	0.092	0.091	0.087	0.066
185	0.118	0.140	0.082	0.083	0.083	0.081	0.076	0.054
240	0.091	0.138	0.075	0.075	0.074	0.071	0.065	0.041
300	0.080	0.138	0.073	0.072	0.070	0.067	0.060	0.036
400	0.065	0.135	0.068	0.067	0.065	0.061	0.053	0.030
500	0.056	0.137	0.067	0.065	0.062	0.058	0.050	0.026
630	0.049	0.136	0.065	0.063	0.060	0.055	0.047	0.022

注　1. 电缆为平行排列，中心距 2d。

　　2. 分支电缆的截面组合：当主缆≤185mm² 时，分支电缆截面可≤主缆截面；当主电缆>185mm² 时，分支电缆最大截面为 185mm²。

表 9.4-21   1kV 聚氯乙烯绝缘电力电缆用于三相 380V 系统的电压降

截面 (mm²)		电阻 $\theta_n=60℃$ (Ω/km)	感抗 (Ω/km)	电压损失[%/(A·km)]					
				cosφ					
				0.5	0.6	0.7	0.8	0.9	1.0
铜芯	2.5	7.981	0.100	1.858	2.219	2.579	2.937	3.294	3.638
	4	4.988	0.093	1.173	1.398	1.622	1.844	2.065	2.273
	6	3.325	0.093	0.794	0.943	1.09	1.238	1.382	1.516
	10	2.035	0.087	0.498	0.588	0.678	0.766	0.852	0.928
	16	1.272	0.082	0.322	0.378	0.433	0.486	0.538	0.580
	25	0.814	0.075	0.215	0.250	0.284	0.317	0.349	0.371
	35	0.581	0.072	0.161	0.185	0.209	0.232	0.253	0.265
	50	0.407	0.072	0.121	0.138	0.153	0.168	0.181	0.186
	70	0.291	0.069	0.094	0.105	0.115	0.125	0.133	0.133
	95	0.214	0.069	0.076	0.084	0.091	0.097	0.101	0.098
	120	0.169	0.069	0.066	0.071	0.076	0.080	0.083	0.077
	150	0.136	0.069	0.058	0.062	0.066	0.068	0.069	0.062
	185	0.110	0.069	0.052	0.055	0.058	0.059	0.059	0.050
	240	0.085	0.069	0.047	0.048	0.050	0.050	0.049	0.039
铝或铝合金	2.5	13.085	0.100	3.021	3.615	4.207	4.799	5.387	5.964
	4	8.178	0.093	1.900	2.270	2.639	3.007	3.373	3.727
	6	5.452	0.093	1.279	1.525	1.770	2.013	2.255	2.485
	10	3.313	0.087	0.789	0.938	1.085	1.232	1.376	1.510
	16	2.085	0.082	0.508	0.600	0.692	0.783	0.872	0.950
	25	1.334	0.075	0.334	0.392	0.450	0.507	0.562	0.608
	35	0.954	0.072	0.246	0.287	0.328	0.368	0.406	0.435
	50	0.668	0.072	0.181	0.209	0.237	0.263	0.288	0.304
	70	0.476	0.069	0.136	0.155	0.174	0.192	0.209	0.217
	95	0.351	0.069	0.107	0.121	0.134	0.147	0.158	0.160
	120	0.278	0.069	0.091	0.101	0.111	0.120	0.128	0.127
	150	0.223	0.069	0.078	0.086	0.094	0.100	0.105	0.102
	185	0.180	0.069	0.068	0.074	0.080	0.085	0.088	0.082
	240	0.139	0.069	0.059	0.063	0.067	0.070	0.071	0.063

表 9.4-22   刚性矿物绝缘电缆电压降表

截面 (mm²)	电阻 $\theta_n=60℃$ (Ω/km)	三芯或单芯三角形排列[V/(A·km)]				单芯平行排列[V/(A·km)]			
		感抗 (Ω/km)	cosφ			感抗 (Ω/km)	cosφ		
			0.6	0.8	1.0		0.6	0.8	1.0
1	21.7	0.115	22.710	30.187	37.584				
1.5	14.5	0.108	15.218	20.203	25.114				
2.5	8.89	0.100	9.377	12.422	15.397				
4	5.53	0.093	5.876	7.759	9.578				
6	3.70	0.093	3.974	5.223	6.408				

9

截面 （mm²）	电阻 $\theta_n=60℃$ （Ω/km）	三芯或单芯三角形排列[V/(A·km)]				单芯平行排列[V/(A·km)]			
		感抗 （Ω/km）	cosφ			感抗 （Ω/km）	cosφ		
			0.6	0.8	1.0		0.6	0.8	1.0
10	2.20	0.087	2.407	3.139	3.810	0.177	2.531	3.232	3.810
16	1.38	0.082	1.548	1.997	2.390	0.164	1.661	2.083	2.390
25	0.872	0.075	1.010	1.286	1.510	0.159	1.126	1.373	1.510
35	0.629	0.072	0.753	0.946	1.089	0.156	0.870	1.034	1.089
50	0.464	0.072	0.582	0.718	0.804	0.154	0.696	0.803	0.804
70	0.322	0.069	0.430	0.518	0.558	0.147	0.538	0.599	0.558
95	0.232	0.069	0.337	0.393	0.402	0.144	0.441	0.471	0.402
120	0.184	0.069	0.287	0.327	0.319	0.142	0.388	0.403	0.319
150	0.145	0.070	0.248	0.274	0.251	0.141	0.346	0.347	0.251
185	0.121	0.070	0.223	0.240	0.210	0.140	0.320	0.313	0.210
240	0.093	0.070	0.194	0.202	0.161	0.138	0.288	0.272	0.161

注　1. 三芯电缆最大规格为25mm²。

　　2. 单相回路电压损失为表中数据×2。

9.4.7　户内线路的电压降及直流线路电流矩

户内线路的电压降及不同电压降下直流线路电流矩见表9.4-23～表9.4-28。

表 9.4-23　　　　　　　　　三相 380V 铜芯导线的电压降

截面 （mm²）	电阻 $\theta_n=60℃$ （Ω/km）	明敷（相间距离 150mm） 导线的电压降[%/(A·km)]							穿管导线的电压降[%/(A·km)]					
		感抗 （Ω/km）	cosφ						感抗 （Ω/km）	cosφ				
			0.5	0.6	0.7	0.8	0.9	1.0		0.5	0.6	0.7	0.8	0.9	1.0
1.5	13.933	0.368	3.321	3.944	4.565	5.181	5.789	6.351	0.138	3.230	3.861	4.490	5.118	5.743	6.351
2.5	8.360	0.353	2.045	2.415	2.782	3.145	3.499	3.810	0.127	1.955	2.333	2.709	3.083	3.455	3.810
4	5.172	0.338	1.312	1.538	1.760	1.978	2.189	2.357	0.119	1.226	1.458	1.689	1.918	2.145	2.357
6	3.467	0.325	0.918	1.067	1.212	1.353	1.487	1.580	0.112	0.834	0.989	1.143	1.295	1.444	1.580
10	2.040	0.306	0.586	0.669	0.750	0.828	0.898	0.930	0.108	0.508	0.597	0.686	0.773	0.858	0.930
16	1.248	0.290	0.399	0.447	0.493	0.534	0.570	0.569	0.102	0.325	0.378	0.431	0.483	0.532	0.569
25	0.805	0.277	0.293	0.321	0.347	0.369	0.385	0.367	0.099	0.223	0.256	0.289	0.321	0.350	0.367
35	0.579	0.266	0.237	0.255	0.271	0.284	0.290	0.264	0.095	0.169	0.193	0.216	0.237	0.256	0.264
50	0.398	0.251	0.190	0.200	0.209	0.214	0.213	0.181	0.091	0.127	0.142	0.157	0.170	0.181	0.181
70	0.291	0.242	0.162	0.168	0.172	0.172	0.167	0.133	0.089	0.101	0.112	0.122	0.130	0.137	0.133
95	0.217	0.231	0.141	0.144	0.144	0.142	0.135	0.099	0.088	0.084	0.091	0.098	0.103	0.106	0.099
120	0.171	0.223	0.127	0.128	0.127	0.123	0.114	0.078	0.083	0.072	0.077	0.082	0.085	0.087	0.078
150	0.137	0.216	0.116	0.116	0.114	0.109	0.099	0.062	0.082	0.064	0.067	0.070	0.072	0.072	0.062
185	0.112	0.209	0.108	0.107	0.104	0.098	0.087	0.051	0.082	0.058	0.061	0.062	0.063	0.062	0.051
240	0.086	0.200	0.099	0.096	0.093	0.086	0.075	0.039	0.080	0.051	0.053	0.053	0.053	0.051	0.039

表 9.4-24 三相 380V 矩形母线的电压降

母线尺寸 宽×厚 (mm×mm)		电阻 $\theta_n=65℃$ (Ω/km)	感抗 (Ω/km) 母线中心间距250mm		中心间距250mm (竖放或平放) 母线的电压降[%/(A·km)]					
			竖放	平放	$\cos\varphi$					
					0.5	0.6	0.7	0.8	0.9	1.0
铜	40×4	0.132	0.212	0.188	0.114	0.113	0.111	0.106	0.096	0.060
	40×5	0.107	0.210	0.187	0.107	0.106	0.102	0.096	0.086	0.049
	50×5	0.087	0.199	0.174	0.098	0.096	0.093	0.086	0.075	0.040
	50×6.3	0.072	0.197	0.173	0.094	0.092	0.087	0.080	0.069	0.033
	63×6.3	0.062	0.188	0.163	0.088	0.086	0.081	0.074	0.063	0.028
	80×6.3	0.047	0.172	0.146	0.079	0.076	0.071	0.064	0.053	0.021
	100×6.3	0.039	0.160	0.132	0.072	0.069	0.065	0.058	0.048	0.018
	63×8	0.047	0.185	0.162	0.084	0.080	0.075	0.068	0.056	0.021
	80×8	0.037	0.170	0.145	0.076	0.072	0.067	0.060	0.049	0.017
	100×8	0.031	0.158	0.132	0.069	0.066	0.061	0.055	0.044	0.014
	125×8	0.027	0.149	0.121	0.065	0.062	0.057	0.051	0.041	0.012
	63×10	0.039	0.182	0.160	0.081	0.077	0.072	0.064	0.052	0.018
	80×10	0.031	0.168	0.143	0.073	0.070	0.065	0.057	0.046	0.014
	100×10	0.026	0.156	0.131	0.068	0.064	0.059	0.052	0.042	0.012
	125×10	0.022	0.147	0.123	0.063	0.060	0.055	0.048	0.038	0.010
铝	40×4	0.215	0.212	0.188	0.133	0.136	0.138	0.136	0.130	0.098
	40×5	0.172	0.210	0.187	0.122	0.124	0.123	0.120	0.112	0.078
	50×5	0.138	0.199	0.174	0.110	0.110	0.109	0.105	0.096	0.063
	50×6.3	0.116	0.197	0.173	0.104	0.104	0.101	0.096	0.087	0.053
	63×6.3	0.097	0.188	0.163	0.096	0.095	0.092	0.087	0.077	0.044
	80×6.3	0.074	0.172	0.146	0.085	0.083	0.080	0.074	0.065	0.034
	100×6.3	0.060	0.160	0.132	0.077	0.075	0.071	0.066	0.056	0.027
	63×8	0.074	0.185	0.162	0.090	0.088	0.084	0.078	0.067	0.034
	80×8	0.057	0.170	0.145	0.080	0.078	0.074	0.067	0.057	0.026
	100×8	0.047	0.158	0.132	0.073	0.070	0.066	0.060	0.051	0.021
	125×8	0.040	0.149	0.121	0.068	0.065	0.061	0.055	0.046	0.018
	63×10	0.060	0.182	0.160	0.086	0.083	0.078	0.072	0.061	0.027
	80×10	0.047	0.168	0.143	0.077	0.074	0.070	0.063	0.053	0.021
	100×10	0.039	0.156	0.131	0.070	0.068	0.063	0.057	0.047	0.018
	125×10	0.034	0.147	0.123	0.066	0.063	0.059	0.053	0.043	0.015

注 母线垂直竖放及水平敷设，感抗数据不同。但两者电压损失仅差1%左右，故本表仅列出较大的竖放数据。

表 9.4-25　　　　　　　　三相 380V 母线槽的电压降

型号或规格(A)		电阻 $\theta_n = 75℃$ (Ω/km)	感抗 (Ω/km)	电压降[%/(A·km)]					
				$\cos\varphi$					
				0.5	0.6	0.7	0.8	0.9	1.0
空气式铜母线槽	100	1.364	0.457	0.491	0.540	0.584	0.622	0.650	0.622
	160	0.877	0.233	0.292	0.325	0.356	0.384	0.406	0.400
	250	0.289	0.192	0.142	0.149	0.155	0.158	0.157	0.132
	400	0.166	0.112	0.082	0.086	0.089	0.091	0.090	0.076
	500	0.076	0.116	0.063	0.063	0.062	0.059	0.054	0.035
	630	0.094	0.07	0.049	0.051	0.053	0.053	0.052	0.043
	800	0.041	0.071	0.037	0.037	0.036	0.034	0.031	0.019
密集式铜母线	400	0.154	0.039	0.050	0.056	0.062	0.067	0.071	0.070
	630	0.132	0.035	0.044	0.049	0.054	0.058	0.061	0.060
	800	0.102	0.031	0.035	0.039	0.043	0.046	0.048	0.046
	1000	0.084	0.028	0.030	0.033	0.036	0.038	0.040	0.038
	1250	0.066	0.024	0.025	0.027	0.029	0.031	0.032	0.030
	1600	0.046	0.020	0.018	0.020	0.021	0.022	0.023	0.021
	2000	0.034	0.017	0.014	0.015	0.016	0.017	0.017	0.015
	2500	0.025	0.014	0.011	0.012	0.013	0.013	0.013	0.011
	3150	0.021	0.012	0.010	0.010	0.011	0.011	0.011	0.010
	4000	0.015	0.009	0.007	0.007	0.008	0.008	0.008	0.007
	5000	0.013	0.006	0.005	0.006	0.006	0.006	0.007	0.006
	6300	0.010	0.004	0.004	0.004	0.004	0.005	0.005	0.005
密集式铝母线	400	0.182	0.029	0.053	0.060	0.068	0.074	0.080	0.083
	630	0.166	0.028	0.049	0.056	0.062	0.068	0.074	0.076
	800	0.130	0.024	0.039	0.044	0.049	0.054	0.058	0.059
	1000	0.091	0.020	0.029	0.032	0.036	0.039	0.041	0.041
	1250	0.067	0.017	0.022	0.025	0.027	0.029	0.031	0.031
	1600	0.051	0.014	0.017	0.019	0.021	0.022	0.024	0.023
	2000	0.041	0.012	0.014	0.016	0.017	0.018	0.019	0.019
	2500	0.031	0.009	0.011	0.012	0.013	0.014	0.015	0.014
	3150	0.024	0.006	0.008	0.009	0.010	0.010	0.011	0.011
	4000	0.018	0.004	0.006	0.006	0.007	0.008	0.008	0.008

注　空气型母线槽数据取自施耐德公司；密集型母线槽数据取自西门子公司。

9

表 9.4-26   三相 380V 滑接式母线槽的电压降

型号或规格（A）		电阻 $\theta_n = 65℃$ （Ω/km）	感抗 （Ω/km）	电压降[%/(A·km)]					
				cosφ					
				0.5	0.6	0.7	0.8	0.9	1.0
铜质 母线	DHG-3-10/50	2.840	0.155	0.708	0.833	0.957	1.078	1.196	1.294
	DHG-3-16/80	1.776	0.13	0.456	0.533	0.609	0.683	0.754	0.809
	DHG-3-25/100	1.136	0.13	0.310	0.358	0.405	0.450	0.492	0.518
	DHG-3-35/140	0.811	0.128	0.235	0.269	0.300	0.331	0.358	0.370
	DHG-3-50/170	0.569	0.12	0.177	0.199	0.220	0.240	0.257	0.259
	DHG-3-70/210	0.405	0.098	0.131	0.146	0.161	0.174	0.186	0.185
铝质 母线	JDC-150A	0.410	0.1329	0.146	0.160	0.174	0.186	0.194	0.187
	JDC-200A	0.403	0.1173	0.138	0.153	0.167	0.179	0.189	0.184
	JDC-250A	0.322	0.0994	0.113	0.124	0.135	0.145	0.152	0.147
	JDC-320A	0.259	0.0994	0.098	0.107	0.115	0.122	0.126	0.118
	JDC-450A	0.184	0.0994	0.081	0.087	0.091	0.094	0.095	0.084
	JDC-600A	0.155	0.0994	0.075	0.079	0.082	0.084	0.083	0.071
铝质 母线	JDC-800A	0.103	0.0994	0.063	0.064	0.065	0.065	0.062	0.047
	JDC-1000A	0.073	0.0994	0.056	0.056	0.056	0.054	0.050	0.033
	JDC-1250A	0.064	0.0994	0.054	0.054	0.053	0.051	0.046	0.029
	JDC-1500A	0.046	0.0839	0.043	0.043	0.042	0.040	0.035	0.021
	JDC-1800A	0.037	0.0839	0.042	0.041	0.039	0.037	0.032	0.017
	JDC-2400A	0.027	0.0839	0.039	0.038	0.036	0.033	0.028	0.012
铜质 母线	DW-80A	1.212	0.1567	0.338	0.389	0.438	0.485	0.528	0.553
	DW-200A	0.465	0.1317	0.158	0.175	0.191	0.205	0.217	0.212
	DW-250A	0.379	0.1317	0.138	0.152	0.164	0.174	0.182	0.173
	DW-300A	0.270	0.1317	0.114	0.122	0.129	0.134	0.137	0.123
	DW-350A	0.254	0.1317	0.110	0.118	0.124	0.129	0.131	0.116
	DW-400A	0.230	0.1317	0.104	0.111	0.116	0.120	0.120	0.105
	DW-450A	0.183	0.1317	0.094	0.098	0.101	0.103	0.101	0.083
铝基 铜质 母线	JGHL-170/550	0.134	0.231	0.122	0.121	0.118	0.112	0.101	0.061
	JGHL-240/770	0.095	0.221	0.109	0.107	0.102	0.095	0.083	0.043
	JGHL-320/1050	0.071	0.216	0.101	0.098	0.093	0.085	0.072	0.032
	JGHL-480/1550	0.048	0.198	0.089	0.085	0.080	0.071	0.059	0.022
	JGHL-640/2050	0.036	0.194	0.085	0.080	0.074	0.066	0.053	0.016
	JGHL-800/2050	0.028	0.181	0.078	0.074	0.068	0.060	0.048	0.013
	JGHL-1000/3100	0.027	0.178	0.076	0.072	0.067	0.058	0.046	0.012
	JGHL-1200/3720	0.022	0.176	0.075	0.070	0.064	0.056	0.044	0.010

9

续表

型号或规格（A）		电阻 $\theta_n=65℃$ （Ω/km）	感抗 （Ω/km）	电压降[%/(A·km)]					
				cosφ					
				0.5	0.6	0.7	0.8	0.9	1.0
钢基铜质母线	JGHX-150/450	0.179	0.234	0.133	0.134	0.133	0.129	0.120	0.082
	JGHX-200/600	0.135	0.231	0.122	0.121	0.118	0.112	0.101	0.061
	JGHX-300/900	0.090	0.217	0.106	0.104	0.099	0.092	0.080	0.041
	JGHX-400/1200	0.067	0.212	0.099	0.096	0.090	0.083	0.070	0.031
	JGHX-500/1500	0.054	0.200	0.091	0.088	0.082	0.074	0.062	0.025
	JGHX-600/1800	0.045	0.196	0.088	0.084	0.078	0.070	0.057	0.020
	JGHX-700/2100	0.039	0.192	0.085	0.081	0.075	0.067	0.054	0.018
	JGHX-800/2400	0.034	0.189	0.082	0.078	0.072	0.064	0.051	0.015
	JGHX-900/2700	0.030	0.188	0.081	0.077	0.071	0.062	0.050	0.014
	JGHX-1000/3000	0.027	0.184	0.079	0.074	0.068	0.060	0.048	0.012
	JGHX-1200/3600	0.019	0.180	0.075	0.071	0.065	0.056	0.044	0.009
	JGHX-1500/4500	0.015	0.174	0.072	0.068	0.061	0.053	0.041	0.007
	JGHX-1600/4800	0.014	0.171	0.071	0.066	0.060	0.052	0.040	0.007
	JGHX-1800/5400	0.013	0.168	0.069	0.065	0.059	0.051	0.039	0.006

注 滑接式母线槽型号标注详见第 9.1.8 节中说明。

表 9.4-27　　　　　　　不同电压降下铜导线直流线路电流矩　　　　　　　A·m

截面 （mm²）	ΔU (V)　　γ=51.9m/Ω·mm²　　θ=50℃									
	1	2	3	4	5	6	7	8	9	10
1.5	39	78	117	156	195	234	272	311	350	389
2.5	65	130	195	260	324	389	454	519	584	649
4	104	208	311	415	519	623	727	830	934	1038
6	156	311	467	623	779	934	1090	1246	1401	1557
10	260	519	779	1038	1298	1557	1817	2076	2336	2595
16	415	830	1246	1661	2076	2491	2906	3322	3737	4152
25	649	1298	1946	2595	3244	3893	4541	5190	5839	6488
35	908	1817	2725	3633	4541	5450	6358	7266	8174	9083
50	1298	2595	3893	5190	6488	7785	9083	10 380	11 678	12 975
70	1817	3633	5450	7266	9083	10 899	12 716	14 532	16 349	18 165
95	2465	4931	7396	9861	12 326	14 792	17 257	19 722	22 187	24 653
120	3114	6228	9342	12 456	15 570	18 684	21 798	24 912	28 026	31 140
150	3893	7785	11 678	15 570	19 463	23 355	27 2 48	31 140	35 033	38 925

9

表 9.4-28   **不同电压降下铜母线直流线路电流矩**   A·m

宽×厚 (mm×mm)	ΔU (V) $\gamma=49.3\text{m}/\Omega\cdot\text{mm}^2$ $\theta_\text{n}=65℃$											
	0.1	0.2	0.3	0.4	0.5	0.6	0.7	0.8	0.9	1.0	1.1	1.2
40×4	394	789	1183	1578	1972	2366	2761	3155	3550	3944	4338	4733
40×5	493	986	1479	1972	2465	2958	3451	3944	4437	4930	5423	5916
50×5	616	1233	1849	2465	3081	3698	4314	4930	5546	6163	6779	7395
50×6.3	740	1479	2219	2958	3698	4437	5177	5916	6656	7395	8135	8874
63×6.3	887	1775	2662	3550	4437	5324	6212	7099	7987	8874	9761	10 649
80×6.3	1183	2366	3550	4733	5916	7099	8282	9466	10 649	11 832	13 015	14 198
100×6.3	1479	2958	4437	5916	7395	8874	10 353	11 832	13 311	14 790	16 269	17 748
80×8	1578	3155	4733	6310	7888	9466	11 043	12 621	14 198	15 776	17 354	18 931
100×8	1972	3944	5916	7888	9860	11 832	13 804	15 776	17 748	19 720	21 692	23 664
125×8	2366	4733	7099	9466	11 832	14 198	16 565	18 931	21 298	23 664	26 030	28 397
100×10	2465	4930	7395	9860	12 325	14 790	17 255	19 720	22 185	24 650	27 115	29 580
125×10	2958	5916	8874	11 832	14 790	17 748	20 706	23 664	26 622	29 580	32 538	35 496

注   当采用铝母线时，表中电流矩值除以 1.64。

9.4.8   中频线路的电压降计算

9.4.8.1   中频载流导体阻抗计算

各种载流导体的中频单相线路电阻 R_f 和感抗 X_f 可按表 9.4-29 中公式进行计算，电阻和感抗值见表 9.4-30～表 9.4-33。R_f 和 X_f 均指往返长度的电阻和感抗。

9.4.8.2   中频载流导体的电压降计算

（1）中频单相线路的相电压降及其相对值 Δu_fph 按下式计算

$$\Delta U_\text{fph} = (R_\text{f}\cos\varphi + X_\text{f}\sin\varphi)Il \tag{9.4-11}$$

$$\Delta u_\text{fph} = \frac{\Delta U_\text{fph}}{U_\text{nph}} \times 100\% \tag{9.4-12}$$

（2）中频三相线路的线电压降及其相对值 Δu_f 按下式计算

$$\Delta U_\text{f} = \frac{\sqrt{3}}{2}(R_\text{f}\cos\varphi + X_\text{f}\sin\varphi)Il = \frac{\sqrt{3}}{2}\Delta U_\text{fph} \tag{9.4-13}$$

$$\Delta u_\text{f} = \frac{\Delta U_\text{f}}{\sqrt{3}U_\text{nph}} \times 100\% = \frac{\Delta U_\text{fph}}{2U_\text{nph}} \times 100\% = \frac{\Delta u_\text{fph}}{2} \tag{9.4-14}$$

式中 ΔU_fph ——相电压降，V/(A·km)；

         Δu_fph ——相电压降相对值；

         ΔU_f ——线电压降，V/(A·km)；

         Δu_f ——线电压降相对值；

         R_f ——导线工作温度为 60℃时中频单相线路的电阻，Ω/km；

         X_f ——中频单相线路的感抗，Ω/km；

         U_nph ——标称相电压，V。

9

表 9.4-29

中频单相线路阻抗计算公式

计算参数	载流导体结构			符号说明
	单芯电缆或管母线	单线①	多母线②	管状母线③
R_f (Ω/m)	$\dfrac{2r^2 \rho \theta K_{ij}}{\delta (2r-\delta)S} \times 10^2$	$\dfrac{2.06 \rho \theta}{h\delta} \times 10^2$	$\dfrac{2.06 \rho \theta}{(n-1)h\delta} \times 10^2$	$\dfrac{\rho \theta K_{ij}}{\pi \left(r_2 - \dfrac{\delta}{2}\right)\delta} \times 10^2$
X_f (Ω/m)	$4\pi f \left(2\ln\dfrac{D}{r}+0.5\right) \times 10^{-7}$	$R_f + 7.9f\dfrac{D}{h}m \times 10^{-6}$	$R_f + 7.9f\dfrac{D}{h}\dfrac{D}{(n-1)}m \times 10^{-6}$	$0.8\pi f \left(\ln\dfrac{D}{r_2}+\ln B\right) \times 10^{-6}$

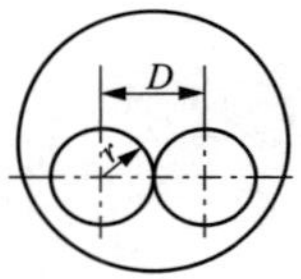

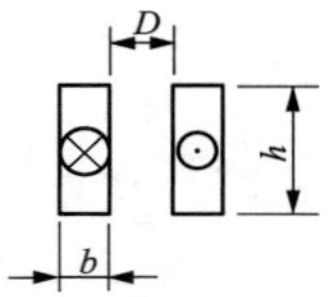

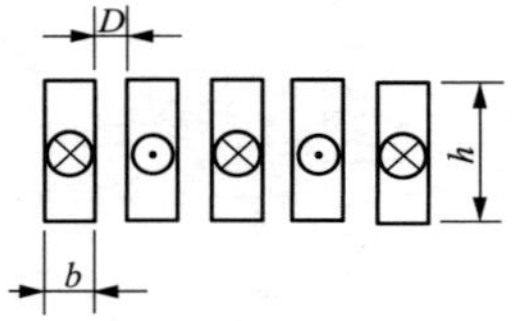

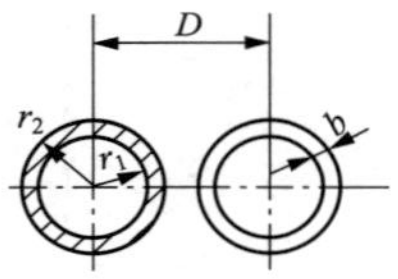

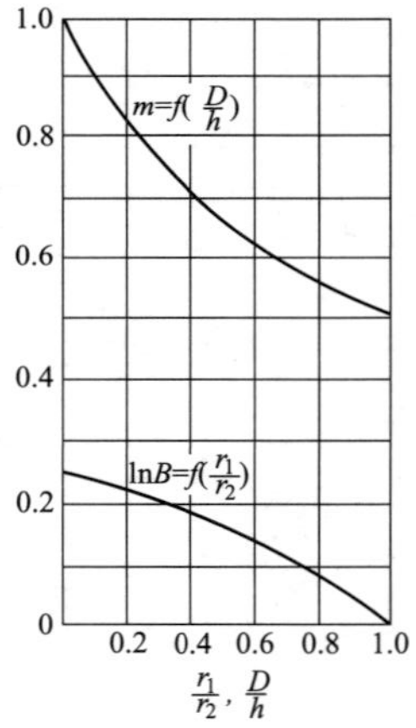

图 9.4-5　母线形状系数

$m=f\left(\dfrac{D}{r}, \dfrac{r_1}{r_2}\right)$

$\ln B=f\left(\dfrac{r_1}{r_2}\right)$

符号说明　δ——电流透入深度，cm，见表 9.4-2；
$\rho\theta$——电阻率，$\Omega \cdot$ cm；
S——导线标称截面，mm^2；
n——母线片数；
K_{ij}——邻近效应系数，从图 9.4-1 求得
m，$\ln B$——母线形状系数，见图 9.4-5；
f——频率，Hz；
r，r_1，r_2——电缆或管状母线半径，cm；
h——母线宽度，cm；
b——母线厚度，cm；
D——导体中心间距离或矩形母线间净距，cm；

① 单母线最小厚度 $b \geqslant 1.2\delta$。
② 多母线的中间母线最小厚度 $b \geqslant 2.4\delta$。
③ 管状母线壁厚度取 $b \geqslant 1.2\delta$，中心距 $D \geqslant (2r_2+2)$。

9

9.4.8.3 中频线路的电压降值

中频线路的电压降值见表 9.4-30～表 9.4-33。

表 9.4-30 单相 300Hz 穿管电线及两芯电缆线路的电压降

截面 (mm²)		电阻 $\theta_n=60℃$ (Ω/km)	感抗 (Ω/km)	电压降[V/(A·km)]						
				cosφ						
				0.4	0.5	0.6	0.7	0.8	0.9	1.0
铜芯	1.5	27.868	1.654	12.66	15.37	18.04	20.69	23.29	25.80	27.87
	2.5	16.721	1.526	8.09	9.68	11.25	12.79	14.29	15.71	16.72
	4	10.344	1.428	5.45	6.41	7.35	8.26	9.13	9.93	10.34
	6	6.934	1.340	4.00	4.63	5.23	5.81	6.35	6.82	6.93
	10	4.080	1.298	2.82	3.16	3.49	3.78	4.04	4.24	4.08
	16	2.497	1.224	2.12	2.31	2.48	2.62	2.73	2.78	2.50
	25	1.611	1.190	1.74	1.84	1.92	1.98	2.00	1.97	1.61
	35	1.157	1.142	1.51	1.57	1.61	1.63	1.61	1.54	1.16
	50	0.832	1.088	1.33	1.36	1.37	1.36	1.32	1.22	0.83
	70	0.628	1.060	1.22	1.23	1.22	1.20	1.14	1.03	0.63
	95	0.505	1.066	1.18	1.18	1.16	1.11	1.04	0.92	0.51
	120	0.436	0.998	1.09	1.08	1.06	1.02	0.95	0.83	0.44

注 当三相线路时，表中数值应乘以校正系数$\sqrt{3}/2$。

表 9.4-31 单相 400Hz 穿管电线及两芯电缆线路的电压降

截面 (mm²)		电阻 $\theta_n=60℃$ (Ω/km)	感抗 (Ω/km)	电压降[V/(A·km)]						
				cosφ						
				0.4	0.5	0.6	0.7	0.8	0.9	1.0
铜芯	1.5	27.868	2.206	13.17	15.84	18.49	21.08	23.62	26.04	27.87
	2.5	16.721	2.036	8.55	10.12	11.66	13.16	14.60	15.94	16.72
	4	10.344	1.904	5.88	6.82	7.73	8.60	9.42	10.14	10.34
	6	6.934	1.788	4.41	5.02	5.59	6.13	6.62	7.02	6.93
	10	4.080	1.730	3.22	3.54	3.83	4.09	4.30	4.43	4.08
	16	2.497	1.632	2.49	2.66	2.80	2.91	2.98	2.96	2.50
	25	1.611	1.586	2.10	2.18	2.24	2.26	2.24	2.14	1.61
	35	1.184	1.524	1.87	1.91	1.93	1.92	1.86	1.73	1.18
	50	0.878	1.450	1.68	1.69	1.69	1.65	1.57	1.42	0.88
	70	0.678	1.412	1.57	1.56	1.54	1.48	1.39	1.23	0.68
	95	0.557	1.422	1.53	1.51	1.47	1.41	1.30	1.12	0.56
	120	0.494	1.330	1.42	1.40	1.36	1.30	1.19	1.02	0.49

注 当三相线路时，表中数值应乘以校正系数$\sqrt{3}/2$。

表 9.4-32 单相 500Hz 穿管电线及两芯电缆线路的电压降

截面 (mm²)		电阻 $\theta_n=60℃$ (Ω/km)	感抗 (Ω/km)	电压降[V/(A·km)]						
				$\cos\varphi$						
				0.4	0.5	0.6	0.7	0.8	0.9	1.0
铜芯	1.5	27.868	2.758	13.67	16.32	18.93	21.48	23.95	26.28	27.87
	2.5	16.721	2.544	9.02	10.56	12.07	13.52	14.90	16.16	16.72
	4	10.344	2.380	6.32	7.23	8.11	8.94	9.70	10.35	10.34
	6	6.934	2.234	4.82	5.40	5.95	6.45	6.89	7.21	6.93
	10	4.080	2.162	3.61	3.91	4.18	4.40	4.56	4.61	4.08
	16	2.497	2.040	2.87	3.02	3.13	3.20	3.22	3.14	2.50
	25	1.611	1.984	2.46	2.52	2.55	2.54	2.48	2.31	1.61
	35	1.203	1.904	2.23	2.25	2.25	2.20	2.10	1.91	1.20
	50	0.919	1.814	2.03	2.03	2.00	1.94	1.82	1.62	0.92
	70	0.727	1.766	1.91	1.89	1.85	1.77	1.64	1.42	0.73
	95	0.602	1.776	1.87	1.84	1.78	1.69	1.55	1.32	0.60
	120	0.548	1.662	1.74	1.71	1.66	1.57	1.44	1.22	0.55

注 当三相线路时,表中数值应乘以校正系数$\sqrt{3}/2$。

表 9.4-33 单相 1000Hz 穿管电线及两芯电缆线路的电压降

截面 (mm²)		电阻 $\theta_n=60℃$ (Ω/km)	感抗 (Ω/km)	电压降[V/(A·km)]						
				$\cos\varphi$						
				0.4	0.5	0.6	0.7	0.8	0.9	1.0
铜芯	1.5	27.868	5.516	16.20	18.71	21.13	23.45	25.60	27.49	27.87
	2.5	16.721	5.080	11.34	12.76	14.10	15.33	16.42	17.26	16.72
	4	10.373	4.760	8.51	9.31	10.03	10.66	11.15	11.41	10.37
	6	6.934	4.468	6.87	7.34	7.73	8.04	8.23	8.19	6.93
	10	4.080	4.324	5.60	5.78	5.91	5.94	5.86	5.56	4.08
	16	2.497	4.080	4.74	4.78	4.76	4.66	4.45	4.03	2.50
	25	1.805	3.968	4.36	4.34	4.26	4.10	3.82	3.35	1.81
	35	1.426	3.808	4.06	4.01	3.90	3.72	3.43	2.94	1.43
	50	1.147	3.628	3.78	3.72	3.59	3.39	3.09	2.61	1.15
	70	0.942	3.532	3.61	3.53	3.39	3.18	2.87	2.39	0.94
	95	0.805	3.552	3.58	3.48	3.32	3.10	2.78	2.27	0.81
	120	0.740	3.324	3.34	3.25	3.10	2.89	2.59	2.11	0.74

注 当三相线路时,表中数值应乘以校正系数$\sqrt{3}/2$。

附录 C   电线、电缆非金属含量

表 C-1 　　　　　　450/750V 聚氯乙烯绝缘电线非金属含量参考表

截面 (mm²)	直径 (mm)	非金属含量 (L/m)	截面 (mm²)	直径 (mm)	非金属含量 (L/m)	截面 (mm²)	直径 (mm)	非金属含量 (L/m)
1.5	3.4	0.007 6	25	9.6	0.050 4	150	21	0.196 2
2.5	4.2	0.011 3	35	11	0.060 0	185	23.5	0.248 5
4	4.8	0.014 1	50	13	0.082 7	240	26.5	0.311 3
6	5.4	0.016 9	70	15	0.106 6	300	29.5	0.383 1
10	6.8	0.026 3	95	17	0.131 9	400	33.5	0.481 0
16	8	0.034 2	120	19	0.163 4			

注　参照 GB 50231.1～GB 50231.7—1997 计算。

表 C-2 　　　　　　6/10kV 交联聚乙烯绝缘电缆非金属含量参考表

截面 (mm²)	直径 (mm)	非金属含量 (L/m)	截面 (mm²)	直径 (mm)	非金属含量 (L/m)	截面 (mm²)	直径 (mm)	非金属含量 (L/m)
			单　芯					
25	22.3	0.365 4	95	27.5	0.498 7	240	34.9	0.716 1
35	23.3	0.391 2	120	29	0.540 2	300	37.4	0.798 0
50	24.4	0.417 4	150	30.6	0.585 0	400	40.1	0.862 3
70	26.1	0.464 7	185	32.3	0.634 0	500	44.1	1.026 7
			三　芯					
25	43.34	1.399 5	95	55.6	2.141 7	240	71.7	3.315 6
35	45.7	1.534 5	120	59	2.372 6	300	76.9	3.742 1
50	48.3	1.681 3	150	62.1	2.577 3			
70	52.2	1.929 0	185	66.1	2.874 8			

表 C-3 　　　　　　0.6/1kV 交联聚乙烯绝缘电缆非金属含量参考表

截面 (mm²)	1 芯		3 芯		(3+1) 芯		(3+2) 芯		4 芯		(4+1) 芯		截面 (mm²)
	直径 (mm)	非金属 含量 (L/m)	直径 (mm)	非金属 含量 (L/m)	直径 (mm)	非金属 含量 (L/m)	直径 (mm)	非金属 含量 (L/m)	直径 (mm)	非金属 含量 (L/m)	直径 (mm)	非金属 含量 (L/m)	
1.5	5.9	0.026	10.8	0.087					11.6	0.100			1.5
2.5	6.3	0.029	11.7	0.100					12.6	0.115			2.5
4	6.8	0.032	12.7	0.115	13.6	0.126	14.3	0.144	13.7	0.131	14.5	0.147	4
6	7.3	0.036	13.8	0.131	14.6	0.145	15.6	0.165	14.9	0.150	15.9	0.170	6
10	8.6	0.048	16.6	0.186	17.3	0.199	18.4	0.224	18.0	0.214	18.9	0.234	10
16	9.7	0.058	18.9	0.232	20	0.256	21.4	0.291	20.6	0.269	21.9	0.302	16

9

续表

截面 (mm²)	1 芯		3 芯		(3+1) 芯		(3+2) 芯		4 芯		(4+1) 芯		截面 (mm²)
	直径 (mm)	非金属含量 (L/m)	直径 (mm)	非金属含量 (L/m)	直径 (mm)	非金属含量 (L/m)	直径 (mm)	非金属含量 (L/m)	直径 (mm)	非金属含量 (L/m)	直径 (mm)	非金属含量 (L/m)	
25	11.4	0.077	22.6	0.326	23.8	0.360	25.4	0.411	24.8	0.383	26.2	0.429	25
35	12.5	0.088	25.1	0.390	25.8	0.402	27.5	0.457	27.6	0.458	28.8	0.495	35
50	14.1	0.106	28.5	0.488	29.9	0.527	32.1	0.609	31.6	0.548	33.4	0.651	50
70	16.2	0.136	33.2	0.655	34.6	0.695	37.1	0.800	36.8	0.783	38.8	0.867	70
95	18.3	0.168	37.6	0.825	39.3	0.877	42.2	1.013	41.8	0.992	44.1	1.097	95
120	20.2	0.200	41.8	1.012	44.2	1.104	47.7	1.286	46.5	1.217	49.5	1.373	120
150	22.3	0.240	46.4	1.240	48	1.289	51.4	1.484	51.6	1.490	54.1	1.628	150
185	24.8	0.298	51.7	1.543	53, 8	1.622	57.7	1.868	57.6	1.864	60.5	2.038	185
240	27.9	0.371	58.3	1.948	60.5	2.033	64.9	2.246	64.9	2.346	68.2	2.571	240
300	30.7	0.440	64.4	2.356	66.9	2.463	74	3.099	71.8	2.847	75.1	3.077	300
400	34.3	0.524											400
500	38.6	0.670											500

注 参照上海电缆厂产品。

表 C-4　　　　　0.6/1kV 聚氯乙烯绝缘无铠装电缆非金属含量参考表

截面 (mm²)	1 芯		3 芯		(3+1) 芯		(3+2) 芯		4 芯		(4+1) 芯		截面 (mm²)
	直径 (mm)	非金属含量 (L/m)	直径 (mm)	非金属含量 (L/m)	直径 (mm)	非金属含量 (L/m)	直径 (mm)	非金属含量 (L/m)	直径 (mm)	非金属含量 (L/m)	直径 (mm)	非金属含量 (L/m)	
1.5	6.1	0.027 7	10.9	0.089									1.5
2.5	6.5	0.037	11.8	0.102					12.7	0.117			2.5
4	7.4	0.039 0	13.7	0.135	14.3	0.146 0	15.2	0.164 4	14.9	0.158	15.6	0.172 5	4
6	7.9	0.043 0	14.8	0.154	15.8	0.174 0	17.1	0.203 5	16.1	0.179	17.4	0.209 7	6
10	9.2	0.056 4	17.6	0.213	18.5	0.232 7	19.7	0.262 7	19.2	0.249	20.3	0.277 5	10
16	10.3	0.067 3	19.9	0.263	21.1	0.291 5	22.7	0.336 5	21.7	0.306	23.3	0.352 2	16
25	12	0.088 0	23.6	0.36 2	24.9	0.401 7	26.7	0.464 6	25.9	0.427	27.6	0.488 0	25
35	13.2	0.101 8	26.1	0.40 1	27.1	0.455 5	29	0.523 2	28.7	0.507	30.3	0.564 6	35
50	14.9	0.124 3	26.5	0.43 0	30.4	0.550 5	34.4	0.728 9	30.4	0.525	35.8	0.781 1	50
70	16.7	0.148 9	28.8	0.441	33.9	0.657 1	38.7	0.895 7	33.9	0.622	39.9	0.934 7	70
95	19.3	0.197 4	33.6	0.601	39.5	0.889 8	44.4	1.162 5	39.7	0.857	46	1.231 1	95
120	20.9	0.222 8	37.1	0.720	44	1.089 8	49	1.384 8	44.2	1.054	51	1.491 6	120
150	23.1	0.268 9	41.9	0.928	48.5	1.326 5	52.9	1.606 8	48.7	1.262	55.4	1.739 3	150
185	25.6	0.329 5	45.9	1.099	53.3	1.534 6	59.3	2.015 4	53.5	1.449	61.9	2.172 8	185
240	28.8	0.411 1	51.8	1.386	55	1.580 1	66.6	2.521 9	55.4	1.507	69.7	2.733 6	240
300	31.9	0.498 8	55.3	1.501	59.8	1.757 2	71.7	2.835 6	60.2	1.645	74.3	2.983 6	300

注 参照上海电缆厂产品。

9

表 C-5 铝合金电力电缆非金属含量参考表 L/m

截面 (mm²)	2芯	3芯	3+1芯	4芯	4+1芯	截面 (mm²)	2芯	3芯	3+1芯	4芯	4+1芯
ZA-AC90 铝合金交联聚氧乙烯绝缘联锁铠装电缆											
16	0.026	0.038	—	0.049	0.058	150	0.16	0.236	0.275	0.311	0.351
25	0.046	0.067	0.08	0.088	0.101	185	0.198	0.292	0.339	0.387	0.434
35	0.054	0.078	0.099	0.103	0.124	240	0.239	0.353	0.411	0.468	0.526
50	0.07	0.102	0.123	0.135	0.156	300	0.284	0.419	0.494	0.555	0.631
70	0.087	0.127	0.151	0.168	0.192	400	0.358	0.53	0.624	0.703	0.797
95	0.101	0.148	0.18	0.195	0.227	500	0.43	0.638	0.073	0.847	0.955
120	0.123	0.181	0.221	0.239	0.279						
ZB-ACWU90 铝合金交联聚氧乙烯绝缘联锁铠装电缆											
16	0.091	0.11	—	0.134	0.154	150	0.458	0.569	0.634	0.708	0.795
25	0.152	0.187	0.21	0.226	0.25	185	0.554	0.687	0.766	0.857	0.948
35	0.179	0.215	0.249	0.261	0.302	240	0.658	0.817	0.911	1.028	1.126
50	0.22	0.265	0.298	0.323	0.363	300	0.77	0.967	1.096	1.214	1.36
70	0.265	0.322	0.365	0.402	0.461	400	0.968	1.207	1.345	1.52	1.666
95	0.314	0.398	0.454	0.495	0.554	500	1.128	1.414	1.576	1.787	1.959
120	0.381	0.468	0.537	0.583	0.655						
ZC-TC90 铝合金交联聚氧乙烯绝缘联锁铠装电缆											
16	0.112	0.121	—	0.135	0.132	150	—	0.726	0.663	0.819	0.742
25	0.193	0.221	0.198	0.24	0.227	185	—	0.907	0.819	1.018	0.93
35	0.243	0.247	0.264	0.271	0.304	240	—	1.09	1.028	1.25	1.143
50	0.306	0.312	0.305	0.354	0.354	300	—	1.304	1.238	1.492	1.394
70	0.372	0.402	0.394	0.439	0.424	400	—	1.642	1.501	1.84	1.731
95	0.458	0.476	0.458	0.531	0.533	500	—	1.967	1.8	2.229	2.06
120	—	0.587	0.568	0.671	0.627						

注 1. 本表摘自铝合金（STABILOY）电缆。

2. 4+1芯电缆的非金属含量略大于3+2芯，可等同计算。芯线最小规格为16mm²，故16mm²只有等截面规格。

附录 D 电线电缆产品型号编制方法

表 D-1　　　　　　　　　　　电线电缆产品型号编制方法简介

类别、用途	导体	绝缘	内护层	特征	外护层	派生
1	2	3	4	5	6	7
裸电线： L—铝线 T—铜线 G—钢线				J—绞制 R—软 Y—硬		
电力电缆： V—塑料电缆 X—橡皮电缆 YJ—交联聚乙烯电缆 BTT—矿物电缆 ZR（Z）—阻燃型 NH（N）—耐火型	铜芯省略 L—铝芯	V—聚氯乙烯 X—橡皮 Y—聚乙烯	H—橡套 Q—铅包 V—塑料护套	P—屏蔽 D—不滴流	1——一级防腐 2—二级防腐 9—内铠装	110—110kV 120—120kV 150—150kV
通信电缆： H—通信电缆 HJ—局用电缆 HP—配线电缆 HU—矿用电缆	G—铁线芯	Z—纸 V—聚氯乙烯 Y—聚乙烯 YF—泡沫聚乙烯 X—橡皮	Q—铅 F—复合物 V—塑料 VV—双层塑料 H—橡胶	C—自承式 J—交换机用 P—屏蔽 R—软结构 T—填石油膏	Q—相应的 裸外护层 1—纤维外被 2—聚氯乙烯 3—聚乙烯	T—热带型
电气装备用 电线电缆： B—绝缘线 DJ—电子计算机 K—控制电缆 R—软线 Y—移动电缆 ZR—阻燃		V—聚氯乙烯 X—橡皮 XF—聚丁橡皮 XG—硅橡皮 Y—聚乙烯	H—橡套 P—屏蔽 V—聚氯乙烯	C—重型 G—高压 H—电焊机用 Q—轻型 R—柔软 T—耐热 Y—防白蚁 Z—中型	0—相应的 裸外护层 32—镀锡铜 丝编织 2—铜带绕包 3—铝箔/聚酯薄 膜复合带绕包	1—第一种 （户外用） 2—第二种 0.3—拉断力0.3吨 105—耐热105℃

注　1.1~5项以汉语拼音字母表示；6~7项一般以阿拉伯数字表示。
　　2.一般电线电缆用铜导体线芯不列入"T"电力电缆，不列"力"的工代号，一般电压的不加入"低"的代号。

附录 E 450/750V 及以下电缆型号表示方法

E.1 450/750V 及以下聚氯乙烯绝缘电缆

GB/T 5023 所包含的各种电缆型号用两位数字表示，放在 60227 IEC 后面。第一位数字表示电缆的基本分类；第二位数字表示在基本分类中的特定型式。

分类和型式如下：

0—固定布线用无护套电缆

01—一般用途单芯硬导体无护套电缆（60227 IEC01）

02—一般用途单芯软导体无护套电缆（60227 IEC02）

05—内部布线用导体温度为 70℃的单芯实心导体无护套电缆（60227 IEC05）

06—内部布线用导体温度为 70℃的单芯软导体无护套电缆（60227 IEC06）

07—内部布线用导体温度为 90℃的单芯实心导体无护套电缆（60227 IEC07）

08—内部布线用导体温度为 90℃的单芯软导体无护套电缆（60227 IEC08）

1—固定布线用护套电缆

10—轻型聚氯乙烯护套电缆（60227 IEC 10）

4—轻型无护套软电缆

41—扁形铜皮软线（60227 IEC 41）

42—扁形无护套软线（60227 IEC 42）

43—户内装饰照明回路用软线（60227 IEC 43）

5—一般用途护套软电缆

52—轻型聚氯乙烯护套软线（60227 IEC 52）

53—普通聚氯乙烯护套软线（60227 IEC 53）

56—导体温度为 90℃耐热轻型聚氯乙烯护套软线（60227 IEC 56）

57—导体温度为 90℃耐热普通聚氯乙烯护套软线（60227 IEC 57）

7—特殊用途护套软电缆

71c—圆形聚氯乙烯护套电梯电缆和挠性连接用电缆（60227 IEC 71c）

71f—扁形聚氯乙烯护套电梯电缆和挠性连接用电缆（60227 IEC 71f）

74—耐油聚氯乙烯护套屏蔽软电缆（60227 IEC 74）

75—耐油聚氯乙烯护套非屏蔽软电缆（60227 IEC 75）

新标准系列 GB/T 5023 与以前系列标准 GB 5023 电缆型号对照见表 E.1-1。

表 E.1-1 聚氯乙烯绝缘电缆型号对照表

序号	名 称	GB/T 5023	GB 5023.1～GB 5023.3
1	一般用途单芯硬导体无护套电缆	60227 IEC 01	BV
2	一般用途单芯软导体无护套电缆	60227 IEC 02	RV
3	内部布线用导体温度为 70℃的单芯实心导体无护套电缆	60227 IEC 05	BV
4	内部布线用导体温度为 70℃的单芯软导体无护套电缆	60227 IEC 06	RV

9

序号	名　称	GB/T 5023	GB 5023.1～GB 5023.3
5	内部布线用导体温度为90℃的单芯实心导体无护套电缆	60227 IEC 07	BV-90
6	内部布线用导体温度为90℃的单芯软导体无护套电缆	60227 IEC 08	RV-90
7	轻型聚氯乙烯护套电缆	60227 IEC 10	BVV
8	扁形铜皮软线	60227 IEC 41	RTPVR
9	扁形无护套软线	60227 IEC 42	RVB
10	户内装饰照明回路用软线	60227 IEC 43	SVR
11	轻型聚氯乙烯护套软线	60227 IEC 52	RVV
12	普通聚氯乙烯护套软线	60227 IEC 53	RVV
13	导体温度为90℃的耐热轻型聚氯乙烯护套软线	60227 IEC 56	RVV-90
14	导体温度为90℃的射热普通聚氯乙烯护套软线	60227 IEC 57	RVV-90
15	扁形聚氯乙烯护套电梯电缆和挠性连接用电缆	60227 IEC 71f	TVVB
16	圆形聚氯乙烯护套电梯电缆和挠性连接用电缆	60227 IEC 71c	TVV
17	耐油聚氯乙烯护套屏蔽软电缆	60227 IEC 74	RVVYP
18	耐油聚氯乙烯护套非屏蔽软电缆	60227 IEC 75	RVVY

E.2　450/750V 及以下橡皮绝缘电缆

GB/T 5013 所包括的各种电缆的型号用两位数字表示，放在 IEC 60245 标准号后面。第一位数字表示电缆的基本分类；第二位数字表示在基本分类中的特定型式。

分类和型号如下：

0—固定布线用无护套电缆

03—导体最高温度180℃耐热硅橡胶绝缘电缆（60245 IEC 03）

04—导体最高温度110℃750V硬导体、耐热乙烯-乙酸乙烯酯橡皮绝缘单芯无护套电缆（60245 IEC 04）

05—导体最高温度110℃750V软导体、耐热乙烯－乙酸乙烯酯橡皮绝缘单芯无护套电缆（60245 IEC 05）

06—导体最高温度110℃500V硬导体、耐热乙烯－乙酸乙烯酯橡皮或其他相当的合成弹性体绝缘单芯无护套电缆（60245 IEC 06）

07—导体最高温度110℃500V软导体、耐热乙烯－乙酸乙烯酯橡皮或其他相当的合成弹性体绝缘单芯无护套电缆（60245 IEC 07）

5——一般用途软电缆

53—普通强度橡套软线（60245 IEC 53）

57—普通氯丁或其他相当的合成弹性体橡套软线（60245 IEC 57）

58—装饰回路用氯丁或其他相当的合成弹性体橡套圆电缆（60245 IEC 58），扁电缆（60245 IEC 58D）

6—重型软电缆

66—重型氯丁或其他相当的合成弹性体橡套软电缆（60245 IEC 66）

7—特殊型软电缆

70—编织电梯电缆（60245 IEC 70）

74—橡套电梯电缆（60245 IEC 74）

75—氯丁或其他相当的合成弹性体橡套电梯电缆（60245 IEC 75）

8—特殊用途软电缆

81—橡套电焊机电缆（60245 IEC 81）

82—氯丁或其他相当的合成弹性体橡套电焊机电缆（60245 IEC 82）

86—橡皮绝缘和护套高柔软性电缆（60245 IEC 86）

87—橡皮绝缘、交联聚氯乙烯护套高柔软性电缆（60245 IEC 87）

88—交联聚氯乙烯绝缘和护套高柔软性电缆（60245 IEC 88）

89—乙丙橡皮绝缘编织高柔软性电缆（60245 IEC 89）

IEC 60245 与 GB/T5013 电缆型号对照见表 E.2-1。

表 E.2-1 橡皮绝缘电缆型号对照表

序号	名称	IEC 60245 的型号	GB/T 5013 中的型号
1	导体最高温度 180℃耐热硅橡胶绝缘电缆	60245 IEC 03	YG
2	导体最高温度 110℃750V 硬导体耐热乙烯－乙酸乙烯酯橡皮绝缘单芯无护套电缆	60245 IEC 04	YYY
3	导体最高温度 110℃750V 软导体耐热乙烯－乙酸乙烯酯橡皮绝缘单芯无护套电缆	60245 IEC 05	YRYY
4	导体最高温度 110℃500V 硬导体耐热乙烯－乙酸乙烯酯橡皮或其他相当的合成弹性体绝缘单芯无护套电缆	60245 IEC 06	YYY
5	导体最高温度 110℃500V 软导体耐热乙烯－乙酸乙烯酯橡皮或其他相当的合成弹性体绝缘单芯无护套电缆	60245 IEC 07	YRYY
6	普通强度橡套软线	60245 IEC 53	YZ
7	普通氯丁或其他相当的合成弹性体橡套软线	60245 IEC 57	YZW
8	装饰回路用氯丁或其他相当的合成弹性体橡套圆电缆，扁电缆	60245 IEC 58 60245 IEC 58f	YS YSB
9	重型氯丁或其他相当的合成弹性体橡套软电缆	60245 IEC 66	YCW
10	编织电梯电缆	60245 IEC 70	YTB
11	橡套电梯电缆	60245 IEC 74	YT
12	氯丁或其他相当的合成弹性体橡套电梯电缆	60245 IEC 75	YTF
13	高强度橡套电焊机电缆	60245 IEC 81	YH
14	氯丁或其他相当的合成弹性体橡套电焊机电缆	60245 IEC 82	YHF

参 考 文 献

[1] 电线电缆手册第二版．北京：机械工业出版社，2002-05.

[2] 电缆截面经济选型指南．国际铜业协会(中国)，2012-06.

9

10 线路敷设

10.1 户内、外布线

10.1.1 一般要求

(1) 布线方式应按下列条件选择：

1) 场所的环境特征。

2) 建筑物和构筑物的特征。

3) 人与布线之间可接近的程度。

4) 短路可能出现的机械应力。

5) 在安装期间或运行中，布线系统可能遭受的其他应力和导线的自重。

6) 布线系统中所有金属导管、金属构架的接地要求，应符合本手册第 14 章的有关规定。

(2) 选择布线方式时，应防止下列外部环境带来的损害或有害影响：

1) 由外部热源产生的热效应。

2) 在使用过程中因水的侵入或因进入固体物而带来的损害。

3) 外部的机械损害。

4) 由于灰尘聚集在布线上对散热的影响。

5) 强烈日光辐射带来的损害。

6) 腐蚀或污染物存在的场所。

7) 有植物或霉菌衍生存在的场所。

8) 有动物的场所。

(3) 线路敷设方式按环境条件选择见表 10.1-1。

10.1.2 裸导体布线

(1) 裸导体布线适用于工业厂房。

(2) 除配电室外，无遮护的裸导体距地面高度不应小于 3.5m；采用防护等级不低于 IP2X 的金属网状遮护时，裸导体距地面高度不应低于 2.5m。金属网状遮护物与裸导体的间距，不应小于 100mm；金属板状遮护物与裸导体的间距，不应小于 50mm。

(3) 裸导体与管道（不包括可燃气体及易燃/可燃液体管道）、走道板同侧平行敷设时，应敷设在管道和走道板的上方，其与需要经常维护的管道和设备的净距不应小于 1.8m，与走道板净距不应小于 2.3m。如不能符合上述要求，应加遮护措施。

(4) 桥式起重机上方的裸导体至起重机平台铺板的净距不应小于 2.5m；当净距小于或等于 2.5m 时，在裸导体下方应装设遮护措施。敷设在起重机检修段上方的裸导体宜设置金属网状遮护。

（5）除滑触线本身的辅助导体外，裸导体不应与起重机滑触线敷设在同一支架上。

（6）裸导体之间及裸导体至建筑物表面的最小净距，不应小于表10.1-2所列数值。

表 10.1-1　　　　　　　　　　线路敷设方式按环境条件选择

（环境性质中"干燥"分为"生活""生产"；"0、1、2、20、21、22"属"爆炸危险区"）

导线类型	敷设方式	常用导线型号	干燥·生活	干燥·生产	潮湿	特别高温	高温	多尘	化学腐蚀	爆炸0	1	2	20	21	22	户外	高层建筑	一般民用	进户线
塑料护套线	直敷配线	BLVV、BVV	√	√	×	×	×	×	×	×	×	×	×	×	×	×	+	√	×
绝缘线	鼓形绝缘子	BLV、BV、BVN	+	√	√	+①													×
	蝶针式绝缘子		×	√	√	√	√		+							√⑤			√
	金属导管（厚壁管）明敷				+	+	+	√	+②	√	√	√	√	√	√	+	√	√	√
	金属导管（厚壁管）埋地				√	√	√	√	√	√	√	√	√	√	√	+②	√	√	×
	金属导管（薄壁管）明敷				+	+	+	√								+	√	√	×
	塑料导管明敷				+			+	√									√	+
	塑料导管埋地				+		+	+	√							+			+
	槽盒配线		√	√	√		√	√									√	√	
裸导体	绝缘子明敷	LJ、TJ、LMY、TMY	×	√	+		√	+								√⑤			×
母线槽	支架明敷	各型号	√	+		+	+	×		+	+	+	+	+	+	+			+
电缆	地沟内敷设	VLV、VV、YJLV、YJV、XLV、XV		√	+		√	+		+④	+④	+④	+④	+④	+④	+	√	√	√
	支架明敷	VLV、VV、YJLV、YJV		√	√	√				+③	+③	+③	+③	+③	+③				+
	直埋地	VLV₂₂、VV₂₂、YJLV₂₂、YJV₂₂																√	√
	桥架敷设	各型号	√③	+③			+③	√③	+③	+③	+③	+③	+③	+③	+③	+	√		+
架空电缆	支架明敷	各型号														√		√

注　表中"√"推荐使用，"+"可以采用，无记号建议不用，"×"不允许使用。

① 应远离可燃物，且不应敷设在木质吊顶、墙壁上及可燃液体管道栈桥上。

② 应采用镀锌钢管并做好防腐处理。

③ 宜采用阻燃电缆。

④ 地沟内应埋砂并设排水措施。

⑤ 户外架空用裸导体，沿墙用绝缘线。

10

表 10.1-2　　　　　　　　裸导线之间及裸导线至建筑物表面的最小净距

固定点间距 L（m）	最小净距（mm）	固定点间距 L（m）	最小净距（mm）
$L \leqslant 1.5$	75	$3.0 < L \leqslant 6.0$	150
$1.5 < L \leqslant 3.0$	100	$6.0 < L$	200

注　硬导体固定点的间距，应符合通过最大短路电流时的动稳定要求。

10.1.3　绝缘导线明敷布线

（1）正常环境的户内场所，除建筑物顶棚及地沟内外，可采用绝缘导线明敷布线。

（2）户内直敷布线应采用护套绝缘导线，其截面积不宜大于 $6mm^2$，布线的固定点间距不应大于 300mm。

（3）护套绝缘导线和绝缘导线至地面的最小距离，不应小于表 10.1-3 所列数值。

表 10.1-3　　　　　　护套绝缘导线和绝缘导线至地面的最小距离　　　　　　　　mm

布线方式		最小距离（mm）	布线方式		最小距离（mm）
水平敷设	户内	2500	垂直敷设	户内	1800
	户外	2700		户外	2700

（4）采用瓷夹、塑料线夹、鼓形绝缘子和针式绝缘子在户内、户外布线时，其导线的最小间距，不应小于表 10.1-4 所列数值。

表 10.1-4　　　　　　　　户内、户外布线的绝缘导线最小间距

支持点 L 间距（m）	导线最小间距（mm）		支持点 L 间距（m）	导线最小间距（mm）	
	户内布线	户外布线		户内布线	户外布线
$L \leqslant 1.5$	50	100	$3 < L \leqslant 6$	100	150
$1.5 < L \leqslant 3$	75	100	$6 < L \leqslant 10$	150	200

（5）当导线垂直敷设时，距地面低于 1.8m 段的导线，应用金属导管保护。

（6）导线与不发热的管道紧贴交叉时，应用绝缘导管保护。

（7）导线敷设在易受机械损伤的场所，应用金属导管保护。

（8）不应将导线直接敷设在墙壁、顶棚的粉刷层内。

（9）户内、户外用绝缘导线敷设时，导线固定点的最大间距，不应大于表 10.1-5 所列数值。

表 10.1-5　　　　　　　户内、户外布线的绝缘导线固定点间最大间距

布线方式	导线截面积（mm²）	固定点间最大间距（mm）
绝缘子直接固定在墙面、顶棚面下	1~4	1500
	6~10	2000
	16~25	3000

（10）导线明敷在户内有高温辐射或对导线绝缘层有腐蚀的场所时，导线之间以及导线至建筑物表面的最小净距按裸导体考虑，不应小于表10.1-2所列数值。

（11）户外布线的导线至建筑物的最小间距，不应小于表10.1-6所列数值。

表 10.1-6   导线至建筑物的最小间距

布 线 方 式		最小间距（mm）
水平敷设时的垂直间距	在阳台、平台上和跨越建筑物顶	2500
	在窗户上方	200
	在窗户下方	800
垂直敷设时至阳台、窗户的水平间距		600
导线至墙壁和构架的间距（挑檐下除外）		35

10.1.4 穿管布线

（1）管材选择。

1）暗敷于干燥场所的金属导管，应采用管壁厚度不小于1.5mm普通碳素钢电线套管（又称薄壁管，以下简称电线管），也可采用管壁厚度不大于1.6mm的扣接式（KBG）或紧定式（JDG）镀锌电线管；明敷于潮湿场所或直接埋于素土内的金属导管，应采用低压流体输送用焊接钢管（又称厚壁管，简称黑铁管），金属导管应符合GB/T 20041.1—2015《电气安装用导管系统 第1部分：通用要求》或GB/T 3091—2008《低压流体输送用焊接钢管》的有关规定。当金属导管有机械外力时，金属导管应符合现行GB/T 20041.1—2015中耐压分类为中型、重型、超重型的金属导管的规定。

2）有酸碱盐腐蚀介质的环境应采用氧指数大于27的阻燃中型塑料导管，但在高温和易受机械损伤的场所不宜采用明敷。暗敷或埋地敷设时，引出地（楼）面的一段管路应采取防止机械损伤的措施。

（2）3根以上绝缘导线穿同一导管时导线的总截面积（包括外护层）不应大于管内净面积的40%，2根绝缘导线穿同一导管时管内径不应小于2根导线直径之和的1.35倍，并符合下列要求：

1）导管没有弯时的长度不超过30m；

2）导管有一个弯（90°～120°）时的长度不超过20m；

3）导管有两个弯（90°～120°）时的长度不超过15m；

4）导管有三个弯（90°～120°）时的长度不超过8m。

每两个120°～150°的弯，相当于一个90°～120°的弯。若长度超过上述要求时应加设拉线盒、箱或加大管径。

导线穿管管径选择见表10.1-7～表10.1-9。

焊接钢管（黑铁管）、普通碳素钢电线套管（电线管）、阻燃中型塑料导管的管径、壁厚对照表见表10.1-10～表10.1-12。

表 10.1-7　　　　　　　　BV、BVN 型绝缘线穿黑铁管径（内径）选择　　　　　　单位：mm

导线截面积(mm²)	导线根数							
	2	3	4	5	6	7	8	9
1.0								
1.5		15		20	25			40
2.5				25	32			50
4		20						
6					40		50	65
10		25		40	50	65		
16		32		50			80	
25				65		80		
35		40			80			
50				80	100			
70		50						
95		65		100				
120								
150		80						
185								
240		100						

表 10.1-8　　　　　　　　BV、BVN 型绝缘线穿电线管管径（外径）选择　　　　　　单位：mm

导线截面积(mm²)	导线根数							
	2	3	4	5	6	7	8	9
1.0			19					
1.5			25				38	
2.5	16	19		32		38		
4		25			38	51		
6	19			38				
10	25					64	76	
16				51	64	76		
25		38	51	64	76			
35		51	64					
50								
70		76						
95								
120	51							
150								
185	64							

表 10.1-9　　　　　BV、BVN 型绝缘线穿中型阻燃塑料导管管径（外径）选择　　　单位：mm

导线截面积（mm²）	导线根数							
	2	3	4	5	6	7	8	9
1.0			20		32			
1.5	16	20	25				40	
2.5			32	40				
4	20	25	32	40			50	
6							63	
10	25	32	40		63			
16			50					
25	32	40						
35								
50	40							
70		63						
95								
120								
150								
185								

表 10.1-10　　　　　焊接钢管（黑铁管）管径、壁厚对照表　　　单位：mm

公称口径	外径	壁厚	公称口径	外径	壁厚
15	21.3	2.8	50	60.3	3.8
20	26.9	2.8	65	76.1	4.0
25	33.7	3.2	80	88.9	4.0
32	42.4	3.5	100	114.3	4.0
40	48.3	3.5			

注　1. 摘自 GB/T 3091—2008《低压流体输送用焊接钢管》。

　　2. 表中的公称口径系近似内径的名义尺寸，不表示外径减去两个壁厚所得的内径。

表 10.1-11　　　　　普通碳素钢电线套管（电线管）管径、壁厚对照表　　　单位：mm

公称口径	外径	壁厚	内径	公称口径	外径	壁厚	内径
16	15.88	1.6	12.68	38	38.10	1.8	34.50
19	19.05	1.8	15.45	51	50.80	2.00	46.80
25	25.4	1.8	21.80	64	63.50	2.50	58.50
32	31.75	1.8	28.15	76	76.20	3.20	69.80

注　1. 摘自 YB/T 5305—2006《普通碳素钢电线套管》。

　　2. 表中的内径系外径减去两个壁厚所得。

10

表 10.1-12　　　　　　中型阻燃塑料导管管径、壁厚对照表　　　　单位：mm

公称口径	外径	最小壁厚	最小内径	公称口径	外径	最小壁厚	最小内径
16	16	1.00	12.20	40	40	1.90	34.40
20	20	1.10	15.80	50	50	2.20	43.20
25	25	1.30	20.60	63	63	2.70	57.00
32	32	1.50	26.60				

注　摘自 JG 3050—1998《建筑用绝缘电工套管及配件》。

（3）在建筑物闷顶内有可燃物时，应采用金属导管布线。

（4）同一回路的所有相导体和中性导体，应穿于同一导管内。

（5）不同回路、不同电压、不同电流种类的导线，不得穿入同一导管内。但下列情况下除外：

1）一台电机的所有回路（包括操作回路）。

2）同一设备或同一流水作业线设备的电力回路和无防干扰要求的控制回路。

3）无防干扰要求的各种用电设备的信号回路、测量回路、控制回路。

4）同一照明花灯的几个回路。

5）同类照明的几个回路，但不应超过 8 根。正常照明与应急照明线路不得共管敷设。

（6）不同回路、不同电压、不同电流种类的导线穿于同一导管内的绝缘导线，所有的绝缘导线都应采用与最高标称电压回路绝缘要求相同的绝缘等级。

（7）同一路径且无电磁兼容要求的线路，可敷设在同一导管内。导管内导线的总截面积不宜超过导管截面积的 40%。

（8）控制、信号等非电力回路导线，可敷设在同一导管内。导管内导线的总截面积不宜超过导管截面积的 50%。

（9）互为备用的线路不得共管敷设。

（10）穿线管埋地敷设时不应穿过设备基础。

（11）穿线管穿过建筑物伸缩缝、沉降缝时，应采取防止伸缩或沉降的措施。

（12）采用金属导管布线，除了非重要负荷外，线路长度小于 15m，且金属导管的壁厚不小于 2mm，并采取了可靠的防水、防腐蚀措施后，可在户外直接埋地敷设外。一般负荷的导管布线不宜在户外直接埋地敷设。

（13）塑料导管不宜与热水管、蒸汽管同侧敷设。

（14）金属导管与热水管、蒸汽管同侧敷设时，应敷设在热水管、蒸汽管的下方；当有困难时，也可敷设在其上方。金属导管与热水管、蒸汽管的净距不宜小于下列数值：

1）敷设在热水管下方时，不宜小于 0.2m；在上方时，不宜小于 0.3m。

2）敷设在蒸汽管下方时，不宜小于 0.5m；在上方时，不宜小于 1.0m。

3）对有保温措施的热水管、蒸汽管，其净距不宜小于 0.2m。

当不能符合要求时，应采取隔热措施。

（15）金属导管与其他管道（不包括可燃气体及易燃、可燃液体管道）的平行净距不应小于 0.1m。

（16）金属导管与水管同侧敷设时，宜敷设在水管的上方。

10

（17）金属导管布线与水管、蒸汽管交叉敷设时的净距，不应小于表 10.1-16 所列数值。

（18）直线段管线明敷时（沿水平或垂直方向敷设），直线段管卡间固定点的最大间距不大于表 10.1-13 所列数值。

表 10.1-13 　　　　　　　　　　**管线明敷时固定点间最大间距** 　　　　　单位：mm

导管类别	导管直径				
	15～20	25～32	38～40	50～65（63）	＞65（63）
壁厚大于 2mm 金属导管	1500	2000	2500	2500	3500
壁厚不大于 2mm 金属导管	1000	1500	2000	—	—
中型阻燃性塑料导管	1000	1500	1500	2000	2000

注　1. 壁厚大于 2mm 金属导管（黑铁管）的公称管径指内径。
　　2. 壁厚不大于 2mm 金属导管（电线管）和中型阻燃性塑料导管管径指外径。

10.1.5　钢索布线

（1）户内场所钢索的材料应采用镀锌钢绞线，不应采用含油芯的钢索。钢绞线的每股直径应小于 0.5mm，且不应有扭曲和断股等缺陷。户外布线以及敷设在潮湿或有酸、碱、盐腐蚀的场所，应采取防腐蚀措施，如用塑料护套钢索。钢索上绝缘导线至地面的距离，不应小于表 10.1-3 所列数值。

（2）户内的钢索布线，采用绝缘导线明敷时，应采用瓷夹、塑料夹、鼓形绝缘子或针式绝缘子固定在钢索上；采用护套绝缘导线、电缆、金属导管、中型阻燃型塑料导管或槽盒布线时，可直接固定在钢索上。

（3）户外的钢索布线，采用绝缘导线明敷时，应采用鼓形绝缘子或针式绝缘子固定在钢索上；采用护套绝缘导线、电缆、金属导管或金属槽盒布线时，可直接固定在钢索上。

（4）钢索布线所采用的钢索的截面积，应根据跨距、荷重和机械强度等因素选择，最小截面积不宜小于 10mm²。钢索固定件应镀锌或涂防腐漆。钢索的安全系数不应小于 2.5。钢索除两端拉紧外，跨距较大时应在钢索中间增加支持点，中间的支持点间距不宜大于 12m。

（5）在钢索上吊装金属导管或塑料导管布线时，支持点之间以及支持点与灯头盒之间的最大间距不大于表 10.1-14 所列数值。吊装接线盒和管道的扁钢卡子宽度，不应小于 20mm；吊装接线盒的卡子，不应少于 2 个。

表 10.1-14 　　**钢索上支持点之间以及支持点与灯头盒之间的最大间距** 　　单位：mm

布线类别	支持点之间	支持点与灯头盒之间
金属导管	1500	200
中型阻燃性塑料导管	1000	150
橡胶绝缘或护套绝缘导线	500	100

（6）在钢索上吊装橡套绝缘或护套绝缘导线布线时，支持点之间以及支持点与灯头盒之间的最大间距不大于表 10.1-14 所列数值，且接线盒应采用塑料制品。

（7）在钢索上采用绝缘子吊装绝缘导线布线时，支持点之间的最大间距以及线间的距离，应满足表 10.1-15 所列数值，且扁钢吊架终端应加拉线，拉线的直径不应小于 3mm。

表 10.1-15　　　　　　　钢索上吊装瓷瓶支持点之间以及导线线间间距　　　　　　单位：mm

类别	支持点之间	线间距离
绝缘子吊装	≤1500	
户内		≥50
户外		≥100

（8）当钢索长度在 50m 及以下时，应在钢索一端装设花篮螺栓紧固；当钢索长度超过 50m 时，应在钢索两端装设花篮螺栓紧固。

（9）钢索与终端拉环套接处应采用心形环，固定钢索的线卡不应少于 2 个，钢索端头应用镀锌铁线绑扎紧密。

（10）钢索中间吊架间距不应大于 12m，吊架与钢索连接处的吊钩深度不应小于 20mm，并应有防止钢索跳出的锁定零件。

（11）钢索两端应接地可靠。

10.1.6　线槽布线

（1）材质选择：

1）线槽布线宜用于干燥和不易受机械损伤的场所。

2）在建筑物闷顶内有可燃物时，应采用金属线槽布线。

3）户外场所应采用热镀锌金属槽盒。

4）有酸碱盐腐蚀介质的环境，应采用阻燃型塑料线槽布线，但在高温和宜受机械损伤的场所不宜采用明敷。

5）阻燃型塑料线槽氧指数不应小于 27。

6）在地面内暗装线槽布线时，宜采用金属线槽。金属线槽应暗敷于现浇或预制混凝土地面、楼板或楼板垫层内。

（2）同一回路的所有相导体和中性导体，应敷设在同一线槽内。

（3）同一路径、且无防干扰要求的线路，可敷设在同一线槽内。线槽内导线的总截面积不宜超过线槽截面积的 40%，且线槽内载流导线不超过 30 根。

（4）控制、信号等非电力回路导线，可敷设在同一线槽内。线槽内导线的总截面积不宜超过线槽截面积的 50%。

（5）除专用接线盒内外，导线在线槽内不应有接头。有专用接线盒的线槽宜布置在易于检查的场所。导线和分支接头的总截面积不应超过线槽截面积的 75%。

（6）线槽内导线应有一定余量，不得有接头。导线应按回路分段绑扎，绑扎点间距不应大于 2000mm。

（7）线槽垂直或倾斜安装时，应采取防止导线在线槽内移动的措施。

（8）线槽安装的吊架或支架的固定间距，直线段一般为 2000～3000mm 或在线槽接头处，线槽始、末端以及进出接线盒的 500mm 处。

（9）线槽安装的转角处应设置吊架或支架。

（10）线槽的连接处，不得设置在穿楼板或墙壁孔等处。

（11）由线槽引出的线路，可采用金属导管、塑料导管、可弯曲金属导管、金属软导管等布线方式。导线在引出部分应有防止机械损伤的措施。

(12) 地面内暗装金属线槽出线口和分线盒不应突出地面，且应做好防水密封措施。

(13) 线槽穿过建筑物伸缩缝、沉降缝时，应采取防止伸缩或沉降的措施。

(14) 金属线槽外壳及支架应可靠接地，且全长应不少于两处与接地干线可靠连接。

(15) 塑料线槽不宜与热水管、蒸汽管同侧安装。

(16) 金属线槽与各种管道平行或交叉时，其最小净距不应小于表 10.2-3 所列数值。

10.1.7 可弯曲金属导管布线

(1) 敷设在正常环境户内场所的建筑物顶棚内或暗敷于墙体、混凝土地面、楼板垫层或现浇钢筋混凝土楼板内时，可采用基本型可弯曲金属导管布线；明敷于潮湿场所或直接埋于素土内时，可采用防水型可弯曲金属导管。

(2) 可弯曲金属导管布线，管内导线的总截面积不宜超过管内截面积的 40%。

(3) 可弯曲金属导管布线，其与水管、蒸汽管同侧以及交叉敷设时的净距，不应小于表 10.1-16 所列数值。

表 10.1-16　　　　　　　户内电气线路与其他管道之间的最小净距　　　　　　单位：m

敷设方式	管道及设备名称	穿线管	电缆	绝缘导线	裸导(母)线	滑触线	母线槽	配电设备
平行	煤气管	0.5	0.5	1.0	1.8	1.5	1.5	1.5
	乙炔管	1.0	1.0	1.0	2.0	1.5	1.5	1.5
	氧气管	0.5	0.5	0.5	1.8	1.5	1.5	1.5
	蒸汽管(有保温层)	0.5/0.25	0.5/0.25	0.5/0.25	1.5	1.5	0.5/0.25	0.5
	热水管(有保温层)	0.3/0.2	0.1	0.3/0.2	1.5	1.5	0.3/0.2	0.1
	通风管	0.1	0.1	0.2	1.5	1.5	0.1	0.1
	上下水管	0.1	0.1	0.2	1.5	1.5	0.1	0.1
	压缩空气管	0.1	0.1	0.2	1.5	1.5	0.1	0.1
	工艺设备	0.1			1.5	1.5		
交叉	煤气管	0.1	0.3	0.3	0.5	0.5	0.5	
	乙炔管	0.1	0.5	0.5	0.5	0.5	0.5	
	氧气管	0.1	0.3	0.3	0.5	0.5	0.5	
	蒸汽管(有保温层)	0.3	0.3	0.3	0.5	0.5	0.3	
	热水管(有保温层)	0.1	0.1	0.1	0.5	0.5	0.1	
	通风管	0.1	0.1	0.1	0.5	0.5	0.1	
	上下水管	0.1	0.1	0.1	0.5	0.5	0.1	
	压缩空气管	0.1	0.1	0.1	0.5	0.5	0.1	
	工艺设备	0.1			1.5	1.5		

注　1. 表中分子数字为线路在管道上面时的最小净距，分母数字为线路在管道下面时的最小净距。
　　2. 线路与蒸汽管不能保持表中距离时，可在蒸汽管与线路间加隔热层，平行净距可减至 0.2m。交叉只需考虑施工维修方便。
　　3. 线路与热水管道不能保持表中距离时，可在热水管外包隔热层。
　　4. 裸母线与其他管道交叉不能保持表中距离时，应在交叉处的裸母线外加装保护网或保护罩；裸母线应安装在管道上方。

（4）暗敷于现浇钢筋混凝土楼板内的可弯曲金属导管，其表面混凝土覆盖层不应小于 15mm。

（5）在可弯曲金属导管有可能受机械损伤的部位，应有防止机械损伤的措施。

（6）暗敷于地下的可弯曲金属导管不应穿过设备基础。

10.1.8 封闭式母线布线

（1）封闭式母线槽宜按安装的周边环境选择防护等级。

（2）满足过负荷保护要求时，封闭式母线槽可按负荷的变化需求，采用变容量接头，变容容量不应超过二级。

（3）除电气专用房间外，封闭式母线槽水平敷设时，距地面的距离不应小于 2.2m；垂直敷设时，距地面小于 1.8m 部分应采取防止机械损伤的措施。

（4）封闭式母线槽终端无引出、引入线时，端头应封闭。

（5）封闭式母线槽水平敷设时，宜按荷载曲线选取最佳跨距进行支撑，且支撑点间距宜为 2～3m。

（6）封闭式母线槽垂直敷设时，在通过楼板处应采用专用附件支撑。进线盒及末端悬空时，应采用支架固定。

（7）封闭式母线槽直线敷设长度超过制造厂给定的数值时，宜设置伸缩节。

（8）封闭式母线槽在水平穿过建筑物伸缩缝、沉降缝时，应采取防止伸缩或沉降的措施。

（9）封闭式母线槽的插接分支点，应设在安全及安装维护方便的部位。

（10）封闭式母线槽的连接点不应在楼板或墙壁处。

（11）封闭式母线槽在穿越防火墙及防火楼板时，应采取防火封堵措施。

（12）封闭式母线槽外壳及支架应可靠接地，且全长应不少于两处与接地干线可靠连接。

10.1.9 电气竖井布线

（1）电气竖井布线适用于多层和高层建筑物内垂直配电干线的敷设。

（2）电气竖井垂直布线时应考虑下列因素：

1）顶部最大垂直变位和层间垂直变位对干线的影响。

2）导线及金属保护管等自重所带来的载重影响及其固定方式。

3）垂直干线与分支干线的连接方式。

（3）电气竖井内垂直布线采用大容量单芯电缆、大容量母线作干线时，应满足下列条件：

1）载流量要留有一定的裕度。

2）分支容易、安全可靠、安装及维修和造价经济。

（4）电气竖井的位置和数量应根据用电负荷性质、供电半径、建筑物的沉降缝设置和防火分区等因素加以确定，并应符合下列规定：

1）应靠近用电负荷中心，尽量减少干线的长度和电能损耗。

2）应避免贴临烟囱、热力管道及其他散热量大或潮湿的设施。

3）不应和电梯、管道间共用同一竖井。

（5）电气竖井的井壁应采用耐火极限不低于 1h 的非燃烧体。电气竖井在每层楼层应设维护检修门并应开向公共走廊，检修门的耐火极限不应低于丙级。楼层间楼板应采用防火密封隔离措施及防水密封措施。线缆在楼层间穿导管时,其两端管口空隙应做密封隔离。

(6) 消防配电线路宜与其他配电线路分开敷设在不同的电气竖井内,确有困难需敷设在同一电气竖井内时,应分别敷设在电气竖井的两侧,且消防配电线路应采用矿物绝缘类不燃性电缆。敷设在同一电气竖井内的高压、低压和应急电源的电气线路,相互之间的间距不应小于 300mm 或采取隔离措施,并且高压线路应设有明显标志。

(7) 管路垂直敷设时,为保证管内导线不因自重而折断,应按下列要求装设导线固定盒,在盒内用线夹将导线固定:

1) 导线截面在 $50mm^2$ 及以下,长度大于 30m 时。

2) 导线截面在 $50mm^2$ 以上,长度大于 20m 时。

(8) 电气竖井的尺寸,除应满足布线间隔以及配电箱、端子箱布置的要求外,宜在箱体前留有不小于 0.8m 的操作、维护距离。当条件受限制时,可利用公共走廊满足操作、维护距离的要求。

(9) 电气竖井内不应有与其无关的管道通过。

(10) 电气竖井内应设照明、检修电源插座以及接地干线。

(11) 电气竖井内电缆宜采用电缆梯架敷设。

(12) 预分支电缆在电气竖井内敷设时,电气竖井顶部的楼板上应预留拉电缆用的吊钩。

10.1.10 户内电气线路和其他管道之间的最小净距

户内电气线路与其他管道之间的最小净距见表 10.1-16。

10.2 电 缆 敷 设

10.2.1 电缆敷设的一般要求

(1) 电缆路径的选择应符合下列规定:

1) 电缆不宜受到机械性外力、过热、腐蚀等损伤。

2) 便于敷设、维护。

3) 避开场地规划中的施工用地或建设用地。

4) 在满足安全条件下,使电缆路径最短。

(2) 电缆的敷设方式:

1) 地下直埋。

2) 导管。

3) 电缆桥架(梯架或托盘)。

4) 电缆沟。

5) 电缆隧道。

6) 电缆排管内。

7) 导管内。

8) 架空。

9) 桥梁或构架上。

10) 水下。

(3) 不同的敷设方式时,电缆的选型宜满足下列要求:

1)地下直埋敷设宜选用具有铠装和防腐层的电缆。

2)在确保无机械外力时,应选用无铠装电缆。

3)易发生机械外力和振动的场所应选用铠装电缆。

4)排管内的电缆宜选用无铠装电缆。

5)移动式电气设备等经常弯曲或有较高柔软性要求的回路,应选用橡胶绝缘电缆。

6)易受腐蚀的场所宜选用具有防腐层的电缆。

7)电缆在户内、电缆沟、电缆隧道和电气竖井内明敷时,不应采用易延燃的外保护层。

8)交流回路中的单芯电缆不应采用磁性材料护套铠装的电缆。

9)在有腐蚀性介质的户内明敷的电缆,宜选用塑料护套电缆。

10)矿物绝缘电缆适用于户内高温或有耐火需要的场所。

11)预分支电缆适用于高层建筑物内垂直配电干线。

(4)露天敷设的有橡胶或塑料外护层的电缆,应避免日光长时间的直晒。当无法避免时,应加装遮阳罩或采用耐日照的电缆。

(5)电缆不应在有易燃、易爆及可燃的气体管道或液体管道的隧道或沟内敷设。当受条件限制需要在这类隧道或沟内敷设时,应采取防火、防爆的措施。

(6)电缆不宜在有热力管道的隧道或沟内敷设。当受条件限制需要在这类隧道或沟内敷设时,应采取隔热措施。

(7)支撑电缆的构架采用钢制材质时,应采取热浸镀锌或其他防腐措施。在有较严重腐蚀场所,应采取相适应的防腐措施。

(8)电缆敷设长度的计算,除计及电缆敷设路径的长度外,还应计及电缆接头制作、电缆蛇形弯曲、电缆进入建筑物和配电箱(柜)预留等因素的裕量。

(9)交流回路中的单芯电缆不应采用磁性材料护套铠装的电缆。单芯电缆敷设时,应采取防止涡流效应和电磁干扰的措施,不应使用导磁金属夹具。

(10)电缆的首端、末端、转弯处应设置标志牌。

(11)电缆在同侧的多层支架敷设时,应按电压等级由高至低的电力电缆、电力和非电力的控制及信号电缆、通信电缆"由上而下"的顺序排列。

(12)电缆敷设时,其弯曲半径不应小于表10.2-1所列数值。

表 10.2-1 电缆最小允许弯曲半径

电 缆 种 类	最小允许弯曲半径	电 缆 种 类	最小允许弯曲半径
无铅包钢铠护套的橡皮绝缘电力电缆	10D	交联聚氯乙烯绝缘电力电缆	15D
有铅包钢铠护套的橡皮绝缘电力电缆	20D	多芯控制电缆	10D
聚氯乙烯绝缘电力电缆	10D		

注 D为电缆外径。

(13)电缆通过下列各部位应穿保护导管保护,且保护导管的内径不应小于电缆外径(包括外护层)或多根电缆包络外径(包括外护层)的1.5倍。

1)电缆通过建筑物和构筑物的基础、散水坡、楼板和贯穿墙体等处。

2)电缆通过铁路、道路和可能受到机械损伤等地段。

3) 电缆引出地面 2000m 至地下 200mm 处的一段，与人容易接触使电缆可能受到机械损伤的部位（电气专用房间除外），除了穿导管保护外，也可采用保护罩保护。

4) 直接埋地电缆引入隧道、人孔井或建筑物在穿越墙壁处。

10.2.2 电缆地下直埋敷设

（1）电缆直接埋地敷设时，沿同一路径敷设的电缆数不宜超过 6 根。

（2）电缆在户外非冻土地区直接埋地敷设的深度，在人行道不应小于 700mm，在车行道或农田不应小于 1000mm。电缆至地下构筑物基础平行距离，不应小于 300mm。电缆上下方应均匀铺设砂层，其厚度宜为 100mm；电缆上方应覆盖混凝土保护板等保护层，保护层宽度应超出电缆两侧各 50mm。

（3）电缆在户外冻土地区直接埋地敷设时，宜埋入冻土层以下；当无法深埋时，可埋设在土壤排水性好的干燥冻土层或回填土中。也可采取其他防止电缆受到损伤的措施。

（4）电缆与建筑物平行敷设时，电缆应敷设在建筑物的散水坡外。电缆引入建筑物时，保护导管的长度应超出建筑物散水坡 100mm。

（5）直接埋地敷设的电缆，严禁位于地下管道的正上方或正下方。

（6）直接埋地敷设电缆的接头盒下面应垫混凝土基础板，其长度宜超出接头盒两端各 600～700mm。

（7）直接埋地敷设电缆的接头，其与邻近的电缆净距，不应小于 250mm；平行的电缆接头位置宜相互错开，且净距不应小于 500mm。

（8）位于直接埋地敷设电缆的路径上方，沿电缆路径的直线间隔 100m、转弯处和接头部位，应设置明显的标志。

（9）直接埋地敷设的电缆与电缆、管道、道路、构筑物等之间的最小净距，不应小于表 10.2-2 所列数值。

表 10.2-2　　直接埋地敷设的电缆与电缆、管道、道路、构筑物之间的最小净距　　单位：m

项　　目		敷 设 条 件	
		平行时	交叉时
建筑物、构筑物基础		0.6	
电杆（1kV 及以下）		0.6	
乔木		1.0	
灌木丛		0.5	
大于 10kV 电力电缆之间及其与 10kV 及以下和控制电缆之间		0.25	0.5 (0.25)
10kV 及以下电力电缆之间及其与控制电缆之间		0.1	0.5 (0.25)
控制电缆之间		—	0.5 (0.25)
通信电缆，不同使用部门的电缆		0.5 (0.1)	0.5 (0.25)
热力管沟		2.0	(0.5)
电缆与铁路	非直流电气化铁路路轨	3	1.0
	直流电气化铁路路轨	10	1.0
水管、压缩空气管		0.5 (0.25)	0.5 (0.25)
可燃气体及易燃液体管道		1.0	0.5 (0.25)

续表

项　　目	敷 设 条 件	
	平行时	交叉时
道路（平行时与路边，交叉时与路面）	1.0	1.0
排水明沟（平行时与沟边，交叉时与沟底）	1.0	0.5

注　1. 表中所列净距，应自各种设施（包括防护外层）的外缘算起。

2. 路灯电缆与道路灌木丛平行距离不限。

3. 表中括号内数字，是指局部地段电缆穿管，加隔板保护或加隔热层保护后允许的最小净距。

10.2.3　电缆在导管内敷设

（1）电缆保护管内壁应光滑无毛刺。

（2）电缆保护管的管材选择，应满足敷设场所所需的机械强度和耐久性，除满足 10.1.4 要求外，还应符合下列规定：

1）在需抗电气干扰的场合，应采用金属管。

2）防火或机械强度要求高的场所，宜采用金属管，并应采取防火、防腐措施。

（3）每根电缆保护管宜穿 1 根电缆。除发电厂、变电站等重要场所外，对一台电动机的所有回路或同一设备的低压电动机所有回路，可每管合穿不多于 3 根电力电缆或多根控制电缆。

（4）电缆保护管的弯头不宜超过 3 个，直角弯不宜超过 2 个。

（5）电缆保护管直线段长度不宜超过 30m；有一个弯头时，不宜超过 20m；两个弯头时，不宜超过 15m。如不能满足以上距离要求时，应在中间加装拉线盒。

（6）当电缆有中间接头盒时，接头盒应有防火措施（采用防火堵料封堵）。

（7）当电缆保护管在户外埋地敷设时，电缆保护管直线段间距每隔 100m，以及在转角处应设电缆人孔井，以便于施工。

（8）电缆保护管在户外埋地敷设时，管顶距地面深度不宜小于 0.5m；与铁路交叉时，管顶距路基深度不宜小于 1.0m。

（9）并排敷设的保护管，其间隙不宜小于 20mm。

（10）无铠装的电缆在户内明敷，除在电气专用房间外，水平敷设时，电缆与地面的距离不应小于 2.5m；垂直敷设时，与地面的距离不应小于 1.8m。当不能满足时，应有防止机械损伤的措施（如穿保护导管）。

（11）电缆在户内埋地、穿墙或穿楼板时，应穿保护导管。

10.2.4　电缆在电缆桥架（梯架或托盘）内敷设

（1）电缆桥架适用于电缆数量较多或较集中的场所。

（2）电缆桥架按材质分类有钢板、铝合金、不锈钢、玻璃钢及无机材料；按结构分类有梯式、有孔托盘式、无孔托盘式等；按防火要求分类有普通型和耐火型；从性能分类有普通型和节能型。钢制电缆桥架按表面防护层分类有热浸锌型、复合耐腐型、复合高耐腐（彩钢）型三种，其中复合高耐腐（彩钢）电缆桥架是新一代的产品，采用彩色钢板制作，具有快装、节能、轻型、高强特点，已由上海樟祥电器成套有限公司研制生产。应根据使用环境选择表面护层。

（3）电缆桥架水平安装时，宜根据在额定荷载下电缆桥架挠度不大于长度的 1/200，按荷载选取最佳跨距作支撑，且支撑点间距宜为 1500～3000mm。垂直安装时，其固定点间距不宜大于 2000mm。当不能满足要求时，宜采用大跨度电缆桥架。

（4）除技术夹层和特殊场合外，电缆桥架水平段距地面的高度不宜低于 2500mm，垂直段距地面的高度不宜低于 1800mm。除在电气专用房间内外，当不能满足要求时，应采取防机械损伤措施。

（5）电缆桥架多层安装时，其层间净距离应符合下列规定：

1）电力电缆桥架之间不应小于 300mm。

2）电信（控制）电缆桥架与电力电缆桥架之间不应小于 500mm。当有屏蔽措施时，不应小于 300mm。

3）控制电缆桥架之间不应小于 200mm。

4）电缆桥架上部距顶棚、楼板或梁等其他障碍物不宜小于 300mm。

（6）当两组或两组以上电缆桥架在同一高度平行安装时，各相邻电缆桥架之间应留有满足维护、检修的距离。

（7）在电缆桥架内可以无间距敷设电缆。电缆总截面积与电缆桥架内横断面面积之比，电力电缆不应大于 40%，控制电缆不应大于 50%。

（8）下列不同电压、用途的电缆，不宜敷设在同一层的电缆桥架上：

1）1kV 以上与 1kV 及以下的电缆。

2）向同一负荷供电的两回路电源电缆。

3）应急照明和其他照明的电缆。

4）电力电缆与电信电缆。

当受条件限制需敷设在同一电缆桥架上时，应采用金属隔板隔开。

（9）电缆桥架不宜安装在热力管道的上方及腐蚀性液体管道的下方。对于腐蚀性气体的管道，当气体的密度大于空气时，宜安装在其上方；当气体的密度小于空气时，宜安装在其下方。

（10）电缆桥架与各种管道平行或交叉时，其最小净距不应小于表 10.2-3 所列数值。

表 10.2-3　　　　　　　　电缆桥架与各种管道的最小净距　　　　　　　单位：mm

管道类别	平行	交叉	管道类别		平行	交叉
一般工艺管道	400	300	热力管道	有保温层	500	300
具有腐蚀性气体管道	500	500		无保温层	1000	500

（11）电缆桥架转弯处的弯曲半径，不应小于桥架内电缆最小允许弯曲半径的最大值。

（12）电缆桥架不得在穿过楼板或墙壁处进行连接。

（13）电缆桥架在穿越防火墙及防火楼板时，应采取防火封堵措施。

（14）钢制电缆桥架直线段长度超过 30m、铝合金或玻璃钢制电缆桥架长度超过 15m 时，宜设置伸缩节。

（15）电缆桥架跨越建筑物变形缝时，应设置补偿装置。

（16）金属桥架及支架、玻璃钢制电缆桥架内专用的接地干线，其全长应不少于 2 处与

10

接地保护导体（PE 线）可靠连接。

（17）热浸镀锌电缆桥架之间的连接板的两端可不跨接接地线，但连接板两端应有不少于 2 个有防松螺母或防松垫圈的连接固定螺栓。

（18）非热浸镀锌电缆桥架之间的连接板的两端跨接铜芯接地线，接地线最小允许截面积不应小于 4mm²。

（19）户内相同电压的电缆并列明敷时，除敷设在电缆桥架内外，电缆之间的净距不应小于 35mm，且不应小于电缆外径。1kV 及以下电力及控制电缆与 1kV 以上电力电缆宜分开敷设，当需并列敷设时，其净距不应小于 150mm。

（20）电缆在电缆桥架内敷设应排列整齐，少交叉。水平敷设的电缆，首尾两端、转弯两侧及每隔 5～10m 处设固定点；垂直敷设的电缆固定点间距，不应小于表 10.2-4 所列数值。

表 10.2-4　　　　　　　　电缆在桥架内垂直敷设固定点间距　　　　　　　　单位：mm

电　缆　种　类		固定点间距
电力电缆	全塑型	1000
	除全塑型外	1500
控制电缆		1000

（21）电力电缆在桥架内敷设，容积率不宜超过 40%，控制电缆不宜超过 50%。电缆在桥架中敷设的载流量见第 9 章。

10.2.5　电缆在电缆沟内敷设

（1）电缆沟可分为无支架沟、单侧支架沟、双侧支架沟三种。当电缆根数不多（一般不超过 5 根）时，可采用无支架沟，电缆敷设于沟底。

（2）户内电缆沟的盖板应与户内地坪相平，在容易积水积灰处，宜用水泥砂浆或沥青将盖板缝隙填缝。

（3）户外电缆沟的沟口宜高出地面 50mm，以减少地面排水进入沟内。但当盖板高出地面影响地面排水或交通时，可采用具有覆盖层的电缆沟，盖板顶部一般低于地面 300mm。

（4）电缆在电缆沟内敷设时，其通道宽度和支架层间垂直的最小净距，不应小于表 10.2-5 所列数值。

表 10.2-5　　　　　　电缆沟通道宽度和电缆支架层间垂直的最小净距　　　　　　单位：m

电缆沟深度 H	通道宽度		支架层间垂直最小净距	
	两侧设支架	一侧设支架	电力电缆	控制电缆
H≤0.60	0.30	0.30	0.15	0.12
H>0.60	0.50	0.45	0.15	0.12

（5）电缆沟应采取防水措施，其底部纵向排水坡度不应小于 0.5%，并设集水井。积水的排出，有条件时可直接排其入下水道，否则可经集水井用泵排出。电缆沟较长时应考虑分段排水，每隔 50m 左右设置一个集水井。

（6）当电缆沟两侧均有支架时，1kV 及以下的电力电缆和控制电缆，宜与 1kV 以上的电力电缆分别敷设于两侧支架上。

（7）电缆沟内的电缆支架长度，不宜大于 300mm。

（8）电缆在电缆沟内敷设时，支架间或固定点间的最大间距，不应大于表 10.2-6 所列数值。

表 10.2-6　　　　　　　　电缆在电缆沟内敷设时电缆支架间或固定点间的最大间距　　　　　单位：m

敷 设 方 式		水平敷设	垂直敷设
塑料护套或钢带铠装	电力电缆	1.0	1.5
	控制电缆	0.8	1.0
钢丝铠装		3.0	6.0

（9）电缆沟内最下层支架距沟底净距，不宜小于 50mm。

（10）户外电缆沟内的支架，宜采用热浸镀锌。盐雾地区或化学腐蚀地区的支架宜涂防腐漆或采用玻璃钢支架。

（11）电缆沟在进入建筑物处应设有防火墙。

（12）电缆沟不应设在可能流入熔化金属液体或损害电缆外护层和护套的场合。

（13）电缆沟一般采用钢筋混凝土盖板，盖板质量不宜超过 50kg。在户内需经常开启的电缆沟盖板，宜采用花纹钢盖板，钢盖板质量不宜超过 30kg。

（14）电缆沟内应设接地干线，沟内金属支架应可靠接地。

（15）电缆支架之间距离，应满足能方便地敷设电缆及其固定、设置接头的要求，且在多根电缆设于同层时，可方便地更换或增设电缆及其接头。电缆支架、吊架层间距离最小净距，不应小于表 10.2-7 所列数值。

（16）电缆在电缆支架上敷设应排列整齐，少交叉。水平敷设的电缆，首尾两端、转弯两侧及每隔 5～10m 处设固定点。电缆在电缆支架上敷设固定点间距，不应小于表 10.2-8 所列数值。

表 10.2-7　　电缆支架、吊架层间距离最小净距　　单位：mm

电缆电压等级、类型、敷设特征		电缆支架、吊架
控制电缆明敷		120
电力电缆明敷	<6kV	150
	6、10kV	200
	20、35kV 单芯	250

表 10.2-8　　电缆在电缆支架上敷设固定点间距　　单位：mm

电缆种类		固定点间距	
		水平敷设	垂直敷设
电力电缆	<35kV 全塑型	400	1000
	<35kV 除全塑型外	800	1500
	35kV 及以上	1500	3000
控制电缆		800	1000

10.2.6　电缆在电缆隧道（含共同沟）内敷设

（1）当出线电缆数量太多（一般为 40 根）时，应考虑电缆在电缆隧道内敷设。

（2）电缆在电缆隧道内敷设时，其通道宽度和支架层间垂直的最小净距，不应小于表 10.2-9 所列数值。

表 10.2-9　　　　　　　　　电缆隧道通道宽度和电缆支架层间垂直的最小净距　　　　　　　　单位：m

电缆隧道通道宽度		支架层间垂直最小净距	
两侧设支架	一侧设支架	电力电缆	控制电缆
1.00	0.90	0.20	0.12

（3）电缆隧道应采取防水措施，其做法与电缆沟相同，并每隔 100m 左右设置一个集水井。

（4）当电缆隧道两侧均有支架时，电力电缆和控制电缆的排列原则与电缆沟相同。

（5）电缆隧道内的电缆支架长度，不宜大于 500mm。

（6）电缆在电缆隧道内敷设时，支架间或固定点间的最大间距，不应小于表 10.2-6 所列数值。

（7）电缆隧道内最下层支架距地坪净距，不宜小于 100mm。

（8）电缆隧道在进入建筑物处应设有防火墙，长距离隧道中，每隔 100m 处应设置带门的防火墙。防火墙上的门应采用非燃烧材料或难燃材料制作，并应装锁。电缆过墙时的保护导管两端应用阻燃材料堵塞。

（9）电缆隧道不应设在可能流入熔化金属液体或损害电缆外护层和护套的场合。

（10）电缆隧道内净高不应低于 1.9m，局部或与管道交叉处净高不宜低于 1.4m。电缆隧道内应采取通风措施，有条件时宜采用自然通风。

（11）当电缆隧道长度大于 7m 时，两端应设出口。当两个出口之间的距离超过 75m 时，应增加出口。人孔井可作为出口。人孔井的直径不应小于 0.7m。

（12）电缆隧道内应设照明，照明电压不应超过 25V，否则需采取安全措施。

（13）与电缆隧道无关的管线不得通过电缆隧道。电缆隧道与其他地下管线交叉时，应尽可能避免隧道局部下降。

（14）共同沟中电缆支架与各种管道平行或交叉时，其最小净距不应小于表 10.2-3 所列数值。

（15）电缆隧道内应设接地干线，隧道内金属支架应可靠接地。

10.2.7　电缆在电缆排管内敷设

（1）电缆在电缆排管内敷设适用于敷设电缆数量较多、且有机动车等重载的地段，如主要道路、穿越公路、穿越绿化地带、穿越小型建筑物等。

（2）电缆在电缆排管内敷设，应采用塑料护套电缆或裸铠装电缆。

（3）电缆在电缆排管内敷设，同路径敷设数量一般不宜超过 12 根。

（4）电缆排管可采用混凝土管块或塑料管，并尽量采用标准孔径和孔数。

（5）电缆排管应预留备用孔，并应预留通信专用孔。

（6）当地面均匀荷载超过 10t/m² 或通过铁路及类似情况时，应采取防止电缆排管受到机械损伤的措施。

（7）电缆排管孔的内径不应小于电缆外径的 1.5 倍，且穿电力电缆的管孔内径不应小于 90mm，穿控制电缆的管孔内径不应小于 75mm。

（8）电缆排管的安装应符合下列要求：

1）电缆排管安装时，应有倾向人孔井侧不小于 0.2% 的排水坡度，并在人孔井内设集水坑，以便集中排水。

2）电缆排管顶部距地面不应小于 0.7m，在人行道下面时不应小于 0.5m。

3）电缆排管沟底部应垫平夯实，并应铺设厚度不小于 60mm 的混凝土垫层。

（9）电缆排管在转角、分支或变更敷设方式改为直埋或电缆沟时，应设电缆人孔井。在直线段应设置电缆人孔井，人孔井的间距不宜大于 100m。

（10）电缆人孔井的净空高度不应小于 1.8m，其上部人孔的直径不应小于 0.7m。

10.2.8 电缆架空敷设

（1）架空电缆线路电杆档距宜为 35～45m，并应采用钢筋混凝土杆。

（2）架空电缆线路每条电缆宜有单独吊线。杆上有两层吊线时，上下两层吊线的垂直距离不应小于 0.6m。

（3）架空电缆在吊线上以吊钩敷设，吊钩的间距不应大于 0.75m，吊线应采用不小于 7/3.0mm 的镀锌钢绞线。

（4）架空电缆线路距地面的最小距离不应小于 6.0m，无机动车行驶地段不应小于 4.0m。

（5）在户内架空明敷的电缆与热力管道的净距，平行时不应小于 1000mm，交叉时不应小于 500mm。当净距不能满足要求时，应采取隔热措施。电缆与非热力管道的净距，不应小于 150mm，当净距不能满足要求时，应在与管道接近的电缆段上及由该段两端向外延伸不小于 500mm 的电缆段上，采取防止机械损伤的措施。

（6）电缆沿钢索敷设时，电力电缆固定点的间距不应大于 750mm；控制电缆固定点的间距不应大于 600mm。

10.2.9 电缆在桥梁或构架上敷设

（1）在桥梁上敷设电缆时，应根据桥梁的结构及特点来决定敷设方式。

（2）电缆在跨度小于 32m 的小桥上的敷设方式有两种：

1）采用穿金属导管，敷设在路基内。

2）采用穿金属导管或电缆槽盒，沿小桥两侧的人行道栏杆立柱外侧敷设。

（3）电缆在混凝土或钢结构大桥上敷设时，应采用电缆槽盒。在混凝土大桥上，电缆槽盒沿人行道下混凝土梁外侧安装；在钢结构大桥上，电缆槽盒沿人行道下钢梁外侧安装。

（4）电缆槽盒的支架间距，在混凝土梁上宜为 2～3m，在钢梁上宜为 3～5m。

（5）为了使电缆不应受桥梁的振动而缩短使用寿命，在桥梁上敷设的电缆宜选用塑料绝缘电缆。

（6）在桥梁上敷设的电缆，应采取防止振动、热伸缩及风力影响下金属套受长期应力疲劳导致断裂的措施，并应符合下列要求：

1）桥墩两侧和伸缩缝处，电缆应充分松弛。当桥梁中有弯角部位时，宜设置电缆迂回补偿装置。

2）35kV 及以上电缆宜采用蛇形敷设。

3）经常受到振动的直线段电缆，应设置橡皮、沙袋等衬垫。

（7）在厂区架空构架上敷设的电缆，距无车辆通过的道路净空不应小于 2.5m，距车辆通过的道路净空不应小于 4.5m。

10

10.2.10　电缆在水下敷设

（1）水下电缆敷设的路径选择，应满足电缆不宜受机械损伤、能实施可靠防护、敷设方便等要求，且应符合下列要求：

1）电缆宜敷设在河（海）床稳定、流速较缓、岸边不宜被冲刷、河（海）床底无石山或沉船等障碍、航行船只不抛锚的水域。

2）电缆不宜敷设在码头、渡口、水工构筑物的附近，以及疏浚挖泥区和规划港地带。

（2）水下电缆不得悬空于水中，应敷设于水底。在通航水道等需防范外部机械损伤的水域，电缆应敷设于适当深度的沟槽中，并应加以稳固覆盖保护；浅水区的埋深不宜小于0.5m，深水区的埋深不宜小于2m。

（3）水下电缆严禁交叉、重叠敷设。相邻的电缆应保持足够的安全间距，且应符合下列要求：

1）在主航道内，电缆间距不宜小于平均最大水深1.2倍，引至岸边的间距可适当缩小。

2）在非通航道的流速不超过1m/s的小河中，同回路单芯电缆间距不得小于0.5m，不同回路电缆间距不得小于5m。

3）除上述情况外，应按水的流速和电缆埋深等因素确定。

（4）水下电缆与工业管道之间的距离，不宜小于50m；受条件限制时，不得小于15m。

（5）水下电缆引至岸边的区域，应采取适合敷设条件的防护措施，并应符合下列要求：

1）岸边稳定时，应采用保护导管、沟槽敷设，必要时可设置工作井连接，工作井底部宜位于最低水位下不小于1m处。

2）岸边未稳定时，宜采取迂回形式敷设，并预留适当备用长度的电缆。

（6）水下电缆的两岸，应设置醒目的警告标志，并应设置夜间照明装置。

（7）水下电缆不宜在中间设置接头。

（8）水下电缆上岸后，如直埋段长度不足50m时，在陆地上要加装锚定装置。在岸边的水下电缆与陆地电缆连接的水陆接头处，也应采取适当的锚定措施，以使陆上电缆不承受拉力。

10.2.11　矿物绝缘电缆敷设

（1）矿物绝缘电缆的弯曲半径，不应小于表10.2-10所列数值。

表10.2-10　　　　　　　　　　矿物绝缘电缆最小允许弯曲半径　　　　　　　　　　单位：mm

电缆外径	最小允许弯曲半径	电缆外径	最小允许弯曲半径
$D<7$	$2D$	$12\leqslant D<15$	$4D$
$7\leqslant D<12$	$3D$	$D\geqslant 15$	$6D$

注　D为电缆外径。

（2）矿物绝缘电缆在下列场合敷设时，需要时可将电缆敷设成"S"形或"Ω"形，且其弯曲半径不应小于电缆外径的6倍。

1）在温度变化大的场合。

2）有振动设备的场合。

3）穿越建筑物的沉降缝或伸缩缝时。

（3）矿物绝缘电缆敷设时，除在转弯处、中间连接器两侧应设置固定点固定外，其他固定点的最大间距，不应大于表 10.2-11 所列数值。

表 10.2-11 　　　　　　　矿物绝缘电缆固定点的最大间距　　　　　　　单位：mm

电缆外径	固定点间的最大间距	
	水平敷设	垂直敷设
$D<9$	600	800
$9 \leqslant D < 15$	900	1200
$D \geqslant 15$	1500	2000

注　1. D 为电缆外径。

　　2. 当矿物绝缘电缆倾斜敷设时，电缆与垂直方向夹角不大于 30°时，应按垂直敷设间距固定；大于 30°时，应按水平敷设间距固定。

（4）敷设的矿物绝缘电缆可能遭受机械损伤的部位，应采取防止机械损伤的措施。

（5）当矿物绝缘电缆敷设在对铜护套有腐蚀作用的环境或部分埋地、穿管敷设时，应采用有聚氯乙烯护套的电缆。

10.2.12　电缆敷设的防火、防爆、防腐措施

（1）对电缆可能着火蔓延导致严重事故的回路、易受外部影响波及火灾的电缆密集场所，应设置适当的阻火分隔，并应按工程的重要性、火灾概率等因素，采取下列防火措施：

1）实施阻燃防护或阻止延燃的防护，选用具有阻燃性的电缆。

2）实施耐火防护，选用具有耐火性的电缆。

3）实施防火构造。

4）设置火灾自动报警装置与专用消防装置。

（2）阻火分隔的方式选择，应符合下列要求：

1）在电缆穿越构筑物的墙（板）孔洞处，电气柜、盘底部开孔部位应实施防火封堵。电缆穿入保护导管时，其管口应使用柔性的有机堵料封堵。

2）电缆沟或电缆隧道在进入建筑物处应设防火墙。

3）在有重要回路的电缆沟中或在电缆隧道中适当部位，如公用主沟的分支处、在多段配电装置对应的适当分段处、长距离电缆沟或电缆隧道中相隔约 200m 或通风区段处、通向控制室或配电装置室的入口、厂区围墙处，应设置带门的防火墙。此门应采用非燃烧材料或难燃烧材料制作，并应装锁。

4）在电气竖井中，宜每隔 7m 设置阻火层。

（3）实施阻火分隔的措施，应符合下列要求：

1）阻火封堵、阻火层的设置，应按电缆贯穿孔洞状况和条件，采用相适应的防火封堵材料或防火封堵组件。用于电力电缆时，宜使用对载流量影响较小的防火材料；用于楼板竖井孔处时，防火材料应能承受巡视人员的荷载。阻火封堵材料的使用，对电缆不得有腐蚀和损害。

2）防火墙的构成，应采用适合电缆线路条件的防火模块、防火封堵板材、阻火包等软质材料，且应能承受有可能经受积水浸泡或鼠害的影响。

3）除通向厂区围墙或长距离电缆隧道中按通风区段分隔的防火墙部位应设置防火门外，其他情况下，有防止窜燃措施时可不设防火门。防止窜燃的措施，可在紧靠防火墙的两侧各

1m 的区域段内所有电缆做防火涂料、防火包带或设置挡火板等。

4）防火墙、阻火层和阻火封堵的材质应满足不低于 1h 的耐火极限试验。

（4）非阻燃电缆明敷时，应符合下列要求：

1）在易受外因波及而着火的场合和重要回路的适当部位，宜在明敷区域的电缆采取阻燃防护或阻火段。阻燃防护或阻火段，可采取在电缆上施加防火涂料、防火包带的措施；当电缆数量较多时，也可采用加装阻燃、耐火槽盒或阻火包的措施。

2）在电缆接头的两侧各约 3m 区域段和该区域段内邻近并行敷设的其他电缆上，宜采用防火包带防止延燃。

（5）在一旦发生火灾，对人身安全有较大影响的场所，如大型公共建筑设施等，成束敷设的电缆应选用低烟、低毒的阻燃电缆。

（6）成束敷设的电缆在同一路径时，应校核不同阻燃类别的电缆非金属含量。若电缆非金属含量大于规定值，应采取必要的防火措施，如采用防火胶泥、耐火隔板、填料阻火包、防火帽等。

（7）在易燃场所，明敷电缆过墙时应穿金属导管，金属导管内必须用防火堵料填堵。在使用塑料导管时，应满足难燃自熄性要求。

（8）在易燃、易爆场所，宜选阻燃电缆。

（9）在易爆场所，明敷电缆过墙时应穿金属导管，并需增设相应防爆隔离密封。

（10）电缆的防腐措施有很多种，目前应用最多的是防腐层法。这种方法比较适用于明敷电缆（包括金属构架），但费用较大。近年来，随着电化学保护法的发展，阴极保护法在直埋电缆防腐技术上得到广泛应用。

10.2.13 电缆散热量计算

电缆的散热量，由载流电缆芯的热损失求出。损失功率以最热季节中可能产生的最大损失进行计算。

单根 n 芯（不包括不载流的中性导体和 PE 导体）电缆的热损失功率为

$$P = \frac{nI^2\rho_t}{S} \tag{10.2-1}$$

电缆沟和电缆隧道内 N 根 n 芯（不包括不载流的中性导体和 PE 导体）电缆的热损失功率总和为

$$P_{\text{total}} = K\rho_t \sum_1^N \frac{nI^2}{S} \tag{10.2-2}$$

式中　P——单根 n 芯电缆的热损耗功率，W/m；

　　　P_{total}——N 根 n 芯电缆的热损耗功率，W/m；

　　　ρ_t——电缆运行时平均温度为 60℃ 时的电缆芯电阻率，铝芯电缆为 $0.033 \times 10^{-6}\,\Omega \cdot m$，铜芯电缆为 $0.020 \times 10^{-6}\,\Omega \cdot m$；

　　　I——单根电缆的计算电流，A；

　　　K——电流参差系数，一般取 $0.85 \sim 0.95$，电缆根数少的取较大值；

　　　S——电缆芯截面，mm²。

10.3 架空线路

本节适用于 66kV 及以下架空线路的设计，厂区内部的 110kV 可参照。

10.3.1 架空线路的路径选择

（1）架空线路的路径选择，应综合考虑运行、施工、路径长度等因素，进行多方案比较，做到经济合理、安全适用。

（2）市区及用户内部的架空线路的路径，应与城市总体规划及工程项目的总体设计相结合，路径走廊位置应与各种管线和设施统一安排。

（3）应尽可能减少与其他设施、建筑物及露天堆场的交叉和跨越。

（4）应避开洼地、冲刷地带、不良地质地区以及影响线路安全运行的其他地区。

（5）不应跨越储存易燃、易爆危险品的仓库区域。

（6）架空线路与甲类生产厂房和库房、易燃易爆材料堆垛、甲乙类液体储罐、液化石油气储罐、可燃及助燃气体储罐的最近水平距离不应小于电杆塔高度的 1.5 倍，与丙类液体储罐的最近水平距离不应小于电杆塔高度的 1.2 倍。35kV 以上架空线路与单罐储量超过 200m³ 的液化石油气露天储罐最近水平距离不应小于 40m，当储罐为埋地式时，最近水平距离可减少 50%。

（7）35kV 和 66kV 架空线路耐张段的长度不宜大于 5km，10kV 及以下架空线路耐张段的长度不宜大于 2km。

（8）当与其他架空线路交叉时，其交叉点不宜选在被跨越线路的杆塔顶上。架空线路跨越架空弱电线路的交叉角，应符合表 10.3-1 的要求。架空弱电线路的等级划分见表 10.3-2。

表 10.3-1　　架空配电线路跨越架空弱电线路的交叉角

弱电线路等级	一级	二级	三级
交叉角	≥40°	≥25°	不限制

表 10.3-2　　架空弱电线路等级划分

弱电线路等级	适用线路
一级	首都与各省、自治区、直辖市人民政府所在地及其相互联系的主要至各工矿城市、海港的线路及由首都通达国外的国际线路；重要的国际线路；铁道部与各铁路局及铁路局之间联系用的线路，铁路信号自动闭塞装置专用线路
二级	各省、自治区、直辖市人民政府所在地与各地（市）县及其相互间的通信线路，相邻两省（自治区）各地（市）、县相互间的通信线路，一般市内电话线路；铁路局与各站、段及站相互间的线路，铁路信号闭塞装置的线路
三级	县至区、乡人民政府的县内线路和两对以下的城郊线路；铁路的地区线路及有线广播线路

10.3.2 架空线路的杆塔定位、对地距离和交叉跨越

（1）转角杆塔的位置应根据线路路径、耐张段长度、施工和运行维护条件等因素综合确定。直线杆塔的位置应根据导线对地距离、导线对被交叉物距离或控制档距确定。

（2）10kV 及以下架空线路的档距，应根据各地区的运行经验确定，如无可靠运行资料

时，一般可采用表 10.3-3 所列数值。市区 66、35kV 架空线路，应综合城市发展等因素，档距不宜过大。

表 10.3-3 　　　　　　　　　　10kV 及以下架空线路的档距　　　　　　　　　单位：m

区　域	线　路　电　压	
	＜3kV	3～10kV
市区	40～50	45～50
郊区	40～60	50～100

（3）杆塔定位应考虑杆塔和基础的稳定性，并应便于施工和运行维护。以下地点不宜设置杆塔：

1）可能发生滑坡或山洪冲刷的地点。

2）容易被车辆碰撞的地点。

3）可能变为河道的不稳定河流变迁地区。

4）局部不良地质的地点。

5）地下管线的井孔附近和影响安全运行的地点。

（4）当耐张段较长时，每 10 基应设置 1 基加强型直线杆塔。

（5）当跨越其他架空线路时，跨越杆塔宜靠近被跨越线路设置。

（6）架空线路的导线与地面、建（构）筑物、树木、铁路、河流、管道、索道及各种架空线路间的距离，应按以下原则确定：

1）应根据最高气温情况或覆冰情况求得的最大弧垂和最大风速或覆冰情况求得的最大风偏进行计算。

2）计算以上距离应计入导线架线后塑性伸长的影响和设计、施工的误差，但不应计入由于电流、太阳辐射、覆冰不均匀等引起的弧垂增大。

3）当架空线路与标准轨距铁路、高速公路和一级公路交叉，且架空线路的档距超过 200m 时，最大弧垂应按导线温度为 +70℃ 计算。

（7）架空线路的导线与地面的最小距离，在最大计算弧垂情况下，不应小于表 10.3-4 所列数值。

表 10.3-4 　　　　　　　　　　　　导线与地面的最小距离　　　　　　　　　　　单位：m

线路经过区域	线路电压（kV）		
	＜3	3～10	35～66
人口密集地区	6.0	6.5	7.0
人口稀少地区	5.0	5.5	6.0
交通困难地区	4.0	4.5	5.0

（8）架空线路的导线与山坡、峭壁、岩山之间的最小水平距离，在最大计算风偏情况下，不应小于表 10.3-5 所列数值。

表 10.3-5 　　　　　 导线与山坡、峭壁、岩山之间的最小水平距离 　　　　　单位: m

线路经过区域	线路电压 (kV)		
	<3	3~10	35~66
步行可以到达	3.0	4.5	5.0
步行不能到达的山坡、峭壁、岩山	1.0	1.5	3.0

（9）架空线路跨越建（构）筑物时，导线与建（构）筑物之间的最小垂直距离，在最大计算弧垂情况下，不应小于表 10.3-6 所列数值。

表 10.3-6 　　　　　　 导线与建（构）筑物之间的最小垂直距离

线路电压 (kV)	<3	3~10	35	66
距离 (m)	3.0	3.0	4.0	5.0

（10）架空线路在最大计算风偏情况下，边导线与建（构）筑物或城市规划建筑线间的最小水平距离，以及边导线与不在规划范围内的建（构）筑物的最小水平距离，不应小于表 10.3-7 所列数值。在无风偏情况下，边导线与不在规划范围内的建（构）筑物的最小水平距离，不应小于表 10.3-7 所列数值的 50％。

表 10.3-7 　　　　　　 导线与建（构）筑物之间的最小水平距离

线路电压 (kV)	<3	3~10	35	66
距离 (m)	1.0	1.5	3.0	4.0

（11）架空线路跨越树木（考虑自然生长高度）时，导线与树木之间的最小垂直距离，不应小于表 10.3-8 所列数值。

表 10.3-8 　　　　　　 导线与树木之间的最小垂直距离

线路电压 (kV)	<3	3~10	35~66
距离 (m)	3.0	3.0	4.0

（12）架空线路的导线与公园、绿化区域或防护林带的树木之间的最小水平距离，在最大计算风偏情况下，不应小于表 10.3-9 所列数值。

表 10.3-9 　　　　 导线与公园、绿化区域或防护林带的树木之间的最小水平距离

线路电压 (kV)	<3	3~10	35~66
距离 (m)	3.0	3.0	3.5

（13）架空线路跨越果树、经济作物或城市绿化灌木时，导线与果树、经济作物或城市绿化灌木之间的最小垂直距离，在最大计算弧垂情况下，不应小于表 10.3-10 所列数值。

表 10.3-10 　　　　 导线与果树、经济作物或城市绿化灌木之间的最小垂直距离

线路电压 (kV)	<3	3~10	35~66
距离 (m)	1.5	1.5	3.0

（14）架空线路的导线与街道行道树之间的最小水平距离，在最大计算风偏情况下，不应小于表 10.3-11 所列数值。

10

表 10.3-11　　　　　　　　导线与街道行道树之间的最小水平距离

线路电压（kV）	<3	3～10	35～66
距离（m）	1.0	2.0	3.5

（15）架空线路跨越街道行道树时，导线与街道行道树之间的最小垂直距离，在最大计算弧垂情况下，不应小于表 10.3-12 所列数值。

表 10.3-12　　　　　　　　导线与街道行道树之间的最小垂直距离

线路电压（kV）	<3	3～10	35～66
距离（m）	1.0	1.5	3.0

（16）当铁路或道路有超限货物的车辆通过时，架空线路的导线与超限货物之间的最小垂直距离，在最大计算弧垂情况下，不应小于表 10.3-13 所列数值。

表 10.3-13　　　　　　　　导线与超限货物之间的最小垂直距离

线路电压（kV）	<3	3～10	3～66
距离（m）	1.0	1.5	2.5

（17）架空线路的杆塔埋地部分与地下各种工程设施间的水平距离，不应小于表 10.3-14 所列数值。

表 10.3-14　　　　　　　杆塔埋地部分与地下各种工程设施之间的最小水平距离

线路电压（kV）	<3	3～10	35～66
距离（m）	1.0	1.0	3.0

（18）10kV 及以下采用绝缘导线的架空线路，除导线与地面的距离和重要交叉跨越距离之外，可结合各地区运行经验确定。

（19）架空线路与铁路、道路、通航河流、管道、索道及各种架空线路交叉或接近的要求，应符合表 10.3-15 的规定。

表 10.3-15　　　　　　　架空线路与铁路、道路、通航河流、管道、索道及
各种架空线路交叉或接近的要求

项目	铁路	公路和道路	电车道 （有轨及无轨）	通航河流	不通航河流
导线或地线在跨越档接头	标准轨距：不得接头； 窄轨：不限制	高速公路和一、二级公路及城市一、二级道路：不得接头； 三、四级公路及城市三级道路：不限制	不得接头	不得接头	不限制
交叉档导线最小截面积	35kV 及以上采用钢芯铝绞线为 35mm²； 10kV 及以下采用铝绞线或铝合金线为 35mm²； 其他导线为 16mm²				—
交叉档距绝缘子固定方式	双固定	高速公路和一、二级公路及城市一、二级道路：双固定	双固定	双固定	不限制

10

续表

项目	线路电压(kV)	铁路 至标准轨顶	铁路 至窄轨轨顶	铁路 至承力索或接触线	公路和道路 至路面	电车道(有轨及无轨) 至路面	电车道(有轨及无轨) 至承力索或接触线	通航河流 至常年高水位	通航河流 至最高航行水位的最高船桅顶	不通航河流 至最高洪水位	不通航河流 冬季至冰面
最小垂直距离(m)	35~66	7.5	7.5	3.0	7.0	10.0	3.0	6.0	2.0	3.0	5.0
	3~10	7.5	6.0	3.0	7.0	9.0	3.0	6.0	1.5	3.0	5.0
	<3	7.5	6.0	3.0	6.0	9.0	3.0	6.0	1.0	3.0	5.0

项目	线路电压(kV)	铁路 杆塔外缘至轨道中心 交叉	铁路 杆塔外缘至轨道中心 平行	公路和道路 杆塔外缘至路基边缘 开阔地区	公路和道路 杆塔外缘至路基边缘 路径受限制地区	公路和道路 杆塔外缘至路基边缘 市区内	电车道 杆塔外缘至路基边缘 开阔地区	电车道 杆塔外缘至路基边缘 路径受限制地区	边导线至斜坡上缘(线路与拉纤小路平行)
最小水平距离(m)	35~66	30	最高杆塔加3m	交叉:8.0;平行:最高杆塔高	5.0	0.5	交叉:8.0;平行:最高杆塔高	5.0	最高杆塔高
	3~10	5		0.5	0.5	0.5	0.5	0.5	
	<3	5		0.5	0.5	0.5	0.5	0.5	

其他要求	35~66kV不宜在铁路出站信号机以内跨越	在不受环境和规划限制的地区架空电力线路与国道的距离不宜小于20m，省道不宜小于15m，县道不宜小于10m，乡道不宜小于5m	—	最高洪水位时，有抗洪抢险船只航行的河流，垂直距离应协商确定

项目	弱电架空线路	电力线路	特殊管道	一般管道、索道
导线或地线在跨越档接头	一、二级：不得接头；三级：不限制	35kV及以上：不得接头；10kV及以下：不限制	不得接头	不得接头
交叉档导线最小截面积	—	—	—	—
交叉档距绝缘子固定方式	10kV及以下线路跨一、二级弱电线路：双固定	10kV线路跨6~10kV线路：双固定	双固定	双固定
最小垂直距离(m) 线路电压(kV)	至被跨越线	至被跨越线	至管道任何部分	至管道任何部分
35~66	3.0	3.0	4.0	3.0
3~10	2.0	2.0	3.0	2.0
<3	1.0	1.0	1.5	1.5

续表

项目		弱电架空线路		电力线路		特殊管道	一般管道、索道
最小水平距离（m）	线路电压（kV）	边导线间		至被跨越线		边导线至管道、索道任何部分	
		开阔地区	路径受限制地区	开阔地区	路径受限制地区	开阔地区	路径受限制地区
	35~66	最高杆塔高	4.0	最高杆塔高	5.0	最高杆塔高	4.0
	3~10		2.0		2.5		2.0
	<3		1.0		2.5		1.5
其他要求		电力线应架设在上方；交叉点应尽量靠近杆塔，但应不小于7m（市区除外）		电压高的线路应架设在电压低的线路上方；电压相同时，公用线应在专用线上方		与索道交叉，如索道在上方，下方索道应装设保护措施；交叉点不应选在管道检查井处；与管道、索道平行、交叉时，管道、索道应接地	

注 1. 特殊管道指架设在地面上输送易燃、易爆物的管道。

2. 管道、索道上的附属设施，应视为管道、索道的一部分。

3. 常年高水位是指5年一遇洪水位。最高洪水位对35kV及以上架空电力线路是指百年一遇洪水位，对10kV及以下架空电力线路是指50年一遇洪水位。

4. 不能通航河流是指不能通航，也不能浮运的河流。

5. 对路径受限制地区的最小水平距离的要求，应计及架空电力线路的最大风偏。

6. 对电气化铁路的安全距离主要是电力线导线与承力索和接触线的距离控制。因此，对电气化铁路轨顶的距离按实际情况确定。

（20）公路分为高速公路、一级公路、二级公路、三级公路及四级公路五个技术等级，各级公路的功能划分见表10.3-16。

表 10.3-16　　　　　各级公路的功能划分

公路等级	功能
高速公路	专供汽车分方向、分车道行驶，全部控制出入的多车道公路； 年平均日设计交通量宜在 15 000 辆小客车以上
一级公路	供汽车分方向、分车道行驶，全部控制出入的多车道公路； 年平均日设计交通量宜在 15 000 辆小客车以上
二级公路	供汽车行驶的双车道公路； 年平均日设计交通量宜为 5000~15 000 辆小客车
三级公路	供汽车、非汽车交通混合行驶的双车道公路； 年平均日设计交通量宜为 2000~6000 辆小客车
四级公路	供汽车、非汽车交通混合行驶的双车道公路； 年平均日设计交通量宜为 2000 辆以下小客车

（21）城市道路应按道路在道路网中的地位、交通功能及对沿线的服务功能等，分为快速路、主干路、次干路和支路四个等级。

1）快速路应中央分隔、全部控制出入、控制出入口间距及形式，应实现交通连续通行，单向设置不应少于两条车道，并应设有配套的交通安全与管理设施。快速路两侧不应设置吸引大量车流、人流的公共建筑物的出入口。

10

2）主干路应连接城市各主要分区，应以交通功能为主。主干路两侧不宜设置吸引大量车流、人流的公共建筑物的出入口。

3）次干路应与主干路结合组成干路网，应以集散交通的功能为主，兼有服务功能。

4）支路宜与次干路和居住区、工业区、交通设施等内部道路相连接，应以解决局部地区交通和服务功能为主。

10.3.3 10kV 及以下架空进户线

（1）10kV 及以下进户线是指由架空配电布线线路杆塔接入建筑物外墙第一支持点之间的架空导线。

（2）高压进户线的档距不宜大于 40m，低压进户线的档距不宜大于 25m，超过时宜设进户杆。

（3）3～10kV 进户线的截面积，不应小于下列数值：铝绞线为 25mm²；铜绞线为16mm²。

（4）1kV 及以下进户线应采用绝缘导线，导线截面积应根据允许载流量选择，但不应小于表 10.3-17 所列数值。

表 10.3-17   1kV 及以下进户线最小截面积

接入方式	档距（m）	铝线（mm²）	铜线（mm²）
自电杆引下	<10	16	6.0
	10～25	16	6.0
沿墙敷设	≤6	16	6.0

（5）3～10kV 进户线的线间距离不应小于 450mm。

（6）进户线的对地距离，不应小于下列数值：3～10kV 进户线为 4.5m；1kV 及以下进户线为 2.5m。

（7）跨越道路街道的低压接户线，至路面中心的垂直距离，不应小于下列数值：通车街道为 6.0m；通车困难的街道、人行道为 3.5m；胡同（里弄、巷）为 3.5m。

（8）低压进户线与建筑物有关部分的距离，不应小于下列数值：

1）与进户线上方窗户的垂直距离：300mm。

2）与进户线上方阳台或下方窗户的垂直距离：800mm。

3）与窗户或阳台的水平距离：750mm。

4）与墙壁、构架的水平距离：50mm。

10.3.4 导线、地线、绝缘子和金具

10.3.4.1 导线和地线选择

（1）架空线路采用的导线和地线，除应满足第 6 章和第 9 章等要求外，还应符合下列规定：

1）导线和地线应具有较高的机械强度和耐振性能，参见 10.3.6。

2）地线宜采用钢绞线。

3）导线宜采用钢芯铝绞线或铝绞线，但不应采用单股的铝线与铝合金线。

4）在沿海（离海岸 5km 以内）和其他对导线腐蚀比较严重的地区，可采用耐腐蚀、增容导线。

5）10kV 及以下的架空线路，符合下列情况之一者宜采用架空绝缘线或架空电缆：

10

a）空气严重污秽地段，不适合裸铝线架设的地段。

b）线路走廊狭窄，与建筑物之间的距离不能满足安全要求的地段。

c）人口稠密地区、繁华街区、高层建筑群地段、规模较大的工业园区、建筑施工现场。

d）文物保护区、游览区和绿化区。

（2）架空线路采用的导线持续允许载流量应按周围空气温度进行校正，周围空气温度应采用当地 10 年或 10 年以上的最热月的每日最高温度的月平均值。

（3）架空线路导线截面积应不小于表 10.3-18 所列数值。

表 10.3-18 　　　　　　　　　　导线最小截面积 　　　　　　　　　　单位：mm^2

导线种类	35kV 线路	3～10kV 线路		3kV 及以下线路
		居 民 区	非 居 民 区	
铝绞线及铝合金线	35	35	25	16
钢芯铝绞线	35	25	16	16
铜绞线		16	16	10（线直径 3.2mm）

注　1. 居民区指居住小区、厂矿地区、港口、码头、火车站、城镇及乡村等人口密集地区。

　　2. 非居民区指居民区以外的其他地区。此外，虽有车辆、行人或农业机械到达但未建房屋或房屋稀少地区，也属非居民区。

（4）与铁路交叉跨越，35kV 线路采用钢芯铝绞线的最小截面积为 $35mm^2$；10kV 及以下线路采用铝绞线或铝合金线的最小截面积为 $35mm^2$。

（5）地线的钢绞线截面积不宜小于 $25mm^2$。

（6）不同金属或不同截面积的导线不得在档距内连接。

（7）常用导线和地线的常用数据见表 10.3-19～表 10.3-21。

表 10.3-19 　　　　　　　　　　LGJ 型钢芯铝绞线的常用数据

标称截面积	计算截面积（mm^2）			外径	计算拉断力	计算质量	参考载流量（A）	
（mm^2）	铝	钢	共计	（mm）	（kN）	（kg/km）	70℃	80℃
10/2	10.60	1.77	12.37	4.50	4.12	42.9	88	93
16/3	16.13	2.69	18.82	5.55	6.13	65.2	115	121
25/4	25.36	4.23	29.59	6.96	9.29	102.6	154	160
35/6	34.86	5.81	40.67	8.16	12.63	141.0	189	195
50/8	48.25	8.04	56.29	9.60	16.87	195.1	234	240
50/30	50.73	29.59	80.32	11.60	42.62	372.0	250	257
70/10	68.05	11.34	79.39	11.40	23.39	275.2	289	297
70/40	69.73	40.67	110.40	13.60	58.30	511.3	307	314
95/15	94.39	15.33	109.72	13.61	35.00	380.8	357	365
95/20	95.14	18.82	113.96	13.87	37.20	408.9	361	370
95/55	96.51	56.30	152.81	16.00	78.11	707.7	378	385
120/7	118.89	6.61	125.50	14.50	27.57	379.0	408	417
120/20	115.67	18.82	134.49	15.07	41.00	468.8	407	415
120/25	122.48	24.25	149.73	15.74	47.88	526.6	425	433
120/70	122.15	71.25	193.40	18.00	98.37	895.6	440	447

10

续表

标称截面积 (mm²)	计算截面积 (mm²)			外径 (mm)	计算拉断力 (kN)	计算质量 (kg/km)	参考载流量 (A)	
	铝	钢	共计				70℃	80℃
150/8	144.76	8.04	152.80	16.00	32.86	461.4	463	472
150/20	145.68	18.82	164.50	16.67	46.63	549.4	469	478
150/25	148.86	24.25	173.11	17.10	54.11	601.0	478	487
150/35	147.26	34.36	181.62	17.50	65.02	676.2	478	487
185/10	183.22	10.18	193.40	18.00	40.88	584.0	539	548
185/25	187.04	25.25	211.29	18.90	59.42	706.1	552	560
185/30	181.34	29.59	210.95	18.88	64.32	732.6	543	551
185/45	184.73	43.10	227.83	19.60	80.19	848.2	553	562
210/10	204.14	11.34	215.48	19.00	45.14	650.7	577	586
210/25	209.12	27.10	236.12	19.98	65.99	789.1	587	601
210/35	211.73	34.36	246.09	20.38	74.25	853.9	599	607
210/50	209.24	48.82	258.06	20.86	90.83	960.8	604	607
240/30	244.29	31.67	275.96	21.60	75.62	922.2	655	662
240/40	238.85	38.90	277.75	21.66	83.37	964.3	648	655
240/55	241.27	56.30	297.57	22.40	102.10	1108	657	664
300/15	298.88	15.33	312.21	23.01	68.06	939.8	735	742
300/20	303.42	20.91	324.33	23.43	75.68	1002	747	753
300/25	306.21	27.10	333.31	23.76	83.41	1058	754	760
300/40	300.09	38.90	338.99	23.94	92.22	1133	746	754
300/50	299.54	48.82	348.36	24.26	103.40	1210	747	756
300/70	305.36	71.25	376.61	25.20	128.00	1402	766	770
400/20	406.40	20.91	427.31	26.91	88.85	1286	898	901
400/25	391.91	27.10	419.01	26.64	95.94	1295	879	882
400/35	390.88	34.36	425.24	26.82	103.90	1349	879	882
400/50	399.73	51.82	451.55	27.63	123.40	1511	898	899
400/65	398.94	65.06	464.00	28.00	135.20	1611	900	902
400/95	407.75	93.27	501.02	29.14	171.3	1860	920	921
500/35	497.01	34.36	531.37	30.00	119.50	1642	1025	1024
500/45	488.58	43.10	531.68	30.00	128.10	1688	1016	1016
500/65	501.88	65.06	566.94	30.96	154.00	1898	1039	1038
630/45	623.45	43.10	666.55	33.60	148.70	2060	1187	1182
630/55	639.92	56.30	696.22	34.32	164.40	2209	1211	1204
630/80	635.19	80.32	715.51	34.82	192.90	2388	1211	1204
800/55	814.30	56.30	870.60	38.40	191.50	2690	1413	1399
800/70	808.15	71.25	879.40	38.58	207.00	2791	1410	1396
800/100	795.17	100.88	896.05	38.98	241.10	2991	1402	1388

注 1. LGJF 型导线的计算质量应增加防腐涂料的质量:钢芯涂防腐涂料者增加 2%,内部铝钢各层间涂防腐涂料者增加 5%。

2. 载流量的计算条件为:基准环境温度 25℃,风速 0.5m/s,辐射系数和吸收系数 0.5,海拔 1000m;最高允许温度＋70℃者未考虑日照影响;允许温度＋80℃者考虑 0.1W/cm² 日照影响。

表 10.3-20 　　　　　　　　　　　　LJ 型铝绞线的常用技术数据

标称截面积 (mm²)	计算截面积 (mm²)	外径 (mm)	计算拉断力 (kN)	计算质量 (kg/km)	参考载流量 (A)	标称截面积 (mm²)	计算截面积 (mm²)	外径 (mm)	计算拉断力 (kN)	计算质量 (kg/km)	参考载流量 (A)
16	15.89	5.10	2.84	43.5	112	185	182.80	17.50	28.44	503.0	534
25	25.41	6.45	4.355	69.6	151	210	209.85	18.75	32.26	577.4	584
35	34.36	7.50	5.76	93.1	183	240	238.76	20.00	36.26	656.9	634
50	49.48	9.00	7.93	135.5	231	300	297.57	22.40	46.85	820.4	731
70	71.25	10.80	10.95	195.1	291	400	397.83	25.90	61.15	1097	879
95	95.14	12.48	14.45	260.5	351	500	502.90	29.12	76.37	1387	1023
120	121.21	14.25	19.42	333.5	410	630	631.30	32.67	91.94	1744	1185
150	148.07	15.75	23.31	407.4	466	800	805.36	36.90	115.90	2225	1388

注　载流量的计算条件为：最高允许温度＋70℃，基准环境温度25℃，风速0.5m/s，海拔1000m；未考虑日照影响。

表 10.3-21 　　　　　　　　　　　　GJ 型钢绞线的常用技术数据

结构	钢丝直径 (mm)	钢绞线直径 (mm)	钢绞线截面积 (mm²)	公称抗拉强度 (MPa)					参考质量 (kg/km)
				1175	1270	1370	1470	1570	
				钢丝破断拉力总和不小于（kN）					
1×3	2.9	6.2	19.82	23.29	25.17	27.15	29.14	31.12	159.9
	3.2	6.4	24.13	28.35	30.65	33.06	35.47	37.88	194.7
	3.5	7.5	28.86	33.91	36.65	39.54	42.43	45.31	232.9
	4.0	8.6	37.70	44.30	47.88	51.65	55.42	59.19	304.2
1×7	1.0	3.0	5.50	6.46	6.98	7.54	8.08	8.64	43.7
	1.2	3.6	7.92	9.31	10.06	10.85	11.64	12.43	62.9
	1.4	4.2	10.78	12.67	13.69	14.77	15.85	16.92	85.6
	1.6	4.8	14.04	16.53	17.87	19.28	20.68	22.09	111.7
	1.8	5.4	17.81	20.93	22.62	24.40	26.18	27.96	141.4
	2.0	6.0	21.99	25.84	29.73	30.13	32.32	34.52	174.6
	2.3	6.9	29.08	34.17	36.93	39.84	42.75	45.66	230.9
	2.6	7.8	37.17	43.60	47.20	50.92	54.63	58.35	295.1
	2.9	8.7	46.24	54.33	58.72	63.35	67.97	72.60	367.1
	3.2	9.6	56.30	66.15	71.50	77.13	82.76	88.39	447.0
	3.5	10.5	67.35	79.14	85.85	92.27	99.00	105.74	534.8
	3.8	11.4	79.39	95.28	100.82	108.76	116.70	124.64	630.4
	4.0	12.0	87.96	103.35	111.71	120.50	129.30	138.10	698.4
1×19	1.6	8.0	38.20	44.88	48.51	52.33	56.15	59.97	304.0
	1.8	9.0	48.35	56.81	61.40	66.24	71.07	75.91	384.9
	2.0	10.0	56.69	70.14	75.81	81.78	87.74	93.71	475.1
	2.3	11.5	78.94	92.75	100.25	108.15	116.04	123.94	628.4
	2.6	13.0	100.88	118.53	128.12	138.20	148.29	158.38	803.0
	2.9	14.5	125.50	147.46	159.38	171.93	184.48	197.03	999.0
	3.2	16.0	152.81	179.55	194.06	209.35	224.63	239.91	1216.4
	3.5	17.5	182.80	214.79	232.16	250.44	268.72	287.00	1455.1
	4.0	20.0	238.76	280.54	303.23	327.10	350.98	374.86	1900.5

10.3.4.2　绝缘子和金具的选择

（1）架空线路环境污秽等级应符合表 5.3-4 的规定。污秽等级可根据审定的污秽分区图并结合运行经验、污湿特征、外绝缘表面污秽物的性质及其等值附盐密度等因素综合确定。

（2）35kV 和 66kV 架空线路绝缘子的型式和数量，应根据绝缘的爬电比距确定。瓷绝缘的爬电比距应符合表 5.3-5 的规定。

（3）35kV 和 66kV 架空线路宜采用悬式绝缘子。在海拔 1000m 以下空气清洁地区，悬垂绝缘子串的 XP-70 型绝缘子数量宜采用：35kV 线路，3 片；66kV 线路，5 片。

（4）耐张绝缘子串的绝缘子数量，应比悬垂绝缘子串的同型绝缘子多 1 片。对于全高超过 40m 有地线的杆塔，高度每增加 10m，应增加 1 片绝缘子。

（5）6kV 和 10kV 架空线路的直线杆塔宜采用针式绝缘子或瓷横担绝缘子，耐张杆塔宜采用悬垂绝缘子串或蝶式绝缘子和悬垂绝缘子组成的绝缘子串。

（6）3kV 及以下架空线路的直线杆塔宜采用针式绝缘子或瓷横担绝缘子，耐张杆塔宜采用蝶式绝缘子。

（7）当采用铁横担时，针式绝缘子宜采用高一电压等级的绝缘子。

（8）海拔超过 3500m 的地区，绝缘子串的绝缘子数量可根据运行经验适当增加。海拔 1000～3500m 的地区，绝缘子串的绝缘子数量应按下式确定

$$n_{\mathrm{h}} \geqslant n[1+0.1(H-1)] \tag{10.3-1}$$

式中　n_{h}——海拔为 1000～3500m 地区的绝缘子数量，片；

　　　n——海拔为 1000m 以下地区的绝缘子数量，片；

　　　H——海拔，km。

（9）污秽地区的跨距线路宜采用防污绝缘子、有机复合绝缘子或采取其他防污措施。

（10）绝缘子的组装方式，应能防止瓷裙积水。

（11）绝缘子和金具的机械强度应按下式计验算

$$KF < F_{\mathrm{u}} \tag{10.3-2}$$

式中　K——安全系数，见表 10.3-22；

　　　F——设计荷载，kN；

　　　F_{u}——悬式绝缘子 1h 机电试验的试验荷载、蝶式绝缘子和金具的破坏荷载、针式绝缘子和瓷横担的受弯破坏荷载，kN。

（12）绝缘子和金具的机械强度安全系数不应小于表 10.3-22 所列数值。

表 10.3-22　　　　　　　　　　绝缘子和金具的机械强度安全系数

类　　型	安　全　系　数		
	运行工况	断线工况	断联工况
悬式绝缘子	2.7	1.8	1.5
针式绝缘子	2.5	1.5	1.5
蝶式绝缘子	2.5	1.5	1.5
瓷横担绝缘子	3.0	2.0	—
合成绝缘子	3.0	1.8	1.5
金具	2.5	1.5	1.5

10

10.3.5　架空线路的气象条件

（1）架空线路设计的气温应根据当地 15～30 年气象记录中的统计值确定。最高气温宜采用＋40℃，在最高气温、最低气温和年平均气温三种工况下，应按无风、无冰计算。

（2）架空线路设计采用的年平均气温应按下列方法确定：

1）当地区的年平均气温在 3～17℃时，年平均气温应取与此数邻近的 5 的倍数值。

2）当地区的年平均气温小于 3℃或大于 17℃时，应将年平均气温减少 3～5℃后，取与此数邻近的 5 的倍数值。

（3）架空线路设计采用的导线或地线的覆冰厚度，在调查的基础上可取 5、10、15、20mm，冰的密度应按 0.9g/cm³ 计；覆冰时的气温应采用−5℃，风速宜采用 10m/s。

（4）安装工况的风速应采用 10m/s，且无冰。气温应按下列规定采用：

1）最低气温为−40℃的地区，应采用−15℃。

2）最低气温为−20℃的地区，应采用−10℃。

3）最低气温为−10℃的地区，宜采用−5℃。

4）最低气温为−5℃及以上的地区，宜采用 0℃。

（5）雷电过电压工况的气温可采用 15℃，风速对于最大设计风速 35m/s 及以上地区可采用 15m/s，最大设计风速小于 35m/s 的地区可采用 10m/s。

（6）检验导线与地线之间的距离时，应按无风、无冰考虑。

（7）内部过电压工况的气温可采用年平均气温，风速可采用最大设计风速的 50%，并不宜低于 15m/s，且无冰。

（8）在最大风速工况下应按无冰计算，气温应按下列规定采用：

1）最低气温为−10℃及以下的地区，应采用−5℃。

2）最低气温为−5℃及以上的地区，宜采用＋10℃。

（9）带电作业工况的风速可采用 10m/s，气温应采用＋15℃，且无冰。

（10）长期荷载工况的风速应采用 5m/s，气温应采用年平均气温，且无冰。

（11）最大设计风速应采用当地空旷平坦地面上离地 10m 高，统计所得的 30 年一遇 10min 平均最大风速。当无可靠资料时，最大设计风速不应低于 23.5m/s，并应符合下列规定：

1）山区架空线路的最大设计风速，应根据当地气象资料确定。当无可靠资料时，最大设计风速可按附近平地风速增加 10%，且不应低于 25m/s。

2）架空线路位于河岸、湖岸、山峰及山谷口等容易产生强风的地带时，其最大基本风速应按附近一般地区适当增大；对易覆冰、风口、高差大的地段，宜缩短耐张段长度，杆（塔）使用条件应适当留有裕度。

3）在厂区内，两侧屏蔽物的平均高度大于杆塔高度的 2/3 时，其最大设计风速宜比当地最大设计风速减少 20%。

（12）为使架空线路的结构强度和电气性能能够适应自然界的气象条件，以保证架空线路安全运行，应对沿线经过地段的气象条件进行全面的了解，详细搜集设计所需要的气象资料。搜集气象资料的内容和用途见表 10.3-23。

（13）计算架空线路时，根据沿线经过地段的气象资料和附近已有线路的运行经验，可套用接近的典型气象区中的分类。全国送电线路和配电线路典型气象区的划分见表 10.3-24 和表 10.3-25。

10

表 10.3-23 搜集气象资料的内容和用途

项　目	用　途
最高气温	计算导线最大弧垂，使导线对地面或其他构筑物保持一定的安全距离
最低气温	在最低气温时，导线可能产生最大应力，检查绝缘子串上扬或导线上拔及防振计算用等
年平均气温	防振设计一般用平均气温时导线的应力作为计算控制条件
历年最低气温月的平均气温	计算导线或杆塔安装检修时的初始条件
最大风速及最大风速月的平均气温	风荷载是考虑杆塔和导线强度的基本条件
地区最多风向及其出现频率	用于导线的防振、防腐及绝缘防污设计
导线覆冰厚度	杆塔及导线强度设计依据，验算不均匀覆冰时导线纵向不平衡张力及垂直布置的导线接近距离，可能出现最大弧垂时决定跨越间距
雷电日数（或雷电小时数）	防雷计算用
雪天、雨天、雾凇的持续小时数	计算电晕损失时的基本数据
土壤冻结深度	用于杆塔基础设计
常年洪水位及最高航行水位气温	确定跨越杆塔高度及验算交叉跨越距离
最高气温月的日最高气温的平均值	用于计算导线发热温升
历年最低气温月的日最低平均气温	用于计算断线或断串时的气温条件

表 10.3-24 送电线路的典型气象区

气　象　区		I	II	III	IV	V	VI	VII	VIII	IX
大气温度（℃）	最　高	+40								
	最　低	−5	−10	−10	−20	−10	−20	−40	−20	−20
	覆　冰	—	−5							
	最大风	+10	+10	−5	−5	+10	−5	−5	−5	−5
	安　装	0	0	−5	−10	−5	−10	−15	−10	−10
	雷电过电压	+15								
	操作过电压	+20	+15	+15	+10	+15	+10	−5	+10	+10
风速（m/s）	最大风	35	30	25	25	30	25	30	30	30
	覆　冰	10						15		
	安　装	10								
	雷电过电压	15	10							
	操作过电压	0.5×最大风（不低于15m/s）								
覆冰厚度（mm）		0	5	5	5	10	10	10	15	20
冰的密度（kg/m³）		900								

10

表 10.3-25 配电线路的典型气象区

气 象 区		I	II	III	IV	V	VI	VII
大气温度 (℃)	最 高	+40						
	最 低	−5	−10	−5	−20	−20	−40	−20
	覆 冰	−5						
	最大风	+10	+10	−5	−5	−5	−5	−5
风速 (m/s)	最大风	30	25	25	25	25	25	25
	覆 冰	10						
	最低、最高气温	0						
覆冰厚度 (mm)		0	5	5	5	10	10	15
冰的密度 (kg/m³)		900						

10.3.6 导线力学计算

10.3.6.1 架线设计的一般要求

(1) 在各种气象条件下，导线的张力、弧垂计算应采用最大使用张力和平均运行张力作为控制条件。地线的张力、弧垂计算可采用最大使用张力、平均运行张力和导线与地线间的距离作为控制条件。

(2) 导线与地线在档距中央的距离，在+15℃气温、无风无冰条件时，应符合下式要求

$$S \geqslant 0.012L + 1 \tag{10.3-3}$$

式中 S——导线与地线在档距中央的距离，m;

L——档距，m。

(3) 导线或地线的最大使用张力应不大于绞线瞬时破坏张力的 40%。

注 为简化计算，通常以导线最低点的应力为计算基点，即最低点应力不超过破坏应力的 40%，导线悬挂点的应力可较最低点的应力高 10%。当档距大到使悬挂点应力达到破坏应力的 44% 时，则称之为"极大档距"。对于市区配电线路，这种情况可不考虑。

(4) 导线或地线的平均运行张力上限及防振措施应符合表 10.3-26 的要求。

表 10.3-26 导线或地线的平均运行张力上限及防振措施

档距和环境状况	平均运行张力上限（瞬时破坏张力的百分数,%）		防振措施
	钢芯铝绞线	镀锌钢绞线	
开阔地区档距小于 500m	16	12	不需要
非开阔地区档距小于 500m	18	18	不需要
档距小于 120m	18	18	不需要
不论档距大小	22	—	护线条
不论档距大小	25	25	防振锤（线）或另加护线条

(5) 35kV 和 66kV 架空线路的导线或地线的初伸长率应通过试验确定。导线或地线的初伸长对弧垂的影响可采用降温法补偿。当无试验资料时，初伸长率和降低的温度可采用表 10.3-27 的数据。

表 10.3-27　　　　　　　　导线或地线的初伸长率和降低的温度

类型	钢芯铝绞线初伸长率	降低的温度（℃）
钢芯铝绞线	$3 \times 10^{-4} \sim 5 \times 10^{-4}$	$15 \sim 25$
镀锌钢绞线	1×10^{-4}	10

注　铝钢截面积比小的钢芯铝绞线应采用表中的下限数值；截面铝钢比大的钢芯铝绞线应采用表中的上限数值。

（6）10kV 及以下架空线路的导线初伸长对弧垂的影响可采用减少弧垂法补偿。弧垂减小率应为：铝绞线或绝缘铝绞线应采用 20%；钢芯铝绞线应采用 12%。

10.3.6.2　导线的单位荷载和比载

（1）导线每米长度上的荷载简称单位荷载 q，折算到导线单位截面上的单位荷载称为比载 g。

（2）各种单位荷载和比载的意义和计算式见表 10.3-28。

表 10.3-28　　　　　　　　导线单位荷载和比载计算

荷载种类	单位荷载		比载		符号说明
	符号	计算式	符号	计算式	
自重荷载	q_1	$9.807 p_1$	g_1	q_1/A	A—导线截面积，mm^2；
冰重荷载	q_2	$9.807 \times 0.9\pi\delta\,(\delta+d)\times 10^{-3}$	g_2	q_2/A	p_1—导线单位质量，kg/m；
自重加冰重荷载	q_3	q_1+q_2	g_3	q_3/A	d—导线直径，mm；
无冰时风荷载	q_4	$0.625 v^2 d\alpha\mu\times 10^{-3}$	g_4	q_4/A	δ—导线覆冰厚度，mm；
覆冰时风荷载	q_5	$0.625 v^2 (d+2\delta)\,\alpha\mu\times 10^{-3}$	g_5	q_5/A	v—导线平均高度处的风速，m/s；
无冰时综合荷载	q_6	$\sqrt{q_1^2+q_4^2}$	g_6	q_6/A	α—导线风压不均匀系数；
覆冰时综合荷载	q_7	$\sqrt{q_3^2+q_5^2}$	g_7	q_7/A	μ—导线受风体型系数

注　常数 $9.807 m/s^2$ 为重力加速度；0.625 为空气密度 $1.25 kg/m^3$ 的 1/2。

（3）导线风压不均匀系数见表 10.3-29，导线受风体型系数见表 10.3-30。

表 10.3-29　　　　　　　　导线风压不均匀系数

导线风压不均匀系数 α	基准高度的风速（m/s）				
	$v \leqslant 10$	$10 < v < 20$	$20 \leqslant v < 30$	$30 \leqslant v < 35$	$v \geqslant 35$
计算杆塔所受张力和风荷载时	1.0	1.0	0.85	0.75	0.7
校验电气间隙计算张力和风荷载时	1.0	0.75	0.61	0.61	0.61

表 10.3-30　　　　　　　　导线受风体型系数

导线表面状况	无冰		覆冰
导线外径 d（mm）	$d < 17$	$d \geqslant 17$	不论 d 大小
导线受风体型系数 μ	1.2	1.1	1.2

10.3.6.3　导线应力弧垂计算

（1）架空线路的档距足够大时，导线材料的刚性可以忽略。悬挂在两个固定点之间的柔索的形状为"悬链线"，其应力弧垂计算函数是双曲线函数，计算复杂；在工程上，除特殊情况外，通常采用抛物线简化计算。

导线荷载是沿悬链线均匀分布的。如假定荷载沿连接两悬挂点的直线均匀分布，可导出简化的斜抛物线计算式；如假定荷载沿档距均匀分布，则导出更简化的平斜抛物线计算式。

（2）导线悬挂曲线上任意一点至两悬挂点连线在铅直方向上的距离，称为该点的弧垂。通常所说弧垂，除特别指明者外，均指最大弧垂。最大弧垂位于档距中点，而非导线最低点。

（3）导线最低点的位置取决于高差角（悬挂角）。高差角是指两悬挂点连线与水平线的夹角。高差是指两悬挂点之间的距离。

（4）导线悬挂曲线上任意一点的切线与水平线的夹角，称为导线倾斜角（悬垂角）。

（5）导线最低点至悬挂曲线上任意一点的曲线长度称为弧长。一个档距内导线的曲线长度称为一档线长（档内线长）。

（6）导线应力是指导线单位截面上的应力。因导线荷载为沿导线长度均匀分布，一档中导线各点的应力不相等，应力方向也不同，但各点的水平应力相等。在导线应力弧垂分析中，除特别指明者外，导线应力均指导线各点的水平应力，即导线最低点的应力。

（7）档距是指两悬挂点之间的水平距离。对于直线杆塔的连续档，档距取耐张段的代表档距。

（8）水平档距是计算杆塔所承受的导线横向风荷载用的档距，取杆塔两侧档距的平均值；当高差较大时，两侧档距取悬挂点之间的斜线距离。

（9）垂直档距是计算杆塔所承受的导线垂直荷载用的档距，其值以水平档距为基础，并计及导线张力垂直分量的影响。

（10）导线应力弧垂计算式一览表见表 10.3-31。

表 10.3-31　　　　　　　　　　　　**导线应力弧垂计算式一览表**

项目	斜抛物线计算式	平抛物线计算式	符号说明
曲线方程	$y = \dfrac{gx^2}{2\sigma_0 \cos\beta}$	$y = \dfrac{gx^2}{2\sigma_0}$	x—导线任一点与最低点的水平距离，m； y—导线任一点与最低点的垂直距离，m；
任一点弧垂	$f_x = \dfrac{g}{2\sigma_0 \cos\beta} l_a l_b$	$f_x = \dfrac{g}{2\sigma_0} l_a l_b$	y_A（y_B）—悬挂点 A（悬挂点 B）与最低点的垂直距离，m；
最大弧垂	$f_m = \dfrac{gl^2}{8\sigma_0 \cos\beta}$	$f_m = \dfrac{gl^2}{8\sigma_0}$	f_x—导线任一点的弧垂，m； f_m—导线最大弧垂，m；
一档线长	$L = \dfrac{l}{\cos\beta} + \dfrac{g^2 l^3 \cos\beta}{24\sigma_0^2}$	$L = \dfrac{l}{\cos\beta} + \dfrac{g^2 l^3}{24\sigma_0^2}$	σ_0—导线各点的水平应力（即最低点的应力），N/mm²；
悬挂点轴向应力	$\sigma_A = \sqrt{\sigma_0^2 + \dfrac{g^2 l_{OA}^2}{\cos^2\beta}}$ $\sigma_B = \sqrt{\sigma_0^2 + \dfrac{g^2 l_{OB}^2}{\cos^2\beta}}$	$\sigma_A = \sigma_0 + \dfrac{g^2 l_{OA}^2}{2\sigma_0}$ $\sigma_B = \sigma_0 + \dfrac{g^2 l_{OB}^2}{2\sigma_0}$	σ_A，σ_B—悬挂点 A 或悬挂点 B 的轴向应力，N/mm²； g—导线比载，N/（m·mm²）； β—高差角（悬挂角）（$\tan\beta = h/l$）； θ—倾斜角（悬垂角）；
最低点至悬挂点的水平距离	$l_{OA} = \dfrac{l}{2} + \dfrac{\sigma_0}{g} \sin\beta$ $l_{OB} = \dfrac{l}{2} - \dfrac{\sigma_0}{g} \sin\beta$	$l_{OA} = \dfrac{l}{2} + \dfrac{\sigma_0}{g} \tan\beta$ $l_{OB} = \dfrac{l}{2} - \dfrac{\sigma_0}{g} \tan\beta$	h—两悬挂点的高差，m； l—档距，m； l_a，l_b—导线任一点与悬挂点 A 或悬挂点 B 的水平距离，m；
最低点至悬挂点的垂直距离	$y_A = \dfrac{gl_{OA}^2}{2\sigma_0 \cos\beta}$ $y_B = \dfrac{gl_{OB}^2}{2\sigma_0 \cos\beta}$	$y_A = \dfrac{gl_{OA}^2}{2\sigma_0}$ $y_B = \dfrac{gl_{OB}^2}{2\sigma_0}$	l_{OA}，l_{OB}—导线最低点至悬挂点 A 或悬挂点 B 的水平距离，m；

10

续表

项目	斜抛物线计算式	平抛物线计算式	符号说明
悬挂点导线倾斜角（悬垂角）	$\theta_A = \arctan\left(\dfrac{gl}{2\sigma_0\cos\beta} + \dfrac{h}{l}\right)$ $\theta_B = \arctan\left(\dfrac{gl}{2\sigma_0\cos\beta} - \dfrac{h}{l}\right)$	$\theta_A = \arctan\left(\dfrac{gl}{2\sigma_0} + \dfrac{h}{l}\right)$ $\theta_B = \arctan\left(\dfrac{gl}{2\sigma_0} - \dfrac{h}{l}\right)$	L——一档线长（档内线长），m； l_r——代表档距，m； l_i——耐张段中各档的档距，m； β_i——耐张段中各档的悬挂角，(°)； l_h——水平档距，m； l_v——垂直档距，m； l_1，l_2——杆塔两侧档的档距，m； h_1，h_2——杆塔两侧档的高差，相邻杆塔较低时 h 取正值，相邻杆塔较高时 h 取负值，m； σ_{01}，σ_{02}——杆塔两侧档的水平应力，N/mm²，对于直线杆塔，$\sigma_{01}=\sigma_{02}$； g_v——垂直比载（g_1或g_3），N/(m·mm²)
代表档距	$l_r = \sqrt{\dfrac{\sum\limits_{i=1}^{n}(l_i^3\cos^2\beta_i)}{\sum\limits_{i=1}^{n}\left(\dfrac{l_i}{\cos\beta_i}\right)}}$	$l_r = \sqrt{\dfrac{\sum\limits_{i=1}^{n}l_i^3}{\sum\limits_{i=1}^{n}l_i}}$	
水平档距	$l_h = \dfrac{1}{2}\left(\dfrac{l_1}{\cos\beta_1} + \dfrac{l_2}{\cos\beta_2}\right)$	$l_h = \dfrac{l_1+l_2}{2}$	
垂直档距	$l_v = l_h + \dfrac{\sigma_{01}h_1}{g_v l_1} + \dfrac{\sigma_{02}h_2}{g_v l_2}$	$l_v = l_h + \dfrac{h_1}{l_1} + \dfrac{h_2}{l_2}$	

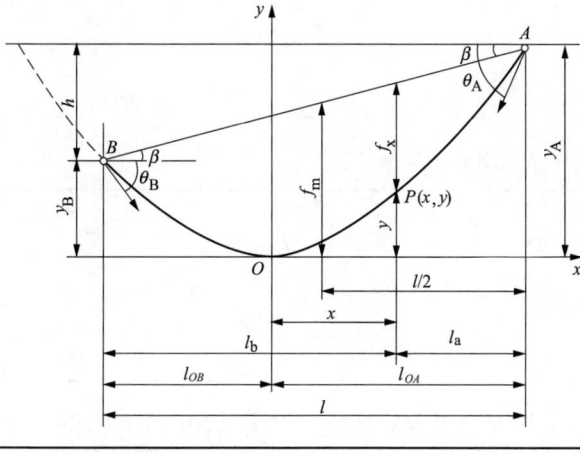

附注

(1) 当 $h/l \leqslant 0.1$ 时，平抛物线计算式有较高的精度。

(2) 当 $h/l > 0.15$ 时，宜用斜抛物线计算式；h/l 增大，其误差反而更小。但是，斜抛物线不便刻制弧垂曲线定位模板

10.3.6.4 导线的状态方程式

导线的状态方程式用于从已知某一气象条件下的导线应力 σ_m 求出另一气象条件下的导线应力 σ_n。导线的状态方程式考虑了导线的弹性伸长和温度伸长，根据两种气象条件下档内原始线长（制造线长即不受拉力的线长）相等的原则导出。

悬挂点等高的导线的状态方程式为

$$\sigma_n - \frac{g_n^2 l^2 E}{24\sigma_n^2} = \sigma_m - \frac{g_m^2 l^2 E}{24\sigma_m^2} - \alpha E(t_n - t_m) \tag{10.3-4}$$

悬挂点不等高的导线的状态方程式为

$$\sigma_n - \frac{g_n^2 l^2 E\cos^3\beta}{24\sigma_n^2} = \sigma_m - \frac{g_m^2 l^2 E\cos^3\beta}{24\sigma_m^2} - \alpha E\cos\beta(t_n - t_m) \tag{10.3-5}$$

式中 σ_m，σ_n——已知和待求条件下的应力，N/mm²；

g_m，g_n——已知和待求条件下的比载，N/m·mm²；

t_m，t_n——已知和待求条件下的温度，℃；

l——档距，m；

E——导线的弹性系数，N/mm²，见表10.3-32 和表10.3-33；

α——导线的温度线膨胀系数，1/℃，见表 10.3-32、表 10.3-33。

表 10.3-32   **钢芯铝绞线的弹性系数和线膨胀系数**

铝线股数	钢芯股数	铝钢截面积比	弹性系数（实际值）（kN/mm²）	线膨胀系数（计算值）（1/℃）
6	1	6.0	79	19.1×10^{-6}
7	7	5.1	76	18.5×10^{-6}
12	7	1.7	105	15.3×10^{-6}
18	1	18.0	66	21.2×10^{-6}
24	7	7.7	73	19.6×10^{-6}
26	7	6.1	76	18.9×10^{-6}
30	7	4.3	80	17.8×10^{-6}
30	19	4.4	78	18.0×10^{-6}
42	7	19.4	61	21.4×10^{-6}
45	7	14.5	63	20.9×10^{-6}
48	7	11.3	65	20.5×10^{-6}
54	7	7.7	69	19.3×10^{-6}
54	19	7.9	67	19.4×10^{-6}

表 10.3-33   **钢绞线的弹性系数和线膨胀系数**

股数	弹性系数（实际值，kN/mm²）	线膨胀系数（1/℃）	股数	弹性系数（实际值 kN/mm²）	线膨胀系数（1/℃）
7	59	23.0×10^{-6}	37	56	23.0×10^{-6}
19	56	23.0×10^{-6}	61	54	23.0×10^{-6}

为了便于计算，通常状态方程式中的多个物理量组合成系数。以式（10.3-4）为例，令

$A=\dfrac{g_n^2 l^2 E}{24}$，$B=\dfrac{g_m^2 l^2 E}{24\sigma_m^2}-\sigma_m+\alpha E(t_n-t_m)$，则式（10.3-4）变为如下形式

$$\sigma_n^2(\sigma_n-B)=A \text{ 或 } \sigma_n^3-B\sigma_n^2-A=0 \qquad (10.3\text{-}6)$$

式（10.3-6）为 3 次方程，可借助电子计算机采用迭代法求解，也可用电子计算器按如下方法求解：

判别式 $$\Delta=\frac{13.5A}{|B|^3}\pm1$$

当 $\Delta\geqslant1$，令 $\theta=\text{arch}\Delta$，则 $\sigma_n=\dfrac{|B|}{3}\left(2\text{arch}\dfrac{\theta}{3}\pm1\right)$

当 $\Delta<1$，令 $\theta=\arccos\Delta$，则 $\sigma_n=\dfrac{|B|}{3}\left(2\cos\dfrac{\theta}{3}\pm1\right)$

当 $\Delta=0$，则 $\sigma_n=\sqrt[3]{A}$

以上式中"±"号选用原则：$B>0$ 时，取"＋"号；$B<0$ 时，取"－"号。

例如：$\sigma_n^3+10\sigma_n^2-100=0$，其中 $B=-10<0$，则

$$\Delta = \frac{13.5A}{|B|^3} - 1 = \frac{13.5 \times 100}{10^3} - 1 = 0.35 < 1, \quad \theta = \arccos 0.35 = 69.521\,7$$

$$\sigma_n = \frac{|B|}{3} \left(2\cos \frac{\theta}{3} \pm 1 \right) = \frac{10}{3} \left(2\cos \frac{69.512\,7}{3} - 1 \right) = 2.795\,6$$

注 双曲正弦：$\mathrm{sh}x = \dfrac{e^x - e^{-x}}{2} = x + \dfrac{x^3}{3!} + \dfrac{x^5}{5!} + \dfrac{x^7}{7!} + \cdots$

双曲余弦：$\mathrm{ch}x = \dfrac{e^x + e^{-x}}{2} = 1 + \dfrac{x^2}{2!} + \dfrac{x^4}{4!} + \dfrac{x^6}{6!} + \cdots$

反双曲正弦：若 $x = \mathrm{sh}y$，则 $y = \mathrm{arsh}x = \ln(x + \sqrt{x^2 + 1})$

反双曲余弦：若 $x = \mathrm{ch}y$，则 $y = \mathrm{arch}x = \pm \ln(x + \sqrt{x^2 - 1})$，$(x \geqslant 1)$

10.3.6.5 最大应力和最大弧垂的控制条件

（1）对于某一耐张段，导线应力计算的控制条件有 4 种：①最大使用应力与最低气温；②最大使用应力与最大覆冰；③最大使用应力与最大风速；④年平均运行应力与年平均气温。

（2）分析导线状态方程式可知：档距很小时，导线应力主要取决于气温变化；档距很大时，导线应力主要取决于荷载大小。因此，在某个档距下，可使最大比载和最低气温两种气象条件的导线应力分别等于各自的控制应力。这个档距就是两种控制条件之间的临界档距，其计算式为

$$l_c = \sqrt{\frac{\dfrac{24}{E}(\sigma_m - \sigma_n) + 24\alpha(t_m - t_n)}{\left(\dfrac{g_m}{\sigma_m}\right)^2 - \left(\dfrac{g_n}{\sigma_n}\right)^2}} \tag{10.3-7}$$

当两种控制条件的控制应力相等时，可简化为

$$l_c = \sigma_m \sqrt{\frac{24\alpha(t_m - t_n)}{g_m^2 - g_n^2}} \tag{10.3-8}$$

以上式中 l_c——临界档距，m；

σ_m，σ_n——两种控制条件的控制应力，MPa；

g_m，g_n——两种控制气象条件的比载，N/(m·mm²)；

t_m，t_n——两种控制气象条件的气温，℃；

α——导线的温度线膨胀系数，1/℃；

E——导线的弹性系数，N/mm²。

（3）控制条件有 4 种，对其两两配对，则有 6 种组合，相应的临界档距共有 6 个。由于每种控制条件的档距区间是连续的，即使控制条件均起作用，也只能有 4 个档距区间，即有效临界档距不超过 3 个。因此需要判别出有效临界档距，进而确定各档距区间的导线应力的控制条件。这样，根据代表档距所处档距区间，以其控制条件的最大使用应力、比载、气温等为已知量，利用导线状态方程式求得其他气象条件下的应力、弧垂等。

（4）判别有效临界档距，有一整套成熟的方法，但流程较复杂。对于市区的配电线路，可认为导线最大应力出现的气象条件为：①最低气温，无冰，无风；②最大覆冰，－5℃，相应风速。将这两个条件代入式（10.3-8），即可求出临界档距。当代表档距小于临界档距，导线最大应力发生在最低气温时；反之，则发生在最大覆冰时。

10

(5) 导线的最大弧垂可能发生在最高气温时或最大覆冰时。也有采用临界温度或临界比载判别最大弧垂的方法，但不够直观。采用最大弧垂比较法非常简便，方法如下：当 $g_3/\sigma_3 > g_1/\sigma_1$ 时，最大弧垂发生在最大覆冰时；反之，则发生在最高气温时。有人主张改用 g_7/σ_7 代替 g_3/σ_3，即改为控制风偏弧垂。上述 σ_1、σ_3、σ_7 均指某一代表档距下的应力。进行判别时应考虑应力随代表档距不同而变。

10.3.7 导线在杆塔上的排列

(1) 架空电力线路导线的线间距离应结合运行经验，并应按下列要求确定：

1) 35kV 和 66kV 杆塔的线间距离应按下列各式计算

$$D \geqslant 0.4L_k + \frac{U}{110} + 0.65\sqrt{f} \qquad (10.3\text{-}9)$$

$$D_x = \sqrt{D_p^2 + \left(\frac{4}{3}D_z\right)^2} \qquad (10.3\text{-}10)$$

$$h \geqslant 0.75D \qquad (10.3\text{-}11)$$

以上式中　　D——导线水平线间距离，m；

D_x——导线三角排列的等效水平线间距离，m；

D_p——导线间水平投影距离，m；

D_z——导线间垂直投影距离，m；

L_k——悬垂绝缘子串长度，m；

U——线路电压，kV；

f——导线最大弧垂，m；

h——导线垂直排列的垂直线间距离，m。

2) 使用悬垂绝缘子串的杆塔，其线间垂直距离应符合下列规定：66kV 时，不应小于 2.25m；35kV 时，不应小于 2m。

(2) 设计覆冰厚度为 5mm 及以下的地区，上下层导线间或导线与地线间的水平偏移，可结合各地区的运行经验确定；对设计冰厚为 20mm 及以上的重冰地区，导线宜采用水平排列。35kV 和 66kV 架空线路，在覆冰地区上下层导线间或导线与接闪线的水平偏移，不应小于表 10.3-34 所列数值。

表 10.3-34　　　　覆冰地区上下层导线间或导线与接闪线间的最小水平偏移

设计覆冰厚度 (mm)	最小水平偏移 (m)	
	线路电压 35kV	线路电压 66kV
10	0.20	0.35
15	0.35	0.50
≥20	0.85	1.00

(3) 3～66kV 多回路杆塔，不同回路的导线间最小距离，不应小于表 10.3-35 所列数值。采用绝缘导线的杆塔，不同回路的导线间的最小水平距离可结合各地区的运行经验确定。

表 10.3-35   不同回路的导线间最小距离

线路电压（kV）	3～10	35	66
线间距离（m）	1.0	3.0	3.5

（4）向一般负荷供电的 10kV 及以下高低压线路宜同杆架设。为了维修方便和减少停电概率，直线杆横担不宜超过四层（包括路灯线路），具体可按下列情况而定：

1）仅高压线路时为二回路；

2）仅低压线路时为四回路；

3）高低压同杆时为四回路（其中允许有两路高压）。

同杆架设的线路，高压线路在上，低压线路在下，路灯线路应架设在最下面。

（5）向重要负荷供电的双电源线路，不应同杆架设。

（6）10kV 及以下杆塔的最小线间距离，不应小于表 10.3-36 所列数值。3kV 以下架空线路，靠近电杆的两导线间的水平距离应不小于 0.5m；380V 及以下沿墙敷设的绝缘导线，当档距不大于 20m 时，其线间距离不宜小于 0.2m。

采用绝缘导线的杆塔，其最小线间距离可结合各地区的运行经验确定。

表 10.3-36   10kV 及以下杆塔架空线路导线间的距离   单位：m

线路电压	档距（m）								
	40 及以下	50	60	70	80	90	100	110	120
3～10kV	0.60	0.65	0.70	0.75	0.85	0.90	1.00	1.05	1.15
<3kV	0.30	0.40	0.45	0.50	—	—	—	—	—

（7）10kV 及以下多回路杆塔和不同电压等级同杆架设的杆塔，横担间的最小垂直距离，不应小于表 10.3-37 所列数值。

采用绝缘导线的多回路杆塔，横担间的最小垂直距离，可结合各地区的运行经验确定。

表 10.3-37   10kV 及以下多回路杆塔线路横担间的最小垂直距离   单位：m

多回路组合方式	直线杆	转角杆或分支杆
3～10kV 与 3～10kV	0.8	0.45/0.6
3～10kV 与 <3kV	1.2	1.0
<3kV 与 <3kV	0.6	0.3

注 表中 0.45/0.6 是指距上面的横担 0.45m，距下面的横担 0.6m。

（8）380V 及以下架空线路的中性线应靠近电杆或建筑物侧，不高于相线的位置。在同一地区内，中性线的位置应统一。路灯线熔断器应装在导线之下。

（9）3～10kV 架空线路的过引线（引流线）、引下线至与相邻导线的净空距离，不应小于 0.3m；1kV 及以下时，不应小于 0.15m。

（10）3～10kV 架空线路的导线与拉线、导线与电杆、导线与构件的净空距离，不应小于 0.2m；3kV 及以下时，不应小于 0.05m。

（11）3～10kV 架空线路的引下线与低压线间的距离不宜小于 0.2m。

（12）进户线的线间距离不应小于表 10.3-38 所列数值。

表 10.3-38　　　　　　　　　　　进户线的线间距离

进户线型式	支持点距离（mm）	线间距离（mm）
低压进户线自电杆引下	≤250	150
	>250	200
低压进户线沿墙敷设	≤60	100
	>60	150
高压进户线		450

（13）低压进户线的相线和中性线交叉处，为防止混线，应保持一定的距离，必要时应采取绝缘措施，如加绝缘瓷套管等。

（14）低压进户线与通信线路的交叉距离，不应小于下列数值：

1）低压进户线在通信线路上方时，不应小于 600mm；

2）低压进户线在通信线路下方时，不应小于 300mm。

如不能满足以上要求时，可加绝缘瓷套管隔离。

（15）通信电缆与 3～10kV 架空线路同杆共架时，其间距不得小于 2.5m。通信电缆与 1kV 及以下架空线路同杆共架时，其间距不得小于 1.5m。

10.3.8　杆塔型式

10.3.8.1　杆塔型式的选择

杆塔型式主要取决于电压等级、回路数及使用条件。目前各级电压等级的线路常用的杆塔有钢筋混凝土杆和铁塔两种。不同杆塔型式的主要特点见表 10.3-39。

表 10.3-39　　　　　　　　　　　杆塔型式特点

型　式		特　点
直线型	直线杆塔	（1）用在线路的直线部分，主要承受导线重量和侧面风力，杆塔结构较简单，一般不设拉线。 （2）正常情况下不能承受沿线路方向较大的不平衡张力。 （3）断线时不能限制事故范围。 （4）紧线时不能用以支持线条拉力。 （5）送电线路一般不能转角，有的可兼有不大于 5°的小转角，配电线路视导线截面积可做小于等于 15°或 30°的转角
耐张型	耐张杆塔	（1）为限制倒杆塔或断线的事故范围，需把线路的直线部分划分为若干耐张段，在耐张段的两侧设置耐张杆塔。耐张杆塔除承受导线重量和侧面风力外，还要承受邻档导线拉力差所引起的沿线路方面的拉力。为平衡此拉力，通常在耐张杆的前后方各设拉线。 （2）正常情况下能承受沿线路方向较大的不平衡张力。 （3）断线时能限制事故范围。 （4）紧线时能用以支持线条拉力。 （5）能转不大于 5°的小转角
	转角杆塔	（1）特点同耐张杆塔，但位于线路的转角点。转角一般分为 15°、30°、45°、60°、90°五种。 （2）转角杆的结构随线路转角不同而不同： 1）转角杆在 15°以内时，可仍用原横担承受转角合力。 2）转角杆在 15°～30°时，可用双横担，在转角合力的反方向设一根拉线。 3）转角杆在 30°～45°时，除用双横担外，两侧导线应用跳线连接，在导线拉力反方向各设一根拉线。 4）转角杆在 45°～90°时，用两对横担构成双层，两侧导线用跳线连接，同时在导线拉力反方向各设一根拉线

续表

型式		特　点
耐张型	终端杆塔	（1）特点同转角杆塔，但位于线路的起点和终点。有时因受地形、地面建（构）筑物的限制，转角大于 90°。 （2）终端杆塔承受导线的单方向拉力，杆塔需在导线的反方向设拉线
	分支杆塔	（1）分支杆塔设在分支线路连接处。在分支杆上应设拉线，用来平衡分支线拉力。 （2）分支杆结构分为丁字分支和十字分支两种。 （3）丁字分支是在横担下方增设一层双横担，以耐张方式引出分支线。 （4）十字分支是在原横担下方设两根互成 90°的横担，然后引出分支线
	特殊杆塔	有跨越杆塔、换位杆塔等

10.3.8.2　横担选择

（1）设计横担时，应尽量使用同一种导线用的单横担与双横担，采用相同规格的钢材。在同一区段内的同一种横担的线间距应尽量相同，以减少横担的规格种类。

（2）根据受力情况，横担可分为中间型、耐张型和终端型横担。中间型横担只承受导线的垂直荷载，耐张型横担主要承受两侧导线的拉力差，终端型横担主要承受导线的最大允许拉力。横担结构类型与相应的杆型及承受荷载情况见表 10.3-40。

表 10.3-40　　　　　　　　**横担类型与相应的杆型及其受力情况**

横担类型	杆　型	承受荷载
单横担	直线杆，15°以下转角杆	导线的垂直荷载
双横担	15°~45°转角杆、耐张杆 （两侧导线拉力差为零）	导线的垂直荷载
	45°以上转角杆、终端杆、分支杆	（1）一侧导线最大允许拉力的水平荷载。 （2）导线的垂直荷载
	耐张杆（两侧导线有拉力差）、大跨越杆	（1）两侧导线的拉力差的水平荷载。 （2）导线的垂直荷载
带斜撑的双横担	终端杆、分支杆、终端型转角杆	（1）一侧导线最大允许拉力的水平荷载。 （2）导线的垂直荷载
	大跨越杆	（1）两侧导线的拉力差的水平荷载。 （2）导线的垂直荷载

（3）架空配电线路与铁路、道路、管道及各种架空线路交叉跨越杆塔的悬垂线夹，应采用固定型。

（4）35kV 架空线路通过厂区时，应采用固定横担和固定线夹。

10.3.9　杆塔荷载

（1）风向与杆塔面垂直情况的杆塔塔身或横担风荷载的标准值应按下式计算

$$W_S = \beta \mu_s \mu_z A W_O \tag{10.3-12}$$

式中　W_S——杆塔塔身或横担风荷载的标准值，kN；

　　　β——风振系数，对拉线高塔和其他特殊杆塔的风振系数 β，宜按 GB 50009—2012

《建筑结构荷载规范》的有关规定采用，也可采用表 10.3-41 所列数值；

μ_S——风荷载体型系数，对环形截面钢筋混凝土杆，取 0.6；对矩形截面钢筋混凝土杆，取 1.4；

μ_Z——风压高度变化系数，15m 高以下的杆塔取 0.74，15～20m 高的杆塔取 0.84，20～30m 高的杆塔取 1.0；

A——杆塔结构构件迎风面的投影面积，m^2；

W_O——基本风压，按 GB 50009—2012 的有关规定采用，kN/m^2。

表 10.3-41　　　　　　　　　　　杆塔的风振系数

部　位	杆塔总高度（m）		
	≤30	30～50	>50
塔身	1.0	1.2	1.5
基础	1.0	1.0	1.2

（2）风向与线路垂直情况的导线或地线的风荷载标准值，应按下式计算

$$W_X = \alpha \mu_S d L_W W_O \qquad (10.3-13)$$

式中　W_X——导线或接闪线的风荷载的标准值，kN；

α——风荷载档距系数，应采用表 10.3-42 所列数值；

d——导线或接闪线覆冰后的计算外径之和，对分裂导线，不应考虑线间的屏蔽影响，m；

μ_S——风荷载体型系数，$d<17mm$ 时取 1.2，$d\geq17mm$ 时取 1.1，覆冰时取 1.2；

L_W——风力档距，m。

表 10.3-42　　　　　　　　　　　风荷载档距系数

设计风速（m/s）	≤20	20～29	30～34	≥35
α	1.0	0.85	0.75	0.7

（3）各类杆塔均应按以下三种情况计算塔身、横担、导线和地线的风荷载：

1）风向与线路方向相垂直，转角塔应按转角等分线方向。

2）风向与线路方向的夹角成 60°或 45°。

3）风向与线路方向相同。

（4）各类杆塔均应计算线路的运行工况、断线工况和安装工况的荷载。

（5）各类杆塔的运行工况应计算下列工况的荷载：

1）最大风速、无冰、未断线。

2）覆冰、相应风速、未断线。

3）最低气温、无风、无冰、未断线。

（6）直线型杆塔的断线工况应计算下列工况的荷载：

1）单回路和双回路杆塔断 1 根导线、接闪线未断、无风、无冰。

2）多回路杆塔，同档断不同相的 2 根导线、接闪线未断、无风、无冰。

3）断 1 根接闪线、导线未断、无风、无冰。

（7）耐张型杆塔在断线工况应计算下列工况的荷载：

1) 单回路杆塔，同档断两相导线；双回路或多回路杆塔，同档断导线的数量为杆塔上全部导线数量的 1/3；终端塔断两相导线、接闪线未断、无风、无冰；

2) 断一根接闪线、导线未断、无风、无冰。

（8）断线工况下，直线杆塔的导线或接闪线张力应符合下列规定：

1) 单导线和接闪线的断线张力不应小于表 10.3-43 所列数值。

2) 针式绝缘子杆塔的导线断线张力宜大于 3000N。

表 10.3-43　　　　　　　　直线杆塔单导线和接闪线的断线张力

导线或接闪线种类		断线张力（最大张力的百分数，%）		
		钢筋混凝土杆钢管混凝土杆	拉线塔	自立塔
接闪线		15～20	30	50
导线	截面积 95mm² 及以下	30	30	40
	截面积 120～185mm²	35	35	40
	截面积 240mm² 及以上	40	40	50

（9）断线工况下，耐张型杆塔的接闪线张力应取接闪线最大使用张力的 80%，导线张力应取导线最大使用张力的 70%。

（10）重冰地区各类杆塔的断线工况应按覆冰、无风、气温为 -5℃ 计算，断线工况的覆冰荷载不应小于运行工况计算覆冰的 50%，并应按所有导线及接闪线不均匀脱冰、一侧覆冰 100%、另一侧覆冰不大于 50% 计算不平衡张力荷载。对直线杆塔，可按导线和接闪线不同时发生不均匀脱冰验算。对耐张型杆塔，可按导线和接闪线同时发生不均匀脱冰验算。

（11）各类杆塔的安装工况应按安装荷载、相应风速、无冰条件计算。导线和接闪线及其附件的起吊安装荷载，应包括提升重力、紧线张力荷载和安装人员及工具的重力。

（12）终端杆塔应按进线档已架线及未架线两种工况计算。

10.3.10　电杆、拉线与基础

（1）环形断面钢筋混凝土电杆的钢筋宜采用 Ⅰ 级、Ⅱ 级、Ⅲ 级钢筋；预应力混凝土电杆的钢筋宜采用碳素钢丝、刻痕钢丝、热处理钢筋或冷拉 Ⅱ 级、Ⅲ 级、Ⅳ 级钢筋。混凝土基础的钢筋宜采用 Ⅰ 级或 Ⅱ 级钢筋。

（2）环形断面钢筋混凝土电杆的混凝土强度不应低于 C30，预应力混凝土电杆的混凝土强度不应低于 C40，其他预制混凝土强度不应低于 C20。

（3）混凝土和钢筋的材料强度设计值与标准值应按 GB 50010—2010《混凝土结构设计规范》的有关规定采用。

（4）拉线杆塔主柱的长细比不宜超过表 10.3-44 所列数值。

表 10.3-44　　　　　　　　拉线杆塔主柱的长细比

拉线杆塔主柱	拉线杆塔主柱的长细比	拉线杆塔主柱	拉线杆塔主柱的长细比
单柱铁杆	80	预应力混凝土耐张杆	180
双柱铁杆	110	预应力混凝土直线杆	200
钢筋混凝土耐张杆	160	空心钢管混凝土直线杆	200
钢筋混凝土直线杆	180		

（5）无拉线锥形单杆可按受弯构件计算，弯矩应乘以增大系数 1.1。

（6）环形截面混凝土应符合 GB 50010—2010 的有关规定。

（7）环形截面钢筋混凝土受弯构件的最小配筋量不应小于表 10.3-45 所列数值。

表 10.3-45 环形截面钢筋混凝土受弯构件最小配筋量

环形截面的外径（mm）	200	250	300	350	400
最小配筋量	8Φ10	10Φ10	12Φ22	14Φ12	16Φ12

（8）环形截面钢筋混凝土受弯构件的主筋直径不宜小于 10mm，且宜不大于 20mm；主筋净距宜采用 30～70mm。

（9）用离心法生产的电杆，混凝土保护层不宜小于 15mm，节点预留孔宜设置钢管。

（10）拉线宜采用镀锌钢绞线，截面积不应小于 25mm²。拉线棒的直径不应小于 16mm，且应热镀锌。

（11）跨越道路的拉线，对路边的垂直距离不宜小于 6m。拉线柱的倾斜角宜采用 10°～20°。

（12）基础的型式应根据线路沿线的地形、地质、材料来源、施工条件和杆塔型式等因素综合确定。在有条件的情况下，应优先采用原状土基础、高低柱基础等有利于环境保护的基础型式。

（13）基础应根据杆位或塔位的地质资料进行设计。现场浇制钢筋混凝土基础的混凝土强度等级不应低于 C20。

（14）基础设计应考虑地下水位季节性的变化。位于地下水位以下的基础和土壤应考虑水的浮力并取有效重度。计算直线杆塔基础的抗拔稳定时，对塑性指数大于 10 的黏性土可取天然重度。黏性土应根据塑性指数分为粉质黏土和黏土。

（15）原状土基础在计算上拔稳定时，抗拔深度应扣除表层非原状土的深度。

（16）基础的埋置深度不应小于 0.5m。在有冻胀性土的地区，埋深应根据地基土的冻结深度和冻胀性土的类别确定。有冻胀性土的地区的钢筋混凝土杆和基础应采取防冻胀的措施。

（17）设置在河流两岸或河中的基础应根据地质水文资料进行设计，并应计入水流对地基的冲刷和漂浮物对基础的撞击影响。

（18）基础设计（包括地脚螺栓、插入角钢设计）时，基础作用力计算应计入杆塔风荷载调整系数。当杆塔全高超过 50m 时，风荷载调整系数取 1.3；当杆塔全高未超过 50m 时，风荷载调整系数取 1.0。

（19）10kV 及以下架空线路混凝土杆埋设深度，不应小于表 10.3-46 所列数值，并应进行倾覆稳定验算。

表 10.3-46 10kV 及以下架空线路电杆埋深

杆高（m）	8.0	9.0	10.0	11.0	12.0	13.0	15.0
埋深（m）	1.5	1.6	1.7	1.8	1.9	2.0	2.3

附录 F　导管系统性能及分类代码

根据 GB/T 20041.1—2015《电气安装用导管系统 第 1 部分：通用要求》，导管系统性能及分类代码见表 F-1。

表 F-1　　　　　　　　　　　　导管系统性能及分类代码

第 1 个数字——耐压力		
耐压力强度分类	分类代码	试验压力（偏差 $^{+4}_{0}$%，N）
超轻型	1	125
轻型	2	320
中型	3	750
重型	4	1250
超重型	5	4000

第 2 个数字——耐冲击			
耐冲击强度分类	分类代码	锤的质量（偏差 $^{+1}_{0}$%，kg）	冲击高度（偏差±1%，mm）
超轻型	1	0.5	100
轻型	2	1.0	
中型	3	2.0	
重型	4		300
超重型	5	6.8	

第 3 个数字——下限温度范围	
下限温度范围分类	分类代码
+5℃	1
−5℃	2
−15℃	3
−25℃	4
−45℃	5

第 4 个数字——上限温度范围	
上限温度范围分类	分类代码
+60℃	1
+90℃	2
+105℃	3
+120℃	4
+150℃	5
+250℃	6
+400℃	7

第5个数字——抗弯曲	
抗弯曲能力分类	分类代码
刚性	1
可弯曲	2
可弯曲/自恢复	3
柔性	4

第6个数字——电气性能	
电气性能分类	分类代码
无标注	0
有电气连续性性能	1
有电气绝缘性能	2
有电气连续性性能和绝缘性能	3

第7个数字——外部固体物进入的防护	
防外部固体物进入的防护能力分类	分类代码
防止直径大于等于2.5mm外部固体物进入	3
防止直径大于等于1.0mm外部固体物进入	4
防尘	5
尘密	6

第8个数字——进水防护	
进水防护能力分类	分类代码
无标注	0
防垂直下落的水滴	1
导管倾斜15°时防垂直下落的水滴	2
防淋水	3
防溅水	4
防喷水	5
防猛烈喷水	6
防短时浸水影响	7

第9个数字——防腐蚀		
耐腐蚀能力分类	分类代码	示例
内外均低	1	底漆
内外均中	2	烘干漆/锌镀层/风干漆
内中外高 内侧:2类;外侧:4类	3	烘干漆 粉末镀锌
内外均高	4	热浸镀锌 粉末镀锌 不锈钢

第 10 个数字——抗拉强度

抗拉强度性能分类	分类代码	拉力（偏差 $_0^{+2}$%，N）
无标注	0	—
超轻型	1	100
轻型	2	250
中型	3	500
重型	4	1000
超重型	5	2500

第 11 个数字——防火焰蔓延

按防火焰蔓延性能分类	分类代码	材料着色
非火焰蔓延	1	除黄、橙、红外的其他颜色
火焰蔓延	2	橙色

第 12 个数字——悬荷能力

悬荷能力分类	分类代码	负载（偏差 $_0^{+2}$%，N）	试验持续时间（偏差 $_0^{+15}$ min，h）
无标注	0	—	—
超轻型	1	20	
轻型	2	30	
中型	3	150	48
重型	4	450	
超重型	5	850	

附录 G　架空导线的型号和名称

架空导线的型号和名称见表 G-1。

表 G-1 　　　　　　　　　　　　　**架空导线的型号和名称**

国标型号	导线名称	IEC 代号
JL	铝绞线	A1
JLHA2、JLHA1	铝合金绞线	A2、A3
JL/G1A、JL/G1B、JL/G2A、JL/G2B、JL/G3A	钢芯铝绞线	A1/S1A、A1/S1B、A1/S2A、A1/S2B、A1/S3A
JL/G1AF、JL/G2AF、JL/G3AF	防腐型钢芯铝绞线	—
JLHA2/G1A、JLHA2/G1B、JLHA2/G3A	钢芯铝合金绞线	A2/S1A、A2/S1B、A2/S2A、A2/S2B、A2/S3A
JLHA1/G1A、JLHA1/G1B、JLHA1/G3A	钢芯铝合金绞线	A3/S1A、A3/S1B、A3/S2A、A3/S2B、A3/S3A
JL/LHA2、JL/LHA1	铝合金芯铝绞线	A1/A2、A1/A3
JL/LB1A	铝包钢芯铝绞线	A1/SA1A
JLHA2/LB1A、JLHA1/LB1A	铝包钢芯铝合金绞线	A2/SA1A、A3/SA1A
JG1A、JG1B、JG2A、JG3A	钢绞线	S1A、A1B、S2A、S3A
JLB1A、JLB1B、JLB2	铝包钢绞线	SA1A、SA1B、SA2

注　本表引自 GB/T 1179—2008《圆线同心绞架空导线》。

附录 H 架空绝缘线的载流量

架空绝缘线的载流量见表 H-1 和表 H-2，架空绝缘线的载流量的温度校正系数见表 H-3。

表 H-1   低压单根架空绝缘导线在空气温度为 30℃ 时的长期允许载流量   单位：A

| 导体标称截面积 | 铜导体 | | 铝导体 | | 铝合金导体 | |
(mm²)	PVC 绝缘	PE 绝缘	PVC 绝缘	PE 绝缘	PVC 绝缘	PE 绝缘
16	102	104	79	81	73	75
25	138	142	107	111	99	102
35	170	175	132	136	122	125
50	209	216	162	168	149	154
70	266	275	207	214	191	198
95	332	344	257	267	238	247
120	384	400	299	311	276	287
150	442	459	342	356	320	329
185	515	536	399	416	369	384
240	615	641	476	497	440	459

注 低压集束架空绝缘电线的长期允许载流量为同截面同材料单根架空绝缘电线长期载流量的 0.7。

表 H-2   10kV 交联聚乙烯绝缘电线空气温度 30℃ 时的长期允许载流量   单位：A

标称截面积 (mm²)	铜导体	铝导体	铝合金导体	标称截面积 (mm²)	铜导体	铝导体	铝合金导体
25	174	134	124	120	454	352	326
35	211	164	153	150	520	403	374
50	255	198	183	185	600	465	432
70	320	249	225	240	712	553	513
95	393	304	282	300	824	639	608

注 1. 本表为 XLPE 绝缘厚度 3.4mm 的截流量；绝缘厚度 2.5mm 电线的载流量可参照本表。

2. 10kV 集束架空绝缘电线的长期允许载流量为同截面同材料单根架空绝缘电线的 0.7 倍。

表 H-3   架空绝缘电线长期允许载流量的温度校正系数

实际空气温度 (℃)	0	+5	+10	+15	+20	+25	+30	+40
PE、PVC 绝缘	1.32	1.27	1.22	1.17	1.12	1.00	0.94	0.71
XLPE 绝缘	1.22	1.19	1.15	1.12	1.08	1.00	0.96	0.82

10

附录 I 架空绝缘电缆的型号、规格和载流量

1、10、35kV 架空绝缘电缆的型号、名称和用途见表 I-1。0.6/1kV 架空绝缘电缆的规格和载流量见表 I-2。10kV 交联聚乙烯绝缘架空电缆的规格和载流量见表 I-3。

表 I-1   1、10、35kV 架空绝缘电线的型号、名称和用途

电压（kV）	型号	架空电缆名称（电压-导体芯-绝缘）	主要用途
0.6/1	JKV	0.6/1kV 铜芯聚氯乙烯绝缘	架空固定敷设引户外线
	JKLV	0.6/1kV 铝芯聚氯乙烯绝缘	
	JKY	0.6/1kV 铜芯聚乙烯绝缘	
0.6/1	JKLV	0.6/1kV 铝芯聚乙烯绝缘	架空固定敷设引户外线
	JKYJ	0.6/1kV 铜芯交联聚氯乙烯绝缘	
	JKLYJ	0.6/1kV 铝芯交联聚氯乙烯绝缘	
10	JKYJ	铜芯交联聚乙烯绝缘	架空固定敷设电缆架设时，应考虑电缆与树木保持一定距离，电缆运行时允许电缆和树木频繁接触
	JKLYJ	铝芯交联聚乙烯绝缘	
	JKY	铜芯聚乙烯绝缘	
	JKLY	铝芯聚乙烯绝缘	
	JKLYJ/B	铝芯本色交联聚乙烯绝缘	
10	JKLYJ/Q	铝芯轻型交联聚乙烯薄绝缘	固定敷设电缆架设时，应考虑电缆与树木保持一定距离，电缆运行时允许电缆和树木短时接触
35	JKLYJ	铝芯交联聚乙烯绝缘	电缆架设时应考虑电缆和树木保持一定距离，电缆运行时允许电缆和树木频繁接触
	JKYJ	铜芯交联聚乙烯绝缘	

表 I-2   0.6/1kV 交联聚乙烯绝缘架空电缆的规格和载流量

导线标称截面积（mm²）	绝缘厚度（mm）	电缆近似外径（mm）	电缆近似质量（kg/km）		电缆拉断力（kN）		空气中载流量（A）	
			铜	铝	铜	铝	铜	铝
0.6/1kV 单芯交联聚乙烯绝缘架空电线（JKYJ 、JKLYJ）								
16	1.2	7.4	178	80	5.49	2.52	84	67
25	1.2	8.6	266	112	8.47	3.76	107	88
35	1.4	10.0	366	150	11.73	5.18	134	108
50	1.4	11.4	510	200	16.50	7.01	172	136
70	1.4	13.0	697	264	23.46	10.35	207	168
95	1.6	15.2	954	358	31.76	13.73	257	208
120	1.6	16.6	1175	435	39.91	17.34	295	240
150	1.8	18.6	1470	512	49.51	21.03	360	276

10

续表

导线标称截面积 （mm²）	绝缘厚度 （mm）	电缆近似外径 （mm）	电缆近似质量 （kg/km）		电缆拉断力 （kN）		空气中载流量 （A）	
			铜	铝	铜	铝	铜	铝
0.6/1kV 单芯交联聚乙烯绝缘架空电线 （JKYJ 、JKLYJ）								
185	2.0	20.6	1813	590	61.85	26.73	412	320
240	2.2	22.8	2324	668	79.83	34.62	496	384
0.6/1kV 两芯交联聚乙烯绝缘架空电缆 （JKYJ 、JKLYJ）								
2×10	1.0	12.0	232	108	6.59	3.14	53	40
2×16	1.2	14.8	357	159	10.42	4.78	72	56
2×25	1.2	17.2	534	2236	16.08	7.15	96	73
2×35	1.4	20.0	734	299	22.29	9.84	112	88
2×50	1.4	22.8	1021	400	31.35	13.32	144	112
2×70	1.4	26.0	1396	528	44.58	19.67	176	136
2×95	1.6	30.4	1894	715	60.34	26.08	216	168
2×120	1.6	33.2	2360	870	75.83	32.94	252	196
0.6/1kV 三芯交联聚乙烯绝缘架空电缆 （JKYJ 、JKLYJ）								
3×10	1.0	13.0	348	162	9.40	4.70	50	38
3×16	1.2	16.0	534	240	15.58	7.17	67	54
3×25	1.2	18.6	798	336	24.13	10.72	86	70
3×35	1.4	21.6	1098	450	33.43	14.75	107	86
3×50	1.4	24.6	1530	600	45.75	19.98	138	109
3×70	1.4	28.1	2091	792	66.86	29.51	166	134
3×95	1.6	32.8	2835	1074	90.51	39.12	206	166
3×120	1.6	35.9	3525	1305	113.75	49.42	236	192
0.6/1kV 四芯交联聚乙烯绝缘架空电缆 （JKYJ 、JKLYJ）								
4×10	1.0	14.5	464	211	13.19	6.27	42	32
4×16	1.2	18.0	712	320	17.43	9.56	59	47
4×25	1.2	20.8	1064	448	32.17	14.30	75	62
4×35	1.4	24.2	1464	600	44.58	19.67	94	77
4×50	1.4	27.6	2040	800	62.71	26.64	121	95
4×70	1.4	31.5	2788	1056	89.15	39.35	207	118
4×95	1.6	36.8	3780	1432	120.68	52.15	180	146
4×120	1.6	40.2	4700	1740	151.66	65.89	207	168

10

表 I-3 　　　　　　　　　10kV 交联聚乙烯绝缘架空电缆的规格和载流量

导线标称截面积 (mm²)	绝缘厚度 (mm)	电缆近似外径 (mm)	电缆近似质量 (kg/km)		电缆拉断力 (kN)		空气中载流量 (A)	
			铜	铝	铜	铝	铜	铝
10kV 单芯交联聚乙烯绝缘（普通绝缘）架空电线（JKYJ、JKLYJ）								
10	3.4	12.4	70	45	3.47	1.65	72	56
16	3.4	13.4	180	100	5.49	2.52	112	87
25	3.4	14.6	300	160	8.47	3.76	152	118
35	3.4	15.6	450	230	11.73	5.18	192	149
50	3.4	17.0	600	300	16.50	7.01	232	180
70	3.4	18.6	800	370	23.46	10.35	291	226
95	3.4	20.2	1010	460	31.76	13.73	357	276
120	3.4	21.6	1290	550	39.91	17.34	413	320
150	3.4	23.2	1580	650	49.51	21.03	473	366
185	3.4	24.8	1920	770	61.85	26.73	545	423
240	3.4	27.0	2440	950	79.82	34.68	647	503
300	3.4	29.2	2960	1130	99.79	43.35	749	583
10kV 三芯交联聚乙烯绝缘（普通绝缘）架空电缆（JKYJ、JKLYJ）								
3×25	3.4	31.5	600	320	24.13	10.72	122	95
3×35	3.4	33.7	900	460	33.43	14.75	154	119
3×50	3.4	36.7	1200	600	47.03	19.98	186	144
3×70	3.4	40.2	1600	740	66.86	29.51	233	181
3×95	3.4	13.6	2020	920	90.51	39.12	286	221
3×120	3.4	46.7	2580	1100	113.75	49.42	330	256
3×150	3.4	50.1	3160	1300	141.09	59.94	378	293
3×185	3.4	53.6	3840	1540	176.26	76.19	436	338
3×240	3.4	58.3	4880	1900	227.50	98.84	517	402
3×300	3.4	63.1	5920	2260	284.40	123.54	599	466
10kV 单芯交联聚乙烯绝缘轻型（薄绝缘）架空电缆（JKYJ/Q、JKLYJ/Q）								
25	2.5	11.4	280	150	8.47	3.76	155	120
35	2.5	12.4	390	200	1.173	5.18	198	151
50	2.5	13.8	500	250	16.50	7.01	235	182
70	2.5	15.4	690	320	23.46	10.35	294	228
95	2.5	17.0	900	410	31.76	13.73	360	278
120	2.5	18.4	1150	490	39.91	17.34	511	396
150	2.5	20.0	1460	600	49.51	21.03	525	406
185	2.5	21.6	1770	710	61.85	26.73	548	425
240	2.5	23.6	2260	880	79.82	34.68	650	505
300	2.5	26.1	2750	1050	99.79	43.35	752	585

续表

导线标称截面积（mm²）	绝缘厚度（mm）	电缆近似外径（mm）	电缆近似质量（kg/km）		电缆拉断力（kN）		空气中载流量（A）	
			铜	铝	铜	铝	铜	铝
10kV 三芯交联聚乙烯绝缘（薄绝缘）架空电缆（JKLYJ/Q）								
3×25	2.5	24.6		450	24.13	10.72	148	115
3×35	2.5	26.7		600	33.43	14.75	155	120
3×50	2.5	29.8		750	47.03	19.98	189	146
3×70	2.5	33.3		960	66.86	29.51	234	182
3×95	2.5	36.7		1230	90.51	39.12	287	222
3×120	2.5	39.7		1470	113.75	49.42	409	317
3×150	2.5	43.2		1800	141.09	59.94	419	325
3×185	2.5	46.7		2130	176.26	76.19	439	340
3×240	2.5	51.6		2640	227.50	98.84	520	404
3×300	2.5	56.4		3150	284.40	123.54	602	468
10kV 三芯本色交联聚乙烯绝缘架空电缆（JKLYJ/B）								
25	3.4	35.9		320		10.72		95
35	3.4	38.0		460		14.75		120
50	3.4	40.9		600		19.98		145
70	3.4	44.4		740		29.51		180
95	3.4	47.8		920		39.12		220
120	3.4	50.8		1100		49.42		255
150	3.4	54.3		1300		59.94		290
185	3.4	57.7		1540		76.19		340
240	3.4	62.7		1900		98.84		400
300	3.4	67.4		2260		123.54		460

参 考 文 献

[1] 钢铁企业电力设计手册编委会. 钢铁企业电力设计手册[M]. 冶金工业出版社，1996.
[2] 国家电力公司东北电力设计院. 电力工程高压送电线路设计手册[M]. 2版. 北京：中国电力出版社，2003.
[3] 赵先德. 输电线路基础[M]. 2版. 北京：中国电力出版社，2009.
[4] 许建安. 35～110kV输电线路设计[M]. 北京：中国水利水电出版社，2003.

10

工业与民用
供配电设计手册

第四版
下册

主　编　中国航空规划设计研究总院有限公司　刘屏周
副主编　中国航天建设（集团）有限公司　卞铠生
　　　　中国航空规划设计研究总院有限公司　任元会
　　　　核工业第二研究设计院　姚家祎
　　　　中国航空规划设计研究总院有限公司　丁　杰

中国电力出版社
CHINA ELECTRIC POWER PRESS

内 容 提 要

本书是在《工业与民用配电设计手册(第三版)》的基础上，依据国内外最新标准、规范，跟踪当前电气技术及电工产品的发展，总结多年的实用经验，进行大幅更新和扩充，涵盖110kV及以下供电系统，并更名《工业与民用供配电设计手册(第四版)》。

本书共分17章，分别为负荷计算及无功功率补偿，供配电系统，变(配)电站(附柴油发电机房)，短路电流计算，高压电器及开关设备的选择，电能质量，继电保护和自动装置，变电站二次回路，导体选择，线路敷设，低压配电线路保护和低压电器选择，常用用电设备配电，交流电气装置过电压保护和建筑物防雷，接地，电气安全，节能和常用资料。

本手册是工业与民用项目供配电设计的必备工具书，注册电气工程师(供配电)执业资格考试的指定参考书；电气施工安装和运行维护人员的常用资料，也可作为大专院校有关专业师生的参考书。

图书在版编目(CIP)数据

工业与民用供配电设计手册：全2册/中国航空规划设计研究总院有限公司组编. —4版. —北京：中国电力出版社，2016.12 (2024.12重印)

ISBN 978-7-5123-9995-2

Ⅰ.①工… Ⅱ.①中… Ⅲ.①工业用电-供电系统-系统设计-手册②工业用电-配电设计-手册③民用建筑-供电系统-系统设计-手册④民用建筑-配电设计-手册 Ⅳ.①TM72-62

中国版本图书馆CIP数据核字(2016)第264959号

中国电力出版社出版、发行

(北京市东城区北京站西街19号 100005 http://www.cepp.sgcc.com.cn)

三河市万龙印装有限公司印刷

各地新华书店经售

*

1983年11月第一版

2016年12月第四版 2024年12月北京第四十五次印刷

787毫米×1092毫米 16开本 114.25印张 2756千字

印数315001—320000册 定价388.00元(上、下册)合订本

《工业与民用供配电设计手册（第四版）》
编写单位、人员和校核人员

1 负荷计算及无功功率补偿

编写单位	中国电子工程设计院	校审人员	钟景华
编写人员	吴晓斌 孙美君 卞铠生	主审人员	卞铠生

2 供配电系统

编写单位	北方工程设计研究院有限公司	校审人员	李泽平	王秀华
编写人员	王秀华 李泽平	主审人员	姚家祎	

3 变（配）电站（附柴油发电机房）

编写单位	北方工程设计研究院有限公司	校审人员	齐长顺	张文革
编写人员	张文革 齐长顺	主审人员	姚家祎	

4 短路电流计算

编写单位	中船建筑工程设计研究院	校审人员	安在宇	
编写人员	左占江 姜艳秋 贾清涛 牛迎丽	主审人员	姚家祎	刘屏周

5 高压电器及开关设备的选择

编写单位	中国五洲工程设计集团有限公司	校审人员	王锋	吴壮
编写人员	李治祥	主审人员	姚家祎	刘屏周

6 电能质量

编写单位	中国航空规划设计研究总院有限公司	校审人员	任元会
		主审人员	丁杰
编写人员	丁杰 牛犇 谢哲明		

7　继电保护和自动装置

| 编写单位 | 核工业第二研究设计院 | 校审人员 | 姚家祎 |
| 编写人员 | 张学勤　王　贵 | 主审人员 | 姚家祎 |

8　变电站二次回路

| 编写单位 | 核工业第二研究设计院 | 校审人员 | 张　环　霍红梅　姚家祎 |
| 编写人员 | 张　环　吴梅金　霍红梅　张文磊　王　劲 | 主审人员 | 姚家祎 |

9　导体选择

| 编写单位 | 中船第九设计研究院工程有限公司 | 校审人员 | 高小平 |
| 编写人员 | 王志强　傅益君　李　鹏 | 主审人员 | 任元会 |

10　线路敷设

| 编写单位 | 中船第九设计研究院工程有限公司 | 校审人员 | 高小平 |
| 编写人员 | 王培康　申　蕾 | 主审人员 | 任元会 |

11　低压配电线路保护和低压电器选择

| 编写单位 | 中国航空规划设计研究总院有限公司等 | 校审人员 | 任元会　逯　霞 |
| 编写人员 | 逯　霞　陈泽毅　韩　丽　苏碧萍　刘屏周　王素英 | 主审人员 | 任元会　丁　杰 |

12　常用用电设备配电

| 编写单位 | 中国航天建设集团有限公司 | 校审人员 | 张艺滨 |
| 编写人员 | 王　勇　刘寅颖　刘　薇　江国庆　谢　昆　张艺滨　卞铠生 | 主审人员 | 卞铠生 |

13　交流电气装置过电压保护和建筑物防雷

| 编写单位 | 信息产业电子第十一设计研究院有限公司 | 校审人员 | 谢志雯 |
| 编写人员 | 杨天义 | 主审人员 | 卞铠生 |

14 接地

编写单位	信息产业电子第十一设计研究院有限公司	**校审人员**	杨天义
		主审人员	卞铠生
编写人员	谢志雯 杨天义		

15 电气安全

编写单位	中国航空规划设计研究总院有限公司	**校审人员**	任元会 王厚余
		主审人员	任元会 刘屏周
编写人员	刘屏周 刘叶语 张 琪 张永林		

16 节能

编写单位	中国航空规划设计研究总院有限公司等	**校审人员**	任元会
		主审人员	任元会 丁 杰
编写人员	王素英 蓝 娟 王秀华 王志强 王 勇 张 琪 任元会 赵亮亮		

17 常用资料

编写单位	中国航天建设集团有限公司	**校审人员**	刘屏周
编写人员	卞铠生	**主审人员**	刘屏周

附录 N 数字化电气设计技术

编写单位	北京博超时代软件有限公司	**校审人员**	林 飞
编写人员	窦延峰	**主审人员**	丁 杰

第 四 版 前 言

工欲善其事，必先利其器。电气工程师的首要工具就是一套得心应手的设计手册。有鉴于此，我国国内九家知名设计院于 20 世纪 70 年代末发起，并联合编写了这本手册。

33 年来，本手册受到全国各工业和民用工程设计单位、施工安装单位、运行维护单位等广大电气工程师，以及大专院校相关专业师生的厚爱，成为电气设计师不可或缺的工具书之一，承蒙业界同仁在专业文献中广泛引用，并跻身注册电气工程师（供配电）执业资格考试的依据；仅第三版就印刷 22 次之多，为实用技术工具书所罕见。

第三版问世十多年来，我国经济迅速发展，技术进步显著，相关的设计标准、规范相继修订，诸多电工产品标准更新，新设备、新材料不断涌现。此外，同行们也不断给我们送来宝贵意见并提出增加内容的期盼。因此，我们于 2010 年初在九家设计院领导的支持下，组织以资深设计师为骨干的数十名老中青结合的编写队伍，经过几年的努力奋斗，推出《工业与民用供配电设计手册（第四版）》，奉献给广大新老读者。

第四版紧扣当前新技术、新产品的发展，内容主要有以下大幅扩充和更新：

（1）扩展电压范围：从第三版的 35kV 及以下扩大到 110kV 及以下，并补充部分 20kV 和 660V 的内容。

（2）增加供配电系统节能内容：包括能源评估，供配电系统、变压器、电动机、照明和配电线路节能，再生能源应用及能效管理系统。

（3）全面贯彻最新标准、规范：包括工程建设规范系列、IEC 转化标准系列、有关行业标准等。同时对各标准之间不协调的个别内容，以［编者按］的方式进行评述，供读者参照。

（4）紧密跟踪 IEC 的最新动态：凡是国标中涉及 IEC 标准的内容，均按最新版本更新或提示，并适当超前收入一些技术文件。

（5）改进计算方法和表达方式：如单位指标法和利用系数法的改进；按不同要求计算并联电容补偿容量及高、低压补偿装置的选择；IEC 短路电流计算法的推出和动、热稳定校验也给出相应公式；电动机启动时电压暂降计算的订正，给出每相输入电流不大于 16A、大于 16A 且不大于 75A、大于 75A 用电设备谐波电流发射限值；微机继电保护和变电站综合自动化系统的采用，中性导体（N）及保护接地中性导体（PEN）的截面选择及按最新国标编制了线缆的载流量；架空线路的路径选择，导线、地线、绝缘子和金具选型，导线力学计算及杆塔型式；增加带选择性的断路器（SMCB）、电弧故障保护电器（AFDD）、静态转换开关电器（STS）、剩余电流动作保护器（RCD）、剩余电流监视器（RCM）、绝缘监测器（IMD）和绝缘故障定位系统（IFL）等保护电器，低压成套开关设备和控制设备选择及火灾危险环境的电器选择；增加多功能控制与保护开关设备（CPS）及控制回路要求；增加电流通过人体的效应及接触电压限值，补全 IEC 涉及特殊装置或场所的要求；增加接地极电化学腐蚀产生机理及防护措施；增加外界影响、电器设备外壳对外界机械碰撞的防护等级（IK 代码）等表格；配套计算软件的优化等。

第四版继承并发扬了前三版的优良传统和严谨作风。坚持理论与实际结合，深入与普及兼顾，工业与民用并重；力求理论依据充分，技术概念清晰，运用标准准确，计算方法可靠，数据、图表翔实。愿集数十位编者的智慧和艰辛，换得广大同行的方便和适用。

编写组向徐永根等为本手册奠定了坚实基础的前三版编写人员，以及给予指导的资深专家王厚余等表示敬意；向积极提供资料的谢炜等同行表示感谢。

编写组逯霞为保证手册顺利完成，进行了大量组织、协调、联络工作。

向支持编写工作和提供产品技术数据的下列企业表示衷心感谢（排名不分先后）：

天津市中力防雷技术有限公司（http：//zlfl.byf.com/）

广州汉光电气有限公司（http：//www.gz-hoko.com/）

常熟开关制造有限公司（http：//www.riyue.com.cn/）

中航工业宝胜科技创新股份有限公司（http：//www.baoshengcable.com/）

明珠电气有限公司（http：//www.py-pearl.com/）

浙江中凯科技股份有限公司（http：//www.kb0.cn/）

欧宝电气（深圳）有限公司（http：//www.obo.com.cn/）

施耐德万高（天津）电气设备有限公司（http：//www.wgats.com/）

施耐德电气（中国）有限公司（http：//www.schneider-electric.cn/）

ABB（中国）有限公司（http：//new.abb.com/cn）

江苏斯菲尔电气股份有限公司（http：//www.jcsepi.com/）

苏州华铜复合材料有限公司（http：//www.suzhouhuatong.com/）

法泰电器（江苏）股份有限公司（http：//www.fatai.com/）

罗格朗低压电器（无锡）有限公司（http：//www.legrand.com.cn/）

西门子（中国）有限公司（http：//www.siemens.com/entry/cn/zh/）

上海快鹿电线电缆有限公司（http：//www.kuailucable.com/）

海鸿电气有限公司（http：//www.gdhaihong.com/）

上海瑞奇电气设备有限公司（http：//www.ruiq.cn/）

上海樟祥电器成套有限公司（http：//www.zhangxiangdianqi.com/）

北京博超时代软件有限公司（http：//www.bochao.com.cn/）

国际铜业协会（中国）（http：//www.cncopper.org/）

珠海光乐电力母线槽有限公司（http：//www.gl-mc.cn/）

限于主观和客观条件，虽编者竭诚尽力，亦难免存有不妥之处，期望广大读者斧正。

编写组

2016 年 9 月

第 一 版 前 言

《工厂配电设计手册》为 10kV 及以下工厂配电设计所需的常用资料。手册内容反映了我国电力设计技术规范的有关规定,收集了有关产品的标准、资料数据,并和电气装置国家标准图集相协调。编写中立足当前,兼顾发展;在技术上力求吸取国内外成熟的先进经验,在表达方式上尽量多用图表,力求简单明了,便于使用。

手册中负荷计算部分列入了常用的计算方法和数据,还指出了导体的发热时间常数与负荷计算的关系。配电系统部分介绍了实用的配电方式和设备选型,还叙述了电压偏移和电压波动问题。配(变)电所部分简述了选型、布置、安装和土建要求。短路电流计算着眼于 10kV 及以下系统,对低压网络计算更较详尽,并提供了实用数据。高低压电器选择部分分别给出了有关计算公式和实用数据;对低压用电设备支线上熔体的选择提出了新的方法。继电保护和二次接线部分突出了 10kV 及以下系统的特点,对交流操作和电动机保护的介绍较为深入。导线、电缆选择和线路敷设部分收集和计算了大量较新、较全的数据,如导线载流量(包括中频)、阻抗(包括中频)、电压损失(包括中频)、架空线路机械部分的计算等;还增添了导线在断续负载和短时负载下的载流量表。对于熔体和导线的配合,按现行规范进行了核算,给出了实用数据表格。防雷和接地部分论述了各类建筑物和设备的要求,还增加了与无线电台站、电子计算机和电子设备等有关的内容。

手册内容若与国家规范和有关规程条款有不一致处,应以国家公布的现行规范和规程为准。

鉴于电气照明光学部分、自动控制、电话通信等部分专业性较强,内容较多,且已有专书论述,为精简篇幅,手册中未予列入。

由于我们水平不高,手册中谬误之处在所难免,衷心希望读者给予指正。

本手册由航空工业部四院组织编写;参加校审的单位有航空工业部四院、兵器工业部五院、航天工业部七院。各章编写单位如下:

第一章　电子工业部第十设计研究院

第二、三章　中国船舶工业总公司六〇二设计研究所

第四、五章　兵器工业部第五设计研究院

第六章　航空工业部第四规划设计研究院

第七、八章　核工业部第二研究设计院

第九、十章　中国船舶工业总公司第九设计研究院

第十一章　兵器工业部第六设计研究院

第十二章、附录　航天工业部第七设计研究院

第十三、十四章　电子工业部第十一设计研究院

编　者

1982 年 9 月

第 二 版 前 言

由九个设计院联合编写的《工厂配电设计手册》1983 年出版以来，曾多次重印仍不满足社会需要。作为 10kV 及以下配电设计所需的常用资料，深受广大设计人员欢迎的必备工具书，取得了较好的社会效益。

在总结《工厂配电设计手册》的使用经验的基础上，有必要增加 35kV 和民用建筑配电设计的有关内容。为此重新编写了这本手册，并改名为《工业与民用配电设计手册》（第二版）。

本手册提供了 35kV 及以下配电设计所需的基本原则、计算方法和数据、科研成果和实践经验以及常用资料。手册内容反映了即将颁发的我国电气设计技术规范的有关规定。由于编者多人参加了 20 世纪 80 年代末期国家标准电气设计技术规范的修订工作，因此做到了手册内容与规范衔接同步。

规范中某些内容等效采用国际电工委员会（IEC）标准，如采用自动切断故障电路措施的防间接电击保护（接地故障保护），对原规范变动甚大。本手册编写过程中收集了有关产品的标准、资料数据，尽量做到规范原则具体化，以利于规范的正确执行和设计工作的顺利开展。

国家标准尚缺的内容，如低压电气装置的防电击保护中的有一些内容和医院等特殊环境的电气安全，参考 IEC 标准列入本手册。

编写中立足当前，兼顾发展，跟踪产品发展，列入了如低压熔断器等新产品的大量数据。

在表达方式上，尽量多用图表，力求简单明了，便于使用。

手册内容若与新修订的标准规范和有关规程条款有不一致处，应以国家公布的现行规范和规程为准。

本手册由下列单位和人员参加编写，分工如下：

电子工业部第十设计研究院　颜昌田、汤牧身编写第一章

中国兵器工业第六设计研究院　刘金亭编写第二章

王润生编写第三章

中国船舶工业总公司第六〇二设计研究院　宋祖典、安在宇编写第四章

中国兵器工业第五设计研究院（副主编单位）吴壮编写第五章

王剑芬（副主编）编写第十一章

中国航空工业规划设计研究院（主编单位）徐永根（主编）编写第六章

王厚余编写第十五章

核工业第二研究设计院姚家祎编写第七、八章

中国船舶工业总公司第九设计研究院　王志强、高元怡编写第九章

纪康宁、陆文杰编写第十章

中国航天建筑设计研究院（副主编单位）　朱锦师编写第十二章

卞铠生（副主编）编写第十六章

电子工业部第十一设计研究院　韩永元编写第十三章

张继荣编写第十四章

手册内容和形式有谬误错漏之处，尚请读者批评指正，以便再版时修正。

本手册在筹备、组织和编写过程中，中国航空工业规划设计研究院的任元会、王厚余、李光涛、沈景庭，中国兵器工业第五设计院的马太嵒等同志给予了指导、支持和帮助，谨此致谢。

积极提供技术资料和支持编写工作的单位有上海万通滑触线厂、四川民生化工厂、上海LK公司、靖江低压开关厂、无锡滑导电器厂、邢台电缆厂、洛阳前卫滑触线厂、北京长河电器厂、北京电器厂、海安自动化仪表厂、天津梅兰日兰有限公司、象山高压电器厂、北京开关厂、靖江电器设备厂、镇江电器设备厂、北京南郊电工器材厂、松江电器控制设备厂、四川电缆厂、天水长城控制电器厂、上海航空电器厂、杭州鸿雁电器公司，在此表示感谢。

编　者

1993 年 1 月于北京

第 三 版 前 言

本手册由国内九家知名设计院联合编写，于 1983 年首版，原名《工厂配电设计手册》；1994 年扩充修编为第二版，更名《工业与民用配电设计手册》；本书是新世纪初的新编第三版。

历经二十多年，本手册受到全国众多电气工程设计、施工安装、运行维护以及大专院校相关专业师生的赞誉，成为电气设计人员必备的工具书之一，并荣幸地挤身于注册电气工程师（供配电）执业资格考试指定参考书，已被业界同仁在专业文献中及 CAD 软件中广泛引用。

第二版发行十余年来，我国经济发展和技术进步举世瞩目，国际、国内电气设计规范和电工产品标准亦有修订，电气设备和材料日新月异，配电系统设计技术随之长足发展。因此，亟需对本手册进行修订。经过三年多不懈努力，我们克服重重困难，推出了本手册第三版。

第三版跟踪当前电气技术和电工产品发展，总结多年的实用经验，对手册内容做了大幅扩充、更新、充实：

• 新增高压开关柜、UPS 及 EPS 的选择；高压系统接地方式设计要点，以及接地变压器、接地电阻器、消弧线圈的选用；变电所微机保护和综合自动化；医用 X 光机配电等。

• 更新了高低压电器的型谱和技术数据，继电保护和二次回路的全新插图；按新国标编制了电缆电线的载流量及其校正系数，增加了新型电线电缆品种；常用规范标准索引、气象参数等资料亦已刷新。

• 强调电气安全：扩展和修订了爆炸危险环境电气设备选择；新增防电磁脉冲、电磁屏蔽、防电气火灾、阻燃和耐火电缆选择；更新了特殊场所电击防护要求。

• 重视节能：推介电气设备能效标准；列入 TOC 法优选变压器、电缆截面最佳化的新概念，充实了电缆经济电流的内容。

• 方便应用，新编写了配套的计算软件，随书发行。

第三版继承和发扬了本手册的优良传统，努力做到理论性与实用性相结合，工业与民用并重，普及与深入兼顾。对每一课题，先介绍技术概念，编列规范、标准要求，再给出可靠的设计和计算方法，并提供实用的资料和数据，对常用者还编制了大量便查图表。这种做法的艰辛是不言而喻的，但我们不改初衷，殚精竭虑，举九家设计院、近 30 名编写人员之力，向广大电气同仁奉献出这本严谨、实用、方便的工具书。

手册第三版编写组对为本手册奠定基础和付出艰辛劳动的第一、第二版主编徐永根和全体参编者所做的卓越贡献表示敬意；对我国资深专家林维勇、王厚余、刘淞伯、弋东方的指导、帮助深表谢意；向在编写中提供宝贵资料和给予支持、协助的国际铜业协会（中国）和上海电器科学研究所、沈阳变压器研究所的领导和有关人员表示衷心的感谢。

向支持、协助第三版编写工作并提供产品技术资料的以下企业表示感谢：

ABB（中国）投资有限公司

施耐德（中国）投资有限公司
北京德威特电力系统自动化有限公司
奥地利埃姆斯奈特（MSchneider）
OBO 培训中心（中国）
法国溯高美（Socomec）电气公司
北京明日电器设备有限公司
江苏宝胜科技创新股份有限公司

编　者

2005 年 5 月

目　录

上　　册

下　　册

11　低压配电线路保护和低压电器选择 ································· 953

13　交流电气装置过电压保护和建筑物防雷 ················· 1198

11 低压配电线路保护和低压电器选择

11.1 低压电器选择的基本要求

11.1.1 概述

低压电器是用于额定电压交流 1000V 或直流 1500V 以下回路中起保护、控制、调节、转换和通断作用的电器。设计所选用的电器，应符合国家现行的有关标准。

选择条件分为：

(1) 按正常工作条件选择。

(2) 按使用类别选择（见本章各节）。

(3) 按外壳防护等级选择，IP、IK 代码见 17.5.2、17.5.3。

(4) 按保护选择性选择。

(5) 按短路条件选择。

(6) 按使用环境条件选择。

11.1.2 按正常工作条件选择

(1) 电压。低压电器的额定电压应与所在回路的标称电压相适应。额定冲击耐受电压与安装场所要求过电压类别相适应，见表 13.6-1。

(2) 频率。低压电器的额定频率应符合所在回路的标称频率。

(3) 电流。低压电器的额定电流不应小于所在回路的负荷计算电流。切断负荷电流的电器（如开关、隔离开关等）应校验其断开电流。接通和断开启动尖峰电流的电器（如接触器）应校验其接通、分断能力和每小时操作的循环次数（操作频率）。

(4) 额定工作制。正常条件下额定工作制有如下几种：

1) 8h 工作制。电器的主触头保持闭合且承载稳定电流足够长时间使电器达到热平衡，但达到 8h 必须分断的工作制。

注1 该工作制是确定电器的约定发热电流 I_{th} 和 I_{the} 的基本工作制。
约定自由空气发热电流 I_{th} 是不封闭电器在自由空气中进行温升试验时的最大试验电流值。I_{th} 值应至少等于不封闭电器在 8h 工作制下的最大额定工作电流值。
约定封闭发热电流 I_{the} 由制造厂规定，用此电流对安装在规定外壳中的电器进行温升试验。I_{the} 值应至少等于封闭电器在 8h 工作制下的最大额定工作电流值。

注2 上述分断意指由电器操作分断电流。

2) 不间断工作制。指没有空载期的工作制，电器的主触头保持闭合且承载稳定电流超过 8h（数周、数月甚至数年）而不分断。

注 该工作制区别于 8h 工作制，因为氧化物和灰尘堆积在触头上可导致触头过热，因此电器用于不间断工作制时应考虑采用降容系数或特殊设计（例如用银或银基触头）。

3) 断续周期工作制或断续工作制。此工作制指电器的主触头保持闭合的有载时间与无载时间有一确定的比例值，这两个时间都很短，不足以使电器达到热平衡。

断续工作制用电流值、通电时间和负载因数来表征其特性，负载因数是通电时间与整个通断操作周期的比值，通常用百分数表示。负载因数的标准值为15%、25%、40%、60%。

根据电器每小时能够进行的操作循环次数，电器等级分类见表11.1-1。

表 11.1-1 电器等级分类

级别	1	3	12	30	120	300	1200	3000	12 000	30 000	120 000	300 000
每小时操作循环次数	1	3	12	30	120	300	1200	3000	12 000	30 000	120 000	300 000

对于每小时操作循环次数较高的断续工作制，制造厂应根据实际每小时操作循环次数（如已知）或其约定的每小时操作循环次数来给出额定工作电流值，并应满足

$$\int_0^T i^2 \mathrm{d}t \geqslant I_{\mathrm{th}}^2 T \text{ 或} \int_0^T i^2 \mathrm{d}t \geqslant I_{\mathrm{the}}^2 T \qquad (11.1\text{-}1)$$

式中 T——整个操作循环时间，s；

I_{th}——约定自由空气发热电流，A；

I_{the}——约定封闭发热电流，A。

4）短时工作制。短时工作制是指电器的主触头保持闭合的时间不足以使其达到热平衡，有载时间间隔被无载时间隔开，而无载时间足以使电器的温度恢复到与冷却介质相同温度的工作制。短时工作制通电时间的标准值为3、10、30、60、90min。

5）周期工作制。周期工作制指稳定负荷或可变负荷总是有规律的反复运行的一种工作制。

11.1.3 按保护选择性选择

全选择性指在两台串联的过电流保护装置的情况下，负荷侧的保护装置实行保护时而不导致另一台保护装置动作的过电流选择性保护。

局部选择性指在两台串联的过电流保护装置的情况下，负荷侧的保护装置在一个给定的过电流值及以下实行保护时而不导致另一台保护装置动作的过电流选择性保护。

选择性极限电流 I_s 指负荷端的保护电器的总的时间-电流特性与另一个保护电器的弧前（指熔断器）或脱扣（指断路器）时间-电流特性交点的电流坐标。选择性极限电流是一个电流极限值：

（1）在此值以下，如有两个串联的过电流保护电器，负荷端的保护电器及时完成它的分断动作，防止上一级保护电器开始动作（即保证选择性）。

（2）在此值以上，如有两个串联的过电流保护电器，负荷端的保护电器可以不及时完成分断动作来防止上一级保护装置开始动作（即不保证选择性）。

交接电流 I_B 是两个串联的过电流保护电器的最大分断时间-电流特性交点的电流值。

11.1.4 按短路条件选择

（1）可能通过短路电流的低压电器（如开关、隔离器、隔离开关、熔断器组合电器及接触器、启动器），应满足在短路条件下短时耐受电流的要求。

（2）断开短路电流的低压电器（如低压熔断器、低压断路器），应满足在短路条件下分断能力的要求。

低压线路短路电流的计算见第 4 章。各种低压电器在短路条件下的短时耐受电流、分断能力见 11.3~11.6。

11.1.5 按使用环境条件选择

11.1.5.1 正常环境条件

(1) 周围空气温度。周围空气温度不超过 +40℃，且 24h 内的平均温度值不超过 +35℃，周围空气温度的下限为 −5℃。

对没有外壳的电器，周围空气温度是指存在其周围的空气温度。对有外壳的电器，周围空气温度是指外壳周围的空气温度。

(2) 海拔。安装地点的海拔不超过 2000m。用于海拔高于 2000m 的电器，需要考虑空气冷却作用和介电强度的下降，应符合 11.1.5.4 的要求。

(3) 大气条件。

1) 湿度。最高温度为 +40℃时，空气的相对湿度不超过 50%，在较低的温度下可以允许有较高的相对湿度，例如 20℃时达 90%，对由于温度变化而产生的凝露应采取特殊的措施。

2) 污染等级。对安装在外壳中的电器或本身带有外壳的电器，其污染等级可选用壳内的环境污染等级。

为了便于确定电气间隙和爬电距离，微观环境可分为四个污染等级：

——污染等级 1：无污染或仅有干燥的非导电性污染。

——污染等级 2：一般情况仅有非导电性污染，但是必须考虑到偶然由于凝露造成短暂的导电性。

——污染等级 3：有导电性污染，或由于凝露使干燥的非导电性污染变为导电性的。

——污染等级 4：造成持久性的导电性污染，例如由于导电尘埃或雨雪所造成的污染。

工业用电器一般用于污染等级 3 的环境，但特殊的用途和微观环境可考虑采用其他的污染等级。

家用及类似用途的电器一般用于污染等级 2 的环境。

11.1.5.2 多尘环境

多尘作业的工业场所，其空间含尘浓度的高低随作业的性质、破碎程度、空气湿度、风向等不同而有很大差异。多尘环境中灰尘的量值用在空气中的浓度（mg/m³）或沉降量 [mg/(m²·d)] 来衡量。灰尘沉降量分级见表 11.1-2。

表 11.1-2　　　　　　灰尘沉降量分级　　　　　　单位：mg/(m²·d)

级别	灰尘沉降量（月平均值）	说明
Ⅰ	10~100	清洁环境
Ⅱ	300~550	一般多尘环境
Ⅲ	≥550	多尘环境

对于存在非导电灰尘的一般多尘环境，宜采用防尘型（IP5X 级）电器。对于多尘环境或存在导电性灰尘的一般多尘环境，宜采用尘密型（IP6X 级）电器。对导电纤维（如碳素纤维）环境，应采用 IP65 级电器。

11.1.5.3 化工腐蚀环境

腐蚀环境类别的划分应根据化学腐蚀性物质的释放严酷度、地区最湿月平均最高相对湿度等条件而定。

化学腐蚀性物质的释放严酷度分级见表 11.1-3。腐蚀环境分类见表 11.1-4。户内外腐蚀环境电气设备的选择见表 11.1-5。五种防护类型防腐电工产品的使用环境条件见表 11.1-6。

表 11.1-3　　　　　　　　　　化学腐蚀性物质释放严酷度分级

化学腐蚀性物质名称		级　别					
		1 级		2 级		3 级	
		平均值	最大值	平均值	最大值	平均值	最大值
气体及其释放浓度 (mg/m^3)	氯气（Cl_2）	0.1	0.3	0.3	1.0	0.6	3
	氯化氢（HCl）	0.1	0.5	1.0	5.0	1.0	5.0
	二氧化硫（SO_2）	0.3	1.0	5	10	13.0	40.0
	氮氧化物（折算成 NO_2）	0.5	1.0	3	9	10.0	20.0
	硫化氢（H_2S）	0.1	0.5	3	10	14.0	70.0
	氟化物（折算成 HF）	0.01	0.03	0.1	2.0	0.1	2.0
	氨气（NH_3）	1.0	3.0	10	35	35	175
	臭氧	0.05	0.1	0.1	0.3	0.2	2.0
雾	酸雾（硫酸、盐酸、硝酸）碱雾（氢氧化钠）	—		有时存在		经常存在	
液体	硫酸、盐酸、硝酸、氢氧化钠、食盐水、氨水	—		有时滴漏		经常滴漏	
粉尘	沙（mg/m^3）	30/300		300/1000		3000/4000	
	尘（漂浮）（mg/m^3）	0.2/5.0		0.4/15		4/20	
	尘（沉积）（mg/m^3）	1.5/20		15/40		40/80	
土壤	pH 值	>6.5, ≤8.5		4.5～6.5		<4.5, >8.5	
	有机质（%）	<1		1～1.5		>1.5	
	硝酸根离子（%）	$<1\times10^{-4}$		$1\times10^{-4}\sim1\times10^{-3}$		$>1\times10^{-3}$	
	电阻率（$\Omega \cdot m$）	>50～100		23～50		<23	

注　化学腐蚀性气体浓度系历年最湿月在电气装置安装现场所实测到的平均最高浓度值。实测处距化学腐蚀性气体释放口一般要求在 1m 外，不应紧靠释放源。

表 11.1-4　　　　　　　　　　　　腐蚀环境分类

环境特征	类　别		
	0 类	1 类	2 类
	轻腐蚀环境	中等腐蚀环境	强腐蚀环境
化学腐蚀性物质的释放状况	一般无泄漏现象，任一种腐蚀物质的释放严酷度经常为 1 级，有时（如事故或不正常操作时）可能达 2 级	有泄漏现象，任一种腐蚀性物质的释放严酷度经常为 2 级，有时（如事故或不正常操作时）可能达 3 级	泄漏现象较严重，任一种腐蚀性物质的释放严酷度经常为 3 级，有时（如事故或不常操作时）偶然超过 3 级

续表

环境特征	类 别		
	0 类	1 类	2 类
	轻腐蚀环境	中等腐蚀环境	强腐蚀环境
地区最湿月平均最高相对湿度（25℃）	65%及以上	75%及以上	85%及以上
操作条件	由于风向关系，有时可闻到化学物质气味	经常能感到化学物质的刺激，但不需佩戴防护器具进行正常的工艺操作	对眼睛或外呼吸道有强烈刺激，有时需佩戴防护器具才能进行正常的工艺操作
表观现象	建筑物和工艺、电气设施只有一般锈蚀现象，工艺和电气设施只需常规维修；一般树木生长正常	建筑物和工艺、电气设施腐蚀现象明显，工艺和电气设施一般需年度大修；一般树木生长不好	建筑物和工艺、电气设施腐蚀现象严重，设备大修间隔期较短；一般树木成活率低
通风情况	通风条件正常	自然通风良好	通风条件不好

注 如果地区最湿月平均最低温度低于25℃，则其同月平均最高相对湿度必须换算到25℃时的相对湿度。

表 11.1-5 　　　　　　　　　　户内外腐蚀环境电气设备的选择

电气设备名称	户内环境类别			户外环境类别		
	0 类	1 类	2 类	0 类	1 类	2 类
配电装置	IP2X～IP4X	F1 级防腐型	F2 级防腐型	W 级户外型	WF1 级防腐型	WF2 级防腐型
控制装置	F1 级防腐型	F1 级防腐型	F2 级防腐型	W 级户外型	WF1 级防腐型	WF2 级防腐型
电力变压器	普通型、密闭型	F1 级防腐型	F2 级防腐型	普通型、密闭型	WF1 级防腐型	WF2 级防腐型
电动机	Y、Y2 系列电动机	F1 级防腐型	F2 级防腐型	W 级户外型	WF1 级防腐型	WF2 级防腐型
控制电器和仪表（包括按钮、信号灯、电能表、插座等）	防腐型、密闭型	F1 级防腐型	F2 级防腐型	W 级户外型	WF1 级防腐型	WF2 级防腐型
灯具	防护型、防水防尘型	防腐型		防水防尘型	户外防腐型	
电线	塑料绝缘电线、橡皮绝缘电线、塑料护套电线			塑料绝缘电线		
电缆	塑料外护层电缆			塑料外护层电缆		
电缆桥架	普通型	F1 级防腐型	F2 级防腐型	普通型	WF1 级防腐型	WF2 级防腐型

表 11.1-6 　　　　　　　　　五种防护类型防腐电工产品的使用环境条件

环境参数		W	WF1	WF2	F1	F2
		户外			户内	
空气温度（℃）	最高	+40			+40	
	最低	-20，-35			-5	

续表

环境参数		W	WF1	WF2	F1	F2
		户外			户内	
最高相对湿度（%）		100			95	
太阳辐射（W/m²）		1120			700	
周围空气运动速度（m/s）		30			10	
降雨强度（mm/min）		6			—	
凝露		有			有	
结冰（霜）条件		有			有	
溅水条件		有			有	
化学气体浓度①（mg/m³）	二氧化硫	0.3	5.0	13	5.05	13
	硫化氢	0.1	3.0	14	3.0	14
	氯气	0.1	0.3	0.6	0.3	0.6
	氯化氢	0.1	1.0	3.0	1.0	3.0
	氟化氢	0.01	0.05	0.1	0.05	0.1
	氨气	1.00	10	35	10	35
	氮氧化物②	0.5	3.0	10	3.0	10
砂尘浓度	砂(mg/m³)	300	1000	4000	300	3000
	尘[飘浮，(mg/m³)]	5.0	15	20	0.4	4.0
	尘[沉底，mg/(m²·d)]	500	1000	2000	350	1000

① 化学气体浓度一律采用平均值，即长期测定值的平均值。

② 换算为二氧化氮的值。

11.1.5.4 高原地区

海拔超过 2000m 的地区划为高原地区。

高原气候的特征是气压、气温和绝对湿度都随海拔增高而减小，太阳辐射则随之增强。

在 GB/T 14048.1—2012《低压开关设备和控制设备第 1 部分：总则》中，规定普通型低压电器的正常工作条件为海拔不超过 2000m。高原地区宜采用相应的高原型电器，标识为 G，如 G4 表示适用于海拔最高为 4000m。

根据电器科研部门的调查研究，现有普通型低压电器可按下述原则在高原地区使用：

（1）由于气温随海拔升高而降低，因此足以补偿海拔升高对电器温升的影响。当产品温升的增加不能为环境气温的降低所补偿时，应降低额定容量使用，其降低值为绝缘允许极限工作温度每超过 1℃，降低 1% 额定容量。对连续工作的大发热量电器（如电阻器），可适当降低电流使用。

（2）普通型低压电器在海拔 2500m 时仍有 60% 的耐压裕度，可在其额定电压下正常运行。

（3）海拔升高时双金属片热继电器和熔断器的动作特性有少许变化，但在海拔 4000m 及以下时，仍在其技术条件规定的范围内。在海拔超过 4000m 时，对其动作电流应重新整定，以满足高原地区的要求。

（4）低压电器的电气间隙和漏电距离的击穿强度随海拔增高而降低，其递减率一般为海拔每升高 100m 降低 0.5%～1%，最大不超过 1%。

11.1.5.5 热带地区

热带地区根据常年空气的干湿程度分为湿热带和干热带。

湿热带系指一天内有 12h 以上气温不低于 20℃、相对湿度不低于 80% 的气候条件，这样的天数全年累计在两个月以上的地区。其气候特征是高温伴随高湿。

干热带系指年最高气温在 40℃ 以上而长期处于低湿度的地区。其气候的特征是高温伴随低湿，气温日变化大，日照强烈且有较多的砂尘。

热带气候条件对低压电器的影响：

（1）由于空气高温、高湿、凝露及霉菌等作用，电器的金属件及绝缘材料容易腐蚀、老化，绝缘性能降低，外观受损。

（2）由于日温差大和强烈日照的影响，密封材料产生变形开裂、熔化流失，导致密封结构泄漏、绝缘油等介质受潮劣化。

（3）低压电器在户外使用时，如受太阳辐射，其温度升高，将影响其载流量。如受雷暴、雨、盐雾的袭击，将影响其绝缘强度。

湿热带地区宜选用湿热带型产品，在型号后加 TH。干热带地区宜选用干热型产品，在型号后加 TA。

热带型低压电器使用环境条件见表 11.1-7。

表 11.1-7 　　　　　　　　　　**热带型低压电器使用环境条件**

环 境 因 素		湿热带型	干热带型
海拔（m）		≤2000	≤2000
空气温度（℃）	年最高	40	45
	年最低	0	−5
空气相对湿度（%）	最湿月平均最大相对湿度	95（25℃）	—
	最干月平均最小相对湿度	—	10（40℃时）
凝露		有	—
霉菌		有	—
砂尘		—	有

11.2　低压配电线路的保护

11.2.1　概述

在电气线路故障情况下，为防止因间接接触带电体而导致人身电击和导致过热造成损坏，甚至导致电气火灾，低压配电线路应按 GB 50054—2011《低压配电设计规范》的要求装设过负荷保护、短路保护和故障防护（间接接触防护），用以分断故障电流或发出故障报警信号。

低压配电线路上下级保护电器的动作应具有选择性，各级之间应能协调配合，要求在故障时，靠近故障点的保护电器动作，断开故障电路，使停电范围最小。但对于非重要负荷，允许无选择性切断。

对电动机、起重机、电焊机、电阻炉、整流器等用电设备的末端线路保护详见第 12 章。

11.2.2 过负荷保护

11.2.2.1 一般要求

（1）保护电器应在流经回路导体的过负荷电流引起导体的温升对绝缘、接头、端子和导体周围的物质造成损害之前，分断该过负荷电流。

（2）由于过负荷导致突然断电，引起严重后果的线路，如消防水泵等，其过负荷保护应作用于信号，而不应切断电源。

11.2.2.2 导体与过负荷保护电器之间的配合

（1）过负荷保护电器的动作特性应满足以下两个条件

$$I_C \leqslant I_N \leqslant I_Z \tag{11.2-1}$$

$$I_2 \leqslant 1.45 I_Z \tag{11.2-2}$$

式中　I_C——回路计算电流，A；

　　　　I_Z——导体允许持续载流量，A；

　　　　I_N——熔断体额定电流或断路器额定电流或整定电流，A；

　　　　I_2——保证保护电器可靠动作的电流，A，当保护电器为断路器时，I_2 为约定时间内的约定动作电流，当保护电器为熔断器时，I_2 为熔断体约定时间内的约定熔断电流，I_2 由产品标准规定或由制造厂给出。

式（11.2-1）和式（11.2-2）只适用于过负荷较大的验算，对于较小过负荷，如小于约定不动作电流 I_{nf} 的持续过负荷，宜选择较大截面积的导体。

式（11.2-1）和式（11.2-2）的图解说明见图 11.2-1。

（2）采用断路器保护。按 GB 14048.2—2008《低压开关设备和控制设备　第 2 部分：低压断路器》的规定，约定动作电流 I_2 为 $1.3 I_{set1}$，只要满足 $I_{set1} \leqslant I_Z$，就满足 $I_2 \leqslant 1.45 I_Z$，即要求满足

$$I_C \leqslant I_{set1} \leqslant I_Z \tag{11.2-3}$$

式中　I_C——回路计算电流，A；

　　　　I_{set1}——长延时过电流脱扣器整定电流，A；

　　　　I_Z——导体允许持续载流量，A。

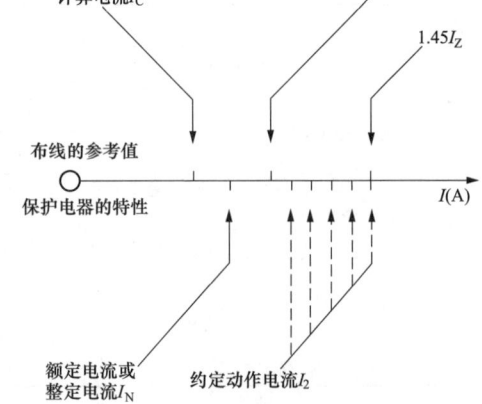

图 11.2-1　过负荷保护的两个条件及其关系图

（3）采用熔断器保护。由于式（11.2-2）中有约定熔断电流 I_2，使用不方便，变换如下：

1）依据 GB 13539.1—2015《低压熔断器　第 1 部分：基本要求》中 8.4.3.5 的规定，对额定电流 $I_N \geqslant 12A$ 的"gG"熔断体进行过负荷试验，验证熔断体能保护电缆过负荷；熔断器及其连接导体必须用熔断体的额定电流预热，预热的时间等于约定时间；随后试验电流增加到 $1.45 I_Z$，熔断体应在小于约定时间内熔断。

因此，确定额定电流 $I_N \geqslant 16A$ 的 "gG" 熔断体在约定时间内的约定动作电流为 $1.45I_Z$，熔断体过负荷保护应按式（11.2-1）选择。

2）额定电流 $I_N < 16A$ 的 "gG" 熔断体约定动作电流 I_2 分别为 I_N 的 1.6、1.9、2.1 倍。将 1）和 2）的试验及计算结果列于表 11.2-1。

表 11.2-1 用 "gG" 熔断器作过负荷保护时熔断体额定电流（I_N）与导体载流量（I_Z）的关系

专职人员用熔断器类型	I_N值范围（A）	I_N与I_Z的关系
螺栓连接的熔断器	全范围	$I_N \leqslant I_Z$
刀型触头熔断器 圆筒形帽熔断器	$I_N \geqslant 16A$	$I_N \leqslant I_Z$
	$4 \leqslant I_N < 16$	$I_N \leqslant 0.76I_Z$
	$I_N < 4$	$I_N \leqslant 0.69I_Z$

11.2.2.3 并联导体的过负荷保护

多根并联导体组成的线路，采用一台保护电器保护时，其回路的允许持续载流量 I_Z 应为每根并联导体的允许持续载流量之和，且应符合下列要求：

（1）导体的材质、截面、长度和敷设方式均相同。

（2）回路全长内无分支回路引出。

（3）线路的布置使各并联导体的负荷电流基本相等。

11.2.2.4 不设置过负荷保护电器的线路

（1）回路中载流量减小的导体，其过负荷得到电源侧的过负荷保护电器的有效保护。

（2）不可能过负荷的线路，已装设短路保护，而且没有分支回路或插座。

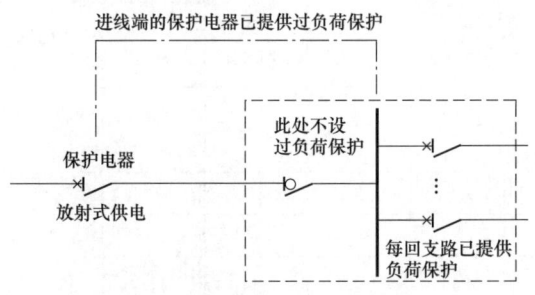

图 11.2-2 不设置过负荷保护电器示图

（3）在装置进线端的配电盘有过负荷保护电器，而且它能对在装置的进线端和总配电点之间的装置部分提供保护，在装置总配电点进线处不必再设置进一步的过负荷保护，见图 11.2-2。

（4）通信、控制、信号回路以及类似回路。

（5）对于突然断开电路会引起危险或造成伤害的以下回路：

1）旋转电机的励磁回路；

2）起重电磁铁的回路；

3）电流互感器的二次回路；

4）消防用电设备回路，宜考虑装设过负荷报警措施；

5）为安全设施（防盗警报器、瓦斯警报器等）配电的回路；

6）医疗 IT 系统。

11.2.3 短路保护

11.2.3.1 一般要求

保护电器应在短路电流对导体及连接处产生的热效应和机械力造成危险之前分断该短路电流。

11.2.3.2 短路保护电器的特性

每个短路保护电器都应满足以下两个条件:

(1) 短路保护电器的分断能力不得小于其安装处的预期短路电流。如果在供电侧已装有具有所需分断能力的保护电器,则本保护电器的分断能力允许小于预期短路电流;此时,这两个保护电器的动作特性必须配合,使该段线路及其保护电器能够承受通过的短路能量。

(2) 在回路任一点短路引起的电流,使导体达到允许极限温度之前应分断电路。

1) 对于持续时间不超过 5s 的短路,由已知的短路电流使导体从正常运行时的最高允许温度上升到极限温度的时间 t 可近似地用下式计算

$$t = \left(\frac{kS}{I}\right)^2 \tag{11.2-4}$$

式中 t——持续时间,s;

S——导体截面积,mm^2;

I——预期短路电流交流方均根值(r.m.s),A;

k——计算系数,取决于导体材料的电阻率、温度系数和热容量以及短路时初始和最终温度,见表 11.2-2。

注 当短路持续时间大于 5s 时,部分热量将散到空气中,校验时应计及散热的影响。根据规定,短路保护动作时间不应大于 5s。

表 11.2-2   导体的 k 值

特性/状况	导体绝缘的类型							
	PVC 热塑型塑料		PVC 热塑型塑料 90℃		EPR/ XLPE 热固型	橡胶 60℃ 热固型	矿物质	
							PVC 护套	无护套
导体截面积 (mm²)	≤300	>300	≤300	>300				
初始温度 (℃)	70		90		90	60	70	105
最终温度 (℃)	160	140	160	140	250	200	160	250
导体材料 铜	115	103	100	86	143	141	115	135～115[a]
铝	76	68	66	57	94	93	—	—
铜导体的锡焊接头	115	—	—	—	—	—	—	—

注 PVC—聚氯乙烯;EPR—乙丙橡胶;XLPE—交联聚乙烯。

[a] 此值用于易被触摸的裸电缆。

2) 对于持续时间小于 0.1s 的短路,应计入短路电流非周期分量对热作用的影响,以保证保护电器在分断短路电流前,导体能承受包括非周期分量在内的短路电流的热作用。这种情况应按下式校验

$$k^2 S^2 \geqslant I^2 t \tag{11.2-5}$$

式中 k——计算系数;

S——导体截面积,mm^2;

$I^2 t$——保护电器允许通过的能量值,由产品标准或制造厂提供。

11.2.3.3 校验导体短路热稳定的简化方法

(1) 采用熔断器保护时，由于熔断器的反时限特性，用式（11.2-4）校验较麻烦。要计算预期短路电流值，再按选择的熔断体电流值查熔断器特性曲线，找出相应的全熔断时间 t，代入式（11.2-4）。为方便使用，将电缆、绝缘导线截面积与允许最大熔断体电流的配合关系列于表 11.2-3。

表 11.2-3 电缆、绝缘导线截面积与允许最大熔断体电流 单位：A

线缆截面积 （mm²）	线 缆 类 型					
	PVC		EPR/XLPE		橡胶	
	铜 $k=115$	铝 $k=76$	铜 $k=143$	铝 $k=94$	铜 $k=141$	铝 $k=93$
1.5	16				16	
2.5	25	16			32	20
4	40	25	50	32	50	32
6	63	40	63	50	63	50
10	80	63	100	63	100	63
16	125	80	160	100	160	100
25	200	125	200	160	200	160
35	250	160	315	200	315	200
50	315	250	425	315	400	315
70	400	315	500	400	500	400
95	500	400	550	500	550	500
120	550	500	630	550	630	550
150	630	550	800	630	800	630

注 1. 本表按式（11.2-4）计算，t 取最不利值 5s。
　　2. 表中熔断体电流值适用于符合 GB 13539.1—2015《低压熔断器 第 1 部分：基本要求》的产品，本表按 RT16、RT17 型熔断器编制。

(2) 采用断路器保护时，导体热稳定的校验如下：

1) 瞬时脱扣器的全分断时间（包括灭弧时间）极短，一般为 $10\sim30\text{ms}$，即 $t<0.1\text{s}$，应按式（11.2-5）校验。应注意，当配电变压器容量很大，从低压开关柜直接引出截面积很小的馈线时，难以达到热稳定要求，按式（11.2-5）校验是必要的。

2) 短延时脱扣器的动作时间一般为 $0.1\sim0.4\text{s}$，根据经验，选用带短延时脱扣器的断路器所保护的配电干线截面积不会太小，均能满足式（11.2-4）要求，可不校验。

11.2.3.4 并联导体的短路保护

并联导体组成的回路，任一导体在最不利的位置处发生短路故障时，短路保护电器应能立即可靠切断该段故障线路。

（1）当并联导体布线采取了有效防止机械损伤等保护措施，且导体不靠近可燃物时，可采用一个短路保护电器。

（2）两根导体并联，当不能满足（1）项要求时，应在每根导体供电端装设短路保护电器。

（3）三根及以上导体并联，当不能满足（1）项要求时，在每根导体供电端和负荷端均应分别装设短路保护电器，如图11.2-3和图11.2-4所示。其理由分析如下：

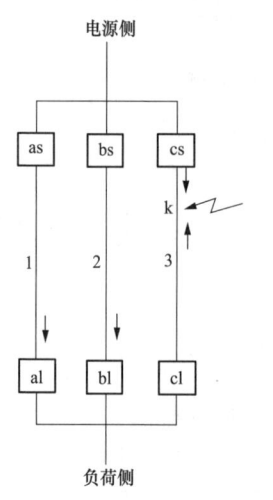

图11.2-3　在故障开始时
的故障电流

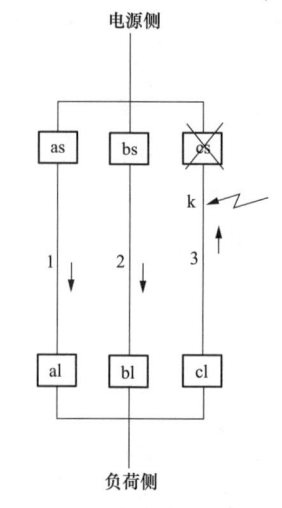

图11.2-4　保护电器cs动作后
的故障电流

1）如图11.2-3所示，假如故障出现在导体3的k点，故障电流会在导体1、导体2和导体3中流过；流过保护电器cs和cl的故障电流的比例取决于故障点的位置。图中假设最大比例的故障电流流过保护电器cs。

2）如图11.2-4所示，保护电器cs一旦动作，故障电流仍然经过导体1和导体2流至故障点k。由于导体1和导体2是并联的，流过保护电器as和bs的电流被分流，分流后的电流可能不足以使保护电器as和bs在所要求的时间内动作。在这种情况下，装设保护电器cl是必要的。如果故障点距cl足够近，则cl首先动作。

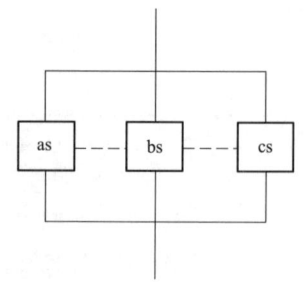

图11.2-5　可联动的保护
电器示意图

3）保护电器装设在两端的方法有两个缺点：

a）如果在k点的故障由于cs和cl的动作而被排除，那么该回路会由导体1和导体2带着原有的负荷继续运行，从而导致过负荷。

b）在k点的故障有可能烧断在cl侧的导体而形成开路，cs侧则带电而未被检测出来。

（4）在电源侧装设一个可联动的保护电器，如图11.2-5所示；短路时，每根导体的保护电器同时动作，防止故障状态下回路继续运行。

11.2.3.5　短路保护电器设置的位置

（1）短路保护电器应装设在每个回路首端和回路导体载流量减小处。当不能装设在回路导体载流量减小处时，应采取下列措施：载流量减小的这段线路长度不超过 3m；其安装方式能使短路的危险减至最小；且不靠近可燃物。

（2）回路导体载流量减小处，符合下列两项条件时，可不装设短路保护电器：

1）发生短路故障时，上一级短路保护电器能保证按规定的要求动作，减小的导体满足热稳定要求；

2）该段线路敷设于不燃或难燃材料管、槽内。

11.2.3.6　不设置短路保护电器的回路

布线采取了防机械损伤等措施，将短路的危险减至最小，且布线不靠近可燃性材料时，下列回路可不装设短路保护电器：

（1）发电机、变压器、整流器、蓄电池连接到配电盘的导体。

（2）断电后可能出现危险的回路，如旋转电机的励磁回路、起重电磁铁的供电回路、电流互感器的二次回路等。

（3）测量回路。

11.2.4　故障情况下的自动切断电源

11.2.4.1　TN 系统的保护要求

TN 系统发生接地故障时，其回路示意图如图 11.2-6 所示。

（1）故障电流计算。计算最小接地故障电流的近似公式为

$$I_{k} = \frac{(0.8 \sim 1.0)U_0 S}{1.5\rho(1+m)L}k_1 k_2 \qquad (11.2\text{-}6)$$

$$k_2 = \frac{4(n-1)}{n}(n \geqslant 2)$$

式中　0.8～1.0——电源侧阻抗系数，是考虑接地故障回路省略变压器阻抗和高压侧系统阻抗导致的误差进行的修正，当故障点远离配电变压器、线路截面积较小、变压器容量较大时，取高值（如 0.95～1.00），反之，取较低值；

　　1.5——由于短路引起发热，电缆电阻的增大系数；

　　U_0——相对地标称电压，V；

　　S——相导体截面积，mm^2；

　　k_1——电缆电抗校正系数，当 $S \leqslant 95mm^2$ 时，取 1.0，当 S 为 $120mm^2$ 和 $150mm^2$ 时，取 0.96，当 $S \geqslant 185mm^2$ 时，取 0.92；

　　k_2——多根相导体并联使用的校正系数；

　　n——每相并联的导体根数；

　　ρ——20℃时的导体电阻率，$\Omega \cdot mm^2/m$；

　　L——电缆长度，m；

　　m——材料相同的每相导体总截面积（S_n）与 PE 导体截面积（S_{PE}）之比。

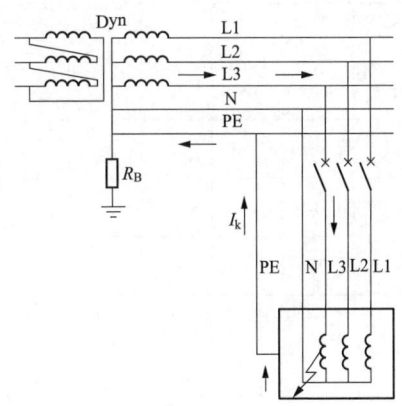

图 11.2-6　TN 系统发生接地故障时的回路示意图

式（11.2-6）可变换为

$$L = \frac{(0.8 \sim 1.0)U_0 S}{1.5\rho(1+m)I_k}k_1 k_2 \qquad (11.2-7)$$

（2）电缆长度的最大允许值。

1）采用断路器保护时，最小接地故障电流 I_k 必须大于断路器的瞬时过电流脱扣器整定电流 I_{set3}，为可靠动作，按式（11.2-7）计算最大允许长度 L 时，还应除以 k_{rel}、k_{op} 两个系数。k_{rel} 为断路器瞬时脱扣器动作误差系数，电磁脱扣器为 1.2，电子脱扣器为 1.1；k_{op} 为断路器动作系数（多极断路器单极过电流对脱扣特性的影响），三极和四极断路器为 1.2 倍约定脱扣电流；二极断路器为 1.1 倍约定脱扣电流。

用断路器瞬时脱扣器作间接接触防护，能够保护的铜芯电缆长度列于表 11.2-4。

表 11.2-4　　　用断路器作间接接触防护时铜芯电缆最大允许长度　　　单位：m

I_{set3} (A)		200	250	320	400	500	630	800	1000	1250	1600	2000	2500	3150
S (mm²)	S_{PE} (mm²)													
1.5	1.5	20	16	12										
2.5	2.5	33	26	21	17									
4	4	53	42	33	26	21	17							
6	6	80	64	50	40	32	25	20						
10	10	133	106	83	66	53	42	33	26					
16	16		170	133	106	85	67	53	42	34				
25	16			138	111	88	70	55	44	35	27	22		
35	16				155	124	98	77	62	49	38	31	24	
50	25					177	141	111	88	71	55	44	35	
70	35					197	155	124	99	77	62	49	38	
95	50						201	160	130	101	81	64	50	
120	70							204	163	127	101	81	64	
150	70								204	159	127	102	80	
185	95									188	151	120	95	

注　1. 电源侧阻抗系数取 0.9；$U_0 = 220V$。

2. k_{rel} 取 1.2，k_{op} 取 1.2。

3. 当采用铝芯电缆时，表中最大允许长度乘以 0.61。

4. 也适用于绝缘线穿管敷设。

2）采用"gG"熔断器保护时，能够保护的铜芯电缆长度列于表 11.2-5 和表 11.2-6。

表 11.2-5　用熔断器作间接接触防护时铜芯电缆最大允许长度（切断时间 $t \leqslant 5\text{s}$）　　单位：m

S (mm²)	S_{PE} (mm²)	I_r(A)=16 I_k(A)=67	20 85	25 115	32 138	40 166	50 220	63 300	80 400	100 580	125 670	160 870	200 1200	250 1550	315 2050	400 2700	500 4000	630 5050
2.5	2.5	143	112	83	69													
4	4	228	180	133	111	91												
6	6	342	270	200	166	136	94	76										
10	10		450	333	278	230	157	127	95									
16	16			533	442	367	251	204	152	105	91							
25	16				463	382	266	196	147	101	87	67						
35	16					539	406	298	223	154	133	102	74					
50	25						532	426	319	220	190	147	106	82				
70	35							597	447	308	267	205	149	115	87			
95	50								607	418	362	267	202	156	118	90		
120	70									529	458	352	255	198	149	113	76	
150	70										572	441	319	247	187	142	96	75
185	95											543	394	305	230	175	118	93
240	120												511	396	299	227	153	121

注　1. 电源侧阻抗系数取 0.9；$U_0 = 220\text{V}$。

　　2. 当采用铝芯电缆时，表中最大允许长度乘以 0.61。

　　3. 也适用于绝缘线穿管敷设。

表 11.2-6　用熔断器作间接接触防护时铜芯电缆最大允许长度（切断时间 $t \leqslant 0.4\text{s}$）　　单位：m

S (mm²)	S_{PE} (mm²)	I_r(A)=16 I_k(A)=108	20 130	25 180	32 220	40 300	50 390	63 560	80 750	100 1030	125 1300	160 1730	200 2210	250 3000	315 3950
2.5	2.5	98	81	59	48	35									
4	4	157	131	94	77	56	43								
6	6	226	196	142	116	85	65	45							
10	10	394	327	236	193	142	109	76	56	41					
16	16		524	378	310	227	174	121	90	66	52				
25	16				394	322	238	182	126	68	54	41			
35	16					331	255	177	132	96	76	57	45		
50	25						364	253	189	137	109	82	64	47	
70	35							355	265	192	153	114	90	66	50
95	50								359	261	207	156	122	89	68

注　1. 电源侧阻抗系数取 1.0；$U_0 = 220\text{V}$。

　　2. 当采用铝芯电缆时，表中最大允许长度乘以 0.61。

　　3. 也适用于绝缘线穿管敷设。

11.2.4.2　IT 系统的保护要求

(1) 不引出中性导体。

当外露可导电部分采用共同接地，且发生第二次异相故障时，自动切断电源要求同 TN 系统。但是，在计算故障电流时需注意以下两点：

1）电压是线电压 U_n，等于 $\sqrt{3}U_0$；

2）考虑到最不利条件，第二次异相故障和第一次故障发生在不同馈电回路，此时回路电缆长度接近2倍，故障回路示意图见图11.2-7。

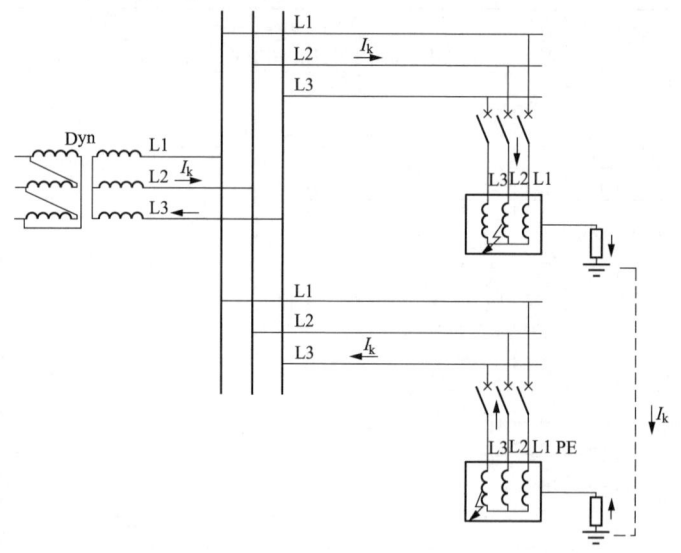

图 11.2-7　不引出中性导体 IT 系统发生第二次接地故障回路示意图

电缆长度的计算式为

$$L = \frac{(0.8 \sim 1.0)U_n S}{2 \times [1.5\rho(1+m)I_k]} k_1 k_2 \tag{11.2-8}$$

式中　U_n——标称线电压，V。

用断路器保护时，电缆最大允许长度可利用表 11.2-4 中数据乘以 $\sqrt{3}/2$，即 0.866。

（2）引出中性导体。故障回路示意图见图 11.2-8，考虑第二次故障发生在不同馈电回路。

最大电缆长度。用断路器保护时，电缆最大允许长度可利用表 11.2-4 中数据乘以 1/2，

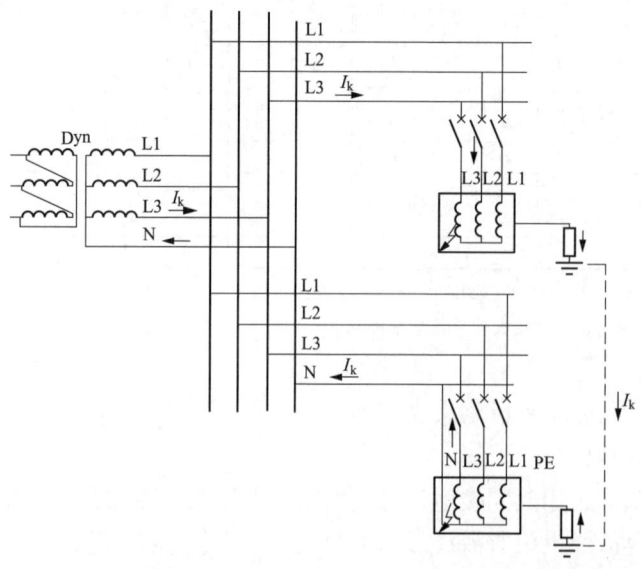

图 11.2-8　引出中性线 IT 系统发生第二次接地故障
（其中有一次是中性导体接地）回路示意图

即除以 2。

11.2.4.3 提高 TN 系统故障防护灵敏性的措施

当配电线路较长，接地故障电流较小，间接接触防护电器难以满足接地故障保护灵敏性的要求时，可采取以下措施：

(1) 提高接地故障电流值。

1) 选用 Dyn11 接线组别变压器，不用 Yyn0 接线组别变压器。由于前者比后者的零序阻抗要小得多，近端的单相接地故障电流值将有明显增大。

2) 加大相导体及保护接地导体截面积。该措施对于截面积较小的电缆和穿管绝缘线，单相接地故障电流值有较大增加。

3) 改变线路结构。如裸干线改用紧凑型封闭母线，架空线改电缆，可降低电抗，增大单相接地故障电流值，但要增加投资。

(2) 采用带短延时过电流脱扣器的断路器。断路器的瞬时过电流脱扣器不能满足接地故障要求时，则可采用带短延时过电流脱扣器的断路器作间接接触防护。

对于同一断路器，由于短延时过电流脱扣器整定电流值 I_{set2} 通常只有瞬时过电流脱扣器整定电流值 I_{set3} 的 1/5～1/3 左右，所以间接接触防护灵敏性更容易满足。

(3) 采用带接地故障保护的断路器。接地故障保护又分两种方式，即三相不平衡电流保护和剩余电流保护。

1) 三相不平衡电流保护。三相四线制配电线路正常运行时，如果三相负荷接近平衡，谐波电流小，则流过中性导体（N）的电流很小；如果三相负荷不平衡，则产生一定三相不平衡电流；如果某一相发生接地故障，则三相不平衡电流 I_N 将大大增加，达到 $I_{N(G)}$。因此利用检测三相不平衡电流值发生的变化，可取得接地故障的信号。

检测三相不平衡电流通常是在断路器后三个相导体上各装一只电流互感器（TA），取 3 只 TA 二次电流相量和乘以变比，即三相不平衡电流 $\underline{I}_N = \underline{I}_U + \underline{I}_V + \underline{I}_W$。

三相不平衡电流保护整定值 I_{set0} 必须大于正常运行时 PEN 导体或 N 导体中流过的最大三相不平衡电流、谐波电流、正常泄漏电流之和；而在发生接地故障时必须动作。建议三相不平衡电流保护整定值 I_{set0} 应符合下列两式要求

$$I_{set0} \geqslant 2.0 I_N \tag{11.2-9}$$

$$I_k \geqslant 1.3 I_{set0} \tag{11.2-10}$$

式中　I_{set0}——三相不平衡电流保护整定值，A；

I_N——三相不平衡电流，A；

I_k——单相接地故障电流，A。

配电干线正常运行时的三相不平衡电流值 I_N 通常不超过计算电流 I_C 的 20%～25%，三相不平衡电流保护整定值 I_{set0} 以整定为断路器长延时脱扣器电流 I_{set1} 的 50%～60% 为宜。可见，三相不平衡电流保护整定值 I_{set0} 比短延时整定值 I_{set2} 小得多，满足间接接触防护灵敏性。

三相不平衡电流保护适用于 TN-C、TN-C-S、TN-S 系统，但不适用于谐波电流较大的配电线路。

2) 剩余电流保护。剩余电流保护所检测的是三相电流加中性导体电流的相量和，即剩余电流 $\underline{I}_{PE} = \underline{I}_U + \underline{I}_V + \underline{I}_W + \underline{I}_N$。

三相四线配电线路正常运行时，即使三相负荷不平衡，剩余电流也只是线路泄漏电流；

当某一相发生接地故障时，则检测的三相电流加中性电流的相量和不为零，而等于接地故障电流 $I_{\mathrm{PE(G)}}$。

检测剩余电流通常是在断路器后三相导体和中性导体上各装一只 TA，取 4 只 TA 二次电流相量和，乘以变比，即剩余电流 $I_{\mathrm{PE}} = \underline{I}_{\mathrm{U}} + \underline{I}_{\mathrm{V}} + \underline{I}_{\mathrm{W}} + \underline{I}_{\mathrm{N}}$。

为避免误动作，断路器剩余电流保护整定值 I_{set4} 应大于正常运行时线路和设备的泄漏电流总和的 2.5～4 倍。

可见，采用剩余电流保护比三相不平衡电流保护的动作灵敏度更高。

剩余电流保护适用于 TN-S 系统，但不适用于 TN-C 系统。

11.3 断路器的选择

11.3.1 交流断路器（ACB、MCCB）

交流断路器应符合 GB 14048.2—2008《低压开关设备和控制设备　第 2 部分：断路器》的要求。

11.3.1.1 分类

（1）按使用类别分为 A、B 两类。A 类为非选择型；B 类为选择型。

（2）按设计形式分为开启式（ACB）和塑料外壳式（MCCB）。

（3）按操动机构的控制方法分为有关人力操作、无关人力操作；有关动力操作、无关动力操作；储能操作。

（4）按是否适合隔离分为适合隔离、不适合隔离。

（5）按安装方式分为固定式、插入式和抽屉式。

11.3.1.2 特性

断路器的特性包括断路器的形式（极数、电流种类）、主电路的额定值和极限值（包括短路特性）、控制电路、辅助电路、脱扣器形式（分励脱扣器、过电流脱扣器、欠电压脱扣器等）、操作过电压等。主要特性说明如下：

（1）额定短路接通能力（I_{cm}）。在制造厂规定的额定工作电压、额定频率以及一定的功率因数（对于交流）或时间常数（对于直流）下断路器的短路接通能力值，用最大预期峰值电流表示。对于交流，断路器的额定短路接通能力不应小于其额定极限短路分断能力和表 11.3-1 中比值 n 的乘积。

表 11.3-1　　　　　（交流断路器的）短路接通和分断能力之间的比值 n

额定极限短路分断能力 I_{cu}（kA）	功率因数	比值 n
$4.5 < I_{\mathrm{cu}} \leqslant 6$	0.7	1.5
$6 < I_{\mathrm{cu}} \leqslant 10$	0.5	1.7
$10 < I_{\mathrm{cu}} \leqslant 20$	0.3	2.0
$20 < I_{\mathrm{cu}} \leqslant 50$	0.25	2.1
$50 < I_{\mathrm{cu}}$	0.2	2.2

（2）额定极限短路分断能力（I_{cu}）。制造厂按相应的额定工作电压在规定的条件下应能分断的极限短路分断能力值（在交流情况下用交流分量方均根值表示）。

（3）额定运行短路分断能力（I_{cs}）。制造厂按相应的额定工作电压在规定的条件下应能分断的运行短路分断能力值。它可用 I_{cu} 的百分数表示。

（4）额定短时耐受电流（I_{cw}）。对于交流，为方均根值。额定短时耐受电流应不小于表 11.3-2 所示的相应值。

表 11.3-2 额定短时耐受电流最小值

额定电流 I_N（A）	额定短时耐受电流 I_{cw} 的最小值（kA）
$I_N \leqslant 2500$	$12I_N$ 或 5kA 中取大者
$I_N > 2500$	30

（5）过电流脱扣器。过电流脱扣器包括瞬时过电流脱扣器、定时限过电流脱扣器（又称短延时过电流脱扣器）、反时限过电流脱扣器（又称长延时过电流脱扣器）。

1）瞬时或定时限过电流脱扣器。瞬时或定时限过电流脱扣器在达到电流整定值时应瞬时（固有动作时间）或在规定时间内动作。

2）反时限过电流脱扣器。反时限过电流脱扣器在基准温度下的断开特性见表 11.3-3。

表 11.3-3 反时限过电流脱扣器在基准温度下的断开动作特性

所有相极通电		约定时间
约定不脱扣电流	约定脱扣电流	(h)
1.05 倍整定电流	1.30 倍整定电流	2*

注 1. 如果制造商申明脱扣器实质上与周围温度无关，则表中的电流值将在制造商公布的温度带内适用，允许误差范围在 0.3%/K 内。
   2. 温度带宽至少为基准温度±10K。
* 当 $I_{set} \leqslant 63A$ 时，为 1h。

3）时间-电流特性。反时限过电流脱扣器时间-电流特性应以制造厂提供的曲线形式给出。这些曲线表明从冷态开始的断开时间与脱扣器动作范围内的电流变化关系。时间-电流曲线示例见图 11.3-1～图 11.3-8。

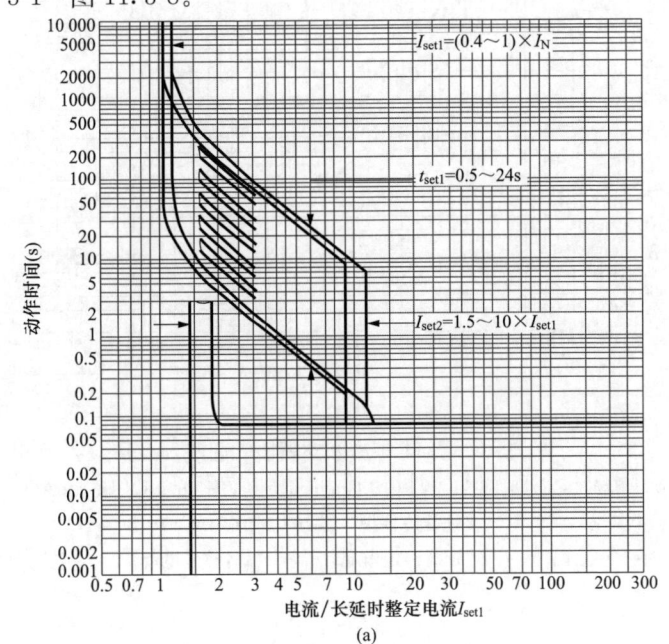

图 11.3-1 MT 框架断路器脱扣曲线（一）

（a）长延时和瞬时保护（Micrologic 2.0A/E）

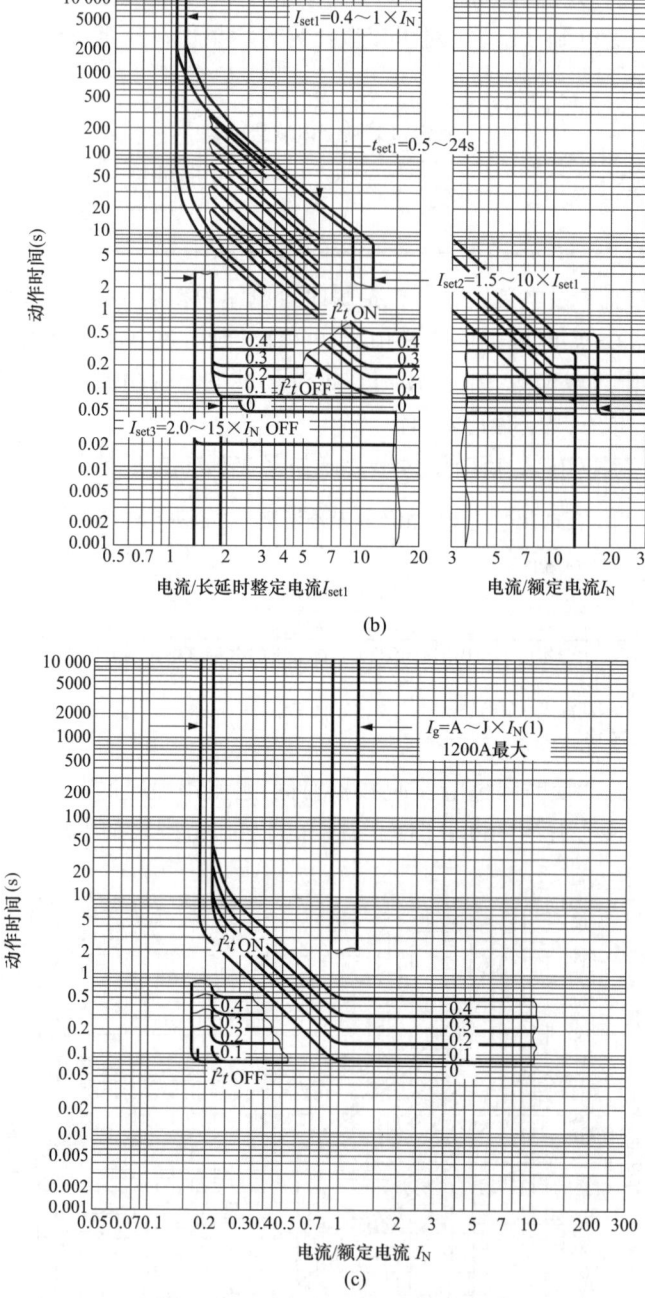

(b)

(c)

图 11.3-1　MT 框架断路器脱扣曲线（二）

（b）长延时、短延时和瞬时保护（Micrologic 5.0A/E、6.0A/E 和 7.0A/E）；

（c）接地故障保护（Micrologic 6.0A/E）

I_{set1}—长延时整定电流；I_{set2}—短延时整定电流；I_{set3}—瞬时整定电流；t_{set1}—长延时整定时间

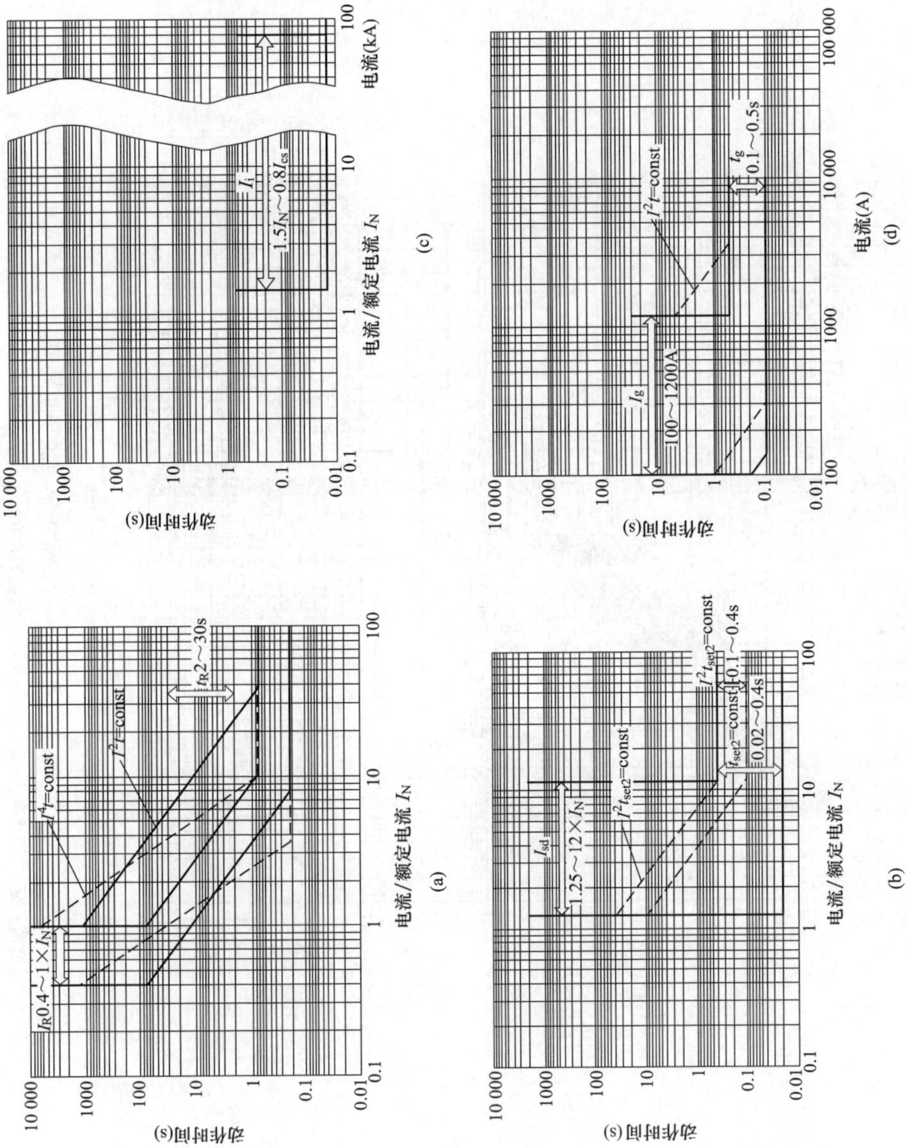

图 11.3-2　SIEMENS3WL 断路器时间-电流特性（ETU45B 电子脱扣器）

(a) 长延时的时间-电流特性曲线；(b) 短延时的时间-电流特性曲线；

(c) 瞬时的时间-电流特性曲线；(d) 接地故障电流的时间-电流特性曲线

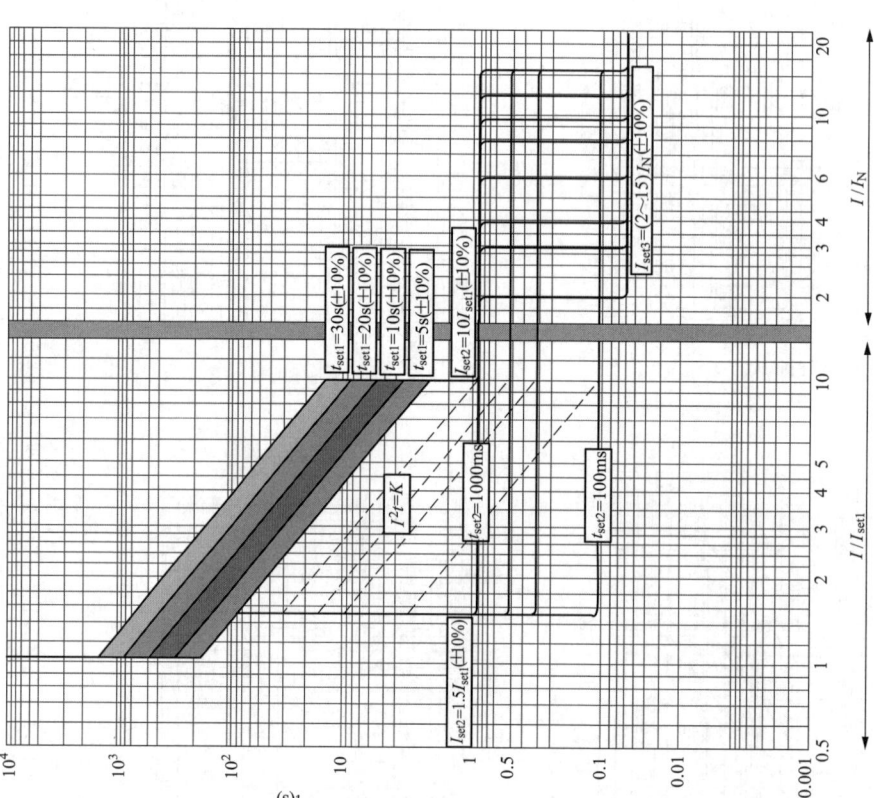

图 11.3-3 MP4 控制保护单元脱扣曲线

I_{set1}—过负荷长延时电流值; t_{set1}—过负荷长延时时间; t_{set2}—短路短延时时间值; I_{set3}—瞬时电流

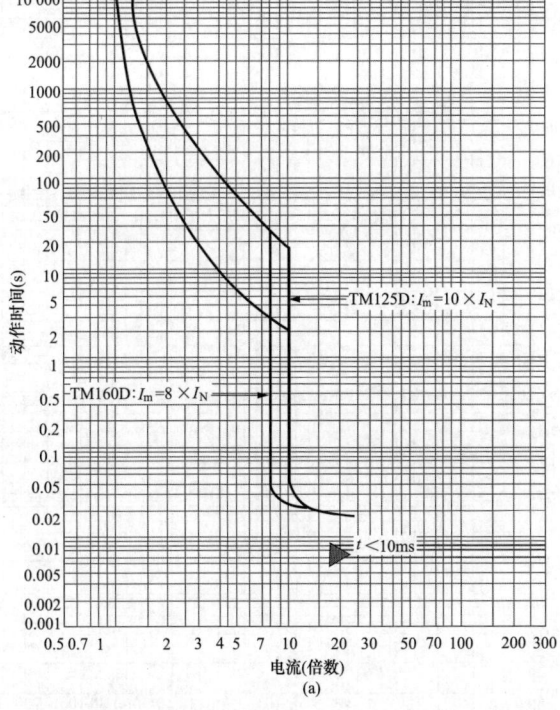

(a)

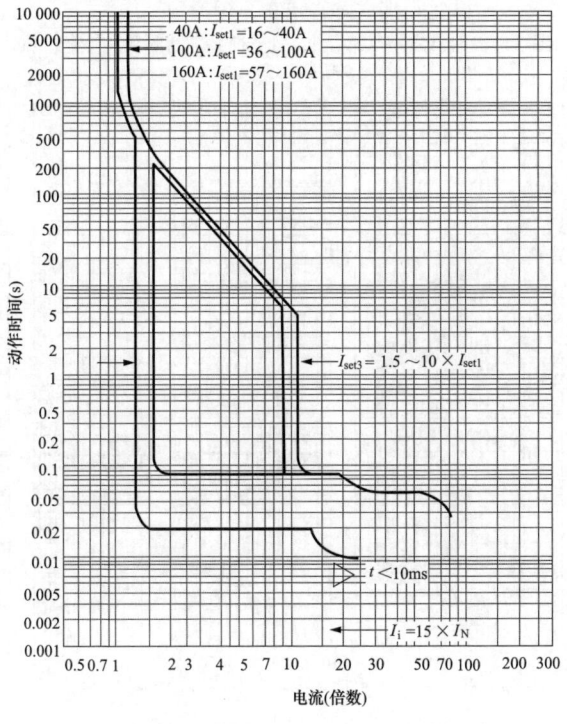

(b)

图 11.3-4　NSX 塑壳断路器配电保护脱扣曲线

（a）热磁脱扣器；（b）电子脱扣器

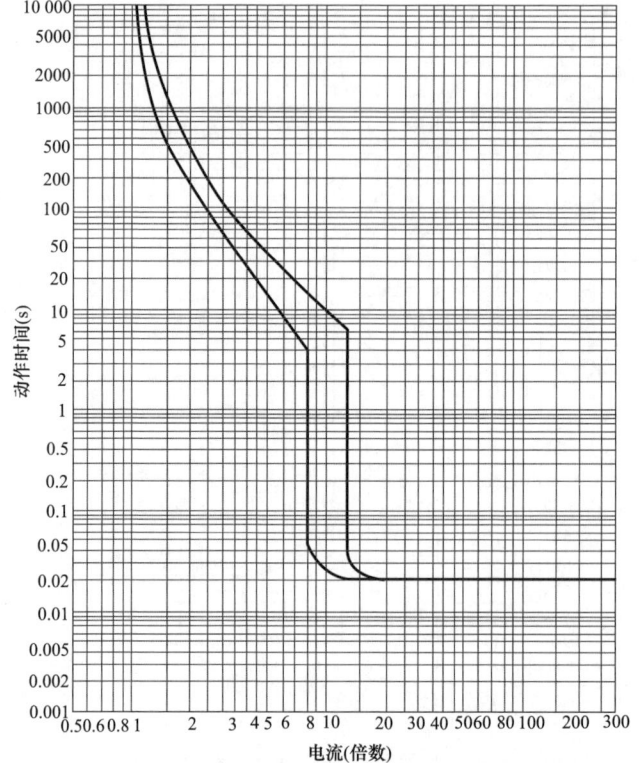

图 11.3-5 CM3-400C/L/M/H 断路器时间-电流特性

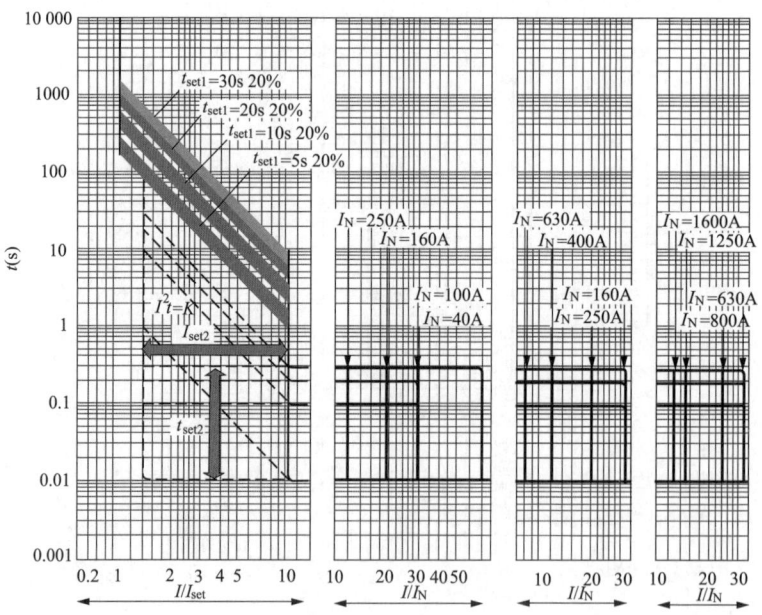

图 11.3-6 DPX3 电子脱扣器曲线脱扣曲线 (I_{set1}，I_{set2}，t_{set1} 和 t_{set2}可调)

I：实际电流；I_{set1}：过负荷长延时整定电流 ($I_{set1}=xI_N$)；t_{set1}：长延时整定时间 (5~30s)；I_{set2}：短路短延时

整定电流 ($I_{set2}=xI_{set1}$，1.5~10)；t_{set2}：短路短延时整定时间 (0~0.5s)；I^2t：定时限 (通过 t_{set2}

可调)；I_{set3}：瞬时脱扣 (4~20kA)

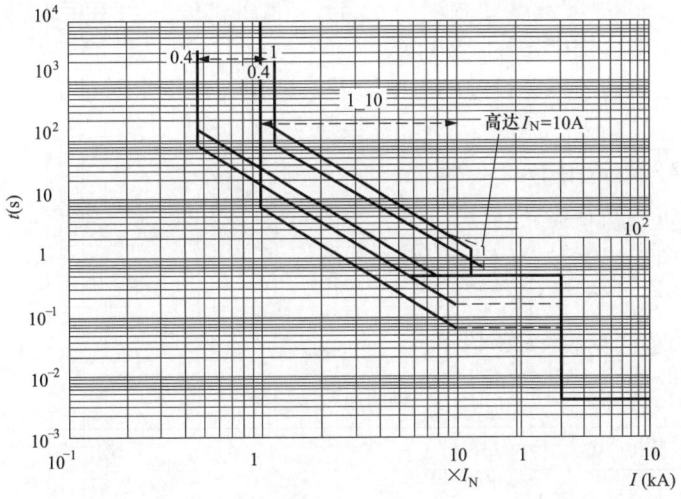

图 11.3-7 ABB T2160-PR221DS 断路器时间-电流特性

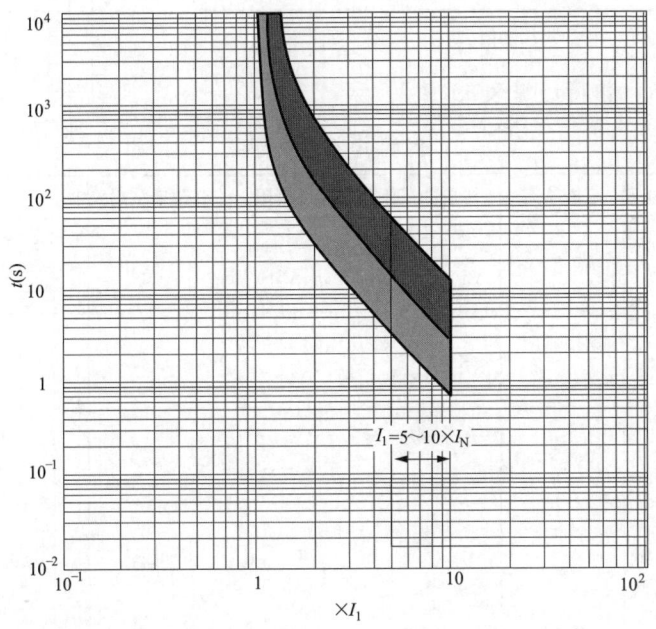

图 11.3-8 ABB T4 250-TMA 断路器时间-电流特性

11.3.2 微型断路器（MCB）

微型断路器（MCB）应符合 GB 10963.1—2005《家用及类似场所用过电流保护断路器第 1 部分：用于交流的断路器》的要求。

11.3.2.1 概述

（1）微型断路器适用于：

1）交流 50Hz 或 60Hz，额定电压不超过 400V（相间），额定电流不超过 125A，额定短路分断能力不超过 25 000A 的交流空气式断路器。

2）隔离。

3）污染等级 2 的环境中。

4）用来保护建筑物的线路设施的过电流及类似用途，供未受过训练的人员使用，并且无须维修。

（2）微型断路器不适用于：

1）保护电动机的断路器。

2）整定电流由用户能触及的可调节断路器。

11.3.2.2 特性

（1）瞬时脱扣范围见表 11.3-4。

表 11.3-4 瞬时脱扣范围

脱扣形式	脱扣范围
B	$3I_N \sim 5I_N$（含 $5I_N$）
C	$5I_N \sim 10I_N$（含 $10I_N$）
D	$10I_N \sim 20I_N$（含 $20I_N$）*

* 对特定场合，也可使用至 $50I_N$ 的值。

（2）时间-电流动作特性见表 11.3-5。

表 11.3-5 时间-电流动作特性

形式	试验电流	起始状态	脱扣或不脱扣时间极限	预期结果	附注
B、C、D	$1.13I_N$	冷态*	$t \geqslant 1h$（$I_N \leqslant 63A$） $t \geqslant 2h$（$I_N > 63A$）	不脱扣	
B、C、D	$1.45I_N$	紧接着前面试验	$t < 1h$（$I_N \leqslant 63A$） $t < 2h$（$I_N > 63A$）	脱扣	电流在 5s 内稳定上升
B、C、D	$2.55I_N$	冷态*	$1s < t < 60s$（$I_N \leqslant 32A$） $1s < t < 120s$（$I_N < 32A$）	脱扣	
B C D	$3I_N$ $5I_N$ $10I_N$	冷态*	$t \geqslant 0.1s$	不脱扣	闭合辅助开关接通电源
B C D	$5I_N$ $10I_N$ $50I_N$	冷态*	$t < 0.1s$	脱扣	闭合辅助开关接通电源

* "冷态"指在基准校正温度下，进行试验前不带负荷。

（3）多极断路器单极负荷对脱扣特性的影响。当具有多个保护极的断路器从冷态开始，仅在一个保护极上通以下列电流的负荷时：对带两个保护极的二极断路器，为 1.1 倍约定脱扣电流；对三极和四极断路器，为 1.2 倍约定脱扣电流。断路器应在约定时间内脱扣。

11.3.3 常用低压断路器的技术参数

常用低压断路器的技术参数见表 11.3-6。

表 11.3-6 常用低压断路器的技术参数

类别	型号	额定电流 (A)	过电流脱扣器额定电流 (A)	短路分断能力			数据来源
				电压 (V)	额定运行短路分断能力 I_{cs} (kA)	额定极限短路分断能力 I_{cu} (kA)	
框架式	E1	1600	800, 1000, 1250, 1600	690	42, 50	42, 50	ABB(中国)有限公司
	E2	2000	800, 1000, 1250, 1600, 2000		42, 65, 85, 130	42, 65, 85, 130	
	E3	3200	800, 1000, 1250, 1600, 2000, 2500, 3200		65, 75, 85, 130	65, 75, 100, 130	
	E4	4000	3200, 4000		75, 100, 150	75, 100, 150	
	E6	6300	4000, 5000, 6300		100, 125	100, 150	
	MT (06~16)	630	250~630	690	50	50	施耐德电气(中国)有限公司
		800	320~800				
		1000	400~1000				
		1250	500~1250				
		1600	640~1600				
	MT (08~40)	800	320~800	690	65, 100, 150	65, 100, 150	
		1000	400~1000				
		1250	500~1250				
		1600	630~1600				
		2000	800~2000				
		2500	1000~2500				
		3200	1250~3200				
		4000	1600~4000				
	MT (40b~63)	4000	1600~4000		100, 150	100, 150	
		5000	2000~5000				
		6300	2500~6300				

续表

类别	型号	额定电流 (A)	过电流脱扣器额定电流 (A)	短路分断能力			数据来源
				电压 (V)	额定运行短路分断能力 I_{cs} (kA)	额定极限短路分断能力 I_{cu} (kA)	
塑壳式	S1	125	10～125	500	13	25	ABB(中国)有限公司
	S2	160	12.5～160	690	35，50	35，50	
	S3/S4	160	32～160		35，65，75	35，65，85，100	
		250	200～250		35，65，75	35，65，85，100	
	S5	400	320～400		35，65，75	35，65，100	
		630	500～630		35，65，75	35，65，100	
	S6	800	630～800		35，50，65，75	35，50，65，100	
	S7	1250	1250		50，65	50，65，100	
		1600	1600				
	S500	63	1，2，4，6，10，16，20，25，32，40，50，63	400		25～50	ABB(中国)有限公司
	S260	63				6	
	S280	100	80，100			6	
	S270	100	0.5-100			10	
	NS (compact)	80	无	690	70	70	施耐德电气(中国)有限公司
		100	40～100		25，70，150	25，70，150	
		160	64～160		36，70，150	36，70，150，	
		250	100～250		36，70，150	36，70，150	
		400	160～400		45，70，150	45，70，150	
		630	252～630		45，70，150	45，70，150	
		800	320～800		37.5，35	50，70	
		1000	400～1000		37.5，35	50，70	
		1250	500～1250		37.5，35	50，70	
	iC65a	63	1，2，4，6，10，16，20，25，32，40，50，63	230/400	4.5	4.5	
	iC65N				6	6	
	iC65H				10	10	
	iC65L				15	15	
	NC100H	100	63，80，100	230/400	10	10	
	NC125H	125	125	230/400	10	10	
	NC100LS	63	10,16,20,2532,40，50，63	230/400	36	36	
	C120N	125	125	230/400	10	10	

11

11.3.4 直流断路器

直流断路器应符合 GB 10963.2—2008《家用及类似场所用过电流保护断路器 第 2 部分：用于交流和直流的断路器》的要求。

适用于在直流电路中运行的单极和二极断路器的补充技术要求。单极断路器额定直流电压不超过 220V，二极断路器不超过 440V，额定电流不超过 125A，额定直流短路能力不超过 10 000A。

（1）分类。

1）根据极数分为单极断路器、带两个保护极的二极断路器。

2）按时间常数（T）分为 $T \leqslant 4ms$、$T \leqslant 15ms$ 的直流电路断路器。

（2）特性。

1）瞬时脱扣范围见表 11.3-7。

表 11.3-7   瞬时脱扣范围

脱扣形式	交流范围	直流范围
B	$3I_N < I \leqslant 5I_N$	$4I_N < I \leqslant 7I_N$
C	$5I_N < I \leqslant 10I_N$	$7I_N < I \leqslant 15I_N$

2）时间-电流动作特性见表 11.3-8。

表 11.3-8   时间-电流动作特性

试验项	形式	交流试验电流	直流试验电流	起始状态	脱扣或不脱扣时间极限	预期结果	附 注
a	B, C	1.13I_N		冷态①	$t \leqslant 1h$（$I_N \leqslant 63A$） $t \leqslant 2h$（$I_N > 63A$）	不脱扣	
b	B, C	1.45I_N		紧接着 a 项试验	$t < 1h$（$I_N \leqslant 63A$） $t < 2h$（$I_N > 63A$）	脱扣	电流在 5s 内稳定上升
c	B, C	2.55I_N		冷态①	$1s < t < 60s$（$I_N \leqslant 32A$） $1s < t < 120s$（$I_N > 32A$）	脱扣	
d	B C	$3I_N$ $5I_N$	$4I_N$ $7I_N$	冷态①	$0.1s \leqslant t \leqslant 45s$（$I_N \leqslant 32A$） $0.1s \leqslant t \leqslant 90s$（$I_N > 32A$） $0.1s \leqslant t \leqslant 15s$（$I_N \leqslant 32A$） $0.1s \leqslant t \leqslant 30s$（$I_N > 32A$）	脱扣	闭合辅助开关接通电源
e	B C	$5I_N$ $10I_N$	$7I_N$ $15I_N$	冷态①	$t < 0.1s$	脱扣	闭合辅助开关接通电源

① "冷态"指在基准校准温度下，进行试验前不带负荷。

3）在不同的直流系统中断路器接线见表 11.3-9。

11

表 11.3-9　　　　　　　　　　　　不同直流系统中断路器接线

接线形式	a			b			c			d		
断路器额定电压	220V	125V	125/250V	220/440V	250V	125/250V	220/440V	250V	125/250V	220/440V	250V	125/250V
导线间最高电压	220V	125V	125V	440V	250V	250V	440V	250V	250V	440V	250V	250V
导线对地最高电压	220V	125V	125V	220V	125V	125V	440V①	250V①	250V①	220V	125V	125V
断路器极数	单极			二极			二极			二极		

① 对负极接地的使用场合，对地电压高于单极断路器的额定电压。

11.3.5　带选择性的断路器（SMCB）

带选择性的断路器应符合 GB 24350—2009《家用及类似场所用带选择性的过电流保护断路器》的要求。

家用及类似场所用带选择性的过电流保护断路器，是一种限流型断路器，能接通、承载和分断电路中的电流。它能在回路中发生过电流的情况下，通过下级过电流保护装置切断电流，其本身只进行限流，并不切断电路，从而能满足上下级过电流保护装置的选择性保护要求。

11.3.5.1　概述

（1）正常工作情况下，选择性断路器 SMCB 双金属片的工作原理与一般 MCB 相同，可作为过负荷保护用。

（2）当下级某一分支回路发生短路故障时，电磁线圈中的铁芯作用在主触头上使之斥开，产生电弧，迅速有效地限制短路电流；同时，短路电流流向辅助回路，辅助回路串联一限流电阻和选择性双金属片，使短路电流被限制到几百安培左右。

（3）当短路电流被负荷端故障回路的保护电器切断后，主触头在弹簧的作用下重新闭合，确保下级其他无故障回路能正常工作。

（4）如果短路发生在下级保护电器的负荷侧，而保护电器因故障不能动作，则选择性双金属片能在 10～300ms 内释放脱扣结构，使触头断开并保持在断开位置。

（5）带选择性的断路器的动作原理如图 11.3-9 所示。

11.3.5.2　分类

（1）根据极数分为单极 SMCB、带 1 个保护极的二极 SMCB、带 2 个保护极的二极 SMCB、带 3 个保护极的三极 SMCB、带 3 个保护极的四极 SMCB 和带 4 个保护极的四极 SMCB。

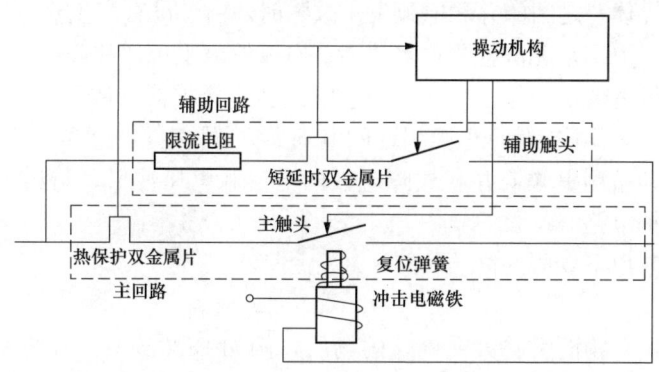

图 11.3-9　带选择性的断路器的动作原理图

（2）根据脱扣特性分为脱扣特性 E 和脱扣特性 Cs。

11.3.5.3　特性

（1）额定短路能力（I_{cu}）。SMCB 的额定短路能力是制造厂对 SMCB 规定的极限短路分断能力值；具有给定额定短路能力的 SMCB 有一个相应的运行短路能力（I_{cs}）。

（2）脱扣特性标准值。脱扣特性标准值见表 11.3-10。

表 11.3-10　　　　　　　脱扣特性标准值

脱扣特性	约定不脱扣电流 I_{nt}	约定脱扣电流 I_t	延时脱扣电流 I_{tv}	短延时脱扣电流 I_{tk}
E	$1.05I_N$	$1.2I_N$	$5I_N$	$6.25I_N$
Cs	$1.13I_N$	$1.45I_N$	$6.5I_N$	$10I_N$

（3）标准时间-电流带。SMCB 的脱扣特性应使得它们对电路有足够的保护而无过早的动作。SMCB 的时间-电流特性带（脱扣特性）由表 11.3-11 规定的条件和值来确定。表 11.3-11 指 SMCB 按基准条件安装，并且在 30℃基准校准温度下工作。

表 11.3-11　　　　　　　时间-电流动作特性

试验	试验电流	起始状态	脱扣或不脱扣时间极限	预期结果	附注
a	I_{nt}	冷态①	$t \leqslant 2h$	不脱扣	
b	I_t	紧接着试验 a	$t < 2h$	脱扣	电流在 5s 内稳定地增加
c	I_{tv}	冷态①	$0.05s < t < 15s$②	延时脱扣	通过闭合辅助开关接通电流
d	I_{tk}	冷态①	$0.01 \leqslant t \leqslant 0.3s$	短延时脱扣	通过闭合辅助开关接通电流

①　"冷态"指在基准校准温度下，试验前不带负荷。

②　对于 E 特性：5s（$I_N \leqslant 32A$）或 10s（$I_N > 32A$）。

11.3.6　电弧故障保护电器（AFDD）

电弧故障保护电器（AFDD）应符合 GB/T 31143—2014《电弧故障保护电器（AFDD）的一般要求》的规定。

（1）概述。带电导体自身断裂或因接触不良产生的串联电弧或带电导体（相导体与相导体、相导体与中性导体)之间的并联电弧发生故障时,由于没有产生对地故障电流,因此剩余电流动作保护器(RCD)无法检测这类故障;电弧故障阻抗使故障电流低于 MCB 或熔断器的脱扣阈值,保护电器不动作。因此,剩余电流动作保护器(RCD)、熔断器或小型断路器(MCB)甚至 RCD 都不能降低电弧引起的电气火灾危险。最严重的情况是偶发电弧。

AFDD 能有效地检测串联或并联故障电弧的电流和电压波形,与给定值比较,当超过动作值时断开被保护电路。

AFDD 宜安装在以下场所的终端回路:

——卧室;

——由加工或储存物而引起火灾危险的场所,例如 BE2 场所(如牲畜棚、木材厂、易燃品仓库);

——易燃结构材料构成的场所,例如 CA2 场所(如木制建筑);

——火灾易蔓延的建筑物,例如 CB2 场所;

——一旦起火将危及不可替代的珍贵物品的场所。

(2)特性。

1)最大额定电压交流不超过 240V。额定电压的优选值为 220V。

2)最大额定电流(I_N)交流不超过 63A。额定电流的优选值为 6、8、10、13、16、20、25、32、40、50、63A。

3)额定接通和分断能力(I_m)为 $10I_N$ 或 500A,两者取较大值。

4)AFDD 与 MCB 保护之间的关系。MCB 保护特性 B、C 和 D 的脱扣曲线,以及 AFDD 保护脱扣曲线如图 11.3-10 所示。

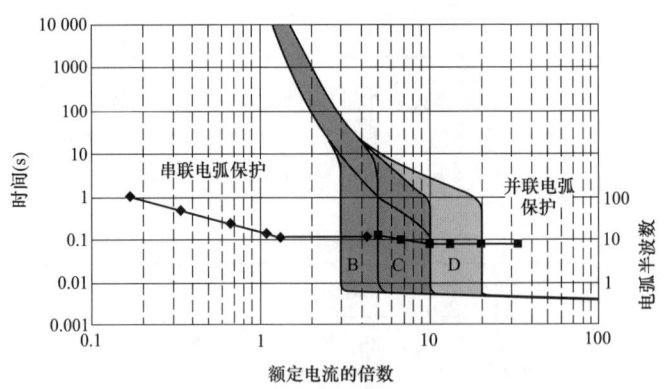

图 11.3-10　AFDD 和 MCB 时间-电流特性曲线

从图 11.3-10 中可看出,AFDD 与 MCB 串联使用,能提供配电线路的短路电流、过负荷电流、串联电弧电流、并联电弧电流的综合保护。

对于并联电弧,除稳定电弧外,故障电弧的电流、电压曲线中也可能包括相当长时间没有任何电流间隙,因为电流过零后,电弧可能不被点燃,因此不能保证过电流装置脱扣,如果有较高的电弧电压以及较高的系统阻抗,电流峰值可能在 MCB 磁脱扣电流之下。这种情况下,电弧电流可能超过 100A,电弧电压可能超过 60V,从而产生千瓦级的电弧功率;这样在故障点就会产生大的功率密度,导致绝缘材料快速点燃,如果没有极短时间脱扣,则会发生火灾,如图 11.3-11 所示。

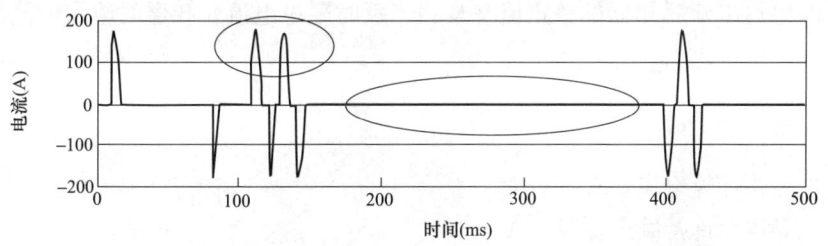

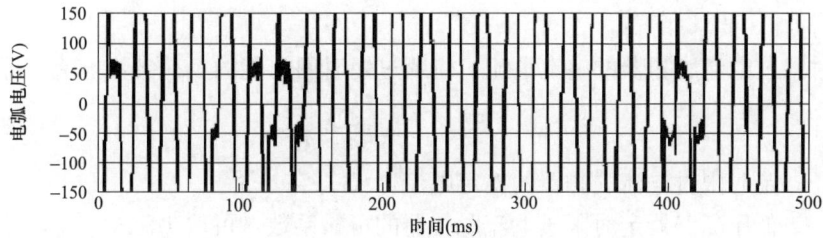

图 11.3-11　并联电弧故障的电流和电压

5）动作判别的极限值。

a）63A 及以下小电弧电流。额定电压为 230V 的 AFDD 分断时间极限值见表 11.3-12。

表 11.3-12　　　　　　　额定电压为 230V 的 AFDD 分断时间极限值

试验电弧电流[a]（方均根值）	2.5A	5A	10A	16A	32A	63A
最大分断时间	1s	0.5s	0.25s	0.15s	0.12s	0.12s

注　小电弧电流可能由相对地故障或串联电弧产生。

[a]　试验电弧电流是指试验电路中发生燃弧前的预期电流。

b）63A 以上大电弧电流。额定电压为 230V 的 AFDD 在 0.5s 内允许的最大半波数见表 11.3-13。

表 11.3-13　　　　　　额定电压为 230V 的 AFDD 在 0.5s 内允许的最大半波数

试验电弧电流（方均根值，A）	75	100	150	200	300	500
额定频率下的半波数	10	10	8	8	8	8

注　大电弧电流可能由相对地故障或并联电弧产生。

11.3.7　断路器额定电流及脱扣器整定电流的选择

配电线路保护的低压断路器电流值选择，电动机末端回路保护的低压断路器选择见第 12 章。

（1）断路器额定电流的确定。断路器壳架电流 I_N 为

$$I_N \geqslant I_{set1} \tag{11.3-1}$$

式中　I_{set1}——反时限过电流脱扣器的整定电流，A。

（2）反时限过电流脱扣器的整定值（I_{set1}）。反时限过电流脱扣器的整定电流为

$$I_{set1} \geqslant I_C \tag{11.3-2}$$

$$I_{set1} \leqslant I_Z \tag{11.3-3}$$

式中　I_C——线路计算电流，A；

　　　I_Z——导体允许持续载流量，A。

（3）定时限过电流脱扣器的整定值（I_{set2}）。定时限过电流脱扣器主要用于保证保护装置动作的选择性，要求如下：

1）定时限过电流脱扣器的整定电流，应躲过短时间出现的负荷尖峰电流，即

$$I_{set2} \geqslant K_{set2}[I_{stM1} + I_{C(n-1)}] \tag{11.3-4}$$

式中　I_{set2}——定时限过电流脱扣器的整定电流，A；

　　　K_{set2}——低压断路器定时限过电流脱扣器的可靠系数，可取 1.2；

　　　I_{stM1}——线路中启动电流最大一台电动机的启动电流，A；

　　　$I_{C(n-1)}$——除启动电流最大的一台电动机以外的线路计算电流，A。

2）定时限过电流脱扣器的整定时间通常有 0.1、0.2、0.3、0.4、0.6、0.8s 等几种，根据需要确定。其整定时间要比下级任一组熔断器可能出现的最大熔断时间大一个级量。上下级时间级差不小于 0.1～0.2s。

（4）瞬时过电流脱扣器的整定值（I_{set3}）。

1）瞬时过电流脱扣器的整定电流，应躲过配电线路的尖峰电流，即

$$I_{set3} \geqslant K_{set3}[I'_{stM1} + I_{C(n-1)}] \tag{11.3-5}$$

式中　I_{set3}——瞬时过电流脱扣器的整定电流，A；

　　　K_{set3}——低压断路器瞬时过电流脱扣器的可靠系数，考虑电动机启动电流误差和断路器瞬动电流误差，可取 1.2；

　　　I'_{stM1}——线路中启动电流最大一台电动机的全启动电流，A，它包括周期分量和非周期分量，对于笼型电动机，可取其启动电流 I_{stM1} 的 2～2.5 倍；

　　　$I_{C(n-1)}$——除启动电流最大的一台电动机以外的线路计算电流，A。

2）为满足被保护线路各级间的选择性要求，选择型低压断路器瞬时过电流脱扣器的电流整定值 I_{set3}，还应大于下一级保护电器所保护线路的最大短路电流。

非选择型低压断路器瞬时过电流脱扣器的电流整定值，在大于回路正常工作时的尖峰电流条件下，应尽可能整定得小一些。

11.3.8　照明线路保护用低压断路器的过电流脱扣器整定

反时限和瞬时过电流脱扣器的整定电流分别为

$$I_{set1} \geqslant K_{rel1} I_C \tag{11.3-6}$$

$$I_{set3} \geqslant K_{rel3} I_C \tag{11.3-7}$$

式中　I_C——照明线路的计算电流，A；

K_{rel1}、K_{rel3}——反时限和瞬时过电流脱扣器的可靠系数，取决于电光源启动特性和低压断路器特性，其值见表 11.3-14。

表 11.3-14 照明线路保护用低压断路器的反时限和瞬时过电流脱扣器可靠系数

低压断路器 脱扣器种类	可靠系数	卤钨灯	荧光灯	高压钠灯 金属卤化物灯	LED 灯
反时限过电流脱扣器	K_{rel1}	1.0	1.0	1.0	1.0
瞬时过电流脱扣器	K_{rel3}	10～12	3～5	3～5	10～12

11.3.9 按短路电流校验低压断路器的分断能力

断路器的额定运行短路分断能力 I_{cs} 或额定极限短路分断能力 I_{cu} 不应小于被保护线路最大三相短路电流的有效值。如有困难，至少应保证断路器的额定极限短路分断能力 I_{cu} 不小于被保护线路最大三相短路电流的有效值。当短路点附近所接电动机的额定电流之和超过短路电流的 1% 时，应计入电动机反馈电流的影响。通常，反馈电流可按电动机额定电流之和的 6.5～7.0 倍计算。常用断路器的分断能力见表 11.3-6。

11.3.10 断路器在 400Hz 系统中的选用

(1) 115/200V、400Hz 三相系统主要用于飞机和船舶中。对保护装置的影响如下：

1) 由于频率更高，因此涡流和集肤效应增加，从而导致损耗增加，结果是断路器在相同电流下承受了额外附加温升。为使开关处于额定温升限度内，须降容使用。

2) 400Hz 电源装置的容量很少超过几百千瓦，短路电流相对较低，通常不超过 4 倍的额定电流。

3) 标准塑壳断路器在考虑了保护整定值的修正系数后，适用于 400Hz 三相系统。

(2) 400Hz 系统中塑壳断路器的分断能力见表 11.3-15。

表 11.3-15 400Hz 系统中塑壳断路器的分断能力

I_N (A)	I_{cu} (kA)	I_N (A)	I_{cu} (kA)
100	10	400	10
160	10	630	10
250	10		

注 由施耐德电气（中国）有限公司提供。

(3) 400Hz 系统中断路器长延时过电流脱扣器的整定值低于 50Hz，应乘以修正系数 K_1，见表 11.3-16。

表 11.3-16 400Hz 系统中断路器长延时过电流脱扣器修正系数 K_1

I_{set1} (A)	40℃时的修正系数
50Hz	K_1
16～63	0.95
80～250	0.9

注 由施耐德电气（中国）有限公司提供。

（4）400Hz 系统中断路器瞬时过电流脱扣器的整定值高于 50Hz，应乘以修正系数 1.6。

11.3.11 环境温度对断路器的影响

当环境温度超过 40℃时，过负荷保护特性会发生变化。脱扣时间-电流曲线中，断路器长延时过电流脱扣器整定值 I_{set1} 的降容系数见表 11.3-17。

表 11.3-17 环境温度对断路器长延时过电流脱扣器整定值的降容系数

温度（℃）	40	45	50	55	60	65	70
降容系数	1	0.975	0.95	0.925	0.9	0.875	0.85

11.4 转换开关电器选择

转换开关电器由一个或多个开关电器构成，当一路供电电源故障时，该电器则从一路电源断开负荷电路并连接至另外一路电源上，保持供电的连续性。

11.4.1 机电转换开关电器（TSE）

11.4.1.1 分类

（1）按短路能力分类。

1）PC 级。能够接通和承载，但不用于分断短路电流的 TSE。

2）CB 级。配备过电流脱扣器的 TSE，它的主触头能够接通并用于分断短路电流。

3）CC 级。能够接通和承载，但不用于分断短路电流的 TSE。

（2）按控制转换方式分类。

1）手动（人工操作的）转换开关电器（MTSE）。

2）遥控操作转换开关电器（RTSE）。

3）自动转换开关电器（ATSE），包括自复型和非自复型。

（3）按结构设计分类。

1）专用的 TSE。主体部分是专用于转换电源而设计的整体型的开关电器。

2）派生的 TSE。主体部分是由满足 GB/T 14048《低压开关设备和控制设备》系列其他产品标准要求的电器组合而成的 TSE。例如由两台断路器或两台隔离开关或两台接触器组成的 TSE。

（4）按产品特殊功能分类。

1）旁路型。在自身维修时带有旁路功能的 TSE。它由 MTSE 和 ATSE 两部分组成，在 ATSE 维修中 MTSE 提供对负荷的供电。

2）闭合转换型（瞬间并联）型。在特定的条件下（如同电压、同频率、同相位角），可将两路电源瞬间并联在一起，使负荷不间断电转换的 TSE。

3）延时转换型。在转换过程中可提供一段可调的延时时间的 TSE，该时间与连接的负荷性质有关。

11.4.1.2 使用类别

TSE 的使用类别与预期使用的条件有关，它由负荷的性质确定。TSE 的使用类别确定其用途，表 11.4-1 列出了不同使用类别所对应的负荷性质。

表 11.4-1   TSE 的使用类别及对应的负荷性质

电流性质	使用类别		负 荷 性 质
	频繁操作	不频繁操作	
交流	AC-31 A	AC-31 B	无感或微感负荷
	AC-32 A	AC-32 B	通断阻性和感性的混合负荷,包括中度过负荷
	AC-33 A	AC-33 B	电动机负荷或包含电动机、电阻负荷和30%以下白炽灯负荷的混合负荷(含鼠笼型电动机)
	AC-35 A	AC-35 B	放电灯负荷
	AC-36 A	AC-36 B	白炽灯负荷
直流	DC-31 A	DC-31 B	电阻负荷
	DC-33 A	DC-33 B	电动机负荷或包含电动机的混合负荷
	DC-36 A	DC-36 B	白炽灯负荷

说明:A操作:适用于需要操作次数较多的电路,如正常转换和发电机组的试车转换。

        B操作:适用于不频繁转换电路。

11.4.1.3 电气性能

(1)电操作能力。

1)在电路正常情况下,TSE 应具有的最少电气转换操作次数的能力。它与 TSE 的使用类别和额定工作电流有关。

2)转换开关电器的额定频率应与所在电源回路的频率相适应。

3)转换开关电器应满足短路条件下的动稳定与热稳定要求。CB 级的转换开关电器应满足短路条件下的分断能力,PC/CC 级的转换开关电器应满足承载短路耐受电流的要求。

4)当日常维护及损坏维修仍要确保连续供电时,建议选用旁路、抽屉型转换开关电器。

5)转换开关电器上下级动作时间应根据系统要求进行配合。

(2)接通与分断能力。在电路过负荷情况下,TSE 应具有安全转换的能力。它与 TSE 的使用类别有关,其接通和分断能力应不低于表 11.4-2 的规定。

表 11.4-2   验证接通与分断能力(对应于各种使用类别的接通与分断试验条件)

使用类别		接通与分断试验条件			
		I/I_N	U_r/U_N	$\cos\varphi$	通电时间(s)
交流	AC-31A AC-31B	1.5	1.05	0.80	0.05
	AC-32A AC-32B	3.0	1.05	0.65	0.05
	AC-33A AC-33B	10.0	1.05		0.05
	AC-35A AC-35B	3.0	1.05	0.50	0.05
	AC-36A AC-36B	1.5	1.05		0.05
直流				L/R(ms)	
	DC-31A DC-31B	1.5	1.05		0.05
	DC-33A DC-33B	4.0	1.05	2.5	0.05
	DC-36A DC-36B	1.5	1.05		0.05

注 1. I 指接通和分断电流。接通电流用直流或交流的对称有效值表示。但对于使用类别 AC-36A、AC-36B 和 DC-36A、DC-36B,接通操作中的实际峰值可以理解为是高于对称峰值的值。

    2. I_N 指额定工作电流。

    3. U_r 指工频恢复电压或直流恢复电压。

    4. U_N 指额定工作电压。

(3) 短路能力。

1) 额定短路分断能力（I_{cn}）。额定短路分断能力用预期分断电流值表示（在交流情况下用交流分量方均根值表示）。

额定短路分断能力最小值在表 11.4-3 的第 2 栏中给出，制造商可规定一个更大的短路分断能力值。CB 级 TSE 应能分断额定短路分断能力及以下的任何电流。

表 11.4-3 验证短路操作能力的试验电流值

额定工作电流 I_N（方均根值）（A）	试验电流（方均根值）（A）
$I_N \leqslant 100$	5000
$100 < I_N \leqslant 500$	10 000
$500 < I_N \leqslant 1000$	$20I_N$
$1000 < I_N$	$20I_N$ 或 50kA（选较小值）

注 功率因数和时间常数应按表 11.4-4 规定。

2) 额定短时耐受电流（I_{cw}）。对于交流，额定短时耐受电流值用电流的交流分量方均根值表示，且任何一相的最大峰值电流都不应小于该方均根值的 n 倍，比值 n 在表 11.4-4 中给出。

表 11.4-4 对应于试验电流的功率因数、时间常数和电流峰值与方均根值的比值 n

试验电流 I（A）	功率因数	时间常数（ms）	n
$I \leqslant 1500$	0.95	5	1.41
$1500 < I \leqslant 3000$	0.9	5	1.42
$3000 < I \leqslant 4500$	0.8	5	1.47
$4500 < I \leqslant 6000$	0.7	5	1.53
$6000 < I \leqslant 10\ 000$	0.5	5	1.7
$10\ 000 < I \leqslant 20\ 000$	0.3	10	2.0
$20\ 000 < I \leqslant 50\ 000$	0.25	15	2.1
$50\ 000 < I$	0.2	15	2.2

短时耐受电流最小值在表 11.4-3 的第 2 栏中给出。

额定短时耐受电流的最短通电时间为：

a) 额定工作电流小于等于 400A 时，交流为额定频率的 1.5 个周波，直流为 0.025s。

b) 额定工作电流大于 400A 时，交流为额定频率的 3 个周波，直流为 0.05s。

3) 额定短路接通能力（I_{cm}）。额定短路接通能力用最大预期峰值电流表示。

对于交流 CB 级的 TSE，额定短路接通能力应不小于短路分断能力方均根值乘以表 11.4-4 的比值 n 后的值，制造商可规定一个更大的短路接通能力值。

对于直流，假设稳态短路电流值是恒定的，则额定短路接通能力不小于额定短路分断能力。

TSE 在外施电压小于等于 105% 额定工作电压时，应能接通相应于额定短路接通能力的电流。

4) 额定限制短路电流（I_{nc}）。额定限制短路电流是指在制造商规定的试验条件下，被指定的短路保护电器（SCPD）保护的 TSE 在短路保护电器动作时间内能够承受的预期短路电流值。

预期短路电流最小值在表 11.4-3 的第 2 栏中给出。

制造商应说明所规定的短路保护电器的详细情况，包括其型号、额定值、特性，对于限流电器，还应包括相应于预期短路电流值时的最大峰值电流和 I^2t。

11.4.2 静态转换开关电器（STS）

11.4.2.1 概述

STS 是一种无触点（静态器件）的自动转换开关电器，可实现电源的同步转换。同步转换是指两电源频率、相位和幅值在规定的范围内的转换，如图 11.4-1 所示。

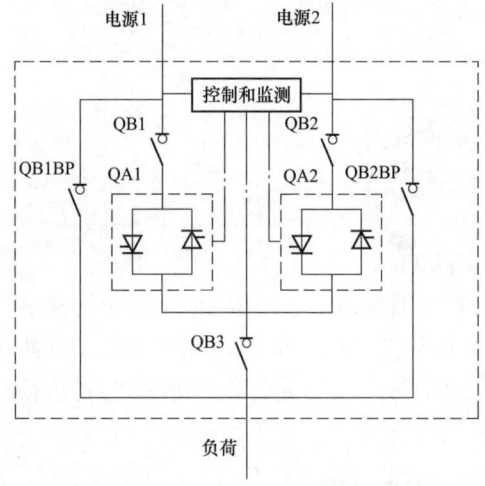

图 11.4-1 STS 单线电路图

STS 有常用运行模式和维护运行模式两种。当 QA1 或 QA2 需退出运行时，旁通隔离开关 QB1BP 或 QB2BP 闭合，隔离开关 QB1 或 QB2 与 QB3 分断，STS 处于维护运行模式。旁通隔离开关 QB1BP 和 QB2BP 分断，隔离开关 QB1、QB2 和 QB3 闭合，STS 处于常用运行模式。检测电源的电压、频率等参数，符合规定的转换条件时自动转换。

在三相四线制系统中，为防止在转换时产生过电压，中性导体应先于相导体闭合，后于相导体分断。转换过程中两电源的中性导体应短时并列，通常带有与静态器件并联的接触器，如图 11.4-2 所示。

接触器转换时间顺序如图 11.4-3 所示。$t_3 \sim t_5$ 为中性导体并列时间。

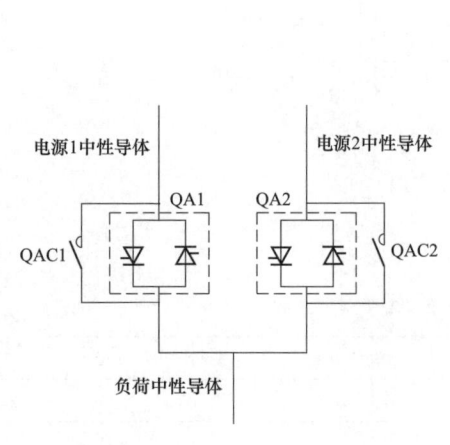

图 11.4-2 STS 中性导体电路图

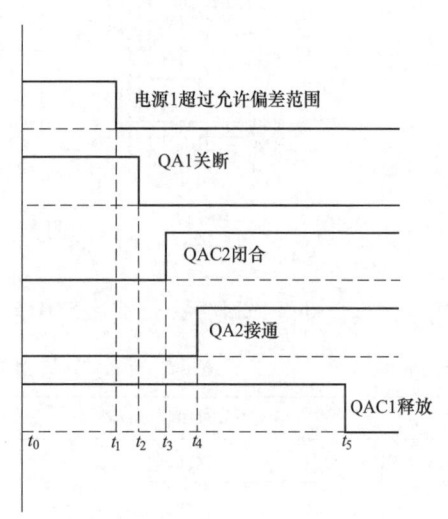

图 11.4-3 中性导体转换时间顺序图

11.4.2.2 性能分类的标识

产品制造商需根据 IEC 标准按照下列编码对产品加以标识：

XX	YY	B	ST

XX（对故障电流的分断能力）：

CB级—能接通和分断规定的短路电流，具备过电流保护功能。

PC级—能接通和耐受短路电流，但不具备切断短路电流的能力。

YY（输入中性导体特征）：

00—无中性导体；

NC—共用中性导体；

NS—中性导体用开关隔离；

NI—中性导体电气隔离（可通过隔离变压器实现）。

B（开关转换特性）：

B—先断后通（开式转换），转换过程中无瞬时横向导通；

M—先通后断（闭式转换），转换过程中可能出现瞬时横向导通。

ST（检测特性和转换特征）：

S—自动转换被触发前的灵敏度；用电源的类别标识。

当供电电源的电压值达到设定检测允许偏差值范围外时，STS应进行自动转换。电源类别1、2、3的过电压和欠电压的限值与检测允许偏差见图2.6-15～图2.6-17，4类电源的过电压和欠电压的限值与检测允许偏差见图11.4-4。检测允许偏差根据重要负荷可承受的电压限值来确定。

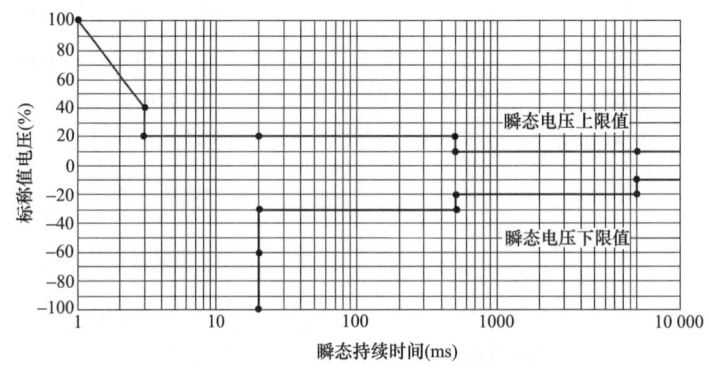

图 11.4-4　4类电源允许偏差曲线

T——一旦自动转换触发，负荷电源中断的时间（参见表11.4-5）。

表 11.4-5　　　　　　　　　　转换中断时间分类"T"

T	中断时间（ms）	T	中断时间（ms）
1	≤0.1	4	≤20
2	≤1	5	客户特殊需求
3	≤10		

注 转换分类5为特殊的转换特性保留。

由表11.4-5可以看出，静态转换开关STS与ATS相比，其切换时间可以做到毫秒级，可以实现两路电源的不断电转换，目前基本应用包括电力工业的自动化系统、石化工业的电源系统、计算机数据中心及通信枢纽等对电源中断敏感的系统和设备。

11. 4. 2. 3 环境和分类

（1）环境。

1）第一类环境。包括居住、商业和轻工业环境，其电源不经过中间变压器直接引自公共低压电网。

2）第二类环境。包括所有的商业、轻工业和工业企业，不是电源直接引自为居民用电的低压电网的建筑物。

（2）STS按环境分类。

1）C1类STS。适用于第一类环境且没有任何限制的STS。

2）C2类STS。适用于输入/输出电流不超过16A的第二类环境且没有任何限制的STS。当该类STS通过插头和插座连接或永久性连接时，也可用于第一类环境。

3）C3类STS。适用于输入/输出电流超过16A的第二类环境。该类STS适用于与第一类环境距离不小于30m的商业和工业设施。

4）C4类STS。适用于既不是完全的第一类环境，也不是完全的第二类环境。

11.5 开关、隔离器、隔离开关及熔断器组合电器

11.5.1 概述

开关、隔离器、隔离开关及熔断器组合电器的定义如下：

（1）开关。在正常电路条件下（包括规定的过负荷工作条件），能够接通、承载和分断电流，并在规定的非正常电路条件下（如短路），能在规定时间内承载电流的一种机械开关电器，可以接通但不能分断短路电流。

（2）隔离器。在断开状态下能符合规定的隔离功能要求的机械开关电器，应满足距离、泄漏电流的要求，以及断开位置指示可靠性和加锁等附加要求；能承载正常电路条件下的电流和一定时间内非正常电路条件下的电流（短路电流）。

（3）隔离开关。在断开状态下能符合隔离器的隔离要求的开关。

（4）熔断器组合电器。它是熔断器开关电器的总称，是将开关或隔离器与一个或多个熔断器组装在同一个单元内的组合电器。

开关、隔离器、隔离开关及熔断器组合电器功能和图形符号列于表11.5-1中。

表 11. 5-1　开关、隔离器、隔离开关及熔断器组合电器功能和图形符号

类　型	功能和图形符号		
	接通、承载、分断正常电流；承载规定时间内的短路电流；可接通短路电流	隔离功能（电气间隙、泄漏小，断开位置指示，挂锁等）	同时有左侧两者功能
开关、隔离器、隔离开关	开关	隔离器	隔离开关

类　　型	功能和图形符号		
	接通、承载、分断正常电流；承载规定时间内的短路电流；可接通短路电流	隔离功能（电气间隙、泄漏小，断开位置指示，挂锁等）	同时有左侧两者功能
熔断器组合电器 — 熔断器串联	开关熔断器组 单断点	隔离器熔断器组 单断点	隔离开关熔断器组 单断点
	开关熔断器组 双断点	隔离器熔断器组 双断点	隔离开关熔断器组 双断点
熔断器组合电器 — 熔断体作动触头	熔断器式开关 单断点	熔断器式隔离器 单断点	熔断器式隔离开关 单断点
	熔断器式开关 双断点	熔断器式隔离器 双断点	熔断器式隔离开关 双断点

11.5.2　分类

按使用类别分类列于表 11.5-2 中，表中类别 A 用于经常操作环境；类别 B 用于不经常操作，如只在维修时为提供隔离才操作的隔离器，或以熔断体触刀作动触头的开关电器。

表 11.5-2　　　　　　　　　　使用类别和典型用途

电流种类	使用类别		典　型　用　途
	类别 A	类别 B	
交流	AC-20A	AC-20B	空载条件下闭合和断开
	AC-21A	AC-21B	通断阻性负荷，包括适当的过负荷
	AC-22A	AC-22B	通断电阻和电感混合负荷，包括适当的过负荷
	AC-23A	AC-23B	通断电动机负荷或其他高电感负荷
直流	DC-20A	DC-20B	空载条件下闭合和断开
	DC-21A	DC-21B	通断阻性负荷，包括适当的过负荷
	DC-22A	DC-22B	通断电阻和电感混合负荷，包括适当的过负荷（如并励电动机）
	DC-23A	DC-23B	通断高电感负荷（如串励电动机）

11.5.3 正常负荷特性

(1) 额定接通能力。在规定接通条件下能满足接通的电流值。对于交流，用电流周期分量方均根值表示，其值见表 11.5-3。

(2) 额定分断能力。在规定分断条件下能满足分断的电流值。对于交流，用电流周期分量方均根值表示，其值见表 11.5-3。

表 11.5-3 各种使用类别的接通和分断能力及验证条件

使用类别	额定工作电流 (A)	接通		分断		操作循环次数
		I/I_N	$\cos\varphi$	I_c/I_N	$\cos\varphi$	
AC-21A AC-21B	全部值	1.5	0.95	1.5	0.95	5
AC-22A AC-22B	全部值	3	0.65	3	0.65	5
AC-23A AC-23B	$0<I_N<100$	10	0.45	8	0.45	5
	$100<I_N$	10	0.35	8	0.30	3
使用类别	额定工作电流 (A)	I/I_N	L/R（ms）	I_c/I_N	L/R（ms）	操作循环次数
DC-20A DC-20B	全部值	—	—	—	—	—
DC-21A DC-21B	全部值	1.5	1	1.5	1	5
DC-22A DC-22B	全部值	4	2.5	4	2.5	5
DC-23A DC-23B	全部值	4	15	4	15	5

注 1. 接通在外施电压为额定工作电压的 1.05 倍下进行，分断在工频或直流恢复电压为额定工作电压的 1.05 倍下进行。

2. 表中 I 为接通电流；I_c 为分断电流；I_N 为额定工作电流。

11.5.4 短路特性

(1) 额定短时耐受电流（I_{cw}）。开关、隔离器或隔离开关的额定短时耐受电流由制造厂规定，在规定试验条件下，电器能够短时承受而不发生任何损坏的电流值。短时耐受电流值不得小于 12 倍最大额定工作电流，通电持续时间应为 1s（除另有规定外）。

(2) 额定短路接通能力（I_{cm}）。开关或隔离开关的额定短路接通能力由制造厂规定，在额定工作电压、额定频率（如果有的话）和规定的频率因数（或时间常数）下电器的短路接通能力值，该值用最大预期电流峰值来表示。

(3) 额定限制短路电流（I_q）。是在短路保护电器动作时间内能够良好地承受的预期短路电流值。对于交流，用交流分量方均根值表示，此值由制造厂提供。

11.5.5 选用

11.5.5.1 隔离器的选用

(1) 隔离器应符合如下条件：

1) 在新的、清洁的、干燥的条件下，触头在断开位置时，每极触头间的冲击耐受电压与电气装置标称电压的关系见表 11.5-4。

表 11.5-4 与标称电压对应的冲击耐受电压

装置的标称电压 (V)	隔离器的冲击耐受电压 (kV)	
	过电压类别Ⅲ	过电压类别Ⅳ
220/380	5	8
380/660	8	10

注 1. 对于瞬态过电压,接地系统和不接地系统没有区别。

2. 表中冲击耐受电压是按海拔 2000m 考虑的。

2)断开触头之间的泄漏电流不得超过以下数值:

——在新的、清洁的、干燥的条件下为每极 0.5mA。

——在有关标准中确定的电器的约定使用寿命末期时为每极 6mA。

3)断开触头之间的隔离距离应是可见的或明显的,并用标记"开"或"断"可靠地标示出来。这种标示只有在每极断开触头之间已经达到隔离距离时才出现。

(2)隔离器可以采用单极或多极隔离器、隔离开关或隔离插头;插头与插座;连接片;不需要拆除导线的特殊端子;熔断器;具有隔离功能的断路器。

(3)半导体开关电器,严禁作为隔离器。

11.5.5.2 开关电器的选用

(1)机械维修时断电用的开关电器。机械维修时断电用的开关应保证维修时的安全。

1)机械维修时断电用的开关电器应接入主电源回路内。为此目的而装设的开关应能切断电气装置有关部分的满负荷电流,不一定需要断开所有带电导体。机械维修时断电用的开关电器或这种开关电器用的控制开关应是人工操作的。断开触头之间的电气间隙应是可见的或明显的,并用标记"开"或"断"可靠地标示出来。这种标示只有在每极断开触头之间已经达到隔离距离时才出现。机械维修时断电用的开关电器的设计及/或安装应防止意外闭合。机械维修时断电用的开关通常使用在吊车、电梯、自动扶梯、传送带、机床、泵等用电设备上。

2)机械维修时断电用的开关电器,可以采用多极开关;断路器;用控制开关操作的接触器;插头和插座。

(2)紧急开关用电器。紧急开关是用于紧急接通或紧急切断的开关。

1)紧急开关用电器应具有能断开电气装置有关部分的满负荷电流的能力,必要时应考虑电动机的堵转电流。紧急开关用电器包括:

——能够直接切断有关电源的一个开关设备;

——由一个单一动作启动的切断有关电源的一组设备。

2)紧急开关能够使设备脱离意外危险和避免突然来电带来的危险。在自动扶梯、电梯、起重机、传送带、电动门、机床、洗车设备等处应安装紧急开关。

3)紧急开关可采用主电路中的开关、控制(辅助)电路中的按钮(不能自复)和类似电器。

(3)功能性开关电器。功能性开关安装在需要独立控制的电路中。

1)功能性开关电器仅控制电流,不必切断其对应的极。单极开关不应安装在中性线上。

2)功能性开关可以采用开关、半导体开关电器、断路器、接触器、继电器、16A 及以下的插头和插座来实现。

3)隔离器、熔断器和连接片,严禁作为功能性开关电器。

11.6 熔 断 器

11.6.1 概述

11.6.1.1 熔断器的特点

熔断器提供电路过电流效应的完整保护，具有下列特点：

(1) 高分断能力；

(2) 高限流特性（低 I^2t 值）；

(3) 安全、可靠；

(4) 选择性好；

(5) 不需维护；

(6) 不能复位，迫使用户在重新接通电路之前需识别和消除故障。

(7) 经济有效的保护；

(8) 没有缺相保护；

(9) 不能远距离操作。

11.6.1.2 熔断器的分类

(1) 按结构分。熔断器的结构形式与使用人员有关，分为：

1) 专职人员使用的熔断器（主要用于工业场所的熔断器）。标准化熔断器系统组成：

熔断器系统 A：刀型触头熔断器（NH 熔断器系统）；

熔断器系统 B：带撞击器的刀型触头熔断器（NH 熔断器系统）；

熔断器系统 C：条型熔断器底座（NH 熔断器系统）；

熔断器系统 D：母线安装的熔断器底座（NH 熔断器系统）；

熔断器系统 E：螺栓连接熔断器（BS 螺栓连接熔断器系统）；

熔断器系统 F：圆筒形帽熔断器（NF 圆筒形帽熔断器系统）；

熔断器系统 G：偏置触刀熔断器（BS 夹紧式熔断器系统）；

熔断器系统 H："gD" 和 "gN" 特性熔断器（J 类和 L 类延时和非延时熔断器型）；

熔断器系统 I：gU 楔形触头熔断体；

熔断器系统 J："CC 类 gD" 和 "CC 类 gN" 特性熔断器（CC 类延时和非延时熔断器型）。

其中熔断器系统 C、D 为熔断器底座；熔断器系统 E~J 在中国市场很少使用。

2) 非专职人员使用的熔断器（主要用于家用和类似用途的熔断器）。标准化熔断器系统组成：

熔断器系统 A：D 型熔断器系统；

熔断器系统 B：圆管式熔断器（NF 熔断器系统）；

熔断器系统 C：圆管式熔断器（BS 熔断器系统）；

熔断器系统 F：用于插头的圆管式熔断器（BS 插头系统）。

在中国市场广泛应用的是熔断器系统 A。

(2) 按分断范围分。

1) "g" 熔断体。在规定条件下，能分断使熔体熔化的电流至额定分断能力之间的所有电流的限流熔断体（全范围分断）。

11

注 "gM"熔断体用二个电流值来说明其特性。第一个值 I_N 表示熔断体和熔断器支持件的额定电流；第二个值 I_{ch} 表示表 11.6-1、表 11.6-2 和表 11.6-4 中门限所规定的熔断体的时间-电流特性，上述的两个额定值由表明用途的一个字母加以分隔。

例如 $I_N M I_{ch}$ 表示用以保护电动机电路并且具有 G 特性的熔断器。第一个值 I_N 表示整个熔断器的最大连续额定电流；第二个值 I_{ch} 表示熔断体的 G 特性。

2）"a"熔断体。在规定条件下，能分断示于熔断体熔断时间-电流特性曲线上的最小电流至额定分断能力之间的所有电流的熔断体（部分范围分断）。

（3）按使用类别分。

1）"G"类。一般用途的熔断体，即保护配电线路用。

2）"M"类。保护电动机回路的熔断体。

3）"Tr"类。保护变压器的熔断体。

4）"R"类或"S"类。半导体设备保护用熔断体；"R"型与"S"型相比，动作更快，$I^2 t$ 值更小；"S"型与"R"型相比，具有较小的耗散功率，可以提高电缆的利用率。

5）"D"类。延时熔断体。

6）"N"类。非延时熔断体。

7）"PV"类。太阳能光伏系统保护用熔断体。

（4）分断范围和使用类别的组合。

1）"gG"表示一般用途全范围分断能力的熔断体。

2）"gM"表示保护电动机电路全范围分断能力的熔断体。

3）"aM"表示保护电动机电路部分范围分断能力的熔断体。

4）"gD"表示全范围分断能力延时熔断体。

5）"gN"表示全范围分断能力非延时熔断体。

6）"gR"表示半导体设备保护全范围分断能力的熔断体。

7）"gPV"表示用于太阳能光伏系统全范围分断能力的熔断体。

"gD"和"gN"熔断体，只在北美有应用。

11.6.1.3　短路情况下熔断器动作

发生短路时，熔断体的狭颈（断口）全部同时熔化，形成了与熔体狭颈数量相同的系列电弧，结果电弧电压保证了电流快速减小直至为零。这种现象称作限流。

熔断器动作分为两个阶段，如图 11.6-1（a）和图 11.6-1（b）所示。

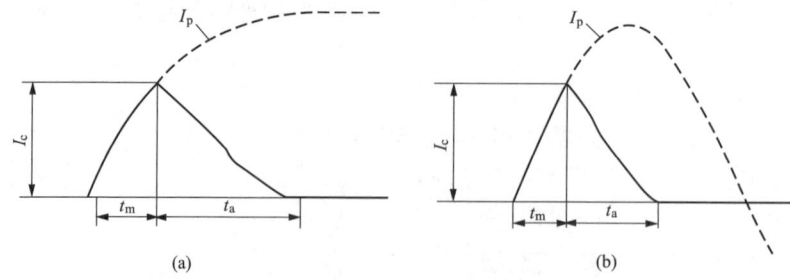

图 11.6-1　熔断器动作的弧前（熔化）阶段和燃弧阶段

（a）直流；（b）交流

t_m—弧前时间；t_a—燃弧时间；I_p—预期电流；I_c—截断电流

1）弧前（熔化）阶段（t_m）。狭颈发热至熔点，然后材料汽化。

2）燃弧阶段（t_a）。每个断口开始起弧，然后电弧被填料熄灭。

熔断时间为弧前时间和燃弧时间之和。弧前 I^2t 和熔断 I^2t 分别表示在弧前时间和熔断时间内被保护电路中释放的能量。图 11.6-1 显示了短路条件下熔断体的限流能力。应注意熔断体的截断电流 I_c 大大低于预期电流峰值 I_p。

11.6.1.4 过负荷情况下熔断器动作

过负荷期间，"熔化效应"使得材料熔化，在熔断体的两个部分之间形成电弧。围绕熔断体的填料（典型的干净石英砂）快速熄灭电弧，并强制电流降至零。冷却后，熔化的填料将熔体的各半个部分互相隔离，防止电弧重燃和电流再流通。熔断器动作的过程详述如下，如图 11.6-2 所示。

1）弧前（熔化）阶段（t_m）。狭颈发热至该狭颈（含有熔化材料）的熔点。典型的弧前时间大于几毫秒，并且与过负荷电流的大小成反比。低倍数的过负荷，其弧前时间从几秒至几小时。

2）燃弧阶段（t_a）。在熔化效应断口处的电弧随即被填料熄灭。燃弧时间取决于外施电压。

3）两个阶段形成了总的熔断器熔断时间（t_m+t_a）。弧前 I^2t 和熔断 I^2t 分别表示在弧前时间和熔断时间内被保护电路中释放的能量，在过负荷条件下弧前值 I^2t 很大。对于时间大于数个周波或数个时间常数，弧前时间是优先测量值。在这种情况下，与弧前时间相比，燃弧时间可忽略。

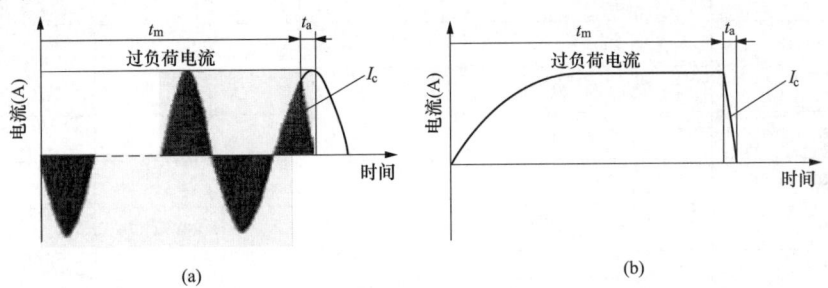

图 11.6-2　过负荷条件下熔断器动作
（a）交流；（b）直流

11.6.2 性能

11.6.2.1 约定时间和约定电流

约定时间和约定电流见表 11.6-1。

表 11.6-1　　　　　　　"gG" 和 "gM" 熔断体的约定时间和约定电流

"gG" 额定电流 I_N "gM" 特性电流 I_{ch}（A）	约定时间（h）	约定电流（A）	
		I_{nf}	I_f
$I_N<16$	1	见表 11.6-5	
$16 \leqslant I_N<63$	1	1.25I_N	1.6I_N
$63 \leqslant I_N<160$	2		
$160 \leqslant I_N<400$	3		
$400<I_N$	4		

注　"gM" 熔断体见 11.6.1.2 中的（2）1）注。

11.6.2.2 门限

"gG"和"gM"熔断体的门限值列于表11.6-2中。

表 11.6-2　　　　　"gG"和"gM"熔断体约定弧前时间的门限值

I_N用于"gG" I_{ch}用于"gM"[b]（A）	I_{min}（10s）[c]（A）	I_{max}（5s）（A）	I_{min}（0.1s）（A）	I_{max}（0.1s）（A）
16[a]	33	65	85	150
20	42	85	110	200
25	52	110	150	260
32	75	150	200	350
40	95	190	260	450
50	125	250	350	610
63	160	320	450	820
80	215	425	610	1100
100	290	580	820	1450
125	355	715	1100	1910
160	460	950	1450	2590
200	610	1250	1910	3420
250	750	1650	2590	4500
315	1050	2200	3420	6000
400	1420	2840	4500	8060
500	1780	3800	6000	10 600
630	2200	5100	8060	14 140
800	3060	7000	10 600	19 000
1000	4000	9500	14 140	24 000
1250	5000	13 000	19 000	35 000

[a]　电流小于16A的熔断体其约定时间和约定电流见11.6.3。

[b]　对于"gM"熔断体见11.6.1.2中的（2）1）注。

[c]　I_{min}（10s）是弧前时间不小于10s的电流的最小值。

"aM"熔断器时间-电流特性的标准门限见表11.6-3，特性的基准周围空气温度为20℃。标准化的系数 K 为 $K_0=1.5$、$K_1=4$ 和 $K_2=6.3$。

表 11.6-3　　　　　"aM"熔断体（全额定电流）的标准门限值

	$4I_N$	$6.3I_N$	$8I_N$	$10I_N$	$12.5I_N$	$19I_N$
t（熔断）	—	60s	—	—	0.5s	0.10s
t（弧前）	60s	—	0.5s	0.2s	—	—

11.6.2.3 I^2t 特性

"gG"和"gM"熔断体的弧前 I^2t 特性满足表11.6-4的规定。

表 11.6-4   "gG" 和 "gM" 熔断体 0.01s 的弧前 I^2t 值

I_N 用于 "gG" I_{ch} 用于 "gM"[a]	I^2t_{min} （×10^3A^{2}s）	I^2t_{max} （×10^3A^{2}s）
16	0.3	1.0
20	0.5	1.8
25	1.0	3.0
32	1.8	5.0
40	3.0	9.0
50	5.0	16.0
63	9.0	27.0
80	16.0	46.0
100	27.0	86.0
125	46.0	140.0
160	86.0	250.0
200	140.0	400.0
250	250.0	760.0
315	400.0	1300.0
400	760.0	2250.0
500	1300.0	3800.0
630	2250.0	7500.0
800	3800.0	13 600.0
1000	7840.0	25 000.0
1250	13 700.0	47 000.0

[a] 对于 "gM" 熔断体见 11.6.1.2 中的 （2）1）注。

11.6.3 专职人员使用的熔断器

国内常用的专职人员使用的熔断器系统 A（刀型触头熔断器）和熔断器系统 B（带撞击器的刀型触头熔断器）具有相同的约定时间和约定电流、门限、I^2t 特性、"gG" 熔断体的过电流选择性、时间-电流特性、时间-电流带和过负荷曲线特性。

（1）约定时间和约定电流。除 11.6.2.1 规定外，约定时间和约定电流见表 11.6-5。

表 11.6-5   额定电流小于 16A 的 "gG" 熔断体的约定时间和约定电流

额定电流 I_N （A）	约定时间 （h）	约定电流（A）	
		I_{nf}	I_f
$I_N \leqslant 4$	1	1.5I_N	2.1I_N
$4 < I_N < 16$	1		1.9I_N

（2）门限。除 11.6.2.2 规定的门限外，"gG" 熔断体的门限值见表 11.6-6。

表 11.6-6　　　　　　　　　"gG" 熔断体规定弧前时间和熔断时间的门限

I_N （A）	I_{min} （10s） （A）	I_{max} （5s） （A）	I_{min} （0.1s） （A）	I_{max} （0.1s） （A）
2	3.7	9.2	6.0	23.0
4	7.8	18.5	14.0	47.0
6	11.0	28.0	26.0	72.0
8	16.0	35.2	41.6	92.0
10	22.0	46.5	58.0	110.0
12	24.0	55.2	69.6	140.4
224	680	1450	2240	3980

（3）I^2t 特性。"gG" 熔断体除在表 11.6-4 中规定的最大弧前 I^2t 值外，额定电流小于 16A 和额定电流为 224A 的熔断体的 I^2t 值见表 11.6-7。"aM" 熔断体最大熔断 I^2t 值见表 11.6-8。

表 11.6-7　　　　　　　　　"gG" 熔断体 0.01s 的弧前 I^2t 值和熔断 I^2t 值

I_N （A）	I^2t_{min} （A^{2}s）	I^2t_{max} （A^{2}s）
2	1.00	23.00
4	6.25	90.25
6	24.00	225.00
8	49.00	420.00
10	100.00	576.00
12	160.00	750.00
224	200 000	520 000

表 11.6-8　　　　　　　　　"aM" 熔断体最大熔断 I^2t 值

额定电压 U_N （V）	I^2t_{max} （A^{2}s）	额定电压 U_N （V）	I^2t_{max} （A^{2}s）	额定电压 U_N （V）	I^2t_{max} （A^{2}s）
$U_N \leqslant 400$	$18I_N^2$	$400 < U_N \leqslant 500$	$24I_N^2$	$500 < U_N \leqslant 690$	$35I_N^2$

（4）"gG" 熔断体的过电流选择性。额定电流 16A 及以上，额定电流比为 1：1.6 的熔断体在表 11.6-9 规定值范围内具有选择性。即上级熔断体电流不小于下级熔断体电流的 1.6 倍，就能实现有选择性熔断，如 25、40、63、100、160、250A 相邻级间，以及 32、50、80、125、200、315A 相邻级间，均有选择性。有关使用断路器时对选择性的要求，弧前 I^2t 值应符合表 11.6-10 的规定。

（5）时间-电流特性、时间-电流带和过负荷曲线。制造厂给出的时间-电流特性在电流方向的误差不应大于 $\pm 10\%$，常用 "gG" 熔断体时间-电流带如图 11.6-3 和图 11.6-4 所示。"aM" 熔断体时间-电流带如图 11.6-5 所示。

表 11.6-9 　　　　　　　　　　选择性试验的试验电流和 I^2t 极值

I_N（A）	最小弧前 I^2t		最大熔断 I^2t		选择性
	预期电流（kA）	I^2t（A²s）	预期电流（kA）	I^2t（A²s）	
2	0.013	0.67	0.064	16.4	按表中数值计算
4	0.035	4.90	0.130	67.6	
6	0.064	16.40	0.220	193.6	
8	0.100	40.00	0.310	390.0	
10	0.130	67.60	0.400	640.0	
12	0.180	130.00	0.450	820.0	
16	0.270	291.00	0.550	1210.0	
20	0.400	640.00	0.790	2500.0	
25	0.550	1210.00	1.000	4000.0	
32	0.790	2500.00	1.200	5750.0	
40	1.000	4000.00	1.500	9000.0	
50	1.200	5750.00	1.850	13 700.0	
63	1.500	9000.00	2.300	21 200.0	
80	1.850	13 700.00	3.00	36 000.0	
100	2.300	21 200.00	4.000	64 000.0	
125	3.000	36 000.00	5.100	104 000.0	
160	4.000	64 000.00	6.800	185 000.0	1 : 1.6
200	5.100	104 000.00	8.700	302 000.0	
224	5.900	139 000.00	10.200	412 000.0	
250	6.800	185 000.00	11.800	557 000.0	
315	8.700	302 000.00	15.000	900 000.0	
400	11.800	557 000.00	20.000	1 600 000.0	
500	15.000	900 000.00	26.000	2 700 000.0	
630	20.000	1 600 000.00	37.000	5 470 000.0	
800	26.000	2 700 000.00	50.000	10 000 000.0	
1000	37.000	5 470 000.00	66.000	17 400 000.0	
1250	50.000	10 000 000.00	90.000	33 100 000.0	

表 11.6-10 　　　　　　　　　　选择性弧前 I^2t 值

I_N（A）	I^2t_{min}（A²s）	I_P（A）
16（专职/非专职人员用）	250	500
20（专职/非专职人员用）	450	670
25（专职/非专职人员用）	810	900
32（专职人员用）	1400	1180

I_N（A）	$I^2 t_{min}$（A²s）	I_P（A）
35（非专职人员用）	2000	1410
40（专职人员用）	2500	1580
50（专职/非专职人员用）	4000	2000
63（专职/非专职人员用）	6300	2510
80（专职/非专职人员用）	10 000	3160
100（专职/非专职人员用）	16 000	4000
125（专职人员用）	24 000	4900
160（专职人员用）	42 500	6520
200（专职人员用）	78 000	8830

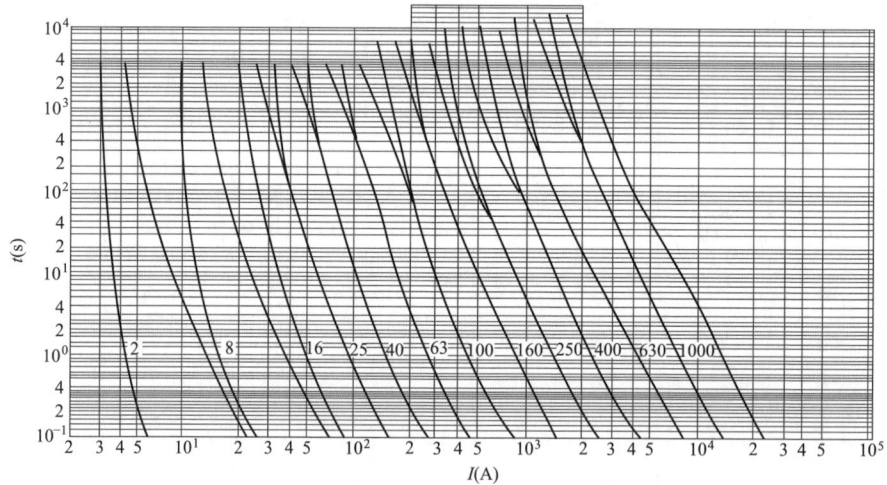

图 11.6-3　熔断体的时间-电流带（一）

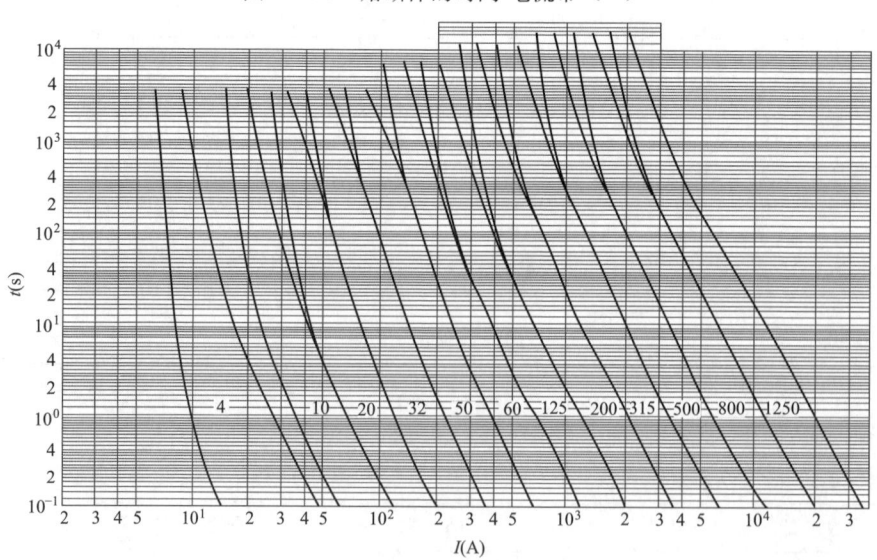

图 11.6-4　熔断体的时间-电流带（二）

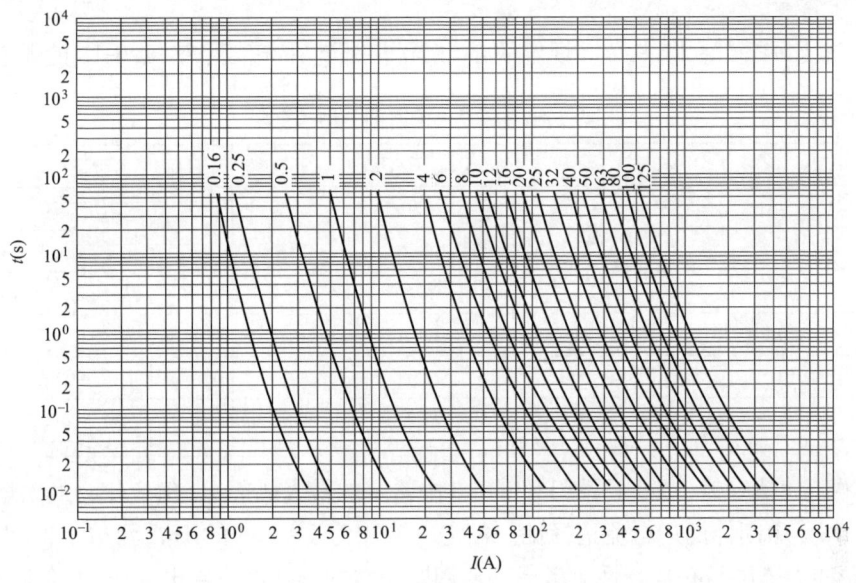

图 11.6-5 "aM" 熔断体的时间-电流带

11.6.4 非专职人员使用的熔断器

国内常用的非专职人员使用的熔断器系统 A（D 型熔断器系统）特性有：

（1）约定时间和约定电流。约定时间和约定电流除 11.6.2.1 规定外，补充规定见表 11.6-11。

表 11.6-11　　　　　　　"gG" 熔断体的约定时间和约定电流

额定电流 I_N（A）	约定时间（h）	约定电流（A）	
		I_{nf}	I_f
2、4	1	$1.5I_N$	$2.1I_N$
6、8	1	$1.5I_N$	$1.9I_N$
$13 \leqslant I_N \leqslant 35$	1	$1.25I_N$	$1.6I_N$

（2）门限。"gG" 熔断体的门限除 11.6.2.2 规定外，补充规定见表 11.6-12。

表 11.6-12　额定电流为 2、4、6、10、13A 和 35A "gG" 熔断体规定弧前时间门限

I_N（A）	I_{min}（10s）（A）	I_{max}（5s）（A）	I_{min}（0.1s）（A）	I_{max}（0.1s）（A）
2	3.7	9.2	6.0	23.0
4	7.8	18.5	14.0	47.0
6	11.0	28.0	26.0	72.0
10	22.0	46.5	58.0	111.0
13	26.0	59.8	75.4	144.3
35	89.0	175.0	255.0	445.0

（3）I^2t 特性。

1）弧前 I^2t 值。除 11.6.2.3 规定的弧前 I^2t 值外，补充值见表 11.6-13 的弧前 I^2t 值。

表 11.6-13　　　　　　　　"gG" 熔断体 0.01s 时的弧前 I^2t 值

I_N（A）	I^2t_{min}（A²s）	I^2t_{max}（A²s）
2	1.0	23.0
4	6.2	90.2
6	24.0	225.0
10	100.0	676.0
13	170.0	900.0
35	2250.0	8000.0

2）熔断 I^2t 值。表 11.6-13 和 11.6.2.3 中给定的最大弧前 I^2t 值应作为最大熔断 I^2t 值。

（4）"gG" 熔断体的过电流选择性。额定电流比为 1∶1.6 的 16A 及以上的串联熔断体在整个分断能力范围具有选择性。考虑到使用断路器的选择性，给出了表 11.6-10 的 I^2t 值。

（5）时间-电流特性、时间-电流带。常用熔断体时间-电流带如图 11.6-6 和图 11.6-7 所示。时间-电流特性在电流方向的误差不应大于±10%。

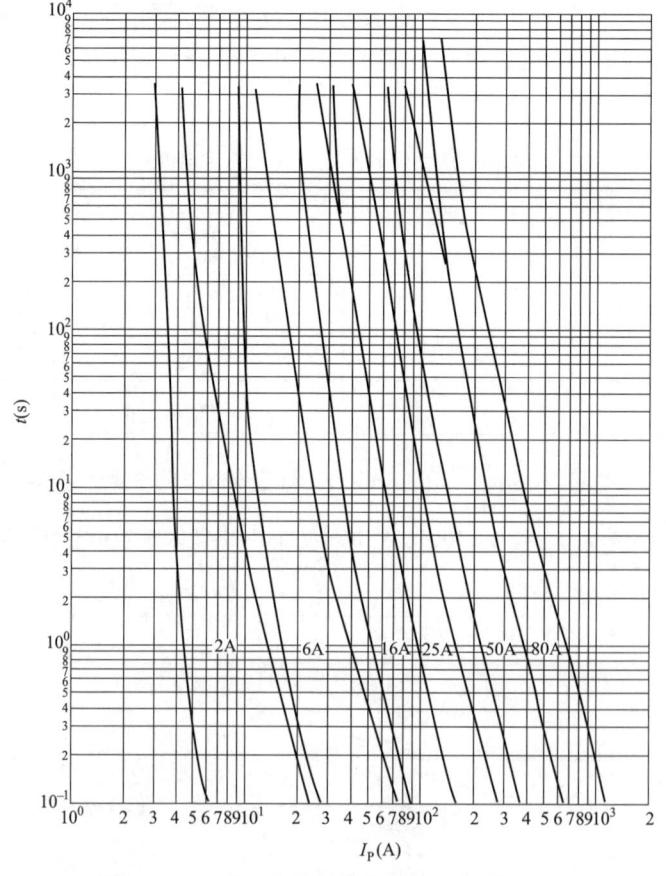

图 11.6-6　"gG" 熔断体的时间-电流带（一）

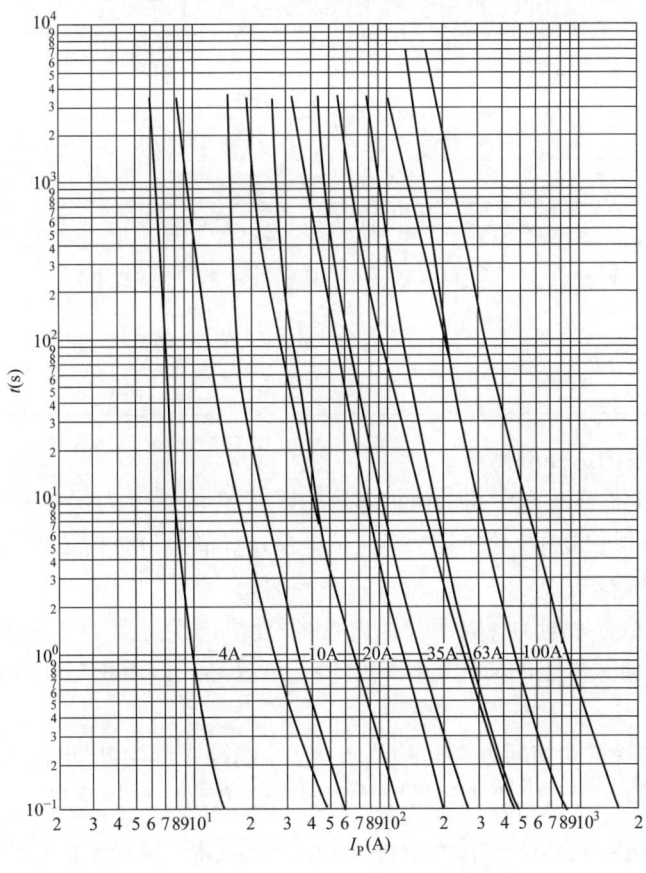

图 11.6-7 "gG"熔断体的时间-电流带（二）

11.6.5 太阳能光伏系统保护用熔断器

太阳能光伏系统保护用熔断器为"gPV"熔断体，其约定时间和约定电流见表 11.6-14。

表 11.6-14 　　　　　　　　"gPV"熔断体的约定时间和约定电流

额定电流 I_N（A）	约定时间 （h）	约定电流（A）	
		"gPV"型	
		I_{nf}	I_f
$I_N \leqslant 63$	1	1.13I_N	1.45I_N
$63 < I_N \leqslant 160$	2		
$160 < I_N \leqslant 35$	3		
$400 < I_N$	4		

11.6.6 半导体设备保护用熔断器

（1）"aR"熔断体的约定时间和约定电流。此熔断体可以连续承载不超过额定电流的任何电流值，能分断电流值不大于额定分断能力以及不小于在 30s 内足以熔化熔体的电流的电路。

（2）"gR"和"gS"熔断体的约定时间和约定电流见表 11.6-15。

表 11.6-15　　　　　　"gR" 和 "gS" 熔断体的约定时间和约定电流

额定电流 I_N（A）	约定时间（h）	约定电流（A）			
		"gR" 型		"gS" 型	
		I_{nf}	I_f	I_{nf}	I_f
$I_N \leqslant 4$		$1.1I_N$	$2.1I_N$	$1.5I_N$	$2.1I_N$
$4 < I_N \leqslant 16$		$1.1I_N$	$1.9I_N$	$1.5I_N$	$1.9I_N$
$16 < I_N \leqslant 63$	1	$1.1I_N$	$1.6I_N$	$1.25I_N$	$1.6I_N$
$63 < I_N \leqslant 160$	2				
$160 < I_N \leqslant 35$	3				
$400 < I_N$	4				

11.6.7　熔断器的选择应用

（1）熔断器作为低压配电线路的保护电器时，需满足 11.2 对保护电器选择的要求。

1）满足过负荷保护要求。按照 11.2 保护电器选择满足过负荷要求。

2）满足短路保护要求。

a. 熔断器的短路分断能力应大于其保护线路的预期短路电流，否则需采取限流措施。

b. 校验导体短路热稳定的简化方法，电缆、绝缘导线截面积与允许最大熔断体电流见表 11.2-3。

3）满足间接接触自动切断电源防护要求。TN 系统中用熔断器保护满足间接接触防护切断故障，不同时间下熔断电流 I_a 与熔断体额定电流 I_N 最小比值见表 11.6-16～表 11.6-18。

表 11.6-16　TN 系统故障防护采用熔断器切断故障回路时间不大于 5s 时 I_a/I_N 推荐值（$U_0 = 220V$）

熔断体额定电流 I_N（A）	16	20	25	32	40	50	63	80	100	125
熔断电流 I_a（A）	64	80	105	133	172	220	285	423	538	680
I_a/I_N 最小值	4.0	4.0	4.2	4.2	4.3	4.4	4.5	5.3	5.4	5.5
I_a/I_N 推荐值	4.5	4.5	5	5	5	5.5	5.5	6	6	6
熔断体额定电流 I_N（A）	160	200	250	315	400	500	630	800	1000	
熔断电流 I_a（A）	880	1180	1500	2000	2590	3500	4400	6700	8200	
I_a/I_N 最小值	5.5	5.9	6.0	6.3	6.5	7.0	7.0	8.3	8.2	
I_a/I_N 推荐值	6	6.5	6.5	7	7	8	8	9	9	

表 11.6-17　　　TN 系统故障防护采用熔断器切断故障回路时间不大于 0.4s 时 I_a/I_N 推荐值（$U_0 = 220V$）

熔断体额定电流 I_N（A）	16	20	25	32	40	50	63
熔断电流 I_a（A）	90	130	170	220	295	380	520
I_a/I_N 最小值	5.5	6.5	6.8	6.9	7.4	7.6	8.3
I_a/I_N 推荐值	7	8	8	8	9	9	10
熔断体额定电流 I_N（A）	80	100	125	160	200	250	
熔断电流 I_a（A）	750	980	1250	1720	2200	2800	
I_a/I_N 最小值	9.4	9.8	10.0	10.8	11.0	11.2	
I_a/I_N 推荐值	10	11	11	11	12	12	

表 11.6-18　　　　**TN 系统故障防护采用熔断器切断故障回路时间不大于 0.2s 时**

I_a/I_N 推荐值　$(U_0＝380V)$

熔断体额定电流 I_N（A）	16	20	25	32	40	50	63
熔断电流 I_a（A）	105	150	195	260	340	460	605
I_a/I_N 最小值	6.6	7.5	7.8	8.1	8.5	9.2	9.6
I_a/I_N 推荐值	7	8	8	9	9	10	10
熔断体额定电流 I_N（A）	80	100	125	160	200	250	
熔断电流 I_a（A）	880	1190	1500	1950	2600	3350	
I_a/I_N 最小值	11.0	11.9	12.0	12.2	13.0	13.4	
I_a/I_N 推荐值	11	12	13	13	14	14	

注　表 11.6-16～表 11.6-18 熔断器的时间电流曲线参照图 11.6-3、图 11.6-4。

（2）熔断器用于电动机保护。除满足过负荷、短路保护的要求外，还应躲过电动机启动时的尖峰电流。

1）单台电动机回路熔断体选择见 12.1.5.2。

2）配电线路熔断体选择应符合下式要求

$$I_r \geqslant K_r \big[I_{rM1} + I_{C(n-1)} \big] \tag{11.6-1}$$

式中　I_r——熔断体的额定电流，A；

I_C——线路的计算电流，A；

I_{rM1}——线路中启动电流最大的一台电动机的额定电流，A；

$I_{C(n-1)}$——除启动电流最大的一台电动机以外的线路计算电流，A；

K_r——配电线路熔断体选择计算系数，取决于最大一台电动机的启动状况，最大一台电动机额定电流与线路计算电流的比值，见表 11.6-19。

表 11.6-19　　　　　　　　　　**K_r 值**

I_{rM1}/I_C	≤0.25	0.25～0.4	0.4～0.6	0.6～0.8
K_r	1.0	1.0～1.1	1.1～1.2	1.2～1.3

（3）照明线路熔断体保护。除满足过负荷、短路保护的要求外，还应躲过照明灯具的启动电流，其选择应符合下式要求

$$I_r \geqslant K_m I_C \tag{11.6-2}$$

式中　K_m——照明线路熔断体选择计算系数，取决于电光源启动状况和熔断时间－电流特性，其值见表 11.6-20。

表 11.6-20　　　　　　　　　　**K_m 值**

熔断器型号	熔断体额定电流（A）	K_m		
		白炽灯、卤钨灯、荧光灯	高压钠灯、金属卤化物灯	LED 灯
RL7、NT	≤63	1.0	1.2	1.2
RL6	≤63	1.0	1.5	1.3

11.7　剩余电流动作保护器（RCD）

11.7.1　概述

剩余电流动作保护器简称剩余电流保护器（RCD），其功能是检测供电回路的剩余电流，将其与基准值相比较，当剩余电流超过该基准值时分断被保护电路。

11

额定剩余动作电流不超过 30mA 的剩余电流保护器（$I_{\Delta n} \leqslant 30$mA），在基本保护措施失效或电气装置（设备）使用者疏忽的情况下，提供附加防护。

额定剩余动作电流不超过 300mA 的剩余电流保护器（$I_{\Delta n} \leqslant 300$mA），对持续接地故障电流引起的火灾危险提供防护。

11.7.2　分类

（1）根据动作方式分为：①动作功能与电源线电压或外部辅助电源无关的 RCD（电磁式）；②动作功能与电源线电压或外部辅助电源有关的 RCD（电子式）。

（2）根据安装形式分为：①固定装设和固定接线；②移动设置和/或用电缆将装置本身连接到电源。

（3）根据极数和电流回路数分为：①单极两线（1P+N）；②二极（2P）；③二极三线（2P+N）；④三极（3P）；⑤三极四线（3P+N）；⑥四极（4P）。

（4）根据过电流保护分为：①不带过电流保护（RCCB）；②带过电流保护（RCBO）；③仅带过负荷保护；④仅带短路保护。

（5）根据调节剩余电流动作值的可能性分为固定、分级可调、连续可调三种。

（6）在剩余电流含有直流分量时，根据动作特性分为：

1）AC 型剩余电流保护器。对交流剩余电流能正确动作。

2）A 型剩余电流保护器。对交流和脉动直流剩余电流均能正确动作。在下列条件下确保其脱扣的 RCD：①同 AC 型；②剩余脉动直流电流；③剩余脉动直流电流叠加 6mA 的平滑直流电流。

3）B 型剩余电流保护器。对交流、脉动直流和平滑直流剩余电流均能正确动作。在下列条件下确保其脱扣的 RCD：①同 A 型；②至 1000Hz 的剩余正弦交流电流；③剩余交流电流叠加 0.4 倍的额定剩余电流（$I_{\Delta n}$）的平滑直流剩余电流；④脉动直流电流叠加 0.4 倍的额定剩余电流（$I_{\Delta n}$）的平滑直流剩余电流或 10mA 的平滑直流剩余电流（两者取大值）；⑤整流线路产生的剩余直流电流：对于 2、3、4 极的剩余电流保护器，线与线的两个半波桥式连接；对于 3 极和 4 极的剩余电流保护器，3 个半波星形连接或 6 个半波桥式连接；⑥剩余平滑直流电流。

（7）根据剩余电流大于 $I_{\Delta n}$ 的延时情况分为两种，即无延时和有延时（不可调、可调）。

11.7.3　特征参数

（1）额定剩余动作电流（$I_{\Delta n}$）。指在额定频率下正弦剩余动作电流的方均根值，在该电流值时 RCD 在规定的条件下动作。$I_{\Delta n}$ 的标准值为 6、10、30、100、300、500mA。

A 型 RCD 在剩余电流含有直流分量时，其 $I_{\Delta n}$ 应符合表 11.7-1 的要求。

表 11.7-1　　　　　　　　　　剩余电流含有直流分量时 $I_{\Delta n}$ 的范围

电流滞后角 α	$I_{\Delta n}$ 下限	$I_{\Delta n}$ 上限
0°	$0.3I_{\Delta n}$	$1.4I_{\Delta n}$（$I_{\Delta n} > 0.015$A）
90°	$0.25I_{\Delta n}$	$2I_{\Delta n}$（$I_{\Delta n} \leqslant 0.015$A）
135°	$0.11I_{\Delta n}$	

（2）额定剩余不动作电流（$I_{\Delta no}$）。指在规定条件下 RCD 不动作的电流值，$I_{\Delta no}$ 的标准值是 $0.5I_{\Delta n}$。

对脉动直流剩余电流，剩余不动作电流值与电流滞后角 α 有关。

　注　由于相位控制，使电流导通起始时刻滞后的用电角度表示的时间，称为电流滞后角 α。

（3）额定接通与分断能力（I_m）和额定剩余电流接通与分断能力（$I_{\Delta m}$）。

1）额定接通与分断能力（I_m）适用于不带短路保护的剩余电流保护电器，是指在规定的条件下能够接通、承载其断开时间和分断的，并不产生影响其功能变化的预期电流有效值。最小值应为 $10I_n$ 或 500 A，两者取较大值。

2）额定剩余电流接通与分断能力（$I_{\Delta m}$）是指在规定条件下能够接通、承载其断开时间和分断的，并不产生影响其功能变化的预期剩余电流的有效值。

额定剩余接通和分断能力的优选值是 500，1000，1500，3000，4500，6000，10 000，20 000，50 000A。最小值应为 $10I_n$ 或 500A，两者取较大值。

（4）额定限制短路电流（I_{nc}）。指受短路保护电器保护的 RCD 在规定的使用和工作条件下能够承受的预期电流的交流分量值。I_{nc} 在 10kA 及以下时的标准值为 3、4.5、6、10kA；对于 I_{nc} 在 10～25kA 时的优选值为 20kA。

（5）额定限制剩余短路电流（$I_{\Delta c}$）。指受短路保护电器保护的 RCD 在规定的使用和工作条件下能够承受的剩余预期电流的交流分量值。$I_{\Delta c}$ 在 10kA 及以下时的标准值为 3、4.5、6、10kA，在保护插座回路中的 RCD 标准值增加 0.5、1.0、1.5kA；对于 $I_{\Delta c}$ 在 10～25kA 时的优选值为 20kA。

（6）动作时间。

1）无延时型 RCD 的最大分断时间标准值见表 11.7-2～表 11.7-4。

表 11.7-2 　　　　无延时型 RCD 对于交流剩余电流的最大分断时间标准值（AC 型）

$I_{\Delta n}$（A）	最大分断时间标准值（s）			
	$I_{\Delta n}$	$2I_{\Delta n}$	$5I_{\Delta n}$[a]	$>5I_{\Delta n}$
任何值	0.3	0.15	0.04	0.04

[a] 对于 $I_{\Delta n} \leqslant 0.03$A 的 RCD 可用 0.25A 代替 $5I_{\Delta n}$。

表 11.7-3 　　无延时型 RCD 对于半波脉动直流剩余电流的最大分断时间标准值（A 型和 B 型）

$I_{\Delta n}$（A）	最大分断时间标准值（s）							
	$1.4I_{\Delta n}$	$2I_{\Delta n}$	$2.8I_{\Delta n}$	$4I_{\Delta n}$	$7I_{\Delta n}$[a]	$10I_{\Delta n}$[b]	$>7I_{\Delta n}$	$>10I_{\Delta n}$
≤0.010		0.3		0.15		0.04		0.04
0.030		0.3		0.15	0.04			0.04
>0.030	0.3		0.15		0.04		0.04	

[a] 对于 $I_{\Delta n}=0.03$A 的 RCD 可用 0.35A 代替 $7I_{\Delta n}$。

[b] 对于 $I_{\Delta n} \leqslant 0.05$A 的 RCD 可用 0.5A 代替 $10I_{\Delta n}$。

表 11.7-4 　　无延时型 RCD 对于整流线路产生的剩余直流电流和/或平滑直流剩余电流的最大分断时间标准值（A 型和 B 型）

$I_{\Delta n}$（A）	最大分断时间标准值（s）			
	$2I_{\Delta n}$	$4I_{\Delta n}$	$10I_{\Delta n}$	$>10I_{\Delta n}$
任何值	0.3	0.15	0.04	0.04

2）延时型 RCD 的分断时间和不驱动时间。延时型仅适用于 $I_{\Delta n}>0.03$A 的 RCD。延时型 RCD 的分断时间标准值在表 11.7-5～表 11.7-7 中规定。

对于延时型 RCD，$2I_{\Delta n}$ 的不驱动时间由制造商规定，其最小不驱动时间的优选值是 0.06、0.1、0.2、0.3、0.4、0.5、1s。

表 11.7-5　　　　　　延时型 RCD 对于交流剩余电流的分断时间标准值（AC 型）

额定延时 （s）	动作时间	分断时间标准值和不驱动时间（s）			
		$I_{\Delta n}$	$2I_{\Delta n}$	$5I_{\Delta n}$	$>5I_{\Delta n}$
0.06	最大分断时间	0.5	0.2	0.15	0.15
	最小不驱动时间	b	0.06	b	b
其他额定延时	最大分断时间	a,b	b	b	b
	最小不驱动时间	b	额定延时	b	b

a　为确保故障防护，最大动作时间见 15.2.2.1 中（2）的规定的保护电器切断时间。

b　由相关的产品标准或制造商规定。

表 11.7-6　　延时型 RCD 对于半波脉动直流剩余电流的分断时间标准值（A 型和 B 型）

额定延时 （s）	动作时间	分断时间标准值和不驱动时间（s）			
		$1.4I_{\Delta n}$	$2.8I_{\Delta n}$	$7I_{\Delta n}$	$>7I_{\Delta n}$
0.06	最大分断时间	0.5	0.2	0.15	0.15
	最小不驱动时间	b	0.06	b	b
其他额定延时	最大分断时间	a,b	b	b	b
	最小不驱动时间	b	额定延时	b	b

a　为确保故障防护，最大动作时间见 15.2.2.1 中（2）的规定的保护电器切断时间。

b　相关的产品标准或制造商规定。

表 11.7-7　　　延时型 RCD 对于平滑直流剩余电流的分断时间标准值（A 型和 B 型）

额定延时 （s）	动作时间	分断时间标准值和不驱动时间（s）			
		$2I_{\Delta n}$	$4I_{\Delta n}$	$10I_{\Delta n}$	$>10I_{\Delta n}$
0.06	最大分断时间	0.5	0.2	0.15	0.15
	最小不驱动时间	b	0.06	b	b
其他额定延时	最大分断时间	a,b	b	b	b
	最小不驱动时间	b	额定延时	b	b

a　为确保故障防护，最大动作时间见 15.2.2.1 中（2）的规定的保护电器切断时间。

b　相关的产品标准或制造商规定。

3）非 50Hz/60Hz 时剩余动作电流和剩余不动作电流的优选值。非 50Hz/60Hz 时剩余动作电流和剩余不动作电流的优选值在表 11.7-8 中规定。

表 11.7-8　　　　　　　非 50Hz/60Hz 时 B 型 RCD 的脱扣电流范围

频率（Hz）	剩余不动作电流	剩余动作电流
150	$0.5I_{\Delta n}$	$2.4I_{\Delta n}$
400	$0.5I_{\Delta n}$	$6I_{\Delta n}$
1000	$I_{\Delta n}$	$14I_{\Delta n}$

注　给定的波形是正弦波。

11.7.4 动作特性

11.7.4.1 与剩余电流形式相应的动作特性

（1）交流剩余电流。在额定频率的交流剩余电流稳定增加时，AC型、A型和B型RCD应在表11.7-9规定的不动作电流 $I_{\Delta no}$ 和额定剩余动作电流 $I_{\Delta n}$ 范围内动作。

表 11.7-9 交流剩余电流脱扣电流限值

RCD 的形式	电流形式	脱扣电流	
		下限	上限
AC、A、B	交流	$0.5I_{\Delta n}$	$I_{\Delta n}$

注 对于给定的电流形式，下限值对应于不动作电流，上限值对应于动作电流。

（2）脉动直流剩余电流。在额定频率的脉动直流剩余电流稳定增加时，A型和B型RCD应在表11.7-10规定的不动作电流和动作电流范围内动作。

表 11.7-10 脉动直流剩余电流脱扣电流限值

RCD 的形式	电流形式 （单个脉冲直流交流）	脱扣电流		
		下限	上限	
			$I_{\Delta n} < 30\text{mA}$	$I_{\Delta n} \geqslant 30\text{mA}$
A、B	0°	$0.35I_{\Delta n}$	$2I_{\Delta n}$	$1.4I_{\Delta n}$
	90°	$0.25I_{\Delta n}$		
	135°	$0.11I_{\Delta n}$		

注 对于给定的电流形式，下限值对应于不动作电流，上限值对应于动作电流。

脱扣范围应与脉动直流剩余电流的极性无关。

可能出现的正常供电电流和故障接地电流见表11.7-11。

表 11.7-11 各种不同的电子线路可能出现的正常供电电流和故障接地电流

续表

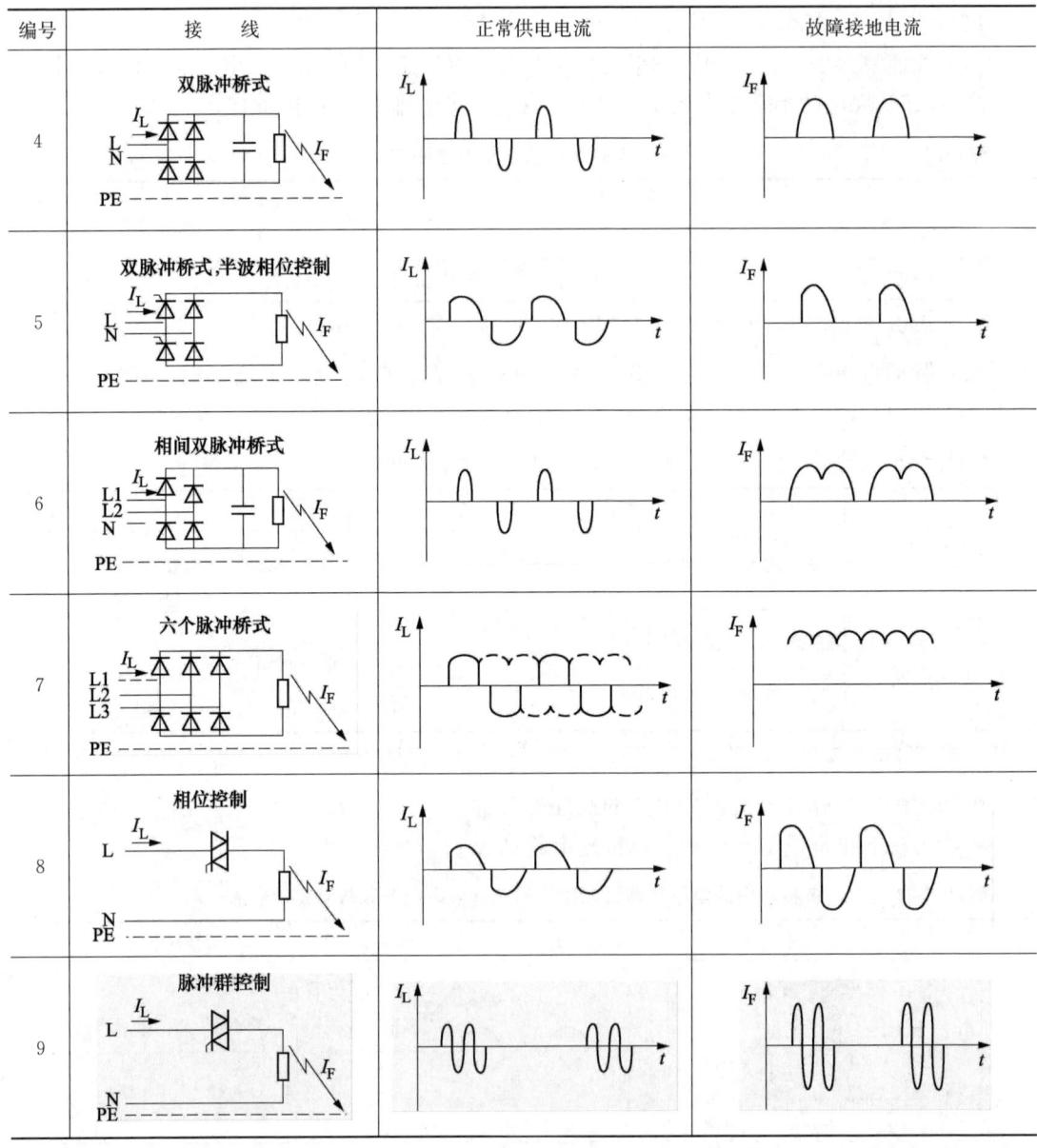

编号	接　　线	正常供电电流	故障接地电流
4	双脉冲桥式		
5	双脉冲桥式,半波相位控制		
6	相间双脉冲桥式		
7	六个脉冲桥式		
8	相位控制		
9	脉冲群控制		

表 11.7-11 说明了电子设备和开关电源常用的电源侧电路配置中剩余电流的波形,以及在哪种接地故障情况下剩余电流中可能出现直流分量。

根据不同的剩余电流波形,应使用下列形式的 RCD:

1)AC 型 RCD 适用于检测和断开编号为 8 和 9 的电子线路可能产生的剩余电流;

2)A 型 RCD 适用于检测和断开编号为 1、4、5、8 和 9 的电子线路可能产生的剩余电流;

3)B 型 RCD 适用于检测和断开编号为 1～9 的电子线路可能产生的剩余电流。

注 1. 在编号为 2 的电路中,单相整流器和电容可能产生危险的直流故障电流。这种电路不太可能使用,但如果使用,宜采用能够检测平滑直流电流的 B 型 RCD。

2. 对于编号为 9 的电路，每个脉冲序列时间通常比 0.5s 大得多，因此可采用 AC 型、A 型和 B 型的 RCD。

（3）脉动直流剩余电流叠加 0.006A 的平滑直流电流。在额定频率的脉动直流剩余电流稳定增加并叠加一个 0.006A 的平滑直流电流时，A 型 RCD 应在表 11.7-10 规定的不动作电流和动作电流范围内动作。

即使脉动直流剩余电流与平滑直流电流的极性相同，脉动直流电流的脱扣范围也应保持不变。

（4）交流或脉动直流剩余电流叠加 $0.4I_{\triangle n}$ 平滑直流电流。在额定频率的交流或脉动直流剩余电流稳定增加并叠加一个 $0.4\ I_{\triangle n}$ 或 10mA 的平滑直流电流时（两者取较大值），B 型 RCD 应在表 11.7-9 或表 11.7-10（适用时）规定的不动作电流和动作电流范围内动作。

即使脉动直流剩余电流与平滑直流电流的极性相同，脉动直流电流的脱扣范围也应保持不变。

（5）平滑直流剩余电流。在平滑直流剩余电流稳定增加时，B 型 RCD 应在表 11.7-12 规定的不动作电流和剩余动作电流范围内动作。

脱扣范围应与平滑直流剩余电流的极性无关。

注 脉动直流剩余电流的波形可以参见表 11.7-11。

表 11.7-12　　　　　　　　　　　　**平滑直流剩余电流脱扣电流限值**

RCD 的形式	极数	电流形式	脱扣电流	
			下限	上限
A、B	2，3，4	双脉冲直流	$0.5I_{\triangle n}$	$2I_{\triangle n}$
	3，4	三脉冲直流		
		六脉冲直流		
		平滑直流		

注 对于给定的电流形式，下限值对应于不动作电流，上限值对应于动作电流。

11.7.4.2 与相应时间的动作特性

（1）无延时 RCD。剩余电流大于或等于 $I_{\triangle n}$ 时，AC 型、A 型和 B 型 RCD 对于突然施加剩余电流的动作时间应符合表 11.7-2～表 11.7-4 的要求（适用时），且与极性无关（适用时）。

（2）延时型 RCD。剩余电流大于或等于 $I_{\triangle n}$ 时，AC 型、A 型和 B 型 RCD 对于突然施加剩余电流的分断时间和不驱动时间应符合表 11.7-5～表 11.7-7 的要求（适用时），且与极性无关（适用时）。

11.7.5 附加要求

（1）动作功能与电源电压有关的 RCD 应能在电源电压的 $1.1U_N$ 倍至 85V（对单相回路）或 $0.7U_N$（对于多相回路）之间正常运行。

（2）对于故障防护的 RCD，考虑中性线中断或线导体间供电的 RCD 线导体中断引起的危险，RCD 应能提供保护。

（3）电气装置仅由熟练的（电气）技术人员（BA4）或受过培训的（电气）技术人员（BA5）进行操作。

11.7.6 选择性

RCD 级联安装时，为实现选择性，应满足：

11

（1）电源侧 RCD 的最小不动作时间应大于负荷侧 RCD 的总动作时间；

（2）电源侧 RCD 的 $I_{\Delta n}$ 应至少为负荷侧 RCD 的 $I_{\Delta n}$ 的 3 倍。

终端的 RCD 为不延时型，上级的 RCD 选择为延时型；为实现选择性，各级的延时应有足够的时差。

11.7.7　避免 RCD 误动作

剩余电流保护装置的 $I_{\Delta n}$ 要充分考虑电气线路和设备的对地泄漏电流，必要时可通过实际测量取得被保护线路或设备的对地泄漏电流值。因季节性变化引起对地泄漏电流值变化时，应考虑采用动作电流可调式剩余电流保护装置。

11.7.7.1　电源频率下固有的泄漏电流

固有的泄漏电流一般是由相导体与地之间低绝缘水平，或是相导体与地之间存有滤波器（或电容器）而引起的。固有的泄漏电流可能是电源频率的泄漏电流，也可能是谐波的泄漏电流。

RCD 的 $I_{\Delta n}$ 应大于正常泄漏电流的 2 倍。

用电设备 PE 导体泄漏电流限值：

（1）≤1kHz PE 导体泄漏交流电流的限值见表 11.7-13。

表 11.7-13　　≤1kHz PE 导体泄漏交流电流的限值

交流用电设备额定电流	PE 导体交流电流（≤1kHz）
$0<I\leqslant2A$	1mA
$2A<I\leqslant20A$	0.5mA/A
$I>20$ A	10mA

（2）交流用电设备正常运行时不应超出表 11.7-14 规定的 PE 导体泄漏直流电流分量的限值。

表 11.7-14　　PE 导体泄漏直流电流分量的限值

设备额定电流	PE 导体直流电流分量
$0<I\leqslant2A$	5mA
$2A<I\leqslant20A$	2.5mA/A
$>20A$	50mA

额定输入功率不大于 4kVA 的插接式连接的用电设备，PE 导体泄漏直流电流分量的限值不大于 6mA。

额定输入功率大于 4kVA 的插接式连接的用电设备或固定式连接的用电设备（与额定输入功率无关），制造商应在操作手册中给出相关防护措施。

PE 导体泄漏直流电流分量大于 6mA 时，应选用 B 型 RCD。

（3）常用电器的泄漏电流参考值见表 11.7-15。

表 11.7-15　　常用电器的泄漏电流参考值

设备名称	泄漏电流（mA）
计算机	1～2
打印机	0.5～1
小型移动式电器	0.5～0.75
电传复印机	0.5～1

设备名称	泄漏电流（mA）
复印机	0.5~1.5
滤波器	1
荧光灯安装在金属构件上	0.1
荧光灯安装在非金属构件上	0.02

注 计算不同电器总泄漏电流需按 0.7/0.8 的因数修正。

（4）低压电气线路可能产生的泄漏电流参考值见表 11.7-16。

表 11.7-16 **220/380V 单相及三相线路穿管敷设电线泄漏电流参考值** 单位：mA/km

绝缘材质	导线截面积（mm²）												
	4	6	10	16	25	35	50	70	95	120	150	185	240
聚氯乙烯	52	52	56	62	70	70	79	89	99	109	112	116	127
橡皮	27	32	39	40	45	49	49	55	55	60	60	60	61
聚乙烯	17	20	25	26	29	33	33	33	33	38	38	38	39

（5）电动机的泄漏电流参考值见表 11.7-17。

表 11.7-17 **电动机的泄漏电流参考值**

电动机额定功率（kW）	1.5	2.2	5.5	7.5	11	15	18.5	22	30	37	45	55	75
正常运行的泄漏电流（mA）	0.15	0.18	0.29	0.38	0.50	0.57	0.65	0.72	0.87	1.00	1.09	1.22	1.48

11.7.7.2 电涌电流的影响

当 SPD 连接到 RCD 的负荷侧时，其预期对地电涌电流不应超过 RCD 的抗扰度值。RCD 对电涌电流的抗扰度等级为：一般型 RCD 最小电涌电流波形为 200A，0.5μs/100kHz；S 型 RCD 最小电涌电流波形为 3000A，8/20μs。

11.7.8 剩余电流监视器（RCM）

RCM 是用来监视电气装置中的剩余电流，并在带电导体与外露可导电部分或地之间的剩余电流超过预定值时发出报警信号。

（1）RCM 故障指示装置。

1）可视指示装置，在故障条件下不能重新设定（最低要求）。

2）可视和音响指示装置，音响装置在故障条件下可由用户关闭。

3）可视指示装置，带继电器输出，继电器在故障条件下可由用户关闭。

4）可视指示装置，带其他输出信号。

5）电源侧和负荷侧剩余电流方向判别能力：

a. 能判别方向（适用于 IT 系统）；

b. 不能判别方向。

（2）特征。

1）当剩余电流超过预定的动作值时，RCM 应具有指示故障状态的功能，其指示装置应可视。

11

2）RCM 可增加声音报警功能。在故障排除时，声音报警功能应能自动复位。当第一个故障排除后，再次出现下一个故障时，声音报警功能应重新启动。

3）RCM 可装设复位装置，在排除故障后用手动方式使 RCM 复位到非报警状态。当 RCM 具有调节剩余动作电流或延时时间的装置时，只有使用工具才可调节。

4）RCM 与 RCD 主要技术区别见表 11.7-18。

表 11.7-18　　　　　　　　　　　　　RCM 与 RCD 主要技术区别

功　能	RCM	RCD
动作/脱扣	可视信号显示，包括声音报警、报警触点、数字界面	切断电源
动作时间	动作时间 0～10s 可调，动作时间仅与 $I_{\Delta n}$ 有关	动作时间应按照 $I_{\Delta n}$，$2I_{\Delta n}$，$5I_{\Delta n}$ 标准时间特性确定
动作/脱扣值	动作值可固定或可调节，调节可有级或无级	脱扣值是固定或有级调节
动作电压与电源电压相关性	RCM 与电源电压相关	A 型 RCD 既可与电源电压相关，也可与电源电压无关。 B 型 RCD 一般与电源电压相关
剩余电流值显示	有剩余电流显示功能	无剩余电流显示功能
多通道器件	为多通道器件	为单通道器件

11.8　绝缘监控装置（IMD）和绝缘故障定位系统（IFLS）

11.8.1　概述

绝缘监控装置能监测 IT 系统对称和非对称对地的绝缘电阻，当系统对地的绝缘电阻降至预定值以下时报警。

对称对地的绝缘电阻是指监测系统所有带电导体对地绝缘电阻，非对称对地绝缘电阻是指系统一根带电导体对地绝缘电阻。

11.8.2　IMD 与 RCM 的区别

（1）检测的对象不同，IMD 检测系统对地的绝缘电阻，RCM 检测系统剩余电流。

（2）IMD 能在系统带电（在线）和不带电（不在线）情况下监测，而 RCM 只能在系统带电（在线）情况下监测。

（3）IMD 检测系统对地的对称绝缘电阻和不对称绝缘电阻，RCM 检测系统的不对称剩余电流，不能检测对称剩余电流。

11.8.3　IMD 性能要求

IMD 应具有的性能要求见表 11.8-1。

表 11.8-1　　　　　　　　　　　　　　IMD 的性能要求

项　目	纯交流系统	与直流回路有电气连接的交流系统
响应时间 t_{an}^a	≤10s 在 $0.5R_{an}$ 和 $C_e=1\mu F$ 情况下	≤100s 在 $0.5R_{an}$ 和 $C_e=1\mu F$ 情况下
测量电压 U_m 的峰值	≤120V 在 $1.1U_N$ 和 $1.1U_s$ 及 $R_F=\infty$ 情况下	

续表

项　目	纯交流系统	与直流回路有电气连接的交流系统
测量电流 I_m	$\leqslant10\text{mA}$ 在 $R_F=0\Omega$ 情况下	
内阻抗 Z_i	$\geqslant30\Omega/\text{V}$（额定电压）；但不小于 $15\text{k}\Omega$	
内电阻 R_i	$\geqslant30\Omega/\text{V}$（额定电压）；但不小于 $1.8\text{k}\Omega$	
持续允许标称电压	$\leqslant1.15U_N$	
相对（百分率）误差[b]	$\pm15\%$规定响应值 R_{an}	

注 1. R_{an}为被监测系统的绝缘电阻。
　　2. C_e为被监测系统及连接的电器对地电容总和的最大允许值。
[a] 电压在低速（如低速控制程序变换器或低速直流电动机）变化的 IT 系统中，响应时间取决于 IT 系统与地之间的最低运行频率。响应时间可与上述定义的响应时间不同。
[b] 在标称电压85%输出的0%和115%及额定电压的110%；漏泄电容$1\mu F$条件下定义的相对误差。

11.8.4　医疗 IMD

11.8.4.1　医疗 IMD 性能要求

医疗 IMD 用于持续监测 2 类医疗场所不接地的 IT 系统的绝缘电阻，其附加要求见表11.8-2。

表 11.8-2　　　　　　　　　　对医疗 IMD 的附加要求

标　志	附加要求
响应时间 t^a_{an}	$\leqslant5\text{s}$ 在 $25\text{k}\Omega$ 和 $C_e=0.5\mu F$ 情况下
测量电压 U_m 的峰值	$\leqslant25\text{V}$ 在 $1.5U_N$和 $1.1U_s$ 及 $R_F=\infty$情况下
测量电流 I_m	$\leqslant1\text{mA}$ 在 $R_F=0\Omega$ 情况下
内阻抗 Z_i	$\geqslant100\text{k}\Omega$ 在 $50\sim60\text{Hz}$ 情况下
内电阻 R_i	$\geqslant U_m/1\text{mA}$

[a] 响应时间应限于纯交流系统及与直流回路有电气连接的交流系统。

11.8.4.2　医疗 IMD 报警系统

对于每个医疗 IT 系统，配备有下列组件的声光报警：
（1）当绝缘电阻下降到报警值时，黄灯亮。应不能消除或断开点亮灯指示。
（2）当绝缘电阻下降到最小整定值时，音响报警动作。该音响在报警条件下可以解除。
（3）当故障被清除恢复正常后，黄色信号灯应熄灭和解除音响报警。

11.8.4.3　医疗 IT 系统隔离变压器过负荷或过热

医疗 IT 系统采用隔离变压器将 TN（TT）系统变为局部 IT 系统。为了保证供电的连续性，对隔离变压器仅有短路保护。因此，应对隔离变压器输出的负荷电流进行监测，采用双金属片、正温度系数热敏电阻或类似的感温器对隔离变压器温度进行检测，超过设定值时报警。

11.8.5　绝缘故障定位系统（IFLS）

绝缘故障定位系统（IFLS）能对 IT 系统的对称及不对称绝缘故障定位和绝缘电阻下降到响应灵敏度以下时给出报警。

（1）对 IFLS 的要求。

1）响应灵敏度。满足在判别电流传感器电源侧对称泄漏电容总和为 $1\mu F$ 规定系统条件下，响应灵敏度由制造商规定。如图11.8-1所示，其中 $C_{Lu}=1\mu F$，$C_{Ld}=0\mu F$。

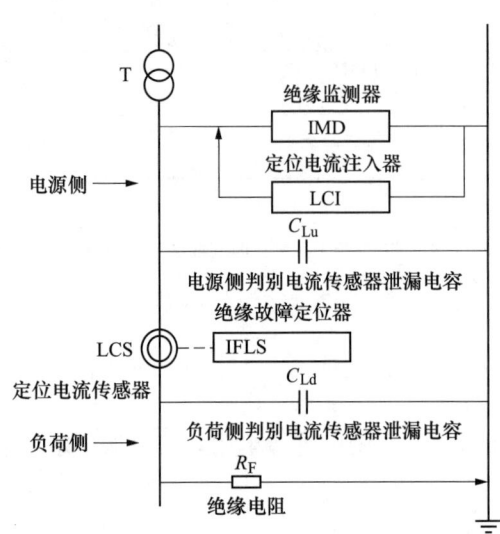

图 11.8-1 电源侧/负荷侧泄漏电容的示例

2）报警器件。检测到绝缘故障则点亮可视报警器件。若有外部的音响报警，则应有复位按钮。

3）定位电流 I_L。为使配电系统第一次故障时定位电流不产生超过约定电压限值（50V AC，120V DC）的接触电压，最大定位电流 I_L 应限制至 500mA（方均根值）。

4）定位电压 U_L。在无负荷的条件下，应使 $U_L \leqslant 50V$ AC 或 $U_L \leqslant 120V$ DC。否则，通过 2000Ω 纯电阻的定位电流不应超过 3.5mA AC 或 10mA DC。

（2）医疗场所对 IFLS 的附加要求。

1）在电源侧泄漏电容为 $1\mu F$（所有相导体对地漏泄电容之和）情况下，最低响应灵敏度应为 $50k\Omega$ 或 $U_N/50k\Omega$。

2）定位电流 I_L 应限制至 1mA（方均根值和/或峰值）。

3）定位电压 U_L 应小于 25V AC（峰值）或 DC。

11.9 保护电器级间的选择性

11.9.1 选择性动作的意义和要求

低压配电线路发生短路、过负荷或接地故障时，既要保证可靠地分断故障电流，又要尽可能地缩小断电范围，即有选择性地分断。这就要求准确计算故障电流，恰当选择保护电器及其动作电流和动作时间，保证有选择性地切断故障回路。

下面分析各类保护电器的上下级间特性配合。

11.9.2 熔断器与熔断器的级间配合

熔断器之间的选择性在 GB 13539.1—2015《低压熔断器 第 1 部分：基本要求》中已有规定。标准规定了当弧前时间大于等于 0.1s 时，熔断体的过电流选择性用"弧前时间-电流"特性校验；当弧前时间小于 0.1s 时，其过电流选择性则以 I^2t 特性校验。当上级熔断体的弧前 I^2t_{min} 值大于下级熔断体的熔断 I^2t_{max} 值时，可认为在弧前时间大于 0.01s 时，上下级熔断体间的选择性可得到保证。

标准规定额定电流 16A 及以上的串联熔断体的过电流选择比为 1.6：1，即在一定条件下，上级熔断体电流不小于下级熔断体电流的 1.6 倍，就能实现有选择性熔断。标准规定熔断体额定电流值也是近似按这个比例制定的，如 25、40、63、100、160、250A 相邻级间，以及 32、50、80、125、200、315A 相邻级间，均有选择性。

11.9.3 上级熔断器与下级非选择型断路器的级间配合

（1）过负荷时，只要断路器时间-电流特性和熔断器的反时限特性不相交，且熔断体的额定电流值比长延时脱扣器的整定电流值大一定数值，则能满足选择性要求。

（2）短路时，要求熔断器的时间-电流特性曲线上对应于预期短路电流值的熔断时间，比断路器瞬时脱扣器的动作时间大 0.1s 以上，则下级断路器瞬时脱扣，而上级熔断器不会熔断，能满足选择性要求。

11.9.4 上级非选择型断路器与下级熔断器的级间配合

（1）过负荷时，只要熔断器的反时限特性和断路器长延时脱扣器的反时限动作特性不相交，且长延时脱扣器的整定电流值比熔断体的额定电流值大一定数值，则能满足选择性要求。

（2）短路时，当故障电流大于非选择型断路器的瞬时脱扣器整定电流 I_{set3} 时，上级断路器瞬时脱扣，因此没有选择性；这种方式是不合理的。

11.9.5 非选择型断路器与非选择型断路器的级间配合

上级断路器 A 和下级断路器 B 的长延时整定值 I_{set1} 和瞬时整定值 I_{set3} 示例列于图 11.9-1 中。

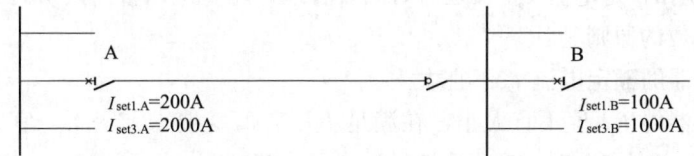

图 11.9-1 上下级均为非选择型断路器保护示例

当断路器 B 后任一点发生故障，在不考虑 1.3 倍可靠系数的前提下，当故障电流 $I_k<$ 1000A 时，断路器 A、B 均不能瞬时动作，不符合保护灵敏性要求；当 1000A$<I_k<$2000A 时，则 B 动作，A 不动作，有选择性；当 $I_k>$2000A 时，A、B 均动作，无选择性，见图 11.9-2。总体上说，这种配合只有局部选择性，不推荐采用。

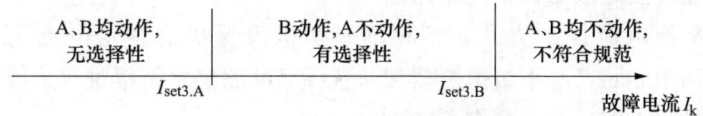

图 11.9-2 上下级均为非选择型断路器的选择性分析

11.9.6 选择型断路器与非选择型断路器的级间配合

这种配合应该具有良好的选择性，但必须正确整定各项参数。以图 11.9-3 为例，若下级断路器 B 的长延时整定值 $I_{set1.B}=300A$，瞬时整定值 $I_{set3.B}=3000A$；上级断路器 A 的 $I_{set1.A}$ 应根据其计算电流确定，由于选择型断路器多用于馈电干线，通常 $I_{set1.A}$ 比 $I_{set1.B}$ 大很多。

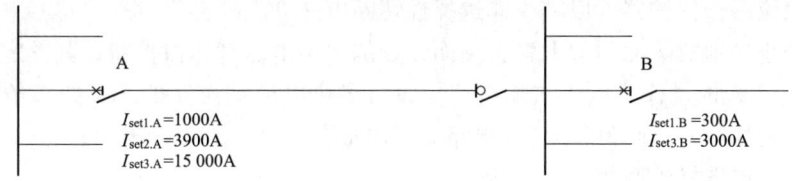

图 11.9-3 选择型与非选择型断路器配合示例

设 $I_{set1.A} = 1000A$，其 $I_{set2.A}$ 及 $I_{set3.A}$ 的整定原则如下：

1）$I_{set2.A}$ 整定值应符合下式要求

$$I_{set2.A} \geqslant 1.3 I_{set3.B} \tag{11.9-1}$$

若 $I_{set2.A} < I_{set3.B}$，当故障电流达到 $I_{set2.A}$ 值，而小于 $I_{set3.B}$ 时，则断路器 B 不能瞬时动作，而断路器 A 经短延时动作，破坏了选择性。1.3 是可靠系数，考虑脱扣器动作误差的需要。

2）短延时的时间没有特别要求。

3）$I_{set3.A}$ 应在满足动作灵敏性前提下，尽量整定得大些，以免在故障电流很大时导致 A、B 均瞬时动作，破坏选择性。

11.9.7　选择型断路器与熔断器的级间配合

（1）过负荷时，只要熔断器的反时限特性和断路器长延时脱扣器的反时限动作特性不相交，且长延时脱扣器的整定电流值比熔断体的额定电流值大一定数值，则能满足过负荷选择性要求。

（2）短路时，由于上级断路器具有短延时功能，一般能实现选择性动作。但必须整定正确，不仅短延时脱扣整定电流 I_{set2} 及延时时间要合适，还要正确整定其瞬时脱扣整定电流值 I_{set3}。确定这些参数的原则是：

1）下级熔断器的额定电流 I_N 不宜太大。

2）上级断路器的 I_{set2} 值不宜太小，在满足 $I_k \geqslant 1.3 I_{set2}$ 要求前提下，宜整定得大些，根据经验，下级的 I_N 为 200A 时，I_{set2} 不宜小于 3000～3500A。

3）短延时时间应整定得大一些，如 0.2～0.4s。

4）I_{set3} 在满足动作灵敏度条件下，尽量整定得大一些，以免破坏选择性。

具体方法是：在多个下级熔断器中找出额定电流最大的，其值为 I_N，假设熔断器后发生的故障电流 $I_k \geqslant I_{set2}$ 时，在熔断器时间-电流特性曲线上查出其熔断时间 t；再使断路器短延时脱扣器的延时时间比 t 值大 0.15s 左右。

11.9.8　上级带接地故障保护的断路器

（1）三相不平衡电流保护方式。三相不平衡电流保护的整定电流 I_{set0} 一般为 I_{set1} 的 20%，多为几百到 1000A，与下级熔断器和非选择型断路器之间很难有选择性。只有后者的额定电流很小（如几十安）时，才有可能。

使用三相不平衡电流保护时，在满足动作灵敏性要求前提下，I_{set0} 应整定得大一些，延时时间尽量长一些。

（2）剩余电流保护方式。这种方式的整定电流更小，对于 TN-S 接地系统，在发生接地故障时，与下级熔断器、断路器之间很难有选择性。这种保护只能要求与末端回路剩余电流动作保护器之间具有良好选择性。这种方式多用于安全防护要求高的场所，所以应在末端电路装设剩余电流动作保护器，以减少非选择性切断电路。

对为了防止接地故障而引起电气火灾而设置的剩余电流动作保护器，其整定电流不应超过 300mA，应是延时动作，同时末端电路应设有剩余电流动作保护器。如有条件时（如有专人值班维护的场所），前者可不切断电路而发出报警信号。

11.9.9　区域选择性联锁

（1）具有区域选择性联锁（zone selective interlocking，ZSI）——ZSI 功能的智能断路

器，是利用微电子技术使保护更为完善，保证了动作的灵敏性和选择性，减少了短路电流动、热应力对系统的冲击。

（2）ZSI 使控制单元间彼此互相通信，通过逻辑判断确定故障点，并切断故障。

（3）ZSI 允许断路器取消预设的必要的时间延时，故障被最靠近的上级断路器切断而无须附加延时，保证上下级间配合的选择性。

11.10　机电式接触器和电动机启动器

11.10.1　概述

（1）机电式接触器。它仅有一个休止位置，是能接通、承载和分断正常电路条件（包括过负荷运行条件）下的电流的一种非手动操作的机械开关电器，包括电磁式接触器、电气气动接触器、锁扣接触器、真空接触器等。

（2）电动机启动器。它能启动和停止电动机所需的所有开关电器与适当的过负荷保护电器相结合的组合电器，包括直接启动器、可逆启动器、双向启动器、星-三角启动器、自耦减压启动器、变阻式启动器、保护式启动器（具有短路保护）、综合式启动器（具有隔离功能的保护式启动器）等。

（3）以下内容仅包括接触器和启动器的共性部分。启动器的其他特性，包括过负荷保护电器性能、短路保护电器与启动器的协调配合等，见 12.1.6 和 12.1.7。

11.10.2　使用类别和接通分断能力

（1）接触器和启动器的使用类别、代号及典型用途见表 11.10-1。

表 11.10-1　　　　　　　接触器和启动器使用类别、代号及典型用途

电流	使用类别	附件类别名称	典型用途举例
交流	AC-1		无感或微感负荷、电阻炉
	AC-2		绕线式电动机的启动、分断
	AC-3		鼠笼型异步电动机的启动，运转中分断
	AC-4		鼠笼型异步电动机的启动、反接制动与反向运转、点动
	AC-5a	镇流器	控制放电灯的通断
	AC-5b	白炽灯	白炽灯的通断
	AC-6a		变压器的通断
	AC-6b		电容器组的通断
	AC-7a		家用电器和类似用途的低感负荷
	AC-7b		家用的电动机负荷
	AC-8a		具有过载继电器手动复位的密封制冷压缩机中的电动机控制
	AC-8b		具有过载继电器自动复位的密封制冷压缩机中的电动机控制
直流	DC-1		无感或微感负荷、电阻炉
	DC-3		并励电动机的启动、反接制动与反向运转、点动、电动机的动态分断
	DC-5		串励电动机的启动、反接制动与反向运转、点动、电动机的动态分断
	DC-6	白炽灯	白炽灯的通断

注　AC-3 使用类别可用于不频繁的点动或在有限的时间内反接制动，例如机械的移动，在有限的时间内操作的次数不超过 1min 内 5 次或 10min 内 10 次。

（2）每种使用类别是用表 11.10-2～表 11.10-5 给出的电流、电压、功率因数或时间常数等数据，以及规定的试验条件表示其特征的。

表 11.10-2　　　　不同使用类别的接通与分断能力的接通与分断试验条件

使用类别	接通与分断试验条件					
	I_c/I_N	U_r/U_N	$\cos\varphi$	通电时间[b]（s）	间隔时间（min）	操作循环次数
AC-1	1.5	1.05	0.80	0.05	f	50
AC-2	4.0[h]	1.05	0.65[h]	0.05	f	50
AC-3[i]	8.0	1.05	a	0.05	f	50
AC-4[i]	10.0	1.05	a	0.05	f	50
AC-5a	3.0	1.05	0.45	0.05	f	50
AC-5b	1.5[c]	1.05	c	0.05	60	50
AC-6a	j					
AC-6b	1.5[e]	1.05	i		m	50
AC-8a[k]	6.0	1.05	a	0.05	f	50
AC-8b[k]	6.0	1.05	a	0.05	f	50

使用类别	接通与分断试验条件					
	I_c/I_N	U_r/U_N	L/R（ms）	通电时间[b]（s）	间隔时间（min）	操作循环次数
DC-1	1.5	1.05	1.0	0.05	f	50[d]
DC-3	4.0	1.05	2.5	0.05	f	50[d]
DC-5	4.0	1.05	15.0	0.05	f	50[d]
DC-6	1.5[c]	1.05	c	0.05	60	50[d]

使用类别	接通条件					
	I/I_N	U/U_N	$\cos\varphi$	通电时间[b]（s）	间隔时间（min）	操作循环次数
AC-3	10	1.05[g]	a	0.05	10	50
AC-4	12	1.05[g]	a	0.05	10	50

注　I：接通电流。接通电流用直流或交流对称方均根值表示。但对交流而言，接通操作时实际的电流峰值可能会高于对称峰值。

I_c：接通和分断电流，用直流或交流对称方均根值表示。

I_N：额定工作电流。

U：外施电压。

U_r：工频或直流恢复电压。

U_N：额定工作电压。

$\cos\varphi$：试验电路的功率因数。

L/R：试验电路的时间常数。

a　$I_N \leqslant 100A$，$\cos\varphi = 0.45$；$I_N > 100A$，$\cos\varphi = 0.35$。

b　若触头在重新断开之前已完全闭合，则允许时间小于 0.05s。

c　试验用白炽灯作为负载。

d　用一种极性做 25 次，另 25 次换为相反极性。

e　负荷应为电容器组的稳态无功电流。容性额定值可由通断电容器试验获得，或由实验或经验的基础加以确定。作为指南，参考表 11.10-6 给出的计算公式，未涉及谐波电流的热效应。试验端子上的电流能力不应小于预期电流。它能由分析评估确定。

f　见表 11.10-3。

g　对于 U/U_N，允许 ±20% 的误差。

h　所给的值用于定子接触器。用于转子接触器时，应通以 4 倍额定转子工作电流，功率因数为 0.95。

i　使用类别 AC-3 和 AC-4 的接通条件应校验。当制造商同意时，可与接通和分断试验一起进行。此时，接通电流的倍数为 I/I_N，分断电流的倍数为 I_c/I_N。25 次操作循环的控制电压为额定控制电压 U_s 的 110%，另 25 次为 U_s 的 85%。间隔时间由表 11.10-3 确定。

j　制造商应通过用变压器试验确定使用类别 AC-6a 的额定值或根据表 11.10-6 使用类别 AC-3 的值推算确定。

k　如由制造商确定，转子堵转电流 I_c/满负荷电流 I_N 可选用较低值。

l　为了达到稳态电流，通电时间应足够长。

m　间隔时间根据表 11.10-3 确定。放电电阻值由间隔时间末低于 50V 来确定。

11

表 11.10-3   校验额定接通和分断能力时分断电流与间隔时间的关系

分断电流 I_c(A)	间隔时间(s)	分断电流 I_c(A)	间隔时间(s)
$I_c \leqslant 100$	10	$600 < I_c \leqslant 800$	80
$100 < I_c \leqslant 200$	20	$800 < I_c \leqslant 1000$	100
$200 < I_c \leqslant 300$	30	$1000 < I_c \leqslant 1300$	140
$300 < I_c \leqslant 400$	40	$1300 < I_c \leqslant 1600$	180
$400 < I_c \leqslant 600$	60	$1600 < I_c$	240

表 11.10-4   不同使用类别的约定操作性能的接通与分断试验条件

使用类别	接通与分断试验条件					
	I_c/I_N	U_r/U_N	$\cos\varphi$	通电时间[b] (s)	间隔时间 (min)	操作循环 次数
AC-1	1.0	1.05	0.80	0.05[b]	c	6000[i]
AC-2	2.0	1.05	0.65	0.05[b]	c	6000[i]
AC-3	2.0	1.05	a	0.05[b]	c	6000[i]
AC-4	6.0	1.05	a	0.05[b]	c	6000[i]
AC-5a	2.0	1.05	0.45	0.05[b]	c	6000[i]
AC-5b	1.0[e]	1.05	e	0.05[b]	60	6000[i]
AC-6a	g	g	g	g	g	g
AC-6b	1[k]	1.05		i	m	6000
AC-8a	1.0	1.05	0.80[a]	0.05[b]	c	30 000
AC-8b[h,j]	6.0	1.05	a	1	9	5900
				10	90[d]	100

使用类别	接通与分断试验条件					
	I_c/I_N	U_r/U_N	L/R (ms)	通电时间[b] (s)	间隔时间 (min)	操作循环 次数
DC-1	1.0	1.05	1.0	0.05[b]	c	6000[f]
DC-3	2.5	1.05	2.0	0.05[b]	c	6000[f]
DC-5	2.5	1.05	7.5	0.05[b]	c	6000[f]
DC-6	1.0[e]	1.05	e	0.05[b]	60	6000[f]

注 I_c：接通和分断电流，用直流或交流对称方均根值表示。除 AC-5b、AC-6 或 DC-6 类别外，对交流而言，接通操作时实际的电流峰值可能会高于对称峰值。

    I_N：额定工作电流。

    U_r：工频或直流恢复电压。

    U_N：额定工作电压。

    $\cos\varphi$：试验电路的功率因数。

    L/R：试验电路的时间常数。

a $I_N \leqslant 100A$，$\cos\varphi = 0.45$；$I_N > 100A$，$\cos\varphi = 0.35$。

b   若触头在重新断开之前已完全闭合，则允许时间小于 0.05 s。

c   间隔时间不应大于表 11.10-3 的规定值。

d   制造商可以选择任意的不大于 200s 的间隔时间。

e   试验用白炽灯作为负荷。

f   若未标识极性，用一种极性做 3000 次，另 3000 次换为相反极性。

g   制造商应通过用变压器试验确定使用类别 AC-6a 的额定值或根据本表使用类别 AC-3 的值推算确定。

h   使用类别 AC-8b 的试验应与使用类别 AC-8a 的试验相伴进行，试验可在不同样品上进行。

i   对于人力操作的开关电器，有载操作次数为 1000 次，然后进行无载操作，次数为 5000 次。

j   如由制造商确定，I_c/I_P 可选用较低值。

k   负荷应为电容器组的稳态无功电流。容性额定值可由通断电容器试验获得，或由实验或经验的基础加以确定。作为指南，参考表 11.10-6 给出的计算公式，未涉及谐波电流的热效应。试验端子上的电流能力不应小于预期电流。它能由分析评估确定。

l   为了达到稳态电流，通电时间应足够长。

m   间隔时间根据表 11.10-3 确定。放电电阻值由间隔时间末低于 50V 来确定。

11

（3）使用类别为 AC-3 或 AC-4 的接触器，应能承受表 11.10-5 给出的过负荷电流。

表 11.10-5 　　　　　　　　　　　　　耐受过负荷电流要求

额定工作电流（A）	试验电流（A）	通电时间（s）
≤630	$8 \times I_{nma12}$ （AC-3）	10
>630	$6 \times I_{nma12}$ （AC-3）[a]	10

注 　该表也包括电流小于表 11.10-4 的规定和试验时间大于 10s 的工作制，但 $I^2 t$ 的试验值不超过表 11.10-4 给出的数值。

[a] 　最小值为 5040A。

11.10.3　接触器的动作条件

（1）动力操作电器的动作范围。

1）除非产品标准另有规定，电磁操作或电控气动操作的电器在周围空气温度为 -5～+40℃ 范围内，在交流或直流控制电源电压为额定值的 85%～110% 范围内均应可靠吸合。

除非产品标准另有规定，气动或电控气动操作的电器在施加气压为额定气压的 85%～110% 范围内均应可靠吸合。

2）电磁操作或电控气动电器的释放电压应不高于控制电源额定电压的 75%，对交流在额定频率下应不低于额定电压的 20%，对直流应不低于额定电压的 10%。

除非另有规定，气动或电控气动操作的电器应在 75%～10% 额定气压下断开。

对动作线圈而言，上述释放电压极限值适用于当线圈电路的电阻等于 -5℃ 下所得的阻值时。

3）对锁扣接触器，当施加的解锁电压在额定解锁电压的 85%～110% 之间时，电器应脱扣并可靠断开。

（2）分励脱扣器的动作范围。当电源电压（脱扣动作期间测得）保持在额定控制电源电压的 70%～110% 之间（交流在额定频率下）时，在电器的所有工作条件下分励脱扣器应脱扣，使电器动作。

11.10.4　接触器选择要点

（1）应根据负荷特性和操作条件选择接触器的使用类别。用于控制笼型电动机，通常选用 AC-3 类别；用于控制需要点动、反向运转或反向制动条件下的电动机，应选用 AC-4 类别；用于控制电阻炉、照明灯等用电设备时，应相应选用 AC-1、AC-5a 、AC-5b 类别。

（2）接触器的额定工作电流应大于或等于负荷计算电流；接触器的接通电流应大于负荷的启动电流，分断电流应大于负荷运行时需要分断的电流。负荷的计算电流要考虑实际工作环境和工况。

（3）表 11.10-1 给出是接触器和启动器的标准使用类别。只要使用条件不比由表 11.10-2～表 11.10-5 给出的试验条件更严酷，可以选用其他使用类别。例如：已在 AC-4 使用类别下进行过试验的接触器，如在相同的额定工作电压下的 AC-3 额定电流不高于 AC-4 额定电流的 1.2 倍，则可按 AC-3 使用类别使用。

当变压器、电容器组选用 AC-3 类别时，接触器的工作电流应按表 11.10-6 确定。

表 11.10-6 　　根据 AC-3 额定电流值确定使用类别 AC-6a 和 AC-6b 的工作电流

额定工作电流	由使用类别 AC-3 额定电流确定
I_N(AC-6a)用于通断冲击电流峰值不大于额定电流峰值 30 倍的变压器	$0.45I_N$(AC-3)
I_N(AC-6b)用于通断单独电容器组中电容器安装处的预期短路电流 i_k	$i_k \dfrac{x^2}{(x-1)^2}$ 其中　　　$x = 13.3 \times \dfrac{I_N\text{(AC-3)}}{i_k}$ 且　　　　$i_k > 205I_N$(AC-3)

注　工作电流 I_N(AC-6b)的最高冲击电流峰值由下式导出

$$I_{Pmax} = \frac{U_N \times \sqrt{2}}{\sqrt{3}} \times \frac{1 + \sqrt{\dfrac{X_C}{X_L}}}{X_L - X_C}$$

式中　U_N——额定工作电压，V；

$\qquad X_L$——电路短路阻抗，Ω；

$\qquad X_C$——电容器组的电抗，Ω。

本公式有效的条件是接触器或启动器电源侧的电容忽略不计和电容器未预充电。

（4）接触器吸引线圈的额定电压、额定电流及辅助触头的数量、电流容量应满足控制回路接线要求。要考虑接在接触器控制回路的线路长度，使接触器能够在 85%～110% 的额定电压值下工作。如果线路过长，由于电压降太大，接触器线圈对合闸指令有可能不起反应；或由于线路电容太大，可能对跳闸指令不起反应。

（5）不间断工作制的设备，应选取特殊设计的接触器，如用银或银基触头的产品，以避免触头过热；如选用 8h 工作制的接触器，应降低一级容量使用。

（6）对可靠性、连续性要求很高的电路，如旋转电机的励磁回路，应选用锁扣接触器。

（7）接触器触头并联和串联使用。接触器触头并联可以加大过电流能力，串联可以增加耐压。

因为触点接触电阻不可能完全相同，电流不会平均分配，所以三组并联的过电流能力为单个的 2～2.4 倍。多个触头串联后的工作电压不能高于单个接触器的绝缘电压。

（8）根据控制回路电压要求，选择接触器的吸引线圈电压。按照控制、联锁的需要，选择辅助触头的对数，必要时应留有备用。

11

11.11　低压成套开关设备和控制设备选择

低压成套开关设备和控制设备分为成套动力开关和控制设备（PSC-ASSEMBLY）、建筑工地用成套设备（ACS）、非专业人员可进入场地的低压成套开关设备和控制设备（DBO）、公用电网动力配电成套设备（PENDA）等，包括带外壳或不带外壳的固定式或移动式成套设备。

11.11.1　特性

成套设备的特性应保证所连接电路的额定值与安装条件相适应。

额定电压、额定工作电压不小于所连接的电气系统的标称电压和回路的额定工作电压，额定绝缘电压、额定冲击耐受电压满足绝缘配合要求。

成套设备的额定电流不应小于成套设备内所有并联运行的进线电路的额定电流总和乘以额定分散系数。

额定分散系数是由成套设备制造商根据发热的相互影响给出的成套设备的出线回路可以持续并同时承载的额定电流的标幺值。

额定峰值耐受电流（I_{pk}）不应小于电路预定连续的电源系统的预期短路电流峰值。

额定短时耐受电流（I_{cw}）不应小于连接到电源每一点上的预期短路电流的方均根值。成套设备不同的 I_{cw} 对应不同的持续时间。对于交流，此电流值为交流分量的方均根值。

额定限制短路电流（I_{cc}）不应小于保护成套设备的短路保护器件在动作时间内所能承受的预期短路电流的方均根值（I_{cn}）。

其他特性包括：

1）功能单元在特殊使用条件下的附加要求（如配合类型、过负荷特性）。
2）污染等级。
3）为成套设备所设计的系统接地类型。
4）户内和/或户外成套设备。
5）固定式或移动式。
6）防护等级。
7）专业人员使用或一般人员使用。
8）电磁兼容性（EMC）类别等。

11.11.2 性能要求

11.11.2.1 温升极限

表 11.11-1 给出的温升限值适用于周围空气平均温度等于 35℃。如高于 35℃，则温升限值必须符合此特殊工作条件，使得周围温度和温升限值之和仍保持不变。

表 11.11-1 温升限值

成套设备的部件		温升（K）
内装组件		根据各个组件的相关产品标准要求，或根据组件制造商的说明书，考虑成套设备内的温度
用于连接外部绝缘导线的端子		70
母线和导体		受下述条件限制： ——导电材料的机械强度； ——对相邻设备的影响； ——与导体接触的绝缘材料的允许温度极限； ——导体温度对与其相连的电器元件的影响； ——对于接插式触点，接触材料的性质和表面的加工处理
操作手柄	金属的	15
	绝缘材料的	25
可接近的外壳和覆板	金属表面	30
	绝缘表面	40
分散排列的插头与插座连接		由组成设备的组件的温升极限而定

11.11.2.2 短路保护和短路耐受强度

成套设备应能耐受不超过额定值的短路电流所产生的热应力和电动应力。成套设备应采取对短路电流的防护措施。

（1）短路耐受强度。对于进线单元带有短路保护器件（SCPD）的成套设备，成套设备制造商应标明成套设备进线端的预期短路电流的最大允许值，这个值不应超过相应的额定值。

如果使用带延时脱扣的断路器作为短路保护器件，则成套设备制造商应标明最大延时时间和相应于指定预期短路电流的电流整定值。

对于进线单元没有短路保护器件的成套设备，成套设备制造商应用下述一种或几种方法标明短路耐受强度：

1）额定短时耐受电流（I_{cw}）及相应的持续时间和额定峰值耐受电流（I_{pk}）。

2）额定限制短路电流（I_{cc}）。

当最长时间不超过 3s 时，额定短时耐受电流与相应的持续时间的关系表示为 $I^2t=$ 常数，但峰值不超过额定峰值耐受电流。

（2）峰值电流与短时电流之间的关系。为确定电动应力，峰值电流值应用短路电流的方均根值乘以系数 n。n 值见表 11.3-1。

（3）保护器件的协调。如果工作条件要求供电电源有最大的连续性，则成套设备内短路保护器件的整定或选择应可能在任何一个输出回路发生短路时，利用安装在该故障回路中的开关器件使其消除，而不影响其他输出回路，从而确保保护系统的选择性。

11.11.3 成套动力开关和控制设备（PSC-ASSEMBLY）

PSC 用来分配和控制能量以提供给所有类型负荷，包括工业、商业和一般人员不允许操作的类似应用。

11.11.3.1 额定分散系数

成套设备制造商在缺少实际负荷电流的情况下，采用的分散系数见表 11.11-2。

表 11.11-2   PSC-成套设备的额定分散系数

负荷类型	分散系数	负荷类型	分散系数
配电-2 回路和 3 回路	0.9	电动执行器	0.2
配电-4 回路和 5 回路	0.8	≤100kW 电动机	0.8
配电-6 回路～9 回路	0.7	>100kW 电动机	1.0
配电-10 回路及以上回路	0.6		

11.11.3.2 可抽出式部件

可抽出式部件应有隔离位置，且可以有试验位置或试验状态，并能分别在这些位置上定位。这些位置应能清晰地识别。带有可抽出式部件的 PSC 中的所有带电部件应这样防护，打开门且可抽出式部件从连接位置抽出或移出时，不能触及带电部件。所使用的屏障或活动挡板应符合要求。与可抽出式部件的不同位置相关的电气状态见表 11.11-3。

表 11.11-3   可抽出式部件在不同位置上的电气状态

电路	连接方式	位 置			
		连接位置	试验状态/位置	隔离位置	移出位置
进线主电路	进线线路插头和插座或其他连接器件	|	⌇	◯	◯

续表

电路	连接方式	位置			
		连接位置	试验状态/位置	隔离位置	移出位置
出线主电路	出线线路插头和插座或其他连接器件	|	| 或 ⅂ ᵃ	| 或 ○ ᵃ	○
辅助电路	插头和插座或类似的连接器件	|	|	○	○
可抽出式部件内电路的状态		带电	带电，辅助电路准备好操作试验	如果不出现反向供电，则不带电	○
PSC主电路出线端子的状态		带电	带电或不分断ᵇ	如果不出现反向供电，则不带电	如果不出现反向供电，则不带电
		如果成套设备内部的设备在其断电后还可能存在稳态接触电流和电荷（如电容器），则要求装有警示牌			

注 成套设备所有的外露可导电部分应连接在一起，并连接至电源保护接地导体上或通过接地导体与接地装置连接，并应一直保持到形成隔离距离。

ᵃ 取决于设计。

ᵇ 取决于端子是否由其他电源供电，例如备用电源。

\| 表示连接； ○ 表示隔离； ⅂ 表示打开，但不需隔离。

11.11.3.3 功能单元电气连接类型的说明

PSC 内部功能单元或成套设备部件的电气连接类型可用 3 个字母表示：

（1）第 1 个字母表示主进线回路的电气连接类型。

（2）第 2 个字母表示主出线回路的电气连接类型。

（3）第 3 个字母表示辅助回路的电气连接类型。

以下字母用于表示：

（1）F 表示固定连接。

（2）D 表示可分离式连接。

（3）W 表示可抽出式连接。

11.11.3.4 PSC-成套设备的内部分隔

用挡板或隔板进行内部分隔的典型布置见表 11.11-4，并分类为各种形式，如图 11.11-1～图 11.11-3 所示。

表 11.11-4 内部分隔形式

主 判 断	补充判断	形式
内部不分隔		形式 1
母线与功能单元分隔	外部导体端子不与母线分隔	形式 2a
	外部导体端子与母线分隔	形式 2b
—母线与所有的功能单元分隔； —所有功能单元互相分隔； —外部导体端子和外部导体与功能单元分隔，但不与其他功能单元的端子分隔	外部导体端子不与母线分隔	形式 3a
	外部导体端子和外部导体与母线分隔	形式 3b
—母线与所有功能单元分隔； —所有功能单元互相分隔； —与功能单元密切相关的外接导体端子与其他功能单元和母线的外接导体端子隔离； —外部导体与母线分隔； —与功能单元密切相关的外接导体与其他功能单元和它们的端子隔离； —外接导体彼此不隔离	外部导体端子与相关的功能单元在同一间隔内	形式 4a
	外部导体端子与相关的功能单元不在同一间隔内，它位于单独的、分隔的、封闭的防护空间中或间隔内	形式 4b

PSC-成套设备能够将一个或多个下列状态分别用在功能单元、单独间隔或封闭的防护空间上：

（1）防止触及危险部件，防护等级应至少为 IP××B；

（2）防止固体外来物的进入，防护等级应至少为 IP2×。

11.11.4 一般人员操作的低压成套开关设备和控制设备（DBO）

DBO 分为 A 型（单相设备）和 B 型（多相和/或单相设备）。

DBO 具有下列特点和参数：

（1）可能由一般人员操作（如操作开关和更换熔丝），如家用电器。

（2）对地额定电压不超过交流 300V。

（3）输出回路额定电流 I_{nc} 不超过 125A，DBO 的额定电流 I_{nA} 不超过 250A。

（4）封闭、固定。

（5）室内或室外。

（6）额定电流分散系数（RDF）见表 11.11-5。

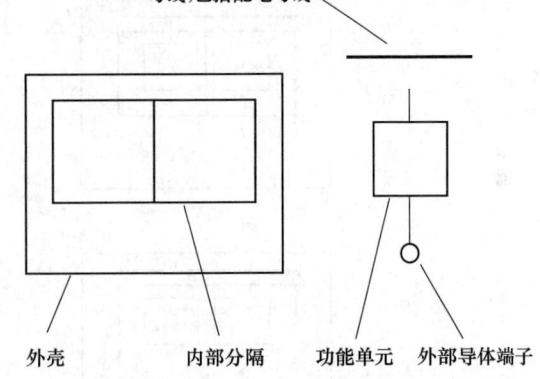

图 11.11-1 图 11.11-2 和图 11.11-3 符号说明

表 11.11-5 RDF 值

主回路的路数	RDF	主回路的路数	RDF
2 和 3	0.8	6～9（包括 9）	0.6
4 和 5	0.7	10 及以上	0.5

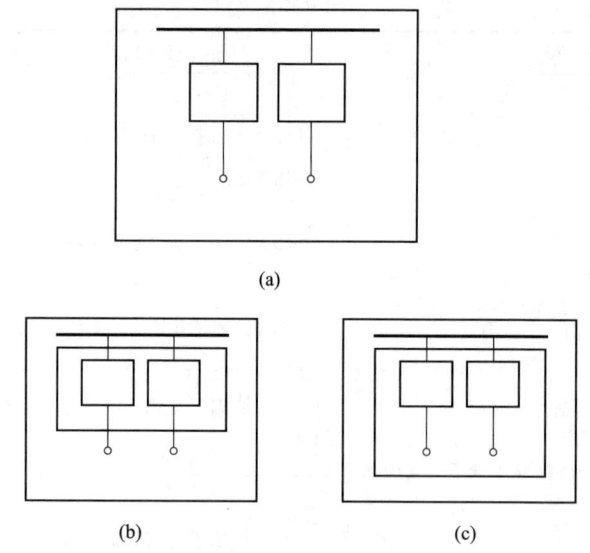

(a)

(b)   (c)

图 11.11-2　形式 1 和形式 2

(a) 形式 1 (无内部隔离)；(b) 形式 2a (端子不与母线隔离)；

(c) 形式 2b (端子与母线隔离)

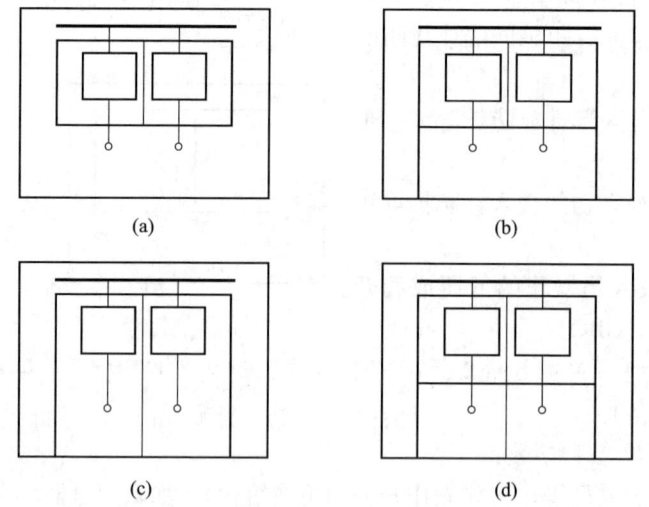

(a)   (b)

(c)   (d)

图 11.11-3　形式 3 和形式 4

(a) 形式 3a (端子不与母线隔离)；(b) 形式 3b (端子和外部导体与母线隔离)；

(c) 形式 4a (端子与相关的功能单元在同一隔室)；(d) 形式 4b (端子与相关的功能单元不在同一隔室)

按照外界机械碰撞的防护等级要求，室内使用的 DBO 为 IK05，室外使用的 DBO 为 IK07。

11.11.5　建筑工地用低压成套开关设备和控制设备 (ACS)

ACS 指为建筑工地使用而设计和制造的由一个或多个变压器或开关连同其控制、测量、信号、保护和调节以及内部电气、机械连接件和结构件而组成的装置。它用于污染等级 3 或污染等级 4 的场所。

（1）一般功能。由一个进线单元和一个或几个出线单元组成，并且还可以包含计量单元和变压器单元。

（2）进线单元。电缆的连接设施（端子、连接器或插头和插座配件）应适合于成套设备的电流等级，提供隔离器和过电流保护器件，保证隔离器能处于断开位置。如果成套设备是由其他装置供电并具备足够的保护，则不需配置过电流保护器件。

（3）计量单元要符合供电部门的要求。

（4）变压器单元能提供 LV/ELV（LV/SELV 和 LV/PELV）和 LV/LV 单元，包括初级、出线的保护和控制装置及变压器；端子或插座的输出。

（5）出线单元。每个单元包括一个或几个出线电路。

1）应具有隔离器、开关、过电流保护和间接接触防护设施。这些功能可以由一个或多个器件提供。

2）不使用钥匙或工具，应易于操作负荷开关。

3）开关器件的所有极，包括所有的相导体应同时动作。

4）插座的防护应防止直接接触或间接接触。

注　1. 如果 RCD 作为保护设施，则一个 RCD 可以保护几个插座。例如，当 RCD 保护的插座超过 6 个时，容易引起无意的跳闸。

　　2. 如果使用 RCD，则要考虑负荷的性质，例如，高频和/或直流分量的出现。

　　3. 当过电流保护器件保护 1 个以上插座时，需要考虑发生无意跳闸的可能性。

11.11.6 公用电网动力配电成套设备（PENDA）

11.11.6.1 概述

公用电网动力配电成套设备（PENDA）安装在公用配电网中，用于从一个或多个供电点接收电能和通过一条或多条线路分配电能至其他设备。

PENDA 仅由熟悉电气的技术人员（BA4）进行安装、操作和维护。PENDA 也包含电缆分线箱（CDC）。

PENDA 分为户内型 PENDA-0 和户外型 PENDA-Ⅰ。户外型 PENDA-Ⅰ 包括可以从公用场所接近和不可以从公用场所接近。

11.11.6.2 额定电流分散系数（RDF）

PENDA 额定电流分散系数（RDF）见表 11.11-6。

表 11.11-6 RDF 值

主回路的路数	RDF	主回路的路数	RDF
2 和 3	0.9	6～9（包括 9）	0.7
4 和 5	0.8	10 及以上	0.6

11.11.6.3 户外电气装置环境气温

严寒地区需要使用特殊的 PENDA，严寒地区周围空气温度的下限为 $-50℃$。

11.11.6.4 外壳的防护等级

PENDA-0 安装在由公用场所接近的场所，外壳的防护等级应至少为 IP34D；若安装在其他场所应至少为 IP33。

11.11.7 低压成套无功功率补偿装置的选择

11.11.7.1 装置的分类

（1）按使用场所划分，分为户外型、户内型。

（2）按安装的部位划分，分为集中补偿、分组补偿、末端补偿。

（3）按补偿相数划分，分为分相补偿、三相补偿、混合补偿（单相、三相混合补偿）。

（4）按投切电容器的元件类型划分，分为机电开关（如接触器）、半导体电子开关（如晶闸管）、复合开关（半导体电子开关和机电开关并联的组合体）。

（5）按有无抑制谐波或滤波功能划分，分为无抑制谐波或滤波功能、有抑制谐波功能；装置投入运行不能使系统谐波含量增加、有滤波功能，装置投入运行使系统谐波含量减少。

11.11.7.2 并联电容器

并联电容器分为自愈式和非自愈式。

（1）环境空气温度类别。电容器按温度类别分类，每一类别用一个数字后跟一个字母来表示。数字表示电容器可以运行的最低环境空气温度，字母表示温度变化范围的上限，在表11.11-7中规定了最大值。温度类别所覆盖的温度范围为$-50 \sim +55 ℃$。电容器可以投入运行的最低环境空气温度应为$+5$、-5、-25、-40、$-50 ℃$这五个优先值中选取。对于户内使用环境，下限温度通常取$-5 ℃$。表11.11-7是以电容器的运行不会影响环境空气温度的使用条件为前提的（如户外装置）。

表 11.11-7　　　　表示温度变化范围上限的字母代号

代　号	环境温度（℃）		
	最高	24h 内平均最高	1 年内平均最高
A	40	30	20
B	45	35	25
C	50	40	30
D	55	45	35

如果电容器的运行会影响空气温度，则应加强通风或另选电容器，使空气温度不超过表11.11-7中的限值。在低压成套无功功率补偿装置中，冷却空气温度应不超过表11.11-7的温度限值加5℃。任何最低和最高值的组合均可选作电容器的标准温度类别，如$-40/A$或$-5/C$。优先的温度类别为$-40/A$、$-25/A$、$-5/A$或$-5/C$。

（2）电容偏差要求。自愈式并联电容器对于100 kvar及以下的电容器单元和组实测电容和额定电容的差不应超过$-5\% \sim +10\%$；对于100kvar以上的电容器单元和组实测电容和额定电容的差不应超过$-5\% \sim +5\%$；在三相单元中，任意两线路端子间测得的电容的最大值和最小值之比不应超过1.08。非自愈式并联电容器对于100 kvar及以下的电容器单元和组实测电容和额定电容相差不应超过$-5\% \sim +15\%$；对于100 kvar以上的电容器单元和组实测电容和额定电容相差不应超过$0\% \sim +10\%$；在三相单元中，任意两线路端子之间测得的电容的最大值与最小值之比不应超过1.08。

（3）长期电压要求。电容器单元应在表11.11-8所示的电压水平下运行。电容器能耐受而无明显损伤的过电压幅值取决于过电压的持续时间、施加次数和电容器温度。表11.11-8中高于$1.15U_N$的过电压是以在电容器的整个使用寿命期间总共不超过200次为前提确定的。

表 11. 11-8 使用中的允许电压水平

类　型	电压因数×U_N（方均根值）	最大持续时间	说　明
工频	$1.00U_N$	连续	电容器运行期间内的最高平均值，在运行期间内出现的小于24h的例外情况见其他规定
工频	$1.10U_N$	每24h中8h	系统电压调整和波动
工频	$1.15U_N$	每24h中30min	系统电压调整和波动
工频	$1.20U_N$	5min	轻负荷下电压升高
工频	$1.30U_N$	1min	
工频加谐波	使电流不超过 11.11.7.2 (4) 中的规定值		

（4）最大允许电流要求。自愈式并联电容器单元应适用于在线路电流方均根值为1.3倍于该单元在额定正弦电压和额定频率下产生的电流下连续运行，过渡过程除外，考虑到电容偏差，最大电容可达 $1.1C_N$，故其最大电流可达 $1.43I_N$。这些过电流因数是考虑到谐波、过电压和电容偏差共同作用的结果。非自愈式并联电容器单元应适于在线路电流方均根值为1.3倍于该单元在额定正弦电压和额定频率下产生的电流下连续运行，过渡过程除外，考虑到容差电容可达 $1.15C_N$，故其最大电流有可能增大到 $1.5I_N$。这些过电流因数是考虑到谐波、过电压和电容偏差共同作用的结果。

11. 11. 7. 3　并联电容器用串联电抗器

（1）串联电抗器选型时，选用干式电抗器或油浸式电抗器，应根据工程条件经技术经济比较确定。安装在屋内的串联电抗器，宜采用设备外漏磁场较弱的干式电抗器。

为了限制电容器或电容器组投切时的涌流、发生串联或并联的谐振、谐波源引起电容器或电容器组的过电流，采用电抗器与电容器或电容器组串联。选用的串联电抗器的感抗以电抗率 K 表示，即

$$K = \frac{X_L}{X_C} \tag{11.11-1}$$

式中　X_L——每相串联电抗器的额定感抗，Ω；

　　　X_C——每相并联电容器的额定容抗，Ω。

电容器组串联电抗器后，电容器端电压升高，电容器端电压为

$$U_C = \frac{U_n}{\sqrt{3}(1-K)} \tag{11.11-2}$$

式中　U_C——电容器或电容器组端电压，V；

　　　U_n——电容器或电容器组安装处电压，V；

　　　K——电容器或电容器组串联电抗器的电抗率。

电抗器的额定电流应等于与其串联组合的电容器或电容器组的额定电流；额定端电压应等于与其串联组合的电容器额定电压的 K 倍；电抗器的额定容量应等于与其串联组合的电容器或电容器组额定容量的 K 倍。

（2）串联电抗器电抗率的选择应根据电网条件与电容器参数经相关计算分析确定，电抗率的取值范围应符合下列规定：

1）仅用于限制涌流时，电抗率宜取 $0.1\% \sim 1.0\%$。

2）用于抑制谐波时，电抗率应根据并联电容器装置接入电网处的背景谐波含量的测量值选择。当谐波为5次及以上时，电抗率宜取 $4.5\% \sim 5\%$；当谐波为3次及以上时，电抗

率宜取 12%，也可采用 4.5%~5% 与 12% 两种电抗率混装的方式。

（3）额定频率下测量的电感与额定值的偏差应在 0%~+10% 范围内。

11.11.7.4 开关电器和保护电器

（1）专用接触器。为了防止并联电容器投切时的涌流，一般采用电容器专用接触器，如图 11.11-4 所示，辅助触头先于主触头闭合，R 限流电阻线串入回路中，最后主触头将辅助触头短接而切除 R 限流电阻线。图 11.11-5 所示为四极接触器，所采用的 R 值为 1Ω，工作与前述相同。

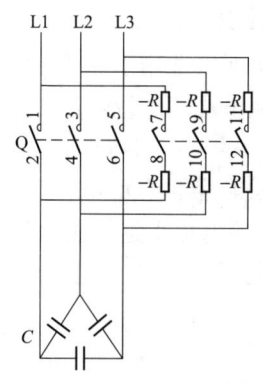 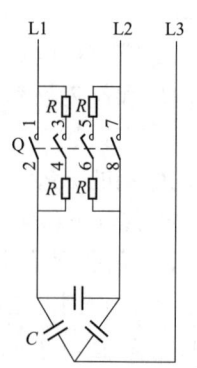

图 11.11-4　电容器专用接触器　　　　图 11.11-5　四极接触器

专用接触器应采用使用类别 AC-6b 的工作电流，依据接触器 AC-3 的额定电流确定使用类别 AC-6b 的工作电流计算见表 11.10-6。

（2）半导体开关电器。如反并联的单向晶闸管或双向晶闸管在电压过零时投入电容器，在电流过零时切断电容器，无过渡过程。投切电容器的结构可为：

1）三相三线制接线系统可采用"二控三"如图 11.11-6 所示。"二控三"用两组半导体开关器件控制三相电容器的投入或切除。"二控三"只适用于三相补偿和混合补偿中的三相补偿，不适用于分相补偿。

2）三相四线制接线系统应采用带中性线的"三控三"半导体开关器件投切电容器，如图 11.11-7 所示。用三组半导体开关器件分别连接三个单相电容器，并与中性线构成回路，分别控制每相电容器投入或切除，可用于三相补偿、分相补偿和混合补偿。

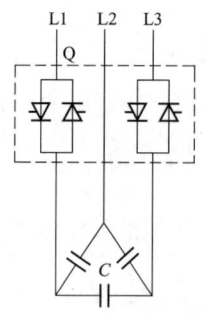 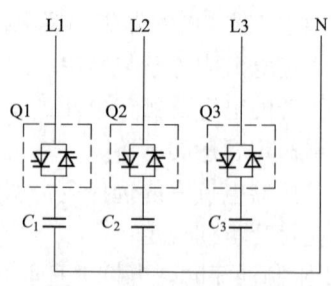

图 11.11-6　"二控三"半导体　　　　图 11.11-7　"三控三"半导体
　　　　开关器主回路　　　　　　　　　　开关器主回路

半导体开关电器的额定电流（方均根值）应按不小于 2.5 倍电容器或电容器组额定电流选择。

（3）复合式开关电器。将半导体开关电器与接触器并联使用，半导体开关电器在电压过零时首先投入电容器，再闭合接触器；切断电容器时，首先断开接触器，半导体开关电器在电流过零时切断电容器，如图 11.11-8 和图 11.11-9 所示。复合式开关电器可以减少半导体开关电器的损耗，延长使用寿命。

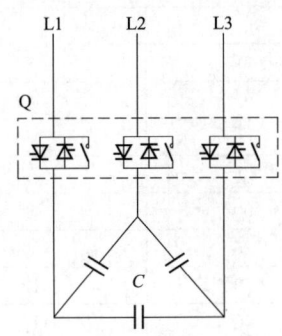

图 11.11-8　三相复合式开关电器主回路

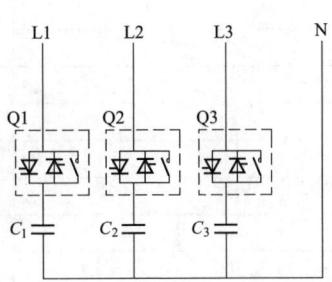

图 11.11-9　分相复合式开关电器主回路

（4）保护电器。并联电容器的保护宜采用熔断器。"gG"和"gN"熔断器熔断体选择需满足下述要求：

1）承受 $100I_N$（电容器单元或电容器组的额定电流）的合闸涌流；

2）承受 $1.5I_N$（电容器单元或电容器组的额定电流）连续运行电流（包括谐波）；

3）低负荷期间增至 1.2 倍运行电压，历时 5min；

4）非自愈电容（及其运行电流）允许偏差＋15％，自愈电容（及其运行电流）允许偏差＋10％；

5）波动至 1.1 倍运行电压历时 8h。

选择熔断体额定电流时应满足：涌流不会熔化或劣化熔断体；潜在过电流不会导致熔断体误动作。

短路保护用的"gG"熔断器的额定电流应是电容器单元或电容器组额定电流的 1.65～1.8❶倍，熔断器额定电流可按下式估算

$$I_N \geqslant k Q_N \tag{11.11-3}$$

式中　I_N——熔断器额定电流，A；

　　　Q_N——电容器单元或电容器组的容量，kvar；

　　　k——计算系数，电容器的额定电压为 400V 时取 2.5，为 525V 时取 2，为 690V 时取 1.5。

根据并联电容器容量选择熔断器，见表 11.11-9。

---

❶　此处的 1.65～1.8 倍与 GB 50227—2008《并联电容器装置设计规范》的 5.4.2 规定的 1.37～1.5 倍不一致，原因为根据"gG 和 gN 熔断器熔断体选择需满足的要求"来确定过电流和过电压系数，分别为：

低负荷期间：过电压、过电流 1.2×1.5＝1.8；

正常负荷期间：过电压、过电流 1.1×1.5＝1.65。

表 11.11-9　　　　**3 相 50Hz 系统并联电容器的专职人员用熔断器选择**

并联电容器额定电压(V)	400	525	690
计算系数 k	2.5	2	1.5
熔断器额定电压(V)	500	690	1000[a]
电容器容量 Q_N(kvar)	熔断体额定电流 I_N(A)		
5	16		
7.5	20		
12.5	32	32	
20	50	40	32
25r	63	50	40
30	80	63	50
40	100	80	63
50	125	100	80
60	160	125	100
80	200	160	125
100	250	200	160
125	315	250	200
160	400	315	250
200	500	400	315
250	630	500	400

[a]　在一定条件下,690V 可适用,具体情况应与制造厂核实。

11.11.7.5　低压无功功率自动补偿控制器

(1) 产品分类。

1) 按取样物理量不同分为功率因数型、无功电流型、无功功率型。

2) 按延时时间分为静态补偿控制器、动态补偿控制器。

3) 按相数分为分相补偿控制器、三相补偿控制器。

(2) 功能要求。

1) 设置功能。应具有投入及切除门限设定值、延时设定值、过电压保护设定值的设置功能;对可按设定程序投切的控制器应具有投切程序设置功能;面板功能键操作应具有容错功能;面板设置应具有硬件或软件闭锁功能。

2) 显示功能。具有工作电源、超前/滞后、输出回路工作状态、过电压保护动作的显示,对带有数字显示的控制器应具有电网即时运行参数及设定值调显,对具有电压监测或统计功能的控制器应具有监测或统计数据调显等功能。

3) 延时及加速功能。输出回路动作应具有延时及过电压加速动作功能。

4) 程序投切功能。应具有自动循环投切或按设定程序投切功能。

5) 自检复归功能。控制器每次接通电源应进行自检并复归输出回路(使输出回路处在断开状态)。

6) 投切振荡闭锁。系统负荷较轻时,控制器应具有防止投切振荡的措施。

7) 闭锁报警功能。系统电压大于或等于 107% 标称值时闭锁控制器投入回路;控制器内部发生故障时,闭锁输出回路并报警;执行回路发生异常时闭锁输出回路并报警。

(3) 性能要求。控制物理量为功率因数的控制器,动作误差应在 $-2.0\%\sim2.0\%$ 之间;

控制物理量为无功功率或无功电流的控制器，动作误差不应大于±20%。控制器灵敏度不应大于0.2A。

过电压保护动作值应在系统标称电压值的105%～120%之间可调，动作回差6～12V。

延时时间10～120s可调，误差不应大于±5%；过电压保护分断总时限不应大于60s；投切动作时间间隔不应小于300s。

（4）设置要求。

1）动作阈值。控制器动作阈值是电容器组接通时的最小动作电流值，按电容器组额定电流的0.62倍考虑。三相电容器组的二次动作电流为

$$I_{op} = \frac{0.62Q \times 1000}{\sqrt{3}U_{CN}n_{TA}} \tag{11.11-4}$$

式中　I_{op}——二次动作电流，A；

　　　Q——电容器组额定容量，kvar；

　　　U_{CN}——电容器组额定电压，V；

　　　n_{TA}——电流互感器变比。

变压器轻载时，负荷电流小于控制器动作阈值，电容器无法自动投入，因此需要设置变压器基本无功补偿。

2）投切顺序类型。是指每步投切电容器组额定容量之比。电容器组投切顺序类型显示见表11.11-10。

表 11.11-10　　　　　　　　电容器组投切顺序类型显示表

顺序类型	显示	顺序类型	显示
1:1:1:1:1:…:1	1.1.1	1:1:2:2:2:…:2	1.1.2
1:2:2:2:2:…:2	1.2.2	1:1:2:4:4:…:4	1.1.4
1:2:4:4:4:…:4	1.2.4	1:1:2:4:8:…:8	1.1.8
1:2:4:8:8:…:8	1.2.8		

11.12　爆炸危险环境的低压电器设备选择

11.12.1　概述

本节内容是依据 GB 50058—2014《爆炸危险环境电力装置设计规范》及现行爆炸性、可燃性粉尘环境用电气设备系列标准（GB 3836《爆炸性环境》及 GB 12476《可燃性粉尘环境用电气设备》）编写的。

为完成新旧产品的过渡，以及设计如何正确选用防爆电器产品，2011 年 5 月全国防爆电气设备标准技术委员会给出过渡期产品选用建议，并通过纪要如下：

"由于国家标准目前暂时还是 GB 3836 系列爆炸性气体环境用设备和 GB 12476 系列可燃性粉尘环境用设备两个标准体系共存阶段，而国家标准所采用的国际电工委员会 IEC 标准也正在完善两个国际标准体系的合并，目前还没有完全到位。因此国家标准将会在一个时期内（至少需 3～5 年时间）仍将保持 GB 3836 系列和 GB 12476 系列并存。有关 GB 3836.1—2010《爆炸性环境　第 1 部分：设备　通用要求》中Ⅲ类设备，即爆炸性粉尘环境

用设备短期内还应按照 GB 12476 系列现行标准进行标志，全国防爆标委会秘书处将密切关注 IEC 国际标准动态，等将来国家标准两个体系完全合并之后再按Ⅲ类设备进行标志"。因此，GB 12476《可燃性粉尘环境用电气设备》标准在过渡期仍在同步运用。

气体/蒸气环境中设备的保护级别 EPL 为 Ga、Gb、Gc，粉尘环境中设备的保护级别 EPL 为 Da、Db、Dc，其含义为：

"EPL Ga" 爆炸性气体环境用设备。具有"很高"的保护等级，在正常运行过程中、在预期的故障条件下或者在罕见的故障条件下不会成为点燃源。

"EPL Gb" 爆炸性气体环境用设备。具有"高"的保护等级，在正常运行过程中、在预期的故障条件下不会成为点燃源。

"EPL Gc" 爆炸性气体环境用设备。具有"加强"的保护等级，在正常运行过程中不会成为点燃源，也可采取附加保护，保证在点燃源有规律预期出现的情况下（例如灯具的故障）不会点燃。

"EPL Da" 爆炸性粉尘环境用设备。具有"很高"的保护等级，在正常运行过程中、在预期的故障条件下或者在罕见的故障条件下不会成为点燃源。

"EPL Db" 爆炸性粉尘环境用设备。具有"高"的保护等级，在正常运行过程中、在预期的故障条件下不会成为点燃源。

"EPL Dc" 爆炸性粉尘环境用设备。具有"加强"的保护等级，在正常运行过程中不会成为点燃源，也可采取附加保护，保证在点燃源有规律预期出现的情况下（例如灯具的故障）不会点燃。

电气设备分为三类：Ⅰ类电气设备用于煤矿瓦斯气体环境。Ⅱ类电气设备用于除煤矿甲烷气体之外的其他爆炸性气体环境。按照其拟使用的爆炸性环境的种类可进一步再分为ⅡA类（代表性气体是丙烷）、ⅡB类（代表性气体是乙烯）、ⅡC类（代表性气体是氢气）。Ⅲ类电气设备用于除煤矿以外的爆炸性粉尘环境。按照其拟使用的爆炸性粉尘环境的特性可进一步再分为ⅢA类（可燃性飞絮）、ⅢB类（非导电性粉尘）、ⅢC类（导电性粉尘）。

11.12.2 爆炸性气体环境

生产、加工、处理、转运或储存过程中出现或可能出现下列爆炸性气体混合物环境之一时，应按爆炸性气体环境设计：

(1) 在大气条件下，可燃气体与空气混合形成爆炸性气体混合物；

(2) 闪点低于或等于环境温度的可燃液体的蒸气或薄雾与空气混合形成爆炸性气体混合物；

(3) 在物料操作温度高于可燃液体闪点的情况下，可燃液体有可能泄漏时，其蒸气或薄雾与空气混合形成爆炸性气体混合物。

11.12.2.1 爆炸性气体环境区域划分

爆炸危险环境区域划分应由懂得可燃性物质的相关性和重要性、熟悉设备和工艺性能的专业人员进行，还应与懂安全、电气、机械及其他有资质的工程技术人员商议。

危险场所分类应由工艺等专业提出可燃性物质明细表及其特性，提供危险场所的释放源明细表。如释放源位置、释放等级、可燃性物质的工作温度和压力、通风类型、等级、有效性、危险场所的区域类型、区域范围、参考图布局等相关资料，还应提供如可燃性物质名称、化学成分、闪点、爆炸下限、挥发性、蒸汽压力、沸点、气体或蒸气与空气的相对密度、点燃温度、级别与温度组别等作为设备选择的依据。

（1）划分条件。在爆炸性气体环境中产生爆炸必须同时存在下列条件：

1）存在可燃气体、可燃液体的蒸气或薄雾，其浓度在爆炸极限以内。

2）存在足以点燃爆炸性气体混合物的火花、电弧或高温。

（2）划分原则。

1）应根据爆炸性气体环境出现的频繁程度和持续时间及发生事故的可能性和后果进行分区，分区见表 11.12-1。

表 11.12-1 爆炸性气体环境分区

分区	依 据	
	GB 50058—2014《爆炸危险环境电力装置设计规范》	GB 3836.14—2014《爆炸性环境　第 14 部分：危险场所分类　爆炸性气体环境》
0	连续出现或长期出现爆炸性气体混合物的环境	爆炸性气体环境连续出现或长时间或频繁存在的场所
1	在正常运行时，可能出现爆炸性气体混合物的环境	在正常运行时，可能偶尔出现爆炸性气体环境的场所
2	在正常运行时，不可能出现或即使出现也仅是短时存在的爆炸性气体混合物的环境	在正常运行时，不可能出现爆炸性气体环境，如果出现也是仅是短时间存在的场所

注　1. 正常运行是指正常的开车、运转、停车，可燃物质产品的装卸，密闭容器盖的开闭安全阀、排放阀以及所有工厂设备都在其设计参数范围内工作的状态。

　　2. 可燃性物质少量释放可看作是正常运行。例如，靠泵输送液体时从密封口释放可看作是少量释放。

　　3. 故障（例如：泵密封件、法兰密封垫的损坏或偶然产生的漏泄等）包括紧急维修或紧急停机都不能看作是正常运行，也不能将其视为灾难性的。

　　4. 运行包括的情况有启动和停机。

　　5. 在生产中 0 区是极个别的，大多数情况属于 2 区。在设计时应采取合理措施尽量减少 1 区。

2）应考虑释放源的影响及通风条件。首先应按释放源的级别划分区域。可燃性气体、蒸气或液体可能释放出能形成爆炸性气体环境的部位或地点为释放源，释放源分三级，见表 11.12-2。

表 11.12-2 爆炸性气体环境释放源分级

释放源级别	含 义
连续级释放源	连续释放或预计长期释放的释放源
一级释放源	在正常运行时，预计可能周期性或偶尔释放的释放源
二级释放源	在正常运行时，预计不可能释放，如果释放也仅是偶尔和短期释放的释放源

注　在确定释放源时，不应考虑工艺容器、大型管道或储罐等的毁坏事故，如炸裂等。

3）爆炸危险区域划分原则。

a. 首先应按下列释放源级别划分区域：存在连续级释放源的区域可划为 0 区；存在一级释放源的区域可划为 1 区；存在二级释放源的区域可划分为 2 区。

b. 应根据通风条件调整区域划分。通风的影响应考虑通风的主要形式、通风等级及通风的有效性。通风的主要形式有自然通风、整体或局部的人工通风。通风等级有高级、中级、低级，分级见表 11.12-3。通风的有效性分良好、一般、差，通风有效性分级表见表 11.12-4。

表 11.12-3　　　　　　　　　　　　　　通风等级分级

通风等级	含　义
高级通风（VH）	能在释放源处瞬间降低其浓度到低于爆炸下限，区域范围很小（甚至可以忽略不计）
中级通风（VM）	能够控制浓度，释放源正在释放中，能使区域界限外部的浓度稳定地低于爆炸下限，停止释放后，爆炸性环境持续存在的时间不会过长
低级通风（VL）	释放源释放过程中，不能控制其浓度，停止释放后，也不能阻止爆炸性环境持续存在

注　本表引自 GB 3836.14—2014《爆炸性环境　第 14 部分：危险所分类　爆炸性气体环境》。

表 11.12-4　　　　　　　　　　　　　　通风有效性分级表

通风有效性分级	含　义
良好	通风连续地存在
一般	在正常运行时，预计通风存在。允许发生短时、不经常的不连续通风
差	不能满足"良好"或"一般"标准的通风，但不会出现长时间的不连续通风

注　本表引自 GB 3836.14—2014《爆炸性环境　第 14 部分：危险所分类　爆炸性气体环境》。

爆炸危险区域内的通风，其空气流量能使可燃物质很快稀释到爆炸下限值的 25% 以下时，可定为通风良好。它可使爆炸危险区域的范围缩小或可忽略不计，或可使危险等级降低，以致可划为非爆炸危险区域。

（3）通风良好场所。

1）露天场所；

2）敞开式建筑物，墙壁和/或屋顶开口，其尺寸和位置保证建筑物内部通风效果等效于露天场所；

3）非敞开建筑物，建有永久性的开口，使其具有自然通风的条件；

4）对于封闭区域，每平方米地板面积每分钟至少提供 0.3m³ 的空气或至少 1h 换气 6 次，可由自然通风或机械通风来实现。

（4）机械通风的影响。

1）在下列情况之一时，可不计机械通风故障的影响：

a）对封闭式或半封闭式的建筑物设置有备用的独立通风系统；

b）在通风设备发生故障时，设置自动报警或停止工艺流程等确保能阻止可燃物质释放的预防措施，或使设备断电的预防措施。

2）通风不良的影响：当释放源处于通风不良或无通风的环境时，可能提高爆炸危险区域的等级，即连续级或一级释放源可能导致 0 区，二级释放源可能导致 1 区。

3）当通风良好时，可降低爆炸危险区域等级；当通风不良时应提高爆炸危险区域等级。

4）局部机械通风在降低爆炸性气体混合物浓度方面比自然通风和一般机械通风更为有效时，可采用局部机械通风降低爆炸危险区域等级。

5）在有障碍物、凹坑和死角处，由于通风不良，应局部提高爆炸危险区域等级。

6）利用堤和墙等障碍物，限制比空气重的爆炸性气体混合物的扩散，可缩小爆炸危险区域范围。

11. 12. 2. 2　爆炸性气体环境危险区域范围的确定

（1）爆炸性气体环境危险区域范围应按下列要求确定：

1）宜以建筑物为单位划分爆炸性气体环境危险区域范围。当空间大、释放源释放的可燃物量少时，可按厂房内部分空间划定爆炸危险的区域范围，并应符合下列规定：

a）当厂房内具有比空气重的可燃物质时，厂房内通风换气次数不应少于每小时两次，且换气不受阻碍；厂房地面上高度 1m 以内容积的空气与释放至厂房内的可燃物质所形成的爆炸性气体混合浓度应小于爆炸下限。

b）当厂房内具有比空气轻的可燃物质时，厂房平屋顶平面以下 1m 高度内，或圆顶、斜顶的最高点以下 2m 高度内的容积的空气与释放至厂房内的可燃物质所形成的爆炸性气体混合物的浓度应小于爆炸下限。

　　注　释放至厂房内的可燃物质的最大量应按 1h 释放量的 3 倍计算，但不包括由于灾难性事故引起破裂时的释放量。

2）当高挥发性易燃液体可能大量释放并扩散到 15m 以外时，爆炸危险区域的范围应划分附加 2 区。

3）当可燃液体闪点高于或等于 60℃ 时，在物料操作温度高于可燃液体闪点的情况下，可燃液体可能泄漏时，其爆炸危险区域的范围宜适当缩小，但不宜小于 4.5m。

（2）爆炸危险区域的划分和范围应根据可燃物质的释放量、释放速率、沸点、温度、闪点、相对密度、爆炸下限、障碍等条件，结合实践经验确定。

（3）爆炸性气体环境内的车间采用正压或连续通风稀释措施后，不能形成爆炸性气体环境时，车间可降为非爆炸危险环境。通风引入的气源应安全可靠，且没有可燃物质、腐蚀介质及机械杂质，进气口应设在高出所划爆炸性危险区域范围的 1.5m 以上处。

（4）阀门危险区域划分。

1）位于通风良好而未封闭的区域内的截断阀和止回阀周围的区域可不分类。

2）位于通风良好的封闭的区域内的截断阀和止回阀周围的区域，在封闭的范围内可划分为 2 区。

3）位于通风不良的封闭的区域内的截断阀和止回阀周围的区域，在封闭的范围内可划分为 1 区。

4）位于通风良好而未封闭的区域内的工艺程序控制阀周围的区域，在阀杆密封或类似密封周围的 0.5m 的范围内可划分为 2 区。

5）位于通风良好的封闭的区域内的工艺程序控制阀周围的区域，在封闭的范围内可划分为 2 区。

6）位于通风不良的封闭的区域内的工艺程序控制阀周围的区域，在封闭的范围内可划分为 2 区。

（5）蓄电池危险区域划分。

1）蓄电池应属于 ⅡC 级的分类。

2）当含有可充电镍-镉或镍-氢蓄电池的封闭区域具备蓄电池无通气口，其总体积小于该封闭区域容积的 1％，并在 1h 放电率下蓄电池的容量小于 1.5A·h 等条件时，可按照非危险区域考虑。

3）当含有 2）之外的其他蓄电池的封闭区域具备蓄电池无通气口，其总体积小于该封闭区域容积的 1% 或蓄电池的充电系统的额定输出小于或等于 200W 并采取了防止不适当过充电的措施等条件时，可按照非危险区域考虑。

4）含有可充电蓄电池的非封闭区域，通风良好，该区域可划为非危险区域。

5）当所有的蓄电池都能直接或者间接地向封闭区域的外部排气，该区域可划为非危险区域。

6）当配有蓄电池、通风较差的封闭区域具备至少能保证该区域的通风情况不低于满足通风良好的 25% 及蓄电池的充电系统有防止过充电的设计时，可划分为 2 区；当不能满足此条件时，可划分为 1 区。

（6）爆炸危险区域范围示例见图 11.12-1～图 11.12-22。

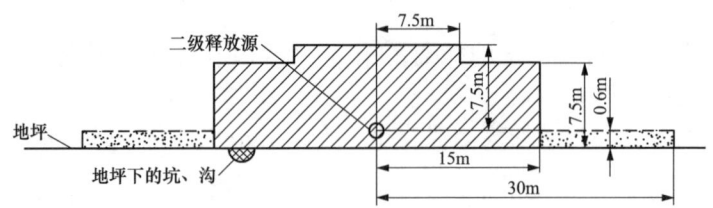

▨ 1区　▧ 2区　▦ 附加2区(建议用于可能释放大量高挥发性产品的地点)

图11.12-1　释放源接近地坪时可燃物质重于空气、通风良好的生产装置区

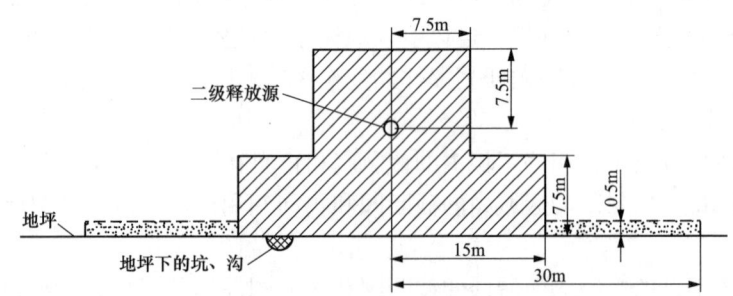

▨ 1区　▧ 2区　▦ 附加2区(建议用于可能释放大量高挥发性产品的地点)

图11.12-2　释放源在地坪以上时可燃物质重于空气、通风良好的生产装置区

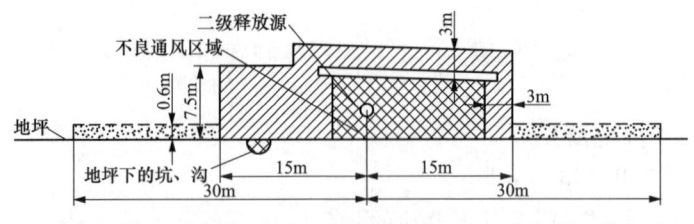

▨ 1区　▧ 2区　▦ 附加2区(建议用于可能释放大量高挥发性产品的地点)

图 11.12-3　可燃物质重于空气、释放源在封闭建筑物内通风不良的生产装置区

注：用于距释放源在水平方向 15m 的距离，或在建筑物周边 3m 范围，取两者中较大者。

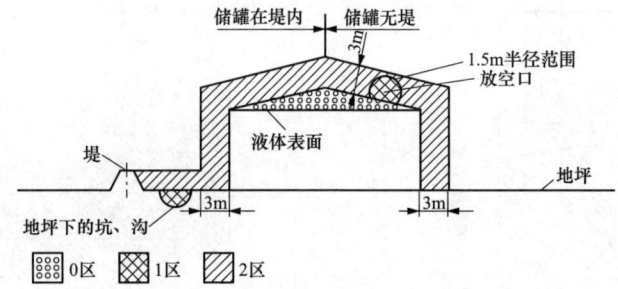

图 11.12-4　可燃物质重于空气、设在户外地坪上的固定式储罐

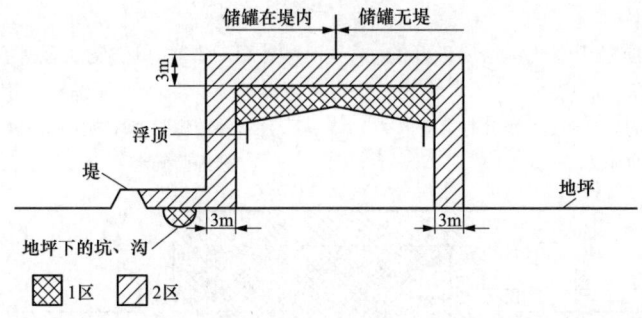

图 11.12-5　可燃物质重于空气、设在户外地坪上的浮顶式储罐

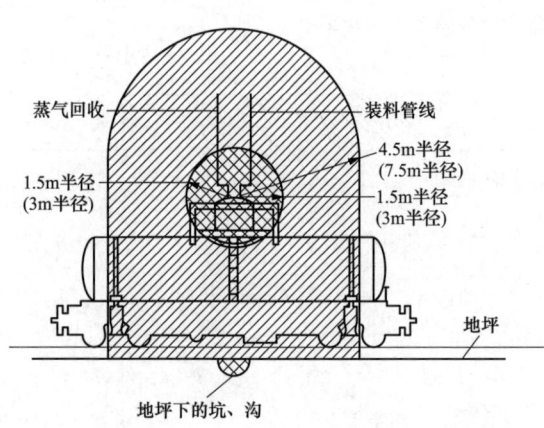

图 11.12-6　可燃液体、液化气、压缩气体等
密闭注送系统的槽车

注：可燃液体为非密闭注送时采用括号内数值。

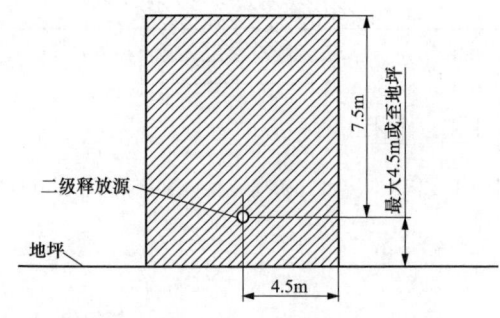

图 11.12-7　可燃物质轻于空气、通风
良好的生产装置区

注：释放源距地坪的高度超过 4.5m 时，应根据
实践经验确定。

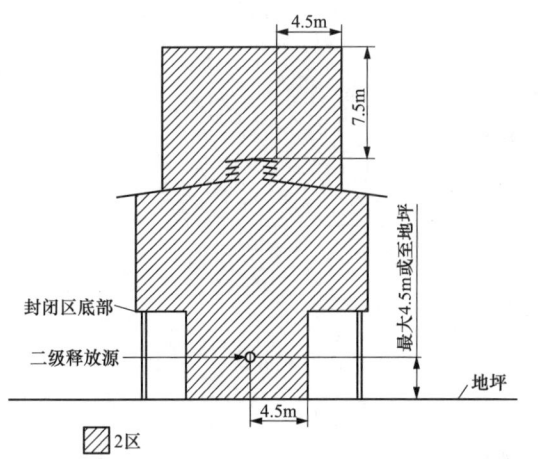

2区

图 11.12-8 可燃物质轻于空气、通风良好的
压缩机厂房

注：释放源距地坪的高度超过 4.5m 时，应
根据实践经验确定。

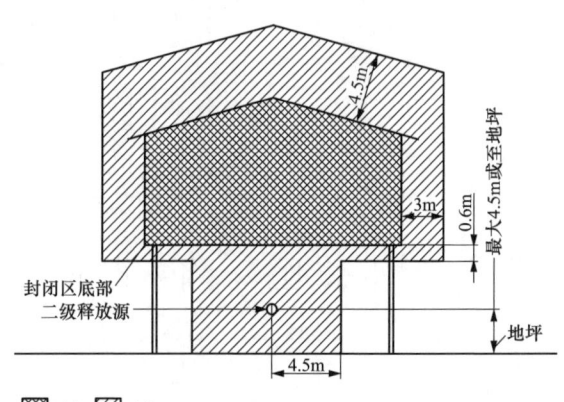

1区 2区

图 11.12-9 可燃物质轻于空气、通风不良的
压缩机厂房

注：释放源距地坪高度超过 4.5m 时，应根据实
践经验确定。

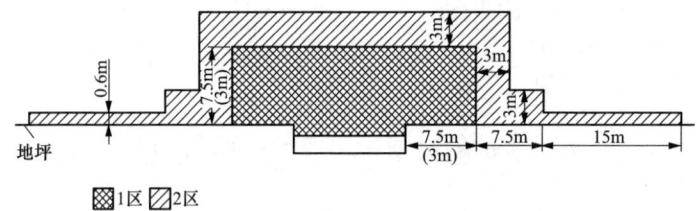

1区 2区

图 11.12-10 单元分离器、预分离器和分离器

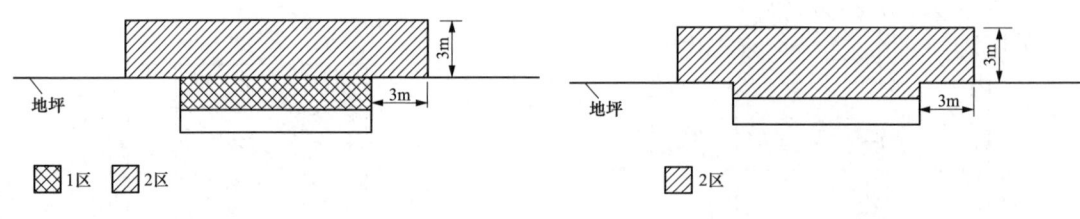

1区 2区

图 11.12-11 溶解气游离装置(溶气浮选装置)(DAF)

2区

图 11.12-12 生物氧化装置（BIOX）

11

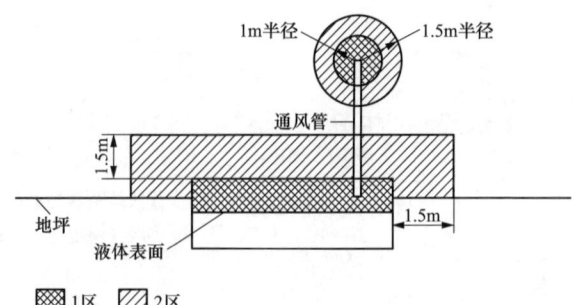

1区 2区

图 11.12-13 在通风良好区域内的带有通风管的盖封地下油槽或油水分离器

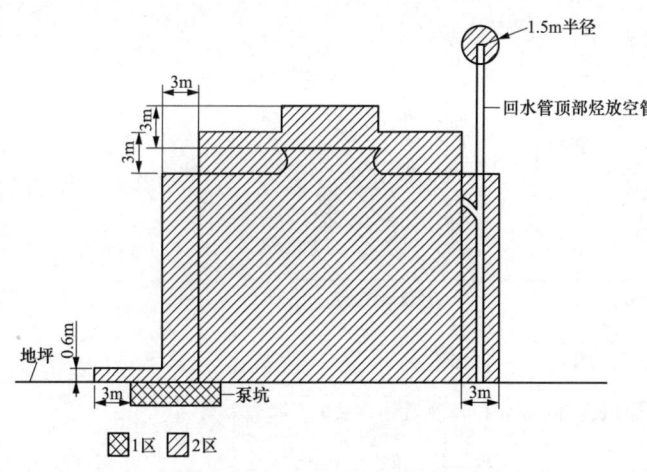

图 11.12-14 处理生产用冷却水的机械通风冷却塔

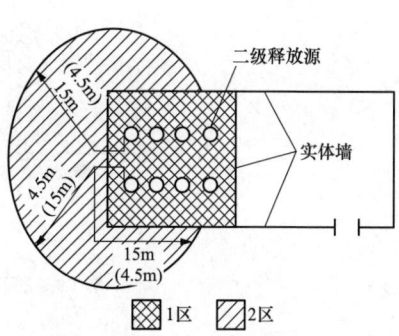

图 11.12-15 与通风不良的房间相邻
注：括号内数值适用于可燃气体轻于空气。

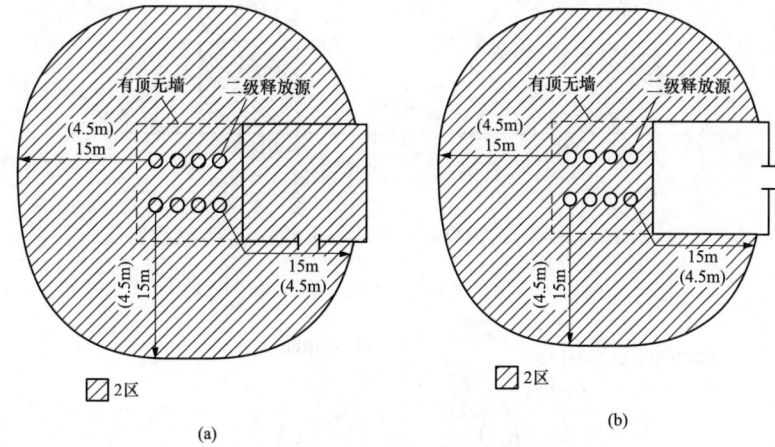

(a) (b)

图 11.12-16 与有顶无墙建筑物相邻
（a）门窗位于爆炸危险区域内；（b）门窗位于爆炸危险区域外
注：括号内数值适用于可燃气体轻于空气。

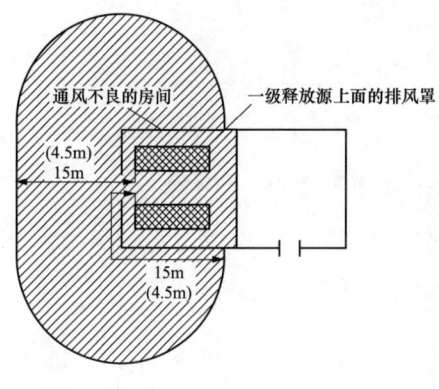

图 11.12-17 释放源上面有排风罩时的爆炸
危险区域范围
注：括号内数值适用于可燃气体轻于空气。

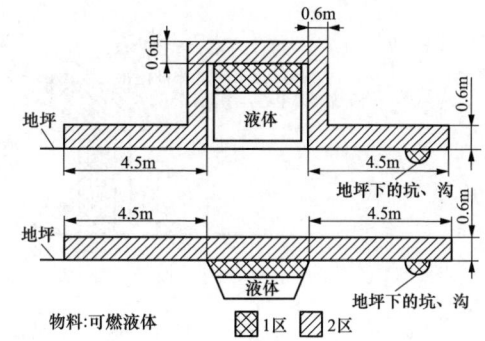

图 11.12-18 可燃性液体紧急集液池、油水分离池
注：本图不适用于敞开的坑和容器。

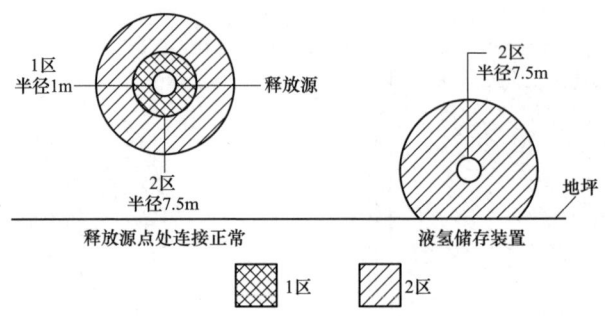

图 11.12-19　通风良好的户内/外液氢储存装置

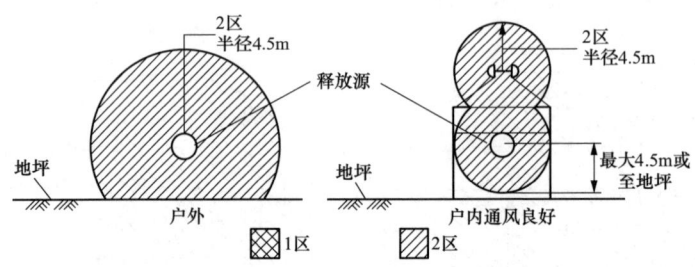

图 11.12-20　通风良好的户内/外气态氢储存装置

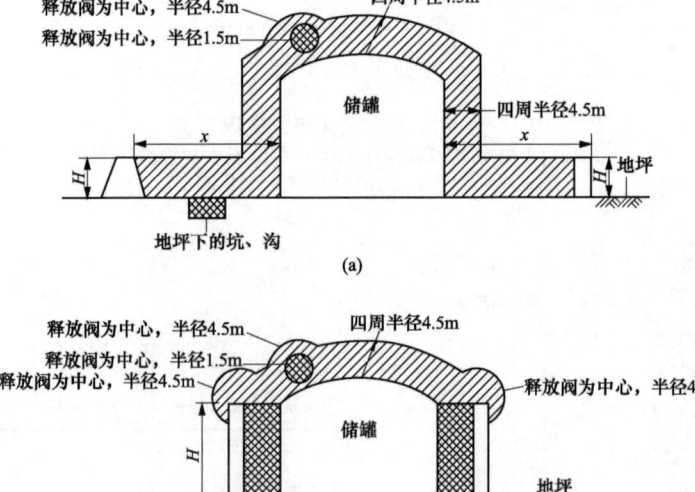

图 11.12-21　低温液化气体储罐（一）

（a）堤高小于储罐到堤的距离（IKX）；（b）堤高大于储罐到堤的距离（$H>x$）

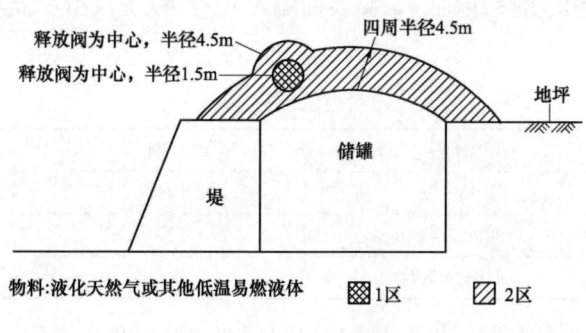

图 11.12-21 低温液化气体储罐（二）

(c) 地下储罐

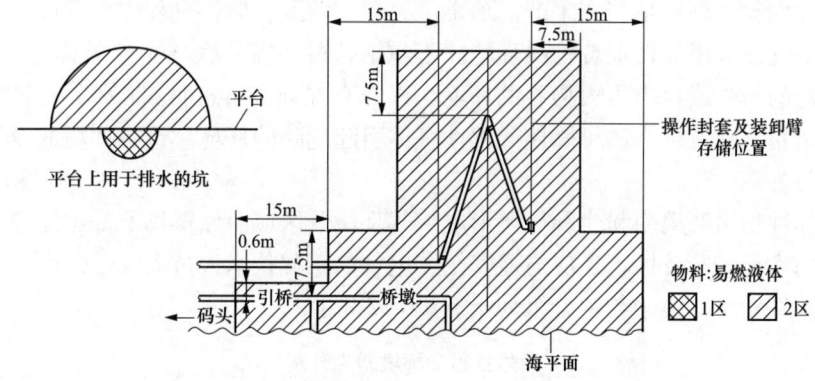

图 11.12-22 码头/水域处理可燃性液体（包括装卸臂设备区域）

注：1. 释放源为操作封套及装卸臂或软管与船外法兰连接的存储位置处。

2. 油船及载油仓的交界区域按如下划分为 2 区：

(1) 从载油仓的船体部分到桥墩上垂直 7.5m 内范围。

(2) 从海平面到载油仓最高点 7.5m 内范围。

3. 其余位置的划分可按其他易燃液体释放源是否存在、海防要求或其他规定来确定。

11.12.2.3 爆炸性气体混合物的分级、分组

（1）爆炸性气体混合物，应按其最大试验安全间隙（MESG）或最小点燃电流比（MICR）分级，见表 11.12-5。

表 11.12-5 MESG 或 MICR 分级表

级别	MESG（mm）	MICR
ⅡA	MESG>0.9	MICR>0.8
ⅡB	0.5<MESG≤0.9	0.45<MICR≤0.8
ⅡC	MESG≤0.5	MICR<0.45

注 1. 分级的级别应符合 GB 3836.12—2008《爆炸性环境 第 12 部分：气体或蒸气混合物按照其最大试验安全间隙或最小点燃电流比分级》的规定。

2. MICR 为各种可燃物质按照它们最小点燃电流值与实验室的甲烷的最小点燃电流值之比。

（2）Ⅱ类电气设备的温度组别、最高表面温度和气体/蒸汽引燃温度之间的关系符合表11.12-6的规定。

表 11.12-6　　　　　　　　　　引燃温度分组

组　别	引燃温度 t（℃）	组　别	引燃温度 t（℃）
T1	$450 < t$	T4	$135 < t \leqslant 200$
T2	$300 < t \leqslant 450$	T5	$100 < t \leqslant 135$
T3	$200 < t \leqslant 300$	T6	$85 < t \leqslant 100$

（3）可燃性气体或蒸汽爆炸性混合物分级分组见 GB 50058—2014《爆炸危险环境电力装置设计规范》。

11.12.3　爆炸性粉尘环境

11.12.3.1　一般要求

（1）爆炸性粉尘环境指当在生产、加工、处理、转运或储存过程中出现或可能出现的可燃性粉尘与空气形成爆炸性混合物的环境。不包括那些不需要大气中的氧即可燃烧的火药、炸药、起爆药的粉尘或自燃引火物质的环境，以及有瓦斯和/或可燃性粉尘引起危险的煤矿井下，以及由粉尘散发出来的可燃性或毒性气体引起危险的环境。这类环境的设计应符合有关部门的专门规定。

（2）爆炸性粉尘环境由粉尘释放源形成，其环境分区应由懂得场所分类原理、了解生产工艺和设备的人员进行分区，还应与懂安全、电气的工程技术人员商议。

（3）爆炸性粉尘环境中粉尘分级列于表11.12-7中。

表 11.12-7　　　　　　　　　　爆炸性粉尘环境粉尘分级

级　别	含　义	级　别	含　义
ⅢA 级	可燃性飞絮	ⅢC 级	导电性粉尘
ⅢB 级	非导电性粉尘		

（4）在爆炸性粉尘环境中，产生爆炸必须同时存在以下条件：

1）存在爆炸性粉尘混合物，其浓度在爆炸极限以内；

2）存在足以点燃爆炸性粉尘混合物的火花、电弧、高温、静电放电或能量辐射。

（5）爆炸性粉尘环境中应采取下列防止爆炸的措施：

1）防止产生爆炸的基本措施，应是使产生爆炸的条件同时出现的可能性减小到最小程度。

2）防止爆炸危险，应按照爆炸性粉尘混合物的特征采取相应的措施。

3）在工程设计中应先采取下列消除或减少爆炸性粉尘混合物产生和积聚的措施：

a. 工艺设备宜将危险物料密封在防止粉尘泄漏的容器内。

b. 宜采用露天或开敞式布置，或采用机械除尘措施。

c. 宜限制和缩小爆炸危险区域的范围，并将可能释放爆炸性粉尘的设备单独集中布置。

d. 提高自动化水平，可采用必要的安全联锁。

e. 爆炸危险区域应设有两个以上出入口，其中至少有一个通向非爆炸危险区域，其出入口的门应向爆炸危险性较小的区域侧开启。

f. 应对沉积的粉尘进行有效地清除。

g. 应限制产生危险温度及火花，特别是由电气设备或线路产生的过热及火花。应防止粉尘进入产生电火花或高温的部件的外壳内。应选用粉尘防爆类型的电气设备及线路。

h. 可适当增加物料的湿度，降低空气中粉尘的悬浮量。

11.12.3.2　爆炸性粉尘环境危险区域划分

（1）爆炸性粉尘环境粉尘释放源分级见表 11.12-8。爆炸性粉尘环境应根据粉尘出现的频繁程度和持续时间划分为 3 个区，见表 11.12-9。

表 11.12-8　　　　　　　　　爆炸性粉尘环境粉尘释放源分级

释放源分级	说　　明
连续级释放源	粉尘云持续存在或预计长期或短期经常出现的部位
一级释放源	在正常运行时预计可能周期性地或偶尔释放的释放源
二级释放源	在正常运行时，预计不可能释放，如果释放也仅是不经常地并且是短期地释放

表 11.12-9　　　　　　　　　爆炸性粉尘环境危险区域划分

区域类型	含　　义
20 区	空气中的可燃性粉尘云持续地或长期地或频繁地出现于爆炸性环境中的区域
21 区	在正常运行时，空气中的可燃性粉尘云很可能偶尔出现于爆炸性环境中的区域
22 区	在正常运行时，空气中的可燃粉尘云一般不可能出现于爆炸性粉尘环境中的区域，即使出现，持续时间也是短暂的

（2）下列各项不应被视为释放源：

1）压力容器外壳主体结构，包括其封闭的管口和人孔；

2）全部焊接的输送管和溜槽；

3）在设计和结构方面对防粉尘泄漏进行了适当考虑的阀门压盖和法兰接合面。

（3）爆炸危险区域的划分应按爆炸性粉尘的量、爆炸极限和通风条件确定。

（4）符合下列条件之一时，可划为非爆炸危险区域：

1）装有良好除尘效果的除尘装置，当该除尘装置停车时，工艺机组能联锁停车；

2）设有为爆炸性粉尘环境服务，并用墙隔绝的送风机室，其通向爆炸性粉尘环境的风道设有能防止爆炸性粉尘混合物侵入的安全装置，如单向流通风道及能阻火的安全装置；

3）区域内使用爆炸性粉尘的量不大，且在排风柜内或风罩下进行操作。

（5）为爆炸性粉尘环境服务的排风机室，应与被排风区域的爆炸危险区域等级相同。

11.12.3.3　爆炸性粉尘环境危险区域范围

区域范围应通过评价涉及该环境的释放源的级别引起爆炸性粉尘环境的可能来规定。

（1）20 区范围包括粉尘云连续生成的管道、生产和处理设备的内部区域。当粉尘容器外部持续存在爆炸性粉尘环境时，划分为 20 区。

（2）21 区的范围与一级释放源相关联，应按下列规定确定：

1）含有一级释放源的粉尘处理设备的内部。

2）由一级释放源形成的设备外部场所，其区域的范围应受到一些粉尘参数的限制，如粉尘量、释放速率、颗粒大小和物料湿度，同时需要考虑引起释放的条件。对于受气候影响的建筑物外部场所，21 区的范围应按释放源周围 1m 的距离确定。

3）粉尘的扩散受到实体结构的限制时，其表面可作为该区域的边界。

4）一个位于内部不受实体结构限制的 21 区应被一个 22 区包围。

5）可结合同类厂房的实践经验，将整个厂房划为 21 区。

(3) 22 区的范围应按下列规定确定：

1）由二级释放源形成的场所，其区域的范围应受到一些粉尘参数的限制，如粉尘量、释放速率、颗粒大小和物料湿度，并应考虑引起释放的条件。对于建筑物外部场所，22 区的范围由于气候影响可以减小。22 区的范围应按超出 21 区 3m 及二级释放源周围 3m 的距离确定。

2）粉尘的扩散受到实体结构的限制时，其表面可作为该区域的边界。

3）可结合同类厂房的实践经验，将整个厂房划为 22 区。

(4) 爆炸性粉尘环境危险区域范围典型示例见图 11.12-23～图 11.12-25。

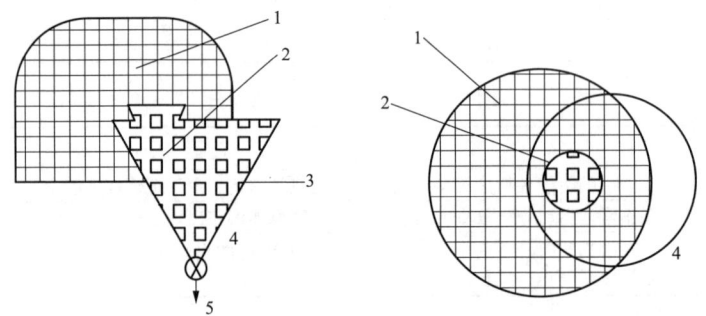

图 11.12-23　建筑物内无抽气通风设施的倒袋站

1—21 区，通常为 1m 半径；2—20 区；3—地板；4—袋子排料斗；5—到后续处理

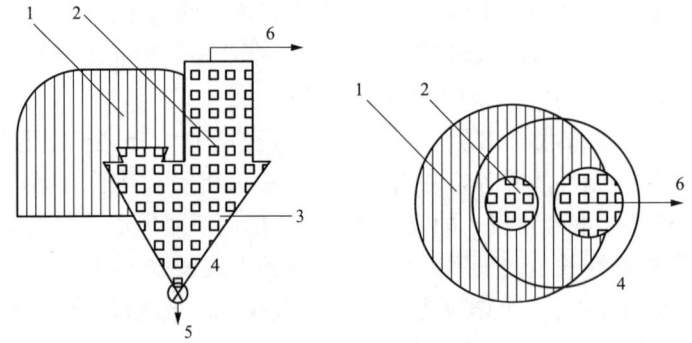

图 11.12-24　建筑物内配置抽气通风设施的倒袋站

1—22 区，通常为 3m 半径；2—20 区；3—地板；4—袋子排料斗；
5—到后续处理；6—在容器内抽吸

11.12.4　爆炸性环境电气设备选择

11.12.4.1　爆炸性环境内电气设备选择

爆炸性环境内电气设备应根据下列条件进行选择：

(1) 爆炸危险区域的分区；

(2) 可燃性物质和可燃性粉尘的分级；

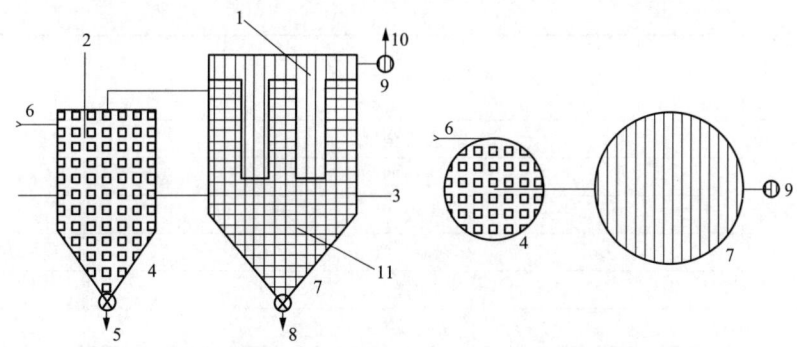

图 11.12-25　建筑物外的旋风分离器和过滤器

1—22 区，通常为 3m 半径；2—20 区；3—地面；4—旋风分离器（其内部为 20 区）；

5—倒产品筒仓；6—入口；7—过滤器，21 区（可能是 20 区）；8—至粉料箱；

9—排风扇；10—至出口；11—21 区

（3）可燃性物质的引燃温度；

（4）可燃性粉尘云、可燃性粉尘层的最低引燃温度。

11.12.4.2　危险区域划分与电气设备保护级别的关系

（1）危险区域内电气设备保护级别的选择应符合表 11.12-10 的规定。

表 11.12-10　　　　　　　　危险区域内电气设备保护级别的选择

危险区域	设备保护级别（EPL）	危险区域	设备保护级别（EPL）
0 区	Ga	20 区	Da
1 区	Ga 或 Gb	21 区	Da 或 Db
2 区	Ga、Gb 或 Gc	22 区	Da、Db 或 Dc

（2）电气设备保护级别（EPL）与电气设备防爆结构的关系应符合表 11.12-11 的规定。

表 11.12-11　　　　　　电气设备保护级别（EPL）与电气设备防爆结构的关系

电气设备保护级别（EPL）	电气设备防爆结构	防爆标志
Ga	本质安全型	ia
	浇封型	ma
	由两种独立的防爆类型组成的设备，每一种类型达到保护等级别"Gb"的要求	—
	光辐射式设备和传输系统的保护	op is
Gb	隔爆型	d
	增安型	e
	本质安全型	ib
	浇封型	mb
	油浸型	o
	正压型	px 、py
	充砂型	q
	本质安全现场总线概念（FISCO）	—
	光辐射式设备和传输系统的保护	op pr

11

续表

电气设备保护级别 （EPL）	电气设备防爆结构	防爆标志
Gc	本质安全型	ic
	浇封型	mc
	无火花	n
	限制呼吸	nR
	限能	nL
	火花保护	nC
	正压型	pz
	非可燃现场总线概念（FNICO）	—
	光辐射式设备和传输系统的保护	op sh
Da	本质安全型	iD
	浇封型	mD
	外壳保护型	tD
Db	本质安全型	iD
	浇封型	mD
	外壳保护型	tD
	正压型	pD
Dc	本质安全型	iD
	浇封型	mD
	外壳保护型	tD
	正压型	pD

① 在1区中使用的增安型e仅限于下列电气设备：在正常运行中不产生火花、电弧或危险温度的接线盒和接线箱，包括主体为d或m型，接线部分为e的电气产品；按GB 3836.3—2010《爆炸性环境　第3部分：由增安型"e"保护的设备》附录D配置有合适热保护装置的e型低压异步电动机（启动频繁和环境条件恶劣者除外）；e型荧光灯；e型测量仪表和仪表用电流互感器。

（3）GB 50058—2014《爆炸危险环境电力装置设计规范》粉尘爆炸区域有关设备选型的内容与GB 12476.2—2010《可燃性粉尘环境用电气设备　第2部分：选型和安装》的对应关系见表11.12-12。

表 11.12-12　　GB 50058—2014 与 GB 12476.2—2010 设备选型的对应关系

危险区域	GB 50058—2014	GB 12476.2—2010
20 区	iD	iaD
	mD	maD
	tD	tD A20 tD B20
21 区	iD	iaD 或 ibD
	mD	maD 或 mbD
	tD	tD A20 或 tD A21 tD B20 或 tD B21
	pD	pD

危险区域		GB 50058—2014	GB 12476.2—2010
22 区	非导电性粉尘	iD	iaD 或 ibD
		mD	maD 或 mbD
		tD	tD A20；tD A21 或 tD A22 tD B20；tD B21 或 tD B22
		pD	pD
	导电性粉尘	iD	iaD 或 ibD
		mD	maD 或 mbD
		tD	tD A20 或 tD A21 或 tD A22 IP6X tD B20 或 tD B21
		pD	pD

11.12.4.3 选用防爆电气设备的防爆级别和温度组别

（1）选用的防爆电气设备的级别和组别不应低于该爆炸性气体环境内爆炸性气体混合物的级别和组别。气体/蒸气、粉尘分级与电气设备类别的关系应符合表 11.12-13 的规定。

（2）当存在两种以上可燃性物质形成的爆炸性混合物时，应按该混合物的防爆级别和温度组别选用防爆设备，无据可查又不可能进行试验时，可按危险程度较高的级别和组别选用。

（3）对于标有适用于特定的气体或蒸气环境的防爆设备，没有经过鉴定，不允许使用于其他气体环境内。

（4）Ⅱ类电气设备的温度组别、最高表面温度和可燃气体/蒸气引燃温度之间的关系应符合表 11.12-14 的规定。

（5）电气设备结构应满足电气设备在规定的运行条件下不降低防爆性能的要求。

表 11.12-13　气体/蒸气、粉尘分级与电气设备类别的关系

气体/蒸气、粉尘分级	设备类别	气体/蒸气、粉尘分级	设备类别
ⅡA	ⅡA、ⅡB 或 ⅡC	ⅢA	ⅢA、ⅢB 或 ⅢC
ⅡB	ⅡB 或 ⅡC	ⅢB	ⅢB 或 ⅢC
ⅡC	ⅡC	ⅢC	ⅢC

表 11.12-14　Ⅱ类电气设备的温度组别、最高表面温度和可燃气体/蒸气引燃温度之间的关系

电气设备温度组别	电气设备允许最高表面温度（℃）	气体/蒸气的引燃温度（℃）	适用的设备温度级别
T1	450	＞450	T1～T6
T2	300	＞300	T2～T6
T3	200	＞200	T3～T6
T4	135	＞135	T4～T6
T5	100	＞100	T5～T6
T6	85	＞85	T6

（6）Ⅲ类电气设备选择应考虑其最高允许表面温度，应按照国家标准（GB 12476 系列）执行。在相应的标准中，Ⅲ类电气设备的最高允许表面温度是由相关粉尘的最低点燃温度减去安全裕度确定的，当按照 GB 12476.8—2010《可燃性粉尘环境用电气设备　第 8 部分：试验方法　确定粉尘最低点燃温度的方法》规定的方法对粉尘云和厚度不大于 5mm 的粉尘层中的"tD"防爆形式进行试验时采用 A 型，对其他所有防爆形式和 12.5mm 厚度中的"tD"防爆形式采用 B 型。

11.12.4.4　根据粉尘层厚度和物料特性确定其最高表面温度

当装置的粉尘层厚度大于上述给出值时，应根据粉尘层厚度和使用物料的所有特性确定其最高表面温度。

（1）存在粉尘云情况下的极限温度。设备的最高表面温度 T_{max} 不应超过相关粉尘/空气混合物最低点燃温度 T_{CL} 的 2/3，即

$$T_{max} \leqslant \frac{2}{3} T_{CL} \tag{11.12-1}$$

式中　T_{max} ——设备的最高表面温度，℃；

　　　T_{CL} ——粉尘云的最低点燃温度，℃。

（2）存在粉尘层情况下的极限温度。A 型和其他粉尘层用设备外壳厚度不大于 5mm 时，用 IEC 61241-0：2004《可燃性粉尘环境用电气设备 第 0 部分：通用要求》中 23.4.4.1 规定的无尘试验方法试验的最高表面温度不应超过 5mm 厚度粉尘层最低点燃温度减 75℃，即

$$T_{max} = T_{5mm} - 75℃ \tag{11.12-2}$$

式中　T_{max} ——设备的最高表面温度，℃；

　　　T_{5mm}——5mm 厚度粉尘层的最低点燃温度，℃。

当粉尘厚度为 5～50mm，在 A 型的设备上有可能形成超过 5mm 的粉尘层时，最高允许表面温度应降低。

图 11.12-26 是 A 型设备最高允许表面温度在最低点燃温度超过 250℃时 5mm 粉尘层不断加厚情况下的降低示例，作为设备选型指南。

对粉尘层厚度超过 50mm 的 A 型外壳和所有其他设备，或仅对粉尘层厚 12.5mm 的 B 型外壳，其设备最高表面温度可用最高表面温度 TL 来标志，作为粉尘层允许厚度的参照。当设备以粉尘层 TL 标志时，应使用粉尘层 L 上的可燃粉尘的点燃温度代替 T_{5mm}。粉尘层 L 上设备的最高表面温度 TL 应从可燃性粉尘的点燃温度中减去 75℃。

当设备按照 GB 12476.5—2013《可燃性粉尘环境用电气设备　第 5 部分：外壳保护型"tD"》中 8.2.2.2 的规定试验时，对 12.5mm 粉尘层厚度来说，设备最高表面温度不应超过粉尘层最低点燃温度减 25℃，即 $T_{max} = T_{12.5mm} - 25℃$（$T_{12.5mm}$ 是 12.5mm 厚度粉尘层的最低点燃温度）。

11.12.4.5　混合气体的分级

在人工制气的混合物中，如果气体含有超过 30%（体积）的氢，可将混合物划分为 ⅡC 级。

复合型电气设备的整机及其每个单元都应取得防爆合格证才能使用。

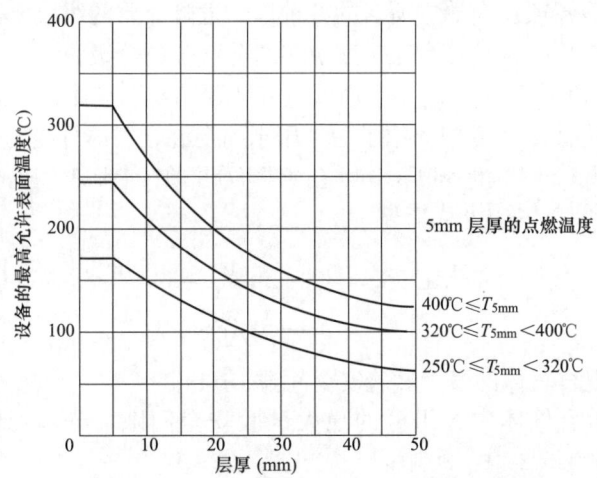

图 11.12-26　A 型设备最高允许表面温度与粉尘层厚度关系曲线

对于爆炸性气体和粉尘同时存在的区域，防爆电气设备的选择应满足两者的防爆要求，同时包括气体和粉尘的防爆标识。

对于混合气体的分级，一直以来比较难以确定。根据 IEC 60079-20-1：2010《爆炸性环境　第 20-1 部分：用于气体或蒸汽分级的介质特性　试验方法和数据》和 GB 3836.12—2008《爆炸性环境　第 12 部分：气体或蒸汽混合物按其最大实验安全间隙和最小点燃电流的分级》的相关规定，提出一种多组分爆炸性气体或蒸气混合物的最大试验安全间隙（MESG）的计算方法，并利用此计算结果判断多组分爆炸性气体的分级原则，应用于指导用电设备的选型。

（1）计算基础。最大试验安全间隙（MESG）是指在标准规定的试验条件下，壳内所有浓度的被试验气体或蒸气与空气的混合物点燃后，通过 25mm 长的接合面均不能点燃壳外爆炸性气体混合物的外壳空腔两部分之间的最大间隙。

ⅡA：包含丙酮、氨气、乙醇、汽油、甲烷、丙烷的气体，或可燃气体、可燃性物质蒸气，或可燃性物质蒸气与空气混合引起燃烧或爆炸，其 MESG>0.90mm 或 MICR>0.8。

ⅡB：包含乙醛、乙烯的气体，或可燃气体、可燃性物质蒸气，或可燃性物质蒸气与空气混合引起燃烧或爆炸，要求 0.90mm≥MESG>0.50mm 或 0.8≥MICR>0.45。

ⅡC：包含乙炔、氢气的气体，或可燃气体、可燃性物质蒸气，或可燃性物质蒸气与空气混合引起燃烧或爆炸，要求 MESG≤0.50mm，或 MICR<0.45。

气体和蒸气的分级原则见表 11.12-5。

（2）单组分气体和蒸气的分级原则是：符合表 11.12-5 条件时，只需按测定的 MESG 或 MICR 进行分级即可。大多数气体和蒸气可以按此原则分级。

在 IEC 60079-20-1：2010 中给出若干种易燃易爆介质的可燃性数据。但其所列的气体和蒸气的种类是不完全的。其中某些气体并没有给定 MESG 或 MICR。这种混合物的分级结果，可参照这种混合物的同分异构体的分级，见 GB 3836.12—2008。

（3）多组分气体和蒸气混合物的分级。对于多组分气体混合物，一般应通过试验专门测定其 MESG 或 MICR，才能确定其级别。

每台化工设备、容器或反应器中所含的各种爆炸危险介质的组成成分不同、各成分间的配比也不同,所以,需要一种估算方法来解决多组分气体的分级。

美国标准 NFPA 497—2008《化工生产区电气装置的易燃液体、气体或蒸汽危险场所分类推荐实施规程》的附件 B 中专门介绍了一种用于确定混合气体分级的估算方法。

注 原文对应于 NFPA 70《National Electrical Code》标准中的气体组别。

混合气体的 MESG 可以用下式估算

$$\text{MESG}_{\text{mix}} = \frac{1}{\sum_i \left(\frac{X_i}{\text{MESG}_i} \right)} \qquad (11.12\text{-}3)$$

式中 MESG_{mix}——混合气体的最大试验安全间隙,mm;

      MESG_i——混合气体中各组分的最大试验安全间隙,mm,具体数值应查找 IEC 60079-20-1:2010;

      X_i——混合气体中各组分的体积百分含量,%,此数据由工艺专业给出。

根据此公式计算出混合气体的 MESG,由于 MESG 值是气体的物理特性,因此它并不受控于 NEC 规范。利用上述公式计算的结果比照表 11.12-5,就可以将混合气体按 IEC 和 API RP505 中规定的级别进行归类。

【**例 11.12-1**】 某种气体所包含组分及其体积百分比见表 11.12-15:乙烯 45%,丙烷 12%,氮气 20%,甲烷 3%,异丙醚 17.5%,二乙醚 2.5%(示例源自 NFPA 497-2008)。

表 11.12-15   组分及其体积百分比表

组分	摩尔质量	爆炸体积百分比下限(%)	爆炸体积百分比上限(%)	引燃温度(℃)	蒸汽压强 25℃下(Pa)	闪点(℃)	NEC组别	MESG(mm)	MICR
乙烯	28.05	2.7	36	450	6 975 302	-104	C	0.65	0.53
丙烷	44.09	2.1	9.5	450	953 238	-42	D	0.97	0.82
甲烷	16.04	5.0	15	600	61 833 816	-162	D	1.12	1.0
异丙醚	102.17	1.4	21	443	19 784	69	D	0.94	
二乙醚	74.12	1.9	36	150	5092	34.5	C	0.83	0.88

将各组分的 MESG 值和体积百分比分别代入下式

$$\text{MESG}_{\text{mix}} = \frac{1}{\sum_i \left(\frac{X_i}{\text{MESG}_i} \right)}$$

对于含有惰性组分(如氮气)的混合气体,如果氮气的体积小于 5%,则氮气 MESG 值取无穷大;如果氮气的体积大于等于 5%,则氮气 MESG 值取 2。根据以上信息可算出结果

$$\text{MESG}_{\text{mix}} = \frac{1}{\dfrac{0.45}{0.65} + \dfrac{0.12}{0.97} + \dfrac{0.20}{2} + \dfrac{0.03}{1.12} + \dfrac{0.175}{0.94} + \dfrac{0.025}{0.83}} = 0.86$$

即混合气体的 MESG 值为 0.86。对照表 11.12-5，此混合气体按 IEC 的分级归为 ⅡB 类。

11.12.4.6 正压通风型电气设备及通风系统

电气设备接通电源之前应使设备内部和相连管道内各个部位的可燃气体或蒸气浓度在爆炸下限的 25% 以下，一般来说换气所需的保护气体至少应为电气设备内部（或正压房间或建筑物）和其连接的通风管道容积的 5 倍。通风量是根据正压风机的运行时间来确定的，即风机的运行时间决定了通风量的大小，同时考虑通风量不仅要考虑电气设备内部（或正压房间或建筑物），还需要考虑通风管道的容积。通风量的大小可计算如下：前述容积除以风机最低流量条件下风机每小时通风量，再乘以 5，满足这个时间的换气量即可认为达到了整个系统换气量的 5 倍。

GB 12476.2—2010 对外壳保护型 "tD" 规定了两种不同的类型：A 型和 B 型，这两种类型具有相同的保护水平。

A 型和 B 型两种类型通用，采用哪种要求均不会混淆这两种类型对设备的要求和选型/安装的要求。它们使用了不同的方法，主要区别见表 11.12-16。

表 11.12-16 A 型、B 型设备的区别

A 型	B 型
最高表面温度是在相关粉尘层厚度为 5mm 的情况下测定的，而且安装规程要求在粉尘表面温度和点燃温度之间的安全裕度为 75K	最高表面温度是在相关粉尘层厚度为 12.5mm 的情况下测定的，而且安装规程要求在粉尘表面温度和点燃温度之间的安全裕度为 25K
测定粉尘进入的方法根据 GB 4208—2008《外壳防护等级（IP 代码）》	测定粉尘进入的方法按照热循环试验

11.12.5 爆炸性环境电气设备配电设计与安装

（1）油浸型设备，应在没有振动、不会倾斜和固定安装的条件下采用。

（2）在采用非防爆型设备作隔墙机械传动时，应符合下列要求：

1）安装电气设备的房间，应用非燃烧体的实体墙与爆炸危险区域隔开。

2）传动轴通过隔墙处应采用填料函密封或有同等效果的密封措施。

3）安装电气设备房间的出口，应通向非爆炸危险区域的环境；当安装设备的房间必须与爆炸性环境相通时，应对爆炸性环境保持相对的正压。

（3）除本质安全电路外，爆炸性环境的电气线路和设备应装设过负荷、短路和接地保护，不可能产生过负荷的电气设备可不装设过负荷保护。爆炸性环境的电动机均应装设断相保护。如过负荷保护自动断电可能引起比引燃危险更大的危险时，应采用报警代替自动断电。

（4）紧急情况下，在危险场所外合适地点应采取一种或多种措施对危险场所设备断电。连续运行的设备不应包括在紧急断电回路中，而应安装在单独的回路上，防止附加危险产生。

（5）变电站、配电所和控制室的设计应符合下列规定：

1）变电站、配电站（包括配电室，下同）和控制室应布置在爆炸性环境以外，当为正压室时，可布置在 1 区、2 区内。

2）对于可燃物质比空气重的爆炸性气体环境，位于爆炸危险区附加 2 区的变电站、配电所和控制室的电气和仪表的设备层地面，应高出室外地面 0.6m。

11.12.6　爆炸性环境电气线路的设计

（1）爆炸性环境电缆和导线的选择。

1）在爆炸性环境内，低压电力、照明线路采用的绝缘导线的额定电压应高于或等于工作电压，220/380V 系统的 U_0/U 不应低于 450/750V。中性导线的额定电压应与相导线电压相等，并应在同一护套或保护管内敷设。

2）在爆炸危险区内，除在配电盘、接线箱或采用金属导管配线系统内，无护套的电线不应作为供配电线路。

3）在 1 区内应采用铜芯电缆；除本安型电路外，在 2 区内宜采用铜芯电缆；当采用铝芯电缆时，其截面积不得小于 16mm^2，且与电气设备的连接应采用铜—铝过渡接头。

敷设在爆炸性粉尘环境 20 区、21 区以及在 22 区内有剧烈震动区域的回路，均应采用铜芯绝缘导线或电缆。

4）除本质安全系统的电路外，爆炸性环境电缆配线的技术要求，应符合表 11.12-17 的规定。

表 11.12-17　爆炸性环境电缆配线的技术要求

爆炸危险区域	电缆明敷或在沟内敷设时的最小截面积（mm^2）			移动电缆
	电力	照明	控制	
1 区、20 区、21 区	铜芯 2.5	铜芯 2.5	铜芯 1.0	重型
2 区、22 区	铜芯 1.5 铝芯 16	铜芯 1.5	铜芯 1.0	中型

5）除本质安全系统的电路外，爆炸性环境内电压为 1000V 以下的钢管配线的技术要求，应符合表 11.12-18 的规定。

表 11.12-18　爆炸性环境内电压为 1000V 以下的钢管配线的技术要求

爆炸危险区域	钢管配线用绝缘导线的最小截面积（mm^2）			移动电缆
	电力	照明	控制	
1 区、20 区、21 区	铜芯 2.5	铜芯 2.5	铜芯 2.5	钢管螺纹旋合不应少于 5 扣
2 区、22 区	铜芯 2.5	铜芯 1.5	铜芯 1.5	

6）在爆炸性环境内，绝缘导线和电缆截面的选择除满足表 11.12-17 和 11.12-18 的要求外，还应符合下列要求：

a. 导体允许载流量不应小于熔断器熔断体额定电流的 1.25 倍，以及断路器长延时过电流脱扣器整定电流的 1.25 倍（本款情况 b. 除外）。

b. 引向电压为 1000V 以下笼型电动机支线的长期允许载流量，不应小于电动机额定电流的 1.25 倍。

7）在架空、桥架敷设时电缆宜采用阻燃电缆。当其敷设方式采用能防止机械损伤的桥架方式时，塑料护套电缆可采用非铠装电缆。当不存在会受鼠、虫等损害情形时，在 2 区、22 区电缆沟内敷设的电缆可采用非铠装电缆。

（2）爆炸性环境线路的保护。

1）在 1 区内单相网络中的相线及中性线均应装设短路保护，并采用适当开关同时断开相线和中性线。

2）对 3～10kV 电缆线路，宜装设零序电流保护：在 1 区、21 区内保护装置宜动作于跳闸。

（3）爆炸性环境电气线路的安装。

1）电气线路宜在爆炸危险性较小的环境或远离释放源的地方敷设，并应符合以下规定：

a. 当可燃物质比空气重时，电气线路宜在较高处敷设或直接埋地；架空敷设时宜采用电缆桥架；电缆沟敷设时沟内应充砂，并宜设置排水措施。

b. 电气线路宜在有爆炸危险的建（构）筑物的墙外敷设。

c. 在爆炸粉尘环境中，电缆应沿粉尘不易堆积并且易于粉尘清除的位置敷设。

2）敷设电气线路的沟道、电缆桥架或导管，所穿过的不同区域之间墙或楼板处的孔洞，应采用非燃性材料严密堵塞。

3）敷设电气线路时宜避开可能受到机械损伤、振动、腐蚀、紫外线照射以及可能受热的地方，不能避开时，应采取预防措施。

4）钢管配线可采用无护套的绝缘单芯或多芯导线。当钢管中含有三根或多根导线时，导线包括绝缘层的总截面积不宜超过钢管截面积的 40%。钢管应采用低压流体输送用镀锌焊接钢管。

钢管连接的螺纹部分应涂以铅油或磷化膏。在可能凝结冷凝水的地方，管线上应装设排除冷凝水的密封接头。

5）在爆炸性气体环境内钢管配线的电气线路应作好隔离密封，且应符合下列规定：

a. 在正常运行时，所有点燃源外壳的 450mm 范围内应作隔离密封。

b. 直径 50mm 以上钢管距引入的接线箱 450mm 以内处应作隔离密封。

c. 相邻的爆炸性环境之间以及爆炸性环境与相邻的其他危险环境或非危险环境之间应进行隔离密封。进行密封时，密封内部应用纤维作填充层的底层或隔层，填充层的有效厚度不应小于钢管的内径且不得小于 16mm。

d. 供隔离密封用的连接部件，不应作为导线的连接或分线用。

6）在 1 区内电缆线路严禁有中间接头，在 2 区、20 区、21 区内不应有中间接头。

7）当与电缆或导线的终端连接时，电缆内部的导线如果为绞线，则其终端应采用定型端子或接线端子进行连接。

铝芯绝缘导线或电缆与封端连接时应采用压接、熔焊或钎焊，当与设备（照明灯具除外）连接时，应采用铜－铝过渡接头。

8）架空电力线路不得跨越爆炸性气体环境，架空线路与爆炸性气体环境的水平距离不应小于杆塔高度的 1.5 倍。在特殊情况下，采取有效措施后，可适当减少距离。

11.12.7 爆炸性环境接地设计

（1）交流 1000V /直流 1500V 以下的电源系统的接地应符合下列规定：

1）当采用 TN 系统时，应采用 TN-S 形式。

2）当采用 TT 系统时，应装设剩余电流动作保护器作故障防护。

3）当采用 IT 系统时，应设置绝缘监测装置。

（2）等电位联结。所有外界可导电部分应接入等电位系统。本质安全型设备的金属外壳可不与等电位系统联结，制造厂有特殊要求的除外。具有阴极保护的设备不应与等电位系统连接，专门为阴极保护设计的接地系统除外。

（3）爆炸性环境内设备的保护接地：

1）按照 GB/T 50065—2011《交流电气装置的接地设计规范》的规定，下列不需要接地的部分，在爆炸性环境内仍应进行接地：

a. 在不良导电地面处，交流 1000V 以下和直流 1500V 及以下的设备正常不带电的金属外壳；

b. 在干燥环境、交流 127V 及以下、直流 110V 及以下的设备正常不带电的金属外壳；

c. 安装在已接地的金属结构上的设备。

2）在爆炸性危险环境内，设备的外露可导电部分应可靠接地。爆炸性环境内的所有设备以及Ⅰ类灯具，应采用专用的接地导体。该接地导体与相导体敷设在同一保护管内时，应具有与相导体相等的绝缘。此时爆炸性环境的金属管线、电缆的金属包皮等，只能作为辅助接地导体，且不得利用输送可燃物质的管道作为辅助接地导体。

3）接地干线应在爆炸危险区域不同方向不少于两处与接地体连接。

（4）设备的接地装置与防止直接雷击的独立避雷针的接地装置应分开设置，与装设在建筑物上防止直接雷击的避雷针的接地装置可合并设置；与防雷电感应的接地装置也可合并设置。接地电阻值应取其中最低值。

11.12.8　防爆产品标识举例

（1）隔爆型"d"（EPL Gb）Ex 元件，带本质安全型"ia"（EPL Ga）输出电路，用于在除易产生瓦斯的煤矿外的 C 级爆炸性气体环境。

　　标识：Ex d [ia Ga] ⅡC Gb　　　　　　　　或 Ex db [ia] ⅡC

（2）增安型"e"（EPL Gb）和正压外壳"px"（EPL Gb）的电气设备，最高表面温度为 125℃，用于除易产生瓦斯的煤矿外的、引燃温度高于 125℃ 的爆炸性气体环境，在防爆合格证中写明安全使用的特殊条件。

　　标识：Ex e px Ⅱ 125℃（T6）Gb　　　　　或 Ex eb pxb ⅡC 125℃（T6）

（3）隔爆型"d"（EPL Mb 和 Gb）和增安型"e"（EPL Mb 和 Gb）防爆形式的电气设备，用于除易产生瓦斯的煤矿外的 B 级气体引燃温度大于 200℃ 的爆炸性气体环境。

　　标识：Ex d e I Mb　　　　　　　　　　　或 Ex db eb I

　　　　　Ex d e ⅡB T3 Gb　　　　　　　　或 Ex db eb ⅡB T3

增安型"e"（EPL Gb）用于除易产生瓦斯的煤矿外的 C 级气体、引燃温度高于 85℃ 的爆炸性气体环境。

　　标识：Ex e ⅡC T6 Gb　　　　　　　　　或 Ex eb ⅡC T6

用于除易产生瓦斯的煤矿外的、仅存在氨气爆炸性气体环境用的隔爆外壳电气设备"d"（EPL Gb）。

　　标识：Ex d Ⅱ氨（NH₃）Gb　　　　　　　或 Ex db Ⅱ氨（NH₃）

（4）ⅢC 导电性粉尘的爆炸性粉尘环境用保护等级浇封型"ma"（EPL Da）电气设备，最高表面温度低于 120℃。

标识：Ex ma ⅢC T120℃ Da　　　　或 Ex ma ⅢC T120℃

（5）ⅢC 导电性粉尘的爆炸性粉尘环境用保护等级"p"（EPL Db）电气设备，最高表面温度低于 120℃。

标识：Ex p ⅢC T120℃ Db　　　　或 Ex pb ⅢC T120℃

（6）ⅢC 导电性粉尘的爆炸性粉尘环境用保护等级"t"（EPL Db）电气设备，最高表面温度低于 225℃，当用 500mm 的粉尘层试验时低于 320℃。

标识：Ex t ⅢC T225℃ T$_{500}$ 320℃ Db　或者 Ex tb ⅢC T225℃ T$_{500}$ 320℃

（7）有ⅢC 导电性粉尘的爆炸性粉尘环境用保护等级"t"（EPL Db）电气设备，预定环境温度在 −40～+120℃ 之间时的最高表面温度低于 175℃。

标识：Ex t ⅢC T175℃ Db　　　　或 Ex tb ⅢC T175℃

（8）用于爆炸性气体环境用ⅡC 等级浇封型电气设备"ma"（EPL Ga），最高表面温度低于 135℃和用于导电性粉尘的爆炸性粉尘环境用ⅢC 等级浇封型电气设备"ma"（EPL Da），最高表面温度低于 120℃，一张防爆合格证。

标识：Ex ma ⅡC T4 Ga　　　　或 Ex ma ⅡC T4
　　　Ex maⅢC T120℃ Da　　　或 Ex ma ⅢC T120℃

（9）用于爆炸性气体环境用ⅡC 等级浇封型电气设备"ma"（EPL Ga），最高表面温度低于 135℃和用于具有导电性粉尘的爆炸性粉尘环境ⅢC 等级浇封型电气设备"ma"（EPL Da），最高表面温度低于 120℃，两张独立的防爆合格证。

标识：Ex ma ⅡC T4 Ga 或 Ex ma ⅡC T4
　　　Ex ma ⅢC T120℃ Da 或 Ex ma ⅢC T120℃

11.13　火灾危险环境的电器选择

由于 GB 50058—2014 中没有包括火灾危险环境，本节内容按照 GB 50016—2014 和 GB 16895.2—2005，并参考 GB 50058—2014、IEC 60364-4-42：2010 而编写，供设计参考。

11.13.1　火灾危险物质和火灾危险环境

（1）生产、加工、处理或储存过程中出现下列可燃物质之一且其量达不到爆炸危险环境者，应按火灾危险环境进行电气设计。

1）闪点高于环境温度的可燃液体；

2）悬浮状或堆积状的可燃粉尘或可燃纤维；

3）固体状可燃物质。

（2）能引起火灾危险的主要可燃物质有以下四类（不足以引起爆炸的）：

1）可燃液体：如柴油、润滑油、变压器油、食用油等；

2）可燃粉尘：如煤粉、面粉、玉米粉、焦炭粉、铝粉、镁粉、锌粉、铁粉、炭黑粉、电石粉、合成树脂粉、天然树脂粉、咖啡粉、啤酒粉、麦芽粉、"彩色跑"粉等；

3）可燃纤维：如棉花纤维、丝纤维、毛纤维、麻纤维、烟丝纤维、木质纤维、合成纤维等；

4）固体可燃物：如煤、焦炭、木材、布料、服装、家具、窗帘等。

（3）工业和民用建筑火灾危险环境主要有：

1）生产、加工或使用可燃液体、可燃粉尘、可燃纤维、固体可燃物的生产、加工车间；

2）以上可燃物的储存（库房、堆场）、处理、运转的物流场所；

3）以上可燃物的展示、销售、存放的场所，如百货商场、超市、大卖场、服装专卖店、建材市场、家具店、博物馆、展览馆、图书馆、书店等；

4）住宅和旅馆的客房。

11.13.2　火灾危险环境的电气设计要求

火灾危险环境的电气设计应能有效防护电气设备和线路产生的热量和火花、电弧（由于过负荷、短路、接地故障、开关操作、谐波、雷击等引起），对贴近或相邻的可燃物质造成的火灾或火灾隐患。电气设计和电气设备选择应符合以下要求。

（1）电气设备、灯具和线路的装设应与可燃物质、材料保持必要的距离，或者采取有效的隔热、散热措施，或者装设在非燃材料的外壳内。

（2）电气设备（如电阻器）外壳的温度，正常运行条件下不应超过 90℃，故障情况不应超过 110℃。

（3）运行中可能产生火花或电弧的电气设备应采取下列措施之一：

1）完全封闭在用防弧材料制作的外壳或箱体内；

2）与邻近的可燃物质保持不小于 50mm 的净距；

3）达不到上述要求时，应设置防弧材料（如 20mm 厚的玻璃纤维硅胶板）进行隔离和屏蔽。

（4）多层或高层建筑电气井道内的配电箱外壳应采用不燃或难燃材料制作，穿过楼板或墙体的管道应采用非燃烧材料严密封堵。

（5）在可燃物质的密度大于空气（如柴油、润滑油以及大多数可燃粉尘）的环境，开关、插座等电气设备应尽量装设在较高位置，离地面高度不宜低于 1.5m；特别不应装设在地表面和地沟、地坑内。

（6）在有可燃液体、可燃粉尘、可燃纤维的环境，应尽量减少插座的数量；没有特别要求的，不应采用局部照明。

（7）在安全通道和人员聚集密度较高的环境，应选用具有阻燃性能和低烟、无卤材料制作的电气设备和电缆；不得装设含有可燃液体的电气设备（但电动机的启动电容器和灯具内置电容器可例外）。

（8）建筑物内人员密集度高、疏散困难的环境，通道等处装设的开关和控制设备，不应妨碍人员的通行和疏散，其外壳应采用不燃或难燃材料制作。

（9）火灾危险环境的保护电器选择应满足短路、过负荷、接地故障的防护要求，保证动作的可靠性和灵敏度。

（10）火灾危险环境不应采用 TN-C 接地方式，不得有 PEN 导体。

（11）应按规定做总等电位联结，按需要做局部等电位联结。

（12）火灾危险环境（如住宅等）配电线路引入处，应装设剩余电流动作保护器，动作电流（$I_{\Delta n}$）不应大于 300mA，管理有条件的，可作用于报警。

（13）对装设有天花板或地面的采暖用电热膜元件的，应装设剩余电流动作保护器，动作电流（$I_{\Delta n}$）不应大于 30mA，不得采用延时型。

（14）下列建筑物宜装设剩余电流电气火灾监控系统：

1）高度大于 50m 的乙、丙类厂房和丙类库房；

2）一类高层民用建筑；

3）座位数超过 1500 个的剧场、影院，座位数超过 3000 个的体育馆，一层建筑面积大于 3000m² 的商店和展览馆，省级及以上的广播、电视、电信和金融建筑；

4）国家级文物保护单位的重点木结构古建筑。

（15）11.3.6（1）所列场所的终端回路，宜装设电弧故障保护电器（AFDD）。

11.13.3 火灾危险环境的电气设备选择

（1）配电箱、控制箱、启动器等电气设备应设在有可燃液体、可燃粉尘、可燃纤维环境之外。

（2）需要装设在有可燃液体、可燃粉尘、可燃纤维环境的配电箱、控制箱、开关、按钮等设备的防护等级不应低于 IP4×；有可燃粉尘或可燃纤维环境不低于 IP5×；有导电粉尘、纤维（如煤粉、焦炭粉、铝粉、镁粉、铁粉、炭黑粉等）环境不低于 IP6×。

（3）配电箱应按防火分区设置。

（4）嵌入墙内、顶棚内的电气箱、盒外壳的防护等级不应低于 IP3×。

（5）嵌入燃烧性能为 B1 或 B2 级保温材料的墙内、顶棚内的电气箱、盒应采用不燃隔热材料，将箱、盒外壳与保温材料做防火隔离。

（6）火灾危险环境的每个供电设备应装设隔离电器，也可一组回路装设隔离电器。

（7）SELV 或 PELV 回路的电器外壳的防护等级不应低于 IP2× 或 IP××B。

（8）电线、电缆选择要点。

1）可采用非铠装电缆或钢管明配线。

2）电力、照明的绝缘导线的额定电压应不小于 750V。

3）不应采用滑接式母线供电。

4）不宜使用裸母线。

5）严禁架空线跨越火灾危险区域。

11.13.4 火灾危险环境的照明灯具选择

（1）火灾危险环境灯具的防护等级不应低于 IP4×；有可燃粉尘或可燃纤维环境不低于 IP5×；有导电粉尘、纤维环境不低于 IP6×。

（2）火灾危险环境灯具应有防机械应力的措施，灯具应装有外力损害光源和防止光源坠落的安全防护罩，该防护罩应使用专用工具方可拆卸。

（3）可燃材料库（如粮库、棉花库、纸品库、纺织品库、滑油库等）不应采用白炽灯、卤钨灯等高温照明灯；库内灯具的发热部件应有隔热措施；灯开关、配电箱等宜装设在库房外。

（4）功率 60W 及以上的灯具及其电器附件不应直接安装在可燃物体上，应有必要的防火隔热措施。

（5）卤钨灯和 100W 及以上的热辐射光源，不宜装设在火灾危险环境内；必须装设时，其引入线应采用隔热材料（如瓷管、矿棉等）保护。

（6）聚光灯和投光灯具等与可燃物的最小距离为：

1）功率 $P \leqslant 100W$，0.5m；

2）$100W < $功率$ P \leqslant 300W$，0.8m；

3）300W＜功率 P≤500W，1.0m；

4）500W＜功率 P，应适当加大距离。

11.13.5　火灾危险环境的配电线路

（1）配电线路采用的绝缘导线和电缆的额定电压不应低于工作电压，220/380V 系统的 U_0/U 不应低于 450/750V。

（2）配电、照明的终端回路、插座回路、有剧烈振动环境的线路，应采用铜芯，其他回路宜采用铜芯线。

（3）绝缘电线、电缆的截面积：铜芯不应小于 1.5mm²，铝芯不应小于 10mm²。

（4）三相四线制线路，当线导体截面积不大于 16mm² 时，中性导体应和线导体等截面积；当 3 次谐波电流超过基波电流 15％时，中性导体应和线导体等截面积；3 次谐波超过 33％时，应按中性导体电流选择截面。

（5）火灾危险环境的线路不得采用裸导体，起重机不应采用裸滑触线供电。

（6）火灾危险环境应选用低烟无卤阻燃型电线、电缆。

（7）绝缘电线应敷设在不燃材料制作的导管或槽盒内；在有可燃物的闷顶、吊顶内，应穿金属管或在封闭式金属槽盒内敷设。

（8）配电系统宜按防火分区划分，终端回路不宜跨越防火分区。

（9）除电梯自身线路外，配电线路不应在电梯井道内敷设。

（10）配电线路不应有中间接头。

（11）穿过建（筑）构件（墙、顶、楼板、地板、天花板、隔断等）的洞孔，应采用非燃烧材料严密封堵；穿过有防火要求的建（筑）构件，还应进行管、槽内防火封堵。

12 常用用电设备配电

12.1 电 动 机

本节仅包括低压异步电动机的配电设计。高压电动机的开关设备和导体选择见第 5 章。高压电动机的保护和二次回路见第 7 章和第 8 章。低压电器选择的共性要求见第 11 章。本节仅补充电动机终端回路的特殊要求。

12.1.1 电动机的选择和常用参数

正确选择电动机，对于保证机械性能、提高功效、节约能源、优化供配电系统均有重要意义。尽管电动机通常由机械设备配套，电气设计人员仅在少数情况下参与选择或校核，但应了解电动机的性能、常用参数和选择要点。

12.1.1.1 电动机选择要点

根据 GB 50055—2011《通用用电设备配电设计规范》的要求，电动机选择的要点如下：

(1) 电动机的工作制、额定功率、堵转转矩、最小转矩、最大转矩、转速及其调节范围等电气和机械参数，应满足电动机所拖动的机械（以下简称机械）在各种运行方式下的要求。

(2) 电动机类型的选择，应符合下列规定：

1) 机械对启动、调速及制动无特殊要求时，应采用笼型电动机，但功率较大且连续工作的机械，当在技术经济上合理时，宜采用同步电动机。

2) 符合下列情况之一时，宜采用绕线转子电动机：

a. 重载启动的机械，选用笼型电动机不能满足启动要求或加大功率不合理时；

b. 调速范围不大的机械，且低速运行时间较短时。

3) 机械对启动、调速及制动有特殊要求时，电动机类型及其调速方式应根据技术经济比较确定。在交流电动机不能满足机械要求的特性时，宜采用直流电动机；交流电源消失后必须工作的应急机组，亦可采用直流电动机。

4) 变负载运行的风机和泵类机械，当技术经济上合理时，应采用调速装置，并应选用相应类型的电动机。

(3) 电动机额定功率的选择，应符合下列规定：

1) 连续工作负载平稳的机械应采用连续工作制定额的电动机，其额定功率应按机械的轴功率选择。当机械为重载启动时，笼型电动机和同步电动机的额定功率应按启动条件校验；对同步电动机，尚应校验其牵入转矩。

2) 短时工作的机械应采用短时工作制定额的电动机，其额定功率应按机械的轴功率选择；当无合适规格的短时工作制定额电动机时，可按允许过载转矩选用周期工作制定额的电动机。

如需帮助请联系

1068 工业与民用供配电设计手册(第四版)

3）断续周期工作的机械应采用相应的周期工作制定额的电动机，其额定功率宜根据制造厂提供的不同负载持续率和不同启动次数下的允许输出功率选择，亦可按典型周期的等值负载换算为额定负载持续率选择，并应按允许过载转矩校验。

4）连续工作负载周期变化的机械应采用相应的周期工作制定额的电动机，其额定功率宜根据制造厂提供的数据选择，亦可按等值电流法或等值转矩法选择，并应按允许过载转矩校验。

5）选择电动机额定功率时，根据机械的类型和重要性，应计入适当的储备系数。

6）当电动机使用地点的海拔和冷却介质温度与规定的运行条件不同时，其额定功率应按制造厂的资料予以校正。

（4）电动机的额定电压应根据其额定功率和所在系统的配电电压选定，必要时，应根据技术经济比较确定。

（5）电动机的防护型式应符合安装场所的环境条件。

（6）电动机的结构及安装型式应与机械相适应。

此外，电动机的效率应符合 GB 18613—2012《中小型三相异步电动机能效限定值及能效等级》的有关规定，见 16.5.2.4。

12.1.1.2 电动机常用标准

1）GB 755—2008《旋转电机　定额和性能》；

2）GB/T 997—2008《旋转电机结构型式、安装型式及接线盒位置的分类（IM 代码）》；

3）GB 1971—2006《旋转电机线端标志与旋转方向》；

4）GB/T 1993—1993《旋转电机冷却方法》；

5）GB/T 4942.1—2006《旋转电机整体结构的防护等级（IP 代码）分级》；

6）GB 14711—2006《中小型旋转电机安全要求》；

7）GB/T 1032—2005《三相异步电动机试验方法》；

8）GB 5226.1—2008《机械电气安全 机械电气设备 第 1 部分：通用技术条件》；

9）GB 18613—2012《中小型三相异步电动机能效限定值及能效等级》。

12.1.1.3 电动机的定额和工作制

（1）根据 GB 755—2008，额定值是"通常由制造厂对电机在规定运行条件下所指定的一个量值"。定额是"一组额定值和运行条件"。运行条件包括工作制、现场运行条件（海拔、环境空气温度、冷却水温等）和电气运行条件（电源电压和频率、电压和电流的波形和对称性、运行期间电压和频率的变化等）。定额是以工作制为基准的。工作制是"电机所承受的一系列负载状况的说明，包括启动、电制动、空载、停机和断能及其持续时间和先后顺序等"。

（2）电动机的工作制类型，详见表 12.1-1。

（3）电动机的定额类别：

1）连续工作制定额—相应于 S1 工作制，标志方法同 S1。

2）短时工作制定额—相应于 S2 工作制，标志方法同 S2。

3）周期工作制定额—相应于 S3～S8 工作制，标志方法同相应的工作制。工作周期的持续时间通常为 10min，负载持续率为 15％、25％、40％、60％之一。

4）非周期工作制定额—相应于 S9 工作制，标志方法同 S9。

表 12.1-1   电动机的工作制类型

名称	负载状况说明	标志方法	时序图
S1 工作制 连续工作制	保持在恒定负载下运行至热稳定状态	S1	
S2 工作制 短时工作制	在恒定负载下按给定的时间运行，电机在该时间内不足以达到热稳定，随之停机和断能，其时间足以使电机再度冷却到与冷却介质之差在 2K 以内	S2，随后应标以工作制的持续时间。 例如：S2 60min	
S3 工作制 断续周期工作制	按一系列相同的工作周期运行，每一周期包括一段恒定负载运行时间和一段停机和断能时间，负载持续率 $=\Delta t_\mathrm{P}/T_\mathrm{C}$。这种工作制，每一周期的启动电流不致对温升有显著影响	S3，随后应标以负载持续率。 例如：S3 25%	
S4 工作制 包括启动的断续周期工作制	按一系列相同的工作周期运行，每一周期包括一段对温升有显著影响的启动时间，一段恒定负载运行时间和一段停机和断能时间，负载持续率 $=(\Delta t_\mathrm{D}+\Delta t_\mathrm{p})/T_\mathrm{C}$	S4，随后应标以负载持续率以及归算至电动机转轴上的电动机转动惯量（J_M）和负载转动惯量（J_ext）。 例如：S4 25% $J_\mathrm{M}=0.15\ \mathrm{kg\cdot m^2}$ $J_\mathrm{ext}=0.7\ \mathrm{kg\cdot m^2}$	

12

名称	负载状况说明	标志方法	时序图
S5 工作制 包括电制动 的断续负载 工作制	按一系列相同的工作周期运行，每一周期包括一段启动时间，一段恒定负载运行时间，一段电制动时间和一段停机和断能时间，负载持续率 $=(\Delta t_D + \Delta t_p + \Delta t_F)/T_C$	S5，随后应标以负载持续率以及归算至电动机转轴上的电动机转动惯量（J_M）和负载转动惯量（J_{ext}）。例如：S5　25% $J_M=0.15$ kg·m² $J_{ext}=0.7$ kg·m²	
S6 工作制 连续周期 工作制	按一系列相同的工作周期运行，每一周期包括一段恒定负载运行时间和一段空载运行时间，无停机和断能时间，负载持续率 $=\Delta t_p/T_C$	S6，随后应标以负载持续率。例如：S6　40%	
S7 工作制 包括电制动 的连续周期 工作制	按一系列相同的工作周期运行，每一周期包括一段启动时间，一段恒定负载运行时间和一段电制动时间，无停机和断能时间，负载持续率=1	S7，随后应标以归算至电动机转轴上的电动机转动惯量（J_M）和负载转动惯量（J_{ext}）。例如：S7　$J_M=0.4$ kg·m² $J_{ext}=7.5$ kg·m²	

名称	负载状况说明	标志方法	时序图
S8 工作制 包括负载—转速相应变化的连续周期工作制	按一系列相同的工作周期运行,每一周期包括一段按预定转速运行的恒定负载时间和一段或几段按不同转速运行的其他恒定负载时间(例如变极多速感应电动机),无停机和断能时间,负载持续率 $= (\Delta t_D + \Delta t_{P1})/T_C$;$(\Delta t_{F1} + \Delta t_{P2})/T_C$;$(\Delta t_{F2} + \Delta t_{P3})/T_C$	S8,随后应标以归算至电动机转轴上的电动机转动惯量(J_M)和负载转动惯量(J_{ext})以及在每一转速下的负载、转速与负载持续率。例如:S8 $J_M = 0.5 kg \cdot m^2$;$J_{ext} = 6 kg \cdot m^2$; 16kW 740r/min 30% 40kW 1460r/min 30% 25kW 980r/min 40%	
S9 工作制 负载和转速作非周期变化的工作制	负载和转速在允许的范围内作非周期性变化的工作制。这种工作制包括经常性过载,其值可远远超过基准负载。 对于本工作制中的过载概念,应选定一个以 S1 工作制为基准的合适的恒定负载为基准值(图中的"P_{ref}")	S9	
S10 工作制 离散恒定负载和转速工作制	包括特定数量的离散负载(或等效负载)/转速(如可能)的工作制,每一种负载/转速组合的运行时间应足以使电机达到热稳定。在一个工作周期中的最小负载值可为零(空载或停机和断能)。 对于本工作制,适当选取一种基于 S1 工作制的恒定负载为诸离散负载的基准值(图中的"P_{ref}")	S10,随后应标以相应负载及其持续时间的标幺值 $P/\Delta t$ 和绝缘结构相对预期热寿命的标幺值 TL。预期热寿命的基准值是 S1 连续工作定额及其允许温升限值下的预期热寿命。停机和断能时,用字母 r 表示负载。例如:S10 $P/\Delta t = 1.1/0.4$;$1/0.3$; $0.9/0.2$; $r/0.1$ TL $= 0.6$ TL 数值应圆整到最接近的 0.05 的倍数	

符号说明:P—负载;P_V—电气损耗;θ—温度;θ_{max}—达到的最高温度;θ_{ref}—基准负载时的温度;n—转速;t—时间;T_C—负载周期;Δt_D—启动/加速时间;Δt_P—恒定负载运行时间;Δt_F—电制动时间;Δt_R—停机和断能时间;Δt_S—过载时间。P_{ref}—基于 S1 工作制的基准负载;t_i—负载周期中的恒定负载时间;$\Delta \theta_i$—在负载周期内每种负载时绕组的温升与基于 S1 工作制的基准负载温升的差值

5)离散恒定负载和转速工作制定额—相应于 S10 工作制,标志方法亦同 S10。

6)等效负载定额——一种为试验目的而规定的定额,按其规定在满足该标准各项要求

的同时，电机可运行直至达到热稳定，并认为与 S3～S10 工作制中的某一工作制等效，其标志为"equ"。

（4）电动机的额定输出：电机的额定输出是"定额中的输出值"；对 S1～S8 工作制，其恒定负载规定值应为额定输出。对 S9 和 S10 工作制，应以基于 S1 工作制的负载基准值作为额定输出。

（5）综上所述，电动机的额定值是"在规定运行条件下所指定的一个量值"，与工作制类型和定额类别密切相关。显然，同一台电动机在连续定额和短时定额中的额定值是不同的；周期工作制定额电动机在各个负载持续率下的额定值也是不同的。对于 S3～S10 工作制电动机，宜采用制造厂在温升试验中规定的等效负载定额的额定值为依据。当缺乏这一数据时，周期工作制电动机可优先采用 S3 40% 的额定值为依据。

12.1.1.4　电动机的额定功率和额定电流

电动机的额定功率是指额定输出功率，即电动机满载运行时在电动机转轴上的有效机械功率。它未包括电动机的机械损耗（轴承损耗、风耗）和电气损耗（铁损、铜损）。

电动机的额定电流或称满载电流，是指电动机满载运行时由电动机接线端子处输入的电流。三相电动机的额定电流 I_{rM} 应按下式计算

$$I_{rM} = \frac{P_{rM}}{\sqrt{3}U_{rM}\eta_r \cos\varphi_r} \tag{12.1-1}$$

式中　I_{rM}——电动机的额定电流，A；

P_{rM}——电动机的额定功率，kW；

U_{rM}——电动机的额定电压，kV；

η_r——电动机的满载时效率；

$\cos\varphi_r$——电动机的满载时功率因数。

12.1.1.5　笼型电动机的启动电流和启动时间

这里仅简述笼型三相电动机的启动特性。绕线转子电动机的启动特性由转子回路电阻的阻值和级数决定，这里不详述。

在启动过程中电动机的电流是随着转速变化的。接通后的暂态过程与短路类似，首先出现一个冲击电流，峰值发生在第一半波，在第二、三周波内急剧衰减。在随后的绝大部分启动时间内，电流相对稳定，但随转速的升高而略有下降。在接近额定转速时，电流迅速下降；启动结束时，降至电动机额定电流或更低。笼型电动机启动过程的电流和转速曲线见图 12.1-1。

（1）最大稳态启动电流方均根值（简称启动电流）：在供配电设计中，启动电流不是泛指作为转速函数的电流变量，而是特指不包括暂态过程非周期分量的最大稳态启动电流。应强调指出，启动电流的大小与负载转矩无关，只决定于电动机的固有特性。

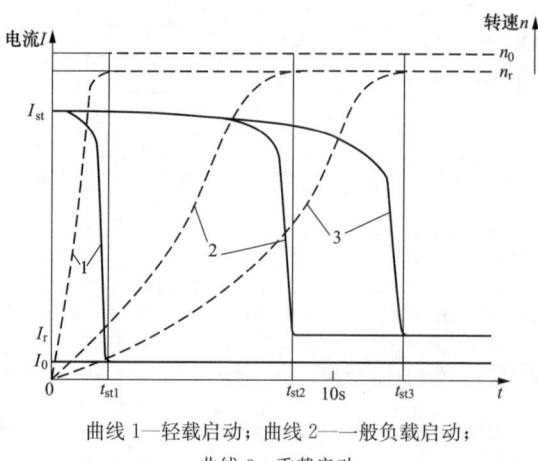

曲线 1—轻载启动；曲线 2——一般负载启动；
曲线 3—重载启动

图 12.1-1　笼型电动机启动过程的电流和转速曲线

笼型电动机的启动电流应取其堵转电流，即"电动机在额定频率、额定电压和转子在所有转角位置堵住时从供电线路输入的最大稳态电流有效值"。通常，电机厂均给出堵转电流对额定电流的比值。不同额定功率、极数和启动性能的电动机，这一比值约为 4~8.4。

（2）接通电流峰值：是指包括周期分量和非周期分量的全电流最大值。这一数值的大小决定于接通瞬间的相位和启动回路电阻与电抗的比值。

上海电器科学研究所曾对 52 台笼型电动机各启动 10 次做现场实测，接通电流峰值一般不超过堵转电流的 2 倍，个别可达 2.3 倍。

（3）启动时间：启动时间的长短决定于负载转矩、整个传动系统的转动惯性和加速转矩。电动机的转矩—转速特性曲线包括多项重要指标：额定转矩决定正常工作点；堵转转矩决定能否克服静阻转矩；最小转矩是否能顺利加速到额定转速的关键点；最大转矩除影响启动过程外，还决定电动机的过载能力。计算启动时间比较繁琐，这里不详述。在配电设计中，多采用按启动时间分挡选择电器的做法。我国通常以启动时间 4s 和 8s 为分界点，划为三档，分别称为轻载启动、一般负载启动和重载启动。

12.1.2 电动机主回路接线

12.1.2.1 规范中的一般规定

（1）关于隔离电器。

1）每台电动机的主回路上应装设隔离电器，当符合下列条件之一时，数台电动机可共用一套隔离电器：

a）共用一套短路保护电器的一组电动机；

b）由同一配电箱（屏）供电，且允许无选择地断开的一组电动机。

2）当有几路进线时，每路进线上应有隔离电器；如果仅一个隔离电器分断会造成危险，则应相互联锁。

3）电动机及其控制电器宜共用一套隔离电器。

4）隔离电器宜装设在控制电器附近或其他便于操作和维修的地点。隔离电器应能防止无关人员误操作，例如装设在能防止无关人员接近的地点或加锁。

（2）关于保护电器。交流电动机应装设短路保护和接地故障保护，并应根据具体情况分别装设过载保护、断相保护和低电压保护。同步电动机尚应装设失步保护。

1）每台电动机应分别装设短路保护，但符合下列条件之一时，数台电动机可共用一套短路保护电器：

a. 总计算电流不超过 20A，且允许无选择切断时；

b. 根据工艺要求，必须同时启停的一组电动机，不同时切断将危及人身、设备安全时。

2）短路保护器件的装设应符合下列规定：

a. 短路保护兼作接地故障保护时，应在每个不接地的相线上装设；

b. 仅作相间短路保护时，熔断器应在每个不接地的相线上装设，过电流脱扣器或继电器应至少在两相上装设；

c. 当只在两相上装设时，在有直接电气联系的同一网络中，保护器件应装设在相同的两相上。

3）每台电动机应分别装设接地故障保护，但共用一套短路保护的数台电动机，可共用一套接地故障保护器件。

12

4) 有关过载保护、断相保护和低电压保护的装设要求详见 12.1.6 和 12.1.8。

（3）关于控制电器。

1) 每台电动机应分别装设控制电器，当工艺需要或使用条件许可时，一组电动机可共用一套控制电器。

2) 控制电器宜装设在电动机附近或其他便于操作和维修的地点。过载保护电器宜靠近控制电器或为其组成部分。

12.1.2.2　电动机主回路接线示例

笼型电动机全压启动的主回路常用接线见图 12.1-2；变极多速电动机的主回路及其绕

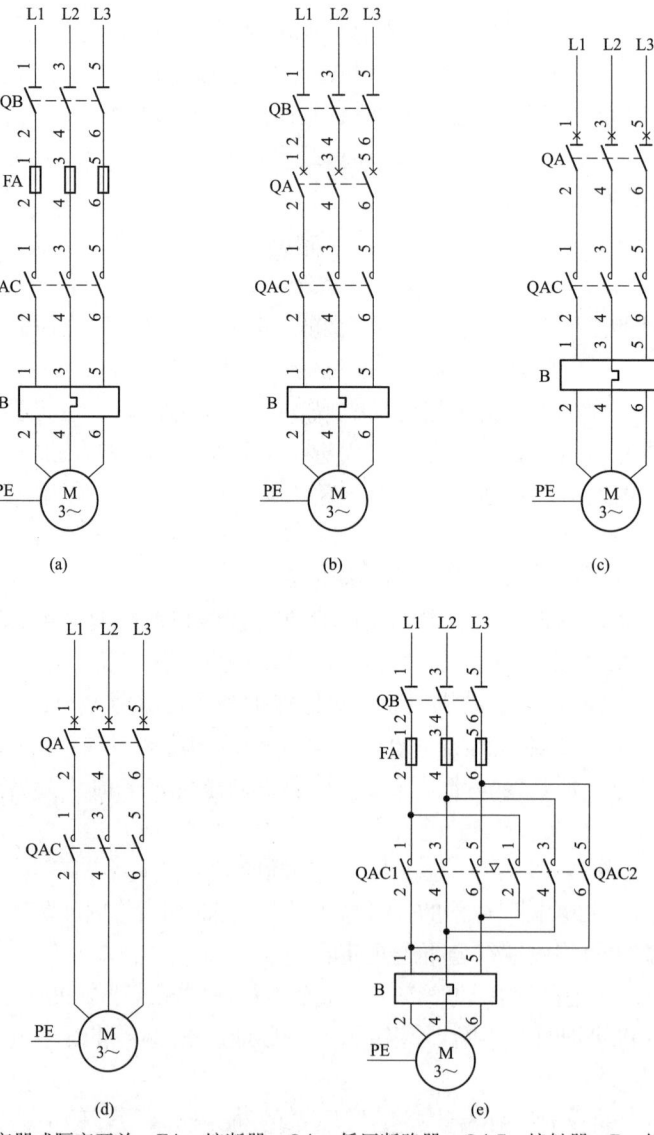

QB—隔离器或隔离开关；FA—熔断器；QA—低压断路器；QAC—接触器；B—热继电器

图 12.1-2　笼型电机主回路常用接线

（a）典型结线，短路和接地故障保护电器为熔断器；（b）典型结线，短路和接地故障保护电器为断路器；

（c）断路器兼作隔离电器；（d）不装设过载保护或断路器兼作过载保护；（e）双向（可逆）旋转的接线示例

组接线见图12.1-3～图12.1-5。笼型电动机降压启动和绕线转子电动机的接线见12.1.3电动机的启动方式部分。

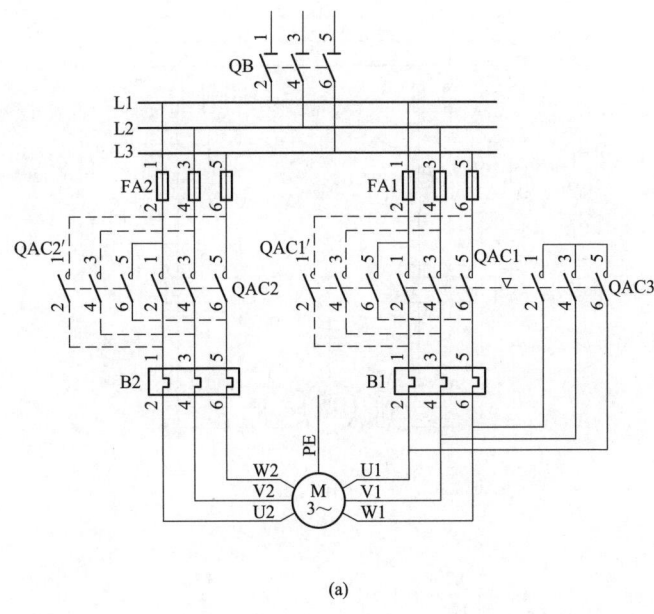

(a)

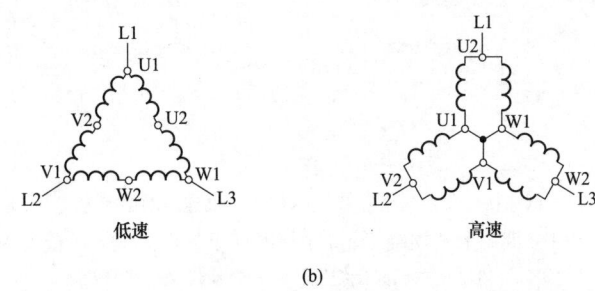

低速　　　　　　　　　　　　高速

(b)

QAC1—低速接触器，电流为 I_{rM1}；QAC2—高速接触器，电流为 I_{rM2}；QAC3—星形接触器，电流为 $0.5I_{rM2}$

图 12.1-3　带1个抽头绕组、6个接线端子的4/2或8/4极电动机

(a) 电动机主回路接线图；(b) 电动机绕组接线图

12.1.3　电动机的启动方式

12.1.3.1　电动机启动的基本要求

电动机启动时，其端子电压应能保证所拖动的机械要求的启动转矩，且在配电系统中引起的电压波动不应妨碍其他用电设备的工作。为此，交流电动机启动时，各级配电母线上的电压应符合下列要求：

（1）在一般情况下，电动机频繁启动时，不宜低于额定电压的90%；电动机不频繁启动时，不宜低于额定电压的85%。

（2）配电母线上未接照明或其他对电压波动较敏感的负荷，且电动机不频繁启动时，不应低于额定电压的80%。

（3）配电母线上未接其他用电设备时，可按保证电动机启动转矩的条件决定；对于低压电动机，尚应保证接触器线圈的电压不低于释放电压。

12

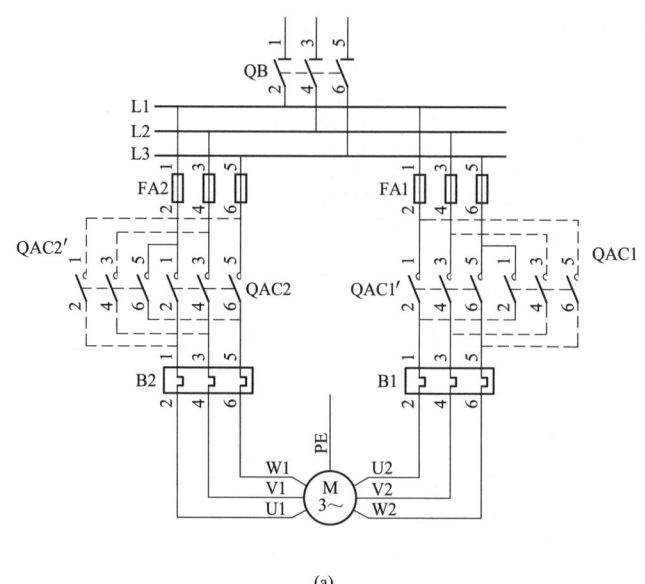

(a)

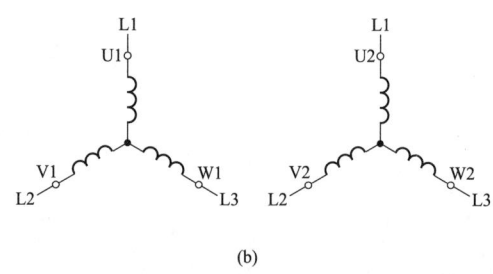

(b)

QAC1—低速接触器，电流为 I_{rM1}；QAC2—高速接触器，电流为 I_{rM2}

图 12.1-4　带 2 个独立绕组、6 个接线端子的 6/4 或 8/6 极电动机

(a) 电动机主回路接线图；(b) 电动机绕组接线图

注：以上图中虚线表示用于可逆旋转的接线。其他符号同图 12.1-2。

　　上述对电动机启动时母线上电压暂降的要求，是为了防止影响同一母线上其他用电设备的正常工作，并不是对电动机本身的要求。常见机械所需的启动转矩为额定转矩的 12%～150%（参见表 6.5-2）；所要求的电动机端子电压相差悬殊。因此，规范对电动机启动时端子电压不做具体规定。

　　1)"一般情况"指母线接有照明或其他对电压较敏感的一般负荷时。至于对电能质量有特殊要求的设备，应对其电源采取专门措施，例如为大中型电子计算机配置不间断电源（Uninterruptible Power System，UPS）或恒压恒频（Constant Voltage Constant Frequency，CVCF）。"频繁启动"指每小时启动数十次甚至数百次。

　　2) 母线电压不低于标称电压 80% 的情况，多见于高压、千伏级或 660V 电动机。

　　3) 母线未接其他负荷的情况，多见于变压器—电动机组。

12.1.3.2　笼型电动机启动方式的选择

（1）一般规定。

1) 当符合下列条件时，电动机应全压启动：

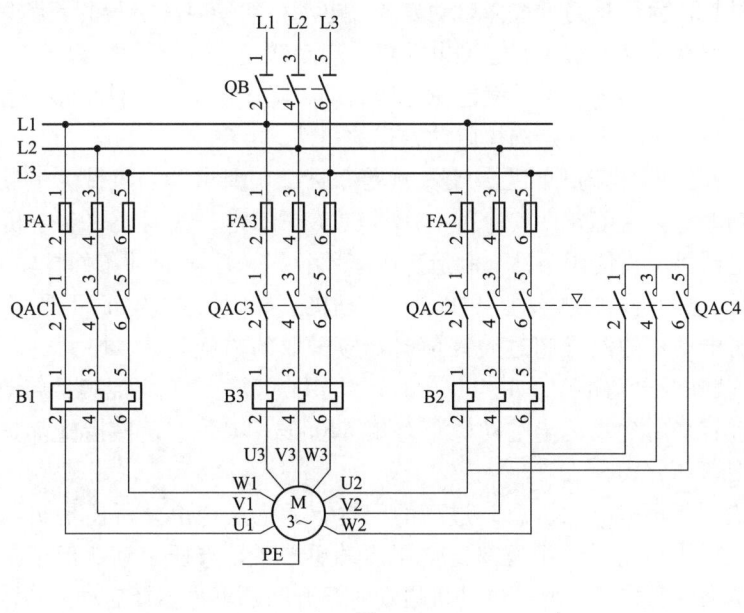

(a)

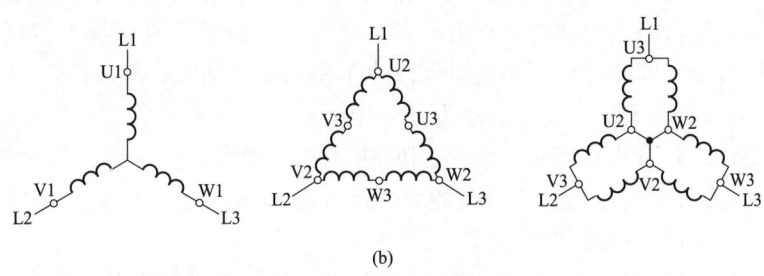

(b)

QAC1—低速接触器，电流为 I_{rM1}；QAC2—中速接触器，电流为 I_{rM2}；

QAC3—高速接触器，电流为 I_{rM3}；QAC4—星形接触器，电流为 $0.5I_{rM3}$

图 12.1-5　带 2 个独立绕组（其中 1 个带抽头）、9 个接线端子的

6/4/2 或 8/4/2 或 8/6/2 极电动机

（a）电动机主回路接线图；（b）电动机绕组接线图

a. 电动机启动时，配电母线上的电压符合 12.1.3.1 的规定；

b. 机械能承受电动机全压启动时的冲击转矩；

c. 制造厂对电动机的启动方式无特殊要求；低压笼型电动机均可全压启动。

2）当不符合全压启动的条件时，电动机宜降压启动，或选用其他适当的启动方式。

3）当机械有调速要求时，电动机的启动方式应与调速方式相配合。

（2）关于笼型电动机全压启动条件的辨别。GB 50055—2011《通用用电设备配电设计规范》条文说明强调指出，"所列的全压启动条件是充分条件，除此以外，别无他项"。但在某些教材、手册、甚至行业标准中，仍时常提出一些不必要的"条件"。

1）关于电动机启动时端子电压问题：绝大多数的电动机不需要验算启动时端子电压；只有少数特重载启动者才可能要验算。验算的目的是校核电动机能否克服机械的静阻转矩或

启动时间是否过长，而不是为了选择启动方式。电动机启动时间过长的问题只能通过正确地选择电动机的规格和特性来解决。笼型电动机的启动转矩与其端子电压的二次方成正比。显然，越是启动条件严酷的电动机，就越应全压启动；降压启动只会使启动更加困难，甚至失败。因此，电动机端子电压不是选择启动方式的条件。

2）关于启动时电动机温升问题：有关规范、标准中要求"当机械为重载启动时，笼型电动机的额定功率应按启动条件校验"（GB 50055—2011）；或者说"对于机械转动惯量大或重载启动的电动机，当使用条件与制造厂配套不符时，应按启动条件校验其容量（DL/T 5153）."。值得注意的是，这类规定均出现在电动机选择的条文中，而不是列在启动方式中。并且，如经校验电动机的温升超过允许值时，应采取的措施是："加大电动机的容量"或"选用启动特性较好的电动机"（DL/T 5153）；"选用笼型电动机不能满足启动要求或加大功率不合理时"，"宜采用绕线转子电动机"（GB 50055—2011）。这些措施都是正确选择电动机，而不是改变启动方式。

降压启动绝不能解决电动机温升过高的问题。无论是理论分析还是实际测量，都能证明：笼型电动机降压启动时绕组发热比全压启动更严重。降压启动非但不是"呵护"电动机，而是给它更大的伤害。因此，电动机启动时温升问题不是选择启动方式的条件。

3）关于电动机启动时电源变压器温升问题：电动机启动时，在电源变压器和电动机的绕组中流过的是同一电流。降压启动时绕组发热更严重的结论对电源变压器也同样适用。仅在变压器与电动机规格相近时才会有温升问题，而且只能通过正确选择变压器容量来解决；降压启动则适得其反。因此，变压器温升问题也不是选择启动方式的条件。

4）关于按电动机功率统一规定启动方式问题：有些地区或主管部门简单规定多大的电动机应降压启动，这是没有根据的。在不同时代和不同地点，同一城市的电源情况差别很大：从过去 30kVA 杆上变压器，到小区的 630kVA 变电站，直至大厦中 2000kVA 变压器，相差近百倍。显然不应该再搞"一刀切"。

综上所述可知国标中所列的笼型电动机全压启动的条件是完全的、充分的，不应再搞"修正"、"补充"。

（3）低压笼型电动机启动方式的简易判断。

上述一般规定是规范面对高低压笼型和同步电动机及其所拖动各类机械的全面情况所做的规定。对低压配电设计而言，有的情况是不出现的，有的情况则极少遇到。例如，"制造厂对启动方式无特殊规定"是针对高压、大型、构造特殊的电动机，如铸钢转子电动机。根据制造标准，低压笼型电动机均允许全压启动。又如，通用机械（风机、水泵、压缩机）绝大多数均能承受电动机全压启动的冲击转矩；不宜全压启动者则仅有长轴传动的深井泵之类极少例子而已。对于拖动复杂的设备，其电动机的启动控制系统通常随设备成套供应或由专门的电力拖动设计决定；需要在配电设计中配置的就是不频繁启动的通用机械。

基于上述，低压配电设计中笼型电动机全压启动的判断条件可简化为：电动机启动时配电母线的电压不低于系统标称电压的 85%。通常，只要电动机额定功率不超过电源变压器额定容量的 30%，即可全压启动。仅在估算结果处于边缘情况时，才需要进行详细计算。

电动机启动时配电母线电压的计算方法和按电源容量估算允许全压启动的电动机最大功率详见表 6.5-4、表 6.5-7。

笼型电动机全压启动是最简单、最经济、最可靠的启动方式，只要符合规定的条件，就应采用。

（4）笼型电动机的常用降压启动方式。

降压启动目的是限制启动电流，从而减小母线电压降。限制启动力矩，减少对设备的机械冲击。

1）低压笼型电动机常用的降压启动方式有：星—三角启动、电阻降压启动、自耦变压器降压启动、软启动器降压启动等。各种降压启动方式的特点见表 6.5-1。

2）对于"星—三角"启动方式的绕组切换过程及产生的二次冲击电流，应予以特别关注。星—三角启动电动机的转矩—转速和电流—转速曲线如图 12.1-6 所示。可以看出，由 33％U_{rM} 曲线转换到 100％U_{rM} 曲线时，电流出现很高的跃升，远远大于起始值。更有甚者，在这个电流上还要叠加一个暂态冲击值。

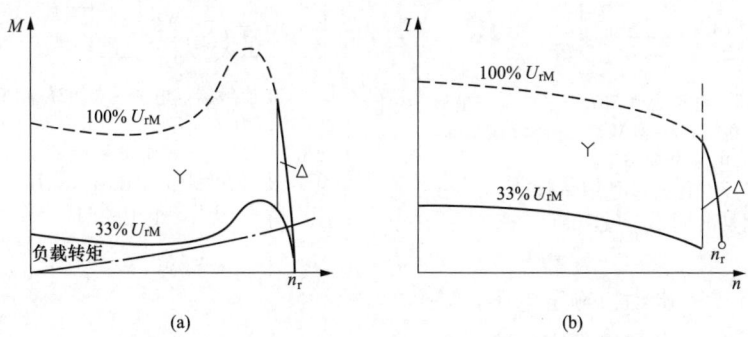

图 12.1-6　星—三角启动电动机的转矩—转速和电流—转速曲线
（a）M—n 曲线；（b）I—n 曲线

普通星—三角启动接线如图 12.1-7 所示。为了防止转换过程中通过星形接触器引起相间短路，必须有一个转换间歇。计及接触器的机械动作和熄弧时间，间歇时间应为 50ms 左右。这期间电动机电流中断、转速降低，在接通三角形接触器时，电网的相位与电动机的磁场相位不同甚至相反。这一暂态过程会引起很高的转换电流峰值，可能造成接触器触头熔焊。

为避免出现过高的转换电流峰值，可采用不中断转换的星—三角启动方式，其主回路接线见图 12.1-8。电动机在星形启动结束后，通过过渡接触器和过渡电阻，维持电流不中断；经 50ms 后无间歇地转换到三角形接线。过渡电阻按流过电动机额定电流的 1.5 倍设计，其阻值 R 可按下式计算

$$R = \frac{U_{rM}}{\sqrt{3} \times 1.5 I_{rM}}$$

（12.1-2）

用于每小时最多启动 12 次的所需功率 P_{12} 为

$$P_{12} = \frac{U_{rM}^2}{1200R}$$

（12.1-3）

用于每小时最多启动 30 次的所需功率为 P_{30} 为

$$P_{30} = \frac{U_{rM}^2}{500R}$$

（12.1-4）

12

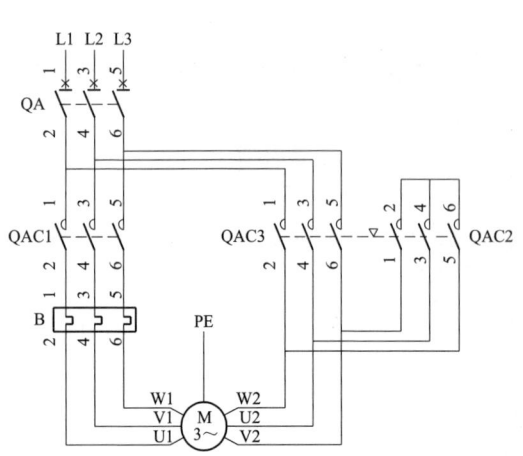

QAC1—主接触器,电流为 $0.58I_{rM}$;QAC2—星形接触器,电流为 $0.33I_{rM}$;QAC3—三角形接触器,电流为 $0.58I_{rM}$

图 12.1-7 普通星—三角启动
(启动时间不超过 10s)

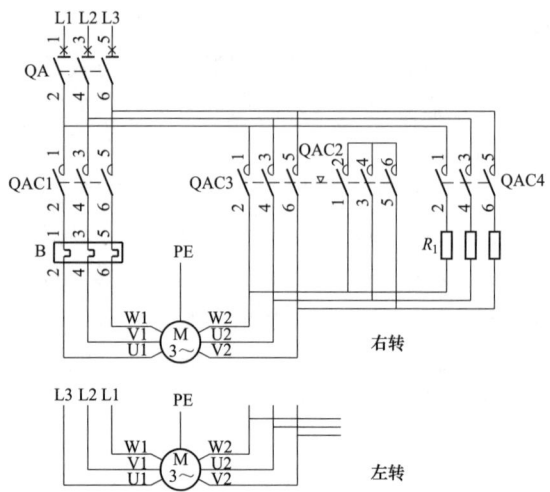

QAC1—主接触器,电流为 $0.58I_{rM}$;QAC2—星形接触器,电流为 $0.58I_{rM}$(为分断过渡电阻的电流,需较大规格);QAC3—三角形接触器,电流为 $0.58I_{rM}$;QAC4—过渡接触器,电流为 $0.26I_{rM}$;R_1—过渡电阻

图 12.1-8 不中断的星—三角启动

式中 U_{rM}——电动机额定电压,V;

$\qquad I_{rM}$——电动机额定电流,A;

$\qquad R$——过渡电阻,Ω;

$\qquad P_{12}$——用于每小时最多启动 12 次的所需功率,W;

$\qquad P_{30}$——用于每小时最多启动 30 次的所需功率,W。

3)笼型电动机常用降压启动方式的主回路接线见图 12.1-9~图 12.1-11。从这些接线图

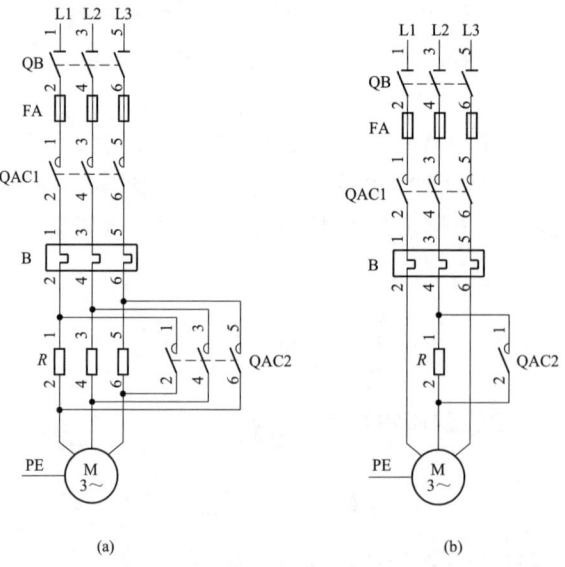

(a) (b)

QAC1—主接触器,电流为 I_{rM};QAC2—加速接触器,电流为 I_{rM}(按 AC-1 条件选用);R—过渡电阻

图 12.1-9 笼型电动机电阻降压启动主回路接线
(a)降低启动电流;(b)降低启动转矩

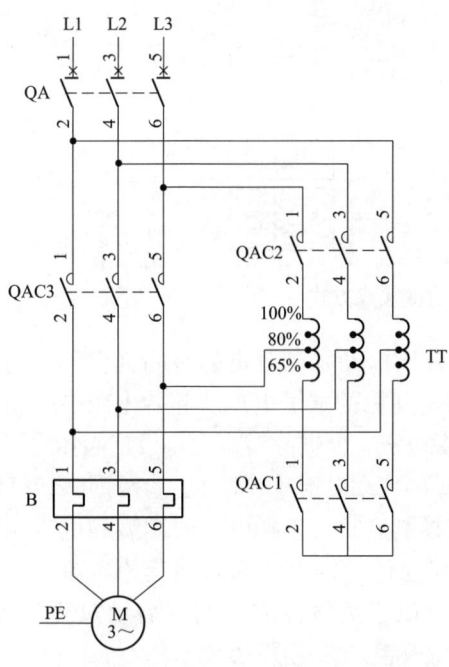

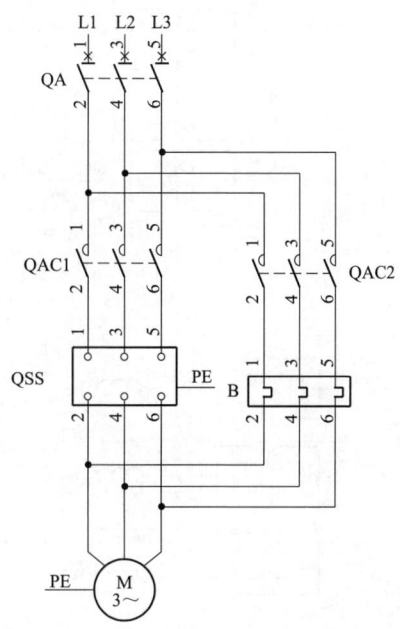

QAC1—星形接触器，电流为 $0.25I_{rM}$（按最高抽头电压为 $0.8U_{rM}$）；QAC2—变压器接触器，电流为 $0.64I_{rM}$（按最高抽头电压为 $0.8U_r$）；QAC3—主接触器，电流为 I_{rM}

图 12.1-10　笼型电动机自耦变压器降压
启动主回路接线

QAC1—主接触器，电流为 I_{rM}；QAC2—旁路接触器，电流为 I_{rM}（按需要设）；如软启动器自带旁路接触器，QAC2 和 B 可以省略

图 12.1-11　笼型电动机用软启动器
启动主回路接线

和表 6.5-1 中可见，各种降压启动方式都比全压启动接线复杂、电器多、投资大、操作维护工作量加大，故障率也相应增高，而且电动机的发热也高。因此，降压启动应在必要时采用。

（5）软启动器降压启动。

1）软启动器的归类：根据 GB 14048.6—2008《低压开关设备和控制设备 第 4-2 部分：接触器和电动机启动器 交流半导体电动机控制器和启动器（含软启动器）》，半导体电动机控制电器的功能分类见表 12.1-2。通常说的软启动器包括半导体电动机启动器的型式 1 和型式 2；不带过载保护者，则称为"软启动半导体电动机控制器"。直接半导体电动机启动器实际上是无触点接触器加过载保护。

表 12.1-2　　　　　　　　　　　　半导体电动机控制电器的功能分类

名称	型式 1	型式 2	型式 3
半导体电动机控制器	截止状态；启动功能；操纵；可控加速；运行；全电压；可控减速	截止状态；启动功能；可控加速；全电压	无
直接半导体电动机控制器	无	无	截止状态；启动功能；全电压
半导体电动机启动器	型式 1 控制器，带有电动机过载保护	型式 2 控制器，带有电动机过载保护	无
直接半导体电动机启动器	无	无	直接电动机控制器，带有电动机过载保护

2）软启动器的主回路：其核心是晶闸管调压器，常用接线方式见图 12.1-12～图 12.1-13。

3）软启动器的启动方式：

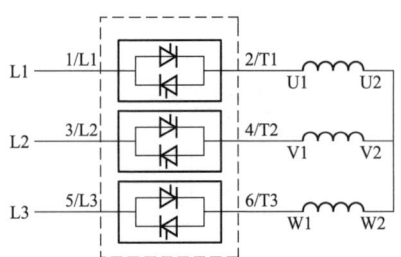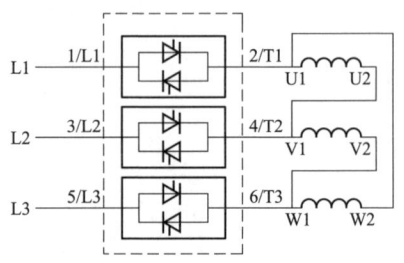

图 12.1-12　软启动器直接接线方式

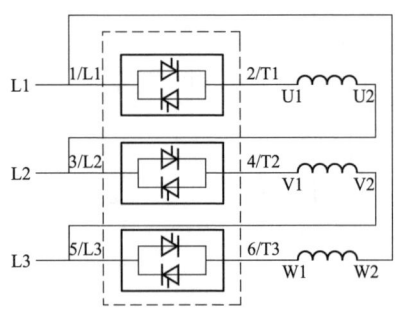

a. 斜坡升压启动：在设定的时间（惯称"斜坡时间"）内，将电动机的端子电压从起始电压沿一定的斜率升高到电源电压。根据静转矩大小设定起始电压；根据负载惯性矩的大小设定斜坡时间。参见图 12.1-14。

b. 电流控制启动：包括电流限制型和电流闭环控制型。前者仅通过给定电压来限制起始电流，启动过程较长。后者以连续线性方式调节启动过程的电流，启动性能有所改善。参见图 12.1-15。

图 12.1-13　软启动器内三角形接线方式

c. 转矩控制启动：在设定的启动时间内，以连续线性方式调节电动机转矩，由设定的起始转矩升高到设定的最高转矩，以改善机械加速特性。参见图 12.1-16。

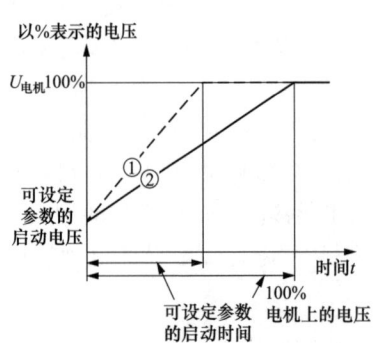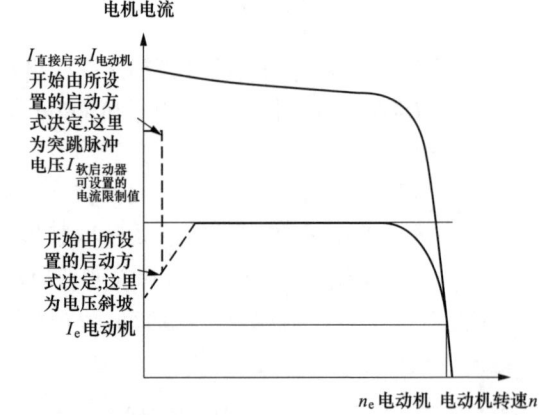

<table>
<tr><td>图 12.1-14　斜坡升压控制时序图
①—较短的启动时间；②较长的启动时间</td><td>图 12.1-15　带电压斜坡的电流控制时序图</td></tr>
</table>

d. 带突跳脉冲电压的启动：利用突跳脉冲电压，克服负载的高静阻转矩。突跳脉冲可与电压斜坡、电流限制或转矩控制启动方式配合使用。参见图 12.1-15 和图 12.1-17。

e. 此外，有的产品带有不同的附加功能，如对受潮电动机预热功能，自动识别加速功能，内部晶闸管旁路，限制最大启动时间等。

4）软启动器的停止方式：

a. 惯性停止，即自然停止。

b. 软停止或泵停止：在设定的减速时间内，以连续线性方式降低电动机转矩，可实现柔性停机或防止突然关闭水泵产生的水锤效应。参见图 12.1-18。

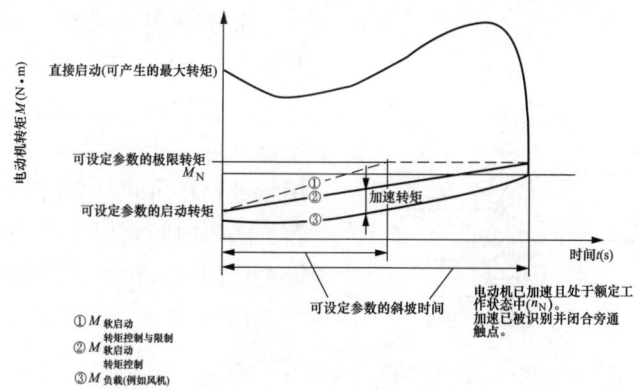

① M 软启动 转矩控制与限制
② M 软启动 转矩控制
③ M 负载(例如风机)

图 12.1-16 转矩控制时序图

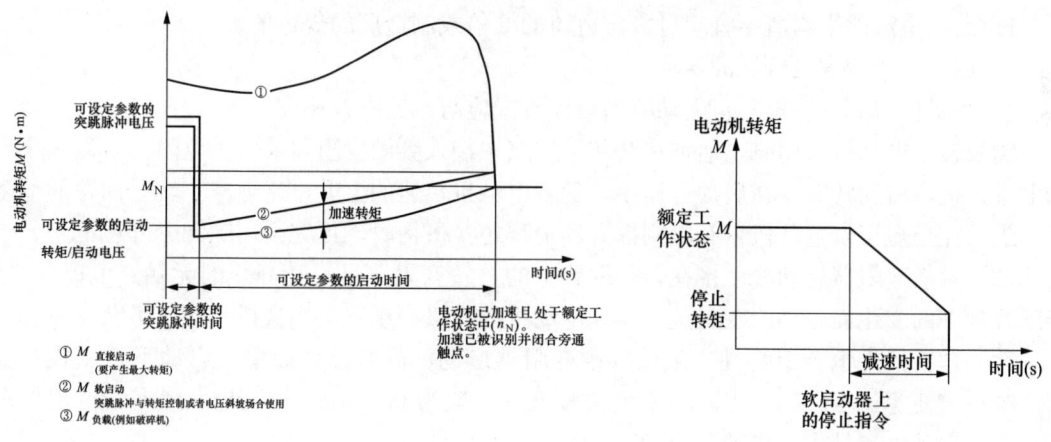

① M 直接启动 (要产生最大转矩)
② M 软启动 突跳脉冲与转矩控制或者电压斜坡场合使用
③ M 负载(例如破碎机)

图 12.1-17 带突跳脉冲的转矩控制时序图

图 12.1-18 软停止/泵停止

c. DC 制动或组合制动：为缩短停机时间，给电动机定子的两相间施加（脉冲）直流电，在转子绕组中感应出电流，从而形成制动力矩。参见图 12.1-19。

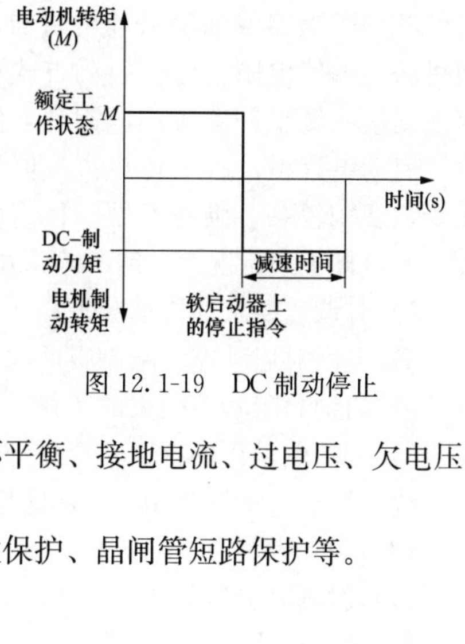

5）节电运行：某些产品带有节电运行功能（带节电运行的软件）。节电运行时，装置首先进入一段保持阶段，之后软启动器自动进入节电运行阶段；系统根据定子电流值及功率因数情况，决定供给电动机的能量。节电只能在轻载情况下（≤50%）有效，参见图 12.1-20。

6）软启动器的保护功能：

a. 不带电动机保护的软启动器；

b. 带基本保护的软启动器，主要是电动机过负荷保护；

c. 带完善保护的软启动器，可包括电动机过载保

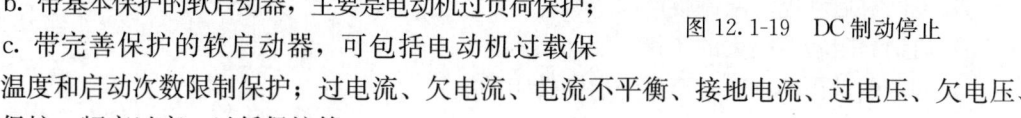

图 12.1-19 DC 制动停止

护、温度和启动次数限制保护；过电流、欠电流、电流不平衡、接地电流、过电压、欠电压、相序保护；频率过高、过低保护等；

d. 此外，还有软启动器自身的过温保护、CPU 失效保护、晶闸管短路保护等。

7）软启动器的计量、监控和通信功能：

a. 不带电路计量、监控功能的软启动器；

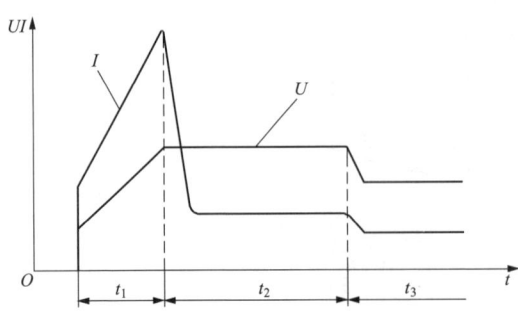

t_1—软启动阶段；t_2—保持阶段；t_3—节电阶段

图 12.1-20 节电运行时序图

b. 只带基本参数（如电流、电压）测量监控和基本通信接口的软启动器；

c. 带完善计量、监控和通信接口的软启动器，可包括电有功功率、无功功率、电能用量等；还可包括各种运行状态，如启动次数、间隔时间，以至电动机绕组、轴承温度等；可配置各种主流通信总线。

12.1.3.3 绕线转子电动机启动方式的选择

（1）绕线转子电动机的启动应符合下列要求。

1）启动电流的平均值不宜超过额定电流的 2 倍或制造厂的规定值；

2）启动转矩应满足机械的要求；

3）当机械有调速要求时，电动机的启动方式应与调速方式相配合。

绕线转子电动机启动时，通常在其转子回路中接入频敏变阻器或启动电阻器，以减小启动电流，提高启动转矩。在启动过程中，随着电动机转速的上升，逐渐减小转子回路的电阻值，最后完全短接。电动机带有电刷提升和滑环短接机构时，可完全切除转子外接电路。

（2）频敏变阻器启动法。接在转子回路中的频敏变阻器是一种静止的无触点电磁元件，能随着频率的变化而自动改变阻抗，实现电动机的无级启动；适当选择参数，可获得多种机械特性，包括接近恒转矩特性。采用频敏变阻器启动，具有接线简单、启动平稳、成本低廉、维护方便等优点。其缺点是功率因数较低（一般为 0.5～0.75），与采用多级电阻器启动相比，启动电流较大，启动转矩较小。

绕线转子电动机应优先采用频敏变阻器启动。

（3）多级电阻器启动法。由电阻器和循序降低电阻的接触器组成转子外接回路。功率较小的电动机多采用金属铸件三相变阻器或油浸启动电阻器，对于功率较大的电动机可采用液体电阻。这种启动方式可在不断开电路的情况下改变接入转子回路中的电阻值，实现电动机的启动和调速，启动电流小，启动转矩大，但使用电器元件多，接线复杂，费用较高，维修不便。目前仅在频敏变阻器不符合要求时，即下列情况之一时，才采用多级电阻器启动。

1）有调速要求的传动装置；

2）电网对启动电流限制很严的场合；

3）启动静阻转矩很大的装置，如球磨机等；

4）利用电动机的过载转矩作为启动转矩的装置。

绕线转子电动机常用的主回路接线见图 12.1-21。

12.1.4 隔离电器的选择

（1）对隔离电器安全性的要求：

1）隔离电器应为手操作的。

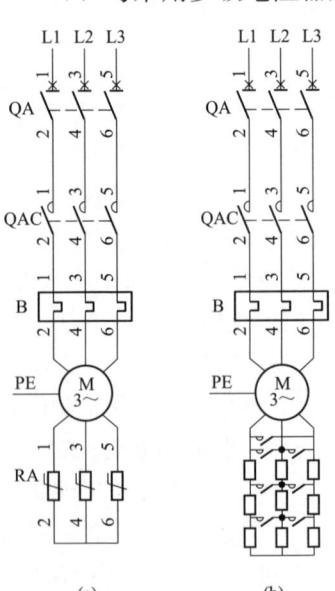

图 12.1-21 绕线转子电动机
常用的主回路接线
(a) 采用频敏电阻启动
(b) 采用多级电阻启动

2）隔离电器在断开位置时，其触头之间或其他隔离手段之间的隔离间隙和爬电距离，应符合 GB 14048.3—2008《低压开关设备和控制设备 第 3 部分：开关、隔离器、隔离开关以及熔断器组合电器》的有关规定。

3）隔离间隙必须是看得见的，或装设指示动触头位置的明显而可靠的"通"、"断"标志。只有在全部触头都达到规定的间隙时，指示"断"的标志才出现。

4）隔离电器在"断"的位置应能锁定。当电器有相关的几档时，只能有一个"通"和一个"断"的位置。

（2）隔离电器可采用下列形式之一：

1）隔离器、隔离器熔断器组、熔断器式隔离器；

2）隔离开关；

3）熔断器式开关（刀熔开关）、开关熔断器组（低压负荷开关）；

4）隔离型低压断路器；

5）连接片或不需要拆除导线的特殊端子；

6）移动式或手握式设备可采用插头和插座作为隔离电器。

（3）无触点开关严禁用作隔离电器。星—三角、正反向和多速开关不能用作隔离电器。

（4）隔离电器的规格选用：

1）各种隔离电器的长期约定发热电流和隔离开关的分断电流，应不小于所在线路负荷计算电流或电动机的额定电流。

2）熔断器和低压断路器的规格应按短路保护的要求选择。

3）兼作紧急停机开关时，隔离电器的分断能力应不小于最大一台电动机的堵转电流和其他负荷正常运行电流之和。

12.1.5 短路和接地故障保护电器的选择

电动机的短路保护通常采用熔断器；低压断路器的瞬动过电流脱扣器；或控制与保护开关电器（Control and Protective Switching device，CPS）来实现。

12.1.5.1 规范要求

（1）交流电动机的短路保护。

当电动机正常运行、正常启动或自启动时，短路保护器件不应误动作。为此，短路保护器件的选择应符合下列规定：

1）正确选用保护电器的使用类别；

2）熔断体的额定电流应大于电动机额定电流，且其安秒特性曲线计及偏差后不小于电动机启动电流和启动时间的交点。当电动机频繁启动和制动时，熔断体的额定电流应再加大 1～2 级。

3）瞬时过电流脱扣器或过电流继电器瞬动元件整定电流，应取电动机启动电流周期分量最大方均根值的 2～2.5 倍。

（2）交流电动机接地故障的保护，应符合下列规定。

1）交流电动机的接地故障防护应符合 15.2 的规定。

2）当电动机的短路保护器件满足接地故障的保护要求时，应采用短路保护器件兼作接地故障的保护。

12.1.5.2 熔断器的选择

（1）使用类别的选择：熔断器的特性、使用类别及其标识见 11.6。aM 熔断器的分断范

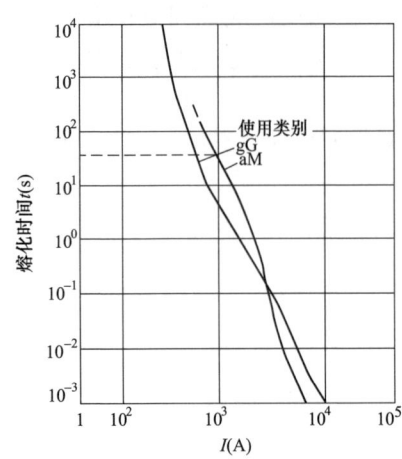

图 12.1-22　NH 型 200A 熔断器的熔化
时间—电流特性曲线

围是 $6.3I_n$ 至其额定分断电流之间，在低倍电流下不会误动作，容易躲过电动机的启动电流，但在高倍电流时比 gG 熔断器"灵敏"，有利于与接触器和过载保护器的协调配合。aM 熔断器的额定电流可与电动机额定电流相近而不需特意加大，对上级保护器件的选择性配合也很有利。aM 和 gG 熔断器的熔断特性对比示例见图 12.1-22。

因此，电动机的短路和接地故障保护器应优先选用 aM 熔断器。考虑到当前 aM 熔断器供应尚不普遍，本节仍暂保留 gG 熔断器的内容。

（2）额定电流的选择：除按规范要求直接查熔断器的安秒特性曲线外，本手册推荐用下列方法。

1）aM 熔断器的熔断体额定电流可按同时满足下列两个条件选择：

a. 熔断体额定电流大于电动机的额定电流；

b. 电动机的启动电流不超过熔断体额定电流的 6.3 倍。

综合两个条件，启动电流约按 7 倍考虑，熔断体额定电流可取电动机额定电流的 1.1 倍左右。

2）gG 熔断器的规格宜按熔断体允许通过的启动电流来选择：

为解决在设计中直接查曲线不方便的问题，本手册推荐按熔体允许通过的启动电流选择熔断器的规格。这种方法的优点是：可根据电动机的启动电流和启动时间直接选出熔断体规格，使用方便，已被规范采纳。

3）aM 和 gG 熔断器的熔断体允许通过的启动电流见表 12.1-3，该表适用于电动机轻载和一般负载启动。笼型电动机直接启动时熔断器的参考规格见表 12.1-4。

表 12.1-3　　　　刀形触头熔断器和圆筒帽形熔断器允许通过的启动电流　　　　单位：A

熔断体额定电流	允许通过的启动电流		熔断体额定电流	允许通过的启动电流	
	aM 熔断器	gG 熔断器		aM 熔断器	gG 熔断器
2	13	5	80	505	330
4	25	12	100	630	420
6	38	14	125	790	550
10	63	27	160	1010	720
16	100	39	200	1260	970
20	125	63	250	1575	1100
25	158	85	315	1985	1700
32	200	115	400	2520	2100
40	250	135	500	3150	2800
50	315	195	630	3970	3600
63	395	235	800	5040	5100

注　1. aM 熔断器数据参考了奥地利"埃姆斯恩特"（M·SCHNEIDER）公司的资料。

　　2. gG 熔断器的允许通过的启动电流是根据 GB 13539.2—2015 的图 104"gG"型熔断体时间—电流带，结合我国的经验数据和欧洲熔断器协会的参考资料而得出。

　　3. 本表适用于电动机轻载和一般负载启动；对于重载启动或频繁启动的电动机，按表中数据查得的熔断体宜加大一级。

表 12. 1-4   笼型电动机直接启动时熔断器的参考规格

电动机额定功率（kW）	电动机额定电流（A）	电动机启动电流（A）	熔断体额定电流（A）	
			aM 熔断器	gG 熔断器
0.55	1.6	8	2	4
0.75	2.1	12	4	6
1.1	3	19	4	10
1.5	3.8	25	4 或 6	10
2.2	5.3	36	6	16
3	7.1	48	10	20
4	9.2	62	10	20
5.5	12	83	16	25
7.5	16	111	20	32
11	23	167	25	40 或 50
15	31	225	32	50 或 63
18.5	37	267	40	63 或 80
22	44	314	50	80
30	58	417	63 或 80	100
37	70	508	80	125
45	85	617	100	160
55	104	752	125	200
75	141	1006	160	200
90	168	1185	200	250
110	204	1388	250	315
132	243	1663	315	315
160	290	1994	400	400
200	361	2474	400	500
250	449	3061	500	630
315	555	3844	630	800

注　1. 电动机额定电流取 4 极和 6 极的平均值；电动机启动电流取同功率中最高两项的平均值，均为 Y2 系列的数据，但对 YX3 系列也基本适用。

　　2. aM 熔断器规格参考了法国"朔高美"（SOCOMEC）公司的资料；gG 熔断器规格参考了欧洲熔断器协会的资料，但均按国产电动机数据予以调整。

12. 1. 5. 3　低压断路器的选择

（1）断路器类型及附件的选择。

1）当采用断路器作为短路保护时，电动机主回路应采用电动机保护用低压断路器。其瞬时过电流脱扣器的动作电流与长延时脱扣器动作电流之比（以下简称瞬时电流倍数）宜为 14 倍左右或 10～20 倍可调。

2）仅用做短路保护时，即在另装过载保护电器的常见情况下，宜采用只带瞬动脱扣器的低压断路器，或把长延时脱扣器作为后备过电流保护。

3）兼作电动机过载保护时，即在没有其他过载保护电器的情况下，低压断路器应装有瞬动脱扣器和长延时脱扣器，且必须为电动机保护型。

4）兼作低电压保护时，即不另装接触器或机电式启动器的情况下，低压断路器应装有低电压脱扣器。

5）低压断路器的电动操作机构、分励脱扣器、辅助触点及其他附件，应根据电动机的控制要求装设。

（2）过电流脱扣器的整定电流。

1）瞬动脱扣器的整定电流应为电动机启动电流的 2～2.5 倍，本节取 2.2 倍；

2）长延时脱扣器用作后备保护时，其整定电流 I_{set} 应按满足相应的瞬动脱扣整定电流为电动机启动电流 2.2 倍的条件确定；笼型电动机直接启动时应符合下式要求

$$I_{set1} \geqslant \frac{2.2I_{st}}{K_{ins}} = \frac{2.2K_{LR}}{K_{ins}}I_{rM} \tag{12.1-5}$$

式中　I_{set1}——长延时脱扣器整定电流，A；

　　　I_{rM}——电动机的额定电流，A；

　　　I_{st}——电动机的堵转电流，A；

　　　K_{LR}——电动机的堵转电流倍数；

　　　K_{ins}——断路器的瞬动电流倍数。

3）长延时脱扣器用作电动机过载保护时，其整定电流应接近但不小于电动机的额定电流，且在7.2倍整定电流下的动作时间应大于电动机的启动时间。此外，相应的瞬动脱扣器应满足（1）的要求；否则应另装过载保护电器，而不得随意加大长延时脱扣器的整定电流。

（3）过电流脱扣器的额定电流和可调范围应根据整定电流选择。断路器的额定电流应不小于长延时脱扣器的额定电流。

（4）应予指出，瞬动过电流继电器或直接动作的电磁脱扣器一旦启动就不能返回，分闸在所难免。启动冲击电流在1/4周波（5ms）即达到峰值，瞬动元件是否启动仅取决于电磁力的大小，与后续的断路器机械动作时间无关。因此，断路器的固有动作时间不能防止误动作。

（5）短路保护电器与启动器的协调配合见12.1.7.3。

12.1.6　过负荷和断相保护电器的选择

12.1.6.1　规范要求

（1）交流电动机的过负荷保护，应符合下列规定。

1）运行中容易过负荷的电动机、启动或自启动条件困难而要求限制启动时间的电动机，应装设过负荷保护。连续运行的电动机宜装设过负荷保护，过负荷保护动作于断开电源。但断电比过负荷造成的损失更大时，应使过负荷保护动作于信号；

2）短时工作或断续周期工作的电动机，可不装设过负荷保护，当电动机运行中可能堵转时，应装设电动机堵转的过负荷保护。

3）过负荷保护器件的动作特性应与电动机过负荷特性相匹配。

4）当交流电动机正常运行、正常启动或自启动时，过负荷保护器件不应误动作，各种器件的选择详见后文。

（2）交流电动机的断相保护，应符合下列规定。

1）连续运行的三相电动机，当采用熔断器保护时，应装设断相保护；当采用低压断路器保护时，宜装设断相保护。

2）断相保护器件宜采用断相保护热继电器，亦可采用温度保护或专用的断相保护装置。

3）交流电动机采用低压断路器兼作电动机控制电器时，可不装设断相保护；短时工作或断续周期工作的电动机亦可不装设断相保护。

12.1.6.2　热继电器和过载脱扣器的选择

（1）类型和特性选择。

1）三相电动机的热继电器宜采用断相保护和环境温度补偿型。

2）热继电器和过载脱扣器的整定电流应当可调，调整范围应不小于其额定电流的20%。

3）热继电器和过载脱扣器在7.2倍整定电流下的动作时间，应大于电动机的启动时间。

为此，应根据电动机的机械负载特性选择过负荷保护器件的脱扣级别，见表 12.1-5。

4）过载继电器的特性详见表 12.1-6、表 12.1-7 和图 12.1-23。在表 12.1-6 规定的温度下，通以 A 倍整定电流，自冷态开始在 2h 内不应脱扣。当电流紧接着上升到 B 倍电流整定值时，应在 2h 内脱扣。

对于 2、3、5 和 10A 脱扣级别的过载继电器或脱扣器，在整定电流值下达到热平衡后，通以 C 倍整定电流，应在 2min 内脱扣。

对于 10、20、30 和 40 脱扣级别的过载继电器，在整定电流下达到热平衡后，通以 C 倍整定电流，应分别在 4min、8min、12min 和 16min 内脱扣。

从冷态开始，在 D 倍整定电流下，各脱扣级别的过载继电器应在表 12.1-5 给出的极限值内脱扣。

对于电流整定值可调的过载继电器，动作极限值对承载最大整定电流和最小整定电流均应适用。

对于无温度补偿的过载继电器，其电流倍数/周围空气温度特性应不大于 1.2％/K。

注 1.2％/K 是 PVC 绝缘导体的降容特性。

如果过载继电器符合表 12.1-5 中在＋20℃栏下有关的要求，且在其他温度下，其动作值也在图 12.1-24 所示范围以内，则认为该过载继电器是有温度补偿的。

表 12.1-5 　　　　　　　　　　　　过载继电器的脱扣级别

脱扣级别	在表 12.1-6 中 D 规定的条件下的脱扣时间 T_p/s	在表 12.1-6 中 D 列规定的条件下的用于更严格允差（公差带 E）的脱扣时间 T_p^a/s
2		$T_p \leqslant 2$
3		$2 < T_p \leqslant 3$
5	$0.5 < T_p \leqslant 5$	$3 < T_p \leqslant 5$
10A	$2 < T_p \leqslant 10$	
10	$4 < T_p \leqslant 10$	$5 < T_p \leqslant 10$
20	$6 < T_p \leqslant 20$	$10 < T_p \leqslant 20$
30	$9 < T_p \leqslant 30$	$20 < T_p \leqslant 30$
40		$30 < T_p \leqslant 40$

a　制造厂应该对脱扣器等级加上字母 E，以表明符合公差带 E

表 12.1-6 　　　　　　　　延时过载继电器各极同时通电时的动作范围

过载继电器型式	整定电流倍数				周围空气温度
	A	B	C	D	
热式无周围空气温度补偿	1.0	1.2	1.5	7.2	＋40℃
热式有周围空气温度补偿	制造厂定	制造厂定			低于－5℃
	1.05	1.3	1.5		－5℃
	1.05	1.2	1.5	7.2	＋20℃
	1.05	1.2	1.5		＋40℃
	制造厂定	制造厂定			高于＋40℃
电子式	1.05	1.2	1.5	7.2	0℃、＋20℃ 和＋40℃

表 12.1-7 　　　　　　　　三极延时过载继电器仅二极通电时的动作时限

过载继电器型式	整定电流倍数		周围空气温度
	A	B	
热式，有空气温度补偿或电子式无断相保护	3 极 1.0	2 极 1.32，1 极 0	＋20℃
热式，无空气温度补偿无断相保护	3 极 1.0	2 极 1.25，1 极 0	＋40℃
热式，有空气温度补偿或电子式有断相保护	2 极 1.0，1 极 0.9	2 极 1.15，1 极 0	＋20℃

12

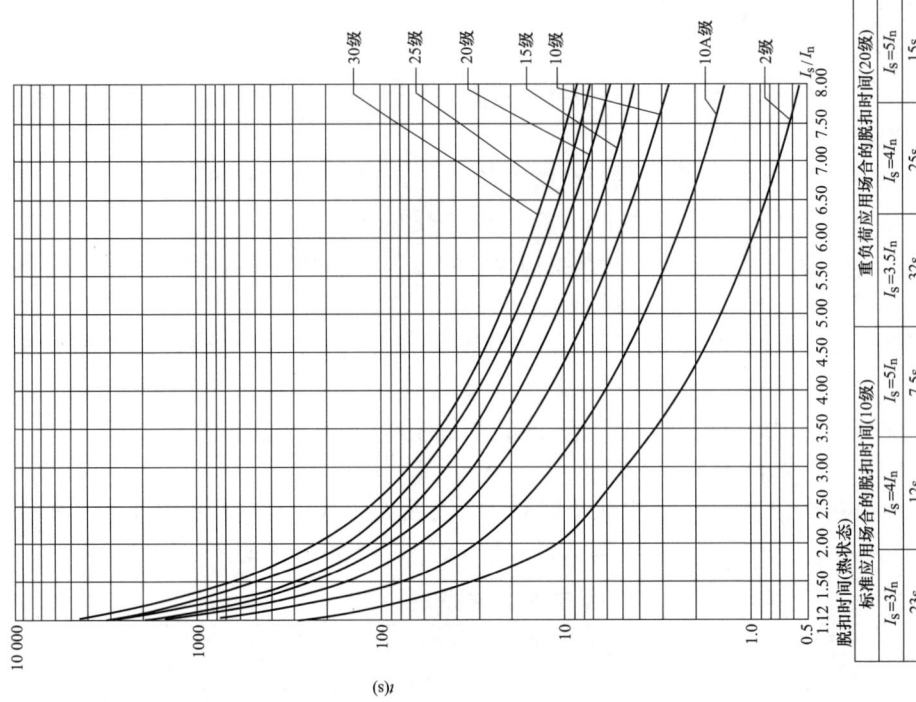

标准应用场合的脱扣时间(10级)			重负荷应用场合的脱扣时间(20级)		
$I_s=3.5I_n$	$I_s=4I_n$	$I_s=5I_n$	$I_s=3.5I_n$	$I_s=4I_n$	$I_s=5I_n$
23s	12s	7.5s	32s	25s	15s

脱扣时间(热状态)

(b)

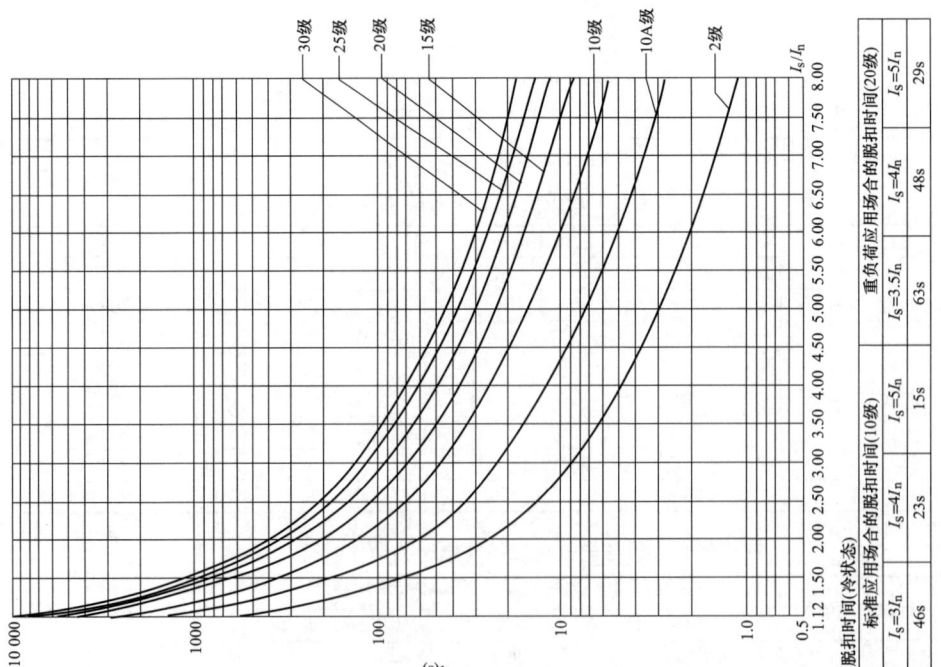

标准应用场合的脱扣时间(10级)			重负荷应用场合的脱扣时间(20级)		
$I_s=3.5I_n$	$I_s=4I_n$	$I_s=5I_n$	$I_s=3.5I_n$	$I_s=4I_n$	$I_s=5I_n$
46s	23s	15s	63s	48s	29s

脱扣时间(冷状态)

(a)

图 12.1-23 电动机过负荷保护曲线

(a) 冷态曲线; (b) 热态曲线

（2）热继电器的复位方式：应防止电动机自行重新启动。用按钮、自复式转换开关或类似的主令电器手动控制启停时，宜采用自动复位的热继电器。用自动接点以连续通电方式控制启停时，应采用手动复位的热继电器，但工艺有特殊要求者除外。

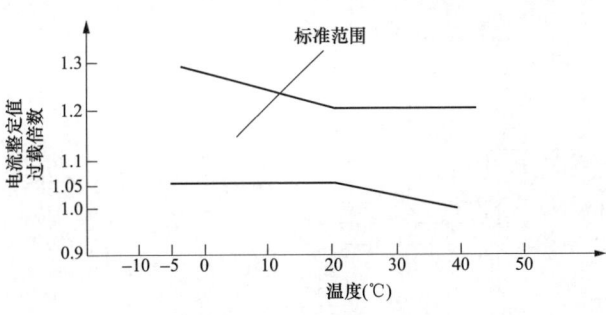

图 12.1-24　带周围空气温度补偿的延时过载
继电器的电流

（3）整定电流和额定电流的确定：

1）一般情况下，热继电器和过载脱扣器的整定电流应接近但不小于电动机额定电流。

2）电动机的启动时间太长而导致过负荷保护误动时，宜在启动过程中短接过负荷保护器件，也可以经速饱和电流互感器接入主回路。不能采取提高整定电流的做法，以免运行中过负荷保护失效。

3）电动机频繁启动、制动和反向时，过负荷保护器件的整定电流只能适当加大。这将不能实现完全的过负荷保护，但一定程度的保护对防止转子受损仍然有效。

4）电动机的功率较大时，热继电器可接在电流互感器二次回路中，其整定电流应除以互感器的变比。

5）电动机采用星—三角启动时，热继电器可能的装设位置有三处（图 12.1-25 中的 B1 或 B2 或 B3），其整定电流也不同：

a）通常，热继电器与电动机绕组串联（B1），整定电流应为电动机额定电流乘以 0.58。这种配置能使电动机在星形启动时和三角形运行中都能受到保护。

b）热继电器装在电源进线上（B2），整定电流应为电动机额定电流。由于线电流为相电流的 $\sqrt{3}$ 倍，在星形启动过程中，热继电器的动作时间将延长 4～6 倍，故不能提供完全的保护，但能提供启动失败的保护。

c）热继电器装在三角形电路中（B3），整定电流应为电动机额定电流乘以 0.58。在星形启动过程中，没有电流流过热继电器。这相当于解除了保护，可用于启动困难的情况。

6）装有单独补偿电容器的电动机：当电容器接在热继电器之前时，对整定电流无影响。当电容器接在过负荷保护器件之后时，整定电流应计及电容电流之影响。补偿后的电动机电流可用有功电流和无功电流合成法计算，也可近似地取电动机额定电流乘 0.92～0.95。

7）具有断相保护功能的三相热继电器用于单相交流或直流电路时，其 3 个双金属片均应被加热。为此，热继电器的三个极应串联使用。

8）过负荷保护器件的额定电流宜不小于整定电流的 1.1 倍。

12.1.6.3　过电流继电器的选择

（1）过电流继电器用于过负荷保护。

1）过负荷保护宜采用带瞬动元件的反时限过电流继电器。其反时特性曲线应为电动机保护型，瞬动电流不宜小于反时限启动电流的 14 倍。

2）过电流继电器的整定电流应按下式确定

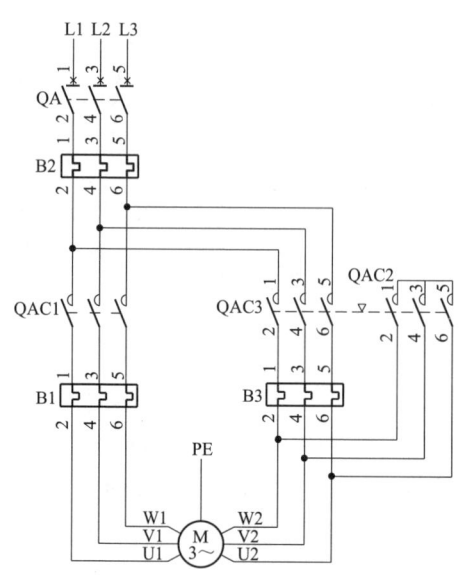

图 12.1-25 星—三角启动电路中热继电器的装设位置

$$I_{set} = K_{rel} K_{con} \frac{I_{rM}}{K_r n_{TA}} \quad (12.1-6)$$

式中 I_{set}——过电流继电器的整定电流，A；

        I_{rM}——电动机的额定电流，A；

        K_{rel}——可靠系数，由动作电流误差决定，动作于断电时取 $1.1\sim1.2$，动作于信号时取 1.05；

        K_{con}——接线系数，接于相电流时取 1.0，接于相电流差时取 $\sqrt{3}$；

        K_r——继电器返回系数，按产品数据或取 $0.85\sim0.9$；

        n_{TA}——电流互感器变比。

注   过电流继电器的整定电流是动作电流，为防止误动作，应引入可靠系数。热过载继电器或脱扣器的整定电流是允许持续通过的电流，故不再乘可靠系数。

（2）堵转保护。

1）堵转保护宜采用瞬动电流继电器和时间继电器组成的定时限过电流保护。

2）电流继电器宜按不大于电动机堵转电流的 75% 整定。时间继电器宜按正常启动时间的 1.5 倍整定。

12.1.6.4 增安型电动机的过负荷保护

（1）为防止增安型电动机堵转时在爆炸危险环境中产生危险的高温，过负荷保护电器应在电动机堵转时间 t_e 内可靠动作。符合这项要求的过负荷保护也称为增安型电动机的堵转保护。

（2）增安型电动机的过负荷保护应采用专用的热继电器或数字式电子继电器。

12.1.6.5 其他类型的过负荷保护

（1）热过载继电器和热过载脱扣器（简称热继电器、过载脱扣器）是借助电流热效应来获得动作的延时，但其发热特性尤其是散热特性与电动机有差异。过电流继电器是直接根据电流值动作的，但也不能匹配电动机的发热。这些根据定子电流动作的器件均不能保护其他原因引起的过热，如冷却受阻、谐波电流和不对称电压导致损耗增加等。因此，规范指出："有条件时，也可采用温度保护或其他适当的保护"。

（2）温度保护直接根据电动机绕组的温度而动作，能保护所有因过热引起的绝缘受损。温度保护通常采用埋入电动机定子绕组的正温度系数（Positive Temperature Coefficient，PTC）热敏电阻及配套的脱扣器，但在国产中小型电动机中尚待推广。温度保护在电流上升速率大时存在温升滞后问题，与电流动作型保护配合使用能取得很好的效果。

（3）数字式电子继电器具有较高精度、可重复性、便于调整的特性曲线，能反映更多的参数和信息。特别是带微处理器和通信接口的综合保护器，能提供几乎所有启动、运行和参数异常的监测和保护。

12.1.7 启动控制电器的选择

电动机的"控制电器"是指启动器、接触器及其他开关电器，而不是"控制电路电器"。

根据 GB 14048.4—2010《低压开关设备和控制设备 第 4-1 部分：接触器和电动机启动器 机电式接触器和电动机启动器（含电动机保护器）》，接触器和电动机启动器的使用类别、接通和分断能力、接通与分断条件等，见表 11.10-1~表 11.10-4。

启动器的启动和停止特性的典型使用条件如下：

（1）一个旋转方向，断开在正常使用条件下运转的电动机，直接启动器通常用于这种使用条件（AC-2 和 AC-3 使用类别）。

（2）两个旋转方向，但仅当启动器已断开且电动机完全停转以后才能实现在第二个方向的运转，直接启动器通常用于这种使用条件（AC-2 和 AC-3 使用类别）。

（3）一个旋转方向，或如（2）所述两个旋转方向，但具有不频繁点动的可能性，直接启动器通常用于这种使用条件（AC-3 使用类别）。

（4）一个旋转方向且有频繁点动，直接启动器通常用于此工作制（AC-4 使用类别）。

（5）一个或两个旋转方向，但具有不频繁的反接制动来停止电动机的可能性，反接制动（如果有的话）是用转子电阻制动来进行的（具有制动的可逆启动器），转子变阻式启动器通常用于此工作制（AC-2 使用类别）。

（6）两个旋转方向，但当电动机在一个方向上旋转时，为获得电动机在另一个方向的旋转，而分断正常使用条件下电动机电源并反接电动机定子接线使其反转（反接制动与反向）。直接可逆启动器通常用于此工作制（AC-4 使用类别）。

12.1.7.1　定子回路启动控制电器的选择

（1）启动控制电器应采用接触器、启动器或其他电动机专用控制开关。启动次数少的电动机可采用低压断路器兼作控制电器。符合控制和保护要求时，3kW（本手册建议为 1kW）及以下的电动机可采用封闭式开关熔断器组合电器。

（2）控制电器应能接通和断开电动机堵转电流，其使用类别及操作频率应符合电动机的类型和机械的工作制：

1）绕线转子电动机应采用 AC-2 类接触器；

2）不频繁启动的笼型电动机应采用 AC-3 类接触器。所有星—三角启动器和两级自耦减压启动器均属于 AC-3 使用类别。

3）密接通断、反接制动及反向的笼型电动机应采用 AC-4 类接触器。

（3）接触器在规定工作条件（包括使用类别、操作频率、工作电压）下的额定工作电流应不小于电动机的额定电流。接触器的规格也可按规定工作条件下控制的电动机功率来选择；制造厂通常给出 AC-3 条件下控制的电动机功率。

用于连续工作制时，应尽量选用银或银基触头的接触器；如为铜触头，应按 8h 工作制额定值的 50% 来选择。

（4）电动机降压启动时，部分接触器仅短时通电或接于相电流，其最小规格已在图 12.1-7~图 12.1-10 中标明。

（5）根据 GB 14048.1—2012《低压开关设备和控制设备 第 1 部分：总则》，启动器是"启动和停止电动机所需的所有开关电器与适当的过负荷保护电器组合的电器"。因此，启动器的选择应同时符合接触器和过负荷保护电器的要求。

（6）开关熔断器组和熔断器开关组的额定电流，应按所需的熔断器额定电流选择。

12. 1. 7. 2 转子回路启动控制电器的选择

（1）频敏变阻器型号多、差异大。除专门拖动设计外，可由供应商根据设计要求选配。订货时需向承包方提供电动机型号、功率、转子电流及电压、负载特性等数据。

（2）启动变阻器的计算属于电力拖动设计的内容，已超出本手册的范围，不予详述。

12. 1. 7. 3 启动器与短路保护电器的协调配合

（1）协调配合的基本要求。启动控制电器及过负荷保护电器（统称启动器）应与短路保护电器互相协调配合。根据 GB 14048.4—2010，协调配合的要点如下：

1）过负荷保护电器（Overload Protection device，OLPD）与短路保护电器（Short-circuit protection device，SCPD）之间应有选择性：

a. 在 OLPD 与 SCPD 两条时间—电流特性曲线交点所对应的电流（大致相当于电动机堵转电流）以下，SCPD 不应动作，而 OLPD 应动作使启动器断开；启动器应无损坏。

b. 在两条曲线交点对应的电流以上，SCPD 应在 OLPD 动作之前动作；启动器应满足制造厂规定的协调配合条件。

OLPD 与 SCPD 的时间—电流特性曲线参见图 12.1-26 和图 12.1-27。

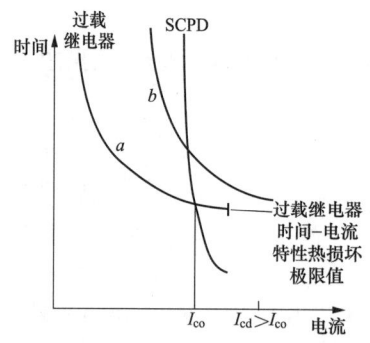

图 12.1-26 OLPP 与熔断器配合
时间—电流耐受特性曲线

a—自冷态起的过载继电器时间—电流特性平均曲线；
b—接触器时间—电流特性耐受能力

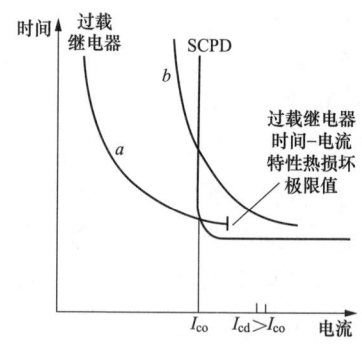

图 12.1-27 SCPD 与断路器配合
时间—电流耐受特性曲线

a—自冷态起的过载继电器时间—电流特性平均曲线；
b—接触器时间—电流特性耐受能力

2）短路情况下的协调配合条件允许有两类：

a. 1 类配合—启动器在短路情况下可以损坏，但不应对周围人身和设备造成危害。

b. 2 类配合—启动器在短路情况下不应对人身和设备造成危害，且应能继续使用，但允许有容易分开的触头熔焊。

3）上述各项要求，由启动器制造厂通过试验来验证。

4）启动器供货商应成套供应或推荐适用的短路保护电器，以保证协调配合的要求。

从上述 3）和 4）两项规定可以看出：落实协调配合的主要责任者是启动器（包括接触器和过载继电器）的供货商。这是因为在协调配合双方中，启动器是薄弱环节，需要适当的 SCPD 给予保护。配电设计人员的主要责任是明确协调配合的要求，并向供货商提出。设计中宜提出电器配套的初步方案，但应由供货商深化落实。

（2）协调配合类型的选择。对一般电动机，1 类配合是可以接受的。短路的发生显然是电动机或其末端线路电器元件损坏所致，因而检查和更换元器件是难免的。

对连续运行要求高的电动机或容易达到所需的配合条件时，宜选用 2 类配合。

（3）启动器与熔断器的协调配合。采用熔断器作短路保护，容易达到协调配合的要求，包括 2 类配合。国内外多家启动器或接触器制造厂提供了适用的熔断器配套规格表。表 12.1-8 列出了部分国产型号接触器与熔断器的协调配合规格。

表 12.1-8　　　　　　　　　　部分国产接触器与熔断器的协调配合

熔断器型号、规格	接触器型号、规格（380V、AC-3 的额定工作电流）				
RL6、RT16-10	CJ45-6.3				
RT16-16	CJ45-9M、9、12		GC1-09		
RT16-20		CJ20-9	GC1-12	CK1-10	NC8-09
RT16-25			GC1-16		NC8-12
RT16-32		CJ20-16	GC1-25	CK1-16	
RT16-40	CJ45-16、25				
RT16-50	CJ45-32、40	CJ20-25	GC1-32	CK1-25	NC8-16、25
RT16-63			GC1-40、50		NC8-32
RT16-80		CJ20-40	GC1-63	CK1-40	NC8-40
RT16-100	CJ45-50、63		GC1-80		NC8-50
RT16-125	CJ45-75、95		GC1-95		NC8-63
RT16-160	CJ45-110、140	CJ20-63		CK1-63～80	NC8-80
RT16-200					NC8-100
RT16-250	CJ45-170、205	CJ20-100	GC1-100、125	CK1-100～125	
RT16-315	CJ45-250、300	CJ20-160	GC1-160～250	CK1-160～250	
RT16-400		CJ20-250			
RT16-500	CJ45-400、475	CJ20-400	GC1-350～500	CK1-315～500	
RT16-630		CJ20-630	GC1-630		
RT16-800			GC1-800		
协调配合条件	2 类配合	2 类配合	不详		

（4）启动器与低压断路器的协调配合。低压断路器在短路分断时间内的焦耳积分（I^2t）高于熔断器相应的 I^2t。因此，与低压断路器配合的启动器较难达到协调配合的条件，特别是 2 类配合。由于启动器与低压断路器的协调配合的复杂性，电器的配套选用只能由制造厂商来承担。

有实力的大公司如 ABB、施耐德、西门子、通用电气等，均能提供经过验证的熔断器与启动器、低压断路器与启动器协调配合的明细表。

12.1.8　交流电动机的低电压保护

12.1.8.1　规范要求

（1）交流电动机的低电压保护的装设。

1）按工艺或安全条件不允许自启动的电动机，应装设低电压保护。

2）为保证重要电动机自启动而需要切除的次要电动机，应装设低电压保护。次要电动机宜装设瞬时动作的低电压保护。不允许自启动的重要电动机，应装设短延时的低电压保护，其时限可取 0.5～1.5s。

3）按工艺或安全条件在长时间断电后不允许自启动的电动机，应装设长延时的低电压保护，其时限按照工艺的要求确定。

（2）当采用接触器的电磁线圈作低电压保护时，其控制回路宜由电动机主回路供电；当由其他电源供电，主回路失压时，应自动断开控制电源。

（3）对于需要自启动不装设低电压保护或装设延时低电压保护的重要电动机，当电源电压中断后在规定时限内恢复时，控制回路应有确保电动机自启动的措施。

12.1.8.2 保护电器的选择

（1）电动机的低电压保护宜采用低压断路器的欠电压脱扣器、接触器或接触器式继电器的电磁线圈；也可采用低电压继电器和时间继电器或多功能控制与保护开关电器来实现。

（2）欠电压继电器或脱扣器的动作电压。欠电压继电器或脱扣器与开关电器组合在一起，当外施电压下降至额定电压的 70%～35% 范围内，欠电压继电器或脱扣器应动作，使电器断开。

> 注 零电压（失压）脱扣器是一种特殊型式的欠电压继电器，其动作电压是在额定电压的 35%～10% 之间。

当外施电源电压低于欠电压继电器或脱扣器的额定电压的 35% 时，欠电压继电器或脱扣器应防止电器闭合。当电源电压等于或高于其额定电压的 85% 时，欠电压继电器或脱扣器应保证电器能闭合。

以上数据适用于直流和额定频率下的交流。

（3）应当指出，交流电动机装设低电压保护是为了保证人身和设备安全或保证重要电动机能自启动，而不是保护电动机本身。当系统电压降到一定程度，电动机将疲倒、堵转，这个数值可称为临界电压，并与电动机类型和负载大小有关。根据上海电器科学研究所资料，临界电压与额定电压的比值如下：在额定负载下，笼型电动机为 0.67，绕线转子电动机为 0.71，同步电动机为 0.5；在额定负载的 80% 下，同步电动机为 0.4；在额定负载的 50% 下，异步电动机为 0.4 左右。低电压保护的动作电压均接近临界电压（欠压保护）或低于临界电压（失压保护—低压电动机应用甚广）。由此可见，在系统电压降到低电压保护的动作电压之前，电动机早已因电流增加而严重过载。

12.1.9 多功能控制与保护开关设备（CPS）

CPS 能够接通、承载和分断正常条件下包括规定的运行过负荷条件下的电流，且能够接通、在规定时间内承载并分断规定的非正常条件下的电流，如短路电流。

CPS 具有过负荷和短路保护功能，这些功能经协调配合使其能够在分断短路额定值（I_{cs}）后连续运行。协调配合可以是内在的，也可以是遵照制造厂的规定经正确选取脱扣器而获得的。

CPS 可以是单一的电器，也可以由多个电器组成，但总被认为是一个整体（或单元）。

12.1.9.1 CPS 的使用类别

根据 GB 14048.9—2008《低压开关设备和控制设备 第 6-2 部分：多功能电器（设备）控制与保护开关电器(设备)(CPS)》，CPS 使用类别、接通分断能力和操作性能，见表 12.1-9～表 12.1-12。

表 12.1-9 使用类别的代号及典型用途

使用类别①	典 型 用 途
AC-40	配电电路，包括由组合电抗器组成的电阻性和电感性混合负载
AC-41	无感或微感负载、电阻炉
AC-42	滑环型电动机：启动、分断
AC-43	笼型感应电动机：启动、运转中分断②
AC-44	笼型感应电动机：启动、反接制动或反向运转、点动
AC-45a	放电灯的通断
AC-45b	白炽灯的通断
DC-40	配电电路，包括由组合电抗器组成的电阻性和电感性混合负载
DC-41	无感或微感负载、电阻炉
DC-43	并激电动机：启动、反接制动或反向运转、点动、直流电动机在动态中分断
DC-45	串激电动机：启动、反接制动或反向运转、点动、直流电动机在动态中分断
DC-46	白炽灯的通断

① 第1位数（十位数）表示 CPS，第2位数（个位数）表示典型用途。

② AC-43 类别可用于偶然的限定时间内的点动（微动）或反向（反接制动），如机床的启动；这一限定时间内的操作次数既不应超过每分钟 5 次，也不应在 10 min 内超过 10 次。

表 12.1-10 额定接通和分断能力—相应使用类别的接通与分断条件

使用类别	接通和分断条件					
	I_c/I_e	U_r/U_e	$\cos\varphi$	通电时间②（s）	间隔时间（s）	操作循环次数
AC-40	6	1.05	0.5	0.05	⑤	24
AC-41	1.5	1.05	0.8	0.05	⑤	50
AC-42	4.0	1.05	0.65	0.05	③	50
AC-43⑤	8.0	1.05	①	0.05	③	50
AC-44⑤	10.0	1.05	①	0.05	③	50
AC-45a	3.0	1.05	0.45	0.05	③	50
AC-45b	1.5	1.05				
			L/R（ms）			
DC-40	2.5	1.05	2.5	0.05	③	24
DC-41	1.5	1.05	1.0	0.05	③	50
DC-43	4.0	1.05	2.5	0.05	③	50
DC-45	4.0	1.05	15.0	0.05	③	50
DC-46	1.5	1.05		0.05	③	50
使用类别	接通条件					
	I_c/I_e	U_r/U_e	$\cos\varphi$①	通电时间②（s）	间隔时间（s）	操作循环次数
AC-43	10.0	1.05④		0.05	10	50
AC-44	12.0	1.05④		0.05	10	50

① $I_e \leqslant 100$ A，$\cos\varphi = 0.45$；$I_e > 100$ A，$\cos\varphi = 0.35$。

② 只要触头在断开之前已经完全闭合到底（牢固），则允许时间小于 0.05s。

③ 见表 12.1-11。

④ U/U_e 的允许误差为 ±20%。

⑤ 接通条件也必须验证。只有当制造厂同意时，方可在接通和分断试验中一起进行试验。此时，接通电流的倍数应为所示的 I/I_e，分断电流倍数应为所示的 I_c/I_e。分别在控制电源电压为额定控制电源电压 U_s 的 110% 和 85% 的条件下各进行 25 次操作。间隔时间按表 12.1-11 的规定。

表 12. 1-11　　　　　　　　校验额定接通和分断能力时分断电流与间隔时间关系

分断电流 I_c（A）	间隔时间（s）	分断电流 I_c（A）	间隔时间（s）
$I_c \leqslant 100$	10	$600 < I_c \leqslant 800$	80
$100 < I_c \leqslant 200$	20	$800 < I_c \leqslant 1000$	100
$200 < I_c \leqslant 300$	30	$1000 < I_c \leqslant 1300$	140
$300 < I_c \leqslant 400$	40	$1300 < I_c \leqslant 1600$	180
$400 < I_c \leqslant 600$	60	$1600 < I_c$	240

表 12. 1-12　　　　　　　　相应使用类别的接通和分断条件及其操作循环次数

使用类别	接通和分断（通断）条件				
	I_c/I_e	U_r/U_e	$\cos\varphi$ [②]	操作循环次数	
				通电	不通电
AC-40	1.0	1.05	0.8	3000	4000
AC-41	1.0	1.05	0.8	6000	4000
AC-42	2.0	1.05	0.65	6000	4000
AC-43	2.0	1.05	[①]	6000	4000
AC-44	6.0	1.05	[①]	6000	4000
AC-45a	2.0	1.05	0.45	6000	4000
AC-45b	1.0	1.05			
			L/R [③]（ms）		
DC-40	1.0	1.05	2.5	3000	4000
DC-41	1.0	1.05	1.0	6000	4000
				6000	4000
DC-43	2.5	1.05	2.5	6000	4000
DC-45	2.5	1.05	15.0	6000	4000
DC-46	1.0	1.05		6000	4000

① 　$I_e \leqslant 100A$，$\cos\varphi = 0.45$；$I_e > 100A$，$\cos\varphi = 0.35$。

② 　$\cos\varphi$ 的允许误差：± 0.05。

③ 　L/R 的允许误差：$\pm 15\%$。

12.1.9.2　CPS 的控制功能

（1）一个旋转方向，启停在正常使用条件下运转的电动机（使用类别 AC-42，AC-43）。

（2）两个旋转方向，但只有在电动机完全停转以后，才能实现在第二个方向的运转（使用类别 AC-42，AC-43）。

（3）一个旋转方向或如（2）所述的两个旋转方向，但具有不频繁点动的可能性（使用类别 AC-43）。

（4）一个旋转方向且有频繁点动（使用类别 AC-44）。

（5）一个或两个旋转方向，但具有不频繁的反接制动的可能性，如果带有转子电阻制动器，则 CPS 可用于定子电路（使用类别 AC-42）。

（6）两个旋转方向，具有当电动机在一个方向上运转时反接电动机电源接线的可能性

（反接制动或反向运转），直接可逆 CPS 通常用于这种工作情况（使用类别 AC-44）。

CPS 用作启动器是基于电动机的启动特性与表 12.1-10 中的接通能力相一致而设计的。当电动机的启动电流超过这些值时，则应选用额定工作电流适当高的 CPS。

12.1.9.3　CPS 的保护功能

（1）继电器或脱扣器的型式包括：分励脱扣器；欠电压和欠电流继电器或脱扣器（用于断开）；过电流继电器或脱扣器；短路继电器或脱扣器。

1）过载继电器或脱扣器：①瞬时过载继电器或脱扣器；②定时限过载继电器或脱扣器；③反时限过载继电器或脱扣器，包括：

a. 完全与原先负载无关（例如：电磁式过载继电器或脱扣器）；

b. 与原先负载有关（例如：热过载继电器或脱扣器）；

c. 与原先负载有关且带有断相保护。

2）短路继电器或脱扣器：①瞬时短路继电器或脱扣器；②定时限短路继电器或脱扣器。

注　CPS 具有上述过载继电器或脱扣器和短路继电器或脱扣器的组合功能。

3）其他继电器或脱扣器：如断相继电器、与电动机热保护器相连的控制继电器、剩余电流继电器，此类作为特殊型式由制造厂和用户协商。

（2）过载继电器或脱扣器的特性见表 12.1-5～表 12.1-7。

12.1.10　导线和电缆的选择

（1）交流电动机主回路导线或电缆的载流量不应小于电动机的额定电流；当电动机经常接近满负荷工作时，导线或电缆的载流量宜有适当的裕量，这是因为导线的发热时间常数和过负荷能力比电动机小。

当电动机为短时工作或断续工作时，其导线或电缆在短时负载下或断续负载下的载流量应不小于电动机的短时工作电流或额定负载持续率下的额定电流。

（2）防爆电动机主回路导线长期允许载流量，不应小于电动机额定电流的 125%。

（3）绕线转子电动机转子回路中电刷与启动变阻器之间的绝缘导线或电缆的载流量应符合下列要求：

1）电动机启动后电刷不短接，导线或电缆的载流量不应小于转子额定电流。对断续工作的电动机，应采用导线在断续负载下的载流量。

2）电动机启动后电刷短接，当机械的启动静阻转矩不超过电动机额定转矩的 50% 时（轻载启动），导线或电缆的载流量不宜小于转子额定电流的 35%；当机械的启动静阻转矩超过电动机额定转矩的 50% 时（重载启动），导线或电缆的载流量不宜小于转子额定电流的 50%。表 12.1-23 中 YR 系列绕线转子电动机中导线选择是按这个要求计算的。也可根据启动时间和连续启动次数（一般按 2～3 次考虑），按短时负载下导线的载流量选择。

（4）电动机主回路的导线或电缆还应按电压降和机械强度进行校验。

（5）接单台用电设备的末端线路不必按过负荷保护条件（GB 50054—2011 的 6.3.3）进行校验，理由如下：这种线路上不允许另接负荷，而用电设备的额定功率是按可能出现的最繁重的工作条件确定的；电动机回路的过负荷只可能是机械过负荷，电动机的过负荷保护也能保护导线。

（6）关于校验导线在短路条件下热稳定的要求（GB 50054—2011 的 6.2.3），末端回路应与配电回路区别对待：配电回路在其下级发生短路时必须保持稳定；末端回路的短路只可能是线路本身或用电设备损坏。线路本身短路当然要予以更换；而设备损坏则必须彻底大修或全套更换。因此，对一般电动机线路可不校验短路热稳定，仅对无备用机组的一级负荷或更换导线很困难的重要电动机，才进行校验。

12.1.11 交流电动机的控制回路

12.1.11.1 GB 50055—2011 对控制回路的要求

根据 GB 50055—2011，交流电动机控制回路应符合下列的要求：

（1）电动机的控制回路应装设隔离电器和短路保护电器，但由电动机的主回路供电，且符合下列条件之一时，可不另装设：

1）主回路短路保护器件能有效保护控制回路的线路时；

2）控制回路接线简单、线路很短且有可靠的机械防护时；

3）控制回路断电会造成严重后果时。

（2）电动机的控制回路的电源及接线方式应安全可靠、简单适用，并应符合下列规定：

1）TN 系统或 TT 系统中的控制回路发生接地故障时，控制回路的接线方式应能防止电动机意外启动或不能停车。

2）对可靠性要求高的复杂控制回路可采用 UPS 供电，也可采用直流电源。直流控制回路宜采用不接地系统，并应装设绝缘监视装置。

3）额定电压不超过交流 50V 或直流 120V 的控制回路的接线和布线，应能防止引入较高的电压和电位。

（3）电动机的控制按钮或控制开关，宜装设在电动机附近便于操作和观察的地点。当需在不能观察电动机或机械的地点进行控制时，应在控制点装设指示电动机工作状态的灯光信号或仪表。

（4）自动控制或联锁控制的电动机，应有手动控制和解除自动控制或联锁控制的措施。远方控制的电动机，宜有就地控制和解除远方控制的措施。当突然启动可能危及周围人员安全时，应在机械设备旁装设启动预告信号和应急断电开关或自锁式按钮。

（5）当反转会引起危险时，反接制动的电动机应采取防止制动终了时反转的措施。

（6）电动机旋转方向的错误将危及人员和设备安全时，应采取防止电动机倒相造成旋转方向错误的措施。

> **注** 电动机测量仪表的装设应符合 GB/T 50063—2008《电力装置的电测量仪表装置设计规范》的规定，参见第 8 章。

12.1.11.2 GB 5226.1—2008 对控制电路的要求

根据 GB 5226.1—2008，控制电路应符合下列要求：

（1）控制电路电源。

1）控制电路由交流电源供电时应使用变压器供电。这些变压器应有独立的绕组。如果使用几个变压器，建议这些变压器的绕组按使二次侧电压同相位的方式连接。

如果取自交流电源的直流控制电路连接到保护联结电路，它们应由交流控制电路变压器的独立绕组或由另外的控制电路变压器供电。

> **注** 符合 GB 19212.18 要求的带独立绕组变压器的开关型单元满足这一要求。

用单一电动机启动器和不超过两只控制器件（如联锁装置、启停控制台）的机械，不强制使用变压器。

2）控制电压标称值应与控制电路的正确运行协调一致。当用变压器供电时，控制电路的标称电压不应超过 277V。

3）控制电路应提供过电流保护。

（2）工作方式选择。每台机械可能有一种或多种工作方式。当工作方式选择能引起险情时，应采取合适的措施（如钥匙开关、通路编码）来防止。

方式选择本身不应引发机械运转。启动控制应单独操作。

（3）操作安全。

1）概述：

a. 应为安全操作提供必要的安全功能和保护措施（如联锁）。

b. 机械意外停止（如制动状态、电源故障、更换电池、无线控制时信号丢失）后，应采取措施防止机械运动。

c. 机械有多个控制站时，应采取措施保证来自不同控制站的启动指令不导致危险情况。

2）启动：

a. 正常启动应只有在安全防护装置全部就位并起作用后才能进行。

b. 当有些机械（如活动机械）上的安全功能和/或保护措施不适合某些操作时，这类操作的手动控制应采用"保持—运转"控制，必要时，与"使能器件"一起使用。

注　"保持—运转"控制应要求该控制器件持续激励直至工作完成。保持—运转控制可用"双手控制"完成。

　　　"Ⅰ型双手控制"应提供需要双手联合引发的两个控制引发器件；危险情况期间持续操作；当危险情况存在时，释放任一引发器件都应中止机械运转。"Ⅱ型双手控制"以Ⅰ型为基础，并应先释放两个引发器件才能重新启动运转。"Ⅲ型双手控制"以Ⅱ型为基础，并应在一定时限内启动两个引发器件。

　　　"使能控制"是一个附加手动激励的控制功能联锁；被激励时，允许机械运转由单独的启动控制引发；去激励时，引发停止功能，并防止机械运转。

c. 应提供适当的联锁以确保正确的启动顺序。

d. 当机械要求使用多个控制站操作启动时，每个控制站应有独立的手动控制器件；操作启动应满足机械运行的全部条件，且所有启动控制器件应处于释放位置，所有启动控制器应联合引发。

注　"联合引发"是指在操作条件下同时存在两处或多处控制作用，但不一定同时动作。

3）停止：

a. 根据机械的风险评价和功能要求，应提供0类、1类或2类停止。

注　0类—用即刻切除机械致动机构动力的不可控停止。1类—给机械致动机构施加动力去完成停车，并在停车后切除动力的可控停止。2类—利用储留动能施加于机械致动机构的可控停止。

b. 停止功能应否定有关的启动功能。

停止功能的复位不应引发任何危险情况。

c. 提供多个控制站的场合，来自任何控制站的停止指令应有效。

4）紧急操作（紧急停止和紧急断开）：

a. 紧急停止和紧急断开这两项功能均由单人引发。一旦紧急操动器的有效操作中止了后续命令，紧急操作命令在其复位前一直有效。复位应只能在引发紧急操作命令的位置用手动操作。命令的复位不应重新启动机械，而只是允许再启动。

所有紧急停止命令复位后，才允许重新启动机械。所有紧急断开命令复位后，才允许向机械重新通电。

b. 紧急停止功能应否定所有其他功能和所有工作方式中的操作。接往能够引起危险情况的机械致动机构的动力应立即切除（0 类停止）或采用尽快停止危险运动的可控方式（1 类停止），且不引起其他危险。急停类别的选择应取决于机械的风险评价。复位不应引起重新启动。

c. 紧急断开由 0 类停止作用的机电开关器件断开相关的引入电源来完成。如果机械不允许采用 0 类停止，就需要有其他保护，如直接接触防护，使得不需要紧急断开。下列场合应提供紧急断开：直接接触防护只是通过置于伸臂以外的防护或用阻挡物防护来达到的；由电可能会引起的其他伤害或风险。

（4）联锁保护。

1）联锁安全防护器件的复位不应引发危险的机械运转。

2）超过工作限值（如速度、压力、位置）可能导致危险情况的场合，应提供检测手段，并在超过预定限值时引发适当的控制作用。

3）如果辅助功能（如润滑、冷却、排屑）电动机或器件不工作可能发生危险情况或者损坏机械和加工件，则应提供适当的联锁。

4）不同工作和相反运动的联锁：

a. 所有接触器、继电器和其他控制器件同时动作会带来危险时（如启动相反运动），应进行联锁以防止不正确的工作。

b. 控制电动机转换方向的接触器应联锁，使得切换时不会发生短路。

c. 如果机械上某些功能需要相互联系，则应采用适当的联锁以确保正常的协调。

d. 如果机械致动机构的故障会产生制动，而且可能出现危险情况，则应配备联锁去切断已供电的机械致动机构。

5）如果电动机采用反接制动，则应采取有效措施以防止制动结束时电动机反转。为此，不允许采用只按时间作用原则的控制器件。

（5）接地故障导致危险的防护。控制电路的接地故障不应引起意外的启动、潜在的危险运转或妨碍机械的停止。

1）由控制变压器供电的控制电路：

a. 控制电路电源接地的情况，在电源点，共用导体连接到保护联结回路。所有预期要操作电磁或其他器件（如继电器、指示灯）的触点、固态元件等插入控制电路电源有开关的导线一边与线圈或器件的端子之间。线圈或器件的其他端子（最好是同标记端）直接连接控制电路电源且没有任何开关要素的共用导体。

例外：对下列情况，保护器件的触点可以接在共用导体和线圈之间：

a) 在接地故障事件中，自动切断电路；

b) 连接非常短（如在同一电柜中）以致不大可能有接地故障（如过载继电器）。

b. 控制电路不连接保护联结回路的情况，应配备在接地故障中自动切断电路的器件。

注 如控制变压器中心抽头接地，一个接地故障会在继电器线圈上留下 50% 的电压。在这种情况下，继电器会保持，导致不能停机。

2）控制电路不经控制变压器供电，包括：①直接连接到已接地电源的相导体之间；

②直接连接到相导体之间或连接到不接地或高阻抗接地电源的相导体和中性导体之间。

这种情况可能发生意外启动或停止失效，接地故障事件中应提供自动切断电路的器件；对情况 b，还应使用切断所有带电导体的多极开关。

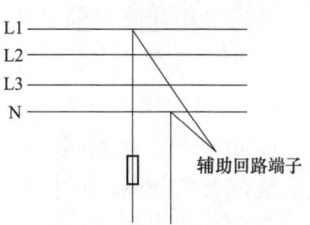

图 12.1-28　由主回路直接
供电的辅助回路

12.1.11.3　GB 16895.20 对辅助回路的要求

GB 16895.20《低压电气装置　第 5-55 部分：电气设备的选择和安装　其他设备》的关于辅助回路要求：

（1）辅助回路的电源。交流或直流供电可依赖或独立于主回路，根据功能的要求而定。

如果应发出主回路状态的信号，则其信号回路应能独立于该主回路。

注　对范围大的电气装置，可优先采用直流辅助回路。

1）依赖于交流主回路供电的辅助回路，应直接或通过整流器或变压器连接到主回路，参见图 12.1-28～图 12.1-30。

主要接电子设备或系统的辅助回路，不宜由主回路直接供电，至少要与主回路作简单分隔。

【编者按】 本款不能解读为其他情况宜由主回路直接供电。对于不是接电子设备的辅助回路，IEC/TC 64 未做硬性规定，但有时需要配置控制变压器，详见 12.1.11.6。

当辅助回路由多个变压器供电时，这些变压器的一次侧和二次侧均应分别并联起来。

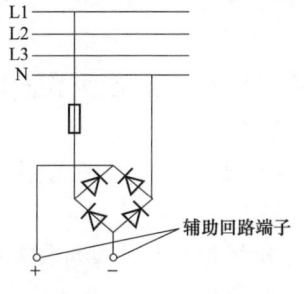

图 12.1-29　由主回路通过
整流器供电的辅助回路

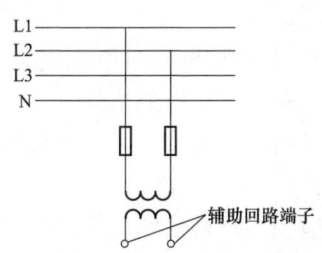

图 12.1-30　由主回路通
过变压器供电的辅助回路

2）由独立电源供电的辅助回路，宜检测主回路失电或欠电压。独立的辅助回路不应出现危险状态。

（2）辅助回路的接地方式。辅助回路应符合 IEC 60364 标准有关接地的要求，并取决于对辅助回路的要求是按接地的还是按不接地的运行。

接地的辅助回路中在不接地的导体发生接地故障时将导致辅助回路的供电断开。而不接地的辅助回路中一导体发生接地故障时仅导致 IMD 发出信号。

对于可靠性要求高时，宜考虑采用不接地的辅助回路。

1）通过变压器供电的接地的辅助回路，在变压器的二次侧只应一点接地。接地点应位于靠近变压器处。连接处应易于接近进行维护，且测试绝缘时接头能被隔离。

2）通过变压器供电的不接地运行的辅助回路，应在变压器的二次侧设置 IMD。

（3）辅助回路的电压。辅助回路的额定电压和所用的部件应与回路的供电相兼容。

12

要考虑电压降对辅助回路的电气设备正常功能的影响，例如：

a. 对交流供电，继电器和电磁阀的涌流可能有吸持电流的 7～8 倍；

b. 对直流供电，其涌流等于稳态电流；

c. 电动机全压直接启动时，其启动电流可使依赖于主回路的辅助回路供电电压降低到所匹配的开关设备的最低运行电压。

采用备用电源或由发电机组供电的辅助回路，应考虑频率的波动。

1）交流供电时，额定频率 50Hz 控制回路的额定电压不宜超过 220V；额定频率 60Hz 控制回路的额定电压不宜超过 277V。

2）直流供电时，控制回路的额定电压不宜超过 220V。

（4）辅助回路的保护。对于范围大的辅助回路，即使在远处终端的电缆或导体发生故障，保护电器也要确保动作。

由变压器二次侧供电的接地的单相交流或直流辅助回路，允许采用单极开关保护电器。保护电器仅应插入不直接接地的导体。

不接地的交流或直流辅助回路，应采用切断所有线导体的短路保护电器。

如果相应的短路保护的电压和时间—电流特性能够保护这些截面积最小的导体，则允许采用单极保护。

注 不接地的辅助回路采用切断所有线导体的保护电器，有助于故障诊断和维护工作。

如果在变压器一次侧的短路保护器也能够保护变压器的二次侧的短路电流，则二次侧的保护电器可以省略。

（5）功能性的考虑。

1）当电压暂降、短时中断、过电压或欠电压可能导致辅助回路不能实行其必要的功能，则应提供确保辅助回路继续运行的措施。

2）运行部件之间的电缆的特性（包括阻抗和长度）不应对辅助回路的运行产生不利影响。

电缆的电容不应损害辅助回路的执行机构的正常运行。开关设备和控制设备的选择，应考虑电缆的特性和长度。

3）可靠性要求高的辅助回路，设计上将额外考虑尽量减少布线系统故障的可能性：

a. 选用电缆的适当安装方法；

b. 当不能采用外露可导电部分的故障保护方式的情况下，选用Ⅱ类设备为例；

c. 采用固有耐短路和接地故障的装置和设备，例如电线、电缆机械损伤的防护；非金属护套电缆额定电压不小于 0.6/1 kV；采用阻燃电线、电缆等。

（6）辅助回路的连接方式。

1）不直接接主回路的辅助回路中，电气执行机构，如继电器、接触器、信号灯、电磁连锁器件，应连接至公用导体（接地的导体或不接地的公用导体），见图 12.1-31。

例外：下列情况下，保护继电器的触点可装在接地的和不接地的导体或线圈之间：

a. 此连接包含在公用的外壳内；

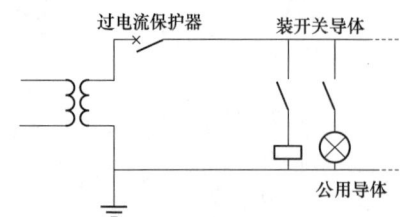

图 12.1-31 辅助回路中器件的连接

b. 它导致外部控制器件的简化。

2）直接接主回路的辅助回路中，由两个线导体（例如 IT 系统的 L1 和 L2）供电时，应采用二极开关触头。

12.1.11.4 控制电压的选择

（1）在我国，控制电压不宜大于 220V，理由如下：

1）随着电压升高，接触器和继电器线圈的圈数增加、导线截面积减小，机械强度和过负荷能力降低，容易发生故障。接触器磁路气隙因多次动作变大或异物侵入，均可导致线圈过负荷。

2）随着电压升高，控制导线的电容电流和泄漏电流增加；控制线路延伸较长时，可能导致动断触头不能释放，甚至动合触头误接通。参见 12.1.11.5。

（2）控制电压不宜小于 24V，理由如下：

1）电压低的回路中，因接触电阻导致故障的概率增大，特别是触头稍有污染即可导致严重故障。

2）电压低的回路中，工作电流相应升高；控制线路延伸较长时，电压降可能导致接触器不能吸合。参见 12.1.11.5。

12.1.11.5 控制线路长度的校验

（1）按线路电容校验控制线路长度。

1）电磁操作或电控气动电器的释放电压应不高于控制电源额定电压的 75%，对交流在额定频率下应不低于额定电压的 20%，对直流应不低于额定电压的 10%。参见 11.10.3。

2）导致交流接触器或继电器不能释放的控制线路临界长度可按下式估算

$$L_{cr} = \frac{500 P_h}{C U_n^2} \tag{12.1-7}$$

式中　L_{cr}——控制线路临界长度，km；

　　　P_h——接触器或继电器的保持功率，VA；

　　　C——单位长度线路电容，$\mu F/km$；导线截面积为 1.5～4mm² 时，两芯电缆线间电容约为 $0.3\mu F/km$，三芯电缆中一芯对另两芯的电容约为 $0.6\mu F/km$；

　　　U_n——控制回路标称电压，V。

按上式计算出的交流控制线路最大允许长度参考值列于表 12.1-13。

表 12.1-13　　　　　　　按临界电容计算的交流控制线路临界长度参考值

控制电路电压 (V)	保持功率 30VA 的接触器	保持功率 1VA 的继电器
	三线控制线路最大长度（km）	两线控制线路最大长度（km）
220	0.52	0.03
110	2.07	0.14
42	14.2	0.94
24	43.4	2.89

注　接触器按远方控制按钮（动合、动断两触头）用三芯线连接考虑。继电器按联锁器件用两芯线连接考虑。

（2）按电压降校验控制线路长度。

1）接触器在周围空气温度为−5～+40℃范围内，在交流或直流控制电源电压为额定值的 85%～110% 范围内均应可靠吸合。参见 11.10.2。

2）吸合电压取额定值的 85%，并计及电源负偏差 5%，建议按电压降不超过 10% 校验控制线路长度。

3）根据电压降校验控制线路最大长度可按下式估算

$$L_{max} = \frac{0.1U_n^2}{\Delta u P_a} \tag{12.1-8}$$

式中　L_{max}——接触器与控制触点的最大距离，km；

　　　U_n——控制电路标称电压，V；

　　　P_a——接触器的吸合功率，VA；

　　　Δu——控制线路单位长度电压降，V/(Akm)；两芯电缆 1.5mm² 者约为 29V/(Akm)，2.5mm² 者约为 18V/(Akm)，4mm² 者约为 11V/(Akm)。

截面积 1.5 mm² 的交流控制线路最大允许长度参考值列于表 12.1-14。

表 12.1-14　　　按电压降计算的 1.5mm² 控制线路最大长度参考值

接触器的吸合功率（VA）	20	40	100	150	200
交流 220V 控制线路最大长度（km）	8.34	4.17	1.67	1.11	0.83
交流 110V 控制线路最大长度（km）	2.09	1.04	0.42	0.28	0.21
交流 42V 控制线路最大长度（km）	0.304	0.152	0.061	0.041	0.03
交流 24V 控制线路最大长度（km）	0.1	0.05	0.02	0.013	0.01

（3）线路的电容和电压降共同决定控制线路的允许长度。控制电路的电压越高，按电容决定的允许长度越短，而按电压降决定的允许长度则越长。显然，每一控制电压下的允许长度，应取二者中较小的值。

当交流控制电路无法满足线路允许长度的要求时，可采用直流控制电路。

12.1.11.6　控制变压器的使用

（1）在下列任一情况，控制电路由交流电源供电时应使用控制变压器。

1）电源工作电压超过 220V 时；

2）电动机主回路不带中性导体时；

注　配电线路通常含有中性导体。电动机没有中性端子，其末端线路不含中性导体，即使采用四芯电缆也只含 PE 导体。因此，位于电动机主回路末端的启动器无法取得相电压作控制电源。

3）要求控制电压不同于电源电压时；

4）为保证可靠性，要求控制电路对地绝缘时；

5）在短路电流高的电网中，需要减少控制触头熔焊危险时。

（2）发生接地故障的概率很小时，控制电路由交流电源供电时可不使用控制变压器，例如：

1）仅用单一电动机启动器和不超过两只控制器件（如联锁器件、启停控制台）的机械。

2）电动机主回路和控制回路均处在同一柜体。

（3）控制变压器的接地方式，参见 12.1.11.3（2）和 12.1.11.7（4）、（5）。

12.1.11.7　控制电路的接线方式

TN 或 TT 系统中的控制回路发生接地故障时，保护或控制接点可被 PE 导体或大地短接，使控制失灵或线圈通电，造成电动机不能停车或意外启动。当控制回路接线复杂，线路很长，特别是在恶劣环境中装有较多的行程开关和联锁接点时，这个问题更加突出。

为避免上述危险，除使用控制变压器外，还应采用正确的接线方式，并配合适当的接地方式。供分析用的控制回路接线示例，见图 12.1-32。

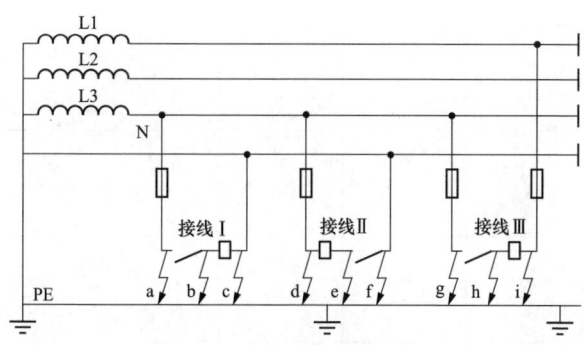

图 12.1-32 控制回路接线示例

（1）图中接线 Ⅰ 是正确的：当 a、b、c 任何一点接地时，控制接点均不被短接。a 或 b 甚至 a 和 b 两点同时接地时，也因过电流保护动作而停车。

（2）图中接线 Ⅱ 是错误的：当 e 点接地时，控制接点被短接，运行中的电动机将不能停车，不工作的电动机将意外启动，这种接法不应采用。

（3）图中接线 Ⅲ 的问题更复杂：当 h 点接地时，仅 L3 上的过电流保护动作，线圈接于相电压下，通电的接触器不能可靠释放，不通电的接触器则可能吸合，从而可能造成电动机不能停车或意外启动。这种做法不宜采用。

（4）当图中 a、b、d、g、h 或 i 点接地时，相应的过电流保护动作，电动机将被迫（a、b、d 点）或可能（g、h、i 点）停止工作。

为提高控制回路的可靠性，可在控制回路中装设控制变压器，二次侧采用不接地系统，不仅可避免电动机意外启动或不能停车，而且任何一点接地时电动机能继续坚持工作。

（5）直流控制电源如为一极接地系统，当控制回路发生接地故障时的情况可按以上分析类推。因此，最好采用不接地系统，并应装设绝缘监视装置，但仅为节能和减少接触器噪声而采用整流电源时，可不受此限制。

12.1.12 常用电动机启动、保护电器及导线选择表

本节电动机启动、保护电器及导线选择表中的线缆长度是依据第 9 章有关计算公式按照末端线路压降 3% 时确定的。实际工程中尚应考虑电源内阻及外部线路阻抗和变压器电压分接头位置，对终端电压的影响。

（1）YX3（YE3）系列（IP55）电动机启动、保护电器及导线选择，见表 12.1-15。

（2）YLB 系列深井水泵电动机启动、保护电器及导线选择，见表 12.1-16。

（3）YQS2 系列井用潜水电动机启动、保护电器及导线选择，见表 12.1-17。

（4）YBX 系列隔爆型电动机启动、保护电器及导线选择，见表 12.1-18。

（5）YA 系列增安型电动机启动、控制电器及导线选择，见表 12.1-19。

（6）YR 系列（IP44）绕线转子电动机启动、保护电器及导线选择，见表 12.1-20。

（7）YR 系列（IP23）绕线转子电动机启动、保护电器及导线选择，见表 12.1-21。

（8）机床设备电源线的保护及导线选择，见表 12.1-22。

表 12.1-15　YX3(YE3)系列(IP55)电动机启动、保护电器及导线选择

电动机型号 YX3(IP55)	额定功率(kW)	额定电流(A)	启动电流(A)	熔断体(A) aM	熔断体(A) gG	轻载及一般负载全压启动 断路器额定电流/整定电流(A)	轻载及一般负载全压启动 接触器额定电流(A)	轻载及一般负载全压启动 热继电器整定电流(A)	BV型导线根数×截面积(mm²)及钢管直径(mm) 30℃ 导线	BV型导线根数×截面积(mm²)及钢管直径(mm) 30℃ 钢管直径	BV型导线根数×截面积(mm²)及钢管直径(mm) 35℃ 导线	BV型导线根数×截面积(mm²)及钢管直径(mm) 35℃ 钢管直径	电压降3%时线路允许长度(m)
80M1-4	0.55	1.4	8.8	2	4	63/2	6.3	1.5	4×1.5	20	4×1.5	20	419
80M1-2		1.8	12.2					1.9					326
80M2-4	0.75	1.8	11.7	4	6	63/4	6.3	1.9	4×1.5	20	4×1.5	20	326
90S-6		2.0	11.6					2.1					293
80M2-2		2.4	17.5					2.5					244
90S-4	1.1	2.7	17.8	4	8	63/4	6.3	2.8	4×1.5	20	4×1.5	20	217
90L-6		2.9	17.1					3.0					202
90S-2		3.3	25.1	4	10			3.5					178
90L-4	1.5	3.6	24.8			63/4	6.3	3.8	4×1.5	20	4×1.5	20	163
100L-6		3.8	22.8	6				4.0					154
90L-2	2.2	4.6	35.9		12/16			4.8					127
100L1-4		4.8	36.0	6		63/6	9 (12)	5.1	4×1.5	20	4×1.5	20	122
112M-6		5.4	32.4					5.7					109
100L1-2	3	6.0	48.6	8	16/20			6.3					98
100L2-2		6.0	48.6					6.3					98
100L2-4		6.4	48.6			63/10	9 (16)	6.7	4×1.5	20	4×1.5	20	92
132S1-6		7.3	45.3					7.7					80
132S2-6		7.3	45.3					7.7					80
112M-2	4	7.9	65.6	10	20/25	63/10	12 (16)	8.3					74
112M-4		8.4	64.7					8.8	4×1.5	20	4×1.5	20	70
132M1-6		9.5	64.6			63/16		10.0					62

续表

电动机型号 YX3 (IP55)	额定功率 (kW)	额定电流 (A)	启动电流 (A)	熔断体 aM (A)	熔断体 gG (A)	断路器额定电流/整定电流 (A)	接触器额定电流 (A)	热继电器整定电流 (A)	BV型导线组线数×截面积(mm²)及钢管直径(mm) 30℃ 导线	30℃ 钢管直径	35℃ 导线	35℃ 钢管直径	电压降3%时线路允许长度 (m)
132S1-2	5.5	10.7	85.6	16	25/32	63/16	12 (16)	11.2	4×2.5	20	4×2.5	20	91
132S1-4		11.4	85.5				16	12.0					85
132S2-4		11.4	85.5					12.0					85
132M2-6		12.7	90.2					13.3					77
132S2-2	7.5	16.3	127.1	20	32/40	63/20	25	17.1	4×2.5	20	4×2.5	20	60
132M1-4		15.2	112.5					16.0					64
132M2-4		15.2	112.5					16.0					64
160M1-6		16.4	109.9					17.2					59
160M2-6		16.4	109.9					17.2					59
160M1-2	11	20.7	163.5	25	50	100/25	25 (32)	21.7	4×4	20	4×6	25	76
160M1-4		21.6	162					22.7					72
160M2-4		21.6	162					22.7					72
160L-6		23.5	162.2					24.7					67
160M2-2	15	28	224	40	63	100/40	32 (50)	29.4	4×6	25	4×10	32	83
160L-4		28.9	216.8				40	30.3					80
180L-6		30.9	222.5					32.4					75
160L-2	18.5	34.4	278.6	40	80	100/40	40	36.1	4×10	32	4×10	32	113
180M-4		35.4	272.6				(50)	37.2					110
200L1-6		37.9	272.9				50	39.8					102
180M-2	22	40.7	333.7	50	80	100/50	50	42.7	4×16	32	4×16	32	153
180L-4		42	327.6					44.1					148
200L2-6		44.3	323.4					46.5					140

轻载及一般负载全压启动

12

1110　工业与民用供配电设计手册（第四版）

续表

电动机型号 YX3 (IP55)	额定功率 (kW)	额定电流 (A)	启动电流 (A)	熔断体 aM (A)	熔断体 gG (A)	断路器额定电流/整定电流 (A)	接触器额定电流 (A)	热继电器整定电流 (A)	BV型 30℃ 导线	30℃ 钢管直径	BV型 35℃ 导线	35℃ 钢管直径	电压降3%时线路允许长度 (m)
200L1-2	30	55.1	413.3	80	100	100/80	75	57.9	4×16	40	3×25+1×16	50	170
200L1-4		56.9	409.7					59.7					164
200L2-4		56.9	409.7					59.7					164
225M-6		60.8	431.7					63.8					154
200L2-2	37	69.2	519	100	125	160/100	95	60～80	3×25+1×16	50	3×35+1×16	70	183
225S-4		69.8	509.5										181
250M-6		72.0	511.2										176
225M-2	45	82	623.2	100	160	160/100	95 (110)	86.1	3×35+1×16	50	3×50+1×16	70	215
225M-4		84.7	626.8					88.9					208
280S-6		85	612					89.3					208
250M-2	55	99.9	759.2	125	160	160/125	110	104.9	3×50+1×25	70	3×50+1×25	70	177
250M-4		103.1	762.9					108.3					171
280M-6		103.6	745.9					108.8					170
280S-2	75	135.3	933.6	160	200	250/160	170	142.1	3×70+1×35	80	3×95+1×50	80	215
280S-4		136.7	915.9					143.5					213
315S-6		142.3	953.4					149.4					205
280M-2	90	161.7	1131.9	200	250	250/200	205	169.8	3×95+1×50	80	3×120+1×70	100	218
280M-4		163.6	1128.8					171.8					216
315M-6		172.3	1154.4					180.9					205
315S-2	110	195.5	1388.1	250	315	250/250	250	205.3	3×120+1×50	100	3×150+1×70	100	213
315S-4		199.1	1373.8					209.1					209
315L1-6		207.0	1386.9					217.4					201

12

续表

电动机型号 YX3 (IP55)	额定功率 (kW)	额定电流 (A)	启动电流 (A)	熔断体 (A) aM	熔断体 (A) gG	轻载及一般负载全压启动 断路器额定电流/整定电流 (A)	接触器额定电流 (A)	热继电器整定电流 (A)	BV型导线根数×截面积(mm²)及钢管直径(mm) 30℃ 导线	30℃ 钢管直径	35℃ 导线	35℃ 钢管直径	电压降3%时线路允许长度 (m)
315M-2	132	233.6	1658.6	315	315	400/250	250	245.3	3×185+1×90	—	3×185+1×90	—	204
315M-4		238.9	1648.4				(300)	250.8					199
315L2-6		245.5	1644.9			400/320	300	257.8					194
315L1-2	160	280	1988	400	400	400/315	300	302.4	2[3×70+1×35]	2×80	2[3×95+1×50]	2×80	208
315L1-4		286.3	1975.5				(400)	300.6					203
355M1-6		294.1	1970.5				400	308.8					198
315L-2	185	337.8	2297.0	400	500	400/350	400	265~375	2[3×95+1×50]	2×80	2[3×120+1×70]	2×100	209
315L-4		334.2	2272.6			400/400							211
355M2-6		347.3	2257.5										203
315L2-2	200	350	2485	400	500	400/400	400	367.5	2[3×120+1×50]	2×100	2[3×150+1×70]	2×100	238
355L2-4		357.9	2469.5					375.8					233
355M2-6		367.7	2463.6					386.1					227
355M1-2	250	435.7	3093.5	630	630	630/500	500	457.5	2[3×185+1×95]	2×100	2[3×185+1×95]	2×100	219
355M1-4		440.5	3039.5					462.5					216
355M2-2		435.7	3093.5					457.5					219
355M2-4		440.5	3039.5					462.5					216
355L-6		460.0	3082.0					483.0					207
355L-2	315	549.0	3897.9	630	630	630/630	600	576.5					
355L-4		555.1	3830.2					582.9					

注 1. 本电动机数据来自 GB 22722—2008。

2. 使用注意事项见 12.1.2 的统一说明及表 12.1-3、表 12.1-4 的注。

3. 本表仅以 S 系列断路器、A 系列接触器和 TA 系列热过载继电器为例，设计者可根据技术要求选用其他系列产品。电动机功率为 75kW 以上时，热过载继电器可改以电流互感器。

4. 本表按照 YX3 数据列出，YE3 的数据与 YX3 基本相同，列为一个表。

表 12.1-16 **YLB 系列深井水泵电动机启动、保护电器及导线选择**

电动机型号 YLB	额定功率 (kW)	额定电流 (A)	启动电流 (A)	轻载及一般负载全压启动							BV 型导线根数×截面积 (mm²) 及钢管管直径 (mm)					电压降3%时线路允许长度 (m)
				熔断体 (A)		断路器额定电流/整定电流 (A)	接触器额定电流 (A)	热继电器整定电流 (A)		30℃		35℃		
				aM	gG					导线	钢管	导线	钢管	
132-1-2	5.5	10.8	76	12	25	100/16	16/12/6.3	11.3		4×1.5	20	4×1.5	20	54
132-2-2	7.5	14.5	102	16	32	100/16	16/12/6.3	15.2		4×1.5	20	4×1.5	20	40
160-1-2	11	22.0	154	25	50	100/25	25/16/6.3	23		4×4	20	4×4	20	71
160-1-4		22.5	158					23.5						70
160-2-2	15	30.0	210	32	63	100/32	32/25/9	31.5		4×6	25	4×6	25	77
160-2-4		36.0	252					38						108
180-1-2	18.5	36.0	252	40	80	100/40	40/25/12	38		4×10	32	4×10	32	106
180-1-4		36.6	256					38.5						106
180-2-2	22	42.3	296	50	80	100/50	50/32/16	44.5		4×10	32	4×10	32	92
180-2-4		42.9	300					45						90
200-1-2	30	58.2	407	63	125	100/63	63/40/16	61		4×16	32	3×25+1×16	50	161
200-1-4		58.4	409					61						160
200-2-2	37	69.8	489	80	125	100/80	75/50/25	73		3×25+1×16	50	3×25+1×16	50	134
200-2-4		71.2	498					75						131
200-3-4	45	85.6	599	100	160	160/100	95/63/25	90		3×35+1×16	50	3×35+1×16	50	148
250-1-4	55	103.7	726	125	200	160/125	110/75/32	109		3×50+1×25	70	3×50+1×25	70	170
250-2-4	75	140.1	981	160	250	250/160	140/95/40	147		3×70+1×35	80	3×70+1×35	80	165
250-3-4	90	167.3	1171	200	250	250/200	170/110/50	176		3×95+1×50	80	3×95+1×50	80	174
280-1-4	110	202.2	1415	250	315	250/250	250/160/63	212		3×120+1×50	100	3×120+1×50	100	175
280-2-4	132	241	1687	250	315	400/250	250/170/63	253		3×150+1×70	100	2[3×70+1×35]	2×80	96

注 1. 本表中电动机数据来自上海人民电机厂。
2. 使用注意事项见 12.1.2 的统一说明及表 12.1-3、表 12.1-4 的注。

12

表12.1-17　YQS2系列井用潜水电动机启动、保护电器及导线选择

电动机型号 YQS2	额定功率 (kW)	额定电流 (A)	启动电流 (A)	熔断体 (A)		轻载及一般负载全压启动			BV型导线根数×截面积 (mm²) 及钢管直径 (mm)				电压降3%时线路允许长度 (m)
				aM	gG	断路器额定电流/整定电流 (A)	接触器额定电流 (A)	热继电器整定电流 (A)	30℃		35℃		
									导线	钢管	导线	钢管	
150-3	3	7.4	52	8	20	100/10	9(16)	7.8	4×1.5	20	4×1.5	20	79
150-4	4	9.4	66	10	25	100/16	12(16)	9.9	4×1.5	20	4×1.5	20	62
200-4		9.5	67					10					62
150-5.5	5.5	12.5	88	16	32	100/16	16	13.1	4×1.5	20	4×1.5	20	47
200-5.5		12.5	88					13.1					47
150-7.5	7.5	16.8	118	20	40	100/20	25	17.6	4×2.5	20	4×2.5	20	58
200-7.5		16.7	117					17.5					94
150-9.2	9.2	19.9	139	25	40	100/25	25	21	4×4	20	4×4	20	79
200-9.2		20.1	141					21					78
150-11	11	23.6	165	25	50	100/25	32	25	4×4	20	4×4	20	66
200-11		23.7	166					25					66
250-11		23.8	166					25					66
150-13	13	27.8	194	32	50	100/32	32	29	4×6	25	4×6	25	83
200-13		27.7	194					29					84
250-13		27.5	192					29					84
150-15	15	31.9	223	40	63	100/40	40(50)	33.5	4×10	32	4×10	32	122
200-15		31.6	222					33					123
250-15		31.3	219					33					124

12

续表

电动机型号 YQS2	额定功率 (kW)	额定电流 (A)	启动电流 (A)	熔断体 aM (A)	熔断体 gG (A)	断路器额定电流/整定电流 (A)	接触器额定电流 (A)	热继电器整定电流 (A)	BV型导线 30℃ 导线	30℃ 钢管	35℃ 导线	35℃ 钢管	电压降3%时线路允许长度 (m)
200-18.5	18.5	37.8	265	50	80	100/40	40	40	4×10		4×10		103
250-18.5	18.5	37.7	264	50	80	100/40	(50)	40	4×10	32	4×10	32	103
200-22	22	44.6	312	50	80	100/50	50	47	4×16	32	4×16	32	139
250-22	22	44.4	311	50	80	100/50	50	47	4×16	32	4×16	32	140
200-25	25	50.8	356	63	100	100/63	63	53	4×16	32	4×16	32	122
250-25	25	49.8	349	63	100	100/63	63	63	4×16	32	4×16	32	125
200-30	30	60.4	423	80	125	100/63	63	63	3×25+1×16	50	3×25+1×16	50	155
250-30	30	59.2	414	80	125	100/63	63	62	3×25+1×16	50	3×25+1×16	50	158
200-37	37	74.1	519	80	125	100/80	75	78	3×25+1×16	50	3×25+1×16	50	126
250-37	37	72.2	505	80	125	100/80	75	76	3×25+1×16	50	3×25+1×16	50	129
200-45	45	88.8	577	100	160	160/100	95	93	3×35+1×16	50	3×35+1×16	50	143
250-45	45	87.0	566	100	160	160/100	95	91	3×35+1×16	50	3×35+1×16	50	145
250-55	55	105.9	688	125	160	160/125	110	111	3×50+1×25	70	3×50+1×25	70	167
300-55	55	107.3	697	125	160	160/125	110	113	3×50+1×25	70	3×50+1×25	70	164
250-63	63	121.3	789	160	200	160/125	140	126	3×70+1×35	80	3×70+1×35	80	190
300-63	63	122.9	799	160	200	160/125	140	129	3×70+1×35	80	3×70+1×35	80	188
250-75	75	142.6	927	160	200	250/160	170	150	3×70+1×35	80	3×70+1×35	80	162
300-75	75	145.4	945	160	200	250/160	170	153	3×70+1×35	80	3×70+1×35	80	159

注 使用注意事项见 12.1.2 的统一说明及表 12.1-3、表 12.1-4 的注。

表12.1-18 YBX系列隔爆型电动机启动、保护电器及导线选择

电动机型号 YBX	额定功率 (kW)	额定电流 (A)	启动电流 (A)	熔断体 (A) aM	熔断体 (A) gG	断路器额定电流/整定电流 (A)	轻载及一般负载全压启动 接触器额定电流 (A)	轻载及一般负载全压启动 热继电器整定电流 (A)	BV型导线根数×截面积 (mm²) 及钢管直径 (mm) 30℃ 导线	30℃ 钢管	35℃ 导线	35℃ 钢管	电压降3%时线路允许长度 (m)
160M1-8	4	9.9	64.4	16	25	100/16	12	10.4	4×1.5	20	4×1.5	20	59
160M2-8	5.5	13.6	88.4	16	32	100/16	16	14.3	4×2.5	20	4×2.5	20	72
160M-6	7.5	16.2	113.4	20	40	100/20	25	17.0	4×4	20	4×4	20	97
160L-8	7.5	17.9	116.4					18.8					87
160M1-2	11	21.2	148.4	25	50	100/25	25	22.5	4×6	25	4×6	25	109
160M-4	11	21.6	151.2					22.5					107
160L-6	11	23.5	164.5				(32)	24.5					99
180L-8	11	25.2	163.8	32		100/32		26.5					92
160M2-2	15	28.0	196.0	40	63	100/32	32	29.5	4×10	32	4×10	32	139
160L-4	15	29.2	204.4					30.5					133
180L-6	15	30.9	216.3	40		100/40	(50)	32.5					126
200L-8	15	34.0	221.0					36					114
160L-2	18.5	34.4	240.8		80	100/40	40 (50)	36	4×16	32	4×16	32	181
180M-4	18.5	35.4	247.8	50			40	37					175
200L1-6	18.5	37.0	259.0					39					168
225S-8	18.5	41.3	268.5			100/50	(50)	43					150
180M-2	22	40.7	284.9	50	80	100/50	50	43	3×25+1×16	50	3×25+1×16	50	230
180L-4	22	42.0	294.0					44					223
200L2-6	22	43.3	303.1					45.5					216
225M-8	22	47.1	306.2					49.5					198

续表

电动机型号 YBX	额定功率 (kW)	额定电流 (A)	启动电流 (A)	熔断体 aM (A)	熔断体 gG (A)	断路器额定电流/整定电流 (A)	接触器额定电流 (A)	热继电器整定电流 (A)	BV型导线 30℃ 导线	30℃ 钢管	35℃ 导线	35℃ 钢管	电压降3%时线路允许长度 (m)
200L1-2	30	55.1	385.7	63	125	100/63	63 (75)	58	3×25+1×16	50	3×25+1×16	50	170
200L-4		56.2	393.4					59					166
225M-6		58.0	377.0	80		100/80		61					161
250M-8		62.6	406.9					66					149
220L2-2	37	67.7	473.9	80	125	100/80	75	71	3×35+1×16	50	3×35+1×16	50	187
225S-4		69.0	483.0					72					183
250M-6		71.7	466.1					75					177
280S-8	45	78.6	510.9	100	160	160/100	95	83	3×50+1×25	70	3×50+1×25	70	225
225M-2		82.0	574.0	100			95 (110)	86					215
225M-4		83.7	585.9					88					211
280S-6		86.0	559.0					90					205
280M-8		93.2	605.8				110	98	3×50+1×25	70	3×50+1×25	70	189
250M-2	55	99.9	699.3	125	160	160/125		105					231
250M-4		100.8	705.6					106					229
280M-6		102.4	665.6					108					225
315S-8		112.3	730.0				140	118	3×70+1×35	80	3×70+1×35	80	205
280S-2	75	135.3	947.1	160	200	250/160	140 (170)	142	3×95+1×50	80	3×95+1×50	80	215
280S-4		136.7	956.9					144					213
315S-6		139.0	903.5					146					210
315M-8		151.3	983.5				170	159					193

注　1. 本电动机数据来自南洋防爆电机厂。
2. 使用注意事项见表12.1-2的统一说明及表12.1-3、表12.1-4的注。

表 12.1-19　YA 系列增安型电动机启动、控制电器及导线选择

电动机型号 YA	额定功率 (kW)	额定电流 (A)	启动电流 (A)	堵转时间 (s)	熔断体 (A) aM	熔断体 (A) gG	断路器额定电流/整定电流 (A)〔轻载及一般负载全压启动〕	接触器额定电流 (A)	3RB2 系列热继电器整定电流 (A)	30℃ 导线	30℃ 钢管直径	35℃ 导线	35℃ 钢管直径	电压降 3% 时线路允许长度 (m)
801-4	0.55	1.6	9.6	13	2	4	63/2	6.3	1~4	4×1.5	20	4×1.5	20	366
801-2	0.75	1.8	12.6	10	4	6	63/4	6.3		4×1.5	20	4×1.5	20	326
802-4		2.1	12.6	12										279
90S-6		2.3	13.8	13										255
802-2	1.1	2.5	17.5	10	4	8	63/4	6.3		4×1.5	20	4×1.5	20	234
90S-4		2.8	18.2	13										209
90L-6		3.2	19.2	13										183
90S-2	1.5	3.4	23.8	10	4	10	63/4	6.3	3~12	4×1.5	20	4×1.5	20	172
90L-4		3.7	24.5	10										158
100L-6		4.2	25.2	13										140
90L-2	2.2	4.7	32.9	10	6	12/16	63/6	9 (12)		4×1.5	20	4×1.5	20	125
100L1-4		5.1	35.7	10										115
112M-6		5.7	34.8	10										103
132S-8		5.8	31.9	13	6		63/6							101
100L-2	3.0	6.4	44.8	10	8	16/20	63/10	9 (16)	6~25	4×1.5	20	4×1.5	20	92
100L2-4		6.9	48.3	10										85
132S-6		7.2	36	10	8									81
132M-8		7.8	46.8	10										75

续表

电动机型号 YA	额定功率 (kW)	额定电流 (A)	启动电流 (A)	堵转时间 (s)	熔断体 (A) aM	熔断体 (A) gG	轻载及一般负载全压启动 断路器额定电流/整定电流 (A)	接触器额定电流 (A)	3RB2系列热继电器整定电流 (A)	BV型导线根数×截面积 (mm²) 及钢管直径 (mm) 30℃ 导线	30℃ 钢管	35℃ 导线	35℃ 钢管	电压降3%时线路允许长度 (m)
112M-2	4.0	8.2	57.4	10	10	20	100/10	12 (16)	6~25	4×1.5	20	4×1.5	20	71
112M-4		8.9	62.3	10	10	20	100/10			4×1.5	20	4×1.5	20	66
132M1-6		9.3	60.5	10	12	20/25	100/16			4×1.5	20	4×1.5	20	63
160M1-8		10.0	60.0	10	12	20/25	100/16			4×1.5	20	4×1.5	20	59
132S1-2	5.5	10.7	75.0	9	16	25	100/16	16		4×2.5	20	4×2.5	20	91
132S-4		11.4	80.0	10	16	25	100/16	16		4×2.5	20	4×2.5	20	85
132M2-6		12.3	80.0	10	16	25	100/16	16		4×2.5	20	4×2.5	20	79
160M2-8		13.3	80.0	10	16	25	100/16	16		4×2.5	20	4×2.5	20	73
132S2-2	7.5	14.3	100.0	8	20	32	100/16	16	12.5~50	4×4	20	4×4	20	109
132M-4		15.2	106.4	8	20	32	100/16	16		4×4	20	4×4	20	103
160M-6		17.0	110.5	10	20	32	100/20	25		4×4	20	4×4	20	92
160L-8		17.7	97.4	10	20	32	100/20	25		4×4	20	4×4	20	88
160M2-2	11	21.0	147.0	7	25	50	100/25	25 (32)		4×6	25	4×6	25	110
160M-4		22.6	158.2	5.5	25	50	100/25	25 (32)		4×6	25	4×6	25	103
160L-6		25.0	162.5	8	32	50	100/32	32		4×6	25	4×6	25	93
180L-8		25.4	152.4	8	32	50	100/32	32		4×6	25	4×6	25	91
160L-2	15	28.6	200.0	8	40	63	100/32	32 (50)	25~100	4×10	32	4×10	32	136
160M2-4		30.0	210.0		40	63	100/32	32 (50)		4×10	32	4×10	32	129
180L-6		31.4	204.1	10	40	63	100/40	40 (50)		4×10	32	4×10	32	124
200L-8		34.1	204.6	10	40	63	100/40	40 (50)		4×10	32	4×10	32	114

续表

电动机型号 YA	额定功率 (kW)	额定电流 (A)	启动电流 (A)	堵转时间 (s)	熔断体 (A) aM	熔断体 (A) gG	轻载及一般负载全压启动 断路器额定电流/整定定电流 (A)	接触器额定电流 (A)	3RB2系列热继电器整定电流 (A)	BV型导线根数×截面积 (mm²) 及钢管直径 (mm) 30℃ 导线	30℃ 钢管	35℃ 导线	35℃ 钢管	电压降3%时线路允许长度 (m)
180M-2	18.5	34.9	244.3	10	40	80	100/40	40 (50)	25~100	4×16	32	4×16	32	178
160L-2		35.5	248.5											175
180M-4		35.9	245.7	10										173
200L1-6		37.7	245.1	10										165
225S-8		41.3	247.8	10	50		100/50	50						150
180M-2	22	42.2	295.4	10	50	80	100/50	50		4×16	32	4×16	32	147
200L1-2		41.5	290.5	10										150
180L-4		42.5	297.5	10										146
200L2-6		44.6	290.0	7	63		100/63							210
225M-8		47.6	285.6	10										196
200L1-2	30	56.9	398.3	10	63	125	100/63	63 (75)	50~200	3×25+1×16	50	3×25+1×16	50	164
200L2-2		56.0	392.0	7										167
200L-4		56.8	397.4	10						3×25+1×16	50	3×25+1×16	50	165
225S-4		57.5	402.5	6										163
225M-6		60.2	391.3		80		100/80			3×25+1×16	50	3×25+1×16	50	155
225M-8		63.0	378.0											148

注　1. 本表中电动机数据来自南洋防爆电机厂。
2. 使用注意事项见12.1.2的说明及表12.1-3、表12.1-4的注。
3. gG型熔断体栏中的分子和分母，分别适用于轻载和一般负载。
4. 接触器栏中括号内的规格，适用于 gG 型熔断体并满足 2 类协调配合的条件。
5. 3RB2系列热继电器为西门子产品。订货时应向热继电器厂商提供电动机堵转时间；如增安型电动机生产厂商提供了配套的过载保护器，应予采用。

12

表12.1-20　YR 系列（IP44）绕线转子电动机启动、保护电器及导线选择

电动机型号 YR (IP44)	电动机功率 (kW)	定子电流 (A)	转子电压 (V)	转子电流 (A)	频敏变阻器功率 (kW)	定子 30℃ 导线	定子 30℃ 钢管	定子 35℃ 导线	定子 35℃ 钢管	3%电压降时线路长度 (m)	转子 轻载 导线	转子 轻载 钢管	转子 重载 导线	转子 重载 钢管
132M1-6	3	8.2	206	9.5		4×1.5	20			71			3×1.5	
132M1-4		9.3	230	11.5						63				
132M2-6	4	10.7	230	11		4×1.5	20			55	3×1.5	15	3×1.5	15
160M-8		10.7	216	12						55				
132M2-4	5.5	12.6	272	13	14					77				
160M-6		13.4	244	14.5		4×2.5	20	4×2.5	20	73	3×1.5	15	3×1.5	15
160L-8		14.2	230	15.5						69				
160M-4	7.5	15.7	250	19.5						100				
160L-6		17.9	266	18		4×2.5	20	4×4	20	87	3×1.5	15	3×1.5	15
180L-8		18.4	255	19						85				
160L-4	11	22.5	276	25	17	4×4	20	4×6	25	103	3×1.5	15	3×2.5	15
180L-6		23.6	310	22.5		4×6	25			98				
200L1-8		26.6	152	46	20~22					87	3×2.5	15	3×4	20
180L-4	15	30.0	278	34		4×10	32	4×10	32	129	3×1.5	15	3×2.5	20
200L1-6		31.8	198	48						122	3×2.5	15	3×4	20
225M1-8		34.5	169	56						112			3×6	20
220L1-4		36.7	247	47.5		4×10	32	4×10	32	106	3×2.5	15	3×4	20
225M1-6	18.5	38.3	187	62.5		4×10	32			101	3×4	20	3×4	20
225M2-8		42.10	211	54		4×16	32	4×16	32	148	3×2.5	15		

注：BV 型导线根数×截面积 (mm²) 及钢管直径 (mm)。

续表

电动机型号 YR (IP44)	电动机功率 (kW)	定子电流 (A)	转子电压 (V)	转子电流 (A)	频敏变阻器功率 (kW)	定子 30℃ 导线	定子 30℃ 钢管	定子 35℃ 导线	定子 35℃ 钢管	3%电压降时线路长度 (m)	转子 轻载 导线	转子 轻载 钢管	转子 重载 导线	转子 重载 钢管
200L2-4	22	43.20	293	47	28~30	4×16	32	4×16	32	144	3×2.5	15	3×4	20
225M2-6	22	45	224	61	28~30	4×16	32	4×16	32	138	3×4	20	3×4	20
250M1-8	22	48.7	210	65.5	28~30	4×16	32	4×16	32	128	3×4	20	3×4	20
250M2-4	30	57.6	360	51.5	28~30	3×25+1×16	50	3×25+1×16	50	162	3×2.5	15	3×6	20
250M1-6	30	60.3	282	66	28~30	3×25+1×16	50	3×25+1×16	50	155	3×4	20	3×6	20
250M2-8	30	66.1	270	69	28~30	3×25+1×16	50	3×25+1×16	50	141	3×4	20	3×6	20
250M1-4	37	71.4	289	79	40	3×25+1×16	50	3×25+1×16	50	131	3×6	20	3×10	25
250M2-6	37	73.9	331	69	40	3×25+1×16	50	3×25+1×16	50	126	3×6	20	3×10	25
280S-8	37	78.2	281	81.5	40	3×25+1×16	50	3×25+1×16	50	120	3×6	20	3×10	25
250M2-4	45	85.9	340	81	45	3×35+1×16	50	3×35+1×16	50	147	3×6	20	3×10	25
280S-6	45	87.9	362	76	45	3×35+1×16	50	3×35+1×16	50	144	3×6	20	3×10	25
280M-8	45	92.9	359	76	45	3×35+1×16	50	3×35+1×16	50	190	3×6	20	3×10	25
280S-4	55	103.8	485	70	55~60	3×50+1×25	70	3×50+1×25	70	170	3×6	20	3×10	25
280M-6	55	106.9	423	80	55~60	3×50+1×25	70	3×50+1×25	70	165	3×6	20	3×10	25
280M-4	75	140	354	128	65~75	3×70+1×35	80	3×70+1×35	80	165	3×6	25	3×16	32

注 1. 本表中电动机数据来自湘潭电机厂。

2. 绕线转子电动机通常采用定型或专用的成套启动、控制、保护柜。本表仅给出频敏变阻器的功率要求。

3. 转子回路的导线截面积仅适用电动机启动后电刷短接的情况：轻载按35%转子电流选择，重载按50%转子电流选择。

YR 系列（IP23）绕线转子电动机启动、保护电器及导线选择

表 12.1-21

电动机型号 YR (IP23)	电动机功率 (kW)	定子电流 (A)	转子电压 (V)	转子电流 (A)	频敏变阻器功率 (kW)	定子 30℃ 导线	定子 30℃ 钢管	定子 35℃ 导线	定子 35℃ 钢管	3%电压降时线路长度 (m)	转子轻载 导线	转子轻载 钢管	转子重载 导线	转子重载 钢管
160M-8	4	10.5	262	11	14	4×1.5	20	4×1.5	20	56	3×1.5	15	3×1.5	15
160M-6	5.5	12.7	279	13		4×2.5	20	4×2.5	20	77	3×1.5	15	3×1.5	15
160L-8		14.2	243	15						69	3×1.5	15	3×1.5	15
160M-4	7.5	16.0	260	19		4×2.5	20	4×4	20	61	3×2.5	15	3×4	20
160L-6		16.9	260	19						58	3×1.5	15	3×1.5	15
180M-8	11	18.4	105	49	17	4×4	20			53	3×2.5	15	3×4	20
160L1-4		22.6	275	26		4×6	25	4×6	25	69	3×1.5	15	3×1.5	15
180M-6		24.2	146	50						65	3×2.5	15	3×2.5	20
180L-8		26.8	140	53						86	3×1.5	15	3×4	20
160L2-4	15	30.2	260	37	17	4×10	32	4×10	32	129	3×2.5	15	3×2.5	20
180L-6		32.6	187	53						119	3×2.5	15	3×4	20
200M-8		36.1	153	64						108	3×4	20	3×4	20
180M-4		36.1	197	61						108	3×4	20	3×6	20
200M-6	18.5	39.0	187	65	20～22	4×10	32	4×10	32	100	3×4	20	3×6	20
200L-8		44.0	187	64		4×16	32	4×16	32	88	3×4	20	3×6	20
180L-4		42.5	232	61						146	3×4	20	3×6	20
200L-6	22	45.5	224	63	20～22	4×16	32	4×16	32	137	3×6	20	3×6	20
225M1-8		48.6	161	90						128	3×6	20	3×10	25

注：表内"BV 型导线根数×截面积 (mm²) 及钢管直径 (mm)"，定子为 30℃、35℃。

续表

BV型导线根数×截面积（mm²）及钢管直径（mm）

电动机型号 YR (IP23)	电动机功率 (kW)	定子电流 (A)	转子电压 (V)	转子电流 (A)	频敏变阻器功率 (kW)	定子 30℃ 导线	定子 30℃ 钢管	定子 35℃ 导线	定子 35℃ 钢管	3%电压降时线路长度 (m)	转子 轻载 导线	转子 轻载 钢管	转子 重载 导线	转子 重载 钢管
200M-4	30	57.7	255	76	28~30	3×25+1×16	50	3×25+1×16	50	57.7	3×6	20	3×10	25
225M1-6	30	59.4	227	86	28~30	3×25+1×16	50	3×25+1×16	50	59.4	3×6	20	3×10	25
225M2-8	30	65.3	200	97	28~30	3×25+1×16	50	3×25+1×16	50	65.3	3×10	25	3×16	32
200L-4	37	70.2	316	74	40	3×35+1×16	50	3×35+1×16	50	70.2	3×6	20	3×10	25
225M2-6	37	73.1	287	82	40	3×35+1×16	50	3×35+1×16	50	73.1	3×10	25	3×16	32
250S-8	37	78.9	218	110	40	3×35+1×16	50	3×35+1×16	50	78.9	3×10	25	3×16	32
225M1-4	45	86.7	240	120	45	3×50+1×25	50	3×50+1×25	50	86.7	3×10	25	3×16	32
250S-6	45	88.0	307	93	45	3×50+1×25	50	3×50+1×25	50	88	3×10	25	3×16	32
250M-8	45	95.5	264	109	45	3×50+1×25	50	3×50+1×25	50	95.5	3×10	25	3×16	32
225M2-4	55	104.7	288	121	55~60	3×70+1×35	70	3×70+1×35	70	104.7	3×10	25	3×16	32
250M-6	55	105.7	359	97	55~60	3×70+1×35	70	3×70+1×35	70	105.7	3×10	25	3×16	32
280S-8	55	114.0	279	125	55~60	3×70+1×35	80	3×70+1×35	80	114	3×10	25	3×16	32
315S-10	55	125.0	242	141	55~60	3×70+1×35	80	3×70+1×35	80	125	3×10	25	3×25	40
250S-4	75	141.1	449	105	65~75	3×95+1×50	80	3×95+1×50	80	141.1	3×10	25	3×16	32
280S-6	75	141.8	392	121	65~75	3×95+1×50	80	3×95+1×50	80	141.8	3×10	25	3×16	32
280M-8	75	152.1	359	131	65~75	3×95+1×50	80	3×95+1×50	80	152.1	3×10	25	3×16	32
315M1-10	75	169	316	145	65~75	3×95+1×50	80	3×95+1×50	80	169	3×10	25	3×25	40

12

表 12.1-22 机床设备电源线的保护及导线选择

设备总功率 (kW)	最大一台电动机功率 (kW)	熔断体电流 (A)	BV 型导线截面积 (mm²) 及钢管直径 (mm)			
			30℃		35℃	
			截面积	钢管直径	截面积	钢管直径
1.1	0.6	5	1.5	20	1.5	20
5.2	0.8	10	2.5	20	2.5	20
4.2	1.0	10	1.5	20	1.5	20
6.2	1.0	15	2.5	20	2.5	20
3.5	1.1	10	1.5	20	1.5	20
1.9	1.5	10	1.5	20	1.5	20
6.0	1.5	15	2.5	20	2.5	20
5.8	1.7	15	2.5	20	2.5	20
6.4	1.7	20	2.5	20	2.5	20
6.8					4	20
7.6			4	20		
3.6	2.2	20	2.5	20	2.5	20
6.4	2.2	20	2.5	20	2.5	20
6.8					4	20
8.6			4	20		
5.7	2.8	20	2.5	20	2.5	20
6.8	2.8	20	2.5	20	2.5	20
7.2		30			4	20
8.8		30	4	20		
4.6	3.0	20	2.5	20	2.5	20
7.0	3.0	30	2.5	20	2.5	20
7.4					4	20
9.0			4	20		
5.5	4.0	30	2.5	20	2.5	20
7.2						
7.6					4	20
9.3			4	20		
7.2	4.5	30	2.5	20	2.5	20
7.6					4	20
8.2			4	20		

续表

设备总功率（kW）	最大一台电动机功率（kW）	熔断体电流（A）	30℃ 截面积	30℃ 钢管直径	35℃ 截面积	35℃ 钢管直径
7.5	5.5	3.0	2.5	20	2.5	20
7.9		40			4	20
9.0			4	20		
9.5						
13			6	25	6	25
14					10	32
15			10	32		
7.7	7.0	50	2.5	20	2.5	20
8.0					4	20
10			4	20		
13	7.0	50	6	25	6	25
17			10	32	10	32
8.0	7.5	50	2.5	20	2.5	20
8.3					4.0	20
10			4	20		
14	7.5	50	6	25	6	25
18		60	10	32	10	32
10	10	60	4	20	4	20
11					6	25
14			6	25		
15					10	32
15	11	60	6	25	10	32
14	13	60	6	25	6	25
15					10	32
19			10	32		
15	14	60	6	25	6	25
16					10	32
19			10	32		
20	17	80	10	32	10	32
21	18.5	80	10	32	16	32
22	22	100	10	32	16	32
26			16	32		
33	28	120	25	50	25	32
33	30	120	25	50	25	50
36					35	50

续表

设备总功率（kW）	最大一台电动机功率（kW）	熔断体电流（A）	BV 型导线截面积（mm²）及钢管直径（mm）			
			30℃		35℃	
			截面积	钢管直径	截面积	钢管直径
42	37	150	35	50	35	50
42	40	150	35	50	35	50
44					50	70
50			50	70		
52	45	200	50	70	50	70
57	55	200	50	70	70	80

注 本表按三相交流 380V 机床设备用电动机编制。笼型电动机"链式配电"可参照本表。

12.2 起 重 机

常用的起重机有电动葫芦、悬挂梁式起重机、支柱梁式起重机、桥式起重机及门式起重机等，这些起重机的电气控制设备均由制造厂成套供应。在配电设计时只需选配电源开关及熔断器、导线和滑触线等。

12.2.1 起重机的供电

（1）起重机的负荷等级应按中断供电造成损害的程度确定，其分级及供电要求详见 2.1。

（2）起重机宜由专用回路供电，一般起重机可引自配电箱，重要的或特大型起重机宜直接引自变电站。

（3）起重机通常采用滑触线或软电缆供电。每段滑触线或每路软电缆应分别装设隔离和短路保护电器。

（4）起重机的滑触线上不应连接与起重机无关的用电设备，电磁式、运送液态金属或其他失压时可能导致事故的起重机的滑触线上，严禁连接与起重机无关的用电设备。

12.2.2 起重机的配电方式

12.2.2.1 配电方式的分类及其适用条件

（1）软电缆：通常采用橡胶绝缘橡胶护套移动式电缆，简称橡套电缆。

1）橡套电缆的绝缘材料有普通橡胶和乙丙橡胶两种；按机械防护性能可分为重型、中型及轻型三种；其拖放方式有悬挂式和卷筒式两种。

2）软电缆主要适用于爆炸和火灾危险环境及严重化工腐蚀环境中的某些门式起重机及小型电动葫芦等。各种软电缆及其拖放方式的选用，详见下文 12.2.2.2 和 12.2.2.3。

（2）滑触线：滑触线适用于除要求软电缆配电的所有场所。滑触线可分为固定安装和悬挂安装两大类。

1）固定式滑触线包括安全型滑触线和裸滑触线：

a. 安全型滑触线：是目前应用最广泛的新型滑触线，具有结构紧凑、运行安全、供电可靠、阻抗值小等优点。安全滑触线根据其结构形状分为多极管式和单极组合式两种。

多极管式滑触线集多根铜排于一管中，有塑料外壳 DHG 型和铝合金外壳 DHGJ 型两类，其示意图见图 12.2-1，外形尺寸见表 12.2-3。

单极组合式滑触线采用铜或铝合金导体，主要有 DHH 型（H 型）和 DHS 型（S 型）两种，其示意图见图 12.2-2。其中 S 型接触稳定，多用于要求高可靠性的场合，如电磁起重机。

安全滑触线还有其他很多种，如自动生产线等安装空间紧凑的柔性组合式 DHR 型滑触线（其最小半径可为 500mm）、高速无接头柔性一体式 DHB 型滑触线（速度可达 600m/min）等，详见生产厂家的有关资料。

安全滑触线的应用条件见表 12.2-1。

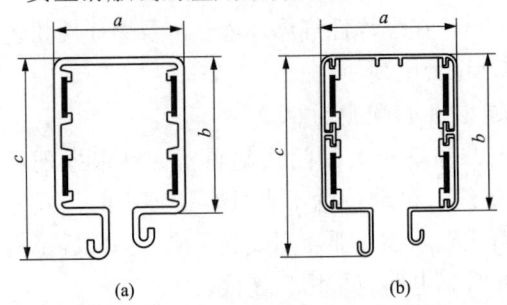

图 12.2-1 多极管式滑触线示意图
（a）DHG 型滑触线；（b）DHGJ 型滑触线

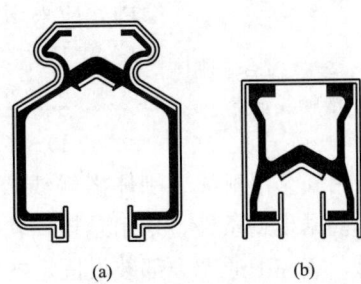

图 12.2-2 单极组合式滑触线示意图
（a）DHS 型；（b）DHH 型

表 12.2-1 安全滑触线应用条件

滑线规格	多极管式滑触线		单极组合式滑触线
	DHG 型	DHGJ 型	
安装环境	室内（室外应有遮阳设施），污染等级 4 级	室内或室外，污染等级 4 级	室内或室外，污染等级 4 级
环境温度	$-20 \sim +55℃$	$-40 \sim +80℃$	$-35 \sim +75℃$
电压	交流 660V 或直流 1000V 以下		交流 660V 或直流 1000V 以下
防护等级	IP23		IP23
运行速度	$\leqslant 120m/min$		$\leqslant 360m/min$
最小转弯半径	1200mm	1500mm	

b. 裸滑触线：包括裸钢材滑触线和刚体滑触线。

裸钢材（圆钢、扁钢、角钢）滑触线造价低，但不安全，除少数高温场所仍在应用外，已日趋淘汰。本手册仅保留角钢滑触线的内容，以备不时之需。

新型刚体滑触线载流量范围大（120～4500A），适用于钢铁厂等高温、污染等恶劣环境。刚体滑触线有压接式、复合式和整体式三种。本手册仅列出其中一种铜钢复合式 DKFS 型滑触线，其结构形状如图 12.2-3 所示，外形尺寸见表 12.2-6。

12

2) 悬挂式滑触线通常采用双钩形铜电车线，用钢索吊挂；适用于布线条件差、移动范围大的门式起重机。

各种滑触线的选用，详见下文 12.2.2.2 和 12.2.2.3。

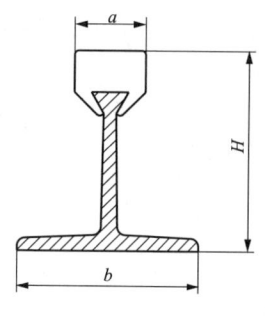

图 12.2-3　复合式刚体
滑触线示意

12.2.2.2　桥式、梁式起重机和电动葫芦的配电方式

（1）桥式起重机、梁式起重机和电动葫芦一般情况下宜采用安全滑触线，也可采用固定式裸钢材滑触线。

（2）在对金属有强烈侵蚀作用的环境中或小型电动葫芦，宜采用软电缆供电。

（3）在爆炸性气体环境 1 区及爆炸性粉尘环境 20 区、21 区内，应采用重型橡套电缆；在爆炸性气体环境 2 区及爆炸性粉尘环境 22 区内，应采用中型橡套电缆。

12.2.2.3　门式起重机的配电方式

（1）移动范围较大、容量较大的门式起重机，可根据现场条件，采用安全滑触线、刚体滑触线或悬挂式滑触线。移动范围不大且容量较小的门式起重机，可根据现场条件，采用悬挂式软电缆或卷筒式软电缆。抓斗门式起重机，当贮料场有上通廊时，宜在上通廊顶部装设固定式滑触线，此时集电器应采用软连接。

（2）卷筒式的软电缆宜采用重型橡套电缆，悬挂式的软电缆根据具体情况采用重型或中型橡套电缆。采用电缆滑车时，应配备尼龙绳或链条等装置以确保电缆在移动过程中不致拽拉损坏。

12.2.3　计算电流和尖峰电流

确定起重机计算电流的方法很多，较常见的有方均根电流法、利用系数法、综合系数法等，但这些方法的计算系数实测资料都还不全。方均根电流法与利用系数法的计算过程较繁，为了简化计算，推荐在一般工程上采用综合系数法。综合系数法的计算结果稍大于利用系数法而小于方均根电流法。

对于单台的电动葫芦及单台的梁式起重机，由于电动机功率和数量都较小，可取其主钩电动机的功率及电流值作为计算值。

12.2.3.1　计算功率和计算电流

采用综合系数法确定的计算功率 P_c 和计算电流 I_c 如下

$$P_c = K_{cc} P_n \tag{12.2-1}$$

$$I_c = \frac{P_c \times 1000}{\sqrt{3} U_{rM} \cos\varphi} \tag{12.2-2}$$

或

$$I_c = K'_{cc} P_n \tag{12.2-3}$$

式中　P_c——计算功率，kW；

I_c——计算电流，A；

K_{cc}——综合系数，其值见表 12.2-2；

K'_{cc}——与综合系数相对应的电流系数（$U_r = 380V$，$\cos\varphi = 0.5$）其值见表 12.2-2；

P_n——连接在滑触线上的电动机，在额定负载持续率下的总功率，kW；不包括副钩电动机功率；

U_{rM}——电动机的额定电压，V；

$\cos\varphi$——功率因数，一般取 0.5。

表 12.2-2　　　　　　　　　　　**综合系数**

起重机额定负载持续率 ε （%）	起重机台数	综合系数 K_{cc}	电流系数 K'_{cc} $(U_{rM}=380V\quad \cos\varphi=0.5)$
25	1	0.4	1.2
	2	0.3	0.9
	3	0.25	0.75
40	1	0.5	1.5
	2	0.38	1.14
	3	0.32	0.96

当同一滑触线上的两台以上起重机吨位相差较大时，计算功率和计算电流按下述方法计算

$$P_c = K_{cc1} P_{n1} + 0.1(P_n - P_{n1}) \tag{12.2-4}$$

$$I_c = K'_{cc1} P_{n1} + 0.3(P_n - P_{n1}) \tag{12.2-5}$$

式中　P_c——计算功率，kW；

$\quad\quad I_c$——计算电流，A；

$\quad\quad K_{cc1}$——最大一台起重机在相应的负载持续率时的综合系数，见表 12.2-2 中的 K_{cc}；

$\quad\quad K'_{cc1}$——与综合系数 K_{cc1} 相对应的电流系数（$U_{rM}=380V$，$\cos\varphi=0.5$），见表 12.2-2 中的 K'_{cc}；

$\quad\quad P_{n1}$——最大一台起重机在额定负载持续率时的电动机总功率，kW；不包括副钩电动机功率；

$\quad\quad P_n$——连接在滑触线上的电动机在额定负载持续率下的总功率，kW；不包括副钩电动机功率，kW。

12.2.3.2　尖峰电流的计算

$$I_P = I_c + (K_{st} - K_{cc})I_{rMmax} \tag{12.2-6}$$

式中　I_P——尖峰电流，A；

$\quad\quad I_c$——计算电流，A；

$\quad\quad I_{rMmax}$——最大一台电动机的额定电流，A；

$\quad\quad K_{cc}$——最大一台电动机的综合系数，其值见表 12.2-2；

$\quad\quad K_{st}$——最大一台电动机的启动电流倍数，绕线转子电动机取 2，笼型电动机按产品样本取值。

【例 12.2-1】　某生产车间在一条起重机滑触线上，连接有 50t/10t 双梁桥式起重机（$P_{n1}=105.5kW$，$I_{rMmax}=165A$）一台，5t 双梁桥式起重机（电动机总功率为 27.8kW）两台，这三台起重机的额定负载持续率均为 $\varepsilon=40\%$，求该滑触线的计算电流与尖峰电流。

解　由于滑触线上三台起重机吨位相差较大，因此计算电流按式（12.2-5）计算为

12

$$I_c = K'_{ccl} P_{nl} + 0.3(P_n - P_{nl}) = 1.5 \times 105.5 + 0.3 \times (2 \times 27.8) = 175 \ (A)$$

尖峰电流按式(12.2-6)计算

$$I_P = I_c + (K_{st} - K_{cc})I_{rMmax} = 175 + (2 - 0.5) \times 165 = 422 \ (A)$$

12.2.4 开关和熔断器的选择

(1)开关和保护电器的装设要求。每条滑触线或软电缆的电源线,应装设单独的隔离和短路保护电器,并应装设在滑触线或软电缆的附近便于操作和维修的地点。

(2)开关的选择。隔离和保护电器宜采用低压开关(铁壳开关)或熔断器式刀开关,开关的额定电流应大于计算电流且不小于熔断体额定电流。

(3)熔断器的选择。电源线的熔断体额定电流可按下式决定

$$I_n \geqslant (0.6 \sim 0.63)I_P \qquad (12.2-7)$$

式中 I_n——熔断体额定电流,A;

I_P——尖峰电流,A。

12.2.5 导体选择

12.2.5.1 导体选择的一般要求

(1)电源线、滑触线或软电缆截面积的选择应符合下列要求:

1)载流量不应小于保护电器额定电流或整定值;

2)应满足机械强度的要求;

3)自供电变压器的低压母线至起重机电动机端子的电压降,在尖峰电流时,不宜超过额定电压的15%。

按已往的习惯,电压降的分配为:起重机内部电压降2%~3%,电源线约占3%~5%,滑触线约占8%~10%。但在起重机设计规范中规定:一般用途电动桥式起重机(吊钩式、抓斗式)当额定起重量为32t及以下时,其内部电压降为5%;当额定起重量大于32t不超过160t时,其内部电压降为4%。在设计中应注意上述情况,适当调整电压降的分配。在当前广泛采用安全型滑触线的情况下,降低其电压降2%~3%是可行的。

(2)当起重机供电线路的电压降超过允许值时,可根据具体情况采取下列措施之一:

1)电源线尽量接至滑触线中部;

2)适当增大滑触线截面或增设辅助导线;

3)增加滑触线供电点或分段供电;

4)增大电源线或软电缆截面。

12.2.5.2 安全型滑触线规格的选择

(1)安全型滑触线的规格主要根据载流量进行选择,仅在个别情况下才需校验电压降。集电器、供电段、膨胀段、安装附件等标准配置由滑触线生产厂家成套供应。几种常用的多极管式滑触线技术参数见表12.2-3;单极组合式滑触线技术参数见表12.2-4。

(2)集电器根据单台起重机的功率和对应的滑触线规格进行选型。在同一条滑触线使用多台起重机时,各起重机的集电器宜采用相同的规格。在实际使用过程中,为保证起重机的正常工作,通常采用双组集电器。

表12.2-4中集电器的型号为单挑式,当单台起重机容量较大时,JDS型和FKT型可以采用双挑或多组同时使用,双挑式型号在其原来型号后标注"×2"。

表 12.2-3　　多极管式滑触线技术参数

塑料外壳滑线							铝合金外壳滑线						
型号	额定负载(A)	电阻(Ω/km)	阻抗(Ω/km)	外形尺寸(mm) a	b	c	型号	额定负载(A)	电阻(Ω/km)	阻抗(Ω/km)	外形尺寸(mm) a	b	c
DHG-4-16	80	1.195	1.204				DHGJ-4-16	80	1.195	1.204			
DHG-4-25	125	0.765	0.781				DHGJ-4-25	125	0.765	0.779			
DHG-4-35	140	0.546	0.568	60	70	90	DHGJ-4-35	140	0.546	0.566	60	70	90
DHG-4-50	170	0.382	0.411				DHGJ-4-50	170	0.382	0.409			
DHG-4-70	210	0.273	0.310				DHGJ-4-70	210	0.273	0.309			
DHG-5-16	80	1.195	1.205				DHGJ-5-16	80	1.195	1.205			
DHG-5-25	125	0.765	0.780				DHGJ-5-25	125	0.765	0.780			
DHG-5-35	140	0.546	0.567	65	75	94	DHGJ-5-35	140	0.546	0.567	65	75	94
DHG-5-50	170	0.382	0.410				DHGJ-5-50	170	0.382	0.410			
DHG-5-70	210	0.273	0.310				DHGJ-5-70	210	0.273	0.310			
DHG-6-10	50	1.912	1.921	60	70	90	DHGJ-8-10	50	1.912	1.919	78	96	115
DHG-6-35	140	0.546	0.572				DHGJ-8-16	80	1.195	1.206			
DHG-6-50	170	0.382	0.417				DHGJ-8-25	125	0.765	0.781			
DHG-7-10	50	1.912	1.921	95	115	145	DHGJ-12-10	50	1.912	1.919			
DHG-7-35	140	0.546	0.571				DHGJ-12-16	80	1.195	1.206			
DHG-7-50	170	0.382	0.417				DHGJ-12.25	125	0.765	0.781	105	141	160
DHG-8-10	50	1.912	1.948				DHGJ-14-10	50	1.912	1.919			
DHG-8-16	80	1.195	1.254	65	96	115	DHGJ-14-16	80	1.195	1.206			
DHG-8-25	125	0.765	0.867				DHGJ-14-25	125	0.765	0.781			

表 12.2-4　　单极组合式滑触线技术参数

H 型 滑 线

铝导体					铜导体				
型号	额定负载(A)	电阻 R(Ω/km)	阻抗 Z(Ω/km)	配用集电器	型号	额定负载(A)	电阻 R(Ω/km)	阻抗 Z(Ω/km)	配用集电器
DHH-160	250	0.190 5	0.219 5	JDS-200	DHHT-160	500	0.116 1	0.159 4	JDS-200
DHH-250	380	0.121 8	0.164 2		DHHT-250	700	0.074 3	0.132 7	
DHH-320	500	0.095 2	0.145 5	JDS-250	DHHT-320	1000	0.058 0	0.124 4	JDS-250
DHH-400	630	0.076 2	0.133 8		DHHT-400	1250	0.046 4	0.119 4	
DHH-500	800	0.060 9	0.125 8		DHHT-500	1600	0.037 2	0.116 1	
DHH-700	1000	0.043 5	0.118 4		DHHT-700	2000	0.026 5	0.113 2	

S 型滑线（导体为铝）

型号	额定负载(A)	电阻 R(Ω/km)	阻抗 Z(Ω/km)	配用集电器	型号	额定负载(A)	电阻 R(Ω/km)	阻抗 Z(Ω/km)	配用集电器
DHS-250	400	0.121 9	0.157 3	JDC-400	DHS-1200	1600	0.025 4	0.090 4	JDC-700 JDS-400
DHS-400	700	0.076 2	0.124 7	JDT-400	DHS-1600	2000	0.019 0	0.088 9	
DHS-800	1250	0.038 1	0.098 7	JDC-700	DHS-2000	2500	0.015 2	0.088 1	

12

单极组合式滑触线集电器有连杆式（JDS 型）和小车式（JDC 型）两种形式。通常情况下 H 型滑触线选用连杆式，S 型滑触线优先选用小车式。在选用小车式的集电器时，为便于维修应考虑加装取放段。

12.2.5.3 固定式裸滑触线规格的选择

（1）按满足机械强度的条件，固定式裸钢材滑触线的规格应符合表 12.2-5 的要求。但滑触线用的角钢规格不宜大于 75mm×8mm，如需更大截面时，宜采用新型刚体滑触线，也可采用轻型钢轨或工字钢。铜钢复合或 DKFS 型滑触线的技术参数见表 12.2-6。

表 12.2-5　　　　　　　　　　　　固定式裸钢材滑触线规格

起重机类型	固定点间距 （m）	角钢规格 （mm×mm）
3t 及以下的梁式起重机和电动葫芦	≤1.5	≥25×4
10t 及以下的桥式起重机	≤3	≥40×4
10t 以上的桥式起重机	≤3	≥50×5

表 12.2-6　　　　　　　　　铜钢复合式 DKFS 型滑触线技术数据

型　号	尺寸（mm）			额定负载 （A）	质量 （kg/m）
	H	a	b		
DKFS50-50	43.1	14.6	50	495	3.35
DKFS50-100	46.0	15.3	50	620	3.80
DKFS50-150	48.3	17.3	50	750	4.25
DKFS50-200	50.8	17.3	50	826	4.70
DKFS50-300	56.3	17.6	50	1250	5.60
DKFS50-400	59.3	19.6	50	1450	6.50
DKFS50-500	64.4	19.6	50	1600	7.40
DKFS50-600	65.0	23.2	50	2500	8.30

（2）交流滑触线电压降的计算：裸钢材滑触线的规格主要是按电压降的条件来确定。交流滑触线的电压降（$\Delta u\%$）按下式计算

$$\Delta u\% = \frac{\sqrt{3} \times 100}{U_n} I_P l (R\cos\varphi + X\sin\varphi) \qquad (12.2\text{-}8)$$

式中　U_n——标称（线）电压，V；

　　　I_P——尖峰电流，A；

　　　l——滑触线的计算长度，km；对单台起重机系指供电点到最远端的距离，两台起重机时该距离乘以 0.8，三台起重机时乘以 0.7；

　　　$\cos\varphi$——功率因数，一般取 0.5；

　　　R——滑触线的交流电阻，Ω/km；

X——滑触线的内外电抗之和，即 $X = X_{in} + X_{ex}$，Ω / km。

角钢滑触线的交流电阻 R 和内感抗 X_{in} 见表 12.2-7。角钢滑触线在各种相间中心间距时的外感抗 X_{ex} 见表 12.2-8。

为简化计算，编制了两种曲线图：根据起重机的尖峰电流 I_P 查滑触线每 10m 的电压降，见图 12.2-4 和图 12.2-5。根据 I_P 和计算长度 l 查所需滑触线规格，见图 12.2-6。

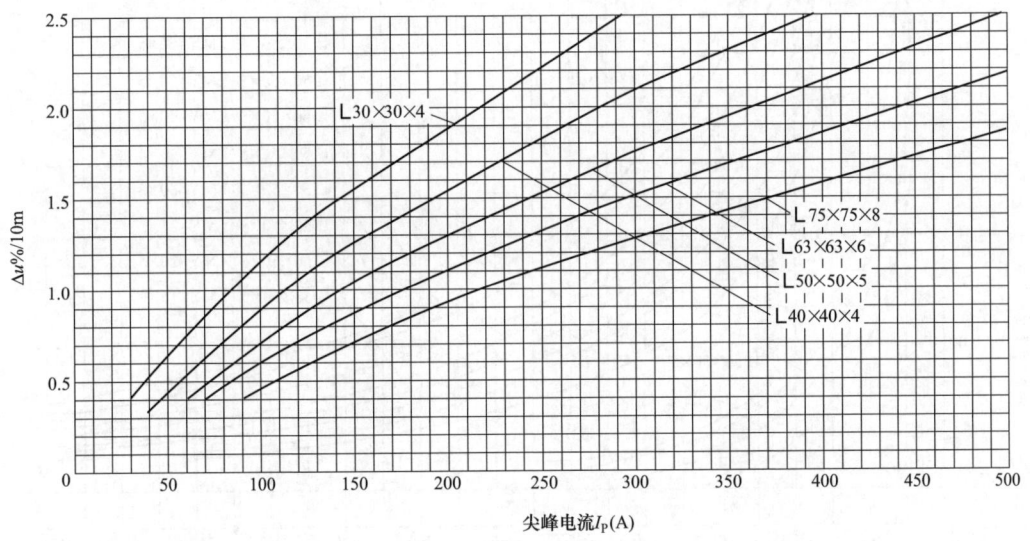

图 12.2-4 角钢滑触线的电压降

注：本曲线按三相交流 380V、50Hz、$\cos\varphi = 0.5$、相间中心间距 250mm 制作，因外感抗影响不大，也可适用于其他相间中心间距。

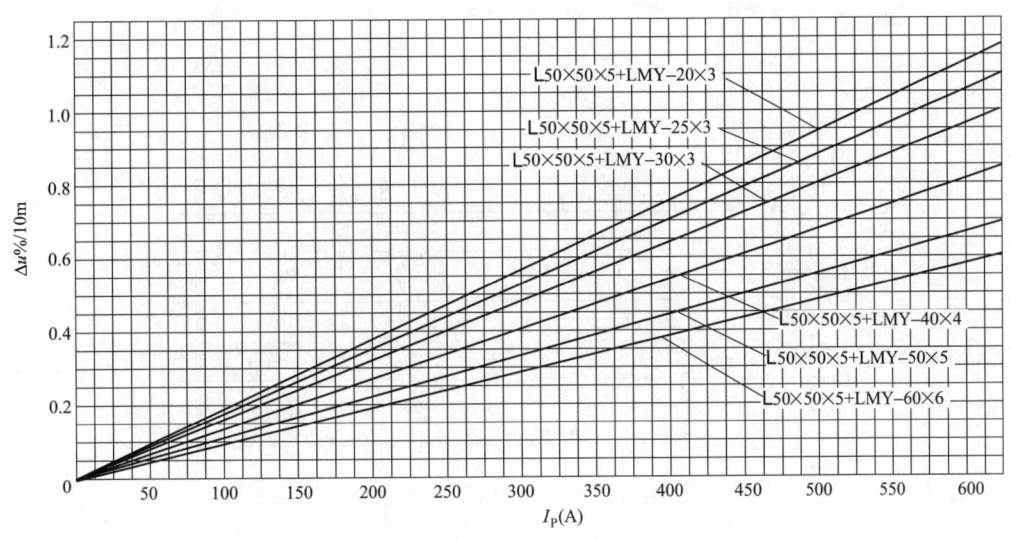

图 12.2-5 加铝母线后的角钢滑触线的电压降

注：本曲线按三相交流 380V、50Hz、$\cos\varphi = 0.5$、相间中心间距 380mm 制作，若相间中心间距为 250mm 时，可按曲线查得数值乘以 0.9 使用。

当采用铝母线作辅助线时,角钢滑触线的电压降和所需规格可直接从图 12.2-5 和图 12.2-6 查得。

当电流很大,采用刚体滑触线仍不能满足电压降的条件时,可增设辅助电缆。为更有效地降低线路阻抗,建议采用图 12.2-7 所示的布线方式。

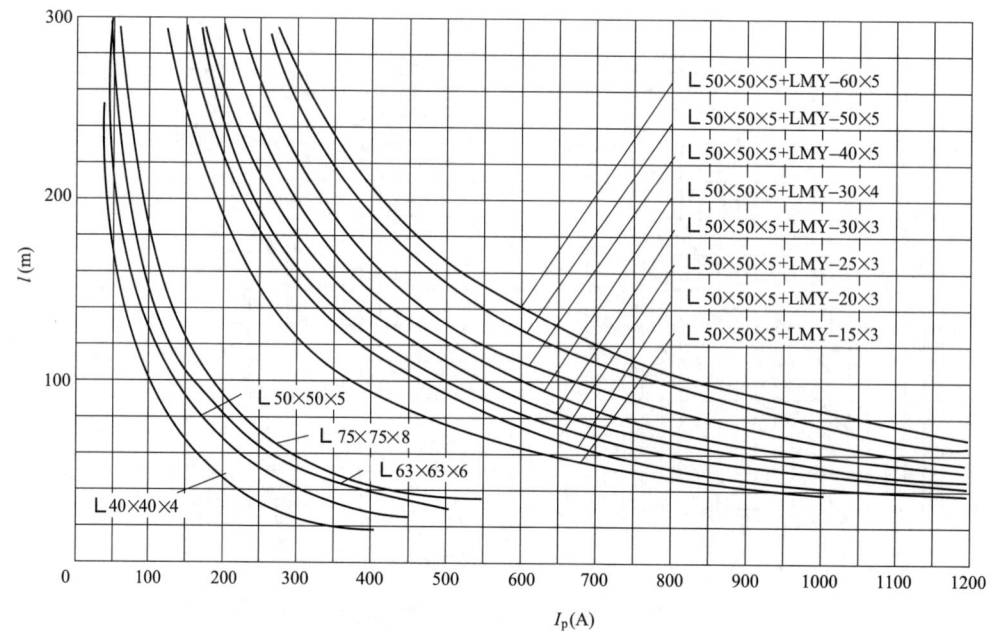

图 12.2-6　角钢及加铝母线后的角钢滑触线选择曲线

注:本曲线按三相交流 380V、50Hz、$\cos\varphi=0.5$、相间中心间距 380mm、$\Delta u=8\%$制作;滑触线为角钢时可适用于其他相间中心间,滑触线为角钢加铝母线相间中心间距为 250mm 时,l 可按曲线查得数值乘以 0.9 使用。

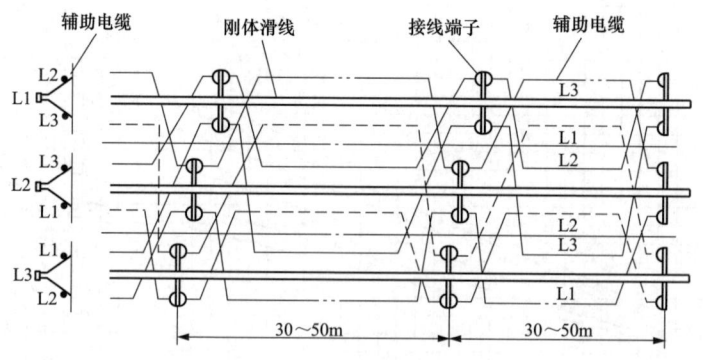

图 12.2-7　辅助电缆布线方式

表 12.2-7						角钢滑触线的交流电阻和内感抗值						单位：Ω/kM	
电流密度（A/mm²）	角钢（mm×mm）												
	25×25×3		30×30×4		40×40×4		50×50×5		63×63×6		75×75×8	
	R	X_{in}	R	X_{in}	R	X_{in}	R	X_{in}	R	X_{in}	R	X_{in}
0.10	—	—	—	—	—	—	—	—	1.26	0.72	0.98	0.55
0.15	—	—	—	—	—	—	1.57	0.87	1.19	0.67	0.91	0.51
0.20	—	—	2.67	1.51	2.00	1.13	1.50	0.83	1.13	0.64	0.84	0.47
0.25	3.35	1.90	2.60	1.47	1.92	1.08	1.43	0.79	1.09	0.61	0.79	0.45
0.30	3.28	1.86	2.50	1.41	1.85	1.05	1.36	0.75	1.03	0.58	0.74	0.42
0.35												
0.40	3.15	1.78	2.35	1.33	1.74	0.97	1.26	0.70	0.94	0.53	0.67	0.38
0.50	3.00	1.70	2.20	1.24	1.64	0.91	1.17	0.65	0.87	0.49	0.62	0.35
0.60	2.28	1.63	2.08	1.18	1.55	0.86	1.11	0.62	0.82	0.46	0.58	0.33
0.80	2.65	1.50	1.90	1.07	1.43	0.79	1.00	0.57	0.73	0.41	0.53	0.30
1.00	2.48	1.40	1.77	1.00	1.32	0.73	0.92	0.52	0.67	0.38	0.49	0.28
1.20	2.35	1.33	1.66	0.92	1.24	0.69	0.86	0.49	0.63	0.36	—	—
1.40	2.25	1.27	1.58	0.88	1.19	0.66	0.84	0.47	—	—	—	—
1.60	2.15	1.22	1.53	0.86	1.15	0.65	—	—	—	—	—	—

表 12.2-8			角钢滑触线的外感抗值					单位：Ω/km	
滑触线规格			角钢（mm×mm×mm）						
			25×25×3	30×30×4	40×40×4	50×50×5	63×63×6	75×75×8	
相线中心间距（mm）	150	X_{ex}	—	—	—	—	—	—	
	250		0.213	0.202	0.184	0.170	0.158	0.145	
	380		0.239	0.227	0.210	0.201	0.148	0.171	

12.2.6 滑触线的安装要点

12.2.6.1 固定式滑触线的分段

（1）固定式滑触线跨越建筑物伸缩缝处和固定式裸钢材滑触线在其长度每隔 30～50m 处，应装设膨胀补偿装置。固定式裸钢材滑触线膨胀补偿装置的间隙一般为 20mm。安全滑触线装设膨胀补偿装置的要求应根据其制造厂提供的资料而定。

(2) 分段供电的固定式裸钢材滑触线，各分段电源如允许并联运行，分段间隙一般为20mm；如不允许并联运行，分段间隙应大于集电器滑触块的长度，并采取防止滑触块落入间隙的措施。安全型滑触线在分段处应采用绝缘材料进行隔离，以便于集电器的正常通行。

(3) 两台及以上的起重机在共同的滑触线上工作时，宜根据生产和维修的需要设置检修段。检修段一般设置在起重机轨道的两端，中间是否设置检修段，应根据生产、检修是否需要来确定。检修段的长度应大于起重机桥身宽度加2m。固定式裸钢材滑触线的工作段与检修段之间的绝缘间隙，一般为50mm。工作段与检修段之间应设隔离开关电器，隔离开关电器应安装在安全和便于操作的地方。采用安全型滑触线，可根据需要确定是否设检修段，当起重机上的集电器能与滑触线脱开时，可不设置检修段。

12.2.6.2　防电击和接地

(1) 装于起重机梁的固定裸滑触线，宜装于起重机驾驶室的对侧；当装于同侧时，对工作人员上下可能触及的裸滑触线段，必须设置遮栏保护；安全型滑触线宜与起重机驾驶室装于同侧，并可不采取防护措施。

(2) 当采用固定式裸滑触线，且起重机的吊钩钢绳摆动能触及滑触线时，或多层布置时的各下层滑触线，应采取防止意外触电的保护措施。

(3) 裸滑触线距离地面的高度，不应低于3.5m；在屋外跨越汽车通道处，不应低于6m，否则必须采取防护措施。

(4) 室内固定式裸滑触线的适当地点，应设置灯光信号。

(5) 安全型滑触线悬吊支架的位置，当设计无规定时宜焊接在起重机轨道下面的垫板上。

(6) 起重机轨道的接地应符合第14章的要求。轨道的伸缩缝或断开处应采用足够截面的跨接线进行连接，以形成可靠通路。

一般情况下，可认为起重机车轮与轨道有可靠的电气连接。当有不导电灰尘沉积或其他原因造成车轮与轨道有不可靠的电气连接时，宜采用四根滑触线。

如果起重机装在露天，其轨道除采用上述措施外，且其接地点应不少于两个。

12.2.6.3　门式起重机的滑触线及软电缆

(1) 门式起重机的滑触线推荐采用安全滑触线，当采用固定式裸滑触线时宜装设在地沟内。地沟上应加可揭开式盖板，沟内应有排水措施。抓斗门式起重机的集电器宜采用软连接。

(2) 门式起重机的悬挂式滑触线的杆距一般为15～20m，应设终端拉紧装置。为保证集电器与滑触线的接触严密，对滚轮结构式应尽量增大滚轮的活动范围，并加深滚轮的凹槽；对长臂结构式应适当增加臂长及其机械强度。

(3) 门式起重机采用电缆卷筒式软电缆供电时，电源引入点宜设在移动范围的中部；在靠电缆卷筒侧的起重机轨道外的适当位置，宜做一浅沟，使电缆在沟内拖动，防止机械损伤。

12.2.7　常用起重机开关及导线、滑触线选择

常用起重机开关及导线、滑触线选择见表12.2-9～表12.2-16。

表12.2-9　一台起重机(ε=25%)开关导线及滑触线选择

起重机类型	起重量(t)	总额定功率(kW)	主钩 (kW/电流A)	副钩	大车	小车	计算电流(A)	尖峰电流(A)	开关额定电流/熔体电流(A)	BV型导线截面积(mm²)	保护钢管直径(mm) SC	安全滑触线 滑线规格	集电器	每100m电压降(%)	裸滑触线 角钢尺寸/扁钢尺寸(mm×mm×mm)	每10m电压降(%)
电动葫芦	0.5	1.1	0.8/3		—	0.3/0.9	3	17	15/10	3×2.5	15			0.93	L30×30×4	0.19
	1	2.8	2.2/6.4		—	0.6/1.9	6.4	27	15/15	3×2.5	15			1.48	L40×40×4	0.30
	2	4.1	3.5/9.2		—	1/2.9	9.2	36	30/20	3×2.5	15			1.98	L40×40×4	0.40
	3	6	5/13		—		13	61	60/40	3×4	20			3.35	L40×40×4	0.67
	5	8.5	7.5/19.7		—		19.7	90	60/60	3×4	20			4.94	L40×40×4	0.87
梁式起重机	0.5	3.3	0.8/3		2.2/5	0.3/0.9	5	19	15/10	3×2.5	15	DHG-4-16	JD-4-40	1.04	L40×40×4 / −30×4	0.34 / 0.20
	1	5	2.2/6.4			0.6/1.9	6.4	29	30/20					1.59	L40×40×4 / −30×4	0.52 / 0.31
	2	6.3	3.5/9.2				9.2	38	30/25					2.09	L40×40×4 / −30×4	0.69 / 0.48
	3	7.8	5/13				13	62	60/40	3×4	20			3.40	L40×40×4	1.12
	5	11.4	7.5/19.7		2×3.5/9.2	1.7/3.7	19.7	90	60/60					4.94	L40×40×4	0.60
	5	15.9	11/28		2×5/15	1.4/4	19.4	51	30/30	3×6	25			2.80	L40×40×4	0.87
	10	23.2	11/28		2×7.5/21	2.2/6.4	28	73	60/40	3×6				4.01	L40×40×4	0.50
	12.5	28.2	16/43		2×7.5/21	2.2/6.4	34	79	60/40	3×10	25			4.34	L40×40×4	0.7
	16/3	29.5	22/57	11/28	2×5/15	3.5/9.2	36	105	100/60	3×10(16)	25(32)	DHG-4-25	JD-4-40 两套	5.76	L40×40×4	0.96
	20/5	42	40/100	16/43	2×7.5/21	5/15	51	142	100/80	3×16	22	DHG-4-35	JD-4-60 两套	4.76	L50×50×5	0.97
	32/8	67	50/117	30/695	2×11/28	7.5/21	82	242	200/150	3×35(50)	40(50)	DHG-4-50	JD-4-60 两套	5.04	L50×50×5	1.00
单主梁式桥式起重机	50/125	79.5	45/110	30/72	2×11/28	7.2/21	97	284	200/150	3×50	50	DHG-4-50	JD-4-60 两套	6.24	L75×75×8	1.08
	5	23.2	11/28		2×5/15	2.2/7.2	27.8	67	60/40	3×6	20	DHG-4-16	JD-4-40 两套	5.32	L75×75×8	1.21
	10	29.5	16/43		2×5/15	3.5/10	35	104	100/60	3×10	25	DHG-4-25	JD-4-40 两套	3.68	L40×40×4	0.65
	15/3	35.5	22/57	11/28	2×7.5/21	5/15	43	134	100/80	3×10(16)	25(32)	DHG-4-35	JD-4-60 两套	5.71	L40×40×4	0.96
	20/5	65	45/110	16/43	2×7.5/21	5/15	78	254	200/150	3×35	40	DHG-4-35	JD-4-60 两套	4.76	L50×50×5	0.97
	30/5													6.55	L75×75×8	1.13
	50/10	89.5	60/133	30/72	2×11/28	7.2/21	107	320	200/100	3×50(70)	50(70)	DHG-4-50	JD-4-60 两套	5.99	L75×75×8	1.32

注：
1. 总额定功率中不包括副钩电动机功率。
2. 环境温度按35℃考虑；当环境温度为40℃时，导线截面积、管径采用括号内数值。
3. 本手册中安全滑触线的型号及规格均系引用无锡市永大富滑导电器有限公司的技术资料。

表 12.2-10　一台桥式起重机($\varepsilon=40\%$)开关导线及滑触线选择

起重机类型	起重量(t)	总额定功率(kW)	电动机功率(kW)/电流(A)				计算电流(A)	尖峰电流(A)	负荷开关 额定电流/熔体电流(A)	BV型导线截面积(mm²)及保护钢管直径(mm)		安全滑触线			裸滑触线	
			主钩	副钩	大车	小车				截面积	SC(mm)	滑线规格	集电器	每100m电压降(%)	角钢尺寸或扁钢尺寸(mm×mm×mm)	每10m电压降(%)
单主梁式起重机	5	22.8	13/29.5		2×4.2/10	1.4/5.3	35	79	60/50	3×10	25	DHG-4-6	JD-4-40	4.34	L40×40×4	0.77
	8	27.7	17.5/50		2×4/9.5	2.2/7	42	117	100/60	3×10(16)	25(32)	DHG-4-6	JD-4-40	6.42	L40×40×4	1.06
	10	44.8	25/73		2×8.8/25	2.2/7	68	178	100/100	3×25(35)	40	DHG-4-25	JD-4-40	6.32	L50×50×5	1.16
	12.5	44.6	23.5/62	11/27.5	2×8.8/25	3.5/10	54	147	100/80	3×16(25)	32(40)	DHG-4-25	两套	5.22	L50×50×5	1.05
	16/3	56.1	40/106	16/46	2×6.3/19	3.5/10	85	244	200/150	3×35(50)	40(50)	DHG-4-35	JD-4-60 两套	6.29	L75×75×8	1.18
	20/5	72.6	50/119		2×8.8/25	5/15	110	289	200/200	3×50(70)	50(70)	DHG-4-50	JD-4-60 两套	5.41	L50×50×5	0.47
	32/8	92	65/170		2×11/27.5	5/15	132	387	400/250	3×70(95)	70(80)	DHG-4-70	JD-4-150S	5.47	L50×50×5	0.61
	50/125	107	80/208		2×11/27.5	5/15	155	467	400/250	3×95	80	DHG-4-150S 两套	JD-4-150S 两套	6.60	+LMY-30×3	0.73
双梁桥式起重机	15/3	27.8	13/29	11/31	2×6.3/19	2.2/7	42	100	100/60	3×10(16)	25(32)	DHG-4-16	JD-4-40 两套	5.49	L40×40×4	0.93
	20/5	39.6	23.5/62	16/43	2×8.8/25	3.5/10	59	152	100/80	3×25	40	DHG-4-25		5.40	L50×50×5	1.06
	30/5	69.1	48/114	16/43	2×13/29	5/15	104	275	200/150	3×50(70)	50(70)	DHG-4-35	JD-4-60 两套	7.09	L75×75×8	1.18
	50/10	94	63/165	30/72	2×17.5/50	7.5/21	141	389	200/200	3×95	80	DHG-4-50	JD-4-150s 两套	7.25	L50×50×5	0.61
	50/10	105.5					158	406		3×95(120)		DHG-4-70		5.72	+LMY-30×3	0.64

注　同表 12.2-9。

表 12.2-11　二台梁式起重机机组($\varepsilon=25\%$)开关及导线选择

起重机机组合起重量(t)	总额定功率(kW)	计算电流(A)	尖峰电流(A)	负荷开关		BV型导线截面积(mm²)及保护钢管直径(mm)				安全滑触线			裸滑触线	
				额定电流(A)	熔体电流(A)	30℃ 截面积	SC	40℃ 截面积	SC	滑线规格	集电器	每100m电压降(%)	角钢尺寸或扁钢尺寸(mm×mm×mm)	每10m电压降(%)
1+1	10	9	36	30	20	3×2.5	15	3×2.5	15	DHG-4-16	JD-4-40 一套/一台	1.58	L40×40×4	0.4
2+1	11.3	10.2	45	30	20							1.98		0.51
2+2	12.6	11.3	46.3	30	30							2.03		0.52
3+1	13.9	13.0	71.5	60	40	3×4	20	3×4	20			3.14		0.69
3+2	15.2	15.2	72	60	40							3.16		0.70
3+3	17.8	16.0	74.5	60	40							3.27		0.72
5+1	16.4	19.9	104.6	100	60	3×6	20	3×6	20			4.59	L40×40×4	0.97
5+2	17.7	20.1	104.8	100	60							4.60		
5+3	20.3	20.3	105	100	60							4.61		
5+5	22.8	20.5	105.2	100	60							4.62		0.98

注　同表 12.2-9。

表12.2-12

二台桥式起重机组(ε=25%)开关及导线选择

起重机组合起重量(t)	总额定功率(kW)	计算电流(A)	尖峰电流(A)	负荷开关 额定电流(A)	负荷开关 熔体电流(A)	BV型导线截面积(mm²)及保护钢管直径(mm) 30℃ 截面积	30℃ SC	40℃ 截面积	40℃ SC	安全滑触线 滑线规格	安全滑触线 集电器	每100m电压降(%)	裸滑触线 角钢尺寸(mm×mm×mm)	每10m电压降(%)
5+5	46.4	42	90	60	50	3×10	25	3×16	32	DHG-4-16	5t,10t: JD-4-40 一套/台	3.95	L50×50×5	0.7
10+5	52.7	47	120	60	60	3×16	32	3×25	32			5.27		0.89
10+10	59	53	126		80	3×16	32	3×25				5.53		0.93
15/3+5	58.7	53	150		80	3×25	40	3×35	40			6.59		1.07
15/3+10	65	59	156	100	100	3×25	40	3×35	40		5t,10t,15t,20t: JD-4-40 两套/台	6.85		1.10
15/3+15/3	71	64	161	100	100							7.07		1.12
20/5+5	58.7	53	150		80	3×16	32	3×25	32			6.59		1.07
20/5+10	65	59	156		80							6.85		1.10
20/5+15/3	71	64	161	100	100	3×25	40	3×35	40			7.07		1.12
20/5+20/5					100									
30/5+5	88	80	266	200	150	3×35	50	3×50	50	DHG-4-25	5t,10t: JD-4-60 一套/台	7.56	L50×50×5 +LMY−30×3	0.42
30/5+10	95	86	282		150	3×50	50	3×50	50	DHG-4-35		5.82		0.45
30/5+15/3	101	91	288		150	3×50	50	3×50	50			5.94		0.46
30/5+20/3					150						30t;JD-4-60 两套/台			
30/5+30/5	130	117	304		200	3×70	70	3×70	70	DHG-4-35		6.27		0.48

注 1. 本表按普通双桥梁式起重机编制。

2. 二台(ε=25%)单主梁桥式起重机开关及导线选择可参照本表确定。5～8t单主梁起重机可视为5t双梁起重机;10～12.5t单主梁起重机可视为10t双梁起重机;16/3～20/5t单主梁起重机可视为15/3t双梁起重机;32/8t单主梁起重机可视为30/5t双梁起重机;50/12.5t单主梁起重机可视为50/10t双梁起重机。

表12.2-13 二台桥式起重机组（ε=40%）开关及导线选择

起重机组合起重量 (t)	总额定功率 (kW)	计算电流 (A)	尖峰电流 (A)	负荷开关 额定电流 (A)	负荷开关 熔体电流 (A)	BV型导线截面积(mm²)及保护钢管直径(mm) 30℃ 截面积	30℃ SC	40℃ 截面积	40℃ SC	安全滑触线 滑线规格	安全滑触线 集电器	每100m电压降(%)	裸滑触线 角钢尺寸(mm×mm×mm)	每10m电压降(%)
5+5	55.6	64	127	100	80	3×25	40	3×25	40	DHG-4-16	JD-4-40两套/台	5.58	L50×50×5	0.93
10+5	67.4	78	178	100	100	3×35	40	3×50	50	DHG-4-25	JD-4-60一套/台	5.06		1.19
10+10	79.2	91	192	200	150	3×50	50	3×70	70	DHG-4-35	5t、10t：JD-4-60一套/台 15/3t：JD-4-60两套/台	5.45		1.23
15/3+5	96.9	111	296	200	150	3×70	70	3×70	70	DHG-4-35		6.11		0.47
15/3+10	108.7	125	310	200	200	3×95	80	3×95	65	DHG-4-50	JD-4-150S两套/台	6.40		0.49
15/3+15/3	138.2	159	344	200	200	3×120		3×120		DHG-4-50		5.13		0.54
20/5+5	96.9	111	296	200	150	3×70	70	3×70	50	DHG-4-35	5t、10t：JD-4-60一套/台 20/5t：JD-4-60两套/台	6.11		
20/5+10	108.7	125	310	200	200	3×95		3×95		DHG-4-50		6.40		
20/5+15/3	138.2	159	344	400	250	3×120	80	3×120	80	DHG-4-50	5t、10t：JD-4-150S一套/台 15/3t、20/5t、30/5t：JD-4-150S两套/台	5.13	L50×50×5 +LMY-30×3	0.66
20/5+20/5	121.8	150	418	400	250	2(3×70)	2(70)	2(3×70)	2(70)	DHG-4-50		6.23		0.67
30/5+5	133.6	154	421	400	250	3×95	80	3×95		DHG-4-50		6.28		0.72
30/5+10	163.1	188	455	400	250	2(3×50)	2(70)	2(3×50)		DHG-4-70	15/3t、20/5t、30/5t：JD-4-150S一套/台 30/5t：JD-4-150S两套/台	5.13		
30/5+15/3	188	216	484	400	250	2(3×70)		2(3×70)	2(70)			3.87		0.76
30/5+20/5														
30/5+30/5														
50/10+10	145.1	167	434			2(3×50)	2(50)	2(3×50)	2(50)	单极组合式 DHH-160	JDS-200×2 一套/台	3.47		0.69
50/10+15/3	174.6	201	468			2(3×70)	2(70)	2(3×70)	2(70)			3.75		0.74
50/10+20/5														
50/10+30/5	199.5	229	497		300	2(3×95)	2(80)	2(3×95)	2(80)	单极组合式 DHH-250	JDS-250×2 一套/台	2.98		0.79
50/10+50/10	211	243	547		300							3.28		0.86

表 12.2-14 三台桥式起重机组（ε=25%）开关及导线选择

起重机组合起重量 (t)	总额定功率 (kW)	计算电流 (A)	尖峰电流 (A)	负荷开关 额定电流 (A)	负荷开关 熔体电流 (A)	BV型导线截面积(mm²)及保护钢管直径(mm) 30℃ 截面积	30℃ SC	40℃ 截面积	40℃ SC	滑线规格	安全滑触线 集电器	安全滑触线 每100m电压降(%)	裸滑触线 角钢或扁钢尺寸(mm)	裸滑触线 每10m电压降(%)
5+5+5	70	53	102	100	60	3×16	32	3×25				3.92		0.78
10+5+5	76	57	132		80							5.07		0.95
10+10+5	82	62	137			3×25						5.76		0.97
10+10+10	89	67	142								5t,10t JD-4-40 一套/台	5.45		1.02
15/3+5+5	82	62	162							DHG-4-16		6.22		1.11
15/3+10+5	88	66	166	100	100	3×35	40	3×35	40		15/3t,20/5t JD-4-40 两套/台	6.38	L50×50×5	1.12
15/3+10+10	95	72	172									6.61		1.15
15/3+15/3+5	94	71	171									6.57		1.15
20/5+15/3+5	94	71	171									6.57		1.15
20/5+5+5	82	62	162									6.22		1.12
20/5+10+10	95	72	172									6.61		1.15
15/3+15/3+10	101	76	176								5t,10t,15/3t JD-4-60 一套/台	4.37		1.17
20/5+15/3+10	101	76	176						50	DHG-4-25		4.37		1.17
20/5+15/3+15/3	107	80	180					3×50			20/5,30/5 JD-4-60 两套/台	4.47		1.20
20/5+20/5+10	101	76	176									4.37		1.17
20/5+20/5+15/3	107	80	180									4.47		1.20
20/5+20/5+20/5														

表12.2-15　三台桥式起重机组(ε=40%)开关及导线选择

起重机组合起重量(t)	总额定功率(kW)	计算电流(A)	尖峰电流(A)	负荷开关 额定电流(A)	负荷开关 熔体电流(A)	BV型导线 30℃ 截面积(mm²)	30℃ SC(mm)	BV型导线 40℃ 截面积(mm²)	40℃ SC(mm)	安全滑触线 滑线规格	安全滑触线 集电器	每100m电压降(%)	裸滑触线 角钢尺寸或扁钢尺寸(mm×mm×mm)	每10m电压降(%)
10+5+5	95	90	195	200	120	3×50	50	3×50	50	DHG-4-25	JD-4-60 一套/台	4.98	L75×75×8	0.92
10+10+5	107	102	206			3×50		3×50		DHG-4-35	5t,10t: JD-4-60 一套/台	3.72		0.96
10+10+10	119	113	217		200	3×70	70	3×70	70		15/3,20/5: JD-4-60 两套/台	3.92		0.34
15/3+10+5	125	118	310			3×70		3×70		DHG-4-70		5.60		0.49
20/5+5+5	137	130	321			3×95	80	3×95	80		5t,10t,15/3t: JD-4-150S 一套/台 20/5t: JD-4-150S 两套/台	3.16		0.51
15/3+10+10	148	141	332		150	3×95		3×95				3.27		0.52
15/3+15/3+5	111	83	276			3×35	40	3×50	50	DHG-4-35	5t,10t,15/3t: JD-4-60 一套/台 20/5t,30/5t: JD-4-60 两套/台	4.98	L50×50×5 +LMY-30×3	0.44
30/5+5+5	124	93	286			3×50	50	3×50				5.16		0.45
30/5+10+10	130	98	291			3×50		3×70	70			5.25		0.46
30/5+15/3+10	136	102	295			3×70	70	3×70				5.33		0.47
30/5+15/3+15/3	130	98	291			3×70		3×70				5.25		0.46
30/5+20/5+10	136	120	295		200	3×70		3×70				5.33		0.47
30/5+20/5+15/3	160	120	313	200		3×95	80	3×95	80	DHG-4-50	10t,15/3t,20/5t: JD-4-150S 一套/台 30/5t,50/10t: JD-4-150S 两套/台	5.65		0.49
30/5+20/5+20/5	166	125	318	400		3×95		3×120				5.74		0.50
30/5+30/5+10	195	146	339			3×120		3×70	70			4.42		0.54
30/5+30/5+20/5	149	112	345			3×70	70	3×95				4.50		0.55
30/5+30/5+30/5	161	121	354	400		3×95		3×95				4.62		0.56
50/10+10+10	220	165	398	200	200	3×120	80	3×120		DHG-4-70	10t,20/5t: JD-4-150S 一套/台 30/5t,50/10t: JD-4-150S 两套/台	3.92		0.63
50/10+15/3+15/3	209	157	390									3.84		0.62
50/10+20/5+20/5	215	161	394									3.88		0.62
20/5+10+10	166	158	349			3×120		3×120				3.44		0.55
15/3+15/3+10	178	169	360					2(3×50)				3.55		0.57

12

续表

起重机组合起重量 (t)	总额定功率 (kW)	计算电流 (A)	尖峰电流 (A)	负荷开关 额定电流 (A)	熔体电流 (A)	BV型导线截面积(mm²)及保护护钢管直径(mm) 30℃ 截面积	SC	40℃ 截面积	SC	安全滑触线 滑线规格	集电器	每100m电压降(%)	裸滑触线 角钢尺寸(mm×mm×mm)或扁钢尺寸(mm×mm)	每10m电压降(%)
20/5+15/3+10	178	169	360	400	200	3×120	80	2(3×50)	2(50)	单极组合式 DHH-160	JDS-200×2 一套/台	3.55	L50×50×5 +LMY-30×3	0.57
20/5+20/5+10														
15/3+15/3+15/3	207	197	388			2(3×50)	2(50)	2(3×70)	2(3×70)			2.72		0.61
20/5+15/3+15/3														
20/5+20/5+15/3														
20/5+20/5+20/5														
30/5+5+5	150	160	437		250	3×95	80	3×120	80	DHG-4-70	5t,10t:JD-4-150S 一套/台 30/5t:JD-4-150S 两套/台	4.31		0.69
30/5+10+10	173	165	442			2(3×50)						4.36		0.70
30/5+15/3+10	203	193	470			2(3×50)	2(70)	2(3×70)	2(70)	DHH-160	JDS-200×2 一套/台	3.29		0.74
30/5+15/3+15/3	232	221	498			2(3×70)	2(80)	2(3×95)	2(80)	DHH-250	JDS-250×2 一套/台	2.61		0.79
30/5+20/5+10	203	193	470		300	2(3×50)	2(50)	2(3×70)	2(70)	DHH-160	JDS-200×2 一套/台	3.29		0.74
30/5+20/5+15/3	232	221	498			2(3×70)	2(80)	2(3×95)	2(80)	DHH-250	JDS-250×2 一套/台	2.61		0.79
30/5+20/5+20/5	228	216	493			2(3×70)	2(80)	2(3×95)	2(80)	DHH-250		2.58		0.78
30/5+30/5+10	257	244	521			2(3×95)	2(80)	2(3×95)	2(80)			2.73		0.82
30/5+30/5+20/5	282	268	545			2(3×70)	2(70)	2(3×70)	2(70)			2.86		0.86
30/5+30/5+30/5	185	175	453	400	250	3×120	2(50)	2(3×50)	2(50)	DHH-160	JDS-200×2 一套/台	3.17		0.72
50/10+10+10	244	232	509		300	2(3×70)	2(70)	2(3×95)	2(70)	DHH-250	JDS-250×2 一套/台	2.67		0.90
50/10+15/3+15/3	294	279	556			2(3×95)	2(80)	2(3×120)	2(80)			2.91		0.88
50/10+20/5+20/5	251	243	547			2(3×70)	2(70)	2(3×95)	2(70)			2.87		0.86
50/10+50/5+20/5	280	266	553			2(3×95)	2(80)	2(3×120)	2(80)			2.90		0.88
50/10+50/5+30/5	305	290	567			2(3×95)		2(3×120)				2.97		0.91
50/10+50/10+10														
50/10+50/10+20/5														
50/10+50/10+30/5														

12

表12.2-16　吊钩龙门起重机组(ε=25%)开关及滑触线选择

起重量(t)	跨度(m)	总额定功率(kW)	电动机功率(kW)/电流(A) 主钩	副钩	大车	小车	计算电流(A)	尖峰电流(A)	负荷开关额定电流/熔体电流(A)	40℃时BV型导线截面积(mm²)及保护钢管直径(mm) 截面积	SC	安全滑触线 滑线规格	集电器	每100m电压降(%)	裸滑触线 角钢尺寸或扁钢尺寸(mm×mm×mm)	每10m电压降(%)
5	18	23.2	11/28		2×5/15		27.8	73	60/40	3×6	20	DHG-4-16	JD-4-40 一套	4.01	L40×40×4	0.70
	22—30	28.2			2×7.5/21	2.2/7.2	33.8	79	60/40	3×6				4.34		0.75
	35	35.2			2×11/28		42.2	87	60/60	3×10	25			4.77		0.85
10	18—22	34.5	16/43		2×7.5/21	3.5/9.2	41.4	110	60/60	3×10	25		JD-4-40 两套	6.04		1.00
	26—35	43			2×11/28		52	121	100/80	3×16	32			6.64		1.08
15/3	18—22	31	11/28		2×7.5/21	5/15	37.2	82	60/60	3×10	25		JD-4-40 一套	4.50		0.78
	26	38					45.6	90	60/60	3×10				4.94		0.86
	30—35	49	22/57		2×11/28		59	150	100/80	3×16	32	DHG-4-25	JD-4-40 两套	5.33	L50×50×5	1.04
20/5	18—22	36	16/43		2×7.5/21	5/15	43.2	112	60/60	3×10	25	DHG-4-16	JD-4-40 两套	6.15	L40×40×4	1.01
	26	43					52	121	100/80	3×16	32			6.64		1.08
	30—35	67	30/69.5		2×16/43		80	192	100/100	3×35	40	DHG-4-25	JD-4-60 两套	6.82	L75×75×8	0.90
5+5	18	46.4					41.8	89	60/60	3×10	25	DHG-4-16	JD-4-40 一套/台	4.88	L40×40×4	0.86
	22—30	56.4					51	104		3×16	32			5.71		0.98
	35	70.4					63	118						6.48		1.07
10+10	18—22	69					62	142	100/80	3×25	49	DHG-4-25	JD-4-40 两套/台	5.04	L50×50×5	1.00
	26—35	86					77	159						5.65		1.08
15/3+15/3	18—22	62					56	110	100/60	3×16	32	DHG-4-16	JD-4-40 一套/台	6.04	L40×40×4	1.00
	26	76					68	124	100/80	3×25			JD-4-40 两套/台	6.80	L75×75×8	1.09
	30—35	98					88	195	200/100	3×35			JD-4-60 两套/台	6.92		0.92
20/5+50/5	18—22	72					65	145	100/80	3×25	40	DHG-4-25	JD-4-40 两套/台	5.15	L50×50×5	1.02
	26	86					77	159		3×25			JD-4-40 两套/台	5.65		1.08
	30—35	134					121	252	200/150	3×50	50	DHG-4-35	JD-4-60 两套/台	6.50	L75×75×8	1.10

12.3 电梯和自动扶梯

电梯和自动扶梯的电气控制设备均由制造厂成套供应，配电设计时只需选配电源线的开关、熔断器和导线。

12.3.1 电梯和自动扶梯的供配电方式

（1）电梯和自动扶梯的负荷分级及供电要求应符合 GB 50055—2011《通用用电设备配电设计规范》。

（2）电梯应由专用回路供电，但杂物梯除外。重要电梯的供电线应直接引自变电站。

（3）消防电梯与其他电梯应分别供电。

（4）每台电梯和自动扶梯应装设单独的隔离和短路保护电器（电源开关）。电梯的轿厢照明及通风、轿顶电源插座和报警装置的电源线，应另装隔离和短路保护电器，其电源可以从该电梯的主电源开关前取得。有多回路进线的机房，每回路进线均应装设隔离电器。电源开关应装设在机房内便于操作和维修的地点，尽可能靠近入口处。普通电梯机房配电系统图见图 12.3-1。

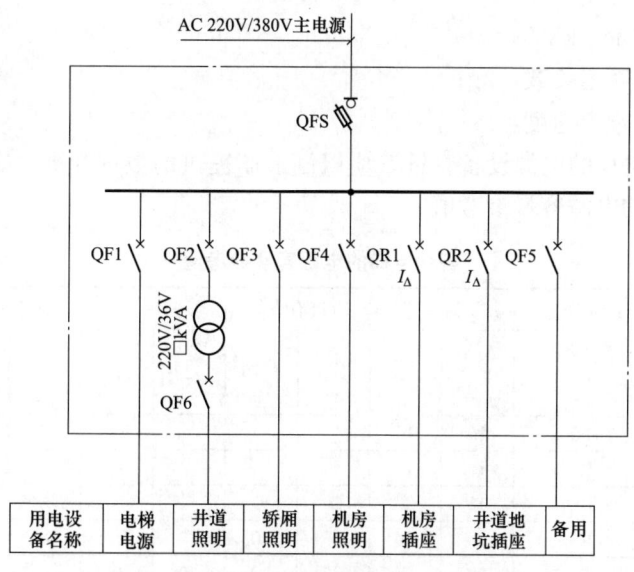

图 12.3-1 普通电梯机房配电系统图

熔断式负荷开关 QFS（也可采用断路器及其他保护装置）、断路器 QF1～QF6、剩余电流断路器 QR1、QR2 应根据设备容量由设计人员确定。

（5）电梯机房及滑轮间、电梯井道及底坑的照明和插座的电源，应与电梯电源分开。

（6）对无机房的电梯，其主电源开关应设置在井道外工作人员方便接近的地方，并应具有必要的安全防护。

12.3.2 电梯的电力拖动和控制方式

（1）电梯的电力拖动和控制方式的选择，要按其载重量、提升高度、停层方案等，经综合比较后决定。

1）客梯电力驱动方式分为交流驱动和直流驱动。交流驱动方式分为交流调压调速和变频调速；直流驱动方式分为晶闸管供电的直流电动机驱动和斩波控制直流电动机驱动。

2）高中档电梯宜采用变压变频（VVVF）调速方式。

3）住宅和公寓的电梯宜具备"有司机"控制功能。

4）成对或成群布置的电梯组，宜根据需要分别采用并联控制或群控方式。

（2）高层建筑和大型公共建筑内的乘客电梯应符合防灾系统的设置标准，参见现行的 JGJ 16—2008《民用建筑电气设计规范》。

（3）消防电梯应具备消防控制功能。

12.3.3 电梯功率的估算

在设计中，常遇到电梯的型号和有关参数未定的情况。因此，估算电梯的电源设备容量是非常必要的。

电梯电源设备容量 S 的估算公式如下：

交流单速电梯： $\qquad S \approx 0.035 L_e V_e$ (12.3-1)

交流双速电梯： $\qquad S \approx 0.030 L_e V_e$ (12.3-2)

直流有齿轮电梯： $\qquad S \approx 0.021 L_e V_e$ (12.3-3)

直流无齿轮电梯： $\qquad S \approx 0.015 L_e V_e$ (12.3-4)

式中　S——电梯容量，kVA；

$\quad L_e$——电梯的额定负载，kg；

$\quad V_e$——电梯的额定速度，m/s。

实际计算时，电梯的电源设备容量 S 应以制造商提供的数据为准。表 12.3-1 中列出了几种不同类型电梯的电源容量参考值。

表 12.3-1　　　　　　　　　　　各种电梯的电源容量参考值　　　　　　　　　　单位：kVA

驱动方式 梯速（m/s） 载重质量（kg）	交流单速	交流双速		直流有齿轮		直流无齿轮					
	0.5	0.75	1	1.5	1.75	2	2.5	3	3.5	4	5
400	7.5	10	15								
500	10	15	15								
600	10	15	20	20							
700	10	15	20	25	30						
900		30	25	30	40	40	40				
1000			25	30	40	40	50	50	75		
1150			40	50	50	50	50	75			
1350			40	50	50	75	75	100	100	150	
1600						75	75	75	100	100	150

12.3.4 电梯和自动扶梯的计算电流

（1）交流电梯的曳引机铭牌上通常标出短时工作制（0.5h 或 1h 制）的额定值。附属电器所需电源通常为单相 220V。直流电梯通常标出变流器的连续工作制交流额定输入电流。

根据规范要求，单台电梯的计算电流取值如下：

1）单台交流电梯的计算电流应取曳引机铭牌 0.5h 或 1h 工作制额定电流的 90%，加上附属电器的负荷电流，或取铭牌连续工作制额定电流的 140% 及附属电器的负荷电流。

2) 单台直流电梯的计算电流应取变流机组或变流器的连续工作制交流额定输入电流的 140%。

（2）实际上，电梯厂家通常并不给出曳引机或变流器的数据，而是笼统给出一个"电源容量"或"工作电流"。这类数据已考虑了电梯的工作条件并包括附属电器的负荷，可直接用来选择开关和导线。

（3）多台电梯电源线的计算电流，应计入需要系数。对多台同类型同容量的电梯，其需要系数见表 12.3-2。

表 12.3-2　　　　　　　　　　不同电梯台数的同时系数

电梯台数	1	2	3	4	5	6	7	8	9
使用程度频繁的同时系数	1	0.91	0.85	0.80	0.76	0.72	0.69	0.67	0.64
使用程度一般的同时系数	1	0.85	0.78	0.72	0.67	0.65	0.59	0.56	0.54

（4）交流自动扶梯的计算电流，应取每梯级拖动电机的连续工作制额定电流加上每梯级的照明负荷电流。每梯级单自动扶梯的照明电源为单相 220V；如为多梯级、双自动扶梯或多梯级的双自动扶梯时，照明负荷应分别接到三相上，尽量使三相负荷平衡。

12.3.5　电梯和自动扶梯电源开关、熔断体和导线选择

（1）电源开关宜采用电动机型符合隔离要求的低压断路器或低压开关电器，断路器和开关电器的额定电流应不小于计算电流，整定电流的选择参见 12.1。

（2）电源线的连续工作载流量应不小于保护电器额定电流或整定电流。线路较长时，还应校验电压降和线路首端短路和接地故障保护的灵敏性。

12.3.6　电梯井道和机房的配线

（1）向电梯供电的电源线路不应敷设在电梯井道内。除电梯的专用线路外，井道内不得敷设其他管道和线路。除为电梯服务的房间外，井道不得用于其他房间的通风。

（2）机房和井道内敷设的电缆和各类电线，均应是阻燃和耐潮湿的，穿线管、线槽也应是阻燃性的。

（3）井道内应设永久性照明，其照度不低于 50lx。在离井道最高点和最低点 0.5m 范围内每隔 7m 装设一个灯，通常采用 36V SELV（Safety Extra Low Voltage）供电。当必须采用 220V 时，应装设额定剩余动作电流不大于 30mA 的剩余电流动作保护器或采用电气隔离措施。

（4）在机房、轿顶和井道的底坑内均应装设单相三极电源插座，底坑内电源插座安装高度为 0.5m。电压不同的电源插座，应有明显区别，不得存在互换和弄错的危险。

12.3.7　电梯的接地和等电位联结

（1）机房和轿厢的电气设备（包括控制用的微处理器）的接地应接到电梯电源线的保护接地线（PE）。

（2）电源线的中性线应与保护接地线分开。

（3）用作轿厢保护接地线的电缆芯线，不得少于两根。

（4）电气设备的外露导电部分与机房、井道、底坑、轿厢的金属件应实施等电位联结。

12.3.8　常用电梯和自动扶梯的电源开关、熔体和导线的选择

常用电梯和自动扶梯的电源开关、熔体和导线的选择见表 12.3-3 和表 12.3-4。

表 12.3-3　　　　　　　常用客梯的电源开关及导线选择

电梯型号	载重量 (kg)	速度 (m/s)	参考功率 (kW)	参考电流 (A)	断路器额定电流 (A)	脱扣器整定电流 (A)	BV 型导线根数×截面积 (mm²) 及保护钢管直径 (mm) 35℃时导线	钢管直径	电压降3%的线路允许长度 (m)
KONE 3000 Minispace™　通力小机房电梯	630	1.0	3.5	15.4	100	20	5×6	25	197
		1.6	5.5	19.6		24	5×6		155
		1.75	6.2	21		27	5×10	32	239
		2.0	6.9	22.4		27	5×10		224
		2.5	8.6	26.6		32	5×10		189
	800	1.0	4.1	18.2		24	5×6	25	167
		1.6	6.5	23.8		32	5×10	32	211
		1.75	7.4	25.4		32	5×10		199
		2.0	8.1	26.6		32	5×10		189
		2.5	10.2	32.2		40	5×16		246
	900	1.0	4.9	19.6		24	5×6	25	155
		1.6	7.8	26.6		32	5×10	32	189
		1.75	8.8	28		34	5×10		179
		2.0	9.8	30.8		40	5×16		257
		2.5	12.2	36.4		42.5	5×16		217
	1000	1.0	5.4	22.4		27	5×10	32	224
		1.6	8.7	29.4		36	5×16		269
		1.75	9.8	32.2		40	5×16		246
		2.0	10.9	35		42.5	5×16		226
		2.5	13.6	40.6		50	3×25+2×16	40	289
	1150	1.0	6.6	21.3		27	5×10	32	236
		1.6	10.6	30.5		38	5×16		260
		1.75	11.6	32.9		40	5×16		241
		2.0	13.2	36.8		45	5×16		215
		2.5	16.6	44.8		54	3×25+2×16	50	262

续表

电梯型号	载重量（kg）	速度（m/s）	参考功率（kW）	参考电流（A）	断路器额定电流（A）	脱扣器整定电流（A）	BV型导线根数×截面积（mm²）及保护钢管直径（mm）		电压降3%的线路允许长度（m）
							35℃时导线	钢管直径	
KONE 3000 Minispace™ 通力小机房电梯	1350	1.0	7.7	24.6		32	5×10	32	204
		1.6	12.4	35.4		45	5×16		224
		1.75	13.6	38.2		47.5	3×25+2×16	50	307
		2.0	15.5	42.7		54	3×25+2×16		274
		2.5	19.4	52.1		64	3×35+2×16		298
	1600	1.0	9.5	32.2		40	5×16	32	246
		1.6	15.1	46.2		57	3×25+2×16	50	254
		1.75	16.1	50		60	3×25+2×16		234
		2.0	18.9	56		68	3×35+2×16		278
		2.5	23.6	67.2		85	3×50+2×25	65	314
KONE 3000 Mono 通力无机房电梯	450	1.0	3.7	10	100	16	5×4	20	206
	630	1.0	3.7	13.1		16	5×4		157
		1.6	6.9	19.6		24	5×6	25	155
		1.75	7.5	21		27	5×10	32	239
	800	1.0	5.7	15.5		20	5×6	25	196
		1.6	8.5	23.8		30	5×10	32	211
		1.75	9.5	25.2		32	5×10	32	199
	1000	1.0	5.7	17.3		20	5×6	25	175
		1.6	10.5	29.4		36	5×16	32	269
		1.75	11.5	32.2		40	5×16	32	246
KONE 3000 TranSys 通力无机房货梯	1600	0.5	4.3	15.1		20	5×6	25	201
	2000	0.5	5.4	19.2		24	5×6	25	158

续表

电梯型号	载重量 (kg)	速度 (m/s)	参考功率 (kW)	参考电流 (A)	断路器额定电流 (A)	脱扣器整定电流 (A)	BV 型导线根数×截面积（mm²）及保护钢管直径（mm）		电压降3%的线路允许长度（m）
							35℃时导线	钢管直径	
OTIS Sky 系列 小机房 1000kg 以下	800	1.0	7.88	11.97		16	5×4	20	172
		1.5	10.09	15.34		20	5×6	25	198
		1.75	10.40	15.80		20	5×6	25	192
	1000	1.0	8.75	13.29		16	5×4	20	155
		1.5	10.73	16.30		20	5×6	25	186
		1.75	12.17	18.49		25	5×10	32	272
OTIS Sky 系列 小机房 1000kg 以上	1350	1.0	13.20	20.40		25	5×10	32	246
		1.5	18.00	27.90		32	5×10	32	180
		1.75	20.30	31.40		40	5×16	32	252
	1600	1.0	15.00	23.20		32	5×10	32	217
		1.5	20.60	32.00		40	5×16	32	247
		1.75	23.30	36.10	100	40	5×16	32	219
GeN2-MRL 系列 无机房 1000kg 以下	800	1.0	6.40	15.00		20	5×6	25	202
		1.6	10.30	22.00		32	5×10	32	228
		1.75	11.70	23.00		32	5×10	32	218
	1000	1.0	6.40	15.00		20	5×6	25	202
		1.6	10.30	22.00		32	5×10	32	228
		1.75	11.70	23.00		32	5×10	32	218
GeN2-MRL 系列 无机房 1000kg 以上	1350	1.0	7.65	11.62		16	5×4	20	177
		1.6	13.08	19.88		25	5×10	32	253
		1.75	13.08	19.88		25	5×10	32	253
	1600	1.0	8.86	13.46		20	5×6	25	225
		1.6	14.47	21.98		32	5×10	32	229
		1.75	14.47	21.98		32	5×10	32	229

续表

电梯型号	载重量 (kg)	速度 (m/s)	参考功率 (kW)	参考电流 (A)	断路器额定电流 (A)	脱扣器整定电流 (A)	BV型导线根数×截面积（mm²）及保护钢管直径（mm）		电压降3%的线路允许长度（m）
							35℃时导线	钢管直径	
SPAN-JN-A系列（货梯）	2000	0.63	12.50	16.00		20	5×6	25	190
		1.0	18.50	38.50		50	3×25＋2×16	50	304
P8-C060	630	1.0	3.6	7.3		16	5×4	20	282
P8-C090		1.5	5.8	10.1		16	5×4	20	204
P8-C0105		1.75	6.3	11.8		16	5×4	20	174
P8-C0120		2.0	7.2	13.5		20	5×6	25	225
P8-C0150		2.5	9.0	16.9		25	5×10	32	297
P10-C060	800	1.0	4.6	9.2		16	5×4	20	224
P10-C090		1.5	7.3	12.9		20	5×6	25	235
P10-C0105		1.75	8.0	15		20	5×6	25	202
P10-C0120		2.0	9.2	17.2		25	5×10	32	292
P10-C0150		2.5	11.4	21.4		32	5×10	32	235
P13-C060	1000	1.0	5.7	11.5	100	16	5×4	20	179
P13-C090		1.5	9.2	16.1		25	5×10	32	312
P13-C0105		1.75	10	18.8		25	5×10	32	267
P13-C0120		2.0	11.4	21.4		32	5×10	32	235
P13-C0150		2.5	14.3	26.8		32	5×10	32	188
P15-C060	1150	1.0	7.3	13.1		20	5×6	25	232
P15-C090		1.5	11.0	19.6		25	5×10	32	256
P15-C0105		1.75	12.6	22.6		32	5×10	32	222
P15-C0120		2.0	14.4	25.5		32	5×10	32	197
P15-C0150		2.5	18.0	31.2		40	5×16	32	254
P17-C060	1250	1.0	8.7	14.2		20	5×6	25	214
P17-C090		1.5	12	21.2		32	5×10	32	237
P17-C096		1.6	14	22.7		32	5×10	32	221
P17-C0105		1.75	14	24.8		32	5×10	32	203
P17-C0120		2.0	16	28.3		40	5×16	32	280

12

续表

电梯型号	载重量 (kg)	速度 (m/s)	参考功率 (kW)	参考电流 (A)	断路器额定电流 (A)	脱扣器整定电流 (A)	BV 型导线根数×截面积（mm²）及保护钢管直径（mm）		电压降3%的线路允许长度（m）
							35℃时导线	钢管直径	
P18-C060	1350	1.0	8.7	15		25	5×10	32	335
P18-C090		1.5	12	22.5		32	5×10	32	223
P18-C096		1.6	14	24		32	5×10	32	209
P18-C0105		1.75	14	26.2		40	5×16	32	302
P18-C0120		2.0	16	30		40	5×16	40	264
P21-C060	1600	1.0	10	17.8		25	5×10	32	282
P21-C090		1.5	16	26.7		40	5×16	40	296
P21-C096		1.6	16	28.4		40	5×16	40	279
P21-C0105		1.75	18	31.1		40	5×16	40	255
P21-C0120		2.0	20	35.5		50	3×25+2×16	50	330
P24-C060	1800	1.0	12	20		32	5×10	32	251
P24-C090		1.5	18	30		40	5×16	40	264
P24-C096		1.6	18	32		50	3×25+2×16	50	366
P24-C0105		1.75	20	35		50	3×25+2×16	50	335
P24-C0120		2.0	22	40		50	3×25+2×16	50	293
GreenLift 系列 GLVF-Ⅱ 无齿轮小机房电梯	630	1.0	4.3	15	100	20	5×4	20	137
		1.5	6.4	21		32	5×10	32	239
	800	1.0	5.5	18		25	5×10	32	279
		1.5	8.3	27		40	5×16	32	293
		1.75	9.6	31		50	3×25+2×16	50	378
		2.0	11.0	36		50	3×25+2×16	50	326
		2.5	13.8	44		63	3×35+2×16	50	353
	1050	1.0	7.0	24		32	5×10	32	209
		1.5	10.3	34		50	3×25+2×16	50	345
		1.75	12.2	39		50	3×25+2×16	50	300
		2.0	14.0	45		63	3×35+2×16	50	345
		2.5	17.4	58		80	3×50+2×25	65	364
	1200	1.0	8.8	27		40	5×16	32	293
		1.5	13.0	38		50	3×25+2×16	50	308
		1.75	15.3	44		63	3×35+2×16	50	353
		2.0	17.6	51		80	3×50+2×25	65	414
		2.5	21.8	56		80	3×50+2×25	65	377

续表

电梯型号	载重量 (kg)	速度 (m/s)	参考功率 (kW)	参考电流 (A)	断路器额定电流 (A)	脱扣器整定电流 (A)	BV 型导线根数×截面积（mm²）及保护钢管直径（mm）		电压降3%的线路允许长度（m）
							35℃时导线	钢管直径	
GreenLift 系列 GLVF-H 无齿轮电梯	1350	1.0	9.5	27		40	5×16	32	293
		1.5	14.0	38		50	3×25+2×16	50	308
		1.75	16.5	47		63	3×35+2×16	50	331
		2.0	18.9	51		63	3×35+2×16	50	305
		2.5	23.4	65		80	3×50+2×25	65	325
		3.0	28.4	78		80	3×50+2×25	65	271
GreenLift 系列 GLVF-H 无齿轮电梯	1600	1.0	11.2	34		40	5×16	32	233
		1.5	16.6	45	100	63	3×35+2×16	50	345
		1.75	19.5	56		63	3×35+2×16	50	278
		2.0	22.4	60		80	3×50+2×25	65	352
		2.5	27.8	83		80	3×50+2×25	65	255
		3.0	33.1	92		100	3×70+2×35	80	291
GreenLift 系列 GLVF-D 无齿轮电梯	1050	3.0	20.5	51		50	3×25+2×16	50	230
		3.5	23.9	60		63	3×35+2×16	50	259
		4.0	27.3	69		80	3×50+2×25	50	306
	1200	3.0	23.4	58		50	3×25+2×16	50	202
		3.5	27.3	68		63	3×35+2×16	50	229
		4.0	31.2	75		80	3×50+2×25	65	282
	1350	3.0	26.3	66		80	3×50+2×25	65	320
		3.5	30.7	77		80	3×50+2×25	65	274
		4.0	35	85		100	3×70+2×35	80	315
	1600	3.0	31.2	77		80	3×50+2×25	65	274
		3.5	36.4	92		100	3×70+2×35	80	291
		4.0	41.6	103		100	3×70+2×35	80	260
	2000	3.0	39.0	100	160	125	3×95+2×50	100	330
		3.5	45.5	113		125	3×95+2×50	100	292
		4.0	52.0	129		160	3×120+2×70	100	302

12

续表

电梯型号	载重量 (kg)	速度 (m/s)	参考功率 (kW)	参考电流 (A)	断路器额定电流 (A)	脱扣器整定电流 (A)	BV 型导线根数×截面积（mm²）及保护钢管直径（mm）		电压降3%的线路允许长度（m）
							35℃时导线	钢管直径	
Revita 系列 MLVF-T 无机房电梯	630	1.0	4.5	15		16	5×4	20	137
		1.5	6.7	21		25	5×10	32	239
		1.75	7.9	24		32	5×10	32	209
Revita 系列 MLVF-T 无机房电梯	800	1.0	5.6	19		25	5×10	25	264
		1.5	8.4	28		32	5×10	32	179
		1.75	9.8	32		40	5×16	32	247
	1000	1.0	6.9	23		25	5×10	32	218
		1.5	10.3	32		40	5×16	32	247
		1.75	12.0	37		40	5×16	32	214
	1200	1.0	8.2	25		32	5×10	32	201
		1.5	12.3	36		40	5×16	32	220
		1.75	14.3	41		50	3×25+2×16	50	286
	1350	1.0	9.2	29		32	5×10	32	173
		1.5	13.8	40		50	3×25+2×16	50	293
		1.75	16.1	46	100	63	3×35+2×16	50	338
	2000	1.0	13.6	42		50	3×25+2×16	50	279
		1.5	20.4	59		63	3×35+2×16	50	263
		1.75	23.8	69		80	3×50+2×25	65	306
E×CEL-SK YSALON 观光电梯	800	1.0	7.5	18		32	5×10	32	279
		1.5	11	25		40	5×16	32	317
		1.75	11	28		50	3×25+2×16	50	419
	1000	1.0	7.5	22		32	5×10	32	228
		1.5	13	31		50	3×25+2×16	50	378
		1.75	13	35		50	3×25+2×16	50	335
Revita 系列 FLVF-T 无机房货用电梯	1000	0.5	3.4	12		20	5×4	20	171
		1.0	6.8	19		32	5×10	32	264
	1600	0.5	5.5	18		25	5×10	32	279
		1.0	10.9	31		50	3×25+2×16	50	378
	2000	0.5	6.8	22		32	5×10	32	228
		1.0	13.6	39		63	3×35+2×16	50	399
	3000	0.5	10.9	35		50	3×25+2×16	50	335

续表

电梯型号	载重量（kg）	速度（m/s）	参考功率（kW）	参考电流（A）	断路器额定电流（A）	脱扣器整定电流（A）	BV 型导线根数×截面积（mm²）及保护钢管直径（mm）		电压降3%的线路允许长度（m）
							35℃时导线	钢管直径	
NEW VFB-Ⅱ 无齿轮医用电梯	1600	1.0	11.2	31		40	5×16	32	255
		1.5	16.6	42		63	3×35+2×16	50	370
		1.75	19.5	53		63	3×35+2×16	50	293
		2.0	22.4	61		80	3×50+2×25	65	346
		2.5	27.8	80		80	3×50+2×25	65	264
ELENESSA 系列产品（无机房电梯）	630	1.0	3.7	10	100	16	5×4	20	206
		1.6	6.2	15		20	5×6	25	202
		1.75	6.5	17		20	5×6	25	178
	825	1.0	5.1	13		16	5×4	20	158
		1.6	8.1	20		30	5×10	32	251
		1.75	8.9	21		30	5×10	32	239
	1050	1.0	6.2	16		20	5×6	25	190
		1.6	11.0	25		30	5×10	32	201
		1.75	11.0	27		40	5×16	32	293
	1275	1.0	7.9	20		30	5×10	32	251
		1.6	13	31		40	5×16	32	255
		1.75	14	33		40	5×16	32	240
	1600	1.0	9.9	24		30	5×10	32	209
		1.6	16	38		50	3×25+2×16	50	308
		1.75	18	41		50	3×25+2×16	50	286
	320	1.0	3.7	8		15	5×4	20	257
	450	1.0	3.7	8		15	5×4	20	257
		1.6	6.2	13		20	5×6	25	233
		1.75	6.5	14		20	5×6	25	217
	550	1.0	3.7	9		15	5×4	20	229
		1.6	6.2	14		20	5×6	25	217
		1.75	6.5	15		20	5×6	25	202

12

续表

电梯型号	载重量（kg）	速度（m/s）	参考功率（kW）	参考电流（A）	断路器额定电流（A）	脱扣器整定电流（A）	BV 型导线根数×截面积（mm²）及保护钢管直径（mm）		电压降3%的线路允许长度（m）
							35℃时导线	钢管直径	
LEHY-Ⅱ系列	630	1.0	4.3	11.6	100	20	5×6	25	261
		1.6	6.9	17.9		20	5×6	25	169
		1.75	7.5	19.4		32	5×10	32	259
	800	1.0	5.5	14.5		20	5×6	25	209
		1.6	8.8	22.3		32	5×10	32	225
		1.75	9.6	24.2		32	5×10	32	208
		2.0	11	27.4		32	5×10	32	183
		2.5	12.6	33.9		40	5×16	32	233
	1050	1.0	6.7	18.6		20	5×6	25	163
		1.6	10.7	29.2		32	5×10	32	172
		1.75	11.7	31.1		40	5×16	32	255
		2.0	13.3	35.5		40	5×16	32	223
		2.5	15.7	44.4		50	3×25+2×16	50	264
	1200	1.0	7.4	21		32	5×10	32	239
		1.6	11.8	32.6		40	5×16	32	243
		1.75	12.9	35.5		40	5×16	32	223
		2.0	14.7	40.3		50	3×25+2×16	50	291
		2.5	18.4	50.5		63	3×35+2×16	50	308
	1350	1.0	7.9	23.4		32	5×10	32	215
		1.6	12.7	36.5		40	5×16	32	217
		1.75	13.9	39.7		50	3×25+2×16	50	295
		2.0	15.8	45.2		50	3×25+2×16	50	259
		2.5	19.8	56.5		63	3×35+2×16	50	275
	1600	1.0	10.4	23.4		32	5×10	32	215
		1.6	16.6	36.5		40	5×16	32	217
		1.75	18.1	39.7		50	3×25+2×16	50	295
		2.0	20.7	45.2		50	3×25+2×16	50	259

注 保护开关以 Compact NS 系列电动机型断路器为例。电梯的技术数据摘自厂家样本。

表 12.3-4   **常用自动扶梯的电源开关及导线选择**

电梯型号 （输送能力）	提升高度 （m）	驱动级数	标称容量 （kW）	计算电流 （A）	断路器额定电流 （A）	脱扣器整定电流 （A）	BV 型导线根数×截面积（mm²）及保护钢管直径（mm）		电压降3%的线路允许长度（m）
							35℃时配线	钢管直径	
FT1-600 （5000 人/h）	≤6	1	5.5+2	24	100	30	5×10	32	209
	6<H≤12	2	2×（5.5+2）	39		50	3×25+2×16	50	300
	12<H≤18	3	3×（5.5+2）	54		68	3×35+2×16	50	288
FT2-600 （2×5000 人/h）	≤6	1	2×（5.5+2）	39	160	50	3×25+2×16	50	300
	6<H≤12	2	4×（5.5+2）	78		95	3×70+2×35	80	343
	12<H≤18	3	6×（5.5+2）	99		120	3×95+2×50	100	333
FT2-1000QT （8000 人/h）	≤3.8	1	5.5+2	24	100	30	5×10	32	209
	3.8<H≤4.8	1	7.5+2	29		36	5×16	32	273
	4.8<H≤7.6	2	2×（5.5+2）	39		50	3×25+2×16	50	300
	7.6<H≤10	2	2×（7.5+2）	49		60	3×25+2×16	50	239
	10<H≤11.4	3	3×（5.5+2）	54		68	3×35+2×16	50	288
	11.4<H≤15	3	3×（7.5+2）	69		85	3×50+2×25	65	306
	47.6<H≤50	10	10×（7.5+2）	236	400	256	2×（3×95+2×50）	2（100）	279
1000SX	≤5.5	1	5.5	11.5	100	32	5×10	32	437
	5.5<H≤7.5	1	7.5	15.5		32	5×10	32	324
	7.5<H≤9.5	1	11	22		40	5×16	32	360
1200SX	≤4.5	1	5.5	11.5		32	5×10	32	437
	4.5<H≤6	1	7.5	15.5		32	5×10	32	324
	6<H≤9.5	1	11	22		40	5×16	32	360

12

续表

电梯型号 (输送能力)	提升高度 (m)	驱动 级数	标称容量 (kW)	计算 电流 (A)	断路器 额定 电流 (A)	脱扣器 整定 电流 (A)	BV型导线根数×截面积 (mm²)及保护 钢管直径(mm)		电压降3% 的线路允许 长度(m)
							35℃时配线	钢管直径	
OTIS LINK (6750 人/h) ($\alpha=30°$)	1.5<H≤6.5		7.5	15.0		25	5×10	32	335
	6.5<H≤8.0		9.5	18.7		32	5×10	32	269
OTIS LINK (9000 人/h) ($\alpha=30°$)	1.5<H≤5.0		7.5	15.0		25	5×10	32	335
	5.0<H≤6.0		9.5	18.7		32	5×10	32	269
Kindmover-V (6750 人/h) ($\alpha=30°$)	2.0≤H≤4.5		7.5	17.0		30	5×10	32	296
	4.5<H≤5.0		8	17.5		30	5×10	32	287
	5.0<H≤7.0		11	23.5		40	5×16	32	337
	7.0<H≤9.5		15	31.0		50	3×25+2×16	50	378
Kindmover-V (6750 人/h) ($\alpha=30°$)	2.0≤H≤5.0		7.5	17.0		30	5×10	32	296
	5.0<H≤5.5		8	17.5		30	5×10	32	287
	5.5<H≤7.8		11	23.5		40	5×16	32	337
	7.8<H≤9.5	1	15	31.0	100	50	3×25+2×16	50	378
TE 系列	≤6.0		7.5	16.5		30	5×10	32	305
	6.0<H≤7.5		9.2	20.5		40	5×16	32	386
	7.5<H≤9.5		11	24		40	5×16	32	330
FUJITEC (3600 人/h)	H≤8.2		5.5	12		20	5×6	25	253
	8.2<H≤12.1		8	17		25	5×10	32	296
	12.1<H≤16.9		11	23		32	5×10	32	218
	16.9<H≤20.1		13	26		32	5×10	32	193
FUJITEC (4800 人/h)	≤5.7		5.5	12		20	5×6	25	253
	5.7<H≤8.6		8	17		25	5×10	32	296
	8.6<H≤12		11	23		32	5×10	32	218
	12<H≤14.2		13	26		32	5×10	32	193
	14.2<H≤16.4		15	30		40	5×16	32	264
	16.4<H≤20.4		18.5	38		50	3×25+2×16	50	308

续表

电梯型号 （输送能力）	提升高度 （m）	驱动 级数	标称容量 （kW）	计算 电流 （A）	断路器 额定 电流 （A）	脱扣器 整定 电流 （A）	BV 型导线根数×截面积 （mm²）及保护 钢管直径（mm）		电压降 3% 的线路允许 长度（m）
							35℃时配线	钢管直径	
FUJITEC （6000 人/h）	≤4.4	1	5.5	12	100	20	5×6	25	253
	4.4<H≤6.6		8.0	17		25	5×10	32	296
	6.6<H≤9.2		11	23		32	5×10	32	218
	9.2<H≤11		13	26		32	5×10	32	193
	11<H≤12.7		15	30		40	5×16	32	264
	12.7<H≤15.8		18.5	38		50	3×25+2×16	50	308
	15.8<H≤18.8		22	46		63	3×35+2×16	50	338
	18.8<H≤25.9	2	30	60		75	3×50+2×25	65	352

注 保护开关以 Compact NS 系列电动机型断路器为例。电梯的技术数据摘自厂家样本。

12.4　电　焊　机

本节包括常用的电弧焊机、电阻焊机、电渣焊机等的配电方式。

12.4.1　电焊机的配电方式

（1）单相电焊机的额定电压应尽量采用 380V 而不宜采用 220V，但小容量焊机除外。多台单相电焊机应尽量均衡地接在三相线路上。

电渣焊机、容量较大的电阻焊机，宜采用专用线路供电。大容量的电焊机，可采用专用变压器供电。

（2）连接多台电焊机且无功功率较大的线路上，宜装设电力电容器进行补偿。但当线路上接有晶闸管电焊机、直流冲击波电焊机时，应考虑谐波对补偿电容器的影响，并采取相应的措施（参见第 6 章）。

12.4.2　电焊机隔离开关电器和保护电器的装设

（1）每台电焊机的电源线应装设隔离开关电器和短路保护电器。

（2）每台手动弧焊变压器、弧焊整流器及其他不带成套控制柜的电焊机，还应装设操作开关。操作开关应能接通和分断电焊机的额定电流。

（3）短路保护电器宜采用熔断器或低压断路器的瞬时脱扣器。

（4）保护电器采用低压断路器时，宜装设长延时脱扣器，作为电焊机严重过载和内部故障的保护。

（5）隔离开关电器和保护电器宜装设在电焊机附近便于操作和维修的地点。

12.4.3　电焊机保护元件的选择

单台交流弧焊变压器、弧焊整流器、电阻焊机和电渣焊机电源线上保护元件的额定电流

12

或整定电流，宜按下列要求确定。

（1）熔断体额定电流：

对交流弧焊变压器、弧焊整流器、电渣焊机其额定电流计算公式为

$$I_n \geqslant KI_e\sqrt{\varepsilon} \tag{12.4-1}$$

式中　I_n——熔断体的额定电流，A；

　　　I_e——电焊机一次侧额定电流，A；

　　　ε——电焊机额定负载持续率，%；

　　　K——计算系数，一般取 1.25。

对电阻焊机

$$I_n \geqslant 0.7I_e \tag{12.4-2}$$

式中　I_n——熔断体的额定电流，A；

　　　I_e——电焊机一次侧额定电流，A。

（2）低压断路器长延时过电流脱扣器（热脱扣器）的额定电流 I_{n1}

$$I_{n1} \geqslant KI_e\sqrt{\varepsilon} \tag{12.4-3}$$

式中　I_{n1}——低压断路器长延时过电流脱扣器（热脱扣器）的额定电流，A；

　　　K——低压断路器长延时过电流脱扣器计算系数，交流弧焊机与整流弧焊机、电渣焊机可取 1.3，电阻焊机可取 1.1；

　　　I_e——电焊机一次侧额定电流，A；

　　　ε——电焊机额定负载持续率，%。

（3）低压断路器瞬时过电流脱扣器的整定电流 I_{n3}

$$I_{n3} \geqslant KI_e \tag{12.4-4}$$

式中　I_{n3}——低压断路器瞬时过电流脱扣器的整定电流，A；

　　　K——低压断路器瞬时过电流脱扣器计算系数，其值可参考表 12.4-1。

表 12.4-1　　　　　　　　低压断路器瞬时过电流脱扣器用 K 参考值

电焊机类别	K	备　注
交流弧焊机、动圈式整流弧焊机	3.7	
闪光对焊机	4.4	考虑启动电流非周期分量
电阻焊机	2.2	

12.4.4　电焊机电源线的选择

（1）电焊机电源线的载流量应不小于保护电器的额定电流；对断续周期工作制的电焊机，其额定电流为额定负载持续率下的额定电流，其导线载流量为断续负载下的载流量（见 12.8）。

（2）电焊机的电源线应按电焊机受电端的电压偏移和电压波动校验，其允许值应符合焊接工艺和焊接设备的要求，参见第 6 章。

12.4.5　常用电焊机开关、熔断器及导线选择

电焊机的电源开关、熔断器及导线选择见表 12.4-2～表 12.4-7。表中所列导线是按载流量选择的最小截面积，使用时应注意校验电压降是否超过允许值。低压断路器应校验短路分断能力，参见第 11 章。

表 12.4-2　　　　　　　　　　　　交流弧焊机电源开关及导线选择

电焊机型号	额定容量(kVA)	相数/电压(V)	额定电流(A)	负载持续率(%)	低压断路器电流(A) 额定电流	低压断路器电流(A) 整定电流	熔断器熔体电流(A)	BV型导线截面积(mm²)及保护钢管直径(mm) 35℃时配线	SC	YZ型橡套软电缆(mm²) 35℃时配线	3%电压降允许导线长度(m)
BX1-160	10.6	1φ/380	27.9	60		32	32	3×6	20	3×6	90
BX1-200	13.6		35.8	60	63	40	36	3×10	25	3×6	110
BX1-250	18.6		49.0	60		50	50	3×16	25	3×10	130
BX1-315	22.8		60.0	60	100	63	63	3×16	25	3×16	100
BX1-400	30		79.0	60	100	80	80	2×25+1×16	32	2×25+1×16	120
BX1-500	38		100	60	250	125	100	2×50+1×25	40	2×50+1×25	175
BX1-630	47		123.7	60	250	125	125	2×50+1×25	40	2×50+1×25	140
BX1-1000	77		203	60	400	225	200	2×95+1×50	70	2×95+1×50	145
BX1-1600	148		390	60	400	400	400	2(2×95+1×50)	70	4×95+1×50	150
BX3-160	13.5	1φ/380	35.5	60	63	40	36	3×10	25	3×6	110
BX3-250	20.5		54.0	60	63	63	63	3×16	25	3×16	115
BX3-315	24.7		65	60	100	80	80	2×25+1×16	32	2×25+1×16	145
BX3-400	30		79.0	60	100	80	80	2×25+1×16	32	2×25+1×16	120
BX3-500	33		86.8	60	100	100	100	2×50+1×25	40	2×35+1×16	200
BX3-600	47		123.7	60	250	125	125	2×50+1×25	40	2×50+1×25	140
BX6-140	6.5	1φ/220	17.1	60		20	20	3×4	20	3×2.5	95
BX6-160	7		18.4	60		20	20	3×4	20	3×2.5	90
BX6-200	9		23.7	60		25	25	3×4	20	3×4	70
BX6-250	12		31.6	60	63	32	32	3×6	20	3×6	75
BX6-300	13		34.2	60		40	36	3×10	25	3×6	115
BX6-140	8.3		37.7	60		40	40	3×10	25	3×6	105
BX6-160	10		45.5	60		50	50	3×16	25	3×10	140
BX6-200	12.5	1φ/220	56.8	60	100	63	63	3×16	25	3×16	110
BX6-250	15		68.2	60	100	80	80	2×25+1×16	32	2×25+1×16	140
BX6-300	19		86.4	60		100	100	2×50+1×25	40	2×35+1×16	205
BX2-500	42		190.9	60	250	200	200	2×120+1×70	80	2×120+1×70	180
BX2-700	56		254.5	60	400	280	250	2×185+1×95	100	2×185+1×95	180
BX2-1000	76		345.5	60	400	350	350	2×240+1×120	125	2×240+1×120	155
BX2-500	42	1φ/380	110.5	60	160	125	125	2×50+1×25	40	2×35+1×16	160
BX2-700	56		147.4	60	250	160	160	2×95+1×50	70	2×95+1×50	200
BX2-1000	76		200	60	250	200	200	2×120+1×70	80	2×120+1×70	175
BX2-2000	170		447.4	50	400	400	400	2(2×120+1×70)	80	2(2×120+1×70)	155

注　100A 及以上的开关以 Compact NS 系列断路器为例；63A 的开关以 C65N/HC 系列断路器为例；熔断器以 NT 系列为例。实际选用时应注意校验极限分断能力。

表 12.4-3　　　　　　　　　　整流弧焊机电源开关及导线选择

电焊机型号	额定容量(kVA)	相数/电压(V)	额定电流(A)	负载持续率(%)	低压断路器电流(A)		熔断器熔体电流(A)	BV型导线截面积(mm²)及保护钢管直径(mm)		YZ型橡套软电缆(mm²)	3%电压降允许导线长度(m)
					额定电流	整定电流		35℃时配线	SC	35℃时配线	
ZX7-400ZGBT	22		33.4			40	36	4×10	25	4×10	120
ZX7-250	9.2		14		63	16	16	4×2.5	15	4×2.5	70
ZX7-400	14		21.3			25	25	4×4	20	4×4	75
ZD5-630	47		68		100	80	80	3×25+1×16	40	3×25+1×16	85
ZD5-800	30		45.5			50	50	4×16	32	4×16	140
ZD5-1000	66		100			125	100	3×50+1×25	50	3×50+1×25	175
ZD5-1250	83	3φ/380	126	60	250	140	125	3×70+1×35	70	3×50+1×25	190
ZD5-1500	105		160			180	160	3×95+1×50	80	3×70+1×35	185
ZP-250	10.7		16.3		63	20	16	4×2.5	15	4×2.5	60
ZP-500	37		56.2		100	63	63	4×16	32	4×16	110
ZP-1000	100		152		250	160	160	2×70+1×35	70	3×50+1×25	150
ZXS-400	26		40		63	40	40	3×16+1×16	40	3×16+1×16	160
ZXS-500	32.2		49		63	50	50	3×16+1×16	40	3×16+1×16	130
ZXS-630	46		70		100	80	80	3×35+1×16	50	3×25+1×16	185

注　100A及以上的开关以Compact NS系列断路器为例；63A的开关以C65N/HC系列断路器为例；熔断器以NT系列为例。实际选用时应注意校验极限分断能力。

表 12.4-4   **点焊机电源开关及导线选择**

电焊机型号	额定容量 (kVA)	相数/电压 (V)	额定电流 (A)	负载持续率 (%)	低压断路器电流 (A) 额定电流	低压断路器电流 (A) 整定电流	熔断器熔体电流 (A)	BV 型导线截面积 (mm²) 及保护钢管直径 (mm) 35℃时配线	SC	3%电压降允许导线长度 (m)
DN-5	5	1φ/380	13.2	20	63	16	10	3×2.5	15	75
DN-5-1	5	1φ/380	13.2	20	63	16	10	3×2.5	15	75
DN-5-2	5	1φ/220	22	20	63	16	16	3×2.5	15	40
DN-10	10	1φ/380	26.3	20	63	16	16	3×2.5	15	35
DN-10	10	1φ/220	45	50		50	40	3×16	25	140
DN-16	16	1φ/380	42	20		25	25	3×4	20	35
DN-16	16	1φ/380	42	50		40	40	3×16	25	150
DN-25	25	1φ/220	113.6	20	100	80	80	2×25+1×16	32	80
DN-40	40	1φ/380	105.3	50	100	100	100	2×50+1×25	40	170
DN-63	63	1φ/380	165.8	50	250	160	150	2×70+1×35	50	140
DN-75	75	1φ/380	197	20	125	125	125	2×50+1×25	40	90
DN1-200	200	1φ/380	526	20	400	320	300	2 (2×70+1×35)	50	85
DN2-50	50	1φ/380	131.6	20	100	80	80	2×25+1×16	32	70
DN2-75	75	1φ/380	197	20	250	125	125	2×50+1×25	40	90
DN2-100	100	1φ/380	263	20	250	160	160	2×70+1×35	50	85
DN2-150	150	1φ/380	395	20	400	250	224	2×120+1×70	70	85
DN2-200	200	1φ/380	256	20	250	160	160	2×70+1×35	50	90
DN2-400	400	1φ/380	1050	20	630	630	630	2 (2×185+1×95)	100	85
DN3-75	75	1φ/380	197	20	125	125	125	2×50+1×25	40	90
DN3-100	100	1φ/380	263	20	250	160	160	2×70+1×35	50	85
DN5-75	75	1φ/380	197	20	125	125	125	2×50+1×25	40	90
DN5-100	100	1φ/380	263	50	250	250	250	2×120+1×70	70	130
DN7-6×35	210	3φ/380	320	20	400	200	180	3×120+1×70	80	110
DN7-3×100	300	3φ/380	456	20		300	300	2 (3×70+1×35)	70	150
DM-2	2.2	1φ/220	10	20	63	16	6	3×2.5	15	100
DM-3	3	1φ/220	14	20	63	16	10	3×2.5	15	70
DTB-80	80	3φ/380	121.6	20	100	80	80	3×25+1×16	32	75
DTB-150	150	3φ/380	228	20	250	160	160	3×95+1×50	80	130
DTB-200	200	3φ/380	304	20	250	180	180	3×95+1×50	80	95
DTB-300	300	3φ/380	456	20	400	300	280	3×240+1×120	125	115

注 100A 及以上的开关以 Compact NS 系列断路器为例；63A 的开关以 C65N/HC 系列断路器为例；熔断器以 NT 系列为例。实际选用时应注意校验极限分断能力。

表 12.4-5　　　　　　　　　　　　　　　　对焊机电源开关及导线选择

电焊机型号	额定容量(kVA)	相数/电压(V)	额定电流(A)	负载持续率(%)	低压断路器电流(A)		熔断器熔体电流(A)	BV型导线截面积(mm²)及保护钢管直径(mm)		YZ型橡套软电缆(mm²)	3%电压降允许导线长度(m)
					额定电流	整定电流		35℃时配线	SC	35℃时配线	
UN-1	1	1φ/380	2.6	8		3	4	3×2.5	15		410
		1φ/220	4.5			3	4	3×2.5	15		
UN-3	3	1φ/380	7.9		63	5	6	3×2.5	15	3×2.5	230 130 70 35
		1φ/220	14	15		10	10	3×2.5	15		
UN-10	10	1φ/380	26			16	20	3×2.5	15		
		1φ/220	46			25	36	3×6	20	3×6	50
UN1-25	25	1φ/380	66			40	50	3×10	25	3×10	60
		1φ/220	114		100	80	80	2×25+1×16	32	2×25+1×16	80
UN1-75	75	1φ/220	341		250	200	250	2×120+1×70	70	4×50+1×25	100
UN1-100	100	1φ/380	263	20	250	160	200	2×120+1×70	70	3×95+1×50	130
UN2-150	150 (+2.2)	1φ/380	395		400	250	300	2(2×70+1×35)	70	4×50+1×25	120
		3φ/380	4.9		16	10	16	4×2.5	20	4×2.5	215
UN4-300	300 (+11)	1φ/380	789		400	400	630	2(2×185+1×95)	100		115
		3φ/380	23		63	25	50	4×10	25	4×10	175
UN5-200	200 (+3.1)	1φ/380	526	10	250	200	400	2(2×70+1×35)	50	4×70+1×35	85
		3φ/380	6.5		63	10	16	4×2.5	20	4×2.5	160

12

续表

电焊机型号	额定容量(kVA)	相数/电压(V)	额定电流(A)	负载持续率(%)	低压断路器电流(A) 额定电流	低压断路器电流(A) 整定电流	熔断器熔体电流(A)	BV型导线截面积(mm²)及保护钢管直径(mm) 35℃时配线	SC	YZ型橡套软电缆(mm²) 35℃时配线	3%电压降允许导线长度(m)
UN5-300	300(+1)	1φ/380	789		630	400	630	2(2×185+1×95)	100		115
		3φ/380	2.5		63	5	10	4×2.5	20	4×2.5	425
UN5-500	500(+1)	1φ/380	1316	20	1000	800	1000	3(2×185+1×95)	100		100
		3φ/380	2.5		63	5	10	4×2.5	20	4×2.5	425
UN8-25	25(+0.6)	1φ/380	66		63	40	50	3×10	25	3×10	60
		3φ/380	1.6		16	3	10	4×2.5	20	4×2.5	670
UN8-75	75	1φ/380	197	40	250	140	160	2×70+1×35	50	2×50+1×25	120
UN8-100	100	1φ/380	263	40	250	200	200	2×120+1×70	70	2×95+1×50	130
UN15-75-1	75	1φ/380	197	20	200	125	125	2×70+1×35	50	2×50+1×25	120
UN17-150-1	150	1φ/380	395	50	400	320	300	2(2×70+1×35)	50	4×50+1×25	120
JE-35	35	1φ/380	92.1		100	63	63	3×16	32	3×16	65
JE-50	50		131.6	25	160	100	100	2×35+1×16	40	2×35+1×16	95
JE-75	75		197.4		160	125	125	2×50+1×25	40	2×50+1×25	90
JE-100	100		263.2		250	180	180	2×95+1×50	80	2×95+1×50	110

注 100A及以上的开关以Compact NS系列断路器为例；63A的开关以C65N/HC系列断路器为例；熔断器以NT系列为例。实际选用时应注意校验极限分断能力。

表 12.4-6 凸焊机、钎焊机、缝焊机电源开关及导线选择

电焊机型号	额定容量(kVA)	相数/电压(V)	额定电流(A)	负载持续率(%)	低压断路器电流(A)		熔断器熔体电流(A)	BV型导线截面积(mm²)及保护钢管直径(mm)		YZ型橡套软电缆(mm²)	3%电压降允许导线长度(m)
					额定电流	整定电流		35℃时配线	SC	35℃时配线	
TN1-63	63		166	50	160	100	125	2×50+1×25	40	2×50+1×25	100
TN1-200	200		526	20	400	280	400	2（2×70+1×35)	50	4×70+1×35	85
TN2-250	250	1φ/380	658	2	160	125	500	2（2×120+1×70)	70		100
TZ-40	40		105	50	100	63	80	2×25+1×16	32	2×25+1×16	90
TZ-100	100		263	50	250	150	200	2×95+1×50	70	2×70+1×35	110
QQ-1	1	1φ/220	4.5	25		5	4	3×2.5	15	3×2.5	230
QQ-12	12	1φ/380	32			20	25	3×4	20	3×4	50
		1φ/220	55		63	32	40	3×10	25	3×6	70
QQ-16	16	1φ/380	42			25	32	3×6	20	3×4	55
		1φ/220	73			50	63	3×16	25	3×16	80
QQ-20	20	1φ/380	53	50		32	40	3×10	25	3×6	70
		1φ/220	91			100	63	80	2×25+1×16	40	2×25+1×16	100
FN-25-1	25	1φ/380	66			100	63	50	3×16	25	3×16	90
	(+0.25)	3φ/380	0.65			16	3	4	4×2.5	20	4×2.5	1650

12

续表

电焊机型号	额定容量(kVA)	相数/电压(V)	额定电流(A)	负载持续率(%)	低压断路器电流(A) 额定电流	低压断路器电流(A) 整定电流	熔断器熔体电流(A)	BV型导线截面积(mm²)及保护钢管直径(mm) 35℃时配线	BV型导线截面积(mm²)及保护钢管直径(mm) SC	YZ型橡套软电缆(mm²) 35℃时配线	3%电压降允许导线长度(m)
FN-25-2	25	1φ/220	114		160	100	80	2×35+1×16	40	2×25+1×16	110
FN-25-2	(+0.25)	3φ/380	0.65		16	3	4	4×2.5	20	4×2.5	1650
FN1-50	50	1φ/380	132		160	125	100	2×50+1×25	50	2×35+1×16	130
FN1-50	(+0.25)	3φ/380	0.65	50	16	3	4	4×2.5	20	4×2.5	1650
FN1-150-1	150	1φ/380	395		400	320	300	2(2×70+1×35)	50	4×50+1×25	120
FN1-150-1	(+1)	3φ/380	2.5		16	5	10	4×2.5	20	4×2.5	425
FN1-150-5	150	1φ/380	395		400	320	300	2(2×70+1×35)	50	4×50+1×25	120
FN1-150-5	(+1.1)	3φ/380	2.7		16	5	10	4×2.5	20	4×2.5	390
FJ-400	400	3φ/380	608	10	250	225	425	2(3×95+1×50)	70	2×95+1×50	95
DD-15I	15	1φ/220	68.2	90	160	100	80	2×35+1×16	40	2×35+1×16	190

注 100A 及以上的开关以 Compact NS 系列断路器为例；63A 的开关以 C65N/HC 系列断路器为例；熔断器以 NT 系列为例。实际选用时应注意校验极限分断能力。

表 12.4-7　　　　　　　　　美国米勒（MILLER）弧焊机电源开关及导线选择

电焊机型号	额定容量（kVA）	相数/电压（V）	额定输入电流（A）	负载持续率（%）	低压断路器电流（A）		熔断器熔体电流（A）	BV 型导线截面积（mm²）及保护钢管直径（mm）		YZ 型橡套软电缆（mm²）	3%电压降允许导线长度（m）
					额定电流	整定电流		35℃时配线	SC	35℃时配线	
Del 402	16.9		27		63	40	40	3×16+1×16	40	3×16+1×16	235
Del 602	25.1		39		63	50	50	3×16+1×16	40	3×16+1×16	160
Del 852	38.2		58		100	80	80	3×25+1×16	50	3×25+1×16	165
Dim 562	35.3		52.5	100	250	150	125	3×95+1×50	70	3×95+1×50	580
Dim 812	50		77		160	100	100	3×35+1×16	50	3×35+1×16	170
SubArc DC 800	50	3φ/380	77		160	100	100	3×35+1×16	50	3×35+1×16	170
SubArc DC 1250	73		109		250	160	160	3×95+1×50	70	3×95+1×50	275
Summit Arc 1250	140		212		400	300	300	3×240+1×120	125	3×240+1×120	255
Maxstar 200	5.2		7.4		63	10	10	4×2.5	20	4×2.5	140
Maxstar 350	12		17		63	20	20	4×4	25	4×4	95
Maxstar 700	32		46	60	63	50	50	3×16+1×16	40	3×16+1×16	135
Dynasty 200	4.8		8		63	10	10	4×2.5	20	4×2.5	130
Dyn350	12.7		18		63	20	20	4×4	25	4×4	90
Dyn700	35		51		160	63	50	3×25+1×16	50	3×25+1×16	190
Syn 250DX	22	1φ/380	55	40	100	50	50	3×16	40	3×16	110
Syn 350LX	30		66		100	63	63	2×25+1×16	50	2×25+1×16	140
INV 352	14.2	3φ/380	20.6	60	63	25	25	4×6	25	4×6	120

12.5 电 阻 炉

本节适用于一般用途间接加热的成套工业电阻炉。

12.5.1 电阻炉的计算电流

（1）电阻炉配电线路的导线载流量、开关设备和熔断器熔体的额定电流，宜按下列条件计算：

1）无电炉变压器的金属发热元件电阻炉，按电阻炉额定功率的 1.1 倍；

2）有电炉变压器的电阻炉，按变压器最高档电压的容量或按电阻炉额定功率的 1.2～1.3 倍。

（2）本节电阻炉电源线的计算电流按下列各式确定：

1）单相电阻炉

$$I_c = K \frac{P_r}{U_r} \qquad (12.5\text{-}1)$$

2）三相电阻炉

$$I_c = K \frac{P_r}{\sqrt{3} U_r} \qquad (12.5\text{-}2)$$

式中　I_c——电源线计算电流，A；

　　　P_r——电阻炉额定功率，kW；

　　　U_r——电阻炉额定电压，kV；

　　　K——计算系数：无电炉变压器时，取 1.1；有电炉变压器时，取 1.3。

12.5.2 电阻炉的隔离和保护

（1）每台电阻炉应装设隔离电器和短路保护。当有几个加热区时，每个加热区宜分别装设隔离电器和短路保护。

（2）水冷却的电炉，应装设水压不足或水温过高的保护，动作于信号或分断电源。

12.5.3 电阻炉的控制和联锁

（1）电阻炉应装设自动温度控制器和测温仪表；当有几个加热区时，每个加热区的温度应分别控制和测量。

（2）对硅碳棒等电阻系数变动较大的发热元件的电阻炉，宜装设电流表，并应配备调压变压器。

（3）人工装料的电阻炉，如操作人员有可能触及危险电压，应装设加料口开启时分断电源的联锁。

（4）有通风装置的电阻炉，当通风机断电可能造成设备损坏时，应装设分断电源的联锁。

（5）根据生产要求对传动部分和其他附属装置装设必要的联锁。

（6）晶闸管调压器或调功器三相供电的电阻炉不宜采用有中性线的星形接法；可采用星形或三角形接法。

12.5.4 电器安装和布线要求

（1）接触器、空气开关不宜与测温仪表装在同一构架上。

12

（2）电力线路不应与测温导线敷设在同一管中或共用一根电缆。

（3）控制线路不宜与大截面的电力线路敷设在同一管中或共用一根电缆。

（4）电气线路应尽量避开炉体的高温区域，必要时应采取适当的隔热措施。

12.5.5 常用电阻炉配线图表

常用电阻炉配线图表见表 12.5-1～表 12.5-5，其应用条件和注意事项如下：

（1）电炉变压器、控制柜、热电偶及补偿导线均随电炉成套供应。

（2）电炉控制柜内通常装有总开关，其进线处不必另加开关。

（3）柜内控制电源均为交流单相 220V，本节采用单独的回路供电。

（4）电炉通常处于热作车间，其环境温度宜取气象资料值加 5℃；本节取 40℃。

（5）决定导线载流量时，不考虑 PE 线和仅用于控制电源的 N 线；但选套管时仍考虑其实际占位。

（6）各厂家产品难免有差异和变化，在使用配线图表时请务必与实际资料核对。

表 12.5-1　　　　　　　　　箱式电阻炉配线图表

电炉型号	额定功率(kW)	相数加热元件接线方式	额定电压(V)	计算电流(A)	配线图	线路号	BV型铜线根数×截面积（mm²）及钢管规格（mm）（环境温度40℃）
RX2-14-13	14	3 Y	380	23		1	4×6 SC20＋2×2.5 SC15
RX-15-9GP	15			25		2	4×6 SC20
RX3-15-9	15	单串	380	43		1	3×10 SC25＋2×2.5 SC15
						2	3×10 SC25
RX3-20-12	20	单串	380	58		1	3×16 SC25＋2×2.5 SC15
						2	3×16 SC25
RX2-25-13	25	3 YY	380	42		1	4×10 SC25＋2×2.5 SC15
						2	4×10 SC25
RX3-30-9	30	3 Y	380	50		1	4×16 SC32＋2×2.5 SC15
RX-30-9GP						2	4×16 SC32
RX2-37-13	37	3 Y	380	62		1	3×25＋1×16＋1×2.5 SC40
						2	3×25＋1×16 SC40
RX3-45-9	45	3 Y	380	75		1	3×25＋1×16 SC50＋2×2.5 SC15
RX3-45-12						2	3×25＋1×16 SC50
RX3-60-9	60	3 Y Y	380	100		1	3×50＋1×25 SC50＋2×2.5 SC15
						2	3×50＋1×25 SC50
RX3-75-9	75	3 Y Y	380	125		1	3×70＋1×35 SC70＋2×2.5 SC15
						2	3×70＋1×35 SC70
辅助配线说明：3 为炉门连锁线；虚线为自带热电偶线，套管 SC15						3	2×1.5 SC15

配线图：控制柜，线路 1、2、3

续表

电炉型号	额定功率 (kW)	相数加热元件接线方式	额定电压 (V)	计算电流 (A)	配线图	线路号	BV 型铜线根数×截面积（mm²）及钢管规格（mm）（环境温度 40℃）
RX-45-9GP	45	3 △/Y	380	75		1	3×25+1×16 SC40+2×2.5 SC15
						2a	3×25+1×16 SC40
						2b	3×25 SC40
RX3-65-12	65	3 △/Y	380	109		1	3×50+1×25+1×2.5 SC50
						2a	3×50+1×25 SC50
						2b	3×50 SC50
辅助配线说明：3 为炉门连锁线；虚线为自带热电偶线，套管 SC15						3	2×1.5 SC15
RX3-90-12	90	3 △△/Y Y	380	150		1	3×95+1×50 SC80+2×2.5 SC15
						2a	3×95+1×50 SC80
						2b	3×95 SC70
						3	2×95 SC50
RX3-115-12	115	3 △△/Y Y	380	192		1	3×120+1×70SC100 +2×2.5 SC15
						2a	3×120+1×70 SC100
						2b	3×120 SC80
						3	2×120 SC70
辅助配线说明：4 为炉门连锁线；虚线为自带热电偶，套管 SC15						4	2×1.5 SC15

表 12.5-2   **井式电阻炉、渗碳渗氮炉配线图表**

电炉型号	额定功率 (kW)	相数加热元件接线方式	额定电压 (V)	计算电流 (A)	配线图	线路号	BV 型铜线根数×截面积（mm²）及钢管规格（mm）（环境温度 40℃）
RJ2-35-6	35	3 △/Y	380	58		1	4×16 SC40+2×2.5 SC15
						2a	4×16 SC40
						2b	3×16 SC40
RJ2-55-6	55	3 △/Y	380	92		1	3×35+1×16 SC50+2×2.5 SC15
						2a	3×35+1×16 SC50
						2b	3×35 SC50
RJ2-75-6	75	3 △/Y	380	125	(a)	1	3×70+1×35 SC70+2×2.5 SC15
						2a	3×70+1×35 SC70
						2b	3×70 SC70
辅助配线说明：3 接行程开关；4 接电动机；虚线为自带热电偶线，套管 SC15						3	2×1.5 SC15
						4	3×2.5 SC15
RJ2-25-6	25	单串	380	72	同图（a），但控制柜至炉后的主线为一路	1	2×25+1×16 SC32+2×2.5 SC15
						2	2×25+1×16 SC32
RN-35-6A RN-35-6 ♯	35	3 Y	380	58		1	4×16+1×2.5 SC40
						2	4×16 SC40

电炉型号	额定功率(kW)	相数加热元件接线方式	额定电压(V)	计算电流(A)	配线图	线路号	BV型铜线根数×截面积(mm²)及钢管规格(mm)(环境温度40℃)
辅助配线说明:3 接行程开关;4 接电动机,虚线为自带热电偶线,套管 SC15						3	2×1.5 SC15
♯ RN-35-6 增加炉顶通风机线 3×2.5 SC15						4	3×2.5 SC15
RJ2-40-9 RJ2-40-9Q	40	3 Y	380	67		1	3×25+1×16 SC32+2×2.5 SC15
						2	3×25+1×16 SC32
RJ2-50-12 RJ2-50-12Q	50	3 Y	380	84		1	3×35+1×16 SC50+2×2.5 SC15
						2	3×35+1×16 SC50
RJ2-60-9 RJ2-60-9Q RN-60-6 ♯	60	3 YY	380	100	(b)	1	3×50+1×25 SC50+2×2.5 SC15
						2	3×50+1×25 SC50
RJ2-80-12 RJ2-80-12Q	80	3 YY	380	134		1	3×70+1×35 SC70+2×2.5 SC15
						2	3×70+1×35 SC70
RJ2-90-9 RJ2-90-9Q	90	3 YY	380	150		1	3×95+1×50 SC80+2×2.5 SC15
						2	3×95+1×50 SC80
RJ2-105-12 RJ2-105-12Q	105	3 YY	380	175		1	3×95+1×50 SC80+2×2.5 SC15
						2	3×95+1×50 SC80
辅助配线说明:3 接电动机;4 接行程开关;5 接开关盒;虚线为自带热电偶线,套管 SC15。						3	3×2.5 SC15
						4	2×1.5 SC15
♯ RN-60-6 增加炉顶通风机线 3×2.5 SC15						5	2×1.5 SC15
RN-60-6A	60 (二区: 30+30)	3 Y,Y	380	100 (50+50)		1a	3×50+1×25 SC50+2×2.5 SC15
						1b	3×16 SC25
						2a	4×16 SC32
						2b	3×16 SC25
RJ2-65-9 RJ2-65-9Q	65 (二区: 32+33)	3 Y,Y	380	109 (54+55)	(c)	1a	3×50+1×25 SC50+2×2.5 SC15
						1b	3×16 SC25
						2a	4×16 SC32
						2b	3×16 SC25
RJ2-75-12 RJ2-75-12Q RN-75-6A	75 (二区: 37+38)	3 YY, YY	380	125 (62+63)		1a	3×70+1×35 SC70+2×2.5 SC15
						1b	3×25 SC32
						2a	4×25 SC40
						2b	3×25 SC32
RN-80-6 ♯	80 (二区: 40+40)	3 Y,Y	380	134 (67+67)		1a	3×70+1×35 SC70+2×2.5 SC15
						1b	3×25 SC32
						2a	4×25 SC40
						2b	3×25 SC32

12

续表

电炉型号	额定功率（kW）	相数加热元件接线方式	额定电压（V）	计算电流（A）	配线图	线路号	BV 型铜线根数×截面积（mm²）及钢管规格（mm）（环境温度 40℃）
RJ2-95-9 RJ2-95-9Q	95 （二区： 47+48）	3 Y，Y	380	159 （79+80）		1a 1b 2a 2b	3×95+1×50 SC80+2×2.5 SC15 3×35 SC40 4×35 SC50 3×35 SC40
RJ2-110-12 RJ2-110-12Q	110 （二区： 55+55）	3 YY， YY	380	184 （92+92）		1a 1b 2a 2b	3×120+1×70 SC100+2×2.5 SC15 3×35 SC40 4×35 SC50 3×35 SC40
RJ2-140-9 RJ2-140-9Q	140 （二区： 70+70）	3 YY， YY	380	234 （117+ 117）	(c)	1a 1b 2a 2b	4×70 SC70+3×70 SC70 +2×2.5 SC15 3×70 SC70+2×2.5 SC15 4×70 SC70 3×70 SC70
RJ2-165-12 RJ2-165-12Q	165 （二区： 82+83）	3 YY， YY	380	276 （137+ 139）		1a 1b 2a 2b	4×70 SC70 +3×70 SC70 +2×2.5 SC15 3×70 SC70 +2×2.5 SC15 4×70 SC70 3×70 SC70
辅助配线说明：3 接电动机；4 接行程开关；5 接开关盒； 虚线为自带热电偶线，套管 SC15。 ＃RN-80-6 增加炉顶通风机线 3×2.5 SC15						3 4 5	3×2.5 SC15 2×1.5 SC15 2×1.5 SC15
RJ2-75-9 RJ2-75-9Q	75 （三区： 25+25 +25）	3 Y，Y， Y	380	125 （42+42 +42）		1a 1b 2a 2b 2c	3×70+1×35SC70+2×2.5 SC15 3×35 SC40 4×10 SC25 3×10 SC25 3×10 SC25
RJ2-125-9 RJ2-125-9Q	125 （三区： 42+41 +42）	3 Y，Y， Y	380	209 （70+69 +70）	(d)	1a 1b 2a 2b 2c	3×150+1×70 SC100 +2×2.5 SC15 3×70 SC70 4×25 SC40 3×25 SC32 3×25 SC32
RJ2-190-9 RJ2-190-9Q	190 （三区： 64+62 +64）	3 YY， YY， YY	380	318 （107 +104 +107）		1a 1b 2a 2b 2c	4×95 SC80+3×95 SC70 +2×2.5 SC15 2［3×50 SC50］ 4×50 SC50 3×50 SC50 3×50 SC50

续表

电炉型号	额定功率(kW)	相数加热元件接线方式	额定电压(V)	计算电流(A)	配线图	线路号	BV型铜线根数×截面积(mm²)及钢管规格(mm)(环境温度40℃)
辅助配线说明：3接电动机；4接行程开关；5接开关盒；虚线为自带热电偶线，套管SC15						3	3×2.5 SC15
						4	2×1.5 SC15
						5	2×1.5 SC15
RQ3-25-9♯	25	3 Y	380	42		1	4×10+1×2.5 SC25
						2	4×10 SC25
RQ3-35-9♯	35	3 Y	380	58		1	4×16 SC32 +2×2.5 SC15
						2	4×16 SC32
RQ3-60-9	60	3 Y,Y	380	100		1a	3×50+1×25 SC50 +2×2.5 SC15
						1b	3×16 SC25
						2a	4×16 SC32
						2b	3×16 SC25
RQ3-75-9	75	3 Y,Y	380	125		1a	3×70+1×35 SC70 +2×2.5 SC15
						1b	3×25 SC32
						2a	4×25 SC40
						2b	3×25 SC32
RQ3-90-9	90	3 Y,YY	380	150	(e)	1a	3×95+1×50SC80 +21×2.5 SC15
						1b	3×35 SC40
						2a	4×35 SC50
						2b	3×35 SC40
RQ3-105-9	105	3 Y,YY	380	175		1a	3×95+1×50 SC80 +2×2.5 SC15
						1b	3×35 SC40
						2a	4×35 SC50
						2b	3×35 SC40
辅助配线说明：3引至接线盒；4接上行程开关；5接下行程开关；6接电动机；7接通风机；8接按钮；虚线为自带热电偶线，套管SC15；♯ RQ3-25-9和RQ3-35-9控制柜至炉后的主回路和热电偶线均为单路						3	6×2.5+6×1.5 SC25
						4	2×1.5 SC15
						5	2×1.5 SC15
						6	3×2.5 SC15
						7	3×2.5 SC15
						8	2×1.5 SC15

控制柜
1a 1b 2a 2b 3 4,5 6 7 8

表 12.5-3　　　　　　　　　　埋入式电极盐浴炉配线图表

电炉型号	额定功率 (kW)	相数	额定电压/电极电压（V）	计算电流 (A)	配线图	线号	BV 型铜线根数×截面积（mm²）及钢管规格（mm）（环境温度 40℃）
RDM-20-8	20	单	380/12～29.2	68		1	2×25+1×16 SC32 +2×2.5 SC15
RDM2-20-13			380/6.9～20			2	2×25+1×16 SC32
RDM-25-13	25	单	380/12～29.2	86		1	2×25+1×16 SC322+2×2.5 SC15
RDM2-25-8			380/6.9～20			2	2×25+1×16 SC32
RDM2-45-13	45	单	380/7～19.7	154		1	2×70+1×35 SC70 +2×2.5 SC15
						2	2×70+1×35 SC70
DM-50-6 DM-50-8 DM-50-13	50	单	380/11.9～34.8	171		1	2×95+1×50 SC70 +2×2.5 SC15
						2	2×95+1×50 SC70
	30	3	380/14.5～30.7	59		1	3×25+1×16 SC40 +2×2.5 SC15
						2	3×25+1×16 SC40
DM-35-8 DM-35-13	32	3	380/11.6～31.3	63		1	3×25+1×16 SC40 +2×2.5 SC15
DM-35-6	34			67		2	3×25+1×16 SC40
RDM2-35-13	35	3	380/7～18.5	69			
RDM-45-6 RDM-45-8 RDM-45-13	45	3	380/14.5～30.6	89		1	3×35+1×16 SC50 +2×2.5 SC15
						2	3×35+1×16 SC50
RDM2-50-6	50	3	380/8～20	99		1	3×50+1×25 SC50 +2×2.5 SC15
						2	3×50+1×25 SC50
RDM-70-8 RDM-70-13	70	3	380/16.2～34	138		1	3×70+1×35 SC70 +2×2.5 SC15
						2	3×70+1×35 SC70
DM-75-6	60	3	380/11.4～30.5	122		1	3×70+1×35 SC70 +2×2.5 SC15
DM-75-8	62						
DM-75-13 RDM2-75-13	75		380/7.2～18.4	148		2	3×70+1×35 SC70
RDM-90-6 RDM-90-13	90	3	380/16.3～34.6	178		1	3×95+1×50 SC80 +2×2.5 SC15
						2	3×95+1×50 SC80
DM-100-13	95	3	380/11.3～30.5	188		1	3×120+1×70 SC100 +2×2.5 SC15
RDM 2-100-8	100	3	380/8～19.7	198		2	3×120+1×70 SC100
RDM-130-8	130	3	380/16.2～34	257		1	3×185+1×95 SC100 +2×2.5 SC15
						2	3×185+1×95 SC100

辅助配线说明：虚线为自带热电偶线，套管 SC15。
由变压器接到电极的母排为设备自带

表 12.5-4   **坩埚式盐浴炉配线图表**

电炉型号	额定功率（kW）	相数接线	额定电压（V）	计算电流（A）	配线图	线号	BV 型铜线根数×截面积（mm²）及钢管规格（mm）（环境温度 40℃）
RYG-10-8 GY-10-8	10	单串	220	50		1	3×16 SC32
						2	3×16 SC25
RYG-20-8 GY-20-8	20	3 Y	380	33		1	4×10 SC25 ＋2×2.5 SC15
						2	4×10 SC25
RYG-30-8 GY-30-8	30	3 Y	380	50		1	4×16 SC32 ＋2.2.5 SC15
						2	4×16 SC32
辅助配线说明：虚线为自带热电偶线，套管 SC15							

表 12.5-5   **实验室电阻炉配线图表**

电炉型号	额定功率（kW）	相数	额定电压（V）	计算电流（A）	配线图	线号	BV 型铜线根数×截面积（mm²）及钢管规格（mm）（环境温度 40℃）
实验室箱式电阻炉							
SX2-2.5-10 SX2-2.5-12	2.5	单	220	13		1	3×1.5 SC15
						2	3×1.5
SX2-4-10	4	单	220	20		1	3×2.5 SC15
						2	3×2.5
SX2-5-12	5	单	220	25		1	3×4 SC15
						2	3×4
SX2-6-13	6	3	380	10		1	5×1.5 SC15
						2	4×1.5
SX2-8-10	8	3	380	13		1	5×2.5 SC15
						2	4×2.5
SX2-10-12 SX2-10-13	10	3	380	17		1	5×2.5 SC15
						2	4×2.5
SX2-12-10	12	3	380	20		1	4×4＋1×2.5 SC20
						2	4×4
辅助配线说明：3 为炉门连锁线；虚线为自带热电偶						3	2×1.5

续表

电炉型号	额定功率（kW）	相数	额定电压（V）	计算电流（A）	配线图	线号	BV型铜线根数×截面积（mm²）及钢管规格（mm）（环境温度40℃）
实验室管式电阻炉							
SK2-1.5-13T	1.5	单	220	8		1	3×1.5 SC15
						2	3×1.5
SK2-2-10 SK2-2-10H SK2-2-12H	2	单	220	10		1	3×1.5 SC15
						2	3×1.5
SK-2.5-13 SK2-2.5-13TS	2.5	单	220	13		1	3×1.5 SC15
						2	3×1.5
SK2-4-10 SK2-4-13	4	单	220	20		1	3×2.5 SC15
						2	3×2.5
SK2-6-10	6	单	220	30		1	3×6 SC20
						2	3×6
辅助配线说明：虚线为自带热电偶线							
实验室坩埚电阻炉							
SG2-1.5-10	1.5	单	220	8		1	3×1.5SC15
						2	3×1.5
SG2-3-10 SG2-3-12	3	单	220	15	控制柜	1	3×1.5 SC15
						2	3×1.5
SG2-5-10 SG2-5-12	5	单	220	25		1	3×4 SC15
						2	3×4
SG2-7.5-10 SG2-7.5-12	7.5	3	380	13		1	5×2.5 SC15
						2	4×2.5
辅助配线说明：虚线为自带热电偶线							

注 实验室电阻炉与控制器之间导线的选型和敷设方式宜由现场决定，故表中仅给出其规格。

12.6 整 流 器

本节包括常用整流器的选择、交流输入电流的实用计算法和电源开关、熔断体及导线选择。

12.6.1 整流器的选择

12.6.1.1 直流输出额定电压的选择

（1）一般工业用整流器：直流输出额定电压应不小于用电设备最高工作电压的 1.05 倍。

（2）充电用整流器：直流输出额定电压不宜低于蓄电池组标称电压的 1.5 倍。铅酸蓄电池组每个电池的标称电压为 2V，镉镍电池组每个电池为 1.2V。

（3）电镀用整流器：直流输出额定电压一般不小于镀槽最高工作电压的 1.1 倍；如镀槽需要冲击电流时，整流器的直流输出额定电压还应满足冲击的要求。

（4）电解用（小型氢氧站）整流器：直流输出额定电压应不小于电解槽工作电压的 1.05 倍，其调节电流范围的下限应使输出电流小于电解槽工作电流的 10%。

12.6.1.2 直流额定电流的选择

（1）一般工业用整流器：直流额定电流应不小于用电设备的计算电流。

（2）充电用整流器：直流额定电流一般按下列方式确定。

1）恒流充电方式：对牵引用铅酸蓄电池，不得小于 5h 放电率电流（I_5）的 70%；对固定型防酸式铅酸蓄电池和启动用铅酸蓄电池不得小于 10h 放电率的电流（I_{10}）。对镉镍蓄电池不得小于 5h 放电率的电流（I_5）。蓄电池快速充电时，整流器的直流额定电流不得小于上述蓄电池充电电流的 2~2.5 倍。

2）恒压充电方式：整流器的直流输出额定电压按不同蓄电池的充电电压值计算，对启动用铅酸蓄电池单个电池的充电电压值为 2.46V，对镉镍蓄电池单个电池的充电电压值为 1.45V。

3）浮充电方式：整流器直流侧（输出）接有浮充电的固定型蓄电池组时，整流器的直流额定电流应为蓄电池组的浮充电电流加其他常接负荷电流。

（3）电镀用整流器：直流额定电流不小于计算电流；如镀槽需要冲击电流时，整流器的直流额定电流应根据用电设备冲击电流值及电源设备短时允许过载能力来确定。

（4）电解用整流器：直流额定电流一般取电解槽工作电流的 1.2 倍。

12.6.1.3 接线方式的选择

整流器的整流线路接线方式，应符合用电设备对整流波形的要求；较大的整流器整流线路还要考虑对电网波形和负荷分配的影响，参见第 6 章。

12.6.2 整流器交流输入电流的计算

整流器交流输入电流 I 如果没有制造厂提供的数据时，可按下式计算：

当已知整流器的整流线路接线方式时

$$I \geqslant K_3 K_2 K_1 P_{rd} \tag{12.6-1}$$

当不了解整流器的整流线路接线方式时

$$I = \frac{K_2 P_{rd}}{\eta \cos\varphi} \tag{12.6-2}$$

式中　I——整流器交流输入电流，A；

　　　K_1——整流器的接线系数，其值见表 12.6-1；

　　　K_2——交流功率换算成电流时的系数，三相 380V 时为 1.52，单相 380V 时为 2.63，单相 220V 时为 4.55；

　　　K_3——校正系数，硅整流器可取 1.1~1.2，可控硅整流器可取 1.2~1.3；

　　　P_{rd}——整流器直流输出额定功率，kW；

$$P_{rd} = \frac{U_{rd} I_{rd}}{1000} \tag{12.6-3}$$

式中　U_{rd}——整流器直流输出额定电压，V；

　　　I_{rd}——整流器直流输出额定电流，A；

$\cos\varphi$、η——分别为整流器额定功率因数及效率，在无整流器厂提供的数据时，其值可按表12.6-2选取。

上述两种计算公式，以用式（12.6-1）较为准确，故常用整流器熔体及导线的交流输入电流选择按式（12.6-1）计算。

各种整流器的接线系数见表12.6-1。

表 12.6-1　　　　　　　　　**各种整流器的接线系数**

整流线路接线方式	K_1	整流线路接线方式	K_1	整流线路接线方式	K_1
单相半波	1.34 (3.49)	单相桥式 单相零式	(1.24) 1.35	六相零式（原边 Y） 六相零式（原边△）	1.80 1.55
单相全波	1.34 (1.50)	三相曲折零式 三相桥式	1.46 1.05	六相曲折零式 六相桥式（△/YY）	1.42 1.28
单相桥式	1.11	双 Y 带平衡电抗器	1.26	六相桥式（△/等边六角形）	1.11

注　1. 本表按在无限大电感负载下，全导通时编制。

2. 三相以上线路为纯电阻负载的数据，与无限大电感负载的数据相差不大。单相线路纯电阻负载的数据用括号列在有关项内。

表 12.6-2　　　　　　　　**不同直流输出整流器 $\cos\varphi$、η 参考值**

直流输出功率（kW）	$\cos\varphi$	η
1～5.4	≥0.7	≥0.7
5.5～17	≥0.75	≥0.75
≥18	≥0.8	≥0.8
单管整流		≥0.85

【例 12.6-1】　某厂拟增设电镀用整流器一台，交流输入为三相380V；要求直流输出为3～24V，2000A；整流器接线方式为双反星形带平衡电抗器。求整流器交流输入电流。

解　(1) 其中 $K_3=1.15$，$K_2=1.52$，查表12.6-1得 $K_1=1.26$，用式（12.6-1）计算

$$P_{rd}=\frac{U_{rd}I_{rd}}{1000}=\frac{24\times2000}{1000}=48\ (kW)$$

$$I=K_3K_2K_1P_{rd}=1.15\times1.52\times1.26\times48=105.7\ (A)$$

(2) 用式（12.6-2）计算：因无整流器的 $\cos\varphi$ 和 η 数据，按直流输出额定功率查表12.6-2得 $\cos\varphi=0.82$，$\eta=0.82$。

$$I=\frac{K_2P_{rd}}{\eta\cos\varphi}=\frac{1.52\times48}{0.82\times0.82}=108.5\ (A)$$

由此可见，这两种方法计算的结果比较接近。

12.6.3　常用整流器熔断体和导线的选择

整流器电源的开关熔断器的额定电流，不应小于整流器的额定输入电流。常用整流器熔体和导线选择见表12.6-3。

表 12.6-3　　　　　　　　　　　　　　　常用整流器熔体及导线选择

整流线路接线型式	直流输出功率(kW)		交流电源		熔体电流(A)	BV型导线截面(mm²)及钢管规格(mm)	
	硅整流器	可控硅整流器	电压(V)	电流(A)		30℃	35℃
单相桥式	0.8	0.74	220	5	5	2×2.5 SC15	2×2.5 SC15
	1.65	1.5		10	10		
	2.4	2.2		15	15		
	3	2.8		18	20		
	3.3	3		20		2×4 SC15	2×4 SC15
		3.3		22	25		
单相全波及半波	0.7	0.65		5	5	2×2.5 SC15	2×2.5 SC15
	1.36	1.26		10	10		
	2	1.85		15	15		
	2.4	2.2		18	20		
		2.4		19			2×4 SC15
三相桥式	2.6	2.4	380	5	5	3×2.5 SC15	3×2.5 SC15
	5.2	4.8		10	10		
	7.8	7.2		15	15		
	8.4	7.8		16	20		3×4 SC20
	8.8	8		17			
	10	9.2		20		3×4 SC20	
	11	10		21	25		3×6 SC20
	12	11		23			
	13	12		25		3×6 SC20	
	15	14		29	30		3×10 SC25
	15.6			30			
	16	15		31	35	3×10 SC25	
	19	17		35			3×16 SC32
	21	19		39	40		
	22	20		40			
	23	21		43	45	3×16 SC32	
	24	22		45			3×25 SC40
	27	25		50	50		
	28	26		51		3×25 SC40	
	30	28		55	60		3×35 SC40
	32	30		60			
	35	32		65			
	38	35		71	80	3×35 SC40	
	43			80			3×50 SC50
	44	40		81			
	47	43		87	100	3×50 SC50	
	54	50		100			3×70 SC70
	55	51		102			
	60	55		110	120	3×70 SC70	
	65	60		120			3×95 SC80
	70	64		129			
	76	70		140	150	3×95 SC80	
	82	75		150			3×120 SC80
	84	77		155			
	91	84		168		3×120 SC80	
	98	90		181	200		2×(3×70 SC70)
	107	98		196			
	109	100		200	250	2×(3×70 SC70)	
	131	120		240			

续表

整流线路接线型式	直流输出功率（kW）		交流电源		熔体电流（A）	BV型导线截面(mm²)及钢管规格(mm)	
	硅整流器	可控硅整流器	电压（V）	电流（A）		30℃	35℃
三相桥式	136	125		250	250	2×(3×70 SC70)	2×(3×70 SC70)
	141	130		260	300		
	157	144		288		2×(3×95 SC80)	2×(3×95 SC80)
	163	150		300			
三相零式	2	1.84		5	5		3×2.5 SC15
	4	3.7		10	10	3×2.5 SC15	
	6	5.5		15	15		
	7.2	6.6		18	20	3×4 SC20	3×4 SC20
	8	7.4		20	20		
	10	9		25	25	3×6 SC20	3×6 SC20
	12	11		30	30		
	14	13		34	35		3×10 SC25
	16	15		39	40	3×10 SC25	
	18	16		42	45		
	20	18		47	50		3×16 SC32
	22	20		52	60	3×16 SC32	
	24	22	380	57			3×25 SC40
		26		66	80	3×25 SC40	
	28	30		78	100	3×35 SC40	3×35 SC40
	33	46		118	150	3×70 SC70	3×70 SC70
	50	58		149	150		3×95 SC80
	63	63		162	200	3×95 SC80	2×(3×120 SC80)
		116		297	300	2×(3×95 SC80)	2×(3×95 SC80)
	126	126		323	350	2×(3×95 SC80)	
三相曲折零式	7.2			19	20	3×4 SC20	3×4 SC20
		7.2		21	25		
	9			24		3×6 SC20	3×6 SC20
		9		26	30		
	12			32	35	3×10 SC25	3×10 SC25
		12		35			
	18			46	50	3×16 SC32	3×16 SC32
		18		50			
	27			69	80	3×25 SC40	3×35 SC40
		27		75		3×35 SC40	
	36			92			
		36		100	100	3×50 SC50	3×50 SC50
双反星带平衡电抗器（可用于双Y带平衡电抗器）	7.3	6.7		17	20	3×2.5 SC15	
	8.6	7.9		20			3×4 SC20
	9	8.3		21	25	3×4 SC20	
	10	9.2		23			
	11	10		25			3×6 SC20
	12	11		29	30	3×6 SC20	
	12.8	12		30			
	13.3	12.3		31	35		3×10 SC25

续表

整流线路接线型式	直流输出功率(kW)		交流电源		熔体电流(A)	BV型导线截面(mm²)及钢管规格(mm)	
	硅整流器	可控硅整流器	电压(V)	电流(A)		30℃	35℃
双反星带平衡电抗器（可用于双Y带平衡电抗器）	15	14	380	35	35		3×10 SC25
	17	16		39	40	3×10 SC25	3×16 SC32
	18	17		40			
		18		44	45	3×16 SC32	3×25 SC40
	24			54	60		
		24		58		3×25 SC40	3×35 SC40
	30			67	80		
		30		73		3×35 SC40	
	36			81			3×50 SC50
		36		88	100	3×50 SC50	
	42			94			
	46			103			
	48			107	120		3×70 SC70
		46		112			
		48		117		3×70 SC70	
	54			121			3×95 SC80
		54		131	150		
	60			134		3×95 SC80	
		60		146			3×120 SC80
	72			161	200	3×120 SC80	
		72		175			2×(3×70 SC80)
	90			201		2×(3×70 SC70)	
		90		219	250		2×(3×95 SC80)
	108			242		2×(3×95 SC80)	
		108		263	300	2×(3×120 SC80)	2×(3×120 SC80)
	144			322	350		
		144		350			
六相曲折零式	10			26	30		3×6 SC20
		10		28		3×6 SC20	
	12			31	35		3×10 SC25
		12		34		3×10 SC25	
	18			45	45	3×16 SC32	3×16 SC32
		18		49	50		
	24			60	60	3×25 SC40	3×25 SC40
		24		65	80		
	36			89	100	3×50 SC50	3×50 SC50
		36		97			
	54			134	150	3×70 SC70	3×95 SC80
		54		146		3×95 SC80	
	72			179	200	3×120 SC80	3×120 SC80
		72		194			2×(3×70 SC80)
	108			268	300	2×(3×95 SC80)	2×(3×95 SC80)
		108		291			

注　表内交流输入电流计算时的 K_3 取值如下：直流输出功率小于18kW，硅整流器取1.2，可控硅整流器取1.3；直流输出功率为18kW及以上，分别取1.15和1.25。

12.7 工业探伤设备及医用射线设备

本节仅就较为常用的工业探伤设备（磁粉探伤机、工业 X 射线探伤机）和医用 X 射线机编制了计算表格，以供设计时参考。

12.7.1 工业探伤设备

12.7.1.1 常用工业探伤机保护电器的选择

工业无损探伤机应设有短路保护，有时带有过热保护。短路保护通常用熔断器或低压断路器的瞬时脱扣器；过热保护一般利用低压断路器的长延时脱扣器。

（1）熔断体额定电流 I_n 或低压断路器的长延时过电流脱扣器（热脱扣器）的整定电流 I_{nl} 分下列两种情况计算：

1）磁粉探伤机

$$I_n \geqslant 1.2 I_r \sqrt{\varepsilon} \tag{12.7-1}$$

$$I_{nl} \geqslant 1.2 I_r \sqrt{\varepsilon} \tag{12.7-2}$$

2）X 射线探伤机

$$I_n \geqslant 1.2 I_r \tag{12.7-3}$$

$$I_{nl} \geqslant 1.2 I_r \tag{12.7-4}$$

式中　I_n——熔断体额定电流，A；

　　　I_{nl}——低压断路器的长延时过电流脱扣器（热脱扣器）的整定电流，A；

　　　I_r——探伤机的额定电流，A；

　　　ε——磁粉探伤机的额定负载持续率，%。

电源线熔断体额定电流宜大于探伤机自带熔断器的熔断体额定电流。

（2）低压断路器的瞬时脱扣器整定电流

$$I_{n3} \geqslant K I_r \tag{12.7-5}$$

式中　I_{n3}——低压断路器的瞬时脱扣器整定电流，A；

　　　I_r——探伤机的额定电流，A；

　　　K——可靠系数，磁粉探伤机可取 1.7；X 射线探伤机可取 1.5。

12.7.1.2 常用工业探伤机的电源线选择

探伤机的电源线应根据允许电压降和导线的允许载流量选择。

磁粉探伤机电源线在断续负载下的允许载流量，见 12.8，不应小于本探伤机额定负载持续率下的额定输入电流。

X 射线探伤机电源线在短时负载下的允许载流量，见 12.8，不应小于本探伤机的额定输入电流。

12.7.1.3 常用工业探伤机开关、熔断体及导线主要参数

常用工业探伤机开关、熔断体及导线选择见表 12.7-1、表 12.7-2。表中所列导线是按温升要求的最小截面积，当线路较长时，应注意校验电压降是否超过允许值。

表 12.7-1　　　　　　　　　　　　磁粉探伤机开关、熔断体及导线选择

额定容量 (kVA)	相数/电压 (V)	相序	额定电流 (A)	负载持续率 (%)	计算电流 (A)	BV 型导线截面积(mm²)及钢管直径(mm) 30℃ 截面积	SC	35℃ 截面积	SC	3%电压降时允许线路长度 (m)
1.8	1/220		10	15	3.87	2×2.5	15	2×2.5	15	198
3.5			17	15	6.58					117
12.1			55	23	26.38	2×6	20	2×6	20	68
13		L1、N	L1、N 60	20	26.83	4×10	25	4×10	25	110
		L1、L2	L1、L2 20							
19			86.4	20	38.64	4×16	32	4×16	32	239
32		L2、N	145	20	64.85	4×25	40	4×25	40	104
		L1、C	20							
38	3/380	L1、L2、L3	173	20	77.37	4×35	50	4×35	50	229
100		L1、L2	L1、L2 262	15	101.47	4×50	50	4×70	65	202
		L1、L2、L3	L3 4.5							
177		L1、L2	L1、L2 467		104.42	4×50	50	4×70	65	197
		L1、L2、L3	L3 4.5							
280		L1、L2、L3	736	5	164.57	4×120	65	4×120	65	253
450		L2、L3	L1 6.6		265.64	2 (4×120)	125	2 (4×120)	125	193
		L1、L2、L3	L2、L3 1188							

注　1. 三相 380V 负荷按三相平衡负荷线路计算电压降。

　　2. 单相 220V 负荷按接相电压的单相负荷线路计算电压降。

　　3. 单相 380V 负荷按接于线电压的单相负荷线路计算电压降。

表 12.7-2　　　　　　　　　工业 X 射线探伤机开关、熔体及导线选择

额定容量 (kVA)	相数/电压 (V)	相序	额定电流 (A)	最长连续工作时间 (min)	熔断体额定电流 (A)	BV 型导线截面积（mm²）及钢管直径（mm） 30℃ SC	35℃ 截面积	35℃ SC	3%电压降时允许线路长度 (m)
1			4.5	5	10	15	2×2.5	15	171
1.2			5.5		10				140
1.3			5.9		10				130
1.5			6.8		10				113
1.8			8.2						94
2.4			10.9		16				70
2.5	1/220		11.4		16				67
3			13.6		20				56
3.6			16.4		20				47
4			18.2		25		2×4		67
5			22.7	7	32	20	2×6	20	79
5.5			27		40		2×10		109
10			46	15	63	25	2×16	25	100
3	3/380	L1、L2、L3	7.9	15	16	15	4×2.5	15	194

12.7.2 医用 X 射线机

12.7.2.1 医用 X 射线机的分类

根据医疗工作的种类，医用 X 射线设备的工作制可根据下列情况划分：

(1) X 射线诊断机、X 射线 CT 机、ECT 机，均为断续工作制用电设备。

(2) X 射线治疗机、电子加速器、核磁共振设备，均为连续（短时）工作制用电设备。

12.7.2.2 医用 X 射线机保护电器的选择

医用 X 射线机应设有短路保护，有时带有过热保护。短路保护通常用熔断器或低压断路器的瞬时脱扣器；过热保护一般利用低压断路器的长延时脱扣器。

(1) 熔断体额定电流 I_n 或低压断路器的长延时过电流脱扣器（热脱扣器）的整定电流 I_{nl} 按如下公式计算

$$I_n \geqslant 1.2 \frac{1}{\sqrt{3}U_r} \frac{A}{\eta} \frac{1}{K} \frac{1}{F} E_{sf} I_{sm} 10^{-3} \approx 1.2 K_0 E_{sf} I_{sm} 10^{-3} \tag{12.7-6}$$

$$I_{nl} \geqslant 1.2 \frac{1}{\sqrt{3}U_r} \frac{A}{\eta} \frac{1}{K} \frac{1}{F} E_{sf} I_{sm} 10^{-3} \approx 1.2 K_0 E_{sf} I_{sm} 10^{-3} \tag{12.7-7}$$

式中　I_n——熔断体额定电流，A；

I_{nl}——低压断路器的长延时过电流脱扣器（热脱扣器）的整定电流，A；

E_{sf}——X 射线管最大工作电压（峰值），kV；

I_{sm}——X 射线管最大工作电流（平均值），mA；

K——整流变压器初级线圈的利用系数；

F——X 射线管整流电压的波形系数与峰值系数之积；

A——瞬时负荷计算系数，单相、三相时取 0.5，两相时取 0.866；

η——X 射线机工作效率，单相、两相时取 0.8，三相时取 0.9；

U_r——额定电压，kV；

K_0——近似计算系数。

$\frac{1}{K}$、$\frac{1}{F}$、K_0 在各种直流高压发生电路的取值见表 12.7-3。

表 12.7-3　　　　　　　　各种直流高压发生电器的参数值

直流高压发生电路中整流电路名称	参数值		
	$1/K$	$1/F$	K_0
单相全波整流电路	1.330	0.636	1.391
三相星型整流电路	1.310	0.827	0.912
三相三角形/三相曲折型整流电路	1.310	0.827	0.912
三相三角形/六角星型整流电路	1.145	0.955	0.920
三相三角形/六角叉型整流电路	1.145	0.955	0.920
双 Y、中性点联有平衡电抗器的整流电路	1.145	0.955	0.920
三相三角形/十二相四重曲折型整流电路	1.110	0.990	0.925
单相桥式整流电路	1.330	0.636	1.391
三相桥式整流电路	1.150	0.955	0.924

12

直流高压发生电路中整流电路名称	参数值		
	$1/K$	$1/F$	K_0
次级侧接成△、Y并联三相桥式十二相整流电路（接有平衡电抗器）	1.110	0.990	0.925
次级侧接成△、Y并联三相桥式十二相整流电路（不接平衡电抗器）	1.110	0.990	0.925
次级侧接成△、Y串联三相桥式十二相整流电路	1.110	0.990	0.925

（2）低压断路器的瞬时脱扣器整定电流为

$$I_{n3} \geqslant 1.5 \frac{1}{\sqrt{3}U_r} \frac{A}{\eta} \frac{1}{K} \frac{1}{F} E_{sf} I_{sm} 10^{-3} \approx 1.5 K_0 E_{sf} I_{sm} 10^{-3} \tag{12.7-8}$$

式中　I_{n3}——低压断路器的瞬时脱扣器整定电流，A；

其他见12.7.2.2中的（1）。

12.7.2.3　医用X射线机的电源线选择

X射线机的电源线应根据允许电压降和导线的允许载流量选择。

导线在断续负载及短时负载下的载流量，见12.8。

12.7.2.4　医用X射线机开关、熔体及导线选择表

医用X射线机开关、熔体及导线选择见表12.7-4。表中所列导线是按温升要求的最小截面积，当线路较长时，应注意校验电压降是否超过允许值。

表12.7-4　　　　　　医用X射线机开关、熔体及导线选择

管电流最大值（平均值）（mA）	管电压最大值（峰值）（kV）	相数/电压（V）	计算电流（A）	1.2倍	熔断体额定电流（A）	负荷开关（A）	低压断路器（A）	BV型导线截面积（mm²）及钢管直径（mm）				3%电压降时允许线路长度（m）
								30℃		35℃		
								截面积	SC	截面积	SC	
50	90	1/220	6.26	7.51	10	32	10	2×2.5	15	2×2.5	15	123
100	100	1/220	13.91	16.7	20	32	20	2×2.5		2×2.5		55
		3/380	9.12	10.94	16	32	16	4×2.5		4×2.5		168
200	100	1/220	27.83	33.39	40	40	40	2×10	20	2×10	20	106
		3/380	18.24	21.89	25	32	25	4×6		4×6		197
300	125	1/220	52.17	62.61	80	80	80	2×25	32	2×25	32	129
		3/380	34.2	41.04	50	50	50	4×16		4×16		270
400	80	3/380	43.3	53.13	63	63	63	4×25	40	4×25	40	311
400	125	3/380	45.6	54.72	63	63	63	4×25	40	4×25	40	295
500	80	3/380	53.7	64.4	80	80	80	4×35	50	4×35	50	331
500	125	3/380	84	100.8	80	80	80	4×35	50	4×35	50	211
630	150	3/380	86.18	103.41	125	125	125	4×70	65	4×70	65	345
800	60	3/380	64.5	77.4	80	100	80	4×35	50	4×35	50	275
1200	150	3/380	251.8	302.16	320	320	350	4×185	80	4×185	80	205

12.8 断续和短时工作制用电设备及其导线的载流量

常用用电设备中，起重机、电焊机、X射线机及部分异步电动机是断续工作或短时工作的。因此有必要先介绍这类设备的工作制及其导线载流量的校正。

12.8.1 断续工作和短时工作制用电设备

12.8.1.1 断续工作用电设备

常用的断续工作用电设备的名称、负载持续率和工作周期见表12.8-1。表中电动机和弧焊机的工作周期是制造标准中的数据；其他设备的工作周期均不超过1min，建议在计算时取1min。表中负载持续率主要按制造标准列入；部分产品负载持续率与标准不同，则在括号内或附注中酌收，供参考。

表 12.8-1　　　　断续工作用电设备的名称、负载持续率与工作周期

用电设备名称			工作周期 T（min）	负载持续率ε（%）	相数
断续定额电动机			10	15、25、40、60	3
磁粉探伤机			<1[1]	(5、15、20、23)	1、2、3
电焊机	弧焊机	手工弧焊机	5	60（65）	1
		半自动弧焊机	<5[2]	60（65）	1
		自动弧焊机	10	100（60）	1、3
	电阻焊机	对焊机	<1	20（8、10、15、40）	1
		凸焊机	<1	20	1
		点焊机	<1	20（50）	1
				20（7、8）[4]	3
		缝焊机	<1	50（10）	1
	其他焊机	钎焊机	<1[3]	50	1
		电渣焊机	<1[3]	(80、100)	3

[1] 工作周期一般在16s以下，大功率磁粉探伤机可达61s。
[2] 等离子体弧焊机工作周期一般在30s以下，个别到50s；气体保护焊机在1min以下；激光焊机在10s以下。
[3] 钎焊机、电渣焊机的工作周期一般在30s以下。
[4] 直流冲击波点焊机的负载持续率为7%、8%。

12.8.1.2 短时工作用电设备

（1）电动机：短时工作制电动机的定额按标准分为10min、30min、60min及90min四种。

（2）X射线机：属于短时工作用电设备，在最大容量时最长连续工作时间有5min、7min、10min、15min、24min、30min等几种。

12.8.2 导线和电缆在断续负载和短时负载下的允许载流量

绝缘导线和电缆在断续和短时负载下的允许载流量，应为长期负载下允许载流量乘以校正系数。校正后的载流量，应不小于用电设备在额定负载持续率下的额定电流或短时工作电流。

（1）断续负载下的校正系数可按下式计算

$$C_1 = \sqrt{\frac{1 - e^{T/\tau}}{1 - e^{-\varepsilon T/\tau}}} \qquad (12.8\text{-}1)$$

式中　C_1——断续负载下的校正系数；

　　　T——断续负载的全周期时间（工作周期），min；

　　　τ——绝缘导线或电缆的发热时间常数，min；

　　　ε——负载持续率。

当 $T > 10\min$ 或 $\varepsilon > 65\%$ 时，校正系数取 1。

（2）短时负载下的校正系数可按下式计算

$$C_2 = \frac{1.15}{\sqrt{1 - e^{-T/\tau}}} \qquad (12.8\text{-}2)$$

式中　C_2——短时负载下的校正系数；

　　　T——短时负载的工作时间，min；

　　　τ——绝缘导线或电缆的发热时间常数，min。

当工作时间 $T > 4\tau$ 或两次工作之间的停止时间小于 3τ 时，校正系数取 1；也可按 12.8.2 中的（1）规定的条件，采用断续负载下的校正系数。

必须指出，本节的计算方法是校正导线或电缆的载流量，而不对用电设备的额定电流进行任何换算。

导线和电缆的发热时间常数要在截面选定后才能确定，而校正系数是随发热时间常数变化的。因此，采用校正系数试算法选择导线或电缆截面积是很不方便的。本节根据常用导线和电缆的数据，直接给出了校正后的载流量。这样，只要把用电设备的额定电流与表中载流量相比，即可很方便地选出导线或电缆截面积。

450V/750V 铜芯聚氯乙烯绝缘导线穿管明敷在断续负载或短时负载下的载流量见表 12.8-2～表 12.8-3。

0.6kV/1kV 铜芯聚氯乙烯绝缘聚氯乙烯护套电力电缆空气中敷设在断续负载或短时负载下的载流量见表 12.8-4～表 12.8-5。

0.6kV/1kV 铜芯交联聚氯乙烯绝缘电缆及乙丙橡胶绝缘电缆空气中敷设在断续负载或短时负载下的载流量见表 12.8-6～表 12.8-7。

YZ，YZW，YHZ 型铜芯通用橡套软电缆空气中敷设在断续或短时负载下的载流量见表 12.8-8～表 12.8-9。

YC，YCW，YHC 型铜芯通用胶套软电缆空气中敷设在断续或短时负载下的载流量见表 12.8-10～表 12.8-11。

表 12.8-2　450V/750V 铜芯聚氯乙烯绝缘导线穿管明敷在断续负载下的载流量

单位：A

芯线截面积 (mm²)	环境温度 (℃)	2 根 连续负载载流量 (A)	2根 τ (min)	2根 ε(%) T=1min 5	10	20	2根 ε(%) T=5min 50	60	65	3 根 连续负载载流量 (A)	3根 τ (min)	3根 ε(%) T=1min 10	20	3根 ε(%) T=5min 60	65	3根 ε(%) T=10min 25	40	60
1.5	30	17.5	2.5	71	51	36	24	19	19	15.5	3.07	46	33	18	17	20	18	16
	35	16		65	46	33	22	18	17	14		41	29	16	16	18	16	15
2.5	30	24	3.37	100	71	51	33	27	27	21	4.13	63	45	24	24	30	25	23
	35	22		92	65	46	30	25	25	20		60	43	23	23	28	24	22
4	30	32	4.02	135	96	68	44	37	36	28	4.92	85	60	33	32	41	35	31
	35	30		127	90	64	41	35	34	26		79	56	31	30	38	32	29
6	30	41	5	175	124	88	57	49	47	36	6.13	110	78	43	42	56	47	41
	35	38		162	115	82	52	45	44	34		104	74	41	40	53	44	39
10	30	57	6.17	245	174	123	79	68	66	50	7.55	154	109	61	59	81	67	58
	35	53		228	162	115	73	64	62	47		144	102	57	55	76	63	54
16	30	76	7.77	330	234	166	106	93	90	68	9.52	210	149	84	81	114	94	80
	35	71		308	218	155	99	86	84	64		198	140	79	76	107	88	75
25	30	101	10.75	442	313	222	141	125	121	89	13.2	277	196	111	107	156	127	107
	35	94		411	291	206	131	116	112	83		258	183	103	100	146	118	100
35	30	125	12.85	549	388	275	175	156	150	110	15.7	343	243	138	133	197	159	134
	35	117		514	364	258	164	146	141	103		321	227	129	124	184	149	125
50	30	151	16.65	666	471	334	212	189	183	134	20.5	419	297	169	163	246	198	165
	35	141		622	440	312	198	177	171	125		391	277	158	152	229	184	154
70	30	192	18.67	848	600	425	270	242	233	171	22.8	535	379	216	208	316	254	212
	35	180		795	562	398	253	226	218	160		501	355	202	195	296	238	198
95	30	232	23.17	1027	727	514	326	293	283	207	28.3	649	460	263	253	388	311	258
	35	217		961	680	481	305	274	264	194		609	431	246	237	364	292	242
120	30	269	23.83	1191	843	596	378	340	328	239	29.2	750	531	303	292	449	360	299
	35	252		1116	789	559	355	319	307	224		703	497	284	274	421	337	280
150	30	300	28.5	1331	941	666	422	381	367	262	34.8	823	583	334	321	497	397	329
	35	281		1246	882	624	396	357	343	245		770	545	312	300	465	372	308

12

表 12.8-3　450V/750V 铜芯聚氯乙烯绝缘导线穿管明敷在短时负载下的载流量　　单位：A

芯线截面积 (mm²)	环境温度 (℃)	2 根						3 根					
		连续负载载流量 (A)	τ (min)	工作时间 T (min)				连续负载载流量 (A)	τ (min)	工作时间 T (min)			
				1	5	15	30			1	5	15	30
1.5	30	17.5	2.5	35	22	—	—	15.5	3.07	34	20	—	—
	35	16		32	20	—	—	14		31	18	—	—
2.5	30	24	3.37	54	31	—	—	21	4.13	52	29	24	—
	35	22		50	29	—	—	20		50	27	23	—
4	30	32	4.02	78	44	37	—	28	4.92	75	40	33	—
	35	30		74	41	35	—	26		70	37	31	—
6	30	41	5	111	59	48	—	36	6.13	107	55	43	—
	35	38		103	55	45	—	34		101	52	41	—
10	30	57	6.17	169	88	69	—	50	7.55	163	83	62	58
	35	53		158	82	64	—	47		153	78	58	55
16	30	76	7.77	252	127	95	88	68	9.52	248	122	88	80
	35	71		235	119	88	83	64		233	115	83	75
25	30	101	10.75	390	190	134	120	89	13.2	379	182	124	108
	35	94		363	177	125	112	83		353	170	116	101
35	30	125	12.85	525	253	173	151	110	15.7	509	242	161	137
	35	117		492	237	162	142	103		477	227	151	128
50	30	151	16.65	719	341	225	190	134	20.5	706	331	214	176
	35	141		672	318	210	177	125		659	309	200	164
70	30	192	18.67	967	456	297	247	171	22.8	949	443	283	230
	35	180		906	427	279	232	160		888	415	265	215
95	30	232	23.17	1298	606	386	313	207	28.3	1278	592	371	294
	35	217		1214	566	361	293	194		1197	554	348	276
120	30	269	23.83	1526	711	453	366	239	29.2	1498	693	434	343
	35	252		1430	666	424	342	224		1404	649	406	321
150	30	300	28.5	1858	860	539	428	262	34.8	1790	824	509	396
	35	281		1740	806	505	401	245		1674	770	476	371

12

表12.8-4　0.6kV/1kV铜芯聚乙烯绝缘聚氯乙烯护套电力电缆空气中敷设在断续负载下的载流量　　单位：A

芯线截面积(mm²)	环境温度(℃)	2芯 连续负载载流量(A)	2芯 τ(min)	ε(%) T=1min 5	T=1min 10	T=1min 20	T=5min 50	T=5min 60	T=5min 65	3芯 连续负载载流量(A)	3芯 τ(min)	ε(%) T=1min 10	T=1min 20	T=5min 60	T=5min 65	T=10min 25	T=10min 40	T=10min 60
1.5	30	22	5	94	67	47	30	26	25	18.5	5.1	56	40	22	21	28	23	21
	35	21		90	64	45	29	25	24	17		51	37	20	20	25	21	19
2.5	30	30	5.67	129	91	65	42	36	35	25	5.78	76	54	30	29	38	32	28
	35	28		120	85	60	39	33	32	23		70	50	28	27	35	30	26
4	30	40	6.42	172	122	87	55	48	47	34	6.98	104	74	41	40	54	45	39
	35	37		160	113	80	51	45	43	32		98	70	39	38	51	42	37
6	30	51	8.1	222	157	111	71	62	60	43	8.3	132	94	53	51	71	58	50
	35	48		209	148	105	67	59	57	40		123	87	49	47	66	54	47
10	30	70	8.5	305	216	153	98	86	83	60	10.2	186	132	74	72	102	83	71
	35	65		283	200	142	91	79	77	56		173	123	69	67	95	78	66
16	30	94	11.8	412	292	207	132	117	113	80	12.9	249	176	100	96	140	114	96
	35	88		386	273	193	123	109	105	75		233	165	93	90	131	107	90
25	30	119	16.4	525	371	263	167	149	144	101	17.5	315	223	127	122	183	147	124
	35	111		489	346	245	156	139	134	94		293	208	118	114	170	137	115
35	30	148	15.3	652	461	327	208	185	179	126	17	393	278	158	152	227	184	154
	35	138		608	430	305	194	173	167	118		368	261	148	143	213	172	144
50	30	180	19	795	563	398	253	227	218	153	21.2	479	339	193	186	281	226	189
	35	168		742	525	372	236	211	204	143		447	317	180	174	263	211	177
70	30	232	22.3	1027	726	514	326	293	282	196	25.7	614	435	248	239	365	293	244
	35	217		960	679	481	305	274	264	183		574	406	232	223	341	274	228
95	30	282	26.8	1250	884	626	397	357	344	238	31.2	747	529	302	291	449	359	298
	35	264		1170	828	586	372	335	322	223		700	495	283	273	421	337	279
120	30	328	30.8	1456	1030	729	462	417	401	276	36.3	867	614	352	338	525	419	347
	35	307		1362	964	682	432	390	376	258		811	574	329	316	491	392	324
150	30	379	35.5	1684	1191	843	534	483	464	319	40.8	1003	710	407	392	610	487	402
	35	355		1577	1116	789	500	452	435	298		937	663	380	366	570	455	376

表 12.8-5　　　　0.6kV/1kV 铜芯聚氯乙烯绝缘聚氯乙烯护套电力电缆

空气中敷设在短时负载下的载流量　　　　单位：A

芯线截面积 (mm²)	环境温度 (℃)	2 根						3 根					
		连续负载载流量 (A)	τ (min)	工作时间 T (min)				连续负载载流量 (A)	τ (min)	工作时间 T (min)			
				1	5	15	30			1	5	15	30
1.5	30	22	5	59	32	26	—	18.5	5.1	50	27	22	—
	35	21	—	57	30	25	—	17	—	46	25	20	—
2.5	30	30	5.67	86	45	36	—	25	5.78	72	38	30	—
	35	28	—	80	42	33	—	23	—	66	35	27	—
4	30	40	6.42	121	63	48	—	34	6.98	107	55	42	—
	35	37	—	112	58	45	—	32	—	101	51	39	—
6	30	51	8.1	172	86	64	59	43	8.3	147	74	54	50
	35	48	—	162	81	60	56	40	—	137	68	50	47
10	30	70	8.5	242	121	88	82	60	10.2	226	111	79	71
	35	65	—	224	112	82	76	56	—	211	103	73	66
16	30	94	11.8	379	184	127	113	80	12.9	337	162	111	97
	35	88	—	355	172	119	105	75	—	316	152	104	91
25	30	119	16.4	563	267	177	149	101	17.5	493	233	153	128
	35	111	—	525	249	165	139	94	—	459	217	142	119
35	30	148	15.3	677	322	215	184	126	17	606	287	189	159
	35	138	—	631	301	201	171	118	—	568	269	177	149
50	30	180	19	914	430	280	232	153	21.2	820	384	247	202
	35	168	—	853	402	261	217	143	—	766	359	231	189
70	30	232	22.3	1274	595	381	310	196	25.7	1154	536	339	272
	35	217	—	1192	557	357	290	183	—	1077	501	316	254
95	30	282	26.8	1695	786	495	395	238	31.2	1541	711	443	348
	35	264	—	1586	736	464	370	223	—	1444	666	415	326
120	30	328	30.8	2110	974	607	478	276	36.3	1926	885	546	423
	35	307	—	1975	912	569	447	258	—	1800	827	510	396
150	30	379	35.5	2615	1202	742	577	319	40.8	2358	1080	661	508
	35	355	—	2450	1126	695	541	298	—	2202	1009	618	475

表12.8-6　0.6kV/1kV铜芯交联聚氯乙烯绝缘电缆及乙丙橡胶绝缘电缆空气中敷设在断续负载下的载流量

单位：A

芯线截面积(mm²)	环境温度(℃)	2芯 连续负载载流量(A)	2芯 τ(min)	2芯 ε(%) T=1min 5	2芯 ε(%) T=1min 10	2芯 ε(%) T=1min 20	2芯 ε(%) T=5min 50	2芯 ε(%) T=5min 60	2芯 ε(%) T=5min 65	3芯 连续负载载流量(A)	3芯 τ(min)	3芯 ε(%) T=1min 10	3芯 ε(%) T=1min 20	3芯 ε(%) T=5min 60	3芯 ε(%) T=5min 65	3芯 ε(%) T=10min 25	3芯 ε(%) T=10min 40	3芯 ε(%) T=10min 60
1.5	30	26	5	111	79	56	36	31	30	23	5.1	70	49	27	26	34	29	26
	35	25		107	76	54	35	30	29	22		67	47	26	25	33	28	25
2.5	30	36	5.67	154	109	78	50	43	42	32	5.78	97	69	38	37	49	41	36
	35	34		146	103	73	47	41	39	31		94	67	37	36	47	40	35
4	30	49	6.42	211	150	106	68	59	57	42	6.98	129	91	51	49	67	55	48
	35	47		203	144	102	65	57	55	40		123	87	48	47	64	53	46
6	30	63	8.1	274	194	137	88	77	74	54	8.3	166	118	66	64	89	73	63
	35	60		261	185	131	84	73	71	52		160	114	64	61	85	70	61
10	30	86	8.5	374	265	188	120	105	102	75	10.2	232	164	92	89	127	104	89
	35	82		357	253	179	114	100	97	72		223	158	89	86	122	100	85
16	30	115	11.8	504	357	253	161	143	138	100	12.9	311	220	124	120	175	142	120
	35	110		482	341	242	154	136	132	96		298	211	119	115	168	137	116
25	30	149	16.4	657	465	329	209	187	180	127	17.5	397	281	160	154	230	185	156
	35	143		630	446	316	201	179	173	122		381	270	153	148	221	178	149
35	30	185	15.3	815	577	408	260	231	223	158	17	493	349	198	191	285	230	193
	35	177		779	552	391	248	221	214	151		471	334	190	183	272	220	185
50	30	225	19	994	703	498	316	283	273	192	21.2	601	425	242	233	353	284	237
	35	215		950	672	476	302	271	261	184		576	408	232	224	338	272	227
70	30	289	22.3	1279	905	640	406	365	352	246	25.7	771	546	312	300	459	368	306
	35	277		1226	867	614	390	350	337	236		740	524	299	288	440	353	294
95	30	352	26.8	1560	1104	781	495	446	430	298	31.2	936	662	379	365	562	450	373
	35	337		1494	1057	748	474	427	411	285		895	633	362	349	538	430	357
120	30	410	30.8	1820	1287	911	577	521	502	346	36.3	1087	769	441	424	658	526	435
	35	393		1744	1234	873	554	499	481	331		1040	736	422	406	630	503	416
150	30	473	35.5	2101	1486	1052	667	602	580	399	40.8	1255	888	509	490	763	609	503
	35	453		2012	1423	1007	638	577	555	382		1201	850	487	469	731	583	482

12

表 12.8-7　　　0.6kV/1kV 铜芯交联聚氯乙烯绝缘电缆及乙丙橡胶绝缘电缆

空气中敷设在短时负载下的载流量　　　单位：A

芯线截面积 (mm²)	环境温度 (℃)	2 根						3 根					
		连续负载载流量 (A)	τ (min)	工作时间 T（min）				连续负载载流量 (A)	τ (min)	工作时间 T（min）			
				1	5	15	30			1	5	15	30
1.5	30	26	5	70	38	31	—	23	5.1	63	33	27	—
	35	25		68	36	29	—	22		60	32	26	—
2.5	30	36	5.67	103	54	43	—	32	5.78	92	48	38	—
	35	34		97	51	41	—	31		89	47	37	—
4	30	49	6.42	148	77	59	—	42	6.98	132	68	51	—
	35	47		142	73	57	—	40		126	64	49	—
6	30	63	8.1	213	107	79	73	54	8.3	184	92	68	63
	35	60		202	102	75	70	52		177	89	65	61
10	30	86	8.5	297	148	109	100	75	10.2	282	139	98	89
	35	82		283	141	104	96	72		271	133	94	85
16	30	115	11.8	464	225	156	138	100	12.9	421	203	139	121
	35	110		444	215	149	132	96		404	195	133	116
25	30	149	16.4	705	334	221	187	127	17.5	620	293	193	161
	35	143		676	321	212	179	122		595	281	185	155
35	30	185	15.3	846	403	269	230	158	17	760	360	237	200
	35	177		809	386	258	220	151		727	344	227	191
50	30	225	19	1143	538	350	290	192	21.2	1029	482	310	254
	35	215		1092	514	335	278	184		986	462	297	243
70	30	289	22.3	1587	742	475	386	246	25.7	1448	673	425	341
	35	277		1521	711	455	370	236		1389	645	408	327
95	30	352	26.8	2115	981	618	493	298	31.2	1930	891	555	436
	35	337		2025	939	592	472	285		1845	852	531	417
120	30	410	30.8	2638	1218	759	598	346	36.3	2414	1109	684	531
	35	393		2529	1168	728	573	331		2309	1061	654	508
150	30	473	35.5	3264	1501	927	720	399	40.8	2949	1351	827	636
	35	453		3126	1437	887	690	382		2823	1294	792	609

12

表 12.8-8　　**YZ，YZW，YHZ 型铜芯通用橡套软电缆空气中敷设
在断续负载下的载流量**　　单位：A

芯线截面积（mm²）	环境温度（℃）	连续负载载流量（A）	τ（min）	2 芯					
				T＝1min				T＝5min	
				ε（%）					
				5	10	20	50	60	65
1.5	30	18	5	77	54	39	25	21	21
	35	17		73	51	37	23	20	20
2.5	30	26	5.67	112	79	56	36	31	30
	35	24		103	73	52	33	29	28
4	30	35	6.42	151	107	76	49	42	41
	35	32		138	98	69	44	39	37
6	30	45	8.1	195	138	98	63	55	53
	35	42		182	129	92	59	51	50

芯线截面积（mm²）	环境温度（℃）	连续负载载流量（A）	τ（min）	3 芯						
				T＝1min		T＝5min		T＝10min		
				ε（%）						
				10	20	60	65	25	40	60
1.5	30	15	5.1	45	32	18	17	22	19	17
	35	14		42	30	17	16	21	18	16
2.5	30	21	5.78	64	45	25	24	32	27	24
	35	19		58	41	23	22	29	24	21
4	30	30	6.98	92	65	36	35	48	40	34
	35	28		86	61	34	33	45	37	32
6	30	39	8.3	120	85	48	46	64	53	45
	35	36		111	79	44	43	59	49	42

表 12.8-9　　**YZ，YZW，YHZ 型铜芯通用橡套软电缆空气中
敷设在短时负载下的载流量**　　单位：A

芯线截面积（mm²）	环境温度（℃）	2 根						3 根					
		连续负载载流量（A）	τ（min）	工作时间 T（min）				连续负载载流量（A）	τ（min）	工作时间 T（min）			
				1	5	15	30			1	5	15	30
1.5	30	18	5	49	26	21	—	15	5.1	41	22	18	—
	35	17		46	25	20	—	14		38	20	17	—
2.5	30	26	5.67	74	39	31	—	21	5.78	61	32	25	—
	35	24		69	36	29	—	19		55	29	23	—
4	30	35	6.42	106	55	42	—	30	6.98	94	48	37	—
	35	32		97	50	39	—	28		88	45	34	—
6	30	45	8.1	152	76	56	52	39	8.3	133	67	49	45
	35	42		142	71	53	49	36		123	62	45	42

12

表 12.8-10　YC、YCW、YHC 型铜芯通用橡套软电缆空气中敷设在断续负载下的载流量

单位: A

芯线截面积 (mm²)	环境温度 (℃)	连续负载载流量 (A)	τ (min)	2 芯						连续负载载流量 (A)	τ (min)	3 芯						
				T=1min			T=5min					T=1min		T=5min		T=10min		
				ε=5	ε=10	ε=20	ε=50	ε=60	ε=65			ε=10	ε=20	ε=60	ε=65	ε=25	ε=40	ε=60
2.5	30	27	5.67	116	82	58	37	32	31	22	5.78	67	48	26	26	34	28	25
	35	25		107	76	54	35	30	29	20		61	43	24	23	31	26	23
4	30	33	6.42	142	101	72	46	40	39	29	6.98	89	63	35	34	46	38	33
	35	31		134	95	67	43	37	36	27		83	59	33	32	43	36	31
6	30	44	8.1	191	135	96	61	54	52	37	8.3	114	81	45	44	61	50	43
	35	41		178	126	89	57	50	48	34		105	74	42	40	56	46	40
10	30	64	8.5	278	197	140	89	78	76	54	10.2	167	118	67	64	92	75	64
	35	59		257	182	129	82	72	70	50		155	110	62	60	85	69	59
16	30	84	11.8	368	261	185	118	104	101	72	12.9	224	159	90	86	126	102	87
	35	78		342	242	172	109	97	93	67		208	148	83	80	117	95	81
25	30	117	16.4	516	365	258	164	147	141	99	17.5	309	219	124	120	179	144	121
	35	108		476	337	239	152	135	131	92		287	203	116	111	166	134	113
35	30	144	15.3	634	449	318	202	180	174	122	17	381	270	153	148	220	178	149
	35	133		586	414	294	187	166	161	113		353	250	142	137	204	165	138
50	30	180	19	795	563	398	253	227	218	152	21.2	476	337	192	185	279	225	188
	35	167		738	522	370	235	210	203	141		441	312	178	171	259	209	174
70	30	224	22.3	991	701	496	315	283	273	193	25.7	605	428	244	235	360	289	240
	35	207		916	648	459	291	261	252	179		561	397	227	218	334	268	223
95	30	275	26.8	1219	862	610	387	349	336	236	31.2	741	524	300	289	445	356	295
	35	255		1130	800	566	359	323	311	218		684	484	277	267	411	329	273
120	30	320	30.8	1420	1005	711	451	407	391	273	36.3	858	607	348	335	519	415	343
	35	296		1314	929	658	417	376	362	253		795	563	322	310	481	384	318

表 12.8-11 YC，YCW，YHC 型铜芯通用橡套软电缆空气中敷设在短时负载下的载流量   单位：A

芯线截面积 (mm²)	环境温度 (℃)	2 根 连续负载载流量 (A)	τ (min)	工作时间 T (min) 1	5	15	30	3 根 连续负载载流量 (A)	τ (min)	工作时间 T (min) 1	5	15	30
2.5	30	27	5.67	77	41	32	—	22	5.78	63	33	26	—
	35	25		71	38	30	—	20		58	30	24	—
4	30	33	6.42	100	52	40	—	29	6.98	91	47	35	—
	35	31		94	48	38	—	27		85	43	33	—
6	30	44	8.1	148	75	55	51	37	8.3	126	63	47	43
	35	41		138	69	51	48	34		116	58	43	40
10	30	64	8.5	221	110	81	75	54	10.2	203	100	71	64
	35	59		204	102	75	69	50		188	92	66	59
16	30	84	11.8	339	164	114	101	72	12.9	303	146	100	87
	35	78		315	153	106	93	67		282	136	93	81
25	30	117	16.4	553	262	174	147	99	17.5	483	228	150	126
	35	108		511	242	160	136	92		449	212	139	117
35	30	144	15.3	658	314	209	179	122	17	587	278	183	154
	35	133		608	290	193	165	113		544	257	170	143
50	30	180	19	914	430	280	232	152	21.2	814	381	245	201
	35	167		848	399	260	216	141		755	354	228	186
70	30	224	22.3	1230	575	368	300	193	25.7	1136	528	334	267
	35	207		1137	531	340	277	179		1054	490	310	248
95	30	275	26.8	1652	767	483	385	236	31.2	1528	705	439	345
	35	255		1532	711	448	357	218		1412	651	406	319
120	30	320	30.8	2059	951	593	466	273	36.3	1905	875	540	419
	35	296		1904	879	548	431	253		1765	811	500	388

13 交流电气装置过电压保护和建筑物防雷

13.1 高压电气装置过电压概述

13.1.1 作用于电气装置绝缘上的电压

在系统运行中作用于线路和设备绝缘上的电压，包括正常工频持续运行电压和来自系统外部的雷电过电压以及来自电力系统内部的操作过电压。后者是操作或故障时，系统参数发生变化，电磁能量产生振荡、积聚、转化或传递而引起的。内部过电压又分为持续时间较长的暂时过电压、持续时间较短的瞬态操作过电压和特快速瞬态过电压。

电力系统运行中作用于设备绝缘上的电压，按其作用电压的起因、幅值、波形及持续时间，归纳如下：

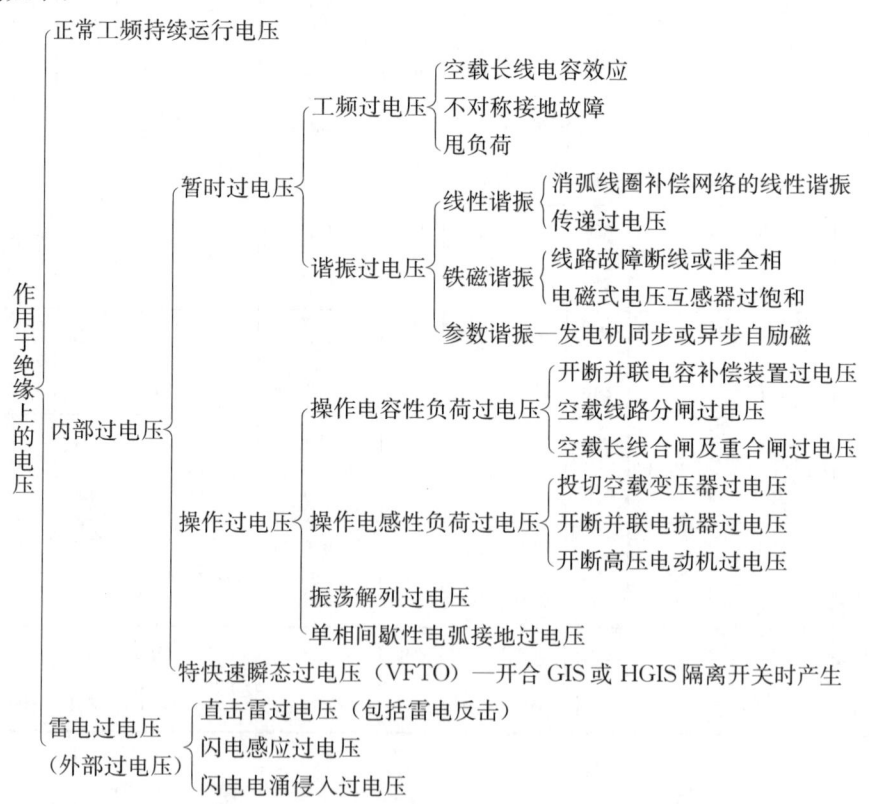

（1）正常工频持续运行电压：其值不超过系统最高电压 U_s 或设备的最高电压 U_m，其持续时间等于设备设计的运行寿命。

（2）暂时过电压包括工频过电压和谐振过电压：

1）工频过电压：起源于空载长线的电容效应、不对称接地故障、发电机突然甩负荷等的暂态或稳态工频电压升高；其波形可为工频基波及其整数或分数倍的谐振波。

2）谐振过电压：因系统的电感、电容参数配合不当而引起的各类持续时间较长、波形周期性振荡的谐振现象及其电压升高。

3）暂时过电压的持续时间随系统中性点接地方式及故障切除时间的不同，可分别小于1秒（中性点有效接地系统）、数秒（带有故障切除的中性点谐振接地系统）、数分钟甚至数小时（无故障切除的中性点非有效接地系统）。

（3）操作过电压：起源于操作高电压的大电感—电容元件（如合/分空载长线、变压器、并联补偿电容—电抗装置、高压感应电动机等）以及故障线路跳闸/重合闸、振荡解列及间隙性电弧接地等产生的过渡过程。其幅值一般不超过系统最高相电压的4倍；总持续时间较短，约为几毫秒到数十毫秒。其波形通常为单极性的振荡冲击波，波前时间约数十至数千微秒（$20\mu s < T_P \leqslant 5000\mu s$），波尾时间约数十毫秒（$T_2 \leqslant 20ms$），故此类瞬态过电压又称为"缓波前过电压"。但在变电站内部操作或近区故障时将可能产生所谓"快波前过电压"（波前时间约为零点几微秒到数十微秒，波尾时间约为数百微秒）。

（4）特快速瞬态过电压（Very Fast Transient Overvoltage，VFTO）：气体绝缘金属封闭开关设备（Gas Insulator Switchgear，GIS）或复合电器（Hybrid-GIS，HGIS，仅适用于500kV及以上系统）中隔离开关分/合空载母线时，由于固有结构的原因以及触头运动速度较慢，引发断口多次重燃而产生的高频振荡，形成阶跃行波并在其内部多次折射、反射和叠加，从而产生幅值上升极快、波前时间极短（$T_p < 0.1\mu s$）、振荡频率很高（$>1MHz$）的过电压，称为特快速瞬态过电压（VFTO），又称为"陡波前过电压"。VFTO也可发生在与开关设备连线很短的中压干式变压器上。

按产生原因，VFTO亦属特殊类型的操作过电压；按波形和频率，VFTO则属"特快波前过电压"，比雷电过电压波前更陡、频率更高。

注　GB/T 50064—2014《交流电气装置过电压保护和绝缘配合》将VFTO与暂时过电压、操作过电压和雷电过电压并列。

（5）雷电过电压：起源于电力系统外部，故称外部过电压，因其为瞬态大气放电而在系统中耦合产生，故又称为大气过电压；包括雷电直击、反击、感应过电压和雷电侵入波。除远方雷击架空线路形成的过电压为缓波前过电压外，近区雷击均形成快波前过电压。雷电成因及其参数详见13.7。

13.1.2　过电压与系统中性点接地方式的关系

电气装置过电压保护和绝缘配合与高压系统中性点接地方式密切相关。例如不同中性点接地方式下，工频过电压水平（参见13.2.1.1）和持续时间均不相同，计算用最大操作过电压水平（参见13.4.2）也不相同。

作为这种关系的重要体现，在GB/T 50064—2014中，首先明确规定了系统中性点接地方式，详见14.2.1。本章中过电压分析、保护措施和绝缘配合均基于上述规定。

13.1.3　内部过电压标幺值的基准电压

（1）电气装置相对地暂时过电压和操作过电压标幺值的基准电压规定如下：

1）工频过电压的基准电压（1.0p.u.）应为$U_m/\sqrt{3}$；

2）谐振过电压、操作过电压和VFTO的基准电压（1.0p.u.）应为$\sqrt{2}U_m/\sqrt{3}$。

注　U_m为设备最高电压，详见下述（2）。

（2）系统标称电压、系统最高电压与设备最高电压，根据 GB 311.1—2012《绝缘配合第 1 部分：定义、原则和规则》分述如下：

1）系统标称电压U_n—用于表示或识别系统的合适而近似的电压值。

2）系统最高电压U_s—在正常运行条件下，系统中任一点在任一时刻所出现的相间最高运行电压的有效值。

3）设备最高电压U_m—根据设备绝缘以及与之相关的设备标准有关联的其他特性设计的相间最高电压的有效值。在正常运行条件下由有关技术委员会规定，该电压可以持续施加到设备上。

在有关国家标准中，没有系统最高电压U_s的数据，只给出了设备最高电压U_m，见表 13.1-1。但依据 GB/T 311.2—2013 的说明，对 72.5kV 及以下的等级，系统最高电压U_s会低于设备最高电压U_m，而随着电压等级的提高，两个值会趋于相等。

表 13.1-1　　系统标称电压和设备最高电压　　单位：kV

系统标称电压U_n	3	6	10	15	20	35	66	110	220	330	500	750	1000
设备最高电压U_m	3.6	7.2	12	18	24	40.5	72.5	126	252	363	550	800	1100

13.1.4　系统最高电压的范围划分

GB/T 50064—2014 中系统最高电压的范围划分：范围Ⅰ—7.2kV$<U_m\leqslant$252kV；范围Ⅱ—252kV$<U_m\leqslant$800kV。

GB 311.1—2012 中系统最高电压的范围划分：范围Ⅰ—1kV$<U_m\leqslant$252kV；范围Ⅱ—252kV$<U_m$。

注　252kV 在 IEC 60071-1：2011 规定为 245kV；126kV 则为 123kV。

工业与民用供配电工程一般只涉及电压范围Ⅰ的内容；本手册的重点为 110kV 及以下系统。

13.1.5　雷电活动强度分区

GB/T 50064—2014 定义的雷电活动分区如下：

少雷区—平均年雷暴日数不超过 15d 或地面落雷密度不超过 0.78 次/（km²·a）的地区；

中雷区—平均年雷暴日数超过 15d 但不超过 40d 或地面落雷密度超过 0.78 次/（km²·a）但不超过 2.78 次/（km²·a）的地区；

多雷区—平均年雷暴日数超过 40d 但不超过 90d 或地面落雷密度超过 2.78 次/（km²·a）但不超过 7.98 次/（km²·a）的地区；

强雷区—平均年雷暴日数超过 90d 或地面落雷密度超过 7.98 次/（km²·a）以及根据运行经验判定为雷害特殊严重的地区。

【编者按】（1）关于雷电活动强度分区，GB/T 50064—2014 与其他相关标准（如 GB 50689—2011、GB 50343—2012、TB 3074 等）的划分不完全一致，特别是对少雷区和中雷区的划分有差异。

（2）GB/T 50064—2014 中关于地面落雷密度与雷电日之间关系的计算公式为 $N_g=0.023T_d^{1.3}$；与建筑物防雷规范 GB 50057—2010 中引自 IEC 的最新计算公式 $N_g=0.1T_d$ 不一致。

13.2　高压电气装置的内过电压防护

13.2.1　暂时过电压防护

13.2.1.1　工频过电压防护

（1）范围Ⅰ中工频过电压的幅值应符合下列要求：

1）不接地系统工频过电压不应大于 $1.1\sqrt{3}$p. u. ；

2）中性点谐振接地、低电阻接地和高电阻接地系统，工频过电压不应大于 $\sqrt{3}$p. u. ；

3）变电站内中性点不接地的 35kV 和 66kV 并联电容补偿装置系统，工频过电压不应超过 $\sqrt{3}$p. u. ；

4）110kV 和 220kV 系统的工频过电压不应大于 1.3p. u. 。

因此，对除下述（2）条情况以外的 110kV 及以下系统一般不需采取专门措施限制工频过电压。

（2）设计时应避免 110kV 和 220kV 有效接地系统中偶然形成局部不接地系统产生较高的工频过电压，其措施应符合下列要求：

1）当形成局部不接地系统且继电保护装置不能在一定时间内切除 110kV 或 220kV 变压器的二次、三次绕组电源时，应在变压器不接地的中性点装设间隙。因接地故障形成局部不接地系统时该间隙应动作；系统以有效接地方式运行发生单相接地故障时间隙不应动作。间隙距离的选择除应满足这两项要求外，还应兼顾雷电过电压下保护变压器中性点标准分级绝缘的要求［参见 13.3.2.1（8）］。

2）当形成局部不接地系统，若继电保护装置设有失地保护可在一定时间内切除 110kV 或 220kV 变压器的二次、三次绕组电源时，不接地的中性点可装设无间隙金属氧化物避雷器（MOA），但应验算其吸收能量。该避雷器还应符合雷电过电压下保护变压器中性点标准分级绝缘的要求。

> **注**　无间隙金属氧化物避雷器（metal-oxide surge arrester without gaps）有时也简称金属氧化物避雷器（MOA）。有间隙金属氧化物避雷器（metal-oxide varistor gapped surge arrester）应指明"有间隙"。

13.2.1.2　谐振过电压防护

（1）谐振过电压的性质：电力系统中的电感、电容等"储能"元件，如变压器或消弧线圈的电感与线路电容、串/并联补偿电容等，组成了各种不同的振荡回路；在一定的电源作用下，当受到操作或故障的激发时，使得回路某一自由振荡频率与外加强迫频率相等，形成了周期性或准周期性的剧烈振荡，电压振幅急剧上升，出现严重的谐振过电压。各种谐振过电压按照电感元件参数的特性可以归纳为三种类型：线性谐振、铁磁谐振和参数谐振。

谐振过电压的持续时间较长，甚至可以稳定存在，直到破坏谐振条件为止。谐振过电压可在各级电网中发生，破坏保护设备的保护性能及系统的正常运行，危及绝缘甚至烧毁设备。

（2）限制谐振过电压的基本原则：首先是避免谐振发生，这就要在系统设计中做出必要的预测，适当调整电网参数。其次是限制其幅值和持续时间，如在回路中接入电阻（包括有功负荷)进行阻尼抑制,采用电阻接地方式等。

(3) 线性谐振防护。

1) 谐振接地的较低电压系统,运行时应避开谐振状态;应适当选择消弧装置的脱谐度,宜采用自动跟踪的补偿装置。

2) 非谐振接地的较低电压系统,应采取增大对地电容等措施(如安装电力电容器),以防止零序电压通过电容,如变压器绕组间或两条架空线路间的电容耦合,由较高电压系统传递到中性点不接地的较低电压系统,或由较低电压系统传递到较高电压系统,产生高幅值的转移过电压。

(4) 铁磁谐振防护。

1) 110kV 系统采用带有均压电容的断路器开断连接有电磁式电压互感器的空载母线,经验算有可能产生铁磁谐振过电压时,宜选用电容式电压互感器。已装有电磁式电压互感器时,运行中应避免可能引起谐振的操作方式,必要时可装设专门消除此类铁磁谐振的装置。

2) 由单一电源侧用断路器操作中性点不接地的变压器,因操动机构故障出现非全相时,变压器的励磁电感与对地电容产生铁磁谐振,能产生 2.0p.u.～3.0p.u. 的过电压;有双侧电源的变压器在非全相分合闸时,由于两侧电源的不同步在变压器中性点上可出现接近于 2.0p.u. 的过电压,如产生铁磁谐振,则会出现更高的过电压。有单侧电源的变压器,当另一侧带有较大的同步电动机时,也类似有双侧电源的情况。

a. 为避免此情况的产生,应选用同期性能较好的断路器。

b. 经验算断路器操作中因操动机构故障出现非全相或严重不同期时产生的铁磁谐振过电压可能危及中性点为标准分级绝缘、运行时中性点不接地的 110kV 及 220kV 变压器的中性点绝缘时,宜在该变压器中性点加装间隙,对该间隙的要求与 13.2.1.1 (2) 款同。在操作过程中,应先将变压器中性点临时接地。

c. 当继电保护装置设有缺相保护时,110kV 及 220kV 变压器不接地的中性点可装设无间隙 MOA,但应验算其吸收能量,该避雷器还应符合雷电过电压下保护变压器中性点标准分级绝缘的要求。

3) 6～66kV 不接地系统或偶然脱离谐振接地系统的部分,当接有中性点接地的电磁式电压互感器的空载母线(包括带有空载短线路),因合闸充电或运行中接地故障消除的激发,使电压互感器过饱和,将产生铁磁谐振过电压。配电变压器高压绕组对地短路,输电线路单相断线且一端接地或不接地,也可能产生谐振过电压。

限制电磁式电压互感器铁磁谐振过电压,宜选取下列措施:

a. 选用励磁特性饱和点较高的电磁式电压互感器;

b. 减少同一系统中电压互感器中性点接地的数量,除电源侧电压互感器高压绕组中性点接地外,其他电压互感器中性点不宜接地;

c. 在 10kV 及以下的母线上装设中性点接地的星形接线电容器组,或用一段电缆代替架空线路以减少 x_∞,使 $x_\infty < 0.01 x_m$。其中 x_∞ 为系统每相对地的分布容抗,x_m 为互感器在线电压作用下单相绕组的励磁电抗;

d. 在电压互感器的开口三角形绕组装设 $R_\Delta \leqslant (x_m / K_{13}^2)$ 的电阻,其中 K_{13} 为互感器一次绕组与开口三角形绕组的变比;或装设其他专门消除此类铁磁谐振的装置;

e. 在互感器高压绕组中性点接入单相电压互感器或消谐装置。

（5）参数谐振防护。同步发电机带容性负荷条件下，发电机电感参数周期性变化与系统电容参数配合不当时，将引起发电机自励磁过电压，防护措施如下：

1）对于发电机自励磁过电压，可采用高压并联电抗器或过电压保护装置加以限制。

2）当同步发电机容量小于自励磁的判据时，应避免发电机单机带空载长线运行。不发生自励磁的判据可按下式确定

$$W_N > Q_c X_d{}^* \tag{13.2-1}$$

式中　W_N——不发生自励磁的发电机的额定容量，MVA；

　　　Q_c——计及高、低压并联电抗器影响后的被投入空载线路充电功率，Mvar；

　　　$X_d{}^*$——发电机及升压变压器等值同步电抗标幺值（以发电机容量为基准）。

13.2.2　操作过电压防护

操作过电压源于电力系统内部操作和各种故障产生的过渡过程所引起，电压的强制分量叠加暂态分量形成操作过电压。与暂时过电压相比，具有辐值高、存在高频振荡、强阻尼及持续时间短的特点。其作用时间约在几毫秒到数十毫秒之间，倍数一般不超过系统最高相电压的 4 倍；对范围Ⅱ的绝缘构成威胁，但对 220kV 及以下系统仅需采取适当的限制措施，而不作为决定电网绝缘水平的依据。

操作过电压的幅值和波形与电网的结构参数、运行方式、故障类型、操作对象及断路器和限压设备的性能等多种因数有关，具有一定的随机性。因此对操作过电压的定量分析，大多依靠实测统计和模拟研究。

13.2.2.1　空载线路合闸及重合闸过电压

（1）空载线路合闸时，由于线路电感—电容的振荡将产生合闸过电压。线路重合时，电源电势可能较高以及线路上残余电荷的存在，会加剧这一电磁振荡过程，使过电压进一步升高。

（2）范围Ⅱ的空载线路合闸过电压对绝缘会有影响，需采取措施加以限制。范围Ⅰ的线路合闸和重合闸过电压一般不超过 3.0p.u.，除要求深度降低操作过电压的线路外，通常无需采取限制措施。

13.2.2.2　空载线路分闸过电压

切除空载长线路时如断路器的灭弧能力不强，电弧发生重燃时将产生过电压。随着断路器制造技术的提高，开断性能及分闸速度已能基本做到不重燃，但在中性点非有效接地系统中，因分闸不同期亦可能产生较高的操作过电压。

（1）110kV 及 220kV 系统开断架空线路过电压不超过 3.0p.u.；开断电缆线路可能超过 3.0p.u.。因此，开断空载架空线路宜采用重击穿概率极低的断路器；开断电缆线路应采用重击穿概率极低的断路器。

（2）66kV 及以下不接地或谐振接地系统中，开断空载线路断路器发生重击穿的过电压一般不超过 3.5p.u.；如开断前系统已有单相接地故障，使用一般断路器操作时产生的过电压可能超过 4.0p.u.。因此，应采用重击穿概率极低的断路器，如带过电压吸收装置的真空断路器或 SF$_6$ 断路器。也可在线路侧装设电磁式电压互感器、金属氧化物避雷器（MOA）等泄流设备，以降低过电压。

6～35kV 低电阻接地系统开断空载线路时，断路器发生重击穿的过电压会达到 3.5p.u.；应采用重击穿概率极低的断路器。

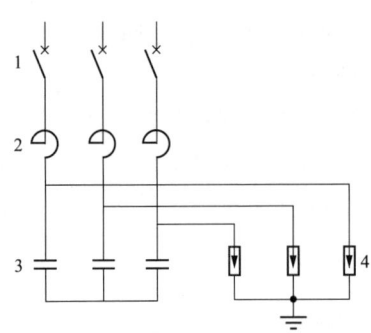

图 13.2-1 并联电容补偿装置的避雷器保护接线

1—断路器；2—串联电抗器；3—电容器组；
4—无间隙金属氧化物避雷器

13.2.2.3 操作并联电容补偿装置过电压

（1）6～66kV 系统中，开断并联电容补偿装置如断路器发生单相重击穿时，电容器组对地过电压可能超过 4.0p.u.；开断前电源侧有单相接地故障时，该过电压将更高。

操作并联电容补偿装置，应采用重击穿概率极低的断路器，并宜按图 13.2-1 装设并联电容补偿装置型无间隙金属氧化物避雷器（MOA），作为限制单相重击穿过电压的后备保护。此外，将电容器分组投切，既方便无功调节又能降低重燃过电压。

（2）开断并联电容补偿装置如发生两相重击穿，电容器极间过电压可能超过 $2.5\sqrt{2}U_{rc}$。（U_{rc} 为电容器的额定电压）。但只有质量差的断路器才有可能出现两相重击穿，而且对电容器极间过电压没有成熟的保护措施，因此，断路器发生两相重击穿可不作为设计的工况。

（3）关合电容器组过电压一般不超过 2.0p.u.，故可不予考虑。

13.2.2.4 操作空载变压器和并联电抗器等的过电压

投切空载变压器和开断并联电抗器等时由于断路器强制熄弧（截流）产生的过电压，与断路器型式、变压器铁芯材料、绕组型式、回路元件参数和系统接地方式等有关。

当开断具有冷轧硅钢片铁芯的空载变压器时，过电压一般不超过 2.0p.u.，可不采取保护措施。开断热轧硅钢片铁芯的 110kV 变压器时，过电压一般不超过 3.0p.u.；66kV 及以下变压器一般不超过 4.0p.u.。

投切空载变压器产生的操作过电压可采用在断路器的非电源侧装设 MOA 加以限制。开断并联电抗器时宜采用截流数值较低的断路器，并宜采用 MOA 或能耗极低的 R-C 阻容吸收装置作为限制断路器强制熄弧截流产生过电压的后备保护。

13.2.2.5 开断高压异步电动机过电压

（1）在开断高压异步电动机时，因断路器的截流、三相同时开断和高频重复重击穿等会产生过电压（后两种仅出现于真空断路器开断时）。过电压幅值与断路器熄弧性能、电动机和回路元件参数等相关。

开断空载电动机的过电压一般不超过 2.5p.u.。开断启动过程中的电动机时，截流过电压和三相同时开断过电压可能超过 4.0p.u.，高频重复重击穿过电压可能超过 5.0p.u.。

（2）当采用真空断路器或采用截流值较高的少油断路器时，宜在断路器与电动机之间装设旋转电机型 MOA 或能耗极低的 R-C 阻容吸收装置。

（3）高压异步电动机合闸的操作过电压一般不超过 2.0p.u.，可不采取保护措施。

13.2.2.6 单相间歇性电弧接地过电压

（1）66kV 及以下不接地系统发生单相间歇性电弧接地故障时，可产生过电压，一般情况下不超过 3.5p.u.。

（2）具有限流电抗器、电动机负荷，且设备参数配合不利的 3～10kV 某些不接地系统，发生单相间歇性电弧接地故障时，可能产生危及设备相间或相对地绝缘的过电压；宜根据负荷性质和工程的重要程度进行必要的过电压预测，以确定保护方案。如采用自动跟踪的消弧线圈接地方式使接地点残余电流不超过 10A，对中压电缆电网及接有旋转电机的电网，采用中性点电阻接地方式等。

13.2.3 特快速瞬态过电压 (VFTO) 防护

GIS 和 HGIS 变电站中隔离开关开合管线，可产生 VFTO，其幅值最大可达 2.5 p. u.。高幅值 VFTO 会损害 GIS、HGIS、变压器和电磁式电压互感器绝缘，也可能损害二次设备或对二次电路产生电磁骚扰。

变压器与 GIS 经过架空线路或电缆相连时，在变压器上的 VFTO 幅值不高，波前时间也有所变缓。变压器与 GIS 之间直接通过油气导管相连时，变压器上的 VFTO 则较严重。

当 VFTO 可能损坏绝缘时，宜避免可能引起危险的操作方式或对隔离开关加装阻尼电阻。隔离开关加装阻尼电阻的条件应符合 GIS 相对地绝缘与 VFTO 绝缘配合的相关要求，参见 13.4.3.3（2）。

13.3 高压电气装置的雷电过电压防护

雷电过电压包括线路的雷电直击/绕击、反击和感应过电压；变电站的直击、反击和雷电侵入波过电压。

输电线路和变电站的防雷，应结合当地已有线路和变电站的运行经验、地区雷电活动强度、地闪密度、地形地貌以及土壤电阻率等因素，通过计算分析和技术经济比较，按差异化原则设计。

13.3.1 发电厂和变电站的直击雷防护

13.3.1.1 发电厂和变电站装设直击雷防护装置的范围

（1）下列设施应装设直击雷防护装置（避雷针或避雷线）：

1）户外配电装置，包括组合导线和母线廊道；

2）火力发电厂的烟囱、冷却塔和输煤系统的高建筑物（地面转运站、输煤栈桥和输煤筒仓）；

3）变压器油处理室及其露天油罐和装卸油台；大型变压器修理间；架空管道；易燃材料仓库；

4）多雷区的列车牵引电站；

5）微波通信天线及机房。

（2）除上条所列之外，按规范后续条文装设直击雷防护装置的设施还有：

1）强雷区的发电厂主厂房和主控制室、变电站控制室和配电装置室，宜有直击雷防护。

2）土壤电阻率 1000Ωm 及以下地区的 110kV 配电装置和土壤电阻率 500Ωm 及以下地区的 66kV 的配电装置，可将避雷针装在配电装置的架构或屋顶上。

3）钢筋混凝土结构或钢结构有屏蔽作用的建筑物的配电变电站屋顶可装设直击雷防护装置。

（3）下列设施采用独立避雷针防直击雷：

1）制氢站、露天氢气贮罐、氢气罐储存室、天然气调压站、露天天然气贮罐、乙炔发生站、易燃油泵房、露天易燃油贮罐及装卸油台等有爆炸危险且爆炸后会波及发电厂和变电站内主设备或严重影响发供电的建（构）筑物，应采用独立避雷针保护。

2）土壤电阻率大于 $1000\Omega m$ 地区的 110kV 配电装置、土壤电阻率大于 $500\Omega m$ 地区的 66kV 的配电装置和不在相邻高建筑物保护范围内的 35kV 及以下配电装置，宜装设独立避雷针。

注　本款中配电装置包括户外和户内配电装置。

（4）下列设施可不装设直击雷防护装置：

1）非强雷区的发电厂主厂房、主控制室和 35kV 及以下的配电装置室；

【编者按】上述重要设施如为砖木结构之类建筑物，不装设直击雷防护装置是危险的；如为钢筋混凝土结构或钢结构有屏蔽作用的建筑物，参照（2）中的 3），其屋顶可装设直击雷防护装置。

2）已在相邻高建筑物保护范围内的建筑物或设备；

3）发电厂的露天煤场。

13.3.1.2　发电厂和变电站的直击雷防护措施

（1）发电厂和变电站各类建（构）筑物的直击雷（含防反击）防护措施详见表 13.3-1。避雷针、避雷线及引下线的材料和截面参照表 13.9-4；接地装置的要求见 14.5。

表 13.3-1　　　　　　　　　　发电厂和变电站的直击雷防护措施

序号	保护对象	结构特点	直击雷防护措施	
1	发电厂的主厂房	钢筋混凝土结构	（1）一般将屋顶结构钢筋焊接成网并接地。峡谷地区的发电厂和变电站宜用避雷线保护。 （2）当需要在主厂房上装设直击雷防护装置或为保护其他设备而装设避雷针时，应采取下列防反击措施： 1）加强分流：用导体（避雷带）将所有避雷针相互连接，并与厂房结构柱内主筋焊接相连；每隔 $10\sim20m$ 设引下线接地，且引下线数量尽可能多些。 2）装设集中接地装置以利泄流并降低地电位；上述接地引下线应与主地网连接，并在连接处加装集中接地装置，其工频接地电阻不应大于 10Ω。 3）将设备的接地点尽量远离避雷针接地引下线的入地点、避雷针接地引下线尽量远离电气设备； 4）宜在靠近避雷针引下线的发电机出口处装设一组旋转电机 MOA 以保护发电机绝缘。 （3）屋顶上的设备金属外壳、电缆金属外皮或穿线钢管及建筑物金属构件均应接地	
2	屋外主变压器、组合母线及母线桥		（1）应装设独立避雷针以防直击雷。 （2）在不能装设独立避雷针时，可以考虑在附近的主厂房屋顶装设避雷针，但应满足上述主厂房防反击的要求	
3	主控制室、配电装置室、35kV 及以下屋内变电站	金属结构屋顶	将屋顶金属结构接地	屋顶上的设备金属外壳、电缆金属外皮或穿线钢管等就近与屋顶金属结构、钢筋或避雷带焊接相连并接地
		钢筋混凝土结构	宜将屋顶结构钢筋焊接成网并接地	
		非导电性结构屋顶	应在屋顶装设避雷带保护，避雷带网格为 $8\sim10m$，每隔 $10\sim20m$ 设引下线接地；接地引下线应与主接地网连接，并应在连接处加装集中接地装置	

序号	保护对象	结构特点	直击雷防护措施
4	35～110kV 屋外和屋内配电装置	屋外配电装置架构为钢筋混凝土结构或金属结构；配电装置室屋顶为钢筋混凝土结构	(1) 架构或房顶上安装避雷针应符合下列要求： 1) 35kV 的配电装置，其架构和房顶上不宜装设避雷针，宜采用独立避雷针保护。 66kV 的配电装置，可将避雷针装在配电装置的架构或房顶上，但在土壤电阻率大于 500Ωm 的地区，宜装设独立避雷针。 110kV 及以上的配电装置，可将避雷针装在配电装置的架构或房顶上，但在土壤电阻率大于 1000Ωm 的地区，宜装设独立避雷针。 2) 装设非独立避雷针时，应通过验算，采取降低接地电阻或加强绝缘等措施以防反击。 3) 装在架构上的避雷针应与主接地网连接，并应在其附近装设集中接地装置。装有避雷针的架构上，接地部分与带电部分间的空气中距离不得小于绝缘子串的长度；但在空气污秽地区，如有困难，空气中距离可按非污秽区标准绝缘子串的长度确定。 4) 除大坝与厂房紧邻的水力发电厂外，装在除变压器门型架构外的构架上的避雷针与主接地网的地下连接点至变压器外壳接地线与主接地网的地下连接点之间，埋入地中的接地体的长度不得小于 15m。 (2) 变压器门型构架上安装避雷针或避雷线应符合下列要求。 1) 除大坝与厂房紧邻的水力发电厂外，当土壤电阻率大于 350Ωm 时，在变压器门型架构上和在离变压器主接地线小于 15m 的配电装置的架构上，不允许装设避雷针、避雷线。 2) 当土壤电阻率不大于 350Ωm 时，应根据方案比较确有经济效益，经过计算采取相应的防止反击措施后，并应遵守下列规定，方可在变压器门型架构上装设避雷针、避雷线： a) 装在变压器门型架上的避雷针应与主接地网连接，并应沿不同方向引出 3～4 根放射形水平接地体，每根水平接地体上离避雷针架构 3～5m 处应装设一根垂直接地体； b) 直接在 3～35kV 变压器的所有绕组出线上或在离变压器电气距离不大于 5m 条件下装设 MOA。 c) 在 35kV 变电站的变压器门型架构上装设避雷针时，变电站接地电阻不应超过 4Ω（不包括架构基础的接地电阻）。 (3) 线路的避雷线引接到发电厂或变电站应符合下列要求： 1) 35kV 和 66kV 配电装置，在土壤电阻率不大于 500Ωm 的地区，允许将线路的避雷线引接到出线门型构架上，但应装设集中接地装置。 在土壤电阻率大于 500Ωm 的地区，避雷线应架设到线路终端杆塔为止。从线路终端杆塔到配电装置的一档线路的保护，可采用独立避雷针，也可在线路终端杆塔上装设避雷针。 2) 110kV 及以上配电装置，可将线路的避雷线引接到出线门型构架上，在土壤电阻率大于 1000Ωm 的地区，还应装设集中接地装置。 (4) 露天布置的 GIS 的外壳可不装设直击雷保护装置，但外壳应接地。其防止闪电电涌侵入的措施见 13.3.2.2

序号	保护对象	结构特点	直击雷防护措施
5	烟囱及其引风机	砖或钢筋混凝土结构	(1) 火力发电厂的烟囱的防雷措施参见本章建筑物防雷部分13.12.4。 (2) 烟囱附近的引风机及其电动机的机壳应与主接地网连接，并应装设集中接地装置，该接地装置宜与烟囱的接地装置分开以防反击；如不能分开，则引风机的电源线应采用带金属外皮的电缆，并应将电缆的金属外皮与接地装置连接
6	制氢站、露天氢气贮罐、氢气罐储存室、天然气调压站、露天天然气贮罐、乙炔发生站、易燃油泵房、露天易燃油贮罐及装卸油台等		(1) 此类有爆炸危险且爆炸后可能波及发电厂和变电站内主设备或严重影响发供电的建（构）筑物，应采用独立避雷针作直击雷防护装置，并应满足下述要求： 1) 独立避雷针与贮罐呼吸阀的水平距离不应小于3m，避雷针尖高出呼吸阀不应小于3m。避雷针的保护范围边缘高出呼吸阀顶部不应小于2m。对5000m³以上贮罐，避雷针与呼吸阀的水平距离不应小于5m，避雷针尖高出呼吸阀不应小于5m。 2) 独立避雷针宜设独立的接地装置；其接地电阻不宜超过10Ω。避雷针与易燃油贮罐和氢气天然气等罐体及其呼吸阀等之间的空气中距离，避雷针及其接地装置与罐体、罐体的接地装置和地下管道的地中距离应符合式（13.3-1）及式（13.3-2）的要求。 3) 在高土壤电阻率地区，如接地电阻难以降到10Ω，允许采用较高的电阻值，但其上述2) 条中的空气中距离和地中距离必须符合式（13.3-1）及式（13.3-2）的要求。 (2) 除上述防直击雷措施外，还应采取下述防雷电感应接地的措施： 1) 露天贮罐周围应设闭合环形接地体，接地电阻不应超过30Ω（无独立避雷针保护的露天贮罐不应超过10Ω），接地点不应少于两处，接地点间距不应大于30m。 2) 架空管道每隔20～25m应接地一次，接地电阻不应超过30Ω。 3) 易燃油贮罐的呼吸阀、易燃油和天然气贮罐的热工测量装置应采用与贮罐的接地体用金属线相连接的方式进行重复接地。不能保持良好电气接触的阀门、法兰、弯头等管道连接处应跨接
7	发电厂和变电站内生活辅助建筑物		防雷保护按现行国家标准GB 50057《建筑物防雷设计规范》确定

(2) 机械通风冷却塔上电动机的电源线，装有避雷针、避雷线的架构上的照明灯电源线，均应采用直接埋地的带金属外皮的电缆或穿入金属管中的导线；当电缆外皮或金属管埋地长度在10m以上时，才允许与35kV及以下配电装置的接地网及低压配电装置相连接。

不得在装有避雷针、避雷线的构筑物上架设未采取保护措施的通信线、广播线和低压线。

(3) 发电厂和变电站的直击雷保护装置，包括兼做接闪器的设备金属外壳、电缆金属外皮、建筑物金属构件等，其接地可利用发电厂或变电站的主接地网，但应在直击雷保护装置附近装设集中接地装置。

(4) 独立避雷针（线）宜设独立的接地装置。在非高土壤电阻率地区，其接地电阻不宜

超 10Ω。该接地装置可与主接地网连接，但从避雷针与主接地网的地下连接点至 35kV 及以下设备与主接地网的地下连接点之间，沿接地体的长度不得小于 15m。

独立避雷针不应设在人员经常通行的地方，避雷针及其接地装置与道路或建筑物的出入口等的距离不宜小于 3m，否则应采取均压措施或敷设砾石或沥青地面。

（5）独立避雷针与配电装置带电部分、发电厂和变电站电气设备接地部分、架构接地部分之间的空气中距离，应符合式（13.3-1）的要求

$$S_a \geq 0.2R_i + 0.1h_j \tag{13.3-1}$$

式中　S_a——空气中距离，m；

　　　R_i——避雷针的冲击接地电阻，Ω；

　　　h_j——避雷针校验点的高度，m。

独立避雷针的接地装置与发电厂和变电站接地网间的地中距离，应符合式（13.3-2）的要求

$$S_e \geq 0.3R_i \tag{13.3-2}$$

式中　S_e——地中距离，m；

　　　R_i——避雷针的冲击接地电阻，Ω。

（6）避雷线与配电装置带电部分、发电厂和变电站电气设备接地部分以及架构接地部分间的空气中距离，应符合下列要求：

1）对一端绝缘另一端接地的避雷线

$$S_a \geq 0.2R_i + 0.1(h + \Delta l) \tag{13.3-3}$$

2）对两端接地的避雷线

$$S_a \geq \beta'[0.2R_i + 0.1(h + \Delta l)] \tag{13.3-4}$$

以上式中　S_a——空气中距离，m；

　　　　　R_i——避雷线的冲击接地电阻，Ω；

　　　　　h——避雷线支柱的高度，m；

　　　　　Δl——避雷线上校验的雷击点与最近支柱间的距离，m；

　　　　　β'——避雷线分流系数，可按式（13.3-5）计算

$$\beta' = \frac{1 + \dfrac{\tau_t R_i}{12.4(l_2 + h)}}{1 + \dfrac{\Delta l + h}{l_2 + h} + \dfrac{\tau_t R_i}{6.2(l_2 + h)}} \approx \frac{l_2 + h}{l_2 + \Delta l + 2h} \tag{13.3-5}$$

式中　β'——避雷线分流系数；

　　　R_i——避雷线的冲击接地电阻，Ω；

　　　h——避雷线支柱的高度，m；

　　　l_2——避雷线上校验的雷击点与另一端支柱间的距离，m；$l_2 = l' - \Delta l$；

　　　l'——避雷线两支柱间的距离，m；

　　　τ_t——雷电流波头长度，一般取 $2.6\mu s$。

3）避雷线的接地装置与发电厂和变电站接地网间的地中距离，应符合下列要求：

对一端绝缘另一端接地的避雷线，应按式（13.3-2）校验。对两端接地的避雷线应按式（13.3-6）校验

$$S_e \geq 0.3\beta' R_i \tag{13.3-6}$$

式中　S_e——地中距离，m；

　　　　β'——避雷线分流系数，见式（13.3-5）；

　　　　R_i——避雷线的冲击接地电阻，Ω。

4）除上述要求外，对避雷针和避雷线，S_a不宜小于 5m，S_e不宜小于 3m。

对 66kV 及以下配电装置，包括组合导线、母线廊道等，应尽量降低感应过电压，当条件许可时，应增大 S_a。

（7）用避雷线保护的附加技术要求。

1）避雷线应具有足够的截面和机械强度；一般采用镀锌钢绞线，其截面应不小于 50mm^2。在腐蚀性较大的场所还应适当加大截面或采取其他防腐措施。

2）避雷线的布置应避免其意外断裂时落于被保护的带电导体上导致停电事故。

3）为降低雷击避雷线时的过电压，除尽量降低其接地电阻外，还应尽量缩短一端绝缘避雷线的档距，且对绝缘端应通过计算选定适当的绝缘子个数。

4）当有两根及以上一端绝缘的避雷线并行敷设时，为降低雷击时的过电压，可将各条避雷线的绝缘末端采用与避雷线相同的钢绞线并联连接，以减小阻抗，降低过电压。

13.3.2　发电厂和变电站的雷电侵入波过电压保护

13.3.2.1　范围Ⅰ高压配电装置的雷电侵入波过电压保护

（1）发电厂和变电站应采取措施防止或减少近区雷击闪络。未沿全线架设地线（即避雷线，下同）的 35～110kV 架空输电线路，应在变电站 1～2km 的进线段架设地线；地线的保护角应符合 13.3.5.1（2）4）的规定。进线保护段范围内的杆塔耐雷水平应符合表 13.3-4 的要求。

（2）未沿全线架设地线的 35～110kV 架空线路，其变电站的进线段应采用图 13.3-1 所示的保护接线。

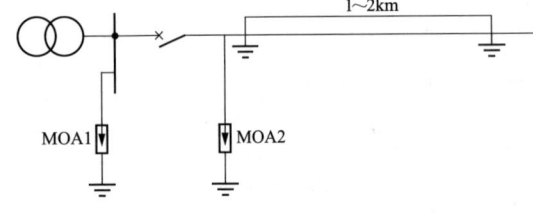

图 13.3-1　35～110kV 变电站的进线保护接线

（3）未沿全线架设地线的 35～110kV 变电站和全线架设地线的 66～220kV 变电站，当进线的隔离开关或断路器经常断路运行，同时线路侧又带电，前者应在靠近隔离开关或断路器处装设一组 MOA；后者宜在靠近隔离开关或断路器处装设一组 MOA。

（4）为防止雷击线路断路器跳闸后待重合时间内重复雷击引起变电站电气设备的损坏，多雷区以及运行中已出现过此类事故地区的 66～220kV 敞开式变电站，线路断路器的线路侧宜安装一组 MOA。

（5）发电厂、变电站的 35kV 及以上电缆进线段的保护接线，见图 13.3-2。在电缆与架空线的连接处应装设 MOA，其接地端应与电缆金属外层连接。对三芯电缆，其末端的金属外层应直接接地；对单芯电缆，应经金属氧化物电缆护层保护器（CP）接地。

如电缆长度不超过 50m，或虽超过 50m 但经校验装一组 MOA 即能符合保护要求时，可只在电缆首端或母线上装设一组 MOA1 或 MOA2。

如电缆长度超过 50m，且断路器在雷季可能经常断路运行，还应在电缆末端装设 MOA。

连接电缆段的 1km 架空线路应架设地线。

全线电缆—变压器组接线的变电站内是否需装设 MOA，应视电缆另一端有无雷电过电压波侵入的可能，经校验确定。

（6）具有架空进线的 35kV 及以上发电厂和变电站敞开式高压配电装置中 MOA 的配置应符合下列要求：

1）35kV 及以上装有标准绝缘水平的设备和标准特性金属氧化物避雷器且高压配电装置采用单母线、双母线或分段的电气主接线时，MOA 可仅安装于母线上。MOA 与主变压器间的最大电气距离可按表 13.3-2 确定。对其他电气设备的最大距离可相应增加 35%。

MOA 与主变压器及其他被保护设备的电气距离超过表 13.3-2 的规定值时，可在主变压器附近增设一组 MOA。

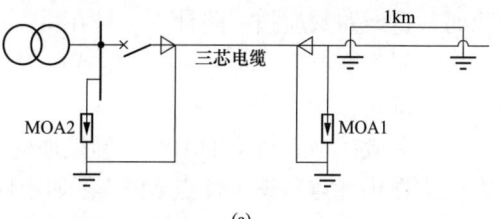

(a)

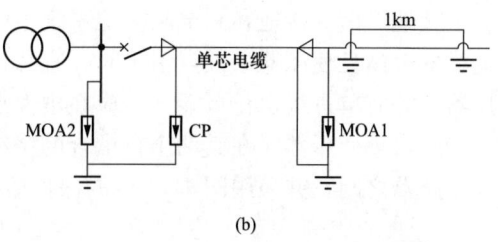

(b)

图 13.3-2　具有 35kV 及以上电缆段的变电站进线保护接线

（a）三芯电缆段的变电站进线保护接线；
（b）单芯电缆段的变电站进线保护接线

表 13.3-2　　　　　　　　　　MOA 至主变压器间的最大电气距离　　　　　　　　　　单位：m

系统标称电压（kV）	进线长度（km）	进线路数			
		1	2	3	≥4
35	1.0	25	40	50	55
	1.5	40	55	65	75
	2.0	50	75	90	105
66	1.0	45	65	80	90
	1.5	60	85	105	115
	2.0	80	105	130	145
110	1.0	55	85	105	115
	1.5	90	120	145	165
	2.0	125	170	205	230
220	2.0	125（90）	195（140）	235（179）	265（190）

注　1. 全线有地线进线长度取 2km，进线长度在 1～2km 间时的最大电气距离按补插法确定。

　　2. 标准绝缘水平指 35、66、110kV 及 220kV 变压器、电压互感器标准雷电冲击全波耐受电压分别为 200、325、480kV 及 950kV；括号内距离对应的雷电冲击全波耐受电压为 850kV。

变电站内所有 MOA 应以最短的接地线与配电装置的主接地网连接，同时应在其附近装设集中接地装置。

2）在上述（4）的情况下，如线路入口 MOA 与变压器及其他被保护设备的电气距离不超过表 13.3-2 的规定值时，可不必在母线上安装 MOA。

3）架空进线采用双回路杆塔，有同时遭到雷击的可能，确定 MOA 与变压器最大电气距离时，进线路数应按一路计算，且在雷季中宜避免将其中一路断开。

（7）对于 35kV 及以上具有架空或电缆进线、主接线特殊的敞开式或 GIS 电站，应通过仿真计算确定保护方式。

（8）有效接地系统中的中性点不接地的变压器，如中性点采用分级绝缘且未装设保护间隙时，应在中性点装设中性点 MOA。如中性点采用全绝缘，但变电站为单进线且为单台变压器运行，也应在变压器中性点装设 MOA。

不接地、谐振接地和高电阻接地系统中的变压器中性点，可不装设保护装置；但多雷区单进线变电站且变压器中性点引出时，宜装设 MOA；中性点接有自动跟踪补偿消弧线圈的变压器，如有单进线运行可能，也应在中性点装设 MOA。

（9）自耦变压器应在其两个自耦合的绕组出线上装设 MOA，该 MOA 应装在自耦变压器和断路器之间，并采用图 13.3-3 的保护接线。

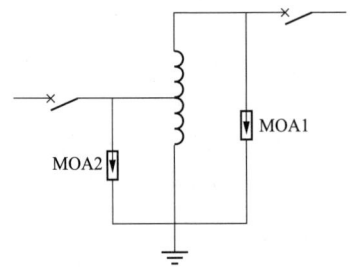

图 13.3-3　自耦变压器的 MOA 保护接线

（10）35～220kV 开关站应根据其重要性和进线路数等条件，在进线上装设 MOA。

（11）与架空线路连接的三绕组变压器的第三绕组或第三平衡绕组（包括一台变压器与两台电机相连的三绕组变压器的低压绕组）可能开路运行时，以及发电厂双绕组升压变压器当发电机断开由高压侧倒送厂用电的二次绕组，应在三相上各安装一只 MOA，以防来自高压绕组的雷电波电磁感应传递的过电压对其他各相应绕组绝缘的损害。

（12）变电站 6～20kV 配电装置的雷电侵入波过电压防护，应符合下列要求：

1）应在 6～20kV 侧每组母线和架空进线上分别装设电站型和配电型 MOA，并采用图 13.3-4 所示的保护接线。母线上 MOA 与主变压器的电气距离不宜大于表 13.3-3 所列数值。

表 13.3-3　　　　MOA 至 35～110kV /6～20kV 主变压器的最大电气距离

雷季经常运行的进线路数	1	2	3	≥4
最大电气距离（m）	15	20	25	30

2）6～20kV 架空进出线全部在厂区内且受到附近建筑物屏蔽时，可只在母线上装设 MOA。

3）有电缆段的架空线路，MOA 应装设在电缆头附近，其接地端应和电缆金属外层相连。如各架空进线均有电缆段，则 MOA 至主变压器的最大电气距离不受限制。

4）MOA 应以最短的接地线与变电站、配电站的主接地网连接（包括通过电缆金属外层连接）。MOA 附近应装设集中接地装置。

5）6～20kV 配电站（指站内仅有起开闭和分配电能作用的配电装置，而母线上无主

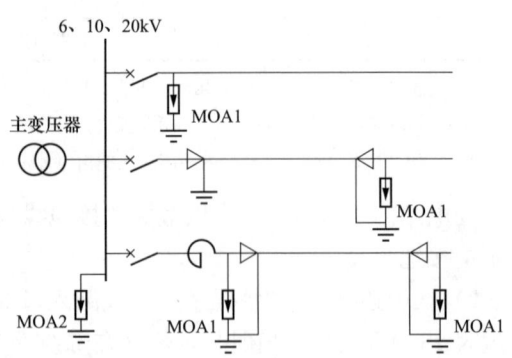

图 13.3-4　6～20kV 配电装置雷电侵入波的保护接线

变压器，俗称开闭所），当无站用变压器时，可仅在每路架空进线上装设 MOA。

13.3.2.2 气体绝缘金属封闭开关设备（GIS）变电站的雷电侵入波过电压保护

（1）66kV 及以上进线无电缆段的 GIS 变电站，在 GIS 管道与架空线路的连接处，应装设 MOA1，其接地端应与管道金属外壳连接，如图 13.3-5 所示。

如变压器或 GIS 一次回路的任何电气部分至 MOA1 间的最大电气距离，对 66kV 系统不超过 50m、对 110kV 系统不超过 130m，或虽超过但经校验装一组 MOA 即能符合保护要求时，则图 13.3-5 中可只装设 MOA1。

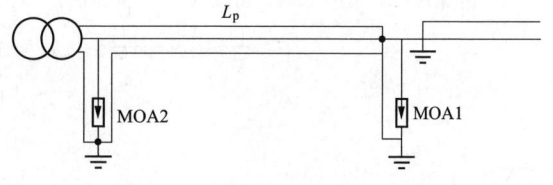

图 13.3-5 无电缆段进线的 GIS 变电站保护接线

连接 GIS 管道的架空线路进线保护段的长度应不小于 2km，且应符合架空线路地线保护角的规定［见 13.3.5.1（2）4)］。

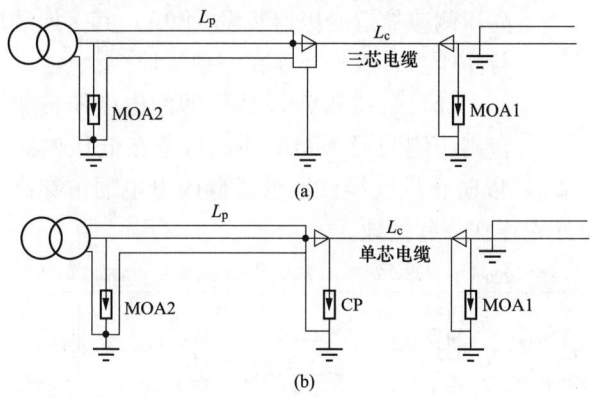

图 13.3-6 有电缆段进线的 GIS 变电站保护接线
（a）三芯电缆段进 GIS 变电站的保护接线；
（b）单芯电缆段进 GIS 变电站的保护接线

（2）66kV 及以上进线有电缆段的 GIS 变电站，在电缆段与架空线路的连接处应装设 MOA1，其接地端应与电缆的金属外层连接。对三芯电缆，末端的金属外层应与 GIS 管道金属外壳连接并接地；对单芯电缆，应经金属氧化物电缆护层保护器（CP）接地，详见图 13.3-6。

电缆末端至变压器或 GIS 一次回路的任何电气部分间的最大电气距离不超过上述本条（1）中的参考值或虽超过，但经校验，装一组避雷器即能符合保护要求，则图 13.3-6 中可不装设 MOA2。

对连接电缆段的 2km 架空线路应架设地线。

（3）进线全长为电缆的 GIS 变电站内是否需装设 MOA，应视电缆另一端有无雷电过电压波侵入的可能，经校验确定。

13.3.2.3 小容量变电站雷电侵入波过电压的简易防护

（1）容量为 3150～5000kVA 的变电站 35kV 侧，可根据负荷的重要性及雷电活动的强弱等条件适当简化保护接线；变电站进线段的地线长度可减少到 500～600m，但其首端 MOA 的接地电阻不应超过 5Ω，其保护接线见图 13.3-7。

（2）容量小于 3150kVA 供非重要负荷的变电站 35kV 侧，根据雷电活动的强弱，可采用图 13.3-8（a）的保护接线；容量为 1000kVA 及以下的变电站。可采用图 13.3-8（b）的保护

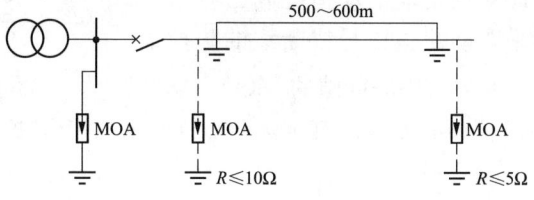

图 13.3-7 3150～5000kVA、35kV 变电站的
简易保护接线

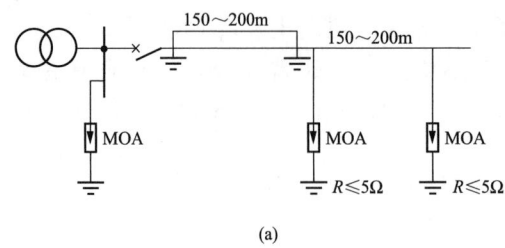

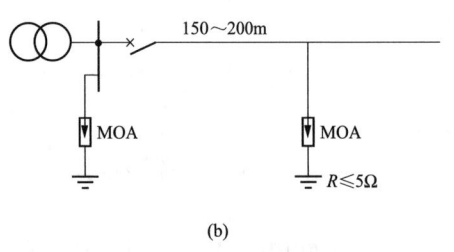

图 13.3-8　小于 3150kVA 变电站的简易保护
(a) 采用地线保护的接线；
(b) 不采用地线保护的接线（1000kVA 及以下）

接线。

（3）容量小于 3150kVA 供非重要负荷的 35kV 分支变电站，根据雷电活动的强弱，可采用图 13.3-9 的保护接线。

（4）简易保护接线的变电站 35kV 侧，MOA 与主变压器或电压互感器的最大电气距离不宜超过 10m。

13.3.3　配电系统的雷电过电压保护

向 1kV 及以下低压电气装置供电的中压配电系统，其雷电过电压保护应符合下列要求：

（1）6~35kV 配电系统中配电变压器的高压侧应靠近变压器装设 MOA，其接地线应与变压器金属外壳连在一起接地。

（2）6~35kV/0.4kV 的配电变压器，除在高压侧装设 MOA 外，尚宜在低压侧装设一组低压 MOA 或电涌保护器（见 13.11 节），以防止反变换波或低压侧闪电电涌击穿高压或低压侧绝缘；其接地线应与变压器金属外壳连在一起接地。

　　注　低压侧电涌保护器 SPD 的装设要求，参见 13.11.5。

（3）10~35kV 架空线路柱上断路器或负荷开关应装设 MOA 保护。经常断路运行而又带电的柱上断路器、负荷开关或隔离开关，应在带电侧装设 MOA，其接地线应与柱上断路器等的金属外壳连接，接地电阻不宜超过 10Ω。

（4）装在架空线路上的电容器，宜装设 MOA 保护。MOA 应靠近电容器安装，其接地线应与电容器金属外壳相连通，接地电阻不宜超过 10Ω。

（5）架空配电线路使用绝缘导线时，应根据雷电活动情况和已有运行经验采取防止雷击导线断线的防护措施，如装设带串联间隙的 MOA、防弧金具、箝位绝缘子等。

　　注　低压配电线路在建筑物进户处的雷电过电压保护措施参见表 13.8-3~表 13.8-5 中"防闪电电涌侵入"部分。

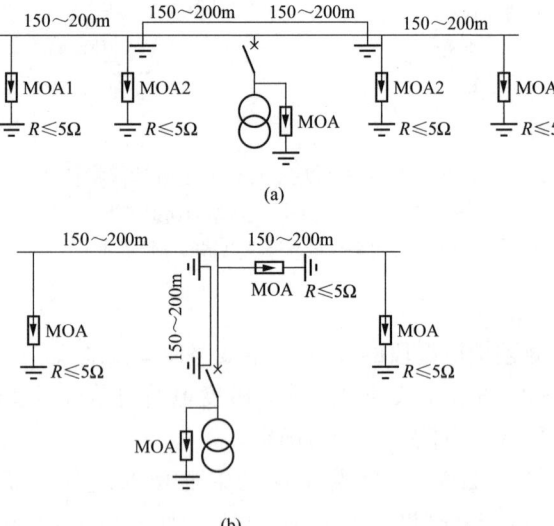

图 13.3-9　小于 3150kVA 分支变电站的简易保护
(a) 分支线较短时的保护接线；(b) 分支线较长时的保护接线

13.3.4　旋转电机的雷电过电压保护

高压旋转电机（发电机、同期调相机、变频机和电动机等）由于结构和工艺上的特点，其冲击绝缘水平比同一电压等级的变压器低得多，仅用旋转电机 MOA 保护，其绝缘配合裕度较小，还应辅之以电容器、电抗器、电缆段等限制雷电侵入波陡度和辐值的措施。总的要求是将雷电侵入波陡度限制在 $5kV/\mu s$ 以下（对电机中性点应限制在 $2kV/\mu s$ 以下），以防止损坏电机的匝间绝缘；同时应限制雷电流辐值使之不超过相应保护避雷器的标称电流。

与架空线路直接连接的旋转电机简称为"直配电机"，而经变压器与架空线路连接的旋转电机则为非直配电机。直配电机雷电过电压保护方式，应根据电机容量、雷电活动的强弱和对运行可靠性的要求分别采用下述不同保护措施。

13.3.4.1 直配电机的雷电过电压保护措施

（1）直配电机的架空进线应设置长度约 150m 的进线保护段，以削减雷电侵入波。进线保护段应装设避雷针或地线；地线对边导线的保护角不应大于 20°。进线保护段首端应装设一组 MOA。

（2）单机容量（以下简称 S_r）大于 6000kW 的直配电机宜加装进线电缆段。利用进线电缆段的低阻抗和较大的对地电容特性以及电缆铠装外皮对高频雷电流的集肤效应及其分流和耦合作用，进一步削减雷电侵入波的辐值和陡度。

电缆段长度：$S_r \geqslant 25\,000kW$ 时，不少于 150m；$1500kW \leqslant S_r < 25\,000kW$ 时，不少于 100m。容量为 1500kW 以下如采用电缆段可缩减为 $30 \sim 50m$。

在进线电缆段的首端应装设一组 MOA，其接地端与埋地电缆金属外皮连在一起接地；电缆段的末端金属外皮亦应与进线处 MOA1 接地端连在一起接地。进线电缆段宜直接埋地。如受条件限制不能直接埋设，可将电缆金属外皮多点接地，即除两端接地外，再在中间 $3 \sim 5$ 处接地。

（3）为限制雷电侵入波过电压的辐值，在每组电机母线上应装设一组旋转电机 MOA。同时，为保护直配电机的匝间绝缘和降低感应过电压，应在 MOA 上并联一组电容量（包括电缆段电容在内）为 $0.25 \sim 0.5\mu F$ 的静电电容器以降低雷电侵入波的陡度。对于中性点不能引出或双排非并绕绕组的电机，并联电容器应为 $1.5 \sim 2.0\mu F$。并联电容器组宜为 Y 形结线，中性点直接接地并宜有短路保护装置。

$S_r \geqslant 25\,000kW$ 的直配电机，应在每台电机出线处装设一组旋转电机 MOA。$S_r < 25\,000kW$ 的直配电机，MOA 应尽量靠近电机装设：在一般情况下，MOA 可装在电机出线处；如接在每一组母线上的电机不超过两台，MOA 也可装在每一组母线上。

（4）为保护直配电机中性点绝缘，当电机中性点能引出且未直接接地时，除在电机母线上装设 MOA 外，在电机中性点亦应装设一只旋转电机中性点 MOA。

（5）单机容量 $S_r > 60\,000kW$ 的旋转电机不应与架空线路直接连接。

（6）$25\,000kW \leqslant S_r \leqslant 60\,000kW$ 的直配电机宜采用图 13.3-10 所示的保护接线。

（7）$6000kW \leqslant S_r < 25\,000kW$ 的直配电机宜采用图 13.3-11 所示的保护接线。在多雷区，可采用图 13.3-10 所示的保护接线。

（8）$6000kW \leqslant S_r \leqslant 12\,000kW$ 的直配电机，如出线回路中无限流电抗器，宜采用有电抗线圈的图 13.3-12 所示的保护接线。

（9）$1500kW \leqslant S_r < 6000kW$ 或少雷区 $S_r \leqslant 60\,000kW$ 的直配电机，可采用图 13.2-13 的保护接线。

（10）$S_r \leqslant 6000kW$ 的直配电机或列车牵引电站直配电机，可采用有电抗线圈或限流电抗器的保护接线，如图 13.3-14 所示。

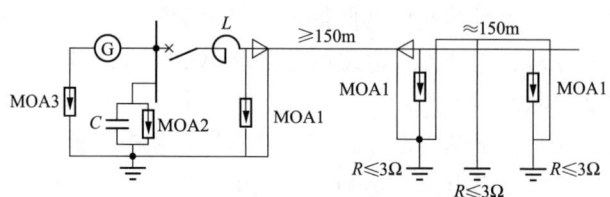

MOA1—配电 MOA；MOA2—旋转电机 MOA；

MOA3—旋转电机中性点 MOA；

G—发电机；L—限制短路电流用电抗器；C—电容器；R—接地电阻

图 13.3-10　25 000～60 000kW 直配电机的保护接线

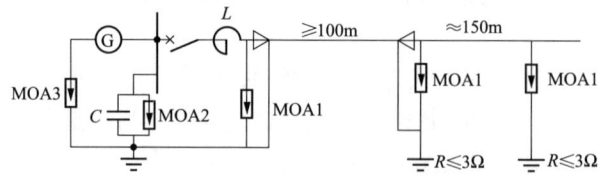

图 13.3-11　6000～25 000kW（不含 25 000kW）直配电机的保护接线

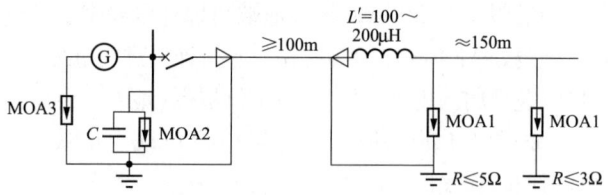

图 13.3-12　6000～12000kW 直配电机的保护接线

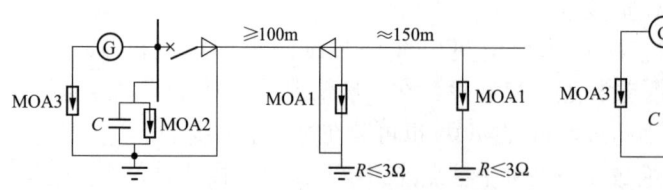 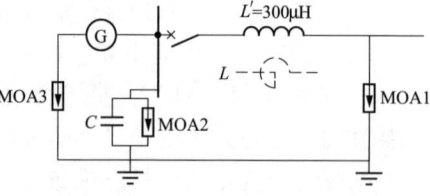

图 13.3-13　1500kW≤S_r<6000kW 或少雷区 S_r≤60 000kW 及以下直配电机的保护接线　　图 13.3-14　S_r≤6000kW 的直配电机或牵引站直配电机的保护接线

13.3.4.2　非直配电机的雷电过电压保护措施

（1）无架空直配线的发电机，如发电机与升压变压器之间的母线或组合导线无金属屏蔽部分的长度大于 50m 时，应采取防止感应过电压的措施。可在发电机回路或母线的每相导线上装设不小于 0.15μF 的电容器或旋转电机 MOA；或可按 13.3.2.1（11）要求在与发电机连接的变压器低压侧装设 MOA，但该 MOA 应为旋转电机型。

（2）在多雷区，经变压器与架空线路连接的非直配电机，如变压器高压侧的系统标称电压为 66kV 及以下时，为防止雷电过电压经变压器绕组的电磁传递而危及电机的绝缘，宜在电机出线上装设一组旋转电机用 MOA。变压器高压侧的系统标称电压为 110kV 及以上时，电机出线上是否装设 MOA 可经校验确定。

13.3.5 高压架空线路的雷电过电压保护

13.3.5.1 一般高压架空线路的保护

（1）高压架空线路的雷电过电压保护方案，应根据线路在电网中的重要性、运行方式、当地原有线路的运行经验、线路路径的雷电活动情况、地闪密度、地形地貌和土壤电阻率等条件，通过技术经济比较制定出差异化的设计方案。

（2）110kV 及以下架空线路地线的安装应符合以下要求：

1）110kV 线路可沿全线架设地线，在山区和强雷区，宜架设双地线。在少雷区可不沿全线架设地线，但应装设自动重合闸装置。

2）66kV 线路，负荷重要且所经地区平均年雷暴日数为 30 以上的地区，宜沿全线架设避雷线。

3）35kV 及以下架空配电线路，不宜沿全线架设地线；在 35kV 变电站的架空进线段需架设地线的长度参见 13.3.2 的相关要求。

4）杆塔处地线对边导线的保护角，对 110kV 同塔双回或多回线路应不大于 10°；单地线线路的保护角不宜大于 25°；对重覆冰区线路的保护角可适当加大；多雷区和强雷区的线路可采用负保护角。

5）双地线杆塔上两根地线间的距离不应超过导线与地线间垂直距离的 5 倍。

（3）除少雷区外，6～10kV 钢筋混凝土杆配电线路，宜采用瓷或其他绝缘材料的横担；并应尽量以较短的时间切除故障，以减少雷击跳闸和断线事故。

（4）110kV 及以下有地线的线路，其防反击的耐雷水平不宜低于表 13.3-4 所列数值。

表 13.3-4   有地线线路的反击耐雷水平   kA

线路标称电压（kV）	35	66	110
单回线路	24～36	31～47	56～68
同塔双回线路	—	—	50～61

注 1. 反击耐雷水平的较高/较低值对应线路杆塔冲击接地电阻 7Ω 和 15Ω；

    2. 雷击时刻工作电压为峰值且与雷击电流反极性；

    3. 发电厂、变电站进线保护段杆塔耐雷水平不宜低于表中的较高数值。

（5）有地线的线路，每基杆塔不连地线时测量的线路杆塔工频接地电阻，在雷季干燥时，不宜超过表 13.3-5 所列数值。

表 13.3-5   有地线线路杆塔的工频接地电阻

土壤电阻率 ρ（Ω·m）	$\rho \leqslant 100$	$100 < \rho \leqslant 500$	$500 < \rho \leqslant 1000$	$1000 < \rho \leqslant 2000$	$\rho > 2000$
接地电阻（Ω）	10	15	20	25	30

注 1. 如土壤电阻率超过 2000Ω·m，接地电阻很难降低到 30Ω 时，可采用 6～8 根总长不超过 500m 的放射形接地体，或采用连续伸长接地体，接地电阻不受限制。

    2. 变电站进线段杆塔的工频接地电阻不宜高于 10Ω。

（6）有地线的线路应防止雷击档距中央地线反击导线。110kV 及以下线路，当 15℃ 无风时，档距中央导线与地线间的最小距离宜满足下式要求

$$S_1 = 0.012l + 1 \tag{13.3-7}$$

式中　S_1——导线与地线间的距离，m；

　　　l——档距长度，m。

（7）中雷区及以上地区 35kV 及 66kV 无地线线路宜采取措施，减少雷击引起的多相短路和两相异点接地引起的断线事故，钢筋混凝土杆和铁塔宜接地。接地电阻不受限制，但多雷区不宜超过 30Ω。钢筋混凝土杆和铁塔应充分利用其自然接地作用，在土壤电阻率不超过 100Ωm 或有运行经验的地区，可不另设人工接地装置。

（8）强雷区和经常发生雷击故障的杆塔和线路段，应选择架设地线、改善接地装置、适当加强绝缘、架设耦合地线、安装绝缘子并联间隙或线路防雷用避雷器等防护措施。

（9）钢筋混凝土杆铁横担和钢筋混凝土横担线路的地线支架、导线横担与绝缘子固定部分或瓷横担固定部分之间，宜有可靠的电气连接并与接地引下线相连。

主杆非预应力钢筋如上下已用绑扎或焊接连成电气通路，则可兼作接地引下线。利用钢筋兼作接地引下线的钢筋混凝土电杆，其钢筋与接地螺母、铁横担间应有可靠的电气连接。

（10）与架空线路相连接的长度超过 50m 的电缆，应在其两端装设 MOA；长度不超过 50m 的电缆，只在任何一端装设即可。

（11）绝缘地线的放电间隙的型式和间隙距离，应根据线路正常运行时地线上的感应电压、间隙动作后续流熄弧和继电保护的动作条件等确定。一般采用 10～40mm。在海拔 1000m 以上的地区，间隙应相应加大。

注　1. 架空配电线路使用绝缘导线时的防护措施参见 13.3.3（5）。

　　2. 低压架空线或架空线与地下电缆混合配电网的大气过电压防护参见 13.6。

13.3.5.2　高压架空线路交叉部分的保护

6kV 及以上的同级电压线路相互交叉或与较低电压线路、通信线路交叉时，除应满足上述一般线路的保护要求外，还应符合下列要求：

（1）当导线运行温度为 40℃（或当设计允许温度 80℃ 的导线运行温度为 50℃）时，两交叉线路导线间或上方线路导线与下方线路地线间的垂直距离，不得小于表 13.3-6 所列数值。对按允许载流量计算导线截面的线路，还应校验当导线为最高允许温度时的交叉距离，此距离应大于操作过电压要求的间隙距离（参见表 13.4-1），且不得小于 0.8m。

表 13.3-6　同级电压线路相互交叉或与较低电压线路通信线路交叉时的垂直距离

系统标称电压（kV）	<1	6～10	20～110
交叉距离（m）	1	2	3

（2）交叉档两端的钢筋混凝土杆或铁塔（上、下方线路共 4 基），不论有无地线，均应接地。但交叉点至最近杆塔的距离不超过 40m 时，可不在此线路交叉档的另一杆塔上装设交叉保护用的接地装置。

（3）如交叉距离比表 13.3-6 所列数值大 2m 及以上时，交叉档可不采取保护措施。

13.3.5.3　高压架空线路大跨越档的保护

范围 I 高压架空线路大跨越档除应满足上述一般线路的保护要求外，还应符合以下要求：

（1）全高超过 40m 有地线的杆塔，每增高 10m，应增加一个绝缘子，地线对边导线的保护角应符合 13.3.5.1（2）4）的规定。接地电阻不应超过表 13.3-5 所列数值的 50%，当土壤电阻率大于 2000Ωm 时，不宜超过 20Ω。全高超过 100m 的杆塔，绝缘子数量应结合运行经验，通过雷电过电压的计算确定。

（2）未沿全线架设地线的 35kV 新建线路中的大跨越段，宜架设地线或安装线路防雷用避雷器，并应比一般线路增加一个绝缘子。

（3）根据雷击档距中央地线时防止反击的条件，大跨越档导线与地线间的距离不得小于表 13.3-7 的要求。

表 13.3-7 防止反击要求的大跨越档导线与地线间的距离

系统标称电压（kV）	35	66	110
距离（m）	3.0	6.0	7.5

13.3.5.4　安装线路避雷器及绝缘子并联间隙

（1）多雷地区同塔双回 110kV 和 220kV 线路，可在具有正常绝缘的一回线路上适当增加绝缘子或一回线路上安装绝缘子并联间隙的措施以形成不平衡绝缘，从而减少雷击引起双回线路同时闪络跳闸的概率。

（2）采用线路防雷用避雷器是降低线路雷击跳闸率的有效措施。在多雷区、强雷区或地闪密度较高的地段，宜根据技术—经济原则因地制宜地制定实施方案。

1）线路避雷器宜在下列地点安装：

a. 多雷地区发电厂、变电站进线段且接地电阻较大的杆塔；

b. 山区线路易击段杆塔和易击杆；

c. 山区线路杆塔接地电阻过大、易发生闪络且改善接地电阻困难也不经济的杆塔；

d. 大跨越的高杆塔；

e. 多雷区同塔双回路线路易击段的杆塔。

2）线路避雷器在杆塔上的安装方式：

a. 110kV、220kV 单回线路宜在 3 相绝缘子串旁安装；

b. 同塔双回线路，宜在一回路线路绝缘子串旁安装。

（3）采用绝缘子并联间隙，在线路雷击时并联间隙可先行闪络，能有效地防止绝缘子的损坏和减少运行维护工作量。在中雷区及以上地区或地闪密度较高的地区，可安装绝缘子并联间隙，并应符合下列要求：

1）绝缘子并联间隙与被保护的绝缘子的雷电放电电压之间的配合，应做到雷电过电压作用时并联间隙可靠动作，同时又不宜过分降低线路绕击或反击耐雷电水平。

2）绝缘子并联间隙应在冲击放电后有效地导引工频短路电流电弧离开绝缘子本体，以免使其灼伤。

3）绝缘子并联间隙的安装应牢固，本体有一定的耐电弧和防腐蚀能力。

13.4　高压电气装置的绝缘配合

13.4.1　绝缘配合的意义和方法

（1）绝缘配合是考虑系统中出现的各种过电压和所采用的限制措施后，确定设备上可能的作用电压，并根据设备的绝缘特性及可能影响绝缘特性的因素，从安全运行和技术经济合理性两方面确定设备的绝缘强度（额定绝缘水平或标准绝缘水平）。进行绝缘配合时，要正确处理出现的各种过电压，各种限压措施和设备绝缘耐受能力之间的配合关系，全面考虑设备造价、故障损失和维修费用三个方面，力求取得较高的经济效益。

（2）配合的方法有惯用法（确定性法）、统计法和简化统计法。

惯用法是在惯用过电压（即可接受的接近于设备安装点的预期最大过电压）与耐受电压之间，按设备制造和电力系统的运行经验确定适宜的配合系数。目前范围Ⅰ的绝缘配合均采用惯用法。

统计法和简化统计法仅适用于自恢复型绝缘，目前仅用于330kV及以上设备的操作过电压下的绝缘配合。

13.4.2　绝缘配合的原则

（1）工频持续运行电压和暂时过电压下的绝缘配合。

1）工频持续运行电压下电气装置电瓷外绝缘的爬电距离应符合相应环境污秽分级条件下的爬电比距要求。电气设备应能在设计寿命期间承受工频持续运行电压。

2）线路、变电站空气间隙及电气设备应能承受一定幅值和时间的暂时过电压（工频过电压和谐振过电压）。电气设备耐受暂时过电压及操作过电压的能力，以电气设备的短时（1min）工频耐受电压来表征。

对范围Ⅰ且线路不太长的系统，工频过电压对正常绝缘的电气设备没有危险。而谐振过电压对电气设备和保护装置的危害极大，应在设计和运行中避免和消除出现谐振过电压的条件，故在绝缘配合中不予考虑。除大幅度降压运行的线路外，一般亦不考虑线路绝缘与配电装置绝缘之间的配合问题。

（2）操作过电压下的绝缘配合。

1）在电压范围Ⅰ，电气设备标准短时工频或/和雷电冲击耐受电压涵盖了相对地、相间以及纵绝缘耐受操作冲击的要求。除降低绝缘水平者外，一般不采取专门限制操作过电压的措施。

2）当降低绝缘水平而需用避雷器限制某些操作过电压的场合，电气设备内、外绝缘的操作冲击绝缘水平宜以代表性过电压（避雷器操作冲击保护水平）为基础，采用确定性法（惯用法）确定。

3）电压范围Ⅰ的架空线路和变电站绝缘子串、空气间隙的操作过电压要求的绝缘水平，以计算用最大操作过电压为基础进行绝缘配合。将绝缘强度作为随机变量处理。

（3）雷电过电压下的绝缘配合。

1）变电站中绝缘子串和空气间隙的雷电冲击强度，宜以代表性过电压（避雷器雷电冲击保护水平）为基础，将绝缘强度作为随机变量加以确定。

2）电气设备的雷电冲击绝缘水平以代表性过电压（避雷器雷电冲击保护水平）为基础，采用确定性法（惯用法）确定。电气设备耐受雷电过电压的能力，以电气设备的额定雷电冲击耐受电压来表征。

3）110kV及以下电气装置一般由雷电过电压决定绝缘水平，并按避雷器的冲击保护水平进行选择；外绝缘则由泄漏比距控制。

（4）用于操作和雷电过电压绝缘配合的波形。

1）操作冲击电压波：对电压范围Ⅰ，波前时间 $T_1 = 250\mu s$，波尾半值时间 $T_2 = 2500\mu s$。

2）雷电冲击电压波：波头时间 $T_1 = 1.2\mu s$，波尾 $T_2 = 50\mu s$。

（5）在选择高压配电装置及电气设备绝缘水平时，绝缘配合计算用最大操作过电压水平（标幺值）一般选取下列数值：

相对地：110kV（直接接地系统）　　　　　　　　　　　　3.0p.u.

66kV 及以下不接地、谐振接地和高电阻接地系统　　　　4.0p.u.

35kV 及以下低电阻接地系统　　　　　　　　　　　　　3.0p.u.

相间：6～110kV 系统相间操作过电压宜取相对地过电压的 1.3～1.4 倍。

（6）当变电站所在地区的海拔高于 1000m 时，电气设备的外绝缘的绝缘配合数据，应按海拔进行校正，校正系数参见 5.3.5。

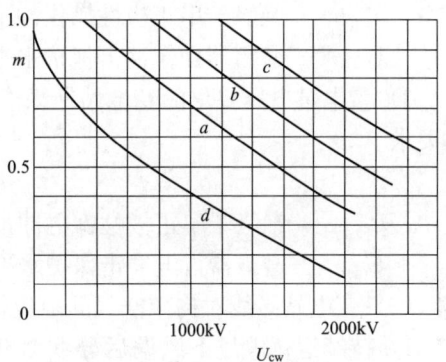

输电线路和变电站绝缘子串、空气间隙和电气设备的外绝缘的绝缘配合计算式，适用于海拔 0m 地区。当输电线路和变电站所在地区的海拔高于 0m 且不超过 2000m 时，外绝缘空气间隙的放电电压应按下式进行校正

$$U_{PH} = U_{P0}\, e^{m(H/8150)} \qquad (13.4\text{-}1)$$

式中　U_{PH}——海拔 H 时空气间隙的放电电压，kV；

　　　U_{P0}——海拔 0m 时空气间隙的放电电压，kV；

　　　H——海拔，m；

　　　m——系数，对于雷电冲击电压、空气间隙和清洁的绝缘子的短时工频电压，m 取 1；对于操作冲击电压，m 按图 13.4-1 选取。

图 13.4-1　各种作用电压下的 m 值

a—相对地绝缘；b—纵绝缘；c—相间绝缘；

d—棒—板间隙（标准间隙）

注：对于由两个分量组成的电压，电压值是各分量之和。

13.4.3　绝缘配合的具体要求

13.4.3.1　架空送电线路的绝缘配合

不同海拔的范围 I 架空线路空气间隙及每串绝缘子串的绝缘子片数应不小于表 13.4-1 所列数值。在进行绝缘配合时，应考虑尺寸及施工误差、横担变形等不利因素，使空气间隙留有一定裕度。

表 13.4-1　　　范围 I 线路的最小空气间隙和悬垂绝缘子串的最少绝缘子片数

系统标称电压（kV）	海拔（m）	持续运行电压间隙（mm）	操作过电压间隙（mm）	雷电过电压间隙（mm）	悬垂绝缘子串的绝缘子片数
20	1000	50	120	350	2
35	1000	100	250	450	3
	2000	110	275	495	3
	3000	120	300	540	4
66	1000	200	500	650	5
110	1000	250	700	1000	7
	2000	275	770	1100	8
	3000	300	840	1200	8～9

注　1. 持续运行电压的空气间隙适用于悬垂绝缘子串。

　　2. 海拔 1～3.5km 地区的绝缘子片数按 $n\,[1+0.1\,(H-1)]$ 计算；n 为 1km 及以下地区绝缘子片数，H 为海拔，km。

　　3. 绝缘子片数是指 0 类污秽区的。

13.4.3.2 变电站绝缘子串及空气间隙的绝缘配合

(1) 变电站绝缘子串的绝缘配合应同时符合下列要求。

1) 变电站每串绝缘子片数应符合相应现场污秽度等级下耐受持续运行电压的要求。

2) 变电站操作过电压要求的变电站绝缘子串正极性操作冲击电压50%放电电压应符合下式的要求

$$u_{s.i.s} \geqslant 1.27 U_{s.p} \qquad (13.4-2)$$

式中 $u_{s.i.s}$——绝缘子串正极性操作冲击电压50%放电电压，kV；

$U_{s.p}$——避雷器操作冲击保护水平，kV。

3) 雷电过电压要求的变电站绝缘子串正极性雷电冲击电压波50%放电电压应符合下式的要求

$$u_{s.i.l} \geqslant 1.4 U_{l.p} \qquad (13.4-3)$$

式中 $u_{s.i.l}$——绝缘子串正极性雷电冲击电压波50%放电电压，kV；

$U_{l.p}$——避雷器雷电冲击保护水平，kV。

(2) 变电站导线对构架空气间隙应符合下列要求。

1) 持续运行电压下风偏后导线对杆塔空气间隙的工频50%放电电压应符合下式的要求。风偏计算用的风速应取线路设计采用的基本风速折算到导线平均高度处的风速

$$U_{s.\sim} \geqslant 1.13 \times \sqrt{2} U_m / \sqrt{3} \qquad (13.4-4)$$

式中 $U_{s.\sim}$——持续运行电压下风偏后导线对杆塔空气间隙的工频50%放电电压，kV；

U_m——设备最高电压，kV。

2) 相对地工频过电压下无风偏变电站导线对构架空气间隙的工频50%放电电压应符合下式的要求

$$u_{s.\sim.v} \geqslant 1.15 U_{p.g} \qquad (13.4-5)$$

式中 $u_{s.\sim.v}$——相对地工频过电压下无风偏变电站导线对构架空气间隙的工频50%放电电压，kV；

$U_{p.g}$——相对地最大工频过电压，kV，取1.4p.u.。

3) 变电站相对地空气间隙的正极性操作冲击电压波50%放电电压应符合下式的要求。风偏计算用风速可取基本风速折算到导线平均高度处风速的0.5倍，但不宜低于15m/s。

$$u_{s.s.s} \geqslant k U_{s.p} \qquad (13.4-6)$$

式中 $u_{s.s.s}$——相对地空气间隙的正极性操作冲击电压波50%放电电压，kV；

$U_{s.p}$——避雷器操作冲击保护水平，kV；

k——变电站相对地空气间隙操作过电压配合系数，对有风偏间隙应取1.1，对无风偏间隙应取1.27。

4) 变电站相对地空气间隙的正极性雷电冲击电压50%放电电压应符合下式的要求

$$u_{s.l} \geqslant 1.4 U_{l.p} \qquad (13.4-7)$$

式中 $u_{s.l}$——相对地空气间隙的正极性雷电冲击电压50%放电电压，kV；

$U_{l.p}$——避雷器雷电冲击保护水平，kV。

雷电过电压下风偏计算用的风速，对于基本风速折算到导线平均高度处风速不小于35m/s时宜取15m/s，否则宜取10m/s。

(3) 变电站相间空气间隙应符合下列要求。

1）相间工频过电压下变电站相间空气间隙的工频50％放电电压应符合下式的要求

$$u_{\mathrm{s.\sim.p.p}} \geqslant 1.15 U_{\mathrm{p.p}} \tag{13.4-8}$$

式中 $u_{\mathrm{s.\sim.p.p}}$——相间空气间隙的工频50％放电电压，kV；

$U_{\mathrm{p.p}}$——母线处相间最大工频过电压，kV，取 $1.3\sqrt{3}$ p.u.。

2）变电站相间空气间隙的50％操作冲击电压波放电电压应按下式计算

$$u_{\mathrm{s.s.p.p}} \geqslant 2.0 U_{\mathrm{s.p}} \tag{13.4-9}$$

式中 $u_{\mathrm{s.s.p.p}}$——相间空气间隙的50％操作冲击电压波放电电压，kV；

$U_{\mathrm{s.p}}$——避雷器操作冲击保护水平，kV。

3）变电站雷电过电压要求的相间空气间隙距离可取雷电过电压要求的相对地空气间隙的1.1倍。

（4）变电站的最小空气间隙应符合下列要求。

海拔1000m及以下地区的范围Ⅰ35～220kV变电站的最小空气间隙见表13.4-2。

海拔1000m及以下地区的6～20kV高压配电装置要求的最小户外、户内的相对地及相间空气间隙见表13.4-3。

表13.4-2　　　海拔1000m及以下地区范围Ⅰ变电站各种电压要求的最小空气间隙　　　mm

系统标称电压	持续运行电压	工频过电压间隙		操作过电压		雷电过电压	
（kV）	相对地	相对地	相间	相对地	相间	相对地	相间
35	100	150	150	400	400	400	400
66	200	300	300	650	650	650	650
110	250	300	500	900	1000	900	1000
220	550	600	900	1800	2000	1800	2000

注　持续运行电压的空气间隙适用于悬垂绝缘子串有风偏间隙。

表13.4-3　　　海拔1000m及以下地区6～20kV高压配电装置的最小空气间隙　　　mm

系统标称电压（kV）	户外间隙	户内间隙	系统标称电压（kV）	户外间隙	户内间隙
6	200	100	15	300	150
10	200	125	20	300	180

注　相对地、相间取同一值。

13.4.3.3　变电站电气设备的绝缘配合

（1）变电站电气设备与工频运行电压和暂时过电压的绝缘配合。

1）变电站电气设备外绝缘应符合相应污秽等级下持续运行电压的爬电比距要求。

2）变电站电气设备应能承受持续运行电压和一定幅值和时间的暂时过电压。设备内绝缘和外绝缘短时工频耐受电压的有效值应符合下式的要求

$$u_{\mathrm{e.\sim}} \geqslant 1.15 U_{\mathrm{p.g}} \tag{13.4-10}$$

式中 $u_{\mathrm{e.\sim}}$——内绝缘或外绝缘的短时工频耐受电压有效值，kV；

$U_{\mathrm{p.g}}$——相对地最大工频过电压，kV，取1.4 p.u.。

3）断路器同极断口间内、外绝缘的短时工频耐受电压的有效值应计算反极性持续运行电压的影响。

4）110kV电气设备耐受暂时过电压幅值和时间的要求见表13.4-4。变压器上过电压的

基准电压应取相应分接头下的额定电压，其余设备上过电压的基准电压应取最高相电压。

表 13.4-4   110kV 电气设备耐受暂时过电压的要求   p.u.

	1200s	20s	1s	0.1s
电力变压器和自耦变压器	1.10/1.10	1.25/1.25	1.90/1.50	2.00/1.58
分流电抗器和电磁式电压互感器	1.15/1.15	1.35/1.35	2.00/1.50	2.10/1.58
开关设备、电容式电压互感器、电流互感器、耦合电容器和汇流排支柱	1.15/1.15	1.60/1.60	2.20/1.70	2.40/1.80

注 分子的工频过电压以设备最高相电压为 1.0 标幺值；分母过电压中含有谐波分量。

(2) 变电站电气设备与操作过电压的绝缘配合应符合下列要求。

1) 电气设备内绝缘相对地操作冲击耐压应符合下式的要求

$$u_{e.s.i} \geqslant 1.15 U_{s.p} \tag{13.4-11}$$

式中 $u_{e.s.i}$——设备内绝缘相对地操作冲击耐压要求值，kV；

             $U_{s.p}$——避雷器操作冲击保护水平，kV。

2) 电气设备外绝缘相对地操作冲击耐压应符合下式的要求

$$u_{e.s.o} \geqslant 1.05 U_{s.p} \tag{13.4-12}$$

式中 $u_{e.s.o}$——设备外绝缘相对地操作冲击耐压要求值，kV；

             $U_{s.p}$——避雷器操作冲击保护水平，kV。

3) GIS 的相对地绝缘与 VFTO 的绝缘配合应符合下式的要求

$$u_{GIS.l.i} \geqslant 1.15 U_{tw.p} \tag{13.4-13}$$

式中 $u_{GIS.l.i}$——GIS 雷电冲击耐压要求值，kV；

             $U_{tw.p}$——避雷器陡波冲击保护水平，kV。

(3) 变电站电气设备与雷电过电压的绝缘配合。

1) 电气设备内绝缘的雷电冲击耐压应符合下式的要求

$$u_{e.l.i} \geqslant k_s U_{l.p} \tag{13.4-14}$$

式中 $u_{e.l.i}$——设备内绝缘的雷电冲击耐压，kV；

             $U_{l.p}$——避雷器的雷电冲击保护水平，kV；对范围 I ，取标称放电电流 5kA 下的额定残压值；

             k_s——配合系数（安全因数），MOA 紧靠设备时及中性点保护，可取 1.25，其他情况可取 1.4。

变压器、并联电抗器及电流互感器内绝缘截波雷电冲击耐压取相应设备全波雷电冲击耐压的 1.1 倍。

2) 电气设备外绝缘的雷电冲击耐压应符合下式的要求

$$u_{e.l.o} \geqslant 1.4 U_{l.p} \tag{13.4-15}$$

式中 $u_{e.l.o}$——设备外绝缘的雷电冲击耐压，kV；

             $U_{l.p}$——避雷器的雷电冲击保护水平，kV。

(4) 按照上述电气设备绝缘配合公式计算得到的电气设备耐压值，通常并非为标准额定值。应按 GB 311.1—2012 中的标准额定耐受电压系列值来选取。

(5) 在一般条件下，对海拔不超过 1000m 地区，范围 I 电气设备的额定雷电冲击耐受电压及额定短时工频耐受电压见表 13.4-5。对海拔超过 1000m 地区，电气设备外绝缘应按标准规定考虑海拔修正因数。

表 13.4-5   **海拔不超过 1000m 地区范围 Ⅰ 电气设备的额定耐受电压值**

系统标称电压 (kV)	设备最高电压 (kV)	设备类别	额定雷电冲击耐受电压（峰值）(kV)				额定短时（1min）工频耐受电压（方均根值）(kV)			
			相对地	相间	断口		相对地	相间	断口	
					断路器	隔离开关			断路器	隔离开关
6	7.2	变压器	60 (40)	60 (40)	—	—	25 (20)	25 (20)	—	—
		开 关	60 (40)	60 (40)	60	70	30 (20)	30 (20)	30	34
10	12	变压器	75 (60)	75 (60)	—	—	35 (28)	35 (28)	—	—
		开 关	75 (60)	75 (60)	75 (60)	85 (60)	42 (28)	42 (28)	42 (28)	49 (35)
15	18	变压器	105	105	—	—	45	45	—	—
		开 关	105	105	115	—	46	46	56	—
20	24	变压器	125 (95)	125 (95)	—	—	55 (50)	55 (50)	—	—
		开 关	125	125	125	145	65	65	65	79
35	40.5	变压器	185/200	185/200	—	—	80/85	80/85	—	—
		开 关	185	185	185	215	95	95	95	118
66	72.5	变压器	350	350	—	—	150	150	—	—
		开 关	325	325	325	375	155	155	155	197
110	126	变压器	450/480	450/480	—	—	185/200	185/200	—	—
		开 关	450、550	450、550	450、550	520、630	200、230	200、230	200、230	225、265
220	252	变压器	850、950	850、950			360、395	360、395	—	—
		开 关	850、950	850、950	850、950	950、1050	360、395	360、395	360、395	410、460

注 1. 括号内数据对应于低电阻接地系统，括号外数据对应于非低电阻接地系统。

    2. 分子、分母数据分别对应外绝缘和内绝缘。

    3. 开关类设备将设备最高电压称作"额定电压"。

    4. 110kV 开关、220kV 开关和变压器存在两种额定耐受电压的，表中用"、"分开。应根据电网结构及过电压水平、过电压保护装置的配置及其性能、设备类型及绝缘特性以及可接受的故障率等具体情况选择。

13

  （6）110kV 电力变压器不接地中性点，其额定雷电全波和截波冲击耐受电压（峰值）应为 250kV，短时（1min）工频耐受电压有效值（内、外绝缘，干试与湿试）应为 95kV。

  （7）范围 Ⅰ 各类设备的额定雷电冲击耐受电压参见表 13.4-6；额定短时（1min）工频耐受电压参见表 13.4-7。

表 13.4-6   **电压范围 Ⅰ 各类电气设备的雷电冲击耐受电压**   kV

系统标称电压（方均根值）	设备最高电压（方均根值）	额定雷电冲击耐受电压（峰值）							截断雷电冲击耐受电压（峰值）
		变压器	并联电抗器	耦合电容器、电压互感器	高压电力电缆	高压电器类	母线支柱绝缘子、穿墙导管		变压器类设备的内绝缘
3	3.6	40	40	40	—	40	40		45
6	7.2	60	60	60	—	60	60		65
10	12	75	75	75	—	75	75		85
15	18	105	105	105	105	105	105		115

续表

系统标称电压（方均根值）	设备最高电压（方均根值）	额定雷电冲击耐受电压（峰值）						截断雷电冲击耐受电压（峰值）
		变压器	并联电抗器	耦合电容器、电压互感器	高压电力电缆	高压电器类	母线支柱绝缘子、穿墙导管	变压器类设备的内绝缘
20	24	125	125	125	125	125	125	140
35	40.5	185/200ᵃ	185/200ᵃ	185/200ᵃ	200	185	185	220
66	72.5	325	325	325	325	325	325	360
		350	350	350	350	350	350	385
110	126	450/480ᵃ	450/480ᵃ	450/480ᵃ	450	450	450	530
		550	550	550	550	550		
220	252	850	850	850	850	850	850	950
		950	950	950	950 1050	950 1050	950 1050	1050

注　1. 表中所列的 3～20kV 的额定雷电冲击耐受电压为对应系列Ⅱ（中性点非有效接地系统）的绝缘水平。

　　2. 对高压电力电缆是指热态状态下的耐受电压。

ᵃ　斜线下的数据仅用于该类设备的内绝缘。

表 13.4-7　　范围Ⅰ各类电气设备的短时（1min）工频耐受电压（方均根值）　　　　　　kV

系统标称电压（方均根值）	设备最高电压（方均根值）	内绝缘、外绝缘（湿试/干试）				母线支柱绝缘子	
		变压器ᵃ	并联电抗器ᵃ	耦合电容器、高压电器类、电压互感器和穿墙导管ᵇ	高压电力电缆ᵇ	湿试	干试
3	3.6	18	18	18/25		18	25
6	7.2	25	25	23/30		23	32
10	12	30/35	30/35	30/42		30	42
15	18	40/45	40/45	40/55	40/45	40	57
20	24	50/55	50/55	50/65	50/55	50	68
35	40.5	80/85	80/85	80/95	80/85	80	100
66	72.5	140	140	140	140	140	165
		160	160	160	160	160	185
110	126	185/200	185/200	185/200	185/200	185	265
220	252	360	360	360	360	360	450
		395	395	395	395	395	495
					460		

ᵃ　该栏斜线下的数据为该类设备的内绝缘和外绝缘干耐受电压，斜线上的数据为该类设备的外绝缘湿耐受电压。

ᵇ　该栏斜线下的数据为该类设备的外绝缘干耐受电压。

13.4.3.4 旋转电机的绝缘配合

旋转电机因其结构及工艺上的原因，其冲击绝缘水平较弱，应以专用旋转电机避雷器（金属氧化物避雷器 MOA）3kA 残压为基础进行绝缘配合；同时辅以电容器、电抗器及进线电缆段等以限制侵入雷电波的陡度和幅值的措施（参见 13.3.4）。

13.5 过电压保护装置

13.5.1 避雷针的保护范围

本节适用于发电厂和变电站中避雷针的保护范围。建筑物防雷接闪杆的保护范围见 13.9.2.3。

13.5.1.1 单支避雷针的保护范围

单支避雷针的保护范围（见图 13.5-1），应按下列方法确定。

（1）避雷针在地面上的保护半径 r，应按下式计算

$$r = 1.5hP \tag{13.5-1}$$

（2）避雷针在被保护物高度 h_x 水平面上的保护半径 r_x，应按下列各式确定

当 $h_x \geqslant 0.5h$ 时　$r_x = (h-h_x)P = h_aP$ $\tag{13.5-2}$

当 $h_x < 0.5h$ 时　$r_x = (1.5h-2h_x)P$ $\tag{13.5-3}$

以上式中　r——避雷针在地面上的保护半径，m；

$\quad\quad\quad r_x$——避雷针在被保护物高度 h_x 水平面上的保护半径，m；

$\quad\quad\quad h$——避雷针的高度，m，当 $h>120$m 时，可取其等于 120m；

$\quad\quad\quad h_x$——被保护物的高度，m；

$\quad\quad\quad h_a$——避雷针的有效高度，m；

$\quad\quad\quad P$——高度影响系数，$h \leqslant 30$m 时，$P=1$；$30<h\leqslant120$m，$P=5.5/\sqrt{h}$；$h>120$m 时，$P=0.5$。

13.5.1.2 两支等高避雷针的保护范围

两支等高避雷针的保护范围（见图 13.5-2），应按下列方法确定。

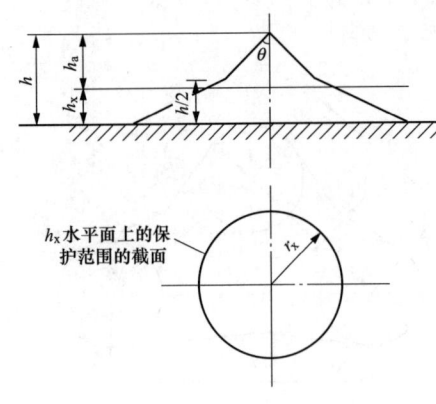

θ—保护角（°）

图 13.5-1　单支避雷针的保护范围

（$h \leqslant 30$m 时，$\theta=45°$）

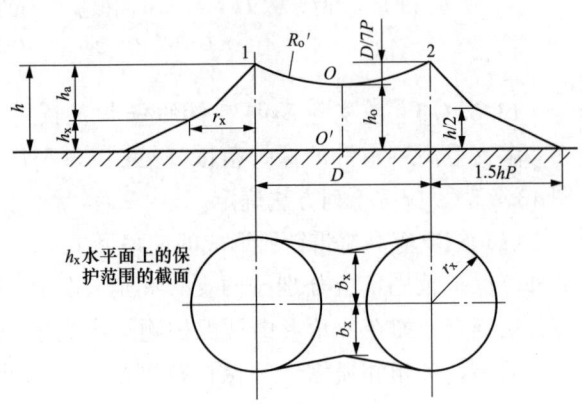

图 13.5-2　高度为 h 的两等
高避雷针的保护范围

（1）两针外侧的保护范围应按单支避雷针的计算方法确定。

（2）两针间的保护范围，应按通过两针顶点及保护范围上部边缘最低点 O 的圆弧确定，圆弧的半径为 R'_0，O 点为假想避雷针的顶点，其高度按式（13.5-4）计算

$$h_0 = h - D/(7P) \tag{13.5-4}$$

山地和坡地上避雷针的保护范围应有所减少，O 点高度按式（13.5-5）计算

$$h_0 = h - D/(5P) \tag{13.5-5}$$

以上式中　h_0——针间保护范围上部边缘最低点高度，m；

　　　　　　h——避雷针的高度，m；

　　　　　　D——两避雷针间的距离，m。

　　　　　　P——高度影响系数，见式（13.5-1）。

两针间 h_x 水平面上保护范围的一侧最小宽度应按图 13.5-3 确定。当 $b_x > r_x$ 时，取 $b_x = r_x$。对于山地和坡地上的避雷针，b_x 应乘以 0.75。求得 b_x 后，可按图 13.5-2 绘出两针间的保护范围。

两针间距离与针高之比 D/h 不宜大于 5。

（3）利用山势设立的远离被保护物的避雷针，不得作为主要保护装置。

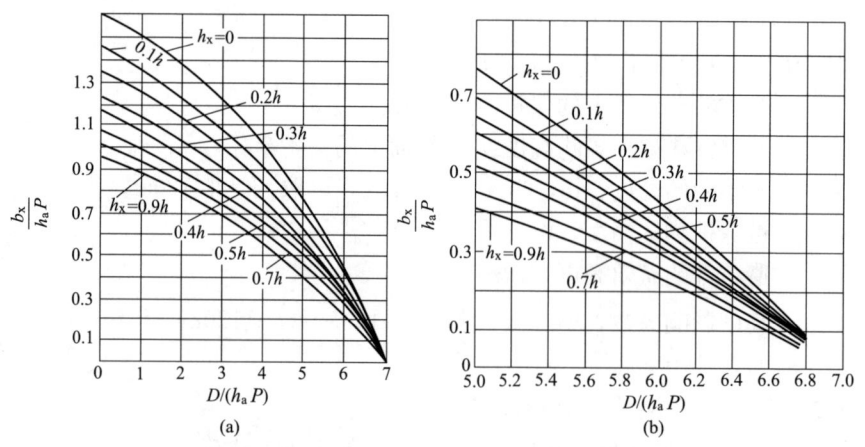

图 13.5-3　两等高（h）避雷针间保护范围的一侧最小宽度（b_x）与 D/h_aP 的关系
(a) $D/(h_aP)$ 为 0～7；(b) $D/(h_aP)$ 为 5～7

13.5.1.3　多支等高避雷针的保护范围

多支等高避雷针的保护范围（见图 13.5-4～图 13.5-5），应按下列方法确定。

（1）三支等高避雷针所形成的三角形 1、2、3 的外侧保护范围，应分别按两支等高避雷针的计算方法确定；如在三角形内被保护物最大高度 h_x 水平面上，各相邻避雷针间保护范围的一侧最小宽度 $b_x \geq 0$ 时，则全部面积受到保护。

（2）四支及以上等高避雷针所形成的四角形或多角形，可先将其分成两个或几个三角形，然

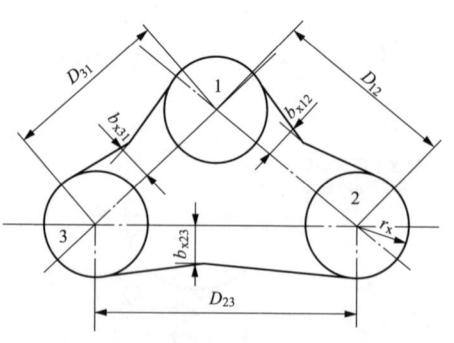

图 13.5-4　三支等高避雷针 1、2 及 3 在 h_x 水平面上的保护范围

后分别按三支等高避雷针的方法计算。如各边保护范围的一侧最小宽度 $b_x \geqslant 0$ 时，则全部面积受到保护。

13. 5. 1. 4　不等高避雷针的保护范围

不等高避雷针的保护范围（见图13.5-6），应按下列方法确定。

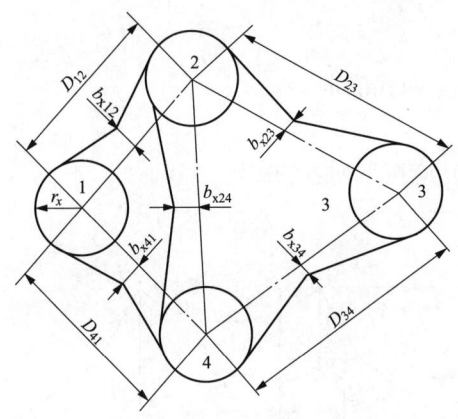

图 13.5-5　四支等高避雷针 1、2、3 及 4　　　图 13.5-6　两支不等高避雷针 1 及 2 的保护范围
　在 h_x 水平面上的保护范围

（1）两支不等高避雷针外侧的保护范围，应分别按单支避雷针的计算方法确定。

（2）两支不等高避雷针间的保护范围，应按单支避雷针的计算方法，先确定较高避雷针 1 的保护范围。然后由较低避雷针 2 的顶点，作水平线与避雷针 1 的保护范围相交于点 3，取点 3 为等效避雷针的顶点，再按两支等高避雷针的计算方法确定避雷针 2 和 3 间的保护范围，通过避雷针 2、3 顶点及保护范围上部边缘最低点 O 的圆弧，其弓高 f 应按下式计算

$$f = D'/(7P) \tag{13.5-6}$$

对于山地和坡地上的避雷针，弓高应按下式计算

$$f = D'/(5P) \tag{13.5-7}$$

以上式中　　f——弓高，m；

D'——避雷针 2 和等效避雷针 3 间的距离，m；

P——高度影响系数，见式（13.5-1）。

（3）对多支不等高避雷针，各相邻两避雷针的外侧保护范围，应按两支不等高避雷针的计算方法确定；三支不等高避雷针，在三角形内被保护物高度 h_x 水平面上，当各相邻避雷针间保护范围的一侧最小宽度 $b_x \geqslant 0$ 时，则全部面积受到保护；四支及以上不等高避雷针所形成的多角形，其内侧保护范围可仿照等高避雷针的方法确定。

13. 5. 2　避雷线的保护范围

本节适用于发电厂和变电站中避雷线的保护范围。架空线地线的保护范围见 13.3.5.1（2）。建筑物防雷接闪线的保护范围见 13.9.2.4。

13. 5. 2. 1　单根避雷线的保护范围

保护发电厂、变电站用的单根避雷线的保护范围见图 13.5-7。

在 h_x 水平面上避雷线每侧保护范围的宽度应按下列各式确定

当 $h_x \geqslant h/2$ 时 $\qquad r_x = 0.47(h - h_x)P$ $\qquad$ (13.5-8)

当 $h_x < h/2$ 时 $\qquad r_x = (h - 1.53h_x)P$ $\qquad$ (13.5-9)

式中 r_x——避雷线在被保护物高度 h_x 水平面上两侧的保护范围宽度，m；

$\quad h$——避雷线的高度，m；

$\quad h_x$——被保护物的高度，m；

$\quad P$——高度影响系数，见式（13.5-1）。

在 h_x 水平面上避雷线端部的保护半径也应按以上两式确定。

13.5.2.2 两根等高平行避雷线的保护范围

两根等高平行避雷线的保护范围（见图 13.5-8）应按下列方法确定。

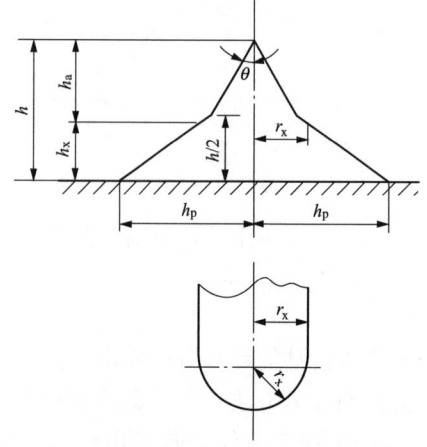

图 13.5-7 单根避雷线的保护范围
（当 $h \leqslant 30$m 时，θ 为 25°）

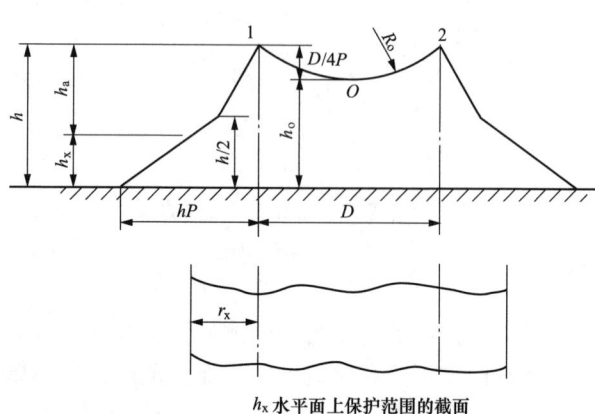

h_x 水平面上保护范围的截面

图 13.5-8 两根等高平行避雷线
1 和 2 的保护范围

（1）两根避雷线外侧的保护范围，应按单根避雷线的计算方法确定。

（2）两根避雷线间各横截面的保护范围，应由通过两避雷线 1、2 点及保护范围上部边缘最低点 O 的圆弧确定。O 点的高度应按下式计算

$$h_o = h - \frac{D}{4P}$$ $\qquad$ (13.5-10)

式中 h_o——两避雷线间保护范围边缘最低点的高度，m；

$\quad D$——两避雷线的距离，m；

$\quad h$——避雷线的高度，m；

$\quad P$——高度影响系数，见式（13.5-1）。

（3）两根避雷线端部外侧的保护范围，按单根避雷线的计算方法确定，两线间端部保护范围最小宽度 b_x（参见图 13.5-2）按下列各式确定

当 $h_x \geqslant h/2$ 时 $\qquad b_x = 0.47 (h_o - h_x) P$ $\qquad$ (13.5-11)

当 $h_x < h/2$ 时 $\qquad b_x = (h_o - 1.53h_x) P$ $\qquad$ (13.5-12)

以上式中 b_x——避雷线间保护范围的一侧最小宽度，m；

$\quad h_o$——两避雷线间保护范围边缘最低点的高度，m；

$\quad h_x$——被保护物的高度，m；

P——高度影响系数，见式（13.5-1）。

13.5.2.3 两根不等高平行避雷线的保护范围

两根不等高平行避雷线各横截面的保护范围，应仿照两支不等高避雷针的方法，并按式（13.5-6）计算，山地和坡地按式（13.5-7）计算。

13.5.2.4 相互靠近的避雷针、避雷线的联合保护范围

相互靠近的避雷针和避雷线的联合保护范围见图13.5-9。

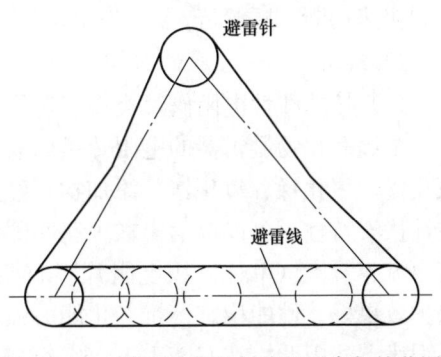

图 13.5-9 避雷针和避雷线的联合保护范围

避雷针、线外侧保护范围分别按单针、线的保护范围确定。内侧保护范围可将不等高针、线划为等高针、线，然后将等高针、线视为等高避雷线计算其保护范围。

注　IEC 61936-1：2014 中，对 25m 及以下的避雷针和避雷线，系按滚球法确定保护范围，参见图 13.5-10～图 13.5-11。图中 R（滚球半径）按 IEC 62305-1《雷电防护　第 1 部分　总则》中的雷电防护水平 LPL 确定（参见表 13.9-3 的表注）。对于高度超过 25m 时，保护区范围将缩小。

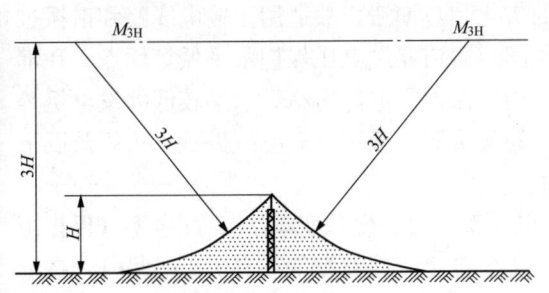

图 13.5-10 单支避雷针的保护范围（滚球法）

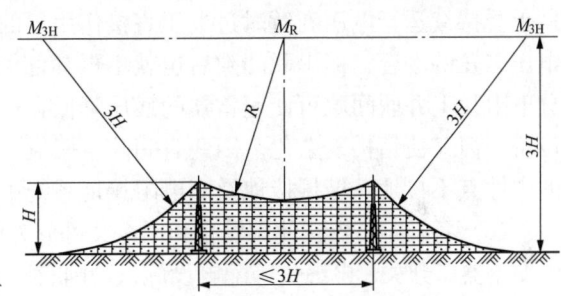

图 13.5-11 两支等高避雷针的保护范围（滚球法）

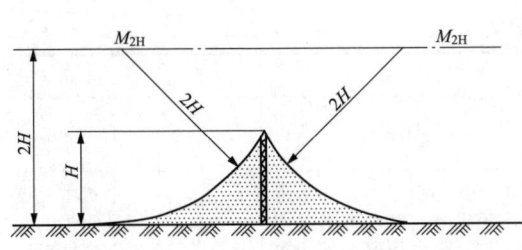

图 13.5-12 单根避雷线的保护范围（滚球法）

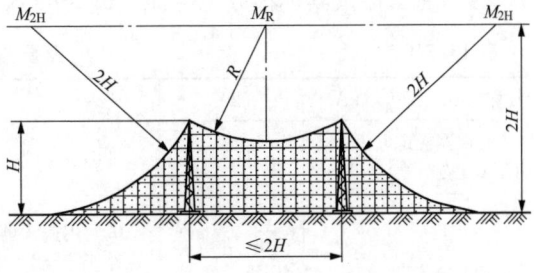

图 13.5-13 两根避雷线的保护范围（滚球法）

13.5.3 避雷器的分类和选型

避雷器是用于保护电气设备免受来自系统内、外高瞬态过电压危害并能限制及切断工频续流的一种过电压限制器件。当雷电或内部过电压波沿线路袭来时，避雷器将先于与其并联的被保护设备放电，从而限制了过电压，使被保护设备绝缘免遭损害；而后又能迅速切断续流，保证系统安全运行。因此，对避雷器的基本要求是考虑放电分散性后的伏秒特性曲线的

上限值应低于被保护电气设备伏秒特性曲线的下限值，同时应具有较强的绝缘自恢复能力，以利快速切断工频续流。

13.5.3.1 避雷器的分类

（1）按非线性电阻阀片类型，避雷器分为碳化硅阀式避雷器和金属氧化物避雷器。

金属氧化物避雷器的电阻片是以氧化锌 ZnO 为主要材料，掺以微量的氧化铋、氧化钴、氧化锰、氧化锑、氧化铬等添加物，经过成型、烧结、表面处理等工艺制成，具有优异的非线性伏安特性，可以取消串联火花间隙，实现避雷器无间隙、无续流（仅为微安级），且具有通流容量大（单位体积电阻片吸收能量较 SiC 电阻片大 5～10 倍）、耐重复动作能力强、保护效果好、性能稳定、抗老化能力强、适应多种特殊需要和环境条件、运行检测方便等一系列优点。因此，在 GB/T 50064—2014 中，氧化锌无间隙金属氧化物避雷器（MOA）已全面取代了传统的碳化硅避雷器和排气式避雷器。

（2）按构造类型，避雷器分为有间隙避雷器和无间隙避雷器。碳化硅阀式避雷器又分为由平板间隙和阀片组成的普通阀式避雷器和由磁吹间隙和阀片组成的磁吹阀式避雷器。

金属氧化物电阻片也可以串联或部分并联火花间隙构成有串联或并联间隙的金属氧化物避雷器。

串联间隙使电阻片在正常情况下与带电导体隔离，可阻断工频持续电流，避免电阻片长期承受持续运行电压和暂时过电压直接作用下的劣化和热崩溃，故适用于输电线路和谐振过电压多发的场合；但串联间隙后也就不再具备无间隙避雷器过电压保护水平低等优点。在部分电阻片上并联间隙可使避雷器的残压降低，适用于保护雷电冲击绝缘水平较低的发电机等设备，但又使结构复杂化。因此有间隙金属氧化物避雷器一般用于架空线路或 66kV 及以下的中性点不接地、谐振接地及高电阻接地系统中。

（3）各类避雷器按使用场合和用途又可分为电站型（保护发、变电站）、配电型（保护配电变压器、开关、电缆头等配电设施）、并联补偿电容器型、线路型等各种类型。另外，按绝缘介质及密封外壳的不同又有气体绝缘金属封闭避雷器（GIS 避雷器）、绝缘油中（液浸式）避雷器、瓷外套避雷器、复合绝缘外套避雷器、分离式避雷器、外壳不带电式避雷器等。

（4）避雷器按其标称放电电流（8/20μs 波形）等级及使用场合的分类见表 13.5-1。

表 13.5-1 避雷器分类

标称放电电流 I_n（kA）	20	10	5	2.5	1.5
避雷器额定电压 U_r（方均根值）（kV）	$360 \leqslant U_r \leqslant 756$①	$3 \leqslant U_r \leqslant 468$	$U_r \leqslant 132$	$U_r \leqslant 36$	$U_r \leqslant 207$
应用场合	电站用避雷器，线路避雷器	电站用避雷器，线路避雷器，电气化铁道用避雷器	线路避雷器，电站用避雷器，发电机用避雷器，配电用避雷器，并联补偿电容器用避雷器，电气化铁道用避雷器	电动机用避雷器	电机中性点用避雷器，变压器中性点用避雷器，低压避雷器②

① 20kA 级的强雷电负载避雷器的额定电压范围为：$3kV \leqslant U_r \leqslant 60kV$；

② DL/T 804—2002《交流电力系统金属氧化物避雷器使用导则》中已取消了低压金属氧化物避雷器。

110kV 及以下系统，避雷器标称放电电流等级选择见 13.5.4.4。

13.5.3.2 避雷器的选型

（1）不同系统接地方式下的选型要求如下：

1）110kV 直接接地系统宜采用金属氧化物避雷器。

2）气体绝缘全封闭组合电器（GIS）和低电阻接地系统应选用金属氧化物避雷器。

3）不接地、谐振接地和高电阻接地系统，根据系统中谐振过电压和间歇性电弧接地过电压等发生的可能性及其严重程度，可选用无间隙金属氧化物避雷器或串联间隙金属氧化物避雷器。有串联间隙金属氧化物避雷器一般用于输电线路和 3～66kV 非有效接地系统中谐振过电压多发的场所。当对于绝缘较弱、要求残压较低时，亦可选用有并联间隙金属氧化物避雷器。

（2）不同保护对象的选型要求如下：

1）旋转电机的雷电过电压保护，宜采用旋转电机型无间隙金属氧化物避雷器。

2）并联电容器补偿装置应采用并联补偿电容器用无间隙金属氧化物避雷器。

13.5.4　避雷器的参数选择

13.5.4.1　避雷器的持续运行电压

（1）无间隙金属氧化物避雷器的持续运行电压因其直接作用于避雷器的电阻片上，为避免劣化及热崩溃，保证使用寿命，长期作用于避雷器上的电压不得超过避雷器的持续运行电压；其取值一般相当于避雷器额定电压的 75%～80%，参见表 13.5-2。

表 13.5-2　　　　　接于相—地的无间隙金属氧化物避雷器的持续运行电压　　　　kV（方均根值）

接地方式	不接地、高阻接地或谐振接地系统			直接接地系统
	10s 及以内切除故障	10s 以上切除故障		
系统标称电压 U_n	3～20	3～20	35～66	110
持续运行电压 U_c	$\geqslant U_m/\sqrt{3}$	$\geqslant 1.1U_m$	$\geqslant U_m$	$\geqslant U_m/\sqrt{3}$

注　1. 保护发电机用避雷器的持续运行电压不得小于发电机的额定电压；

　　2. 对于低电阻接地系统，避雷器的持续运行电压应不低于 $0.8U_m$。

（2）有串联间隙金属氧化物避雷器，对持续运行电压不像无间隙（及有并联间隙）避雷器那样敏感。在中性点直接接地系统中，除线路避雷器外，一般不使用有间隙避雷器。在中性点不接地、高阻接地或谐振接地系统中，对串联间隙上有并联电阻的避雷器，应进行 2h 以上耐受 $2U_m$ 的试验，以证明并联电阻及阀片电阻的热稳定性能达到要求。

（3）110kV 及以下各类接地方式高压系统中，当系统工频过电压符合 13.2.1.1 规定时，系统中装设的无间隙 MOA 的持续运行电压和额定电压可按表 13.5-3 选择。

表 13.5-3　　　　　　　　无间隙 MOA 持续运行电压和额定电压

系统接地方式	持续运行电压（kV）		额定电压（kV）	
	相　地	中性点	相　地	中性点
110kV 直接接地	$U_m/\sqrt{3}$	$0.27U_m/0.46U_m$	$0.75U_m$	$0.35U_m/0.58U_m$
不接地	$1.10U_m$	$0.64U_m$	$1.38U_m$	$0.80U_m$
谐振接地	U_m	$U_m/\sqrt{3}$	$1.25U_m$	$0.72U_m$
低电阻接地	$0.80U_m$	$0.46U_m$	U_m	$U_m/\sqrt{3}$
高电阻接地	U_m	$U_m/\sqrt{3}$	$1.25U_m$	$U_m/\sqrt{3}$

注　1. 110kV 中性点斜线的上、下方数据分别对应系统无和有失地的条件。

　　2. 110kV 变压器中性点不接地且绝缘水平低于其额定耐受值：雷电全波和截波冲击耐受电压低于 250kV，短时 1min 工频耐受电压方均根值低于 95kV 时，MOA 的参数需另行研究确定。

　　3. 对于发电机 U_m 为其最高运行电压。

13.5.4.2 避雷器的额定电压

避雷器的额定电压（U_r）是施加到避雷器端子间的最大允许工频电压方均根值，因其一般安装于相对地之间，承受相电压和暂时过电压，因此其额定电压与系统的标称电压及其他设备的额定电压有不同的意义。在相同的系统标称电压下，无间隙金属氧化物避雷器（MOA）的额定电压选得越高，运行中漏电流越小，可减轻避雷器的劣化作用；但同时残压也相应升高，降低了保护裕度。因此，应综合考虑，在满足保护绝缘的配合系数［参见 13.4.3 及 13.5.4.5（3）］的条件下，避雷器的额定电压可选得高一些。

（1）无间隙金属氧化物避雷器的额定电压可按下式选择

$$U_r \geqslant kU_t \tag{13.5-13}$$

式中　U_r——无间隙金属氧化物避雷器的额定电压，kV；

　　　k——切除单相接地故障时间系数；在中性点有效接地（直接接地或低阻抗接地）或不接地、高阻接地或谐振接地系统中，如单相接地故障在 10s 及以内切除，取 $k=1.0$；在中性点不接地、高阻接地或谐振接地系统中，如单相接地故障在 10s 以上切除，取 $k=1.25$；

　　　U_t——暂时过电压，kV；见表 13.5-4。

表 13.5-4　暂时过电压 U_t 推荐值　　kV（方均根值）

接地方式	不接地、高阻接地或谐振接地系统及低阻抗接地系统		直接接地系统
系统标称电压 U_n	3~20	35~66	110
U_t	$1.1U_m$	U_m	$1.4U_m/\sqrt{3}$

（2）具有发电机和旋转电机的系统，相对地 MOA 的额定电压，对应接地故障清除时间不大于 10s 时，不应低于旋转电机额定电压的 1.05 倍；接地故障清除时间大于 10s 时，不应低于旋转电机额定电压的 1.3 倍。旋转电机用 MOA 的持续运行电压不宜低于 MOA 额定电压的 80%。旋转电机中性点用 MOA 的额定电压，不应低于相应相对地 MOA 额定电压的 $1/\sqrt{3}$。

（3）避雷器额定电压的建议值

无间隙金属氧化物避雷器的额定电压 U_r 的建议值见表 13.5-5。

保护发电机用避雷器的额定电压按 1.25 倍发电机额定电压选择，建议值见表 13.5-6。

变压器中性点用避雷器的额定电压，直接接地系统一般不低于系统最高工作相电压（$U_m/\sqrt{3}$），不接地、高阻接地或谐振接地系统不低于系统最高工作电压（U_m）。变压器中性点用避雷器的额定电压建议值见表 13.5-7。

发电机中性点避雷器的额定电压，一般按发电机额定相电压的 1.25 倍选择，建议值见表 13.5-8。

表 13.5-5　无间隙金属氧化物避雷器的额定电压 U_r 的建议值　　kV（方均根值）

接地方式	不接地、高阻接地或谐振接地系统及低阻抗接地系统①											直接接地系统
	10s 及以内切除故障						10s 以上切除故障					
系统标称电压	3	6	10	20	35	66	3	6	10	20	35	66	110
U_r	4	8	13	26	42	72	5	10	17	34	54	96	102

① 低阻抗接地系统接地故障切除时间≤10s；经高电阻或消弧线圈接地系统中，当使用单相接地选线跳闸时，故障切除时间可能<10s。

表 13.5-6 　　　　保护发电机用避雷器的额定电压 U_r 的建议值　　　　kV（方均根值）

发电机额定电压	3.15	6.3	10.5	13.7	15.75	18	20	22	24	26
U_r	4	8	13.2	17.5	20	22.5	25	27.5	30	32.5

表 13.5-7 　　　　变压器中性点用避雷器额定电压 U_r 的建议值　　　　kV（方均根值）

中性点绝缘水平	全绝缘					分级绝缘
系统标称电压	3	6	10	35	66	110
U_r	(5)	(10)	(17)	54	96	72 (84)

注　括号内数据为对进口交流无间隙金属氧化物避雷器的技术要求。

表 13.5-8 　　　保护发电机中性点用避雷器的额定电压 U_r 的建议值　　　kV（方均根值）

发电机额定电压	3.15	6.3	10.5	13.7	15.75	18	20	22	24	26
U_r	2.4	4.8	8.0	10.5	12	13.6	15	16.0	18.0	19.0

（4）有串联间隙金属氧化物避雷器的额定电压 U_r 应以系统暂时过电压为基础进行选择，在一般情况下应符合下列要求：

1）3～10kV 系统不低于 $1.1U_m$；

2）35、66kV 系统不低于 U_m；

3）110kV 有效接地系统不低于 $0.8U_m$；

4）3kV 及以上发电机系统不低于 $1.1U_{m.g}$（$U_{m.g}$ 为发电机最高运行电压）或按不低于发电机额定电压的 1.25 倍选择。

5）发电机和变压器中性点避雷器的额定电压：对 3～20kV 系统变压器中性点不低于 $0.64U_m$（$\approx 1.1U_m/\sqrt{3}$），对 35、66kV 系统变压器中性点不低于 $0.58U_m$（$\approx U_m/\sqrt{3}$），对 3～20kV 发电机中性点不低于 $0.64U_{m.g}$。

有串联间隙金属氧化物避雷器的额定电压及放电特性典型推荐值参见表 13.5-9。

表 13.5-9 　　　　　　有串联间隙金属氧化物避雷器的典型推荐值　　　　　　kV

系统标称电压（方均根值）	避雷器额定电压（方均根值）	电站用			配电用		
		工频放电电压（方均根值）	1.2/50μs 冲击放电电压（峰值）	波前冲击放电电压（峰值）	工频放电电压（方均根值）	1.2/50μs 冲击放电电压（峰值）	波前冲击放电电压（峰值）
3	3.8	9	20	25	9	21	26.3
6	7.6	16	30	37.5	16	35	43.8
10	12.7	26	45	56.5	26	50	62.5
35	42	80	134	168			

（5）有串联间隙金属氧化物避雷器，应校验工频放电电压。110kV 及以下系统不应在操作过电压下动作，故其下限值应不低于允许的内部操作过电压计算值；110kV 及以下系统内部操作过电压水平参见 13.4.2（5）。对 35kV 及以下非有效接地系统应不低于运行相电压的 4.0 倍；其上限值考虑工频放电电压的分散性，约为其下限值的 1.2 倍。

13.5.4.3　避雷器的能量吸收能力

无间隙金属氧化物避雷器应能承受所在系统作用的暂时过电压和操作过电压能量，否则可能导致热崩溃甚至炸裂的事故。其能量吸收能力是在其型式试验中验证其长持续时间冲击电流耐受能力。

(1) 对标称电流为 5kA 及以下的避雷器（额定电压 90kV 以下），应根据避雷器等级及使用类别进行幅值为 50～600A 的 2000μs 方波冲击电流试验验证其长持续时间冲击电流耐受能力，参见表 13.5-10。

表 13.5-10　无间隙金属氧化物避雷器长持续时间电流冲击（方波冲击电流）试验要求

避雷器等级	避雷器使用场合	避雷器额定电压 （方均根值）（kV）	电流冲击 2000μs 方波电流（峰值）（A）
5kA	发电机用避雷器	4～25	400
	电站用避雷器	5～51	150
		84～90	400
	电气化铁道用避雷器	42～84	400
	并联补偿电容器用避雷器	5～90	400①
	配电用避雷器	5～17	75
2.5kA	电动机用避雷器	4～13.5	200
1.5kA	电机中性点用避雷器	2.4～15.2	200
	变压器中性点用避雷器	60～207	400
	低压用避雷器	0.28～0.50	50

注　本表摘自 GB 11032—2010《交流无间隙金属氧化物避雷器》。
① 400A 以上由供需双方协商。

(2) 对 110kV 系统用避雷器（额定电压 90kV 以上，不包括中性点用避雷器），应进行线路放电耐受能力试验以验证其承受线路操作过电压能量的能力。其试验参数应按照 GB 11032—2010《交流无间隙金属氧化物避雷器》标准规定的 1 级线路放电等级能量参数确定。

(3) 为验证无间隙金属氧化物避雷器对安装地点近区直击雷击或反击时的通流能力，标准还规定应进行大电流冲击耐受抽样试验，其耐受试验值见下表 13.5-11。

表 13.5-11　无间隙金属氧化物避雷器大电流冲击试验值

避雷器标称放电电流等级（kA）	20	10	5	2.5	1.5
大电流冲击电流值（峰值）（kA）	100	100	65	25	10

13.5.4.4　避雷器标称放电电流的选择

(1) 66～220kV 系统一般选用 5kA 等级，在雷电活动特别强烈的地区、重要的变电站、进线保护不完善或进线段耐雷水平达不到规定时，可选用 10kA 级。特殊强雷电密度地区的重要用户才采用 20kA 级的"强雷电负载避雷器"。

(2) 35kV 及以下系统虽不是全线架设避雷线，但计算流经避雷器的冲击电流最大值均远低于 5kA，从技术经济比较考虑，按照避雷器的类型和系统使用条件，标称放电电流可分别选用 5kA、2.5kA 和 1.5kA 等级。

近区雷击一般不作为选择标称放电电流的依据，但避雷器应具有足够的大电流冲击耐受能力。

各类避雷器的标称放电电流等级可参见表 13.5-1。

13.5.4.5 避雷器的保护水平和绝缘配合

(1) 无间隙金属氧化物避雷器的保护水平完全由其残压决定。

1) 雷电过电压保护水平取下列两项数值的较高者：

a. 陡波冲击电流下的最大残压除以 1.15（此 1.15 仅适用于油浸绝缘变压器类电器，对其他类型的绝缘，如旋转电机、干式变压器、电缆及 GIS 中的绝缘，有不同的系数）；

b. 标称放电电流下的残压。

2) 操作过电压保护水平是取操作冲击电流下的最大残压。

(2) 有间隙金属氧化物避雷器的保护水平不仅由其残压，还要由它的间隙放电电压决定。其雷电过电压保护水平是取下列四项数值中的最高者：

a. 雷电冲击电压全波下的放电电压；

b. 雷电冲击电压陡波下的放电电压除以 1.15；

c. 标称放电电流下的最大残压；

d. 陡波冲击电流下的最大残压除以 1.15。

(3) 绝缘配合因数。按惯用法进行绝缘配合时，设备的绝缘水平与避雷器的保护水平之间应有一定的裕度，称之为配合系数 k_C，其数值为被保护电气设备的绝缘水平除以避雷器的保护水平。按 GB/T 311.2《绝缘配合　第 2 部分　使用导则》定的绝缘配合因数为：

1) 雷电过电压的配合因数：当避雷器紧靠被保护设备时可取 $k_C \geqslant 1.25$，其他情况可取 $k_C \geqslant 1.4$［即避雷器的保护水平不应大于被保护电气设备（旋转电机除外）标准雷电冲击全波耐受电压的 71%］。

2) 操作过电压的配合因数：可取 $k_C \geqslant 1.15$。

对带电缆段的变电站和带气体绝缘组合电器（GIS）变电站的配合因数，必要时可通过模拟计算对绝缘配合状态进行校核。

13.5.4.6 并联补偿电容器用避雷器的参数选择

并联补偿电容器组在运行中需频繁投切，若断路器在投切中发生重燃（重击穿），则在电容器相对地及极间将产生较高的过电压（参见 13.2.2.3）。因此应采用无间隙金属氧化物避雷器限制此重燃过电压。但对避雷器的保护接线方式及参数选择有如下特殊要求：

(1) 保护接线：通常将 3 只避雷器与电容器并联连接于相与地间（其原理接线参见图 13.2—1），能有效地限制单相重击穿引起的相对地过电压。避雷器应具有一定的方波通流能力，见表 13.5-12。

表 13.5-12　　　　　　并联补偿电容器用避雷器的方波通流能力　　　　　　A

系统标称电压（方均根值）(kV)		3	6	10	35	66
电容器组容量（kvar）	2500	300				
	4500		300			
	7500			400		
	20 000				500	
	40 000					600

注 1. 在某一系统标称电压下，当电容器组容量大于表列数字时，应重新核算避雷器的方波通流能力。

　　2. 本表依据 DL/T 804—2014，但删去了避雷器 II 型接线方式的方波通流能力数据（依据 GB/T 50064—2014 及 GB 50227—2008 的相关规定，不考虑采用 II 型接线）。

（2）并联补偿电容器用避雷器的额定电压选择：按 13.5.4.2 的原则，并按 GB 11032 推荐的典型参数（见表 13.5-17）确定。

（3）并联补偿电容器用避雷器的保护水平选择：由于母线上一般均装有避雷器，故并联电容器用避雷器的雷电冲击保护水平可按母线避雷器残压考虑。其操作冲击保护水平，按照电容器的对地绝缘水平为 4 倍最高相电压峰值考虑；电容器的极间绝缘水平按 2.15 倍的电容器额定电压峰值选取。

13.5.4.7 旋转电机、气体绝缘封闭电器用避雷器的选择

在 66kV 及以下中性点非有效接地系统中，当采用无间隙金属氧化物避雷器保护弱绝缘及频繁投切的电动机时，避雷器的额定电压宜选得低些；保护电容器组时，由于操作过电压释放的能量较大，避雷器的额定电压宜选得高些；35kV 及以上 SF$_6$ 封闭电器由于发生持续时间较长的过电压的机会较多，也宜将避雷器的额定电压选得高些，但同时应兼顾避雷器的保护水平应满足绝缘配合的要求。

13.5.4.8 避雷器的外绝缘和爬电比距

（1）在正常使用条件下，避雷器外套（外绝缘）所承受的雷电冲击保护水平不得低于 1.3 倍标称电流下的最大残压。

（2）根据避雷器安装现场的环境污秽等级，避雷器外绝缘的最小参考统一爬电比距应符合表 5.3-6 要求。

13.5.4.9 避雷器选择的其他要求

（1）避雷器的压力释放要求：为防止避雷器内部故障时通过避雷器的故障电流所引起的避雷器外套爆炸事故，避雷器应能耐受安装处的最大短路电流，一般应按系统 10 年预期最大短路电流（周期分量方均根值）选择避雷器的压力释放电流等级。避雷器的压力释放试验电流值见表 13.5-13。

表 13.5-13　　　　　　　　　　　避雷器的压力释放试验电流值

避雷器等级	避雷器使用场合	大电流压力释放对称电流（方均根值）（kA）	小电流压力释放电流（方均根值）（A）
10kA	电站用避雷器	40	800
		20	
		10	
5kA	电站用避雷器	16	
	并联补偿电容器用避雷器	16	
	发电机用避雷器		
	电气化铁道用避雷器	10	
2.5kA	电动机用避雷器	5	
1.5kA	中性点用避雷器		

（2）变电站内 35kV 及以上避雷器应装设简单可靠的多次动作记录器或磁钢记录器。

（3）按照避雷器安装处的引线拉力、风速和地震条件选择避雷器的机械强度。

13.5.5 各类典型避雷器特性参数

各类典型交流无间隙金属氧化物避雷器的特性参数见表 13.5-14～表 13.5-22。

表 13.5-14   **典型的电站和配电用无间隙金属氧化物避雷器特性参数**   kV

避雷器额定电压 U_N（方均根值）	避雷器持续运行电压 U_c（方均根值）	标称放电电流 5kA 等级							
		电站避雷器				配电避雷器			
		陡波冲击电流残压	雷电冲击电流残压	操作冲击电流残压	直流 1mA 参考电压 不小于	陡波冲击电流残压	雷电冲击电流残压	操作冲击电流残压	直流 1mA 参考电压 不小于
		（峰值）不大于				（峰值）不大于			
5	4.0	15.5	13.5	11.5	7.2	17.3	15.0	12.8	7.5
10	8.0	31.0	27.0	23.0	14.4	34.6	30.0	25.6	15.0
12	9.6	37.2	32.4	27.6	17.4	41.2	35.8	30.6	18.0
15	12.0	46.5	40.5	34.5	21.8	52.5	45.6	39.0	23.0
17	13.5	51.8	45.0	38.3	24.0	57.5	50.0	42.5	25.0
51	40.8	154.0	134.0	114.0	73.0				

表 13.5-15   **典型的电站用无间隙金属氧化物避雷器特性参数**   kV

避雷器额定电压 U_N（方均根值）	避雷器持续运行电压 U_c（方均根值）	标称放电电流 10kA 等级				标称放电电流 5kA 等级			
		陡波冲击电流残压	雷电冲击电流残压	操作冲击电流残压	直流 1mA 参考电压 不小于	陡波冲击电流残压	雷电冲击电流残压	操作冲击电流残压	直流 1mA 参考电压 不小于
		（峰值）不大于				（峰值）不大于			
84	67.2	—	—	—	—	254	221	188	121
90	72.5	264	235	201	130	270	235	201	130
96	75	280	250	213	140	288	250	213	140
102	79.6	297	266	226	148	305	266	226	148
108	84	315	281	239	157	323	281	239	157

表 13.5-16   **典型的电气化铁道用无间隙金属氧化物避雷器特性参数**   kV

避雷器额定电压 U_N（方均根值）	避雷器持续运行电压 U_c（方均根值）	标称放电电流 5kA 等级			
		陡波冲击电流残压	雷电冲击电流残压	操作冲击电流残压	直流 1mA 参考电压
		（峰值）不大于			不小于
42	34	138	120	98	65
84	68	276	240	196	130

表 13.5-17   **典型的并联补偿电容器用无间隙金属氧化物避雷器特性参数**   kV

避雷器额定电压 U_N（方均根值）	避雷器持续运行电压 U_c（方均根值）	标称放电电流 5kA 等级		
		雷电冲击电流残压	操作冲击电流残压	直流 1mA 参考电压
		（峰值）不大于		不小于
5	4.0	13.5	10.5	7.2
10	8.0	27.0	21.0	14.4
12	9.6	32.4	25.2	17.4
15	12.0	40.5	31.5	21.8

续表

避雷器 额定电压 U_N (方均根值)	避雷器持续 运行电压 U_c (方均根值)	标称放电电流 5kA 等级		
		雷电冲击电流残压	操作冲击电流残压	直流 1mA 参考电压
		(峰值) 不大于		不小于
17	13.5	46.0	35.0	24.0
51	40.8	134.0	105.0	73.0
84	67.2	221	176	121
90	72.5	236	190	130

表 13.5-18   **典型的电机用无间隙金属氧化物避雷器特性参数**   kV

避雷器 额定电压 U_N (方均根值)	避雷器持续 运行电压 U_c (方均根值)	标称放电电流 5kA 等级				标称放电电流 2.5kA 等级			
		发电机用避雷器				电动机用避雷器			
		陡波冲击 电流残压	雷电冲击 电流残压	操作冲击 电流残压	直流 1mA 参考电压	陡波冲击 电流残压	雷电冲击 电流残压	操作冲击 电流残压	直流 1mA 参考电压
		(峰值) 不大于			不小于	(峰值) 不大于			不小于
4	3.2	10.7	9.5	7.6	5.7	10.7	9.5	7.6	5.7
8	6.3	21.0	18.7	15.0	11.2	21.0	18.7	15.0	11.2
13.5	10.5	34.7	31.0	25.0	18.6	34.7	31.0	25.0	18.6
17.5	13.7	44.8	40.0	32.0	24.4	—	—	—	—
20	15.8	50.4	45.0	36.0	28.0	—	—	—	—
23	18.0	57.2	51.0	40.8	31.9	—	—	—	—
25	20.0	62.9	56.2	45.0	35.4	—	—	—	—

表 13.5-19   **典型的低压无间隙金属氧化物避雷器特性参数**   kV

避雷器 额定电压 U_N (方均根值)	避雷器持续 运行电压 U_c (方均根值)	标称放电电流 1.5kA 等级	
		雷电冲击电流残压	直流 1mA 参考电压
		(峰值) 不大于	不小于
0.28	0.24	1.3	0.6
0.50	0.42	2.6	1.2

表 13.5-20   **典型的电机中性点用无间隙金属氧化物避雷器特性参数**   kV

避雷器 额定电压 U_N (方均根值)	避雷器持续 运行电压 U_c (方均根值)	标称放电电流 1.5kA 等级		
		雷电冲击电流残压	操作冲击电流残压	直流 1mA 参考电压
		(峰值) 不大于		不小于
2.4	1.9	6.0	5.0	3.4
4.8	3.8	12.0	10.0	6.8
8	6.4	19.0	15.9	11.4
10.5	8.4	23.0	19.2	14.9
12	9.6	26.0	21.6	17.0
13.6	11.0	29.2	24.3	19.5
15.2	12.2	31.7	26.4	21.6

13

表 13.5-21　　　典型的变压器中性点用无间隙金属氧化物避雷器特性参数　　　　kV

避雷器额定电压 U_N （方均根值）	避雷器持续运行电压 U_c （方均根值）	标称放电电流 1.5kA 等级		
		雷电冲击电流残压	操作冲击电流残压	直流 1mA 参考电压
		（峰值）不大于		不小于
60	48	144	135	85
72	58	186	174	103
96	77	260	243	137

表 13.5-22　　　典型的线路用无间隙金属氧化物避雷器特性参数　　　　kV

系统标称电压	避雷器额定电压 U_r	避雷器持续运行电压 U_c	标称放电电流 10kA 等级				标称放电电流 5kA 等级			
			陡波冲击电流残压	雷电冲击电流残压	操作冲击电流残压	直流 1mA 参考电压	陡波冲击电流残压	雷电冲击电流残压	操作冲击电流残压	直流 1mA 参考电压
（方均根值）			（峰值）不大于			不小于	（峰值）不大于			不小于
10	17	13.5					57.5	50	42.5	25
35	51	40.8					154	134	114	73
	54	43.2					163	142	121	77
66	96	75	288	250	213	140	288	250	213	140
110	108	84	315	281	239	157	323	281	239	157
	114	89	341	297	252	165				

注　以上表 13.5-14～表 13.5-22 摘自 GB 11032—2010《交流无间隙金氧化物避雷器》。

13.6　低压电气装置的过电压防护及绝缘配合

13.6.1　低压电气装置的大气过电压和操作过电压防护

注　13.6.1 和 13.6.2 根据 GB 16895.10—2010 编写，并按 IEC 60364-4-44 2015（final Version）更新。

13.6.1.1　一般原则

（1）本条目规定了电气设备防护由配电系统引入的大气瞬态过电压（包括其电源系统的直接雷击）和操作过电压的要求。

本条目没有规定建筑物因直接或临近雷击引起的瞬态过电压的防护要求。这些要求见13.8、13.9 和 13.10。

（2）低压电气装置内部产生的操作过电压通常低于大气过电压；测量统计评估表明，操作过电压高于过电压类别Ⅱ水平（见表 13.6-1）的概率很低。因此，防护大气过电压的要求一般地包括了对操作过电压的防护，即一般不需要对抑制操作过电压提出另外的要求。

如果没有装设大气瞬态过电压骚扰的防护，可能需要提供操作过电压防护。

（3）大气过电压的特性取决于如下因素：配电系统的类型（地下或架空）；在装置的供电端上级装有至少一个 SPD 的可能性；供配电系统的电压等级。

（4）瞬态过电压的防护由装设 SPD（Surge Protective Devise）来提供。SPD 的选择和安装见 13.11。

（5）如果电源线路上需要 SPD，也推荐在其他线路如电信线路上加装 SPD。

本条目不包括由数据传输系统引入的瞬态过电压防护要求。这些要求参见 13.11 和13.12 节。

13

（6）本条目不适用于下述过电压引起的后果：爆炸危险建筑物；有环境损害（如化学或无线电辐射）的建筑物。

13.6.1.2　冲击耐受电压（过电压类别）

为了实现低压电气装置的绝缘配合，对直接由低压电网供电的设备，按其不同的安装位置应能承受的瞬态过电压能力规定了设备的冲击耐受电压（过电压类别），见表 13.6-1。

表 13.6-1　　　　　　　　直接由低压电网供电的设备额定冲击耐受电压值　　　　　　　　V

电源系统标称电压		设备的额定冲击耐受电压（1.2/50）①			
		过电压（安装）类别②			
三相③	单相（带中间点）	I	II	III	IV
—	120~240	800	1500	2500	4000
220/380 277/480	—	1500	2500	4000	6000
380/660	—	2500	4000	6000	8000
1000	—	4000	6000	8000	12 000

① 冲击耐受电压是呈现于带电导体与 PE 导体之间。

② 过电压（安装）类别说明：

过电压类别 IV——是使用在配电装置电源进线端或其附近的设备，IV 类设备具有很高的耐冲击能力和高可靠性。如主配电盘中的电气测量仪表和一次过流保护电器以及滤波器、稳压设备等。

过电压类别 III——安于低压配电装置中的设备，如配电盘及安于配电盘中的开关电器，包括电缆、母线等布线系统；以及永久连接至配电装置的工业用电设备，比如电动机等。

过电压类别 II——由末级配电装置供电的用电器具，如家用电器，可移动式工具或类似负荷。

过电压类别 I——需要将瞬态过电压限制到特定低水平的设备，例如具有过电压保护的电子电路或信息设备，如电子计算机等。除非电路设计时考虑了暂时过电压，否则，I 类耐冲击设备不应与电网直接连接。

③ 三相四线配电系统用符号"/"表示，较低值为相导体对中性点电压，较高值为相导体之间电压，仅有一个值的表示三相三线系统且为相导体之间电压。

电器产品在相关标准中提出并规定了按表 13.6-1 要求的产品额定冲击耐受电压要求；设备制造商按产品标准进行试验以确保设备满足规定的绝缘耐受过电压的能力；低压配电系统设计者根据标称电压选择设备的冲击耐受电压，评估系统的大气过电压风险并确定过电压抑制措施，使整个装置达到绝缘配合，以将故障的危害降低到允许的水平。

13.6.1.3　大气过电压抑制的设置

（1）下列情况已具有固有的过电压抑制特性，不需要附加另外的大气过电压保护装置。

1）在电气装置全部由埋地的低压系统而不含架空线供电的情况下，依据表 13.6-1 所规定的设备冲击耐受电压值便足够了，不需要附加大气过电压保护。具有接地金属屏蔽的绝缘导体的悬挂电缆视作与地下电缆等同。

2）在装置由低压架空线供电或含有低压架空线供电的情况下，且雷暴日数低于或等于 25 日/年（常规雷电环境 AQ1）时，不需要附加大气过电压保护。

注　根据 GB/T 21714.2—2015《雷电防护　第 2 部分：风险管理》的 A.1，每年 25 个雷暴日相当于 2.5 次闪电/km²·a，由以下公式推导而来

$$N_g = 0.1 T_d$$

式中　N_g——每年每 km² 的闪电次数；

T_d——每年雷暴日数。

（2）下列情况需要附加保护过电压抑制装置。

1）架空线或含有架空线的线路：

　　a. 如果是架空供配电网，应在电网的结点，尤其在每个长度超过 500m 的线路末端安装过电压防护，并沿供配电线路每隔 500m 就应安装过电压保护器件。过电压保护器件之间的距离应小于 1000m。

　　b. 如果供配电网中部分为架空线路，部分为地下线路；架空电网应按照上述 a）进行过电压防护，并应在架空线与地下电缆的转接点处进行过电压防护。

　　c. 在 TN 配电网供电的电气装置中，在由自动切断电源为间接接触提供保护处，连接到线导体（在交流系统中称为相导体，下同）的过电压保护器件的接地导体与 PEN 导体或 PE 导体连接。

　　d. 在 TT 配电网供电的电气装置中，在由自动切断电源为间接接触提供保护处，为相导体和中性导体设置过电压保护器件（在供电网的中性导体有效地接地处，不必在中性导体上设置过电压保护器件）。

　　2）低压电气装置虽全部由埋地的低压系统而不含架空线供电的，或虽由架空线或含有架空线的线路供电，但对过电压类别 I 的设备应设置瞬态过电压保护。

　　3）电气装置过电压效应引起下列后果时，应按防雷要求设置：

　　a. 爆炸危险的建筑物；

　　b. 危及周围建筑物或环境（化学或放射辐射）的建筑物。

　　4）过电压效应引起下列后果，应设置瞬态过电压防护：

　　a. 人身生命安全，如安全服务设施、医疗设备；

　　b. 公共设施和文化遗产，如公共设施、信息技术中心、博物馆中断；

　　c. 商业和工业机构，如酒店、银行、商业市场、农场。

　　5）其他情况下，按计算风险水平 CRL（Calculated Risk Level）确定是否设置大气过电压防护。$CRL \geqslant 1000$ 不需防护大气过电压；$CRL < 1000$ 应防护大气过电压。CRL 按下式计算

农村和市郊环境
$$CRL = \frac{85}{L_p \times N_g} \tag{13.6-1}$$

市区环境
$$CRL = \frac{850}{L_p \times N_g} \tag{13.6-2}$$

式中　CRL ——计算风险水平；

　　　　N_g ——雷击大地闪电密度，次/（km² · a）；

　　　　L_p ——风险评估长度，km。

$$L_p = 2 \times L_{PAL} + L_{PCL} + 0.4 \times L_{PAH} + 0.2 \times L_{PCH} \tag{13.6-3}$$

　　　L_{PAL} ——低压架空线路长度，km；

　　　L_{PCL} ——低压埋地电缆线路长度，km；

　　　L_{PAH} ——高压架空线路长度，km；

　　　L_{PCH} ——高压埋地电缆线路长度，km。

　　总长度（$L_{PAL} + L_{PCL} + L_{PAH} + L_{PCH}$）最长不超过 1km，或电气装置电源进线处最近的过电压保护器至电源进线处距离，两者取最小值。

　　若配电网络总长度或低压架空线路长度不能确定时，将保持总长度为 1km。

注　以上3)、4)、5)，系根据 IEC 60364-4-44：2015 更新；按 CRL 确定是否设置大气过电压防护，代替 GB/T 16895.10—2010 的 443.3.2.2 及附录 C 中按引入线等效长度与临界长度的评估算法。

13.6.2　低压系统暂时过电压及防护

13.6.2.1　低压系统暂时过电压的成因及过电压水平

低压系统暂时过电压源于变电站内高压系统接地故障和低压系统故障两方面。

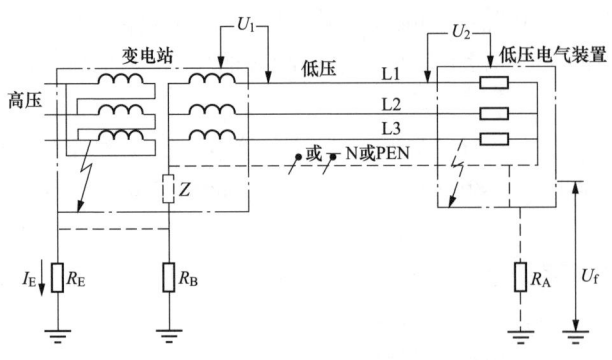

图 13.6-1　变电站和低压装置可能对地的连接及
故障时出现过电压的典型示意图

I_E—变电站高压系统接地故障电流；R_E—变电站保护接地装置的接地电阻（当"R_E 与 R_B 连接"时，是指其共用接地装置的接地电阻）；R_B—变电站低压系统中性点接地装置的接地电阻；R_A—低压电气设备外露可导电部分单独接地时的接地装置接地电阻；Z—低压系统中性点人工接地阻抗（例如 IT 系统的高接地阻抗）；U_f—低压系统在故障持续期间内外露可导电部分与地之间的故障电压；U_0—低压系统相线对中性点的标称电压；U_1—故障持续期间线导体与变电站低压装置外露可导电部分之间的工频应力电压；U_2—故障持续期间内线导体与低压用电电气装置外露可导电部分之间的工频应力电压。

（1）变电站高压系统接地故障在低压系统内引起的暂时过电压。低压装置供电的变电站内，当高压侧系统发生接地故障时，流经变电站外露可导电部分的接地极的故障电流可导致变电站外露可导电部分的对地电位即故障电压显著升高，其量值与故障电流的大小和变电站外露可导电部分接地极的电阻值有关；而故障电流的大小和持续时间又与高压系统的接地方式有关。故障电压可能高达数千伏，从而引发供电范围内低压系统产生严重的暂时过电压。

故障电压引起的低压系统外露可导电部分的对地电位的普遍升高可能导致危险的接触电压，同时引起低压系统对地电位即应力电压的普遍升高而可能导致低压设备的绝缘损害。

故障电压的持续时间与高压侧开关切断故障电流的时间有关，因高压开关的固有动作时间及继电器的延时以避免瞬态时的误动，通常比切断低压故障需要更长的时间。同时视高压系统接地方式的不同，故障持续时间可长于 5s 至数小时，从而使低压系统的应力电压绝缘损害和接触电压可能导致的人身伤害危险大大增加。

1）变电站高压系统接地故障在低压系统引起的工频应力电压和故障电压的分布还与低压系统的接地型式有关，其典型示意图见图 13.6-1，在各类接地型式的低压系统内出现的工频应力电压和故障电压见表 13.6-2。

表 13.6-2　　变电站高压接地故障时低压系统内的工频应力电压和故障电压

系统接地类型	对地连接类型	U_1	U_2	U_f
TT	R_E 与 R_B 连接	U_0^*	$R_E \times I_E + U_0$	0^*
	R_E 与 R_B 分隔	$R_E \times I_E + U_0$	U_0^*	0^*
TN	R_E 与 R_B 连接	U_0^*	U_0^*	$R_E \times I_E^{**}$
	R_E 与 R_B 分隔	$R_E \times I_E + U_0$	U_0^*	0^*

续表

系统接地类型	对地连接类型	U_1	U_2	U_f
IT	R_E与Z连接	U_0^*	$R_E \times I_E + U_0$	0^*
	R_E与R_A分隔	$U_0 \times \sqrt{3}$	$R_E \times I_E + U_0 \times \sqrt{3}$	$R_A \times I_d$
	R_E与Z连接	U_0^*	U_0^*	$R_E \times I_E$
	R_E与R_A互连	$U_0 \times \sqrt{3}$	$U_0 \times \sqrt{3}$	$R_E \times I_E$
	R_E与Z分隔	$R_E \times I_E + U_0$	U_0^*	0^*
	R_E与R_A分隔	$R_E \times I_E + U_0 \times \sqrt{3}$	$U_0 \times \sqrt{3}$	$R_A \times I_d$

注 1. I_d—IT 系统内低压用电设备外露可导电部分单独接地时，流过其接地装置的第一次接地故障电流。

　　2. 表中 IT 系统仅列出了常用的几种形式，其他（如 R_E 与 Z 分隔，R_A 与 Z 或 R_E 互连）及无中性点 Z 且不引出的情况，表中公式应相应修正。

　　3. 低压系统接地的类型（TN、TT、IT）参见 14.3。

* 　不需考虑此故障电压及应力电压的影响。

** 　低压系统的 PEN 导体为多点接地时，考虑总并联接地电阻的降低，故障电压可为 $U_f = 0.5 R_E \times I_E$。

▨ 　阴影栏表示 IT 系统在变电站高压侧接地故障期间又发生低压用电设备第一次故障的情况。

2）由高压系统的接地故障所引起的低压装置外露可导电部分允许接触电压 U_{TP}，其幅值和持续时间不应超过图 13.6-2 中曲线所给出的值。

3）由高压系统的接地故障所引起的低压装置中作用于设备的相对地绝缘上的工频应力电压（U_1 和 U_2），其幅值和持续时间不应超过表 13.6-3 中规定的值。

表 13.6-3　允许的工频应力电压

高压系统接地故障持续时间（s）	低压装置中的设备允许的工频应力电压（V）
> 5	$U_0 + 250$
$\leqslant 5$	$U_0 + 1200$

注 1. 对于无中性导体的系统，U_0 应是相对相的电压。

　　2. 表中第 1 行数值适用于接地故障切断时间较长的高压系统，例如中性点绝缘和谐振接地的高压系统；表中第 2 行数值适用于接地故障切断时间较短的高压系统，例如中性点低阻抗接地的高压系统。两行数值是低压设备对于暂时工频过电压绝缘的相关设计准则，（见 GB/T 16935.1—2008《低压系统内设备的绝缘配合 第 1 部分：原理、要求和试验》）。

　　3. 对于中性点与变电站接地装置连接的系统，此暂时工频过电压也出现在处于建筑物外的设备外壳不接地的绝缘上。

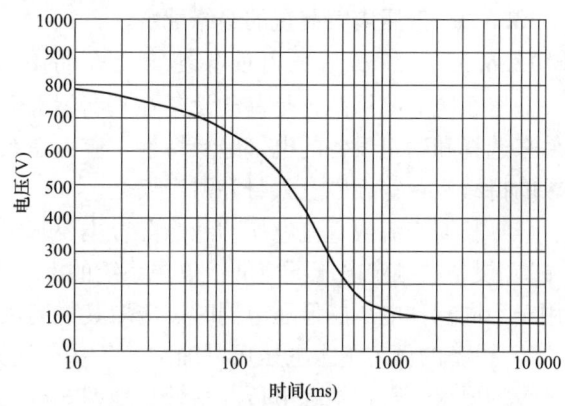

图 13.6-2　允许接触电压 U_{TP} 曲线
（摘自 IEC 61936-1：2014）

（2）TN 和 TT 系统中性导体中断时的工频应力电压。当多相系统中的中性导体中断时，额定电压为线导体对中性导体之间电压的基本绝缘、双重绝缘、加强绝缘以及器件可能暂时承受线电压。此应力电压能高达 $U = \sqrt{3} U_0$。

（3）配出中性导体的 IT 系统发生接地故障时的工频应力电压。IT 系统中某一线导体非正常地接地时，额定电压为线导体对中性导体之间电压的绝缘或器件可能暂时承受线电压。

此应力电压能高达 $U = \sqrt{3}U_0$。

（4）线导体与中性导体之间发生短路时的工频应力电压。

当低压装置中发生某一线导体与中性导体之间短路时，其他线导体与中性导体之间电压在 5s 内能高达 $1.45U_0$。

13.6.2.2　低压系统暂时过电压的防护措施

（1）变电站高压系统接地故障在低压系统内引起的暂时过电压的防护见 13.6.2.1，参见表 14.2-6。

（2）低压系统故障引起的暂时过电压的防护。

1）在 TN 和 TT 系统三相四线回路中适当放大中性导体和 PEN 导体的截面（参见第 14章），以保证其机械强度；在设计和安装中尽量减少中性线上装设不必要的开关和接头，保证中性导体及接头的安装质量；在 TN-C 系统中不应将 PEN 导体隔离；在 TN-S 系统中不需要将中性导体隔离；严禁在中性导体上串接熔断器等，以防止中性导体断线过电压的发生。

2）IT 系统一般不宜配出中性导体；应装设绝缘监测器监测 IT 系统的对地绝缘，以防止系统接地故障过电压。

3）在低压系统当发生线导体与中性导体之间短路时，采用自动切断电源的保护以防止系统接地故障过电压的危害（参见第 11 章和第 15 章）。

（3）低压系统暂时过电压的保护抑制。对低压系统中源于变电站内高压系统接地故障或低压系统故障产生的暂时过电压 U_{TOV} 的保护抑制可采用在低压系统装设具有耐受暂时过电压特性的电涌保护器 SPD，参见 13.11.3.4 部分。

13.6.3　低压电气装置的绝缘配合

13.6.3.1　低压系统内设备绝缘配合的基本原理

低压系统的绝缘配合是基于设备在其期望寿命期内所承受的电应力及其微观或宏观环境条件来选择和确定设备的电气绝缘特性。应考虑系统中可能出现的电压和设备产生的电压、要求的持续运行等级以及人身和财产安全。

（1）长期交流或直流电压的绝缘配合主要基于：

1）设备的额定电压不应低于电源系统的标称电压。当设备具有几个额定电压以便可以使用于不同标称电压的低压电网时，应取其最高额定电压。

2）设备的额定绝缘电压用以确定设备基本绝缘和附加绝缘的电气间隙、爬电距离和固体绝缘的要求。额定绝缘电压与系统接地型式有关。

3）设备的实际工作电压用于确定功能绝缘所要求的尺寸。

（2）来自系统外部的雷电过电压和系统内部操作过电压形成的瞬时过电压的绝缘配合主要依据下述两种受控过电压条件：

1）固有抑制：要求电气系统特性能将预期瞬时过电压限制在规定水平的条件；

2）保护抑制：要求电气系统中特定的过电压衰减措施能将预期瞬时过电压限制在规定水平的条件。

为了应用绝缘配合概念，应区别来自系统的瞬时过电压和设备自身产生的瞬时过电压。

对来自系统的瞬时过电压，以设备额定电压和相应过电压类别确定的额定冲击耐受电压作绝缘配合（参见 13.6.1.2 及表 13.6-1）。对来自设备自身产生的瞬时过电压不应大于其额定冲击耐受电压。

当设备需在较高过电压类别条件下使用时，应采取适当降低过电压的下列措施：装设过电压保护电器（如 SPD，应注意与电源端 SPD 的能量配合，见 13.11.4）、采用隔离变压器、采用具有能转移电涌能量的多分支电路的配电系统、装设吸收电涌能量的电容或消耗电涌能量的电阻或类似的阻尼器件。

(3) 再现峰值电压的绝缘配合：

再现峰值电压 U_{rp} 是由于交流电压畸变或由于叠加在直流电压上的交流分量使电压波形发生周期性偏移的最大峰值电压。低压系统的最大再现峰值电压为 $1.1\sqrt{2}U_0$。（U_0 为中性点接地系统的标称线对中性点的电压）。

注 如由偶尔操作产生的随机过电压不是再现峰值电压。

对于固体绝缘应考虑在再现峰值电压以及最大稳态电压和长期暂时过电压下，在固体绝缘内部或沿绝缘表面不会发生持续的局部放电，其绝缘特性通过局部放电试验进行验证。

(4) 暂时过电压的绝缘配合。基本固体绝缘和附加固体绝缘应能承受下列暂时过电压：

1) U_0＋1200V 短期暂时过电压，持续时间≤5s；

2) U_0＋250V 长期暂时过电压，持续时间＞5s。

加强绝缘应能承受上述 2 倍基本绝缘所规定的暂时过电压值。

(5) 影响绝缘配合的环境条件还与温度、湿度、气压等因素有关。

13.6.3.2 低压设备绝缘配合要求的电气间隙和爬电距离

(1) 设备在空气中的电气间隙应以承受所要求的冲击耐受电压来确定。对于直接由低压电网供电的设备，按额定冲击耐受电压确定；如果稳态有效值电压、暂时过电压或再现峰值电压所要求的电气间隙更大，则以大者确定。电气间隙的确定还与电场条件（非均匀或均匀电场）、海拔及微观环境中的污染等级有关。

(2) 设备绝缘的爬电距离以作用在其两端的长期电压方均根值（实际工作电压、额定绝缘电压或额定电压）为基础。瞬时过电压通常不影响电痕化现象，可忽略不计。暂时过电压和功能过电压（电气设备功能所需，有意施加的过电压）当持续时间及频度对电痕化有影响时，则必须要考虑。爬电距离还与微观环境的污染等级、设备爬电距离预期使用的方位对污染物的积累、绝缘材料及其表面形状等因素有关。

(3) 各种电压低压设备绝缘的最小电气间隙及爬电距离由 GB/T 16935.1 标准所规定，并按该标准规定的相关试验程序予以验证。

13.6.3.3 低压线路和电子系统的雷电过电压绝缘配合

(1) 对有保护装置（避雷器或 SPD）保护的设备，其额定雷电冲击耐受电压由避雷器或 SPD 的雷电冲击保护水平（见 13.11.3.3）乘以配合系数 K 确定。一般情况下，对低压电力线路，配合系数 $K \geqslant 1.3$；对电子设备和/或系统，配合系数 $K \geqslant 1.5$。

(2) 对未安装避雷器或 SPD 保护的设备其额定雷电冲击耐受电压由预期雷电过电压水平乘以配合系数 K 确定。

(3) 绝缘水平的选择。

1) 直接由低压电网供电的设备，其冲击耐受电压见表 13.6-1。

2) 对非直接由低压电网供电的系统和设备，如通信系统、工业控制系统或载运装置中的独立设备和系统，其绝缘配合的额定冲击耐受电压按下列优选值选择，优选值为：10、

20、60、80、100、120、150、220、330、500、800V 和 1、1.5、2.5、4、6、8、12kV。具体选择原则如下：

a. 保护良好的电气环境（引入电缆有过电压保护、电子设备接地良好且不会受到电力设备及雷电的影响、电子设备有专用电源），一般情况下，电子设备的冲击耐受电压不低于额定工作电压的 2.5 倍。

b. 部分保护的电气环境（引入电缆有过电压保护、电子设备接地良好且没有直接与高压设备相连接的电缆或长度相对较短，如几十米以下）在同一建筑物内与通信有关的电缆，冲击耐受电压不低于 500V。

c. 电缆隔离良好的电气环境（电子设备组通过单独的接地线接至共用接地系统，电子设备采用隔离变压器供电），电子设备及低压控制电缆等的冲击耐受电压不低于 1kV。

d. 电源电缆与信号电缆平行敷设的电气环境（电子设备通过共用接地系统接地并与电信网或远方设备相连接），可达地网边沿的通信电缆，冲击耐受电压不低于 2kV。

e. 互连线为户外电缆，沿电源电缆敷设，且为电子和电气线路的电气环境，电子设备连接到共用接地系统且该接地系统易遭受雷电过电压时，冲击耐受电压不低于 4kV。

f. 特殊环境由电子设备的产品技术要求确定。

13.7　建筑物的雷击损害机理及相关因素

13.7.1　雷击机理及雷击电流参量

（1）雷电是大气中带电云块之间或带电云层与地面之间所发生的一种强烈的自然放电现象。带电云块即雷云的形成有多种理论解释，人们至今仍在探索中。

雷电虽然是一种人类还不能控制其发生的自然现象，但为避免它对人类社会造成的危害，人们通过长期的观测研究，对雷电现象及其特性、发生和发展的规律已经取得了一定的成果，并在此基础上形成了雷电防护的理论和措施。

雷电，或称闪电，有线状、片状和球状等形式。片状闪电发生于云间，对地不产生闪击；球状雷电是一种特殊的大气雷电现象，其发生概率很小，对其形成机理、特性及防护方法仍在研究中；线状闪电特别是大气雷云对地面物体的放电，是雷电防护的主要对象。

大气雷云对地面的放电通常是阶跃式的，先出现"先驱放电"又称"先导"，其放电脉冲以 $10^5 \sim 10^6$m/s 的速度和约 $30 \sim 100 \mu s$ 的间隔，阶跃式地向地面发展。当"下行先导"到达地面的距离为"击距"时，与地面物体向上产生的"迎面先导"会合，开始"主放电"阶段。"主放电"过程约为数十至数百微秒，速度约为 10^8m/s，雷电流幅值可达数十至数百千安。紧接着的"余光阶段"电流约数百安但持续时间却约达数十至数百毫秒。

闪电放电因其激发了雷云中的多个电荷中心放电而大多呈现多重性，沿着首次放电通道发生的后续放电平均约为 $3 \sim 4$ 次，最多可达数十次，两次雷击之间的平均间隔时间约为 50ms。这种雷云对大地的放电称为"闪击"。所谓雷击即是一个闪电对地闪击中的一次放电。

大量的观测统计表明：闪电对地的闪击大多为负极性的多重雷击，只有约 10% 的闪击是正极性的雷击。在平原地区和击向较低建筑物的闪击大多为向下的闪击，而对突出的较高建筑物的闪击则多为向上闪击。向下闪击与向上闪击的雷电流脉冲分量（持续时间小于 2ms

的首击、后续雷击和大于 2ms 的长时间雷击），其叠加和组合有区别，但其所有上行雷闪的雷电流参量均小于下行雷闪。

（2）防雷装置的设计耐雷水平（Lightning Protection Level，LPL），是综合考虑雷击概率、损失后果及经济性的结果，因此，应对各种建筑物 LPL 所允许的各类雷击风险进行评估（参见附录 J），找出主要的风险分量并采取相应的防护措施，从而使建筑物的雷击风险低于可接受的风险容限值；从这一角度看，建筑物防雷安全度不是 100% 的。

建筑物防雷装置的设计雷电防护水平与依据确定的一组雷电流参量有关。

（3）依据 IEC-TC81 新颁标准而制定的我国 GB 50057—2010《建筑物防雷设计规范》所采用的雷电流参量见表 13.7-1～表 13.7-4。

表 13.7-1 首次正极性雷击的雷电流参量

雷电流参数	防雷建筑物类别（雷电防护水平 LPL[*]）		
	一类（Ⅰ）	二类（Ⅱ）	三类（Ⅲ、Ⅳ）
幅值 I_m/kA	200	150	100
波头时间 T_1/μs	10	10	10
半值时间 T_2/μs	350	350	350
电荷量 Q_s/C	100	75	50
单位能量 W/R/（MJ/Ω）	10	5.6	2.5

注 1. 因为全部短时间雷击的电荷量 Q_s 的本质部分包括在首次雷击中，故所规定的值考虑合并了所有短时间雷击的电荷量（$\sum = \int i dt$）。Q_s 可按 $Q_s = (1/0.7) \times I_m \times T_2$ 近似计算（式中雷电流值 I_m 单位为 A，半值时间 T_2 单位为 s）。对第一、二、三类防雷建筑物，一次闪击的总电荷量 Q_f 分别为 300、225、150As（C）。

　　2. 由于单位能量 W/R 的本质部分包括在首次雷击中，故所规定的值考虑合并了所有短时间雷击的单位能量（$\sum = \int i^2 dt$）。可按 $W/R = (0.5/0.7) \times I_m^2 \times T_2$ 计算 [J/Ω，式中 I_m、T_2 单位同注（1）]。

* IEC 标准将不同的雷电防护水平 LPL（防雷设计依据的一组雷电流参数）定义为相应的雷电防护系统（Lightning Protection System，LPS）类别，表中防雷类别栏括号内序数即为我国标准相当于 IEC 标准定义的相应 LPL 或 LPS 类别，以下均同。

表 13.7-2 首次负极性雷击的雷电流参量

雷电流参数	防雷建筑物类别		
	一类	二类	三类
幅值 I_m/kA	100	75	50
波头时间 T_1/μs	1	1	1
半值时间 T_2/μs	200	200	200
平均陡度 I_m/T_1/（kA/μs）	100	75	50

注 本波形仅供计算用，不供做试验用。

表 13.7-3 首次负极性以后雷击的雷电流参量

雷电流参数	防雷建筑物类别		
	一类	二类	三类
幅值 I_m/kA	50	37.5	25
波头时间 T_1/μs	0.25	0.25	0.25
半值时间 T_2/μs	100	100	100
平均陡度 I_m/T_1/（kA/μs）	200	150	100

13

表 13.7-4 长时间雷击的雷电流参量

雷电流参数	防雷建筑物类别		
	一类	二类	三类
电荷量 Q_l/C	200	150	100
时间 T/s	0.5	0.5	0.5

注 长时间雷击的平均电流 $I_{ov} \approx Q_l/T$；长时间雷击电荷量 $Q_l = Q_f - Q_s$。

表 13.7-1～表 13.7-4 所规定的三种雷击电流波形及部分参数的定义参见图 13.7-1。

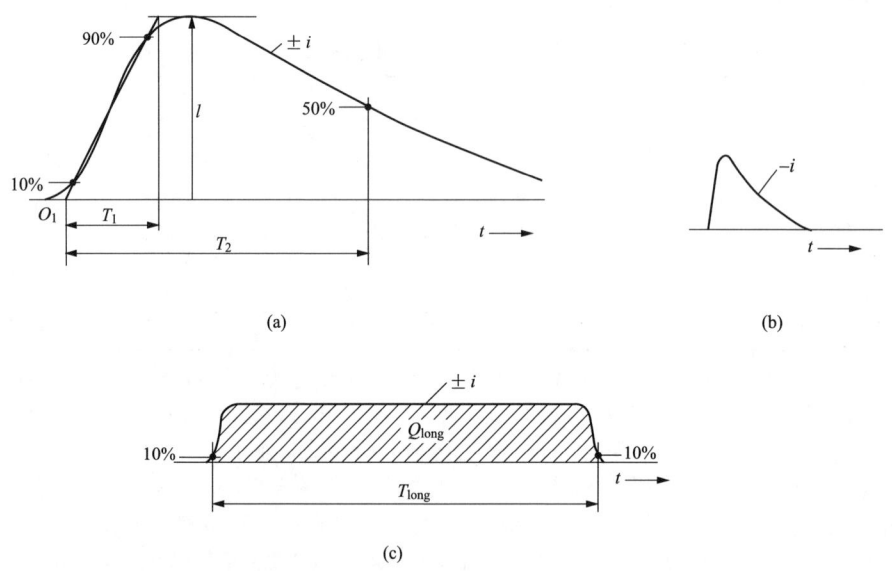

图 13.7-1 雷电流波形及相关参数定义

（a）短时首次雷击；（b）首次以后的短时后续雷击；（c）长时间雷击（典型值 2ms＜T_{long}＜1s）
I—峰值电流（幅值）；T_1—波头时间；T_2—半值时间；T_{long}—波头及波尾幅值为峰值 10％两点之间的时间间隔；Q_{long}—长时间雷击的电荷量。

（4）上述各类防雷建筑物的雷击参数是依据国际大电网会议（GIGRE）的相关资料绘制的如图 13.7-2 所示的雷电流参量的累积概率分布曲线（IEC 62305-1）而制定的。从图中可看出，雷电流的最大幅值出现于首次正极性雷击中，而最大陡度（di/dt）则出现于首次以后的负极性雷击中。正极性雷击通常仅出现一次，无重复雷击。

表 13.7-1～表 13.7-4 的雷击电流参量对第一类防雷建筑物来说，接近于所有闪击的 99％能被包括在内。对第二、第三类防雷建筑物的雷击电流参量分别相当于第一类规定参量的 75％和 50％。

此外，为了分析评估防雷保护设施对雷电能量的耐受性及雷电瞬态响应效果（如屏蔽及滤波效果），还须对雷电脉冲波进行频谱分析，以获得雷电波能量在频率上的分布密度。图 13.7-3 所示为按照 LPLI 参数做出的雷电流幅频密度曲线。

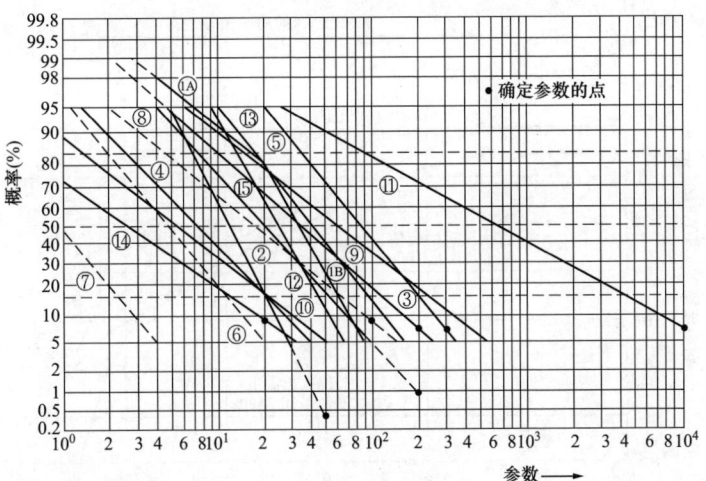

曲线的编号其所代表的雷电流参数如下：

参数	LPLI的确定值	数值			雷击类型	图13.7-2中的曲线
		95%	50%	5%		
I/kA		4^a	20^a	90	首次负极性短时间雷击	1A+1B
	50	4.9	11.8	28.6	后续负极性短时间雷击	②
	200	4.6	35	250	首次正极性短时间雷击（单个）	③
Q_{FLASH}/C		1.3	7.5	40	负极性雷闪	④
	300	20	80	350	正极性雷闪	⑤
Q_{SHORT}/C		1.1	4.5	20	首次负极性短时间雷击	⑥
		0.22	0.95	4	后续负极性短时间雷击	⑦
	100	2	16	150	首次正极性短时间雷击（单个）	⑧
$W/R/$（kJ/Ω）		6	55	550	首次负极性短时间雷击	⑨
		0.55	6	52	后续负极性短时间雷击	⑩
	1000	25	650	15 000	首次正极性短时间雷击	⑪
$di/dt_{\max}$ /（$\text{kA}/\mu\text{s}$）					首次负极性短时间雷击	⑫
					后续负极性短时间雷击	⑬
	20	0.2	2.4	32	首次正极性短时间雷击	⑭
$di/dt_{30/90\%}$ /（$\text{kA}/\mu\text{s}$）	200	4.1	20.1	98.5	后续负极性短时间雷击	⑮
Q_{long}/C	200				长时间雷击	
T_{long}/s	0.5				长时间雷击	
波头持续时间/μs		1.8	5.5	18	首次负极性短时间雷击	
		0.22	1.1	4.5	后续负极性短时间雷击	
		3.5	22	200	首次正极性短时间雷击（单个）	
雷击持续时间/μs		30	75	200	首次负极性短时间雷击	
		6.5	32	140	后续负极性短时间雷击	
		25	230	2000	首次正极性短时间雷击（单个）	
时间间隔/ms		7	33	150	多重负极性雷击	
总雷闪持续时间/μs		0.15	13	1100	负极性雷闪（全部）	
		31	180	900	负极性雷闪（无单个）	
		14	85	500	正极性雷闪	

a $I=4\text{kA}$ 和 $I=20\text{kA}$ 的概率分别等于98%和80%。

图 13.7-2 雷电流参数的累积频率分布（曲线通过概率到5%到95%的值）

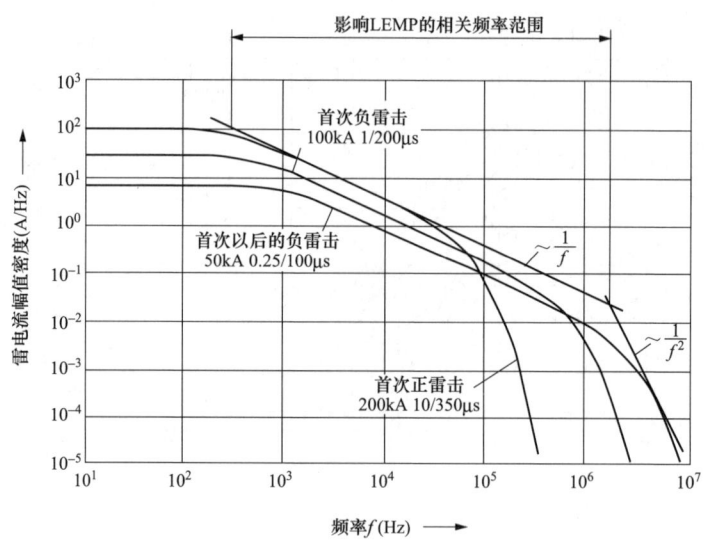

图 13.7-3　按照 LPLⅠ参数做出的雷电流幅频密度曲线

雷电放电特性和参数是防雷装置分析计算和防雷设计的基础资料。如雷电参数的最大值用于设计雷电防护部件（导体截面积、金属板厚度、最小隔离距离、电涌保护器参数等）；而雷电流参数的最小值则用于推导适用于各类 LPL 的滚球半径以确定防雷装置（LPS）的直击雷防护区域（LPZ0$_B$，其定义参见表 13.10-1）。

13.7.2　闪电效应及其危害

13.7.2.1　闪电感应

（1）闪电静电感应。带电云层与大地间产生的强大的静电场因雷闪的放电使正负电荷猛烈地中和，而导致附近的地面导体、输电线路、金属管线等感生的束缚电荷因来不及迅速流散而形成了闪电静电感应过电压。这种过电压在输电线路上可高达数百千伏，会导致线路绝缘闪络及所连接的电气设备的绝缘遭受损坏；在危险环境中未作等电位联结的金属管线间还可能产生火花放电而导致火灾或爆炸危险。

（2）闪电电磁感应。由于雷电流脉冲具有很高的幅值和陡度，会在其周围空间形成强大的瞬变脉冲电磁场，使附近的导体上感应出很高的电动势，从而产生闪电电磁感应过电压。

同时，由于闪电脉冲不是一个，而是多达 10^4 个脉冲组成的，在闪电的"先驱放电"阶段将出现高频和甚高频电磁辐射，而在"主放电"阶段，低频辐射则大大增加；这些闪电电磁脉冲感应电压将耦合到电子信息设备中去，导致"噪声"干扰及测量误差，甚至对电子器件产生破坏性损害。

13.7.2.2　直接雷击

（1）瞬态电涌效应。当闪电直接击中地面物体及防雷装置时，强大的雷电流（约50%～100%）流经防雷接地装置时会在引下线及接地体上产生一极高的瞬态过电压 U，其值为

$$U = U_R + U_L = IR_i + L_0 h_X \frac{\mathrm{d}i}{\mathrm{d}t} \tag{13.7-1}$$

式中　U——瞬态过电压，kV；

U_R——雷电流流过防雷装置时，在接地装置上的电阻电压降，kV；

U_L——雷电流流过防雷装置时，在引下线上距地为 h_X 高度的电感电压降，kV；

R_i——接地装置的冲击接地电阻，Ω；

I——流经引下线的雷电流幅值，kA；

L_0——引下线的单位长度电感，$\mu H/m$，一般可取为 $1.5\mu H/m$；

$\dfrac{di}{dt}$——雷电流陡度，$kA/\mu s$；

h_X——防雷装置引下线上过电压计算点的地上高度，m。

此种雷击瞬态过电压导致接地装置的对地电位升高，并在接地点附近地面形成高电位梯度，可能造成接地装置附近的人员因承受过高"跨步电压"而造成伤害。

同时，当人员直接接触防雷引下线及与其相连的金属物体时，还可能遭受高达数十至数百千伏的"接触电压"的电击危险。

此外，这种过电压还可能由于引出/入建筑物的各种架空或埋地的金属管线所造成的"高电位引出"或"低电位引入"而形成转移过电压，导致与线路连接的电气设备绝缘遭受损坏；或可能对其他未做等电位联结的接地金属物体闪络放电。

由于雷电流的幅值及陡度很大，在引下线寄生电感上产生的很高的瞬态过电压会对引下线附近未满足安全距离且未作等电位联结的金属物体"反击"放电。

当雷电直击于架空电气线路或天线杆等物体时，强大的雷电涌流还会直接沿架空线路侵入建筑物内，同样会因高电位及闪络放电而引发人员伤亡及对建筑物和电气设备的损害。

（2）热效应。雷电流的热效应包括高幅值雷电流流经导体电阻时所迅速产生的焦耳热以及闪电对防雷接闪器或放电间隙击穿所形成的强大电弧附着点热损。

高达数百千安的雷电流持续时间可长达数百毫秒甚至 1s 以上，此雷电流流经导体所产生的焦耳热会导致导体的温度急速升高，影响导体的热稳定，使导体的机械强度降低甚至被熔化或击穿，还可能因此而导致其他二次事故。

为此应对防雷装置的导体截面及温升进行校验。根据 IEC 62305-1 文件所给出的公式，雷电防护系统（LPS）导体的温升可按下式计算

$$\theta - \theta_0 = \frac{1}{\alpha}\left[\exp\left(\frac{\frac{W}{R}\times\alpha\times\rho_0}{q^2\times\gamma\times C_W}\right)-1\right] \tag{13.7-2}$$

式中 $\theta - \theta_0$——导体的温升，K；

W/R——电流冲击的单位能量（参见表 13.7-1），J/Ω；

q——导体的截面积，m^2；

α——导体的温度系数，1/K；

ρ_0——环境温度下导体的电阻率，$\Omega\cdot m$；

γ——材料密度，kg/m^3，见表 13.7-6；

C_W——热容量，$J/(kg\cdot K)$；

C_S——熔化潜热，J/kg；

θ_S——熔化温度，℃。

LPS 所用的不同材料的物理特性参数值见表 13.7-5。

表 13.7-5   LPS 部件常用材料的物理特性参数

参 数	材 料			
	铝	低碳钢	铜	不锈钢*
$\rho_0/(\Omega \cdot m)$	29×10^{-9}	120×10^{-9}	17.8×10^{-9}	700×10^{-9}
$\alpha/(1/K)$	4.0×10^{-3}	6.5×10^{-3}	3.92×10^{-3}	0.8×10^{-3}
$\gamma/(kg/m^3)$	2700	7700	8920	8000
$\theta_s/℃$	658	1530	1080	1500
$C_s/(J/kg)$	397×10^3	272×10^3	209×10^3	—
$C_w/(J/kg℃)$	908	469	385	500

* 奥氏体不锈钢无磁性。

对应于各类雷击保护水平的单位能量，按上式计算的不同材料、不同截面导体的温升见表 13.7-6。

表 13.7-6   不同导体的温升与雷击单位能量 W/R 的关系   K

截面积 (mm²)	材 料											
	铝			低碳钢			铜			不锈钢①		
	W/R (MJ/Ω)			W/R (MJ/Ω)			W/R (MJ/Ω)			W/R (MJ/Ω)		
	2.5	5.6	10	2.5	5.6	10	2.5	5.6	10	2.5	5.6	10
4	—	—	—	—	—	—	—	—	—	—	—	—
10	564	—	—	—	—	—	169	542	—	—	—	—
16	146	454	—	1120	—	—	56	143	309	—	—	—
25	52	132	283	211	913	—	22	51	98	940	—	—
50	12	28	52	37	96	211	5	12	22	190	460	940
100	3	7	12	9	20	37	1	3	5	45	100	190

① 奥氏体不锈钢无磁性。

当 LPS 利用建（构）筑物钢筋混凝土构件中的钢筋或金属体时，除对需要验算疲劳的构件（如吊车梁），温度要求不超过 60℃外，对屋架、托架、屋面梁等构件，温度要求不超过 80℃；对无温度要求的其他构件（如柱子及基础），温度应不超过 99℃。一般地，计算设定构件的起始温度可取为 40℃（处于地中可取为 30℃），因此，允许温升宜不超过 40～50K。当 LPS 同时兼作为电气装置接地线或接地体时，其热稳定还应按短时通过的工频故障电流进行校验，参见 14.5.5。

强大的雷电流对闪击点的电弧附着点热损能瞬间加热金属体致其熔化；因其时间极短，可视作绝热过程，则雷击点被熔化的金属体积，可按式（13.7-3）近似计算

$$V = \frac{U_{a.c} \times Q}{\gamma} \cdot \frac{1}{C_w \times (\theta_s - \theta_u) + C_s} \tag{13.7-3}$$

式中 V——被熔化金属的体积，m^3；

   $U_{a.c}$——电弧根部极间压降，V，典型值取 30V；

   Q——雷电流电荷，C；

   θ_u——环境温度，℃；

θ_s——熔化温度，℃；

γ——金属材料密度，kg/m³，见表13.7-5；

C_W——热容量，J/(kgK)；

C_s——熔化潜热，J/kg。

作为近似地估算，雷击点被熔化的金属体积约为：软钢，$V \approx 4Q$（mm³）；铜（Cu），$V \approx 5.5Q$（mm³）；铝（Al），$V = 11.6Q$（mm³）；其中 Q 为流经雷击点的长时间雷击电荷量，C（As）。再根据雷击点加热面积的估计（直径约50~100mm）从而可以估算出雷击点金属的熔化深度。

（3）机械效应。极高的雷电流峰值通过防雷装置的导体时会在平行导体间或角状、环状导体之间产生一冲击性的电动力。如引下线形成一段长且狭小的平行环路时，雷电流所产生的电动力可近似地按下式计算

$$F(t) = \frac{\mu_0}{2\pi} \times i^2(t) \times \frac{l}{d} = 2 \times 10^{-7} \times i^2(t) \times \frac{l}{d} \tag{13.7-4}$$

式中　$F(t)$——电动力，N；

　　　$i(t)$——雷电流幅值，A；

　　　μ_0——自由空间（真空）导磁系数，$4\pi \times 10^{-7}$H/m；

　　　l——导体平行段的长度，m；

　　　d——导体平行直线段之间的距离，m。

这种电动力是流过导体的雷电流的磁耦合而产生的电磁力，其大小与雷电流的幅值及导体的几何形状有关。当雷电流幅值很大时，其产生的冲击力可达数千牛或数十千牛，可能导致对流过雷电流的建筑设施及防雷设施的损坏，因此应对防雷设施的机械强度和其连接与固定方法提出相应的要求。

（4）除上述各类雷击效应外，还有雷电流在电弧通道中流动时瞬间产生的声冲击波，其猛烈程度取决于电流峰值及其上升率；声冲击波一般对LPS金属部件无关紧要，但可能使其周围物体遭受损害。

上述各类雷击效应是同时发生的，对防雷装置及其周围物体会产生一种综合效应，从而造成更大的损害。

13.7.3　落雷的相关因素

为了经济合理地采取防雷措施，应了解当地落雷的相关因素及雷击的选择性规律。

13.7.3.1　地面落雷的相关因素

（1）地理条件：一般地说，雷电活动随地理纬度的增加而减弱，且湿热地区的雷电活动多于干冷地区。在我国，大致按华南、西南、长江流域、华北、东北、西北依次递减。从地域看是山区多于平原，陆地多于湖海。雷电频度与地面落雷虽是两个概念，但雷电频度大的地区往往地面落雷也多。我国主要城市雷暴日数参见第17章。

（2）地质条件：有利于很快聚集与雷云相反电荷的地面，如地下埋有导电矿藏的地区，地下水位高的地方，矿泉、小河沟、地下水出口处，土壤电阻率突变的地方，土山的山顶或岩石山的山脚等处，容易落雷。

（3）地形条件：某些地形往往可以引起局部气候的变化，造成有利于雷云形成和相遇的条件，如某些山区，山的南坡落雷多于北坡，靠海的一面山坡落雷多于背海的一面山坡，山

中的局部平地落雷多于峡谷,风暴走廊与风向一致的地方的风口或顺风的河谷容易落雷。

(4) 地物条件:由于地物的影响,有利于雷云与大地之间建立良好的放电通道,如孤立高耸的地物、排出导电尘埃的厂房及排出废气的管道、屋旁大树、山区和旷野地区输电线等,易受雷击。

13.7.3.2 建筑物落雷的相关因素

(1) 建筑物的孤立程度。旷野中孤立的建筑物和建筑群中的高耸建筑物,易受雷击。

(2) 建筑物的结构。金属屋顶、金属构架、钢筋混凝土结构的建筑物易受雷击。

(3) 建筑物的性质。常年积水的冰库,非常潮湿的牲畜棚,建筑群中个别特别潮湿的建筑物,容易积聚大量电荷;生产、贮存易挥发物的建筑物,容易形成游离物质,因而易受雷击。

(4) 建筑物的位置和外廓尺寸。一般认为建筑物位于地面落雷较多的地区和外廓尺寸较大的建筑物易受雷击。

13.7.3.3 建筑物易受雷击的部位

建筑物屋面坡度与雷击部位的关系如图13.7-4所示。

(1) 平屋面或坡度不大于 1/10 的屋面为檐角、女儿墙、屋檐,见图 13.7-4 (a)、(b);

(2) 坡度大于 1/10,小于 1/2 的屋面为屋角、屋脊、檐角、屋檐,见图 13.7-4 (c);

(3) 坡度等于或大于 1/2 的屋面为屋角、屋脊、檐角,见图 13.7-4 (d);

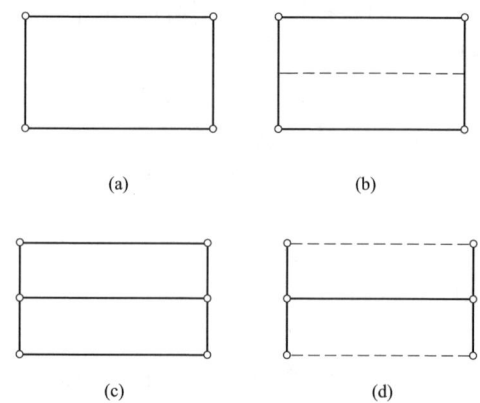

图 13.7-4 不同屋面坡度建筑物的易受雷击部位

(a) 平屋面; (b) 坡度不大于 $\frac{1}{10}$ 的屋面;

(c) 坡度大于 $\frac{1}{10}$ 小于 $\frac{1}{2}$ 的屋面;

(d) 坡度等于或大于 $\frac{1}{2}$ 的屋面

O—雷击率最高部位;——易受雷击部位;
————不易受雷击的屋脊或屋檐

(4) 图 13.7-4 (c)、(d),在屋脊有避雷带的情况下,当屋檐处于屋脊避雷带的保护范围内时,屋檐上可不装设避雷带。

13.8 建筑物防雷分类及防护措施

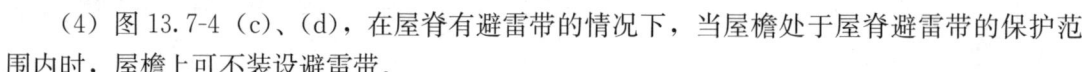

13.8.1 建筑物年预计雷击次数

参照 IEC 新标准修订的国家标准 GB 50057—2010 规定,建筑物年预计雷击次数 N 按下式计算

$$N = k \times N_g \times A_e \qquad (13.8\text{-}1)$$

式中　k——校正系数,在一般情况下取 1;位于河边、湖边、山坡下或山地中土壤电阻率较小处、地下水露头处、土山顶部、山谷风口等处的建筑物,以及特别潮湿的建筑物取 1.5;金属屋面没有接地的砖木结构建筑物取 1.7;位于山顶上或旷野的孤立建筑物取 2。

注 校正系数 k，在 IEC 标准中称为"位置因子 C_d"（见 GB/T 21714.2/IEC 62305-2 附录 A），其取值为：当防雷建筑物周围（3 倍高度范围内）有更高的物体（如建筑物或树木等）时，C_d 取 0.25；当周围有相同高度或比它低的物体时，C_d 取 0.5；孤立的建筑物，周围无其他物体时，C_d 取 1；位于小山顶或山丘上的孤立建筑物，C_d 取 2。前两种情况小于 1 的位置因数，GB 50057—2010 已体现在建筑物等效收面积 A_e 的计算中，参见表 13.8-1。

N_g——建筑物所处地区雷击大地的年平均密度（次/km² a），首先应按根据当地气象部门的地闪定位网络系统所提供的资料确定；如无上述资料，在温带地区，可按下式估算

$$N_g = 0.1T_d \tag{13.8-2}$$

式中 T_d——年平均雷暴日数，d/a；根据当地气象台、站资料确定（参见第 17 章）；

A_e——与建筑物截收相同雷击次数的地面等效面积，km²；见表 13.8-1。

对于孤立建筑物，A_e 应为屋顶平面向外扩大后的面积；GB 50057—2010 按滚球半径 100m 推导出在地面处的扩大宽度为 $\sqrt{H(200-H)}$。因此，扩大宽度与建筑物高度的倍数随建筑物高度的增加而减小；建筑物高度为 100m 及以上时，其扩大宽度等于建筑物的高度。当为非孤立建筑物时，还应考虑周围建筑物对等效面积的影响。具体计算式归纳于表 13.8-1 中。

表 13.8-1 　　　　　　　建筑物等效截收面积 A_e 计算[①] 　　　　　　　km²

所考虑建筑物的高度 $H<100$m	所考虑建筑物的高度 $H \geqslant 100$m
所考虑建筑物为孤立建筑物： $$A_e = [L \times W + 2(L+W)\sqrt{H(200-H)} + \pi H(200-H)] \times 10^{-6}$$	所考虑建筑物为孤立建筑物： $$A_e = [L \times W + 2H(L+W) + \pi H^2] \times 10^{-6}$$
在所考虑建筑物周边 $2D$ 范围内有与其等高或比它低的其他建筑物，且这些建筑物不在所考虑建筑物以滚球半径为 100m 的保护范围内时： $$A_e = [L \times W + 2(L+W)\sqrt{H(200-H)} + \pi H(200-H)] \times 10^{-6} - 0.5 \times \sqrt{H(200-H)} \times L_\Sigma \times 10^{-6}$$ 式中：L_Σ 为这些其他建筑物与所考虑建筑物边长平行以米计的长度总和	在所考虑建筑物周边 $2H$ 范围内有与其所等高或比它低的其他建筑物，且这些建筑物不在所考虑建筑物以滚球半径为建筑物高 H 的保护范围内时： $$A_e = [L \times W + 2H(L+W) + \pi H^2] \times 10^{-6} - 0.5H \times L_\Sigma \times 10^{-6}$$ 式中：L_Σ 为这些其他建筑物与所考虑建筑物边长平行以米计的长度总和
当所考虑建筑物四周在 $2D$ 范围内均有与其等高或比它低的其他建筑物时： $$A_e = [L \times W + (L+W)\sqrt{H(200-H)} + 0.25\pi H(200-H)] \times 10^{-6}$$	当所考虑建筑物四周在 $2H$ 范围内均有与其等高或比它低的其他建筑物时： $$A_e = [L \times W + H(L+W) + 0.25\pi H^2] \times 10^{-6}$$
在所考虑建筑物周边 $2D$ 范围内有比它高的其他建筑物时： $$A_e = [L \times W + 2(L+W)\sqrt{H(200-H)} + \pi H(200-H)] \times 10^{-6} - L_\Sigma \times \sqrt{H(200-H)} \times 10^{-6}$$ 式中：L_Σ 为这些其他建筑物与所考虑建筑物边长平行以米计的长度总和	在所考虑建筑物周边 $2H$ 范围内有比它高的其他建筑物时： $$A_e = [L \times W + 2H(L+W) + \pi H^2] \times 10^{-6} - H \times L_\Sigma \times 10^{-6}$$ 式中：L_Σ 为这些其他建筑物与所考虑建筑物边长平行以米计的长度总和

所考虑建筑物的高度 $H<100\text{m}$	所考虑建筑物的高度 $H\geqslant100\text{m}$
当所考虑建筑物四周在 $2D$ 范围内均有比他高的其他建筑物时： $A_\text{e}=L\times W\times10^{-6}$	当所考虑建筑物四周在 $2H$ 范围内均有比它高的其他建筑物时： $A_\text{e}=L\times W\times10^{-6}$

注 1. 表中，L、W、H—分别为所考虑建筑物的长、宽、高，m；

2. 建筑物每边的扩大宽度 D 为：当建筑物高度 $H<100\text{m}$ 时，$D=\sqrt{H(200-H)}$；当建筑物的高度 $H\geqslant100\text{m}$ 时，$D=H$。

① 关于建筑物雷击等效截收面积的计算，当用于雷击风险评估时，IEC 标准的计算方法（见 GB/T 21714.2/IEC 62305-2 附录 A）与我国防雷规范 GB 50057—2010 有所不同：当为孤立建筑物时，其扩大宽度均按建筑物高度的 3 倍计算，故其计算式为：$A_\text{e}=L\times W+6H(L+W)+9\pi H^2$；当为非孤立建筑物时，应再乘以考虑建筑物暴露程度及周围物体影响的位置因子 C_d［见式（13.8-1）中的校正系数 k 的后注］；建筑物年预计雷击次数 N 的计算式为：$N=C_\text{d}\times N_\text{g}\times A_\text{e}\times10^{-6}$。

当建筑物各部位的高度不同时应沿建筑物周边高度逐点算出最大扩大宽度，其等效截收面积应按建筑物周边每点最大扩大宽度外端连接线所包围的面积计算；当形状不规则时，可采用作图法确定。

13.8.2 建筑物防雷分类

13.8.2.1 建筑物防雷类别的划分

根据建筑物的重要性、使用性质、雷击后果的严重性以及遭受雷击的概率大小等因素综合考虑，我国防雷标准 GB 50057—2010 将建（构）筑物划分为三类不同的防雷类别，以便规定不同的雷电防护要求和措施。在可能发生对地闪击的地方，各种建筑物的防雷类别划分原则参见表 13.8-2。

表 13.8-2   建筑物防雷分类

序号	建筑物类型	防雷类别①		
		第一类	第二类	第三类
1	凡制造、使用或贮存火炸药及其制品②的危险建筑物	因电火花而引起爆炸、爆轰，会造成巨大破坏和人身伤亡者	电火花不易引起爆炸或不致造成巨大破坏和人身伤亡者	—
2	具有 0 区或 20 区爆炸危险场所③的建筑物	√	—	—
3	具有 1 区或 21 区爆炸危险场所③的建筑物	因电火花而引起爆炸，会造成巨大破坏和人身伤亡者	电火花不易引起爆炸或不致造成巨大破坏和人身伤亡者	—
4	具有 2 区或 22 区爆炸危险环境③的建筑物	—	√	—
5	有爆炸危险的露天钢质封闭气罐	—	√	—
6	重点文物保护的建筑物、档案馆	—	国家级	省级

序号	建筑物类型	防雷类别①		
		第一类	第二类	第三类
7	国家级的会堂和办公建筑物、国宾馆、大型展览和博览建筑物、大型火车站和飞机场④、国家特级和甲级大型体育馆、大城市的重要给水泵房等	—	√	—
8	国家级计算中心、国际通信枢纽等对国民经济有重要意义的建筑物	—	√	—
9	部、省级办公建筑物和其他重要或人员密集的公共建筑物⑤以及火灾危险场所⑥	—	$N>0.05$ 次/a	0.05 次/a$\geqslant N>0.01$ 次/a
10	住宅、办公楼等一般性民用建筑物或一般性工业建筑物	—	$N>0.25$ 次/a	0.25 次/a$\geqslant N>0.05$ 次/a
11	烟囱、水塔等孤立的高耸建筑物	—	—	$T_d>15d/a$ 的地区,高度$\geqslant 15m$; $T_d\leqslant 15d/a$ 的地区,高度$\geqslant 20m$

注　表中:N 为建筑物的年预计雷击次数,按式(13.9-1)计算;T_d 为当地年平均雷暴日数。
① 表中符号"√"表示适用于该类别防雷建筑物,文字说明为适用于该类别附加的限制条件;
　符号"—"表示不适用于该类别防雷建筑物。
② 火炸药及其制品包括火药(含发射药和推进剂)、炸药、弹药、引信和火工品等。
③ 爆炸危险环境场所:0 区、20 区,1 区、21 区及 2 区、22 区的具体分类及定义见 11.3。
④ 飞机场建筑物是指航站楼、指挥塔等建筑,不含露天停机坪和跑道。
⑤ 人员密集的公共建筑物是指集会、展览、博览、体育、商业、影剧院、医院、学校等建筑物。
⑥ 建筑物防雷设计规范国家标准管理组在 2015-07-15 复函中已删去"以及火灾危险场所"。

13.8.2.2　建筑物防雷分类的常见问题

(1) 当一座防雷建筑物中兼有第一、二、三类防雷建筑部分时,其防雷分类和防雷措施宜按以下原则确定:

1) 当第一类防雷建筑部分的面积占建筑物总面积的 30% 及以上时,该建筑物宜确定为第一类防雷建筑物。

2) 当第一类防雷建筑部分的面积占建筑物总面积的 30% 以下,且第二类防雷建筑部分的面积占建筑物总面积的 30% 及以上时,或当这两部分防雷建筑的面积均小于建筑物总面积的 30%,但其面积之和又大于 30% 时,该建筑物宜确定为第二类防雷建筑物。但对第一类防雷建筑部分的防闪电感应和防闪电电涌侵入,应采取第一类防雷建筑物的保护措施。

3) 当第一、二类防雷建筑部分的面积之和小于建筑物总面积的 30%,且不可能遭直接雷击时,该建筑物可确定为第三类防雷建筑物;但对第一、二类防雷建筑部分的防闪电感应和防闪电电涌侵入,应采取各自类别的保护措施;当可能遭受直接雷击时,宜按各自类别采取防雷措施。

（2）当一座建筑物中仅有一部分为第一、二、三类防雷建筑物时，其防雷措施宜符合下列规定：

1）当防雷建筑物部分可能遭直接雷击时，宜按各自类别采取防雷措施。

2）当防雷建筑部分不可能遭直接雷击时，可采取不防直击雷措施，仅考虑各自类别要求的防闪电感应和防闪电电涌侵入的措施。

3）当防雷建筑部分的面积占建筑物总面积的50%以上时，该建筑物宜按上述13.8.2.2（1）项的规定采取防雷措施。

13.8.3 建筑物的防雷措施

13.8.3.1 基本规定

为防止或减少建筑物遭受雷击而产生生命危险及物理损坏，各类防雷建筑物应采用由外部防雷装置和内部防雷装置综合组成的防雷装置（LPS）进行防护，并应符合以下基本规定：

（1）各类防雷建筑物应设防直击雷的外部防雷装置（接闪器、引下线及接地装置），并应采取防闪电电涌侵入的措施。

第一类防雷建筑物和有爆炸危险的第二类防雷建筑物（表13.8-2中序号1～4项的建筑物），尚应采取防闪电感应的措施。

（2）各类防雷建筑物应设内部防雷装置（包括防闪电感应、防反击以及防闪电电涌侵入和防生命危险），并应符合下列要求：

1）在建筑物的地下室或地面层处，建筑物金属体、金属装置、建筑物内系统、进出建筑物的金属管线，应与防雷装置做防雷等电位连接。[在那些自然等电位连接不能提供电气贯通之处采用等电位连接导体直接连接，在直接连接不可行之处用电涌保护器SPD连接，在不允许直接连接之处用隔离放电间隙（Isolating Spark Gap，ISG）进行连接。]

2）除上述1）的措施外，外部防雷装置与建筑物金属体、金属装置、建筑物内系统之间，尚应满足间隔距离的要求。

【编者按】GB 50057—2010条文说明引用了GB/T 21714.3—2015《雷电防护　第3部分：建筑物的物理损坏和生命危险》中如下规定："内部防雷装置应防止由于雷电流流经外部防雷装置或建筑物的其他导电部分而在需要保护的建筑物内发生危险的火花放电。危险的火花放电可能在外部防雷装置与其他导电部分（如金属装置、建筑物内系统、从外部引入建筑物的导电物体和线路）之间发生。"

"采用以下方法可以避免产生这类危险的火花放电：做等电位连接或在它们之间采用电气绝缘（隔离距离）。"

据此，2）款宜表述为：不处在地下室或地面层的其他导电部分与外部防雷装置之间，应满足间隔距离要求或做等电位连接。

（3）对第二类防雷建筑物中的国家级重要建筑物表13.8-2中序号7、8项建筑物还应采取防雷击电磁脉冲的措施。其他各类防雷建筑物，当其建筑物内部系统所接设备的重要性高以及所处雷击磁场环境和加于设备的雷击电涌无法满足要求时，也应采取防雷击电磁脉冲的措施。详见13.10。

13.8.3.2 各类防雷建筑物的防雷措施

第一、二、三类防雷建筑物的防雷措施归纳于表13.8-3～表13.8-5。

表 13.8-3　　　　　　　　　　　　第一类防雷建筑物的防雷措施

项目	防雷措施
1.1 防直击雷和反击	防直击雷的建筑物外部防雷装置应符合以下要求： （1）应装设独立的接闪杆、架空接闪线或接闪网（网格尺寸不应大于 5m×5m 或 6m×4m）保护，使被保护建筑物及突出屋面的物体（如风帽、放散管等）均处于接闪器的保护范围内。 （2）对排放有爆炸危险的气体、蒸气或粉尘的放散管、呼吸阀、排风管等的管口外下列空间应处于接闪器的保护范围内： 　1）当有管帽时，当装置内的压力与周围空气的压力差为 5～25kPa，保护空间是指垂直为管帽以上 2.5m，水平为管口外各个方向 5m 的圆柱体构成的空间；但当装置内的压力比周围空气压力大 25kPa 以上，则垂直和水平均为 5m；当装置内的压力比周围空气压力仅大 5kPa 以下、且排放物的比重比空气重（相对密度大于 0.75）时，则分别减为垂直 1m，水平 2m。 　2）当无管帽时，应为管口上方半径 5m 的半球体构成的空间。 　3）接闪器与雷闪的接触点应设在上述空间之外。 （3）排放有爆炸危险的气体、蒸气或粉尘的放散管、呼吸阀、排风管等，当其排放物达不到爆炸浓度、长期点火燃烧、一排放就点火燃烧，以及当发生事故时排放物才达到爆炸浓度的通风管、安全阀，接闪器的保护范围应保护到管帽，当无管帽时应保护到管口。 （4）独立接闪杆、架空接闪线或接闪网的每根杆塔或支柱处至少应设一根引下线（杆塔或支柱的结构金属体或钢筋，当符合接闪器的材料要求时，宜利用其作为引下线）并应有独立的接地装置。每根引下线的冲击接地电阻不宜大于 10Ω；在高土壤电阻率地区可适当增大冲击接地电阻，但在 3000Ωm 以下的地区，冲击接地电阻不应大于 30Ω；同时应符合下述（5）～（7）的要求。 （5）独立接闪杆、架空接闪线或接闪网的支柱及其接地装置至被保护建筑物及与其有联系的金属物（如管道、电缆等）之间的间隔距离要求。空气中距离 S_{a1}：当 $h_x<5R_i$ 时 $S_{a1} \geqslant 0.4\ (R_i+0.1h_x)$ m，当 $h_x \geqslant 5R_i$ 时 $S_{a1} \geqslant 0.1\ (R_i+h_x)$ m；地中距离 $S_{e1} \geqslant 0.4R_i$ m；但均不得小于 3m。 （6）架空接闪线（计入弧垂）至屋面和各种突出屋面的物体（如风帽、放散管等）之间的空气中距离 S_{a2}：当 $\left(h+\dfrac{l}{2}\right)<5R_i$ 时，$S_{a2} \geqslant 0.2R_i + 0.03\left(h+\dfrac{l}{2}\right)$ m；当 $\left(h+\dfrac{l}{2}\right) \geqslant 5R_i$ 时，$S_{a2} \geqslant 0.05R_i + 0.06\left(h+\dfrac{l}{2}\right)$ m；且不应小于 3m。 （7）架空接闪网至屋面和各种突出屋面的物体（如风帽、放散管等）之间的距离 S_{a2}：当 $(h+l_1)<5R_i$ 时，$S_{a2} \geqslant \dfrac{1}{n}[0.4R_i+0.06\ (h+l_1)]$ m；当 $(h+l_1) \geqslant 5R_i$ 时，$S_{a2} \geqslant \dfrac{1}{n}[0.1R_i+0.12\ (h+l_1)]$ m；且不应小于 3m。 （8）邻近第一类防雷建筑物的树木应处于接闪器的保护范围之内，或与建筑物的净距不应小于 5m
1.2 防闪电感应	（1）为防止静电感应产生火花，建筑物内的金属物（如设备、管道、构架、电缆金属外层、钢屋架、钢窗等较大金属构件）和突出屋面的金属物（如放散管、风管等）均应接到防闪电感应的接地装置上。金属屋面和钢筋混凝土屋面（其中钢筋宜绑扎或焊接成电气闭合回路）沿周边每隔 18～24m 应采用引下线接地一次。 （2）为防止电磁感应产生火花，平行敷设的长金属物如管道、构架和电缆金属外层等，相互间净距小于 100mm 时，应每隔不大于 30m 用金属线跨接；交叉净距小于 100mm 时，交叉处也应用金属线跨接；长金属物连接处（如弯头、阀门、法兰盘等）的过渡电阻大于 0.03Ω 时，连接处应用金属线跨接；但对有不少于 5 根螺栓连接的法兰盘，在非腐蚀环境下，可不用金属线跨接。 （3）防闪电感应的接地装置应与电气和电子系统的接地装置共用，其工频接地电阻不宜大于 10Ω。当建筑物内设有等电位连接的接地干线时，其与防闪电感应的接地装置的连接不应少于两处。 （4）防闪电感应的接地装置与独立接闪杆、架空接闪线或架空接闪网的接地装置之间的间隔距离应符合本表防直击雷第（5）项的要求

项目	防　雷　措　施
1.3 防闪电电涌侵入	（1）室外引入的低压配电线路应全线采用电缆直接埋地敷设，在入户处应将电缆的金属外皮、钢管连接到等电位联结带或防闪电感应的接地装置上（编者注：TT 系统电缆外层及穿线钢管应在户外单独接地）。 （2）当全线采用电缆有困难时，应采用钢筋混凝土电杆和铁横担的架空线，并应采用一段金属铠装电缆或护套电缆穿钢管直接埋地引入。其埋地长度不小于 $2\sqrt{\rho}$（m；ρ 为埋设处土壤电阻率，$\Omega\cdot m$）。架空线距建筑物的距离不应小于 15m。 　　在电缆与架空线连接处尚应装设户外型电涌保护器（SPD）。若无户外型 SPD，可选用户内型 SPD，其使用温度应满足安装处的环境温度，并应安装在防护等级 IP54 的箱内。电涌保护器、电缆金属外皮、钢管和绝缘子铁脚、金具等应连在一起接地，其冲击接地电阻不应大于 30Ω。所装设的电涌保护器应选用 Ⅰ 级试验产品，其电压保护水平应小于或等于 2.5kV，其每一保护模式应选的冲击电流等于或大于 10kA。当 SPD 的接线为接线形式 2 时（见表 13.11-17），接在 N 与 PE 导体间 SPD 的冲击电流，当为三相系统时应不小于 40kA，当为单相系统时应不小于 20kA。 （3）在入户处的总配电箱内是否装设电涌保护器应视其距被保护设备的线路距离及其保护水平等情况（见13.10.6.3）确定，SPD 的最大持续运行电压、接线形式及连接导体截面等应符合规定要求（见 13.11）。 （4）电子系统的室外金属导体线路宜全线采用有屏蔽层的电缆埋地或架空敷设，其两端的屏蔽层、加强钢线、钢管等应等电位连接至入户处的终端箱体上并接地，在终端箱内是否装设电涌保护器应根据具体情况（见 13.10.6.3）确定。 （5）当通信线路采用钢筋混凝土杆的架空线时应采用一段护套电缆穿钢管直接埋地引入，其埋地长度不小于 $2\sqrt{\rho}m$，且不应小于 15m。在电缆与架空线连接处还应装设户外型电涌保护器（SPD）。电涌保护器、电缆金属外层、钢管和绝缘子铁脚、金具等应连在一起接地，其冲击接地电阻不宜大于 30Ω。该电涌保护器应选用 D1 类高能量试验的产品，其承受的短路电流应不小于 2kA，其他参数及安装要求详见 13.11。如选用户内型 SPD，使用温度应满足安装处的环境温度，并装设于防护等级为 IP54 的箱体内。在入户处的终端箱内是否装设电涌保护器应根据具体情况（参见 13.10.6）确定。 （6）架空金属管道，在进出建筑物处应与防闪电感应的接地装置相连。距离建筑物 100m 内的架空管道，宜每隔 25m 左右接地一次，其冲击接地电阻不应大于 30Ω。并应利用金属支架或钢筋混凝土支架的焊接、绑扎钢筋本作为引下线，其钢筋混凝土基础宜作为接地装置。埋地或地沟内的金属管道，在进出建筑物处应等电位连接到等电位联结带或防闪电感应的接地装置上
1.4 接闪器直接装在第一类防雷建筑物上时的补充要求	第一类防雷建筑物由于太高或其他原因，难以装设独立的外部防雷装置时，可将接闪杆或网格不大于 5m×5m 或 6m×4m 的接闪网或由二者混合组成的接闪器直接装在建筑物上，接闪网应沿屋角、屋脊、屋檐和檐角等易受雷击的部位敷设；当建筑物高度超过 30m 时，首先应沿屋顶周边敷设接闪带，接闪带应设在外墙外表面或屋檐边垂直线上或其外，同时必须符合下列要求： （1）接闪器之间应相互连接。 （2）引下线不应少于两根，并应沿建筑物四周或内庭院四周均匀或对称布置，其间距沿周长不应大于 12m。 （3）排放有爆炸危险的气体、蒸气或粉尘的管道应符合本表中 1.1 的（2）、（3）项的要求。 （4）建筑物应装设等电位联结环，环间垂直距离不应大于 12m，且所有引下线、建筑物的金属结构和金属设备外壳等均应连到环上。可利用电气设备的等电位联结干线环路作为等电位联结环。 （5）防直击雷的接地装置应围绕建筑物敷设成环状，并应和电气/电子设备接地装置及所有进入建筑物的金属管道相连，此接地装置可兼作防闪电感应接地之用。每根引下线的冲击接地电阻不应大于 10Ω。 （6）防直击雷的环形接地体也宜按下列方法敷设，此时冲击接地电阻值可不作规定（当为共用接地装置时，应符合电气装置的功能接地和安全保护接地的相关要求，见第 14 章）。 　　a）当土壤电阻率 $\rho\leqslant500\Omega m$ 时，若环形接地体面积 $A\geqslant79m^2$（即等效圆半径 $\geqslant5m$）时，环形接地体不需补加接地体；若环形接地体面积 $A<79m^2$ 时，则每一引下线处应补加水平接地体，其最小长度 $l_r=(5-\sqrt{\dfrac{A}{\pi}})$，m；或补加垂直接地体，其最小长度应为上述 $l_r/2$。 　　b）当土壤电阻率 $500\Omega m<\rho\leqslant3000\Omega m$ 时，若等效圆半径 $\sqrt{\dfrac{A}{\pi}}\geqslant\dfrac{11\rho-3600}{380}$ 时，不需补加接地体；若 $\sqrt{\dfrac{A}{\pi}}<\dfrac{11\rho-3600}{380}$ 时，每一引下线处应补加水平接地体，其最小总长度 $l_r=\dfrac{11\rho-3600}{380}-\sqrt{\dfrac{A}{\pi}}m$；或补加垂直接地体，其最小总长度为上述 $l_r/2$。

续表

项目	防 雷 措 施
1.4 接闪器直接装在第一类防雷建筑物上时的补充要求	7) 当建筑物高于 30m 时，尚应采取防侧击的措施，即从 30m 起，每隔不大于 6m 沿建筑物四周敷设水平接闪带并与引下线相连，同时 30m 以上外墙的栏杆、门窗等较大的金属物应与防雷装置相连。 8) 在电源引入的总配电箱处应装设 I 级试验的电涌保护器；电压保护水平值应小于或等于 2.5kV。每一保护模式的冲击放电电流，当无法确定时，应取等于或大于 12.5kA。 每一保护模式的冲击放电电流 I_{imp} 宜按下式计算 当线路无屏蔽层时：$I_{imp}=0.5I/nm$ (13.8-3) 当线路有屏蔽层或穿钢管时：$I_{imp}=0.5IR_s/\left[n\left(mR_s+R_c\right)\right]$ (13.8-4) 式中 I_{imp}——冲击放电电流，kA； 　　　I——雷电流，kA；按表 13.7-1 取值； 　　　n——地下和架空引入的外来金属管道和线路的总数（如为非金属管道如塑料水管，则不应计入）； 　　　m——需要确定的那一回线路内导体芯线的总根数； 　　　R_s——线路屏蔽层或钢管每公里的电阻，Ω/km； 　　　R_c——线路芯线每公里的电阻，Ω/km。 其他相关参数及安装接线要求参见 13.11。 9) 在电子系统的室外线路采用金属线的情况下，在其引入的终端箱处亦装设适用于电子信息系统的 D1 类高能量试验类型的电涌保护器；其试验短路电流可按式 (13.8-3) 及式 (13.8-4) 计算；当无法确定时应采用 2kA。其他参数选择及安装要求参见 13.11。 10) 在电子系统的室外线路采用光缆时，在其引入的终端箱处的电子系统侧，当无金属线路引出本建筑至其他有自己接地装置的设备时可安装 B2 类慢上升率试验类型的 SPD，其试验短路电流宜选用 100A。 11) 从室外引入建筑物的输送火灾爆炸危险物质的或具有阴极保护的埋地金属管道，当在入户处设有绝缘段时，应在绝缘段处跨接电压开关型 SPD 或隔离放电间隙。SPD 应选用一级试验的密封型产品，其冲击电流 $I_{imp}\geqslant100/n$，kA（n 为引入本建筑的架空及埋地管道和线路的总数）；其电压保护水平 U_p 应小于绝缘段的冲击耐受电压水平，当不能确定时应取 1.5kV$\leqslant U_p \leqslant$2.5kV，并应大于阴级保护电源的最大端电压；上述防雷等电位联结应在管道绝缘段的室内侧进行，可将 SPD 的上端头连接到等电位联结带

① 式中　R_i—接地装置的冲击接地电阻，Ω；
　　　　　h_x—被保护物或计算点的高度，m。
② 式中　h—接闪线的支柱高度，m；
　　　　　l—接闪线的水平长度，m。
③ 式中　h—接闪网的支柱高度，m；
　　　　　l_1—从接闪网中间最低点沿导体至最近支柱的距离，m；
　　　　　n—从接闪网中间最低点沿导体至最近不同支柱并有同一距离 l_1 的个数，但至少应取 2。

表 13.8-4　　　　　　　　　　第二类防雷建筑物的防雷措施

项目	防 雷 措 施
2.1 防直击雷	(1) 宜在建筑物上装设接闪网、接闪带、接闪杆或由其混合组成的接闪器作为外部防雷装置，接闪网（带）应沿屋角、屋脊、屋檐和檐角等易受雷击的部位敷设，并应在整个屋面组成不大于 10m×10m 或 12m×8m 的网格。当建筑物高度超过 45m 时，首先应沿屋顶周边敷设接闪带，接闪带应设在外墙外表面或屋檐边垂直面外。接闪器之间应相互连接。 (2) 突出屋面的物体，如为排放有爆炸危险的气体、蒸气或粉尘的放散管、呼吸阀、排风管等应符合表 13.8-3 第一类防雷建筑物防直击雷 (2) 的要求。但排放无爆炸危险的气体、蒸气或粉尘的放散管、烟囱以及 1 区、21 区、2 区和 22 区爆炸危险场所的自然通风管，0 区和 20 区爆炸危险场所的装有阻火器的上述管、阀，以及可不计及管口外爆炸危险范围的那些管、阀 [见表 13.8-3 防直击雷 (3)] 以及煤气或天然气放散管等，如为金属物体，可不装接闪器，但应和屋面防雷装置相连。在屋面接闪器保护范围之外的非金属物体应装接闪器，并应和屋面防雷装置相连；但符合本节 13.8.3.3 (5) 规定的屋顶孤立小型物体可除外。

13

项目	防 雷 措 施
2.1 防直击雷	(3) 专设引下线不应少于 2 根，并应沿建筑物四周和内庭院四周均匀对称布置，其间距沿周长不应大于 18m。当建筑物的跨度较大，无法在跨距中间设引下线时，应在跨距两端设置引下线并减小其他引下线的间距，专设引下线的平均间距不应大于 18m。 (4) 外部防雷装置的接地应与防闪电感应、内部防雷装置、电气和电子系统等共用接地装置，并应与引入的金属管线做等电位联结。外部防雷装置的专设接地装置宜围绕建筑物敷设成闭合环形。 (5) 利用建筑物钢筋作为防雷装置时应符合以下规定： 1) 建筑物钢筋混凝土屋顶、梁、柱、基础内的钢筋宜作为引下线。对第二类防雷建筑物中的非重点文物保护及爆炸危险环境的建筑物（见表 13.8-2 中序号 7～10 中的二类防雷建筑物），当其女儿墙以内的屋顶钢筋网以上的防水层和混凝土层允许不保护时，尚宜利用屋顶钢筋网作为接闪器；当这些建筑物为多层建筑（非高层）且其周围很少有人停留时宜利用女儿墙压顶板内或檐口内的钢筋作为接闪器。 2) 当基础的水泥采用硅酸盐水泥和周围土壤的含水量不低于 4% 及基础的外表面无防腐层或有沥青质的防腐层时，宜利用基础内的钢筋作为接地装置。当基础的外表面有其他类的防腐层且无桩基可利用时，宜在基础防腐层下面的混凝土垫层内敷设人工环形基础接地体。 3) 敷设在混凝土中的单根钢筋或圆钢，直径不应小于 10mm；被利用作为防雷装置的混凝土构件内有箍筋连接的钢筋，其截面总和不应小于一根直径为 10mm 钢筋的截面积。 4) 利用基础内钢筋网作为接地体时，每根引下线在距地面 0.5m 以下的钢筋表面积总和不应小于 $4.24k_c^2$ [①] (m^2)。 5) 当在建筑物周边的无钢筋的条形混凝土基础内敷设人工基础接地体时，接地体的规格尺寸不应小于表 13.9-7 对第二类防雷建筑物的规定。 6) 构件内有箍筋连接的钢筋或成网状的钢筋，其箍筋与钢筋的连接，钢筋与钢筋的连接应采用土建施工的绑扎法连接或焊接；单根钢筋或圆钢或外引预埋连接板、线与上述钢筋的连接应焊接或采用螺栓紧固的卡夹器连接；构件之间必须连接成电气通路。 (6) 共用接地装置的接地电阻应不大于工频电气装置按保障人身安全接地所要求的电阻值。在土壤电阻率 $\rho \leqslant 3000\Omega m$ 的条件下，外部防雷装置的接地体当符合下列规定之一以及环形接地体所包围面积的等效圆半径等于或大于所规定的值时可不计及冲击接地电阻；但当每根专设引下线的冲击接地电阻不大于 10Ω 时，可不需补加接地体。 1) 当土壤电阻率 $\rho \leqslant 800\Omega m$ 时，若环形接地体所包围面积的等效圆半径小于 5m，则每一引下线处尚应补加水平接地体，其最小长度 $l = \left(5 - \sqrt{\dfrac{A}{\pi}}\right)$，m；或补加垂直接地体，其最小长度为 $l/2$。 2) 当土壤电阻率 $800\Omega m < \rho \leqslant 3000\Omega m$ 时，若环形接地体所包围面积 A 的等效圆半径 $\sqrt{\dfrac{A}{\pi}} < \dfrac{\rho - 550}{50}$ 时，则每一引下线处尚应补加水平接地体，其最小总长度 $l_r = \dfrac{\rho - 550}{50} - \sqrt{\dfrac{A}{\pi}}$，m；或补加垂直接地体，其最小总长度为 $l_r/2$。 3) 在符合本表防直击雷第 (5) 项规定的条件下利用槽形、板形或条形基础内钢筋作接地体或在基础下的混凝土垫层内敷设人工环形基础接地体，当槽形、板型基础内钢筋网在水平面的投影面积或环状条形基础内钢筋或人工环形基础接地体所包围的面积 A 符合以下规定时，可不另加接地体： a) 当土壤电阻率 $\rho \leqslant 800\Omega m$ 时，所包围的面积 $A \geqslant 79 m^2$； b) 当土壤电阻率 $800\Omega m < \rho \leqslant 3000\Omega m$ 时，所包围的面积 $A \geqslant \pi\left(\dfrac{\rho - 550}{50}\right)^2$ (m^2)。 4) 在符合本表防直击雷 (5) 规定的条件下，对 6m 柱距或大多数柱距为 6m 的单层工业建筑物，在利用全部或绝大多数柱子基础的钢筋作为防雷接地体的场合下，同时柱子基础的钢筋网通过钢柱、钢屋架、钢筋混凝土柱子、屋架、屋面板、吊车梁等构件内的钢筋与防雷装置互相连成一体，且每一柱子基础内在距地面 0.5m 以下的钢筋体表面积总和不少于 $0.82 m^2$ 时可不另加接地体。 (7) 对高度超过 45m 的建筑物尚应采取以下防直击雷侧击和等电位的保护措施：

续表

项目	防 雷 措 施
2.1 防直击雷	1) 对建筑物侧面水平突出外墙的物体，如阳台、平台等，当用半径为 45m 的滚球从屋顶周边接闪带向地面滚动，可以接触到的上述物体时应装设外部防雷接闪系统。 2) 高于 60m 的建筑物，其上部占高度 20%并超过 60m 的部位应防侧击，防侧击措施应符合下列要求： a) 在此部位及各侧面突出的物体和安装于外墙上的设备应按屋顶上的保护措施考虑； b) 在此部位布置接闪器应符合对本类防雷建筑物的要求，接闪器应重点布置在墙角、边沿和显著突出的物体上； c) 侧面的外部金属物，如金属覆盖物、金属幕墙等，当其最小尺寸符合接闪器的要求（见表 13.9-6）时，可利用其作接闪器；还可利用布置在建筑物垂直边沿处的外部引下线作为接闪器； d) 符合上述防直击雷（5）规定的钢筋混凝土构件内的钢筋及符合电气连续贯通要求的建筑物金属框架，当其作为引下线或与引下线连接时可利用作为接闪器。 3) 外墙内外竖直敷设的金属管道及金属物的顶端和底端应与防雷装置作等电位联结
2.2 防闪电感应	对有爆炸危险的建筑物（见表 13.8-2 中序号 1、3、4 中第二类防雷建筑物）应符合下列要求： (1) 建筑物内的主要金属物，如设备、管道、构架等，应就近接至防雷装置（LPS）或共用接地装置上。 (2) 建筑物内平行敷设的长金属物如管道、构架、电缆金属外皮等，相互间净距小于 100mm 时，应每隔不大于 30m 用金属线跨接；交叉净距小于 100mm 时，交叉处也应用金属线跨接；但长金属物连接处（如弯头、阀门、法兰盘等）可不跨接。本条要求对 2 区和 22 区爆炸危险的建筑物可除外。 (3) 建筑物内防闪电感应的接地干线与接地装置的连接不应少于 2 处
2.3 防反击及闪电电涌侵入	(1) 为防止雷电流流经引下线和接地装置时产生的高电位，对附近金属物或线路产生反击，应符合以下要求： 1) 当金属物或线路与防雷装置 LPS 之间不相连，或虽相连或通过过电压保护器相连，但其所考虑的点与连接点的距离过长时，金属物或线路所考虑的点与引下线之间在空气中的间隔距离应满足 $S_{a3} \geqslant 0.06 k_c l_x$ ①② （m）。 2) 当为金属框架的建筑物或钢筋相互连接并电气贯通的钢筋混凝土建筑物时，或当金属物或线路与引下线之间有自然或人工接地的钢筋混凝土构件、金属板、金属网等静电屏蔽物隔开时，金属物或线路与引下线之间的间隔距离可无要求。 3) 当金属物或线路与引下线之间有混凝土墙或砖墙隔开时，其击穿强度可按空气击穿强度的 1/2 考虑；若间隔距离满足不了上述 1) 规定时，金属物应与引下线直接相连，带电线路应通过电涌保护器相连。 (2) 在电气接地装置与防雷接地装置共用或相连的情况下，应在低压电源线路引入的总配电箱/柜处装设 I 级试验的电涌保护器 SPD；SPD 的电压保护水平应取等于或大于 2.5kV。其每一保护模式的冲击电流应按表 13.8-3 之 1.4 项中式（13.8-3）及式（13.8-4）计算（式中雷电流参数应按第二类防护水平取 150kA）；当无法确定时应取 $I_{imp} \geqslant 12.5kA$。 (3) 当 Yyn0 或 Dyn11 接线的配电变压器设在本建筑物内或附设于外墙处时，应在变压器高压侧装设避雷器；当有线路引出本建筑至其他有独自敷设接地装置的配电装置时，亦应在变压器低压侧配电母线上装设 I 级试验的 SPD，SPD 的电压保护水平及冲击电流要求同上述（2）；当无线路引出本建筑物时，可在母线上装设 II 级试验的 SPD，其每一保护模式的标称放电电流应等于或大于 5kA。SPD 的电压保护水平值应小于或等于 2.5kV。其他相关参数及安装要求参见 13.11。 (4) 在电子系统的室外线路采用金属线时，在其引入的终端箱处应装设适用于电子信息系统的 D1 类高能量试验类型（见表 13.11-1）的电涌保护器；其试验短路电流可按表 13.8-3 之 1.4 项中式（13.8-3）及式（13.8-4）计算（式中雷电流取 150 kA）；当无法确定时应取 1.5kA。其他参数选择及安装要求参见 13.11。 (5) 在电子系统的室外线路采用光缆时，在其引入的终端箱处的电气线路侧，当无金属线路引出本建筑至其他有自己接地装置的设备时可安装 B2 类慢上升率试验类型的 SPD，其试验短路电流宜选用 75A。

13

续表

项目	防 雷 措 施
2.3 防反击及闪电电涌侵入	（6）从室外引入建筑物的输送火灾爆炸危险物质和具有阴极保护的埋地金属管道，当在入户处设有绝缘段时，应在绝缘段处跨接电压开关型 SPD 或隔离放电间隙。SPD 应选用一级试验的密封型产品，其冲击电流 $I_{imp} \geqslant 75/n$，kA（n 为引入本建筑的架空及埋地管道和线路的总数）；其电压保护水平 U_p 应小于绝缘段的耐冲击电压水平，当不能确定时应取 $1.5\,kV \leqslant U_p \leqslant 2.5kV$，并应大于阴级保护电源的最大端电压；上述防雷等电位联结应在管道绝缘段的室内侧进行，可将 SPD 的上端头连接到等电位联结带

① 式中 k_c——分流系数，其取值为：

    a) 单根引下线（接闪杆）时为 1。两根引下线及接闪器不成闭合环的多根引下线（线状接闪器）时为 0.66〔单根接闪线按两根引下线确定时，当引下线各自独立接地且其冲击接地电阻与邻近的差别不大于 2 倍时，其分流系数也可按式 $k_c = (h+c) / (2h+c)$ 计算，式中 h 为接闪线两等高支柱高度，c 为两支柱间的水平距离；若两引下线接地电阻差别大于 2 倍时，k_c 应为 1〕。当接闪器成闭合环或网状的多根引下线（不少于 3 根）时，k_c 可为 0.44。

    b) 当采用网格形接闪器、引下线间用多根环形导体互相连接且接地装置采用环形接地体，或利用建筑物钢筋或钢构架作防直击雷装置时（典型如高层建筑）其分流系数从顶层雷击点以下逐层降低，至底层最低；k_c 可按图 13.8-1 中所示公式计算：

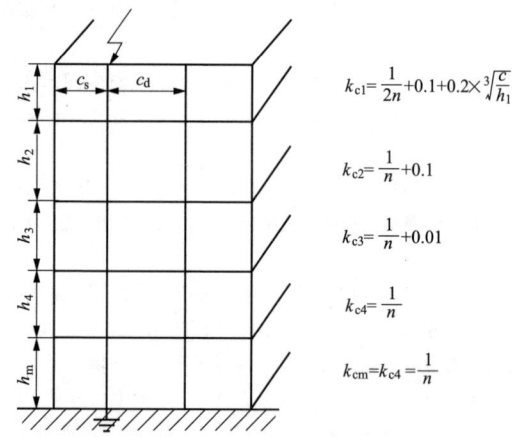

$$k_{c1} = \frac{1}{2n} + 0.1 + 0.2 \times \sqrt[3]{\frac{c}{h_1}}$$

$$k_{c2} = \frac{1}{n} + 0.1$$

$$k_{c3} = \frac{1}{n} + 0.01$$

$$k_{c4} = \frac{1}{n}$$

$$k_{cm} = k_{c4} = \frac{1}{n}$$

$h_1 \sim h_m$ 为环接引下线各环形导体之间或各层地面金属体之间的距离；c_s、c_d 为某引下线顶部雷击点至两侧最近引下线之间的距离，计算式中的 c 取两者较小值；n 为建筑物周边和内部引下线的根数且不少于 4 根。c 和 h_1 取值范围为 3～20m。

当为单层建筑时分流系数可按图中 k_{c1} 式计算

图 13.8-1　网状接闪器、引下线间多层环形连接的分流系数 k_c 的计算

    c) 在接地装置相同的情况下，即采用环形接地体或各引下线设独自接地体且其冲击接地电阻相近，按上述 a) 和 b) 确定的分流系数不同时，可取较小者。

② 式中 l_x——引下线上需考虑隔距的计算点到最近的等电位联结点（即金属物或电气/电子线路与防雷装置之间直接或通过 SPD 相连接之点）的长度，m。

表 13.8-5　　　　　　　　　　　　　　**第三类防雷建筑物的防雷措施**

项目	防雷措施
3.1　防直击雷	（1）在建筑物上宜装设接闪网、接闪带或接闪杆，或由其混合组成的接闪器；接闪网、接闪带应沿建筑的屋角、屋脊、屋檐和檐角等易受雷击部位敷设，并应在整个屋面组成不大于 20m×20m 或 24m×16m 的网格。当建筑物的高度超过 60m 时，应沿屋顶周边敷设接闪带，接闪带应设在外墙外表面或屋檐边垂直面上或其外；接闪器之间应互相连接。 （2）对突出屋面的物体的保护方式同表 13.8-4 防直击雷（2）的要求。 （3）专设引下线不应少于两根，并应沿建筑物四周和内庭院四周均匀对称布置，其间距沿周长计算不宜大于 25m。当建筑物的跨度较大，无法在跨距中间设引下线时，应在跨距两端设置引下线并减小其他引下线的间距，宜使专设引下线的平均间距不大于 25m。 （4）防雷装置的接地应与电气和电子系统等接地共用接地装置，并应与引入的金属管线做等电位联结。外部防雷装置的专设接地装置宜围绕建筑物敷设成环形接地体。 （5）建筑物宜利用钢筋混凝土屋面板、梁、柱和基础内的钢筋作为引下线和接地装置，当其女儿墙内的屋顶钢筋网以上的防水层和面层允许不保护时，宜利用屋顶钢筋网作为接闪器；当建筑物为多层建筑且周围除巡逻人员外通常无人停留时，可利用女儿墙压顶板或檐口内的钢筋作为接闪器，并应符合表 13.8-4 防直击雷措施（5）2）、3）、6）的要求和下列规定： 　1）利用基础内钢筋网作接地体时，每根引下线在地面下 0.5m 及以下的钢筋表面积总和不应少于 $1.89k_c^{2①}$（m^2）。 　2）当在建筑物周边无钢筋的闭合条形混凝土基础内敷设人工基础接地体时，接地体的规格尺寸不应小于表 13.9-7 对第三类防雷建筑物的规定。 （6）共用接地装置的接地电阻应按 50Hz 电气装置安全接地的要求为准，当土壤电阻率 $\rho\leqslant$ 3000Ωm 时，如外部防雷装置的接地体符合下列规定之一，则可不计及冲击接地电阻值： 　1）环形接地体所包围面积的等效圆半径须大于等于 5m；如小于 5m，则应在每一引下线处补加水平接地体，其最小长度 $l_r=\left(5-\sqrt{\dfrac{A}{\pi}}\right)$，m；或补加垂直接地体，其最小长度应为 $l_r/2$。但当每根专设引下线的冲击接地电阻不大于 30Ω（对表 13.8-2 中序号 9 的第三类防雷建筑物为不大于 10Ω）时，可不按上述要求敷设接地体。 　2）在符合本表防直击雷（5）项规定的条件下，利用槽形、板形或条形基础的钢筋作为接地体或在基础下面混凝土垫层内敷设人工环形基础接地体，当槽形、板形基础钢筋网在水平面的投影面积或环状条形基础的钢筋或人工环形基础接地体所包围的面积 $A\geqslant79m^2$ 时，可不补加接地体。 　3）在符合本表防直击雷（5）项规定的条件下，对 6m 柱距或大多数柱距为 6m 的单层工业建筑物，在利用全部或绝大多数柱子基础的钢筋作为防雷接地体的场合下，同时柱子基础的钢筋网通过钢柱、钢屋架、钢筋混凝土柱子、屋架、屋面板、吊车梁等构件内的钢筋与防雷装置互相连成一体，且每一柱子基础内在距地面 0.5m 以下的钢筋体表面积总和不少于 $0.37m^2$ 时，可不另加接地体。 （7）高度超过 60m 的建筑物，除屋顶的外部防雷装置应符合上述（1）规定外，其防直击雷侧击和等电位的联结措施尚应符合表 13.8-4 防直击雷（7）的要求，但其滚球半径改为 60m；利用作为引下线的钢筋混凝土构件内的钢筋应符合本表防直击雷第（5）要求

13

项 目	防 雷 措 施
3.2 防反击及闪电电涌侵入	（1）为防止雷电流流经引下线和接地装置时，产生的高电位对附近金属物或线路的反击，应符合表 13.8-4 中防反击（1）中对间隔距离的相关规定。但金属物或线路与引下线之间的空气中的距离应改为 $S_{a3} \geqslant 0.04k_c l_x$[②]（m）。 （2）在低压电源线路引入的总配电箱/柜处以及当配电变压器设在本建筑物内或附设于外墙处，并在低压配电屏母线上装设 I 级试验的 SPD 时，SPD 的参数要求同于表 13.8-4 防反击及闪电电涌侵入（2）、（3）的相关规定。但计算用雷电流参数应按第三类防护水平取为 100kA。 （3）对电子系统的室外线路采用金属线时，在其引入的终端箱处安装的 D1 类高能量试验类型的电涌保护器，其的短路电流可按表 13.8-3 之 1.4 项中的公式（13.8-3）及式（13.8-4）计算（式中雷电流取 100kA）；当无法确定时应取 1.0kA。其他参数选择及安装要求参见 13.11。 （4）在电子系统的室外线路采用光缆时，在其引入的终端箱处的电气线路侧，当无金属线路引出本建筑至其他有自己接地装置的设备时可安装 B2 类慢上升率试验类型的 SPD，其试验短路电流宜选用 50A。 （5）从室外引入建筑物的输送火灾爆炸危险物质和具有阴极保护的埋地金属管道，当在入户处设有绝缘段时，应在绝缘段处跨接电压开关型 SPD 或隔离放电间隙。SPD 应选用一级试验的密封型产品，其冲击电流 $I_{imp} \geqslant 50/n$，kA（n 为引入本建筑的架空及埋地管道和线路的总数）；其电压保护水平 U_p 应小于绝缘段的耐冲击电压水平，当不能确定时应取 $1.5kV \leqslant U_p \leqslant 2.5kV$，并应大于阴级保护电源的最大端电压；上述防雷等位联结应在管道绝缘段的室内侧进行，可将 SPD 的上端头连接到等电位联结带

① 同表 13.8-4 注①k_c含义。

② 同表 13.8-4 注②l_x含义。

13.8.3.3 其他防雷措施

（1）固定在建筑物上的节日彩灯、航空障碍信号灯及其他用电设备和线路，应根据建筑物的防雷类别采取相应的防闪电电涌侵入的措施。并应符合下列规定：

1）无金属外壳或保护网罩的用电设备宜处在接闪器的保护范围内。

2）从配电箱引出的配电线路应穿钢管。钢管的一端应与配电箱和 PE 线相连；另一端应与用电设备外壳、保护罩相连，并应就近与屋顶防雷装置相连。当钢管因连接设备而中间断开时应设跨接线。

3）在配电箱内，应在开关的电源侧装设 II 级试验的电涌保护器，其电压保护水平应不大于 2.5kV，标称放电电流值应根据雷电流分流的具体情况估算确定。

注 估算举例，由配电箱引至屋顶接闪器保护范围内的电气设备的配电线路穿钢管时，其流经钢管的雷电流分流系数（见表 13.8-4 注①）可取为 $K_{c1} = 0.44$，流入配电箱内 SPD 的分雷电流还应再乘以分流系数 $K_{c2} = (1/n) + 0.1$，因此流经 SPD 的电流 $I_{imp} = 0.44I [(1/n) + 0.1] /m$；式中：$I$ 为雷电流幅值（见表 13.7-1）；n 为建筑物周边及内部引下线的根数且不少于 4 根；m 为配电线路的芯线数（包括 N 线及 PE 线），如 TN-S 系统为 $m=5$。再换算为 II 级试验 8/20 波形的 $I_{max} \approx 20I_{imp}$；或换算为 $I_n \approx 0.5I_{max}$ 以选定 SPD。

（2）粮、棉及易燃物大量集中的露天堆场，当其年计算雷击次数 $N \geqslant 0.05$ 时应采用独立接闪杆或架空接闪线防直击雷。独立接闪杆或架空接闪线保护范围的滚球半径 h_r 可取

100m。在计算雷击次数时，建筑物的高度可按堆放物可能堆放的高度计算，长度和宽度可按可能堆放面积的长度和宽度计算。

（3）对防直击雷，在确定滚球法所得出的接闪器保护范围是否保护到建筑物、封闭气罐时，可不计及其外表面的2区爆炸危险环境。

（4）在建筑物外引下线附近为保护人身安全而采取的防接触电压和跨步电压措施见13.9.3.2中。

（5）对第二类和第三类防雷建筑物，不在接闪器保护范围内的突出于屋顶的装置（内表面有积炭的烟囱除外）如符合下列规定，可不需附加接闪器保护：

1）屋顶孤立金属物，高出屋顶平面不超过0.3m，或上层表面总面积不超过1.0m²，或上层表面的长度不超过2.0m。但应满足与防雷装置之间的间隔距离（参见表13.8-4和表13.8-5中防反击的间隔距离要求），否则屋顶金属装置应与接闪器相连。

2）非导电性屋顶物体，高出屋顶接闪器形成的平面不超过0.5m。

（6）为防闪电电涌侵入，严禁在独立接闪杆、架空接闪网和接闪线的支柱上悬挂电话线、广播线、电视接收天线及低压架空线等。

13.8.3.4　建筑物防雷的其他相关要求

（1）因高层建筑物均为钢筋混凝土结构或钢结构，应充分利用其建筑物结构金属体作防雷装置。其防侧击和等电位的保护措施中，除应将外墙上距地等于滚球半径及以上的栏杆、门窗等较大的金属物与防雷装置连接外，还应将外墙装饰幕墙等金属体与防雷装置相连接。

（2）关于高层建筑的防直击雷接闪器，宜装设明敷接闪带或利用金属栏杆等代替明敷接闪带，不应采用暗敷接闪带或利用屋顶周边外墙顶部混凝土结构钢筋代替暗敷接闪带，以防雷击点破碎混凝土坠落造成意外伤害。

（3）当基础的防水层采用塑料、橡胶等非沥青质的防水材料时，基础内的钢筋不能用作防雷接地装置，但可作为下部引下线和等电位联结导体使用，此时宜在基础防水层外周边的素混凝土垫层内另敷人工接地体并按引下线的连接要求与基础内钢筋体焊接连通（穿过防水层处应采取密封措施）。另外，基础周围开挖时所设的护坡桩宜利用其作为自然接地体。

（4）建筑物钢构件或钢筋混凝土构件内钢筋的电气连续性贯通要求：按照IEC-TC81的相关标准及我国防雷规范的规定，应符合以下要求：

1）构件内主钢筋在长度方向上的连接应采用焊接（搭焊或对焊）、夹接（卡夹器连接）或采用土建施工通常采用的铁丝绑扎法搭接连接，绑扎连接时其搭接部分长度至少为其直径的20倍。

2）垂直钢筋与水平钢筋的交叉点至少有一根主钢筋彼此是采用焊接或通过跨接线搭焊，或螺栓紧固的卡夹器连接，或至少有两根主钢筋彼此采用通常的铁丝绑扎法搭接连接。

3）当利用钢筋混凝土构件内的钢筋网作为电气装置的接地线及基础接地极时，应对需要通过短时工频故障电流的钢材连接线校验热稳定（校验及计算要求见14.5.4）。

4）当钢筋之间采用搭焊连接时，我国相关标准及通用图要求：搭接长度不宜小于其直径的6倍，双面焊缝长度不小于60mm（注：IEC标准要求的搭接长度为不小于50mm，焊缝长度不小于30mm）。当钢筋之间跨接连接或引出导体时，跨（搭）接线应采用≥φ10mm

圆钢，当跨接线应用于电气装置时，应采用 ϕ12mm 圆钢，焊缝长度为 80mm；或采用 25×4 扁钢，其搭接长度为扁钢宽度的二倍（三边焊）。

5）建筑物的钢梁、钢柱、消防梯等钢构件的电气贯通，可采用溶焊、铜锌合金焊、卷边压接、缝接、螺钉或螺栓连接。

6）当利用建筑物构件内钢筋作防雷装置自然引下线时，从其上端到地面测量点之间实测直流电阻值应不大于 0.2Ω；否则应另设专用引下线。

（5）当利用钢筋混凝土建筑构件内钢筋作防雷装置时，建议尽量利用所有现浇或预制柱子及其独立基础内的钢筋作防雷装置自然分流引下线和接地体，并通过结构梁及楼（屋面及地面）板内的钢筋或金属体连成整体；有利于大大降低雷电流分流系数，使地面的电位分布更均匀，并降低跨步电压和接触电压的危险性；同时也大大改善了建筑物内的闪电电磁脉冲环境。

（6）外部雷电防护系统的接闪器和引下线，在大多数情况下可直接固定于受保护建筑物上。但当雷电流通过时的热效应和爆炸效应可能引起建筑物或其内部物体损坏并可能导致其他严重后果时应考虑采用分离的外部 LPS（即独立的 LPS，如对我国标准规定的第一类防雷建筑物，但高层建筑物除外）；例如采用易燃材料作屋顶或外墙的建筑物以及存在爆炸和火灾危险的区域时。另外，当建筑物内部物体对引下线中雷电流所产生的电磁脉冲辐射极为敏感时，可考虑采用分离的外部 LPS。

（7）对年预计雷击次数小于 0.05 的一般性工业或永久性民用建筑物，如建筑物本身的结构钢筋符合可利用其作为防雷装置的条件且只需少量费用及施工工作就能满足防雷要求时，为安全起见，可扩大按第三类防雷建筑物做防雷设计。

（8）对装设或预期会装设大量敏感电子设备（如计算机、通信设备、控制系统等）的建筑物按照本章第 13.10 节防雷击电磁脉冲的屏蔽和等电位联结的要求，宜扩大防侧击和等电位联结措施，将地面以上建筑物外墙上的所有结构钢筋体、金属门窗、栏杆、幕墙等金属体与防雷装置相连接以构成笼式屏蔽体。此种作法亦可起到有效防止"球雷"的作用。防直击雷接闪器宜采用避雷网。

13.9 建筑物防雷装置

13.9.1 防雷装置的定义和所使用的材料

13.9.1.1 防雷装置概述

防雷装置（LPS）：用于减少闪击于建（构）筑物上或其附近所造成的物质性损害和人身伤亡，由外部防雷装置和内部防雷装置组成。

外部防雷装置：由接闪器、引下线、接地装置组成。

注 不包括防止外部防雷装置受到直接雷击时向其他物体的反击。

内部防雷装置：由防雷等电位联结和与外部防雷装置的间隔距离组成。

注 包括防闪电感应、防反击以及防闪电电涌侵入和防生命危险。

13.9.1.2 防雷装置的材料和连接部件的截面

（1）防雷装置所使用的材料及其应用条件宜符合表 13.9-1 的规定。

（2）防雷等电位联结各连接部件的最小截面应符合表 13.9-2 的要求。

表 13.9-1   **防雷装置的材料及使用条件**

材料	使用于大气中	使用于地中	使用于混凝土中	耐腐蚀情况		
				在下列环境中能耐腐蚀	在下列环境中增加腐蚀	与下列材料接触形成直流电耦合可能受到严重腐蚀
铜	单根导体绞线	单根导体有镀层的绞线铜管	单根导体有镀层的绞线	在许多环境中良好	硫化物有机材料	—
热镀锌钢	单根导体绞线	单根导体钢管	单根导体绞线	敷设于大气、混凝土和温和的土壤中受到的腐蚀是可接受的	高氯化物含量	铜
不锈钢	单根导体绞线	单根导体绞线	单根导体绞线	在许多环境中良好	高氯化物含量	—
铝	单根导体绞线	不适合	不适合	在含有低浓度硫和氯化物的大气中良好	碱性溶液	铜
铅	有镀层的单根导体	禁止	不适合	在含有高浓度硫酸化合物的大气中良好	—	铜不锈钢

注 1. 本表为一般原则。

    2. 绞线比单根导体更易于受到腐蚀,在地中进出混凝土处绞线也易于受到腐蚀。因此不推荐在地中采用镀锌钢绞线。

    3. 敷设于黏土或潮湿土壤中的镀锌钢可能受到腐蚀。

    4. 敷设于混凝土中的镀锌钢不宜延伸进入土壤中,因为在混凝土外的钢可能受到腐蚀。

    5. 不得在地中采用铅。

表 13.9-2   **防雷装置各连接部件的最小截面**

等电位联结部件			材料	截面积（mm²）
等电位联结带（铜、镀铜钢或热镀锌钢）			Cu（铜）、Fe（铁）	50
从等电位联结带至接地装置或至其他等电位联结带的连接导体			Cu（铜）	16
			Al（铝）	25
			Fe（铁）	50
从屋内金属装置至等电位联结带的连接导体			Cu（铜）	6
			Al（铝）	10
			Fe（铁）	16
连接电涌保护器的导体	项目	I 级试验的电涌保护器	Cu（铜）	6
		II 级试验的电涌保护器		4
		III 级试验的电涌保护器		1.5
	电子系统	D1 类电涌保护器		1.2
		其他类的电涌保护器（连接导体的截面积可小于 1.2mm²）		根据具体情况确定

（3）连接单台或多台Ⅰ级分类试验或D1类SPD的单根导体的最小截面 $S_{\min}$ 尚应按下式计算

$$S_{\min} \geqslant I_{\mathrm{imp}}/8 \qquad\qquad (13.9\text{-}1)$$

式中　$S_{\min}$——单根导体的最小截面，mm^2；

　　　I_{imp}——流入该导体的雷电流，kA。

13.9.2　接闪器

13.9.2.1　建筑物防雷接闪器的种类和滚球半径

建筑物防雷接闪器由下列一种或多种设施组合而成：

（1）独立接闪杆；

（2）架空接闪线或架空接闪网；

（3）直接装在建筑物上的接闪杆、接闪带或接闪网（包括被利用作为接闪器的建筑物金属体和结构钢筋）。

布置接闪器时，应采用滚球法对接闪杆、接闪线、接闪带（网）进行保护范围计算。

滚球法是以 h_{r} 为半径的一个球体，沿需要防直击雷的部位滚动，当球体只触及接闪器，包括被利用作为接闪器的金属物，或只触及接闪器和地面，包括与大地接触能承受雷击的金属物，而不触及需要保护的部位时，或者接闪网的网格不大于规定的尺寸时，则该部分就得到接闪器的保护。我国不同类别的防雷建筑物的滚球半径及接闪网的网格尺寸见表13.9-3。

表 13.9-3　　　　　建筑物防雷接闪器布置的滚球半径与接闪网网格尺寸

建筑物防雷类别（LPL）	滚球半径 h_{r}（m）	接闪网格尺寸（m×m）
第一类防雷建筑物	30	不大于 5×5 或 6×4
第二类防雷建筑物	45	不大于 10×10 或 12×8
第三类防雷建筑物	60	不大于 20×20 或 24×16

注　1. IEC相关标准（见 IEC 62305-1/GB/T 21714.1）对应的雷电防护水平LPL划分为Ⅰ、Ⅱ、Ⅲ、Ⅳ级，其适用的滚球半径分别为20、30、45、60m；适用的避雷网格尺寸分别为 5m×5m、10m×10m、15m×15m、20m×20m。

2. IEC标准LPL滚球半径20、30、45、60m所能拦截住的雷电最小参数值，依据雷闪的数学模型（见式13.10-7）估算，分别约为3、5、10、16kA；相应能截获的雷电概率则分别约为99%、98%、91%、84%。

3. IEC 62305-3（GB/T 21714.3）标准对于接闪器的布置除上述滚球法和网格法以外，对于外形简单且高度不超过60m的建筑物还推荐了一种保护角法（参见 GB/T21714.3—2015 之 5.2.2 图1）。该保护角实际是以滚球法为基础，使该保护角的保护空间与滚球法保护的空间基本相等，以等效面积计算而得出；但在具体位置上两者的保护范围有明显的矛盾，因此我国建筑物防雷规范 GB 50057 未予采用。

13.9.2.2　接闪器的材料和装设要求

（1）接闪器的材料、结构和最小截面应符合表13.9-4的要求。

表 13.9-4　　　　接闪线（带）、接闪杆和引下线的材料、结构和最小截面

材料	结构	最小截面[⑩]（mm^2）	最小厚度或直径
铜 镀锡铜[①]	单根扁铜	50	最小厚度 2mm
	单根圆铜[⑦]	50	直径 8mm
	铜绞线	50	每股线最小直径 1.7mm
	单根圆铜[③④]	176	直径 15mm

续表

材料	结构	最小截面⑩（mm²）	最小厚度或直径
铝	单根扁铝	70	最小厚度 3mm
	单根圆铝	50	直径 8mm
	铝绞线	50	每股线最小直径 1.7mm
铝合金	单根扁形导体	50	最小厚度 2.5mm
	单根圆形导体	50	直径 8mm
	绞线	50	每股线最小直径 1.7mm
	单根圆形导体③	176	直径 15mm
	外表面镀铜的单根圆形导体	50	直径 8mm，径向镀铜厚度至少 70μm，铜纯度 99.9%
热浸镀锌钢②	单根扁钢	50	最小厚度 2.5mm
	单根圆钢⑨	50	直径 8mm
	绞线	50	每股线直径 1.7mm
	单根圆钢③④	176	直径 15mm
不锈钢⑤	单根扁钢⑥	50⑧	最小厚度 2mm
	单根圆钢⑥	50⑧	直径 8mm
	绞线	70⑧	每股线直径 1.7mm
	单根圆钢③④	176	直径 15mm
外表面镀铜的钢	单根圆钢直径（8mm）	50	镀铜厚度至少 70μm，铜纯度 99.9%
	单根扁钢（厚 2.5mm）		

① 热浸或电镀锡的锡层最小厚度为 1μm。

② 镀锌层宜光滑连贯、无焊剂斑点，镀锌层圆钢至少 22.7g/m²，扁钢至少 32.4g/m²。

③ 仅应用于接闪杆。当应用于机械应力（如风荷载）没达到临界值之处，可采用直径 10mm、最长 1m 的接闪杆，并增加固定。

④ 仅应用于入地之处。

⑤ 不锈钢中，铬的含量≥16%，镍的含量≥8%，碳的含量≤0.08%。

⑥ 对埋于混凝土中以及与可燃材料直接接触的不锈钢，其最小尺寸宜增大至直径 10mm 的 78mm²（单根圆钢）和最小厚度 3mm 的 75mm²（单根扁钢）。

⑦ 在机械强度没有重要要求之处，50mm²（直径 8mm）可减为 28mm²（直径 6mm）。在这种情况下，并应减小固定支架间的间距。

⑧ 当温升和机械受力是重点考虑之处，50mm² 加大至 75mm²。

⑨ 避免在单位能量 10MJ/Ω 下熔化的最小截面是铜为 16mm²、铝为 25mm²、钢为 50mm²、不锈钢为 50mm²。

⑩ 截面积允许误差为 −3%。

（2）接闪杆宜采用热镀锌圆钢或焊接钢管。当杆长 1m 以下时，圆钢直径应≥12mm，钢管直径应≥20mm；当杆长 1～2m 时，圆钢直径应≥16mm，钢管直径应≥25mm。

当在独立烟囱顶上装设接闪杆时，圆钢直径应≥20mm，钢管直径应≥40mm；当烟囱上采用热镀锌环形接闪带时，其圆钢直径应≥12mm；扁钢截面应≥100mm²，扁钢厚度应≥4mm。

（3）接闪杆的顶端宜做成半球状，其弯曲半径最小为 4.8mm，最大至 12.7mm。

（4）架空接闪线和接闪网一般采用截面不小于 $50mm^2$ 的热镀锌钢绞线或铜绞线。

（5）在一般情况下，明敷接闪导体固定支架的间距不宜大于表 13.9-5 的规定。

表 13.9-5　　　　　　　　明敷接闪导体和引下线固定支架的间距

布置方式	扁形导体和绞线 固定支架的间距（mm）	单根圆形导体 固定支架的间距（mm）
水平面上的水平导体	500*	1000
垂直面上的水平导体	500	1000
地面至 20m 处的垂直导体	1000	1000
从 20m 处起往上的垂直导体	500	1000

* GB/T 21714.3—2015/IEC 62305-3：2010 中建议此间距为 1000（表 E.1）。

（6）除第一类防雷建筑物外，金属屋面的建筑物宜利用屋面作自然接闪器，但应符合表 13.9-6 的要求。

表 13.9-6　　　　　　　　金属屋面接闪器的最小厚度及连接要求

金属屋面板材料		铅板	不锈钢板 镀锌钢板	钛板	铜板	铝板	锌板
板厚（mm）	屋面板下无易燃物 （不防止击穿）	2	0.5	0.5	0.5	0.65	0.7
	屋面板下有易燃物 （防止击穿）	—	4	4	5	7	—

注　1. 屋面板间的连接应是持久的电气贯通，例如，采用铜锌合金焊、熔焊、卷边压接、缝接、螺钉或螺栓连接。

2. 金属板应无绝缘被覆层，但薄的油漆保护层或 1mm 厚的沥青层或 0.5mm 厚的聚氯乙烯层均不属于绝缘被覆层。

3. 双层夹芯（非易燃物）板，上层厚度应满足本表要求。

（7）除第一类防雷建筑物及第二类防雷建筑物突出屋面的排放爆炸危险气体、蒸汽或粉尘的放散管、呼吸阀、排风管等应符合表 13.8-4 防直击雷（2）要求外，屋顶上的永久性金属物，如旗杆、栏杆、装饰物、女儿墙上的盖板等宜作为接闪器，但其各部件之间均应连成电气通路，其截面应符合表 13.9-4 的要求，其厚度应符合表 13.9-6 的要求。

输送和储存物质的钢管、钢罐的壁厚不应小于 2.5mm，当由于被雷击穿后将导致其内的介质泄漏，对周围环境造成危害时，其壁厚不应小于 4mm。

利用屋顶建筑构件内钢筋作接闪器时，应符合表 13.8-4 及表 13.8-5 中防直击雷（5）的要求。

（8）外露钢质接闪器应热镀锌。在腐蚀性较强的场所，接闪器应适当加大截面或采取其他防腐措施。利用混凝土构件内金属体作接闪器时，其引出接地线处应采取防腐措施。

（9）不得利用安装在接收无线电视广播天线杆顶上的接闪杆等非永久性接闪器保护建筑物。

（10）目前市售的各种非常规避雷针，还不能证明其效果和经济性优于常规避雷针，因此我国防雷标准及 IEC 标准均未推荐使用。IEC 标准还规定不允许采用具有放射性的接闪器。

13.9.2.3　接闪杆的保护范围

（1）单支接闪杆的保护范围。单支接闪杆的保护范围应按下列方法确定（见图 13.9-1）。

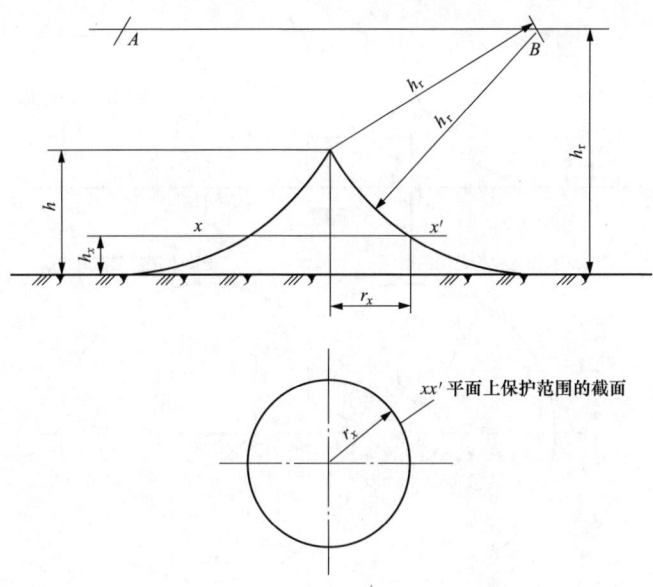

图 13.9-1　单支接闪杆的保护范围

1）当接闪杆高度 $h \leqslant h_r$ 时，具体确定方法如下：

a. 距地面 h_r 处作一平行于地面的平行线；

b. 以杆尖为圆心，h_r 为半径，作弧线交于平行线的 A、B 两点；

c. 以 A、B 为圆心，h_r 为半径，该弧线与杆尖相交并与地面相切，此弧线从杆尖起到地面止就是保护范围。保护范围是一个对称的锥体；

d. 接闪杆在 h_x 高度的 xx' 平面上的保护半径，按下式计算

$$r_x = \sqrt{h(2h_r - h)} - \sqrt{h_x(2h_r - h_x)} \tag{13.9-2}$$

接闪杆在地面上的保护半径 r_0 为

$$r_0 = \sqrt{h(2h_r - h)} \tag{13.9-3}$$

上述式中　r_x——接闪杆在 h_x 高度的 xx' 平面上的保护半径，m；

r_0——接闪杆在地面上的保护半径，m；

h_r——滚球半径，按表 13.9-3 和 13.8.3.3（2）取值，m；

h——接闪杆高度，m；

h_x——被保护物的高度，m。

2）当 $h > h_r$ 时，除在接闪杆上取高度 h_r 的一点代替接闪杆杆尖作为圆心外，其余的做法同本条 1）项。但式（13.9-2）及式（13.9-3）中的 h 用 h_r 代入。

（2）两支等高接闪杆的保护范围。两支等高接闪杆的保护范围，在 $h \leqslant h_r$ 的情况下，当两针之间的距离 $D \geqslant 2\sqrt{h(2h_r - h)}$ 时，各按单支接闪杆所规定的方法确定。

当 $D < 2\sqrt{h(2h_r - h)}$ 时，按下列方法确定，见图 13.9-2。

1）$AEBC$ 外侧的保护范围，按照单支接闪杆所规定的方法确定。

2）C、E 点位于两针间的垂直平分线上。在地面每侧的最小保护宽度 b_0 应按下式计算

$$b_0 = \sqrt{h(2h_r - h) - \left(\frac{D}{2}\right)^2} \tag{13.9-4}$$

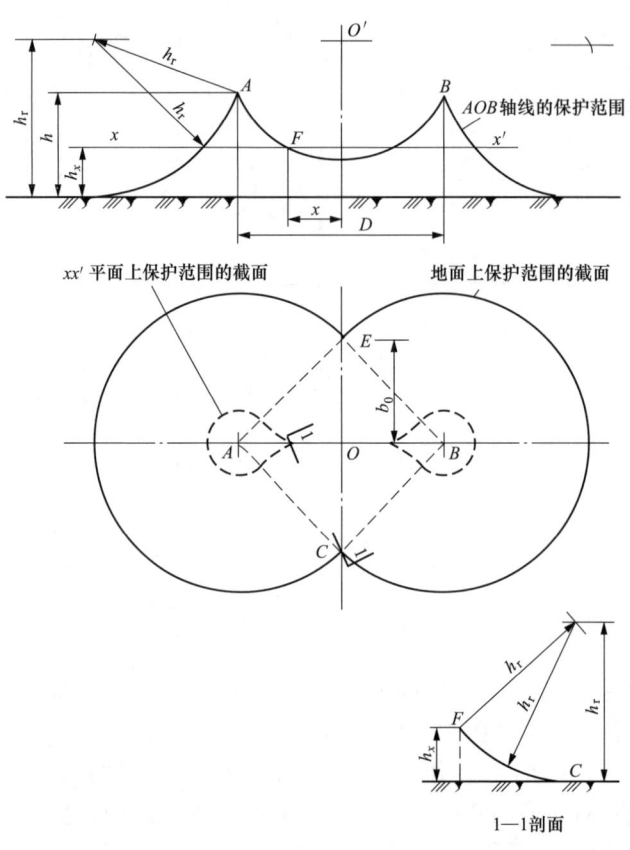

图 13.9-2　两支等高接闪杆的保护范围

在 AOB 轴线上，距中心线距离 x 处，其在保护范围上边线上的保护高度 h_x 按下式确定

$$h_x = h_r - \sqrt{(h_r - h)^2 + \left(\frac{D}{2}\right)^2 - x^2}$$ (13.9-5)

上述式中　b_0——最小保护宽度，m；

$\quad\quad\quad\quad h$——接闪杆高度，m；

$\quad\quad\quad\quad h_r$——滚球半径，m；取值见表 13.9-3 及 13.8.3.3（2）；

$\quad\quad\quad\quad h_x$——被保护物的高度，m；

$\quad\quad\quad\quad D$——接闪杆间的距离，m；

$\quad\quad\quad\quad x$——计算点距 CE 线或 OO' 线的距离，m。

该保护范围上边线是以中心线距地面 h_r 的一点 O' 为圆心，以 $\sqrt{(h_r - h)^2 + \left(\frac{D}{2}\right)^2}$ 为半径所作的圆弧 AB。

3）两杆间 $AEBC$ 内的保护范围，ACO 部分的保护范围按以下方法确定；在 h_x 保护高度 F 点和 C 点所处的垂直平面上，以 h_x 作为假想接闪杆，按单支接闪杆的方法逐点确定（图 13.9-2 的 1-1 剖面图）。确定 BCO、AEO、BEO 部分的保护范围的方法与 ACO 部分的相同。

4）确定 xx' 平面上保护范围截面的方法，以单支接闪杆的保护半径 r_x 为半径，以 A、B 为圆心作弧线与四边形 $AEBC$ 相交；以单支接闪杆的 $(r_0 - r_x)$ 为半径，以 E、C 为圆心作弧线与上述弧线相接，见图 13.9-2 中的粗虚线。

（3）两支不等高接闪杆的保护范围。两支不等高接闪杆的保护范围，在 $h_1 \leqslant h_r$ 和 $h_2 \leqslant h_r$ 的情况下，在 $D \geqslant \sqrt{h_1(2h_r - h_1)} + \sqrt{h_2(2h_r - h_2)}$ 时，各按单支接闪杆所规定的方法确定；当 $D < \sqrt{h_1(2h_r - h_1)} + \sqrt{h_2(2h_r - h_2)}$ 时，应按下列方法确定，见图 13.9-3。

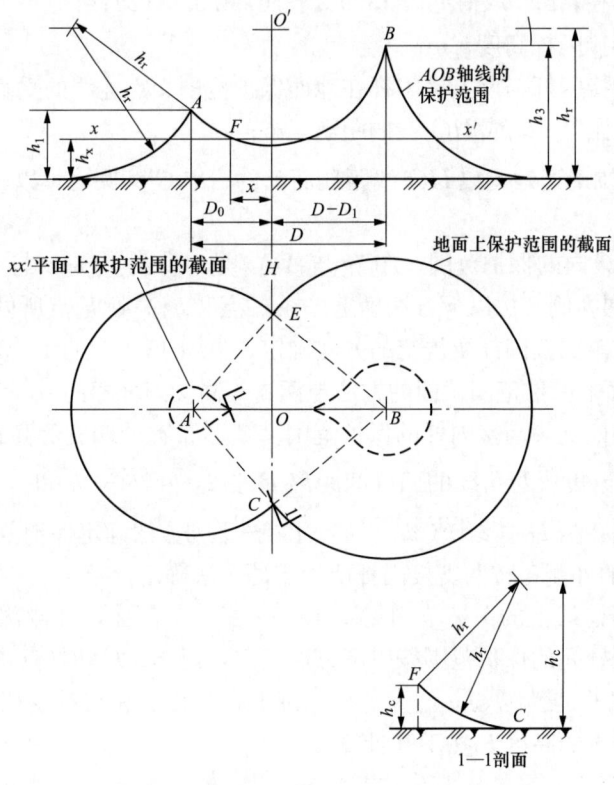

图 13.9-3　两支不等高接闪杆的保护范围

1）$AEBC$ 外侧的保护范围，按单支接闪杆所规定的方法确定。

2）CE 线或 HO' 线的位置按下式计算

$$D_1 = \frac{(h_r - h_2)^2 - (h_r - h_1)^2 + D^2}{2D} \tag{13.9-6}$$

式中　D_1——较低的接闪杆与两支接闪杆在地面保护范围交点连线的垂直距离，m；

　　　h_1——较低的接闪杆高度，m；

　　　h_2——较高的接闪杆高度，m；

　　　h_r——滚球半径，m；取值见表（13.9-3）及 13.8.3.3（2）；

　　　D——接闪杆间的距离，m。

3）在地面上每侧的最小保护宽度 b_0（CO 或 EO），按下式计算

$$b_0 = \sqrt{h_1(2h_r - h_1) - D_1^2} \tag{13.9-7}$$

式中　b_0——最小保护宽度，m；

　　　h_1——较低的接闪杆高度，m；

　　　h_r——滚球半径，m，取值见表 13.9-3 及 13.8.3.3（2）；

D_1——较低的接闪杆与两支接闪杆在地面保护范围交点连线的垂直距离，m。

在 AOB 轴线上，在距 HO' 线距离 x 处其在保护范围上边线上的保护高度 h_x 按下式确定

$$h_x = h_r - \sqrt{(h_r - h_1)^2 + D_1^2 - x^2} \qquad (13.9-8)$$

式中 h_x——被保护物的高度，m；

$\quad h_r$——滚球半径，m，取值见表 13.9-3 及 13.8.3.3（2）；

$\quad h_1$——较低的接闪杆高度，m；

$\quad D_1$——较低的接闪杆与两支接闪杆在地面保护范围交点连线的垂直距离，m。

$\quad x$——计算点距 CE 线或 HO' 线的距离，m。

A、B 间保护范围上边线是以 HO' 线距地面 h_r 的一点 O' 为圆心，以 $\sqrt{(h_r - h_1)^2 + D_1^2}$ 为半径作的圆弧 AB。

4）两杆间 $AEBC$ 内的保护范围，ACO 与 AEO 是对称的，BCO 与 BEO 是对称的。以 ACO 部分的保护范围为例，按以下方法确定：在 C 点和 h_x 高处 F 点所处的垂直平面上，以 h_x 为假想接闪杆，按单支接闪杆所规定的方法确定，见图 13.9-3 的 1-1 剖面。

5）确定 xx' 平面上保护范围截面的方法与两支等高接闪杆相同。

（4）矩形布置的四支等高接闪杆的保护范围。矩形布置的四支等高接闪杆的保护范围，在 $h \leqslant h_r$ 的情况下，当矩形对角线的两杆间距离 $D_3 \geqslant 2\sqrt{h(2h_r - h)}$ 时，各按双支等高接闪杆所规定的方法确定；当 $D_3 < 2\sqrt{h(2h_r - h)}$ 时，按下列方法确定保护范围，见图 13.9-4。

1）四支接闪杆的外侧各按两支接闪杆所规定的方法确定。

2）B、E 接闪杆连线上的保护范围见图 13.9-4 的 1-1 剖面，外侧部分按单支接闪杆所规定的方法确定。两杆间的保护范围按以下方法确定：以 B、E 两杆杆尖为圆心，h_r 为半径作弧相交于 O 点，以 O 点为圆心，h_r 为半径作圆弧，与杆尖相接的这段圆弧即为杆间保护范围。保护范围最低点的高度 h_0 按下式计算

$$h_0 = \sqrt{h_r^2 - \left(\frac{D_3}{2}\right)^2} + h - h_r \qquad (13.9-9)$$

式中 h_0——保护范围最低点的高度，m；

$\quad h_r$——滚球半径，m，取值见表（13.9-3）及 13.8.3.3（2）；

$\quad h$——接闪杆高度，m；

$\quad D_3$——对角线的接闪杆间距，m。

3）2-2 剖面的保护范围，以 A、B 针间的垂直平分线上的 O 点（距地面的高度为 $h_r + h_0$）为圆心，h_r 为半径作圆弧，与 B、C 和 A、E 两支接闪杆所作出的该剖面的外侧保护范围延长圆弧相交于 H、F 点。H 点（F 点与此类同）的位置及高度可按下列两计算式确定

$$(h_r - h_x)^2 = h_r^2 - (b_0 + x)^2 \qquad (13.9-10)$$

$$(h_r + h_0 - h_x)^2 = h_r^2 - \left(\frac{D_1}{2} - x\right)^2 \qquad (13.9-11)$$

式中 b_0——最小保护宽度，m；

$\quad h_0$——保护范围最低点的高度，m；

$\quad h_r$——滚球半径，m，取值见表 13.9-3 及 13.8.3.3（2）；

$\quad h_x$——被保护物的高度，m；

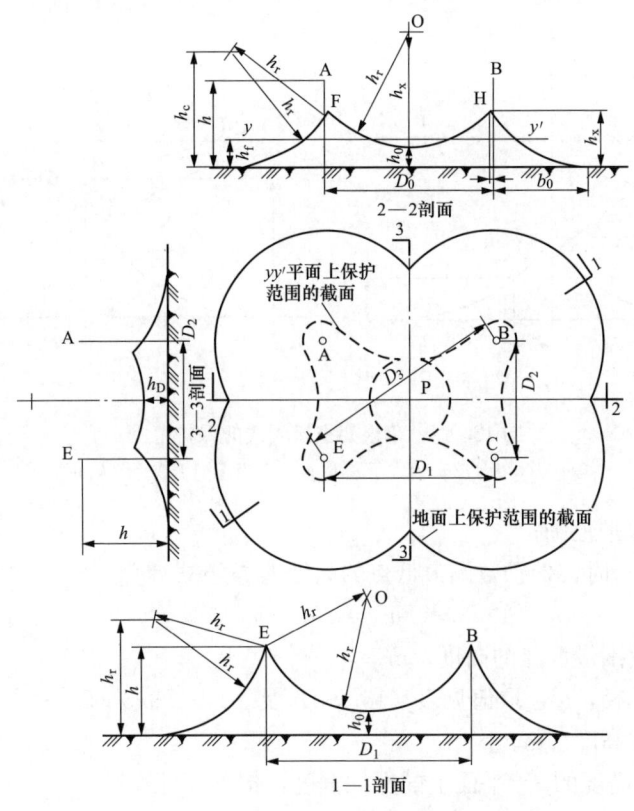

图 13.9-4 四支等高接闪杆的保护范围

D_1——接闪杆间距，m；

  x——以 h_r 为半径、O 点为圆心画弧，与接闪杆外侧保护范围延长弧交点与接闪杆的距离，m。

4）3—3 剖面保护范围的确定与（3）中相同。

5）确定四支等高接闪杆中间在 $h_0 \sim h$ 之间于 h_y 高度的 yy' 平面上保护范围截面的方法：以 P 点为圆心、$\sqrt{2h_r(h_y - h_0) - (h_y - h_0)^2}$ 为半径作圆或圆弧，与各双支接闪杆在外侧所作的保护范围截面组成该保护范围截面，见图 13.9-4 中的虚线。

13.9.2.4 架空接闪线的保护范围

（1）单根架空接闪线的保护范围。单根架空接闪线的保护范围，当接闪线的高度 $h \geqslant 2h_r$ 时，无保护范围；当接闪线高度❶ $h < 2h_r$ 时，应按下列方法确定保护范围，见图 13.9-5。

1）距地面 h_r 处作一平行于地面的平行线；

2）以接闪线为圆心，h_r 为半径，作弧线交平行线的 A、B 两点；

3）以 A、B 为圆心，h_r 为半径作弧线，该两弧线相交或相切并与地面相切。从该两弧

---

❶　在确定接闪线的高度时应计及弧垂的影响。在无法确定弧垂的情况下，可考虑架空接闪线中点的弧垂，当等高支柱距离小于 120m 时为 2m，当等高支柱距离为 120～150m 时为 3m。

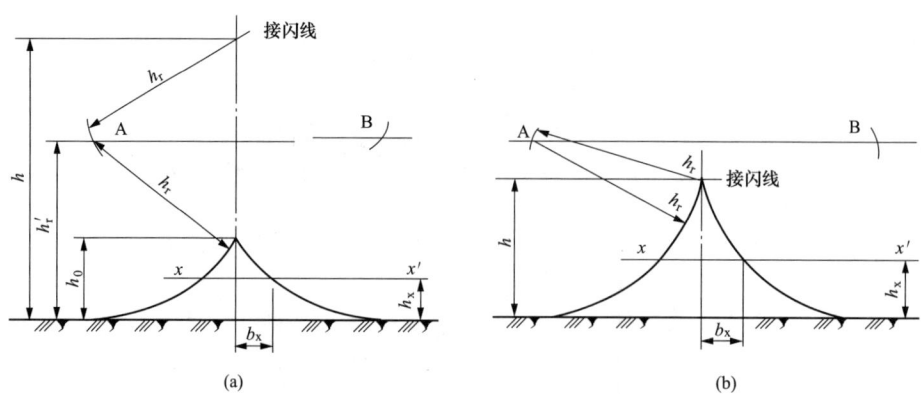

图 13.9-5　单根架空接闪线的保护范围

（a）当 k 小于 $2h_1$ 但大于 h_r 时；（b）当 h 小于或等于 h_r 时

线起到地面止就是保护范围；

4）当 $2h_r > h > h_r$ 时，保护范围最低点的高度 h_0 按下式计算

$$h_0 = 2h_r - h \tag{13.9-12}$$

式中　h_0——保护范围最低点的高度，m；

　　　h_r——滚球半径，m，取值见表（13.9-3）及 [13.8.3.3 (2)]；

　　　h——接闪线高度，m。

5）接闪线在 h_x 高度的 xx′ 平面上的保护宽度，按下式计算

$$b_x = \sqrt{h(2h_r - h)} - \sqrt{h_x(2h_r - h_x)} \tag{13.9-13}$$

式中　b_x——接闪线在 h_x 高度的 xx' 平面上的保护宽度，m；

　　　h_r——滚球半径，m，按表 13.9-3 和 13.8.3.3 (2) 的规定取值；

　　　h——接闪线的高度，m；

　　　h_x——被保护物的高度，m。

6）接闪线两端的保护范围按单支接闪杆的方法确定。

（2）两根等高架空接闪线的保护范围。两根等高架空接闪线的保护范围，按下列方法确定：

1）在接闪线高度 $h \leqslant h_r$ 的情况下，当 $D \geqslant 2\sqrt{h(2h_r - h)}$ 时，各按单根接闪线所规定的方法确定；当 $D < 2\sqrt{h(2h_r - h)}$ 时，应按下列方法确定保护范围，见图 13.9-6。

a. 两根接闪线的外侧，各按单根接闪线的方法确定；

b. 两根接闪线之间的保护范围按以下方法确定：以 A、B 两根接闪线为圆心，h_r 为半径作圆弧交于 O 点，以 O 点为圆心，h_r 为半径作圆弧交于 A、B 两点；圆弧 AB 即为两接闪线间的保护范围上边线。

c. 两接闪线之间保护范围最低点的高度 h_0 按下式计算

$$h_0 = \sqrt{h_r^2 - \left(\frac{D}{2}\right)^2} + h - h_r \tag{13.9-14}$$

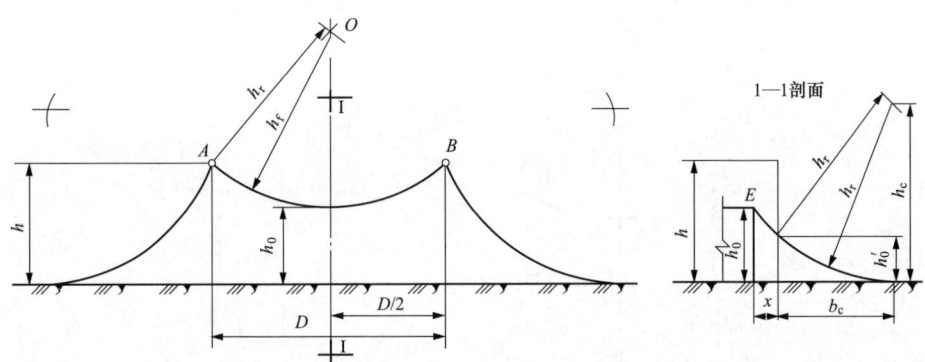

图 13.9-6 两根等高接闪线在 $h \leqslant h_r$ 时的保护范围

式中　h_0——保护范围最低点的高度，m；

　　　h_r——滚球半径，m；取值见表（13.9-3）及 13.8.3.3（2）；

　　　h——接闪线的高度，m；

　　　D——两接闪线之间的距离，m。

　　d. 接闪线两端的保护范围按两支接闪杆所规定的方法确定，但在中线上 h_0 线的内移位置按以下方法确定（图 13.9-6 的 1—1 剖面），以两支接闪杆所确定的中点保护范围最低点的高度 $h_0' = h_r - \sqrt{(h_r - h)^2 + \left(\dfrac{D}{2}\right)^2}$ 作为假想接闪杆的高度，将其保护范围的延长弧线与 h_0 线交于 E 点。距离 x 也可按下式计算

$$x = \sqrt{h_0(2h_r - h_0)} - b_0 \tag{13.9-15}$$

式中　x——内移距离，m；

　　　b_0——最小保护宽度，m；

　　　h_0——保护范围最低点的高度，m；

　　　h_r——滚球半径，m；取值见表 13.9-3 及 13.8.3.3（2）；

　　2）在接闪线高度 $h_r < h < 2h_r$，而且接闪线之间的距离 $2h_r > D > 2\left[h_r - \sqrt{h(2h_r - h)}\right]$ 的情况下，按下列方法确定保护范围，见图 13.9-7。

　　a. 距地面 h_r 处作一与地面平行的线；

　　b. 以接闪线 A、B 为圆心，以 h_r 为半径作弧线，相交于 O 点并与平行线相交或相切于 C、E 点；

　　c. 以 O 点为圆心，以 h_r 为半径作弧线交于 A、B 点；

　　d. 以 C、E 为圆心，以 h_r 为半径作弧线交于 A、B 并与地面相切；

　　e. 两接闪线之间保护范围最低点的高度 h_0 按下式计算

$$h_0 = \sqrt{h_r^2 - \left(\dfrac{D}{2}\right)^2} + h - h_r \tag{13.9-16}$$

式中　h_0——两接闪线之间保护范围最低点的高度，m；

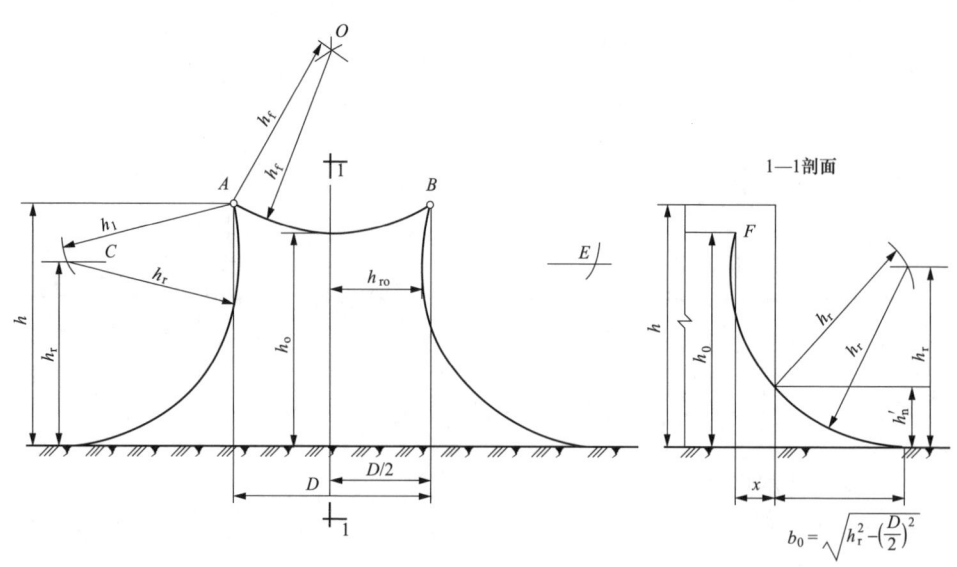

图 13.9-7 两根等高接闪线在 $h_r < h \leqslant 2h_r$ 时的保护范围

h_r——滚球半径，m，取值见表 13.9-3 及 13.8.3.3 (2)；

h——接闪线的高度，m；

D——两接闪线之间的距离，m。

f. 最小保护宽度 b_m 位于 h_r 高度处，其值为

$$b_m = \sqrt{h(2h_r - h)} + \frac{D}{2} - h_r \tag{13.9-17}$$

式中　b_m——最小保护宽度，m；

h_r——滚球半径，m，取值见表 13.9-3 及 13.8.3.3 (2)。

h——接闪线的高度，m；

D——两接闪线之间的距离，m。

g. 接闪线两端的保护范围按两支高度 h_r 的接闪杆确定，但在中线上 h_0 线的内移位置按以下方法确定；以两支高度 h_r 的接闪杆所确定的中点保护范围最低点的高度 $h_0' = \left(h_r - \frac{D}{2}\right)$ 作为假想接闪杆，将其保护范围的延长弧线与 h_0 线交于 F 点。内移位置的距离 x 可以按下式计算

$$x = \sqrt{h_0(2h_r - h_0)} - \sqrt{h_r^2 - \left(\frac{D}{2}\right)^2} \tag{13.9-18}$$

式中　x——内移位置的距离，m；

h_r——滚球半径，m，取值见表 13.9-3 及 13.8.3.3 (2)；

h_0——两接闪线之间保护范围最低点的高度，m；

D——两接闪线之间的距离，m。

13.9.2.5　外形复杂建筑物的保护范围

本节各图中所画的地面也可以是位于建筑物上的接地金属物或其他接闪器。当接闪器在

"地面"上保护范围的截面的外周线触及接地金属物或其他接闪器时，各图的保护范围均适用于这些接闪器；当接地金属物或其他接闪器是处在外周线之内且位于被保护部位的边沿时，按以下方法确定所需断面上的保护范围，见图13.9-8。

（1）以 A、B 为圆心，h_r 为半径作弧线相交于 O 点；

（2）以 O 为圆心，h_r 为半径作弧线 AB，弧线 AB 就是保护范围。

当外周线触及的是屋面时，各图的保护范围仍有效，但外周线触及的屋面及其外部得不到保护，而内部才能得到保护。

13.9.3 引下线

13.9.3.1 引下线的材料和装设要求

（1）引下线的材料、结构和最小截面的要求同接闪器，即应符合表13.9-4的要求。

（2）明装引下线一般采用热镀锌圆钢或扁钢，优先采用圆钢。装在烟囱上的引下线，圆钢直径应≥12mm；扁钢截面应≥100mm²，扁钢厚度应≥4mm。明装引下线的固定支架间距同接闪器（见表13.9-5），其防腐措施亦同接闪器。当利用建筑构件内钢筋做引下线时，亦应符合表13.8-4及表13.8-5中防直击雷第（5）项的要求。

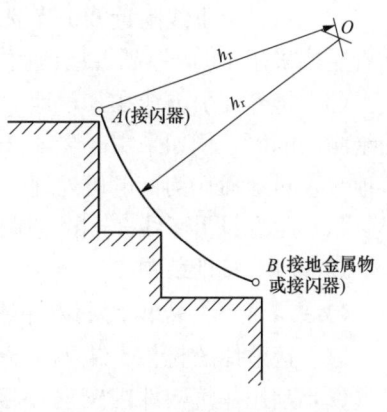

图13.9-8 确定建筑物上任两接闪器
在所需断面上的保护范围

（3）专设引下线应沿建筑物外墙敷设，并经最短路径接地；当建筑艺术要求较高时也可暗敷，但截面要加大一级，即圆钢直径应≥10mm，扁钢截面应≥20mm×4mm。

防直击雷的专设引下线距出入口或人行道边沿不宜小于3m。

> **注** 当不能保证专设引下线对附近金属物或线路的防反击安全隔距要求［见表13.8-4及表13.8-5防反击（1）］时，可采用特殊结构的绝缘引下线（如德国OBO公司的IsCon超绝缘引下线，可缩短0.75m的空气间隔距离）。

（4）符合引下线截面要求的建筑物的金属构件，如建筑物的钢梁、钢柱、消防梯、幕墙的金属立柱等宜作为引下线，但其各部件之间应构成电气贯通［见13.8.3.4（4）5）］，金属构件可被覆有绝缘材料。

（5）采用多根引下线时，为了便于测量接地电阻以及检查引下线、接地线的连接状况，宜在各引下线距地面0.3~1.8m之间设置断接卡。

> **注** IEC 62305：2010标准要求：非独立LPS的多根引下线最好沿建筑物周边等间距设置，对应于LPL类别Ⅰ、Ⅱ、Ⅲ、Ⅳ，引下线之间的典型距离分别为10、10、15、20m；与GB 50057的规定（见表13.8-3~表13.8-5中防直击雷措施部分）略有不同。

当利用混凝土内的钢筋、钢柱作自然引下线并同时兼作基础接地体时，可不设断接卡，但被利用作引下线的钢筋应在室内外的适当地点设置供测量、接人工接地体和作等电位联结用的连接板。当仅利用钢筋作引下线，接地采用人工接地体时，应在每根引下线距地面不低于0.3m处设置接地体的连接板。当采用埋于土壤中的人工接地体时，应设断接卡，其上端与连接板或钢柱焊接。连接板处宜有明显标志。

供测量接地电阻用的连接板应布置在建筑物接地网的最外缘。检测点伸入接地网内部时，将造成较大的测量误差。必要时，应在户外适当地点设置接地测量井。

（6）在易受机械损伤的地方，地面上约 1.7m 至地下 0.3m 的一段接地线应采取暗敷或加镀锌角钢、耐日光老化的改性塑料管或橡胶管等加以保护。

13.9.3.2 引下线附近防接触电压和跨步电压的措施

在建筑物引下线附近为保护人身安全，防接触电压和跨步电压应采取以下任一措施：

（1）利用建筑物金属构架或互相连接且满足电气贯通要求的钢筋构成的自然引下线应由位于建筑物四周及其内部的不少于 10 根柱子组成。

（2）专设引下线附近 3m 范围内土壤地表层的电阻率不小于 50kΩm；例如采用 5cm 厚沥青层或采用 15cm 厚砾石层地面。

（3）将外露引下线在其距地面 2.7m 以下的导体部分采用耐 1.2/50μs 冲击电压 100kV 的绝缘层隔离，例如采用至少 3mm 厚的交联聚乙烯层绝缘，以防接触电压伤害；并用网状接地装置对地面作均衡电位处理，以防跨步电压伤害。

（4）距专设引下线 3m 的范围内用护栏、警告牌以限制人员进入该区域或接触引下线。

13.9.4 接地装置

13.9.4.1 接地体的材料和规格

（1）接地体的材料、结构和最小截面见 14.5.2。

（2）利用建筑构件内钢筋作接地装置时，应符合表 13.8-4 及表 13.8-5 中防直击雷第（5）项的要求。

（3）当在建筑物周边的无钢筋的闭合条形混凝土基础内敷设人工基础接地体时，接地体的规格尺寸不应小于表 13.9-7 的规定。

表 13.9-7 环形人工基础接地体的规格尺寸

闭合条形基础的周长 （m）	第二类防雷建筑物		第三类防雷建筑物	
	扁钢 （mm）	圆钢 根数×直径（mm）	扁钢 （mm）	圆钢 根数×直径（mm）
≥60	25×4	2×φ10		1×φ10
≥40 至 <60	50×4	4×φ10 或 3×φ12	20×4	2×φ8
<40	钢材表面积总和≥4.24m²		钢材表面积总和≥1.89m²	

（4）在符合防雷装置的材料及应用条件的规定（表 13.9-1）下，埋设于土壤中的人工垂直接地体宜采用热镀锌角钢、钢管、圆钢；埋设于土壤中的人工水平接地体宜采用热镀锌扁钢。在腐蚀性较强的土壤中，宜适当加大截面。接地线应与水平接地体的截面相同。

（5）在敷设于土壤中的接地体连接到混凝土基础内起基础接地体作用的钢筋或钢材的情况下，为防止对接地体的电化学腐蚀，土壤中的接地体宜采用铜质或镀铜钢或不锈钢导体，也可把钢材用混凝土包覆。

13.9.4.2 接地装置的类型

为将雷电流泄散入大地而不会产生危险的过电压，接地装置的布置形状和尺寸比接地电阻值更重要，虽然通常建议有较小的接地电阻值。GB/T21714.3 将建筑物防雷接地装置分为以下两种基本的类型：

（1）A 型接地装置：安装在受保护建筑物外，且与引下线相连的水平接地极与垂直接地极构成。接地极的总数不应小于 2，在引下线底部所连接的每个接地极的最小长度为：

1）对水平接地体为 l_1；

2）对垂直（或倾斜）接地体为 $0.5 l_1$。

各类 LPL 在不同的土壤电阻率中的接地体最小长度 l_1 见图 13.9-9。

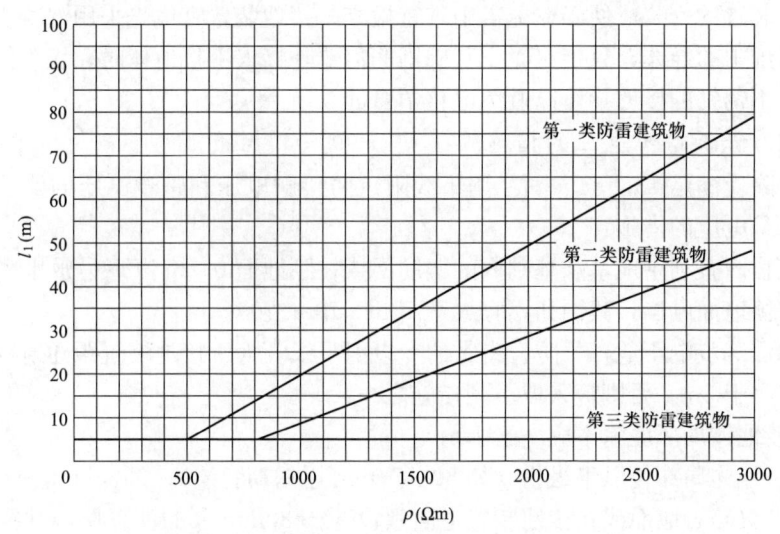

图 13.9-9　各类 LPL 的每一接地体的最小长度 l_1

注：对水平和垂直接地极组合的接地体应考虑总长度；如接地装置的接地电阻小于 10Ω，

则可不考虑图 13.9-9 中的最小长度。

A 型接地装置一般适用于高度比较低的建筑物及已有建筑物，以及采用接闪杆或接闪线的 LPS 或分离的 LPS。当土壤电阻率高于 3000Ωm，长度超过 60m，则应采用 B 型接地装置。

（2）B 型接地装置：位于建筑物外且总长至少 80% 与土壤接触的环形接地体或基础接地体，可以是网状接地装置。环形接地体（或基础接地体）所包围区域的平均半径 r_e 不应小于图 13.9-9 所示的最小长度 l_1；如果 $r_e < l_1$，则应附加放射形水平接地体或垂直（或倾斜）接地极，其水平接地体长度 l_r 为 $l_r = l_1 - r_e$，或垂直接地极长度 l_v 为 $l_v = （l_1 - r_e）/2$。附加接地体的数量不少于引下线的数量且最少为 2 个，并尽可能与环形接地体进行多点等距离连接。GB 50057—2010 亦基于上述原理而推导出了对各类防雷建筑物的环形接地体所包围面积及补加接地体的规定（见表 13.8-3～表 13.8-5 的相关部分）。

B 型接地装置适用于网状接闪器及岩石地基的地区；相比 A 型接地装置，能较好的满足引下线之间的等电位联结和对地电位控制的要求。对装有电子系统或存在高火险的建筑物，应优先采用 B 型接地装置。

13.9.4.3　接地装置的敷设安装要求

（1）人工垂直接地体的长度一般采用 2.5m。为减小相邻接地体的屏蔽效应，人工垂直接地体及水平接地体间的距离一般为 5m，当受场地限制时可适当减少，但一般不小于垂直接地体的长度。

（2）人工接地体在土壤中的埋深不应小于 0.5m，并宜敷设于冻土层以下，其距外墙或基础不宜小于 1m。接地体宜远离由于高温影响（如炉窑、烟道等）使土壤电阻率升高的场所。

（3）在高土壤电阻率地区，降低防直击雷接地装置冲击接地电阻的措施见 14.6。

（4）埋在土壤中的接地装置，其连接宜采用放热焊接，当采用常规焊接时，并在焊接处作防腐处理。

（5）接地装置的安装应便于在施工中进行检查。接地装置宜优先采用混凝土基础中的钢筋或埋设于基础中的导体，且当混凝土基础钢筋需要外接人工接地体时，人工接地体宜采用铜、镀铜钢或不锈钢的接地导体以避免电化学腐蚀。

13.9.4.4 降低跨步电压的措施

接地装置除应满足 13.9.3.2 对于引下线附近防接触电压和跨步电压的要求外，还应采取以下降低跨步电压的措施：

（1）建筑物内宜利用地基和基础内的钢筋网或在距地面 0.5m 以下另敷水平均压带做防雷均压网以均衡地面电位，其网孔不宜大于 10m×10m。

（2）为降低跨步电压危害，防直击雷的专设引下线及人工接地装置距建筑物出入口及人行道边沿不应小于 3m。否则应采取下列措施之一：

1）水平接地体局部埋深不应小于 1m；

2）水平接地体局部包以绝缘物（如 50～80mm 厚的沥青层）；

3）采用沥青碎石地面或在接地装置上面敷设 50～80mm 厚的沥青层，其宽度超过接地装置 2m。

还可以采取降低接地装置的接地电阻、埋设均压网等措施。

13.9.4.5 冲击接地电阻与工频接地电阻的换算

接地装置的工频接地电阻是指当接地装置通过工频电流时，所呈现出来的电阻值；而其冲击接地电阻则是雷电冲击电流通过时所呈现的阻抗值，但其电抗部分影响较大，故国际电工标准称其为"等效接地电阻"；而在另外的标准中又称其为"冲击接地阻抗"，定义为接地体上冲击电压峰值与冲击电流峰值之比，但二者峰值通常不会同时发生。理论上的雷电冲击接地电阻难于模拟实测，且其值总是小于工频接地电阻，故可通过可实测或计算的工频接地电阻值加以换算得到。工程上规定的接地电阻如无特别注明一般为可以实测的工频接地电阻。因此，冲击接地电阻通常由计算或换算得到。

（1）GB 50057 规定，雷电冲击接地电阻应由工频接地电阻按下式换算

$$R_i = R_\sim / A \tag{13.9-19}$$

式中 R_i——防雷接地装置的冲击接地电阻，Ω；

$R_\sim$——接地装置在接地体有效长度 l_e 内的工频接地电阻，Ω；

A——换算系数，其取值宜按图 13.9-10 曲线确定。

（2）接地体有效长度按下式计算

$$l_e = 2\sqrt{\rho} \tag{13.9-20}$$

式中 l_e——接地体有效长度，m，应按图 13.9-11 计量；

ρ——敷设接地体处的土壤电阻率，$\Omega \cdot m$。

注 当水平接地体敷设于不同土壤电阻率区域时接地体有效长度应分段计算，例如：敷设于 ρ_1 土壤内

的水平接地体长度为 l_1，其计算有效长度为 l_{e1}，当 $l_1 \leqslant l_{e1}$ 时，余下敷设于 ρ_2 中的有效长度 l_{e2} 应换算为 $l_{e2} = (l_{e1} - l_1) \sqrt{\rho_2/\rho_1}$，总有效长度 $l_e = l_1 + l_{e2}$。

（3）围绕建筑物的环形接地体应按以下方法确定冲击接地电阻：

1）当环形接地体周长的一半大于或等于接地体的有效长度 l_e 时，引下线的冲击接地电阻为从与引下线的连接点起沿两侧接地体各取 l_e 的长度算出的工频接地电阻（换算系数 A 等于 1）。

2）当环形接地体周长的一半小于 l_e 时，引下线的冲击接地电阻应为以接地体的实际长度算出的工频接地电阻再除以 A 值。

（4）与引下线连接的基础接地体，当其钢筋从与引下线的连接点量起大于 20m 时，其冲击接地电阻应为以换算系数 A 等于 1 和以该连接点为圆心、20m 为半径的半球体范围内的钢筋体的工频接地电阻。

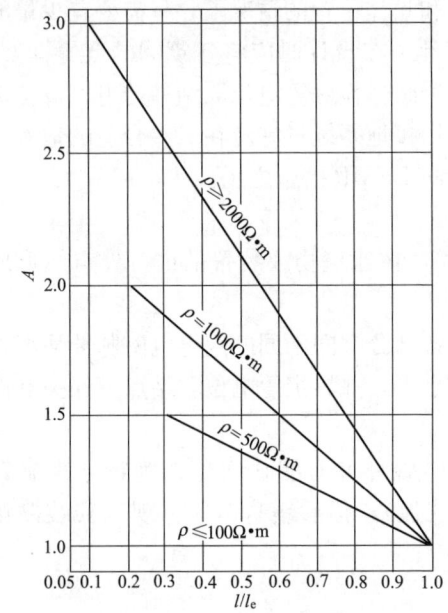

图 13.9-10　换算系数 A 的取值曲线

注：曲线图中 l 为接地体最长支线的实际长度（m），其计量与 l_e 类同。当它大于 l_e 时，取其等于 l_e。

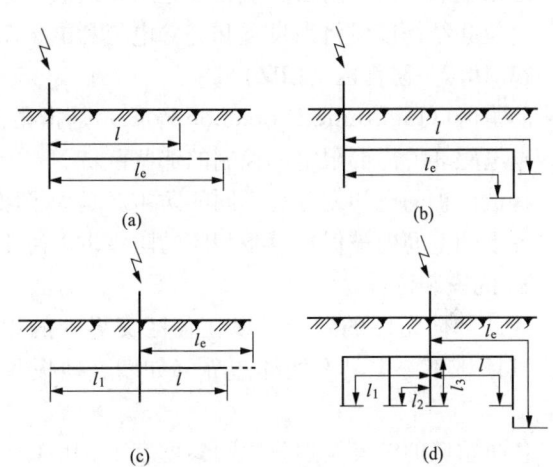

图 13.9-11　接地体有效长度 l_e 的计量

(a) 单根水平接地体；(b) 末端接垂直接地体的单根水平接地体；

(c) 多根水平接地体，$l_1 \leqslant l$；(d) 接多根垂直接地体的多根水平接地体，$l_1 \leqslant l$、$l_2 \leqslant l$、$l_3 \leqslant l$

13.10　建筑物内部系统防雷击电磁脉冲

13.10.1　概述

当雷击于建筑物或入户线路或击于附近地面时，闪电电流及闪电高频电磁场所形成的闪电电磁脉冲 LEMP（Lightning Eletromagnetic Impulse）通过接地装置或电气线路的电阻性传导耦合以及空间辐射电磁场的感应耦合，在电气及电子设备中产生危险的瞬态过电压和过电流。这种瞬态"电涌"（Surge）释放出的数十至数百兆焦耳的高能量及数十至数百千伏的高电压，对电气设备特别是工作在焦耳至毫焦耳级及几伏的电子设备可产生致命的伤害。随着微电子技术的发展，电子计算机、通信、自动控制等电子系统日益渗透到工业及民用的各个领域，由雷击及闪电电磁脉冲对电子系统的干扰和破坏正日益产生更为严重的后果。此外，由电力系统内部开关操作以及高压系统故障亦会在低压配电系统中产生电涌，从而对电气及信息设备造成损害。为了对电子及信息系统（包括计算机系统、通信系统、电子控制系统、无线电系统以及电力电子装置等构成的系统，以下统称为电子系统）提供更为全面的保护，需要建筑物防雷设计、电子/信息系统设计、电子元器件和电子设备制造等各方面分别在各自领域内相互配合地采取对闪电电磁脉冲损害及干扰的防护措施，综合运用分流、均压（等电位）、接地、屏蔽、合理布线、保护（器件）等技术手段对电子系统实施全面的LEMP防护。

因此，建筑物防雷设计除应按本章前述各节考虑外部防雷装置（LPS）外，还应对内部电气和电子系统考虑防雷击电磁脉冲的防护措施。

当在工程建设的初期阶段还不明确电子系统规模和具体位置的情况下，只需要花少量的工作及费用即能满足防雷击电磁脉冲的许多要求。因此，在设计时应将建筑物的金属框架、钢筋混凝土构件内钢筋、金属管道等自然构件及自然屏蔽体作好等电位联结并与电气设备保护接地系统和建筑物防雷装置相互连通，组成一个共用接地系统；并应在一些合适的地方预埋等电位联结板以供将来设置和完善电气和电子系统防LEMP措施之用。

13.10.2 防雷区（LPZ）

防雷区（Lightning Protection Zone）是指雷击时，在建筑物或装置的内、外空间形成的闪电电磁环境需要限定和控制的那些区域。

将被保护的空间划分为不同的防雷区是为了限定各部分空间不同的闪电电磁脉冲强度以界定各不同空间内被保护设备相应的防雷击电磁干扰水平，并界定等电位联结点及保护器件（SPD）的安装位置。

因此，防雷区的划分是以在各区交界处的雷电电磁环境有明显变化作为特征来确定的，其区域不一定具有实体边界（如墙、地板和天花板），但后续防雷区体现于安装磁场屏蔽。

各防雷区的定义及划分原则参见表13.10-1。

表 13.10-1   防雷区（LPZ）的定义及划分原则

防雷区	定义及划分原则	举　　例
$LPZ0_A$	本区内的各物体都可能遭受直接雷击及导走全部雷电流。 本区内的雷击电磁场强度无衰减	建筑物接闪器保护范围以外的外部空间区域
$LPZ0_B$	本区内的各物体不可能遭受大于所选滚球半径对应的雷电流的直接雷击。 本区内的雷击电磁场仍无衰减	接闪器保护范围内的建筑物外部空间或没有采取电磁屏蔽措施的室内空间，如建筑物窗洞处
LPZ1	本区内的各物体不可能遭受直接雷击；由于界面处的分流，流经各导体的雷击电涌电流比$LPZ0_B$区进一步减小。 本区内的雷击电磁场强度可能衰减，这取决于屏蔽措施	建筑物的内部空间，其外墙有钢筋或金属壁板等屏蔽设施

续表

防雷区	定义及划分原则	举　例
LPZ（$n+1$） （$n=1$、$2\cdots$） 后续防雷区	当需要进一步减小流入的雷电流和雷击电磁场强度而增设的后续防雷区。 本区域内的电磁环境条件应根据需要保护的电子/信息系统的要求及保护装置（SPD）的参数配合要求而定。通常，防雷区的区数越大，电磁场强度的参数越低	建筑物内装有电子系统设备的房间（如计算机房），该房间六面体可能设置有电磁屏蔽（LPZ2）。 设置于电磁屏蔽室内且具有屏蔽外壳的电子/信息设备内部空间（LPZ3）

防雷区划分的一般原则示意于图 13.10-1。

将建筑物划分为若干防雷区的例子示于图 13.10-2。

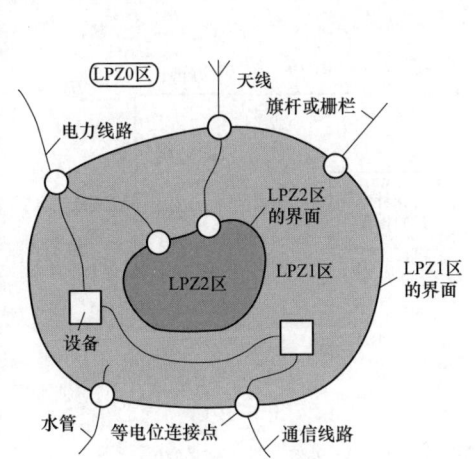

图 13.10-1　划分不同防雷区（LPZ）
的一般原则示意图

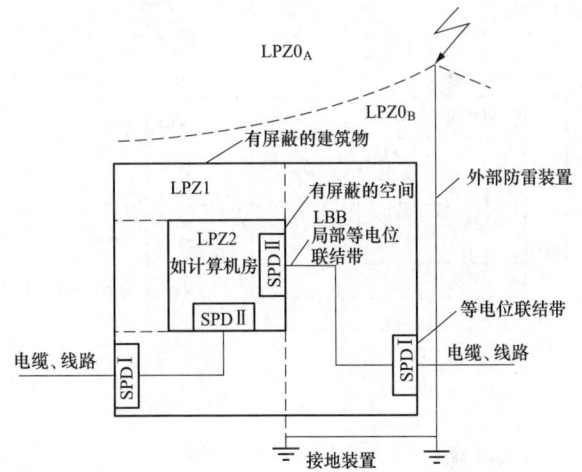

图 13.10-2　建筑物划分为若干防雷区和做
等电位联结的例子

13.10.3　防雷击电磁脉冲的基本措施

（1）建筑物或房间屏蔽、线路屏蔽及以合适的路径敷设线路：根据不同防雷区（LPZ）的电磁环境要求在其空间外部设置屏蔽措施以衰减雷击电磁场强度；以合适的路径敷设线路及线路屏蔽措施以减少感应电涌。

（2）建筑物及内部系统的接地和等电位联结：共用接地系统将雷电流泄放入地，等电位联结网络能最大程度地降低电位差，并减少空间磁场。

（3）装设协调配合的多组电涌保护器：装设 SPD 以限制外部和内部的瞬态过电压并分流浪涌电流；通过 SPD 的导通以实现带电设施的瞬态等电位联结。

上述 LEMP 防护措施 SPM（LEMP Protection measures）宜联合使用，如图 13.10-3所示。

13.10.4　屏蔽措施

LEMP 屏蔽主要是针对雷电磁场的屏蔽，因通常电场的耦合作用比磁场耦合作用小很多，一般可不予考虑。磁场的屏蔽主要为空间磁场屏蔽（建筑物或设备外壳）和电气线路的屏蔽（包括合理布线）。

13.10.4.1 建筑物空间屏蔽

（1）建筑物屏蔽可以是对整栋建筑、部分建筑或房间所做的空间屏蔽；一般利用钢筋混凝土构件内钢筋、金属框架、金属支撑物以及金属屋面板、外墙板及其安装的龙骨支架等建筑物金属体形成的笼式格栅形屏蔽体或板式大空间屏蔽体。

利用建筑物钢筋和金属门窗框架构成的笼式格栅形屏蔽体的原理示意见图 13.10-4。

（2）为改善电磁环境，所有与建筑物组合在一起的大尺寸金属物如屋顶金属表面，立面金属表面，混凝土内钢筋，门窗金属框架等都应相互等电位联结在一起并与防雷装置相连，但第一类防雷建筑物的独立避雷针及其接地装置除外。

（3）电子设备一般不宜布置在建筑物的顶层，并宜尽量布置于建筑物中心部位等内部电磁环境相对较好的位置。

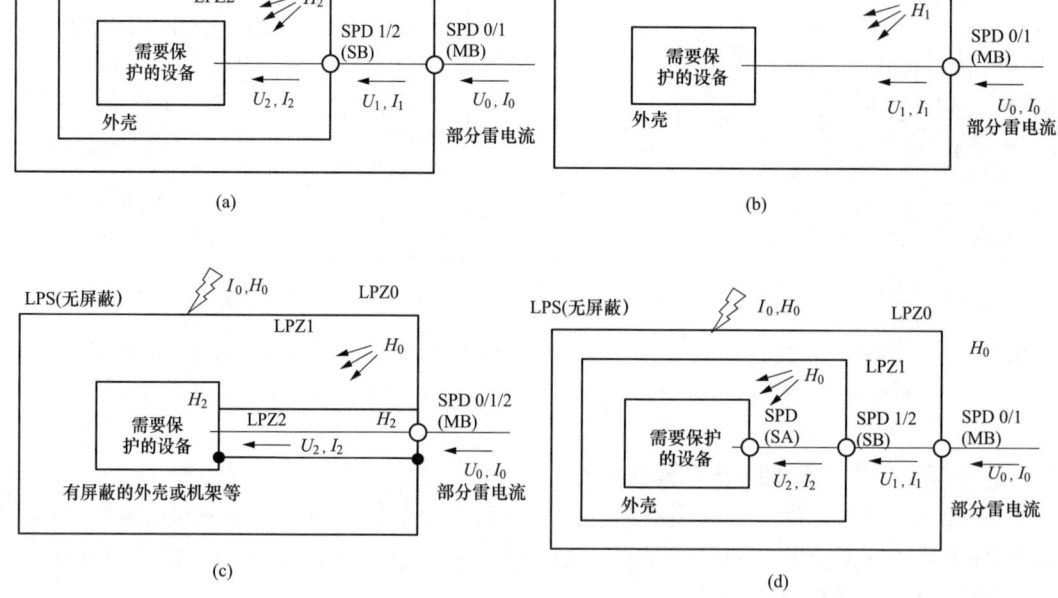

图 13.10-3 雷电电磁脉冲防护措施（SPM）示例

（a）采用大空间屏蔽和协调配合好的电涌保护器保护；（b）采用 LPZ1 的大空间屏蔽和进户处安装电涌保护器的保护；
（c）采用内部线路屏蔽和在进入 LPZ1 处安装电涌保护器的保护；（d）仅采用协调配合好的电涌保护器保护

——屏蔽边界；—非屏蔽边界；○等电位及接地连接点

注：①图（a）中设备得到良好的防导入的电涌（$U_2 \ll U_0$ 和 $I_2 \ll I_0$）和防辐射磁场（$H_2 \ll H_0$）的保护。
　　②图（b）中设备得到防导入的电涌（$U_1 < U_0$ 和 $I_1 < I_0$）和防辐射磁场（$H_1 < H_0$）的保护。
　　③图（c）中设备得到防线路导入的电涌（$U_2 < U_0$ 和 $I_2 < I_0$）和防辐射磁场（$H_2 < H_0$）的保护；图中 LPZ1 实为 $LPZ0_B$，LPZ2 实为 LPZ1。
　　④图（d）中设备得到防线路导入的电涌（$U_2 \ll U_0$ 和 $I_2 \ll I_0$），但不需防辐射磁场（H_0）的保护。

（4）当为了进一步满足室内 LPZ2 区及以上局部区域的电磁环境要求，例如装有特殊电子设备的房间的屏蔽效能要求时，还可在该房间墙体内埋入网格状金属材料进行屏蔽，并在门窗孔及通风管孔等孔洞处设置金属屏蔽网；甚至采用由专门工厂制造的金属板装配式屏蔽室以满足特殊电子设备的电磁兼容性（EMC）要求。

（5）屏蔽材料的选择应满足屏蔽效能所要求的电磁特性（相对电导率和相对导磁率）及屏蔽厚度的要求。在 LPZ0$_A$ 与 LPZ1 的边界处的屏蔽材料应与接闪器和引下线的要求一致（参见表 13.9-4），而在 LPZ1/2 或后续防雷区的边界，因不直接承载雷电流，故不需满足表

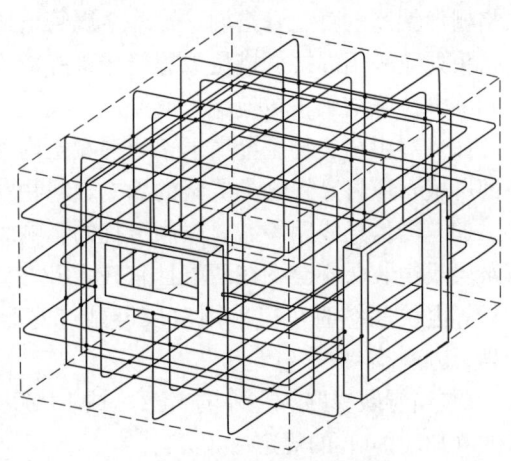

图 13.10-4　建筑物钢筋和金属框架构成的笼形大空间屏蔽体原理示意

13.9-4 的要求，仅需满足屏蔽效能的要求（见 13.10.4.3 及 13.10.4.4）；同时，还应考虑电磁脉冲干扰源频率的影响。

13.10.4.2　线路屏蔽和合理布线

线路屏蔽及合理布线能有效地减小闪电感应效应，其原理说明见图 13.10-5。

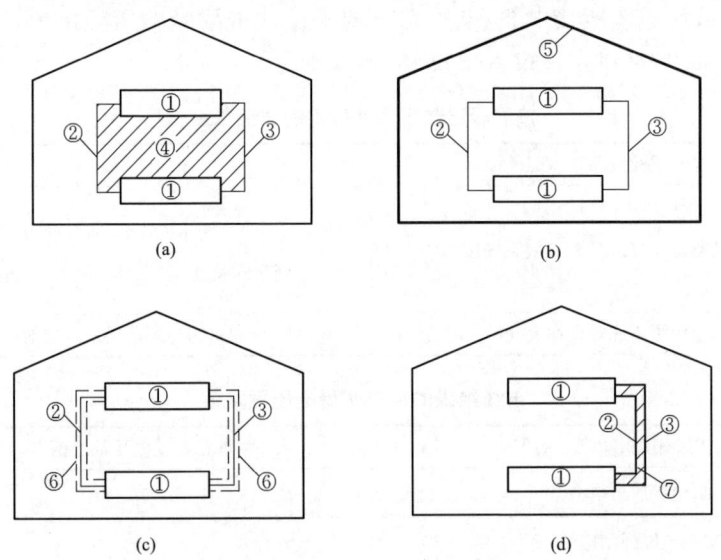

图 13.10-5　采用线路布线路由和屏蔽措施降低感应效应

（a）无保护的系统；（b）用空间屏蔽减小 LPZ 内部磁场；

（c）用线路屏蔽减小空间磁场对线路的影响；（d）合理布线减小感应面积

①—金属外壳设备；②—信号线路；③—电力线路；④—感应环路；

⑤—空间屏蔽；⑥—线路屏蔽；⑦—减小环路面积

（1）在需要保护的空间内或在分开的建筑物之间敷设及引入/出的电力线路及信号线路，当采用非屏蔽电线电缆时应采用金属管道敷线方式，如敷设在金属管、金属封闭线槽及格栅

或格栅形钢筋混凝土管道内。这些金属管道或混凝土管道内的钢筋应是连续导电贯通的，即在接头处应采用焊接、搭接或螺栓连接等措施；并在两端防雷区 LPZ 交界处（包括入户处）分别等电位联结到主接地端子或接地母线上。

（2）对由金属物、金属框架或混凝土内钢筋等自然构件构成的建筑物或房间的格栅形大空间屏蔽，应将穿入这类屏蔽的导电金属物就近与其做等电位联结。

（3）当信息线路等需要限制干扰的影响时宜采用屏蔽电缆或带铠装金属外套的电缆，其屏蔽层或铠装层应至少在两端且宜在 LPZ 交界处做等电位联结并接地；当系统要求只在一端做等电位联结时，应采用双层屏蔽或穿金属管，外屏蔽层或穿线金属管应按前述要求处理。

1）当屏蔽线路从室外的 LPZ0$_A$ 或 LPZ0$_B$ 区进入 LPZ1 区时，线路屏蔽层的截面 S_c 应符合式（13.10-1）的规定

$$S_c = \frac{I_f \times \rho_c \times L_c \times 10^6}{U_w} \tag{13.10-1}$$

式中　　S_c——线路屏蔽层的截面，mm^2；

$\quad\quad\quad I_f$——流入屏蔽层的雷电流，kA，按表 13.8-3 中式（13.8-4）计算；

$\quad\quad\quad \rho_c$——屏蔽层的电阻率，Ωm，20℃时铁为 $138 \times 10^{-9} \Omega m$，铜为 $17.24 \times 10^{-9} \Omega m$，铝为 $28.264 \times 10^{-9} \Omega m$；

$\quad\quad\quad L_c$——线路计算长度，m，按表 13.10-2 确定；

$\quad\quad\quad U_w$——线路电缆所接电气/电子系统的绝缘冲击耐受电压额定值，kV，线路按表 13.10-3 确定，设备按表 13.10-4 确定。

表 13.10-2　　　　　　　　　　按屏蔽层敷设条件确定的线路长度

屏蔽层敷设条件	L_c/m
屏蔽层与电阻率为 ρ（Ωm）的土壤直接接触	当实际长度 $> 8\sqrt{\rho}$ 时，取 $L_c = 8\sqrt{\rho}$； 当实际长度 $< 8\sqrt{\rho}$ 时，取 $L_c =$ 线路实际长度
屏蔽层与土壤隔离或敷设在大气中	$L_c =$ 建筑物与屏蔽层最近接地点之间的距离

表 13.10-3　　　　　　　　　　电缆绝缘的冲击耐受电压额定值

电缆种类及额定电压 U_n（kV）	冲击耐受电压额定值 U_w（kV）
纸绝缘通信电缆	1.5
塑料绝缘通信电缆	5
电力电缆 $U_n \leqslant 1$	15
电力电缆 $U_n = 3$	45
电力电缆 $U_n = 6$	60
电力电缆 $U_n = 10$	75
电力电缆 $U_n = 15$	95
电力电缆 $U_n = 20$	125

表 13.10-4　　　　　　　　　　　设备的冲击耐受电压额定值

设备类型	冲击耐受电压额定值 U_w（kV）
电子设备	1.5
用户电气设备（U_n＜1kV）	2.5
电网设备（U_n＜1kV）	6

2）当流入线路的雷电流大于按下式计算的数值时，绝缘可能产生不可接受的温升。

对屏蔽的线路 $$I_f = 8 \times S_c \tag{13.10-2}$$

对无屏蔽的线路 $$I'_f = 8 \times n' \times S'_c \tag{13.10-3}$$

两式中　I_f——流入屏蔽层的雷电流，kA；

　　　　S_c——屏蔽层的截面，mm^2；

　　　　I'_f——流入无屏蔽线路的总雷电流，kA；

　　　　n'——线路导线的根数；

　　　　S'_c——每根导线的截面，mm^2。

3）上述计算亦适用于用钢管屏蔽的线路，此时，式中的 S_c 为钢管壁厚的截面。

（4）当在不同的区域都设有独立的等电位联结系统的情况下，不同区域之间的信号传输可采用光耦合隔离器、非金属的纤维光缆或其他的非导电传输系统（例如微波、激光连接器或信号隔离变压器）。当光缆线路带金属件（如提供抗拉强度用的金属芯线，金属挡潮层及接头金属部件等）时，应通长连通并在两端直接接地或通过开关型电涌保护器接地。

注　解决大公共通信网络的接地电位差问题是网络管理人员的职责，可采用其他方法。

（5）为降低线路受到的感应过电压和电磁干扰（Electromaghetic Interference，EMI）的影响还应注意下述合理布线措施：

1）电力和信号线敷设路径应与防雷装置引下线采取隔离（间距或屏蔽）措施，离防雷引下线的距离宜为 2m 以上或加以屏蔽。

2）对各类系统线路选择相邻的敷线通道，避免形成大面积的感应环路。

3）信号电缆采用屏蔽或芯线绞扭在一起的电缆。当采用屏蔽的信号或数据电缆时，应注意限制故障电流流经其接地的屏蔽层或芯线；此时可附加一旁路等电位联结线以分流故障电流，降低雷电电磁脉冲的电磁兼容效应。

4）电力电缆与弱电信号线缆之间应采取适当隔离（间距或屏蔽），特别应避免电子设备的电源线和信号线与大电流感性负荷设备的电源线贴近敷设，但又要满足上述 2）要求；并在交叉点采取直角交叉跨越。电子系统线缆与电力电缆及其他管线的间距可参考表 13.10-5 及表 13.10-6。

表 13.10-5　　　　　　　　　　　电子系统线缆与电力电缆的间距

380V 电力电缆容量	不同接近状况时的最小净距（mm）		
	与电子系统线缆平行敷设	有一方在接地的金属线槽或钢管中	双方都在接地的金属线槽或钢管中
＜2kVA	130	70	10
2～5kVA	300	150	80
＞5kVA	600	300	150

注　1. 电话用户存在振铃电流时，不能与计算机网络在同一根对绞电缆中一起运用。

　　2. 双方都在接地的线槽中，系指在两个不同的线槽中，也可在同一线槽中用金属板隔开。

表 13.10-6 电子系统线缆与其他管线的间距

其他管线	电子系统线缆（电缆、光缆或管线）	
	最小平行净距（mm）	最小交叉净距（mm）
防雷引下线	1000	300
保护地线	50	20
给水管	150	20
压缩空气管	150	20
热力管（不包隔热层）	500	500
热力管（包隔热层）	300	300
煤气管	300	20

注 如墙壁电缆敷设高度超过 6000mm 时，与防雷引下线的交叉净距应按下式计算：

$$S \geqslant 0.05L \tag{13.10-4}$$

式中 S——交叉净距，mm；

L——交叉处防雷引下线距地面的高度，mm。

当不能满足上述间距要求时，综合布线等信号线路应穿金属管屏蔽或敷设于用金属板隔开并带金属盖板的电缆托盘或槽盒中。当电力电缆与非屏蔽信息缆线平行敷设的长度超过 35m 时，必须在电缆托盘中用金属板隔开。信息电缆应采用单独的金属电缆托盘置于电力电缆及辅助回路（如火灾报警、开门器）托盘的下部。对干扰敏感的线路应置于最下部并尽量靠近地面敷设。

（6）为防干扰，电子信息系统线缆距配电箱的最小净距不宜小于 1.0m，离变电室、空调机房的距离不宜小于 2.00m。信号线缆支持物（如托盘等）距离电梯、工业及医疗设备不宜小于 1.0m；距离荧光灯等高强气体放电灯的最小间距为 0.13m。

（7）为降低在保护接地导体中的感应电流，宜采用同心电缆；保护接地导体当为单独的导线时应与电缆贴近并平行敷设。

（8）对电磁骚扰敏感的设备应尽量远离潜在的干扰源（如变电站、大电流母线、大功率变频装置、电焊机、电梯、斩波器等）。为改善电磁传导现象的电磁兼容，设置电涌保护器和/或滤波器。

（9）作为移动通信室内中继系统天线的泄漏型电缆不得敷设在建筑物混凝土核心筒内，且不得与无保护措施的电子信息系统传输线路干线平行贴近敷设。

13.10.4.3 格栅形大空间屏蔽体内磁场强度、环路感应电压和感应电流

（1）雷直击于建筑物时雷电流将流过 LPS 的格栅形屏蔽体，在其内部空间产生与雷电流波形相同的磁场，其磁场强度与屏蔽网格的大小和计算点的空间位置有关。而当在建筑物附近落雷时，进入建筑物 LPZ1 屏蔽空间周围的入射磁场可以近似地当作平面波，格栅形屏蔽对入射平面波磁场亦具有一定的屏蔽效能。空间磁场强度将在内部系统环路中产生感应电压和感应电流。

当对屏蔽效率未做试验和理论研究时，格栅形大空间屏蔽体内的磁场强度及感应电压和感应电流按表 13.10-7 所列公式作近似地计算。

表 13.10-7   格栅形大空间屏蔽体内磁场强度及感应电压/电流计算公式

计 算 项 目	雷击于建筑物格栅形屏蔽空间以外附近（参见图 13.10-6）[③]	雷直击于建筑物格栅形大空间屏蔽体或与其连接的接闪器上（参见图 13.10-9)[④]
屏蔽空间（LPZ1 区）内磁场强度 H_1（A/m）[①②]	$H_1 = H_0/10^{SF/20}$ $= [i_0/(2\pi S_a)]/10^{SF/20}$	$H_1 = k_H i_0 W/(d_w \sqrt{d_r})$
屏蔽空间（LPZ1 区）内无屏蔽线环路（参见图 13.10-7）开路最大感应电压 $U_{oc/max}$（V）[⑤]	$U_{oc/max} = \mu_0 bl H_{1/max}/T_1$	$U_{oc/max} = \mu_0 bl \ln(1+l/d_{1/w})$ $k_H(W/\sqrt{d_{1/r}}) i_{0/max}/T_1$
屏蔽空间（LPZ1 区）内无屏蔽线环路短路最大感应电流 $i_{sc/max}$（A）（忽略导线电阻）[⑥]	$i_{sc/max} = \mu_0 bl H_{1/max}/L$	$i_{sc/max} = \mu_0 bl \ln(1+l/d_{1/w})$ $k_H(W/\sqrt{d_{1/r}}) i_{0/max}/L$
LPZ（$n+1$）区内（$n=1$、$2\cdots$）磁场强度 H_{n+1}（A/m）[⑦]	\multicolumn{2}{c}{可近似地按下式计算 $H_{n+1} = H_n/10^{SF/20}$ 或 $H_{n+1/max} = H_{n/max}/10^{SF/20}$}
LPZ（$n+1$）区内（$n=1$、$2\cdots$）的感应电压（V）和电流（A）[⑦]	\multicolumn{2}{c}{感应电压：$U_{oc(n+1)/max} = \mu_0 bl H_{n+1/max}/T_1$ 感应电流：$i_{sc(n+1)/max} = \mu_0 bl H_{n+1/max}/L$}

① 计算公式中 H_0 为无屏蔽时所产生的无衰减磁场强度（相当于处于 LPZ0$_A$ 区或 LPZ0$_B$ 区），在屏蔽空间（LPZ1 区）内磁场强度由 H_0 衰减为 H_1。

② 式中 i_0——雷电流，A，按表 13.7-1、表 13.7-2 及表 13.7-3 选取；

        s_a——雷击点与屏蔽空间之间的平均距离，m，参见图 13.10-6；

        k_H——形状系数（$1/\sqrt{m}$），取 $k_H=0.01$（$1/\sqrt{m}$）；

        W——LPZ1 区格栅形屏蔽的网格宽，m；

        d_r——所考虑的点距 LPZ1 区屏蔽顶的最短距离，m；

        d_w——所考虑的点距 LPZ1 区屏蔽壁的最短距离，m；

        SF——屏蔽系数，按表 13.10-8 中公式计算。

③ 计算值仅对在各 LPZ 区内距屏蔽层有一安全距离 $d_{s/1}$ 的安全空间 V_s 内才有效（见图 13.10-8）；当 $SF \geqslant 10$ 时，$d_{s/1} = W^{SF/10}$（m）；当 $SF < 10$ 时，$d_{s/1} = W$（m）。信息设备应安装在 V_s 空间内。

④ 计算值仅对在 LPZ1 区距屏蔽格栅有一安全距离 $d_{s/2}$ 的空间 V_s 内才有效，（见图 13.10-9）；当 $SF \geqslant 10$ 时，$d_{s/2} = W^{SF/10}$（m）；当 $SF < 10$ 时，$d_{s/2} = W$（m）。

    信息设备应仅安装在 V_s 空间内，其干扰源不应取紧靠格栅的特强磁场强度。

⑤ 式中 μ_0——真空导磁系数，其值等于 $4\pi10^{-7}$ [$Vs/(Am)$]；

        b——环路的宽，m；

        l——环路的长，m；

        $H_{1/max}$——LPZ1 区内最大的磁场强度，A/m，可按本表内 H_1 的计算式确定；

        T_1——雷电流的波头时间，s，按表 13.7-1、表 13.7-2 及表 13.7-3 选取；

        $d_{1/w}$——环路至屏蔽墙的距离，m；这里 $d_{1/w} \geqslant d_{s/2}$；

13

$d_{1/r}$——环路至屏蔽顶的平均距离，m；

$i_{0/max}$——LPZ0$_A$区内的雷电流最大值，A，其余符号同前。

⑥ 式中 L——环路的自电感，H，矩形环路的自电感可按下式计算

$$L = \{0.8\sqrt{l^2+b^2} - 0.8(l+b) + 0.4l\ln[(2b/r)/(1+\sqrt{1+(b/l)^2})] + 0.4b\ln[(2l/r)/(1+\sqrt{1+(l/b)^2})]\}\times10^{-6}(\text{H})$$

式中 r 为环路导线的半径，m；其余符号同前。

⑦ 流过包围 LPZ2 区及以上区的格栅形屏蔽的分雷电流将不会有实质性的影响作用，式中 SF 为 LPZn+1 区屏蔽的屏蔽系数。当闪电击于建筑物 LPZ1 区附近时，在 LPZn 区内的磁场强度为 LPZ1 区内的磁场强度时，计算值亦仅适用于距 LPZ1 区屏蔽层有一安全距离 $d_{s/1}$ 的空间 V_s 内；且该空间内的磁场强度看作是均匀的，公式中各符号及其计算值均同前。当闪电直击于建筑物 LPZ1 区大空间屏蔽体上时，所考虑的点的磁场强度应按 H_1 式计算，且其距屏蔽顶和屏蔽壁的最短距离应为 LPZ2 区的屏蔽体与 LPZ1 区的屋顶和墙壁之间的距离，参见图 13.10-10。

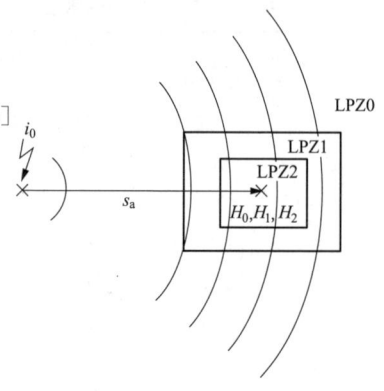

图 13.10-6 附近雷击时的环境情况

S_a—雷击点至屏蔽空间的平均距离

表 13.10-8 **格栅形大空间屏蔽的屏蔽系数**

材料	SF（dB）	
	25kHz［见注 1］	1MHz［见注 2］或 250kHz
铜/铝	$20\lg(8.5/W)$	$20\lg(8.5/W)$
钢［见注 3］	$20\lg[(8.5/W)/\sqrt{1+18\times10^{-6}/r^2}]$	$20\lg(8.5/W)$

注 1. 适用于首次雷击的磁场。

2. 1MHz 适用于后续雷击的磁场，250kHz 适用于首次负级性雷击的磁场。

3. 相对磁导系数 $\mu_r \approx 200$；

4. W——格栅形屏蔽的网格宽，m；r——格栅形屏蔽网格导体的半径，m；

5. 当公式计算结果为负数时取 $SF=0$；若建筑物具有网格形（典型宽度为 5m）等电位联结网络，SF 增加 6dB。

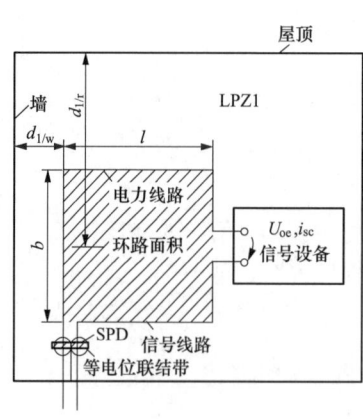

图 13.10-7 环路中的感应电压和电流

注：（1）当环路不是矩形时，应转换为相同环路面积的矩形环路；（2）图中的电力线路或信息线路也可以是邻近的两端做了等电位联结的金属物。

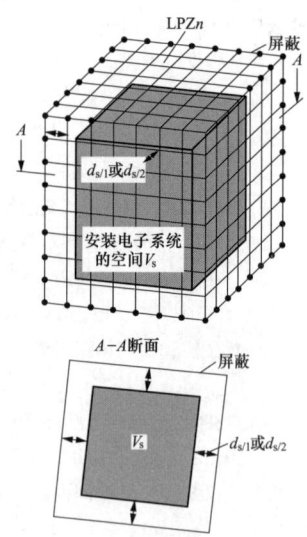

图 13.10-8 在 LPZ1 或 LPZn 区内放电子设备的安全空间 V_s

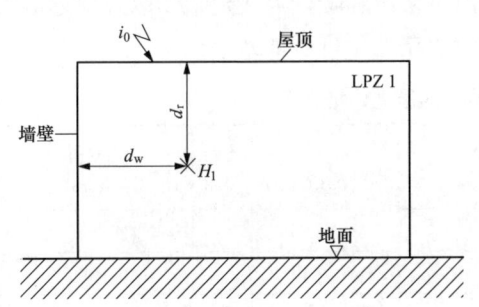

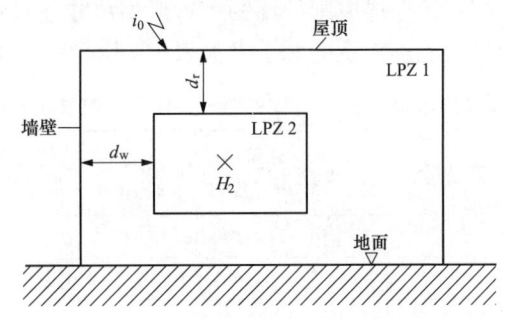

图 13.10-9　闪电直击于屋顶接闪器时
LPZ1 区内的磁场强度

图 13.10-10　闪电直击于屋顶时 LPZ2 区内的磁场强度

（2）当按表 13.10-7 计算闪电击于建筑物附近磁场强度最大的最坏情况下，其雷击点与屏蔽空间之间的平均距离的最小值 S_a 与建筑物的防雷类别所对应的最大雷电流时的滚球半径及建筑物的尺寸有关（该最小值可能是屏蔽空间 LPZ1 的中心与雷击目标，例如天线塔之间的给定距离，或雷击附近大地时的最小距离；当距离小于该最小值时，雷电将直击于建筑物上）。参见图 13.10-11。

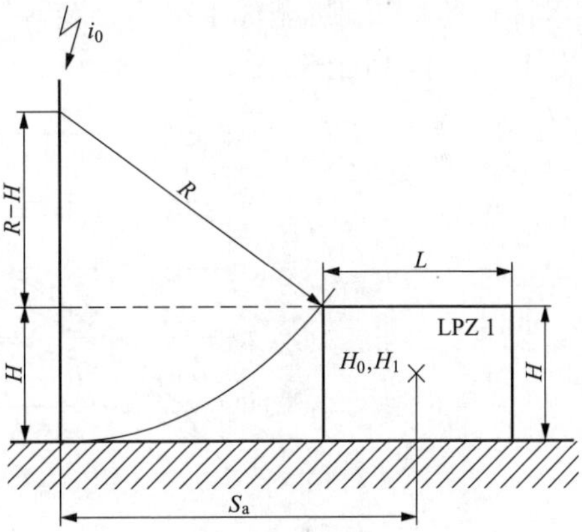

平均距离的最小值 S_a 按下列公式计算

当 $H < R$ 时　$S_a = \sqrt{H(2R - H)} + L/2$

$$(13.10\text{-}5)$$

当 $H \geqslant R$ 时　　$S_a = R + L/2$　　$(13.10\text{-}6)$

式中　H——建筑物高度，m；

　　　L——计算侧建筑物长度或宽度，m；

图 13.10-11　雷击建筑物附近时取决于滚球半径及建筑物尺寸的最小距离

　　　R——对应于各类 LPL 最大雷电流的滚球半径，m，可按雷闪的数学模型（电气—几何模型）公式（13.10-7）计算

$$R = 10(i_0)^{0.65}　　　(13.10\text{-}7)$$

式中，i_0 为取决于各类防雷保护水平 LPL 的最大雷电流，kA，应按表 13.7-1～表 13.7-3 取值。对应于各类 LPL 最大雷电流的滚球半径参见表 13.10-9。

表 13.10-9　　　　　　　　与最大雷电流对应的滚球半径

建筑物防雷类别	最大雷电流 $i_{0/max}$（kA）			对应的滚球半径 R（m）		
	正极性首次雷击	负极性首次雷击	负极性后续雷击	正极性首次雷击	负极性首次雷击	负极性后续雷击
第一类	200	100	50	313	200	127
第二类	150	75	37.5	260	165	105
第三类	100	50	25	200	127	81

（3）按上述原则计算的三种典型尺寸建筑物的铝质格栅屏蔽，当在建筑物以外附近落雷时的最大磁场强度的例子参见表 13.10-10，由此可看出格栅形屏蔽的效能。

表 13.10-10　　典型的第三类防雷建筑物在附近雷击时的最大磁场强度示例

类型	建筑物尺寸 长 L×宽 W×高 H（m×m×m）	最小平均距离 S_a （m）	$H_{0/max}$ （A/m）	$H_{1/max}$ （A/m）
1	10×10×10	67	236	56
2	50×50×10	87	182	43
3	10×10×50	137	116	27

注　计算条件为 $i_{0/max}$＝100kA，铝质格栅屏蔽网格宽度 W＝2m，由此得出的安全距离 $d_{x/1}$＝2.0m，屏蔽系数 SF＝12.6dB；假定 $H_{0/max}$ 及 $H_{1/max}$ 在安全空间 V_s 内各处都有效。

（4）当大空间屏蔽体上有门、窗等开孔时，在靠近门、窗孔洞处的屏蔽效果将受影响，如图 13.10-12 所示。

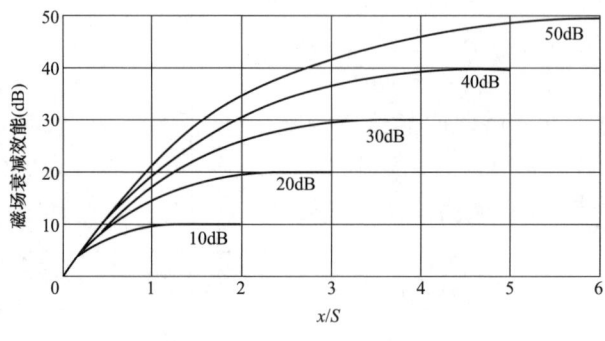

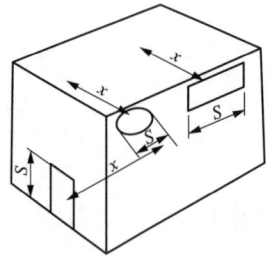

图 13.10-12　门窗开口对房间屏蔽效果的影响

S—开孔处的最大尺寸；x—距开孔处（中央）的距离

注：各曲线附近所注的分贝值是无孔时大空间屏蔽中央处的计算值。

（5）由于建筑物的钢筋结构有多种形式，当具有现浇密网格钢筋的笼式避雷网结构或全钢结构板式外墙板和屋面板的建筑物屏蔽体时，将有较满意的屏蔽性能。

（6）实际建筑物的格栅形屏蔽与按表 13.10-7 进行的计算结果可能有较大的不同，所以上述计算为近似值，对重要建筑物的屏蔽效果需要进行实地测量，才能做出准确地判断。

（7）当进行一般估算时，可按下述曲线图查得。图 13.10-13 所示为一典型的单层钢筋封闭建筑物对于干扰场的衰减曲线（摘自军标 GJB/Z 25—1991《电子设备及设施的接地、搭接和屏蔽设计指南》）。图中所给出的衰减值是在房间中央得出的，在靠近房间的边缘处屏蔽效能将减小。

当建筑物中钢筋尺寸和间距与图 13.10-13 不同时，可利用表 13.10-11 所列的衰减修正系数。

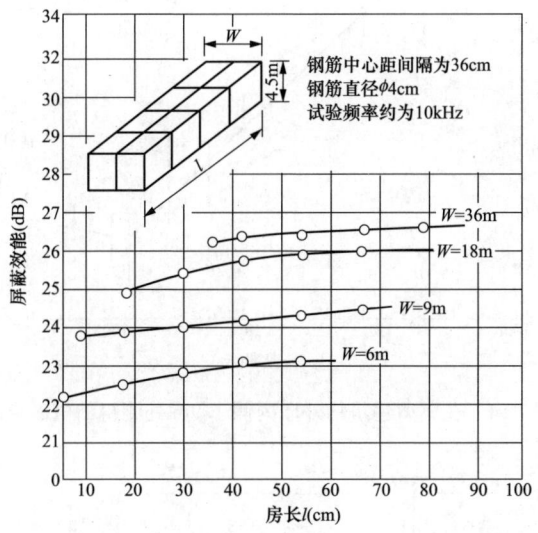

图 13.10-13　4.5m 高的单层钢筋建筑中心区域感应电压的衰减值

表 13.10-11 加强钢筋的衰减修正系数

钢筋直径（mm）	钢筋间距（mm）	钢筋层数	修正系数（dB）
57	305	单	+5
43	355	单	0
25	457	单	−6
57	508	双	+8.5
43	355	双	+13
25	406	双	+5

（8）所谓屏蔽效能（Shield Effectiveness，SE），其定义为同一地点无屏蔽时的电磁场强度与有屏蔽体后的电磁场强度之比，实用中通常用分贝（dB）来表示为

$$SE = 20\lg \frac{E_0}{E_1} = 20\lg \frac{H_0}{H_1} \tag{13.10-8}$$

式中　SE ——屏蔽效能，dB；

　　　E_0 ——无屏蔽时的电场强度，V/m；

　　　E_1 ——有屏蔽体后的电场强度，V/m；

　　　H_0 ——无屏蔽时的磁场强度，A/m；

　　　H_1 ——有屏蔽体后的磁场强度，A/m。

按照上式的定义，屏蔽效能 SE 与本节中屏蔽系数 SF 的定义相同，为避免混淆，均采用 SF 来表示屏蔽效能（或称屏蔽衰减率）。

利用图 13.10-14 和图 13.10-15（均摘自军标 GJB/Z 25—1991）可评估普通结构（外墙为钢筋骨架和水泥、砖墙，内墙为标准木结构，石膏板或水泥板）建筑物所提供的屏蔽量。

利用图 13.10-16 可评估钢筋格栅（或其他导线网眼）对平面波的相对衰减量。

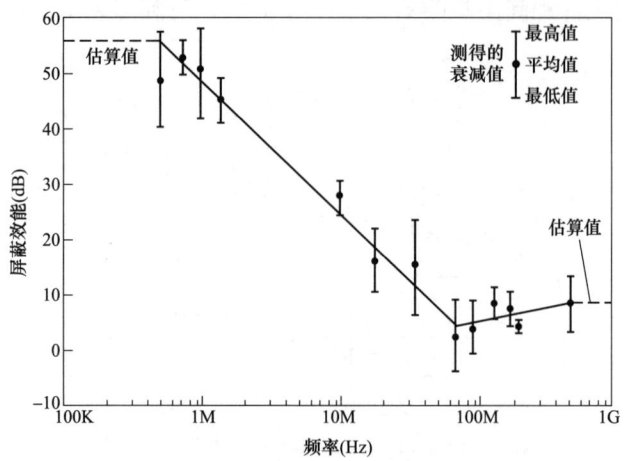

图 13.10-14　在典型建筑物外墙内侧 1.9m 处测得的电磁屏蔽效能

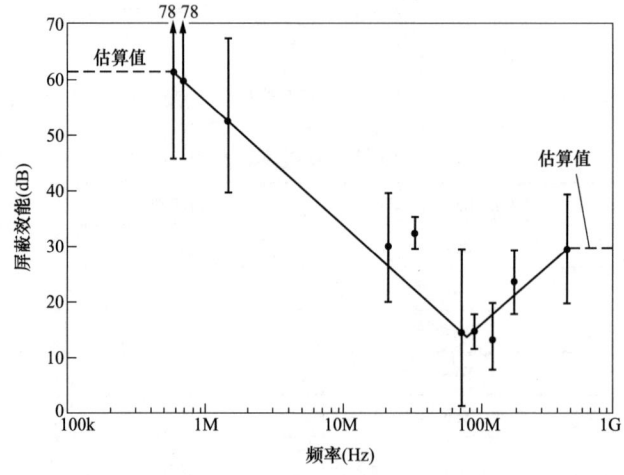

图 13.10-15　在典型建筑物外墙内侧 13.6m 处测得的电磁屏蔽效能

13.10.4.4　金属板式屏蔽体的屏蔽效能

(1) 当雷击于金属板式屏蔽体以外附近时，或雷击于建筑物上并通过引下线将雷电流泄放入地时，对其附近具有金属壳体的信息设备来说，其金属壳体的屏蔽效能可按单层连续板式屏蔽体来进行计算。

(2) 当在建筑物以外落雷或产生闪电时，闪电电磁场源如距屏蔽建筑物或物体的距离大于几个波长后，闪电空间电磁场可看作是一平面波；此时，单层板式屏蔽体的屏蔽效能 SF 可按下式计算

$$SF = A + R + B = 0.131t\sqrt{f\mu_r\sigma_r} + (168 - 20\lg\sqrt{f\mu_r/\sigma_r}$$
$$+ 20\lg\{1 - \Gamma10^{-A/10}[\cos(0.23A) - j\sin(0.23A)]\} \quad (13.10\text{-}9)$$

式中　SF——屏蔽效能，dB；

　　　A——屏蔽体的吸收损耗，dB，$A = 0.131t\sqrt{f\mu_r\sigma_r}$；

R——屏蔽体对平面波的反射损耗[❶]，dB，$R=168-20\lg\sqrt{f\mu_r/\sigma_r}$；

B——屏蔽体的多次反射修正项，$B=20\lg\{1-\Gamma10^{-A/10}[\cos(0.23A)-j\sin(0.23A)]\}$；式（13.10-9）中一般只计及 A 和 R 项，而 B 项在一般实际应用中因其值很小可忽略不计，仅当吸收损耗 A 小于 10dB 时，才需计入；

t——屏蔽体壁厚，mm；

f——电磁波频率（对雷电波可取其当量频率），Hz；

μ_r——屏蔽材料的相对磁导率（以铜为基准）；

σ_r——屏蔽材料相对于铜的电导率；

Γ——屏蔽体两界面间的多次反射系数，对平面波来说此系数可近似地取为 1。

常用屏蔽材料的电性能参数见表 13.10-12。

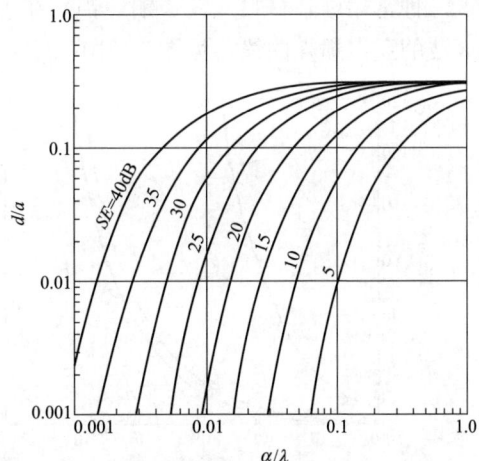

图 13.10-16 格栅屏蔽效能与导线直径、导线间距及波长的关系

注：为了利用此图，应先计算钢筋（或导线）直径 d 与其格栅间距 a 的比值 d/a，并确定在重要频率点 f（Hz）处 a 与波长 λ 之比值，$\lambda=C/f$，式中 $C=3\times10^8$ m/s。

表 13.10-12　　　常用屏蔽材料（1mm 厚）在 150kHz 时的电性能

屏蔽壳体材料	相对电导率 σ	相对磁导率 μ_r	吸收损耗 A（dB）	备注
铁	0.17	1000	665.4	
钢	0.10	1000	509.10	
铜（热轧）	1.00	1	50.91	
铜（冷轧）	0.97	1	49.61	
铝	0.61	1	39.76	
铅	0.08	1	14.17	
黄铜	0.26	1	25.98	
磷青铜	0.18	1	21.65	
高导磁率镍钢	0.06	80 000	3484.00	未饱和
不锈钢	0.02	1000	244.4	
坡莫合金	0.03	80 000	2488	未饱和

❶ 此式只适用于屏蔽体距电磁场源的距离 $r\gg\lambda/2\pi$（λ 为入射波的波长），即远场情况。当 $r\leqslant\lambda/2\pi$，即近区场时，按入射波的波阻抗大小，如为低阻抗磁场则 R 为 $R_m=20\lg\left(\dfrac{0.0117}{r\sqrt{f\sigma_r/\mu_r}}+5.35\sqrt{f\sigma_r/\mu_r}+0.354\right)$，dB；如为高阻抗电场，则 R 为 $R_E=322-10\lg\left(f^3r^2\mu_r/\sigma_r\right)$，dB。

　　三种常用屏蔽材料（铁、铜、铝）在1mm厚时的吸收损耗曲线可参见图13.10-17；对平面波的反射损耗曲线参见图13.10-18。

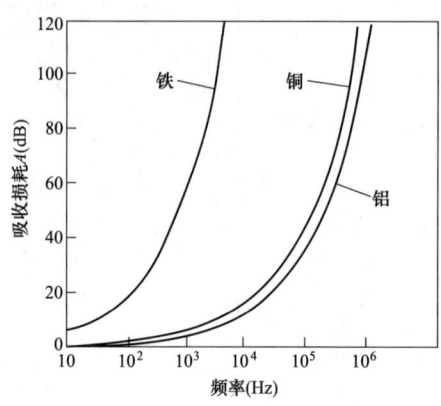

图 13.10-17　1mm 厚屏蔽体的吸收损耗　　　图 13.10-18　对平面波的反射损耗（$r > 2\lambda$）

　　表 13.10-13 给出了各种厚度的铁和铜板在一些典型频率上的多次反射修正项的值。

表 13.10-13	单层屏蔽板多次反射修正项 B					dB
厚度（mm）	在不同频率下反射修正项的值					
	50Hz	100Hz	1kHz	10kHz	100kHz	1MHz
铜，$\mu_r=1$，$\sigma_r=1$，平面波或电场						
0.254	−22	−20	−10	−3	+0.06	0.0
0.508	−16	−14	−5	+0.1	+0.1	0.0
0.762	−13	−11	−3	+0.36	0.0	—
1.27	−9	−7	−0.6	+0.1	—	—
2.54	−4	−3	+0.5	0.0		
铁，$\mu_r=1000$，$\sigma_r=0.17$，近区磁场						
0.254	0.8	0.50	+0.06	—	—	—
0.508	0.4	0.08	0.00	—	—	—
0.762	0.06	0.06	—	—	—	—
1.27	0.00	0.00				

　　图 13.10-19 和图 13.10-20 用曲线表示了铜箔或薄铁板制成的封闭体对电场、磁场及平面波所能达到的理想总屏蔽效能随频率变化的趋势，这里没有考虑出入门、通风孔及电源线等贯通孔所造成的影响。

　　当雷击于建筑物上时，引下线中的瞬态雷电流在附近空间产生的电磁场主要是磁场，因此，屏蔽体的屏蔽效能为：

$$SF = A + R_m = 0.131t\sqrt{f\mu_r\sigma_r} + \left[20\lg\left(\frac{0.0117}{r\sqrt{f\mu_r\sigma_r/\mu_r}} + 5.35\sqrt{f\sigma_r/\mu_r} + 0.354\right)\right]$$

(13.10-10)

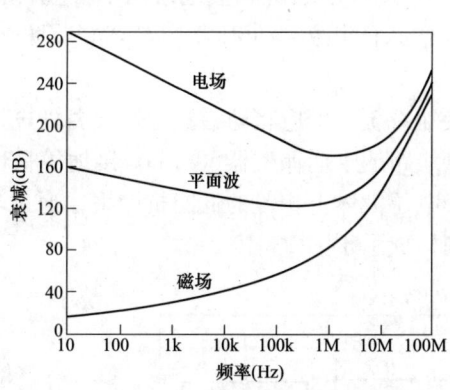

图 13.10-19　薄铜箔的理论衰减值　　图 13.10-20　薄铁板的理论衰减值

（3）当考虑电子设备金属壳体的屏蔽效能时，设备壳体需要的最小屏蔽厚度 t_{min} 可近似地按下式计算[❶]

$$t_{min} \geq \delta \left(\ln \frac{U_{max}}{U_{oc}} - \ln \frac{r_E}{4.24\mu_r\delta} \right) \tag{13.10-11}$$

式中　SF——屏蔽效能，dB；

　　　U_{max}——设备框架平面产生的最大感应电压，V；可按表 13.10-7 中所列 $U_{oc/max}$ 有关公式计算；

　　　U_{oc}——设备壳体内允许的感应电压，V；

　　　μ_r——壳体材料的磁导率，H/m；

　　　δ——当量频率 f 下电磁波对屏蔽壳体的穿透深度，m，$\delta = 503\sqrt{\dfrac{\rho}{f\mu_r}}$；

　　　t_{min}——最小屏蔽厚度，m；

　　　ρ——壳体材料的电阻率，Ωm；

　　　f——电磁波的当量频率，对雷电波可取为 100kHz；

　　　r_E——电子设备壳体的等值半径，m，$r_E = 0.62\sqrt[3]{l_1 l_2 l_3}$；

l_1、l_2、l_3——电子设备壳体的三个边长，m。

常用的屏蔽壳体材料特性见表 13.10-14。

表 13.10-14　　　　　常用屏蔽壳体材料的特性（当量频率 100kHz）

壳体材料	磁导率 μ_r（H/m）	20℃时电阻率 ρ（Ωm）	穿透深度 δ（m）
铝	1	28.264×10^{-9}	2.7×10^{-4}
铁*	200	138×10^{-9}	4.1×10^{-5}
铜	1	17.24×10^{-9}	2.1×10^{-4}

*　一般为软铁板和白铁板。

13.10.5　接地和等电位联结

13.10.5.1　防 LEMP 的接地要求

良好和恰当的接地不仅是防直击雷也是防雷击电磁脉冲的基本措施之一，此处的接地专

---

❶　公式引自中科院电工所马宏达《建筑物防雷中的屏蔽问题》，见《建筑电气》2002-1。

指接大地,而非电子设备中的"零电位点"。因此接地装置和接地系统不仅应符合本章前面各节对防直击雷、防闪电感应及防闪电电涌侵入的相关要求,还应符合本节防 LEMP 的下列要求:

(1) 每幢建筑物本身应采用一个共用接地系统,即应将防雷接地与设备的电源系统中性点工作接地、安全保护接地以及电力和信息线路的电涌保护器(SPD)接地等采用共用接地装置,而电子设备的等电位联结网络是一个电位大体上相等的低阻抗网络,通过与接地装置的连接而共同组成了共用接地系统,其原则构成示于图 13.10-21。

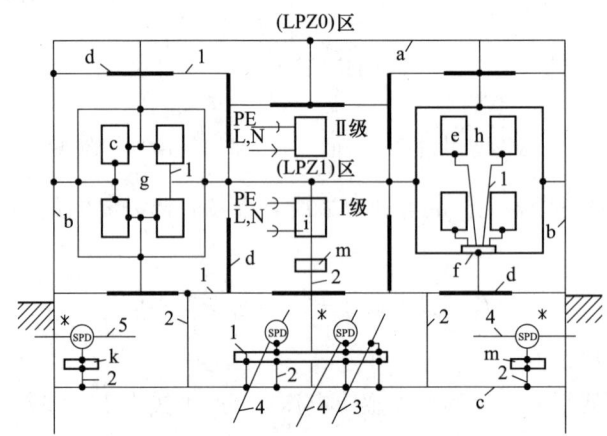

图 13.10-21　接地、等电位联结和共用接地系统的构成示意图

a—防雷装置的接闪器以及可能是建筑物空间屏蔽的一部分,如金属屋顶;

b—防雷装置的引下线以及可能是建筑物空间屏蔽的一部分,如金属立面、墙内钢筋;

c—防雷装置的接地装置(接地体网络、共用接地体网络)以及可能是建筑物空间屏蔽的一部分,如基础内钢筋和基础接地体;

d—内部导电物体,在建筑物内及其上不包括电气装置的金属装置,如电梯轨道,起重机,金属地面,金属门框架,各种服务性设施的金属管道,金属电缆托盘或梯架,地面、墙和天花板内的钢筋;

e—局部电子系统的金属组件,如箱体、壳体、机架;

f—代表局部等电位联结带单点连接的接地基准点(Earthing Reference Point,ERP);

g—局部电子系统的网形等电位联结结构;

h—局部电子系统的星形等电位联结结构;

i—固定安装引入 PE 导体的Ⅰ类设备和无 PE 导体的Ⅱ类设备;

k—主要供电气系统等电位联结用的总接地带、总接地母线、总等电位联结带,也可用作共用等电位联结带;

l—主要供电子系统等电位联结用的环形等电位联结带、水平等电位联结导体,在特定情况下:采用金属板也可用作共用等电位联结带;用接地线多次接到接地系统上做等电位联结,宜每隔 5m 连一次;

m—局部等电位联结带;

1—等电位联结导体;2—接地线;3—服务性设施的金属管道;

4—电子系统的线路或电缆;5—电气系统的线路或电缆;

*—进入 LPZ1 区处,用于管道、电气和电子系统的线路或电缆等外来服务性设施的等电位联结。

(2) 当互相邻近的建筑物之间有电气和电子系统的线路连通时,宜将其接地装置互相连通,可通过接地线、PE 导体、屏蔽层、穿线钢管、电缆沟的钢筋、金属管道等连接。并构成网状的接地系统。

（3）电子设备的"信号接地"即信号电路接"基准电位参考点"或"等位面"一般是直接与大地或已接地机壳相连接，即接大地。因此应与防雷及电源系统功能及保护接地共用接地装置，并采取等电位联结措施；也可以是接至与地绝缘的接地母线或不接地的机壳，即所谓的"悬浮地"。从防 LEMP 和安全的观点来看，后者并不是理想的作法。

（4）建筑物的共用接地系统包括外部防雷装置，为获得低电感及网状接地系统，建筑物内金属装置和物体的等电位联结也应接入共用接地系统。接地装置宜采用外部环形接地体或基础接地体，并与建筑物网格形地网或基础地网每隔 5m 连接一次。

（5）当电源系统的接地型式为 TN 系统时，从建筑物总配电盘（箱）开始引出的配电线路和分支线路必须采用 TN-S 系统。

13. 10. 5. 2 防 LEMP 的等电位联结要求

等电位联结的目的在于减小防雷空间内各系统或金属物体之间的电位差，并减小磁场。

（1）防雷区界面处的等电位联结要求。穿过各防雷区交界处的金属物和系统，以及防雷区内部的金属物和系统均应在防雷区界面处做等电位联结并符合下列要求：

1）在 LPZ0$_A$ 或 LPZ0$_B$ 与 LPZ1 区界面处，所有进入建筑物的外来导电物（如各种金属管道）、电气和电子系统线路等均应做等电位联结。

当外来导电物、电气和电子系统线路等是在不同位置进入建筑物时，宜设若干等电位联结带，并应将其就近连接到外部环形水平接地体、内部环形导体或此类钢筋上，这些环形导体或钢筋在电气上是贯通的并连通到接地体（含基础接地体）。等电位联结示意图见图13.10-22～图 13.10-24。

2）各后续防雷区（LPZ1 与 LPZ2…LPZn）界面处的等电位联结，应和 LPZ0$_A$、LPZ0$_B$与 LPZ1 区界面处的等电位联结的原则相同。穿过各后续防雷区界面的所有导电物、电气和电子系统线路均应在界面处做等电位联结，宜采用一局部等电位联结带做等电位联结，并与各种屏蔽结构、设备外壳及其他局部金属物相连通。

（2）防雷区内部导电物和内部系统的等电位联结。

1）内部导电物的等电位联结。所有大尺寸的内部导电物（如电梯轨道、起重机、金属地板、金属门框架、设施管道、电缆托盘或梯架等）应以最短的路径连接到最近的等电位联结带或其他已做了等电位联结的金属物体或连接网络上，各导电物之间宜附加多次互相连接。

2）电子系统的等电位联结。电子系统的所有外露可导电物应与建筑物的等电位联结网络做功能等电位联结。虽然等电位联结网络原则上不一定需要接大地，但本节所要求的等电位联结网均有通大地的连接；因此电子系统不应设独立的接地装置，应与等电位联结网络共用接地装置。其电源系统的保护地线（PE 导体）应就近与建筑物的等电位联结网络做等电位联结。

对电子系统的各种箱体、壳体、机架等金属组件与建筑物的共用接地系统的等电位联结网络做功能等电位联结应采用以下两种基本形式之一：S 型星形结构或 M 形网形结构（见图 13.10-25）。

a. 星形等电位联结：当电子系统为 300kHz 以下的模拟信号线路时，可采用 S 型等电位联结，而且所有设施管线和电缆宜从 ERP 处附近进入该电子系统。S 型等电位联结中的电子系统的所有金属组件，如箱体、壳体、机架等，除等电位联结点外，应与接地系统的各组件绝缘。

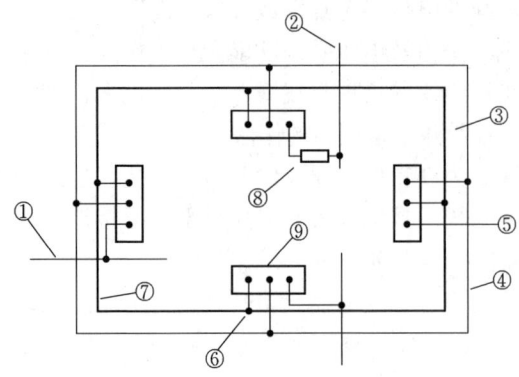

图 13.10-22　外部导电部件利用外部
环形接地极多点进入建筑物时等电位联结
带互连的连接配置的示例

①—外来导电物，例如：金属水管；②—电力或电子
系统线路；③—混凝土外墙和地基内的钢筋；④—外
部环形接地极；⑤—至附加接地极；⑥—附加连接；
⑦—混凝土墙内的钢筋，见③；⑧—电涌保护器（SPD）；
⑨—等电位联结带
注：地基中的钢筋可以用作自然接地极。

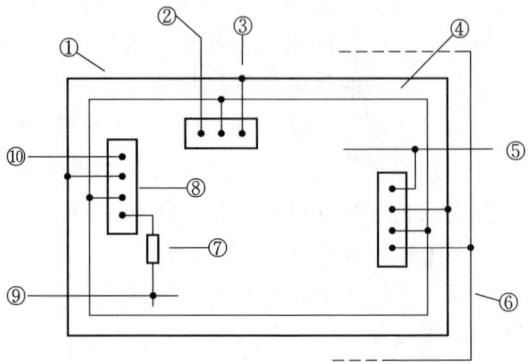

图 13.10-23　外来导电物和电力或电子
系统线路利用内部和外部环形导体多点进入
建筑物时等电位联结带互连示例

①—混凝土外墙或地基内的钢筋；②—其他接地极；
③—附加连接；④—内部环形导体；⑤—外来导电物，
例如：金属水管；⑥—外部环形接地极，B 型接地装置；
⑦—电涌保护器（SPD）；⑧—等电位联结带；⑨—电力
或电子系统线路；⑩—至附加的接地极，A 型接地装置

　　S 型等电位联结应仅通过唯一的一点，即接地基准点 ERP 组合到建筑物的等电位接地
系统中去形成 S$_s$ 型等电位联结（图 13.10-25）。

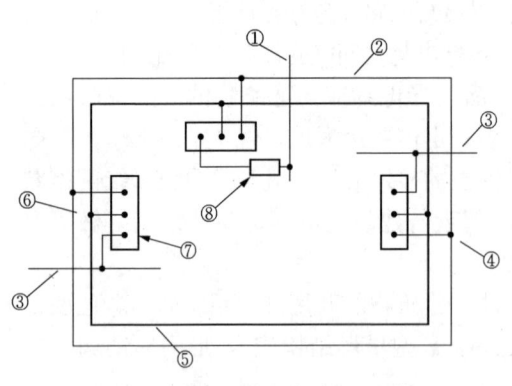

图 13.10-24　外来导电物在地面以上多点进入
建筑物时的等电位联结配置的示例

①—电力或电子系统线路；②—外部水平环
形导体（高于地面）；③—外来导电物；
④—引下线接头；⑤—墙内钢筋；⑥—附加连接；
⑦—等电位联结带；⑧—电涌保护器（SPD）

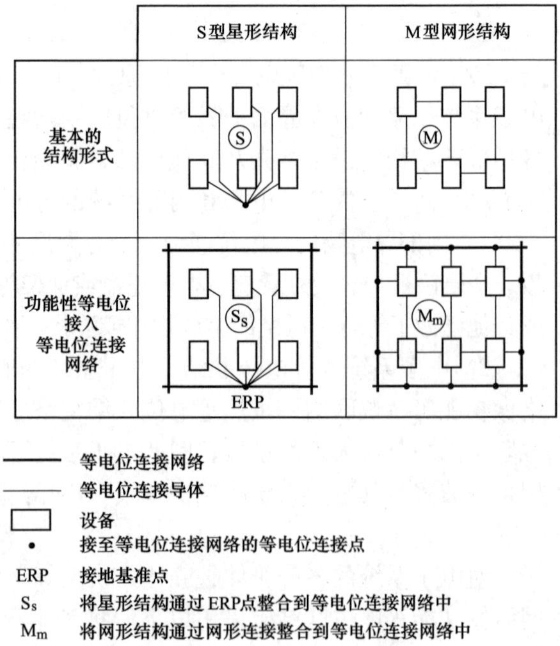

	S 型星形结构	M 型网形结构
基本的 结构形式	Ⓢ	Ⓜ
功能性等电位 接入 等电位连接 网络	Ⓢ₍s₎ ERP	Ⓜ₍m₎

▬▬	等电位连接网络
—	等电位连接导体
☐	设备
•	接至等电位连接网络的等电位连接点
ERP	接地基准点
S$_s$	将星形结构通过 ERP 点整合到等电位连接网络中
M$_m$	将网形结构通过网形连接整合到等电位连接网络中

图 13.10-25　电子系统等
电位联结的基本方法

在这种情况下，设备之间的所有线路和电缆当无屏蔽时宜按星形结构与各等电位联结线平行敷设，以免产生大的感应环路。用以限制从线路传导来的过电压的电涌保护器，其引线的连接点应使加到被保护设备上的电涌电压最小。

由于采用单点进行等电位联结和接地，因此避免了低频干扰电流进入电子系统，同时也使电子系统内的低频干扰源不产生大地电流从而避免了设备间电路的相互干扰。所以，S 型等电位联结点也是连接电涌保护器 SPD 以限制从线路传导来的过电压的合适连接点。

S 型等电位联结网络通常用于频率较低、相对范围不大或局部的电子系统。

b. M 型等电位联结网络：当电子系统频率较高（通常为 MHz 级，如数字信号线路）且延伸范围较大时，如地线较长将使地线阻抗过大且地线间的电感和电容耦合增大，此时就不能采用 S 型单点接地等电位联结网络而应采用 M 型多点接地等电位联结网络（图 13.10-25）。

在 M 型等电位联结网络中，电子系统的各金属组件不但不应与共用接地系统各部件绝缘，而且应通过多点连接组合到共用接地系统中去构成 Mm 型等电位联结。此时等电位联结网的许多环路可对高频电磁场起到衰减作用，且设备地线大大缩短（通常要求小于 0.02λ，λ 为波长），所接收的干扰量降低。为防干扰及谐振，每台设备的等电位联结线的长度不宜大于 0.5m，并宜分别在设备的对角处设置两根长度相差约 20％的等电位（接地）连接线。

M 型等电位联结网络适用于延伸范围较大的开环系统，而且设备之间敷设的线路和电缆较多，因此设施管线和电缆宜从多处进入该系统。

3）S 和 M 组合型等电位联结网络。在复杂系统中，M 型和 S 型两种型式等电位联结网络的优点可组合在一起形成 S 和 M 组合型的两种等电位联结网络，见图 13.10-26 所示。一个 S 型局部等电位联结网络可与一个 M 型网状结构组合在一起（图 13.10-26 组合 1），一个 M 型局部等电位联结网络可仅经一接地基准点 ERP 与共用接地系统相连（图 13.10-26 组合 2），此时该网络的所有金属组件和设备应与共用接地系统各部件绝缘，而且所有设施管线和电缆应从 ERP 点附近进入该电子系统，低频率和杂散分布电容耦合干扰影响不大的电子系统可采用此种形式。

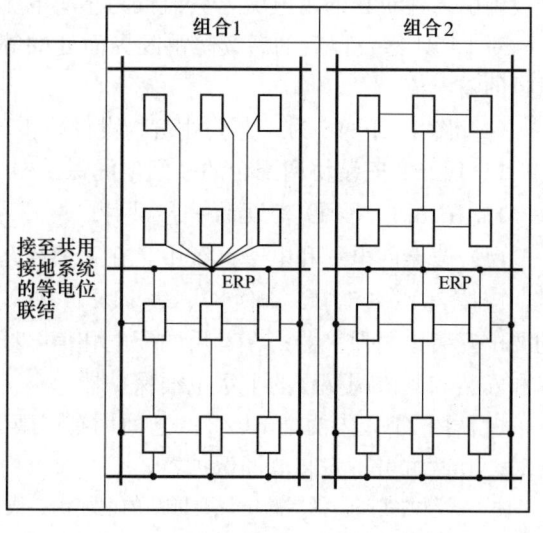

图 13.10-26　电子系统等电位联结网络的组合方式

上述等电位联结网络与共用接地系统的连接正常时宜在防雷区的界面处进行。

（3）等电位联结的方法和连接导体的截面。

1）对要求直接做等电位联结的导电物或系统（如建筑物钢筋及金属构件、金属管道、电梯轨道、电缆金属导管及桥架、电气设备外壳等）应采用等电位联结线和螺栓紧固的线夹在等电位联结带处做等电位联结。而另一些带电线路或系统（如电气和电子系统线路的金属

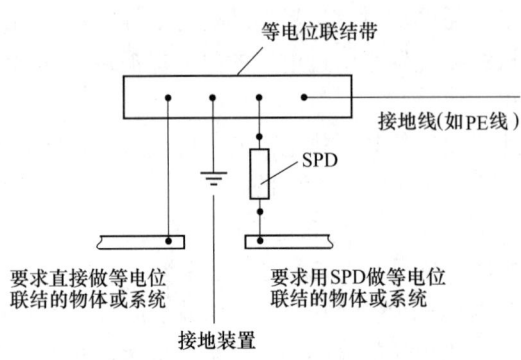

要求直接做等电位
联结的物体或系统　　要求用SPD做等电位
联结的物体或系统

接地装置

• 螺栓紧固的线夹
—— 等电位联结线

图 13.10-27　导电物体或电气系统连到
等电位联结带的等电位联结

芯线、特殊电子设备的机架或外壳等）则可能需要采用电涌保护器（SPD）做等电位联结而非直接用等电位联结线进行连接，如图 13.10-27 所示。

2）对各类防雷建筑物，各种连接导体和等电位联结带的截面不应小于表 13.9-2 的规定。

当建筑物内有电子系统时，在那些要求闪电电磁脉冲影响最小之处，等电位联结带宜采用金属板，并与钢筋或其他屏蔽构件作多点连接。

3）在 LPZ0$_A$ 与 LPZ1 区的界面处做等电位联结用的螺栓线夹和电涌保护器 SPD 应按表 13.7-1 的雷电流参量来估算通过它们的分雷电流值并评估其动、热稳定性及 SPD 的最大箝压要求（见第 13.11 节）。当无法估算时，分雷电流值可按表 13.8-3 之 1.4 项 8）中的公式计算，尚应考虑沿各种设施引入建筑物的雷电流，并应采用上述向外分流或向内引入的雷电流的较大者。

在靠近地面于 LPZ0$_B$ 与 LPZ1 区的界面处做等电位联结用的接线夹和 SPD 仅应按上述方法估算雷闪击中建筑物防雷装置时通过的分雷电流，可不考虑沿全长处于 LPZ0$_B$ 区内的各种设施引入建筑物的雷电流，其值仅为感应电流和小部分雷电流。

对 LPZ1 区及以后的后续防雷区界面处的等电位联结的接线夹和 SPD 应分别单独评估通过的雷电流。

（4）图 13.10-28 为一办公建筑物设计防雷区、屏蔽、等电位联结和接地的例子。

13.10.6　安装协调配合的多组电涌保护器

13.10.6.1　SPD 装设的一般要求

（1）复杂的电气和电子系统中，在入户线路进入建筑物处，LPZ0$_A$ 或 LPZ0$_B$ 进入 LPZ1 区，应按表 13.8-3 中 1.4 项 8）、表 13.8-4 中 2.3 项（2）～（5）和表 13.8-4 中 3.2 项（2）～（4）的要求安装电涌保护器；在其后的配电和信号线路上，应按 13.10.6.3 的计算来确定是否选择和安装与其协调配合的下级电涌保护器。

（2）LPZ1 区内两个 LPZ2 区之间用有屏蔽的线路连接在一起，当该线路没有引出 LPZ2 区时，其两端可不安装电涌保护器。

　注　屏蔽的线路包括屏蔽电缆、屏蔽的电缆沟、线槽或钢管内的线路。这些屏蔽层内属于 LPZ2 区。

（3）电涌保护器的参数选择见 13.11.3。

（4）多组电涌保护器的级间配合见 13.11.4。

13.10.6.2　SPD 有效电压保护水平的计算

（1）SPD 的有效电压保护水平 $U_{p/f}$ 应为

对限压型 SPD

$$U_{p/f} = U_p + \Delta U \tag{13.10-12}$$

对电压开关型 SPD 应取下列两式中的较大者

$$U_{p/f} = U_p \text{ 或 } U_{p/f} = \Delta U$$

$$\tag{13.10-13}$$

以上式中　$U_{p/f}$——SPD 的有效电压保护水平，V。

ΔU——SPD 两端引线的感应电压降，V；户外线路进入建筑物处可按 1kV/m 计算，在其后的可按 $\Delta U = 0.2 U_p$ 计算，仅是感应电涌时可略去不计。

U_p——SPD 过电压保护水平，V。

（2）为降低电涌保护器的有效电压保护水平，应选用有较小电压保护水平值的电涌保护器，并应采用合理的接线，同时应缩短连接电涌保护器的导体长度［见 13.11.5.4（5）］。

13.10.6.3　SPD 有效电压保护水平的要求和下级 SPD 的设置

（1）确定从户外沿线路引入的雷击电涌时，SPD 的有效电压保护水平值的选取应符合下列规定：

1）当被保护设备距 SPD 的距离沿线路的长度小于或等于 5m 时，或在线路有屏蔽并两端等电位联结下沿线路的长度小于或等于 10m 时，应满足式（13.10-14）要求。

$$U_{p/f} \leqslant U_w \tag{13.10-14}$$

式中　$U_{p/f}$——SPD 的有效电压保护水平，V；

U_w——被保护设备绝缘的额定冲击耐受电压，V；其值见表 13.6-1。

2）当被保护设备距电涌保护器的距离沿线路的长度大于 10m 时，除应考虑线路振荡现象外还应考虑电路环路的感应电压对保护距离的影响，此时应满足式（13.10-15）要求。

$$U_{p/f} \leqslant \frac{U_w - U_i}{2} \tag{13.10-15}$$

式中　$U_{p/f}$——SPD 的有效电压保护水平，V；

U_w——被保护设备绝缘的额定冲击耐受电压，V；其值参见表 13.6-1；

U_i——雷击建筑物附近时，SPD 与被保护设备之间电路环路的感应过电压，kV；可按表 13.10-7 中的公式计算。

3）当被保护设备距电涌保护器的距离沿线路的长度大于 10m，但建筑物或房间有空间

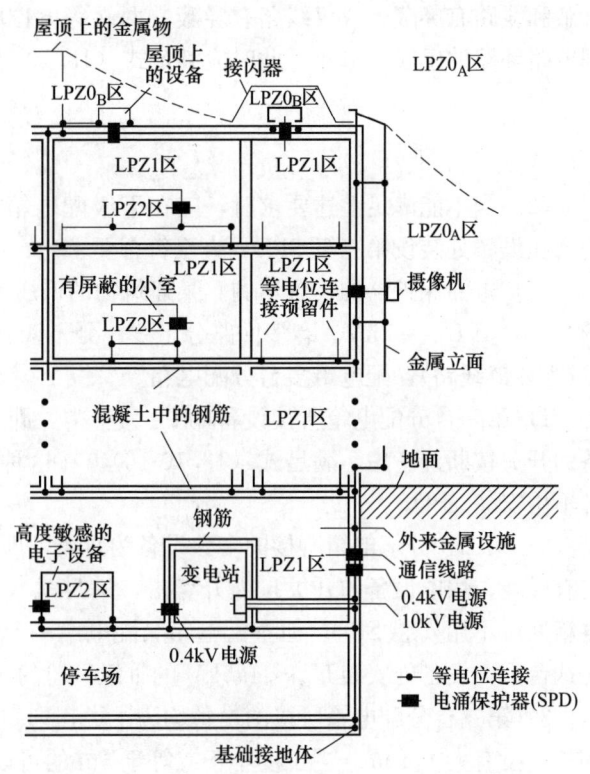

图 13.10-28　办公建筑物设计防雷区、屏蔽、等电位联结和接地示例

屏蔽和线路有屏蔽，或仅线路有屏蔽并两端等电位联结时，可不计及 SPD 与被保护设备之间电路环路的感应过电压，此时应满足式（13.10-16）要求。

$$U_{p/f} \leqslant \frac{U_w}{2} \qquad\qquad (13.10\text{-}16)$$

（2）当不能满足上述要求时，应在下级配电箱加装第二级 SPD；对电子设备，可能还需要在设备处装设第三级 SPD，直至符合要求。

（3）电涌保护器的设置示例。某建筑物的低压电源进线总配电箱处安装了一组 I 级试验的 SPD，其 $U_{p/f}=2\text{kV}$。有多回路分干线；分干线有屏蔽。其中一回路分干线为树干式线路（或为环链线路），配电给多台分配电箱。

1）第一台分配电箱所接设备的 U_w 为 III 类，即 $U_w=4\text{kV}$。分支回路均有屏蔽；用电设备的开关按断开考虑，满足式（13.10-16）。在这种情况下. 第一台分配电箱及用电设备处都不用安装 SPD。

2）第二台分配电箱所接的多数设备为 III 类，即 $U_w=4\text{kV}$。配电给这些设备的分支回路均有屏蔽；用电设备的开关按断开考虑，满足式（13.10-16）。在这种情况下，第二台分配电箱处可不用安装 SPD。但本配电箱又配电给一台 I 类设备，即 $U_w=1.5\text{kV}$。这时，仅需在这台 I 类设备处安装 $U_{p/f}<1.5\text{kV}$ 的 III 级试验的 SPD。

3）第三台分配电箱所接的设备均为 I 类，即 $U_w=1.5\text{kV}$。配电给这些设备的分支回路的长度没有大于 10m。当长度小于或等于 5m 的可以无屏蔽；当长度大于 5m 并小于或等于 10m 应有屏蔽。在这种情况下满足式（13.16-14），故仅在第三台分配电箱处安装一组 $U_{p/f}<1.5\text{kV}$ 的 II 级试验的 SPD。

（4）由于工艺要求或其他原因，被保护设备的安装位置不会正好设在界面处而是设在其附近，在这种情况下，当线路能承受所发生的电涌电压时，电涌保护器可安装在被保护设备处，而线路的金属保护层或屏蔽层宜首先于界面处做一次等电位联结。

13.10.7　既有建筑物 LEMP 防护措施及 EMC 性能的改进

对既有建筑物增加或改进电气和电子系统的 LEMP 防护措施并提高其电磁兼容（EMC）性能时，其原则与本节前述各项 LEMP 基本防护措施相同，但需要考虑既有建筑物的结构特征、周围环境条件、防雷装置（LPS）、电气和电子系统设施及设备特性、设备位置、接地系统等条件进行综合考虑，制定合理的 LEMP 防护措施。特别是当需要增加新的电子系统时，原有设备可能会限制某些防护措施的采用；此时可采用以下特殊改进措施，参见图 13.10-29 所示。

（1）当既有建筑物内的电源系统为 TN-C 型接地系统时，为抑制工频干扰，在新旧设备间可以采用以下隔离接口加以避免：采用 II 级绝缘设备、绝缘隔离变压器、光纤或光电耦合器。

如新接入电源，入户后必须采用 TN-S 系统，或采用 TT、IT 系统。

（2）根据电气和电子系统的数量、类型以及对电磁干扰的敏感度合理划分内部雷电防护区（LPZ），并在每一 LPZ 入口处和被保护设备前安装协调配合的 SPD。当既有建筑物的外部 LPS（接闪器、引下线和接地装置）的网格宽度和典型距离大于 5m 时，其空间屏蔽作用可忽略，因此应在未屏蔽的 LPZ1 区入口处的电气和电子系统线路上安装 SPD。对新安装的

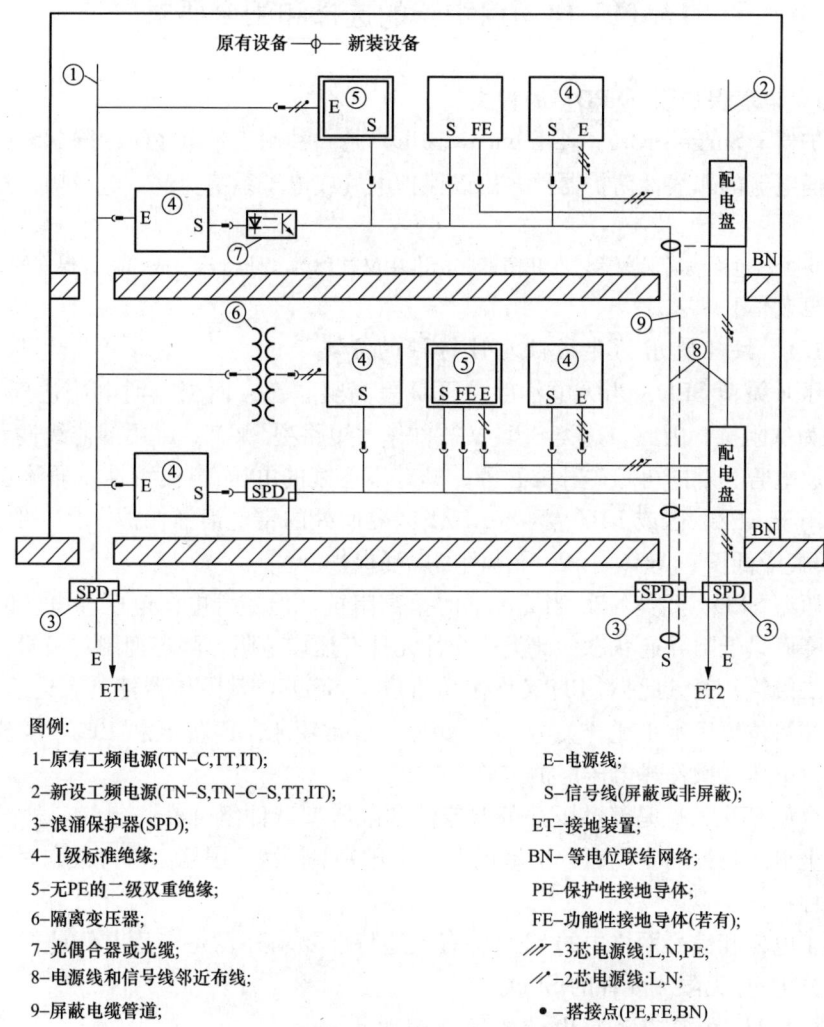

图例:

1–原有工频电源(TN–C,TT,IT);

2–新设工频电源(TN–S,TN–C–S,TT,IT);

3–浪涌保护器(SPD);

4–I级标准绝缘;

5–无PE的二级双重绝缘;

6–隔离变压器;

7–光偶合器或光缆;

8–电源线和信号线邻近布线;

9–屏蔽电缆管道;

E–电源线;

S–信号线(屏蔽或非屏蔽);

ET–接地装置;

BN–等电位联结网络;

PE–保护性接地导体;

FE–功能性接地导体(若有);

///–3芯电源线:L,N,PE;

//–2芯电源线:L,N;

•–搭接点(PE,FE,BN)

图 13.10-29　既有建筑物中 LEMP 防护措施和电磁兼容性能的升级

信号线路采用屏蔽电缆或穿金属管屏蔽，或者对新装的电子系统设置一个或多个有效的屏蔽区 LPZ2，并在 LPZ2 界面处加装与 LPZ1 界面处 SPD1 能协调配合的 SPD2。

（3）应将新敷设的电子设备的电源线路与信号线路贴近敷设以避免产生过大的感应回路面积，信号线路应加屏蔽；但同时为防电源线对信号线的电磁干扰，二者屏蔽线路之间的平行间距又不应小于 5cm，非屏蔽线路之间的平行间距不应小于 30cm；交叉时应作直角交叉。其他合理布线及线路屏蔽措施均同 13.10.4.2。

（4）采用网格宽度不大于 5m（对敏感设备宜为不大于 2m）的低阻抗的等电位联结网络，并应与 PE 导体作等电位联结，但 PEN 线不应纳入等电位联结网络；允许将电子系统的功能性接地导体与低阻抗的等电位联结网络直接连接，但不允许将功能性接地导体与 PEN 线或与 PEN 线相连的其他金属部件相连接，以避免在电子系统中产生工频干扰。其他等电位联结及接地的原则同 13.10.5。

13.11　电涌保护器的选择和配合要求

13.11.1　电涌保护器（SPD）的种类

电涌保护器（Surge Protective Device，SPD）是一种用于带电系统中限制瞬态过电压和导引泄放电涌电流的非线性防护器件，用以保护电气或电子系统免遭雷电或操作过电压及涌流的损害。

> 注　电涌保护器也称浪涌保护器，在我国某些标准中又被称为"防雷器"或"防雷保安器"；本手册同国标电工术语。

13.11.1.1　按其使用的非线性元件特性的分类

（1）电压开关型 SPD：当无电涌时，SPD 呈高阻状态；而当电涌电压达到一定值时，SPD 突然变为低阻抗。因此，这类 SPD 又被称作"短路型 SPD"；常用的非线性元件有放电间隙、气体放电管、双向可控硅开关管等；具有不连续的电压/电流特性及通流容量大的特点，特别适用于 LPZ0$_A$ 区或 LPZ0$_B$ 区与 LPZ1 区界面处的雷电浪涌保护；且一般宜用于"3+1"保护模式中低压 N 导体与 PE 导体间的电涌保护。

（2）限压型 SPD：此类 SPD 当无电涌时呈高阻抗，但随着电涌电压和电流的升高，其阻抗持续下降而呈低阻导通状态。此类非线性元件有压敏电阻，瞬态抑制二极管（如齐纳二极管或雪崩二极管）等，此类 SPD 又称作"箝位型 SPD"，其限压器件具有连续的电压/电流特性。因其箝位电压水平比开关型 SPD 要低，故常用于 LPZ0$_B$ 区和 LPZ1 区及后续防雷区内的雷电过电压或操作过电压保护。

（3）组合型 SPD：这是将电压开关型器件和限压型器件组合在一起的一种 SPD，随其所承受的冲击电压特性的不同而分别呈现出电压开关型特性、限压型特性或同时呈现开关型及限压型两种特性。

（4）用于电信和信号网络中的 SPD 除有上述特性要求外，还按其内部是否串接限流元件的要求，分为有/无限流元件的 SPD。

13.11.1.2　按在不同系统中的不同使用要求分类

按用途分为电源系统 SPD、信号系统 SPD 和天馈系统 SPD；按适用于不同电磁环境的冲击试验级别分类（如下款所述Ⅰ、Ⅱ、Ⅲ级）；按端口型式和连接方式分为与保护电路并联的一端口 SPD 及与保护电路串联的二端口（输入、输出端口）SPD，以及适用于电子系统的多端口 SPD 等；按使用环境分为户内型和户外型等。

13.11.2　SPD 的试验类别及主要参数定义

13.11.2.1　低压配电系统用 SPD 的冲击试验级别

（1）Ⅰ级分类试验：这是对Ⅰ类 SPD 进行的用于模拟部分传导雷电流冲击的试验。即采用标称放电电流 I_n、1.2/50μs 冲击电压和 10/350μs 最大冲击电流（I_{imp}）进行试验。最大冲击电流在 10ms 内通过的电荷 Q（As）等于幅值电流 I_{peak}（kA）的二分之一，即 Q（As）=0.5I_{peak}（kA）。这是规定用于安装在高暴露的 LPZ0$_A$ 区与 LPZ1 区界面处的雷电流型 SPD 的试验程序。Ⅰ类试验的产品标识可用 T1 表示。

（2）Ⅱ级分类试验：这是对Ⅱ类 SPD 进行标称放电电流 I_n、1.2/50μs 冲击电压和 8/

$20\mu s$ 波形最大放电电流（I_{max}）的试验。这是规定用于限压型 SPD 的试验程序。Ⅱ类试验的产品标识可用 T2 表示。

（3）Ⅲ级分类试验：对 SPD 进行的复合波（发生器产生的开路电压峰值 U_{oc} 波形为 $1.2/50\mu s$ 电压波，短路电流峰值 I_{sc} 波形为 $8/20\mu s$ 电流波且 U_{oc} 与 I_{sc} 之比为 2Ω，该比值定义为虚拟阻抗 Z_f）所做的试验。U_{oc} 及 I_{sc} 的最大值分别为 20kV 和 10kA，大于此值时应进行Ⅱ级分类试验。Ⅲ类试验的产品标识可用 T3 表示。

Ⅱ级及Ⅲ级试验的 SPD 承受较短时间的冲击试验，通常用于较少暴露于直接受冲击的地方，如 LPZ0$_B$ 区与 LPZ1 区以及 LPZ2 区与后续防雷区界面处。

13.11.2.2　电子信息系统用 SPD 的冲击试验类别

适用于电子信息系统的 SPD，根据其应用情况要求的试验类别及波形参数从表 13.11-1 中选取。

表 13.11-1　　　　　　　　**电子信息系统用 SPD 的冲击限制电压试验类别及参数**

类别	试验类型	开路电压	短路电流
A1	很慢的上升率	≥1kV 上升率 $0.1kV/\mu s\sim100kV/s$	10A, $0.1A/\mu s\sim2A/\mu s$ ≥1000μs（持续时间）
A2	AC（交流耐受）	（见 IEC61643-21：2009 表 5）	
B1	慢上升率	1kV, $10/1000\mu s$	100A, $10/1000\mu s$
B2		1kV~4kV, $10/700\mu s$	25A~100A, $5/300\mu s$
B3		≥1kV, $100V/\mu s$	10A~100A, $10/1000\mu s$
C1	快上升率	0.5kV~2kV, $1.2/50\mu s$	0.25kA~1kA, $8/20\mu s$
C2		2kV~10kV, $1.2/50\mu s$	1kA~5kA, $8/20\mu s$
C3		≥1kV, $1kV/\mu s$	10A~100A, $100/1000\mu s$
D1	高能量	≥1kV	0.5kA~2.5kA, $10/350\mu s$
D2		≥1kV	0.6kA~2.0kA, $10/250\mu s$

注　1. 为验证 U_P，上述 C 类冲击试验波形是强制的，A、B 和 D 类是可选择的；除非另有约定，应适用 5 次正极性和 5 次负极性冲击。
　　2. 对于重复冲击，应从试验类型 B、C 和 D 中进行选择；除非另有约定，应采用 3 次正极性和 3 次负极性冲击。
　　3. 对于冲击耐受试验，类型 C 的冲击波形是强制的，类型 A1、B 和 D 是可选择的。
　　4. 表中所列试验值为最低要求，其他的浪涌电流等级也可以基于另外的标准，例如 ITU-T-K 系列建议。

按照干扰源对通信系统的耦合机理选择信号用 SPD 最适合的试验类别及波形见表 13.11-2。

表 13.11-2　　　　　　　　**按干扰耦合机理选择信号 SPD 的测试类别**

干扰源	雷直击建筑物 （S1）	雷击建筑物附近 地面（S2）	雷直击导线 （S3）	雷击导线附近 地面（S4）	交流影响
耦合形式	电阻传导	感应	感应①	电阻传导	感应	电阻传导
电压波形	—	$1.2/50\mu s$	$1.2/50\mu s$	—	$10/700\mu s$	50/60Hz
电流波形	$10/350\mu s$	$8/20\mu s$	$8/20\mu s$	$10/350\mu s$	$5/300\mu s$	—
最合适的测试类别	D1	C2	C2	D1、D2	B2	A2

① 也适用于临近供电网络开关操作的容性/电感性耦合。

13.11.2.3 SPD 的主要参数及其定义

(1) 最大持续工作电压 U_c 和持续工作电流 I_c：允许持续地施加于 SPD 端子间的最大电压有效值（交流方均根电压或直流电压），称为 SPD 的最大持续工作电压（U_c）。其值等于 SPD 的额定电压。U_c 不应低于低压电力系统中可能出现的最大持续运行电压 U_{cs}。对于电信和信号网络用 SPD，在此电压下不应引起传输特性的降低。当 SPD 用于直流系统时，其值按 $U_{c\text{-}DC} = \sqrt{2}U_{c\text{-}AC}$ 换算。

在最大持续工作电压下，流过 SPD 每种保护模式的电流值定义为持续工作电流 I_c。

(2) 标称放电电流 I_n：流过 SPD 的 $8/20\mu s$ 波形的放电电流峰值（kA）。用于确定 Ⅰ 级和 Ⅱ 级试验 SPD 的限制电压，也用于 Ⅰ、Ⅱ 级动作负载试验的预处理。I_n 从系列优选值 0.05、0.1、0.25、0.5、1.0、1.5、2.0、2.5、3.0、5.0、10、15、20kA 中选取。I_n 相当于装置中预期相当频繁出现的电流。

(3) 冲击电流 I_{imp}：由电流峰值 I_{peak}、总电荷 Q 和比能量 W/R 所规定的脉冲电流，一般用于 SPD 的 Ⅰ 级分类动作负载试验参数，其波形通常为 $10/350\mu s$。其优选值为一组参数，见下表 13.11-3。

表 13.11-3 I_{imp} 的系列优选值

I_{peak}（kA）	20	12.5	10	5	2	1
Q/C	10	6.25	5	2.5	1	0.5
W/R（kJ/Ω）	100	39	25	6.25	1	0.25

(4) 最大放电电流 I_{max}：通过 SPD 的 $8/20\mu s$ 电流波的峰值电流。用于 SPD 的 Ⅱ 级分类试验，其值按 Ⅱ 级动作负载的试验程序确定。$I_{max} > I_n$。在系统中安装 SPD 的场所，很少出现预期最大放电电流。

> **注** I_{max} 在我国另一些标准（如 GB 50689—2011）中又被称为"最大通流容量"，其与标称放电电流 I_n 的比值，在 GB 50689—2011 中定义为 2.5 倍；而 GB 50057—2010 则认为"一般情况下，I_n 为 I_{max} 的 1/2"（见该规范 4.5.4 条 3 款说明）。

(5) 额定负载电流 I_L：能对双端口 SPD 保护的输出端所连接负载提供的最大持续额定交流电流方均根值或直流电流。

(6) 电压保护水平 U_p：是表征 SPD 限制接线端子间电压的性能参数，对电压开关型 SPD 为规定陡度下的最大放电电压，对电压限制型 SPD 则为规定电流波形下的最大残压，其值可从优先值列表中选择，该值应大于实测限制电压（实测限制电压指对 SPD 施加规定波形和幅值的冲击电压时，在其接线端子间测得的最大电压峰值。用于通信及信号系统的 SPD，其实测限制电压试验的波形及参数见表 13.11-1）的最高值，并应与设备的耐压相配合。应当注意到：电压限制型 SPD 在 I_{max} 下的残压可能高于其电压保护水平，此时尽管 SPD 能耐受，但设备可能不被保护。

(7) 残压 U_{res}：放电电流通过电压限制型 SPD 时，在其端子上所呈现的最大电压峰值，其值与放电电流的波形和峰值电流有关；U_{res} 是确定 SPD 的过电压保护水平的重要参数。

(8) 残流 I_{res}：对 SPD 不带负载，施加最大持续工作电压 U_c 时，流过 PE 导体接线端子的电流。其值越小则待机功耗越小。

（9）参考电压 $U_{ref(1mA)}$：是指限压型 SPD 的压敏电阻通过 1mA 直流参考电流时，其端子上的电压。有的又称"标称导通电压"或"启动电压"。

（10）泄漏电流 I_1：在 $0.75U_{ref(1mA)}$ 直流电压作用下流过限压型 SPD 的漏电流，通常为微安级，其值越小则 SPD 的热稳定性越好。但漏电流越小对温度越敏感，故漏电流的稳定性比初始值更重要，使用中应监测其电阻性功率损耗，判断其老化程度并及时更换。同时，为防止 SPD 的热崩溃及自燃起火，SPD 应通过规定的热稳定试验。

（11）额定断开续流值 I_f：SPD 本身能断开的预期短路电流；不应小于安装处的预期短路电流值。

注 续流 I_f：冲击放电电流以后，由电源系统流入 SPD 的电流。续流与持续工作电流 I_c 有明显区别。

（12）响应时间：从暂态过电压开始作用于 SPD 的时间到 SPD 实际导通放电时刻之间的延迟时间，称为 SPD 的响应时间，其值越小越好。通常限压型 SPD（如氧化锌压敏电阻）的响应时间短于开关型 SPD（如气体放电管）。

（13）冲击通流容量：SPD 不发生实质性破坏而能通过规定次数、规定波形的最大冲击电流的峰值；对 Ⅰ 级分类试验的 SPD 以 I_{peak} 来表征；对 Ⅱ、Ⅲ 级分类试验的 SPD 以 I_{max} 来表征，一般约为标称放电电流（I_n）的 $2\sim2.5$ 倍。对于电信和信号网络用 SPD 则为其冲击耐受能力。

（14）用于电信和信号网络（包括天馈线系统）的 SPD，根据具体使用于模拟、数字或视频传输网络的特性，分别有适用频率、带宽以及阻容特性、插入损耗、回波损耗、纵向平衡、误码率、近端串扰等影响传输特性的选择性试验要求，参见表 13.11-4。

表 13.11-4   信号网络用 SPD 适用于系统传输性能的试验项目

传输特性试验	模拟系统（<20kHz）	数据系统	视频系统
电容量	√	√	√
插入损耗	√	√	√
回波损耗		√	√
纵向平衡	√	√	√
误码率（BER）		√	
近端串扰（NEXT）	√	√	√

注 "√"表示适用。

宜选择分布电容小、插入损耗及回波损耗小、误码率低、满足接口方式并与纵向平衡及近端串扰等系统指标相适配的信号网络 SPD。

13.11.3 SPD 的性能参数选择

SPD 的性能参数选择按以下流程图（图 13.11-1）所示的六个步骤进行：

13.11.3.1 SPD 的最大持续工作电压 U_c 的确定

（1）SPD 的最大持续工作电压 U_c 应不低于系统中可能出现的最大持续运行电压 U_{cs}，还应考虑系统最大电压偏差值及 SPD 耐受系统长时间（大于 5s）暂态过电压的要求（见 13.11.3.4）。SPD 的持续工作电压 U_c 应符合表 13.11-5 的规定。

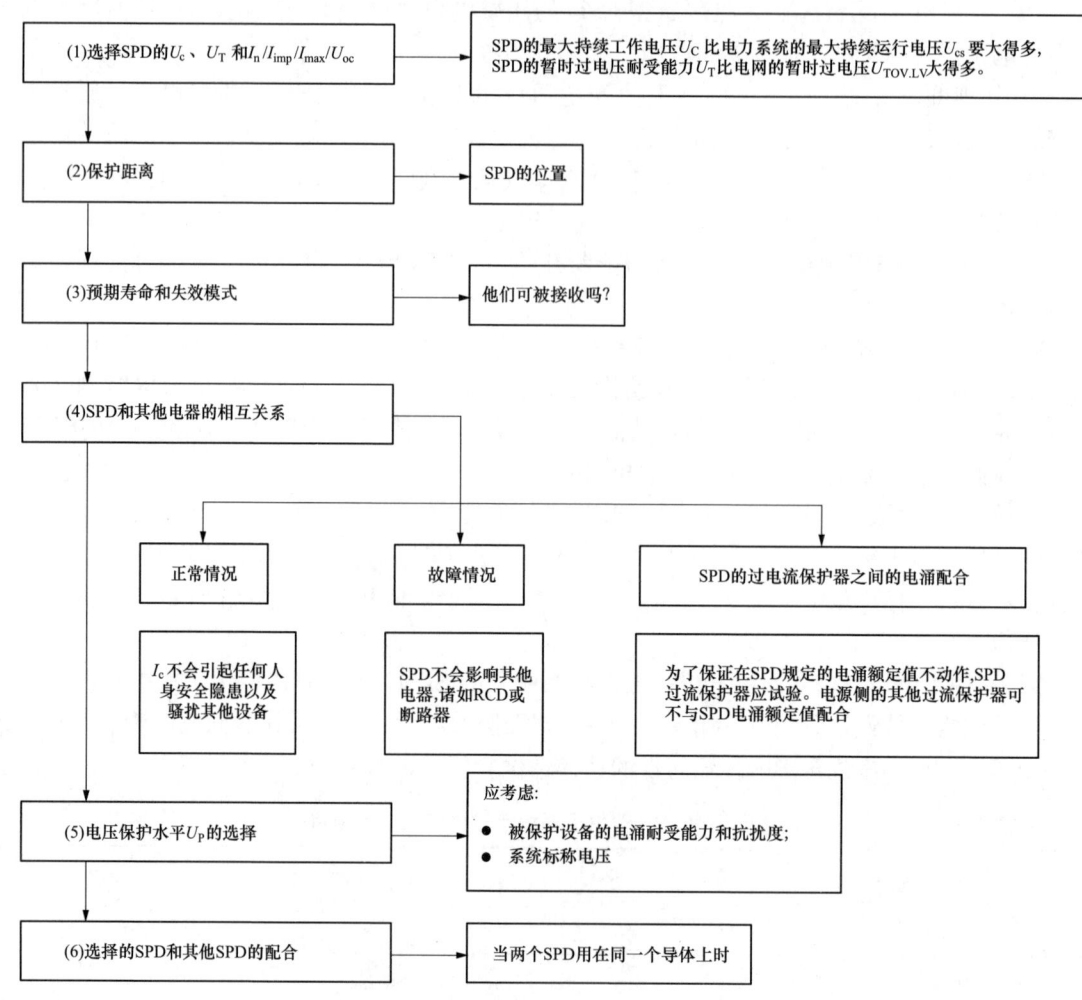

图 13.11-1　选择 SPD 的流程图

表 13.11-5　　电涌保护器取决于系统特征要求的最大持续工作电压的最小值

系统特征 SPD接于	TN-S 系统	TN-C 系统	TT 系统	引出中性线的 IT 系统	不引出中性线的 IT 系统
L-N	$\geqslant 1.15U_0$	不适用	$\geqslant 1.15U_0$	$\geqslant 1.15U_0$	不适用
L-PE	$\geqslant 1.15U_0$	不适用	$\geqslant 1.15U_0$	$\geqslant \sqrt{3}U_0^*$	$\geqslant U^*$
L-PEN	不适用	$\geqslant 1.15U_0$	不适用	不适用	不适用
N-PE	$\geqslant U_0^*$	不适用	$\geqslant U_0^*$	$\geqslant U_0^*$	不适用
L-L	$\geqslant 1.15U$	$\geqslant 1.15U$	$\geqslant 1.15U$	$\geqslant 1.15U$	$\geqslant 1.15U$

注　1. 表中 U_0 为低压系统标称相电压，U 为系统标称线电压；对 220/380V 系统，U_0=220V，U=380V。

　　2. 系数 1.15 中 0.1 考虑系统的电压偏差，0.05 考虑电涌保护器的老化。

　　3. 本表基于 GB 18802.1 做过 TOV 相关试验的电涌保护器产品。

　　4. 本表依据 GB 50057—2010 编写，其中 L-L 一行是本手册类推补充的。

*是故障下最坏的情况，所以不需计及 15% 的允许偏差。

在供电系统电压偏差超过10%以及因谐波作用使正常运行电压幅值升高的场所，还应根据具体情况适当提高上述 SPD 规定的 U_c 值；但同时应兼顾过电压保护水平（U_P）与被保护设备的配合。

（2）表 13.11-5 与 IEC 标准的要求不同。IEC 60364-5-53 Edition3.2 2015-09 中表 534.2 的要求见表 13.11-6。

表 13.11-6　　　　　　　　取决于系统特征的 SPD 最大持续工作电压 U_c

SPD 接于（如适用）	TN 系统	TT 系统	IT 系统
L-N	$\dfrac{1.1U}{\sqrt{3}}$ 或 $0.64U$	$\dfrac{1.1U}{\sqrt{3}}$ 或 $0.64U$	$\dfrac{1.1U}{\sqrt{3}}$ 或 $0.64U$
L-PE	$\dfrac{1.1U}{\sqrt{3}}$ 或 $0.64U$	$\dfrac{1.1U}{\sqrt{3}}$ 或 $0.64U$	$1.1U$
L-PEN	$\dfrac{1.1U}{\sqrt{3}}$ 或 $0.64U$	不适用	不适用
N-PE	$\dfrac{U}{\sqrt{3}}$ *	$\dfrac{U}{\sqrt{3}}$ *	$\dfrac{1.1U}{\sqrt{3}}$ 或 $0.64U$
L-L	$1.1U$	$1.1U$	$1.1U$

注　1. U 为低压系统的线间电压。

　　2. 标有 * 的值是故障下最坏的情况，所以不需考虑 10% 的偏差。

在直流系统中，SPD 的最大持续工作电压 U_c 约为被保护系统额定电压的 1.5 倍左右（经验值）。

（3）安装于通信及信号线路中的 SPD，其最大持续运行电压应不小于通信及信号线路额定工作电压的 1.2 倍。常用的通信线路工作电压及 SPD 最大持续运行电压等参数参见表 13.11-7。

表 13.11-7　　　　　　　　常用通信线的工作电压

序号	通信线类型	额定工作电压（V）	SPD 最大持续运行电压 U_c（V）	速率（一般情况）（bit/s）	接口类型	匹配的 SPD 举例（德国 OBO 公司型号）
1	DDN/X_0 25/帧中继	<6 或 40~60	18 或 80	2M 以下	RJ/ASP	RJ45S-V24T/4-F RJ45-Tele/4-F
2	xDSL	<6	18	8M 以下	RJ/ASP	RJ45S-V24T/4-F
3	2M 数字中继	<5 <12	6.5 18	2M	同轴 BNC RJ45	KoaxB-E2/MF-F RJ45-V24T/4-F
4	ISDN ISDN（欧）	<40 <5	80 5	2M	RJ	RJ45S-ISDN/4-F
5	模拟电话线/ADSL	<90	180	64k	RJ	RJ45-Tele/4-F
6	100MB 以太网	<5	6.5	100M	RJ	RJ45S-E100/4-F

续表

序号	通信线类型	额定工作电压（V）	SPD最大持续运行电压 U_c（V）	速率（一般情况）（bit/s）	接口类型	匹配的 SPD 举例（德国 OBO 公司型号）
7	同轴线线缆以太网	<5	6.5	10M	同轴 BNC 同轴 N	KoaxB-E2/MF-F KoaxB-E5/MF-F
8	RS232 接口	<12	18		SD	SD＊＊-V24T/＊＊
9	RS422/485 接口	<5	6	2M	ASP/SD	ASP-V11El/4 SD＊＊-V11/＊＊
10	视频线	<6	6.5		同轴 BNC	KoaxB-E2/MF-F
11	工业现场控制	<24	27		ASP	FLD、FRD、MDP

注　由于通信设备厂商的不同，通信线的工作电压可能与上表不同，具体参数应参照产品说明书或实测取得。

13. 11. 3. 2　SPD 的冲击放电电流 I_{imp} 的选择

（1）SPD 应能承受预期通过它们的最大雷击电涌电流，其承受预期雷电涌流的能力由 SPD 的标称放电电流 I_n 或最大放电电流 I_{max}（或 I_{imp}）来表征，其选择与雷击类型（损害源 S1～S4，参见附录 J）、雷电防护水平（LPL）、安装位置及分流回路数、暴露程度、级联能量配合等诸多因素有关。分述如下：

1）评估闪电直击装有外部防雷装置的建筑物（损害源 S1）时在 $LPZ0_A$ 与 LPZ1 防雷区界面处通过 SPD 的预期雷电涌流值可按表 13.8-3 之 1.4 项 8）中公式（13.8-3）及（13.8-4）作简化估算；雷电流幅值按建筑物相应防雷类别确定（见表 13.7-1）。

当考虑建筑物防雷装置或其附近遭直击雷击（S1、S2），通过线路入户处 SPD 的雷电涌流无法确定时，则对每一保护模式（保护模式参见 13.11.5.1），通过相导体（L）及中性导体（N）与 PE 导体之间的 SPD 的雷电冲击电流 I_{imp} 值（10/350μs 波形）不应小于 12.5kA（参见各类建筑物的防雷措施表 13.8-3～表 13.8-5 中防反击及闪电电涌的要求）。

2）评估由外部独立接闪系统防护的第一类防雷建筑物沿服务设施管线侵入的闪电电涌或雷击建筑物或其附近时由感应效应所引起的各类建筑物 LPL 预期雷击电涌电流可按表 13.11-8 确定。

SPD 的选用应根据其安装处的雷电防护区及预期雷电涌流（峰值 I_{peak}）的大小而区别选择安装。SPD 的标称放电电流 I_n 或冲击通流容量（I_{max} 或 I_{imp}）应大于相应的预期雷电涌流值。

3）当分析计算雷击建筑物时在低压配电系统内雷电涌流的分布时，应考虑下述影响雷电流分配的因素，包括供电电缆的长度、被雷击建筑物接地系统的阻抗、装设于建筑物外的供电变压器的接地阻抗、用电设备的接地阻抗以及与之作了等电位联结的通信线路和水管等金属管道的并联接地阻抗、配电系统其他并联使用点的接地阻抗等。要对上述情况下的雷电流分布进行较精确的计算是很复杂的；然而考虑到 SPD 的能量承受能力主要与雷电流的持续时间即波尾长度有关，而雷电脉冲波尾部分在被保护系统内电流陡度已大为降低；因此，GB/T 19271.3 标准推荐的简化估算可以忽略系统感应电抗的影响。此外还可以忽略供电缆线阻抗及已装设了 SPD 的变压器绕组阻抗对电涌电流分布的影响；而只考虑建筑物接地、水管等金属管道接地、供电系统及通信系统的接地装置的欧姆电阻进行雷电流分配的计算就已足够精确（甚至偏于安全考虑还可以忽略进/出建筑物水管等金属管道或通信线路等的分流影响），从而可以对流经配电系统 SPD 的雷电流进行简化计算（参见 GB/T 19271.3—2005 附录 B）。

表 13.11-8　　　　　　　　　　　预期雷击的电涌电流①

建筑物防雷类别 （防护水平 LPL）	闪电直接或非直接击在线路上		闪电击于建筑物附近④	闪电击于建筑物④
	损害源 S3 （直接闪击）	损害源 S4 （非直接闪击）	损害源 S2 （所感应的电流）	损害源 S1 （所感应的电流）
	$10/350\mu s$ 波形 （kA）	$8/20\mu s$ 波形 （kA）	$8/20\mu s$ 波形 （kA）	$8/20\mu s$ 波形 （kA）
低压系统				
第三类	5②	2.5③	0.1⑤	5⑤
第二类	7.5②	3.75③	0.15⑤	7.5⑤
第一类	10②	5③	0.2⑤	10⑤
电信系统				
第三类	1⑥	0.035③	0.1	5
第二类	1.5⑥	0.085③	0.15	7.5
第一类	2⑥	0.160③	0.2	10

① 表中所有值均指线路中每一导体的预期电涌电流。
② 所列数值属于闪电击在线路靠近用户的最后一根电杆上，并且线路为多根导体（三相＋中性导体）。
③ 所列数值属于架空线路，对埋地线路所列数值可减半。
④ 环状导体的路径和距起感应作用的电流的距离影响预期电涌过电流的值。表中的值参照在大型建筑物内有不同路径、无屏蔽的一短路环状导体所感应的值（环状面积约 50m²，宽约 5m），距建筑物墙 1m，在无屏蔽的建筑物内或装有 LPS 的建筑物内（$k_c＝0.5$）。
⑤ 环路的电感和电阻影响所感应电流的波形。当略去环路电阻时，宜采用 $10/350\mu s$ 波形。在被感应电路中安装开关型 SPD 就是这类情况。
⑥ 所列数值属于有多对线的无屏蔽线路。对击于无屏蔽的入户线，可取 5 倍所列数值。
⑦ 更多的信息参见 ITU-T 建议标准 K.67。

通过对典型案例的计算表明：在低压配电系统只连接到一幢建筑物时，流入低压系统的雷电流约占总雷电流的 50%；而在配电系统连接到两幢或多幢建筑物时，由于接地阻抗的并联作用而使配电系统的等效接地阻抗降低，导致流入低压系统的雷电流可能上升至 60%～70% 或更高。

（2）选择时应考虑安装位置、暴露程度和放电电流。

1）在户外线路进入建筑物处（SPD1 安装于 LPZ0$_A$ 与 LPZ1 区界面处的主配电盘 MB 上）时，SPD1 的 I_{imp}（Ⅰ级试验的 $10/350\mu s$ 波形）应大于通过安装点的按上述（1）所确定的预期雷电直击建筑物或线路的涌流值。

在建筑物有直接雷击防护装置之处，当未进行风险分析时，安装于电气装置电源点处的 SPD1 可参照表 13.11-9 选择Ⅰ级试验的 I_{imp}。

表 13.11-9　　　　　　　在建筑物有直接雷击防护装置之处 SPD1 的 I_{imp} 的选择

连接	I_{imp}（kA）			
	单相供电系统		三相供电系统	
	接线型式 CT1	接线型式 CT2	接线型式 CT1	接线型式 CT2
L－N	—	12.5	—	12.5
L－PE	12.5	—	12.5	—
N－PE	12.5	25	12.5	50

根据 GB/T 16895.10 中的 443，在要求设置大气过电压抑制装置之处［参见 13.6.1.3 (2)］以及电源线路采用架空线路进入建筑物之处，当未进行风险分析时，安装于电气装置电源点处的 SPD1 可参照下表 13.11-10 选择 Ⅰ 级试验的 I_{imp}。

表 13.11-10 在架空线路进入建筑物之处 SPD1 的 I_{imp} 的选择

连接	I_{imp} （kA）			
	单相供电系统		三相供电系统	
	接线型式 CT1	接线型式 CT2	接线型式 CT1	接线型式 CT2
L－N	－	5	－	5
L－PE	5	－	5	－
N－PE	5	10	5	20

2）当户外线路完全处于 LPZ0$_B$ 区或闪电直击建筑物（S1）和线路（S3）的风险可以忽略时，安装于 LPZ0$_B$ 与 LPZ1 区界面处的 SPD1 的标称放电电流 I_n（Ⅱ 级试验 8/20μs 波形）应大于通过安装点的按表 13.11-6 中的雷击建筑物或服务设施附近所引起的预期闪电感应涌流值。

按照 Ⅱ 级试验标准选择户外线路入口处 SPD1 的标称放电电流 I_n 时，可按不小于表 13.11-11 中所列值选择。

表 13.11-11 取决于供电系统和连接形式的 Ⅱ 级试验 SPD 的 I_n 的选择

连接	I_n （kA）			
	单相供电系统		三相供电系统	
	接线形式 CT1	接线形式 CT2	接线形式 CT1	接线形式 CT2
L－N	－	5	－	5
L－PE	5	－	5	－
N－PE	5	10	5	20

3）靠近被保护设备处，即 LPZ2 区或后续防雷区界面处（分配电盘或插座上）装设的 SPD2，对电气系统宜选用 Ⅱ 级试验的标称放电电流 I_n（或 Ⅲ 级试验的短路电流 I_{sc}）应大于通过安装点的按表 13.11-8 相应类别 LPL 所确定的预期闪电感应涌流值；此时应考虑空间屏蔽的衰减作用。对电子系统宜按具体情况确定。SPD2 的参数还应遵循制造商的要求，与上一级 SPD1 相协调配合。

4）SPD 应与同一线路上一级的 SPD 在能量上协调配合（参见 13.11.4），并宜选用同一家制造商的产品，能量配合的资料应由制造商提供。若无此资料，则 Ⅱ 级试验的 SPD 的标称放电电流 I_n 不应小于 5kA，Ⅲ 级试验的 SPD 的标称放电电流 I_n 不应小于 3kA。

5）当采用接线形式 2 时（参见 13.11.5.1），接于 N 导体与 PE 导体之间的 SPD 通过的雷电冲击电流值 I_{imp} 或标称放电电流 I_n 的选择：对于三相系统应按接于相导体与 PE 导体之间的每个 SPD 的 4 倍选取，对于单相系统应按接于相线与 PE 导体之间的每个 SPD 的 2 倍选取。当无法确定时，对于三相或单相系统 I_{imp} 应分别不小于 50kA 和 25kA；I_n 应分别不小于 20kA 和 10kA（参见表 13.11-9～表 13.11-11）。

（3）对各类工业与民用建筑物，其电气/电子系统闪电电涌的防护，应按照建筑物的防雷类别（LPL）、雷电环境条件（防雷区 LPZ）、被保护系统特性及其重要性等因素进行雷击危险度评估以确定不同的闪电电涌防护级别（参见附录 K）。SPD 的标称放电电流或冲击通流容量应按照建筑物的防雷类别及其雷电流参数按前述估算或简化计算的方法确定，SPD 的级位配置应按照保护水平 U_p 及多级间通过能量协调配合的要求确定，同时应满足上述最小值的要求。具体配置可参照附录 K 及相关行业标准的规定。

13.11.3.3　SPD 的电压保护水平 U_p 的选择

（1）在建筑物进线处或其他防雷区界面处的雷电或操作电涌受到 SPD 的限制，其最大电涌电压，即 SPD 的最大箝压加上其两端引线的感应电压，应与所属系统及设备的绝缘水平相配合。因此，SPD 的电压保护水平 U_p 加上其两端引线的感应电压之和应小于所在系统和设备的绝缘冲击耐受电压额定值 U_w，并不宜大于被保护设备耐压水平的 80%。

SPD 的有效电压保护水平还应考虑距离被保护设备的线路长度的影响，参见 13.10.6.3。

当电子设备对雷电很敏感或靠近由雷电冲击及内部干扰源所引起的建筑物内部电磁场时，可能还需要在电子设备（内部未设过压保护元件）处装设第三级（或称"精细级"）协调配合的 SPD 以确保达到与被保护设备绝缘配合的要求。

（2）低压系统线路和设备的额定冲击耐受电压 U_w 按表 13.6-1 确定；其他线路和设备的 U_w 以及电压和电流的抗扰度，宜由制造商提供。

当被保护的电子设备或系统要求按现行国家标准 GB/T 17626.5《电磁兼容 试验和测量技术 浪涌（冲击）抗扰度试验》确定的冲击电涌电压小于 U_w 时，应采用该冲击电涌电压代替 U_w。

（3）在一般情况下，对表 13.6-1 的 I、II 类过电压类别的设备还应考虑操作过电压的影响。但当电气装置由架空线或含有架空线的线路供电，且当地雷电活动符合外界环境影响条件 AQ2（间接雷击，雷暴日数＞25 日/年）或通过雷击风险评估认为应装设防大气过电压（闪电感应或远处雷击）的保护装置（SPD）时，以及用于防护建筑物或其附近遭受直击雷击引起的过电压时，装于建筑物进户处电气装置内或低压架空进线入户处，或架空进线与地下电缆的转接点处之过电压保护装置（SPD）的保护水平不应高于表 13.6-1 的 II 类过电压水平。例如对 220/380V 电气装置的过电压保护水平不应超过 2.5kV（当 SPD 为分别装于相导体与中性导体之间和中性导体与 PE 导体之间时，其总的电压保护水平应为相导体与 PE 导体间组合 SPD 保护水平的累加）。

（4）对于一般设备或敏感设备，SPD 的总的电压保护水平 U_P 可参照表 13.11-12 选择。

表 13.11-12　　　　　　　　　　　**设备要求的额定冲击电压**

供电系统的标称电压[a]（V）		线对中性点电压来自交流或直流标称电压小于等于（V）	设备要求的额定冲击电压[c] U_w（kV）	
三相系统	单相系统		过电压类别 II（正常额定冲击电压的设备）	过电压类别 I（降低额定冲击电压的设备）
		50	0.5	0.33
		100	0.8	0.5
	120/240	150	1.5	0.8

续表

供电系统的标称电压[a]（V）		线对中性点电压来自交流或直流标称电压小于等于（V）	设备要求的额定冲击电压[c] U_w（kV）	
三相系统	单相系统		过电压类别 II（正常额定冲击电压的设备）	过电压类别 I（降低额定冲击电压的设备）
230/400 277/480		300	2.5	1.5
400/690		600	4	2.5
1000		1000	6	4
		1500 d. c.	8[b]	6[b]

注　本表依据 IEC 60364-5-53 Edition3. 2 2015-09 更新。

[a]　依据 GB/T 156。

[b]　推荐值基于 GB/T 16935.1 中提供的冲击电压优选值范围。

[c]　此额定冲击电压适用于带电导体与 PE 之间。

（5）电子信息设备（Information Technology Equipment，ITE）耐冲击过电压值当无法获得时，通信系统电源设备耐雷电冲击指标可参考表 13.11-13。而其信息系统耐雷电冲击抗扰度要求参见表 13.11-14 中数据。

表 13.11-13　　　　　　　　　通信电源设备耐雷电冲击指标

序号	设备名称	额定电压（V）	混合冲击波	
			冲击电压（kV）（1.2/50μs）	冲击电流（kA）（8/20μs）
1	交流稳压器	220/380	6	3
2	市电油机转换屏	220/380	4	2
3	交流配电屏			
4	低压配电屏			
5	备用发电机			
6	整流器	220/380	2.5	1.25
7	交流不间断电源设备（UPS）			
8	直流配电屏	直流-24V，-48V 或-60V	1.5	0.75
9	通信设备机架电源交流入口（由不间断电源设备供电）	220/380	0.5	0.25
10	DC/AC 逆变器	直流-24V，-48V 或-60V		
11	DC/DC 变换器			
12	通信设备机架直流电源入口			

注　混合冲击波测试开路电压波形 1.2/50μs，短路电流波形 8/20μs，回路虚拟阻抗为 2Ω。

表 13.11-14 通信信息交换传输设备雷击抗扰度要求

适用范围	接口		波形	发生器等效阻抗（Ω）	浪涌水平（kV）	合格判据
交换设备	局端口	无一次保护	$10/700\mu s$	25	1	A
		有一次保护	$10/700\mu s$	25	4	A
		配线架	$10/700\mu s$	25	4	A
	用户终端	无一次保护	$10/700\mu s$	25	1.5	A
		有一次保护	$10/700\mu s$	25	4	A
	电源端口		混合波	2/12	0.5	A
接入网及传输设备	模拟用户口		$10/700\mu s$	25	4	A
	ISDN－BRA 口		$10/700\mu s$	25	4	C
	ADSL 口		$10/700\mu s$	25	4	B
	连接双绞线的 2048kBit/s 口		混合波	12	0.5	C
	以太网口		混合波	12	0.5	B
	V24 口，V25 口		混合波	12	0.5	C
	连接同轴线的传输设备支路口、2048kBit/s 口和 ISDN－PRA 口等		混合波	2	0.5	C
	直流电源口		混合波	2/12	0.5	A
	交流电源口		混合波	2/12	6	A

注 1. 判据 A—设备能经受住规定的测试而无损坏和出现其他紊乱（如软件无法正常运行或故障保护部件误动作），且测试后设备在规定的范围内能正常运行，在测试期间不要求设备能正常运行。

2. 判据 B—长度为 1500 字节的数据包能正常传输，且 5min 内不出现丢包。

3. 判据 C—试验后 5min 内不出现误码现象或通话恢复清晰。

13.11.3.4 暂时过电压（TOV）特性

安装于各防雷区界面处的 SPD 还应与其相应的能量承受能力一致。此时应考虑持续时间较长的暂时过电压的能量。SPD 应能承受由于高压系统对地故障及低压系统内故障引起的暂时过电压（Temporary Over-Voltage）参见 13.6，低压系统可能产生的最大暂时过电压 U_{TOV} 值见表 13.11-15。

表 13.11-15 低压系统最大暂时过电压 U_{TOV} 值

暂时过电压成因	低压系统型式	U_{TOV} 发生处	U_{TOV} 最大值	备注
变电站高压系统接地故障	TT，IT	相导体—地	U_0+250V，持续时间＞5s	高压系统中性点不接地、谐振接地或高电阻接地
			$U_0+1200V$，持续时间≤5s	高压系统中性点直接接地或低电阻接地
	TT，IT	中性导体—地	250V，持续时间＞5s	高压系统中性点不接地、谐振接地或高电阻接地
			1200V，持续时间≤5s	高压系统中性点直接接地或低电阻接地

13

续表

暂时过电压成因	低压系统型式	U_{TOV}发生处	U_{TOV}最大值	备 注
低压系统故障	TN，TT	相导体—中性导体	$\sqrt{3}U_0$	低压系统中性导体中断
	IT（TT 系统见注 1）	相导体—地	$\sqrt{3}U_0$	低压系统相导体意外接地
	TN，TT，IT	相导体—中性导体	$1.45U_0$	相导体—中性导体短路

注 1. 已证明更高的暂时过电压 TOV 也可在 TT 系统出现，持续时间$\leqslant$5s。

2. 在变压器安装点，最大的 TOV 值可能与表内值不同（高或低）。

3. 选择 SPD 时不考虑中性导体中断。

SPD 应能在上述暂时过电压下正常工作（耐受）或安全性失效；SPD 对暂时过电压的耐受能力 U_T 应由制造商按 GB 18802.1 标准中所规定的试验程序予以保证并在产品标识或说明书中标明。依据 IEC 61643-11：2011 标准，SPD 耐受 TOV 的特性试验值 U_T 参见下表 13.11-16。

表 13.11-16　　　　SPD 耐受暂时过电压（TOV）的典型试验值

使用模式	TOV 试验值 U_T		
SPD 接至	持续时间 t_T=5s（LV 系统用户故障）	持续时间 t_T=120min（LV 系统故障及中性导体中断）	持续时间 t_T=200ms（HV 系统接地故障）
	必需的耐受模式	可接受的耐受模式或安全故障模式	可接受的耐受模式或安全故障模式
TN 系统			
连接至 L—（PE）N 或 L—N	$1.32\times U_{REF}$	$\sqrt{3}\times U_{REF}$	
连接至 N—PE			
连接至 L—L			
TT 系统			
连接至 L—PE	$\sqrt{3}\times U_{REF}$	$1.32\times U_{REF}$	$1200+U_{REF}$
连接至 L—N	$1.32\times U_{REF}$	$\sqrt{3}\times U_{REF}$	
连接至 N—PE			1200
连接至 L—L			
IT 系统			
连接至 L—PE			$1200+U_{REF}$
连接至 L—N	$1.32\times U_{REF}$	$\sqrt{3}\times U_{REF}$	
连接至 N—PE			$1200+U_{REF}$
连接至 L—L			

注 1. U_{REF}—用于 SPD 试验的参考试验电压，要考虑电源系统的最大电压调节（一般为 10%）。

2. 如果电压调节不超过+10%，$1.32\times U_{REF}$等于 $1.45\times U_0$（即 $U_{REF}\approx1.1\,U_0$），GB/T 16895.10—2010 中的 442.5；U_0 为相电压（r.m.s.）。

3. SPD 的耐受模式要求试验后 SPD 的特性无明显变化并无任何损坏迹象，而安全故障模式则允许试验后 SPD 损坏，但不能对人员、设备和仪器产生伤害。

4. 我国使用于通信局（站）的 SPD，按 YD/T 1235.1—2002《通信局（站）低压配电系统用电涌保护器》标准的要求：安装于 L—PE 和 N—PE 之间的 SPD，其 TOV 失效安全性试验条件为：工频试验电压 U_T=1200V，持续 5s；而 TOV 耐受特性试验条件为：工频试验电压 U_T 分别为 380V（L—PE）或 320V（L—N），持续 120min。

当 SPD 的 TOV 特性不知道时，可选择 SPD 的 $U_C=U_T{\geqslant}U_{TOV \cdot LV}$，尤其是在 IT 系统中的情况。但选择一个 SPD 同时具有高暂时过电压耐受能力和与被保护设备绝缘配合的低过电压保护水平可能是很困难的，因此用户应根据系统实际产生的暂时过电压选择 SPD 的耐受模式（耐受或安全性失效）；当预期 TOV 发生的概率足够低时，允许 SPD 失效，但应采用适当的脱离装置。

13.11.3.5 耐受预期短路电流和额定阻断续流值的选择

SPD 应能承受预期通过它们的最大短路电流，并能熄灭随雷电流通过后产生的工频续流。

（1）SPD 和与之相连接的过电流保护器（设置于内部或外部）一起耐受的短路电流（当 SPD 失效时产生）应等于或大于安装处产生的预期最大短路电流，选择时要考虑到 SPD 制造商规定的应具备的最大过电流保护器。

（2）SPD 动作后熄灭工频续流的能力由其额定阻断续流电流值来表征，制造商所提供的 SPD 的额定阻断续流值不应小于安装处的预期最大短路电流。但此要求不适用于 TN 或 TT 系统中接于中性线和 PE 导体之间的（火花间隙型）SPD，其额定阻断续流电流值按 GB 16895.22—2004《建筑物电气装置 第 5-53 部分：电气设备的选择和安装 隔离、开关和控制设备 第 534 节：过电压保护电器》标准要求应不小于 100A。在 IT 系统中，接于中性导体和 PE 导体之间的 SPD 的额定阻断续流电流值应和接于相导体与中性导体间的 SPD 的要求相同。

13.11.3.6 SPD 的泄漏电流

通过 SPD 的正常泄漏电流要小，且不应影响系统的正常运行。当 SPD 装于剩余电流保护装置（Residual Current Protective Device，RCD）的负荷侧时，为了防止电涌电流通过时 RCD 误动作，可采用带延时的 S 型剩余电流保护器，其额定动作值还应与下一级 RCD 实现选择性。对特别重要的负荷设备可采用对大气过电压不敏感的 S 型剩余电流保护器。S 型 RCD 应耐受不小于 3kA（8/20μs）的电涌电流而不断开。

13.11.3.7 二端口 SPD 的附加参数要求

对于串接于被保护回路中的二端口 SPD 应校验其额定负载电流（I_L），不应小于 SPD 输出端负载的最大额定交流电流方均根值或直流电流；且其标称电压降不会导致输出端设备的电压降超过允许的极限值。

13.11.3.8 信号系统及天馈系统 SPD 的附加参数要求

用于信号系统及天馈系统的 SPD，除上述各条参数选用要求外，其插入损耗、传输速度、工作频率以及驻波系数、特性阻抗、长期允许功率等参数应满足系统要求；且其接头形式应与系统回路相一致（参见表 13.11-7）。

13.11.3.9 SPD 附加功能及辅助机构的选用

为了监视 SPD 的老化和运行状态，采用金属氧化物电阻元件的限压型 SPD 宜带有老化显示及过载热分断装置和失效指示功能。根据系统运行的需要，限压型 SPD 宜选用带有工作状态监视报警指示或远程报警辅助触点的功能。间隙型 SPD 可选用具有运行状态指示器的产品。SPD 或电涌保护箱可选用具有雷击记数器或雷电流记录器的产品。

在特殊危险环境如爆炸危险环境中的 SPD 还应具备动作时无电弧和火花外泄的密闭及

防爆功能。

户外型 SPD 应满足 GB 18802.1—2011《低压电涌保护器（SPD）第 1 部分：低压配电系统的保护器性能要求和试验方法》标准规定的相关严酷环境试验要求。

13.11.4 SPD 的级间配合

13.11.4.1 SPD 的级间配合原则

当系统中安装多级 SPD 时，各级 SPD 之间应按以下原则之一进行能量和动作性能的配合：

（1）基于稳态伏安特性的配合。此时两级 SPD 之间除线路外不附加任何去耦元件，其能量的配合可用它们的稳态电流/电压特性在有关的电流范围内实现。本原则一般应用于限压型 SPD（如金属氧化物压敏电阻 MOV 或抑制二极管）之间的配合。此法对电涌电流的波形可不予考虑。

（2）采用去耦元件的配合。去耦元件一般采用有足够耐电涌能力的电感或电阻元件，电感常用于电力系统，电阻常用于电子信息系统。实现去耦元件可采用单独的器件或利用两级 SPD 之间线缆的自然电阻或电感；后者在一般情况下，当在线路上多处安装 SPD 且无准确数据以实现配合时，电压开关型 SPD 与限压型 SPD 之间的线路长度不宜小于 10m，限压型 SPD 之间的线路长度不宜小于 5m。

当采用电感作为去耦元件时，应考虑电涌电流波形的影响，di/dt 越大，则去耦所要求的电感就越小；对半值时间较长的波形（如 $10/350\mu s$）电感对限压型的去耦是很无效的，此时宜用电阻去耦元件（或线缆的自然电阻）来实现配合。当采用电阻作为去耦元件时，电涌电流的峰值是确定电阻值的决定性因素。

（3）使用触发型 SPD（无去耦元件）的配合。随着 SPD 的市场开发，已出现了一种新型的既不需去耦元件又不限线缆配合长度的"间隙触发型"SPD。若触发型 SPD 的电子触发电路能保证后续的 SPD 不超过其能量耐受能力，则可用触发型 SPD 达到配合。

13.11.4.2 不同类型 SPD 之间的配合形式

按照 SPD 的特性类别，常见以下三种配合形式：

（1）限压型 SPD 之间的配合。此时要考虑通过两级 SPD 各自的电涌电流波的能量，电流波的持续时间与冲击电流相比不能过短，应比较两级 SPD 的伏安特性曲线。若选择的 SPD2 与 SPD1 有相同的标称放电电流时，如果 $U_{P1}<U_{P2}$，则 SPD1 的伏安特性曲线应位于 SPD2 的伏安特性曲线下面，此时大部分电涌电流将从 SPD1 流走，流过 SPD2 的电流小于标称电涌电流，满足能量配合；反之如 $U_{P1}>U_{P2}$，则 SPD1 的伏安特性曲线位于 SPD2 的伏安特性曲线上面，则 SPD2 应耐受总的侵入电涌，即应与 SPD1 具有相同的电涌承受能力才能满足能量配合。如果两级 SPD 具有不同的标称放电电流，当 SPD2 的标称放电电流 $I_{n2}<I_{n1}$ 时，如其与 SPD1 的伏安特性曲线的交叉点足够小（如低于 $0.1I_{n2}$）则也能实现能量配合（比较曲线时应考虑制造公差所带来的曲线变化范围）。

（2）电压开关型 SPD 与限压型 SPD 之间的配合。此时，前一级 SPD1 放电间隙的触发电压 U_{SG} 取决于后一级 SPD2（如压敏电阻 MOV）的残压 U_{res} 与去耦元件的动态压降 U_{DE} 之和，即为

$$U_{SG}=U_{res}+U_{DE} \tag{13.11-1}$$

式中　U_{SG}——放电间隙的触发电压，V；

　　　U_{res}——SPD 的残压，V；

U_{DE}——去耦元件的动态压降，V。

当U_{SG}超过放电间隙的动态放电电压时，实现配合。因此，配合决定于 MOV 的特性、电涌电流的幅值和陡度以及去耦元件的特性（如电感或电阻）及大小。此时需要考虑"保护盲点"问题；即当前一级 SPD1 在幅值和陡度较低的电涌电流通过时，SPD1 的放电间隙无火花闪络（"盲点"未点火），这时，整个电涌电流流经 SPD2（MOV）可能导致 MOV 的损坏，为此 MOV 必须按能通过此电涌电流的能量选取。此外，当前一级 SPD1 的放电间隙闪络放电后将改变电涌的波形，这种改变了的电涌波形将加于下一级 MOV 上，当采用低残压（电弧电压）的间隙时，选择下一级 MOV 的最大工作电压 U_c 对放电间隙的配合并不重要。在确定去耦元件的参数值时，下一级 MOV（SPD2）的最低残压可按不低于系统标称电源电压的峰值（$\sqrt{2}U_0$）来确定（在任何情况下，这类 SPD 的残压都比标称电源电压的峰值高），由此可根据式（13.11-1）来确定去耦元件的参数值，如去耦元件采用电感，则其动态压降 $U_{DE}=L\dfrac{di}{dt}$；再由式（13.11-1）即可推导出电感 L 的值。但是，应当注意的是除了考虑 10/350μs 的雷电流 I_{max}（由 MOV 的最大能量确定），还应考虑 0.1kA/μs 的最小雷电流陡度时实现配合所需的去耦元件电感值；即 L 应取式（13.11-2）和式（13.11-3）两式中的最大者

$$L_{10/350}=(U_{SG}-U_{res})\times\frac{10}{I_{max}} \tag{13.11-2}$$

$$L_{0.1kA/\mu s}=(U_{SG}-U_{res})\times 10 \tag{13.11-3}$$

式中　$L_{10/350}$——按 10/350μs 的最大放电电流 I_{max} 选择去耦元件电感，H；

　　　$L_{0.1kA/\mu s}$——按 0.1kA/μs 的最小雷电流陡度选择去耦元件电感，H；

　　　I_{max}——最大放电电流，A；

　　　U_{SG}——放电间隙的触发电压，V；

　　　U_{res}——SPD 的残压，V。

电感 L 一般为数十微亨。图 13.11-2 示出前一级放电间隙之后与不同负荷或不同的 SPD 配合时必须的去耦元件电感值。

（3）电压开关型 SPD 之间的配合。对放电间隙之间的配合，必须采用动态工作特性。当第二级 SPD 如放电间隙 SG2 发生火花闪络之后，配合将由去耦元件完成；为确定去耦元件的必须值，放电间隙 SG2 因其放电电压（电弧电压即残压）较低，可用短路代替。为触发放电间隙 SG1，去耦元件的动态压降必须大于放电间隙 SG1 的工作电压，见图 13.11-2（c）。

当采用电阻作为去耦元件时，在选择 SPD 的脉冲额定参量时则应考虑电涌电流峰值引起的电阻压降。

在放电间隙 SG1 触发之后，全部能量将按稳态电流/电压特性分配于各元件之间。

13.11.4.3　多级 SPD 保护系统的基本配合方案

（1）配合方案Ⅰ：所有的 SPD 均采用相同的残压 U_{res}，并都具有连续的电流/电压特性（如压敏电阻 MOV 或抑制二极管）。各级 SPD 和被保护设备的配合正常时由它们的线路阻抗完成，见图 13.11-3 所示。

（2）配合方案Ⅱ：各级 SPD 的残压是台阶式的，从第一级 SPD 向随后的 SPD 逐级升高，最后一级安装在被保护设备内的 SPD 的残压要高于前一级 SPD。各级 SPD 都有连续的电流/电压特性（如压敏电阻，二极管）。此配合方案适用于配电系统，方案示意图见图 13.11-4。

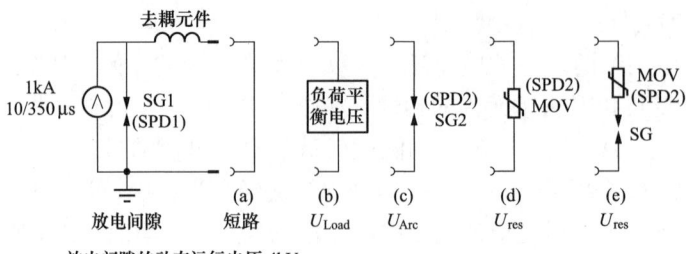

放电间隙的动态运行电压:4kV

情况	用计算机模拟确定的电感	粗估算确定的电感(见注)
(a)短路	30μH	40μH (规格过大)
(b)负荷平衡电压 (1.41U_N)	24μH	37μH (较实际)
(c)放电间隙 (U_{Arc}=30V)	30μH	40μH (实际情况)
(d)MOV [U_{ref}(1mA)=430V]	19μH	32μH (实际情况)
(e)MOV [U_{ref}(1mA)=180V]	22μH	36μH (实际情况)

注：

$$U_{\text{spark gap}}=L\frac{\mathrm{d}i}{\mathrm{d}t}+U_{\text{Load/res}}$$

粗估算 $\dfrac{\mathrm{d}i}{\mathrm{d}t}\approx\dfrac{i_{\text{peak}}}{T_1}=\dfrac{1\text{kA}}{10\mu s}$

(a) $L\approx U_{SG}\dfrac{T_1}{i_{\text{peak}}}=4\text{kV}\dfrac{10\mu s}{1\text{kA}}\approx 40\mu H$;

(b) $L\approx(U_{SG}-U_{\text{Load}})\dfrac{T_1}{i_{\text{peak}}}=(4\text{kV}-0.3\text{kV})\dfrac{10\mu s}{1\text{kA}}\approx 37\mu H$;

(c) $L\approx(U_{SG}-U_{\text{Arc}})\dfrac{T_1}{i_{\text{peak}}}=(4\text{kV}-0.03\text{kV})\dfrac{10\mu s}{1\text{kA}}\approx 40\mu H$;

(d) $L\approx[U_{SG}-U_{\text{res}}(1\text{kA})]\dfrac{T_1}{i_{\text{peak}}}=(4\text{kV}-0.8\text{kV})\dfrac{10\mu s}{1\text{kA}}\approx 32\mu H$;

(e) $L\approx[U_{SG}-U_{\text{res}}(1\text{kA})-U_{\text{ref}}]\dfrac{T_1}{i_{\text{peak}}}=(4\text{kV}-0.4\text{kV}-0.03\text{kV})\dfrac{10\mu s}{1\text{kA}}\approx 36\mu H$。

图 13.11-2　确定不同负荷情况下的去耦元件

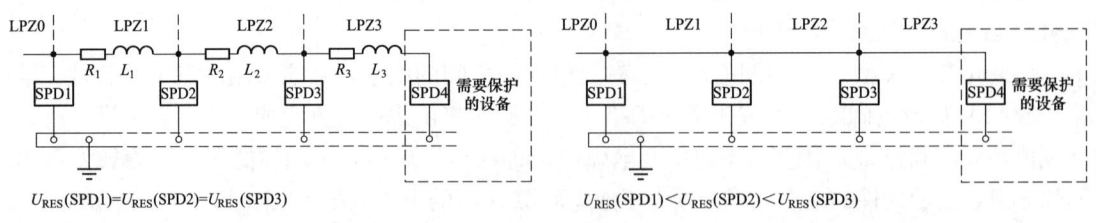

$U_{\text{RES}}(\text{SPD1})=U_{\text{RES}}(\text{SPD2})=U_{\text{RES}}(\text{SPD3})$　　　　$U_{\text{RES}}(\text{SPD1})<U_{\text{RES}}(\text{SPD2})<U_{\text{RES}}(\text{SPD3})$

图 13.11-3　方案Ⅰ的配合原则　　　　　　　　图 13.11-4　方案Ⅱ的配合原则

（3）配合方案Ⅲ：第一级 SPD 具有突变的电流/电压特性（开关型 SPD，如放电间隙、气体放电管），其后的 SPD 为连续的电流/电压特性的元件（限压型 SPD，如压敏电阻）并具有相同的残压。见图 13.11-5 所示。

本方案的特点是第一级 SPD 的"开关特性"将初始脉冲电流 $10/350\mu s$ 的"半值时间"被减短，从而相当大地减轻了随后各级 SPD 的负担。

（4）配合方案Ⅳ：如图 13.11-6 所示，将两级 SPD 组合在一个装置内形成一个四端 SPD，在装置内部两级 SPD 之间用串接阻抗或滤波器进行成功配合，使输出到下一级 SPD 或设备的剩余威胁最小。这适用于按方案Ⅰ～Ⅲ 与系统中其他 SPD 或与被保护设备必须完

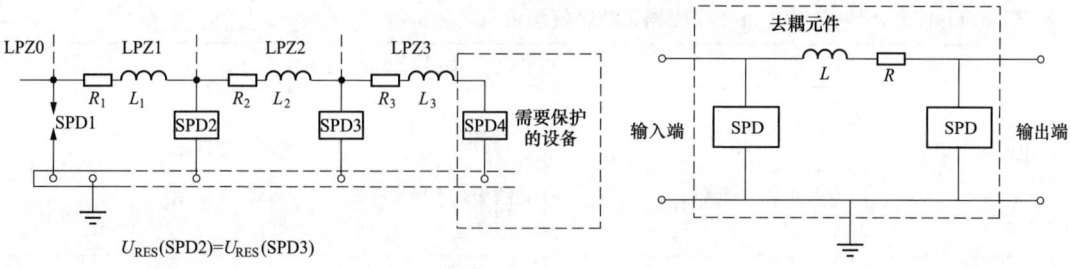

图 13.11-5 方案Ⅲ的配合原则　　　　图 13.11-6 方案Ⅳ的配合原则

全配合的场合。

上述四种配合方案中，方案Ⅰ～Ⅲ是基于两端 SPD 的多级保护方案，方案Ⅳ是组合有去耦元件的四端（即双口）SPD。采用上述基本配合方案时，须考虑到已设置在设备输入口处的 SPD。

（5）SPD 与被保护设备之间的配合。主要是与被保护设备的特性和抗损坏性进行配合，参见 13.11.3 SPD 的性能参数选择部分。

13.11.4.4 实现配合的验证

（1）安装在系统中的 SPD 是否实现配合可通过试验进行验证。

（2）通过不同精确度的计算以验证实现配合，或采用计算机进行模拟计算以验证复杂而重要的系统。

（3）采用已相互配合好的 SPD 系列产品。此时，实现配合由 SPD 系列产品制造者验证，系统设计选用应按产品说明书进行。

13.11.5 SPD 的安装接线

13.11.5.1 低压电气系统中 SPD 的接线形式概述

（1）低压电气系统中 SPD 的基本接线形式：

接线形式 1（CT1）—SPD 接于每一带电导体（相导体及中性导体）与 PE 导体或总接地端子之间；

接线形式 2（CT2）—SPD 接于每一相导体与中性导体之间及中性导体与总接地端子或 PE 导体之间，对于三相系统，即所谓"3+1"接法；对于单相系统，则称为"1+1"接法。

（2）各相导体（L）之间是否安装 SPD，按其是否可能产生相间过电压及其抑制要求确定。

> 注 雷击时，低压线路的带电导体上都感生相同的高电位，因此雷电冲击过电压是发生在带电导体与地之间的共模过电压。操作过电压是发生在带电导体之间的差模过电压。通常只需在带电导体与 PE 导体间装设 SPD；必要时才在带电导体之间装设 SPD。

电气系统中 SPD 的基本接线形式见图 13.11-7。

（3）电气系统中 SPD 的接线形式应符合表 13.11-17 的规定。

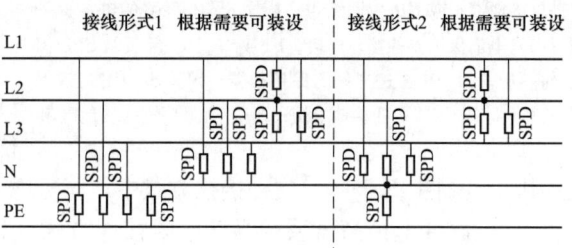

图 13.11-7 低压系统中 SPD 的基本接线形式

表 13.11-17　　　　　　　　　根据系统特征装设电涌保护器

电涌保护器接于	电涌保护器安装点的系统特征								
	TN-S 系统		TN-C 系统	TT 系统		IT 系统		
						配出中性导体		不配出中性导体
	接线形式 1 (CT1)	接线形式 2 (CT2)		接线形式 1 (CT1)	接线形式 2 (CT2)	接线形式 1 (CT1)	接线形式 2 (CT2)	
每一相导体和中性导体间	+	●	×	+	●	+	●	×
每一相导体和 PE 导体间	●	×	×	●	×	●	×	●
中性导体和 PE 导体间	●见注：2	●见注：2	×	●	●	●	●	×
每一相导体和 PEN 导体间	×	×	●	×	×	×	×	×
相导体之间	+	+	+	+	+	+	+	+

注　1. 表中符号●：应装设；×：不适用；＋：需要时装设。
　　　　2. 见 13.11.5.2 中（1）。

13.11.5.2　按低压电气系统接地型式选择 SPD 的接线形式

（1）TN 系统中 SPD 的接线形式：在电源进线处，TN-S 或 TN-C-S 系统的中性导体与 PE 导体直接相连（连接点与 SPD 安装位置之间的距离小于 0.5m 时，或第二级 SPD2 与前级 SPD1 的距离小于 10m 时），可省略中性导体与 PE 导体之间的 SPD；此时，SPD 只接于每一相导体与 PE 导体或总接地端子之间，取其路径最短者，见图 13.11-8。在其后 N 导体与 PE 导体分开 10m 以外，应在 N 导体与 PE 导体间增加一个电涌保护器。

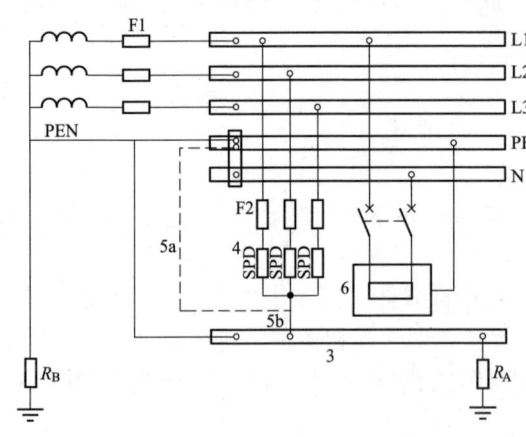

图 13.11-8　TN 系统中安装在进户处的电涌保护器
3—总接地端子或等电位联结带；4—U_P≤2.5kV 的电涌保护器；5—电涌保护器的接地连接，5a 或 5b；6—需要被 SPD 保护的设备；F1—电源进户处的保护电器；F2—SPD 的过流保护器；R_A—电气装置的接地电阻；R_B—电源系统的接地电阻

（2）TT 系统中 SPD 的接线形式：TT 系统通常由建筑物外引入电源，其对地绝缘的中性线也会发生较高的电涌。因此，TT 系统的中性线上也应装设 SPD。

注　附设变电站的建筑物无法分设接地极，不能采用 TT 系统。

1）配电变电站高压系统为不接地、谐振接地、高电阻接地方式时，不需考虑高压侧接地故障对低压侧 SPD 的影响，可采用接线形式 1，见图 13.11-9。这种接线方式中，应考虑剩余电流保护器 RCD 通雷电流的能力。

2）配电变电站高压系统为低电阻接地方式，且保护接地与低压系统接地相连时，为避免高压侧接地故障引起的低压侧暂时过电压击穿或烧毁 SPD，应采用接线形式 2，见图 13.11-10。

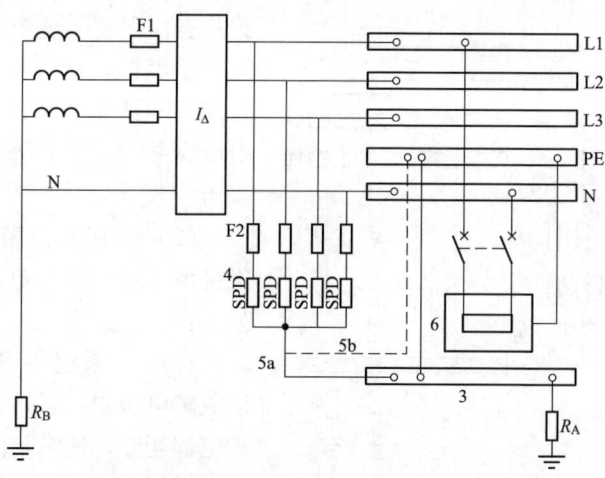

图 13.11-9　TT 系统中电涌保护器安装在进户处剩余电流保护器的负荷侧（接线形式 1）

3—总接地端子或等电位联结带；4—电涌保护器 SPD（$U_p \leqslant 2.5\text{kV}$）；5—电涌保护器的接地连接，5a 或
5b；6—需要保护的设备；7—剩余电流保护器 RCD；F1—电源进户处的保护电器；F2—SPD 的过流保护
器；R_A—电气装置的接地电阻；R_B—电源系统的接地电阻

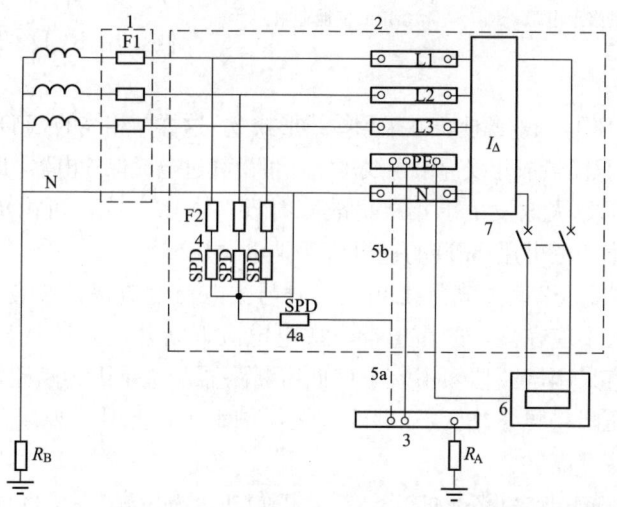

图 13.11-10　TT 系统中电涌保护器安装在进户处剩余电流保护器的电源侧（接线形式 2）

1—装置的电源；2—配电盘；3—总接地端子或等电位联结带；4、4a—电涌保护器 SPD，它们串联后总的 U_p 应
$\leqslant 2.5\text{kV}$；5—电涌保护器的接地连接，5a 或 5b；6—需要保护的设备；7—剩余电流保护器 RCD；F1—电源进
户处的保护电器；F2—SPD 的过电流保护器；R_A—电气装置的接地电阻；R_B—电源系统的接地电阻

　　电涌保护器 4a 应为间隙型 SPD，应按现行国家标准 GB 18802.1 做 200ms 或按相关行
业标准及用户要求做更长时间耐 1200V 暂态过电压（TOV）试验，参见表 13.11-16。对这
种接线方式的相关论述，另见 13.11.5.3。

　　（3）IT 系统中 SPD 的接线形式：IT 系统通常不引出中性导体，接线形式见图
13.11-11。

13.11.5.3　电气系统中 SPD 的失效保护

　　（1）SPD 的性能退化或寿命终止后将会失效：可能呈开路状态而失去作用，可能呈短

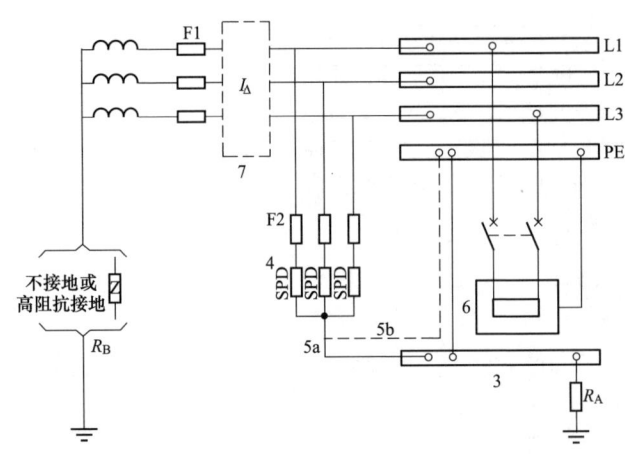

图 13.11-11 IT 系统中电涌保护器安装在进户处
剩余电流保护器的负荷侧

3—总接地端子或等电位联结带；4—电涌保护器 SPD；5—电涌保护器的接地连接，5a 或 5b；6—需要保护的设备；7—剩余电流保护器（按需要装设）；F1—电源进户处的保护器；F2—SPD 的过电流保护器；R_A—电气装置的接地电阻；R_B—电源系统的接地电阻

路状态而引发系统短路故障或接地故障。因此，应如图 13.11-8～图 13.11-11 所示在 SPD 之前装设过电流保护器 F2 或 SPD 内部的脱离器。

（2）应切实防范 SPD 失效引发接地故障导致的电击危险，分述如下：

1）TN 系统中 SPD 失效时接地故障电流很大，可用其过电流保护器切断，能满足防电击要求。

2）TT 系统中 SPD 失效时接地故障电流很小，不能用其过电流保护器切断。为满足防电击要求，可采取下列措施之一：

a. 将 SPD 装在 RCD 的负荷侧，用 RCD 切断，但将造成供电中断，见图 13.11-9；

b. 将 SPD 装在 RCD 的电源侧，并采用接线形式 2。这样，相线的 SPD 失效不会引发接地故障而导致电击危险，只能造成相线与中性线短路，可由其过电流保护器切断，见图 13.11-10。

3）IT 系统中 SPD 失效发生单相接地故障时没有电击危险，可由绝缘监视器报警；即使发生两相接地故障，也可用 SPD 的过电流保护器切断。

（3）过电流保护器 F2 既要满足工频短路时与主电路过流保护装置 F1 的级间配合要求及分断能力要求，又不应在规定的雷电冲击放电电流下断开，应参照 SPD 制造商的建议配置。过电流保护器宜采用熔断器，不宜采用低压断路器。这是因为断路器易误动作，而且电磁脱扣线圈上的电压降将显著增大 SPD 的有效保护水平；此外，要求高分断能力时，熔断器比断路器更为经济可靠。

注 关于 SPD 的后备保护熔断器，可按下式估算其通过的电涌电流能量 I^2t 值：

对于 $10/350\mu s$ 波形：$I^2t = 256.3 \times (I_{crest})^2$；

对于 $8/20\mu s$ 波形：$I^2t = 14.01 \times (I_{crest})^2$。

式中 I_{crest}——电涌电流峰值，kA；

I^2t——电涌能量，A^2s。

后备保护熔断器熔断体的弧前 I^2t 值应大于电涌电流的 I^2t 值，才合乎耐受一次相应波形冲击电流（单次冲击）的要求。例如：为耐受一次 9kA、$8/20\mu s$ 电涌电流，后备熔断体的最小弧前 I^2t 值应大于 $I^2t = 14.01 \times 9^2 = 1134.8$（$A^2s$）。额定电流 32A 的圆柱型 gG 熔断体的典型弧前 I^2t 值是 1300A^2s 可满足要求。同样可按上式推算出：弧前 I^2t 值为 24 000A^2s 的 100A 圆柱型 gG 熔断体可承受的单次冲击电涌电流（8/20）峰值为 41.4 kA。

实验显示，通过 SPD 的整个预处理和负载试验的多次冲击后，后备保护熔断体承受的冲击电涌耐受力将降低，此时其单次冲击耐受力应考虑 0.5～0.9 的折减系数；参见表 13.11-18。

后备保护断路器的相应实际耐受能力还取决于其型号，应由制造商通过实验后提供。

表 13.11-18　保护熔断体单次冲击耐受力与经整个预处理和负载试验后耐受力之间的折减系数示例

保护熔断体额定电流（A）	典型的弧前 I^2t 值和由简化公式得出的单次冲击电涌计算值与实际试验后的折减系数							
	圆柱形 gG				NH 型 gG			
	弧前 I^2t 值（A²s）	单次冲击电涌计算值（kA）	试验后冲击电涌耐受（kA）	折减系数	弧前 I^2t 值（A²s）	单次冲击电涌计算值（kA）	试验后冲击电涌耐受（kA）	折减系数
	I^2t	8/20μs 波形	8/20μs 波形		I^2t	8/20μs 波形	8/20μs 波形	
25	800	7.6	5	0.66				
32	1300	9.6	7	0.73				
40	2500	13.4	10	0.75				
50	4200	17.3	15	0.87				
63	7500	23.1	17	0.73				
80	14 500	32.2	25	0.78				
100	24 000	41.4	30	0.72	20 000	8.8	5	0.57
125	40 000	53.4	40	0.75	33 000	11.3	7	0.62
160					60 000	15.3	10	0.65
200					100 000	19.75	15	0.76
250					200 000	27.93	20	0.72
315					300 000	34.21	25	0.73

（4）当上一级过电流保护器 F1 的额定值小于或等于 SPD 引线回路里的过电流保护器 F2（图中 PD）的额定值时，可省去 F2，但当 SPD 故障时，主回路过流保护器 F1 动作将导致供电的中断。重点是为了保证供电的连续性还是保证 SPD 保护的连续性取决于断开 SPD 的过电流保护器的安装位置，见图 13.11-12 所示。

13.11.5.4　安装 SPD 的其他要求

（1）SPD 的安装位置原则上应安装在各防雷区界面处，并宜靠近建筑入口及被保护设备安装。如图 13.11-13 所示。当 SPD 安装于界面附近的被保护设备处时，至该设备的线路应能承受所发生的电涌电压及电流，且线路的金属保护层或屏蔽层宜首先在界面处做一次等电位联结（图 13.10-27）。

（2）在 LPZ0$_A$ 区或 LPZ0$_B$ 区与 LPZ1 区交界处，从室外引来的线路上安装的 SPD 应选用符合 I 级分类试验（10/350μs 波形）的产品；安装于 LPZ1 与 LPZ2 区及后续防雷区界面处的 SPD 应选用符合 II 级分类试验（8/20μs 波形）或 III 级分类试验

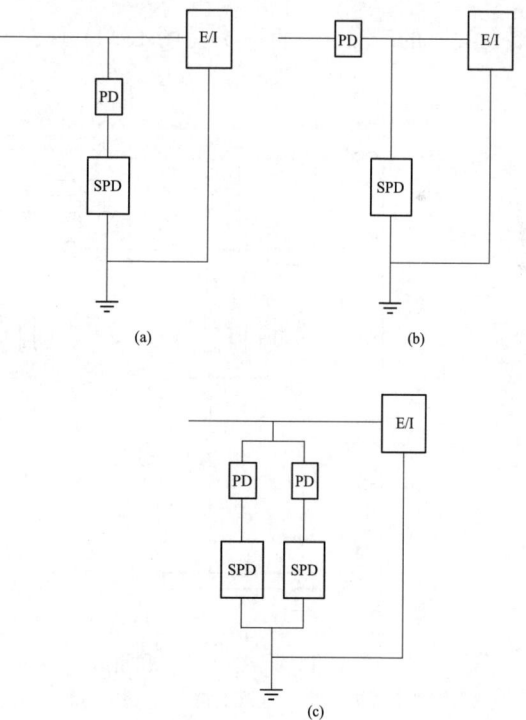

图 13.11-12　SPD 的过电流保护器安装位置对供电连续性和保护连续性的影响

（a）重点保证供电连续性；（b）重点保证保护连续性；
（c）供电连续性和保护连续性的结合

SPD—电涌保护器；F2—电涌保护器的过电流保护器；
E/I—被电涌保护器保护的电气设备或装置

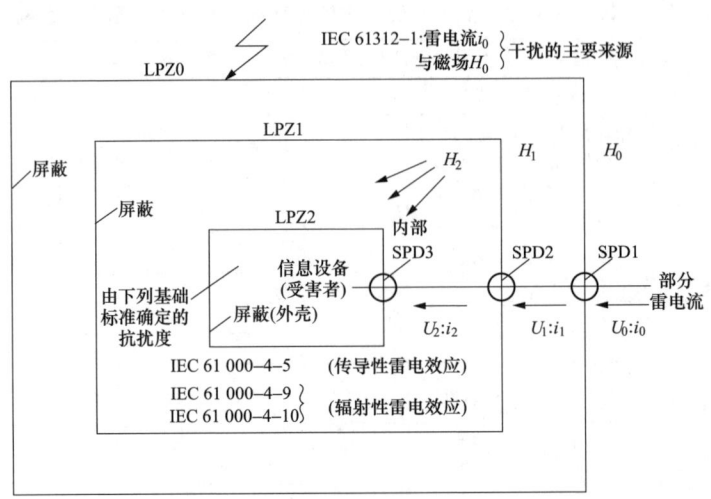

图 13.11-13　雷击时的 EMC 状况及 SPD 在各防雷分区安装示意图

i_0 和 H_0 脉冲 $10/350\mu s$ 和脉冲 $0.25/100\mu s$ 的雷电流和磁场 IEC61000-4-5：U：脉冲 $1.2/50\mu s$；脉冲 $8/20\mu s$

IEC61000-4-9：H：脉冲 $8/20\mu s$（衰减振荡 25kHz）；$T_p=10\mu s$

IEC61000-4-10：H：衰减振荡 1MHz（脉冲 $0.2/0.5\mu s$）；$T_p=0.25\mu s$

（混合波）的产品。其例子参见图 13.11-14。

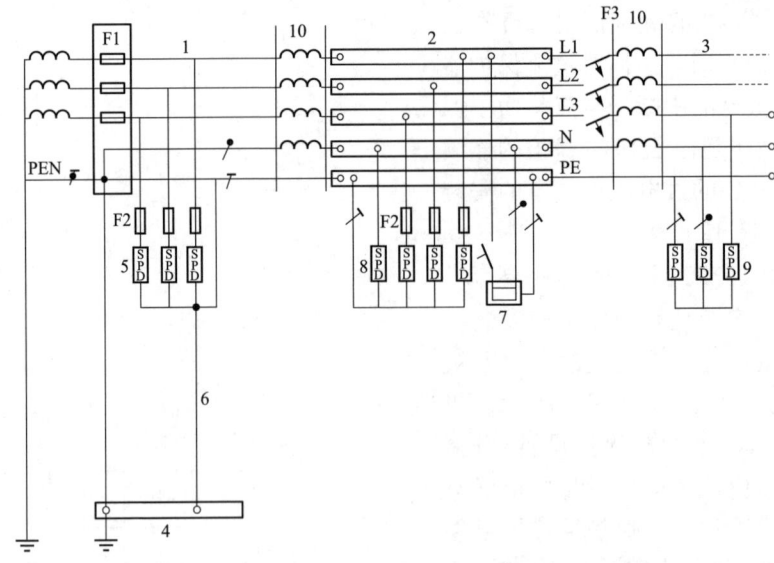

图 13.11-14　Ⅰ级、Ⅱ级和Ⅲ级试验的电涌保护器的安装（以 TN-C-S 系统为例）

1—电气装置的电源进户处；2—配电箱；3—送出的配电线路；4—总接地端子或等电位联结带；5—Ⅰ级试验的电涌保护器；6—电涌保护器的接地连接线；7—需要保护的固定安装的设备；8—Ⅱ级试验的电涌保护器；9—Ⅱ级或Ⅲ级试验的电涌保护器；10—去耦器件或配电线路长度；F1、F2、F3—过电流保护电器

注：(1) 当电涌保护器 5 和 8 不是安装在同一处时，电涌保护器 5 的 U_p 应≤2.5kV；电涌保护器 5 和 8 可以组合为一台电涌保护器，其 U_p 应≤2.5kV。

(2) 当电涌保护器 5 和 8 之间的距离小于 10m 时，在 8 处 N 与 PE 之间的电涌保护器可不装。

(3) 当 N 导体与 PE 导体的分开连接点与电涌保护器 5 的距离大于 0.5m 时，5 处的 SPD 同 8 处一样亦为 4 极。

（3）从室外引来的线路，SPD宜靠近屏蔽线路末端（如总配电箱MB处）安装；通过每个SPD的雷电流应按13.11.3.2（1）评估其预期通过的雷电涌流，并将其作为I_{peak}（幅值电流）来选用SPD。

（4）在两栋定为LPZ 1区的独立建筑物用电气线路或信号线路的屏蔽电缆或穿钢管的无屏蔽电缆连接在一起的情况下，当屏蔽层流过的分雷电流在其上所产生的电压降不会对线路和所接设备引起绝缘击穿时，同时屏蔽层的截面满足通流能力［计算方法见式（13.10-1）］时，在线路两端LPZ0与LPZ1区界面处可免装电涌保护器（见图13.11-15）。

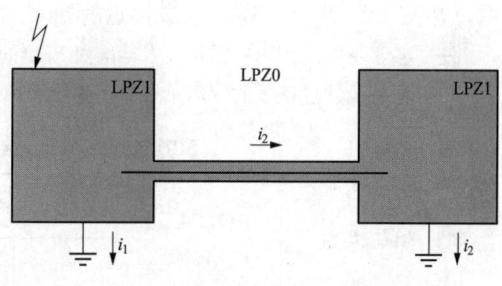

图13.11-15　用屏蔽电缆或穿钢管线路将两栋独立的LPZ 1区连接在一起

在一栋建筑物的LPZ1区内两个LPZ2区之间用电气线路或信号线路的屏蔽电缆或屏蔽的电缆沟或穿钢管屏蔽的线路连接在一起，且有屏蔽的线路没有引出LPZ2区时，线路的两端可免装电涌保护器，见图13.11-16。

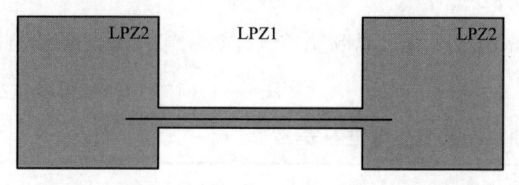

图13.11-16　用屏蔽的线路将两个LPZ2区连接在一起

（5）为使SPD安装处呈现的最大电涌电压足够低，SPD两端的引线应做到最短（两端引线总长度不宜大于0.5m）并且要避免形成过大环路以获得最佳保护效果。如图13.11-17中的（a）、（b）所示。

当引线较长而产生的引线寄生感应电压较大时，也可采用图中（b）、（c）的接线以转移和补偿引线的寄生电感从而大为改善保护电路的性能。

13

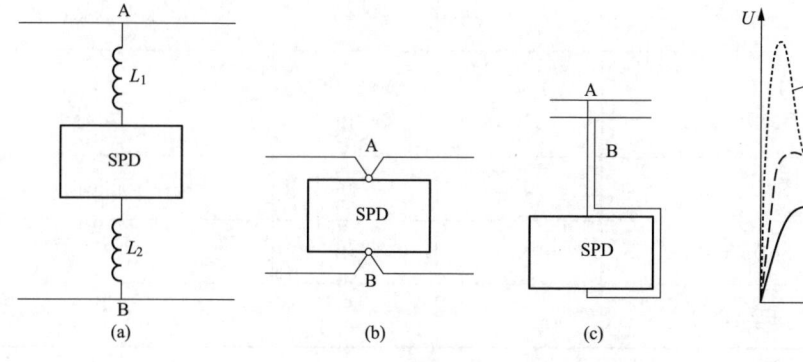

图13.11-17　SPD连接引线的影响

L_1、L_2为引线电感 L_1+L_2 引线总长度≤0.5m

（a）引线长度限值；（b）优选接线电路图；（c）不可能采用图（b）接线时；（d）V_{AB}与I_{surge}关系曲线

V_{AB}—A、B间电压，$V_{AB}=V_{SPD}+V_{L1}+V_{L2}$，$V_{L1}$、$V_{L2}$为引线感应电压；$V_{SPD}$—SPD残压；$I_{surge}$—电涌电流

（6）SPD的连接线和接地线导体截面。SPD的上引连接线和接地线一般采用多股铜线，其连接导体的最小截面积在GB 50057—2010中已对IEC标准所推荐的最小截面作了适当修改，按连接至电气或电子系统以及不同的试验类别的电涌保护器，其每相SPD连接导体最

小截面的规定见表 13.9-2。

连接单台或多台Ⅰ级分类试验或 D1 类电涌保护器（如"3+1"接线中，连接于 N-PE 导体之间的 SPD 的连接线和接地线）时，其单根连接导体最小截面尚应按式（13.9-1）估算，并按大于等于计算值的最接近标准截面选择。

> **注** 鉴于不同的国内外相关技术标准对 SPD 的连接线和接地线截面的规定不尽相同，为偏于安全计且考虑到上述连接线的使用量很少，其导线截面积宜适当加大；本手册建议参照下表 13.11-19 确定。

表 13.11-19　　　　　　　　SPD 连接线和接地线（铜导线）的最小截面积

SPD 的试验类别	Ⅰ级试验 I_{imp} (10/350 波形)	Ⅱ、Ⅲ级试验 I_n（8/20 波形）(kA)				D1 类 (信号系统)	天馈线 SPD
		80	40	20	10		
SPD 上引线和接地线 （mm²）	16	16	10	6	4	1.5	6

当 SPD 连接线及接地线采用其他材质的导线时，其截面积应与上述铜导线等效。

13.11.5.5　信息技术装置 SPD 的安装接线要求

（1）用于各 LPZ 界面处信号系统浪涌保护器（SPD）的额定参数及试验类型选择推荐见表 13.11-20。

表 13.11-20　　　　　　　　信号系统浪涌保护器的额定参数及类型推荐表

雷电防护区		LPZ0/1	LPZ1/2	LPZ2/3
电涌范围	10/350μs、10/250μs	0.5～2.5 kA	—	—
	1.2/50μs 8/20μs	—	0.5～10kV 0.25～5kA	0.5～1kV 0.25～0.5kA
	10/700μs 5/300μs	4kV 100A	0.5～4kV 25～100A	
SPD 的试验 类别	SPD (j)[①]	D_1, D_2, B_2		与大楼外界无电阻性连接
	SPD (k)[①]		C_2/B_2	
	SPD (l)[①]			C_1

> **注** LPZ2/3 下标注的电涌范围为最小的耐受要求，可能要求设备本身具备此耐受能力。
> [①] SPD (j, k, l) 见图 13.11-18。

（2）信息技术装置 SPD 的设置，参见图 13.11-18。

（3）应保证电涌保护器的差模和共模限制电压的规格与被保护系统的要求相一致，见图 13.11-19。

对于同时接有电源终端和信号终端 SPD 的信息技术设备（Information Technology Equipment，ITE），应当注意两个端口之间的配合问题：

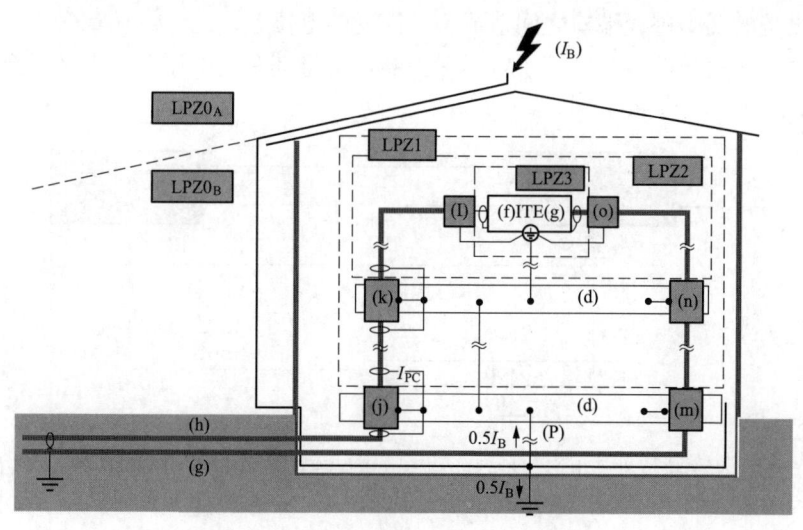

图 13.11-18　信号线路浪涌保护器的设置

(d) —雷电防护区边界的等电位联结带（EBB）；（f) —信息技术装置接口；（g) —电源线；（h) —信息技术线路或网络；I_{pc}—雷电流的部分电涌电流；I_B—直击雷电流通过不同耦合路径在建筑物内产生的雷电局部电流 I_{pc}；（j)、（k)、（l) —各防雷区的交界处信号网络的 SPD；（m)、（n)、（o) —各防雷区的交界处配电系统的 SPD（试验类别Ⅰ类、Ⅱ类和 DI 类）；（p) —接地导体；LPZ0$_A$～LPZ3—防雷区 0$_A$～3

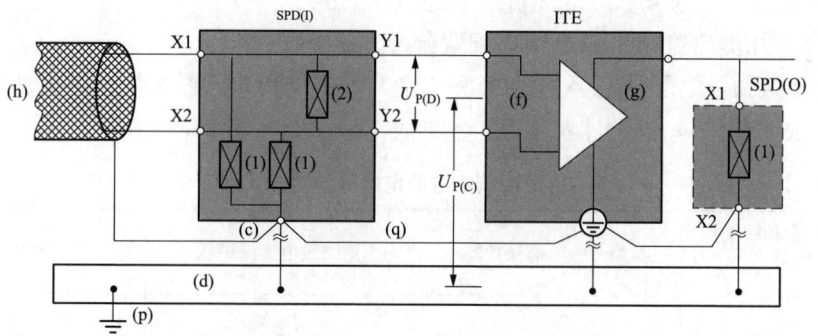

图 13.11-19　信息技术设备的电源端和信号端的差模和共模电压的保护措施示例

(c) —SPD 连接点，通常指 SPD 中所有共模、电压限制型电涌电压元件参考点；（d) —等电位联结带（EBB）；（f) —信息技术/电信接口；（g) —供电电源接口；（h) —信息技术/电信线路或网络；（l) —根据表 13.11-1 选用的 SPD；（o) —直流电源线路的 SPD；（p) —接地导体；（q) —必要连接（尽可能短）；$U_{P(C)}$—共模，电压限制至保护水平；$U_{P(D)}$—差模，电压限制至保护水平；X1，X2—SPD 端子，在这些端子间分别接有限制元件（1），（2），SPD 非保护侧与之相连；Y1，Y2—SPD 保护侧的接线端子；(1) —限制共模电压的电涌电压保护元件；（2) —限制差模电压的电涌电压保护元件

1）应注意合理选择信号线和电源线的敷线路径，减小各条线路之间的回路尺寸，从而减小电感；最好是同一个入口连接点。

2）电源终端 SPD 和信号终端 SPD 连接到共用接地等电位联结带的引线要最短，最好将电源 SPD 和信号 SPD 装于一个单元，形成"多用途 SPD"，或称"一体化组合防雷器"，从而避免在设备的两个进线端口之间造成不可接受的电位差。

（4）接至电子设备的多接线端子电涌保护器，为将其有效电压保护水平减至最小所必需的安装条件，见图 13.11-20。

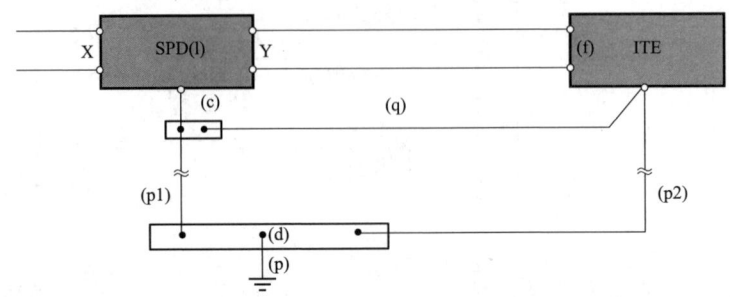

图 13.11-20　将多接线端子电涌保护器的有效电压保护水平减至最小所必需的安装条件示例

（c）、（d）、（f）、（l）、（p）—含义同图 13.11-19；（p1）、（p2）—应尽可能短的接地导体，当电子设备（ITE）在远处时可能无（p2）；（q）—必要的连接线（应尽可能短）；X、Y—电涌保护器的接线端子，X 为其非保护的输入端，Y 为保护侧的输出端

为防感应耦合，安装时应注意满足以下附加措施：

1）接至电涌保护器保护端口的线路不要与接至非保护端口的线路敷设在一起；

2）接至电涌保护器保护端口的线路不要与接地导体（p）敷设在一起；

3）从电涌保护器保护侧接至需要保护的电子设备（ITE）的线路应尽可能短或加以屏蔽。

注　雷击时在环路中的感应电压和电流的计算见表 13.10-7。

13.11.6　几类建筑物的 SPD 典型配置参考方案

对普通建筑物、电子信息系统大楼和工业厂房的 SPD 配置及参数提供如下典型方案（德国 OBO 公司提供），供设计者参考，参见表 13.11-21～表 13.11-23。

表 13.11-21　　　　　　　　　　普通建筑物电源电涌保护器配置

技术参数 ＼ 保护级别	第一级电涌保护器	第二级电涌保护器	第三级电涌保护器
U_n	230V	230V	230V
U_c	385V	385V	385V
I_{imp}	7kA (10/350)[1]		
I_n	30kA (8/20)	20kA (8/20)	2.5kA (8/20)[3]
I_{max}	60kA (8/20)	40kA (8/20)	7kA (8/20)
U_p	≤1.7kV	≤1.7kV	1.0kV (L—N) 1.4kV (L/N—PE)
断路器额定电流（C 类脱扣曲线）	32A	32A	
安装位置	总配电箱 MB	分配电箱 SB	被保护设备前端

技术参数 \ 保护级别	第一级电涌保护器	第二级电涌保护器	第三级电涌保护器
参考型号 (德国OBO公司)	V25－B/3＋NPE V25－B＋C/3＋NPE	V20－C/3＋NPE	VF230－AC

① 普通建筑物为一般性工业与民用建筑物（第二、三类防雷建筑物），其进户电力线及通信线均宜采取埋地及屏蔽措施；表中参数为OBO公司按埋地引入相应配置的SPD的参数。否则，应按注②校核第一级SPD的雷电流参数。

② 根据雷击损失的大小，表13.11-21～表13.11-23的建筑物（包括商业建筑、医院及公共建筑），其雷电流参数应按相应防雷水平（LPL，见表13.7-1）取值，按表13.8-3之1.4项8)中的式（13.8-3）和式（13.8-4）估算通过第一级电涌保护器的雷电流，并按13.11.3.2（1）所述的原则和方法，核定SPD的雷电流参数应不小于计算值。

③ 国家标准GB 50057—2010规定，Ⅲ级试验的电涌保护器的标称放电电流当无制造商提供的与上一级SPD能量配合的资料时不应小于3kA。

表 13.11-22　　　　　　　　**电子信息系统大楼电涌保护器配置**

技术参数 \ 保护级别	第一级电涌保护器	第二级电涌保护器	第三级电涌保护器	通信线电涌保护器
U_n	230V	230V	230V	
U_c	255V	385V	385V	
I_{imp}	50kA(10/350)②			
I_n		20kA(8/20)	2.5kA(8/20)③	根据通信线电压等级、传输速率以及接口类型来选择相应的通信线防电涌保护器
I_{max}		40kA(8/20)	7kA(8/20)	
U_p	≤2kV	≤1.3kV	≤1.7kV	1.0kV(L－N) 1.4kV(L/N－PE)
断路器额定电流（C类脱扣曲线）	当电网已有小于500A的熔断体时，无需后备断路器	32A		
安装位置	大楼总配电柜	楼层分配电柜，机房配电箱	被保护电子设备前端	被保护通信设备通信线端
参考型号 (德国OBO公司)	MC50－B MC125－B/NPE	MCD50－B MCD125－B/NPE V20－C/3＋NPE	CNS3-D－PRC VF230－AC	RJ45－Tele/4－F RJ45－V24T/4－F RJ45S－E100/4－F KoaxB－E2/MF－F

②③ 见表13.11-21。

表 13.11-23 工业厂房电涌保护器配置

保护级别\技术参数	第一级电涌保护器		第二级电涌保护器	第三级电涌保护器	工控系统、测试系统电涌保护器
U_n	230V		230V	230V	根据系统最大电压、最大工作电流以及最大数据传输频率来选择相应的工控系统电涌保护器
U_c	255V		385V	385V	
I_{imp}	50kA(10/350)[②]				
I_n			20kA(8/20)	2.5kA(8/20)[③]	
I_{max}			40kA(8/20)	7kA(8/20)	
U_p	≤2kV	≤1.3kV	≤1.7kV	1.0kV(L—N) 1.4kV(L/N—PE)	
断路器额定电流(C类脱扣曲线)	当电网已有小于500A的熔断体时,无需后备断路器		32A		
安装位置	厂房总配电柜		分路配电箱	被保护设备电源进线端	被保护工控设备信息线进线端
参考型号(德国OBO公司)	MC50—B MC125—B/NPE	MCD50—B MCD125—B/NPE	V20—C/3+NPE	VF230—AC CNS3-D—PRC	FLD、FRD MDP

②③ 见表 13.11-21。

13.12 特殊建（构）筑物的防雷

13.12.1 有爆炸危险的露天封闭钢罐的防雷

露天装设有爆炸危险的封闭钢罐或工艺金属罐塔，当其壁厚不小于 4mm 时，一般可不装接闪器，但应接地（对湿式氢气储罐钟罩顶应有可靠接地），且接地点不应少于 2 处，两接地点间距离不宜大于 30m；当采用接闪器保护时，其外表面的 2 区爆炸危险环境可不在保护范围内。对浮顶金属罐应用两根截面积不小于 $25mm^2$ 的软铜绞线将浮顶与罐体进行良好的电气连接。每处接地点的冲击接地电阻不应大于 30Ω（对氢气贮罐应不大于 10Ω）；当其接地装置符合表 13.8-4 防直击雷（6）要求时，也可不计及接地电阻值。其放散管和呼吸阀的保护应符合表 13.8-4 防直击雷措施（2）的要求。引出/入罐体的金属管道应在法兰等接头处作好电气连接。

发电厂和变电站内有爆炸危险的露天贮罐的防雷特殊要求参见表 13.3-1。

13.12.2 户外架空管道的防雷

（1）户外架空金属管道，应设防闪电电涌侵入建筑物的接地（参见表 13.8-3～表 13.8-5

的相关要求）。其中输送易燃易爆气体或液体的管道在进出建筑物处，不同爆炸危险环境的边界、管道分支处及直线段管道每隔 50～80m 处应设防静电接地，每处接地电阻不大于 30Ω（对氧气和乙炔气体管道应不大于 10Ω）。

（2）户外架空氢气管道除符合上述（1）款要求外，还应与防闪电感应的接地装置相连，距进出建筑 100m 以内的管道，应每隔 25m 左右接地一次，每处冲击接地电阻不大于 20Ω。

（3）上述管道架空平行敷设，当两管间净距小于 100mm 时，每隔 20～30m 应用金属线跨接，净距小于 100mm 的管道交叉点也应用金属线跨接。

（4）输送易燃易爆气体或液体管道的连接处（如阀门、法兰盘等）应用金属线跨接；跨接线应采用直径不小于 8mm 的圆钢或截面积至少为 50mm² 的线缆，并采用专门焊接片或防松动的螺栓连接固定到法兰上；绝缘部件应采用火花间隙或 SPD 跨接。

（5）管道防闪电感应接地和防静电接地宜共用接地装置，接地电阻应符合两种接地中较小值的要求，并应与电气设备接地装置相连通。

13.12.3 水塔的防雷

水塔按第三类防雷构筑物设计防雷。利用水塔顶上周围铁栅栏作为接闪器，或装设环形接闪带保护水塔边缘，并在塔顶中心装一根接闪杆，其高度根据它与塔顶边缘接闪器得出的保护范围能保护到塔顶各物体确定之。引下线一般不少于 2 根，间距不大于 30m，冲击接地电阻不大于 30Ω。若水塔周长和高度均不超过 40m 可只设一根引下线，另一根可利用铁爬梯作引下线。钢筋混凝土结构的水塔，可利用结构钢筋作引下线，基础钢筋作接地体，专门敷设的接地体宜敷设成环形。

13.12.4 烟囱的防雷

烟囱属于第三类防雷构筑物。砖烟囱、钢筋混凝土烟囱，一般采用装设在烟囱上的接闪杆或接闪环保护，多根接闪杆应连接在闭合环上；当非金属烟囱无法采用单支或双支接闪杆保护时，应在烟囱口装设环形接闪带，并对称布置三支高出烟囱口不低于 0.5m 的接闪杆。

钢筋混凝土烟囱的钢筋应在其顶部和底部与引下线和贯通连接的金属爬梯相连。当符合表 13.8-5 中防直击雷（5）要求时，钢筋混凝土烟囱宜利用钢筋作为引下线和接地装置，可不另设专用引下线。

高度不超过 40m 的烟囱，可只设一根引下线，超过 40m 烟囱应设 2 根引下线；螺栓连接或焊接连接的一座金属爬梯可作为两根引下线用。每根引下线的冲击接地电阻应不大于 30Ω。金属烟囱应利用烟囱金属体兼作接闪器和引下线。

13.12.5 各类通信局（站）的防雷

各类通信局（站）包括综合通信大楼和交换局、数据中心、传输局、模块局、接入网站、局域网站点等有线通信局（站）以及移动通信基站、小型通信站（室外站、边际站、无线市话站等）、卫星地球站、微波站等各类型通信系统网站；其特点为外部防雷系统包括对各型天线及其馈线（波导或同轴电缆等）的防护、机房的防护、入局（站）电源线及信号线路的防护；而内部防雷系统则包括通信设备、传输网络及其监控系统的保护。以下择其共性和个性分述如下：

13.12.5.1 天线及其馈线防雷

（1）各类型通信发射/接收天线（包括 GPS 天线）及其馈线和位于天线塔或屋顶上的通信设备应在接闪杆（避雷针，下同）的保护范围内（滚球半径为 45m），接闪杆可固定在天线铁塔（或天线支撑杆、增高架）上，并宜采用 40mm×4mm 热镀锌扁钢作为专设引下线；当塔身金属构件的电气连续性满足要求时也可兼作接闪器和引下线。

> **注** 小型通信站的接闪杆应高出天线顶端 1m，其专设接地引下线可采用上述热镀锌扁钢或 50mm² 的多股铜线，每股直径不小于 1.7mm。

天线塔位于机房屋顶时，铁塔四角应与楼顶接闪带就近焊接连通不少于两处，并利用机房建筑物柱内主钢筋作防雷引下线；当无钢筋结构可利用时，铁塔四角应设专设防雷引下线，并与建筑物外环形接地体焊接连通。

当天线铁塔位于机房旁边时，应在塔基四脚 1.5m 以外敷设网格尺寸不大于 3m×3m 的铁塔地网，铁塔地网、机房地网及变电站地网的作法及其相互连接要求和接地电阻值详见 14.10。天线塔引下线的入地点应设在与机房地网不相邻的铁塔地网另一侧。

当天线铁塔四角包含机房时，应利用机房建筑物基础和铁塔四角外设的环形地网作接地装置，地网面积应大于 15m×15m。

（2）各类天线馈线波导管或同轴传输线的金属外层及馈线金属管应在天线端、离塔处及机房入口外侧就近接地，当其长度超过 60m 时还应在其中间部位与塔身金属结构可靠连接，其接地连接线应采用截面积不小于 10mm² 的多股铜线。机房馈线窗外的接地排应直接与机房地网相连，严禁连接到铁塔塔角。同轴电缆在机房入口处应安装标称放电电流 I_n 不小于 5kA 的同轴电涌保护器 SPD，其选择要求参见表 13.11-4；主要技术参数推荐值见表 13.12-1。

表 13.12-1　　　　　　　　　　天馈线路浪涌保护器的主要技术参数推荐表

工作频率（MHz）	传输功率	电压驻波比	插入损耗（dB）	接口方式	特性阻抗（Ω）	U_c（V）	I_{imp}（kA）	U_p（V）
1.5～6000	≥1.5 倍系统平均功率	≤1.3	≤0.3	满足系统要求	50/75	大于线路最大运行电压	≥2 kA 或按用户要求	小于设备端口 U_w

经走线架上塔的天线馈线，应在其转弯处上方 0.5～1m 范围内良好接地。室外走线架亦应在始末两端作接地连接。塔上的天线安装框架、支持杆、灯具外壳等金属件应与塔身金属结构用螺栓可靠连接或焊接连通。

安装在建筑物顶的天线、抱杆、室外走线架及其他金属设施，应用接地线分别就近与楼顶接闪带或预留接地端子相连接；楼顶 GPS 天线的馈线及其他缆线，布线时严禁系挂或缠绕在接闪带或接闪网上。

（3）塔顶航空障碍灯及塔上的照明灯、彩灯电源线应采用带金属外层的电缆或将导线穿金属管，电缆金属外层或金属管道至少应在上下两端与塔身相连，并水平埋地 10m 以上才允许进入机房或变配电室配电装置；在入口处还应加装氧化锌无间隙避雷器（或在机房配电箱内加装最大放电电流 I_{max}≥50kA 的电涌保护器）。

（4）卫星通信地球站天线的防雷，可用独立接闪杆或在天线口面上沿和副面调整器顶端预留的安装接闪杆处分别安装接闪杆。当天线安装于地面上时，其引下线直接引至天线基础周围的闭合环形接地体。天线支架与围绕天线基础的闭合接地环路应有良好的电气连接，天线基础的闭合接地环与围绕机房四周敷设的闭合接地环至少应有两处以上可靠地连接在一起。

（5）卫星天线伺服控制系统的控制线和电源线应采用带金属外护层的屏蔽电缆，并应在天线处和机房入口外作接地处理，控制线和电源线应安装 SPD。

13.12.5.2　机房的直击雷防护

（1）当微波机房建筑物不在天线塔下及其保护范围内时，机房屋顶应设接闪网（避雷网）以防直击雷。微波机房屋顶接闪网的网格尺寸不应大于 3m×3m（【编者注】 此规定高于 GB 50057 的一类防雷的网格尺寸 5m×5m 的要求），且与屋顶四周敷设的闭合环形接闪带逐点焊接连通。机房四角应设雷电流引下线，引下线可利用机房建筑结构柱内的至少 2 根主钢筋，并应与钢筋混凝土屋面板、梁及基础（包括桩基）内的钢筋相互焊接连通。当天线塔直接位于微波机房屋顶上或机房位于铁塔内时，宜在机房地网四角设置辐射式外引接地体。机房外应围绕机房敷设闭合环形水平接地体并在四角与机房地网连通。

综合通信大楼利用建筑物结构钢筋及金属体作接闪器、引下线、楼层均压网及共用接地装置，并应相互连通构成近似于法拉第笼式的结构。楼顶宜设暗装接闪网，女儿墙上应设接闪带，塔楼顶应设接闪杆；接闪杆、接闪带、接闪网应相互多点焊接连通。楼高超过 30m 时，从 30m 及以上应每隔一层设置一次均压网。暗装接闪网、楼层均压网（含基础底层）可利用梁或楼板内钢筋焊接成网格尺寸不大于 10m×10m 且周边为封闭的环形带。

（2）从机房顶进入机房的缆线和太阳能电池馈电线，应采用具有金属护层的电缆或穿金属管，其金属护层或金属管在入户处应就近与屋顶接闪网/带焊接连通，电缆芯线应在入口处加装电涌保护器。太阳能电池馈电线两端可分别对地加装最大放电电流（I_{max}）不小于 25kA 的 SPD，SPD 的标称工作电压应大于太阳能电池最大供电电压的 1.2 倍。引入机房的射频电缆及其他高频传输线应选用响应速度快且极间电容及信号损耗小的电涌保护器件（参见 13-11）。机房屋顶上的其他金属设施亦应分别就近与避雷带焊接连通。

（3）通信局（站）内的多个建筑物地网之间应采用水平接地体相互连通，形成封闭的环形结构，高山微波站等通信站内还应在铁塔附近及人员活动区域敷设网孔不大于 10m×10m 的辅助均压地网以降低跨步电压的危险性。

13.12.5.3　机房设备的接地

各类通信局（站）必须采用联合（共用）接地方式；即将建筑物外的环形接地体与建筑物的基础地网、电力变压器地网、地面铁塔地网等在地下多点连通组成联合（共用）地网，并将建筑物内电气/电子设备的工作接地、保护接地、逻辑接地、屏蔽接地、防静电接地以及建筑物防雷接地等共用一组接地系统的接地方式。其通用要求如下：

（1）在通信局（站）建筑物（机房）外敷设人工环形接地体，并与建筑物的基础地网每隔 5～10m 相互作一次连接。我国专门规范（GB 50689—2011）规定：接地体采用热镀锌钢材时，钢管的壁厚不应小于 3.5mm，角钢不应小于 50mm×50mm×5mm，扁钢不应小于 40mm×4mm，圆钢直径不应小于 10mm；采用铜包钢或镀铜钢材时，其直径不应小于 10mm，镀铜层厚度不应小于 0.254mm【编者注】上述接地体的规格要求与 GB 50057 的规定不一致，

13

参见表 14.5-1)。

移动通信基站及微波站地网的工频接地电阻不宜大于 10Ω。当土壤电阻率大于 $1000\Omega m$ 时，其接地电阻可不予限制，但地网的等效半径应大于 10m，并应在四周加敷长度约 10～20m 的辐射形水平接地体。其余各类通信局（站）包括综合通信大楼，只要采用上述联合接地方式并利用建筑物钢筋混凝土基础及环形接地装置，同时作好防雷及电气系统的等电位联结，可不对地网的接地电阻值提出限制性要求。

（2）接地装置引入室内与底层环形总接地汇集线（或称接地母线）连接的接地引入线宜采用 40mm×4mm 或 50mm×5mm 热镀锌扁钢，或截面积不小于 95mm² 的多股铜线，其长度不宜超过 30m，并应从地网的两个不同方向引接。高层通信楼地网与垂直接地汇集线（Vertical Reise，VR）连接的接地引入线应采用截面积不小于 240mm² 的多股铜线。与接地引入点连接的楼柱钢筋应通长在接头处焊接连通。底层环形总接地汇集线与室外环形接地体及基础地网应多点相互连接。机房接地引入线与地网的连接点宜尽量远离防雷引下线及天线或铁塔基础。接地引入线不宜与暖气管同沟布放，并应避开污水管沟，其出土部位应做绝缘防腐处理和防机械损伤保护。

（3）建筑物各层之间宜贯穿设置一根或多根垂直主干接地线（VR），并与各层机房水平环形或排形接地汇集线相互连通，VR 还应至少每隔一层与楼层均压带（网）相互连通；高层建筑的专用垂直接地汇集线（VR）应采用截面积不小于 300mm² 的铜排。

各垂直主干接地线应为以其为中心、长边为 30m 的矩形区域内的通信设备提供接地服务，超过此区域的设备应由另外的垂直主干接地线为其提供服务。各垂直主干接地线间应每隔 2～3 层进行互连。

当建筑物的结构钢筋符合第二类防雷建筑物利用建筑物钢筋作为防雷装置的规定时，可作为垂直接地主干线，水平接地汇集线可直接利用机房内楼柱钢筋引出的预留接地端子多点接地。楼层均压带（网）可利用建筑物结构梁及楼板内的钢筋焊接成不大于 10m×10m 的网格。

（4）在建筑物地下室、底层和相应楼层，应在电力室或机房内墙/柱面、地槽或小型机房走线架上靠近各通信子系统设置环形或条形接地汇集线（楼层接地排 FEB 或局部接地排 LEB）。接地汇集线可采用截面积不小于 90mm² 的铜排。移动通信基站可为 30mm×3mm 铜排或 40mm×4mm 热镀锌扁钢。当接地汇集线与接地线为不同金属材料互连时，应防止电化腐蚀。

各种设备连接网、交/直流配电装置及其他系统需要接地的端子应连接到所在楼层的接地排。

对雷电较敏感的通信设备应远离总接地排、电缆入口设施、交流市电和接地系统间的连接导线。通信设备宜放置在距外墙楼柱 1m 以外的区域，并应避免设备机柜直接接触到外墙。

（5）局（站）内各类设备接地线的规格和连接要求：

1）各类接地线应根据最大故障电流和材料机械强度来确定，宜选用截面积为 16～95 mm² 的多股铜线。

2）配电室、电力室、发电机室内部主设备的接地线应采用截面积不小于 16mm² 的多股铜线。

3) 各层接地汇集线与楼层接地排 (Floor Equipotential earthing terminal board, FEB) 或设备之间相连接的接地线, 短距离可采用 16mm² 多股铜线; 当距离较长时, 截面宜不小于 35mm² 或增加一个 FEB。

跨楼层或同层布设距离较远的接地线应采用截面积不小于 70mm² 的多股铜线。

4) 数据服务器、环境监控系统、数据采集器、小型光传输设备等小型设备的接地线应采用截面积不小于 4mm² 的多股铜线连接到机架接地排上 (当为开放式机架时, 接地线截面积应不小于 2.5mm²)。接地线较长时应加大截面积或增加一个局部接地排 (Local equipotential earthing terminal board, LEB), 再将机架接地排采用不小于 16mm² 的多股铜线连接到接地汇集线上。

5) 光缆的金属加强芯和金属护层应在分线盒内可靠接地或与光纤配线架 (Optical Distribution Frame, ODF) 的接地排连接, 并应采用 16mm² 多股铜线, 就近引到机房或楼层接地排上 (小型站可引至总接地排 Main earthing terminal, MET); 当距离较远时, 亦可就近接至楼柱主钢筋引出的接地端子板上。

光传输机架设备或子架的接地线, 应采用截面积不小于 10mm² 的多股铜线。

6) 接地线中严禁加装开关或熔断器, 布线应尽量短直, 严禁盘绕; 接地线应采用外护套带黄绿相间色标的阻燃缆线。接地线与设备或接地排连接时, 应采用铜接线端子并压 (焊) 接牢固。

(6) 通信系统的等电位联结接地, 一般采用 S 型星形结构、M 型网状结构或星形—网状混合结构 (参见图 13.10-25、图 13.10-26 及 14.7); 应根据通信设备的分布和机房面积、设备抗扰度及设备内部的接地方式进行合理选择。综合通信大楼、卫星地球站应采用星形—网状混合结构; 移动通信基站、有线通信局站机房可采用星形—网状混合结构; 光缆中继站、程控交换机宜采用星形结构, 其他通信设备宜采用网状结构; 小型通信站宜采用星形结构; 微波站应采用网状或星形—网状混合结构。

当为网形或星—网混合形结构时, 应采用多根 VR 或与结构楼柱钢筋引出的预留接地端子多点连接接地; 各类通信设备的接地线应就近与环型或条形水平接地汇集线或局部汇流排 (LEB) 相连接。移动通信基站采用星形接地方式的机房总汇流排或环型接地汇集线上的接地排应为不小于 400mm×100mm×5mm 的铜排 (小型无线通信基站的接地汇流排可为 40mm×4mm 的铜排), 并预留相应的螺孔。

(7) 各类通信设备直流配电系统的接地要求参见专门规范 GB 50689, 本手册从略。

13.12.5.4 局 (站) 电源系统防雷

(1) 各类通信局 (站) 的供电电源线如为高压架空线路, 从线路终端杆至配电变压器高压侧宜采用具有金属铠装外护层的电力电缆埋地引入或其他非金属护套电缆穿钢管埋地引入; 当配电变压器设在通信局 (站) 建筑物内部时, 铠装电缆应埋地引入, 并应将电缆两端铠装层接地。在架空线路终端杆与铠装电缆的接头处应加装一组交流无间隙氧化锌避雷器 (其额定电压选择参见 13.5.4.2); 当局 (站) 地处年平均雷暴日数超过 40 天的中雷区以上的郊区或山区时, 应采用标称放电电流不小于 20kA 的强雷电避雷器。

(2) 建于郊区或山区的微波站、移动通信基站的配电变压器不宜与通信设备设于同一机房内。

(3) 配电变压器的高压侧应在靠近变压器处装设一组交流无间隙氧化锌避雷器, 变压器低压侧应加装 SPD。其高、低压侧避雷器和 SPD 的接地端子应与变压器外壳、中性点及电力电缆铠装层或屏蔽钢管共同就近接地。

(4) 专用变压器安装在局(站)院内时应将变压器的接地装置与通信大楼的接地装置连通,当专用变压器安装在通信大楼内时,应与局(站)共用接地装置;变压器中性点与接地汇集线之间宜采用双线连接。

(5) 大中型通信局(站)的低压配电系统的接地型式必须采用 TN-S 或 TN-C-S 系统;TN-C-S 系统应在入户处将 N 导体与 PE 导体分开,并作重复接地。小型通信局(站)、移动通信基站及小型站点可根据当地供电条件采用 TT 系统。局(站)机房内电气设备的外露可导电部分均应通过 PE 导体接地,严禁通过中性导体或 PEN 导体接地。

(6) 通信局(站)内交、直流配电设备及电源自动切换装置等应满足相关标准、规范中关于耐雷电冲击指标的规定(参见表 13.11-13),并应具有雷电浪涌分级保护装置:即分别根据实际情况选择在变压器低压侧、低压配电室(柜)、楼层(内)配电柜(井)、机房配电箱以及用电设备配电柜及精细用电设备端口等处分级设置电涌保护器(SPD),在直流屏的输出端或通信设备的入口处负极对地亦应设置直流系统用电涌保护器。各级位 SPD 保护应根据当地的雷电环境因素、供电系统的分布范围、分布特点及站内等电位联结等情况确定,SPD 的过电压保护水平参见 13.11.3.3 的规定;各级 SPD 的最大放电电流 I_{max}(YD 标准称为"最大通流容量")的选择要求参见表 13.12-2。

表 13.12-2　　　　各类通信局(站)电源系统 SPD 的最大放电电流 (I_{max})

			当地年平均雷暴日数			安装位置
			<25	$25\sim40$	$\geqslant40$	
综合通信大楼、交换局、数据局(或市区卫星地球站)						
交流第一级 (Ⅰ/B 级)	平原	易遭雷击环境因素	60kA	100kA		变压器低压侧或低压配电室电源入口、引入/引出大楼的系统电源端口
		正常环境因素	60kA			
	丘陵	易遭雷击环境因素	60kA	100kA	120kA	
		正常环境因素	60kA			
交流次级 (Ⅱ/C 级)		—	40kA			楼层配电箱、机房配电柜或开关电源入口
交流精细级 (Ⅲ/D 级)		—	10kA			机架配电箱或电源插座内
直流保护		—	15kA			直流配电柜、列头柜或用电设备端口处

			当地年平均雷暴日数			安装位置
			<25	25~40	≥40	
移动通信基站						
交流第一级（见注3）	城区	易遭雷击环境因素	60kA	80kA		交流配电箱旁或配电箱内
		正常环境因素	60kA			
	郊区	易遭雷击环境因素	80kA	100kA		
		正常环境因素	80kA			
	山区	易遭雷击环境因素	100kA	120kA		
		正常环境因素	100kA			
	高山	易遭雷击环境因素	120kA*	150kA*		
		正常环境因素	120kA*			
交流第二级			—	40kA		开关电源
直流保护			—	15kA		直流输出端
微波站（或郊区卫星地球站）						
交流第一级	市区综合楼内		80kA	100kA		变压器低压侧或低压配电室电源入口
	高山站		100kA**	≥120kA**		
交流次级	市区综合楼内		40kA			机房配电柜或开关电源
	高山站		40~60kA			
交流精细级			10kA			传输设备处
直流保护			—	15kA		直流输出端
市话接入网点、模块局、光缆中继站						
交流第一级	城区	易遭雷击环境因素	60kA	80kA		变压器次级或交流配电箱（柜）前
		正常环境因素	60kA			
	郊区***	易遭雷击环境因素	80kA	100kA		
		正常环境因素	60kA			
	山区***	易遭雷击环境因素	80kA	100kA	120kA	
		正常环境因素	80kA			
交流第二级			—	40kA		开关电源

	当地年平均雷暴日数			安装位置
	＜25	25～40	≥40	
直流保护	—	15kA		开关电源及列头柜

注 1. 易遭雷击环境因素定义为有以下一种或多种不利因素:局(站)设在高层建筑、山顶、水边、矿区和空旷高地;局(站)设有铁塔或塔楼;无专用变压器;虽处少雷区或中雷区但据历年统计时有雷击发生;交流供电线路无法按要求埋地引入;土壤电阻率大于 1000Ωm 时。

  2. 移动基站内/外使用的配电箱内不得安装剩余电流动作保护器。当基站设于居民区时,应在其建筑物的配电箱内加装最大通流容量不小于 60kA 的 SPD,并应在临近建筑物的配电箱内加装相应等级的 SPD。

  3. GB 50689—2011 将移动通信基站的地理环境因素分类改为 L 型、M 型、H 型、T 型,但其注释中又附加提出了对雷电活动分区(雷暴日为少雷区、中雷区、多雷区、强雷区)的要求,与表中的雷暴日选择要求不一致,且 L 型、M 型、H 型、T 型与行业标准 YD/T 1429—2006《通信局(站)在用防雷系统的技术要求和检测方法》中的 SPD 级别类型同名;为避免混淆,故本手册仍参照原行业标准 YD 5098—2005,将基站的地理环境因素分类对应划分为城区、郊区、山区、高山 4 种类型,从其说明如下:

   城区(较低风险型)指城市市区、公共建筑、专用机房;

   郊区(中等风险型)指城市中高层孤立建筑物的楼顶机房、城郊、居民房、水塘旁以及无专用配电变压器供电的基站;

   山区(较高风险型)指丘陵、公路旁、农民房、水田旁、易遭受雷击的机房;

   高山(特高风险型)指地处高山、海岛的基站。

  4. 当通信局(站)供电线路采用架空引入时,应将交流第一级 SPD 的最大通流容量向上提高一个等级。

 * 表示移动基站应采用二端口电涌保护器或加装自恢复功能的智能重合闸过流保护器。

 ** 表示无人职守的微波站宜加装自恢复功能的智能重合闸过流保护器。

 *** 表示市话接入网点、模块局、光缆中继站宜加装自恢复功能的智能重合闸过流保护器。

  (7) 鉴于通信系统的特殊可靠性要求,通信电源系统 SPD 有比一般电源 SPD 更为严格的技术要求[如表 13.11-16 的注(4)],必须符合行业标准 YD/T 1235.1《通信局(站)低压配电系统用电涌保护器技术要求》的规定;其检测方法应符合 YD/T 1235.2 的相关规定。并应根据供电电源不稳定因素等具体情况进行相关参数的选择(参见 13.11),其标称导通电压宜为最大运行工作电压的 2.2 倍,移动通信基站、接入网站等小型站点 SPD 的最大持续运行电压不宜小于 385V。

  (8) SPD 的选择和装设还应满足下列要求:

  1) SPD 可由气体放电管、金属氧化物压敏电阻、半导体保护器件、滤波器、保险丝等元件混合组成;应在同一测试指标下,满足所选元器件的参数及其组合方式。

  2) SPD 的选择应满足通信局(站)遥信及监控的需要;电源第一级模块式或箱式 SPD 应具有 SPD 劣化指示及损坏告警、热熔和过流保护、保险跳闸告警、雷电计数及遥信功能。

  3) 严禁采用 Ⅱ/C 级 40kA 模块型 SPD 简单并联后作为 80kA、120kA 量级使用。

  4) 通信局(站)雷电过电压保护应采用限压型 SPD。除在变压器低压侧三相线与地之间装设限压型 SPD 外,当为 TT 系统供电时,在其进入局(站)后的配电箱内应采用"3+1"接线模式,且 N−PE 之间应采用电压开关型 SPD。

  5) 分布式移动通信基站 SPD 的设置和选择还应符合下列规定:

  a. 当远端射频单元(RRU)、室内基带处理单元(BBU)分开设置,RRU 采用交/直流远供时,应符合下列规定:

  a) 应在 RRU 交/直流输入处加装二端口"1+1"(接线模式)、标称放电电流不小于 20kA 的交/直流室外防雷箱或 RRU 接口具备相同的防雷保护能力;

  b) 在交/直流馈电线进入机房后,在供电回路的适当位置安装二端口"1+1"、串联两级、标称放电电流不小于 20kA 的交/直流室内防雷箱或 BBU 远供电源接口具备相同的防雷保护能力；

c) 交/直流防雷箱的最大允许电流应根据 RRU 的工作电流确定，直流宜为 10～20A；室外型交/直流防雷箱与抱杆直接固定即可接地，室内应根据就近接地的原则选择安装位置。

b. 当 RRU、BBU 同在机房内部，不存在直流馈电线拉远时，可不加装二端口及馈电防雷器，应按前述要求做好设备的接地和等电位联结。

c. 当 RRU、BBU 同在楼顶天面时，应在配电箱前和交流配电线路上采用二端口 1+1、串联两级、最大通流容量（I_{max}）为 80kA 或 100kA 的防雷箱。

d. 当采用室外一体化 UPS、一体化直流电源就近为 RRU 供电时，应在市电交流引入处配置二端口 1+1、串联两级、最大通流容量（I_{max}）为 80kA 或 100kA 的防雷箱。室外一体化 UPS 设备和室外型 DC 48V 直流供电设备应就近接地。

6）采用综合缆线的移动通信基站电调天线及设备防雷，应在机房内馈线窗处及天线伺服机构处加装电源和信号一体化二端口防雷器，电源 SPD 最大通流容量（I_{max}）不应小于 40kA，信号 SPD 不应小于 20kA。

7）小型无线通信站电源系统 SPD 的设置和选择应符合下列规定：

a. 电源系统应采用二端口、对称式、多级串联型 SPD；其最大通流容量（I_{max}）对城市站不应小于 80kA，对郊区、山区站不应小于 100kA。

b. 从居民配电箱（带漏电开关）取电时，应使用隔离式防雷箱；防雷箱应安装于儿童触摸不到的地方，并应上锁。

c. 当电源系统易出现雷击中断时，可安装具有自恢复功能的智能重合闸过流保护器。

d. 隔离式防雷箱的技术指标应符合表 13.12-3 的规定。

表 13.12-3 　　　　　　　　　　隔离式防雷箱的技术指标要求

剩余电流动作保护器防雷性能 (10/700μs)	模块式防雷器					隔离变压器		
	标称放电电流 (8/20μs)	最大持续运行电压	热脱扣功能	功率要求		功耗	初/次级绕组耐压能力 (10/700μs)	工作环境温度
				一般基站	主控站			
≥2kV	≥10kA	≥385V (L—N、N—PE)	有	≥300W	≥400W	≤10W	≥25kV	−20～80℃

8）室外站、边界站、直放站的交流输入端应安装冲击通流容量大于 100kA 的二端口、1+1 方式的 SPD。

9）宽带接入网点防雷器的设置和选择应符合下列规定：

a. 宽带接入网点网络交换机、集线器、光端机的配电箱内应加装二端口 SPD。

b. 宽带接入网点的交换机应采用电源和信号一体化的二端口、对称式、多级串联型防雷器；其最大通流容量，电源 SPD 不应小于 40kA，信号 SPD 不应小于 20kA。

c. 宽带接入网点的光端机应安装冲击通流容量大于 40kA 的二端口、"1+1"方式的 SPD。

10）当低压总配电屏与分配电屏之间的电缆长度超过 50m 时，应在分配电屏电源入口处安装最大通流容量不小于 60kA 的限压型 SPD。

11）室内多级交流/直流配电柜（箱）之间电源线长度超过 30m 或虽未超过 30m 但等电位情况不好或设备对雷电较敏感时，应加装最大通流容量不小于 25kA 的限压型 SPD。

12）直流 48V 电源浪涌保护器的标称工作电压应为 65～90V。

（9）通信局（站）电源 SPD 的安装接线要求。

1）GB 50689—2011 规定：用于通信局（站）电源系统 SPD 的引接线和接地线截面应符合下表 13.12-4 的要求。

表 13.12-4　通信局（站）电源 SPD 引接线和接地线的截面积

名称	多股铜线截面积 S（mm²）		
配电电源线	S≤16	S≤70	S>70
SPD 引接线	S	16	16
SPD 接地线	S	16	35

2）对于模块式电源 SPD，引接线和接地线长度应小于 1m；使用箱式 SPD 时，引接线和接地线长度应小于 1.5m。

13.12.5.5　入局通信线路的防雷

各类入局通信线路应采取下列防雷保护措施：

（1）室外通信线路采用光缆时的防雷措施。

1）光缆路由选择应避开易落雷及引雷的地区（参见 13.7.3.1）；对年平均雷暴日数大于 25 天的中雷区以上地区以及有雷击历史的地段，光缆线路应采取防雷保护措施。

2）无金属线对，有金属构件（如金属屏蔽层或金属加强芯）的直埋光缆线路的防雷保护可采用下列措施：

a. 防雷线（又称排流线或屏蔽线）的设置应符合下列原则：地下 10m 深处的土壤电阻率 $\rho_{10}<100\Omega m$ 的地段，可不设防雷线；ρ_{10} 为 100～500Ωm 的地段，设一条防雷线；$\rho_{10}>500\Omega m$ 的地段，设两条防雷线；防雷线的连续布放长度应不小于 2 km；

b. 光缆在野外长途塑料管道中敷设时，可参照下列防雷线设置原则：$\rho_{10}<100\Omega m$ 的地段，可不设防雷线；$\rho_{10}\geqslant100\Omega m$ 的地段，设一条防雷线；防雷线的连续布放长度应不小于 2 km；

c. 光缆接头处两侧的金属构件不应作电气连通；

d. 局站内的光缆金属构件应做接地处理；

e. 雷害严重地段，光缆可采用非金属加强芯或无金属构件的结构形式；

f. 在易遭受雷击的地区，光缆接头盒宜采用两端进线的方式。

3）光缆线路应避开孤立大树、杆塔、高耸建构筑物等引雷目标，当无法避开时，应采用消弧线、避雷针（接闪杆）等措施进行保护。

注　消弧线是围绕大树、杆塔等接闪体，在距线路一侧埋设半径不小于 5m、两端集中接地电阻约 5～10Ω 的防雷线。

4）架空光缆线路除应采用上述 2）c)、d)、e) 措施外还应选用下列防雷保护措施：

a. 光缆吊线应间隔接地。局间架空光缆吊线应每隔 300～500m 利用电杆地线或拉线接地一次，并应每隔 1km 左右加装绝缘子进行电气断开；

b. 在雷害特别严重地段的光缆上方敷设架空地线。

5）局间或高山微波站、基站的直埋光缆与进站低压电力电缆可酌情同沟敷设，埋深宜根据地质情况或满足低压电力电缆的要求。

（2）各类入局光（电）缆线宜埋地引入并集中在进线室入局，出入口及接地点应尽量远离防雷引下线或利用钢筋作为引下线的柱子。光缆应将缆内的金属构件在终端处接地；电缆应采用具有金属外护套的电缆或非金属护套电缆穿钢管埋地引入，金属外护套及穿线钢管两端应接地。各类入局通信电缆的金属外护套应在进线室或主配线架（Main Distribution Frame，MDF）处接地，电缆芯线应加装通信系统网络用电涌保护器；通信电缆内的空线对应接地。

13.12.5.6 局（站）内数据网络及信号线路的防雷

（1）通信局（站）范围内，室外弱电监控系统线路严禁采用架空线路。

（2）计算机控制中心或控制单元必须设在建筑物中部位置，并避开雷电流集中泄放通道；严禁直接使用建筑物外墙体的电源插座。

（3）各类通信系统信号线、网络数据线应作好等电位联结和加强线路的电磁屏蔽防护；金属信号/数据线应穿金属管或金属线槽进行屏蔽或采用屏蔽电缆，并将屏蔽体两端接地。如采用光缆通信线时，应将其金属加强芯在光纤配线架（ODF）处单独接地。

（4）各类金属信号线、网络数据线应在端口或数字配线架（Digital Distribution Frame，DDF）处装设适用于该系统的信号、网络用电涌保护器。各类通信局（站）的计算机网络及各类信号缆线中装设的 SPD 应符合下表 13.12-5 的要求。

表 13.12-5　　　　　　　　　计算机网络及信号线保护 SPD 的选取

			SPD 安装要求	SPD 类型	标称放电电流 (8/20μs)	通流容量 (I_{max})	雷暴日	局（站）类别
网络数据线	城市	楼内用户线＞50m	一端安装	GDT＋SAD 或 SAD	≥3kA 或 ≥300A	≥8kA 或 ≥800A	＞40	A
		设备间距 50m 以上及楼外用户线	两端安装					
	郊区、山区	楼内用户线＞30m	一端安装					
		设备间距 30m 以上及楼外用户线	两端安装					
信号线		用户话路信号线	入口处安装	GDT＋PTC	≥3kA	≥8kA	＜40	A、B、C
				SAD＋PTC	≥300A	≥800A	＞40	
	郊区、山区	PCM 传输信号线＞30m	两端安装	GDT＋PTC	≥3kA	≥8kA		
		网管监控线＞30m	两端安装					
	郊区或山区同轴天馈线		在机房入口处安装	GDT 型滤波器型$\lambda/4$ 型	≥5kA	≥10kA	＞25	

注　1. GDT 表示气体放电管；SAD 表示半导体放电管；PTC 表示热敏电阻。

2. 虽雷暴日小于 40 天，但局（站）设备的数据、信号端口有雷害事故发生时也应考虑安装电涌保护器。

3. "一端安装"时，SPD 应安装在网络设备端，楼内用户端不安装；"端"指主设备端。

4. 通信局（站）类别依据 YD/T 1429—2006 划分为：A—综合通信大楼、交换局、模块局、数据中心、卫星地球站；B—微波站；C—移动通信基站、接入网站。

(5) 网络及信号线路 SPD 的装设还应满足下列要求。

1) 进入通信局(站)的信号电缆芯线及各类信号线应在终端处线间对地加装 SPD,空线对应就近接地。进入无线通信局(站)的缆线应加装 SPD 后,再与上下话路的终端设备相连。

2) 对多雷区(年平均雷暴日为 41~90 的地区)通信局(站)内的计算机网络干线(两端设备在同一机房内除外)及引到建筑物的线路,应在线路两端设备的入口处安装 SPD;高速网络接口可采用由半导体器件组成的 SPD。

3) 对各类控制、数据采集接口和传输信号线应采用相同物理接口的 SPD;SPD 的动作电压应和设备的工作电压相适应,一般应为工作电压的 1.2~2.5 倍;SPD 的插入损耗不应大于 0.5dB;同时应满足传输速率的要求。

4) 移动基站及小型无线通信基站的同轴馈线 SPD,其插入损耗应小于等于 0.5dB,驻波比不应大于 1.2。

5) 宽带接入点用户单元的设备必须接地,宜直接利用建筑物基础内钢筋作为接地体;接入点网络线应带金属屏蔽层并两端接地,楼间网络线应避免架空飞线。出入建筑物的网络线必须在网络交换机接口处加装网络数据 SPD(和电源一体化的防雷器)。

6) 位于联合地网外或远离视频监控中心的摄像机,应分别在控制、电源、视频线两端安装 SPD,云台和防雨罩应就近接地。

(6) 为防止不同通信系统或设备间的接地方式干扰,各通信系统可分别设置独立的局部等电位联结的接地汇流排(LEB),再分别引至楼层汇流排 FEB 后经接地干线 VR 接地。

(7) 局(站)机房总配线架 MDF 的接地线应采用截面不小于 35mm² 的多股铜线直接引至总接地排或就近接至底层环形接地母线或室外环形接地体,接地引入线应从地网两个方向就近引入;并应避免 MDF 的接地汇流排直接作为总接地排。市话电缆空线对应在配线架上就近接地。

局(站)内光纤配线架(ODF)、数字配线架(DDF)的机架应就近接地。

各类电信和信号网络端口 SPD 的接地线应就近由被保护设备的接地汇流排(端子)接地。

(8) 交换局、数据局的 MDF 保安单元应符合下列规定。

1) 地处少雷区和中雷区(年平均雷暴日≤40)的 MDF,可采用由气体放电管或半导体保护器件(SAD)与正温度系数热敏电阻(Positive Temperature Coefficient,PTC)组成的保安单元。当交换机用户板时有雷击事故发生时,可按多雷区选取保安单元。

2) 地处多雷区(年平均雷暴日为 41~90)和强雷区(年平均雷暴日为>90)的 MDF,应采用由 SAD 与高分子 PTC 组成的保安单元。

(9) 室内走线/配线架及各类金属构件必须接地。各段走线架之间必须电气连通,但室内走线架不得与室外馈线架直接连通。机架、金属管道、槽道、支架等设备支持构件应与建筑物钢筋及金属构件做电气连接。

微波站防雷接地示意图见图 13.12-1。

卫星通信地球站防雷及接地示意图见图 13.12-2。

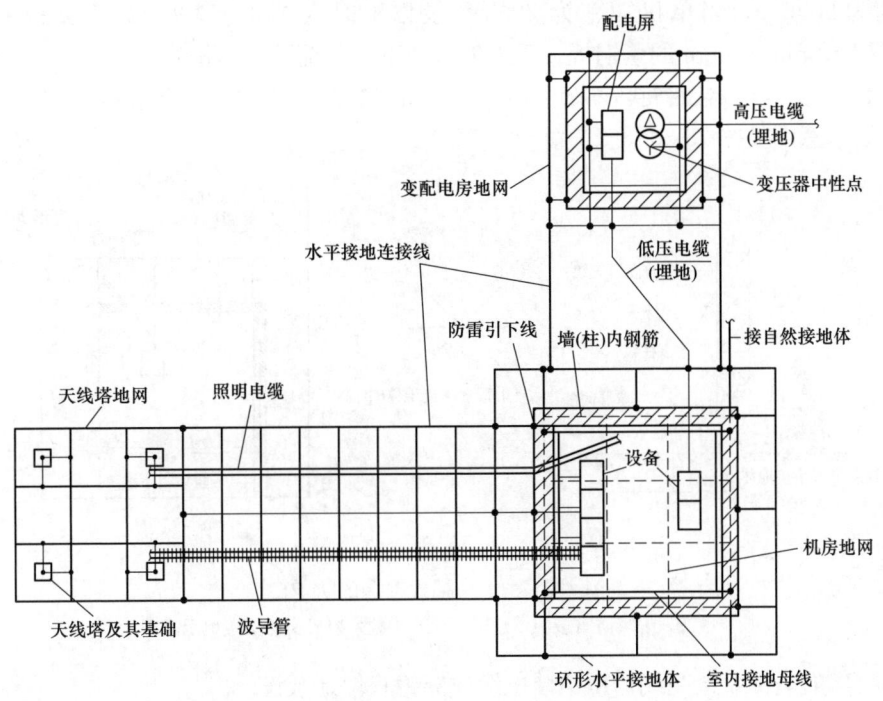

图 13.12-1　微波站防雷接地示意图

13.12.6　广播电视发射/差转台的防雷

13.12.6.1　电视发射台及电视差转台的防雷

电视差转台及电视发射台的天线、机房及电源系统的防雷原则上可参照上述通信局（站）的防雷接地措施办理。

13.12.6.2　广播发射台的防雷

中波无线电广播台的天线塔对地是绝缘的，一般在塔基设有绝缘子，桅杆天线底部与大地之间应安装球形放电间隙，放电电压应为底部工作电压（100%调幅峰值时）的 1.2 倍，底座绝缘子出厂时应做40kV 以上的泄漏试验。桅杆天线必须敷设

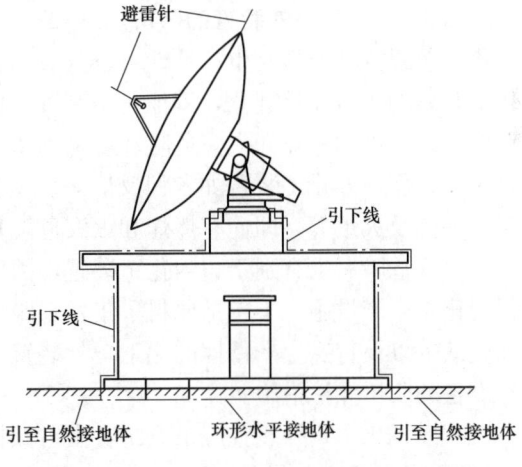

图 13.12-2　卫星地面站防雷及接地示意图

地网。地网自桅杆中心向外辐射状敷设，相邻导线间夹角相等；地网导线根数一般为 120根，每根导线长度与发射机输出功率及波长有关；地网埋设深度一般为 300mm，在耕地上可加深到 500～600mm，但自桅杆中心向外 0.1λ（波长）以内仍应埋深 300mm，地网导线采用 φ3.0 的硬铜线。发射塔防雷接地示意图见图 13.12-3（a）。

发射机房采用接闪杆或接闪网防直击雷，接地装置采用水平接地体围绕建筑物敷设成闭合环形，接地电阻不大于 10Ω，保护接地和防雷接地无法分开时，总接地电阻按保护接地要求确定。发射机房内高频接地母线采用 0.5mm 厚的紫铜带，其宽度为：当单机功率小于

200kW 时为 200mm，当单机功率为 200kW 及以上时为 300mm 以上。高频接地极采用 2000mm×1000mm×2mm 的紫铜板，垂直埋入地下，顶部距地面不小于 800mm，接地电阻不大于 4Ω；机架与电器设备接地采用 40mm×4mm 的镀锌扁钢接到环形接地体上，发射机房防雷接地示意图见图 13.12-3（b）。

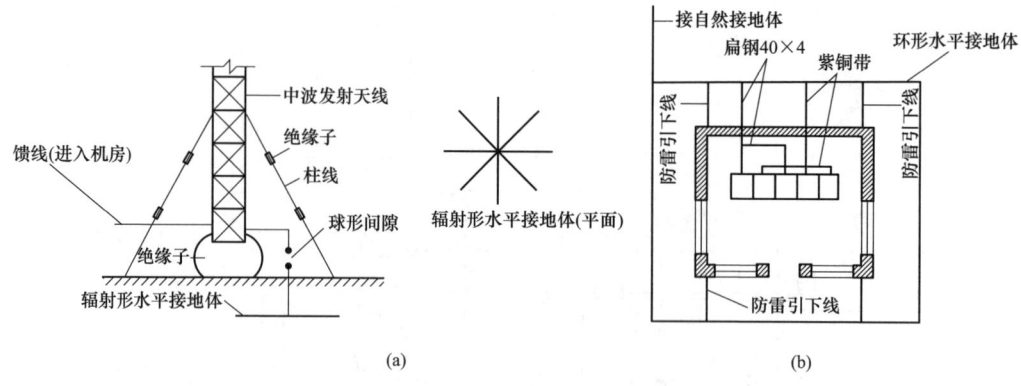

(a)   (b)

图 13.12-3 广播发射台的防雷

（a）中波发射塔防雷接地示意图；（b）中波发射机房防雷接地示意图

进出机房的电话线电力线均用铠装电缆或穿钢管埋地敷设。

短波广播发射台在天线塔上装设接闪杆并将塔体接地，接地电阻不大于 10Ω；机房防雷同中波机房。

13.12.7 化工户外装置的防雷

化工装置按其原料及生产特性可分为石油化工装置和煤化工装置等各种类型，本节按石油化工装置的防雷设计规范，其他化工装置可按其相同的生产工艺特性参照确定。户内化工装置按建筑物内的爆炸和火灾危险环境类别依照建筑物防雷设计国家标准 GB 50057 的相关规定执行；但户外化工装置如各种反应炉、塔、机器设备、静设备、储罐、筒仓、冷却塔、管架、烟囱及火炬等，即使有爆炸和火灾危险环境，但因其为露天敞开式或半敞开式场所，爆炸和火灾危险后果有别于户内化工装置，因此应对化工户外装置（主要指生产特性相近或相似的化工生产设施，不包括原料采集及长距离输送系统和大型储罐库或小型商业设施如加油加气站等以及特殊生产特性的化工户外装置，这些设施适用于专门的规范）采用如下主要针对设备的防雷保护措施。

（1）以下化工户外装置应采取防直击雷保护措施：

1）安装于地面上高大、耸立的生产设备；

2）通过框架或支架安置在高处的生产设备或引向火炬的主管道等；

3）安置在地面上的大型压缩机、成群布置的机泵等转动设备；

4）在空旷地区的火炬、烟囱和排气筒；

5）安置在高处易遭受直击雷的照明设施。

（2）下列户外设施可不必做防直击雷保护措施：

1）在空旷地区分散布置的水处理场所（重要设备除外）；

2）安置在空旷地面上分散布置的 3～4 台以下少量机泵和小型金属设备；

3）地面布置的管道和管架；但应进行防闪电感应的接地。

（3）户外直立式金属生产静设备（转动设备除外），如其金属外壳为整体封闭、焊接结构且其壁厚符合防雷电击穿的要求（见表 13.9-6，如钢制外壳厚度不小于 4mm）时，宜利用其金属外壳作自然接闪器。

易受直击雷且位于已作为接闪器的高大生产静设备防雷保护范围之外的转动设备、非金属外壳的静设备以及金属外壳壁厚不符合防击穿要求的设备应另行设置接闪器。

接闪器的保护范围应采用滚球法确定，滚球半径取 45m。亦可采用保护角法确定保护范围，此时接闪器顶部与被保护参考平面的高差与相应的保护角应符合表 13.12-6 的规定。

表 13.12-6　　　　　　　接闪器顶部与被保护参考平面的高差和保护角

高差（m）	0～2	5	10	15	20	25	30	35	40	45
保护角（°）	77	70	61	54	48	43	37	33	28	23

接闪器和引下线的材料种类和规格要求见 13.9.2.2；考虑化工腐蚀性环境的要求宜采用热镀锌、铜包圆钢或不锈钢材料，当接闪杆采用镀锌钢管时，杆长 1m 以下，其壁厚不小于 2.8mm；杆长 1～2m，其壁厚不小于 3.2mm；烟囱上的接闪杆壁厚不小于 3.5mm。

（4）化工户外装置的防直击雷引下线应符合下列规定：

1）安置于地面的高大、耸立的金属生产设备外壳应作为自然引下线；

2）当生产设备通过框架或支架安装时，宜利用金属框架或混凝土框架中的直径不小于 10mm 的主钢筋作为引下线，纵向主筋应采用箍筋绑扎或焊接；

3）高大炉体、塔体、桶仓、大型设备、框架等应至少使用两根引下线，引下线间距不应大于 18m；

4）高空布置的较长的卧式容器和管道应在其两端设置引下线，间距超过 18m 时应增设引下线；

5）接地引下线应以尽量短直的路径引至接地体，并在地面以上易受损伤之处加以机械保护。

（5）户外装置所有金属的设备、管道、框架、电缆护层（铠装、保护钢管及槽板等）、放空管等均应连接到防闪电感应的接地装置上，当其平行净距小于 100mm 时应每隔 30m 进行金属线跨接连接，在交叉净距小于 100mm 处亦应跨接。

上述金属物体与附近的专设引下线之间的空间距离 S 应符合式（13.12-1）的要求

$$S \geqslant 0.075 k_c l_x^{①} \qquad (13.12-1)$$

式中　S——金属物体与附近的专设引下线之间的空间距离，m；

k_c——分流系数，单根引下线时为 1，两根引下线及接闪器不成闭合环的多根引下线时为 0.66，接闪器成闭合环或网状的多根引下线应为 0.44；

l_x——引下线计算点到接地连接点的长度，m。

注　① GB 50057—2010 对第二类防雷建筑物引下线与金属物或线路之间的防反击间隔距离已修改为 $S \geqslant 0.06 k_c l_x$

当上述空间距离不能满足时，应在高于连接点的地方增加接地连接线。

（6）户外装置防雷接地应符合以下规定：

1）利用金属外壳作为接闪器的生产设备，应在金属外壳底部不少于 2 处采用接地线接至接地极。

2）生产设备另行设置的接闪器，均应用引下线直接接至接地极。

3）每根接地引下线直接连接的接地极，其有效长度（为 $2\sqrt{\rho}$）内的冲击接地电阻不应大于 10Ω。接地装置宜围绕塔体等设备成环形接地极。

4）防闪电感应的接地极，其工频接地电阻不应大于 30Ω，并宜与防直击雷的接地装置和电力设备的接地装置互相连接组成共用的接地系统，其接地电阻应满足各系统的要求。

5）化工装置接地极的材料、结构和最小尺寸应符合表 13.12-7 的要求。

表 13.12-7　　　　　　接地极的材料、结构和最小尺寸

材料	结构	最小尺寸（mm）		
		垂直接地极	水平接地极	接地板
钢	单根圆钢	直径 16	直径 10	—
	热镀锌钢管	直径 50	—	—
	热镀锌扁钢	—	40×4	—
	热镀锌钢板	—	—	500×500
	裸圆钢	—	直径 10	—
	裸扁钢	—	40×4	—
	热镀锌角钢	50×50×3	—	—

埋于土壤中的人工接地极通常宜采用热镀锌角钢、钢管、圆钢或扁钢；区域内人工接地极的材料宜采用同一材质以避免电偶腐蚀。

6）区域内采用阴极保护系统防腐蚀时，其接地装置宜符合下列规定：

a. 宜采用加厚锌包钢接地极，水平圆形锌包钢接地极直径不应小于 10mm，垂直锌包钢接地极直径不应小于 16mm；锌层应为纯度达 99.9% 以上的高纯锌，锌层与钢芯的接触电阻应小于 0.5mΩ。锌层厚度应符合表 13.12-8 的要求。

表 13.12-8　　　　　　土壤电阻率与锌层厚度表

土壤电阻率（Ω·m）	水平接地极锌层厚度（mm）	垂直接地极锌层厚度（mm）
≤20	3	5
20～50	3	3
≥50	0.1	3

b. 当采用铜质材料时，阴极保护应采用外加电流法。

（7）安装于化工户外装置顶部和外侧上部的各类放空口（如放散管、排风管、安全阀、呼吸阀、放料口、取样口、排污口等）应根据排放物的爆炸危险程度、排放方式和频度、排放口的位置及阻火构造等特性采取有针对性的防直击雷保护措施。其直击雷防护具体要求与伸出各类防雷建筑物屋顶的排放管口的直击雷防护要求基本相同，参见本章建筑物防雷部分（表 13.8-3 及表 13.8-4）。

1）属于下列情况之一的放空口应设置接闪器加以保护，其放空口外的爆炸危险气体空间［见表 13.8-3 防直击雷（2）］应处于接闪器的保护范围内，且接闪器的顶端应高出放空

口不小于 3m，水平距离宜为 4~5m。

a. 储存闪点低于或等于 45℃的可燃液体的设备，在生产紧急停车时连续排放，且排放物达到爆炸危险浓度者（包括送火炬系统管路上临时放空口，但不包括火炬）；

b. 储存闪点低于或等于 45℃的可燃液体的储罐，其呼吸阀不带防爆阻火器者。

2）属于下列情况之一的放空口，宜利用金属放空管口作为接闪器；此时，放空管口的壁厚应大于等于表 13.9-6 中不防击穿的要求，且应在其管口附近将其与最近的金属物体进行金属连接。

a. 储存闪点低于或等于 45℃的可燃液体的设备，在生产正常时连续排放的排放物可能短期或间断地达到爆炸危险浓度者；

b. 储存闪点低于或等于 45℃的可燃液体的设备，在生产波动时设备内部因超压引起的自动或手动短时排放的排放物可能达到爆炸危险浓度的安全阀等；

c. 储存闪点低于或等于 45℃的可燃液体的设备，停工或维修时需短时排放的手动放料口等；

d. 储存闪点低于或等于 45℃的可燃液体储罐上带有防爆阻火器的呼吸阀；

e. 在空旷地点孤立安装的排气塔和火炬。

（8）各类户外化工设施的其他防雷要求。

1）安装化工户外装置的金属或钢筋混凝土框架应与每层设施的金属构件及平台金属栏杆等作等电位联结并接地。

2）金属储罐应做防直击雷接地，接地点不应少于 2 处，并应沿罐体周边均匀布置，引下线间距不应大于 18m。每根引下线的冲击接地电阻不应大于 10Ω。其他防雷要求及浮顶储罐同 13.12.1。

覆土储罐当埋层大于或等于 0.5m 时，罐体可不考虑防直击雷措施；但其伸出地面的呼吸阀应采取防直击雷保护措施，其接闪器的保护范围同表 13.8-3 防直击雷（2）要求。

3）露天可燃液体装卸场所可不装接闪器，但应将金属构架接地。棚内装卸作业场所，应在棚顶装设接闪器。进入装卸场站台的可燃液体输送管道应在进入点接地，其冲击接地电阻不应大于 10Ω。

4）户外架空管道及管架的防雷见 13.12.2，管道框架及管架应通过立柱接地，其间距不大于 18m，每组框架及管架的接地点不应少于 2 处。框架及管架上的爬梯、电缆支架、栏杆等金属构件亦应接地，每根金属管道均应与接地的管架做等电位联结。

5）不同型式冷却塔的防雷应符合下列规定：

a. 自然通风开放式冷却塔和机械鼓风逆流式冷却塔应对平面塔顶采用接闪网作直击雷防护，其网格尺寸对 2 区爆炸危险环境不大于 10m×10m 或 12m×8m，对非爆炸危险区域为不大于 20m×20m 或 24m×16m。塔顶金属栏杆应接地；

b. 自然通风风筒式冷却塔（双曲线塔）应在塔檐上装设接闪器；

c. 机械抽风逆流式或横流式冷却塔应在风筒檐口装设网状接闪器，处于建筑物顶接闪器保护范围内的小型机械抽风逆流式冷却塔可不另装接闪器；

d. 引下线应沿冷却塔建（构）筑物四周均匀或对称布置，其间距不应大于 18m。2 区爆炸危险环境冷却塔的每根引下线冲击接地电阻不应大于 10Ω，非爆炸危险环境冷却塔的每根引下线冲击接地电阻不应大于 30Ω。接地装置宜围绕冷却塔建（构）筑物成环形接地极；

e. 冷却塔钢爬梯及进、出水钢管应与冷却塔接地装置相连。

6) 烟囱的防雷见 13.12.4,金属火炬的筒体应作为接闪器和引下线。

7) 安装于高塔或冷却塔顶的照明灯、航空障碍灯极其现场操作箱等电器设备的防雷措施同于 13.8.3.3 中的 (1)。

13.12.8 汽车加油加气站的防雷

(1) 加油加气站的站房及罩棚等建筑物的防直击雷接闪器应采用接闪带(网)作保护。当罩棚采用金属屋面时,其屋面上层金属板厚大于 0.5mm、搭接长度大于 100mm,且下面无易燃的吊顶材料时,可利用金属屋面作接闪器,不需另敷接闪带(网)。

(2) 钢制油罐、液化石油气(LPG)储罐、液化天然气(LNG)储罐和压缩天然气(CNG)储气瓶(组)必须进行防雷接地,接地点应不少于两处。

(3) 加油加气站的防雷接地、防静电接地、电气设备的工作接地、保护接地及信息系统接地等应共用接地装置,其接地电阻应按最小值(如保护接地)要求确定。当油、气罐等需单独接地时,其与站区其他接地装置的地中隔离距离及接地电阻应符合第一类防雷[见表 13.8-3 防直击雷第 (4)、(5)] 的要求。

(4) 当 LPG 储罐采用牺牲阳极法或强制电流法进行阴极防腐时,其接地极的接地电阻不应大于 10Ω,储罐与接地极之间的铜芯接地线截面积不应小于 $16mm^2$。当采用强制电流法进行阴极防腐时,接地电极应采用锌棒或镁锌复合棒;此时,可不再单独设置防雷和防静电的接地装置。

(5) 埋地钢制油、气储罐和非金属油罐顶部或罐内的金属部件应与非埋地部分的工艺管道相互做电气连接并接地。

(6) 站内油气放散管在接入全站共用接地装置后,可不单独做防雷接地。

(7) 加油加气站的信息系统(通信、液位信号及计算机系统等)应采用铠装屏蔽电缆或导线穿钢管配线,电缆金属外层及保护钢管两端应接地。在其信号线路及配电线路首端及与设备的接口处应装设与电子器件耐压水平相适配的电涌保护器 SPD(参见 13.11)。

(8) 加油加气站的总配电箱(屏)以下的低压配电系统应采用 TN-S 系统,配电缆线金属外层及保护钢管两端应接地,在低压配电系统的电源端应装设保护水平与设备耐压水平相适配的电涌保护器 SPD。

(9) 站内地上或管沟敷设的油、气管道应做防闪电感应和防静电的共用接地,其接地电阻不应大于 30Ω。在爆炸危险区域内工艺管道上的金属法兰、胶管两端等连接处,应用金属线跨接;当法兰的连接螺栓不少于 5 根时,在非腐蚀环境下可不跨接。

当采用导静电的热塑性管道时,其导电内衬应做防静电接地。防静电接地装置的接地电阻不应大于 100Ω。

(10) 加油加气站的汽油和 LPG、LNG 罐车以及 CNG 车载储气瓶组的卸车场地应设防静电接地装置,并应设置能检测跨接线及监视接地装置状态的静电接地仪。泄油软管及油气回收软管与两端的快速接头应保证可靠的电气连接。其他防静电的要求及通用做法参见 GB 50156 和 14 章。

13.12.9 风力发电机组的防雷

风力发电作为一种清洁高效的可再生能源近年来有了长足的发展,但因其风电场常常位于风力强大的海岸、丘陵、山脊等空旷的雷电多发地区,兆瓦级大功率的风电机组是高度超过 150m 的特殊高大构筑物，特别是长达数十米的旋转的风电机组叶片以及塔顶机舱暴露于高空，因而极易遭受雷击。据欧洲国家的统计，雷电引起的风电机组故障率每百台每年达 3.9～8 次；因此，风电机组的防雷问题正日益受到关注。IEC 为此颁布了 IEC 61400—24：2010 风力发电机组的雷电防护标准，我国已将其 2002 版技术报告转化为 GB/Z 25427—2010 标准化指导性技术文件。其主要防雷要求概述如下：

（1）风电塔一般是位于旷野的高构筑物，必须首先根据当地的雷电地闪密度和风电机组风轮叶片最高高度的 3 倍计算的等效雷击截收面积计算出的年预计雷击次数（$N_d = N_g \times 9\pi H^2 \times 10^{-6}$），进行雷击风险评估（见附录 J）以确定满足风险容限（R_T，如为 10^{-5}/a 的雷电防护水平（LPL，见表 13.7-1）。但 IEC 标准建议，风电机组所有的分部件特别是叶片导流系统宜按照 I 类防护水平设计防雷措施。

（2）雷害统计表明，风轮叶片及控制系统是风电机组雷击损坏率最高的部位，特别是采用玻璃纤维增强复合材料、碳纤维增强塑料等不良导电材料制成的中空的风轮叶片，长度超过 60m，安装于高度超过 100m 的塔架上，垂直旋转并暴露于直接雷击环境 LPZ0$_A$ 区中，不能采用传统的接闪器保护，一旦雷击损坏又修理困难且费用昂贵。因此，叶片的防直击雷损害是风电机组防雷的重点之一，它应由制造商考虑。一般采用在叶尖或叶片的前、后缘设置雷电接闪系统，该系统必须有效地截获 I 类雷电水平（LPL）的雷电流，并将其安全地传导至风机轮毂，经由偏航环、塔架、塔基接地装置入地；风电机组的雷电防护分区及雷电流入地路径参见示意图 13.12-4。

叶片接闪系统一般采用在叶尖装设金属材料制作的接闪器，或叶尖制动器并经由叶片内部的制动器钢线，或沿叶片内部加强筋另敷铜丝引下线将雷电流引至叶片根部的轮毂系统（A、B 型叶片），或采用嵌入叶片前、后缘的金属线状接闪带（C 型叶片），或在叶片侧表面嵌入金属网作为接闪器和引下线（D 型叶片）；接闪系统必须有足够的截面积（见表 13.9-4）承受直接雷击并传递全部雷电流。大型风电机组的叶片防雷结构示意图见图 13.12-5。

固定在叶片上或其内部的传感器导线应采用屏蔽电缆或金属管屏蔽，并应与引下线系统作等电位联结。

（3）机舱及其内部设备的防雷。

1）机舱外壳如为厚度符合接闪器要求的金属材料制成并作好内部构件的搭接将使其内部的设备和维护人员的安全受到屏蔽及等电位保护，如为碳纤维增强塑料的机舱盖和外壁，应内衬金属网格或金属条并与金属框架连成一体构成法拉第笼保护。此时机舱内部为 LPZ1 防雷区，而机舱内的金属控制柜内部则为 LPZ2 区。LPZ1 区应使雷电磁场衰减 25～50dB，内部导体的耦合电流和电压例如通过 SPD 分别被限定在 3kA（8/20μs）和 6kV（1.2/50μs）内，使发电机及其内部线路绝缘受到保护。而 LPZ2 区内的雷电磁场将进一步被衰减，内部导体的耦合电流和电压通过 SPD 进一步被限制，从而使控制系统受到保护。

2）制造商应采取措施使雷电流泄流路径上的部件能安全的传递雷电流而不遭损坏，对于低速轴承如变桨轴承、偏航轴承可采用软导线和滑动触点等传导经过的雷电流，对主轴承、齿轮箱、发电机轴承亦有采用基础绝缘垫和绝缘联轴器来减少雷电流经过高速轴承并避免雷电流侵入发电机轴。但在雷击闪络及电气故障时应采用火花间隙等电位联接措施消除上述绝缘传动系和机舱金属底板间的过电压。机舱内各导电部件以及电气及控制线路等应在防雷区界面处做防雷的等电位联结；等电位联结导体的截面积应符合表 13.9-2 的要求，敷设

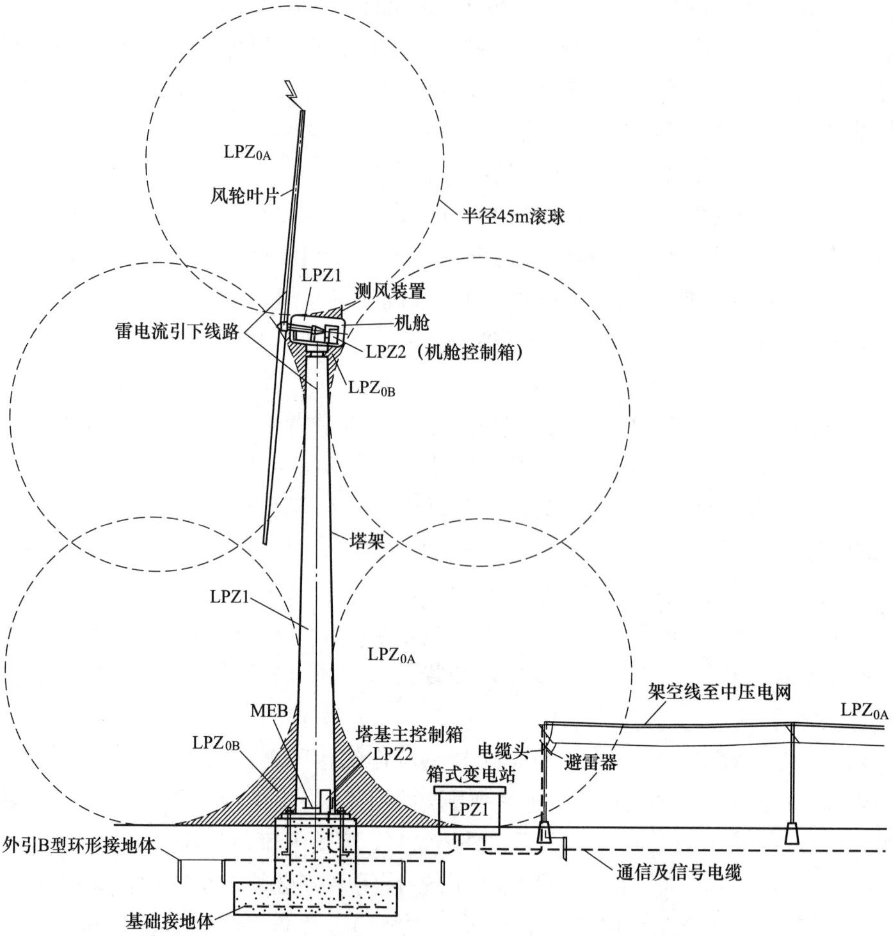

LPZ0A
风轮叶片
半径45m滚球
LPZ1
测风装置
机舱
雷电流引下线路
LPZ2（机舱控制箱）
LPZ0B
塔架
LPZ1
LPZ0A
架空线至中压电网
LPZ0A
MEB
塔基主控制箱
LPZ0B
LPZ2
电缆头
避雷器
箱式变电站
LPZ1
外引B型环形接地体
通信及信号电缆
基础接地体

图 13.12-4　风电机组防雷示意图

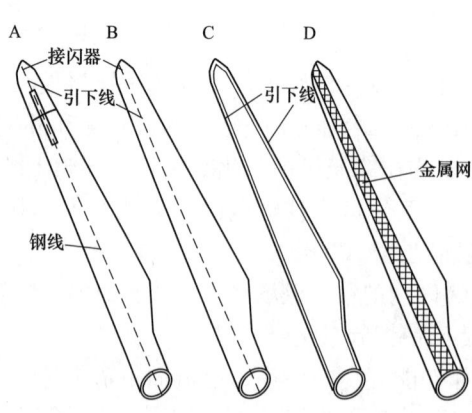

A
B
C
D
接闪器
引下线
引下线
金属网
钢线

图 13.12-5　风电机组叶片防雷结构示意图

应尽可能短而直，必要时可使用多根导体连接。

3）安装于机舱盖上面的测风装置及航空障碍灯等应采用装于其桅杆上的接闪杆作直击雷防护，将其引下线接至机舱架入地。其信号线及电源线路应穿金属管并在两端接地和在机舱内控制箱内装设 SPD 作电涌保护。

（4）圆筒形的金属塔架（杆）可兼作防雷引下线并应与其基础内水平钢筋网相连通作基础接地装置，应围绕塔基作环形接地极（B 型接地极）并与基础接地极相连通。如单个机组的冲击接地电阻大于 10Ω 或环形接地极的半径小于相应防雷水平 LPL 所要求的最小半径，就应附加水平或垂直接地极（见 13.8.3.2 的相关要求）。塔架内应在底部设置总等电位联结（Main Equipotential Bonding，MEB），将塔架金属体、塔基控制柜、电源柜、电缆管线、基础接地极等作等电位联结。

风电场内的各个风电塔的接地装置宜采用水平接地导体沿电缆路径将它们相互连接为一体，形成一综合接地网，不仅能降低接地电阻和地面电位差，还能减少雷击地下电缆的概率。

（5）统计表明，风电机组电气及电子控制系统的雷击故障率比风轮叶片还要高，是风电机组故障率最高的部分；特别是电子控制系统的微处理机 PLC、传感器及信号线路等易受闪电电磁脉冲 LEMP 的损害，应予以特别重视。应采用可靠的空间电磁屏蔽及线路屏蔽、等电位搭接及接地、合理布线、在各防雷区界面处及被保护设备前端安装能量协调的多级电涌保护器 SPD 等综合防雷措施予以充分的保护。电子信号及通信线路采用双绞线及光纤光缆等降低或避免电磁偶合的措施，具体要求及做法同 13.10。电气及电子控制系统 SPD 的实际安装位置和数量应由风电机组制造商和工程设计方按 13.10 和 13.11 的原则确定。

（6）风电机组安装或维护期间，人员可能较长时间暴露于雷电环境中，特别是在雷暴发生期间，人员应暂时撤于金属塔体或建筑物、车辆等屏蔽空间内，并应尽量避免靠近塔架、电线杆、户外配电设施等以免遭直接雷击及其伴生的接触电压和跨步电压的危害。

（7）制造商应按照相关标准（如 IEC 61400—24）对风电机组叶片进行模拟雷击的高电压和大电流试验以保证其抗损坏性；上述风电机组的各部分防雷措施应由制造商、工程设计、施工安装单位共同配合完成；并经电力质检、运行、气象等部门验收合格后方可投入运行。

13

附录 J 建筑物雷击风险评估及管理

J.1 概述

建筑物及电气/电子系统因遭受直击雷击及闪电电磁脉冲(LEMP)所引起的人身伤亡、建筑物及设备损坏所导致的公共服务损失、文化遗产损失以及经济损失的风险应考虑所在的雷电环境因素、设备的重要性以及遭受雷击灾害所引起的后果严重程度,进行雷击风险(危险度)评估,以确定适当的保护措施;使防雷设计建立在科学、安全及经济合理的基础上。国家标准 GB 50057《建筑物防雷设计规范》规定:对雷击后果严重的具有爆炸危险的第一、二类防雷建筑物及会导致严重政治/经济损失的部分第二类防雷建筑物,允许不经风险评估而直接规定应采取的防雷水平(LPL)和措施。而对其他的第二、三类防雷公共建筑物和一般工业或民用建筑物则以风险分析为基础,仅按照建筑物年预计雷击损坏风险小于等于可接受的年最大损坏风险($R_T = 10^{-5}/a$)的原则,经计算得出的建筑物年预计雷击次数不大于允许的雷击次数来区分其防雷类别(第二、三类 LPL)并规定相应的防雷措施。

J.2 《雷电防护 第 2 部分:风险管理》标准简介

本附录按照 GB/T 21714.2—2015《雷电防护 第 2 部分:风险管理》标准,仅对各种雷击损害源对建筑物及其内部设施产生的各种损害及损失类型和相应的风险评估管理方法作一简要介绍,详细的风险评估资料请读者参阅上述标准及其附录。

J.2.1 雷击损害及损失类型

(1)雷击损害源:雷电流是雷击损害的主要成因,按雷击点的位置分为:

S1—雷击建筑物;

S2—雷击建筑物附近;

S3—雷击线路;

S4—雷击线路附近。

(2)雷击损害类型分为:

D1—电击引起的人和动物伤害;

D2—物理损害;

D3—电气和电子系统失效。

(3)每类损害可能产生以下一种或几种损失:

L1—人身伤亡损失(包括永久性伤害);

L2—公众服务损失;

L3—文化遗产损失;

L4—经济价值损失(建筑物及其内存物以及业务活动中断的损失)。

各类雷击损害源、雷击损害和损失类型及其组合参见表 J.2-1。

J.2.2 雷击风险和风险分量

J.2.2.1 风险

风险是指因雷电造成的年平均损失的相对值;对于建筑物内的可能出现的每一类风险,

相应的风险将是一个估计值。建筑物内可能出现的损失风险有以下 4 类：

表 J. 2-1 雷击点、损害源、损害类型、损失类型及其对应的风险分量对照

雷击点	损害源	建筑物		
		损害类型	损失类型	对应的风险分量
雷击建筑物	S1	D1	L1，L4[a]	R_A
		D2	L1，L2，L3，L4	R_B
		D3	L1[b]，L2，L4	R_C
雷击建筑物附近	S2	D3	L1[b]，L2，L4	R_M
雷击入户线路	S3	D1	L1，L4[a]	R_U
		D2	L1，L2，L3，L4	R_V
		D3	L1[b]，L2，L4	R_W
雷击入户线路附近	S4	D3	L1[b]，L2，L4	R_Z

[a] 指可能有动物损失的建筑物。

[b] 指具有爆炸危险的建筑物或因内部系统故障会危及生命的医院或其他建筑物。

R_1：人身伤亡（包括永久伤害）损失风险；

R_2：公众服务损失风险；

R_3：文化遗产损失风险；

R_4：经济价值损失风险。

计算各类损失风险时，首先按各类损害成因及损害类型确定构成风险的各个风险分量，然后计算出各个风险分量并求和即可得出各类损失风险。

J. 2. 2. 2 风险分量

（1）直接雷击建筑物（S1）的风险分量：

R_A：因接触和跨步电压造成人、畜伤害的风险分量。可能产生 L1 类及 L4 类（牲畜伤亡）损失。

R_B：因危险火花放电触发火灾或爆炸引起物理损害的风险分量。可产生所有类型的损失。

R_C：因 LEMP 造成内部系统故障的风险分量。会产生 L2、L4 类损失，爆炸危险场所及医院等建筑物还可能产生 L1 类损失。

（2）雷击建筑物附近（S2）的风险分量：

R_M：因 LEMP 引起内部系统故障的风险分量。会产生 L2、L4 类损失，爆炸危险场所及医院等建筑物还可能产生 L1 类损失。

（3）雷击入户线路线路（S3）的风险分量：

R_U：因闪电电涌侵入产生的接触电压造成人畜伤害的风险分量。可能产生 L1 类及 L4 类（牲畜伤亡）损失。

R_V：因闪电电涌侵入产生危险火花放电触发火灾或爆炸引起物理损害的风险分量。可产生所有类型的损失。

R_W：因闪电电涌侵入过电压导致内部系统故障的风险分量。会产生 L2、L4 类损失，爆炸危险场所及医院或其他建筑物还可能产生 L1 类损失。

注 在风险评估中只考虑入户线路，不考虑已作了等电位联结的其他管道。

（4）雷击与建筑物相连的服务设施线路附近（S4）的风险分量：

R_Z：因入户线路上的感应过电压引起内部系统故障的风险分量。会产生 L2、L4 类损失，爆炸危险场所及医院或其他建筑物还可能产生 L1 类损失。

各类雷击损失风险的风险分量见表 J.2-2。

表 J.2-2　　　　　　　　　建筑物各类雷击损失风险需考虑的风险分量

损害源	雷击建筑物 (S1)			雷击建筑物附近 (S2)	雷击入户线路 (S3)			雷击入户线附近 (S4)
风险分量	R_A	R_B	R_C	R_M	R_U	R_V	R_W	R_Z
风险类别								
R_1 (人身伤亡)	*	*	*a	*a	*	*	*a	*a
R_2 (公众服务)		*	*	*		*	*	*
R_3 (文化遗产)		*				*		
R_4 (经济损失)	*b	*	*	*	*b	*	*	*

a 指具有爆炸危险的建筑物或因内部系统故障会危及生命的医院或其他建筑物。
b 指可能有动物损失的建筑物。

J.2.2.3　建筑物各种风险的组成

建筑物的各类风险，对应于表 J.2-2 中的各种风险分量，分别按损害成因或损害类型进行组合相加即可得出各类损失风险。

J.2.2.4　影响建筑物各种雷击风险分量的因素

建筑物及可能采取的保护措施的特性将会影响各风险分量，影响建筑物各风险分量的因素见表 J.2-3。

表 J.2-3　　　　　　　　　影响建筑物风险分量的因素

建筑物及内部系统的特性及保护措施	风险分量							
	R_A (S1-生命损失)	R_B (S1-物理损害)	R_C (S1-系统故障)	R_M (S2-系统故障)	R_U (S3-生命损失)	R_V (S3-物理损害)	R_W (S3-系统故障)	R_Z (S4-系统故障)
截收面积	X	X	X	X	X	X	X	X
地表土壤电阻率	X	—	—	—	—	—	—	—
建筑地板电阻率	X	—	—	—	X	—	—	—
围栏等物理限制、地面绝缘、警示牌、大地电位均衡措施	X	—	—	—	X	—	—	—
防雷装置 (LPS)	X	X	X	Xa	Xb	Xb	—	—
等电位连接的 SPD	X	—	—	X	X	X	—	—
绝缘的 (隔离) 界面	—	—	Xc	Xc	X	X	X	X
协调配合的 SPD 保护系统	—	—	X	X	—	—	X	X
空间屏蔽	—	—	X	X	—	—	—	—
外部线路屏蔽措施	—	—	—	—	X	X	X	X
内部线路屏蔽措施	—	—	X	X	—	—	X	X
合理布线	—	—	X	X	—	—	X	X
等电位联结网络	—	—	X	—	—	—	—	—
防火措施	—	X	—	—	—	X	—	—
火灾报警系统	—	X	—	—	—	X	—	—
特殊危险	—	X	—	—	—	X	—	—
冲击耐受电压	—	—	X	X	X	X	X	X

注　"X" 表示有影响，"—" 表示无关。
a 只有格栅型外部 LPS 才有影响。
b 等电位联结引起的。
c 只有当隔离界面属于装置的一部分。

J.2.3 风险评估

J.2.3.1 基本步骤

（1）识别建筑物已有的保护及其特性（应考虑建筑物本身、内部装置、内存物、建筑物内部或附近 3m 内的人员数量以及建筑物受损对环境的影响等）。

（2）评估建筑物内各类可能的雷击损失及相应的风险 $R_1 \sim R_4$，并识别构成各类风险的风险分量 R_X（见表 J.2-2 及表 J.2-3）。

（3）在计算出各种风险分量 R_X 的基础上，求和得出每一类型的风险 $R_1 \sim R_4$。

计算各种风险分量 R_X 的通用表达式为

$$R_X = N_X \times P_X \times L_X \tag{J.2-1}$$

式中　N_X——每一类损害源（S1～S4）年平均雷击危险事件次数；

　　　　P_X——建筑物及内部设施对应于每类损害源可能引起的相应的损害类型（D1～D3）的概率（对应于建筑物的雷击风险分量，共 8 种）；

　　　　L_X——每一损害类型（L1～L4）所可能产生的损失率（包括生命伤害损失率、物理损害损失率、内部系统故障损失率三种中的部分或全部）。

危险事件次数 N_X 与落雷密度 N_g 以及受保护对象的物理特性、周围物体及土壤性质等因素有关；损害概率 P_X 与受保护对象的特性以及所采取的保护措施等因素有关；损失率 L_X 则与对象的用途、现场人数、公众服务类型、受损物品价值。以及减少损失的措施等因素有关。上述各类因子的评估计算可参见 GB/T 21714.2—2015，标准的资料性附录，限于篇幅本附录略去此部分介绍。

各类风险 R（$R_1 \sim R_4$）按式（J.2-2）求出：

$$R = \sum R_X \tag{J.2-2}$$

（4）将建筑物风险 R_1、R_2、R_3 与风险容许值 R_T 相比较以确定是否需要采取相应的防护措施。

风险容许值 R_T 应由相关职能部门确定，GB/T 21714.2—2015 标准中所给出的风险容许值 R_T 的典型值见表 J.2-4。

表 J.2-4 　　　　　　　　　　　　　风险容许值 R_T 的典型值

损失类型		R_T/年
L1	人身伤亡损失	10^{-5}
L2	公众服务损失	10^{-3}
L3	文化遗产损失	10^{-4}

注　我国建筑物防雷规范 GB 50057—2010 对第二、三类防雷建筑物中的公共建筑和一般性工业与民用建筑物的年预计雷击次数的划分值（见表 13.8-2）亦是按照建筑物防直击雷的年损坏风险概率容许值 R_T 为 10^{-5}/年推导而得（参见该规范第 3.0.3 条文说明）。

如果计算得出的各类风险 R（R_1、R_2、R_3）$\leqslant R_T$ 则不需要采取另外的防护措施；如 R（R_1、R_2、R_3）$> R_T$ 则应采取相应的防护措施减少该类风险所涉及的各类风险因子 N_X、P_X 及 L_X 直至满足要求。

（5）通过比较有或没有防护措施所造成的全部损失并与成本相比较以评估所采取的防护措施的成本效益，为此，需要对风险 R_4 进行评价计算。

同样需识别组成风险 R_4 的各个风险分量 R_X，计算未采取防护措施时每年的总损失费用 C_L 与采取防护措施后的每年的总损失费用（包括仍然产生的损失费用 C_{RL}＋防护措施的每年费用 C_{PM}），将二者相比较，如果 $C_L < C_{RL} + C_{PM}$，则防护措施是不经济的；如果 $C_L \geqslant C_{RL} + C_{PM}$，则所采取的防护措施具有较好的经济效益。

上述经济损失的风险 R_4 如无相关数据评估，其风险容许值可取典型值 $R_T = 10^{-5}$/年。

（6）在计算风险分量时应考虑建筑物各部分特性的差异，可将建筑物划分为多个分区，使每个分区具有一致的特性（如按照防火分区、屏蔽区域、土壤或地板特性、内部系统分布等同类型特性），以便按分区进行评估并选择合适的降低风险的防护措施，从而减少防雷的总成本。

建筑物雷击风险评估及相应防护措施选择的流程参照图 J.2-1。

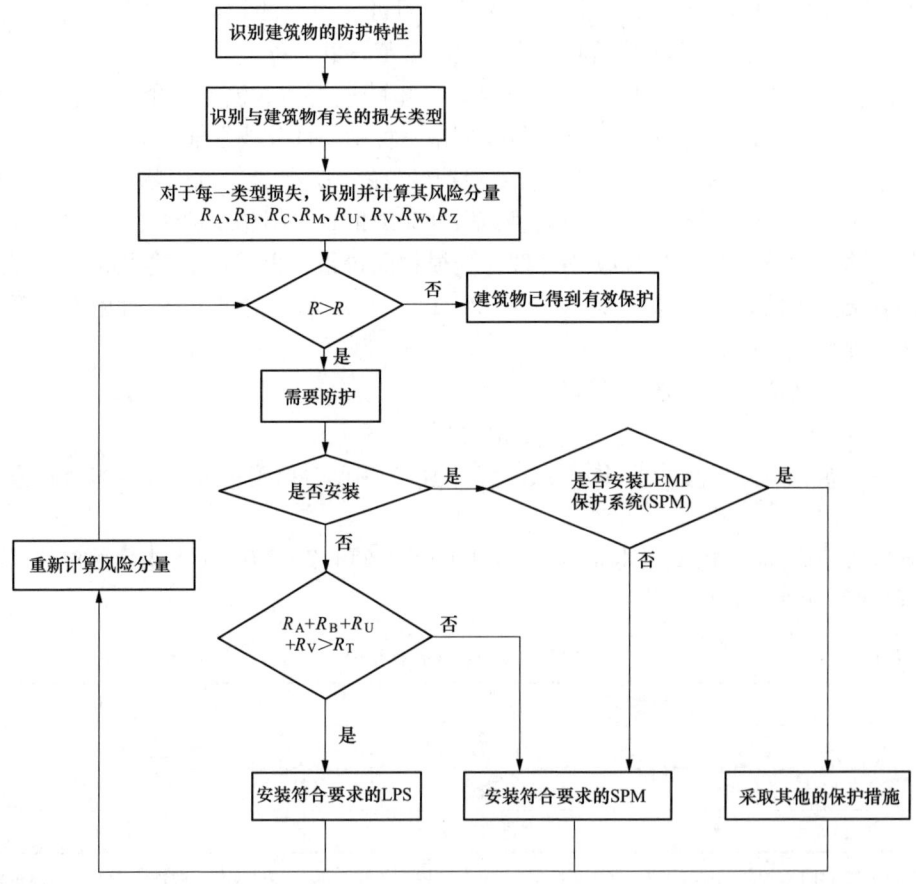

图 J.2-1　建筑物雷击风险评估及防护措施选择的流程

评价保护措施成本效益的流程参照图 J.2-2。

J.2.3.2　防护措施及其选择

（1）应按损害类型选择防护措施以减少风险。防护措施应符合下列标准的要求：

1）GB/T 21714.3—2015《雷电防护 第 3 部分：建筑物的物理损坏和生命危险》有关建筑物中生命损害及物理损害的防护措施；

2）GB/T 21714.4—2015《雷电防护 第 4 部分：建筑物内电气和电子系统》有关内部系

统故障的防护措施。

（2）设计人员应根据每一风险分量在总风险中的所占权重比例找出最关键的风险分量并考虑不同防护措施的技术可行性和造价，找出减少风险的若干关键参数以选择最合适的保护措施。对于每一类损失，有多种有效的防护措施，这些措施可单独或组合采用，从而使 $R \leqslant R_{\mathrm{T}}$。

J.2.3.3　风险评估案例

在 GB/T 21714.2—2015 标准的资料性附录中，按照上述风险评估的要求，分别列举了对乡村房屋、办公楼、医院、公寓楼进行风险评估的几种典型案例。限于篇幅，在本附录中略去此部分介绍，有需要的读者可自行查阅。

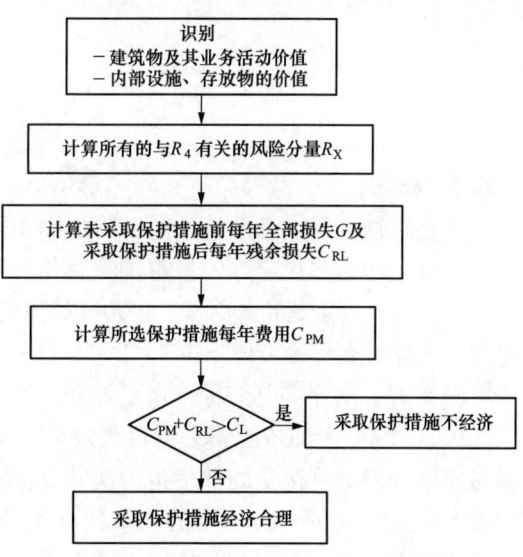

图 J.2-2　评价保护措施成本效益的流程

显然，上述对建筑物防雷进行风险评估是防雷设计和管理的较为科学的方法，虽然评估方法较为复杂但可以根据被保护对象的特性和环境因素等有针对性地采取有效而经济的防护措施。目前国内外已有相关部门正致力于开发相应的计算机程序软件以方便使用。

13

附录 K　用于建筑物电子信息系统的简易雷击风险评估

K.1　概述

关于建筑物电子信息系统的防雷除依据 IEC 标准制定的国家标准 GB 50057《建筑物防雷设计规范》的相关规定外，另有国家标准 GB 50343—2004《建筑物电子信息系统防雷技术规范》及气象行业标准 QX 3—2000《气象信息系统闪电电磁脉冲防护规范》以及中国工程建设标准化协会标准 CECS 174：2004《建筑物低压电源电涌保护器选用、安装、验收及维护规程》为了划分雷电防护（电涌防护）级别，在规范的附录中均引用了法国标准 NFC—17—102：1995 中的按防雷装置拦截效率确定雷击电涌防护分级的简化评估方法，并根据我国的国情分别对可接受的评估雷击次数 N_c 等作了部分不尽一致的修正。而在 GB 50343—2012 新修订版中，对特殊重要的建筑物电子信息系统（重点工程或用户有要求时）又增加介绍了按照 IEC 62305-2《雷电防护 第 2 部分：风险管理》进行的风险评估的方法（见附录 J）。在此，仅对 GB 50343—2012 标准中建筑物电子信息系统的雷电防护分级及简易评估方法作一介绍供参考。

K.2　一般规定

（1）建筑物电子信息系统可按系统的重要性（K.3）、防雷装置的拦截效率（K.4）以确定相应的雷电防护（电涌防护）等级。

（2）对于重要的建筑物电子信息系统宜分别采用上述两种方法进行评估，按其中较高防护等级确定。

（3）重点工程或用户有要求时，可按附录 J 介绍的雷击风险评估方法评估并确定相应的雷电防护措施。

K.3　按电子信息系统的重要性确定的雷电防护等级

建筑物电子信息系统可根据其重要性、使用性质和价值，按表 K.3-1 选择确定雷电防护等级。

表 K.3-1　　　　　建筑物电子信息系统雷电防护等级的选择表

雷电防护等级	电子信息系统
A 级	（1）国家级计算中心、国家级通信枢纽、特级和一级金融设施、大中型机场、国家级和省级广播电视中心、枢纽港口、火车枢纽站、省级城市水、电、气、热等城市重要共用设施的电子信息系统； （2）一级安全防范单位，如国家文物、档案库的闭路电视监控和报警系统； （3）三级医院电子医疗设备
B 级	（1）中型计算中心、二级金融设施、中型通信枢纽、移动通信基站、大型体育场（馆）、小型机场、大型港口、大型火车站的电子信息系统； （2）二级安全防范单位，如省级文物、档案库的闭路电视监控和报警系统； （3）雷达站、微波站电子信息系统，高速公路监控和收费系统； （4）二级医院电子医疗设备； （5）五星及更高星级宾馆电子信息系统

雷电防护等级	电子信息系统
C级	（1）三级金融设施、小型通信枢纽电子信息系统； （2）大中型有线电视系统； （3）四星及以下星级宾馆电子信息系统
D级	除上述 A、B、C级以外一般用途的需防护电子信息设备

注 表中未列举的电子信息系统也可参照本表选择防护等级。

K.4 按防雷装置拦截效率进行简易雷击风险评估确定的雷电防护等级

（1）因直击雷和闪电电磁脉冲引起电气/电子系统设备损坏的可接受的最大年平均雷击次数 N_c 为：

$$N_c = 5.8 \times 10^{-1} / (C_1 + C_2 + C_3 + C_4 + C_5 + C_6) \quad （次/年） \tag{K.4-1}$$

式中 C_1——电子信息系统设备所在建筑物材料结构因子。当建筑物屋顶和主体结构均为金属材料时，C_1 取 0.5；当建筑物屋顶和主体结构均为钢筋混凝土材料时，C_1 取 1.0；当建筑物为砖混结构时，C_1 取 1.5；当建筑物为砖木结构时，C_1 取 2.0；当建筑物为木结构或其他易燃材料时，C_1 取 2.5；

C_2——电子信息系统重要程度因子。C、D 类电子信息系统（见表 K.3-1）C_2 取 1；B 类电子信息系统，C_2 取 2.5；A 类电子信息系统，C_2 取 3.0；

C_3——电子信息系统设备耐冲击类别及抗冲击过电压能力因子。一般，C_3 取 0.5；较弱，C_3 取 1.0；相当弱，C_3 取 3.0；

注："一般"指现行国家标准《低压系统内设备的绝缘配合 第一部分：原理、要求和试验》GB/T 16935.1 中所指的 I 类安装位置的设备，且采取了较完善的等电位联结、接地、线缆屏蔽措施。"较弱"指 GB/T 16935.1 中所指的 I 类安装位置的设备，但使用架空线缆，因而风险大。"相当弱"指集成化程度很高的计算机、通信或控制设备等。

C_4——电子信息系统设备所在的雷电防护区（LPZ）的因子。设备在 LPZ2 等后续雷电防护区内时，C_4 取 0.5；设备在 LPZ1 区内时，C_4 取 1.0；设备在 LPZ0$_B$ 区内时，C_4 取 1.5～2.0；

C_5——电子信息系统发生雷击事故的后果因子。电子信息系统业务中断不会产生不良后果时，C_5 取 0.5；电子信息系统业务原则上不允许中断，但在中断后无严重后果时，C_5 取 1.0；

电子信息系统不允许中断，中断后会产生严重后果时，C_5 取 1.5～2.0；

C_6——区域雷暴等级因子。少雷区（年平均雷暴日 $T_d \leqslant 25$ d/a）C_6 取 0.8；中雷区（$25 < T_d \leqslant 40$ d/a）C_6 取 1.0；多雷区（$40 < T_d \leqslant 90$ d/a）C_6 取 1.2；强雷区（$T_d \geqslant 90$ d/a）C_6 取 1.4。

（2）电子系统所在的建筑物及入户设施年预计雷击次数 N 为：

$$N = N_1 + N_2 \quad （次/年） \tag{K.4-2}$$

式中 N_1——建筑物年预计雷击次数，其计算参见本章第 13.8 节式（13.8-1）及式（13.8-2）。

N_2——建筑物入户设施年预计雷击次数，可按下式确定：

$$N_2 = N_g \cdot A'_e = 0.1 T_d (A'_{e1} + A'_{e2}) \quad （次／年） \tag{K.4-3}$$

13

式中　N_g——建筑物所处地区雷击大地的年平均密度，次/ $(km^2 \cdot a)$；

　　　T_d——年平均雷暴日 (d/a)，根据当地气象台、站资料确定；

　　　A'_{e1}—— 电源线缆入户设施的截收面积 (km^2)，见表 K.4-1；

　　　A'_{e2}——信号线缆入户设施的截收面积 (km^2)，见表 K.4-1。

表 K.4-1　　　　　　　　　　　　　　　入户设施的截收面积

线路类型	有效截收面积 A'_e (km^2)
低压架空电源电缆	$2000 \times L \times 10^{-6}$
高压架空电源电缆（至现场变电所）	$500 \times L \times 10^{-6}$
低压埋地电源电缆	$2 \times d_s \times L \times 10^{-6}$
高压埋地电源电缆（至现场变电所）	$0.1 \times d_s \times L \times 10^{-6}$
架空信号线	$2000 \times L \times 10^{-6}$
埋地信号线	$2 \times d_s \times L \times 10^{-6}$
无金属铠装或带金属芯线的光纤电缆	0

注　1. L 是线路从所考虑建筑物至网络的第一个分支点或相邻建筑物的长度，单位为 m，最大值为 1000m，当 L 未知时，应取 $L=1000$m。

　　2. d_s 表示埋地引入线缆计算截收面积时的等效宽度，单位为 m，其数值等于土壤电阻率的值，最大值取 500。

(3) 将 N 和 N_C 进行比较，当 $N \leqslant N_C$ 时，可不装设雷电防护装置；当 $N > N_C$ 时，则应安装雷电防护装置。

(4) 根据防雷装置拦截效率 E 的计算式 $E = 1 - N_C/N$ 确定建筑物电子信息系统雷击电涌防护的等级：

当 $E > 0.98$ 时，　　　定为 A 级；

当 $0.90 < E \leqslant 0.98$ 时，定为 B 级；

当 $0.80 < E \leqslant 0.90$ 时，定为 C 级；

当 $E \leqslant 0.80$ 时，　　　定为 D 级。

K.5　按防护等级对电源系统 SPD 的级位配置建议及 SPD 的冲击电流参数选择

(1) 气象行业标准 QX3－2000 及原 GB 50343—2004 中对电源系统电涌防护的 SPD 安装级位配置建议为：

A 级可采用 3～4 级 SPD 进行防护；

B 级可采用 2～3 级 SPD 进行防护；

C 级可采用 2 级 SPD 进行防护；

D 级可采用 1 级或 2 级 SPD 进行防护。

而中国工程建设标准化协会标准 CECS 174：2004 则将设有电气/电子系统的建筑物的电涌防护系统的可靠性等级分为甲、乙、丙、丁四级，其 SPD 级位配置与上述标准的 A、B、C、D 级类同；但各级 SPD 的电涌承受能力（冲击电流参数）均小于 GB 50343 标准的相应值。

(2) GB 50343—2012 新修订版中对各雷电防护等级中 SPD 级位配置，修改了安装于进线入口总配电箱 MB、分配电箱 SB 及设备机房配电箱或需要特殊保护的电子信息设备端口处的各级 SPD 的冲击浪涌参数推荐值要求，见表 K.5-1。

表 K. 5-1   电源线路电涌保护器的冲击电流 I_{imp} 或标称放电电流 I_n 的参数推荐值

雷电防护等级	总配电箱 (MB)		分配电箱 (SB)	设备机房配电箱和需要特殊保护的电子信息设备端口处	
	LPZ0 与 LPZ1 边界		LPZ1 与 LPZ2 边界	后续防雷区的边界	
	$10/350\mu s$ I 类试验	$8/20\mu s$ II 类试验	$8/20\mu s$ II 类试验	$8/20\mu s$ II 类试验	$1.2/50\mu s$ 和 $8/20\mu s$ 复合波 III 类试验
	I_{imp} (kA)	I_n (kA)	I_n (kA)	I_n (kA)	U_{OC} (kV) / I_{SC} (kA)
A	≥20	≥80	≥40	≥5	≥10 / ≥5
B	≥15	≥60	≥30	≥5	≥10 / ≥5
C	≥12.5	≥50	≥20	≥3	≥6 / ≥3
D	≥12.5	≥50	≥10	≥3	≥6 / ≥3

注   SPD 分级应根据保护距离、SPD 连接导线长度、被保护设备耐冲击电压额定值 U_w 等因素确定。

参 考 文 献

[1]   王厚余. 建筑物电气装置 600 问. 北京：中国电力出版社，2013.

[2]   王厚余. 低压电气装置的设计安装和检验(第三版)北京：中国电力出版社，2012.

[3]   水电部西北电力设计院. 电力工程电气设计手册(电气一次部分). 北京：水利电力出版社，1989.

[4]   马宏达. 建筑物防雷中的屏蔽问题. 建筑电气，2002-1.

[5]   中国电气工程大典，第 11 卷配电工程. 电涌保护器.

[6]   施围，邱毓昌，张乔根. 高电压工程基础. 北京：机械工业出版社，2006.

13

14 接　地

14.1 概　述

14.1.1 地和接地

电气工程中的地：提供或接受大量电荷并可用来作为稳定良好的基准电位或参考电位的物体，一般指大地。电子设备中的基准电位参考点也称为"地"，但不一定与大地相连。

（1）参考地（基准地）是指不受任何接地配置影响、可视为导电的大地的部分，其电位约定为零。大地是指地球及其所有自然物质。

局部地是指大地与接地极有电接触的部分，其电位不一定等于零。

（2）接地是指在系统、装置或设备的给定点与局部地之间做电连接。与局部地之间的连接可以是有意的、无意的或意外的；也可以是永久性的或临时性的。

14.1.2 接地分类

14.1.2.1 功能接地

出于电气安全之外的目的，将系统、装置或设备的一点或多点接地。

（1）（电力）系统接地。根据系统运行的需要进行的接地，如交流电力系统的中性点接地、直流系统中的电源正极或中点接地等。

（2）信号电路接地。为保证信号具有稳定的基准电位而设置的接地。

14.1.2.2 保护接地

为了电气安全，将系统、装置或设备的一点或多点接地。

（1）电气装置保护接地。电气装置的外露可导电部分、配电装置的金属架构和线路杆塔等，由于绝缘损坏或爬电有可能带电，为防止其危及人身和设备的安全而设置的接地。

（2）作业接地。将已停电的带电部分接地，以便在无电击危险情况下进行作业。

（3）雷电防护接地。为雷电防护装置（接闪杆、接闪线和过电压保护器等）向大地泄放雷电流而设的接地，用以消除或减轻雷电危及人身和损坏设备。

（4）防静电接地。将静电荷导入大地的接地。如对易燃易爆管道、贮罐以及电子器件、设备为防止静电的危害而设的接地。

（5）阴极保护接地。使被保护金属表面成为电化学原电池的阴极，以防止该表面被腐蚀的接地。

14.1.2.3 功能和保护兼有的接地

电磁兼容性是指为装置、设备或系统在其工作的电磁环境中能不降低性能地正常工作，且对该环境中的其他事物（包括有生命体和无生命体）不构成电磁危害或骚扰的能力。为此目的所作的接地称为电磁兼容性接地。电磁兼容性（Electromagnetic Compatibility，EMC）接地，既有功能接地（抗干扰）、又有保护接地（抗损害）的含义。

屏蔽是电磁兼容性要求的基本保护措施之一。为防止寄生电容回授或形成噪声电压需将屏蔽体接地，以便电磁屏蔽体泄放感应电荷或形成足够的反向电流以抵消干扰影响。

14.1.3　共用接地系统

根据电气装置的要求，接地配置可以兼有或分别地承担防护和功能两种功能。对于防护目的的要求，始终应当优先考虑。

建筑物内通常有多种接地，如电力系统接地、电气装置保护接地、电子信息设备信号电路接地、防雷接地等。如果用于不同目的的多个接地系统分开独立接地，不但受场地的限制难以实施，而且不同的地电位会带来安全隐患，不同系统接地导体间的耦合，也会引起相互干扰。因此，接地导体少、系统简单经济、便于维护、可靠性高且低阻抗的共用接地系统应运而生。

（1）每幢建筑物本身应采用一个接地系统。

（2）各个建、构筑物可分别设置本身的共用接地系统。

每个独立接闪杆（避雷针）或每组接闪线（避雷线）是用于防雷的单独的构筑物，应有各自的接地极。

（3）数座建筑物间相互通信和有数据交换时，各接地极宜相互连接。当接地极相互连接不可能或不可行时，通信网络推荐采用电气分隔，例如，采用光纤连接。

（4）在一定条件下，变电站的保护接地和低压系统接地可以共用接地装置，详见14.2.7。

14.2　高压电气装置的接地

14.2.1　高压系统中性点接地方式

高压交流电力系统中性点接地方式的分析和比较见2.3.2；中性点接地设备的选择见5.7.9。高压系统中性点接地方式的选择要点如下：

（1）中性点直接接地方式。110kV及以上系统应采用有效接地方式，即系统在各种条件下的零序与正序电抗之比 $[X_{(0)}/X_{(1)}]$ 为正值且不应大于3，而其零序电阻与正序电抗之比 $[R_{(0)}/X_{(1)}]$ 不应大于1。

110kV及220kV系统中变压器中性点可直接接地，为限制系统短路电流，在不影响中性点有效接地方式时，部分变压器中性点也可采用不接地方式。

（2）中性点不接地方式。单相接地故障电容电流不超过10A的下列电力系统可采用不接地系统：

1）所有的35、66kV系统；

2）不直接连接发电机的6～20kV系统。

（3）中性点谐振接地方式。系统经过电感（消弧装置）接地，用于补偿系统单相对地故障电流的容性分量。宜采用具有自动跟踪补偿功能的消弧装置，系统接地故障残余电流不应大于10A。

1）35、66kV系统和不直接连接发电机的6～20kV系统，当单相接地故障电容电流超过10A又需在接地故障条件下运行时，应采用谐振接地系统。

2）消弧装置的容量计算和装设要求见5.7.9.3。

（4）中性点高电阻接地方式。中性点高电阻接地方式，其系统等值零序电阻不大于系统单相对地分布容抗，且系统接地故障电流小于10A。

6～20kV 配电系统以及发电厂厂用电系统，单相接地故障电容电流不大于 7A，可采用中性点高电阻接地方式，故障总电流应不大于 10A。

（5）中性点低电阻接地方式。中性点低电阻接地方式，其系统等值零序电阻不小于 2 倍系统等值零序感抗。

6～35kV 主要由电缆线路构成的配电系统、发电厂厂用电系统、风力发电场集电系统和除矿井外的工业企业供电系统，当单相接地故障电容电流较大时，可采用中性点低电阻接地方式。

变压器中性点电阻器的电阻，在满足单相接地继电保护可靠性和过电压绝缘配合的前提条件下宜选较大值。

（6）发电机额定电压 6.3kV 及以上的系统的接地方式。当发电机内部发生单相接地故障不要求瞬时切机，且发电机单相接地故障电容电流不超过表 14.2-1 最高允许值时，可采用中性点不接地方式；大于该值时，应采用中性点谐振接地方式。消弧装置可装在厂用变压器中性点上或发电机中性点上。

表 14.2-1　　　　　　　　发电机单相接地故障电容电流最高允许值

发电机额定电压（kV）	发电机额定容量（MW）	电流允许值（A）	发电机额定电压（kV）	发电机额定容量（MW）	电流允许值（A）
6.3	≤50	4	13.80～15.75	125～200	2*
10.5	50～100	3	≥18	≥300	1

*　对额定电压为 13.80～15.75 kV 的氢冷发电机，电流允许值为 2.5A。

300MW 及以上采用"水-氢-氢"冷却的发电机，其中性点应采用高电阻接地方式，当发生定子绕组单相接地故障时，经短延时切断发电机。

（7）近年来配电网中出现了一种"中性点谐振与电阻联合接地方式"。此接地方式具有谐振接地和电阻接地两种功能。系统发生接地故障后一定时间内具有谐振接地系统的性质，对瞬时性故障的接地电弧可由消弧装置熄灭；当故障持续一定时间，判定为永久接地故障时，通过专门装置将中性点切换至电阻器，使系统转换为电阻接地方式。实践表明，即使架空配电线路故障点存在较高电阻条件下也可正确判断故障线路。

14.2.2　高压电气装置接地的一般规定

（1）电力系统、装置或设备应按规定接地。接地装置应充分利用自然接地体，但应校验自然接地体的热稳定性。

（2）不同用途、不同额定电压的电气装置或设备，除另有规定外，应使用一个总的接地网，接地电阻应符合其中最小值的要求。

（3）设计接地装置时，应考虑土壤干燥或降雨和冻结等季节变化的影响，接地电阻、接触电位差和跨步电位差在四季中均应符合要求（见 14.2.4），但雷电保护接地的接地电阻，可只考虑在雷季中土壤干燥状态的影响。

14.2.3　高压电气装置保护接地的范围

（1）电力系统、装置或设备的下列部分（给定点）均应接地：

1）系统接地的中性点或中性点接地设备的接地端子；

2）发电机、变压器和高压电器等的底座和外壳；

3）高压并联电抗器中性点接地电器的接地端子；

4）发电机中性点柜外壳、发电机出线柜、封闭母线的外壳和变压器、开关柜配套的金属母线槽等；

5）气体绝缘金属封闭开关设备的接地端子；

6）配电、控制和保护用的屏（柜、箱）及操作台等的金属框架；

7）箱式变电站和环网柜的金属箱体；

8）电缆沟及电缆隧道内以及地上各种电缆金属支架；

9）户内、外配电装置的金属架构和钢筋混凝土架构以及靠近带电部分的金属围栏和金属门；

10）电力电缆接线盒、终端盒的外壳，电缆金属护套或屏蔽层，穿线的钢管和电缆桥架等；

11）装有地线（架空地线，又称避雷线）的架空线路杆塔；

12）非沥青地面的居民区内，不接地、谐振接地和高电阻接地系统中无地线架空线路的金属杆塔；

13）装在配电线路杆塔上的开关设备、电容器等电气装置；

14）高压电气装置传动装置；

15）互感器的二次绕组和铠装控制电缆的外皮；

16）避雷针、避雷线、避雷器等的接地端子。

（2）附属于高压电气装置和电力生产设施的二次设备等的下列金属部分可不接地：

1）在木质、沥青等不良导电地面的干燥房间内，交流标称电压 380V 及以下、直流标称电压 220V 及以下的电气装置外壳，但当维护人员可能同时触及电气装置外壳和接地物件时除外。

【编者按】 按 IEC 标准，干燥场所的安全电压应为交流 50V 及以下、直流 120V 及以下。

2）安装在配电屏、控制屏和配电装置上的电测量仪表、继电器和其他低压电器等的外壳，以及当发生绝缘损坏时在支持物上不会引起危险电压的绝缘子金属底座等。

3）安装在已接地的金属架构上的设备（应保证电气接触良好），如套管等。

4）直流标称电压 220V 及以下的蓄电池室内的支架。

14.2.4 发电厂和变电站的接地网

14.2.4.1 110kV 及以上发电厂、变电站接地网设计的一般要求

（1）应掌握工程地点的地形、地质和土壤情况，并实测或合理确定场地土壤电阻率。

（2）应根据有关建筑物的布置、结构和基础钢筋配置情况确定可用作接地网的自然接地体，并估算其等效接地电阻值。

（3）应根据系统远期最大运行方式下的电气结线、线路状况及系统的计算电抗与电阻的比值（X/R）等条件，确定设计水平年流经变电站接地网的最大接地故障不对称电流有效值。

（4）应计算确定流过设备外壳接地导体和经接地网入地的最大接地故障不对称电流值。

（5）应根据站址的土壤结构、电阻率及地网接地电阻值的要求初步拟定接地网的布置形式和尺寸，核算接地网的接地电阻、地电位升高及最大接触电位差和跨步电位差。

（6）当最大接触电压和跨步电压不满足要求时，应采取降低措施或提高允许值的相应措施，如可考虑敷设高电阻率路面结构层或深埋接地装置以降低人体接触电位差和跨步电位差；变电站中可在设备周围敷设鹅卵石等地表高电阻率表层材料，地表高阻层的厚度一般可取 10～35cm。

（7）接地导体（线）和接地极的材质和相应的截面应通过热稳定校验确定，并应计及设计使用年限内土壤腐蚀的影响。

设计人员应根据实测结果校验设计。当不满足要求时，应补充与完善或增加防护措施。

14.2.4.2　接地网的接地电阻

（1）不接地、谐振接地和高电阻接地系统，接地网的接地电阻应符合下式要求，但不应大于 4Ω，且保护接地接至变电站接地网的站用变压器的低压侧电气装置，应采用（含建筑物钢筋的）保护总等电位联结系统

$$R \leqslant 120/I_g \tag{14.2-1}$$

式中　R——变电站考虑季节变化系数的变电站最大接地电阻，Ω；

　　　　I_g——计算用接地网入地对称电流，A。

I_g 计算见 14.2.4.4。谐振接地系统中，对于装有自动跟踪补偿消弧装置（含非自动调节的消弧线圈）的发电厂和变电站电气装置的接地网，I_g 等于接在同一接地网中同一系统各自动跟踪补偿消弧装置额定电流总和的 1.25 倍；对于不装自动跟踪补偿消弧装置的发电厂和变电站电气装置的接地网，I_g 等于系统中断开最大一套自动跟踪补偿消弧装置或系统中最长线路被切除时的最大可能残余电流值。

（2）直接接地系统和低电阻接地系统，应符合下列要求：

1）发电厂和变电站接地网的接地电阻宜符合下式要求，且保护接地接至变电站接地网的站用变压器的低压侧应采用 TN 系统，低压电气装置应采用（含建筑物钢筋的）保护总等电位联结系统

$$R \leqslant 2000/I_G \tag{14.2-2}$$

式中　R——变电站考虑季节变化系数的变电站最大接地电阻，Ω；

　　　　I_G——计算用经接地网入地的最大不对称电流方均根值，A。

I_G 计算见 14.2.4.4。I_G 应采用设计水平年系统最大运行方式下在接地网内、外发生接地故障时，经接地网入地并计及直流分量的最大接地故障电流方均根值。还应计算系统中各接地中性点间的故障电流分配，以及避雷线中分走的接地故障电流。

2）当接地网的接地电阻不满足上式要求时，可通过技术经济比较适当增大接地电阻，在接地网及有关电气装置符合下列要求时，接地网地电位升高可提高至 5kV（即上式可取为 $R_B \leqslant 5000/I_G$）。必要时，经专门计算，且采取的措施可确保人身和设备安全可靠时，接地网地电位升高还可进一步提高。❶

a. 保护接地接至变电站接地网的站用变压器的低压侧应采用 TN 系统，低压电气装置应采用（含建筑物钢筋的）保护总等电位联结系统。

---

❶　注　见 14.2.6.1（2）中编者按的（2）。

b. 应采用扁铜（或铜绞线）与二次电缆屏蔽层并联敷设。扁铜至少在两端就近与接地网连接；当接地网为钢材时，应防止铜、钢连接产生腐蚀。扁铜较长时，应多点与接地网连接；二次电缆屏蔽层两端应与扁铜连接。扁铜截面应满足热稳定要求。

c. 应评估计入短路电流非周期分量的接地网电位升高条件下，发电厂、变电站内 6kV 或 10kV 金属氧化物避雷器吸收能量的安全性。

d. 可能将接地网的高电位引向厂、站外或将低电位引向厂、站内的设备，应采取防止转移电位引起危害的隔离措施：

——站用变压器向厂、站外低压电气装置供电时，其 0.4kV 绕组的短时（1min）交流耐受电压应比厂、站接地网地电位升高 40％；向厂、站外供电用低压线路采用架空线，其电源中性点不在站内接地，改在站外适当的地方接地。

——对外的非光纤通信设备加隔离变压器。

——通向站外的管道采用绝缘段。

——铁路轨道分别在两处加绝缘鱼尾板等。

e. 设计接地网时，应验算接触电压和跨步电压，并应通过实测加以验证。

14.2.4.3　接触电压和跨步电压的允许值

（1）6～66kV 不接地、谐振接地和高电阻接地系统，发生单相接地故障后，当不迅速切除故障时，发电厂和变电站接地装置的接触电压和跨步电压不应超过下式计算值

$$U_t = 50 + 0.05\rho_s C_s \qquad (14.2\text{-}3)$$

$$U_s = 50 + 0.2\rho_s C_s \qquad (14.2\text{-}4)$$

（2）110kV 及以上有效接地系统和 6～35kV 低电阻接地系统发生单相接地或同点两相接地时，发电厂和变电站接地网的接触电压和跨步电压不应超过下式计算值

$$U_t = \frac{174 + 0.17\rho_s C_s}{\sqrt{t_s}} \qquad (14.2\text{-}5)$$

$$U_s = \frac{174 + 0.7\rho_s C_s}{\sqrt{t_s}} \qquad (14.2\text{-}6)$$

以上式中　U_t——接触电压允许值，V；

$\quad\quad\quad\ U_s$——跨步电压允许值，V；

$\quad\quad\quad\ \rho_s$——地表层的电阻率，m；

$\quad\quad\quad\ C_s$——表层衰减系数，由图 14.2-1 中曲线查得，或按式（14.2-8）计算；

$\quad\quad\quad\ t_s$——接地故障电流持续时间，s；与接地装置热稳定校验的故障等效持续时间 t_c 取相同值，见 14.5.5。

【编者按】 式（14.2-5）和式（14.2-6）推导中的人体电阻按 1500Ω 和体重按 50kg 考虑，适用于发电厂和变电站的接地网。IEC 标准中人体电阻取 1000Ω，适用于建筑物电气装置，式（14.2-5）和式（14.2-6）中 174 改为 116。

（3）表层衰减系数 C_s 可按图 14.2-1 查取。

不同电阻率土壤的反射系数 K 按下式计算

$$K = \frac{\rho - \rho_s}{\rho + \rho_s} \qquad (14.2\text{-}7)$$

在工程中，若对跨步电压和接触电压允许值的计算精度要求不高（误差在 5％以内）

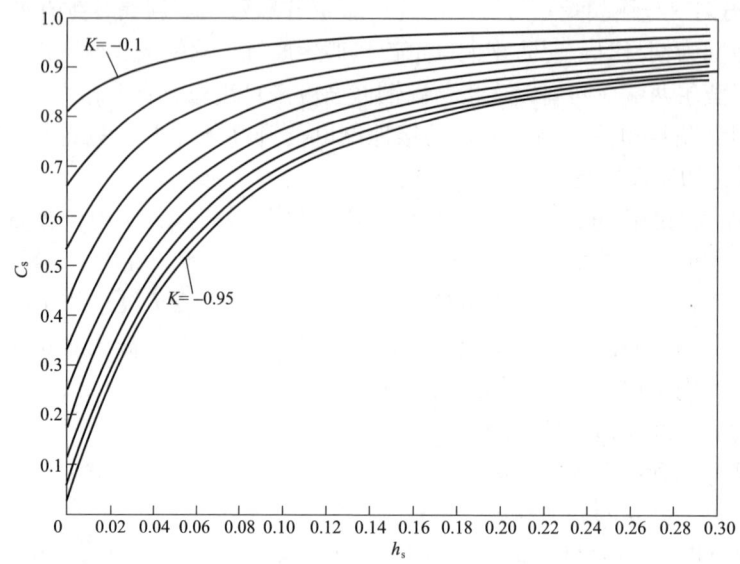

图 14.2-1　C_s 与表层土壤厚度 h_s 和土壤的反射系数 K 的关系曲线

时，也可采用下式计算

$$C_s = 1 - \frac{0.09\left(1 - \dfrac{\rho}{\rho_s}\right)}{2h_s + 0.09} \qquad (14.2\text{-}8)$$

以上式中　ρ ——下层土壤电阻率，$\Omega \cdot m$；

ρ_s ——表层土壤电阻率，$\Omega \cdot m$；

h_s ——表层土壤厚度，m。

14.2.4.4　经接地网入地故障电流的计算

经发电厂和变电站接地网的入地接地故障电流，应计及故障电流直流分量的影响，并按下列步骤计算。

（1）计算接地故障电流，见 4.3.2.4。

（2）根据系统和线路设计的参数，计算故障电流分流系数：

站内接地故障时的分流系数可按下式计算（架空线路档数大于 10 时的简化计算）

$$S_{f1} = e^{-\beta}\left(1 - \frac{Z_m}{Z_s}\right) + \frac{Z_m}{Z_s} \qquad (14.2\text{-}9)$$

站外接地故障时的分流系数可按下式计算（架空线路档数大于 10 时的简化计算）

$$S_{f2} = \frac{Z_m}{Z_s} \qquad (14.2\text{-}10)$$

$$e^{-\beta} = \frac{1 - \sqrt{\dfrac{Z_s D}{12R_{st} + Z_s D}}}{1 + \sqrt{\dfrac{Z_s D}{12R_{st} + Z_s D}}} \qquad (14.2\text{-}11)$$

$$Z_s = \frac{3R_s}{k} + 0.15 + j0.189\ln\frac{D_g}{\sqrt[k]{a_s D_s^{k-1}}} \qquad (14.2\text{-}12)$$

$$Z_{\mathrm{m}} = 0.15 + \mathrm{j}0.189\ln\frac{D_{\mathrm{g}}}{D_{\mathrm{m}}} \tag{14.2-13}$$

以上式中　S_{f1}——站内接地故障时的分流系数；

S_{f2}——站外接地故障时的分流系数；

Z_{s}——单位长度的地线阻抗，Ω/km；

Z_{m}——单位长度的相线与地线之间的互阻抗，Ω/km；

R_{st}——厂站接地网的接地电阻，Ω

D——线路的平均档距，km；

R_{s}——单位长度的地线电阻，Ω/km；

α_{s}——将电流化为表面分布后的地线等值半径，m；对钢芯铝绞线 $\alpha_{\mathrm{s}}=0.95\alpha_{\mathrm{o}}$；对钢绞线 $\alpha_{\mathrm{s}}=\alpha_{\mathrm{o}}\times10^{-6.9X_{\mathrm{e}}}$；其中 α_{o} 为地线半径，m；X_{e} 为单位长度的地线内感抗，Ω/km；

k——地线的根数；

D_{s}——地线之间的距离，m；

D_{m}——地线与相线之间的几何均距，m；单地线时 $D_{\mathrm{m}}=\sqrt[3]{D_{L1}D_{L2}D_{L3}}$，双地线时 $D_{\mathrm{m}}=\sqrt[6]{D_{1L1}D_{1L2}D_{1L3}D_{2L1}D_{2L2}D_{2L3}}$；

D_{g}——地线对地的等价镜像距离，m；$D_{\mathrm{g}}=80\sqrt{\rho}$，其中 ρ 为大地等值电阻率，$\Omega\cdot\mathrm{m}$。

常用架空地线的半径电阻及内感抗见表 14.2-2。

表 14.2-2　　　　　　　　常用架空地线的半径、电阻及内感抗

常用数据	钢绞线 GJ			钢芯铝线 LGJ		
截面（mm^2）	35	50	70	120	150	185
半径（mm）	3.9	4.6	5.75	7.6	8.5	9.5
电阻（Ω/km）	4.6	3.5	2.2	0.27	0.21	0.17
内感抗（Ω/km）	2.4	1.5	1.2	—	—	—

（3）计算经接地网入地的故障对称电流：

变电站内发生接地短路时

$$I_{\mathrm{g}} = (I_{\max} - I_{\mathrm{n}})(1 - S_{\mathrm{f1}}) \tag{14.2-14}$$

变电站外发生接地短路时

$$I_{\mathrm{g}} = I_{\mathrm{n}}(1 - S_{\mathrm{f2}}) \tag{14.2-15}$$

经接地网入地的故障对称电流取两式中较大的 I_{g} 值。

（4）变电站接地网最大入地电流按下式计算

$$I_{\mathrm{G}} = D_{\mathrm{f}}I_{\mathrm{g}} \tag{14.2-16}$$

以上式中　I_{g}——经接地网入地的故障对称电流方均根值，A；

$I_{\max}$——变电站内发生接地故障时的最大接地故障对称电流方均根值，A；

I_{n}——变电站内发生接地故障时，流经变电站设备中性点的电流，A；

S_{f1}、S_{f2}——分别为变电站内、外发生接地故障时的分流系数；

I_{G}——变电站接地网最大入地电流，A；

D_f——故障电流衰减系数，典型的衰减系数见表14.2-3。

表 14.2-3　　　　　　　　　　典型的衰减系数 D_f 值

故障延时 t_f（s）	50Hz 对应的周期（s^{-1}）	衰减系数 D_f			
		$X/R=10$	$X/R=20$	$X/R=30$	$X/R=40$
0.05	2.5	1.268 5	1.417 2	1.496 5	1.544 5
0.10	5	1.147 9	1.268 5	1.355 5	1.417 2
0.20	10	1.076 6	1.147 9	1.212 5	1.268 5
0.30	15	1.051 7	1.101 0	1.147 9	1.191 9
0.40	20	1.039 0	1.076 6	1.113 0	1.147 9
0.50	25	1.031 3	1.061 8	1.091 3	1.120 1
0.75	37.5	1.021 0	1.041 6	1.061 8	1.081 6
1.00	50	1.015 8	1.031 3	1.046 7	1.061 8

14.2.4.5　接地网地电位升高的计算

系统发生单相接地故障电流入地时，地电位的升高可按下式计算

$$U_g = I_G R \tag{14.2-17}$$

式中　U_g——接地网地电位升高，V；

I_G——计算用经变电站接地网最大入地电流（接地故障不对称电流方均根值），A；

R——接地装置（包括人工接地网及与其连接的所有其他自然接地体）季节变化的最大工频接地电阻，Ω。

14.2.4.6　接触电压和跨步电压的计算

接地网的形状分为长孔形和方孔形，按地网的布置方式又分为等间距布置和不等间距布置。等间距布置的接地网见图14.2-2。

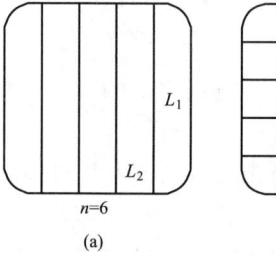

图 14.2-2　等间距接地网的形状
(a) 长孔接地网；(b) 方孔接地网
n—地网均压带根数；
L_1、L_2—接地网的长度、宽度

（1）等间距布置接地网初始设计时的网孔电压的计算（仅适用于均匀土壤中接地网）等间距布置时，接地网的水平接地极通常采用 $10\sim20m$ 的间距布置。

埋深在 $0.25\sim2.50m$ 范围的接地网初始设计时的网孔电压可按下式计算

$$U_m = \frac{\rho I_G K_m K_i}{L_M} \tag{14.2-18}$$

$$K_m = \frac{1}{2\pi}\left\{\ln\left[\frac{D^2}{16hd}+\frac{(D+2h)^2}{8Dd}-\frac{h}{4d}\right]+\frac{K_{ii}}{K_h}\ln\frac{8}{\pi(2n-1)}\right\} \tag{14.2-19}$$

$$K_h = \sqrt{1+h/h_0} \tag{14.2-20}$$

$$K_{ii} = 1/(2n)^{2/n} \tag{14.2-21}$$

$$K_i = 0.644+0.148n \tag{14.2-22}$$

$$L_M = L_c + L_R \tag{14.2-23}$$

$$L_M = L_c + \left[1.55+1.22\left(\frac{L_r}{\sqrt{L_x^2+L_y^2}}\right)\right]L_R \tag{14.2-24}$$

以上式中　U_m——接地网的网孔电压，V；

I_G——接地网最大入地故障电流，A；

ρ——土壤电阻率，$\Omega \cdot$m；

K_m——网孔电压几何校正系数；

D——接地网平行导体间距，m；

d——接地网导体的等效直径。扁导体的等效直径 d 为扁导体宽度 b 的 1/2；等边角钢的等效直径 $d=0.84b$（b 为角钢边宽）；不等边角钢的等效直径 $d = 0.71\sqrt[4]{b_1 b_2 (b_1{}^2 + b_2{}^2)}$，$b_1$ 和 b_2 为角钢两边宽；

K_h——接地网埋深系数；

h——接地网埋深，m；

h_0——参考深度，取 1m；

K_{ii}——考虑内部导体对角网孔电压影响的校正加权系数。

当接地网具有沿接地网周围布置的垂直接地极、在接地网四角布置的垂直接地极或沿接地网四周和其内部布置的垂直接地极时取 $K_{ii} = 1$。

当无垂直接地极或只有少数垂直接地极，并且垂直接地极不是沿外周或四角布置时 K_{ii} 可按式（14.2-21）计算。

n——矩形或等效矩形接地网一个方向的平行导体数，简单估算时可采用 $n = \sqrt{n_1 n_2}$，n_1 和 n_2 为 x 和 y 方向的导体数；

K_i——接地网不规则校正系数，用来考虑到推导 K_m 时的假设条件引入的误差；可按式（14.2-22）计算；

L_M——接地网的有效埋设长度，m；无垂直接地极或只有少数垂直接地极，并且垂直接地极不是沿外周或四角布置时，按式（14.2-23）计算；

对于在四角有垂直接地极的接地网，或沿接地网四周和整个接地网布置的垂直接地极时，有效埋设长度 L_M 按式（14.2-24）计算；

L_c——水平接地网导体的总长度，m；

L_R——所有垂直接地极的总长度，m；

L_r——每个垂直接地极的长度，m；

L_x——接地网 x 方向的最大长度，m；

L_y——接地网 y 方向的最大长度，m。

（2）最大跨步电压可按下式计算

$$U_s = \frac{\rho I_G K_s K_i}{L_s} \tag{14.2-25}$$

$$L_s = 0.75 L_c + 0.85 L_R \tag{14.2-26}$$

$$K_s = \frac{1}{\pi}\left(\frac{1}{2h} + \frac{1}{D+h} + \frac{1-0.5^{n-2}}{D}\right) \tag{14.2-27}$$

以上式中　U_s——跨步电压，V；

I_G——接地网入地故障电流，A；

L_s——埋入地中的接地系统导体有效长度，m；按式（14.2-26）计算；

K_s——几何校正系数。变电站接地系统的最大跨步电压出现在平分接地网边角直线上，从边角点开始向外 1m 远的地方。对于一般埋深 h 在 0.25～

2.5m 的范围的接地网，K_s 可以采用式（14.2-27）计算。

14.2.4.7 水平接地网的设计

（1）发电厂和变电站水平接地网应符合下列要求：

1）水平接地网应利用直接埋入地中或水中的自然接地极；此外，还应敷设人工接地极。

2）当利用自然接地极和外引接地装置时，应采用不少于 2 根导线在不同地点与水平接地网相连接。

3）发电厂（不含水力发电厂）和变电站的接地网，应与 110kV 及以上架空线路的地线直接相连，并应有便于分开的连接点。6～66kV 架空线路的地线不得直接与发电厂和变电站配电装置构架相连。发电厂和变电站的接地网应在地下与架空线路地线的接地装置相连接，连接线埋在地中的长度不应小于 15m。

（2）发电厂和变电站接地网除应利用自然接地极外，应敷设以水平接地极为主的人工接地网，并应符合下列要求：

1）人工接地网的外缘应闭合，外缘各角应做成圆弧形，圆弧的半径不宜小于均压带间距的 1/2，接地网内应敷设水平均压带，接地网的埋设深度不宜小于 0.8m；

2）接地网均压带可采用等间距或不等间距布置；

3）35kV 及以上变电站接地网边缘经常有人出入的走道处，应铺设沥青路面或在地下装设 2 条与接地网相连的均压带。在现场有操作需要的设备处，应铺设沥青、绝缘水泥或鹅卵石。

（3）6～20kV 变电站和配电站，当采用建筑物的基础作接地极，且接地电阻满足规定值时，可不另设人工接地。

（4）发电厂和变电站电气装置中，下列部位应采用专门敷设的接地导体（线）接地：

1）发电机机座或外壳，出线柜、中性点柜的金属底座和外壳，封闭母线的外壳；

2）110kV 及以上钢筋混凝土构件支座上电气装置的金属外壳；

3）箱式变电站和环网柜的金属箱体；

4）直接接地的变压器中性点；

5）变压器、发电机和高压并联电抗器中性点所接自动跟踪补偿消弧装置提供感性电流的部分、接地电抗器、电阻器或变压器等的接地端子；

6）气体绝缘金属封闭开关设备的接地母线、接地端子；

7）避雷器、避雷针、地线等的端子。

（5）接地网的防腐蚀设计，应符合下列要求：

1）计及腐蚀影响后，接地装置的设计使用年限，应与地面工程的设计使用年限一致。

2）接地装置的防腐蚀设计，宜按照当地的腐蚀数据进行。

3）接地网可采用钢材，但应采用热镀锌。镀锌层应有一定的厚度。接地导体（线）与接地极或接地极之间的焊接点，应涂防腐材料。

4）腐蚀较重地区的 66kV 及以上城市变电站、紧凑型变电站，以及腐蚀严重地区的 110kV 发电厂和变电站，通过技术经济比较后，接地网可采用铜材、铜覆钢材或其他防腐蚀措施。

【编者按】 GB/T 50065—2011《交流电气装置接地设计规范》的上述条文，侧重于电气装置的重要性和防腐措施的经济性。当埋入土壤中的钢接地极与混凝土中的钢筋相连时，接地极将受到电化学腐蚀，镀锌层的腐蚀更快，详见14.5.3。

14.2.4.8　具有气体绝缘金属封闭式开关设备（GIS）变电站的接地

（1）具有气体绝缘金属封闭式开关设备（Gas Insulated Switchger，GIS）的变电站，应设置一个总接地网。其接地电阻应符合14.2.4.2的规定。

（2）气体绝缘金属封闭开关设备区域应设置专用接地网，并应成为变电站总接地网的一个组成部分。专用接地网应满足下列要求：

1）与变电站总接地网的连接线不应少于4根。连接线的截面应满足14.5.5热稳定校验的要求。当连接线为4根时，每根连接线的热稳定校验电流应按单相接地故障时的最大不对称电流有效值的35%取值。

2）气体绝缘金属封闭开关设备置于建筑内时，专用接地网可采用钢导体；置于户外时，专用接地网宜采用铜导体，主接地网也宜采用铜或铜覆钢材。

3）专用接地网应由气体绝缘金属封闭开关设备制造厂设计，并具有下列功能：

a. 应能防止故障时人触摸该设备的金属外壳遭到电击；

b. 释放分相式设备外壳的感应电流；

c. 快速流散开关设备操作引起的快速瞬态电流。

4）在GIS设备外部近区故障，人触摸其金属外壳时区域专用接地网应能保证触及者手-脚间的接触电压符合下式要求

$$\sqrt{U_{tmax}^2 + (U'_{tomax})^2} < U_t \qquad (14.2\text{-}28)$$

式中　U_{tmax}——设备区域专用接地网最大接触电压，由人脚下的点决定，V；

$\quad\quad U'_{tomax}$——设备外壳上、外壳之间或外壳与任何水平/垂直支架之间金属到金属因感应产生的最大电位差，V；

$\quad\quad U_t$——接触电压允许值，V。

（3）气体绝缘金属封闭开关设备的接地导体及其连接，应符合下列要求：

1）三相共箱式或分相式设备的金属外壳与其基座上接地母线的连接方式应按制造厂要求执行。

2）设备基座上的接地母线应按制造厂要求与该区域专用接地网连接。

3）上述1）、2）项连接线的截面应满足设备接地故障（短路）时热稳定的要求。

（4）气体绝缘金属封闭开关设备与电力电缆或与变压器/电抗器直接相连时，电力电缆护层或气体绝缘金属封闭开关设备与变压器/电抗器之间套管的变压器/电抗器侧，应通过接地导体以最短路径接至接地母线或专用接地网。气体绝缘金属封闭开关设备外壳和电缆护套之间，以及其外壳和变压器/电抗器套管之间的隔离（绝缘）元件，应安装相应的隔离保护器。

（5）当气体绝缘金属封闭开关设备设置在建筑物内时，该建筑物的柱、钢筋混凝土板、建筑物基础等内的钢筋应相互连接，并应良好焊接。基础内钢筋还应与人工敷设的接地网相连接。室内应设置与专用接地网相连接的环形接地母线，以便室内各种需接地的设备（包括建筑物金属体）就近接地。

（6）位于居民区的全室内或地下气体绝缘金属封闭开关设备变电站，应校核接地网边缘、围墙或公共道路处的跨步电压。变电站所在地区土壤电阻率较高时，紧靠围墙外的人行道路宜采用沥青路面。

14

14.2.5 架空线路和高压电缆线路的接地

14.2.5.1 高压架空线路的接地

（1）装有地线（架空地线，又称避雷线）的架空线路杆塔应接地；其工频接地电阻，不宜超过表 14.2-4 的规定。

表 14.2-4　　　　　　　　有地线的线路杆塔的工频接地电阻

土壤电阻率 ρ（$\Omega \cdot m$）	$\rho \leqslant 100$	$100 < \rho \leqslant 500$	$500 < \rho \leqslant 1000$	$1000 < \rho \leqslant 2000$	$\rho > 2000$
接地电阻（Ω）	10	15	20	25	30

（2）6kV 及以上无地线线路钢筋混凝土杆宜接地，金属杆塔应接地，接地电阻不宜超过 30Ω（相关标准在接地范围中的表述为：除沥青地面的居民区外，其他居民区内，不接地、谐振接地和高电阻接地系统中无地线架空线路的金属杆塔应接地）。

（3）除多雷区外，沥青路面上的架空线路的钢筋混凝土杆塔和金属杆塔，以及有运行经验的地区，可不另设人工接地装置。

（4）66kV 及以上钢筋混凝土杆铁横担和钢筋混凝土横担线路的地线支架、导线横担与绝缘子固定部分或瓷横担固定部分之间，宜有可靠的电气连接，并应与接地引下线相连。主杆非预应力钢筋上下已用绑扎或焊接连成电气通路时，可兼作接地引下线。

利用钢筋兼作接地引下线的钢筋混凝土电杆时，其钢筋与接地螺母、铁横担间应有可靠的电气连接。

（5）高压架空线路杆塔的接地装置，可采用下列型式：

1）在土壤电阻率 $\rho \leqslant 100\Omega \cdot m$ 的潮湿地区，可利用铁塔和钢筋混凝土杆自然接地。发电厂和变电站的进线段，应另设雷电保护接地装置。在居民区，当自然接地电阻符合要求时，可不设人工接地装置。

2）在土壤电阻率 $100\Omega \cdot m < \rho \leqslant 300\Omega \cdot m$ 的地区，除应利用铁塔和钢筋混凝土杆的自然接地外，并应增设人工接地装置，接地极埋设深度不宜小于 0.6m。

3）在土壤电阻率 $300\Omega \cdot m < \rho \leqslant 2000\Omega \cdot m$ 的地区，可采用水平敷设的接地装置，接地极埋设深度不宜小于 0.5m。

4）在土壤电阻率 $\rho > 2000\Omega \cdot m$ 的地区，接地电阻很难降低到 30Ω 时，可采用 6～8 根总长度不超过 500m 的放射形接地极或采用连续伸长接地极。放射形接地极可采用长短结合的方式。接地极埋设深度不宜小于 0.3m。接地电阻可不受限制。

5）居民区和水田中的接地装置，宜围绕杆塔基础敷设成闭合环形。

6）放射形接地极每根的最大长度应符合表 14.2-5 的规定。

表 14.2-5　　　　　　　　放射形接地极每根的最大长度

土壤电阻率 ρ（$\Omega \cdot m$）	$\rho \leqslant 500$	$500 < \rho \leqslant 1000$	$1000 < \rho \leqslant 2000$	$2000 < \rho \leqslant 5000$
最大长度（m）	40	60	80	100

【编者按】　GB 50057—2010《建筑物防雷设计规范》中接地极的有效长度 $l_e = 2\sqrt{\rho}$，其概念与本款的最大长度相近；按其计算的数值与本表基本吻合。

7）在高土壤电阻率地区应采用放射形接地装置，且在杆塔基础的放射形接地极每根长度的 1.5 倍范围内有土壤电阻率较低的地带时，可部分采用引外接地或其他措施。

14.2.5.2　低压架空线路的接地

（1）单独电源 TN 系统的低压线路和高、低压线路共杆线路的钢筋混凝土杆塔，其铁横担以及金属杆塔本体应与低压线路的 PE 或 PEN 相连接，钢筋混凝土杆塔的钢筋宜与低压线路的相应导体相连接。与低压线路 PE 或 PEN 相连接的杆塔可不另作接地。

（2）配电变压器设置在建筑物外，其低压采用 TN 系统时，低压线路在引入建筑物处，PE 或 PEN 应重复接地，接地电阻不宜超过 10Ω。

（3）中性点不接地 IT 系统的低压线路钢筋混凝土杆塔宜接地，金属杆塔应接地，接地电阻不宜超过 30Ω。

（4）架空低压线路入户处的绝缘子铁脚宜接地，接地电阻不宜超过 30Ω。土壤电阻率在 200Ω·m 及以下地区的铁横担钢筋混凝土杆线路，可不另设人工接地装置。当绝缘子铁脚与建筑物内电气装置的接地装置相连时，可不另设接地装置。人员密集的公共场所的入户线，当钢筋混凝土杆的自然接地电阻大于 30Ω 时，入户处的绝缘子铁脚应接地，并应设专用的接地装置。

14.2.5.3　高压电缆线路的接地

（1）电力电缆金属护套或屏蔽层应按下列规定接地：

1）三芯电缆应在线路两终端直接接地。如线路中有中间接头时，接头处也应直接接地。

2）单芯电缆在线路上应至少有一点直接接地，且任一非接地处金属护套或屏蔽层上的正常感应电压，不应超过下列数值：

a. 在正常满负载情况下，未采取防止人员任意接触金属护套或屏蔽层的安全措施时，50V。

b. 在正常满负荷情况下，采取防止人员任意接触金属护套或屏蔽层的安全措施时，100V。

3）长距离单芯水底电缆线路应在两岸的接头处直接接地。

（2）交流单芯电缆金属护套的接地方式，应按图 14.2-3 所示部位接地和设置金属护套或屏蔽层电压限制器，并应符合下列规定：

1）线路不长，能满足上述（1）的规定者，可采用线路一端直接接地方式。在系统发生单相接地故障对临近弱电线路有干扰时，还应沿电缆线路平行敷设一根回流线，回流线的选择与设置应符合下列要求：

a. 回流线的截面选择应按系统发生单相接地故障电流和持续时间来验算其稳定性；

b. 回流线的排列布置方式，应使电缆正常工作时在回流线上产生的损耗最小。

2）线路稍长，一端接地不能满足上述（1）的规定且无法分成 3 段组成交叉互联时，可采用线路中间一点接地方式，并按本条 1）的规定加设回流线。

3）线路较长，中间一点接地方式不能满足上述（1）的规定时，宜使用绝缘接头将电缆的金属护套和绝缘屏蔽均匀分割成 3 段或 3 的倍数段，按图 14.2-3 所示采用交叉互联接地方式。

（3）金属护套或屏蔽层电压限制器与电缆金属护套的连接线应符合下列规定：

1）连接线应最短，3m 之内可采用单芯塑料绝缘线，3m 以上宜采用同轴电缆。

2）连接线的绝缘水平不得小于电缆外护套的绝缘水平。

3）连接线截面应满足系统单相接地电流通过时的热稳定要求。

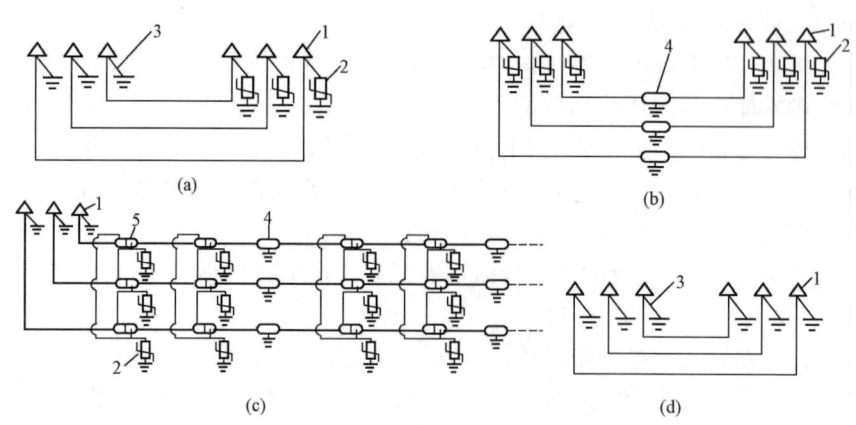

图 14.2-3   采用金属屏蔽层电压限制器时的接地方式

（a）一端接地方式；（b）线路中间一点接地方式；（c）交叉互联接地方式；（d）两端直接接地方式

1—电缆终端头；2—金属屏蔽层电压限制器；3—直接接地；4—中间接头；5—绝缘接头

14.2.6　配电变电站的接地

有关国家标准 GB/T 50065—2011 和 GB/T 16895.10—2010《低压电气装置　第 4-44 部分：安全防护 电压骚扰和电磁骚扰的防护》，对配电变电站的接地有不同规定，详见下面的介绍和分析。

14.2.6.1　配电变电站保护接地的接地电阻

GB/T 50065—2011 规定：

（1）"工作于不接地、谐振接地和高电阻接地系统、向 1kV 及以下低压电气装置供电的高压配电装置，其保护接地的接地电阻应符合下式的要求，且不应大于 4Ω

$$R \leqslant 50/I \tag{14.2-29}$$

式中　R——采用季节变化的最大接地电阻，Ω；

I——计算用的单相接地故障电流；谐振接地系统为故障点残余电流，A。"

【编者按】 降低接地电阻只是防电击的措施之一。当采用其他措施（如低压系统接地与保护接地分开、实施总等电位联结等）能保证人身安全时，不必要求接地装置的电位升高不超过 50V，详见表 14.2-6。

（2）"低电阻接地系统的高压配电电气装置，其保护接地的接地电阻应符合本规范公式（4.2.1-1）的要求，且不应大于 4Ω。

规范中有关式（4.2.1-1）的条文如下：

"有效接地系统和低电阻接地系统，应符合下列要求：

接地网的接地电阻宜符合下列公式的要求，且保护接地接至变电站接地网的站用变压器的低压侧应采用 TN 系统，低压电气装置应采用（含建筑物钢筋的）保护总等电位联结系统：

$$R \leqslant 2000/I_G \tag{14.2-30}$$

式中　R——采用季节变化的最大接地电阻，Ω；

I_G——计算用经接地网入地的最大接地故障不对称电流有效值，A，应按本规范附录 B 确定。

I_G 应采用设计水平年系统最大运行方式下在接地网内、外发生接地故障时，经接地网流入地中并计及直流分量的最大接地故障电流有效值。对其计算时，还应计算系统中各接地中性点间的故障电流分配，以及避雷线中分走的接地故障电流。"

【编者按】 （1）显然，这个 I_G 是上级变电站电源侧 110kV 及以上系统的接地故障电流，不适用于配电变电站。分母应为上级变电站二次侧 6～35kV 低电阻接地系统的接地计算电流，由系统设计在 100～1000A 范围选取。

（2）配电变电站接地装置的电位升高不超过 2000V 这一规定，不符合低压电气设备绝缘配合要求。根据 GB/T 16935.1—2008 和 GB 16895.10—2010，基本固体绝缘应能承受持续时间≤5s 的暂时过电压为 $U_0+1200V$。参见表 13.6-3。

14.2.6.2　配电变电站的接地装置

（1）保护配电变压器的避雷器其接地应与变压器保护接地共用接地装置。

（2）保护配电柱上断路器、负荷开关和电容器组等的避雷器的接地导体（线）应与设备外壳相连，接地装置的接地电阻不应大于 10Ω。

（3）户外箱式变压器、环网柜和柱上配电变压器等电气装置，宜敷设成围绕这些电气装置的闭合环形的接地装置。居民区附近人行道路宜采用沥青路面。

（4）与户外箱式变压器和环网柜内所有电气设备的外露导电部分连接的接地母线应与闭合环形接地装置相连接。

（5）配电变压器等电气装置安装在由其供电的建筑物内的配电装置室时，其所设接地装置应与建筑物基础钢筋等相连。配电变压器室内所有电气设备的外露导电部分应连接至该室内的接地母线。该接地母线应再连接至配电装置室的接地装置。

（6）引入配电装置室的每条架空线路安装的金属氧化物避雷器的接地导体（线），应与配电装置室的接地装置连接，但在入地处应敷设集中接地装置。

14.2.7　配电变电站保护接地与低压系统接地的关系

14.2.7.1　GB/T 50065—2011 的有关规定

（1）"向低压电气装置供电的配电变压器的高压侧工作于不接地、谐振接地和高电阻接地系统，且变压器的保护接地装置的接地电阻符合式（14.2-29）的要求，建筑物内低压电气装置采用（含建筑物钢筋的）保护总等电位联结系统时，低压系统电源中性点可与该变压器保护接地共用接地装置。"

（2）"向低压电气装置供电的配电变压器的高压侧工作于低电阻接地系统，变压器的保护接地装置的接地电阻符合式（14.2-30）的要求，建筑物内低压采用 TN 系统且低压电气装置采用（含建筑物钢筋的）保护总等电位联结系统时，低压系统电源中性点可与该变压器保护接地共用接地装置。

当建筑物内低压电气装置虽采用 TN 系统，但未采用（含建筑物钢筋的）保护总等电位联结系统，以及当建筑物内低压电气装置采用 TT 或 IT 系统时，低压系统电源中性点严禁与该变压器保护接地共用接地装置，低压电源系统的接地应按工程条件研究确定。

【编者按】 （1）GB/T 16895 系列标准以及 GB/T 50065—2011 中的 7.2.10 条均明确规定：当采用自动切断电源作为电击防护时，建筑物电气装置应实施总等电位联结。因此，"未采用（含建筑物钢筋的）保护总等电位联结系统"是严重错误。

（2）保护接地与低压系统接地分开，只是防护高压系统接地故障在低压系统内引起的暂时过电压的措施之一。当采用其他措施（如实施总等电位联结、适当选取接地电阻与中压接地故障电流）能保证人身和设备绝缘安全时，不应"严禁"共用接地装置，详见后文。

14.2.7.2 GB/T 16895.10—2010 的有关规定

(1) 正确提出了变电所高压系统接地故障在低压系统内引起的暂时过电压这一命题，准确给出了各类接地型式的低压系统内出现的工频应力电压和故障电压的计算数值，明确规定了允许的接触电压曲线和允许的工频应力电压值，详见 13.6.2.1。

(2) "为满足电压限值要求，高压系统与低压系统之间的协调是必要的。符合电压限值要求，主要是变电所建设者/业主/运行者的责任。"

"满足电压限值要求的可能措施是，例如：将高压接地配置和低压接地配置之间分开；改变低压系统的系统接地；降低接地电阻。"

(3) "若高、低压系统接地相互靠近，高压接地系统和低压接地系统可以相互连接或分隔。相互连接是常采用方式。若低压系统完全处在高压系统接地所包围的区域内，高、低压系统接地应相互连接。"

这些措施不便操作。本书据此原则给出了适用于各种高低压系统组合情况的防护措施，详见表 14.2-6。

表 14.2-6　　配电变电站高压侧接地故障在低压系统引起的暂时过电压的防护

高压系统中性点接地方式	低压系统接地型式	低压电气装置的防护措施	
		故障电压（接触电压）	应力电压
不接地、谐振接地和高电阻接地	TN 系统	a) 实施总等电位联结（等电位联结区域内 $U_f=0$）； b) 总等电位联结区域外（如户外），改用局部 TT 系统	不存在应力电压问题
	TT 系统	不存在接触电压问题	$R_E I_E \leqslant 250V$，无需另外采取措施
	IT 系统	a) R_E 与 Z 和 R_A 分隔，$U_f=R_A I_d \leqslant 50V$（$I_d$ 见表 13.6-2 注 1），无需另外采取措施； b) R_E 与 Z 和 R_A 互连，$U_f=R_E I_E$，防护措施同 TN 系统	$U_2 \leqslant \sqrt{3} U_0$，无需另外采取措施
低电阻接地	TN 系统	a) 实施总等电位联结（等电位联结区域内 $U_f=0$）； b) 总等电位联结区域外（如户外），改用局部 TT 系统	不存在应力电压问题
	TT 系统	不存在接触电压问题	a) 正确选取 I_E 并适当降低 R_E，令 $R_E I_E \leqslant 1200V$； b) R_E 与 R_B 分隔（$U_2=U_0$）①
	IT 系统	a) R_E 与 Z 和 R_A 分隔，$U_f=R_A I_d \leqslant 50V$，无需另外采取措施。 b) R_E 与 Z 和 R_A 互连，$U_f=R_E I_E$，防护措施同 TN 系统	$U_2 \leqslant \sqrt{3} U_0$，无需另外采取措施②

符号说明（参见图 13.6-2）

I_E——变电站高压系统接地故障电流；

R_E——变电站保护接地装置的接地电阻（当"R_E 与 R_B 连接"时，是指其共用接地装置的接地电阻）；

R_A——低压电气设备外露可导电部分单独接地时的接地装置接地电阻；

R_B——变电站低压系统中性点接地装置的接地电阻；

Z——低压系统人工中性点阻抗或绝缘监视器内阻抗；

U_f——低压系统在故障持续期间内外露可导电部分与地之间的故障电压；

U_0——低压系统相线对中性点的标称电压；

U_1——故障持续期间线导体与变电所低压装置外露可导电部分之间的工频应力电压；

U_2——故障持续期间线导体与低压装置的设备外露可导电部分之间的工频应力电压。

① R_E 与 R_B 分隔时，U_1 为 $R_E I_E + U_0$，变电站内低压设备应能承受这一电压。

② R_E 与 R_B 分隔时，U_1 可达 $R_E I_E + \sqrt{3} U_0$，变电站内低压设备应能承受这一电压。

14.2.7.3 配电变电站保护接地与低压系统接地的实施

(1) 处理配电变电站保护接地与低压系统关系的实际条件：

1) 按防电击均压要求，变电站保护接地与所在建筑物的钢筋等外部可导电部分不可分隔；

2) 按防电击总等电位联结和防雷击电磁脉冲等电位联结要求，低压电气装置外露可导电部分的接地与所在建筑物的钢筋等外部可导电部分不可分隔；

3) 因此，同一建筑物内的变电站保护接地与低压电气装置外露可导电部分接地不可分隔。

(2) 配电变电站保护接地与低压系统接地相互连接或分隔的可行性条件：

1) 变电站保护接地与低压系统接地分设接地极仅适用于独立变电站。

2) 对于工业和民用项目中最常见的附设变电站，变电站保护接地与低压系统接地应相互连接。

3) 与配电变电站同处一个建筑物的低压电气装置，可采用 TN 系统或 IT 系统，而采用 TT 系统是不可行的（无法另设外露可导电部分的接地极）。

4) 与配电变电站分开的建筑物的低压电气装置，可采用 TN 系统或 TT 系统，而采用 IT 系统的情况可不予考虑（分布于多个建筑物的 IT 系统难以满足供电连续性要求）。

14.3 低压电气装置的接地

14.3.1 低压系统的接地型式

14.3.1.1 低压系统接地型式的表示方法

以拉丁字母作为代号，其意义为：

第一字母表示电源端对地的关系：

T——电源端有一点直接接地；

I——电源端所有带电部分不接地或有一点经高阻抗接地。

第二个字母表示电气装置的外露可导电部分对地的关系：

T——电气装置的外露可导电部分直接接地，此接地点在电气上独立于电源端的接地点；

N——电气装置的外露可导电部分与电源端接地有直接电气连接。

短横线后的字母（如果有）用来表示中性导体与保护导体的配置情况：

S——中性导体和保护导体❶（PE 导体）是分开的；

C——中性导体和保护导体（PE 导体）是合一的。

14.3.1.2 TN 系统

TN 系统分为单电源系统和多电源系统。

(1) 对于单电源系统：电源端有一点直接接地（通常是中性点），电气装置的外露可导电部分通过 PEN 导体（保护接地中性导体）或 PE 导体（保护接地导体）连接到此接地点。

根据中性导体（N）和 PE 导体的组合情况，TN 系统的型式有以下三种：

---

❶ 注 现行国家标准中，"保护导体"是指 PE 导体。新的国际标准 IEC 60364-5-54：2011 中，"保护导体（protective contuctor）"定义为"供安全目的的导体"，是保护联结导体、PE 导体和接地导体的统称。PE 导体的全称应为"保护接地导体（protective earthing conductor）"；为避免混淆，不宜再简称"保护导体"。

1) TN—S 系统：整个系统应全部采用单独的 PE（见图 14.3-1～图 14.3-3），装置的 PE 可另外增设接地。

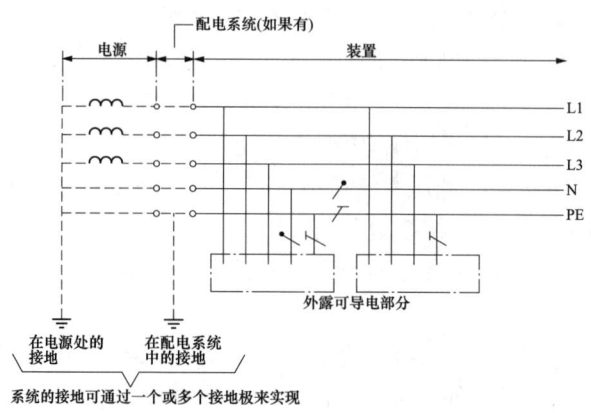

图 14.3-1　全系统将 N 导体与 PE 导体分开的 TN-S 系统

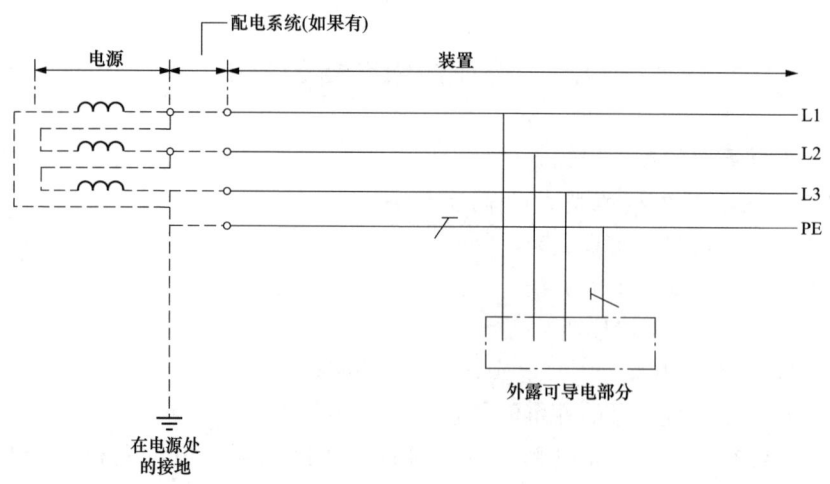

图 14.3-2　全系统将被接地的相导体与 PE 导体分开的 TN-S 系统

2) TN—C 系统：整个系统中，N 导体和 PE 导体是合一的（PEN）（见图 14.3-4）。装置的 PEN 也可另外增设接地。

3) TN—C—S 系统：系统中一部分，N 导体和 PE 导体是合一的；装置的 PEN 或 PE 导体可另外增设接地（见图 14.3-5）；对配电系统的 PEN 导体和装置的 PE 导体也可另外增设接地（见图 14.3-6～图 14.3-7）。

（2）对于具有多电源的 TN 系统，应避免工作电流流过不期望的路径；特别是在杂散电流可能引起火灾、腐蚀及电磁干扰的场所。对用电设备采用单独的 PE 导体和 N 导体的多电源 TN-C-S 系统见图 14.3-8，应符合下列要求：

1) 不应在变压器的中性点或发电机的星形点直接对地连接；

2) 变压器的中性点或发电机的星形点之间相互连接的导体应绝缘，且不得将其与用电设备连接；

3) 电源中性点间相互连接的导体与 PE 导体之间，应只一点连接，并应设置在总配电

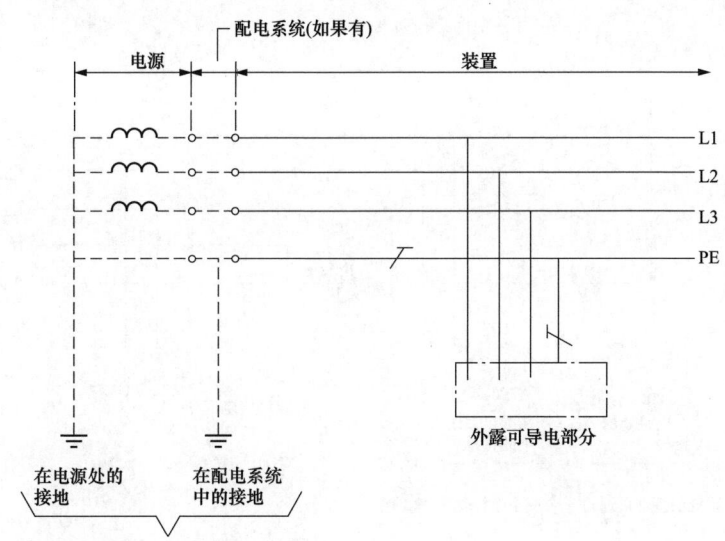

图 14.3-3　全系统采用接地的 PE 导体和未配出 N 导体的 TN-S 系统

14

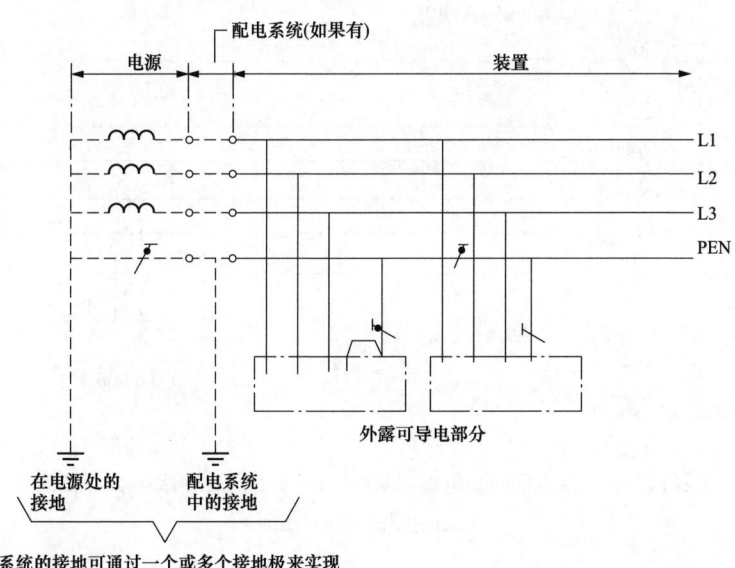

图 14.3-4　TN-C 系统

屏内；

4）对装置的 PE 导体可另外增设接地。

14.3.1.3　TT 系统

电源端有一点直接接地，电气装置的外露可导电部分应接到在电气上独立于电源系统接地的接地极上；见图 14.3-9。对装置的 PE 可另外增设接地。

14.3.1.4　IT 系统

电源端系统的所有带电部分应与地隔离，或系统某一点（一般为中性点）通过足够高的

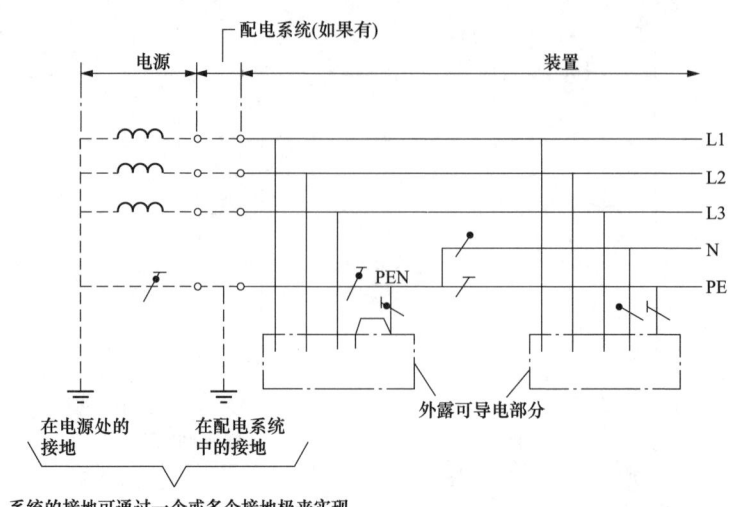

图 14.3-5 在装置的非受电点的某处将 PEN 导体分成 PE 导体和 N
导体的三相四线制的 TN-C-S 系统

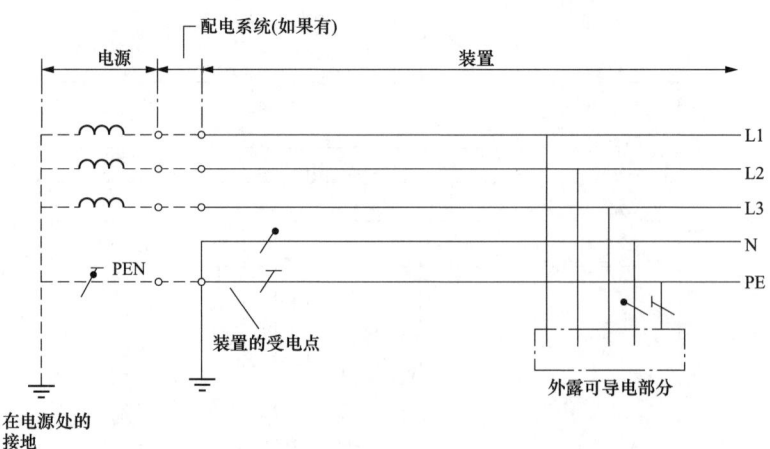

图 14.3-6 在装置的受电点将 PEN 导体分成 PE 导体和 N 导体的
三相四线制的 TN-C-S 系统

阻抗接地。电气装置的外露可导电部分应被单独或集中地接地（图 14.3-10），或在满足电击安全防护的条件下（参见 15.2.2.1）集中接到系统的保护接地上（图 14.3-11）。IT 系统可配出 N 导体，但一般不宜配出 N 导体。对装置的 PE 导体可另外增设接地。

14.3.1.5 系统接地型式的选用

（1）TN-C 系统：由于整个系统的 N 导体和 PE 导体是合一的，虽节省一根导体但其安全水平较低：如单相回路的 PEN 线中断或导电不良时，设备金属外壳对地将带 220V 的故障电压，电击致死的危险很大；不能装用 RCD 来防电击和接地电弧火灾；PEN 导体不允许被切断，检修设备时不安全；PEN 导体通过中性电流，对信息系统和电子设备易产生干扰等。由于上述原因，TN-C 系统不宜采用。

（2）TN-S 系统因 PE 导体正常不通过工作电流，其电位接近地电位，不会对信息技术

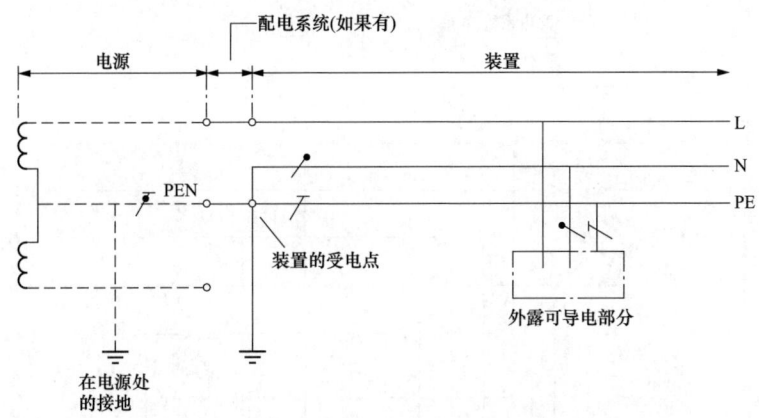

图 14.3-7　在装置的受电点将 PEN 导体分成 PE 导体和 N
导体的单相二线制的 TN-C-S 系统

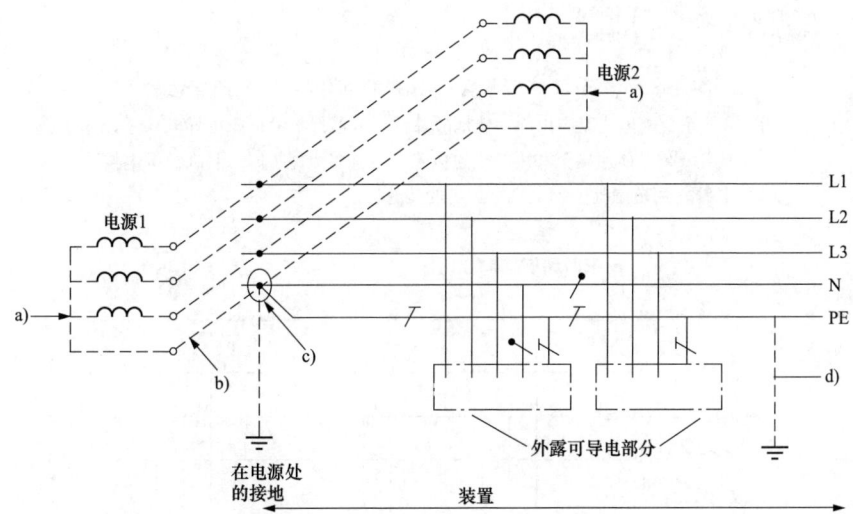

图 14.3-8　对用电设备采用单独的 PE 和 N 的多电源 TN-C-S 系统

a) 不应在变压器的中性点或发电机的星形点直接对地连接。

b) 变压器的中性点或发电机的星形点之间相互连接的导体应是绝缘的。导体的功能类似于
PEN；然而，不得将其与用电设备连接。

c) 在诸电源中性点相互连接的导体与 PE 导体之间，应只连接一次。这一连接应设置在总配电
屏内。

d) 对装置的 PE 导体可另外增设接地

设备造成干扰，能大大降低电击或火灾危险。特别适用于设有对低压电气装置供电的配电变
压器的下列工业与民用建筑：

1）对供电连续性或防电击要求较高的公共建筑、医院、住宅等民用建筑；

2）单相负荷较大或非线性负荷较多的工业厂房；

3）有较多信息技术系统以及电磁兼容性（EMC）要求较高的通信局站、计算机站房、
微电子厂房及科研、办公、金融楼等场所；

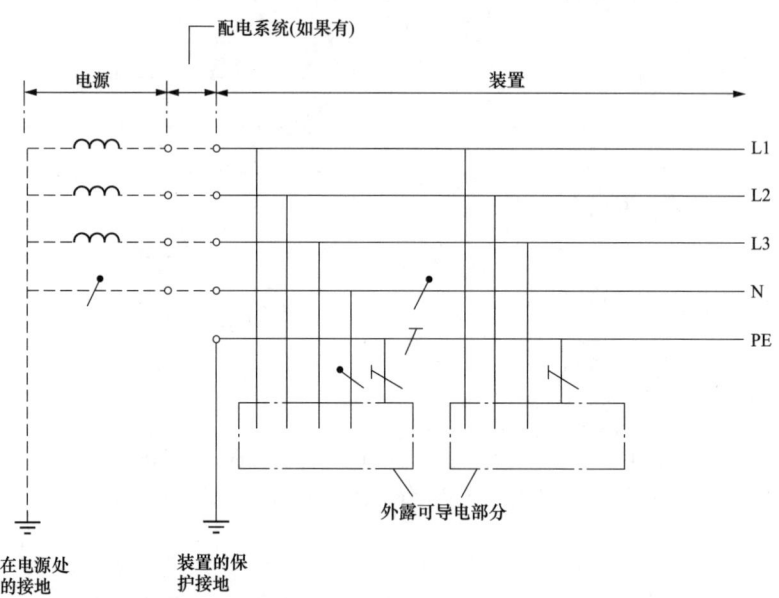

图 14.3-9　全部装置都采用分开的 N 和 PE 的 TT 系统

注：TT 系统配电线路内由同一接地故障保护电器保护的外露可导电部分，
应用 PE 导体连接至共用的接地极上。当有多级保护时，且在总等电位
联结作用范围外，各级宜有各自的接地极。

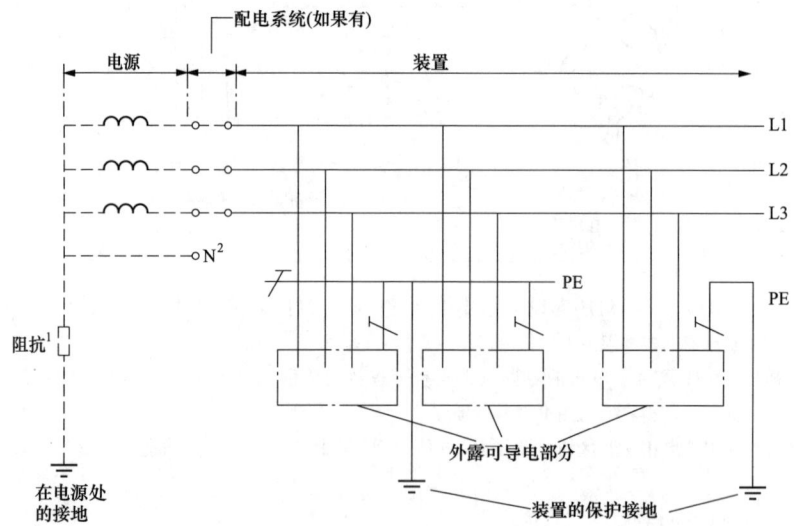

①该系统可经足够高的阻抗接地。

②可以配出中性导体也可以不配出中性导体。

图 14.3-10　将装置的外露可导电部分成组接地或独立接地的 IT 系统

4）有爆炸、火灾危险的场所。

（3）TN-C-S 系统在独立变电所与建筑物之间采用 PEN 导体，但进建筑物后 N 与 PE 导体分开，其安全水平与 TN-S 系统相仿，因此宜用于未附设配电变压器的上述（2）项中

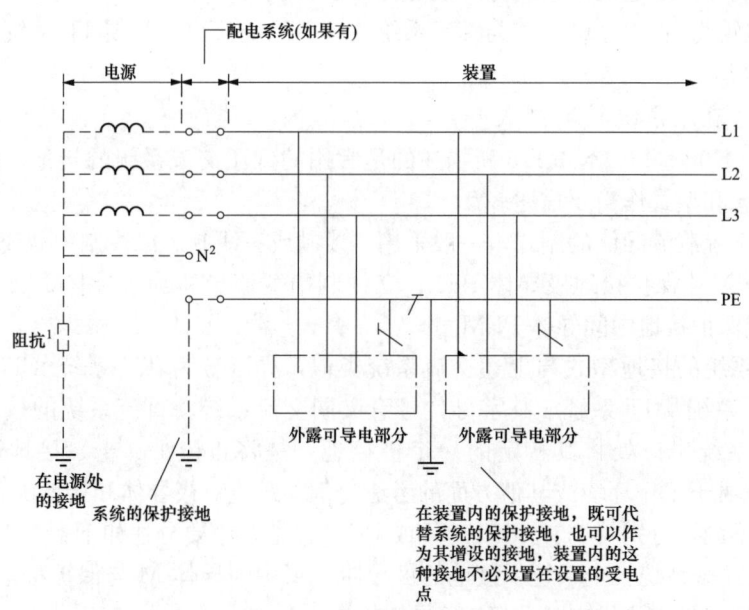

①该系统可经足够高的阻抗接地。

②可以配出中性导体也可以不配出中性导体。

图 14.3-11　将所有外露可导电部分采用 PE 相连后集中接地的 IT 系统

所列建筑和场所的电气装置。

（4）TT 系统因电气装置外露可导电部分与电源端系统接地分开单独接地，装置外壳为地电位且不会导入电源侧接地故障电压，防电击安全性优于 TN-S 系统，但需装用 RCD。故同样适用于未附设配电变压器的上述（2）项中所列建筑和场所的电气装置，尤其适用于无等电位联结的户外场所，例如户外照明、户外演出场地、户外集贸市场等场所的电气装置。

（5）IT 系统因其接地故障电流很小，故障电压很低，不致引发电击、火灾、爆炸等危险，供电连续性和安全性最高。因此适用于不间断供电要求较高和对接地故障电压有严格限制的场所，如应急电源装置、消防、矿井下电气装置、医院手术室以及有防火防爆要求的场所。但因一般不引出 N 导体，不便于对照明、控制系统等单相负荷供电；且其接地故障防护和维护管理较复杂而限制了在其他场所的应用。

14.3.1.6　TN、TT 及 IT 系统的兼容性

（1）TN 系统与 TT 系统的兼容性。

1）同一电源供电的不同建筑物，可分别采用 TN 系统和 TT 系统。各建筑物应分别实施总等电位联结。

2）同一建筑物内宜采用 TN 系统或 TT 系统中的一种。这是因为 TT 系统需要分设接地极，在同一建筑物内难以实施。

3）TN 系统可以向总等电位联结作用区以外的局部 TT 系统（如室外照明）供电。

（2）IT 系统与 TN 或 TT 系统的兼容性。

1）同一电源供电范围内，IT 系统不能与 TN 系统或 TT 系统兼容。同一电源供电范围是指由同一变压器或发电机供电的有直接电气联系的系统。

2) 同一建筑物内 IT 系统可以与 TN 系统或 TT 系统兼容,只要 IT 系统与 TN 系统或 TT 系统不并联运行。

14.3.1.7 直流系统接地型式

上述部分 14.1.3.1～14.3.1.5 所描述的是常用的低压交流系统的接地。本小节对直流系统接地的概念和型式作简要描述。

(1) 直流系统载流导体的制式,一般采用二线制或三线制。二线制中载流导体为极导体 L(+),L(-)或保护接地极导体 PEL;三线制中载流导体为极导体 L(+),L(-),中间导体 M 或保护接地中间导体 PEM。

(2) 直流系统的接地型式与上述交流系统类似,亦可分为 TN 系统(TN-S、TN-C、TN-C-S)、TT 系统及 IT 系统。其字母代号意义同交流系统。直流系统的接地一般是在直流电源端或其系统出口处将其特定的一个极接地,是将正极 L(+)接地还是将负极 L(-)接地,取决于工作环境或其他方面的考虑,例如避免对极导体和接地配置的腐蚀效应。视接地型式的不同,分别将 L 或 PEL;M 或 PEM 接地。简要分述如下:

1) 直流 TN-S 系统:全系统中接地的极导体 L 或中间导体 M 与保护接地导体 PE 是分开的。电气装置的外露可导电部分经 PE 导体接地。

2) 直流 TN-C 系统:全系统中接地的极导体 L 或中间导体 M 与保护接地导体 PE 合并为 PEL 导体或 PEM 导体。装置的外露可导电部分与 PEL 或 PEM 相连接接地。

3) 直流 TN-C-S 系统:系统中的前一部分装置的极导体 L 或中间导体 M 与保护接地导体 PE 合并为 PEL 导体或 PEM 导体,而在某一点后面的极导体 L 或中间导体 M 与保护接地导体 PE 则是分开的。

4) 直流 TT 系统:电源端的极导体 L 或中间导体 M 的系统接地与装置的外露可导电部分的保护接地 PE,各自分开单独接地。

5) 直流 IT 系统:电源端的极导体 L 或中间导体 M 不接地或经足够高的阻抗接地,装置的外露可导电部分单独或成组经 PE 导体接地。

上述各系统中,对装置的 PE 导体可另外增设接地。

14.3.2 低压电气装置的保护接地

保护接地和保护等电位联结是电击防护中故障保护措施的重要组成部分。

14.3.2.1 通则

(1) 外露可导电部分应按 14.3.1.2～14.3.1.4 所述的各种系统接地型式的具体条件,与 PE 导体连接。

(2) 可同时触及的外露可导电部分应单独、成组或共同连接到同一个接地系统。

(3) 保护接地的导体应符合 14.3.3 的要求。

(4) 每一回路应具有连接至相关的接地端子的 PE 导体。

14.3.2.2 保护接地的范围

(1) 故障保护措施采用自动切断电源时,外露可导电部分应接 PE 导体。

外露可导电部分是"设备上能触及的可导电部分,它在正常情况下不带电,但在基本绝缘损坏时带电"。

(2) 下列部分可以不采用故障保护(间接接触防护)措施,即可不接地:

1) 附设在建筑物上，且位于伸臂范围之外的架空线绝缘子的金属支架。

2) 架空线钢筋混凝土电杆内触及不到的钢筋。

3) 尺寸很小（约小于 50 mm×50 mm），或因其部位不可能被人抓住或不会与人体部位有大面积的接触，而且难于连接 PE 导体或即使连接，其连接也不可靠的外露可导电部分。**❶**

4) 符合双重绝缘或加强绝缘要求的敷设线路的金属管或用于保护设备的金属外护物。

（3）采用下列防护措施时，外露可导电部分不应接地：

1) 电气分隔；

2) 特低电压 SELV；

3) 非导电场所；

4) 不接地的局部等电位联结。

14.3.2.3　保护接地的要求

（1）TN 系统：电气装置的外露可导电部分应通过 PE 导体接至装置的总接地端子，该总接地端子应连接至供电系统的接地点。故障回路的阻抗应满足 15.2.2.1（4）的要求。**❷**

（2）TT 系统：由同一个保护电器保护的所有外露可导电部分，都应通过 PE 导体连接至这些外露可导电部分共用的接地极上。多个保护电器串联使用时，且在总等电位联结作用范围外，每个保护电器所保护的所有外露可导电部分，都要分别符合这一要求。接地配置的电阻应满足 15.2.2.1（5）的条件。

中性导体不应重复接地。

14.3.3　保护接地导体（PE）

14.3.3.1　PE 导体的类型

（1）PE 导体由下列一种或多种导体组成：

1) 多芯电缆中的导体；

2) 与带电导体共用的外护物的绝缘的或裸露的导体；

3) 固定安装的裸露的或绝缘的导体；

4) 符合下述（2）1）和 2）规定条件的金属电缆护套、电缆屏蔽层、电缆铠装、金属编织物、同心导体、金属导管。**❸**

注　电气设备的可导电部分仅在同已变成带电体的外露可导电部分接触时才变成带电体时，该可导电部分不被认为是外露可导电部分。

❶　上述例子有螺栓、铆钉、名牌和电缆夹子。

❷　（1）如果存在有其他有效的接地连接点，建议尽可能地将 PE 导体也连接至那些接地点上。附加接地点宜均匀分布，它可在发生接地故障时使 PE 导体的电位尽量接近地电位。

在诸如高层建筑的大型建筑物内，实际上 PE 导体不可能做附加接地。在这些建筑物的 PE 导体和外界可导电部分之间做保护等电位联结，可起到相似附加接地的作用。

（2）建议保护接地导体（PE 导体或 PEN 导体）在进入建筑物处接地，这时需考虑中性导体电流的分流。

❸　关于 PE 导体的配置，当过电流保护器用作电击防护时，PE 导体应合并到与带电线同一布线系统中，或设置在靠它们最近的地方。

（2）如果装置中包括带金属外护物的设备，例如低压开关设备、控制设备或母线槽系统，若其金属外护物或框架同时满足如下要求，则可用作 PE 导体：

1）应能利用结构或适当的连接，使对机械、化学或电化学损伤的防护性能得到保护，从而保护它们的电气连续性；

2）其截面积应符合 14.3.3.3 的要求；

3）在每个预留的分接点上，允许与其他保护导体连接。

（3）下列金属部分不允许用作 PE 导体或保护联结导体：

1）金属水管；

2）含有潜在可燃材料诸如气体、液体、粉末的金属管道；

3）正常使用中承受机械应力的结构部分；

4）柔性或可弯曲金属导管（用于保护接地导体或保护联结导体目的而特别设计的除外）；

5）柔性金属部件；

6）支撑线、电缆托盘、电缆梯架。

14.3.3.2 PE 导体的电气连续性要求

（1）PE 导体对机械伤害、化学或电化学损伤、电动力和热动力等应具有适当的防护性能。

（2）每个 PE 导体和其他设备之间的连接（如螺纹连接，卡箍接头），应提供持久的电气连续性和足够的机械强度和保护；PE 导体连接螺丝不得为任何其他目的。

接头不应采用锡焊。

（3）为便于检验和测试，除下列各项外，PE 导体的接头都应是可接近的：

1）填充复合物的接头；

2）封装的接头；

3）在金属导管、槽盒、母线干线系统内接头；

4）在设备标准中，已成为设备的一部分的接头；

5）电焊或铜焊的接头；

6）压力连接的接头。

（4）在 PE 导体中，不应串入开关器件。但为了便于测试，可设置能用工具拆开的接头。

（5）在采用接地电气监测时，不应将专用器件串接在 PE 导体中。

（6）器具的外露可导电部分不应用于构成其他设备 PE 导体的一部分，但 14.3.3.1（2）允许者除外。

14.3.3.3 PE 导体的截面

（1）每根 PE 导体的截面积均应满足 15.2.2.1 电击防护中关于自动切断电源所要求的条件，且能承受保护电器切断时间内预期故障电流引起的机械和热应力。

TT 系统中，电源系统与外露可导电部分的接地极在电气上是独立的，PE 导体采用截面积不必超过 25mm² 的铜或 35mm² 的铝。

（2）PE 导体的截面积可按式（14.3-1）计算，也可按表 14.3-1 进行选择。这两种方法都应考虑以下（3）的要求。

表 14.3-1   **PE 导体的最小截面积**   mm^2

回路相导体的截面积	相应 PE 导体的最小截面积	
	PE 导体与相导体使用相同材料	PE 导体与相导体使用不同材料
$S \leqslant 16$	S	$S \times \dfrac{k_1}{k_2}$
$16 < S \leqslant 35$	16	$16 \times \dfrac{k_1}{k_2}$
$35 < S \leqslant 400$	$\dfrac{S}{2}$	$\dfrac{S}{2} \times \dfrac{k_1}{k_2}$
$400 < S \leqslant 800$	200	$200 \times \dfrac{k_1}{k_2}$
$S > 800$	$\dfrac{S}{4}$	$\dfrac{S}{4} \times \dfrac{k_1}{k_2}$

注 (1) k_1 是相导体的 k 值，按表 11.2-2 选取。

    (2) k_2 是 PE 导体的 k 值，由表 14.3-3～表 14.3-7 选取。

    (3) 对于 PEN 导体，其截面积仅在符合 N 导体截面确定原则（见 9 章）的前提下，才允许减少。

    (4) $S > 400$ 系根据 GB 7251.1—2013《低压成套开关设备和控制设备 第 1 部分：总则》表 5 及 GB/T 9089.2—2008《户外严酷条件下的电气设施 第 2 部分：一般防护要求》表 9 编制。

（3）对切断时间不超过 5s 时，PE 导体的截面积可由下式确定

$$S = \frac{\sqrt{I^2 t}}{k} \tag{14.3-1}$$

$$k = \sqrt{\frac{Q_c(\beta + 20)}{\rho_{20}} \ln\left(\frac{\beta + \theta_f}{\beta + \theta_i}\right)} \tag{14.3-2}$$

以上式中 S——PE 导体截面积，mm^2；

        I——通过保护电器的阻抗可忽略的故障预期故障电流（交流均方根值），A；

        t——保护电器自动切断故障电流的动作时间，s；

        k——由 PE 导体、绝缘和其他部分的材料以及初始和最终温度决定的系数，可按式（14.3-2）计算或按表 14.3-2～表 14.3-7 选取；

       Q_c——导线材料在 20℃的体积热容量，J/（K·mm^3）；

       β——导线在 0℃时的电阻率温度系数的倒数（表 14.3-2），℃；

      ρ_{20}——导线材料在 20℃时的电阻率（表 14.3-2），Ω·mm；

       θ_i——导线的初始温度，℃；

       θ_f——导线的最终温度，℃。

表 14.3-2   **式（14.3-2）中的参数**

材料	β （℃）	Q_c [J/（K·mm^3）]	ρ_{20} （Ω·mm）	$k = \sqrt{\dfrac{Q_c(\beta+20)}{\rho_{20}} \ln\left(\dfrac{\beta+\theta_f}{\beta+\theta_i}\right)}$
铜	234.5	3.45×10^{-3}	17.241×10^{-6}	226
铝	228	2.5×10^{-3}	28.264×10^{-6}	148
钢	202	3.8×10^{-3}	138×10^{-6}	78

表 14.3-3　　非电缆芯线且不与其他电缆成束敷设的绝缘 PE 导体的系数 k 值

导体绝缘	温度[b]（℃）		导体材料		
			铜	铝	钢
	初始	最终	k^c 值		
70℃热塑性（PVC）	30	160/140[a]	143/133[a]	95/88[a]	52/49[a]
90℃热塑性（PVC）	30	160/140[a]	143/133[a]	95/88[a]	52/49[a]
90℃热固性（如 XLPE 或 EPR）	30	250	176	116	64
60℃热固性（EPR 橡胶）	30	200	159	105	58
85℃热固性（EPR 橡胶）	30	220	166	110	60
185℃热固性（硅橡胶）	30	350	201	133	73

a　低数值适用于截面积大于 300mm² 的热塑性（如 PVC）绝缘导体。

b　各种类型绝缘材料的温度限值见 IEC 60724。

c　k 值的计算方法，见式（14.3-2）。

表 14.3-4　　与电缆护层接触但不与其他电缆或绝缘导体成束敷设的裸 PE 导体的系数 k 值

电缆护层	温度[a]（℃）		导体材料		
			铜	铝	钢
	初始	最终	k^b 值		
热塑性（PVC）	30	200	159	105	58
聚乙烯	30	150	138	91	50
CSP[c]	30	220	166	110	60

a　各种类型绝缘材料的温度限值见 IEC 60724。

b　k 值的计算方法，见式（14.3-2）。

c　CSP 表示氯磺化聚乙烯。

表 14.3-5　　电缆芯线或与其他电缆或绝缘导体成束的 PE 导体的 k 值

导体绝缘	温度[b]（℃）		导体材料		
			铜	铝	钢
	初始	最终	k^c 值		
70℃热塑性（PVC）	70	160/140[a]	115/103[a]	76/68[a]	42/37[a]
90℃热塑性（PVC）	90	160/140[a]	100/86[a]	66/57[a]	36/31[a]

导体绝缘	温度[b]（℃）		导体材料		
			铜	铝	钢
	初始	最终	k^c 值		
90℃ 热固性（如 XLPE 和 EPR）	90	250	143	94	52
60℃ 热固性（橡胶）	60	200	141	93	51
85℃ 热固性（橡胶）	85	220	134	89	48
185℃ 热固性（硅橡胶）	180	350	132	87	47

[a] 低数值适用于截面积大于 300mm² 的热塑性（如 PVC）绝缘导体。
[b] 各种类型绝缘材料的温度限值见 IEC 60724。
[c] k 值的计算方法，见式（14.3-2）。

表 14.3-6 用电缆的金属护层，如铠装、金属护套、同心导体等作 PE 导体的 k 值

导体绝缘	温度[a]（℃）		导体材料		
			铜	铝	钢
	初始	最终	k^c 值		
70℃热塑性（PVC）	60	200	141	93	51
90℃热塑性（PVC）	80	200	128	85	46
90℃热固性（如 XLPE 和 EPR）	80	200	128	85	46
60℃热固性（橡胶）	55	200	144	95	52
85℃热固性（橡胶）	75	220	140	93	51
矿物热塑性（PVC）外护层[b]	70	200	135	—	—
矿物裸露护套	105	250	135	—	—

[a] 各种类型绝缘材料的温度限值见 IEC 60724。
[b] 该值也应适用于外露可触及的或与可燃性材料接触的裸露导体。
[c] k 值的计算方法，见式（14.3-2）。

表 14.3-7 所示温度不损伤相邻材料时的裸露导体的 k 值

条 件	初始温度（℃）	导体材料					
		铜		铝		钢	
		最高温度（最终温度）（℃）	k 值	最高温度（℃）	k 值	最高温度（℃）	k 值
在狭窄区域内并可目察的	30	500	228	300	125	500	82
正常条件	30	200	159	200	105	200	58
有火灾危险	30	150	138	150	91	150	50

若公式求得的尺寸为非标准截面,则应采用较大标准截面积的导体。

(4) 不属于电缆芯线的一部分或不与相导体共处于同一外护物内的每根 PE 导体,其截面积不应小于下列数值:❶

1) 有防机械损伤保护时,铜 $2.5mm^2$;铝 $16mm^2$。

2) 无防机械损伤保护时,铜 $4mm^2$;铝 $16mm^2$。

不是电缆的组成部分的 PE 导体敷设在导管、线槽内或类似方式保护,可认为已有机械保护。

(5) 当两个或更多个回路共用一个 PE 导体时,其截面积应符合下列规定:

1) 应根据回路中最严重的预期故障电流或短路电流和动作时间确定截面积,并应符合式(14.3-1)的要求;

2) 对应于回路中的最大相导体截面积时,应按表 14.3-1 的规定确定。

(6) PE 导体不应作为正常工作时的导电路径〔例如在电磁兼容(EMC)的滤波器接线中〕。当永久性连接的用电设备的 PE 导体预期电流超过 10mA 时,应按下列要求设置加强型 PE 导体,其截面积应按下列条件之一确定:

1) 如用电设备仅有一个保护接地端子,则保护接地导体的全长应采用截面积至少为 $10mm^2$ 铜或 $16mm^2$ 铝;

2) 当用电设备的第二根保护接地导体有单独的接线端子,或再用一根截面积至少与用作故障防护相同的保护接地导体,而且一直敷设到保护接地导体的截面积不小于 $10mm^2$ 铜或 $16mm^2$ 铝处。

(7) PEN 线应只在固定的电气装置中采用,考虑到机械强度原因。其截面不应小于铜 $10mm^2$;铝 $16mm^2$。

PEN 导体应按相导体额定电压加以绝缘。

从装置的任一点起,N 和 PE 分别采用单独的导体时,不允许将该 N 再连接到装置的任何其他的接地部分;但允许由 PEN 分接出的 PE 和 N 超过一根以上。PE 和 N 可分别设置单独的端子或母线,PEN 导体应接到为 PE 导体或 PEN(N)导体预设的端子或母线上。

装置外可导电部分不应用作 PEN 导体。

14.3.3.4 保护和功能共用接地导体

(1) 保护和功能共用接地用途的导体,应首先满足保护导体的有关要求,同时应符合相关的功能要求。

对于信息技术电源的直流回路的 PEL(兼有保护接地和线导体功能)或 PEM(兼有保护接地和中间导体功能)导体,也可用作功能接地和保护接地两种共用功能的导体。

(2) 装置外可导电部分不应用作 PEL 和 PEM 导体。❷

14.4 等电位联结

14.4.1 等电位联结的作用和分类

建筑物的低压电气装置应采用等电位联结以降低建筑物内接触电压和不同可导电部分之

---

❶ 不排除使用钢作为 PE 导体。

❷ 爆炸危险环境电气装置的接地见 11.12.7。

间的电位差；避免自建筑物外经电气线路和金属管道引入的故障电压的危害；减少保护电器动作不可靠带来的危险和有利于避免外界电磁场引起的干扰，改善装置的电磁兼容性。

等电位联结对防电击的作用和具体应用，参见 15.2.2.1。

按等电位联结的作用可分为保护等电位联结（如防间接接触电击的等电位联结或防雷的等电位联结）和功能等电位联结（如信息系统抗电磁干扰及用于电磁兼容 EMC 的等电位联结，见 14.7 节）。按等电位联结的作用范围分为总等电位联结、辅助等电位联结和局部等电位联结。按是否接地分为接地的和不接地的等电位联结。

14.4.2 等电位联结

14.4.2.1 总等电位联结

在等电位联结中，将保护接地导体、总接地导体或总接地端子（或母线）、建筑物内的金属管道和可利用的建筑物金属结构等可导电部分连接在一起，称为总等电位联结。

每个建筑物内的接地导体、总接地端子和下列可导电部分应实施保护等电位联结：

（1）进入建筑物的供应设施的金属管道，例如燃气管、水管等；

（2）在正常使用时可触及的装置外部可导电结构、集中供热和空调系统的金属部分；

（3）便于利用的钢筋混凝土结构中的钢筋。

（4）进线配电箱的 PE（PEN）母排；

（5）自接地极引来的接地干线（如需要）。

从建筑物外进入的上述可导电部分，应尽可能在靠近入户处进行等电位联结。保护等电位联结的导体截面应符合 14.4.3 的规定。

通信电缆的金属护套应作保护等电位联结，这时应考虑通信电缆的业主或管理者的要求。

14.4.2.2 辅助等电位联结

辅助等电位联结则是在伸臂范围内有可能出现危险电位差的可同时接触的电气设备之间或电气设备与外界可导电部分（如金属管道、金属结构件）之间直接用导体作联结。

14.4.2.3 局部等电位联结[❶]

局部等电位联结是在建筑物内的局部范围内将各导电部分连通并实施的再一次保护等电位联结。下列情况需作局部等电位联结：

（1）配电箱或用电设备距总等电位联结端子较远，发生接地故障时，PE 导体上的电压降超过 50V；

（2）由 TN 系统同一配电箱供电给固定式和手持式、移动式两种电气设备，而固定式设备保护电器切断电源时间不能满足手持式、移动式设备防电击要求时；

（3）为满足浴室、游泳池、医院手术室等场所对防电击的特殊要求时；

（4）为避免爆炸危险场所因电位差产生电火花时；

（5）为满足防雷和信息系统抗干扰的要求时，见 13 章。

等电位联结示意见图 14.4-1。

---

❶ GB/T 17045—2008《电击防护 装置和设备的通用部分》5.2.2 条中的注清晰说明等电位联结包含总等电位联结、辅助等电位联结与局部等电位联结。但在 IEC 61140：2016 中，未见局部等电位联结描述，此文转换为国家标准，尚待时日，故本手册仍采用总等电位联结、辅助等电位联结与局部等电位联结分类。

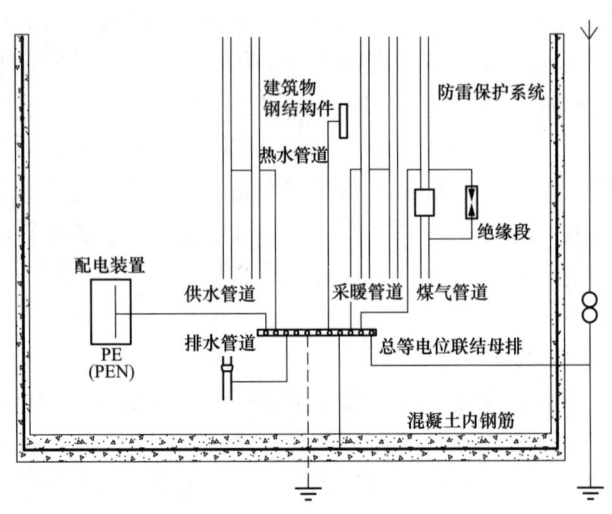

图 14.4-1　等电位联结示意图

14.4.3　等电位联结导体

14.4.3.1　保护联结导体的截面

保护等电位联结导体的截面见表 14.4-1；防雷的等电位连接导体的截面见表 13.9-2。

表 14.4-1　　保护等电位联结导体的截面

取值 / 类别	总等电位联结导体		局部等电位联结导体		辅助等电位联结导体	
一般值	不小于进线的最大 PE/PEN 导体截面积的 1/2		其电导不小于局部场所进线最大 PE 导体截面积 1/2 的导体所具有的电导①		两电气设备外露可导电部分间	其电导不小于接至两设备外露可导电部分的较小的 PE 导体的电导
一般值					电气设备外露导电部分与外界可导电部分间	其电导不小于相应 PE 导体截面积 1/2 的导体所具有的电导
最小值	铜导体	6mm²	单独敷设时		单独敷设时	
最小值			有机械保护时	铜导体 2.5mm² 或铝导体 16mm²	有机械保护时	铜导体 2.5mm² 或铝导体 16mm²
最小值	铝导体②	16mm²	无机械保护时	铜导体 4mm² 或铝导体 16mm²	无机械保护时	铜导体 4mm² 或铝导体 16mm²
最小值	钢导体	50mm²				
最小值	铜镀钢	25mm²	—		—	—
最大值	铜导体	25mm²	同左		—	
最大值	铝导体	按与 25mm² 铜导体载流量相同确定				
最大值	钢导体					

① 场所内最大 PE 导体截面。

② 不允许采用无机械保护的铝导体。采用铝导体时，应保证铝导体连接处的持续导通性。

14.4.3.2 等电位联结线的安装

(1) 金属管道上的阀门、仪表等装置需加跨接线连成电气通路。

(2) 煤气管入户处应插入一绝缘段（如在法兰盘间插入绝缘板）并在此绝缘段两端跨接火花放电间隙，由煤气公司实施。

(3) 导体间的连接可根据实际情况采用焊接或螺栓连接，要求做到连接可靠。具体要求见14.5.4。

(4) 等电位联结线与 PE 线及接地线一样，在其端部应有黄绿相间的色标。

14.5 接 地 装 置

14.5.1 接地装置的种类

14.5.1.1 自然接地体

交流电气装置的接地宜利用直接埋入地中或水中的自然接地体，如建（构）筑物的钢筋混凝土基础（外部包有塑料或橡胶类防水层的除外）中的钢筋，金属管道（可燃液体、气体管道除外）、电缆金属外皮、深井金属管壁等。当自然接地体不满足接地电阻要求时，应补设人工接地极。

对变电站的接地装置除利用自然接地体外，还应敷设人工接地极。但对于 3～20kV 变配电站，当采用建筑物基础作自然接地体且接地电阻又满足规定值时，可不另设人工接地极。

自然接地体应满足热稳定的要求。

当利用自然接地体和外引接地极时，应采用不少于两根导体在不同地点与接地网相连接。

14.5.1.2 人工接地极

接地装置的人工接地极包括水平敷设的接地极和垂直敷设的接地极，水平接地极可采用圆钢、扁钢；垂直接地极可采用角钢、圆钢或钢管；也可采用金属板状接地极。一般优先采用水平敷设的接地极。接地极埋入地下深度一般不小于 0.7m。腐蚀较重的地区人工接地极应采用铜或铜覆钢材料。

14.5.2 接地装置导体的选择

接地装置接地体的材料和尺寸的选择，应使其既耐腐蚀又具有适当的机械强度。

(1) 用于接地的接地体，考虑腐蚀和机械强度要求的埋入土壤中常用材料接地极的最小尺寸见表 14.5-1。

用于防雷装置（LPS）的接地体的相关要求见 13.9.4.1。

表 14.5-1 考虑腐蚀和机械强度要求的埋入土壤或混凝土内的常用接地体的最小尺寸

材料和表面	形　　状	直径 (mm)	截面积 (mm²)	厚度 (mm)	镀层重量 (g/m³)	镀层/外护层厚度 (μm)
埋在混凝土内的钢材（裸、热镀锌或不锈钢）	圆线	10				
	条状或带状		75	3		

续表

材料和表面	形状	直径（mm）	截面积（mm²）	厚度（mm）	镀层重量（g/m³）	镀层/外护层厚度（μm）
热浸镀锌钢c	带状b或成型带/板－实体板－花格板		90	3	500	63
	垂直安装的圆棒	16			350	45
	水平安装的圆线	10			350	45
	管状	25		2	350	45
	绞线（埋在混凝土内）		70			
	垂直安装的型材		(290)	3		
铜包钢	垂直安装的圆棒	(15)				2000
电沉积铜包钢	垂直安装的圆棒	14				250e
	水平安装的圆线	(8)				70
	水平安装的带		90	3		70
不锈钢a	带状b或成型带/板		90	3		
	垂直安装的圆棒	16				
	水平安装的圆线	10				
	管状	25		2		
铜	带状		50	2		
	水平安装的圆线		(25)d50			
	垂直安装的圆棒	(12) 15				
	绞线	每股1.7	(25)d50			
	管状	20		2		
	实体板			(1.5) 2		
	花格板			2		

注 括号内的数值仅适用于电击防护，不在括号内的数值适用于雷电防护和电击防护。

a 铬≥16%，镍≥5%，钼≥2%，碳≤0.08%。

b 如轧制带状或带圆角的切割的带状。

c 镀层应均匀、连续和无斑点。

d 经验表明，在腐蚀和机械损伤风险极低的场所，可采用16mm²。

e 此厚度是为在安装中铜镀层能耐受机械损伤而规定的，如果能按制造商说明书要求采取特殊措施（如先在地面上钻孔洞或在接地极顶端上安装保护套）以免铜镀层受机械损伤，则此厚度可减少至不小于100μm。

（2）接地装置的接地导体的截面积应符合14.3.3.3（1）和（2）的规定，其最小截面积不应小于6mm²（铜）或50mm²（钢）。对于埋入土壤里的裸接地导体（线），其截面积应按表14.5-1确定。

在TN系统中，若预期通过接地极的故障电流不明显，则接地导体尺寸可按表14.4-1中总等电位联结导体的截面确定。

铝导体不应用作接地导体。

接地导体与接地极的连接应采用热熔焊、压力连接器、夹板或其他的适合的机械连接器。若采用夹板，则不得损伤接地极或接地导体。

仅靠锡焊连接的连接件或固定件因不能提供可靠的机械强度，不应独立地使用。

（3）总接地端子应符合以下要求：

1）在采用保护联结的每个装置中都应配置总接地端子，并应将下列导体与其连接：

——保护联结导体；

——接地导体；

——PE 导体；

——功能接地导体（如相关）❶。

多个接地端子配置场所，其接地端子应相互连接。

2）接到总接地端子上的每根导体，都应能被单独地拆开。这种连接应当牢固可靠，而且只有用工具才能拆开。❷

基础接地极和保护导体的接地配置示例见图 14.5-1。

14.5.3　接地装置防腐措施

（1）腐蚀的类型。

腐蚀就是金属受到化学侵害的现象，可以分为两大类：伴有水分的、因电化学反应进行的湿腐蚀；不伴有水分的、由于高湿度的空气或反应性气体所致的化学反应引起的干腐蚀。具体类型细分如下❸：

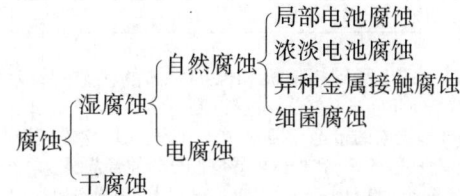

（2）金属电位。

金属在水中或土壤中的腐蚀是根据电化学的机理发生的金属离子化反应，土壤中的腐蚀与水中的腐蚀原理相同，水中是均匀接触，土壤中是非均匀接触。将自然电位序列中不同电位的两种金属组合在一起时，电位低的成为阳极，电位高的成为阴极，阳极将被腐蚀。

1）金属的自然电位。自然电位序列见表 14.5-2。

---

❶　（1）当 PE 导体已通过其他 PE 导体与总接地端子连接时，则不需要把每根 PE 导体直接接到总接地端子上。

（2）建筑物的总接地端子通常可用于功能接地的目的。对信息技术而言，它被认作是接至接地极网络的连接点。

❷　拆开方法可与总接地端子的设置统一考虑，以便于接地电阻的测量。

❸　（1）局部电池腐蚀：金属表面常因故处于非常不均匀状态，在部分地方会出现电位差，此电位差形成的局部电池造成的腐蚀；

（2）浓淡电池腐蚀：在同一金属不同部分，当液体中盐类浓度或溶氧量不同时，金属表面会形成阳极部分和阴极部分，阳极会被腐蚀；

（3）异种金属接触腐蚀：异种金属结合时，会形成巨大的腐蚀电池。电极电位低的金属变成阳极，将发生腐蚀。

（4）细菌腐蚀：土壤中埋设的金属体在土壤中生存的细菌的促进下形成的腐蚀；

（5）电腐蚀：外部电流由于某种原因流过埋在地下的金属体时，电流流出的部位将发生局部腐蚀埋地接地装置受到的腐蚀属于上述腐蚀中的湿腐蚀。

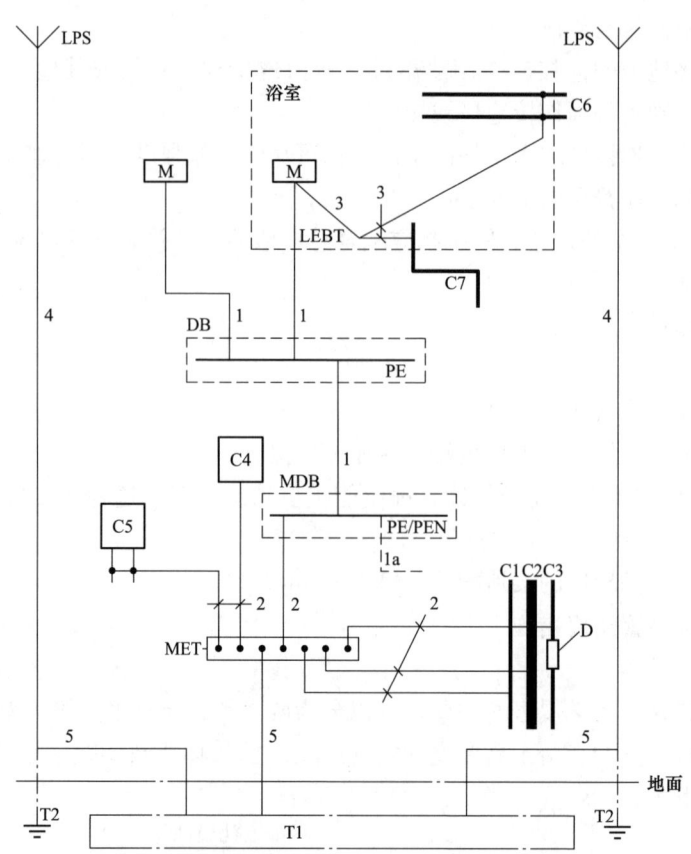

图 14.5-1 基础接地极和保护导体的接地配置示例

M—电气设备外露可导电部分;C—外部可导电部分,包括 C1~C7。C1—外部进来的金属水管;C2—外部进来的金属排弃废物、排水管道;C3—外部进来的带绝缘插管(D)的金属可燃气体管道;C4—空调;C5—供热系统;C6—金属水管,比如浴池里的金属水管;C7—在外露可导电部分的伸臂范围内的外部可导电部分;MET—总接地端子(总接地母线);MDB—主配电盘;DB—分配电盘;LEBT—局部等电位联结端子;T1—基础接地;T2—LPS(防雷装置)的接地极(如果需要);

1—PE 导体;1a—来自网络的 PE/PEN 导体;2—等电位联结导体;3—局部等电位联结导体;
4—LPS(防雷装置)的引下线(如果有);5—接地导体

表 14.5-2 **常见金属标准电极电位表(25℃)**

金属名称	化学符号	电极电位(V)	金属名称	化学符号	电极电位(V)
钾	K	−2.92	镉	Cd	−0.40
钙	Ca	−2.87	镍	Ni	−0.25
钠	Na	−2.71	锡	Sn	−0.14
镁	Mg	−2.34	铅	Pb	−0.13
铝	Al	−1.67	氢	H	±0.00
锰	Mn	−1.05	铜	Cu	+0.35
锌	Zn	−0.76	银	Ag	+0.81
铬	Cr	−0.71	金	Au	+1.42
铁	Fe	−0.44			

注 摘自 DIN 57100/VDE 0100《等电位联结和基础接地》17. 附录 1 中的表 5。

电化学腐蚀电池一旦形成，阳极金属表面因不断地失去电子，发生氧化反应，使金属原子转化为正离子，形成以氢氧化物为主的化合物，也就是说阳极遭到了腐蚀；而阴极金属则相反，它不断地从阳极处得到电子，其表面因富集了电子，金属表面发生还原反应，没有腐蚀现象发生。电化学腐蚀程度与阳极和阳极间的电位差、接地极面积有关。常见金属在电化学腐蚀电流作用下的年腐蚀量见表 14.5-3。

表 14.5-3　　　　　　　　　常见金属在电化学腐蚀电流作用下的年腐蚀量

金属名称	在一年内流过 1mA 的溶解量（g）	在一年内流过 1mA 的溶解量（cm³）
铁	9.1	1.2
铜	10.5	1.2
铅	34.0	3.0
锌	10.7	1.5
铝	2.9	1.1
镁	4.0	2.3

注　摘自 DIN 57100/VDE 0100《等电位联结和基础接地》17. 附录 1 中的表 7。

2）常用金属在土层内或混凝土内的电位。同一种金属暗敷设在不同介质中，电极电位是不相同的。暗敷设常用金属接地体电极电位见表 14.5-4。

表 14.5-4　　　　　　　　　在土层内或混凝土内常用金属电极电位表

金属名称	电解液	对铜/硫酸铜的电位（V）
铅	土层湿度	$-0.5 \sim -0.7$
铁（钢）	土层湿度	$-0.5 \sim -0.8$
铁（生锈的）	土层湿度	$-0.4 \sim -0.6$
铸铁（生锈的）	土层湿度	$-0.2 \sim -0.4$
锌（包括镀锌铁）	土层湿度	$-0.7 \sim -1.0$
铜	土层湿度	$\pm 0.0 \sim -0.2$
混凝土内铁	水泥湿度	$-0.1 \sim -0.3$

注　摘自 DIN 57100《标称电压 1000V 及以下的电气装置的安装》附录 1 中的表 6。

（3）金属接地体的电化学腐蚀。

1）同种材质金属在不同环境中敷设时。从表 14.5-4 可以看出混凝土内的钢筋电极电位为 $-0.1 \sim -0.3$V，而在土壤中敷设的镀锌铁电极电位为 $-0.7 \sim -1.0$V；如果将两处的接地体连接起来，就会形成原电池，其电位差为 $-0.4 \sim -0.9$V，土壤中敷设的镀锌铁接地体的镀锌层将会被腐蚀掉，变成生锈铁。其电极电位为 $-0.4 \sim -0.6$V，两部分接地体间电位差为 $-0.1 \sim -0.5$V；继续不断腐蚀土壤中的接地体，腐蚀程度取决于两部分接地体面积的比例，利用混凝土内的钢筋面积越大，土壤中敷设的接地体被腐蚀越快。

为了减小电化学腐蚀，在土壤中敷设的接地体应该用混凝土包围，使接地体完全敷设在相同的场所内，使两部分接地体具有同一电极电位，则不产生电化学腐蚀。

2）金属接地体使用不同材质时：例如敷设在土壤中的接地体同时采用铜和镀锌铁，铜金属在土壤中的电极电位为 $\pm 0.00 \sim -0.2$V，镀锌铁在土壤中的电极电位为 $-0.7 \sim -1.0$V，最大的电位差为 $-0.5 \sim -1.0$V，其电化学腐蚀过程与上述相同，不赘述。

为了提高高频接地效果，使用铜金属作为接地体，不应再与其他金属接地体相连接。

3）电化学腐蚀的保护。根据原电池正极不被腐蚀的原理，可使被保护金属接地体作为正极，以免受电化学腐蚀。

采用铁金属接地体系统中，加入锌板也作为接地体，锌板在土壤中电极电位为$-0.7\sim-1.0$V，而铁在土壤中电极电位为$-0.4\sim-0.6$V，显然铁为原电池的正极，锌板为原电池的负极。锌板发生电化学腐蚀，定期更换锌板以保护铁金属接地体不受腐蚀。

（4）有关规范要求。按GB/T 50065—2011，为做到接地装置的设计使用年限与地面工程的设计使用年限相当，应根据当地情况采取以下防腐措施：

1）采用钢材料时应适当加大接地体截面、表面热镀锌、接地体间的焊接点涂防腐材料或采用热熔焊。

2）电解腐蚀严重地区埋入地下的接地极宜采取阴极保护、牺牲阳极（保护器）保护等适合当地条件的防腐蚀措施。

3）通过经济技术比较，腐蚀较严重地区可采用铜材或铜覆钢材料；据观测，一般情况下当土壤电阻率不大于300Ω·m时，对表面未作处理的钢材，年平均最大腐蚀厚度圆钢为0.3～0.2mm、扁钢为0.2～0.1mm、热镀锌扁钢为0.065mm；当土壤电阻率大于300Ω·m时分别为：0.3～0.2mm、0.1～0.07mm、0.065mm。可供参考。

按GB 50057—2010，在敷设于土壤中的接地体连接到混凝土基础内起基础接地体作用的钢筋或钢材的情况下，土壤中的接地体宜采用铜质或镀铜或不锈钢导体。当基础采用硅酸盐水泥和周围土壤的含水量不低于4%及基础外表面无防腐层或有沥青质防腐层时，宜利用基础内的钢筋作为接地装置。当基础的外表面有其他类的防腐层且无桩基可利用时，宜在基础防腐层下面的混凝土垫层内敷设人工环形基础接地体，这是很好的防腐蚀、防机械损伤的做法。

14.5.4 接地导体的连接

接地导体的连接应牢固可靠，保证其电气连续性符合要求，并应符合下列要求：

（1）钢接地导体连接处应焊接。如采用搭接焊，其搭接长度必须不小于扁钢宽度的2倍或圆钢直径的6倍；采用铜或铜覆钢材的接地导体应采用放热焊接方式连接。

架空线路PEN导体的连接，可采用与相导体相同的连接方法。

潮湿的和有腐蚀性蒸汽或气体的房间内，接地系统的所有连接宜焊接。如不能焊接可采用螺栓连接，但应采取可靠的防锈措施。

（2）接地导体与接地体的连接应牢固，且有良好的导电性能。这种连接应采用放热焊接、压接器、夹具或其他机械连接器。机械接头应按厂家的说明书安装。若采用夹具，则不得损伤接地极或接地导体（线）。用螺栓连接时应设防松螺帽或防松垫片。

注 仅靠锡焊连接的那种连接件或固定件，不能提供可靠的机械强度。

（3）接地导体与管道等伸长接地极的连接处宜焊接。如焊接有困难，可用管卡，但应保证电气连续性符合要求。连接处应选择在人员便于接近处。

当管道等因检修而可能断开时，应使接地系统的接地电阻值仍能符合要求。管道上的表计和阀门等连接处均应设置符合要求的跨接线。

（4）带金属外壳的插座，其接地触头和金属外壳应有可靠的电气连接。

（5）电力设备每个保护接地部分应以单独的接地线与接地干线相连接。严禁在一条接地线上串接几个需要接地的部分。

（6）当利用钢筋混凝土体中的钢筋作为接地系统时，各钢筋混凝土体之间必须连接成电气通路并保证其电气连续性符合要求。

（7）利用穿线钢管作接地线时，引向电气设备的钢管与电气设备间，应有可靠的电气连接。

（8）当利用串联的金属构件作为接地线时，金属构件之间应以截面不小于 $100mm^2$ 的钢材焊接。

（9）在土壤中，应避免使用裸铜线作为接地极引入线，宜用钢材与基础钢筋连接，避免引起电化学腐蚀。

14.5.5 发电厂和变电站电气装置接地导体的热稳定校验

（1）在直接接地系统及低电阻接地系统中，发电厂和变电站电气装置中电气装置接地导体的截面，应按接地故障电流进行热稳定校验。钢接地导体的最大允许温度不应超过 400℃，铝接地导体最大允许温度不应超过 300℃，铜和铜覆钢接地导体采用放热焊连接方式时的最大允许温度，应根据土壤腐蚀的严重程度经验算分别不应超过 900、800℃ 或 700℃。

（2）校验不接地、谐振接地和高电阻接地系统中电气装置接地导体的热稳定时，应为单相接地故障时的热稳定，敷设在地上的接地导体长时间温度不应大于 150℃，敷设在地下的接地导体长时间温度不应大于 100℃。

（3）接地装置接地极的截面，不宜小于连接至该接地装置的接地导体截面的 75%。

（4）接地装置（导体）的热稳定校验：

根据热稳定条件，未考虑腐蚀时，接地线的最小截面积应符合下式要求

$$S_g \geq \frac{I_g}{c} \sqrt{t_c} \qquad (14.5\text{-}1)$$

式中　S_g——接地导体的最小截面积，mm^2；

　　　I_g——流过接地导体的最大接地故障不对称电流方均根值，A（按工程设计水平年系统最大运行方式确定）；

　　　t_c——接地故障的等效持续时间，s；

　　　c——接地导体材料的热稳定系数，根据材料的种类，性能及最高允许温度和接地故障前接地导体的初始温度确定。

在校验接地导体的热稳定时，I_g、t_c 及 c 应采用表 14.5-5 及表 14.5-6 所列数值。接地导体的初始温度，一般取 40℃。在爆炸危险场所，应按专用规定执行。

表 14.5-5 　　　　　　　　　校验接地导体热稳定用的 I_g、t_c

系统接地方式	I_g		t_c
直接接地	三相同体设备：单相接地故障电流		见注（1）和（2）
	三相分体设备：单相接地或三相接地过流接地线的最大接地故障电流		
低电阻接地	单相接地故障电流		见注（1）和（2）

注　（1）发电厂和变电站的继电保护装置配置有 2 套速动主保护、近地后备保护、断路器失灵保护和自动重合闸时，t_c 可按式（14.5-2）取值

$$t_c \geq t_m + t_f + t_0 \qquad (14.5\text{-}2)$$

　　　　式中　t_m——主保护动作时间，s；

　　　　　　　t_f——断路器失灵保护动作时间，s；

　　　　　　　t_0——断路器开断时间，s。

　　（2）配有 1 套速动主保护、近或远（或远近结合的）后备保护和自动重合闸，有或无断路器失灵保护时，t_c 可按式（14.5-3）取值

$$t_c \geq t_0 + t_r \qquad (14.5\text{-}3)$$

　　　　式中　t_r——第一级后备保护的动作时间，s。

表 14.5-6   校验接地导体热稳定用的 *c* 值

最大允许温度 （℃）	钢	铝	铜	导电率40%铜镀钢绞线	导电率30%铜镀钢绞线	导电率20%铜镀钢绞线
400	70					
300		120				
700			249	167	144	119
800			259	173	150	124
900			268	179	155	128

（5）自然接地体的热稳定：当采用钢筋混凝土体中的钢筋作为自然接地体时，其中的钢筋因通过电流而发热。将降低与混凝土的附着力（当温度升至350～400℃时，其附着力和预应力被完全破坏，以致降低其强度和刚度，故应校验其热稳定是否符合要求。

1）需短时通过故障工频电流的钢筋混凝土体中的钢筋。

a）对要求温度值不大于60℃，需验算疲劳的构件的截面积

$$S_p = 0.0495I\sqrt{t} \tag{14.5-4}$$

b）对要求温度值不大于80℃的屋架、托架、屋面梁等构件的截面积

$$S_p = 0.035I\sqrt{t} \tag{14.5-5}$$

c）对无温度要求的（按不大于100℃计算）其他构件的截面积

$$S_p = 0.0294I\sqrt{t} \tag{14.5-6}$$

以上式中 S_p——通过故障工频电流的钢材的最小截面，mm^2；

        I——通过钢筋的故障工频电流，A；

        t——故障工频电流通过的时间，s。

2）允许电流密度。

a. 通过基础接地极内钢筋与混凝土接触面的雷电流密度、通过基础接地极混凝土与周围大地介质接触表面的雷电流密度均不应大于下列值：对温度值要求不大于80℃的基础为$72kA/m^2$；对无温度要求的基础（按不大于99℃计算）为$87kA/m^2$。

b. 通过工频电流或直流的允许电流密度如下：对要求温度值不大于80℃的基础，应不大于表14.5-7中所列数值。

表 14.5-7   最终温度为 80℃的基础所允许的电流密度

电流通过的时间	混凝土与周围土壤接触处的允许电流密度（A/m²）				混凝土与金属接地极接触处的允许电流密度（A/m²）
	当土壤电阻率（Ω·m）为以下数值时				
	100	500	1000	3000	
1s	937	937	937	937	937
1h	22	9.84	6.96	4.02	22.1
2h	15.6	6.96	4.92	2.84	15.6
3h	12.7	5.68	4.02	2.32	12.7
>3h	6.8	3.4	1.7	—	7

对无温度要求（按不大于99℃计算）的基础，应不大于表14.5-8中所列数值。

表 14.5-8 最终温度为 99℃ 的基础所允许的电流密度

电流通过的时间	混凝土与周围土壤接触处的允许电流密度（A/m²）				混凝土与金属接地极接触处的允许电流密度（A/m²）
	当土壤电阻率为以下数值时（Ω·m）				
	100	500	1000	3000	
1s	1150	1150	1150	1150	1150
1h	26	11.6	8.2	4.75	27.1
2h	18.4	8.2	5.8	3.36	19.2
3h	15	6.7	4.75	2.74	15.6
>3h	8	4	2	—	8.5

作验算时，基础仅取在地面下 0.5m 以下的部分，0.5m 以上的部分不计入。

当通过电流的时间为 1s 以下或数秒时，表 14.5-7 和表 14.5-8 的允许电流密度按下式换算

$$I = \frac{I_1}{\sqrt{t}} \tag{14.5-7}$$

式中　t——电流通过的实际时间，s；

　　　I——与 t 相对应的允许电流密度，A/m²；

　　　I_1——表 14.5-7、表 14.5-8 中电流通过 1s 时的允许电流密度，A/m²。

（6）携带式接地线应采用裸铜软绞线，其截面不应小于 25mm²。

携带式接地线的夹具应保证与电气干线及接地极在连接处有良好的电气接触，并应符合短路电流作用下的热稳定要求。

14.6　接地电阻的计算

14.6.1　接地电阻的基本概念

（1）流散电阻。电流自接地体的周围向大地流散所遇到的全部电阻称为流散电阻。理论上为自接地体表面至无穷远处的电阻，工程上一般取为 20～40m。

（2）接地电阻。接地体的流散电阻与接地体至总接地端子的接地导体电阻的总和称为接地装置的接地电阻。由于在工频下接地导体电阻远小于流散电阻，通常将流散电阻作为接地电阻。

（3）工频接地电阻和冲击接地电阻。按通过接地极流入地中工频交流电流求得的接地电阻称工频接地电阻；按通过接地极流入地中冲击电流（如雷电流）求得的接地电阻称冲击接地电阻。当冲击电流从接地极流入土壤时，接地极附近形成很强的电场，将土壤击穿并产生火花，相当于增加了接地极的截面，减小了接地电阻。另一方面雷电冲击电流有高频特性，使接地极本身电抗增大；一般情况下后者影响较小，即冲击接地电阻一般小于工频接地电阻。

工频接地电阻以下简称接地电阻，只在需区分冲击接地电阻（如防雷接地等）时才注明工频接地电阻。

值得指出的是，冲击接地电阻仅在概念上存在，目前还无法实测考核。

14.6.2　土壤和水的电阻率

决定土壤电阻率的因素主要有土壤的类型、含水量、温度、溶解在土壤中的水中化合物

的种类和浓度、土壤的颗粒大小以及颗粒大小的分布、密集性和压力、电晕作用等。

土壤电阻率一般应以实测值作为设计依据。当缺少实测数据时，可参考表 14.6-1。

表 14.6-1　　　　　　　　　　土壤和水的电阻率参考值

类别	名　　　称	电阻率近似值（Ω·m）	不同情况下电阻率的变化范围（Ω·m）		
			较湿时（一般地区、多雨区）	较干时（少雨区、沙漠区）	地下水含盐碱时
土	陶粘土	10	5～20	10～100	3～10
	泥炭、泥灰岩、沼泽地	20	10～30	50～300	3～30
	捣碎的木炭	40	—	—	—
	黑土、园田土、陶土	50	30～100	50～300	10～30
	白垩土、粘土	60			
	砂质粘土	100	30～300	80～1000	10～80
	黄土	200	100～200	250	30
	含砂粘土、砂土	300	100～1000	1000 以上	30～100
	河滩中的砂	—	300	—	—
	煤	—	350	—	—
	多石土壤	400	—	—	—
	上层红色风化粘土、下层红色页岩	500（30％湿度）			
	表层土夹石、下层砾石	600（15％湿度）			
砂	砂、砂砾	1000	250～1000	1000～2500	
	砂层深度大于 10m 地下水较深的草原 地面粘土深度不大于 1.5m 底层多岩石	1000			
岩石	砾石、碎石	5000	—	—	—
	多岩山地	5000	—	—	—
	花岗岩	200 000	—	—	—
混凝土	在水中	40～55	—	—	—
	在湿土中	100～200	—	—	—
	在干土中	500～1300	—	—	—
	在干燥的大气中	12 000～18 000	—	—	—
矿	金属矿石	0.01～1	—	—	—
水	海水	1～5			
	湖水、池水	30			
	泥水、泥炭中的水	15～20			
	泉水	40～50			
	地下水	20～70			
	溪水	50～100			
	河水	30～280			
	蒸馏水	10^6			

14.6.3 均匀土壤中接地电阻的计算

14.6.3.1 自然接地体的接地电阻计算

（1）自然接地体的接地电阻计算可采用表 14.6-2 的简易计算公式作为估算用。

表 14.6-2   **自然接地体的工频接地电阻简易计算式**   Ω

接地极	计算公式	备注
金属管道（直埋金属水管见表 14.6-6）	$R = \dfrac{2\rho}{L}$	L 在 60m 左右
钢筋混凝土基础	$R = \dfrac{0.2\rho}{\sqrt[3]{V}}$	V 在 1000m³ 左右

注 表中，L 为接地体长度，单位为 m；V 为基础所包围的体积，单位为 m³；ρ 为土壤电阻率，单位为 Ω·m。

（2）单个基础接地极的接地电阻可按表 14.6-3 计算。

表 14.6-3   **单个基础接地极的接地电阻计算式**   Ω

基础接地极的几何形状	计算式	形状系数的数值
矩形基础板、矩形条状基础①、开敞基础槽的钢筋体或整体加筋的块状基础的钢筋体	$R = 1.1k_2\dfrac{\rho}{L_1}$	k_2 值从图 14.6-1 中查出
圆形条状基础①的钢筋体	$R = 1.1k_3\dfrac{\rho}{D_a}$	k_3 值从图 14.6-2 中查出
外墙不加筋的圆形基础板内的钢筋体	$R = 1.1k_4\dfrac{\rho}{D}$	k_4 值从图 14.6-3 中查出
外墙加筋的圆形基础板内的钢筋体	$R = 1.1k_5\dfrac{\rho}{D}$	k_5 值从图 14.6-3 中查出
杯口形基础的底板钢筋体	$R = 1.1k_6\dfrac{\rho}{L_1}$	k_6 值从图 14.6-4 中查出
桩基的钢筋体	$R = 1.1k_7\dfrac{\rho}{L_p}$	k_7 值从图 14.6-5 中查出

注 ρ 为基础接地极所在地的土壤电阻率，Ω·m。

    L_1、D、D_a、L_p 的单位均为 m，见图 14.6-1～图 14.6-6。

① 敷设成闭合矩形或闭合圆形的水平条状基础。

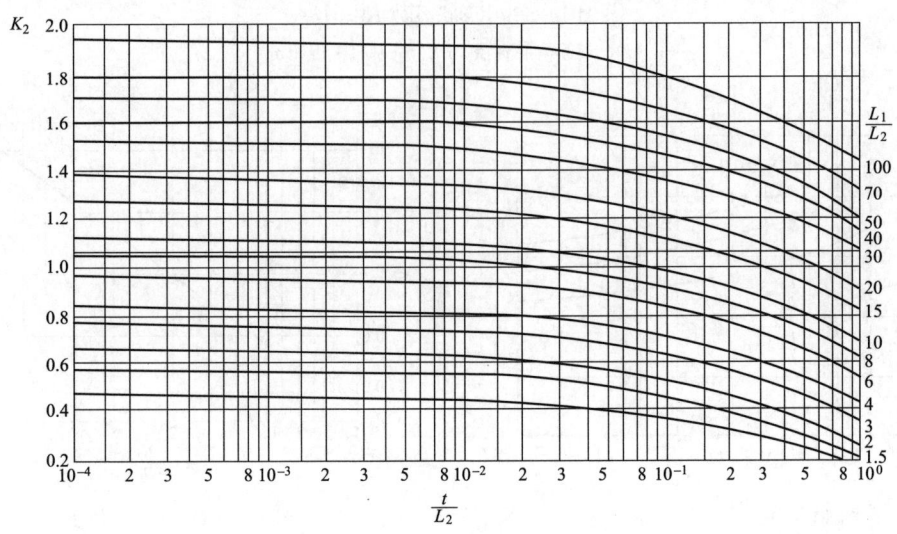

图 14.6-1 形状系数 K_2

L_1、L_2—钢筋体长边、短边的边长，m；t—基础深度，m

14

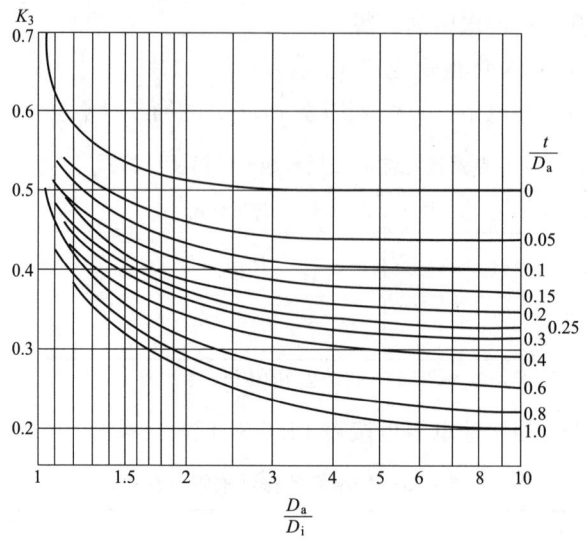

图 14.6-2　形状系数 K_3

D_i、D_a—钢筋体的内、外直径，m；t—基础深度，m

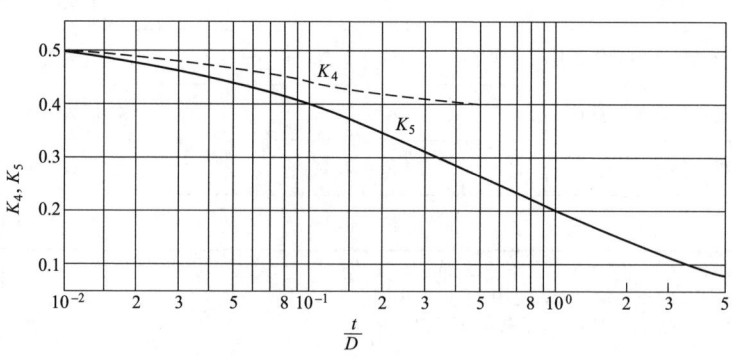

图 14.6-3　形状系数 K_4、K_5

D—钢筋体的直径，m；t—基础深度，m

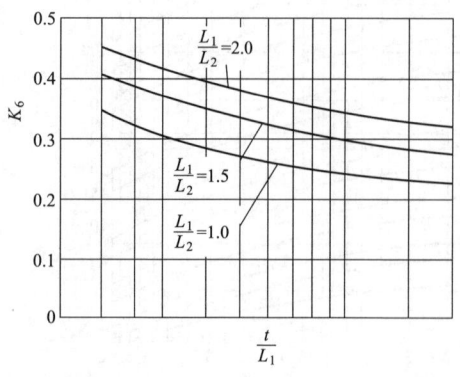

图 14.6-4　形状系数 K_6

L_1、L_2—底板钢筋体长边、短边的边长，m；

t—基础深度，m

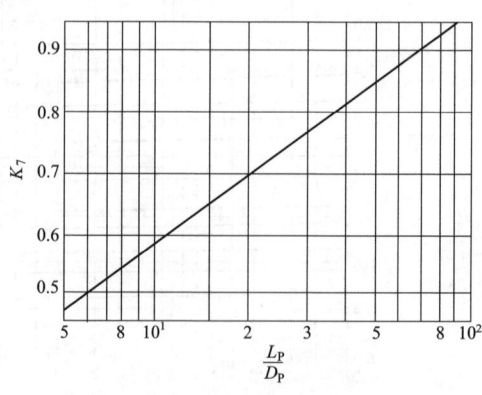

图 14.6-5　形状系数 K_7

L_p—桩基在土壤中的长度，m；

D_p—钢筋体的直径，m

（3）当一幢建筑物或一综合建筑群中有许多独立基础，而这些基础的钢筋体互相连通在一起时，其工频接地电阻的计算按表 14.6-4 的计算式进行。

表 14.6-4　　　　　　　建筑物或建筑群的基础接地极的接地电阻计算式　　　　　　　　Ω

基础接地极的布置和形式	接地电阻计算式	形状系数的数值
由 n 根桩基构成的基础接地极，由 n 根钢柱或 n 根放在杯口形基础中的钢筋混凝土构成的基础接地极，由 n 根放在钻孔中的钢筋混凝土杆构成的基础接地极；建筑物的基底面积为 A，用 C_1 表示其特征，其值为 $C_1 = n/A$		当 $C_1 = (2.5 \sim 6) \times 10^{-2} \left(\dfrac{1}{m^2}\right)$ 时，$K_1 = 1.4$，K_2 从图 14.6-1 中查出。该图中 L_1 为基底面积 A 的长边，L_2 为短边
由 n 个加钢筋的块状基础或 n 个有底板钢筋的杯口基础组成；第 n 个基础的平面积为 A_n，整个建筑物的基底平面积为 A，用 C_2 表示其特征，其值为 $$C_2 = \dfrac{\sum\limits_1^n A_n}{A}$$	$R = K_1 K_2 \dfrac{\rho}{L_1}$	当 $C_2 = 0.15 \sim 0.4$ 时，$K_1 = 1.5$，K_2 从图 14.6-1 中查出，该图中 L_1 为基底面积 A 的长边，L_2 为短边
由 m 个任意几何形状的钢筋混凝土基础组成的基础接地极；这些基础（第 m 个基础的平面积为 A_m）任意布置在综合建筑群所占的基底平面积 A_K 之内，用 C_3 表示其特征，其值为 $$C_3 = \dfrac{\sum\limits_1^m A_m}{A_K}$$		K_1 从图 14.6-6 中查出，K_2 从图 14.6-1 中查出。这时 t 为各基础深度的平均值，L_1 为基底面积 A_K 的长边，L_2 为短边

注　表中面积单位为 m^2，长度单位为 m。

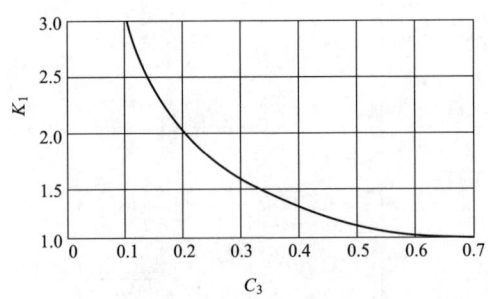

图 14.6-6　形状系数 K_1

（4）常用直埋铠装电力电缆和金属水管的接地电阻分别见表 14.6-5 和表 14.6-6。

表 14.6-5　　　　　　　直埋铠装电力电缆金属外皮的接地电阻

电缆长度（m）	20	50	100	150
接地电阻（Ω）	22	9	4.5	3

注　（1）本表编制条件为：土壤电阻率 $\rho = 100\Omega \cdot m$，$3 \sim 10kV$、$3 \times (70 \sim 185mm^2)$ 铠装电力电缆，埋深 0.7m。

（2）当 $\rho \neq 100\Omega \cdot m$ 时，表中电阻值应乘以换算系数：$50\Omega \cdot m$ 时为 0.7、$250\Omega \cdot m$ 时为 1.65、$500\Omega \cdot m$ 时为 2.35。

（3）当 n 根截面相近的电缆埋设在同一沟中时，若单根电缆的接地电阻值为 R_0，则总接地电阻值为 $R_0/\sqrt{n}$。

表 14.6-6　　　　　　　　　　　　直埋金属水管的接地电阻　　　　　　　　　　　　　　Ω

长度（m）		20	50	100	150
公称口径	25～50mm	25～50	3.6	2	1.4
	70～100mm	7.0	3.4	1.9	1.4

注　本表编制条件为：$\rho=100\Omega\cdot m$，埋深 0.7m。

14.6.3.2　人工接地极的接地电阻计算

（1）常用人工接地极接地电阻理论计算公式见表 14.6-7。

表 14.6-7　　　　　　　　　　常用人工接地极接地电阻计算公式　　　　　　　　　　　Ω

接地体类型	埋设简图	接地电阻计算公式	备注
垂直管形接地极 1		$R=\dfrac{\rho}{2\pi l}\ln\dfrac{4l}{d}$ *	$l\gg d$
		$R=\dfrac{\rho}{2\pi l}\left(\ln\dfrac{8l}{d}-1\right)$ **	$l\gg d$
垂直管形接地极 2		$R=\dfrac{\rho}{2\pi l}\left(\ln\dfrac{2l}{d}+\dfrac{1}{2}\ln\dfrac{4t+l}{4t-l}\right)$	$l\gg d$ $4t>l$
垂直角钢接地极		$R=\dfrac{\rho}{2\pi l}\left(\ln\dfrac{2l}{0.708\sqrt[4]{bh(b^2+h^2)}}+\dfrac{1}{2}\ln\dfrac{4t+l}{4t-l}\right)$	$4t>l$ $b\ll l$ $h\ll l$
垂直槽钢接地极		$R=\dfrac{\rho}{2\pi l}\left(\ln\dfrac{2l}{0.92\sqrt[9]{b^2h^3(b^2+h^2)^2}}+\dfrac{1}{2}\ln\dfrac{4t+l}{4t-l}\right)$	$4t>l$ $b\ll l$ $h\ll l$

续表

接地体类型	埋设简图	接地电阻计算公式	备注
平放圆钢接地极		$R = \dfrac{\rho}{2\pi l}\left(\ln\dfrac{2l}{d} + \ln\dfrac{\sqrt{16t^2+l^2}+l}{4t}\right)$	$l > d$ $t > d$
平放扁钢接地极		$R = \dfrac{\rho}{2\pi l}\left(\ln\dfrac{4l}{b} + \ln\dfrac{\sqrt{16t^2+l^2}+l}{4t}\right)$	$l > b$ $t > b$
水平板状接地体		$R = \dfrac{\rho}{4}\sqrt{\dfrac{\pi}{ab}}$	a、b 为金属方板的长和宽

注 表中电阻率 ρ 单位为 $\Omega\cdot m$，尺寸单位均为 m。

* 此公式实质与 GB/T 50065—2011 双层土壤中垂直接地极计算式一致。

** 引自 GB/T 50065—2011。

(2) 均匀土壤中不同形状水平接地极的接地电阻可利用式（14.6-1）计算

$$R_h = \frac{\rho}{2\pi L}\left(\ln\frac{L^2}{hd} + A\right) \tag{14.6-1}$$

式中 R_h——水平接地极的接地电阻，Ω；

　　L——水平接地极的总长度，m；

　　h——水平接地极的埋设深度，m；

　　d——水平接地极的直径或等效直径，m；几种型式导体的等效直径见式（14.2-24）；

　　A——水平接地极的形状系数，见表 14.6-8。

表 14.6-8　　　　　　　　　　　水平接地极的形状系数 A

水平接地极形状	—	∟	⋀	○	＋	□	⤬	✳	✳	✳
A	−0.6	−0.18	0	0.48	0.89	1	2.19	3.03	4.71	5.65

(3) 均匀土壤中水平接地极为主边缘闭合的复合接地极（接地网）的接地电阻可利用式（14.6-2）计算

$$R_n = a_1 R_e \tag{14.6-2}$$

其中

$$a_1 = \left(3\ln\frac{L_0}{\sqrt{S}} - 0.2\right)\frac{\sqrt{S}}{L_0}$$

$$R_e = 0.213\frac{\rho}{\sqrt{S}}(1+B) + \frac{\rho}{2\pi L}\left(\ln\frac{S}{9hd} - 5B\right)$$

$$B = \frac{1}{1 + 4.6\dfrac{h}{\sqrt{S}}}$$

式中 R_n——任意形状边缘闭合接地网的接地电阻,Ω;

$\quad R_e$——等值(即等面积、等水平接地极总长度)方形接地网的接地电阻,Ω;

$\quad S$——接地网的总面积,m^2;

$\quad d$——水平接地极的直径或等效直径,m;几种型式导体的等效直径见式(14.2-24);

$\quad h$——水平接地极的埋设深度,m;

$\quad L_0$——接地网的外缘边线总长度,m;

$\quad L$——水平接地极的总长度,m。

(4)杆塔水平接地极装置的工频接地电阻可利用式(14.6-3)计算

$$R = \frac{\rho}{2\pi L}\left(\ln\frac{L^2}{hd} + A_t\right) \tag{14.6-3}$$

式中的 A_t 和 L 按表 14.6-9 取值。

表 14.6-9 A_t 和 L 的意义及取值

接地装置种类	形 状	参 数	备注
铁塔接地装置		$A_t = 1.76$ $L = 4(l_1 + l_2)$	
钢筋混凝土杆放射型接地装置		$A_t = 2.0$ $L = 4l_1 + l_2$	对 GB/T 50065—2011 中计算式做了修改
钢筋混凝土杆环型接地装置		$A_t = 1.0$ $L = 2l_1 + 4l_2$	

(5)均匀土壤中人工接地极接地电阻简易计算式见表 14.6-10。

表 14.6-10 均匀土壤中人工接地极接地电阻简易计算式 Ω

接地极型式	简易计算式
垂直式	$R \approx 0.3\rho$
单根水平式	$R \approx 0.03\rho$
复合式(接地网)	$R \approx 0.5\frac{\rho}{\sqrt{S}} = 0.28\frac{\rho}{r}$ 或 $R \approx \frac{\sqrt{\pi}}{4}\times\frac{\rho}{\sqrt{S}} + \frac{\rho}{L} = \frac{\rho}{4r} + \frac{\rho}{L}$

注 (1)垂直式为长度 3m 左右的接地极;

(2)单根水平式为长度 60m 左右的接地极;

(3)复合式中,S 为大于 $100m^2$ 的闭合接地网的面积;r 为与接地网面积 S 等值的圆的半径,即等效半径,m。ρ 的单位为 $\Omega \cdot m$。

（6）各种型式接地装置工频接地电阻的计算，可采用表 14.6-11 的简易计算式。

表 14.6-11　　　　　各种型式接地装置的工频接地电阻简易计算式

接地装置型式	杆塔型式	接地电阻简易计算式
n 根水平射线（$n \leqslant 12$，每根长约 60m）	各型杆塔	$R = \dfrac{0.062\rho}{n+1.2}$
延装配式基础周围敷设的深埋式接地极	铁塔	$R \approx 0.07\rho$
	门型杆塔	$R \approx 0.04\rho$
	V 形拉线的门型杆塔	$R \approx 0.045\rho$
装配式基础的自然接地极	铁塔	$R \approx 0.1\rho$
	门型杆塔	$R \approx 0.06\rho$
	V 形拉线的门型杆塔	$R \approx 0.09\rho$
钢筋混凝土杆的自然接地极	单杆	$R \approx 0.3\rho$
	双杆	$R \approx 0.2\rho$
	拉线单、双杆	$R \approx 0.1\rho$
	一个拉线盘	$R \approx 0.28\rho$
深埋式接地与装配式基础自然接地的综合	铁塔	$R \approx 0.05\rho$
	门型杆塔	$R \approx 0.03\rho$
	V 形拉线的门型杆塔	$R \approx 0.04\rho$

注　表中 R 为接地电阻（Ω）；ρ 为土壤电阻率（$\Omega \cdot \mathrm{m}$）。

（7）常用人工接地极的工频接地电阻。

1）常用人工接地极的工频接地电阻见表 14.6-12。

表 14.6-12　　　　　常用人工地极的工频接地电阻

接地极型式	简　图	材料规格（mm）及用量（m）				土壤电阻率（$\Omega \cdot \mathrm{m}$）		
		圆钢 $\phi20$	钢管 $\phi50$	角钢 $50\times50\times5$	扁钢 40×4	100	250	500
						工频接地电阻（Ω）		
1 根		—	2.5	—	—	30.2	75.4	151
		2.5	—	—	—	37.2	92.9	186
		—	—	2.5	—	32.4	81.1	162
2 根		—	5.0	—	5	10.0	25.1	50.2
		—	—	5.0	5	10.5	26.2	52.5
3 根		—	7.5	—	10	6.65	16.6	33.2
		—	—	7.5	10	6.92	17.3	34.6
4 根		—	10.0	—	15	5.08	12.7	25.4
		—	—	10.0	15	5.29	13.2	26.5

续表

接地极型式	简 图	材料规格（mm）及用量（m）				土壤电阻率（Ω·m）		
		圆钢 φ20	钢管 φ50	角钢 50×50×5	扁钢 40×4	100	250	500
						工频接地电阻（Ω）		
5 根		—	12.5	—	20	4.18	10.5	20.9
		—	—	12.5	20	4.35	10.9	21.8
6 根		—	15	—	25	3.58	8.95	17.9
		—	—	15	25	3.73	9.32	18.6
8 根	○─○─ ─ ─ ─○─○	—	20	—	35	2.81	7.03	14.1
	├5m┤ ├5m┤	—	—	20	35	2.93	7.32	14.6
10 根		—	25	—	45	2.35	5.87	11.7
		—	—	25	45	2.45	6.12	12.2
15 根		—	37.5	—	70	1.75	4.36	8.73
		—	—	37.5	70	1.82	4.56	9.11
20 根		—	50	—	95	1.45	3.62	7.24
		—	—	50	95	1.52	3.79	7.58

2）单根直线水平接地极的接地电阻见表 14.6-13。

表 14.6-13   单根直线水平接地极的接地电阻   Ω

接地极材料及尺寸（mm）		接地极长度（m）											
		5	10	15	20	25	30	35	40	50	60	80	100
扁钢	40×4	23.4	13.9	10.1	8.1	6.74	5.8	5.1	4.58	3.8	3.26	2.54	2.12
	25×4	24.9	14.6	10.6	8.42	7.02	6.04	5.33	4.76	3.95	3.39	2.65	2.20
圆钢	φ10	25.6	15.0	10.9	8.6	7.16	6.16	5.44	4.84	4.02	3.45	2.70	2.23
	φ12	25.0	14.7	10.7	8.46	7.04	6.08	5.34	4.78	3.96	3.40	2.66	2.20
	φ15	24.3	14.4	10.4	8.26	6.91	5.95	5.24	4.69	3.89	3.34	2.62	2.17

注　本表按土壤电阻率 ρ 为 100Ω·m，埋深为 0.8m 计算。

（8）季节系数：计算接地电阻时，还应考虑大地受干燥、冻结等季节变化的影响，从而使接地电阻在各季节均能保证达到所要求的值。

但计算雷电防护接地装置的冲击接地电阻时，可只考虑在雷季中大地处于干燥状态时的影响。

1）非雷电保护接地实测的接地电阻值或土壤电阻率，要乘以表 14.6-14 中的季节系数 φ_1 或 φ_2 或 φ_3 进行修正。

表 14.6-14   季 节 系 数

土壤类别	深度（m）	φ_1	φ_2	φ_3
粘土	0.5~0.8	3	2	1.5
	0.8~3	2	15	1.4
陶土	0~2	2.4	1.4	1.2
砂砾盖于陶土	0~2	1.8	1.2	1.1
园地	0~3	—	1.3	1.2

土壤类别	深度（m）	φ_1	φ_2	φ_3
黄沙	0～2	2.4	1.6	1.2
杂以黄沙的砂砾	0～2	1.5	1.3	1.2
泥炭	0～2	1.4	1.1	1.0
石灰石	0～2	2.5	1.5	1.2

注 φ_1——用于测量前数天下过较长时间的雨、土壤很潮湿时。
φ_2——用于测量时土壤较潮湿，具有中等含水量时。
φ_3——用于测量时土壤干燥或测量前降雨量不大时。

2）计算雷电保护接地装置所采用的土壤电阻率，应取雷季中最大值，并按下式计算

$$\rho = \rho_0 \varphi \qquad (14.6\text{-}4)$$

式中 ρ——土壤电阻率，$\Omega \cdot m$；

ρ_0——雷季中无雨水时所测得的土壤电阻率，$\Omega \cdot m$；

φ——考虑土壤干燥时的季节系数，见表 14.6-15。

表 14.6-15　　　　　　　土壤干燥时的季节系数

埋深（m）	φ 值	
	水平接地极	2～3m 的垂直接地极
0.5	1.4～1.8	1.2～1.4
0.8～1.0	1.25～1.45	1.15～1.3
2.5～3.0	1.0～1.1	1.0～1.1

注 测定土壤电阻率时，如土壤比较干燥，则应采用表中的较小值；如比较潮湿，则应采用较大值。

14.6.4 典型双层土壤中接地电阻的计算

双层土壤是由电阻率不同的两种土壤组成的，当所埋设地段的上层土壤电阻率与下层土壤电阻率不同或接地极通过两种不同的土壤时（见图 14.6-7），接地电阻会有所变化。为便于使用，工程中引入了等效土壤电阻率的概念，只要求得等效土壤电阻率 ρ_{12} 后，代入均匀土壤中接地电阻计算式，即可计算出非均匀土壤中的接地电阻，下面分情况说明等效土壤电阻率的计算方法。

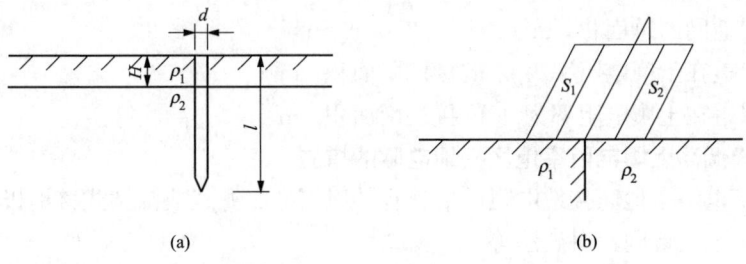

图 14.6-7 典型两层土壤电阻率接地体示意图
(a) 土壤垂直分层的接地网；(b) 土壤水平分层的接地网

（1）接地极所埋设的土壤中上、下层的土壤电阻率不同时（土壤垂直分层），如上、下层土壤电阻率各为 ρ_1 及 ρ_2，则其等效土壤电阻率 ρ_{12} 计算式如下

$l < H$ 时
$$\rho_{12} = \rho_1 \tag{14.6-5}$$

$l \geqslant H$ 时
$$\rho_{12} = \frac{\rho_1 \rho_2}{\dfrac{H}{l}(\rho_2 - \rho_1) + \rho_1} \tag{14.6-6}$$

深埋垂直接地极的接地电阻 R 按式 (14.6-7) 计算

$$R = \frac{\rho_{12}}{2\pi l}\left(\ln\frac{4l}{d} + C\right) \tag{14.6-7}$$

式中 C 值按式 (14.6-8) 确定

$$C = \sum_{n=1}^{\infty} \left(\frac{\rho_2 - \rho_1}{\rho_2 + \rho_1}\right)^n \ln\frac{2nH + l}{2(n-1)H + l} \tag{14.6-8}$$

以上式中　R——深埋垂直接地极的接地电阻，Ω；

　　　　ρ_{12}——等效土壤电阻率，$\Omega \cdot m$；

　　　　ρ_1——上层土壤电阻率，$\Omega \cdot m$；

　　　　ρ_2——下层土壤电阻率，$\Omega \cdot m$；

　　　　H——上层土壤深度，m；

　　　　l——接地极的埋设深度，m；

　　　　d——接地极的直径或等效直径，m；几种型式导体的等效直径见式(14.2-24)；

　　　　n——接地极数量。

(2) 接地极经由两种不同土壤时（土壤水平分层），如接地极经过土壤电阻率为 ρ_1 的接地网面积为 S_1，经过土壤电阻率为 ρ_2 的接地网面积为 S_2，则该接地网在双层土壤中的接地电阻

$$R = \frac{0.5\rho_1\rho_2\sqrt{S}}{\rho_1 S_2 + \rho_2 S_1} \tag{14.6-9}$$

式中　R——水平接地网的接地电阻，Ω；

　　　　ρ_{12}——等效土壤电阻率，$\Omega \cdot m$；

　　　　ρ_1——上层土壤电阻率，$\Omega \cdot m$；

　　　　ρ_2——下层土壤电阻率，$\Omega \cdot m$；

　　　　S——接地网的总面积，m^2；

　　　　S_1——覆盖在土壤电阻率为 ρ_1 的接地网面积，m^2；

　　　　S_2——覆盖在土壤电阻率为 ρ_2 的接地网面积，m^2。

14.6.5　降低高土壤电阻率地区接地电阻的措施

降低高土壤电阻率地区接地电阻的措施有外引接地、井式或深钻式接地极、换土法、降阻剂法、敷设水下接地网、爆破法等。

(1) 外引接地。当在发电厂、变电站 2000m 以内有较低电阻率的土壤时，可敷设外引接地极。

架空线杆塔在高土壤电阻率地区应采用放射形接地装置，且在杆塔基础的放射形接地极每根长度的 1.5 倍范围内有土壤电阻率较低的地带时，可部分采用外引接地或其他措施。放射形接地极每根的最大长度应符合表 14.2-5 的规定。

（2）井式或深钻式接地极。当地下较深处的土壤电阻率较低时，可采用井式或深钻式接地极。

1）井式接地极。采用钻机钻孔（也可利用勘探钻孔），把钢管接地极打入井孔内，并向钢管内和井内灌满泥浆，见图 14.6-8（a）。

2）深钻式接地极。当地下深处的土壤或水的电阻率较低时，可采用深钻式接地极来降低接地电阻值，其做法见图 14.6.8（b）。

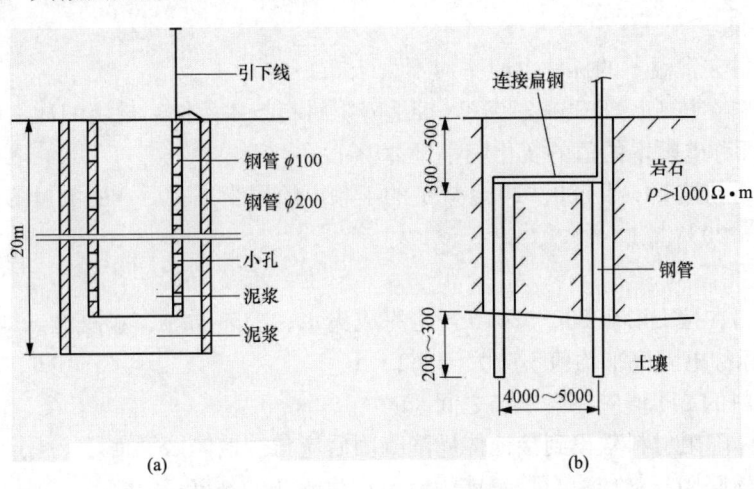

图 14.6-8　井式或深钻式接地极示意图

（a）井式接地极；（b）深钻式接地极

（3）换土法。在接地体周围 1～4m 范围内，换上比原来土壤电阻率小得多的土壤，可以是粘土、泥炭、黑土等，必要时也可以使用焦炭粉和碎木炭。换土后，接地电阻可以减小到原来的 2/3～2/5。这种方法，其土壤电阻率受外界压力和温度的影响变化较大，在地下水位高、水分渗入多的地区使用效果较好，但在石质地层则难以取得较满意效果，具体做法见图 14.6-9 和图 14.6-10。

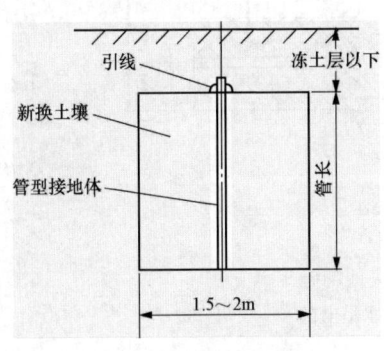

图 14.6-9　垂直接地极换土

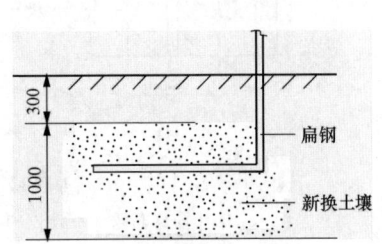

图14.6-10　在埋设水平接地极的沟内换土

（4）降阻剂法。目前降阻剂主要有两种类型：无机固体降阻材料和有机液体降阻材料。所谓无机固体降阻材料是指由无机物组成，使用时呈不可塑状固体或柔性可塑固体；有机液体降阻材料是指含有有机添加物质，使用时呈液体状态。

降阻材料应符合下列要求：

1) 一般要求：降阻材料应能在 $-10℃\sim+40℃$ 的环境温度下正常使用，所含有对自然环境产生污染以及对人体有害的物质成分应符合相关规定。

降阻材料应满足 GB 6566—2010《建筑材料放射性核素限量》的要求，其内照射指数 $I_{RA}\leqslant1.0$，外照射指数 $I_r\leqslant1.0$。

降阻材料应满足 NY 5010 的要求，各种有害物质的含量应符合规定，含汞$\leqslant1.0$mg/kg，铬$\leqslant250$mg/kg，铅$\leqslant350$mg/kg，砷$\leqslant25$mg/kg，镉$\leqslant0.6$mg/kg。

2) 电气性能：

a. 降阻材料在常温下的标称电阻率应不大于 $5Ω\cdot m$；

b. 降阻材料在按 DL/T 380—2010《接地降阻材料技术条件》规定的冲击电流耐受试验后，所测量的标称电阻率的值的变化应小于 20%；

c. 降阻材料在按 DL/T 380—2010 规定的工频电流耐受试验后，所测量的标称电阻率的值的变化应小于 20%。

3) 物理性能：

a. 降阻材料在按 DL/T 380—2010 规定完成失水、冷热循环、水浸泡（即稳定性试验）后，所测量的标称电阻率平均值不应大于 $6Ω\cdot m$。

b. 降阻材料的 pH 值应在 $7\sim12$ 之间。

c. 无机固体降阻材料敷设到接地体周围凝固后应与接地体接触良好，不产生裂缝；

d. 有机液体降阻材料应有自修复能力，不产生永久的裂缝；

e. 降阻材料不应对金属接地体产生过量的腐蚀，钢接地体的平均腐蚀率应小于 0.03mm/a。

注 不管采用何种降阻剂，应确保不会加速接地极的腐蚀，不会影响其自身的热稳定。

降阻剂接地一般做法见图 14.6-11，具体应根据降阻剂的厂家的做法实施。

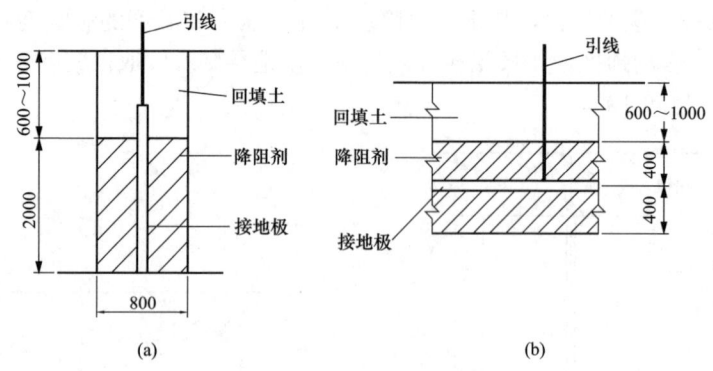

图 14.6-11 降阻剂接地的施工

(a) 垂直电极（一般 $2\sim10$m）；(b) 水平电极（一般 $5\sim20$m）

(5) 敷设水下接地网。充分利用水工建筑物（水井、水池等）以及其他与水接触的混凝土体内的金属体作为自然接地体，可在水下钢筋混凝土结构物内绑扎成的许多钢筋网中，选择一些纵横交叉点加以焊接，并与接地网连接起来。

当利用水工建筑物作为自然接地体仍不能满足要求，或利用水工建筑物作为自然接地体有困难时，应优先在就近的水中（河水、池水等）敷设外引接地极（水下接地网），见图 14.6-12。该接地极应敷设在水流速不大处或静水中，并要回填一些大石块加以固定。

（6）爆破法。爆破接地技术是近年发展起来的降低接地装置接地电阻的新技术，通过爆破制裂，再用压力机将低电阻率材料压入爆破裂隙中，从而起到改善很大范围的土壤导电性能的目的，相当于大范围的土壤改性。

其基本原理是：采用钻孔机在地中垂直钻直径为 100mm、深度为几十米（在发变电站接地工程中，垂直接地极深度可能达 100m 以上），在孔中布置接地电极，然后沿孔整个深度隔一定距离安放一定量的炸药进行爆破，将岩石爆裂、爆松，接着用压力机将调成浆状的降阻剂压入深孔及爆破制裂产生的缝隙中，以达到通过降阻剂将地下大范围的土壤内部沟通，加强接地电极与土壤、岩石的接触，从而达到较大幅度降低接地电阻的目的。已有试验和模拟计算表明，一般爆破致裂产生的裂纹可达几米到几十米远。目前爆破接地技术已经在我国多项发、变电站和输电线路接地等工程实践中采用，并已取得了十分满意的效果，见图 14.6-13。

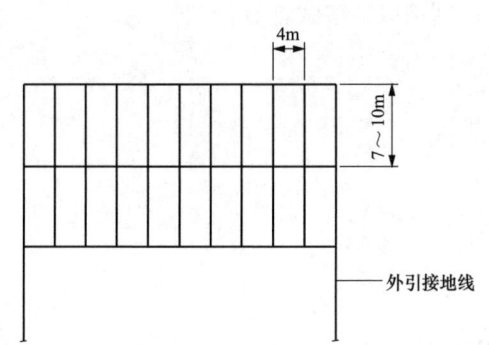

图 14.6-12　水中敷设的外引接地极（水下接地网）

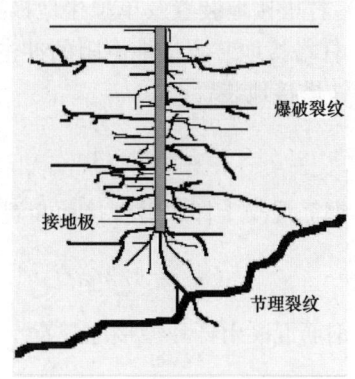

图 14.6-13　单根垂直接地极采用深孔爆破接地技术后形成的填充了降阻剂的区域

上述各种方法都有其运用的特定条件，应针对不同的地区、不同的条件采用适当的方法。同时各种方法也不是独立的，合理配合使用能获得更为显著的效果。

14.6.6　冲击接地电阻计算

（1）单独接地极或杆塔接地装置的冲击接地电阻可按下式计算

$$R_i = \alpha R \qquad (14.6\text{-}10)$$

式中　R_i——单独接地极或杆塔接地装置的冲击接地电阻，Ω；

　　　R——单独接地极或杆塔接地装置的工频接地电阻，Ω；

　　　α——单独接地极或杆塔接地装置的冲击系数。

α 的数值可参照式（14.6-13）～式（14.6-19）计算。

（2）当接地装置由较多水平接地极或垂直接地极组成时，垂直接地极的间距不应小于其长度的两倍；水平接地极的间距不宜小于 5m。

由 n 根等长水平放射形接地极组成的接地装置，其冲击接地电阻可按下式计算

$$R_i = \frac{R_{hi}}{n} \times \frac{1}{\eta_i}$$ (14.6-11)

式中　R_{hi}——每根水平放射形接地极的冲击接地电阻，Ω；

　　　η_i——计及各接地极间相互影响的冲击利用系数，可按接地极的冲击利用系数 η_i 选取。

(3) 由水平接地极连接的 n 根垂直接地极组成的接地装置，其冲击接地电阻可按下式计算

$$R_i = \frac{\dfrac{R_{vi}}{n} \times R'_{hi}}{\dfrac{R_{vi}}{n} + R'_{hi}} \times \frac{1}{\eta_i}$$ (14.6-12)

式中　R_{vi}——每根垂直接地极的冲击接地电阻，Ω；

　　　R'_{hi}——水平接地极的冲击接地电阻，Ω。

(4) 杆塔接地装置及单独接地极接地电阻的冲击系数。

1) 杆塔接地装置接地电阻的冲击系数，可利用以下各式计算：

a. 铁塔接地装置

$$\alpha = 0.74\rho^{-0.4}(7.0 + \sqrt{L})[1.56 - \exp(-3.0I_i^{-0.4})]$$ (14.6-13)

b. 钢筋混凝土杆放射型接地装置

$$\alpha = 1.36\rho^{-0.4}(1.3 + \sqrt{L})[1.55 - \exp(-4.0I_i^{-0.4})]$$ (14.6-14)

c. 钢筋混凝土杆环型接地装置

$$\alpha = 2.94\rho^{-0.5}(6.0 + \sqrt{L})[1.23 - \exp(-2.0I_i^{-0.3})]$$ (14.6-15)

2) 单独接地极接地电阻的冲击系数，可利用以下各式计算：

a. 垂直接地极

$$\alpha = 2.75\rho^{-0.4}(1.8 + \sqrt{L})[0.75 - \exp(-1.5I_i^{-0.2})]$$ (14.6-16)

b. 单端流入冲击电流的水平接地极

$$\alpha = 1.62\rho^{-0.4}(5.0 + \sqrt{L})[0.79 - \exp(-2.3I_i^{-0.2})]$$ (14.6-17)

c. 中部流入冲击电流的水平接地极

$$\alpha = 1.16\rho^{-0.4}(7.1 + \sqrt{L})[0.78 - \exp(-2.3I_i^{-0.2})]$$ (14.6-18)

以上式中　α——接地装置接地电阻的冲击系数；

　　　I_i——流过杆塔接地装置或单独接地极的冲击电流，kA；

　　　ρ——土壤电阻率，Ω·m。

3) 杆塔自然接地体的冲击效果仅在 $\rho \leqslant 300$Ω·m 才加以考虑，其冲击系数可利用下式计算

$$\alpha = \frac{1}{1.35 + \alpha_i I_i^{1.5}} \qquad (14.6\text{-}19)$$

式中　α——接地装置接地电阻的冲击系数；

　　　α_i——对钢筋混凝土杆、钢筋混凝土桩和铁塔的基础（一个塔脚）为 0.053，对装配式钢筋混凝土基础（一个塔脚）和拉线盘（带拉线棒）为 0.038；

　　　I_i——流过杆塔接地装置或单独接地极的冲击电流，kA。

（5）接地极的冲击利用系数。各种型式接地极的冲击利用系数 η_i 可采用表 14.6-16 所列数值。工频利用系数可取 0.9。对自然接地体，工频利用系数可取 0.7。

表 14.6-16　　　　　　　　　接地极的冲击利用系数 η_i

接地极型式	接地导体（线）的根数	冲击利用系数	备　　注
n 根水平射线 （每根长 10～80m）	2	0.83～1.00	较小值用于较短的射线
	3	0.75～0.90	
	4～6	0.65～0.80	
以水平接地极连接的 垂直接地极	2	0.80～0.85	$\dfrac{D（垂直接地极间距）}{L（垂直接地极长度）}=2\sim3$ 较小值用于 $\dfrac{D}{L}=2$ 时
	3	0.70～0.80	
	4	0.70～0.75	
	6	0.65～0.70	
自然接地体	铁塔的各基础间	0.4～0.5	
	拉线棒与拉线盘间	0.6	
	门型、各种拉线杆塔的 各基础间	0.7	

14.6.7　永冻土地区接地的一些措施

永冻土地区为特殊的高电阻率区，在永冻土地区，可采取下列措施：

（1）将接地极（网）敷设在溶化地带或溶化地带的水池、水坑中。

（2）敷设深钻式接地极，或充分利用井管或其他深埋在地下的金属构件作为接地极，还应敷设深垂直接地极，其深度应保证深入冻土层下面的土壤至少 5m。

（3）在房屋溶化盘内敷设接地极。

（4）除深埋式接地极外，还应敷设适当深度（约 0.6m）的伸长式接地极，以便在夏季地表层化冻时起散流作用。

（5）在接地极周围人工处理土壤，以降低冻结温度和土壤电阻率。

14.7　电子设备的接地和功能等电位联结

14.7.1　概述

14.7.1.1　电子设备接地种类

电子设备一般有下列几种接地：

（1）信号电路接地：为保证信号具有稳定的基准电位而设置的接地。为使电子设备工作时有一个统一的参考电位，并避免有害电磁场的干扰，使电子设备稳定可靠地工作，为此电子设备中的信号电路应接地，简称为信号地。

这个"地"可以是大地，也可以是电子设备的底板、金属外壳或一个等电位面。

（2）电源接地：对电子设备供电的交、直流电路的工作接地。

（3）保护接地：为保证人身及设备安全的接地。当电子设备由低压交流或直流线路供电时，为防止在发生接地故障时其外露可导电部分出现危险的接触电压，电子设备的外露可导电部分应接保护接地导体（PE）。

一座建筑内的上述接地应采用共用接地系统。

14.7.1.2　电子设备的功能等电位联结

以下部分应与等电位联结网络连接：

（1）数据传输电缆的导电的屏蔽层、导电的外护层或铠装或信息技术设备的外露可导电部分。

（2）天线系统的接地导体。

（3）信息技术设备直流（DC）电源接地极的接地导体。

（4）功能接地导体。

14.7.2　电子设备接地的型式与等电位联结网络的类型

14.7.2.1　单点接地和多点接地

为防止接地导体成为辐射天线，其长度不应超过 0.02λ。接地线长度小于 0.02λ 时采用单点接地，大于 0.02λ 时采用多点接地。在 300kHz 时其长度约为 20m，在 30kHz 时约为 200m。大于 300kHz 时一般接地导体长度将超过 0.02λ，应采用多点接地。

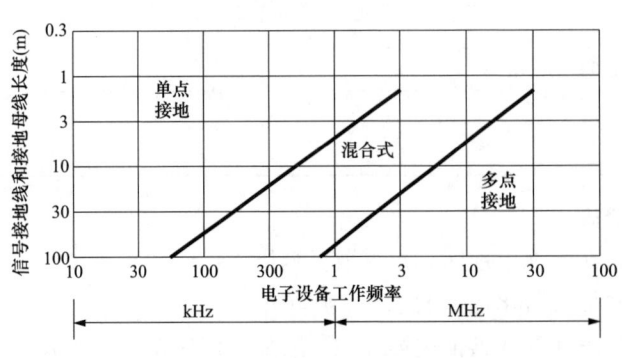

图 14.7-1　电子设备信号接地形式选择图

接地系统的选用也可根据信号接地导体长度和电子设备的工作频率按图 14.7-1 选择。

但无论采用哪种接地系统，其接地导体长度 $L = \lambda/4$ 及 $\lambda/4$ 的奇数倍的情况应避开。因此时其阻抗为无穷大，相当于一根天线，可接收或辐射干扰信号。

14.7.2.2　等电位联结网络的类型

电子设备应进行等电位联结。电子设备通常是通过等电位联结网络实施接地的。电子设备的功能性接地（信号接地）宜利用其供电回路的 PE 导体；在电源进线点之后，应使用单独的 PE 导体和 N 导体。建筑物的总接地端子通常能用于功能接地，可通过一根接地干线加以延伸，使电子设备能从建筑物的任何一点以尽可能短的距离与其联结和/或接地。

等电位联结导体和接地导体网络的不同类型取决于阻抗和设备抗干扰性，可采用以下四种基本类型。

（1）保护和功能接地导体连接到联结环形导体：联结环形导体（BRC）形式的等电位联结网络，如图 14.7-5 所示。

联结环形导体(BRC)优先选用裸或绝缘的铜材,以处处可接近的方式安装,例如,采用电缆托盘、明敷金属导管或电缆线槽。所有保护和功能接地导体可连接到联结环形导体(BRC)。

(2)星形网络的保护导体。本类型网络适用于住宅、小型商业建筑等的小型装置,而从设备观点,信号电缆不能相互连接,见图14.7-2。

(3)多网状联结星形网络。本类型网络适用于装有不同的小型群组的相互连接通信设备的小型装置。它能局部泄漏由电磁干扰引起的电流,见图14.7-3。

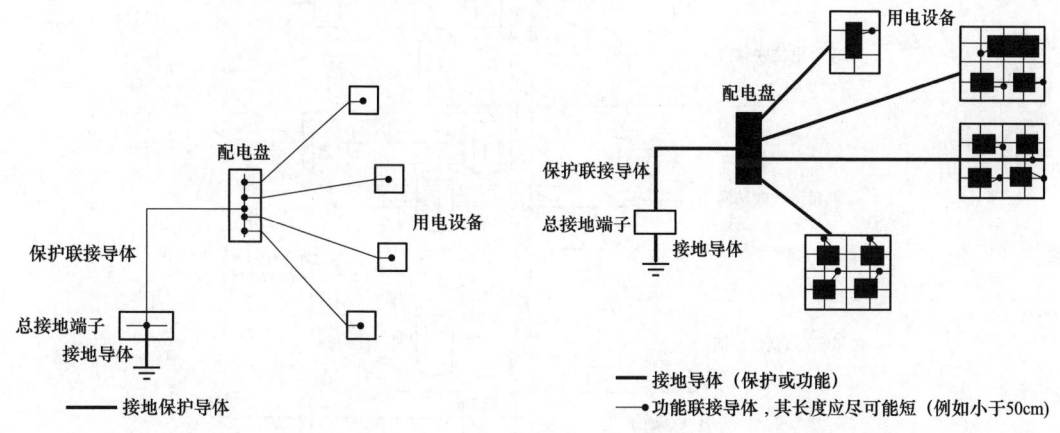

图 14.7-2 星形网络保护导体的示例   图 14.7-3 多网状联结星形网络的示例

(4)共用网状联结星形网络。本类型网络适用于装有重要用途通信设备的高灵敏性的装置,见图14.7-4。严酷的电磁环境中推荐采用。

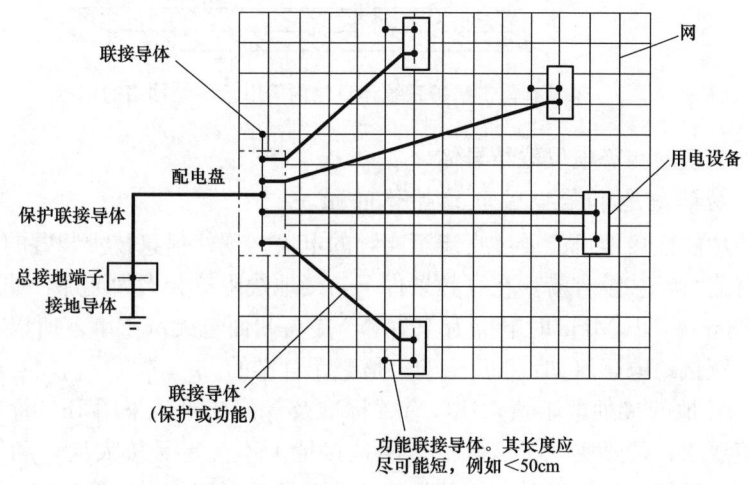

网孔包围的面积应布满全部区域,网孔尺寸指的是形成网孔导体包围的方形区域。

图 14.7-4 共用网状联结星形网络的示例

网状等电位联结网络是建筑物现有金属构造的扩大。由导体的添加而组成方形网络。

网孔尺寸取决雷电防护选择的水平、装置的设备部分抗扰度水平和用于数据传输的频率。

网孔尺寸应与被防护装置的尺寸相适应，在安装有对电磁干扰敏感设备的场所，网孔尺寸不应大于 2m×2m。

共用网状等电位联结星形网络适用于专用自动小交换机和中央数据处理系统的防护。

(5) 多层建筑物的等电位联结网络。对于多层建筑物，建议在每一楼层等电位联结系统，共用等电位联结网络的示例见图 14.7-5，每层是一种网络的类型。各层的联结系统至少两次用导体相互连接。

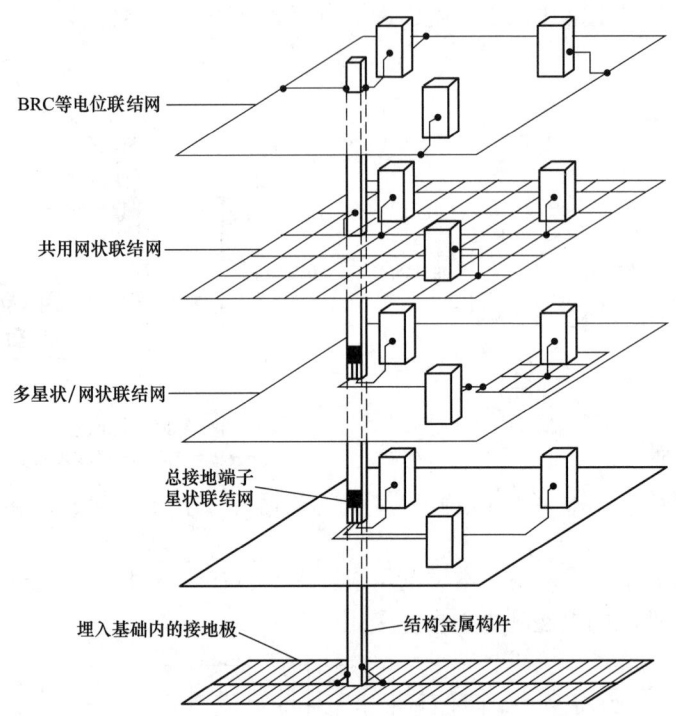

图 14.7-5　未装有雷击防护系统建筑物内等电位联结网络的示例

14.7.3　功能接地和等电位联结导体

14.7.3.1　功能接地和等电位联结导体的阻抗

电子设备的功能性接地可能通过直流至高频的电流。现代信息技术装置的工作频率高达数十兆赫、数百兆赫，甚至吉赫。在高频条件下，接地线阻抗会大大增加，如长 18.3m、截面积 25mm² 的铜导体，10MHz 时电抗为 1970Ω，提高截面也无济于事。所以功能性接地电阻要求很低的工频接地电阻（如：0.5～1Ω）是毫无意义的。

电子设备信号地的接地电阻值，IEC 有关标准及等同或等效采用 IEC 标准的国标均未规定接地电阻值要求；只要实现了高频的低阻抗接地（不一定是接大地）和等电位联结即可。当与其他接地系统共用接地时，按其他接地系统接地电阻的最小值确定。

14.7.3.2　功能接地和等电位联结导体的材料和截面

(1) 有些电子设备要求相对地电位的参考电压，为了正确地运行，此参考电压由功能接地导体（即信号接地导体）提供。功能接地导体可采用金属带、扁平编织线和具有圆形截面的电缆，对于高频运行的设备，宜优先采用宽度与厚度比不小于 5:1 的金属带或扁平编织线，并尽可能短的连接。一般采用厚 0.35～0.5mm 薄铜排，薄铜排宽度选择见表 14.7-1。

表 14.7-1　　　　　　　　　　信号接地导体薄铜排宽度选择表

电子设备灵敏度 （μV）	接地导体长度 （m）	电子设备工作频率 （MHz）	薄铜排宽度 （mm）
1	<1		120
1	1～2		200
10～100	1～5	>0.5	100
10～100	5～10		240
100～1000	1～5		80
100～1000	5～10		160

功能接地导体未规定颜色标识。因此，接地导体规定的黄/绿色组合的颜色标识不适用于功能接地导体，相同的颜色标识推荐用于整个装置中的每根功能接地导体的端部。

（2）联结环形网络导体的截面和安装。用于等电位联结环形网络导体应有以下最小的尺寸：

1）铜带截面：30mm×2mm；

2）铜棒直径：8mm。

裸导体在支撑处和通过墙体处应防腐蚀。

（3）接地母线可自建筑物内的总接地端子（MET）作延伸，并以最短捷的路径接至MET。当用于电子信息设备的等电位联结系统时，可设置为闭合环形接地母线。对于设备工作频率为10MHz以下，容量为每相电流大于200A 的装置，接地母线的截面应不小于50mm² 铜并按宽度与厚度比不小于 5：1 确定的截面。

当接地母线作为直流返回电流通路的一部分时，母线截面应根据返回电流确定其尺寸。每一用作直流配电返回导体的接地母线的最大直流电压降应小于 1V。

14.7.4　电磁骚扰防护简述

电子设备应根据需要决定是否采用屏蔽措施。敏感的电子设备，不应布置在可能成为电磁干扰源设备的近旁，如电动机、电焊机、计算机、整流器、换流器、变频器、电梯、变压器、开关柜等。电子设备的信号线缆应距可引起干扰的设备不少于 1m，距荧光灯不少于0.13m。电子设备及其交流电源线、信号线宜离防雷引下线至少 2m，或加以屏蔽。

非屏蔽的信息技术电缆与电力电缆的最小平行间距与局部环境的各种电磁骚扰因素及所连接设备的抗干扰水平有关。如二者的平行敷设长度不大于35m，可不要求进行分隔；当大于 35m 时，距设备末段 15m 以外的全部长度应采用金属隔板分隔或空中分隔间距不小于30mm。屏蔽电缆可不要求上述平行间距及分隔措施。信息技术电缆宜全长敷设于金属托盘或金属管道中；金属电缆托盘应全长保持电气连续及封闭性能并宜加金属盖板，其两端及中间大于50m 处应与等电位联结系统相连接。

电子设备的雷电防护屏蔽措施与上述原则类同，详见 13 章。

14.7.5　屏蔽接地

14.7.5.1　目的与分类

电气装置（主要是电子设备）为了防止其内部或外部电磁感应或静电感应的干扰而对屏蔽体进行接地，称为屏蔽接地。例如某些电气设备的金属外壳、电子设备的屏蔽罩或屏蔽线缆的屏蔽层以及某些建筑物或其中某些房间的金属屏蔽体的接地等。按功能划分，屏蔽接地有以下几种：

（1）静电屏蔽体的接地：其目的是为了把金属屏蔽体上感应的静电干扰信号直接导入地中，同时减少分布电容的寄生耦合，保证人身安全。

（2）电磁屏蔽体的接地：其目的是为了减少电磁感应的干扰和静电耦合，保证人身安全。

（3）磁屏蔽体的接地：其目的是为了防止形成环路产生环流而发生磁干扰。磁屏蔽体的接地主要应考虑接地点的位置以避免产生接地环流。

14.7.5.2　屏蔽室的接地

其屏蔽体应在电源滤波器处，即在进线口处一点接地，见图 14.7-6。

14.7.5.3　屏蔽线缆的接地

当电子设备之间采用多芯线缆连接，且工作频率 $f \leqslant 1MHz$，其长度 L 与波长 λ 之比 $L/\lambda \leqslant 0.15$ 时，其屏蔽层应采用一点接地（单端接地）。

当 $f > 1MHz$、$L/\lambda > 0.15$ 时，应采用多点接地，并应使接地点间距离 $S \leqslant 0.2\lambda$，见图 14.7-7。

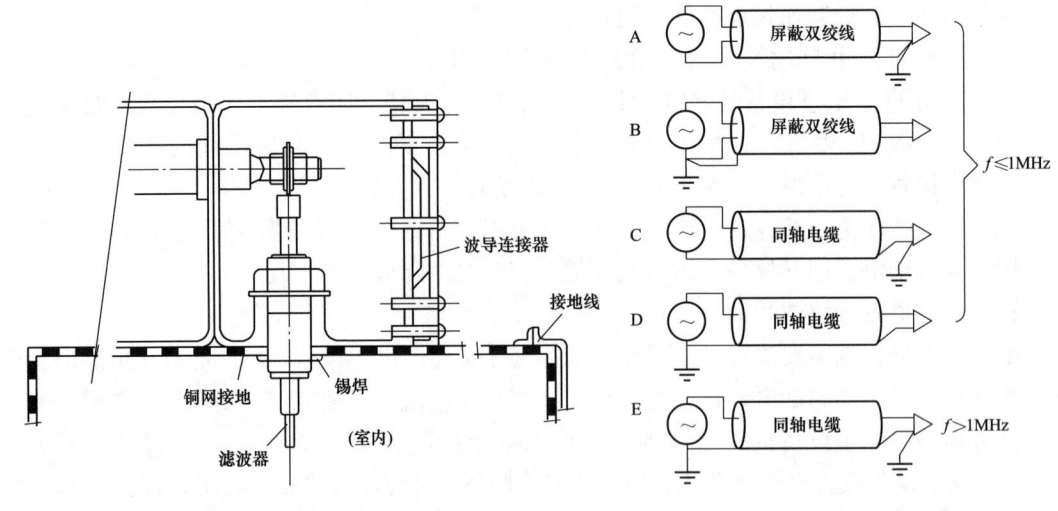

图 14.7-6　屏蔽室接地示意图　　　　图 14.7-7　屏蔽线缆的接地

14.8　防　静　电　接　地

14.8.1　静电的产生

当不同的物体接触时，由于物体表面载流子的浓度和逸出功的不同，载流子就从一个表面迁移到另一个表面。如将这两相接触的物体分离，则带电层也随之而分离。这时一种物体的表面带正电，另一种物体带负电。因此，静电是固、液、气态物质在摩擦、破裂、喷射和骤然分解时的一种物理化学过程的反应。

两种介质接触时，介电常数大的材料带正电。按照物体相互摩擦时产生静电的正负极性可排成带电序列，常见的材料序列为：（正端）石棉—人的毛发—玻璃—云母—羊毛—尼龙—人造纤维—蚕丝—棉—木材—人的皮肤—玻璃纤维—纸—硬橡胶—钢—聚苯乙烯—维尼纶—聚丙烯—聚酯—聚乙烯—硝化纤维—玻璃纸—聚氯乙烯—聚四氟乙烯（负端）。

在上述静电序列中，排在前面物质的逸出功比后面物质所需的逸出功小，所以容易失去电子而带正电，后者则获得电子而带负电。

静电的产生还在很大程度上受到物质所含杂质成分、表面氧化吸附程度、温度、湿度、压力以及外界电场的影响，这些因素有时甚至影响到上述静电序列的次序。

14.8.2　静电的危害

静电产生的能量虽然小（一般不超过 mJ 级），但可能产生较高的电位而发生静电放电。人体与物体间的放电可引起不同程度的电击感觉。导体或非导体间的放电火花可能点燃易燃易爆物造成事故。静电对电压敏感的半导体器件可能造成损害。

（1）当导体间的静电放电能量大于可燃物的最小点燃能量时，就有引燃的危险。导体间的静电放电能量可按式（14.8-1）计算

$$W = \frac{1}{2}CV^2 \tag{14.8-1}$$

式中　W——放电能量，J；

C——导体间的等效电容，F；

V——导体间的电位差，V。

（2）人体与导体间发生放电的电荷量达到 $2 \times 10^7 C$ 以上时就可能感到电击。当人体的电容为 100pF 时，发生电击的人体电位约为 3kV，会有被针刺的感觉、微痛。

（3）当带电体为静电非导体时，引起人体电击的界限，因条件不同而变化。在一般情况下，当电位在 30kV 以上向人体放电时，将感到电击。

（4）根据观测，一些生产过程产生的静电电压见表 14.8-1。

表 14.8-1　　　　　　　　　　　　一些生产过程中产生的静电电压

设备类型	已观测到的静电电压（kV）	设备类型	已观测到的静电电压（kV）
皮带传动	60～100	油槽车	高到 25
纤维织物输送	15～80	谷物皮带输送	高到 45
造纸机械	5～100		

14.8.3　防止静电危害的措施

各种静电防护措施应根据现场环境条件、生产工艺和设备、加工物件的特性以及发生静电的可能程度等合理选用。

（1）减少静电荷产生。

1）尽量采用静电导体（除非与地绝缘，否则其上难于积聚静电荷的材料，体电阻率小于 $10^6 \Omega \cdot m$）；对接触起电的物料，应尽量选用在带电序列中位置较临近的，或对产生正负电荷的物料加以适当组合，是最终达到起电最小的目的。

2）减少摩擦阻力，如采用大曲率半径管道，限制产生静电液体在管道中的流速，防止飞溅、冲击等。

（2）使静电荷尽快消散。在静电危险场所，将所有静电导体接地。金属物体应采用金属

导体与大地作导通性连接;金属以外的静电导体及亚导体应作间接静电接地;静电非导体除作间接静电接地,尚应配合其他的防静电措施。

增加环境湿度可增加静电沿绝缘体表面的泄漏量,但此方法不得用在气体爆炸危险场所。

(3)屏蔽或分隔屏蔽带静电的物体,并将屏蔽体可靠接地。

(4)工艺装置的设计、制造,应尽量避免存在高能量静电放电的条件。

(5)改善带电体周围的环境条件,控制气体中可燃物的浓度,使其低于爆炸下限。

(6)根据不同的环境,采用适当的静电消除器。

(7)防止人体带电。

14.8.4 防静电接地的范围和做法

(1)凡是加工、贮存、运输各种可燃气体、易燃液体和粉体的金属工艺设备、容器和管道都应接地。接地导体必须有足够的机械强度,连接良好,一般与其他接地系统共用接地,如采用专设静电接地体,每处对地电阻值要求不大于100Ω,在山区等土壤电阻率较高的地区,也不应大于1000Ω。

(2)易燃油、可燃油、天然气和氢气等贮罐的防静电接地应符合下列要求:

1)易燃油、可燃油和天然气浮动式贮罐顶,应用可挠的跨接线与罐体相连,且不应少于两处。跨接线可用截面不小于25mm²的钢绞线或软铜线。

2)贮罐电气测量的铠装电缆应埋入地中,长度不宜小于50m。

3)金属罐罐体钢板的接缝、罐顶与罐体之间以及所有管、阀与罐体之间应保证可靠的电气连接。

4)容积大于50m³或直径大于2.5m的贮罐,接地点不宜少于两处,并沿其外围均匀布置,其间距不应大于30m。

(3)装卸油台、铁路轨道、管道、鹤管、套筒及油槽车等防静电接地的接地位置,接地线、接地极布置方式等应符合下列要求:

1)铁路轨道、管道及金属桥台,应在其始端、末端、分支处以及每隔50m处设防静电接地,鹤管应在两端接地。

2)厂区内的铁路轨道应在两处用绝缘装置与外部轨道隔离。两处绝缘装置间的距离应大于一列火车的长度。

3)净距小于100mm的平行或交叉管道,应每隔20m用金属线跨接。

4)不能保持良好电气接触的阀门、法兰、管箍弯头等管道连接处应跨接。跨接线可采用直径不小于8mm的圆钢。

5)油槽车应设防静电临时接地卡。

(4)注油设备的所有金属体都应接地。注油前,用跨接线与贮油设备连接后接地。注油时,贮油设备与注油设备用连接线连接。注油后,先卸主油管,后拆跨接线和连接线。油槽车的底盘上应有金属链条,行驶时另一端与大地接触。对于转轴上的静电,采用导电性润滑油或导电滑环、碳刷接地。

(5)移动的导电容器或器具有可能产生静电危害时应接地。当利用与导电地板、导电工作台和其他接地物体相连接的方法不能确保其可靠接地时,必须采用可挠的铜线将其直接接地。利用工具操作或检修这类设备时,工具也应可靠接地。

（6）洁净室、计算机房、手术室等房间一般采用接地的导静电地板。当其与大地之间的电阻在 $10^6\,\Omega$ 以下时，则可防止静电危害，其接地见图14.8-1。

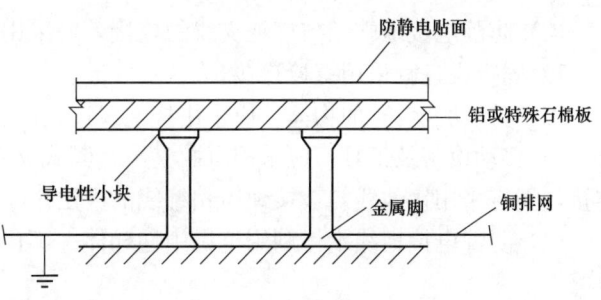

图14.8-1 防静电地板接地示意图

在有可能发生静电危害的房间里，工作人员应穿导静电鞋（例如皮底或导静电橡胶底鞋），并应使导静电鞋与导静电地板之间的电阻保持在 $10^4 \sim 10^6\,\Omega$ 以下。

（7）为了防止静电危害，在某些特殊场所，工作人员不应穿丝绸或某些合成纤维（例如尼龙、贝纶等）衣服，并应在手腕戴接地环以确保接地。从事带静电作业的人员（如汽油、橡胶溶液的操作人员等）不应戴金属戒指和手镯。这些特殊场所的门把手和门栓也应接地。

14.8.5 防静电接地的接地干线、支线、连接线的截面选择及连接要求

（1）防静电接地干线截面选择。防静电接地干线和接地体材质宜选用耐腐蚀材料，当选用镀锌钢材时，不应小于表14.8-2数值。

表 14.8-2　　　　　　　　防静电接地干线截面选择

名　称	单　位	规格	
		地　上	地　下
扁钢	截面积（mm²）	100	160
	厚度（mm）	4（5）	4（5）
圆钢	直径（mm）		14
角钢	规格（mm）	12（14）	50×5
钢管	直径（mm）		50

注　括号内数字为2类腐蚀环境中用钢材的推荐规格。

（2）防静电接地支线及连接线截面选择。由于防静电接地系统所要求的接地电阻值较大而接地电流（或泄漏电流）很小（微安级），所以主要按机械强度来选择，其接地支线和连接线不应小于表14.8-3数值。

表 14.8-3　　　　　　　　防静电接地支线及连接线截面选择

设备类型	接地支线	连接线
固定设备	16mm² 多股铜芯电线 φ8mm 镀锌圆钢 12mm×4mm 镀锌扁钢	6mm² 铜芯软绞线或软铜编织带
大型移动设备	16mm² 铜芯软绞线或橡套铜芯软电线	
一般移动设备	10mm² 铜芯软绞线或橡套铜芯软电线	
振动和频繁移动的器件	6mm² 铜芯软电线	

（3）防静电接地端子与接地支线的连接，应采用下列方式：

1）固定设备宜采用螺栓连接。

2）有振动、位移的物体，应采用挠性线连接。

3）移动设备及工具，应采用电瓶夹头、鳄式夹钳、专用连接夹头或磁力连接器等器具连接，不应采用接地线与被接地体相缠绕的方法。

（4）防静电接地线不得利用电源中性导体；不得与防直击雷地线共用。

14.9　阴极保护接地

14.9.1　金属的电化学保护

金属腐蚀会使得大量金属设备及材料损坏、报废，造成巨大的经济损失，有时甚至会酿成灾难性的事故。如果采取适当的措施，腐蚀在一定程度上是可以得到控制的。

电化学保护技术是防腐技术的重要组成部分，大体上可以分成阴极保护、阳极保护两类。阴极保护是指在金属表面上通入足够的阴极电流，使阳极溶解速度减小，从而防止腐蚀；阳极保护是指在金属表面上通入足够的阳极电流，使金属电位达到并保持在钝化区内，从而防止腐蚀。相比而言，阴极保护方法相对简单、经济实用、保护效果良好。本章节仅介绍阴极保护接地。

14.9.2　阴极保护

阴极保护又可分为牺牲阳极保护和外加电流阴极保护。

14.9.2.1　牺牲阳极保护

（1）牺牲阳极阴极保护的原理。牺牲阳极阴极保护是将更活跃的金属（阳极）与被保护金属作电气连接，并处于同一电解质中，使该金属上的电子转移到被保护金属上去，以其被腐蚀作代价，使整个被保护金属处不受腐蚀，见图 14.9-1。该方法简便易行，不需要外加电源，很少产生腐蚀干扰，广泛应用于保护小型（电流一般小于 1A）或处于低土壤电阻率环境下（土壤电阻率小于 80Ω·m）的金属结构。如，城市管网、小型储罐等。设计牺牲阳极阴极保护系统时，除了严格控制阳极成分外，一定要选择土壤电阻率低的阳极床位置。

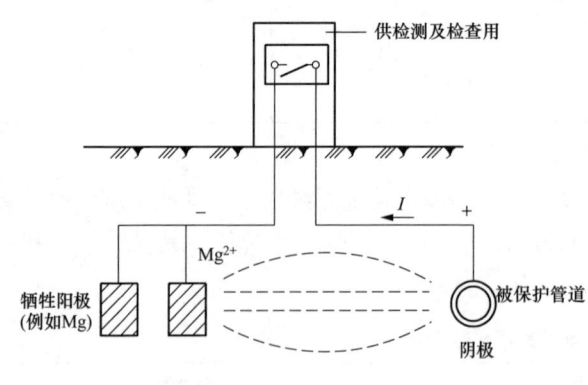

图 14.9-1　牺牲阳极保护的原理

（2）牺牲阳极阴极保护对材料性能的要求如下：

1）有足够负的稳定电位，即满足电路接通后，能达到最小保护电位；

2）有较高而稳定的电流效率，即实际容量和理论容量的百分比，电容量的单位为 Ah/kg；

3）材料应较易取得，价格低，且不会引起公害；

4）加工方便，有一定的机械强度。

牺牲阳极通常由锌基、镁基、铝基合金制造。锌阳极有纯锌、Zn-Al 系合金、Zn-Sn 系合金、Zn-Hg 系合金、Zn-Al-Mn 系合金、Zn-Al-Cd 系合金等；镁阳极有纯镁、Mg-Mn 系合金、Mg-Al-Zn-Mn 系合金等，铝阳极不用纯铝，而用铝合金，有 Al-Zn-Hg 系合金、Al-Zn-Sn 系合金、Al-Zn-In 系合金。上述材料的电化学性能，参见表 14.9-1。

表 14.9-1　　　　　　　　　　　　牺牲阳极金属的化学参数

电化学参数	阳极金属		
	Zn 基合金	Mg 基合金	Al 基合金
标准电位(V)	−0.76	−1.55	−1.28
效率为 100% 时的年消耗率(kg/A)	10.7	4.0	2.9
电流容量(Ah/kg)	820	2200	2980
电流容量(Ah/dm³)	5840	3840	8050
电流效率(%)	90	50	80
0.1A，10 年的电极重量(kg)	12	8	3.7
土壤中的静态电位(Cu/CuSO₄)	−0.9~−1.1	−1.4~−1.6	−0.9~−1.2
对铁阴极保护的有效电压(U_{CuSO_4}=−0.85V)	−0.2	−0.61	−0.3
工作电流密度(mA/cm²)	0.3~1	1~4	0.4~1

一般来说，铝阳极主要用于海水领域，也可用作外加电流保护的辅助阳极，镁阳极极化小，输出电流均匀，可用于土壤电阻率 $\rho \leqslant 100\Omega \cdot m$ 的地下装置上，但镁阳极效率较低，不能用于爆炸性场合；锌阳极用于海船和港湾设施的阴极保护，也可用于 $\rho \leqslant 20\Omega \cdot m$ 的土壤中的管道的阴极保护。

14.9.2.2　外加电流阴极保护

（1）外加电流阴极保护的原理。外加电流阴极保护是通过外加直流电源以及辅助阳极，给被保护金属补充大量的电子，使被保护金属整体处于电子过剩的状态，使金属表面各点达到同一负电位，使被保护金属结构电位低于周围环境，见图 14.9-2。该方式主要用于保护大型或处于高土壤电阻率土壤中的金属结构，如：长输埋地管道，大型罐群等。

（2）阴极保护的参数。

保护电位：使金属腐蚀不能进行所需电位，又称最小保护电位。实际使用的保护电位一般处于一定的范围内。例如：钢在海水中的保护电位在 −0.8~−0.9V 之间，若电位低压 −0.8V，钢不能被完全保护，若电位比 −0.9 低，阴极上可能会析出氢，导致钢表面析氢，破坏钢表面的保护层。

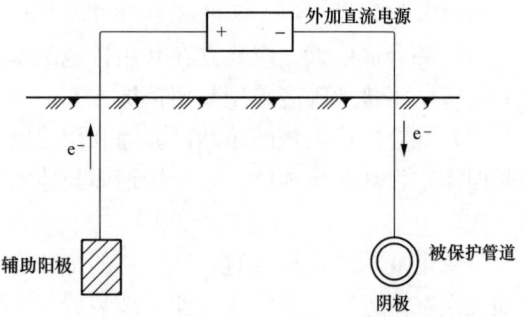

图 14.9-2　外加电流阴极保护的原理

保护电流密度：如果只施加保护电位而无一定的电流，腐蚀仍会发生。使腐蚀减少到零时的电流密度值，称为最小保护电流密度值。设计应合理考虑电流密度，若过大，不仅浪费，同时反而会使保护作用下降。最小保护电流密度的数值与被保护金属和介质的性质、保护电流回路的电阻、阳极形状和大小有关。

最佳保护参数：主要有保护程度（P）和保护效率（Z）两个参数，参见下式

$$P = \frac{j_{cor} - j_c}{j_{cor}} \times 100\%$$
$$= \left(1 - \frac{j_c}{j_{cor}}\right) \times 100\% \tag{14.9-1}$$

式中　　P——保护程度,%；当完全保护时,$P = 100\%$；

j_{cor}——未加保护时的腐蚀电流密度,mA/cm^2；

j_c——阴极保护时的腐蚀电流密度,mA/cm^2。

$$Z = \frac{P}{\dfrac{j_{cd}}{j_{cor}}} = \frac{j_{cor} - j_c}{j_{cd}} \times 100\% \tag{14.9-2}$$

式中　　Z——保护效率,%；

j_{cor}——未加保护时的腐蚀电流密度,mA/cm^2；

j_{cd}——阴极保护时外加电流的电流密度,mA/cm^2。

外加电流密度越大，则保护效率越低。在实际设计中，不一定追求完全保护，因为此时保护效率可能很低。如果能够到达钢以每年 0.1mm 的速度均匀腐蚀时，则此时的保护程度被认为是适宜的。

14.10　专用功能建筑及特殊设备的接地

14.10.1　综合通信大楼接地

综合通信大楼的接地相比其他建筑物有更为严格的要求，应按照 GB 50689—2011《通信局（站）防雷与接地工程设计规范》实施；其防雷部分参见 13.12.5。

14.10.1.1　综合通信大楼接地的一般规定

（1）综合通信大楼应建立在共用接地的基础上，建筑内的通信设备的工作接地、保护接地和建筑防雷接地等应采用共用接地方式。

（2）综合通信大楼的接地网应除利用建筑物钢筋混凝土基础等自然接地体外还需围绕建筑物四周敷设环形接地体，环形接地体与建筑物水平基础钢筋应可靠连通，每隔 5～10m 连接一次。

当供电变压器在楼内时，变压器的中性点与接地母线间宜用双线连接。当变压器不在楼内而安装在附近时，应将变压器接地装置与大楼接地装置在地下连通。

（3）当综合通信大楼由多个建筑物组成时，应使用水平接地体将各建筑物的地网相互连通，并应形成封闭的环形结构。距离较远或相互连接困难时，可作为相互独立的局站分别处理。

（4）对雷电较敏感的通信设备应远离总接地排、电缆入口设施、交流市电和接地系统间的连接导线。

14.10.1.2　综合通信大楼接地连接方式

综合通信大楼接地连接方式可分为外设环形接地汇集线连接系统和垂直主干线连接系统。

（1）外设环形接地汇集线连接系统。可用于高度较低且建筑面积较大或者为长方形的综合通信大楼，也可在高层综合通信大楼的某几层或某些机房使用，还可在电磁脉冲危险影响较大的局（站）采用。

外设环形接地汇集线连接系统（见图14.10-1），应符合下列要求：

1）在每层设施或相应楼层的机房沿建筑物的内部一周安装环形接地汇集线，环形接地汇集线应与建筑物柱内钢筋的预留接地端连接，环形接地汇集线的高度应依据机房情况选取。

2）垂直连接导体应与每一层或相应楼层机房环形接地汇集线相连接，垂直连接导体的数量和间距，应符合下列要求：

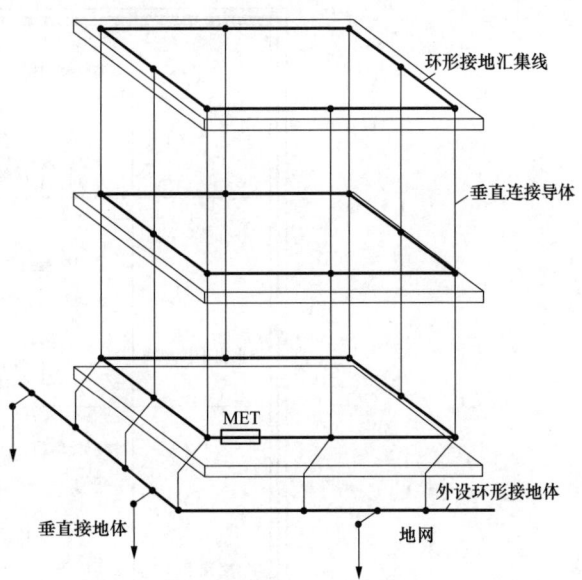

图 14.10-1　外设环形接地汇集线连接系统示意图

a. 建筑物的每一个角落应至少有一根垂直连接导体；

b. 当建筑物角落与中间导体的间距超过 30m 时，应加额外的垂直连接导体，垂直连接导体的间距宜均匀布放。

3）第一层环形接地汇集线应每间隔 5～10m 与外设的环形接地体相连一次，且应将下列物体接到环形接地汇集线上：

a. 每一电缆入口设施内的接地排；

b. 电力电缆的屏蔽层和各类接地线的汇集点；

c. 构筑物内的各类管道系统；

d. 其他进入建筑物的金属导体。

4）可在相应机房增加分环形接地汇集线，并应与环形接地汇集线相连。

（2）垂直主干接地线连接系统可按图 14.10-2 设计，并应符合下列要求：

1）总接地排宜设计在交流市电的引入点附近，且应与下列设备连接：

a. 地网的接地引入线；

b. 电缆入口设施的连接导体；

c. 交流市电屏蔽层和各类接地线的连接导体；

d. 构筑物内水管系统的连接导体；

e. 其他金属管道和埋地构筑物的连接导体；

f. 建筑物钢结构；

g. 一个或多个垂直主干接地线。

2）一个或多个垂直主干接地线从总接地排到建筑物的每一楼层，建筑物的钢结构在电气连通的条件下可作为垂直主干接地线。

3）各垂直主干接地线应为以其为中心、长边为 30m 的矩形区域内的通信设备提供服

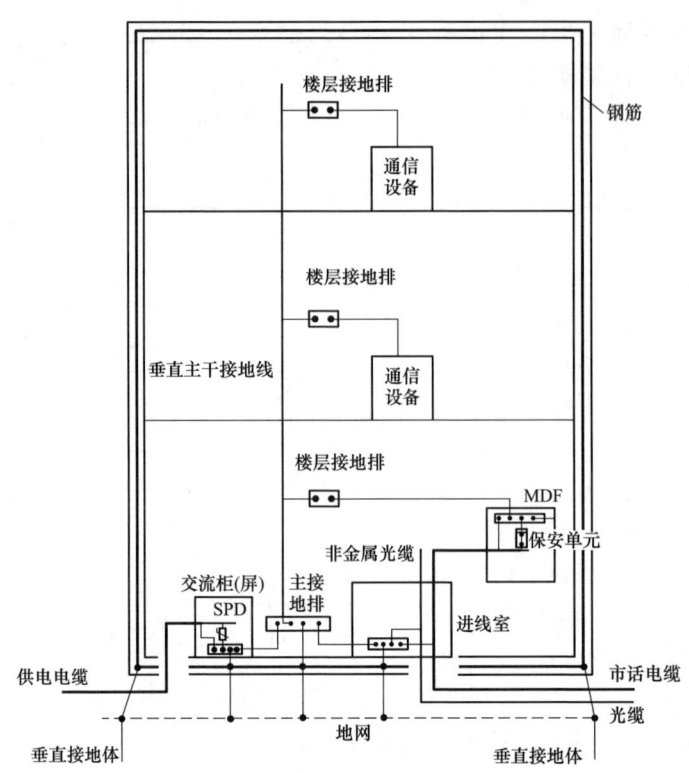

图 14.10-2　垂直主干接地线连接系统示意图

务，处于此区域外的设备应由另外的垂直主干接地线提供服务。

4）垂直主干接地线间应每隔两层或三层进行互连。

5）每一层应建立一个或多个楼层接地排，各楼层接地排应就近连接到附近的垂直主干接地线，且各楼层接地排应设置在各子通信系统需要提供通信设备接地连接的中央。

6）各种设备连接网、直流电力装置及其他系统的地应连接到所在楼层的楼层接地排。

14.10.1.3　进局缆线的接地

综合通信大楼应设立电缆入口设施，并应通过接地排将电缆入口设施各个户外电缆与主接地排或环形接地汇集线连接，并应符合下列要求：

（1）所有连接应靠近建筑物的外围。

（2）入口设施特别是电源引入设施和电缆入口设施应根据实际情况紧靠在一起。

（3）入口设施的连接导体应短、直。

14.10.1.4　通信设备的接地

（1）在通信机房总体规划时，总配线架宜安装在一楼进线室附近，接地引入线应从地网两个方向就近分别引入。

（2）非屏蔽信号电缆或电力电缆应避免在外墙上布放。必须布放时，则应将电缆全部穿入屏蔽金属管，并应将金属管两端与公共连接网连接。

（3）通信设备宜放置在距外墙楼柱 1m 以外的区域，并应避免设备的机柜直接接触到外墙。

（4）综合通信大楼的通信系统，当其不同子系统或设备间因接地方式引起干扰时，宜在机房单独设立一个或者数个局部接地排，不同通信子系统或设备间的接地线应与各自的局部接地排相连后再与楼层接地排连接。

（5）传输设备因不同的接地方式引起干扰时，可采取将屏蔽传输线进行一端屏蔽层断开进行隔离处理等抗干扰措施处理方式。

（6）有单独保护接地要求的通信设备机架接地线应从总接地汇集线或机房内的分接地汇集线上引入。

（7）DDF 架、ODF 机架或列盘、数据服务器及机架应做接地处理。

综合通信大楼接地示意图见图 14.10-3。

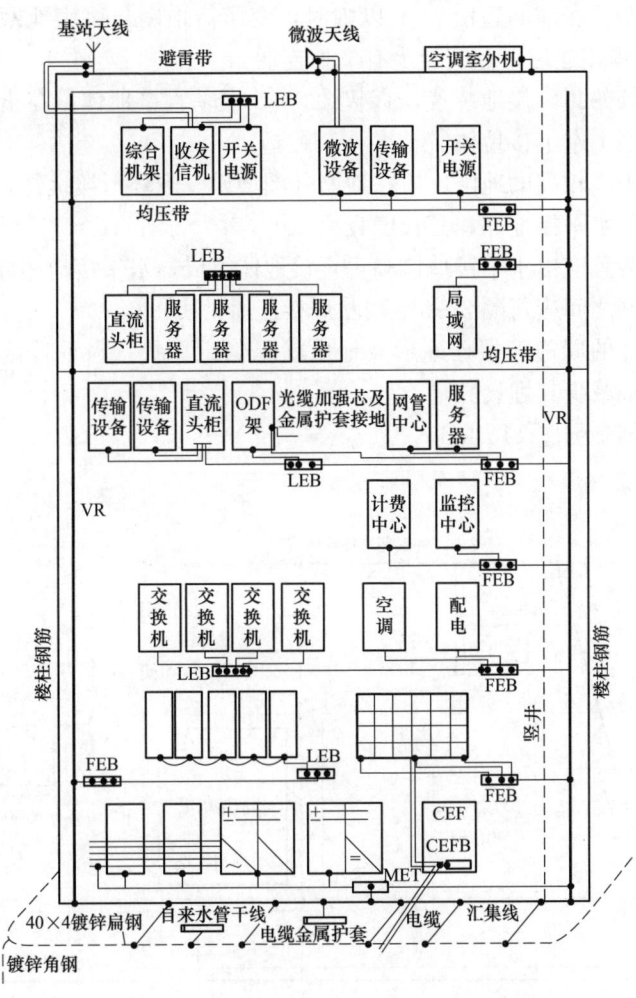

图 14.10-3　综合通信大楼联合接地系统连接方式

建筑物采取等电位连接措施后，各等电位联结网络均应与共用接地系统有直通大地的可靠连接，每个通信子系统的等电位连接系统，不宜再设单独的引下线接至总接地排，而宜将各个等电位联结系统用接地线引至本楼层楼层接地排。

14.10.2　微波站接地

（1）微波站出入线缆（包括进站高/低压电源线、天线波导馈线、同轴电缆和屋顶太阳能电池引入线等）的接地以及通信设备的接地要求见 13.12.5 的有关部分，并与综合通信楼的接地要求相同。

（2）微波站地网应由机房地网、铁塔地网及变压器地网组成，同时应利用机房建筑物的基础（含地桩）及铁塔基础内的主钢筋作为接地体的一部分。

（3）微波铁塔位于机房旁边时，其地网面积应延伸到塔基四周外 1.5m 的范围，其周边应为封闭式，并将塔基地桩内钢筋与地网焊接连通；微波机房位于微波铁塔内或微波铁塔位于机房顶时，宜在机房地网四角设置辐射式外引接地体。

（4）配电变压器设置在机房内时，变压器地网可合用机房及铁塔组成的地网；配电变压器设置在机房外且距机房地网边沿 30m 以内时，变压器地网与机房地网或与铁塔地网之间应每隔 3～5m 相互焊接连通，并应至少有 2 处连通。

（5）可敷设附加的集中接地装置，宜敷设 3～5 根垂直接地体。在土壤电阻率较高的地区，应敷设多根放射形水平接地体。

（6）在土壤电阻率较高的地区，应在地网外围增设一圈环形接地体，并应在地网或铁塔四角设置向外辐射的水平接地体，其长度宜为 20～30m。

（7）环形接地装置应由水平接地体和垂直接地体组成，水平接地体周边应为封闭式，环形接地体与机房地网之间应每隔 3～5m 相互焊接连通一次。

（8）环形接地体的周边可根据地形及地质状况确定形状。当垂直接地体埋设深度困难时，可根据地理环境减少其埋设数量。

高山微波站地网参见图 14.10-4。

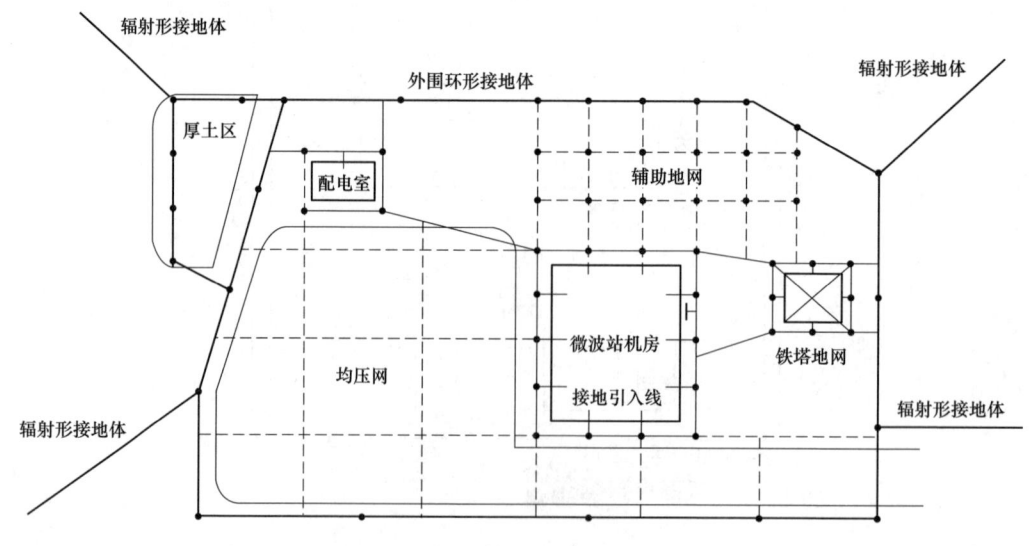

图 14.10-4 高山微波站地网示意图

14.10.3 大、中型电子计算机接地

（1）大、中型电子计算机有以下接地：

1）信号电路接地（包括逻辑及其他模拟量信号系统的接地），接地电阻应按计算机系统具体要求确定。

2）交流电源工作接地（通常在供电变电站）。

3）安全保护接地，有关要求见14.3节。

4）防雷接地，有关要求见13章。

（2）交流电源工作接地、安全保护接地、信号电路接地、防雷接地等应联合接地，其接地电阻应符合其中最小值要求；并应按 GB 50057—2010《建筑防雷设计规范》要求采取防雷击电磁脉冲措施，见13章有关部分。

（3）电子计算机系统参照14.7节。

每台电子信息设备（机柜）应采用两根不同长度的等电位联结导体就近与等电位联结网格连接。

（4）多个电子计算机系统宜分别用接地线与接地极系统连接。

（5）为了防止干扰，使计算机系统稳定可靠地工作，对于接地线的处理应满足下列要求：

1）计算机信号接地按 IEC 标准要求只接 PE 导体。

2）交流线路配线不允许与信号接地线紧贴或近距离地平行敷设。应敷设于不同支架上，相距不小于30cm，末端回路可置于共同支架上，间距至少为5cm。但也要避免形成过大的环路，以防止产生危险的感应电压和电流。交叉时宜成直角。

（6）信号接地线的选择：运行经验证明，由电子计算机至铜排网的这一段接地线，一般采用 0.35mm×100mm 或 0.5mm×100mm 的薄铜排较合适。

（7）铜排网的布置：电子计算机房活动地板下的铜排网，一般按活动地板的尺寸采用 0.6m×0.6m 的网格，也可按电子计算机机柜布置的位置来敷设，这样可以减小接地线的长度，具体做法见图 14.10-5。

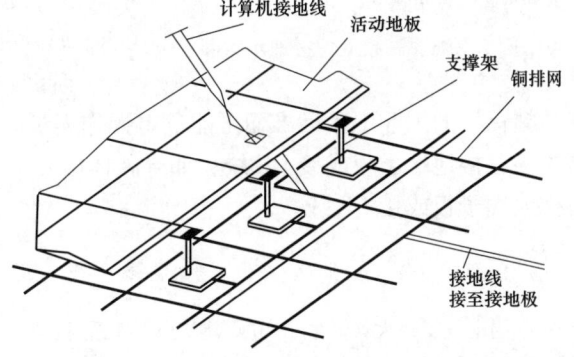

图 14.10-5 电子计算机房铜排网敷设示意图

（8）电子计算机房应根据需要采取下列防静电措施：

1）基本工作间不用活动地板时，可铺设导静电地面，导静电地面可采用导电胶与建筑地面粘牢。导静电材料的体积电阻率应为 $1.0\times10^{7}\sim1.0\times10^{10}\Omega\cdot cm$，其导电性能应长期稳定，且不易发尘。

2）主机房内采用的活动地板的承重部分由钢、铝或其他阻燃性材料制成。活动地板面层为导静电材料，严禁暴露金属部分。

3）主机房内的工作台面及座椅垫套材料应是导静电的，其体积电阻率应为 $1.0\times10^{7}\sim1.0\times10^{10}\Omega\cdot cm$。

4）主机房内的金属物体必须与接地系统作可靠的连接，不得有对地绝缘的孤立导体。

5）导静电地面、活动地板、工作台面和座椅等必须进行静电接地。

6）静电接地的连接线应有足够的机械强度和化学稳定性。导静电地面和台面采用导电胶与接地导体粘接时，其接触面积不宜小于 $20cm^{2}$。

7）静电接地可以经限流电阻及自己的连接线与接地装置相连，限流电阻的阻值宜为 1MΩ。

14.10.4 高频电炉接地

为了防止高频电炉工作时向外辐射的高频电磁波对工作人员的有害影响，防止其对电气设备特别是较灵敏的电子设备造成干扰，应对高频电炉工作间进行屏蔽（即将高频电炉设在屏蔽室中），或对高频电炉本身进行屏蔽，并将屏蔽体接总接地端子板或接保护线，其接地系统的接地电阻值一般要求不大于 4Ω。若与其他接地合用，其接地电阻值应符合其中最小值的要求。

容量在 30kW 及以上的高频电炉，一般应安装在屏蔽室内。在电源线进入屏蔽室入口处应装设电源滤波器，并应在此处将屏蔽室的屏蔽体和电源滤波器进行一点接地，见图 14.10-6。

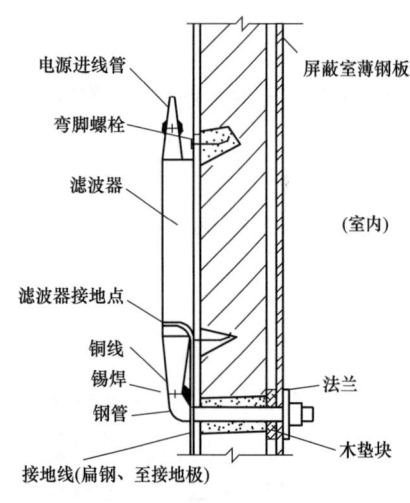

图 14.10-6　高频电炉接地示意图

容量小于 30kW 的高频电炉是否需要设置在屏蔽室中，应根据高频电炉所在工厂中电子设备设置的情况和当地公安、民航、驻军等有关部门的要求而定。不论是否设置在屏蔽室中，高频电炉的外露导电部分（如金属外壳）均应与总接地端子板或 PE 线连接。

当高频电炉周围一定距离内的电磁场强度超过关于高频辐射的工业卫生标准而可能危害操作人员时，还应对高频电炉本身进行屏蔽，并将屏蔽体接总接地端子板或接 PE 线。如屏蔽体由几部分组成，则应将各部分做电气连接后再接总接地端子板或接 PE 线。

参 考 文 献

[1]　中国电气工程大典 . 第 14 卷 . 建筑电气工程-接地 .

[2]　王厚余 . 低压电气装置的设计安装和检验(第三版)[M]. 北京：中国电力出版社，2012.

[3]　何金良，曾嵘等 . 电力系统接地技术[M]. 北京：科学出版社，2007.

[4]　李舜阳 . 电磁兼容设计与测量技术[M]. 北京：中国标准出版社，2009.

15 电 气 安 全

15.1　电流通过人体的效应

15.1.1　人体的阻抗

人体的阻抗值取决于许多因素，尤其是电流的路径、接触电压、电流的持续时间、频率、皮肤潮湿程度、接触的表面积、施加的压力和温度。

（1）人体的内阻抗（Z_i）。人体的内阻抗大部分可认为是阻性的，其数值主要由电流路径决定，与接触表面积的关系较小。测量表明人体内阻抗存在很少的容性分量。

图 15.1-1 所示为人体不同部位的内阻抗，是以一手到一脚为路径的阻抗的百分数表示。

对于电流路径为手至手或手至脚时，阻抗主要位于四肢（手臂和腿）。若忽略人体躯干的阻抗，可得出图 15.1-2 所示的简化电路图。

（2）皮肤阻抗（Z_S）。皮肤阻抗可视为由半绝缘层和许多小的导电体（毛孔）组成的电阻和电容的网络。当电流增加时皮肤阻抗下降，有时可见到电流的痕迹。

对较低的接触电压，即使是同一个人，其皮肤的阻抗值也会随着条件不同而具有很大的变化，如接触表面积和条件（干燥、潮湿、出汗）、温度、快速呼吸等。对于较高的接触电压，则皮肤阻抗显著下降，而当皮肤击穿时，阻抗变得可以忽略了。

频率增加时皮肤阻抗则会减少。

（3）人体总阻抗（Z_T）。在干燥条件、大的接触表面积情况下，50Hz/60Hz 交流电流路径为手到手的成年人体总阻抗 Z_T：对于 5% 人群取 575Ω；对于 50% 人群取 775Ω；对于 95% 人群取 1050Ω。

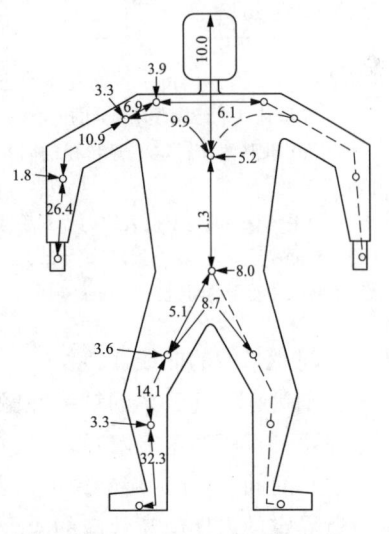

图 15.1-1　人体内部的部分阻抗 Z_{ip}

为了计算关于所给出的电流路径的人体的总阻抗 Z_T，对电流流通的人体所有部分的内阻抗 Z_{ip} 以及接触面积的皮肤阻抗都必须相加。人体外面的数字表示，当电流进入那点时，才要加到总数中的部分内阻抗。

15.1.2　15～100Hz 范围内正弦交流电流的效应

（1）感知阈和反应阈。这两个阈取决于若干参数，如人体与电极接触的面积（接触面积）、接触的状态（干燥、潮湿、压力、温度），也和个人的生理特点有关。

反应阈采用的是通用值，为 0.5mA，与时间无关。

（2）摆脱阈。摆脱阈取决于若干参数，如接触面积，电极的形状和尺寸，而且也和个人的生理特点有关。

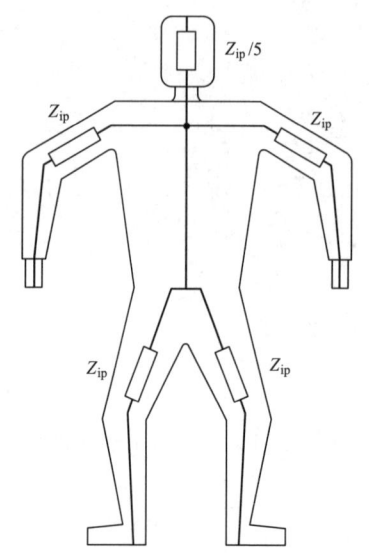

图 15.1-2　人体内部阻抗简化示意图

Z_{ip}— 一个肢体（手臂或腿）部分的内阻抗

为简化电路图，假定手臂和腿的阻抗值相同。

从一手到双脚的内阻抗大约为手到手或一手到一脚的 75%，从双手到双脚为 50%，而从双手到人体躯干的阻抗为 25%。

约 10mA 的值是针对成年男人的，约 5mA 的数值适用于所有人。

（3）心室纤维性颤动阈。心室纤维性颤动阈取决于生理参数（人体结构、心脏功能状态等）和电气参数（电流持续时间和路径、电流的特性等）。

通过 50Hz 或 60Hz 正弦交流电流时，如果电流持续时间超 1 个心搏周期，则纤维性颤动阈显著降低。这种效应是由于电流诱发心脏期外收缩，使心脏不协调的兴奋状态加剧而引起。

当电击的持续时间小于 0.1s、电流大于 500mA 时，纤维性颤动就有可能发生，只要电击发生在易损期内，而数安培的电流幅值，则很可能引起纤维性颤动。对于这样强度而持续的时间又超过一个心搏周期的电击，有可能导致可逆的心脏停跳。

以左手到双脚的电流路径，很方便地确定曲线 c_1（见图 15.1-3），在 c_1 曲线以下，纤维性颤动不大可能发生。对处于 10～100ms 之间的短持续时间的高电平区间，被选作从 500～400mA 的递降的曲线。对持续时间长于 1s 的较低的电平区间，被选作在 1s 时的 50mA 至持续时间长于 3s 的 40mA 的递减的曲线。两电平区间用平滑的曲线连接。

分别为 5% 和 50% 的纤维性颤动概率的曲线 c_2 和 c_3（见图 15.1-3），曲线 c_1、c_2、c_3 适用于左手到双脚的电流路径。

（4）时间/电流区域的说明（图 15.1-3）。图 15.1-3 示出了由通电时间和人体流过的电流值所界定的人体电流效应的 4 个区域。各区域的说明见表 15.1-1。

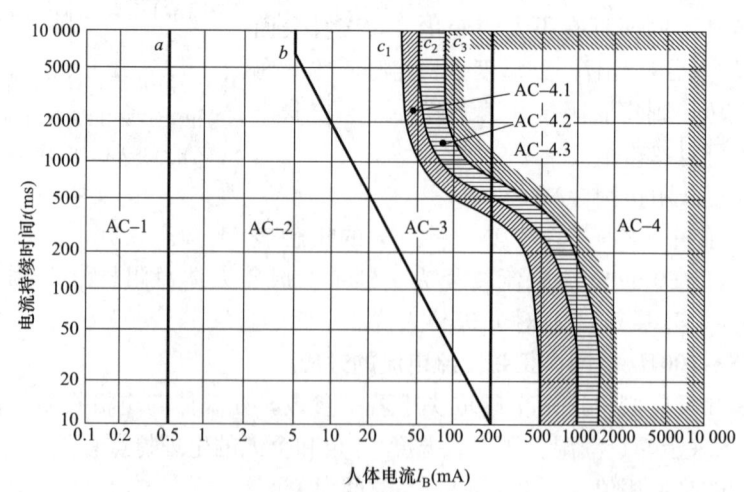

图 15.1-3　电流路径为左手到双脚的交流电流（15～100Hz）对人效应的约定时间/
电流区域

表 15.1-1 交流 15～100Hz 的时间/电流区域说明

区域	范围	生理效应
AC-1	0.5mA 的曲线 a 的左侧	有感知的可能性，但通常没有被"吓—跳"的反应
AC-2	曲线 a 至曲线 b	可能有感知和不自主地肌肉收缩但通常没有有害的电生理学效应
AC-3	曲线 b 至曲线 c	可强烈地不自主的肌肉收缩。呼吸困难。可逆性的心脏功能障碍。活动抑制可能出现。随着电流幅而加剧的效应。通常没有预期的器官破坏
AC-4[a]	曲线 c_1 以上	可能发生病理-生理学效应，如心博停止、呼吸停止以及烧伤或其他细胞的破坏。心室纤维性颤动的概率随着电流的幅度和时间增加
	$c_1 \sim c_2$	AC—4.1 心室纤维性颤动的概率增到大约 5%
	$c_2 \sim c_3$	AC—4.2 心室纤维性颤动的概率增到大约 50%
	曲线 c_3 的右侧	AC—4.3 心室纤维性颤动的概率超过 50% 以上

[a] 电流的持续时间在 200ms 以下，如果相关的阈被超过，心室纤维性颤动只有在易损期内才能被激发。关于心室纤维性颤动，本图与在从左手到双脚的路径中流通的电流效应相关。对其他电流路径，应考虑心脏电流系数。

（5）心脏电流系数（F）的应用。心脏电流系数可用以计算除左手到双脚的电流通路以外的电流 I_h，此电流与图 15.1-3 中的左手到双脚电流 I_{ref} 的具有同样心室纤维性颤动的危险。

$$F = \frac{I_{ref}}{I_h} \qquad (15.1\text{-}1)$$

式中 I_{ref}——图 15.1-3 中的路径为左手到双脚通过人体的电流，mA；

I_h——表 15.1-2 中各路径的人体电流，mA；

F——表 15.1-2 中的心脏电流系数。

对于不同的电流通路，心脏电流系数列于表 15.1-2。

表 15.1-2 不同电流路径的心脏电流系数 F

电流通路	心脏电流系数 F	电流通路	心脏电流系数 F
左手到左脚、右脚或双脚	1.0	背脊到左手	0.7
双手到双脚	1.0	胸膛到右手	1.3
左手到右手	0.4	胸膛到左手	1.5
右手到左脚、右脚或双脚	0.8	臀部到左手、右手或双手	0.7
背脊到右手	0.3	左脚到右脚	0.04

心脏电流系数可以用来估计电流通过各种电流路径发生心室纤维颤动的危险程度。

15.1.3 直流电流效应

"直流电流"本应指无纹波电流，但对纤维性颤动效应而言，含 10% 以下的正弦波方均根值也是适用的。

（1）感知阈和反应阈。这两个阈取决于接触面积、接触状况（干、湿、压力、温度），通电时间和个人的生理参数。与交流不同，在感知阈水平时，直流电流只有在接通和断开时才有感觉，而在电流流过期间不会有其他感觉。反应阈约为 2mA。

（2）活动抑制阈和摆脱阈。与交流不同，直流没有确切的摆脱阈，只有在电流接通和断开时，才会引起肌肉疼痛和痉挛状收缩。

（3）心室纤维性颤动阈。为了解直流电流效应，应了解如下概念：

纵向电流—纵向流过人体躯干（如从手到脚）的电流；

横向电流—横向流过人体躯干（如从手到手）的电流；

向上电流—以脚为正极流过人体的直流电流；

向下电流—以脚为负极流过人体的直流电流。

和交流效应一样，直流电的纤维颤动阈也取决于人的生理参数和电气参数。

通常纵向电流才会有心室纤维颤动的危险，至于横向电流，不大可能发生心室纤维性颤动。

向下电流的纤维性颤动阈约为向上电流的两倍。

电击时间长于一个心搏周期时，直流的纤维性颤动阈比交流要高好几倍。当电击时间短于 200ms 时，其纤维性颤动阈和交流的均方根值大致相同。

比照交流的时间/电流区域（见图 15.1-3），可确定一组应用于纵向、向上电流的曲线。在曲线 c_1（见图 15.1-4）以下纤维性颤动不大可能性发生。曲线 c_2 和 c_3（见图 15.1-4）的纤维性颤动概率分别为 5% 与 50%。当电流为纵向、向下电流时，图中电流值应乘以系数 2。

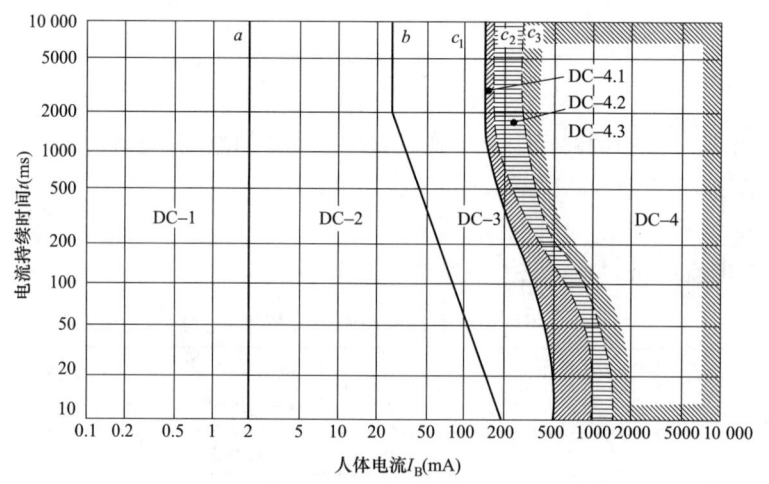

图 15.1-4　直流电流效应的时间/电流区域图

（4）时间/电流区域说明。直流电流的时间/电流区域说明见表 15.1-3。

表 15.1-3　　　　　　　　　　　　直流的时间/电流区域说明

区域	范围	生 理 效 应
DC-1	2mA 曲线 a 的左侧	当接通、断开或快速变化的电流流通时，可能有轻微地刺痛感
DC-2	曲线 a 至曲线 b	实质上，当接通、断开或快速变化的电流流通时，很可能发生无意识地肌肉收缩，但通常没有有害的电气生理效应
DC-3	曲线 b 的右侧	随着电流的幅度和时间的增加，在心脏中很可能发生剧烈的无意识地肌肉反应和可逆的脉冲成形传导的纹乱。通常没有所预期的器官损坏

续表

区域	范围	生 理 效 应
DC-4 [a]	曲线 c_1 以上	有可能发生病理—生理学效应，如心博停止、呼吸停止以及烧伤或其他细胞的破坏。心室纤维性颤动的概率也随着电流的幅度和时间而增加
	c_1—c_2	DC—4.1 心室纤维性颤动的概率增加到约 5%
	c_2—c_3	DC—4.2 心室纤维性颤动的概率增加到约 50%
	曲线 c_3 的右侧	DC—4.3 心室纤维性颤动的概率增加大于 50%

[a] 电流的持续时间在 200ms 以下，如果相关的阈被超过，则心室纤维性颤动只有在易损期内才能被激发。在这个图中的心室纤维性颤动，与路径为左手到双脚而且是向上流动的电流效应相关。至于其他的电流路径，已由心脏电流系数予以考虑。

直流电流与其能诱发相同心室纤维颤动概率的等效交流电流的方均根值之比称为直流/交流的等效因数，其值约为 3.75。

15.1.4 接触电压限值

上述电流通过人体的效应，电击防护是以电流值为阈值，应用时需求得接触电压和在接触电压作用下的人体阻抗；人体阻抗取决于作用人体的电压，是非线性的，工程应用不十分方便。表 15.1-4、表 15.1-5 给出了各种条件下交直流接触电压与最大接触面积的对应关系，该数据引自 IEC/TS 61201：2007。

表 15.1-4 　　　　　　　给定交流接触电压对应最大接触面积示例

交流接触电压（V，方均根值）	湿润条件	人体电流通路	惊吓反应接触电压阈值的最大接触面积（cm²）	肌肉收缩接触电压阈值的最大接触面积（cm²）	心室纤维性颤动接触电压阈值的最大接触面积（cm²）
15	水湿润	手到手	1	26	>100
		双手到脚	<1	26	>100
		手到臀部	<1	9	>100
15	盐水湿润	手到手	<1	3	>100
		双手到脚	<1	3	>100
		手到臀部	<1	<1	>100
16	水湿润	手到手	<2	25	>100
		双手到脚	<1	25	>100
		手到臀部	<1	8	>100
25	水湿润	手到手	<1	12	>100
		双手到脚	<1	12	80
		手到臀部	<1	3	>100
25	盐水湿润	手到手	<1	1	>100
		双手到脚	<1	1	40
		手到臀部	<1	<1	100
30	干燥	手到手	1	20	>100
		双手到脚	<1	20	90
		手到臀部	<1	4	>100
33	水湿润	手到手	<1	7	>100
		双手到脚	<1	7	45
		手到臀部	<1	<2	60
33	干燥	手到手	<2	16	>100
		双手到脚	1	16	80
		手到臀部	<1	<4	85

交流接触电压（V，方均根值）	湿润条件	人体电流通路	惊吓反应接触电压阈值的最大接触面积（cm²）	肌肉收缩接触电压阈值的最大接触面积（cm²）	心室纤维性颤动接触电压阈值的最大接触面积（cm²）
50	干燥	手到手	<1	8	>100
		双手到脚	<1	8	35
		手到臀部	<1	1	30
55	干燥	手到手	<1	6	>100
		双手到脚	<1	6	30
		手到臀部	<1	<1	25

注 最大允许接触面积是指每处与可导电表面的接触面积。手到手，为每只手的接触面积；双手到脚，为每只手和每只脚的接触面积；手到臀部，仅为手的接触面积；臀部接触假设为很大面积，与手接触无关。

表 15.1-5　　　　　　　　　给定直流接触电压对应最大接触面积示例

直流接触电压（V）	湿润条件	人体电流通路	惊吓反应接触电压阈值的最大接触面积（cm²）	肌肉收缩接触电压阈值的最大接触面积（cm²）	心室纤维性颤动接触电压阈值的最大接触面积（cm²）
30	水湿润	手到手	3	80	>100
		双手到脚	1	30	>100
		手到臀部	1	22	>100
30	盐水湿润	手到手	<1	40	>100
		双手到脚	<1	6	>100
		手到臀部	<1	5	>100
35	水湿润	手到手	<2	60	>100
		双手到脚	<1	25	>100
		手到臀部	<1	18	>100
60	水湿润	手到手	1	25	>100
		双手到脚	<1	9	>100
		手到臀部	<1	3	>100
60	盐水湿润	手到手	<1	5	>100
		双手到脚	<1	1	>100
		手到臀部	<1	1	>100
60	干燥	手到手	1	35	>100
		双手到脚	1	15	>100
		手到臀部	<1	3	>100
70	水湿润	手到手	<1	19	90
		双手到脚	<1	6	>100
		手到臀部	<1	<2	>100
70	干燥	手到手	<1	25	>100
		双手到脚	<1	10	>100
		手到臀部	<1	<1	>100

续表

直流接触电压（V）	湿润条件	人体电流通路	惊吓反应接触电压阈值的最大接触面积（cm²）	肌肉收缩接触电压阈值的最大接触面积（cm²）	心室纤维性颤动接触电压阈值的最大接触面积（cm²）
120	干燥	手到手	<1	2	>100
		双手到脚	<1	1	20
		手到臀部	<1	<1	12
140	干燥	手到手	<1	2	>100
		双手到脚	<1	1	10
		手到臀部	<1	<1	8

15.2 电 击 防 护

电击防护的基本原则是在正常条件下和单一故障情况下，危险的带电部分不应是可触及的，而可触及的可导电部分不应是危险的带电部分。

发生下列任一情况，均认为是单一故障：

（1）可触及的非危险带电部分变成危险的带电部分（例如，由于限制稳态接触电流和电荷措施的失效）；

（2）可触及的在正常条件下不带电的可导电部分变成危险的带电部分（例如，由于外露可导电部分基本绝缘的损坏）；

（3）危险的带电部分变成可触及的（例如，由于外护物的机械损坏）。

15.2.1 基本防护（直接接触防护）

（1）带电部分的基本绝缘。这种防护措施就是将电气设备带电部分用绝缘覆盖，防止人体与带电部分的任何接触。油漆、清漆、喷漆及类似物不能用作绝缘。

（2）遮拦或外护物（外壳）。这种防护措施是用遮拦或外护物防止人体与带电部分接触。遮拦和外护物应牢固牢靠，只有在使用钥匙、工具或者断开带电部分的电源时，遮拦和外护物才允许移动或打开。

遮拦只能从任一可能接近的方向来阻隔人体与带电部分的接触，外护物可以从所有方向阻隔人体与带电部分的接触。

外护物或遮拦的防护等级至少为 IP××B 或 IP2×，易触及的遮拦或外护物的顶部水平表面，防护等级应至少为 IP××D 或 IP4×。

（3）阻挡物。阻挡物应能防止：

1）躯体无意地接近带电部分；

2）正常工作中操作通电设备时，人体无意地接触带电部分。

阻挡物可不用钥匙或工具即可挪动，但应能防止它被无意地挪动。

（4）置于伸臂范围之外。可同时触及的不同电位的部分之间的距离不应在伸手可及的范围之内，伸臂范围如图 15.2-1 所示。

如果有人站立的水平方向有防护等级低于 IP××B 或 IP2× 的阻挡物（例如，栏杆、网栅）所阻挡，伸臂范围应从阻挡物算起。在头的上方，伸臂范围应从地面算起。

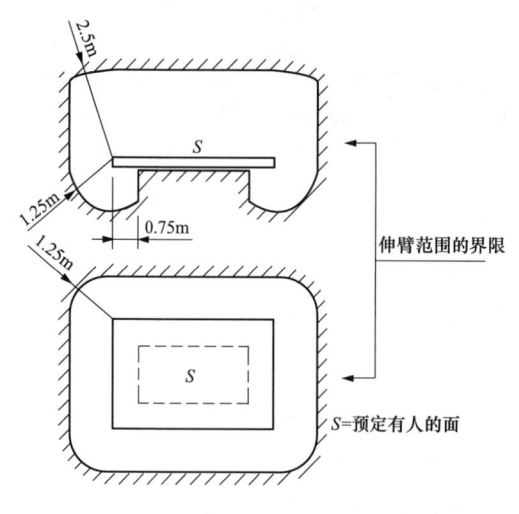

图 15.2-1 伸臂范围

在人手通常持握大或长的物件的场所，应计及这些物件的尺寸，在此情况下所要求的距离应予以加大。

如果装置采用阻挡物和置于伸臂范围之外的防护措施，该装置只有以下任一类人员才可接近：

1）熟练技术人员 BA5 或受过培训的人员 BA4；

2）由熟练技术人员 BA5 或受过培训的人员 BA4 监督下的人员。

15.2.2 故障防护（间接接触防护）

15.2.2.1 自动切断电源

自动切断电源作为防护措施要求：

基本防护：带电部分采用基本绝缘、遮拦或外护物；

故障防护：采用保护等电位联结和在故障的情况下自动切断电源。

（1）保护接地和保护等电位联结。

1）保护接地：外露可导电部分应按系统接地型式的具体条件，与 PE 导体连接。

可同时触及的外露可导电部分应单独地、成组地或共同地连接到同一个接地系统。保护接地导体应符合 14.3.3 的规定。

每一回路应具有连接至相关的接地端子的 PE 导体。

2）保护等电位联结。保护等电位联结见 14.4 节。

（2）在故障情况下的自动切断电源。

1）如在有关回路或设备内的相导体和外露可导电部分或保护接地导体之间发生阻抗可忽略不计的故障，保护电器应在所要求的切断电源时间内自动切断该回路或设备的相导体。

2）对于额定电流不超过 63A 插座和 32A 固定连接的用电设备的终端回路，其最长的切断电源的时间见表 15.2-1。

表 15.2-1　　　　　　　　　　　最长的切断时间

系统	$50V<U_0<120V$ (s)		$120V<U_0≤230V$ (s)		$230V<U_0≤400V$ (s)		$U_0>400V$ (s)	
	交流	直流	交流	直流	交流	直流	交流	直流
TN	0.8	注（1）	0.4	1	0.2	0.4	0.1	0.1
TT	0.3	注（1）	0.2	0.4	0.07	0.2	0.04	0.1

当 TT 系统内采用过电流保护电器切断电源，且其保护等电位联结连接到电气装置内的所有装置外可导电部分时，该 TT 系统可以采用表中 TN 系统最长的切断电源时间。

U_0—交流或直流线对地的标称电压。

注　（1）切断电源的时间要求可能是为了电击防护之外的原因。

（2）采用 RCD 切断电源的时间如果满足本表要求，则预期剩余故障电流显著大于额定剩余动作电流 $I_{\Delta n}$（此预期剩余故障电流通常为 5 额定剩余动作电流 $I_{\Delta n}$）。

（3）IT 系统切断时间见 15.2.2.1（6）2）。

3）在 TN 系统内配电回路和除 2）规定之外的回路，其切断电源的时间不允许超过 5s。

4）在 TT 系统内配电回路和除 2）规定之外的回路，其切断电源的时间不允许超过 1s。

5）如果标称电压大于交流 50V 或直流 120V 的系统，，在发生对保护接地导体或对地故障时，其电源的输出电压能在 5s 以内下降至等于或小于交流 50V 或直流 120V，则其自动切断电源的时间要求可不需满足上述电击防护的要求。

6）如果自动切断电源的时间不能满足上述的要求时，应按 15.2.2.6 的规定采取附加保护。

（3）附加保护。采用剩余电流动作保护器（Residual Current Operated Protective Device，RCD）作为附加保护措施：

1）额定电流不超过 32 A，供一般人使用的普通用途的插座；❶

2）额定电流不超过 32 A 的户外移动式设备。

（4）TN 系统的保护措施。

1）TN 系统内回路因绝缘损坏发生接地故障后有三种可能情况：①故障点相接触的两金属部分因大幅值的故障电流通过而熔化成团并缩回，从而脱离接触，接地故障自然消失；②两金属部分熔化成团脱离接触后引燃电弧，形成电弧性接地故障，相当大一部分的线路电压降落在电弧上，PE 导体上的电压降形成的接触电压相对减少，它的电气危险常表现为电弧引燃起火而非人身电击；③两金属部分熔化后互相焊牢，使故障继续存在，其故障点阻抗可忽略不计，如果故障电流足够大，过电流防护电器能迅速切断电源，则可以避免电击事故的发生。如果故障电流不足以使过电流防护电器动作或者防护电器动作不及时，而 PE 导体上的接触电压超过其限值，这时如果人体触及到带电的设备外露导电部分，就有可能发生电击事故。

还有一种情况是 TN 系统内本回路没有发生接地故障，而是该 TN 系统内其他回路发生接地故障，故障电压通过 PEN 导体和 PE 导体传导，使无故障回路内外露导电部分也呈现故障电压，但是该回路内并未通过故障电流，回路的防护电器不会动作，如果该故障电压值超过接触电压限值，就有可能发生电击事故，这就要采取补充措施来防止电击事故的发生。

2）TN 系统故障保护。

当建筑物内发生接地故障时，TN 系统的保护电器以及回路的阻抗应能满足在规定时间内自动切断电源的要求，它可以用下式表示

$$Z_s I_a \leqslant U_0 \tag{15.2-1}$$

式中　Z_s——故障回路的阻抗，它包括电源（变压器或发电机）、相导体、PEN 或 PE 导体的阻抗，Ω；

　　　　I_a——能保证保护电器在规定时间内动作的电流，A；

　　　　U_0——相导体对地电压，V。

TN 系统的故障保护可以采用过电流保护电器和 RCD。如果 TN 系统内发生接地故障的回路故障电流较大，可利用过电流保护电器兼做故障保护。但是在某些情况下，如线路长、导线截面小，过电流保护电器通常不能满足自动切断电源的时间要求，则采用 RCD 做故障

---

❶ 下列情况可以例外：

　——在由熟练或受过培训的人员监管下使用的插座，如在一些商业或工业场所内装用插座；或

　——用于特殊设备的特殊插座。

保护最为有效。

3）TN 系统采用局部等电位联结作为附加防护。

a. 当配电线路较长，导线截面较小时，由于回路阻抗大，接地故障电流 I_d 小，过电流保护电器超过规定时，除了加大导线截面或装设剩余电流保护器，还可以采用局部等电位联结或辅助等电位联结来降低接触电压，从而更可靠地防止电击事故的发生。

如图 15.2-2 所示，未作局部等电位联结的接触电压 U_c 为电气设备 M 与暖气片 R_a 之间的电位差；其值为 a—b—c 段 PE 线上的故障电流 I_d 产生的电压降，如果此段线路较长，电压降超过 50V，但故障电流不能使过电流保护电器在规定时间内切断故障线路。为保障人身安全，应作局部等电位联结。这时接触电压降低为 a—b 段的 PE 线的电压降，其有效性可以用式（15.2-8）进行校验。

如果按照图 15.2-3 进行辅助等电位联结，则不存在接触电压。

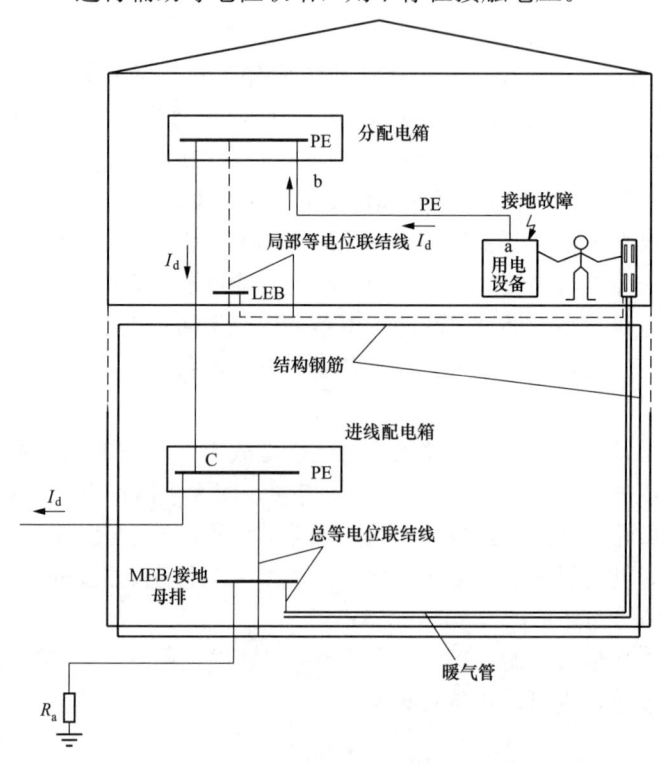

图 15.2-2　局部等电位联结降低接触电压

b. 如果同一配电盘既供给大于 32A 的供电回路，又供给不大于 32A 的终端回路。当前者发生接地故障时，引起的危险故障电压将通过 PE 导体传到后者的外露可导电部分，若前者切断故障回路的时间较长，则接触到后者的人员可能产生电击危险，为此应作局部等电位联结，将接触电压降到 50V 以下。

4）TN 系统内故障电压通过 PEN 或 PE 导体传导。相导体与大地间发生接地故障时，由于故障回路阻抗大，故障电流 I_d 较小，线路首端的过电流保护电器往往不能动作，使得 I_d 持续存在。I_d 在电源端的接地极上将产生电压降 $U_f = I_d R_B$，此电压即电源中性点对地的故障电压。此故障电压将沿 PEN 或 PE 导体传至用电设备的外露可导电部分上，如图 15.2-4 所示。

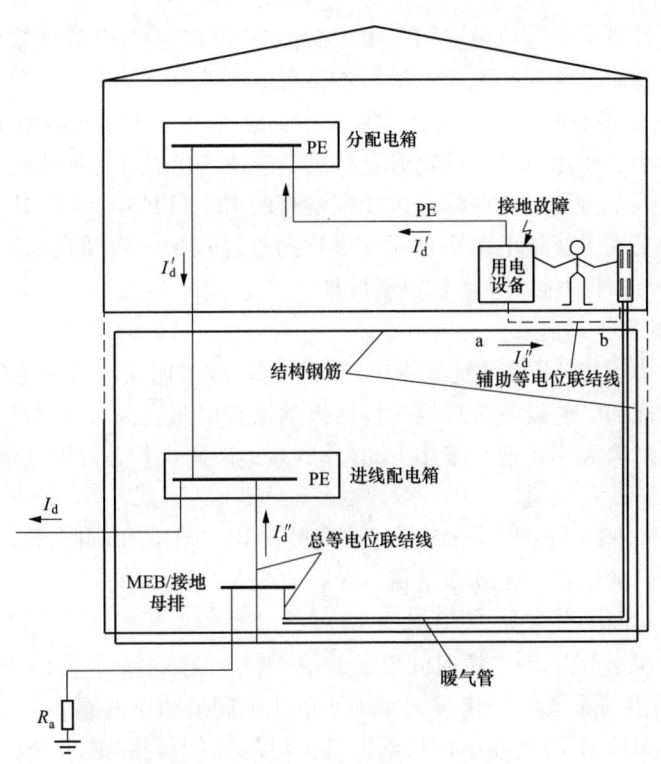

图 15.2-3 辅助等电位联结降低接触电压

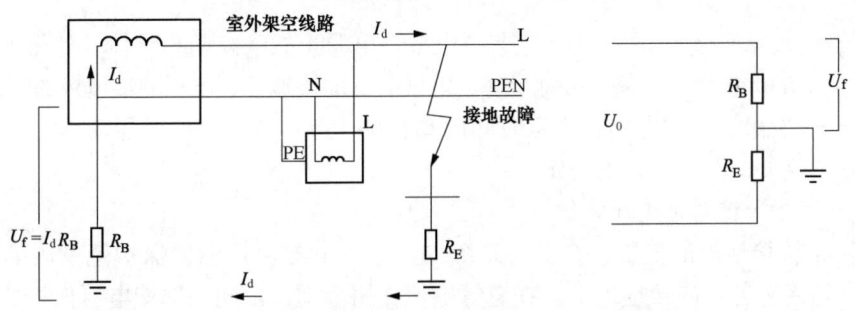

图 15.2-4 相导体对大地故障引起对地故障电压

如果设备在无等电位联结的户外，而故障电压超过接触电压限值，将对人身构成危害，为此应尽量使工作接地极的电阻 R_B 与接地故障电阻 R_E 之比满足下式以减少电击危险

$$\frac{R_B}{R_E} \leqslant \frac{50}{U_0 - 50} \tag{15.2-2}$$

式中 R_B —— 工作接地极的电阻，Ω；

      R_E —— 接地故障电阻，Ω；

      U_0 —— 相导体对地电压，V。

当 U_0 为 220V 时，$\dfrac{R_B}{R_E} \leqslant 0.29$。

为此应尽量降低 R_B，例如沿架空线路多做重复接地以满足此条件。或者将户外无等位联结的电气设备改为局部 TT 系统，以避免故障电压通过 PEN 或 PE 导体传导。但如果设备在建筑物内,其做了总等电位联结,由于设备外露可导电部分和装置外可导电部分以及地面的电位同时升高而处于同一电位,从而不会有电击危险。

5) TN 系统重复接地的设置:在 TN 系统中,总等电位联结内的地下金属管道和结构已实现了接地电阻小、使用寿命长的良好自然重复接地,所以在电源线进入建筑物内电气装置处一般不必设置人工接地极,通常自进线配电箱的 PE (PEN) 母线引出联结线至配电箱近旁接地母排上即实现了接地电阻小且无须维护的重复接地。应注意,在 TN-C 或 TN-C-S 系统建筑物内 PEN 导体只能在一点作重复接地。

(5) TT 系统的保护措施。

1) TT 系统故障保护:TT 系统发生接地故障时,故障回路包含有电气装置外露导电部分保护接地的接地极和电源处系统接地的接地极的接地电阻。与 TN 系统相比,TT 系统故障回路阻抗大,故障电流小,通常采用 RCD 作为接地故障保护,此时应满足下列条件

$$R_A I_{\Delta n} \leqslant 50V \tag{15.2-3}$$

式中　R_A ——电气装置外露可导电部分的接地极和 PE 导体的电阻之和,Ω;

$I_{\Delta n}$ ——RCD 的额定剩余动作电流,A。

保护电器动作时间的要求见 15.2.2.1 (2)。

满足表 15.2-1 规定的切断电源时间要求的预期剩余故障电流,显著大于 RCD 的额定剩余动作电流 $I_{\Delta n}$(此预期剩余故障电流通常为 5 倍额定剩余动作电流 $I_{\Delta n}$)。

当故障回路的阻抗 Z_s 值足够小,且确保其值可靠又能保持稳定,也可选用过电流保护电器用于接地故障保护。采用过电流保护电器时,应满足下列条件

$$Z_s I_a \leqslant U_0 \tag{15.2-4}$$

式中　Z_s ——故障回路的阻抗,Ω,它包括电源、电源至故障点的相导体、外露可导电部分的保护接地导体、接地导体、电气装置的接地极、电源的接地极的阻抗之和。

I_a ——能保证保护电器在规定时间内动作的电流,A。保护电器动作时间的要求见 15.2.2.1 (2) 的规定。

U_0 ——相导体对地电压,V。

2) TT 系统接地极的设置:在 TT 系统内,原则上各保护电器保护范围内的外露可导电部分应分别接至各自的接地极上。在总等电位作用范围内由同一保护电器保护的几个外露导电部分应通过 PE 导体连至共同的接地极;如果被同一保护电器保护的各外露可导电部分不在总等电位作用范围内,可采用各自的接地极。

(6) IT 系统的保护措施。

1) 第一次故障时 IT 系统故障保护:在 IT 系统中,带电部分应对地绝缘或通过高阻抗接地。

当系统内发生第一次接地故障时,只能通过另外两个非故障相导体对地的电容返回电源,故障电流为该电容电流的相量和,如图 15.2-5 所示,其值很小。外露可导电部分的故障电压限制在

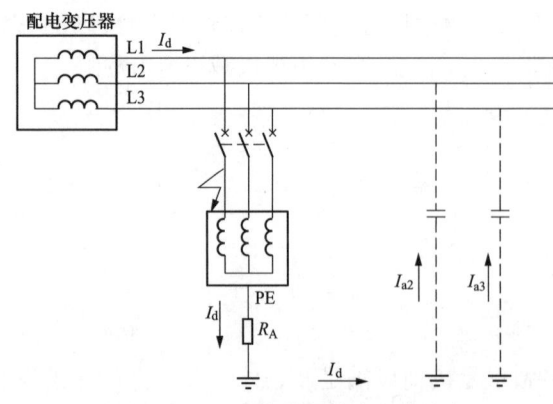

图 15.2-5　IT 系统接地故障电流示意图

接触电压限值以下，不需要切断电源，供电可靠性高，这是 IT 系统的主要优点。发生第一次接地故障后应由绝缘监测器发出信号，以便及时排除故障。

IT 系统电气装置外露可导电部分应单独、成组或集中接地，第一次接地故障时应发出报警信号，并满足以下条件：

$$交流系统\ R_A I_d \leqslant 50V \tag{15.2-5}$$
$$直流系统\ R_A I_d \leqslant 120V$$

式中　R_A —— 接地极与外露可导电部分的 PE 导体电阻之和，Ω；

　　　I_d —— 线导体和外露可导电部分之间的阻抗可忽略不计的情况下的故障电流，A。I_d 值考虑了泄漏电流和装置的总接地阻抗的影响。

2）第二次故障时 IT 系统故障保护：当 IT 系统的外露可导电部分单独接地时，如发生第二次接地故障，故障电流如图 15.2-6 所示，其防电击要求和 TT 系统相同，应满足式（15.2-3）的要求。

当 IT 系统全部的外露可导电部分共同接地时，如发生第二次接地故障，故障电流如图 15.2-7 所示，其防电击要求和 TN 系统相同。

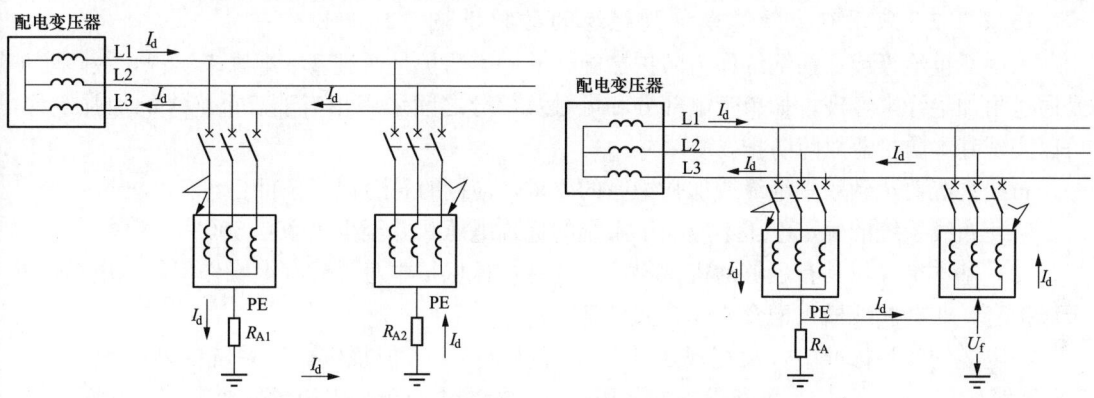

图 15.2-6　IT 系统第二次接地故障电流示意图　　　图 15.2-7　IT 系统第二次接地故障电流示意图
　　　（外露可导电部分单独接地）　　　　　　　　　　（外露可导电部分共同接地）

当 IT 系统不配出中性导体时

$$2Z_s I_a \leqslant U \tag{15.2-6}$$

当 IT 系统配出中性导体时

$$2Z'_s I_a \leqslant U_0 \tag{15.2-7}$$

式中　Z_s —— 包括相导体和保护接地导体的故障回路的阻抗，Ω；

　　　Z'_s —— 包括相导体、中性导体和保护接地导体的故障回路的阻抗，Ω；

　　　I_a —— 保证保护电器在满足 15.2.2.1（6）2）规定的时间内切断故障回路的电流，A；

　　　U_0 —— 相导体与中性导体之间的标称交流电压或直流电压，V；

　　　U —— 相导体之间的标称交流电压或直流电压，V。

3）IT 系统内监视器和保护电器的选用。IT 系统可以采用下列监视器和保护电器：

——绝缘监控装置（Insulation Monitoring Device，IMD）；

——绝缘故障定位系统（Insulation Fault Location System，IFLS）；

—剩余电流监视器 (Residual Current Monitor，RCM)；

—过电流保护电器；

—RCD。

(7) 功能特低电压 (Functional Extra Low Voltage，FELV)。这种保护措施的标称电压不超过交流 50V 或直流 120V，其基本防护和故障防护有别于 SELV 或 PELV 的要求。其基本防护要求电气装置的带电部分应有可靠的绝缘，对于电气设备，其绝缘应符合该设备的有关标准；或者电气装置装设有遮拦或外护物，遮拦和外护物应满足 15.2.1 (2) 的要求。其故障防护要求为：当一次回路采用自动切断电源的故障保护时，应将 FELV 回路中的设备外露可导电部分接地。

FELV 系统的电源应采用简单分隔的变压器或者安全隔离变压器。如果为 FELV 系统供电的设备不具备简单分隔的条件，如采用自耦变压器、电位器、半导体器件等，其输出回路只能视为输入回路的延伸，FELV 回路宜由装设在输入回路上的保护措施予以保护。

FELV 系统的插头和插座应该是专用的，其插头不能插入其他电压系统的插座，其插座也不能被其他电压系统的插头插入，插座应该有一个插孔与保护导体连接。

15.2.2.2 采用双重绝缘或加强绝缘的防护措施

采用双重绝缘或加强绝缘作为防护措施，其基本防护是通过基本绝缘来实现，故障防护是通过附加绝缘来实现；如果带电部分和可触及部分之间采用相当于双重绝缘的加强绝缘，可以实现基本防护兼故障防护。

布线系统要达到双重绝缘或加强绝缘的要求，应同时符合以下条件：

(1) 布线系统的额定电压不应小于系统的标称电压，并至少为 300/500V。

(2) 基本绝缘应具有足够的机械保护，这种机械保护本身也具有绝缘作用，如电缆的非金属护套，非金属线槽、槽盒或非金属导管。

在电缆的产品标准中，没有规定其耐冲击电压能力，但规定电缆系统的绝缘至少满足 GB/T 17045《电击防护装置和设备的通用部分》标准中对于加强绝缘的要求。

15.2.2.3 采用电气分隔的防护措施

采用电气分隔的基本防护是所有用电设备的带电部分应覆以基本绝缘或安装遮拦或外护物，也可采用双重绝缘或加强绝缘；其故障防护是采用隔离变压器供电，实现被保护回路与其他回路或地之间的分隔，如图 15.2-8 所示。电气隔离回路内带电导体不接地，用电设备金属外壳可与地面接触，但不能用 PE 导体接地。当回路发生接地故障时，故障电流 I_d 没有返回电源的导体通路，只能通过设备与大地间的接触电阻、地面电阻 R_E 以及导体对大地的电容 C 返回电源，故障电流 I_d 及其产生的预期接触电压 U_t 很小，不足以引起电击事故。一般一台隔离变压器只能给单台用电设备供电。

(1) 对故障防护的要求。电气隔离回路采用隔离变压器时，其二次侧输出电压不得超过 500V，且二次回路的带电导体不能与其他回路的带电部分、地以及保护接地导体相连接。为

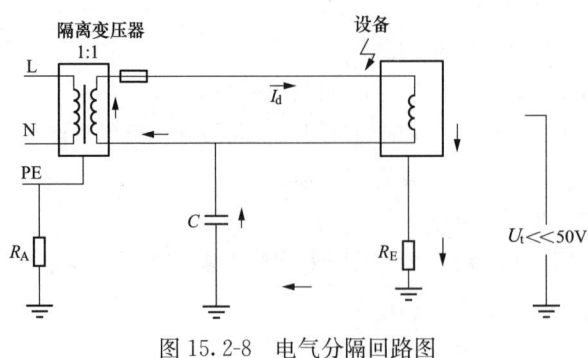

图 15.2-8 电气分隔回路图

确保电气上的分隔,不同回路之间应具有基本绝缘。电气隔离回路宜与其他回路分开敷设。如果在同一线路通道内敷设,电气隔离回路应采用无金属外皮的多芯电缆、穿绝缘套管、绝缘线槽或绝缘槽盒的绝缘电线。

(2) 隔离变压器。隔离变压器是指加强绝缘的双绕组或者多个绕组的变压器,其二次侧输出电压不得超过 500V。相导体对地电压不大于 250V 的这种变压器需通过工频 3750V 电压持续 1min 的耐压试验,或在两绕组之间设置接地的屏蔽层,从而使得这种变压器不存在危险电压自一个绕组传导至另一个绕组的可能性,绕组回路导体之间也没有任何电的联系。如果没有特殊说明,这种变压器的变比通常为 1∶1,并应符合 GB 19212.5—2011《电源电压为 1100V 及以下的变压器、电抗器、电源装置和类似产品的安全 第 5 部分:隔离变压器和内装隔离变压器的电源装置的特殊要求和试验》要求。

(3) 供电给多台用电设备时的电气分隔。当一台隔离变压器同时给多台用电设备供电,用电设备之间应用绝缘线联结,实现不接地的等电位联结。如果隔离供电的设备外露可导电部分没有特意接地,当其中一台用电设备一相导体碰外壳时,保护电器并不动作;而同时另一台设备的另一相导体也碰外壳,保护电器并也不动作。但同时发生故障的两台设备在人体伸臂的范围内,人体有可能受到电击,如图 15.2-9 所示。

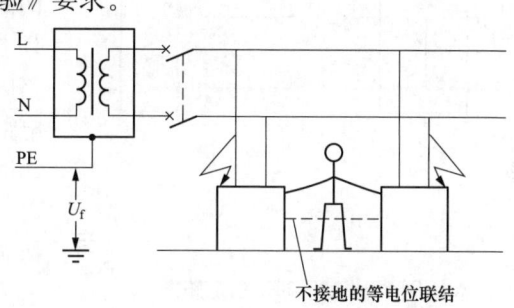

图 15.2-9 电气隔离采用不接地等电位联结示意图

15.2.2.4 非导电场所的防护措施

(1) 对绝缘地板和墙壁要求。

1) 除所有电气设备应符合基本防护规定中的一项规定外,非导电场所内,在绝缘地板和墙上任意一点测得的电阻不应小于下值:

a. 装置标称电压不超过 500V 时为 50kΩ;

b. 标称电压超过 500V 时为 100kΩ。

2) 非导电场所内绝缘的地板和墙,按照如下的一种或多种方式进行处理:

a. 拉开外露可导电部分和装置外可导电部分间以及不同外露可导电部分之间的距离。

如果两部分之间的距离不小于 2.5m 就满足要求;如在伸臂范围以外,这一距离可缩短到 1.25m。

b. 在外露可导电部分和装置外可导电部分之间插入有效的阻挡物。

如果将越过它的距离加大到 a. 所述的距离,阻挡物即足够有效。阻挡物不应与地或外露可导电部分相连接,并应尽量用绝缘材料制作。

c. 在装置外可导电部分上覆盖绝缘。

在装置外可导电部分上覆盖的绝缘应具有足够的机械强度,并应能承受至少 2000V 的试验电压。正常使用情况下泄漏电流不应超过 1mA。

(2) 对可导电部分配置要求。

1) 外露可导电部分的布置应做到在正常环境下人体不会同时触及以下部分:

a. 两个外露可导电部分;

b. 一个外露可导电部分和一个装置外可导电部分。

2) 在非导电场所内不应有保护接地导体,并应确保装置外可导电部分不自场所外将电位引入非导电场所内。

非导电场所防护措施只有在熟练技术人员 BA5 或受过培训人员 BA4 的操作或管理下的电气装置才能使用,以杜绝非授权的变动。

15.2.2.5 采用 SELV 和 PELV 特低电压的防护措施

安全特低电压(Safty Extra—Low—Voltage,SELV)或 PELV(Protective Extra—Low—Voltage,PELV)系统的电压上限值,为交流 50V 或直流 120V。要求简述如下。

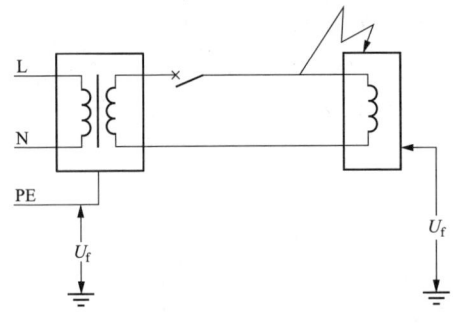

图 15.2-10 SELV 电路图

(1) SELV 特低电压(Safety ELV)。SELV 回路的带电部分与地应具有基本绝缘,如图 15.2-10 所示,当回路发生接地故障时,故障电流为线路的电容电流,其值非常小,用电设备外露可导电部分对地电压接近 0V。当 PE 线带有故障电压 U_f 时,该故障电压也不会传至 SELV 回路中。所以 SELV 作为防电击保护措施,不需要补充其他措施。

(2) PELV 特低电压(Protective ELV)。PELV 回路和由 PELV 回路供电的设备的外露可导电部分可以接地。如图 15.2-11 所示,如果 PELV 回路接地而用电设备外露可导电部分不接地,当 PE 线带有故障电压 U_f 时,用电设备外露可导电部分对地电压为 0V。当 PE 线带有故障电压 U_f 且 PELV 回路又发生用电设备接地故障时,用电设备外露可导电部分对地电压为 U_f 与 U_{ELV} 相量和,用电设备必须布置在等电位联结有效范围内,以防止用电设备外露可导电部分对人身产生电击危险。

如果 PELV 电路用电设备外露可导电部分接地,如图 15.2-12 所示,PE 线带有故障电压 U_f 时,用电设备外露可导电部分对地电压为 U_f。如果 PE 线带有故障电压 U_f 且 PELV 回路发生用电设备接地故障,用电设备外露可导电部分对地电压为 U_f 与 $U_{ELV}/2$ 相量和,用电设备必须布置在等电位联结有效范围内,并且保护电器要切断电源,以防止用电设备外露可导电部分对人身产生电击危险。

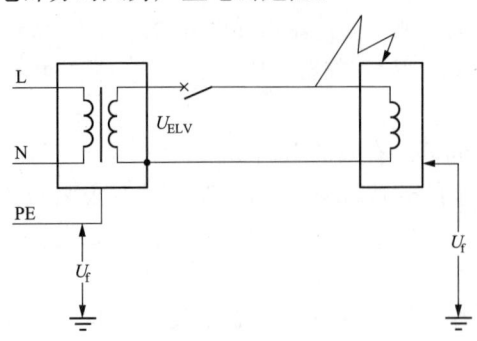

图 15.2-11 PELV 电路图(用电设备外露可导电部分不接地)

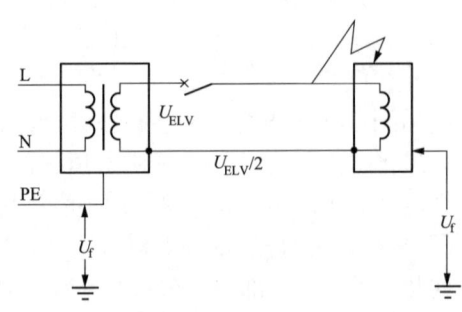

图 15.2-12 PELV 电路图(用电设备外露可导电部分接地)

(3) SELV 和 PELV 的电源。下列电源可用于 SELV 和 PELV 系统:

1) 符合 GB 19212.7—2012《电源电压为 1100V 及以下的变压器、电抗器、电源装置和类似产品的安全 第 7 部分：安全隔离变压器和内装安全隔离变压器的电源装置的特殊要求和试验》要求的安全隔离变压器；

2) 安全等级等同于符合 GB 19212.7—2012 要求的电动发电机组（例如，绕组具有等同隔离功能）；

3) 电化学电源（例如蓄电池）或其他独立于较高电压回路的电源（例如，内燃机发电机组）；

4) 某些符合相应标准的电子器件采取了措施以确保即使其内部发生故障，其输出端子的电压不可能超过特低电压限值。允许在这种器件的出线端子上出现较高电压，但需确保当人体触极带电部分或当带电部分与外露可导电部分间发生故障时，出线端子上的电压能立即下降至特低电压限值或更低值。

（4）对 SELV 和 PELV 回路的要求。

1) SELV、PELV 的回路导体与地的关系：SELV 回路导体与地应有基本绝缘，由 SELV 系统供电的设备外露可导电部分不能连接 PE 导体而接地，但是可与地接触。PELV 回路和由 PELV 回路供电的设备外露可导电部分可以接地，PELV 回路既可以与地连接，也可以通过与安全隔离变压器（或其他电源）本身接地的保护接地导体的连接来实现接地。

SELV 和 PELV 系统内的插头应不能插入其他电压系统的插座内，插座也不应被其他电压系统的插头插入。SELV 系统的插头和插座不能连接 PE 导体。

2) SELV、PELV 的回路导体的要求：在正常干燥的环境中，标称电压不超过交流 25V 或直流 60V 的 SELV、PELV 回路无需设置基本防护。在潮湿的环境下，或者 SELV 和 PELV 回路的标称电压超过交流 25V、直流 60V，SELV、PELV 回路带电部分应有绝缘，或者设置遮拦或外护物。如果标称电压不超过交流 12V 或直流 30V，无需设置基本防护。

3) SELV、PELV 的回路与其他回路之间的布线要求：当 SELV、PELV 的回路与具有基本绝缘的其他回路一起布线时，为了防范高于特低电压限值的电压由其他回路窜入 SELV 或 PELV 回路，应采用如下的保护分隔措施之一：

a. SELV 和 PELV 的回路导体应采用双重或加强绝缘，如果采用基本绝缘，还应具有绝缘护套，或将它置于绝缘的外护物内；

b. SELV 和 PELV 的回路导体应用接地的金属护套或接地的金属屏蔽物与电压高于特低电压限值的回路导体隔开；

c. SELV 和 PELV 的回路导体可与高于特低电压限值的回路导体共处于一多芯电缆或导体组内，但 SELV 或 PELV 导体应按其中最高的电压绝缘；

d. 与 SELV、PELV 的回路作电气分隔的其他回路的布线要达到双重绝缘或加强绝缘的要求；

e. 将 SELV 和 PELV 回路与其他回路保持距离。

15.2.2.6 附加防护措施

（1）剩余电流动作保护器（RCD）。

1) 在交流系统内装设 $I_{\Delta n}$ 不大于 30mA 的 RCD，用以在基本保护失效时作为附加保护措施，它也可用作故障防护或用电不慎时的人身保护。

2）不能将 RCD 的装用作为唯一的保护措施，也不能为它的装用而取消其他保护措施。

（2）辅助等电位联结：

1）辅助等电位联结应包括可同时触及的固定式电气设备的外露可导电部分和装置外可导电部分，也包括钢筋混凝土内的主筋。

2）如果不能肯定辅助等电位联结的有效性，应判定可同时触及的外露可导电部分和装置外可导电部分之间的电阻 R 是否满足下式要求

在交流系统内 $\qquad R \leqslant \dfrac{50V}{I_a}$ (15.2-8)

在直流系统内 $\qquad R \leqslant \dfrac{120V}{I_a}$ (15.2-9)

式中　R——同时触及的外露可导电部分和装置外可导电部分之间的电阻，Ω；

　　　I_a——为保护电器的动作电流，A；对于 RCD 为额定剩余动作电流 $I_{\Delta n}$；对于过电流保护电器为规定时间内动作的电流。

15.2.3　电气装置内的电气设备与其防护的配合

（1）电气设备按防电击分类。将电气设备的产品按防间接接触电击的不同要求分为 0、Ⅰ、Ⅱ、Ⅲ四类。

1）0 类设备。[1] 采用基本绝缘作为基本防护措施，而没有故障防护措施。

一旦基本绝缘损坏，与危险的带电部分隔开的所有可导电部分，都变成危险的带电部分。0 类设备只能在非导电场所内或采用电气分隔保护措施使用，且对每一台设备单独地提供电气分隔。

2）Ⅰ类设备。采用基本绝缘作为基本防护措施，采用保护联结作为故障防护措施。设备的外露可导电部分应接到保护联结端子上。当基本绝缘损坏，带电导体触碰到设备外露可导电部分时，经 PE 导体构成的接地故障通路，保护电器在规定时间自动切断电源。

3）Ⅱ类设备。该设备可触及的可导电部分、绝缘材料的可触及表面应采用双重绝缘或加强绝缘，也可采用具有等效防护作用的结构配置。

4）Ⅲ类设备。该设备将电压限制到特低电压值，包括 SELV、PELV 两种供电方式。

a）电压：①设备应按最高标称电压不超过交流 50V 或直流（无纹波）120V 设计。②内部电路可在不超上述规定限值的任一标称电压下工作。在设备内部出现单一故障的情况下，可能出现或产生的稳态接触电压，不应超过上述中规定的限值。

b）保护联结。Ⅲ类设备在任何情况下都不应连接保护接地导体，但是如果需要，可以进行功能接地（区别于保护接地）。

Ⅲ类设备的防间接接触电击原理是降低设备的工作电压，根据不同环境条件采用适当的特低电压供电，当发生接地故障时或人体直接接触带电导体时，接触电压小于接触电压限值，因此被称作兼有基本防护和故障防护的设备。

（2）标志。电气设备的产品设计中已为各类设备采取了不同的防接触电击措施。但仅靠产品上采取的措施并不全能满足防电击要求，往往还需在电气装置的设计、安装中补充一些必要的防电击措施，也即防触电击措施有赖于产品设计和电气装置设计间的协调配合。表

---

[1]　IEC 61140：2016 中建议取消 0 类设备。GB 7000.1—2007《灯具 第一部分：一般要求与试验》已取消 0 类灯具。

15.2-2 中概括了各类电气设备在产品设计和电气装置设计应分别实现的防电击措施。

表 15.2-2 　　　　　　　　　　　　　　　低压装置中设备的应用

设备类别	设备标志或说明	设备与装置的连接条件
0 类	—仅用于非导电场所 —采用电气分隔防护	非导电场所
		对每一台设备单独地提供电气分隔
Ⅰ类	（接地符号） 或字母 PE，或绿黄双色组合	将这个端子连接到装置的保护等电位联结上
Ⅱ类	（方框符号）	不依赖于装置的防护措施
Ⅲ类	（菱形 Ⅲ 符号）	仅接到 SELV 或 PELV 系统

15.3 特殊装置或场所的电气安全

对于一些特殊场所或特殊电气装置，发生电气事故的危险性比较大，一般的电气安全措施不能完全适应这些情况，对电气安全提出了更高的要求。本节将介绍某些特殊场所内电气安全的特殊要求和措施，未提及部分仍按照一般规定设计。

15.3.1 装有浴盆或淋浴盆的场所

这类场所属于特别潮湿的场所，人体因皮肤浸湿而使得人体阻抗下降，导致心室纤颤致死的电压较低，电击致死的危险显著增加。

15.3.1.1 区域划分

水平的或倾斜的天花板、有或没有窗户的墙壁、门、地板以及固定的隔墙，可能限制到装有浴盆或淋浴盆的范围以及它们的区域。在固定隔墙的尺寸小于相关区域的尺寸的场合，如隔墙的高度低于 225cm，则应考虑在水平方向和垂直方向的最小距离问题（见图 15.3-1 和图图 15.3-2）。

（1）0 区范围界定。0 区是指浴盆或淋浴盆内部的区域，见图 15.3-1。

对于没有浴盆的淋浴，则 0 区的高度为 10cm，而且，其表面范围与 1 区具有相同的水平范围，见图 15.3-2。

（2）1 区范围界定。

1）水平面界定：由已固定的淋浴头或出水口的最高点对应的水平面或地面上方 225cm 的水平面中较高者与地面所限定区域。

2）垂直面界定：①围绕浴盆或淋浴盆的周围垂直面所限定的区域（见图 15.3-1）；

②对于没有浴盆的淋浴器,是从距离固定在墙壁或天花板上的出水口中心点的120cm垂直面所限定的区域(见图15.3-2)。

1区不包括0区。在浴盆或淋浴盒下面的空间认为是1区。

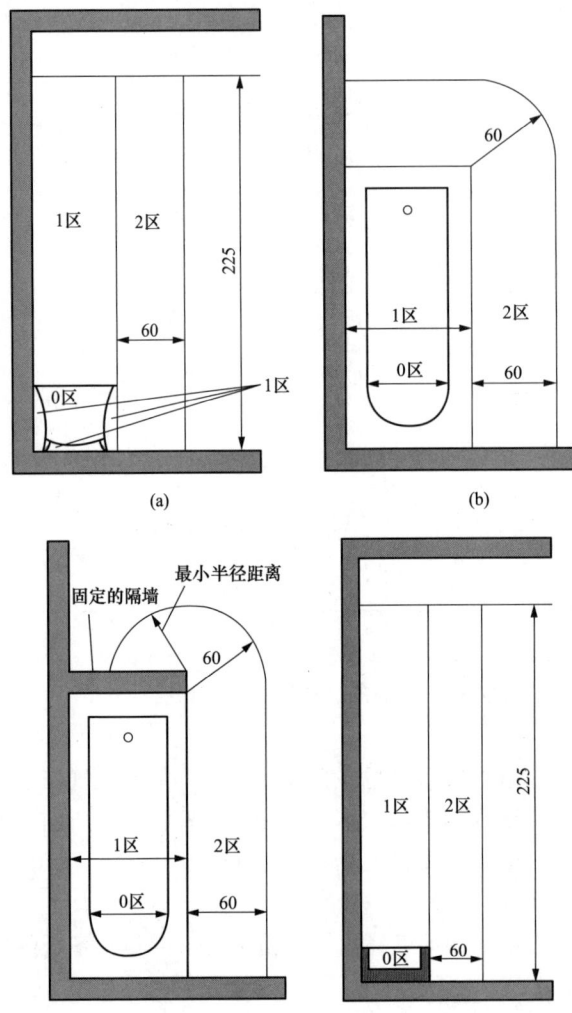

单位:cm

图15.3-1 装有浴盆或淋浴盆的场所中各区域的范围

(a)侧视图浴盆;(b)顶视图;(c)侧视图(有固定隔墙和围绕隔墙的最小半径距离);(d)侧视图淋浴盆

(3)2区的范围界定。

1)水平面界定:由固定的淋浴头或出水口的最高点相对应的水平面或地面上方225cm的水平面中较高者与地面所限定的区域。

2)垂直面界定:由1区边界线处的垂直面与相距该边界线60cm平行于该垂直面的界面两者之间所形成的区域(见图15.3-1)。

对于没有浴盆的淋浴器,是没有2区的,但1区被扩大为距固定在墙上或天花板上的出水口中心点的120cm垂直面(见图15.3-2)。

15.3.1.2 安全防护措施

(1)采用SELV和PELV特低电压供电。对0区、1区、2区内的所有电气设备,都应采用下列措施作为防直接接触保护:

1)不低于IP××B或IP2×防护等级的外护物或外壳;

2)能耐受交流方均根值500V电压达1min的绝缘。

(2)采用剩余电流动作保护器附加保护。浴室应采用一个或多个具有$I_{\Delta n} \leqslant 30mA$的RCD,对所有的回路提供保护。对下列回路,不要求使用RCD:

1)采用电气分隔,且一回路只供电一个用电设备;

2)采用特低电压(SELV)供电。

(3)设置局部等电位联结。按15.2.2.6(2)规定的局部的辅助等电位联结,可设置在浴室内或浴室外,尽可能在靠近外界可导电部分进入房间的入口处进行联结。对于不传导电位的塑料管,则不必进行局部等电位联结。

(4)采用电气分隔。如果采用电气分隔,每个电源(如隔离变压器)应只为单台设备或单独的插座供电。

关于地面电气加热系统,见15.3.1.5。

15.3.1.3 电气设备的选择和安装

（1）电气设备的防水等级。0区为IP×7级；1区为IP×5级；2区为IP×4级（易受水喷射的、如用作公共洗浴室清洁用的设备不应低于IP×5）。

（2）布线系统的要求。

1）为0区、1区、2区内的电气设备供电的电气线路可以沿墙明敷或者嵌墙敷设，嵌墙深度不小于5cm。

1区的用电设备布线系统，安装要求如下：

a. 固定安装在浴盆上方的设备（例如，水加热器具），其线路穿过设备后面的墙，可自上垂直向下，也可水平敷设；

b. 设置在浴盆下面空间的设备，其线路穿过相邻的墙，可自下垂直向上或可水平敷设。

2）0区、1区和2区内墙上的布线系统及其附件埋设深度不小于5cm。

3）1）或2）都不满足的情况下，布线系统应按下列任一要求设置：

a. 回路采用SELV、PELV或电气分隔；

b. 回路采用 $I_{\Delta n} \leqslant 30\text{mA}$ 的RCD；

c. 电缆或导线采用接地的金属护套，或者穿在接地的导管内，该金属护套或导管满足回路对保护接地导体的要求；

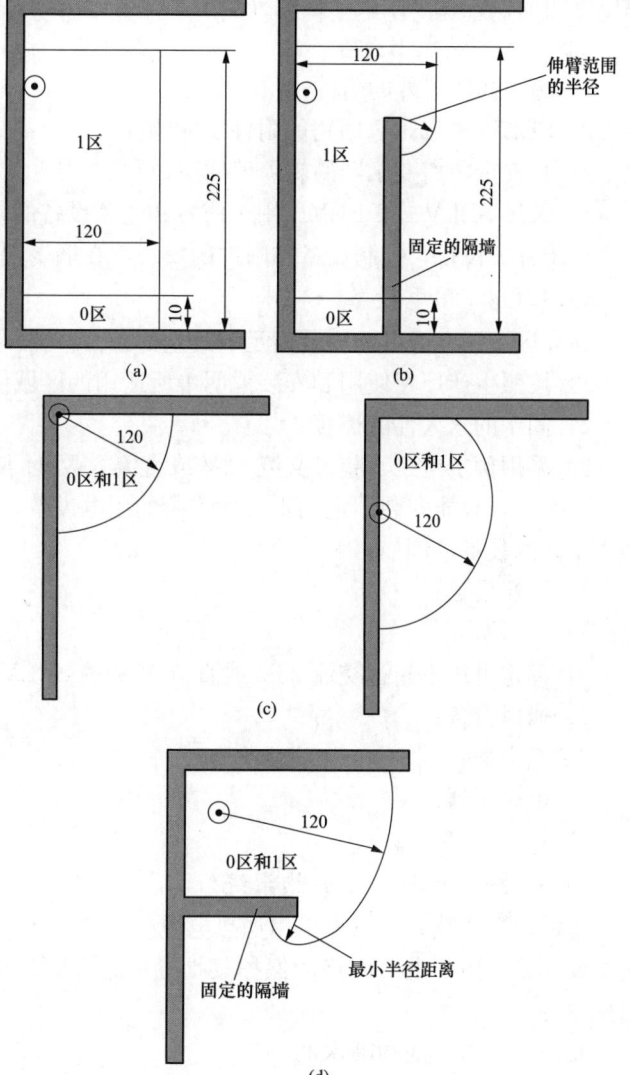

单位：cm

图 15.3-2 装有无淋浴盆或淋浴器的场所中内内区域
0区和1区范围

(a) 侧视图；(b) 侧视图（有固定隔墙和围绕隔墙的最小半径距离）；(c) 出水器不同位置的顶视图；(d) 有出水器的顶视图（有固定隔墙和围绕隔墙的最小半径距离）

d. 电缆或导线穿金属导管以防止钉子、螺丝、钻头等造成的机械损伤。

（3）开关、控制器、附件的设置。0区内不允许安装任何开关、控制器、附件。1区允许安装以下设施：

1）为0区、1区内用电设备供电的接线盒和附件；

2）采用标称电压不超过交流25V或直流60V的SELV或PELV回路的附件、插座，供电电源应设置在0区或1区之外。

2区允许安装以下设施：

1）除了插座以外的附件；

2）SELV或PELV回路的附件、插座。

3）带安全隔离变压器的剃须刀插座；

4）采用SELV或PELV、用于信号和通信设备的附件、插座。

对于开关设备，控制设备和附件的安装，在墙上埋设深度不小于5cm。

15.3.1.4 用电设备

在0区，用电设备的安装满足下列全部条件：

1）按照生产厂家使用和安装说明中所适用的区域使用；

2）固定的永久性的连接；

3）采用额定电压不超过交流12V或直流30V的SELV防护措施。

在1区，只能安装固定的永久性连接的用电设备，应采用生产厂家使用和安装说明中适用于1区的设备。例如：

1）涡流设备；

2）淋浴泵；

3）额定电压不超过交流25V或直流60V的SELV或PELV防护的设备；

4）通风设备；

5）毛巾架；

6）电热水器；

7）灯具。

15.3.1.5 地面电气加热系统

地面电气加热系统只能采用加热电缆或加热薄膜，并具有金属护套、金属外护物或细密的金属网格。应与电缆回路的保护接地导体连接。地面的电气加热不应采用电气分隔防护措施。

15.3.2 游泳池和喷水池

预期让人进入的喷水池，按游泳池0区和1区的规定和要求执行。

基本防护不应采用阻挡物、置于伸臂范围之外电击防护措施；故障防护不应采用非导电场所、不接地的局部等电位联结和向一台以上用电设备供电的电气分隔电击防护措施。

15.3.2.1 区域划分

游泳池和喷水池区域划分如图15.3-3~图15.3-6所示。

（1）0区。

1）水池内部，包括水池墙壁上或地面上的凹入部分；

2）洗脚池内部；

3）喷水柱或人工瀑布内部及其底下的空间（见图15.3-6）。

（2）1区。

1）0区边界；

2）距水池边缘2m的垂直面；

3）预计有人的地面或表面；

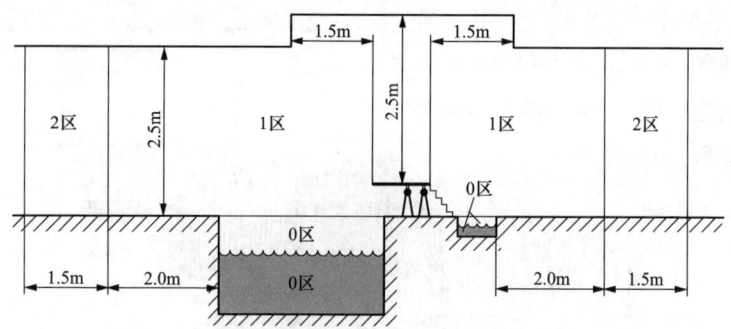

图 15.3-3　游泳池和戏水池的区域范围（侧视图）❶

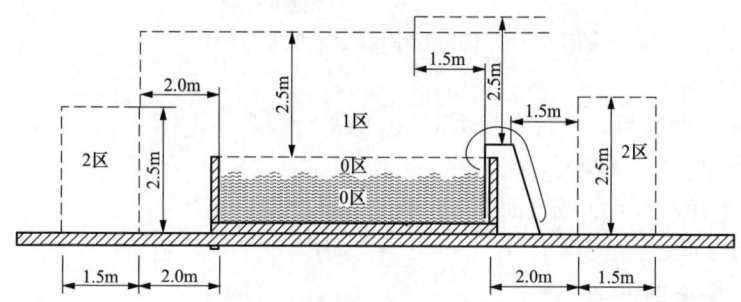

图 15.3-4　地上水池的区域尺寸（侧视图）

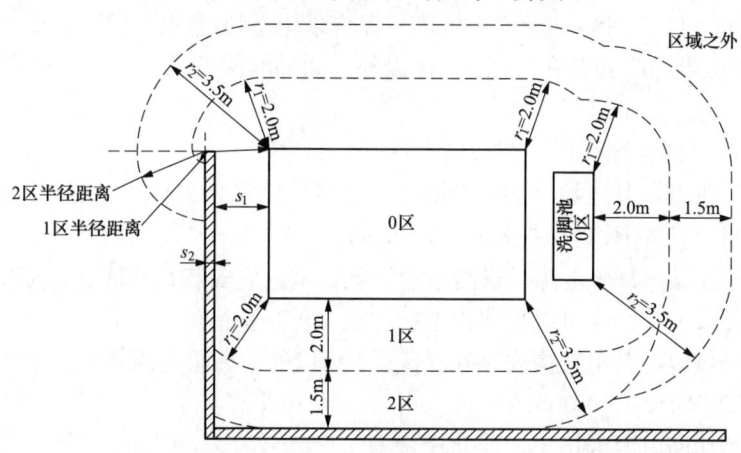

图 15.3-5　具有至少高 2.5m 固定隔板的区域范围示例（俯视图）❷

4）高出预计有人的地面或表面 2.5m 的水平面。

当游泳池设有跳台、跳板、起跳台、坡道或其他预计有人的部位时，则 1 区所包含的区域界限为：

1）距跳台、跳板、起跳台、坡道或其他部分（例如，能触及的雕塑和装饰水池）周围 1.5m 的垂直面；

2）高出预计有人的最高表面 2.5m 的水平面。

❶　最后确定的区域尺寸需视现场中墙和隔板的位置而定。

❷　图中区域距离定位线可为一规定长度的伸延。

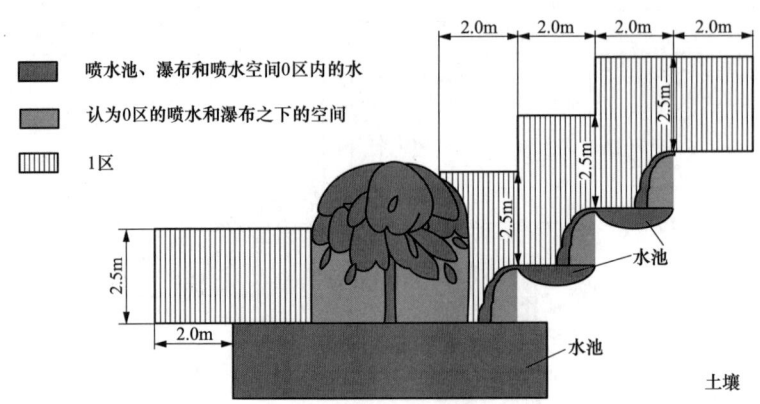

图 15.3-6　确定喷水池（侧视图）区域示例

（3）2 区。

1）1 区外垂直面和与此垂直面相距 1.5m 的平行面之间；

2）预计有人的地面或表面；

3）高出预计有人的地面或表面 2.5m 的水平面之间。

喷水池没有 2 区。

15.3.2.2　安全防护措施

（1）各个区域的特殊要求。

1）游泳池的 0 区、1 区：0 区、1 区内只允许采用不超过交流 12V 或直流 30V 的 SELV 保护方式，其供电电源应安装在 0 区、1 区以外。如果电源安装在 2 区，电源的供电回路应设置 RCD 保护，$I_{\Delta n} \leqslant 30\text{mA}$。

2）喷水池的 0 区、1 区：

a. 由 SELV 供电，其电源（如安全隔离变压器）应安装在 0 区、1 区以外；

b. 用电回路应设置 RCD 保护，$I_{\Delta n} \leqslant 30\text{mA}$；

c. 采用电气分隔，每个电源只供给单台设备，电源应安装在 0 区、1 区以外。

3）游泳池的 2 区：2 区可以采取以下一种或多种防护措施：

a. 由 SELV 供电，其电源应安装在 0 区、1 区以外。如果电源安装在 2 区，电源的供电回路应设置 RCD 保护，$I_{\Delta n} \leqslant 30\text{mA}$；

b. 采用自动切断电源的措施，回路设置 RCD 保护，$I_{\Delta n} \leqslant 30\text{mA}$；

c. 采用电气分隔，每个电源只供给单台设备，电源应安装在 0 区、1 区以外。如果电源安装在 2 区，电源的供电回路应设置 RCD 保护，$I_{\Delta n} \leqslant 30\text{mA}$。

（2）采用特低电压防护。游泳池不允许采用 PELV 供电。当采用特低电压 SELV 供电时，基本保护应满足以下要求之一：

1）设置防护等级不低于 IP2× 或 IP××B 的遮拦或外护物；

2）绝缘能耐受持续 1min 交流 500V 试验电压。

（3）辅助等电位联结。0 区、1 区及 2 区内所有外界可导电部分应用等电位联接导体与场所内电气设备的外露可导电部分的 PE 导体相连接。

装置外可导电部分有可能引进包括局部地电位在内的电位，是指将该电位从 0、1 和 2 区以外引入这些区域。装置外可导电部分举例如下：

1）淡水、废水、气体、加热、温控用的金属管；

2）建筑物结构的金属构件；

3）水池结构的金属构件；

4）非绝缘地面内的钢筋；

5）混凝土水池的钢筋。

对于有钢筋的混凝土板，其钢筋在混凝土板内如被密封，在不破坏混凝土板的情况下人体是不会触及钢筋的，它不按装置外可导电部分考虑，所以就不需要纳入附加等电位联结内。

无钢筋的混凝土板及其外护层和表土层（例如草地）不按装置外可导电部分考虑，不需列入附加等电位联结内。

以下可导电部分通常不需要包括在附加保护等电位联结内：

1）水池的梯子和栏杆；

2）跳台的梯子；

3）水池墙壁上的扶手和把手；

4）包括溢水管安装框架的格栅盖；

5）窗户的框架；

6）门的框架；

7）起跳台。

15.3.2.3 电气设备的防护等级

电气设备应具备表 15.3-1 规定的防护等级。

表 15.3-1 各区最低防护等级

区域	户外，喷水清洗	户外，无喷水	户内，喷水清洗	户内，无喷水
0	IP×5/ IP×8	IP×8	IP×5/ IP×8	IP×8
1	IP×5	IP×4	IP×5	IP×4
2	IP×5	IP×4	IP×5	IP×2

15.3.2.4 布线系统

（1）0 区、1 区及 2 区内的布线系统不应有人体可触及的金属外护物；人体触及不到的金属外护物应与辅助等电位联结相连。

（2）0 区、1 区内的布线系统应只为该区内用电设备供电。安装在 2 区内或在界定 0、1 或 2 区的墙、顶棚或地面内且向这些区域外的设备供电的回路，应满足下列要求之一：

1）埋设的深度至少为 5cm；

2）采用 SELV 供电；

3）采用电气分隔保护。

（3）喷水池布线系统附加要求。布线应采用 66 型电缆或具有等效性能的电缆，电缆满足 GB/T 5013.1—2008《额定电压 450/750V 及以下橡皮绝缘电缆 第 1 部分：一般要求》与 GB/T 5013.4—2008《额定电压 450/750V 及以下橡皮绝缘电缆 第 4 部分：软线和软电缆》要求，并且与水长期接触绝缘性能不劣化。敷设电缆的绝缘导管应只采用符合 GB/T

20041.1—2015《电气安装用导管系统 第1部分：通用要求》规定的耐撞击性能5（超重型）类别的导管。

1）0区内电气设备的电缆或绝缘导体套非金属导管应尽量远离水池的边缘，在水池内它应尽量以最短的路径接至设备。为方便再布线，电缆应穿导管敷设。

2）0区、1区内敷设电缆或绝缘导体的非金属导管应有适当的机械防护。

（4）接线盒。0区内不允许安装接线盒；1区内只允许安装 SELV 回路的接线盒。

15.3.2.5 开关、控制器、插座的设置

0区内不允许设置开关、控制器、插座。

1区允许设置由 SELV 供电的开关、控制器、插座，SELV 电源应安装在0区、1区以外。如果电源安装在2区，电源的供电回路应设置 RCD 保护，$I_{\Delta n} \leqslant 30\text{mA}$。

2区内允许安装开关、控制器、插座，但必须满足以下要求之一：

a. 由 SELV 供电，SELV 电源应安装在0区、1区以外。如果电源安装在2区，电源的供电回路应设置 RCD 保护，$I_{\Delta n} \leqslant 30\text{mA}$。

b. 用电回路应设置 RCD 保护，$I_{\Delta n} \leqslant 30\text{mA}$。

c. 采用电气分隔，每个电源只供给单台设备，电源应安装在0区、1区以外。如果电源安装在2区，电源的供电回路应设置 RCD 保护，$I_{\Delta n} \leqslant 30\text{mA}$。

15.3.2.6 其他设备

（1）游泳池用电设备。

1）0区、1区内只允许安装固定式的游泳池专用设备，还应考虑15.3.2.6（2）和15.3.2.6（4）所述的要求。

2）0区、1区使用的固定连接游泳池清洁设备应采用不超过交流12V或直流30V的 SELV 供电，其电源应安装在0区、1区以外。如果电源安装在2区，电源的供电回路应设置 RCD 保护，$I_{\Delta n} \leqslant 30\text{mA}$。

3）位于与游泳池连通的设备用房内的给水泵或其他游泳池用电设备，应采取如下保护措施之一：

a. 由不超过交流12V或直流30V的 SELV 供电，SELV 电源应安装在0区、1区以外。如果电源安装在2区，电源的供电回路应设置 RCD 保护，$I_{\Delta n} \leqslant 30\text{mA}$。

b. 采用电气分隔，应同时符合以下条件：

——水泵或其他设备与游泳池连通的水管应采用不导电的材质；

——设备用房的门须用钥匙或工具才能打开；

——安装在设备用房内的电气设备防水等级应为 IP×5 或具有 IP×5 的外护物。

c. 自动切断电源，应同时符合以下条件：

——水泵或其他设备与游泳池连通的水管采用电气绝缘的水管，也可以将金属水管进行等电位联结；

——设备用房的门须用钥匙或工具才能打开；

——安装在设备用房内的电气设备防水等级至少应为 IP×5 或者具有 IP×5 的外护物；

——设置附加等电位联结。

——设备应设置 RCD 保护，$I_{\Delta n} \leqslant 30\text{mA}$。

（2）水下照明设备。水下照明的设备应满足 GB 7009.8《游泳池和类似场所用灯具安全

要求》的要求。

位于水密观察窗后面的照明器的外露可导电部分和观察窗的可导电部分之间不会发生有意或无意的导电连通。

(3) 喷水池的电气设备。

0区和1区的电气设备应不可触及，例如用铅丝玻璃或只能用工具才能拆卸的格栅加以防护。电动泵应符合GB 4706.66—2008《家用和类似用途电器的安全　泵的特殊要求》的要求，单相额定电压不大于250V，其他额定电压不大于480V。

(4) 游泳池1区内低压设备安装的特殊要求。

1) 游泳池专用的固定设备（如过滤泵、喷气泵等）采用低压供电时，如果在1区内使用，应同时满足以下要求：

a. 设备应设在具有等效于附加绝缘的外护物内，该外护物应能耐受AG2级的机械冲击。

b. 适用15.3.2.6 (1) 3) 规定；

c. 外护物的门被打开时，设备的带电导体应自动断电。供电电缆及电源开关应具备Ⅱ类绝缘或等效的绝缘。

2) 对于没有2区的游泳池，照明设备如果不是由低于交流12V或直流30V的SELV供电，可以安装在1区的墙上或顶板上，但应同时满足以下要求：

a. 回路应设置RCD保护，$I_{\triangle n} \leqslant 30\text{mA}$。

b. 照明设备底部距离1区地面至少2m。

15.3.2.7　地板加热系统

有些游泳池地面下设有电加热系统，应采取如下保护措施之一：

a. 由SELV供电，电源应安装在0区、1区以外。如果电源安装在2区，电源的供电回路应设置RCD保护，$I_{\triangle n} \leqslant 30\text{mA}$。

b. 电加热器应覆以接地的金属格栅或者其他金属覆盖物，并与辅助等电位联结相连，且供电回路采用$I_{\triangle n} \leqslant 30\text{mA}$的RCD作为附加防护。

15.3.3　装有桑拿浴加热器的房间和小间

装有桑拿浴加热器的房间和小间是高温高湿场所，高温是降低电气设备和线路绝缘水平引起电气火灾的原因，而潮湿则是引起人身电击的环境因素。

基本防护不应采用阻挡物、置于伸臂范围之外电击防护措施。

15.3.3.1　装有桑拿浴加热器的房间和小间的区域划分

根据高温对电气设备、线路的危害程度，桑拿浴室划分为3个区，如图15.3-7所示。

1区，是装有桑拿浴加热器，并由地板面、顶板隔热层的冷侧面以及距桑拿浴加热器表面0.5m界定桑拿浴界限的垂直面所限定的立体空间。如果桑拿浴加热器距墙壁小于0.5m，区域1的界限即是墙壁隔热层的冷侧面。

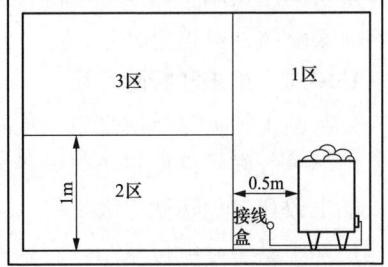

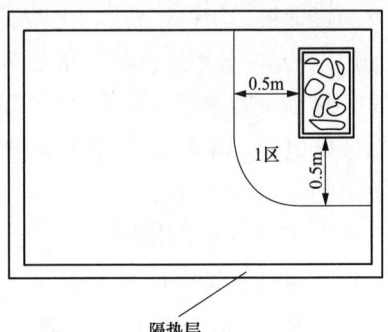

图15.3-7　场所温度的分区

2 区，是在 1 区外并由地板面、墙壁隔热层的冷侧面以及位于地板面上方 1m 的水平面所界定的立体空间。

3 区，是在 1 区外并由顶板和墙壁隔热层的冷侧面以及位于地板面上方 1m 的水平面以上所界定的立体空间。

15.3.3.2 安全防护

(1) 对特低电压供电的要求。当采用 SELV 或 PELV 供电时，基本保护应满足以下要求之一：

1) 设置防护等级不低于 IP××B 或 IP2× 的遮拦或外护物；

2) 采用能耐受持续 1min 的 500V 交流方均根值试验电压的绝缘。

(2) 对附加保护 RCD 的要求。除了桑拿加热器外，其余所有桑拿回路应设置 $I_{\Delta n} \leqslant$ 30mA 的 RCD。

15.3.3.3 电气设备的选择和安装

(1) 电气设备应具备 IP24 的防护等级，如果需要水喷头清洗时，防护等级应为 IP×5。

(2) 1 区：只应安装属于桑拿浴加热器的设备；2 区：可装设一般的电气设备和线路，对其耐热性没有特殊要求；3 区：电气设备绝缘应耐 125℃ 高温，电气线路绝缘应耐 170℃ 高温（也可参见 15.3.3.4 关于布线的要求）。

15.3.3.4 布线系统

布线系统最好是安装在各区域以外，即安装在隔热层冷的一面。如果布线系统被安装在 1 区或 3 区以内，即安装在隔热层热的一面，按 15.3.3.3 的规定，该系统应是耐热的。金属套和金属管应是不可接近的。

15.3.3.5 功能开关

桑拿浴加热器的开关和控制设备以及区域 2 的其他固定设备，可按厂家的说明书安装在桑拿浴房间或预制室内。照明的开关和控制都应安装在桑拿浴房间的外面。电源插座不应安装在有桑拿浴加热器之处。

15.3.4 施工和拆除场所

建筑施工和拆除场所是电气危险很大的特殊场所，在户外不具备等电位联结，风吹、日晒、雨淋等气候条件使得电气设备绝缘水平下降、户外作业的施工人员皮肤潮湿人体阻抗下降，电击致死的危险性更大。

户外不具备等电位联结，宜采用 TT 系统，在施工和拆除场所可以分设几个互不关联的独立的接地极，用电设备的 PE 导体与就近的独立的接地极相连，这就避免了故障电压在施工场地内传导，减少了电击事故的发生。TT 系统内的每一配电回路应装设瞬时动作的 RCD，接地电阻满足 $I_a R_A \leqslant 25$ 的要求，I_a 为满足表 15.2-1 规定的切断电源时间要求的预期剩余故障电流，显著大于 RCD 的额定剩余动作电流 $I_{\Delta n}$（此预期剩余故障电流通常为 5 倍额定剩余动作电流 $I_{\Delta n}$）。

基本防护不应采用阻挡物、置于伸臂范围之外电击防护措施。

15.3.4.1 安全防护措施

(1) 额定电流不大于 32A 的插座回路及手持式设备供电回路应采取以下措施之一：

1) 装设 $I_{\Delta n}$ 不大于 30mA 的 RCD；

2）采用 SELV 或 PELV 供电。

3）采用电气分隔，一台隔离变压器或一台隔离变压器单独的一个二次绕组应给单个的插座或手持式设备供电。

（2）特低电压的应用。施工和拆除场所接触电压限值为 25V。当采用 SELV 或 PELV 供电时，基本防护应满足以下要求之一：

1）设置防护等级不低于 IP××B 或 IP2× 的遮拦或外护物；

2）绝缘能耐受持续 1min 的 500V 交流方均根值试验电压。

（3）附加防护。向额定电流超过 32A 的插座供电的回路，应设置 $I_{\Delta n} \leqslant 500mA$ 的 RCD 切断电源。

15.3.4.2 电气设备的选择和安装

（1）所有用于施工和拆除场所的成套配电设备应符合 GB 7251.4—2006《低压成套开关设备和控制设备 第 4 部分：对建筑工地用成套设备（Assemblies for Construction Sites，ACS）的特殊要求》的要求。

（2）额定电流超过 16A 的插头、插座应符合 GB/T 11918.2—2014《工业用插头插座和耦合器 第 2 部分：带插销和插套的电器附件的尺寸兼容性和互换性要求》的要求，或在对互换性没有要求的场所应符合 GB/T 11918.1—2014《工业用插头插座和耦合器 第 1 部分：通用要求》的要求。

15.3.4.3 布线系统

（1）为避免线路损伤，不宜将电缆线路横跨施工和拆除场所道路或人行道敷设。当必需时，应采取防止电缆线路遭受机械损伤及与施工机械相碰触的特殊保护措施。

（2）应防止沿地面布置的电缆和架空电缆遭受机械损伤。

（3）移动电缆应采用 GB/T 5013.4 的 66 型电缆或具有等效的防水、耐磨特性的电缆。

15.3.4.4 隔离电器

（1）施工和拆除场所的每个成套设备（ACS）的电源进线端应装设通断和隔离的电器。

（2）电源进线的隔离电器应能确保在分断时处于断开的位置（如加挂锁或装设在可锁住的机壳内）。

（3）用电设备应由成套配电设备（ACS）供电，每台成套配电设备（ACS）包括：

1）过电流保护电器；

2）故障防护电器；

3）插座（插座装设于成套配电设备之内或其外壁上）；

（4）安全电源和备用电源应装设防止不同电源并联运行的电器。

15.3.5 农业和园艺设施

农业和园艺设施，由于特殊的外界影响（如潮湿、灰尘、腐蚀性的化学水蒸气、酸或盐等），电气设备的选择和安装应有特殊的要求。另外，由于可燃性物质的存在，增加火灾的危险。农业和园艺设施包括：

1）作为动物，例如牛、猪、马、绵羊、山羊的居舍和鸡舍，包括邻近的房屋（如饲料加工场所，机械挤奶场所，奶储藏房间）；

2）用作干草、禾杆、饲料、化肥、谷物、马铃薯、甜菜、蔬菜、水果、观赏植物与燃料堆房、仓库和储藏室，温室；

3）商业上和/或大批量生产，准备和加工（干燥、蒸煮、榨出、发酵、屠宰、肉食加工等）农业和园艺产品的场所。

在此类场所中与 TN 系统相连的电气装置，在装置起点处应将中性导体（N）与保护导体（PE）分开。

故障防护不应采用非导电场所、不接地的局部等电位联结电击防护措施。

15.3.5.1   电击防护

（1）自动切断电源。

1）由额定电流不大于 32A 电源插座供电的终端回路，应装设 $I_{\Delta n} \leqslant 30 \text{mA}$ 的 RCD；

2）由额定电流大于 32A 电源插座供电的终端回路，应装设 $I_{\Delta n} \leqslant 100 \text{mA}$ 的 RCD；

3）在所有其他回路中，应装设 $I_{\Delta n}$ 不大于 300mA 的 RCD。

（2）采用 SELV 和 PELV 的场所，无论标称电压如何，对基本的防护都应采用下列的措施之一：

1）能提供至少是 IP××B 或 IP2× 防护等级的遮栏或外壳；

2）绝缘能耐受持续 1min 交流方均根值为 500V 的试验电压。

（3）辅助等电位联结。饲养家畜所用的场所，应采用辅助等电位联结。对敷设在地面内的金属网（网格尺寸近似于 150mm×150mm），也应包括在场所的辅助等电位联结之内。

外界可导电部分，无论是在地面内的还是在地面上的，例如，通常的混凝土钢筋或用于储存液态化肥的地窖的钢筋，都应是辅助等电位联结的一部分。

由预制的空隙混凝土构件铺设的地面，看做是等电位联结的一部分。辅助保护等电位联结和金属网的安装方式都应能持久的防止机械应力和腐蚀的损伤。

15.3.5.2   火灾防护措施

（1）繁殖和饲养家畜用的电加热设备，应符合 GB 4706.47《家用和类似用途电器的安全 动物繁殖和饲养用电加热器的特殊要求》的规定，应固定安装在合适的位置以避免烧伤家畜和可燃性材料引燃的火灾危险。辐射加热器安装位置与家畜的距离不应小于 0.5m。

（2）为了防止火灾，应装设能断开所有带电导体、额定剩余动作电流 $I_{\Delta n} \leqslant 300 \text{mA}$ 的 RCD。在供电可靠性要求高的地方，除插座回路外的 RCD 应为 S 型或者设置延时动作。

（3）在特低电压配电回路中，有火灾危险导体的区域应由遮栏或外护物保护，其防护等级应为 IP××D 或 IP4× 或者也可利用绝缘材料制成的包壳，附加在基本的绝缘上。

15.3.5.3   电气设备的选择和安装

（1）正常情况下，农业和园艺设施中的电气设备防护等级不低于 IP44。

（2）插座应安装在不能接触到可燃物的地方。在外界影响条件＞AD4、＞AE3 和/或＞AG1 的场所，应对电源插座设置与之适当的防护。

（3）防护要求也可以利用附加的外壳或借助于安装在建筑物的凹陷处来提供。

（4）有腐蚀性物质场所，例如，乳品场、牛棚，电气设备应具有防腐措施。

15.3.5.4   布线系统

（1）家畜可以接近和将其圈养的场所内，安装的布线系统应使家畜不能触及，并采取合适的保护防止机械损伤。

（2）架空线应是绝缘的。

（3）在使用汽车和电动农业机械设施的区域，电缆应埋设在至少 0.6m 深的地面下并附加机械防护，如果在耕地内至少为 1m 深。自支持的悬吊电缆高度不应小于 6m。

（4）饲养家畜的场所，外部环境应为 AF4 级，导管应设置符合 10 章附录 F 表 F-1 规定的室内至少 2 级、室外 4 级的防腐保护；由于使用汽车和电动农业机械设施，布线系统容易受到机械撞击的区域，外部环境为 AG3 级，导管应设置符合 10 章附录 F 表 F-1 规定的至少 4 级（重型）的防等级，电缆线槽和管道系统应提供 5 级（超重型）的防护等级。

15.3.5.5　隔离

（1）仅可以使用操作位置有明显标志的电加热设备。

（2）每个建筑物或建筑物一部分的电气装置应该通过单独的隔离设备隔离。

（3）紧急停车或紧急开关等电器不应该安装在家畜可能触及的地方或可能被家畜阻碍而难以接近电器的任何位置。

15.3.5.6　辅助联结导体

等电位联结导体应该设置防止机械损伤和腐蚀的保护措施，并在选择时应避免电解效应。例如，至少面积为 30mm×3mm 的热镀锌扁钢、直径 8mm 的热镀锌圆钢或截面积为 4mm² 的铜导体。

15.3.5.7　安全供电

（1）在饲养家畜密集的场所，为家畜提供食物、水、空气、照明的供电系统电源故障时，应考虑设置可替代或备用的电源；为通风和照明装置的供电，应设置独立的终端回路。这样的回路只应供电给作为通风和照明的工作所必需的电气设备。

（2）在电气驱动通风是必不可少的装置内，应采用下列措施之一：

1）保证通风设备有足够供电能力的备用电源；

2）温度和供电电压监视，可利用一个或多个监视器件来实现。此器件应能发出令用户能很容易发现可见的或可听到的信号。而且应可独立操作正常供电。

15.3.5.8　灯具和照明装置

灯具应根据安装位置的环境温度和条件选择合适的防护等级和表面温度，应离可燃物有足够大的距离。

对安装在可燃性材料表面的灯具应采用带有 ▽ 标志的灯具。❶

在有可燃性的灰尘覆盖层而具有火灾危险的区域，按照 GB 7000.17《限制表面温度灯具安全要求》中的规定，只应采用标有 ▽ 的限制表面温度的灯具。

当灯具防护等级为 IP54 时，应采用带有 ▽ 标志的灯具。

在干草、麦秸堆垛处安装的照明开关，其位置应容易识别或有明显的标识。

15.3.6　活动受限制的可导电场所

活动受限制的可导电场所是一种主要由金属或可导电体包围而构成的场所，在这种场所内的人员身体有可能大面积与周围金属体相接触。例如，锅炉炉膛内部、金属罐槽内部，在此场所内使用电气设备时如果绝缘损坏，人体极易遭受危险电位差引起电击。

15.3.6.1　电击防护

只允许采用下列供电方式及其防护措施。

---

❶ 按 GB 7000.1 的最新版本不再采用 ▽ 标志，不允许安装在可燃材料表面的灯具应有 标志。

（1）向手持式工具和便携式设备供电：

1）采用 SELV；

2）采用隔离变压器，二次绕组只连接一台设备的电气分隔。

（2）向手持灯供电：采用 SELV 供电。

（3）向固定设备供电：

1）具有辅助等电位联结的自动切断电源；

2）采用 SELV；

3）采用 PELV 时，所有的外露可导电部分和在活动受限制的可导电场所内的所有外界可导电部分之间都应进行等电位联结，并应将 PELV 系统接地。

4）采用二次绕组只连接一台设备的隔离变压器供电。

5）采用Ⅱ类设备或具有与其等效绝缘的设备，其供电回路应具有 $I_{\Delta n} \leqslant 30\text{mA}$ 的 RCD 作为附加防护。

15.3.6.2　基本防护和故障防护两者兼有的防护

SELV 或 PELV 电源都应设置在活动受限制的可导电场所外，除非该电源是 15.3.6.1（3）1）认可的活动受限制的可导电场所内的固定装置的一部分。

无论标称电压数值如何，基本防护应满足以下要求之一：

（1）设置防护等级不低于 IP××B 或 IP2× 的遮拦或外护物；

（2）采用能耐受持续 1min 的 500 V 交流方均根值试验电压的绝缘。

15.3.6.3　故障防护

（1）等电位联结和功能接地。如果某些设备，例如测量和控制仪表，需作功能性接地，则在活动受限制的可导电场所内的所有的外露可导电部分、外界可导电部分与该功能接地之间应进行等电位联结。

（2）电气分隔。保护分隔的电源，应设置在活动受限制的可导电场所外面，除非该电源是在活动受限制的可导电场所内的固定装置的一部分。

15.3.7　数据处理设备

数据处理设备是指单独的或构成系统的，用于累计、处理和储存数据的电动机器。其数据的接收和发送可以采用或不采用电子方式。用于数据处理设备的抑制射频干扰的滤波器可能产生很大的对地泄漏电流，保护接地连接的失效会形成危险的接触电压，因此这类设备的接地具有特殊的要求，应注意采取相应的有效防电击措施。

15.3.7.1　安全防护

（1）大泄漏电流设备的附加电击保护。具有大泄漏电流设备应是固定式的并且永久地或通过工业用插头和插座接入低压电气装置的布线中。正常情况下此类设备可能与接有剩余电流动作保护器的电气装置不相容。除应考虑由泄漏电流形成的持续的剩余电流外，还应考虑合闸时电容充电电流引起误动作的可能性。

（2）对泄漏电流超过 10mA 的设备的进一步要求。

当设备泄漏电流超过 10mA 时，该设备应按以下所述三种可供选择的要求之一进行连接。

1）高度牢靠的保护接地回路，参见 14.3.3.3（6）。

2）接地连续性的监测：应设置一个或多个在保护接地导体出现中断故障时能自动切断设备供电的电器。

3）使用双绕组变压器：当设备是通过双绕组变压器供电或通过其他输入与输出回路相互隔开的机组（如电动发电机）供电时，如图 15.3-8 所示，其二次回路建议采用 TN 系统，但在特定应用中也可采用 IT 系统。目的是使泄漏电流的通路局部化和减少该通路连续性被中断的可能性。

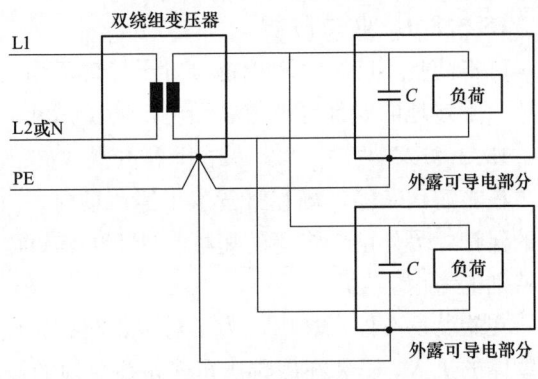

图 15.3-8　双绕组变压器的连接方法

设备和变压器之间的接地连接应符合上述 1）的要求。

PE 导体是从设备的可触及部分到电气装置总接地端子的连接导体，它既用作 Ⅰ 类设备的保护导体，也用作 Ⅱ 类设备的功能接地导体。

（3）对 TT 系统的附加要求。当回路是用 RCD 保护时，总泄漏电流 I_1、接地极电阻 R_A 和保护器的额定剩余动作电流 $I_{\Delta n}$ 应符合以下关系式

$$I_1 \leqslant \frac{I_{\Delta n}}{2} \leqslant \frac{50}{2R_A} \tag{15.3-1}$$

式中　I_1——总泄漏电流，A；

　　　R_A——接地极电阻，Ω；

　　　$I_{\Delta n}$——保护器的额定剩余动作电流，A。

如果不能满足上式的要求，应使用双绕组变压器。

（4）对 IT 系统的附加要求。由于在第一次故障后难以满足接触电压的要求，所以大泄漏电流设备首先考虑不直接接入 IT 系统中。可能时设备宜由 IT 系统电源经双绕组变压器后形成的 TN 系统来供电。

如将所有保护接地连接直接接至供电系统的接地极满足 15.2.2.1（6）的要求，设备可直接接入 IT 系统。

15.3.7.2　低噪声接地配置的安全要求

（1）数据处理设备的外露可导电部分应接至总接地端子，本要求也适用于 Ⅱ 类和 Ⅲ 类设备的金属外壳以及 FELV 回路因功能原因而接地。

只用于功能目的的接地导体不需要符合 14.3.3.3 的要求。

（2）其他特殊方法：当满足上述（1）的安全要求后，如果电气装置的总接地端子上的干扰电平仍不能减小到可接受的水平，在这种极端情况下，电气装置要按特殊情况处理。

接地配置应提供与 14 章要求相同的保护水平，并应特别注意提供充分的过电流保护及防止设备上出现过高的接触电压，并保证在正常或故障情况下，设备和邻近的金属物件（或其他电气设备）之间保持等电位。如果适宜，还应符合对大的对地泄漏电流的防护要求，并不使其失效。

15.3.8　旅游房车停车场、野营房车停车场及类似场所

以下所述特殊要求仅适用于对旅游房车停车场、野营房车停车场及类似场所中的旅游房车、帐篷或活动房屋等供电的线路。这些特殊要求并不适用于旅游房车、移动的或可搬运的单元、活动房屋等内部的电气装置。

15.3.8.1　电击防护

基本防护不应采用阻挡物、置于伸臂范围之外电击防护措施；故障防护不应采用非导电场所、不接地的局部等电位联结电击防护措施。

15.3.8.2　电气设备的选择和安装

在旅游房车停车场和野营房车停车场内，由于人体可能与地电位接触，需要特别考虑对人的保护，另外由于帐篷的短桩、地上的锚钉以及重型、大型车辆的移动，也需要对线路进行特别的考虑。

在旅游房车停车场内，为了对溅水防护，设备应选择为 IP×4 的防护等级。为了防止微小物体的进入，安装在旅游房车或帐篷场地的设备应选择为 IP4× 的防护等级。安装在旅游房车停车场的设备应防止机械损坏（中重度撞击 AG2），设备的保护应符合：

1）选择安装装备的地点或位置，应避开可以预见的撞击所带来的伤害；

2）应设置局部或总体的机械保护；

3）设备安装时应符合其最低级别 IK07 外部机械撞击保护要求。

15.3.8.3　旅游房车停车场中的布线系统

以下的布线系统适用于旅游房车或帐篷场地供电设备的配电电路：

1）埋地电缆，这是旅游房车或帐篷场地供电设备的最佳供电方式；一般认为满足要求的最小深度为 0.5m，此外电缆也可以安装在场地之外的区域或者帐篷短桩、地锚等不埋设的区域。

2）架空电缆或架空绝缘导线。所有架空导体应为绝缘导体。电杆以及其他架空线的支架部分应被固定或保护。

所有架空线在有车辆移动的区域安装高度不得少于 6m，在其他所有区域该高度不得少于 3.5m。

15.3.8.4　供配电要求

（1）供电系统的标称电压不能超过 220V 单相，或 380V 三相。

（2）对于 TN 系统，旅游房车、帐篷或房车中供电线路不应包含保护中性导体（PEN）。

（3）每一个配电柜至少安装一个隔离电器，该电器应能断开所有带电导体包括中性导体。

15.3.8.5　自动切断供电的故障保护装置

每一个电源插座采用 $I_{\Delta n} \leqslant 30\text{mA}$ 的 RCD 保护时，应断开所有相导体和 N 导体。

为移动单元或活动房屋供电的回路应由单独的 RCD 保护，要求同上。

15.3.8.6　电源插座

每一个插座不应低于 IP44 防护等级并应尽可能安装在距离旅游房车或帐篷场地更近的位置，任何一个外壳上的插座组最多包含 4 个插座。每个旅游房车或帐篷场地应至少提供一个插座。普通单相插座的额定电压为 200～250V，额定电流为 16A。插座的最低部分应位于距离地面 0.5～1.5m 的位置，在极端环境的条件下，允许该高度超过 1.5m，但此时应采取特殊的措施以确保插头可以安全地插入和拔出。

15.3.9　游艇码头及类似场所

以下所述的特殊要求适用于游艇码头及类似场所连接游艇或房船的供电回路。不适用于房船直接由公用电网供电，也不适用于游艇或房船内的电气装置。

此类装置的特点是：随着人体电阻的减少以及人体与地电位的接触，带来包括腐蚀、结构发生位移、机械损伤以及触电带来的危险。

游艇上和安装在码头上的电力装置安装应尽可能的减小电击、火灾和爆炸的危险。

15.3.9.1 电源 ❶

（1）船内低压系统接地型式为 TN 系统，游艇或房船电源的终端回路不应有 PEN 导体，见图 15.3-9 和图 15.3-10。

（2）为游艇上装置供电的标称电压不应大于 220/380V。

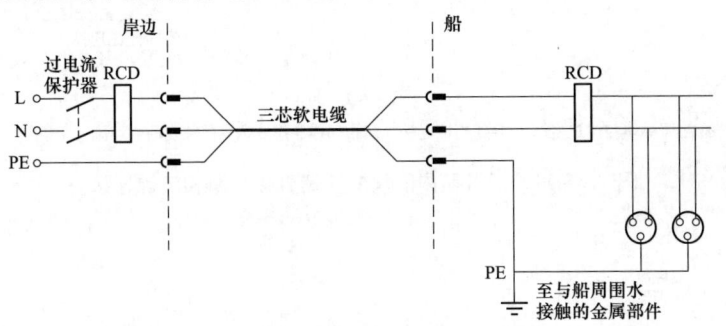

船内保护接地导体至岸边的环流导致电解腐蚀的风险。

图 15.3-9 直接与单相电源连接

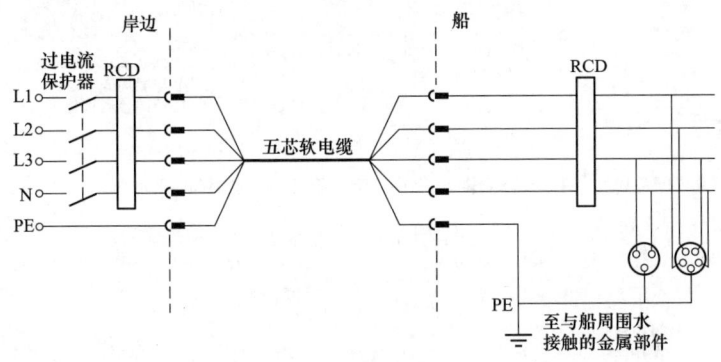

船内保护接地导体至岸边的环流导致电解腐蚀的风险。

图 15.3-10 直接与三相电源连接

15.3.9.2 电击防护

（1）要求。基本防护不应采用阻挡物、置于伸臂范围之外电击防护措施；故障防护不应采用非导电场所、不接地的局部等电位联结电击防护措施。

（2）电气分隔防护措施。电气分隔防护措施用于游艇供电应保证：

1）回路应通过符合 GB 19212.5 规定的固定隔离变压器供电。隔离变压器供电的保护接地导体不应与游艇供电插座的接地端子连接；

2）游艇等电位联结不应与岸边电源的保护接地导体连接。

---

❶ 功能开关在图 15.3-9～图 15.3-13 未出示。

电气分隔接线见图 15.3-11～图 15.3-13。

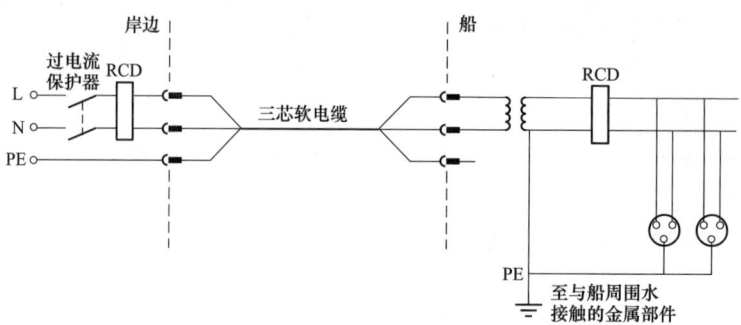

船内PE导体与岸边电源PE导体不应连接。防止船体和岸边金属部件之间的环流。

图 15.3-11　通过船内隔离变压器直接与单相电源连接

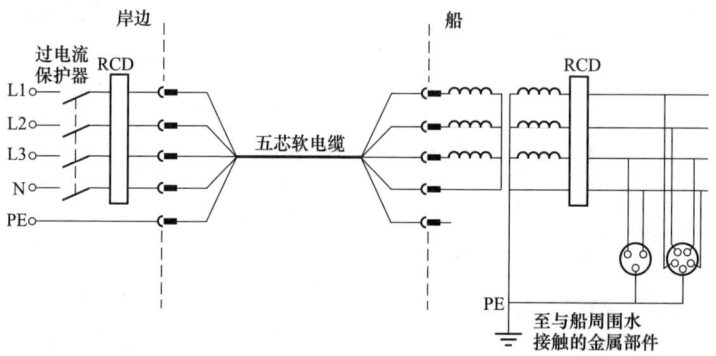

船内PE导体与岸边电源PE导体不应连接。防止船体和岸边金属部件之间的环流。

图 15.3-12　通过船内隔离变压器直接与三相电源连接

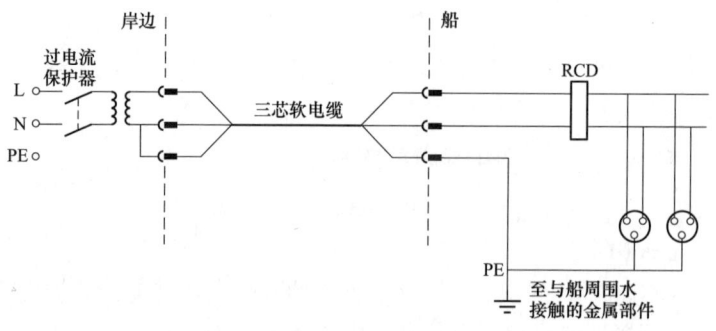

船内电源PE导体与岸边电源PE导体不应连接。防止船体和岸边金属部件之间的环流。
隔离变压器的每个副端绕组应连接一个插座（船内未做等电位联结）。
与水接触的船体金属部件和船内PE做等电位联结。

图 15.3-13　通过岸边隔离变压器直接与单相电源连接

15.3.9.3　电气设备的选择和安装

（1）外界影响。

1) 水（AD）。设置在栈桥、停泊处、码头或浮码头上的设备，依据可能出现的外界影响应选择如下：

a. 溅水（AD4）　IP×4；

b. 喷水（AD5）　IP×5；

c. 水浪（AD6）　IP×6。

2) 外来物体物（AE）。为防止很小物体物（AE3）侵入，设置在栈桥、停泊处、码头或浮码头上的设备防护等级为 IP4X。

3) 腐蚀或污染物（AF）。设置在栈桥、停泊处、码头或浮码头上的设备应适合有大气腐蚀或污染物环境中使用 AF2。若有碳氢化合物存在，使用 AF3。

4) 撞击（AG）。设置在栈桥、停泊处、码头或浮码头上的设备应防止机械损伤（中级撞击 AG2），防护应采用以下一个或多个措施：

a. 安装的位置或场所应避免可预见的撞击；

b. 应通过局部或全部的机械保护；

c. 设备应有最小保护等级为 IK07 外部机械撞击（见 17.5.3）。

(2) 码头的布线系统：

1) 以下的布线系统适用于码头回路：

a. 地下电缆；

b. 架空电缆或绝缘导体；

c. 热塑性或热固性绝缘的铜芯电缆，敷设在电缆管理系统中，考虑位移、撞击、腐蚀和环境温度等外界影响；

d. PVC 外护套矿物绝缘电缆；

e. 热塑性或热固性外护套的铠装电缆。

2) 以下的布线系统不适用于栈桥、停泊处、码头或浮码头：

a. 悬挂或包含承载线的架空电缆或导体；

b. 敷设在导管、槽盒内的绝缘导体；

c. 铝芯电缆；

d. 矿物绝缘电缆。

3) 电缆和电缆管理系统选择和安装应防止浮动结构由于潮汐或其他位移产生的机械损伤。电缆管理系统应有水或冷凝水排泄措施，如采用坡度方式和/或排水孔。

4) 地下电缆：配电回路埋地敷设，除有附加的机械保护外，埋入足够度不应小于 0.5m。

5) 架空电缆或绝缘导体：架空导体应是绝缘的。电杆或其他支撑应防止汽车碰撞。汽车通道架空导体高度不应小于 6m，其他区域 3.5m。

(3) 自动切断电源的故障防护的电器。

1) 剩余电流保护器（RCD）：

额定电流不大于 63A 的插座应用 $I_{\Delta n}$ 不大于 30mA 的 RCD 保护。

额定电流大于 63A 的插座应用 $I_{\Delta n}$ 不大于 300mA 的 RCD 保护。

需考虑保护电器的选择性，RCD 可采用 S 型。

为房船供电固定连接的每支终端回路应用 $I_{\Delta n}$ 不大于 30mA 的 RCD 保护。

上述 RCD 应切断所有带电导体，包括中性导体。

2）过电流保护器：每个插座应设置过电流保护器；为房船供电固定连接的每支终端回路应设置过电流保护器。

（4）隔离：至少在每个配电箱内应设置隔离电器，隔离电器应切断所有带电导体，也包括中性导体。

（5）其他设备。

1）额定电流不大于 63A 插座应符合 GB/T 11918.2 规定；额定电流大于 63A 插座应符合 GB/T 11918.1 规定。

插座防护等级不应低于 IP44。

采用 AD5 或 AD6 代码时，防护等级应分别为 IP×5 或 IP×6。

2）插座应设置在接近供电点，安装在配电箱内或独立的外壳内。

3）为了避免连接软线过长，在一个外壳内的插座不应超过 4 个。

4）一个插座应仅一个游艇或房船供电。

5）通常应采用额定电压 200～250V 和额定电流 16A 单相插座。预计有较大需求功率时，可采用较大额定电流插座。

6）固定在栈桥或码头和浮动码头的插座布置应避免溅水和/或浸水。

15.3.10　医疗场所

医疗场所是用以对患者进行诊断、治疗（包括整容）、监测和护理的场所。本部分的特殊要求适用于医疗场所内的电气装置，用以确保患者和医务人员的安全。

15.3.10.1　医疗场所的分类和分级

（1）按医疗电气设备与人体接触状况的场所分类。

0 类场所—不使用有与人体接触的接触部件的医疗电气设备；

1 类场所—使用有与人体表面接触或进入人体内的接触部件（除 2 类场所外）的医疗电气设备；

2 类场所—使用做心脏手术的医疗电气设备（即接触部件进入心脏或接触心脏的医疗设备）或中断供电将导致生命危险的医疗电气设备。

（2）按允许间断供电时间的场所分级见表 15.3-3。

医疗场所分类和分级示例见表 15.3-2。

表 15.3-2　　　　医疗场所类别划分和安全供电级别划分示例表

序号	医疗场所	类别			级别	
		0	1	2	≤0.5s	>0.5s 且≤15s
1	按摩室	√	√			√
2	普通病房		√			
3	产房		√		√	√
4	心电图（ECG）室、脑电图（EEG）室、子宫电图（EHG）室		√			√
5	内窥镜室		√			√

续表

序号	医疗场所	类别			级别	
		0	1	2	≤0.5s	>0.5s 且≤15s
6	检查或治疗室		✓			✓
7	泌尿科诊疗室		✓			✓
8	放射诊断及治疗室（不包括第21项所列内容）		✓			✓
9	水疗室		✓			
10	理疗室		✓			✓
11	麻醉室			✓	✓	✓
12	手术室			✓	✓	✓
13	手术预备室			✓	✓	✓
14	上石膏室			✓	✓	✓
15	手术苏醒室			✓	✓	✓
16	心导管室			✓	✓	✓
17	重症监护室			✓	✓	✓
18	血管造影室			✓	✓	✓
19	血液透析室		✓			✓
20	磁共振成像（MRI）室		✓			✓
21	核医学室		✓			✓
22	早产婴儿室			✓	✓	✓

注 ✓表示有此项目。

15.3.10.2 电击防护

（1）基本防护和故障防护两者兼有的防护。

在1类和2类医疗场所内采用SELV和/或PELV时，用电设备的标称电压不应超过交流方均根值25V或无纹波直流60V。带电部分应加以绝缘，采用遮拦或外护物的保护。

在2类医疗场所，设备的外露可导电部分（例如，手术室的照明灯）应与等电位联结导体相连接。

（2）基本防护。

不允许采用阻挡物作防护。

不允许采用置于伸臂范围之外的措施作防护。只允许采用带电部分绝缘或采用遮拦或外护物作防护。

（3）故障防护。

1）切断电源。在1类或2类医疗场所，应遵守下列规定：

a. 对于 IT、TN 和 TT 系统，其接触电压不应超过25V；

b. 对于 TN 和 TT 系统，应采用表 15.2-1 的切断时间值。

2）TN 系统：医疗场所以及医疗建筑物不允许采用 TN-C 系统。

在1类医疗场所中额定电流不大于32A的终端回路，应采用额定剩余动作电流 $I_{\Delta n} \leq$ 30mA 的 RCD（作为附加防护）。

15

在 2 类医疗场所，仅限于手术台驱动机构的供电回路、X 光机（纳入 2 类场所的移动式 X 光机）的回路、额定功率大于 5kVA 的大型设备以及不重要的电气设备（不是用于维持生命的）的回路采用额定剩余动作电流 $I_{\Delta n} \leqslant 30\text{mA}$ 的 RCD 作为自动切断电源的措施。

应注意同时使用同一回路的多台这些设备时，避免 RCD 误动作。

在 1 类和 2 类医疗场所内，根据上述的要求装用 RCD 时，应按可能产生的故障电流的特性选用 A 型或 B 型的 RCD。

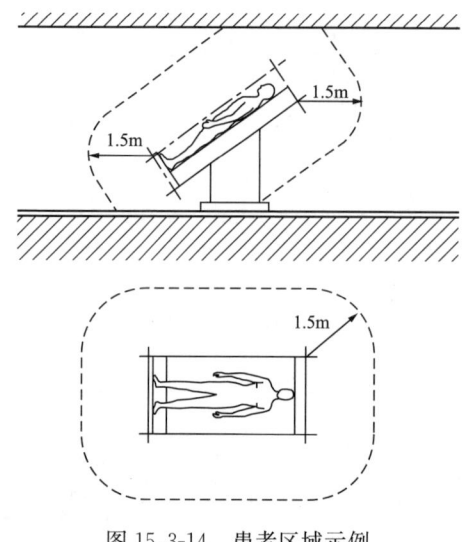

图 15.3-14　患者区域示例

建议对 TN-S 系统进行监测用以确保所有带电导体足够的绝缘水平。

3）TT 系统：在 1 类或 2 类医疗场所内，对于 TN 系统的要求也适用于 TT 系统，而且在所有情况下都应采用 RCD。

4）医疗 IT 系统：在 2 类医疗场所内，医疗 IT 系统应该用于维持生命的、外科手术的和其他位于"患者区域"内的医疗电气设备和系统的供电回路，但上述 2）所述的设备除外。

"患者区域"为离手术台周边水平距离 1.5m，高度为 2.5m 内的区域，见图 15.3-14。

用途相同、相毗邻的几个房间内，至少需设置一个独立的医疗 IT 系统。医疗 IT 系统应配置一个符合 GB/T 18216.8—2015《交流 1000V 和直流 1500V 以下低压配电系统电气安全　防护措施的试验、测量或监控设备　第 8 部分：IT 系统中绝缘监控装置》并满足下列规定要求的绝缘监控装置：

a. 交流内阻抗不应小于 $100\text{k}\Omega$；

b. 测试电压不应大于直流 25V；

c. 即使在故障情况下，其注入电流的峰值不应大于 1mA；

d. 绝缘电阻降至 $50\text{k}\Omega$ 时，应发出信号，应配置试验此功能的器具。

每个医疗 IT 系统，配备有声光报警。

当只有一台设备由单台专用的 IT 变压器供电时，可不装设绝缘监测器。

要求监测医疗 IT 变压器的过负荷和过热。

5）辅助等电位联结：

a. 在每个 1 类和 2 类医疗场所内，应安装辅助等电位联结，并将其连接到位于"患者区域"内的等电位联结母线上，以实现下列部分之间等电位：

PE 导体；

外界可导电部分；

抗电干扰场的屏蔽物；

导电地板网格；

隔离变压器的金属屏蔽层。

固定安装的可导电的手术台、理疗椅和牙科治疗椅等，除要求与地绝缘外，宜与等电位联结导体连接。

b. 在 2 类医疗场所内，电源插座的保护导体端子、固定设备的保护导体端子或任何外界可导电部分，这些部分和等电位联结母线之间的导体的电阻（包括接头的电阻在内）不应超过 0.2Ω。也可选用合适的导体截面来确定电阻值。

c. 等电位联结母线应位于医疗场所内或靠近医疗场所。在每个配电盘内或在其附近应装设附加的等电位联结母线，应将辅助等电位导体和保护接地导体与该母线相连接。连接的位置应使接头清晰易见，并便于单独拆卸。

15.3.10.3 电气设备的选择和安装

（1）医疗 IT 系统用的变压器应紧靠医疗场所内或邻近处安装在柜内或外护物内，其二次侧额定电压 U_n 不应超过交流 250V。

（2）医疗 IT 系统变压器应符合 GB 19212.16—2005《电力变压器、电源装置和类似产品的安全　第 16 部分：医疗场所供电用隔离变压器的特殊要求》规定及下列附加要求：

空载时出线绕组测得的对地泄漏电流和外护物的泄漏电流均不应超过 0.5mA。

医疗 IT 系统应采用单相变压器，其额定输出容量不应小于 0.5kVA，但不应超过 10kVA。

如果也需要通过 IT 系统供电给三相负荷，则应采用单独的三相变压器供电，其输出线电压不应超过 250 V。

（3）开关设备和控制设备。每个终端回路都需设置短路保护和过负荷保护，但医疗 IT 系统的变压器的进出线回路不允许装设过负荷保护，但可用熔断器作短路保护。

（4）其他设备。

1）照明回路。在 1 类或 2 类医疗场所内，应配置两个不同电源，其中一个应为应急电源。

2）用于 2 类医疗场所的医疗 IT 系统的插座回路。在患者治疗的地方，例如床头，应配置如下的插座：

a. 至少由两个独立回路供电的多个插座；

b. 每个插座各自装设过电流保护。

当同一个医疗场所内有插座自其他接地系统（TN-S 或 TT 系统）供电时，接到医疗 IT 系统的插座结构能防止将它用于其他接地系统的电气设备，或有固定而明晰的标志。

（5）为避免可燃气体起火的危险，电气插座和开关的安装位置距医疗用可燃气体出气口水平距离不应小于 0.2m。

15.3.10.4 安全设施电源

医疗场所电源间断时间分级及适用场所见表 15.3-3。

表 15.3-3　　　　　　　　　　医疗场所电源间断时间分级及适用场所

间断级别	间断时间 (s)	最少维持时间 (h)	适用场所示例
0 级	不间断		微机处理机控制的医用电气设备
0.15 级	≤0.15		
0.5 级	≤0.5		手术台照明器，其他重要照明器，维持生命用的医用电气设备
		3	内窥镜的灯

续表

间断级别	间断时间 (s)	最少维持时间 (h)	适用场所示例
15 级	≤15		表 15.3-2 中 ">0.5s 且≤15s" 级别规定场所
		24[a]	疏散照明灯,疏散标志灯,重要场所备用照明[b]
			消防电梯,排烟的通风系统,呼叫系统,2 类医疗场所的辅助医疗电气设备。这类设备由主管人员指定,医疗用供气系统(压缩空气、抽真空和麻醉气体)电气设备,火灾探测、火灾报警和灭火系统
>15 级	>15	24	消毒设备,空调、供暖和通风系统,废弃物处理系统,冷却设备,炊事设备,蓄电池充电设备

a 如治疗过程能在 3h 内完成,可降至 3h。

b 2 类医疗场所有 50% 的照明和 1 类医疗场所至少有一个照明器由应急电源供电。

15.3.11 展览馆、陈列室和展位

本部分适用于展览馆、陈列室和展位(包括用可移动的展示台和设备)中的临时电气装置,不适用于有关标准中已有要求的展览场所。

展览馆、陈列室和展位中的临时电气装置的标称电压不应超过交流 220/380V。

15.3.11.1 安全防护

(1)故障防护。系统接地型式为 TN 时,应采用 TN-S 系统。

故障防护采用自动切断电源措施时,有动物的场所接触电压限值为交流均方根值 25V 或无纹波直流 60V,并且最大切断时间符合表 15.2-1 要求。

(2)辅助等电位联结。

1)在有动物的场所,应做辅助等电位联结。如果地板下设有金属网,它应该连接到辅助等电位联结。

2)如果结构型式不能保证电气连续性,机动车、运货车、野营拖车或集装箱的外界可导电部分应在两个以上的地方连接到装置的 PE 导体上并应为铜导体,其截面积不应小于 4mm²。

如果机动车、运货车、野营拖车或集装箱基本上是绝缘材料制造的,此要求不适用于故障时不大可能成为带电的那些金属部分。

15.3.11.2 电击防护措施

正常情况下不应使用阻挡物和伸臂范围之外的防护。

故障情况下不应使用非导电场所和不接地的局部等电位联结的防护。

15.3.11.3 开关保护电器的设置

(1)为保证电气线路更换和维修时的安全,供电给每一单独的临时构筑物(例如,拟被特定用户占用的一个机动车、一个展位或一个单元)和每个户外电气装置的回路,应有它们自己的便于接近和正确识别的隔离手段。即为其配置能同时切断相导体和中性导体的合适的开关、断路器或 RCD。

(2)临时构筑物采用电缆供电的电源自动切断,宜在电源点设置额定剩余动作电流 $I_{\Delta n}$ ≤500mA 的 RCD。延时不大于 0.15s(即选择型 RCD)。

（3）除应急照明外，所有照明末端线路和 32A 及以下插座线路应增设额定剩余动作电流 $I_{\Delta n}\leqslant30\text{mA}$ 的 RCD 保护。

15.3.11.4 火灾防护

自动控制或远方控制的电动机没有被连续监视时，应设置手动复位的超温保护。

聚光灯、小投光灯等照明设备和其他表面温度高的设备应加以防范，应布置得远离可燃物。

制作陈列橱和招牌所用的材料，应有足够的耐热性、机械强度、电气绝缘强度和通风，对产生的热量要考虑展览物的可燃性。

展位不应集中安装包括可能产生过多热量的用电器具、灯具，除非有足够的通风措施，例如，用不燃材料制造的通风良好的天花板。

15.3.11.5 电气设备的选择和安装

（1）插座和插头。

1）场所内应安装足够数量的插座以便满足用户安全使用的要求。

2）如安装有地面插座，应将它充分地保护以防止偶然进水。

3）一个插头不应连接一个以上的软电缆或护套软线。

4）不应采用插头型多路连接器。

5）可移动的多路插座板应限于以下情况使用：①每一个固定插座接一个多路插座板；②从插头到多路插座板的软电缆或软护套线最大长度为 2m。

（2）照明装置：作为展位或展品的照明灯，标称电压不应高于 230/380V。

（3）特低电压变压器和电子变换器：多连接回路特低电压（ELV）变压器应符合 GB 13028—1991《隔离变压器和安全隔离变压器技术要求》规定。

每个变压器或电子变换器的二次回路应装设保护电器。

应装在伸臂范围以外，并有足够的通风。

（4）低压发电机组。由发电机组供电给临时电气装置时，采用 TN、TT、IT 系统，应注意保证接地配置符合 14.5.1，如使用接地极，应符合 14.5.2。

对于 TN 系统，所有外露可导电部分应采用 14.3.3.3 规定截面的 PE 导体连接到发电机上。

15.3.11.6 布线系统

（1）有机械损坏危险的地方应使用铠装电缆或有机械保护的电缆。

（2）应采用铜芯电缆、最小截面积 1.5mm^2，并应符合相应的 GB/T 5023《额定电压 450/750V 以下聚氯乙烯绝缘电缆》或 GB/T 5013《额定电压 450/750V 及以下橡皮绝缘电缆》系列标准。

（3）拖曳软电线的长度不应超过 2m。

（4）在没有安装火灾报警系统的展览建筑物中，电缆应采用低烟无卤的阻燃型，或者是单芯或多芯无铠装电缆，封闭在符合 GB/T 13381《电气安装用导管的技术要求》或 GB/T 19215《电气安装用电缆槽管系统》系列标准防火要求、防护等级为 IP4× 的金属或非金属导管或槽盒中。

（5）除非需要分接到另一个回路，电缆中不应做接头。做接头时，接头做在防护等级为 IP4× 或 IP××D 的外护物中。

15

（6）当应力可能传到端头处时，连接处应配置电缆固定器。

15.3.12 光伏（PV）电源装置

15.3.12.1 光伏（PV）电源装置配置

（1）概述。PV 阵列对地关系取决因功能原因使用的阵列接地、连接的阻抗和阵列连接回路（如逆变器或其他设备）对地状况。要求光伏模块和与光伏模块连接的逆变器应考虑确定最适合的系统接地配置。

由于功能原因，一些光伏模块要求带电极直接接地或通过电阻接地。依据以下条件做功能的接地：

1）直流侧与交流侧之间电气分隔，电气分隔可在逆变器内部或逆变器外部。电气分隔在逆变器外部时，逆变器应设置：

a. 每台逆变器用一台变压器；

b. 有隔离绕组单台逆变器用有若干绕组的单台变压器；

c. 采用逆变器与配置类型兼容。

2）直流极应在光伏发电器直流侧、逆变器直流输入侧附近或逆变器内部单点接地。

3）适用以下附加要求之一：

—直流电极直接接地，为消除接地电缆中的故障电流，要求设置自动切断连接；或

—直流电极通过电阻接地，要求设置绝缘监控装置。

（2）PV 阵列电气图见图 15.3-15～图 15.3-19。

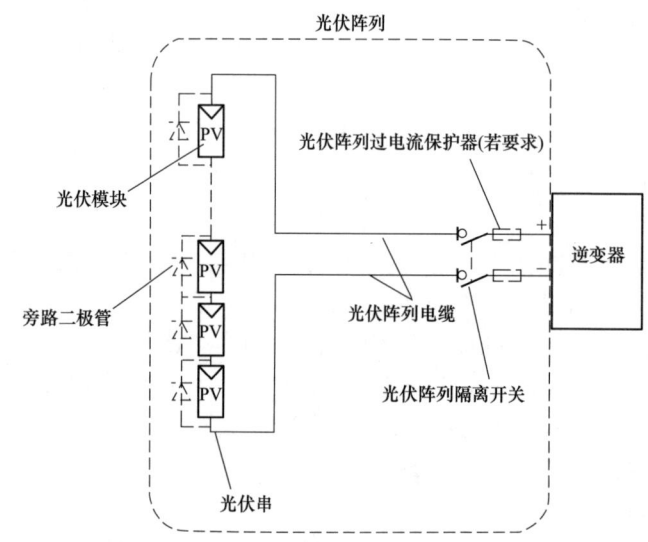

旁路二极管通常由制造商作为标准器件与光伏模块组合一起的。

图 15.3-15　光伏阵列图——单串情况

15.3.12.2 电击防护

（1）基本防护不应采用阻挡物、置于伸臂范围之外电击防护措施；故障防护不应采用非导电场所、不接地的局部等电位联结及为超过一台用电设备供电的电气分隔电击防护措施。

（2）双重或加强绝缘的防护：诸如使用在直流侧的光伏模块，连接箱或柜，电缆（直到光伏逆变器直流端子）等设备应为Ⅱ类设备或与其等效绝缘。

（3）特低电压（SELV 或 PELV）的防护：直流侧最大开路电压 $U_{oc\,max}$ 应不超过 60V。

15.3.12.3 绝缘故障防护

（1）由自动切断功能接地导体的绝缘故障防护。有功能接地的光伏阵列，应设置功能接地故障断路器，当光伏阵列中有接地故障时，功能接地故障断路器动作，切断接地故障电流。可通过中断阵列的功能接地达到。功能接地故障断路器额定电流列入表15.3-4中。

15

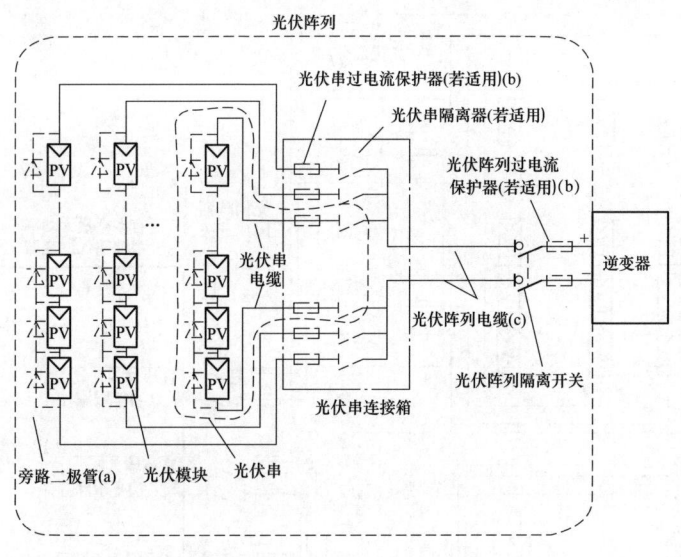

（a）旁路二极管通常由制造商作为标准器件与光伏模块组合一起的。
（b）此处要求的过电流保护器见 15.3.12.4。
（c）在一些系统中，可无光伏阵列电缆，所有光伏串或光伏子阵列可在邻近逆变器的连接箱终端。
图 15.3-16　光伏阵列图——多串并联情况

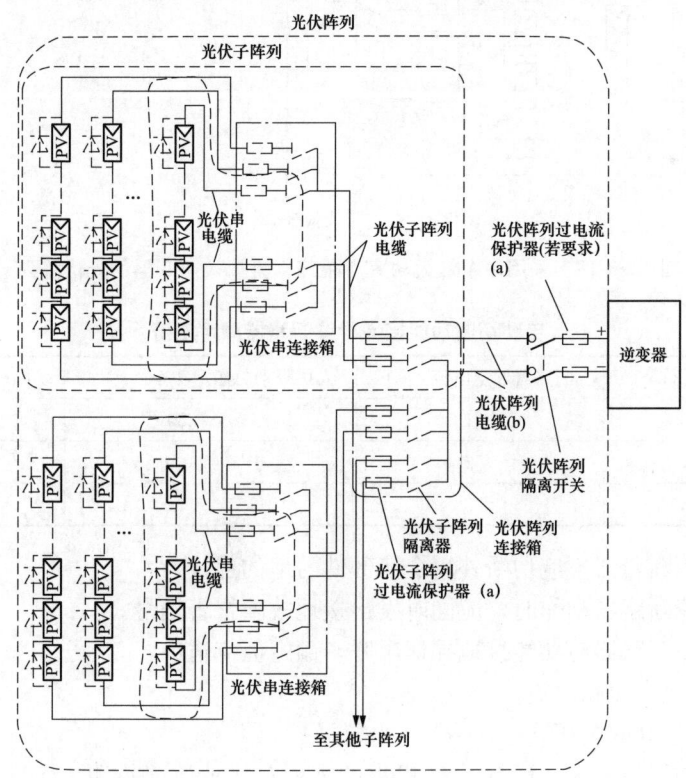

（a）此处要求的过电流保护器见 15.3.12.4。
（b）在一些系统中，可无光伏阵列电缆，所有光伏串或光伏子阵列可在邻近逆变器的连接箱终端。
图 15.3-17　光伏阵列图——有多个子阵列的多串并联情况

15

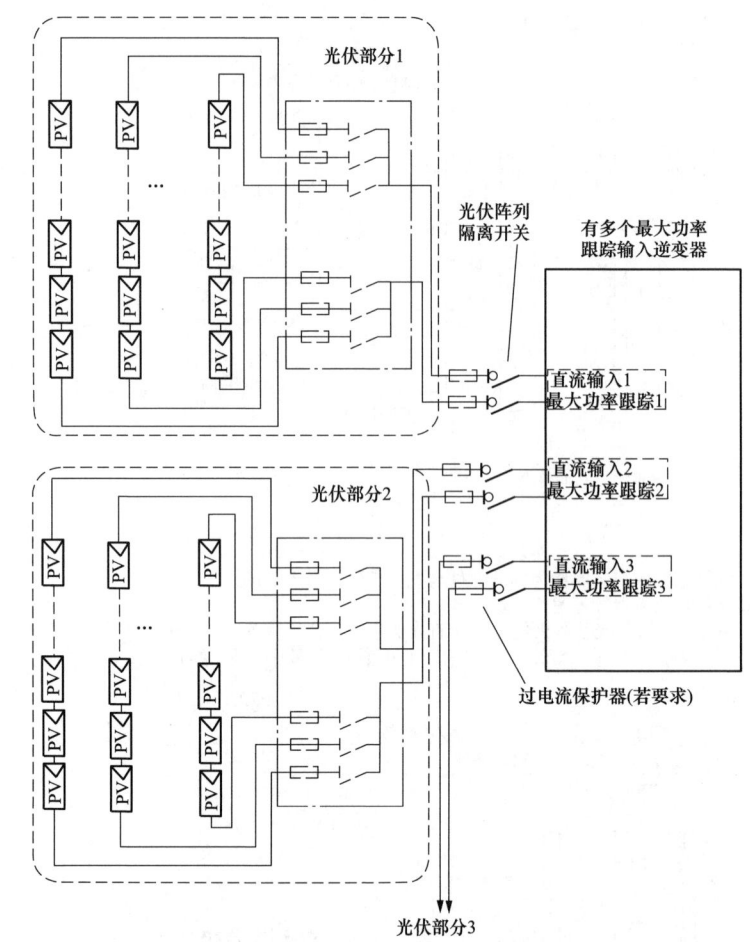

图 15.3-18　采用多个最大功率点跟踪直流输入逆变器的光伏阵列

表 15.3-4　　　　　　　**自动切断功能接地导体断路器额定电流**

光伏阵列总额定功率（kW$_p$）	断路器额定电流（A）	光伏阵列总额定功率（kW$_p$）	断路器额定电流（A）
0～25	≤1	101～250	≤4
26～50	≤2	＞250	≤5
51～100	≤3		

功能接地故障断路器不应切断外露金属部件与地的连接。

功能接地故障断路器动作时，应同时发出接地故障报警信号。

功能接地故障断路器与功能接地导体串联，额定值应适应：

1）光伏阵列最大短路电流；

2）光伏阵列最高的电压。

（2）对检测和报警要求。运行 60V 以上的阵列对接地故障检测、作用和报警的要求取决于系统接地型式和逆变器是否设置光伏阵列与输出回路电气分隔。表 15.3-5 列出光伏阵列对地绝缘电阻测量要求和光伏阵列剩余电流监视器要求以及当检测故障时要求的作用和指示。

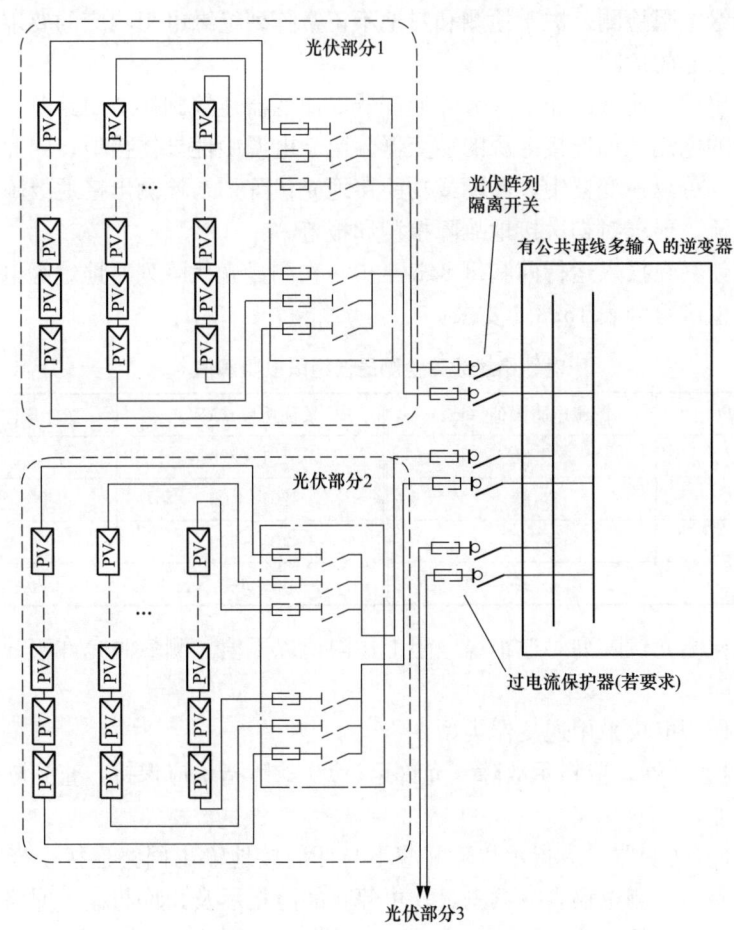

图 15.3-19　采用连接到公共直流母线多直流输入逆变器的光伏阵列

表 15.3-5　　　　基于逆变器电气分隔和光伏阵列功能接地对不同系统要求

检测参数	作用	系 统 类 型		
		逆变器非电气分隔＋光伏阵列非功能接地	逆变器电气分隔＋光伏阵列非功能接地	逆变器电气分隔＋光伏阵列功能接地
光伏阵列对地绝缘电阻	测量	依据 15.3.12.3（3）		
	故障作用	切断逆变器和切断输出回路所有极或至逆变器的光伏阵列所有极	允许与输出回路连接（逆变器允许运行）	
	故障指示	依据 15.3.12.3（5）指示故障		
光伏阵列剩余电流监测系统	测量	依据 15.3.12.3（4）		依据 15.3.12.3（4）
	故障作用	切断逆变器和切断输出回路所有极或至逆变器的光伏阵列所有极	不要求	切断功能接地连接允许与输出回路连接（逆变器允许运行）
	故障指示	依据 15.3.12.3（5）指示故障		依据 15.3.12.3（5）指示故障

注　（1）隔离光伏阵列故障部分允许替代切断逆变器和切断输出回路。
　　（2）功能接地应依据 15.3.12.6（8）实施。
　　（3）采用非电气分隔逆变器系统，输出回路的参考地不允许在逆变器的光伏阵列侧采用功能接地。

（3）阵列绝缘电阻检测。关于检测和对地不正常阵列绝缘电阻响应的要求是为了降低由于绝缘系统劣化引起的危险。

与接地的输出回路连接的非电气分隔逆变器，逆变器连接到接地回路时，阵列接地故障就导致潜在危险的电流，如连接电源的逆变器，由于电源中性导体接地，因此逆变器不可与电源连接。在电气分隔逆变器中，浮动或功能接地光伏阵列未检测出接地故障，再有接地故障能产生危险电流。要求对初次接地故障检测和报警。

应设置仪表使其在投入运行前和每24h至少一次测量光伏阵列对地绝缘电阻。

检测最低阈值应符合表15.3-6要求。

表15.3-6　　　　　　对地绝缘故障检测最低绝缘电阻阈值

系统功率（kW）	绝缘电阻限值（kΩ）	系统功率（kW）	绝缘电阻限值（kΩ）
≤20	30	101～200	7
21～30	20	201～400	4
31～50	15	401～500	2
51～100	10	＞500	1

测量回路能检测光伏阵列对地绝缘电阻上述限值以下值。测量时允许移开光伏阵列功能接地导体。

故障要求的作用取决采用逆变器类型：

1）电气分隔逆变器，应指示故障（允许运行）；故障指示应保持，直到阵列绝缘电阻恢复到高于上述限值；

2）非电气分隔逆变器，应指示故障并应不与任何接地输出回路连接；当阵列绝缘电阻恢复到高于上述限值，测量仪表继续测量、可停止故障指示及允许与输出回路连接。

（4）剩余电流监视系统防护。依据表15.3-5要求，逆变器是否连接接地参考输出回路，剩余电流监视系统应有自动切断功能。剩余电流监视器应测量剩余电流均方根值（交流分量和直流分量）。

依据以下限值，监视器应监测过大的持续剩余电流和过大的突变剩余电流。

1）持续剩余电流：持续剩余电流超过以下值，剩余电流监视系统应在0.3s内引起中断和指示故障：

a. 逆变器持续输出容量值不大于30kVA，最大值300mA；

b. 逆变器持续输出容量值大于30kVA，额定持续输出容量每千伏安最大值10mA。

泄漏阈值在以上规定值以下和阵列绝缘电阻满足表15.3-6限值要求，剩余电流监视系统可允许切断回路再连接。

2）突变剩余电流：突增剩余电流均方根值100mA或检测到更大值，逆变器应在0.5s内切断接地参考回路和指示故障。

泄漏阈值在以上规定值以下和阵列绝缘电阻满足表15.3-6限值要求，剩余电流监视系统可允许切断回路再连接。

（5）接地故障报警。依据以上（2）要求，应设置接地故障报警系统。触发报警时，系统持续运行，直到系统切断和/或接地故障消失［IEC/TS 62548：2013 Photovoltaic（PV）arrays - Design requirements］。

15.3.12.4 直流侧过电流保护

（1）电路特性要求。光伏阵列过电流来自阵列布线接地故障或模块、接线箱、连接线、模块布线短路故障。

光伏模块是限流源，但因模块并联和连接到外部电源（如蓄电池），也承受过电流。过电流为以下电流之和：

1）连接的一些类型逆变器；

2）外部电源；

3）邻近多个并联串。

有多个光伏串并联的光伏发电器中的模块要设置光伏串故障产生的反向电流保护：

1）有一或两个光伏串并联的光伏发电器内，可以不设置过电流保护器。

2）N_s 个光伏串（大于两串）并联的光伏发电器内，故障串的最大反向电流是 $(N_s-1) \times I_{SC\,MOD}$。

光伏模块安全试验规定持续 2h 试验称为反向电流热耐受能力，定为光伏模块最大保护电流值。最大故障电流 $(N_s-1) \times I_{SC\,MOD}$ 每天低于 2h。

对于光伏串保护，保护电气满足光伏模块热耐受能力要求。

（2）光伏串过电流保护。

1）单光伏串过电流保护器

$$I_n > 1.5 I_{SC\,MOD} \tag{15.3-2}$$

$$I_n < 2.4 I_{SC\,MOD} \tag{15.3-3}$$

$$I_n \leqslant 1.5 I_{MOD\_MAX\_OCPR} \tag{15.3-4}$$

式中 I_n——过电流保护器额定电流，A；

  $I_{SC\,MOD}$——标准试验条件下，光伏串短路电流，A；

$I_{MOD\_MAX\_OCPR}$——光伏串最大过电流保护额定值，A。

2）并联成组的光伏串过电流保护器

$$I_n > 1.5 S_G I_{SC\,MOD} \tag{15.3-5}$$

$$I_n < I_{MOD\_MAX\_OCPR} - [(S_G-1) I_{SC\,MOD}] \tag{15.3-6}$$

式中 I_n——过电流保护器额定电流，A；

  S_G——并联光伏串个数；

  $I_{SC\,MOD}$——标准试验条件下，光伏串短路电流，A；

$I_{MOD\_MAX\_OCPR}$——光伏串最大过电流保护额定值，A。

3）光伏子阵列过电流保护。光伏子阵列过电流保护器额定电流 I_n 按以下公式确定

$$I_n > 1.25 I_{SC\,S\_ARRAY} \tag{15.3-7}$$

$$I_n \leqslant 2.4 I_{SC\,S\_ARRAY} \tag{15.3-8}$$

式中 I_n——过电流保护器额定电流，A；

$I_{SC\,S\_ARRAY}$——标准试验条件下，光伏子阵列短路电流，A；$I_{SC\,S\_ARRAY}=I_{SC\,MOD} S_{SA}$，$S_{SA}$ 光伏子阵列中并联光伏串个数。

4）光伏阵列过电流保护。光伏系统接有蓄电池或故障时向阵列反馈的其他电流源时应设光伏阵列过电流保护。光伏阵列过电流保护器额定电流如下

$$I_n > 1.25 I_{SC\ ARRAY} \tag{15.3-9}$$

$$I_n \leqslant 2.4 I_{SC\ ARRAY} \tag{15.3-10}$$

式中　I_n——过电流保护器额定电流，A；

　$I_{SC\ ARRAY}$——标准试验条件下，光伏阵列短路电流，A；$I_{SC\ ARRAY} = I_{SC\_MOD} S_A$，$S_A$ 光伏阵列中并联光伏串个数。

（3）光伏系统接有蓄电池过电流保护。光伏系统接有蓄电池应设过电流保护。光伏阵列电缆保护可设在最邻近蓄电池处。否则，过电流保护应能保护源自蓄电池过电流的阵列电缆。所有采用的过电流保护应有切断蓄电池的最大预期故障电流。

（4）过电流保护位置。对于光伏阵列、光伏子阵列和光伏串过电流保护器应设在：

1）光伏串过电流保护器，应设在光伏串电缆与子阵列或光伏串连接箱内阵列电缆连接处。

2）光伏子阵列过电流保护器，应设在光伏子阵列电缆与阵列连接箱内阵列电缆连接处。

3）光伏阵列过电流保护器，应设在光伏阵列电缆与供电回路或逆变器连接处。

在功能接地系统中，保护光伏串电缆和子阵列电缆的过电流保护器应设在非接地导体上。

在非功能接地系统中，保护光伏串电缆和子阵列电缆的过电流保护器应设在带电导体之上。

15.3.12.5　直流侧大气过电压防护

光伏阵列的布线系统全部埋地敷设而不含架空线的情况下，或由架空敷设或含有架空敷设的情况下，且雷暴日数不大于25日/年（AQ1）时，不需要大气过电压防护。

根据大气过电压防护风险评估，符合下式应在直流侧设置电涌保护器（Surge Protection Device，SPD）

$$L \geqslant L_{crit} \tag{15.3-11}$$

式中　L——逆变器与光伏模块连接点间最大距离，m；

　L_{crit}——临界长度，m；光伏电源装置在建筑物上，$L_{crit} = 115/N_g$，光伏电源装置不在建筑物上，$L_{crit} = 200/N_g$；

　N_g——雷击大地的年平均密度，次/（km²·a）；按式（13.8-2）计算。

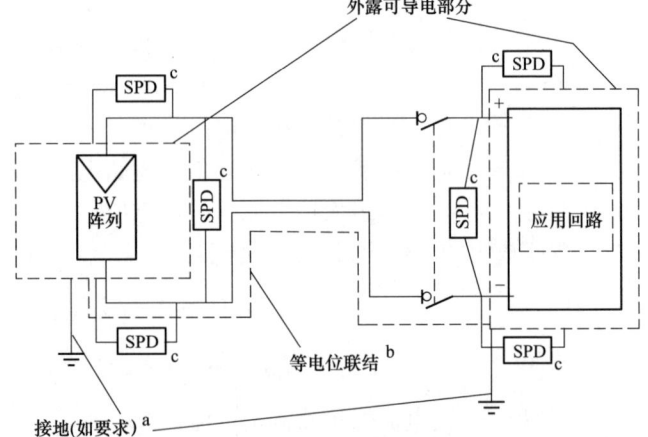

a　图中所示的接地均为功能接地。按防雷要求外露金属框架也可接地。

b　PV阵列与应用回路之间的等电位联接在防雷过电压保护电气设备是至关重要的。等电位联结导体宜尽量靠近带电导体敷设，减少布线环路包围面积。

c　SPD依据上述要求或制造商建议进行安装。

图15.3-20　SPD安装示意

电涌保护器安装在带电导体间、带电导体与逆变器直流电缆和阵列相连的接地间。为保护特定的设备，电涌保护器尽可能靠近设备安装，见图15.3-20。

制造商未能提供数据时，光伏模块与逆变器的冲击耐受电压见表15.3-7。

表 15.3-7 冲击耐受电压

最大开路电压 $U_{oc\,max}$（V）	冲击耐受电压 U_w（kV）		最大开路电压 $U_{oc\,max}$（V）	冲击耐受电压 U_w（kV）	
	光伏模块	逆变器		光伏模块	逆变器
100	0.8	—	600	4	4.2
150	1.5	—	800	—	5.1
300	2.5	—	1000	6	5.6
400	—	3.1	1500	8	8.5

15.3.12.6 电气设备的选择和安装

（1）光伏阵列最高电压。光伏阵列最高电压考虑等于按最低预期运行温度校正的 $V_{OC\,ARRAY}$。

最低预期运行温度校正电压应根据制造商的说明书计算。如果制造商的说明书不适用于单晶硅或多晶硅模块，$V_{OC\,ARRAY}$ 应乘以采用最低预期运行温度按表15.3-8规定的校正系数。

如最低预期环境温度低于—40℃，或采用电压校正中使用非单晶硅或多晶硅技术，应仅按照制造商的说明书校正。

表 15.3-8 单晶硅和多晶硅光伏模块电压校正系数 ❶

预期最低环境温度（℃）	校正系数	预期最低环境温度（℃）	校正系数
24～20	1.02	—11～—15	1.16
19～15	1.04	—16～—20	1.18
14～10	1.06	—21～—25	1.20
9～5	1.08	—26～—30	1.21
4～0	1.10	—31～—35	1.23
—1～—5	1.12	—36～—40	1.25
—6～—10	1.14		

（2）光伏阵列和光伏子阵列汇流箱。

1）环境影响：暴露在环境中的光伏阵列和光伏串连接箱不应低于 IP54，还应抗紫外线。

2）光伏阵列和光伏串连接箱位置：含有过电流保护器和开关电器的光伏阵列和光伏串连接箱应安放在不拆除结构件达到检验、维护和修理之处。

（3）过电流保护电器：

1）能切断满负载和来自光伏阵列和任何其他连接的电源的故障电流，如蓄电池、发电器和电网（如存在）；

2）额定电压等于或大于 15.3.12.6（1）确定的光伏阵列的最高电压；

3）额定过电流值依据 15.3.12.4 确定。

应选用极性不敏感断路器；熔断器应符合 GB/T 13539.6—2013《低压熔断器 第6部分：太阳能光伏系统保护用熔断体的补充要求》要求的适用于光伏的过负载和短路电流保

---

❶ 光伏模块的温度，能比安装地点的环境（空气）温度低达5℃。

护，使用熔断器式隔离开关。

（4）隔离器和隔离开关。

1）接通或断开状态没有裸露的带电金属部件；

2）具有额定电流等于或大于相连的过电流保护器，或在没有过电流保护器情况下，具有电流额定值等于或大于表 15.3-9 规定的回路载流量要求的最小值。

（5）电缆。

1）截面积。根据使用过电流保护额定值、表 15.3-9 规定的回路最小电流额定值、电压降和故障电流来确定光伏串电缆、光伏子阵列电缆和光伏阵列电缆的截面积。由适用的规则中选择最大的电缆截面积。❶

2）载流量：基于表 15.3-9 计算出额定电流选择光伏阵列布线的电缆最小截面积，电缆载流量及考虑到电缆的安装场所和方式的校正系数见 9.3.1。

表 15.3-9　　　　　　　　　回路最小电流额定值

相关回路	保护	依据选择电缆截面和其他回路额定值的最小电流[a,b]
光伏串	未设光伏串过流保护	单串阵列 $1.25 \times I_{SC\ MOD}$ 所有其他情况 $I_n + 1.25 I_{SC\ MOD}(S_{P0} - 1)$ 式中　I_n——最近下游过电流保护器额定电流，A； 　　　S_{P0}——是由最近的过电流保护器保护的并联串数总计。 注　（1）最近下游过电流保护可为子阵列过电流保护，无子阵列而有阵列， 　　　　则为阵列过电流保护。 　　　（2）如果整个阵列中未设过流保护，则 S_{P0} 是阵列中所有并联串总数， 　　　　式中 I_n 设为 0
	设有光伏串过流保护	光伏串过电流保护器额定电流 I_n［参见式（15.3-2）～式（15.3-6）］
光伏子阵列	未设光伏子阵列过流保护	取下列的较大者： a. 阵列过电流保护器额定电流 $I_n + 1.25 \times$ 所有其他子阵列短路电流之和 b. $1.25 I_{SC\ S\_ARRAY}$（相关阵列的） 注　未设光伏阵列过电流保护时，a. 式中 I_n 设为 0
	设有光伏子阵列过流保护	光伏子阵列过电流保护器额定电流 I_n［参见式（15.3-7）和式（15.3-8）］
光伏阵列	未设光伏阵列过流保护	$1.25 I_{SC\ ARRAY}$
	设有光伏阵列过流保护	光伏阵列过电流保护器额定电流 I_n［参见式（15.3-9）和式（15.3-10）］

a　光伏模块运行的温度及与其相连的布线明显高于环境温度。靠近或与光伏模块接触的电缆最低运行温度应该考虑为最大预期环境温度+40℃。

b　需要考虑电缆敷设的位置和方法（即封闭、断续、掩埋等）确定电缆额定值。根据安装方法确定电缆额定值需考虑电缆制造商的推荐。

在计算回路电流额定值时应考虑逆变器或其他逆变装置在故障条件下给阵列提供的反馈电流值。在一些情况下，这个反馈电流将增加表 15.3-9 中计算电流的额定值。

3）类型。

---

❶　未连接到蓄电池的光伏阵列是限流源系统，但由于光伏串、光伏子阵列的并联，在光伏阵列布线故障情况下会产生异常高的电流。要求设置的过流保护和电缆能承受远端阵列通过最近过流保护器的最坏情况电流与邻近光伏串的最坏情况电流的叠加值。

a. 光伏阵列内使用的电缆应为：①适用于直流应用；②电压额定值等于或大于 15.3.12.6（1）确定的光伏阵列最高电压；③导体温度适应使用条件确定；④暴露环境应防紫外线，或对紫外线适当防护，或敷设在防紫外线导管内；⑤防水；⑥暴露盐雾环境，为镀锡铜多股导体，以防电缆超期老化；⑦符合 GB/T 18380.12—2008《电缆和光缆在火焰条件下的燃烧试验·第 12 部分：单根绝缘电线电缆火焰垂直蔓延试验 1kW 预混合型火焰试验方法》规定的阻燃电缆。

b. 光伏串使用的电缆应为：跟踪、受热或风作用移动时，采用 GB/T 3956—2008《电缆的导体》规定第 5 种软导体；不移动时，采用第 2 种绞合导体。

4）敷设方法。电缆支撑应使电缆不受到风或雪的作用，防尖锐物划伤，电缆性能和敷设要求维持至超过光伏设备注明的寿命。暴露在阳光下的非金属导管和管槽应为防紫外线型。

电缆绑扎不应作为主要支撑，除非寿命大于或等于系统寿命或设定的定期维护。

安装所有直流电缆时应使同一串、子阵列和总阵列正极和负极电缆应捆绑成束，避免形成环路。捆绑成束的要求包括任何相关的保护接地导体/等电位联结导体。

长度超过 50m 的光伏直流电缆应安装在接地的金属导管、槽盒中，或埋地敷设，或采用有屏蔽层的电缆。

（6）旁路二极管。旁路二极管可用作防止光伏模块反向偏置及随之而来的热点加热。如使用外部旁路二极管，而不是嵌在光伏模块封装中或非安装连接箱制造部分，应符合下列要求：

1）额定电压不低于 $2V_{\mathrm{OC\,MOD}}$；

2）额定电流不低于 $1.4I_{\mathrm{SC\,MOD}}$；

3）依据模块制造商的建议安装；

4）安装应无裸露的带电部分；

5）应防止受环境因素引起的老化。

（7）隔离二极管。隔离二极管可用作防止光伏阵列部分中反向电流措施。

在含有蓄电池的系统中，建议采取某些装置来避免在夜间反向漏电流从蓄电池流入阵列。有包括隔离二极管在内的方法解决此问题。

如采用，隔离二极管应符合下列要求：

1）额定电压至少为 2 倍 15.3.12.6（1）确定的光伏阵列最大开路电压；

2）额定电流 $I_{\max}$ 不小于 1.4 倍被保护回路标准试验条件下的短路电流，即：

光伏串 $1.4I_{\mathrm{SC\,MOD}}$，

光伏子阵列 $1.4I_{\mathrm{SC\,S\_ARRAY}}$，

光伏阵列 $1.4I_{\mathrm{SC\,ARRAY}}$；

3）安装应无裸露的带电部分；

4）应防止受环境因素引起的老化。

（8）接地和等电位联结配置。光伏阵列外露可导电部分接地和等电位联结要求如下：

1）非载流可导电部分功能接地（如较好地检测对地泄漏电流）；

2）防雷接地；

3）等电位联结避免电气装置中出现不同电位；

4）光伏阵列一个载流导体接地称为光伏阵列功能接地。

装置中接地导体承载一个或多个功能，接地导体截面积和定位取决于其功能。

用作光伏阵列外露金属框架接地导体应有最小截面积 6mm² 铜或等值。

若光伏阵列有独立接地极，此接地极应采用总等电位联结导体连接到电气装置的总接地端子。

光伏阵列等电位联接导体应沿贴近光伏阵列和/或光伏子阵列正极和负极导体敷设，尽可能降低接地雷电感应电压。

光伏阵列采用功能接地，与地连接应为单点，且此点应与电气装置的总等电位联结端子连接。

系统不含有蓄电池，此连接点应在光伏阵列和逆变器之间且邻近逆变器；系统含有蓄电池，此连接点应在充电控制器和蓄电池的保护电器之间。

使用光伏阵列载流导体之一导体接地作为功能接地（直接接地或通过电阻接地），功能接地导体最小载流量应为：

1）直接接地系统不低于功能接地故障遮断器标称额定值；

2）通过电阻接地系统不低于光伏阵列最高电压/R，R 为功能接地串联电阻值。

15.3.13　家具

家具内电气设备应由额定电压不超过 220V 的单相电源供电，其总负荷电流不应超过 32A。

15.3.13.1　附加防护

家具内的电气装置供电回路应装设额定剩余动作电流 $I_{\Delta n} \leqslant 30\text{mA}$ 的 RCD。

用于家具布线系统的电气设备和附件应按照环境情况选择和安装，特别应注意在机械应力和火灾危险方面。

15.3.13.2　布线系统

家具与电气装置连接的布线系统应符合下列要求：

1）如采用固定连接或适用的装置连接器连接时，应符合 GB/T 5023.3 或 GB/T 5013.1 规定的硬电缆，或符合 IEC 62440 规定的普通工作制或重型工作制的电缆；

2）如通过插头和插座连接或者通过符合 IEC 61535 规定的装置连接器连接时，应选用符合 GB/T 5013.4 规定的橡皮绝缘软电缆和软线或符合 GB/T 5023.5 规定的 PVC 软电缆，PVC 软电缆为符合 IEC 62440 规定重型工作制。

家具可能移动的任何线路应采用符合 GB/T 5013.4 或 GB/T 5023.5 的软电缆或软线。

电缆和软线应适当防机械损伤。他们应安全地固定在家具上或放置在制造家具时做好的电缆管槽、电缆槽盒、电缆导管或电缆槽中。

15.3.13.3　附件的选择

暗装接线盒应满足 GB 17466.1—2008《家用和类似用途固定式电气装置电器附件安装盒和外壳　第 1 部分：通用要求》对空心墙接线盒的要求。明装接线盒应满足 GB 17466.1 要求。附件安装取位应有防止液体溅撒引起电气危险的风险措施。

15.3.14　户外照明装置

适用于固定的户外照明装置，主要包括道路、停车场、公园、公共场所、运动场、名胜古迹和纪念碑、泛光、电话亭、公共汽车候车亭、广告牌、城市地图牌和路标牌的照明。

不适用于属于公共电力网一部分的公共街道照明装置、临时花灯、道路交通信号灯，固定在建筑物的外部并直接由该建筑物的内部线路供电的灯具。

游泳池和喷泉的照明装置的要求见 15.3.2。

15.3.14.1　电击防护

不应采用非导电场所和不接地的等电位联结的防护措施。

（1）基本防护。灯具和照明装置的外护物应防止不使用工具或钥匙便可接触带电部分，除非被置放在只有熟练技术人员（BA5）和受过培训的人员（BA4）方可接近之处。

距地面高度小于 2.5m 的电气设备的检修门，应用钥匙或工具锁住。此外，在门打开时仍需要有与带电部分接触防护，这可以采用设备的结构，或靠安装，或者靠放置有同等防护等级的遮栏或外护物，以达到具有至少 IP2× 或 IP××B 的防护等级。

距地面高度小于 2.8m 的灯具，只应在使用工具除去遮栏或外护物后，才可能接近光源。

（2）自动切断电源。

1）保护等电位联结：在户外照明装置附近不是外露可导电部分并且不是户外照明装置的一部分的金属结构（例如栅栏、网等），不需要接到接地端子上。

2）附加保护：在电话亭、公共汽车候车亭、广告牌、城市地图牌和类似场所的照明设备，应采用额定剩余动作电流 $I_{\Delta n} \leqslant 30\mathrm{mA}$ 的 RCD 作为附加保护。

15.3.14.2　电气设备的选择和安装

环境温度和空气湿度外界影响等级取决于当地条件，推荐以下等级：

1）环境温度：$-40℃ \sim +5℃$（AA2）和 $-5℃ \sim +40℃$（AA4）；

2）空气湿度：10%～100%（AB2）和 5%～95%（AB4）。

下述外界环境影响等级是最低要求：

1）有水的环境：AD3（淋水）；

2）有外来物体的环境：AE2（小物体）。

根据当地情况决定灯具的其他外界环境影响等级。

电气设备至少要有 IP33 的防护等级，这可以靠设备结构或者靠安装实现。在某些情况下，由于操作或清扫的原因，可能需要更高防护等级。

15.3.14.3　接地系统的选用

户外照明装置需要承受种种不利的气候影响（如风吹、日晒、雨淋等）以及当地某些腐蚀性气体和尘土的危害，同时还易有鸟类或其他动物的触动。这些不利因素使它很容易受到机械损伤和绝缘下降而导致电气事故的发生。另外它暴露于公众场所，又无等电位联结，增大了电击致死的危险。户外照明不应采用 TN 接地系统而应采用 TT 系统。为此需在户外灯具处专门设置接地极引出单独的 PE 线接灯具的金属外壳，并且应在户外照明装置内装设 $I_{\Delta n} \leqslant 30\mathrm{mA}$ 的 RCD 作接地故障保护。

15.3.15　特低电压照明装置

适用于由额定电压不超过 50V 交流或 120V 直流电源供电的特低电压照明装置。

15.3.15.1　安全保护

（1）电击防护。特低电压照明系统应采用 SELV。当采用裸导体时，其额定电压不应大于交流 25V 或直流 60V。

特低电压照明电源安装应符合下列要求：

1)安全隔离变压器应符合 GB 19212.7—2012《电源电压为 1100V 及以下的变压器、电抗器、电源装置和类似产品的安全 第 7 部分：安全隔离变压器和内装安全隔离变压器的电源装置的特殊要求和试验》要求。只有隔离变压器一次侧回路是并联的，而且变压器的特性相同时，才允许变压器的二次侧回路并联运行。

2)安全隔离转换器对钨丝灯应符合 GB 19510.3—2009《灯的控制装置 第 3 部分：钨丝灯用直流交流电子降压转换器的特殊要求》附录 I 或对 LED 应符合 GB 19510.14—2009《灯的控制装置 第 14 部分：LED 模块用直流或交流电子控制装置的特殊要求》附录 I 规定。

安全隔离转换器不允许并联运行。

(2)热效应防护。

1)加工和储存材料的性质易引起火灾场所：应按照制造厂的安装说明书进行安装，包括将电气设备安装在可燃物和不可燃物的表面上的安装。灯具及附件设计和布置应避免对其材料或周围有害的加热。

2)变压器/变换器的火灾危险。变压器应符合以下条件之一：

a. 在一次侧采用符合以下 4)要求的保护电器保护；

b. 采用耐短路的变压器（固有型的或非固有型的）。

电子变换器应符合 GB 19510.3 和对于 LED 模块应符合 GB 19510.14 的附录 I 规定。

3)短路引起的火灾危险。如果回路的两导体未绝缘，它们应符合以下条件之一：

a. 采用符合以下 4)要求的特殊保护电器；

b. 由变压器或变换器供电，由容量不超过 200VA；

c. 配电系统符合 GB 7000.18 的要求。

4)防止火灾危险的特殊保护电器应符合以下要求：

a. 对灯具的负荷有连续的监视；

b. 发生短路故障或引起功率增加 60W 以上的故障时，在 0.3s 以内自动切断电源；

c. 供电回路正在降低功率情况下工作时（例如，在进行导通角控制时或调整功率过程中或灯泡损坏时）如发生引起功率增加 60W 以上的故障时，自动切断电源；

d. 供电回路的开关合闸时，如发生引起功率增加 60W 以上的故障时，自动切断电源；

e. 特殊保护电器应是故障安全型，即使元件故障也不影响安全的电器。

15.3.15.2 过电流保护

选择一次侧保护电器时，宜考虑到变压器的励磁电流的影响。不小于 50VA 变压器过电流保护电器应是非自动复位的。有防止火灾要求时，过电流保护器还应符合 15.3.15.1(2)4)要求。

15.3.15.3 电气设备的选择和安装

(1)布线系统：

1)采用以下布线系统：①在导管中或在电缆槽盒/管槽中敷设的绝缘导线；②硬电缆；③软电缆或软线；④符合 GB 7000.18 要求的特低电压照明系统；⑤符合 GB 13961—2008《灯具用电源导轨系统》规定的导轨系统；⑥裸导体。

如果特低电压照明装置的部件是可以触及的，应采取防止灼伤措施。

建筑物的金属部件，例如，管路系统或家具的部件不应用作带电导体。

2)如果标称电压不超过交流 25V 或直流 60V，特低电压照明装置同时符合以下要求时可以采用裸导体：

a. 照明装置的设计、安装或遮护可使短路危险减至最小；

b. 所用导体的最小截面应符合 15.3.15.3（2）规定；

c. 导体或电线不直接放置在可燃物上。

对于悬挂的裸导体，在变压器或保护电器之间那部分回路中，至少有一个导体及其接线端子应绝缘，以防止短路。

3）灯具的悬挂器件，包括承力导体，应能承受 5 倍拟用的灯具的重量，但不得小于 5kg。

导体的终端头和中间接头应采用符合 GB 13140.2—2008《家用和类似用途低压电路用的连接器件 第 2 部分：作为独立单元的带螺纹型夹紧件的连接器件的特殊要求》或 GB 13140.3—2008《家用和类似用途低压电路用的连接器件 第 3 部分：作为独立单元的带无螺纹型夹紧件的连接器件的特殊要求》要求的螺栓连接或无螺栓的压接件。

固定件间的电缆或护套线以及灯具的安装应使导体接线端子、终端接头所承受的应力不致过大而有损电气装置的安全性。

不应使用带配重的绝缘穿刺导体或终端线及悬挂导体。

裸导体的悬挂系统应采用绝缘的分隔夹件固定在墙上或天棚上，并且整个路径应是连续可接近的。

（2）导体截面积。连接到输出端或变压器/转换器端的特低电压导体最小截面积应根据负荷电流来选择。

因机械强度原因，连接到输出端或变压器/转换器端悬挂系统的导体最小截面积应为 $4mm^2$。

（3）用户装置内的电压降。在特低电压照明装置中，在变压器和最远端灯具之间的电压降不应超过特低电压装置标称电压的 5%。

（4）隔离、开关与控制。

保护装置应易于接近。

如果有识别保护电器和其位置的标志时，保护电器可安装于可移动或容易接近的吊顶上。

如果不能明显地识别保护电器所保护的回路时，应在靠近保护电器处用一个标识或简图（标牌）来识别其回路和用途。

在吊顶上面或在类似地方中的 SELV 电源，保护装置或类似设备应固定安装。

SELV 电源和其保护电器安装应满足下列要求：

1）电气连接处避免机械力；

2）应有足够的支撑；

3）避免由于热绝缘装置过热。

并联运行的变压器，一次侧电路应固定地接至共用的隔离电器上。

15.3.16 移动的或可搬运的单元

"单元"是指一台车辆和/或移动式的或可搬运的结构（其内部装有全部或部分电气装置），例如，广播车、医疗服务车、广告宣传车、消防车、特殊的信息技术车、救灾车、演出舞台车等。其内容也适用于两个及以上的通过电气连接的单元。

不适用于汽车的电路与设备、发电机组、游艇、房车、电动车辆的牵引设备、GB 5226.1—2008《机械电气安全 机械电气设备 第 1 部分：通用技术条件》中的移动机械、同一场所扩建的移动式的或可搬运房屋、办公室等。

其他附加要求如果适用也应考虑，例如对淋浴间、医疗场所等的附加要求。

15.3.16.1 配电系统类型

(1) 标明使用 TN、TT 或 IT 系统的场所，意味着仅该系统的保护原理适用。如未设置接地极时，可连接至导电外壳或单元的保护联接可足够。

(2) 在任何单元内均不允许采用 TN-C 系统。

15.3.16.2 电源

可采用下列方式向单元供电❶：

1) 引自低压发电机组（见图 15.3-21 和图 15.3-22）；

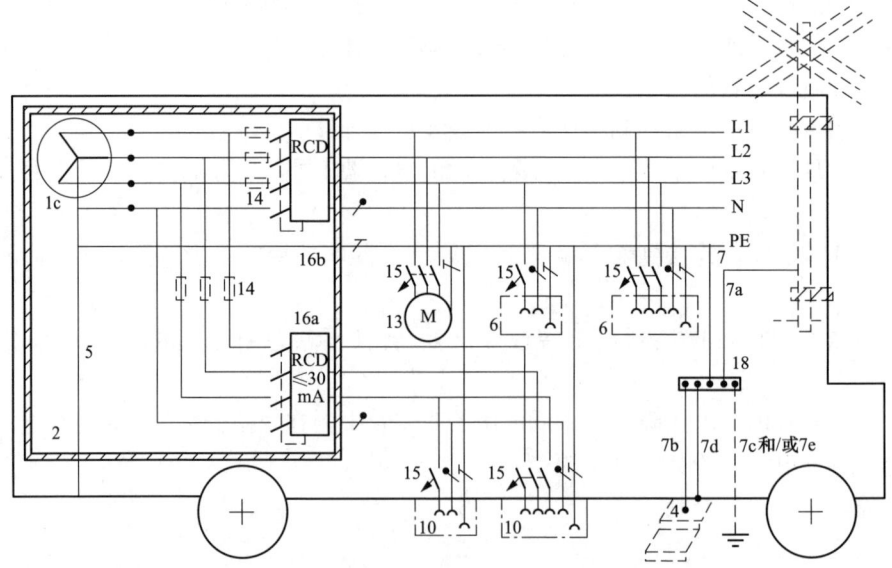

自动切断电源保护采用剩余电流保护器(RCD)

符号说明见图 15.3-22。

图 15.3-21　引自单元内有或无接地极的 I 类或 II 类低压发电机组的示例

2) 引自具有有效防护措施的固定电气装置（见图 15.3-23）；

3) 根据 GB 17045 引自与固定电气装置简单分隔设备（见图 15.3-24、图 15.3-25、图 15.3-26 和图 15.3-27）。

4) 引自与固定电气装置电气分隔设备（见图 15.3-28）。❶

---

❶　(1) 在 1)、2) 和 3) 的情况下，可能需要接地极。

(2) 在图 15.3-24 的情况下，可能需要设置用于保护目的的接地极。

(3) 当单元内存在使用信息技术设备、或需要减少电磁干扰、或存在较高泄漏电流值（使用变频器）和/或单元供电引自替代电源（如灾难管理系统）情况时，采用简单分隔或电气分隔保护是适宜的。

电源、连接或分隔设备可设置在单元内。

(4) 当单元连接了外部装置时应设置电气互锁、警告、警报或其他相应措施，以减低单元移动时的潜在危险。

(5) 低压车载电路系统或内燃机辅助驱动系统中的逆变器和变频器可被视为低压发电机组。

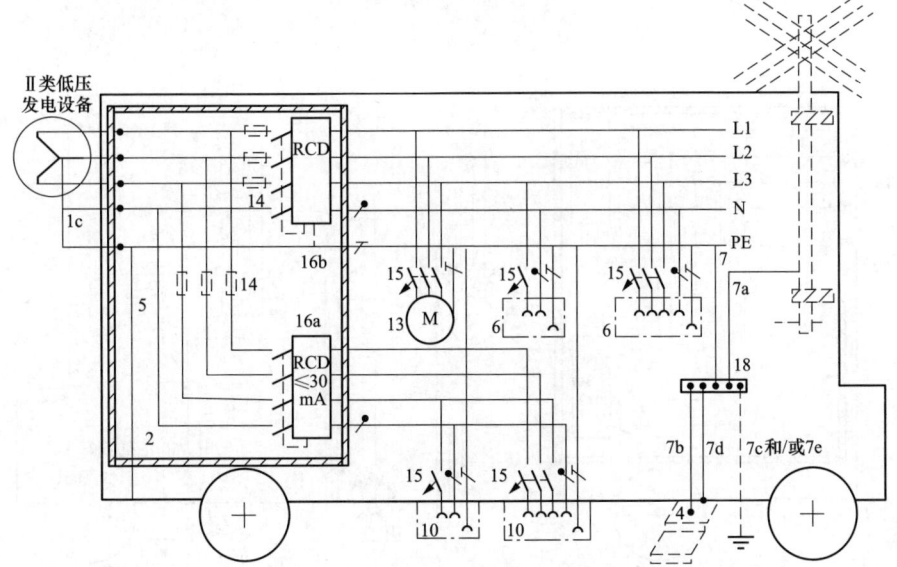

1c—引自低压发电机组；2—Ⅱ类或与其等效的绝缘外壳直到第一个自动切断电源保护器；4—可导电阶梯（如果有）；5—中性点（如无中性点，则为线导体）与单元的可导电结构间的连接；6—专供单元内用电的插座；7—保护等电位联接要求的连接到总接地端子的保护联接导体；7a—如有天线杆时，与该杆连接；7b—连接至外部可导电阶梯（如果有），该阶梯与地相接处；7c—与功能接地极连接（如果需要）；7d—与单元的可导电外壳连接；7e—与保护接地极连接（如果有）；10—供给单元外用电设备的插座；13—单元内的用电设备；14—过电流保护电器（如果需要）；15—过电流保护电器（例如，断路器）；16a—用于自动切断单元外设备供电回路电源的RCD，其 $I_{\Delta n} \leqslant 30\text{mA}$ 的RCD；16b—用于自动切断单元内设备供电回路电源的RCD；18—总接地端子或母排

图 15.3-22　引自置于单元外的Ⅱ类低压发电机组的示例

逆变器和变频器在接地的直流或交流系统中至少应采取简单分隔。

15.3.16.3　防电击措施

（1）自动切断电源。

1）按照15.3.16.2的1）方式供电时，只允许采用 TN 和 IT 系统，并应采用自动切断电源的防护措施；而且应符合15.3.16.3（2）1）等电位联接的相关规定；

2）按照15.3.16.2的2）方式供电时，应采用 $I_{\Delta n} \leqslant 30\text{mA}$ 的 RCD 自动切断电源。

3）在15.3.16.2 1）～15.3.16.2 4）所有的情况下，单元内安装在供电电源与提供自动切断电源的保护器之间的任何设备（包括保护电器本身），应采用Ⅱ类设备或与其等效绝缘的设备作保护。

（2）故障防护。

1）保护等电位联接：单元内可接近的导电部分（如框架），应通过保护联结导体连接至单元内总等电位处。保护联结导体应是多股绞线。

2）TN 系统：具有可导电外壳的单元内采用 TN 系统并按照15.3.16.2 1）或15.3.16.2 3）供电时，其外壳应连接至中性点。如果没有中性点，其外壳应连接至线导体（见图15.3-21、图15.3-22和图15.3-26）。

单元内无可导电外壳时，单元内设备的外露可导电部分应采用 PE 导体连接至中性点；

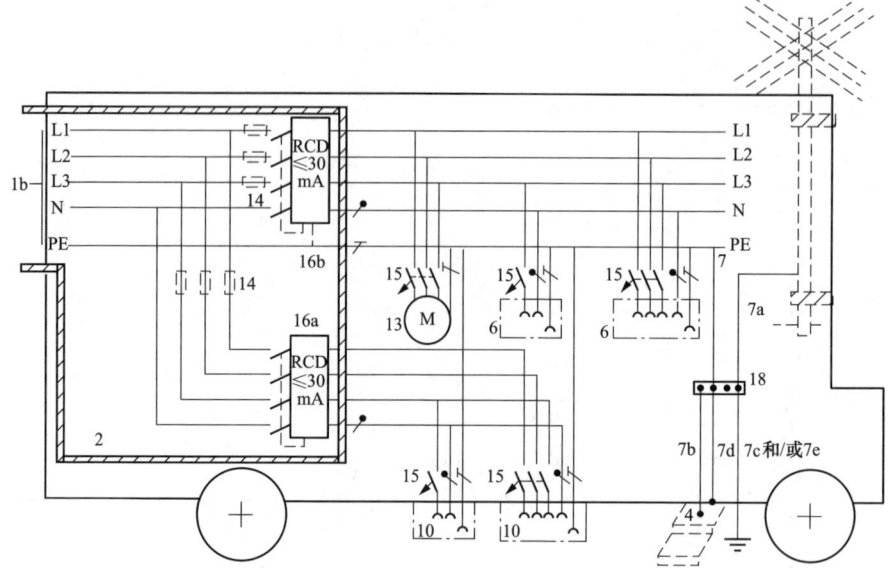

1b—单元连接至具有有效保护措施的供电电源；2—Ⅱ类或与其等效的绝缘外壳直到第一个自动切断电源保护器；4—可导电阶梯（如果有）；6—专供单元内用电的插座；7—保护等电位联接要求的连接到总接地端子的保护联接导体；7a—如有天线杆时，与该杆连接；7b—连接至外部可导电阶梯（如果有），该阶梯与地相接处；7c—与功能接地极连接（如果需要）；7d—与单元的可导电外壳连接；7e—与保护接地极连接（如果有）；10—供给单元外用电设备的插座；13—单元内的用电设备；14—过电流保护电器（如果需要）；15—过电流保护电器（例如，断路器）；16a—用于自动切断单元外设备供电回路电源的 RCD，其 $I_{\Delta n}\leqslant$30mA 的 RCD；16b—用于自动切断单元内设备供电回路电源的 RCD；18—总接地端子或母排

图 15.3-23　引自采用 RCD 自动切断电源保护、有或无接地极的
任一型式接地系统的固定装置的示例

如果没有中性点，则连接至线导体。

3）IT 系统：具有可导电外壳的单元内采用 IT 系统时，应将设备的外露可导电部分连接至可导电外壳上。

对于单元内无可导电外壳时，其内部的外露可导电部分应互相连接并接至 PE 导体上。

IT 系统可由下列形式组成：

a. 一台隔离变压器或低压发电机组，并装设绝缘监视器或绝缘故障定位系统，当第一次故障时不自动切断供电电源而且不需要连接至接地装置时（见图 15.3-27）；第二次接地故障时应通过过电流保护电器自动切断供电电源。

b. 一台采用电气分隔的隔离变压器，例如，可按 15.2 节规定且满足：①安装绝缘监视器，能在带电部分与单元的框架发生第一次故障时自动切断电源（见图 15.3-25）；②装设剩余电流保护器和接地极，以使在简单分隔的变压器内发生接地故障时能自动切断电源（见图 15.3-24）。在单元外部使用的每个设备均应采用单独的 RCD 保护，其 $I_{\Delta n}\leqslant$30mA。

15.3.16.4　电气分隔防护

电气分隔防护见图 15.3-28。

15.3.16.5　附加防护

用于向单元外用电设备供电的插座应采用 $I_{\Delta n}\leqslant$30mA 的 RCD 作为附加保护，但采用以下保护方式的供电的插座除外：

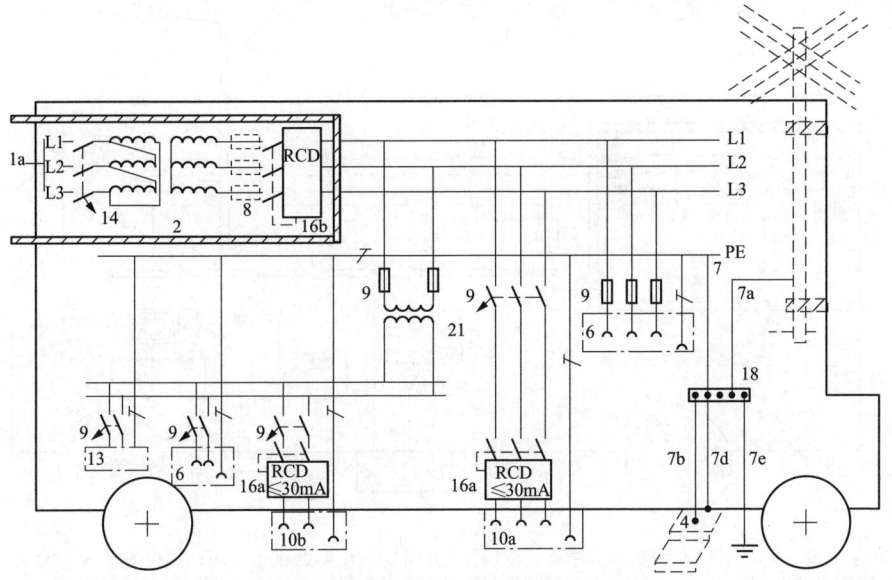

1a—单元按照 15.3.16.2 中 3)方式要求连接至经过简单分隔变压器的供电电源；2—Ⅱ类或与其等效的绝缘外壳直到第一个自动切断电源保护器；4—专门接地极（如果有）；5—中性点（如无中性点，则为线导体）与单元的可导电结构间的连接；6—专供单元内用电的插座；7—保护等电位联结要求的连接到总接地端子的保护联结导体；7a—如有天线杆时，与该杆连接；7b—连接至外部可导电阶梯（如果有），该阶梯与地相接处；7c—与功能性接地极连接（如果需要）；7d—与装置单元的可导电外壳连接；7e—与保护接地极连接（如果有）；8—保护电器（如果需要），用于过电流保护和/或第二次接地故障时切断供电电源；9—用于过电流和第二次接地故障时切断供电的保护器；10a—供电给单元外的用电设备的三相插座；10b—供电给单元外的用电设备的单相插座；13—单元内的用电设备；14—过电流保护电器（如果需要）；16a—用于自动切断单元外设备供电回路电源的RCD，其 $I_{\Delta n} \leqslant 30mA$；16b—用于自动切断供单元内设备供电回路电源的RCD；18—总接地端子或母排；21—供电给诸如 220V 用电设备的变压器；25—绝缘监视器

图 15.3-24　引自有简单分隔变压器的任一型式接地系统和有接地极 IT 系统的固定电气装置的示例

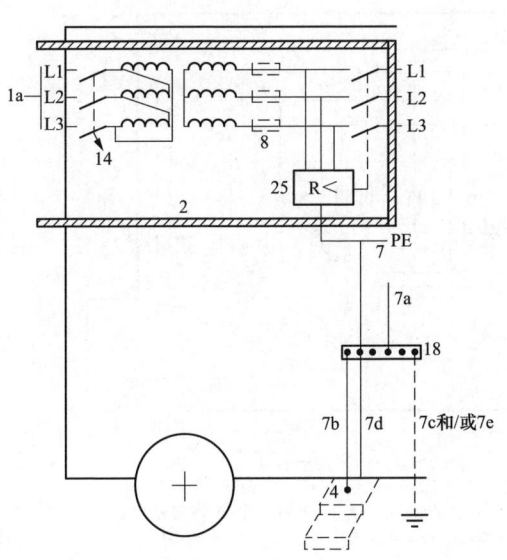

符号说明见图 15.3-24。

图 15.3-25　引自简单分隔变压器和设有绝缘监视器及在第一次接地故障后切断供电的 IT 系统的示例

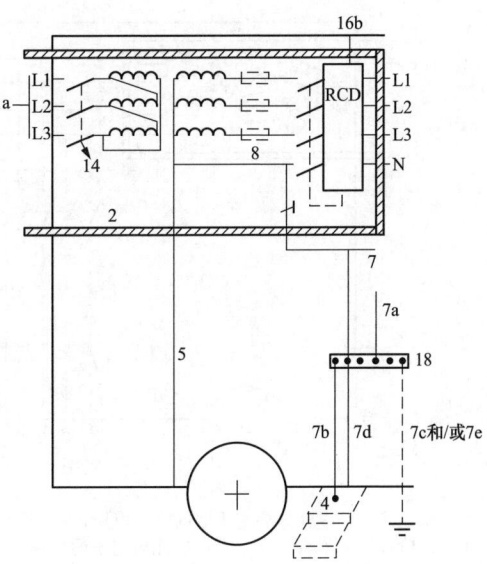

符号说明见图 15.3-24。

图 15.3-26　引自简单分隔变压器和有或无接地极的 TN 系统的示例

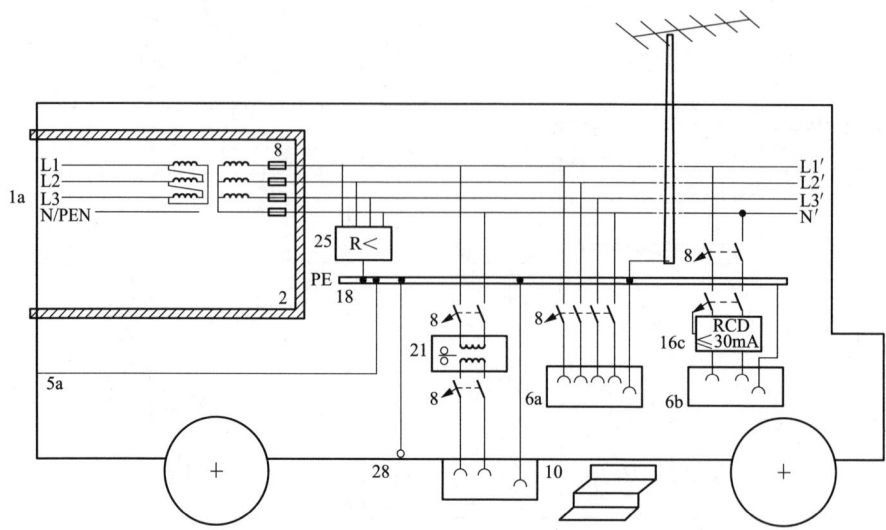

1a—单元按照15.3.16.2中3)方式要求连接至经过简单分隔变压器的供电电源;仅在安装SPD处要求连接N/PEN导体(图中未示);2—Ⅱ类或与其等效的绝缘外壳直到第一个自动切断电源保护器;5a—单元的可导电外壳与总接地端子或母排(PE排)连接;6a—专供单元内用电的插座,该插座在第一次故障时仍保持供电连续性;6b—通用插座,如有明确要求RCD在第一次故障时不排除脱扣;8—保护电器(如果需要),用于过电流保护和/或第二次接地故障时切断供电电源;10—供给单元外用电设备的插座;16c—用于保护插座的RCD,其$I_{\Delta n} \leqslant 30mA$;18—总接地端子或母排,不需与地连接;21—供电给诸如220V单元外用电设备的变压器;25—绝缘监视器或绝缘故障定位系统,当配有N线(仅在第二次故障切断电源)时亦应监测;28—预留接点,用于连接附近已有防雷装置以防止雷击电磁脉冲(如果需要)

图15.3-27　引自第一次故障不自动切断供电的IT系统的任一型式接地系统的固定电气装置的示例

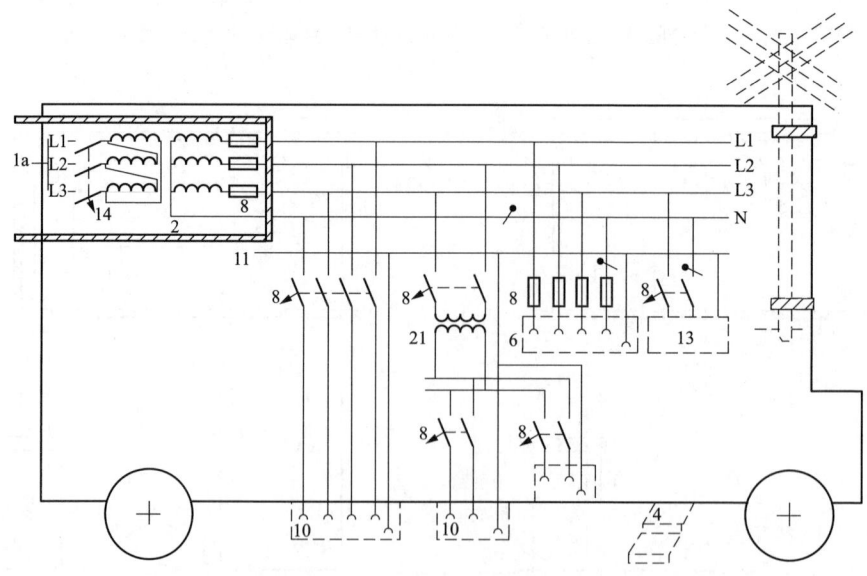

1a—单元接至经电气分隔变压器的供电电源;2—Ⅱ类或与其等效的绝缘外壳直到第一个自动切断电源保护器;4—可导电阶梯(如果有);6—专供单元内用电的插座;8—保护电器(如果需要),用于过电流保护和第二次接地故障时切断供电电源;10—供给单元外用电设备的插座;11—绝缘的不接地等电位联结;13—单元内的用电设备;14—过电流保护电器(如果需要);21—供电给诸如220V用电设备的变压器

图15.3-28　引自用隔离变压器的电气分隔任一型式接地系统的固定电气装置的示例

1) SELV；

2) PELV；

3) 电气分隔。

15.3.16.6　过电流保护

当供电电源符合供电方式 15.3.16.2 1) 或 15.3.16.2 3) 且线导体连接到单元可导电外壳时，接到单元可导电外壳上的此线导体不需设置过电流保护器。

15.3.16.7　电气设备的选择和安装

（1）标识。应在单元上明显可见的位置固定永久性标牌，最好临近电源连接口处。标牌宜清晰和明确术语表明以下内容：

1) 可连接到单元的供电电源类型；

2) 单元额定电压；

3) 相数及其配置；

4) 单元接地配置；

5) 单元最大功率需求。

采用电气分隔防护的插座，应在其附近放置指示牌，标明每个插座应仅连接一台用电设备。

（2）布线系统。单元内应采用截面积不小于 2.5mm² 且符合 GB/T 5013.4 要求的 245 型铜电缆或等同设计的电缆连接到供电电源。软电缆应采用绝缘护套等附件引入单元内，以减小绝缘损坏或故障的可能性，因为绝缘损坏或故障会导致单元的外露可导电部分带电。电缆的护套应牢固地固定在单元上以免端子受到拉力。

布线系统可采用以下形式：

1) 软导体或绞合导体（不小于 7 芯）的绝缘单芯电缆，敷设于非金属的导管、电缆槽盒或电缆管槽内；

2) 护套软电缆。

所有电缆应符合 GB/T 5023.3 和 GB/T 18380.12《电缆在火焰条件下的燃烧试验　第 12 部分：单根绝缘电线电缆火焰垂直蔓延试验　试验装置》要求。导管应符合 GB 20041.21、GB 20041.22、GB 20041.23 要求。符合 GB/T 19215 规定的槽盒或管槽可使用。

（3）其他设备。

1) 使用不同电源系统和接地系统的单元不应相互连接。

2) 除特殊设备（如采用信息信号与电源组合连接器的广播设备）专用插座及插头外，其余插座及插头均应符合 GB/T 11918.1、GB/T 11918.2 或 GB 2099.1 之要求。

3) 用于连接单元和电源的连接器件应符合 GB/T 11918.1 或 GB/T 11918.2 规定，要求有互换性时有以下要求：

a. 插头应具有绝缘材料的外壳；

b. 位于单元外的插头和插座应有不低于 IP44 的防护等级；

c. 有外壳电源接口应有不低于 IP55 的防护等级；

d. 插头部分应位于单元上。

4) 单元外的插座应有不低于 IP54 的防护等级的外壳。

5) 安装在单元上的能够提供特低电压且采用不同于 SELV 和 PELV 防护措施的发电设

备，应能自动切断电源以免对单元造成意外事故（例如，引起气囊释放）。

15.3.17　房车和电动房车的电气装置

房车和电动房车是指暂时或季节性居住用的可在公路上移动或自行移动的车辆。设计要求仅适用于房车和电动房车上的电气装置，不适用汽车、可移动房屋、组装房屋及可搬运单元。

其他附加要求如果适用也应考虑，例如，装有浴盆或淋浴盆的场所的附加要求。

15.3.17.1　电源

房车上的装置额定交流供电电压单相不得超过 220V，三相不得超过 380V。

额定直流供电电压不得超过 48V。

15.3.17.2　电击防护

（1）要求：基本防护不应采用阻挡物、置于伸臂范围之外的电击防护措施；故障防护不应采用非导电场所、不接地的局部等电位联结的电击防护措施。

（2）等电位联结：房车内的金属部件均应与保护接地导体可靠连接。

（3）电气分隔防护：除剃须插座外，不应采用电气分隔防护措施。

（4）特低电压：采用特低电压时，应选用 12、24、42V 或 48V 的交流或直流电压。

（5）附加保护：供电回路设有 RCD 时，其 $I_{\Delta n} \leqslant 30\text{mA}$，并可同时切断所有带电导体。每个电源接口应直接接至 RCD，供电回路中不应有任何分接头或接头。

（6）过电流保护：所有终端供电回路均应设置可同时切断所有带电导体的过电流保护器。

15.3.17.3　电气设备的选择和安装

（1）基本要求。每个独立的电气装置应单独供电，并与其他供电进行分隔。

为保证房车的安全使用，应提供使用说明，该说明应包括以下内容：

1）装置的描述；

2）RCD 功能及其测试按钮使用的描述；

3）主开关的功能描述。

（2）布线系统。布线系统应采用以下型式之一：

1）绝缘单芯软电缆敷设在非金属导管或槽盒内；

2）绝缘单芯硬电缆敷设在非金属导管或槽盒内；

3）护套软电缆。

所有电缆燃烧试验应符合 GB/T 18380.12 之要求。

非金属导管系统应符合 GB/T 14823.2 或 GB/T 20041 相关部分之要求。

电缆槽盒系统及电缆管槽系统应符合 GB/T 19215 相关部分之要求。

所有导体截面积不应小于铜芯 1.5mm^2。

为防止机械损伤，线缆不应敷设在有尖锐物品或易摩擦碰撞的位置；当线路穿过金属部件时应采用绝缘套管或绝缘垫圈进行可靠固定。

未套管的线路应用绝缘线夹固定，垂直固定间距不大于 0.4m，水平固定间距不大于 0.25m。

电路的保护接地导体应与带电导体敷设在同一管路中。

电缆或导体只能通过接线盒或电气设备进行连接。

气瓶存放间内除为其服务的特低电压设备外，不应安装其他电气装置；当线缆需穿过该区域时应套具有连续良好气密性的导管，该导管应能承受高强度的撞击且安装高度距气瓶底座不低于 0.5m。

15.3.17.4 隔离和开关

每个电气装置均应设置可同时切断带电导体的主切断开关，开关应安装在房车内便于操作的位置。对于只包含一个终端电路的装置，该主切断开关可作为过电流保护装置。

主切断开关旁应有不易损坏的永久性标示。

15.3.17.5 进线接口

房车的所有交流电源接口应采用符合 GB/T 11918.1 之要求的标准插座或连接器。如电源接口需要具有可交换性，则应符合 GB/T 11918.2 之要求。

电源进线接口的安装应满足以下要求：

1) 安装位置距地高度不高于 1.8m；
2) 安装位置便于接近和操作；
3) 防护等级不低于 IP44；
4) 接口不应明显突出房车车体。

15.3.17.6 电气配件

(1) 除特低电压供电的剃须插座外，其余低压插座应有接地触头。

(2) 每个由特低电压供电的插座均应标示其电压等级。

(3) 安装在易受潮湿影响位置的配件其防护等级不应低于 IP44。

(4) 照明灯具宜直接固定在车架结构上或衬垫上。

(5) 吊灯的固定应采取措施防止房车移动时损伤灯具及其附属配件。

15.3.18 电动汽车供电

电动汽车是指主要使用在街道、公路和高速路上由电动机驱动的车辆，其电动机由充电蓄电池或其他便携式储能装置供电，且电能应来自住宅或公共电气设施而不是来自车辆本身。

电动汽车通过充电桩（连接点）

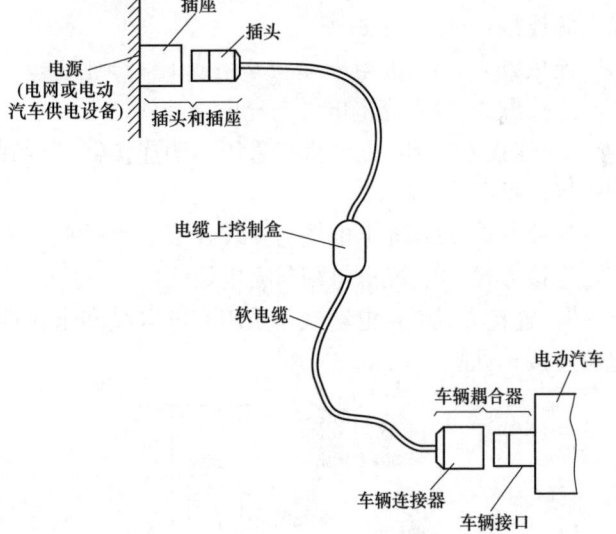

图 15.3-29　电动汽车传导充电用连接装置示意图

与固定装置连接充电，充电桩为插座或车辆连接器（耦合器），见图 15.3-29。

15.3.18.1 充电模式及连接方式

(1) 充电模式。

1) 充电模式 1：将电动汽车连接到交流电源，在电源侧采用符合 GB 2099.1—2008《家用和类似用途插头插座　第 1 部分：通用要求》要求的电流不超过 16A、单相电压不超过 250V 或三相电压不超过 480V 的插座，在电源侧配置相导体、中性导体和保护接地导体。

根据 GB/T 18487.1—2015《电动汽车传导充电系统　第 1 部分：通用要求》5.1.1 规

定，不应使用模式 1 对电动汽车进行充电。

2) 充电模式 2：将电动汽车连接到交流电源，在电源侧采用符合 GB 2099.1 要求的电流不超过 32A、单相电压不超过 250V 或三相电压不超过 480V 的插座，在电源侧配置相导体、中性导体和保护接地导体、在电动汽车和插头之间或作为缆上控制盒的一部分的控制导引功能回路和人身电击防护（RCD）措施。缆上控制盒应置于插头或电动汽车供电设备 0.3m 之内或置于插头内。

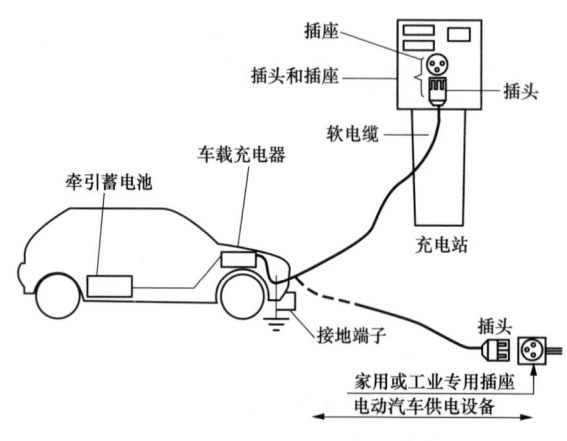

图 15.3-30 连接方式 A

3) 充电模式 3：采用专用电动汽车供电设备将电动汽车连接到交流电源，将控制导引功能延伸到电动汽车供电设备的控制器内，且永久性与交流电源连接。

4) 充电模式 4：采用非车载充电器将电动汽车连接到交流电电源，将控制导引功能延伸到设备，且永久性与交流电源连接。

（2）连接方式。

1) 连接方式 A：电动汽车采用永久性固定在电动汽车上的电缆和插头与交流电源连接，见图 15.3-30。

连接方式 A1：充电电缆与家用或工业插座连接；

连接方式 A2：充电电缆与充电站连接。

2) 连接方式 B：电动汽车采用车辆连接器可拆卸的电缆附件和交流供电设备与交流电源连接，见图 15.3-31。

连接方式 B1：充电电缆与安装在墙上的插座连接；

连接方式 B2：充电电缆与充电站连接。

3) 连接方式 C：电动汽车采用充电电缆和永久性固定在供电设备上车辆连接器与交流电源连接，见图 15.3-32。

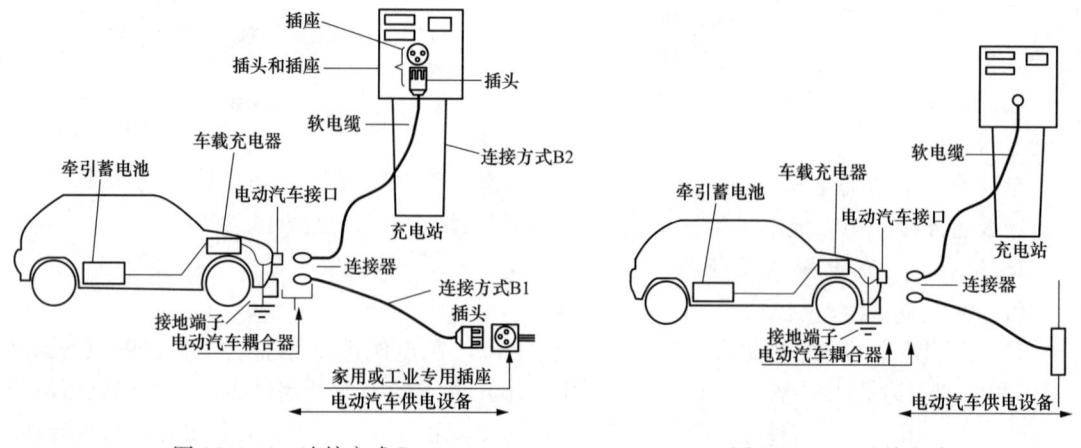

图 15.3-31 连接方式 B

图 15.3-32 连接方式 C

在各种充电模式和连接方式下，采用基本型或通用型车辆耦合器供电连接电路示例见图15.3-33～图15.3-38。

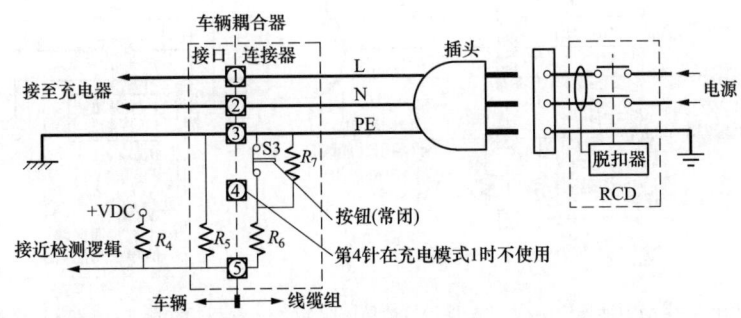

1—相导体触点；2—中性导体触点；3—保护接地导体触点；4—导引功能触点；
5—接近检测触点。R_4：330Ω；R_5：2700Ω；R_6：150Ω；R_7：330Ω

图 15.3-33　采用基本型单相车辆耦合器充电模式 1 连接方式 B 的电路图

注：（1）充电模式 1 无导引功能和第 4 针非强制的。

（2）S3 按钮用于防治无意识地切断带电导体。

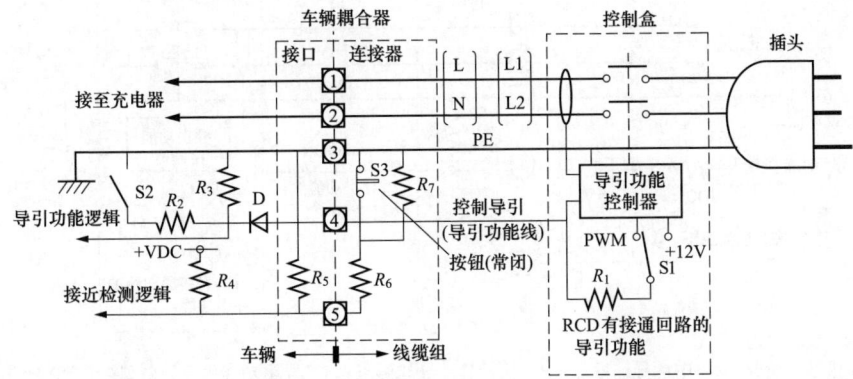

1—相导体触点；2—中性导体触点；3—保护接地导体触点；4—导引功能触点；5—接近检测触点。
R_1：1000Ω；R_2：2740Ω；R_3：1300Ω（充电区域无通风）；270Ω（充电区域有通风）；R_4：330Ω；R_5：2700Ω；
R_6：150Ω；R_7：330Ω

图 15.3-34　采用基本型单相车辆耦合器充电模式 2 连接方式 B 的电路图

15.3.18.2　供电系统型式

如采用 TN 系统，则为电动车供电的插座或连接器回路应为 TN-S 系统。

15.3.18.3　电击防护

基本防护不应采用阻挡物、置于伸臂范围之外电击防护措施；故障防护不应采用非导电场所、不接地的局部等电位联结和向一台以上用电设备供电的电气分隔电击防护措施。

15.3.18.4　电气设备选择和安装

（1）外界影响。

1）充电桩设置在户外，为防止溅水（AD4），设备防护等级至少为 IP×4。

2）充电桩设置在户外，为防止外来物侵入（AE3），设备防护等级至少为 IP4×。

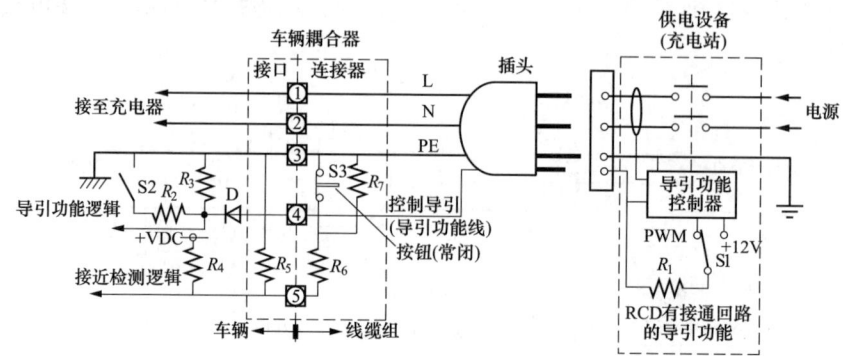

1—相导体触点；2—中性导体触点；3—保护接地导体触点；4—导引功能触点；5—接近检测触点。
R_1：1000Ω；R_2：2740Ω；R_3：1300Ω（充电区域无通风）；270Ω（充电区域有通风）；R_4：330Ω；
R_5：2700Ω；R_6：150Ω；R_7：330Ω

图 15.3-35　采用基本型单相车辆耦合器充电模式 3 连接方式 B 的电路图

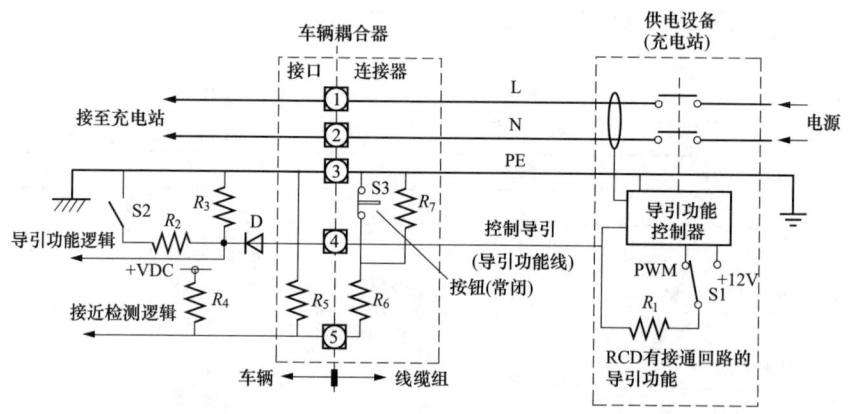

1—相导体触点；2—中性导体触点；3—保护接地导体触点；4—导引功能触点；5—接近检测触点。
R_1：1000Ω；R_2：2740Ω；R_3：1300Ω（充电区域无通风）；270Ω（充电区域有通风）；R_4：330Ω；
R_5：2700Ω；R_6：150Ω；R_7：330Ω

图 15.3-36　采用基本型单相车辆耦合器充电模式 3 连接方式 C 的电路图

3）设置在公共区域或停车场的设备，应防止机械损伤（中等撞击 AG2），提供以下一个或多个对设备的保护：

a. 安装位置或场所应避免可预计的撞击；

b. 提供局部或全部的机械保护；

c. 安装的设备应具有最低 IK7 外部机械撞击等级（见 17.5.3）。

（2）剩余电流保护器（RCD）。除采用电气分隔防护措施回路外，每个充电桩应设置 $I_{\Delta n}$ ≤30mA 的 RCD，并可同时切断所有带电导体。RCD 应至少为 A 型。

电动汽车充电站设有插座或车辆耦合器，除电动汽车充电站提供保护外，应考虑直流故障电流保护措施。保护措施应为：

a. RCD 为 B 型；

b. RCD 为 A 型和直流故障电流大于 6mA 时务必切断电源的适当保护电器。

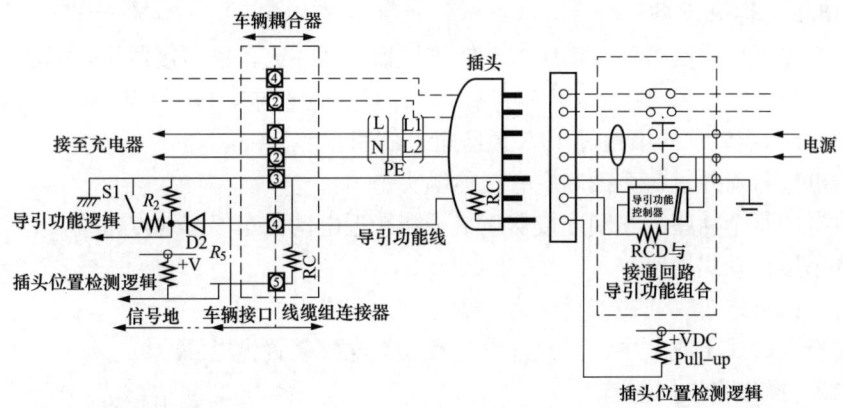

R_C：1.5kΩ，0.5W(13A)；680Ω，0.5W(20A)；220Ω，0.5W(32A)；100Ω，0.5W(63A 三相/70A 单相)

图 15.3-37　采用基本型单相（或多相）车辆耦合器充电模式 3 连接方式 B 无按钮 S3 的电路图

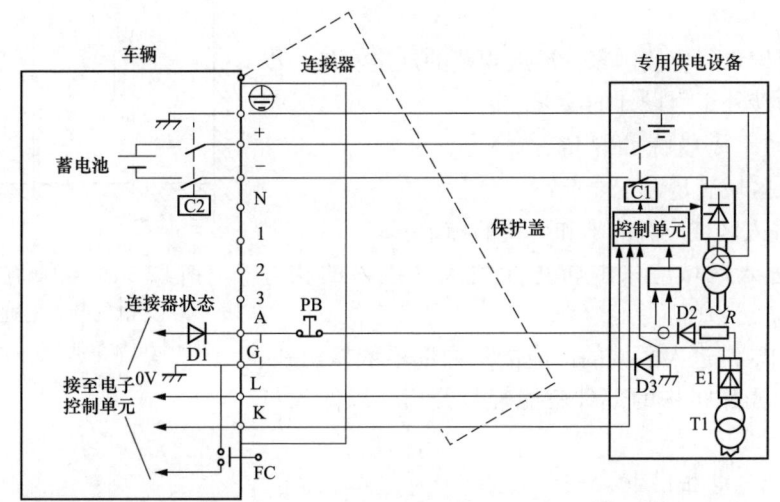

A—辅助触头；PB—连接器联锁解除；C1—电源设备接触器；C2—车辆接触器；E1—辅助电源；

D1~D3—二极管；FC—保护盖闭合；G—导引触头（连接时最后闭合）

图 15.3-38　采用通用型车辆耦合器充电模式 4 连接方式 C 的电路图

（3）过电流保护器：每个充电桩应单独设置过电流保护器。

（4）绝缘监控装置（IMD）。为电动汽车供电回路具有至少为简单分隔，如采用隔离变压器或蓄电池，且按 IT 系统运行，应设置符合 GB/T 18216.8 要求的绝缘监控装置（IMD）。

绝缘监视器（IMD）有以下响应值：

a）预警：绝缘电阻下降到 300Ω/V，发出可视和/或声响信号，仅正在充电时可继续；

b）报警：绝缘电阻下降到 100Ω/V，发出可视和/或声响信号，10s 内关断充电回路。

（5）绝缘故障定位系统（IFLS）。上述的回路和同一不接地电源为超过一辆电动汽车供电，为在最短时间内检测出故障回路，宜采用符合 GB/T 18216.9 要求的绝缘故障定位系统（IFLS）。

15.3.18.5 其他设备

（1）每个充电桩应设置一个插座或车辆连接器，插座或车辆连接器符合标准：无互换性要求，GB/T 11918.1 和/或 GB/T 20234.1；有互换性要求，GB/T 11918.2 和/或 GB/T 20234.2。符合标准要求的不超过 16A 插座也可使用。

除采用电气分隔外，每个插座应有接地触头。

（2）供电的每个插座或车辆连接器应尽可能接近电动汽车停车地点布置。

不允许采用移动式插座。

（3）每个插座或车辆连接器只能为一辆电动汽车供电。

（4）在充电模式 1 或 2 中，不允许电动汽车为电气装置供电。

15.3.19 操作和维护通道

对设有开关设备和控制设备的限制进入区域，也包括操作和维护通道，限制进入区域是指只有熟练电气技术人员（BA5）和受过培训的电气人员（BA4）才可进入的区域。

国内工程设计，应按国家标准或规范的规定实施；以下内容仅作为涉外工程设计的参考。

15.3.19.1 一般特性评估

限制进入区域满足以下要求：

a. 限制进入区域应有清晰和可视的标示。

b. 限制进入区域应采取防止无关人员进入的相应措施。

c. 封闭的限制进入区域的门应能从内部不依靠钥匙、工具或其他非操作机构的部件就能轻易开启，以便人员疏散。

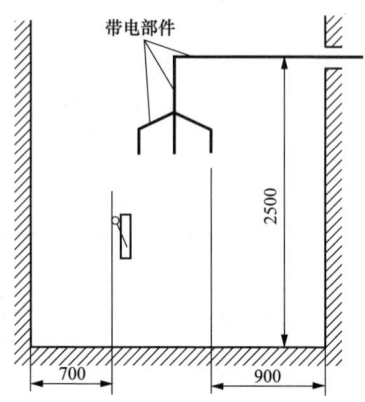

图 15.3-39 单侧有带电体的
电气装置的通道

注：带电体最低 2500mm 高度仅用
于人的站立或通行的通道。

15.3.19.2 电击防护

限制进入区域未能提供符合要求的基本防护，应满足以下最小间距要求：

（1）通道一侧装有裸露带电体时（见图 15.3-39），应满足以下最小间距要求：

1）墙与带电体之间通道宽度 900mm；

2）开关操作手柄前自由通道 700mm；

3）通道上方的带电体距地安装高度 2500mm。

（2）通道两侧均装有裸露带电体时（见图 15.3-40），应满足以下最小间距要求：

1）带电体之间通道宽度 1300mm；

2）开关操作手柄与通道对面的带电体之间最小距离 1100mm；

3）开关操作手柄、断路器隔离位置等前自由通道 900mm；

4）通道上方的带电体距地安装高度 2500mm。

15.3.19.3 可接近性

（1）对操作和维护通道的要求：通道宽度和接近区域，应满足对运行、操作接近、应急接近、应急疏散和设备运输要求。通道允许设备的门或带铰链的防护板 90°开启。

（2）采用遮栏或外壳提供防护措施的限制进入区域（见图 15.3-41），应满足以下最小

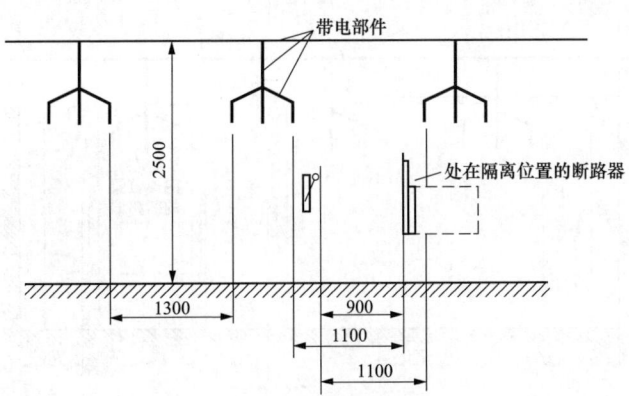

图 15.3-40　双侧有带电体的电气装置的通道

注：带电体最低 2500mm 高度仅用于人的站立或通行的通道。

间距要求：

　　1）开关操作手柄与在隔离位置的断路器之间或开关操作手柄与墙之间有遮拦或外壳的通道宽度 600mm；

　　2）遮拦或外壳与其他遮拦或外壳、遮拦或外壳与墙之间的通道宽度 700mm；

　　3）防护板距地高度 2000mm；

　　4）带电体距地安装高度 2500mm。

　　注　当装有特殊开关设备和控制设备时，通道的最小间距应根据实际需要适当增大。

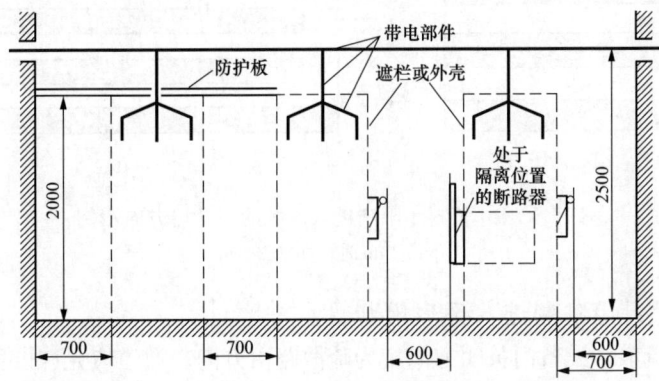

图 15.3-41　采用遮拦或外壳提供防护措施的电气装置中通道

注：上述间距适用于防护板已全部安装到位且断路器处于隔离位置时。

　　(3) 采用阻挡物提供防护措施的限制进入区域（见图 15.3-42），应满足以下最小间距要求：

　　1）阻挡物与开关操作之间、阻挡物与墙之间或开关操作手柄与墙之间的通道宽度 700mm；

　　2）防护板距地高度 2000mm；

　　3）带电体距地安装高度 2500mm。

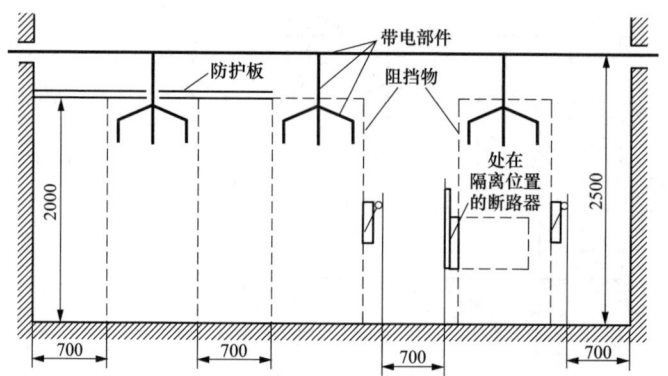

图 15.3-42　采用阻挡物提供防护措施的电气装置中通道

注：上述距离适用于防护板已全部安装到位且断路器处于隔离位置。

15.3.19.4　通道的进入

通道长度超过 10m 时，其两端均应设置出入口，见图 15.3-43。为了方便设备搬运，配电装置距墙的最小距离为 700mm。封闭的限制进入区域长度超过 6m 时，宜在其两端分别设置出入口。封闭的限制进入区域长度超过 20m 时，应在其两端分别设置出入门。

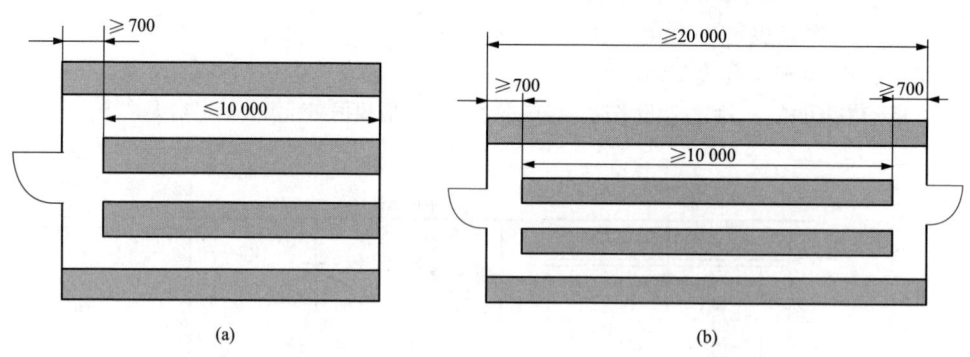

图 15.3-43　长封闭限制进入区域的门开启方向示例

(a) ≤10m 时；(b) ≥10m

15.3.19.5　对封闭限制进入区域附加要求

为了易于应急疏散，设备门关闭方向应为疏散路由方向。通道应允许设备的门或带铰链防护板有最小 90°开启，见图 15.3-44。

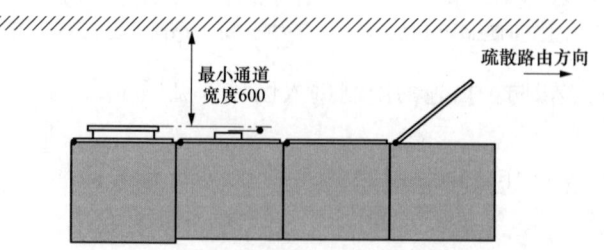

图 15.3-44　疏散最小通道宽度（第一种情况）

门在开启位置时固定或断路器或设备在维护时完全抽出，门的边缘、断路器/设备边缘与通道对面之间应有最小距离 500mm，见图 15.3-45 和图 15.3-46。

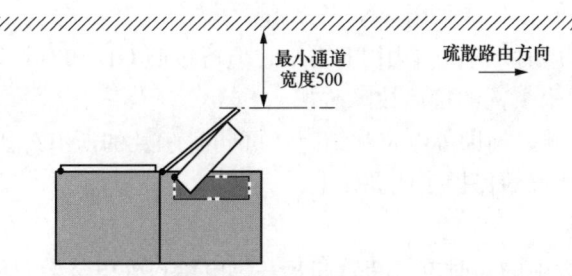

图 15.3-45　疏散最小通道宽度（第二种情况）

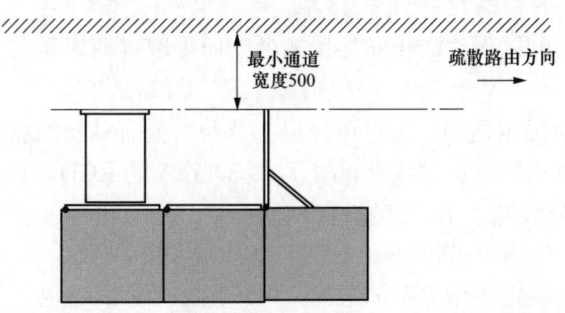

图 15.3-46　疏散最小通道宽度（第三种情况）

15.3.20　游乐场和马戏场中的构筑物、娱乐设施和棚屋

游乐场是指设置有一个或多个用于娱乐的摊位、娱乐设施或棚屋的区域。

棚屋是指用于放置娱乐设备或表演设备的单元，其通常是可移动的。

摊位是指用于展示、买卖、销售、娱乐的场地或临时构筑物。

娱乐设施指用于公众娱乐的马道、摊位、纺织物或薄膜制成的建筑、单侧摊位、单侧演示台、帐篷、棚屋、大型看台。

15.3.20.1　电源

棚屋、摊位和娱乐设施的临时电气装置的标称电压不应超过交流 220/380V。

不论供电电源有几个，从不同电源来的相导体和中性导体不应互相连接。

15.3.20.2　电击防护

不应采用阻挡物和置于伸臂范围之外的防护措施；不应采用非导电场所和不接地的局部等电位联结的防护措施。

（1）基本防护—附加保护。除应急照明外，所有照明终端线路、32A 及以下的插座线路和用载流量 32A 及以下的软电缆或护套软线连接的移动设备，应采用 $I_{\Delta n} \leqslant 30\text{mA}$ 的 RCD 作附件保护。

此要求不适用于采取下述一个或多个保护方法的插座回路：

1）特低电压（SELV）保护；

2）电气分隔保护；

3）自动切断电源和低电压保护。

（2）故障防护—自动切断电源。

1）供电给大交流电动机时推荐采用有延时的 RCD。

2）采用 TN 系统时，只能采用 TN－S 系统。

3）有其他系统可用时，不应采用 IT 系统，但可按照 GB 19214 规定采用直流 IT 系统，采用 IT 系统时应设置永久性的接地故障监视。

4）在有动物的区域，辅助等电位联结应将可同时触及的所有外露可导电部分、外界可导电部分连接到电气装置的保护接地导体上。

15.3.20.3　隔离

每一单独的娱乐设施的临时电气装置和每一供电给户外电气装置的回路，应有各自的便于接近和正确识别的隔离手段。

15.3.20.4　按外界影响选择保护措施

（1）在可能有动物的区域为防止间接接触电击而采取自动切断电源的保护措施时，其约定电压限制可以是 $U_L = 25V$ 交流方均根值或 60V 无纹波直流值，或最大分断时间是表 15.2-1 所示的值。此情况也适用于通过可导电部分与可能有动物的场所相连通的场所。

（2）宜在临时构筑物的电源进线处设置 $I_{\Delta n} \leqslant 300mA$ 的 RCD，并应采用有延时功能的 S 型 RCD，以保证与终端线路上 RCD 的选择性。

　　注　此附加保护的建议与临时用电场所的电缆损坏危险增大有关。

（3）为缩小断电影响范围减少事故危险，可采用多个回路供电。

（4）当自动控制或远方控制的电动机不能被连续监视时，应设置手动复位的超温保护装置。

15.3.20.5　电气设备的选择和安装

（1）要求。除设计和用于一般人员（BA1）操作的那些部分外，开关设备和控制设备应放在只能用钥匙或工具才能打开的柜内。

（2）布线系统。

1）只要适合，应采用软结构的电缆。

2）在有机械损伤危险处，应采用铠装电缆或对电缆加以机械保护。

3）临时电力配电电缆应采用多芯电缆，但 125A 以上回路使用的电缆可采用单芯电缆。

4）所有电缆应符合 GB/T 18380.11、GB/T 18380.12、GB/T 18380.13 的要求。❶

5）除娱乐设施中的电缆可采用不低于 300/500V 电压等级的电缆或护套软线外，其余电缆至少应为 450/750V 电压等级。

6）埋在地下的电缆的路径应每隔适当距离做标志，埋地电缆应防机械损伤。

7）除非需要分接到另一个回路，电缆和护套软线中不应有接头。任何接头应该做在防护等级不低于 IP4× 或 IP××D 的外护物中。当应力可能传到端头处时，应设电缆固定器。

（3）隔离电器。隔离电器应断开所有线导体和中性导体。

每一个棚屋、摊位或娱乐设施的电气装置，应有自己的易于接近的隔离电器和过电流保护电器。

---

　　❶　如对电缆性能有更高要求时，电缆应符合 GB/T 18380.31、GB/T 18380.32、GB/T 18380.33、GB/T 18380.34、GB/T 18380.35、GB/T 18380.36 的要求；当需要采用低烟电缆时，其最低推荐性能要求见 GB/T 17651.2。

15

15.3.20.6 其他设备

（1）照明装置。

1）所有的灯具和装饰链灯应牢固地固定在构筑物上或它的支持物上。它们的重量不应由供电电缆承担，除非电缆是为承担其重量而选择和安装的。

2）灯具和装饰灯距地面安装高度小于 2.5m（伸臂范围内）或其他原因可偶然接触时，应将其牢固的固定，并被设置在或被保护在使之不到有伤人或引燃材料的危险的地方。只有在使用工具移开遮拦或外护物后才可能接近固定的光源。

3）除非电缆和灯座是配套的且灯座一旦和电缆装配好就不可移动，否则不能使用穿刺导体绝缘层的灯座。

4）射击场的灯具和其他使用子弹的单侧演示台的灯具，应采取适当的防护措施，以防止灯具意外损坏。

5）使用移动的投光灯时，灯具应安装在人难以接近的地方，供电电缆应是柔软的并采取足够的机械损伤防护措施。

6）灯具和投光灯应固定并采取适当的保护措施，以防止灯具过热而引燃附近的材料。

（2）气体放电灯装置。在棚屋、摊位或娱乐设施上的工作电压高于 220/380V 的任何发光灯管或灯泡的电气装置应符合以下条件：

1）灯管或灯泡应安装在伸臂范围以外或被适当的保护，以减少对人员造成伤害的危险。

2）发光灯管或灯泡的背后板架材料应是不燃的，并应满足相关国家标准。

3）输出电压超过交流 220/380V 的控制电器应安装在不燃的材料上。

4）发光灯管或灯泡应单独设置供电回路，并应由紧急开关控制。紧急开关应容易看见且便于接近，并应按规定要求设置标示。

（3）安全隔离变压器和电子变换器。多连接回路的安全隔离变压器应符合 GB 19212.7 或有相同安全保护程度的规定。

每个变压器或电子变换器的二次回路（见 GB 5226.1—2008《机械电气安全 机械电气设备 第 1 部分：通用技术条件》）应设置手动复位的保护电器。

安全隔离变压器应安装在公众伸臂范围以外，并应有足够的通风。其位置应便于熟练的或受过训练的人员接近，以方便对保护电器进行试验和维护。

电子转换器应符合 GB 19510.3 的规定。

装有整流器和变压器的外壳应有足够的通风，且使用时通风口不能被阻挡。

（4）插座和插头。应安装足够数量的插座以便满足用户安全使用的要求。

一个插头不应连接一个以上的软电缆或护套软线，除非插头是专门设计用于多连接的。

不应使用插头型多路连接器。

（5）供电。在每一个娱乐设施处应有容易接近的连接点，并有标示以下基本特性的永久性标志：额定频率、电压、电流。

15.3.21 加热电缆和埋设加热系统

用于埋设表面加热的电加热系统，也可用于除冰、防霜冻及类似应用。既可用于户内，也可用于户外。

加热系统可用于墙体、天花板、地板、屋顶、排水管、沟槽、管道、楼梯、道路、非硬实地面（如足球场、草坪）等。

15.3.21.1 电击防护

（1）基本防护不应采用阻挡物、置于伸臂范围之外电击防护措施；故障防护不应采用非导电场所、不接地的局部等电位联结和向一台以上用电设备供电的电气分隔电击防护措施；墙体加热系统不应采用电气分隔防护措施。

（2）自动切断电源。当制造商提供的加热器无接地传导屏蔽措施时，应在加热器与被加热表面之间设置金属网；其网孔尺寸为：地板和天花板不大于 30mm；墙壁不大于 3mm。金属网与电气装置的保护接地导体连接。

RCD 的设置和供电分支回路的划分，应使其连接的负荷在正常运行时对地泄漏电流不引起 RCD 误动作。

（3）附加保护：加热设备的供电回路应设置 $I_{\Delta n} \leqslant 30$mA 的 RCD，且不应采用延时型 RCD。

15.3.21.2 灼伤防护

凡能与皮肤及鞋袜接触的区域，其表面温度应进行严格限制。

15.3.21.3 过热防护

1）墙体加热系统应设有金属护套、金属外壳、细金属网等保护，并与供电回路的保护接地导体连接。

2）为防止加热元件对邻近材料产生高温，应采用有温度自限功能的加热元件，或采用耐热材料隔热。当采用后者时，可敷设在金属板上、金属导管内或与易燃结构保持至少 10mm 间隙。

15.3.21.4 加热元件

软片加热元件应符合 GB 4706.82—2014《家用和类似用途电器的安全 房间加热用软片加热元件的特殊要求》要求；加热电缆应符合 GB/T 20841—2007《额定电压 300/500V 生活设施加热和防结冰用加热电缆》要求。

15.3.21.5 防止相互不利影响

（1）电加热系统的选择与安装应避免加热系统与电气装置或非电气装置之间形成有害影响。如由于加热系统引起局部环境温度升高，而导致其他回路电缆载流能力降低。

（2）加热单元不应跨越建筑或结构的伸缩缝。

15.3.21.6 布线系统

（1）对于安装室内设备的区域应为非加热区，以防止热量辐射被设备遮挡。

（2）安装在加热单元表面区域的冷端引线（电源线）和控制端引线应考虑环境温度上升之影响。

（3）加热单元安装时应预留用于钻孔及螺栓固定等相关作业使用的非加热区，以防危及加热单元。

16 节　　能

16.1　建设项目节能评估报告的编写要求

编制节能评估报告是固定资产投资通过项目节能评估审查的基础和技术支持工作。编制节能评估的过程是节能设计、核算的过程，是系统性专业性很强的综合性技术服务工作。节能评估报告编制的质量优劣，影响到后期的节能设计以及项目实施后的节能效果。

16.1.1　法律法规的强制规定

（1）节能评估是建设项目的市场准入门槛。我国经济快速增长，各项建设取得巨大成就，但与资源环境的矛盾日趋尖锐，温室气体排放引起全球气候变暖，备受国际社会广泛关注。进一步加强节能减排工作，是应对全球气候变化的迫切需要，也是我们应该承担的责任。

强化企业主体责任。对没有完成节能减排任务的企业，强制实行能源审计和清洁生产审核。

严格控制新建高耗能、高污染项目。提高节能环保市场准入门槛。严格执行项目开工建设"六项必要条件"（必须符合产业政策和市场准入标准、项目审批核准或备案程序、用地预审、环境影响评价审批、节能评估审查以及信贷、安全和城市规划等规定和要求）。

建立健全项目节能评估审查和环境影响评价制度。加快建立项目节能评估和审查制度，组织编制《固定资产投资项目节能评估和审查指南》，加强对地方开展"能评"，工作的指导和监督。

强化重点企业节能减排管理。重点耗能企业建立能源管理师制度。实行重点耗能企业能源审计和能源利用状况报告及公告制度，对未完成节能目标责任任务的企业，强制实行能源审计。

严格建筑节能管理。大力推广节能省地环保型建筑。强化新建建筑执行能耗限额标准全过程监督管理，实施建筑能效专项测评，对达不到标准的建筑，不得办理开工和竣工验收备案手续，不准销售使用。建立并完善大型公共建筑节能运行监管体系。深化供热体制改革，实行供热计量收费。

（2）节约能源是我国的基本国策。能源，是指煤炭、石油、天然气、生物质能和电力、热力以及其他直接或者通过加工、转换而取得有用能的各种资源。节约能源（以下简称节能），是指加强用能管理，采取技术上可行、经济上合理以及环境和社会可以承受的措施，从能源生产到消费的各个环节，降低消耗、减少损失和污染物排放、制止浪费，有效、合理地利用能源。国家实施节约与开发并举、把节约放在首位的能源发展战略。

16

国家实行有利于节能和环境保护的产业政策，限制发展高耗能、高污染行业，发展节能环保型产业。

合理调整产业结构、企业结构、产品结构和能源消费结构，推动企业降低单位产值能耗和单位产品能耗，淘汰落后的生产能力，改进能源的开发、加工、转换、输送、储存和供应，提高能源利用效率。

国家鼓励、支持开发和利用新能源、可再生能源。

国家实行固定资产投资项目节能评估和审查制度。不符合强制性节能标准的项目，不得批准或者核准建设；建设单位不得开工建设；已经建成的，不得投入生产、使用。

建筑工程的建设、设计、施工和监理单位应当遵守建筑节能标准。

不符合建筑节能标准的建筑工程，不得批准开工建设。

国家采取措施，对实行集中供热的建筑分步骤实行供热分户计量、按照用热量收费的制度。新建建筑或者对既有建筑进行节能改造，应当按照规定安装用热计量装置、室内温度调控装置和供热系统调控装置。

国家鼓励在新建建筑和既有建筑节能改造中使用新型墙体材料等节能建筑材料和节能设备，安装和使用太阳能等可再生能源利用系统。

国家鼓励开发和推广应用交通运输工具使用的清洁燃料、石油替代燃料。

公共机构应当按照规定进行能源审计，并根据能源审计结果采取提高能源利用效率的措施。

国家加强对重点用能单位的节能管理。

下列用能单位为重点用能单位：

1）年综合能源消费总量 10 000t 标准煤以上的用能单位；

2）管理节能工作的部门指定的年综合能源消费总量 5000t 以上不满 1 万 t 标准煤的用能单位。

（3）能评是立项的前提条件和验收的重要依据。2010 年 11 月 1 日实施的《固定资产投资项目节能评估和审查暂行办法》指出，为加强固定资产投资项目节能管理，促进科学合理利用能源，从源头上杜绝能源浪费，提高能源利用效率，对固定资产投资项目的能源利用进行分析评估，并编制节能评估报告书、节能评估报告表（以下统称节能评估文件）或填写节能登记。

节能评估文件及其审查意见、节能登记表及其登记备案意见，作为项目审批、核准或开工建设的前置性条件以及项目设计、施工和竣工验收的重要依据。

未按本办法规定进行节能审查，或节能审查未获通过的项目，不得开工建设。

项目节能评估按照项目建成投产后年能源消费量实行分类管理。

1）年综合能源消费量 3000t 标准煤及以上（电力折算系数按当量值，下同），或年电力消费量 500 万 kWh 以上，或年石油消费量 1000t 以上，或年天然气消费量 100 万 m³ 以上的项目，应单独编制节能评估报告书。

2）年综合能源消费量 1000～3000t 标准煤，或年电力消费量 200 万～500 万 kWh，或年石油消费量 500～1000t，或年天然气消费量 50 万～100 万 m³ 的项目，应单独编制节能评估报告表。

上述条款以外的项目，应填写节能登记表。

固定资产投资项目节能评估报告书应包括下列内容：

1）评估依据；

2）项目概况；

3）能源供应情况评估，包括项目所在地能源资源条件以及对所在地能源消费的影响评估；

4）项目建设方案节能评估，包括项目选址、总平面布置、生产工艺、用能工艺和用能设备等方面的节能评估；

5）项目能源消耗和能效水平评估，包括能源消费量、能源消费结构、能源利用效率等方面的分析评估；

6）节能措施评估，包括技术措施和管理措施评估；

7）存在问题及建议；

8）结论。

节能评估文件和节能登记表应按照本办法附件要求的内容深度和格式编制。

项目建设单位应委托有能力的机构编制节能评估文件。项目建设单位可自行填写节能登记表。

节能评估文件的编制费用执行国家有关规定，列入项目概预算。

节能评估文件编制机构弄虚作假，导致节能评估文件内容失实的，由节能审查机关责令改正，并依法予以处罚。

负责节能评审、审查、验收的工作人员徇私舞弊、滥用职权、玩忽职守，导致评审结论严重失实或违规通过节能审查的，依法给予行政处分；构成犯罪的，依法追究刑事责任。

（4）固定资产投资项目节能评估报告书。《固定资产投资项目节能评估和审查工作指南》（2014 年版）节能评估，由项目建设单位组织，由节能评估机构根据节能法规、标准，对能源利用合理进行分析评估，并编制节能评估报告书、节能评估报告表。

综合能源消费量，一般情况下，行业、企业范围内所消费的各种能源的总量，称作综合能源消费量或能源消费量。

综合能源消耗量，用能单位在统计报告期内实际消耗的各种能源。

实物量，按规定的计算方法和单位分别折算后的总和。

能量平衡，是指以固定资产投资项目为对象，分析输入的全部能量与输出的全部能量在数量上的平衡关系，包括对项目能源在购入存储、加工转换、输送分配、终端使用各环节与回收利用和外供各能源流的数量关系，定量分析项目用能情况。

通用的主要评估方法包括标准对照法、类比分析法、专家判断法等。标准对照法是节能法规、政策、技术标准和规范，对项目的能源利用合理性进行分析评估。评估要点包括：项目建设方案与节能规划、相关行业准入条件对比；项目平面布局、生产工艺、用能情况等建设方案与相关节能设计标准对比；主要用能设备与能效标准对比；项目单位产品能耗与相关能耗限额等标准对比等。

依据上述文件，现将某项目节能评估报告编写工作示例分析如下。

16.1.2　能评的分类及要求

（1）国家能评的分类及要求见表 16.1-1。

表 16.1-1   国家能评的分类及要求

文件类型	年能源消费量(当量值)			
	实物能源消费量			综合能源消费量 (t标准煤)
	电力 ($\times10^4$ kWh)	石油 (t)	天然气 ($\times10^4$ m³)	
节能评估报告书	$E\geqslant500$	$E\geqslant1000$	$E\geqslant100$	$E\geqslant3000$
节能评估报告表	$200\leqslant E<500$	$500\leqslant E<1000$	$50\leqslant E<100$	$1000\leqslant E<3000$
节能登记表	$E<200$	$E<500$	$E<50$	$E<1000$

(2)北京市能评的分类及要求见表 16.1-2。

表 16.1-2   北京市能评的分类及要求

序号	项目类型	单 位	数 量	备 注
1	节能评估和审查	m²	≥20 000	公共建筑项目建筑面积
2	节能评估和审查	m²	≥200 000	居住小区建筑项目建筑面积
3	节能评估和审查	t 标准煤	≥2000	工业项目
4	节能登记备案			其他

凡属于节能评估范围内的固定资产投资项目,应编制独立的项目节能专篇。

其他省市另有要求的按各地要求编制。

16.1.3 节能评估报告编制内容

(1)节能评估报告编制基本思路如图 16.1-1 所示。

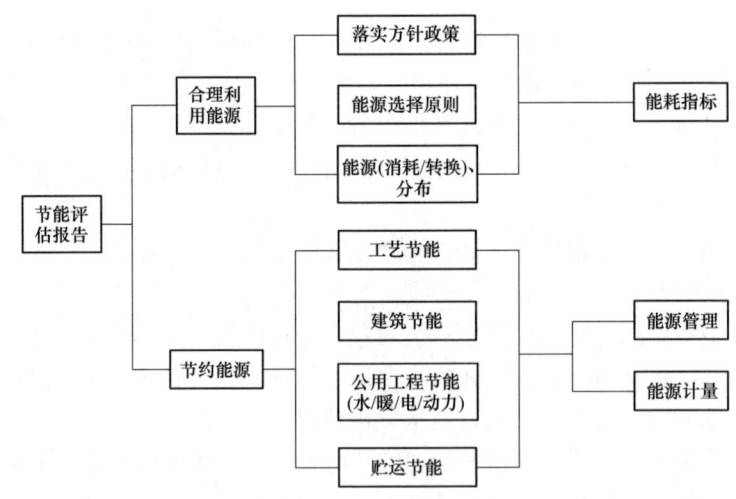

图 16.1-1   基本思路框图

(2)评估内容提要。

1)项目的建设地点和项目用地平衡表。

2)项目建筑面积,主要生产工艺、厂房、产品纲领、主要原材料、主要燃料动力、生产班制。

3)各专业重点评估设计执行了现行的政策、规范和标准。

4）节能设计方案的合理性。

5）详细评估：

a. 工艺流程以及生产工艺的合理性、先进性；

b. 建筑布局的合理性、围护结构的合理性；

c. 公用工程部分工艺合理性；

d. 能源结构、总量及能源转换的合理性；

e. 主要耗能设备的选型、台数选择的合理性；

f. 各终端用户所选参数及指标的合理性；

g. 各专业所采取节能措施的合理性及可操作性；

h. 能源计量的配置情况；

i. 新能源利用情况；

j. 项目的综合能耗、能耗指标及效果分析等。

（3）编写要求。

1）项目概况。

a. 建设单位基本情况。建设单位名称、性质、地址、法定代表人、注册资金、经营范围、通信方式、项目联系人及联系方式等，可依据项目立项申请报告书内容，引用相关建设单位的基本情况。

b. 建设项目基本情况。项目名称、建设地点、建设项目的使用功能和主要经济技术指标，见表 16.1-3，是定量反应项目建设单位的建设意图，确定能源使用技术、耗能系统、主要耗能设备、选定终端用户参数的基本条件，也是确定项目能耗种类、计算标准、计算参数、能耗总量、能效分析的依据。详细描述使用功能，以使能耗工艺、能耗系统、能耗设备的选择和计算更趋准确。

这是编写节能评估报告的基础。

表 16.1-3　　　　　　　　　　　项目综合经济技术指标

序号	项　　目	单位	指标	备　　注
1	建设用地面积	ha		
1.1	居住用地	ha		
1.2	公共设施和市政公用设施用地	ha		
1.3	绿地用地	ha		
2	总建筑面积	m²		
2.1	地上建筑面积	m²		
2.1.1	住宅	m²		
2.1.2	社区文化活动综合服务中心	m²		办公人员按×××人计
2.1.3	商业金融、邮政局	m²		办公人员按×××人计
2.1.4	幼儿园	m²		××班，儿童×××人，厨房按××m² 计
2.1.5	综合体育公园	m²		办公人员按×××人
2.1.6	扩建学校	m²		×班，学生××××人
2.2	地下建筑面积	m²		

序号	项 目	单位	指标	备 注
2.2.1	物业管理用房	m²		
2.2.2	职工食堂	m²		其中厨房××m²
2.2.3	库房	m²		
2.2.4	机动车库和非机动车库	m²		
2.2.5	设备机房	m²		采暖面积按×××m² 计
2.2.6	人防	m²		
3	居住户(套)数	套		
4	规划人口	人		
5	容积率	m		
6	绿地面积	ha		
7	机动车停车位	辆		
8	非机动车停车位	辆		×辆/户
9	项目总投资	万元		

表 16.1-4　　　　　　　　　　项目主要经济技术指标

序号	项 目		单 位	指 标	备 注
1	集成电路封装		亿块/年		
2	总用地面积		(ha)		
3	总建筑面积		(×10⁴m²)		
4		本期使用面积	(×10⁴m²)		
5		(工艺生产区)	(×10⁴m²)		
6		(动力设备区)	(×10⁴m²)		厂房动力、水处理、废弃物置场＋洗衣室
7	其中	(办公区)	(×10⁴m²)		厂房办公、门卫
8		(仓库)	(×10⁴m²)		厂房仓库、仓库
9		(食堂)	(×10⁴m²)		
10		第3栋×层预留	(×10⁴m²)		
15	综合容积率				
16	绿地率		%		
17	所需人员		人		
18	项目总投资		万元		
19	项目产值		万元		

c. 项目建设方案。节能评估报告的直接编写依据为甲乙方签订的技术服务合同、项目的规划意见书、地质灾害评估、外部市政工程综合汇总、项目建设单位的投资意图、现场勘测和项目周边区域市场调查资料、有关会议纪要等。

d. 工艺系统及设备。主要生产工艺、工艺设备,主要耗能工艺和耗能设备,主要原材料,尤其是含能源资源的原材料,主要燃料、动力,生产中主要能源转换过程。

e. 建筑、总图和结构。建筑总平面应布局合理,节约用地,建筑物充分利用冬季日照,夏季的自然通风。主要建筑采用最佳朝向,使主要房间避免西晒,减少空调能源消耗。建筑缩小体形系数，减少热损失，尽量利用自然光，减少人工照明。①规划用地面积；②建构筑物占地面积；其中：原有建构筑物占地面积；设计建构筑物占地面积。③总建筑面积；其中：原有建筑面积；设计建筑面积。④绿地面积；⑤机动车停车位；⑥建筑密度；⑦容积率；⑧绿地率；⑨单体建筑的长、宽、高，结构形式，柱网形式，各层的层高。

f. 项目消耗的主要能源种类，市政热力、电力、天然气和耗能工质自来水、中水等。

j. 主要供、配电系统及设备的初步选择：①供配电系统。根据用户性质，确定用电负荷以及供电网络电压等级，说明本项目供、配电系统方案及照明系统方案。②冬季采暖系统。优先利用市政热源。根据终端用户的性质和热源情况确定采暖方式。根据建筑高度、采暖面积确定采暖区域划分，包括高低层分区、楼栋分区等。③夏（冬）季空调系统。大型商业建筑、大型医院建筑夏季宜采用集中空调。小型公共建筑夏季宜采用可变制冷剂流量多联空调机或户式集中空调机。一般工业项目可采用集中冷源加柜式空调系统。④通风系统。人防工程、汽车库和卫生间设机械通风系统；厨房操作间配置专用机械通风系统；工业场所按需要设置局部排风系统。⑤给水系统。供水系统，包括城市自来水、自备井水、地表水，引入干管路数、管径大小、供水压力。根据建筑物的高度及给水管网的供水压力，确定给水系统的供水区。⑥中水系统，按照规范设置中水处理站或采用市政中水，明确管网供水压力、水量、可靠性。⑦天然气。对天然气用户如住宅厨房、公用食堂、餐厅以及蒸汽锅炉、热水锅炉等。应阐述天然气调压箱的设置以及对调压站的要求。燃气系统配置调压装置、燃气计量表等。⑧锅炉房。根据生产生活的需要，设置蒸汽锅炉、热水锅炉，根据燃料特点、计算负荷确定锅炉房规模。根据规范要求明确锅炉房设置位置。⑨换热站。选择换热器的型式、台数、传热系数、传热效率、设置位置、供热半径、供热分区。纯蒸汽发生器，汽水板式换热机组，汽水容积式换热机组，凝结水加压回收装置。⑩压空、真空和氮气。压缩空气供气动、控制和吹扫等使用。无油螺杆空气压缩机，微热吸附再生干燥器，真空供吸附元件、杂质和清洁使用。工艺真空泵，氮气供工艺设备使用液氮储罐。汽化器氮气调压装置等。采暖、通风、空调、给排水、供热、燃气等系统的主要耗能设备拟选择见表16.1-5。

表 16.1-5　　　　　　　　　　　　　主要耗能设备表

序号	应用场所	设备名称、拟选型号	主要技术规格、参数	使用台数（台）	额定容量（kW/台）	总安装功率（kW）	备注
		—					

2）项目所在地能源供应情况：

选用能源品种的应遵循：易得、洁净、节省、使用和管理方便的原则。

应阐述供电、天然气、煤气、自来水给水、中水、污水、雨水、供煤，供油、供热热源（蒸汽、热水）等供应条件。

a）区域规划方案。当新建小区，应了解建设地点的区域供电系统的规划图。确定对本建设项目供电的合理供电方案。

b）区域电网的变电所的现状布局：在所建设项目所在区域，选择周围合适的供电电源，含：①电压等级，引用变电站（开闭站）的名称。②周围开闭站、变电站可否提供建设项目所需电源。③项目能源消耗数量及能源使用分布情况。列出项目能源消耗数量表。

16.1.4　合理用能标准和节能设计规范

（1）工程建设相关标准及规范。

GB 50189—2015《公共建筑节能设计标准》;

GB 50176—1993《民用建筑热工设计规范》;

JGJ 26—2010《严寒和寒冷地区居住建筑节能设计标准》;

JGJ 75—2012《夏热冬暖地区居住建筑节能设计标准》;

JGJ 134—2010《夏热冬冷地区居住建筑节能设计标准》;

JGJ/T 129—2012《既有居住建筑节能改造技术规范》;

相关专业工程设计等规范。

对工业项目应列相关工业、行业的规范、标准。

(2)设备能效限定值及节能评价值等标准、规范。

16.1.5 建设项目能源消耗种类、数量及能源使用分布情况

应说明根据建设项目的能源消耗要求、终端用户耗能参数,确定用能品种、耗能系统、能源流向、能源转换状况。

项目能源消耗数量为节能评估报告编写的重点。是定性分析与定量计算相结合、以定量计算为主的集中体现,应分品种核算、计算能源消耗量,见表 16.1-6。

表 16.1-6 建设项目能源消耗表

能源类别	能源品种	单位	年总消耗量	备 注
一次能源	天然气	m³		外购
二次能源	电	kWh		外购
	市政热力	GJ		外购
耗能工质	市政自来水	m³		外购
	氮气	m³		外购
	回用水	m³		自产

(1)天然气消耗量的估算。锅炉房消耗的天然气,根据蒸汽、热水需要量计算。居民生活、医院、食堂、餐饮等消耗的天然气,根据《全国民用建筑工程设计技术措施》相关指标,按照人数、床位数、餐厅座位数计算每年所消耗的天然气量,见表 16.1-7。其他行业,如工业等消耗参照本行业相应指标计算。

表 16.1-7 一次能源的设备及其年消耗量

设备名称	年消耗量(m³)	折合标准煤(t)	所占比例(%)	备 注
灶具天然气				职工餐厅
加热炉				生产用
合计				

(2)采暖、空调及采暖年耗热量估算见表 16.1-8。

表 16.1-8 二次能源市政蒸汽及其年消耗量

用 途	年总消耗量(10⁶ kJ)	所占比例(%)	备 注
办公区空调			
动力区加热			
仓库加热			
厂房空调			

续表

用　途	年总消耗量（10^6kJ）	所占比例（%）	备　注
食堂空调			
××、××、××号建筑			
制备纯蒸汽			
食堂热水			
制备纯水加热			
合计			

（3）自来水、中水、生活热水用水量估算见表 16.1-9、表 16.1-10。

表 16.1-9　　　　耗能工质自来水（来自市政）的用途种类及其消耗量

用　途	单　位	数　量	所占比例	备　注
生活用水	m³/d			最高日
生产用水	m³/d			最高日
冷却水补充用水	m³/d			最高日
其他用水	m³/d			最高日
合计	m³/d			

表 16.1-10　　　　耗能工质回用水（自产）的用途种类及其消耗量

用　途	单　位	数　量	所占比例	备　注
划片生产线回用水	m³/d			最高日
镀锡生产线回用水	m³/d			最高日
合计	m³/d			

（4）供配电：二次能源电的消耗量见表 16.1-11，其中照明用电见表 16.1-12。

表 16.1-11　　　　二次能源电的种类及其消耗量

用　途	年总消耗量（kWh）	所占比例（%）	备　注
工艺生产封装			
工艺生产测试			
纯水设备			
废水设备			
工艺冷却循环水设备			
一般冷却塔			
冷却塔旁滤			
生产供电设备			
冷冻系统			
空压系统			
换热系统			
真空系统			
工艺、设备间空调通风			
库房通风			
办公室空调通风			
厨房、食堂空调通风			
照明			
电梯			
总计			

16

表 16.1-12 照明用电消耗量

用　途	年总消耗量（kWh）	所占比例（%）	备　注
工艺生产区照明			计算值
动力区照明			
办公区照明			
厨房、食堂区照明			
库房照明			
小计			

电力负荷计算及年电力消耗估算见 1.3 节～1.5 节及 1.9 节。电气专业年耗电量估算表见表 16.1-13、表 16.1-14。

表 16.1-13 年电力消耗估算（按需要系数法计算）

序号	设备(组)容量(kW)	需要系数	计算容量(kW)	功率因数	计算有功(kW)	运行天数(d)	每天小时(h)	同时系数	年用电量(万 kWh/a)	折标煤系数 1.229	年耗标煤量(t/a)

表 16.1-14 年电力消耗估算（按单位容量计算法）

序号	名称	平均功率密度(W/m²)	建筑面积(m²)	安装电量(kW)	运行天数(d)	每天小时(h)	使用系数	折标煤系数 1.229	年耗用电量(万 kWh/a)	年耗标煤量(t/a)

（5）项目消耗能源种类及年总消耗总量汇总见表 16.1-15。

表 16.1-15 消耗能源种类及年总消耗总量估算汇总

序号	项　目	能源品种	单　位	年总消耗量	折标煤系数
1	一次能源	原煤	t		0.714 3
		原油	t		1.428 6
		天然气	万 Nm³		12.143
2	二次能源	电	万 kWh		1.229 当量值
		汽油	t		1.471 4
		液化石油气	t		1.714 3
		市政热力	GJ		0.034 1
3	耗能工质	自来水	万 m³/a		
		中水	万 m³/a		

16.1.6　项目分专业节能措施评估

（1）电气专业：应说明供电电源电压的选择，电源的引入站情况，供电能力，距本项目的距离。新建或已有开闭站等情况、新建变电站的设置位置及节能设备选型等，高低压配电系统设计方案。无功功率补偿方案、谐波治理措施。照明配电系统的设计方案，节能型照明灯具及相应配套设备选择，室内外照明节能控制方案。对风机、水泵等有调速要求的电机采用变频调速方案及达到的节能效果，对其他动力设备如电梯、电热水器等的节能控制措施等。

（2）自控专业：应说明根据项目的情况是否设置集中控制系统或楼宇自控系统（BAS），分述对空调、锅炉房、换热站等各系统的节能控制方案。

工业控制系统，叙述节能控制方案。

16.1.7 能源管理与检测

计量工作是实现现代化管理的一项很重要的基础管理工作，运行中记录、分析、对比用能数据，总结用能管理经验，制定用能管理制度，检查用能环节。对节能计划、节能管理、能耗计量、检测等进行统一监测、指导管理和实施建成项目的节能运行。

能源管理及能源计量的设置要满足有关标准要求：

1）建设单位的能源管理机构及人员设置；

2）项目要具备用能单位、次级用能单位、主要用能设备的能源三级计量管理体系；并在此计量管理体系下的能源计量、检测器具配置的情况。

16.1.8 项目的综合能耗、能耗指标

计算项目的总综合能耗、能耗指标，对于工业类项目还有产品单位产量综合能耗、产品单位产量直接综合能耗、产品单位产量间接综合能耗、单位产品工序能耗，并进行合理性分析及效果分析，见表 16.1-16、表 16.1-17。

最终应计算出整个项目的总的综合能耗。并计算出项目的能耗指标，同时进行分析判定本项目的能耗指标是否达到同行业国内能耗先进水平。对于公建和居住建筑要分析单位建筑面积、单位投资的综合能耗指标；对于工业建筑主要分析单位产品（产值）能耗、水耗必须达到国家和行业有关规定标准。

表 16.1-16　　　　　　主要能源、耗能工质的品种及年需要量一览表

序号	主要能源和耗能工质名称		实 物		折标煤量 (t)	占年总需要量的份额（%）	备注
			单位	实物量			
1	一次能源	天然气	万 Nm³/a				购入
2	二次能源	电	万 kWh/a				购入
		热力	GJ/a				购入
3	耗能工质	自来水	万 m³/a				购入
		中水	万 m³/a				购入
4	年总需要量折标煤量		t/a				

表 16.1-17　　　　　　　　　　单位能耗指标一览表

序号	能源和含能工质名称		单位面积能耗				单位投资能耗			
			实物		折标煤量		实物		折标煤量	
			实物单位	实物量	[kg/(m²·a)]		实物单位	实物量	[kg/(万元·a)]	
1	一次能源	天然气	m³/(m²·a)				m³/(万元·a)			
2	二次能源	电	kWh/(m²·a)				kWh/(万元·a)			
		热力	GJ/(m²·a)				GJ/(万元·a)			
3	耗能工质	自来水	m³/(m²·a)				m³/(万元·a)			
		中水	m³/(m²·a)				m³/(万元·a)			
4	综合能耗		kg/(m²·a)				kg/(万元·a)			

16.1.9 节能效果分析

通过综合能耗数据计算，与行业先进水平对比，应不低于国家标准规定能耗水平。分析项目中各专业主要采用的节能新技术、新产品、新材料、新工艺和利用新能源状况。通过一系列节能设计和节能措施，提高采暖、通风、空调、照明、办公设备、炊事、电器等用能设备的能源利用效率，最大限度地降低能耗，实现节能目标。

当量值折算表及有关名词解释见附录 L 及附录 M。

16.2 配电系统与节电设计

配电系统设计应采取有效的节能措施。应进行合理的负荷计算，按电源条件、负荷特点合理确定变电所（站、室）的位置、电压等级，以及系统的结线方式，按需要配置无功功率补偿及谐波抑制装置，合理选择节能型电气设备。

16.2.1 电压选择与节电

（1）根据用电性质，用电容量选择合理供电电压和供电方式：电源电压应根据建设项目的负荷、电源点至建筑的距离以及地方电网可能供给的电压与有关电力部门协商，共同商定。一个建设项目的电源采用两回线路供电时宜采用两路线同时带负载，并互为备用的方式。假若选用两回路供电，按照经济输送容量选导线截面积。并考虑其中一回电源线路故障时，另一回路满足全部一二级负荷要求不超过持续允许容量，此时线路电压损失不超过额定电压 10% 的条件下，根据负荷大小和输送的距离来选择电源电压，可参照表 16.2-1 进行（负荷功率因数按 0.85 计）。

表 16.2-1　　　　　　　电源电压选择表

负荷容量 （MVA）	电源回路数	送电电压 （kV）	允许输送距离 （km）	导体截面积 （mm²）
26 以下	2	35	15.3	LGJ-240
54 以下	2	66	23.2	LGJ-300
54 以下	2	110	76.6	LGJ-300
134 以下	2	110	34	LGJ-400
476 以下	2	220	27.1	LGJ-700

变配电站的位置应接近负荷中心，减少变压级数，缩短供电半径。避免多次降压，简化电压等级是有力的降损措施，目前城市或大型企业供电一般不宜超过 3 级降压即 220/110/10/0.38kV 或 220/66/10/0.38kV 或 220/35/10/0.38kV。对多次降压的、非标称电压的或者负荷过重的要进行升压改造，当输送负荷不变时升压后降低功率损耗的百分率按式（16.2-1）计算

$$\Delta\Delta P\% = \left(1 - \frac{U_{n1}^2}{U_{n2}^2}\right) \times 100\% \qquad (16.2\text{-}1)$$

式中　$\Delta\Delta P\%$——升压后功率损耗降低百分率，%；

　　　U_{n1}——电网升压前的标称电压，kV；

　　　U_{n2}——电网升压后的标称电压，kV。

电网升压后功率损耗降低百分率，见表 16.2-2。

表 16.2-2 电网升压后功率损耗降低百分率

升压前标称电压 U_{n1} (kV)	升压后标称电压 U_{n2} (kV)	升压后功率损耗降低百分率 $\triangle\triangle P$ (%)	升压前标称电压 U_{n1} (kV)	升压后标称电压 U_{n2} (kV)	升压后功率损耗降低百分率 $\triangle\triangle P$ (%)
110	220	75	10	20 35	75 91.8
66 35	110	64 89.9	6 3	10	64 91
20	35	67.3	0.38	10	99.8

(2) 配电系统采用 10kV 与 20kV 的节电比较：配电网电压等级是随着用电水平及工业化程度的提高以及发电量的增长而相应增高的。美国及法、德、意等占欧洲 80% 的国家采用 20～25kV 中压配电，新加坡、韩国、我国台湾等 60% 亚洲国家和地区也采用 20kV 中压配电。20kV 电压等级的优势已被国际认同，并已列入国际电工委员会标准，具有非常成熟的技术和经验。

采用 20kV 电压等级线路较 10kV 在提高输电能力、促进节能降损、加大供电半径等方面具有显著优势。

1) 配电网送电容量按下式计算

$$S = \sqrt{3}U_n I_r \tag{16.2-2}$$

式中 S——送电容量，kVA；

    U_n——配电网标称电压，kV；

    I_r——线路导线持续载流量，A。

10kV 升压至 20kV 配电电压，如原来线路其他条件不变，则

$$S_{20}/S_{10} = (\sqrt{3}U_{20}I_r)/(\sqrt{3}U_{10}I_r) = 2 \tag{16.2-3}$$

式中 S_{20}——20kV 送电容量，kVA；

    S_{10}——10kV 送电容量，kVA；

    U_{20}——标称电压 20kV；

    U_{10}——标称电压 10kV；

    I_r——线路导线持续载流量，A。

即升压后的配电网容量增加一倍。

2) 电压降计算

$$\Delta u = \frac{PR + QX}{10U_n^2}\% \tag{16.2-4}$$

式中 Δu——电压降，%；

    R——配电线路的电阻，Ω；

    X——配电线路的电抗，Ω；

    U_n——配电网标称电压，kV；

    P——配电线路的有功功率，kW；

    Q——配电线路的无功功率，kvar。

20kV 与 10kV 电压降比为

$$\Delta u_{20}/\Delta u_{10} = [U_{10}^2(P_{20}R + Q_{20}X)]/[U_{20}^2(P_{10}R + Q_{20}X)] \tag{16.2-5}$$

式中见以上各式。

在负荷不变的情况下，$\Delta u_{20}/\Delta u_{10} = 1/4$；即 20kV 时电压损失是 10kV 的 25%。

3）供电半径，由式（16.2-4）可得

$$10\Delta u U_n^2 = PR + QX = [r_0\sqrt{3}U_n I_n\cos\varphi + x_0\sqrt{3}U_n I_n\sin\varphi]L \tag{16.2-6}$$

$$L = 10\Delta u U_n/[\sqrt{3}I_n(r_0 + x_0\tan\varphi)\cos\varphi] \tag{16.2-7}$$

式中　I_n——线路电流，A；

　　　r_0——导线单位长度电阻，Ω；

　　　x_0——导线单位长度电抗，Ω。

其他见以上各式。

当电压升至 20kV，其他不变的情况下，供电半径可增加 1 倍。

4）功率损耗

$$\Delta P_L = 3I_n^2 R \tag{16.2-8}$$

式中　ΔP_L——有功功率损耗，kW；

　　　I_n——线路电流，A；

　　　R——线路每相的电阻，Ω。

$$I_n = P/(\sqrt{3}U_n\cos\varphi)$$

则　　　　　$$\Delta P_L = P^2 R/(U_n^2\cos^2\varphi) \tag{16.2-9}$$

式中　$\cos\varphi$——功率因数。

其他见以上各式。

在负荷不变的情况下，电压升至 20kV，功率损耗降低至原来的 25%，即降低了 75%。

（3）电动机采用 660V 与 380V 的节电比较。GB/T 156—2007《标准电压》中，660V 电压作为国家标准电压之一使用。660V 供电系统较目前普遍采用的 380V 系统具有输电能力强、电能损耗低、电压质量高、节约金属材料、供电安全可靠等优点。

1）提高送电功率：为便于分析对比，可认为输电质量 Δu 和功率因数 $\cos\varphi$ 不变，则线路中输电能力 PZ 与电压 U_n 平方成正比，即：$PZ \propto U_n^2$。

可见，如送电线路阻抗不变，即线路长度和导线截面不变，电压 380V 升压到 660V 后，电压提高 $\sqrt{3}$ 倍，线路输电能力为 380V 电压时的 3 倍。

2）降低电能损耗：根据式（16.2-8）电网供电电压从 380V 升高到 660V 后，电流将降至原来的 $1/\sqrt{3}$，功率损耗与负载电流的平方成正比，在输送功率、线路不变的条件下，660V 供电时线路上的功率损耗是 380V 时的 1/3，即可减少输电线路上功率损耗的 2/3。

3）提高供电质量：在供电线路（含架空线及电缆）的导线截面相同的情况下，根据式（16.2-4），在线缆和负荷不变的情况下电压损失与电压的平方成反比，使用 660V 供电时的电压降约为 380V 时的 33.3%，即可减少电压降 66.7%。

由于电压提高，还可使异步电动机的工作电流和起动电流降低，可降低线路到电动机的电压降，从而使低压电动机容量得到扩大，同时电动机过流保护整定值可随之降低。

4）节约金属材料：电网供电电压由 380V 升高到 660V，设两种电压下导线的电压降相同，660V 供电时的导线截面积为 380V 时的 57.7%。通过经济分析，升压改造后电缆、配电开关等方面节约的材料达 40%～55%。同时补偿功率因数用的电容器，相同容量情况下，在 660V 电压下的无功功率为 380V 时的 3 倍（$Q_c = U^2 \omega c$），而价格只差 50%，故可降低电容器投资约一半。

（4）配电线路采用单相与三相的节电与经济分析。在低压配电系统中，存在大量单相负荷，如果各单相负荷在各相上的分配不平衡，或者在使用中存在不同期使用现象，会造成不对称负荷，从而使中性导体电流增大，中性导体电流值是 3 倍零序电流，零序电流在变压器有零序阻抗上的压降就是变压器中性点对理想中性点的偏移，造成各相相电压不平衡。当中性导体有较大的电流流过时，不但降低了供电质量，而且还带来大的电能损耗。

为了减少三相负荷不平衡造成的能耗，应使三相负荷不平衡度符合 GB/T 15543—2008《电能质量　三相电压不平衡》中的规定。

16.2.2　高压深入负荷中心缩短低压配电线路

根据供电距离和负荷容量，合理地设计供电系统和选择电压，以减少电能损耗，有以下措施：

（1）根据建设项目规模、技术经济比较，考虑线路供电距离，采用 10～110kV 等级电压，深入负荷中心供电。

（2）自备电厂应靠近企业负荷中心，减少配电线路电压降。

（3）根据技术经济比较，可采用相分裂导线，输送大容量负荷，以减少线路损耗。

（4）配电系统的设置及供配电设备的选择，既要保证长期运行的技术经济合理，又要考虑建设中分批投产的需要。对分期建设期限较长的企业，宜采用多台变压器方案，避免设备轻载运行，增大损耗。

（5）建设项目的配电电压，根据技术经济比较，采用合理的电压等级。

（6）对具有几个电压等级的供配电系统，在改建或扩建设计中，应减少电压层次，合理地进行升压改造。对负荷容量较大且分散的场所，应深入负荷中心设置变电站以减少低压配电网路损耗。

（7）高层、超高层建筑配电变压器应分别设置在各层。

（8）大型工业与民用建筑，配电变压器可根据缩短低压配电线路的原则设置在建筑内部。

（9）住宅区配电变压器深入内部，采用预装式或埋地式变电站。

16.2.3　双回路或多回路供电时，各回路同时承担负荷与节电

一级负荷应由双重电源供电，当一电源发生故障时，另一电源不应同时受到损坏。

二级负荷供电系统，宜由双回线路供电，以保证开关、线路损坏引起的断电。

两路电源供电时，宜选择两回路同时运行并均衡负荷的方式。

一回线路供电时的线路损耗为 $\Delta P = 3I^2R$；其中 I 为供电电流，R 为线路电阻。若在供电容量和供电线路不变的情况下，由两回路供电，且平衡负荷，在线路阻抗不变的条件下，每回线路的供电电流 $I_2 = \frac{1}{2}I$，两回路总的线路损耗

$$\Delta P' = 2 \times 3I_2^2R = \frac{3}{2}I^2R = \frac{1}{2}\Delta P$$

可见在双回路或多回路供电时，各回路同时承担负荷，可有效减少线路损耗。

16.2.4　提高功率因数与节电

(1) 提高功率因数与节能的关系。

1) 提高功率因数可减少线路损耗。如果输电线路导线每相电阻为 R (Ω),则三相输电线路的功率损耗为

$$\Delta P = 3I^2R \times 10^{-3} = \frac{P^2R}{U^2\cos^2\varphi} \times 10^3 \tag{16.2-10}$$

式中　ΔP——三相输电线路的功率损耗,kW;

　　　R——输电线路导线每相电阻,Ω;

　　　U——线电压,V;

　　　I——线电流,A;

　　$\cos\varphi$——电力线路输送负荷的功率因数。

由式 (16.2-10) 看出,在有功功率一定的情况下,功率损耗 ΔP 与 $\cos\varphi$ 的平方成反比。设法将 $\cos\varphi$ 提高,就可使 ΔP 减小。

在线路的电压 U 和有功功率 P 不变的情况下,改善前的功率因数为 $\cos\varphi_1$,改善后的功率因数为 $\cos\varphi_2$,则三相回路实际减少的功率损耗可按下式计算

$$\Delta P = \left(\frac{P}{U}\right)^2 R\left(\frac{1}{\cos^2\varphi_1} - \frac{1}{\cos^2\varphi_2}\right) \times 10^3 \tag{16.2-11}$$

当 $\cos\varphi$ 从 0.6 提高到 0.9 时,线路功率损耗可降低约 56%。

2) 减少变压器的铜损。变压器的损耗主要有铁损和铜损。如果提高变压器二次侧的功率因数,可使总的负荷电流减少,从而减少铜损。

提高功率因数后,变压器节约的有功功率 ΔP 和节约的无功功率 ΔQ 的计算公式为

$$\Delta P = \left(\frac{P_2}{S_{rT}}\right)^2 \left(\frac{1}{\cos^2\varphi_1} - \frac{1}{\cos^2\varphi_2}\right) P_K \tag{16.2-12}$$

$$\Delta Q = \left(\frac{P_2}{S_{rT}}\right)^2 \left(\frac{1}{\cos^2\varphi_1} - \frac{1}{\cos^2\varphi_2}\right) Q_K \tag{16.2-13}$$

式中　ΔP——变压器的有功功率节约值,kW;

　　　ΔQ——变压器的无功功率节约值,kvar;

　　　P_2——变压器负荷侧输出功率,kW;

　　　S_{rT}——变压器额定容量,kVA;

　　$\cos\varphi_1$——变压器原负荷功率因数;

　　$\cos\varphi_2$——提高后的变压器负荷功率因数;

　　　P_K——变压器额定负荷时的有功功率损耗,kW;

　　　Q_K——变压器额定负荷时的无功功率损耗,kvar。

3) 减少线路及变压器的电压损失。由于提高了功率因数,减少了无功电流,因而减少了线路及变压器的电流,从而减小了电压降。

4) 提高功率因数可以增加发配电设备的供电能力。由于提高了功率因数,供给同一负荷功率所需的视在功率及负荷电流均减少,减小了线路的截面及变压器的容量,节约设备投资。

(2) 低压无功补偿与高压无功补偿的分析与条件:根据《电力系统电压和无功电力技术导则》的规定,高压供电的工业用户和高压供电装有带负荷调整电压装置的电力用户,功率因数应大于 0.9。在《国家电网公司电力系统电压质量和无功电力管理规定》中,对功率因

数值进一步要求为：在 35～220kV 变电站中，在主变压器最大负荷时一次侧功率因数不应低于 0.95，在低谷负荷时功率因数不应高于 0.95。

（3）并联补偿与串联补偿的用途分析。

1）并联电容器是容性无功的主要电源。无功电源的安排，应在电力系统有功规划的基础上，同时进行无功规划。原则上应使无功就地分区分层基本平衡，按地区补偿无功负荷，就地补偿降压变压器的无功损耗，并应能随负荷变化进行调整，避免经长距离线路或多级变压器传送无功功率，以减少由于无功功率的传送而引起的电网有功损耗。

2）串联电容器多用于高压长距离输电以抵消线路电感的影响。

高压长距离输电线路中流过容性电流时，输电线路的电感会引起电压升高。当线路中流过感性电流时，输电线路的电感会引起电压降低。

在长距离输电线路中，可以使用串联电容器来抵消线路电感的影响。由于串联电容器与线路电感串联在一起电流相同，电容器的电压滞后电流 $90°$，电感的电压超前电流 $90°$，因此电容电压就与电感电压正好反向可以互相抵消。当串联电容器的容抗与线路电感的感抗相等时，线路电感的电压就与电容电压完全抵消，于是电网的输电能力大大提高，电压稳定性也大大提高。

串联补偿技术是随着高电压、长距离输电技术的发展而发展的一种新兴技术。交流输电线路串联补偿是现代电力电子技术在高电压、大功率领域应用的典范，其中可控串补技术使整个输电线路的参数变成可以动态调节。串补和可控串补技术可以补偿线路的分布电感，提高系统的静、动态稳定性，改善线路的电压质量，加长送电距离和增大输送能力。目前，串联补偿的主要应用领域是农网配电、高电压长距离输电和电气化铁路供电。

（4）并联无功补偿方式的经济技术比较。在提高用电设备的自然功率因数不能满足要求时，采用无功补偿提高功率因数是最有效的方法。用电设备一般为感性，因此，在电路中并电容加以补偿。目前工程实际存在的无功补偿方式按补偿位置分类有集中补偿、就地补偿和分组补偿。按投入的快慢分实时动态补偿及静态补偿。按是否能自动投切分为自动补偿及固定补偿。

10kV 高压供电企业主要采取的无功补偿方式见图 16.2-1。

1）变配电所高压集中补偿。图 16.2-1 中的补偿电容器组 $C1$。集中安装在变配电所 10kV 母线上，其主要目的是改善电网的功率因数。这种方式便于管理和维护，并可按实际负荷情况调节补偿电容器组的容量，从而合理提高功率因数，比较容易满足电力部门对功率因数的要求。从电力系统的全局来看，这种

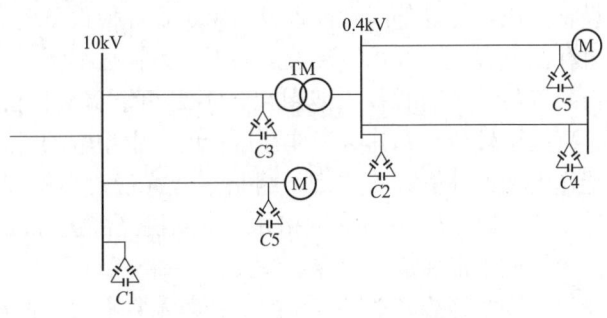

图 16.2-1　企业无功补偿方式

补偿是必要和合理的。但这种补偿方式只能补偿高压母线电源方向上线路的无功功率，而高压母线负载方向的线路及配电变压器得不到补偿，故对企业的补偿经济效果较差。

2）配电变压器高压侧相对集中补偿。如图 16.2-1 中的补偿电容器组 $C3$。在各配电变压器一次侧集中安装，以补偿配电变压器的空载无功。优点是接线简单，维护管理方便，能有效补偿配电变压器的空载无功，降低高压配电干线的线损。

3）变压器低压侧集中补偿。如图 16.2-1 中的补偿电容器组 $C2$。在各配电变压器低压侧

集中安装。通常采用微机控制的低压补偿电容器柜，根据无功负荷的波动情况实时改变投入电容器组的数量，可在一定条件下实现跟踪补偿，主要目的是提高各配电变压器低压负荷的总体功率因数，实现无功就地平衡，对配电网和配电变压器有降损作用，同时也可提高负荷侧的电压水平，补偿效果较好。这种方式运行可靠，也比较便于管理和维护，装置寿命相对延长，单位补偿容量较10kV侧投资更少，是较多采用的一种无功补偿方式。但缺点是控制保护装置较复杂，配电变压器较多时所需的首期投资相对较大。另在设计中为补偿配电变压器的空载无功，应设一组固定补偿。

在低压配电系统中，存在大量单相负荷，如果各单相负荷在各相上的分配不平衡，或者在使用中存在不同期使用现象，会造成不对称负荷，形成大的不对称电流，从而使中性导体电流增大，中性导体电流值是3倍零序电流，由于变压器有零序阻抗，零序电流在其上的压降就是变压器中性点对理想中性点的偏移，造成各相相电压不平衡。当中性线有较大的电流流过时，不但降低了供电质量，而且还带来大的电力损耗。

对于三相严重不平衡线路，如果采用三相电容器进行共相补偿，取某相电流信号来判断功率因数，并以此为依据来投切电容器，则对无功功率的补偿不够准确，会造成有的相过补偿，有的相欠补，变压器容量也得不到充分发挥。所以宜采用分相补偿方式。

4）低压分组补偿。如图16.2-1中的补偿电容器组C4。按低压负荷的分布，分散安装在各配电点低压母线上，以就地补偿用电设备组的无功功率。该方式使无功功率不再通过低压供配电干线输送，使配电变压器和配电主干线路上的损耗相应减少，比集中补偿降损节电效益更显著，尤其是当用电负荷点较多、较分散时，补偿效率更高。但此方式的补偿容量不易调整，运行中可能出现过补偿或欠补偿；补偿装置管理、维护不太方便；操作控制也比集中补偿方式更复杂，在环境条件较差的用电点不宜采用；单纯采用此方式时，配电变压器的无功功率须由分组补偿电容器组向上倒送或由高压系统输送。故此方式与集中补偿相结合，互为补充，补偿效果会更好。

5）用电设备就地补偿方式。如图16.2-1中的补偿电容器组C5。直接装设在大容量用电设备旁边，与设备同时投入或退出运行，使设备消耗的无功功率得到及时就地补偿，属于随机补偿方式。该方式使装设点以上线路输送的无功功率减少，能获得最明显的降损效益；补偿装置与设备同时投入或退出，不需频繁调整补偿容量，投资少、占位小、安装维护方便、事故率较低。尤其对于连续运行的大中型电动机，补偿降损节电效果显著。但这种方式只能作为辅助补偿方式应用，因是逐台补偿，会使补偿容量增大，使补偿装置的总投资增大。GB/T 12497—2006《三相异步电动机经济运行》、GB 50052—2009《供配电系统设计规范》等标准中都规定，对容量较大、负荷平稳且经常使用的用电设备的无功功率宜单独就地补偿。对经常轻载或空载运行的电动机不宜采用就地补偿方式。

由于气体放电灯配电感镇流器时，通常其功率因数很低，一般仅为0.4～0.5，所以应设置电容补偿，以提高功率因数。有条件时，宜在灯具内装设补偿电容，以降低照明线路电流值，降低线路能耗和电压损失。GB 50034—2013《建筑照明设计标准》7.2.7规定"使用电感镇流器的气体放电灯应在灯具内设置电容补偿，荧光灯功率因数不应低于0.9，高强气体放电灯功率因数不应低于0.85。"

CJJ 45—2015《城市道路照明设计标准》7.2.5规定：气体放电灯应在灯具内设置补偿电容器，或再配电箱（屏）内集中补偿，补偿后的功率因数不应小于0.85。对道路照明由于灯功率固定，距离较大，应采用灯具内补偿。但对采用高频电子镇流器的气体放电灯和LED灯，其功率因数低是谐波引起不能用电容补偿。

以上无功补偿方式一般需要配合应用，应根据企业供配电系统布置情况、用电设备运行特点以及布置情况合理设置，才能取得较好的补偿经济效益。

16.3　配电变压器的节能评价

16.3.1　变压器的损耗和能效限定值

16.3.1.1　变压器的损耗

变压器损耗主要有空载损耗、负载损耗、介质损耗和杂散损耗。其中介质损耗和杂散损耗相对较小，可忽略不计。

（1）变压器的空载损耗。变压器空载损耗主要是铁芯损耗，由磁滞损耗和涡流损耗组成，也称为铁损。空载损耗与铁芯的磁通密度、材料性能、芯片厚度、加工工艺等有关。目前，随着高牌号电工钢带应用，单位重量空载损耗迅速降低，国产钢带在磁通密度1.7T下约为0.85W/kg，非晶合金铁芯更可达到1.2T下小于0.2W/kg的水平。

（2）变压器的负载损耗。变压器负载损耗主要为负载电流通过绕组时的损耗，也称为铜损，其值与负载电流的二次方成正比。负载电流引起的漏磁通会在绕组内产生涡流损耗，并在绕组外的金属部分产生杂散损耗。负载损耗还受变压器温度的影响。

（3）低磁滞损耗和低涡流损耗的材料和工艺。

1）非晶合金铁芯材料采用快速急冷凝固生产工艺，其内部原子呈无序非晶体（与传统的晶态合金磁性材料的内部原子呈有序晶体排列的结构不同），具有软磁特性，利于磁化和去磁，磁化功率小，电阻率高，涡流损耗小，另外铁芯片的厚度仅为硅钢片的1/10左右，从而大幅度降低变压器的空载损耗及空载电流。非晶合金铁芯变压器属于重点推荐的节能产品。

2）立体卷铁芯变压器其三个心柱呈等边三角形立体排列，用不间断非晶合金带或电工钢带连续绕制而成，铁芯不需切割，且无冲孔，横向、纵向无接缝，铁芯柱横截面呈圆形而没有多余的角部，L1、L3相间磁路在铁轭部分较平面结构铁芯缩短1/2，轭的面积是每相柱面积的1/2，铁芯的填充系数大，三相铁芯磁路长度完全对称，磁路最短，且铁芯为闭口结构，磁路连贯无气隙，降低了空载损耗及空载电流。铁芯采用套裁工艺，无废料，可节省有色金属约1/3以上，该产品资料由广东海鸿电气有限公司提供。

16.3.1.2　配电变压器能效限定值

（1）10kV电压等级额定容量30～1600kVA油浸式配电变压器和额定容量30～2500kVA干式配电变压器能效等级按GB 20052—2013《三相配电变压器能效限定值及能效等级》规定，能效等级分为3级，1级能耗最低，3级最高。在选择变压器时应选择空载损耗和负载损耗值为2级或1级的变压器。

35～110kV电压等级额定容量3150kVA及以上油浸式配电变压器能效等级见GB 24790—2009《电力变压器能效限定值及能效等级》。

（2）配电变压器能效限定值，是在规定测试条件下，空载损耗值和负载损耗值的允许最高限值。油浸式配电变压器的空载损耗值和负载损耗值均不应高于表16.3-1中3级的规定，干式配电变压器的空载损耗值和负载损耗值均不应高于表16.3-2中3级的规定。

16

表 16.3-1

油浸式配电变压器能效等级

额定容量 (kVA)	1级 电工钢带 空载损耗 (W)	1级 电工钢带 负载损耗 (W) Dyn11/Yzn11	Yyn0	1级 非晶合金 空载损耗 (W)	1级 非晶合金 负载损耗 (W) Dyn11/Yzn11	Yyn0	2级 空载损耗 (W) 电工钢带	非晶合金	2级 负载损耗 (W) Dyn11/Yzn11	Yyn0	3级 空载损耗 (W)	3级 负载损耗 (W) Dyn11/Yzn11	Yyn0	短路阻抗 (%)
30	80	505	480	33	565	540	80	33	630	600	100	630	600	4.0
50	100	730	695	43	820	785	100	43	910	870	130	910	870	
63	110	870	830	50	980	935	110	50	1090	1040	150	1090	1040	
80	130	1050	1000	60	1180	1125	130	60	1310	1250	180	1310	1250	
100	150	1265	1200	75	1420	1350	150	75	1580	1500	200	1580	1500	
125	170	1510	1440	85	1700	1620	170	85	1890	1800	240	1890	1800	
160	200	1850	1760	100	2080	1980	200	100	2310	2200	280	2310	2200	
200	240	2185	2080	120	2455	2340	240	120	2730	2600	340	2730	2600	
250	290	2560	2440	140	2880	2745	290	140	3200	3050	400	3200	3050	
315	340	3065	2920	170	3445	3285	340	170	3830	3650	480	3830	3650	
400	410	3615	3440	200	4070	3870	410	200	4520	4300	570	4520	4300	
500	480	4330	4120	240	4870	4635	480	240	5410	5150	680	5410	5150	
630	570	4960		320	5580		570	320	6200		810	6200		4.5
800	700	6000		380	6750		700	380	7500		980	7500		
1000	830	8240		450	9270		830	450	10 300		1150	10 300		
1250	970	9600		530	10 800		970	530	12 000		1360	12 000		
1600	1170	11 600		630	13 050		1170	630	14 500		1640	14 500		

注　引自 GB 20052—2013《三相配电变压器能效限定值及能效等级》。

表 16.3-2

干式配电变压器能效等级

额定容量 (kVA)	1级 空载损耗 (W)	1级 电工钢带 负载损耗(W) B (100℃)	F (120℃)	H (145℃)	1级 非晶合金 空载损耗 (W)	1级 非晶合金 负载损耗(W) B (100℃)	F (120℃)	H (145℃)	2级 空载损耗(W) 电工钢带	非晶合金	2级 负载损耗(W) B (100℃)	F (120℃)	H (145℃)	3级 空载损耗 (W)	3级 负载损耗(W) B (100℃)	F (120℃)	H (145℃)	短路阻抗 (%)
30	135	605	640	685	70	635	675	720	150	70	670	710	760	190	670	710	760	
50	195	845	900	965	90	895	950	1015	215	90	940	1000	1070	270	940	1000	1070	
80	265	1160	1240	1330	120	1225	1310	1405	298	120	1290	1380	1480	370	1290	1380	1480	
100	290	1330	1415	1520	130	1405	1490	1605	320	130	1480	1570	1690	400	1480	1570	1690	
125	340	1565	1665	1780	150	1655	1760	1880	375	150	1740	1850	1980	470	1740	1850	1980	
160	385	1800	1915	2050	170	1900	2025	2165	430	170	2000	2130	2280	540	2000	2130	2280	4.0
200	445	2135	2275	2440	200	2250	2405	2575	495	200	2370	2530	2710	620	2370	2530	2710	
250	515	2330	2485	2665	230	2460	2620	2810	575	230	2590	2760	2960	720	2590	2760	2960	
315	635	2945	3125	3355	280	3105	3295	3545	705	280	3270	3470	3730	880	3270	3470	3730	
400	705	3375	3590	3850	310	3560	3790	4065	785	310	3750	3990	4280	980	3750	3990	4280	
500	835	4130	4390	4705	360	4360	4635	4970	930	360	4590	4880	5230	1160	4590	4880	5230	
630	965	4975	5290	5660	420	5255	5585	5975	1070	420	5530	5880	6290	1340	5530	5880	6290	
800	1095	5895	6265	6715	480	6220	6610	7085	1215	480	6550	6960	7460	1520	6550	6960	7460	
1000	1275	6885	7315	7885	550	7265	7725	8320	1415	550	7650	8130	8760	1770	7650	8130	8760	
1250	1505	8190	8720	9335	650	8645	9205	9850	1670	650	9100	9690	10 370	2090	9100	9690	10 370	
1600	1765	9945	10 555	11 320	760	10 495	11 145	11 950	1960	760	11 050	11 730	12 580	2450	11 050	11 730	12 580	
2000	2195	12 240	13 005	14 005	1000	12 920	13 725	14 780	2440	1000	13 600	14 450	15 560	3050	13 600	14 450	15 560	
2500	2590	14 535	15 455	16 605	1200	15 340	16 310	17 525	2880	1200	16 150	17 170	18 450	3600	16 150	17 170	18 450	

注 引自 GB 20052—2013《三相配电变压器能效限定值及能效等级》。

16.3.2 按年运行费用选择配电变压器

16.3.2.1 变压器功率损耗计算

（1）变压器空载损耗计算。变压器额定空载有功损耗 P_0 可查变压器样本；额定空载无功损耗 Q_0 则为

$$Q_0 \approx \frac{I_0\%}{100} S_{rT} \tag{16.3-1}$$

式中　Q_0——变压器在空载时的无功损耗，kvar；

$\quad I_0\%$——变压器空载电流百分数；

$\quad S_{rT}$——变压器额定容量，kVA。

空载损耗是固定损耗，与挂网时间有关，不随负载变化。

（2）变压器负载损耗计算。变压器额定负载有功损耗 P_k 可查变压器样本；变压器额定负载无功损耗 Q_k 则为

$$Q_k \approx \frac{u_k\%}{100} S_{rT} \tag{16.3-2}$$

式中　Q_k——变压器额定负载时的无功功率，kvar；

$\quad S_{rT}$——变压器额定容量，kVA；

$\quad u_k\%$——变压器额定短路阻抗电压百分数。

（3）计算负荷下的变压器有功损耗及无功损耗。计算负荷下的变压器有功损耗为

$$\Delta P = P_0 + \beta^2 P_k \tag{16.3-3}$$

计算负荷下的变压器无功损耗为

$$\Delta Q = Q_0 + \beta^2 Q_k = \frac{I_0\%}{100} S_{rT} + \beta^2 \frac{u_k\%}{100} S_{rT} \tag{16.3-4}$$

计算负荷下的变压器综合有功损耗为

$$\Sigma P = P_0 + \beta^2 P_k + K_Q Q_0 + K_Q \beta^2 Q_k = P_0 + K_Q Q_0 + \beta^2 (P_k + K_Q Q_k) \tag{16.3-5}$$

将式（16.3-4）代入得

$$\Sigma P = P_0 + K_Q \frac{I_0\%}{100} S_{rT} + \beta^2 \left(P_k + K_Q \frac{u_k\%}{100} S_{rT} \right) \tag{16.3-6}$$

变压器负载率为

$$\beta = \frac{P_2}{S_{rT} \cos\theta_2} = \frac{I_2}{I_{2rT}} \tag{16.3-7}$$

式中　ΔP——变压器有功损耗，kW；

$\quad \Delta Q$——变压器无功损耗，kvar；

$\quad \Sigma P$——变压器综合有功损耗，kW；

$\quad P_k$——变压器额定负载有功损耗，kW；

$\quad P_0$——变压器空载损耗，kW；

$\quad \beta$——变压器负荷率；

$\quad P_2$——变压器二次侧输出功率，kW；

$\quad I_2$——变压器二次侧负载电流，A；

$\quad I_{2rT}$——变压器二次侧额定电流，A；

$\quad \cos\theta_2$——变压器功率因数；

S_{rT}——变压器额定容量，kVA；

K_Q——无功经济当量，kW/kvar。

无功经济当量是变压器的无功损耗对网络造成的有功损耗系数，按变压器在电网中的位置取值：

根据 DL/T 985—2012《配电变压器能效技术经济评价导则》，一般 35kV 配电变压器的取值范围为 $0.02 \leqslant K_Q \leqslant 0.05$；10kV 配电变压器的取值范围为 $0.05 \leqslant K_Q \leqslant 0.1$。

根据 GB/T 13462—2008《电力变压器经济运行》，发电厂母线直配取 0.04；二次变压取 0.07；三次变压取 0.10；当功率因数已补偿到 0.9 及以上时取 0.04。

注 功率因数指变压器全年受入端功率因数。

16.3.2.2 变压器电能损耗计算

变压器年综合电能损耗为

$$W_P = H_{py}\left(P_0 + K_Q \frac{I_0\%}{100} S_{rT}\right) + \tau\beta^2\left(P_k + K_Q \frac{u_k\%}{100} S_{rT}\right) \tag{16.3-8}$$

式中　W_P——变压器年综合电能损耗，kWh；

　　　H_{py}——变压器年带电小时数，h；

　　　τ——变压器年最大负载损耗小时数，h；见表 16.3-9。

其他见式（16.3-6）。

16.3.2.3 不同负荷率下的变压器年运行费用

（1）当采用一部电价时，变压器年运行费用为

$$C_n = W_p E_e = \left[H_{py}\left(P_0 + K_Q \frac{I_0\%}{100} S_{rT}\right) + \tau\beta^2\left(P_k + K_Q \frac{u_k\%}{100} S_{rT}\right)\right]E_e \tag{16.3-9}$$

（2）当采用两部电价时，变压器年运行费用为

$$C_n = \left[H_{py}\left(P_0 + K_Q \frac{I_0\%}{100} S_{rT}\right) + \tau\beta^2\left(P_k + K_Q \frac{u_k\%}{100} S_{rT}\right)\right]E_e + 12E_d S_{rT} \tag{16.3-10}$$

式中　C_n——变压器年运行费用，元；

　　　E_e——企业支付的单位电量电费，元/kWh；

　　　E_d——企业支付的单位容量电费即两部电价中按变压器容量收取的月基本电费，元/kVA。

其他见以上各式。

（3）机械制造行业、城市生活行业常用油浸式及干式变压器不同负荷率下年运行费用计算表计算条件：

1）单位电量电费 E_e 分别按 0.5 元/kWh、0.6 元/kWh、0.7 元/kWh、1.0 元/kWh。

2）变压器年带电小时 $H_{py}=8760$h。

3）机械制造行业，最大负荷利用小时 $T_{max}=5000$h，$\cos\varphi=0.9$ 时年最大负载损耗小时 $\tau=4047$h。

4）城市生活行业，最大负荷利用小时 $T_{max}=2500$h，$\cos\varphi=0.9$ 时年最大负载损耗小时 $\tau=1874$h。

5）β 负荷率分别按 50%、60%、70%、80%、85% 五个值。

6）油浸式按 6 种类型变压器，315～1600kVA 共 8 种容量计算，干式按 6 种类型变压器，315～2500kVA 共 10 种容量计算。

7）变压器年运行费用见表 16.3-3～表 16.3-6。表中的数据按一部电价计算，如采用两部电价时，应增加变压器年容量运行费用 $12E_dS_{rT}$。当负荷率为两相邻行的中间值时可采用插入法求得变压器年容量运行费用的近似值。

表 16.3-3　机械制造行业不同电价和负荷率下油浸式变压器年运行费用　　单位：元

售电单价 (元/kWh)	负荷率	变压器容量(kVA)							
		315	400	500	630	800	1000	1250	1600
SH(B)16-M-RL 型非晶合金立体卷铁芯油浸式变压器									
0.5	0.5	3295	3961	4798	5972	7299	9437	11 257	13 807
	0.6	4342	5223	6327	7845	9603	12 502	14 913	18 315
	0.7	5580	6714	8134	10 059	12 326	16 124	19 233	23 642
	0.8	7008	8435	10 219	12 613	15 467	20 304	24 219	29 788
	0.85	7793	9382	11 366	14 017	17 195	22 602	26 961	33 168
0.6	0.5	3954	4753	5757	7166	8759	11 324	13 508	16 569
	0.6	5210	6267	7592	9414	11 524	15 002	17 895	21 978
	0.7	6695	8057	9761	12 070	14 791	19 349	23 080	28 370
	0.8	8409	10 122	12 263	15 135	18 561	24 364	29 063	35 746
	0.85	9352	11 258	13 639	16 821	20 634	27 123	32 353	39 802
0.7	0.5	4612	5545	6717	8361	10 219	13 212	15 760	19 330
	0.6	6079	7312	8857	10 983	13 444	17 503	20 878	25 641
	0.7	7811	9400	11 387	14 082	17 256	22 574	26 927	33 098
	0.8	9811	11 809	14 307	17 658	21 654	28 425	33 906	41 703
	0.85	10 910	13 135	15 912	19 624	24 073	31 643	37 745	46 436
1.0	0.5	6589	7921	9595	11 944	14 599	18 874	22 514	27 615
	0.6	8684	10 446	12 653	15 690	19 206	25 004	29 826	36 629
	0.7	11 159	13 429	16 268	20 117	24 651	32 248	38 467	47 283
	0.8	14 015	16 871	20 438	25 225	30 934	40 607	48 438	59 576
	0.85	15 586	18 764	22 732	28 035	34 390	45 205	53 922	66 337
S14-M-RL 型立体卷铁芯油浸式变压器									
0.5	0.5	3839	4641	5565	6742	8307	10 563	12 557	15 415
	0.6	4802	5802	6974	8477	10 444	13 399	15 946	19 599
	0.7	5940	7174	8639	10 528	12 969	16 750	19 951	24 545
	0.8	7252	8756	10 560	12 894	15 883	20 617	24 572	30 251
	0.85	7974	9627	11 617	14 195	17 486	22 744	27 114	33 389
0.6	0.5	4607	5569	6678	8090	9968	12 676	15 069	18 498
	0.6	5762	6962	8368	10 172	12 533	16 079	19 135	23 519
	0.7	7128	8608	10 367	12 633	15 563	20 100	23 941	29 454
	0.8	8703	10 508	12 672	15 472	19 060	24 740	29 487	36 301
	0.85	9569	11 552	13 940	17 034	20 983	27 293	32 537	40 067

售电单价 (元/kWh)	负荷率	变压器容量(kVA)							
		315	400	500	630	800	1000	1250	1600
0.7	0.5	5375	6497	7791	9439	11 630	14 788	17 580	21 581
	0.6	6723	8122	9763	11 868	14 621	18 758	22 324	27 439
	0.7	8316	10 043	12 094	14 739	18 157	23 450	27 931	34 363
	0.8	10 153	12 259	14 784	18 051	22 236	28 864	34 401	42 351
	0.85	11 164	13 478	16 264	19 873	24 480	31 841	37 959	46 745
1.0	0.5	7679	9282	11 130	13 484	16 614	21 126	25 114	30 829
	0.6	9604	11 603	13 947	16 954	20 888	26 798	31 892	39 199
	0.7	11 879	14 347	17 278	21 055	25 938	33 500	39 902	49 090
	0.8	14 505	17 513	21 120	25 787	31 766	41 234	49 144	60 502
	0.85	15 949	19 254	23 234	28 390	34 971	45 488	54 228	66 779

S(B)H15-M 型油浸式非晶合金变压器

售电单价 (元/kWh)	负荷率	315	400	500	630	800	1000	1250	1600
0.5	0.5	3995	4830	5873	6777	8303	10 738	12 297	15 096
	0.6	5128	6192	7522	8788	10 774	14 032	16 220	19 926
	0.7	6467	7802	9471	11 165	13 694	17 926	20 857	25 634
	0.8	8011	9660	11 720	13 907	17 063	22 418	26 206	32 221
	0.85	8861	10 681	12 957	15 415	18 916	24 889	29 149	35 843
0.6	0.5	4794	5796	7047	8133	9963	12 886	14 757	18 115
	0.6	6153	7431	9026	10 546	12 928	16 839	19 464	23 911
	0.7	7760	9362	11 366	13 398	16 432	21 511	25 028	30 761
	0.8	9614	11 592	14 064	16 689	20 475	26 901	31 448	38 665
	0.85	10 633	12 818	15 549	18 499	22 699	29 866	34 978	43 012
0.7	0.5	5592	6762	8222	9488	11 624	15 033	17 216	21 134
	0.6	7179	8669	10 531	12 303	15 083	19 645	22 709	27 896
	0.7	9053	10 923	13 260	15 631	19 171	25 096	29 199	35 888
	0.8	11 216	13 524	16 409	19 470	23 888	31 385	36 689	45 109
	0.85	12 406	14 954	18 140	21 582	26 482	34 844	40 808	50 180
1.0	0.5	7989	9660	11 745	13 554	16 606	21 476	24 595	30 191
	0.6	10 255	12 384	15 044	17 576	21 547	28 065	32 441	39 852
	0.7	12 933	15 604	18 943	22 330	27 387	35 851	41 714	51 268
	0.8	16 023	19 319	23 441	27 814	34 125	44 836	52 413	64 441
	0.85	17 722	21 363	25 915	30 831	37 831	49 777	58 297	71 686

S13-M 型油浸式变压器

售电单价 (元/kWh)	负荷率	315	400	500	630	800	1000	1250	1600
0.5	0.5	4923	5810	7000	8516	10 314	12 906	15 072	18 546
	0.6	6056	7172	8649	10 527	12 785	16 200	18 995	23 376
	0.7	7395	8782	10 598	12 904	15 705	20 093	23 631	29 085
	0.8	8940	10 639	12 847	15 646	19 074	24 585	28 981	35 671
	0.85	9789	11 661	14 085	17 155	20 927	27 056	31 923	39 294

售电单价 (元/kWh)	负荷率	变压器容量(kVA)							
		315	400	500	630	800	1000	1250	1600
0.6	0.5	5907	6972	8400	10 220	12 377	15 487	18 086	22 256
	0.6	7267	8606	10 379	12 633	15 342	19 440	22 794	28 052
	0.7	8874	10 538	12 718	15 485	18 846	24 112	28 357	34 902
	0.8	10 728	12 767	15 417	18 776	22 889	29 502	34 777	42 806
	0.85	11 747	13 993	16 901	20 586	25 113	32 467	38 308	47 153
0.7	0.5	6892	8134	9800	11 923	14 440	18 068	21 100	25 965
	0.6	8478	10 041	12 109	14 738	17 899	22 680	26 593	32 727
	0.7	10 353	12 294	14 838	18 066	21 987	28 130	33 084	40 719
	0.8	12 515	14 895	17 986	21 905	26 704	34 419	40 573	49 940
	0.85	13 705	16 325	19 718	24 017	29 298	37 878	44 692	55 011
1.0	0.5	9845	11 619	14 000	17 033	20 629	25 811	30 143	37 093
	0.6	12 111	14 344	17 298	21 055	25 570	32 400	37 990	46 753
	0.7	14 789	17 564	21 197	25 808	31 410	40 186	47 262	58 170
	0.8	17 879	21 279	25 695	31 293	38 148	49 171	57 962	71 343
	0.85	19 579	23 322	28 169	34 309	41 854	54 112	63 846	78 588
S11 型油浸式变压器									
0.5	0.5	5748	6781	8214	9721	12 638	14 640	16 979	20 861
	0.6	6881	8143	9863	11 732	15 109	17 934	20 902	25 691
	0.7	8220	9753	11 812	14 108	18 029	21 827	25 539	31 400
	0.8	9765	11 610	14 061	16 851	21 398	26 319	30 888	37 986
	0.85	10 615	12 632	15 298	18 359	23 251	28 790	33 830	41 609
0.6	0.5	6898	8137	9856	11 665	15 165	17 568	20 375	25 034
	0.6	8257	9772	11 836	14 078	18 130	21 521	25 083	30 830
	0.7	9864	11 703	14 175	16 930	21 634	26 193	30 646	37 680
	0.8	11 718	13 932	16 874	20 221	25 677	31 583	37 066	45 583
	0.85	12 738	15 158	18 358	22 031	27 901	34 548	40 597	49 930
0.7	0.5	8047	9493	11 499	13 609	17 693	20 496	23 771	29 206
	0.6	9634	11 400	13 808	16 424	21 152	25 108	29 263	35 968
	0.7	11 508	13 654	16 537	19 752	25 240	30 558	35 754	43 960
	0.8	13 671	16 255	19 686	23 591	29 957	36 847	43 243	53 181
	0.85	14 861	17 685	21 418	25 703	32 551	40 306	47 363	58 252
1.0	0.5	11 496	13 561	16 427	19 441	25 276	29 279	33 958	41 723
	0.6	13 762	16 286	19 726	23 463	30 217	35 868	41 804	51 383
	0.7	16 440	19 506	23 624	28 217	36 057	43 654	51 077	62 799
	0.8	19 530	23 221	28 123	33 701	42 795	52 639	61 776	75 972
	0.85	21 229	25 264	30 597	36 718	46 501	57 580	67 661	83 217

续表

售电单价（元/kWh）	负荷率	变压器容量（kVA）							
		315	400	500	630	800	1000	1250	1600
S9 型油浸式变压器									
0.5	0.5	6981	8298	10 078	12 231	14 459	17 891	20 621	25 543
	0.6	8114	9660	11 727	14 242	16 929	21 185	24 544	30 373
	0.7	9453	11 270	13 676	16 618	19 849	25 078	29 180	36 081
	0.8	10 998	13 128	15 925	19 361	23 218	29 571	34 530	42 668
	0.85	11 848	14 149	17 162	20 869	25 071	32 041	37 472	46 291
0.6	0.5	8378	9958	12 093	14 677	17 350	21 469	24 745	30 652
	0.6	9737	11 592	14 072	17 090	20 315	25 422	29 452	36 448
	0.7	11 344	13 524	16 411	19 942	23 819	30 094	35 016	43 298
	0.8	13 198	15 753	19 110	23 233	27 862	35 485	41 435	51 202
	0.85	14 218	16 979	20 595	25 043	30 086	38 450	44 966	55 549
0.7	0.5	9774	11 617	14 109	17 123	20 242	25 047	28 869	35 760
	0.6	11 360	13 524	16 418	19 938	23 701	29 659	34 361	42 522
	0.7	13 235	15 778	19 147	23 266	27 789	35 110	40 852	50 514
	0.8	15 398	18 379	22 295	27 105	32 506	41 399	48 341	59 735
	0.85	16 587	19 809	24 027	29 216	35 100	44 858	52 461	64 807
1.0	0.5	13 963	16 596	20 155	24 461	28 917	35 782	41 241	51 086
	0.6	16 229	19 320	23 454	28 483	33 859	42 370	49 087	60 746
	0.7	18 907	22 540	27 352	33 237	39 698	50 157	58 360	72 163
	0.8	21 997	26 255	31 851	38 721	46 437	59 141	69 059	85 336
	0.85	23 696	28 299	34 325	41 738	50 143	64 083	74 944	92 581

表 16.3-4　　　　城市生活不同电价和负荷率下油浸式变压器年运行费用　　　　元

售电单价（元/kWh）	负荷率	变压器容量（kVA）							
		315	400	500	630	800	1000	1250	1600
SH(B)16-M-RL 型非晶合金立体卷铁芯油浸式变压器									
0.5	0.5	2017	2421	2931	3686	4488	5697	6795	8307
	0.6	2502	3005	3640	4553	5555	7116	8488	10 394
	0.7	3075	3696	4476	5579	6815	8793	10 489	12 861
	0.8	3736	4493	5442	6761	8270	10 729	12 798	15 707
	0.85	4100	4931	5973	7412	9070	11 793	14 067	17 272
0.6	0.5	2420	2905	3518	4423	5386	6836	8154	9968
	0.6	3002	3606	4367	5464	6666	8539	10 186	12 473
	0.7	3690	4435	5372	6694	8179	10 552	12 587	15 433
	0.8	4483	5391	6530	8113	9924	12 874	15 357	18 848
	0.85	4920	5917	7168	8894	10 884	14 152	16 881	20 727

续表

售电单价 (元/kWh)	负荷率	变压器容量(kVA)							
		315	400	500	630	800	1000	1250	1600
0.7	0.5	2823	3389	4104	5161	6283	7975	9513	11 630
	0.6	3502	4207	5095	6375	7777	9962	11 884	14 552
	0.7	4305	5174	6267	7810	9542	12 310	14 685	18 005
	0.8	5230	6290	7619	9466	11 578	15 020	17 917	21 990
	0.85	5740	6903	8362	10 376	12 698	16 510	19 694	24 181
1.0	0.5	4033	4841	5863	7372	8976	11 393	13 591	16 614
	0.6	5003	6010	7279	9107	11 109	14 232	16 977	20 788
	0.7	6149	7391	8953	11 157	13 631	17 586	20 978	25 722
	0.8	7472	8985	10 884	13 522	16 540	21 457	25 595	31 414
	0.85	8199	9862	11 946	14 823	18 140	23 586	28 134	34 545

S14-M-RL 型立体卷铁芯油浸式变压器

售电单价 (元/kWh)	负荷率	315	400	500	630	800	1000	1250	1600
0.5	0.5	2665	3224	3845	4625	5699	7103	8422	10 308
	0.6	3110	3762	4498	5428	6689	8416	9991	12 246
	0.7	3637	4397	5269	6378	7858	9968	11 845	14 536
	0.8	4245	5130	6159	7473	9208	11 758	13 985	17 178
	0.85	4579	5533	6648	8076	9950	12 743	15 162	18 632
0.6	0.5	3197	3869	4614	5550	6839	8523	10 106	12 370
	0.6	3732	4514	5397	6514	8027	10 099	11 989	14 695
	0.7	4365	5277	6323	7653	9430	11 961	14 215	17 443
	0.8	5094	6156	7390	8968	11 049	14 110	16 782	20 614
	0.85	5495	6640	7977	9691	11 940	15 292	18 195	22 358
0.7	0.5	3730	4514	5384	6475	7979	9944	11 790	14 431
	0.6	4354	5267	6297	7599	9365	11 782	13 987	17 144
	0.7	5092	6156	7376	8929	11 002	13 955	16 584	20 350
	0.8	5943	7182	8622	10 462	12 891	16 461	19 579	24 050
	0.85	6411	7747	9307	11 306	13 930	17 840	21 227	26 084
1.0	0.5	5329	6449	7691	9249	11 399	14 205	16 843	20 616
	0.6	6221	7524	8996	10 856	13 378	16 831	19 982	24 492
	0.7	7274	8794	10 538	12 755	15 717	19 935	23 691	29 072
	0.8	8490	10 260	12 317	14 946	18 415	23 516	27 971	34 357
	0.85	9159	11 066	13 296	16 152	19 899	25 486	30 325	37 263

S(B)H15-M 型油浸式非晶合金变压器

售电单价 (元/kWh)	负荷率	315	400	500	630	800	1000	1250	1600
0.5	0.5	2612	3168	3860	4323	5288	6718	7510	9201
	0.6	3137	3798	4624	5254	6432	8244	9327	11 438
	0.7	3757	4544	5526	6355	7784	10 046	11 473	14 081
	0.8	4472	5404	6568	7625	9344	12 127	13 951	17 131
	0.85	4866	5877	7141	8323	10 202	13 271	15 313	18 809

续表

售电单价（元/kWh）	负荷率	变压器容量（kVA）							
		315	400	500	630	800	1000	1250	1600
0.6	0.5	3134	3801	4632	5188	6345	8062	9012	11 042
	0.6	3764	4558	5548	6305	7718	9892	11 192	13 726
	0.7	4508	5453	6632	7626	9341	12 056	13 768	16 898
	0.8	5367	6485	7881	9150	11 213	14 552	16 741	20 558
	0.85	5839	7053	8569	9988	12 243	15 925	18 376	22 571
0.7	0.5	3657	4435	5404	6052	7403	9405	10 514	12 882
	0.6	4391	5318	6473	7356	9005	11 541	13 057	16 013
	0.7	5259	6361	7737	8897	10 898	14 065	16 063	19 714
	0.8	6261	7566	9195	10 674	13 082	16 977	19 531	23 984
	0.85	6812	8228	9997	11 652	14 283	18 579	21 438	26 332
1.0	0.5	5224	6335	7720	8646	10 576	13 436	15 020	18 403
	0.6	6273	7597	9247	10 508	12 864	16 487	18 653	22 876
	0.7	7513	9088	11 053	12 710	15 568	20 093	22 947	28 163
	0.8	8944	10 808	13 136	15 249	18 688	24 253	27 901	34 263
	0.85	9731	11 754	14 281	16 646	20 404	26 541	30 626	37 618
S13-M型油浸式变压器									
0.5	0.5	3540	4147	4987	6062	7299	8886	10 284	12 652
	0.6	4065	4778	5751	6993	8443	10 411	12 101	14 889
	0.7	4685	5524	6653	8094	9795	12 214	14 248	17 532
	0.8	5400	6384	7695	9364	11 356	14 294	16 725	20 582
	0.85	5794	6857	8268	10 062	12 214	15 438	18 088	22 259
0.6	0.5	4248	4977	5984	7275	8759	10 663	12 341	15 183
	0.6	4878	5734	6901	8392	10 132	12 493	14 521	17 867
	0.7	5622	6628	7984	9713	11 755	14 657	17 097	21 038
	0.8	6480	7661	9234	11 237	13 627	17 153	20 070	24 698
	0.85	6952	8228	9921	12 075	14 656	18 526	21 705	26 711
0.7	0.5	4956	5806	6982	8487	10 219	12 440	14 398	17 713
	0.6	5691	6689	8051	9791	11 821	14 576	16 941	20 844
	0.7	6559	7733	9315	11 332	13 714	17 099	19 947	24 545
	0.8	7560	8937	10 773	13 109	15 898	20 012	23 415	28 815
	0.85	8111	9600	11 575	14 087	17 099	21 613	25 323	31 163
1.0	0.5	7080	8295	9974	12 124	14 599	17 771	20 569	25 304
	0.6	8130	9556	11 502	13 987	16 887	20 822	24 202	29 778
	0.7	9370	11 047	13 307	16 188	19 591	24 428	28 496	35 064
	0.8	10 800	12 768	15 390	18 728	22 711	28 588	33 450	41 164
	0.85	11 587	13 714	16 535	20 125	24 427	30 876	36 175	44 519

售电单价 (元/kWh)	负荷率	变压器容量(kVA)							
		315	400	500	630	800	1000	1250	1600
S11 型油浸式变压器									
0.5	0.5	4366	5118	6201	7266	9623	10 620	12 192	14 967
	0.6	4890	5749	6965	8198	10 767	12 145	14 008	17 204
	0.7	5510	6495	7867	9298	12 119	13 948	16 155	19 847
	0.8	6226	7355	8909	10 568	13 679	16 028	18 632	22 897
	0.85	6619	7828	9481	11 267	14 537	17 172	19 995	24 574
0.6	0.5	5239	6142	7441	8720	11 547	12 744	14 630	17 960
	0.6	5868	6899	8358	9837	12 920	14 574	16 810	20 644
	0.7	6612	7794	9441	11 158	14 543	16 737	19 386	23 816
	0.8	7471	8826	10 690	12 682	16 415	19 234	22 359	27 476
	0.85	7943	9393	11 378	13 520	17 445	20 607	23 994	29 489
0.7	0.5	6112	7166	8681	10 173	13 472	14 868	17 068	20 954
	0.6	6846	8049	9750	11 477	15 074	17 003	19 612	24 085
	0.7	7714	9092	11 014	13 018	16 967	19 527	22 617	27 786
	0.8	8716	10 297	12 472	14 795	19 151	22 439	26 085	32 056
	0.85	9267	10 959	13 274	15 773	20 352	24 041	27 993	34 404
1.0	0.5	8731	10 237	12 402	14 533	19 246	21 239	24 384	29 934
	0.6	9780	11 498	13 929	16 395	21 534	24 290	28 017	34 407
	0.7	11 020	12 989	15 734	18 596	24 238	27 896	32 311	39 694
	0.8	12 451	14 710	17 817	21 136	27 358	32 056	37 265	45 794
	0.85	13 238	15 656	18 963	22 533	29 074	34 344	39 990	49 149
S9 型油浸式变压器									
0.5	0.5	5599	6636	8065	9776	11 444	13 871	15 833	19 649
	0.6	6123	7266	8829	10 708	12 588	15 396	17 650	21 885
	0.7	6743	8012	9731	11 808	13 940	17 199	19 797	24 529
	0.8	7459	8872	10 773	13 078	15 500	19 279	22 274	27 579
	0.85	7852	9345	11 346	13 776	16 358	20 423	23 636	29 256
0.6	0.5	6719	7963	9678	11 732	13 732	16 645	19 000	23 579
	0.6	7348	8720	10 594	12 849	15 105	18 476	21 180	26 263
	0.7	8092	9614	11 678	14 170	16 728	20 639	23 756	29 434
	0.8	8951	10 646	12 927	15 694	18 600	23 135	26 729	33 094
	0.85	9423	11 214	13 615	16 532	19 629	24 508	28 364	35 107
0.7	0.5	7838	9290	11 291	13 687	16 021	19 419	22 166	27 508
	0.6	8573	10 173	12 360	14 991	17 623	21 555	24 710	30 640
	0.7	9441	11 217	13 624	16 531	19 516	24 079	27 715	34 340
	0.8	10 442	12 421	15 082	18 309	21 700	26 991	31 183	38 610
	0.85	10 993	13 083	15 884	19 287	22 901	28 593	33 091	40 959

续表

售电单价 （元/kWh）	负荷率	变压器容量（kVA）							
		315	400	500	630	800	1000	1250	1600
1.0	0.5	11 198	13 271	16 130	19 553	22 887	27 742	31 666	39 298
	0.6	12 247	14 533	17 657	21 415	25 175	30 793	35 300	43 771
	0.7	13 487	16 024	19 463	23 616	27 879	34 398	39 593	49 057
	0.8	14 918	17 744	21 545	26 156	31 000	38 559	44 548	55 157
	0.85	15 705	18 690	22 691	27 553	32 716	40 847	47 273	58 512

表 16.3-5　　　机械制造行业不同电价和负荷率下干式变压器年运行费用　　　元

售电单价 （元/kWh）	负荷率	变压器容量（kVA）									
		315	400	500	630	800	1000	1250	1600	2000	2500
SC(B)H16-RL 型非晶合金立体卷铁芯干式变压器											
0.5	0.5	4010	4625	5611	6686	8824	10 373	12 569	15 176	19 083	23 208
	0.6	5024	5825	7088	8490	11 364	13 430	16 287	19 794	24 809	30 178
	0.7	6222	7243	8833	10 622	14 365	17 043	20 682	25 251	31 576	38 414
	0.8	7604	8879	10 847	13 082	17 828	21 212	25 752	31 547	39 384	47 917
	0.85	8365	9779	11 954	14 435	19 733	23 505	28 541	35 011	43 678	53 144
0.6	0.5	4812	5550	6733	8023	10 589	12 447	15 083	18 211	22 899	27 850
	0.6	6028	6990	8505	10 187	13 636	16 116	19 545	23 752	29 770	36 213
	0.7	7466	8692	10 599	12 746	17 238	20 452	24 818	30 301	37 891	46 097
	0.8	9125	10 655	13 016	15 698	21 394	25 454	30 902	37 857	47 261	57 501
	0.85	10 038	11 735	14 345	17 322	23 680	28 206	34 249	42 013	52 414	63 773
0.7	0.5	5614	6476	7855	9360	12 353	14 522	17 596	21 247	26 716	32 492
	0.6	7033	8155	9923	11 885	15 909	18 802	22 802	27 711	34 732	42 249
	0.7	8710	10 140	12 366	14 870	20 111	23 860	28 954	35 351	44 206	53 779
	0.8	10 646	12 431	15 186	18 314	24 960	29 697	36 053	44 166	55 137	67 084
	0.85	11 711	13 690	16 736	20 209	27 626	32 907	39 957	49 015	61 150	74 402
1.0	0.5	8019	9251	11 221	13 371	17 648	20 746	25 138	30 352	38 165	46 417
	0.6	10 047	11 650	14 175	16 979	22 727	26 860	32 574	39 587	49 617	60 355
	0.7	12 443	14 486	17 666	21 243	28 730	34 086	41 363	50 502	63 151	76 828
	0.8	15 209	17 758	21 694	26 163	35 656	42 424	51 504	63 095	78 768	95 834
	0.85	16 729	19 558	23 909	28 869	39 466	47 010	57 081	70 021	87 357	106 288
SC(B)14-RL 型立体卷铁芯干式变压器											
0.5	0.5	4190	4792	5723	6696	8206	9643	11 407	13 621	16 933	20 096
	0.6	4642	5327	6382	7501	9346	11 016	13 079	15 698	19 511	23 235
	0.7	5176	5959	7160	8452	10 694	12 637	15 055	18 154	22 556	26 944
	0.8	5792	6689	8059	9550	12 249	14 509	17 335	20 986	26 071	31 225
	0.85	6131	7090	8553	10 153	13 105	15 538	18 589	22 544	28 004	33 579

续表

售电单价 (元/kWh)	负荷率	变压器容量(kVA)									
		315	400	500	630	800	1000	1250	1600	2000	2500
0.6	0.5	5027	5751	6868	8035	9847	11 572	13 689	16 345	20 320	24 115
	0.6	5570	6392	7659	9001	11 216	13 219	15 695	18 838	23 413	27 882
	0.7	6211	7151	8593	10 142	12 833	15 165	18 066	21 784	27 068	32 333
	0.8	6950	8026	9670	11 459	14 699	17 411	20 802	25 184	31 285	37 470
	0.85	7357	8508	10 263	12 184	15 726	18 646	22 306	27 053	33 605	40 295
0.7	0.5	5865	6709	8013	9374	11 488	13 500	15 970	19 069	23 707	28 134
	0.6	6498	7458	8935	10 501	13 085	15 422	18 311	21 978	27 315	32 529
	0.7	7246	8343	10 025	11 833	14 972	17 692	21 077	25 415	31 579	37 722
	0.8	8109	9364	11 282	13 369	17 149	20 312	24 269	29 381	36 499	43 715
	0.85	8583	9926	11 974	14 215	18 346	21 753	26 024	31 562	39 205	47 011
1.0	0.5	8379	9584	11 447	13 391	16 412	19 286	22 815	27 242	33 867	40 191
	0.6	9283	10 654	12 764	15 001	18 693	22 031	26 159	31 397	39 021	46 469
	0.7	10 351	11 919	14 321	16 904	21 388	25 275	30 110	36 307	45 113	53 889
	0.8	11 584	13 377	16 117	19 099	24 499	29 018	34 669	41 973	52 142	62 450
	0.85	12 262	14 180	17 105	20 307	26 209	31 076	37 177	45 089	56 008	67 158
SC(B)H15 型非晶合金干式变压器											
0.5	0.5	3278	3520	4256	5173	5876	6995	7928	9678	12 265	14 905
	0.6	3765	4096	4965	6047	7088	8451	9700	11 877	14 991	18 221
	0.7	4341	4777	5803	7080	8521	10 172	11 794	14 475	18 213	22 140
	0.8	5006	5563	6770	8272	10 173	12 158	14 210	17 473	21 931	26 661
	0.85	5372	5995	7302	8927	11 083	13 251	15 539	19 122	23 975	29 148
0.6	0.5	3933	4224	5107	6207	7051	8394	9514	11 614	14 718	17 886
	0.6	4518	4916	5958	7256	8506	10 141	11 640	14 252	17 989	21 865
	0.7	5210	5733	6964	8496	10 225	12 207	14 153	17 370	21 856	26 568
	0.8	6007	6676	8124	9926	12 208	14 590	17 052	20 968	26 317	31 993
	0.85	6446	7194	8762	10 712	13 299	15 901	18 647	22 946	28 770	34 978
0.7	0.5	4589	4928	5958	7242	8226	9793	11 100	13 550	17 171	20 867
	0.6	5271	5735	6951	8465	9923	11 832	13 580	16 628	20 988	25 510
	0.7	6078	6688	8124	9912	11 929	14 241	16 512	20 265	25 498	30 996
	0.8	7009	7788	9478	11 580	14 243	17 022	19 894	24 462	30 703	37 326
	0.85	7521	8393	10 223	12 498	15 516	18 551	21 754	26 771	33 565	40 807
1.0	0.5	6555	7041	8512	10 345	11 752	13 989	15 857	19 357	24 530	29 811
	0.6	7530	8193	9930	12 093	14 176	16 902	19 400	23 754	29 982	36 442
	0.7	8683	9555	11 606	14 159	17 041	20 345	23 588	28 950	36 426	44 279
	0.8	10 012	11 126	13 540	16 543	20 347	24 316	28 420	34 946	43 861	53 322
	0.85	10 744	11 990	14 604	17 854	22 165	26 501	31 078	38 244	47 950	58 296

续表

售电单价 (元/kWh)	负荷率	变压器容量(kVA)									
		315	400	500	630	800	1000	1250	1600	2000	2500
SC(B)13 型干式变压器											
0.5	0.5	3278	3520	4256	5173	5876	6995	7928	9678	12 265	14 905
	0.6	3765	4096	4965	6047	7088	8451	9700	11 877	14 991	18 221
	0.7	4341	4777	5803	7080	8521	10 172	11 794	14 475	18 213	22 140
	0.8	5006	5563	6770	8272	10 173	12 158	14 210	17 473	21 931	26 661
	0.85	5372	5995	7302	8927	11 083	13 251	15 539	19 122	23 975	29 148
0.6	0.5	3933	4224	5107	6207	7051	8394	9514	11 614	14 718	17 886
	0.6	4518	4916	5958	7256	8506	10 141	11 640	14 252	17 989	21 865
	0.7	5210	5733	6964	8496	10 225	12 207	14 153	17 370	21 856	26 568
	0.8	6007	6676	8124	9926	12 208	14 590	17 052	20 968	26 317	31 993
	0.85	6446	7194	8762	10 712	13 299	15 901	18 647	22 946	28 770	34 978
0.7	0.5	4589	4928	5958	7242	8226	9793	11 100	13 550	17 171	20 867
	0.6	5271	5735	6951	8465	9923	11 832	13 580	16 628	20 988	25 510
	0.7	6078	6688	8124	9912	11 929	14 241	16 512	20 265	25 498	30 996
	0.8	7009	7788	9478	11 580	14 243	17 022	19 894	24 462	30 703	37 326
	0.85	7521	8393	10 223	12 498	15 516	18 551	21 754	26 771	33 565	40 807
1.0	0.5	6555	7041	8512	10 345	11 752	13 989	15 857	19 357	24 530	29 811
	0.6	7530	8193	9930	12 093	14 176	16 902	19 400	23 754	29 982	36 442
	0.7	8683	9555	11 606	14 159	17 041	20 345	23 588	28 950	36 426	44 279
	0.8	10 012	11 126	13 540	16 543	20 347	24 316	28 420	34 946	43 861	53 322
	0.85	10 744	11 990	14 604	17 854	22 165	26 501	31 078	38 244	47 950	58 296
SC(B)11 型干式变压器											
0.5	0.5	6835	7812	9458	11 073	13 159	15 751	18 506	21 860	26 354	31 812
	0.6	7322	8388	10 167	11 947	14 371	17 208	20 277	24 058	29 080	35 128
	0.7	7898	9069	11 005	12 980	15 803	18 929	22 371	26 656	32 302	39 046
	0.8	8563	9855	11 972	14 171	17 456	20 915	24 787	29 654	36 019	43 568
	0.85	8929	10 287	12 504	14 827	18 365	22 007	26 116	31 303	38 064	46 055
0.6	0.5	8201	9374	11 350	13 287	15 791	18 902	22 207	26 232	31 624	38 174
	0.6	8786	10 066	12 201	14 336	17 245	20 649	24 333	28 870	34 896	42 153
	0.7	9478	10 883	13 206	15 575	18 964	22 715	26 846	31 988	38 762	46 855
	0.8	10 276	11 826	14 367	17 006	20 947	25 098	29 745	35 585	43 223	52 281
	0.85	10 714	12 344	15 005	17 792	22 038	26 409	31 339	37 564	45 677	55 265
0.7	0.5	9568	10 937	13 241	15 502	18 422	22 052	25 908	30 604	36 895	44 537
	0.6	10 251	11 743	14 234	16 725	20 119	24 091	28 388	33 681	40 712	49 179
	0.7	11 058	12 697	15 407	18 171	22 125	26 501	31 320	37 319	45 222	54 665
	0.8	11 988	13 797	16 761	19 840	24 439	29 281	34 702	41 516	50 427	60 995
	0.85	12 500	14 402	17 506	20 758	25 711	30 810	36 563	43 824	53 290	64 476

16

售电单价（元/kWh）	负荷率	变压器容量(kVA)									
		315	400	500	630	800	1000	1250	1600	2000	2500
1.0	0.5	13 669	15 624	18 916	22 145	26 318	31 503	37 011	43 719	52 707	63 624
	0.6	14 644	16 776	20 334	23 893	28 742	34 416	40 555	48 116	58 160	70 255
	0.7	15 796	18 138	22 010	25 959	31 607	37 858	44 743	53 313	64 603	78 092
	0.8	17 126	19 709	23 944	28 343	34 912	41 830	49 575	59 309	72 039	87 135
	0.85	17 857	20 574	25 008	29 654	36 731	44 014	52 232	62 606	76 128	92 109
SC(B)9 型干式变压器											
0.5	0.5	7358	8386	10 176	12 166	14 076	16 818	19 766	23 365	29 544	33 782
	0.6	7866	8986	10 915	13 196	15 329	18 323	21 597	25 635	32 358	37 202
	0.7	8467	9695	11 789	14 414	16 811	20 103	23 760	28 317	35 683	41 244
	0.8	9160	10 513	12 796	15 820	18 520	22 156	26 256	31 412	39 520	45 907
	0.85	9541	10 963	13 351	16 593	19 460	23 286	27 629	33 114	41 631	48 472
0.6	0.5	8830	10 063	12 211	14 599	16 891	20 181	23 720	28 038	35 453	40 539
	0.6	9440	10 783	13 098	15 836	18 395	21 988	25 916	30 762	38 829	44 643
	0.7	10 160	11 634	14 146	17 297	20 173	24 124	28 512	33 980	42 820	49 493
	0.8	10 992	12 615	15 356	18 984	22 224	26 588	31 508	37 694	47 424	55 089
	0.85	11 449	13 155	16 021	19 912	23 352	27 943	33 155	39 737	49 957	58 167
0.7	0.5	10 302	11 740	14 247	17 032	19 707	23 545	27 673	32 711	41 361	47 295
	0.6	11 013	12 580	15 281	18 475	21 461	25 653	30 236	35 889	45 301	52 083
	0.7	11 854	13 573	16 504	20 180	23 535	28 144	33 264	39 644	49 956	57 742
	0.8	12 824	14 718	17 915	22 148	25 928	31 019	36 759	43 977	55 328	64 270
	0.85	13 357	15 348	18 691	23 230	27 244	32 600	38 681	46 360	58 283	67 861
1.0	0.5	14 716	16 772	20 352	24 331	28 152	33 635	39 533	46 730	59 088	67 565
	0.6	15 733	17 972	21 830	26 393	30 659	36 647	43 194	51 270	64 715	74 405
	0.7	16 934	19 390	23 577	28 829	33 621	40 206	47 520	56 634	71 366	82 488
	0.8	18 320	21 026	25 593	31 640	37 040	44 313	52 513	62 824	79 040	91 815
	0.85	19 082	21 925	26 701	33 186	38 920	46 572	55 258	66 228	83 261	96 945

表 16.3-6　　城市生活行业不同电价和负荷率下干式变压器年运行费用　　元

售电单价（元/kWh）	负荷率	变压器容量(kVA)									
		315	400	500	630	800	1000	1250	1600	2000	2500
SC(B)H16-RL 型非晶合金立体卷铁芯干式变压器											
0.5	0.5	2772	3161	3808	4484	5725	6642	8031	9541	12 095	14 704
	0.6	3242	3717	4492	5319	6901	8058	9753	11 680	14 747	17 931
	0.7	3797	4373	5301	6307	8291	9731	11 788	14 206	17 880	21 745
	0.8	4437	5131	6233	7446	9894	11 661	14 136	17 122	21 496	26 145
	0.85	4789	5548	6746	8072	10 776	12 723	15 427	18 726	23 484	28 566

售电单价 （元/kWh）	负荷率	变压器容量（kVA）									
		315	400	500	630	800	1000	1250	1600	2000	2500
0.6	0.5	3327	3794	4570	5381	6870	7970	9638	11 450	14 514	17 645
	0.6	3890	4460	5391	6383	8281	9669	11 704	14 015	17 696	21 517
	0.7	4556	5248	6361	7568	9949	11 677	14 146	17 048	21 456	26 094
	0.8	5324	6157	7480	8935	11 873	13 994	16 963	20 547	25 795	31 375
	0.85	5747	6657	8095	9687	12 931	15 268	18 513	22 471	28 181	34 279
0.7	0.5	3881	4426	5332	6278	8014	9299	11 244	13 358	16 933	20 585
	0.6	4539	5204	6289	7447	9661	11 281	13 654	16 351	20 645	25 103
	0.7	5315	6123	7421	8829	11 607	13 623	16 503	19 889	25 032	30 443
	0.8	6212	7183	8726	10 424	13 852	16 326	19 790	23 971	30 094	36 604
	0.85	6705	7767	9444	11 301	15 087	17 812	21 598	26 216	32 878	39 992
1.0	0.5	5545	6323	7617	8968	11 449	13 284	16 063	19 083	24 190	29 408
	0.6	6484	7434	8985	10 639	13 801	16 115	19 506	23 359	29 493	35 862
	0.7	7593	8747	10 601	12 613	16 581	19 462	23 576	28 413	35 760	43 490
	0.8	8874	10 262	12 466	14 892	19 788	23 323	28 272	34 244	42 992	52 291
	0.85	9578	11 095	13 492	16 145	21 552	25 446	30 854	37 452	46 969	57 132

SC(B)14-RL 型立体卷铁芯干式变压器

售电单价 （元/kWh）	负荷率	315	400	500	630	800	1000	1250	1600	2000	2500
0.5	0.5	4190	4792	5723	6696	8206	9643	11 407	13 621	16 933	20 096
	0.6	4642	5327	6382	7501	9346	11 016	13 079	15 698	19 511	23 235
	0.7	5176	5959	7160	8452	10 694	12 637	15 055	18 154	22 556	26 944
	0.8	5792	6689	8059	9550	12 249	14 509	17 335	20 986	26 071	31 225
	0.85	6131	7090	8553	10 153	13 105	15 538	18 589	22 544	28 004	33 579
0.6	0.5	5027	5751	6868	8035	9847	11 572	13 689	16 345	20 320	24 115
	0.6	5570	6392	7659	9001	11 216	13 219	15 695	18 838	23 413	27 882
	0.7	6211	7151	8593	10 142	12 833	15 165	18 066	21 784	27 068	32 333
	0.8	6950	8026	9670	11 459	14 699	17 411	20 802	25 184	31 285	37 470
	0.85	7357	8508	10 263	12 184	15 726	18 646	22 306	27 053	33 605	40 295
0.7	0.5	5865	6709	8013	9374	11 488	13 500	15 970	19 069	23 707	28 134
	0.6	6498	7458	8935	10 501	13 085	15 422	18 311	21 978	27 315	32 529
	0.7	7246	8343	10 025	11 833	14 972	17 692	21 077	25 415	31 579	37 722
	0.8	8109	9364	11 282	13 369	17 149	20 312	24 269	29 381	36 499	43 715
	0.85	8583	9926	11 974	14 215	18 346	21 753	26 024	31 562	39 205	47 011
1.0	0.5	8379	9584	11 447	13 391	16 412	19 286	22 815	27 242	33 867	40 191
	0.6	9283	10 654	12 764	15 001	18 693	22 031	26 159	31 397	39 021	46 469
	0.7	10 351	11 919	14 321	16 904	21 388	25 275	30 110	36 307	45 113	53 889
	0.8	11 584	13 377	16 117	19 099	24 499	29 018	34 669	41 973	52 142	62 450
	0.85	12 262	14 180	17 105	20 307	26 209	31 076	37 177	45 089	56 008	67 158

售电单价 (元/kWh)	负荷率	变压器容量(kVA)									
		315	400	500	630	800	1000	1250	1600	2000	2500
SC(B)H15 型非晶合金干式变压器											
0.5	0.5	3278	3520	4256	5173	5876	6995	7928	9678	12 265	14 905
	0.6	3765	4096	4965	6047	7088	8451	9700	11 877	14 991	18 221
	0.7	4341	4777	5803	7080	8521	10 172	11 794	14 475	18 213	22 140
	0.8	5006	5563	6770	8272	10 173	12 158	14 210	17 473	21 931	26 661
	0.85	5372	5995	7302	8927	11 083	13 251	15 539	19 122	23 975	29 148
0.6	0.5	3933	4224	5107	6207	7051	8394	9514	11 614	14 718	17 886
	0.6	4518	4916	5958	7256	8506	10 141	11 640	14 252	17 989	21 865
	0.7	5210	5733	6964	8496	10 225	12 207	14 153	17 370	21 856	26 568
	0.8	6007	6676	8124	9926	12 208	14 590	17 052	20 968	26 317	31 993
	0.85	6446	7194	8762	10 712	13 299	15 901	18 647	22 946	28 770	34 978
0.7	0.5	4589	4928	5958	7242	8226	9793	11 100	13 550	17 171	20 867
	0.6	5271	5735	6951	8465	9923	11 832	13 580	16 628	20 988	25 510
	0.7	6078	6688	8124	9912	11 929	14 241	16 512	20 265	25 498	30 996
	0.8	7009	7788	9478	11 580	14 243	17 022	19 894	24 462	30 703	37 326
	0.85	7521	8393	10 223	12 498	15 516	18 551	21 754	26 771	33 565	40 807
1.0	0.5	6555	7041	8512	10 345	11 752	13 989	15 857	19 357	24 530	29 811
	0.6	7530	8193	9930	12 093	14 176	16 902	19 400	23 754	29 982	36 442
	0.7	8683	9555	11 606	14 159	17 041	20 345	23 588	28 950	36 426	44 279
	0.8	10 012	11 126	13 540	16 543	20 347	24 316	28 420	34 946	43 861	53 322
	0.85	10 744	11 990	14 604	17 854	22 165	26 501	31 078	38 244	47 950	58 296
SC(B)13 型干式变压器											
0.5	0.5	3278	3520	4256	5173	5876	6995	7928	9678	12 265	14 905
	0.6	3765	4096	4965	6047	7088	8451	9700	11 877	14 991	18 221
	0.7	4341	4777	5803	7080	8521	10 172	11 794	14 475	18 213	22 140
	0.8	5006	5563	6770	8272	10 173	12 158	14 210	17 473	21 931	26 661
	0.85	5372	5995	7302	8927	11 083	13 251	15 539	19 122	23 975	29 148
0.6	0.5	3933	4224	5107	6207	7051	8394	9514	11 614	14 718	17 886
	0.6	4518	4916	5958	7256	8506	10 141	11 640	14 252	17 989	21 865
	0.7	5210	5733	6964	8496	10 225	12 207	14 153	17 370	21 856	26 568
	0.8	6007	6676	8124	9926	12 208	14 590	17 052	20 968	26 317	31 993
	0.85	6446	7194	8762	10 712	13 299	15 901	18 647	22 946	28 770	34 978
0.7	0.5	4589	4928	5958	7242	8226	9793	11 100	13 550	17 171	20 867
	0.6	5271	5735	6951	8465	9923	11 832	13 580	16 628	20 988	25 510
	0.7	6078	6688	8124	9912	11 929	14 241	16 512	20 265	25 498	30 996
	0.8	7009	7788	9478	11 580	14 243	17 022	19 894	24 462	30 703	37 326
	0.85	7521	8393	10 223	12 498	15 516	18 551	21 754	26 771	33 565	40 807

16

续表

售电单价 （元/kWh）	负荷率	变压器容量(kVA)									
		315	400	500	630	800	1000	1250	1600	2000	2500
1.0	0.5	6555	7041	8512	10 345	11 752	13 989	15 857	19 357	24 530	29 811
	0.6	7530	8193	9930	12 093	14 176	16 902	19 400	23 754	29 982	36 442
	0.7	8683	9555	11 606	14 159	17 041	20 345	23 588	28 950	36 426	44 279
	0.8	10 012	11 126	13 540	16 543	20 347	24 316	28 420	34 946	43 861	53 322
	0.85	10 744	11 990	14 604	17 854	22 165	26 501	31 078	38 244	47 950	58 296

SC(B)11 型干式变压器

售电单价 （元/kWh）	负荷率	315	400	500	630	800	1000	1250	1600	2000	2500
0.5	0.5	6835	7812	9458	11 073	13 159	15 751	18 506	21 860	26 354	31 812
	0.6	7322	8388	10 167	11 947	14 371	17 208	20 277	24 058	29 080	35 128
	0.7	7898	9069	11 005	12 980	15 803	18 929	22 371	26 656	32 302	39 046
	0.8	8563	9855	11 972	14 171	17 456	20 915	24 787	29 654	36 019	43 568
	0.85	8929	10 287	12 504	14 827	18 365	22 007	26 116	31 303	38 064	46 055
0.6	0.5	8201	9374	11 350	13 287	15 791	18 902	22 207	26 232	31 624	38 174
	0.6	8786	10 066	12 201	14 336	17 245	20 649	24 333	28 870	34 896	42 153
	0.7	9478	10 883	13 206	15 575	18 964	22 715	26 846	31 988	38 762	46 855
	0.8	10 276	11 826	14 367	17 006	20 947	25 098	29 745	35 585	43 223	52 281
	0.85	10 714	12 344	15 005	17 792	22 038	26 409	31 339	37 564	45 677	55 265
0.7	0.5	9568	10 937	13 241	15 502	18 422	22 052	25 908	30 604	36 895	44 537
	0.6	10 251	11 743	14 234	16 725	20 119	24 091	28 388	33 681	40 712	49 179
	0.7	11 058	12 697	15 407	18 171	22 125	26 501	31 320	37 319	45 222	54 665
	0.8	11 988	13 797	16 761	19 840	24 439	29 281	34 702	41 516	50 427	60 995
	0.85	12 500	14 402	17 506	20 758	25 711	30 810	36 563	43 824	53 290	64 476
1.0	0.5	13 669	15 624	18 916	22 145	26 318	31 503	37 011	43 719	52 707	63 624
	0.6	14 644	16 776	20 334	23 893	28 742	34 416	40 555	48 116	58 160	70 255
	0.7	15 796	18 138	22 010	25 959	31 607	37 858	44 743	53 313	64 603	78 092
	0.8	17 126	19 709	23 944	28 343	34 912	41 830	49 575	59 309	72 039	87 135
	0.85	17 857	20 574	25 008	29 654	36 731	44 014	52 232	62 606	76 128	92 109

SC(B)9 型干式变压器

售电单价 （元/kWh）	负荷率	315	400	500	630	800	1000	1250	1600	2000	2500
0.5	0.5	7358	8386	10 176	12 166	14 076	16 818	19 766	23 365	29 544	33 782
	0.6	7866	8986	10 915	13 196	15 329	18 323	21 597	25 635	32 358	37 202
	0.7	8467	9695	11 789	14 414	16 811	20 103	23 760	28 317	35 683	41 244
	0.8	9160	10 513	12 796	15 820	18 520	22 156	26 256	31 412	39 520	45 907
	0.85	9541	10 963	13 351	16 593	19 460	23 286	27 629	33 114	41 631	48 472
0.6	0.5	8830	10 063	12 211	14 599	16 891	20 181	23 720	28 038	35 453	40 539
	0.6	9440	10 783	13 098	15 836	18 395	21 988	25 916	30 762	38 829	44 643
	0.7	10 160	11 634	14 146	17 297	20 173	24 124	28 512	33 980	42 820	49 493
	0.8	10 992	12 615	15 356	18 984	22 224	26 588	31 508	37 694	47 424	55 089
	0.85	11 449	13 155	16 021	19 912	23 352	27 943	33 155	39 737	49 957	58 167

售电单价 (元/kWh)	负荷率	变压器容量(kVA)									
		315	400	500	630	800	1000	1250	1600	2000	2500
0.7	0.5	10 302	11 740	14 247	17 032	19 707	23 545	27 673	32 711	41 361	47 295
	0.6	11 013	12 580	15 281	18 475	21 461	25 653	30 236	35 889	45 301	52 083
	0.7	11 854	13 573	16 504	20 180	23 535	28 144	33 264	39 644	49 956	57 742
	0.8	12 824	14 718	17 915	22 148	25 928	31 019	36 759	43 977	55 328	64 270
	0.85	13 357	15 348	18 691	23 230	27 244	32 600	38 681	46 360	58 283	67 861
1.0	0.5	14 716	16 772	20 352	24 331	28 152	33 635	39 533	46 730	59 088	67 565
	0.6	15 733	17 972	21 830	26 393	30 659	36 647	43 194	51 270	64 715	74 405
	0.7	16 934	19 390	23 577	28 829	33 621	40 206	47 520	56 634	71 366	82 488
	0.8	18 320	21 026	25 593	31 640	37 040	44 313	52 513	62 824	79 040	91 815
	0.85	19 082	21 925	26 701	33186	38 920	46 572	55 258	66 228	83 261	96 945

16.3.2.4 变压器容量选择

表16.3-3～表16.3-6说明,同型号、同容量的变压器负荷率越高,变压器年综合损耗及年运行费用也越高,售电单价越高,年运行费用也越高。也就是在相同容量下选择的变压器容量越大,变压器综合损耗越小,为损耗所支出的运行电费也相应减少,但变压器投资会相应增大,因此应综合考虑,合理选择变压器容量。

【编者按】 简单化地采用经济负荷率选择变压器的做法是不可取的,特别是按铜损等于铁损得出的所谓经济负荷率是不合理的。这种做法没有考虑售电单价的高低、负荷性质的差别、运行情况的变化、负荷计算的误差等,应予摒弃。

下面举例说明按年运行费用选择变压器的做法。某机械制造行业工厂准备增加一台油浸式变压器(Dyn11结线),计算负荷为850kVA,$\cos\varphi=0.9$,售电单价0.7元/kWh,10kV电源引自工厂总降压变电站,选1级能效的S(B)H16-M-RL非晶合金立体卷铁芯油浸式变压器、2级能效S(B)H15-M非晶合金油浸变压器及S11-M油浸变压器,计算年综合损耗及年运行费用,并对三种型号变压器进行比较。查表16.3-3,结果见表16.3-7。

表16.3-7   **变压器参数比较**

变压器型号	S(B)H16-M-RL		S(B)H15-M		S11-M	
变压器容量(kVA)	1250	1000	1250	1000	1250	1000
能效标准	1	1	2	2	3	3
变压器购置费用(元)	190 400	160 900	198 000	172 000	155 000	140 000
负荷率(%)	68	85	68	85	68	85
年电能综合损耗(kWh)	36 739	45 205	39 858	49 777	49 223	57 580
年运行费用(元)	25 717	31 643	27 901	34 844	34 456	40 306
采用S(B)H16-M-RL变压器需增加的购置费(元)	0	29 500	−7600	18 400	35 400	50 400
采用S(B)H16-M-RL变压器节约的年运行费(元)	0	5926	2184	9127	8739	14 589
增加的购置费用回收年限(年)	0	5.0	0	2.0	4.1	3.5
在20年经济使用期内节约的运行费用(元)	0	89 020	51 280	164 140	139 380	241 380

从上表可以看出，变压器负荷率在 68% 时，比同型号负荷率在 85% 时的年综合损耗及年运行费用均低，1 级能效变压器比 2 级、3 级能效变压器的年综合损耗及年运行费用也低。如采用 S（B）H16-M-RL-1250/10kVA 变压器，其年综合损耗及年运行费比其他型号同容量的变压器都低，但是部分型号将增加购置费，增加购置费可用节约运行费用来补偿，最长也只需 5 年即可全部收回，一般变压器的经济使用期按 20 年计算，增加的购置费用在回收期限年满后，即为少支出的费用。因此，选用 S（B）H16-M-RL-1250/10 非晶合金立体卷铁芯油浸式变压器既运行经济合理，又节省了能源，符合国家的节能政策。

16.3.2.5　多台变压器经济运行的条件

两台或多台主变压器经济运行的条件见表 16.3-8。

表 16.3-8　　　　　　　　　　变电所主变压器经济运行的条件

序号	主变压器台数	经济运行的临界负荷	经济运行条件
1	2 台	$S_{JP} = S_{rT}\sqrt{2\dfrac{P_0 + K_Q Q_0}{P_k + K_Q Q_k}}$	如 $S < S_{JP}$ 宜 1 台运行 如 $S > S_{JP}$ 宜 2 台运行
2	n 台	$S_{JP} = S_{rT}\sqrt{n(n-1)\dfrac{P_0 + K_Q Q_0}{P_k + K_Q Q_k}}$	如 $S < S_{JP}$ 宜 $n-1$ 台运行 如 $S > S_{JP}$ 宜 n 台运行

注　S_{JP}—经济运行临界负荷，kVA；

S_{rT}—变压器的额定容量，kVA；

S—变电所实际负荷，kVA；

P_0—变压器空载有功损耗（铁损），kW；

Q_0—变压器在空载时的无功损耗，kvar；

P_k—变压器额定负载损耗，kW；

Q_k—变压器额定负载时的无功功率，kvar；

K_Q—无功经济当量，kW/kvar。

16.3.3　配电变压器的能效技术经济评价

配电变压器能效技术经济评价是一种用于分析和比较配电变压器能效的技术经济评价方法，目的是为了指导配电变压器用户从经济角度更加科学直观地了解、评判变压器的节能效益。该方法综合考虑了变压器价格、损耗、负荷特点、电价等技术经济指标对变压器经济性的影响，正确选择更为经济、合理的配电变压器。

（1）配电变压器的总拥有费用的计算

按照一部电价计算电费时，其总拥有费用按下式计算

$$TOC = CI + AP_0 + BP_k \tag{16.3-11}$$

按照两部电价计算电费时，其总拥有费用按下式计算：

$$TOC = CI + AP_0 + BP_k + 12k_{pv}E_cS_{rT} \tag{16.3-12}$$

式中　　TOC——配电变压器总拥有费用，元；

　　　　CI——配电变压器初始费用，取变压器采购价格，元；

空载损耗等效初始费用系数 A 的计算

一部电价

$$A = k_{pv}E_eH_{py} \tag{16.3-13}$$

二部电价

$$A = k_{pv}(E_e H_{py} + 12E_d) \tag{16.3-14}$$

$$k_{pv} = \frac{1 - [1/(1+i)]^n}{i} \tag{16.3-15}$$

负载损耗等效初始费用系数 B 的计算

一部电价

$$B = E_e \tau PL^2 k_t \tag{16.3-16}$$

二部电价

$$B = (E_e \tau + 12E_d)PL^2 k_t \tag{16.3-17}$$

$$PL^2 = \sum_{j=1}^{n} \{[\beta_0(1+g)^{(j-1)}]^2[1/(1+i)^j]\}$$
$$= \frac{\beta_0}{(1+i)^n}\frac{(1+i)^n - (1+g)^{2n}}{(1+i) - (1+g)^2} \tag{16.3-18}$$

当 $g=0$ （即认为变压器经济使用期内负荷不变）时，可简化为下列计算

$$PL^2 = k_{pv}\beta^2 \tag{16.3-19}$$

式中　A——配电变压器单位空载损耗等效初始费用系数，元/kW；

B——配电变压器单位负载损耗等效初始费用系数，元/kW；

E_c——企业支付的单位容量电费即两部制电价中按变压器容量收取的月基本电费，元/kVA；

E_e——企业支付的单位电量电费，元/kWh；

E_d——企业支付的单位容量电费，即两部电价中按按最大需量收取的月基本电费，元/kVA；

H_{py}——配电变压器年带电小时数，通常为 8760h；

PL——变压器经济使用期的年负载系数；

k_{pv}——贴现率为 i 的连续 n 年费用现值系数，见表 16.3-10；

i——贴现率；

n——变压器经济使用期年数；

τ——最大负载损耗小时数，h；见表 16.3-9；

k_t——变压器的温度校正系数，通常取 1.0；

g——变压器高峰负载年均增长率（预测值）；

β——变压器负载率；

P_0——配电变压器空载损耗，kW；

P_k——配电变压器额定负载时有功损耗，kW；

S_{rT}——配电变压器额定容量，kVA。

（2）不同用电行业的最大负载利用小时数及 τ 的典型值见表 16.3-9，不同运行年限与年贴现率情况下现值系数 k_{pv} 取值见表 16.3-10。

表 16.3-9 不同用电行业的最大负载利用小时数及 τ 的典型值

用电行业名称	$T_{max}(h)$	班次	L	$\tau(h)$
有色电解	7500	三班	0.7	6543
化工	7300	三班	0.7	6222
石油	7000	三班	0.6	5825
有色冶炼	6800	三班	0.6	5519
黑色冶炼	6500	三班	0.6	5116
纺织	6000	三班	0.5	4556
有色采选	5800	三班	0.5	4320
机械制造	5000	二班	0.1	4047
食品工业	4500	二班	0.1	3515
农村企业	3500	二班	0	3040
农村灌溉	2800	一班	0	2800
城市生活	2500	一班	0.1	1874
农村生活	1500	一班	0.1	774

注 L 是配电变压器负载谷峰比。

表 16.3-10 不同运行年限与年贴现率情况下现值系数 k_{pv} 取值

运行年限	年贴现率 i						
	0.05	0.06	0.07	0.08	0.09	0.10	0.11
1	0.952 4	0.943 4	0.934 6	0.925 9	0.917 4	0.909 1	0.900 9
2	1.859 4	1.833 4	1.808 0	1.783 3	1.759 1	1.735 5	1.712 5
3	2.723 2	2.673 0	2.624 3	2.577 1	2.531 3	2.486 9	2.443 7
4	3.546 0	3.465 1	3.387 2	3.312 1	3.239 7	3.169 9	3.102 4
5	4.329 5	4.212 4	4.100 2	3.992 7	3.889 7	3.790 8	3.695 9
6	5.075 7	4.917 3	4.766 5	4.622 9	4.485 9	4.355 3	4.230 5
7	5.786 4	5.582 4	5.389 3	5.206 4	5.033 0	4.868 4	4.712 2
8	6.463 2	6.209 8	5.971 3	5.746 6	5.534 8	5.334 9	5.146 1
9	7.107 8	6.801 7	6.515 2	6.246 9	5.995 2	5.759 0	5.537 0
10	7.721 7	7.360 1	7.023 6	6.710 1	6.417 7	6.144 6	5.889 2
11	8.306 4	7.886 9	7.498 7	7.139 0	6.805 2	6.495 1	6.206 5
12	8.863 3	8.383 8	7.942 7	7.536 1	7.160 7	6.813 7	6.492 4
13	9.393 6	8.852 7	8.357 7	7.903 8	7.486 9	7.103 4	6.749 9
14	9.898 6	9.295 0	8.745 5	8.244 2	7.786 2	7.366 7	6.981 9
15	10.379 7	9.712 2	9.107 9	8.559 5	8.060 7	7.606 1	7.190 9
16	10.837 8	10.105 9	9.446 6	8.851 4	8.312 6	7.823 7	7.379 2
17	11.274 1	10.477 3	9.763 2	9.121 6	8.543 6	8.021 6	7.548 8
18	11.689 6	10.827 6	10.059 1	9.371 9	8.755 6	8.201 4	7.701 6
19	12.085 3	11.158 1	10.335 6	9.603 6	8.950 1	8.364 9	7.839 3
20	12.462 2	11.469 9	10.594 0	9.818 1	9.128 5	8.513 6	7.963 3

注 年贴现率介于表中所列数据之间时，可采用插入法对 k_{pv} 值求取近似值。

（3）变压器经济评价的计算实例计算条件：

1) 假定年贴现率 $i = 8\%$；

2) 配电变压器经济使用期 $n = 20$ 年，且负荷不变；

3) 售电单价 E_e 分别按 0.5 元/kWh、0.6 元/kWh、0.7 元/kWh、1.0 元/kWh；

4) 月基本电费 $E_d = 20/kVA$；

5) 变压器年带电小时 $H_{py} = 8760h$；

6) 按机械制造行业，最大负荷利用小时 $T_{max} = 5000h$，年最大负载损耗小时 $\tau = 4047h$；

7) 城市生活造行业，最大负荷利用小时 $T_{max} = 2500h$，年最大负载损耗小时 $\tau = 1874h$；

8) $\cos\varphi = 0.9$ 负载；

9) 变压器负载率 β 分别按 50%、60%、70%、80%、85% 五个值；

10) SH（B）16-M-RL 型油浸变压器及 SG（B）H16-RL 型干式变压器各 5 种类型；

11) 油浸按 400～1600kVA 容量，干式按 400～2500kVA 容量各 5 种类型计算，TOC 值见表 16.3-11～表 16.3-14。

表 16.3-11　　　　　　　　　机械制造行业油浸式变压器经济评价表

变压器容量(kVA)	负荷率	A 系数	B 系数	油浸式变压器					
				SH(B)16-M-RL TOC 值(元)	S14-M-RL TOC 值(元)	S(B)H15-M TOC 值(元)	S13-M TOC 值(元)	S11 TOC 值(元)	S9 TOC 值(元)
售电单价 0.5 元/kWh									
400	0.50	45 359.8	5555.8	106 284	103 782	140 184	125 710	125 968	121 400
	0.60	45 359.8	8000.4	116 234	112 619	151 234	136 759	137 017	132 450
	0.70	45 359.8	10 889.5	127 992	123 063	164 292	149 818	150 075	145 508
	0.80	45 359.8	142 23.0	141 559	135 114	179 360	164 885	165 143	160 576
	0.85	45 359.8	16 056.4	149 021	141 741	187 647	173 172	173 430	168 863
500	0.50	45 359.8	5555.8	123 643	120 630	158 943	145 830	145 902	149 603
	0.60	45 359.8	8000.4	135 548	131 215	172 169	159 055	159 127	162 828
	0.70	45 359.8	10 889.5	149 618	143 724	187 798	174 685	174 757	178 457
	0.80	45 359.8	14 223.0	165 852	158 158	205 833	192 719	192 791	196 492
	0.85	45 359.8	16 056.4	174 781	166 097	215 751	202 638	202 710	206 411
630	0.50	45 359.8	5555.8	155 017	149 012	180 961	165 301	166 188	172 878
	0.60	45 359.8	8000.4	168 657	161 137	196 118	180 458	181 344	188 034
	0.70	45 359.8	10 889.5	184 778	175 467	214 030	198 370	199 256	205 946
	0.80	45 359.8	14 223.0	203 379	192 001	234 698	219 037	219 924	226 614
	0.85	45 359.8	16 056.4	213 610	201 095	246 065	230 405	231 291	237 981
800	0.50	45 359.8	5555.8	187 539	180 987	204 906	197 421	198 121	210 173
	0.60	45 359.8	8000.4	204 040	195 654	223 240	215 755	216 456	228 507
	0.70	45 359.8	10 889.5	223 541	212 989	244 908	237 423	238 124	250 175
	0.80	45 359.8	14 223.0	246 042	232 990	269 909	262 424	263 125	275 176
	0.85	45 359.8	16 056.4	258 417	243 990	283 660	276 175	276 876	288 927

续表

变压器容量(kVA)	负荷率	A 系数	B 系数	油浸式变压器					
				SH(B)16-M-RL TOC 值(元)	S14-M-RL TOC 值(元)	S(B)H15-M TOC 值(元)	S13-M TOC 值(元)	S11 TOC 值(元)	S9 TOC 值(元)
1000	0.50	45 359.8	5555.8	218 215	211 129	249 637	252 874	249 389	259 337
	0.60	45 359.8	8000.4	240 876	231 272	274 816	278 053	274 568	284 516
	0.70	45 359.8	10 889.5	267 657	255 078	304 573	307 810	304 325	314 273
	0.80	45 359.8	14 223.0	298 559	282 546	338 908	342 145	338 660	348 608
	0.85	45 359.8	16 056.4	315 555	297 653	357 793	361 029	357 545	367 493
1250	0.50	45 359.8	5555.8	257 144	248 435	288 711	290 669	293 360	300 122
	0.60	45 359.8	8000.4	283 545	271 903	318 046	320 004	322 694	329 457
	0.70	45 359.8	10 889.5	314 747	299 638	352 714	354 673	357 363	364 125
	0.80	45 359.8	14 223.0	350 749	331 639	392 716	394 675	397 365	404 127
	0.85	45 359.8	16 056.4	370 550	349 240	414 717	416 676	419 366	426 128
1600	0.50	45 359.8	5555.8	316 280	305 319	349 136	348 631	350 249	359 011
	0.60	45 359.8	8000.4	348 182	333 676	384 583	384 077	385 695	394 458
	0.70	45 359.8	10 889.5	385 884	367 189	426 474	425 968	427 586	436 349
	0.80	45 359.8	14 223.0	429 386	405 857	474 810	474 304	475 922	484 685
	0.85	45 359.8	16 056.4	453 313	427 125	501 394	500 889	502 507	511 269
售电单价 0.6 元/kWh									
400	0.50	53 960.5	6549.2	112 047	110 899	146 394	133 726	135 360	132 771
	0.60	53 960.5	9430.8	123 776	121 316	159 420	146 751	148 385	145 796
	0.70	53 960.5	12 836.4	137 636	133 627	174 813	162 144	163 778	161 189
	0.80	53 960.5	16 765.9	153 629	147 833	192 574	179 906	181 540	178 950
	0.85	53 960.5	18 927.2	162 426	155 646	202 343	189 675	191 308	188 719
500	0.50	53 960.5	6549.2	130 545	129 059	166 382	155 332	157 124	163 233
	0.60	53 960.5	9430.8	144 579	141 537	181 971	170 922	172 714	178 823
	0.70	53 960.5	12 836.4	161 164	156 283	200 396	189 346	191 138	197 247
	0.80	53 960.5	16 765.9	180 301	173 298	221 654	210 605	212 397	218 506
	0.85	53 960.5	18 927.2	190 826	182 656	233 347	222 297	224 089	230 198
630	0.50	53 960.5	6549.2	163 312	158 842	189 872	176 363	179 313	189 358
	0.60	53 960.5	9430.8	179 391	173 134	207 739	194 229	197 179	207 224
	0.70	53 960.5	12 836.4	198 395	190 026	228 853	215 343	218 294	228 338
	0.80	53 960.5	16 765.9	220 321	209 517	253 216	239 706	242 657	252 701
	0.85	53 960.5	18 927.2	232 381	220 236	266 616	253 106	256 057	266 101
800	0.50	53 960.5	6549.2	197 512	192 968	215 624	210 891	214 000	229 664
	0.60	53 960.5	9430.8	216 963	210 257	237 236	232 504	235 613	251 276
	0.70	53 960.5	12 836.4	239 951	230 691	262 778	258 046	261 154	276 818
	0.80	53 960.5	16 765.9	266 475	254 268	292 250	287 517	290 626	306 289
	0.85	53 960.5	18 927.2	281 063	267 235	308 459	303 726	306 835	322 499

续表

变压器容量（kVA）	负荷率	A系数	B系数	油浸式变压器					
				SH(B)16-M-RL TOC值（元）	S14-M-RL TOC值（元）	S(B)H15-M TOC值（元）	S13-M TOC值（元）	S11 TOC值（元）	S9 TOC值（元）
1000	0.50	53 960.5	6549.2	231 293	226 453	263 739	270 244	269 511	284 190
	0.60	53 960.5	9430.8	258 006	250 197	293 420	299 925	299 192	313 871
	0.70	53 960.5	12 836.4	289 576	278 259	328 497	335 002	334 270	348 948
	0.80	53 960.5	16 765.9	326 003	310 639	368 971	375 476	374 744	389 422
	0.85	53 960.5	18 927.2	346 037	328 447	391 232	397 737	397 005	411 683
1250	0.50	53 960.5	6549.2	272 430	266 314	305 189	310 932	316 977	328 813
	0.60	53 960.5	9430.8	303 552	293 978	339 769	345 512	351 556	363 393
	0.70	53 960.5	12 836.4	340 332	326 671	380 636	386 379	392 423	404 260
	0.80	53 960.5	16 765.9	382 771	364 395	427 790	433 533	439 578	451 414
	0.85	53 960.5	18 927.2	406 113	385 143	453 725	459 468	465 512	477 349
1600	0.50	53 960.5	6549.2	334 662	326 904	368 958	373 097	376 350	390 186
	0.60	53 960.5	9430.8	372 268	360 332	410 742	414 881	418 134	431 970
	0.70	53 960.5	12 836.4	416 710	399 836	460 123	464 262	467 514	481 351
	0.80	53 960.5	16 765.9	467 991	445 419	517 101	521 240	524 492	538 329
	0.85	53 960.5	18 927.2	496 195	470 489	548 439	552 578	555 830	569 667

售电单价 0.7 元/kWh

变压器容量（kVA）	负荷率	A系数	B系数	SH(B)16-M-RL TOC值（元）	S14-M-RL TOC值（元）	S(B)H15-M TOC值（元）	S13-M TOC值（元）	S11 TOC值（元）	S9 TOC值（元）
400	0.50	62 561.2	7542.5	117 810	118 016	152 605	141 742	144 752	144 141
	0.60	62 561.2	10 861.3	131 318	130 014	167 605	156 743	159 753	159 142
	0.70	62 561.2	14 783.4	147 281	144 192	185 333	174 471	177 481	176 870
	0.80	62 561.2	19 308.9	165 700	160 552	205 789	194 926	197 936	197 325
	0.85	62 561.2	21 798.0	175 830	169 550	217 039	206 177	209 187	208 576
500	0.50	62 561.2	7542.5	137 447	137 489	173 820	164 835	168 347	176 864
	0.60	62 561.2	10 861.3	153 609	151 859	191 774	182 789	186 301	194 818
	0.70	62 561.2	14 783.4	172 710	168 841	212 993	204 008	207 520	216 037
	0.80	62 561.2	19 308.9	194 749	188 437	237 476	228 491	232 003	240 520
	0.85	62 561.2	21 798.0	206 871	199 215	250 942	241 956	245 469	253 986

续表

变压器容量（kVA）	负荷率	A 系数	B 系数	油浸式变压器					
				SH(B)16-M-RL TOC值（元）	S14-M-RL TOC值（元）	S(B)H15-M TOC值（元）	S13-M TOC值（元）	S11 TOC值（元）	S9 TOC值（元）
630	0.50	62 561.2	7542.5	171 607	168 671	198 783	187 424	192 438	205 837
	0.60	62 561.2	10 861.3	190 125	185 132	219 359	208 000	213 014	226 413
	0.70	62 561.2	14 783.4	212 011	204 586	243 677	232 317	237 332	250 731
	0.80	62 561.2	19 308.9	237 263	227 032	271 735	260 375	265 390	278 789
	0.85	62 561.2	21 798.0	251 152	239 378	287 167	275 807	280 822	294 221
800	0.50	62 561.2	7542.5	207 485	204 948	226 342	224 362	229 879	249 155
	0.60	62 561.2	10 861.3	229 887	224 860	251 233	249 252	254 770	274 045
	0.70	62 561.2	14 783.4	256 361	248 393	280 649	278 668	284 185	303 461
	0.80	62 561.2	19 308.9	286 908	275 546	314 590	312 610	318 127	337 403
	0.85	62 561.2	21 798.0	303 709	290 481	333 258	331 278	336 795	356 070
1000	0.50	62 561.2	7542.5	244 372	241 776	277 841	287 614	289 634	309 042
	0.60	62 561.2	10 861.3	275 136	269 123	312 024	321 797	323 816	343 225
	0.70	62 561.2	14 783.4	311 495	301 441	352 421	362 195	364 214	383 623
	0.80	62 561.2	193 08.9	353 446	338 731	399 034	408 808	410 827	430 236
	0.85	62 561.2	21 798.0	376 520	359 241	424 672	434 445	436 464	455 873
1250	0.50	62 561.2	7542.5	287 717	284 193	321 668	331 195	340 594	357 505
	0.60	625 61.2	10 861.3	323 559	316 053	361 493	371 020	380 418	397 330
	0.70	62 561.2	14 783.4	365 918	353 705	408 558	418 085	427 484	444 395
	0.80	62 561.2	19 308.9	414 794	397 150	462 864	472 391	481 790	498 701
	0.85	62 561.2	21 798.0	441 675	421 045	492 733	502 260	511 659	528 570
1600	0.50	62 561.2	7542.5	353 044	348 490	388 780	397 564	402 450	421 361
	0.60	62 561.2	10 861.3	396 353	386 987	436 902	445 685	450 572	469 483
	0.70	62 561.2	147 83.4	447 537	432 484	493 773	502 556	507 442	526 354
	0.80	62 561.2	19 308.9	506 595	484 980	559 393	568 176	573 063	591 974
	0.85	62 561.2	21 798.0	539 077	513 853	595 484	604 267	609 154	628 065

续表

变压器容量 (kVA)	负荷率	A系数	B系数	油浸式变压器					
				SH(B)16-M-RL TOC值（元）	S14-M-RL TOC值（元）	S(B)H15-M TOC值（元）	S13-M TOC值（元）	S11 TOC值（元）	S9 TOC值（元）
				售电单价 1 元/kWh					
400	0.50	88 363.3	10 522.6	135 100	139 368	171 235	165 791	172 929	178 253
	0.60	88 363.3	15 152.5	153 944	156 105	192 162	186 718	193 857	199 180
	0.70	88 363.3	20 624.3	176 214	175 886	216 894	211 451	218 589	223 912
	0.80	88 363.3	26 937.9	201 910	198 709	245 432	239 988	247 126	252 450
	0.85	88 363.3	30 410.3	216 043	211 262	261 127	255 684	262 822	268 145
500	0.50	88 363.3	10 522.6	158 152	162 777	196 134	193 342	202 014	217 756
	0.60	88 363.3	15 152.5	180 700	182 825	221 182	218 390	227 062	242 804
	0.70	88 363.3	20 624.3	207 348	206 518	250 785	247 992	256 664	272 406
	0.80	88 363.3	26 937.9	238 095	233 855	284 941	282 148	290 821	306 563
	0.85	88 363.3	30 410.3	255 005	248 891	303 727	300 934	309 607	325 349
630	0.50	88 363.3	10 522.6	196 492	198 159	225 516	220 607	231 814	255 276
	0.60	88 363.3	15 152.5	222 327	221 124	254 222	249 313	260 520	283 982
	0.70	88 363.3	20 624.3	252 860	248 264	288 147	283 238	294 445	317 907
	0.80	88 363.3	26 937.9	288 089	279 579	327 291	322 382	333 589	357 051
	0.85	88 363.3	30 410.3	307 466	296 802	348 820	343 911	355 118	378 580
800	0.50	88 363.3	10 522.6	237 406	240 890	258 498	264 774	277 516	307 628
	0.60	88 363.3	15 152.5	268 658	268 670	293 222	299 498	312 240	342 353
	0.70	88 363.3	20 624.3	305 592	301 500	334 260	340 537	353 278	383 391
	0.80	88 363.3	26 937.9	348 209	339 381	381 612	387 888	400 630	430 743
	0.85	88 363.3	30 410.3	371 648	360 216	407 655	413 932	426 673	456 786
1000	0.50	88 363.3	10 522.6	283 608	287 748	320 146	339 724	350 001	383 600
	0.60	88 363.3	15 152.5	326 528	325 899	367 835	387 413	397 689	431 289
	0.70	88 363.3	20 624.3	377 251	370 986	424 194	443 772	454 048	487 648
	0.80	88 363.3	26 937.9	435 777	423 009	489 223	508 801	519 078	552 678
	0.85	88 363.3	30 410.3	467 967	451 623	524 990	544 568	554 844	588 444
1250	0.50	88 363.3	10 522.6	333 577	337 829	371 104	391 984	411 445	443 580
	0.60	88 363.3	15 152.5	383 580	382 277	426 663	447 543	467 005	499 139
	0.70	88 363.3	20 624.3	442 675	434 806	492 324	513 204	532 666	564 800
	0.80	88 363.3	26 937.9	510 861	495 416	568 087	588 967	608 428	640 563
	0.85	88 363.3	30 410.3	548 364	528 751	609 756	630 636	650 098	682 232
1600	0.50	88 363.3	10 522.6	408 189	413 247	448 247	470 963	480 752	514 886
	0.60	88 363.3	15 152.5	468 610	466 955	515 381	538 097	547 886	582 020
	0.70	88 363.3	20 624.3	540 016	530 427	594 721	617 437	627 226	661 361
	0.80	88 363.3	26 937.9	622 408	603 664	686 268	708 984	718 773	752 907
	0.85	88 363.3	30 410.3	667 723	643 945	736 618	759 335	769 124	803 258

16

表 16.3-12　　　　　　　　　　城市生活行业油浸式变压器经济评价表

变压器容量（kVA）	负荷率	A 系数	B 系数	油浸式变压器					
				SH(B)16-M-RL TOC 值（元）	S14-M-RL TOC 值（元）	S(B)H15-M TOC 值（元）	S13-M TOC 值（元）	S11 TOC 值（元）	S9 TOC 值（元）
售电单价 0.5 元/kWh									
400	0.50	45 359.8	2889.0	95 430	94 141	128 130	113 656	113 913	109 346
	0.60	45 359.8	4160.1	100 604	98 736	133 876	119 401	119 659	115 092
	0.70	45 359.8	5662.4	106 718	104 167	140 666	126 192	126 449	121 882
	0.80	45 359.8	7395.8	113 773	110 433	148 501	134 027	134 284	129 717
	0.85	45 359.8	8349.2	117 653	113 880	152 810	138 336	138 593	134 026
500	0.50	45 359.8	2889.0	110 656	109 082	144 516	131 402	131 474	135 175
	0.60	45 359.8	4160.1	116 846	114 586	151 393	138 279	138 351	142 052
	0.70	45 359.8	5662.4	124 162	121 091	159 520	146 406	146 478	150 179
	0.80	45 359.8	7395.8	132 604	128 597	168 898	155 784	155 856	159 557
	0.85	45 359.8	8349.2	137 247	132 725	174 055	160 942	161 014	164 715
630	0.50	45 359.8	2889.0	140 136	135 784	164 427	148 767	149 653	156 344
	0.60	45 359.8	4160.1	147 229	142 089	172 308	156 648	157 534	164 225
	0.70	45 359.8	5662.4	155 611	149 541	181 622	165 962	166 848	173 539
	0.80	45 359.8	7395.8	165 284	158 138	192 369	176 709	177 596	184 286
	0.85	45 359.8	8349.2	170 604	162 867	198 280	182 620	183 506	190 197
800	0.50	45 359.8	2889.0	169 537	164 986	184 904	177 419	178 120	190 171
	0.60	45 359.8	4160.1	178 118	172 613	194 438	186 953	187 654	199 705
	0.70	45 359.8	5662.4	188 258	181 626	205 705	198 220	198 921	210 972
	0.80	45 359.8	7395.8	199 958	192 027	218 705	211 220	211 921	223 972
	0.85	45 359.8	8349.2	206 394	197 747	225 856	218 371	219 071	231 123
1000	0.50	45 359.8	2889.0	193 493	189 154	222 169	225 405	221 920	231 868
	0.60	45 359.8	4160.1	205 276	199 628	235 261	238 498	235 013	244 961
	0.70	45 359.8	5662.4	219 203	212 007	250 735	253 972	250 487	260 435
	0.80	45 359.8	7395.8	235 271	226 290	268 589	271 826	268 341	278 289
	0.85	45 359.8	8349.2	244 109	234 146	278 408	281 645	278 160	288 108
1250	0.50	45 359.8	2889.0	228 342	222 833	256 709	258 667	261 357	268 120
	0.60	45 359.8	4160.1	242 070	235 036	271 962	273 921	276 611	283 373
	0.70	45 359.8	5662.4	258 295	249 458	289 990	291 948	294 638	301 401
	0.80	45 359.8	7395.8	277 016	266 099	310 790	312 749	315 439	322 201
	0.85	45 359.8	8349.2	287 312	275 251	322 231	324 189	326 880	333 642
1600	0.50	45 359.8	2889.0	281 478	274 383	310 467	309 961	311 580	320 342
	0.60	45 359.8	4160.1	298 067	289 129	328 899	328 393	330 011	338 774
	0.70	45 359.8	5662.4	317 671	306 555	350 682	350 176	351 794	360 557

变压器容量(kVA)	负荷率	A 系数	B 系数	油浸式变压器					
				SH(B)16-M-RL TOC 值(元)	S14-M-RL TOC 值(元)	S(B)H15-M TOC 值(元)	S13-M TOC 值(元)	S11 TOC 值(元)	S9 TOC 值(元)
1600	0.80	45 359.8	7395.8	340 292	326 662	375 816	375 310	376 929	385 691
	0.85	45 359.8	8349.2	352 734	337 722	389 640	389 134	390 753	399 515
售电单价 0.6 元/kWh									
400	0.50	53 960.5	3349.0	99 022	99 330	131 929	119 261	120 895	118 306
	0.60	53 960.5	4822.5	105 020	104 657	138 590	125 922	127 555	124 966
	0.70	53 960.5	6564.0	112 108	110 953	146 461	133 793	135 427	132 838
	0.80	53 960.5	8573.4	120 286	118 217	155 544	142 875	144 509	141 920
	0.85	53 960.5	9678.5	124 784	122 212	160 539	147 871	149 504	146915
500	0.50	53 960.5	3349.0	114 960	115 202	149 068	138 019	139 811	145 920
	0.60	53 960.5	4822.5	122 136	121 583	157 040	145 991	147 783	153 892
	0.70	53 960.5	6564.0	130 617	129 123	166 462	155 412	157 204	163 313
	0.80	53 960.5	8573.4	140 403	137 824	177 332	166 283	168 075	174 184
	0.85	53 960.5	9678.5	145 785	142 609	183 311	172 262	174 054	180163
630	0.50	53 960.5	3349.0	145 455	142 968	170 031	156 521	159 472	169 516
	0.60	53 960.5	4822.5	153 677	150 277	179 167	165 657	168 608	178 652
	0.70	53 960.5	6564.0	163 394	158 915	189 964	176 454	179 405	189 449
	0.80	53 960.5	8573.4	174 607	168 881	202 422	188 912	191 863	201 907
	0.85	53 960.5	9678.5	180 774	174 363	209 274	195 764	198 715	208 759
800	0.50	53 960.5	3349.0	175 911	173 766	191 622	186 890	189 999	205 662
	0.60	53 960.5	4822.5	185 857	182 607	202 674	197 941	201 050	216 714
	0.70	53 960.5	6564.0	197 612	193 056	215 735	211 002	214 111	229 775
	0.80	53 960.5	8573.4	211 175	205 113	230 805	226 073	229 182	244 845
	0.85	53 960.5	9678.5	218 635	211 744	239 094	234 361	237 470	253 134
1000	0.50	53 960.5	3349.0	201 627	200 083	230 777	237 282	236 549	251 227
	0.60	53 960.5	4822.5	215 287	212 225	245 954	252 459	251 727	266 405
	0.70	53 960.5	6564.0	231 430	226 574	263 891	270 396	269 664	284 342
	0.80	53 960.5	8573.4	250 057	243 132	284 588	291 093	290 360	305 039
	0.85	53 960.5	9678.5	260 302	252 238	295 971	302 476	301 743	316 422
1250	0.50	53 960.5	3349.0	237 868	235 592	266 787	272 529	278 574	290 411
	0.60	53 960.5	4822.5	253 782	249 738	284 469	290 212	296 257	308 093
	0.70	53 960.5	6564.0	272 590	266 456	305 367	311 109	317 154	328 991
	0.80	53 960.5	8573.4	294 291	285 746	329 479	335 222	341 267	353 103
	0.85	53 960.5	9678.5	306 227	296 356	342 741	348 484	354 529	366 365

续表

变压器容量 (kVA)	负荷率	A 系数	B 系数	油浸式变压器					
				SH(B) 16-M-RL TOC 值 (元)	S14-M-RL TOC 值 (元)	S(B)H15-M TOC 值 (元)	S13-M TOC 值 (元)	S11 TOC 值 (元)	S9 TOC 值 (元)
1600	0.50	53 960.5	3349.0	292 899	289 782	322 555	326 694	329 946	343 783
	0.60	53 960.5	4822.5	312 129	306 875	343 922	348 060	351 313	365 150
	0.70	53 960.5	6564.0	334 855	327 076	369 173	373 312	376 564	390 401
	0.80	53 960.5	8573.4	361 078	350 385	398 309	402 448	405 700	419 537
	0.85	53 960.5	9678.5	375 500	363 205	414 334	418 472	421 725	435 562
售电单价 0.7 元/kWh									
400	0.50	62 561.2	3809.0	102 615	104 519	135 729	124 867	127 876	127 265
	0.60	62 561.2	5484.9	109 436	110 578	143 304	132 442	135 452	134 841
	0.70	62 561.2	7465.5	117 497	117 738	152 256	141 394	144 404	143 793
	0.80	62 561.2	9750.9	126 798	126 000	162 586	151 724	154 734	154 123
	0.85	62 561.2	11 007.9	131 914	130 544	168 268	157 406	160 415	159 805
500	0.50	62 561.2	3809.0	119 264	121 322	153 621	144 636	148 148	156 665
	0.60	62 561.2	5484.9	127 426	128 579	162 688	153 703	157 215	165 732
	0.70	62 561.2	7465.5	137 072	137 155	173 403	164 418	167 930	176 447
	0.80	62 561.2	9750.9	148 202	147 051	185 767	176 782	180 294	188 811
	0.85	62 561.2	11 007.9	154 323	152 493	192 567	183 582	187 094	195 611
630	0.50	62 561.2	3809.0	150 774	150 152	175 635	164 275	169 290	182 689
	0.60	62 561.2	5484.9	160 125	158 465	186 026	174 666	179 681	193 080
	0.70	62 561.2	7465.5	171 177	168 289	198 306	186 946	191 961	205 360
	0.80	62 561.2	9750.9	183 930	179 624	212 475	201 116	206 130	219 529
	0.85	62 561.2	11 007.9	190 943	185 859	220 268	208 909	213 923	227 322
800	0.50	62 561.2	3809.0	182 284	182 547	198 340	196 360	201 877	221 153
	0.60	62 561.2	5484.9	193 596	192 602	210 910	208 930	214 447	233 722
	0.70	62 561.2	7465.5	206 966	204 486	225 765	223 784	229 302	248 577
	0.80	62 561.2	9750.9	222 392	218 198	242 905	240 925	246 442	265 718
	0.85	62 561.2	11 007.9	230 876	225 740	252 332	250 352	255 869	275 145
1000	0.50	62 561.2	3809.0	209 762	211 012	239 385	249 158	251 178	270 586
	0.60	62 561.2	5484.9	225 297	224 821	256 647	266 420	268 440	287 848
	0.70	62 561.2	7465.5	243 658	241 142	277 048	286 821	288 841	308 249
	0.80	62 561.2	9750.9	264 844	259 973	300 587	310 360	312 380	331 789
	0.85	62 561.2	11 007.9	276 495	270 331	313 534	323 307	325 326	344 735
1250	0.50	62 561.2	3809.0	247 394	248 350	276 865	286 392	295 791	312 702
	0.60	62 561.2	5484.9	265 494	264 439	296 976	306 503	315 902	332 813
	0.70	62 561.2	7465.5	286 885	283 454	320 744	330 271	339 670	356 581

续表

变压器容量(kVA)	负荷率	A系数	B系数	油浸式变压器					
				SH(B)16-M-RL TOC值(元)	S14-M-RL TOC值(元)	S(B)H15-M TOC值(元)	S13-M TOC值(元)	S11 TOC值(元)	S9 TOC值(元)
1250	0.80	62 561.2	9750.9	311 567	305 393	348 168	357 695	367 094	384 005
	0.85	62 561.2	11 007.9	325 142	317 460	363 252	372 779	382 178	399 089
1600	0.50	62 561.2	3809.0	304 320	305 180	334 643	343 426	348 313	367 224
	0.60	62 561.2	5484.9	326 191	324 621	358 944	367 728	372 614	391 525
	0.70	62 561.2	7465.5	352 039	347 597	387 664	396 447	401 334	420 245
	0.80	62 561.2	9750.9	381 863	374 107	420 802	429 585	434 472	453 383
	0.85	62 561.2	11 007.9	398 266	388 688	439 028	447 811	452 697	471 608

售电单价 1 元/kWh

变压器容量(kVA)	负荷率	A系数	B系数	SH(B)16-M-RL TOC值(元)	S14-M-RL TOC值(元)	S(B)H15-M TOC值(元)	S13-M TOC值(元)	S11 TOC值(元)	S9 TOC值(元)
400	0.50	88 363.3	5188.9	113 391	120 087	147 126	141 683	148 821	154 144
	0.60	88 363.3	7472.0	122 684	128 340	157 446	152 002	159 141	164 464
	0.70	88 363.3	10 170.2	133 665	138 094	169 642	164 198	171 337	176 660
	0.80	88 363.3	13 283.6	146 337	149 349	183 714	178 271	185 409	190 732
	0.85	88 363.3	14 995.9	153 306	155 539	191 454	186 010	193 149	198 472
500	0.50	88 363.3	5188.9	132 177	139 682	167 279	164 486	173 159	188 901
	0.60	88 363.3	7472.0	143 296	149 568	179 631	176 838	185 511	201 252
	0.70	88 363.3	10 170.2	156 436	161 251	194 228	191 435	200 108	215 850
	0.80	88 363.3	13 283.6	171 598	174 732	211 071	208 278	216 951	232 693
	0.85	88 363.3	14 995.9	179 937	182 147	220 335	217 542	226 215	241 957
630	0.50	88 363.3	5188.9	166 730	171 704	192 447	187 538	198 745	222 207
	0.60	88 363.3	7472.0	179 470	183 028	206 603	201 694	212 901	236 362
	0.70	88 363.3	10 170.2	194 526	196 411	223 332	218 422	229 630	253 091
	0.80	88 363.3	13 283.6	211 899	211 854	242 634	237 725	248 932	272 394
	0.85	88 363.3	14 995.9	221 453	220 347	253 251	248 342	259 549	283 011
800	0.50	88 363.3	5188.9	201 403	208 888	218 495	224 771	237 513	267 625
	0.60	88 363.3	7472.0	216 814	222 586	235 618	241 894	254 636	284 749
	0.70	88 363.3	10 170.2	235 027	238 776	255 855	262 131	274 873	304 985
	0.80	88363.3	13 283.6	256 042	257 456	279 205	285 481	298 223	328 335
	0.85	88 363.3	14 995.9	267 600	267 730	292 047	298 324	311 065	341 178
1000	0.50	88 363.3	5188.9	234 165	243 798	265 209	284 787	295 063	328 663
	0.60	88 363.3	7472.0	255 329	262 611	288 725	308 303	318 579	352 179
	0.70	88 363.3	10 170.2	280 341	284 844	316 517	336 095	346 371	379 971
	0.80	88 363.3	13 283.6	309 202	310 498	348 584	368 162	378 439	412 038
	0.85	88 363.3	14 995.9	325 075	324 608	366 221	385 799	396 076	429 675

续表

变压器容量(kVA)	负荷率	A系数	B系数	油浸式变压器					
				SH(B)16-M-RL TOC值(元)	S14-M-RL TOC值(元)	S(B)H15-M TOC值(元)	S13-M TOC值(元)	S11 TOC值(元)	S9 TOC值(元)
	0.50	88 363.3	5188.9	275 973	286 626	307 099	327 979	347 441	379 575
	0.60	88 363.3	7472.0	300 630	308 544	334 497	355 376	374 838	406 973
1250	0.70	88 363.3	10 170.2	329 771	334 447	366 875	387 755	407 217	439 351
	0.80	88 363.3	13 283.6	363 395	364 335	404 235	425 115	444 577	476 711
	0.85	88 363.3	14 995.9	381 888	380 773	424 783	445 663	465 125	497 259
	0.50	88 363.3	5188.9	338 584	351 376	370 908	393 624	403 413	437 547
	0.60	88 363.3	7472.0	368 379	377 860	404 013	426 729	436 518	470 653
1600	0.70	88 363.3	10 170.2	403 590	409 160	443 137	465 853	475 642	509 777
	0.80	88 363.3	13 283.6	444 219	445 274	488 281	510 997	520 786	554 920
	0.85	88 363.3	14 995.9	466 565	465 137	513 109	535 826	545 615	579 749

表 16.3-13 机械制造行业干式变压器经济评价表

变压器容量(kVA)	负荷率	A系数	B系数	SG(B)H16-RL TOC值(元)	SG(B)14-RL TOC值(元)	SC(B)H15 TOC值(元)	SC(B)13 TOC值(元)	SC(B)11 TOC值(元)	SC(B)9 TOC值(元)
售电单价 0.5 元/kWh									
	0.50	45 359.8	5555.8	1 137 660	1 089 566	1 163 772	1 160 317	1 162 163	1 165 884
	0.60	45 359.8	8000.4	1 146 925	1 098 342	1 173 525	1 170 071	1 171 916	1 176 200
400	0.70	45 359.8	10 889.5	1 157 875	1 108 714	1 185 053	1 181 599	1 183 444	1 188 391
	0.80	45 359.8	14 223.0	1 170 509	1 120 681	1 198 353	1 194 899	1 196 744	1 202 459
	0.85	45 359.8	16 056.4	1 177 457	1 127 263	1 205 669	1 202 215	1 204 060	1 210 196
	0.50	45 359.8	5555.8	1 393 059	1 340 343	1 437 620	1 420 475	1 425 712	1 426 323
	0.60	45 359.8	8000.4	1 404 389	1 351 075	1449 549	1 432 404	1 437 641	1 438 961
500	0.70	45 359.8	10 889.5	1 417 780	1 363 758	1 463 648	1 446 503	1 451 740	1 453 898
	0.80	45 359.8	14 223.0	1 433 231	1 378 392	1 479 915	1 462 770	1 468 007	1 471 132
	0.85	45 359.8	16 056.4	1 441 729	1 386 441	1 488 862	1 471 718	1 476 954	1 480 611
	0.50	45 359.8	5555.8	1 718 584	1 667 067	1 766 668	1 755 152	1 756 399	1 757 555
	0.60	45 359.8	8000.4	1 732 237	1 679 998	1 781 237	1 769 721	1 770 969	1 772 760
630	0.70	45 359.8	10 889.5	1 748 373	1 695 281	1 798 456	1 786 940	1 788 187	1 790 730
	0.80	45 359.8	14 223.0	1 766 990	1 712 916	1 818 324	1 806 808	1 808 055	1 811 464
	0.85	45 359.8	16 056.4	1 777 230	1 722 614	1 829 251	1 817 735	1 818 982	1 822 868
	0.50	45 359.8	5555.8	2 143 581	2 093 861	2 195 526	2 173 865	2 175 700	2 183 541
800	0.60	45 359.8	8000.4	2 159 740	2 109 176	2 212 540	2 190 879	2 192 714	2 201 533
	0.70	45 359.8	10 889.5	2 178 836	2 127 276	2 232 648	2 210 987	2 212 822	2 222 796

16

变压器容量(kVA)	负荷率	A系数	B系数	SG(B)H16-RL TOC值(元)	SG(B)14-RL TOC值(元)	SC(B)H15 TOC值(元)	SC(B)13 TOC值(元)	SC(B)11 TOC值(元)	SC(B)9 TOC值(元)
800	0.80	45 359.8	14 223.0	2 200 871	2 148 160	2 255 849	2 234 188	2 236 023	2 247 331
	0.85	45 359.8	16 056.4	2 212 990	2 159 647	2 268 609	2 246 949	2 248 784	2 260 825
1000	0.50	45 359.8	5555.8	2 648 278	2 613 130	2 706 472	2 685 709	2 686 811	2 689 457
	0.60	45 359.8	8000.4	26 671 87	2 631 012	2 726 347	2 705 583	2 706 686	2 710 505
	0.70	45 359.8	10 889.5	2 689 533	2 652 146	2 749 835	2 729 071	2 730 174	2 735 380
	0.80	45 359.8	14 223.0	2 715 318	2 676 530	2 776 936	2 756 172	2 757 275	2 764 081
	0.85	45 359.8	16 056.4	2 729 499	2 689 942	2 791 842	2 771 078	2 772 181	2 779 867
1250	0.50	45 359.8	5555.8	3 282 070	3 242 658	3 338 764	3 352 031	3 354 082	3 359 043
	0.60	45 359.8	8000.4	3 304 572	3 263 974	3 362 452	3 375 719	3 377 770	3 384 124
	0.70	45 359.8	10 889.5	3 331 166	3 289 167	3 390 447	3 403 714	3 405 765	3 413 766
	0.80	45 359.8	14 223.0	3 361 850	3 318 235	3 422 749	3 436 016	3 438 067	3 447 967
	0.85	45 359.8	16 056.4	33 78 727	3 334 223	3 440 515	3 453 782	3 455 833	3 466 778
1600	0.50	45 359.8	5555.8	4 154 562	4 135 871	4 229 812	4 244 244	4 256 470	4 259 365
	0.60	45 359.8	8000.4	4 181 807	4 161 673	4 258 487	4 273 919	4 285 145	4 289 727
	0.70	45 359.8	10 889.5	4 214 005	4 192 167	4 292 375	4 307 807	4 319 034	4 325 609
	0.80	45 359.8	14 223.0	4 251 157	4 227 352	4 331 477	4 346 909	4 358 136	4 367 011
	0.85	45 359.8	16 056.4	4 271 591	4 246 704	4 352 984	4 368 415	4 379 642	4 389 782
2000	0.50	45 359.8	5555.8	5 178 325	5 169 129	5 268 353	5 284 671	5 291 340	5 302 361
	0.60	45 359.8	8000.4	5 211 876	5 200 921	5 303 677	5 319 995	5 326 664	5 339 763
	0.70	45 359.8	10 889.5	5 251 528	5 238 493	5 345 423	5 361 741	5 368 411	5 383 965
	0.80	45 359.8	14 223.0	5 297 281	5 281 845	5 393 592	5 409 911	5 416 580	5 434 968
	0.85	45 359.8	16 056.4	5 322 445	5 305 689	5 420 085	5 436 404	5 443 073	5 463 019
2500	0.50	45 359.8	5555.8	6 435 936	6 416 436	6 540 714	6 546 919	6 549 578	6 568 333
	0.60	45 359.8	8000.4	6 475 807	6 454 217	6 582 687	6 588 892	6 591 551	6 612 775
	0.70	45 359.8	10 889.5	6 522 927	6 498 867	6 632 292	6 638 497	6 641 156	6 665 298
	0.80	45 359.8	14 223.0	6 577 297	6 550 386	6 689 528	6 695 733	6 698 392	6 725 901
	0.85	45 359.8	16 056.4	6 607 200	6 578 722	6 721 008	6 727 213	6 729 872	6 759 233
售电单价 0.6 元/kWh									
400	0.50	53 960.5	6549.2	1 144 091	1 099 196	1 170 401	1 171 032	1 174 555	1 179 536
	0.60	53 960.5	9430.8	1 155 013	1 109 541	1 181 899	1 182 530	1 186 053	1 191 697
	0.70	53 960.5	12 836.4	1 167 920	1 121 767	1 195 487	1 196 118	1 199 641	1 206 068
	0.80	53 960.5	16 765.9	1 182 813	1 135 874	1 211 166	1 211 797	1 215 320	1 222 651
	0.85	53 960.5	18 927.2	1 191 004	1 143 633	1 219 789	1 220 421	1 223 943	1 231 771

续表

变压器容量(kVA)	负荷率	A系数	B系数	SG(B)H16-RL TOC值(元)	SG(B)14-RL TOC值(元)	SC(B)H15 TOC值(元)	SC(B)13 TOC值(元)	SC(B)11 TOC值(元)	SC(B)9 TOC值(元)
500	0.50	53 960.5	6549.2	1 400 759	1 351 886	1 445 564	1 433 321	1 441 826	1 442 725
	0.60	53 960.5	9430.8	1 414 115	1 364 536	1 459 626	1 447 383	1 455 888	1 457 623
	0.70	53 960.5	12 836.4	1 429 900	1 379 487	1 476 245	1 464 003	1 472 508	1 475 230
	0.80	53 960.5	16 765.9	1 448 114	1 396 737	1 495 421	1 483 179	1 491 684	1 495 546
	0.85	53 960.5	18 927.2	1 458 131	1 406 225	1 505 968	1 493 726	1 502 231	1 506 719
630	0.50	53 960.5	6549.2	1 727 745	1 680 621	1 776 201	1 770 275	1 773 844	1 776 720
	0.60	53 960.5	9430.8	1 743 839	1 695 865	1 793 375	1 787 449	1 791 019	1 794 644
	0.70	53 960.5	12 836.4	1 762 859	1 713 880	1 813 672	1 807 747	1 811 316	1 815 827
	0.80	53 960.5	16 765.9	1 784 805	1 734 668	1 837 092	1 831 167	1 834 736	1 840 268
	0.85	53 960.5	18 927.2	1 796 876	1 746 101	1 849 973	1 844 048	1 847 617	1 853 711
800	0.50	53 960.5	6549.2	2 154 276	2 109 502	2 206 568	2 191 229	2 195 687	2 205 559
	0.60	53 960.5	9430.8	2 173 323	2 127 555	2 226 624	2 211 285	2 215 743	2 226 768
	0.70	53 960.5	12 836.4	2 195 834	2 148 891	2 250 327	2 234 988	2 239 446	2 251 833
	0.80	53 960.5	16 765.9	2 221 808	2 173 510	2 277 676	2 262 337	2 266 795	2 280 754
	0.85	53 960.5	18 927.2	2 236 094	2 187 050	2 292 718	2 277 379	2 281 837	2 296 661
1000	0.50	53 960.5	6549.2	2 660 692	2 631 362	2 719 279	2 705 954	2 710 110	2 715 125
	0.60	53 960.5	9430.8	2 682 981	2 652 442	2 742 706	2 729 382	2 733 538	2 739 936
	0.70	53 960.5	12 836.4	2 709 323	2 677 353	2 770 394	2 757 070	2 761 226	2 769 258
	0.80	53 960.5	16 765.9	2 739 718	2 706 098	2 802 341	2 789 017	2 793 173	2 803 092
	0.85	53 960.5	18 927.2	2 756 435	2 721 907	2 819 912	2 806 587	2 810 743	2 821 700
1250	0.50	53 960.5	6549.2	3 296 804	3 264 264	3 353 980	3 376 020	33 816 83	3 389 446
	0.60	53 960.5	9430.8	3 323 329	3 289 392	3 381 903	3 403 943	3 409 607	3 419 012
	0.70	53 960.5	12 836.4	3 354 678	3 319 088	3 414 904	3 436 943	3 442 607	3 453 953
	0.80	53 960.5	16 765.9	3 390 849	3 353 354	3 452 981	3 475 020	3 480 684	3 494 270
	0.85	53 960.5	18 927.2	3 410 743	3 372 200	3 473 923	3 495 963	3 501 626	3 516 444
1600	0.50	53 960.5	6549.2	4 172 169	4 161 536	4 248 001	4 272 753	4 289 194	4 295 441
	0.60	53 960.5	9430.8	4 204 285	4 191 951	4 281 802	4 307 555	4 322 996	4 331 231
	0.70	53 960.5	12 836.4	4 242 241	4 227 897	4 321 750	4 347 502	4 362 943	4 373 528
	0.80	53 960.5	16 765.9	4 286 035	4 269 373	4 367 843	4 393 596	4 409 036	4 422 333
	0.85	53 960.5	18 927.2	4 310 122	4 292 185	4 393 194	4 418 947	4 434 388	4 449 175
2000	0.50	53 960.5	6549.2	5 200 559	5 200 926	5 29 1307	5 320 010	5 331 926	5 349 726
	0.60	53 960.5	9430.8	5 240 110	5 238 402	5 332 947	5 361 650	5 373 566	5 393 815
	0.70	53 960.5	12 836.4	5 286 851	5 282 692	5 382 158	5 410 861	5 422 777	5 445 920
	0.80	53 960.5	16 765.9	5 340 784	5 333 795	5 438 939	5 467 642	5 479 558	5 506 042
	0.85	53 960.5	18 927.2	5 370 447	5 361 902	5 470 169	5 498 872	5 510 788	5 539 109

16

续表

变压器容量(kVA)	负荷率	A 系数	B 系数	SG(B)H16-RL TOC 值(元)	SG(B)14-RL TOC 值(元)	SC(B)H15 TOC 值(元)	SC(B)13 TOC 值(元)	SC(B)11 TOC 值(元)	SC(B)9 TOC 值(元)
2500	0.50	53 960.5	6549.2	6 462 458	6 454 064	6 568 091	6 588 744	6 597 596	6 620 795
	0.60	53 960.5	9430.8	6 509 458	6 498 600	6 617 569	6 638 222	6 647 074	6 673 183
	0.70	53 960.5	12 836.4	6 565 003	6 551 233	6 676 042	6 696 696	6 705 548	6 735 097
	0.80	53 960.5	16 765.9	6 629 094	6 611 964	6 743 512	6 764 166	6 773 018	6 806 535
	0.85	53 960.5	18 927.2	6 664 343	6 645 366	6 780 621	6 801 274	6 810 126	6 845 827

售电单价 0.7 元/kWh

变压器容量(kVA)	负荷率	A 系数	B 系数	SG(B)H16-RL TOC 值(元)	SG(B)14-RL TOC 值(元)	SC(B)H15 TOC 值(元)	SC(B)13 TOC 值(元)	SC(B)11 TOC 值(元)	SC(B)9 TOC 值(元)
400	0.50	62 561.2	7542.5	1 150 522	1 108 826	1 177 031	1 181 747	1 186 947	1 193 189
	0.60	62 561.2	10 861.3	1 163 100	1 120 740	1 190 273	1 194 989	1 200 189	1 207 194
	0.70	62 561.2	14 783.4	1 177 965	1 134 820	1 205 922	1 210 638	1 215 838	12 23 745
	0.80	62 561.2	19 308.9	1 195 117	1 151 067	1 223 979	1 228 695	1 233 895	1 242 843
	0.85	62 561.2	21 798.0	1 204 550	1 160 002	1 233 910	1 238 627	1 243 826	1 253 347
500	0.50	62 561.2	7542.5	1 408 459	1 363 428	1 453 507	1 446 167	1 457 941	1 459 128
	0.60	62 561.2	10 861.3	1 423 842	1 377 997	1 469 703	1 462 363	1 474 136	1 476 286
	0.70	62 561.2	14 783.4	1 442 021	1 395 215	1 488 843	1 481 503	1 493 276	1 496 563
	0.80	62 561.2	19 308.9	1 462 997	1 415 082	1 510 927	1 503 587	1 515 360	1 519 960
	0.85	62 561.2	21 798.0	1 474 533	1 426 009	1 523 074	1 515 734	1 527 507	1 532 828
630	0.50	62 561.2	7542.5	1 736 905	1 694 176	1 785 733	1 785 398	1 791 290	1 795 886
	0.60	62 561.2	10 861.3	1 755 440	1 711 732	1 805 513	1 805 178	1 811 069	1 816 528
	0.70	62 561.2	14 783.4	1 777 345	1 732 480	1 828 889	1 828 553	1 834 445	1 840 924
	0.80	62 561.2	19 308.9	1 802 620	1 756 420	1 855 861	1 855 526	1 861 417	1 869 073
	0.85	62 561.2	21 798.0	1 816 521	1 769 587	1 870 695	1 870 360	1 876 252	1 884 555
800	0.50	62 561.2	7542.5	2 164 970	2 125 143	2 217 610	2 208 592	2 215 674	2 227 577
	0.60	62 561.2	10 861.3	2 186 907	2 145 935	2 240 708	2 231 691	2 238 772	2 252 003
	0.70	62 561.2	14 783.4	2 212 832	2 170 507	2 268 006	2 258 989	2 266 070	2 280 870
	0.80	62 561.2	19 308.9	2 242 746	2 198 859	2 299 504	2 290 486	2 297 567	2 314 178
	0.85	62 561.2	21 798.0	2 259 198	2 214 453	2 316 827	2 307 810	2 314 891	2 332 497
1000	0.50	62 561.2	7542.5	2 673 106	2 649 595	2 732 085	2 726 200	2 733 410	2 740 794
	0.60	62 561.2	10 861.3	2 698 776	2 673 871	2 759 066	2 753 182	2 760 391	2 769 368
	0.70	62 561.2	14 783.4	2 729 114	2 702 561	2 790 953	2 785 068	2 792 278	2 803 137
	0.80	62 561.2	19 308.9	2 764 119	2 735 666	2 827 746	2 821 861	2 829 070	2 842 102
	0.85	62 561.2	21 798.0	2 783 371	2 753 873	2 847 981	2 842 097	2 849 306	2 863 533
1250	0.50	62 561.2	7542.5	3 311 538	3 285 870	3 369 196	3 400 009	3 409 284	3 419 850
	0.60	62 561.2	10 861.3	3 342 087	3 314 809	3 401 355	3 432 167	3 441 443	3 453 900
	0.70	62 561.2	14 783.4	3 378 190	3 349 010	3 439 360	3 470 173	3 479 448	3 494 141

续表

变压器容量（kVA）	负荷率	A 系数	B 系数	SG(B)H16-RL TOC值（元）	SG(B)14-RL TOC值（元）	SC(B)H15 TOC值（元）	SC(B)13 TOC值（元）	SC(B)11 TOC值（元）	SC(B)9 TOC值（元）
1250	0.80	62 561.2	19 308.9	3 419 848	3 388 473	3 483 212	3 514 025	3 523 301	3 540 573
	0.85	62 561.2	21 798.0	3 442 759	3 410 177	3 507 331	3 538 144	3 547 419	3 566 110
1600	0.50	62 561.2	7542.5	4 189 777	4 187 201	4 266 189	4 301 263	4 321 918	4 331 516
	0.60	62 561.2	10 861.3	4 226 764	4 222 230	4 305 118	4 341 191	4 360 846	4 372 735
	0.70	62 561.2	14 783.4	4 270 476	4 263 628	4 351 124	4 387 198	4 406 853	4 421 447
	0.80	62 561.2	19 308.9	4 320 913	4 311 395	4 404 209	4 440 282	4 459 937	4 477 654
	0.85	62 561.2	21 798.0	4 348 653	4 337 667	4 433 405	4 469 479	4 489 134	4 508 568
2000	0.50	62 561.2	7542.5	5 222 793	5 232 723	5 314 262	5 355 350	5 372 512	5 397 091
	0.60	62 561.2	10 861.3	5 268 343	5 275 883	5 362 217	5 403 305	5 420 468	5 447 867
	0.70	62 561.2	14 783.4	5 322 174	5 326 891	5 418 892	5 459 980	5 477 143	5 507 876
	0.80	62 561.2	19 308.9	5 384 287	5 385 745	5 484 286	5 525 374	5 542 536	5 577 116
	0.85	62 561.2	21 798.0	5 418 449	5 418 115	5 520 252	5 561 341	5 578 503	5 615 199
2500	0.50	62 561.2	7542.5	6 488 981	6 491 692	6 595 467	6 630 570	6 645 614	6 673 257
	0.60	62 561.2	10 861.3	6 543 109	6 542 983	6 652 450	6 687 553	6 702 597	6 733 591
	0.70	62 561.2	14 783.4	6 607 079	6 603 599	6 719 793	6 754 896	6 769 940	6 804 895
	0.80	62 561.2	19 308.9	6 680 890	6 673 541	6 797 496	6 832 599	6 847 643	6 887 170
	0.85	62 561.2	21 798.0	6 721 487	6 712 009	6 840 233	6 875 336	6 890 380	6 932 420
售电单价1元/kWh									
400	0.50	88 363.3	10 522.6	1 169 815	1 137 714	1 196 920	1 213 893	1 224 123	1 234 147
	0.60	88 363.3	15 152.5	1 187 363	1 154 336	1 215 393	1 232 366	1 242 597	1 253 686
	0.70	88 363.3	20 624.3	1 208 101	1 173 980	1 237 226	1 254 198	1 264 429	1 276 776
	0.80	88 363.3	26 937.9	1 232 029	1 196 645	1 262 417	1 279 389	1 289 620	1 303 420
	0.85	88 363.3	30 410.3	1 245 190	1 209 111	1 276 272	1 293 245	1 303 475	1 318 073
500	0.50	88 363.3	10 522.6	1 431 561	1 398 055	1 477 339	1 484 706	1 506 284	1 508 335
	0.60	88 363.3	15 152.5	1 453 021	1 418 381	1 499 933	1 507 300	1 528 878	1 532 272
	0.70	88 363.3	20 624.3	1 478 382	1 442 402	1 526 635	1 534 002	1 555 580	1 560 561
	0.80	88 363.3	26 937.9	1 507 645	1 470 118	1 557 445	1 564 812	1 586 390	1 593 202
	0.85	88 363.3	30 410.3	1 523 740	1 485 362	1 574 391	1 581 758	1 603 336	1 611 155
630	0.50	88 363.3	10 522.6	1 764 385	1 734 839	1 814 331	1 830 767	1 843 625	1 853 383
	0.60	88 363.3	15 152.5	1 790 243	1 759 331	1 841 926	1 858 362	1 871 220	1 882 181
	0.70	88 363.3	20 624.3	1 820 803	1 788 277	1 874 537	1 890 973	1 903 832	1 916 216
	0.80	88 363.3	26 937.9	1 856 064	1 821 676	1 912 166	1 928 602	1 941 460	1 955 486
	0.85	88 363.3	30 410.3	1 875 458	1 840 045	1 932 862	1 949 298	1 962 156	1 977 085

16

续表

变压器容量(kVA)	负荷率	A 系数	B 系数	SG(B) H16-RL TOC值(元)	SG(B) 14-RL TOC值(元)	SC(B)H15 TOC值(元)	SC(B)13 TOC值(元)	SC(B)11 TOC值(元)	SC(B)9 TOC值(元)
800	0.50	88 363.3	10 522.6	2 197 053	2 172 066	2 250 736	2 260 683	2 275 634	2 293 632
	0.60	88 363.3	15 152.5	2 227 657	2 201 073	2 282 960	2 292 907	2 307 858	2 327 708
	0.70	88 363.3	20 624.3	2 263 825	2 235 353	2 321 044	2 330 991	2 345 942	2 367 980
	0.80	88 363.3	26 937.9	2 305 558	2 274 908	2 364 986	2 374 933	2 389 884	2 414 448
	0.85	88 363.3	30 410.3	2 328 511	2 296 663	2 389 154	2 399 102	2 414 052	2 440 005
1000	0.50	88 363.3	10 522.6	2 710 348	2 704 291	2 770 504	2 786 938	2 803 307	2 817 798
	0.60	88 363.3	15 152.5	2 746 160	2 738 159	2 808 145	2 824 580	2 840 949	2 857 662
	0.70	88 363.3	20 624.3	2 788 484	2 778 185	2 852 631	2 869 065	2 885 434	2 904 774
	0.80	88 363.3	26 937.9	2 837 320	2 824 369	2 903 960	2 920 394	2 936 763	2 959 133
	0.85	88 363.3	30 410.3	2 864 179	2 849 770	2 932 191	2 948 625	2 964 994	2 989 031
1250	0.50	88 363.3	10 522.6	3 355 741	3 350 688	3 414 844	3 471 975	3 492 088	3 511 060
	0.60	88 363.3	15 152.5	3 398 360	3 391 061	3 459 709	3 516 839	3 536 952	3 558 563
	0.70	88 363.3	20 624.3	3 448 727	3 438 775	3 512 730	3 569 860	3 589 973	3 614 703
	0.80	88 363.3	26 937.9	3 506 843	3 493 829	3 573 908	3 631 039	3 651 151	3 679 480
	0.85	88 363.3	30 410.3	3 538 807	3 524 109	3 607 556	3 664 687	3 684 800	3 715 108
1600	0.50	88 363.3	10 522.6	4 242 599	4 264 196	4 320 755	4 386 791	4 420 089	4 439 742
	0.60	88 363.3	15 152.5	4 294 200	4 313 065	4 375 064	4 442 100	4 474 398	4 497 246
	0.70	88 363.3	20 624.3	4 355 183	4 370 819	4 439 248	4 506 284	4 538 582	4 565 205
	0.80	88 363.3	26 937.9	4 425 547	4 437 459	4 513 306	4 580 342	4 612 640	4 643 620
	0.85	88 363.3	30 410.3	4 464 248	4 474 111	4 554 038	4 621 074	4 653 372	4 686 747
2000	0.50	88 363.3	10 522.6	5 289 497	5 328 115	5 383 126	5 461 369	5 494 270	5 539 185
	0.60	88 363.3	15 152.5	5 353 043	5 388 327	5 450 028	5 528 272	5 561 173	5 610 024
	0.70	88 363.3	20 624.3	5 428 143	5 459 487	5 529 095	5 607 338	5 640 240	5 693 741
	0.80	88 363.3	26 937.9	5 514 796	5 541 595	5 620 326	5 698 569	5 731 471	5 790 339
	0.85	88 363.3	30 410.3	5 562 456	5 586 754	5 670 503	5 748 746	5 781 648	5 843 467
2500	0.50	88 363.3	10 522.6	6 568 548	6 604 576	6 677 597	6 756 048	6 789 669	6 830 643
	0.60	88 363.3	15 152.5	6 644 062	6 676 132	6 757 094	6 835 544	6 869 166	6 914 815
	0.70	88 363.3	20 624.3	6 733 307	6 760 698	6 851 044	6 929 494	6 963 116	7 014 291
	0.80	88 363.3	26 937.9	6 836 281	6 858 274	6 959 447	7 037 898	7 071 519	7 129 072
	0.85	88 363.3	30 410.3	6 892 917	6 911 941	7 019 070	7 097 520	7 131 141	7 192 201

表 16.3-14　　　　　　　　　　　城市生活行业干式变压器经济评价表

变压器容量(kVA)	负荷率	A 系数	B 系数	SG(B)H16-RL TOC值(元)	SG(B)14-RL TOC值(元)	SC(B)H15 TOC值(元)	SC(B)13 TOC值(元)	SC(B)11 TOC值(元)	SC(B)9 TOC值(元)
400	0.50	45 359.8	2889.0	1 127 553	1 079 992	1 153 131	1 149 677	1 151 522	1 154 630
	0.60	45 359.8	4160.1	1 132 371	1 084 556	1 158 203	1 154 749	1 156 594	1 159 994
	0.70	45 359.8	5662.4	1 138 064	1 089 949	1 164 197	1 160 743	1 162 588	1 166 333
	0.80	45 359.8	7395.8	1 144 634	1 096 172	1 171 113	1 167 659	1 169 504	1 173 648
	0.85	45 359.8	8349.2	1 148 247	1 099 594	1 174 917	1 171 463	1 173 308	1 177 672
500	0.50	45 359.8	2889.0	1 380 698	1 328 636	1 424 606	1 407 461	1 412 697	1 412 535
	0.60	45 359.8	4160.1	1 386 590	1 334 216	1 430 809	1 413 664	1 418 901	1 419 107
	0.70	45 359.8	5662.4	1 393 553	1 340 811	1 438 140	1 420 995	1 426 232	1 426 874
	0.80	45 359.8	7395.8	1 401 587	1 348 421	1 446 599	1 429 454	1 434 691	1 435 835
	0.85	45 359.8	8349.2	1 406 006	1 352 606	1 451 251	1 434 106	1 439 343	1 440 764
630	0.50	45 359.8	2889.0	1 703 690	1 652 959	1 750 773	1 739 257	1 740 504	1 740 967
	0.60	45 359.8	4160.1	1 710 789	1 659 683	1 758 349	1 746 833	1 748 081	1 748 873
	0.70	45 359.8	5662.4	1 719 180	1 667 630	1 767 303	1 755 787	1 757 034	1 758 218
	0.80	45 359.8	7395.8	1 728 861	1 676 800	1 777 634	1 766 118	1 767 365	1 768 999
	0.85	45 359.8	8349.2	1 734 185	1 681 843	1 783 316	1 771 800	1 773 047	1 774 929
800	0.50	45 359.8	2889.0	2 125 953	2 077 153	2 176 964	2 155 304	2 157 139	2 163 913
	0.60	45 359.8	4160.1	2 134 356	2 085 117	2 185 812	2 164 151	2 165 986	2 173 268
	0.70	45 359.8	5662.4	2 144 286	2 094 528	2 196 267	2 174 607	2 176 442	2 184 325
	0.80	45 359.8	7395.8	2 155 743	2 105 388	2 208 332	2 186 671	2 188 506	2 197 083
	0.85	45 359.8	8349.2	2 162 045	2 111 361	2 214 967	2 193 307	2 195 142	2 204 100
1000	0.50	45 359.8	2889.0	2 627 650	2 593 622	2 684 791	2 664 027	2 665 130	2 666 496
	0.60	45 359.8	4160.1	2 637 482	2 602 921	2 695 125	2 674 362	2 675 464	2 677 440
	0.70	45 359.8	5662.4	2 649 102	2 613 910	2 707 339	2 686 575	2 687 678	2 690 375
	0.80	45 359.8	7395.8	2 662 510	2 626 590	2 721 431	2 700 668	2 701 770	2 705 299
	0.85	45 359.8	8349.2	2 669 884	2 633 563	2 729 182	2 708 418	2 709 521	2 713 508
1250	0.50	45 359.8	2889.0	3 257 521	3 219 403	3 312 922	3 326 189	3 328 241	3 331 681
	0.60	45 359.8	4160.1	3 269 222	3 230 487	3 325 240	3 338 507	3 340 558	3 344 723
	0.70	45 359.8	5662.4	3 283 051	3 243 587	3 339 797	3 353 064	3 355 115	3 360 136
	0.80	45 359.8	7395.8	3 299 007	3 258 702	3 356 594	3 369 861	3 371 912	3 377 921
	0.85	45 359.8	8349.2	3 307 782	3 267 016	3 365 832	3 379 099	3 381 150	3 387 702
1600	0.50	45 359.8	2889.0	4 124 840	4 107 722	4 198 530	4 212 962	4 225 188	4 226 243
	0.60	45 359.8	4160.1	4 139 007	4 121 139	4 213 441	4 228 872	4 240 099	4 242 031
	0.70	45 359.8	5662.4	4 155 750	4 136 996	4 231 062	4 246 494	4 257 720	4 260 689

16

变压器容量(kVA)	负荷率	A 系数	B 系数	SG(B)H16-RL TOC 值(元)	SG(B)14-RL TOC 值(元)	SC(B)H15 TOC 值(元)	SC(B)13 TOC 值(元)	SC(B)11 TOC 值(元)	SC(B)9 TOC 值(元)
1600	0.80	45 359.8	7395.8	4 175 068	4 155 292	4 251 395	4 266 827	4 278 053	4 282 218
	0.85	45 359.8	8349.2	4 185 694	4 165 354	4 262 578	4 278 010	4 289 236	4 294 059
2000	0.50	45 359.8	2889.0	5 141 722	5 134 447	5 229 817	5 246 135	5 252 804	5 261 558
	0.60	45 359.8	4160.1	5 159 169	5 150 978	5 248 185	5 264 503	5 271 172	5 281 007
	0.70	45 359.8	5662.4	5 179 787	5 170 515	5 269 893	5 286 211	5 292 880	5 303 992
	0.80	45 359.8	7395.8	5 203 578	5 193 058	5 294 940	5 311 258	5 317 928	5 330 513
	0.85	45 359.8	8349.2	5 216 663	5 205 457	5 308 716	5 325 034	5 331 704	5 345 099
2500	0.50	45 359.8	2889.0	6 392 440	6 375 220	6 494 924	6 501 129	6 503 788	6 519 850
	0.60	45 359.8	4160.1	6 413 172	6 394 865	6 516 750	6 522 954	6 525 614	6 542 959
	0.70	45 359.8	5662.4	6 437 674	6 418 083	6 542 544	6 548 749	6 551 408	6 570 271
	0.80	45 359.8	7395.8	6 465 946	6 444 873	6 572 306	6 578 511	6 581 170	6 601 784
	0.85	45 359.8	8349.2	6 481 495	6 459 607	6 588 676	6 594 880	6 597 539	6 619 116
售电单价 0.6 元/kWh									
400	0.50	53 960.5	3349.0	1 131 963	1 087 707	1 157 632	1 158 264	1 161 786	1 166 031
	0.60	53 960.5	4822.5	1 137 547	1 092 997	1 163 512	1 164 143	1 167 665	1 172 250
	0.70	53 960.5	6564.0	1 144 147	1 099 249	1 170 460	1 171 091	1 174 614	1 179 599
	0.80	53 960.5	8573.4	1 151 763	1 106 463	1 178 478	1 179 109	1 182 631	1 188 078
	0.85	53 960.5	9678.5	1 155 952	1 110 430	1 182 887	1 183 518	1 187 041	1 192 742
500	0.50	53 960.5	3349.0	1 385 926	1 337 837	1 429 946	1 417 704	1 426 209	1 426 180
	0.60	53 960.5	4822.5	1 392 756	1 344 306	1 437 137	1 424 895	1 433 400	1 433 798
	0.70	53 960.5	6564.0	1 400 828	1 351 951	1 445 636	1 433 393	1 441 898	1 442 802
	0.80	53 960.5	8573.4	1 410 141	1 360 772	1 455 441	1 443 199	1 451 704	1 453 190
	0.85	53 960.5	9678.5	1 415 263	1 365 623	1 460 835	1 448 592	1 457 097	1 458 904
630	0.50	53 960.5	3349.0	1 709 871	1 663 692	1 757 127	1 751 202	1 754 771	1 756 815
	0.60	53 960.5	4822.5	1 718 101	1 671 487	1 765 910	1 759 984	1 763 553	1 765 980
	0.70	53 960.5	6564.0	1 727 827	1 680 699	1 776 289	1 770 363	1 773 932	1 776 812
	0.80	53 960.5	8573.4	1 739 050	1 691 329	1 788 265	1 782 339	1 785 908	1 789 311
	0.85	53 960.5	9678.5	1 745 222	1 697 175	1 794 851	1 788 926	1 792 495	1 796 185
800	0.50	53 960.5	3349.0	2 133 122	2 089 452	2 184 294	2 168 955	2 173 413	2 182 005
	0.60	53 960.5	4822.5	2 142 862	2 098 684	2 194 550	2 179 211	2 183 669	2 192 851
	0.70	53 960.5	6564.0	2 154 373	2 109 594	2 206 671	2 191 332	2 195 790	2 205 668
	0.80	53 960.5	8573.4	2 167 655	2 122 183	2 220 656	2 205 317	2 209 775	2 220 457
	0.85	53 960.5	9678.5	2 174 960	2 129 107	2 228 348	2 213 009	2 217 467	2 228 591

变压器容量（kVA）	负荷率	A系数	B系数	SG(B)H16-RL TOC值（元）	SG(B)14-RL TOC值（元）	SC(B)H15 TOC值（元）	SC(B)13 TOC值（元）	SC(B)11 TOC值（元）	SC(B)9 TOC值（元）
1000	0.50	53 960.5	3349.0	2 635 938	2 607 953	2 693 261	2 679 937	2 684 093	2 687 571
	0.60	53 960.5	4822.5	2 647 336	2 618 732	2 705 241	2 691 917	2 696 073	2 700 259
	0.70	53 960.5	6564.0	2 660 806	2 631 471	2 719 399	2 706 075	2 710 231	2 715 253
	0.80	53 960.5	8573.4	2 676 349	2 646 169	2 735 735	2 722 411	2 726 567	2 732 554
	0.85	53 960.5	9678.5	2 684 897	2 654 253	2 744 720	2 731 396	2 735 552	2 742 069
1250	0.50	53 960.5	3349.0	3 267 346	3 236 358	3 322 970	3 345 010	3 350 673	3 356 612
	0.60	53 960.5	4822.5	3 280 910	3 249 207	3 337 249	3 359 289	3 364 952	3 371 731
	0.70	53 960.5	6564.0	3 296 940	3 264 393	3 354 124	3 376 163	3 381 827	3 389 598
	0.80	53 960.5	8573.4	3 315 436	3 281 915	3 373 594	3 395 634	3 401 298	3 410 214
	0.85	53 960.5	9678.5	3 325 609	3 291 552	3 384 303	3 406 343	3 412 007	3 421 553
1600	0.50	53 960.5	3349.0	4 136 503	4 127 757	4 210 462	4 235 215	4 251 655	4 255 694
	0.60	53 960.5	4822.5	4 152 926	4 143 311	4 227 747	4 253 499	4 268 940	4 273 995
	0.70	539 60.5	6564.0	4 172 334	4 161 692	4 248 174	4 273 927	4 289 367	4 295 624
	0.80	53 960.5	8573.4	4 194 729	4 182 901	4 271 744	4 297 497	4 312 937	4 320 581
	0.85	53 960.5	9678.5	4 207 046	4 194 566	4 284 708	4 310 460	4 325 901	4 334 307
2000	0.50	53 960.5	3349.0	5 156 636	5 159 307	5 245 064	5 273 767	5 285 683	5 300 762
	0.60	53 960.5	4822.5	5 176 860	5 178 471	5 266 357	5 295 060	5 306 976	5 323 308
	0.70	53 960.5	6564.0	5 200 762	5 201 119	5 291 521	5 320 224	5 332 140	5 349 952
	0.80	53 960.5	8573.4	5 228 341	5 227 251	5 320 556	5 349 260	5 361 175	5 380 696
	0.85	53 960.5	9678.5	5 243 509	5 241 623	5 336 526	5 365 229	5 377 145	5 397 605
2500	0.50	53 960.5	3349.0	6 410 263	6 404 605	6 513 143	6 533 797	6 542 648	6 562 615
	0.60	53 960.5	4822.5	6 434 296	6 427 378	6 538 444	6 559 097	6 567 949	6 589 404
	0.70	53 960.5	6564.0	6 462 700	6 454 293	6 568 345	6 588 998	6 597 850	6 621 064
	0.80	53 960.5	8573.4	6 495 473	6 485 348	6 602 846	6 623 499	6 632 351	6 657 594
	0.85	53 960.5	9678.5	6 513 498	6 502 428	6 621 821	6 642 475	6 651 327	6 677 686
售电单价 0.7 元/kWh									
400	0.50	62 561.2	3809.0	1 136 372	1 095 422	1 162 134	1 166 850	1 172 050	1 177 433
	0.60	62 561.2	5484.9	1 142 724	1 101 439	1 168 821	1 173 537	1 178 737	1 184 506
	0.70	62 561.2	7465.5	1 150 231	1 108 549	1 176 724	1 181 440	1 186 640	1 192 864
	0.80	62 561.2	9750.9	1 158 892	1 116 754	1 185 842	1 190 559	1 195 758	1 202 508
	0.85	62 561.2	11 007.9	1 163 656	1 121 266	1 190 858	1 195 574	1 200 774	1 207 813
500	0.50	62 561.2	3809.0	1 391 154	1 347 038	1 435 287	1 427 947	1 439 721	1 439 825
	0.60	62 561.2	5484.9	1 398 922	1 354 395	1 443 466	1 436 126	1 447 899	1 448 490
	0.70	62 561.2	7465.5	1 408 103	1 363 090	1 453 132	1 445 791	1 457 565	1 458 730

续表

变压器容量(kVA)	负荷率	A系数	B系数	SG(B)H16-RL TOC值(元)	SG(B)14-RL TOC值(元)	SC(B)H15 TOC值(元)	SC(B)13 TOC值(元)	SC(B)11 TOC值(元)	SC(B)9 TOC值(元)
500	0.80	62 561.2	9750.9	1 418 695	1 373 123	1 464 284	1 456 944	1 468 717	1 470 545
	0.85	62 561.2	11 007.9	1 424 521	1 378 641	1 470 418	1 463 078	1 474 851	1 477 044
630	0.50	62 561.2	3809.0	1 716 053	1 674 425	1 763 481	1 763 146	1 769 037	1 772 663
	0.60	62 561.2	5484.9	1 725 413	1 683 291	1 773 470	1 773 134	1 779 026	1 783 087
	0.70	62 561.2	7465.5	1 736 475	1 693 768	1 785 274	1 784 939	1 790 831	1 795 407
	0.80	62 561.2	9750.9	1 749 238	1 705 858	1 798 895	1 798 560	1 804 451	1 809 622
	0.85	62 561.2	11 007.9	1 756 259	1 712 507	1 806 386	1 806 051	1 811 943	1 817 440
800	0.50	62 561.2	3809.0	2 140 291	2 101 752	2 191 624	2 182 606	2 189 688	2 200 098
	0.60	62 561.2	5484.9	2 151 369	2 112 252	2 203 289	2 194 271	2 201 352	2 212 433
	0.70	62 561.2	7465.5	2 164 461	2 124 660	2 217 074	2 208 056	2 215 138	2 227 010
	0.80	62 561.2	9750.9	2 179 567	2 138 978	2 232 980	2 223 963	2 231 044	2 243 831
	0.85	62 561.2	11 007.9	2 187 876	2 146 853	2 241 728	2 232 711	2 239 792	2 253 082
1000	0.50	62 561.2	3809.0	2 644 226	2 622 283	2 701 731	2 695 846	2 703 056	2 708 647
	0.60	62 561.2	5484.9	2 657 190	2 634 543	2 715 356	209 472	2 716 681	2 723 077
	0.70	62 561.2	7465.5	2 672 510	2 649 031	2 731 459	2 725 574	2 732 784	2 740 131
	0.80	62 561.2	9750.9	2 690 187	2 665 749	2 750 039	2 744 154	2 751 364	2 759 808
	0.85	62 561.2	11 007.9	2 699 910	2 674 943	2 760 258	2 754 373	2 761 583	2 770 630
1250	0.50	62 561.2	3809.0	3 277 170	3 253 313	3 333 018	3 363 830	3 373 106	3 381 543
	0.60	62 561.2	5484.9	3 292 597	3 267 927	3 349 258	3 380 070	3 389 346	3 398 738
	0.70	62 561.2	7465.5	3 310 829	3 285 198	3 368 450	3 399 263	3 408 538	3 419 060
	0.80	62 561.2	9750.9	3 331 866	3 305 127	3 390 595	3 421 408	3 430 684	3 442 507
	0.85	62 561.2	11 007.9	3 343 436	3 316 087	3 402 775	3 433 588	3 442 863	3 455 404
1600	0.50	62 561.2	3809.0	4 148 166	4 147 793	4 222 394	4 257 468	4 278 123	4 285 145
	0.60	62 561.2	5484.9	4 166 844	4 165 482	4 242 053	4 278 126	4 297 781	4 305 960
	0.70	62 561.2	7465.5	4 188 919	4 186 388	4 265 286	4 301 359	4 321 014	4 330 560
	0.80	62 561.2	9750.9	4 214 389	4 210 510	4 292 093	4 328 167	4 347 822	4 358 944
	0.85	62 561.2	11 007.9	4 228 398	4 223 777	4 306 837	4 342 911	4 362 566	4 374 555
2000	0.50	62 561.2	3809.0	5 171 550	5 184 168	5 260 311	5 301 400	5 318 562	5 339 967
	0.60	62 561.2	5484.9	5 194 552	5 205 964	5 284 529	5 325 617	5 342 779	5 365 609
	0.70	62 561.2	7465.5	5 221 737	5 231 722	5 313 149	5 354 237	5 371 400	5 395 913
	0.80	62 561.2	9750.9	5 253 103	5 261 443	5 346 173	5 387 261	5 404 423	5 430 879
	0.85	62 561.2	11 007.9	5 270 355	5 277 790	5 364 336	5 405 424	5 422 586	5 450 110
2500	0.50	62 561.2	3809.0	6 428 086	6 433 989	6 531 362	6 566 464	6 581 509	6 605 380
	0.60	62 561.2	5484.9	6 455 420	6 459 891	6 560 137	6 595 240	6 610 284	6 635 849
	0.70	62 561.2	7465.5	6 487 725	6 490 502	6 594 145	6 629 248	6 644 292	6 671 857
	0.80	62 561.2	9750.9	6 524 999	6 525 822	6 633 385	6 668 488	6 683 532	6 713 405
	0.85	62 561.2	11 007.9	6 545 500	6 545 249	6 654 967	6 690 070	6 705 114	6 736 256

16

续表

变压器容量 (kVA)	负荷率	A 系数	B 系数	SG(B) H16-RL TOC 值 (元)	SG(B) 14-RL TOC 值 (元)	SC(B)H15 TOC 值 (元)	SC(B)13 TOC 值 (元)	SC(B)11 TOC 值 (元)	SC(B)9 TOC 值 (元)
				售电单价 1 元/kWh					
400	0.50	88 363.3	5188.9	1 149 601	1 118 566	1 175 638	1 192 611	1 202 842	1 211 639
	0.60	88 363.3	7472.0	1 158 254	1 126 763	1 184 748	1 201 721	1 211 952	1 221 274
	0.70	88 363.3	10 170.2	1 168 480	1 136 449	1 195 514	1 212 487	1 222 717	1 232 660
	0.80	88 363.3	13 283.6	1 180 279	1 147 626	1 207 936	1 224 909	1 235 140	1 245 798
	0.85	88 363.3	14 995.9	1 186 769	1 153 774	1 214 768	1 231 741	1 241 972	1 253 024
500	0.50	88 363.3	5188.9	1 406 839	1 374 640	1 451 310	1 458 677	1 480 255	1 480 760
	0.60	88 363.3	7472.0	1 417 421	1 384 663	1 462 452	1 469 819	1 491 397	1 492 564
	0.70	88 363.3	10 170.2	1 429 927	1 396 508	1 475 619	1 482 986	1 504 564	1 506 514
	0.80	88 363.3	13 283.6	1 444 358	1 410 176	1 490 812	1 498 179	1 519 757	1 522 610
	0.85	88 363.3	14 995.9	1 452 294	1 417 693	1 499 168	1 506 536	1 528 114	1 531 462
630	0.50	88 363.3	5188.9	1 734 596	1 706 624	1 782 542	1 798 978	1 811 837	1 820 207
	0.60	88 363.3	7472.0	1 747 348	1 718 701	1 796 150	1 812 586	1 825 444	1 834 408
	0.70	88 363.3	10 170.2	1 762 417	1 732 975	1 812 231	1 828 667	1 841 525	1 851 191
	0.80	88 363.3	13 283.6	1 779 805	1 749 445	1 830 787	1 847 223	1 860 081	1 870 556
	0.85	88 363.3	14 995.9	1 789 369	1 758 503	1 840 992	1 857 428	1 870 286	1 881 207
800	0.50	88 363.3	5188.9	2 161 797	2 138 651	2 213 613	2 223 560	2 238 511	2 254 376
	0.60	88 363.3	7472.0	2 176 889	2 152 954	2 229 504	2 239 451	2 254 402	2 271 180
	0.70	88 363.3	10 170.2	2 194 724	2 169 859	2 248 283	2 258 231	2 273 181	2 291 038
	0.80	88 363.3	13 283.6	2 215 303	2 189 364	2 269 952	2 279 899	2 294 850	2 313 953
	0.85	88 363.3	14 995.9	2 226 622	2 200 091	2 281 870	2 291 817	2 306 768	2 326 555
1000	0.50	883 63.3	5188.9	2 669 091	2 665 275	2 727 141	2 743 575	2 759 944	2 771 875
	0.60	88 363.3	7472.0	2 686 751	2 681 976	2 745 703	2 762 137	2 778 506	2 791 532
	0.70	88 363.3	10 170.2	2 707 622	2 701 714	2 767 639	2 784 073	2 800 442	2 814 764
	0.80	88 363.3	13 283.6	2 731 704	2 724 488	2 792 951	2 809 385	2 825 754	2 841 570
	0.85	88 363.3	14 995.9	2 744 948	2 737 014	2 806 872	2 823 306	2 839 675	2 856 313
1250	0.50	88 363.3	5188.9	3 306 644	3 304 178	3 363 161	3 420 291	3 440 404	3 456 336
	0.60	88 363.3	7472.0	3 327 660	3 324 087	3 385 284	3 442 415	3 462 527	3 479 761
	0.70	88 363.3	10 170.2	3 352 497	3 347 615	3 411 430	3 468 560	3 488 673	3 507 445
	0.80	88 363.3	13 283.6	3 381 156	3 374 764	3 441 598	3 498 729	3 518 841	3 539 387
	0.85	88 363.3	14 995.9	3 396 918	3 389 695	3 458 191	3 515 321	3 535 434	3 556 956
1600	0.50	883 63.3	5188.9	4 183 155	4 207 899	4 258 190	4 324 226	4 357 524	4 373 497
	0.60	88 363.3	7472.0	4 208 600	4 231 997	4 284 971	4 352 007	4 384 305	4 401 854
	0.70	88 363.3	10 170.2	4 238 672	4 260 477	4 316 621	4 383 657	4 415 956	4 435 366
	0.80	88 363.3	13 283.6	4 273 370	4 293 338	4 353 141	4 420 177	4 452 475	4 474 033
	0.85	88 363.3	14 995.9	4 292 454	4 311 412	4 373 227	4 440 263	4 472 561	4 495 300
2000	0.50	88 363.3	5188.9	5 216 292	5 258 750	5 306 054	5 384 297	5 417 198	5 457 580
	0.60	88 363.3	7472.0	5 247 627	5 288 442	5 339 045	5 417 288	5 450 189	5 492 511

变压器容量 (kVA)	负荷率	A 系数	B 系数	SG(B)H16-RL TOC 值(元)	SG(B)14-RL TOC 值(元)	SC(B)H15 TOC 值(元)	SC(B)13 TOC 值(元)	SC(B)11 TOC 值(元)	SC(B)9 TOC 值(元)
2000	0.70	88 363.3	10 170.2	5 284 660	5 323 532	5 378 034	5 456 277	5 489 179	5 533 794
	0.80	88 363.3	13 283.6	5 327 391	5 364 021	5 423 022	5 501 265	5 534 166	5 581 428
	0.85	88 363.3	14 995.9	5 350 893	5 386 290	5 447 765	5 526 008	5 558 910	5 607 627
2500	0.50	88 363.3	5188.9	6 481 555	6 522 144	6 586 018	6 664 468	6 698 090	6 733 676
	0.60	88 363.3	7472.0	6 518 793	6 557 429	6 625 219	6 703 669	6 737 291	6 775 183
	0.70	88 363.3	10 170.2	6 562 801	6 599 130	6 671 547	6 749 998	6 783 619	6 824 236
	0.80	88 363.3	13 283.6	6 613 579	6 647 247	6 725 003	6 803 454	6 837 075	6 880 837
	0.85	88 363.3	14 995.9	6 641 507	6 673 711	6 754 404	6 832 854	6 866 476	6 911 967

16.4 配电线路节能设计

16.4.1 配电线路节能的原则和措施

(1) 配电线路导体通过电流时,将产生电能损耗,其值与导体材料、导体截面积和线路长度等因素有关。根据电力部门统计,全国输配电线路损耗约占总发电量的 6.9%,2014 年的年损耗值高达 4000×10^8 kWh;如何降低线损,是输配电系统节能的一个十分重要课题。

(2) 降低线损应在以下原则的基础上实施。

1) 保证或有利用电安全;

2) 有利于提高供电可靠性;

3) 经济合理。

(3) 降低线损应采取以下措施。

1) 降压变压器靠近负荷中心,以缩短低一级电压的线路距离;

2) 除需要减轻导体重量及外界影响外,在经济合理条件下,应采用电导率高的铜导体;

3) 在满足导体载流量和线路电压降等技术条件下,导体截面积宜适当加大,以降低线损;使在生命周期累计降低线损的费用能合理补偿加大截面积所增加的费用,达到经济合理,此方法称为"按经济电流选择导体截面积",即是在经济合理的原则下节能。

16.4.2 按经济电流选择导体截面积

(1) 按经济电流选择导体截面积的含义。

1) 按电缆初建投资费(含电缆及其附件的购置费和施工安装费)和电缆寿命期限内运行中累积的电能损耗费之和最小的原则确定的电缆截面积;

2) 用图 16.4-1 说明:图中曲线 2 表示电缆的初建投资费,曲线 3 表示电缆寿命期限内运行中累积的电能损耗费,截面积加大,初建费增加,但电能损耗费减少;曲线 1 是两者之和。曲线 1 之最低点就是总费用最低,因此,该点在横坐标上所对应的电缆截面积,其总费用最少,即是最经济的选择,既节能又最经济合理。曲线 1 表示的总费用在 IEC 标准中称为"总拥有费用",即"TOC"。

曲线 1 最低点的总费用最低，该点附近的点近乎最小值，因此，对应的电缆截面积可以认为是一个范围，可在此范围内选择一个标称的规格。

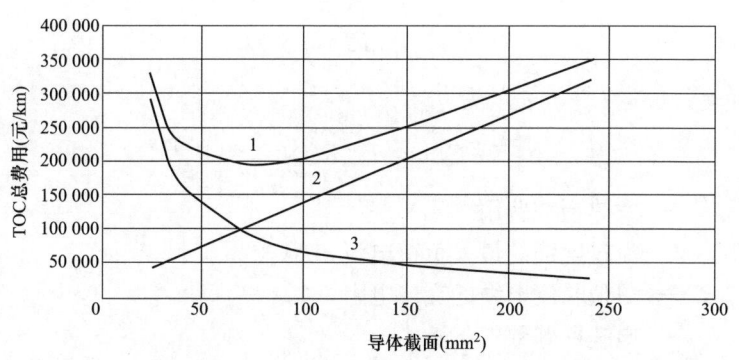

图 16.4-1　电缆截面与 TOC 总费用关系

（2）以下情况宜按经济电流选择电缆截面积：

1）工作时间长、负荷稳定的线路，如三班制或两班制生产场所、地铁车站、地下超市等；

2）高电价地区（如华东、华南地区）或高电价用电单位（如高星级宾馆、娱乐场所等）的工作时间较长、负荷稳定的线路，应首先应用。

16.4.3　总拥有费用法

总拥有费用法将电缆的总成本 CT 分为两部分：①电缆的初始投资 CI（包括电缆的材料费和安装费）；②电缆在寿命期内的运行成本 CJ。CT 公式表述为

$$CT = CI + CJ \tag{16.4-1}$$

式中　CT ——电缆的总成本，元；

　　　CI ——初始投资，元；

　　　CJ ——运行成本，元。

16.4.3.1　电缆的初始投资 CI

CI 近似表示为电缆截面面积 S 的线性函数

$$CI = (AS + C)L \tag{16.4-2}$$

式中　CI ——初始投资，元；

　　　A ——成本的可变部分，元/（mm² · m）；

　　　S ——电缆截面积，mm²；

　　　C ——成本的不变部分，元/m；

　　　L ——电缆的长度，m。

16.4.3.2　电缆的运行成本 CJ

电缆在其寿命期间内的运行分为两部分：①负荷电流流过导体发热损耗费用 CJ'（不考虑与电压有关的损耗），②线路损耗引起的额外供电成本 CJ''。

（1）发热损耗费用 CJ' 即为网损量与电价的乘积，表示如下

$$CJ' = I_{max}^2 RLN_p N_c \tau P \tag{16.4-3}$$

（2）线路损耗引起的额外供电成本 CJ'' 表示如下

$$CJ'' = I_{max}^2 RLN_p N_c D \tag{16.4-4}$$

综上，电缆运行成本 CJ 可表示为

$$CJ = CJ' + CJ'' = I_{max}^2 RLN_p N_c(\tau P + D) \tag{16.4-5}$$

以上式中　　CJ'——发热损耗费用，元；

　　　　　　I_{max}——流过电缆的最大负荷电流，A；

　　　　　　R——单位长度电缆的交流电阻，Ω/m；

　　　　　　N_c——电缆回路数；

　　　　　　N_p——每回电缆相导体数；

　　　　　　τ——最大负荷损耗小时数，h；

　　　　　　P——电价，元/kWh；

　　　　　　L——线路长度，m；

　　　　　　CJ''——线路损耗引起的额外供电成本，元；

　　　　　　D——线路损耗引起的额外供电容量成本，元/（kW·a）；

　　　　　　CJ——运行成本，元。

16.4.3.3　电缆的总成本 CT

考虑到电缆寿命期长达 30 年，同样的费用在起始年和终了年的实际价值不同，为比较电缆在整个寿命期间的总成本费用，必须将 30 年电缆运行成本都一一归算到第一年（称为折现值），方可用作在不同电缆截面等级之间进行比较选择，本方法将电缆运行成本表示为折现值，即将总费用表示为等效的一次性初始投资。

电缆的初始投资 CI 本身即为折现值，不需进行转换。

电缆第一年的运行成本费用 CJ_0 可根据式（16.4-5）表示为

$$CJ_0 = I_{max}^2 RLN_p N_c(\tau P + D) \tag{16.4-6}$$

考虑到负荷增长率和能源成本增长率，可得电缆寿命期间内各年的运行费用折现值如下

$$CJ_1 = CJ_0/(1+i) \tag{16.4-7}$$

$$CJ_2 = CJ_0(1+a)^2(1+b)/(1+i)^2 \tag{16.4-8}$$

$$\cdots\cdots$$

$$CJ_N = CJ_0(1+a)^{2(N-1)}(1+b)^{N-1}/(1+i)^N \tag{16.4-9}$$

以上各式中　　I_{max}——流过电缆的最大负荷电流，A；

　　　　　　R——单位长度电缆的交流电阻，Ω/m；

　　　　　　N_c——电缆回路数；

　　　　　　N_p——每回电缆相导体数；

　　　　　　τ——最大负荷损耗小时数，h；

　　　　　　P——电价，元/kWh；

　　　　　　L——线路长度，m；

　　　　　　D——线路损耗引起的额外供电容量成本，元/（kW·a）；

　　　　　　i——银行贴现率，%；

a ——负荷增长率，%；

b ——能源成本增长率，%；

N ——电缆寿命，年；

CJ_0、CJ_1、……CJ_N ——第一年、第二年……第 N 年运行成本，元。

设辅助量 $r = (1+a)^2(1+b)/(1+i)$，则可得电缆寿命期间内的总运行费用折现值为

$$CJ = CJ_1 + CJ_2 + \cdots + CJ_N = CJ_1(1 + r + \cdots + r^{N-1})$$
$$= CJ_1(1 - r^N)/(1 - r) \tag{16.4-10}$$

设辅助量 $\phi = (1 - r^N)/(1 - r)$，则式（16.4-10）可进一步表示为

$$CJ = CJ_1\phi = I_{max}^2 R L N_p N_c(\tau P + D)\phi/(1 + i) \tag{16.4-11}$$

设辅助量 $F = N_p N_c(\tau P + D)\phi/(1 + i)$，则电缆寿命期间内的总运行费用折现值最终表示为

$$CJ = I_{max}^2 R L F \tag{16.4-12}$$

基于以上公式推算，电缆的总成本表示为等效的一次性初始投资为

$$CT = CI + I_{max}^2 R L F \tag{16.4-13}$$

式中　CT ——电缆的总成本，元；

　　　CI ——初始投资，元；

　　　I_{max} ——流过电缆的最大负荷电流，A；

　　　R ——单位长度电缆的交流电阻，Ω/m；

　　　L ——线路长度，m；

　　　F ——等效损耗费用系数，元/kW。

下文中提到的电缆总成本 CT 均指已折算后的等效一次性初始总投资。

16.4.4　电力电缆截面经济选型的应用

基于总拥有费用法的概念，国际电工委员会（IEC）给出了两种电缆截面经济选型的实用方法：计算电缆标称截面积的经济电流范围方法和计算电缆的经济电流密度方法。

16.4.4.1　经济电流范围

在一定的敷设条件下，每一线芯导体截面都有一个经济电流范围，IEC 60287-3-2：2012《电缆额定电流的计算　第 3 部分　运行条件部分电力电缆尺寸最佳经济选择》提供了这一范围上、下限值的计算式

$$I_{ec1} = \sqrt{\frac{CI - CI_1}{FL(R_1 - R)}} \tag{16.4-14}$$

$$I_{ec2} = \sqrt{\frac{CI_2 - CI}{FL(R - R_2)}} \tag{16.4-15}$$

式中　I_{ec1} ——经济电流下限值，A；

　　　I_{ec2} ——经济电流上限值，A；

　　　CI ——某一截面电缆的总投资，元；（包括了主材、附件及施工费）；

　　　CI_1 ——比 CI 小一级截面电缆的总投资，元；

　　　CI_2 ——比 CI 大一级截面电缆的总投资，元；

　　　F ——等效损耗费用系数，元/kW；

　　　L ——电缆长度，km；

R——CI 对应截面电缆单位长度的交流电阻，Ω/km；

R_1——CI_1 对应截面电缆单位长度的交流电阻，Ω/km；

R_2——CI_2 对应截面电缆单位长度的交流电阻，Ω/km。

根据以上计算方法，编制了各种不同类别电缆的经济电流范围表。

1）10kV 交联聚乙烯电缆的经济电流范围表（表 16.4-1）。

2）铜芯和铝芯 0.6/1.0kV 低压电缆的经济电流范围表（表 16.4-2 和表 16.4-3）。

以上各表编制时作了如下的限定：

1）电价：我国幅员辽阔，全国各地区电价差别很大。将电量电价约为 0.61～0.70 元/kWh 代表高电价区域；电量电价约为 0.51～0.60 元/kWh 代表中电价区域；电量电价约为 0.40～0.50 元/kWh 代表低电价区域。

通常采用两部电价制，即基本电价加电度电价。所谓基本电价就是根据变压器安装容量。每月收取 20～30 元/kVA，电度电价则根据计量电度收取电费。此外，各地尚有多项地方附加费。

2）τ 是最大负荷损耗小时数，为符合使用习惯，表中转化为最大负荷利用小时 $T_{\max}$。当 $\cos\varphi=0.8$ 时，通常两者的近似对应值如下

单班制 $\tau=1800\mathrm{h}$，对应 $T_{\max}=2000\mathrm{h}$；

两班制 $\tau=2800\mathrm{h}$，对应 $T_{\max}=4000\mathrm{h}$；

三班制 $\tau=4750\mathrm{h}$，对应 $T_{\max}=6000\mathrm{h}$。

根据电价、$T_{\max}$、和计算电流三个参数，从表 16.4-1～表 16.4-3 中可快捷求取经济截面积。

表 16.4-1　　10kV 交联聚乙烯绝缘电缆的经济电流范围之上限值　　（A）

导体	截面积 (mm^2)	低电价：0.40～0.50 元/kWh $T_{\max}$ (h)			中电价：0.51～0.60 元/kWh $T_{\max}$ (h)			高电价：0.61～0.70 元/kWh $T_{\max}$ (h)		
		2000	4000	6000	2000	4000	6000	2000	4000	6000
铜	4	11.2	8.3	6.5	8.8	6.4	5	8.4	6.1	4.7
	6	17.5	13.0	10.2	13.7	10.1	7.8	13.1	9.6	7.4
	10	29.1	21.6	16.9	22.8	16.8	13.0	21.8	15.9	12.3
	16	45.2	33.6	26.2	35.4	26.0	20.2	33.8	24.7	19.1
	25	68.7	51.1	39.9	53.8	39.5	30.7	51.4	37.5	29.0
	35	102.7	76.3	59.6	80.5	59.1	45.9	76.9	56.1	43.4
	50	127.1	94.4	73.8	99.6	73.2	56.8	95.1	69.4	53.7
	70	178.6	132.7	103.7	139.9	102.8	79.9	133.7	97.5	75.5
	95	245.1	182.2	142.3	192.1	141.1	109.6	183.5	133.8	103.6
	120	316.2	235.0	183.6	247.8	182.0	141.4	236.7	172.6	133.6
	150	366.0	272.0	212.5	286.8	210.7	163.7	274.0	199.8	154.6
	185	467.5	347.5	271.4	366.4	269.2	209.1	350.0	255.2	197.6
	240	617.2	458.8	358.3	483.7	355.3	276.0	462.0	336.9	260.8
	300	—	—	—	709.6	521.3	404.9	677.8	494.3	382.6

续表

导体	截面积 (mm²)	低电价： 0.40～0.50 元/kWh T_max (h)			中电价： 0.51～0.60 元/kWh T_max (h)			高电价： 0.61～0.70 元/kWh T_max (h)		
		2000	4000	6000	2000	4000	6000	2000	4000	6000
铝	35	30	22	18	28	21	16	27	19	13
	50	42	31	24	40	29	23	38	28	22
	70	60	44	35	56	41	32	54	39	30
	95	81	60	47	76	56	43	72	53	41
	120	107	79	62	100	74	57	96	70	54
	150	120	89	70	113	83	64	108	79	61
	185	158	117	92	148	109	84	141	103	80
	240	205	152	119	192	141	109	183	134	104
	300	256	190	149	240	177	136	229	167	130

注 经济电流范围的下限值即小一级截面的上限值；经济电流范围的上限值即为大一级截面的下限值。

表 16.4-2 　　　**0.6/1.0kV 铜芯低压电缆的经济电流范围之上限值** 　　　（A）

截面积 (mm²) \ 电价	低电价： 0.40～0.50 元/kWh T_max (h)			中电价： 0.51～0.60 元/kWh T_max (h)			高电价： 0.61～0.70 元/kWh T_max (h)		
	2000	4000	6000	2000	4000	6000	2000	4000	6000
4	10	7.5	5.8	9.4	6.9	5.4	9	6.6	5.1
6	15.7	11.7	9.1	14.7	10.8	8.4	14.1	10.3	7.9
10	26.1	19.4	15.2	24.5	18	14	23.4	17.1	13.2
16	40.5	30.1	23.5	38	27.9	21.7	36.3	26.5	20.5
25	61.6	45.8	35.8	57.8	42.4	33	55.2	40.2	31.2
35	92.1	68.4	53.5	86.4	63.5	49.3	82.5	60.2	46.6
50	114	84.7	66.2	106.9	78.5	61	102.1	74.4	57.6
70	160.2	119	93	150.2	110.4	85.7	143.5	104.6	81
95	219.8	163.4	127.6	206.2	151.5	117.6	196.9	143.6	111.2
120	283.6	210.8	164.6	266	195.4	151.8	254.1	185.3	143.4
150	328.2	244	190.2	307.8	226.2	175.7	294.1	214.4	166
185	419.3	311.7	243.4	393.3	288.9	224.4	375.6	273.9	212
240	553.6	411.5	321.4	519.2	381.4	296.2	495.9	361.7	279.9
300	812.1	603.6	471.5	761.7	559.6	434.6	727.6	530.6	410.7

注　1. 经济电流范围下限值即小一级截面的上限值；经济电流范围的上限值即为大一级截面的下限值。

　　2. 表中数据适用于低压 XLPE 和 PVC 绝缘。

表 16.4-3　　　　　　　　0.6/1.0kV 铝芯低压电缆的经济电流范围之上限值　　　　　　　　(A)

电价 截面积 (mm²)	低电价: 0.40~0.50 元/kWh T_{max} (h)			中电价: 0.51~0.60 元/kWh T_{max} (h)			高电价: 0.61~0.70 元/kWh T_{max} (h)		
	2000	4000	6000	2000	4000	6000	2000	4000	6000
16	19	14	11	18	13	10	17	12	10
25	29	22	17	27	20	15	26	19	15
35	40	30	24	38	28	22	36	26	21
50	57	42	33	54	39	31	52	38	29
70	81	60	47	76	56	43	73	53	41
95	109	81	63	103	75	59	98	71	55
120	145	108	84	136	100	77	130	95	73
150	163	121	95	153	112	87	146	106	82
185	214	159	124	201	147	114	192	140	109
240	278	206	161	261	191	148	249	182	141
300	347	258	201	326	238	185	311	227	177

注　1. 经济电流范围下限值即小一级截面的上限值;经济电流范围的上限值即为大一级截面的下限值。

2. 表中数据适用于低压 XLPE 和 PVC 绝缘。

【例 16.4-1】　某 380V 负荷计算电流 I_B=155A,T_{max}=4000h(两班制),当地电价 P=0.49 元/kWh,电缆长度 150m,负荷功率因数 0.8,交联聚乙烯铜芯电缆单根明敷,求电缆经济截面积。

解　a) I_B=155A 电缆明敷,θ_a=35℃时的载流量,求得 S=50mm²　(对应载流量为 184A)

b) 按经济电流求取截面。根据 I_B=155A,T_{max}=4000h,P=0.40~0.50 元/kWh 查表 16.4-2,求得 S_{ec}=95mm²(经济电流范围 119~163.4A)

c) 按电压损失校验。根据 I_B=155A、L=150m、负荷功率因数 0.8 算得电流矩为 23.25A·km,按经济截面 S_{ec}=95 mm² 查 9.4 节低压电缆电压损失表得

$\Delta u\%$=0.105×23.25=2.44%,满足要求。

d) 热稳定校验等略。

【例 16.4-2】　某循环水泵 3500kW,电压 6kV,环境温度 35℃,供电距离 1460m,功率因数 0.8,电价 0.45 元/kWh,循环水泵运转时间约 6000h,用电缆沿无孔托盘成束单层敷设,并列电缆 9 根,求供电电缆截面。

解　a) 按载流量求取截面

$$I_B = \frac{3500}{\sqrt{3}\times6\times0.8} = 421(A)$$

取电缆成束敷设的载流量校正系数 0.7

查载流量表求得 $\qquad$ $S=2(3\times120)$

相应载流量 $\qquad$ $I_e=2(341\times0.7)=477(A)$

b）按经济电流求取截面

查表 16.4-1，求得 YJV-6，2（3×150）

相应经济电流范围是 2×（183.6 ～212.5）A＝367.2～425A

c）其余校验（略）。

16.4.4.2　经济电流密度

如果电价 P 并不像经济电流范围表中所列值，可借助电缆的经济电流密度曲线求取经济截面。

（1）电缆的经济电流密度，是指使电缆总成本为最小的电缆截面所对应的工作电流密度。用此法选择电缆截面积，首先求出电缆的经济电流密度，然后利用最大负荷电流除以经济电流密度求得最佳的经济截面，并取临近的两个电缆标称截面中的一个。

因为经济截面积使电缆总成本最小，故可将电缆总成本 CT 表示成电缆截面积 S 的函数，使之对 S 求导值为零，即可得最佳经济截面。

电缆总成本 CT 表示成电缆截面积 S 的函数形式为

$$CT=\frac{(AS+C)L+I_{max}^2LF\rho_{20}[1+\alpha_{20}(\theta_m-20)](1+Y_p+Y_s)}{S\times10^{-6}} \qquad (16.4\text{-}16)$$

式中　CT——电缆总成本，元；

$\quad A$——成本的可变部分，元/（mm² · m）；

$\quad S$——电缆截面积，mm²；

$\quad C$——成本的不变部分，元/m；

$\quad L$——电缆长度，m；

$\quad I_{max}$——流过电缆的最大负荷电流，A；

$\quad F$——等效损耗费用系数，元/kW；

$\quad\alpha_{20}$——20℃时导体的电阻温度系数，/℃；

$\quad\rho_{20}$——20℃时导体的直流电阻率，Ω · m；

$\quad\theta_m$——导体的平均运行温度，℃；

$\quad Y_p$——临近效应系数；

$\quad Y_s$——集肤效应系数。

令 $K=1+\alpha_{20}(\theta_m-20)$，$B=1+Y_p+Y_s$，将式（16.4-16）对 S 求导为零得

$$S_{ec}=1000/I_{max}(F/\rho_{20}BK/A)^{0.5} \qquad (16.4\text{-}17)$$

式中　S_{ec}——最佳经济截面，mm²；

$\quad F$——等效损耗费用系数，元/kW。

由式（16.4-17）可得电缆经济电流密度 j（A/mm²）的表达式如下

$$j=I_{max}/S_{ec}=\left(\frac{A}{F\rho_{20}BK}\right)^{0.5}\times10^{-3} \qquad (16.4\text{-}18)$$

（2）经济电流密度曲线。为了使用方便，依据式（16.4-18）可做出不同曲线，常用的有：

1）铜芯交联聚乙烯绝缘 6/10kV 电力电缆经济电流密度曲线，见图 16.4-2；

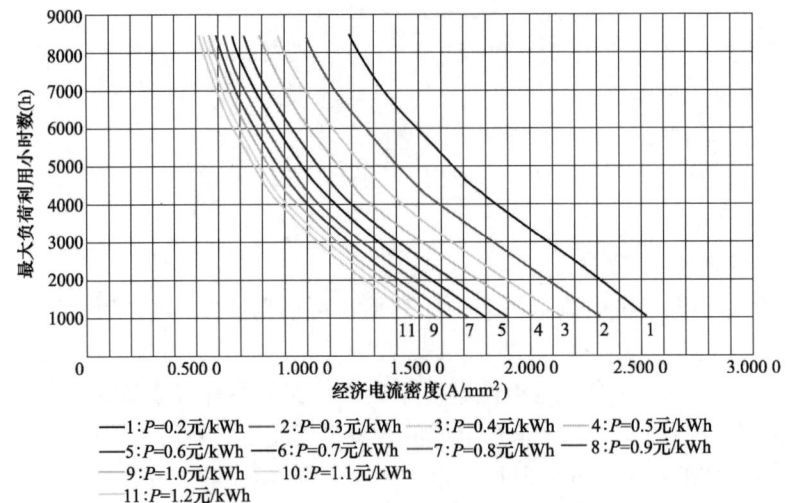

图 16.4-2　铜芯 6/10kV 电缆的经济电流密度曲线（铜价为 6 万元/t）

2）铜芯 0.6/1.0kV 低压电力电缆经济电流密度曲线，见图 16.4-3。

由于电缆截面经济选型的方法中未考虑与电压有关的损耗，因此该选型方法适用于中低压电缆系统，对于电压 35kV 及以上交联聚乙烯（XLPE）绝缘高压电缆系统不建议应用此方法进行电缆截面选型。

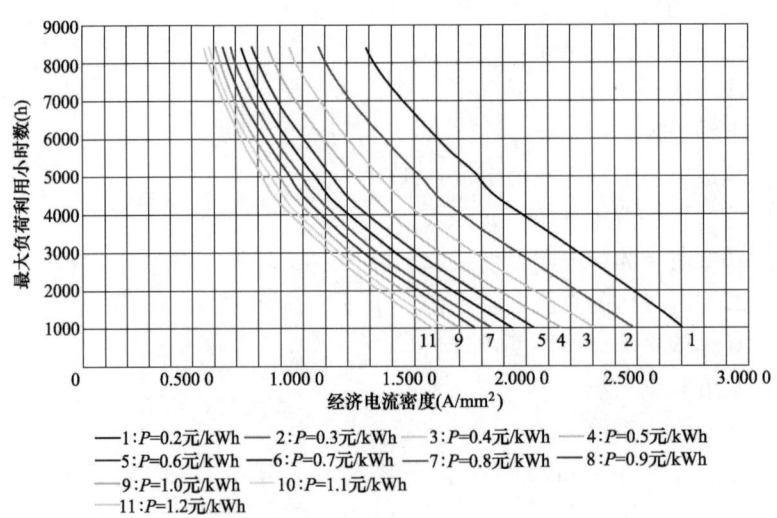

图 16.4-3　铜芯 0.6/1kV 电缆的经济电流密度曲线（铜价为 6 万元/t）

【例 16.4-3】　某 380V 负荷，计算电流 $I_B=155A$，$T_{max}=3000h$，当地的电价 $P=0.7$ 元/kWh，电缆单根明敷，环境温度 $\theta_a=35℃$，供电距离 $L=150m$，$\cos\varphi=0.8$，选用 YJV-1，4+1 芯电缆求经济截面。

解　可从下列图 16.4-3 曲线中，根据 $T_{max}=3000h$，$P=0.7$ 元/kWh 查取经济电流密度 $j=1.4A/mm^2$，则 $S=155A/1.4=110.7\ mm^2$，取相近截面积 120 mm^2。

其余计算略。

16.4.5　经济选型的若干问题

（1）通常经济截面会大于按技术条件选择的截面，但当很多电缆成束敷设和低电价地区有可能会出现相反情况，所以应该同时满足技术和经济条件选取较大截面。

（2）从电缆的经济电流范围表可见，T_{max} 愈大，经济电流值愈小。按此条件选择的线芯导体截面愈大，反之亦然。

（3）不同行业的年最大负荷利用小时数不同，对经济截面的影响较大，根据行业统计数据，不同行业的年最大负荷利用小时数列于表 16.4-4。

表 16.4-4　　　　　　　　　　不同行业的年最大负荷利用小时数

行业名称	T_{max}（h）	行业名称	T_{max}（h）
铝电解	8200	建材工业	6500
有色金属电解	7500	纺织工业	6000～8000
有色金属采选	5800	食品工业	4500
有色金属冶炼	6800	电气化铁道	6000
黑色金属冶炼	6500	冷藏仓库	4000
煤炭工业	6000	城市生活用电	2500
石油工业	7000	农业灌溉	2800
化学工业	7300	一般仓库	2000
铁合金工业	7700	农村企业	3500
机械制造工业	5000	农村照明	1500

（4）回收年限问题。由于按经济电流选择电缆截面时，大部分情况截面较大，使初期投资增加，实践证明增加的投资大约 3～6 年就能回收。

（5）经济选型，是按照电缆寿命 30 年计算，实际有可能发生中途转产或其他变化，但只要使用年限超过回收年限，经济上仍然合理。

【例 16.4-4】　负载电流为 80A，寿命期为 30 年。采用 VV-1，3＋1 芯电缆单根明敷，环境温度 35℃，电价 0.55 元/kWh，T_{max} 分别为 4000h 和 6000h，试分析电缆线芯导体经济选型的效益。

解　a）按发热条件，80A，$\theta_a = 35℃$，选 $S = 3 \times 25\ mm^2 + 1 \times 16 mm^2$；

b）按电价 0.55 元/kWh，$T_{max} = 4000h$ 和 6000h，选择经济截面积为 $3 \times 70 mm^2 + 1 \times 35 mm^2$，计算结果列于表 16.4-5。

表 16.4-5　　　　　　　　　　电缆线芯导体经济选型的效益分析

运行时间 T_{max}（h）	按发热条件选型		按经济电流选型		节约绝对数（元/km）	节约百分数（%）
	最小截面（mm²）	总费用（元/km）	经济截面积（mm²）	总费用（元/km）		
4000	25	520 216	70	358 994	1612 22	31
6000	25	780 097	70	451 900	328 197	42

从上表可见节能和经济效益明显。

全国 1kV 级电力电缆年产量约 30×10^4 km，线损可节约 35% 左右，预期总计全年降

低损耗 581×10^4 kW，年节电量为 146 亿 kWh。按容量电价 252 元/（kW·a），平均电度价 0.40 元/kWh 估计，每年节约电费约 73 亿元，并可减少二氧化碳的年排放量约 1145 万 t。

16.5 电动机及调速的节电设计

16.5.1 电动机节能原则

（1）选用高效节能型产品。

（2）应根据负载特性和运行要求合理选择电动机的类型、功率，使之工作在经济运行范围内。

（3）异步电动机采用调压节能措施时，需经综合功率损耗、节约功率计算及启动转矩、过载能力的校验，在满足机械负载要求的条件下，使调压的电动机工作在经济运行范围内。

（4）对机械负载经常变化又有调速要求的电气传动系统，应根据系统特点和条件，进行安全、技术、经济、运行维护等综合经济分析比较，确定其调速运行的方案。

（5）在安全、经济合理的条件下，异步电动机宜采取就地补偿无功功率，提高功率因数，降低线损。

（6）当采用变频器调速时，电动机的无功电流不应穿越变频器的直流环节，不可在电动机处设置补偿功率因数的并联电容器。

（7）交流电气传动系统应在满足工艺要求、生产安全和运行可靠的前提下，使系统中的设备及负载相匹配，提高电能利用率。

（8）功率在 50kW 及以上的电动机，应单独配置电压表、电流表、有功电能表，以便监测与计量电动机运行中的有关参数。

16.5.2 电动机的选择

16.5.2.1 电动机电压选择

（1）交流电动机的电压选择。电动机的额定电压应根据其额定功率和所在系统的配电电压选定。必要时，应根据技术经济比较确定。

1）选择 6～10kV 电动机条件。

当企业供电电压为 10kV 时，大容量电动机采用 10kV 供电；当具有 6kV 电压时，可采用 6kV 电动机。

对于 200～300kW 额定容量的电动机，其额定电压采用低压或高压，应经技术经济比较后确定。

2）选择 660V 电动机条件。

功率在 200～1500kW 的电动机其额定电压宜选 660V。

3）技术经济比较的内容。

a）设备费及建筑费、安装费，设备费包括变压器、电动机、电缆、开关设备等。

b）维护费，包括变压器、电动机、电缆中的电能损耗，以及日常维护的成本。

（2）直流电动机的电压选择。直流电动机的额定电压主要由功率决定，其常用额定电压为 110、220、440V，大功率电动机可提高到 600、800V 甚至 1000V。

表 16.5-1　　　　　　　　　　　　直流电动机额定电压与容量范围表

额定电压（V）	容量范围（kW）
−110	0.25～110
−220	0.25～320
−440	1.0～500
−500～−1000	300～4600

16.5.2.2　电动机的类型选择

选择电动机的种类，首先是要满足生产机械的性能要求。在满足性能要求的前提下，再优先用结构简单、运行可靠、价格便宜、维护方便的电动机。在这些方面交流电动机优于直流电动机，交流异步电动机优于交流同步电动机，笼型异步电动机优于绕线转子异步电动机。

（1）选择电动机的类型应考虑以下主要方面。

1）选择电动机的负载特性。生产机械的负载类型主要分为恒转矩负载、恒功率负载、风机、水泵负载。

2）电动机的调速性能。

3）电动机的起动性能。

（2）交流异步电动机。

1）交流异步电动机的特点：交流电动机结构简单，价格便宜，维护方便，但启动及调速特性不如直流电动机。因此当生产机械启动、制动及调速无特殊要求时，应采用交流电动机；仅在启动、制动及调速等方面不能满足工艺要求时，才考虑采用直流电动机。但近年来，随着电力电子技术及微电子技术的发展，交流调速装置的性能与成本已能和直流调速装置竞争，越来越多的直流调速领域被交流调速所占领。

2）交流异步电动机的选择：a）机械对启动、调速及制动无特殊要求时，应采用笼型电动机。b）符合下列情况之一时，宜采用绕线转子电动机。①重载启动的机械，选用笼型电动机不能满足启动要求或加大功率不合理时。②调速范围不大的机械，且低速运行时间较短时。

（3）直流电动机。

1）直流电动机的特点。直流电动机的主要优点是起动性能和调速性能好、过载能力大、易于控制、能适应各种机械负载特性的需要；主要缺点是效率低、耗能大、结构复杂、维护复杂、使用有色金属多、生产工艺复杂、价格昂贵、有换向问题，因而限制了它的极限容量，运行可靠性差。除特殊负载需要外，一般不宜选用直流电动机。

2）直流电动机的选择。

a）操作特别频繁、交流电动机在发热和起制动转矩不能满足要求的生产机械。

b）要求调速范围大而且要求平滑调速的生产机械。

3）直流电动机的应用。

a）并励电动机有硬的机械特性，适用于要求硬机械特性的场合，如切削机床、轧钢机、造纸机等。

b）串励电动机具有软的机械特性，过载能力大，启动转矩大，适用于电力机车、无轨电车、起重机、卷扬机和电梯等。

c) 复励电动机的起动转矩大, 机械特性硬, 又无空载飞速的危险, 因此广泛用于冲床、刨床、吊车、电梯、船用甲板机械。

d) 小容量直流电动机较单相异步电动机具有起动转矩大、调速性能好等优点, 风机盘管风机广泛采用无刷直流电动机, 利用调电枢电压实现无级调速, 较单相异步电动机改变端电压的有级调速, 具有显著的节电效果。

(4) 同步电动机。

1) 同步电动机的特点。同步电动机转子的转速与旋转磁场的转速相等, 其励磁电流可调。通过调节同步电动机的励磁电流, 可以使同步电动机从电网吸取超前电流, 改善电网的功率因数, 具有异步电动机无可比拟的优越性。

2) 同步电动机的选择。在负载变化时要求转速恒定或要求改善功率因数的情况下, 例如, 大、中型空气压缩机、水泵、球磨机等, 恒负载连续运行、功率在 250kW 及以上, 宜采用同步电动机。

16.5.2.3 电动机负荷率的选择要求

三相异步电动机的工作特性是指在额定电压和额定频率下, 电动机的转速 n、电磁转矩 T、定子电流 I_1、功率因数 $\cos\varphi_1$、效率 η 与输出功率 P_2 的关系曲线。

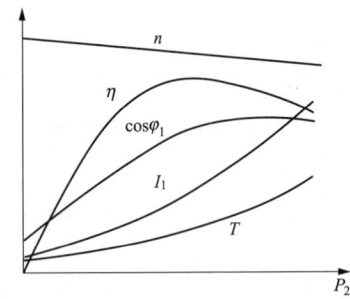

图 16.5-1 感应电动机的
工作特性曲线

(1) 负荷率与效率的关系。由于损耗有不变损耗和可变损耗两大部分, 当负荷率很小时, 可变损耗很小。负载从零开始增加时, 总损耗增加较慢, 效率特性上升较快。当不变损耗等于可变损耗时, 电动机的效率达到最大值。以后负载继续增加, 可变损耗增加很快, 效率开始下降。异步电动机在空载和轻载时, 效率和功率因数都很低, 而接近满载, 即 $(0.7\sim1.0)P_N$ 时, 效率和功率因数都很高。在选择电动机容量时, 不能使它长期处于轻载运行。效率曲线如图 16.5-1。

(2) 负荷率与功率因数的关系。空载运行时, 定子电流基本上是励磁电流, 所以功率因数很低, 约为 $0.1\sim$ 0.2。当负载增加时, 转子电流的有功分量增加, 定子电流的有功分量随之增加, 致使功率因数逐渐提高。在接近额定负载时, 功率因数将达到其最大值。当超过额定值时, 由于转速降低, S 增大, 转子电流中的无功分量增大, 因而又使定子功率因数下降。功率因数特性曲线见图 16.5-1。

16.5.2.4 异步电动机能效限值

根据 GB 18613—2012《中小型三相异步电动机能效限定值及能效等级》中的规定, 电动机的能效限定值是"在标准规定测试条件下, 所允许电动机效率最低的保证值"。能效限定值是强制性的。

电动机的节能评价值是"在标准规定测试条件下, 满足节能认证要求的电动机效率应达到的最低保证值"。

电动机能效等级分为 3 级, 其中 1 级能效最高。各等级电动机在额定输出功率下的实测效率应不低于表 16.5-2 的规定, 其容差应符合:

≤150kW (kVA)，−15％ (1−η)；

＞150kW (kVA)，−10％ (1−η)。

电动机能效限定值在额定输出功率的效率应不低于表表 16.5-2 中 3 级的规定。

表 16.5-2 中未列出额定功率值的电动机，其效率可用线性插值法确定。

电动机节能评价值在额定输出功率的效率均应不低于表表 16.5-2 中 2 级的规定。

一般情况下选择电动机能效不宜低于 2 级。

表 16.5-2 电动机能效等级

| 额定功率（kW） | 效率 η（％） | | | | | | | | |
| | 1 级 | | | 2 级 | | | 3 级 | | |
	2 极	4 极	6 极	2 极	4 极	6 极	2 极	4 极	6 极
0.75	84.9	85.6	83.1	80.7	82.5	78.9	77.4	79.6	75.9
1.1	86.7	87.4	84.1	82.7	84.1	81.0	79.6	81.4	78.1
1.5	87.5	88.1	86.2	84.2	85.3	82.5	81.3	82.8	79.8
2.2	89.1	89.7	87.1	85.9	86.7	84.3	83.2	84.3	81.8
3	89.7	90.3	88.7	87.1	87.7	85.6	84.6	85.5	83.3
4	90.3	90.9	89.7	88.1	88.6	86.8	85.6	86.6	84.6
5.5	91.5	92.1	89.5	89.2	89.6	88.0	87.0	87.7	86.0
7.5	92.1	92.6	90.2	90.1	90.4	89.1	88.1	88.7	87.2
11	93.0	93.6	91.5	91.2	91.4	90.3	89.4	89.8	88.7
15	93.4	94.0	92.5	91.9	92.1	91.2	90.3	90.6	89.7
18.5	93.8	94.3	93.1	92.4	92.6	91.7	90.9	91.2	90.4
22	94.4	94.7	93.9	92.7	93.0	92.2	91.3	91.6	90.9
30	94.5	95.0	94.3	93.3	93.6	92.9	92.0	92.3	91.7
37	94.8	95.3	94.6	93.7	93.9	93.3	92.5	92.7	92.2
45	95.1	95.6	94.9	94.0	94.2	93.7	92.9	93.1	92.7
55	95.4	95.8	95.2	94.3	94.6	94.1	93.2	93.5	93.1
75	95.6	96.0	95.4	94.7	95.0	94.6	93.8	94.0	93.7
90	95.8	96.2	95.6	95.0	95.2	94.9	94.1	94.2	94.0
110	96.0	96.4	95.6	95.2	95.4	95.1	94.3	94.5	94.3
132	96.0	96.5	95.8	95.4	95.6	95.4	94.6	94.7	94.6
160	96.2	96.5	96.0	95.6	95.8	95.6	94.8	94.9	94.8
200	96.3	96.6	96.1	95.8	96.0	95.8	95.0	95.1	95.0
250	96.4	96.7	96.1	95.8	96.0	95.8	95.0	95.1	95.0
315	96.5	96.8	96.1	95.8	96.0	95.8	95.0	95.1	95.0
355～375	96.6	96.8	96.1	95.8	96.0	95.8	95.0	95.1	95.0

【编者注】 在《IEC 60034-30：2008 Rotating electrical machines − Part 30：Efficiency classes of single-speed，three-phase，cage−induction motors (IE-code)》标准中，电动机额定效率按下式计算

$$\eta_{rM} = A\left(\lg \frac{P_{rM}}{1kW}\right)^3 + B\left(\lg \frac{P_{rM}}{1kW}\right)^2 + C\lg \frac{P_{rM}}{1kW} + D$$

式中　　η_{rM}——电动机额定效率，%；

P_{rM}——电动机额定输出功率，kW；

A、B、C、D——计算系数，见表 16.5-3。

表 16.5-3　　　　　　　　　　　　A、B、C、D 计算系数选择表

IE 代码	系数	≤200kW 电动机		
		2 极	4 极	6 极
IE1	A	0.523 4	0.523 4	0.078 6
	B	−5.049 9	−5.049 9	−3.583 8
	C	17.418 0	17.418 0	17.291 8
	D	74.317 1	74.317 1	72.238 3
IE2	A	0.297 2	0.027 8	0.014 8
	B	−3.345 4	−1.924 7	−2.497 8
	C	13.065 1	10.439 5	13.247 0
	D	79.077	80.976 1	77.560 3
IE3	A	0.356 9	0.0773	0.125 2
	B	−3.307 6	−1.895 1	−2.613
	C	11.610 8	9.298 4	11.996 3
	D	82.250 3	83.702 5	80.476 9

通过对比 IE2、IE3 数值与我国 3 级、2 级相等。

16.5.3　电动机的调速方式

（1）交流电动机调速原理。交流电动机的转速为

异步电机　　　　　　$n = n_0(1-s) = \frac{60f_1}{p}(1-s)$　　　　　　　（16.5-1）

同步电机　　　　　　$n = n_0 = \frac{60f_1}{p}$　　　　　　　（16.5-2）

式中　　n——电动机转速，r/min；

n_0——电动机同步转速，r/min；

p——电动机极对数；

s——转差率；

f_1——电源频率，Hz。

因此，交流电动机的调速可以概括为改变极对数，控制电源频率以及通过改变某些参数如定子电压、转子电压等使电机转差率 s 发生变化（即电机转速发生变化）等几种方式。

（2）交流电动机调速的分类。

1）按调速方法分：①改变电源频率；②改变极对数；③改变转差率。

2）按调速效率分：可分为高效和低效两种，见图 16.5-2。

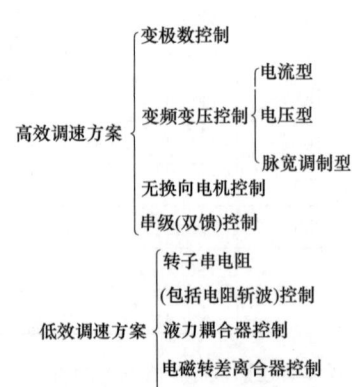

图 16.5-2　按调速效率分类

3) 按调速装置所在位置分定子侧、转子侧、转子轴上。

交流电动机调速方案分类见表 16.5-4。

表 16.5-4　　　　　　　　　　　交流电动机调速方案分类

交流电动机类型	交流电动机调速方案		
异步电动机 $n = \dfrac{60 f_1}{p}(1-s)$	变换极对数 p 调速（仅适用于鼠笼型异步电动机）		
	改变频率 f 调速	交-直-交变频（包括 VVVF 与 PWM 型）	
		交-交变频	
	变转差率 s 调速	调定子供电电压	定子外接电抗器
			晶闸管交换调压
		调节转子电阻 （仅适用于绕线型电机）	电阻有级切换
			电阻斩波控制
		串级调速（双馈调速） （仅适用于绕线形电机）	低同步串级 $\begin{cases} 普通串级 \\ 内反馈串级 \end{cases}$
			超同步串级
	离合器调速	电磁转差离合器	
		调速型液力耦合器	
同步电动机 $n = \dfrac{60 f_1}{p}$	他控式		
	自控式（无换向器电机）		

常用交流调速方案比较见表 16.5-5。

表 16.5-5　　　　　　　　　　　常用交流调速方案比较

调速方法		电动机类型	控制方法	调速比	特　点	应用范围
变极对数 p		变极电动机	用接触器切换，改变定子绕组接线，可获得二～四中成倍数的不同转速	2:1～4:1	简单，有级调速，恒转矩或恒功率，转速变化率小	适用于需要分级调速的机械，如小型转炉的吹氧管及给料机等
变频率 f	独立控制变频调速	同步电动机或笼型异步电动机	协调控制电动机定子频率和电压以调节电动机转速	10:1或更大	恒转矩，无级调速，可逆或不可逆，效率高，系统较复杂，价格较高，转速变化率小	适用于辊道；高速转动、小功率同步协调运转等机械，如热轧车间成品辊道等
	自同步控制变频调速（无换向器电动机）	同步电动机	调节电枢电压 U 以实现同步电动机自控式变频调速的目的	10:1或更大	恒转矩，无极调速，可逆或不可逆，效率高，系统复杂价格较高，转速变化率小	恶劣环境场合，高速转动，如轧机、高炉鼓风机、大型同步电动机的启动装置等

续表

	调速方法		电动机类型	控制方法	调速比	特点	应用范围
变参数改变转差率 s	串级调速	电机串级	绕线型异步电动机	在转子回路中通以可控直流比较电压 U_e，以改变电动机的转差率，达到平滑调速的目的	2:1~1:1	不可逆，无级调速，效率高，功率因数低，电机串级为恒功率，其他为恒转矩，如将硅整流器改为晶闸管可实现超同步速运行，低速时转速变化率大	用于风机、泵、中大功率的压缩机等，装置容量随调速比的加大而增大，调速比不宜太大
		电气串级					
		静止串级					
		内反馈串级	具有双定子绕组的绕线型异步电动机	同上，但转差功率不经逆变压器，而直接反馈到定子的反馈绕组协同传动	1.6:1~2.0:1	不可逆，无级调速，系统简单，效率高，功率因数高，恒功率调速，设备少，价格低，定子电流中谐波分量小	适用于风机、水泵调速节能
		转子串接电阻	绕线型异步电动机	用接触器分段控制转子回路电阻	1.5:1	简单，价廉，有级调速，特性软，效率低，转速变化率大	用于频繁起、制动、短时低速运行的机械，如小型转炉倾动机械及卷扬机、起重机等
				转子回路电阻斩波控制，等效改变电阻			
		定子调压	绕线型或笼型异步电动机	用晶闸管相控或饱和电抗器改变电动机的定子电压从而达到调速	3:1~10:1（转速闭环）	恒转矩，无级调速，效率随转速降低而成比例下降。转速变化率大	用于要求平滑启动，短时低速运行的机械，如起重机、泵、风机、电弧炉、电极提升机械等
		电磁转差离合器	电磁调速型异步电动机	调节离合器的励磁以实现传动机械的调速	5:1~10:1（转速闭环）	恒转矩，无级调速，不能电气制动，效率随转速降低而成比例下降，闭环控制时转速变化率小	适用于中、小功率要求平滑启动，短时低速运行的机械
变参数改变转差率 s	能耗转差调节	调速型液力耦合器	绕线型或笼型异步电动机	调节液力耦合器工作腔里的油量实现传动机械的调速	3:1~5:1	平滑启动，无级调速，效率随转速降低而成比例下降	适用于大、中功率风机、泵等要求长期运转，短时低速运行的机械
	双馈变频调节	转子接入交-交变频器	绕线型异步电动机	将转子电流和电压矢量变换到磁链定向的坐标进行，矢量控制，实现双馈变频调速	1.6:1	不可逆，无级调速，可在电动机同步转速的 $(1.1\sim0.7)\,n_0$ 之间调速，效率高，动态性能好，功率因数可调，造价低	适用于中小型轧机技术改造

16.5.4 变频调速

(1) 由式（16.5-1）可见，转速 n 与频率 f 成正比，只要改变频率 f 即可改变电动机的转速，变频器就是通过改变电动机电源频率实现速度调节的，是一种高效率、高性能的调速手段。

变频调速控制方式基本上有两种。电源频率低于基频范围调速；电源频率高于基频范围调速。

1) 电源频率低于基频范围调速。异步电动机的额定频率称为基频，即电网电源频率，在我国为 50Hz。电机定子绕组内感应电动势为

$$U_1 \approx E_1 = 4.44 f_1 N k_1 \Phi_1 \tag{16.5-3}$$

式中　E_1——定子绕组感应电动势，V；

　　　Φ_1——气隙磁通，Wb；

　　　f_1——电源频率，Hz；

　　　N——定子每相绕组匝数；

　　　k_1——基波绕组系数。

在变频调速时，如果只降低定子频率 f_1，而定子每相电压保持不变，则必然会造成 Φ_1 增大。由于电动机制造时，为提高效率减少损耗，通常在 $U_1 = U_n$、$f_1 = f_n$ 时，电动机主磁路已接近饱和，增大 Φ_1 势必使主磁路过饱和，这将导致励磁电流急剧增大，铁损增加，功率因数下降。

a) 使 E_1/f_1 保持不变。根据上式，若在降低 f_1 的同时，亦降低 U_1，使 E_1/f_1 保持不变，则可保持 Φ_1 不变，从而避免了主磁路过饱和现象的发生。这种控制方式为恒磁通控制。此时电动机的电磁转矩为

$$T = \frac{m_1 p f_1}{2\pi \left(\frac{r_2}{s} + \frac{s x_2^2}{r_2} \right)} \left(\frac{E_1}{f_1} \right)^2 \tag{16.5-4}$$

式中　T——电动机转矩，N·m；

　　　m_1——电源相数；

　　　p——磁极对数；

　　　f_1——电源频率，Hz；

　　　s——转差率；

　　　r_2——转子电阻，Ω；

　　　x_2——转子电抗，Ω；

　　　E_1——激磁电势，V。

由于 s 较小，$(r_2/s)^2 \gg x_2^2$，则有

$$T \approx \frac{m_1 p f_1}{2\pi \frac{r_2}{s}} \left(\frac{E_1}{f_1} \right)^2 = k f_1 s \tag{16.5-5}$$

式中　$k = \frac{m_1 p}{2\pi r_2} \left(\frac{E_1}{f_1} \right)^2$。

其他见上式。

由此可知：若频率 f_1 不变，则 $T \propto s$；若 T 不变，则 $s \propto 1/f_1$；

转矩为 T 时，对应的转速降

$$\Delta n = n_1 - n = s n_1 = \frac{T}{k f_1} \frac{60 f_1}{p} = \frac{60 T}{k p} \tag{16.5-6}$$

式中　Δn——转速降，r/min；

　　　n_1——异步电动机的转速，r/min；

　　　n——转矩为 T 时异步电动机的转速，r/min；

　　　T——电动机转矩，N·m；

　　　p——磁极对数；

　　　f_1——电源频率，Hz；

　　　s——转差率；

　　　k——系数，见式 (16.5-5)。

上式表明：若 T 不变，不管 f_1 如何变化，Δn 都相等。根据力矩方程可求出转差率和转矩的最大值：

电动机临界转差率

$$s_m \approx \frac{r_2}{x_2} = \frac{r_2}{2\pi f_1 L_2} = \frac{C}{f_1} \tag{16.5-7}$$

电动机最大转矩

$$T_m = \frac{m_1 p f_1}{4\pi} \frac{1}{2\pi f_1 L_2} \left(\frac{E_1}{f_1}\right)^2 = 常数 \tag{16.5-8}$$

$$\Delta n_m = s_m n_1 = \frac{C}{f_1} \frac{60 f_1}{p} = \frac{60C}{p} = 常数 \tag{16.5-9}$$

以上式中　s_m——临界转差率；

　　　　　r_2——转子电阻，Ω；

　　　　　L_2——转子电感，H；

　　　　　C——系数，$C = \dfrac{r_2}{2\pi L_2}$。

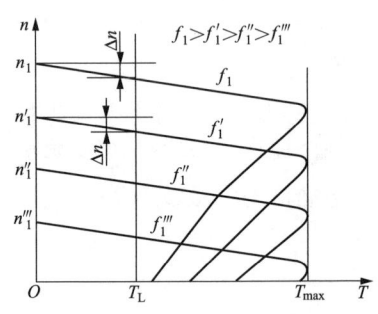

图 16.5-3　保持 E_1/f_1 = 常数、变频调速的机械特性

由此可见：基频以下变频调速时，若保持 E_1/f_1 = 常数，最大转矩及最大转矩处的转速降落均等于常数，与频率无关。因此不同频率的各条机械特性曲线是平行的，硬度相同，见图 16.5-3。

b) 使 U_1/f_1 保持不变。这种控制方式是近似恒磁通方式。力矩方程

$$T = \frac{m_1 p f_1}{2\pi} \frac{\dfrac{r_2}{s}}{\left(r_1 + \dfrac{r_2}{s}\right)^2 + (x_1 + x_2)^2} \left(\frac{U_1}{f_1}\right)^2 \tag{16.5-10}$$

电动机最大转矩　　$T_m = \dfrac{m_1 p f_1}{4\pi} \dfrac{1}{r_1 + \sqrt{r_1^2 + (x_1 + x_2)^2}} \left(\dfrac{U_1}{f_1}\right)^2$ (16.5-11)

式中　T_m——电动机最大转矩，N·m；

　　　m_1——电源相数；

　　　p——磁极对数；

　　　f_1——电源频率，Hz；

　　　s——转差率；

　　　r_1——定子电阻，Ω；

x_1——定子电抗，Ω；

r_2——转子电阻，Ω；

x_2——转子电抗，Ω；

E_1——励磁电势，V。

电动机临界转差率

$$s_m = \frac{r_2}{\sqrt{r_1^2 + (x_1 + x_2)^2}} \tag{16.5-12}$$

式中 s_m——临界转差率；

r_1——定子电阻，Ω；

x_1——定子电抗，Ω；

r_2——转子电阻，Ω；

x_2——转子电抗，Ω。

从上式看出，保持 U_1/f_1 为常数，在基频以下变频调速时，T_m 已不是常数，它随着 f_1 降低而减小。显然保持 U_1/f_1 为常数变频调速时，过载能力随频率下降而降低，特别是在低频低速运行时，还可能会拖不动负载。

2）电源频率高于基频范围调速：

在基频以上变频调速时，定子频率 f_1 大于额定频率 f_N，要保持 Φ_1 恒定，定子电压将高于额定值，通常这是不允许的。因此，基频以上变频调速时，只能保持 U_1 为额定电压不变。这样，随着 f_1 升高，磁通 Φ_1 必然会减小，这是降低磁通的调速方法。

f_1 大于 $50\,\mathrm{Hz}$ 时，$x_1 + x_2$ 随之增大，此时 $r_1 \ll x_1 + x_2$ 可忽略。则最大转矩 T_m、对应的临界转差率 s_m、最大转速时的转速降 Δn_m 分别为

$$T_m \approx \frac{m_1 p}{4\pi f_1} \frac{U_1^2}{(x_1 + x_2)} = \frac{m_1 p U_1^2}{4\pi f_1} \frac{1}{2\pi f_1 (L_1 + L_2)} \propto \frac{1}{f_1^2} \tag{16.5-13}$$

$$s_m \approx \frac{r_2}{x_1 + x_2} = \frac{r_2}{2\pi f_1 (L_1 + L_2)} \propto \frac{1}{f_1} \tag{16.5-14}$$

$$\Delta n_m = s_m n_0 \approx \frac{r_2}{2\pi f_1 (L_1 + L_2)} \left(\frac{60 f_1}{p}\right) = 常数 \tag{16.5-15}$$

式中 n_0——同步转速，r/min。

其他见以上各式。

由以上可知，当 $U_1 = U_N$ 不变，f_1 大于 $50\,\mathrm{Hz}$ 变频调速时，T_m 将与 f_1^2 成反比减小；s_m 与 f_1 成反比减小；而 Δn_m 则保持不变，即不同频率下各条机械特性曲线近似平行，其机械特性曲线见图 16.5-4。

正常运行时 s 很小，r_2/s 比 r_1 及 $x_1 + x_2$ 都大很多，忽略 r_1 及 $x_1 + x_2$，则电磁功率可表示为

$$P_M = m_1 I_2^2 \frac{r_2}{s} = m_1 \left(\frac{U_1}{\sqrt{\left(r_1 + \frac{r_2}{s}\right)^2 + (x_1 + x_2)^2}} \right)^2 \frac{r_2}{s} \approx \frac{m_1 U_1^2 s}{r_2} \tag{16.5-16}$$

式中 P_M——电磁功率，W。

其他见以上各式。

因为保持 U_1 不变调速时，因不同频率下 s 变化不大，可近似认为不变，即 $P_M \approx$ 常数，可近似认为属于恒功率调速。

3) 综上所述,三相异步电动机变频调速具有以下特点:

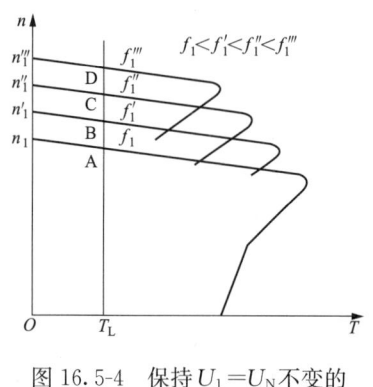

图 16.5-4　保持 $U_1=U_N$ 不变的
升频调速机械特性

a) 由基频向下变频调速,保持 E_1/f_1 不变,为恒磁通变频调速,属于恒转矩调速方式;保持 U_1/f_1 不变,为近似恒磁通变频调速,属于近似恒转矩调速方式。

由基频向上变频调速,保持 U_1 不变,f_1 升高,Φ_1 下降,为弱磁变频调速,属于恒功率调速方式。

b) 机械特性曲线基本平行,特性曲线较硬,调速范围宽,转速稳定性好。

c) 运行时 s 变化小,转差功率损耗小,效率高。

d) 频率连续可调,能实现无级调速,调速平滑性好。

(2) 变频器的负载特性。

1) 恒转矩负载。负载具有恒转矩特性。例如起重机械之类的位能性负载需要电动机提供与速度基本无关的恒定转矩—转速特性。当然负载的转矩—转速特性随负载自身的变化而变化。例如,若改变升降机提升货物的重量,则对应不同负载重量有不同的转矩特性。在电动机加速或减速过程中,为了缩短过渡过程的时间,在电动机机械强度和电动机温升等条件容许的范围内,应使电动机有足够大的加速或制动转矩,并具有保持输出恒定的最大转矩的能力。

保持 E/f 比值不变,控制电动机的电流为恒定,即可控制电动机的转矩为恒定。普通笼型电动机时,由于电动机低速时的温升对转矩有限制。如在低速区需要恒转矩,如输送带、起重机、台车、机床进给、挤压机,可以采用矢量控制方式达到在全速范围内额定转矩控制。

2) 恒功率负载。恒功率的转矩—转速特性指的是负载在转速变化时需要电动机提供的功率为恒定。

用恒转矩调速的电动机驱动降转矩负载,例如,风机、水泵时,转速变化到低速时,电动机所能输出的转矩仍有剩余,因此恒转矩调速电动机可以满足调速要求。但是恒转矩调速的驱动恒功率负载时,低速转矩可能不能满足负载要求。

3) 二次方减转矩负载。以风机、泵类为代表的二次方减转矩负载如图 16.5-5 所示。在低速下负载转矩非常小,用变频器运转,在温度、转矩方面都不存在问题,只考虑在额定点变频器运转引起的损耗增大即可。

常见设备负载特性和转矩特性见表 16.5-6。

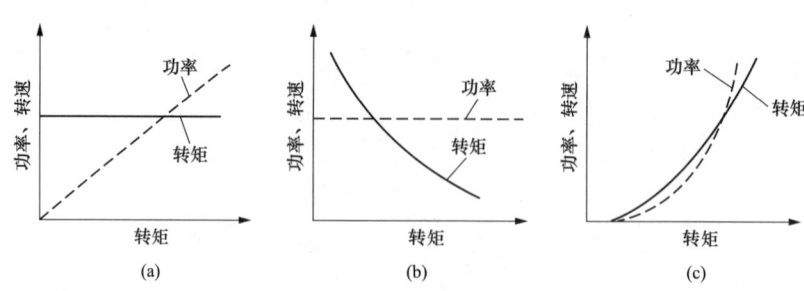

图 16.5-5　负载转矩特性

(a) 恒转矩负载;(b) 恒功率负载;(c) 二次方减转矩负载

表 16.5-6 　　　　　　　　　　常见设备负载特性和转矩特性表

应用		负载特性				负载转矩特性			
		摩擦性负载	重力负载	流体负载	惯性负载	恒转矩	恒功率	降转矩	降功率
流体机械	风机、泵类			○				○	
	压缩机			○		○			
	齿轮泵	○				○			
	压榨机				○	○			
	卷板机、拔丝机	○				○			
	离心铸造机				○				
金属加工机床	自动车床	○							○
	转塔车床					○			
	车床及加工中心						○		○
	磨床、钻床	○				○			
	刨床	○						○	
输送机械	电梯控制装置		○			○			
	电梯门	○				○			
	传送带	○				○			
	门式提升机		○			○			
	起重机、升降机升降		○			○		○	
	起重机、升降机平移	○				○			
	运载机				○	○			
	自动仓库	○	○			○			
加工机械	搅拌器			○		○			
	农用机械、挤压机					○			
	分离机				○				
	印刷机、食品加工机械					○			
	商业清洗机				○				○
	鼓风机						○		
	木材加工机	○				○			○

16.5.5 风机、水泵的节能原理

（1）风机、水泵的负载特性。

$$n_1/n_2 = Q_1/Q_2 \tag{16.5-17}$$
$$(n_1/n_2)^2 = H_1/H_2 = T_1/T_2 \tag{16.5-18}$$
$$(n_1/n_2)^3 = P_1/P_2 \tag{16.5-19}$$

式中　Q_1/Q_2——风量、流量，$\mathrm{m^3/s}$；

　　　H_1/H_2——风压，Pa；

　　　P_1/P_2——轴功率，kW；

　　　T_1/T_2——负载转矩，N·m；

　　　n_1/n_2——转速，r/min。

从上式可知，风机风量、泵的流量与转速成正比；风机风压、泵扬程与转速的二次方成正比；风机、泵的轴功率与转速、风机风量、泵流量的三次方成正比；风机、泵的轴功率在速度不变时与风机风压、泵扬程成正比。

（2）电动机功率选择。

1）按离心式风机功率选择电动机

$$P = kQH/(\eta_c) \times 10^{-3} \tag{16.5-20}$$

式中　P——离心式风机电动机功率，kW；

　　　Q——送风量，m^3/s；

　　　H——空气压力，Pa；

　　　η——风机效率，为 0.4～0.75；

　　　η_c——传动效率，直接传动时为 1；

　　　k——裕量系数，见表 16.5-7。

表 16.5-7　　　　　　　　　　　离心式风机电动机裕量系数

功率（kW）	1 以下	1～2	2～5	大于 5
裕量系数	2	1.5	1.25	1.25～1.10

2）按离心式泵功率选择电动机

$$P = 9.8k\gamma Q(H + \Delta H)/(\eta_c) \times 10^{-3} \tag{16.5-21}$$

式中　P——离心式泵电动机功率，kW；

　　　γ——液体密度，kg/m^3；

　　　Q——泵的出水量，m^3/s；

　　　H——水头，m；

　　ΔH——主管损失水头，m；

　　　η——水泵效率，为 0.6～0.84；

　　　η_c——传动效率，与电动机直接连接时 $\eta_c = 1$；

　　　k——裕量系数，见表 16.5-8，当管道长、流速高、弯头与阀门的数量多时，裕量系数值适当加大。

表 16.5-8　　　　　　　　　　　离心式泵电动机裕量系数

功率（kW）	2 以下	2～5	5～50	50～100	100 以上
裕量系数	1.7	1.5～1.3	1.15～1.1	1.08～1.05	1.05

（3）由于风机、泵的电动机的容量是按最大风量及风压、流量及扬程确定的，与实际需要存在较大的可调整空间，按照风量、风压、流量、扬程等调节电动机的转速，从而改变电动机的输出转矩和输出功率，可达到节能效果。

图 16.5-6 中曲线 1 是阀门全部打开时供水系统的阻力特性，曲线 2 是额定转速时泵的扬程特性；此时供水系统的工作点为 A，流量为 Q_a，扬程为 H_a；电动机的轴功率与面积 O-Q_a-A-H_a-O 成正比。如果要将流量减少为 Q_b 主要的调节方法有两种：

1）传统的方法是电动机的转速保持不变，将阀门关小，这时阻力特性如曲线 3 所示，工作点移至 B 点，流量为 Q_b，扬程为 H_b；电动机的轴功率与面积 O-Q_b-B-H_b-O 成正比。

2）阀门的开度不变，降低电动机的转速，这时扬程特性曲线如曲线 4 所示，工作点移至 C 点，流量仍为 Q_b，但扬程为 H_c；电动机的轴功率与面积 O-Q_b-C-H_c-O 成正比。

由此可见，当需求流量下降时，调节转速可以节约大量能源。

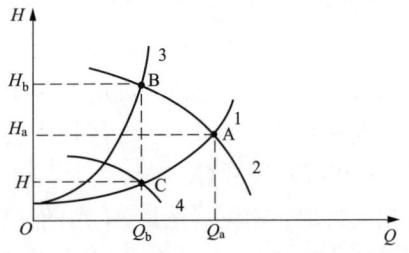

图 16.5-6　管道流量压力特性曲线图

16.5.6　水泵变频调速节能效果的计算

当水泵采用变频调速时，由于负载静扬程一般都不等于零，故其负载曲线不通过坐标原点，因此不是相似曲线，其流量扬程和转速的关系要在做出各工况点的相似抛物线后，才能用比例定律计算。

在确定调速范围时应兼顾流量和扬程的要求，一般这时将阀门开到最大，仅用转速来调节流量，并要留有一定的扬程裕量，所以一定要知道生产工艺所要求的最小扬程（包括静扬程和管路阻力），作为确定最低转速的根据。当然，当最小扬程要求低于最小流量要求时，可以流量要求为准。

计算步骤：

（1）确定水泵曲线（水泵生产厂家提供）；

（2）确定负载曲线（实测或给排水专业提供）；

（3）确定额定工作点流量与压力求出额定功率；

（4）根据流量变化要求，在负载曲线上确定新工作点的流量与压力求出功率；

（5）计算相似工况抛物线；

（6）根据相似工况抛物线求出相似工况点的流量、转速；

（7）求出相似工况点流量和新工作点的流量变比、转速比；

（8）求出相似工况点和新工作点的功率变比；

（9）求出节电率。

【例 16.5-1】　某锅炉给水泵的性能曲线如图 16.5-7 所示，其在 2950r/min 额定转速下运行时的运行工况点为 M，相应的 $Q_M = 380m^3/h$。现若在保证 $H > 1600m$ 的条件下获得流量 $190m^3/h$，试比较通过变频调速和改变阀门开度两种方法所需功率和压力分别为多少？节电率是多少？

供水系统有关参数如下

循环泵：离心泵

额定流量：$Q_e = 380m^3/h$ (105.6l/s)

额定扬程：$H_e = 2200m$

额定转速：2950r/min

转换效率 $\eta = 78\%$　轴功率 $P_{zm} = 2918kW$

电动机：YKSL3600－14/1730-1

额定功率；3600kW

额定电压：10kV　额定电流：258A

额定转速：425r/min　工频运行电

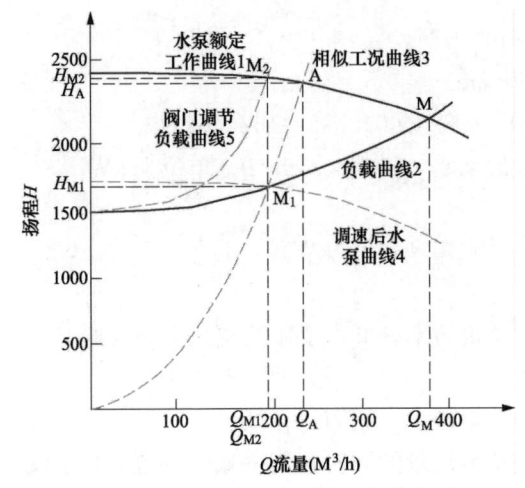

图 16.5-7　锅炉给水系统性能曲线图

流：209A

额定效率：95% 　　功率因数：0.85

解 （1）求变速调节流量为 Q_{M1} 时，压力 H_{M1}、轴功率 P_{zmA}。

变速调节（曲线4）时负载性能曲线不变，而泵的运行工况点必在负载性能曲线上（曲线2）和所需流量 Q_{M1} 的交点上，故 M_1 点可由 $Q_{M1} = 190\mathrm{m^3/h}$ 处向上作垂直线与负载性能曲线相交得出，由图可读出 M_1 点的扬程 $H_{m1} = 1670\mathrm{m}$。M_1 与 M 不是相似工况点，需在额定转速时的 H-Q 曲线上（曲线1）找出 M_1 的相似工况点 A，以便求出 M_1 的轴功率。

由比例定律得相似工况曲线方程：

$$H = (H_{m1}/Q_{m1}^2)Q^2 = (1670/190^2)Q^2 = 0.046Q^2$$

过 M_1 点作相似抛物线（曲线3），为了把相似抛物线作到图 16.5-6 上，将（$H = 0.046Q^2$）中 H 与 Q 的关系列表如下

表 16.5-9　　　　　　　　　　　　扬程-流量关系

Q（$\mathrm{m^3/h}$）	0	100	200	220	240
H（m）	0	460	1840	2226	2650

把列表中数值做到图 16.5-7 上，此过 M_1 点的相似抛物线与额定转速下 H-Q 特性曲线相交于 A 点。

由图可读出 $Q_A = 227\mathrm{m^3/h}$，$H_A = 2383\mathrm{m}$，$P_{zmA} = H_{MA}Q_{MA}g/3600/\eta = 2383 \times 227 \times 9.8/3600/0.78 = 1888$（kW）

故可求得通过变频调速后水泵工作曲线：

$$k = Q_{m1}/Q_A = 190/227 = 0.837$$
$$n_{m1} = kn_A \approx 0.837 \times 2950 = 2469 \text{（r/min）}$$
$$H_{m1} = k^2 H_A = 0.837^2 \times 2383 = 1670 \text{（m）}$$
$$P_{zm1} = k^3 P_{zmA} = 0.837^3 \times 1888 = 1107 \text{（kW）}$$

（2）求改变阀门开度调节（曲线5）时流量 Q_{m2}、压力 H_{m2}、轴功率 P_{zm2}。

改变阀门开度调节时水泵性能曲线（曲线1）不变，而泵的运行工况点必在水泵性能曲线（曲线1）上，故 M_2 点可由 $Q_{m2} = 190\mathrm{m^3/h}$ 处向上作垂直线与水泵性能曲线（曲线1）相交得出，由图可读出 M_2 点的扬程 $H_{m2} = 2450\mathrm{m}$。故得：

$$Q_{m2} = 190 \text{（m}^3\text{/h）}$$
$$H_{m2} = 2450 \text{（m）}$$

$$P_{zm2} = H_{m2}Q_{m2}g/3600/\eta = 2450 \times 190 \times 9.8/3600/0.78 = 1624 \text{（kW）}$$

其中：H_{m2} 单位为 m，Q_{m2} 单位为 $\mathrm{m^3/h}$，g 取值 9.8，η 取值 0.78，P_{zm2} 单位为 kW。

（3）求节能参数。

$$\Delta P_{zm} = P_{zm2} - P_{zm1} = 1624 - 1107 = 517 \text{（kW）}$$

节电率% $= \Delta P_{zm}/P_{zm2} = 517/1624 = 31.8\%$

注意 之所以变频比变阀门开度节省能量，是因为本题目在要求改变流量的同时对压力没有要求，也就是说：改变流量的同时允许改变压力。

变频调速改变流量的同时，压力也在改变。流量减少，压力也在减少，功率等于压力与流量的乘积，功率在双倍减少；而改变阀门开度调节流量的同时，流量减少，压力基本没有变，甚至在增加。功率等于压力与流量的乘积，功率在单倍减少。因此变频比变阀门开度消

耗的功率小，节省能量。

16.5.7 变频器的选型和应用

（1）变频器的选型。

变频器分为：通用型（G）和风机、水泵专用型（P），应根据负载特性正确选用。

当电动机功率≥55kW，宜加装滤波电抗器。保护电器额定电流会降低，应根据制造商的说明书选择。

变频器应设置线路接触器，且延时接通变频器的控制电源，防止欠电压保护误动作；变频器不投入运行时，切断变频器冷却风扇电源，节能和延长使用寿命。

通常变频器以适用的电机容量（kW）、输出容量（kVA）、额定输出电流（A）表示。其中额定电流为变频器允许的最大连续输出电流的方均根值，无论什么用途都不能长期超出此连续电流值。对于三相变频器而言，功率数是指该变频器可以适配的 4 极三相异步电动机满载连续运行的电动机功率。一般情况下，可以据此确定需要的变频器容量。如果要求该变频器驱动 6 极以上的异步电动机或驱动特殊电动机，应根据被驱动电动机的额定电流来选择变频器的容量。

1）根据电动机电流选择。不同厂家的电动机，不同系列的电动机，不同极数的电动机，即使同一容量等级，其额定电流也不尽相同。不同极数电动机的额定电流参考之见表 16.5-10。

表 16.5-10 不同极数电动机的额定电流参考值 A

电动机功率 （kW）		7.5	11	15	18.5	22	30	37	45	55	75	90	110	132
极数	4	15.5	21	29	37	44	58	70	84	105	136	162	200	235
	6	18	26	34	38	45	60	72	85	108	140	168	205	245
	8	19	26	36	39	47	63	76	92	118	153	182	220	265

由于变频器输出中包含谐波成分，其电流有所增加，应适当考虑加大容量。当电动机属频繁启动、制动工作或处于重载启动且较频繁工作时，可选取大 1 档的变频器。还应考虑最小和最大运行速度极限，满载低速运行时电动机可能会过热，所选变频器应有可设定下限频率、可设定加速和减速时间的功能，以防止低于该频率下运行。

一般风机、泵类负载不宜在低于 15Hz 以下运行，如果确实需要在 15Hz 以下长期运行，需考虑电动机的容许温升，必要时应采用外置强迫风冷措施，即在电动机附近外加一个适当功率的风扇对电动机进行强制冷却，或拆除电动机本身的冷却扇叶，利用原扇罩固定安装一台小功率（如 25W，三相）轴流风机对电动机进行冷却；如果电动机的启动转矩能满足要求，宜选用变频器的降转矩 U/f 模式，以获得较大的节能效果；若变频器用于离心式风机时，由于风机的转动惯量较大，加减速时间应适当加大，以避免在加减速过程中出现过电流保护动作或再生过电压保护动作。要特别注意 50Hz 以上高速运行的情况，若超速过多，会使负载电流迅速增大，导致烧毁设备，使用时应设定上限频率，限制最高运行频率。

从节能需要看，对恒转矩负载和恒功率负载的设备不宜选用变频调速。

特殊情况下，对于恒转矩负载，当负载调速运行到 15Hz 以下时，电动机的输出转矩会下降，电动机温升会增高。对于要求频繁提供较大制动转矩的场合，必须外加制动单元；而对于在恒功率负载的设备上采用变频器时，则在异步电动机的额定转速、机械强度和输出转矩选择上应慎重考虑。一般尽量采用变频专用电动机或 6 极、8 极电动机。这样，在低转速时，电动机的输出转矩较高。

2) 过载容量。根据负载不同的类型往往需要过载能力大的变频器，比如 200% 过载，60s。但通用变频器过电流能力通常为在一个周期内允许 125% 或 150% 过载，60s。超过过载值就必须增大变频器的容量。

3) 过载频度。通用变频器规定 125%，60s 或 150%，60s 的过载能力的同时，还规定了工作周期，有的厂家规定 300s 为一个过载周期，而有的厂家规定 600s 为一个过载周期，严格按规定运行，变频器就不会过热。

同时，大多数厂家给出的电流过载倍数是在规定的工作周期内，允许长期连续电流，即以额定输出电流为基础。但也有个别公司在标明电流过载 150%，60s，其基础电流为额定输出电流的 91%。也就是说，当传动设备刚投入运行时，允许过载额定输出电流的 150%，60s，而后一个工作周期中仍然需要过载 150%，60s，则必须保证过载前的负载电流不大于 91% 额定电流，此时过载实为额定输出电流的 136%。

在一定周期内限制过电流的倍数及时间，主要是限制变频器超过最大允许温升，因此，在规定周期内过电流时间短，可以提高过流能力，如：180%，20s，过流能力不变。如要缩短工作周期，则必须加大变频器的容量；频繁起制动的生产机械，其工作周期远短于规定周期。一般选用变频器的容量应比电动机容量大 1~2 个等级。

4) 电动机轻载运行。电动机的实际负载比电动机的额定输出功率小很多时，一般认为可选择与实际负载相称的变频器容量，然而这是不合适的。因为：

a) 电机在空载时也流过额定电流 30% 以上的励磁电流。

b) 启动电流与电动机施加的电压、频率相对应，而与负载转矩无关。如果变频器容量选的太小，则可能出现启动电流超过变频器允许的电流，而不能启动的现象。

c) 电机容量大，负载小，按实际负载电流选择变频器供电时，脉动电流值增大。因而，可能出现超过变频器的过流能力，而不能运行的情况。

5) 按负载性质选择。用变频器传动电机与用正弦波传动的电动机相比，由于变频器输出波形中含有高次谐波的影响，电动机的功率因数、效率均将恶化，温升升高。另一方面，变频传动时要得到与工频电源传动时同样的转矩，变频器输出电流的基波方均根值通常要等于工频电源的方均根值。变频器输出电流由基波电流与高次谐波电流叠加合成。因此，变频器传动时电机的基本特性将不同于工频电源传动。

利用电机的等值电路可求得空载电流为

$$I_0 = \sqrt{I_{01}^2 + \sum I_{0h}^2} \tag{16.5-22}$$

式中　I_0——空载电流，A；

　　　I_{01}——定子空载基波电流，A；

　　　I_{0h}——定子空载 h 次谐波电流，A。

上式表明，变频传动比工频传动的空载电流要大，其中，定子、转子铜损和与载波频率有关的铁损是高次谐波引起损耗增大的主要原因。高次谐波分量引起的损耗增大与负载的大小无关，大体上与空载一样，基本为一定值。因此，负载越轻，谐波损耗增加的影响越大，引起功率因数降低，效率下降，温升升高。

通常电动机额定运行（输出额定电压、频率及功率）时，变频器供电的电动机电流比工频供电的电动机电流约增加 5%～10%，温升增加 20%。因此，变频器供电时普通电动机不宜在额定频率下满载运行。

此外，由于普通电动机是通过安装在电动机轴上的冷却风扇进行冷却的，在连续进行低速运行时，将会因其自身的冷却风扇的冷却能力不足而出现电动机过热现象。为了解决这个问题，可以采取以下对策：

a) 为电动机另配冷却风扇，改自冷方式为他冷方式，以增加冷却能力；

b) 选择具有更大容量的电动机；

c) 提高电动机的绝缘等级，以达到提高电动机温升上限值的目的；

d) 改用变频器专用电动机；

e) 对电动机运行范围进行控制，避免在低速下长期运行。

6）变频器输出端允许连接的电缆长度是有限制的，若要长电缆运行时，或控制几台电动机时，应采取措施抑制对地耦合电容的影响，并应放大 1～2 档选择变频器容量或在变频器的输出端选择安装输出电抗器。另外，在此种情况下变频器的控制方式只能为 U/f 控制方式，并且变频器无法实现对电动机的保护，需在每台电动机上加装热继电器实现保护。

7）变频器用于变极电动机时，应充分注意选择变频器的容量，使电动机的最大运行电流小于变频器的额定输出电流。另外，在运行中进行极数转换时，应先停止电动机工作，否则会造成电动机空载加速，严重时会造成变频器损坏。

（2）变频器主电路接线。

1）一般地只需在变频器电源输入端配上合适规格的低压断路器作为变频器电源开关即可。在变频器输出端与电动机之间除非十分必要，一般不要再加装开关电器，因为变频器本身对电动机有较强的保护功能，在线路短路、电动机过载、缺相等故障出现时，它能自动断开电动机回路，从而保护电动机及其本身，同时给出故障指示，根据故障编码可以查找和排除故障。但是，如果用一台变频器拖动多台电动机，变频器的电子热保护设定值是全部电动机的总和，对单台电动机不起保护作用，就必须在每个电动机上加装热继电器，并且将热继电器的辅助报警触点串联起来接入变频器紧急停机输入端，一旦任何一台电动机出现故障，热继电器动作，变频器将紧急停机，起到保护作用。需要特别说明的是，尽管一些新型变频器已具备缺相保护功能，但选择电源开关时也一定要使用"无熔丝断路器"，即低压断路器，避免出现缺相运行，因为电源缺相时，电动机将由于电压不平衡而使电动机转矩下降，电流增加，甚至严重过电流，可能造成主电路整流元件的损坏。另外，有些变频器输出端允许加装交流接触器，但加装的交流接触器的控制电压应引自电源，或另加控制电源，不能取变频器输出端的电压，否则，交流接触器不能正常工作。

2）输入侧的接线。在电源和变频器之间，通常接入带隔离作用的低压断路器与交流接触器构成控制系统的主电路。其中，交流接触器的主要作用是达到自动控制的目的，其次是当变频器发生故障时，能迅速切断变频器的电源起到保护作用；低压断路器除了其本身的功能外，还在安装与维修变频器时，起电源隔离作用。在变频器控制柜中，主回路电源侧不要使用熔断器，以防发生电源缺相故障。目前一些新型变频器已具备电源缺相保护的功能，可考虑选用。

3) 输出侧的接线。在大多数情况下,变频器的输出侧应直接接至电动机,一般不允许接入交流接触器。如必须接入交流接触器时,应确保先接通输出侧交流接触器,后接通输入侧交流接触器使变频器开始运行。另外,绝对禁止在变频器的输出侧接入补偿电容器或用电容器滤波,也不允许接入电容式单相电动机,否则将使变频器损坏。部分小功率变频器,采用单相220V输入、三相220V输出,这时应将被驱动的电动机绕组接成与三相220V相应的接法,如Y连接380V的电动机应改为△连接220V。

4) 变频器和工频电源的切换电路。某些生产机械在工作过程中是不允许停机的,因此,当变频器发生故障时,应将电动机切换到工频电源上,以保证拖动系统连续工作。

5) 电动机电力电缆。大于30 kW电动机接线宜用单芯电力线和多根接地线对称配置的电缆。

较小功率且易于布线的场合优先采用多芯屏蔽电缆。30kW及以下电动机和10mm² 及以下电缆也可为不对称配置电缆,但布线要特别小心,该功率范围常用金属箔屏蔽线。

如以屏蔽层作为防护导体,屏蔽层电导至少应达到相导体电导的50%,高频情况下至少要达到l0%。对于用铜或铝屏蔽/铠装层来说,这些要求很容易达到。如以钢材料作为屏蔽层,因其电导率较低,就需要更大的横截面且屏蔽螺旋应具有较小的梯度。屏蔽层电镀将增大其高频电导。如屏蔽层阻抗过大,高频返回电流引起的电压降将明显提高机座相对于接地转子的电位,而引起非预期的轴承电流流过(见第8章)。对屏蔽层的表面传输阻抗进行估计可以评定其EMC效果。即使在高频状态下该阻抗也应相当低。

电缆屏蔽应两端接地。沿圆周360°连接接地能有效屏蔽整个高频段,对EMC性能有利。

合适的屏蔽电缆有:

a) 带一同心的铜或铝防护层的三芯电缆 [见图16.5-8(a)]。在这种情况下,各相线彼此等距且与屏蔽层等距,屏蔽层也作为保护接地导体。

b) 带三根对称保护接地导体和一同心屏蔽/铠装三芯电缆 [见图16.5-8(b)]。该类电缆的屏蔽层仅用于EMC和人身保护。

c) 用钢和镀锌铁绞线(小节距)作屏蔽/铠装的三芯电缆 [见图16.5-8(c)]。如果屏蔽层的横截面不够大,需另加一独立的保护接地导体。

为了与变频器和电动机接线盒连接,电缆两端应去除屏蔽层,该部分的长度应尽量短。

一般情况下,100m及以下长度的屏蔽电缆可不采取附加措施而直接使用。对于较长的电缆,可能要采取一些特殊的措施,如输出接滤波器。当使用滤波器时,从变频器输出至滤波器之间的电缆应符合以上要求。如果使用的滤波器EMC性能较好,则从滤波器至电动机之间的电缆不需屏蔽或对称,但可能要求电动机另外接地。

无屏蔽的单芯电缆也可用于大容量电动机,但须紧密安装在金属电缆托盘上,电缆托盘至少在电缆敷设路径的两端与接地系统连接。需注意源自这些电缆的磁场可能会在附近的金属件中引发电流,从而产生发热并增加损耗。

6) 并联对称布线。当连接大功率变频器和电动机时因电流很大需要用多根电缆并联,这时应按照图16.5-9采用易于(对称)安装的适宜布线。

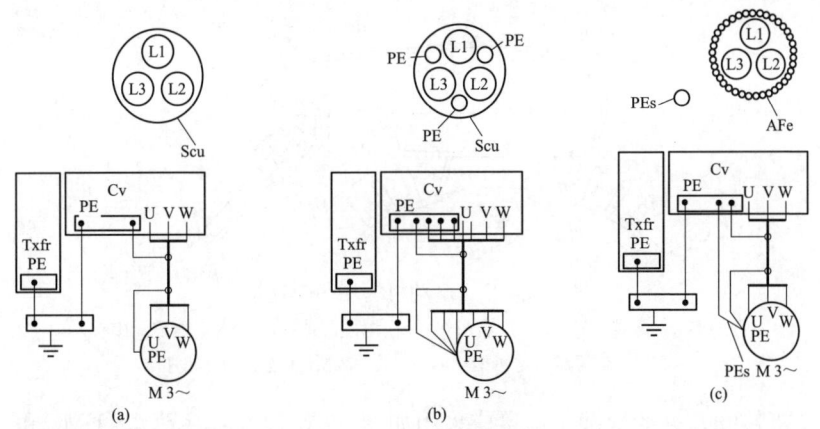

图 16.5-8　电动机电缆屏蔽层连接示例

（a）金属护套三芯电缆；（b）三根对称保护接地导体的三芯电缆；（c）铠装的三芯电缆

S_{Cu}—同心铜（或铝）屏蔽；A_{Fe}—钢带铠装；T_{xfr}—变压器；C_V—变频器；PE_s—独立的接地线

注：对于小功率系统，宜使用单个导体作为保护接地

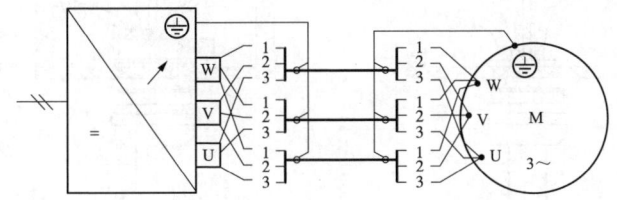

图 16.5-9　大功率变频器和电动机多根电缆并联连接

7）电缆的线端。要确保电缆屏蔽层与变频器和电动机外壳高频电连接，就要求电动机接线盒采用如铝、铁等导电金属制造。屏蔽层应沿电缆周围 360°连接，这样从直流到 70MHz 频率范围内均有较低的阻抗，能有效降低转轴和机座电压和改善 EMC 性能。

图 16.5-10 和图 16.5-11 所示分别为小功率电动机和变频器的较好的应用实例。

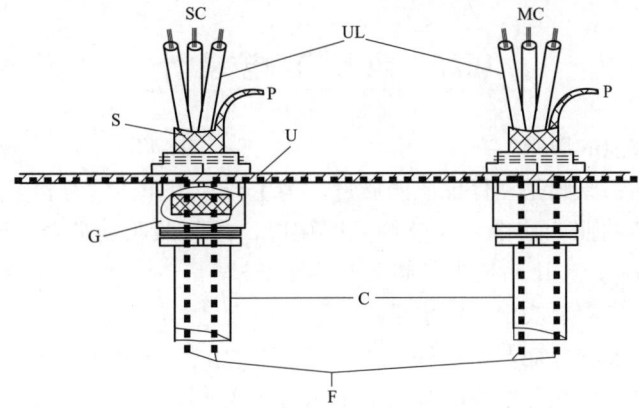

图 16.5-10　变频器与高频电缆夹 360°连接

SC—电源电缆；S—电缆屏蔽层；G—EMC 电缆管接头；MC—电动机电缆；P—屏蔽尾辫（尽可能短）；

C—电缆（护套外壳）；UL—无屏蔽长度（尽可能短）；U—未上漆的电缆管接头固定板；F—持续的法拉第笼

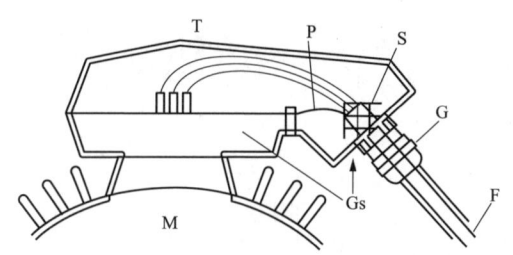

图 16.5-11　电动机终端 360°连接

T—接线盒(导电)；Gs—导电衬垫；S—电缆屏蔽；G—EMC 电缆管接头；

P—屏蔽尾辫(尽可能短)；F—持续法拉第笼；M—机座

电动机接线盒处的屏蔽层连接应采用如图 16.5-12(a)所示的 EMC 电缆接头或图 16.5-12(b)所示的屏蔽接线夹。变频器外壳处也要按照此要求连接。

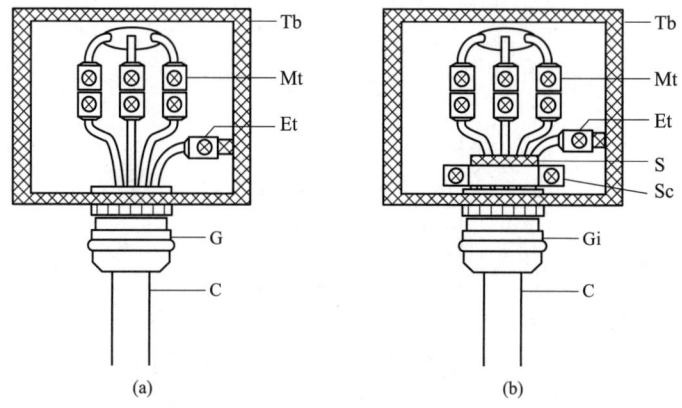

图 16.5-12　电缆屏蔽层连接

(a)管接头连接；(b)接线夹连接

Tb—电动机接线盒；Sc—屏蔽接线夹；Mt—电动机端子；G—EMC 电缆管接头；

Et—接地端子；Gi—非 EMC 电缆管接头；S—电缆屏蔽；C—电缆

16.6　照 明 节 电 设 计

16.6.1　照明节能的原则

照明节能所遵循的原则是在保证照明质量，为生产、工作、学习和生活创建良好的光环境前提下，尽可能节约照明用电。为节约照明用电，国际照明委员会(International Commission on Illumination，CIE)提出了如下 9 条原则：

(1) 根据视觉工作需要决定照明水平；

(2) 得到所需照度的节能照明设计；

(3) 在满足显色性和相宜色表的基础上采用高光效光源；

(4) 采用眩光在规定范围内的高效率灯具；

(5) 室内表面采用高反射比的装饰材料；

(6) 照明和空调系统的热结合；

（7）设置不需要时能关灯或调光的可变照明装置；

（8）人工照明同天然采光的综合利用；

（9）定期清洁照明器具和室内表面，建立换灯和维修制度。

从上述原则可以看出，照明节能是一项系统工程，要从提高整个照明系统的能效来考虑。在实施过程中应合理处理照明节能的几个关系：

（1）照明节能与照度水平的关系。照度水平应根据工作、生产的特点和作业对视觉的实际要求来确定，不能盲目追求高照度，要遵循设计标准，因地制宜，提高技术和艺术水平，本着节能、环保、适用、经济、美观的原则，理性确定既切合实际需要、又节约用电的照度水平。

（2）照明节能与照明质量的关系。良好的照明质量包括良好的显色性能，相宜的色温，较小的眩光，比较好的照度均匀度，舒适的亮度比以及良好的维护性能，但是照明质量和能效是一对矛盾，如过高的要求限制眩光，显色性过高要求，都将降低照明效率。

当前的主要问题是：有些设计没有规定光源的色温和显色指数，由承包商随意选购，达不到最佳效果；另外，应用冷色温荧光灯管过多，有的甚至存在色温越高越亮的误解，造成和场所不适应，也影响光效的提高。在半导体发光二极管（LED）灯开始广泛应用的今天，往往单纯追求高效、低价，使用了过高色温和较低显色指数的 LED 灯都是不恰当的。设计时在保证良好的照明质量的前提下，应合理的选用高效光源、灯具和电器附件等。

（3）照明节能与装饰美观的关系。人们需要美，美的建筑装饰，美的景观照明是需要的，但必须考虑以下两个因素：

1）要根据不同条件（不同城市环境、不同功能建筑）区别对待；

2）要把美观和适用、节能环保、经济等因素结合和统一起来。

在公共建筑中，应根据具体条件处理美观要求，既要和建筑整体装饰相协调，又要正确处理与节能的关系，以寻求良好的光环境和较高的照明能效。当前，在某些建筑照明设计中，存在忽视照明功能，不注重节能，片面追求美观的倾向。在高档的公共建筑，如高级宾馆、博物馆、剧场等的厅堂，较多地考虑照明装饰效果是可以的；而在一些功能性的场所，如办公室、教室、医院、图书阅览室、工业建筑等，则更应重视照明的视觉功能（照度、照明质量），符合节能的原则（执行规定的 LPD 限值），适当注意美观。

（4）照明节能与建设投资的关系。从节约建设投资的角度做照明经济分析是不够的，应作全面的经济评价，除投资外，还要评价光源或整个照明系统的节能水平。这样有利于推动节能，推广高效照明器材的应用。通常高效节能产品，其价格要高一些，甚至高很多；简单地比较器材的价格，不是科学地经济分析，不能全面反映设计方案的经济性能，也不利于节能；而按同样输出光通量值来比较光源价格，或按全寿命期经济分析作照明系统的比较，计入照明初建投资费用和全寿命期内消耗电能的费用，就使高效光源和高效灯具、电器附件等具有明显的综合价格优势，从而使应用节能产品，不仅节能，而且也节钱。

16.6.2　合理确定场所或房间的照度水平

（1）按相关标准确定照度。目前国内常用的照明设计标准有以下几个：

GB 50034—2013《建筑照明设计标准》，规定了工业与民用建筑的照度设计标准值。

GB 50582—2010《室外作业场地照明设计标准》，规定了机场、铁路站场、港口码头、造（修）船厂、石油化工工厂、加油站、建筑工地、停车场等室外作业场地的照度设计标准值。

CJJ 45—2015《城市道路照明设计标准》，规定了城市道路及与道路相连的特殊场所的照明设计标准值。

JGJ/T 163—2008《城市夜景照明设计规范》，规定了城市建筑物、构筑物、特殊景观元素、步行街、广场、公园等景物的夜景照明标准值。

设计中应按照相关标准确定照度水平。

(2) 控制设计照度与照度标准值的偏差。在一般情况下，设计照度值与照度标准值相比较可有±10%的偏差（灯具数量小于 10 个的房间允许超过此偏差），使得设计时照度计算值具有一定的灵活性。

(3) 作业面临近区、非作业面、通道的照度要求。作业面邻近区为作业面外 0.5m 的范围内，其照度可低于作业面的照度，一般允许降低一级（但不低于 200lx）。如办公室的进门处及不可能放置作业面的地带，均可降低照度。

通道和非作业区的照度可以降低到作业面邻近区照度的 1/3 或以上，这个规定符合实际需要，对降低实际功率密度值（LPD）有很明显作用。

16.6.3 合理确定照明方式

为了满足作业的视觉要求，应分情况采用一般照明、分区一般照明或混合照明的方式。对照度要求较高的场所，单纯使用一般照明的方式，不利于节能。

(1) 混合照明的应用。在照度要求高，但作业面密度又不大的场所，若只装设一般照明，会大大增加照明安装功率，因而不节能，应采用混合照明方式，即局部照明来提高作业面的照度，以节约能源。一般在照度标准要求在 750lx 及以上的场所设置混合照明，在技术经济方面是合理的。

(2) 分区一般照明的应用。在同一场所不同区域有不同照度要求时，为了节约能源，贯彻所选照度在该区该高则高和该低则低的原则，就应采用分区一般照明的方式。

16.6.4 严格执行标准规定的"照明功率密度"限制值（LPD）

(1) 工业和民用建筑的场所应执行 GB 50034—2013 规定的 LPD 值，对于绿色建筑，节能建筑和有条件的应执行该标准规定的 LPD 目标值。

(2) 城市道路照明应执行 CJJ 45—2015 规定的 LPD 值。

(3) 夜景照明应执行 JGJ/T 163—2008 规定的 LPD 值。

设计中应注意，上述规范中规定的 LPD 值为最高限值，而不是节能优化值，实际设计中计算的实际 LPD 值应尽可能小于此值。因此不应利用标准规定的 LPD 限制值作为计算照度的依据。

例如，某车间长 18m，宽 6m，工作面 0.75m，灯具距工作面高 3.25m，顶棚及墙面反射比均为 0.7，地面反射比为 0.2，维护系数值 0.7。拟采用控照式双管荧光灯吸顶安装，光源为光通量 3350lm 的 36W、T8 直管荧光灯，配电子镇流器。设计照度为 300lx。经计算安装 11 盏灯照度可以达到 302lx。此房间如用标准中规定的 LPD 值反推需安装的灯具数为 15 盏，按照上述条件计算此时照度可达 411lx，大大超出标准值 300lx，显然是不符合标准的原则，也不利于节能。

16.6.5 选择优质、高效的照明器材

16.6.5.1 选择高效光源，淘汰和限制低效光源的应用

(1) 设计中选用的照明光源需符合国家现行相关标准中的要求，并选用符合节能评价值

的高效光源。

除特殊要求的场所外，禁止低光效的普通白炽灯应用，这已成为全世界各国节能减排的共同要求。

限制白炽灯应用，当前重点是宾馆和家庭两类场所：对宾馆主要靠设计师、装饰工程师和建设单位共同努力，增强节能观念和责任来解决；对家庭主要靠政府运用价格政策引导。

一般应使用荧光灯，主要是自镇流荧光灯代替白炽灯；也可以用符合标准要求（高显色性、低色温符合规定的色偏差等）的 LED 灯。

（2）除商场重点照明等可以选用卤素灯外，其他场所（如餐厅、电梯内、客房等）不得选用。

（3）在民用建筑、工业厂房和道路照明中，不应使用荧光高压汞灯，特别不应使用自镇流荧光高压汞灯。

（4）对于高度较低的功能性照明场所（如办公、教室、高度在 8m 以下的工业生产房间等）应宜采用细管径直管荧光灯，而不应采用紧凑型荧光灯，后者主要用于有装饰要求的场所。

（5）高度较高的场所，宜选用陶瓷金属卤化物灯；无显色要求的场所和道路照明宜选用高压钠灯；更换光源很困难的场所，宜选用无极荧光灯。

（6）扩大 LED 的应用。

1）近几年来 LED 照明快速发展，白光 LED 灯的研制成功为进入照明领域创造了条件，其特点是寿命长、起动性能好、可调光、光利用率高、耐振、适用低温环境等，已经越来越广泛的应用于装饰照明、交通信号照明等场所。但对于多数室内场所，目前普通 LED 色温偏高，光线不够柔和，会使人感觉不舒服，设计时应注意选用符合照明质量要求的产品。

2）不是任何 LED 灯都适合在室内场所应用。在有视觉作业要求的场所，LED 灯应符合以下要求：

a. $R_a \geqslant 80$；

b. 相关色温 $\leqslant 4000K$；

c. 特殊显示指数 R_9（饱和红色）> 0；

d. 色容差、色偏差符合相关标准；

e. 光通维持率高；

f. 控制眩光好；

g. 谐波小。

3）室内的下列场所和条件优先采用 LED 灯：

a. 需要设置节能自熄和亮暗调节的场所，如楼梯间、走廊、电梯内、地下车库；

b. 需要调光的无人经常工作、操作的场所，如机房、库房和只进行巡检的生产场所；

c. 更换光源困难的场所；

d. 建筑标志灯和疏散指示标志灯；

e. 震动大的场所（如锻造、空压机房等）；

f. 低温场所；

g. 为了节能，LED 灯正不断扩大应用范围，但应选择符合上述要求的产品。

当前常用光源的主要技术指标见表 16.6-1。

表 16. 6-1 各种常用光源的主要技术指标

光源种类	光效 （lm/W）	显色指数	色温	平均寿命 （h）
三基色直管荧光灯	65～104	80～85	全系列	12 000～20 000
紧凑型荧光灯	44～75	80～85	全系列	8000～10 000
金属卤化物灯	52～100	65～92	3000～6500	6000～15 000
陶瓷金卤灯	60～120	82～85	3000，4000	15 000～20 000
高频无极灯	55～82	80～85	2700～6500	40 000～60 000
LED	60～120[a]	60～80	2700～6500	25 000～50 000

[a] 整灯效能。

16. 6. 5. 2 选择高效灯具的要求

灯具效率的高低以及灯具配光的合理配置，对提高照明能效同样有不可忽视的影响。但是提高灯具效率和光的利用系数，涉及问题比较复杂，和控制眩光、灯具的防护（防水、防固体异物等级）、装饰美观要求等有矛盾，必须合理协调，兼顾各方面要求。

（1）选用高效率的灯具。无特殊要求的场所，应选用效率高的直接型灯具，如以视觉功能为主的办公室、教室和工业场所，都应选用直接型灯具，不宜采用带透射比不高的漫射型灯具。对于那些要求空间亮度较高的公共场所（如酒店大堂、候机厅）可采用半间接型或漫射型灯具。

在满足眩光限制和配光要求条件下，荧光灯灯具效率不应低于：开敞式的为 75％、带透明保护罩的为 65％、带棱镜保护罩的为 55％、带格栅的为 65％；高强气体放电灯灯具效率不应低于：开敞式 75％，格栅或透光罩的为 60％；LED 筒灯效能（4000K 时），格栅：65lm/W；保护罩：70lm/W；常规道路照明灯具不应低于 70％，泛光灯具不应低于 65％，LED 灯具的效能（3000～4000K 时）95lm/W。上述数值均为最低允许值，就目前产品而言其效率应高于此值。

（2）选用光通维持率高的灯具，以避免使用过程中灯具输出光通过度下降。

（3）选用配光曲线合理的灯具。照明设计中，应根据灯具在房间内悬挂高度按室形指数 RI 值选取不同配光的灯具。

当 RI＝0.5～0.8 时，宜选用窄配光灯具；

当 RI＝0.8～1.65 时，宜选用中配光灯具；

当 RI＝1.65～5 时，宜选用宽配光灯具。

（4）选用利用系数高的灯具。一般情况下效率高的灯具其利用系数也高；灯具的配光曲线与房间的室形指数匹配，则灯具的利用系数高；另外灯具的利用系数还取决于房间各表面装饰材料的颜色即反射比等。

16. 6. 5. 3 选择镇流器的要求

镇流器是气体放电灯不可少的附件，但自身功耗比较大，降低了照明系统能效。镇流器的优劣对照明质量和照明能效都有很大影响。

（1）荧光灯用镇流器的选用。直管荧光灯应配用电子镇流器或节能型电感镇流器；两者各有优缺点，但电子镇流器以更高的能效、低频闪、无噪声、功率因数高等优势而获得越来越广的应用，尤其在视觉条件要求较高的场所建议采用电子镇流器。必须注意的是：对于25W 及以下的荧光灯，由于谐波大，其功率因数很低，必须采取措施，限制过高的谐波。

对于 T5 直管荧光灯由于电感镇流器不能可靠启动，须选用电子镇流器。

（2）HID 灯用镇流器的选用。高压钠灯、金卤灯等 HID 灯应配节能型电感镇流器，不应采用传统的功耗大的普通电感镇流器。当采用功率较小的 HID 灯或质量有保证时，也可选用电子镇流器。

（3）镇流器的效率 η_b：国家标准中镇流器的效率是评价镇流器能效的指标，也是评定镇流器和灯的组合体能效水平的参数。管型荧光灯的电子镇流器的效率按式（16.6-1）计算，电感镇流器的效率按式（16.6-2）计算

$$\eta_b = \frac{P_{Lrated}}{P_{tot.ref}} = \frac{P_{Lref.meas}}{P_{tot.meas}} \times \frac{Light_{test}}{Light_{ref}} \tag{16.6-1}$$

式中　η_b——电子镇流器的效率，%；

$P_{tot.ref}$——修正后的被测镇流器和灯输入总功率，W；

$P_{tot.meas}$——实测到的被测镇流器和灯输入总功率，W；

P_{Lrated}——高频工作时灯额定/典型功率，W；

$P_{Lref.meas}$——用基准镇流器实测到的灯功率，W；

$Light_{ref}$——由光电测试仪测量的基准镇流器和基准灯组合的光输出；

$Light_{test}$——由光电测试仪测量的被测镇流器和基准灯组合的光输出。

$Light_{test}$ 与 $Light_{ref}$ 的比值应不小于 0.925。

$$\eta_b = 0.95 \frac{P_{Lrated}}{P_{tot.ref}} = \frac{0.95 P_{Lrated}}{P_{tot.meas} \dfrac{0.95 P_{Lref.meas}}{P_{Lmeas}} - (P_{Lref.meas} - P_{Lrated})} \tag{16.6-2}$$

式中　η_b——电感镇流器的效率，%；

P_{Lmeas}——用被测镇流器测得的灯功率，W；

P_{Lrated}——灯额定功率，W。

$P_{tot.meas}$——实测到的被测镇流器—灯输入总功率，W；

$P_{Lref.meas}$——用基准镇流器实测到的灯功率，W。

镇流器的效率既表明镇流器的输入也考虑了灯具的光输出，因此该参数评定的是镇流器在整个灯具中发挥作用时的能源利用效率。

GB 17896—2012《管型荧光灯镇流器能效限定值及能效等级》中规定管型荧光灯用非调光电子镇流器的能效等级，见表 16.6-2；非调光电感镇流器能效限定值见表 16.6-3。

表 16.6-2　　非调光电子镇流器能效等级

与镇流器配套灯的类型、规格等信息			镇流器效率（%）		
类别	标称功率（W）	额定功率（W）	1 级	2 级	3 级
T8	15	13.5	87.8	84.4	75.0
	18	16	87.7	84.2	76.2
	30	24	82.1	77.4	72.7
	36	32	91.4	88.9	84.2
	58	50	93.0	90.9	84.7

续表

与镇流器配套灯的类型、规格等信息		镇流器效率（%）		
T5	14	13.7	84.7	80.6	72.1
	21	20.7	89.3	86.3	79.6
	28	27.8	89.8	86.9	81.8
	35	34.7	91.5	89.0	82.6
	39	38	91.0	88.4	82.6
	49	49.3	91.6	89.2	84.6
	54	53.8	92.0	89.7	85.4

表 16.6-3　　　　　　　　　　　非调光电感镇流器能效限定值

与镇流器配套灯的类型、规格等信息			镇流器效率（%）
类别	标称功率（W）	额定功率（W）	
T8	15	15	62
	18	18	65.8
	30	30	75.0
	36	36	79.5
	58	58	82.2
T5	4	4.5	37.2
	6	6	43.8
	8	7.1	42.7
	13	13	65.0

（4）镇流器的谐波电流限值。照明设备的谐波限值应符合相关要求。

25W 以上的灯管配电子镇流器时谐波比较大，但还可接受；而 25W 及以下的，其 3 次谐波限值高达 86%，3 次谐波在中性线呈 3 倍叠加，使中性导体电流达到相导体基波电流之 258%，则是难以承受的，必须引起高度重视。建议照明设计时应采取以下措施之一：

1）一座建筑内不要大量选用≤25W 灯管配电子镇流器（包括 T5-14W 和 T8-18W）；

2）如必须选用，设计中应注明镇流器特殊订货要求，规定其较低的谐波限值；

3）采取滤波措施；

4）按可能出现的 3 次谐波值设计照明配电线及中性导体截面。

（5）镇流器的功率因数。电感镇流器的缺点之一是功率因数低，需要设计无功补偿；而 25W 以上灯配电子镇流器时，其功率因数很高，可达 0.95 以上；但设计时应注意小于等于 25W 的灯配电子镇流器时，则由于谐波大，而导致功率因数下降，甚至可能降低到 0.5～0.6，不能采用电容补偿，只能用降低谐波的办法解决。

应指出的是 LED 灯目前仍处于初始阶段，产品良莠不齐，有些灯的谐波很大，大大超过标准的规定，目前也导致功率因数更低，设计中应提出具体要求。

16.6.6　合理利用天然光

天然光取之不尽，用之不竭。在可能条件下，应尽可能积极利用天然光，以节约电能，其主要措施如下：

（1）房间的采光系数或采光窗的面积比应符合 GB 50033—2013《建筑采光设计标准》的规定；

（2）有条件时，宜随室外天然光的变化自动调节人工照明照度。

（3）有条件时，宜利用各种导光和反光装置将天然光引入室内进行照明。

（4）有条件时，宜利用太阳能作为照明光源。

（5）提高室内各表面的反射比，以提高光的利用率。

16.6.7　照明控制与节能

（1）照明控制方式对节能的影响。照明控制主要分为自动控制和手动控制，自动控制包括时钟控制、光控、红外线控制、声控、智能照明控制等。各种控制的主要目的之一就是通过合理控制照明灯具的启闭以节约能源。

（2）公共建筑应采用智能控制。体育馆、影剧院、候机厅、博物馆、美术馆等公共建筑应采用智能照明控制，并按需要采取调光或降低照度的控制措施。

智能照明控制系统是根据预先设定的程序通过控制模块、控制面板等实现场景控制、定时控制、恒照度控制、红外线控制、就地控制、集中控制、群组组合控制等多种控制模式。

（3）住宅及其他建筑的公共场所应采用感应自动控制。居住建筑有天然采光的楼梯间、走道的照明，除应急照明外应采用节能自熄开关。此类场所在夜间走过的人员不多，但又需要有灯光，采用红外感应或雷达控制等类似的控制方式，有利于节电；

如采用 LED 灯时还可以设置自动亮暗调节，对酒店走廊、电梯厅、地下车库等场所比节能自熄开关更有利，满足使用要求。

（4）地下车库，连续在岗工作而只进行检查、巡视或短时操作的场所应采用感应自动光暗调节（延时）控制。

（5）一般场所照明分区、分组开关灯。在白天自然光较强，或在深夜人员很少时，可以方便地用手动或自动方式关闭一部分或大部分照明，有利于节电。分组控制的目的，是为了将天然采光充足或不充足的场所分别开关。

公共建筑和工业建筑的走廊、楼梯间、门厅等公共场所的照明，宜采用集中控制，并按建筑使用条件和天然采光状况采取分区、分组控制措施。

（6）宾馆的每套或每间客房应装设独立的总开关，并宜采用钥匙或门卡锁匙节能开关，控制全部照明（除外进门处廊灯）。

（7）道路照明按路面亮度或（和）季节、天空亮度自动时间控制开关灯，按人、车流定时或自动调控路面亮度。

道路照明采用集中遥控系统时，远动终端宜具有在通信中断的情况下自动开关路灯的控制功能和手动控制功能。同一照明系统内的照明设施应分区或分组集中控制。宜采用光控、时控、程控等智能控制方式，并具备手动控制功能。

道路照明采用双光源时，在"半夜"应能关闭一个光源；采用单光源时，宜采用恒功率及功率转换控制，在半夜能转换至低功率才运行。采用 LED 灯时，宜采用自动调光控制。

（8）夜景照明定时（分季节天气变化及假日、节日）自动开关灯。

夜景照明应具备平日、一般节日、重大节日开灯控制模式。

16.7 能效管理系统

16.7.1 能效管理系统的分类和功能

（1）能效管理系统的定义。能源管理系统通过对建筑物整体和局部实时能耗数据的采集、监视，进行数据分类、趋势分析、指标追踪，提供报警信息并输出日报、月报、年报、统计和报表，为企业提供能源设计、运行、维护、使用的全生命周期的管理建议和方案，从而实现能效管理水平的提升。

（2）能效管理系统的分类。能源管理系统依照用户不同需求和侧重点，分为本地能源管理系统和远程能源管理系统。本地能源管理系统适用于单一用户、单一建筑、单一场地的数据量相对较少的情况。此时用户更注重细节；远程能源管理系统适用于多站点，连锁企业和集团用户的海量数据接入，存储和传输的情形。远程能效管理系统又称云能效能源管理系统，是建筑远程云架构能源管理系统。以能源托管服务的形式，为用户提供基于云平台的建筑能源信息存储、展示、计算、分析。远程能源管理系统的客户更注重企业内部的宏观管理。

（3）能效管理系统可实现的功能。能源管理系统具体可实现的功能有：

1）实现数据采集自动化：①系统易于扩展，便于集团能耗数据的汇总和集中；②数据采集自动上传，系统较少维护；③能源消耗数据记录的准确度大幅提高，减少人为误差；④全能源（水、气体、燃气、电、蒸汽）介质计量；⑤远程能源管理与本地能源管理系统数据可实现集成和共享；⑥在确保用户数据安全的前提下完成数据托管服务。

2）提高能耗可视化水平和可追溯能力：①通过能耗数据收集和能源管理系统分析，及时且形象地了解能耗在何时、何地、如何被使用的情况；②存储大量的能耗数据，可随时调出系统上线以来的任意时段、任意数据点供查询与对比分析所用；③可通过大量直观图表对能耗情况及建筑能耗 KPI（关键绩效指标）指标进行展示。

3）能耗信息指标化：①通过精确分项能耗计量，对各分项能耗可精细化监控；②结合实际运营情况（营收/面积/气候变化），使得能效指标合理化；③为企业提供考核指标和依据。

4）实现综合能效分析：①按照各业务功能规则处理信息；②能耗关键绩效指标分析管理；③能效水平评价和能源成本分析管理。

16.7.2 能效管理系统与节能的关系

（1）能效管理系统为节能提供数据支撑。

1）掌握建筑耗能状况：能源消耗的数量与构成、分布与流向；

2）了解建筑用能水平：能源利用损失情况、设备效率、能源利用率、综合能耗。

（2）通过能效管理系统发现建筑能耗问题。

1）管理、设备、工艺操作中的能源浪费问题；

2）发掘潜在能耗异常问题；

3）海量历史数据中发现节能潜在机会。

（3）通过能效管理系统制定节能行动策略。

1）明确建筑节能方向：设备改造、行为规范、用能规范和制度的建立等。

节能措施可分为设备节能和管理节能,以上所列的设备改造属于设备节能的范畴,例如更换高效节能设备、采取电动机控制加装变频器、更换高效光源灯具等措施。而行为规范、用能规范和制度的建立等措施则属于管理节能的范畴。节能措施不仅只有设备节能,应采取管理节能和设备节能相结合的策略来达到节能的目的。

2)提出主动性预防和应对措施。

(4)通过能效管理系统验算建筑节能效果。

1)采取相应节能措施后的经济效益和节能量验证;

2)执行节能措施后,对节能效果追踪验证,巩固及推广。

(5)能效管理系统与节能服务结合将节能增效真正落实。

1)与节能咨询服务结合;

2)与碳减排咨询服务结合;

3)与节能改造服务结合。

16.7.3 能效管理系统架构

用户可依据能效管理系统欲实现的目标和不同的侧重点,选择本地能效管理系统或远程能效管理系统。能源管理系统架构图见图 16.7-1,本地能源管理系统由三层架构组成,从下向上分别为现场设备层,网络通信层和能源管理及控制层,而远程能源管理系统在本地能源管理系统之上多加一层——远程能源管理层。

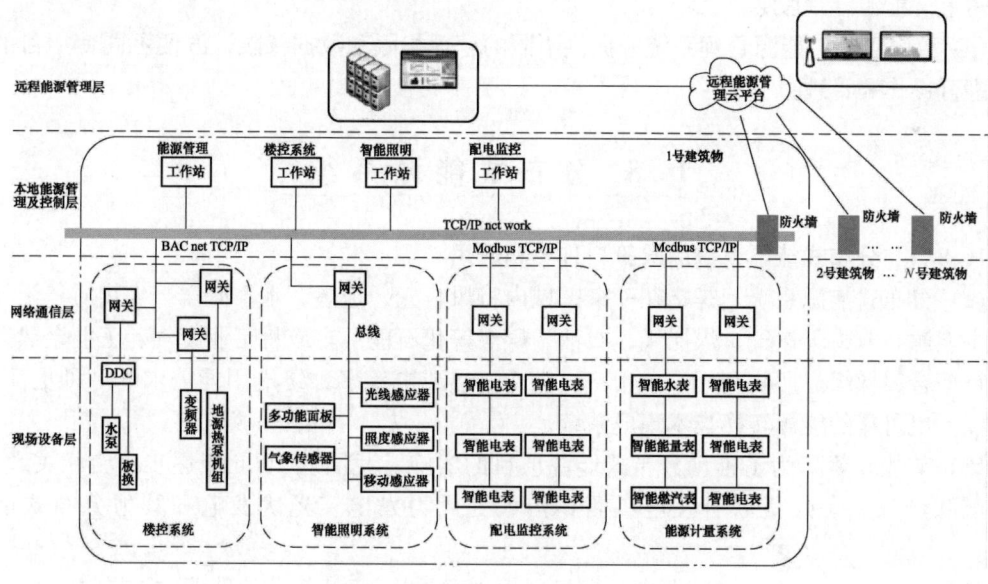

图 16.7-1 能源管理系统架构图

现场设备层由建筑内不同子系统的各种现场设备组成,各子系统包括楼宇自控系统、智能照明系统、配电监控系统、能源计量系统等。网络通信层由各种网关组成,通过网关将现场设备的不同的通信协议转换成统一的协议,使数据可以统一接入上层的 TCP/IP 网络。本地能源管理工作站可以将采集的数据进行分类、分析以达到能效管理的目的。

远程能源管理系统在本地能源管理系统的基础上,以能源托管服务的形式,提供基于云平台的建筑能源信息存储、展示、计算、分析。

16.7.4　能效管理系统的内容

（1）能效目标管理。用户可以根据自身企业状况，制定能源管理目标，将实际能耗与能源管理目标进行实时比较和追踪，发现和查找问题，改进和提高管理水平，降低能耗。

（2）能效指标管理。用户根据自身企业能效情况和行业整体能效水平，依据不同行业和不同区域制定能效指标，同时进行分级定量，直观显示企业当前所处的能效位置，并且可以同其他业内企业进行横向对标，为企业能耗决策以及节能措施指明方向。

（3）能源成本管理。系统计算用户能源使用的成本信息，用户根据当前所处地区设定其适用的费率，其中电费包括峰谷平费率、需量费率、功率因数奖惩费率等，系统根据此费率为用户实时准确的计算成本消耗情况。

（4）碳排放计量。碳排放信息关系到企业形象，能源管理系统能够根据其采集和存储的能耗数据，基于系统内嵌的碳排放因子，为用户自动计算多种能耗介质的分项和综合碳排放信息。

（5）结构化 KPI 模板。能源管理系统应提供多种预设置的 KPI 模板，这些模板以用户类型、使用场景、目标载体等多种形式进行结构化分类，用户可以根据需要灵活选择 KPI 模板以生成适合的能源展示面板，真正实现了企业能源管理体系和能源管理系统的融合。同时，经过充分的用户体验设计，整个能源展示面板建立过程，让能源系统最大化的为用户的本质需求—能源管理服务。

（6）权限管理。能源管理系统应提供不同的管理权限和数据权限，方便不同使用目的的用户进行操作和管理。

16.8　分 布 式 能 源 系 统

16.8.1　分布式能源系统的政策、种类和应用

（1）分布式能源系统，是指在一个区域内将风、光、地热、水、海洋、生物质、沼气等可再生能源，或将天然气、煤层气、石油、煤炭等化石能源，或将工业废气、工业余热等能源进行综合、梯级、回收利用，向用户提供冷、热或电等多种终端用能需求的一种更高效、更环保、更可靠的能源转换技术集成系统。

（2）节能政策。为了推动分布式能源项目的实施，我国从 1996 年逐步出台相关政策，由热电联产项目、燃机联合发电项目，扩大到风力发电、光伏发电和其他分布式能源发电。

2004 年，国务院发布《能源中长期发展规划纲要》，坚持把节约能源放在首位，实行全面、严格的节约能源制度和措施，显著提高能源利用效率；要大力调整和优化能源结构，坚持以煤炭为主体，电力为中心，油气和新能源全面发展的战略。同年发布了《节能中长期专项规划》，提出"十一五"期间组织实施十项节能重点工程，包括燃煤工业锅炉（窑炉）改造工程、区域热电联产工程、余热余压利用工程、节约和替代石油工程、电机系统节能工程、能量系统优化工程、建筑节能工程、绿色照明工程、政府机构节能工程以及节能监测和技术服务体系建设工程。

2005 年，《可再生能源法》从法律上明确了产业指导与技术支持、推广与应用、价格管

理与费用分摊、经济激励与监督等措施方案，明确了国家鼓励各种所有制经济主体参与可再生能源的开发利用，依法保护其合法权益。

2007年，《节约能源法》中的能源是指煤炭、石油、天然气、生物质能和电力、热力以及其他直接或者通过加工、转换而取得有用能的各种资源。指出"节约能源（以下简称节能），是指加强用能管理，采取技术上可行、经济上合理以及环境和社会可以承受的措施，从能源生产到消费的各个环节，降低消耗，减少损失和污染物排放，制止浪费，有效、合理地利用能源。"

2011年，"十二五规划"主要目标之一是资源节约、环境保护应取得显著成效。要求"非化石能源占一次能源消费比重由8.3%达到11.4%。单位国内生产总值能源消耗降低16%，单位国内生产总值二氧化碳排放降低17%。

2012年，国务院发布的《中国的能源政策（2012）》白皮书进一步强调了我国能源现状、发展政策和目标，要求全面节约能源、大力发展新能源和可再生能源、推动化石能源清洁发展、提高能源普遍服务水平、加快推进能源科技进步、深化能源体制改革以及加强能源国际合作。促进清洁能源分布式利用，国家坚持"自用为主、富余上网、因地制宜、有序推进"的原则，积极发展分布式能源。

2013年，国家电网公司发布《关于做好分布式电源并网服务工作的意见》对分布式电源的界定，是位于用户附近，所发电能就地利用，以10kV及以下电压接入电网，且单个并网点总装机容量不超过6MW的发电项目。包括太阳能、天然气、生物质能、风能、地热能、海洋能、资源综合利用发电等类型。

2013年，国家发展改革委颁布了《分布式发电管理暂行办法》，为推动分布式发电应用，促进节能减排和可再生能源发展，给出了分布式发电的定义、分布式能源的种类、适用的范围。

（3）分布式能源的种类和技术。根据国家发展改革委颁布的《分布式发电管理暂行办法》，分布式发电是指在用户所在场地或附近建设安装、以用户端自发自用为主、多余电量上网，且在配电网系统平衡调节为特征的发电设施或有电力输出的能量综合梯级利用多联供设施。

分布式发电方式见表16.8-1。

表 16.8-1　　　　　　　　　　　分布式发电方式

类　型	内　容
小水电站	总装机容量50MW及以下
新能源发电	以各个电压等级接入配电网的风能、太阳能、生物质能、海洋能、地热能等新能源发电
余热发电/焚烧/气化发电	除煤炭直接燃烧以外的各种废弃物发电，多种能源互补发电，余热余压余气发电、煤矿瓦斯发电等资源综合利用发电
煤层气发电	总装机容量50MW及以下的煤层气发电
冷热电三联供	综合能源利用效率高于70%且电力就地消纳的天然气热电冷联供等

（4）分布式能源应用领域十分广泛，包括啤酒厂、污水处理、餐厨处理等各类企业，公共建筑物或设施，商场、宾馆、写字楼等商业建筑物或设施，城市居民小区，农村地区村庄和乡镇，偏远农牧区和海岛以及适合分布式发电的其他领域。

16.8.2　发供用一体化小水电

小水电发供电一体化是装机容量 5MW 及以下的水电站和配套电压 35kV 及以下的地方供电电网。供电电网可以是孤立电网，也可以与国家电网连接。

（1）小水电发展的特点。水能是清洁的可再生能源，分布在远离大电网的山区，在水资源丰富的地区对经济发展作用十分明显。小水电是农村能源的重要组成部分，也是大电网的补充。

（2）小水电地区电网的技术指标。小水电地区电网的技术指标有：

1）乡通电率 100%；村通电率 100%；户通电率 95% 以上。

2）供电保证率：排灌用电供电保证率 100%；乡村居民生活用电供电保证率 90% 以上。

3）电能质量：电压合格率达到 90% 以上；县独立电网频率合格率达到 95% 以上。

4）设备完好率：电站（厂）主要设备完好率达到 100%，其中一类设备为 70% 以上；3～110kV 输配变电设备完好率达到 100%，其中一类设备为 70% 以上；220/380V 低压配电装置完好率达到 95% 以上，其中一类设备为 60% 以上。

16.8.3　风力发电系统

（1）风力发电系统是在一定风速下发电，经逆变器转换至配电电压直接供电或经变压器并入电网的机电转化系统。风能转化为电能的容量可分为：

1）小型风力发电机组：功率在 10kW 以下，一般采用离网型控制器，对风速的适应范围广，对气候环境的适应能力强，维修简便，技术成熟，适合于家庭和边远地区的用电负荷点。考虑到风能的不连续性和不稳定性，需要配备蓄电装置。

2）中型风力发电装置：在 10～100kW 之间，具有离网型和并网型控制能力。

3）大型风力发电装置：单机功率在 100kW 以上，主流产品功率在 500～1500kW。

（2）我国风力资源地域分布：主要分布在东南沿海及附近岛屿，内蒙古、新疆和甘肃河西走廊，以及华北和青藏高原的部分地区。分布情况见表 16.8-2。

表 16.8-2　　我国风力资源分布情况

类型	地　区	年有效风能密度（W/m²）	风速>3m/s 的年累计小时数（h）	风速>6m/s 的年累计小时数（h）
丰富区	东南沿海、台湾、海南岛西部和南海群岛，内蒙古、辽宁、吉林、黑龙江松花江下游地区	>200	>5000	>2200
较丰富区	东南沿海 20～50km 的地带，海南岛东部，渤海沿岸，松嫩平原、三江平原、辽河平原，内蒙古南部，河西走廊，青藏高原	150～200	4000～5000	1500～2200

类型	地　区	年有效风能密度（W/m²）	风速＞3m/s的年累计小时数（h）	风速＞6m/s的年累计小时数（h）
可利用区	闽、粤离海岸 50～100km 地带，大小兴安岭，辽河流域，苏北，长江及黄河下游，洞庭湖、鄱阳湖等地	50～150	2000～4000	350～1500
贫乏区	四川、甘南、陕西、贵州、湘西、岭南等地	＜50	＜2000	＜350

（3）风速条件：风力发电机当风速达到 3～4m/s 可并网发电（该风速又称切入风速），当风速 10～16m/s 时可达到满载发电（该风速又称额定风速）。风速不应超过风机的最大耐风速要求。

16.8.4　太阳能光伏发电系统

16.8.4.1　概述

太阳能可转化为多种形式的能源。

光热：太阳能热发电，太阳能热水器，太阳能干燥，太阳能养殖，太阳能温室大棚，太阳灶和海水淡化等。

光-化学：太阳能裂解水制氢、太阳能光催化降解有机污染物等。

光-电：光伏发电、太阳能水泵、太阳能空调和智能建筑光电光热一体化等。

太阳能光伏发电系统是利用光伏电池板将光照辐射转化为直流电，供直流负载，或经逆变器转化为交流电供交流负载。系统配置因应用的场合和负载的不同有很大差别，比如太阳能路灯，牧民家用太阳系统，与建筑物结合的光伏发电系统，大型地面电站。

太阳能光伏发电系统具有明显的节能减排特征。以太阳能资源丰富地区 1MWp 并网太阳能电站为例，预计年发电量约为 98×10^4 kWh，相当于年节标煤约 330t，减排粉尘约 4.8t，减排灰渣约 101t，减排二氧化碳约 170t，减排二氧化硫约 7.68t。

太阳能光伏发电的特点：无噪声、无污染、无排放、无燃料、维护简单、运行可靠等优点。但光伏电池板生产需要较大耗能，独立光伏发电系统要求较大容量蓄电池，其环保性能必须统一考虑。我国太阳能资源分布情况见表 16.8-3。

表 16.8-3　　　　　　　　　　我国太阳能资源分布情况

类型	地　区	年日照时数（h）	年辐射总量（MJ/m²）
一类地区资源丰富带	青藏高原、甘肃北部和中部、宁夏北部和南部、新疆南部、河北西北部、山西北部、内蒙古南部、青海东部、西藏东南部	3000～3300	6700～8370
二类地区资源较富带	山东、河南、河北东南部、山西南部、新疆北部、吉林、辽宁、云南、陕西北部、甘肃东南部、广东南部、福建南部、江苏中北部和安徽北部	2200～3000	5400～6700
三类地区资源一般带	湖南、广西、江西、浙江、湖北、福建北部、广东北部、陕西南部、安徽南部	1400～2200	4200～5400
四类地区	四川、贵州	1000～1400	＜4200

光伏电池可分为晶体硅电池和薄膜电池两大类,具体特性比较见表16.8-4。

表 16.8-4 晶体硅电池和薄膜电池特性比较

技术类型	晶体硅电池		薄膜电池			
	单晶硅	多晶硅	非晶硅	碲化镉	铜铟镓硒	砷化镓
电池光电转换效率(%)	16~17	14~15	6~7	8~10	10~11	18~22
光伏组件效率(%)	13~15	12~14	6~7	8~10	10~11	18~22
受光面积(m²/kWp)	7	8	15	11	10	4
制造能耗	高	较高	低	低	低	高
制造成本	高	较高	低	中	中	很高
资源丰富度	中	中	丰富	较贫乏	较贫乏	贫乏
运行可靠程度	高	中	中	较高	较高	高
污染程度	中	小	小	中	中	高

太阳能光伏发电有三种:①孤网发电,需要配置蓄电池储能;②并网发电,不使用蓄电池,直接与公用电网并接;③微电网发电,可并网也可孤网运行。

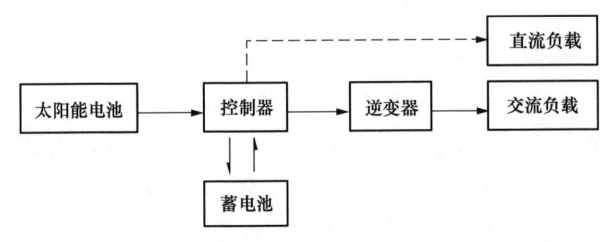

图 16.8-1 独立光伏系统示意图

图见图 16.8-1。

16.8.4.2 独立光伏发电系统

独立发电系统的基本原理:光伏电池产生的电能通过控制器给蓄电池充电或者直接给负载供电,日照不足或夜间由蓄电池通过控制器给直流负载供电,对于交流负载,需增加逆变器将直流电转换成交流电,光伏系统

独立发电系统一般由太阳板、控制器、蓄电池、逆变器等组成。应用于农村用电、通信和工业应用(微波站、交通信号、阴极保护等)、太阳能路灯、草坪灯等。

16.8.4.3 并网光伏发电系统

并网光伏发电系统一般由太阳组件、汇电箱、并网逆变器、监控系统和双向电能计量装置构成,见图16.8-2。发出的直流电经逆变器转成交流电输送到电网,不需蓄电池储能。并网逆变器具有自动相位和电压跟踪功能,能够跟随电网的微小相位和

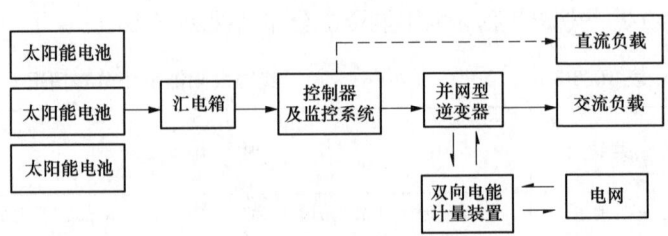

图 16.8-2 并网光伏系统示意图

电压波动,不会对电网造成影响。目前国际上90%以上的太阳能系统采用并网发电。

按照实际应用光伏并网发电可分两类:一类是接入配电网和用户侧的光伏发电系统、另一类是大规模光伏电站。

GB/T 50865—2013《光伏发电接入配电网设计规范》中表述:

(1)一类光伏发电系统,通过380V电压等级接入电网以及10kV或6kV电压适用于容

量较小，靠近用电负荷中心的场合，好处是起到削峰的作用；容量小不需要对配电网进行改造，经济效益明显；电能就地使用，减少了传输、变电损耗。

（2）另一类大规模光伏发电站指多个光伏发电单元，安装容量多为 1MWp 及以上的发电设施，见图 16.8-3。每个光伏发电单元包括：光伏阵列、直流-交流逆变设备、升压并网设备构成，辅助以控制检测系统和附属设施。1MWp 的光伏发电站仅光伏阵列占地面积大约 $2.3 \times 10^4 \sim 3.0 \times 10^4 \text{m}^2$。

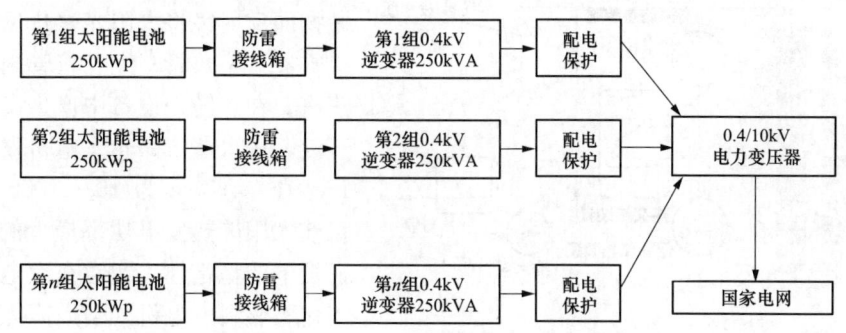

图 16.8-3　1MWp 并网光伏发电分系统举例

大规模光伏发电站具有以下技术特点：在发电侧并入高压电网，没有储能系统；不能自发自用，只能给出"上网电价"；多系无人值守；自动跟踪或聚光电池多用在荒漠电站；带有气象和运行数据自动监测系统和远程数据传输系统。

按照 GB/Z 19964—2005《光伏电站接入系统技术规定（在发电侧与高压电网并网）》需要考虑如下功能：电站有功功率调节能力；电站无功功率补偿的能力；有载变压器分接头切换能力；对光伏电站最大功率变化率的要求；反馈给调度中心的必要信息（接入点电压、电流、有功功率、功率因数、频率、电量等）；调度中心可以远程调节和控制。

光伏发电站采用的光伏板的安装形式有固定式、单轴式、双轴式和跟踪式四种，以跟踪式光伏板始终保持垂直的日照角发电效率最高。

16.8.4.4　与建筑结合的光伏发电系统

一种是建筑与光伏系统相结合，把封装好的光伏组件安装在建筑物的屋顶上（Building Attached Photovoltaic，BAPV），组成光伏发电系统；

另一种是建筑与光伏器件相结合，将光伏器件与建筑材料集成化，如将太阳光伏电池制作成光伏玻璃幕墙、太阳能电池瓦等，即光伏建筑一体化（Building Integrated Photovoltaic，BIPV），即可开发和应用新能源，又建筑功能装饰美化合为一体，达到节能环保效果。

BIPV 主要应用于新建的住宅、公共建筑和工厂的幕墙、外墙、遮阳棚、天井或屋顶等处。

光伏与建筑结合的 BAPV 主要应用于附着在已建的建筑物上。

光伏建筑一体化有以下优点：节省用地；原地发电节省电能输送损耗；可缓解高峰用电；夏季遮阳降低室内温度；无空气污染和废渣污染；使建筑外观更有魅力。

16.8.4.5　聚光太阳电池发电

采用聚光棱镜、透镜或反射镜面等光学元件，将更多地阳光汇集到光伏面板上的发电技术。发电效率可达 40.7%，采用定日跟踪技术，发电量更多；不受硅材料限制；占地面积小。根据放大倍数的不同,聚光太阳电池有 2、4、8、10 倍,甚至 1000 倍聚光的太阳电池。

16.8.4.6　太阳能光热发电

聚光式太阳能发电通过大量反射镜以聚焦的方式聚集起太阳直射光,加热工质,产生高温高压的蒸汽驱动汽轮机发电。太阳能光热发电按照太阳能采集方式可分:槽式发电、塔式热发电、碟式热发电。

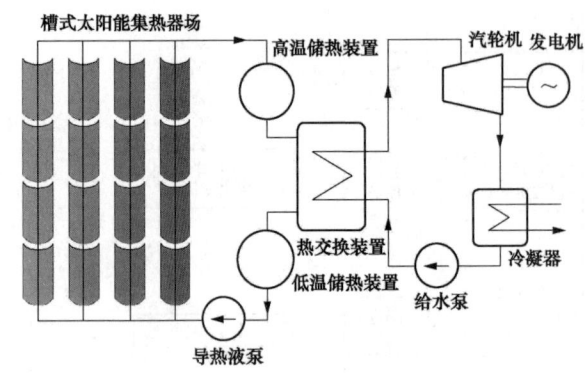

图 16.8-4　槽式太阳能发电原理图

(1) 槽式发电是采用大面积的槽式抛物面反射镜将太阳光聚焦反射到线形接收器(集热管)上,将管内水加热成蒸汽,在热转换设备中产生高压、过热蒸汽,送入蒸汽涡轮发电机发电,见图 16.8-4。功率多为 10～1000 MW,是目前太阳能热发电功率最大的。为了保证发电的稳定性,通常在发电系统中加入化石燃料发电机。当太阳光不稳定时补充发电。

(2) 塔式发电是在空旷的地面上建立一高大的中央吸收塔,塔顶上安装一个吸收器,塔的周围安装一定数量的定日镜,将太阳光聚集到塔顶的接收器腔体内产生高温,再加热工质产生高温蒸汽发电,见图 16.8-5。蓄热系统可获得持续的高温蒸汽,保证供电的连续性,能效更高,但发电成本较高。

(3) 碟式太阳能热发电是目前太阳能发电效率最高的系统。主要特征是采用碟状抛物面镜聚光集热器,可使传热工质加热到 750℃ 左右,驱动发动机进行发电。此系统可以独立运行,一般功率为 10～25kW,聚光镜直径约 10～15m;也可用于较大的用户,把数台至数十台装置并联起来,组成小型太阳能热发电站。

16.8.4.7　多能源分布式发电系统

多能源分布式发电系统由风力发电机、光伏电池和柴油发电机等多种能源发电单元组合,匹配蓄能单元及负载单元,具备一定的微电网特性。总装机容量整合在几兆瓦以内。

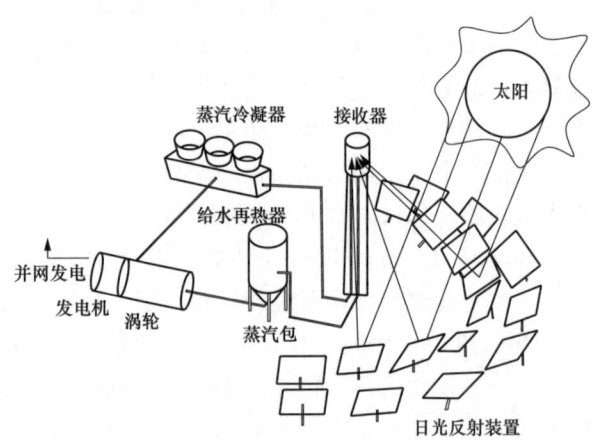

图 16.8-5　塔式太阳能发电原理图

选择多能源主要考虑不同类型能源间的互补特性。例如:风能和太阳能受地理分布、季节变化和昼夜交替等影响在时间、地域和经济方面能够产生了一定的互补性。夏季光线强风速小,冬季光线弱风速强。因此风光互补发电具有资源互补特性。

系统中的储能单元和柴油发电机单元,能够熨平太阳光及风速波动导致的电能波动,能补偿电网系统中的电压骤降或突升,也能在风光发电不足时提供一定的电力;当长时间风光不能发电时,柴油发电机单元将自动起动。比储能系统费用要低很多,系统原理示意见图

16.8-6。

多能源分布式发电系统以绿色环保、供电安全等优势成为各类分布式发电系统中一个有力的发展方向，非常适用于人员分散、风光资源丰富的边防海岛地区。主要应用在以下三个方面：

通信和工业场所。微波中继站、卫星通信和卫星电视接收系统、农村程控电话系统、部队通信系统、铁路和公路信号系统、灯塔和航标灯电源、气象地震台站、水文观测系统等。

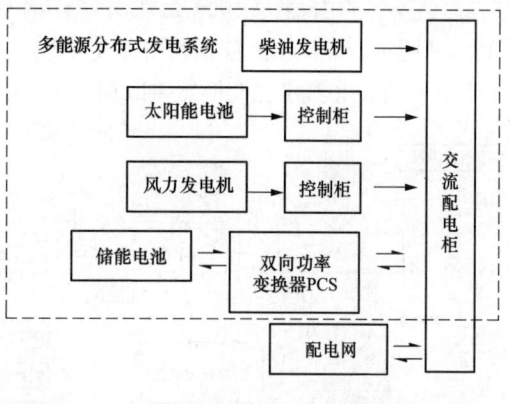

图 16.8-6　多能源分布式发电系统原理示意图

农村、军用和边远地区。独立光伏电站、小型风光互补发电系统、太阳能户用系统、大型畜牧业基地、海岛、边防哨所等。

商业和公共领域。如酒店、旅社、加油站、大型充电停车场、公园等。

16.8.5　冷热电三联供技术

（1）燃气冷热电三联供系统，即 CCHP（Combined Cooling，Heating and Power），是指以天然气为主要燃料带动燃气轮机或内燃机发电机，系统排出的废热通过余热回收利用设备（余热锅炉或者余热直燃机等）向用户供热、供冷。该系统是由小型燃气轮机（或内燃机）、余热锅炉、溴化锂制冷机组成的小型供能系统提供电、热、冷供应，实现了能量的合理梯级利用，可大幅度提高燃料的利用价值。综合能源利用率可达 80%。

冷热电三联供系统的技术优势：

与传统长距离输电相比，它还能减少 6%～7% 的输电线损；

对燃气和电力有双重削峰填谷作用；

兼容性强：三联供技术可与储能、太阳能、热泵、智能网络等能源新技术的有机结合。分布式能源因地制宜，利用项目周边的资源，有效地结合相适宜的能源新技术，打造最适宜项目的能源供应系统。

（2）常见冷热电三联供系统的机组形式。燃气冷热电三联供系统主要由发电设备、余热利用设备以及冷热调峰设备组成。

1）按照发电机组的不同，可分为小型燃机发电机组和天然气内燃机组等。前者的发电功率通常在 1000～20 000kW，后者可达 5000kW，余热品质极佳，可达 500℃ 的烟气，便于回收利用。图 16.8-7 和图 16.8-8 分别为两者的典型三联供形式。

2）按照余热利用方式的不同，可分为以下几种方案：

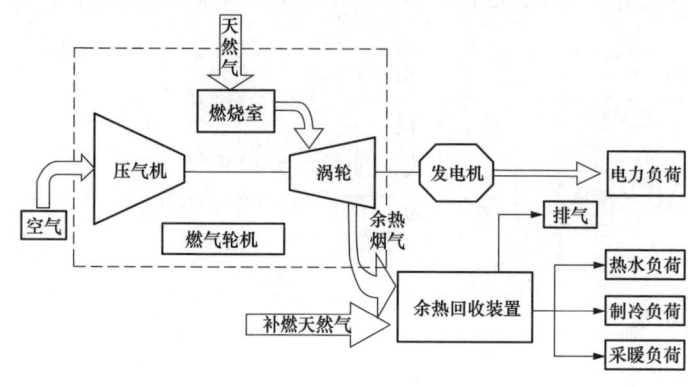

图 16.8-7　小型燃气轮机的三联供系统

a) 方案一：由燃气轮机＋余热锅炉＋蒸汽型吸收式制冷机＋电制冷机＋燃气锅炉组成，如图 16.8-9 所示。燃气轮机首先利用燃气发电，余热烟气将锅炉给水加热成蒸汽，再通过蒸汽溴化锂吸收式制冷机和汽水热交换器供冷和供热。电制冷机和燃气锅炉可作为冷源和热源的补充。

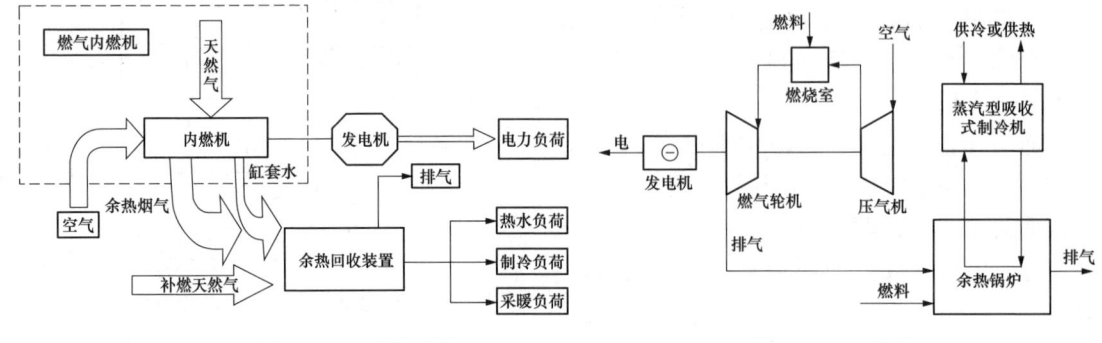

图 16.8-8 　内燃机的三联供系统　　　　　　　图 16.8-9 　方案一

b) 方案二：由燃气轮机＋烟气型溴化锂机组＋电制冷机＋燃气锅炉组成，如图16.8-10 所示。燃气轮机排气中的余热直接通过烟气型溴化锂吸收式机组回收利用，对外供冷和供热，没有了余热锅炉这一中间环节。电制冷机和燃气锅炉作为冷源和热源的补充。

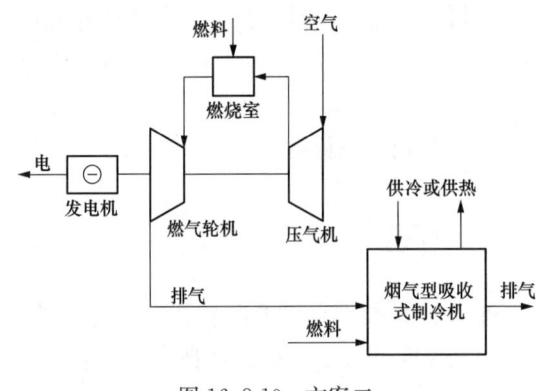

c) 方案三：由燃气轮机＋余热锅炉＋汽轮发电机＋蒸汽吸收式制冷机＋电制冷机＋燃气锅炉构成，如图 16.8-11 所示。该方式为燃气-蒸汽联合循环方式，余热烟气先通过余热锅炉产生蒸汽，蒸汽再推动蒸汽轮机发电，余热蒸汽再通过蒸汽溴化锂吸收式制冷机和汽水热交换器进行供冷和供热。电制冷机和燃气锅炉作为冷源和热源的补充。该系统能源综合利用率较高，适合用于有较大电负荷的场合。

图 16.8-10 　方案二

d) 方案四：由燃气内燃机＋烟气热水型溴化锂机组＋电制冷机＋燃气锅炉组成，如图 16.8-12 所示。发电机组为燃气内燃机，产生的烟气及高温缸套水直接进入烟气热水型溴化锂机组，供冷和供热。电制冷机和燃气锅炉作为冷源和热源的补充。

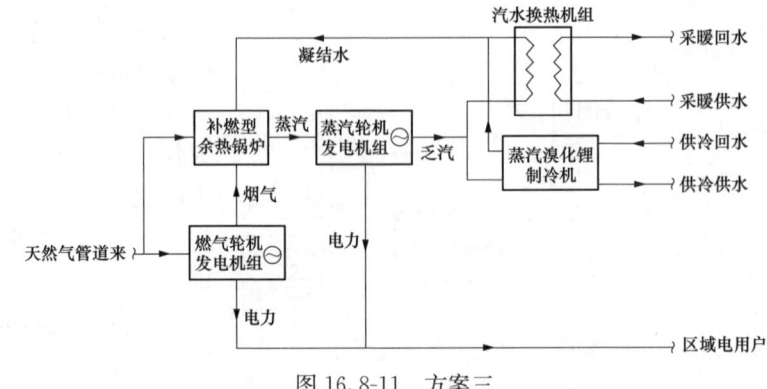

图 16.8-11 　方案三

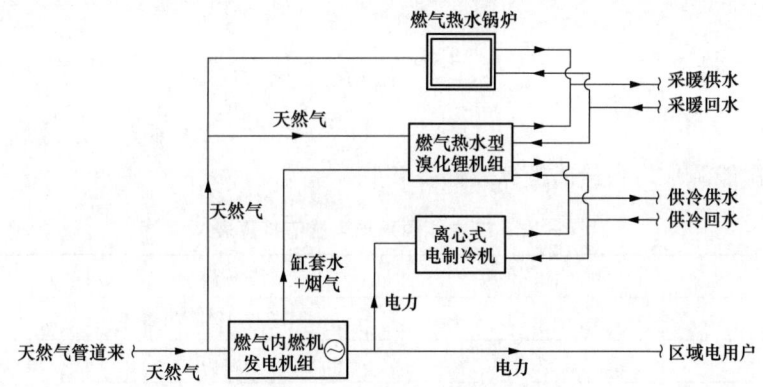

图 16.8-12　方案四

附录 L 一次、二次能源平均当量值折算表

一次、二次能源平均当量值折算表见表 L-1。

表 L-1 一次、二次能源平均当量值折算表 t

序号	能源种类	折标煤	备注
1	电力	$1.229/10^4$ kWh	
2	天然气	$12.143/10^4$ m³	
3	热力	$0.034\ 1/10^6$ kJ	
4	原煤	$0.714\ 3/t$	
5	洗精煤	$0.9/t$	
6	其他洗煤	$0.285/t$	
7	型煤	$0.6/t$	
8	原油	$1.428\ 6/t$	
9	汽油	$1.471\ 4/t$	
10	煤油	$1.471\ 4/t$	
11	柴油	$1.457\ 1/t$	
12	燃料油	$1.428\ 6/t$	
13	液化石油气	$1.714\ 3/t$	
14	焦碳	$0.971\ 4/t$	
15	其他焦化石油气	$1.3/t$	
16	炼厂干气	$1.571\ 4/t$	
17	其他油制品	$1.2/t$	

16

附录 M　有关名词解释

（1）一次能源：自然界中，不经过加工或转换直接被利用的能源，如：原油、原煤、天然气、木材等。

（2）二次能源：由一次能源经过加工或转换为其他种类或形式的热属性能源，如：电、焦炭、燃油、城市煤气、水煤气、液化石油气、氢气、蒸汽等。

（3）耗能工质：通过耗能得到的某种产品，如：压缩空气、氩气、各类新鲜水等。

（4）等价热量：等价热量是指为得到一个单位的二次能源或一个单位的耗能工质，在工业上实际消耗的一次能源的热量。等价热量不是固定值，其随着技术发展而变小。

（5）能源折标系数：不同热值的各种能源数量，均可用相应的标准煤数量表示。编制节能篇时需采用当量/等价折标煤系数进行计算：

1）当量值折标系数；

2）等价值折标系数，如电：1kWh 的能量当量值为 860kcal，当量值折标煤系数为 0.122 9千克标准煤/kWh。

（6）当量值：按照物理学电热当量、热功当量、电功当量换算的各种能源所含的实际能量。按国际单位制，折算系数为 1。当量值是不变值，不会随着技术水平的提高、社会生产力的发展而有所改变。

（7）能源弹性系数：能源量的变化率与国民生产总值的变化率的比值，包括能源生产弹性系数、能源消费弹性系数、电力生产弹性系数、电力消费弹性系数，主要用于预测能源的生产量和消费量。

参 考 文 献

［1］　姚兴佳，刘国喜，等 . 可再生能源及其发电技术 . 北京：科学出版社，2010.

［2］　《钢铁企业电力设计手册》编委会 . 钢铁企业电力设计手册 . 北京：冶金工业出版社，1996.

17 常 用 资 料

17.1 常 用 标 准

17.1.1 中国标准化体系

17.1.1.1 标准和标准化的基本概念

标准是以科学、技术和实践经验的综合成果为基础，经有关方面协商一致，由主管机构批准，以特定形式发布的文件，作为共同的和重复使用的规则、指导原则或特性，以增进社会效益。

标准化是在经济、技术、科学、管理等社会实践中，对实际的或潜在的问题，通过制定、发布和实施标准，达到统一，以获得最佳秩序和社会效益。

17.1.1.2 标准体制

根据《中华人民共和国标准化法》和《中华人民共和国标准化法实施条例》，我国的标准分为四级。

（1）国家标准：对需要在全国范畴内统一的技术要求，应当制定国家标准。

（2）行业标准：对没有国家标准而又需要在全国某个行业范围内统一的技术要求，可以制定行业标准。行业标准不得与国家标准相抵触。行业标准在相应的国家标准实施后，自行废止。

（3）地方标准：对没有国家标准和行业标准而又需要在省、自治区、直辖市范围内统一的工业产品的安全、卫生要求，可以制定地方标准。地方标准不得与国家标准和行业标准相抵触。地方标准在相应的国家标准或行业标准实施后，自行废止。

（4）企业标准：企业生产的产品没有国家标准、行业标准和地方标准的，应当制定相应的企业标准。企业标准不得与国家标准、行业标准和地方标准相抵触。

对已有国家标准、行业标准或地方标准的，鼓励企业制定严于国家标准、行业标准或地方标准要求的企业标准，在企业内部适用。

17.1.1.3 标准性质

（1）国家标准、行业标准分为强制性标准和推荐性标准。保障人体健康，人身、财产安全的标准和法律、行政法规规定强制执行的标准是强制性标准，其他标准是推荐性标准。

（2）对于技术尚在发展中，需要有相应的标准文件引导其发展或具有标准化价值，尚不能制定为标准的项目，以及采用国际标准化组织、国际电工委员会及其他国际组织的技术报告的项目，可以制定国家标准化指导性技术文件。

（3）国家鼓励采用国际标准和国外先进标准，积极参与制定国际标准。

根据 GB/T 20000.2—2009《标准化工作指南 第 2 部分：采用国际标准》，国家标准与国际标准的一致性的程度分为：等同（IDT）、修改（MOD）和非等效（NEQ）。

1) 等同：国家标准与国际标准的技术内容和文本结构相同，但可以包含以下最小限度的编辑性修改：用小数点符号"."代替符号","；改正印刷错误；删除多语种出版的国际标准版本中的一种或几种语言文本；纳入国际标准修正案或技术勘误的内容；改变标准名称以便与现有的标准系列一致；用"本标准"代替"本国际标准"；增加资料性要素（如资料性附录，这样的附录不变更、不增加或不删除国际标准的规定），通常的资料性要素包括对标准使用者的建议、培训指南或推荐的表格或报告；删除国际标准中资料性概述要素（包括封面、目次、前言和引言）；如果使用不同的计量单位制，为了提供参考，增加单位换算的内容。

"等同"条件下，"反之亦然原则"适用。

2) 修改：存在技术性差异，并且这些差异及其产生的原因被清楚地说明；存在文本结构变化，但同时有清楚的比较。此外，还可包含编辑性修改。

一项国家标准应尽可能采用一项国际标准。个别情况下，只有当使用列表形式清楚地说明技术性差异及其原因并很容易与相应国际标准的结构进行比较时，才允许一项国家标准采用若干项国际标准。

"修改"可包括如下情况：国家标准的要求少于国际标准的要求，仅采用国际标准中供选用的部分内容；国家标准的要求多于国际标准的要求，增加了内容或种类，包括附加试验；国家标准更改了国际标准的一部分内容；国家标准增加了另一种供选择的方案。

"修改"条件下，"反之亦然原则"不适用。

3) 非等效：国家标准与国际标准的技术内容和文本结构不同，同时这种差异在国家标准中没有被清楚地说明。"非等效"还包括在国家标准中只保留了少量或不重要的国际标准条款的情况。

与国际标准一致性程度为"非等效"的国家标准，不属于采用国际标准。

17.1.1.4　标准代号

我国的标准号由字母代号、顺序号和批准发布年号三段组成。

强制性国家标准的代号为 GB；推荐性国家标准的代号为 GB/T；国家标准化指导性技术文件的代号为 GB/Z。

注　国家军用标准的代号为 GJB。工程建设方面的国家标准代号原用 GBJ，现已统一改为 GB 5xxxx。

行业标准的代号一般为两个汉语拼音字母，参见表 17.1-1。

企业标准代号一律以 Q 为分子，其分母按企业的隶属关系分别由国务院或地方主管部门规定。

表 17.1-1　　　　　　　　　　　行业标准代号

代号	行业	代号	行业	代号	行业	代号	行业
AQ	安全	CY	新闻	FZ	纺织	HJ	环境保护
BB	包装	DA	档案	GA	公共安全	HS	海关
CB	船舶	DB	地震	GH	供销	HY	海洋
CECS	建标协会	DL	电力	GY	广播电影电视	JB	机械
CH	测绘	DZ	地质矿产	HB	航空	JC	建材
CJ	城建	EJ	核工业	HG	化工	JG（JGJ）	建工

代号	行业	代号	行业	代号	行业	代号	行业
JJG/JJF	计量检定	NB	能源	SL	水利	WS	卫生
JR	金融	NY	农业	SN	商检	XT	稀土
JT	交通	QB	轻工	SY10000	海洋石油	YB	黑色冶金
JY	教育	QC	汽车	SY	石油	YC	烟草
LB	旅游	QJ	航天	TB	铁道	YD	通信
LD	劳保	QX	气象	TD	土地	YS	有色金属
LY	林业	SB	商业	TY	体育	YY	医药
LS	粮食	SC	水产	WB	物资	YZ	邮政
MH	民航	SD	水电	WH	文化		
MT	煤炭	SH	石化	WJ	兵工民品		
MZ	民政	SJ	电子	WM	外贸		

注 CCEC 为中国节能产品认证管理委员会标准；CCEE 为中国长城电工产品认证标志；CCIB 为中国进出口商品检验局标志；CNS 为台湾标准。

17.1.2 常用电气设计规范、标准

有关工业和民用供配电设计的规范、标准种类繁杂，数量甚多。本节按相关标准的体系，摘要归纳为三部分：通用标准和通用电工标准，见表 17.1-2；建设部归口的工程建设系列标准，见表 17.1-3；质监局归口的 IEC 转化标准，见表 17.1-4。限于篇幅，不收电工产品标准和建筑设计规范中的电气章节。各章引用的相关标准另见相应章节。

表 17.1-2 通用标准和通用电工标准

标准号	标准名称	备注
GB 3100—1993	国际单位制及其应用	
GB 3101—1993	有关量、单位和符号的一般原则	
GB 3102.1~12—1993	量和单位	
GB 156—2007	标准电压	
GB/T 762—2002	标准电流	
GB/T 1980—2005	标准频率	
GB/T 3926—2007	中频设备额定电压	
GB/T 12325—2008	电能质量 供电电压允许偏差	
GB/T 12326—2008	电能质量 电压允许波动和闪变	
GB/T 14549—1993	电能质量 公用电网谐波	
GB/T 15543—2008	电能质量 三相电压不平衡	
GB/T 15945—2008	电能质量 电力系统频率偏差	
GB/T 18481—2001	电能质量 暂时过电压和瞬态过电压	
GB/T 24337—2009	电能质量 公用电网间谐波	
GB/T 30137—2013	电能质量 电压暂降与短时中断	

续表

标准号	标准名称	备注
GB/T 2900 系列	电工术语	
GB/T 14733 系列	电信术语	
GB/T 4365—2003	电工术语 电磁兼容	
GB/T 17624.1—1998	电磁兼容 综述 电磁兼容基本术语和定义的应用与解释	
GB/T 4776—2008	电气安全名词术语	
JGJ/T 119—2008	建筑照明术语标准	
GB/T 4025—2010	人机界面标志标识的基本和安全规则 指示器和操作器件的编码规则	
GB/T 4026—2010	人机界面标志标识的基本和安全规则 设备端子和导体终端的标识	
GB/T 4728 系列	电气简图用图形符号	2005～2008 年
GB/T 5094.1～4	工业系统、装置与设备以及工业产品结构原则与参照代号	2002～2005 年
GB/T 5465 系列	电气设备用图形符号	2008～2009 年
GB/T 6988 系列	电气技术用文件的编制	1997～2008 年
GB/T 21654.9—2008	自动交换光网络（ASON）技术要求 第5部分：外部网络-网络	代替 GB/T 6988.6—1993
GB/T 23371.1—2013	电气设备用图形符号基本规则 第1部分：注册有图形符号的生成	代替 GB/T 5465.11—2007
GB 311.1—2012	绝缘配合 第1部分：定义原则和规则	IEC 60071—1：2006，MOD
GB/T 311.2—2013	绝缘配合 第2部分：使用导则	IEC 60071—2：1996，MOD
GB/T 16935.1—2008	低压系统内设备的绝缘配合 第1部分：原理、要求和试验	IEC 60664—1：2007，IDT
GB 7588—2003	电梯制造与安装安全规程	
GB 12158—2006	防止静电事故通用导则	

表 17.1-3　　　　　　　　　　**工程建设系列常用电气设计规范**

标准号	标准名称	备注
GB 50034—2013	建筑照明设计标准	
GB 50052—2009	供配电系统设计规范	
GB 50053—2013	20kV 及以下变电所设计规范	
GB 50054—2011	低压配电设计规范	
GB 50055—2011	通用用电设备配电设计规范	
GB 50056—1993	电热设备电力装置设计规范	
GB 50057—2010	建筑物防雷设计规范	

标准号	标准名称	备注
GB 50058—2014	爆炸危险环境电力装置设计规范	
GB 50059—2011	35kV～110kV 变电站设计规范	
GB 50060—2008	3～110kV 高压配电装置设计规范	
GB 50061—2010	66kV 及以下架空电力线路设计规范	
GB/T 50062—2008	电力装置的继电保护和自动装置设计规范	
GB/T 50063—2008	电力装置的电测量仪表装置设计规范	
GB/T 50064—2014	交流电气装置的过电压保护和绝缘配合	
GB/T 50065—2011	交流电气装置的接地设计规范	
GB 50070—2009	矿山电力设计规范	
GB 50217—2007	电力工程电缆设计规范	
GB 50227—2008	并联电容器装置设计规范	
GB 50260—2013	电力设施抗震设计规范	
GB/T 50293—2014	城市电力规划规范	
GB 50016—2014	建筑设计防火规范	代替 GB 50016—2006 和 GB 50045—1995
CB 50194—2014	建设工程施工现场供用电安全规范	
GB 50303—2015	建筑电气安装工程施工质量验收规范	
JGJ 16—2008	民用建筑电气设计规范	
DL/T 5044—2014	电力工程直流电源系统设计技术规程	代替 DL/T 5044—2004、DL/T 5102—2000
DL/T 5153—2014	火力发电厂厂用电设计技术规定	
DL/T 5222—2005	导体和电器选择设计技术规定	
DL 5449—2012	20kV 配电设计技术规定	

表 17.1-4 　　　　　　　　　　　**采用 IEC 标准的国家标准**

国家标准号	标准名称	IEC 标准号，一致性程度
GB/T 13870.1—2008	电流对人体和家畜的效应　第 1 部分：通用部分	IEC/TS 60479—1：2005
GB/T 13870.2—2016	电流通过人体的效应　第 2 部分：特殊情况	IEC/TS 60479—2：2007
GB/T 13870.3—2003	电流对人体和家畜的效应　第 3 部分：电流通过家畜躯体的效应	IEC 60479—3：1998
GB/T 18379—2001	建筑物电气装置的电压区段	IEC 60449：1973, IDT IEC 60449 AMD.1：1979, IDT
GB/T 3805—2008	特低电压（ELV）限值	IEC TS 61201：1992, IDT
GB 17045—2008	电击防护　装置和设备的通用部分	IEC 61140：2001, IDT
GB/T 16895.1—2008	低压电气装置　第 1 部分：基本原则、一般特性评估和定义	IEC 60364—1：2005, IDT
GB 16895.2—2005	建筑物电气装置　第 4-42 部分：安全防护　热效应保护	IEC 60364—4—42：2001, IDT

续表

国家标准号	标准名称	IEC 标准号，一致性程度
GB 16895.3—2004	建筑物电气装置　第 5-54 部分：电气设备的选择和安装　接地配置、保护导体和保护联结导体	IEC 60364—5—54：2002，IDT
GB 16895.4—1997	建筑物电气装置　第 5 部分：电气设备的选择和安装　第 53 章：开关设备和控制设备	IEC 60364—5—53：1994、IEC 60364—5—537：1981，IDT
GB 16895.5—2012	低压电气装置　第 4-43 部分：安全防护　过电流保护	IEC 60364—4—43：2008，IDT
GB/T 16895.6—2014	低压电气装置　第 5-52 部分：电气设备的选择和安装　布线系统（代替 GB/T 16895.6—2000 和 GB 16895.15—2002）	IEC 60364—5—52：2009，IDT
GB 16895.7—2009	低压电气装置　第 7-704 部分：特殊装置或场所的要求　施工和拆除场所的电气装置	IEC 60364—7—704：2005，IDT
GB 16895.8—2010	低压电气装置　第 7-706 部分：特殊装置或场所的要求　狭窄的可导电场所	IEC 60364—7—706：2005，IDT
GB/T 16895.9—2000	建筑物电气装置　第 7 部分：特殊装置或场所的要求　第 707 节：数据处理设备用电气装置的接地要求	IEC 60364—7—707：1984，IDT
GB/T 16895.10—2010	低压电气装置　第 4-44 部分：安全防护　电压骚扰和电磁骚扰的防护（代替 GB/T 16895.10—2001、GB 16895.11—2001、GB 16895.12—2001、GB/T 16895.16—2002）	IEC 60364—4—44：2007，IDT
GB 16895.13—2012	低压电气装置　第 7-701 部分：特殊装置或场所的要求　装有浴盆或淋浴盆的场所	IEC 60364—7—701：2006，IDT
GB 16895.14—2010	建筑物电气装置　第 7-703 部分：特殊装置或场所的要求　装有桑拿浴加热器的场所	IEC 60364—7—703：2004
GB/T 16895.17—2002	建筑物电气装置　第 5 部分：电气设备的选择和安装　第 548 节：信息技术装置的接地配置和等电位联结	IEC 60364—5—548：1996，IDT
GB/T 16895.18—2010	建筑物电气装置　第 5-51 部分：电气设备的选择和安装　通用规则	IEC 60364—5—51：2005，IDT
GB 16895.19—2002	建筑物电气装置　第 7 部分：特殊装置或场所的要求　第 702 节：游泳池和其他水池	IEC 60364—7—702：2010，IDT
GB 16895.20—2003	建筑物电气装置　第 5 部分：电气设备的选择和安装　第 55 章：其他设备　第 551 节：低压发电机组	IEC 60364—5—551：1994，IDT
GB/T 16895.21—2011	建筑物电气装置　第 4-41 部分：安全防护　电击防护	IEC 60364—4—41：2005，IDT
GB 16895.22—2004	建筑物电气装置　第 5-53 部分：电气设备的选择和安装　隔离、开关和控制设备　过电压保护电器	IEC 60364—5—53：2001 A1：2002，IDT
GB/T 16895.23—2012	低压电气装置　第 6 部分：检验	IEC 60364—6：2006，IDT

国家标准号	标准名称	IEC 标准号，一致性程度
GB 16895.24—2005	建筑物电气装置 第7-710部分：特殊装置或场所的要求 医疗场所	IEC 60364—7—710：2002，IDT
GB 16895.25—2005	建筑物电气装置 第7-711部分：特殊装置或场所的要求 展览馆、陈列室和展位	IEC 60364—7—711：1998，IDT
GB 16895.26—2005	建筑物电气装置 第7-740部分：特殊装置或场所的要求 游乐场和马戏场中的构筑物、娱乐设施和棚屋	IEC 60364—7—740：2000，IDT
GB 16895.27—2012	低压电气装置 第7-705部分：特殊装置或场所的要求 农业和园艺设施	IEC 60364—7—705：2006，IDT
GB 16895.28—2008	建筑物电气装置 第7-714部分：特殊装置或场所的要求 户外照明装置	IEC 60364—7—714：1996，IDT
GB 16895.29—2008	建筑物电气装置 第7-713部分：特殊装置或场所的要求 家具	IEC 60364—7—713：1996，IDT
GB 16895.30—2008	建筑物电气装置 第7-715部分：特殊装置或场所的要求 特低电压照明装置	IEC 60364—7—715：1999，IDT
GB 16895.31—2008	建筑物电气装置 第7-717部分：特殊装置或场所的要求 移动的或可搬运的单元	IEC 60364—7—717：2001，IDT
GB/T 16895.32—2008	建筑物电气装置 第7-712部分：特殊装置或场所的要求 太阳能光伏（PV）电源供电系统	IEC 60364—7—712：2002，IDT
GB 16895.××—20××	低压电气装置 第7-708部分：特殊装置或场所的要求 房车及其停车场的电气装置	IEC 60364—7—708：1988
GB 16895.××—20××	低压电气装置 第7-709部分：特殊装置或场所的要求 游艇和游艇船坞的电气装置	IEC 60364—7—709：1994
GB 16895.××—20××	低压电气装置 第5-55部分：电气设备的选择和安装 其他设备	IEC 60364—5—55：2012
GB 16895.××—20××	低压电气装置 第5-56部分：电气设备的选择和安装 安全措施	IEC 60364—5—56：2009
GB/T 15544.1—2013	三相交流系统短路电流计算 第1部分：电流计算	IEC TR 60909—0：2001，IDT
GB/T 15544.2—201×	三相交流系统短路电流计算 第2部分：短路电流计算应用的系数	IEC TR 60909—1：1991
GB/T 15544.3—201×	三相交流系统短路电流计算 第3部分：电气设备数据	IEC TR3 60909—2：2002
GB/T 15544.4—201×	三相交流系统短路电流计算 第4部分：同时发生两个独立单相接地短路故障时的短路电流	IEC TR3 60909—3：2003
GB/T 15544.5—201×	三相交流系统短路电流计算 第5部分：短路电流计算示例	IEC TR 60909—4：2000

17

17

国家标准号	标准名称	IEC 标准号，一致性程度
	短路电流—效应的计算 第一部分：定义和计算方法	IEC 60865—1
	短路电流—效应的计算 第二部分：计算举例	IEC 60865—2
GB/T 21714.1—2015	雷电防护 第1部分：总则	IEC 62305—1：2010，IDT
GB/T 21714.2—2015	雷电防护 第2部分：风险管理	IEC 62305—2：2010，IDT
GB/T 21714.3—2015	雷电防护 第3部分：建筑物的物理损坏和生命危险	IEC 62305—3：2010，IDT
GB/T 21714.4—2015	雷电防护 第4部分：建筑物内电气和电子系统	IEC 62305—4：2010，IDT

注 为全面反映相关标准的体系结构，对转化中的标准采用以下原则进行处理：①凡是已报批者，按新名称列入。②凡是已确定标准系列编号者，年代号用×补齐。③尚未确定标准系列编号者，第一列空缺，待读者今后补齐。

17.1.3 国际标准和国外标准体系

17.1.3.1 基本概念

（1）国际标准是由国际标准化组织（ISO）和国际电工委员会（IEC）制定的标准，以及为上述组织认可并收入索引的其他国际组织制定的标准。

（2）国外标准主要是指 ISO 和 IEC 之外的其他国际组织的标准、国际上有权威的区域性标准、主要经济发达国家的国家标准和通行的团体标准。

（3）常见国际标准和国外标准或标准化机构代号见表 17.1-5。

表 17.1-5   **常见国际标准和国外标准或标准化机构代号**

类别	代号	含　义	类别	代号	含　义
国际标准	IEC	国际电工委员会	其他国际组织	CAC	食品法典委员会
	ISO	国际标准化组织		CCIR	国际无线电咨询委员会
国际标准化组织认可作为国际标准的国际行业组织制定的标准	ATA	国际航空运输协会		CCITT	国际电报电话咨询委员会
	BIPM	国际计量局		CEE	国际电气设备合格认证委员会
	CCC	关税合作理事会		CIGRE	国际大电网会议
	CIE	国际照明委员会		CIS	国际劳动安全与卫生情报中心
	CISPR	国际无线电干扰特别委员会		ICS	国际海运委员会
	IAEA	国际原子能机构		IIW	国际焊接学会
	ICAO	国际民航组织		SEMI	国际半导体设备和材料组织
	ICRP	国际辐射防护委员会	区域性组织标准	EN	欧洲标准化委员会标准
	ICRU	国际辐射单位和测量委员会		CE	欧洲共同体标准
	IFLA	国际图书馆协会和学会联合会		CENEL	欧洲电气标准协调委员会
	IIR	国际制冷学会		NATO	北大西洋公约组织标准化机构标准
	ILO	国际劳工组织		CTCƏB	原经互会标准
	IMO	国际海事组织		COPANT	泛美技术标准委员会
	ITU	国际电讯联盟		ASAC	亚洲标准咨询委员会
	OIML	国际法制计量组织		ASMO	阿拉伯标准化与计量组织
	UIC	国际铁路联盟		ARSO	非洲地区标准组织
	UNESCO	联合国教科文组织			
	WHO	世界卫生组织			
	WIPO	世界知识产权组织			

续表

类别	代号	含　义	类别	代号	含　义
常见国外标准	ANSJ	美国国家标准	常见国外标准	UTE	法国电气技术联合会标准
	MIL	美国军用标准		UNI	意大利国家标准
	NFPA	美国防火协会标准		CET	意大利电工委员会
	IEEE	美国电气电子工程师学会标准		NP	葡萄牙国家标准
	NEMA	美国全国电气制造商协会标准		SIS	瑞典国家标准
	UL	美国保险商实验室标准		SEN	瑞典电工标准
	AEIC	爱迪生照明公司协会标准		SNV	瑞士国家标准
	ASTM	美国试验与材料协会标准		SEV	瑞士电气技术协会标准
	ATIS	美国信息技术协会标准		NBN	比利时标准化研究所
	EIA	美国电子工业协会标准		NEN	荷兰国家标准
	CAN	加拿大国家标准		JIS	日本工业标准
	CSA	加拿大标准协会		JEC	日本电气学会标准
	ГOCT	俄罗斯国家标准		JEM	日本电机工业会标准
	BS	英国标准		JEUS	日本电气事业联合会标准
	BEB	英国保险商实验室认证标志		KS	韩国国家标准
	DEF	英国国防标准		KPS	朝鲜国家标准
	IEE	英国电气工程师学会		BIS	印度国家标准
	DIN	德国国家标准		SASO	沙特阿拉伯标准协会
	DKE	德国电工委员会标准		SII	以色列标准研究所
	VDE	德国电气工程师协会标准		AS	澳大利亚国家标准
	VDI	德国工程师协会标准		NZS	新西兰国家标准
	NF	法国国家标准		SABS	南非标准局标准

17.1.3.2　国际电工委员会（IEC）简介

国际电工委员会（IEC）成立于1906年，是世界上最早、最大的国际性电工标准化机构，是联合国经社理事会的甲级咨询组织。IEC与ISO在法律上互相独立，在工作上密切协作。IEC负责电气工程和电子工程领域的国际标准化工作，其他领域均由ISO负责。IEC与国际计量局（BIPM）等100多个国际组织保持密切联系。

IEC会址设在日内瓦，其最高权力机关是理事会；理事会闭会期间由执行委员会负责全面工作。执行委员会下设中央办公室（常设办事机构）和各技术委员会（TC）。为协助执行委员会工作，设有电子电信咨询委员会（ACET）和安全咨询委员会（ACOS）。技术委员会（TC）下可设分委员会（SC），SC下还可设工作组（WG）。

常见IEC标准名录见表17.1-6。国际电工委员会所属技术委员会及分委员会代号、名称和国内对口单位见表17.1-7。

表 17.1-6   常见 IEC 标准名录

标准名称	标准号	标准名称	标准号
国际电工词汇	60050	架空输电线的荷载及强度	60826
标准电压、电流	60038，60059	架空线绝缘子	60305，60383
标准频率	60196	架空线金具	61284
电气技术用文字符号	60027	架空线杆塔荷载试验	60652
图用图形符号	60417	交流电力系统阻波器	60353
人机界面、标志和标识—编码规则	60073	电力载波系统耦合器	60481
低压（建筑物）电气装置	60364	绝缘配合	60071，60664
建筑物电气装置的电压区段	60449	建筑物防雷	62305
电流通过人体的效应	60479	避雷器选择和使用	60099
电气和电子设备的电击防护	61140	电涌保护器	61643，60364－5－534
电气装置指南	61200	变压器	60076，60310，60214，60606，60616
家用电器安全	60335		
电热装置安全	60519	变压器回路高压熔断器选择应用导则	60787
环境条件的划分	60721	互感器	60044
外壳防护等级	60529		
爆炸性气体环境的电气装置	60079	电力系统电容器	60143，60931，60831，60871
户外严酷条件下的电气装置	60621	电容器组保护设备	60143－2
船用电气装置	60092		
导体载流量	60364-5-52	并联电容器外部保护高压熔断器	60549
电缆周期性电流及应急电流计算	60853	串联电容器内部熔断器	60143
电缆试验方法	60885	高压限流熔断器	60282-1
电缆的阻燃特性	60331	高压喷射熔断器	60282-2
电缆选择、载流量、短路温度限值、敷设	60287，60228，60245，60183，60724，60986	高压/低压预装式变电站	62271-202
电线电缆导管	61386，60423	高压开关设备和控制设备	62271 系列
电缆线槽和管道	61084	三相交流系统短路电流计算	60909
电缆托盘和梯架	61084，61537	旋转电机	60034，60072
射频电缆及同轴电缆	60096，61196	交流电动机电容器	60252
射频连接器	60169	高压电机启动器	62271
光纤电缆、接头、分支器、开关	60794，60874，60875、60876	电气牵引设备	60077
铝母排	60105，60114	不间断电源	62040
架空裸绞线计算方法	61597	静态转换设备	62310
架空线	60104，60888，60889、60913	铅酸牵引蓄电池	60254
		镉镍电池	60622，60623

续表

标准名称	标准号	标准名称	标准号
低压成套开关设备和控制设备	61439	插头与插座	60083, 60309
		灯座	60838, 60238, 60400
低压熔断器	60269	照明器	60598
小型熔断器	60127	白炽灯安全规程	60432
电气继电器	60255	荧光灯安全规程	61199
		荧光灯及其启辉器	60081, 60155
电气测量仪表及其附件	60051, 60145, 62052, 62053, 60523	汞灯、卤钨灯	60188, 60357
		低压钠灯、高压钠灯	60192, 60662
医用电气设备	60601, 60976, 60977, 61262, 61303	气体放电灯镇流器	60921, 60923, 60927, 60929, 61347
		自镇流器	60968, 60969

表 17.1-7　国际电工委员会的技术委员会及分委员会代号、名称和国内对口单位

序号	代号	中文名称	英文名称	秘书处所在国	国内对口单位
1	TC 1	术语	Terminology	西班牙	中国机械工业标准化研究院；中国电子技术标准化研究所
2	TC 2	旋转电机	Rotating machinery	英国	上海电器所电机分所
3	TC 3	信息结构，文件编制和图形符号	Information structures, documentation and graphical symbols	瑞典	机械科学研究院；中国电子技术标准化研究所
4	SC 3C	设备用图形符号	Graphical symbols for use on equipment	日本	邮电工业标准化所；机械科学研究院
5	SC 3D	数据库用数据系	Data sets for libraries	德国	中国电子技术标准化研究所；机械科学研究院
6	TC 4	水轮机	Hydraulic turbines	加拿大	哈尔滨大电机研究所
7	TC 5	汽轮机	Steam Turbines（IN STAND BY）	瑞士	上海发电设备成套设计研究所
8	TC 7	架空电导体	Overhead electrical conductors	中国	上海电缆研究所
9	TC 8	电能供应用系统方面	Systems aspects for electrical energy supply	意大利	机械科学研究院；中国电力企业联合会
10	TC 9	铁路用电气设备和系统	Electrical equipment and systems for railways	法国	株洲电力机车研究所；铁道部；湘潭牵引电气研究所
11	TC 10	电工用液体	Fluids for electrotechnical applications	意大利	桂林电器研究所
12	TC 11	架空线路	Overhead lines	南非	国电电力建设研究所；中国电力企业联合会
13	TC 13	电能测量、资费表和负载的控制	Electrical energy measurement, tariff-and load control	匈牙利	哈尔滨电工仪表研究所；机械工业仪器仪表综合技术经济研究所
14	TC 14	电力变压器	Power transformers	英国	沈阳变压器研究所
15	TC 15	固体电绝缘材料	Solid electrical insulating materials	美国	中国电子技术标准化研究所；桂林电器研究所

续表

序号	代号	中文名称	英文名称	秘书处所在国	国内对口单位
16	TC 16	人机界面、标志和标识的基本和安全原则	Basic and safety principles for man-machine interface, marking and identification	德国	中国电器工业协会
17	TC 17	开关设备和控制设备	Switchgear and controlgear	瑞典	西安高压电器研究所
18	SC 17A	高压开关设备和控制设备	High-voltage switchgear and controlgear	瑞典	西安高压电器研究所
19	SC 17B	低压开关设备和控制设备	Low-voltage switchgear and controlgear	法国	上海电器所电器分所
20	SC 17C	高压封闭型开关设备和控制设备	High-voltage switchgear and controlgear assemblies	德国	西安高压电器研究所
21	SC 17D	低压开关设备和控制设备的组件	Low-voltage switchgear and controlgear assemblies	德国	天津电气传动设计研究所
22	TC 18	船用及海上移动和固定设备用电气装置	Electrical installations of ships and of mobile and fixed offshore units	挪威	中国船舶工业综合技术经济研究院；上海电器科学研究所
23	SC 18A	电缆和电缆装置	Cables and cable installations	法国	上海电缆研究所
24	TC 20	电缆	Electric cables	德国	上海电缆研究所；中国电子技术标准化研究所
25	TC 21	蓄电池和蓄电池组	Secondary cells and batteries	法国	沈阳蓄电池研究所；中国电子科技集团公司第十八研究所；中国电子技术标准化研究所
26	SC 21A	碱性或非酸性电解的蓄电池和蓄电池组	Secondary cells and batteries containing alkaline or other nonacid electrolytes	法国	中国电子科技集团公司第十八研究所；中国电子技术标准化研究所
27	TC 22	电力电子系统和设备	Power electronic systems and equipment	瑞士	西安电力电子技术研究所
28	SC 22E	稳定电源	Stabilized power supplies	瑞士	西安电力电子技术研究所；中国电子技术标准化研究所
29	SC 22F	输配电系统电力电子设备	Power electronics for electrical transmission and distribution systems	俄罗斯联邦	西安电力电子技术研究所
30	SC 22G	带有半导体电力变流器的可调速电气传动系统	Adjustable speed electric drive systems incorporating semiconductor power converters	美国	天津电气传动设计研究所；西安电力电子技术研究所
31	SC 22H	不间断电源	Uninterruptible power systems (UPS)	法国	西安电力电子技术研究所
32	TC 23	电气附件	Electrical accessories	比利时	中国电器科学研究院
33	SC 23A	电缆管理系统	Cable management systems	英国	中国电器科学研究院

续表

序号	代号	中文名称	英文名称	秘书处所在国	国内对口单位
34	SC 23B	插头、插座和开关	Plugs，socket-outlets and switches	意大利	中国电器科学研究院；上海电动工具研究所
35	SC 23C	世界通用插头、插座系统	World-wide plug and socket-outlet systems	西班牙	中国电器科学研究院
36	SC 23E	家用断路器和类似设备	Circuit-breakers and similar equipment for household use	意大利	上海电器所电器分所
37	SC 23F	连接装置	Connecting devices	法国	中国电器科学研究院
38	SC 23G	器具耦合器	Appliance couplers	瑞典	中国电器科学研究院
39	SC 23H	工业插头插座	Industrial，plugs and socket-outlets	法国	中国电器科学研究院
40	SC 23J	电器开关	Switches for appliances	德国	上海电动工具研究所
41	TC 25	量值和单位	Quantities and units	意大利	全国量和单位标准化技术委员会第二分委员会
42	TC 26	电焊	Electric welding	德国	成都电焊机研究所
43	TC 27	工业电热设备	Industrial electroheating equipment	波兰	西安电炉研究所
44	TC 28	绝缘配合	Insulation co-ordination	中国	西安高压电器研究所
45	TC 29	电声学	Electroacoustics	丹麦	中国电子科技集团公司第三研究所；中国电子技术标准化研究所
46	TC 31	防爆电气设备	Equipment for explosive atmospheres	英国	南阳防爆电气研究所
47	SC 31G	本征安全型电气设备	Intrinsically-safe apparatus	英国	南阳防爆电气研究所
48	SC 31J	危险区域分类和装置要求	Classification of hazardous areas and installation requirements	克罗地亚	南阳防爆电气研究所
49	SC 31M	非电气设备和保护系统防爆	Non-electrical equipment and protective systems for explosive atmospheres	德国	南阳防爆电气研究所
50	TC 32	熔断器	Fuses	法国	上海电器所电器分所
51	SC 32A	高压熔断器	High-voltage fuses	法国	西安高压电器研究所
52	SC 32B	低压熔断器	Low-voltage fuses	德国	上海电器所电器分所
53	SC 32C	低压熔断器/微型熔断器	Miniature fuses	中国	中国电器科学研究院
54	TC 33	电力电容器	Power capacitors	意大利	西安电力电容器研究所
55	TC 34	灯泡及有关设备	Lamps and related equipment	英国	轻工业局轻工标准所

续表

序号	代号	中文名称	英文名称	秘书处所在国	国内对口单位
56	SC 34A	灯泡	Lamps	英国	轻工业局轻工标准所
57	SC 34B	灯头和灯座	Lamp caps and holders	荷兰	轻工业局轻工标准所
58	SC 34C	灯的附件	Auxiliaries for lamps	英国	轻工业局轻工标准所
59	SC 34D	灯具	Luminaires	英国	上海照明灯具研究所
60	TC 35	原电池和电池组	Primary cells and batteries	日本	轻工业化学电源研究所;中国电子技术标准化研究所
61	TC 36	绝缘子	Insulators	澳大利亚	西安电瓷研究所
62	SC 36A	绝缘套管	Insulated bushings	意大利	西安电瓷研究所
63	SC 36B	架空线路绝缘子	Insulators for overhead lines	法国	西安电瓷研究所
64	SC 36C	变电站绝缘子	Insulators for substations	日本	西安电瓷研究所
65	TC 37	避雷器	Surge arresters	美国	西安电瓷研究所
66	SC 37A	低压电涌保护装置	Low-voltage surge protective devices	美国	西安电瓷研究所;上海电器所电器分所
67	SC 37B	避雷针和电涌保护设备的特殊元件	Specific components for surge arresters and surge protective devices	美国	西安电瓷研究所
68	TC 38	仪器用互感器	Instrument transformers	意大利	沈阳变压器研究所
69	TC 39	电子管	Electronic tubes	韩国	中国电子技术标准化研究所
70	TC 40	电子设备用电容器和电阻器	Capacitors and resistors for electronic equipment	荷兰	中国电子技术标准化研究所
71	TC 42	高压检测技术	High-voltage testing techniques	加拿大	中国电力科学研究院;中国电力企业联合会;西安高压研究所
72	TC 44	机械安全—电工方面	Safety of machinery-Electro-technical aspects	英国	北京机床研究所;上电科电器分所
73	TC 45	核用仪表	Nuclear instrumentation	俄罗斯联邦	核工业标准化研究所
74	SC 45A	核设施仪表及控制	Instrumentation and control of nuclear facilities	法国	核工业标准化研究所
75	SC 45B	辐射防护仪表	Radiation protection instrumentation	法国	核工业标准化研究所
76	TC 46	电缆、电线、波导、射频连接器和射频及微波无源元件和附件	Cables, wires, waveguides, R. F. connectors, R. F. and microwave passive components and accessories	美国	电信科学技术第五研究所;中国电子技术标准化研究所;中国电子科技集团公司第二十三研究所

续表

序号	代号	中文名称	英文名称	秘书处所在国	国内对口单位
77	SC 46A	同轴电缆	Coaxial cables	德国	中国电子科技集团公司第二十三研究所；中国电子技术标准化研究所
78	SC 46C	电线和对称电缆	Wires and symmetric cables	法国	上海电缆研究所；电信科学技术第五研究所
79	SC 46F	射频和微波无源元件	RF and microwave passive components	法国	中国电子技术标准化研究所
80	TC 47	半导体器件	Semiconductor devices	韩国	中国电子技术标准化研究所；中国电子科技集团公司第十三研究所
81	SC 47A	集成电路	Integrated circuits	日本	中国电子技术标准化研究所
82	SC 47D	半导体器件机械标准化	Mechanical standardization for semiconductor devices	日本	中国电子技术标准化研究所
83	SC 47E	分立半导体器件	Discrete semiconductor devices	韩国	中国电子科技集团公司第十三研究所 ；中国电子技术标准化研究所
84	SC 47F	微机电系统	Micro-electromechanical systems	日本	中国电子技术标准化研究所
85	TC 48	电子设备用机电元件和机械装置	Electromechanical components and mechanical structures for electronic equipment	美国	信息产业796厂；中国电子技术标准化研究所；许昌继电器研究所
86	SC 48B	连接器	Connectors	美国	信息产业796厂；中国电子技术标准化研究所
87	SC 48D	电子设备用机械装置	Mechanical structures for electronic equipment	德国	许昌继电器研究所；机械工业北京电工技术经济研究所结构部
88	TC 49	频率控制和选择用的压电器件	Piezoelectric and dielectric devices for frequency control and selection	日本	中国电子技术标准化研究所；中国电子元件行业协会压电晶体分会
89	TC 51	磁性元件和铁氧体材料	Magnetic components and ferrite materials	日本	中国电子技术标准化研究所；中国电子科技集团公司第九研究所
90	TC 55	绕组线	Winding wires	美国	上海电缆研究所
91	TC 56	可信性	Dependability	英国	电信科学技术第五研究所；中国电子技术标准化研究所

续表

序号	代号	中文名称	英文名称	秘书处所在国	国内对口单位
92	TC 57	电力系统的控制和相关信息交换	Power systems management and associated information exchange	德国	国家电力公司电力自动化研究院；中国电力企业联合会；许昌继电器研究所
93	TC 59	家用及类似电器的性能	Performance of household and similar electrical appliances	德国	中国家用电器研究院；中国电器科学研究院
94	SC 59A	电洗碟器	Electric dishwashers	西班牙	中国家用电器研究院
95	SC 59C	加热器	Heating appliances	德国	中国电器科学研究院
96	SC 59D	家用洗衣机	Home laundry appliances	意大利	中国家用电器研究院
97	SC 59F	地板处理器	Floor treatment appliances	瑞典	中国家用电器研究院
98	SC 59K	烤炉和微波炉，烹调范围和类似器具	Ovens and microwave ovens, cooking ranges and similar appliances	德国	中国家用电器研究院；中国电器科学研究院；电工综合技术经济研究所
99	SC 59L	小型家用器具	Small household appliances	意大利	中国电器科学研究院；家用电器研究院
100	SC 59M	家用和类似电器的冷却和冷冻设备性能	Performance of electrical household and similar cooling and freezing appliances	意大利	中国家用电器研究院
101	TC 61	家用和类似电器的安全	Safety of household and similar electrical appliances	美国	中国家用电器研究院
102	SC 61B	微波炉的安全	Safety of microwave ovens	瑞士	中国家用电器研究院；中国电器科学研究院
103	SC 61C	家用制冷电器	Household appliances for refrigeration	德国	中国家用电器研究院
104	SC 61D	家用及类似用途的空调器	Appliances for air-conditioning for household and similar purposes	美国	中国家用电器研究院
105	SC 61E	餐馆电气设备的安全	Safety of electrical commercial catering equipment	南非	中国家用电器研究院；北京市服务机械研究所
106	SC 61H	农场电动器械的安全	Safety of electrically-operated farm appliances	新西兰	广州电器科学研究所
107	SC 61J	商业用电动机驱动的清洗器具	Electrical motor-operated cleaning appliances for commercial use	德国	广州电器科学研究所
108	TC 62	医疗电器	Electrical equipment in medical practice	德国	上海国家医疗器械质量监督检验中心

17

续表

序号	代号	中文名称	英文名称	秘书处所在国	国内对口单位
109	SC 62A	医疗电器的共同特性	Common aspects of electrical equipment used in medical practice	美国	上海国家医疗器械质量监督检验中心
110	SC 62B	诊断成像设备	Diagnostic imaging equipment	德国	辽宁医疗器械检测中心
111	SC 62C	高能放射设备和核医疗设备及辐射剂量	Equipment for radiotherapy, nuclear medicine and radiation dosimetry	德国	北京医疗器械检测中心
112	SC 62D	电疗设备	Electromedical equipment	美国	上海国家医疗器械质量监督检验中心
113	TC 64	电气装置及电击保护	Electrical installations and protection against electric shock	德国	中机中电设计研究院；上海电器所电器分所
114	TC 65	工业过程测量和控制	Industrial-process measurement, control and automation	法国	机械工业仪器仪表综合技术经济研究所；中国电子技术标准化研究所
115	SC 65A	系统考虑	System aspects	英国	机械工业仪器仪表综合技术经济研究所；上海电器所电器分所
116	SC 65B	元件及工艺分析	Devices & process analysis	美国	机械工业仪器仪表综合技术经济研究所
117	SC 65E	企业系统中的元件和集成	Devices and integration in enterprise systems	美国	机械工业仪器仪表综合技术经济研究所
118	SC 65C	工业网络	Industrial networks	法国	机械工业仪器仪表综合技术经济研究所
119	TC 66	测量、控制和实验室设备的安全	Safety of measuring, control and laboratory equipment	英国	中国电子技术标准化研究所；哈尔滨电工仪表研究所
120	TC 68	磁合金和磁钢	Magnetic alloys and steels	德国	桂林电器科学研究所；中国电子技术标准化研究所
121	TC 69	电动道路车辆和工业用电动卡车	Electric road vehicles and electric industrial trucks	比利时	中国汽车技术研究中心汽车标准化研究所

续表

序号	代号	中文名称	英文名称	秘书处所在国	国内对口单位
122	TC 70	外壳保护等级	Degrees of protection provided by enclosures	德国	上海电器所电机分所
123	TC 72	家用自动控制器	Automatic controls for household use	美国	广州电器科学研究所
124	TC 73	短路电流	Short-circuit currents	挪威	中国电力科学研究院；中国电力企业联合会
125	TC 76	光辐射安全和激光设备	Optical radiation safety and laser equipment	美国	中国电子科技集团公司第十一研究所
126	TC 77	电磁兼容	Electromagnetic compatibility	德国	中国电力科学研究院；中国电力企业联合会；许昌继电器研究所
127	SC 77A	低频现象	Low frequency phenomena	法国	中国电力科学研究院；中国电力企业联合会
128	SC 77B	高频现象	High frequency phenomena	法国	中国电力科学研究院；中国电子技术标准化研究院；中国电力企业联合会
129	SC 77C	瞬时高能现象	High power transient phenomena	英国	中国电力科学研究院；中国电力企业联合会
130	TC 78	带电作业	Live working	加拿大	中国电力科学研究院；中国电力企业联合会
131	TC 79	报警系统	Alarm systems	法国	公安部第一研究所
132	TC 80	海上导航与无线电通信设备及系统	Maritime navigation and radiocommunication equipment and systems	英国	中国电子科技集团公司第二十研究所；中国电子技术标准化研究所
133	TC 81	雷电防护	Lightning protection	意大利	中国标准化协会；上海电器所电器分所
134	TC 82	太阳光伏能源系统	Solar photovoltaic energy systems	美国	中国电子科技集团公司第十八研究所；中国电子技术标准化研究所
135	TC 85	电工和电磁量的测量设备	Measuring equipment for electrical and electromagnetic quantities	中国	哈尔滨电工仪表研究所；机械工业仪表仪表综合技术经济研究所；中国电子技术标准化研究所

序号	代号	中文名称	英文名称	秘书处所在国	国内对口单位
136	TC 86	纤维光学	Fibre optics	美国	中国电子科技集团公司第二十三研究所；中国电子技术标准化研究所
137	SC 86A	光纤和光缆	Fibres and cables	法国	中国电子科技集团公司第二十三研究所；中国电子技术标准化研究所
138	SC 86B	光纤连接装置和无源元件	Fibre optic interconnecting devices and passive components	日本	中国电子科技集团公司第二十三研究所；中国电子技术标准化研究所
139	SC 86C	纤维光学系统和有源器件	Fibre optic systems and active devices	美国	中国电子科技集团公司第二十三研究所；中国电子技术标准化研究所
140	TC 87	超声波	Ultrasonics	英国	国家医用超声设备质量监督检验中心；中国船舶工业综合技术经济研究院；中国船舶重工集团公司杭州应用声学研究所
141	TC 88	风力涡轮机	Wind turbines	荷兰	呼和浩特畜牧机械研究所
142	TC 89	着火危险试验	Fire hazard testing	加拿大	广州电器科学研究所；中国电子技术标准化研究所
143	TC 90	超导	Superconductivity	日本	国家超导技术联合研究开发中心；中国科学院
144	TC 91	电子学组装技术	Electronics assembly technology	日本	中国电子技术标准化研究所
145	TC 93	设计自动化	Design automation	美国	中国电子技术标准化研究所
146	TC 94	全或无电子继电器	All-or-nothing electrical relays	德国	中国电子技术标准化研究所
147	TC 95	测量继电器和保护设备	Measuring relays and protection equipment	法国	许昌继电器研究所；中国电力企业联合会；国家电力公司电力自动化研究院
148	TC 96	1100V 以下变压器，电抗器，发电机及相关产品	Transformers, reactors, power supply units and similar products for low voltage up to 1100 V	德国	沈阳变压器研究所
149	TC 97	用于机场照明和信号标志的电气装置	Electrical installations for lighting and beaconing of aerodromes	西班牙	民航总局机场司标准处
150	TC 99	在额定交流电压 1kV 和直流电压 1.5kV 以上系统中电力设备的系统工程和施工，特别涉及安全方面	System engineering and erection of electrical power installations in systems with nominal voltages above 1kV a.c. and 1.5kV d.c., particularly concerning safety aspects	澳大利亚	中国电力企业联合会；中国电力科学研究院

续表

序号	代号	中文名称	英文名称	秘书处所在国	国内对口单位
151	TC 100	音频、视频和多媒体系统和设备	Audio, video and multimedia systems and equipment	日本	国家广播电影电视总局广播电视规划院；中国电子技术标准化研究所
152	TC 101	静电学	Electrostatics	德国	中国电子技术标准化研究所
153	TC 103	无线电通信的传输设备	Transmitting equipment for radio communication	法国	中国电子技术标准化研究所
154	TC 104	环境条件、分类和测试方法	Environmental conditions, classification and methods of test	瑞典	中国电器科学研究院
155	TC 105	燃料电池技术	Fuel cell technologies	德国	大连新源动力股份有限公司
156	TC 106	照射人体有关的电的、磁的和电磁领域的评定方法	Methods for the assessment of electric, magnetic and electromagnetic fields associated with human exposure	加拿大	中国计量院法制技术管理处
157	TC 107	航空电子过程管理	Process management for avionics	法国	中国航空综合技术研究所
158	TC 108	音频/视频、信息技术和通信技术领域内电子设备的安全	Safety of electronic equipment within the field of audio/video, information technology and communication technology	美国	中国电子技术标准化研究所
159	TC 109	低电压设备绝缘配合	Insulation co-ordination for low-voltage equipment	德国	上海电器所电器分所
160	TC 110	平板显示技术	Flat panel display devices	日本	中国电子技术标准化研究所
161	TC 111	电气和电子产品和系统的环境标准化	Environmental standardization for electrical and electronic products and systems	意大利	中国质量认证中心
162	TC 112	电绝缘材料和系统的评价和鉴定	Evaluation and qualification of electrical insulating materials and systems	德国	中国电器工业协会
163	TC 113	电气和电子产品和系统的纳米技术标准化	Nanotechnology standardization for electrical and electronics products and systems	德国	国家纳米科学中心
164	TC 114	海洋能源—波浪、潮汐和其他水力变流器	Marine energy-Wave, tidal and other water current converters	英国	哈尔滨电站设备集团公司发电设备国家工程研究中心

续表

序号	代号	中文名称	英文名称	秘书处所在国	国内对口单位
165	TC 115	100千伏以上高压直流输电	High Voltage Direct Current (HVDC) Transmission for DC voltages above 100kV (Provisional)	中国	中国电力科学研究院
166	TC 116	电动机驱动的电动工具的安全	Safety of hand-held motor-operated electric tools	美国	上海电动工具研究所
167	CISPR	无线电干扰特别委员会	International special committee on radio interference	英国	上海电器科学研究所
168	CIS/A	无线电干扰测量方法和统计方法	Radio-interference measurements and statistical methods	美国	上海电器科学研究所;中国电子技术标准化研究所
169	CIS/B	工业、科学和医疗射频设备的干扰	Interference relating to industrial, scientific and medical radio-frequency apparatus, to other (heavy) industrial equipment, to overhead power lines, to high voltage equipment and to electric traction	日本	上海电器科学研究所
170	CIS/D	车辆和内燃机动力部件上的电及电子设备的电磁干扰	Electromagnetic disturbances related to electric/electronic equipment on vehicles and internal combustion engine powered devices	德国	中国汽车技术研究中心汽车标准化研究所;上海电器科学研究所
171	CIS/F	家用电器、电动工具、照明设备及类似电器的干扰	Interference relating to household appliances tools, lighting equipment and similar apparatus	荷兰	上海电器科学研究所;中国电器科学研究院
172	CIS/H	防护无线电业务的限值	Limits for the protection of radio services	丹麦	国家无线电监测中心;上海电器科学研究所
173	CIS/I	信息技术设备、多媒体设备和接收机的电磁兼容性	Electromagnetic compatibility of information technology equipment, multimedia equipment and receivers	日本	中国电子技术标准化研究所;上海电器科学研究所
174	CIS/S	CISPR 筹划委员会	Steering Committee of CISPR	英国	上海电器科学研究所

17.1.4 声环境质量标准

根据 GB 3096—2008《声环境质量标准》，声环境功能区类别和环境噪声限值见表 17.1-8。根据 GB 12348—2008《工业企业厂界环境噪声排放标准》和 GB 22337—2008《社会生活环境噪声排放标准》，厂界或边界环境噪声排放限值见表 17.1-9。根据 GB 12523—2011《建筑施工场界环境噪声排放标准》，其场界环境噪声排放限值见表 17.1-10。

表 17.1-8～表 17.1-10 中噪声限值均为等效连续 A 声级；A 声级是用 A 计权网测得的声压级，单位为 dB（A）。

表 17.1-8 声环境功能区类别和环境噪声限值 dB（A）

声环境功能区类别		噪声限值		声环境功能区类别的含义
		昼 间	夜 间	
0 类		50	40	指康复疗养区等特别需要安静的区域
1 类		55	45	指以居民住宅、医疗卫生、文化教育、科研设计、行政办公为主要功能，需要保持安静的区域
2 类		60	50	指以商业金融、集市贸易为主要功能，或者居住、商业、工业混杂，需要维护住宅安静的区域
3 类		65	55	指以工业生产、仓储物流为主要功能，需要防止工业噪声对周围环境产生严重影响的区域
4 类	4a 类	70	55	高速公路、一级公路、二级公路、城市快速路、城市主干路、城市次干路、城市轨道交通（地面段）、内河航道两侧区域
	4b 类	70	60	铁路干线两侧区域

表 17.1-9 工业企业厂界（社会生活环境噪声排放源边界）环境噪声排放限值

厂界外声环境功能区类别（边界外声环境功能区类别）	噪声排放限值 ［dB（A）］		备 注
	昼间	夜间	
0 类	50	40	声环境功能区类别的含义见表 17.1-8
1 类	55	45	
2 类	60	50	
3 类	65	55	
4 类	70	55	

表 17.1-10 建筑施工场界环境噪声排放限值 dB（A）

昼间	夜间
70	55

17.1.5 电磁环境控制限值及架空线无线电干扰限值

17.1.5.1 电磁环境控制限值

GB 8702—2014《电磁环境控制限值》适用于电磁环境中控制公众曝露的评价和管理，（代替 GB 8702—1988《电磁辐射防护规定》和 GB 9175—1988《环境电磁波卫生标准》。）

该标准不适用于控制以治疗或诊断为目的所致病人或陪护人员曝露的评价与管理；不适

用于控制无线通信终端、家用电器等对使用者曝露的评价与管理;也不能作为对产生电场、磁场、电磁场设施(设备)的产品质量要求。

(1) 为控制电场、磁场、电磁场所致公众曝露,环境中电场、磁场、电磁场场量参数的方均根值应满足表 17.1-11 要求。

表 17.1-11   公众曝露控制限值

频率范围	电场强度 E (V/m)	磁场强度 H (A/m)	磁感应强度 B (μT)	等效平面波功率密度 S_{eq} (W/m²)
1~8Hz	8000	$32\,000/f^2$	$40\,000/f^2$	—
8~25Hz	8000	$4000/f$	$5000/f$	—
0.025~1.2kHz	$200/f$	$4/f$	$5/f$	—
12~29kHz	$200/f$	3.3	4.1	—
29~57kHz	70	$10/f$	$12/f$	—
57~100kHz	$4000/f$	$10/f$	$12/f$	—
0.1~3MHz	40	0.1	0.12	4
3~30MHz	$67/f^{1/2}$	$0.17/f^{1/2}$	$0.21/f^{1/2}$	$12/f$
30~3000MHz	12	0.032	0.04	0.4
3000~15 000MHz	$0.22f^{1/2}$	$0.000\,59f^{1/2}$	$0.000\,74f^{1/2}$	$f/7500$
15~300GHz	27	0.073	0.092	2

注 1. 频率 f 的单位为所在行中第一栏的单位。
   2. 0.12MHz~300GHz 频率,场量参数是任意连续 6min 内的方均根值。
   3. 100kHz 以下频率,需同时限制电场强度和磁感应强度。100kHz 以上频率,在远场区,可以只限制电场强度或磁场强度或等效平面波功率密度;在近场区,需同时限制电场强度和磁场强度。
   4. 架空输电线路下的耕地、园地、牧草地、畜禽饲养地、养殖水面、道路等场所,其频率 50Hz 的电磁强度控制限值为 10kV/m,且应给出警示和防护指示标志。

(2) 对于脉冲电磁波,除满足表 17.1-11 要求外,其功率密度的瞬时峰值不得超过表中所列限值的 1000 倍,或场强的瞬时峰值不得超过表 17.1-11 中所列限值的 32 倍。

(3) 评价方法:当公众曝露在多个频率的电场、磁场、电磁场中时,应综合考虑多个频率的电场、磁场、电磁场所致曝露。

在 1Hz~100kHz 之间,应满足以下关系式

$$\sum_{i=1\text{Hz}}^{100\text{kHz}} \frac{E_i}{E_{Li}} \leqslant 1 \tag{17.1-1}$$

和

$$\sum_{i=1\text{Hz}}^{100\text{kHz}} \frac{B_i}{B_{Li}} \leqslant 1 \tag{17.1-2}$$

式中 E_i——频率 i 的电场强度,V/m;

   E_{Li}——表 17.1-11 中频率 i 的电场强度限值,V/m;

   B_i——频率 i 的磁感应强度,A/m;

   B_{Li}——表 17.1-11 频率 i 的磁感应强度限值,A/m。

在 0.1MHz~300GHz 之间,应满足以下关系式

$$\sum_{j=0.1\text{MHz}}^{300\text{GHz}} \frac{E_j}{E_{Lj}} \leqslant 1 \tag{17.1-3}$$

和
$$\sum_{j=0.1\text{MHz}}^{300\text{GHz}} \frac{B_j}{B_{\text{L}j}} \leqslant 1 \tag{17.1-4}$$

式中　E_j——频率 j 的电场强度，V/m；

　　　$E_{\text{L}j}$——表 17.1-11 中频率 j 的电场强度限值，V/m；

　　　B_j——频率 j 的磁感应强度，A/m；

　　　$B_{\text{L}j}$——表 17.1-11 频率 j 的磁感应强度限值，A/m。

（4）豁免范围。从电场环境保护管理角度，下列产生电场、磁场、电磁场的设施（设备）可免于管理：

1）100kV 以下电压等级的交流输变电设施。

2）向没有屏蔽空间发射 0.1MHz～300GHz 电磁场的、其等效辐射功率小于表 17.1-12 所列数值的设施（设备）。

表 17.1-12　　　　　　　**可豁免设施（设备）的等效辐射功率**

频率范围（MHz）	等效辐射功率（W）
0.1～3	300
>3～300 000	100

17.1.5.2　高压交流架空送电线无线电干扰限值

（1）GB 15707—1995《高压交流架空送电线　无线电干扰限值》，适用于运行时间半年以上的 110～500kV 高压交流架空送电线产生的频率为 0.15～30MHz 的无线电干扰。

（2）"无线电干扰限值"是指无线电干扰场强在 80％时间、具有 80％置信度不超过的规定值。

（3）频率为 0.5MHz 时，高压交流架空送电线无线电干扰限值见表 17.1-13。

表 17.1-13　　　　　　　**无线电干扰限值（距边导线投影 20m 处）**

线路电压（kV）	110	220～330	500
无线电干扰限值 [dB(μV/m)]	46	53	55

（4）频率为 1MHz 时，无线电干扰限值为表 17.1-13 中数值分别减去 5dB（μV/m）。

（5）0.15～30MHz 频段中其他频率，无线电干扰限值按下式修正
$$\Delta E = 5\left[1 - 2\left(\lg 10f\right)^2\right] \tag{17.1-5}$$
或
$$\Delta E = 20\frac{1.5}{0.5 + f^{1.75}} - 5 \tag{17.1-6}$$

式中　ΔE——相对于 0.5MHz 的增量，dB（μV/m）；

　　　f——频率，MHz。

　注　式（17.1-5）的适用频率范围为 0.15～4MHz。

（6）距边导线投影不为 20m 但小于 100m 时，无线电干扰场强可按下式修正
$$E_{\text{X}} = E_{20} + k\lg\frac{400 + (H-h)^2}{X^2 + (H-h)^2} \tag{17.1-7}$$

式中　E_{X}——距边导线投影 Xm 处干扰场强，dB(μV/m)；

　　　E_{20}——距边导线投影 20m 处干扰场强，dB（μV/m）；

X——距边导线投影距离，m；

H——边导线在测点处对地高度，m；

h——测量仪天线的架设高度，m；

k——衰减系数。

对于 $0.15\sim0.4\text{MHz}$ 频段，k 取 18；大于 0.4MHz 直至 30MHz 频段，k 取 1.65。

17.1.6　建筑物火灾危险性分类

根据 GB 50016—2014《建筑防火设计规范》，简介建筑物的火灾危险性分类。

17.1.6.1　厂房和仓库

(1) 生产或储存物品的火灾危险性分类见表 17.1-14。

表 17.1-14　　　　　　　　生产或储存物品的火灾危险性分类

火灾危险性类别	使用或产生下列物质的火灾危险性特征	储存物品的火灾危险性特征
甲	(1) 闪点小于 28℃的液体； (2) 爆炸下限小于 10%的气体； (3) 常温下能自行分解或在空气中氧化能导致迅速自燃或爆炸的物质； (4) 常温下受到水或空气中水蒸气的作用，能产生可燃性气体并引起燃烧或爆炸的物质； (5) 遇酸、受热、撞击、摩擦、催化以及遇有机物或硫黄等易燃的无机物，极易引起燃烧或爆炸的强氧化剂； (6) 受撞击、摩擦或与氧化剂、有机物接触时能引起燃烧或爆炸的物质； (7) 在密闭设备内操作温度不小于物质本身自燃点的生产	(1) 同左； (2) 爆炸下限小于 10%的气体，受到水或水蒸气的作用能产生爆炸下限小于 10%气体的固体物质； (3)～(6) 同左
乙	(1) 闪点不小于 28℃，但小于 60℃的液体； (2) 爆炸下限不小于 10%的气体； (3) 不属于甲类的氧化剂； (4) 不属于甲类的易燃固体； (5) 助燃气体； (6) 能与空气形成爆炸性混合物的浮游状态的粉尘、纤维、闪点不小于 60℃的液体雾滴	(1)～(5) 同左； (6) 常温下与空气接触能缓慢氧化，积热不散引起自燃的物品
丙	(1) 闪点不小于 60℃的液体； (2) 可燃固体	(1)、(2) 同左
丁	(1) 对不燃烧物质进行加工，并在高温或熔化状态下经常产生强辐射热、火花或火焰的生产； (2) 利用气体、液体、固体作为燃料或将气体、液体进行燃烧作其他用的各种生产； (3) 常温下使用或加工难燃烧物质的生产	难燃烧物品
戊	常温下使用或加工不燃烧物质的生产	不燃烧物品

(2) 同一座厂房或厂房的任一防火分区内有不同火灾危险性生产时，厂房或防火分区内的生产火灾危险性类别应按火灾危险性较大的部分确定；当生产过程中使用或产生易燃、可燃物的量较少，不足以构成爆炸或火灾危险时，可按实际情况确定；当符合下述条件之一

时，可按火灾危险性较小的部分确定：

1）火灾危险性较大的生产部分占本层或本防火分区建筑面积的比例小于 5％或丁、戊类厂房内的油漆工段小于 10％，且发生火灾事故时不足以蔓延至其他部位或火灾危险性较大的生产部分采取了有效的防火措施。

2）丁、戊类厂房内的油漆工段，当采用封闭喷漆工艺，封闭喷漆空间内保持负压、油漆工段设置可燃气体探测报警系统或自动抑爆系统，且油漆工段占所在防火分区建筑面积的比例不大于 20％。

（3）同一座仓库或仓库的任一防火分区内储存不同火灾危险性物品时，仓库或防火分区的火灾危险性应按火灾危险性最大的物品确定。

丁、戊类储存物品仓库的火灾危险性，当可燃包装重量大于物品本身重量 1/4 或可燃包装体积大于物品本身体积的 1/2 时，应按丙类确定。

17.1.6.2　民用建筑分类

（1）民用建筑分类见表 17.1-15。

（2）除另有规定外，宿舍、公寓等非住宅类居住建筑的防火要求，应符合有关公共建筑的规定；裙房的防火要求应符合有关高层民用建筑的规定。

表 17.1-15　　　　　　　　　　　　　　　民用建筑分类

名称	高层民用建筑		单层、多层民用建筑
	一类	二类	
住宅建筑	建筑高度大于 54m 的住宅建筑（包括设置商业服务网点的住宅建筑）	建筑高度大于 27m，但不大于 54m 的住宅建筑（包括设置商业服务网点的住宅建筑）	建筑高度不大于 27m 的住宅建筑（包括设置商业服务网点的住宅建筑）
公共建筑	（1）建筑高度大于 50m 的公共建筑； （2）任一层建筑面积大于 1000m² 的商店、展览、电信、邮政、财贸金融建筑和其他多种功能组合的建筑； （3）医疗建筑、重要公共建筑； （4）省级及以上的广播电视和防灾指挥调度建筑、网局级和省级电力调度建筑； （5）藏书超过 100 万册的图书馆、书库	除一类高层公共建筑外的其他高层公共建筑	（1）建筑高度大于 24m 的单层公共建筑； （2）建筑高度不大于 24m 的其他公共建筑

注　表中未列入的建筑，其类别应根据本表类比确定。

17.2　量 和 单 位

17.2.1　基本概念

17.2.1.1　量、计量和单位

凡是可以定量描述的物理现象都是物理量，简称量。量可以分为很多类，凡能相互比较（即可相加减）的量称为同一类量。计量是把同类量与一个特定的参考量作比较的过程。这

17

个选定的参考量就是计量单位,简称单位。这样,任何其他量都可以用一个单位和一个数的乘积表示,而这个数就称为该量的数值。

17.2.1.2　基本单位和导出单位

科技领域中涉及的量有很多种,但只要选定少数独立定义的量及其单位,如长度、质量、时间、电流等,就可以按照一定的物理关系推导出其他种种物理量及其单位。这些选定的作构成其他单位基础的单位,称为基本单位。由基本单位以乘除等运算构成的单位,称为导出单位。

17.2.1.3　单位制

由基本单位和导出单位构成的一个完整的单位体系,称为单位制。由于所选取的基本单位不同,就形成不同的单位制。在描述单位之间关系的方程中,所有的系数均为 1 的单位制,称为一贯单位制。

过去,国际上曾广泛采用的单位体系有米制(公制)和英制,在我国则有市制。米制中的力学单位制又分为厘米·克·秒制(CGS 制)、米·千克·秒制(MKS 制)、米·千克力·秒制(MKfS 制)等。CGS 制和 MKS 制都选取质量为基本量,力为导出量,这类体系称为绝对制。MKfS 制选取重力为基本量,而质量则为导出量,这类体系称为重力制(习称工程单位制)。在力学单位制的基础上,引入其他基本单位,就可扩展为相应科技领域的单位制,如增加一个基本量电流的单位安培(A),MKS 制就扩展为电磁学单位制(MKSA 制)。多种单位制并存的状况,容易造成概念混乱,导致计算错误。

为促进科技发展,便利国际交往,推行统一的单位制是完全必要的。目前,包括我国在内的多数国家已采用国际单位制。

17.2.2　国际单位制和我国法定计量单位

17.2.2.1　国际单位制和我国法定计量单位的构成

(1)国际单位制是在 MKS 制基础上发展起来的一贯单位制,其国际简称为 SI。SI 统一了力学、热学、电学与磁学、光学、声学、物理化学与分子物理学、原子物理学与核物理学、核反应与电离辐射、固体物理学等学科的计量单位。

(2)国际单位制是我国法定计量单位的基础;一切属于 SI 的单位都是我国法定计量单位。法定计量单位适用于国民经济、科学技术、文化教育等一切领域中使用计量单位的场合。

(3)国际单位制和我国法定计量单位的构成体系如下:

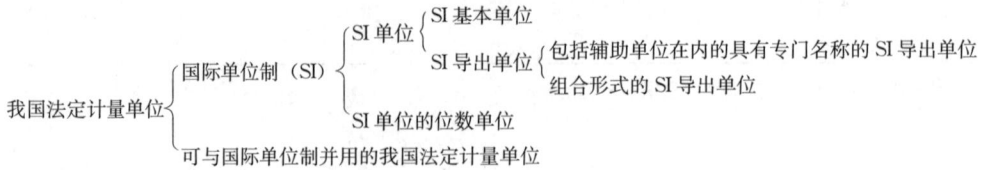

17.2.2.2　SI 单位

(1)SI 基本单位:国际单位制中的七个基本单位及其定义见表 17.2-1。

表 17.2-1　　　　　　　　　　　　国际单位制的基本单位

量的名称	单位名称	单位符号	定　义
长度	米	m	米是光在真空中 1/299 792 458s 的时间间隔内所经过的距离

续表

量的名称	单位名称	单位符号	定　义
质量	千克（公斤）	kg	千克等于国际千克的质量
时间	秒	s	秒是铯-133 原子基态的两个超精细能阶间跃迁对应辐射的 9 192 631 770 个周期的持续时间
电流	安［培］	A	安培是一恒定电流，若保持在处于真空中相距 1m 的两无限长而圆截面可忽略的平行直导线内，则此两导线之间产生的力在每米长度上等于 2×10^{-7}N
热力学温度	开［尔文］	K	开尔文是水三相点热力学温度的 1/273.16
物质的量	摩［尔］	mol	摩尔是一系统的物质的量，该系统中所包含的基本单元数与 0.012kg 碳-12 的原子数目相等；在使用摩尔时，应指明基本单元，可以是原子、分子、离子、电子及其他粒子，或是这些粒子的特定组合
发光强度	坎［德拉］	cd	坎德拉是发射出频率为 540×10^{12}Hz 单色辐射的光源在给定方向上的发光强度，而且在此方向上的辐射强度为 1/683W/sr

注 1. 圆括号中的名称，是它前面的名称的同义词，下同。

2. 无方括号的量的名称与单位名称均为全称。方括号中的字，在不致引起混淆、误解的情况下，可以省略。去掉方括号中的字即为其名称的简称，下同。

3. 本表所称的符号，除特殊指明外，均指我国法定计量单位中所规定的符号以及国际符号，下同。

4. 人民生活和贸易中，质量习惯称为重量。

（2）SI 导出单位：导出单位是用基本单位以代数形式表示的单位。这种单位符号中的乘和除采用数学符号。例如，速度的 SI 单位为米每秒（m/s），属于这种形式的单位称为组合单位。

某些 SI 导出单位具有国际计量大会通过的专门名称和符号，见表 17.2-2 和表 17.2-3。使用这些专门名称并用它们表示其他导出单位，往往更为方便、准确，如热和能量的单位通常用焦耳（J）代替牛顿米（N·m），电阻的单位通常用欧姆（Ω）代替伏特每安培（V/A）。

SI 单位弧度和球面度原称 SI 辅助单位，后归类为无量纲导出单位。它们是具有专门名称和符号的量纲为一的量的导出单位。在许多实际情况中，用专门名称弧度（rad）和球面度（sr）分别代替数字 1 是方便的，如角速度的 SI 单位可写成弧度每秒（rad/s）。

用 SI 基本单位和具有专门名称的 SI 导出单位以代数形式表示的单位，称为组合形式的 SI 导出单位。

表 17.2-2　　　　　　　　　**包括 SI 辅助单位在内的具有专门名称的 SI 导出单位**

量的名称	SI 导出单位		
	名称	符号	用 SI 基本单位和 SI 导出单位表示
［平面］角	弧度	rad	$1rad = 1m/m = 1$
立体角	球面度	sr	$1sr = 1m^2/m^2 = 1$
频率	赫［兹］	Hz	$1Hz = 1s^{-1}$
力	牛［顿］	N	$1N = 1kg \cdot m/s^2$
压力，压强，应力	帕［斯卡］	Pa	$1Pa = 1N/m^2$

续表

量的名称	SI 导出单位		
	名称	符号	用 SI 基本单位和 SI 导出单位表示
能[量]，功，热量	焦[耳]	J	$1J=1N \cdot m$
功率，辐[射能]通量	瓦[特]	W	$1W=1J/s$
电荷[量]	库[仑]	C	$1C=1A \cdot s$
电压，电动势，电位，[电势]	伏[特]	V	$1V=1W/A$
电容	法[拉]	F	$1F=1C/V$
电阻	欧[姆]	Ω	$1\Omega=1V/A$
电导	西[门子]	S	$1S=1\Omega^{-1}$
磁通[量]	[韦伯]	Wb	$1Wb=1V \cdot s$
磁通[量]密度，磁感应强度	特[斯拉]	T	$1T=1Wb/m^2$
电感	亨[利]	H	$1H=1Wb/A$
摄氏温度	摄氏度	℃	$1℃=1K$
光通量	流[明]	lm	$1lm=1cd \cdot sr$
[光]照度	勒[克斯]	lx	$1lx=1lm/m^2$

注 1. 弧度是圆内两条半径之间的平面角，这两条半径在圆周上所截取的弧长与半径相等。

2. 球面度是立体角，其顶点位于球心，而它在球面上所截取的面积等于以球半径为边长的正方形面积。

表 17.2-3　由于人类健康安全防护上的需要而确定的具有专门名称的 SI 导出单位

量的名称	SI 导出单位		
	名称	符号	用 SI 基本单位和 SI 导出单位表示
[放射性]活度	贝可[勒尔]	Bq	$1Bq=1s^{-1}$
吸收剂量 比授[予]能 比释动能	戈[瑞]	Gy	$1Gy=1J/kg$
剂量当量	希[沃特]	Sv	$1Sv=1J/kg$

(3) SI 单位的倍数单位：表 17.2-4 给出了 SI 词头的名称、简称及符号（词头的简称为词头的中文符号）。词头用于构成倍数单位（十进倍数单位与分数单位），但不得单独使用。

词头符号与所紧接的单位符号应作为一个整体对待，它们共同组成一个新单位（十进倍数或分数单位），并具有相同的幂次，而且还可以和其他单位构成组合单位，如 $1cm^3 = (10^{-2}m)^3 = 10^{-6}m^3$；$1\mu s^{-1} = (10^{-6}s)^{-1} = 10^6 s^{-1}$；$1mm^2/s = (10^{-3}m)^2/s = 10^{-6}m^2/s$；$10^{-3}$ tex 可写为 mtex。

不得使用重叠词头，如只能写 nm，而不能写 $m\mu m$。

注 1. 这里的单位符号一词仅指 SI 基本单位和 SI 导出单位，而不是组合单位整体。

2. 由于历史原因，质量的 SI 单位名称"千克"中，已包含 SI 词头"千"，所以质量的倍数单位由词头加在"克"前构成。如用毫克（mg）而不得用微千克（μkg）。

表 17.2-4		SI 词头		
因数	词头名称			符号
	英文	中文		
10^{24}	yotta	尧〔它〕		Y
10^{21}	zetta	泽〔它〕		Z
10^{18}	exa	艾〔可萨〕		E
10^{15}	peta	拍〔它〕		P
10^{12}	tera	太〔拉〕		T
10^{9}	giga	吉〔咖〕		G
10^{6}	mega	兆		M
10^{3}	kilo	千		k
10^{2}	hecto	百		h
10^{1}	deca	十		da
10^{-1}	deci	分		d
10^{-2}	centi	厘		c
10^{-3}	milli	毫		m
10^{-6}	micro	微		μ
10^{-9}	nano	纳〔诺〕		n
10^{-12}	pico	皮〔可〕		p
10^{-15}	femto	飞〔母托〕		F
10^{-18}	atto	阿〔托〕		A
10^{-21}	zepto	仄〔普托〕		Z
10^{-24}	yocto	幺〔科托〕		y

17.2.2.3 SI 单位及其倍数单位的应用

（1）SI 单位的倍数单位根据使用方便的原则选取。通过适当的选择，可使数值处于实用范围内。

（2）倍数单位的选取，一般应使量的数值处于 $0.1 \sim 1000$ 之间，例 1.2×10^{4} N 宜写成 12kN；0.003 94m 宜写成 3.94mm；1401Pa 宜写成 1.401kPa；3.1×10^{-8} s 宜写成 31ns。

在某些情况下，习惯使用的单位可以不受上述限制，如大部分机械制图使用的单位用毫米，导线截面积单位用平方毫米，领土面积用平方千米。

在同一量的数值表中或叙述同一量的文章里，为对照方便，使用相同的单位时，数值范围不受限制。

词头 h（百）、da（十）、d（分）、c（厘）一般用于某些长度、面积和体积单位。

（3）组合单位的倍数单位一般只用一个词头，并尽量用于组合单位中的第一个单位。

1）通过相乘构成的组合单位的词头通常加在第一个单位之前。例如，力矩的单位 kN·m，不宜写成 N·km。

2）通过相除构成的组合单位，或通过乘和除构成的组合单位，其词头一般都应加在分子的第一个单位之前，分母中一般不用词头，但质量单位 kg 在分母中时例外。例如，摩尔热力学能的单位 kJ/mol，不宜写成 J/mmol；质量能单位可以是 kJ/kg。

3）当组合单位的分母是长度、面积和体积单位时，分母中可以选用某些词头构成倍数单位。例如，体积质量的单位可以选用 g/cm³。

一般不在组合单位的分子和分母中同时采用词头。

（4）在计算中，为了方便，建议所有量均用 SI 单位表示，将词头用 10 的幂代替。

（5）有些国际单位制以外的单位，可以按习惯用 SI 词头构成倍数单位，如 MeV、mCi、mL 等，但它们不属于国际单位制。

摄氏温度单位摄氏度，角度单位度、分、秒与时间单位日、时、分等不得用 SI 词头构成倍数单位。

17.2.2.4 量的符号的使用和书写规则

（1）量的符号：量的符号通常是单个拉丁或希腊字母，有时带有下标或其他说明性标记。量的符号必须用斜体印刷，符号后不附加圆点（句子结尾的标点符号例外）。

注 有时用两个字母构成的符号表示物理量的量纲一的组合，如雷诺数 Re 等。如果这种符号在乘积中作为因数出现，则与其他符号之间应留一空隙。

（2）下标的使用：如果不同的量有相同的符号或是对一个量有不同的应用或要表示不同的值，可采用下标予以区分。

表示物理量符号的下标用斜体印刷。其他下标用正体印刷。

注 用作下标的数字用正体印刷；表示数的字母符号一般用斜体印刷。

（3）量的符号组合：

1）量的符号组合为乘积时，可用下列形式之一表示：ab，$a\ b$，$a \cdot b$，$a \times b$。

2）一个量被另一个量除时，可用 $\dfrac{a}{b}$ 或 a/b 或 $a \cdot b^{-1}$ 表示。当分子和/或分母本身为乘积或商或包含相加或相减的情况下，应加括号以避免混淆，且在同一行内表示除的斜线（/）之后不得再有乘号或除号。括号也用于消除某些数学运算标志和符号使用中的混淆。

例 1：$(a/b)/c = ab^{-1}c^{-1}$ 但不得写成 $a/b/c$。

例 2：$a+b/c+d$ 意为 $a+\dfrac{b}{c}+d$；但为避免误解，可写成 $a+(b/c)+d$。

例 3：$(a+b)/(c+d)$；括号是必需的。

17.2.2.5 单位名称的使用和书写规则

（1）单位的名称及其简称用于口述，也可用于叙述性文字中。

（2）组合单位的名称与其符号表示的顺序一致，符号中的乘号没有对应的名称，除号的对应名称为"每"字，无论分母中有几个单位，"每"字只出现一次。例如，质量热容的单位符号为 J/(kg·K)，其名称为"焦耳每千克开尔文"，而不是"每千克开尔文焦耳"或"焦耳每千克每开尔文"。

（3）乘方形式的单位名称，其顺序应为指数名称在前、单位名称在后，指数名称由相应的数字加"次方"二字构成。例如，截面二次矩的单位符号力 m^4，其名称为"四次方米"。

（4）当长度的二次幂和三次幂分别表示面积和体积时，则相应的指数名称分别为"平方"和"立方"，其他情况均应分别为"二次方"和"三次方"。例如，体积的单位符号为 m^3，其名称为"立方米"，而截面系数的单位符号虽同是 m^3，但其名称为"三次方米"。

（5）书写组合单位的名称时，不加乘或（和）除的符号或（和）其他符号。例如，电阻率单位符号为 $\Omega \cdot m$，其名称为"欧姆米"，而不是"欧姆·米"、"欧姆-米"、"［欧姆］［米］"等。

17.2.2.6 单位符号的使用和书写规则

（1）单位符号和单位的中文符号的使用规则：

1）单位和词头的符号用于公式、数据表、曲线图、刻度盘和产品铭牌等需要明了的地方，也用于叙述性文字中。

2）国家标准各表（即表 17.2-1～表 17.2-12）中所给出的单位名称的简称可用作该单位的中文符号（简称"中文符号"）。中文符号只在小学、初中教科书和普通书刊中在有必要时使用。

3）单位符号没有复数形式，即在单数和复数时，单位符号为同一形式。符号上不得附加任何其他标记或符号；单位符号后不得加圆点（句子结尾的标点符号例外）。

4）摄氏度的符号℃可以作为中文符号使用。

5）不应在组合单位中同时使用单位符号和中文符号，如速度单位不得写作 km/小时。

（2）单位符号和单位的中文符号的书写规则：

1）单位符号一律用正体字母，除来源于人名的单位符号第一字母要大写外，其余均为小写字母（升的符号 L 例外）。例如，米（m）；秒（s）；坎〔德拉〕（cd）；安〔培〕（A）；帕〔斯卡〕（Pa）；韦〔伯〕（Wb）等。

2）当组合单位是由两个或两个以上的单位相乘而构成时，其组合单位的写法可采用下列形式之一：N·m；Nm。

注　第二种形式，在单位符号之间可以留或不留空隙。但应注意，当单位符号同时又是词头符号时，应尽量将它置于右侧，以免引起混淆，如 mN 表示毫牛顿而非指米牛顿。

用单位相除的方法构成组合单位时，其符号可采用下列形式之一：m/s；m·s^{-1}。

除加括号避免混淆外，单位符号中的斜线"/"不得超过一条。在复杂的情况下，也可以使用负指数。

3）由两个或两个以上单位相乘所构成的组合单位，其中文符号形式为两个单位符号之间加居中圆点，如牛·米。

单位相除构成的组合单位，其中文符号可采用下列形式之一：米/秒；米·秒$^{-1}$。

4）单位符号应写在全部数值之后，并与数值间留适当的空隙。

5）SI 词头符号一律用正体字母，SI 词头符号与单位符号之间，不得留空隙。

6）单位名称和单位符号都必须作为一个整体使用，不得拆开，如摄氏度的单位符号为℃。20 摄氏度不得写成或读成摄氏 20 度或 20 度，也不得写成 20C，只能写成 20℃。

17.2.2.7　我国可与国际单位制单位并用的法定计量单位

（1）由于实用上的广泛性和重要性，我国可与国际单位制单位并用的法定计量单位列于表 17.2-5 中。

（2）根据习惯，在某些情况下，表 17.2-5 中的单位可以与国际单位制的单位构成组合单位，如 kg/h，km/h。

（3）根据《全面推行我国法定计量单位的意见》"个别科学技术领域中，如有特殊需要，可使用某些非法定计量单位，但也必须与有关国际组织规定的名称、符号相一致"。

表 17.2-5　　　　　我国可与国际单位制单位并用的法定计量单位

量的名称	单位名称	单位符号	与 SI 单位的关系
时间	分	min	1min＝60s
	〔小〕时	h	1h＝60min＝3600s
	日，（天）	d	1d＝24h＝86 400s

量的名称	单位名称	单位符号	与SI单位的关系
[平面]角	度	°	$1°=(\pi/180)\mathrm{rad}$
	[角]分	′	$1'=(1/60)°=(\pi/10\ 800)\mathrm{rad}$
	[角]秒	″	$1''=(1/60)'=(\pi/648\ 000)\mathrm{rad}$
体积	升	L,(l)	$1\mathrm{L}=1\mathrm{dm}^3=10^{-3}\mathrm{m}^3$
质量	吨	t	$1\mathrm{t}=10^3\mathrm{kg}$
	原子质量单位	u	$1\mathrm{u}=1.660\ 540\times10^{-27}\mathrm{kg}$
旋转速度	转每分	r/min	$1\mathrm{r/min}=(1/60)\mathrm{s}^{-1}$
长度	海里	n mile	$1\mathrm{n}$ mile$=1852\mathrm{m}$ (只用于航行)
速度	节	kn	$1\mathrm{kn}=1\mathrm{n}$ mile/h$=(1852/3600)\mathrm{m/s}$ (只用于航行)
能	电子伏	eV	$1\mathrm{eV}=1.602\ 177\times10^{-19}\mathrm{J}$
级差	分贝	dB	
线密度	特[克斯]	tex	$1\mathrm{tex}=10^{-6}\mathrm{kg/m}$
面积	公顷	hm^2	$1\mathrm{hm}^2=10^4\mathrm{m}^2$

注 1. 平面角单位度、分、秒的符号,在组合单位中应采用(°)、(′)、(″)的形式。例如,不用°/s而用(°)/s。

2. 升的符号中,小写字母l为备用符号。

3. 公顷的国际通用符号为ha。

17.2.3 常用的物理量和法定计量单位

常用的物理量和法定计量单位见表17.2-6～表17.2-12。

表17.2-6～表17.2-12中的"项号"与GB 3102保持一致;项号不连续处是本手册有所删节。括号中的符号为备用符号。属于国家法定计量单位的非SI单位用虚线与相应的SI单位隔开。

表17.2-6 时间和空间的量和单位

项号	量的名称	量的符号	量的定义	单位名称	单位符号	备注
1-1	[平面]角 angle,(plane angle)	α,β,γ,θ,φ 也可用其他符号	平面角是以两射线交点为圆心的圆被射线所截的弧长与半径之比	弧度 radian	rad	弧度是一圆内两条半径之间的平面角,这两条半径在圆周上所截取的弧长与半径相等
				度 degree [角]分 minute [角]秒 second	° ′ ″	$1°=(\pi/180)\mathrm{rad}$ $=0.017\ 453\ 3\mathrm{rad}$[①] $1'=(1/60)°$ $1''=(1/60)'$
1-2	立体角 solid angle	Ω	锥体的立体角是以锥体的顶点为球心作球面,该锥体在球表面截取的面积与球半径平方之比	球面度 steradion	sr	球面度是一立体角,其顶点位于球心,而它在球面上所截取的面积等于以球半径为边长的正方形面积

续表

项号	量的名称	量的符号	量的定义	单位名称	单位符号	备注
1-3.1	长度 length	l，L				埃(Å)：$1Å = 10^{-10}$ m
1-3.2	宽度 breadth	b		米 metre	m	(准确值)
1-3.3	高度 height	h				千米俗称公里
1-3.4	厚度 thickness	d，δ				
1-3.5	半径 radius	r，R				
1-3.6	直径 diameter	d，D	长度是基本量之一			1n mile＝1852m(准确值)(只用于航程)
1-3.7	程长 length of path	s				
1-3.8	距离 distance	d，r		海里 nautical mile	n mile	
1-3.9	笛卡儿坐标 cartesian coordinates	x，y，z				本定义为 1929 年国际水文学会议所采用
1-3.10	曲率半径 radius of curvature	μ				
1-4	曲率 curvature	k	$k = 1/\rho$	每米 reciprocal metre, 负一次方米 metre to the power minus one	m^{-1}	
1-5	面积 area	A，(S)	$A = \iint \mathrm{d}x\mathrm{d}y$ 式中 x 和 y 是笛卡儿坐标	平方米 square metre	m^2	
				公顷 hectare	hm^2	用于表示土地面积 $1hm^2 = 10^4\,m^2$ (准确值)
1-6	体积 volume	V	$V = \iiint \mathrm{d}x\mathrm{d}y\mathrm{d}z$ 式中 x，y 和 z 是笛卡儿坐标	立方米 cubic metre	m^3	立方厘米的符号用 cm^3，而不用 cc
				升 litre	L，(l)	$1L = 1dm^3 = 10^{-3}\,m^3$ (准确值)
1-7	时间 time，时间间隔 time interval，持续时间 duration	t	时间是基本量之一	秒 second	s	
				分 minute	min	1min＝60s
				[小]时 hour	h	1h＝60min＝3600s
				日，(天)day	d	1d＝24h＝86 400s[②]
1-8	角速度 angular velocity	ω		弧度每秒 redian per second	rad/s	
1-9	角加速度 angular acceleration	a		弧度每二次方秒 redian per second squared	rad/s^2	

17

项号	量的名称	量的符号	量的定义	单位名称	单位符号	备注
1-10	速度 velocity	v c u, v, w		米每秒 metre per second	m/s	v是广义的标志。c用作波的传播速度。 当不用矢量标志时，建议用u, v, w作速度c的分量
				千米每[小]时 kilometre per hour	km/h	1km/h$=\dfrac{1}{3.6}$m/s（准确值）$=0.277\ 778$m/s
				节 knot	kn	1kn $=$ ln mile/h $=0.514\ 444$m/s（只用于航行）
1-11.1	加速度 acceleration	a		米每二次方秒 metre per second squared	m/s²	标准自由落体加速度： $g_n=9.806\ 65$m/s²（准确值）（第三届国际计量大会，1901）
1-11.2	自由落体加速度 acceleration of free fall，重力加速度 acceleration due to gravity	g				

① 度最好按十进制细分；因此，单位符号应置于数字之后。如$17°15'$最好写成$17.25°$。

② 其他时间单位，例如星期、月和年(a)是通常使用的单位。

表 17.2-7　　　　　周期及有关现象的量和单位

项号	量的名称	量的符号	量的定义	单位名称	单位符号	备注
2-1	周期 period，periodic time	T	一个循环的时间	秒 second	s	
2-2	时间常数 time constant of an exponentially varying quantity	τ	量保持其初始变化率时达到极限值的时间[如果一个量$F(t)$与时间t的关系为$F(t)=A+Be^{-t/\tau}$，则τ是时间常数]	秒 second	s	
2-3.1	频率 frequency	f, v	$f=\dfrac{1}{T}$	赫[兹]hertz	Hz	1Hz是周期为1s的周期现象的频率。 1Hz$=1$s^{-1}
2-3.2	旋转频率（转速）rotational frequency (rotational speed)	n	转数除以时间	每秒 reciprocal second 负一次方秒 second to the power minus one	s^{-1}	"转每分"(r/min)和"转每秒"(r/s)广泛用作旋转机转速的单位。 1r/min$=\pi/30$　rad/s 1r/s$=2\pi$　rad/s

项号	量的名称	量的符号	量的定义	单位名称	单位符号	备注
2-4	角频率 angular frequency, pulsatance（又称"圆频率"circular frequency）	ω	$\omega=2\pi f$	弧度每秒 radian per second 每秒 reciprocal second 负一次方秒 second to the power minus one	rad/s s^{-1}	
2-5	波长 wavelength	λ	在周期波传播方向上，同一时刻两相邻同相位点间的距离	米 metre	m	埃（Å）：$1\text{Å}=10^{-10}$ m（准确值）
2-6	波数 repetency, wavenumber	σ	$\sigma=\dfrac{1}{\lambda}$	每米 reciprocal metre，负一次方米 metre to the power minus one	m^{-1}	
2-7	角波数 angular repetency, angular wavenumber	k	$k=2\pi\sigma$	弧度每米 radian per metre 每米 reciprocal metre，负一次方米 metre to the power minus one	rad/m m^{-1}	与角波数对应的矢量 k 称为传播矢量
2-8.1 2-8.2	相速度 phase velocity 群速度 group velocity	c，v c_ϕ，v_ϕ c_g，v_g	$c=\lambda f$ $c_g=\dfrac{\mathrm{d}\omega}{\mathrm{d}k}$	米每秒 metre per second	m/s	如果涉及电磁波速度和其他速度，则用 c 表示电磁波速度，用 v 表示其他速度

表 17. 2-8   **力学的量和单位**

项号	量的名称	量的符号	量的定义	单位名称	单位符号	备注
3-1	质量 mass	m	质量是基本量之一	千克（公斤）kilogram	kg	质量单位的十进倍数单位和分数单位是由在"克（g）"字前加词头构成。$1\text{g}=10^{-3}\text{kg}$
				吨 tonne	t	英语中也称为米制吨（metric ton）$1\text{t}=1000\text{kg}$

续表

项号	量的名称	量的符号	量的定义	单位名称	单位符号	备注
3-2	体积质量 volumic mass，[质量]密度 mass density,density	ρ	质量除以体积	千克每立方米 kilogram per cubic metre	kg/m³	
				吨每立方米 tonne per cubic metre	t/m³	$1t/m=10^3kg/m^3$
				千克每升 kilogram per litre	kg/L	$1kg/L=10^3kg/m^3$ $=1g/cm^3$
3-7	转动惯量（惯性矩）moment of inertia	J，(I)	物体对于一个轴的转动惯量，是它的各质量元与它们到该轴的距离的二次方之积的总和（积分）	千克二次方米 kilogram metre squared	kg·m²	
3-8	动量 momentum	p	质量与速度之积	千克米每秒 kilogram metre per second	kg·m/s	
3-9.1	力 force	F	作用于物体上的合力等于物体动量的变化率	牛[顿] newton	N	加在质量为 1kg 的物体上使之产生 $1m/s^2$ 加速度的力为 1N。 $1N=1kg·m/s^2$
3-9.2	重量 weight	W，(P,G)	物体在特定参考系中的重量为使该物体在此参考系中获得其加速度等于当地自由落体加速度时的力			"重量"一词按照习惯仍可用于表示质量，但不赞成这种习惯
3-10	冲量 impulse	I	$I=\int Fdt$	牛[顿]秒 newton second	N·s	在$[t_1,t_2]$时间内，$I=p(t_2)-p(t_1)$，式中 p 为动量
3-12.1	力矩 moment of force	M	力对一点之矩，等于从该点到力作用线上任一点的径矢与该力的矢量积 $M=r\times F$	牛[顿]米 newton metre	N·m	该单位的符号书写时不应与毫牛顿的符号 mN 相混淆。
3-12.2	力偶矩 moment of a couple	M	两个大小相等方向相反，且不在同一直线上的力，其力矩之和			在弹性力学中 M 用于表示弯矩，T 用于表示扭矩或转矩
3-12.3	转矩 torque	M，T	力偶矩的推广			

17

项号	量的名称	量的符号	量的定义	单位名称	单位符号	备注
3-14	引力常量 gravitational constant	$G,(f)$	两个质点之间的引力 $F = Gm_1m_2/r^2$ 式中 m_1, m_2 为两质点的质量，r 为两质点间的距离	牛[顿]二次方米每二次方千克 newton metre squared per kilogram squared	$N \cdot m^2/kg^2$	$G = (6.672\ 59 \pm 0.000\ 85) \times 10^{-11}$ $N \cdot m^2/kg^2$
3-15.1	压力，压强 pressure	P				$1Pa = 1N/m^2$ $1bar = 100kPa$（准确值）
3-15.2	正应力 normal stress	σ	力除以面积	帕[斯卡] pascal	Pa	符号 p_e 用于表压，其定义为 $p - p_{amb}$，表压的正或负取决于 p 大于或小于环境压力 p_{amb}
3-15.3	切应力 shear stress	τ				
3-16.1	线应变，（相对变形） linear strain, (relative elongation)	ε, e	长度增量与指定参考状态下的长度之比 $\varepsilon = \Delta l/l_0$	一 one	1	
3-18.1	弹性模量 modulus of elasticity	E	$E = \sigma/\varepsilon$	帕[斯卡] pascal	Pa	也称为杨氏模量 Young modulus
3-22.1	动摩擦因数 dynamic friction factor	$\mu,(f)$	滑动物体的摩擦力与法向力之比	一 one	1	μ 也称为摩擦系数 coefficient of friction
3-22.2	静摩擦因数 static friction factor	$\mu_s,(f_s)$	静止物体的摩擦力与法向力的最大比值			
3-25	表面张力 surface tension	γ, σ	与表面内一个线单元垂直的力除以该线单元的长度	牛[顿]每米 newton per metre	N/m	$1N/m = 1J/m^2$
3-26.1	能[量] energy	E	所有各种形式的能			$1J$ 是 $1N$ 的力在沿着力的方向上移过 $1m$ 距离所做的功 $1J = 1N \cdot m = 1W \cdot s$
3-26.2	功 work	$W,(A)$	$W = \int \boldsymbol{F} \cdot d\boldsymbol{r}$	焦[耳] joule	J	
3-26.3	势能，位能 potential energy	$E_p,(V)$	$E_p = -\int \boldsymbol{F} \cdot d\boldsymbol{r}$ 式中 $\boldsymbol{F}$ 为保守力			
3-26.4	动能 kinetic energy	$E_k,(T)$	$E_k = \frac{1}{2}mv^2$			
3-27	功率 power	P	能的输进速率	瓦[特] watt	W	$1W = 1J/s$
3-28	效率 efficiency	η	输出功率与输入功率之比	一 one	1	

表 17.2-9 热学的量和单位

项号	量的名称	量的符号	量的定义	单位名称	单位符号	备注
4-1	热力学温度 thermodynamiec temperature	$T,(\Theta)$	热力学温度是基本量之一	开[尔文] kelvin	K	热力学温度单位开尔文是水的三相点热力学温度的 1/273.16[①]
4-2	摄氏温度 Celsius temperature	t,θ	$t=T-T_0$ 式中 T_0 定义为等于273.15K，比水的三相点热力学温度低0.01K	摄氏度 degree Celsius	℃	摄氏度是开尔文用于表示摄氏温度值的一个专门名称[①]
4-3.1	线[膨]胀系数 linear expension coefficient	α_l	$\alpha_l=\dfrac{1}{l}\dfrac{\mathrm{d}l}{\mathrm{d}T}$	每开[尔文] reciprocal kelvin,	K^{-1}	除非规定变化过程，这两个量是不完全确定的。
4-3.2	体[膨]胀系数 cubic expension coefficient	$\alpha_V,$ (α,γ)	$\alpha_V=\dfrac{1}{V}\dfrac{\mathrm{d}V}{\mathrm{d}T}$	负一次方开[尔文]kelvin to the power minus one		在不会发生混淆时，符号的下标可省略
4-6	热 heat，热量 quantity of heat	Q		焦[耳]joule	J	等温相变中传递的热量(以前称为"潜热 latent heat"，符号为 L)，应当用适当的热力学函数的变化来表示，如 T，ΔS，ΔS 是熵的变化，或 ΔH，焓的变化
4-7	热流量 heat flow rate	Φ	单位时间内通过一个面的热量	瓦[特]watt	W	
4-8	面积热流量 areic heat flow rate，热流[量]密度 density of heat flow rate	q,φ	热流量除以面积	瓦[特]每平方米 watt per square metre	W/m^2	
4-9	热导率(导热系数) thermal conductivity	$\lambda,(\kappa)$	面积热流量除以温度梯度	瓦[特]每米开[尔文]watt per metre kelvin	$W/(m\cdot K)$	
4-10.1	传热系数 coefficient of heat transfer	$K,(k)$	面积热流量除以温度差	瓦[特]每平方米开[尔文]watt per metre kelvin	$W/(m^2\cdot K)$	在建筑技术中，这个量常称之为热传递系数(thermal transmittance)，符号为 U

项号	量的名称	量的符号	量的定义	单位名称	单位符号	备注
4-11	热绝缘系数 thermal insulance, coefficient of thermal insulation	M	温度差除以面积热流量 $M=1/K$	平方米开[尔文]每瓦[特] square metre kelvin per watt	$(m^2 \cdot K)/W$	在建筑技术中，这个量常称为热阻，符号为 R
4-12	热阻 thermal resistance	R	温度除以热流量	开[尔文]每瓦[特] kelvin per watt	K/W	参阅 4-11 的备注
4-13	热导 thermal conductance	G	$G=1/R$	瓦[特]每开[尔文] watt per kelvin	W/K	参阅 4-11 的备注
4-15	热容 heat capacity	C	当一系统由于加给一微小的热量 δQ 而温度升高 dT 时，$\delta Q/dT$ 这个量即是热容	焦[耳]每开[尔文] joule per kelvin	J/K	除非规定变化过程，这个量是不完全确定的
4-18	熵 entropy	S	当热力学温度为 T 的系统接受微小热量 δQ 时，如果系统内没有发生不可逆变化，则系统的熵增为 $\delta Q/T$	焦[耳]每开[尔文] joule per kelvin	J/K	
4-20.1	能[量]energy	E	所有各种形式的能			
4-20.2	热力学能 thermodynamic energy	U	对于热力学封闭系统，$\Delta U=Q+W$，式中 Q 是传给系统的能量，W 是对系统所做的功	焦[耳]joule	J	热力学能也称为内能(internal energy)
4-20.3	焓 enthalpy	H	$H=U+pV$			

① 热力学温度和摄氏温度的间隔或温差的单位是相同的。国际计量大会建议，这种温度间隔或温差应该用开尔文 (K)或摄氏度(℃)表示。其他名称或符号，如"degré,"，"deg"，"degree"或"度"，均予以废除。应当指出，在摄氏温度的符号℃之前应留一间隔。

表 17.2-10 　　　　　　　　　　　　**电学和磁学的量和单位**

项号	量的名称	量的符号	量的定义	单位名称	单位符号	备注
5-1	电流 electric current	I	电流是基本量之一	安[培] ampere	A	在交流电技术中，用 i 表示电流的瞬时值，I 表示有效值（均方根值）
5-2	电荷[量]electric charge, quantity of electricity	Q	电流对时间的积分	库[仑] coulomb	C	$1C=1A \cdot s$ 单位安[培][小]时用于蓄电池，$1A \cdot h=3.6kC$

17

项号	量的名称	量的符号	量的定义	单位名称	单位符号	备注
5-3	体积电荷 volumic charge，电荷[体]密度 volume density of charge，charge density	ρ，(η)	$\rho=Q/V$ 式中 V 为体积	库[仑]每立方米 coulomb per cubic metre	C/m³	
5-4	面积电荷 areic charge，电荷面密度 surface density of charge	σ	$\sigma=Q/A$ 式中 A 为面积	库[仑]每平方米 coulomb per square metre	C/m²	
5-5	电场强度 electric field strength	$\boldsymbol{E}$	$\boldsymbol{E}=\boldsymbol{F}/Q$ 式中 $\boldsymbol{F}$ 为力	伏[特]每米 volt per metre	V/m	1V/m=1N/C
5-6.1	电位，（电势）electric potential	V，φ	是一个标量，在静电学中：$-\mathbf{grad}V=\boldsymbol{E}$ 式中 $\boldsymbol{E}$ 为电场强度	伏[特]volt	V	1V=1W/A IEC 将 φ 作为备用符号
5-6.2	电位差，（电势差）电压 potential difference，tension	U，(V)	1，2 两点间的电位差为从点 1 到点 2 的电场强度线积分 $U=\varphi_1-\varphi_2=\int_{r_1}^{r_2}\boldsymbol{E}\cdot\mathrm{d}\boldsymbol{r}$ 式中 $\boldsymbol{r}$ 为距离			在交流电技术中，用 u 表示电位差的瞬时值，U 表示有效值（均方根值）
5-6.3	电动势 electromotive force	E	电源电动势是电源供给的能量被它输送的电荷量除			在交流电技术中，用 e 表示电动势的瞬时值，E 表示有效值（均方根值）。ISO 无此备注
5-7	电通[量]密度 electric flux density	$\boldsymbol{D}$	是一个矢量 $\mathrm{div}\boldsymbol{D}=\rho$	库[仑]每平方米 coulomb per square metre	C/m²	也使用名称"电位移"。参阅 5-10.1
5-8	电通[量]electric flux	$\boldsymbol{\varPsi}$	$\boldsymbol{\varPsi}=\boldsymbol{D}\cdot\boldsymbol{e}_\mathrm{n}\mathrm{d}A$ 式中 A 为面积，$\boldsymbol{e}_\mathrm{n}$ 为面积的矢量单元	库[仑]coulomb	C	也使用名称"电位移通量"
5-9	电容 capacitance	C	$C=Q/U$	法[拉]farad	F	1F=1C/V
5-10.1	介电常数，（电容率）pemittivity	E	$\varepsilon=\boldsymbol{D}/\boldsymbol{E}$ 式中 $\boldsymbol{E}$ 为电场强度	法[拉]每米 farad per metre	F/m	ε 又称"电常数 electric constant)"或"绝对介电常数（绝对电容率）"
5-10.2	真空介电常数，（真空电容率）permittivity of vacuum	ε_0				$\varepsilon_0=1/\mu_0c_0^2=10^7/(4\pi\times 299\ 792\ 458^2)$ F/m（准确值）= $8.854\ 188\times10^{-12}$F/m

续表

项号	量的名称	量的符号	量的定义	单位名称	单位符号	备注
5-11	相对介电常数，（相对电容率）relative permittivity	ε_r	$\varepsilon_r = \varepsilon/\varepsilon_0$	一 one	1	IEC 还给出名称 "relative capacitivity"
5-15	面积电流 areic electric current，电流密度 electric current density	$J, (S)$	$\int \boldsymbol{f} \cdot \boldsymbol{e}_n \mathrm{d}A = I$ 式中 A 为面积，$\boldsymbol{e}_n$ 为面积的矢量单元	安[培]每平方米 ampere per square metre	A/m²	也使用符号 $j, (\delta)$
5-16	线电流 lineic electric current，电流线密度 linear electric current density	$A, (a)$	电流除以导电片宽度	安[培]每米 ampere per metre	A/m	
5-17	磁场强度 magnetic field strength	$\boldsymbol{H}$	$\mathrm{rot}\boldsymbol{H} = \boldsymbol{J} + \dfrac{\partial D}{\partial t}$	安[培]每米 ampere per metre	A/m	
5-18.1	磁位差，（磁势差）magnetic potential difference	U_m	点 1 和点 2 间的磁位差 $U_m = \int_{r_1}^{r_2} \boldsymbol{H} \cdot \mathrm{d}\boldsymbol{r}$ 式中 r 为距离	安[培]ampere	A	IEC 给出符号 U 和备用符号
5-18.2	磁通势，（磁动势）magnetomotive force	F, F_m	$F = \oint \boldsymbol{H} \cdot \mathrm{d}\boldsymbol{r}$ 式中 r 为距离			IEC 给出备用符号
5-18.3	电流链 current linkage	Θ	穿过一闭合环路的净传导电流			N 匝相等电流 I 形成的电流链 $\Theta = NI$
5-19	磁通[量]密度 magnetic flux density，磁感应强度 magnetic induction	$\boldsymbol{B}$	是一个矢量 $\boldsymbol{F} = I\Delta\boldsymbol{s} \times \boldsymbol{B}$ 式中 s 为长度，$I\Delta\boldsymbol{s}$ 为电流元	特[斯拉]tesla	T	$1\text{T} = 1\text{N}/(\text{A} \cdot \text{m})$ $= 1\text{Wb/m}^2$ $= 1\text{V} \cdot \text{s/m}^2$
5-20	磁通[量]magnetic flux	Φ	$\Phi = \int \boldsymbol{B} \cdot \mathrm{d}\boldsymbol{A}$，式中 A 为面积	韦[伯]weber	Wb	$1\text{Wb} = 1\text{V} \cdot \text{s}$
5-21	磁矢位，（磁矢势）magnetic vector potential	A	是一个矢量 $\boldsymbol{B} = \mathrm{rot}\boldsymbol{A}$	韦[伯]每米 weber per metre	Wb/m	
5-22.1	自感 self inductance	L	$L = \Phi/I$ $M = \Phi_1/I_2$ 式中 Φ_1 为穿过回路 1 的磁通量，I_2 为回路 2 的电流	亨[利]henry	H	$1\text{H} = 1\text{Wb/A}$ $= 1\text{V} \cdot \text{s/A}$ 电感：自感和互感的统称
5-22.2	互感 mutual inductance	M, L_{12}				

续表

项号	量的名称	量的符号	量的定义	单位名称	单位符号	备注
5-23.1	耦合因数,(耦合系数)coupling factor	k, (κ)	$k=\|L_{mn}\|/\sqrt{L_m L_n}$	一 one	1	
5-23.2	漏磁因数,(漏磁系数)leakage factor	σ	$\sigma=1-k^2$			
5-24.1	磁导率 permeability	μ	$\mu=B/H$	亨[利]每米 henry per metre	H/m	IEC 还给出名称"绝对磁导率" $\mu_0=4\pi\times10^{-7}$ H/m (准确值=1.256 637 $\times10^{-6}$ H/m)
5-24.2	真空磁导率 permeability of vacuum	μ_0				ISO 和 IEC 还给出名称"磁常数"
5-25	相对磁导率 relative permeability	μ_r	$\mu_r=\mu/\mu_0$	一 one	1	
5-28	磁化强度 magnetization	$\boldsymbol{M}$, $(\boldsymbol{H}_i)$	$\boldsymbol{M}=(B/\mu_0)-H$	安[培]每米 ampere per metre	A/m	
5-29	磁极化强度 magnetic polarization	$\boldsymbol{J}$, $(\boldsymbol{B}_i)$	$\boldsymbol{J}=\boldsymbol{B}-\mu_0\boldsymbol{H}$	特[斯拉] tesla	T	
5-30	体积电磁能 volumic electromagnetic energy,电磁能密度 electromagnetic energy density	ω	电磁场能量除以体积 $\omega=\frac{1}{2}(\boldsymbol{E}\cdot\boldsymbol{D}+\boldsymbol{B}\cdot\boldsymbol{H})$	焦[耳]每立方米 joule per cubic metre	J/m³	
5-32.1	电磁波的相平面速度 phase velocity of electromagnetic waves	c		米每秒 metre per second	m/s	velocity 可用 speed 替换。 如果介质中的速度用符号 c 则真空中的速度用符号 c_0
5-32.2	电磁波在真空中的传播速度 velocity of electromagnetic waves in vacuum	c, c_0				$c_0=1/\sqrt{\varepsilon_0\mu_0}=$ 299 792 458m/s(准确值)
5-33	[直流]电阻 resistance (to direct current)	R	$R=U/I$(导体中无电动势)	欧[姆]ohm	Ω	1Ω=1V/A 关于交流,参阅 5-44.3
5-34	[直流]电导 conductance(for direct current)	G	$G=1/R$	西[门子] siemens	S	1S=1Ω^{-1} 关于交流,参阅 5-45.3
5-35	[直流]功率 power (for direct current)	P	$P=UI$	瓦[特]watt	W	1W=1V·A 关于交流,参阅 5-49.1

续表

项号	量的名称	量的符号	量的定义	单位名称	单位符号	备注
5-36	电阻率 resistivity	ρ	$\rho=RA/l$ 式中 A 为面积，l 为长度	欧〔姆〕米 ohm metre	$\Omega\cdot m$	
5-37	电导率 conductivity	γ，σ	$\gamma=l/\rho$	西〔门子〕每米 siemens per metre	S/m	电化学中用符号 κ
5-38	磁阻 reluctance	R_m	$R_m=U_m/\Phi$	每亨〔利〕reciprocal henry，负一次方亨〔利〕henry to the power minus one	H^{-1}	$1H^{-1}=1A/Wb$ ISO 和 IEC 还给出符号 R。IEC 还出备用符号 $\mathscr{R}$
5-39	磁导 permeance	Λ，(P)	$\Lambda=1/R_m$	亨〔利〕henry	H	$1H=1Wb/A$
5-40.1	绕组的匝数 number of turns in a winding	N		一 one	1	
5-40.2	相数 number of phase	m				
5-41.1	频率 frequency	f，v		赫〔兹〕hertz	Hz	
5-41.2	旋转频率 rotational frequency	n	转数被时间除	每秒 reciprocal second 负一次方秒 second to the power minus one	s^{-1}	$1Hz=1s^{-1}$
5-42	角频率 angular frequency，pulsatance	ω	$\omega=2\pi f$	弧度每秒 radian per second 每秒 reciprocal second，负一次方秒 second to the power minus one	rad/s s^{-1}	
5-43	相〔位〕差，相〔位〕移 phase difference	φ	当 $u=U_m\cos\omega t$ 和 $i=I_m\cos(\omega t-\varphi)$，则 φ 为相位移	弧度 radian 一 one 〔角〕秒 second 〔角〕分 minute 度 degree	rad 1 $''$ $'$ $°$	$\omega t-\varphi$ 是 i 的相位 $1''=(\pi/648\,000)$ rad $1'=60''=(\pi/10\,800)$ rad $1°=60'=(\pi/180)$ rad

续表

项号	量的名称	量的符号	量的定义	单位名称	单位符号	备注
5-44.1	阻抗,(复[数]阻抗)impedance,(complex impedance)	Z	复数电压被复数电流除 $(Z=\mid Z\mid e^{j\varphi}=R+jX)$	欧[姆]ohm	Ω	在不会混淆的情况下,"阻抗模"可用"阻抗"这一名称
5-44.2	阻抗模,(阻抗)modulus of impedance,(impedance)	$\mid Z\mid$	$\mid Z\mid=\sqrt{R^2+X^2}$			在交流电技术中,电阻均指交流电阻,必要时还应说明频率;如果需与直流电阻区别时,则可使用全称
5-44.3	[交流]电阻 resistance(to alternating current)	R	阻抗的实部			
5-44.4	电抗 reactance	X	阻抗的虚部			当一感抗和一容抗串联时,$X=\omega L-1/(\omega C)$
5-45.1	导纳,(复[数]导纳)admittance,(complex admittance)	Y	$Y=1/Z$ $\left(Y=\mid Y\mid e^{-j\varphi}=G+jB=\dfrac{R-jX}{\mid Z\mid^2}\right)$	西[门子]siemens	S	1S=1A/V
5-45.2	导纳模,(导纳)modulus of admittance,(admittance)	$\mid Y\mid$	$\mid Y\mid=\sqrt{G^2+B^2}$			在不会混淆的情况下,"导纳模"可用"导纳"这一名称
5-45.3	[交流]电导 conductance(for alternating current)	G	导纳的实部			在交流电技术中,电导均指交流电导,必要时还应说明频率;如需与直流电导区别时,则可使用全称
5-45.4	电纳 susceptance	B	导纳的虚部			
5-46	品质因数 quality factor	Q	对于无辐射系统,如果$Z=R+jX$,则$Q=\mid X\mid/R$	一 one	1	
5-47	损耗因数 loss factor	d	$d=1/Q$	一 one	1	
5-48	损耗角 loss angle	δ	$\delta=\arctan d$	弧度 radian	rad	
5-49	[有功]功率 active power	P	$P=\dfrac{1}{T}\int_0^T ui\,\mathrm{d}t$ 式中 t 为时间,T 为计算功率的时间	瓦[特]watt	W	$p=ui$ 是瞬时功率

续表

项号	量的名称	量的符号	量的定义	单位名称	单位符号	备注
5-50.1	视在功率，（表观功率）apparent power	S，P_S	$S=UI$	伏［特］安［培］volt ampere	V・A	当 $u=U_m\cos\omega t$ $=\sqrt{2}U\cos\omega t$ 和 $i=I_m\cos(\omega t-\varphi)$ $=\sqrt{2}I\cos(\omega t-\varphi)$时，则 $P=UI\cos\varphi$ $Q=UI\sin\varphi$ $\lambda=\cos\varphi$ 式中 φ 为正弦交流电压和正弦交流电流间的相位差
5-50.2	无功功率 reactive power	Q，P_Q	$Q=\sqrt{S^2-P^2}$	IEC 采用乏（var）作为无功功率的单位名称和符号。国际计量大会并未通过 var 为 SI 单位		
5-51	功率因数 power factor	λ	$\lambda=P/S$	一 one	1	
5-52	［有功］电能［量］active energy	W	$W=\int ui\,dt$ 式中 t 为时间	焦［耳］joule	J	ISO 还给出备用符号 W_P
				瓦［特］［小］时 watt hour	W・h	1kW・h=3.6MJ

表 17.2-11　　　　　　　　　　光学的量和单位

项号	量的名称	量的符号	量的定义	单位名称	单位符号	备注
6-29	发光强度 luminous intensity	I，(I_v)	发光强度是基本量之一	坎［德拉］candela	cd	参阅 6-30
6-30	光通量 luminous flux	Φ，(Φ_v)	发光强度为 I 的光源在立体角 $d\Omega$ 内的光通量 $d\Phi=Id\Omega$	流［明］lumen	lm	1lm=1cd・sr
6-31	光量 quantity of light	Q，(Q_v)	光通量对时间积分	流［明］秒 lumen second	lm・s	
				流［明］［小］时 lumen hour	lm・h	1lm・h=3600lm・s(准确值)
6-32	［光］亮度 luminance	L，(L_v)	表面一点处的面元在给定方向上的发光强度除以该面元在垂直于给定方向的平面上的正投影面积	坎［德拉］每平方米 candela per square metre	cd/m²	$L=\int L_\lambda d\lambda$ 该单位曾称尼特，符号为 nt，但 CIPM 和 ISO 都已将其废除
6-33	光出射度 luminous exitance	M，(M_v)	离开表面一点处的面元的光通量除以该面元的面积	流［明］每平方米 lumen per square metre	lm/m²	$M=\int M_\lambda d\lambda$ 以前称为面发光度(luminous emittance)

17

续表

项号	量的名称	量的符号	量的定义	单位名称	单位符号	备注
6-34	〔光〕照度 illuminance	E, (E_v)	照射到表面一点处的面元上的光通量除以该面元的面积	勒〔克斯〕lux	lx	$E = \int \cdot E_\lambda \mathrm{d}\lambda$ $1\mathrm{lx} = 1\mathrm{lm/m^2}$
6-35	曝光量 light exposure	H	$H = \int E \mathrm{d}t$	勒〔克斯〕秒 lux second	lx・s	
				勒〔克斯〕〔小〕时 lux hour	lx・h	$1\mathrm{lx} \cdot \mathrm{h} = 3600\mathrm{lx} \cdot \mathrm{s}$(准确值)
6-44	折射率 refractive index	n	对非吸收介质,真空中电磁波传播的速度与介质中特定频率的电磁波传播的相速度之比	— one	1	
6-45.1	物距 object distance	p, l	对薄透镜而言,物距是轴上物点和物方主面之间的距离	米 metre	m	6-45.1 至 6-45.4 各项的符号右上标,不带"'"者为物方量的名称或泛指该量,带"'"者为像方量的名称。如,为物方焦距,为像方焦距
6-45.2	像距 image distance	p', l'	对薄透镜而言,像距是轴上像点和物方主面之间的距离			
6-45.3	焦距 focal distance	f, f'	对薄透镜而言,焦距是透镜中心至焦点的距离			
6-45.4	顶焦距 vertex focal distance	f_v, f'_v	对薄透镜而言,顶焦距是透镜表面顶点到相应焦点的距离			
6-46.1	透镜焦度,(光焦度) vergence, lens power	Φ, F	(薄透镜的焦度等于 $1/f$)	每米 reciprocal metre,负一次方米 metre to the power minus one	$\mathrm{m^{-1}}$	屈光度(D)是非法定计量单位。$1\mathrm{D} = 1\mathrm{m^{-1}}$
6-46.2	顶焦度 vertex vergence, vertex lens power	F_v	$F_v = n/f_v$			

表 17.2-12   **声学的量和单位**

项号	量的名称	量的符号	量的定义	单位名称	单位符号	备注
7-9.1	静压 static pressure	p_s, (p_0)	没声波时媒质中的压力	帕〔斯卡〕 pascal	Pa	以前用过微巴($\mu\mathrm{bar}$)为单位。$1\mathrm{Pa} = 10\mu\mathrm{bar}$(准确值)
7-9.2	(瞬时)声压 (instantaneous) sound pressure	p	有声波时媒质中的瞬时总压力与静压之差			

续表

项号	量的名称	量的符号	量的定义	单位名称	单位符号	备注
7-15	声能密度 sound energy density, volumic sound energy	ω,(e),(D)	某一给定体积中的平均声能除以该体积	焦[耳]每立方米 joule per cubic metre	J/m^3	如果声能密度随时间变化，则要在该声波可认为统计上稳定的时间间隔内求平均
7-16	声 功 率 sound power	W,p	声波辐射的、传输的或接收的功率	瓦[特]watt	W	
7-17	声强[度]sound intensity	I,J	通过一与传播方向垂直的表面的声功率除以该表面的面积	瓦[特]每平方米 watt per square metre	W/m^2	
7-18.1	声 阻 抗 acoustic impedance	Z_a	某表面上的声压和体积流量的复数比	帕[斯卡]秒每立方米 pascal second per cubic metre	$Pa \cdot s/m^3$	
7-18.2	声阻 acoustic resistance	R_a	声阻抗的实数部分			
7-18.3	声抗 acoustic reactance	X_a	声阻抗的虚数部分			
7-33	声压级 sound pressure level	L_p	$L_p = 2\lg(p/p_0)$ 式中 p 为声压；p_0 为基准声压，在空气中 $p_0 = 20\mu Pa$，在水中 $p_0 = 1\mu Pa$	贝[尔]bel	B	1B 为 $2\lg(p/p_0)$ $=1$ 时的声压级 通常用 dB 为单位 $1dB = 0.1B$
7-34	声强级 sound intensity level	L_I	$L_I = \lg(I/I_0)$ 式中 I 为声强，I_0 为基准声强，等于 $1pW/m^2$	贝[尔]bel	B	1B 为 $\lg(I/I_0)=1$ 时的声强级 通常用 dB 为单位 $1dB = 0.1B$
7-35	声功率级 sound power level	L_W	$L_W = \lg(W/W_0)$ 式中 W 为声功率，W_0 为基准声功率，等于 $1pW$	贝[尔]bel	B	1B 为 $\lg(W/W_0)$ $=1$ 时的声功率级 通常用 dB 为单位 $1dB = 0.1B$
7-40.1	损耗因数 dissipation factor, dissipance	δ,ψ	损耗声功率与入射声功率之比	— one	1	也称损耗系数 dissipation coefficient
7-40.2	反射因数 reflection factor, reflectance	γ,(ρ)	反射声功率与入射声功率之比			也称反射系数 reflection coefficient
7-40.3	透射因数 transmission factor, transmittance	τ	透射声功率与入射声功率之比			也称透射系数 transmission coefficient $\delta+\gamma+\tau=1$
7-40.4	吸收因数 absorption factor, absorbance	α	吸收声功率与入射声功率之比			也称吸声系数 absorption coefficient $\alpha=\delta+\tau$

17

续表

项号	量的名称	量的符号	量的定义	单位名称	单位符号	备注
7-46	隔声量 sound reduction index	R	$R=\dfrac{1}{2}\lg(l/\tau)$ 式中 τ 为透射因数	贝[尔]bel	B	1B 为 $\lg(1/\tau)=1$ 时的隔声量
7-47	吸声量 equivalent absorption area of a surface or object	A	吸收因数乘以材料的表面积	平方米 square metre	m^2	
7-48	混响时间 reverberation time	$T,\ (T_{60})$	在一房间中，当声音达到稳定状态后停止声源，其平均声能密度自原始值衰减至 10^{-6}（即 60dB）所需的时间	秒 second	s	
7-55	声源强度 sound source strength	Q_s	简单声源发出正弦式波时的最大体积流量	立方米每秒 cubic metre per second	m^3/s	
7-58	[声学]房间常数 (acoustic)room constant	$R,\ R_r$	$R=\alpha S/(1-\alpha)$ 式中 α 为平均吸收因数，S 为房间总表面积，αS 为房间总吸声量	平方米 square metre	m^2	
7-59	[声学]插入损失 (acoustic) insertion loss	D	在插入换能器、仪器或其他声学器件前输送到系统插入点处的声功率级和插入后输送到该点处的声功率级之差	贝[尔]bel	B	通常以 dB 为单位。 1dB=0.1B

注 声学的量和单位还有周期、频率、角频率、波长、波数、角波数等，参阅表 17.2-7，不再重复。

17.2.4　单位换算

在工程计算和查阅文献资料时，常遇到多种单位制。单位换算包括：SI 单位的倍数单位之间的换算，SI 单位与市制单位、英制单位、习用单位的相互换算。常用单位换算见表 17.2-13～表 17.2-30；特定领域中的习用单位加"注"说明。

表 17.2-13　　　　　　　　　长度单位换算

千米(公里) (km)	米 (m)	厘米 (cm)	毫米 (mm)	市里	市丈	市尺	英里 (mile)	码 (yd)	英尺 (ft)	英寸 (in)	国际海里 (nmile)
1	1000			2		3000	0.621 4		3280.8		0.539 9
	1	100	1000			3		1.093 6		39.37	
0.5	500			1	150	1500			3.280 8		0.269 8
							0.310 7		1640.4		
	3.333 3				1	10			10.936		

续表

千米(公里)(km)	米(m)	厘米(cm)	毫米(mm)	市里	市丈	市尺	英里(mile)	码(yd)	英尺(ft)	英寸(in)	国际海里(nmile)
	0.333 3	33.33	333.3			1					
1.609 3	1609.3			3.218 7			1	1760	1.093 6		0.868 4
				4828					5280		
	0.914 4					2.743 2		1	3	36	
	0.304 8	30.48	304.8					0.333 3	1	12	
	0.025 4					0.914 4			0.083 3	1	
1.852	1852	2.54	25.4	3.704			1.150 8				1
						0.076 2			6076.12		

注 1. 单位名称"密耳"(mil)或"英毫"(thou)有时用来代表"毫英寸"(0.001in)。

2. 1英海里=1853.184m=6080.00ft，1美海里=1853.266m=6080.27ft。

3. 除表中所列外，还有以下几种长度单位：

天文单位（日地距离）：$1AU=1.495\,978\,7 \times 10^{11}m$。

光年（电磁波在自由空间1年内传播的距离）：$1l.\,y.=9.460\,730 \times 10^{15}m$。

秒差距（1AU的距离所张的角度为1角秒时的距离）：$1pc=206\,264.8AU=30.856\,78 \times 10^{15}m$。

表 17.2-14 面积单位换算

公里²(km²)	公顷(ha)	米²(m²)	厘米²(cm²)	毫米²(mm²)	市里²	市亩	市丈²	市尺²	英里²(mile²)	英亩(acre)	英尺²(ft)²	英寸²(in)²
1	100	10^6			4	1500			0.386 1	247.11		
	1	10^4										
		1	10^4	10^6		15		9		2.471 1	10.764	1550
0.25					1	375			0.096 5	61.763		
		666.67				1	60	6000		0.164 7		
		11.11					1	100			119.6	
		0.111 1	1111.1					1			1.196	
2.59	259				10.36	3885			1	640		
		4046.9				60 703				1	43 560	
		0.092 9	929.03					0.836 1			1	144
			6.451 6	645.16				0.005 8			6.944×10^{-3}	1

注 1. 有时用"圆密耳"(CM)或"千圆密耳"(MCM)表示面积，详见7.2.5。

2. ft²和in²常用"sqft"和"sqin"作为英文简写符号。

表 17.2-15 体积、容积单位换算

米³(m³)	升(L或dm³)	毫升(mL或cm³)	石	斗	升	市尺³	英尺²(ft²)	英寸²(in²)	加仑(gallon)		品脱(pt)	液品脱(liq pt)
									英	美	英	美
1	1000	10^6	10	100	1000	27	35.315	61 027	219.98	264.18		

续表

米^3 (m^3)	升 (L或dm^3)	毫升 (mL或cm^3)	石	斗	升	市尺^3	英尺^3 (ft^3)	英寸^3 (in^3)	加仑 (gallon) 英	加仑 (gallon) 美	品脱 (pt)	液品脱 (liq pt) 英	液品脱 (liq pt) 美
1	1000				1	0.027		61.027	0.22	0.263	1.76		2.113
	100		1	10	100								
	10			1	10								
	37.046					1	1.308	2260	8.151 5	9.784			
	28.317					0.764 6	1	1728	6.228 8	7.480 5			
	0.016 4	16.387				0.000 4	1						
	4.546					0.122 7	0.160 5	277.42	1	1.201	8		
	3.785 3					0.102 2	0.133 7	231	0.832 7	1			8
	0.568 3										1		1.201
	0.473 2										0.832 7		1

注　1. ft^{3}和in^{3}常用"cu ft"和"cu in"作为英文简写符号。
　　2. 除表中所列外，还有以下几种体积、容积单位：
　　　蒲式耳（英）：1bushel(UK)＝8ga(UK)＝64pt(UK)＝36.368 7dm^3(L)
　　　蒲式耳（美）：1bushel(US)＝8gal(US)＝64flpt(US)＝35.239 0dm^3(L)
　　　夸脱（英）：1quart(UK)＝1/4gal(UK)＝69.355in^3＝1.136 5dm^3(L)
　　　液盎司（英）：1fl oz(UK)＝1/160gal(UK)＝0.960 76floz(US)＝28.413cm^3(mL)
　　　液盎司（美）：1fl oz(US)＝1/128gal(US)＝1.040 84floz(UK)＝29.573 5cm^3(mL)
　　　桶（美）（石油等用）：1桶（美）（石油）＝42gal(US)＝34.972 3gal(UK)＝9702in^3＝158.987 3dm^3(L)。

表 17.2-16　　　　　　　　　　　　　质量单位换算

吨 (t)	千克 (公斤) (kg)	克 (g)	市担	市斤	市两	市钱	英吨 (long ton)	美吨 (short ton)	磅 (lb)	盎司 金衡 (oz)	盎司 常衡 (oz)
1	1000		20	2000			0.984 2	1.102 3	2204.6		
	1	1000		2					2.204 6		35.274
		1			0.02	0.2					0.035 3
			1	100							
	0.5			1	10				1.102 3		17.637
		50			1	10			0.110 2		1.763 7
		5				1					
1.016	1016			2032			1	1.12	2240		
0.907 2	907.19			1814.4			0.892 9	1	2000		
	0.453 6			0.907 2	9.072				1	12	16
		31.103 5								1	
	0.028 4	28.35			0.567				0.062 5		1

注　除表中所列外，还有以下几种质量单位：
　　［米制］克拉：1carat＝0.2g
　　格令：1gr＝1/7000lb＝1/480oz(金衡)＝0.064 8g
　　英担：1cwt(英)＝1长担(美)＝112lb＝50.802 35kg
　　美担：1cwt(美)＝1短担(英)＝100lb＝45.359 237kg
　　普特(пуд)：1普特＝40俄磅＝16.38kg(≈36lb)
　　俄磅：1俄磅＝32洛特＝96所洛特尼克＝0.409 5kg

表 17.2-17 　　　　　　　　　　体积质量（密度）单位换算

克/厘米³（g/cm³）吨/米³（t/m³）	千克/米³（kg/m³）或克/升（g/L）	磅/英寸³（lb/in³）	磅/英尺³（lb/ft³）	磅/英加仑［Lb/gallon(UK)］	磅/美加仑［Lb/gallon(US)］
1	1000	0.036 13	62.43	10.02	8.345
0.001	1	3.613×10⁻⁵	0.062 43	0.010 02	0.008 35
27.68	27 680	1	1728	277.42	231
0.016 02	16.02	0.000 58	1	0.160 5	0.133 7
0.099 8	99.8	0.003 6	6.228 8	1	0.832 7
0.119 8	119.8	0.004 329	7.48	1.201	1

表 17.2-18 　　　　　　　　　　力的单位换算

牛顿（N）	千克力（kgf）	斯坦（sn）	达因（dyn）	磅力（lbf）	磅达（pdl）
1	0.102	10⁻³	10⁵	0.224 8	7.233
9.806 65	1	9.806 65×10⁻³	9.806 65×10⁵	2.204 6	70.93
10³	102	1	10⁸	224.8	7.233×10³
10⁻⁵	1.02×10⁻⁶	10⁻⁸	1	2.248×10⁻⁶	7.233×10⁻⁵
4.448	0.453 6	4.448×10⁻³	4.448×10⁵	1	32.174
0.138 3	1.41×10⁻²	0.138 3×10⁻³	1.383×10⁴	3.108×10⁻²	1

表 17.2-19 　　　　　　　　　　力矩和转矩单位换算

牛顿·米（N·m）	千克力·米（kgf·m）	克力·厘米（gf·cm）	达因·厘米（dyn·cm）	磅力·英尺（lbf·ft）
1	0.102 0	0.102 0×10⁵	10⁷	0.737 6
9.807	1	10⁵	9.807×10⁷	7.233
9.807×10⁻⁵	10⁻⁵	1	980.7	7.233×10⁻⁵
10⁻⁷	1.020×10⁻⁸	1.020×10⁻³	1	0.737 6×10⁻⁷
1.356	0.138 3	0.138 3×10⁵	1.356×10⁷	1

表 17.2-20 　　　　　　　　　　压力和应力单位换算

帕斯卡［Pa（N/m²）］	微巴［μbar（dyn/cm²）］	毫巴（mbar）	巴 b(ar)	工程大气压［at（kgf/cm²）］	标准大气压（atm）	毫米水柱 mmH₂O（kgf/m²）	毫米汞柱（mmHg）（托 Torr）	磅力/英尺²（lbf/ft²）	磅力/英寸²（lbf/in²）
1	10	0.01	10⁻⁵	1.02×10⁻⁵	0.99×10⁻⁵	0.102	0.007 5	0.020 89	14.5×10⁵
0.1	1	0.001				0.010 2			
100	1000	1	0.001			10.2	0.750 1	2.089	0.014 5
10⁵	10⁶	1000	1	1.02	0.986 9	10 197	750.1	2089	14.5
98 067		980.67	0.980 7	1	0.967 8	10⁴	735.6	2048	14.22
9.806 7	98.067	0.098 1		10⁻⁴	0.967 8×10⁻⁴	1	0.073 6	0.204 8	
101 325		1013	1.013	1.033 2	1	10 332	760	2116	14.7

续表

帕斯卡 [Pa (N/m²)]	微巴 [μbar (dyn/cm²)]	毫巴 (mbar)	巴 b(ar)	工程大气压 [at (kgf/cm²)]	标准大气压 (atm)	毫米水柱 mmH₂O (kgf/m²)	毫米汞柱 (mmHg) (托 Torr)	磅力/ 英尺² (lbf/ft²)	磅力/ 英寸² (lbf/in²)
133.32	1333	1.333		0.001 36	0.001 32	13.6	1	2.785	0.019 34
47.88	478.8	0.478 8				4.882	0.359 1	1	0.006 94
6894.8	68 948	68.95	0.068 95	0.070 3	0.068	703	51.71	144	1

表 17.2-21　　　　　　　　　　线速度单位换算(附加速度)

千米/小时 (km/h)	米/分 (m/min)	米/秒 (m/s)	厘米/秒 (cm/s)	英里/小时 (mile/h)	英尺/分 (ft/min)	英尺/秒 (ft/s)	海里/小时 (n mile/h)
1	16.666 7	0.277 8	27.777 8	0.621 4	54.68	0.911 3	0.54
0.06	1	0.016 67	1.666 7	0.037 28	3.280 8	0.054 68	0.032 4
3.6	60	1	100	2.236 9	196.85	3.280 8	1.944
0.036	0.6	0.01	1	0.022 4	1.968 5	0.032 8	0.019 44
1.609 3	26.82	0.447 0	44.704 0	1	88	1.466 7	0.87
0.018 29	0.304 8	0.005 08	0.508 0	0.011 36	1	0.016 67	0.009 868
1.097 3	18.288 0	0.304 8	30.48	0.681 8	60	1	0.592
1.852	30.867	0.514	51.4	1.150 8	101.27	1.688	1

注　常见的加速度单位换算如下:

英尺每二次方秒: $1ft/s^2 = 0.304\ 8m/s^2$;

伽[里略](用于自由落体加速度): $1Gal = 0.01m/s^2$;

标准重力加速度: $g_n = 9.806\ 65m/s^2 = 32.174\ 9ft/s^2$。

表 17.2-22　　　　　　　　　　角速度单位换算

转/分 (r/min)	转/秒 (r/s)	弧度/秒 (rad/s)	度/分 [(°)/min]	度/秒 [(°)/s]
1	0.016 67	$\pi/30$	360	6
60	1	2π	21 600	360
$30/\pi$	0.159 2	1	3437.746 8	57.295 8
0.002 778	463×10^{-7}	0.000 29	1	0.016 67
0.166 67	0.002 778	0.017 45	60	1

表 17.2-23　　　　　　　　　　流量单位换算

升/秒 (L/s)	立方米/秒 (m³/s)	立方米/小时 (m³/h)	立方英尺/分 (ft³/min)	加仑(美)/分 (gal/min)
1	1×10^{-3}	3.6	2.119	15.85
1×10^3	1	3600	2119	15 850
0.277 8	$0.277\ 8\times1\times10^{-3}$	1	0.588 6	4.403
0.471 9	$0.471\ 9\times10^{-3}$	1.698 9	1	7.481
63.09×10^{-3}	63.09×10^{-6}	0.227 1	0.133 7	1

17

表 17.2-24　　　　　　　　　　　　**功、能和热量单位换算**

尔格(erg) (达因·厘米，dyn·cm)	焦耳(J)	千克力·米(kgf·m)	米制马力·时(PS·h)	英制马力·时(HP·h)	千瓦·时(kW·h)	千卡(kcal)	英热单位(Btu)	英尺·磅力(ft·lbf)
1	10^{-7}	0.102×10^{-7}	37.77×10^{-15}	37.25×10^{-15}	27.8×10^{-15}	23.9×10^{-12}	94.78×10^{-12}	0.7376×10^{-7}
10^7	1	0.102	377.7×10^{-9}	372.5×10^{-9}	277.8×10^{-9}	239×10^{-6}	947.8×10^{-6}	0.7376
9.807×10^7	9.807	1	3.704×10^{-6}	3.653×10^{-6}	2.724×10^{-6}	2.342×10^{-3}	9.295×10^{-3}	7.233
26.48×10^{12}	2.648×10^6	270×10^3	1	0.9863	0.7355	632.5	2510	1.953×10^6
26.85×10^{12}	2.685×10^6	273.8×10^3	1.014	1	0.7457	641.2	2544.4	1.98×10^6
36×10^{12}	3.6×10^6	367.1×10^3	1.36	1.341	1	859.845	3412	2.655×10^6
41.87×10^9	4186.8	426.935	1.581×10^{-3}	1.559×10^{-3}	1.163×10^{-3}	1	3.968	3.087×10^3
10.55×10^9	1055.06	107.6	398.5×10^{-6}	393×10^{-6}	293×10^{-6}	0.252	1	778.17
1.356×10^7	1.356	0.1383	0.5121×10^{-6}	0.505×10^{-6}	0.3768×10^{-6}	0.324×10^{-3}	1.285×10^{-3}	1

注　1电子伏特(eV)=1.6021×10^{-19}焦耳(J)。

表 17.2-25　　　　　　　　　　　　**功率单位换算**

尔格/秒(erg/s)	瓦(W)	千克力·米/秒(gf·m)/s	米制马力(PS)	英制马力(HP)	千瓦(kW)	千卡/秒(kcal/s)	英热单位/秒(Btu/s)	英尺·磅力/秒(ft·lbf/s)
1	10^{-7}	0.102×10^{-7}	0.136×10^{-9}	0.1341×10^{-9}	10^{-10}	23.9×10^{-12}	94.78×10^{-12}	0.7376×10^{-7}
10^7	1	0.102	1.36×10^{-3}	1.341×10^{-3}	10^{-3}	239×10^{-6}	947.8×10^{-6}	0.7376
9.807×10^7	9.807	1	13.33×10^{-3}	13.45×10^{-3}	9.807×10^{-3}	2.342×10^{-3}	9.295×10^{-3}	7.233
7.355×10^9	735.5	75	1	0.9863	0.7355	0.1757	0.6972	542.5
7.457×10^9	745.7	76.04	1.014	1	0.7457	0.1781	0.7068	550
10^{10}	1000	102	1.36	1.341	1	0.239	0.9478	737.6
41.87×10^9	4186.8	426.935	5.692	5.614	4.187	1	3.968	3087
10.55×10^9	1055.06	107.6	1.434	1.415	1.055	0.252	1	778.17
1.356×10^7	1.356	0.1383	1.843×10^{-3}	1.82×10^{-3}	1.356×10^{-3}	0.324×10^{-3}	1.285×10^{-3}	1

注　除表中所列外，还有以下功率单位：
千卡每小时：1kcal/h=3.968Btu/h=1.163W
冷吨：1TR=12 000Btu/h=3024kcal/h=3.516kW

表 17.2-26　　　　　　　　　　　　**磁学单位换算**

磁通[量]		磁感应强度		磁场强度	
韦伯(伏·秒)[Wb(V·s)]	麦克斯韦(高斯·厘米²)[Mx(Gs·cm²)]	特斯拉(韦伯/米²)[T(Wb/m²)]	高斯[Gs，(G)]	安培/米(A/m)	奥斯特(Oe)
1	10^8	1	10^4	1	$4\pi/1000$
10^{-8}	1	10^{-4}	1	$1000/4\pi$	1

17

表 17.2-27　　　　　　　　　　　声学单位换算

贝尔（B）	奈培(Np)	分贝（dB）
1	1.15	10
0.868 6	1	8.686 1
0.1	0.115	1

表 17.2-28　　　　　　　　　　　光学单位换算

[光]亮度		[光]照度	
坎/米²(尼特) [cd/m²(nt)]	熙提(坎/厘米²) [Sb(cd/cm²)]	勒克斯(流/米²) [lx(lm/m²)]	辐透(流/厘米²) [ph(lm/cm²)]
1	10^{-4}	1	10^{-4}
10^4	1	10^4	1

表 17.2-29　　　　　　　　　　　温度换算

项　目	开尔文(K)	摄氏度(℃)	华氏度(℉)	兰氏度(℉R)
水三相点	273.16	0.01		
水的冰点	273.15	0	32	459.67
水的沸点	373.15	100	212	639.67
冰点和沸点间等分	100	100	180	180
温度差换算	1	1	1.8	1.8
	1	1	1.8	1.8
	5/9	5/9	1	1
	5/9	5/9	1	1
温度换算	K	$K-273.15$	$1.8(K-273.15)+32$ $=1.8K-459.67$	$1.8(K-273.15)$ $+459.67=1.8K-32$
	$C+273.15$	C	$1.8C+32$	$1.8C+459.67$
	$\dfrac{5}{9}(F-32)+273.15$	$\dfrac{5}{9}(F-32)$	F	$F+427.67$
	$\dfrac{5}{9}(R-459.67)+273.15$	$\dfrac{5}{9}(R-459.67)$	$R-427.67$	R

表 17.2-30　　　　　　　　　　　平面角单位换算

秒(″)	度(°)	弧度(rad)	分(′)	度(°)	弧度(rad)	度(°)	弧度(rad)	度(°)	弧度(rad)	度(°)	弧度(rad)
1	0.000 3	0.000 005	1	0.016 7	0.000 291	1	0.017 453	75	1.308 997	286.478 9	5
2	0.000 6	0.000 010	2	0.033 3	0.000 582	2	0.034 907	90	1.570 796	229.183 1	4
3	0.000 8	0.000 015	3	0.050 0	0.000 873	3	0.052 360	120	2.094 395	171.887 3	3
4	0.001 1	0.000 019	4	0.066 7	0.001 164	4	0.069 813	150	2.617 994	114.591 6	2
5	0.001 4	0.000 024	5	0.083 3	0.001 454	5	0.087 266	180	3.141 593	57.295 8	1
6	0.001 7	0.000 029	6	0.100 0	0.001 745	6	0.104 720	210	3.665 191	51.566 2	0.9
7	0.001 9	0.000 034	7	0.116 7	0.002 036	7	0.122 173	240	4.188 790	45.836 6	0.8
8	0.002 2	0.000 039	8	0.133 3	0.002 327	8	0.139 626	270	4.712 389	40.107 1	0.7
9	0.002 5	0.000 044	9	0.150 0	0.002 618	9	0.157 080	300	5.235 988	34.377 5	0.6
10	0.002 8	0.000 048	10	0.166 7	0.002 909	10	0.174 533	360	6.283 185	28.647 9	0.5
15	0.004 2	0.000 072	15	0.250 0	0.004 363	15	0.261 799	572.957 8	10	22.918 3	0.4
20	0.005 6	0.000 097	20	0.333 3	0.005 818	20	0.349 066	515.662 0	9	17.288 7	0.3
30	0.008 3	0.000 145	30	0.500 0	0.008 727	30	0.523 599	458.366 2	8	11.459 2	0.2
40	0.011 1	0.000 194	40	0.666 7	0.011 636	45	0.785 398	401.070 5	7	5.729 6	0.1
50	0.013 9	0.000 242	50	0.833 3	0.014 544	60	1.047 198	343.774 7	6	2.864 8	0.05

注　当弧度不适用时(如数值很小)，推荐使用冈(gon＝grade)及其分数单位：1gon＝π/200rad＝0.015 707 968rad。

17.2.5 美国线规简介

在美国，导线规格习惯用美国线规号（AWG）和千圆密耳（MCM）两种标志方式：中小截面导线（≤107.2mm²）用线规号，大截面导线（≥126.7mm²）用千圆密耳。

美国线规 AWG 是用一系列线规号来表示导线直径的美国标准。这一线规制式中的规格大致代表导线拉制过程中的步数，因而线号小的为粗线，线号越大直径越小。线规号递增三挡，导线截面约减少一半，电阻值则增加一倍。导线从小到大，线规号依次为 28、27、26、……、3、2、1（常用规格为 18 号以下的偶数号），再大就是 0、00、000、0000（或表示为 1/0、2/0、3/0、4/0）。

美国还习惯用密耳（mil）为单位表示导线线芯的直径 d。1mil＝0.001in＝0.025 4mm。但请注意，导线的截面不是按 $\pi d^2/4$ 计算，而是用 d^2 表示。其单位为圆密耳（CM）或千圆密耳（MCM）。1CM＝0.000 506 7mm²、1MCM＝0.506 7mm²。用千圆密耳表示的常见导线规格从小到大依次为 250、300、350、……、1500、1750、2000MCM。

按上述关系，已知导线的直径即可简捷地求出美规导线的截面，如 0000（即 4/0）号导线，其直径 d＝0.460in＝460mil，美制截面圆密耳 d^2＝460^2＝211.6MCM，公制截面 S＝211.6×0.506 7＝107.2mm²。

还应指出，美国资料中所给的导线直径和截面积（in²），通常仅表示其外形尺寸，对多股线为其外接圆，对绝缘线则包括其绝缘层和外护层。因此，上述数据不表明导线的导电性能。载流量、电阻等要根据 AWG 或 MCM 直接查表得出。

美国裸导线的规格和数据见表 17.2-31。

表 17.2-31　　　　　　　　　　美国裸导线的规格和数据

美规线号（AWG）	美规截面 d^2（MCM）	公制截面 $\pi d^2/4$（mm²）	实芯裸线（圆棒）		多股裸绞线			25℃（77℉）时的直流电阻（Ω/kft）		
			英制直径 d（in）	公制直径（mm）	股数	每股直径（in）	绞线直径（in）	裸铜线	镀锡铜线	铝线
18	1.62	0.8	0.040 3	1.02	单	0.040 3	0.040 3	6.51	6.79	10.7
16	2.58	1.3	0.050 8	1.29	单	0.050 8	0.050 8	4.10	4.26	6.72
14	4.11	2.1	0.064 1	1.63	单	0.064 1	0.064 1	2.57	2.68	4.22
12	6.53	3.3	0.080 8	2.05	单	0.080 8	0.080 8	1.62	1.68	2.66
10	10.38	5.3	0.101 9	2.59	单	0.101 9	0.101 9	1.018	1.06	1.67
8	16.51	8.4	0.128 5	3.26	单	0.128 5	0.128 5	0.640 4	0.659	1.05
6	26.24	13.3	0.162 0	4.11	7	0.061 2	0.184	0.410	0.427	0.674
4	41.74	21.1	0.204 3	5.19	7	0.077 2	0.232	0.259	0.269	0.424
3	52.62	26.7	0.229 4	5.83	7	0.086 7	0.260	0.205	0.213	0.336
2	66.36	33.6	0.257 6	6.54	7	0.097 4	0.292	0.162	0.169	0.266
1	83.69	42.4	0.289 3	7.35	19	0.066 4	0.332	0.129	0.134	0.211
0	105.6	53.5	0.325 0	8.26	19	0.074 5	0.372	0.102	0.106	0.168

17

美规线号（AWG）	美规截面 d^2（MCM）	公制截面 $\pi d^2/4$（mm²）	实芯裸线（圆棒）		多股裸绞线			25℃（77℉）时的直流电阻（Ω/kft）		
			英制直径 d（in）	公制直径（mm）	股数	每股直径（in）	绞线直径（in）	裸铜线	镀锡铜线	铝线
00	133.1	67.4	0.364 0	9.27	19	0.083 7	0.418	0.081 1	0.084 3	0.133
000	167.8	85.0	0.409 6	10.40	19	0.094 0	0.470	0.064 2	0.066 8	0.105
0000	211.6	107.2	0.460 0	11.68	19	0.105 5	0.528	0.050 9	0.052 5	0.083 6
	250	126.7	0.500	12.7	37	0.082 2	0.575	0.043 1	0.449	0.070 8
	300	152.0	0.548	13.9	37	0.090 0	0.630	0.036 0	0.037 4	0.059 0
	350	177.4	0.592	15.0	37	0.097 3	0.681	0.030 8	0.032 0	0.050 5
	400	202.8	0.633	16.1	37	0.104 0	0.728	0.027 0	0.027 8	0.044 2
	500	253.3	0.707	18.0	37	0.116 2	0.813	0.021 6	0.022 2	0.035 4
	600	303.9	0.775	19.7	61	0.099 2	0.893	0.018 0	0.018 7	0.029 5
	700	354.7	0.837	21.3	61	0.107	0.964	0.015 4	0.015 9	0.025 3
	750	380.1	0.866	22.0	61	0.110 9	0.998	0.014 4	0.014 8	0.023 6
	800	405.4	0.894	22.7	61	0.114 5	1.030	0.013 5	0.013 9	0.022 1
	900	456.2	0.949	24.1	61	0.121 5	1.090	0.012 0	0.012 3	0.019 7
	1000	506.7	1.000	25.4	61	0.128 0	1.150	0.010 8	0.011 1	0.017 7
	1250	633.5	1.118	28.4	91	0.117 2	1.289	0.008 63	0.008 88	0.014 2
	1500	760.1	1.225	31.1	91	0.128 4	1.410	0.007 19	0.007 40	0.011 8
	1750	886.7	1.323	33.6	127	0.117 4	1.526	0.006 16	0.006 34	0.010 1
	2000	1013.4	1.414	35.9	127	0.125 5	1.630	0.005 39	0.005 55	0.008 85

17.3　电工材料常用数据

17.3.1　导电金属特性

导电纯金属的特性见表 17.3-1。导电铜合金和铝合金的特性及用途见表 17.3-2。

根据 1913 年国际电工学会规定，退火工业纯铜在 20℃时的电阻率等于 0.017 241×10^{-6}Ω·m；以其相应的电导率 58MS 为标准电导率，其他金属的电导率用"相对标准退火铜线电导率"的百分数表示，代号为 IACS（International Annealed Copper Standard）。高纯铜的电导率可超过 100%IACS，如 99.999%高纯铜的电导率可达到 102.32%IACS。

表 17.3-1 导电纯金属的特性

金属名称	电阻率 (10^{-6} $\Omega\cdot$m, 20℃)	电导率 (%IACS, 20℃)	电阻温度系数 (10^{-3} /℃, 20℃)	密度 (g/cm³, 20℃)	比热 J/(kg·K)	熔点 (℃)	热膨胀系数 (10^{-6} /℃, 20℃)	热导率 [W/(m·K)]	熔化潜热 (kJ/kg)	弹性模量 (10^4 MPa)	抗拉强度 (MPa)	热电动势 (mV)
银 Ag	0.016 2	106	3.80	10.5	234.5	960.5	18.9	418.7	104.7	7.85	147	+0.75
铜 Cu	0.017 2	100	3.93	8.9	385.2	1083	16.6	386.4	211.9	11.77	196	+0.75
金 Au	0.024 0	71.6	3.40	19.3	134	1063	14.2	296.4	67.4	7.85	98	+0.70
铝 Al	0.028 2	61.0	3.90	2.7	921	660	23.0	222	393.6	7.16	78	+0.38
钙 Ca	0.038 4	44.9	3.33*	1.55	649	850	22.3	125.6	217.7	—	—	—
钠 Na	0.046 0	37.4	5.40	0.97	121	97.8	71	134	115.1	—	—	—
镁 Mg	0.048 4	35.6	4.1*	1.74	1026	650	24.3	153.7	368.4	—	—	—
铱 Ir	0.052 5	32.8	4.1*	22.4	135	2454	6.5	58.6	—	—	—	—
钨 W	0.054 8	31.4	4.50	19.3	134	3370	4.0	159.9	184.2	32.5	1079	+0.70
钼 Mo	0.055 8	30.8	4.70	10.2	255.4	2600	5.1	144.9	293.1	31.4	882	+0.31
锌 Zn	0.061 0	28.2	3.70	7.14	397.7	419.4	33	112.6	100.9	7.85	147	+0.77
铑 Rh	0.065 4	26.4	4.35	12.44	247	1960	8.3	87.9	—	—	—	—
镍 Ni	0.069 0	24.9	6.00	8.9	456.4	1452	12.8	87.92	309.8	19.61	392	−1.43
镉 Cd	0.075 0	22.9	3.80	8.65	217.7	321	29.8	92.11	55.3	5.5	59	+0.92
锂 Li	0.093 4	18.4	4.6*	0.531	3308	180	56	71.2	436.3	—	—	—
铁 Fe	0.100	17.2	5.00	7.86	477.3	1535	11.7	61.55	272.1	19.61	245	+1.91
铂 Pt	0.105	16.4	3.00	21.45	134	1755	8.9	71.18	113.0	14.71	147	0
锡 Sn	0.114	15.1	4.20	7.35	234.5	232	20	64.48	60.7	5.39	24.5	+0.45
铬 Cr	0.135	12.8	2.5*	7.19	460	1903	6.2	67	401.9	—	—	—
钽 Ta	0.141	12.2	3.85*	16.67	142	2980	6.55	54.4	159.1	18.6	340	—
铅 Pb	0.219	7.9	3.90	11.37	129.6	327.5	29.1	35.09	26.4	1.8	15.7	+0.44
锑 Sb	0.430	4.0	5.1*	6.68	205	630.5	8.5~10.8	18.8	160.4	—	—	—
钛 Ti	0.486	3.5	3.97*	4.51	519	1677	8.2	15.1	435.4	11.0	250	—
汞 Hg	0.958	1.8	0.89	13.55	837.4	−38.9	181.9 (体)	8.37	11.3	—	—	—
铋 Bi	1.20	1.4	4.00	9.8	123.5	271	13.3	7.95	52.3	31.8	—	—

* 为 0℃ 的电阻温度系数。

表 17.3-2　　导电铜合金和铝合金的特性及用途

分　类		合金名称	电导率(%IACS)	抗拉强度(MPa)	硬度(NB)	延伸率(%)	软化温度(℃)	用　途
铜合金	1〔>70% IACS〕	银铜(Cu-0.1Ag)	96	343~441	95~110	2~4	280	焊接电极、换向片、高强度耐热引线、导电线、电器触桥等
		铁铜(Cu-0.1Fe-0.03P)	92	402~451	100~120	7~10	425	通信线、架空线
		镉铜(Cu-1Cd)	85	588	100~115	2-6	280	
		铬铜(Cu-0.5Cr)	85	490	110~130	15	500	
		锆铜(Cu-0.2Zr)	90	392~471	120~130	10	480	
		铬锆铜(Cu-0.5Cr-0.15Zr)	80	539	140~160	10	520	
	2〔(30%~60% IACS)〕	镍硅铜(Cu-4Ni-2Si)	55	588~686	150~180	6	450	导电弹簧、导电滑环、高强度通信线、架空线、电车线
		钴铍铜(Cu-0.3Be-1.5Co)	50	735~883	210~240	5~10	400	
		铁钴锡铜(Cu-1.5Fe-0.8Co-0.6Sn)	50	588~686	150~180	5~10	475	
	3〔(10%~30%)IACS〕	铍铜(Cu-2Be-0.3Co)	22~25	1275~1442	350~420	1~2	400	导电弹簧、导电接触簧片、接插件、开关零件等
		钛铜(Cu-4.5Ti)	10	883~1079	300~350	2	450	
		镍锡铜(Cu-9Ni-6Sn)	11	1177~1373	350~400	2	450	
		锡磷青铜(Cu-7Sn-0.2P)	10~15	686~883	200~250	7	300	
		硅锰青铜(Cu-1Mn-3Si)	11~13	637~735	150~200	2~5	350	
		锌白铜(Cu-15Ni-20Zn)	8~10	785~922	230~270	2	300	
铝合金		铝镁硅[Al-(0.5~0.9)Mg-(0.3~0.7)Si]	52~60	294~353		4		架空线、电车线、电线、电缆芯线等
		铝镁[Al-(0.65~0.9)Mg]	53~56	226~255		2		
		铝镁铁[Al-(0.5~0.8)Fe-0.2Mg]	58~61	113~127		>15		
		铝锆(Al-0.1Zr)	58~60	177~186		2		
		铝硅[Al-(0.5~1)Si]	50~53	255~324		0.5~1.5		
		铝稀土	61	157~196				

17.3.2 绝缘材料特性

气体电介质的特性见表 17.3-3，矿物油与合成油的特性见表 17.3-4，电缆用塑料的特性见表 17.3-5，各种橡胶的特性见表 17.3-6，其他绝缘材料简要特性见表 17.3-7。

表 17.3-3　气体电介质的特性

特　性	空气	氮	氢	二氧化碳	六氟化硫
分子量	29	28	2	44	146
密度[g/L，(20℃，98kPa)]	1.17	1.25	0.08	—	6.25
沸点（℃）	-196	-195.6	-252.8	-78.7	-63.8
黏度（Pa·s）	1.8×10^{-5}	1.1×10^{-5}	8.6×10^{-4}	1.4×10^{-5}	1.54×10^{-5}
热导率[W/(m·K)，100℃]	0.031 4	0.025 6(30℃)	0.043	—	0.14
临界温度（℃）	-140.7	-147.1	-240	31	45.6
临界压力（kPa）	—	3394.38	1296.96	7396.73	3796.8
电容率	1.000 59	1.000 58	1.000 27	1.000 96	1.002
直流介电强度（kV/cm）	33	33	19.8	29.7	72.6~82.5

17

表17.3-4

矿物油与合成油的特性

特 性		变压器油 10号/25号/45号	电容器油	高压充油电缆油	烷基苯 1号/2号/3号	苯基二甲基乙烷(PXE)	烷基萘	异丙基联苯(MIPB)	二甲基硅油	苯甲基硅油	聚丁烯油 1号/2号/3号
运动黏度 (×10^{-6} m²/s)	20℃	≤30	30~45	8~18	6.5~8.5	—	—	—	—	100~200②	—
	40℃	9.6①	9~12①	3.5~6①	≤6/5~10/10~50	≤7	≤8	≤7	40±4	250~400	350
闪点（闭口杯）(℃, 不小于)		135	135	125	110/130/150	140	140	140	240	240~280③	110/150/180
凝点 (℃, 不大于)		−10/−25/−45	−45	−60	−45/−45/−30	—	—	−48	−50	−65~−55	−10
酸值 (mg/g, 不大于)		0.03	0.02	0.008	0.008	—	—	—	—	—	0.3
灰分 (%, 不大于)		0.005	0.005	≤1.5	—	—	—	—	—	—	—
体积电阻率 (Ω·cm)	20℃	—	$10^{14}\sim10^{15}$	—	—	2.5×10^{14}④	2.5×10^{14}④	3.7×10^{14}	—	≥10^{14}	≥10^{14}
	100℃	—	≥10^{13}	—	—	—	—	—	—	—	—
介质损耗 tanδ (×10^{-3})	50Hz	0.5~5	≤5	—	—	30④	30④	40	—	≤20④	≤50④
	100℃	1~25	≤25⑤	—	—	—	—	—	—	—	—
介电常数 (50Hz, 20℃)		2.1~2.3	2.1~2.3	—	2.2	2.5	2.5	2.5~2.6	—	2.6~2.8	2.1~2.3
介电强度 [kV/mm (20℃)]		16~21	20~23	≥20	≥24	37	—	≥24	—	35~40	35~50

① 在50℃下的值；
② 在25℃下的值；
③ 开口杯法的数据；
④ 在80℃下的值；
⑤ 在10^3Hz下的值。

表 17.3-5

电缆用塑料的特性

特　性	聚氯乙烯(PVC) 绝缘级	聚氯乙烯(PVC) 护层级	聚乙烯 低密度(LDPE)	聚乙烯 高密度(HDPE)	聚乙烯 交联(XLPE)	聚丙烯(PP)	氟塑料 F-40	氟塑料 F-46	聚氨脂
密度	1.5	1.25	0.91~0.9	0.94~0.97	0.92	0.9~0.91	2.1~2.2	2.1~2.2	—
吸水率(%，不大于)	0.5	1.0	0.02	0.01	—	0.03	0.01	0.01	—
伸长率(%)	≥200	≥300	20~550	15~700	≥400	≥550	≥250	≥300	≥550
热导率[W/(m·K)]	0.125~0.167	0.125~0.167	0.334	0.459~0.50	—	0.13	0.250	0.250	—
热变形温度①(℃)	—	—	41~50	64~85	—	99~110	121	72	—
抗张强度(MPa)	≥17.6	≥12	9.6~13	17.8~31	≥17	≥30	≥40	≥22	≥40
体积电阻率(Ω·cm)	$10^{13}\sim10^{14}$	$10^{9}\sim10^{10}$	$\geq10^{16}$	$\geq10^{16}$	$\geq10^{16}$	$\geq10^{16}$	$\geq10^{17}$	$\geq10^{17}$	—
介电常数 50Hz	5~6								
介电常数 10^3Hz	4.5~5.8	—	2.3	2.35	2.3	2.2	2.0	2.1	—
介电常数 10^6Hz	3.5~4.5								
介质损耗 tanδ 50Hz	0.05~0.15					≤0.000 2		≤0.000 1	
介质损耗 tanδ 10^3Hz	0.06~0.16	—	≤0.000 2	≤0.000 2	≤0.000 5	≤0.000 2	≤0.000 6	≤0.000 1	—
介质损耗 tanδ 10^6Hz	0.07~0.17					≤0.000 6		≤0.000 3	
介电强度(kV/mm)	≥20	16~18	18~28	18~28	18~28	28~35	≥18	20~24	—
耐电弧性(s)	—	—	熔融	≥125	—	—	≥300	≥300	—
耐燃性	自熄	缓慢	缓慢	缓慢	缓慢	缓慢	非燃	非燃	非燃
工作温度(℃)	60~105	60~90	70	70	90	110	150	200	90

① 在 0.44MPa 条件下。

17

各种橡胶的特性

表 17.3-6

特　性	天然橡胶 NR	丁苯橡胶 SBR	乙丙橡胶 EPDM	丁基橡胶 HR	氯丁橡胶 CR	丁腈橡胶 NBR	氯磺化聚乙烯	硅橡胶	氟橡胶
密度	0.92~0.96	0.94	0.86	0.91	1.23~1.25	0.96~1.02	1.12~1.28	0.97	1.85
脆化温度 (℃)	-50~-60	-30~-60	-40~-60	-40~-55	-35~-55	-15~-40	-40~-60	-70~-115	-34~-45
工作温度 (℃)	6~65	65~70	80~90	80~85	70~80	80~85	90~105	180~200	200
耐辐照剂量 (rad)	5×10^6	10^6	—	10^6	10^7	—	5×10^7	10^8	$10^6\sim10^7$
伸长率 (%)	750~850	400~800	300~800	400~800	400~900	450~700	100~600	200~800	100~500
抗张强度 (MPa，加补强剂的)	≥20	17~24	≥18	9.8~20	≥15	15~30	≥20	≥5①	≥14
体积电阻率 (Ω·cm)	$10^{15}\sim10^{16}$	10^{15}	$10^{15}\sim10^{16}$	$10^{16}\sim10^{17}$	$10^{10}\sim10^{11}$	10^{10}	10^{14}	$10^{12}\sim10^{13}$	$10^{12}\sim10^{13}$
介电强度 (kV/mm)	≥20	≥20	≥35	25~30	≥20	15~20	≥25	≥30	20~25
介质损耗 tanδ (10³Hz)	0.003	0.003 2	0.004②	0.003	0.03	0.055	0.03~0.07	0.001~0.01	0.3~0.4
介电常数 (10³Hz)	2.3~3	2.9	3~3.5	2.1~2.4	7.5~9	13	7~10	3~3.5	—
热导率 [W/(m·K)]	0.167	0.293	—	0.083	0.209	0.125	—	0.251	—
回弹性	优	可	可	差	良	可	可	劣~良	可
抗压缩变形	良~优	良~优	良	可	可	良	可	良~优	优
耐阳光性	差	差	优	优	优	差	优	优	优
耐水性	优	优	优	优	良	良	良	优	优
阻燃性	差	差	差	差	良	差	良	可~优	良

① 不加补强剂和填料的。

② 在 50Hz 下的数据。

表 17.3-7　　　　　　　　　　其他绝缘材料简要特性

材料名称	介电强度 （kV/mm）	体积电阻率 （MΩ·cm）	介质损失角正切 tanδ （20℃，1MHz）	密度 （g/cm³）
有溶剂浸渍漆	65～110	$10^{15}\sim10^{16}$	—	—
无溶剂浸渍漆	20～52	$10^{15}\sim10^{16}$	0.01～0.05	—
覆盖漆	30～60	$10^{11}\sim10^{13}\Omega$（表面电阻）	—	—
硅钢片漆	50～110	$10^{13}\sim10^{15}$	—	—
聚酯胶	35～40	$10^{12}\Omega$（表面电阻）	—	—
环氧胶	28～38	$6\times(10^{15}\sim10^{16})$	—	—
沥青胶	14～18	—	—	—
漆绸	(2.4～6.5)kV/0.1mm	10^{13}	—	—
漆布	(5.5～7.0)kV/0.1mm	$10^{12}\sim10^{16}$	—	—
电工薄膜	40～210	$10^{14}\sim10^{17}$	0.000 2～0.019	0.89～2.3
常用黏带	20～210	$10^{11}\sim10^{16}$	0.001～0.03	—
电缆纸	60	—	0.002 2～0.007(100℃)	0.8～0.9
电容器纸	30～60	—	0.002 0～0.002 7(100℃)	1.0～1.22
合成纤维纸	12.1～39	—	—	82～169(g/m²)
硬钢纸板	2～14	$>10^8$	—	1.05～1.36
白云母	150～280	$>10^9$	0.000 2～0.000 5	2.7～2.9
金云母	125～200	$10^7\sim10^8$	0.000 3～0.001	2.7～2.85
合成云母	185～238	$>10^9$	0.000 34	2.7～2.85
粉云母纸	20～45	—	—	1.6～1.7
云母带	16～45	—	—	—
柔软云母板	15～30	$10^{12}\sim10^{13}$	—	—
硬质云母板	18～50	$5\times(10^{12}\sim10^{13})$	—	—
酚醛层压纸板	13～25(垂直层向)	$10^{12}\sim10^{13}$	0.035	1.3～1.45
酚醛层压布板	2～8(垂直层向)	$10^{10}\sim10^{11}$	—	1.3～1.42
层压玻璃布板	10～30(垂直层向)	$10^{10}\sim10^{15}$	0.01～0.05	1.6～1.9
热固性塑料	10～19	$10^{10}\sim10^{15}$	0.007～0.08	1.4～2.0
热塑性塑料	13～29	$10^{14}\sim10^{16}$	0.007～0.27	1.02～1.45
工频瓷	25～35	$10^5\sim10^7$	0.015～0.030	—

17.3.3　电气绝缘的耐热性分级

（1）GB/T 11021—2014《电气绝缘　耐热性和表示方法》（IEC 60085：2007，IDT），规定了电气绝缘材料（EIM）和电气绝缘系统（EIS）的耐热性分级、评估以及评估程序，适用于热因子为主要老化因子的 EIM 和 EIS 的耐热性。

（2）除热因子外，EIS 的运行能力还受到很多因素的影响，诸如电气应力、振动、有害气体及化学物质、潮湿、污物、射线等。在设计特定的电气设备时都应考虑所有这些因素。更多关于这些方面的评定见 IEC 60505。

　　(3)由于在电气设备中，通常情况下是温度作为主要老化因子作用于 EIS 中的 EIM，国际上都认同可靠的基础性耐热分级是有用的。明确了 EIS 的耐热等级，也就意味着推荐的最高连续使用摄氏温度是组成 EIS 的 EIM 能适应的。

　　(4)某一电气设备特定的耐热等级并不表明用于该结构中的任一 EIM 均具有同样的耐热性。

　　EIS 的耐热等级与该结构中用到的 EIM 可能没有直接关系。由于在 EIS 使用了某些保护材料，可能会提高某些耐热性比较差材料的耐热性。另一方面，由于 EIM 之间的不相容性问题，也会降低系统的耐热性。因此，EIS 的耐热等级不能由其中的某一材料的耐热等级导出。

　　(5)耐热等级(thermal class)：EIS 相对应的最高连续使用温度(摄氏温度)的数值。

　　EIM 预估耐热指数 EIM ATE(Assessed Thermal Endurance Index)：ATE 为某一摄氏温度值，在该温度下基准 EIM 在特定的使用条件下具有已知的、满意的运行经验。

　　EIM 相对耐热指数 EIM RTE(Relative Thermal Endurance Index)：RTE 为某一摄氏温度值，该温度为待评 EIM 达到终点的评估时间等于基准材料在等于预估耐热指数(ATE)的温度下达到终点的评估时间时所对应的温度。

　　EIS 预估耐热指数 EIS ATE：从已知运行经验或已知对比功能性评定获得的基准 EIS，以摄氏温度的数值表示。

　　EIS 相对耐热指数 EIS RTE：待评 EIS 和基准 EIS 在对比试验中均经受相同的老化规程和诊断规程，待评 EIS 的相对耐热指数与基准 EIS 的已知 RTE 相对应，以摄氏温度的数值表示。

　　(6)评估 EIS 的耐热等级应基于运行经验的结果，或者根据 IEC 60505 的功能老化试验程序得到的试验结果。EIS 的评估基于 EIS ATE 或 EIS RTE。

　　基于运行绝缘或根据 IEC 60216 试验结果获得的 EIM 的耐热等级，并不表明该耐热等级适用于 EIS 或其中使用该 EIM 的部分。

　　(7)耐热性分级的表示方式见表 17.3-8。

表 17.3-8　　　　　　　　　　耐 热 性 分 级

ATE 或 RTE		耐热等级	字母表示[①]
≥90	<105	90	Y
≥105	<120	105	A
≥120	<130	120	E
≥130	<155	130	B
≥155	<180	155	F
≥180	<200	180	H
≥200	<220	200	N
≥220	<250	220	R
≥250[②]	<275	250	

① 为了便于表示，字母可以写在括弧中，如 180 级(H)。如因空间关系，比如在铭牌上，产品技术委员会可能仅选用字母表示。

② 耐热等级超过 250 的，可按 25 间隔递增的方式表示。

17

17.3.4 固体绝缘材料耐电痕化指数和相比电痕化指数

17.3.4.1 PTI 和 CTI 指数及其测量方法

GB/T 4207—2012《固体绝缘材料耐电痕化指数和相比电痕化指数的测量方法》，给出了 PTI 和 CTI 的基本概念及其测量方法。

(1)电痕化是指在电应力和电解杂质联合作用下，固体绝缘材料表面和/或内部导电通道逐步形成。导体部分间由于电痕化可能导致绝缘失效。

(2)相比电痕化指数(Comparative Tracking Index, CTI)：5 个试样经受 50 滴液滴期间未电痕化失效和不发生持续燃烧时的最大电压值，还包括 100 滴试验时关于材料性能叙述。

耐电痕化指数(Proof Tracking Index, PTI)：5 个试样经受 50 滴液滴期间未电痕化失效和不发生持续燃烧所对应的耐电压数值，以 V 表示。

PTI 对于材料和制造部分的质量控制作为一种可接受判断标准和一种方法。CTI 主要用作材料基本特性和性能比较。

(3)试验溶液通常使用溶液 A，如果需要侵蚀性更强的污染物，则使用溶液 B。

溶液 A：质量分数约 0.1% 纯度不小于 99.8% 的分析纯无水氯化铵(NH_4Cl)试剂溶解在电导率不超过 1mS/m 的去离子水中，在(23 ± 1)℃时其电阻率为(3.95 ± 0.05)$\Omega \cdot m$。

溶液 B：质量分数约 0.1% 纯度不小于 99.8% 的分析纯无水氯化铵试剂和质量分数 0.5%$\pm$0.002% 的二异丁基萘磺酸钠(sodium-di-butyl naphthalene sulfonate)溶解在电导率不超过 1mS/m 的去离子水中，在(23 ± 1)℃时其电阻率为(1.98 ± 0.05)$\Omega \cdot m$。

(4)表示方法示例：PTI175，CTI250，CTI275-1.2，CTI375M-2.4。其中 1.2 和 2.4 表示最大蚀损深度，以 mm 计；加字母 M 表示使用 B 溶液的试验结果。

17.3.4.2 按 CTI 值划分的材料组别

在各种污染和不同电压下，绝缘材料的性能是非常复杂的。绝缘材料与按 CTI 值划分的材料组别实际上无直接关系；然而经验和试验表明，具有较高相关性能绝缘材料的排列也与按 CTI 相应等级的排列大致相同。因此，GB/T 16935.1—2008/IEC 60664—1：2007《低压系统内设备的绝缘配合 第一部分：原理、要求和试验》采用 CTI 值进行绝缘材料分类，详见表 17.3-9。

表 17.3-9   **按 CTI 值划分的材料组别**

绝缘材料组别	I	II	IIIa	IIIb
CTI 值(V)	CTI≥600	400≤CTI<600	175≤CTI<400	100≤CTI<175

注   CTI 值使用 A 溶液测得。

绝缘材料可采用 PTI 来表明耐电痕化性能。某一绝缘材料属于上述四种绝缘材料组别之一，是基于其 PTI 值不小于该材料组别规定的较小值来决定。PTI 值使用 A 溶液验证。

注   美国 UL 标准 CTI 值等级与 IEC 标准 CTI 值组别对比见表 17.3-10，仅供参考。

表 17.3-10   **美国 UL 标准 CTI 值等级与 IEC 标准 CTI 值组别对比**

CTI 值 (V)	CTI≥600	600>CTI ≥400	400>CTI ≥250	250>CTI ≥175	175>CTI ≥100	100>CTI >0
IEC 组别	I	II	IIIa		IIIb	
美国 UL 等级	0	1	2	3	4	5

17.4 电工产品环境条件

17.4.1 环境条件的定义和分类

17.4.1.1 环境条件、环境因素、环境参数及其严酷程度

(1)环境条件是产品在特定时间内所经受的外部的物理、化学和生物的条件。

注 环境条件一般包括自然环境条件和产品本身或外源产生的环境条件。

(2)环境因素是单独或组合地形成某种环境条件(如热、振动)的一种物理、化学或生物的影响。

(3)环境参数是描述环境因素的一个或多个物理、化学或生物的特性(如温度、加速度)。例如,环境因素振动是由振动类型(正弦的,随机的)、加速度、频率等参数来表征的。

(4)环境参数的严酷程度是表征每个环境参数的量值。例如,正弦振动的严酷程度用加速度(m/s^2)和频率(Hz)来表征。

17.4.1.2 环境条件的分类

(1)自然环境条件是指由地理和气候因素形成的环境参数值的组合。按照 GB/T 4797《电工电子产品自然环境条件》系列标准,自然环境条件可分为如下类别:温度和湿度,海拔与气压、水深与水压,生物,太阳辐射与温度,降水和风,尘、沙和盐雾,地震振动和冲击,火灾暴露等。

(2)应用环境条件是指产品在运输、储存、安装、使用过程中所处的真实环境条件。它通常是自然环境条件和产品所处场所(如空调房间、热作车间等)由于其他原因产生的诱发环境条件的综合结果。按照 GB/T 4798.10—2006《电工电子产品应用环境条件 导言》(IEC 60721-3-0:2002,IDT),应用环境条件可分为如下类别:储存、运输、有气候防护场所固定使用、无气候防护场所固定使用、地面车辆使用、船用、携带和非固定使用等。

17.4.2 自然环境条件的划分

17.4.2.1 温度和湿度

根据全国各地户外温、湿度统计数据,GB/T 4797.1—2005《电工电子产品自然环境条件 温度和湿度》(IEC 60721-2-1:2002,MOD)给出了适合我国情况的六种户外气候类型。除海拔超过 5000m 的高原地区外,这六种气候区包括了我国所有的地区。中国温湿度气候类型的划分见表 17.4-1;我国 163 个气象台站的温湿度气候类型见表 17.4-2。

为了使一种产品能在不同的气候类型下使用,把中国的六种气候区归纳为三个气候组:

(1)有限组:仅限于暖温气候区。

(2)一般组:包括寒温、暖温、干热和亚湿热气候类型。

(3)通用组:包括我国六种气候类型。

IEC 标准共包括九种气候类型:极端寒冷(EC)、寒冷(C)、寒温(CT)、暖温(WT)、干热(WDr)、中等干热(MWD)、极干热(EWDr)、湿热(WDa)、恒定湿热(WDaE);九种气候类型划为四个气候组:有限组、一般组、通用组、世界性组。相关内容参见 GB/T 4797.1—2005 中表 1~表 3 和新版标准 IEC 60721-2-1:2013。

表 17.4-1　　　　　　　　　　　　　中国温湿度气候类型的划分

环 境 参 数		气 候 类 型						
		寒冷	寒温Ⅰ	寒温Ⅱ	暖温	干热	亚湿热	湿热
日平均值的年极值平均值	低温(℃)	−40	−29	−26	−15	−15	−5	7
	高温(℃)	25	29	22	32	35	35	35
	RH>95%时最高温度(℃)	15	18	6	24	—	25	26
	最大绝对湿度(g/m³)	17	19	10	24	13	25	26
年极值的平均值	低温(℃)	−50	−33	−33	−20	−22	−10	5
	高温(℃)	35	37	31	38	40	40	40
	RH>95%时最高温度(℃)	20	23	12	26	15	27	28
	最大绝对湿度(g/m³)	18	21	11	26	17	27	28
绝对极值	低温(℃)	−55	−40	−45	−30	−30	−15	0
	高温(℃)	40	40	34	45	45	45	40
	RH>95%时最高温度(℃)	23	26	15	28	20	29	29
	最大绝对湿度(g/m³)	22	25	15	29	20	29	29

表 17.4-2　　　　　　　　　　　　我国 163 个气象台站的温湿度气候类型

气候类型	主 要 城 市
寒冷	漠河、呼玛、嫩江、伊春、图里河、海拉尔、阿尔山、阿勒泰、巴音布鲁克
寒温Ⅰ	博克图、海伦、富锦、齐齐哈尔、哈尔滨、通河、虎林、牡丹江、长春、延吉、临江、沈阳、呼和浩特、化德、二连浩特、满都拉庙、通辽、鲁北、赤峰、锡林浩特、拐子湖、老东庙、多伦、巴彦毛道、林东、吉兰泰、河曲、榆林、银川、盐池、张掖、酒泉、野马街、敦煌、北塔山、乌鲁木齐、奇台、中宁
寒温Ⅱ	刚察、大柴旦、同德、伍道梁、冷湖、沱沱河、茫崖、索县、噶尔、帕里、班戈、那曲、甘孜、理塘、五台山
暖温	丹东、大连、天津、西宁、北京、石家庄、太原、运城、济南、昌潍、泰山、延安、西安、华山、兰州、郑州、驻马店、安阳、宝鸡、阜阳、徐州、康定、巴塘、峨眉山、西昌、威宁、德钦、丽江、元谋、腾冲、昆明、林芝、昌都、隆子、拉萨、黄山、南岳、庐山、九仙山
干热	哈密、铁干里克、库车、喀什、和田、吐鲁番、莎车、若羌、库尔勒
亚湿热	汉中、安康、射阳、上海、南京、合肥、光化、宜昌、武汉、长沙、零陵、南昌、赣州、南宁、梧州、柳州、百色、龙州、桂林、安庆、芷江、贵阳、榕江、兴仁、雅安、成都、重庆、宜宾、平武、南充、吉安、杭州、温州、福州、厦门、平潭、舟山、南城、韶关、梅州、广州、汕尾、汕头、连州、北海、阳江、台北
湿热	上川岛、元江、勐定、允景洪、湛江、海口、西沙、台湾省南部

注　亚湿热区和暖温区的分界大致在黄淮分水岭至秦岭一线。

17.4.2.2　海拔与气压

随着海拔升高，气压降低，空气减少。电工电子产品的放电电压、电晕电压和电极间的击穿电压降低；散热效率降低，温升增高。因此导致设备运行失常或失灵；影响以空气为灭弧介质的开关电器的通断能力和电寿命。

在均匀电场中，空气的击穿电压是空气压力和电极间隙乘积的函数(巴申定律)。实验表明，海拔每升高 1000m，电晕电压和电气绝缘强度降低 8%～13%，温升增高 3%～10%。

注　大气压力、温度与海拔的关系参见表 17.6-2，我国主要气象台站的海拔数据参见表 17.6-3。

17.4.2.3　生物

在电工电子产品在储存、运输与使用过程中，涉及的危害生物主要指霉菌、昆虫、鸟类、鼠类；此外，动物群与植物群会出现在各种场所。

根据下列原则划分生物环境条件区域：大气温度和湿度条件、生物对产品的危害程度、地面环境条件与有害生物的分布。

我国生物环境条件的划分见表 17.4-3。

表 17.4-3　　　　　　　　　　我国生物环境条件的划分

区域	气候条件	危害生物	分布地区
B1	气候条件复杂，虽为南温带、中温带或高原气候区，但多数为干旱地区	仅有鼠类	北起额尔古纳河、海拉尔、锡林浩特、呼和浩特、榆林、吴忠、兰州、西宁、昌都、林芝、雅鲁藏布江的以北地区
B2	全年月平均 RH≥70%，同时月平均温度≥18℃的月份达 1～2 个月；年平均 RH>60%，年平均温度约为 0～5℃	霉菌、鼠类和鸟类	东起富锦、哈尔滨、长春、沈阳、辽阳、秦皇岛、北京、石家庄、郑州、西安、宝鸡、天水、武都、马尔康、康定、德钦以西 B1 区以南的地区
B3	全年月平均 RH≥70%，月平均温度≥18℃的月份达 3～4 个月；年平均 RH>60%，年平均温度 10～15℃	生物活动较为频繁，存在霉菌、鼠类、蚁类、鸟类等主要生物危害	东起连云港、靖江、南京、六安、武汉、宜昌、万县、南充、绵阳、雅安、西昌、渡口、腾冲以北，B2 区以南的地区
B4	全年月平均 RH≥70%、月平均温度≥18℃的月份可持续 5 个月以上。全年相对湿度在 70% 以上的月份达 10 个月，每年梅雨季节达 2～3 个月	生物活动频繁，存在各种生物的危害	B3 区以南地区

17.4.2.4　太阳辐射与温度

太阳辐射主要通过使材料和环境变热，以及使材料发生光化学降解反应，对电工电子产品造成影响。

在太阳到地球的平均距离下，垂直于大气层外太阳光线的单位面积上接收到的太阳辐射量称为太阳常数，数值约为 $1.37kW/m^2$。$0.3\mu m$ 以下的太阳辐射大部分被大气吸收和散射。地球上某点接收的能量是太阳直接辐射和散射之和，定义为总辐射。

表 17.4-4 给出了在无云的中午垂直于太阳直接辐射的表面接收到的总辐射的最大值的推荐值。在中午的几个小时内，该数值只有百分之几的变化。

表 17.4-4 总辐射的典型峰值 W/m²

地　　区	大城市	平地	山区
亚湿热和沙漠	700	750	1180
其他	1050	1120	1180

17.4.2.5 降水和风

地球的大气层在不断运动中，局部会受热、受冷和变湿，出现密度梯度，产生高压区和低压区。

空气的连续水平运动或地表增温，产生空气上升运动，使气压和温度下降，就会形成降水。具体的降水类型，雨、冰雹或雪，都是云层发生复杂变化的结果。

全球的风系是由赤道地区的高温和两极地区的低温，伴随着地球自转的影响（科里奥利力）而形成的。大气底部的风主要取决于太阳辐射造成的局部热效应以及包括建筑物及其他障碍物在内的地表形状。由于摩擦和风的切变等局部条件的影响，会产生热蜗旋和机械蜗旋，导致阵风的增高；风暴时的风速可能非常高。

我国各气候类型对应的降水和风的条件见表 17.4-5。

表 17.4-5 我国各气候类型对应的降水和风的条件

气候类型	1min 最大降水量 （mm）	距地 10m 处最大风速 （m/s）	雾凇最大直径 （mm）	雨凇最大直径 （mm）	最大积雪深度 （cm）
寒冷	5.7	40	69	7	73
寒温Ⅰ	7.2	40	69	56	81
寒温Ⅱ	3.0	35	46	7	89
暖温	8.7	49	53	160	70
亚湿热	10.0	53	72	62	52
湿热	9.8	60	0	0	0
干热	2.0	27	0	0	20

17.4.3 应用环境条件的分级

17.4.3.1 应用环境条件的等级标识

第一位数字表示应用条件：1—储存；2—运输；3—有气候防护场所固定使用；4—无气候防护场所固定使用；5—地面车辆使用；6—船用；7—携带和非固定使用。

中间英文字母表示环境因素：K—气候条件；Z—特殊气候条件；B—生物条件；C—化学活性物质；S—机械活性物质；M—机械条件。

后一位数字表示严酷程度。数字越大，通常表示条件越严酷。一个等级还可以进一步分为 H（）和 L（），以考虑到如温度非常低、没有高温的环境条件。

例： 3 K 3

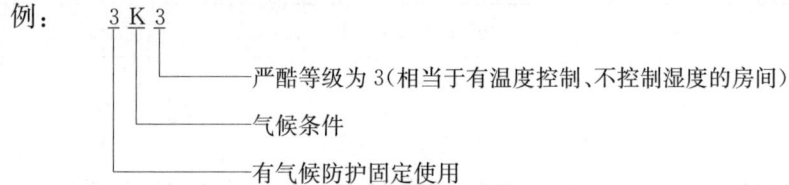

严酷等级为3（相当于有温度控制、不控制湿度的房间）

气候条件

有气候防护固定使用

我国过去生产的普通型、热带型、户外型、化工防腐型等产品，都可以用环境条件等级来标识。例如，适用于寒温气候、非沿海地区、室内有采暖的印制电路板生产车间用的电工产品，可用 3K4/3Z3/3Z7/3B2/3C3/3S2/3M4 一组等级标识。

17.4.3.2　有气候防护场所固定使用的应用环境条件等级

(1)气候条件(户内)等级，见表 17.4-6。

(2)特殊气候条件等级，见表 17.4-7。

(3)生物条件等级，见表 17.4-8。

(4)化学活性物质条件等级，见表 17.4-9。

(5)机械活性物质条件等级，见表 17.4-10。

(6)机械条件等级，见表 17.4-11。

(7)环境等级组合，见表 17.4-12。

表 17.4-6　　　　　　　　　　气候条件等级(户内)

环境参数	等　级													
	3K1	3K2	3K3	3K4	3K5	3K5L	3K6	3K6L	3K7	3K7L	3K8	3K8H	3K8L	3K9[⑦]	3K10[⑦]
低温(℃)	20[③]	15	5	5	−5	−5	−25	−25	−40	−40	−55	−25	−55	5	−20
高温(℃)	25[③]	30	40	40	45	40	55	40	70	40	70	70	55	40	55
低相对湿度(%)	20	10	5	5			10							30	4
高相对湿度(%)	75	75	85	95			100								
低绝对湿度(g/m³)	4	2	1	1			0.5	0.5	0.1	0.1	0.02	0.02	0.5	6	0.9
高绝对湿度(g/m³)	15	22	25	29			29	29	35	35	35	29	35	36	27
温度变化率[①](℃/min)	0.1	0.5					1.0								
低气压[⑥](kPa)	70														
高气压[②](kPa)	106[②]														
太阳辐射(W/m²)	500	700	700	700	700	700	1120	1120	1120	无	1120	1120	1120	1120	1120
热辐射	—	相关场所的条件选自表 17.4-7													
周围空气运动[④](m/s)	0.5	1.0[⑤]					5.0[⑤]								

续表

环境参数	等 级														
	3K1	3K2	3K3	3K4	3K5	3K5L	3K6	3K6L	3K7	3K7L	3K8	3K8H	3K8L	3K9⑦	3K10⑦
冷凝条件	没有						有								
雨、雪、雹等降落物	没有						有								
除雨以外的其他水源	没有				相关场所的条件选自表 17.4-7										
结冰条件	没有				有										

① 温度变化率按 5min 时间的平均值。

② 不包括矿井的条件。

③ 有空调场所的温度偏差为规定值的±2℃。

④ 非辅助对流的制冷系统可能受到周围空气逆向流动的影响。

⑤ 特殊情况下,可在表 17.4-7 中选取。

⑥ 70kPa 值适合于全世界范围的应用(对应海拔 3000m),对于某些限制性使用场所,可从表 17.4-7 中选取。

⑦ 3K9(热带湿热)和 3K10(热带干热)等级的更多信息在 GB 4797.3—2014《电工电子产品自然环境条件 生物》的附录 E 中给出。

表 17.4-7   **特殊气候条件等级(户内)**

环境参数	等 级	特 殊 条 件
高温	3Z11	55℃
低气压③	3Z12	84kPa
热辐射	3Z1	可忽略
	3Z2	有热辐射条件,如室内加热系统附近
	3Z3	有热辐射条件,如室内加热系统或工业炉、商业炉附近
周围空气运动①	3Z4	5m/s
	3Z5	10m/s
	3Z6	30m/s
除雨以外的其他水源②	3Z7	滴水条件
	3Z8	淋水条件
	3Z9	溅水条件
	3Z10	喷水条件

① 非辅助对流的制冷系统可能受到周围空气逆向流动的影响。

② 不包括水下条件。

③ 3Z12 等级对应海拔约 1400m。

表 17.4-8   **生 物 条 件 等 级**

环境参数	等 级		
	3B1	3B2	3B3
植物	—	霉菌、真菌等	霉菌、真菌等
动物	—	啮齿动物或其他危害产品的动物,白蚁除外	啮齿动物或其他危害产品的动物,包括白蚁

表 17.4-9　　　　　　　　　　　化学活性物质条件等级(户内)

环境参数	单位①	等级②								
		3C1R	3C1L	3C1	3C2		3C3③		3C4③	
		最大值	最大值	最大值	平均值	最大值	平均值	最大值	平均值	最大值
海盐	mg/m³ cm³/m³	—	—	—④	有盐雾					
二氧化硫	mg/m³	0.1			0.3	1.0	5.0	1.0	13	40
	cm³/m³	0.037			0.11	0.37	1.85	3.7	4.8	14.8
硫化氢	mg/m³	0.001 5	0.01	0.01	0.1	0.5	3.0	10	14	70
	cm³/m³	0.001	0.007 1	0.007 1	0.071	0.36	2.1	7.1	9.9	49.7
氯气	mg/m³	0.001	0.01	0.01	0.1	0.3	0.3	1.0	0.6	3.0
	cm³/m³	0.000 34	0.003 4	0.003 4	0.034	0.1	0.1	0.34	0.2	1.0
氯化氢	mg/m³	0.001	0.01	0.1	0.1	0.5	1.0	5.0	1.0	5.0
	cm³/m³	0.000 66	0.006 6	0.066	0.066	0.33	0.66	3.3	0.66	3.3
氟化氢	mg/m³	0.001	0.003	0.003	0.01	0.03	0.1	2.0	0.1	2.0
	cm³/m³	0.001 2	0.003 6	0.003 6	0.012	0.036	0.12	2.4	0.12	2.4
氨气	mg/m³	0.03	0.3	0.3	1.0	3.0	10	35	35	175
	cm³/m³	0.042	0.42	0.42	1.4	4.2	14	49	49	247
臭氧	mg/m³	0.004	0.01	0.01	0.05	0.1	0.1	0.3	0.2	2.0
	cm³/m³	0.002	0.005	0.005	0.025	0.05	0.05	0.15	0.1	1.0
氧化氮(以氨氧化物当量值表示)	mg/m³	0.01	0.1	0.1	0.5	1.0	3.0	9.0	10	20
	cm²/m³	0.005	0.052	0.052	0.26	0.52	1.56	4.68	5.2	10.4

① cm³/m³ 单位值出自 mg/m³ 单位对应值,在参考环境 20℃ 和 101.3kPa 下计算的圆整值。

② 平均值应是长期值,最大值是限制值或峰值,每天不超过 30min。

③ 不应把 3C3 和 3C4 等级视为所有参数综合作用。如果需要,可在 3C3 和 3C4 等级中单选参数,此时其他参数按 3C2 等级确定。

④ 盐雾可能出现在近海和沿海的遮蔽场所。

表 17.4-10　　　　　　　　　　机械活性物质条件等级(户内)

机械活性物质	单位	等级			
		3S1	3S2	3S3	3S4
砂	mg/m³	—	30	300	3000
尘(飘浮)	mg/m³	0.01	0.2	0.4	4.0
尘(沉积)	mg/(m²·h)	0.4	1.5	15	40

表 17.4-11　　　　　　　　　　　机械条件等级(户内)

环境参数		等　级							
		3M1	3M2	3M3	3M4	3M5	3M6	3M7	3M8
正弦稳态振动	位移(mm)	0.3	1.5	1.5	3.0	3.0	7.0	10	15
	加速度(m/s²)		1	5	5	10	10	20	30	50
	频率范围(Hz)	2~9 / 9~200	2~9 / 9~200	2~9 / 9~200	2~9 / 9~200	2~9 / 9~200	2~9 / 9~200	2~9 / 9~200	2~9 / 9~200
非稳态振动，包括冲击	冲击响应谱 L 加速度峰值 $\hat{a}$(m/s²)	40	40	70	—	—	—	—	—
	冲击响应谱 I 加速度峰值 $\hat{a}$(m/s²)	—	—	—	100	—	—	—	—
	冲击响应谱 II 加速度峰值 $\hat{a}$(m/s²)	—	—	—	—	250	250	250	250

表 17.4-12　　　　　　　　　　　环境等级组合

环境条件	等级组合						
	IE31	IE32	IE33	IE34	IE35	IE36	IE37
气候	3K2	3K3	3K3	3K4	3K5	3K6	3K7
特殊气候	—	3Z2	3Z2	3Z2	3Z2	3Z2	3Z2
	—	3Z4	3Z4	3Z4	3Z4	3Z5	3Z5
	—	—	—	3Z8	3Z8	3Z8	3Z8
生物	3B1	3B1	3B1	3B2	3B2	3B2	3B2
化学活性物质	3C1	3C1	3C2	3C2	3C2	3C2	3C2
机械活性物质	3S1	3S1	3S2	3S2	3S3	3S3	3S3
机械	3M1	3M1	3M2	3M2	3M3	3M3	3M3

17.4.3.3　火灾暴露的相关条件

在一个空间内，当易燃物得到足够的能量时，就发生着火。例如燃着的香烟或电气故障引燃材料或者材料自身产生这种能量（自燃）。

空间内一旦发生着火，火焰的发展和蔓延取决于：燃烧材料的位置、体积、放置情况、燃烧特性等；空间的形状和尺寸；空间内的空气动力条件、热力学特性。

随着火焰生长，在建筑物顶部会形成一层热气流。在某些特定条件下，热气流会导致大部分火灾载荷陷入火灾——轰燃产生。轰燃是火灾增长阶段（轰燃前）向火灾充分发展阶段（轰燃后）转变的标志。轰燃时间（户内）见表 17.4-13。轰燃前、后的热条件（户内）分别见表 17.4-14、表 17.4-15。穿过烟雾的可见度条件（户内）见表 17.4-16。化学活性物质条件（户内）见表 17.4-17。

注　"轰燃"一词在 GB 4798.3—2007 中称为"闪络"。本书采用 GB 4797.8—2008《电工电子产品环

境条件分类 自然环境条件 火灾暴露》的用词和论述。

表 17.4-13 轰燃时间（户内）

环境参数	等级				
	3T1	3T2	3T3	3T4	3T5
轰燃时间（min）	20	12	8	4	2

表 17.4-14 轰燃前的热条件（户内）

环境参数	等级				
	3P1	3P2	3P3	3P4	3P5
材料和产品承受的热通量（kW/m^2）	10	20	30	50	75
气体上层温度（℃）	150	300	400	500	600
热释放率与导致轰燃的热释放率之比	0.2	0.4	0.6	0.8	1

表 17.4-15 轰燃后的热条件（户内）

环境参数	等级			
	3F1	3F2	3F3	3F4
气体最高温度（℃）	600	800	1000	1200
热态持续时间（min）	10	20	30	60

表 17.4-16 穿过烟雾的可见度条件（户内）

环境参数	等级				
	3V1	3V2	3V3	3V4	3V5
光密度（1/m）	0.02	0.05	0.2	0.5	1

表 17.4-17 化学活性物质条件（户内）

环境参数	等级			
	3H1	3H2	3H3	3H4
氯化氢浓度（mg/m^3）	200	500	1000	4000
持续时间（min）	10	10	10	10

17.4.3.4 无气候防护场所固定使用的应用环境条件等级

(1) 气候环境条件等级（户外），见表 17.4-18。

(2) 特殊气候条件等级（户外），见表 17.4-19。

(3) 机械活性物质条件等级（户外），见表 17.4-20。

(4) 生物条件等级 5B2、5B3 与 3B2、3B3 类同。化学活性物质条件等级 4C1~4C4 与 3C1~3C4 类同。机械条件等级 4M1~4M8 与 3M1~3M8 类同。

表 17.4-18　　　　气候环境条件等级（户外）

环境参数	等级							
	4K1	4K2	4K3	4K3H	4K3L	4K4	4K4H	4K4L
低温（℃）	−20	−33	−50	−20	−50	−65	−20	−65
高温（℃）	35	40	40	40	35	55	55	35
低相对湿度（%）	20	15	15	15	20	4	4	20
高相对湿度（%）	100							
低绝对湿度[①]（g/m³）	0.0	0.26	0.03	0.9	0.03	0.03	0.9	0.003
高绝对湿度[①]（g/m³）	22	25	36	36	22	36	36	22
温度变化率[②]（℃/min）	0.5							
低气压[③]（kPa）	70							
高气压（kPa）	106							
太阳辐射（W/m²）	1120							
热辐射（W/m²）	见表 17.4-5							
周围空气运动（m/s）	见表 17.4-5							
凝露	有							
雨、雪、雹	有							
降雨强度（mm/min）	6	6	15	15	15	15	15	15
雨水温度[④]（℃）	5							
除雨以外的其他水源	见表 17.4-5							
结冰和结霜条件	有							

① 低和高相对湿度受低和高绝对湿度的限制，因此，对于环境参数"低温"和"低相对湿度"或"高温"和"高相对湿度"来说，表中规定的严酷等级是不会同时出现的。

② 温度变化率按 5min 时间的平均值。

③ 70kPa 值适合于全世界范围的应用（对应海拔 3000m），对于某些限制性使用场所，可从表 17.4-7 中选取。

④ 雨水温度应该同空气温度和太阳辐射一起考虑，雨水冷却作用应与产品表面温度联系起来。

表 17.4-19　　　　特殊气候条件等级（户外）

环境参数	等级	单位	特殊条件
低气压[③]	4Z10	kPa	84
周围空气污染	4Z3	m/s	20
	4Z4	m/s	30
	4Z5	m/s	50
热辐射[①]	4Z1	—	可忽略
	4Z2	—	生产过程产生的热辐射
除雨以外的其他水源[②]	4Z6	—	可忽略
	4Z7	—	溅水
	4Z8	—	喷水
	4Z9	—	水浪

① 热辐射可能发生在特殊场合，如果需要应予考虑。

② 未考虑水下条件。

③ 4Z10 等级对应海拔约 1400m。

17

表 17.4-20 机械活性物质条件等级（户外）

机械活性物质	等级			
	4S1	4S2	4S3	4S4
砂（mg/m³）	30	300	1000	4000
尘（飘浮）（mg/m³）	0.5	5.0	15	20
尘（沉积）〔mg/（m²·h）〕	15	20	40	80

17.5 电气设备的外界影响及外壳防护

17.5.1 外界影响

本部分根据 GB/T 16895.18—2010《建筑物电气装置 第 5-51 部分：电气设备的选择和安装 通用规则》（IEC 60364-5-51：2005，IDT）编写。

（1）电气设备应按表 17.5-1 的要求进行选择和安装。该表中规定了按照设备可能遇到的外界影响所需具备的特性。设备的特性既可由防护等级也可依据试验来确定。

（2）如设备结构不具备与其所在场所的外界影响所需的特性时，若在装置安装时提供了适当的附加防护措施，则设备仍可在此场所使用。这种防护对被保护设备的工作不应有不利的影响。

（3）不同的外界影响同时存在时，这些影响可能单独地或相互间地作用，应提供相应的防护等级。

（4）按外界影响选择设备，不仅是为了功能需要，也是为了保证符合 GB 16895 系列标准的安全防护措施的可靠性。设备结构提供的防护措施，仅在所给定的外界影响条件才是有效的，因为设备是在此给定的外界影响条件下通过试验的。

注 1. 作为本部分来说，下列的外界影响等级通常按常规被认为是正常的：AA 环境温度 AA4，AB 空气湿度 AB4，其他的环境条件（AC 至 AR）每项参数为 XX1；建筑物使用情况和结构（B 和 C）除对 BC 参数为 XX2 外，其余每项参数均为 XX1。

2. 在表 17.5-1 的第 3 列中出现的"常规"一词表示设备通常必须满足适用的 IEC 标准。

表 17.5-1 外界影响的特性

代号	外界影响	选择和安装要求的设备特性	参 照
A	环境条件		
AA	环境温度 环境温度是指设备安装处周围空气的温度，它也包括受安装在同一场所的其他设备影响在内的环境温度。设备的环境温度是指被安装处的温度，而该温度是由安装在同一场所的所有其他设备共同影响的结果；在工作时的环境温度，并不考虑该设备的发热量所提供的影响环境。		
AA1	环境温度范围下限值和上限 −60～+5℃	特殊设计的设备或适当配置①	包括 IEC 60721-3-3 中 3K8 等级的温度范围，气温上限为 +5℃；GB/T 4798.4 中的一部分温度范围，4K4 等级的气温下限为 −60℃，上限为 +5℃

续表

代号	外界影响	选择和安装要求的设备特性	参　照
AA2	−40～+5℃	特殊设计的设备或适当配置①	IEC 60721-3-3 中 3K7 等级的温度范围的一部分，气温上限为 +5℃。包括 GB/T4798.4 中的一部分温度范围，4K3 等级的气温上限为+5℃
AA3	−25～+5℃		IEC 60721-3-3 中 3K6 等级的温度范围的一部分，气温上限为 +5℃。包括 GB/T4798.4 中温度范围，4K1 等级的气温上限为+5℃
AA4	−5～+40℃	常规（在某些情况下可能需要特殊的预防措施）	IEC 60721-3-3 中温度范围的一部分，3K5 等级的气温上限为+40℃
AA5	+5～+40℃	常规	等同于 IEC 60721-3-3 中 3K3 等级的温度范围
AA6	+5～+60℃	专门设计的设备或适当的配置①	IEC 60721-3-3 中 3K7 等级的温度范围的一部分，气温下限为+5℃，上限为+60℃。包括 GB/T4798.4 中温度范围，4K4 等级的气温下限为+5℃
AA7	−25～+55℃	专门设计的设备或适当的配置①	等同于 IEC 60721-3-3 中 3K6 等级的温度范围
AA8	−50～+40℃		等同于 GB/T 4798.4 中 4K3 等级的温度范围
AB	空气湿度 环境温度的级别适用于没有湿度影响的场合。超过 24h 期间的平均温度不超过上限以下 5℃。对某些环境可能需要将两种温度范围的组合来定义其环境特征，若装置的环境超出温度范围需特殊考虑		

代号	外界影响						选择和安装要求的设备特性	参　照
	气温（℃）		相对湿度（%）		绝对湿度（g/m³）			
	下限	上限	低	高	低	高		
AB1	−60	+5	3	100	0.003	7	具有极低环境温度的户内和户外场所应采取适当的配置③	包括 IEC 60721-3-3 中 3K8 等级的温度范围，气温上限为+5℃。GB/T4798.4 中温度范围的一部分，4K4 等级的气温下限为−60℃，上限为+5℃
AB2	−40	+5	10	100	0.1	7	具有低环境温度的户内和户外场所应采取适当的配置③	IEC 60721-3-3 中 3K7 等级的温度范围的一部分，气温上限为+5℃。GB/T 4798.4 中 4K4 等级的温度范围，气温下限为−60℃，上限为+5℃

续表

代号	外界影响						选择和安装要求的设备特性	参　照
	气温 (℃)		相对湿度 (%)		绝对湿度 (g/m³)			
	下限	上限	低	高	低	高		
AB3	−25	+5	10	100	0.5	7	具有低环境温度的户内和户外场所 应采取适当的配置③	IEC 60721-3-3 中 3K6 等级的温度范围的一部分,气温上限为+5℃。包括 GB/T 4798.4 中 4K1 等级的温度范围,气温上限为+5℃
AB4	−5	+40	5	95	1	29	天气防护场所,不具有温度和湿度控制。发热可用于提升低的环境温度 常规②	等同于 IEC 60721-3-3 中 3K5 等级的温度范围,温度上限为+40℃
AB5	+5	+40	5	85	1	25	天气防护场所,具有温度和湿度控制 常规②	等同于 IEC 60721-3-3 中 3K3 等级的温度范围
AB6	+5	+60	10	100	1	35	环境温度非常高的户内和户外场所,能防止低的环境温度的影响。存在阳光和热辐射 应采取适当的配置③	IEC 60721-3-3 中 3K7 等级的温度范围的一部分,气温下限为+5℃,上限为+60℃。包括 GB/T 4798.4 中 4K4 等级的温度范围,气温下限为+5℃
AB7	−25	+55	10	100	0.5	29	没有温度和湿度调节的能防止天气影响的户内场所,该场所可能开有直接对外的通风口并易于遭受太阳的辐射 应采取适当的配置③	等同于 IEC 60721-3-3 中 3K6 等级的温度范围
AB8	−50	+40	15	100	0.04	36	具有低温和高温而没有天气防护的户外场所 应采取适当的配置③	等同于 GB/T 4798.4 中 4K3 等级的温度范围
AC	海拔							
AC1	≤2000m		常规②					
AC2	>2000m		可能需要特殊的预防措施,如采用降低系数等					

代号	外界影响	选择和安装要求的设备特性	参 照
		某些设备用在海拔 1000m 及以上高度时可能需要采取特殊配置		
AD	水		
AD1	可忽略	水出现的概率是可以忽略。 在此场所的墙壁上通常不显示水痕,但在短时间内有可能显现,如具有良好的通风而快速干掉的水蒸气 IP×0	GB/T 4798.4 中的 4Z6 等级 IEC 60529
AD2	滴水	有垂直滴落的可能性。 在此场所中有偶尔凝结的水蒸气滴落或偶尔可能出现水蒸气。 IP×1 或 IP×2	IEC 60721-3-3 中的 3Z7 等级 IEC 60529
AD3	淋水	与垂直的方向成 60°及以下角淋水的可能性 在此场所淋水在地板和(或)墙壁上形成连续的水膜 IP×3	IEC 60721-3-3 中的 3Z8 等级 GB/T 4798.4 中的 4Z7 等级 IEC 60529
AD4	溅水	具有从任何方向溅水的可能性。 设备可能处于易遭受溅水场所,如适用于某些外部照明、施工现场设备。 IP×4	IEC 60721-3-3 中的 3Z9 等级 GB/T 4798.4 中的 4Z7 等级 IEC 60529
AD5	喷水	有从任何方向喷水的可能性。 经常使用热水的场所(停车场、洗车房)。 IP×5	IEC 60721-3-3 中的 3Z10 等级 GB/T 4798.4 中的 4Z8 等级 IEC 60529
AD6	水浪	有水波浪的可能性,如码头、海滩、防波堤等海滨场所 IP×6	GB/T 4798.4 中的 4Z9 等级 IEC 60529
AD7	浸水	设备有间歇的部分或全部被水覆盖的可能性 设备所在的场所可能被水淹没和(或)设备被水浸如下: (1)高度小于 850mm 的设备,设备安装的最低点在水平面以下不大于 1000mm。 (2)高度等于或大于 850mm 的设备,设备安装的最高点在水平面以下不大于 150mm IP×7	IEC 60529
AD8	潜水	有永久和整体被水覆盖的可能性,如游泳池,其电气设备在压力大于 10kPa 的水下永久和整体的被水覆盖 IP×8	IEC 60529

代号	外界影响	选择和安装要求的设备特性	参 照
AE	外来固体物或尘埃		
AE1	可忽略	尘埃或固体物的数量和性质无显著的不利影响 IP0×	IEC 60721-3-3 中的 3S1 等级 GB/T 4798.4 中的 4S1 等级 IEC 60529
AE2	小物体 (2.5mm)	外来的固体物的最小尺寸不小于 2.5mm IP3× 器具和小物体是最小尺寸不小于 2.5mm 的外来固体物的例子	IEC 60721-3-3 中的 3S2 等级 GB/T 4798.4 中的 4S2 等级 IEC 60529
AE3	很小物体 (1mm)	外来的固体物的最小尺寸不小于 1mm IP4× 金属线是最小尺寸不小于 1mm 的外来固体物的例子	IEC 60721-3-3 中的 3S3 等级 GB/T 4798.4 中的 4S3 等级 IEC 60529
AE4	轻度尘埃	尘埃有少量的沉积: 10mg/(m²·d)<尘埃沉积量≤35mg/(m²·d) IP5×或尘埃不宜进入设备则为 IP6×	IEC 60721-3-3 中的 3S2 等级 GB/T 4798.4 中的 4S2 等级 IEC 60529
AE5	中度尘埃	尘埃有中量的沉积: 35mg/(m²·d)<尘埃沉积量≤350mg/(m²·d) IP5×或尘埃不宜进入设备则为 IP6×	IEC 60721-3-3 中的 3S3 等级 GB/T 4798.4 中的 4S3 等级 IEC 60529
AE6	重度尘埃	大量的沉积尘埃 350mg/(m²·d)<尘埃沉积量≤1000mg/(m²·d) IP6×	IEC 60721-3-3 中的 3S4 等级 GB/T 4798.4 中的 4S4 等级 IEC 60529
AF	腐蚀或污染物		
AFl	可忽略	腐蚀或污染性物的数量或性质无显著不利的影响 常规[②]	IEC 60721-3-3 中的 3C1 等级 GB/T 4798.4 中的 4C1 等级
AF2	大气	来自大气的腐蚀或污染物较显著 位于海边或靠近对大气产生严重污染的工业区的装置,如化工厂、水泥厂,其污染主要发生在生产过程中产生的导致磨损的、绝缘的或传导性的粉尘 根据物质的性质(如盐雾,满足 GB/T 2423.17 要求)	IEC 60721-3-3 中的 3C2 等级 GB/T 4798.4 中的 4C2 等级
AF3	间歇或偶然	对使用或生产的腐蚀或污染化学物质间歇或偶然出现 使用少量的一些化学产品,且仅偶然与电气设备接触的场所,如工厂的试验室、其他的试验室或使用碳氢化合物类的场所(锅炉房、汽车修理间等) 根据设备的技术要求采取防腐措施	IEC 60721-3-3 中的 3C3 等级 GB/T 4798.4 中的 4C3 等级

续表

代号	外界影响	选择和安装要求的 设备特性	参　照
AF4	连续	连续遭受腐蚀或污染化学物质数量相当巨大，如化工厂 根据物质的性质对设备进行特殊设计	IE C60721-3-3 中的 3C4 等级 GB/T 4798.4 中的 4C4 等级
AG	机械撞击（见 GB/T 16895.18—2010 附录 C）		
AG1	轻微	常规，如家用和类似的设备	IEC 60721-3-3 中 3M1/3M2/3M3 等级 GB/T 4798.4 中 4M1/4M2/4M3 等级
AG2	中等	标准工业设备（如果有），或加强防护	IEC 60721-3-3 中 3M4/3M5/3M6 等级 GB/T 4798.4 中 4M4/4M5/4M6 等级
AG3	强烈	加强防护	IEC 60721-3-3 中 3M7/3M8 等级 GB/T 4798.4 中 4M7/4M8 等级
AH	振动（见 GB/T 16895.18—2010 附录 C）		
AH1	轻微	振动影响通常是可以忽略的家用和类似条件 常规②	IEC 60721-3-3 中 3M1/3M2/3M3 等级 GB/T 4798.4 中 4M1/4M2/4M3 等级
AH2	中等	通常的工业条件 专门设计的设备或特殊的配置	IEC 60721-3-3 中 3M4/3M5/3M6 等级 GB/T 4798.4 中 4M4/4M5/4M6 等级
AH3	强烈	易于遭受恶劣条件的工业装置 专门设计的设备或特殊的配置	IEC 60721-3-3 中 3M7/3M8 等级 GB/T 4798.4 中 4M7/4M8 等级
AK	植物和/或霉菌生长		
AK1	无害	来自植物和/或霉菌生长无害 常规②	IEC 60721-3-3 中 3B1 等级 GB/T 4798.4 中 4B1 等级
AK2	有害	来自植物和/或霉菌生长有害 是否有害取决于当地的条件和植物的特性。应区分植物间有害的生长或霉菌滋生条件 特殊的防护，例如： —提高防护等级（见 AE） —用特殊的材料或有保护层的外护物 —从场所配置上避免植物生长	IEC 60721-3-3 中 3B2 等级 GB/T 4798.4 中 4B2 等级
AL	动物		
AL1	无害	来自动物无害 常规②	IEC 60721-3-3 中的 3B1 等级 GB/T 4798.4 中的 4B1 等级
AL2	有害	来自动物（昆虫、鸟类、小动物）有害 有害取决于动物的种类 下列情况之间宜区分： —昆虫有害的数量或入侵的危害性； —小动物或鸟类有害的数量或入侵的危害性 防护可包括： —对外来固体物渗入的适当的防护等级（见 AE）； —足够的机械阻力（见 AG）； —从场所清除动物的预防措施，如清扫、使用杀虫剂； —专门的设备或保护涂层的外护物	IEC 60721-3-3 中的 3B2 等级 GB/T 4798.4 中的 4B2 等级

续表

代号	外界影响	选择和安装要求的设备特性	参　照
AM	电磁、静电或电离的干扰（见 GB 18039 系列和 GB 17626 系列）		
	低频的电磁现象（传导或辐射）		
AM1	谐波、间谐波		
AM1-1	受控制	宜注意受控状态不受损害	
AM1-2	常规	设计装置时要采取特殊措施，如选用滤波器	根据 GB/T 18039.3 表 1 的规定
AM1-3	严重		局部的高于 GB/T 18039.3 中表 1 的规定
AM2	信号电压		
AM2-1	受控制	可能性：闭锁电路	低于以下规定值：
AM2-2	中等	无附加要求	GB/Z 18039.5 和
AM2-3	强	采用适当的措施	GB/T 18039.3
AM3	电压幅度偏差		
AM3-1	受控制		
AM3-2	常规	符合 IEC 60364-4-44	
AM4	电压不平衡度		依据 GB/T 18039.3
AM5	电源频率偏差		根据 GB/T 18039.3 标准为±1Hz
AM6	感应低频电压		
	无分类	参照 IEC 60364-4-44 开关设备和控制设备的信号及控制系统的高耐受能力	ITU-T（联合国国际电信联盟—电信部门）
AM7	交流网络中的直流电		
	无分级	采取措施限制在用电设备或其附近出现的直流电的水平和时间	
AM8	辐射磁场		
AM8-1	中等	常规[②]	GB/T 17626.8 的 2 级
AM8-2	强	采取适当的防护措施，如屏蔽和（或）分隔	GB/T 17626.8 的 4 级
AM9	电场		
AM9-1	可忽略	常规[②]	
AM9-2	中等		
AM9-3	强	参照 GB/Z 18039.1	GB/Z 18039.1
AM9-4	特强		
	传导、感应或辐射的高频电磁现象（连续或瞬变的）		
AM21	感应振荡电压或电流		
	无分类	常规的[②]	GB/T 17626.6
AM22	传导毫微秒级单向瞬变		GB/T 17626.4

代号	外界影响	选择和安装要求的 设备特性	参 照
AM22-1	可忽略	需采取防护措施	1 级
AM22-2	中等	需采取防护措施（见 321.10.2.2）	2 级
AM22-3	强	常规的设备	3 级
AM22-4	特强	抗扰度高设备	4 级
AM23	传导微秒至毫秒级单向瞬变		
AM23-1	受控制	在选择设备和过电压防护器件的冲击耐受能力时要考虑标称电源电压和按 IEC 60364-4-44 规定的耐受冲击类别	IEC 60364-4-44
AM23-2	中等		
AM23-3	强		
AM24	传导振荡瞬变		
AM24-1	中等	参照 GB/T 17626.12	GB/T 17626.12
AM24-2	强	参照 GB/T 14598.13	GB/T 14598.13
AM25	高频辐射现象		GB/T 17626.3
AM25-1	可忽略		1 级
AM25-2	中等	常规②	2 级
AM25-3	强	加强级	3 级
AM31	静电放电		GB/T 17626.2
AM31-1	轻微		1 级
AM31-2	中等	常规②	2 级
AM31-3	强		3 级
AM31-4	特强	加强	4 级
AM41-1	电离		
	无分级	特殊防护，如： ——保持与电离源距离； ——中间加屏蔽，用特殊材料作外护物	
AN	太阳辐射		
AN1	轻微	强度≤500W/m² 常规②	IEC 60721-3-3
AN2	中等	500W/m²＜强度≤700W/m² 进行适当的配置③	IEC 60721-3-3
AN3	强	700W/m²＜强度≤1120W/m² 进行适当的配置，诸如： ——抗紫外线辐射材料； ——特殊色的涂层； ——加中间屏蔽体	GB/T 4798.4

续表

代号	外界影响	选择和安装要求的设备特性	参　照
AP	地震影响	在分级中没有考虑频率,如果地震波与建筑物产生谐振,则地震影响必须特殊考虑。通常地震加速度的频率是在0~10Hz范围	
AP1	可忽略	加速度≤30Gal(1Gal=1cm/s^2) 常规	
AP2	轻微	30Gal<加速度≤300Gal 在考虑中	
AP3	中等	300Gal<加速度≤600Gal 在考虑中	
AP4	强	600Gal<加速度 在考虑中 使建筑物破坏的震动超出分级的范围。	
AQ	雷击		
AQ1	可忽略	雷暴日每年等于或少于25天或依据IEC 60364-4-44中第443节风险评估结果 常规	
AQ2	间接雷击	雷暴日每年大于25天或依据IEC 60364-4-44中第443节风险评估结果 常规	
AQ3	直接雷击	设备有可能遭受接雷击危险 若需采取雷击保护,则按IEC 61024-1的规定配置	
AR	气流		
AR1	轻微	流速小于1m/s 常规②	
AR2	中等	1m/s<流速≤5m/s 进行适当的配置③	
AR3	强	5m/s<流速≤10m/s 进行适当的配置③	
AS	风		
AS1	微风	风速≤20m/s 常规②	
AS2	中风	20m/s<风速≤30m/s 进行适当的配置③	
AS3	大风	30m/s<风速≤50m/s 进行适当的配置③	

代号	外界影响	选择和安装要求的设备特性	参　照
B	使用情况		
BA	人的能力		
BA1	一般人员	未受过培训的人 常规②	
BA2	儿童	预期的为儿童群体使用的场所④ 托儿所 设备的防护等级高于 IP2× 电源插座应具有至少为 IP2× 或 IP××B 的防护等级，并按照 IEC 60884-1 规定，提供加强的防护 难于接近外表面温度高于 80℃（托儿所和类似场所为 60℃）的设备	
BA3	残疾人	对于身体和智能都不能自由支配的人（病人、老年人） 医院 按残疾的性质	
BA4	受过培训人员	在熟练技术人员适当地指导或监督下能避免因电可能产生危险的人员（操作和维修人员） 电气的运行区域	
BA5	熟练技术人员	具有技术知识或足够的经验而能使自己避免因电可能产生危险的人员（工程师和技术人员） 封闭的电气运行区域	
BB	人体电阻（在考虑中）		
BC	人与地电位的接触		
BC1	不接触	设备按 GB/T 17045 的分类 0　Ⅰ　Ⅱ　Ⅲ 处于非导电场所人员： A　Y　A　A	GB/T 16895.21 中第 413.3 条
BC2	不频繁	在通常的情况下人员不与外界可导电部分进行接触，或不站在导电地面上： A　A　A　A	
BC3	频繁	频繁地与外界可导电部分接触或站在导电地面上人员 场所中具有的外界可导部分数量既多面积又大 X　A　A　A A 允许的设备类别 X 禁用的设备类别 Y 允许按 0 类设备使用	

续表

代号	外界影响	选择和安装要求的 设备特性	参　照
BC4	连续	浸在水中或长时间固定地同外围金属部分接触人员，而要中断此接触的可能性是受限制 外围金属部分例如锅炉和容器 在考虑中	
BD		紧急疏散条件	
BD1	（低密度/ 疏散容易）	低密度人群，疏散容易 普通或低层的住宅 常规	
BD2	（低密度/ 疏散困难）	低密度人群，疏散困难 高层建筑物	
BD3	（高密度/ 疏散容易）	高密度人群，疏散容易 对公众开放的场所（剧院、电影院、百货商店等）	
BD4	（高密度/ 疏散困难）	高密度人群，疏散困难 对公众开放的高层楼房（宾馆、医院等）	
BE		加工或储存材料的性质	
BE1	无显著危险	常规②	
BE2	火灾危险	包括有粉尘在内可燃材料的制造、加工或储存 谷仓、木材加工车间、造纸厂 设备用阻燃材料制造 其配置应满足电气设备内部有较高温升或火花时不能引燃外部火灾	GB 16895.2 GB 16895.6
BE3	爆炸危险	包括有爆炸性的粉尘在内爆炸性的或低闪点材料的加工或储存 炼油厂、碳氢化合物类仓库 关于爆炸性气体环境用电气设备的要求（见 GB 3638）	在考虑中
BE4	污染危险	存在无防护设施的食品、药品和类似的产品 食品加工业、厨房 某些预防措施可能是必要的，在故障的情况下，防止被加工的原料由于电气设备，如因灯泡的破碎而被污染 适当的配置，例如： ——防止来自破碎的灯泡和其他易碎物的碎片的坠落； ——红外线或紫外线等有害辐射的屏蔽	在考虑中

续表

代号	外界影响	选择和安装要求的 设备特性	参 照
C	建筑物结构		
CA	建筑材料		
CA1	不可燃	常规②	
CA2	可燃	建筑物建造主要用可燃材料 木制楼房 在考虑中	GB 16895.2
CB	建筑物设计		
CB1	风险可忽略	常规②	
CB2	火灾蔓延	建筑物的形状和容积易助火灾蔓延（如烟囱效应） 高层楼房，强迫通风系统 阻止火灾（包括不是由电气装置引起的火灾）蔓延的材料制成的设备。防火隔板④	GB 16895.2 GB 16895.6
CB3	位移	由于结构的位移（如建筑物的不同部分之间或建筑物与地或建筑物的基础之间的移动）的风险 相当长或建筑在不稳定地基上的建筑物，在电气布线中，用可伸缩的接头	可收缩或延伸的接头（在考虑中） GB 16895.6
CB4	柔性的或 不稳定的	单薄或易遭受移动的结构（如振荡） 帐篷、充气支撑结构、吊顶、可拆装的间隔。 自撑式结构的装置 在考虑中	柔性布线（在考虑中） GB 16895.6

注 1. 所有给定的值均为最大或极限值，其被超过的可能性是很小的。
　　 2. 低和高相对湿度是受低和高绝对湿度限定，例如对于所给的环境参数的极限值 a 和 c 或 b 和 d 不能同时出现。因此，附录 B 包含表明规定的气候等级的空气温度、相对湿度和绝对湿度相互关系的气候图。
① 可能需要某些辅助预防措施（如特殊润滑）。
② 这意味着普通设备能在所描述的外界影响下安全运行。
③ 这意味着对于特殊设计的设备、装置的设计人员与设备制造商之间需要协商确定特殊的配置。
④ 可能提供火灾探测器。

17.5.2　电气设备外壳防护等级（IP 代码）

本部分根据 GB 4208—2008《外壳防护等级（IP 代码）》（IEC 60529：2001，IDT）编写，并按 IEC 60529：2013 Degrees of Protection Provided by Enclosures（IP Code）补充更新。

17.5.2.1　外壳防护概述

（1）外壳是能防止设备受到某些外部影响并在各个方向防止直接接触的设备部件。外壳提供人或畜接近壳内危险部件的防护；是防止或限制规定的试具进入的隔板、形成孔洞或其他开口的部件，不论是附在外壳上的还是包覆设备的，都算作外壳的一部分，不使用钥匙或工具就能移除的部件除外。

（2）不与外壳连接的隔板以及专门为人身安全设置的阻挡物，不看作外壳的一部分。

（3）有关机械损坏、锈蚀、腐蚀性溶剂（如切割液）、霉菌、虫害、太阳辐射、结冰、潮湿（如凝露引起的）、爆炸性气体等外部影响或环境条件对外壳和壳内设备破坏的防护措施以及防止与外壳外部危险运动部件（如风扇）的接触由相关产品标准规定。

（4）外壳防护等级适用于额定电压不超过 72.5kV。

17.5.2.2　IP 代码的配置

（1）外壳提供的防护等级用 IP 代码以下述方式表示：

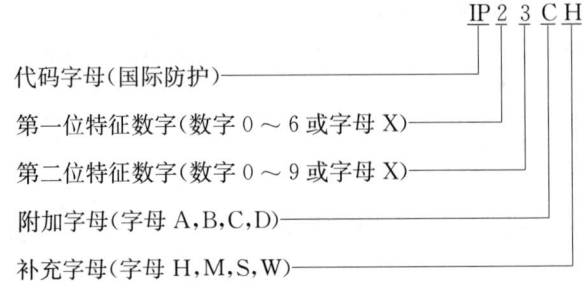

（2）不要求规定特征数字时，由字母"X"代替（如果两个数字都省略，则用"XX"表示）。附加字母和（或）补充字母可省略，不需代替。当使用一个以上的补充字母时，应按字母顺序排列。

（3）当外壳采用不同安装方式提供不同的防护等级时，生产厂应在相应安装方式的说明书上标明该防护等级。

对于下述情况，产品标准应对标志方法也做出适当规定：当外壳的一部分与另一部分的防护等级不同时；安装位置对防护等级有影响时；须说明最大潜水深度和时间时。

17.5.2.3　第一位特征数字所表示的防止接近危险部件和防止固体异物进入的防护等级

第一位特征数字意指：外壳通过防止人体的一部分或人手持物体接近危险部件对人提供防护，同时，外壳通过防止固体异物进入设备对设备提供防护。

（1）对接近危险部件的防护：表 17.5-2 给出对接近危险部件的防护等级的简短说明和含义。表中仅由第一位特征数字规定防护等级，简要说明和含义不作为防护等级的规定。

根据第一位特征数字的规定，试具与危险部件之间应保持足够的间隙。

表 17.5-2　　　　　第一位特征数字所表示的对接近危险部件的防护等级

第一位特征数字	防护等级	
	简要说明	含义
0	无防护	
1	防止手背接近危险部件	直径 50mm 球形试具应与危险部件有足够的间隙
2	防止手指接近危险部件	直径 12mm、长 80mm 的铰接试指应与危险部件有足够的间隙
3	防止工具接近危险部件	直径 2.5mm 的试具不得进入壳内
4、5、6	防止金属线接近危险部件	直径 1.0mm 的试具不得进入壳内

注　1. 对于第一位特征数字为 3、4、5 和 6 的情况，如果试具与壳内危险部件保持足够的间隙，则认为符合要求。

　　2. 足够的间隙应由产品标准规定。

　　3. 由于同时满足表 17.5-3 的规定，所以表 17.5-2 规定"不得进入"。

（2）对固体异物进入的防护：表 17.5-3 给出对防止固体异物（包括灰尘）进入的防护等级的简短说明和含义。

表中仅由第一位特征数字规定防护等级，简要说明和含义不作为防护等级的规定。

防止固体异物进入，当表中第一位特征数字为 1 或 2 时，指物体试具不得完全进入外壳，意即球的整个直径不得通过外壳开口。第一位特征数字为 3 或 4 时，物体试具完全不得进入外壳。

数字为 5 的防尘外壳，允许在某些规定条件下进入数量有限的灰尘。数字为 6 的尘密外壳，不允许任何灰尘进入。

注 第一位特征数字为 1~4 的外壳应能防止三个互相垂直的尺寸都超过表 17.5-3 第三栏相应数字、
   形状规则或不规则的固体异物进入外壳。

表 17.5-3 　　　　　　　　　**第一位特征数字所表示的防止固体异物进入的防护等级**

第一位 特征数字	防 护 等 级	
	简要说明	含　义
0	无防护	
1	防止直径不小于 50mm 的固体异物	直径 50mm 球形试具不得完全进入壳内[a]
2	防止直径不小于 12.5mm 的固体异物	直径 12.5mm 球形试具不得完全进入壳内[a]
3	防止直径不小于 2.5mm 的固体异物	直径 2.5mm 的物体试具完全不得进入壳内[a]
4	防止直径不小于 1.0mm 的固体异物	直径 1.0mm 的物体试具完全不得进入壳内[a]
5	防尘	不能完全防止尘埃进入，但进入的灰尘量不得影响设备的正常运行，不得影响安全
6	尘密	无灰尘进入

[a] 物体试具的直径部分不得进入外壳的开口。

17.5.2.4　第二位特征数字所表示的防止水进入的防护等级

第二位特征数字表示外壳防止由于进水而对设备造成有害影响的防护等级。

表 17.5-4 给出了第二位特征数字所代表的防护等级的简要说明和含义。简要说明和含义不作为防护等级的规定。

标志第二位特征数字为 7 或 8 的外壳，仅适用于短时间浸水或连续浸水，不适合喷水（第二位特征数字标识为 5 或 6），因此不必符合数字为 5 或 6 的要求，除非有表 17.5-5 所示的双标志。

表 17.5-4 　　　　　　　　　**第二位特征数字所表示的防止水进入的防护等级**

第二位 特征数字	防 护 等 级	
	简要说明	含　义
0	无防护	
1	防止垂直方向滴水	垂直方向滴水应无有害影响
2	防止当外壳在 15°范围内倾斜时垂直方向滴水	当外壳的各垂直面在 15°范围内倾斜时，垂直滴水应无有害影响
3	防淋水	各垂直面在 60°范围内淋水，无有害影响

第二位特征数字	防护等级	
	简要说明	含义
4	防溅水	向外壳各方向溅水无有害影响
5	防喷水	向外壳各方向喷水无有害影响
6	防强烈喷水	向外壳各个方向强烈喷水无有害影响
7	防短时间浸水影响	浸入规定压力的水中经规定时间后外壳进水量不致达有害程度
8	防持续潜水影响	按生产厂和用户双方同意的条件（应比特征数字为7时严酷）持续潜水后外壳进水量不致达有害程度
9	防高压和高温喷水	向外壳各方向喷射高压和高温水应无有害影响

注 根据 IEC 60529：2013 补充了特征数字 9 的简要说明和含义。

表 17.5-5　第二位特征数字所表示的防止水进入的防护等级双标志示例

外壳通过如下试验		标识和标志	应用范围
喷水第二位特征数字	短时/持续潜水第二位特征数字		
5	7	IPX5/IPX7	多用
5	8	IPX5/IPX8	多用
6	7	IPX6/IPX7	多用
6	8	IPX6/IPX8	多用
9	7	IPX7/IPX9	多用
9	8	IPX8/IPX9	多用
5 和 9	7	IPX5/IPX7/IPX9	多用
5 和 9	8	IPX5/IPX8/IPX9	多用
6 和 9	7	IPX6/IPX7/IPX9	多用
6 和 9	8	IPX6/IPX8/IPX9	多用
-	7	IPX7	受限
—	8	IPX8	受限
9	—	IPX9	受限
5 和 9	—	IPX5/IPX9	多用
6 和 9	—	IPX6/IPX9	多用

注 1. 多用指外壳必须满足可防喷水又能短时或持续潜水的要求；受限指外壳仅仅对短时或持续潜水适合，而对喷水不适合。

2. 本表根据 IEC 60529：2013 补充更新。

17.5.2.5　附加字母所表示的防止接近危险部件的防护等级

附加字母表示对人接近危险部件的防护等级，仅用于：接近危险部件的实际防护高于第一位特征数字代表的防护等级；第一位特征数字用"X"代替，仅需表示对接近危险部件的防护等级。

17

表17.5-6列出了能方便地代表人体的一部分或人手持物体以及对接近危险部件的防护等级的含义等内容，这些内容均由附加字母表示。

如果外壳适用于低于某一等级的各级，则仅要求用该附加字母标识该等级。

表17.5-6 附加字母所表示的对接近危险部件的防护等级

第二位特征数字	防护等级	
	简要说明	含义
A	防止手背接近	直径50mm的球形试具与危险部件必须保持足够的间隙
B	防止手指接近	直径12mm，长80mm的铰接试指与危险部件必须保持足够的间隙
C	防止工具接近	直径2.5mm，长100mm的试具与危险部件必须保持足够的间隙
D	防止金属线接近	直径1.0mm，长100mm的试具与危险部件必须保持足够的间隙

17.5.2.6 补充字母

在有关产品标准中，可由补充字母表示补充的内容。补充字母放在第二位特征数字或附加字母之后。

补充的内容应与本标准的要求保持一致，产品标准应明确说明进行该级试验的补充要求。

补充内容的标识字母及含义见表17.5-7。

表17.5-7 补充内容的标识字母及含义

字母	含义
H	高压设备
M	防水试验在设备的可动部件（如旋转电机的转子）运动时进行
S	防水试验在设备的可动部件（如旋转电机的转子）静止时进行
W	提供附加防护或处理以适用于规定的气候条件

若无字母S和M，则表示防护等级与设备部件是否运行无关，需要在设备运行和静止时都做试验。但如果试验在另一条件下明显地可以通过时，一般做一个条件的试验就足够。

17.5.2.7 IP代码的标识示例

（1）未使用可选择字母的IP代码：

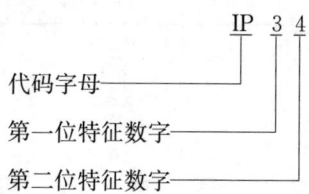

其中：3——防止人手持直径不小于2.5mm的工具接近危险部件；防止直径不小于2.5mm的固体异物进入设备外壳内；

4——防止由于在外壳各个方向溅水对设备造成有害影响。

17

（2）使用可选择字母的 IP 代码：

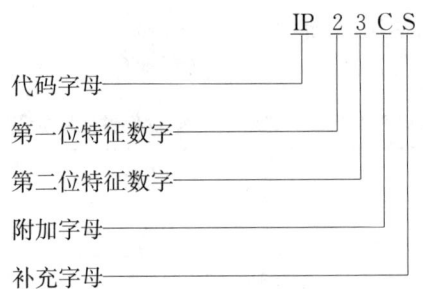

其中：2——防止人用手指接近危险部件；防止直径不小于 12.5mm 的固体异物进入
　　　　　外壳内；

　　　3——防止淋水对外壳内设备的有害影响；

　　　C——防止人手持直径不小于 2.5mm 长度不超过 100mm 的工具接近危险部件
　　　　　（工具应全部穿过外壳，直至挡盘）；

　　　S——防止进水造成有害影响的试验是在所有设备部件静止时进行。

17.5.3 电器设备外壳对外界机械碰撞的防护等级（IK 代码）

本部分根据 GB/T 20138—2006《电器设备外壳对外界机械碰撞的防护等级（IK 代码)》
（IEC 62262：2002，IDT）编写。

该标准规定了电器设备外壳为保护内部设备因受到机械碰撞而产生有害影响所具备的防
护等级。通常，防护等级适用于整体外壳；如外壳的某些部分具有不同的防护等级，则应对
其相应的防护等级进行标志。

电器设备外壳对外界机械碰撞的防护分级适用于额定电压不超过 72.5kV。

IK 代码的排列如下：

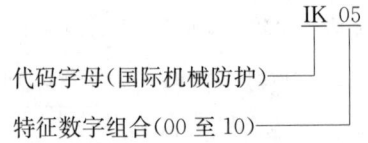

每一组特征数字代表一碰撞能量值，见表 17.5-8。

表 17.5-8　　　　　　　IK 代码及其相应碰撞能量的对应关系

IK 代码	IK00	IK01	IK02	IK03	IK04	IK05	IK06	IK07	IK08	IK09	IK10
碰撞能量（J）	a	0.14	0.2	0.35	0.5	0.7	1	2	5	10	20

注　如要求更高的碰撞能量，推荐取值 50J。

a　按本标准为无防护。

17.6 气 象 资 料

17.6.1 温度、气压名词

温度、气压名词解释和应用说明，见表 17.6-1。

表 17.6-1   温度、气压名词解释和应用说明

名　词	含　　义	应　用　说　明
极端最高（或最低）温度	自有气象记录以来的最高（或最低）温度值。几十年内可能出现一次，持续时间很短	只对可靠性要求很高的装置考虑此参数
年最高（或最低）温度	一年记录中所测得的最高（或最低）温度的多年平均值。它是一种短时（1～5h）出现的极限值	一般电工装置在考虑可靠性和发热影响时选用
月平均最高温度	某月逐日最高温度的平均值。在最热月里约有一半左右的天数，其最高温度接近或超过此值。此值出现时间较长，每年约100h以上	一般取历年最热月 14 时平均温度的平均值，作为设计中选择允许短时过载的电工产品，如空气中的导体和一般电气设备的温度依据。热作车间一般比气象资料值高 5℃ 左右
日平均温度	每日四次定时温度（2：00、8：00、14：00、20：00 时或 1：00、7：00、13：00、19：00 时的温度）的平均值	一般在考虑最热日的平均温度时（如油浸式变压器调节负荷）选用此值
月平均温度	某月逐日平均温度的平均值。电气技术中一般取累年最热月的日平均温度求得	用于温度变化幅度较小的环境（如通风不良而无热源的坑道）选用电气装置
年平均温度	逐月平均温度的平均值，是全年气温变化的中间值	在计算变压器的使用寿命和校验仪器仪表时，选用此值
冷却水温度	水冷电气装置引入水的温度	冷却水温度的日变化幅度小，可取最热月的平均水温。我国大部水系为 25～30℃，热带地区为 30～35℃。采用冷却塔或冷却池时，冷却水温一般比直流冷却水温约高 5℃
土壤温度	与埋地电气装置处于同一水平面，而又不受其散热影响处的土温度	计算埋地电缆的载流量和进行电缆选型时，一般采用地面下 0.8～1.0m 处最热月的月平均土壤温度。一般地区划为 Ⅰ 级，不超过 25℃；热带地区为 Ⅱ 级，不超过 32℃
年平均气压	指多年中各月平均气压的平均值	用于考虑电气装置的温升、避雷器的放电间隙等
最低气压	指多年记录中所测得的气压最低值	用于确定电气装置的空气绝缘强度、开关的分断能力等

注 1. 历年即逐年、每年。特指整编气象资料时，所采用的一段连续年份中的每一年。

2. 累年即多年（不少于三年）。特指整编气象资料时，所采用的一段连续年份的累计。

17.6.2 大气压力、温度与海拔的关系

大气压力、温度与海拔的关系见表 17.6-2。

表 17.6-2 大气压力、温度与海拔的关系

海拔 (m)	大气压力 (Pa)	大气温度		海拔 (m)	大气压力 (Pa)	大气温度	
		(K)	(℃)			(K)	(℃)
−300	104 981	290.100	16.950	2900	71 016.6	269.309	−3.841
−250	104 365	289.775	16.625	3000	70 121.2	268.659	−4.455
−200	103 751	289.450	16.300	3100	69 234.9	268.010	−5.140
−100	102 532	288.800	15.650	3200	68 357.8	267.360	−5.790
−50	101 927	288.475	15.325	3300	67 489.7	266.711	−6.439
0	101 325	288.150	15.000	3400	66 630.6	266.062	−7.088
250	98 357.6	286.525	13.375	3500	65 780.4	265.413	−7.737
500	95 461.3	284.900	11.750	3600	64 939.0	264.763	−8.387
600	94 322.3	284.250	11.100	3700	64 106.4	264.114	−9.036
700	93 194.4	283.601	10.451	3800	63 282.5	263.465	−9.685
800	92 077.5	282.951	9.801	3900	62 467.2	262.816	−10.334
900	90 971.5	282.301	9.151	4000	61 660.4	262.166	−10.984
1000	89 876.3	281.651	8.501	4100	60 862.2	261.517	−11.633
1100	88 791.8	281.001	7.851	4200	60 072.3	260.868	−12.282
1200	87 718.0	280.351	7.201	4300	59 290.8	260.219	−12.931
1300	86 654.8	279.702	6.552	4400	58 517.6	259.570	−13.580
1400	85 602.0	279.052	5.902	4500	57 752.6	258.921	−14.229
1500	84 559.7	278.402	5.252	4600	56 995.7	258.272	−14.878
1600	83 527.7	277.753	4.603	4700	56 246.9	257.623	−15.527
1700	82 505.9	277.103	3.953	4800	55 506.1	256.974	−16.176
1800	81 494.3	276.453	3.303	4900	54 773.2	256.325	−16.825
1900	80 492.9	275.804	2.654	5000	54 048.3	255.676	−17.474
2000	79 501.4	275.154	2.004	5500	50 539.3	252.431	−20.719
2100	78 519.9	274.505	1.355	6000	47 217.6	249.187	−23.963
2200	77 548.3	273.855	0.705	6500	44 075.5	245.943	−27.207
2300	76 586.4	273.205	0.055	7000	41 105.3	242.700	−30.450
2400	75 634.2	272.556	−0.594	7500	38 299.7	239.457	−33.693
2500	74 691.7	271.906	−1.244	8000	35 651.6	236.215	−36.935
2600	73 758.8	271.257	−1.893	8500	33 154.2	232.974	−40.176
2700	72 835.3	270.607	−2.543	9000	30 800.7	229.733	−43.417
2800	71 921.3	269.958	−3.192	10 000	26 499.9	223.252	−49.898

注 本表数据源于 ISO 2533《标准大气》(第一版);本手册增加了摄氏度一栏。

17.6.3 全国主要城市气象参数

全国主要城市气象参数见表 17.6-3。

引用气象参数时,应注意建设地点与拟引用数据的气象台站的距离、地形等因素对数值

的影响。

(1) 地势平坦的区域：

1) 建设地点与气象台站水平距离在 50km 以内、海拔高差在 100m 以内时，可以直接引用。

2) 超过上述任一数值时，应使用与建设地点相邻的两个以上气象台站（含表中未列入者）的参数，采用内插法取值。

(2) 地势崎岖的区域：气候受山脉的走向、总体高度、长度、地形（山顶、河谷、盆地、山坡）、坡度、坡向等因素的影响，各地点差异较大。选取参数时，宜依据邻近气象台站（含表中未列入者）的长年代资料和工程现场的观测数据对比取值，最好与当地气象部门共同商定。

表 17.6-3 全国主要城市气象参数

| 地名 | 台站位置 | | | 干球温度（℃） | | | | | 最热月月平均相对湿度（%） | 30年一遇最大风速（m/s） | 七月0.8m深土壤温度（℃） | 年平均雷暴日数（d/a） |
	北纬	东经	海拔（m）	极端最高	极端最低	最冷月月平均	最热月月平均	最热月14时平均				
11. 北京市												
北京☆	39°48′	116°28′	31.3	41.9	−18.3	−3.6	25.9	29.7	78	23.7	23.0	36.3#
12. 天津市												
天津☆	39°05′	117°04′	2.5	40.5	−17.8	−3.5	26.5	29.8	78	25.3	22.3	29.3#
塘沽☆	39°00′	117°43′	2.8	40.9	−15.4	−3.3	26.2	28.8	79	25.3		
13. 河北省												
石家庄☆	38°02	114°25	81	41.5	−19.3	−2.3	26.6	30.8	75	21.9	25.4	31.2#
唐山★	39°40′	118°09′	27.8	39.6	−22.7	−5.1	25.5	29.2	79	23.7	22.2	32.7#
邢台★	37°04′	114°30′	76.8	41.1	−20.2	−1.6	26.7	31.0	77	21.9	24.7	30.2#
保定★	38°51′	115°31′	17.2	41.6	−19.6	−3.2	26.6	30.4	76	25.3	23.5	30.7#
张家口☆	40°47′	114°53	724.2	39.2	−24.6	−8.3	23.3	27.8	66	26.8	20.4	45.4
承德☆	40°58′	117°56′	377.2	43.3	−24.2	−9.1	24.5	27.8	72	23.7	20.3	41.9
秦皇岛★	39°56′	119°36′	2.6	39.2	−20.8	−4.8	24.4	27.5	82	25.3	21.2	34.7#
沧州☆	38°20′	116°50	9.6	40.5	−19.5	−3.0	26.5	30.1	77	25.3	23.2	29.4
霸州☆	39°07′	116°23′′	9.0	41.3	−21.5	−4.4		30.1				
饶阳☆	38°14′	115°44′	18.9	41.4	−22.6	−3.9		30.5				
14. 山西省												
太原☆	37°47′	112°33′	778.3	37.4	−22.7	−5.5	23.5	27.8	72	23.7	18.8	34.5#
大同☆	40°06′	113°20′	1067.2	37.2	−27.2	−10.6	21.8	26.4	66	28.3	19.9	42.3#
阳泉★	37°51′	113°33′	741.9	40.2	−16.2	−3.4	24.0	28.2	71	23.7	21.8	40.0#
右玉☆	40°00′′	112°27′	1345.8	34.4	−40.4	−14.4		24.5				
榆社☆	37°04′	112°59′	1041.4	36.7	−25.1	−6.6		26.8				
原平☆	38°44′	112°43′	828.2	38.1	−25.8	−7.7		27.6				

17

地名	台站位置			干球温度（℃）					最热月平均相对湿度（%）	30年一遇最大风速（m/s）	七月0.8m深土壤温度（℃）	年平均雷暴日数（d/a）
	北纬	东经	海拔（m）	极端最高	极端最低	最冷月平均	最热月平均	最热月14时平均				
长治△	36°12′	113°07′	926.5	37.6	−29.3	−6.9	22.8	27	77	23.7	20.3	33.7#
临汾☆	36°04′	111°30′	449.5	40.5	−23.1	−2.7	26.0	30.6	71	25.3	24.6	31.1#
离石☆	37°30′	111°06′	950.8	38.4	−26.0	−7.6	23.0	28.1	68			38.5
晋城	35°28′	112°50′	742.1	38.6	−22.8		24.0		77			32.0
阳城☆	35°29′	112°24′	659.5	38.5	−17.2	−2.6	24.6	28.8	75			
运城☆	35°02′	111.01′	376.0	41.2	−18.9	−0.9	27.3	31.3	69			23.0
15. 内蒙古自治区												
呼和浩特☆	40°49′	111°41′	1063.0	38.5	−30.5	−11.6	21.9	26.5	64	28.3	17.1	36.1#
包头★	40°40′	109°51′	1067.2	39.2	−31.4	−11.1	22.8	27.4	58	28.3	20.3	34.7#
临河☆	40°45′	107°25′	1039.3	39.4	−35.3	−9.9		28.4				
杭锦后旗	40°54′	107°08′	1056.7	37.4	−33.1	−11.7	23.0	26	59	28.3	17.8	23.9
东胜★	39°50′	109°59′	1460.4	35.3	−28.4	−10.5	20.6	24.8	60	28.3	17.7	34.8
集宁★	41°02′	113°04′	1419.3	33.6	−32.4	−13.0	19.1	23.8	66	29.7	12.9	47.3
二连浩特☆	43°39′	111°58″	964.7	41.1	−37.1	−18.1	22.9	27.9	49	32.2	17.6	23.3
赤峰☆	42°16′	118°56′	568.0	40.4	−28.8	−10.7	23.5	28.0	65	29.7	19.8	32.4#
通辽★	43°36′	122°16′	178.5	38.9	−31.6	−13.5	23.9	28.2	73	29.7	17.6	27.6
满洲里☆	49°34′	117°26′	661.7	37.9	−40.5	−23.3	19.4	24.1	69			28.3
海拉尔☆	49°13′	119°45′	610.2	36.6	−42.3	−25.1	19.6	24.3	71	32.2	8.5	30.1#
东乌珠穆沁旗	45°31′	116°58′	838.7	39.7	−40.5	−21.3	20.7	25	62	33.7	15.6	32.4
乌兰浩特☆	46°05′	122°03′	274.7	40.3	−33.7	−15.0	22.6	27.1	70			29.8
锡林浩特☆	43°57′	116°04′	989.5	39.2	−38.0	−18.8	20.9	26.0	62	29.7		27.9
加格达奇☆	50°24′	124°07′	371.7	37.2	−45.4	−23.3	19.0	24.2	81			28.7
21. 辽宁省												
沈阳☆	41°44′	123°27′	44.7	36.1	−29.4	−11.0	24.6	28.2	78	23.3	19.3	26.9#
大连☆	38°54′	121°38′	91.5	35.3	−18.8	−3.9	23.9	26.3	83	31.0	21.1	19.2#
鞍山★	41°05′	123°00′	77.3	36.5	−26.9	−8.6	24.8	28.2	76	26.8	19.7	26.9#
抚顺☆	41°55′	124°05′	118.5	37.7	−35.9	−13.5	23.7	27.8	80			28.3
本溪★	41°19′	123°47′	185.2	37.5	−33.6	−11.5	24.3	27.4	75	25.3	18.6	33.7#
丹东☆	40°03′	124°20′	13.8	35.3	−25.8	−7.4	23.2	26.8	86	28.3	18.4	27.3
锦州★	41°08′	121°07′	65.9	41.8	−22.8	−7.9	24.3	27.9	80	29.7	19.7	28.8#
营口☆	40°40′	122°16′	3.3	34.7	−28.4	−8.5	24.8	27.7	78	29.7	20.0	30.0
阜新★	42°05′	121°43′	166.8	40.9	−27.1	−10.6	24.2	28.4	76	29.7	19.6	27.7

续表

地名	台站位置			干球温度（℃）					最热月月平均相对湿度（%）	30年一遇最大风速（m/s）	七月0.8m深土壤温度（℃）	年平均雷暴日数（d/a）
	北纬	东经	海拔（m）	极端最高	极端最低	最冷月月平均	最热月月平均	最热月14时平均				
朝阳☆	41°33′	120°27′	169.9	43.3	−34.4	−9.7	24.7	28.9	73			36.9
开原☆	42°32′	124°03′	98.2	36.6	−36.3	−13.4	23.8	27.5	80			
兴城☆	40°35″	120°42′	8.5	40.8	−27.5	−7.7		26.8				
22. 吉林省												
长春☆	43°54′	125°13′	236.8	35.7	−33.0	−15.1	23.0	26.6	78	29.7	16.8	35.2#
吉林★	43°57′	126°28′	183.4	35.7	−40.3	−17.2	22.9	26.6	79	26.8	17.4	40.5#
四平☆	43°11′	124°20′	164.2	37.3	−32.3	−13.5	23.6	27.2	78	29.7	17.3	33.7#
通化☆	41°41′	125°54′	402.9	35.6	−33.1	−14.2	22.2	26.3	80	28.3	17.5	36.7#
临江☆	41°48′	126°55′	332.7	37.9	−33.8	−15.6		27.3				
乾安☆	45°00′	124°01′	146.3	38.5	−34.8	−16.1		27.6				
图们	42°59′	129°50′	140.6	37.6	−27.3	−13.4	21.1	27	82	31.0	17.7	23.8#
白城★	45°38′	122°50′	155.2	38.6	−38.1	−16.4	23.3	27.5	73		18.0	29.9
天池	42°01′	128°05′	2623.5	19.2	−44.0	−23.2	8.6	10	91	>40		28.4
延吉☆	42°53′	129°28′	176.8	37.7	−32.7	−13.6	21.3	26.7	80			22.8
23. 黑龙江省												
哈尔滨☆	45°45′	126°46′	142.3	36.7	−37.7	−18.4	22.8	26.8	77	26.8	15.7	27.7#
齐齐哈尔☆	47°23′	123°55′	145.9	40.1	−36.4	−18.6	22.8	26.7	73	26.8	13.6	27.7#
大庆△	46°23′	125°19′	149.3	38.3	−39.3	−19.9	22.9	27	74	28.3	13.8	31.9#
双鸭山△	46°38′	131°09′	175.3	36.0	−37.1	−18.2	21.7		75	30.6		29.8
宝清☆	46°19′	132°11′	83.0	37.2	−37.0	−17.5		26.4				29.8
牡丹江★	44°34′	129°36′	241.4	38.4	−35.1	−17.3	22.0	26.9	76	26.8	14.3	27.5
佳木斯★	46°49′	130°17′	81.2	38.1	−39.5	−18.5	22.0	26.6	78	29.7	15.3	32.2#
伊春★	47°44′	128°55′	240.9	36.3	−41.2	−22.5	20.5	25.7	78	23.7	12.9	35.4#
鹤岗☆	47°22′	130°20′	227.9	37.7	−34.5	−17.2	21.2	25.5	77			27.3
鸡西☆	45°17′	130°57′	238.3	37.6	−32.5	−16.4	21.7	26.3	77			29.9
绥芬河*	44°23′	131°09′	496.7	35.3	−37.5	−17.1	19.2	23	82	31.0	14.1	27.1
嫩江*	49°10′	125°14′	242.2	37.4	−47.3	−25.5	20.6	25	78	29.7	9.3	31.3
加格达奇☆	50°24′	124°07′	371.7	37.2	−45.4	−23.3	19.0	24.2	81			28.7
漠河☆	52°58′	122°31′	433.0	38	−49.6	−29.6	18.4	24.4	79	23.7		35.2
黑河☆	50°15′	127°27′	166.4	37.2	−44.5	−23.2	20.4	25.1	79	31.2	10.6	31.5
绥化☆	46°37′	126°58′	179.6	38.3	−41.8	−20.9		26.2				
嘉荫△	48°53′	130°24′	90.4	37.3	−47.7	−28.5	20.9	25	78	23.0	12.4	32.9
铁力	46°59′	128°01′	210.5	36.3	−42.6	−23.6	21.3	25	79	27.7	12.3	36.3

17

地名	台站位置			干球温度（℃）					最热月平均相对湿度（%）	30年一遇最大风速（m/s）	七月0.8m深土壤温度（℃）	年平均雷暴日数（d/a）
	北纬	东经	海拔(m)	极端最高	极端最低	最冷月月平均	最热月月平均	最热月14时平均				
31. 上海市												
上海	31°10′	121°26′	2.6	39.4	−10.1	4.2	27.8	31.2	83	29.7	24.0	28.4#
32. 江苏省												
南京☆	32°00′	118°48′	8.9	39.7	−13.1	2.4	27.9	31.2	81	23.7	24.5	32.6#
徐州★	34°17′	117°09′	41.0	40.6	−15.8	0.4	27.0	30.5	81	23.7		29.4#
连云港△	34°36′	119°10′	3.0	40.0	−18.0	−0.2	26.8	31	82	25.3	22.7	29.6#
赣榆☆	34°50′	119°07′	3.3	38.7	−13.8	−0.3		29.1				
常州★	31°46′	119°56′	4.9	39.4	−12.8	3.1	28.2	31.3	82	23.7	25.8	35.7#
苏州△	31°19′	120°38′	5.8	38.8	−9.8	3.1	28.2	32	83	25.3	25.2	28.1#
苏州东山☆	31°04′	120°26′	17.5	38.8	−8.3	3.7		31.3				
南通★	31°59′	120°53′	6.1	38.5	−9.6	3.1	27.3	30.5	86	25.3	24.3	35.6#
淮阴★	33°36′	119°02′	17.5	38.2	−14.8	1.0	26.9	29.9	85	23.7	23.7	37.8
扬州⚠	32°25′	119°25′	10.1	39.1	−17.7	1.6	27.7	31	85	23.7	25.0	32.9
高邮☆	32°48′	119°27′	5.4	38.2	−11.5	1.8		30.5				
射阳☆	33°46′	120°15′	2	37.7	−12.3	1.1		29.8				
盐城	33°23′	120°08′	2.3	39.1	−14.3	0.7	27.0	30	84	25.3	24.0	31.9
泰州	32°30′	119°56′	5.5	39.4	−19.2	1.5	27.4	31	85	23.7	25.2	32.1
33. 浙江省												
杭州☆	30°14′	120°10′	41.7	39.9	−8.6	4.3	28.5	32.3	80	25.3		37.6#
宁波★	29°52′	121°34′	4.8	39.5	−8.5	4.9	28.1	31.9	83	28.3		40.0#
温州☆	28°02′	120°39′	28.3	39.6	−3.9	8.0	27.9	31.5	85	29.7		51.0#
衢州☆	28°58′	118°52′	66.9	40.0	−10.0	5.4	29.1	32.9	76	25.3		57.6#
金华☆	29°07′	119°39′	62.6	40.5	−9.6	5.2	29.4	33.1	74			61.9
平湖☆	30°37′	121°05′	5.4	38.4	−10.6	3.9		30.7				
嵊州☆	29°36′	120°49′	104.3	40.3	−9.6	4.5		32.5				
定海☆	30°02′	122°06′	35.7	38.6	−5.5	5.8	27.2	30.0	84			28.7
玉环☆	28°05′	121°16′	95.9	34.7	−4.6	7.2		28.9				
丽水☆	28°27′	119°55′	60.8	41.3	−7.5	6.6	29.3	34.0	75			60.5#
34. 安徽省												
合肥☆	31°52′	117°14′	27.9	39.1	−13.5	2.6	28.32	31.4	81	21.9	24.9	30.1#
芜湖★	31°20′	118°23′	14.8	39.5	−10.1	3.0	28.7	31.7	80	23.7	24.8	34.6#
蚌埠☆	32°57′	117°22′	18.7	40.3	−13.0	1.8	28.0	31.3	80	23.7	24.6	31.4#

续表

地名	台站位置			干球温度（℃）					最热月平均相对湿度（%）	30年一遇最大风速（m/s）	七月0.8m深土壤温度（℃）	年平均雷暴日数（d/a）
	北纬	东经	海拔（m）	极端最高	极端最低	最冷月月平均	最热月月平均	最热月14时平均				
安庆★	30°32′	117°03′	19.8	39.5	−9.0	4.0	28.8	31.8	78	23.7	25.9	44.3#
铜陵	30°58′	117°47′	37.1	39.0	−7.6	3.2	28.8	32	79	25.3	27.2	32.2
黄山（屯溪）△	29°43′	118°17′	145.4	41.0	−10.9	3.8	28.1	33	79	26.9		57.5
黄山（光明顶）☆	30°08′	118°09′	1840.4	27.6	−22.7	−2.4	19.0					
宁国☆	30°37′	118°59′	89.4	41.1	−15.9	2.9	32.0					
巢湖☆	31°37′	117°52′	22.4	39.3	−13.2	2.9	31.1					
滁州☆	32°18′	118°18′	27.5	38.7	−13.0	2.3	31.0					
宿州☆	33°38′	116°59′	25.9	40.9	−18.7	0.8	27.3	31.0	81			32.8
阜阳★	32°55′	115°49′	30.6	40.8	−14.9	1.8	27.8	31.3	80	23.7	24.7	31.9#
亳州☆	33°52′	115°46′	37.7	41.3	−17.5	0.6	27.5	31.1	80			28.0
六安☆	31°45′	116°30′	60.5	40.6	−13.6	2.6	28.2	31.4	80			30.4
35. 福建省												
福州☆	26°05′	119°17′	84.0	39.9	−1.7	10.9	28.8	33.1	78	31.0		55.0#
厦门★	24°29′	118°04′	139.4	38.5	1.5	12.5	28.4	31.3	81	34.6		47.4#
莆田△	25°26′	119°00′	10.2	39.4	−2.3	11.4	28.5		81	30.5		43.2
三明	26°16′	110°37′	165.7	40.6	−5.5	9.1	28.4	34	75	21.4		67.5#
泰宁☆	26°54′	117°10′	342.9	38.9	−10.6	6.4		31.9				70.8
龙岩★	25°06′	117°02′	342.3	39.0	−3.0	11.6	27.2	32.1	76	17.6		74.1#
宁德	26°20′	119°32′	32.2	39.4	−2.4	9.6	28.7	32	76	31.1		54.0
屏南☆	26°55′	118°59′	869.5	35.0	−9.7	5.8		28.1				
漳州☆	24°30′	117°39′	28.9	38.6	−0.1	13.2	28.7	32.6	80			60.5#
建阳△	27°20′	118°07′	181.1	41.3	−8.7	7.1	28.1	33	79	21.9		65.5
南平☆	26°39′	118°10′	125.6	39.4	−5.1	9.7	28.5	33.7	76			64.5
36. 江西省												
南昌☆	28°36′	115°55′	46.7	40.1	−9.7	5.3	29.5	32.7	76	25.3	27.4	56.4#
景德镇☆	29°18′	117°12′	61.5	40.4	−9.6	5.3	28.7	33.0	79	21.9	26.7	59.8
九江★	29°44′	116°00′	36.1	40.3	−7.0	4.5	29.4	32.7	76	23.7	25.8	45.7#
上饶	28°27′	117°59′	118.3	41.6	−8.6	6	29.3	33	74			65.0#
玉山☆	28°41′	118°15′	116.3	40.7	−9.5	5.5		33.1				65.7
赣州☆	25°51′	114°57′	123.8	40.0	−3.8	8.2	29.5	33.2	70	21.9	27.2	67.2#
吉安☆	27°07′	114°58′	76.4	40.3	−8.0	6.5	29.5	33.4	73			71.6
宜春☆	27°48′	114°23′	131.3	39.6	−8.5	5.4	27.6	32.3	80			67.5
新余△	27°48′	114°56′	79.0	40.0	−7.2	5.5	29.4		74	23.5		59.4#

续表

地名	台站位置			干球温度（℃）					最热月月平均相对湿度（%）	30年一遇最大风速（m/s）	七月0.8m深土壤温度（℃）	年平均雷暴日数（d/a）
	北纬	东经	海拔（m）	极端最高	极端最低	最冷月平均	最热月平均	最热月14时平均				
鹰潭☆	28°18′	117°13′	51.2	40.4	−9.3	6.2	30.0	33.6	71	21.0		70.0
广昌☆	26°51′	116°20′	143.8	40.0	−9.3	6.6	28.8	33.2	74	22.5		69.4
37. 山东省												
济南☆	36°41′	116°59′	51.6	40.5	−14.9	−0.4	27.4	30.9	73	25.3	26.1	25.4#
青岛☆	36°04′	120°20′	76.0	37.4	−14.3	−0.5	25.2	27.3	85	28.3	23.3	20.8#
淄博★	36°50′	118°00′	34.0	40.7	−23.0	−2.3	26.9	30.9	76	25.3	23.4	28.3
烟台★	37°32′	121°24′	46.7	38.0	−12.8	−1.1	25.0	26.9	81	28.3		23.2#
东营★	37°26′	118°40′	6.0	40.7	−20.2	−2.6	26.0	30.2	81	29.5		32.2
潍坊★	36°45′	119°11′	22.2	40.7	−17.9	−2.9	25.9	30.2	81	25.3	22.8	28.4#
威海☆	37°28′	122°08′	65.4	38.4	−13.2	−0.9	24.6	26.8	84			21.2
临沂☆	35°03′	118°21′	87.9	38.4	−14.3	−0.7	26.3	29.7	83			28.2
济宁△	35°26′	116°03′	40.7	41.6	−19.4	−1.9	26.9		81	25.3	23.9	29.1#
兖州☆	35°34′	116°51′	51.7	39.9	−19.3	−1.3		30.6				29.1
泰安☆	36°10′	117°09′	128.8	38.1	−20.7	−2.1		29.7				31.3
惠民☆	37°30′	117°31′	11.7	39.8	−21.4	−3.3		30.4				29.1
德州☆	37°26′	116°19′	21.2	39.4	−20.1	−2.4	26.9	30.6	76			29.2
菏泽☆	35°15′	115°26′	49.7	40.5	−16.5	−0.9	27.0	30.6	79			30.6
日照★	35°23′	119°32′	16.1	38.3	−13.8	−0.3	25.8	27.7	83	25.3	23.5	29.1
41. 河南省												
郑州☆	34°43′	113°39′	110.4	42.3	−17.9	0.1	27.2	30.9	76	25.3	24.4	21.4#
开封★	34°46′	114°23′	72.5	42.5	−16.0	0.0	27.1	30.7	79	26.8	25.2	28.2
洛阳★	34°38′	112°28′	137.1	41.7	−15.0	0.8	27.5	31.3	75	23.7	25.5	24.8#
焦作△	35°14′	113°16′	112.0	43.3	−16.9	0.4	27.7	32	74	26.8		26.4
新乡☆	35°19′	113°53′	72.7	42.0	−19.2	−0.2	27.1	30.5	78			24.1
安阳★	36°07′	114°22′	75.5	41.5	−17.3	−0.9	26.9	31.0	78	23.7	24.5	28.6#
濮阳	35°42′	115°01′	52.2	42.2	−20.7	−2.1	26.9	32	80	21.9		28.0
商丘★	34°27′	115°40′	50.1	41.3	−15.4	−0.1	27.1	30.8	81	21.9	24.5	25.0
三门峡★	34°48′	111°12′	409.9	40.2	−12.8	−0.3	26.7	30.3	71	23.7	25.1	24.3#
信阳★	32°08′	114°03′	114.5	40.0	−16.6	2.2	27.7	30.7	80	23.7	24.7	28.8#
南阳★	33°02′	112°35′	129.2	41.4	−17.5	1.4	27.4	30.5	80	23.7	24.3	30.6
平顶山	33°43′	113°17′	84.7	42.6	−18.2	1.0	27.6	32	78	23.7		28.9
许昌☆	34°01′	113°51′	66.8	41.9	−19.6	0.7	27.6	30.9	79			25.5
驻马店☆	33°00′	114°01′	82.7	40.6	−18.1	1.3	27.3	30.9	81			31.4
西华☆	33°47′	114°31′	52.6	41.9	−17.4	0.6		30.9				

17

地名	台站位置			干球温度（℃）					最热月月平均相对湿度（%）	30年一遇最大风速（m/s）	七月0.8m深土壤温度（℃）	年平均雷暴日数（d/a）
	北纬	东经	海拔（m）	极端最高	极端最低	最冷月平均	最热月平均	最热月14时平均				
42. 湖北省												
武汉☆	30°37′	114°08′	23.1	39.3	−18.1	3.7	28.7	32.0	79	21.9	24.6	34.2#
黄石★	30°15′	115°03′	19.6	40.2	−10.5	4.5	29.2	32.5	78	21.9	26.2	50.4#
十堰△	32°39′	110°47′	256.7	41.1	−14.9	2.7	27.3	33	77	21.9	25.0	18.8#
房县☆	30°02′	110°46′	426.9	41.4	−17.6	1.9		30.3				
老河口	32°23′	111°40′	90.0	41.0	−17.2	2	27.6	32	80			26.0
襄樊△	32°02′	112°10′	68.7	42.5	−14.8	2.6	27.9	32	80	21.9	25.0	28.1
枣阳☆	30°09′	112°45′	125.5	40.7	−15.1	2.4		31.2				
广水☆	31°37′	113°49′	93.3	39.8	−16.0	2.7		31.4				
麻城☆	31°11′	115°01′	59.3	39.8	−15.3	3.5		32.1				
钟祥☆	30°10′	112°34′	65.8	38.6	−15.3	3.5		31.0				42.0
荆州☆	30°20′	112°11′	32.6	38.6	−14.9	4.1	28.1	31.4	83	20.0		38.4
宜昌★	30°42′	111°18′	133.1	40.4	−9.8	4.9	28.2	31.8	80	20.0	25.7	44.6#
恩施☆	30°17′	109°28′	457.1	40.3	−12.3	5.0	27.0	31.0	80	17.9		49.7#
嘉鱼☆	29°59′	113°55′	36.0	39.4	−12.0	4.4		32.3				
43. 湖南省												
长沙☆	28°12′	113°05′	44.9	39.7	−11.3	4.6	29.3	32.9	75	23.7	26.5	46.6#
株洲△	27°52′	113°10′	73.6	40.5	−8.0	5.0	29.6	34	72	23.7	29.1	52.3
衡阳★	26°54′	112°36′	104.7	40.0	−7.9	5.9	29.8	33.2	71	23.7		55.1#
邵阳★	27°14′	111°28′	248.6	39.5	−10.5	5.2	28.5	31.9	75	22.7		57.0#
岳阳★	29°23′	113°05′	53	39.3	−11.4	4.8	29.2	31.0	75	25.3		45.0
益阳△	28°34′	112°23′	46.3	43.6		4.4	29.2	34	77	23.7		47.3
沅江☆	28°51′	112°22′	36.0	38.9	−11.2	4.7		31.7				48.8
常德★	29°03′	111°41′	35.0	40.1	−13.2	4.7	28.0	31.9	75	23.7	25.9	54.3
张家界	29°08′	110°28′	183.3	40.7	−13.2	4.4	29.2	28	79	21.7		48.3#
桑植☆	29°24′	110°10′	322.2	40.7	−10.2	4.7		31.3				
吉首☆	28°19′	109°44′	208.4	40.2	−7.5	5.1		31.7				
怀化△	27°33′	109°58′	254.1	39.6	−10.7	4.5	27.8	32	78	20.0		49.9
芷江☆	27°27′	109°41′	272.2	39.1	−11.5	4.9	27.5	31.2	79			66.4
双峰☆	27°27′	112°10′	100	39.7	−11.7	4.8		32.7				
永州（零陵）☆	26°14′	111°37′	172.6	39.7	−7.0	6.0	29.1	32.1	72	23.7		65.3
郴州★	25°48′	113°02′	184.9	40.5	−6.8	6.2	29.2	32.9	70	24.1		61.5#

地名	台站位置			干球温度（℃）					最热月月平均相对湿度（%）	30年一遇最大风速（m/s）	七月0.8m深土壤温度（℃）	年平均雷暴日数（d/a）
	北纬	东经	海拔(m)	极端最高	极端最低	最冷月平均	最热月平均	最热月14时平均				
44. 广东省												
广州☆	23°10′	113°20′	41.7	38.1	0.0	13.6	28.4	31.8	83	28.3		76.1#
汕头☆	23°24′	116°41′	1.1	38.6	0.3	13.8	28.2	30.9	84	33.5		52.6#
湛江★	21°13′	110°24′	25.3	38.1	2.8	15.9	28.9	31.5	81	36.9		94.6#
茂名	21°39′	110°53′	25.3	36.6	2.8	16.0	28.3	31	84	31.0		94.4#
信宜☆	22°21′	110°56′	84.6	37.8	1.0	14.7		32.0				108.9
阳江☆	21°52′	111°58′	23.3	37.5	2.2	15.1	28.1	30.7	85	33.5		
台山☆	22°15′	112°47′	32.7	37.3	1.6	13.9		31.0				87.8
高要☆	23°02′	112°27′	41	38.7	1	13.9		32.1				105.7
连州☆	24°47′	112°23′	98.3	39.6	−3.4	9.1		32.7				71.8
韶关☆	24°41′	113°36′	60.7	40.3	−4.3	10.2	29.1	33.0	75	20.0		77.9#
河源☆	23°44′	114°41′	40.6	39.0	−0.7	12.7		32.1				
梅州☆	24°16′	116°06′	87.8	39.5	−3.3	12.4	28.6	32.7	78	23.7		79.6
惠来☆	23°02′	116°18′	12.9	38.4	1.5	14.5		30.7				
汕尾☆	22°48′	115°22′	17.3	38.5	2.1	14.8		30.2				52.9
惠阳☆	23°05′	114°25′	22.4	38.2	0.5	13.7		31.5				87.1
深圳★	22°33′	114°06′	18.2	38.7	1.7	14.9	28.2	31.2	83	33.5		73.9#
珠海△	22°17′	113°35′	54.0	38.5	2.5	14.6	28.5			81	23.7	64.2#
45. 广西壮族自治区												
南宁☆	22°49′	108°21′	73.1	39.0	−1.9	12.9	28.3	31.8	82	23.7		84.6#
柳州★	24°21′	109°24′	96.8	39.1	−1.3	10.4	28.8	32.4	78	21.9		67.3#
桂林☆	25°19′	110°18′	164.4	38.5	−3.6	7.9	28.3	31.7	78	23.7	27.1	78.2#
贺州☆	24°25′	111°32′	108.8	39.5	−3.5	9.3		32.6				91.5
梧州☆	23°29′	111°18′	114.8	39.7	−1.5	11.9	28.3	32.5	80	20.0		93.5#
玉林☆	22°39′	110°10′	81.8	38.4	0.8	13.1		31.7				102.6
北海☆	21°27′	109°08′	12.8	37.1	2.0	14.5	28.7	30.9	83	33.5	30.1	83.1#
东兴☆	21°32′	107°58′	22.1	38.1	3.3	15.1		30.9				96.5
钦州☆	21°57′	108°37′	4.5	37.5	2.0	13.6		31.1				
龙州☆	22°20′	106°51′	128.8	39.9	−0.2	14.0		32.1				
百色☆	23°54′	106°36′	173.5	42.2	0.1	13.4	28.7	32.7	79	25.3	29.8	71.2
河池☆	24°42′	108°03′	211	39.4	0.0	10.9	28.0	31.7	79			64.0
来宾☆	23°45′	109°14′	84.9	39.6	−1.6	10.8		32.2				

续表

地名	台站位置			干球温度（℃）					最热月月平均相对湿度（%）	30年一遇最大风速（m/s）	七月0.8m深土壤温度（℃）	年平均雷暴日数（d/a）
	北纬	东经	海拔（m）	极端最高	极端最低	最冷月平均	最热月平均	最热月14时平均				
46. 海南省												
海口 ☆	20°02′	110°21′	13.9	38.7	4.9	17.7	28.4	32.2	83	33.5		104.3#
儋县	19°31′	109°35′	168.7	40.0	0.4		27.6		81			120.0
琼中	19°02′	109°50′	250.9	38.3	0.0		26.6		82			115.5#
三亚 ☆	18°14′	109°31′	5.9	35.9	5.1	21.6	28.5	31.3	83			69.9#
三沙	16°50′	112°20′	4.7	34.9	15.3	23	28.9	30	82			
50. 重庆市												
重庆 ☆	29°31′	106°29′	351.1	40.2	−1.8	7.2	28.5	31.7	75	21.9	26.5	36.0#
万州 ☆	30°46′	108°24′	186.7	42.1	−3.7	7.0	28.6	33.0	80			47.2
奉节 ☆	31°03′	109°30′	607.3	39.6	−9.2	5.2		30.6				43.8
涪陵	29°45′	107°25′	273.0	42.2	−2.2		28.5		75			48.5
酉阳	28°50′	108°46′	663.7	38.1	−8.4	3.7	25.4	29	82	12.9		47.9
51. 四川省												
成都 ☆	30°40′	104°01′	506.1	36.7	−5.9	5.6	25.5	28.5	85	20.0	24.8	34.0#
宜宾 ☆	28°48′	104°36′	340.8	39.5	−1.7	7.8	26.9	30.2	82			39.3
自贡 △	29°21′	104°46′	352.6	40.0	−2.8	7.3	27.1	31	81	23.7		37.6#
泸州 ★	28°53′	105°26′	334.8	39.8	−1.9	7.7	27.3	30.5	81	23.7	26.6	39.1
内江 ☆	29°35′	105°03′	347.1	40.1	−2.7	7.2	26.9	30.4	81			40.6#
资阳 ☆	30°07′	104°39′	357	39.2	−4.0	6.6		30.2				
乐山 ★	29°34′	103°45′	424.2	36.8	−2.9	7.1	26.0	29.2	83	20.0	25.9	42.9#
绵阳 ★	31°28′	104°41′	470.8	37.2	−7.3	5.3	26.0	29.2	83	17.3	25.0	34.9#
平武	32°25′	104°31′	876.5	37.0	−7.3		24.1		76			32.0
广元 ☆	32°26′	105°51′	492.4	37.9	−8.2	5.2	26.1	29.5	76			28.4
巴中 ☆	31°52′	106°46′	417.7	40.3	−5.3	5.8		31.2				37.1
达州 ☆	31°12′	107°30′	344.9	41.2	−4.5	6.2	27.8	31.8	79	21.9	25.9	37.1#
南充（南坪）☆	30°47′	106°06′	309.3	41.2	−3.4	6.4	27.9	31.3	74			40.1
仪陇	31°32′	106°24′	655.6	37.5	−5.7		26.2		73			36.4
遂宁 ☆	30°30′	105°35′	278.2	39.5	−3.8	6.5		31.1				41.9
若尔盖	33°35′	102°58′	3439.6	24.6	−33.7		10.7		79			64.2
马尔康 ☆	31°54′	102°14′	2664.4	34.5	−16	−0.6	16.4	22.4	75			65.7
甘孜	31°37′	100°00′	3393.5	31.7	−28.7	−4.4	14.0	19	71	31.0	17.1	81.5

17

地名	台站位置			干球温度（℃）					最热月月平均相对湿度（%）	30年一遇最大风速（m/s）	七月0.8m深土壤温度（℃）	年平均雷暴日数（d/a）
	北纬	东经	海拔（m）	极端最高	极端最低	最冷月月平均	最热月月平均	最热月14时平均				
巴塘	30°00′	99°06′	2589.2	37.6	−12.8		19.7		66			78.4
康定☆	30°03′	101°58′	2615.7	29.4	−14.1	−2.2	15.6	19.5	80			52.1#
雅安☆	29°59′	103°00′	627.6	35.4	−3.9	6.3		28.6				35.7
西昌☆	27°54′	102°16′	1590.9	36.6	−3.8	9.6	22.6	26.3	75	25.3	23.9	73.2#
攀枝花△	26°30′	101°44′	1108.0	40.7	−1.8	11.8	26.2	31	48	25.3		66.3#
52. 贵州省												
贵阳☆	26°35	106°43′	1074.3	35.1	−7.3	5.0	24.1	27.1	77	21.9	22.7	49.4#
遵义★	27°42′	106°53′	843.9	37.4	−7.1	4.5	25.3	28.8	77	21.9	23.5	53.3#
桐梓	28°08′	106°50′	972.0	37.5	−6.9		24.7		76			46.7
铜仁☆	27°43′	109°11′	279.7	40.1	−9.2	5.5		32.2				57.0
凯里☆	26°36′	107°59′	720.3	37.5	−9.7	4.7	25.7	29.0	75			59.4#
独山	25°50′	107°38′	972.2	34.4	−8.0		23.4		84			53.1
毕节☆	27°18′	105°17′	1510.6	39.7	−11.3	2.7	21.8	25.7	78			61.3
六盘水△	26°35′	104°52′	1811.7	31.6	−11.7	2.9	19.8	32	83	23.7	20.1	68.0#
盘县☆	25°47′	104°37′	1515.2	35.1	−7.9	6.5	21.9	25.5	81			80.1
兴义	25°05′	104°54′	1299.6	34.9	−4.7		22.4		85			77.4#
兴仁☆	25°26′	105°11′	1378.5	35.5	−6.2	6.3	22.1	25.3	82			
安顺☆	26°15′	105°55′	1392.9	33.4	−7.6	4.3	21.9	24.8	82			63.1
罗甸☆	25°26′	106°46′	440.3	39.2	−2.7	10.2		31.2				72.9
53. 云南省												
昆明☆	25°01′	102°41′	1892.4	30.4	−7.8	8.1	19.8	23.0	83	20.0	19.9	63.4#
东川△	26°06′	103°10′	1254.1	40.9	−6.2	12.4	25.1		67	23.7	24.9	52.4#
昭通★	27°21′	103°43′	1949.5	33.4	−10.6	2.2	19.8	23.5	78	21.9	19.7	58.4
曲靖（沾益）☆	25°35′	103°50′	1898.7	33.2	−9.2	7.4		23.3				
玉溪☆	24°21′	102°33′	1636.7	32.6	−5.5	8.9		24.5				
个旧	23°23′	103°09′	1692.1	30.3	−4.7	9.9	20.1		84	20.0		50.2#
蒙自☆	23°23′	103°23′	1300.7	35.9	−3.9	12.3	22.7	26.7	79			
文山☆	23°23′	104°15′	1271.6	35.9	−3.0	11.1		26.7				
香格里拉☆	27°50′	99°42′	3276.1	25.6	−27.4	−3.2		17.9				45.7
德钦	28°39′	99°10′	3592.9	24.5	−13.1		11.7		84			20.6
丽江☆	26°52′	100°13′	2392.4	32.3	−10.3	6.0	18.1	22.3	81	21.9		75.8
泸水☆	25°59′	98°49′	1804.9	32.5	−0.5	9.2		22.4				75.8#

续表

地名	台站位置			干球温度（℃）					最热月月平均相对湿度（%）	30年一遇最大风速（m/s）	七月0.8m深土壤温度（℃）	年平均雷暴日数（d/a）
	北纬	东经	海拔(m)	极端最高	极端最低	最冷月月平均	最热月月平均	最热月14时平均				
大理☆	25°42′	100°11′	1990.5	31.6	−4.2	8.2	20.1	23.3	82	25.8		49.8
楚雄☆	25°01′	101°32′	1772	33.0	−4.8	8.7		24.6				63.5
保山☆	25°07′	99°10′	1653.5	32.3	−3.8	8.5		24.2				49.8#
腾冲	25°07′	98°29′	1647.8	30.5	−4.2		19.8		89			79.8
瑞丽☆	24°01′	97°51′	776.6	36.4	1.4	13		27.5				82.3
临沧☆	23°53′	100°05′	1502.4	34.1	−1.3	11.2	21.3	25.2	82			82.3
思茅☆	22°47′	100°58′	1302.1	35.7	−2.5	12.5	21.8	25.8	86			97.4
景洪☆	22°00′	100°47′	582	41.1	1.9	16.5	25.6	30.4	76	25.3	28.7	116.4
54. 西藏自治区												
拉萨☆	29°40′	91°08′	3648.7	29.9	−16.5	−1.6	15.5	19.2	53	23.7	15.3	68.9#
日喀则★	29°15′	88°53′	3936	28.5	−21.3	−3.2	14.5	18.9	53	23.7	17.3	78.8#
那曲☆	31°29′	92°04′	4507	24.2	−37.6	−12.6	8.8	13.3	71	31.3	10.9	85.2#
昌都★	31°09′	97°10′	3306.0	33.4	−20.7	−2.3	16.1	21.6	64	25.3	17.7	57.1#
林芝★	29°40′	94°20′	2991.8	30.3	−13.7	0.5	15.5	19.9	76	27.5	17.7	47.5
错那☆	27°59′	91°57′	4380	18.4	−37	−9.9		11.2				
噶尔（狮泉河）☆	32°30′	80°05′	4278.0	27.6	−36.6	−12.4	13.6	17.0	41			19.1
61. 陕西省												
西安☆	34°18′	108°56′	397.5	41.8	−12.8	−0.1	26.4	30.6	72	23.7	24.2	15.6#
榆林★	38°14′	109°42′	1057.5	38.6	−30.0	−9.4	23.3	28.0	62	28.3	21.4	29.6
延安☆	36°36′	109°30′	958.5	38.3	−23.0	−5.5	22.9	28.1	72			30.5#
铜川☆	35°05′	109°04′	978.9	37.7	−21.8	−3.0	23.1	27.4	73	23.7	21.8	25.7
渭南△	34°31′	109°29′	348.8	42.2	−15.8	−0.8	27.1	31	72	23.7	24.2	22.1
武功☆	34°15′	108°13′	447.8	40.4	−19.4	−0.4		29.9				20.1
宝鸡★	34°21′	107°08′	612.4	41.6	−16.1	0.1	25.5	29.5	70	21.9	22.9	19.7#
汉中☆	33°04′	107°02′	509.5	38.3	−10.0	2.4	25.4	28.5	81	23.7	24.4	31.4#
安康☆	32°43′	109°02′	290.8	41.3	−9.7	3.5	27.3	30.5	76	25.3	25.0	32.3#
商州☆	33°52′	109°58′	742.2	39.9	−13.9	0.5		28.6				31.3
62. 甘肃省												
兰州☆	36°03′	103°53′	1517.2	39.8	−19.7	−5.3	22.2	26.5	60	21.9	20.6	23.6#
天水☆	34°35′	105°45′	1141.7	38.2	−17.4	−2.0	22.5	26.9	72	21.9	19.9	16.3#
平凉☆	35°33′	106°40′	1346.6	36.0	−24.3	−4.6	21.0	25.6	72			32.8
庆阳（西峰镇）☆	35°44′	107°38′	1421	36.4	−22.6	−4.8		24.6				
武都☆	33°24′	104°55′	1079.1	38.6	−8.6	3.3	24.8	28.3	67			
合作☆	35°00′	102°54′	2910.0	30.4	−27.9	−9.9		17.9				

地名	台站位置			干球温度（℃）					最热月月平均相对湿度（%）	30年一遇最大风速（m/s）	七月0.8m深土壤温度（℃）	年平均雷暴日数（d/a）
	北纬	东经	海拔（m）	极端最高	极端最低	最冷月平均	最热月平均	最热月14时平均				
临夏☆	35°35′	103°11′	1917	36.4	−24.7	−6.7		22.8				39.9
临洮☆	35°22′	103°52′	1886.6	36.1	−27.9	−7.0		23.3				35.5
白银	36°33′	104°11′	1707.2	37.3	−26.0	−7.8	21.3	26	54	23.7	19.0	24.6
靖远★	36°34′	104°41′	1398.2	39.5	−24.3	−6.9	22.6	26.7	61	20.9	20.0	23.9
武威☆	37°55′	102°40′	1530.9	35.1	−28.3	−7.8		26.4				13.7
金昌（永昌）★	38°14′	101°58′	1976.1	35.1	−28.3	−9.6	17.5	23	64	24.9		19.6#
张掖☆	38°56′	100°26′	1482.7	38.6	−28.2	−9.3	21.4	26.9	57			11.9
酒泉★	39°46′	98°29′	1477.2	36.6	−29.8	−9.0	21.8	26.3	52	31.0	19.8	12.9#
敦煌△	40°09′	94°41′	1138.7	40.8	−28.5	−9.3	24.7	30	43	25.3		3.5
63. 青海省												
西宁☆	36°43′	101°45′	2295.2	36.5	−24.9	−7.4	17.2	21.9	65	23.7	17.1	31.7#
格尔木☆	36°25′	94°54′	2807.3	35.5	−26.9	−9.1	17.6	21.6	36	29.7	15.1	2.3#
德令哈△	37°22′	97°22′	2981.5	33.1	−27.2	−11.0	16.0	21	41	25.4		19.3#
都兰	36°18′	98°06′	3191.1	31.9	−29.8		14.9		46			8.8
茶卡△	36°47′	99°15′	3087.6	29.3	−31.3	−12.6	14.2	18	56	29.7		27.2
刚察	37°20′	100°08′	3301.5	25.0	−31.0		10.7		68			60.4
祁连☆	38°11′	100°15′	2787.4	33.3	−32.0	−13.2		18.3				56.0
共和☆	36°16′	100°37′	2835.0	33.7	−27.7	−9.8	15.2	19.8	62			
民和☆	36°19′	102°51′	1813.9	37.2	−24.9	−6.2		24.5				
化隆△	36°06′	102°16′	2834.7	28.5	−29.9	−10.8	13.5		73	21.2		50.1
河南☆	34°44′	101°36′	3500	26.2	−37.2	−12.3		14.9				
达日☆	33°45′	99°39′	3967.5	23.3	−34	−12.9		13.4				
玛多	34°55′	98°13′	4272.3	22.9	−48.1		7.5	～13.9	68			46.8
玉树☆	33°01′	97°01′	3681.2	28.5	−27.6	−7.6	12.5	17.3	69			69.4
64. 宁夏回族自治区												
银川☆	38°29′	106°13′	1111.4	38.7	−27.7	−7.9	23.4	27.6	64	32.2	20.2	18.3#
石嘴山△	39°12′	106°45′	1091.0	37.9	−28.4	−9.4	23.5	27	58	32.2	18.3	24.0#
惠农☆	39°13′	106°46′	1091.0	38	−28.4	−8.4		28.0				
中卫☆	37°32′	105°11′	1225.7	37.6	−29.2	−7.5	22.5	27.2	66			
中宁	37°29′	105°40′	1183.3	38.5	−26.7		23.3		59			15.4
同心☆	36°59′	105°54′	1343.9	39	−27.1	−7.1		27.7				25.0
固原☆	36°00′	106°16′	1753.0	34.6	−30.9	−8.1	18.8	23.2	71	27.3	17.4	31.0#

续表

17

地名	台站位置			干球温度（℃）					最热月月平均相对湿度（%）	30年一遇最大风速（m/s）	七月0.8m深土壤温度（℃）	年平均雷暴日数（d/a）
	北纬	东经	海拔（m）	极端最高	极端最低	最冷月月平均	最热月月平均	最热月14时平均				
65. 新疆维吾尔自治区												
乌鲁木齐☆	43°47′	87°37′	917.9	42.1	−32.8	−12.9	23.5	27.5	43	31.0	19.9	9.3#
哈密☆	42°49′	93°31′	737.2	43.2	−28.6	−10.4	27.1	31.5	34	32.2	26.2	6.8
吐鲁番☆	42°56′	89°12′	34.5	47.7	−25.2	−7.6	32.6	36.4	31	35.8	28.9	8.7
奇台☆	44°01′	89°34′	793.5	40.5	−40.1	−17.0		27.9				
阿勒泰☆	47°44′	88°05′	735.3	37.5	−41.6	−15.5	22.0	25.5	48	32.2	19.5	21.4
塔城☆	46°44′	83°00′	534.9	41.3	−37.1	−10.5	22.3	27.5	53			27.7
克拉玛依☆	45°37′	84°51′	449.5	42.7	−34.3	−15.4	27.5	30.6	31	35.8	26.2	31.3#
石河子△	44°19′	86°03′	442.9	42.2	−39.8	−16.8	24.8	30	52	28.3	16.9	19.4
奎屯△	44°26′	84°40′	478.7	42.2	−37.5	−16.6	26.3	30	40	36.7	23.1	21.0
精河☆	44°37′	82°54′	320.1	41.6	−33.8	−15.2		30.0				
伊宁☆	43°57′	81°20′	662.5	39.2	−36	−8.8	22.7	27.2	57	33.5	17.9	27.2#
库尔勒☆	41°45′	86°08′	931.5	40.0	−25.3	−7	26.1	30.0	40	33.5		21.6#
库车	41°43′	82°57′	1099.0	41.5	−27.4		25.8		35			26.5
阿克苏☆	41°10′	80°14′	1103.8	39.6	−25.2	−7.8	23.6	28.4	52	32.2	22.6*	32.7
喀什☆	39°28′	75°59′	1288.7	39.9	−23.6	−5.3	25.8	28.8	40	32.2	21.7	26.5
乌恰☆	39°43′	75°15′	2175.7	35.7	−29.9	−8.2		23.6				
和田☆	37°08′	79°56′	1374.5	41.1	−20.1	−4.4	25.5	28.8	40	23.7	23.7	2.8
且末	38°09′	85°33′	1247.5	41.5	−26.4	−8.7	24.8	30	41	28.9	21.4*	4.6
71. 台湾省												
台北	25°02′	121°31′	9	38.0	−2.0	14.8	28.6	31	77	43.8		27.9#
81. 香港特别行政区												
香港	22°18′	114°10′	32	36.1	0.0	15.6	28.6	31	81		29.2	34.0#
82. 澳门特别行政区												
澳门							（数据暂缺，参见珠海）					

注　1. 表中省级行政区的序号取"行政区域代码"的前两位数。

　　2. 本表主要根据 GB 50178—1993《建筑气候区划标准》编制。标有"△"符号的城市，其"最热月 14 时平均温度"、"30 年一遇最大风速"及"七月 0.8m 深土壤温度"三项参照 JGJ 35—1987《建筑气象参数标准》补齐。标有"☆"符号的城市，其"台站位置"和"干球温度"各项数据（最热月平均温度除外）根据 GB 50736—2012《民用建筑供暖通风与空气调节设计规范》修订。标有"★"符号的城市同上，但"30 年一遇最大风速"及"七月 0.8m 深土壤温度"两项参照 JGJ 35—1987《建筑气象参数标准》补齐。标有"#"符号的"年平均雷暴日数"根据 GB 50689—2011《通信局（站）防雷与接地工程设计规范》修订，未修订者仅供参考。标有"*"符号的土壤温度为 0.4m 深的数据。

　　3. 加格达奇在行政上隶属黑龙江，但在地理上位于内蒙古。

附录 N　数字化电气设计技术

N.1　工程设计行业技术发展趋势

当前,建筑信息模型(Building Information Modeling,BIM)技术的出现正在引发工程建设领域的第二次数字革命;设计企业作为工程产业链的源头,正在积极推行以 BIM 为代表,以三维模型、数据库、数字化协同为特征的数字化三维设计技术。

从整个设计行业看,随着社会发展与国家产业政策的调整,设计企业纷纷由传统设计服务向施工、运维以及业主咨询服务等方向拓展,诞生了一批由设计企业转型而来的利用 BIM 手段提供咨询服务的 BIM 服务商。同时,随着 BIM 理念的不断推广,越来越多的业主要求设计成果面向下游环节进行数字化移交。

因此,不论是从自身企业转型升级需求出发还是从市场、业主需求出发,构建基于 BIM 的数字化设计体系是大势所趋,数字化集成设计平台将取代传统的工具型设计软件成为未来的设计模式。

N.2　电气专业软件应用现状

20 世纪 90 年代,以辅助制图为特征的第一代电气软件,通过提供灵活快速的绘图工具大幅提高了制图效率,帮助电气工程师快速摆脱图板,进入了 CAD(Computer Aided Design)时代。2010 年前,以辅助设计为特征的第二代电气软件,通过自动统计、自动生成系统图、计算绘图一体化等技术,进一步提高了设计质量。

从电气专业软件应用现状看,工具类软件的应用已经非常广泛,设计人员普遍能够熟练、高效地应用各类软件完成计算、绘图等工作;部分前沿设计企业一方面积极探索应用或定制研发更加自动化、智能化的软件系统,另一方面也在找寻突破传统技术质量管理手段瓶颈的新技术。

从设计企业总体软件应用状况看,以 BIM 理念为代表的数字化三维设计技术正在快速推广应用中,传统的各类电气专业软件面临着从理念到技术手段的多方面挑战。以工程数据库为核心,以数字化协同以及三维技术为特征的第三代电气设计平台正在进入电气工程师的视线。

N.3　数字化设计的特点

从锉刀到车床到流水化生产线,第一代、第二代与第三代电气设计软件技术已经发生了本质的变化,见表 N.3-1。

表 N.3-1　　　　　　　　　　　电气设计软件技术变化

软件类型	图板阶段	CAD 阶段	数字化 BIM 阶段
信息载体	图纸	电子文档	信息模型
解读方式	人工解读	人工解读	人工/软件解读
修改变更	手工修改	手工修改	智能联动
数据引用	手工查询	手工/软件查询	软件生成

例如，当外专业提出一台用电设备的功率变更后，电气工程师的工作模式如图 N.3-1 所示。

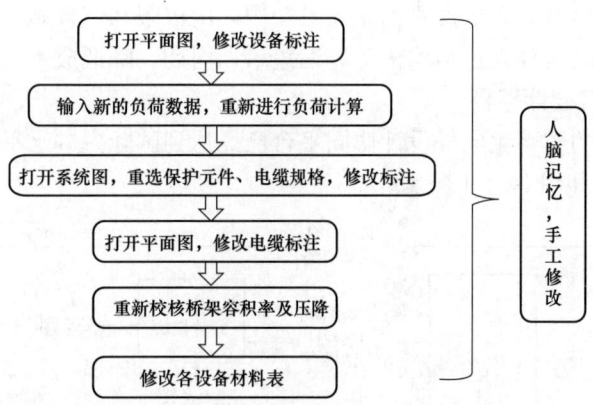

图 N.3-1　人工和 CAD 工作模式

在整个工作流程中，第一代电气软件的所有工作需要人工使用 CAD 软件完成；第二代电气软件针对每一项工作内容提供了便捷的工具，大幅提高了计算绘图效率。但整个流程依然人为操作，计算机无法判别需要修改的内容，计算绘图的各项参数需要手工输入，人为错漏无法避免。

而采用以数据库为底层，以数据信息为传递手段，以统一工程管理平台为承载体的第三代数字化电气设计平台后，图 N.3-1 变为如图 N.3-2 所示流程。

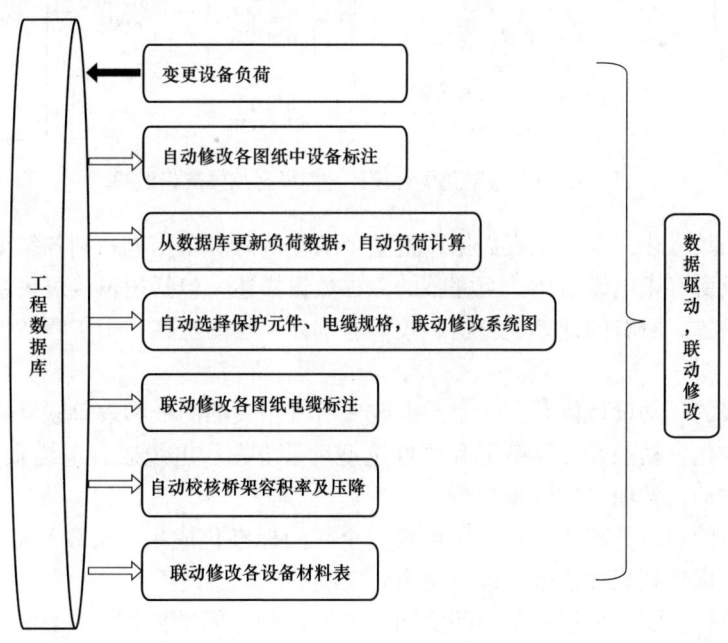

图 N.3-2　BIM 工作模式

以工程数据库代替人脑，以智能联动修改代替人工操作的 BIM 平台，从根本上避免了人为错漏，效率与质量得到大幅提升。

第三代数字化电气设计平台以统一的工程数据库为核心,在实现设计流程高度自动化的同时,还形成了一个完整的知识管理与标准化管理平台,将电气标准、规范以计算公式、选型规则、制图配置、典型方案等形式固化入平台中,用权限和流程规范使用者的行为,在高效进行知识管理的同时实现人员结构优化,缩短培训周期,降低成本。

N.4 数字化电气设计平台

目前,我国研制的数字化电气设计协同平台已经达到国际先进水平,并在设计行业推广应用。BIM 总体流程如图 N.4-1 所示。

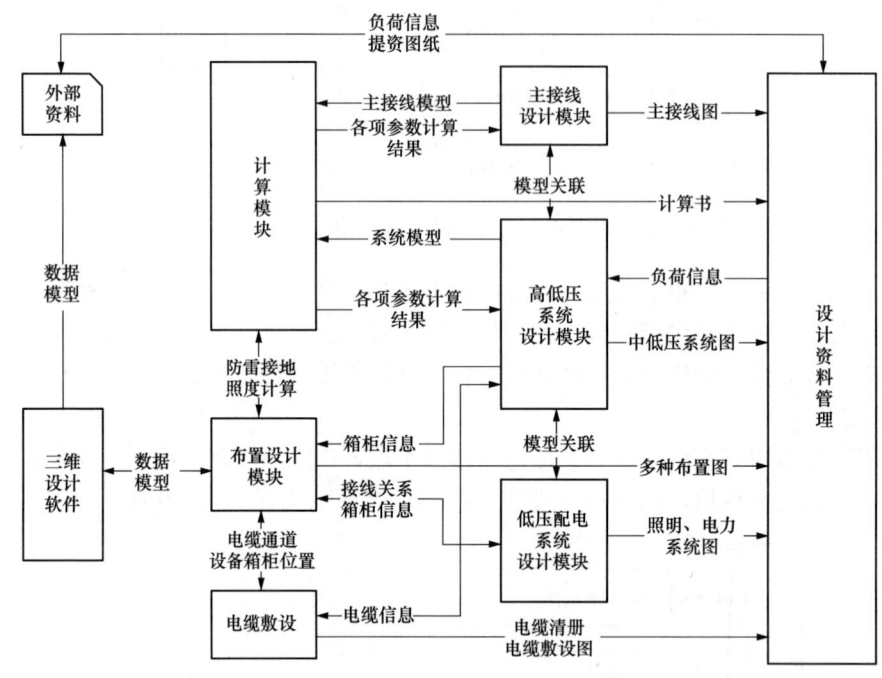

图 N.4-1 数字化电气设计协同平台总体流程框图

(1) 全面的数字化。采用工程数据库把整个工程从总降压变电站到各级变电站,再到终端配电箱,以及所有用电设备用一组完整的工程数据描述,包括逻辑接线关系、电气设备参数和设备空间位置。所有的计算、分析、校验、统计、绘图全在一个工程数据库中进行,如图 N.4-2 所示。

(2) 工程级的联动设计体系。一个数据改变所有相关的图纸和表单联动修改。如工艺一台设备的负荷变化自动触发计算整定和原件选型、系统图、电缆表、电缆敷设、平面标注、材料统计全部联动,各项参数同步校核。

(3) 企业级的知识管理体系。平台承载着全院的标准化成果,从设计规则、设计数据、计算公式、制图标准到规程规范,统一设定,全院共享。

(4) 协同设计。实现工程各子项间协同、各设计师之间的协同、一次二次之间的协同、系统设计与布置设计的协同,以及电气与各相关专业间的协同。

(5) 专业设计功能齐全。平台涵盖高压系统、低压系统、二次回路、线路敷设、平面布置、防雷接地、照明等全部电气设计内容。

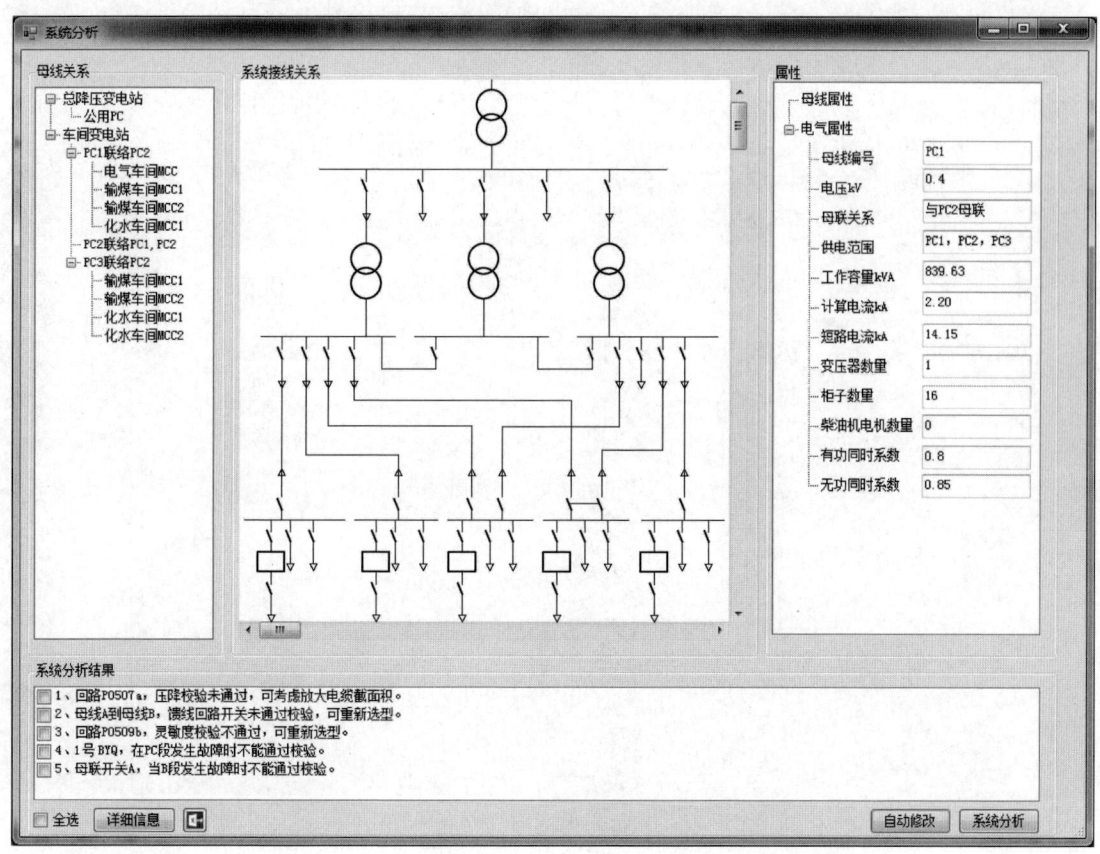

图 N.4-2　数字化电气设计协同平台全厂系统拓扑图

N.5　相关资料

本手册配套计算软件下载地址：

　　　　　http：//www. bochao. com. cn/download/pdscjs4. rar

BIM 及数字化电气设计平台相关资料地址：

　　　　　http：//www. bochao. com. cn/chanpinfangan. asp